国家重点基础研究发展计划项目(973)资助

Global Earthquake Catalog

全球地震目录

9999B. C. ～ 1963A. D. $M \geqslant 5.0$
1964A. D. ～ 2010A. D. $M \geqslant 6.0$

宋治平　张国民　刘　杰　尹继尧　薛　艳　宋先月　编著

地震出版社

图书在版编目(CIP)数据

全球地震目录/宋治平等编著. —北京:地震出版社,2011.9

ISBN 978-7-5028-3919-2

Ⅰ.①全… Ⅱ.①宋… Ⅲ.①地震—目录—世界
Ⅳ.①P316.1

中国版本图书馆 CIP 数据核字(2011)第 190695 号

地震版 XM2107

全球地震目录

宋治平　张国民　刘　杰　尹继尧　薛　艳　宋先月　编著

责任编辑：江　楚

责任校对：孙铁磊

出版发行：地 震 出 版 社

北京民族学院南路 9 号　　邮编：100081

发行部：68423031　68467993　　传真：88421706

门市部：68467991　　传真：68467991

总编室：68462709　68423029　　传真：68455221

专业部：68467982　68721991

网址：http://www.dzpress.com.cn

经销：全国各地新华书店

印刷：北京鑫丰华彩印有限公司

版（印）次：2011 年 9 月第一版　2011 年 9 月第一次印刷

开本：880×1230　1/16

字数：1397 千字

印张：28.75

书号：ISBN 978-7-5028-3919-2/P（4596）

定价：100.00 元

序

进入新世纪以来，全球巨大地震频发，如2004年12月26日印尼苏门答腊9.1级大震；2008年5月12日我国汶川8.0级大震；2010年2月27日智利8.8级大震；2011年3月11日日本本州东部海域9.0级大震等。在巨大地震频发的态势下，开展全球地震活动，特别是巨大地震的研究已成为全球地球科学领域关注的焦点。此类研究包括地震减灾研究和地震机理研究，其中地震减灾研究包括地震监测预报研究、震灾防御研究、地震工程研究等方面；地震机理研究包括地震孕育发生的深部地球物理环境，地震发生的深浅部构造条件，地震成因的地球动力学机制，地震破裂失稳的微观物理力学机制等内容。然而无论哪方面的研究都离不开地震的基础资料，地震目录就是地震研究的重要基础资料之一。

这部《全球地震目录》是国家重点基础研究发展计划项目（973）“汶川地震发生机理及其大区动力学环境研究”中第四课题的第五专题关于全球地震构造格局和地震活动性研究中一项基础性工作。专题组在汇编《全球地震灾害信息目录（9999B. C. ～ 2010A. D.）》的基础上，通过全球不同网站和出版物收集、汇总各类地震目录资料，经过修订、加工而编辑成《全球地震目录》。全书含公元前9999年至公元1963年5级以上地震和公元1964～2011年6月6级以上地震目录共近3万条，包括地震发生时间、震中位置（经纬度、英文地名、中文地名）、震源深度、震级、震级标度以及资料来源等。

全书主要包括两部分。第一部分为全球地震目录，即全球公元前9999年至公元1963年5级以上地震和公元1964年至2011年6月6级以上地震目录（1964年之后汇编6级以上而不是5级以上目录，是因为随着台网发展1964年后5级以上地震数量很大，本书难以容纳）；第二部分为全球巨大地震目录，即全球大于等于7¾级的巨大地震目录，是从第一部分中抽取出来的缩编本。

需要说明的是本书所汇编的全球地震目录，对于不同时代、不同国家和地区、乃至同一地区的不同人文环境期，资料的完整性、可靠性和参数的精度等都有很大的差异。就地震的基本参数而言，尽管每条目录都包括发震时间、震中位置、震源深度、震级等参数，但由于不同时期地震事件的参数确定方法有很大差异，因而所定参数的误差和不确定性也有很大差别。公元1900年后的地震事件参数主要是由地震台网测定的，其参数相对完整和准确。从1900年之前一直追溯到公元前2000～3000年间的地震事件，通常是由历史记载的地震信息资料确定的，由于历史资料的局限性，故地震事件的缺失（不完整性）和地震参数的误差（不确定性）都很大。而公元前2000年（或公元前3000年）前的地震事件，往往是通过地震考古即通常所说的古地震方法确定其参数的，如发震时间是用地质测年的方法确定的，其误差可达数百年。因此，早期的地震事件，其参数有很大的不确定性。另外，不同国家和不同地区的地震研究程度亦有相当大的差异，相应的地震资料的质量亦造成相当的差异。这些情况，均望读者在使用中注意。

然而本书作为地震研究的基础资料，仍不失其重要的科学价值，热忱期望《全球地震目录》在防震减灾的研究工作中发挥其应有的作用。

2011年8月

Preface

Since the beginning of the 21st century, huge earthquakes have occurred frequently in the world. Such examples include the Sumatra, Indonesia, M_S9.1 earthquake on December 26, 2004, the Wenchuan, China, M_S8.0 earthquake on May 12, 2008, the Chile M_S8.8 earthquake on February 27, 2010, the Japan M_S9.0 earthquake in the east coast of Honshu on March 11, 2011, and so on. In such a situation of frequent occurrence of great earthquakes in the world, to study the global activity of earthquakes, especially of huge earthquakes, has become a focus for earth science in the world. This kind of researches includes that of earthquake disaster reduction and that of earthquake mechanism. Among the two, the research of earthquake disaster reduction includes earthquake monitoring and prediction, earthquake disaster prevention, earthquake engineering, and so on; while the research of earthquake mechanism includes the deep - part geophysical environment for earthquake preparation, the deep - and shallow - part tectonic conditions for earthquake occurrence, the geodynamics mechanism of earthquake genesis, the microscopic physico - mechanical mechanism of rupture instability, and so on. But no matter which kind of research is concerned, the basic data of earthquakes are indispensable, while the earthquake catalog is one of the important basic materials for earthquake research.

This book, *Global Earthquake Catalog*, is part of the basic work in the research on the global seismotectonic pattern and seismic activity, which is the 5th special subject of the 4th project of the National Basic Research Program of China (973 Program), "Research on the Genetic Mechanism and Large District Dynamics Environment for the Wenchuan Earthquake". The special subject research group first compiled the *Disaster Information Catalog of Global Earthquakes* (9999 B. C. to 2010 A. D.). On such a basis and by collecting and synthesizing various kinds of earthquake bibliographic data coming from different websites and publications, this book, Global Earthquake Catalog was compiled after revision and processing. The entire book includes the catalog of nearly 30,000 earthquakes with $M_S \geqslant 5.0$ from 9999 B. C. to 1963 A. D. , and earthquakes with $M_S \geqslant 6.0$ from 1964 to June, 2011. In the catalog, the occurrence time, epicentral location (latitude, longitude, as well as the place name in Chinese and English), focal depth, magnitude, magnitude scale, data source, and so on, are all listed.

This book mainly includes two parts. The first part gives the global earthquake catalog, namely, the catalog of global earthquakes with$M_S \geqslant 5.0$ in the period from 9999 BC to 1963 A. D. and those with $M_S \geqslant 6.0$ in the period from 1964 to June 2011. After 1964, only earthquakes with $M_S \geqslant 6.0$ rather than those with $M_S \geqslant 5.0$ were compiled; the reason is that, owing to the development of the network, the number of earthquakes with $M_S \geqslant 5.0$ recorded after 1964 is too large to be contained in this book. The second part gives the catalog of global huge earthquakes, namely, the catalog of huge earthquakes with $M_S \geqslant 7\frac{3}{4}$, which is an abstract drawn from the first part.

What should be noted about the global earthquake catalog compiled in this book is that there are rather large differences in completeness and reliability of materials, parameter precision, and so on. The reason of these differences lies in that the materials are of different time, from different countries or areas, or even from a same area with different humane environments.

Concerning the basic parameters of earthquakes, though the parameters of each event are all listed in the catalog, including the occurrence time, epicentral location, focal depth, magnitude, and so on, their errors and uncertainties have large difference; the reason is that the methods of earthquake parameter determination changed much in different time periods.

The parameters of earthquake events after 1900 are complete and precise in a relative sense for they were mainly determined by the seismological networks. The earthquake events traced back from 1900A. D. to 2000 B. C. or 3000 B. C. were usually determined by the earthquake information in historical records. Owing to the limitation of historical information, the incompleteness of earthquake events and uncertainty of seismic parameters are both very large

The parameters of earthquake events that occurred before 2000 B. C. (or 3000 B. C.) were often determined by earthquake archaeology, which is usually called the ancient earthquake method. For example, the occurrence time was determined by the geological dating method, with an error of one hundred years or more. Therefore, the parameters of early earthquake events are of very large uncertainty.

Moreover, the degrees of earthquake study in different countries and different areas also differ greatly from one another. The qualities of seismic data of the same kind but from different sources may also result in considerable difference. It is hoped that the readers pay enough attention to the above facts in using this book.

However, as the fundamental material for seismic research, this book still has an important scientific value. We are willing to see that theGlobal Earthquake Catalog could play a proper role in the research on earthquake resistance and disaster reduction.

Zongjin Ma
Aug2011

目 录

编辑说明

本书是在《全球地震灾害信息目录（9999B. C. ～2010A. D. ）》基础上，通过全球不同网站和出版物收集地震目录，再修订、编辑而成。

对于同一个地震事件，可能从不同渠道收集到不同信息，因此，在地震参数的修订过程中，以地震信息的信度高的地震参数为准的原则。首先考虑 Engdahl 给出的地震参数，然后再考虑各国家（地区）或全球资料中的信息资料作参考。如资料来源中标注“Engdahl，GSHAP”表示以 Engdahl 的结果为主的两个渠道收集资料共同修订结果；“Turkey”表示土耳其资料结果。

对于震中参考地名的修订问题，1900 年之前的地震事件没有仪器记录，因此，震中位置一般是根据遭受地震破坏情况确定的城市的经度和纬度。1900 年之后的地震震中一般是通过仪器测算的震中经度和纬度。因此，统一按照震中经度和纬度在 Google Earth 上修订地震震中参考英文地名，并翻译为中文。原则上震中参考地名为“国名：州名或县级地名”。

为了课题研究需要，修订、编辑了全球公元前 9999 年至公元 1963 年 3 级以上地震和公元 1964 ～2011 年 6 月 4 级以上地震目录 15 万余条。而本书编辑了全球公元前 9999 年至公元 1963 年 5 级以上地震和公元 1964 ～2011 年 6 月 6 级以上地震目录近 3 万条，包括地震时间、震中（经度、纬度、英文地名、中文地名）、深度、震级、震级标度以及资料来源。

地震的基本参数包括发震时间、震中位置、震源深度、地震震级。由于不同时期的地震事件其参数的确定方法有很大的差别，因此其内涵（所定参数的误差与不确定性）也有很大差别。1900 年后的地震事件参数主要是由地震台网测定的，其参数相对完整和准确。从 1900 年之前一直追溯到公元前 2000 ～3000 年间的地震事件，通常是从历史记载地震信息资料中确定的，被称为历史地震，其参数的不完整性和不确定性都较大。而公元前 2000 年或 3000 年之前的地震事件，往往是通过地震考古即通常所说的古地震方法确定其参数的，如发震时间是应用地质测年的方法确定的，其误差可达数百年，因此对于早期的地震事件，其参数具有很大的不确定性，望读者在使用时注意。本书地震目录参数如下：

1 日期和时间

世界标准时间（UTC）的年、月、日、时、分、秒。

2 震中

纬度（°）（Latitude）（北纬为正，南纬为负），经度（°）（Longitude）（东经为正，西经为负）。1900 年之前的地震事件没有仪器记录，因此，给出的震中位置是根据遭受地震破坏情况确定的城市的经度和纬度。1900 年之后的地震震中一般是通过仪器测算的震中经度和纬度。以震中经度和纬度在 Google Earth 上修订地震震中参考地名（中文或英文）。

3 震源深度（Depth）

震源深度（*H*）单位为公里（km）。深度小于 70km 的地震为浅源地震；深度在 70 ～299km 的地震为中源地震；深度大于等于 300km 的地震为深源地震。

4 震级（Magnitude）

在地震目录编辑和修订过程中，从多种渠道得到的同一条地震事件的震级，首先考虑 Engdahl 给出的震级，其次是各地区收集的震级的最大震级，同时给出相应的震级标度（Scale）。对于无震级地震事件的震级则由本书确定。以下为本书涉及到的震级标度。

矩震级（M_W）：由标量矩（M_0）计算得到，$M_W=\frac{2}{3}\lg M_0-10.7$（Hanks and Kanamori，1979）。

面波震级（M_S）：对于仪器记录地震而言，深度通常小于50km在震中距20～160°记录到的周期18～22s的面波最大地面振幅计算而得。而对于无仪器记录的地震，震级标度为M_S的震级一般均是通过统计计算而得。

体波震级（m_b）：根据震中距大于或等于5°记录到周期为0.1～3s的地震体波最大地面振幅计算而得。

宽频带体波震级（m_B）：由Gutenberg和Richter（1956）定义的，根据震中距大于或等于5°记录到的周期为5～10s地震体波的最大地面振幅计算而得。

日本气象厅震级（M_j）：对于仪器记录地震而言，应用最大地面位移或最大地面速度计算而得。而对于无仪器记录的地震，由日本气象厅给出的震级其标度也用M_j表示。

能量震级（M_e）：根据宽频带P波能量谱密度得到的地震辐射能量(E_S)计算而得。$M_e=\frac{2}{3}\lg E_S-2.9$（Choy and Boatwright，1995）。

地方性震级或近震震级（M_L）：震中距在100～1000 km范围内的地震，根据体波计算而到。

Lg波震级（M_{Lg}）：应用Lg地震波（短周期面波）周期为1s的垂直分量计算而得。

持续时间震级（M_d，Duration Magnitudes）：根据地震波持续时间和尾波长度计算而得。

断层面积震级（M_{fa}，Felt Area Magnitudes）：由断层面积计算而得，大约等效于M_b值。通常应用于无地震仪器时代发生的地震。

震源机制震级（M）：利用震源机制计算而得。

未知震级（M_{uk}）：计算方法不明或不能确定（Unknown）出版来源的震级。一般该震级是通过统计计算而得，该震级标度以“M_{uk}”表示，有些文献用“UK”表示。

灾害信息确定的震级（M_k）：对于无震级的地震事件，我们在对有震级的地震事件灾害信息的优势震级研究基础上，利用无震级地震事件的灾害信息确定了其震级，震级的确定方法与原则见《全球地震灾害信息目录（9999B.C.～2010A.D.）》，这类地震的震级标度表示为M_k，在目录中“资料来源”以“Song”标注。

5　资料来源

全球历史地震及灾害信息收集来源于多种渠道，表1列出不同地区地震目录的资料来源及标注符号。

表1　全球历史地震与灾害性地震资料收集来源及标注

地　区	标注符号	资料来源（网址及出版物）
非洲地区地震目录	GSHAP	http：//www.seismo.ethz.ch/gshap/earift/
美国地震目录	USGS	http：//neic.usgs.gov/neis/epic/epic_ global.html
美国加州地震目录	CGS	http://www.conservation.ca.gov/CGS/rghm/quakes/Pages/eq_chron.aspx
南美洲地震目录	GSHAP	http：//www.seismo.ethz.ch/gshap/ceresis/
阿富汗地震目录	Afghan	http：//sgsingapore.com/earthquake – afghanistan
北欧地区地震目录	GSHAP	http：//www.seismo.ethz.ch/gshap/ceresis/
伊朗地震目录	Iran	http：//www.iiees.ac.ir/english/bank/irancat.txt
意大利地震目录	Italy	http：//emidius.mi.ingv.it/CPTI04/
中欧地区地震目录	GSHAP	http：//www.seismo.ethz.ch/gshap/cirpan/

续表

地　区	标注符号	资料来源（网址及出版物）
冰岛地区地震目录	Iceland	http：//hraun. vedur. is/ja/ymislegt/storskjalf. html
土耳其地震目录	Turkey	http：//www. seismo. ethz. ch/gshap/turkey/
东亚地区地震目录	GSHAP	http：//www. seismo. ethz. ch/gshap/eastasia/final – cata. txt
印度及邻区地震目录	GSHAP	http：//www. seismo. ethz. ch/gshap/ict/indcat. txt
印度地震目录	India	http：//www. imd. ernet. in/section/seismo/static/signif. htm
中国历史强震目录	China	国家地震局震害防御司编，《中国历史强震目录（公元前23世纪～公元1911年)》，北京：地震出版社，1995 顾功叙等编，《中国地震目录（公元前1831年至公元1969年)》，北京：科学出版社，1983
中国近代强震目录	Wang S.	汪素云等编，《中国近代地震目录（公元1912～1990年)》，北京：中国科学技术出版社，1999
中国历史有感地震目录（–618～1949）	Diao S	刁守中等编，《中国历史有感地震目录》，北京：地震出版社，2008
中国历史有感地震目录（1950～1969）	Jin X.	金学申研究成果，金学申提供的未出版的内部资料
世界地震目录	Shi Z.	时振梁等编，《世界地震目录：1900～1980（$M \geqslant 6$)》，北京：地图出版社，1986
中国地震台网（CSN）地震目录	CSN	http：//www. csndmc. ac. cn/newweb/catalog_ direct_ link. htm
国际地震中心（ISC）地震目录	ISC	http：//www. csndmc. ac. cn/newweb/catalog_ direct_ link. htm
美国国家地震信息中心（NEIC）地震目录	NEIC	http：//www. csndmc. ac. cn/newweb/catalog_ direct_ link. htm
世纪地震目录	Engdahl	http：//earthquake. usgs. gov/research/data/centennial. php#cat22
全球重大灾害性地震目录	*	http：//neic. usgs. gov/neis/epic/epic_ global. html 或 http：//earthquake. usgs. gov/earthquakes/eqarchives/epic/
	* *	Paula K. Dunbar, Patricia A. Lockridge, and Lowell S. Whiteside. Catalog of significant earthquakes 2150 B. C. – 1991 A. D. U. S. Dept. of Commerce, National Oceanic and Atmospheric Administration. September 1992 罗伟等编译，《全球重大灾害性地震目录（2150B. C. ～ 1991A. D.)》，北京：地震出版社，1996
全球地震灾害评估计划	GSHAP	http：//www. seismo. ethz. ch/GSHAP/index. html
菲律宾地震目录	Nakamura	http：//www. cseas. kyoto – u. ac. jp/seas/15/4/150406. pdf
菲律宾地震目录（1599～1909）	Maso	http：//www. gutenberg. org/files/18556/18556 – h/18556 – h. htm
菲律宾地震目录	Bautista	http：//www. sciencedirect. com/science/article/pii/S0040195199002723 Bautista, M. L. P. and K. Oike, Estimation of the magnitudes and epicenters of Philippine historical earthquakes, Tectonophys, 317, 137～169, 2000
朝鲜半岛地震目录	Korea	李裕澈编译，《朝鲜·韩国地震目录（公元27～1985年)》，北京：地震出版社，2001

续表

地　区	标注符号	资料来源（网址及出版物）
日本地震目录	Usami	http://repository. dl. itc. u-tokyo. ac. jp/dspace/bitstream/2261/12734/1/ji0543001. pdf
	Japan	卢振恒编。《日本破坏地震概观》，北京：地震出版社，1991，159～334
澳大利亚地震目录	Australia	http：//www. seismicity. see. uwa. edu. au/welcome/seismicity_ in_ australia#impotEQ
中国地震灾害信息	Dis	http：//www. china－disaster. cn/ 并参考文献： 谢毓寿，蔡美彪主编，《中国地震历史资料汇编（第五卷）》，北京：科学出版社，1983 《中国地震年鉴》编纂委员会，《中国地震年鉴（1949～1981）》，北京：地震出版社，1990 高建国，《地震损失简表》，北京：地震出版社，1990 郭增建，陈鑫连主编，《地震对策》，北京：地震出版社，1986 张肇诚，罗兰格，李海华等编，《中国震例（1966～1975）》，北京：地震出版社，1988 张肇诚，罗兰格，李海华等编，《中国震例（1976～1980）》，北京：地震出版社，1990 张肇诚，罗兰格，李海华等编，《中国震例（1981～1985）》，北京：地震出版社，1990 张肇诚，郑大林，徐京华等编，《中国震例（1986～1988）》，北京：地震出版社，1999 张肇诚，郑大林，徐京华等编，《中国震例（1989～1991）》，北京：地震出版社，2000 陈棋福，郑大林，车时等编，.《中国震例（1992～1994）》，北京：地震出版社，2002 陈棋福，郑大林，刘桂萍等编，《中国震例（1995～1996）》，北京：地震出版社，2002 陈棋福，郑大林，高荣胜等编，《中国震例（1997～1999）》，北京：地震出版社，2003 陈棋福，郑大林，车时等编，《中国震例（2000～2002）》，北京：地震出版社，2008
全球地震（火山）海啸信息	NOAA	从美国国家海洋和大气管理局（NOAA，National Oceanic and Atmospheric Administration）网站收集全球海啸灾害信息。 （http：//www. nesdis. noaa. gov/）
全球地震目录	USGS	http：//earthquake. usgs. gov/earthquakes/eqarchives/epic/

6　目录标题说明

（1）世界标准时间（UTC）的年（Year），月（Mo），日（Dy），时（Hr），分（Mn），秒（Sec）。
（2）震中的纬度（°）（Latitude）和经度（°）（Longitude）。
（3）深度（Depth），震级（Mag）和震级标度（简称为标度，Scale）。
（4）地名（英文）即 Name（English）和地名（中文）即 Name（Chinese）。
（5）资料来源（Information）。

Editorial Comments

Based on thebook *Disaster Information Catalog of Global Earthquakes* (9999 B. C. – 2010 A. D.), this book was compiled by collecting and revising earthquake catalogs from different websites and publications in the world.

For the same seismic event, information collected from different channels may be different; so, the principle applied to the revision of seismic parameters is to give priority to seismic parameters whose seismic information is of a higher believe. The seismic parameters given by Engdahl were considered first, and then the information coming from the national (regional) or global data was taken for reference. The mark "Engdahl, GSHAP" attached to the information source means that the result is a totalized revision of data from two channels, with the result of Engdahl dominating; "Turkey" means the results of the Turkish data.

The revision of the reference place name of the epicenter is as follows. The seismic events before1900 A. D. do not have instrumental records, so the epicentral location is generally given as the longitude and latitude of the city determined from the earthquake damage. The epicenters of earthquakes after 1900 A. D. are usually given as the longitude and latitude observed by instruments. For this reason, a unified revision of place names in English (and also the Chinese translation) was done on Google Earth according to the longitude and latitude of epicenter. In principle, the reference epicenter name is given in the form of "Country: state or county".

To meet the need of project research, more than 150,000 entries of the catalog of global earthquakes with$M_S \geqslant 3.0$ in the period from 9999 B. C. to 1963 A. D. and earthquakes with $M_S \geqslant 4.0$ in the period from 1964 to June, 2011, were revised and compiled. In the book, nearly 30,000 entries of the catalog of global earthquakes with $M_S \geqslant 5.0$ in the period from 9999 B. C. to 1963 A. D. and earthquakes with $M_S \geqslant 6.0$ from 1964 to June, 2011 were compiled; the contents include the occurrence time, epicenter (latitude, longitude, English place name, Chinese place names), focal depth, magnitude, magnitude scale and sources of data.

The basic parameters of earthquakes include the time of origin, epicenter location, focal depth, and magnitude. Because the seismic events occurred in different periods of time, the methods used to determine the parameters are quite different; therefore the connotations (the error and uncertainty) of the determined parameters also differ greatly. The parameters of earthquake events after 1900 A. D. are mainly determined by the seismic network, so the parameters are complete and precise in a relative sense. The seismic events before 1900 A. D. but after 2000 B. C. or 3000 B. C. are often identified by earthquake information recorded in history; they are called historical earthquakes. Their parameters are more incomplete and uncertain. The parameters of seismic events before 2000 B. C. or 3000 B. C. were often determined by seismic archeology or the so – called ancient earthquake method; for example, the occurrence time was determined by the geological dating method, with an error of hundreds of years or more. Therefore, the parameters of the early seismic events bear quite large uncertainty. It is hoped that the readers pay due attention when using this book. The parameters of earthquake catalog in this book are as follows:

1 Date and Time

Year, month, day, hour, minute and second in Coordinated Universal Time (abbreviated to UTC).

2 Epicenter

It is expressed as the latitude (with north latitude as positive, and south latitude as negative) and longitude (with east longitude as positive, and west longitude as negative) of the city struck by earthquake. Earthquake events before 1900 have no instrumental records; so the epicenter location is given as the latitude and longitude of the city determined from the destruction caused by earthquake. For earthquakes after 1900, the epicenter is usually given as its longitude and latitude measured by instruments. The reference place name (Chinese or English) of the epicenter has been revised on Google Earth according to the longitude and latitude.

3 Focal Depth

The focal depth (H) is measured in kilometers (km). Earthquakes with H less than 70km are called shallow earthquakes; those with H of 70km to 299km are called intermediate earthquakes; and those with H greater than or equal to 300km are called deep focus earthquakes.

4 Magnitude

During the compilation and revision of the earthquake catalog, for the same event, there were usually a number of magnitude values obtained from various sources. Among them, the value given by Engdahl was considered first, and then the largest magnitude values collected from relevant regions. Meanwhile, the corresponding magnitude scale (Scale) was given. The magnitude of earthquake events having no magnitude records was determined by the book. The magnitude scales involved in the book are as follows.

Moment magnitude (M_W): it is calculated from the scalar moment (M_0) by the formula $M_W = \frac{2}{3}\lg M_0 - 10.7$ (Hanks and Kanamori, 1979).

Surface wave magnitude (M_S): It is used for instrumentally recorded earthquakes; the depth is usually less than 50km. It is calculated from maximum ground surface amplitude of S－wave within a period range of 18～22s recorded in the epicentral distance range of 20°～160°. For earthquakes having no instrumental records, the magnitude of magnitude scale M_S is generally calculated by statistics.

Body wave magnitude (m_b): It is calculated from the maximum ground surface amplitude of P－wave within a period range of 0.1～3s recorded at the epicentral distance equal to or greater than 5°.

Broadband body wave magnitude (m_B): It was defined by Gutenberg and Richter (1956). It is calculated from the maximum ground surface amplitude of P－wave within a period range of 5～10s recorded at the epicentral distance equal to or greater than 5°.

Magnitude from Japan Meteorological Agency (M_j): It is used for earthquakes that have instrumental records, and is calculated from the maximum ground surface displacement or the maximum ground surface velocity. For earthquakes that have no instrumental records, the magnitude given by the Japan Meteorological Agency is also in M_j scale.

Energy magnitude (M_e): It is calculated from the seismic radiation energy (E_S) given by the broadband P-wave energy spectrum density. The formula is $M_e = \frac{2}{3}\lg E_S - 2.9$ (Choy and Boatwright, 1995).

Local magnitude or near shock magnitude (M_L): It is used for earthquakes whose epicentral distance is within the range of 100 to 1,000 kilometers, and is calculated from the body wave.

Lg wave magnitude (M_{Lg}): It is calculated from the vertical component of Lg seismic wave (short－period surface wave) with a period of 1s.

Duration magnitude (M_d): It is calculated from the seismic wave duration and tail wave length.

Fault area magnitude (M_{fa}): It is calculated from the fault area, approximately equivalent to the m_b value, and is often used for earthquakes in the age when seismic instruments did not appear.

Focal mechanism magnitude (M): It is calculated by use of the focal mechanism.

Unknown magnitude (M_{uk}): The magnitude is calculated by unknown method or is from uncertain publication source. Such magnitude is generally calculated by statistics; the magnitude scale is denoted by "M_{uk}", or "UK" in some of the literature.

Magnitude determined from the disaster information (M_k): This kind of magnitude is used for seismic events with no magnitude records. The predominant magnitude corresponding to definite disaster information has been obtained by studying the disaster information of earthquake events with known magnitudes. Based on the results of such study, the magnitude of seismic events with no magnitude records can be determined from the disaster information. For the method and principle of magnitude determination, see *Disaster Information Catalog of Global Earthquakes* (9999 B.C. to 2010 A.D.). The magnitude scale of this type of earthquakes is expressed as

M_k, and the "data source" given in the Catalog is labeled "Song".

5 Data Source

In the collection of global historical earthquakes and disaster information, the data source was of a variety of channels. The data sources of earthquake catalogs for different regions and corresponding labels are listed in Table 1.

Table 1 Data sources for the collection of historical earthquakes and disastrous earthquakes in the world and labels for the data sources

Areas	Label	Data Sources (Website and publications)
African Earthquake Catalog	GSHAP	http://www. seismo. ethz. ch/gshap/earift/
Earthquake Catalog of U. S. A.	USGS	http://neic. usgs. gov/neis/epic/epic_global. html
Earthquake Catalog of California, USA	CGS	http://www. conservation. ca. gov/CGS/rghm/quakes/Pages/eq_chron. aspx
South American Earthquake Catalog	GSHAP	http://www. seismo. ethz. ch/gshap/ceresis/
Afghanistan Earthquake Catalog	Afghan	http://sgsingapore. com/earthquake – afghanistan
Earthquake Catalog of Northern Europe Region	GSHAP	http://www. seismo. ethz. ch/gshap/ceresis/
Iran Earthquake Catalog	Iran	http://www. iiees. ac. ir/english/bank/irancat. txt
Italian Earthquake Catalog	Italy	http://emidius. mi. ingv. it/CPTI04/
Central Europe Earthquake Catalog	GSHAP	http://www. seismo. ethz. ch/gshap/cirpan/
Iceland Earthquake Catalog	Iceland	http://hraun. vedur. is/ja/ymislegt/storskjalf. html
Turkey Earthquake Catalog	Turkey	http://www. seismo. ethz. ch/gshap/turkey/
East Asia Earthquake Catalog	GSHAP	http://www. seismo. ethz. ch/gshap/eastasia/final – cata. txt
Earthquake Catalog of India and Its Adjacent Areas	GSHAP	http://www. seismo. ethz. ch/gshap/ict/indcat. txt
India Earthquake Catalog	India	http://www. imd. ernet. in/section/seismo/static/signif. htm
Historical Strong Earthquake Catalog of China	China	Department of Earthquake Disaster Prevention, China Seismological Bureau (ed.), 1995. *Historical Strong Earthquake Catalog of China* (from 2300 B. C. to 1911 A. D.), Seismological Press, Beijing. Gu Gongxu et al. (eds.), 1983. *China Earthquake Catalog* (from 1831 B. C. to 1969 A. D.), Science Press, Beijing.
Recent Strong Earthquake Catalog of China	Wang S.	Wang Suyun et al. (eds.), 1999. *Recent Strong Earthquake Catalog of China (from* 1912 *to* 1990), Science and Technology Press of China, Beijing.
Historical Felt Earthquake Catalog of China (from 618 B. C. to 1949 A. D.)	Diao S.	Diao Shouzhong et al. (eds.), 2008. *Historical Felt Earthquake Catalog of China*, Seismological Press, Beijing.
Historical Felt Earthquake Catalog of China (1950 – 1969)	Jin X.	Research Result of Jin Xueshen, unpublished internal information offered by Jin Xueshen.
World Earthquake Catalog	Shi Z.	Shi Zhenliang et al. (eds.), *World Earthquake Catalog*: 1900 – 1980 ($M \geqslant 6.0$), Sinomap Press, Beijing, China, 1986.
Earthquake Catalog of China Seismic Networks	CSN	http://www. csndmc. ac. cn/newweb/catalog_direct_link. htm
Earthquake Catalog of International Seismological Center (ISC)	ISC	http://www. csndmc. ac. cn/newweb/catalog_direct_link. htm

续表

Areas	Label	Data Sources (Website and publications)
Earthquake Catalog of the National Earthquake Information Center (NEIC)	NEIC	http://www.csndmc.ac.cn/newweb/catalog_direct_link.htm
Century Earthquake Catalog	Engdahl	http://earthquake.usgs.gov/research/data/centennial.php#cat22
Catalog of Significant Earthquakes	*	http://neic.usgs.gov/neis/epic/epic_global.html http://earthquake.usgs.gov/earthquakes/eqarchives/epic/
	* *	Paula K. Dunbar, Patricia A. Lockridge, andLowell S. Whiteside, September 1992. *Catalog of Significant Earthquakes* 2150 *B. C.* –1991 *A. D.*, U. S. Dept. of Commerce, National Oceanic and Atmospheric Administration. Luo Wei et al. (eds.), 1996. *Catalog of Significant Earthquakes* (2150 *B. C.* –1991 *A. D.*), Seismological Press, Beijing.
The Global Seismic Hazard Assessment Program (GSHAP)	GSHAP	http://www.seismo.ethz.ch/GSHAP/index.html
Philippines Earthquake Catalog	Nakamura	http://www.cseas.kyoto-u.ac.jp/seas/15/4/150406.pdf
Philippines Earthquake Catalog (1599 – 1909)	Maso	http://www.gutenberg.org/files/18556/18556-h/18556-h.htm
Philippines Earthquake Catalog	Bautista	http://www.sciencedirect.com/science/article/pii/S0040195199002723. Bautista, M. L. P. and K. Oike, 2000. Estimation of the magnitudes and epicenters of Philippine historical earthquakes, Tectonophys., 317: 137 – 169.
Korean Peninsula Earthquake Catalog	Korea	Li Yuche et al. (eds.), 2001. *North Korea · South Korea Earthquake Catalog* (A. D. 27 –1985), Seismological Press, Beijing.
Japan Earthquake Catalog	Usami	http://repository.dl.itc.u-tokyo.ac.jp/dspace/bitstream/2261/12734/1/ji0543001.pdf
	Japan	Lu Zhenheng (ed.), 1991. *Overview of the Destructive Earthquakes in Japan*, Seismological Press, Beijing, pp. 159 ~ 334.
Australian Earthquake Catalog	Australia	http://www.seismicity.see.uwa.edu.au/welcome/seismicity_in_australia#impotEQ
China Earthquake Disaster Information	Dis	http://www.china-disaster.cn/ Reference materials include: Xie Yushou and Cai Meibiao (eds), 1983. *Compilation of Historical Earthquake Data of China, Vol.* 5, Science Press, Beijing. Editorial Board of China Earthquake Yearbook, 1990. *China Earthquake Yearbook* (1949 – 1981), Seismological Press, Beijing. Gao Jianguo, 1990. *Summary of Earthquake Losses*, Seismological Press, Beijing. Guo Zengjian and Chen Xinlian (eds.), 1986. *Earthquake Countermeasures*, Seismological Press, Beijing. Zhang Zhaocheng, Luo Lange, Li Haihua et al. (eds.), 1988. *Earthquake Cases in China* (1966 – 1975), Seismological Press, Beijing. Zhang Zhaocheng, Luo Lange, Li Haihua et al. (eds.), 1990. *Earthquake Cases in China* (1976 – 1980), Seismological Press, Beijing. Zhang Zhaocheng, Luo Lange, Li Haihua et al. (eds.), 1990. *Earthquake Cases in China* (1981 – 1985), Seismological Press, Beijing. Zhang Zhaocheng, Zheng Dalin, Xu Jinghua et al. (eds.), 1999. *Earthquake Cases in China* (1986 – 1988), Seismological Press, Beijing.

续表

Areas	Label	Data Sources (Website and publications)
China Earthquake Disaster Information		Zhang Zhaocheng, Zheng Dalin, Xu Jinghua et al. (eds.), 2000. *Earthquake Cases in China* (1989 – 1991), Seismological Press, Beijing. Chen Qifu, Zheng Dalin, Che Shi et al. (eds.), 2002. *Earthquake Cases in China* (1992 – 1994), Seismological Press, Beijing. Chen Qifu, Zheng Dalin, Liu Guiping et al. (eds.), 2002. *Earthquake Cases in China* (1995 – 1996), Seismological Press, Beijing. Chen Qifu, Zheng Dalin, Gao Rongsheng et al. (eds.), 2003. *Earthquake Cases in China* (1997 – 1999), Seismological Press, Beijing. Chen Qifu, Zheng Dalin, Che Shi et al. (eds.), 2008. *Earthquake Cases in China* (2000 – 2002), Seismological Press, Beijing.
Global Earthquake (Volcanic) Tsunami Information	NOAA	Information on global tsunami disaster collected by the U. S. National Oceanic and Atmospheric Administration (NOAA) Website. (http://www.nesdis.noaa.gov/)
Global Earthquake Catalog	USGS	http://earthquake.usgs.gov/earthquakes/eqarchives/epic/

6 Description of Headings in the Catalog

(1) Universal Time (UTC): year (Year), month (Mo), day (Dy), hour (Hr), minutes (Mn), seconds (Sec).

(2) The latitude (Latitude) and longitude (Longitude) of epicenter.

(3) Depth (Depth), magnitude (Mag) and magnitude scale (referred to as Scale).

(4) Place name (in English), or Name (in English) and place name (in Chinese), or Name (in Chinese).

(5) Data source (Information).

编辑原则和方法

一、全球无震级地震事件的震级确定方法与思路

《全球重大灾害性地震目录（2150B. C. ～1991A. D. ）》（Paula K. Dunbar，et al. ，1992；罗伟等编译，1996）收集了自公元前 2150 年至公元 1991 年的全球重大灾害性地震目录。美国地质调查局（USGS，United States Geological Survey）的国家地震信息中心（NEIC，National Earthquake Information Center）增加了 1992 年至今的全球重大灾害性地震目录，并统一在 USGS 网站（http：//neic. usgs. gov/neis/epic/epic_global. html）。该网站收集了自公元前 2150 年至公元 2011 年 6 月全球重大灾害性地震 5700 多条，包括地震时间、地点、震级、深度、烈度、死亡人数（或死亡级别）、经济损失数目（或经济损失级别）、受伤人数（或受伤级别）、房屋毁坏数目（或房屋毁坏级别）、房屋受损数目（或房屋受损级别）以及海啸等信息。这些信息中，地震时间、地点以及灾害信息比较完整，而地震震级却非常不完整。统计表明，全球灾害性地震目录中，公元前 2150 年至 1899 年无震级地震事件占 69. 2%；1900 年至 2009 年占 14. 4%。因此如何确定无震级地震事件的震级是本书的研究重点，在此基础上，首先编辑、修订全球地震灾害信息目录，然后再编辑全球历史地震目录，这对全球地震及其灾害研究是一项重要的基础工作。

1.1　优势震级及其误差的定义

分析表明，不能简单利用统计灾害地震信息与震级的线性关系确定无震级地震的震级，而是提出一种确定不同灾害信息的优势震级的方法研究灾害信息与震级的关系。

针对某一类地震灾害信息的某个级别，如浅源地震烈度 I = 8，统计所有烈度为 8 度的浅源地震事件的震级分布，即统计给出 8 度地震在不同震级范围内的地震数目（即地震频度）N_i，再求出所有地震之和 $\sum_i N_i$。为了便于分析，可对地震数目进一步作归一化处理，计算出不同震级范围内的地震数目的百分比（$N_i / \sum_i N_i$）。对统计结果列表和作图，可看到，对某一类地震灾害信息的某一级别，在地震数目随不同震级分布中，存在地震数目（或百分比）相对高的优势分布，求出该优势分布的优势震级范围[M_a，M_b]，再取该优势震级范围内不同震级 M_i 的地震数目 N_i，计算出优势加权震级（简称优势震级）$\overline{M}$。即

$$\overline{M} = \frac{\sum_{i=a}^{b} M_i * N_i}{\sum_{i=a}^{b} N_i}$$

为了分析优势震级的精度，定义在优势震级范围［M_a，M_b］的优势震级的 2 倍标准方差（2σ）为优势震级 $\overline{M}$ 的误差，其中优势震级的标准方差 σ 为

$$\sigma = \sqrt{\frac{\sum_{i=a}^{b} (M_i - \overline{M})^2 * N_i}{\sum_{i=a}^{b} N_i}}$$

其中，N_i 为不同震级段 M_i 的统计样本（地震次数），$\overline{M}$ 为优势震级，M_a 和 M_b 分别为优势震级范围的开始和结束震级。

1.2　不同地震灾害的分类

一般天然地震分为构造地震、火山地震、塌陷地震。而构造地震分为浅源地震、中源地震、深源地

震。浅源地震又分为剪切型、逆冲型、正断型地震，而发生在海洋中浅源逆冲型大地震才可能产生海啸。因此同震级的浅源、中源、深源地震以及伴有海啸（火山）的地震所造成的地震烈度、死亡人数（或死亡级别）、经济损失数目（或经济损失级别）存在较大差异。另外，不同年代和不同地区的地震灾害也存在差异。

因此，在分析地震灾害信息的优势震级时，首先分辨有海啸（火山）的地震［简称为海啸（火山）地震］；排除有海啸灾害的地震又分浅源地震、中源地震、深源地震；然后再分不同年代、不同地区（如意大利、美国、南美洲、日本、希腊等地区）。

1.3 无震级地震事件的震级确定思路

在分析公元前2150年至公元2010年的全球灾害性地震目录中已有震级的地震烈度、死亡级别、经济损失级别等参数的优势震级时，综合考虑地震发生的不同地区、不同年代、不同地震灾害类型（伴有海啸）、不同震源深度（浅源、中源、深源）以及典型地区等因素，建立了一个不同情况下的地震灾害信息与优势震级参数及其标准方差的对应关系。

对于同一地震事件，由地震烈度、经济损失级别、死亡级别信息分别给出的不同震级，究竟选择哪一种震级作为该次地震事件的震级？通过数学统计分析，设计三种不同震级赋值方案（最大震级法、平均震级法、加权系数法），通过检验研究表明，最大震级法是最佳的震级赋值方法。

由各种灾害信息的优势震级对应关系和确定地震事件震级的方法，确定出无震级的地震事件的震级，然后再通过全球不同地区的网站和出版物收集的地震灾害信息，编辑、修订全球历史地震目录和地震灾害信息目录。

通过修订灾害性地震（以“*”标注）与不同渠道收集的地震信息，整理出全球有灾害信息无震级的地震事件4400多条，按照以上原则确定出这些地震的震级，其震级标度以“Mk”表示，在“资料来源”列入“Song”信息。

如果读者需要了解无震级地震事件的震级确定过程及其灾害信息，请参考宋治平等（2011）编著的《全球地震灾害信息目录（9999B. C. ～2010A. D. ）》。

二、全球地震目录的修订原则

通过全球不同网站和出版物收集到45万多条地震目录，对于同一条地震事件，从不同渠道收集到不同信息，则按照如下原则进行修订。

2.1 地震参数的修订

在地震参数的修订过程中，以信息来源可信度高的地震参数为准的原则。地震发生时间统一为国际标准时间（格林威治时间），并标注选择震级的震级标度。

首先考虑Engdahl给出的地震参数，然后再考虑各国家（或地区）以及全球资料中的信息作参考。如资料来源中标注“Engdahl，GSHAP”表示由两个渠道（Engdahl和GSHAP）收集资料共同修订结果；“Turkey”表示由土耳其（Turkey）单个信息渠道的资料结果。

2.2 地震灾害信息

在修订过程中，以灾害性地震（以“*”标注）的基本信息为主。在灾害信息修订过程中，以各国和各地区的灾害信息进行修订，并标注相应的资料来源，如中国的地震灾害信息以收集到的信息为准，并在“资料来源”中标注“Dis”。

2.3 地震海啸灾害信息

通过美国国家海洋和大气管理局（NOAA）网站（http：//www. nesdis. noaa. gov/）收集全球海啸灾害信息，挑选出地震（包括既有火山又有地震）造成的海啸灾害信息，并修订灾害性地震中的灾害信息，并在“资料来源”中标注“NOAA”。

2.4 震中参考地名的修订

1900年之前的地震事件没有仪器记录，因此震中位置一般是地震破坏最严重城市的经度和纬度。

1900 年之后的地震震中一般是通过仪器测算的震中经度和纬度。因此统一按照震中经度和纬度在 Google Earth 上修订地震震中参考英文地名，并翻译为中文。原则上震中参考地名为“国名：州名或县级地名”。

三、全球地震目录的编辑

3.1 全球地震目录编辑

修订、编辑了全球公元前 9999 年至公元 1963 年 3 级以上地震和公元 1964 年至 2011 年 6 月 4 级以上地震目录 15 万余条。

为了研究全球地震活动性的需要，修订、编辑了全球公元前 9999 年至公元 1963 年 4.5 级以上地震和公元 1964 年至 2011 年 6 月 5.5 级以上地震 59000 多条，包括地震时间、震中（经度、纬度、英文地名、中文地名）、深度、震级、震级标度以及资料来源。

由于篇幅所限，本书编辑了全球公元前 9999 年至公元 1963 年 5 级以上地震和公元 1964 年至 2011 年 6 月 6 级以上地震目录近 3 万条。

3.2 全球地震目录的完整性

利用震级与频度关系 $\lg\sum\overline{N} = bM + a$，式中 $\sum\overline{N}$ 为年平均频度，M 为震级，a、b 为常数，震级每隔 0.5 级为一个级别。

全球 1900～2008 年 6.5 级以上完整性地震目录的年平均频度的对数 $\lg\sum\overline{N}$ 与震级 M 拟合关系为 $\lg\sum\overline{N} = -1.1464M + 9.2242$，相关系数 R = 0.9960。

全球 1990～2008 年 5 级以上完整性地震目录的年平均频度的对数 $\lg\sum\overline{N}$ 与震级 M 拟合关系为 $\lg\sum\overline{N} = -1.1077M + 8.9697$，相关系数 R = 0.9988。

通过以上两种地震年平均频度对数与震级关系计算出的不同震级范围的年平均数，再求出两者平均值作为全球标准的年平均频度 $\overline{N}_{标准}$。

地震目录完整率 W 定义为（魏富胜，许忠怀等，2009）：

$$W = \frac{\overline{N}}{\overline{N}_{标准}}$$

式中，$\overline{N}$ 为一定时间段内统计得到的年平均地震频度，$\overline{N}_{标准}$ 为根据线性拟合关系式得到的年平均频度。

根据全球地震目录分析表明，1800 年之前地震目录完整性较差，7.5 级以上地震的完整率均不足 30%，表明 7.5 级以上地震的缺失都较严重。

1800～1899 年 7 级以上地震的完整率近 50%；7.5 级以上的地震完整率为 64.03%，也就是说，7 级以上地震只有正常水平的一半左右。

1900～1956 年 6.5 级以上地震完整性较好。1957～1969 年为 6 级以上地震完整性达到 71.29%。1970～2009 年 5 级以上地震目录较完整。

根据全球地震目录不同时期在不同震级范围的完整率分布（表 1），定义地震目录完整率大于 70.7% 的震级为地震目录基本完整的最低震级（魏富胜，许忠怀等，2009），完整率在 50% 左右的震级为参考震级。

表 1 全球不同时期地震目录基本完整的最低震级和参考震级

时间段	1800～1899	1900～1930	1931～1956	1957～1969	1970～1989	1990～1999	2000～2008
最低震级（$W \geq 70.7\%$）	≈7.5	6.5	6.2	6.0	5.0	5.0	5.0
参考震级（$W \geq 50\%$）	7.0	6.3	6.0	5.5	4.7	4.7	4.5

修订后的全球地震目录的完整性分析表明（表1），1799年前的地震目录完整率均不足30%，表明地震缺失严重。1800～1899年地震目录基本完整的最低震级为7.5级，参考震级为7级。1900～1930年地震目录基本完整的最低震级为6.5级，参考震级为6.3级。1931～1956年地震目录基本完整的最低震级为6.2级，参考震级为6级。1957～1969年地震目录基本完整的最低震级为6级，参考震级为5.5级。1970～1999年地震目录基本完整为5级以上地震，参考震级为4.7级。2000年之后5级以上地震目录为基本完整，参考震级为4.5级。

第一部分
全球地震目录

全球公元前9999年至公元1963年5级以上地震和公元1964～2011年6月6级以上地震目录

年 Year	月 Mo	日 Dy	时 Hr	分 Mn	秒 Sec	纬度(°) Latitude	经度(°) Longitude	深度 Depth	震级 Mag	标度 Scale	地名(英文) Name(English)	地名(中文) Name(Chinese)	资料来源 Information
-9999						40.9	44.2	16	7	Mfa	Armenia:Gyumri,Spitak	亚美尼亚:久姆里,斯皮塔克	GSHAP
-7670						51.84	103.25	15	7.2	Mfa	Russia:Irkutsk,Slyudyanka	俄罗斯:伊尔库茨克州斯柳江卡	GSHAP
-5600						51.82	103.35	15	7.6	Mfa	Russia:Irkutsk,Slyudyanka	俄罗斯:伊尔库茨克州斯柳江卡	GSHAP
-5435						51.69	103.01	15	6.6	Mfa	Russia:Buryatiya,Kyren	俄罗斯:布里亚特州克廖恩	GSHAP
-4890						51.91	102.36	15	7.1	Mfa	Russia:Buryatiya,Kyren	俄罗斯:布里亚特州克廖恩	GSHAP
-3830						51.69	103.01	15	6.6	Mfa	Russia:Buryatiya,Kyren	俄罗斯:布里亚特州克廖恩	GSHAP
-3170						51.91	102.36	15	7.1	Mfa	Russia:Buryatiya,Kyren	俄罗斯:布里亚特州克廖恩	GSHAP
-2700						51.8	103.4	15	7.4	Mfa	Russia:Irkutsk,Slyudyanka	俄罗斯:伊尔库茨克州斯柳江卡	GSHAP
-2500						40.9	44.2	15	6.5	Mfa	Armenia:Gyumri,Spitak	亚美尼亚:久姆里,斯皮塔克	GSHAP
-2300						34.9	110.4		5.5	Ms	China:Shanxi,Yongji	中国:山西永济	China
-2210						51.91	102.36	15	7.1	Mfa	Russia:Buryatiya,Kyren	俄罗斯:布里亚特州克廖恩	GSHAP
-2150						31.1	35.5		7.3	Muk	Jordan:Al-Karak	约旦:卡拉克	*
-2000						38	58.2	18	7.1	Ms	Turkmenistan:Asgabat	土库曼斯坦:阿什哈巴德	*
-2000						35.683	35.8		7	Mk	Syria:Ugarit	叙利亚:乌加里特	* NOAA,Song
-1890						35.5	25.5		7	Mk	Greece:Crete Island	希腊:克里特岛	* * Song
-1770						51.91	102.36	15	7.1	Ms	Russia:Buryatiya,Kyren	俄罗斯:布里亚特州克廖恩	GSHAP
-1767						34.2	112		6	Ms	China:Henan,Songxian	中国:河南嵩县	China
-1650						36.404	25.396		7	Mk	Greece:Thera Island (Santorini)	希腊:锡拉岛(圣托里尼岛)	* * NOAA,Song
-1590						51.91	102.36	15	7.1	Ms	Russia:Buryatiya,Kyren	俄罗斯:布里亚特州克廖恩	GSHAP
-1566						31.5	35.3		7.3	Mk	Israel:Hebron	以色列:希布伦	* Song
-1450						35.5	25.5		7	Mk	Greece:Crete Island	希腊:克里特岛	* Song
-1414						51.92	106.15	15	6.5	Ms	Russia:Lake Baykal	俄罗斯:贝加尔湖	GSHAP
-1410						36.5	25.5		7.1	Mk	Greece:Thirasia	希腊:锡拉夏岛	* NOAA,Song
-1365						35.683	35.8	25	7.3	Ms	Turkey:Hatay; Syria:Aleppo	土耳其:哈塔伊;叙利亚:阿勒颇	* GSHAP,NOAA
-1300						37.8	21.2		6	Ms	Greece:Ionian Islands Coasts	希腊:伊奥尼亚群岛海域	NOAA
-1250						42.7	42.2	15	6.9	Ms	Georgia:Zugdidi	格鲁吉亚:祖格迪迪	GSHAP
-1250						32	35.5		6.5	Muk	Israel:Jerusalem	以色列:耶路撒冷	*
-1235						51.92	106.15	15	6.5	Ms	Russia:Lake Baykal	俄罗斯:贝加尔湖	GSHAP
-1084						51.92	106.15	15	6.5	Ms	Russia:Lake Baykal	俄罗斯:贝加尔湖	GSHAP
-1050						29.6	35		6.2	Muk	Jordan:Timna Copper Mines	约旦:提姆纳	*
-1039						51.92	106.15	15	6.5	Ms	Russia:Lake Baykal	俄罗斯:贝加尔湖	GSHAP
-976						51.92	106.15	15	6.5	Ms	Russia:Lake Baykal	俄罗斯:贝加尔湖	GSHAP
-800						44.7	37.3	15	6.5	Ms	Black Sea	黑海	GSHAP
-780						34.5	107.8		7	Ms	China:Shaanxi,Qishan	中国:陕西岐山	China
-759						33	35.5		7.1	Mk	Israel:Zefat (Safed)	以色列:采法特(萨法德)	* NOAA,Song
-750						55.11	112.75	15	6.6	Ms	Russia:Buryatiya,Kurort Baunt	俄罗斯:布里亚特州库罗尔特巴温特	GSHAP
-750						56.52	119.46	15	6.4	Ms	Russia:Chita,Burpala	俄罗斯:赤塔州布尔帕拉	GSHAP
-699						51.92	106.14	15	6.5	Ms	Russia:Lake Baykal	俄罗斯:贝加尔湖	GSHAP
-646						36.3	111.7		5	Ms	China:Shanxi,Hongtong	中国:山西洪洞	China
-600						38.5	22.5		7	Mk	Aegean Sea	爱琴海	* * Song
-600						35	45	12	6.5	Ms	Iraq:As Sulaymaniyah	伊拉克:苏莱曼尼亚	GSHAP
-590						33.2	35.1		6.7	Mk	Lebanon:Sour (Tyre)	黎巴嫩:苏尔	* NOAA,Song
-550						37.4	24.9		6	Ms	Aegean Sea	爱琴海	* GSHAP
-525						33.2	35.1		6.7	Mk	Lebanon:Sour (Tyre), Sayda (Saida)	黎巴嫩:苏尔,塞达	* NOAA,Song
-519	8	8				34.7	112.5		5.5	Ms	China:Henan,Luoyang	中国:河南洛阳	China
-510						39.3	22.4		7	Ms	Greece:Sophades (Karditsa)	希腊:卡尔季察	GSHAP
-496						38.4	26.2		6.2	Ms	Greece:Chios	希腊:希俄斯岛	GSHAP
-490						37.7	23.2		6	Ms	Greece:Argolida	希腊:阿尔戈利斯	GSHAP
-489						37.4	25.3		6	Ms	Aegean Sea	爱琴海	GSHAP
-480	12	29				37.9	23.3		6.3	Ms	Greece:Megara	希腊:墨伽拉	* GSHAP,NOAA
-479						40.2	23.5		7	Ms	Aegean Sea	爱琴海	* NOAA,GSHAP
-464						37	22.5		7	Mk	Greece:Skoura	希腊:斯库拉	* * Song
-432						37	22.5		5.5	Mk	Greece:Lakonia	希腊:拉科尼亚	* Song
-431						37.4	25.1		6	Ms	Aegean Sea	爱琴海	GSHAP
-427	12					38.5	23.1		6	Ms	Greece:Erythres	希腊:埃里斯雷	GSHAP
-426	6					38.9	22.7		7	Ms	Greece:Lamia	希腊:拉米亚	* NOAA,GSHAP
-420	6					38	22.8		6	Ms	Greece:Argolida	希腊:阿尔戈利斯	GSHAP
-414						37.8	22.8		6	Ms	Greece:Argolida	希腊:阿尔戈利斯	GSHAP
-413	12					37	22.4		6	Ms	Greece:Kyparissia (Messinia)	希腊:麦锡尼	GSHAP
-412						36.8	27.2		6.8	Ms	Greece:Dodecanese Islands	希腊:多德卡尼斯群岛	GSHAP
-401						37.7	21.4		6	Ms	Greece:Zakynthos	希腊:扎金索斯岛	GSHAP
-400						35.5	51.8		7.6	Ms	Iran:Tehran,Vārāmīn	伊朗:德黑兰,瓦拉明	*
-388						37.6	22.8		6.2	Ms	Greece:Argolida	希腊:阿尔戈利斯	GSHAP
-373	12					38.2	22.2		6.8	Ms	Greece:Patrai	希腊:帕特雷	GSHAP
-373						37.5	25.2		6	Ms	Aegean Sea	爱琴海	GSHAP
-373						38	22		7.3	Ms	Greece:Patrai	希腊:帕特雷	* NOAA
-368						35	25	100	7	Mk	Greece:Crete Island	希腊:克里特岛	* * Song
-364						35	25	100	5.4	Mk	Greece:Crete Island	希腊:克里特岛	* Song

年	月	日	时	分	秒	纬度(°)	经度(°)	深度	震级	标度	地名(英文)	地名(中文)	资料来源
Year	Mo	Dy	Hr	Mn	Sec	Latitude	Longitude	Depth	Mag	Scale	Name(English)	Name(Chinese)	Information
-360						40.1	26.2		7	Ms	Turkey:Hellespont	土耳其:达达尼尔海峡	GSHAP
-350						35.5	51.8	16	7.6	Ms	Iran:Tehran,Vārāmīn	伊朗:德黑兰,瓦拉明	GSHAP
-347						38.4	22.5		6	Ms	Greece:Desfina	希腊:泽斯菲纳	GSHAP
-342						40.4	26.6	14	6.1	Ms	Turkey:Kesan,S.	土耳其:凯尚南部	GSHAP
-334						37.9	30		6.5	Ms	Turkey:Dinar	土耳其:迪纳尔	GSHAP
-331						36.1	36.1	20	6.6	Ms	Syria:Aleppo	叙利亚:阿勒颇	GSHAP
-330						40	25	15	7	Ms	Aegean Sea	爱琴海	* GSHAP,NOAA
-326	11					23	71		7	Mk	India:Anjar	印度:安贾尔	* NOAA,Song
-303						38	22.7		6.6	Ms	Greece:Argolida	希腊:阿尔戈利斯	GSHAP
-287						40.5	26.7		7	Ms	Turkey:Marmara Sea	土耳其:马尔马拉海	GSHAP
-282						40.6	26.6	14	6.1	Ms	Turkey:Kesan,S.	土耳其:凯尚南部	* GSHAP
-282						38.5	22.5		5.5	Mk	Greece:Delphi	希腊:德尔斐	* Song
-280						34.4	108.8		5.5	Ms	China:Shaanxi,Xianyang,NE.	中国:陕西咸阳东北	China
-279						38.4	22.4		6.8	Ms	Greece:Patrai	希腊:帕特雷	GSHAP
-267						35	25		7	Mk	Greece:Crete Island	希腊:克里特岛	* * Song
-255						35	25		7	Mk	Greece:Crete Island	希腊:克里特岛	* * Song
-250						42.7	77.5	20	6.7	Ms	Kyrgyzstan:Bishkek	吉尔吉斯斯坦:比什凯克	*
-231						39.2	26.3		6.8	Ms	Greece:Mitilini	希腊:米蒂利尼	GSHAP
-231						39.8	114.2		6.5	Ms	China:Hebei,Pingyin,SE.	中国:河北平阴东南	China
-230						34.9	110.4		5.5	Ms	China:Shanxi,Yongji	中国:山西永济	China
-227						36.5	27.8	100	7.5	Ms	Turkey:Bodrum	土耳其:博得卢姆	* GSHAP,NOAA
-226						38.8	22.7		6.5	Ms	Greece:Lamia	希腊:拉米亚	GSHAP,NOAA
-223	10					38.4	22.4		6.6	Mk	Greece:Itea Gulf	希腊:伊泰阿海湾	* NOAA,Song
-221						29.2	25.5		5.9	Mk	Egypt:Siwa Oasis	埃及:西瓦绿洲	* Song
-220						36.5	28.2	100	7.2	Ms	Greece:Dodecanese Islands	希腊:多德卡尼斯群岛	* *
-218						36.2	-7.17		7	Mk	Steait of Gibraltar,Coast W.	直布罗陀海峡西部海域	* Song
-217	6					43.25	11.25		6.56	Ms	Italy:Toscana	意大利:托斯卡纳	* Italy
-210						36	-10.5		7	Mk	Steait of Gibraltar,Coast W.	直布罗陀海峡西部海域	* Song
-200						37.7	26.9		6.3	Ms	Turkey:Soke, Aydin	土耳其:瑟凯,艾登	GSHAP
-198	8					36.4	27.9		7.5	Ms	Greece:Dodecanese Islands	希腊:多德卡尼斯群岛	GSHAP
-198						38.4	23.7		6.6	Ms	Greece:Erythres	希腊:埃里斯雷	GSHAP
-198						36.4	25.4		6	Ms	Greece:Thera Island (Santorini)	希腊:锡拉岛(圣托里尼岛)	* GSHAP,NOAA
-197						40	25.4		7	Ms	Greece:Limnos	希腊:利姆诺斯岛	GSHAP,NOAA
-193	2					35.4	103.9		6.5	Ms	China:Gansu,Lintao	中国:甘肃临洮	* China
-186	2	22				33.8	105.6		7	Ms	China:Gansu,Wudu,NE.	中国:甘肃武都东北	* China
-184						36.2	36.3	15	6.1	Ms	Syria:Aleppo	叙利亚:阿勒颇	GSHAP
-183						36	28	100	7	Mk	Greece:Dodecanese Islands	希腊:多德卡尼斯群岛	* * Song
-177						43.5	3.9	100	5.5	Mk	France:Montpellier	法国:蒙彼利埃	* Song
-176						34.2	112		6	Ms	China:Henan,Songxian	中国:河南嵩县	China
-174						42.25	12.67		6.6	Ms	Italy:Sabina	意大利:萨比纳	Italy
-150						56.17	113.8	15	7	Ms	Russia:Buryatiya,Severomuysk	俄罗斯:布里亚特州谢韦罗穆伊斯克城	GSHAP
-150						44.6	38.1	14	6.1	Ms	Russia:Krasnodar,Krymsk	俄罗斯:克拉斯诺达尔区克雷姆斯克	GSHAP
-143	6	7				32.1	110.1		5	Ms	China:Hubei,Zhushan,SW.	中国:湖北竹山西南	China
-138						32.9	34.7		7	Ms	Israel:Haifa,Coast W.	以色列:海法西部海域	NOAA
-100						43.17	13.5		5.84	Ms	Italy:E. of Pescara	意大利:佩斯卡拉东部	Italy
-99						42.8	13.1		5.57	Ms	Italy:Norcia	意大利:诺尔恰	Italy
-92	2	28				35	35	20	7	Ms	Mediterranean Sea	地中海	GSHAP
-91	10	10				34.3	108.9		5.5	Ms	China:Shaanxi,Xi-an	中国:陕西西安	China
-91						38.1	15.65		6.3	Ms	Italy:Reggio Calabria	意大利:卡拉布里亚雷焦	Italy
-91						44.65	10.78		5.66	Ms	Italy:Modena	意大利:摩德纳	Italy
-90						37.9	30		6.6	Ms	Turkey:Dinar	土耳其:迪纳尔	GSHAP
-76						42.4	12.87		6.6	Ms	Italy:Rieti	意大利:列蒂	Italy
-70	6	1				36.3	119.2		7	Ms	China:Shandong,Zhucheng,NW.	中国:山东诸城西北	* China
-69						36	36.2	30	7.4	Ms	Turkey:Hatay; Syria:Aleppo	土耳其:哈塔伊;叙利亚:阿勒颇	GSHAP
-63	10					45.6	36.2	20	6.4	Ms	Sea of Azov	亚速海	* GSHAP
-60						36	-10		6.7	Ms	Portugal:Coast SW.	葡萄牙:西南海域	* NOAA
-58						41.5	19.4		6.6	Ms	Albania:Durres	阿尔巴尼亚:都拉斯	* GSHAP,NOAA
-57						41.5	19.4		6.6	Ms	Albania:Durres	阿尔巴尼亚:都拉斯	NOAA
-56	4					43.43	13.67		5.84	Ms	Italy:Ancona	意大利:安科纳	Italy
-50						37.3	25.3		6	Ms	Aegean Sea	爱琴海	GSHAP
-50						43.5	28.5		5.9	Mk	Bulgaria:Shabla	保加利亚:沙布拉	* Song
-50						43	41		5.5	Ms	Georgia:Sukhumi	格鲁吉亚:苏呼米	* Song
-47	4	17				34.9	104.7		6.75	Ms	China:Gansu,Longxi	中国:甘肃陇西	* China
-35	7	9				34.3	109		5.75	Ms	China:Shaanxi,Xi-an	中国:陕西西安	China
-33						31.2	34.2		7.7	Mk	Egypt:Yamit	埃及:耶米特	* Song
-31	9	2				32	35.5		7	Muk	Israel:Jerusalem	以色列:耶路撒冷	*
-27						25.7	32.7		6.3	Mk	Egypt:Luxor	埃及:卢克索	* Song

年 Year	月 Mo	日 Dy	时 Hr	分 Mn	秒 Sec	纬度(°) Latitude	经度(°) Longitude	深度 Depth	震级 Mag	标度 Scale	地名(英文) Name(English)	地名(中文) Name(Chinese)	资料来源 Information
-27						37.8	28.1		7.2	Ms	Turkey:Marmaris	土耳其:马尔马里斯	GSHAP
-26	3	26				28.8	104.6		5.5	Ms	China:Sichuan,Yibin	中国:四川宜宾	* China
-26						35	33		6.7	Mk	Cyprus:Salamis	塞浦路斯:萨拉米斯	* Song
-23						38.25	22.25		6.7	Mk	Greece:Patrai	希腊:帕特雷	* * NOAA,Song
-15						35.2	34		7.1	Mk	Cyprus:Salamis	塞浦路斯:萨拉米斯	* Song
10						38	58.3	18	7.1	Muk	Turkmenistan:Asgabat	土库曼斯坦:阿什哈巴德	*
11						37.8	27.4		7.3	Mk	Turkey:Mandelia	土耳其:曼德拉	* Song
17						37.85	27.3		7.3	Mk	Turkey:Izmir, Efes, Aydin	土耳其:伊兹密尔,艾菲斯,艾登	* Song
17						37.8	15.2		5.14	Ms	Italy:Sicilia Island	意大利:西西里岛	Italy
19	2					41.1	126.2		5	Ms	China:Jilin,Ji-an	中国:吉林集安	China
20						43	41		5	Mk	Georgia:Sukhumi	格鲁吉亚:苏呼米	* * Song
23						37.2	30		6.3	Ms	Turkey:Korkuteli	土耳其:科尔库泰利	GSHAP
23						38.2	22.2		6.3	Ms	Greece:Patrai	希腊:帕特雷	* GSHAP
25						33	72		6.3	Mk	Pakistan:Sargodha	巴基斯坦:萨戈达	* Song
27	11					35.9	126.5		6.3	Muk	South Korea:Kwangju	韩国:光州市	* Korea
29						40.5	28.9		7.3	Mk	Turkey:Iznik,Izmit	土耳其:伊兹尼克,伊兹米特	* Song
30						40.5	29.5	15	6.5	Ms	Turkey:Bursa	土耳其:布尔萨	GSHAP
33						31.2	34.2		5.9	Mk	Egypt:Yamit	埃及:耶米特	* Song
33						40.6	29.7		6.8	Ms	Turkey:Bursa	土耳其:布尔萨	GSHAP
37						35.7	36.3	20	6.7	Ms	Syria:Hamah (Hama)	叙利亚:哈马	GSHAP
44						38.2	27.4		6.4	Ms	Turkey:Izmir	土耳其:伊兹密尔	GSHAP
46	10	21				33	112.5		6.5	Ms	China:Henan,Nanyang	中国:河南南阳	* China
46						36.4	25.4		6.5	Ms	Greece:Thera Island (Santorini)	希腊:锡拉岛(圣托里尼岛)	GSHAP,NOAA
47						37.84	27.16		6.9	Ms	Turkey:Izmir, Efes, Aydin	土耳其:伊兹密尔,艾菲斯,艾登	GSHAP
50						37	68.5		6.3	Mk	Afghan:Kondoz	阿富汗:昆都士	* Song
50						42.9	41	30	5.5	Ms	Georgia:Sukhumi	格鲁吉亚:苏呼米	* NOAA
52						36.1	36.1		6.5	Mk	Turkey:Hatay	土耳其:哈塔伊	* Song
52						41	24.3		6.3	Mk	Greece:Philippi,Drama,Kavala	希腊:腓立比,兹拉马,卡瓦拉	* Song
53						37.9	29.9		6.3	Ms	Turkey:Burdur	土耳其:布尔杜尔	GSHAP
53						36.2	36.5	30	7.4	Ms	Syria:Idlib	叙利亚:伊德利卜	GSHAP
55						35	25		7	Mk	Greece:Crete Island	希腊:克里特岛	* Song
57						41.2	19.3		6.2	Mk	Albania:Durres	阿尔巴尼亚:都拉斯	* Song
60						37.9	29.2		7	Ms	Turkey:Pamukkale, Denizli	土耳其:帕木卡雷,丹兹利	* Turkey
61						38.2	22		6.3	Ms	Greece:Patrai	希腊:帕特雷	GSHAP
62	2	5				40.78	14.42		5.87	Ms	Italy:Pompei	意大利:庞贝	Italy
62						34.8	25		7	Ms	Greece:Crete Island	希腊:克里特岛	* GSHAP
62						36.404	25.396		6.7	Ms	Greece:Thera Island (Santorini)	希腊:锡拉岛(圣托里尼岛)	* NOAA
63	10					45.2	36.6	20	6.4	Ms	Ukraine:Kerch	乌克兰:刻赤	* *
63						40.7	14.5		6	Mk	Italy:Pompei	意大利:庞培	* Song
66						35.5	25.5		6.9	Ms	Greece:Crete Island	希腊:克里特岛	* * NOAA
68						37.74	27.4		5.8	Ms	Turkey:Soke	土耳其:瑟凯	Turkey
69						40.8	29.9	15	6.4	Ms	Turkey:Bahçecik	土耳其:巴赫切吉克	GSHAP
69						40.6	29.9	15	5.8	Ms	Turkey:Bahçecik	土耳其:巴赫切吉克	GSHAP
74	6	20				37.9	22.9		6.3	Ms	Greece:Argolida	希腊:阿尔戈利斯	GSHAP
76						35	34	20	6.8	Ms	Cyprus:Gazimağusa	塞浦路斯:法马古斯塔	GSHAP
76						34.8	32		7	Mk	Cyprus: Paphos	塞浦路斯:帕福斯	*
77	6	20				37.9	22.9		6.3	Ms	Greece:Argolida	希腊:阿尔戈利斯	* * NOAA
79	8	25	7			40.8	14.38		5.77	Ms	Italy:Torre Del Greco	意大利:托雷德尔格雷科	* Italy,NOAA
79	11	23				40.8	14.4	5	6	Mk	Italy:Naples (Napoli)	意大利:拿坡里(那不勒斯)	* * Song
82						36.1	36.2	16	6.5	Ms	Syria:Aleppo	叙利亚:阿勒颇	GSHAP
89	7					35.9	126.5		7	Muk	South Korea:Kwangju	韩国:光州市	* Korea
92						40.5	26.6	25	6.5	Ms	Turkey:Kesan,S.	土耳其:凯尚南部	GSHAP
93						40.6	26.7		6.3	Mk	Turkey:Hellespont	土耳其:达达尼尔海峡	* Song
99						41.35	14.8		6.3	Ms	Italy:Circello	意大利:贝内文托	Italy
100	12					35.8	129.2		6.3	Ms	South Korea:Kyongju	韩国:庆州	* Korea
101						42.23	13.98		6.3	Ms	Italy:Sulmona To Campobasso	意大利:阿布鲁佐	Italy
103						44.7	33.3		5	Mk	Ukraine:Sevastopol	乌克兰:塞瓦斯托波尔	* Song
105						39.5	27		7.3	Mk	Turkey:Ayvalik; Greece:Khios	土耳其:艾伐利克;希腊:俄斯	* Song
105						38.8	23.1		6.6	Ms	Greece:Lamia	希腊:拉米亚	GSHAP
110						36.2	36		6.4	Ms	Syria:Aleppo	叙利亚:阿勒颇	GSHAP
115	12	13				36.1	36.1		7.5	Ms	Turkey:Hatay	土耳其:哈塔伊	* NOAA
117	11	10				40.4	28	14	6.1	Ms	Turkey:Manyas	土耳其:马尼亚斯	GSHAP
120	11	10				40.7	29.1		7.2	Ms	Turkey:Istanbul	土耳其:伊斯坦布尔	GSHAP,NOAA
121						40.6	29.9	15	5.8	Ms	Turkey:Bahçecik	土耳其:巴赫切吉克	GSHAP
122						40.6	29.9		5.8	Ms	Turkey:Bahçecik	土耳其:巴赫切吉克	Turkey
123						35.8	129.2		6.3	Ms	South Korea:Kyongju	韩国:庆州	*
128	2	22				34.7	105.4		6.5	Ms	China:Gansu,Gangu	中国:甘肃甘谷	* China
138	2	28				35.8	103.5		6.75	Ms	China:Gansu,Lintao,NW.	中国:甘肃临洮西北	* China
139						39.8	44.6	15	5.7	Ms	Turkey:Aralik	土耳其:阿拉勒克	GSHAP

年 Year	月 Mo	日 Dy	时 Hr	分 Mn	秒 Sec	纬度(°) Latitude	经度(°) Longitude	深度 Depth	震级 Mag	标度 Scale	地名(英文) Name(English)	地名(中文) Name(Chinese)	资料来源 Information
142						36.7	28		7.6	Ms	Greece:Rhodes Island	希腊:罗德岛	* GSHAP,NOAA
143	10					35	104		7	Ms	China:Gansu,Longxi	中国:甘肃陇西	* China
144	2	15				37.7	139.4		6.1	Mk	Japan:Niigata	日本:新潟	Japan,Song
144	10	25				38.6	112.6		5.5	Ms	China:Shanxi,Xinzhou	中国:山西忻州	China
155						36.5	28.5	100	7	Mk	Greece:Dodecanese Islands	希腊:多德卡尼斯群岛	* Song
160						40.1	27.4		7.4	Ms	Turkey:Yenice, Onon	土耳其:图穆鲁斯,森扁	GSHAP
161						34.7	40.7	18	6	Ms	Syria:Dayr Az – Zawr	叙利亚:代尔祖尔	GSHAP
170	5	3				40.3	28.7	15	6.5	Ms	Turkey:Iznik,Izmit	土耳其:伊兹尼克,伊兹米特	GSHAP
170						39	24.5		6.3	Mk	Aegean Sea	爱琴海	* Song
173	6	28				37.5	120		7	Mk	China:Bohai Sea	中国:渤海	* NOAA,Song
177						38.6	26.65		5.9	Mk	Turkey:Izmir;Aegean Islands	土耳其:伊兹密尔,爱琴群岛	* Song
177						38	15		6.7	Mk	Italy:Sicilia Island	意大利:西西里岛	NOAA,Song
178						38.3	27.1		6.5	Ms	Turkey:Izmir	土耳其:伊兹密尔	GSHAP
180	9					39.4	99.5		7.5	Ms	China:Gansu,Gaotai,W.	中国:甘肃高台西	* China
181	5	3				40.8	30		6.6	Ms	Turkey:Izmit	土耳其:伊兹米特	GSHAP
200						51.83	103.31	15	7.4	Ms	Russia:Irkutsk,Slyudyanka	俄罗斯:伊尔库茨克州斯柳江卡	GSHAP
217						40.5	19.5		6.1	Ms	Albania:Vlore	阿尔巴尼亚:发罗拉	GSHAP
241						37.7	28.9		6.6	Ms	Turkey:Denizli	土耳其:丹兹利	GSHAP
242						37.3	36.5	45	7.5	Ms	Turkey:Osmaniye	土耳其:奥斯曼尼耶	GSHAP
243						45.3	11		5.3	Muk	Italy:Verona,Benaco	意大利:维罗那,贝纳科	*
251	7	9				35.5	25.5		7	Mk	Greece:Crete Island	希腊:克里特岛	* Song
253	7	9				39.1	27.2		7.3	Mk	Turkey:Izmir	土耳其:伊兹密尔	* Song
253						39.11	27.2		5.8	Ms	Turkey:Bergama	土耳其:贝尔加马	Turkey
258						42	12.5		6.7	Mk	Italy:Tyrrhenian Sea	意大利:第勒尼安海	NOAA,Song
262						32.8	21.9		6.7	Mk	Libya:Albayda	利比亚:贝达	* NOAA,Song
268						40.7	29.9		6.3	Ms	Turkey:Bahçecik	土耳其:巴赫切吉克	GSHAP
275						45.2	36.5	20	6.4	Ms	Ukraine:Kerch	乌克兰:刻赤	GSHAP
294	7					32.6	116.8		5.5	Ms	China:Anhui,Shouxian	中国:安徽寿县	* China
294	9					40.5	116		6	Ms	China:Beijing,Yanqing,E.	中国:北京延庆东	* China
294	12					33.7	114.2		5.5	Ms	China:Henan,Xiangcheng,E.	中国:河南襄城东	China
304	9					35.8	129.2		5	Ms	South Korea:Kyongju	韩国:庆州	Korea
304	10					35.5	129.1		6.3	Muk	South Korea:Kyongju	韩国:庆州	* Korea
306						33.2	35.1		6.5	Mk	Lebanon:Sur (Tyre), Sayda (Saida)	黎巴嫩:苏尔,塞达	* Song
315	2					36.1	111.5		5	Ms	China:Shanxi,Linfen	中国:山西临汾	China
315						31.5	35.5		6.7	Mk	Israel:Hebron;Dead Sea	以色列:希布伦;死海	NOAA,Song
319	1					29	115		5.5	Ms	China:Jiangxi,Wuning	中国:江西武宁	China
319	6	18				34.3	105.3		5	Ms	China:Gansu,Tianshui,S.	中国:甘肃天水南	* China
324	8	6				40.5	14.5		6	Mk	Italy:Campania	意大利:坎佩尼亚	* Song
330						35	34	14	6.3	Ms	Cyprus:Gazimağusa	塞浦路斯:法马古斯塔	GSHAP
330						40	25		7	Ms	Greece:Aegean Islands	希腊:爱琴群岛	NOAA
334						41.2	19.3		6.1	Ms	Albania:Durres	阿尔巴尼亚:都拉斯	* GSHAP
334						36.9	27.4		6.6	Ms	Turkey:Bodrum	土耳其:博得卢姆	GSHAP
334						36.1	36.2	16	7	Ms	Syria:Aleppo	叙利亚:阿勒颇	GSHAP
335						40.6	36.9		6.4	Ms	Turkey:Niksar	土耳其:尼克萨尔	GSHAP
337						35	33	20	7	Ms	Cyprus:Nicosia,W.	塞浦路斯:尼科西亚西部	GSHAP
340						36.1	36.1		6.5	Mk	Turkey:Hatay	土耳其:哈塔伊	* Song
341						36.2	36.1		5.5	Mk	Turkey:Hatay	土耳其:哈塔伊	* Song
342						41.2	19.3		6.2	Mk	Albania:Durres	阿尔巴尼亚:都拉斯	* Song
342						36.2	36.1		7.7	Mk	Turkey:Hatay	土耳其:哈塔伊	* Song
344	4	11				40.5	14.5		6	Mk	Italy:Campania	意大利:坎佩尼亚	* Song
344	12					35.4	114.3		6	Ms	China:Henan,Weihui	中国:河南卫辉	* China
344						40.3	26.5		7.2	Mk	Turkey:Umurbey	土耳其:乌穆尔贝伊	* NOAA,Song
344						36.3	28.3		6.5	Ms	Greece:Dodecanese Islands	希腊:多德卡尼斯群岛	GSHAP
345						40.6	36.9		5.8	Ms	Turkey:Niksar	土耳其:尼克萨尔	Turkey
346						41.4	19.4		6.8	Ms	Albania:Durres	阿尔巴尼亚:都拉斯	GSHAP,NOAA
346						41.38	14.43		6	Ms	Italy:Sannio	意大利:桑尼奥	Italy
348						33.9	35.5		6.8	Mk	Lebanon:Bayrut (Beirut)	黎巴嫩:贝鲁特	* NOAA,Song
350	10					41	30		7.3	Mk	Turkey:Izmit	土耳其:伊兹米特	* Song
355						40.7	29.7		6.5	Mk	Turkey:Izmit,Nicomedia	土耳其:伊兹米特,尼可米迪亚	* Song
358	8	24				40.8	29.9		6.3	Mk	Turkey:Iznik,Izmit	土耳其:伊兹尼克,伊兹米特	* Song
361						41.6	21.5		7.1	Mk	Macedonia:Prilep	马其顿:普里莱普	* Song
361						38.4	22.6		6.9	Ms	Greece:Desfina	希腊:泽斯菲纳	GSHAP
361						37.5	14		6.6	Ms	Italy:Sicilia Island	意大利:西西里岛	Italy
362	5	24				31.3	35.6		6.4	Ms	Jordan:Al – Karak	约旦:卡拉克	* NOAA
362	12	2				41	29.5		7.3	Mk	Turkey:Gebze	土耳其:盖布泽	* Song
363	2	1				41.04	28.98		5.8	Ms	Turkey:Istanbul	土耳其:伊斯坦布尔	Turkey
365	7	21				35	23	70	8.3	Ms	Greece:Crete,Knossos	希腊:克里特岛,克诺撒斯	* Turkey,NOAA
366	3					37.9	102.6		5	Ms	China:Gansu,Wuwei,W.	中国:甘肃武威西部	China
367	10	11				40.7	29.7		6.3	Mk	Turkey:Iznik,Nicaea	土耳其:伊兹尼克,尼西亚	* Song

年 Year	月 Mo	日 Dy	时 Hr	分 Mn	秒 Sec	纬度(°) Latitude	经度(°) Longitude	深度 Depth	震级 Mag	标度 Scale	地名(英文) Name(English)	地名(中文) Name(Chinese)	资料来源 Information
367						35	30	150	8.3	Ms	Mediterranean Sea	地中海	GSHAP
368	10	11				40.5	29.6		6.4	Ms	Turkey: Bursa	土耳其:布尔萨	* GSHAP, NOAA
368	10	11				39.5	22.5		6.3	Mk	Greece: Nikea	希腊:尼基亚	* Song
368						40.5	29.6		6.8	Ms	Turkey: Marmara Sea	土耳其:马尔马拉海	* GSHAP
369						41.1	14.8		6	Mk	Italy: Benevento	意大利:贝内文托	* Song
370						38.1	28.9		6.5	Ms	Turkey: Denizli, Burdur	土耳其:丹兹利,布尔杜尔	GSHAP
372	8					36.6	101.8		5	Ms	China: Qinghai, Xining	中国:青海西宁	China
374						38.1	15.65		6.3	Ms	Italy: Reggio Calabria	意大利:卡拉布里亚雷焦	Italy
375	7	12				35.6	24.8		7.8	Ms	Greece: Crete Island	希腊:克里特岛	GSHAP
375						41.13	14.78		6	Ms	Italy: Benevento	意大利:贝内文托	Italy
382						37	-10		7	Mk	Portugal: Coast SW.	葡萄牙:西南海域	* NOAA, Song
394						35.8	36.3	32	7.1	Ms	Syria: Idlib	叙利亚:伊德利卜	* GSHAP
396						36.1	36.1		6.5	Mk	Turkey: Hatay	土耳其:哈塔伊	* Song
400						42.9	41	10	5.5	Ms	Black Sea	黑海	GSHAP
406	6					36.1	104.1		6	Ms	China: Gansu, Yuzhong	中国:甘肃榆中北部	China
407	4	1				40.2	28		6.6	Ms	Turkey: Balikesir, N.	土耳其:巴勒克西尔北部	* NOAA
408						36.8	118.3		5	Ms	China: Shandong, Linzi	中国:山东临淄	China
412						37.067	10.067		7.3	Mk	Tunisia: Rafraf	突尼斯:赖夫拉夫	* Song
416	8	23				34.6	135.7		6.1	Mk	Japan: North of Nara	日本:奈良北部	Japan, Song
416						34.5	105.6		5	Ms	China: Gansu, Tianshui	中国:甘肃天水	China
417						37.2	29.9		6.5	Ms	Turkey: Korkuteli	土耳其:科尔库泰利	GSHAP
419						31.2	34.2		6.3	Mk	Egypt: Yamit	埃及:耶米特	* Song
419						41.6	120.4		5.5	Ms	China: Liaoning, Chaoyang	中国:辽宁朝阳	China
425						31.9	34.9		7.3	Mk	Israel: Ramla	以色列:拉姆拉	* Song
426						38.8	22.8		6.7	Mk	Greece: Lamia	希腊:拉米亚	* NOAA, Song
427						40.5	46.5	12	6.7	Muk	Azerbaijan: Gəncə	阿塞拜疆:占贾	*
427						41.04	28.98		5.8	Ms	Turkey: Istanbul	土耳其:伊斯坦布尔	Turkey
430						41.04	28.98		6.4	Ms	Turkey: Istanbul	土耳其:伊斯坦布尔	GSHAP
437	9	25				41.1	29		6.5	Ms	Turkey: Istanbul	土耳其:伊斯坦布尔	GSHAP
438						35.5	25.5		7	Mk	Greece: Crete Island	希腊:克里特岛	* Song
440	10	26				41	29	15	5.8	Ms	Turkey: Istanbul	土耳其:伊斯坦布尔	* GSHAP
447	1	26				40.9	28.5		7.3	Ms	Turkey: Marmara Sea	土耳其:马尔马拉海	* * NOAA, GSHAP
447	11	8				40.7	29.3		6.4	Ms	Turkey: Istanbul	土耳其:伊斯坦布尔	* GSHAP
447						40.5	28	40	8	Ms	Turkey: Manyas	土耳其:马尼亚斯	GSHAP
447						31.5	35.1		6.5	Mk	Israel: Hebron	以色列:希布伦	* * Song
448	9	6				35	25		7	Mk	Greece: Crete Island	希腊:克里特岛	* Song
448	11	6				34.8	24.8		7.2	Ms	Greece: Crete Island	希腊:克里特岛	GSHAP
457						36.1	36.1		7.3	Mk	Turkey: Hatay	土耳其:哈塔伊	* Song
458	3					35.9	129.3		5.5	Ms	South Korea: Kyongju	韩国:庆州	GSHAP, Korea
458	9					36.2	36.4	20	7.7	Ms	Turkey: Hatay	土耳其:哈塔伊	* GSHAP
459						36.7	27.3		6.6	Ms	Turkey: Bodrum	土耳其:博得卢姆	GSHAP
460	7	22				20.3	100		8.5	Mk	Thailand: Mae Chan	泰国:湄占	* Song
460						40.4	27.9		6.3	Ms	Turkey: Manyas	土耳其:马尼亚斯	GSHAP
462	8	17				34.8	117		6.5	Ms	China: Shandong, Yanzhou, S.	中国:山东兖州南	China
464						40.4	27.8	16	7.3	Ms	Turkey: Marmara Sea	土耳其:马尔马拉海	GSHAP
470						44.4	4.3		6.3	Mk	France: Vienne, Vivarais	法国:维也纳,维瓦赖	* Song
476						36.4	28.3		6.7	Ms	Greece: Dodecanese Islands	希腊:多德卡尼斯群岛	GSHAP
477	9	25				40.9	28.8	16	7	Ms	Turkey: Istanbul	土耳其:伊斯坦布尔	* GSHAP
478	9	25				41	29		6.1	Mk	Turkey: Istanbul	土耳其:伊斯坦布尔	* NOAA, Song
478	9					41.04	28.98		6.4	Ms	Turkey: Istanbul	土耳其:伊斯坦布尔	GSHAP
478						40.3	26.6		7	Ms	Turkey: Canakkale	土耳其:恰纳卡莱	GSHAP
488	9	26				40.8	29.4		7	Ms	Turkey: Gebze	土耳其:盖布泽	GSHAP
494						34.3	35.5		7.3	Mk	Lebanon: Tarabulus (Tripolis)	黎巴嫩:塔拉布卢斯(黎波里)	* Song
494						38	29		6.6	Ms	Turkey: Denizli	土耳其:登尼资里	GSHAP
495	4	1				36.8	121.6		5.5	Ms	China: Shandong, Rushan, SE.	中国:山东乳山东南	China
499						40.4	37.6		6.4	Ms	Turkey: Almus	土耳其:阿尔穆斯	GSHAP
500						42.7	76.5	20	6.7	Muk	Kazakhstan: Almaty	哈萨克斯坦:阿拉木图	*
500						36.3	36.2	35	7.3	Ms	Turkey: Hatay	土耳其:哈塔伊	GSHAP
501						39	125.3		6.3	Muk	North Korea: Pyongyang	朝鲜:平壤	*
502						39	125.8		5	Ms	North Korea: Pyongyang	朝鲜:平壤	GSHAP
506						41.3	19.6		6.3	Ms	Albania: Durres	阿尔巴尼亚:都拉斯	GSHAP
510	6					35.5	129.1		6.3	Muk	South Korea: Kyongju	韩国:庆州	* Korea
512	5	23				38.9	112.8		7.5	Ms	China: Shanxi, Yuanping	中国:山西原平	* China
515						36.4	28.2		6.4	Ms	Greece: Dodecanese Islands	希腊:多德卡尼斯群岛	GSHAP
518						42	21.4		7	Ms	Macedonia: Skopje, Stamer	马其顿:斯科普里,斯坦莫	* GSHAP
521						41.2	19.6		6.3	Ms	Albania: Durres	阿尔巴尼亚:都拉斯	* GSHAP
521						37	36.5	40	7.4	Ms	Turkey: Osmaniye	土耳其:奥斯曼尼耶	GSHAP
522						41.2	19.3		6.2	Mk	Albania: Durres	阿尔巴尼亚:都拉斯	* Song
522						36.2	36.1		7.3	Mk	Syria: Aleppo	叙利亚:阿勒颇	* Song

年 Year	月 Mo	日 Dy	时 Hr	分 Mn	秒 Sec	纬度(°) Latitude	经度(°) Longitude	深度 Depth	震级 Mag	标度 Scale	地名(英文) Name(English)	地名(中文) Name(Chinese)	资料来源 Information
525	5	29				36.25	36.1	40	7.9	Ms	Turkey: Antakya, Samandag	土耳其:哈塔伊,沙满列	* GSHAP
527						40.1	20.8		7	Mk	Greece: Jannina (Epirus)	希腊:伊庇鲁斯	* Song
528	11	29				36.25	36.1		7.1	Ms	Turkey: Hatay	土耳其:哈塔伊	*
528						36.23	36.1		7.5	Ms	Turkey: Hatay	土耳其:哈塔伊	GSHAP
528						40.65	35.85	15	5.8	Ms	Turkey: Merzifon	土耳其:梅尔济丰	GSHAP
530						36.2	30		6.5	Ms	Mediterranean Sea	地中海	GSHAP
533	11	29				36.1	37.1		7.7	Mk	Syria: Halab (Aleppo)	叙利亚:阿勒颇	* Song
535	1	5				36.2	36.3	15	6.3	Ms	Syria: Aleppo	叙利亚:阿勒颇	GSHAP
542	8	16				41.04	28.98		6.4	Ms	Turkey: Istanbul	土耳其:伊斯坦布尔	GSHAP
542	9	6				40.3	27.8		6.8	Ms	Turkey: Balikesir, N.	土耳其:巴勒克西尔北部	* NOAA
543	9	6				40.39	27.8		7	Ms	Turkey: Marmara Sea	土耳其:马尔马拉海	GSHAP, NOAA
543						38	22.8		6.2	Ms	Greece: Argolida	希腊:阿尔戈利斯	GSHAP
550						40.9	28.5	25	7.2	Ms	Turkey: Marmara Sea	土耳其:马尔马拉海	GSHAP
551	7	7				38.4	22.3		7.1	Ms	Greece: Patrai	希腊:帕特雷	* NOAA
551	7	9				33.9	35.5		7.8	Ms	Lebanon: Bayrut (Beirut)	黎巴嫩:贝鲁特	* NOAA
551						38.4	22.7		7	Ms	Greece: Antikyra	希腊:安迪基拉	GSHAP
552	5					38.4	22.4		7.2	Ms	Greece: Itea Gulf	希腊:伊泰阿海湾	NOAA
552	7	9				36.1	37.1		7.3	Mk	Syria: Halab (Aleppo)	叙利亚:阿勒颇(阿勒颇)	* Song
552						41	20.8		6.6	Ms	Greece: Jannina (Epirus)	希腊:伊庇鲁斯	GSHAP
553	7	9				33.9	35.5		7.3	Mk	Lebanon: Bayrut (Beirut)	黎巴嫩:贝鲁特	* Song
554	8	15				36.5	27.5		7	Ms	Greece: Dodecanese Islands	希腊:多德卡尼斯群岛	* NOAA
554	8	16				41	29	15	5.8	Ms	Turkey: Istanbul	土耳其:伊斯坦布尔	GSHAP
554						40.77	29.9		6.4	Ms	Turkey: Bahçecik	土耳其:巴赫切吉克	GSHAP
555	8	15				41.04	28.98		7	Mk	Turkey: Istanbul	土耳其:伊斯坦布尔	* GSHAP
556	8					36.8	27.3		7	Ms	Turkey: Bodrum	土耳其:博得卢姆	GSHAP
557	7	9				36.1	36.1		7.3	Mk	Turkey: Hatay	土耳其:哈塔伊	* Song
557	10	14				40.9	27.6		7	Ms	Turkey: Marmara Sea	土耳其:马尔马拉海	* NOAA
558	12	14				40.9	28.8		7	Ms	Turkey: Marmara Sea	土耳其:马尔马拉海	* NOAA
558	12	25				43.6	13.5		6	Mk	Italy: Ancona	意大利:安科纳	* Song
558						37.1	27.7		7	Ms	Turkey: Mumcular	土耳其:蒙朱拉尔	NOAA
561						37.2	35.9		6.4	Ms	Turkey: Kozan	土耳其:科赞	GSHAP
565						36.2	36.1		7.7	Mk	Turkey: Hatay	土耳其:哈塔伊	* Song
567						45.6	15.3	16	6	Ms	Slovenia: Novo Mesto	斯洛文尼亚:新梅斯托	* GSHAP
574						37.9	102.6		5.5	Ms	China: Gansu, Wuwei, W.	中国:甘肃武威西部	China
579						36	36		6.3	Mk	Turkey: Hatay	土耳其:哈塔伊	* Song
580						38	22.8		6.3	Ms	Greece: Argolida	希腊:阿尔戈利斯	GSHAP
581	7	9				36.1	36.1		6.5	Mk	Turkey: Hatay	土耳其:哈塔伊	* Song
587	9	30				36.1	36.1		7.7	Mk	Turkey: Hatay	土耳其:哈塔伊	* Song
597						40.9	24.3		6.8	Ms	Greece: Kavala	希腊:卡瓦拉	GSHAP
599	5	28				34.6	135.7		7	Ms	Japan: Nara	日本:奈良	Japan, Usami
600	12	16				34.5	106.5		6	Ms	China: Gansu, Tianshui	中国:甘肃天水	China
611						41.04	28.98		5.8	Ms	Turkey: Istanbul	土耳其:伊斯坦布尔	Turkey
614						41	15		6	Mk	Italy: Ariano Irpino	意大利:阿维利诺	* Song
620						40.7	23.5		7	Ms	Greece: Chalkidiki	希腊:哈尔基迪基	GSHAP
624	8	18				27.9	102.2		6	Ms	China: Sichuan, Xichang	中国:四川西昌	China
627						24.05	39.583		5.5	Ms	Saudi Arabia: Al Madinah	沙特阿拉伯:麦地那	GSHAP
634						36.3	36.8	15	6.3	Ms	Syria: Aleppo	叙利亚:阿勒颇	GSHAP
634						38	46.2		6.3	Mk	Iran: Tabriz	伊朗:大不里士	* Song
638	2	14				32.8	103.4		5.75	Ms	China: Sichuan, Songpan, NW.	中国:四川松潘西北	China
649	9	15				36.1	111.5		6.75	Ms	China: Shanxi, Linfen	中国:山西临汾	* China
650						42.6	47.7	20	6.1	Ms	Russia: Dagestan, Izberbash	俄罗斯:达吉斯坦共和国伊兹别尔巴什	GSHAP
662	4	26				35.3	54		7.7	Mk	Iran: Semnan, Damghan	伊朗:塞姆南,达木罕	* Song
664	9	12				35.5	129.1		6.3	Muk	South Korea: Kyongju	韩国:庆州	*
667						40.7	23.2		6.5	Ms	Greece: Thessalonika	希腊:萨罗尼加	GSHAP
668	3					39	125.8		5.3	Ms	North Korea: Pyongyang	朝鲜:平壤	Korea
678						38.2	39.5	20	7.6	Ms	Turkey: Diyarbakir	土耳其:迪亚巴克尔	GSHAP
678						35	43.5		6.3	Mk	Iraq: Laqlaq	伊拉克:莱格莱格	* Song
679	1					32.7	130.4		6.7	Ms	Japan: Shimabara	日本:长崎岛原	Japan, Usami
684	11	29				32.5	134		8.4	Muk	Japan: Shikoku, Near Coast	日本:四国近海	* Usami, NOAA
688						38.4	27.2		7	Mk	Turkey: Izmir	土耳其:伊兹密尔	* Song
692	3					37.4	117.7		5	Ms	China: Shandong, Huimin, SE.	中国:山东惠民东南	China
700						40.7	23.1		6.6	Ms	Greece: Thessalonika	希腊:萨罗尼加	GSHAP
701	5	12				35.7	135.4		7	Ms	Japan Sea	日本海	* NOAA
701	8	16				33	121		6	Ms	China: South Yellow Sea	中国:南黄海	China
704	8	2				33.8	136.7		7	Ms	Japan: Shingu, Near Coast	日本:和歌山新宫近海	* NOAA
710						35.9	129.3		5	Ms	South Korea: Kyongju	韩国:庆州	GSHAP
712	2	19				37.3	112.2		5.5	Ms	China: Shanxi, Qixian	中国:山西祁县	China
713	3	20				35.7	36.3	30	7.4	Ms	Syria: Idlib	叙利亚:伊德利卜	* GSHAP

年	月	日	时	分	秒	纬度(°)	经度(°)	深度	震级	标度	地名(英文)	地名(中文)	资料来源
Year	Mo	Dy	Hr	Mn	Sec	Latitude	Longitude	Depth	Mag	Scale	Name(English)	Name(Chinese)	Information
713						36.2	36.1		5.5	Mk	Turkey:Hatay	土耳其:哈塔伊	* * Song
715	7	4				35.1	137.9		6.4	Ms	Japan:Tenryu	日本:静冈滨松天龙区	Japan,Usami
715	7	5				34.7	137.4		6.7	Ms	Japan:Aichi	日本:爱知	Japan
715						40.4	28.9		7	Ms	Turkey:Iznik	土耳其:伊兹尼克	* Turkey
716	8	25				36	36		5.9	Mk	Turkey:Hatay	土耳其:哈塔伊	* Song
725						44.4	12.22		5.57	Ms	Italy:Forli´	意大利:弗利	Italy
732						41.04	28.98		5.8	Ms	Turkey:Istanbul	土耳其:伊斯坦布尔	Turkey
734	3	23				34.6	105.6		7	Ms	China:Gansu,Tianshui	中国:甘肃天水	* China
734	5	18				34.3	136.1		7	Ms	Japan:Nara,Kinki	日本:奈良,近畿	Japan,Usami
734						31.6	60.5		6.5	Ms	Iran:Nehbandan	伊朗:内赫班丹	Afghan
735	6	21				39.7	45.5	16	6.5	Ms	Armenia:Gavar (Kamo)	亚美尼亚:卡莫	* Iran
735	7	3				39.7	45.5	16	5.8	Ms	Armenia:Yerevan(Erivan)	亚美尼亚:耶烈万(叶里温)	GSHAP
735	7	21				39.7	45.6	16	6.5	Ms	Armenia:Gavar (Kamo)	亚美尼亚:卡莫	GSHAP
740	10	26				41	28.8	25	7.3	Ms	Turkey:Istanbul	土耳其:伊斯坦布尔	* GSHAP,NOAA
742						35	38		6.3	Mk	Syria:Ar Raqqah	叙利亚:拉卡	* Song
742						15.4	45.45		5.5	Ms	Yemen:Sanaa,E.	也门:萨纳东部	GSHAP
743						42.1	48.2	20	5.5	Ms	Caspian Sea	里海	*
743						35.3	52.1		7.2	Ms	Iran:Garmsar	伊朗:加姆萨尔	* Iran
744	6	30				35.1	139.5		6.4	Ms	Japan:Sagami Bay	日本:相模湾	* Japan,NOAA
745	6	5				34.8	135.5		7.9	Ms	Japan:Toyonaka	日本:大阪丰中	* Usami
745	6	9				34.6	135.3		6.5	Ms	Japan:Osaka	日本:大阪	* NOAA
746	1	18				32	35.5		7	Muk	Israel:Jerusalem	以色列:耶路撒冷	* NOAA
748	8	31				33.5	36.3		5.9	Mk	Syria:Dimashq (Damascus)	叙利亚:大马士革	* Song
749	1	25				35	43.5		7.3	Mk	Iraq:Jazirah,NE. of Tharthar River	伊拉克:贾兹拉,塞尔萨尔河东北	* Song
756	11	27				39.2	99.5	20	6	Ms	China:Gansu,Sunan,NW.	中国:甘肃肃南西北	GSHAP
756	12	1				39.2	99.5		6	Ms	China:Gansu,Sunan,NW.	中国:甘肃肃南西北	China
758						31.2	34.2		5.9	Mk	Egypt:Yamit	埃及:耶米特	* Song
762	6	9				35.6	137.3		7.4	Ms	Japan:Gifu	日本:岐阜	Japan,Usami
762						26.6	56.2		6.3	Mk	Iran:Qeshm Island	伊朗:格什姆岛	* * Song
763						33.3	59.3	16	7.6	Ms	Iran:Birjand	伊朗:比尔詹德	* GSHAP
765						35.2	60.4	25	7.5	Ms	Iran:Razavi Khorasan	伊朗:呼罗珊	* *
766	7	20				31.6	130.7		6.5	Muk	Japan:Kagoshima	日本:鹿岛	* NOAA
768	9					35.8	129.2		5.3	Ms	South Korea:Kyongju	韩国:庆州	GSHAP,Korea
771	7	13				35.9	132.2		6.5	Mk	Japan Sea	日本海	Japan,Song
775						36.5	36.7	30	6.7	Ms	Syria:Aleppo	叙利亚:阿勒颇	GSHAP
777						37.8	115.2		6	Ms	China:Hebei,Ningjin,NE.	中国:河北宁晋东北	* China
778						45.4	12.2		5.6	Muk	Italy:Treviso	意大利:特雷维索	*
779	4					35.5	129.1		6.3	Muk	South Korea:Kyongju	韩国:庆州	* Korea
780	3	17				41	28.9		6.7	Ms	Turkey:Istanbul	土耳其:伊斯坦布尔	GSHAP
787						35.9	129.3		5	Ms	South Korea:Kyongju	韩国:庆州	GSHAP
788	1	14				34.5	110.5		5.25	Ms	China:Henan,Lingbao	中国:河南灵宝	China
788	3	12				32.4	109.9		6.5	Ms	China:Hubei,Fangxian,NW.	中国:湖北房县西北	* China
791						36.2	36.7	30	6.8	Ms	Syria:Idlib	叙利亚:伊德利卜	GSHAP
792	2					46	14.5	18	6	Ms	Slovenia:Ljubljana	斯洛文尼亚:卢布尔雅那	GSHAP
792	4	30				45.5	11		7	Mk	Italy:Verona	意大利:维罗那	* NOAA,Song
793	5	31				34.5	109.7		6	Ms	China:Shaanxi,Huaxian	中国:陕西华县	China
796	4	7				35	25	100	7	Mk	Greece:Crete Island	希腊:克里特岛	* Song
799	9	18				34.2	142		7	Ms	Japan Trench	日本海沟	NOAA,Japan,Usami,Song
800						36.2	23.2		6.6	Mk	Greece:Ionian Sea	希腊:伊奥尼亚海	NOAA,Song
800						35.7	38.7	12	6.5	Ms	Syria:Ar Raqqah	叙利亚:拉卡	GSHAP
801	4	30	1			41.9	12.48		5.37	Ms	Italy:Roma (Rome)	意大利:罗马	* Italy
802	5	31				45.4	11.9		6	Mk	Italy:Padova	意大利:帕多瓦	* Song
803	12	19				36.95	35.6		6.7	Mk	Turkey:Gulf of Iskenderun	土耳其:伊斯肯德伦湾	* NOAA,Song
805	12	2				29.5	60.5		7	Ms	Iran:Zāhedān	伊朗:扎黑丹	Afghan,Iran
811						56.3	-2.8		7	Mk	England:Scotland:St Andrews	英国:苏格兰:圣安德鲁	* Song
814	4	6				27.9	102.2		7	Ms	China:Sichuan,Xichang	中国:四川西昌	* China
815						41	28.5	25	7.6	Ms	Turkey:Istanbul	土耳其:伊斯坦布尔	GSHAP
815						29.5	60.5		7	Ms	Iran:Zāhedān	伊朗:扎黑丹	Afghan
818	1	27				36.5	66.5		6.3	Mk	Afghan:Balkh,Fariab	阿富汗:巴尔赫,法里亚布	* * Song
818	5	15				36.8	66.2	50	7.5	Ms	Afghan:Kazahkstan	阿富汗:朱兹詹	*
818	7	9				36	60		6.3	Mk	Iran:Mashhad	伊朗:马什哈德	* * Song
818	8					35.2	139.3		7.9	Ms	Japan:Odawara	日本:神奈川小田原	* Usami,NOAA
819	6					36.4	65.4		7.4	Ms	Afghan:Maymana	阿富汗:迈马纳	Afghan
819	6					39.3	45.4		7.4	Ms	Azerbaijan:Naxçivan	阿塞拜疆:纳希切万	Iran
827	8	11				34.9	135.6		6.7	Ms	Japan:Kyoto	日本:京都	Japan,Usami
827						14.1	44.7		5.5	Ms	Yemen:Taizz	也门:塔伊兹	GSHAP
830	2	3				39.8	140.1		7.4	Ms	Japan:Akita	日本:秋田	Japan,Usami
835	1	5				36	36	14	6.1	Mk	Turkey:Hatay	土耳其:哈塔伊	* GSHAP

年 Year	月 Mo	日 Dy	时 Hr	分 Mn	秒 Sec	纬度(°) Latitude	经度(°) Longitude	深度 Depth	震级 Mag	标度 Scale	地名(英文) Name(English)	地名(中文) Name(Chinese)	资料来源 Information
838	11	23				40.4	71.3		7.7	Mk	Uzbekistan:Fergana	乌兹别克斯坦:费尔干纳	* Song
838						40.4	71.8	10	5.3	Ms	Uzbekistan:Fergana	乌兹别克斯坦:费尔干纳	GSHAP
840	7					35.2	60.4	15	6.5	Ms	Iran:Razavi Khorasan	伊朗:呼罗珊	GSHAP
840						31.3	48.8		6.5	Ms	Iran:Ahwaz	伊朗:阿瓦士	Iran
841	3	13				36.6	137.8		6.7	Ms	Japan:Nagano	日本:长野	Japan,Usami
841	6					35.1	138.9		7	Ms	Japan:Shizuoka	日本:静冈	Japan,Usami
842	10	24				49.5	-2.5		7	Mk	England:Guernsey Islands	英国:根西岛	* NOAA,Song
844	9	18				33.5	36.3		7.7	Mk	Syria:Dimashq (Damascus)	叙利亚:大马士革	* Song
845	9	6				36.2	43.1		7.7	Mk	Iraq:Al - Mawsil (Mosul)	伊拉克:匀斯离(摩苏尔)	* Song
846						36.1	36.1		6.3	Mk	Turkey:Hatay; Syria:Aleppo	土耳其:哈塔伊;叙利亚:阿勒颇	* Song
847	6					41.48	14.27		6	Ms	Italy:Molise	意大利:莫利塞	* Italy
847	11	24				33.5	36.3		5.9	Mk	Syria:Dimashq (Damascus)	叙利亚:大马士革	* Song
847						36.21	42.08		7.7	Mk	Iraq:Al - Mawsil(Mosul)	伊拉克:匀斯离(摩苏尔)	* Song
849	10	24				40.8	109.8		7	Ms	China:Inner Mongolia,Baotou	中国:内蒙包头	China
849						34.3	62.2		5.3	Ms	Afghan:Heart	阿富汗:赫拉特	Afghan
850	7	15				35.3	51.2		7.7	Mk	Iran:Tehran,Mahmudabad	伊朗:德黑兰,马哈茂达巴德	* Song
850	11	27				39	139.9		7	Ms	Japan:Yamagata	日本:山形	* Usami,NOAA
851						40	44.6	10	5.2	Ms	Armenia:Yerevan(Erivan)	亚美尼亚:耶烈万(叶里温)	*
853	8	31				38.18	15.55		6.3	Ms	Italy:Messina	意大利:梅西纳	Italy
853						36.2	58.8	10	5.8	Ms	Iran:Neyshabur	伊朗:内沙布尔	GSHAP
853						41.5	14.5		6	Mk	Italy:Boiano	意大利:波亚诺	* Song
854	6	2				35.7	10.1		7.3	Mk	Tunisia:Kairouan,Tunis	突尼斯:凯鲁万,突尼斯	* Song
854						50.1	3.1		6.1	Mk	France:Cambrai,Tournai,Mayence	法国:坎布雷,图尔奈,马恩斯	* Song
854						40	45		7	Mk	Armenia:Yerevan(Erivan)	亚美尼亚:耶烈万(叶里温)	* Song
855	5	22				35.3	51.2		7.1	Ms	Iran:Tehran,Mahmudabad	伊朗:德黑兰,马哈茂达巴德	* Iran
855	6	26				34.7	135.8		7	Mk	Japan:Nara,Kii	日本:奈良,纪伊	Japan,NOAA,Song
855						38.1	46.3	15	5.3	Ms	Iran:Tabriz	伊朗:大不里士	GSHAP
855						35.6	51.5	10	6.1	Ms	Iran:Tehran	伊朗:德黑兰	GSHAP
856	1					40	44.6	10	5.3	Muk	Armenia:Yerevan(Erivan)	亚美尼亚:耶烈万(叶里温)	*
856	12	3				36.8	10.2		7.7	Mk	Tunisia:Tunis	突尼斯:突尼斯	* Song
856	12	3				35	58		6.3	Mk	Iran:Razavi Khorasan	伊朗:呼罗珊	* Song
856	12	22				35.9	54		7.9	Ms	Iran:Semnan,Dāmghān	伊朗:塞姆南,达姆甘	* Iran
856	12					37.9	22.9		7.7	Mk	Greece:Korinthos,Patrai (Patras)	希腊:科林斯,帕特雷	* Song
856						35.1	135.8		6.4	Ms	Japan:Kyoto	日本:京都	Japan,Usami
857	4	4				40.3	140.6		7	Ms	Japan:Odate	日本:秋田大馆	Japan,Usami
857	4					30	31.1		5.9	Mk	Egypt:Al - Qahirah (Cairo)	埃及:开罗	* Song
858	1					40	44.6	10	5.2	Muk	Armenia:Yerevan	亚美尼亚:叶里温	*
858	4	19				38	46.2	6	6	Mk	Iran:Tabriz	伊朗:大不里士	* GSHAP,Iran
859	4	8				36	36		8	Ms	Turkey:Hatay; Syria:Aleppo	土耳其:哈塔伊;叙利亚:阿勒颇	* GSHAP,NOAA
859						33.2	44.6		5	Ms	Iraq:Baghdad	伊拉克:巴格达	Iran
860	5	23				33	44.5		6.1	Mk	Iraq:Baghdad	伊拉克:巴格达	* Song
862	5	28				41	29.2		6.8	Ms	Turkey:Istanbul	土耳其:伊斯坦布尔	GSHAP
863	1					35.6	111.7		5.5	Ms	China:Shanxi,Yicheng	中国:山西翼城	China
863	2	24				35.3	51.2		6.3	Mk	Iran:Tehran,Mahmudabad	伊朗:德黑兰,马哈茂达巴德	* Song
863	3	13				40	44.6		5.2	Ms	Armenia:Yerevan(Erivan)	亚美尼亚:耶烈万(叶里温)	Iran
863	7	10				37.1	138		7	Ms	Japan:Niigata	日本:新潟	* Usami,NOAA
863						38	46.2		6.3	Mk	Iran:Tabriz	伊朗:大不里士	* Song
864	1	15				35.3	51.2		5.9	Mk	Iran:Tehran,Mahmudabad	伊朗:德黑兰,马哈茂达巴德	* Song
864	4	1				35.7	51		5.3	Ms	Iran:Tehran	伊朗:德黑兰	Iran
865	5	16				41	28.8		6.8	Ms	Turkey:Istanbul	土耳其:伊斯坦布尔	GSHAP
866	1					35.9	111.4		5.5	Ms	China:Shanxi,Linfen,S.	中国:山西临汾	China
867	1	9				41	29		7.3	Mk	Turkey:Istanbul	土耳其:伊斯坦布尔	* Song
867	2	18				35.9	111.4		5.5	Ms	China:Shanxi,Linfen,S.	中国:山西临汾	China
868	8	3				34.8	134.8		7.1	Ms	Japan:Takasago	日本:兵库高砂	Japan,Usami
869	1	9				40.9	29.2		7	Ms	Turkey:Istanbul	土耳其:伊斯坦布尔	GSHAP
869	7	13				38.5	143.8		8.6	Ms	Japan Trench	日本海沟	* Usami,NOAA
870	1	23				35.1	139.5		6.3	Mk	Japan:Sagami Bay	日本:相模湾	Japan,Song
871	11	18				33.2	47.2		6.8	Ms	Iran:Kermānshāh	伊朗:克尔曼沙赫	*
872	6	22				33	47	30	7.8	Ms	Iran:Lorestan,W.	伊朗:洛雷斯坦西部	* * GSHAP
874						37.2	55.2	10	6	Ms	Iran:Gorgan	伊朗:戈尔甘	GSHAP
876	7	18				37.8	105.9		6.5	Ms	China:Ningxia,Qingtongxia,S.	中国:宁夏青铜峡南	* China
878	11	1				35.5	139.3		7.4	Ms	Japan:Atsugi	日本:神奈川厚木	Japan,Usami
880	11	23				35.4	132.8		7.4	Ms	Japan:Izumo	日本:岛根出云	Japan,Usami
881	1	13				35.1	135.8		6.4	Ms	Japan:Kyoto	日本:京都	Japan,Usami
881	5	27				30	-6		7.3	Mk	Morocco:Marrakech	摩洛哥:马拉喀什	* Song
885	11	27				30	31.1		7.3	Mk	Egypt:Al - Qahirah (Cairo)	埃及:开罗	* Song
886						25.7	100.2		5.5	Ms	China:Yunnan,Dali	中国:云南大理	China
887	8	2				37.5	138.1		6.5	Ms	Japan:Sado Island	日本:佐渡岛	* Japan,Usami,NOAA

年 Year	月 Mo	日 Dy	时 Hr	分 Mn	秒 Sec	纬度(°) Latitude	经度(°) Longitude	深度 Depth	震级 Mag	标度 Scale	地名(英文) Name(English)	地名(中文) Name(Chinese)	资料来源 Information
887	8	26	6			33	135.3		8.6	Ms	Japan:Wakayama,Near Coast	日本:和歌山近海	* Japan,Usami,NOAA
887	8	26				36.6	138.1		7.4	Ms	Japan:Shinano	日本:长野信浓町	Japan,Usami
890	7	10				35.1	135.8		6.2	Ms	Japan:Kyoto	日本:京都	Japan,Usami
891						38.3	48.3	20	6.3	Muk	Iran:Ardabil	伊朗:阿尔达比勒	*
893	12	24				40	44.6	10	7.7	Mk	Armenia:Yerevan(Erivan)	亚美尼亚:耶烈万(叶里温)	* Song
894	1	6				37.7	47.5	28	7.7	Ms	Iran:Tabriz	伊朗:大不里士	GSHAP
894						45.3	11		5.3	Muk	Italy:Verona	意大利:维罗那	*
896	2					40.5	22.2		6	Ms	Greece:Edhessa, Kilkis	希腊:埃泽萨,基尔基斯	GSHAP
896	9	4				41.7	22.9		6.3	Mk	Macedonia(Fyrom):Stip	马其顿:斯提普	* Song
896						41.9	12.6		6	Mk	Italy:Roma (Rome)	意大利:罗马	* Song
898						35.3	51.2		6.3	Mk	Iran:Tehran,Mahmudabad	伊朗:德黑兰,马哈茂达巴德	* Song
900						56.63	115.43	15	6.9	Ms	Russia:Buryatiya,Ust′-Paramok	俄罗斯:布里亚特州乌斯季帕拉莫克	GSHAP
900						55.76	113.43	15	7	Ms	Russia:Buryatiya,Severomuysk	俄罗斯:布里亚特州谢韦罗穆伊斯克城	GSHAP
900						55.75	115.25	15	6.8	Ms	Russia:Buryatiya,Severomuysk	俄罗斯:布里亚特州谢韦罗穆伊斯克城	GSHAP
900						50.85	134.15	15	6.3	Ms	Russia:Khabarovsk, Komsomolsk - On - Amur	俄罗斯:哈巴罗夫斯克区阿穆尔河畔共青城	GSHAP
900						49.61	134.07	15	6.5	Ms	Russia:Khabarovsk,Talakan	俄罗斯:哈巴罗夫斯克区塔拉坎	GSHAP
900						10.46	79.53		7.7	Mk	India:Nagapattinam	印度:纳加帕蒂南	NOAA,Song
902	6					33.5	45	16	6.5	Ms	Iraq:Mandali,Jalula,Baghdad	伊拉克:曼代利,杰卢拉,巴格达	GSHAP
906	4					39.7	45	14	6.1	Ms	Azerbaijan:Naxçivan	阿塞拜疆:纳希切万	GSHAP
910	9	9				33.2	44.2		5.9	Mk	Iraq:Kufah,Baghdad	伊拉克:库法,巴格达	* Song
912	4					34.6	47.8		6.3	Mk	Iran:Kermanshah	伊朗:克尔曼沙赫	* Song
914	4					40	64	13	6.1	Ms	Uzbekistan:Bukhara	乌兹别克斯坦:布哈拉	GSHAP
922						33.8	136.7		7	Ms	Japan:Shingu,Near Coast	日本:和歌山新宫近海	* Usami,NOAA
925	11	18				34.7	116.7		5.75	Ms	China:Jiangsu,Fengxian	中国:江苏丰县	China
926						41	27.5		6.6	Ms	Turkey:Tekirdag	土耳其:泰基尔达	GSHAP
929						30.3	120.2		5	Ms	China:Zhejiang,Hangzhou	中国:浙江杭州	China
934	7	16	3			35.1	135.8		6.2	Ms	Japan:Kyoto	日本:京都	Japan,Usami
938	5	22	11			34.8	135.8		6.9	Ms	Japan:Kyoto,Kii	日本:京都,纪伊	Japan,Usami
940	8	20				38	58.3	18	7.1	Ms	Turkmenistan:Asgabat	土库曼斯坦:阿什哈巴德	GSHAP
942	6					39.7	64.5	20	6.7	Muk	Uzbekistan:Bukhara	乌兹别克斯坦:布哈拉	*
942	9	15				36	51.7		6.2	Mk	Iran:Tehran	伊朗:德黑兰	* Song
943	8	20				38	58.3		7.6	Ms	Turkmenistan:Asgabat	土库曼斯坦:阿什哈巴德	* Iran
949	5	9				38.5	116		5.5	Ms	China:Hebei,Dingzhou,E.	中国:河北定州东	China
951	9					36.3	36.8	16	6.8	Ms	Syria:Halab (Aleppo)	叙利亚:阿勒颇	* GSHAP
951						39.57	16.63		6	Ms	Italy:Rossano	意大利:罗珊诺	Italy
953	8	20				38	58.3	18	7.1	Muk	Turkmenistan:Asgabat	土库曼斯坦:阿什哈巴德	*
956	4	15				34.9	48.4		5.3	Ms	Iran:Hamadan	伊朗:哈马丹	* Iran
957	4	4				35.7	51.4		6.7	Mk	Iran:Persian Gulf	伊朗:波斯湾	* NOAA,Song
957	4					34.3	45.2		6.3	Mk	Iraq:Diyala	伊拉克:迪亚拉	* Song
957						41.5	49	20	5.5	Ms	Caspian Sea	里海	GSHAP
958	2	23				36	51.1		7.7	Ms	Iran:Tehran	伊朗:德黑兰	*
958	2	23				36.2	51.1		6.5	Ms	Iran:Tehran	伊朗:德黑兰	*
958	2					36.7	69.6		6	Mk	Afghan:Taloqan	阿富汗:塔卢坎	* * Song
958	3					33.2	44.2		6.3	Mk	Iraq:Halwan,Jalula	伊拉克:哈勒万,杰卢拉	* Song
958	4					34	46	16	6.8	Ms	Iran:Kermanshah	伊朗:克尔曼沙赫	GSHAP
958						33.6	51.3		6.3	Mk	Iran:Esfahan	伊朗:伊斯法罕	* * Song
963	7	22				38	15		7.1	Mk	Italy:Sicilia Island	意大利:西西里岛	* NOAA,Song
968	12	22				39.3	20.3		6.5	Ms	Greece:Thesprotia	希腊:塞斯普罗蒂亚	GSHAP
972	10	12				36	36.3	16	6.8	Ms	Syria:Aleppo	叙利亚:阿勒颇	* GSHAP
972						40.3	44.1	8	5	Ms	Armenia:Yerevan(Erivan)	亚美尼亚:耶烈万(叶里温)	GSHAP
973	10	30				35.1	135.8		6.1	Mk	Japan:Kyoto	日本:京都	Japan,Song
975	10	26				41	29	15	5.8	Ms	Turkey:Istanbul	土耳其:伊斯坦布尔	GSHAP,NOAA
976	7	22	7			34.9	135.8		6.7	Ms	Japan:Yamashiro,Oumi	日本:山城,近江	Japan,Usami
977	8	19				27.4	52.2		6.3	Mk	Iran:Kangan,Akhtar	伊朗:坎根,阿赫塔尔	* Song
978	6	17				27.7	52.3		5.3	Ms	Iran:Kangan	伊朗:坎根	*
985	2	10				41.1	14.8		5.5	Mk	Italy:Benevento	意大利:贝内文托	* Song
985						40.4	28.9		6.4	Ms	Turkey:Iznik	土耳其:伊兹尼克	GSHAP
986	5	13				36.2	43.1		6.3	Mk	Iraq:Mosul	伊拉克:摩苏尔	* Song
986	10	26				40.8	29.2		7.5	Ms	Turkey:Marmara Sea	土耳其:马尔马拉海	NOAA
986	11					41.04	28.98		6.4	Ms	Turkey:Istanbul	土耳其:伊斯坦布尔	GSHAP
986	11					36.2	48.1	14	6.1	Ms	Iran:Zanjān	伊朗:赞詹	GSHAP
987	11					34.8	48.5	5	5.9	Ms	Iran:Hamadan	伊朗:哈马丹	GSHAP
989	10	25				41.02	15.17		6	Ms	Italy:Irpinia	意大利:伊尔皮尼亚	Italy
989	10	26				41	28.6		7.3	Ms	Turkey:Istanbul	土耳其:伊斯坦布尔	GSHAP

年 Year	月 Mo	日 Dy	时 Hr	分 Mn	秒 Sec	纬度(°) Latitude	经度(°) Longitude	深度 Depth	震级 Mag	标度 Scale	地名(英文) Name(English)	地名(中文) Name(Chinese)	资料来源 Information
990						41.1	14.8		6	Mk	Italy:Benevento	意大利:贝内文托	* Song
991	4	5				33.5	36.3		6.7	Mk	Syria:Dimashq (Damascus)	叙利亚:大马士革	* NOAA,Song
996						38.3	22.4		6.8	Ms	Greece:Achaia	希腊:阿凯亚	GSHAP
999	10					31.8	119.9		5.5	Ms	China:Jiangsu,Changzhou	中国:江苏常州	* China
1000	1	23				37.1	114.5		5	Ms	China:Hebei,Xingtai	中国:河北邢台	China
1000	1					46.5	14	40	6.9	Ms	Slovenia:Kranj	斯洛文尼亚:叶塞尼采	* GSHAP
1001						45.3	11		6	Muk	Italy:Verona	意大利:维罗那	*
1002	11	10				36.5	36.5	18	6.8	Ms	Turkey:Hatay	土耳其:哈塔伊	GSHAP
1003						47	6		6.3	Mk	France:Burgundy	法国:布尔戈尼	* Song
1003						40.5	43.3	20	6.2	Mk	Turkey:Kars, Digor	土耳其:卡尔斯,季戈尔	* Song
1005						43.463	11.879		5.37	Ms	Italy:Arezzo	意大利:阿雷佐	Italy
1005						41.49	13.814		5.37	Ms	Italy:Montecassino	意大利:蒙特卡西诺	Italy
1007	9	17				33.2	44.2		7.7	Mk	Iraq:Dinavar,Baghdad	伊拉克:迪娜,巴格达	* Song
1008	4	11				27.665	52.348		7.7	Mk	Iran:Persian Gulf	伊朗:波斯湾	* NOAA,Song
1008	4	27				34.6	47.7	9	7	Ms	Iran:Kermanshah	伊朗:克尔曼沙赫	GSHAP
1010	3	9				41	29.5		7.4	Mk	Turkey:Gebze	土耳其:盖布泽	* GSHAP
1010						41.04	28.98		5.8	Ms	Turkey:Istanbul	土耳其:伊斯坦布尔	Turkey
1011						39.74	39.5		6.4	Ms	Turkey:Erzincan	土耳其:埃尔津詹	GSHAP
1013						64	-21		7.3	Mk	Iceland:Sudurland	冰岛:苏杜尔兰德	* Song
1021	5	12	10			47.5	7.6		6.5	Mk	Switzerland:Reinach	瑞士:赖纳赫	* Song
1022	4					39.8	113.1		6.5	Ms	China:Shanxi,Huairen	中国:山西怀仁	*
1022	5	12				45.7	26.6		6.2	Ms	Romania:Nereju	罗马尼亚:内雷茹	GSHAP
1025	8	9				36.1	128.2		5	Ms	South Korea:Gimcheon	韩国:金泉市	GSHAP
1026	6	16				34.8	131.8		7.5	Ms	Japan:Masuda	日本:岛根益田	* NOAA
1031	8	13				41.04	28.98		5.8	Ms	Turkey:Istanbul	土耳其:伊斯坦布尔	Turkey
1033	12	10				32	35		7.7	Mk	Israel:Jerusalem	以色列:耶路撒冷	* Song
1034	2	17				33	35		5.5	Mk	Israel:Acre	以色列:阿卡	* Song
1034						41.04	28.98		5.8	Ms	Turkey:Istanbul	土耳其:伊斯坦布尔	Turkey
1035	4					33	35		6.7	Mk	Syria:Akko	叙利亚:阿克	* NOAA,Song
1035	9					32	35		5.5	Mk	Israel:Jerusalem	以色列:耶路撒冷	* Song
1036	7	17				35.8	129.2		6.5	Ms	South Korea:Kyongju	韩国:庆州	* Korea
1038	1	15				38.4	112.9		7.25	Ms	China:Shanxi,Dingxiang	中国:山西定襄	* China
1038	1	30				34.3	135.6		6.7	Ms	Japan:Wakayama	日本:和歌山	Japan,Usami
1038	8	15				45.7	26.6		7	Ms	Romania:Nereju	罗马尼亚:内雷茹	GSHAP
1038	11	2				41	28.7		6.7	Ms	Turkey:Istanbul	土耳其:伊斯坦布尔	GSHAP
1039	2	2				38.4	27.3		6.8	Ms	Turkey:Izmir	土耳其:伊兹密尔	* GSHAP,NOAA
1040						35.7	10		6.5	Mk	Tunisia:Al - Qayrawan	突尼斯:凯鲁万	* Song
1041	8	25				35.1	135.8		6.4	Ms	Japan:Kyoto	日本:京都	Japan,Usami
1042	1	21				35.7	139.5		6.3	Mk	Japan:Gujo	日本:岐阜郡上	Japan,Song
1042	8	21				38	46.2		7.7	Mk	Iran:Tabriz	伊朗:大不里士	* Song
1042	11	4	13	30		38.1	46.3	15	7.6	Muk	Iran:Tabriz	伊朗:大不里士	*
1045						39.7	39.5		7	Ms	Turkey:Erzurum,Erzincan	土耳其:埃尔佐鲁姆,埃尔津占	* Turkey
1046	4	24				36.5	121.5		5.5	Ms	China:Yellow Sea	中国:黄海	China
1046	7	8				39	40	30	7.8	Ms	Turkey:Elazig	土耳其:埃拉泽	GSHAP
1046						40.5	43.5	15	6.3	Ms	Turkey:Kars	土耳其:卡尔斯	* GSHAP
1048						52	0		6.2	Mk	England:Royston	英国:罗伊斯顿	* Song
1052	3					36	58.8	10	6.2	Ms	Iran:Neyshabur	伊朗:内沙布尔	*
1052	6	2				36.2	57.7	16	7	Ms	Iran:Sabzevar	伊朗:萨卜泽瓦尔	GSHAP
1052						31.5	50		6.8	Ms	Iran:Ahwaz,W.	伊朗:阿瓦士西部	* Iran
1053	9	23				34.5	45.5	16	6.4	Ms	Iraq:Diyala	伊拉克:迪亚拉	GSHAP
1053						36.2	36.2	12	6.2	Ms	Syria:Aleppo	叙利亚:阿勒颇	GSHAP
1057	3	30				39.7	116.3		6.75	Ms	China:Beijing,Daxing	中国:北京大兴	* China
1058	2	28				36.2	43.1		6.3	Mk	Iraq:Al - Mawsil (Mosul)	伊拉克:匆斯离(摩苏尔)	* * Song
1058	10					36	48.1		6.5	Mk	Iran:Zanjān	伊朗:赞詹	* * Song
1058	12	2				36.2	43.1		6.5	Mk	Iraq:Al - Mawsil (Mosul)	伊拉克:匆斯离(摩苏尔)	* * Song
1058	12	8	15			34.3	44.7		6.4	Ms	Iraq:Chay Khanah	伊拉克:恰伊哈奈	* Iran
1058	12	8	18			35.8	43.6	25	7.2	Ms	Iraq:Makhmur	伊拉克:迈赫穆尔	GSHAP
1063	7					34.3	35.5		6.3	Mk	Lebanon:Tarabulus (Tripolis)	黎巴嫩:塔拉布卢斯(黎波里)	* Song
1063	9	23				40.9	28.3	15	7.5	Ms	Turkey:Istanbul,Trakya	土耳其:伊斯坦布尔,拉基亚	* GSHAP
1064						40.7	29.7		6.3	Mk	Turkey:Iznik,Nicaea	土耳其:伊兹尼克,尼西亚	* Song
1065	1	21				38.1	15.1		6	Mk	Italy:Sicily,Catania,Messina	意大利:西西里岛,墨西拿,米拉佐	* Song
1065	3	27	6			45.55	10.22		5.17	Ms	Italy:Brescia	意大利:布雷西亚	Italy
1065	9	23				41	28.1		6.6	Mk	Turkey:Marmara Sea	土耳其:马尔马拉海	NOAA,Song
1065	12	3				35	58		6.3	Mk	Iran:Razavi Khorasan	伊朗:呼罗珊	* Song
1066	3	31				34	58		6.3	Mk	Iran:Razavi Khorasan	伊朗:呼罗珊	* Song
1066	5					33.9	59.2		6.5	Ms	Iran:Razavi Khorasan	伊朗:呼罗珊	Afghan
1066	5					33.9	49.2		6.5	Ms	Iran:Lorestan	伊朗:洛雷斯坦	Iran
1067	4	20				29.5	35		6.5	Ms	Jordan:Aqaba	约旦:亚喀巴	* *
1067	11	12				23.6	116.5		6.75	Ms	China:Guangdong,Chaozhou	中国:广东潮州	* China

年 Year	月 Mo	日 Dy	时 Hr	分 Mn	秒 Sec	纬度(°) Latitude	经度(°) Longitude	深度 Depth	震级 Mag	标度 Scale	地名(英文) Name(English)	地名(中文) Name(Chinese)	资料来源 Information
1068	3	18				31.92	34.85		7.2	Mk	Israel:Ramla	以色列：拉姆拉	* NOAA,Song
1068	8	20				38.5	116.5		6.5	Ms	China:Hebei,Hejian	中国：河北河间	* China
1069	1	24				38.2	117		5	Ms	China:Hebei,Cangzhou,SE.	中国：河北沧州东南	China
1070	2	25				30	31.1		5.9	Mk	Egypt:Al – Qahirah (Cairo); Israel:Jerusalem	埃及：开罗；以色列：耶路撒冷	* Song
1070	12	1				34.8	135.8		6.4	Ms	Japan:Kyoto,Nara	日本：京都，奈良	Japan,Usami
1071						14.1	43.2		5	Ms	Yemen:Al Hudaydah	也门：荷台达	GSHAP
1072						14.2	43.3		6.1	Mk	Yemen:Sanaa	也门：萨纳	* Song
1076	12					39.9	116.4		5	Ms	China:Beijing	中国：北京	China
1076						35	38		6.3	Mk	Syria:Tudmur (Palmyra)	叙利亚：帕尔米拉	* Song
1081	3	26				46	14.5		5.2	Ms	Slovenia:Ljubljana	斯洛文尼亚：卢布尔雅那	GSHAP
1082	12	6				40.5	28.5		7.3	Mk	Turkey:Iznik,Izmit	土耳其：伊兹尼克，伊兹米特	* Song
1085	4	29				39.9	41.1		6.2	Mk	Turkey:Erzurum	土耳其：埃尔佐鲁姆	* Song
1085	4	29				31	49		6.3	Mk	Iran:Ahwaz	伊朗：阿瓦士	* Song
1085	5					30.7	50.3		5.8	Ms	Iran:Ahwaz	伊朗：阿瓦士	Iran
1086	4	18				34	44		6.1	Mk	Iraq:Mesopotamia,Jazirah	伊拉克：美索不达米亚，贾兹拉	* Song
1086						37	15.3		6	Mk	Italy:Siracusa (Syracuse)	意大利：锡拉库萨(锡拉丘兹)	* Song
1087	9					40.15	18.48		5.03	Ms	Italy:Puglia	意大利：普利亚	Italy
1087	11					34.8	48.5		5.9	Ms	Iran:Hamadan	伊朗：哈马丹	Iran
1087	12	6				41	28.8		6.7	Ms	Turkey:Istanbul	土耳其：伊斯坦布尔	GSHAP
1088	4	22				41.4	43.2	10	5.3	Muk	Turkey:Damal	土耳其：达马尔	*
1088	4	23				41.4	43.3	15	6	Ms	Georgia:Akhalkalaki	格鲁吉亚：阿卡卡垃吉	GSHAP
1088	5	13				39.63	141.98		5	Mk	Japan:Miyako	日本：岩手宫古	* * Song
1088	6	10				40.5	143		7	Ms	Japan:Aomori,Near Coast	日本：青森近海	* NOAA
1088	9	10				40.5	18		5.8	Ms	Italy:Manduria	意大利：曼杜里亚	Turkey
1089						34.3	38.2		6.3	Mk	Syria:Tudmur (Palmyra)	叙利亚：帕尔米拉	* Song
1091	1	1				45.7	26.6	150	6.2	Ms	Romania:Nereju	罗马尼亚：内雷茹	GSHAP
1091	9	17				35.9	36.3	30	7.4	Ms	Syria:Aleppo	叙利亚：阿勒颇	GSHAP
1091	9	28	7			34.3	135.8		6.2	Ms	Japan:Yamashiro,Daiwa	日本：山城，大和	Japan,Usami
1091						45.7	26.6	150	6.4	Ms	Romania:Nereju	罗马尼亚：内雷茹	GSHAP
1091						36.1	36.1		6.5	Mk	Turkey:Hatay	土耳其：哈塔伊	* Song
1092	7	6				48	21	10	5.6	Ms	Hungary:Miskolc	匈牙利：米什科尔茨	GSHAP
1093	3	19	5			35.1	135.8		6.4	Ms	Japan:Kyoto	日本：京都	Japan,Usami
1096	12	17				34	137.5		8.4	Ms	Japan:Shizuoka,Near Coast	日本：静冈近海	* Usami,NOAA
1097						45.6	15.3		6	Ms	Croatia:Karlovac	克罗地亚：卡尔洛维克	Italy
1099	2	22				33	135.5		8.4	Ms	Japan:Wakayama,Near Coast	日本：和歌山近海	* Usami,NOAA
1099	9	20				34.7	135.4		6.4	Ms	Japan:Osaka	日本：大阪	Japan,Usami
1100	1	1				47	18		5.6	Ms	Hungary:Veszprém	匈牙利：维斯普雷姆	GSHAP
1100						43.4	41	15	7.2	Ms	Russia:Karachaevo – Cherkess,Pkhiya	俄罗斯：卡拉恰伊－切尔克斯州普希亚村镇	GSHAP
1100						43.1	42.2	14	6.9	Ms	Georgia:Tkvarcheli	格鲁吉亚：特克瓦谢利	GSHAP
1101						36	59	10	6.5	Muk	Iran:Neyshabur	伊朗：内沙布尔	*
1102	1	22				37.7	112.4		6.5	Ms	China:Shanxi,Jinyuan	中国：山西晋源	* China
1102	2	28				35	62.1	15	6.1	Ms	Afghan:Gerat	阿富汗：杰拉特	*
1106						36.1	36.1		6.1	Mk	Turkey:Hatay	土耳其：哈塔伊	* Song
1107	2	12	3			45.7	26.6	150	6.9	Ms	Romania:Nereju	罗马尼亚：内雷茹	GSHAP
1107	9					34.6	47.4	11	6.5	Ms	Iran:Kermanshah	伊朗：克尔曼沙赫	GSHAP
1109						36.1	36.1		8	Mk	Turkey:Hatay	土耳其：哈塔伊	* Song
1111						38.5	43.4		7	Ms	Turkey:Van,N.	土耳其：凡城北部	* Turkey
1111						25.7	100.2		5.5	Ms	China:Yunnan,Dali	中国：云南大理	China
1112	6	20				40	14		6.7	Mk	Tyrrhenian Sea	第勒尼安海(伊特鲁里亚海)	* NOAA,Song
1114	1	1				42.5	12		5.1	Ms	Italy:Bagnoregio	意大利：巴尼奥雷焦	GSHAP
1114	3	12				37.5	38.5		7	Ms	Turkey:Besni	土耳其：贝斯尼	* NOAA
1114	6	7				37	38.9		6.3	Mk	Turkey:Urfa	土耳其：乌尔法	* Song
1114	8	10				37.5	38	30	8	Ms	Turkey:Besni	土耳其：贝斯尼	GSHAP
1114						36.1	36.1		5.9	Mk	Turkey:Hatay	土耳其：哈塔伊	* Song
1114						37	38.9		6.5	Mk	Turkey:Urfa	土耳其：乌尔法	* Song
1115						36.1	36.1		6.3	Mk	Turkey:Antioch; Syria:Aleppo	土耳其：安提俄克；叙利亚：阿勒颇	* Song
1115						36.8	39		7.3	Mk	Turkey:Harran,Kufa,Samsat	土耳其：哈兰，库法，桑沙特	* Song
1115						26.4	55.5		6.3	Mk	Iran:Hengam Island	伊朗：亨加姆岛	* Song
1117	1	3	21	30		45.33	11.2		6.49	Ms	Italy:Verona	意大利：维罗那	* Italy
1117	3	1				44.8	11.3		6	Mk	Italy:Venezia (Venice) To Emilia	意大利：威尼斯，艾米利亚	* Song
1117						33.5	44.5	24	6.8	Ms	Iraq:Baghdad	伊拉克：巴格达	GSHAP
1118	4	3	6			35.7	49.9		5.9	Ms	Iran:Qazvin	伊朗：加兹温	Iran
1118						52.5	−2.1		7.1	Mk	England:Birmingham	英国：伯明翰	* Song
1119	2					44.9	124.8		6.75	Ms	China:Jilin,Songyuan	中国：吉林松原	China
1119	12	10				36.2	50		6.5	Muk	Iran:Qazvin	伊朗：加兹温	*
1120	3	25				41.38	13.92		5.55	Ms	Italy:Caserta	意大利：卡塞塔	Italy
1122	10	1				45.7	26.6	150	5.9	Ms	Romania:Nereju	罗马尼亚：内雷茹	GSHAP

年 Year	月 Mo	日 Dy	时 Hr	分 Mn	秒 Sec	纬度(°) Latitude	经度(°) Longitude	深度 Depth	震级 Mag	标度 Scale	地名(英文) Name(English)	地名(中文) Name(Chinese)	资料来源 Information
1122	10					45.7	26.6	150	6.1	Ms	Romania:Nereju	罗马尼亚:内雷茹	GSHAP
1122						40.3	46.3	24	6.1	Ms	Azerbaijan:Gəncə	阿塞拜疆:占贾	GSHAP
1122						24.5	39.583		5.5	Ms	Saudi Arabia:Al Madinah	沙特阿拉伯:麦地那	GSHAP
1125	6	7	11			37.07	15.3		5.84	Ms	Italy:Siracusa (Syracuse)	意大利:锡拉库萨(锡拉丘兹)	Italy
1125	9	6				36.1	103.7		7	Ms	China:Gansu,Lanzhou	中国:甘肃兰州	* China
1125	10	11				41.6	15		5.71	Ms	Italy:Benevento	意大利:贝内文托	* Italy
1126	8	8				45.7	26.6	150	6.8	Ms	Romania:Nereju	罗马尼亚:内雷茹	GSHAP
1127						36.3	53.6	14	6.8	Ms	Iran:Mazanderan	伊朗:马赞德兰	GSHAP
1128						29.3	98.6		5	Ms	China:Xizang (Tibet),Markam	中国:西藏芒康	China
1130	2	12				36.2	43.1		6.3	Mk	Iraq:Al – Mawsil,Jabal,Jazirah	伊拉克:勿斯离,直布罗,贾兹拉	* Song
1130	2	27				33.8	45.5	27	7	Ms	Iraq:Diyala	伊拉克:迪亚拉	GSHAP
1130	2	28				33.6	45.7		6.8	Ms	Iraq:Tursaq	伊拉克:图尔萨格	* Iran
1131						40.4	43.6		6.4	Ms	Turkey:Kars	土耳其:卡尔斯	GSHAP
1132						40.5	43.5	18	6	Ms	Turkey:Kars	土耳其:卡尔斯	GSHAP
1135	7	25				36.1	45.9	24	6.1	Ms	Iran:Kordestan,W.	伊朗:库尔德斯坦西部	GSHAP
1135	8	13				36.1	45.9	30	6.4	Ms	Iran:Kordestan,W.	伊朗:库尔德斯坦西部	GSHAP
1136						36	43.5	20	7	Ms	Iraq:Al – Mawsil (Mosul)	伊拉克:勿斯离(摩苏尔)	GSHAP
1137	9	19				36	36.4	25	7.3	Ms	Syria:Aleppo	叙利亚:阿勒颇	GSHAP
1137	9	19				36	48.1		7.1	Mk	Iran:Zanjān	伊朗:赞詹	* Song
1137						32	42.3		6.2	Mk	Iraq:Al Anbar	伊拉克:安巴尔	* Song
1137						37.3	15.1		6.8	Mk	Italy:Sicily,Catania	意大利:西西里岛,卡塔尼亚	* Song
1138	8	22				39.3	115.5		5.5	Ms	China:Hebei,Yixian	中国:河北易县	China
1139	9	30				40.3	46.3	16	7.3	Ms	Azerbaijan:Gəncə	阿塞拜疆:占贾	* GSHAP
1143	4					38.5	106.3		6.5	Ms	China:Ningxia,Yinchuan	中国:宁夏银川	* China
1144	8	16				38.5	116		6	Ms	China:Hebei,Hejian	中国:河北河间	China
1145						36.2	58.8		5.3	Ms	Iran:Neyshabur	伊朗:内沙布尔	Afghan
1148						43.777	11.249		5.17	Ms	Italy:Firenze	意大利:佛罗伦萨	Italy
1149	5	11				33.2	44.4		6.2	Mk	Iraq:Baghdad	伊拉克:巴格达	* Song
1149						35.9	36.4	30	6.6	Ms	Syria:Aleppo	叙利亚:阿勒颇	GSHAP
1149						34	45.5	25	7.4	Ms	Iraq:Diyala	伊拉克:迪亚拉	GSHAP
1150	4	1	12			34	46	18	7.4	Ms	Iran:Kermanshah	伊朗:克尔曼沙赫	GSHAP,Iran
1151	9	28				35.2	36.5	12	6.1	Ms	Syria:Hamah (Hama)	叙利亚:哈马	GSHAP
1151						38.7	–9.1		6.2	Mk	Portugal:Lisbon	葡萄牙:里斯本	* Song
1151						32.6	36.7		6.2	Muk	Syria:Busra	叙利亚:布斯拉	*
1153						39.8	20.1		6	Ms	Greece:Thesprotia,N.	希腊:塞斯普罗蒂亚北部	* GSHAP
1154	9	11				14.75	44.6		5.5	Ms	Yemen:Sanaa	也门:萨纳	GSHAP
1155	1	18				45.8	8.1		6	Mk	Italy:Scopa	意大利:斯科帕	* Song
1155						34.5	36.5		7	Mk	Syria:Dimashq (Damascus)	叙利亚:大马士革	* Song
1156	5	18				36.5	36.6	30	7.3	Ms	Syria:Aleppo	叙利亚:阿勒颇	GSHAP
1156	10	26				38.4	38.3		5.5	Mk	Syria:Halab (Aleppo),Dimashq	叙利亚:阿勒颇,大马士革	* Song
1157	2	13				36.3	37.3		7.1	Mk	Syria:Halab (Aleppo)	叙利亚:阿勒颇	* Song
1157	7	15				35.4	36.5	30	6.1	Ms	Syria:Hamah (Hama)	叙利亚:哈马	GSHAP
1157	8	12				35.2	36.3	20	7.2	Ms	Syria:Hamah (Hama)	叙利亚:哈马	GSHAP
1158						34.5	36.5		7.7	Mk	Syria:Malatya,Dimashq	叙利亚:马拉蒂亚,大马士革	* Song
1160						32	35.5		6.1	Muk	Israel:Jerusalem	以色列:耶路撒冷	*
1161	11	9				34.2	108.2		5	Ms	China:Shaanxi,Zhouzhi	中国:陕西周至	China
1164						64.3	–20		7.3	Mk	Iceland:Grimsnes	冰岛:格里姆斯内斯	* Song
1165						39.74	39.5		5.8	Ms	Turkey:Erzincan	土耳其:埃尔津詹	Turkey
1168						39.74	39.5		6.4	Ms	Turkey:Erzincan	土耳其:埃尔津詹	GSHAP
1169	1	31				31.9	104.4		5	Ms	China:Sichuan,Beichuan,N.	中国:四川北川北	China
1169	2	4				37.32	15.03		7	Ms	Italy:Sicily,Siracusa (Syracuse)	意大利:西西里岛,锡拉库萨	* Italy,NOAA
1169						36.3	37.3		7.7	Mk	Syria:Halab (Aleppo),Dimashq	叙利亚:阿勒颇,大马士革	* Song
1170	4	1				45.7	26.6	150	7	Ms	Romania:Nereju	罗马尼亚:内雷茹	GSHAP
1170	5	9				41.57	13.33		5.57	Ms	Italy:Ceccano	意大利:切卡诺	Italy
1170	7	17				35	36.4	40	7.7	Ms	Syria:Hamah (Hama)	叙利亚:哈马	GSHAP
1170						39.74	39.5		6.4	Ms	Turkey:Erzincan	土耳其:埃尔津詹	GSHAP
1171						34.4	35.8		6.3	Mk	Lebanon:Tarabulus (Trippoles)	黎巴嫩:泰拉布鲁斯	* Song
1172						38	15		6.8	Mk	Italy:Sicilia Island	意大利:西西里岛	* NOAA,Song
1175	7	22				35.3	51.2		6.3	Mk	Iran:Tehran,Mahmudabad	伊朗:德黑兰,马哈茂达巴德	* Song
1175						37.5	65.5	15	7.1	Muk	Afghan:Jowzjan,NW.	阿富汗:朱兹詹西北	*
1177	5					35.7	50.7	20	7.2	Ms	Iran:Qazvin	伊朗:加兹温	* GSHAP
1177	11	25	17			34.7	135.8		6.2	Ms	Japan:Nara,Daiwa	日本:奈良,大和	Japan,Usami
1177						33.5	44.3	10	6	Ms	Iraq:Baghdad	伊拉克:巴格达	GSHAP
1179	4	29				36.5	44.2	16	6.8	Ms	Iraq:Arbil	伊拉克:阿尔贝拉	GSHAP
1179						36.1	36.1		6.3	Mk	Turkey:Antioch; Syria:Damascus	土耳其:安提俄克;叙利亚:大马士革	* Song
1180						41.1	15.1		6	Mk	Italy:Ariano	意大利:诺伊皮诺	* Song
1182						64	–21		7.3	Mk	Iceland:Southland	冰岛:绍斯兰	* Song
1182						32.6	36.7		6.7	Muk	Syria:Busra	叙利亚:布斯拉	*

年 Year	月 Mo	日 Dy	时 Hr	分 Mn	秒 Sec	纬度(°) Latitude	经度(°) Longitude	深度 Depth	震级 Mag	标度 Scale	地名(英文) Name(English)	地名(中文) Name(Chinese)	资料来源 Information
1183						36	36.3	12	6.3	Ms	Syria:Aleppo	叙利亚:阿勒颇	* GSHAP
1184	5	24				39.43	16.25		6	Ms	Italy:Cosenza	意大利:科森扎	* Italy
1185	6	15				24.3	118		6.5	Ms	China:Fujian,Zhangzhou	中国:福建漳州	China
1185	8	13	3			35.3	136.1		7.4	Ms	Japan:Takashima	日本:滋贺高岛	Japan,Usami
1194	3					32	44.3		5	Ms	Iraq:Kufa	伊拉克:库费	Iran
1194						44.068	12.078		5.17	Ms	Italy:Galeata	意大利:加莱阿塔	Italy
1196	2	13	7			45.7	26.6	150	7.3	Ms	Romania:Nereju	罗马尼亚:内雷茹	GSHAP
1197						45.55	10.22		5.03	Ms	Italy:Brescia	意大利:布雷西亚	Italy
1198						40.817	14.167		5.17	Ms	Italy:Medio Tirreno	意大利:文托泰内岛	Italy
1200	5	4				47.1	14.2	20	6.2	Ms	Austria:Murau	奥地利:穆劳	GSHAP
1201	4	25	14			46.4	15.3		5.4	Ms	Slovenia:Styria	斯洛文尼亚:斯特利亚	* GSHAP
1201	5	4	14			46.4	15		5.2	Ms	Slovenia:Trebnje	斯洛文尼亚:特雷布涅	GSHAP
1201	5	4	15			47.1	14.2		6	Ms	Austria:Steiermark	奥地利:施泰尔马克	Italy
1202	5	20				33.5	36		7.6	Ms	Syria:Dimashq (Damascus)	叙利亚:大马士革	* NOAA
1205						38.72	35.5		7	Ms	Turkey:Kayseri	土耳其:凯瑟利	GSHAP
1208	7	16				36.1	58.5		6.5	Muk	Iran:Neyshabur	伊朗:内沙布尔	*
1208						38.7	42.5	35	6.7	Ms	Turkey:Ahlat	土耳其:阿赫拉特	GSHAP
1208						42	60	10	6.1	Muk	Turkmenistan:Dashoguz	土库曼斯坦:达沙古兹	*
1208						36.3	57.6		6.5	Ms	Iran:Sabzevar	伊朗:萨卜泽瓦尔	* GSHAP
1209	12	13				36	111.8		6.5	Ms	China:Shanxi,Fushan	中国:山西浮山	* China
1209						36	58.8	10	7.6	Muk	Iran:Neyshabur	伊朗:内沙布尔	*
1211	6	15				30.5	31.3		6.2	Mk	Egypt:Al - Qahirah (Cairo)	埃及:开罗	* Song
1211						40.4	22.1		6.5	Ms	Greece:Thessalonika	希腊:萨罗尼加	GSHAP
1213	1	31				35.3	139.5		6.8	Mk	Japan:Kamakura	日本:神奈川镰仓	Japan,Usami,Song
1213	6	18	3			35.3	139.5		6.4	Ms	Japan:Kamakura	日本:神奈川镰仓	Japan,Usami
1216	3	24				28.4	103.8		7	Ms	China:Sichuan,Leibo,NE.	中国:四川雷波东北	China
1216	7	2				29.6	102.6		5	Ms	China:Sichuan,Hanyuan,N.	中国:四川汉源北	China
1219	6	9				35.6	106.2		6.5	Ms	China:Ningxia,Guyuan,S.	中国:宁夏固原南	* China
1219	9	24				38	126.5		5	Ms	North Korea:Kaesong	朝鲜:开城	GSHAP
1222	5					34.5	33		6.6	Ms	Mediterranean Sea	地中海	* NOAA
1222	12	25	11			45.48	10.68		6.05	Ms	Italy:Brescia	意大利:布雷西亚	* Italy
1223	9	17				39	125.7		5.5	Ms	North Korea:Pyongyang	朝鲜:平壤	GSHAP
1223						41.6	15.9		6	Mk	Italy:Siponto	意大利:曼夫雷多尼亚	* Song
1226	10	29				38	126.5		5.3	Ms	North Korea:Kaesong	朝鲜:开城	Korea
1226	11	18	6			35.3	46	15	6.5	Ms	Iraq:As Sulaymaniyah	伊拉克:苏莱曼尼亚	GSHAP
1227	3	6				38	126.5		5.5	Ms	North Korea:Kaesong	朝鲜:开城	GSHAP
1227	4	1	11			35.3	139.5		6.2	Ms	Japan:Kamakura	日本:神奈川镰仓	Japan,Usami
1227	7					38.5	106.3		5.5	Ms	China:Ningxia,Yinchuan	中国:宁夏银川	* China
1227						43.6	5.3		8	Mk	France:Lambesc	法国:兰巴塞克	* Song
1227						35.8	43	16	6.9	Ms	Iraq:Makhmur	伊拉克:迈赫穆尔	GSHAP
1228	2	15				38	126.5		5	Ms	North Korea:Kaesong	朝鲜:开城	GSHAP
1230	3	15				35.3	139.5		6.3	Mk	Japan:Kamakura	日本:神奈川镰仓	Japan,Song
1230	5	10	7			45.7	26.6	150	7.1	Ms	Romania:Nereju	罗马尼亚:内雷茹	GSHAP
1231	3	11				41	28.6		6.9	Ms	Turkey:Istanbul	土耳其:伊斯坦布尔	GSHAP,NOAA
1231	6	1				41.48	13.83		5.35	Ms	Italy:Germano,S.	意大利:热尔马诺南部	* Italy
1233	1	1				45.42	12.32		5.5	Ms	Italy:Venezia	意大利:威尼斯	GSHAP
1233	3	24				34.3	135.6		6.5	Mk	Japan:Wakayama	日本:和歌山	Japan,Song
1233						45.3	12.2		5.6	Muk	Italy:Venezia (Venice)	意大利:威尼斯	*
1234	3	20				44.836	11.618		5.17	Ms	Italy:Ferrara	意大利:费拉拉	Italy
1235						40.6	46.2	11	5.7	Ms	Azerbaijan:Gəncə	阿塞拜疆:占贾	Turkey
1237	3					41.3	19.5		6.2	Mk	Albania:Durres	阿尔巴尼亚:都拉斯	* Song
1237	8	24				34.2	58.4		6.3	Mk	Iran:Razavi Khorasan	伊朗:呼罗珊	* Song
1237						41.2	19.3		6.2	Mk	Albania:Durres	阿尔巴尼亚:都拉斯	* Song
1238						34.3	58.7		5.3	Ms	Iran:Razavi Khorasan	伊朗:呼罗珊	Afghan
1240	3	23	21			35.3	139.5		6.4	Ms	Japan:Kamakura	日本:神奈川镰仓	Japan,Usami
1241	5	22				35.2	139.4		7	Ms	Japan:Kamakura	日本:神奈川镰仓	* Usami,NOAA
1245	8	26	19			35.1	135.8		6.2	Ms	Japan:Kyoto	日本:京都	Japan,Usami
1246						35.1	24		7	Ms	Greece:Crete Island	希腊:克里特岛	GSHAP
1246						42.732	12.736		5.37	Ms	Italy:Spoleto	意大利:斯波莱托	Italy
1248						41	13		6.6	Mk	Italy:Sabaudia	意大利:撒波迪亚岛	* Song
1249	9	1	16	30		44.65	10.93		5.03	Ms	Italy:Modena	意大利:摩德纳	Italy
1250						41.6	47.2	15	5.7	Ms	Russia:Dagestan,Makhachkala	俄罗斯:达吉斯坦共和国马哈奇卡拉	Turkey
1251						39.74	39.5		6.4	Ms	Turkey:Erzincan	土耳其:埃尔津詹	GSHAP
1251						36.2	58.8		5.3	Ms	Iran:Neyshabur	伊朗:内沙布尔	Afghan
1255						39.74	39.5		6.4	Ms	Turkey:Erzincan	土耳其:埃尔津詹	GSHAP
1256	6	25				24.5	39.583		5.5	Ms	Saudi Arabia:Al Madinah	沙特阿拉伯:麦地那	GSHAP
1257	10	9	11			35.2	139.5		7	Ms	Japan:Sagami Bay	日本:相模湾	* Usami,NOAA
1257	10	9				39	144		7.5	Ms	Japan Trench	日本海沟	* NOAA

年	月	日	时	分	秒	纬度(°)	经度(°)	深度	震级	标度	地名(英文)	地名(中文)	资料来源
Year	Mo	Dy	Hr	Mn	Sec	Latitude	Longitude	Depth	Mag	Scale	Name(English)	Name(Chinese)	Information
1258	1	1				47	19		6.2	Ms	Hungary:Kecskemet	匈牙利:凯奇凯梅特	GSHAP
1258	2	7	13			45.7	26.6	150	6.9	Ms	Romania:Nereju	罗马尼亚:内雷茹	GSHAP
1259	11	22				15.4	43.9		5.5	Ms	Yemen:Sanaa	也门:萨纳	GSHAP
1259	12	10				15.4	43.9		5.5	Ms	Yemen:Sanaa	也门:萨纳	GSHAP
1259						38	12.5		6	Mk	Italy:Trapani	意大利:特拉帕尼	* Song
1260	7	23				37.7	126.5		5.5	Ms	South Korea:Incheon	韩国:仁川	Korea
1261	11	1				15.55	44.233		5.5	Ms	Yemen:Sanaa	也门:萨纳	GSHAP
1261						41.4	43.2	10	5.3	Ms	Georgia:Akhalkalaki	格鲁吉亚:阿卡卡垃吉	GSHAP
1262						36.1	43	10	6	Ms	Iraq:Al – Mawsil (Mosul)	伊拉克:勿斯离(摩苏尔)	GSHAP
1264						29.7	90.6		6	Ms	China:Xizang (Tibet), Doilungdeqen	中国:西藏堆龙德庆	China
1265	8	11				40.7	27.4		6.6	Ms	Turkey:Marmara Sea	土耳其:马尔马拉海	GSHAP, NOAA
1265						15.3	44.35		5.5	Ms	Yemen:Sanaa	也门:萨纳	GSHAP
1267	5	8	3			47.5	15.4		5.57	Ms	Austria:Steiermark	奥地利:施泰尔马克	Italy
1267						36	58.8	10	5.8	Muk	Iran:Neyshabur	伊朗:内沙布尔	*
1268	1	1				43.67	13.67		5.1	Ms	Italy:Ancona	意大利:安科纳	GSHAP
1268	9	10				37.5	35.5	12	6.2	Ms	Turkey:Seyhan	土耳其:杰伊汗	* GSHAP
1268	11	3	23			45.7	12.1		5.2	Ms	Italy:Trevignano	意大利:特雷维尼亚诺	GSHAP
1268	11	4				45.73	12.08		5.37	Ms	Italy:Trevignano	意大利:特雷维尼亚诺	Italy
1268						39.79	40.4		7	Ms	Turkey:Erzincan	土耳其:埃尔津占	GSHAP
1269	9					43.558	13.564		5.6	Ms	Italy:Ancona	意大利:安科纳	Italy
1270	3					41.3	19.5		6.7	Mk	Albania:Durres	阿尔巴尼亚:普克区	NOAA, Song
1270	10	7	12			36.2	58.8		7.1	Ms	Iran:Neyshabur	伊朗:内沙布尔	Afghan
1270						21.25	40.35		5.5	Ms	Saudi Arabia:At Taif	沙特阿拉伯:塔伊夫	GSHAP
1270						43.57	12.141		5.37	Ms	Italy:Sansepolcro	意大利:圣塞波尔克罗	Italy
1272	7	29				38	46.2		6.2	Mk	Iran:Tabriz	伊朗:大不里士	* Song
1273	3					41.1	19.4		6.8	Ms	Albania:Kavaje	阿尔巴尼亚:卡瓦亚	GSHAP
1273	9					41.3	19.7		6.5	Ms	Albania:Tirana	阿尔巴尼亚:地拉那	* NOAA
1273						40.63	15.8		5.84	Ms	Italy:Potenza	意大利:波坦察	* Italy
1275	4	14				42.1	44.2	28	6.7	Muk	Georgia:Gori	格鲁吉亚:哥里	*
1275	6	27				38	42	20	6.8	Ms	Turkey:Siirt	土耳其:锡尔特	GSHAP
1276	7	28	18	30		45.08	9.55		5.11	Ms	Italy:Piacenza	意大利:皮亚琴察	Italy, GSHAP
1276						44.3	23.8	13	6	Ms	Romania:Craiova	罗马尼亚:克拉奥华	GSHAP
1276						35.1	–6.1		6.3	Mk	Morocco:El Araish (Larache)	摩洛哥:拉腊什	* Song
1276						38.9	42.9		5.8	Ms	Turkey:Adilcevaz	土耳其:阿迪尔杰瓦兹	Turkey
1277	1	1				42.75	12.75		5.1	Ms	Italy:Spoleto	意大利:斯波莱托	GSHAP
1277	7	20				45.3	11		5.1	Muk	Italy:Verona	意大利:维罗那	*
1277						42.732	12.736		5.57	Ms	Italy:Spoleto	意大利:斯波莱托	Italy
1278	4	7				46.33	13		5.5	Ms	Italy:Basiliano	意大利:巴西利亚诺	GSHAP
1279	4	23	19			45.93	13.4		5.37	Ms	Italy:Friuli	意大利:弗留利	Italy
1279	4	24	17			46.08	13.42		5.7	Ms	Italy:Udine	意大利:乌迪内	GSHAP
1279	4	24	23			46	13.5		5.2	Ms	Italy:Gorizia	意大利:格尔茨	GSHAP
1279	4	30	18			43.093	12.872		6.33	Ms	Italy:Romagna	意大利:弗里	* Italy, GSHAP
1279	4	30	23			44.125	11.919		5.55	Ms	Italy:Forli	意大利:罗马尼阿	* Italy, GSHAP
1280	5	3				36.1	58.5	10	5.8	Ms	Iran:Neyshabur	伊朗:内沙布尔	* GSHAP
1280	6	6				44.1	15.2		5.7	Ms	Croatia:Zadar	克罗地亚:扎达尔	* GSHAP
1280	11	3				44.1	15.2		5.7	Ms	Croatia:Zadar	克罗地亚:扎达尔	* GSHAP
1280						45.967	13.6		5.03	Ms	Italy:Gorizia	意大利:格尔茨	Italy
1281						36.1	58.8	10	5.8	Muk	Iran:Neyshabur	伊朗:内沙布尔	*
1282	1	17				45.42	12.33		5.2	Ms	Italy:Venezia	意大利:威尼斯	GSHAP
1283	4	17	9			41.7	43.2	14	6.3	Ms	Georgia:Borzhomi	格鲁吉亚:博尔若米	* * GSHAP
1283						41.7	43.2	14	6.3	Muk	Georgia:Borzhomi	格鲁吉亚:博尔若米	*
1284	1	17	15	30		45.47	12.28		5.18	Ms	Italy:Venezia	意大利:威尼斯	Italy
1284						33.3	36.2		7.3	Mk	Syria:Dimashq (Damascus)	叙利亚:大马士革	* Song
1285	12	13				44.836	11.618		5.03	Ms	Italy:Ferrara	意大利:费拉拉	Italy
1286						47.4	2.5		5.9	Mk	France:Vannes	法国:瓦纳	* Song
1287						39.74	39.5		6.4	Ms	Turkey:Erzincan	土耳其:埃尔津詹	GSHAP
1287						35.5	36.2	24	7.2	Ms	Syria:Hamah (Hama)	叙利亚:哈马	GSHAP
1287						42.88	11.678		5.03	Ms	Italy:Grosseto	意大利:格罗塞托	Italy
1289	11	25				48.6	7.8		5.9	Mk	France:Strasbourg	法国:施特拉斯堡	* Song
1290	10	4				41.6	119.3		6.75	Ms	China:Inner Mongolia, Ningcheng, W.	中国:内蒙古宁城西	* China
1291	1	4				29.4	52.3		5.9	Mk	Iran:Fars, Shiraz	伊朗:法尔斯,设拉子	* Song
1291	9	1				36.1	111.5		6.5	Ms	China:Shanxi, Linfen	中国:山西临汾	* China
1293	1	11				32	34.9		6.3	Mk	Israel:Jerusalem	以色列:耶路撒冷	* Song
1293	5	26	21			35.2	139.4		7.1	Ms	Japan:Kamakura	日本:神奈川镰仓	* Japan, NOAA
1293	7	11				43.932	10.913		5.57	Ms	Italy:Pistoia	意大利:皮斯托亚	Italy
1293	9	4				41.3	14.55		5.9	Ms	Italy:Sannio	意大利:桑尼奥	Italy
1295	4	5				46.9	9.5		6.3	Mk	Switzerland:Chur	瑞士:库尔	* Song
1295	9	3				46.9	9.5		5.79	Ms	Switzerland:Chur	瑞士:库尔	* Italy

年 Year	月 Mo	日 Dy	时 Hr	分 Mn	秒 Sec	纬度(°) Latitude	经度(°) Longitude	深度 Depth	震级 Mag	标度 Scale	地名(英文) Name(English)	地名(中文) Name(Chinese)	资料来源 Information
1296	6	1				40.9	29.2		6.8	Ms	Turkey:Istanbul	土耳其:伊斯坦布尔	GSHAP
1296	6	1				41	29	15	5.8	Ms	Turkey:Istanbul	土耳其:伊斯坦布尔	GSHAP
1296	7	17				39.1	27.3		6.8	Ms	Turkey:Izmir	土耳其:伊兹密尔	GSHAP
1298	11	30				42.5	12.83		6.1	Ms	Italy:Terni	意大利:特尔尼	* GSHAP
1298	12	1				42.55	12.83		5.93	Ms	Italy:Rieti	意大利:列蒂	* * Italy
1299	6	4				32	132		8	Mk	Japan:Osaka,Kinai	日本:大阪畿内	Japan,Song
1300	9	30				44.1	15.2		5.7	Ms	Croatia:Zadar	克罗地亚:扎达尔	* GSHAP
1300						36.8	56		6.5	Muk	Iran:Shūhrūd	伊朗:沙赫鲁德	*
1300						42.4	12.9		6	Mk	Italy:Rieti	意大利:列蒂	* Song
1301	6	11	4			46.25	13		5.2	Ms	Italy:Basiliano	意大利:巴西利亚诺	GSHAP
1301						36.1	53.2		6.7	Ms	Iran:Mazanderan	伊朗:马赞德兰	* Iran
1303	8	8				36.1	29		8	Ms	Mediterranean Sea	地中海	* NOAA,GSHAP
1303	9	25				36.3	111.7		8	Ms	China:Shanxi,Hongtong	中国:山西洪洞	* China
1303	12					34	26		7	Mk	Mediterranean Sea	地中海	* * NOAA,Song
1304	2					36.1	111.5		5	Ms	China:Shanxi,Linfen	中国:山西临汾	China
1304	11	7				38.5	45.5		6.7	Ms	Iran:Tabriz	伊朗:大不里士	*
1305	5	11				39.8	113.1		6.5	Ms	China:Shanxi,Huairen	中国:山西怀仁	* China
1306	9	20				35.9	106.1		6.5	Ms	China:Ningxia,Guyuan,S.	中国:宁夏固原南	* China
1306						35.5	25.5		7	Mk	Greece:Crete Island	希腊:克里特岛	* Song
1306						26.6	56.2		6.3	Mk	Iran:Qeshm Island	伊朗:格什姆岛	* Song
1307						34.5	107.6		5	Ms	China:Shaanxi,Qishan	中国:陕西岐山	China
1308	1	25	16			44.07	12.57		5.37	Ms	Italy:Rimini	意大利:里米尼	Italy
1308						39.74	39.5		5.8	Ms	Turkey:Erzincan	土耳其:埃尔津詹	Turkey
1308						39.4	46.2	15	6.1	Ms	Armenia:Kapan	亚美尼亚:卡潘	GSHAP
1310						51.69	103.01	15	6.6	Ms	Russia:Buryatiya,Kyren	俄罗斯:布里亚特州克廖恩	GSHAP
1310						35.5	45.5		5.5	Ms	Iraq:As – Sulaymaniyah	伊拉克:苏莱曼尼亚	* Iran
1310						33.2	44.2		5.9	Mk	Iraq:Sulaimaniya,Baghdad	伊拉克:苏莱曼尼亚,巴格达	* Song
1310						26.4	55.5		6.3	Mk	Iran:Hengam Island	伊朗:亨加姆岛	* Song
1310						38.25	15.667		5.17	Ms	Italy:Reggio Calabria	意大利:卡拉布里亚雷焦	Italy
1314	10	13				36.6	113.8		6	Ms	China:Hebei,Shexian	中国:河北涉县	* China
1315	12	3	9	30		42	13.97		6	Ms	Italy:Abruzzo	意大利:阿布鲁佐	Italy
1315	12	3				42.35	13.5		5.1	Ms	Italy:L'Aquila	意大利:拉奎拉	GSHAP
1316	1	5				33.5	49.4	7	6	Ms	Iran:Lorestan	伊朗:洛雷斯坦	GSHAP
1316						36.4	111.1		5.5	Ms	China:Shanxi,Puxian	中国:山西蒲县	China
1317	2	22				35.1	135.8		6.3	Mk	Japan:Kyoto	日本:京都	Japan,Song
1317	2	23	19			35.1	135.8		6.7	Ms	Japan:Kyoto	日本:京都	Japan,Usami
1318	2	21				42.6	122.1		5	Ms	China:Liaoning,Zhangwu	中国:辽宁彰武	China
1318						41.8	44.6	11	5.5	Ms	Georgia:T'Bilisi	格鲁吉亚:第比利斯	Turkey
1319	12					40.4	43.6		5.8	Ms	Turkey:Kars	土耳其:卡尔斯	Turkey
1319						39.8	44.2	30	7.4	Ms	Turkey:Iğdir	土耳其:厄德尔	* GSHAP
1319						39.1	44.5		5.9	Ms	Iran:Maku	伊朗:马库	* Iran
1319						41.5	13.8		6	Mk	Italy:Montecassino	意大利:蒙特卡西诺	* Song
1320	12	9				36	-10.7		7.3	Mk	Portugal:Cabo De San Vicente,SW.	葡萄牙:德聖維森特西南	* Song
1320	12	16				43.321	11.328		5.17	Ms	Italy:Siena	意大利:锡耶纳	Italy
1321						38.3	23.3		6.3	Ms	Greece:Erythres	希腊:埃里斯雷	GSHAP
1321						45.4	12.3		6.7	Mk	Italy:Gulf of Venice	意大利:威尼斯海湾	NOAA,Song
1323	1	1				45.2	14		5.7	Ms	Croatia:Rijeka	克罗地亚:里耶卡	GSHAP
1323	1	7				40.6	115.1		5	Ms	China:Hebei,Xuanhua	中国:河北宣化	China
1323						45.2	14.7		6	Ms	Croatia:Rijeka	克罗地亚:里耶卡	* Italy
1323						41	29.1		6.5	Ms	Turkey:Istanbul	土耳其:伊斯坦布尔	GSHAP
1325	12	5	13			35.6	136.1		6.7	Ms	Japan:Tsuruga	日本:福井敦贺	Japan,Usami
1327	1	1				45.7	26.6	150	7	Ms	Romania:Nereju	罗马尼亚:内雷茹	GSHAP
1327	5	12				40.1	28.2		6	Ms	Turkey:Manyas	土耳其:马尼亚斯	GSHAP
1327	9					30.1	102.7		6	Ms	China:Sichuan,Tianquan	中国:四川天全	* China
1328	12	1				42.8	13		6.3	Ms	Italy:Norcia	意大利:诺尔恰	* Italy,GSHAP
1329	6	28				37.8	15		6.7	Mk	Italy:Sicilia Island	意大利:西西里岛	NOAA,Song
1331	2	12				40.9	28.9		6.8	Ms	Turkey:Istanbul	土耳其:伊斯坦布尔	GSHAP
1331	8	15				33.7	135.2		7	Ms	Japan:Tokushima	日本:德岛	* Japan,Usami,NOAA
1331	8	19	9			35.65	139.7		6.1	Mk	Japan:Tokyo	日本:东京	Japan,Song
1332	2	12				40	28		6.8	Ms	Turkey:Balikesir,N.	土耳其:巴勒克西尔北部	* NOAA
1334						35.9	136.9		6.7	Ms	Japan:Gifu	日本:岐阜	Japan
1336	1	20				31.2	116.1		5.25	Ms	China:Anhui,Heshan,SW.	中国:安徽霍山西南	China
1336	5	9				26.6	56.2		6.3	Mk	Iran:Qeshm Island	伊朗:格什姆岛	* Song
1336	10	21	1	30		34.7	59.7		7.6	Muk	Iran:Razavi Khorasan	伊朗:呼罗珊	*
1337	9	16				40.4	115.7		6.5	Ms	China:Hebei,Huailai	中国:河北怀来	* China
1338	8	10				40.4	115.2		5	Ms	China:Hebei,Zhuolu	中国:河北涿鹿	China
1339						34.3	35.5		6.1	Mk	Lebanon:Tarabulus (Tripolis)	黎巴嫩:塔拉布卢斯(黎波里)	* Song
1341	10	31				41	139.5		7	Ms	Japan:Aomori,Near Coast of W.	日本:青森西部近海	* Japan,NOAA

年 Year	月 Mo	日 Dy	时 Hr	分 Mn	秒 Sec	纬度(°) Latitude	经度(°) Longitude	深度 Depth	震级 Mag	标度 Scale	地名(英文) Name(English)	地名(中文) Name(Chinese)	资料来源 Information
1341						41.5	28	20	5	Mk	Sea of Azov	亚速海	* * Song
1342	5	13				37.7	112.5		5.5	Ms	China:Shanxi,Jinyuan	中国:山西晋源	China
1343	1	1				33.3	36.2		7	Mk	Syria:Dimashq (Damascus)	叙利亚:大马士革	* Song
1343	6	30				44	15		5.7	Ms	Croatia:Zadar	克罗地亚:扎达尔	* GSHAP
1343	10	18	19			40.8	28.3		7.5	Ms	Turkey:Manyas, Bursa	土耳其:马尼亚斯,布尔萨	GSHAP,NOAA
1343	10	20	14			41	28.1		6.7	Mk	Turkey:Marmara Sea	土耳其:马尔马拉海	NOAA,Song
1343	11	25				40.8	14.4		6.7	Mk	Italy:Bay of Napli	意大利:那不勒斯湾	NOAA,Song
1343						37.3	37.4	30	7.5	Ms	Turkey:Gaziantep	土耳其:加济安泰普	GSHAP
1344	2	12				40.8	28.8		6.9	Ms	Turkey:Marmara Sea	土耳其:马尔马拉海	* NOAA
1344	5	15				32.9	52.3		5.7	Ms	Iran:Esfahan	伊朗:伊斯法罕	* Iran
1344	10					40.9	28	16	7	Ms	Turkey:Manyas	土耳其:马尼亚斯	GSHAP
1344						38	-9		6.3	Mk	Portugal:Lisbon	葡萄牙:里斯本	* Song
1345	9	12				43.777	11.249		5.6	Ms	Italy:Firenze (Florence)	意大利:佛罗伦萨	* GSHAP,Italy
1346	2	22	11			44.92	11.02		5.81	Ms	Italy:Verona	意大利:维罗那	Italy
1346	3					37.5	119.5		5	Ms	China:Shandong,Laizhou Bay	中国:山东莱州湾	China
1346	11	24	23			47.5	7.6		6.3	Mk	Switzerland:Reinach	瑞士:赖纳赫	* Song
1348	1	25	23			46.6	13.85		6.66	Ms	Austria:Villach	奥地利:菲拉赫	* Italy,GSHAP,NOAA
1349	1	22	18			42.35	13.4		6.1	Ms	Italy:L'Aquila	意大利:拉奎拉	GSHAP
1349	9	9				42.2	13.2		6	Mk	Italy:L'Aquila	意大利:拉奎拉	* Song
1349	11					14.3	43.5		5.5	Ms	Yemen:Al Hudaydah	也门:荷台达	GSHAP
1350	7	6	7			35	135.8		6.2	Ms	Japan:Kyoto	日本:京都	Japan,Usami
1350						43	43	20	6.5	Muk	Georgia:Kotais	格鲁吉亚:库塔伊西	*
1351	5	7				37.7	112.5		5.5	Ms	China:Shanxi,Jinyuan	中国:山西晋源	* China
1352	4	26				35.6	105.3		7	Ms	China:Gansu,Huining,SE.	中国:甘肃会宁东南	* China
1352	12	25	16			43.5	12.17		5.1	Ms	Italy:Sansepolcro	意大利:圣塞波尔克罗	GSHAP
1352	12	25				43.465	12.127		6	Ms	Italy:Sansepolcro	意大利:圣塞波尔克罗	* Italy
1353	3	1				40.8	27		7.3	Ms	Turkey:Hellespont	土耳其:达达尼尔海峡	* * GSHAP
1354						35.1	36.4		5.9	Mk	Syria:Hamah (Hama)	叙利亚:哈马	* Song
1355	8	13				38	126.5		5	Ms	North Korea:Kaesong	朝鲜:开城	GSHAP
1356	8	24				36.8	-9		7.3	Mk	Portugal:Cabo De San Vicente,SW.	葡萄牙:德圣维森特西南	* Song
1356	10	18	21	30		47.4	7.6		7.3	Mk	Switzerland:Basel	瑞士:巴塞尔	* Song
1357	11	5				38	126.5		5.5	Ms	North Korea:Kaesong	朝鲜:开城	GSHAP
1358	11	26				38	126.5		5.5	Ms	North Korea:Kaesong	朝鲜:开城	GSHAP
1358						14.1	43.2		5.5	Ms	Yemen:Zabid,Adan	也门:札比德,艾顿	* GSHAP
1358						43.57	12.141		5.03	Ms	Italy:Sansepolcro	意大利:圣塞波尔克罗	Italy
1360	11	23				33.4	136.2		7	Ms	Japan:Shingu,Near Coast	日本:和歌山新宫近海	* Japan,Usami,NOAA
1360						35.2	140		6.3	Mk	Japan:Chiba	日本:千叶	Japan,Song
1360						26.8	55.9		6.3	Mk	Iran:Qeshm Island	伊朗:格什姆岛	* Song
1361	7	17				41.23	15.45		6.06	Ms	Italy:Basilicata To Pouilles	意大利:巴西利卡塔	* Italy
1361	7	31	21			35.7	137.6		6.3	Mk	Japan:Gujo	日本:岐阜郡上	Japan,Usami,Song
1361	8	2	19			33	135	4	8.4	Ms	Japan:Tokushima,Near Coast	日本:德岛近海	* Japan,Usami,NOAA
1361	12	27				43.321	11.328		5.03	Ms	Italy:Siena	意大利:锡耶纳	Italy
1361						26.9	56.2		5.3	Ms	Iran:Bandar Abbas	伊朗:阿巴斯港	Iran
1361						28.8	115.3		5	Ms	China:Jiangxi,Jing – an	中国:江西靖安	*
1363						38.9	41.5		5.8	Ms	Turkey:Mus	土耳其:穆什	Turkey
1364	2	10				34.9	61.7		5.8	Ms	Afghan:Heart	阿富汗:赫拉特	Afghan
1365	1	2				36.8	3		7	Mk	Algeria:Algiers	阿尔及利亚:阿尔及尔	* NOAA,Song
1365	7	25	18			44.5	11.33		5.03	Ms	Italy:Bologna	意大利:博洛尼亚	Italy
1366	6	1				40.2	24.6		6.6	Ms	Aegean Sea	爱琴海	GSHAP
1366	8	15				38	112.7		5.75	Ms	China:Shanxi,Yangqu	中国:山西阳曲	China
1367						37.3	49.7		6.3	Mk	Iran:Rudbar, Rasht	伊朗:鲁德巴,拉什特	* Song
1367						41.53	13.87		5.17	Ms	Italy:Montecassino	意大利:蒙特卡西诺	Italy
1367						37.9	112.5		5.5	Ms	China:Shanxi,Taiyuan	中国:山西太原	China
1368	7	16				37.8	111.5		5.25	Ms	China:Shanxi,Fangshan,SE.	中国:山西方山东南	* China
1369	2	1				44.92	8.62		5.03	Ms	Italy:Alessandria	意大利:亚历山德里亚	Italy
1369	9	7				35.1	135.8		6.1	Ms	Japan:Kyoto	日本:京都	Japan,Usami
1374	2	2				42.1	-0.3		7.3	Mk	Spain:Ribagorza	西班牙:里巴哥札山	* Song
1374						39.74	39.5		5.8	Ms	Turkey:Erzincan	土耳其:埃尔津詹	Turkey
1375						46.9	8.4		5.57	Ms	Switzerland:Engelberg	瑞士:恩格尔贝格	* Italy
1377						12.4	45.1		5.9	Mk	Yemen:Adan	也门:艾顿	* Song
1378	5	8				38.5	106.3		5.75	Ms	China:Ningxia,Yinchuan	中国:宁夏银川	China
1378	12	10				38	126.5		5	Ms	North Korea:Kaesong	朝鲜:开城	GSHAP
1380						41.1	20.1		6	Ms	Albania:Elbasan	阿尔巴尼亚:爱尔巴桑	* GSHAP
1382	3	17				35.3	51.2		6.3	Mk	Iran:Tehran,Mahmudabad	伊朗:德黑兰,马哈茂达巴德	* Song
1383	8	4				44.217	12.049		5.37	Ms	Italy:Forli´	意大利:弗利	Italy
1383	8	6				39.2	26.2		7	Mk	Greece:Kalloni	希腊:卡洛尼	* Song

年	月	日	时	分	秒	纬度(°)	经度(°)	深度	震级	标度	地名(英文)	地名(中文)	资料来源
Year	Mo	Dy	Hr	Mn	Sec	Latitude	Longitude	Depth	Mag	Scale	Name(English)	Name(Chinese)	Information
1384	8					39	26		6.2	Mk	Greece:Lesbos,Aegean Sea	希腊:莱斯沃斯,爱琴海	* Song
1385	8	1				37.6	126.3		6.3	Muk	South Korea:Incheon	韩国:仁川	*
1386	1	1				44.2	17.7		5.7	Mk	Bosnia:Zenica	波斯尼亚:泽尼察	* GSHAP,Song
1387	3	5				44.1	15.2		5.7	Ms	Croatia:Zadar	克罗地亚:扎达尔	* GSHAP
1387	9	5				12.4	45.1		6.3	Mk	Yemen:Adan	也门:艾顿	* Song
1389	1	20				36.2	58.5	10	5.8	Muk	Iran:Neyshabur	伊朗:内沙布尔	*
1389	1	30				36.1	58.5		6.3	Mk	Iran:Neyshabur	伊朗:内沙布尔	* Song
1389	2					36.2	58.8		7.6	Muk	Iran:Neyshabur	伊朗:内沙布尔	*
1389	3	20				38.5	26.5		6.8	Ms	Turkey:Karaburun	土耳其:卡拉布伦	* GSHAP,NOAA
1389	4					43.837	13.018		5.17	Ms	Italy:Fano	意大利:法诺	Italy
1389	8	20	13			46.4	13.2		5.28	Ms	Italy:Udine	意大利:乌迪内	Italy
1389	10	18				43.523	12.295		6	Ms	Italy:Bocca Serriola	意大利:塞廖拉山口	Italy
1389	10	28				43.5	12.25		5.1	Ms	Italy:Citta Di Castello,Sansepolcro	意大利:卡斯得洛城,圣塞波尔克罗	GSHAP
1390	5					39.8	64.4	20	6.1	Ms	Uzbekistan:Buhoro	乌兹别克斯坦:布哈拉	*
1390	12	5	24			44.1	15.2		5.7	Mk	Croatia:Zadar	克罗地亚:扎达尔	* GSHAP
1390						36.8	138.2		6.1	Mk	Japan:Shinano	日本:长野信浓町	Japan,Song
1391	3	23				47.4	7.2		6.3	Mk	Switzerland:Porrentruy	瑞士:波朗特吕	* Song
1391	11	20	3			35.1	135.8		6.5	Mk	Japan:Kyoto	日本:京都	Japan,Song
1393	6	15				43.996	11.912		5.17	Ms	Italy:Santa Sofia	意大利:圣索菲亚	Italy
1394	3	22				46.3	7.967		5.57	Ms	Switzerland:Brig	瑞士:布里格	Italy
1394	3					13.35	43.75		5.5	Ms	Yemen:Taizz	也门:塔伊兹	GSHAP
1395	10					40.9	22.2		6.7	Ms	Greece:Edhessa, Kilkis	希腊:埃泽萨,基尔基斯	GSHAP
1396	11	26				45.58	9.27		5.37	Ms	Italy:Monza	意大利:蒙扎	Italy
1399	7	20	23			44.47	11.07		5.4	Ms	Italy:Modenese	意大利:莫德纳	Italy
1399	11	6	20			44.1	15.2		5.7	Ms	Croatia:Zadar	克罗地亚:扎达尔	* GSHAP
1400						51.72	103.68	15	6	Ms	Russia:Irkutsk,Slyudyanka	俄罗斯:伊尔库茨克州斯柳江卡	GSHAP
1400						27.7	54.3		5.3	Ms	Iran:Lar	伊朗:拉尔	* Iran
1400						36.5	49		5.9	Mk	Iran:Zanjān	伊朗:赞詹	* Song
1402	6					38.11	22.41		7	Ms	Greece:Patrai	希腊:帕特雷	GSHAP,NOAA
1402	7	28				41.1	29		6.5	Ms	Turkey:Istanbul	土耳其:伊斯坦布尔	GSHAP
1402						35	37		6.8	Mk	Syria:Tudmur (Palmyra)	叙利亚:帕尔米拉	* NOAA,Song
1403	9	6				46.33	13		5.5	Ms	Italy:Basiliano	意大利:巴西利亚诺	GSHAP
1403	11	16				35	37		6.7	Mk	Syria:Ar Raqqah	叙利亚:拉卡	* NOAA,Song
1403	12					33.7	136.5		7	Ms	Japan:Shingu,Near Coast	日本:和歌山新宫近海	* NOAA
1404	2	1	21			46.167	12.167		5.17	Ms	Italy:Belluno	意大利:贝卢诺	Italy
1404	2	13				36.1	37.1	36	7	Ms	Syria:Halab (Aleppo)	叙利亚:阿勒颇(阿勒颇)	* GSHAP
1405	1	29				36	58.8	15	6.7	Muk	Iran:Neyshabur	伊朗:内沙布尔	*
1405	3	12				36.2	129		6	Ms	South Korea:Yeongcheon	韩国:庆尚北道	GSHAP
1405	11	23				36.2	58.8		7.6	Ms	Iran:Neyshabur	伊朗:内沙布尔	Afghan
1406	10	16				34.4	138.4		6.2	Ms	Japan:Shizuoka,Near Coast	日本:静冈近海	* Usami
1407	4	9				36	36		6.2	Mk	Turkey:Hatay	土耳其:哈塔伊	* Song
1407	4	29				35.7	36.3	16	7	Ms	Syria:Hamah (Hama)	叙利亚:哈马	GSHAP
1407						31.2	112.6		5.5	Ms	China:Hubei,Zhongxiang	中国:湖北钟祥	China
1408	1	21	9			33.8	136.9		7	Ms	Japan:Mie,Near Coast	日本:三重近海	* Japan,Usami,NOAA
1408	12	20				36.2	36.1		7	Mk	Turkey:Antioch; Syria:Aleppo	土耳其:安提俄克;叙利亚:阿勒颇	* NOAA,Song
1410	1	1				47	19		5.6	Ms	Hungary:Kecskemet	匈牙利:凯奇凯梅特	GSHAP
1410	5	9	22	30		44.836	11.618		5.03	Ms	Italy:Ferrara	意大利:费拉拉	Italy
1410						36.7	66.8		5	Mk	Afghan:Sheberghan	阿富汗:希比尔甘	Afghan,Song
1411	10	8				30.1	90.5		8	Ms	China:Xizang (Tibet),Damxung,SW.	中国:西藏当雄西南	China
1414	8	3				43.5	12.1		6	Mk	Italy:Sansepolcro	意大利:圣塞波尔克罗	* Song
1414	8	7				43.271	11.12		5.66	Ms	Italy:Toscana	意大利:托斯卡纳	Italy
1414						41.88	16.18		5.84	Ms	Italy:Gargano	意大利:加尔加诺	Italy
1416	5	23				36.6	128.7		5	Ms	South Korea:Uiseong	韩国:义城郡	GSHAP,Korea
1417	8					38.4	23.8		6.4	Ms	Greece:Erythres	希腊:埃里斯雷	GSHAP
1417						41	15		6	Mk	Italy:Ariano Irpino	意大利:阿维利诺	* Song
1418	4	7				43.9	15.6		6.3	Mk	Croatia:Šibenik	克罗地亚:希贝尼克	* Song
1418	4	17				44	15		5.7	Ms	Croatia:Zadar	克罗地亚:扎达尔	GSHAP
1419	3	15				41	34	25	7.5	Ms	Turkey:Tosya	土耳其:托斯亚	* GSHAP
1419	5	25				40.9	28.9		6.6	Ms	Turkey:Marmara Sea	土耳其:马尔马拉海	* * NOAA,GSHAP
1420	7					40.8	23.1		6	Ms	Greece:Thessalonika	希腊:萨罗尼加	GSHAP
1420	9	7				36.6	140.5		7	Mk	Japan:Hitachiota	日本:茨城常陆太田	Japan,NOAA,Song
1421	1	21				37.5	22.9		6.5	Ms	Greece:Argolida	希腊:阿尔戈利斯	GSHAP
1422						39.74	39.5		6.4	Ms	Turkey:Erzincan	土耳其:埃尔津詹	GSHAP
1423	11	22	23			39.2	140.1		6.7	Ms	Japan:Akita	日本:秋田	Japan,Usami
1425	2	1				35.6	128.5		5	Ms	South Korea:Changnyeong	韩国:昌宁郡	GSHAP
1425	3	16				31.7	116.5		5.75	Ms	China:Anhui,Liuan	中国:安徽六安	China
1425	11	23	1			35	135.8		6	Ms	Japan:Kyoto	日本:京都	Japan,Usami
1426						14.1	43.2		8	Mk	Yemen:Zabid,Bahrain	也门:扎比德,巴林	* Song

年 Year	月 Mo	日 Dy	时 Hr	分 Mn	秒 Sec	纬度(°) Latitude	经度(°) Longitude	深度 Depth	震级 Mag	标度 Scale	地名(英文) Name(English)	地名(中文) Name(Chinese)	资料来源 Information
1427	5	15				41.7	2.2		8	Mk	Spain:Olot,Barcelona	西班牙:奥罗特,巴塞罗纳	* Song
1427	10	14				36	128		5.5	Ms	South Korea:Gimcheon	韩国:金泉市	GSHAP
1427						14.2	43.45		5.5	Ms	Yemen:Al Hudaydah	也门:荷台达	GSHAP
1428	2	2				43.4	4.4		6.5	Mk	France:Prats De Mollo,Arles-Sur-Tech	法国:普拉德莫洛,阿尔勒	* Song
1428	7	3	5			44.146	12.048		5.58	Ms	Italy:Predappio	意大利:普雷达皮奥	Italy, GSHAP
1428	8	24				35.9	128.3		5.5	Ms	South Korea:Seongju	韩国:庆尚北道	Korea
1428	11	21				36.3	128.7		5	Ms	South Korea:Uiseong	韩国:义城郡	Korea
1428						35.9	63.8		6.5	Ms	Afghan:Maymana	阿富汗:迈马纳	Afghan
1430	2	26				40.7	23.2		6	Ms	Greece:Thessalonika	希腊:萨罗尼加	GSHAP
1430	4	24				37.2	-3.6		8	Mk	Spain:Granada	西班牙:格拉纳达	* Song
1430	5	9				35.6	128.2		5.8	Ms	South Korea:Hapcheon	韩国:陕川郡	Korea
1430	9	30				35.6	129.2		5	Ms	South Korea:Ulsan	韩国:蔚山	Korea
1431	3	10				35.6	128.7		5	Ms	South Korea:Cheongdo	韩国:清道郡	Korea
1433	5	4	8	5		44.5	11.33		5.03	Ms	Italy:Bologna	意大利:博洛尼亚	Italy
1433	11	6				34.9	139.5		7.1	Ms	Japan:Oshima	日本:东京大岛	* Usami,NOAA
1433	11	7				37.7	139.8		6.7	Ms	Japan:Fukushima	日本:福岛	Japan,Usami
1436	3					43.321	11.328		5.03	Ms	Italy:Siena	意大利:锡耶纳	Italy
1436						37.2	55.2		5.3	Ms	Iran:Gorgan	伊朗:戈尔甘	Iran
1437	3	9				37	127.7		5.5	Ms	South Korea:Okcheon	韩国:沃川郡	GSHAP
1437	9	4				40.2	28.2		6.8	Ms	Turkey:Manyas	土耳其:马尼亚斯	GSHAP
1437	11	28				40	26.1		6.6	Mk	Turkey:Canakkale	土耳其:恰纳卡莱	NOAA,Song
1438	3	24				36.1	128.1		5	Ms	South Korea:Gimcheon	韩国:金泉市	GSHAP
1438	6	11	20			44.85	10.23		5.62	Ms	Italy:Parma	意大利:帕尔马	Italy
1440	11	4				36.7	103.3		6.25	Ms	China:Gansu,Yongdeng	中国:甘肃永登	* China
1440	12	25				36.3	103.4		5.5	Ms	China:Gansu,Yongdeng	中国:甘肃永登	China
1440						28.3	53.1		7.1	Muk	Iran:Hormozgan	伊朗:荷姆兹甘	* Iran
1441	1	1				48.45	18.9		5.6	Ms	Slovak:Zvolen	斯洛伐克:兹沃伦	GSHAP
1441						38.3	43.2		6.4	Ms	Turkey:Van,Nemrut	土耳其:凡城,尼姆鲁特	* Turkey
1441						38	46.2		6.3	Mk	Iran:Tabriz	伊朗:大不里士	* Song
1443	5	25				47.5	16.3		5.6	Ms	Austria:Bad Schonau	奥地利:巴德舍瑙	GSHAP
1443	6	5				48.5	19.1	36	6.4	Ms	Slovakia:Banska Stiavnica	斯洛伐克:班斯卡什佳夫尼察	* GSHAP
1444	1	1				42	19		5.5	Ms	Adriatic Sea	亚得里亚海	GSHAP
1444	7					38.7	21		7	Ms	Greece:Agrinion	希腊:阿格里尼翁	GSHAP
1444	8	4				46.25	20.15		5.6	Ms	Hungary:Szeged	匈牙利:赛格德	GSHAP
1444	8	28				36.1	128.1		5	Ms	South Korea:Gimcheon	韩国:金泉市	Korea
1444	11					43.2	27.9		6.3	Mk	Bulgaria:Varna	保加利亚:瓦尔纳	* Song
1444						38.7	42.2		7.7	Mk	Turkey:Nemrut Mtns	土耳其:尼姆鲁特山	* Song
1445	12	21				24.5	117.6		6.25	Ms	China:Fujian,Zhangzhou	中国:福建漳州	* China
1446	4	8				23.6	102.8		5.5	Ms	China:Yunnan,Jianshui	中国:云南建水	China
1446	10	10	4			45.7	26.6	150	7.6	Ms	Romania:Nereju	罗马尼亚:内雷茹	GSHAP
1447	11	4				41.9	12.6		6	Mk	Italy:Roma (Rome)	意大利:罗马	* Song
1447						29	88		5.5	Ms	China:Xizang (Tibet),Sagya	中国:西藏萨迦	China
1448	9	19				37.5	138.2		7	Ms	Japan:Sado Island	日本:佐渡岛	* NOAA
1448	10	9				38.3	109.7		5.5	Ms	China:Shaanxi,Yulin	中国:陕西榆林	China
1449	5	12	23			35	135.6	0	6.4	Ms	Japan:Yamashiro,Daiwa	日本:山城,大和	Japan,Usami
1450						44.3	34.3	20	6.5	Ms	Black Sea	黑海	GSHAP
1451	1	1				42.6	18		5.7	Mk	Croatia:Dubrovnik	克罗地亚:杜布罗夫尼克	* GSHAP,Song
1453	1	1				49	20.5		5.6	Ms	Slovak:Poprad	斯洛伐克:波普拉德	GSHAP
1453	9	28	23	45		43.77	11.3		5.33	Ms	Italy:Firenze	意大利:佛罗伦萨	Italy
1454	2	5				35.9	127.8		5.5	Ms	South Korea:Muju	韩国:茂朱郡	GSHAP
1454	9	14	23			47.5	7.6		6	Mk	Switzerland:Reinach	瑞士:赖纳赫	* Song
1454	9	15	1			47.5	7.6		6	Mk	Switzerland:Reinach	瑞士:赖纳赫	* Song
1455	1	24				35.9	126.5		6.8	Muk	South Korea:Kwangju	韩国:光州市	* Korea
1455	2	3	20			46.1	12.9		5.2	Ms	Italy:Pordenone	意大利:波代诺内	GSHAP
1455	2	6				44.4	11.25		5.37	Ms	Italy:Bologna	意大利:博洛尼亚	Italy
1455	12	5				40.4	14.1		6.8	Mk	Italy:Napoli (Naples)	意大利:那不勒斯(拿坡里)	* Song
1455	12	20	20	45		44.42	11.27		5.18	Ms	Italy:Bologna	意大利:博洛尼亚	Italy
1456	2	14				35.2	139		6.4	Mk	Japan:Hakone	日本:神奈川箱根	Japan,Usami,Song
1456	5	12				40.3	24.4		6	Ms	Aegean Sea	爱琴海	GSHAP
1456	6	16				42.2	20.7		5.7	Ms	Kosovo:Prizren	科索沃:普里兹伦	* GSHAP
1456	7	12				40.4	115.7		5	Ms	China:Hebei,Huailai,NE.	中国:河北怀来东北	China
1456	11	29				39.8	39.5		6.3	Mk	Turkey:Erzincan	土耳其:埃尔津占	* Song
1456	12	5	4	30		41.15	14.867		6.96	Ms	Italy:Benevento,Campobasso	意大利:贝内文托,坎布巴索	* Italy,NOAA
1457	4	26	12	45		43.46	12.25		5.8	Ms	Italy:Citta´Di Castello	意大利:卡斯得洛城	GSHAP
1457	4	26	17			43.33	12.33		5.6	Ms	Italy:Perugia	意大利:佩鲁贾	GSHAP
1457	4	30	4			43.33	12.33		5.1	Ms	Italy:Perugia	意大利:佩鲁贾	GSHAP
1457	4	30	5			43.33	12.33		5.1	Ms	Italy:Perugia	意大利:佩鲁贾	GSHAP
1457	5	1	0	20		43.46	12.25		5.6	Ms	Italy:Citta´Di Castello	意大利:卡斯得洛城	GSHAP

年 Year	月 Mo	日 Dy	时 Hr	分 Mn	秒 Sec	纬度(°) Latitude	经度(°) Longitude	深度 Depth	震级 Mag	标度 Scale	地名(英文) Name(English)	地名(中文) Name(Chinese)	资料来源 Information
1457						31.2	34.2		7.7	Mk	Egypt: Yamit	埃及：耶米特	* Song
1457						37.3	23.5		6.3	Ms	Greece: Arkadia	希腊：阿卡迪亚	GSHAP
1457						31.9	46.9		6.1	Ms	Iraq: Amarah	伊拉克：阿马拉	Iran
1458	4	26				43.456	12.239		5.87	Ms	Italy: Citta´Di Castello	意大利：卡斯得洛城	Italy
1458	11	12				31.2	34.2		6.1	Mk	Egypt: Yamit	埃及：耶米特	* Song
1458						39.9	40.4		7.5	Ms	Turkey: Erzincan	土耳其：埃尔津占	* Turkey
1459	5	20				46.3	16.3	13	6	Ms	Croatia: Varaždin	克罗地亚：瓦拉日丁	* GSHAP
1459	9	9				36	127.5		5	Ms	South Korea: Geumsan	韩国：锦山郡	GSHAP
1459						31.1	52.1		6.6	Ms	Iran: Shiraz, N.	伊朗：设拉子北部	Iran
1461	6					40.5	15.25		5.17	Ms	Italy: Salerno	意大利：萨勒诺	Italy
1461	11	26	21	30		42.308	13.543		6.46	Ms	Italy: Aquilano	意大利：阿奎拉诺	Italy
1461	11	27	0	15		42.3	13.4		6	Mk	Italy: L'Aquila (Aquila)	意大利：拉奎拉	* Song
1461	11	28	2	15		42.3	13.5		6	Mk	Italy: L'Aquila	意大利：拉奎拉	* Song
1462						14.1	43.2		5	Ms	Yemen: Al Hudaydah	也门：荷台达	GSHAP
1463						14.1	43.2		6.5	Mk	Yemen: Zabid	也门：札比德	* Song
1464						37.3	-5.6		6.5	Mk	Spain: Sevilla (Seville)	西班牙：塞维利亚	* Song
1465	4	15	14	40		44.7	10.63		5.03	Ms	Italy: Reggiano	意大利：雷焦艾米利亚	Italy
1466	5	29				34.8	135.7		6.3	Mk	Japan: Kyoto, Daiwa	日本：京都，大和	Japan, Song
1467	1	28				27.5	101.6		6.5	Ms	China: Sichuan, Yanyuan	中国：四川盐源	China
1467	6	18				39.6	112.3		5.5	Ms	China: Shanxi, Pinglu	中国：山西平鲁	China
1467	9	3				43.321	11.328		5.03	Ms	Italy: Siena	意大利：锡耶纳	Italy
1468	2	1				47.8	16.2	10	5.2	Ms	Austria: Ternitz	奥地利：泰尔尼茨	GSHAP
1469	4					38.5	20.5		7.2	Ms	Greece: Nisia Ionioy	希腊：伊奥尼亚群岛	* GSHAP
1469	11	13				31.2	112.6		5.5	Ms	China: Hubei, Zhongxiang	中国：湖北钟祥	China
1470	1	17				30.1	113.2		5	Ms	China: Hubei, Qianjiang	中国：湖北潜江	China
1470	4	11				44.161	11.037		5.17	Ms	Italy: Castel Del Rio	意大利：里奥堡	Italy
1470						37.1	54.6		5.5	Ms	Iran: Gorgan	伊朗：戈尔甘	Iran
1471	1	1				42.6	18		5.7	Ms	Croatia: Dubrovnik	克罗地亚：杜布罗夫尼克	GSHAP
1471	8	29	8			45.7	26.6	150	6.8	Ms	Romania: Nereju	罗马尼亚：内雷茹	GSHAP
1471	8	29	10			45.7	26.6		7.3	Ms	Romania: Nereju	罗马尼亚：内雷茹	GSHAP
1471						40.1	24.9		7	Ms	Aegean Sea	爱琴海	GSHAP
1471						42.6	18.1		6.3	Mk	Croatia: Dubrovnik	克罗地亚：杜布罗夫尼克	* Song
1471						-16.3	-71	25	8	Muk	Peru: Arequipa	秘鲁：阿雷基帕	*
1472	1	1				42.7	17		5.2	Ms	Adriatic Sea	亚得里亚海	GSHAP
1472	5	14	19			46.5	13.25		5.17	Ms	Italy: Udine	意大利：乌迪内	Italy
1472						42.7	17.1		5.17	Ms	Adriatic Sea	亚得里亚海	Italy
1472						44.059	12.567		5.17	Ms	Italy: Rimini	意大利：里米尼	Italy
1473	1	20				43	17		5.2	Ms	Adriatic Sea	亚得里亚海	GSHAP
1473	8	29				45.6	25		5.2	Ms	Romania: Câmpulung	罗马尼亚：肯普隆格	GSHAP
1474	8	18				43.603	13.507		5.17	Ms	Italy: Ancona	意大利：安科纳	Italy, GSHAP
1474	11	5				26.6	100.2		5.5	Ms	China: Yunnan, Heqing	中国：云南鹤庆	China
1474	12	20				37.9	106.3		5.5	Ms	China: Ningxia, Wuzhong	中国：宁夏吴忠	China
1474						35.1	135.8		6.1	Mk	Japan: Kyoto	日本：京都	Japan, Song
1475						42.6	75.2	5	6.4	Muk	Kyrgyzstan: Tokmok	吉尔吉斯斯坦：托克马克	*
1477	2	2				42.955	12.704		5.37	Ms	Italy: Foligno	意大利：福利尼奥	Italy
1477	3	28				35.2	104.2		5.5	Ms	China: Gansu, Lintao	中国：甘肃临洮	China
1477	5	22				38.5	106.3		6.5	Ms	China: Ningxia, Yinchuan, W.	中国：宁夏银川西	China
1478	8	26				27.5	101.6		6	Ms	China: Sichuan, Yanyuan	中国：四川盐源	* China
1479	10	20				43	17.6		5.7	Ms	Croatia: Split, SE.	克罗地亚：斯普利特东南	* GSHAP
1480	1	1				42.75	13.67		5.1	Ms	Italy: Ascoli Piceno	意大利：阿斯科利皮切諾	GSHAP
1480	9	22				28.6	102.5		5.5	Ms	China: Sichuan, Yuexi	中国：四川越西	China
1480	10	18				43.1	17		5.2	Ms	Adriatic Sea	亚得里亚海	GSHAP
1480						42.919	13.835		5.37	Ms	Italy: Monteprandone	意大利：蒙特普兰多内	Italy
1481	3	18				33.5	116.2		6	Ms	China: Anhui, Bozhou, S.	中国：安徽亳州南	China
1481	3					39.9	40.4	17	7.7	Ms	Turkey: Erzincan	土耳其：埃尔津占	GSHAP
1481	4	23				41	29		6.5	Ms	Turkey: Istanbul	土耳其：伊斯坦布尔	GSHAP
1481	5	3				36	28		7.1	Ms	Greece: Dodecanese Islands	希腊：多德卡尼斯群岛	* NOAA
1481	5	7				44.276	10.13		5.84	Ms	Italy: Carrara	意大利：卡拉拉	Italy
1481	7	6				40.3	119		5	Ms	China: Hebei, Lulong, NE.	中国：河北卢龙东北	China
1481	7	24				26.5	99.9		6.25	Ms	China: Yunnan, Jianchuan	中国：云南剑川	* China
1481	9	10				42	15.9		6	Mk	Italy: Rodi Garganico	意大利：城镇如罗迪城	* Song
1481	10	3				36.4	28.6		7.2	Ms	Mediterranean Sea	地中海	* GSHAP
1481	12	18				36	28		6	Mk	Greece: Rhodes	希腊：罗得	*
1482	2	15	15			42.6	18.1		5.7	Ms	Croatia: Dubrovnik	克罗地亚：杜布罗夫尼克	* GSHAP
1482						26.1	56.9		6.5	Muk	Gulf of Oman	阿曼湾	*
1482						39.9	40.4		7.5	Muk	Turkey: Erzincan, Erzurum	土耳其：埃尔津占，埃尔佐鲁姆	*
1483	2	18				24.9	57.9		7.7	Ms	Gulf of Oman	阿曼湾	* Iran
1483	8	11	19	40		44.17	12.23		5.67	Ms	Italy: Forli´	意大利：弗利	Italy
1483	10	18				36.2	27.5		7	Mk	Greece: Dodecanese Islands	希腊：多德卡尼斯群岛	* Song

年 Year	月 Mo	日 Dy	时 Hr	分 Mn	秒 Sec	纬度(°) Latitude	经度(°) Longitude	深度 Depth	震级 Mag	标度 Scale	地名(英文) Name(English)	地名(中文) Name(Chinese)	资料来源 Information
1484	1	19				42.09	12.562		5.06	Ms	Italy:Monterotondo	意大利:蒙特罗通多	Italy
1484	2	4				36.4	126.8		5.3	Ms	South Korea:Cheongyang	韩国:青阳郡	Korea
1484	2	7				40.5	116.1		6.75	Ms	China:Beijing,Yanqing	中国:北京延庆	* China
1484	8	27				37	49		6.3	Mk	Iran:Zanjān	伊朗:赞詹	* Song
1485	1	26				34.8	110.3		5.5	Ms	China:Shanxi,Yongji	中国:山西永济	China
1485	3	15				35.3	117.9		5.5	Ms	China:Shandong,Feixian	中国:山东费县	China
1485	3	25				35.8	117		5	Ms	China:Shandong,Tai - an,S.	中国:山东泰安南	China
1485	4	16				36.8	112		5	Ms	China:Shanxi,Lingshi,SE.	中国:山西灵石东南	China
1485	5	25				35.4	104.6		5.25	Ms	China:Gansu,Dingxi	中国:甘肃定西	China
1485	6	5				40.2	117.9		5	Ms	China:Hebei,Zunhua	中国:河北遵化	China
1485	8	14				36.7	50.5	20	7.2	Muk	Iran:Qazvin	伊朗:加兹温	* Iran,GSHAP
1487	8	19				34.4	108.9		6.25	Ms	China:Shaanxi,Xianyang,NE.	中国:陕西咸阳东北	* China
1488	9	25				31.7	103.9		5.5	Ms	China:Sichuan,Maoxian	中国:四川茂县	* China
1488						25.7	101.3		5	Ms	China:Yunnan,Dayao	中国:云南大姚	China
1489	1	15				27.8	102.3		6.75	Ms	China:Sichuan,Xichang	中国:四川西昌	China
1489	3	9				38.2	128.8		5	Ms	South Korea:Sokcho	韩国:束草	Korea
1489						35.5	29.5		6.7	Mk	Mediterranean Sea	地中海	* NOAA,Song
1489						43.57	12.141		5.17	Ms	Italy:Sansepolcro	意大利:圣塞波尔克罗	Italy
1490	2	20				39.4	67.1	15	5.8	Muk	Uzbekistan:Samarkand	乌兹别克斯坦:撒马尔罕	*
1490	11	1				36.5	27		7	Mk	Greece:Dodecanese Islands	希腊:多德卡尼斯群岛	* Song
1490						50.85	134.15	30	6.5	Ms	Russia:Khabarovsk,Komsomolsk - On - Amur	俄罗斯:哈巴罗夫斯克区阿穆尔河畔共青城	GSHAP
1491	1	24	23	30		45.42	11.43		5.37	Ms	Italy:Verona	意大利:维罗纳	Italy
1491	4	25				35.2	33.2	15	6.9	Ms	Cyprus:Nicosia	塞浦路斯:尼科西亚	GSHAP
1491	9	23				32.7	119		5	Ms	China:Anhui,Tianchang	中国:安徽天长	China
1491	10					36.9	27		7	Mk	Greece:Kos	希腊:科斯	* Song
1493	1	10				33	59.8		7	Muk	Iran:Birjand	伊朗:比尔詹德	* Iran
1493	5	4				35.5	115.2		5.25	Ms	China:Henan,Puyang	中国:河南濮阳	China
1493	8	18				36.8	27		6.8	Ms	Greece:Kos Island	希腊:科斯岛	* Turkey
1494	4	2				25.5	103.8		5.5	Ms	China:Yunnan,Qujing	中国:云南曲靖	* China
1494	5	29	2	15		38.18	15.55		5.17	Ms	Italy:Messina	意大利:梅西纳	Italy
1494	6	13				43.8	7		7.3	Mk	France:Near S. Coast	法国:南部近海	* Song
1494	6	19	3			34.6	135.7		6.4	Ms	Japan:Nara	日本:奈良	Japan,Usami
1494	6	23				43.4	7.1		6.1	Mk	France:Lantosque,Roquebilliere	法国:朗托斯克,罗克比列尔	* Song
1494	7	1				35.5	25.5		7.2	Ms	Greece:Crete Island	希腊:克里特岛	* NOAA
1494						41	71.6	6	5.1	Ms	Uzbekistan:Namangan	乌兹别克斯坦:纳曼干	GSHAP
1495	4	19				37.6	105.6		6.5	Ms	China:Ningxia,Zhongning	中国:宁夏中宁	* China
1495	9	12				35.1	139.5		7.1	Ms	Japan:Kanagawa	日本:神奈川	* Japan,NOAA
1495						34.5	50	5	5.9	Ms	Iran:Markazi,Arak	伊朗:中央省阿拉克	GSHAP
1496	1	23	17			43.5	16.1		5.7	Ms	Croatia:Split	克罗地亚:斯普利特	* GSHAP
1497	2	26				36.3	112.9		5	Ms	China:Shanxi,Tunliu	中国:山西屯留	China
1497	3	8				38.3	106.3		5.25	Ms	China:Ningxia,Yinchuan,E.	中国:宁夏银川东	China
1497						27.2	56.3		6.5	Ms	Iran:Bandar Abbas	伊朗:阿巴斯港	Iran
1498	7	9				34.4	137.7		6.4	Ms	Japan:Shizuoka,Near Coast	日本:静冈近海	* Japan,NOAA
1498	8	2				9.9	-62.3		7	Mk	Venezuela:Maturín	委内瑞拉:马图林	* NOAA,Song
1498	9	3	14			46.5	7.417		5.17	Ms	Switzerland:Zweisimmen	瑞士:茨韦西门	Italy
1498	9	20				33.5	135.2		7.5	Ms	Japan:Wakayama,Near Coast	日本:和歌山近海	* NOAA
1498	9	20				34	138.1		8.6	Ms	Japan:Shizuoka,Near Coast	日本:静冈近海	* Japan,Usami,NOAA
1498	11	23				26.1	99.9		5	Ms	China:Yunnan,Eryuan	中国:云南洱源	China
1498						37.2	55.2	15	6.5	Ms	Iran:Gorgan	伊朗:戈尔甘	GSHAP, Iran
1499	7	26				25.2	100.3		5.5	Ms	China:Yunnan,Weishan	中国:云南巍山	China
1499	11	9				38.187	15.549		5.37	Ms	Italy:Messina	意大利:梅西纳	Italy
1500	1	13				24.9	103.1		7	Ms	China:Yunnan,Yiliang	中国:云南宜良	* China
1500						54.1	108.25	15	7	Ms	Russia:Lake Baykal	俄罗斯:贝加尔湖	GSHAP
1500						54.43	108.51	15	6.6	Ms	Russia:Lake Baykal	俄罗斯:贝加尔湖	GSHAP
1500						54.74	110.74	15	6.2	Ms	Russia:Buryatiya,Arshan	俄罗斯:布里亚特州阿尔尚	GSHAP
1500						54.17	110.14	15	6.4	Ms	Russia:Buryatiya,Barguzin	俄罗斯:布里亚特州巴尔古津	GSHAP
1500						53.67	109.69	15	6.3	Ms	Russia:Buryatiya,Barguzin	俄罗斯:布里亚特州巴尔古津	GSHAP
1500						51.13	106.25	15	6.3	Ms	Russia:Buryatiya,Gusinoye Ozero	俄罗斯:布里亚特州古西诺耶奥泽罗	GSHAP
1500						56.09	110.62	15	6.9	Ms	Russia:Buryatiya,Kichera	俄罗斯:布里亚特州基切拉镇	GSHAP
1500						56.42	114.95	15	6.8	Ms	Russia:Buryatiya,Taksimo	俄罗斯:布里亚特州塔克西莫村镇	GSHAP
1500						56.12	113.03	15	7	Ms	Russia:Buryatiya,Yanchukan	俄罗斯:布里亚特州扬丘坎镇	GSHAP
1500						56.98	119.57	15	5.9	Ms	Russia:Chita,Geologicheskiy	俄罗斯:赤塔州格奥洛吉切斯基	GSHAP
1500						50.53	134.22	15	6.1	Ms	Russia:Khabarovsk,Komsomolsk - On - Amur	俄罗斯:哈巴罗夫斯克区阿穆尔河畔共青城	GSHAP
1500						19	-155.5		7	Mk	Hawaiian Islands	夏威夷群岛	* NOAA,Song
1501	1	29				34.8	110.1		7	Ms	China:Shaanxi,Dali,E.	中国:陕西大荔东	* China

年	月	日	时	分	秒	纬度(°)	经度(°)	深度	震级	标度	地名(英文)	地名(中文)	资料来源
Year	Mo	Dy	Hr	Mn	Sec	Latitude	Longitude	Depth	Mag	Scale	Name(English)	Name(Chinese)	Information
1501	6	5	10			44.52	10.85		5.85	Ms	Italy:Modena	意大利:摩德纳	Italy
1501	6	11				26.5	99.9		5.75	Ms	China:Yunnan,Jianchuan	中国:云南剑川	China
1501						35.5	25		7	Mk	Greece:Crete Island	希腊:克里特岛	* Song
1502	1	28				37.2	138.2		6.9	Ms	Japan:Joetsu	日本:新潟上越	Japan,Usami
1502	3	26	13			45.8	16.1	10	6	Ms	Croatia:Bedekovcina	克罗地亚:贝代科夫契纳	* GSHAP
1502	8	20				36.4	127.1		5.3	Ms	South Korea:Gongju	韩国:公州市	Korea
1502	9	6				43.462	13.087		5.17	Ms	Italy:Cupramontana	意大利:库普拉蒙塔纳	Italy,GSHAP
1502	9	23				44.5	7.5		5.17	Ms	Italy:Cuneo	意大利:库内奥	Italy
1502	10	27				35.7	115.3		6.5	Ms	China:Henan,Puyang	中国:河南濮阳	* China
1502	12	4				39	112.6		5.25	Ms	China:Shanxi,Daixian,SW.	中国:山西代县西南	China
1502						18.3	-69.5		6.3	Mk	Dominica:Santo Domingo	多米尼加:多米尼加	* Song
1502						14.15	43.25		5.5	Ms	Yemen:Al Hudaydah	也门:荷台达	GSHAP
1502						42.383	12.95		5.17	Ms	Italy:Rieti	意大利:列蒂	Italy
1503	7	15				37.2	127.2		5.3	Ms	South Korea:Suwon	韩国:水原	GSHAP
1503	9	23				36.9	127.3		5.5	Ms	South Korea:Okcheon	韩国:沃川郡	GSHAP
1503						37.4	43.8	28	7.3	Ms	Turkey:Hakkari	土耳其:哈卡里	GSHAP
1504	3					46.8	10.2		6.3	Mk	Switzerland:Scuol	瑞士:施库尔	* Song
1504	4	5	9			37.3	-5.4		7.9	Mk	Spain:Carmona	西班牙:卡尔莫纳	* NOAA,Song
1504	11	1				43.696	11.816		5.03	Ms	Italy:Bibbiena	意大利:比别纳	Italy
1504	12	7	24			42.6	18.1		5.7	Ms	Croatia:Dubrovnik	克罗地亚:杜布罗夫尼克	* GSHAP
1504						46.783	10.216		5.37	Ms	Switzerland:Ardez	瑞士:阿尔德茨	Italy
1505	1	1				45.9	14.2		5.7	Mk	Slovenia:Kapele	斯洛文尼亚:卡佩尔	* GSHAP,Song
1505	1	3	2			44.48	11.25		5.47	Ms	Italy:Bologna	意大利:博洛尼亚	Italy
1505	6	6	5			29.5	83		8.2	Ms	Nepal:Karnali	尼泊尔:格尔纳利河	India
1505	7	6				34.7	69.2		7.3	Ms	Afghan:Kabul	阿富汗:喀布尔	* Afghan
1505	7	20				37.8	105.9		5.25	Ms	China:Ningxia,Qingtongxia,S.	中国:宁夏青铜峡南	China
1505	10	19				32.5	123		6.5	Ms	China:South Yellow Sea	中国:南黄海	* * China,NOAA
1505	10	26				35.2	110.9		5.25	Ms	China:Shanxi,Linyi	中国:山西临猗	* China
1505						41.04	28.98		5.8	Ms	Turkey:Istanbul	土耳其:伊斯坦布尔	Turkey
1506	3	6	19			42.5	14.5		5.1	Ms	Italy:Chieti	意大利:基耶蒂	GSHAP
1506	3	29				35.3	110.1		5.5	Ms	China:Shaanxi,Heyang	中国:陕西合阳	China
1506	5	7				25.4	103.3		5.5	Ms	China:Yunnan,Xundian	中国:云南寻甸	China
1507	3	14				22.8	110.6		5	Ms	China:Guangxi,Yulin,NE.	中国:广西玉林东北	China
1507	6	1				44	12.5		5.3	Ms	Italy:Rimini	意大利:里米尼	GSHAP
1507	11	14				24.8	102.6		5.25	Ms	China:Yunnan,Anning,SE.	中国:云南安宁东南	* China
1508	1					46	14.5		5.17	Ms	Slovenia:Ljubljana	斯洛文尼亚:卢布尔雅那	Italy
1508	5	29				35.2	25.1	100	7.1	Ms	Greece:Crete,Iraklion	希腊:克里特岛,伊拉克利翁	* NOAA
1508	11					23.7	115.7		5	Ms	China:Guangdong,Jieyang,NW.	中国:广东揭阳西北	China
1508						37.7	20.6		6.5	Ms	Ionian Sea	爱奥尼亚海	GSHAP
1509	2	25				38.1	15.7		6	Mk	Italy:Reggio Calabria	意大利:卡拉布里亚雷焦	* Song
1509	4	19				44.32	11.87		5.17	Ms	Italy:Faentino	意大利:法恩扎	Italy
1509	9	10				41.1	28.8		7.4	Ms	Turkey:Istanbul	土耳其:伊斯坦布尔	GSHAP
1509	9	14	0	15		46.2	14.1		6.3	Mk	Slovenia:Bled	斯洛文尼亚:布莱德	* Song
1509	9	14				40.7	29.3		7.7	Ms	Turkey:Istanbul	土耳其:伊斯坦布尔	* NOAA,GSHAP
1509	11	16				41.7	26.6	40	7.4	Mk	Turkey:Edirne	土耳其:埃迪尔内	* GSHAP
1509						14.166	43.3		5.5	Ms	Yemen:Al Hudaydah	也门:荷台达	GSHAP
1510	6	10				48.8	10.5		7	Mk	Germany:Bavaria,Nordlingen	德国:巴伐利亚,诺德林根	* Song
1510	9	21				34.6	135.4		6.7	Ms	Japan:Osaka	日本:大阪	* Usami,NOAA
1510	10	10				34.5	137.6		7	Ms	Japan:Shizuoka,Near Coast	日本:静冈近海	* Japan
1510						46.1	14.5		6.3	Mk	Slovenia:Ljubljana	斯洛文尼亚:卢布尔雅那	* Song
1510						40.9	35.2		7	Ms	Turkey:Merzifon	土耳其:梅尔济丰	GSHAP
1510						13.2	43.55		5.5	Ms	Yemen:Adan	也门:艾顿	GSHAP
1511	3	6				46.1	14.5		5.7	Ms	Slovenia:Ljubljana	斯洛文尼亚:卢布尔雅那	* * GSHAP
1511	3	26	14	30		46.1	14	7	6.9	Ms	Slovenia:Idrija,Skofja Loka	斯洛文尼亚:伊德里亚,什科菲亚洛卡	* NOAA,GSHAP
1511	5	22				25	101.6		5.5	Ms	China:Yunnan,Chuxiong	中国:云南楚雄	China
1511	5	26				40.2	24.7		6.6	Ms	Aegean Sea	爱琴海	GSHAP
1511	8	8				46.1	13.4		5.7	Ms	Italy:Cividale Del Fruili	意大利:弗留利地区奇维达莱	* GSHAP
1511	11	27				26.6	100		5.75	Ms	China:Yunnan,Jianchuan	中国:云南剑川	* China
1511	12	2				35.4	140.3		6.3	Mk	Japan:Mobara	日本:千叶茂原	Japan,Song
1511	12	11				39.2	116.6		5.5	Ms	China:Hebei,Baxian	中国:河北霸县	China
1512	10	18				25	98.5		6.75	Ms	China:Yunnan,Tengchong	中国:云南腾冲	* China
1512	10					33.9	134.8		7.9	Mk	Japan:Tokushima	日本:德岛	Japan,NOAA,Song
1512						46.4	9		6.3	Mk	Switzerland:Biasca	瑞士:比亚斯卡	* Song
1513						-17.2	-72.3	30	8.7	Muk	Peru:Mollendo,Near Coast	秘鲁:莫延多近海	*
1513						37.5	36.5	14	7.4	Ms	Turkey:Kahramanmaras	土耳其:卡赫拉曼马什拉	GSHAP
1514	4	16				37.8	21		6.5	Ms	Greece:Zakynthos	希腊:扎金索斯岛	* GSHAP
1514	7	12	21	30		46.283	13.15		5.17	Ms	Italy:Udine	意大利:乌迪内	Italy
1514	8	14				45.1	14.8	16	6	Ms	Croatia:Senj	克罗地亚:塞尼	GSHAP

年 Year	月 Mo	日 Dy	时 Hr	分 Mn	秒 Sec	纬度(°) Latitude	经度(°) Longitude	深度 Depth	震级 Mag	标度 Scale	地名(英文) Name(English)	地名(中文) Name(Chinese)	资料来源 Information
1514	9	14				25.1	99.2		5.5	Ms	China:Yunnan,Baoshan	中国:云南保山	* China
1514	10	30				38.7	113		5.25	Ms	China:Shanxi,Yuanping,E.	中国:山西原平东	China
1514						26.3	99.4		5	Ms	China:Yunnan,Lanping	中国:云南兰坪	China
1515	2	20				37.4	128.4		5	Ms	South Korea:Pyeongchang	韩国:平昌郡	Korea
1515	6	27				26.7	100.7		7.75	Ms	China:Yunnan,Yongsheng,NW.	中国:云南永胜西北	* China
1515	10	23				25.7	100.2		6	Ms	China:Yunnan,Dali	中国:云南大理	* China
1516	3	5				39.2	125.9		5.5	Ms	North Korea:Pyongyang	朝鲜:平壤	Korea
1516	5	6	10			42.6	18.1		5.7	Ms	Croatia:Dubrovnik	克罗地亚:杜布罗夫尼克	* GSHAP
1516	7	28				42.6	18.1		5.7	Ms	Croatia:Dubrovnik	克罗地亚:杜布罗夫尼克	* GSHAP
1516	11	24	12			45.7	26.6	100	7	Mk	Romania:Nereju	罗马尼亚:内雷茹	* Song
1516	11	24				45.7	26.6	150	6.7	Ms	Romania:Nereju	罗马尼亚:内雷茹	GSHAP
1516						29.4	112		5	Ms	China:Hunan,Anxiang	中国:湖南安乡	China
1517	1	14				25.2	100.8		5.5	Ms	China:Yunnan,Nanhua,W.	中国:云南南华西	China
1517	3	17				41.15	15.08		5.57	Ms	Italy:Ariano Irpino	意大利:阿里亚诺伊尔皮诺	Italy
1517	7	18				37.7	139.4		6.4	Ms	Japan:Niigata	日本:新潟	Japan,Usami
1517	7	22				24.1	102.6		5.75	Ms	China:Yunnan,Tonghai,W.	中国:云南通海西	* China
1517	10	1				37.6	119.2		5.5	Ms	China:Shandong,Laizhou Bay	中国:山东莱州湾	China
1518	7	2				38	125		6.7	Muk	North Korea:Ongjin	朝鲜:瓮津	*
1518	11	9				37.2	-1.5		8	Mk	Spain:Vera	西班牙:薇拉	* Song
1518	11	23				38	125.9		5	Ms	North Korea:Haeju	朝鲜:海州市	Korea
1518	12	3				35	126.7		5	Ms	South Korea:Gwangju	韩国:光州	GSHAP
1519	1	3				35	71.5		5	Mk	Afghan:Asmar	阿富汗:阿斯马尔	Afghan,Song
1519	9					23.5	117.2		5	Ms	China:Guangdong,Nan - ao,Near Coast	中国:广东南澳近海	China
1519	11	23				33.5	114.1		5	Ms	China:Henan,Luohe	中国:河南漯河	China
1520	4	4	7			33.6	136.3		7	Ms	Japan:Shingu,Near Coast	日本:和歌山新宫近海	* Usami,NOAA
1520	4	4				37.7	126		5.3	Ms	South Korea:Incheon	韩国:仁川	Korea
1520	4	5				25.2	100.3		5.5	Ms	China:Yunnan,Weishan	中国:云南巍山	* China
1520	8	28				24.4	100.8		5.75	Ms	China:Yunnan,Jingdong	中国:云南景东	China
1520	9	1				35.8	115.8		5.25	Ms	China:Shandong,Yuncheng,NW.	中国:山东郓城西北	China
1520						-40	-74		7.3	Mk	Chile:Near Coast of S.	智利:南部近海	* Song
1521	1	24				38.2	125.8		5.3	Ms	North Korea:Haeju	朝鲜:海州市	Korea
1521	9	14				38.3	126.2		5.5	Ms	North Korea:Chaeryong	朝鲜:载宁	GSHAP
1522	2	7				34.2	114.1		5.75	Ms	China:Henan,Yanling	中国:河南鄢陵	China
1522	9	21				36.5	-2.3		8	Mk	Spain:Almeria	西班牙:阿尔梅利亚	* Song
1522	10	22				37.4	-25.3		7.9	Mk	Azores:Vila Franca	亚速尔群岛:维拉弗兰卡	* * NOAA,Song
1522						38	46.2		7.7	Mk	Iran:Tabriz	伊朗:大不里士	* * Song
1522						26.1	99.9		5	Ms	China:Yunnan,Eryuan	中国:云南洱源	China
1523	2	18				38.4	125.8		5	Ms	North Korea:Chaeryong	朝鲜:载宁	Korea
1523	6	9				45.7	26.6	150	7	Ms	Romania:Nereju	罗马尼亚:内雷茹	GSHAP
1523	6	9				45.7	26.6		6.1	Ms	Romania:Nereju	罗马尼亚:内雷茹	GSHAP
1523	6	27				46.267	13.133		5.17	Ms	Italy:Udine	意大利:乌迪内	Italy
1523	11	19				45.6	25	30	6.8	Ms	Romania:Câmpulung	罗马尼亚:肯普隆格	GSHAP
1523	11	19				46.17	24.37		5	Ms	Romania:Mediaş	罗马尼亚:梅迪亚什	GSHAP
1523	12	20				35.3	129.4		5	Ms	South Korea:Kyongju	韩国:庆州	GSHAP
1523						19.2	-96.4		6.3	Mk	Mexico:Veracruz	墨西哥:韦拉克鲁斯	* Song
1524	2	14				34	114.1		6	Ms	China:Henan,Yanling	中国:河南鄢陵	China
1524	3	29				31.3	120.1		5.25	Ms	China:Jiangsu,Suzhou,W.	中国:江苏苏州西	China
1524	3	31				19.2	110.6		5	Ms	China:Hainan,Qionghai	中国:海南琼海	China
1524	4	15				19.3	110.5		5	Ms	China:Hainan,Qionghai	中国:海南琼海	China
1524						24.87	67.05		7	Mk	Pakistan:Karachi	巴基斯坦:卡拉奇	NOAA,Song
1525	5	7				34.5	128		5.8	Ms	South Korea:Yeosu	韩国:丽水市	GSHAP
1525	9	13				33.8	115.4		5.75	Ms	China:Henan,Taikang,SE.	中国:河南太康东南	China
1525	9	20				35.3	139.5		6.9	Mk	Japan:Kamakura	日本:神奈川镰仓	Japan,Song
1525	10	12				33.9	115.7		5.5	Ms	China:Anhui,Fengyang,NW.	中国:安徽凤阳西北	China
1526	5	31				25.8	105.2		5	Ms	China:Guizhou,Qinglong	中国:贵州晴隆	China
1526	6	9				25.8	105.2		5	Ms	China:Guizhou,Qinglong	中国:贵州晴隆	China
1526	11	6				37.2	128.1		5.5	Ms	South Korea:Jecheon	韩国:堤川市	GSHAP
1527	5	25				37.2	127.5		5.5	Ms	South Korea:Okcheon	韩国:沃川郡	GSHAP
1527	10	4				43.932	10.913		5.37	Ms	Italy:Pistoia	意大利:皮斯托亚	Italy
1527						38	46.2		6.3	Mk	Iran:Tabriz	伊朗:大不里士	* Song
1527						39.8	118.1		5.5	Ms	China:Hebei,Fengrui	中国:河北丰润	China
1528	6					37.9	114.6		5	Ms	China:Hebei,Luancheng	中国:河北栾城	China
1530	7	22				42.6	18.1		5.7	Ms	Croatia:Dubrovnik	克罗地亚:杜布罗夫尼克	* GSHAP
1530	9	1	14	30		10.5	-64.2	10	8	Mw	Venezuela:Cumana	委内瑞拉:库马纳	* NOAA
1530	9	11	15			10.5	-64.2		6.3	Mk	Venezuela:Cumana	委内瑞拉:库马纳	* * Song
1530						42	45.4	15	5.7	Ms	Georgia:Kakhetiya	格鲁吉亚:卡赫季州	Turkey
1531	1	26				38.7	-9.1		8	Mk	Portugal:Lisbon	葡萄牙:里斯本	* NOAA,Song
1531	10	17				38	127.7		5.8	Ms	South Korea:Chuncheon	韩国:春川	GSHAP

年	月	日	时	分	秒	纬度(°)	经度(°)	深度	震级	标度	地名(英文)	地名(中文)	资料来源
Year	Mo	Dy	Hr	Mn	Sec	Latitude	Longitude	Depth	Mag	Scale	Name(English)	Name(Chinese)	Information
1532	7	12				34.8	135.8		6.5	Mk	Japan:Kyoto,Oumi	日本:京都,近江	Japan,Song
1533	2	22				25.2	103.6		5.5	Ms	China:Yunnan,Luliang,NW.	中国:云南陆良西北	China
1533	2					-12.3	-77.3		5	Mk	Peru:Lima,Near Coast	秘鲁:利马近海	GSHAP,Song
1533						33.7	132.4		6.3	Mk	Japan:Iyo,Saijo	日本:伊予西条	Japan,Song
1534						31.6	31.7		6.7	Mk	Egypt:Dumyat,Coast N.	埃及:达米埃塔北部海岸	NOAA,Song
1536	3	23				37.502	15.087		5.03	Ms	Italy:Catania	意大利:卡塔尼亚	Italy
1536	3	29				28.1	102.2		7.5	Ms	China:Sichuan,Xichang,N.	中国:四川西昌北	* China
1536	11	1				39.8	116.8		6	Ms	China:Beijing,Tongzhou	中国:北京通州	China
1537	5	23				33.6	117.6		5.5	Ms	China:Anhui,Lingbi	中国:安徽灵璧	China
1537	6	10				35.8	36.3	20	6.4	Ms	Syria:Hamah (Hama)	叙利亚:哈马	GSHAP
1537						19.2	-99.1		7.7	Mk	Mexico:Mexico City	墨西哥:墨西哥城	* NOAA,Song
1538	9	27				40.822	14.123		5.37	Ms	Italy:Pozzuoli	意大利:波佐利	* Italy,NOAA
1538						19.2	-99.1		6.3	Mk	Mexico:Mexico City	墨西哥:墨西哥城	* Song
1538						38	115.6		5	Ms	China:Hebei,Shenxian	中国:河北深县	China
1539	8	18				23.6	102.8		5.5	Ms	China:Yunnan,Jianshui	中国:云南建水	* China
1539	11	24				15	-86.5		7	Mk	Honduras:Jano	洪都拉斯:哈诺	* NOAA,Song
1540	4	8				43.16	13.716		5.03	Ms	Italy:Fermo	意大利:费尔莫	Italy
1541	1	6				46.617	8.567		5.17	Ms	Switzerland:Andermatt	瑞士:安德马特	Italy
1541	4					-0.14	-78.27		6.3	Ms	Ecuador:Quito	厄瓜多尔:基多	GSHAP
1541	10	22	18			44.761	8.909		5.48	Ms	Italy:Torino	意大利:托里诺(都灵)	Italy
1541	12	25				10.8	-64.2		7	Mk	Venezuela:Cubagua Island	委内瑞拉:库巴瓜岛	* NOAA,Song
1542	3	17				19.2	-99.1		6.3	Mk	Mexico:Mexico City	墨西哥:墨西哥城	* Song
1542	6	13	1			44	11.38		5.91	Ms	Italy:Scarperia	意大利:斯卡尔佩里亚	* Italy
1542	8	21				39	111.1		5	Ms	China:Shanxi,Baode	中国:山西保德	China
1542	11	29				34.7	104.9		5.5	Ms	China:Gansu,Wushan	中国:甘肃武山	China
1542	12	10	17	30		37.22	14.95		6.62	Mw	Italy:Siracusa, Militello	意大利:锡拉库萨,波比米里特洛	* Italy
1542	12					34.2	106		5	Ms	China:GansuHuixian,N.	中国:甘肃徽县北部	China
1543	1	1				45.7	26.6		6.8	Ms	Romania:Nereju	罗马尼亚:内雷茹	GSHAP
1543	3	1				37.5	126.3		5	Ms	South Korea:Incheon	韩国:仁川	Korea
1543	5	8				35.2	118.5		5	Ms	China:Shandong,Linyi,NE.	中国:山东临沂东北	China
1543	9	1				10.6	-64.1		7.7	Mk	Venezuela:Isla Cubagua	委内瑞拉:库巴瓜岛	* * NOAA,Song
1543						45.7	26.6	150	6.3	Ms	Romania:Nereju	罗马尼亚:内雷茹	GSHAP
1543						34.4	132.45		6.8	Mk	Japan:Hiroshima	日本:广岛	Japan,Usami,Song
1543						39.74	39.5		5.8	Ms	Turkey:Erzincan	土耳其:埃尔津詹	Turkey
1543						-19	-70.5		7.3	Mk	Chile:Arica,Near Coast	智利:阿里卡近海	* Song
1544	1					38	37	10	6.7	Ms	Turkey:Kahramanmaras	土耳其:卡赫拉曼马什拉	GSHAP
1544	3	6				36.5	127.8		5.5	Ms	South Korea:Okcheon	韩国:沃川郡	GSHAP
1544	4	22				38.8	22.3		6.8	Ms	Greece:Sophades (Karditsa)	希腊:卡尔季察	GSHAP
1545	2	7				34.8	139		7	Ms	Japan:Higashiizu	日本:静冈东伊豆	* Japan,Song,NOAA
1545	2					40	114		5.25	Ms	China:Hebei,Yangyuan	中国:河北阳原	China
1545	6	9	15			44.498	9.844		5.33	Ms	Italy:Borgo Val Di Taro	意大利:塔罗谷镇	Italy
1545	7	9	8	30		45.7	26.6	150	6.9	Ms	Romania:Nereju	罗马尼亚:内雷茹	GSHAP
1546	1	14				32	35.5		7	Muk	Israel:Jerusalem	以色列:耶路撒冷	* NOAA
1546	6	19				39.4	125.3		5.3	Ms	North Korea:Anju	朝鲜:安州市	Korea
1546	6	20				39.1	126.1		6.5	Ms	North Korea:Pyongyang	朝鲜:平壤	Korea
1546	9	29				34.5	117.7		5.5	Ms	China:Jiangsu,Pizhou	中国:江苏邳州	China
1546						38.2	25.9		6.3	Ms	Greece:Avlona	希腊:阿夫隆	GSHAP
1547	2	10	13	20		44.7	10.63		5.21	Ms	Italy:Reggio Emilia	意大利:雷焦艾米利亚	Italy
1547	5	17	13	14		38.7	-27.3		7.3	Mk	Azores:Fregues	亚速尔群岛:望德堂区	* Song
1547	7	16				36.4	127.8		5	Ms	South Korea:Okcheon	韩国:沃川郡	GSHAP
1548	9	22				38	121		7	Ms	China:Bohai Sea	中国:渤海	China
1548	12	31				38.9	125.8		5	Ms	North Korea:Pyongyang	朝鲜:平壤	Korea
1548						38.9	100.4		5	Ms	China:Gansu,Zhangye	中国:甘肃张掖	China
1549	1	30				33.5	59.1		7	Mk	Iran:Razavi Khorasan	伊朗:呼罗珊	* Song
1549	2	15	24			33.7	60	13	6.7	Ms	Iran:Birjand	伊朗:比尔詹德	Iran,GSHAP
1549	4					37	111.9		5.5	Ms	China:Shanxi,Jiexiu	中国:山西介休	China
1549	5	3				44.307	8.48		5.03	Ms	Italy:Genova	意大利:热那亚	Italy
1549	11	11				24.7	117.3		5	Ms	China:Fujian,Zhangzhou	中国:福建漳州	China
1550	1	20				38	46.1	14	7.3	Ms	Iran:Tabriz	伊朗:大不里士	* GSHAP
1550	2	28	16			44.381	7.538		5.03	Ms	Italy:Cuneo	意大利:库内奥	Italy
1550	8	25				40.7	15.1		6	Mk	Italy:Vallo Di Diano	意大利:瓦洛迪狄安诺	* Song
1551	1	28				38.7	-9.1		7	Mk	Portugal:Lisbon	葡萄牙:里斯本	* Song
1551	3	26				46.2	14	16	6	Ms	Slovenia:Idrija	斯洛文尼亚:伊德里亚	GSHAP
1551	3	26				46.2	13		5.5	Ms	Italy:Basiliano	意大利:巴西利亚诺	GSHAP
1551						25.8	105.2		5	Ms	China:Guizhou,Qinglong	中国:贵州晴隆	*
1552	7	2	10	30		-16.6	-71.3	30	7.6	Muk	Peru:Arequipa	秘鲁:阿雷基帕	*
1552	8	21	2	30		45.7	26.6	150	6.4	Ms	Romania:Nereju	罗马尼亚:内雷茹	GSHAP
1552						34.3	135.6		6.3	Mk	Japan:Wakayama	日本:和歌山	Japan,Usami,Song
1553	2	20				35.9	128.3		5.5	Ms	South Korea:Seongju	韩国:庆尚北道	Korea

年	月	日	时	分	秒	纬度(°)	经度(°)	深度	震级	标度	地名(英文)	地名(中文)	资料来源
Year	Mo	Dy	Hr	Mn	Sec	Latitude	Longitude	Depth	Mag	Scale	Name(English)	Name(Chinese)	Information
1553	3	2				35.8	128.8		6.3	Muk	South Korea:Kyongsang - Do	韩国:忠清道	*
1553	10	11				35.3	139.5		6.3	Mk	Japan:Kamakura	日本:神奈川镰仓	Japan,Song
1554	1	10				36.8	127.8		5.5	Ms	South Korea:Okcheon	韩国:沃川郡	GSHAP
1554	6	5				39	113		5	Ms	China:Shanxi,Daixian	中国:山西代县	China
1554	7	7				37.8	21		6.3	Ms	Greece:Zakynthos	希腊:扎金索斯岛	GSHAP
1554	11	27	18	30		43.777	11.249		5.03	Ms	Italy:Firenze	意大利:佛罗伦萨	Italy
1555	1	1				42	21		5.5	Ms	Fyrom:Tetovo	马其顿:泰托沃	GSHAP
1555	9	1	22			33.5	75.5		7.6	Ms	India:Srinagar	印度:斯利那加	India
1555	9	14				37.7	139.8		6.7	Ms	Japan:Fukushima	日本:福岛	Japan,Usami
1555	11	15				-11.9	-77.6	30	8.4	Muk	Peru:Lima,Near Coast	秘鲁:利马近海	* GSHAP
1555						42.8	22.8		7.1	Mk	Bulgaria:Pernik	保加利亚:佩尔尼克	* Song
1556	1	19				37.3	126		5.3	Ms	South Korea:Incheon	韩国:仁川	Korea
1556	1	24				47	15		6.6	Ms	Austria:Steiermark	奥地利:施蒂利亚州	* GSHAP,Italy
1556	2	2				34.5	109.7		8.25	Ms	China:Shaanxi,Huaxian	中国:陕西华县	* China
1556	3	10				41	29		5	Mk	Turkey:Istanbul	土耳其:伊斯坦布尔	* Song
1556	5	10				41	29		7	Ms	Turkey:Istanbul	土耳其:伊斯坦布尔	* GSHAP
1556	5	12				37.7	126		5	Ms	South Korea:Incheon	韩国:仁川	Korea
1556	10	17				-0.2	-78.6		7.6	Muk	Ecuador:Quito	厄瓜多尔:基多	*
1556	11	17				39.303	16.251		5.17	Ms	Italy:Cosenza	意大利:科森扎	Italy
1556	12	13				38.8	101.1		5	Ms	China:Gansu,Shandan	中国:甘肃山丹	China
1557	6	9				35.9	128.6		5.3	Ms	South Korea:Kyongju	韩国:庆州	GSHAP
1557	12	31				37.2	128.3		5	Ms	South Korea:Jecheon	韩国:堤川市	GSHAP
1557						40.75	14		5.17	Ms	Italy:Isola D'Ischia	意大利:伊斯基亚岛	Italy
1558	4	13				43.549	11.289		5.03	Ms	Italy:Siena	意大利:锡耶纳	Italy
1558	6					23.4	111.5		5.5	Ms	China:Guangdong,Fengkai	中国:广东封开	China
1558	6					37.5	112.2		5	Ms	China:Shanxi,Jiaocheng	中国:山西交城	China
1558	12	1				34.5	109.7		5.5	Ms	China:Shaanxi,Huaxian	中国:陕西华县	China
1559	1	24				42.4	18		5.2	Ms	Adriatic Sea	亚得里亚海	GSHAP
1560	4					24.9	103.1		5.5	Ms	China:Yunnan,Yiliang	中国:云南宜良	* China
1560	5	11	4	40		41.25	16.48		5.67	Ms	Italy:Barletta	意大利:巴列塔	Italy
1560	8	7				39.3	99.6		5	Ms	China:Gansu,Gaotai	中国:甘肃高台	China
1560						24.2	102.7		5.5	Ms	China:Yunnan,Tonghai,N.	中国:云南通海北	* China
1561	2	12				47.53	19.01		5.6	Ms	Hungary:Budapest	匈牙利:布达佩斯	GSHAP
1561	3	3				38.8	101.1		5.5	Ms	China:Gansu,Shandan	中国:甘肃山丹	China
1561	6	27				39.3	126.4		5	Ms	North Korea:Kangdong	朝鲜:江东	GSHAP
1561	7	31				40.8	15.3		6	Mk	Italy:Tito,Buccino	意大利:蒂托,布奇诺	* Song
1561	8	4				37.5	106.2		7.25	Ms	China:Ningxia,Zhongning,E.	中国:宁夏中宁东	* China
1561	8	19	14	30		40.52	15.48		6.36	Ms	Italy:Vallo Di Diano	意大利:瓦洛迪狄安诺	* Italy
1562	2	24				38.5	106.3		5.5	Ms	China:Ningxia,Yinchuan	中国:宁夏银川	China
1562	6					39.6	118.7		5	Ms	China:Hebei,Luanxian,S.	中国:河北滦县南	China
1562	7	25				33	131.3		7	Mk	Japan:Taketa	日本:大分竹田	Japan,NOAA,Song
1562	10	20				40.5	15.5		6.7	Mk	Italy:Reggio Di Calabria	意大利:雷焦卡拉布里亚	NOAA,Song
1562	10	28	10			-38.7	-73.15		8.3	Ms	Chile:Carahue	智利:卡拉韦	* NOAA
1563	6	13	12			42.4	18.8		7	Ms	Montenegro:Herceg Novi	蒙特尼哥罗(黑山):新海尔采格	* Turkey
1563	10					36.8	112.9		5	Ms	China:Shanxi,Wuxiang	中国:山西武乡	China
1564	4	20				19.1	-70.3		6.3	Mk	Dominica:Concepcion,De La Vega	多米尼加:康塞普西翁,德拉维加	* Song
1564	7	20	18			44	7.2		5.79	Ms	France:La Bollene - Vesubie,La Penne	法国:博莱纳 - 维苏威火山,拉佩纳	* Italy,NOAA
1564	8	12				40.3	24.7		6	Ms	Aegean Sea	爱琴海	GSHAP
1565	5	28				38.8	126.1		5.8	Ms	North Korea:Pyongyang	朝鲜:平壤	GSHAP
1565	8					14.6	-90.7		5.9	Mk	Guatemala:Ciudad Vieja	危地马拉:别哈城	* Song
1566	5					14.6	-90.7		6.3	Mk	Guatemala:Ciudad Vieja	危地马拉:别哈城	*
1566	7	11				39.2	21.6		6.5	Ms	Greece:Agrafa	希腊:阿格拉法	GSHAP
1566						3	-77.3		7.8	Muk	Colombia:Timbiqui	哥伦比亚:廷比基	*
1566						27.7	54.3		6.3	Mk	Iran:Lar	伊朗:拉尔	* Song
1567	3	19				24.7	119		5.5	Ms	China:Taiwan Strait	中国:台湾海峡	China
1567						25.8	99.2		5	Ms	China:Yunnan,Yunlong	中国:云南云龙	China
1568	1					34.2	109.3		5.5	Ms	China:Shaanxi,Lantian	中国:陕西蓝田	China
1568	4	4				-14.38	-75.72	80	6.6	Ms	Peru:Ica	秘鲁:伊卡	GSHAP
1568	4	11				38.5	106.3		5.75	Ms	China:Ningxia,Yinchuan	中国:宁夏银川	China
1568	4	11				34.4	109.2		5.5	Ms	China:Shaanxi,Lintong	中国:陕西临潼	China
1568	4	22				33.1	107		5	Ms	China:Shaanxi,Hanzhong	中国:陕西汉中	China
1568	4	23				33.1	107		5	Ms	China:Shaanxi,Hanzhong	中国:陕西汉中	China
1568	5	5				39	119		6	Ms	China:Bohai Sea	中国:渤海	* China
1568	5	7				39	119		5	Ms	China:Bohai Sea	中国:渤海	China
1568	5	25				34.4	109		6.75	Ms	China:Shaanxi,Xi - an,NE.	中国:陕西西安东北	* China
1568	12	27				20.2	-103.5		6.3	Mk	Mexico:Cocula,Jalisco	墨西哥:科库拉,哈利斯科	* Song
1568						41.5	-72.5		5.5	Mk	US:Connecticut,East Haddam	美国:康涅狄格州东哈德姆	USGS,Song
1568						36	107.9		5.5	Ms	China:Gansu,Qingyang	中国:甘肃庆阳	China

年 Year	月 Mo	日 Dy	时 Hr	分 Mn	秒 Sec	纬度(°) Latitude	经度(°) Longitude	深度 Depth	震级 Mag	标度 Scale	地名(英文) Name(English)	地名(中文) Name(Chinese)	资料来源 Information
1569	8	17	5	30		45.7	26.6		6.8	Ms	Romania:Nereju	罗马尼亚:内雷茹	GSHAP
1569						32.7	109		5	Ms	China:Shaanxi,Ankang	中国:陕西安康	China
1569						34.6	110.3		5	Ms	China:Shaanxi,Tongguan	中国:陕西潼关	China
1570	2	8	13			-36.8	-73		8.8	Ms	Chile:Old Concepcion	智利:老康塞普西翁	* NOAA
1570	5	1	3			40.75	14.167		5.17	Ms	Italy:Medio Tirreno	意大利:文托泰内岛	Italy
1570	11	17				44.82	11.63		5.48	Ms	Italy:Ferrara,Bologna	意大利:费拉拉,波洛尼亚	* Italy
1570						36.9	26		6.6	Mk	Greece:Amorgos	希腊:阿莫尔戈斯	NOAA,Song
1571	4	10	7			45.5	24		5.2	Ms	Romania:Râmnicu Vâlcea	罗马尼亚:勒姆尼库沃尔恰	GSHAP
1571	5	10				45.5	26.6	100	6	Ms	Romania:Nehoiu	罗马尼亚:内霍尤	GSHAP
1571	5	20				35	136.8		7	Mk	Japan:Chita	日本:爱知知多市	* NOAA,Song
1571	7	17	18	2		41	28.1		6.7	Mk	Turkey:Marmara Sea	土耳其:马尔马拉海	NOAA,Song
1571	9	19				24.1	102.8		6.25	Ms	China:Yunnan,Tonghai	中国:云南通海	* China
1572	1	4	19	45		47.3	11.4		5.57	Ms	Austria:Tirol	奥地利:蒂罗尔	Italy
1572	4	12				40.1	24.5		6.4	Ms	Aegean Sea	爱琴海	GSHAP
1572	5					40.2	24.5	30	6.6	Ms	Aegean Sea	爱琴海	GSHAP
1572	6	4	22			44.851	10.422		5.13	Ms	Italy:Parma	意大利:帕尔马	Italy
1572	7	13	21			43.75	13		5.1	Ms	Italy:E. of Pescara	意大利:佩斯卡拉东部	GSHAP
1572						26.2	104.1		5	Ms	China:Yunnan,Xuanwei	中国:云南宣威	China
1573	1	20				34.4	104		6.75	Ms	China:Gansu,Minxian	中国:甘肃岷县	* China
1573						19.2	-104		6.3	Mk	Mexico:Colima	墨西哥:科利马	* Song
1573						35.4	45	20	6.9	Ms	Iraq:As Sulaymaniyah	伊拉克:苏莱曼尼亚	GSHAP
1574	3	17	3	40		44.833	11.294		5.12	Ms	Italy:Finale Emilia	意大利:菲纳莱艾米利亚	Italy
1574	5	3				46.2	6.2		5.17	Ms	Switzerland:Geneve	瑞士:日内瓦	* Italy
1574	8	14				45.1	14.8		5.57	Ms	Croatia:Senj	克罗地亚:塞尼	* Italy
1574	8	29				25.5	120		5.75	Ms	China:Fujian,Putian,Near Coast	中国:福建莆田近海	China
1574						34	51.4		7	Mk	Iran:Kashan	伊朗:卡尚	* Song
1574						27.6	119.1		5.5	Ms	China:Zhejiang,Qingyuan	中国:浙江庆元	China
1575	3	17	10			-33.4	-70.6		7.3	Ms	Chile:Santiago	智利:圣地亚哥	Chile
1575	3	26				29	114		5.5	Ms	China:Jiangxi,Xiushui,W.	中国:江西修水西	China
1575	6	5				40.855	14.26		5.03	Ms	Italy:Napoli	意大利:拿坡里(那不勒斯)	Italy
1575	6	19				32.7	112.5		5.25	Ms	China:Henan,Nanyang,S.	中国:河南南阳南	China
1575	9	8				-0.2	-78.6		7.8	Muk	Ecuador:Quito	厄瓜多尔:基多	*
1575	11	17				46.067	14.5		5.17	Ms	Slovenia:Ljubljana	斯洛文尼亚:卢布尔雅那	Italy
1575	12	16	18	30		-39.8	-73.2		8.5	Muk	Chile:Valdivia	智利:巴尔迪维亚	* NOAA
1576	5	23				13.5	-89.3		7.1	Mk	El Salvador:San Marcos	萨尔瓦多:圣马科斯	* Song
1576						25.8	99.2		5	Ms	China:Yunnan,Yunlong	中国:云南云龙	China
1577	3	23				25	98.5		6.75	Ms	China:Yunnan,Tengchong	中国:云南腾冲	* China
1577	4	10				24.2	102.9		5	Ms	China:Yunnan,Huaning	中国:云南华宁	China
1577						39.9	27.9		6.4	Ms	Turkey:Demirci, Gordes	土耳其:代米尔吉,戈尔德	GSHAP
1577						35.5	36.5	25	6.6	Ms	Syria:Hamah (Hama)	叙利亚:哈马	GSHAP
1578	4	1				45.7	26.6		6.2	Ms	Romania:Nereju	罗马尼亚:内雷茹	GSHAP
1578	6	17				-12.5	-77		5.9	Mk	Peru:Lima,Near Coast	秘鲁:利马近海	* Song
1578	12	31				25.1	99.2		5.25	Ms	China:Yunnan,Baoshan	中国:云南保山	* China
1578						39.74	39.5		5.8	Ms	Turkey:Erzincan	土耳其:埃尔津詹	Turkey
1578						37.508	13.083		5.17	Ms	Italy:Sicilia Island	意大利:西西里岛	Italy
1579	2	25	1			34.7	135.5		6.2	Ms	Japan:Settsu	日本:大阪摄津	Japan,Usami
1579						35.3	-2.97		6.3	Mk	Morocco:Melilla	摩洛哥:梅利利亚	* Song
1580	4	6				51.019	1.309	33	6.2	ML	England:Dover	英国:多佛尔	* NOAA
1580	9	15				39.5	112.3		5.75	Ms	China:Shanxi,Pinglu	中国:山西平鲁	China
1580						38.45	22.31		6.8	Ms	Greece:Patrai	希腊:帕特雷	GSHAP
1581	5	28				39.8	114.5		5.75	Ms	China:Hebei,Yuxian	中国:河北蔚县	China
1581	7					32.9	104.6		5.5	Ms	China:Gansu,Wenxian	中国:甘肃文县	China
1581						-12.4	-77.7	30	7.6	Ms	Peru:Lima,Near Coast	秘鲁:利马近海	*
1581						-14.1	-71.5	15	6.4	Muk	Peru:Yanaoca	秘鲁:亚纳奥卡	*
1582	1	22	16	30		-16.6	-71.6	30	8.2	Ms	Peru:Arequipa	秘鲁:阿雷基帕	* NOAA
1582	3					40.1	113.2		5	Ms	China:Shanxi,Datong	中国:山西大同	China
1582	5					40.822	14.123		5.37	Ms	Italy:Pozzuoli	意大利:波佐利	* Italy
1582	8	7				-33.4	-70.6		6	Mk	Chile:Santiago	智利:圣地亚哥	GSHAP,Song
1582	8	15				-12.2	-77.6	30	7.8	Muk	Peru:Lima,Near Coast	秘鲁:利马近海	*
1582						38.73	41.5		5.8	Ms	Turkey:Mus	土耳其:穆什	Turkey
1582						35.7	107.3		5	Ms	China:Gansu,Qingyang	中国:甘肃庆阳	China
1583	5	17				39.7	114		5.5	Ms	China:Shanxi,Guangling	中国:山西广灵	China
1584	3	1	11			46.2	7		5.17	Ms	Switzerland:Monthey	瑞士:蒙泰	* Italy
1584	3	1				44.466	7.362		5.03	Ms	Italy:Dronero	意大利:德罗内罗	Italy
1584	3	3				46.2	7		6.3	Mk	Switzerland:Monthey	瑞士:蒙泰	* Song
1584	3	4				46.3	7		6.3	Mk	Switzerland:Monthey	瑞士:蒙泰	* Song
1584	3	17				-11.8	-77.8	30	8.4	Muk	Peru:Lima,Near Coast	秘鲁:利马近海	*
1584	3					37.5	119.2		5	Ms	China:Shandong,Laizhou Bay	中国:山东莱州湾	China
1584	7	8				23	112.5		5	Ms	China:Guangdong,Zhaoqing	中国:广东肇庆	China

年 Year	月 Mo	日 Dy	时 Hr	分 Mn	秒 Sec	纬度(°) Latitude	经度(°) Longitude	深度 Depth	震级 Mag	标度 Scale	地名(英文) Name(English)	地名(中文) Name(Chinese)	资料来源 Information
1584	8	6				22.9	112.5		5	Ms	China:Guangdong,Zhaoqing	中国:广东肇庆	China
1584	9	10	19			43.83	12		5.1	Ms	Italy:Appennino Tosco	意大利:亚平宁托斯科	GSHAP
1584	9	10	20	30		43.87	12		6	Ms	Italy:Appennino Tosco	意大利:亚平宁托斯科	Italy
1584						39.74	39.5		6.4	Ms	Turkey:Erzincan	土耳其:埃尔津詹	GSHAP
1585	1	1				47.5	16.3		5.6	Ms	Austria:Bad Schonau	奥地利:巴德舍瑙	GSHAP
1585	3	6				31.2	117.7		5.75	Ms	China:Anhui,Chaohu,S.	中国:安徽巢县南	China
1585	6	11				39.2	141.2		7	Mk	Japan:Iwate	日本:岩手	Japan,NOAA,Song
1585	7	18	2			40.2	24.5		7	Ms	Aegean Sea	爱琴海	GSHAP
1585	7					40.1	24.3	28	6.6	Ms	Aegean Sea	爱琴海	GSHAP
1586	1	15				36.2	136.2		6.3	Mk	Japan:Fukui	日本:福井	Japan,Song
1586	1	18				35	136.8		8.2	Ms	Japan:Ise Bay	日本:伊势湾	* Usami,NOAA
1586	4	2				25.2	100.3		5.75	Ms	China:Yunnan,Weishan	中国:云南巍山	* China
1586	5	26				39.9	116.3		5	Ms	China:Beijing	中国:北京	China
1586	6	11				35	136.8		7	Mk	Japan:Chita	日本:爱知知多市	* * NOAA,Song
1586	7	10	0	30		-12.3	-77.7	60	8.5	Muk	Peru:Lima,Near Coast	秘鲁:利马近海	* NOAA
1586						14.553	-90.735		5.9	Mk	Guatemala:Ciudad Vieja	危地马拉:别哈城	*
1587	4	10				35.3	113.5		6	Ms	China:Henan,Xiuqu,N.	中国:河南修武北	China
1587	4	10				35.3	113.7		5.5	Ms	China:Henan,Xiuqu,NE.	中国:河南修武东北	China
1587	7	9				-5.3	-80.5		6.2	Ms	Peru:Sechura	秘鲁:塞丘拉	* NOAA
1587	8	31				-0.2	-78.5		6.5	Mk	Ecuador:Quito	厄瓜多尔:基多	* Song
1587	9	3				-0.2	-78.5		7.5	Ms	Ecuador:Quito	厄瓜多尔:基多	* *
1587	9	4	1			-0.2	-78.5		7.7	Ms	Ecuador:Quito	厄瓜多尔:基多	* *
1587	10	4				35.2	110.8		5	Ms	China:Shanxi,Linyi	中国:山西临猗	China
1587	11					37.1	-8		7.3	Mk	Portugal:Loule	葡萄牙:洛莱	* Song
1588	7	2				37.5	118.5		5	Ms	China:Shandong,Dongying,NW.	中国:山东东营西北	China
1588	7					38.4	112.8		5	Ms	China:Shanxi,Xinzhou	中国:山西忻州	China
1588	8	9				24	102.8		7	Ms	China:Yunnan,Jianshui,Qujiang	中国:云南建水曲江	* China
1588	11	20				29.4	52.3		5.9	Mk	Iran:Fars,Shiraz	伊朗:法尔斯,设拉子	* Song
1589	3	21				34.8	138.2		6.7	Ms	Japan:Shizuoka	日本:静冈	* Usami,NOAA
1589						37.9	-4.8		7.3	Mk	Spain:Montilla	西班牙:梦提拉	* Song
1590	3	31				35.5	139.3		7	Mk	Japan:Atsugi	日本:神奈川厚木	Japan,NOAA,Song
1590	4	22	12	30		46.067	14.5		5.17	Ms	Slovenia:Ljubljana	斯洛文尼亚:卢布尔雅那	Italy
1590	4	30				45.7	26.6		7	Ms	Romania:Nereju	罗马尼亚:内雷茹	GSHAP
1590	7	7				35.5	103.9		5.5	Ms	China:Gansu,Lintao	中国:甘肃临洮	* China
1590	7	25				45	14.9		6.3	Mk	Croatia:Senj	克罗地亚:塞尼	* Song
1590	7					36.5	102.7		5	Ms	China:Gansu,Ledu	中国:甘肃乐都	China
1590	8	7				-0.5	-78.2		5.9	Mk	Ecuador:Napo	厄瓜多尔:纳波	* Song
1590	8	10	19			45.7	24.5	30	6.8	Ms	Romania:Sibiu	罗马尼亚:锡比乌	GSHAP
1590	8	10	20			45.7	26.6		7	Ms	Romania:Nereju	罗马尼亚:内雷茹	GSHAP
1590	9	5				45.9	16.3	10	6	Ms	Croatia:Zagreb	克罗地亚:萨格勒布	* GSHAP
1590	9	15				48.3	15.5		6.6	Muk	Austria:Loosdorf	奥地利:洛斯多夫	*
1590						-17.2	-72.9	40	7.7	Muk	Peru:Camana,Near Coast	秘鲁:卡马纳近海	* GSHAP,NOAA
1591	7	10				44.4	12.038		5.24	Ms	Italy:Forli´	意大利:弗利	Italy, GSHAP
1591	7	26				37.5	-25.3		7.9	Mk	Azores:Sao Miguel (San Miguel)	亚速尔群岛:圣米格尔	* NOAA,Song
1591	11	21				38.8	101.1		5	Ms	China:Gansu,Shandan	中国:甘肃山丹	China
1591						29.8	52.4		5.9	Ms	Iran:Fars,Shiraz	伊朗:法尔斯,设拉子	Iran
1591						36.6	110		5	Ms	China:Shaanxi,Yanchang	中国:陕西延长	China
1592	1					25	98.5		5.75	Ms	China:Yunnan,Tengchong	中国:云南腾冲	China
1592	5					37.7	20.8		6.6	Ms	Greece:Zante	希腊:赞特	GSHAP
1592	10	8	1			35.8	140		6.7	Ms	Japan:Chiba	日本:千叶	Japan,Usami
1592	11	24				42.877	12.746		5.17	Ms	Italy:Trevi	意大利:特雷维	Italy
1593	3	8				45.694	9.67		5.03	Ms	Italy:Bergamo	意大利:贝加莫	Italy
1593	4	8				47.1	0.1		6.1	Mk	France:Chinon	法国:希农	* Song
1593	4	23				43.271	12.676		5.5	Ms	Italy:Gubbio	意大利:古比奥	Italy
1593	9					27.7	54.3		6.5	Ms	Iran:Jahrom,S.	伊朗:贾赫罗姆南部	Iran
1593						37.8	47.5	12	6.1	Ms	Iran:Tabriz	伊朗:大不里士	GSHAP
1594	1	1				42.5	12.75		5.1	Ms	Italy:Rieti	意大利:列蒂	GSHAP
1594	3	24				34.3	114.7		5	Ms	China:Henan,Tongxu,SE.	中国:河南通许东南	China
1594	4	11				46.3	24.5		5.6	Ms	Romania:Mediaş	罗马尼亚:梅迪亚什	GSHAP
1594	7	20				36.6	126.7		6	Ms	South Korea:Cheongyang	韩国:青阳郡	Korea
1594	12	18				-14	-76		6.5	Mk	Peru:Ica	秘鲁:伊卡	* Song
1594						40.8	14.4		6.7	Mk	Italy:Bay of Napli	意大利:那不勒斯湾	NOAA,Song
1595	4	21	10			45.7	26.6	150	6.9	Ms	Romania:Nereju	罗马尼亚:内雷茹	GSHAP
1595	9	22				38.5	28		6.4	Ms	Turkey:Izmir,Alasehir	土耳其:伊兹密尔,阿拉谢希尔	GSHAP
1595	11	26				34.9	25.3		6.8	Ms	Greece:Crete Island	希腊:克里特岛	GSHAP
1595						33.7	132.4		6.3	Mk	Japan:Iyo	日本:爱媛伊予市	Japan,Song
1596	4	16				45.7	26.6	150	6.3	Ms	Romania:Nereju	罗马尼亚:内雷茹	GSHAP
1596	4	16				45.7	26.6		6	Ms	Romania:Nereju	罗马尼亚:内雷茹	GSHAP
1596	9	4	6			34.8	135.7		6.9	Ms	Japan:Kyoto,Kinai	日本:京都,畿内	Japan,Usami

年 Year	月 Mo	日 Dy	时 Hr	分 Mn	秒 Sec	纬度(°) Latitude	经度(°) Longitude	深度 Depth	震级 Mag	标度 Scale	地名(英文) Name(English)	地名(中文) Name(Chinese)	资料来源 Information
1596	9	4	15			33.3	131.7		7.25	Ms	Japan:Oita	日本：大分	* Japan, Usami, NOAA
1596	9					25.1	101.1		5	Ms	China:Yunnan, Nanhua	中国：云南南华	China
1596						42.6	124		5.5	Ms	China:Liaoning, Kaiyuan, N.	中国：辽宁开原北	China
1597	2	14				31.9	104.4		5.5	Ms	China:Sichuan, Beichuan	中国：四川北川	China
1597	7	28				38.8	-9.4		6.5	Mk	Portugal:Monte Santo, Lisbon	葡萄牙：孟地圣托，里斯本	* Song
1597	8	3	23	40		43.98	11.43		5.22	Ms	Italy:Borgo S. Lorenzo	意大利：圣洛伦佐镇	Italy
1597	9	10				33.3	131.6		6.4	Ms	Japan:Oita	日本：大分	* Japan, Usami, NOAA
1597	10	6				38.5	120		7	Ms	China:Bohai Sea	中国：渤海	China
1597	10	7				41.3	128		5	Ms	North Korea:Samsu	朝鲜：三水	Korea
1597	12					37.7	121.6		5.25	Ms	China:Shandong, Yantai, Coast	中国：山东烟台海域	China
1598	7	22				38.8	-9.4		5.5	Mk	Portugal:Monte Santo, Lisbon	葡萄牙：孟地圣托，里斯本	* Song
1598	11	2	2			45.7	26.6		6.1	Ms	Romania:Nereju	罗马尼亚：内雷茹	GSHAP
1598	11	22	3	30		45.7	26.6	150	6.3	Ms	Romania:Nereju	罗马尼亚：内雷茹	GSHAP
1598						40.6	35.4		6.4	Ms	Turkey:Merzifon	土耳其：梅尔济丰	GSHAP
1599	1	24				25.3	111.7		5	Ms	China:Hunan, Daoxian, S.	中国：湖南道县南	China
1599	1	25				21	111		5.5	Ms	China: Guangdong, Zhanjiang, Near Coast	中国：广东湛江近海	China
1599	3	4				45.7	26.6	150	6	Ms	Romania:Nereju	罗马尼亚：内雷茹	GSHAP
1599	5	1				41.6	122.7		5	Ms	China:Liaoning, Liaozhong	中国：辽宁辽中	China
1599	6	21	2			14.6	121		6.1	Mk	Philippines:Manila	菲律宾：马尼拉	*
1599	6	25	3	20		14.6	121		6.5	Mk	Philippines:Manila	菲律宾：马尼拉	* * Maso, Song
1599	8	4				45.7	26.6		6.1	Ms	Romania:Nereju	罗马尼亚：内雷茹	GSHAP
1599	8					38.147	15.598		5.17	Ms	Italy:Messina	意大利：梅西纳	Italy
1599	10	1	8			47.75	18.16		5.6	Ms	Slovak:Komarno	斯洛伐克：科马尔诺	GSHAP
1599	10	16				25.3	103		5	Ms	China:Yunnan, Songming	中国：云南嵩明	China
1599	11	5	21			42.67	13		5.1	Ms	Italy:Cascia	意大利：卡夏	GSHAP
1599	11	5				42.719	13.015		5.82	Ms	Italy:Cascia	意大利：卡夏	Italy
1600	1	2				14.6	121		6.1	Mk	Philippines:Manila	菲律宾：马尼拉	* * Maso, Song
1600	2	19	10			-16.8	-70.9	20	7.9	Ms	Peru:Huaynaputina Volcano	秘鲁：纳普蒂纳火山	*
1600	2	28	20			-16.6	-70.8	20	8.1	Muk	Peru:Moquegua	秘鲁：莫克瓜	*
1600	3	26				23.8	117.2		5.5	Ms	China:Fujian, Zhaoan	中国：福建沼安	China
1600	9	29				23.5	117.2		7	Ms	China:Guangdong, Nan-ao, Near Coast	中国：广东南澳近海	* China
1600	11					14.6	121		5.9	Mk	Philippines:Manila	菲律宾：马尼拉	* Song
1600	12	2				25	102.8		5.25	Ms	China:Yunnan, Kunming	中国：云南昆明	China
1600						56.02	110.09	15	6.9	Ms	Russia:Buryatiya, Kichera	俄罗斯：布里亚特州基切拉镇	GSHAP
1600						51.72	103.68	15	6	Ms	Russia:Irkutsk, Slyudyanka	俄罗斯：伊尔库茨克州斯柳江卡	GSHAP
1600						44.113	11.548		5.37	Ms	Italy:Firenze	意大利：佛罗伦萨	Italy
1600						40	76	30	6	Ms	China:Xinjiang, Kashi, N.	中国：新疆喀什北部	China, GSHAP
1601	1	16	16			14.6	121		6.1	Mk	Philippines:Manila	菲律宾：马尼拉	* Song
1601	3	7				36	127.9		5.3	Ms	South Korea:Muju	韩国：茂朱郡	GSHAP
1601	4	26				40.5	19.5		6.3	Ms	Albania:Vlore	阿尔巴尼亚：发罗拉	GSHAP
1601	9	8	1			46.8	8.5		6.5	Mk	Switzerland:Engelberg	瑞士：恩格尔贝格	* Song
1601						35.5	25.5		6.6	Mk	Greece:Crete Island	希腊：克里特岛	NOAA, Song
1602	2	8				35.1	140.5		7.2	Ms	Japan:Boso, Near Coast	日本：房总半岛近海	* NOAA
1602	6					25.8	105.2		5	Ms	China:Guizhou, Qinglong	中国：贵州晴隆	China
1602	10	23				26.1	99.9		5	Ms	China:Yunnan, Eryuan	中国：云南洱源	China
1603	5	30				31.2	112.6		5	Ms	China:Hubei, Zhongxiang	中国：湖北钟祥	China
1603						17	-96.3		6.3	Mk	Mexico:Oaxaca, Mixteca	墨西哥：瓦哈卡，加的	* Song
1603						33.8	136.9		7	Mk	Japan:Mie, Near Coast	日本：三重近海	NOAA, Song
1604	1	1				43.08	12.5		5.1	Ms	Italy:Cosenza	意大利：科森扎	GSHAP
1604	3					17	-96.3		6.3	Mk	Mexico:Oaxaca	墨西哥：瓦哈卡	* Song
1604	5	3	2	30		45.7	26.6		6.5	Ms	Romania:Nereju	罗马尼亚：内雷茹	GSHAP
1604	10	25				34.2	105.1		6	Ms	China:Gansu, Lixian	中国：甘肃礼县	China
1604	11	24	18	30		-17.88	-70.94	30	8.5	Ms	Peru:Tacna	秘鲁：塔克纳	* NOAA
1604	12	29				24.7	119		7.5	Ms	China:Taiwan Strait	中国：台湾海峡	* China, NOAA
1604	12					-29.9	-71.3		7.3	Mk	Chile:Coquimbo	智利：科金博	* Song
1604						35.5	25.5		7	Ms	Greece:Crete Island	希腊：克里特岛	* GSHAP, NOAA
1605	2	3				33	134.9		7.9	Ms	Japan:Tokushima, Near Coast	日本：德岛近海	* Japan, NOAA
1605	6	8				30.8	113		5	Ms	China:Hubei, Zhongxiang, SE.	中国：湖北钟祥东南	China
1605	7	13				20	110.5		7.5	Ms	China:Hainan, Haikou	中国：海南海口	* China
1605	7	19				21.6	110.3		6.5	Ms	China:Guangdong, Lianjiang	中国：广东廉江	China
1605	8	17				21.6	110.3		6	Ms	China:Guangdong, Lianjiang	中国：广东廉江	China
1605	10	7				21.3	110.5		6	Ms	China:Guangdong, Maoming	中国：广东茂名	China
1605	12	15				21	110.5		6.5	Ms	China:Guangdong, Zhanjiang, S.	中国：广东湛江南	China
1605	12	24	15	30		45.7	26.6	150	6	Ms	Romania:Nereju	罗马尼亚：内雷茹	GSHAP
1605	12	24	15			45.8	26.6		6.5	Ms	Romania:Vrancea	罗马尼亚：弗朗恰	GSHAP

年	月	日	时	分	秒	纬度(°)	经度(°)	深度	震级	标度	地名(英文)	地名(中文)	资料来源
Year	Mo	Dy	Hr	Mn	Sec	Latitude	Longitude	Depth	Mag	Scale	Name(English)	Name(Chinese)	Information
1605						40.4	43.6		6.4	Ms	Turkey:Kars	土耳其:卡尔斯	GSHAP
1606	1	13	1	30		45.7	26.6	150	6.6	Ms	Romania:Nereju	罗马尼亚:内雷茹	GSHAP
1606	1	13	2			45.7	26.6		6.4	Ms	Romania:Nereju	罗马尼亚:内雷茹	GSHAP
1606	1	23				32	140		6.7	Ms	Japan:South Honshu Ridge	日本:本州南部海岭	Japan,NOAA
1606	2	20				21	110.5		5.5	Ms	China:Guangdong,Zhanjiang,S.	中国:广东湛江南	China
1606	3	23	20			-7	-80.3	40	5	Mk	Peru:Chiclayo,Near Coast	秘鲁:奇克拉约近海	GSHAP,Song
1606	8	22				45.694	9.67		5.03	Ms	Italy:Bergamo	意大利:贝加莫	Italy
1606	10	25	13			-11.8	-77.8	60	6.8	Ms	Peru:Lima,Near Coast	秘鲁:利马近海	GSHAP
1606	11	30				23.6	102.8		6.75	Ms	China:Yunnan,Jianshui	中国:云南建水	* China
1607	10	2				34.3	108.9		5	Ms	China:Shaanxi,Xi - an	中国:陕西西安	China
1607						24.8	119		5.25	Ms	China:Taiwan Strait	中国:台湾海峡	China
1608	1	8				17	-96.3		6.3	Mk	Mexico:Oaxaca	墨西哥:瓦哈卡	* Song
1608	4	20				36.4	50.5		7.6	Ms	Iran:Qazvin	伊朗:加兹温	* NOAA
1608	5	14				42.4	18.7		5.7	Ms	Montenegro:Herceg Novi	蒙特尼哥罗(黑山):新海尔采格	* GSHAP
1608	7	25				42.4	18.7		6.3	Ms	Montenegro:Cetinje	蒙特尼哥罗(黑山):采蒂涅	* GSHAP
1608	9	15	11			42.4	18.5		5.7	Ms	Croatia:Dubrovnik,SE.	克罗地亚:杜布罗夫尼克东南	* GSHAP
1608	9	23				37.7	105.8		5.5	Ms	China:Ningxia,Qingtongxia,S.	中国:宁夏青铜峡南	China
1608	12	3				11.1	124.8		5	Muk	Philippines:Samar Island	菲律宾:萨马岛	Bautista,Maso
1609	4					36.4	28.4		7.2	Ms	Greece:Dodecanese Islands	希腊:多德卡尼斯群岛	GSHAP,NOAA
1609	6	7				24.8	119		5.75	Ms	China:Taiwan Strait	中国:台湾海峡	China
1609	7	12				39.2	99		7.25	Ms	China:Gansu,Jiuquan,SE.	中国:甘肃酒泉东南	* China
1609	7	20				38.968	16.353		5.57	Ms	Italy:Nicastro	意大利:尼可斯特洛	* Italy
1609	10	20	1			-11.9	-77.4	40	8.6	Muk	Peru:Lima,Near Coast	秘鲁:利马近海	*
1610	2	3	19	30		8.3	-71.8		7.9	Muk	Venezuela:La Grita,Merida	委内瑞拉:拉格里塔,梅里达	*
1610	2	3				28.5	104.5		5.5	Ms	China:Sichuan,Gaoxian	中国:四川高县	China
1610	3	13				32.4	104.6		5.5	Ms	China:Sichuan,Pingwu,E.	中国:四川平武东	China
1610	11	29				47.5	7.5		6.3	Mk	France:Leymen	法国:莱芒	* Song
1610	11					17	122		6.5	Mk	Philippines:Cauayan	菲律宾:卡瓦延	* Song
1611	8	25				19.5	-99.1		5	Mk	Mexico:Mexico City	墨西哥:墨西哥城	* Song
1611	9	8	22	10		44.02	11.37		5.13	Ms	Italy:Scarperia	意大利:斯卡尔佩里亚	Italy
1611	9	9				21.4	111.2		6	Ms	China:Guangdong,Maoming,Near Coast	中国:广东茂名近海	* China
1611	9	25				19.5	-99.1		6.3	Mk	Mexico:Mexico City	墨西哥:墨西哥城	* Song
1611	9	27				37.5	140		6.9	Ms	Japan:Fukushima	日本:福岛	* Japan,Usami
1611	12	2	1			39	144.5		8.1	Ms	Japan Trench	日本海沟	* Japan,Usami,NOAA
1611	12	9				35.1	58.9		6.3	Mk	Iran:Mashhad	伊朗:马什哈德	* Song
1612	1	31				43.949	7.613		5.26	Ms	Italy:Alpi Marittime	意大利:阿尔卑斯山山脉	Italy
1612	3	12				25.3	103.1		5.25	Ms	China:Yunnan,Songming	中国:云南嵩明	China
1612	3	13				23.6	103.2		5	Ms	China:Yunnan,Kaiyuan	中国:云南开远	China
1612	5	16				38.8	20.8		7	Mk	Greece:Leukas (Ionian Islands)	希腊:琉卡斯(伊奥尼亚群岛)	* Song
1612	5	26	7			38.8	20.8		6.5	Ms	Greece:Leukas (Ionian Islands)	希腊:琉卡斯(伊奥尼亚群岛)	GSHAP
1612	6	3				25.4	103.3		5.5	Ms	China:Yunnan,Xundian	中国:云南寻甸	China
1612	10	14				43.246	12.853		5.13	Ms	Italy:Fossato Di Vico	意大利:福萨托-迪维科	Italy
1612	11	8				35.5	25.5		6.7	Ms	Greece:Crete Island	希腊:克里特岛	* NOAA
1613	7	16				37.2	127		6.3	Muk	South Korea:Suwon	韩国:水原	*
1613	8	25				38.12	14.78		5.57	Ms	Italy:Sicilia Island	意大利:西西里岛	* Italy,NOAA
1613	10	2				38.8	20.8		7	Mk	Greece:Leukas (Ionian Islands)	希腊:琉卡斯(伊奥尼亚群岛)	* * Song
1613	10	12				38.8	20.8		6.4	Ms	Greece:Leukas (Ionian Islands)	希腊:琉卡斯(伊奥尼亚群岛)	GSHAP
1613						35.3	25.1		6.2	Mk	Greece:Crete,Iraklion	希腊:克里特岛,伊拉克利翁	* Song
1614	5	4	17			38.4	-27		8	Mk	Azores:Praia	亚速尔群岛:普拉亚	* Song
1614	5	24				38.4	-24.1		7.3	Mk	Azores:Terceira	亚速尔群岛:特塞拉岛	* Song
1614	8					43.106	12.386		5.03	Ms	Italy:Perugia	意大利:佩鲁贾	Italy
1614	10	23				37.2	112.1		6.5	Ms	China:Shanxi,Pingyaao	中国:山西平遥	* China
1614	11	26				37.5	138		7.7	Ms	Japan:Niigata	日本:新潟	* Japan,Usami,NOAA
1615	1	5				48.5	18		5	Ms	Slovak:Hlohovec	斯洛伐克:赫洛霍韦茨	GSHAP
1615	3	1				32	120.9		5	Ms	China:Jiangsu,Nantong	中国:江苏南通	China
1615	6	5				44.9	35.5	16	6	Ms	Black Sea	黑海	* GSHAP
1615	6	26				35.7	139.7		6.4	Muk	Japan:Tokyo	日本:东京	* Japan,Usami
1615	7	20				38.8	106.3		5.5	Ms	China:Ningxia,Pingluo,SW.	中国:宁夏平罗西南	China
1615	8	24				25	101.6		5.25	Ms	China:Yunnan,Chuxiong	中国:云南楚雄	China
1615	9	8				18.5	-70		6.3	Mk	Dominica:Santo Dominigo	多米尼加:圣多明哥	* Song
1615	9	16	23	30		-18.5	-70.35		8.8	Ms	Chile:Arica	智利:阿里卡	* Chile,NOAA
1615	12					40	115		5	Ms	China:Hebei,Xuanhua,SW.	中国:河北宣化西南	China
1616	2	10				37.7	105.9		5.75	Ms	China:Ningxia,Qingtongxia,SW.	中国:宁夏青铜峡西南	China
1616	2	29				46.817	8.4		5.57	Ms	Switzerland:Engelberg	瑞士:恩格尔贝格	Italy
1616	2					5	-74		7	Ms	Colombia:Zipaquirá	哥伦比亚:锡帕基拉	GSHAP
1616	3					46.8	8.4		6.3	Mk	Switzerland:Engelberg	瑞士:恩格尔贝格	* Song

年 Year	月 Mo	日 Dy	时 Hr	分 Mn	秒 Sec	纬度(°) Latitude	经度(°) Longitude	深度 Depth	震级 Mag	标度 Scale	地名(英文) Name(English)	地名(中文) Name(Chinese)	资料来源 Information
1616	8	27				36.8	37	20	6.9	Ms	Turkey:Kilis	土耳其:基利斯	* GSHAP
1616	9	9				38.1	142		7	Ms	Japan:Miyagi,Near Coast	日本:宫城近海	* Japan,Usami,NOAA
1616	10	10				40.7	116.1		5	Ms	China:Hebei,Chicheng,SE.	中国:河北赤城东南	China
1616	12	6				39	144.5		7.5	Ms	Japan Trench	日本海沟	* NOAA
1616						36.4	28.3		6.4	Ms	Greece:Dodecanese Islands	希腊:多德卡尼斯群岛	GSHAP
1618	1	18				43.921	7.298		5.18	Ms	France:Lantosque	法国:朗托斯克	Italy
1618	5	20				37	111.9		6	Ms	China:Shanxi,Jiexiu	中国:山西介休	* China
1618	5	26				18.9	72.9		7	Mk	India:Bombay	印度:孟买	* Song
1618	6	18				43.6	7.3		6.1	Mk	France:Duranus,Coaraze	法国:迪拉尼,科沙拉兹	* Song
1618	8	25				46.3	9.5		6.3	Mk	Italy:Piuro	意大利:皮乌罗	* Song
1618	9	30				35.1	135.8		6.3	Mk	Japan:Kyoto	日本:京都	Japan,Usami,Song
1618	11	16				39.8	114.5		6.5	Ms	China:Hebei,Yuxian	中国:河北蔚县	China
1618	12	19				35	58		6.3	Mk	Iran:Razavi Khorasan	伊朗:呼罗珊	* Song
1618						20	110.1		5.5	Ms	China:Hainan,Chengmai	中国:海南澄迈	China
1618						25.8	99.2		5.25	Ms	China:Yunnan,Yunlong	中国:云南云龙	China
1619	1	5				39	16.5		5.17	Ms	Italy:Calabria	意大利:卡拉布里亚区	Italy
1619	2	13				17	-96.3		6.3	Mk	Mexico:Oaxaca	墨西哥:瓦哈卡	* Song
1619	2	14	16	30		-7.941	-79.038	40	8.6	Ms	Peru:Trujillo, Piura	秘鲁:特鲁希略,皮乌拉	*
1619	5	1				32.5	130.6		6.4	Ms	Japan:Yatsushiro	日本:熊本	* Japan,Usami,NOAA
1619	5					35.1	58.9		6.5	Ms	Iran:Mashhad	伊朗:马什哈德	Afghan
1619	11	30	16			18.5	121.6		8	Ms	Philippines:Aparri	菲律宾:阿帕里	* Bautista
1619						52.3	14.6		6.3	Mk	Germany:Frankfurt	德国:法兰克福	* Song
1620	3	5				31.1	112.7		5	Ms	China:Hubei,Zhongxiang,SE.	中国:湖北钟祥东南	China
1620	4					25.4	101		5	Ms	China:Yunnan,Nanhua,NW.	中国:云南南华西北	China
1620	10	19				37.1	117.5		5	Ms	China:Shandong,Zouping,NW.	中国:山东邹平西北	China
1620	11	8	12	30		46.2	23.9	30	6.5	Ms	Romania:Blaj	罗马尼亚:布拉日	GSHAP
1620	11	8	13	30		45.7	26.6		7.3	Ms	Romania:Nereju	罗马尼亚:内雷茹	GSHAP
1620	12	1				45.7	26.6		6.6	Ms	Romania:Nereju	罗马尼亚:内雷茹	GSHAP
1620	12					25.5	103.5		5.25	Ms	China:Yunnan,Malong	中国:云南马龙	China
1620						10.8	122.5		6.5	Mk	Philippines:Panay,Iloilo,Capiz	菲律宾:班乃,伊洛伊洛,卡皮斯	* Song
1620						40.9	71.4	6	5.8	Muk	Uzbekistan:Akhsy	乌兹别克斯坦:阿赫苏	*
1621	3	6				39.7	21.9		6	Ms	Greece:Trikala	希腊:特里卡拉	GSHAP
1621	3					39.5	116.7		5.5	Ms	China:Hebei,Yongqing,NE.	中国:河北永清东北	* China
1621	5	2				8.6	-79.3		5.9	Mk	Panama:Panama City	巴拿马:巴拿马城	* Song
1621	8	9				39.417	16.083		5.17	Ms	Italy:Calabria	意大利:卡拉布里亚区	Italy
1621	11	22				37.9	121.2		5.25	Ms	China:Shandong,Yantai,Coast	中国:山东烟台海域	China
1621	12	1				11.7	122.1		7.2	Muk	Philippines:Kalibo	菲律宾:卡利博	Bautista
1621						46.167	14.5		5.17	Ms	Slovenia:Ljubljana	斯洛文尼亚:卢布尔雅那	Italy
1622	3	18				35.5	116		6	Ms	China:Shandong,Yuncheng,S.	中国:山东恽城南	China
1622	4	17				36.6	116.8		5.5	Ms	China:Shandong,Changqing	中国:山东长清	China
1622	5	5	11			46.18	14.65		5.57	Ms	Slovenia:Trebnje	斯洛文尼亚:特雷布涅	Italy
1622	5	5				37.5	21		6.6	Ms	Greece:Zante	希腊:赞特	* GSHAP,NOAA
1622	5	6				23	-103		6.3	Mk	Mexico:Zacatecas	墨西哥:萨卡特卡斯	* Song
1622	7	25				46.8	10.3		6	Mk	Switzerland:Scuol	瑞士:施库尔	* Song
1622	8	3				46.8	10.3		5.17	Ms	Switzerland:Scuol	瑞士:施库尔	* Italy
1622	10	25				36.5	106.3		7	Ms	China:Ningxia,Haiyuan,N.	中国:宁夏固原北	* China
1622	10	26				35.4	103.9		5.5	Ms	China:Gansu,Lintao	中国:甘肃临洮	China
1622						42.1	47.6	15	5.1	Ms	Russia:Dagestan,Derbent,W.	俄罗斯:达吉斯坦共和国杰尔宾特西部	GSHAP
1623	5	4				25.5	100.4		6.25	Ms	China:Yunnan,Xiangyun,NW.	中国:云南祥云西北	China
1623	6	23				32.6	104.1		5.5	Ms	China:Sichuan,Songpan,E.	中国:四川松潘东	China
1624	2	1				38.5	118		5.5	Ms	China:Bohai Sea	中国:渤海	China
1624	2	10				32.3	119.4		6	Ms	China:Jiangsu,Yangzhou	中国:江苏扬州	China
1624	3	18	19	45		44.65	11.85		5.43	Ms	Italy:Argenta,Naso	意大利:阿金塔	* * Italy
1624	3	19	20			44.6	11.8		5.43	Ms	Italy:Argenta	意大利:阿金塔	* Italy,NOAA
1624	3	26				26.5	99.9		5.75	Ms	China:Yunnan,Jianchuan	中国:云南剑川	China
1624	3					38.4	112.7		5	Ms	China:Shanxi,Xinzhou	中国:山西忻州	China
1624	4	17				39.5	118.8		6.5	Ms	China:Hebei,Luanxian	中国:河北滦县	China
1624	4	19				38.5	118		5.5	Ms	China:Bohai Sea	中国:渤海	China
1624	7	4				35.4	105.9		6	Ms	China:Gansu,Jingning	中国:甘肃静宁	China
1624	7	19				38.9	115.5		5.5	Ms	China:Hebei,Baoding	中国:河北保定	China
1624	7					26.9	100.2		5	Ms	China:Yunnan,Lijiang	中国:云南丽江	China
1624	10	3	17			37.27	14.75		5.57	Ms	Italy:Sicilia Island	意大利:西西里岛	Italy
1624	10					33.2	107.5		5.5	Ms	China:Shaanxi,Xiangxian	中国:陕西洋县	China
1624						34	-4.6		6.3	Mk	Morocco:Fes (Fez),Meknes	摩洛哥:菲斯,梅克内斯	* Song
1625	1	21				34.4	132.45		6.3	Mk	Japan:Hiroshima	日本:广岛	Japan,Usami,Song
1625	4					38.3	116.9		5	Ms	China:Hebei,Cangzhou	中国:河北沧州	China

年 Year	月 Mo	日 Dy	时 Hr	分 Mn	秒 Sec	纬度(°) Latitude	经度(°) Longitude	深度 Depth	震级 Mag	标度 Scale	地名(英文) Name(English)	地名(中文) Name(Chinese)	资料来源 Information
1625	5	18				39.2	27.8		7	Ms	Turkey:Izmir	土耳其:伊兹密尔	GSHAP
1625	6	18				38.8	20.8		7	Mk	Greece:Leukas (Ionian Islands)	希腊:琉卡斯(伊奥尼亚群岛)	* Song
1625	6	28				38.8	20.7		6.6	Ms	Greece:Ionian Islands,Leukas	希腊:伊奥尼亚群岛,琉卡斯	GSHAP
1625	7	21				32.8	130.6		6.5	Mk	Japan:Kumamoto	日本:熊本	Japan,Usami,Song
1625						24.3	124.2		7	Mk	Japan:Ishigaki – Jima	日本:石垣岛	Japan,Song
1625						35.2	36.4	20	6.1	Ms	Syria:Hamah (Hama)	叙利亚:哈马	GSHAP
1626	4	4	12	45		38.82	16.42		6.08	Ms	Italy:Girifalco	意大利:吉里法尔科	* Italy
1626	5	4				66	35.5	20	6.3	Ms	Russia:White Sea	俄罗斯:白海	GSHAP
1626	5	12	17	45		43.333	13.5		5.17	Ms	Italy:Macerata Est	意大利:马切拉塔东部	Italy,GSHAP
1626	5	30				40	117.4		5.5	Ms	China:Tianjin,Jixian	中国:天津蓟县	China
1626	6	28				39.4	114.2		7	Ms	China:Shanxi,Lingqiu	中国:山西灵丘	* China
1626	7	3				44	14		6	Mk	Adriatic Sea	亚得里亚海	* * Song
1626	7	30				41.73	15.35		6.73	Ms	Italy:Napoli (Naples)	意大利:那不勒斯	* Italy
1626	10	8				26.9	109.7		5	Ms	China:Hunan,Huitong	中国:湖南会同	China
1627	2	6				37.5	105.5		6	Ms	China:Ningxia,Zhongning	中国:宁夏中宁	* China
1627	3	8				35.8	139.8		6.5	Mk	Japan:Tokyo,Adachi	日本:东京足立	Japan,Song
1627	3	27				40.7	140.6		6.3	Mk	Japan:Koginsasi	日本:津轻	Japan,Song
1627	3					37.8	113.6		5.5	Ms	China:Shanxi,Pingding	中国:山西平定	China
1627	6	26	11			-0.2	-78.5		6.1	Mk	Ecuador:Quito	厄瓜多尔:基多	* Song
1627	7	1				42.694	13.248		5.37	Ms	Italy:Accumoli	意大利:阿库莫利	Italy,GSHAP
1627	7	30	10	50		41.7	15.3		6.7	Ms	Italy:Lesina	意大利:莱西那	* NOAA
1627	9	14				18	121.5		8	Ms	Philippines:Aparri	菲律宾:阿帕里	* Nakamura,Maso,NOAA
1627	10	22				36.6	138.2		6	Ms	Japan:Nagano	日本:长野	Japan
1627						42.6	-70.8		5.5	Mk	US:Massachusetts,Peabody	美国:马萨诸塞州皮博迪	USGS,Song
1628	6	17	18			46	15.5	7	5.57	Muk	Slovenia:Brezice	斯洛文尼亚:布雷日采	* Italy
1628	8	10	3			35.8	139.8		6.1	Ms	Japan:Tokyo,Adachi	日本:东京足立	Japan,Usami
1628	10	7				40.6	114.2		6.5	Ms	China:Hebei,Huaian,W.	中国:河北怀安西	* China
1628	11	4	15	15		44.801	10.329		5.17	Ms	Italy:Parma	意大利:帕尔马	Italy
1628						13.2	123.7		6.5	Mk	Philippines:Camalig	菲律宾:卡马利格	* Song
1629	2	27				35.5	25		7	Ms	Greece:Crete Island	希腊:克里特岛	* NOAA
1629	3	7	9			35.5	25	70	7	Ms	Greece:Crete Island	希腊:克里特岛	* NOAA
1629	3	9	9			35	23.7		7.3	Ms	Greece:Crete Island	希腊:克里特岛	GSHAP,NOAA
1629	3					36.1	103.7		5.5	Ms	China:Gansu,Lanzhou	中国:甘肃兰州	China
1629	8	1				-4.6	129.9		7.9	Mk	Indonesia:Banda Sea	印度尼西亚:班达海	* NOAA,Song
1629						53.6	12.3		6.2	Mk	Germany:Mecklenburg	德国:梅克伦堡	* Song
1629						10.47	-64.17		6	Mk	Venezuela:Cumana	委内瑞拉:库马纳	GSHAP,Song
1630	1	16				32.6	104.1		6.5	Ms	China:Sichuan,Songpan,E.	中国:四川松潘东	* China
1630	3	9	9	1		36	24		6.8	Ms	Aegean Sea	爱琴海	NOAA
1630	6					30.7	113.5		5	Ms	China:Hubei,Tianmen	中国:湖北天门	China
1630	7	2				38.8	20.8		6.7	Ms	Greece:Leukas (Ionian Islands)	希腊:琉卡斯(伊奥尼亚群岛)	GSHAP
1630	7	22				38.3	20.5		6.3	Mk	Greece:Levkas,Cephalonia	希腊:莱夫卡斯,凯法隆尼亚	* Song
1630	8	1	15			35.8	139.8		6.7	Ms	Japan:Tokyo,Adachi	日本:东京足立	Japan,Usami
1630	10	14				30.2	113.2		5	Ms	China:Hubei,Xiantao	中国:湖北仙桃	China
1630	11	27	16	30		-12.2	-77.5	30	8.1	Muk	Peru:Lima,Near Coast	秘鲁:利马近海	*
1630						-4.6	129.9		7	Mk	Indonesia:Banda Sea	印度尼西亚:班达海	* NOAA,Song
1631	2	1				42.5	18		5.2	Ms	Croatia:Dubrovnik	克罗地亚:杜布罗夫尼克	GSHAP
1631	2	10				11.2	41.7		5.7	Muk	Ethiopia:Afar	埃塞俄比亚:阿法尔区	*
1631	7	21				35.2	104.3		5.5	Ms	China:Gansu,Lintao	中国:甘肃临洮	* China
1631	7					35.5	107.9		5	Ms	China:Gansu,Qingyang	中国:甘肃庆阳	* China
1631	8	14				29.2	111.7		6.75	Ms	China:Hunan,Changde	中国:湖南常德	* China
1631	11	1				28.2	112.4		5.5	Ms	China:Hunan,Yiyang	中国:湖南益阳	China
1631	11	8				29.2	111.7		5.75	Ms	China:Hunan,Changde,N.	中国:湖南常德北	China
1631	12	17				40.833	14.417		5.17	Ms	Italy:Vesuvio	意大利:维苏威	* Italy,NOAA
1631						33.7	106.1		5.5	Ms	China:GansuHuixian,S.	中国:甘肃徽县南	China
1632	1	1				42.4	18.4		6.6	Ms	Croatia:Dubrovnik,SE.	克罗地亚:杜布罗夫尼克东南	* GSHAP
1632	9	4				39.7	117		5	Ms	China:Beijing,Tongzhou,SE.	中国:北京通州东南	China
1632	11	27	19			45.967	15.5	8	5.17	Ms	Slovenia:Krsko	斯洛文尼亚:克尔什科	Italy,GSHAP
1632						32.4	109.7		5	Ms	China:Hubei,Zhuxi	中国:湖北竹溪	China
1633	3	1				35.2	139.2		7.1	Ms	Japan:Odawara	日本:神奈川小田原	* Japan,Usami,NOAA
1633	5	14				-41.8	-74		7	Mk	Chile:Ancud	智利:安库德	* NOAA,Song
1633	7	30				41.04	28.98		5.8	Ms	Turkey:Istanbul	土耳其:伊斯坦布尔	Turkey
1633	11	5				37.5	20.3		7	Ms	Greece:Zakinthos (Zante)	希腊:扎金索斯岛(桑特岛)	* GSHAP,NOAA
1633						38	46.2		5.9	Mk	Iran:Tabriz	伊朗:大不里士	* Song
1633						-33.4	-70.7		6.3	Mk	Chile:Santiago	智利:圣地亚哥	* Song
1634	1	14				34	105.2		6	Ms	China:Gansu,Xihe	中国:甘肃西和	* China
1634	3	30				30.7	115.4		5.5	Ms	China:Hubei,Luotian	中国:湖北罗田	* China
1634	11	10				40.665	16.607		5.03	Ms	Italy:Matera	意大利:马泰拉	Italy

年 Year	月 Mo	日 Dy	时 Hr	分 Mn	秒 Sec	纬度(°) Latitude	经度(°) Longitude	深度 Depth	震级 Mag	标度 Scale	地名(英文) Name(English)	地名(中文) Name(Chinese)	资料来源 Information
1634	12					35.1	107.6		5.5	Ms	China:Gansu,Lingtai	中国:甘肃灵台	* China
1634	12					33.2	104.8		5.5	Ms	China:Gansu,Wenxian	中国:甘肃文县	China
1635	3	12	4			35.8	139.8		6.1	Ms	Japan:Tokyo,Adachi	日本:东京足立	Japan,Usami
1635	8	12				38.187	15.549		5.03	Ms	Italy:Messina	意大利:梅西纳	Italy
1635	10	26				33.2	107.5		5.5	Ms	China:Shaanxi,Xiangxian	中国:陕西洋县	China
1636	2	27				39.2	26.2		6.2	Ms	Greece:Mitilini	希腊:米蒂利尼	GSHAP
1636	9	30				38	20.6		7	Mk	Greece:Cephalonia	希腊:凯法隆尼亚	* Song
1636	10	12	18	30		38.1	20.3		7.2	Ms	Greece:Ionian Sea	希腊:伊奥尼亚海	NOAA
1636	12	3				37.7	139.4		6.3	Mk	Japan:Niigata	日本:新潟	Japan,Song
1636	12	18	14			5.1	−2.2		5.7	Muk	Ghana:Takoradi,	加纳:塔科拉迪	*
1636	12	21	4			7.4	123.6		6.5	Ms	Philippines:Mindanao,Illana Bay	菲律宾:棉兰老岛,伊拉纳湾	* Bautista
1636						33.1	107		5.5	Ms	China:Shaanxi,Hanzhong	中国:陕西汉中	China
1636						36.8	108.8		5	Ms	China:Shaanxi,Zhidan	中国:陕西志丹	China
1637	2	1	1	30		45.7	26.6	150	6.6	Ms	Romania:Nereju	罗马尼亚:内雷茹	GSHAP
1637	6	8				28.5	103.5		5	Ms	China:Sichuan,Mabian,S.	中国:四川马边南	China
1638	1					36.6	105.5		5.5	Ms	China:Ningxia,Haiyuan	中国:宁夏海原	China
1638	3	27	15			39.3	16.2		7	Ms	Italy:Calabria,Cosenza	意大利:卡拉布里亚,科森扎	* Italy,NOAA
1638	6	8	9	45		39.28	16.82		6.6	Ms	Italy:Cerenzia	意大利:切伦齐亚	* Italy
1638	6	11	7			46.5	−72.5		6.6	Mk	Canada:Québec	加拿大:魁北克	USGS,Song
1639	5	4				36.2	50		7.7	Mk	Iran:Qazvin	伊朗:加兹温	* Song
1639	7	28	18	30		42.5	18.1		6.3	Mk	Croatia:Dubrovnik	克罗地亚:杜布罗夫尼克	* Song
1639	10	8	1	30		42.636	13.252		6.26	Ms	Italy:Amatrice	意大利:阿马特里切	* Italy
1639	10	14	0	30		42.63	13.3		5.1	Ms	Italy:Amatrice	意大利:阿马特里切	GSHAP
1639	10	17				42.63	13.3		5.1	Ms	Italy:Amatrice	意大利:阿马特里切	GSHAP
1639	11	25				35.9	136.2		6.1	Ms	Japan:Fukui	日本:福井	Japan
1639	12					−30	−71.4		7.3	Mk	Chile:Coquimbo	智利:科金博	* Song
1639						36.6	50	14	6.1	Ms	Iran:Qazvin	伊朗:加兹温	GSHAP
1640	2	27				38.2	46.3	15	6.1	Muk	Iran:Tabriz	伊朗:大不里士	* GSHAP
1640	2					−1.7	−78.6		7	Mk	Ecuador:Chimborazo,N.	厄瓜多尔:钦博腊索山北部	* Song
1640	4	4				50.8	5.7		7	Mk	Germany:Roer Valley	德国:洛尔峡谷	* NOAA,Song
1640	6	19				38.57	16.53		6	Mk	Italy:Badolato	意大利:巴多拉托	* Song
1640	7	31	1			42.07	140.68		6.5	Ms	Japan:Uchiura Bay	日本:内浦湾	* Japan,NOAA
1640	9	16				23	117		7	Mk	China:Guangdong,Shantou,Near Coast	中国:广东汕头海域	NOAA,Song
1640	9					30.5	114.9		5	Ms	China:Hubei,Huanggang	中国:湖北黄冈	China
1640	11	23				36.2	136.2		6.7	Ms	Japan:Fukui	日本:福井	Japan,Usami
1640						45.9	15.5		6	Ms	Slovenia:Brezice	斯洛文尼亚:布雷日采	* Italy
1640						37.5	105.6		5	Ms	China:Ningxia,Zhongning	中国:宁夏中宁	China
1641	1	1				42.3	22		5.7	Ms	Macedonia:Kumanovo	马其顿:库马诺沃	GSHAP
1641	1	4				18.2	121.7		7.3	Mk	Philippines:Aparri	菲律宾:阿帕里	* Maso,Song
1641	1	10				−1.5	−78.5		7.6	Muk	Ecuador:Tungurahua	厄瓜多尔:东谷拉瓦	*
1641	2	5				37.9	46.1		6.8	Ms	Iran:Tabriz	伊朗:大不里士	* Iran
1641	5	1				42.2	23.7		6.9	Ms	Bulgaria:Samokov	保加利亚:萨莫科夫	GSHAP
1641	5					42.3	22.7	10	6	Ms	Bulgaria:Kyustendil	保加利亚:丘斯滕迪尔	* * GSHAP
1641	6	11	12	45		10.9	−66.7		6.3	Mk	Venezuela:Caracas	委内瑞拉:加拉加斯	* Song
1641	11	26				23.5	116.5		5.75	Ms	China:Guangdong,Jieyang,E.	中国:广东揭阳东	* China
1641	12	21				38.4	−28.1		7	Mk	Portugal:Azores	葡萄牙:亚速尔群岛	NOAA,Song
1641						11	−67		6.3	Mk	Venezuela:Caracas	委内瑞拉:加拉加斯	* Song
1641						34.5	105.5		5	Ms	China:Gansu,Gangu,S.	中国:甘肃甘谷南	China
1642	6	13	22			45.694	9.67		5.03	Ms	Italy:Bergamo	意大利:贝加莫	Italy
1642	6	30				35	110.9		6	Ms	China:Shanxi,Yuncheng	中国:山西运城	* China
1642	9	4				35.2	140.6		6.7	Ms	Japan:Isumi	日本:千叶夷隅	* NOAA
1642	11	20				33.1	118.5		5	Ms	China:Jiangsu,Xuyi	中国:江苏盱眙	China
1642						30.8	95.6		7	Ms	China:Xizang (Tibet),Lhorong,NW.	中国:西藏洛隆西北	* China
1643	5	30				35.6	128.2		6	Ms	South Korea:Hapcheon	韩国:陕川郡	Korea
1643	7	17				37.783	14.599		5.03	Ms	Italy:Sicilia Island	意大利:西西里岛	Italy
1643	7	24				35.5	129.3		6.3	Ms	South Korea:Kyongju	韩国:庆州	* Korea,NOAA
1643	9	6	10			−33.4	−70.6		6	Mk	Chile:Santiago	智利:圣地亚哥	GSHAP,Song
1643	12	6				35.8	139.8		6.2	Ms	Japan:Tokyo,Adachi	日本:东京足立	Japan,Usami
1643	12					25.7	101.1		5.5	Ms	China:Yunnan,Yaoan,NW.	中国:云南姚安西北	China
1644	1	16	8	30		7.5	−72.5		7	Muk	Venezuela:Merida,Tariba	委内瑞拉:梅里达,打拉	*
1644	2	8				32.9	117.5		5.5	Ms	China:Anhui,Fengyang	中国:安徽凤阳	China
1644	2	15	9	20		43.98	7.32		5.88	Mk	Italy:Alpi Marittime	意大利:阿尔卑斯山山脉	* Italy
1644	3	16	10			7.6	−73		6.3	Mk	Venezuela:San Cristobal	委内瑞拉:圣克里斯托瓦尔	* Song
1644	4	7				36.7	139.7		5.9	Ms	Japan:Nikko	日本:栃木日光	Japan,Usami
1644	5					25.5	102.4		5	Ms	China:Yunnan,Wuding	中国:云南武定	China
1644	7	30				23	120.1		5.25	Ms	China:Taiwan,Tainan	中国:台湾台南	China
1644	10	18				39.4	140.1		6.9	Ms	Japan:Akita	日本:秋田	* Japan,Usami,NOAA

年 Year	月 Mo	日 Dy	时 Hr	分 Mn	秒 Sec	纬度(°) Latitude	经度(°) Longitude	深度 Depth	震级 Mag	标度 Scale	地名(英文) Name(English)	地名(中文) Name(Chinese)	资料来源 Information
1644						38.41	27.2		5.8	Ms	Turkey:Izmir	土耳其:伊兹密尔	Turkey
1645	2	19				-1.7	-78.6		7.5	Muk	Ecuador:Chimborazo,N.	厄瓜多尔:钦博腊索山北部	*
1645	3	15				-1.68	-78.55		7	Ms	Ecuador:Chimborazo,N.	厄瓜多尔:钦博腊索山北部	GSHAP
1645	11	3				35.3	139.1		6.3	Mk	Japan:Odawara	日本:神奈川小田原	Japan,Song
1645	11	30	12	30		14.4	121		8	Ms	Philippines:Quezon City	菲律宾:奎松市	* Nakamura,Bautista,NOAA
1645	12	5	15			14.4	121		7.7	Mk	Philippines:Quezon City	菲律宾:奎松市	* NOAA,Song
1645						45.6	15.4		5.57	Ms	Croatia:Karlovac	克罗地亚:卡尔洛维克	Italy
1646	1	15				35.5	24.6		6	Ms	Greece:Crete Island	希腊:克里特岛	GSHAP
1646	2	17				38.3	43.2		6.3	Mk	Turkey:Van	土耳其:凡城	* Song
1646	3					14.4	121		5	Mk	Philippines:Quezon City	菲律宾:奎松市	Maso,Song
1646	4	3	8			5.7	-73		6.3	Ms	Colombia:Sogamoso	哥伦比亚:索加莫索	GSHAP
1646	4	5	20			43.55	10.321		5.17	Ms	Italy:Livorno	意大利:里窝那	Italy,NOAA
1646	4	5				41	28		5.8	Ms	Turkey:Marmaraereglisi	土耳其:马尔马拉埃雷利西	* NOAA,Turkey
1646	5	31	1	30		41.87	15.93		6.19	Ms	Italy:Gargano	意大利:加尔加诺	* Italy
1646	6	9				37.7	141.7		7.6	Muk	Japan:Fukushima,Near Coast	日本:福岛近海	* Japan,Usami
1646	12	7				35.8	139.8		6.5	Ms	Japan:Tokyo,Adachi	日本:东京足立	Japan
1646						37.8	28.4		6.6	Ms	Turkey:Marmaris	土耳其:马尔马里斯	GSHAP
1647	5	7				-14.2	-75.7		7.5	Mk	Peru:Ica	秘鲁:伊卡	* NOAA,Song
1647	5	13	15	30		-14	-76.5	40	6	Mk	Peru:Chincha Alta,Near Coast	秘鲁:上钦查近海	GSHAP,Song
1647	5	14	2	30		-33.4	-70.6		8.5	Ms	Chile:Santiago	智利:圣地亚哥	* Chile
1647	6	16				36	140		6.4	Muk	Japan:Joso	日本:茨城常总	* Japan,Usami
1647	9	3				35.8	139.8		6.3	Mk	Japan:Tokyo,Adachi	日本:东京足立	Japan,Usami,Song
1648	3	31				38.3	43.5		6.5	Ms	Turkey:Van	土耳其:凡城	* Iran
1648	6	13				35.1	139.3		7.1	Ms	Japan:Sagami Bay	日本:相模湾	Japan,Usami
1648	6	21				41.1	29.1		6.4	Ms	Turkey:Istanbul	土耳其:伊斯坦布尔	GSHAP
1648						15	121		6.3	Mk	Philippines:San Rafael	菲律宾:圣拉斐尔	* Maso,Song
1648						45	14.9		6.3	Mk	Croatia:Senj	克罗地亚:塞尼	* Song
1648						12.5	-86.8		5.9	Mk	Nicaragua:Leon	尼加拉瓜:里昂	* Song
1649	1					38.187	15.549		5.03	Ms	Italy:Messina Straits	意大利:梅西纳海峡	Italy,NOAA
1649	3	17				33.7	132.4		7.1	Ms	Japan:Iyo, Aki	日本:伊予,安艺	Japan,Usami
1649	7	29	16			35.5	140		7.1	Ms	Japan:Ichihara	日本:千叶市原	* Japan,Usami
1649	9	1	4			35.5	139.6		6.4	Ms	Japan:Yokohama	日本:神奈川横滨	Japan,Usami
1649	12	9				35.5	126		6.5	Ms	South Korea:Yeonggwang,Coast	韩国:灵光郡海域	* NOAA
1650	1	4				38	46.2		6.3	Mk	Iran:Tabriz	伊朗:大不里士	* Song
1650	3	31	19			-13.5	-72	30	8.1	Muk	Peru:Cuzco; Bolivia:Sicasica	秘鲁:库斯科;玻利维亚:西卡西卡	*
1650	4	19				45.7	26.6	100	6.4	Ms	Romania:Nereju	罗马尼亚:内雷茹	GSHAP
1650	4	19				45.7	26.6		6.2	Ms	Romania:Nereju	罗马尼亚:内雷茹	GSHAP
1650	4	23	20			35.5	139.6		6.6	Ms	Japan:Yokohama	日本:神奈川横滨	Japan,Usami
1650	5	30				36.2	136.2		6.3	Mk	Japan:Fukui	日本:福井	Japan,Song
1650	9	29	15			36.404	25.396		6.3	Ms	Greece:Thera Island (Santorini)	希腊:锡拉岛(圣托里尼岛)	NOAA
1650	10	9				36.5	25.5		7	Ms	Aegean Sea	爱琴海	GSHAP
1650	11	10	16			-19.04	-65.32		6.4	Ms	Bolivia:Sucre	玻利维亚:苏克雷	GSHAP
1650	12	13				35.9	136.2		7.5	Mk	Japan:Fukui	日本:福井	Japan,NOAA,Song
1650						39.7	20		6	Ms	Albania:Sarande	阿尔巴尼亚:萨兰达	GSHAP
1650						44.7	33.3		5	Mk	Black Sea	黑海	* Song
1651	1	17				26.2	116.6		5.5	Ms	China:Fujian,Ninghua	中国:福建宁化	China
1651	6	8				37.8	29.1		6.7	Ms	Turkey:Denizli	土耳其:登尼资里	GSHAP
1651						40.9	142.1		7	Mk	Japan:Aomori,Near Coast	日本:青森近海	NOAA,Song
1652	2	10				31.4	116.3		5.5	Ms	China:Anhui,Heshan	中国:安徽霍山	China
1652	3	23				31.5	116.5		6	Ms	China:Anhui,Heshan,NE.	中国:安徽霍山东北	China
1652	6	8				42.1	47.7	10	5.8	Muk	Russia:Dagestan,Derbent,W.	俄罗斯:达吉斯坦共和国杰尔宾特西部	*
1652	7	13				25.2	100.6		7	Ms	China:Yunnan,Midu,S.	中国:云南弥渡南	* China
1653	2	23				38.2	28.2		7.5	Muk	Turkey:Izmir,Alasehir	土耳其:伊兹密尔,阿拉谢希尔	*
1653	5	1				14.6	121		5	Mk	Philippines:Manila	菲律宾:马尼拉	Maso,Song
1653	6					6.4	119.1		7	Mk	Sulu Sea,SW.	苏禄海西南	* NOAA,Song
1653	7	9				-2.2	-79.9		5	Ms	Ecuador:Guayaquil	厄瓜多尔:瓜亚基尔	GSHAP
1653	8	15				44.215	12.058		5.03	Ms	Italy:Forli´	意大利:弗利	Italy
1654	2	17				30.9	117.5		5.25	Ms	China:Anhui,Lujiang,SE.	中国:安徽庐江东南	China
1654	5	20				38.5	27.1		6.4	Ms	Turkey:Izmir	土耳其:伊兹密尔	GSHAP
1654	7	21				34.3	105.5		8	Ms	China:Gansu,Tianshui,S.	中国:甘肃天水南	* China
1654	7	22				34.5	107		5.5	Ms	China:Shaanxi,Baoji	中国:陕西宝鸡	China
1654	7	23				41.63	13.68		6.17	Ms	Italy:Alvito,Bellomonte	意大利:阿莱维图,蒙吉贝洛	* Italy
1654	9	15				36.1	115.6		5.5	Ms	China:Shandong,Shenxian	中国:山东莘县	China
1654	10	20				40.1	3.6		6.5	Mk	Spain:Menorca	西班牙:梅诺卡岛	* Song
1654	11					32.5	114.6		5	Ms	China:Henan,Xixian,NW.	中国:河南息县西北	China
1654						-12.1	-76.6		7.7	Mk	Peru:Lima	秘鲁:利马	* Song
1655	1					35	25		7	Mk	Greece:Crete Island	希腊:克里特岛	* Song

年 Year	月 Mo	日 Dy	时 Hr	分 Mn	秒 Sec	纬度(°) Latitude	经度(°) Longitude	深度 Depth	震级 Mag	标度 Scale	地名(英文) Name(English)	地名(中文) Name(Chinese)	资料来源 Information
1655	3	18				34.8	108.1		5.25	Ms	China: Shaanxi, Yongshou	中国:陕西永寿	China
1655	4	17				24.4	102.6		5	Ms	China: Yunnan, Yuxi	中国:云南玉溪	China
1655	11	13	19	38		-12.3	-77.6	30	7.7	Ms	Peru: Lima, Near Coast	秘鲁:利马近海	* GSHAP, NOAA
1655	12	15				-0.22	-78.5		5	Ms	Ecuador: Quito	厄瓜多尔:基多	GSHAP
1655						23	120.2		6	Ms	China: Taiwan, Tainan	中国:台湾台南	China
1656	4	16				40.6	141.6		6.3	Mk	Japan: Hachinohe	日本:青森八户	Japan, Song
1656						34.3	35.5		6.5	Mk	Lebanon: Tarabulus (Trippoles)	黎巴嫩:泰拉布鲁斯	* Song
1656						-12.5	-77		7.7	Mk	Peru: Lima, Near Coast	秘鲁:利马近海	* Song
1657	1	3				32.7	129.9		6.3	Mk	Japan: Nagasaki	日本:长崎	Japan, Usami, Song
1657	1					41.833	15.333		5.17	Ms	Italy: Apricena	意大利:阿普里切纳	Italy
1657	2	15				47.1	0.6		6.1	Mk	France: Sainte Maure	法国:圣摩尔	* Song
1657	3	15	23	30		-36.8	-73.03		8	Muk	Chile: Concepcion, Chillan	智利:康塞普西翁,奇廉	* NOAA
1657	4	21				31.3	103.5		6.5	Ms	China: Sichuan, Wenchuan	中国:四川汶川	* China
1657	7	9				-33.5	-70.7		7	Mk	Chile: Santiago	智利:圣地亚哥	* Song
1657	10					40.2	115		5	Ms	China: Hebei, Xuanhua, S.	中国:河北宣化南	China
1657	12					-3	128		7	Mk	Indonesia: Maluku Islands	印度尼西亚:摩鹿加群岛	* NOAA, Song
1657						-12.4	-76.8		7.7	Mk	Peru: Lima	秘鲁:利马	* Song
1658	2	3				39.4	115.7		6	Ms	China: Hebei, Laishui	中国:河北涞水	* China
1658	2	14				-8.2	-80.1	40	7.7	Ms	Peru: Trujillo, Near Coast	秘鲁:特鲁希略近海	*
1658	5	5				36.7	139.7		6.2	Ms	Japan: Nikko	日本:栃木日光	Japan, Usami
1658	8	1				38	21		7	Mk	Greece: Cephalonia	希腊:凯法隆尼亚	* Song
1658	8	20	9			14.4	120.6		5.7	Ms	Philippines: Luzon, Manila	菲律宾:吕宋岛马尼拉	* Bautista
1658	8	24				38.2	20.4		7	Ms	Greece: Nisia Ionioy	希腊:伊奥尼亚群岛	GSHAP
1659	2	17	17	2		41	27.8		7.4	Ms	Turkey: Marmara Sea	土耳其:马尔马拉海	GSHAP, NOAA
1659	4	21				37.5	140		6.7	Ms	Japan: Fukushima	日本:福岛	* Japan, Usami
1659	9	30				13.7	-88.7		7.1	Mk	El Salvador: San Vicente	萨尔瓦多:圣维森特	* Song
1659	11	5	17			38.7	16.25		6.5	Ms	Italy: Umbriatico, Panaija	意大利:温布里亚蒂科	* Italy
1659	11	9				-6.92	129.125		7	Mk	Indonesia: Banda Sea	印度尼西亚:班达海	* Song, NOAA
1659	11	10	0	30		38.7	16.3		6	Mk	Italy: Soriano	意大利:索里亚诺	* * Song
1659	12	25				26.5	117.4		5	Ms	China: Fujian, Nanping, SW.	中国:福建南平西南	China
1660	2	1				45.7	26.6		6	Ms	Romania: Nereju	罗马尼亚:内雷茹	GSHAP
1660	3					38.3	22.4		6.4	Ms	Greece: Achaia	希腊:阿凯亚	* GSHAP
1660	6	21				43.1	0.2		6.5	Mk	France: Bagneres De Bigorre, Lourdes, Bordeaux	法国:德比戈尔,洛德斯,波尔多	* Song
1660	10	27	14			-0.2	-78.5		7.7	Muk	Ecuador: Quito	厄瓜多尔:基多	*
1660	12					-0.5	-78.4		5	Ms	Ecuador: Quito	厄瓜多尔:基多	GSHAP
1660						35.3	-2.97		5.9	Mk	Morocco: Melilla	摩洛哥:梅利利亚	* Song
1660						40	41.3	15	6.5	Ms	Turkey: Erzurum	土耳其:埃尔佐鲁姆	GSHAP
1660						38	21		7	Mk	Greece: Cephalonia	希腊:凯法隆尼亚	* Song
1660						43.6	12.3		6.2	Mk	Italy: Tuscany	意大利:托斯卡纳区	* Song
1661	1	8				23	120.1		6.4	Ms	China: Taiwan, Tainan	中国:台湾台南	* NOAA
1661	2	15				23	120.2		6.5	Ms	China: Taiwan, Tainan	中国:台湾台南	* China
1661	3	12				45.73	10.07		5.17	Ms	Italy: Montecchio	意大利:蒙特基奥	* * Italy
1661	3	22	13	30		44.02	11.9		5.83	Ms	Italy: Predappio	意大利:普雷达皮奥	* Italy
1661	3	22				43.5	11.2		7.1	Mk	Italy: Firenze (Florence)	意大利:佛罗伦萨	* NOAA, Song
1661	3	31				39.6	22.2		6.2	Ms	Greece: Trikala	希腊:特里卡拉	GSHAP
1661	12	10				33.5	133.4		6.1	Ms	Japan: Tosa, Kochi	日本:土佐,高知	Japan, Usami
1661						35.6	45.7	10	6	Ms	Iraq: As Sulaymaniyah	伊拉克:苏莱曼尼亚	GSHAP
1662	1	1				-0.2	-78.4		5.9	Ms	Ecuador: Quito	厄瓜多尔:基多	* GSHAP
1662	2	11				42.7	20		5.2	Ms	Montenegro: Berane	门的内哥罗(黑山):贝拉内	GSHAP
1662	3	16				37.7	20.9		6.3	Ms	Greece: Zakynthos	希腊:扎金索斯岛	GSHAP
1662	3					-0.22	-78.5		5.7	Ms	Ecuador: Quito	厄瓜多尔:基多	GSHAP
1662	6	7				17	-96.3		6.3	Mk	Mexico: Oaxaca	墨西哥:瓦哈卡	* Song
1662	6	16	3			35.5	136		7.6	Ms	Japan: Fukui	日本:福井	* Japan, Usami
1662	10	11				33.2	114.8		5.5	Ms	China: Henan, Xiangcheng	中国:河南项城	China
1662	10	20				26.4	127.7		7	Mk	Ryukyu Islands	琉球群岛	Japan, NOAA, Song
1662	10	30	14			31.7	132		7.6	Ms	Japan: Miyazaki, Near Coast	日本:宫崎近海	* Japan, Usami, NOAA
1662						35	25		7	Mk	Greece: Crete Island	希腊:克里特岛	* Song
1663	2	5	22	30		47.6	-70.1		7.6	Ms	Canada: St Lawrence Valley	加拿大:圣劳伦斯河峡谷	* USGS, Song
1663	2	7				27	92		5	Mk	Bhutan: Samdrup Jongkhar, E.	不丹:萨姆德鲁琼卡尔宗东部	GSHAP, Song
1663	4					26.1	99.9		5.25	Ms	China: Yunnan, Eryuan	中国:云南洱源	China
1663						12.4	-86.6		6.3	Mk	Nicaragua: Momotomba, Granada	尼加拉瓜:莫莫通博,格拉纳达	* Song
1664	1	4	11			34.8	135.8		5.9	Ms	Japan: Kyoto, Yamashiro	日本:京都,山城	Japan, Usami
1664	5	12	9	15		-14.1	-75.8	15	7.5	Ms	Peru: Ica, Pisco	秘鲁:伊卡,皮斯科	* GSHAP
1664	8	3				34.3	135.6		6.6	Ms	Japan: Wakayama	日本:和歌山	Japan, Usami
1664	8	12				35.5	127.1		6.3	Muk	South Korea: Chonju	韩国:全州	*
1664	9	30				21.8	112.5		5	Ms	China: Guangdong, Yangjiang	中国:广东阳江	China

年 Year	月 Mo	日 Dy	时 Hr	分 Mn	秒 Sec	纬度(°) Latitude	经度(°) Longitude	深度 Depth	震级 Mag	标度 Scale	地名(英文) Name(English)	地名(中文) Name(Chinese)	资料来源 Information
1664						27.8	128.2		7	Mk	Ryukyu Islands	琉球群岛	Japan, Usami, NOAA, Song
1664						38.41	27.2		5.8	Ms	Turkey: Izmir	土耳其:伊兹密尔	Turkey
1664						37.9	21		6.6	Ms	Greece: Zante	希腊:赞特	GSHAP
1664						38	46.2		7	Mk	Iran: Tabriz	伊朗:大不里士	* Song
1664						38.7	112.7		5.5	Ms	China: Shanxi, Yuanping	中国:山西原平	* China
1665	1					35	25		7	Mk	Greece: Crete Island	希腊:克里特岛	* Song
1665	3	25	5	30		12.75	125.6		6.7	Muk	Philippines: Samar Island	菲律宾:萨马岛	Bautista
1665	4	16				39.9	116.6		6.5	Ms	China: Beijing, Tongzhou	中国:北京通州	China
1665	6	15				35.7	52.1	11	6.5	Ms	Iran: Tehran, Damāvand	伊朗:德黑兰,达马万德	* Iran, GSHAP
1665	6	19				14.6	121		6.1	Mk	Philippines: Manila	菲律宾:马尼拉	* Song
1665	6	25	9			35.1	135.8		6.1	Ms	Japan: Kyoto	日本:京都	Japan, Usami
1665	9	19				22.7	111.6		5	Ms	China: Guangdong, Luoding	中国:广东罗定	China
1665	10	31				39.6	21.6		6	Ms	Greece: Trikala	希腊:特里卡拉	GSHAP
1665						37.9	102.6		5	Ms	China: Gansu, Wuwei, W.	中国:甘肃武威西部	China
1666	2	1				45.7	26.6		5.8	Ms	Romania: Nereju	罗马尼亚:内雷茹	GSHAP
1666	2	1				37	138		6.4	Ms	Japan: Niigata	日本:新潟	* Japan, Usami
1666	2					45.7	26.6	150	6	Ms	Romania: Nereju	罗马尼亚:内雷茹	GSHAP
1666	5	31				35	136.8		6.4	Ms	Japan: Chita	日本:爱知知多市	* Japan, NOAA
1666	9	22				37	43	15	6.6	Ms	Iraq: Duhok	伊拉克:杜胡克	GSHAP
1666	11					39.6	19.8		6.2	Ms	Greece: Corfu	希腊:克基拉市	GSHAP
1666	11					36	42.5		6.3	Mk	Iraq: Al - Mawsil (Mosul)	伊拉克:勿斯离(摩苏尔)	* Song
1666						39.74	39.5		5.8	Ms	Turkey: Erzincan	土耳其:埃尔津詹	Turkey
1666						32.1	50.5	11	6.5	Ms	Iran: Khuzestan	伊朗:胡齐斯坦	GSHAP, Iran
1667	1	1				42.75	12.75		5.1	Ms	Italy: Spoleto	意大利:斯波莱托	GSHAP
1667	2	3				37.2	50		6.3	Mk	Iran: Rasht	伊朗:拉什特	* Song
1667	3					14.9	44.6		5.5	Ms	Yemen: Sanaa	也门:萨纳	GSHAP
1667	4	6	6			42.6	18.1		7.7	Ms	Croatia: Dubrovnik	克罗地亚:杜布罗夫尼克	* NOAA
1667	4	6				38.41	27.2		5.8	Ms	Turkey: Izmir	土耳其:伊兹密尔	Turkey
1667	4	16	8			42.6	18.1		6.3	Mk	Croatia: Dubrovnik	克罗地亚:杜布罗夫尼克	* * Song
1667	5	1				35.2	128.9		5	Ms	South Korea: Gimhae	韩国:金海	Korea
1667	7	30				18.8	-98		6.3	Mk	Mexico: Puebla	墨西哥:普埃布拉	* Song
1667	8	22	1			40.6	141.6		6.4	Ms	Japan: Hachinohe	日本:青森八户	Japan, Usami
1667	11	18				37.2	57.5		7.7	Mk	Iran: Bojnurd	伊朗:博季努尔德	* Song
1667	11	30				38.4	27.1		6.6	Ms	Turkey: Izmir	土耳其:伊兹密尔	* NOAA
1667	12	17				40.6	48.6	12	6.9	Ms	Azerbaijan: Samaxi	阿塞拜疆:沙马基区	* GSHAP
1667						25	125.5		6.7	Ms	Japan: Miyako - Jima	日本:宫古岛	* NOAA
1667						18.3	-77.5		5.9	Mk	Jamaica: Montego Bay	牙买加:蒙特歌湾	* Song
1667						42.732	12.736		5.17	Ms	Italy: Spoleto	意大利:斯波莱托	Italy
1668	1	14				41	48	40	7.8	Ms	Azerbaijan: Qebele	阿塞拜疆:盖贝莱区	GSHAP
1668	4	13				42.35	-71.05		5	Mk	US: Massachusetts, Boston And Salem	美国:马萨诸塞州波士顿,塞勒姆	* Song
1668	5	2				24	68	10	6.3	Mk	India: Samawani (Samaji)	印度:萨马瓦尼	* Song
1668	6	14				36.7	137.1		6.3	Mk	Japan: Toyama	日本:富山	Japan, Song
1668	7	10				38.4	26.9		6.6	Ms	Turkey: Izmir	土耳其:伊兹密尔	* NOAA
1668	7	25				34.8	118.5		8.5	Ms	China: Shandong, Tancheng	中国:山东郯城	* China, NOAA
1668	7	26				36.4	119.2		6.75	Ms	China: Shandong, Anqiu	中国:山东安丘	China
1668	7	31				39.7	124.7		5.3	Ms	North Korea: Sinuiju	朝鲜:新义州	* Korea, NOAA
1668	8	10				0.3	-78.2		5	Ms	Ecuador: Ibarra	厄瓜多尔:伊瓦拉	GSHAP
1668	8	17				41	36	40	8	Ms	Turkey: Ladik	土耳其:拉迪克	GSHAP
1668	8	24				36.5	118.5		5.75	Ms	China: Shandong, Linqu	中国:山东临朐	China
1668	8	28	8			35.7	140		5.9	Ms	Japan: Narashino	日本:千叶习志野	Japan, Usami
1668	8					39.7	22.3		6	Ms	Greece: Larissa	希腊:拉里萨	GSHAP
1668	9	18				36.2	117.1		6	Ms	China: Shandong, Tai - an	中国:山东泰安	China
1668						44	47	40	6.6	Ms	Russia: Dagestan, Kizlyar	俄罗斯:达吉斯坦共和国基兹利亚尔	GSHAP
1668						38.4	20.4		6	Ms	Greece: Nisia Ionioy	希腊:伊奥尼亚群岛	GSHAP
1669	1	4				40.6	48.6	5	5.7	Muk	Azerbaijan: Samaxi	阿塞拜疆:沙马基区	*
1669	1	14				40.6	48.6	10	6	Ms	Azerbaijan: Samaxi	阿塞拜疆:沙马基区	GSHAP
1669	3	11	11			37.6	15		7.3	Mk	Italy: Nicolosi	意大利:尼柯洛西	* Song
1669	6	4				33.4	73.3		8	Mk	Pakistan: Rawalpindi	巴基斯坦:拉瓦尔品第	* Song
1669	6	29				35.2	136.9		5.9	Ms	Japan: Nagoya	日本:爱知名古屋	Japan, Usami
1669	10	26				40.2	25		7	Ms	Aegean Sea	爱琴海	GSHAP
1670	6	22				37.7	139.4		6.4	Ms	Japan: Niigata	日本:新潟	Japan
1670	7	17	2			47.2	11.4		6.57	Ms	Austria: Innsbruck, Schwaz	奥地利:因斯布鲁克,施瓦茨	* Italy
1670	7	21	3			35.4	139.2		6.4	Ms	Japan: Kanagawa	日本:神奈川	Japan, Usami
1670	7					25.2	102.2		5.5	Ms	China: Yunnan, Lufeng	中国:云南禄丰	China
1670	8	1				38	42	20	6.6	Ms	Turkey: Siirt	土耳其:锡尔特	GSHAP
1670	8	19				33	122.5		6.8	Ms	China: South Yellow Sea	中国:南黄海	* NOAA

年	月	日	时	分	秒	纬度(°)	经度(°)	深度	震级	标度	地名(英文)	地名(中文)	资料来源
Year	Mo	Dy	Hr	Mn	Sec	Latitude	Longitude	Depth	Mag	Scale	Name(English)	Name(Chinese)	Information
1670	10	30				35.9	126.5		6.3	Muk	South Korea:Kwangju,Sunchang	韩国：光州市，淳昌郡	* GSHAP
1670	11	15				33.4	126.5		5.5	Ms	South Korea:Jeju	韩国：济州	GSHAP
1670	12	17				35.5	141		6.4	Ms	Japan:Chiba,Near Coast	日本：千叶近海	* NOAA
1670	12					35.3	118		5	Ms	China:Shandong,Feixian	中国：山东费县	China
1670						27.5	53.6		6.3	Mk	Iran:Jahrom,S.	伊朗：贾赫罗姆南部	* Song
1671	1	1				40.6	48.6	5	5.2	Ms	Azerbaijan:Samaxi	阿塞拜疆：沙马基区	* GSHAP
1671	5	5				33.4	134.7		6.9	Ms	Japan: Tokushima,Coast of S.	日本：德岛南部海域	*
1671	6	20				44.709	10.814		5.34	Ms	Italy:Rubiera	意大利：鲁别拉	Italy
1671	7	6				35.7	139.8		6.5	Mk	Japan:Tokyo	日本：东京	Japan,Song
1671	9					35.3	118		5	Ms	China:Shandong,Feixian	中国：山东费县	China
1671						39.4	141.1		6.3	Mk	Japan:Iwate,Hanamaki	日本：岩手花卷	Japan,Song
1672	2	14				39.9	26		7	Ms	Greece:Lesbos	希腊：莱斯沃斯	GSHAP,NOAA
1672	4	14	15	15		43.93	12.58		5.6	Ms	Italy:Rimini	意大利：里米尼	* Italy,GSHAP,NOAA
1672	4					40	26	14	6.5	Ms	Aegean Sea	爱琴海	* GSHAP,NOAA
1672	5	25				41	30		6.5	Ms	Turkey:Izmit	土耳其：伊兹米特	GSHAP
1672	6	17				35.6	118.8		6	Ms	China:Shandong,Juxian	中国：山东莒县	China
1672	7	28				40.65	140.3		6.3	Mk	Japan:Aomori	日本：青森	Japan,Song
1672						36.5	25.5		6.7	Mk	Greece:Thirasia	希腊：锡拉夏岛	* NOAA,Song
1673	3	29				31.8	117.3		5	Ms	China:Anhui,Hefei	中国：安徽合肥	China
1673	5	7				36	25.4		7	Ms	Greece:Thera Island (Santorini)	希腊：锡拉岛(圣托里尼岛)	GSHAP
1673	5	9				18.3	-69.5		6.3	Mk	Dominica:Santo Domingo	多米尼加：多米尼加	* Song
1673	5	20				1.375	127.52		7	Mk	Indonesia:Maluku Utara	印度尼西亚：北马鲁古	* Song
1673	6	15				36.2	59.4		7	Mk	Iran:Mashhad	伊朗：马什哈德	* Song
1673	7	12				-3	128		7	Mk	Indonesia:Maluku Islands	印度尼西亚：摩鹿加群岛	* Song
1673	7	13				35.7	139.8		6.5	Mk	Japan:Tokyo	日本：东京	Japan,Song
1673	7	30				36.3	59.3		6.6	Muk	Iran:Neyshabur	伊朗：内沙布尔	* Iran
1673	8	1				35.5	59	10	6.2	Muk	Iran:Mashhad	伊朗：马什哈德	*
1673	8	12				1.375	127.52		7	Mk	Indonesia:Maluku Utara	印度尼西亚：北马鲁古	* Song,NOAA
1673	10	18				40.5	113.5		6.5	Ms	China:Inner Mongolia,Fengzhen,E.	中国：内蒙古丰镇东部	China
1673	12	8	8	30		9.33	-70.64		5	Mk	Venezuela:Trujillo	委内瑞拉：特鲁希略	GSHAP,Song
1674	1	1				39.5	20		6.5	Ms	Greece:Thesprotia	希腊：塞斯普罗蒂亚	* GSHAP
1674	1	16	20			9.33	-70.64		6	Mk	Venezuela:Trujillo	委内瑞拉：特鲁希略	GSHAP,Song
1674	1	23				38.4	26.3		6.2	Ms	Greece:Chios	希腊：希俄斯岛	GSHAP
1674	1	26				39.6	21.7		6	Ms	Greece:Trikala	希腊：特里卡拉	GSHAP
1674	2	17	11	30		-3.7	128.2		6.8	Ms	Indonesia:Maluku Islands	印度尼西亚：摩鹿加群岛	* NOAA
1674	4	15				40.6	141.6		5.9	Ms	Japan: Hachinohe	日本：青森八户	Usami,Japan
1674	4					24.5	103.8		5	Ms	China:Yunnan,Luxi	中国：云南泸西	China
1674	5	6				-3.7	128.2		6	Ms	Indonesia:Maluku Islands	印度尼西亚：摩鹿加群岛	* NOAA
1674	8	29				-1.7	-79		7.7	Muk	Ecuador:Chimborazo,Bolivar	厄瓜多尔：钦博拉索山，玻利瓦	*
1674	8					14.65	43.9		5.5	Ms	Yemen:Sanaa	也门：萨纳	GSHAP
1674						40.18	29.1		5.8	Ms	Turkey:Bursa	土耳其：布尔萨	Turkey
1675	3					13.2	121.35		6	Ms	Philippines:Mindoro Island	菲律宾：民都洛岛	* Bautista,NOAA
1675	4	4				40.6	141.6		5.9	Ms	Japan: Hachinohe	日本：青森八户	Usami,Japan
1675	6					34.8	111.1		5	Ms	China:Shanxi,Yuncheng,S.	中国：山西运城南	China
1675	8	3				35.6	116.8		5	Ms	China:Shandong,Yanzhou	中国：山东兖州	China
1675						14.75	44.1		5.5	Ms	Yemen:Sanaa	也门：萨纳	GSHAP
1675						34.1	114.8		5.5	Ms	China:Henan,Taikang	中国：河南太康	China
1676	4	23				37.6	20.7		6.5	Ms	Greece:Ionian Islands	希腊：伊奥尼亚群岛	GSHAP
1676	7	12				34.5	132		6.6	Ms	Japan:Shimane	日本：岛根	* Usami,Japan
1676	11					36.6	140.5		7	Mk	Japan:Hitachiota	日本：茨城常陆太田	Japan,NOAA,Song
1676						38.733	-27.066		7	Mk	Portugal:Azores	葡萄牙：亚速尔群岛	NOAA,Song
1677	4	13	10			40	144		8.1	Ms	Japan Trench	日本海沟	* Usami,Japan,NOAA
1677	6	27	6			40.85	140.45		6.1	Mk	Japan:Tsugarau	日本：津轻	Japan,Song
1677	9					33.4	104.9		5.5	Ms	China:Gansu,Wudu	中国：甘肃武都	* China
1677	11	4	8			35	141.5		7.4	Ms	Japan:Chiba,Near Coast	日本：千叶近海	* Usami,Japan,NOAA
1677	12	7	11	30		14.5	119.5		7.3	Ms	Philippines:Luzon,Coast SW.	菲律宾：吕宋岛西南海域	* Bautista,NOAA
1677						40.5	23		6.2	Ms	Greece:Thessalonika	希腊：萨罗尼加	GSHAP
1677						17.6	-76.5		5.9	Mk	Jamaica:Port Royal	牙买加：罗亚尔港	* Song
1677						27.9	54.2		6.4	Ms	Iran:Jahrom,S.	伊朗：贾赫罗姆南部	Iran
1677						36.3	59.6	10	5.8	Ms	Iran:Mashhad	伊朗：马什哈德	GSHAP
1677						37.7	113.7		5	Ms	China:Shanxi,Pingding	中国：山西平定	China
1678	2	3				37.2	50		6.5	Ms	Iran:Rudbar, Rasht	伊朗：鲁德巴，拉什特	* Iran
1678	2	11	14			20	-75.5		6.3	Mk	Cuba:Santiago De Cuba	古巴：圣地亚哥	* Song
1678	2	23				34.3	58.6	8	6.5	Ms	Iran:Razavi Khorasan	伊朗：呼罗珊	* Afghan
1678	6	18	1	45		-9	-78	40	8.4	Ms	Peru:Caraz	秘鲁：卡拉斯	* GSHAP,NOAA
1678	6					40.7	115.3		5	Ms	China:Hebei,Xuanhua,NW.	中国：河北宣化西北	China

年	月	日	时	分	秒	纬度(°)	经度(°)	深度	震级	标度	地名(英文)	地名(中文)	资料来源
Year	Mo	Dy	Hr	Mn	Sec	Latitude	Longitude	Depth	Mag	Scale	Name(English)	Name(Chinese)	Information
1678	10	2	8			38.6	142		7.4	Muk	Japan:Miyagi, Near Coast	日本:宫城近海	* Usami, Japan
1678						19.1	73.199		5	Ms	India:Bombay	印度:孟买	GSHAP
1679	6	4				40.2	44.6	15	6.2	Muk	Armenia:Yerevan	亚美尼亚:叶里温	* Iran
1679	8	9	1			45.7	26.6		7.3	Ms	Romania:Nereju	罗马尼亚:内雷茹	GSHAP
1679	8	9	2			45.7	26.6	100	6.6	Ms	Romania:Nereju	罗马尼亚:内雷茹	GSHAP
1679	9	2				40	117		8	Ms	China:Hebei, Shanhe – Pinggu	中国:河北三河平谷	* China
1679	9	4				39	116		5.75	Ms	China:Hebei, Xiongxian	中国:河北雄县	China
1679	9	21				13.3	43.3		5.5	Mk	Yemen:Mocha	也门:穆哈	* Song
1679	10					37.6	112.5		5.5	Ms	China:Shanxi, Qingxu	中国:山西清徐	China
1679	12	26				31.4	119.5		5.25	Ms	China:Jiangsu, Liyang	中国:江苏溧阳	* China
1680	2	14				38.4	27.2		6.2	Ms	Turkey:Izmir	土耳其:伊兹密尔	GSHAP
1680	4	30	11			44.688	8.803		5.17	Ms	Italy:Gavi	意大利:加维	Italy
1680	8	29				34.7	137.85		7	Mk	Japan:Iwata	日本:静冈磐田	Japan, NOAA, Song
1680	9	9				25	101.6		6.75	Ms	China:Yunnan, Chuxiong	中国:云南楚雄	* China
1680	10	9	7	30		36.5	-4.4		7.7	Mk	Spain:Málaga, Off Coast of S.	西班牙:马拉加南部近海	* NOAA, Song
1681	1	10				35.4	25.2		6.3	Ms	Greece:Crete Island	希腊:克里特岛	GSHAP, NOAA
1681	3	10				-18.5	-70.4		7.5	Muk	Chile:Arica, Near Coast	智利:阿里卡近海	* NOAA
1681	6	12				38	129		7	Ms	South Korea:Gangneung	韩国:江陵	* NOAA, GSHAP
1681	6	26				37.51	129.3		7.3	Ms	South Korea:Samcheok	韩国:江原道	Korea, NOAA
1681	8	18				45.7	26.6	150	6.7	Ms	Romania:Nereju	罗马尼亚:内雷茹	GSHAP
1681	8	19	0	30		45.7	26.6		6.8	Ms	Romania:Nereju	罗马尼亚:内雷茹	GSHAP
1681	10	8				37	129.4		5	Ms	South Korea:Uljin	韩国:蔚珍郡	Korea
1681	12	11				-3.484	100.114		7	Mk	Indonesia:Southern Sumatra	印度尼西亚:苏门答腊南部	NOAA, Song
1681	12	20				37.5	129.3		6	Ms	South Korea:Samcheok	韩国:江原道	GSHAP
1681	12	21				36.1	128.1		5.5	Ms	South Korea:Gimcheon	韩国:金泉市	Korea
1681						35.8	109.4		5	Ms	China:Shaanxi, Luochuan	中国:陕西洛川	China
1682	3	19				37.4	127.4		5.5	Ms	South Korea:Okcheon	韩国:沃川郡	GSHAP, Korea
1682	5	12				48	6.5		6.5	Mk	France:Remiremont, Fougerolles	法国:勒米尔蒙,富日罗勒	* Song
1682	8					40.8	14.4		6.7	Mk	Italy:Bay of Napli	意大利:那不勒斯湾	NOAA, Song
1682	11	14				40.85	140.45		6.6	Mk	Japan:Tsugarau	日本:津轻	Japan, Song
1682	12	13				40.85	140.45		6.6	Mk	Japan:Tsugarau	日本:津轻	Japan, Song
1682						20	-75.5		5.9	Mk	Cuba:Santiago De Cuba	古巴:圣地亚哥	* Song
1682						17	-96.3		6.3	Mk	Mexico:Oaxaca, Mexico City	墨西哥:瓦哈卡,墨西哥城	* Song
1683	2	10				37.2	129		5	Ms	South Korea:Taebaek	韩国:太白市	GSHAP
1683	5	25				46.024	10.864		5	Ms	Italy:Trento	意大利:特伦特	Italy
1683	6	16	23			36.7	139.6		6.4	Ms	Japan:Utsunomiya	日本:宇都宫市	Usami, Japan
1683	6	18	2			36.75	139.65		7.3	Ms	Japan:Utsunomiya	日本:宇都宫市	Usami, Japan
1683	8	24				14.6	121		5.5	Mk	Philippines:Manila	菲律宾:马尼拉	Maso, Song
1683	10	10				23.1	113		5	Ms	China:Guangdong, Fushan	中国:广东佛山	China
1683	10	20				36.8	139.7		6.8	Ms	Japan:Utsunomiya	日本:宇都宫市	Usami, Japan
1683	11	22				38.7	112.7		7	Ms	China:Shanxi, Yuanping	中国:山西原平	* China
1683	11	27				27.7	54.3		6.3	Mk	Iran:Lar	伊朗:拉尔	* Song
1683						31.8	130.3		6.3	Mk	Japan:Satsumasendai	日本:鹿岛萨摩川内	Japan, Song
1683						40.1	44.3		6.3	Mk	Armenia:Yerevan(Erivan)	亚美尼亚:耶烈万(叶里温)	* Song
1684	2	26	19			46.367	8.067		5.17	Ms	Switzerland:Vallese	瑞士:瓦莱	Italy
1684	5	5	0	30		10.47	-64.17		6	Mk	Venezuela:Cumana	委内瑞拉:库马纳	GSHAP, Song
1684	10	21	5	30		46.067	14.5		5.17	Ms	Slovenia:Ljubljana	斯洛文尼亚:卢布尔雅那	Italy
1684	12	22				32.034	131.837		6.1	Mk	Japan:Miyazaki, Near Coast	日本:宫崎近海	Japan, Usami, Song
1684						19	-71		6.3	Mk	Dominica:Santo Domingo, Azua	多米尼加:多米尼加,阿苏阿	* Song
1684						38.3	26.2		6	Ms	Greece:Chios	希腊:希俄斯岛	GSHAP
1684						21.2	72.9		5	Ms	India:Surat	印度:苏拉特	GSHAP
1685	10	7	2			34.1	132.2		6.1	Mk	Japan:Yamaguchi	日本:山口	Japan, Usami, Song
1685	11	22	23			39	41	24	6.7	Ms	Turkey:Solhan	土耳其:索尔汉	GSHAP
1685	11	22				35.7	139.8		6.3	Mk	Japan:Tokyo	日本:东京	Japan, Song
1685	12	29				33.8	132.7		6.1	Mk	Japan:Matsuyama	日本:爱媛县松山	Japan, Usami, Song
1685						34.9	136.9		6.5	Mk	Japan:Handa	日本:爱知半田市	Japan, Usami, Song
1686	1	1				22.8	110.1		5.25	Ms	China:Guangxi, Yulin	中国:广西玉林	China
1686	1	4				34	132.3		6.8	Mk	Japan:Yamaguchi	日本:山口	Japan, Usami, Song
1686	5	12				23.5	120.4		5.5	Ms	China:Taiwan, Chiayi	中国:台湾嘉义	China
1686	5					25	125.5		6.3	Mk	Japan:Miyako – Jima	日本:宫古岛	Japan, Song
1686	10	2	22			34.45	137.4		7	Ms	Japan:Aichi	日本:爱知	Usami, Japan
1686						37.1	106.5		5.5	Ms	China:Ningxia, Tongxin, NE.	中国:宁夏同心东北	China
1687	1	28				-12.582	-74.552	20	6	Mk	Peru:Acoria	秘鲁:阿科里亚	GSHAP, Song
1687	2	19	13			18.3	-77.5		5.9	Mk	Jamaica:Montego Bay	牙买加:蒙特歌湾	* Song
1687	2					14.4	120.6		5	Mk	Philippines:Mariveles	菲律宾:马里韦莱斯	Maso, Song
1687	4	1	5			-12.3	-77.2		5	Mk	Peru:Lima, Near Coast	秘鲁:利马近海	GSHAP, Song
1687	4	25	23			40.667	14.5		5.17	Ms	Italy:Pompei	意大利:庞培	Italy
1687	4					36.2	59.4		5	Ms	Iran:Mashhad	伊朗:马什哈德	* Afghan
1687	7	12	7			-32.8	-70.7		7.5	Ms	Chile:San Felipe	智利:圣费利佩	* Chile, NOAA

年	月	日	时	分	秒	纬度(°)	经度(°)	深度	震级	标度	地名(英文)	地名(中文)	资料来源
Year	Mo	Dy	Hr	Mn	Sec	Latitude	Longitude	Depth	Mag	Scale	Name(English)	Name(Chinese)	Information
1687	9	19				16.9	122.2		6.9	Muk	Philippines:Santiago,E.	菲律宾:圣地亚哥东部	Bautista
1687	10	2				38.674	15.898		5.17	Ms	Italy:Calabria	意大利:卡拉布里亚	Italy
1687	10	20	9	15		-11.35	-78.2	70	6.4	Ms	Peru:Lima,Near Coast	秘鲁:利马近海	GSHAP
1687	10	20	10	30		-13.5	-76.5	30	8.5	Ms	Peru:Chincha Alta,Near Coast	秘鲁:上钦查近海	* NOAA,GSHAP
1687	11	22				-1.3	-78.6		7.3	Muk	Ecuador:Ambato	厄瓜多尔:安巴托	*
1687						36.3	52.6	15	6.5	Ms	Iran:Mazanderan	伊朗:马赞德兰	GSHAP, Iran
1688	1					40.2	16.3		6.6	Mk	Italy:Pisticci	意大利:皮斯提西	* Song
1688	2	19				17.917	-76.867		5.9	Mk	Jamaica:Port Royal	牙买加:罗亚尔港	* Song
1688	3	1				17.6	-76.5		7	Mk	Jamaica:Port Royal	牙买加:罗亚尔港	* NOAA,Song
1688	4	11	11			44.39	11.942		5.88	Ms	Italy:Cotignola,Bagnacavallo	意大利:科蒂尼奥拉,巴尼亚卡瓦洛	* Italy
1688	5	31				43.83	13		5.1	Ms	Italy:E. of Pescara	意大利:佩斯卡拉东部	GSHAP
1688	5					24	68		6.3	Mk	Pakistan:Delta of The Indus	巴基斯坦:印度河的三角洲	* Song
1688	6	5	13	15		41.28	14.57		6.72	Ms	Italy:Benevento	意大利:贝内文托	* Italy
1688	6	16				26.5	99.9		6.25	Ms	China:Yunnan,Jianchuan	中国:云南剑川	* China
1688	7	5				38.3	27.1		7.7	Mk	Turkey:Izmir	土耳其:伊兹密尔	* Song
1688	7	10	11	45		38.4	26.9		7	Ms	Turkey:Izmir	土耳其:伊兹密尔	* NOAA
1688	7	12				38.4	26.9		7.5	Muk	Turkey:Izmir	土耳其:伊兹密尔	*
1688	7	12				-33.4	-70.6		6	Mk	Chile:Santiago	智利:圣地亚哥	GSHAP,Song
1688	8	18				44.417	12		5.17	Ms	Italy:Fusignano	意大利:富西尼亚诺	Italy
1688	9	10				40	27.8		6.6	Ms	Turkey:Yenice, Onon	土耳其:图穆鲁斯,森扁	GSHAP
1688	10	10	21	30		-12.08	-77		5	Mk	Peru:Lima	秘鲁:利马	GSHAP,Song
1688	10	19				16.95	122.2		7.5	Muk	Philippines:Santiago,E.	菲律宾:圣地亚哥东部	Bautista
1688	11	28				39.7	140.1		6.3	Mk	Japan:Akita	日本:秋田	Japan,Song
1688						43.7	44.7	15	5.3	Ms	Russia:Novosibirsk,Tersk	俄罗斯:新西伯利亚州捷尔斯克村	*
1689	3	10				45.95	14.9		5.57	Ms	Slovenia:Trebnje	斯洛文尼亚:特雷布涅	Italy
1689	3					-2.2	-78.9	5	6.8	Muk	Ecuador:Tixan	厄瓜多尔:蒂克桑	*
1689	5	10	3			45.97	14.85	5	5	Ms	Slovenia:Trebnje	斯洛文尼亚:特雷布涅	GSHAP
1689	9	21				41.272	16.288		5.17	Ms	Italy:Barletta	意大利:巴列塔	Italy
1689	12	22				47.7	10.9		5.57	Ms	Germany:Schongau	德国:熊高	* Italy
1689						40.9	142.1		7	Mk	Japan:Aomori,Near Coast	日本:青森近海	NOAA,Song
1690	1	13				38.6	27.4		6.4	Ms	Turkey:Izmir	土耳其:伊兹密尔	GSHAP
1690	2	3				40.8	14.4		7.7	Ms	Italy:Bay of Napli	意大利:那不勒斯湾	NOAA
1690	4	6				17.5	-61.5	33	8	Muk	Antigua And Barbuda: St Kitts	安提瓜和巴布达:圣基茨	*
1690	4	16				17.5	-61.5		7.5	Mk	Antigua And Barbuda: St Kitts	安提瓜和巴布达:圣基茨	* NOAA
1690	7	9				-33.4	-70.6		6	Mk	Chile:Santiago	智利:圣地亚哥	GSHAP,Song
1690	7	11				40.9	29		6.3	Ms	Turkey:Istanbul	土耳其:伊斯坦布尔	GSHAP
1690	11	20	19	30		-12.55	-77	40	5	Mk	Peru:Lima,Near Coast	秘鲁:利马近海	GSHAP,Song
1690	12	4	15	45		46.633	13.872		6	Ms	Austria:Kaernten	奥地利:克恩顿州	* Italy
1690	12	23	0	20		43.55	13.6		5.73	Ms	Italy:Ancona	意大利:安科纳	Italy,GSHAP
1691	2	19				46.1	14.45	7	5.46	Ms	Slovenia:Ljubljana	斯洛文尼亚:卢布尔雅那	Italy, GSHAP
1691	7	26				38.5	-28		7	Mk	Portugal:Azores	葡萄牙:亚速尔群岛	NOAA,Song
1691	11	10				32.7	129.9		6.6	Mk	Japan:Nagasaki	日本:长崎	Japan,Song
1691	12	1				47.1	13.7	16	5.03	Ms	Austria:Salzburg	奥地利:萨尔茨堡	Italy,GSHAP
1691						18.3	-70.4		6.3	Mk	Dominica:Azua	多米尼加:阿苏阿	* Song
1691						36.3	136.3		6.2	Ms	Japan:Kaga	日本:石川加贺	Usami
1692	5					46.35	12.8		5.17	Ms	Italy:Maniago	意大利:马尼亚戈	Italy
1692	6	7				17.8	-76.7	10	7.7	Ms	Jamaica:Port Royal	牙买加:罗亚尔港	* NOAA
1692	9	12				24.5	103.8		5.5	Ms	China:Yunnan,Luxi	中国:云南泸西	China
1692	9	13	11			-25.4	-64.8		7	Muk	Argentina:Salta	阿根廷:萨尔塔	*
1692	10	24				43.83	13		5.1	Ms	Italy:E. of Pescara	意大利:佩斯卡拉东部	GSHAP
1692	11	2				36.4	127.7		6	Ms	South Korea:Okcheon	韩国:沃川郡	GSHAP
1692						40.1	44.3		6.3	Mk	Armenia:Yerevan(Erivan)	亚美尼亚:耶烈万(叶里温)	* Song
1693	1	11	13	30		37.13	15.02		7.41	Ms	Italy:Sicily, Calabria, Catania	意大利:西西里岛,卡拉布里亚,卡塔尼亚	* Italy,NOAA
1693	7	6	9	15		45.28	10.644		5.27	Ms	Italy:Goito	意大利:戈伊托	Italy
1693						23.1	-82.4		5.9	Mk	Cuba:Havana	古巴:哈瓦那	* Song
1693						36.5	41.9	15	6.7	Ms	Iraq:Ninawa	伊拉克:尼尼微	GSHAP
1694	4	8				43.57	12.141		5.12	Ms	Italy:Sansepolcro	意大利:圣塞波尔克罗	Italy,GSHAP
1694	5					25	121.5		5.5	Ms	China:Taiwan,Taipei	中国:台湾台北	China
1694	6	18	21			40	139.5		7	Ms	Japan:Akita	日本:秋田	* Usami,Japan
1694	9	8	10	45		40.88	15.35		6.87	Ms	Italy:Calitri	意大利:卡利特里	* Italy,NOAA
1694	12	12				33.2	138.7		6.1	Ms	Japan:Tango	日本:丹後	Usami,Japan
1695	2	15				24.9	110		5.25	Ms	China:Guangxi,Yongfu	中国:广西永福	China
1695	2	25	5	30		45.8	11.95		6.61	Muk	Italy:Asolo	意大利:阿索洛	* Italy
1695	5	11	24			36.8	57	15	7	Ms	Iran:Sabzevar	伊朗:萨卜泽瓦尔	Iran,GSHAP
1695	5	18				36	111.5		7.75	Ms	China:Shanxi,Linfen	中国:山西临汾	* China
1695	6	11	2	15		42.63	12.1		5.1	Ms	Italy:Bagnoregio	意大利:巴尼奥雷焦	GSHAP
1695	6	11	2	30		42.612	12.11		5.77	Ms	Italy:Bagnoregio	意大利:巴尼奥雷焦	* Italy,GSHAP
1695	6	11	9	30		42.63	12.1		5.1	Ms	Italy:Bagnoregio	意大利:巴尼奥雷焦	GSHAP

年	月	日	时	分	秒	纬度(°)	经度(°)	深度	震级	标度	地名(英文)	地名(中文)	资料来源
Year	Mo	Dy	Hr	Mn	Sec	Latitude	Longitude	Depth	Mag	Scale	Name(English)	Name(Chinese)	Information
1695	6	29				46	15.467		5.03	Ms	Slovenia:Krsko	斯洛文尼亚:克尔什科	Italy
1695	11	29				46	15.5		5.03	Ms	Slovenia:Krsko	斯洛文尼亚:克尔什科	Italy
1696	4	14				39.1	43.9		7	Ms	Turkey:Çaldiran	土耳其:恰尔德兰	* Iran
1696	6	1				31.448	140.036		6.6	Mk	Japan:South Honshu Ridge	日本:本州南部海岭	Usami,Japan,Song
1696	7	7				25	102.8		5.75	Ms	China:Yunnan,Kunming	中国:云南昆明	China
1696	7	14	9			-12.8	-77.7	20	6.7	Ms	Peru:Lima,Near Coast	秘鲁:利马近海	GSHAP
1696	9	4				37.8	21		6.5	Mk	Greece:Zakynthos	希腊:扎金索斯岛	* GSHAP
1696	11	25				38.4	141.3		7.5	Mk	Japan:Ishinomaki	日本:宫城石卷	Japan,NOAA,Song
1696						1.2	-77.2		6.3	Ms	Colombia:Narino	哥伦比亚:纳里尼奥	GSHAP
1697	2	25				16.7	-99.2		7.8	Muk	Mexico:Mexico City,Acapulco	墨西哥:墨西哥城,阿卡普尔科	*
1697	3	15				45.617	15.45		5.57	Ms	Slovenia:Crnomelj	斯洛文尼亚:奇尔诺梅利	Italy
1697	9	20	17			43.321	11.328		5.03	Ms	Italy:Siena	意大利:锡耶纳	Italy
1697	9	29	13	30		-12.3	-77.4	30	7.3	Ms	Peru:Lima,Near Coast	秘鲁:利马近海	GSHAP
1697	11	22				35.3	127.6		5	Ms	South Korea:Gurye	韩国:求礼郡	GSHAP
1697	11	25	3			35.5	139.6		6.9	Ms	Japan:Kanagawa	日本:神奈川	Usami,Japan
1698	4	12				37.312	14.878		5.25	Ms	Italy:Sicilia Island	意大利:西西里岛	Italy
1698	5	14	10			40.7	14.15		6.7	Mk	Italy:Bay of Naples	意大利:那不勒斯湾	NOAA,Song
1698	6	20	6			-1.7	-78.6		7.7	Muk	Ecuador:Chimborazo,N.	厄瓜多尔:钦博腊索山北部	* GSHAP
1698	6	28	11			-1	-78.3		5.7	Ms	Ecuador:Napo	厄瓜多尔:纳波	GSHAP
1698	7	19				-1.3	-78.7		6.3	Mk	Ecuador:Ambato	厄瓜多尔:安巴托	* Song
1698	10	24				33.1	131.5		6	Ms	Japan:Oita	日本:大分	Japan
1698	10	31	6			32.034	131.837		6.3	Mk	Japan:Miyazaki,Near Coast	日本:宫崎近海	Usami,Japan,Song
1698	12	22				33.3	131.7		6	Ms	Japan:Osaka	日本:大阪	* Japan,NOAA
1698						41.5	121.2		5	Ms	China:Liaoning,Yixian	中国:辽宁义县	China
1699	1					37.15	15.1		6.7	Mk	Italy:Catania	意大利:卡塔尼亚	NOAA,Song
1699	2	11				45.617	15.317		5.57	Ms	Slovenia:Metlika	斯洛文尼亚:梅特利卡	GSHAP
1699	2	11				45.6	15.3	14	6.1	Muk	Slovenia:Novo Mesto	斯洛文尼亚:新梅斯托	* GSHAP,Italy
1699	7	14	9			-11.8	-77.5	40	7.8	Muk	Peru:Lima,Near Coast	秘鲁:利马近海	*
1699						14.4	120.6		6.3	Mk	Philippines:Mariveles	菲律宾:马里韦莱斯	* Maso,Song
1699						32.7	129.7		7	Mk	Japan:Nagasaki	日本:长崎	Japan,NOAA,Song
1700	1	26				45	-125		9	Ms	US:Near Coast of W. Oregon	美国:俄勒冈州西部近海	NOAA
1700	1	27				34	136		7	Mk	Japan:Kumano	日本:三重熊野	Japan,Song
1700	4	1				32.7	129.7		7.5	Mk	Japan:Nagasaki	日本:长崎	Japan,NOAA,Song
1700	4	16				34.3	129.3		7	Ms	Japan:Tsushima	日本:长崎对马	* Japan,NOAA
1700	4	29				35.1	128.1		5.3	Ms	South Korea:Jinju	韩国:金州	GSHAP,Korea
1700	6	1	4			52	117	15	5.5	Ms	Russia:Chita,Nerchinsk	俄罗斯:赤塔州尼布楚	GSHAP
1700	7	28				46.433	12.868		5.77	Ms	Italy:Udine	意大利:乌迪内	Italy, GSHAP
1700	8	25				45.6	15.4		5.37	Ms	Slovenia:Crnomelj	斯洛文尼亚:奇尔诺梅利	Italy
1700	9	12				36.5	126.5		6.5	Ms	South Korea:Boryeong	韩国:保宁市	* NOAA
1701	4	5				40.3	20		6.4	Ms	Albania:Vlore, Tepelene	阿尔巴尼亚:发罗拉,德培雷恩	GSHAP
1701	6	12	0	30		45.7	26.6		6.8	Ms	Romania:Nereju	罗马尼亚:内雷茹	GSHAP
1701	6	12				45.7	26.6	150	7.1	Ms	Romania:Nereju	罗马尼亚:内雷茹	GSHAP
1701	11	9				18.3	-72.4		5.9	Mk	Haiti:Leogane,Petit Goave	海地:利欧干,佩蒂特,高维	* Song
1701	12	21				16.5	-97		6.3	Mk	Mexico:Oaxaca	墨西哥:瓦哈卡	* Song
1701						38.47	43.65		5.8	Ms	Turkey:Van	土耳其:凡城	Turkey
1701						25.2	102.5		5.5	Ms	China:Yunnan,Fumin	中国:云南富民	China
1702	2	25				37.7	29.1		7	Ms	Turkey:Denizli	土耳其:登尼资里	GSHAP
1702	3	14				41.12	14.98		6.32	Ms	Italy:Benevento	意大利:贝内文托	* Italy
1702	8	26				36.4	128.2		5.8	Ms	South Korea:Sangju	韩国:尚州	Korea,GSHAP
1702	9					14.4	-61		5.9	Mk	Martinique Island	马提尼克岛(拉丁美洲)	* Song
1702	10	18				42.833	13.083		5.17	Ms	Italy:Norcia	意大利:诺尔恰	Italy,GSHAP
1702	11	14				42.917	12.667		5.17	Ms	Italy:Montefalco	意大利:蒙特法尔科	Italy,GSHAP
1703	1	14	18			42.68	13.12		6.81	Ms	Italy:Norcia,L'Aquila	意大利:诺尔恰,拉奎拉	* Italy,GSHAP
1703	1	16	14			42.5	13.2		5.1	Ms	Italy:Norcia,Montereale	意大利:诺尔恰,蒙特利勒	* * GSHAP
1703	2	2	1			42.3	13.4		6.65	Ms	Italy:L'Aquila (Aquila)	意大利:拉奎拉(阿奎拉)	* Italy,GSHAP,NOAA
1703	2	3	19	45		42.5	13.25		5.1	Ms	Italy:Montereale	意大利:蒙特雷阿莱	GSHAP
1703	2	25	18	30		42.5	13		5.1	Ms	Italy:Rieti	意大利:列蒂	GSHAP
1703	3	18				42.33	13.42		5.1	Ms	Italy:L'Aquila	意大利:拉奎拉	GSHAP
1703	3	27				42.33	13.42		5.1	Ms	Italy:L'Aquila	意大利:拉奎拉	GSHAP
1703	3					-0.9	-78.65		5.7	Ms	Ecuador:Cotopaxi	厄瓜多尔:科托帕希	GSHAP
1703	5	17				26.6	56.2		6.3	Mk	Iran:Qeshm Island	伊朗:格什姆岛	* Song
1703	6	22				33.3	130.2		6.6	Mk	Japan:Saga	日本:佐贺	Japan,Song
1703	6	29	22			42.75	12.75		5.17	Ms	Italy:Spoleto	意大利:斯波莱托	Italy,GSHAP
1703	7	1				44.2	8.8		6.7	Mk	Ligurian Sea	利古里亚海	NOAA,Song
1703	12	28				44.78	7.505		5.37	Ms	Italy:Torino	意大利:托里诺(都灵)	Italy
1703	12	30	17			35	140		8.2	Ms	Japan:Chiba	日本:千叶	* Usami,NOAA
1703	12	31				33.3	131.4		6.5	Ms	Japan:Oita	日本:大分	Japan
1703						10.5	-66.92		5	Mk	Venezuela:Caracas	委内瑞拉:加拉加斯	GSHAP,Song

年 Year	月 Mo	日 Dy	时 Hr	分 Mn	秒 Sec	纬度(°) Latitude	经度(°) Longitude	深度 Depth	震级 Mag	标度 Scale	地名(英文) Name(English)	地名(中文) Name(Chinese)	资料来源 Information
1703						26.6	54.9		6.8	Ms	Iran:Hengam Island	伊朗:亨加姆岛	* Iran
1703						29	91.6		5	Ms	China:Xizang (Tibet),Shannan	中国:西藏山南	China
1704	1					35.65	139.7		7	Mk	Japan:Tokyo	日本:东京	Japan,NOAA,Song
1704	5	20				42.75	12.75		5.17	Ms	Italy:Spoleto	意大利:斯波莱托	Italy,GSHAP
1704	5	27	3			41	139.5		6.8	Ms	Japan:Aomori,Near Coast	日本:青森近海	* Usami
1704	9	18				38.1	116.7		5.5	Ms	China:Hebei,Botou	中国:河北泊头	* China
1704	9	28				34.9	107		6	Ms	China:Shaanxi,Longxian	中国:陕西陇县	* China
1704	11	11				38.8	20.8		7	Mk	Greece:Leukas (Ionian Islands)	希腊:琉卡斯(伊奥尼亚群岛)	* Song
1704	11	22				38.8	20.7		6.3	Ms	Greece:Ionian Islands,Leukas	希腊:伊奥尼亚群岛,琉卡斯	GSHAP
1704						42.8	24	14	6.1	Ms	Bulgaria:Sofia	保加利亚:索菲亚	GSHAP
1704						34	136		7	Mk	Japan:Kumano	日本:三重熊野	Japan,NOAA,Song
1705	1	27				38.7	41.7	13	6.7	Ms	Turkey:Mus	土耳其:穆什	GSHAP
1705	5	24				33	131.2		6.5	Mk	Japan:Oita	日本:大分	Japan,Song
1705	7	25				35.4	127.8		5	Ms	South Korea:Chonju	韩国:全州	GSHAP
1705	9	3				38.3	24		6.4	Ms	Greece:Erythres	希腊:埃里斯雷	GSHAP
1705	11	26				-18.6	-70.2		7.7	Mk	Chile:Arica	智利:阿里卡	* NOAA,Song
1705	11	29				41.5	13.833		5.17	Ms	Italy:Montecassino	意大利:蒙特卡西诺	Italy
1706	1	19				38.6	139.9		5.8	Ms	Japan:Syonai	日本:山形县汤殿山	Japan
1706	4	20				64	-21.2		6	Ms	Iceland:Selfoss	冰岛:塞尔福斯	* Iceland
1706	6	6				32.8	130.7		6.5	Mk	Japan:Kumamoto	日本:熊本	Japan,Song
1706	10	21	13			35.6	139.8		6.6	Ms	Japan:Tokyo Bay	日本:东京湾	Usami
1706	11	3	14			42.08	14.08		6.6	Ms	Italy:Abruzzi	意大利:阿布鲁佐	* Italy,GSHAP
1706	11	3	20			41.6	14.6		5.6	Ms	Italy:Abruzzi	意大利:阿布鲁佐	* GSHAP
1706	11	26				33.2	130.5		6.1	Mk	Japan:Chikugo	日本:福冈筑后	Japan,Song
1706	12	2				47.3	11.5		5.03	Ms	Austria:Tirol	奥地利:蒂罗尔	Italy
1706						31.448	140.036		6.5	Mk	Japan:South Honshu Ridge	日本:本州南部海岭	Usami,Japan,Song
1707	1	3				37.2	126.1		5.5	Ms	South Korea:Incheon	韩国:仁川	Korea
1707	3	3				38.5	16.25		5.17	Ms	Italy:Calabria	意大利:卡拉布里亚区	Italy
1707	3	24				42.699	12.617		5.16	Ms	Italy:Acquasparta	意大利:阿夸斯帕尔塔	Italy
1707	6	1				40.2	26.4		6.8	Ms	Turkey:Canakkale	土耳其:恰纳卡莱	GSHAP
1707	7	7				35	136.8		7	Mk	Japan:Ise Bay	日本:伊势湾	Japan,NOAA,Song
1707	7	11				37.7	20.8		6.2	Ms	Greece:Zante	希腊:赞特	GSHAP
1707	7	20	17			40.8	14.4		6.7	Mk	Italy:Bay of Napli	意大利:那不勒斯湾	NOAA,Song
1707	9	2	21	34		36.4	25.4		6	Ms	Greece:Thera Island (Santorini)	希腊:锡拉岛(圣托里尼岛)	GSHAP
1707	9	17	16	48		-13	-72	10	5.8	Muk	Peru:Cuzco	秘鲁:库斯科	*
1707	9	27				36.6	138.2		6.7	Mk	Japan:Nagano	日本:长野	Japan,Song
1707	10	28	5			33.2	134.8		8.4	Muk	Japan:Tokushima,Near Coast	日本:德岛近海	* Usami,Japan,NOAA
1707						13.7	-88.7		7.1	Mk	El Salvador:San Vicente	萨尔瓦多:圣维森特	* Song
1707						40.4	43		6.3	Mk	Turkey:Kars	土耳其:卡尔斯	* Song
1708	1	26				39.922	16.126		5.61	Ms	Italy:Pollino	意大利:波里诺	Italy
1708	2	13				34.3	137		6.8	Ms	Japan:Shima	日本:三重志摩	* Japan,NOAA
1708	8	14				43.8	5.8		6.5	Mk	France:Manosque	法国:马诺斯克	* Song
1708	10	26				36.7	114.7		5.5	Ms	China:Hebei,Yongnian,SE.	中国:河北永年东南	China
1708	11	28				-3	128		7.5	Mk	Indonesia:Maluku Islands	印度尼西亚:摩鹿加群岛	* NOAA,Song
1709	10	14				37.4	105.3		7.5	Ms	China:Ningxia,Zhongwei	中国:宁夏中卫	* China
1709	12	20	10			-12.3	-77.3	60	6.3	Ms	Peru:Lima,Near Coast	秘鲁:利马近海	GSHAP
1709	12	23	15			-12	-77		5	Mk	Peru:Lima	秘鲁:利马	GSHAP,Song
1710	3	6				-4.3	129.6		7	Mk	Indonesia:Banda Sea	印度尼西亚:班达海	* NOAA,Song
1710	4	16				27.8	111.3		5.5	Ms	China:Hunan,Xinhua	中国:湖南新化	* China
1710	5	17				37.7	20.7		6.4	Ms	Greece:Ionian Islands	希腊:伊奥尼亚群岛	GSHAP
1710	8	28				37.7	139.8		6.3	Mk	Japan:Fukushima	日本:福岛	Japan,Song
1710	9	13	9			37	141.5		6.4	Ms	Japan:Fukushima,Near Coast	日本:福岛近海	Usami,Japan
1710	9	15				37.3	139.8		6.3	Mk	Japan:Fukushima	日本:福岛	Japan,Song
1710	10	3	4			35.4	133.7		6.6	Ms	Japan:Tottori	日本:鸟取	Usami,Japan
1710	11	21				34.2	131.7		6.5	Mk	Japan:Yamaguchi	日本:山口	Japan,Song
1711	3	19	14			35.5	133.7		6.6	Ms	Japan:Tottori	日本:鸟取	* Usami
1711	8	16				19.1	-103.4		6.3	Mk	Mexico:Colima,Mexico City	墨西哥:科利马,墨西哥城	* Song
1711	9	5				-4	129		7	Ms	Indonesia:Banda Sea	印度尼西亚:班达海	* NOAA
1711	9	16				19.1	-103.5		5.8	Mk	Mexico:Colima	墨西哥:科利马	* Song
1711	10	6				47	0.1		6.3	Mk	France:Moncontour,Loudun	法国:蒙孔图尔,卢丹	* Song
1711	10	11	0	30		45.7	26.6	150	6.4	Ms	Romania:Nereju	罗马尼亚:内雷茹	GSHAP
1711	10	11				45.7	26.6		6.1	Ms	Romania:Nereju	罗马尼亚:内雷茹	GSHAP
1711	10	22				23.2	120		6.5	Ms	China:Taiwan,Tainan,Coast of W.	中国:台湾台南西部海域	China
1711	12	20	5			34.3	134		6.7	Ms	Japan:Kagawa	日本:香川	* Usami,NOAA
1712	3	28				43.513	12.734		5.31	Ms	Italy:Gubbio	意大利:古比奥	Italy
1712	5	8				41.557	14.667		5.03	Ms	Italy:Campobasso	意大利:坎波巴索	Italy
1712	5	28				40.5	141.5		5.5	Ms	Japan:Hachinohe	日本:青森八户	Japan
1712	12	22				32	119		5	Ms	China:Jiangsu,Nanjing	中国:江苏南京	China

年	月	日	时	分	秒	纬度(°)	经度(°)	深度	震级	标度	地名(英文)	地名(中文)	资料来源
Year	Mo	Dy	Hr	Mn	Sec	Latitude	Longitude	Depth	Mag	Scale	Name(English)	Name(Chinese)	Information
1713	1	3				40.588	17.113		5.03	Ms	Italy:Manduria	意大利:曼杜里亚	Italy
1713	2	26				25.6	103.3		6.75	Ms	China:Yunnan,Xundian	中国:云南寻甸	* China
1713	3	1	22			27.5	93		7	Ms	India:Arunachal Pradesh	印度:阿鲁纳恰尔邦	India
1713	3	7				37.2	126.1		5.5	Ms	South Korea:Incheon	韩国:仁川	Korea
1713	9	4				32	103.7		7	Ms	China:Sichuan,Maoxian,Diexi	中国:四川茂县叠溪	* China
1714	1	1				42.5	12.5		5.1	Ms	Italy:Narni	意大利:纳尔尼	GSHAP
1714	3	15				37.5	126		6.3	Ms	South Korea:Incheon	韩国:仁川	Korea,GSHAP
1714	4	28	12			36.5	138		6.4	Ms	Japan:Nagano	日本:长野	* Usami
1714	5	5				17	-96.3		6.3	Mk	Mexico:Oaxaca	墨西哥:瓦哈卡	* Song
1714	7	27				38.2	21.8		6.3	Ms	Greece:Patrai	希腊:帕特雷	* GSHAP
1714	8	4				21.85	95.967		5	Mk	Myanmar:Mandalav	缅甸:曼德勒	* Song
1714	8	4				1.3	103.8		5	Mk	Singapore:Queenstown	新加坡:女皇镇	* Song
1714	8	28				38	20.5		6.4	Ms	Greece:Nisia Ionioy	希腊:伊奥尼亚群岛	* GSHAP
1714	8					40.75	14.75		5.17	Ms	Italy:Salerno	意大利:萨勒诺	Italy
1714						36.5	69	20	6.4	Ms	Afghan:Qonduz	阿富汗:昆都士	GSHAP
1714						24.3	124.2		7	Mk	Japan:Ishigaki - Jima	日本:石垣岛	Japan,Song
1714						38.72	35.5		5.8	Ms	Turkey:Kayseri	土耳其:凯瑟利	Turkey
1714						42.517	12.521		5.37	Ms	Italy:Narni	意大利:纳尔尼	Italy
1715	2	1				35.4	136.6		6.2	Ms	Japan:Tarui	日本:岐阜垂井	Usami,Japan
1715	3	8				38.4	43.9		6.6	Ms	Turkey:Gürpinar	土耳其:居尔珀纳尔	* Iran
1715	8	23				-18.5	-70.3	80	7.5	Ms	Chile:Arica	智利:阿里卡	* NOAA
1715	10	11				23.5	120.4		5.5	Ms	China:Taiwan,Chiayi	中国:台湾嘉义	China
1715	12	29				33.3	131.7		6.6	Ms	Japan:Oita	日本:大分	* NOAA
1715						38.3	43.2		5.9	Mk	Turkey:Van	土耳其:凡城	* Song
1716	2	3				36.8	3		5.5	Mk	Algeria:Algiers	阿尔及利亚:阿尔及尔	* Song
1716	2	3				46.067	13.617		5.17	Ms	Slovenia:Nova Gorica	斯洛文尼亚:新戈里卡	Italy
1716	2	6				-17.2	-71.2	40	8.8	Muk	Peru:Torata	秘鲁:塔克纳	*
1716	2	11	1			-13.7	-76	50	8.6	Muk	Peru:North Ica	秘鲁:伊卡北部	*
1716	2	16				29	-114		6.3	Mk	Mexico:Baja California	墨西哥:下加利福尼亚	* Song
1716	5					36.8	3		7.7	Mk	Algeria:Algiers	阿尔及利亚:阿尔及尔	* Song
1716	9	24				13.6	121.1		7.7	Mk	Philippines:Taal,Manila,Rizal	菲律宾:塔尔,马尼拉,黎萨	* Maso,Song,NOAA
1716	10	4				42.75	13		5.17	Ms	Italy:Cascia	意大利:卡夏	Italy,GSHAP
1716	12	1				37.502	15.087		5.17	Ms	Italy:Catania	意大利:卡塔尼亚	Italy
1716						39.2	141.2		7	Mk	Japan:Iwate	日本:岩手	Japan,NOAA,Song
1716						41.2	80.3	30	7.5	Ms	China:Xinjiang,Aksu	中国:新疆阿克苏	* GSHAP
1717	3	12	6			38.1	46.3		5.9	Ms	Iran:Tabriz	伊朗:大不里士	Iran
1717	4	4				36.95	14.532		5.03	Ms	Italy:Sicilia Island	意大利:西西里岛	Italy
1717	4	22	5	20		38.1	15.22		5.4	Ms	Italy:Castroreale	意大利:卡斯特罗雷阿莱	Italy
1717	5	13				39	142.7		7.6	Muk	Japan:Iwate,Near Coast	日本:岩手近海	* Usami
1717	7	6				29.5	111.4		5.25	Ms	China:Hunan,Lilin,W.	中国:湖南临澧西	China
1717	7	28				44.1	15.2		5.7	Ms	Croatia:Zadar	克罗地亚:扎达尔	* GSHAP
1717	11	19				37.7	29.2		6.6	Ms	Turkey:Denizli	土耳其:登尼资里	GSHAP
1717						18.3	-66.4		6.3	Mk	Puerto Rico:Arecibo	波多黎各:阿雷西波	* Song
1717						36.5	136.5		6.1	Mk	Japan:Ishikawa	日本:石川	Japan,Song
1717						35	24.9		6.7	Ms	Greece:Crete Island	希腊:克里特岛	GSHAP
1718	2	20				37.599	14.619		5.4	Ms	Italy:Sicilia Island	意大利:西西里岛	Italy
1718	2	26				40.7	142		6.2	Ms	Japan:Aomori,Hachinohe	日本:青森,八户	Usami
1718	6	19				35	105.2		7.5	Ms	China:Gansu,Tongwei,S.	中国:甘肃通渭南	* China
1718	8	3	11			-13.55	-71.52		5	Mk	Peru:Cusco	秘鲁:库斯科	GSHAP,Song
1718	8	22	4			35.3	137.9		6.4	Ms	Japan:Iida	日本:长野饭田	Usami,Japan
1718	9	30				35.7	140		7	Ms	Japan:Narashino	日本:千叶习志野	Japan
1718	10	5				36.9	138.4		6.2	Ms	Japan:Iiyama	日本:长野饭山	Usami,Japan
1718	12	10				35.2	33.2	13	6	Ms	Cyprus:Nicosia	塞浦路斯:尼科西亚	GSHAP
1718						41.04	28.98		6.4	Ms	Turkey:Istanbul	土耳其:伊斯坦布尔	GSHAP
1719	1	7	20	30		46.317	13.117		5.03	Ms	Italy:Udine	意大利:乌迪内	Italy
1719	3					36.5	36.9	20	6.4	Ms	Syria:Aleppo	叙利亚:阿勒颇	GSHAP
1719	5	25	12			40.8	29.4	14	6.1	Ms	Turkey:Gebze	土耳其:盖布泽	* GSHAP
1719	6	17				-13.2	-74.4	20	5	Mk	Peru:Huancavelica	秘鲁:万卡韦利卡	GSHAP,Song
1719	6	27				42.892	13.031		5.32	Ms	Italy:Preci	意大利:普雷奇	Italy
1719	7	23				40.4	26		6.7	Ms	Aegean Sea	爱琴海	GSHAP
1719						31.4	-8		6.3	Mk	Morocco:Marrakech	摩洛哥:马拉客什	* Song
1719						13.7	-88.7		7.1	Mk	El Salvador:San Vicente	萨尔瓦多:圣维森特	* Song
1720	4	22	3			-13.55	-71.52		5	Mk	Peru:Cusco	秘鲁:库斯科	GSHAP,Song
1720	6	7				41.261	15.92		5.22	Ms	Italy:Foggia,Trani	意大利:福贾,特拉尼	Italy
1720	7	12				40.4	115.5		6.75	Ms	China:Hebei,Shacheng	中国:河北沙城	* China
1720	7	15				29	77.5		7.5	Ms	India:Delhi	印度:德里	* India
1720	8	12				38.218	-26.635		7.3	Mk	Azores:Sao Miguel (San Miguel)	亚速尔群岛:圣米格尔	* Song
1720	9	12				38.229	15.885		5.03	Ms	Italy:Gerace	意大利:杰拉切	Italy
1720	10	31				23.1	120.3		6.75	Ms	China:Taiwan,Tainan	中国:台湾台南	* China

年 Year	月 Mo	日 Dy	时 Hr	分 Mn	秒 Sec	纬度(°) Latitude	经度(°) Longitude	深度 Depth	震级 Mag	标度 Scale	地名(英文) Name(English)	地名(中文) Name(Chinese)	资料来源 Information
1720	12	8				38.2	-26.6		7.3	Mk	North Atlantic Ocean,Azores Islands	北大西洋:亚速尔群岛	* Song
1720	12	20	4	30		47.4	9.5		5.57	Ms	Switzerland:Teufen	瑞士:托伊芬	* Italy
1720						40.1	21.8		6.5	Ms	Greece:Kozani	希腊:科札尼	GSHAP
1721	1	5				23	120.3		6	Ms	China:Taiwan,Tainan	中国:台湾台南	*
1721	1	12				45.3	14.4		6	Ms	Croatia:Rijeka	克罗地亚:里耶卡	* Italy,GSHAP
1721	1	14	11			18.65	121.7		6.9	Ms	Philippines:Aparri	菲律宾:阿帕里	* Bautista
1721	3	24				39.5	2.85		6.6	Mk	Spain:Balearic Islands	西班牙:巴利阿里群岛	NOAA,Song
1721	4	26	3			37.9	46.7	15	7.7	Ms	Iran:Tabriz	伊朗:大不里士	* GSHAP
1721	9					23	120.2		6	Ms	China:Taiwan,Tainan	中国:台湾台南	* China,NOAA
1722	2					24.2	102.4		5	Ms	China:Yunnan,Eshan	中国:云南峨山	China
1722	5	22				38	23.4		6.3	Mk	Greece:Athens	希腊:雅典	* Song
1722	6	5				38.7	20.6		6.4	Ms	Ionian Sea	爱奥尼亚海	GSHAP
1722	9	24				35.5	137		7	Mk	Japan:Gifu	日本:岐阜	Usami,NOAA,Song
1722	10					-6.174	106.829		7	Mk	Indonesia:Jakarta	印度尼西亚:雅加达	* NOAA,Song
1722	12	27	16	30		37.2	-7.6		7.9	Mk	Portugal:Tavira, Algarve	葡萄牙:塔维拉,阿尔加维	* NOAA,Song
1722						30	99.1		6	Ms	China:Sichuan,Batang	中国:四川巴塘	China
1723	2	21	3			38.5	20.5		7	Ms	Greece:Nisia Ionioy	希腊:伊奥尼亚群岛	* NOAA
1723	2	22	2			38.6	20.65		6.7	Ms	Greece:Leukas (Ionian Islands)	希腊:琉卡斯(伊奥尼亚群岛)	GSHAP
1723	3	28				40.8	14.4		6.7	Mk	Italy:Bay of Napli	意大利:那不勒斯湾	NOAA,Song
1723	9	12	5	30		41.483	13.8		5.17	Ms	Italy:Germano:S.	意大利:热尔马诺南部	Italy
1723	9					38.4	27		6.4	Ms	Turkey:Izmir	土耳其:伊兹密尔	GSHAP
1723	12	18				33.2	130.4		6.2	Ms	Japan:Fukuoka,W.	日本:福冈西部	Usami,Japan
1724	3	24				-33.4	-70.6		6	Mk	Chile:Santiago	智利:圣地亚哥	GSHAP,Song
1724	8	3	21	30		38.25	15.667		5.17	Ms	Italy:Reggio Calabria	意大利:卡拉布里亚雷焦	Italy
1724	8	9				63.9	-21.5	7	6	Ms	Iceland:Reykjavik	冰岛:雷克雅末克	Iceland
1724	11					6.19	-72.48		7.7	Ms	Colombia:Chita	哥伦比亚:奇塔	GSHAP
1724	12	11	20			43.202	11.017		5.32	Ms	Italy:Toscana	意大利:托斯卡纳	Italy
1724						40.5	115.3		5	Ms	China:Hebei,Huailai	中国:河北怀来	China
1725	1	7	4	25		-9	-79	60	7.7	Ms	Peru:Trujillo,Ancash	秘鲁:特鲁希略,安卡什	* GSHAP
1725	1	8	13			-16.4	-70.8	3	7.6	Ms	Peru:Moquegua	秘鲁:莫克瓜	*
1725	1	8				25.1	103.1		6.75	Ms	China:Yunnan,Yiliang	中国:云南宜良	* China
1725	2	1	11			56.5	118.5	50	8.2	Muk	Russia:Chita,Novaya Chara	俄罗斯:赤塔州诺瓦亚恰拉村镇	*
1725	3	27				-16.6	-72.7	50	7.1	Mk	Peru:Camana	秘鲁:卡马纳	* NOAA,Song
1725	5	29	5			36.75	139.6		6.6	Ms	Japan:Utsunomiya	日本:宇都宫市	Usami
1725	6	17				36.4	136.4		5.9	Ms	Japan:Kaga	日本:石川加贺	Usami,Japan
1725	8	1				30	101.9		7	Ms	China:Sichuan,Garze	中国:四川甘孜	* China
1725	8	14	4			35.8	138.1		6.1	Ms	Japan:Ina	日本:长野伊那	Usami,Japan
1725	10	28				44.195	11.863		5.26	Ms	Italy:Faentino	意大利:法恩扎	Italy
1725	10	31				32.7	129.7		6.1	Mk	Japan:Nagasaki	日本:长崎	Japan,Song
1725	11	8				33	129.8		6.2	Ms	Japan:Saikai	日本:长崎西海	Usami,Japan
1725						56.27	113.45	15	6.6	Ms	Russia:Buryatiya,Tonnel'nyy	俄罗斯:布里亚特州通涅利内城	GSHAP
1726	4	1				36.3	136		6.6	Ms	Japan:Fukui,Near Coast	日本:福井近海	* NOAA
1726	4	15				36.3	36.6	15	6.1	Ms	Turkey:Hatay	土耳其:哈塔伊	GSHAP
1726	4	20				35.9	136.2		7	Mk	Japan:Fukui	日本:福井	Japan,Song
1726	9	1	4	5		38.12	13.35		5.61	Ms	Italy:Sicily,Palermo	意大利:西西里岛,巴勒莫	* Italy,NOAA
1726						10.633	-64.3		7	Mk	Venezuela:Araya	委内瑞拉:阿拉亚	NOAA,Song
1727	1	7				36.913	15.045		5.37	Ms	Italy:Sicilia Island	意大利:西西里岛	Italy
1727	3	10				19.2	-99.1		6.3	Mk	Mexico:Mexico City,Oaxaca	墨西哥:墨西哥城,瓦哈卡	* Song
1727	6	20				39.5	127.3		6	Muk	North Korea:Yonghung	朝鲜:永兴	* Korea
1727	7	4				37.5	13		5.17	Ms	Italy:Sicilia Island	意大利:西西里岛	Italy,NOAA
1727	8	18	10			47.3	11.4		5.03	Ms	Austria:Tirol	奥地利:蒂罗尔	Italy
1727	11	7				14.4	-61		5.9	Mk	Martinique Island	马提尼克岛(拉丁美洲)	* Song
1727	11	10	3	40		42.8	-70.8		5.7	Mk	US:Massachusetts,Newburyport	美国:马萨诸塞州纽伯里波特	USGS,Song
1727	11	18				38	46.2		7.7	Mk	Iran:Tabriz	伊朗:大不里士	* Song
1727	12	14	19	45		43.61	12.818		5.18	Ms	Italy:Pergola	意大利:佩尔戈拉	Italy
1728	2	8	6	30		41.283	13.983		5.17	Ms	Italy:Teano	意大利:泰阿诺	Italy
1728	3	7				40.5	141.5		6.1	Mk	Japan:Hachinohe	日本:青森八户	Japan,Song
1728	10					-0.5	-78.2		5	Ms	Ecuador:Napo	厄瓜多尔:纳波	GSHAP
1728	11	28				14.4	121		6.5	Mk	Philippines:Luzon,Manila	菲律宾:吕宋岛马尼拉	* Maso,Song
1729	1	13	21	30		46.617	7.617		5.17	Ms	Italy:Spiez	瑞士:施皮茨	Italy
1729	3	8	2			33.513	137.835		6.3	Mk	Japan:Mie,Near Coast	日本:三重近海	Usami,Japan,Song
1729	6	29	13			38.154	15.139		5.09	Ms	Italy:Castroreale	意大利:卡斯特罗雷阿莱	Italy
1729	7	9	2			37.8	20.7		6.4	Ms	Greece:Ionian Islands	希腊:伊奥尼亚群岛	GSHAP
1729	8	1	4			37.5	137		6.9	Ms	Japan:Noto	日本:能登岛	* Usami,Japan
1729	8	10				25.6	100.2		5.25	Ms	China:Yunnan,Dali	中国:云南大理	China
1730	1	1				45.7	26.6		5.8	Ms	Romania:Nereju	罗马尼亚:内雷茹	GSHAP
1730	3	12				34.4	129.3		6.1	Mk	Japan:Tsushima	日本:长崎对马	Japan,Song
1730	3	23				40.7	14.45		6.7	Mk	Italy:Torre Annunziata	意大利:托雷安农齐亚塔	NOAA,Song

年 Year	月 Mo	日 Dy	时 Hr	分 Mn	秒 Sec	纬度(°) Latitude	经度(°) Longitude	深度 Depth	震级 Mag	标度 Scale	地名(英文) Name(English)	地名(中文) Name(Chinese)	资料来源 Information
1730	3	28				44	10.1		6	Mk	Italy:Massa,Carrara	意大利:马萨,卡拉拉	* Song
1730	4	6	4			45.7	26.6	127	5.8	Ms	Romania:Nereju	罗马尼亚:内雷茹	GSHAP
1730	5	12	3	15		42.752	13.117		5.85	Ms	Italy:Norcia	意大利:诺尔恰	* Italy
1730	5	12	9	15		42.45	13.08		5.1	Ms	Italy:Antrodoco	意大利:安特罗多科	GSHAP
1730	5	12	18	30		42.45	13.08		5.6	Ms	Italy:Antrodoco	意大利:安特罗多科	GSHAP
1730	5	18				42.7	13		5.4	Ms	Italy:Cascia	意大利:卡夏	GSHAP
1730	6	10				40.4	26.1		6.5	Ms	Turkey:Canakkale	土耳其:肯纳卡莱	GSHAP
1730	6	13				38.5	-28		8	Mk	Azores:Luz	亚速尔群岛:路姿	* Song
1730	7	8	8	45		-32.5	-71.5		8.7	Ms	Chile:Valparaiso	智利:瓦尔帕莱索	* NOAA
1730	9	21				23.9	120.7		5.25	Ms	China:Taiwan,Nantou	中国:台湾南投	China
1730	9	30				40	116.2		6.5	Ms	China:Beijing,NW.	中国:北京西北	* China
1730	11	10				36.2	142.2		7.6	Ms	Japan: Kashima,Coast of E.	日本:茨城鹿嶋东部海域	*
1730	12	30				43.3	142.5		7.7	Mk	Japan:Hokkaido	日本:北海道	* * Song
1730						14.1	121.4		6.9	Ms	Philippines:Tayabas,Laguna	菲律宾:塔亚巴斯,拉古娜	* Bautista,Maso
1730						45.7	26.6	100	5.8	Ms	Romania:Nereju	罗马尼亚:内雷茹	GSHAP
1730						36.9	117.9		5	Ms	China:Shandong,Zouping	中国:山东邹平	China
1731	3	20	2	30		41.27	15.75		6.34	Ms	Italy:Foggia	意大利:福贾	* Italy,NOAA
1731	4	2	21	30		41.5	13.767		5.17	Ms	Italy:Montecassino	意大利:蒙特卡西诺	Italy
1731	10	7				37.9	140.6		6.6	Ms	Japan:Miyagi	日本:宫城	Usami,Japan
1731	10	17				41.178	15.999		5.21	Ms	Italy:Foggia	意大利:福贾	Italy
1731	10	22				24.1	118.2		5	Ms	China:Fujian,Xiamen,Near Coast	中国:福建厦门近海	China
1731	11	13				35.6	136.1		6.8	Mk	Japan:Tsuruga	日本:福井敦贺	Japan,Song
1731	11	15				23	-102		6.3	Mk	Mexico:Zacatecas	墨西哥:萨卡特卡斯	* Song
1731	11					31.3	121		5	Ms	China:Jiangsu,Kunshan,S.	中国:江苏昆山南	China
1731	12					44	11		5.03	Ms	Italy:Montale	意大利:蒙塔莱	Italy
1731						30.3	-9.4		6.3	Mk	Morocco:Santa Cruz (Agadir)	摩洛哥:圣克鲁斯(阿加迪尔)	* Song
1731						39.7	22.3		6	Ms	Greece:Larissa	希腊:拉里萨	GSHAP
1732	1	29				27.7	102.4		6.75	Ms	China:Sichuan,Xichang,SE.	中国:四川西昌东南	China
1732	2	25				17	-99		7.7	Mk	Mexico:Guerrero,Acapulco,E.	墨西哥:格雷罗州阿卡普尔科东部	* NOAA,Song
1732	9	7	6			64	-20.1	8	6.7	Ms	Iceland:Asolfsstadhir	冰岛:奥索尔斯塔济	* Iceland
1732	9	16	16			45.5	-73.6		6.6	Mk	Canada:Quebec,Montréal	加拿大:魁北克省蒙特利尔	USGS,Song
1732	11	29	6	30		41.08	15.05		6.61	Ms	Italy:Ariano Irpino,Arianese	意大利:阿维利诺,伊尔皮纳	* Italy
1732	11					39.5	20.1		6.5	Ms	Greece:Thesprotia	希腊:塞斯普罗蒂亚	GSHAP,NOAA
1732	11					23.7	102.5		5	Ms	China:Yunnan,Shiping	中国:云南石屏	China
1732	12	2	6			-11.8	-77.6	50	5	Mk	Peru:Lima,Near Coast	秘鲁:利马近海	GSHAP,Song
1732	12	4				35.2	140.8		6.5	Ms	Japan:Kimitsu,Near Coast	日本:千叶近海	* NOAA
1732	12	21				41.8	140.7		6.2	Ms	Japan:Hakodate	日本:北海道函馆	Usami,Japan
1732						32	140		7	Mk	Japan:South Honshu Ridge	日本:本州南部海岭	Japan,NOAA,Song
1733	8	2				26.3	103.1		7.75	Ms	China:Yunnan,Dongchuan	中国:云南东川	* China
1733	9	18	4			34.4	132.6		6.6	Ms	Japan:Aki	日本:广岛安艺郡	Usami,Japan
1733	11	29				15.7	39		6	Mk	Eritrea:Asmara	厄立特里亚:阿斯马拉	* Song
1733	12	23	15			37.1	24.8		6.5	Ms	Aegean Sea	爱琴海	GSHAP
1734	3	21				63.9	-20.8	8	6.8	Ms	Iceland:Selfoss	冰岛:塞尔福斯	* * Iceland
1734	3					30.2	103.5		5	Ms	China:Sichuan,Pujiang	中国:四川蒲江	China
1734	5	28				-12	-77		5	Mk	Peru:Lima	秘鲁:利马	GSHAP,Song
1734	6	10				45.7	26.6	20	5	Ms	Romania:Nereju	罗马尼亚:内雷茹	GSHAP
1734						52.5	-2.1		6.3	Mk	England:Birmingham	英国:伯明翰	* Song
1735	2	2	18			2.6	-76.5		6.3	Mk	Colombia:Cauca	哥伦比亚:考卡	* Song
1735	2	27				16	121		7	Mk	Philippines:San Jose	菲律宾:圣琼斯	* NOAA,Song
1735	4	6	1			36.75	139.6		5.9	Ms	Japan:Utsunomiya	日本:宇都宫市	Usami,Japan
1735	5	30				35.7	139.8		6.1	Mk	Japan:Tokyo	日本:东京	Japan,Song
1735	8	20				34.3	137		6.1	Mk	Japan:Shima	日本:三重志摩	Japan,Song
1735	9	1				39.6	21.9		6.3	Ms	Greece:Trikala	希腊:特里卡拉	GSHAP
1735	12					35	34	24	6.5	Ms	Cyprus:Gazimağusa	塞浦路斯:法马古斯塔	GSHAP
1735						36.8	24.5		6.5	Ms	Greece:Milos Island	希腊:米洛斯岛	GSHAP
1736	1	30				23.1	120.3		6.25	Ms	China:Taiwan,Tainan	中国:台湾台南	* China
1736	2	2	14			2.5	-76.5		6.3	Mk	Colombia:Cauca	哥伦比亚:考卡	* Song
1736	4	30				38.3	140.8		6.2	Ms	Japan:Miyagi	日本:宫城	Usami
1736	8	16				38.01	14.175		5.47	Ms	Italy:Ciminna	意大利:巴勒莫,奇明纳	Italy
1736	12	5				-0.9	-78.6		6.3	Ms	Ecuador:Cotopaxi	厄瓜多尔:科托帕希	* GSHAP
1736	12	25				37.8	121.6		5	Ms	China:Shandong,Yantai,Coast of N.	中国:山东烟台北部海域	China
1736						30.6	101.5		5.5	Ms	China:Sichuan,Dawu,SE.	中国:四川道孚东南	China
1737	3	6				39.8	26.6		7.2	Ms	Turkey:Canakkale	土耳其:恰纳卡莱	GSHAP
1737	9	30				35.1	114.4		5.5	Ms	China:Henan,Fenggou	中国:河南封丘	China
1737	10	11				24.4	95.2		7.5	Ms	myanmar:Sagaing	缅甸:实皆	* GSHAP
1737	10	16	16			50	157	50	7.5	Ms	Kuril Islands	千岛群岛	* NOAA
1737	11	4	8			55.5	163	20	7.8	Muk	Russia:Kamchatka,Near East Coast	俄罗斯:堪察加东部近海	* GSHAP
1737	12	17	15	30		50	157	40	7.5	Muk	Kuril Islands	千岛群岛	* GSHAP
1737	12	19	3	45		40.8	-74		5.7	Mk	US:New Jersey,High Bridge	美国:新泽西州海伊布里奇	USGS,Song

年 Year	月 Mo	日 Dy	时 Hr	分 Mn	秒 Sec	纬度(°) Latitude	经度(°) Longitude	深度 Depth	震级 Mag	标度 Scale	地名(英文) Name(English)	地名(中文) Name(Chinese)	资料来源 Information
1737	12	24				-39.8	-73.2		8	Muk	Chile:Valdivia	智利:瓦尔迪维亚	* NOAA
1737						41	29	15	5.8	Ms	Turkey:Istanbul	土耳其:伊斯坦布尔	GSHAP
1737						10.05	-69.3		6	Mk	Venezuela:Lara	委内瑞拉:拉腊	GSHAP,Song
1738	1	3				37	138.7		5.5	Ms	Japan:Niigata	日本:新潟	Japan
1738	5	19				33.3	104.2		5.75	Ms	China:Sichuan,Jiuzhaigou	中国:四川九寨沟	* China
1738	6	11	10	30		45.7	26.6	150	7.5	Ms	Romania:Nereju	罗马尼亚:内雷茹	GSHAP
1738	7	19	1			42.626	12.095		5.37	Ms	Italy:Bagnoregio	意大利:巴尼奥雷焦	Italy
1738	11	5	0	30		44.906	10.028		5.4	Ms	Italy:Cremona	意大利:克雷莫纳	Italy
1738	12	23	10			38.5	26.3		6	Ms	Greece:Chios	希腊:希俄斯岛	GSHAP
1738	12	23				33.3	96.6		6.5	Ms	China:Qinghai,Yushu	中国:青海玉树	* China
1738	12	26	1			55	157.5	350	7.5	Mk	Russia:Kamchatka Peninsula	俄罗斯:堪察加半岛	GSHAP,Song
1738						36.8	24.4		6.5	Ms	Greece:Milos Island	希腊:米洛斯岛	* NOAA
1739	1	3				38.8	106.5		8	Ms	China:Ningxia,Pingluo	中国:宁夏平罗	* China
1739	2	4				44	21.3	14	6.1	Ms	Serbia:Jagodina	塞尔维亚:雅戈丁那	* GSHAP
1739	2	13				41.5	15.5		5.17	Ms	Italy:Benevento	意大利:贝内文托	Italy
1739	2	23				38.5	106.3		5.5	Ms	China:Ningxia,Yinchuan	中国:宁夏银川	China
1739	3	24				-14.1	-73.2		6.3	Mk	Peru:Apurimac	秘鲁:阿普里马克	* Song
1739	4	4				38.5	26.9		6.8	Ms	Turkey:Izmir	土耳其:伊兹密尔	GSHAP
1739	5	10	15	25		38.1	14.75		5.54	Ms	Italy:Sicilia Island	意大利:西西里岛	Italy
1739	7	14				19.2	-104		6.3	Mk	Mexico:Colima	墨西哥:科利马	* Song
1739	7					39.3	-31.1		7.3	Mk	Azores:Flores	亚速尔群岛:弗洛勒斯岛	* Song
1739	8	16				40.7	142.3		7.1	Muk	Japan:Aomori,Near Coast	日本:青森近海	* Usami
1739	10	31				38	138.4		6.1	Mk	Japan:Sado	日本:佐渡	Japan,Song
1739	12	20	15			45.2	19		5.2	Ms	Croatia:Vukovar	克罗地亚:武科瓦尔	GSHAP
1739	12	20	24			45.2	19		5.2	Ms	Croatia:Vukovar	克罗地亚:武科瓦尔	GSHAP
1740	1	24				45.1	19		5.2	Ms	Bosnia:Tuzla,S.	波斯尼亚:图兹拉南部	GSHAP
1740	1					39.7	20.8		6.2	Ms	Greece:Leukas (Ionian Islands)	希腊:琉卡斯(伊奥尼亚群岛)	GSHAP
1740	3	6	5	15		44.124	10.59		5.18	Ms	Italy:Fiumalbo	意大利:菲乌马尔博	Italy
1740	4	5	20			45.7	26.6	100	5.5	Ms	Romania:Nereju	罗马尼亚:内雷茹	GSHAP
1740	6	13				37.582	12.84		5.37	Ms	Italy:Sicilia Island	意大利:西西里岛	Italy
1740	6					42.883	12.667		5.17	Ms	Italy:Montefalco	意大利:蒙特法尔科	Italy
1740	7	20				34.6	135.7		6.1	Mk	Japan:Nara	日本:奈良	Japan,Song
1740	8	25				17	-96.3		6.3	Mk	Mexico:Oaxaca,Mexico City	墨西哥:瓦哈卡,墨西哥城	* Song
1740	10	4				38.8	22.6		6.6	Ms	Greece:Lamia	希腊:拉米亚	GSHAP
1740	11	12				45.1	19.8		5.7	Ms	Serbia:Novi Sad	塞尔维亚:诺威萨	* GSHAP
1741	1	31	1	15		36.2	28.5		7.3	Ms	Mediterranean Sea	地中海	GSHAP,NOAA
1741	4	24				43.425	13.004		6.08	Ms	Italy:Fabriano	意大利:法布里安诺	* Italy
1741	4	27	9			-12	-77		5	Mk	Peru:Lima	秘鲁:利马	GSHAP,Song
1741	4	29	9			-13.65	-73.45		5	Mk	Peru:Andahuaylas	秘鲁:安达韦拉斯	GSHAP,Song
1741	6	23				38.5	20.5		7	Mk	Greece:Nisia Ionioy	希腊:伊奥尼亚群岛	* Song
1741	8	28				41.6	139.4		6.9	Ms	Japan:Hokkaido	日本:北海道	Usami,Japan,NOAA
1741	10	1				43.321	11.328		5.17	Ms	Italy:Siena	意大利:锡耶纳	Italy
1741	11	14				23.7	102.5		5	Ms	China:Yunnan,Shiping	中国:云南石屏	China
1741						30.6	101.5		5	Ms	China:Sichuan,Dawu,SE.	中国:四川道孚东南	China
1742	1	16				43.5	10.2		6.7	Mk	Italy:Livorno	意大利:里窝那	NOAA,Song
1742	1	27	11	20		43.55	10.32		5.15	Ms	Italy:Livorno	意大利:来航	Italy
1742	2	14	2			37.8	21		7	Mk	Greece:Zakynthos	希腊:扎金索斯岛	* Song
1742	2	17	14			54.5	167	20	6.2	Mk	Russia:Ostrov Beringa	俄罗斯:白令岛	GSHAP,Song
1742	2	20				38.1	22.5		6	Ms	Greece:Elliniko	希腊:埃利尼科	GSHAP,NOAA
1742	2	25				37.8	20.8		6.4	Ms	Greece:Zante	希腊:赞特	GSHAP
1742	3	23				-36.8	-73		7	Mk	Chile:Concepción	智利:康塞普西翁	* Song
1742	3	25	2			-13.6	-72		5	Mk	Peru:Cuzco	秘鲁:库斯科	GSHAP,Song
1742	5	9	14	45		-12	-77		5	Mk	Peru:Lima	秘鲁:利马	GSHAP,Song
1742	5	27	22	35		-12	-77		5	Mk	Peru:Lima	秘鲁:利马	GSHAP,Song
1742	5	27				51.5	104	15	7.1	Ms	Russia:Irkutsk,Baykalsk	俄罗斯:伊尔库茨克州贝加尔斯克	GSHAP
1742	6	27	5	30		53.3	104	40	7.7	Muk	Russia:Ust Orda Buryatia,Bokhan	俄罗斯:布里亚特特区,博汉村镇	* GSHAP
1742	7	24				42.1	45.2	14	6	Ms	Georgia:Kakhetiya	格鲁吉亚:卡赫季州	GSHAP
1742	8	5				42.1	45.2	15	6.7	Ms	Georgia:Kakhetiya	格鲁吉亚:卡赫季州	GSHAP
1742	9	14				37.8	21		7	Mk	Greece:Zakynthos	希腊:扎金索斯岛	* Song
1742	11	18				50.5	157	40	7.5	Muk	Kuril Islands	千岛群岛	* NOAA,GSHAP
1742						43.1	46.7	15	5.2	Ms	Russia:Dagestan,Makhachkala	俄罗斯:达吉斯坦共和国马哈奇卡拉	GSHAP
1742						32.1	110.8		5	Ms	China:Hubei,Fangxian	中国:湖北房县	China
1742						30.6	101.5		5	Ms	China:Sichuan,Dawu,SE.	中国:四川道孚东南	China
1743	1	12	9			14	121.6		6.6	Ms	Philippines:Tayabas	菲律宾:塔亚巴斯	* Bautista
1743	2	12				39.3	22.6		6.6	Ms	Greece:Magnesia	希腊:马格尼西亚	GSHAP
1743	2	20	23	30		39	20.3		6.9	Ms	Greece:Ionian Sea	希腊:伊奥尼亚海	* NOAA,Italy
1743	5	9	18	15		-13.5	-72		5	Mk	Peru:Cuzco	秘鲁:库斯科	GSHAP,Song
1743	5	29				44.836	11.618		5.03	Ms	Italy:Ferrara	意大利:费拉拉	Italy

年 Year	月 Mo	日 Dy	时 Hr	分 Mn	秒 Sec	纬度(°) Latitude	经度(°) Longitude	深度 Depth	震级 Mag	标度 Scale	地名(英文) Name(English)	地名(中文) Name(Chinese)	资料来源 Information
1743	6	30				30.7	118.4		5	Ms	China: Anhui, Jingxian	中国:安徽泾县	China
1743	8	7	1			40.7	142		6.7	Mk	Japan: Aomori, Hachinohe	日本:青森,八户	Usami,, Song
1743	8	12	1			14.2	121		6.5	Mk	Philippines: Calamba	菲律宾:卡兰巴	* * Maso, Song
1743	9					11.2	124.3		6.3	Mk	Philippines: Leyte Island	菲律宾:莱特岛	* Song
1743	10	18	15	45		4.5	-73.8		6.3	Mk	Colombia: Villavicencio	哥伦比亚:比亚维森西奥	* Song
1743	11	22				40.7	142		6.1	Mk	Japan: Hachinohe	日本:青森八户	Japan, Song
1743	12	7				38.58	16.139		5.79	Ms	Italy: Calabria	意大利:卡拉布里亚区	Italy
1744	6	14	15	15		42.6	-70.9		5.5	Mk	US: Massachusetts, Peabody	美国:马萨诸塞州皮博迪	USGS, Song
1744	11	14	11	30		-13.5	-72	10	6	Mk	Peru: Cuzco	秘鲁:库斯科	GSHAP, Song
1744	11	19	11	30		-13.77	-72.1	20	5	Mk	Peru: Cuzco	秘鲁:库斯科	GSHAP, Song
1744						-1.5	-78.6		5.7	Mk	Ecuador: Tungurahua	厄瓜多尔:东谷拉瓦	GSHAP
1744						16	121		7	Mk	Philippines: San Jose	菲律宾:圣琼斯	* NOAA, Song
1745	3					42.732	12.736		5.37	Ms	Italy: Spoleto	意大利:斯波莱托	Italy
1745	6					39.7	19.9		6.5	Ms	Albania: North of Corfu Coast	阿尔巴尼亚:克基拉以北海中	GSHAP
1745						-1.4	-78.4		5.7	Ms	Ecuador: Tungurahua	厄瓜多尔:东谷拉瓦	GSHAP
1746	2	9	13			-13.5	-72		5	Mk	Peru: Cuzco	秘鲁:库斯科	GSHAP, Song
1746	2	11				-14	-71.7	20	6	Mk	Peru: Cusco	秘鲁:库斯科	GSHAP, Song
1746	5	14	10			35.65	139.8		6.9	Ms	Japan: Tokyo	日本:东京	Usami
1746	7	29				40.2	116.2		5	Ms	China: Beijing, Changping	中国:北京昌平	China
1746	10	8	6			46.033	13.383		5.17	Ms	Italy: Udine	意大利:乌迪内	Italy
1746	10	29	3	30		-12	-77	30	8	Ms	Peru: Lima, Callao	秘鲁:利马,卡亚俄	* NOAA
1747	1	8	14			-13.6	-71.9		5	Mk	Peru: Cusco	秘鲁:库斯科	GSHAP, Song
1747	2	4				-13.9	-70.3	20	6.5	Mk	Peru: Puno, N.	秘鲁:普诺北部	* GSHAP, Song
1747	3	14	18	30		-8.58	-78.1	20	6	Mk	Peru: Chimbote, NE.	秘鲁:钦博特东北	GSHAP, Song
1747	3	19				-13.5	-71.6	80	6	Mk	Peru: Cusco	秘鲁:库斯科	GSHAP, Song
1747	3					32	140		7	Mk	Japan: South Honshu Ridge	日本:本州南部海岭	Japan, NOAA, Song
1747	3					31.4	100.7		6.75	Ms	China: Sichuan, Luhuo	中国:四川炉霍	China
1747	4	17				43.202	12.824		5.93	Ms	Italy: Gualdo Tadino	意大利:瓜尔多塔迪诺	Italy, GSHAP
1747	7					12.77	124.05		7	Mk	Philippines: Samar Island, N.	菲律宾:萨马岛北部	NOAA, Song
1748	1	27				36	136.2		7	Mk	Japan: Fukui	日本:福井	Japan, Song
1748	2	23				31.3	103.5		5.5	Ms	China: Sichuan, Wenchuan	中国:四川汶川	China
1748	3	6				30.2	101.5		5.75	Ms	China: Sichuan, Garze, NW.	中国:四川甘孜西北	* China
1748	3	23				39.5	-0.4		7.3	Mk	Spain: Valencia	西班牙:巴伦西亚	* Song
1748	5	2				32.8	103.7		6.5	Ms	China: Sichuan, Songpan, N.	中国:四川松潘北	* China
1748	5	25				38.25	22.25		6.8	Ms	Greece: Achaia	希腊:阿凯亚	* NOAA
1748	6	18				35.47	133.05		6.1	Mk	Japan: Shimane	日本:岛根	Japan, Song
1748	8	30				30.4	101.6		6.5	Ms	China: Sichuan, Garze, NW.	中国:四川甘孜西北	* China
1748	10	12				31	102.4		5.5	Ms	China: Sichuan, Xiaojin	中国:四川小金	China
1748	10	30				37	127.7		5	Ms	South Korea: Okcheon	韩国:沃川郡	GSHAP
1748	11	21				36.4	106.1		5.5	Ms	China: Ningxia, Guyuan, N.	中国:宁夏固原北	* China
1749	1	20				-4	-79.2		6.3	Ms	Ecuador: Loja	厄瓜多尔:洛哈	GSHAP
1749	2	28				22.9	112		5	Ms	China: Guangdong, Yunfu	中国:广东云浮	China
1749	3	25				39.5	-0.4		7	Mk	Spain: Valencia	西班牙:巴伦西亚	* Song
1749	5	25	1			33.2	132.6		7	Ms	Japan: Ehime	日本:爱媛	Usami, Japan
1749	8	12	9			13.6	121.1		7.7	Mk	Philippines: Taal Volcano	菲律宾:塔尔火山	* Maso, NOAA, Song
1749						20.4	-103.2		6.3	Mk	Mexico: Colima, Guadalajara	墨西哥:科利马,瓜达拉哈拉	* Song
1750	2	1				42.356	13.396		5.03	Ms	Italy: L'Aquila	意大利:拉奎拉	Italy
1750	5	24				43.1	0.2		6.5	Mk	France: Tarbes, Lourdes	法国:塔碧斯,洛德斯	* Song
1750	6	7				36.2	23		7	Mk	Greece: Morea, Cerigo	希腊:摩里亚,察里哥	* Song
1750	9	15				24.7	102.9		6.25	Ms	China: Yunnan, Chengjiang	中国:云南澄江	* China
1750	10	1				42.1	24.8		6.8	Ms	Bulgaria: Asenovgrad	保加利亚:阿塞诺夫格勒	GSHAP
1750	10					42.1	24.8	20	7.2	Ms	Bulgaria: Asenovgrad	保加利亚:阿塞诺夫格勒	* GSHAP
1750	10					42.1	24.8		6.6	Ms	Bulgaria: Asenovgrad	保加利亚:阿塞诺夫格勒	GSHAP
1750	12	17				45.391	14.411		5.37	Ms	Croatia: Rijeka	克罗地亚:里耶卡	* Italy
1750	12	17				45.2	14.2		6.3	Ms	Croatia: Rijeka	克罗地亚:里耶卡	* Italy, NOAA
1750						43	42.8	15	6.9	Ms	Georgia: Tkvarcheli	格鲁吉亚:特克瓦谢利	GSHAP
1750						43	42.6	15	6.8	Ms	Georgia: Tkvarcheli	格鲁吉亚:特克瓦谢利	GSHAP
1750						42.9	41.9	16	7	Ms	Georgia: Zugdidi	格鲁吉亚:祖格迪迪	GSHAP
1750						18.5	93.4		7.9	Mk	myanmar: Thandwe, Near Coast	缅甸:丹兑近海	* NOAA, Song
1750						20.4	-103.2		6.3	Mk	Mexico: Colima, Guadalajara	墨西哥:科利马,瓜达拉哈拉	* Song
1750						10.5	-64.2		7	Mk	Venezuela: Cumana	委内瑞拉:库马纳	* NOAA, Song
1750						30.6	101.5		5	Ms	China: Sichuan, Dawu, SE.	中国:四川道孚东南	China
1751	3	26	4			35	135.4		6.4	Ms	Japan: Nose	日本:大阪能势町	Usami, Japan
1751	4	25				2.5	-76.5		6.3	Mk	Colombia: Cauca	哥伦比亚:考卡	* Song
1751	5	20				37.2	138.1		6.6	Ms	Japan: Joetsu	日本:新潟上越	* Usami, NOAA
1751	5	25	5	30		-36.83	-71.63		8.5	Ms	Chile: Concepcion, Chillan	智利:康塞普西翁,奇廉	* NOAA
1751	5	25				26.5	99.9		6.75	Ms	China: Yunnan, Jianchuan	中国:云南剑川	* China
1751	6	7				37.8	27		7.3	Mk	Turkey: Izmir, Efes, Aydin	土耳其:伊兹密尔,艾菲斯,艾登	* Song
1751	6	11				42.594	12.593		5.11	Ms	Italy: San Gemini	意大利:圣杰米尼	Italy

年 Year	月 Mo	日 Dy	时 Hr	分 Mn	秒 Sec	纬度(°) Latitude	经度(°) Longitude	深度 Depth	震级 Mag	标度 Scale	地名(英文) Name(English)	地名(中文) Name(Chinese)	资料来源 Information
1751	6	18				37.8	27.1		6.4	Ms	Turkey:Izmir, Efes, Aydin	土耳其:伊兹密尔,艾菲斯,艾登	GSHAP
1751	7	24				38.9	142.2		7	Mk	Japan:Miyagi	日本:宫城	NOAA,Song
1751	7	26	3	15		42.63	13.78		5.3	Ms	Italy:Amatrice	意大利:阿马特里切	GSHAP
1751	7	26	19	30		43.222	12.73		6.3	Ms	Italy:Gualdo,Nocera	意大利:瓜尔多,诺切拉	* Italy
1751	7	26	24			43.25	12.75		5.6	Ms	Italy:Fossato Di Vico	意大利:福萨托－迪维科	GSHAP
1751	7	28				43.25	12.75		5.1	Ms	Italy:Fossato Di Vico	意大利:福萨托－迪维科	GSHAP
1751	8	18				19	－70		6.3	Mk	Dominica:Concepcion,De La Vega	多米尼加:康塞普西翁,德拉维加	* Song
1751	9	15				18.5	－72.3		7.1	Mk	Haiti:Port－Au－Prince	海地:太子港	* Song
1751	9	25	17			42.53	12.53		5.1	Ms	Italy:Narni	意大利:纳尔尼	GSHAP
1751	10	18	19			18.5	－70.7	33	7.3	Ms	Dominica:Azua De Compostela	多米尼加:波斯特拉的阿苏阿	* NOAA
1751	11	21	9	45		43.8	9		6.7	Mk	Italy:Genova,Near Coast of S.	意大利:热那亚南部近海	* NOAA,Song
1751	11	21	12	50		18.5	－72.3		7.7	Mk	Haiti:Port－Au－Prince	海地:太子港	* Song
1752	4	28				40.4	－8.7		7	Mk	Portugal:Buarcos, Aveiro	葡萄牙:布阿尔库什,阿维罗	* NOAA,Song
1752	5	17				31.3	122.3		5	Ms	China:Yangtze Delta	中国:长江口	China
1752	6	21				35	36		7	Ms	Syria:Hamah (Hama)	叙利亚:哈马	* GSHAP,NOAA
1752	6					37.8	21		6.2	Ms	Greece:Zakynthos	希腊:扎金索斯岛	* GSHAP
1752	7	29				41.41	26.61		7.5	Ms	Greece:Didymoteicho	希腊:季季莫蒂霍	GSHAP
1752	7	29				41.5	26.5	24	6.7	Ms	Greece:Didymoteicho	希腊:季季莫蒂霍	GSHAP
1752						31.2	34.2		7.7	Mk	Egypt:Yamit	埃及:耶米特	* Song
1752						31.4	79.9		6.5	Ms	China:Xizang (Tibet),Zanda	中国:西藏札达	China
1753	2	10	16			35.65	139.8		6.1	Mk	Japan:Tokyo	日本:东京	Usami,Song
1753	3	6				38.1	22.5		6.2	Ms	Greece:Elliniko	希腊:埃利尼科	GSHAP
1753	3	9	13	15		44.93	7.18		5.25	Ms	Italy:Torino	意大利:托里诺(都灵)	Italy
1753	4	22				43.983	11.92		5.03	Ms	Italy:Galeata	意大利:加莱阿塔	Italy
1753	5	26				42.617	12.55		5.17	Ms	Italy:San Gemini	意大利:圣杰米尼	Italy,GSHAP
1754	4					25.3	121.4		6	Ms	China:Taiwan Strait	中国:台湾海峡	NOAA
1754	5	15	21			13.6	121.1		8	Mk	Philippines:Taal Volcano	菲律宾:塔尔火山	* Maso,Song
1754	5					37.7	112.5		5	Ms	China:Shanxi,Jinyuan	中国:山西晋源	China
1754	6					25	101.6		5	Ms	China:Yunnan,Chuxiong	中国:云南楚雄	China
1754	8	18				－3.5	128.5		6.5	Ms	Indonesia:Maluku Islands	印度尼西亚:摩鹿加群岛	* NOAA
1754	9	1				16.7	－99.2		7.8	Muk	Mexico:Acapulco	墨西哥:阿卡普尔科	* NOAA
1754	9	2	21	30		30.8	31		7.2	Ms	Egypt:Al－Qahirah (Cairo)	埃及:开罗	* GSHAP,NOAA
1754	9	2				40.8	29.4	15	5.8	Ms	Turkey:Gebze	土耳其:盖布泽	GSHAP
1754	9	7				－3.567	128.548		7	Mk	Indonesia:Maluku Islands	印度尼西亚:摩鹿加群岛	* NOAA,Song
1754	9	16	16	3		41	28.1		6.6	Mk	Turkey:Marmara Sea	土耳其:马尔马拉海	NOAA,Song
1754	9	19	11			46.267	7.117		5.17	Ms	Switzerland:Montreux	瑞士:蒙特勒	Italy
1754	9	22				40.7	142		6.3	Mk	Japan: Hachinohe	日本:青森八户	Japan,Song
1754						39.75	37		5.8	Ms	Turkey:Sivas	土耳其:锡瓦斯	Turkey
1754						24.8	121		5	Ms	China:Taiwan,Hsinchu	中国:台湾新竹	China
1755	1	27				24.7	102.2		6.5	Ms	China:Yunnan,Yimen	中国:云南易门	* China
1755	2	8				23.7	102.8		6	Ms	China:Yunnan,Jianshui	中国:云南建水	* China
1755	2	24				39.5	25.6		7	Ms	Aegean Sea	爱琴海	GSHAP
1755	2	26				42.5	21.9		5.7	Ms	Serbia:Vranje	塞尔维亚:弗拉涅	* GSHAP
1755	3	29				40.5	143.5		6.2	Ms	Japan Trench	日本海沟	Usami
1755	4	21	5			36.75	139.6		6.2	Ms	Japan:Utsunomiya	日本:宇都宫市	Usami
1755	4	26				－0.2	－78.5		7	Muk	Ecuador:Quito	厄瓜多尔:基多	*
1755	6	7				34	51.4		5.9	Ms	Iran:Kashan	伊朗:卡尚	* Iran
1755	11	1	8	50		36	－11		8.5	Ms	Steait Of Gibraltar,W.	直布罗陀海峡西部	* NOAA
1755	11	1	17			42.742	11.868		5.03	Ms	Italy:Acquapendente	意大利:阿夸彭登泰	Italy
1755	11	16	15	30		43.37	8.4		6.6	Mk	Spain:Coruna	西班牙:拉科鲁尼亚	NOAA,Song
1755	11	18	9	11	35	42.7	－70.3		7	ML	US:Massachusetts,Gloucester, Near Coast	美国:马萨诸塞州格洛斯特近海	* NOAA
1755	11	19				34.08	－5		7.3	Mk	Morocco:Meknes, Fes	摩洛哥:梅克内斯,菲斯	* Song
1755	12	9	13	30		46.3	8		5.9	Ms	Switzerland:Naters	瑞士:纳特尔斯	* Italy
1755	12	21	9			37	－10		7	Mk	Portugal:Coast SW.	葡萄牙:西南海域	NOAA,Song
1755						5.8	－72.31		5.7	Ms	Colombia:Tamara	哥伦比亚:塔马拉	GSHAP
1756	2	13				36.3	27.5		7.7	Ms	Greece:Chalki (Dodecanese)	希腊:秋奇(萨摩斯岛)	GSHAP
1756	2	20				35.6	140.9		6	Ms	Japan:Chiba,Near Coast	日本:千叶近海	Japan
1756	2	27				51.208	－4.122		6.7	Mk	England:Bristol Channel	英国:布里斯托海峡	NOAA,Song
1756	3	29				38.7	－9		7	Mk	Portugal:Lisbon	葡萄牙:里斯本	* NOAA,Song
1756	4	13				45.669	12.244		5.03	Ms	Italy:Treviso	意大利:特雷维索	Italy
1756	10	22	15	30		37.7	22.8		7	Ms	Greece:Argos	希腊:阿尔戈斯	GSHAP,NOAA
1756	11	26				40.5	26.4		6.7	Ms	Turkey:Canakkale,N.	土耳其:恰纳卡莱北部	GSHAP
1756	12	7				29.1	116.9		5.5	Ms	China:Jiangxi,Poyang,NE.	中国:江西鄱阳东北	China
1756						56	163	20	6.7	Ms	Russia:Kamchatka Peninsula	俄罗斯:堪察加半岛	GSHAP
1757	2	22				－0.6	－78.4		7	Muk	Ecuador:Pichincha,S.	厄瓜多尔:皮钦查南部	*
1757	4	15				34	－6.8		7	Mk	Morocco:Sale, Cape Cantin	摩洛哥:塞拉,坎汀海角	* Song
1757	6	13				24.9	98.4		5.5	Ms	China:Yunnan,Yingjiang	中国:云南腾冲	China
1757	6	27	10			45.8	17		5.7	Ms	Croatia:Bjelovar	克罗地亚:别洛瓦尔	GSHAP

年 Year	月 Mo	日 Dy	时 Hr	分 Mn	秒 Sec	纬度(°) Latitude	经度(°) Longitude	深度 Depth	震级 Mag	标度 Scale	地名(英文) Name(English)	地名(中文) Name(Chinese)	资料来源 Information
1757	7	4				45.8	17.4		6.3	Mk	Croatia:Požega	克罗地亚:波热加	* Song
1757	7	8	4			45.8	17		5.7	Ms	Croatia:Bjelovar	克罗地亚:别洛瓦尔	GSHAP
1757	7	9	23	45		38.65	-28.08		8	Mk	Azores:Sao Jorge	亚速尔群岛:苏乔治丘陵	* NOAA,Song
1757	7	14				39.3	16.2		5.5	Mk	Italy:Calabria,Cosenza	意大利:卡拉布里亚,科森扎	* Song
1757	7	15				49.92	-6.32		7	Mk	England:St. Mary, Scilly Islands	英国:圣马里,锡利群岛	* NOAA,Song
1757	7	30				36.6	126.8		5	Ms	South Korea:Cheongyang	韩国:青阳郡	GSHAP,Korea
1757	8	6				37	15		6.6	Mk	Italy:Siracusa (Syracuse)	意大利:锡拉库萨(锡拉丘兹)	* Song
1757	8	24				-6	107		7.5	Ms	Indonesia:Jakarta	印度尼西亚:雅加达	* NOAA
1758	1					36.8	10.2		7.3	Mk	Tunisia:Tunis	突尼斯:突尼斯	* Song
1758	5					38.9	22.9		6.6	Ms	Greece:Lamia	希腊:拉米亚	GSHAP,NOAA
1758	6	13				37	-26		8	Mk	Azores:Luz	亚速尔群岛:路姿	* Song
1759	3	30	13	30		44.9	7.3		6	Mk	Italy:Pinerolo	意大利:皮奈罗洛	* Song
1759	6	2	1			38	20.5		7	Mk	Greece:Nisia Ionioy	希腊:伊奥尼亚群岛	* Song
1759	6	13				38.2	20.5		6.3	Ms	Greece:Nisia Ionioy	希腊:伊奥尼亚群岛	GSHAP
1759	6	15				36.5	136.6		6.1	Mk	Japan:Kanazawa	日本:石川金泽	Japan,Song
1759	6	26				41	24		6.3	Mk	Greece:Serres	希腊:塞雷	* Song
1759	6	29				42.1	24.8	14	6.1	Ms	Bulgaria:Asenovgrad	保加利亚:阿塞诺夫格勒	GSHAP
1759	6	29				19.5	-102.3		6.3	Mk	Mexico:Jorullo	墨西哥:霍鲁约	* Song
1759	9	3	4	15		-8.6	-79.8	50	6	Mk	Peru:Chimbote,Near Coast	秘鲁:钦博特近海	GSHAP,Song
1759	10	30				33	35.5		6.4	Ms	Israel:Zefat (Safed)	以色列:采法特(萨法德)	* NOAA
1759	11	25				33.3	35.7		7.7	Mk	Lebanon:Sur (Tyre)	黎巴嫩:苏尔	* Song
1759						5.7	-76.6		5	Ms	Colombia:Quibdo	哥伦比亚:乔科的基沃多	GSHAP
1759						41.917	13.083		5.17	Ms	Italy:Subiaco	意大利:苏比亚科	Italy
1760	1	21				56.2	8		7	Mk	Denmark:Ringkobing	丹麦:灵克宾	NOAA,Song
1760	1					42.5	13		5.17	Ms	Italy:Rieti	意大利:列蒂	Italy
1760	5	14	16			31.448	140.036		6.3	Mk	Japan:South Honshu Ridge	日本:本州南部海岭	Usami,,Song
1760	6	16	16			40.8	14.4		6.7	Mk	Italy:Bay of Napli	意大利:那不勒斯湾	NOAA,Song
1760	7	11				20	-75.5		6.2	Mk	Cuba:Santiago De Cuba	古巴:圣地亚哥	* Song
1760	8					39.2	127.4		5.5	Ms	North Korea:Wonsan	朝鲜:元山市	GSHAP
1760	10	10				28.7	77.199		5	Mk	India:New Delhi	印度:新德里	GSHAP,Song
1761	3	12	7	15		42.7	-70.3		5	Mk	US:Massachusetts,Gloucester, Near Coast	美国:马萨诸塞州格洛斯特近海	USGS,Song
1761	3	30	23	1		34.5	-13		8.5	Ms	Steait Of Gibraltar,W.	直布罗陀海峡西部	* NOAA
1761	5	23				24.4	102.6		6.25	Ms	China:Yunnan,Yuxi,N.	中国:云南玉溪北	* China
1761	8	14				49.465	-2.585		7	Mk	England:Jersey Island	英国:泽西岛	NOAA,Song
1761	11	3				24.4	102.6		5.75	Ms	China:Yunnan,Yuxi	中国:云南玉溪	* China
1761	12	9	17	20		50	90	30	8.3	Muk	Russia:Tuva,Mugur - Aksy,SW.	俄罗斯:唐努图瓦州穆古尔阿克瑟西南	* GSHAP
1761	12	12	18			50.5	83	20	5	Ms	Kazakhstan:Zyryanovsk	哈萨克斯坦:济良诺夫斯克	GSHAP
1762	3	29	2			37.8	139		5.9	Ms	Japan:Niigata	日本:新潟	Usami,Japan
1762	4	2				22	92		8	Mk	India:Chittagong,Dacca	印度:吉大港,达卡	* NOAA,Song
1762	4	15	22	30		44	11.333		5.17	Ms	Italy:Borgo S. Lorenzo	意大利:圣洛伦佐镇	Italy
1762	7	23				40.746	13.909		5.03	Ms	Italy:Island of Ischia	意大利:伊斯基亚岛	Italy
1762	9	27				51.5	0.1		6.7	Mk	England:Dover Straits	英国:多佛尔海峡	NOAA,Song
1762	10	6	12	10		42.3	13.58		5.9	Ms	Italy:Aquilano	意大利:阿奎拉诺	Italy
1762	10	31	5			38.1	138.7		6.6	Ms	Japan Sea	日本海	* Usami,Japan, NOAA
1763	1	21				40.7	142		6.1	Mk	Japan: Hachinohe	日本:青森八户	Japan,Song
1763	1	29	9			40.5	143.5		8	Muk	Japan:Aomori,Near Coast	日本:青森近海	* Usami,NOAA
1763	3	11				41	142.5		7.75	Ms	Japan:Aomori,Near Coast	日本:青森近海	* Usami,Japan, NOAA
1763	3	15				40.7	142		7.1	Muk	Japan:Aomori,Hachinohe	日本:青森,八户	* Usami,Japan, NOAA
1763	6	28	5	28		47.7	18.2		6.2	Muk	Hungary:Komarom	匈牙利:科马罗姆	*
1763	9	3				41.04	28.98		5.8	Ms	Turkey:Istanbul	土耳其:伊斯坦布尔	Turkey
1763	9	12				-4.5	130		7.7	Mk	Indonesia:Banda Sea	印度尼西亚:班达海	* NOAA,Song
1763	9	18				50.6	-2.466		6.7	Mk	England:Poole	英国:普尔	NOAA,Song
1763	12	30				24.2	102.8		6.5	Ms	China:Yunnan,Jiangchuan	中国:云南江川	* China
1764	1	4				24	88		6.3	Ms	India:Berhampore	印度:贝兰布尔	GSHAP
1764	6	4				24	88		6.2	Ms	India:Berhampore	印度:贝兰布尔	GSHAP
1764	6	27				33	121.5		6	Ms	China:South Yellow Sea	中国:南黄海	China
1764	8					17.899	73.699		6	Ms	India:Satara	印度:萨达拉	GSHAP
1764	10	29				35	136.8		6.1	Mk	Japan:Ise Bay	日本:伊势湾	Japan,Song
1764	12	26	10			38.7	-9.2		7	Mk	Portugal:Lisbon	葡萄牙:里斯本	* NOAA,Song
1764						41.7	47.5	20	5.1	Ms	Russia:Dagestan,Tpig	俄罗斯:达吉斯坦共和国特皮格	GSHAP
1765	2	9				44.7	82.9		6.5	Ms	China:Xinjiang,Jinghe	中国:新疆精河	* China
1765	3	15				41.8	123.4		5.5	Ms	China:Liaoning,Shenyang	中国:辽宁沈阳	China
1765	3	21				40.2	24.7	36	6.6	Ms	Aegean Sea	爱琴海	GSHAP
1765	5	1				35.3	103.9		5.5	Ms	China:Gansu,Lintao	中国:甘肃临洮	China

年 Year	月 Mo	日 Dy	时 Hr	分 Mn	秒 Sec	纬度(°) Latitude	经度(°) Longitude	深度 Depth	震级 Mag	标度 Scale	地名(英文) Name(English)	地名(中文) Name(Chinese)	资料来源 Information
1765	7	4				40.1	116		5	Ms	China: Beijing, Changping, SW.	中国：北京昌平西南	China
1765	8	16				34.5	108.2		5	Ms	China: Shaanxi, Qianxian	中国：陕西乾县	China
1765	9	2				34.8	105		6.5	Ms	China: Gansu, Gangu, N.	中国：甘肃甘谷西北	* China
1765	11	15				40.2	25.2		6.7	Ms	Aegean Sea	爱琴海	GSHAP
1765						13.7	-89.2		5.9	Mk	El Salvador: San Salvador	萨尔瓦多：圣萨尔瓦多	* Song
1765						30.6	101.5		5	Ms	China: Sichuan, Dawu, SE.	中国：四川道孚东南	China
1766	2	2				42	-68		5.5	Mk	US: Massachusetts, Boston, Near Coast	美国：马萨诸塞州波士顿近海	USGS, Song
1766	3	8	9			40.9	141.7		6.9	Ms	Japan: Aomori, Near Coast	日本：青森近海	* Usami, Japan, NOAA
1766	4	5	9			64	-19.9	11	6	Ms	Iceland: Hella	冰岛：海德拉	Iceland
1766	4	23				40.8	28.2		5.8	Ms	Turkey: Manyas	土耳其：马尼亚斯	Turkey
1766	5	22	5	30		41	29		6.5	Ms	Turkey: Istanbul	土耳其：伊斯坦布尔	* NOAA
1766	6	9				27.7	54.3		6.3	Mk	Iran: Lar	伊朗：拉尔	* Song
1766	6	12	4	45		19.9	-76.1	25	6.8	Ms	Cuba: Santiago De Cuba	古巴：圣地亚哥	*
1766	7	9	21			3.7	-76.3		6.5	Mk	Colombia: Buga, Cali, Popayan	哥伦比亚：布加，卡利，波帕扬	* Song
1766	7	11	5	6		38	20.5		7	Mk	Greece: Nisia Ionioy	希腊：伊奥尼亚群岛	* Song
1766	7	24				38.1	20.4		7	Ms	Greece: Nisia Ionioy	希腊：伊奥尼亚群岛	GSHAP
1766	8	5				40.74	27.11		7.6	Ms	Turkey: Hellespont	土耳其：达达尼尔海峡	GSHAP
1766	8	25				14.4	-61.1		5.9	Mk	Martinique Island: Saint - Pierre	马提尼克岛：圣彼得	* Song
1766	9	9	19			64	-21.1	4	6	Ms	Iceland: Selfoss	冰岛：塞尔福斯	Iceland
1766	10	21	9			10.47	-64.17		7.5	Ms	Venezuela: Cumana	委内瑞拉：库马纳	* NOAA
1766	11	9				39.8	22.2		6.3	Ms	Greece: Larissa	希腊：拉里萨	GSHAP
1766	12	7	10	45		14.2	121		5.5	Mk	Philippines: Calamba	菲律宾：卡兰巴	Maso, Song
1766	12	25				42.75	12.917		5.17	Ms	Italy: Umbria	意大利：翁布里亚	Italy, GSHAP
1766						39.98	41.7		5.8	Ms	Turkey: Pasinler, Erzurum	土耳其：哈珊卡尔堡，埃尔佐鲁姆	Turkey
1766						14.5	-89.3		5.9	Mk	Guatemala: Chiquimula, Quetzaltepeque	危地马拉：奇基穆拉，奎札特佩奎	* Song
1767	1	21	7	45		44.18	10.11		5.06	Ms	Italy: Carrara	意大利：卡拉拉	Italy
1767	2	7	3	45		44.548	8.681		5.06	Ms	Italy: Genova	意大利：热那亚	Italy
1767	2	8	1	5		14.2	121		5.5	Mk	Philippines: Calamba	菲律宾：卡兰巴	Maso, Song
1767	4	24	6			14.4	-61		7	Mk	Martinique Island	马提尼克岛(拉丁美洲)	* NOAA, Song
1767	5	4				38.6	142		6.3	Mk	Japan: Miyagi, Near Coast	日本：宫城近海	Usami, Japan, Song
1767	5	26	18	24		45.27	7.5		5.17	Ms	Italy: Torino	意大利：托里诺(都灵)	Italy
1767	6	5	1	30		42.82	12.75		5.44	Ms	Italy: Perugia	意大利：佩鲁贾	Italy
1767	7	11	4			38.2	20.2		7	Mk	Greece: Nisia Ionioy	希腊：伊奥尼亚群岛	* Song
1767	7	14				39.38	16.28		5.83	Ms	Italy: Crati	意大利：克拉提	* Italy
1767	9	5				53	-10		7	Mk	Ireland: Clare, Near Coast	爱尔兰：克莱尔郡近海	NOAA, Song
1767	10	22				35.7	139.8		6	Ms	Japan: Tokyo	日本：东京	Japan
1767	11	13	7	25		14.2	121		5.9	Mk	Philippines: Calamba	菲律宾：卡兰巴	* Maso, Song
1767	11	21	12			46.9	14.3		5.17	Ms	Austria: Kaernten	奥地利：克恩顿	Italy
1767	11	22				18	108		7	Mk	China: South China Sea	中国：南海	* NOAA, Song
1767						14	143.3		7	Mk	Guam	关岛(西太平洋)	NOAA, Song
1767						38.53	30.55		5.8	Ms	Turkey: Suhut	土耳其：舒胡特	Turkey
1767						41	29	15	5.8	Ms	Turkey: Istanbul	土耳其：伊斯坦布尔	GSHAP
1767						40.735	13.919		5.03	Ms	Italy: Island of Ischia	意大利：伊斯基亚岛	Italy
1768	1	18				35.7	140		6.1	Mk	Japan: Narashino	日本：千叶习志野	Japan, Song
1768	2	27	1	45		47.8	16.2	10	5.5	Ms	Austria: Ternitz	奥地利：泰尔尼茨	GSHAP
1768	3	28	21			51.5	104	15	5	Ms	Russia: Irkutsk, Baykalsk	俄罗斯：伊尔库茨克州贝加尔斯克	GSHAP
1768	4	3	2	30		-0.7	-78.4		5	Ms	Ecuador: Cotopaxi, NE.	厄瓜多尔：科托帕希东北	GSHAP
1768	6	22				-5	152.5		7.5	Ms	Papua New Guinea: East New Britain, E.	巴布亚新几内亚：东新不列颠东部	* NOAA
1768	7	19				35.5	139.1		5	Ms	Japan: Kanagawa	日本：神奈川	Japan
1768	7	22	2			26.2	127.5		6.5	Ms	Ryukyu Islands	琉球群岛	* NOAA, Japan, Usami,
1768	9	8				40.7	142		5.9	Ms	Japan: Hachinohe	日本：青森八户	Usami, Japan
1768	10	19	23			43.93	11.87		5.84	Ms	Italy: Santa Sofia	意大利：圣安娜索非亚	* Italy
1768	11	28				44.1	15.2		5.7	Ms	Croatia: Zadar	克罗地亚：扎达尔	* GSHAP
1769	5	1				33	44.5		6.3	Mk	Iraq: Baghdad	伊拉克：巴格达	* Song
1769	5	7				29.4	52.3		5.9	Mk	Iran: Shiraz	伊朗：设拉子	* Song
1769	6	12	23			40.85	139.95		5.9	Ms	Japan: Aomori	日本：青森	Japan
1769	7	12				40.6	141.6		6.5	Ms	Japan: Hachinohe	日本：青森八户	Japan
1769	7	22				40.7	142		5.9	Ms	Japan: Hachinohe	日本：青森八户	Usami
1769	7	28				33.9	-117.8		6	Ms	US: California, Los Angeles	美国：加利福尼亚州洛杉矶	USGS
1769	8	29	5			32.3	132		7.4	Ms	Japan: Miyazzaki, Near Coast	日本：宫崎近海	* Usami, NOAA
1769	10	1				38.8	20.8		7	Mk	Greece: Leukas (Ionian Islands)	希腊：琉卡斯(伊奥尼亚群岛)	* Song
1769	10	12	18			38.8	20.6		6.7	Ms	Ionian Sea	爱奥尼亚海	GSHAP
1769	10	24	13			51.8	105.5	40	7.3	Muk	Russia: Lake Baykal	俄罗斯：贝加尔湖	*
1769						46.9	9.5		6.3	Mk	Switzerland: Chur	瑞士：库尔	* Song

年 Year	月 Mo	日 Dy	时 Hr	分 Mn	秒 Sec	纬度(°) Latitude	经度(°) Longitude	深度 Depth	震级 Mag	标度 Scale	地名(英文) Name(English)	地名(中文) Name(Chinese)	资料来源 Information
1769						38.4	22.2		6.5	Ms	Greece:Corinth Gulf	希腊:科林斯海湾	NOAA
1770	1	16				31.4	116.3		5.75	Ms	China:Anhui,Heshan	中国:安徽霍山	China
1770	1					38.717	20.65		6.2	Mk	Greece:Lefkada	希腊:莱夫卡斯	* Song
1770	5	26	21			38.6	142		7.4	Muk	Japan:Miyagi,Near Coast	日本:宫城近海	* Usami,Japan
1770	6	3	19	15		18.5	-73.4	10	7.7	Mk	Haiti:Port - Au - Prince	海地:太子港	* NOAA,Song
1770	6	8				38.108	15.647		5.03	Ms	Italy:Reggio Calabria	意大利:卡拉布里亚雷焦	Italy
1770	9	26				24.9	99.9		5.5	Ms	China:Yunnan,Fengqing,N.	中国:云南凤庆北	* China
1770	10	23	1			38.9	141.1		6.1	Mk	Japan:Iwate	日本:岩手	Japan,Song
1770	11	23				34	136		6.1	Mk	Japan:Kumano	日本:三重熊野	Japan,Song
1770	12	27				43.777	11.249		5.03	Ms	Italy:Firenze	意大利:佛罗伦萨	Italy
1770	12					14.2	121		7.3	Mk	Philippines:Calamba	菲律宾:卡兰巴	* Maso,Song,NOAA
1770						42.8	74.1	15	6	Ms	Kyrgyzstan:Bishkek	吉尔吉斯斯坦:比什凯克	GSHAP
1770						27.1	54.2		6.3	Mk	Iran:Hormozgan	伊朗:荷姆兹甘	* Song
1770						-5	102		7	Ms	Indonesia:Sumatra,Coast of SW.	印度尼西亚:苏门答腊西南海域	NOAA
1770						29.3	91.5		5.75	Ms	China:Xizang (Tibet),Shannan	中国:西藏山南	China
1771	1	8	3			43.55	10.321		5.03	Ms	Italy:Livorno	意大利:来航	Italy
1771	2	1	12			14.55	121.15		5	Ms	Philippines:Manila	菲律宾:马尼拉	* Bautista,Maso
1771	3	1	2			51	89	30	6	Ms	Russia:Altai Krai,Chagan - Uzun,N.	俄罗斯:阿尔泰边疆区恰甘乌尊北部	GSHAP
1771	4	24				24	124.3		7.4	Ms	Ryukyu Islands	琉球群岛	* Usami,Japan,NOAA
1771	8	8	2	30		51.8	105.4	33	6	Ms	Russia:Lake Baykal	俄罗斯:贝加尔湖	GSHAP
1771	9	3	13			17.6	-76.5		5.9	Mk	Jamaica:Port Royal,Kingston	牙买加:罗亚尔港,金斯敦	* Song
1772	2	18	17			68.7	33.3	20	5	Ms	Russia:Murmansk,Murmansk	俄罗斯:摩尔曼斯克州摩尔曼斯克	GSHAP
1772	3	1				38.3	114.4		5	Ms	China:Hebei,Lingshou	中国:河北灵寿	China
1772	5	12				39.5	20		7	Mk	Greece:Thesprotia	希腊:塞斯普罗蒂亚	* Song
1772	6	3				39.3	142.7		7.4	Muk	Japan:Iwate,Near Coast	日本:岩手近海	* Usami
1772	6					44.4	4.8		6.1	Mk	France:Valence	法国:瓦朗斯	* Song
1772	11	24	7	45		38.8	26.7		6.4	Ms	Turkey:Izmir	土耳其:伊兹密尔	GSHAP,NOAA
1772	12	4	21	55		50.6	106.2	18	6	Ms	Mongolia:Suhbaatar	蒙古:苏赫巴托尔	GSHAP
1773	3	15	8			39.3	22.7		6.4	Ms	Greece:Magnesia	希腊:马格尼西亚	GSHAP
1773	3					41.839	12.831		5.03	Ms	Italy:Albano	意大利:阿尔巴诺	Italy
1773	5	6				35.8	-5.83		7.7	Mk	Morocco:Tangiers	摩洛哥:丹吉尔	* NOAA,Song
1773	5					39.5	20		6.3	Ms	Greece:Thesprotia	希腊:塞斯普罗蒂亚	GSHAP
1773	6	3				14.6	-91.2		7	Mk	Guatemala:Santiago	危地马拉:圣地亚哥	* Song
1773	6	29				-27.35	-70.35		6	Mk	Chile:Copiapo	智利:科皮亚波	GSHAP,Song
1773	7	29				14.6	-91.2		6	Mk	Guatemala:Santiago	危地马拉:圣地亚哥	* Song
1774	1	22	13			33.2	138.7		6.1	Mk	Japan:Tango	日本:丹後	Usami,Japan,Song
1774	4	17	23	30		46.95	7.417		5.17	Ms	Austria:Bern	瑞士:伯恩	Italy
1774	6	10				39.2	141.2		6.1	Mk	Japan:Iwate	日本:岩手	Japan,Song
1774	7	24				43.5	10.2		6.7	Mk	Italy:Livorno	意大利:里窝那	NOAA,Song
1774	8					4.6	-52.2		6.3	Mk	French Guiana:Cayenne	法属圭亚那:卡宴	* * Song
1774	9	10	15	25		46.9	8.7		5.57	Ms	Switzerland:Altdorf	瑞士:阿尔特多夫	* Italy
1774						47	-55		6.2	Mk	Canada:Newfoundland	加拿大:纽芬兰(岛)	* Song
1775	2	11				19.9	-76		7.7	Mk	Cuba:Santiago De Cuba	古巴:圣地亚哥	* NOAA,Song
1775	3	14				35	133.4		6.1	Mk	Japan:Okayama	日本:冈山	Japan,Song
1775	3	17				-33.05	-71.63		6	Mk	Chile:Valparaiso	智利:瓦尔帕莱索	GSHAP,Song
1775	3					19	-72.4		7	Mk	Haiti:Hinche	海地:安什	* NOAA,Song
1775	4	18				-4	129		7	Mk	Indonesia:Banda Sea	印度尼西亚:班达海	* NOAA,Song
1775	10	13	10			46	15.9		6.3	Ms	Croatia:Bedekovcina	克罗地亚:贝代科夫契纳	* GSHAP
1775	10	22				42	8.5		6.6	Mk	France:Island of Corsica	法国:科西嘉岛	NOAA,Song
1775	10					35.1	140.5		7.5	Mk	Japan:Boso,Near Coast	日本:房总半岛近海	NOAA,Song
1775	12	18				19	-72.4		7	Mk	Haiti:Hinche	海地:安什	* NOAA,Song
1775	12					9.2	-70.3		6.1	Mk	Venezuela:Trujillo	委内瑞拉:特鲁希略	* Song
1775						53.13	106.85	15	6.5	Ms	Russia:Lake Baykal	俄罗斯:贝加尔湖	GSHAP
1775						52.35	100.4	15	6.5	Ms	Russia:Buryatiya,Sorok	俄罗斯:布里亚特州索罗克	GSHAP
1775						56.61	117.22	15	6.5	Ms	Russia:Chita,Kodar	俄罗斯:赤塔州科达尔村	GSHAP
1775						42.3	123.9		5.5	Ms	China:Liaoning,Tieling	中国:辽宁铁岭	China
1776	1	1	14			39.6	-81.9		5.5	Mk	US:Ohio,Ringgold	美国:俄亥俄州灵戈尔德	USGS,Song
1776	1	18				45.5	26.6	150	6.4	Ms	Romania:Nehoiu	罗马尼亚:内霍尤	GSHAP
1776	1	30				19	-70.4		6.3	Mk	Dominica:Puerto Rico,W.	多米尼加:波多黎各西部	* Song
1776	2	6	19	30		61.2	137.4	20	5	Ms	Russia:Sakha,Churan	俄罗斯:萨哈共和国丘兰	GSHAP
1776	3	29				42.4	12.867		5.03	Ms	Italy:Rieti	意大利:列蒂	Italy
1776	4	21				16.7	-99.2		6.3	Mk	Mexico:Guerrero,Morelos,Oaxaca	墨西哥:格雷罗,莫雷洛斯,瓦哈卡	* Song
1776	4	24				45.429	14.258		5.03	Ms	Croatia:Bakar	克罗地亚:巴卡尔	Italy
1776	7	10				46.233	12.706		5.82	Ms	Italy:Tramonti	意大利:特拉蒙蒂	Italy
1776	12	5				40.3	24.5		6.7	Ms	Aegean Sea	爱琴海	GSHAP
1776	12					23.5	120.5		6	Ms	China:Taiwan,Chiayi	中国:台湾嘉义	* China
1777	1	26	8			-11.8	-77.4	50	5	Mk	Peru:Lima,Near Coast	秘鲁:利马近海	GSHAP,Song

年	月	日	时	分	秒	纬度(°)	经度(°)	深度	震级	标度	地名(英文)	地名(中文)	资料来源
Year	Mo	Dy	Hr	Mn	Sec	Latitude	Longitude	Depth	Mag	Scale	Name(English)	Name(Chinese)	Information
1777	1	26	21			-12	-77		5	Mk	Peru:Lima	秘鲁:利马	GSHAP,Song
1777	2	7	1			46.867	8.25		5.17	Ms	Switzerland:Melchtal	瑞士:梅尔西塔尔	Italy
1777	6	6	16	15		38.981	15.616		5.53	Ms	Italy:Calabria	意大利:卡拉布里亚区	Italy
1777	8	19				41.667	13.5		5.17	Ms	Italy:Isola Del Liri	意大利:伊索拉-德尔利里	Italy
1777	10	5	15	45		42.88	11.756		5.37	Ms	Italy:Radicofani	意大利:拉迪科法尼	Italy
1777	11	14				62.366	17.333		7	Mk	Sweden:Sundsvall	瑞典:松兹瓦尔	NOAA,Song
1777						35.5	-5.4		6.3	Mk	Morocco:Tangier,Sale	摩洛哥:丹吉尔,塞拉	* Song
1777						20.3	-103.7		6.3	Mk	Mexico:Jalisco	墨西哥:哈利斯科	* Song
1778	1	18				45.8	26.6		6.8	Ms	Romania:Vrancea	罗马尼亚:弗朗恰	GSHAP
1778	1	27				47.25	9.55		5.17	Ms	Switzerland:Saentis	瑞士:森蒂斯	Italy
1778	1	30				33.6	51.3		7.7	Mk	Iran:Esfahan	伊朗:伊斯法罕	* Song
1778	2	13	21			34.6	132.7		6.6	Ms	Japan:Hiroshima	日本:广岛	Usami,Japan
1778	3	4				58.5	20		7	Mk	Baltic Sea	波罗的海	NOAA,Song
1778	6	11				44.217	12.049		5.03	Ms	Italy:Forli´	意大利:弗利	Italy
1778	6	16	18	30		38.5	27		6.7	Mk	Turkey:Izmir	土耳其:伊兹密尔	* NOAA,Song
1778	7	3				38.4	26.8		6.4	Ms	Turkey:Izmir	土耳其:伊兹密尔	GSHAP
1778	7					35.1	139.5		7	Mk	Japan:Sagami Bay	日本:相模湾	* * NOAA,Song
1778	10	29				22.5	110.6		5.25	Ms	China:Guangxi,Yulin,S.	中国:广西玉林东南	China
1778	11	25				34	136		6	Ms	Japan:Kumano	日本:三重熊野	Japan
1778	12	15				34	51.3		6.2	Ms	Iran:Kashan	伊朗:卡尚	* Iran
1778	12	23	5	45		48.9	21.8	8	5.4	Ms	Slovak:Humenne	斯洛伐克:胡门内	GSHAP
1779	2	3	3			40.1	24.2		6	Ms	Aegean Sea	爱琴海	GSHAP
1779	3					42.7	121.8		5.75	Ms	China:Inner Mongolia,Hure Qi	中国:内蒙古库伦	China
1779	6	4	7			44.45	11.52		5	Ms	Italy:Bologna	意大利:博洛尼亚	Italy
1779	8	1	13	9		51.7	104.5	15	6.6	Ms	Russia:Lake Baykal	俄罗斯:贝加尔湖	GSHAP
1779	8	8	20			40.75	14.25		5.17	Ms	Italy:Medio Tirreno	意大利:文托泰内岛	Italy
1779	12	17				38	138.4		6.1	Mk	Japan:Sado	日本:佐渡	Japan,Song
1779	12	27				38	46.7		6.5	Muk	Iran:Tabriz	伊朗:大不里士	*
1780	1	8	19	30		38	46.2	20	7.7	Muk	Iran:Tabriz	伊朗:大不里士	*
1780	1	17	22	15		38.2	46.2	21	6.7	Ms	Iran:Tabriz	伊朗:大不里士	GSHAP
1780	2	6				30.4	-87.2		5.5	Mk	US:Florida,Pensacola	美国:佛罗里达州彭萨科拉	USGS,Song
1780	4	11				31.6	130.7		7	Mk	Japan:Sakurajima	日本:樱岛	Japan,NOAA,Song
1780	5	25				44.417	12.198		5.03	Ms	Italy:Ravenna	意大利:拉文纳	Italy
1780	5	31				45.3	151.2		7	Ms	Kuril Islands	千岛群岛	Usami
1780	6	18				41.8	142.7		7	Mk	Japan:Hokkaido	日本:北海道	NOAA,Song
1780	6	29				45.3	151.2	40	7.5	Muk	Kuril Islands	千岛群岛	* NOAA
1780	7	20				38.9	139.9		6.5	Ms	Japan:Sakata	日本:山形酒田	Japan
1780	9	9				31.6	130.7		7	Mk	Japan:Sakurajima	日本:樱岛	Japan,NOAA,Song
1780	9	21	14			42.5	18.7		5.7	Ms	Montenegro:Herceg Novi	蒙特尼哥罗(黑山):新海尔采格	* GSHAP
1780	10	3				18.2	-78.1		7.5	Mk	Jamaica:Savanna La Mar	牙买加:滨海萨凡纳	* Song
1780	10	28				35	25.8		7	Mk	Greece:Crete Island	希腊:克里特岛	* GSHAP
1780	10	31				31.6	130.7		7	Mk	Japan:Sakurajima	日本:樱岛	Japan,NOAA,Song
1780						58.5	121	20	5.7	Ms	Russia:Sakha,SW.	俄罗斯:萨哈共和国西南	GSHAP
1780						38.2	46		6.5	Ms	Iran:Tabriz	伊朗:大不里士	Iran
1780						36	60	30	6.5	Ms	Iran:Mashhad	伊朗:马什哈德	GSHAP
1781	4	4				44.235	11.797		5.84	Ms	Italy:Faentino	意大利:法恩扎	Italy
1781	6	3	10	10		43.594	12.506		6.23	Ms	Italy:Cagli	意大利:卡利	* Italy,GSHAP
1781	7	17	9	40		44.28	11.95		5.53	Ms	Italy:Faentino	意大利:法恩扎	Italy
1781	8	1				18.1	-77.3		7.1	Mk	Jamaica:Montego Bay	牙买加:蒙特歌湾	* NOAA,Song
1781	9	8				39.6	21.8		6	Ms	Greece:Trikala	希腊:特里卡拉	GSHAP
1781	9	10				45.497	9.644		5.03	Ms	Italy:Caravaggio	意大利:卡拉瓦焦	Italy
1781	10	3				25.9	101.1		5.25	Ms	China:Yunnan,Dayao,NW.	中国:云南大姚西北	China
1781						36.2	46	14	7	Ms	Iran:Kordestan	伊朗:库尔德斯坦	* GSHAP
1782	4	30				25.8	111.8		5	Ms	China:Hunan,Shuangpai	中国:湖南双牌	China
1782	5	22	16			-33	-69.2	30	7	Ms	Argentina:Mendoza	阿根廷:门多萨	GSHAP
1782	5	22				18	108		7	Ms	China:South China Sea	中国:南海	* NOAA
1782	8	22	16			35.1	139.7		7.3	Ms	Japan:Miura	日本:神奈川三浦	* Usami,Japan,NOAA
1782	9	21				40.7	142		6.1	Ms	Japan: Hachinohe	日本:青森八户	Usami,Japan
1782	9	24	11	30		41.817	12.717		5.17	Ms	Italy:Marino	意大利:马里诺	Italy
1783	1	17	10			50.7	81.2	27	5.9	Ms	Kazakhstan:Semey	哈萨克斯坦:塞米伊	GSHAP
1783	2	5	8			38.9	17.1		6.7	Mk	Italy:Crotone	意大利:克罗托内	* NOAA,Song
1783	2	5	12			38.3	15.97	13	6.91	Ms	Italy:Sicily,Messina	意大利:西西里岛,墨西拿	* Italy,NOAA
1783	2	6	1	6		38.22	15.63		5.94	Ms	Italy:Villa San Giovanni	意大利:圣乔瓦尼镇	* Italy,NOAA
1783	2	7	13	10		38.58	16.2		6.59	Ms	Italy:Vibo Valentia	意大利:维博瓦伦蒂亚	* Italy,NOAA
1783	2	7	15			38.2	15.55		5.7	Mk	Italy:Vibo Valentia	意大利:维博瓦伦蒂亚	* Song
1783	3	1	1	40		38.77	16.3		5.92	Ms	Italy:Monteleone	意大利:蒙特莱奥内	* Italy,NOAA
1783	3	5				35.7	139.8		6.1	Mk	Japan:Tokyo	日本:东京	Japan,Song
1783	3	20				38.7	30.7		7.3	Mk	Turkey:Amaxiki	土耳其:阿马西克	* Song

年	月	日	时	分	秒	纬度(°)	经度(°)	深度	震级	标度	地名(英文)	地名(中文)	资料来源
Year	Mo	Dy	Hr	Mn	Sec	Latitude	Longitude	Depth	Mag	Scale	Name(English)	Name(Chinese)	Information
1783	3	23	5			38.71	20.61		6.7	Ms	Greece:Leukas (Ionian Islands)	希腊:琉卡斯(伊奥尼亚群岛)	GSHAP
1783	3	28	1	15		38.78	16.47		6.94	Ms	Italy:Monteleone	意大利:蒙特莱奥内	* Italy,NOAA
1783	4	19				7.3	123.75		5	Mk	Celebes Sea	西里伯斯海	Maso,Song
1783	4	22	2	45		47.75	18.16	7	5.3	Ms	Slovak:Komarno	斯洛伐克:科马尔诺	GSHAP
1783	7	20				35.6	36.4	45	6.5	Ms	Syria:Hamah (Hama)	叙利亚:哈马	GSHAP
1783	7	28				45.878	10.808		5.03	Ms	Italy:Malcesine	意大利:马尔切西内	Italy
1783	7	29				38.3	16.3		6	Mk	Italy:Gerace	意大利:杰拉切	* Song
1783	11	15	9	15		41.667	15.333		5.17	Ms	Italy:S. Severo	意大利:圣塞韦罗	Italy
1783	11	20	12	58		38.6	16.1		5.17	Ms	Italy:Mileto	意大利:米莱托	Italy
1783	11	30	3	50		41	-74.5		5.3	Ms	US:New Jersey,Oak Ridge	美国:新泽西州橡树岭	USGS
1783						19.3	-70.4		5.9	Mk	Dominica:Santiago	多米尼加:圣地亚哥	* Song
1783						25.6	103.8		5.25	Ms	China:Yunnan,Zhanyi	中国:云南沾益	China
1784	3	18				46.1	25.6		5	Ms	Romania:Baraolt	罗马尼亚:巴拉奥尔特	GSHAP
1784	3	20	13	30		38.6	16.1		5.17	Ms	Italy:Mileto	意大利:米莱托	Italy
1784	3	24				46.067	14.5		5.03	Ms	Slovenia:Ljubljana	斯洛文尼亚:卢布尔雅那	Italy,GSHAP
1784	3	28				16.5	-99.5		7.7	Mk	Mexico:Guerrero,Acapulco	墨西哥:格雷罗,阿卡普尔科	* NOAA,Song
1784	4	2				17	-96.3		6.3	Mk	Mexico:Oaxaca	墨西哥:瓦哈卡	* Song
1784	5	13	12	35		-16.5	-72	70	8.4	Ms	Peru:Arequipa,Camana	秘鲁:阿雷基帕,卡马那	* GSHAP,NOAA
1784	5	14	7	30		-16.2	-72.1		5	Mk	Peru:Arequipa	秘鲁:阿雷基帕	GSHAP,Song
1784	5	16	5	30		-16.2	-72.1		5	Mk	Peru:Arequipa	秘鲁:阿雷基帕	GSHAP,Song
1784	5	16	8	15		-16.2	-72.1		5	Mk	Peru:Arequipa	秘鲁:阿雷基帕	GSHAP,Song
1784	5	16	16	43		-16.2	-72.1		5	Mk	Peru:Arequipa	秘鲁:阿雷基帕	GSHAP,Song
1784	5	17	7			-16.2	-72.1		5	Mk	Peru:Arequipa	秘鲁:阿雷基帕	GSHAP,Song
1784	5	17	19	56		-16.2	-72.1		5	Mk	Peru:Arequipa	秘鲁:阿雷基帕	GSHAP,Song
1784	5	18	9	50		-16.2	-72.1		5	Mk	Peru:Arequipa	秘鲁:阿雷基帕	GSHAP,Song
1784	5	18	16	30		-16.2	-72.1		5	Mk	Peru:Arequipa	秘鲁:阿雷基帕	GSHAP,Song
1784	5	21	1	46		-16.2	-72.1		5	Mk	Peru:Arequipa	秘鲁:阿雷基帕	GSHAP,Song
1784	5	30	10	35		-16.2	-72.1		5	Mk	Peru:Arequipa	秘鲁:阿雷基帕	GSHAP,Song
1784	6	6	22	36		-16.2	-72.1		5	Mk	Peru:Arequipa	秘鲁:阿雷基帕	GSHAP,Song
1784	6	20	4			-16.2	-72.1		5	Mk	Peru:Arequipa	秘鲁:阿雷基帕	GSHAP,Song
1784	7	8	8			-16.2	-72.1		5	Mk	Peru:Arequipa	秘鲁:阿雷基帕	GSHAP,Song
1784	7	18	14	55		-16.2	-72.1		5	Mk	Peru:Arequipa	秘鲁:阿雷基帕	GSHAP,Song
1784	7	19				39.74	39.5		6.4	Ms	Turkey:Erzincan	土耳其:埃尔津詹	GSHAP
1784	7	22	20	30		-16.2	-72.1		5	Mk	Peru:Arequipa	秘鲁:阿雷基帕	GSHAP,Song
1784	7	23	8			-16.2	-72.1		5	Mk	Peru:Arequipa	秘鲁:阿雷基帕	GSHAP,Song
1784	7	23				39.7	39.5		7	Mk	Turkey:Erzurum,Erzincan	土耳其:埃尔佐鲁姆,埃尔津占	* Song
1784	7	29	10	45		-16.2	-72.1		5	Mk	Peru:Arequipa	秘鲁:阿雷基帕	GSHAP,Song
1784	7	29	14	10		18.5	-72.3		6.3	Mk	Haiti:Petit Goave,Leogane	海地:佩蒂特高维,利欧干	* Song
1784	8	2	0	30		-16.2	-72.1		5	Mk	Peru:Arequipa	秘鲁:阿雷基帕	GSHAP,Song
1784	8	14				64	-20.5	10	7.1	Ms	Iceland:Selfoss	冰岛:塞尔福斯	* Iceland
1784	8	15				40.9	0.3		6.5	Mk	Spain:L'Arnes Syssel	西班牙:拉内斯,西塞尔	* Song
1784	8	16	15	13		63.9	-20.9	7	6.7	Ms	Iceland:Selfoss	冰岛:塞尔福斯	Iceland
1784	8	29				35.6	139.8		6.1	Ms	Japan:Tokyo Bay	日本:东京湾	Usami,Japan
1784	10	14				38.293	16.21		5.09	Ms	Italy:Gerace	意大利:杰拉切	Italy
1784	10	15	12	3		45.617	5.9		5.03	Ms	France:Chambéry	法国:尚贝里	Italy
1784	11	6				41.1	25.3		6.7	Ms	Greece:Sostis	希腊:索斯蒂斯	GSHAP
1784	12	2	13			-16.2	-72.1		5	Mk	Peru:Arequipa	秘鲁:阿雷基帕	GSHAP,Song
1785	1	30				38.2	21.7		6.1	Mk	Greece:Patrai	希腊:帕特累	* Song
1785	2	23	1	2		43.1	46.3	16	5.5	Ms	Russia:Chechnia,Grozny	俄罗斯:车臣共和国格罗兹尼	GSHAP,Turkey
1785	2	23				44.5	47	60	6	Ms	Caspian Sea	里海	GSHAP
1785	3	17	3	33		38.1	15.65		5.03	Ms	Italy:Reggio Calabria	意大利:卡拉布里亚雷焦	Italy
1785	4	13	6			38.6	16.1		5.03	Ms	Italy:Mileto	意大利:米莱托	Italy
1785	4	18				39.9	98		6.5	Ms	China:Gansu,Jiayuguan	中国:甘肃嘉峪关	* China
1785	6	13				38.3	23.6		6	Ms	Greece:Erythres	希腊:埃里斯雷	GSHAP
1785	7	12	12	45		4.6	-74		7	Ms	Colombia:Bogota,Soacha	哥伦比亚:波哥达,索阿查	* GSHAP
1785	7	14	9	45		4.5	-74.6		5.9	Ms	Colombia:Santa Fe	哥伦比亚:圣达菲	* * GSHAP
1785	8	22	6			49.7	19	35	5.8	Ms	Poland:Bielsko - Biala	波兰:别尔斯克比亚瓦	GSHAP
1785	9	12				45.083	7.167		5.17	Ms	Italy:Torino	意大利:托里诺(都灵)	Italy
1785	10	2	21	15		42.53	12.75		5.1	Ms	Italy:Rieti	意大利:列蒂	GSHAP
1785	10	9				42.564	12.777		5.48	Ms	Italy:Piediluco	意大利:皮耶迪卢科	Italy
1785	10	13	14			42.58	12.75		5.1	Ms	Italy:Rieti	意大利:列蒂	GSHAP
1785	11	18				46.716	10.1		5.11	Ms	Switzerland:Ardez	瑞士:阿尔德茨	Italy
1785	12					30.6	101.5		5.75	Ms	China:Sichuan,Dawu,SE.	中国:四川道孚东南	China
1785						16.7	-99.2		7.8	Muk	Mexico:Guerrero,Acapulco,E.	墨西哥:格雷罗州阿卡普尔科东部	*
1785						25	98.5		5.25	Ms	China:Yunnan,Tengchong	中国:云南腾冲	China
1786	1	24	20			52.1	103.1	15	5.4	Ms	Russia:Irkutsk,Angarsk	俄罗斯:伊尔库茨克州安加尔斯克	GSHAP
1786	2	5				39.7	19.8		7	Ms	Greece:Corfu (Kerkira)	希腊:科孚岛	* GSHAP
1786	2	27	3			49.7	18.5	40	6.6	Ms	Czech Republic:Třinec	捷克:特日内茨	GSHAP
1786	3	9				38.1	15.02		6.02	Ms	Italy:Sicily, Melazzo	意大利:西西里岛,米拉佐	* Italy

年 Year	月 Mo	日 Dy	时 Hr	分 Mn	秒 Sec	纬度(°) Latitude	经度(°) Longitude	深度 Depth	震级 Mag	标度 Scale	地名(英文) Name(English)	地名(中文) Name(Chinese)	资料来源 Information
1786	3	23				35.2	139.1		5.5	Ms	Japan:Hakone	日本:神奈川箱根	Usami,Japan
1786	4	7				45.298	9.595		5.31	Ms	Italy:Piacenza	意大利:皮亚琴察	Italy
1786	5	10	15			-1.7	-78.8		6.3	Ms	Ecuador:Chimborazo,N.	厄瓜多尔:钦博腊索山北部	GSHAP
1786	6	1				29.9	102		7.75	Ms	China:Sichuan,Garze,S.	中国:四川甘孜南	* China
1786	6	2				29.9	102		6	Ms	China:Sichuan,Garze,S.	中国:四川甘孜南	China
1786	6	4	9			42.58	12.75		5.1	Ms	Italy:Rieti	意大利:列蒂	GSHAP
1786	6	10				29.4	102.2		7	Ms	China:Sichuan,Luding,S.	中国:四川泸定南	China
1786	6	18				44	80.8		6.5	Ms	China:Xinjiang,Ili	中国:新疆伊犁	* GSHAP
1786	7	30	15			42.15	13.3		5.4	Ms	Italy:Sante Marie	意大利:圣玛丽	GSHAP,Italy
1786	10					38.3	45.6	9	6.3	Ms	Iran:Tabriz	伊朗:大不里士	GSHAP
1786	12	3	16			49.7	20	40	6.6	Ms	Poland:Lubien	波兰:卢边	GSHAP
1786	12	25	1			43.98	12.58		5.67	Ms	Italy:Misano Adriatico	意大利:米萨诺阿德里亚蒂科	Italy
1786						8.5	-71.2		6.1	Mk	Venezuela:Merida	委内瑞拉:梅里达	* Song
1787	1	18				45.7	26.6	150	6.4	Ms	Romania:Nereju	罗马尼亚:内雷茹	GSHAP
1787	3	28	17	30		16.5	-98.5		8.3	Ms	Mexico:San Marcos, Oaxaca	墨西哥:圣马科斯,瓦哈卡	* NOAA
1787	4	3	15	30		15.5	-97		7.3	Ms	Mexico:San Marcos, Oaxaca	墨西哥:圣马科斯,瓦哈卡	* NOAA
1787	5	2				18.3	-66.4		5.9	Mk	Puerto Rico:Arecibo,Mayaguez	波多黎各:阿雷西波,马亚盖斯	* Song
1787	5	10				18	-66.4		5.9	Mk	Puerto Rico:Ponce,San Juan	波多黎各:蓬塞,圣胡安	* Song
1787	5	13	6			10.8	122.5		7.3	Mk	Philippines:Panay,Capiz,Iloilo	菲律宾:班乃,卡皮斯,伊洛伊洛	* Maso,Song
1787	6	11	14	45		-2.2	-79.9		5	Ms	Ecuador:Guayaquil	厄瓜多尔:瓜亚基尔	GSHAP
1787	6	19	3			39.6	21.8		6	Ms	Greece:Trikala	希腊:特里卡拉	GSHAP
1787	7	12	22	45		11.05	122.25		7.4	Ms	Philippines:Panay,Iloilo	菲律宾:班乃,伊洛伊洛	* Bautista,Maso
1787	8	27	0	45		47.3	11		5.17	Ms	Austria:Telfs - Tirol	奥地利:泰尔夫斯 - 蒂罗尔	Italy
1787	9	19	22			38.183	15.55		5.03	Ms	Italy:Messina	意大利:梅西纳	Italy
1787	10	27				18.3	-77.5		7	Mk	Jamaica:Montego Bay	牙买加:蒙特歌湾	* NOAA,Song
1787						38	46.2		6.3	Mk	Iran:Tabrīz	伊朗:大不里士	* * Song
1788	1	1				45.2	19		5.2	Ms	Croatia:Vukovar	克罗地亚:武科瓦尔	GSHAP
1788	4	18				43.837	13.018		5.03	Ms	Italy:Fano	意大利:法诺	Italy
1788	7	8				53.8	-4.9		7	Mk	England:Douglas,Near Coast	英国:道格拉斯,近海	NOAA,Song
1788	7	21				57	-153		8	Ms	Alaska:Kodiak Island	阿拉斯加:科迪亚克岛	* NOAA
1788	7	22				56	-157		5.7	Mk	Aleutian Islands	阿留申群岛	USGS,Song
1788	8	6				55	-161		8	Ms	Aleutian Islands	阿留申群岛	* NOAA
1788	10	12				14	-61		6.5	Mk	Saint Lucia:Castries	圣卢西亚:卡斯特里	* Song
1788	10	20				46.398	13.019		5.71	Ms	Italy:Tolmezzo	意大利:托尔梅佐	Italy
1788	11					14.9	43.35		5.5	Ms	Yemen:Al Hudaydah	也门:荷台达	GSHAP
1788						7.6	1.7		5.6	Muk	Benin:Abomey	贝宁:阿波美	*
1789	5	9	15			32.9	134.5		7.4	Ms	Japan:Shikoku,Near Coast	日本:四国近海	* * Usami,Japan,NOAA
1789	5	29				39	40	40	7	Ms	Turkey:Elazig	土耳其:埃拉泽	GSHAP
1789	6	7				24.2	102.9		7	Ms	China:Yunnan,Huaning	中国:云南华宁	* China
1789	7	10				35	136		6.1	Mk	Japan:Shiga	日本:滋贺	Japan,Song
1789	9	30	4	15		43.505	12.208		5.8	Ms	Italy:Citta Di Castello,Sansepolcro	意大利:卡斯得洛城,圣塞波尔克罗	* Italy
1789	11	7				34.6	110.3		5	Ms	China:Shaanxi,Tongguan	中国:陕西潼关	* China
1789						38.7	39.9		5.8	Ms	Turkey:Elazig	土耳其:埃拉泽	Turkey
1789						13.3	43.4		5.5	Ms	Yemen:Adan	也门:艾顿	GSHAP
1790	4	6	19	29		45.7	26.6	150	6.9	Ms	Romania:Nereju	罗马尼亚:内雷茹	GSHAP
1790	7	26	16	45		44.167	10		5.03	Ms	Italy:Aulla	意大利:奥拉	Italy
1790	10	9	1	15		35.7	-0.6		7	Mk	Algeria:Oran	阿尔及利亚:奥兰	* NOAA,Song
1790	12	2	1			54	162	20	7.5	Muk	Russia:Kamchatka,Near East Coast	俄罗斯:堪察加东部近海	*
1791	1	1				35.65	139.8		6.5	Ms	Japan:Tokyo	日本:东京	Usami,Japan
1791	1	1				42.33	13.42		5.37	Ms	Italy:L'Aquila	意大利:拉奎拉	GSHAP,Italy
1791	2	11				38	115		5.5	Ms	China:Hebei,Shenxian,W.	中国:河北深县西	China
1791	4	8				23.8	117.5		5.5	Ms	China:Fujian,Dongshan	中国:福建东山	* China
1791	4	14	7			56	163		6.8	Ms	Russia:Kamchatka Peninsula	俄罗斯:堪察加半岛	* NOAA
1791	4	15	7			56	163	20	6.8	Ms	Russia:Kamchatka Peninsula	俄罗斯:堪察加半岛	* GSHAP,NOAA
1791	5	12	21			32.8	130.3		7.5	Mk	Japan:Shimabara	日本:长崎岛原	Japan,NOAA,Song
1791	5	16	13			41.5	-72.5		5.7	Mk	US:Connecticut,East Haddam	美国:康涅狄格州东哈德姆	USGS,Song
1791	7	4	10	30		-11.8	-77.4	50	5	Mk	Peru:Lima,Near Coast	秘鲁:利马近海	GSHAP,Song
1791	7	23				36.2	138		6.75	Ms	Japan:Matsumoto	日本:长野松本	Japan
1791	9	13				34.5	135.4		6.5	Muk	Japan:Sakai	日本:大阪堺市	* Japan,NOAA
1791	10	11				42.972	12.824		5.32	Ms	Italy:Foligno,Scopoli	意大利:福利尼奥	Italy
1791	10	12	17			38.7	16.1		6	Ms	Italy:Tropea - Vibo Valentia	意大利:特罗佩阿 - 维博瓦伦蒂亚	* Italy
1791	10	15	1	17		-10.8	-75.6	30	5	Mk	Peru:Perene	秘鲁:佩雷内	GSHAP,Song
1791	10	22				37.5	20.3		7	Mk	Greece:Zakinthos (Zante)	希腊:扎金索斯岛(桑特岛)	* Song
1791	11	2	21			35.8	21		7	Ms	Mediterranean Sea	地中海	* NOAA,GSHAP
1791						35.3	-2.97		5.9	Mk	Morocco:Melilla	摩洛哥:梅利利亚	* Song
1791						14.6	-91.5		6.3	Mk	Guatemala:Mazatenango	危地马拉:马萨特南戈	* Song
1791						38	46.2		5.9	Mk	Iran:Tabriz	伊朗:大不里士	* Song
1791						30.8	95		6.75	Ms	China:Xizang (Tibet),Banbar	中国:西藏边坝	China

年	月	日	时	分	秒	纬度(°)	经度(°)	深度	震级	标度	地名(英文)	地名(中文)	资料来源
Year	Mo	Dy	Hr	Mn	Sec	Latitude	Longitude	Depth	Mag	Scale	Name(English)	Name(Chinese)	Information
1792	4	13				6.2	-76.5		5.7	Ms	Colombia:Urrao	哥伦比亚:乌劳	GSHAP
1792	5	21	9			32.8	130.3		6.4	Ms	Japan:Nagasaki	日本:长崎	* Usami,Japan,NOAA
1792	6	13	6			43.5	140.6		6.9	Muk	Japan:W. Hokkaido Island	日本:北海道岛西部海域	* Usami,Japan,NOAA
1792	7	12	2	50		-13.1	-75		5	Mk	Peru:Huancavelica	秘鲁:万卡韦利卡	GSHAP,Song
1792	7	20	22	30		42.633	12.733		5.17	Ms	Italy:Ferentillo	意大利:费伦蒂洛	Italy,GSHAP
1792	8	7				-18.5	-70.35		6	Mk	Chile:Arica	智利:阿里卡	GSHAP,Song
1792	8	9				23.6	120.6		7	Ms	China:Taiwan,Chiayi	中国:台湾嘉义	* China,NOAA
1792	8	16				35.7	139.8		6.5	Mk	Japan:Tokyo	日本:东京	Japan,Song
1792	8	22	18			54	162	40	8.4	Muk	Russia:Kamchatka,Near East Coast	俄罗斯:堪察加东部近海	* NOAA
1792	9	7				30.8	101.2		6.75	Ms	China:Sichuan,Dawu,SE.	中国:四川道孚东南	* China
1792	11	30				30.6	101.5		5.5	Ms	China:Sichuan,Dawu,SE.	中国:四川道孚东南	China
1792						57	-152		5.7	Ms	Alaska:Kodiak Island	阿拉斯加:科迪亚克岛	* USGS,NOAA
1792						50.2	106.5	15	5	Ms	Mongolia:Suhbaatar	蒙古:苏赫巴托尔	GSHAP
1793	1	13				34.1	131.5		6.9	Mk	Japan:Yamaguchi	日本:山口	Usami,Japan
1793	2	8	4			40.85	139.95		6.9	Muk	Japan:Aomori	日本:青森	* Usami,NOAA
1793	2	17				38.5	144		8.3	Ms	Japan Trench	日本海沟	* Usami,NOAA
1793	2					39.2	141.2		6.3	Mk	Japan:Iwate	日本:岩手	Japan,Song
1793	4	12				19	-72.3		5.9	Mk	Haiti:Santo Domingo (St Domingue)	海地:多米尼加(圣多明哥)	* Song
1793	4	17				40.7	142.3		6.1	Mk	Japan:Aomori,Near Coast	日本:青森近海	Japan,Song
1793	5	15				30.6	101.5		6	Ms	China:Sichuan,Dawu,SE.	中国:四川道孚东南	* China
1793	7	25	4			40.8	13.433		5.17	Ms	Italy:Medio Tirreno	意大利:文托泰内岛	Italy
1793	7					39.3	-31.1		7.3	Mk	Azores:Flores	亚速尔群岛:弗洛勒斯岛	* Song
1793	12	8	7	30		44.8	33.2	30	5.5	Ms	Black Sea	黑海	GSHAP
1793	12	8	18			45.7	26.6	100	6.4	Ms	Romania:Nereju	罗马尼亚:内雷茹	GSHAP
1794	2	6	13	18		47.4	15.1		5.57	Ms	Austria:Steiermark	奥地利:施泰尔马克	Italy
1794	3	14				34	51.4		5.9	Mk	Iran:Kashan	伊朗:卡尚	* Song
1794	6	7	0	15		46.297	12.795		5.55	Ms	Italy:Tramonti	意大利:特拉蒙蒂	GSHAP,Italy
1794	6	11	3			38.3	22.4		6.7	Ms	Greece:Achaia	希腊:阿凯亚	GSHAP,NOAA
1794	6	12	20	30		41	15		5.17	Ms	Italy:Ariano Irpino	意大利:阿维利诺	Italy
1794	6	15	21	30		40.75	14.417		5.17	Ms	Italy:Campania	意大利:坎佩尼亚	Italy
1794	8	5				40.1	29.7		7	Ms	Turkey:Bilecik	土耳其:比莱吉克	GSHAP
1794	9	1				46.3	12.82		5.2	Ms	Italy:Tramonti	意大利:特拉蒙蒂	GSHAP
1794	9	10				10.5	-64.2		5.9	Mk	Venezuela:Cumana	委内瑞拉:库马纳	* Song
1794	11	15				35.7	139.8		6.3	Mk	Japan:Tokyo	日本:东京	Japan,Song
1795	5	20	22			9.3	-13.4		5.2	Muk	Guinea:Conakry	几内亚:科纳克里	*
1795	5	23				17	-96.3		6.3	Mk	Mexico:Oaxaca	墨西哥:瓦哈卡	* Song
1795	8	5				39.7	118.7		5.5	Ms	China:Hebei,Luanxian	中国:河北滦县	China
1795	8	15				41.918	12.871		5.17	Ms	Italy:Casape	意大利:卡萨佩	Italy
1795	12	6				47.2	9.417		5.17	Ms	Switzerland:Buchs	瑞士:布克斯	Italy
1795						38.76	30.5		6.4	Ms	Turkey:Suhut	土耳其:舒胡特	GSHAP
1795						36	23		7	Ms	Greece:Kythira	希腊:基西拉	GSHAP
1796	1	3				35.7	134.3		6	Ms	Japan:Tottori	日本:鸟取	Japan
1796	2	5	2			43.533	11.872		5.05	Ms	Italy:Bibbiena	意大利:比别纳	Italy
1796	2	15				7.4	-72.7		5.9	Mk	Colombia:N. Santander,Pamplona	哥伦比亚:北桑坦德,潘普洛纳	* Song
1796	2	26				35.2	35.8		7	Mk	Syria:Al - Ladhiqiyah (Latakia)	叙利亚:拉塔基亚	* Song
1796	3	18				40.75	13.92		5.17	Ms	Italy:Isola D'Ischia	意大利:伊斯基亚岛	* Italy
1796	3	30	10	45		-27.35	-70.35		7.7	Muk	Chile:Copiapo, Vallenar	智利:科皮亚波,巴耶纳尔	*
1796	3					36	119.4		5	Ms	China:Shandong,Zhucheng	中国:山东诸城	China
1796	4	20	6	12		47.2	9.417		6	Ms	Switzerland:Buchs	瑞士:布克斯	Italy
1796	10	22	4			44.62	11.67		5.63	Ms	Italy:Emilia Orientale	意大利:艾米利亚	Italy
1796	11	5	6			16.1	120.5		6.9	Ms	Philippines:Luzon,Pangasinan	菲律宾:吕宋岛雅丝兰	* Bautista,Maso
1797	2	4	12	30		-1.7	-78.7		8.3	Muk	Ecuador:Chimborazo,N.	厄瓜多尔:钦博腊索山北部	* GSHAP
1797	2	9	0	30		-1.43	-78.55		5	Ms	Ecuador:Tungurahua	厄瓜多尔:东谷拉瓦	GSHAP
1797	2	10				-1	100		7.7	Mk	Indonesia:Southern Sumatra	印度尼西亚:苏门答腊南部	* NOAA,Song
1797	3					40.3	24.8		6.6	Ms	Aegean Sea	爱琴海	GSHAP
1797	3					14.6	121		5.5	Mk	Philippines:Manila	菲律宾:马尼拉	Maso,Song
1797	8	5				39.4	118.9		5	Ms	China:Hebei,Leting	中国:河北乐亭	China
1797	11	21				31.6	130.7		7	Mk	Japan:Sakurajima	日本:樱岛	Japan,NOAA,Song
1797	12	4				10.5	-64.2		7.7	Mk	Venezuela:Cumana,Cariaco	委内瑞拉:库马纳,卡利亚科	* Song
1797	12	14	23	30		10.6	-64.1		6.5	Mk	Venezuela:Isla Cubagua	委内瑞拉:库巴瓜岛	GSHAP,Song
1797						23	120.2		5	Ms	China:Taiwan,Tainan	中国:台湾台南	China
1798	2	2				13.7	-88.7		7.1	Mk	El Salvador:San Vicente	萨尔瓦多:圣维森特	* Song
1798	2	22				10.2	-82.9		7	Mk	Costa Rica:Limón	哥斯达黎加:利蒙	* NOAA,Song
1798	5	26				43.342	11.416		5.17	Ms	Italy:Firenze (Florence)	意大利:佛罗伦萨	* Italy
1798	6					36.2	23		7	Mk	Greece:Morea,Cerigo	希腊:摩里亚,察里哥	* Song
1798	8	24				-27.35	-70.35		5.9	Mk	Chile:Copiapo	智利:科皮亚波	* Song
1799	1	21	21			-12.2	-77.4	40	5	Mk	Peru:Lima,Near Coast	秘鲁:利马近海	GSHAP,Song

年 Year	月 Mo	日 Dy	时 Hr	分 Mn	秒 Sec	纬度(°) Latitude	经度(°) Longitude	深度 Depth	震级 Mag	标度 Scale	地名(英文) Name(English)	地名(中文) Name(Chinese)	资料来源 Information
1799	1	25				46.9	-2		6.1	Mk	France:Machecoul,Bouin	法国:马什库勒,布安	* Song
1799	5	29	19			45.403	10.271		5.06	Ms	Italy:Castenedolo	意大利:卡斯泰内多洛	Italy
1799	6	29	7			36.6	136.6		6.4	Ms	Japan:Kanazawa	日本:石川金泽	* Usami,NOAA
1799	7	29	20			43.147	13.123		5.93	Ms	Italy:Camerino	意大利:卡梅利诺	* Italy
1799	8	27				23.8	102.4		7	Ms	China:Yunnan,Shiping,NW.	中国:云南石屏西北	* China
1799	9	16	16	22		45.2	38.2	30	5.1	Ms	Russia:Krasnodar,Krymsk	俄罗斯:克拉斯诺达尔区克雷姆斯克	GSHAP
1799	9					7.5	-73.5		5	Ms	Colombia:Bucaramanga	哥伦比亚:布卡拉曼加	*
1799	11	4	20	42		10.47	-64.17		5	Mk	Venezuela:Cumana	委内瑞拉:库马纳	GSHAP,Song
1799						-12	-77		5	Mk	Peru:Lima	秘鲁:利马	* Song
1799						-10	-84		7.7	Mk	Peru:Chimbote,Off Coast	秘鲁:钦博特沿海	* NOAA,Song
1799						39.4	67.2	10	6	Muk	Uzbekistan:Uzgut	乌兹别克斯坦:乌尔古特	*
1799						-2.983	104.75		5.9	Mk	Indonesia:Sumatra,Palembang	印度尼西亚:苏门答腊,巨港	* Song
1800	2	4				3.5	-73		5	Ms	Colombia:Mapiripan	哥伦比亚:梅塔的马皮里潘	GSHAP
1800	2	27	9			-12	-77		5	Mk	Peru:Lima	秘鲁:利马	GSHAP,Song
1800	3	8				19.2	-99.1		6.3	Mk	Mexico:Mexico City,Oaxaca	墨西哥:墨西哥城,瓦哈卡	* Song
1800	6	2	20	17		38.5	-28		7	Mk	Portugal:Azores	葡萄牙:亚速尔群岛	NOAA,Song
1800	10	7	7	43		46.5	15.6		5.17	Ms	Slovenia:Maribor	斯洛文尼亚:马里博尔	Italy
1800	10	11				36.8	-121.5		5.5	Ms	US:California,San Juan Bautista	美国:加利福尼亚州圣胡安包蒂斯塔	CGS,USGS
1800	11	22	21	30		33	-117.3		6.5	Ms	US:California,San Diego	美国:加利福尼亚州圣地亚哥	USGS
1800	12	25				41.9	-71.1		5.5	Mk	US:Massachusetts,Taunton	美国:马萨诸塞州汤顿	USGS,Song
1800	12	29	10	15		41.683	12.783		5.17	Ms	Italy:Albano	意大利:阿尔巴诺	Italy
1800						55.05	108.91	15	6.3	Ms	Russia:Lake Baykal	俄罗斯:贝加尔湖	GSHAP
1800						52.8	100	15	6.9	Ms	Russia:Buryatiya,Mol To	俄罗斯:布里亚特州莫利托村	GSHAP
1800						28.1	-17.1		5	Mk	Canary Islands:Penon De La Gomera	加那利群岛:摩洛哥旁的岛屿	* Song
1800						36.2	53.3		6.5	Muk	Iran:Mazanderan	伊朗:马赞德兰	*
1801	1	1				-29.95	-71.25		6	Mk	Chile:Coquimbo	智利:科金博	GSHAP,Song
1801	5	5				17	-96.3		6.3	Mk	Mexico:Oaxaca	墨西哥:瓦哈卡	* Song
1801	5	14	21	30		46.9	8.6		6	Mk	Switzerland:Altdorf	瑞士:阿尔特多夫	* Song
1801	5	26				35.3	140		6.5	Ms	Japan:Kimitsu	日本:千叶君津	Usami
1801	11	26	19			35.2	136.5		6.1	Mk	Japan:Inabe	日本:三重员弁	Japan,Song
1802	1	3	6	30		45.4	14.4	12	6.1	Ms	Croatia:Rijeka	克罗地亚:里耶卡	GSHAP,Italy
1802	1	4	7			45.3	14.4		6.7	Mk	Croatia:Rijeka	克罗地亚:里耶卡	NOAA,Song
1802	3	19				17.2	-62.4		7	Mk	Antigua And Barbuda:St Kitts	安提瓜和巴布达:圣基茨	* NOAA,Song
1802	5	12	9	30		45.42	9.85		5.67	Ms	Italy:Soncino	意大利:松奇诺	* Italy
1802	5	20	20	30		10.48	-68.03		5	Mk	Venezuela:El Tocuyo	委内瑞拉:托丘约	GSHAP,Song
1802	8	15				10.5	-64.2		7	Mk	Venezuela:Cumana	委内瑞拉:库马纳	* NOAA,Song
1802	8					-4	129		7	Mk	Indonesia:Banda Sea	印度尼西亚:班达海	* NOAA,Song
1802	10	26	10	55		45.7	26.6	150	7.7	Muk	Romania:Nereju	罗马尼亚:内雷茹	* GSHAP
1802	11	7	10	45		36.5	2.9		7	Mk	Algeria:Kolea, Blida, Algiers	阿尔及利亚:布利达,阿尔及尔	* NOAA,Song
1802	11	15				35.2	136.5		6.1	Mk	Japan:Inabe	日本:三重员弁	Japan,Song
1802	11	18				35.2	136.5		7	Ms	Japan:Inabe	日本:三重员弁	Japan
1802	12	9	5			37.7	138.3		6.6	Ms	Japan:Sado Island	日本:佐渡岛	* Usami,NOAA
1802	12	28				38	138		7.1	Mk	Japan:Sado Island	日本:佐渡岛	* * NOAA,Song
1802						-0.93	-78.61		5	Ms	Ecuador:Cotopaxi	厄瓜多尔:科托帕希	GSHAP
1803	2	2				25.7	100.5		6.25	Ms	China:Yunnan,Binchuan	中国:云南宾川	* China
1803	4					34.2	-118.1		5.5	Ms	US:California,Arcadia	美国:加利福尼亚州阿卡迪亚	CGS
1803	5	22	23			30.6	78.6		5	Ms	India:Dehradun,NE.	印度:北安查尔邦德拉敦东北	GSHAP
1803	5	25				32.8	-117.1		5.5	Ms	US:California,Poway	美国:加利福尼亚州波韦	CGS,USGS
1803	9	1	1	30		31	79		8.1	Ms	India:Treasury Mahon	印度:库马翁	* India,GSHAP
1803	11	30				25.399	83		5	Mk	India:Varanasi	印度:瓦拉纳西	GSHAP,Song
1803						-1.67	-78.64		5	Ms	Ecuador:Chimborazo,N.	厄瓜多尔:钦博腊索山北部	GSHAP
1804	1	8				38.3	21.8		6.7	Mk	Greece:Achaia,Patrai (Patras)	希腊:阿凯亚,帕特累	* NOAA,Song
1804	1	13	17	45		36.833	-1.167		6.7	Mk	Spain:Alboran Sea	西班牙:阿尔沃兰海	NOAA,Song
1804	4	22				-13.5	-72		5	Mk	Peru:Cuzco	秘鲁:库斯科	GSHAP,Song
1804	5	5	17			52	105.5	15	6	Ms	Russia:Lake Baykal	俄罗斯:贝加尔湖	GSHAP
1804	6	8	1			38.2	21.8		6.7	Ms	Greece:Patrai	希腊:帕特累	* NOAA,GSHAP
1804	7	10	13			39.05	139.95		7.3	Ms	Japan:Sakata	日本:山形酒田	* Usami,NOAA
1804	7	20				34.6	132.7		6.4	Mk	Japan:Hiroshima	日本:广岛	Japan,Song
1804	7	31	22			40.7	14.15		6.7	Mk	Italy:Bay of Naples	意大利:那不勒斯湾	NOAA,Song
1804	8	25	7			36.9	-2.4		7.3	Mk	Spain:Dalias	西班牙:达利亚斯	* Song
1804	10	18	20			43.333	11.083		5.17	Ms	Italy:Sovicille	意大利:索维奇莱	Italy
1804	12					24.9	115.6		5.25	Ms	China:Jiangxi,Xunwu	中国:江西寻乌	China
1805	1	27	13			10.5	-64.2		6.1	Mk	Venezuela:Cumana	委内瑞拉:库马纳	* Song
1805	5	9	1			43.451	13.48		5.03	Ms	Italy:Macerata	意大利:马切拉塔	Italy
1805	6	11				53	160	30	6.6	Ms	Russia:Kamchatka,Near East Coast	俄罗斯:堪察加东部近海	GSHAP
1805	6	16	8	15		5.3	-74.6		7	Ms	Colombia:Caparrapi	哥伦比亚:卡帕拉皮	* GSHAP

年 Year	月 Mo	日 Dy	时 Hr	分 Mn	秒 Sec	纬度(°) Latitude	经度(°) Longitude	深度 Depth	震级 Mag	标度 Scale	地名(英文) Name(English)	地名(中文) Name(Chinese)	资料来源 Information
1805	6	25				37.1	114.5		5	Ms	China:Hebei,Xingtai	中国:河北邢台	China
1805	7	3	4			35.1	23.9		7.2	Ms	Greece:Crete Island	希腊:克里特岛	GSHAP
1805	7	26	20	57		41.5	14.47		6.57	Ms	Italy:Molise,Napoli	意大利:莫利塞,那不勒斯	* Italy,NOAA
1805	8	5				39.7	119.2		5.5	Ms	China:Hebei,Changli	中国:河北昌黎	China
1805	9	17				38	24		6	Ms	Greece:Koropi	希腊:科罗皮	GSHAP
1805	10	13	22			41.167	14.333		5.17	Ms	Italy:Caiazzo	意大利:卡亚佐	Italy
1805						36.3	52.4		5.9	Mk	Iran:Tehran,Damāvand	伊朗:德黑兰,达马万德	* Song
1806	1	11				25.3	115.7		6	Ms	China:Jiangxi,Huichang,S.	中国:江西会昌南	China
1806	1	23				38.2	21.8		6.2	Ms	Greece:Patrai	希腊:帕特雷	GSHAP
1806	2	12				44.862	10.671		5.26	Ms	Italy:Novellara	意大利:诺菲拉腊	Italy
1806	3	25	8			34.4	-119.7		7.2	Mk	US:California,Santa Barbara	美国:加利福尼亚州圣巴巴拉	* NOAA,Song
1806	3	25				18.9	-103.8		7.5	Ms	Mexico:Jalisco,Oaxaca	墨西哥:哈利斯科,瓦哈卡	*
1806	6	11				28.2	91.8		7.5	Ms	China:Xizang (Tibet),Cona,NW.	中国:西藏错那西北	China
1806	7	21	9			41.49	13.814		5.11	Ms	Italy:Montecassino	意大利:蒙特卡西诺	Italy
1806	8	26	13	20		41.72	12.73		5.47	Ms	Italy:Albano	意大利:阿尔巴诺	* Italy,NOAA
1806	9	22	19	45		47.75	18.16		5	Ms	Slovak:Komarno	斯洛伐克:科马尔诺	GSHAP
1806	12	1	23			-12	-78	30	7.5	Muk	Peru:Lima,Near Coast	秘鲁:利马近海	* NOAA
1806						52.16	106.25	15	6.5	Ms	Russia:Lake Baykal	俄罗斯:贝加尔湖	GSHAP
1807	2	17	17			6.5	-71.7		5.7	Ms	Colombia:Tame	哥伦比亚:塔梅	GSHAP
1807	2	25	12			55.5	163	10	6	Ms	Russia:Kamchatka,Near East Coast	俄罗斯:堪察加东部近海	GSHAP
1807	9	15	17			56.2	46.5	5	5	Ms	Russia:Mari El,Yurino	俄罗斯:马里埃尔共和国尤里诺	GSHAP
1807	11	11				40.297	15.845		5.17	Ms	Italy:Tramutola	意大利:特拉穆托拉	Italy
1807	12	10				13.1	80.099		5	Ms	India:Ambattur	印度:安巴杜尔	GSHAP
1807						43.1	76.9	20	6.7	Ms	Kazakhstan:Almaty	哈萨克斯坦:阿拉木图	GSHAP
1808	4	2	16	43		44.83	7.25		5.67	Ms	Italy:Pinerolo	意大利:皮奈罗洛	Italy,NOAA
1808	4					35.3	-2.97		5.9	Mk	Morocco:Melilla	摩洛哥:梅利利亚	* Song
1808	6	21				37.8	-122.6		6	Ms	US:California,San Francisco	美国:加利福尼亚州旧金山	CGS,USGS
1808	6	26	18			35.3	54.5	12	6.6	Ms	Iran:Semnan	伊朗:塞姆南	GSHAP
1808	8	8				33.9	134.8		6.5	Ms	Japan:Tokushima,E. Awa	日本:德岛,阿波东部	* NOAA
1808	8	16				28.4	92.3		5.5	Ms	China:Xizang (Tibet),Lhunze	中国:西藏隆子	China
1808	10	9				36.3	53.3		6.3	Mk	Iran:Mazanderan	伊朗:马赞德兰	* Song
1808	12	4				34.3	135.6		7	Mk	Japan:Wakayama	日本:和歌山	Japan,NOAA,Song
1808	12	16				36.4	50.3		5.9	Ms	Iran:Qazvin	伊朗:加兹温	* Iran
1808						-0.2	-78.3		5.5	Mk	Ecuador:Quito	厄瓜多尔:基多	* Song
1808						7.35	121.65		5.7	Muk	Philippines:Culasi	菲律宾:库拉西	Bautista
1808						-12	-77		5	Mk	Peru:Lima	秘鲁:利马	GSHAP,Song
1808						31.8	130.3		6.4	Mk	Japan:Satsumasendai	日本:鹿岛萨摩川内	Japan,Song
1809	3	9	23	30		58.5	50	10	5	Ms	Russia:Kirov,Kirovo-Chepetsk	俄罗斯:基洛夫州基洛夫切佩茨克	GSHAP
1809	5	4				39.6	20.3		6.3	Ms	Greece:Thesprotia	希腊:塞斯普罗蒂亚	GSHAP
1809	7	3				44.8	7.2		6.7	Mk	Italy:Pinerolo	意大利:皮奈罗洛	NOAA,Song
1809	8	25	12	13		43.333	13.5		5.17	Ms	Italy:Corridonia	意大利:科里多尼亚	Italy,GSHAP
1809	11	17	21	40		49	21.25	10	5	Ms	Poland:Presov	斯洛伐克:普雷绍夫	GSHAP
1809	11	18	19			52	159	30	6.8	Ms	Russia:Kamchatka,Near East Coast	俄罗斯:堪察加东部近海	GSHAP
1809	12	4				-33.88	18.45		7	Mk	South Africa:Cape of Good Hope	南非:好望角	* NOAA,Song
1809	12	7				36.3	52.5	11	6.5	Ms	Iran:Mazanderan	伊朗:马赞德兰	* Iran,GSHAP
1809						14	143.3		7	Mk	Guam	关岛(西太平洋)	NOAA,Song
1809						30.7	78.5		6.2	Ms	India:Chamoli, Rudraprayag	印度:查莫利,鲁德拉普拉亚格	GSHAP
1810	1	14	17	9		47.38	18.2	18	5.4	Ms	Hungary:Székesfehérvár	匈牙利:塞克什白堡	GSHAP
1810	2	16				35.5	25	100	7	Mk	Greece:Crete,Iraklion	希腊:克里特岛,伊拉克利翁	* Song
1810	2	19				41.8	129.8		6.5	Ms	North Korea:Nanam	朝鲜:罗南	Korea,GSHAP
1810	3	20				28.2	-16.6		6.5	Mk	Canary Islands:Tenerife	加那利群岛:特纳利夫岛	* Song
1810	5	27	8			47.38	18.2		5	Ms	Hungary:Székesfehérvár	匈牙利:塞克什白堡	GSHAP
1810	7	13	13			41.717	12.667		5.17	Ms	Italy:Albano	意大利:阿尔巴诺	Italy
1810	7	18				47.6	14.5		5.17	Ms	Austria:Steiermark	奥地利:施泰尔马克	Italy
1810	9	25	6			39.9	139.9		6.6	Ms	Japan:Akita	日本:秋田	* Usami,NOAA
1810	10					23.8	-82.2		5.9	Mk	Cuba:Havana,Santiago De Cuba	古巴:哈瓦那,圣地亚哥	* Song
1810	11	10	2	15		43	-70.8		5.5	Mk	US:New Hampshire,Hampton	美国:新汉普郡州汉普顿	USGS,Song
1810	12	25	0	45		44.898	10.712		5.28	Ms	Italy:Novellara	意大利:诺菲拉腊	Italy
1810						38	57	11	6.5	Ms	Iran:Bojnurd	伊朗:博季努尔德	GSHAP,Iran
1811	1	14	17	30		-16.4	-71.6		5	Mk	Peru:Arequipa	秘鲁:阿雷基帕	GSHAP,Song
1811	1	27				33.941	139.513		6.4	Mk	Japan:Miyake Jima	日本:三宅岛	Japan,Song
1811	2	1				22.6	88.4		5	Ms	India:Kolkata	印度:加尔各答	GSHAP
1811	3	18				24.8	120.8		6.75	Ms	China:Taiwan,Miaoli,Coast of W.	中国:台湾苗栗西部海域	* China
1811	6	4	18	50		-12	-77		5	Mk	Peru:Lima	秘鲁:利马	GSHAP,Song
1811	6	8	2	45		-11.4	-77		5	Mk	Peru:Sayán	秘鲁:萨扬	GSHAP,Song
1811	6	15				37.6	20.9		6.8	Ms	Greece:Zante	希腊:赞特	GSHAP
1811	7	14	11	37		-12	-77		5	Mk	Peru:Lima	秘鲁:利马	GSHAP,Song
1811	7	15	22	44		44.572	10.728		5.24	Ms	Italy:Sassuolo	意大利:萨索洛	Italy
1811	7	26	1	30		-12	-77		5	Mk	Peru:Lima	秘鲁:利马	GSHAP,Song

年 Year	月 Mo	日 Dy	时 Hr	分 Mn	秒 Sec	纬度(°) Latitude	经度(°) Longitude	深度 Depth	震级 Mag	标度 Scale	地名(英文) Name(English)	地名(中文) Name(Chinese)	资料来源 Information
1811	7	30	7	45		-12	-77		5	Mk	Peru:Lima	秘鲁:利马	GSHAP,Song
1811	8	3	16	30		-12	-77		5	Mk	Peru:Lima	秘鲁:利马	GSHAP,Song
1811	8	18				-12	-77		5	Mk	Peru:Lima	秘鲁:利马	GSHAP,Song
1811	9	27				31.7	100.3		6.75	Ms	China:Sichuan,Luhuo,NW.	中国:四川炉霍西北	* China
1811	10	4	21	50		47.6	15.6		5.03	Ms	Austria:Steiermark	奥地利:施泰尔马克	Italy
1811	10	5				13.55	123.1		6.7	Ms	Philippines:Camarines	菲律宾:馬利納	* Bautista,Maso
1811	10	23	2			-12	-77		5	Mk	Peru:Lima	秘鲁:利马	GSHAP,Song
1811	11	19	14	15		-33.08	-71.67		7.5	Mk	Chile:Valparaiso	智利:瓦尔帕莱索	* NOAA,Song
1811	12	16	8	15		35.6	-90.4		8.5	Ms	US:Arkansas,Lepanto	美国:阿肯色州勒班陀	* NOAA
1811	12	16	14	15		35.6	-90.4		8	Ms	US:Arkansas,Lepanto	美国:阿肯色州勒班陀	* NOAA
1811	12	21	15			-12	-77		5	Mk	Peru:Lima	秘鲁:利马	GSHAP,Song
1811	12	23	4	45		-12	-77		5	Mk	Peru:Lima	秘鲁:利马	GSHAP,Song
1811	12	30				-12	-77		5	Mk	Peru:Lima	秘鲁:利马	GSHAP,Song
1811						30.6	101.5		5.75	Ms	China:Sichuan,Dawu,SE.	中国:四川道孚东南	China
1812	1	3	16	45		-16.8	-71.8	25	5	Mk	Peru:Arequipa	秘鲁:阿雷基帕	GSHAP,Song
1812	1	23	15			36.3	-89.6		8.4	Ms	US:Missouri,New Madrid	美国:密苏里州新马德里	* NOAA
1812	2	7	9	45		36.5	-89.6		8.8	Ms	US:Missouri,New Madrid	美国:密苏里州新马德里	* NOAA
1812	3	5	12	30		45.7	26.6	150	6.4	Ms	Romania:Nereju	罗马尼亚:内雷茹	GSHAP
1812	3	8				43.7	83.5		8	Ms	China:Xinjiang,Nilka,E.	中国:新疆尼勒克东	* China
1812	3	22				41.895	12.482		5.03	Ms	Italy:Roma (Rome)	意大利:罗马	* Italy
1812	3	23				43.7	5.7		6.5	Mk	France:Beaumont,Pierrevert	法国:博蒙特,皮耶维尔丘	* Song
1812	3	26	20	7		10.6	-66.9	33	7.7	Muk	Venezuela:La Guaira	委内瑞拉:拉瓜伊拉	* NOAA
1812	4	2				34.6	110.6		5.5	Ms	China:Henan,Ruicheng	中国:河南芮城	China
1812	4	21	10			33.8	132.5		6.9	Ms	Japan:Yamaguchi	日本:山口	Usami,Japan
1812	5	29				40.5	21.3		6.5	Ms	Greece:Kastoria	希腊:卡斯托里亚	GSHAP
1812	6	23				43.3	5.366		6.6	Mk	France:Prats De Mollo, Arles - Sur - Tech	法国:普拉德莫洛,阿尔勒	* NOAA,Song
1812	9	3				42.75	13		5.1	Ms	Italy:Cascia	意大利:卡夏	GSHAP
1812	9	11	12			43.665	11.135		5.37	Ms	Italy:Val Di Pesa	意大利:佩萨河谷	Italy
1812	10	25	7			46.027	12.589		5.7	Ms	Italy:Sequals	意大利:塞夸尔斯	Italy
1812	11	9	22			36.5	-89.6		5.5	Mk	US:Missouri,New Madrid	美国:密苏里州新马德里	USGS,Song
1812	11	11	10	50		18	-76.5		7.1	Mk	Jamaica:Kingston	牙买加:金斯敦	* NOAA,Song
1812	12	7	6			35.4	139.6		6.6	Muk	Japan:Yokohama	日本:神奈川横滨	* Usami,Japan
1812	12	8	15			34.37	-117.65		6.9	ML	US:California,San Juan Capistrano	美国:加利福尼亚州圣胡安卡皮斯特拉诺	*
1812	12	21	19			34.2	-119.9		7.7	Muk	US:California,Oxnard	美国:加利福尼亚州奥克斯纳德	* CGS,USGS, NOAA
1813	3	30	9	30		-14.1	-75.4		5.9	Mk	Peru:Ica	秘鲁:伊卡	* Song
1813	5	17				40	14		6.7	Mk	Tyrrhenian Sea	第勒尼安海(伊特鲁里亚海)	NOAA,Song
1813	8	17				46.667	15.85		5.17	Ms	Slovenia:Laafeld	斯洛文尼亚:拉菲尔德	Italy
1813	9	21	7	45		44.25	11.97		5.32	Ms	Italy:Faentino	意大利:法恩扎	Italy
1813	12	10	13			39.58	20.65		6.2	Ms	Greece:Preveza	希腊:普雷韦扎	GSHAP
1813						29.6	52.6		5.9	Mk	Iran:Fars,Shiraz	伊朗:法尔斯,设拉子	* Song
1813						36	111.4		5.25	Ms	China:Shanxi,Linfen,S.	中国:山西临汾	China
1814	1	10				34.6	113.5		5	Ms	China:Henan,Xinmi	中国:河南新密	China
1814	2	1	10			-5	-81	40	5	Mk	Peru:Paita	秘鲁:派塔	GSHAP,Song
1814	2	2				13.1	123.9		6.3	Mk	Philippines:Sorsogon	菲律宾:索索贡	* Maso,Song
1814	2	4				35.8	114.4		5.5	Ms	China:Henan,Hebi	中国:河南鹤壁	* China
1814	4	3				43.633	10.361		5.22	Ms	Italy:Livorno	意大利:来航	Italy
1814	5	22				43.2	0.4		5.9	Mk	France:Gan,Oloron,Benejacq	法国:冈,奥洛龙,塔碧斯	* Song
1814	9	2	20			51.8	102.4	15	6.4	Ms	Russia:Buryatiya,Kyren	俄罗斯:布里亚特州克廖恩	GSHAP
1814	11	22	8			33.5	133.4		6.2	Ms	Japan:Tosa	日本:高知土佐	Usami,Japan
1814	11	24				23.7	102.5		6	Ms	China:Yunnan,Shiping	中国:云南石屏	* China
1814	12	16	23			51.5	105	15	6.4	Ms	Russia:Buryatiya,Tankhoy	俄罗斯:布里亚特州坦霍伊	GSHAP
1814						-9.6	124.7		7	Mk	Indonesia:Timor Island	印度尼西亚:帝汶岛	* NOAA,Song
1815	3	1	14			36.4	136.5		6.2	Ms	Japan:Kaga	日本:石川加贺	Usami
1815	4	11				-3.7	128.2		7	Mk	Indonesia:Ambon Island	印度尼西亚:安汶岛	* NOAA,Song
1815	5	3				17	-96.3		6.3	Mk	Mexico:Oaxaca,Tamazulapan	墨西哥:瓦哈卡,塔马卒拉潘	* Song
1815	7					24.8	121.8		5	Ms	China:Taiwan,Yilan	中国:台湾宜兰	China
1815	8	5				39.1	117.2		5	Ms	China:Tianjin	中国:天津	China
1815	9	3				42.756	13.054		5.37	Ms	Italy:Cascia	意大利:卡夏	Italy
1815	10	13				25	121.3		6.75	Ms	China:Taiwan,Taoyuan	中国:台湾桃园	* China
1815	10	23				34.8	111.2		6.75	Ms	China:Shanxi,Pinglu	中国:山西平陆	* China
1815	11	22				-8	115.2	122	7	Ms	Indonesia:Bali Island	印度尼西亚:巴厘岛	* NOAA
1815	12					35	25.75		6.3	Mk	Greece:Crete Island	希腊:克里特岛	* Song,Turkey
1815						38.8	20.5		5.8	Mk	Greece:Ionian Islands,Levkas	希腊:伊奥尼亚群岛,莱夫卡斯	* Song,Turkey
1816	1	20	17			-36.83	-73.03		6	Mk	Chile:Concepcion	智利:康塞普西翁	GSHAP,Song
1816	3					24.8	121.8		5.75	Ms	China:Taiwan,Yilan	中国:台湾宜兰	China
1816	5	1				5.383	100.25		7	Mk	Malaysia:Penang Island	马来西亚:潘昂岛	* NOAA,Song

年 Year	月 Mo	日 Dy	时 Hr	分 Mn	秒 Sec	纬度(°) Latitude	经度(°) Longitude	深度 Depth	震级 Mag	标度 Scale	地名(英文) Name(English)	地名(中文) Name(Chinese)	资料来源 Information
1816	5	27	6			30.9	79		6.2	Ms	India:Chamoli, Uttarkashi, New Delhi	印度:查莫利,乌塔卡西,新德里	GSHAP
1816	5	27				30.9	79		5.6	Ms	India:Dehradun,NE.	印度:北安查尔邦德拉敦东北	GSHAP
1816	5	28				30.9	79		5.6	Ms	India:Dehradun,NE.	印度:北安查尔邦德拉敦东北	GSHAP
1816	7	22	15	30		15.5	-91.5	33	7.5	Muk	Guatemala:Huehuetenango	危地马拉:韦韦特南戈	*
1816	9	12				22.8	89.4		5	Ms	Bangladesh:Khulna	孟加拉:库尔纳	GSHAP
1816	9					24.8	121.8		5.5	Ms	China:Taiwan,Yilan	中国:台湾宜兰	China
1816	12	8				31.4	100.7		7.5	Ms	China:Sichuan,Luhuo	中国:四川炉霍	* China
1817	1	1				38.25	22.25		6.6	Mk	Greece:Ionian Sea	希腊:伊奥尼亚海	NOAA,Song
1817	1	8	9			32.9	-80		5	Ms	US:South Carolina,Charleston	美国:卡罗莱纳州查尔斯顿	USGS
1817	1	8				39.95	-75.1		7	Mk	US:New Jersey,Cherry Hill	美国:新泽西州切里希尔	* Song
1817	1	14	3	30		37.5	13		6.7	Mk	Italy:Sicilia Island	意大利:西西里岛	NOAA,Song
1817	3	11	20	10		45.9	6.8		8	Muk	France:Chamonix Valley	法国:夏蒙尼峡谷	*
1817	3	11	21	10		46.25	6.65		5.57	Ms	France:Cluses	法国:克吕斯	Italy
1817	8	23	8			38.25	22.25		6.8	Ms	Greece:Achaia	希腊:阿凯亚	* NOAA
1817	9	18				2.5	-76.5		5.7	Ms	Colombia:Cauca	哥伦比亚:考卡	GSHAP
1817	10	5	16	45		42.5	-71.2		5.5	Mk	US:Massachusetts,Medford	美国:马萨诸塞州梅德福	USGS,Song
1817	12	2				35.2	139.1		6	Ms	Japan:Hakone	日本:神奈川箱根	Japan
1817						39.4	67.1	10	5.3	Ms	Uzbekistan:Samarkand	乌兹别克斯坦:撒马尔罕	GSHAP
1818	1					38	23.6		6.6	Mk	Greece:Athens	希腊:雅典	NOAA,Song
1818	2	20	18	10		37.6	15.13		6	Ms	Italy:Acireale, Catania	意大利:阿瑟瑞尔,卡塔尼亚	* Italy,NOAA
1818	2	23	18	10		43.92	8.034		5.55	Ms	Italy:Imperia,Near Coast	意大利:因佩里亚海岸	* Italy,NOAA
1818	3	1	2	45		37.2	14.75		5.63	Ms	Italy:Sicilia Island	意大利:西西里岛	Italy
1818	3	18				-3.767	102.267		7	Ms	Indonesia:Bengkulu	印度尼西亚:明古鲁	Italy
1818	3	31				19.1	-103.6		7.5	Muk	Mexico:Colima	墨西哥:科利马	* NOAA
1818	4	23				42.8	23.3		6.5	Ms	Bulgaria:Breznik	保加利亚:布雷兹尼克	*
1818	5	31				19.2	-99.1		6.3	Mk	Mexico:Mexico City	墨西哥:墨西哥城	* GSHAP
1818	9	5				35.7	139.8		6.4	Mk	Japan:Tokyo	日本:东京	* Song
1818	9	7				42.8	23		5.2	Ms	Bulgaria:Breznik	保加利亚:布雷兹尼克	Japan,Song
1818	9	8	9	37		37.82	14.08		5.31	Ms	Italy:Sicilia Island	意大利:西西里岛	GSHAP
1818	11	8				-7	117	600	8.5	Ms	Indonesia:Bali Sea	印度尼西亚:巴厘海	* Italy
1818	12	9	18	52		44.668	10.286		5.57	Ms	Italy:Langhirano	意大利:兰吉拉诺	* NOAA
1818						12.51	121.31		5.5	Mk	Philippines:Mansalay	菲律宾:曼萨莱	Italy,NOAA
1819	1	8	22	30		44.05	8.2		5.34	Ms	Italy:Albenga,,Near Coast	意大利:阿尔本加近海	Maso,Song
1819	2	24	23	20		37.93	14.05		5.4	Ms	Italy:Sicilia Island	意大利:西西里岛	Italy,NOAA
1819	2	24				36.1	102.3		5.75	Ms	China:Qinghai,Ledu	中国:青海化隆	Italy
1819	3					35.07	0.02		7.3	Mk	Algeria:Mascara	阿尔及利亚:马斯卡拉	* China
1819	4	3	14			-27.4	-70.3		8	Muk	Chile:Copiapo	智利:科皮亚波	* Song
1819	4	4	20			-27.4	-70.3		8	Muk	Chile:Copiapo	智利:科皮亚波	*
1819	4	12	3	10		-16.4	-71.6		5	Mk	Peru:Arequipa	秘鲁:阿雷基帕	*
1819	4	12	3			-27	-71.5		8.5	Mfa	Chile:Copiapo,Near Coast	智利:科皮亚波近海	GSHAP,Song
1819	5	2	14			46	14.017		5.03	Ms	Slovenia:Idrija	斯洛文尼亚:伊德里亚	* NOAA
1819	5	26	17			42.252	11.757		5.17	Ms	Italy:Tarquinia	意大利:塔尔奎尼亚	Italy
1819	6	16	23	30		23	71		8.3	Ms	India:Rann of Kutch,Ahmadabad	印度:库奇的兰恩,艾哈迈德巴德	* Italy
1819	8	2	5			35.2	136.3		7.4	Ms	Japan:Hikone	日本:滋贺彦根	* NOAA,GSHAP,India
1819	8	31				66.416	12.85		5.8	Ms	Norway:Rana	挪威:摩城	Usami,Japan
1819	9	14				26.5	107.2		5.75	Ms	China:Guizhou,Guiding	中国:贵州贵定	* NOAA
1820	2	21				38.8	20.6		6.4	Ms	Ionian Sea	爱奥尼亚海	China
1820	3	1				53.6	-166.4		7	Mk	Alaska:Unimak Island	阿拉斯加:乌尼马克岛	GSHAP
1820	3	17				38.8	20.5		6.1	Mk	Greece:Ionian Islands,Levkas	希腊:伊奥尼亚群岛,莱夫卡斯	* Song,NOAA
1820	3					38.4	26.2		6	Ms	Greece:Chios	希腊:希俄斯岛	* Song
1820	5	4				17.2	-99.6		7.6	Ms	Mexico:Guerrero, Oaxaca, Puebla	墨西哥:格雷罗,瓦哈卡,普埃布拉	GSHAP
1820	7	17	7	30		47.35	11.7		5.03	Ms	Austria:Tirol	奥地利:蒂罗尔	* NOAA
1820	7	23				43.8	9		6.7	Mk	Italy:Genova,Near Coast of S.	意大利:热那亚南部近海	Italy
1820	8	4				34.1	113.9		6	Ms	China:Henan,Xuchang,NE.	中国:河南许昌东北	NOAA,Song
1820	10	9				29.6	52.5		6.3	Mk	Iran:Fars,Shiraz	伊朗:法尔斯,设拉子	* China
1820	10	28				53	162	30	5.2	Ms	Russia:Kamchatka,Near East Coast	俄罗斯:堪察加东部近海	* Song
1820	10					34.8	111.2		5	Ms	China:Henan,Sanmenxia	中国:河南三门峡	GSHAP
1820	12	29	3	30		37.8	21.2		6.9	Ms	Greece:Ionian Islands,Zante	希腊:伊奥尼亚群岛,赞特	China
1820	12	29				-5.1	119.4		7.9	Mk	Indonesia:Sulawesi,Makasar	印度尼西亚:苏拉威西岛,望加锡	* NOAA
1820						-4.5	11.6		6.2	Mfa	Congo:Loango	刚果:洛安戈	* NOAA,Song
1820						35.65	139.7		6.4	Mk	Japan:Tokyo	日本:东京	* NOAA
1820						10.5	-64.2		5.9	Mk	Venezuela:Cumana	委内瑞拉:库马纳	Japan,Song
1820						36.5	53.5		5.9	Mk	Iran:Mazanderan	伊朗:马赞德兰	* Song
1821	1	1				34.55	-119.85		6.3	Ms	US:California,Santa Barbara	美国:加利福尼亚州圣巴巴拉	* Song
1821	1	6	17	15		37.8	21.2		6.5	Ms	Greece:Zamte	希腊:赞特	CGS
1821	1	9				37.8	21.3		5	Mk	Greece:Ionian Islands	希腊:伊奥尼亚群岛	* NOAA
1821	2	10				45.7	26.6	100	6	Ms	Romania:Nereju	罗马尼亚:内雷茹	* * Song

年 Year	月 Mo	日 Dy	时 Hr	分 Mn	秒 Sec	纬度(°) Latitude	经度(°) Longitude	深度 Depth	震级 Mag	标度 Scale	地名(英文) Name(English)	地名(中文) Name(Chinese)	资料来源 Information
1821	3	22				42.417	12.833		5.17	Ms	Italy:Rieti	意大利:列蒂	Italy,GSHAP
1821	4	8				35.3	-2.97		6.3	Mk	Morocco:Melilla	摩洛哥:梅利利亚	* Song
1821	4	10				10.1	-83.3		7	Mk	Costa Rica:Limón	哥斯达黎加:利蒙	NOAA,Song
1821	5					-15.95	-5.7		7	Mk	St. Helena Island:Jamestown	圣赫勒拿岛:詹姆斯敦	NOAA,Song
1821	7	10	13			-16.107	-72.967		6.3	Mk	Peru:Camana, Ocona	秘鲁:卡马那,奥科尼亚	* Song
1821	8	2				38.944	16.452		5.37	Ms	Italy:Catanzaro	意大利:卡坦扎罗	Italy
1821	8	13				22.7	72.699		5	Ms	India:Nadiad	印度:讷迪亚德	GSHAP
1821	9	12	3			40.5	141.4		5.9	Ms	Japan:Aomori	日本:青森	Usami,Japan
1821	11	17	13	30		45.7	26.6		6.7	Ms	Romania:Nereju	罗马尼亚:内雷茹	* GSHAP
1821	12	13				37.4	139.5		6.1	Ms	Japan:Fukushima	日本:福岛	Usami
1821						39.5	64	20	6.4	Ms	Uzbekistan:Bukhara	乌兹别克斯坦:布哈拉	GSHAP
1822	1	29				12.5	79.699		5	Ms	India:Tindivanam	印度:丁迪沃讷姆	GSHAP
1822	3	20				33.9	35.5		6.6	Mk	Lebanon:Bayrut (Beirut)	黎巴嫩:贝鲁特	NOAA,Song
1822	4	3	22			24	89		5.6	Ms	Bangladesh:Khulna,N.	孟加拉:库尔纳北部	GSHAP
1822	4	6				37.747	14.398		5.03	Ms	Italy:Sicilia Island	意大利:西西里岛	Italy
1822	4	10				37.45	14.25		6.6	Mk	Italy:Sicilia Island	意大利:西西里岛	NOAA,Song
1822	4	24				33	104.6		5.5	Ms	China:Gansu,Wenxian	中国:甘肃文县	* China
1822	5	7				10.1	-83.3		7.1	Mk	Costa Rica:Limón	哥斯达黎加:利蒙	* NOAA,Song
1822	8	13	20			36	36	17	7.4	Ms	Turkey:Hatay; Syria:Aleppo	土耳其:哈塔伊;叙利亚:阿勒颇	* GSHAP,NOAA
1822	8	16	18	30		22.6	88.4		5	Ms	India:Kolkata	印度:加尔各答	GSHAP
1822	9	5				36	36		7.7	Mk	Turkey:Hatay; Syria:Aleppo	土耳其:哈塔伊;叙利亚:阿勒颇	* Song
1822	9					40.3	71.5	12	6.2	Ms	Uzbekistan:Fergana	乌兹别克斯坦:费尔干纳	GSHAP
1822	11	5				-27.35	-70.35		6	Mk	Chile:Copiapo	智利:科皮亚波	GSHAP,Song
1822	11	20	2	30		-33	-71.63		8.5	Ms	Chile:Valparaiso, Quillota, Concon	智利:瓦尔帕莱索,基洛塔,康孔	* NOAA
1822	11	23	2	30		-33.05	-71.63		6	Mk	Chile:Valparaiso	智利:瓦尔帕莱索	GSHAP,Song
1822	11	25	12	15		-33.05	-71.63		7.3	Mk	Chile:Valparaiso	智利:瓦尔帕莱索	* Song
1822	12	1				12.1	-64.1		5.9	Mk	Venezuela:Blanquilla Island	委内瑞拉:布兰基亚岛	* Song
1823	1	1				40.3	71.5	12	6.2	Ms	Uzbekistan:Fergana	乌兹别克斯坦:费尔干纳	GSHAP
1823	1	14				35.1	132.6		6	Ms	Japan:Shimane	日本:岛根	Japan
1823	2	9				7	80		5.6	Ms	Sri Lanka:Colombo	斯里兰卡:可伦坡	GSHAP
1823	3	2				9.5	76.599		5	Ms	India:Kochi	印度:柯枝市	GSHAP
1823	3	5	16	37		38	14.1		5.87	Ms	Italy:Naso, Sicily	意大利:纳苏,西西里岛	* Italy,NOAA
1823	3	9				7	80		5	Ms	Sri Lanka:Colombo	斯里兰卡:可伦坡	GSHAP
1823	5	30				42.7	-79		7	Mk	US:New York,Buffalo	美国:纽约州水牛城	* Song
1823	6	8				19.25	-155		6.6	Mk	Hawaiian Islands	夏威夷群岛	USGS,Song
1823	6	19				39.75	20.75		6.3	Mk	Greece:Thesprotia,N.	希腊:塞斯普罗蒂亚北部	* Song
1823	8	20				43.4	16.7		6.7	Mk	Croatia:Split	克罗地亚:斯普利特	NOAA,Song
1823	8					10.5	-63.8		6.1	Mk	Venezuela:Cariaco,Island of Margarita	委内瑞拉:卡利亚科,玛格丽特岛	* Song
1823	8					32.7	107.9		5.5	Ms	China:Shaanxi,Zhenba,N.	中国:陕西镇巴北	China
1823	9	7				36.3	53.3		6.3	Mk	Iran:Mazanderan	伊朗:马赞德兰	* Song
1823	9	9				-6.5	108.5	150	6.8	Ms	Indonesia:Java Island	印度尼西亚:爪哇岛	* NOAA
1823	9	29				40	141.1		5.9	Ms	Japan:Mt. Iwate	日本:岩手山	Japan
1823	10	23				40	141.1		5.9	Ms	Japan:Mt. Iwate	日本:岩手山	Usami
1823	10					42.7	18.2		6.2	Mk	Bosnia and Herzegovina:Trebinje	波斯尼亚和黑塞哥维那:特雷比涅	* Song
1823	11	30				14.4	-61.1		7	Mk	Martinique Island:Saint - Pierre	马提尼克岛:圣彼得	* NOAA,Song
1823						29.6	52.5		5.9	Mk	Iran:Fars,Shiraz	伊朗:法尔斯,设拉子	* Song
1824	1					14.51	121.11		5.5	Mk	Philippines:Manila	菲律宾:马尼拉	Maso,Song
1824	3	31	21			50.6	83.4	20	5.2	Ms	Kazakhstan:Zyryanovsk	哈萨克斯坦:济良诺夫斯克	GSHAP
1824	4	10				18	-76.5		5.9	Mk	Jamaica:Kingston	牙买加:金斯敦	* Song
1824	6	2				29.7	51.6		7.1	Mk	Iran:Shiraz	伊朗:设拉子	* Song
1824	6	25				29.8	52.4		6.4	Ms	Iran:Fars,Shiraz	伊朗:法尔斯,设拉子	* Iran
1824	8	14				23	113		5	Ms	China:Guangdong,Fushan	中国:广东佛山	China
1824	8	29	6			-33.4	-70.6		6	Mk	Chile:Santiago	智利:圣地亚哥	GSHAP,Song
1824	9	13				16.7	-62.2		7	Mk	Montserrat:Plymouth	蒙特塞拉特:普利茅斯	* Song
1824	9	29	6	30		13.7	121.7		6.5	Mk	Philippines:Tayabas	菲律宾:塔亚巴斯	* Maso,Song
1824	10	26				14.2	121.9		7.4	Ms	Philippines:Mauban	菲律宾:毛班	* Bautista,Maso,NOAA
1824	11	30				14.4	-61		7	Mk	Martinique Island:Saint - Pierre	马提尼克岛:圣彼得	* NOAA,Song
1824	12	11				39.54	16.588		5.53	Ms	Italy:Rossano	意大利:罗珊诺	Italy
1825	1	8	18	50		23.5	91.2		5	Ms	Bangladesh:Comilla	孟加拉:库米拉	GSHAP
1825	1	19	11	45		38.75	20.75		6.8	Ms	Greece:Ionian Islands,Leukas	希腊:伊奥尼亚群岛,琉卡斯	* NOAA
1825	2	26				11.1	-74.1		6.3	Ms	Colombia:Santa Marta	哥伦比亚:圣玛尔塔	* NOAA
1825	3	2	7			36.4	2.8		7.3	Mk	Algeria:Blida, Algiers	阿尔及利亚:布利达,阿尔及尔	* Song
1825	4					14	143.3		6.1	Ms	Mariana Islands	马里亚纳群岛	* Maso,NOAA
1825	7	22	2	30		51.5	108	15	5	Ms	Russia:Buryatiya,Shabur	俄罗斯:布里亚特州沙布尔镇	GSHAP
1825	9	21	1	45		10.4	-61.3		7.1	Mk	Trinidad & Tobago:Port of Spain	特立尼达和多巴哥:西班牙港	* NOAA,Song
1825	10					29.4	52.3		5.9	Mk	Iran:Fars,Shiraz	伊朗:法尔斯,设拉子	* Song
1825	11	7	23	33		53	161	30	6.4	Ms	Russia:Kamchatka Peninsula	俄罗斯:堪察加半岛	GSHAP

年 Year	月 Mo	日 Dy	时 Hr	分 Mn	秒 Sec	纬度(°) Latitude	经度(°) Longitude	深度 Depth	震级 Mag	标度 Scale	地名(英文) Name(English)	地名(中文) Name(Chinese)	资料来源 Information
1825	12	24	20	30		-33.4	-70.6		6	Mk	Chile:Santiago	智利:圣地亚哥	GSHAP,Song
1825	12	25	21	8		36.9	-4		7.3	Mk	Spain:Arenas Del Rey	西班牙:阿雷纳斯-德尔雷伊	* Song
1825						36.1	52.6	13	6.7	Ms	Iran:Mazanderan	伊朗:马赞德兰	* GSHAP,Iran
1826	1	26				39	20.6		6.2	Ms	Ionian Sea	爱奥尼亚海	GSHAP
1826	2	1	16			40.52	15.73		5.68	Ms	Italy:Basilicata	意大利:巴西利卡塔	Italy
1826	3	18	0	20		43.8	13		6.7	Mk	Italy:Senigallia	意大利:塞尼加利亚	NOAA,Song
1826	3	20				16.1	73.599		5	Ms	India:Belgaum	印度:贝尔高姆县	GSHAP
1826	6	18	3	40		4.6	-73.9	10	8.2	Ms	Colombia:Bogota	哥伦比亚:波哥达	*
1826	8	28	2			36.2	137.3		6.2	Ms	Japan:Hida	日本:岐阜飞驒	Usami,Japan
1826	9	18	8			20	-75.5		5.9	Mk	Cuba:Santiago De Cuba	古巴:圣地亚哥	* Song
1826	10	16				45.7	24.5	22	5.5	Ms	Romania:Sibiu	罗马尼亚:锡比乌	GSHAP
1826	10	26	18			40.451	17.678		5.34	Ms	Italy:Manduria	意大利:曼杜里亚	Italy
1826	10	29	2			28	85		5.6	Ms	Nepal:Gandaki,E.	尼泊尔:甘达基专区东部	GSHAP
1826						40.7	36.6		5.8	Ms	Turkey:Erbaa	土耳其:埃尔巴	Turkey
1826						-45.8	166.5		8	Ms	New Zealand:South Island,Anchor Island	新西兰:南岛,安克岛	* NOAA
1827	3	17				36.3	59.6		5	Mk	Iran:Mashhad	伊朗:马什哈德	Afghan,Song
1827	3	23				34.9	111.1		5.5	Ms	China:Shanxi,Yuncheng,S.	中国:山西运城南	* China
1827	4	2	0	20		46.706	10.115		5.13	Ms	Switzerland:Ardez	瑞士:阿尔德茨	Italy
1827	4	3				37.7	-122.5		5.5	Ms	US:California,San Francisco	美国:加利福尼亚州旧金山	CGS
1827	4	17	13	30		42.7	18		5.2	Ms	Croatia:Dubrovnik	克罗地亚:杜布罗夫尼克	GSHAP
1827	5					58	108.5	15	6.5	Ms	Russia:Irkutsk,Kirensk	俄罗斯:伊尔库茨克州基廉斯克	GSHAP
1827	6	24				8.15	-71.96		6	Mk	Venezuela:El Palmar	委内瑞拉:埃尔帕尔马	GSHAP,Song
1827	6					40.7	36.6		7.3	Mk	Turkey:Erbaa	土耳其:埃尔巴	* Song
1827	8	9				53	158.5		7	Mk	Russia:Kamchatka Peninsula	俄罗斯:堪察加半岛	* NOAA,Song
1827	8	26				36.7	139.7		6.1	Mk	Japan:Nikko	日本:枥木日光	Japan,Song
1827	9	24	4			34	-119		6	Ms	US:California,Oxnard	美国:加利福尼亚州奥克斯纳德	CGS,USGS
1827	9	26				31	75.3		6.3	Mk	Pakistan:Punjab	巴基斯坦:旁遮普	* Song
1827	10	20	9			40.7	44.9	18	6.4	Ms	Armenia:Dilijan	亚美尼亚:迪利然	GSHAP
1827	11	16	22	45		1.8	-76.4		7	Ms	Colombia:Bogota, Neiva, Popayan	哥伦比亚:波哥达,内瓦,波帕扬	*
1827	11	30	6	45		14.4	-61		5.9	Mk	Martinique Island	马提尼克岛(拉丁美洲)	* Song
1828	2	2	13	15		40.75	13.9		5.57	Ms	Italy:Island of Ischia	意大利:伊斯基亚岛	* Italy
1828	3	12				38.526	15.996		5.33	Ms	Italy:Palmi	意大利:帕尔米	Italy
1828	3	16				-16.4	-71.6		5	Mk	Peru:Arequipa	秘鲁:阿雷基帕	GSHAP,Song
1828	3	30	12	35		-12.1	-77.8	50	8.3	Muk	Peru:Lima,Near Coast	秘鲁:利马近海	*
1828	4	11	10	30		44	14		5.57	Ms	Adriatic Sea	亚得里亚海	Italy
1828	5	18				37.8	12.433		5.17	Ms	Italy:Marsala	意大利:马尔萨拉	Italy
1828	5	26	13			32.6	129.9		6.4	Ms	Japan:Nagasaki	日本:长崎	* Usami,Japan,NOAA
1828	6	6				34.2	74.5		6.3	Mk	India:Kashmir	印度:克什米尔	* Song
1828	6	15				38.41	27.2		5.8	Ms	Turkey:Izmir	土耳其:伊兹密尔	Turkey
1828	7	8	14			22.6	88.4		5.6	Ms	India:Kolkata	印度:加尔各答	GSHAP
1828	8	9	16			40.7	48.4	10	5.7	Muk	Azerbaijan:Samaxi	阿塞拜疆:沙马基区	*
1828	10	9	2	20		44.82	9.05		5.67	Ms	Italy:Pavia	意大利:帕维亚	Italy
1828	10	9	13	11		43.8	9		6.7	Mk	Italy:Genova,Near Coast of S.	意大利:热那亚南部近海	NOAA,Song
1828	11	9	9	18		14.2	121		7.5	Ms	Philippines:Calamba	菲律宾:卡兰巴	* Nakamura,NOAA
1828	11	9	10	30		13.7	119.5		6.6	Muk	Philippines: Lubang Island, Near Coast of W.	菲律宾:卢邦岛西部近海	Bautista
1828	12	17	22			37.5	139.5		6.9	Ms	Japan:Fukushima	日本:福岛	* Usami,Japan
1828	12	29				-2	121		7.7	Mk	Indonesia:Sulawesi	印度尼西亚:苏拉威西岛	* Song
1829	2	2	21	45		63.9	-20	19	6	Ms	Iceland:Hella	冰岛:海德拉	Iceland
1829	3	7	22			51.4	104.1	40	7.5	Muk	Russia:Irkutsk,Baykalsk	俄罗斯:伊尔库茨克州贝加尔斯克	* GSHAP
1829	3	21	18	30		38.1	-0.7		7.3	Mk	Spain:Torrevieja, Murcia	西班牙:特拉维哈,穆尔西亚	* Song
1829	4	21				50.1	83.9	24	5.2	Ms	Kazakhstan:Zyryanovsk	哈萨克斯坦:济良诺夫斯克	GSHAP
1829	4	23	16			41.2	24.5		7.3	Ms	Greece:Xanthi - Drama	希腊:克桑西-兹拉马	* NOAA
1829	4					37.5	111.2		5.5	Ms	China:Shanxi,Lvliang	中国:山西吕梁	China
1829	5	5	9			41.2	24.5		7.3	Ms	Greece:Xanthi - Drama	希腊:克桑西-兹拉马	* GSHAP
1829	5	13	17			53	161	30	6.4	Ms	Russia:Kamchatka Peninsula	俄罗斯:堪察加半岛	GSHAP
1829	6	1	9			41.75	12.68		5.17	Ms	Italy:Marino	意大利:马里诺	Italy
1829	6	25				34.4	132.5		6.4	Mk	Japan:Aki, Saeki	日本:安艺郡佐伯郡	Japan,Song
1829	7	1	19	30		47.5	22.2	35	6.2	Ms	Romania:Bihor,N.	罗马尼亚:比霍尔北部	GSHAP
1829	9	6	19	30		45.136	10.024		5.03	Ms	Italy:Cremona	意大利:克雷莫纳	Italy
1829	9	18				22.6	88.4		5	Ms	India:Kolkata	印度:加尔各答	GSHAP
1829	9	26	14	30		-33.1	-71.6		7	Muk	Chile:Valparaiso	智利:瓦尔帕莱索	*
1829	9					37.5	-122.5		5.7	Mk	US:California,Pacifica	美国:加利福尼亚州帕西菲卡	USGS,Song
1829	10	1	16	3		-33.4	-71.6		6	Mk	Chile:El Quisco	智利:埃尔基斯科	GSHAP,Song
1829	11	18				33.2	117.9		5.5	Ms	China:Anhui,Wuhe	中国:安徽五河	* China
1829	11	19				36.6	118.5		6.25	Ms	China:Shandong,Linqu	中国:山东临朐	* China
1829	11	26	1	40		44.2	26.1		5.9	Ms	Romania:Bucharest	罗马尼亚:布加勒斯特	* GSHAP

年 Year	月 Mo	日 Dy	时 Hr	分 Mn	秒 Sec	纬度(°) Latitude	经度(°) Longitude	深度 Depth	震级 Mag	标度 Scale	地名(英文) Name(English)	地名(中文) Name(Chinese)	资料来源 Information
1829	12	1	3			53.8	82.4	14	5.5	Ms	Russia: Novosibirsk, Suzun	俄罗斯：新西伯利亚州苏尊	GSHAP
1829	12	9	9	30		5	-75.5		5	Ms	Colombia: Manizales	哥伦比亚：卡尔达斯的马尼萨莱斯	GSHAP
1829						36.3	59.6		5	Mk	Iran: Mashhad	伊朗：马什哈德	Afghan, Song
1830	1	18	9	15		14.3	121.85		6.3	Ms	Philippines: Mauban	菲律宾：毛班	* Bautista, Maso
1830	1					17	-96.3		6.3	Mk	Mexico: Oaxaca	墨西哥：瓦哈卡	* Song
1830	2	8	10			46	15.5		5.17	Ms	Slovenia: Krsko	斯洛文尼亚：克尔什科	Italy
1830	3	9	11	22		43	47	16	6.3	Muk	Russia: Dagestan, Makhachkala	俄罗斯：达吉斯坦共和国马哈奇卡拉	*
1830	3	27				35.7	52.5	18	7.1	Ms	Iran: Tehran, Damāvand	伊朗：德黑兰，达马万德	GSHAP
1830	4	3				36.4	54.3		6.5	Muk	Iran: Dūmghān	伊朗：达姆甘	*
1830	5	9				35.7	52.1		6.3	Mk	Iran: Tehran, Damāvand	伊朗：德黑兰，达马万德	* Song
1830	6	8	8	10		47.6	15.8		5.03	Ms	Austria: Steiermark	奥地利：施泰尔马克	Italy
1830	6	12				36.4	114.3		7.5	Ms	China: Hebei, Cixian	中国：河北磁县	* China
1830	6	13				36.4	114.3		5.5	Ms	China: Hebei, Cixian	中国：河北磁县	China
1830	6	24				37.3	114.7		5.5	Ms	China: Hebei, Longyao, SW.	中国：河北隆尧西南	China
1830	6	26	5	57		47.4	15.1		5.03	Ms	Austria: Steiermark	奥地利：施泰尔马克	Italy
1830	6	26				36.4	114.3		5.75	Ms	China: Hebei, Cixian	中国：河北磁县	China
1830	8	2	10			46	15.5		5	Ms	Slovenia: Krsko	斯洛文尼亚：克尔什科	GSHAP
1830	8	8	20			50	108	15	6	Ms	Russia: Chita, Zhindo	俄罗斯：赤塔州任多镇	GSHAP
1830	8	19	6			35	136		6.4	Ms	Japan: Kyoto	日本：京都	* Usami, Japan
1830	9	16				9.3	122.7		7	Mk	Philippines: Bayawan	菲律宾：巴亚万	NOAA, Song
1830	12	31	2			22.3	92.33		5.6	Ms	Bangladesh: Rangamati	孟加拉：兰加马蒂	GSHAP
1830						35.35	-120.65		6	Ms	US: California, San Luis Obispo	美国：加利福尼亚州圣路易斯-奥比斯保	CGS, USGS
1831	1	2	14	7		40.082	15.785		5.46	Ms	Italy: Basilicata	意大利：巴西利卡塔	Italy
1831	1	28				38.224	15.24		5.03	Ms	Italy: Milazzo	意大利：米拉佐	Italy
1831	3	26				35.7	139.8		5.5	Ms	Japan: Tokyo	日本：东京	Japan
1831	3	28				39.2	141.2		6.1	Mk	Japan: Iwate	日本：岩手	Japan, Song
1831	4	3				37.8	27		6	Mk	Greece: Samos Island	希腊：萨摩斯岛	* Song
1831	4	9				38.5	16.5		5.03	Ms	Italy: Stilo	意大利：斯蒂洛	Italy
1831	5	18	23	30		53	108	15	5	Ms	Russia: Lake Baykal	俄罗斯：贝加尔湖	GSHAP
1831	5	26	10	25		43.85	7.85		5.54	Ms	Italy: Sanremo, Near Coast	意大利：圣雷默近海	* Italy, NOAA
1831	7	2				37.05	12.3		6.7	Mk	Italy: Marsala, Near Coast of S.	意大利：马尔萨拉南部近海	NOAA, Song
1831	8	3	3			45.7	26.6	100	5.8	Ms	Romania: Nereju	罗马尼亚：内雷茹	GSHAP
1831	8	11				13	-59.3		7	Mk	Barbados Island: Bridgetown	巴巴多斯岛：布里奇顿	* Song
1831	9	11	18	15		44.75	10.55		5.48	Ms	Italy: Reggio Emilia	意大利：雷焦艾米利亚	Italy
1831	9	11				38.1	15.7		5.7	Mk	Italy: Reggio Calabria	意大利：卡拉布里亚雷焦	* Song
1831	9	28				32.8	116.8		6.25	Ms	China: Anhui, Fengtai, NE.	中国：安徽凤台东北	* China
1831	10	9	2	15		-18.5	-71		7.8	Ms	Peru: Tacna, Arica	秘鲁：塔克纳，阿里卡	* Chile
1831	10	24	12	30		28.7	77.2		5.6	Ms	India: New Delhi	印度：新德里	GSHAP
1831	10	24				28.7	78		5	Ms	India: Delhi	印度：德里	GSHAP
1831	11	13	16			33.2	130.2		6.1	Ms	Japan: Fukuoka, W.	日本：福冈西部	Usami, Japan
1831	11	13				37.7	140.4		6.1	Mk	Japan: Fukushima	日本：福岛	Japan, Song
1831	12	3	23	40		12.4	-61.5		7	Ms	Grenada: St Georges	格林纳达：圣乔治	* NOAA
1831	12	24	16	45		-36.83	-73.03		6	Mk	Chile: Concepcion	智利：康塞普西翁	GSHAP, Song
1832	1	13	13			42.967	12.659		5.8	Ms	Italy: Foligno	意大利：福利尼奥	* Italy
1832	1	21	15			-43	-73		6	Mk	Chile: Quellon	智利：克永	GSHAP, Song
1832	1	22				36.5	71	180	7.4	Ms	Afghan: Badakhshan	阿富汗：巴达赫尚	* Afghan, GSHAP
1832	1					24.3	117		5	Ms	China: Fujian, Pinghe, W.	中国：福建平和西	China
1832	2	17	1	45		45.7	26.6	100	5.7	Ms	Romania: Nereju	罗马尼亚：内雷茹	GSHAP
1832	2	19	7	8		45.4	24.2	22	5.6	Ms	Romania: Râmnicu Vâlcea	罗马尼亚：勒姆尼库沃尔恰	GSHAP
1832	2	21				32	76		6.2	Ms	India: Kashmir, Dharmsala	印度：克什米尔，达兰萨拉	GSHAP
1832	3	8	18	15		39.07	16.9		6.48	Ms	Italy: Cutro	意大利：卡特罗	* Italy, NOAA
1832	3	13	3	30		44.77	10.47		5.59	Ms	Italy: Reggio Emilia	意大利：雷焦艾米利亚	Italy
1832	3	15				40.5	141.5		6.5	Ms	Japan: Hachinohe	日本：青森八户	Japan
1832	4	12				51	105.5	15	6.3	Ms	Russia: Buryatiya, Pokrovka	俄罗斯：布里亚特州波克罗夫卡	GSHAP
1832	7	3	7			29.4	79.6		5	Ms	India: Haldwani	印度：赫尔德瓦	GSHAP
1832	8	3				40.6	48.6	20	5.4	Ms	Azerbaijan: Samaxi	阿塞拜疆：沙马基区	GSHAP
1832	8					39.9	96.8		5.5	Ms	China: Gansu, Yumen	中国：甘肃玉门	China
1832	10	4				15.8	73.699		5	Ms	India: Mapusa	印度：马普萨	GSHAP
1833	1	19				40.2	19.3		6.5	Ms	Albania: Vlore, Sazan	阿尔巴尼亚：发罗拉，萨森岛	* NOAA, GSHAP
1833	3	10				16.6	-99.6		7	Mk	Mexico: Near Coast of Guerrero	墨西哥：格雷罗近海	* NOAA, Song
1833	4	19				36.3	59.6		5	Mk	Iran: Mashhad	伊朗：马什哈德	Afghan, Song
1833	4	25	14	30		-28.5	-71.3		7.3	Mk	Chile: Vallenar	智利：巴耶纳尔	* Song
1833	5	27	4			35.5	136.6		6.4	Ms	Japan: Motosu	日本：岐阜本巢	Usami, Japan
1833	5	30	20			29.4	80.1		7.5	Ms	India: Haldwani	印度：赫尔德瓦	* GSHAP
1833	6	10				39.4	21.3		6	Ms	Greece: Janina	希腊：伊欧亚里纳	GSHAP
1833	8	26				28.3	85.5		8	Ms	Nepal: Kathmandu, N.	尼泊尔：加德满都北部	* China, India
1833	9	6				25	103		8	Ms	China: Yunnan, Songming	中国：云南嵩明	* China

年 Year	月 Mo	日 Dy	时 Hr	分 Mn	秒 Sec	纬度(°) Latitude	经度(°) Longitude	深度 Depth	震级 Mag	标度 Scale	地名(英文) Name(English)	地名(中文) Name(Chinese)	资料来源 Information
1833	9	18	10	31		-17.6	-70.8		5.9	Mk	Peru:Arequipa,Tacna	秘鲁:阿雷基帕,塔克纳	* Song
1833	9	18	10	31		-18.5	-70.4	60	7.8	Ms	Chile:Arica,Near Coast	智利:阿里卡近海	* Chile
1833	10	4	7			27	85		6.8	Ms	Nepal:Birgunj	尼泊尔:比尔根杰	GSHAP
1833	10	18	4	40		27	84		6.2	Ms	India:Gorakhpur	印度:戈勒克布尔	GSHAP
1833	11	7				36.6	137.8		6.25	Ms	Japan:Nagano	日本:长野	Japan
1833	11	16				27.7	85.3		5	Ms	Nepal:Kathmandu	尼泊尔:加德满都	GSHAP
1833	11	24				-3.5	102.2	75	8.3	Ms	Indonesia:Southern Sumatra	印度尼西亚:苏门答腊南部	* NOAA
1833	11	26				27.7	85.3		5	Ms	Nepal:Kathmandu	尼泊尔:加德满都	GSHAP
1833	12	7	6			38.9	139.15		7.4	Ms	Japan Sea	日本海	* Usami,Japan,NOAA
1833	12	13				24.8	121.8		5	Ms	China:Taiwan,Yilan	中国:台湾宜兰	China
1833						37.3	58.1	14	6.2	Ms	Iran:Qūchān	伊朗:古昌	GSHAP
1834	1	20	12			1.2	-77	5	7	Muk	Colombia:Putumayo,Pasto	哥伦比亚:普图马约,帕斯托	*
1834	2	9	1			43.3	141.4		6.4	Ms	Japan:W. Hokkaido Island	日本:北海道西部	* Usami,NOAA
1834	2	14				44.449	9.859		5.64	Ms	Italy:Borgo Val Di Taro	意大利:塔罗谷镇	* Italy
1834	2	20	4	30		19.25	-155		5.5	Mk	Hawaiian Islands	夏威夷群岛	USGS,Song
1834	2	20	17	51		44.8	36.9	20	5.5	Ms	Black Sea	黑海	GSHAP
1834	3	1	13			1.4	-77.1		5	Ms	Colombia:Narino	哥伦比亚:纳里尼奥	* GSHAP
1834	3	14				17	-100		7	Ms	Mexico:Guerrero,Acapulco,E.	墨西哥:格雷罗州阿卡普尔科东部	* NOAA
1834	4	11				25	103		5	Ms	China:Yunnan,Yiliang	中国:云南宜良	* China
1834	5	6	20			45.7	26.6	100	5.3	Ms	Romania:Nereju	罗马尼亚:内雷茹	GSHAP
1834	5	22	7			11	-74.2		5.9	Mk	Colombia:Santa Marta,Cartagena	哥伦比亚:圣玛尔塔,卡塔赫纳	* Song
1834	5	23				31.3	35.6		6.3	Muk	Jordan:Al-Karak; Israel:Nabulus	约旦:卡拉克;以色列:纳布卢斯	*
1834	5	24				12	-75		5	Ms	Colombia:Soledad,Near Coast	哥伦比亚:索莱达近海	GSHAP
1834	5					14	143.3		7.3	Mk	Guam	关岛(西太平洋)	Maso,Song
1834	6	17				28	86.3		6.25	Ms	China:Xizang (Tibet),Tingri,SW.	中国:西藏日喀则定日西南	* China
1834	7	4	0	35		44.439	10.021		5.14	Ms	Italy:Cirone	意大利:科尔尼	Italy
1834	7	8				25.8	89.4		6.2	Ms	Bangladesh:Rajshahi,NE.	孟加拉:拉吉沙希东北	GSHAP
1834	7	21				25.8	89.4		6.2	Ms	Bangladesh:Rajshahi,NE.	孟加拉:拉吉沙希东北	GSHAP
1834	8	12	15	30		8.8	-70.9		6	Mk	Venezuela:Merida	委内瑞拉:梅里达	* Song
1834	10	10				-6.9	107		5.9	Mk	Indonesia:Java,Buitenzorg	印度尼西亚:爪哇岛,波格尔	* Song
1834	10	15	6	30		47.6	22.3	32	6.8	Muk	Romania:Carei	罗马尼亚:卡雷	*
1834	12					33	97		5.5	Ms	China:Qinghai,Yushu	中国:青海玉树	* China
1834						39.7	43.7	14	6	Ms	Turkey:Igdir	土耳其:伊迪尔	GSHAP
1835	1	14	1	30		29.4	79.6		5.6	Ms	India:Haldwani	印度:赫尔德瓦	GSHAP
1835	1	23	7			1.8	-79		5	Ms	Colombia:Near Coast	哥伦比亚:近海	GSHAP
1835	2	6	18	50		43.933	11.383		5.17	Ms	Italy:Borgo S. Lorenzo	意大利:圣洛伦佐镇	Italy
1835	2	20	16	22		-36.8	-73		8.5	Mfa	Chile:Concepcion	智利:康塞普西翁	* Chile,NOAA
1835	3	12				35.1	132.6		5.5	Ms	Japan:Shimane	日本:岛根	Japan
1835	4	20	3			44.417	9.833		5.03	Ms	Italy:Genova	意大利:热那亚	Italy
1835	4	21	20	30		45.7	26.6	100	6.2	Ms	Romania:Nereju	罗马尼亚:内雷茹	GSHAP
1835	6	6				36.3	116.4		5	Ms	China:Shandong,Pingyin	中国:山东平阴	China
1835	6	14	13			50.5	105.5	15	6.2	Ms	Mongolia:Suhbaatar	蒙古:苏赫巴托尔	GSHAP
1835	7	12				39.5	20		6.7	Mk	Greece:Ionian Islands	希腊:伊奥尼亚群岛	NOAA,Song
1835	7	20	5	6		37.9	141.9		7.6	Muk	Japan:Miyagi,Near Coast	日本:宫城近海	* Japan,NOAA
1835	8	19				38.9	141.1		7	Mk	Japan:Iwate	日本:岩手	Japan,NOAA,Song
1835	8	23	15			38.5	35.5		5.8	Ms	Turkey:Kayseri	土耳其:凯瑟利	* Turkey
1835	9	6				37.3	140.4		6.1	Mk	Japan:Sukagawa	日本:福岛须贺川	Japan,Song
1835	10	12	23			39.33	16.3		5.91	Ms	Italy:Cosenza	意大利:科森扎	* Italy
1835	10	29	2	47		47.417	9.417		5.17	Ms	Switzerland:Gais	瑞士:盖斯	Italy
1835	11	1				-3.4	128.1		6.5	Mk	Indonesia:Banda Sea,N.	印度尼西亚:班达海北部	* Song
1835	11	3				36.7	139.7		6.3	Mk	Japan:Nikko	日本:栃木日光	Japan,Song
1836	1	5				13.4	121.11		5.5	Mk	Philippines:Mindoro Island	菲律宾:民都洛岛	Maso,Song
1836	1	21				-43.3	148.9		7	Mk	Australia:Tasman Sea	澳大利亚:塔斯曼海	NOAA,Song
1836	3	5				-8.5	116		7	Mk	Indonesia:Mataram	印度尼西亚:马塔兰	* NOAA,Song
1836	3	8				39	143		6.8	Mk	Japan:Iwate,Near Coast	日本:岩手近海	Japan,Song
1836	3	31				34.4	139.2		6	Ms	Japan:Shizuoka,Near Coast	日本:静冈近海	Japan
1836	4	14				57	-170		5.7	Mk	Alaska:St George Island	阿拉斯加:圣乔治	USGS,Song
1836	4	22				25	125.5		6.1	Mk	Japan:Miyako-Jima	日本:宫古岛	Japan,Song
1836	4	24	23	15		39.57	16.73		6.16	Ms	Italy:Rossano,Crosia,Craco	意大利:罗珊诺,克罗西亚,克拉科	* Italy,NOAA
1836	4	26	22	30		-36.83	-73.03		6	Mk	Chile:Concepcion	智利:康塞普西翁	GSHAP,Song
1836	5	4				38.1	15.65		5.17	Ms	Italy:Reggio Calabria	意大利:卡拉布里亚雷焦	Italy
1836	6	3				-19.6	-70.2		7	Mk	Chile:Iquique,N.	智利:伊基克北部	NOAA,Song
1836	6	10	15	30		38	-122		7.3	Mk	US:California,Concord	美国:加利福尼亚州康科德市	* Song
1836	6	12	2	30		45.807	11.823		5.48	Ms	Italy:Malcesine	意大利:马尔切西内	Italy
1836	7	3				-22.5	-70.3		7.5	Ms	Chile:Tocopilla,Near Coast	智利:托科皮亚近海	* NOAA
1836	8	7				35.7	140		6.1	Mk	Japan:Narashino	日本:千叶习志野	Japan,Song
1836	8					57	-170		5.5	Mk	Alaska:St George Island	阿拉斯加:圣乔治	USGS,Song
1836	9	5				38.9	141.1		5.9	Ms	Japan:Iwate	日本:岩手	Japan

年 Year	月 Mo	日 Dy	时 Hr	分 Mn	秒 Sec	纬度(°) Latitude	经度(°) Longitude	深度 Depth	震级 Mag	标度 Scale	地名(英文) Name(English)	地名(中文) Name(Chinese)	资料来源 Information
1836	11	20	7			40.15	15.78		5.83	Ms	Italy:Basilicata	意大利:巴西利卡塔	* Italy
1836	11	28				-8.3	118.7		7.5	Ms	Flores Sea	弗洛勒斯海	* NOAA
1836						36.3	59.6		5	Mk	Iran:Mashhad	伊朗:马什哈德	Afghan,Song
1837	1	1	1			33	35.5		6.4	Ms	Israel:Zefat (Safed)	以色列:采法特(萨法德)	* NOAA
1837	1	24	0	58		46.317	7.967		5.17	Ms	Switzerland:Brig	瑞士:布里格	Italy
1837	3	14	16	40		47.6	15.7		5.17	Ms	Austria:Steiermark	奥地利:施泰尔马克	Italy
1837	3	20	9	45		37.43	23.35		6.3	Ms	Greece:Arkadia	希腊:阿卡迪亚	GSHAP
1837	4	11	17			44.174	10.181		5.65	Ms	Italy:Carrara	意大利:卡拉拉	* Italy
1837	6	15				19.5	85.099		5	Ms	India:Bhubaneswar	印度:布巴内斯瓦尔	GSHAP
1837	8	2				18.2	-64.5		7.7	Mk	British Virgin Islands:Road Town	英属维尔京群岛:罗德城	* Song
1837	8	9				17	-100		5	Mk	Mexico:Guerrero,Acapulco,E.	墨西哥:格雷罗州阿卡普尔科东部	* * Song
1837	9	10	18			10.3	-66.6		5.9	Mk	Venezuela:Santa Teresa Del Tuy	委内瑞拉:圣安娜 圣特雷萨	* Song
1837	9	29				5.5	96		7.3	Ms	Indonesia:North of Sumatera	印度尼西亚:苏门答腊北部	* NOAA
1837	9					34.6	103.7		6	Ms	China:Gansu,Minxian,NW.	中国:甘肃岷县西北	* China
1837	11	7	12	51		-42.5	-74		8.5	Mfa	Chile:Castro	智利:卡斯特罗	* NOAA
1837	11	22				20	-105		7.5	Ms	Mexico:Tomatlan	墨西哥:托马特兰	*
1837	11	28				-8.3	118.4		6.5	Ms	Indonesia:Sumbawa,Bima	印度尼西亚:松巴哇,比玛	* Song
1837	12	14				36.3	59.6		5	Mk	Iran:Mashhad	伊朗:马什哈德	Afghan,Song
1838	1	7				35.4	66.8		5	Mk	Afghan:Sar - E Pol	阿富汗:萨尔普勒	Afghan,Song
1838	1	23	18	36		45.7	26.6	150	7.3	Muk	Romania:Nereju	罗马尼亚:内雷茹	* GSHAP
1838	2	14				42.875	12.886		5.63	Ms	Italy:Visso	意大利:维索	Italy
1838	5	7				-36.7	-73.1		7	Mk	Chile:Concepcion	智利:康塞普西翁	* NOAA,Song
1838	6	9	14	45		38.5	-89		5.2	Ms	US:Illinois,Centralia	美国:伊利诺斯州森特勒利亚	USGS
1838	6	23				43.805	13.007		5.03	Ms	Italy:Pesaro	意大利:佩斯卡拉	Italy
1838	6					37.6	-122.4		7.4	Ms	US:California,San Francisco,San Jose	美国:加利福尼亚州旧金山,圣何塞	* CGS,USGS
1838	8	10	19	30		45.3	14.6		5.03	Ms	Croatia:Rijeka	克罗地亚:里耶卡	Italy,NOAA
1838	12	12	23	30		19.25	-155		5.5	Mk	Hawaiian Islands	夏威夷群岛	USGS,Song
1838						21.8	96		6.3	Mk	myanmar:Ava (Innwa)	缅甸:英瓦	* Song
1838						29.6	59.9		7	Ms	Iran:Zahedan	伊朗:扎黑丹	Afghan
1838						32	34.5		7	Mk	Israel:Jerusalem	以色列:耶路撒冷	* Song
1839	1	11	9	55		14.4	-61.1	33	7.8	Muk	Martinique Island:Saint - Pierre	马提尼克岛:圣彼得	*
1839	1	14	21			27.8	95.6		5	Ms	India:Saikhoa Ghat	印度:阿萨姆的赛夸卡德	GSHAP
1839	2	7				26.1	99.9		6.25	Ms	China:Yunnan,Eryuan	中国:云南洱源	* China
1839	2	23				26.1	99.9		6.25	Ms	China:Yunnan,Eryuan	中国:云南洱源	* China
1839	2	27	12			16.95	120.65		6.9	Muk	Philippines:Cervantes	菲律宾:塞万提斯	Bautista
1839	3	22	4	15		46.4	16.117		5.03	Ms	Slovenia:Ormoz	斯洛文尼亚:奥尔莫日	Italy
1839	3	22				13.8	-89.2		7.1	Mk	El Salvador:San Salvador	萨尔瓦多:圣萨尔瓦多	* Song
1839	3	23				21.8	96		8	Mk	myanmar:Ava,Amarapura	缅甸:阿瓦,阿马拉普拉	* Song
1839	3	26	15	50		45.2	6.217		5.03	Ms	France:E. of Grenoble	法国:格勒诺布尔东部	Italy
1839	3					19	-155.5		7	Mk	Hawaiian Islands	夏威夷群岛	* NOAA,Song
1839	4	12				10.5	-64.2		5.9	Mk	Venezuela:Cumana	委内瑞拉:库马纳	* Song
1839	5	1	4			42.5	145		7.3	Ms	Japan:Hokkaido	日本:北海道	* Usami,Japan,NOAA
1839	5	11	9	30		25.3	86.5		5	Ms	India:Bhagalpur	印度:帕格尔布尔	GSHAP
1839	6	28				23.5	120.4		6.5	Ms	China:Taiwan,Chiayi	中国:台湾嘉义	* China
1839	7	5	0	30		-11	-75	20	6	Mk	Peru:Perene	秘鲁:佩雷内	GSHAP,Song
1839	8	11	19			45.9	6.117		5.17	Ms	France:Chambéry	法国:尚贝里	Italy
1839	8	16	17	30		45.9	6.1		6	Mk	France:Annecy	法国:阿讷西	* Song
1839	8	18	1			51.5	102	15	7.1	Ms	Russia:Buryatiya,Kyren	俄罗斯:布里亚特州克廖恩	GSHAP
1839	10	12				31.3	120		5	Ms	China:Jiangsu,Yixing,E.	中国:江苏宜兴东	China
1840	1	4				-7.4	110	150	7	Ms	Indonesia:Java,Purworejo	印度尼西亚:爪哇,普沃勒佐	* NOAA
1840	1	16				36.5	-122.1		5.5	Mk	US:California,Carmel,Near Coast	美国:加利福尼亚州卡梅尔近海	USGS,Song
1840	1	18				36.85	-121.5		6.5	Ms	US:California,San Juan Bautista	美国:加利福尼亚州圣胡安包蒂斯塔	CGS
1840	1	26				36.3	59.6		5	Mk	Iran:Mashhad	伊朗:马什哈德	Afghan,Song
1840	1	28	8			-12.3	-77.3	40	7	Mk	Peru:Lima,Near Coast	秘鲁:利马近海	* NOAA,GSHAP,Song
1840	2	2				19.25	-155		5	Mk	Hawaiian Islands	夏威夷群岛	USGS,Song
1840	2	14				1	126.25		7	Mk	Indonesia:Molucca Sea	印度尼西亚:马鲁古海	* NOAA,Song
1840	3	22	0	30		12.9	123.9		6.8	Ms	Philippines:Sorsogon,Masbate Is.	菲律宾:索索贡,马斯巴特岛	* Bautista,Maso,NOAA
1840	3					35.6	103.2		5.5	Ms	China:Gansu,Linxia	中国:甘肃临夏	China
1840	4	11				58	108	15	5	Ms	Russia:Irkutsk,Kirensk	俄罗斯:伊尔库茨克州基廉斯克	GSHAP
1840	4					60.5	-152		5.5	Mk	Alaska Peninsula,S.	阿拉斯加半岛南部	USGS,Song
1840	7	2	16			39.5	43.9		7.4	Ms	Turkey:Çaldiran	土耳其:恰尔德兰	* Iran
1840	7	26				39.7	44.4	14	5	Ms	Turkey:Aralik	土耳其:阿拉勒克	GSHAP
1840	8	27	12	5		46.2	14.7	8	5.37	Muk	Slovenia:Ljubljana	斯洛文尼亚:卢布尔雅那	* Italy
1840	9	18	22	30		1.8	-78.8		5	Ms	Colombia:El Bajito	哥伦比亚:埃尔巴希托	GSHAP

年 Year	月 Mo	日 Dy	时 Hr	分 Mn	秒 Sec	纬度(°) Latitude	经度(°) Longitude	深度 Depth	震级 Mag	标度 Scale	地名(英文) Name(English)	地名(中文) Name(Chinese)	资料来源 Information
1840	10	9				-1.35	-78.5		5.7	Ms	Ecuador:Tungurahua	厄瓜多尔:东谷拉瓦	GSHAP
1840	10	30	9	29		38	21		6.5	Mk	Greece:Zakinthos (Zante)	希腊:扎金索斯岛(桑特岛)	* GSHAP
1840	11	11				39.8	-75.2		5.2	ML	US:New Jersey,Sewell	美国:新泽西州苏埃尔	*
1840	11					23.6	120.5		5.5	Ms	China:Taiwan,Chiayi	中国:台湾嘉义	China
1840						-19	178		6.3	Mk	Fiji Islands:Kandavu	斐济群岛:坎达武	* * Song
1840						40.1	43.4		5.8	Ms	Turkey:Igdir	土耳其:伊迪尔	Turkey
1841	2	9				26.2	91.8		5.6	Ms	India:Guwahati	印度:阿萨姆的高哈蒂	GSHAP
1841	2	21				41.626	15.639		5.4	Ms	Italy:Siponto	意大利:曼夫雷多尼亚	Italy
1841	3	6	12			40.75	13.917		5.17	Ms	Italy:Isola D'Ischia	意大利:伊斯基亚岛	Italy
1841	3	20				38.1	15.65		5.17	Ms	Italy:Reggio Calabria	意大利:卡拉布里亚雷焦	Italy
1841	4	8	10	15		19.25	-155		5.5	Mk	Hawaiian Islands	夏威夷群岛	USGS,Song
1841	4	14	4			43.791	12.568		5	Ms	Italy:San Marino	意大利:圣马力诺	Italy
1841	4	22	4			35	138.5		6.4	Ms	Japan:Shizuoka	日本:静冈	Usami
1841	4	23				9.5	39.8		5	Ms	Ethiopia:Debre Birhan	埃塞俄比亚:德卜勒伯尔汉	GSHAP
1841	5	17	19			39.4	45	15	5.7	Ms	Iran:Maku,E.	伊朗:马库东部	Turkey
1841	5	17	21	30		52	158	30	8.4	Mfa	Russia:Kamchatka Peninsula	俄罗斯:堪察加半岛	* NOAA
1841	6	10				42.08	14.08		5.03	Ms	Italy:Sulmona	意大利:苏尔莫纳	Italy
1841	6	15	5	30		38.4	-25.3		7.3	Mk	Azores:Praia Da Vitoria	亚速尔群岛:维多利亚:普拉亚	* Song
1841	7	3	22	7		36.8	-121.5		6.2	Ms	US:California,San Juan Bautista	美国:加利福尼亚州圣胡安包蒂斯塔	CGS,USGS
1841	7	29				36.8	-121.45		6	Ms	US:California,Tres Pinos	美国:加利福尼亚州特雷斯皮诺斯	CGS
1841	9	2	12	15		10	-84		6.2	Mk	Costa Rica:Cartago, San Jose	哥斯达黎加:卡塔哥,圣何塞	* Song
1841	11	3				33.2	132.4		6	Ms	Japan:Uwajima	日本:爱媛宇和岛市	Japan
1841	11	10				35.9	132.2		6.8	Mk	Japan Sea	日本海	Japan,Song
1841	11	26				-5	130		7.5	Mk	Indonesia:Banda Sea	印度尼西亚:班达海	* NOAA,Song
1841	12	2	19	53		45.75	5.9		5.03	Ms	France:Chambéry	法国:尚贝里	Italy
1841	12	9				36.8	138.2		6.3	Mk	Japan:Shinano	日本:长野信浓町	Japan,Song
1841	12	16				-4	127.5		6	Ms	Indonesia:Banda Sea	印度尼西亚:班达海	* NOAA
1842	1	16				26	83		5	Ms	India:Azamgarh	印度:阿泽姆格尔	GSHAP
1842	1	17	3			26	83		5	Ms	India:Azamgarh	印度:阿泽姆格尔	GSHAP
1842	2	19				34.4	70.5		7.5	Ms	Afghan:Jalalabad	阿富汗:贾拉拉巴德	* Afghan
1842	3	6	5			30.7	77.8		5.6	Ms	India:Dehradun	印度:德拉敦	GSHAP
1842	4	17				31.448	140.036		6.1	Mk	Japan:South Honshu Ridge	日本:本州南部海岭	Usami,Japan,Song
1842	4	18	8	30		36.5	22.3	100	6.1	Mk	Greece:Peninsula of Maina (Laconia)	希腊:马伊纳半岛	* GSHAP,Song
1842	5	7	21			19.75	-72.2		8.1	Ms	Haiti:Cap - Haitien	海地:海地角	* NOAA
1842	5	21				25	87		5.6	Ms	India:Bhagalpur	印度:帕格尔布尔	GSHAP
1842	6	11				43.5	93.1		7	Ms	China:Xinjiang,Barkol	中国:新疆巴里坤	* China
1842	7	4				28.7	77.199		5	Ms	India:New Delhi	印度:新德里	GSHAP
1842	10	23				26.2	91.8		5	Ms	India:Guwahati	印度:阿萨姆的高哈蒂	GSHAP
1842	11	1				44	-76.5		7	Mk	Canada:Ottawa,S.	加拿大:渥太华南部	* NOAA,Song
1842	11	11	21	38		25	90		6.8	Ms	Bangladesh:Dhaka,N.	孟加拉:达卡北部	* GSHAP,NOAA
1842	12	8				9.6	39.8		6.5	Mk	Ethiopia:Ankober	埃塞俄比亚:安可贝	* Song
1843	1	5	2	45		35.5	-90.5		6	Ms	US:Arkansas,Marked Tree	美国:阿肯色州马克德特里	USGS
1843	1	5				1.5	98	70	7.3	Ms	Indonesia:Off West Coast of N. Sumatera	印度尼西亚:北苏门答腊西部海域	* NOAA
1843	1	6				1.5	98		7	Mk	Indonesia:Off West Coast of N. Sumatera	印度尼西亚:北苏门答腊西部海域	NOAA,Song
1843	2	1				38.3	44.6		5.9	Mk	Iran:Orumiyeh	伊朗:乌尔米耶	* Song
1843	2	7				-7.2	114		6	Ms	Indonesia:Java Island	印度尼西亚:爪哇岛	* NOAA
1843	2	8	14	50		16.5	-62.2	33	8.3	Muk	Montserrat:Plymouth	蒙特塞拉特:普利茅斯	* NOAA
1843	3	9	2			35.25	139.2		6.3	Ms	Japan:Odawara	日本:神奈川小田原	Usami,Japan
1843	3	12				15.199	76		5	Ms	India:Gadag	印度:格德格	GSHAP
1843	4	1				19	77		5.8	Mk	India:Deccan	印度:德干高原	* GSHAP
1843	4	11	16			30.5	78.1		5.6	Ms	India:Dehradun	印度:德拉敦	GSHAP
1843	4	18				38.7	44.9		5.9	Ms	Iran:Salmas,N.	伊朗:萨勒马斯北部	* Iran
1843	4	24	21			41.8	144.8		8.4	Ms	Japan Trench	日本海沟	* Usami,NOAA
1843	6	15	11			27	94.7		5	Ms	India:Nazira	印度:阿萨姆的纳济拉	GSHAP
1843	6	16				27.2	95.4		5.6	Ms	India:Margherita	印度:阿鲁纳恰尔邦玛格丽塔	GSHAP
1843	6	17	20			27	94.7		5.6	Ms	India:Nazira	印度:阿萨姆的纳济拉	GSHAP
1843	7	4				39.5	140.7		6	Ms	Japan:Akita	日本:秋田	Japan
1843	7	8				-39.9	175	33	7.5	Muk	New Zealand:North Island,Wanganui	新西兰:北岛,旺加努伊	*
1843	8	10	16	30		27	88.3		5.6	Ms	India:Jalpaiguri	印度:孟加拉邦的杰尔拜古里	GSHAP
1843	9	2				26	93		5	Ms	India:Hojai	印度:阿萨姆的霍杰伊	GSHAP
1843	9	3	19	30		26	93		5	Ms	India:Hojai	印度:阿萨姆的霍杰伊	GSHAP
1843	9	5				41.2	20.1		6	Ms	Albania:Elbasan	阿尔巴尼亚:爱尔巴桑	GSHAP
1843	9	10				45.7	26.6	100	5.5	Ms	Romania:Nereju	罗马尼亚:内雷茹	GSHAP
1843	9	14	10	30		42.6	18.1		6.5	Ms	Croatia:Dubrovnik	克罗地亚:杜布罗夫尼克	NOAA

年	月	日	时	分	秒	纬度(°)	经度(°)	深度	震级	标度	地名(英文)	地名(中文)	资料来源
Year	Mo	Dy	Hr	Mn	Sec	Latitude	Longitude	Depth	Mag	Scale	Name(English)	Name(Chinese)	Information
1843	9	27				35.7	139.8		6.1	Mk	Japan:Tokyo	日本:东京	Japan,Song
1843	10	2	9	5		45.7	26.6	100	5.4	Ms	Romania:Nereju	罗马尼亚:内雷茹	GSHAP
1843	10	18				36.3	27.5		6.5	Ms	Greece:Chalki (Dodecanese)	希腊:秋奇(萨摩斯岛)	* GSHAP,NOAA
1843	10	25	3	22		44.072	11.144		5.22	Ms	Italy:Vernio	意大利:韦尔尼奥	Italy
1843	12	16				35.7	139.8		6.1	Mk	Japan:Tokyo	日本:东京	Japan,Song
1843	12	17	1			57	-136		5.5	Mk	Gulf of Alaska,SE.	阿拉斯加湾东南	USGS,Song
1843	12	17	22	15		-29.9	-71.3		7.3	Mk	Chile:Coquimbo	智利:科金博	* Song
1843	12	18	16	20		26.2	91.8		5.6	Ms	India:Guwahati	印度:阿萨姆的高哈蒂	GSHAP
1843	12	26	23	30		54	159	30	5.6	Ms	Russia:Kamchatka Peninsula	俄罗斯:堪察加半岛	GSHAP
1844	1	22				37.6	47.3		5.9	Mk	Iran:Tabriz	伊朗:大不里士	* * Song
1844	2	7	22	16		42	17		5.57	Ms	Adriatic Sea	亚得里亚海	Italy
1844	2	19	5			19.25	-155		5	Mk	Hawaiian Islands	夏威夷群岛	USGS,Song
1844	3	3	18	25		43.4	16.7		6.7	Mk	Croatia:Split	克罗地亚:斯普利特	NOAA,Song
1844	3	10	17	15		44.178	12.146		5.03	Ms	Italy:Forli´	意大利:弗利	Italy
1844	3	12				42.5	46.7	15	5.3	Ms	Russia:Dagestan,Makhachkala	俄罗斯:达吉斯坦共和国马哈奇卡拉	GSHAP
1844	3	22	10	13		43.4	16.7		6.7	Mk	Croatia:Split	克罗地亚:斯普利特	NOAA,Song
1844	4	13	10			57	-152		5.5	Mk	Gulf of Alaska	阿拉斯加湾	USGS,Song
1844	4	16	13	20		18.3	-66.8		6.1	Mk	Puerto Rico:San Juan; St Thomas	波多黎各:圣胡安;圣托马斯	* Song
1844	4	23				37.3	47.4		6.3	Mk	Iran:Tabriz	伊朗:大不里士	* * Song
1844	5	12				41	35		5.8	Mk	Turkey:Osmancik	土耳其:奥斯曼哲克	* Turkey
1844	5	12				33.6	51.4		6.4	Ms	Iran:Esfahan	伊朗:伊斯法罕	* Iran
1844	5	13	19			37.4	48	15	6.9	Ms	Iran:Tabriz	伊朗:大不里士	* GSHAP
1844	6	10				-9	-140		7	Mk	Marquesas Islands	马克萨斯群岛[南太平洋]	* NOAA,Song
1844	7	17				41.839	12.891		5.03	Ms	Italy:Palestrina	意大利:帕莱斯特里纳	Italy
1844	8	8				33	131.3		6.3	Mk	Japan:Taketa	日本:大分竹田	Usami,Japan,Song
1844	8	30	7	10		13.1	-61.1		5.9	Mk	St Vincent & Grenadines:Kingstown	圣文森特和格林纳丁斯:金斯敦	* Song
1844	8					11	-84		5.9	Mk	Nicaragua:San Juan Del Norte	尼加拉瓜:北圣胡安	* Song
1844	8					28.1	103.9		5	Ms	China:Yunnan,Daguan,N.	中国:云南大关北	China
1844	9	18	23			-24.8	-64.7	30	6.5	Ms	Argentina:Salta	阿根廷:萨尔塔	GSHAP
1844	10	19	1	30		-25	-66		6.3	Mk	Argentina:Salta,Jujuy	阿根廷:萨尔塔,胡胡伊	* Song
1844	12	2				31.5	122		5	Ms	China:Yangtze Delta	中国:长江口	China
1844	12	26				44.1	43	10	5	Ms	Russia:Stavropol,Mineralnye Vody	俄罗斯:斯塔夫罗波尔区矿水城	GSHAP
1844						35.7	139.8		6.1	Mk	Japan:Tokyo	日本:东京	Japan,Song
1845	1	14				-17.78	-63.17		5.2	Ms	Bolivia:Santa Cruz de la Sierra	玻利维亚:圣克鲁斯	GSHAP
1845	2	8	7	30		-1.3	124.5		7	Ms	Indonesia:Menado,Tikala	印度尼西亚:万鸦老,托拉雅	* NOAA
1845	2	12				12.3	39		6	Mk	Ethiopia:Amhara	埃塞俄比亚:阿姆哈拉区	* Song
1845	2	19	12			11.1	-74.5		6.2	Mk	Colombia:Magdalena,Near Coast	哥伦比亚:马格达莱纳近海	* GSHAP,Song
1845	2					24.1	120.5		6.25	Ms	China:Taiwan,Changhua	中国:台湾彰化	* China
1845	3	9				17	-96.3		6.3	Mk	Mexico:Oaxaca	墨西哥:瓦哈卡	* Song
1845	4	7				19.2	-99.1		8	Ms	Mexico:Mexico City	墨西哥:墨西哥城	* NOAA
1845	4	19				23.799	68.9		5.6	Ms	India:Bhuj,NW.	印度:普杰西北	GSHAP
1845	5					-16.6	-71.6	25	5	Mk	Peru:Arequipa	秘鲁:阿雷基帕	GSHAP,Song
1845	6	4	2	15		-18.5	-70.4		7.3	Mk	Chile:Arica,Near Coast	智利:阿里卡近海	* Song
1845	6	4	3	45		-16.6	-71.6	30	5	Mk	Peru:Arequipa	秘鲁:阿雷基帕	GSHAP,Song
1845	6	18				36.4	13.44		6.6	Mk	Italy:Sicilia Island	意大利:西西里岛	NOAA,Song
1845	6	19				23.583	68.367		6.3	Ms	India:Bhuj,NW.	印度:普杰西北	* NOAA
1845	6	23				38.6	27.5		6.7	Ms	Turkey:Izmir	土耳其:伊兹密尔	GSHAP
1845	7	5				-39.93	175.05		7	Mk	New Zealand:North Island,Wanganui	新西兰:北岛,旺加努伊	* NOAA,Song
1845	8	6				22.7	88.4		5.3	Ms	India:Kolkata	印度:加尔各答	GSHAP
1845	8	16	16	38		43.4	16.7		6.7	Mk	Croatia:Split	克罗地亚:斯普利特	NOAA,Song
1845	8	22	12	30		26.2	91.8		5.6	Ms	India:Guwahati	印度:阿萨姆的高哈蒂	GSHAP
1845	8	24	6			26.2	91.8		5	Ms	India:Guwahati	印度:阿萨姆的高哈蒂	GSHAP
1845	9	21	21			53	160.5	20	5.9	Ms	Russia:Kamchatka Peninsula	俄罗斯:堪察加半岛	GSHAP
1845	10	11	2			39.1	26.2		6.7	Mk	Greece:Kalloni	希腊:卡洛尼	* GSHAP
1845	10	19	19			-35.1	-59.8	30	5	Ms	Argentina:Chivilcoy	阿根廷:奇维尔科伊	GSHAP
1845	10	26	23	15		41.2	-73.3		5.5	Mk	US:Connecticut,Fairfield	美国:康涅狄格州费尔菲尔德	USGS,Song
1845	11					26	100.1		5.5	Ms	China:Yunnan,Dengchuan	中国:云南邓川	China
1845						29.5	94.3		6.75	Ms	China:Xizang (Tibet),Nyingchi	中国:西藏林芝附近	China
1846	1	25				2	126.5		7.2	Ms	Indonesia:East of Sangihe Islands	印度尼西亚:桑义赫群岛东部	* NOAA
1846	2	14				0.5	127.3		6.3	Mk	Indonesia:Maluku Utara,Coast of W.	印度尼西亚:北马鲁古西部海域	* Song
1846	3	13	11			-27.35	-70.35		6	Mk	Chile:Copiapo	智利:科皮亚波	GSHAP,Song
1846	3	28	17			35.8	25	90	7.7	Ms	Aegean Sea	爱琴海	GSHAP
1846	3					39.5	142.5		6.9	Ms	Japan:Iwate,Near Coast	日本:岩手近海	* NOAA
1846	5	27				23	80		6	Ms	India:Jabalpur	印度:贾巴尔普尔	GSHAP
1846	6	10	18			37	22		7	Mk	Greece: Kalamata	希腊:卡拉玛达	*

年 Year	月 Mo	日 Dy	时 Hr	分 Mn	秒 Sec	纬度(°) Latitude	经度(°) Longitude	深度 Depth	震级 Mag	标度 Scale	地名(英文) Name(English)	地名(中文) Name(Chinese)	资料来源 Information
1846	6	13				37.6	27		6	Ms	Turkey:Soke, Aydin	土耳其:瑟凯,艾登	GSHAP
1846	6	28	1	15		-14	-76.8	50	7.8	Muk	Peru:Pisco,Near Coast	秘鲁:皮斯科近海	*
1846	7	25	17	30		38.4	27.3		6.7	Mk	Turkey:Izmir	土耳其:伊兹密尔	NOAA,Song
1846	8	4				33.5	122		7	Ms	China:South Yellow Sea	中国:南黄海	China
1846	8	7				37	15.3		6.5	Mk	Italy:Siracusa (Syracuse)	意大利:锡拉库萨(锡拉丘兹)	* Song
1846	8	8				40.53	16.113		5.33	Ms	Italy:Potenza	意大利:波坦察	Italy
1846	8	14	12	35		43.4	10.6	5	6.1	Ms	Italy:Orciano, Luciana	意大利:奥尔恰诺,卢西亚娜	* NOAA
1846	8	17	6	15		46.767	6.567		5.17	Ms	Switzerland:Yverdon	瑞士:伊韦尔东	Italy
1846	8	17	23	30		53	107	15	6	Ms	Russia:Lake Baykal	俄罗斯:贝加尔湖	GSHAP
1846	8	26	17	23		43.5	10.5		6.7	Mk	Italy:Livorno	意大利:来航	NOAA,Song
1846	9	12				43.5	10.5		6.6	Mk	Italy:Livorno	意大利:来航	NOAA,Song
1846	9	19				43.5	10.5		6.6	Mk	Italy:Livorno	意大利:来航	NOAA,Song
1846	10	4	22	15		43.5	10.5		6.6	Mk	Italy:Livorno	意大利:来航	NOAA,Song
1846	10	14	11	15		43.5	10.5		6.6	Mk	Italy:Livorno	意大利:来航	NOAA,Song
1846	10	17				24.8	90.4		6.2	Ms	Bangladesh:Dhaka	孟加拉:达卡	GSHAP
1846	10	19				43.5	10.5		6.6	Mk	Italy:Livorno	意大利:来航	NOAA,Song
1846	10	24				43.5	10.5		6.6	Mk	Italy:Livorno	意大利:来航	NOAA,Song
1846	10	28				43.5	10.5		6.6	Mk	Italy:Livorno	意大利:来航	NOAA,Song
1846	10	30	21			48.5	81.8	40	5.4	Ms	Kazakhstan:Kokpekty	哈萨克斯坦:科克佩克特	GSHAP
1846	11	29	0	55		43.5	10.5		6.6	Mk	Italy:Livorno	意大利:来航	NOAA,Song
1846	12	3				43.3	10.7		6.7	Mk	Italy:Tuscany Coast	意大利:托斯卡纳沿海	NOAA,Song
1846	12	10				26	93		7.5	Muk	India:Assam, Cachar District	印度:阿萨姆邦,察查地区	* GSHAP
1846						38.4	26.9		6.7	Mk	Turkey:Izmir	土耳其:伊兹密尔	NOAA,Song
1847	1	19	14	50		-27.35	-70.35		6	Mk	Chile:Copiapo	智利:科皮亚波	GSHAP,Song
1847	3	8	15			-32.5	-71.3		7.3	Mk	Chile:Valparaiso	智利:瓦尔帕莱索	* Song
1847	4	15				43.5	10.2		6.6	Mk	Italy:Livorno	意大利:里窝那	NOAA,Song
1847	4	16	16			55	-158		5.5	Mk	Aleutian Islands	阿留申群岛	USGS,Song
1847	4	16				43.5	10.2		6.6	Mk	Italy:Livorno	意大利:里窝那	NOAA,Song
1847	4	17				43.5	10.2		6.6	Mk	Italy:Livorno	意大利:里窝那	NOAA,Song
1847	5	5				22.6	88.4		5	Ms	India:Kolkata	印度:加尔各答	GSHAP
1847	5	8	13			37	138		7.4	Ms	Japan:Naganoi	日本:长野	* Usami
1847	5	13	3			37.2	138.3		6.5	Ms	Japan:Naganoi	日本:长野	Japan
1847	5	23				-12.1	-77.1		7	Mk	Peru:Lima,Near Coast	秘鲁:利马近海	* NOAA,Song
1847	5	24				-12	-78		7	Mk	Peru:Lima,Near Coast	秘鲁:利马近海	* * NOAA,Song
1847	6	21				46	152	40	7.5	Muk	Kuril Islands	千岛群岛	*
1847	8	7				29.5	30.5		8	Mk	Egypt:Al-Fayyum, Cairo	埃及:法尤姆,开罗	* Song
1847	8	8	15			41.7	-70.1		5.5	Mk	US:Massachusetts,Harwich	美国:马萨诸塞州哈威奇	USGS,Song
1847	8	26				43.5	10.2		6.7	Mk	Italy:Livorno	意大利:里窝那	NOAA,Song
1847	8	27				38.6	142		7.5	Mk	Japan:Miyagi,Near Coast	日本:宫城近海	Japan,NOAA,Song
1847	10	8	11	30		-31.61	-71.18		7.3	Ms	Chile:Coquimbo	智利:科金博	*
1847	10	19				-29.9	-71.4		7	Mk	Chile:Coquimbo	智利:科金博	* * NOAA,Song
1847	10	31				7.333	93.667		7	Mk	India:Andaman-Nicobar Islands	印度:安达曼-尼科巴群岛	* NOAA,Song
1847	10					17	-96.3		6.3	Mk	Mexico:Oaxaca	墨西哥:瓦哈卡	* Song
1847	11	12				33	122		6	Ms	China:South Yellow Sea	中国:南黄海	China
1847	11	16				-6.9	108.3		5.9	Mk	Indonesia:Java,Cirebon (Cheribon)	印度尼西亚:爪哇,井里汶	* Song
1847	12	19	6			38.7	-9.2		7.3	Mk	Portugal:Lisbon	葡萄牙:里斯本	* Song
1847						57	-136		5.7	Mk	Gulf of Alaska,SE.	阿拉斯加湾东南	USGS,Song
1847						-13.7	-73.1	20	6.5	Mk	Peru:Apurimac	秘鲁:阿普里马克	GSHAP,Song
1847						26.3	92.7		6.2	Ms	India:Assam, Cachar District	印度:阿萨姆邦,察查地区	GSHAP
1847						28.5	92.5		6	Ms	China:Xizang (Tibet),Lhunze,S.	中国:西藏隆子南	China
1848	1	1				45.7	26.6		6.2	Ms	Romania:Nereju	罗马尼亚:内雷茹	GSHAP
1848	1	10				33.2	130.4		5.9	Ms	Japan:Fukuoka,W.	日本:福冈西部	Usami
1848	1	11				37.367	15.154		5.48	Ms	Italy:Sicilia Island	意大利:西西里岛	* Italy
1848	1	12	18			40.7	140.6		5.9	Ms	Japan:Koginsasi	日本:津轻	Usami
1848	1	25				32.9	130.7		6.1	Mk	Japan:Kumamoto	日本:熊本	Japan,Song
1848	2					35.3	-2.97		5.9	Mk	Morocco:Melilla	摩洛哥:梅利利亚	* Song
1848	3	30	10	45		57	-136		5.5	Mk	Gulf of Alaska,SE.	阿拉斯加湾东南	USGS,Song
1848	4	23				42.7	23		5.2	Ms	Bulgaria:Breznik	保加利亚:布雷兹尼克	GSHAP
1848	4	26				24.399	72.699		6	Ms	India:Udaipur	印度:乌代浦	GSHAP
1848	5	31				17	-96.3		6.3	Mk	Mexico:Oaxaca,Guerrero	墨西哥:瓦哈卡,格雷罗	* Song
1848	6	9				35.7	139.8		6.1	Mk	Japan:Tokyo	日本:东京	Japan,Song
1848	6	30	10			55	-155		7	Mk	Aleutian Islands	阿留申群岛	USGS,NOAA,Song
1848	7	5	23			40.75	13.5		5.17	Ms	Italy:Medio Tirreno	意大利:文托泰内岛	Italy
1848	7	9	14	45		19.25	-155		5	Mk	Hawaiian Islands	夏威夷群岛	USGS,Song
1848	7	12				-17.9	-149.9		7	Mk	French Polynesia:Tahiti Is.	法属波利尼西亚:塔希提岛	* NOAA,Song
1848	8	3	0	5		42	17		5.17	Ms	Adriatic Sea	亚得里亚海	Italy
1848	10	15	13	40		-41.3	174.5		7.8	Ms	New Zealand:Cook Strait	新西兰:库克海峡	* NOAA
1848	12	3				24.1	120.5		6.75	Ms	China:Taiwan,Changhua	中国:台湾彰化	* China
1848						35.9	136.2		6.5	Mk	Japan:Fukui	日本:福井	Japan,Song

年 Year	月 Mo	日 Dy	时 Hr	分 Mn	秒 Sec	纬度(°) Latitude	经度(°) Longitude	深度 Depth	震级 Mag	标度 Scale	地名(英文) Name(English)	地名(中文) Name(Chinese)	资料来源 Information
1849	1	22	8	15		26	92		5.6	Ms	India：Nongpoh	印度：梅加拉亚邦农博	GSHAP
1849	1	23	21			26.3	91		5	Ms	India：Guwahati	印度：古瓦哈提	GSHAP
1849	1	24	6	56		14	143.3		7.5	Muk	Guam	关岛(西太平洋)	* NOAA
1849	1	26	5			26.3	91		5	Ms	India：Guwahati	印度：古瓦哈提	GSHAP
1849	1	29	4	53		56.1	69.3	10	5	Ms	Russia：Tyumen，Ishim	俄罗斯：秋明州伊希姆	GSHAP
1849	2	26	9	30		7.3	-72.3	13	6	Muk	Colombia：Pamplona	哥伦比亚：潘普洛纳	*
1849	2	27	21			27	88.3		6.2	Ms	Bhutan：Phuentsholing	不丹：彭措林	GSHAP
1849	2	28				26.5	88.5		5	Ms	India：Siliguri	印度：西里古里	GSHAP
1849	5	3	10			10.7	-71.6		6.2	Mk	Venezuela：Maracaibo	委内瑞拉：马拉开波湾	* Song
1849	5	3	17	5		10.7	-71.6		5	Mk	Venezuela：Maracaibo	委内瑞拉：马拉开波湾	GSHAP，Song
1849	6	2				25.2	73.199		5	Ms	India：Udaipur	印度：乌代浦	GSHAP
1849	7	1	17	30		61.2	137.4	20	5	Ms	Russia：Sakha，Churan	俄罗斯：萨哈共和国丘兰	GSHAP
1849	9	29	9			56	167		7	Mk	Russia：Kamchatka，Near East Coast	俄罗斯：堪察加东部近海	* NOAA，Song
1849	10	28	9			55	166	20	7.5	Muk	Russia：Komandorsky Islands	俄罗斯：科曼多尔群岛	* NOAA
1849	11	28	18	15		44.485	9.73		5.03	Ms	Italy：Genova	意大利：热那亚	Italy
1849	12	17	10	10		-29.95	-71.37		7.5	Ms	Chile：Coquimbo	智利：科金博	* NOAA
1850	1	18	18	30		58.5	121	20	6.1	Ms	Russia：Sakha，SW.	俄罗斯：萨哈共和国西南	GSHAP
1850	1					4.2	31.6		6	Ms	Sudan：Juba	苏丹：朱巴	GSHAP
1850	4	29				42.8	17.7		6.3	Mk	Croatia：Dubrovnik	克罗地亚：杜布罗夫尼克	* Song
1850	7	20				39.2	141.2		7	Mk	Japan：Iwate	日本：岩手	Japan，NOAA，Song
1850	9	12				27.7	102.4		7.5	Mk	China：Sichuan，Xichang，SE.	中国：四川西昌东南	* China
1850	10	20				43.5	10.2		6.6	Mk	Italy：Livorno	意大利：里窝那	NOAA，Song
1850	11	11	9			41.833	13.533		5.17	Ms	Italy：Avezzano	意大利：阿韦扎诺	Italy
1850	12	6	6	52		-33.81	-70.22		7.3	Ms	Chile：Santiago	智利：圣地亚哥	Chile
1850						39.9	43.3	20	6.2	Ms	Turkey：Igdir	土耳其：伊迪尔	GSHAP
1850						38.42	27.45		6.4	Ms	Turkey：Izmir	土耳其：伊兹密尔	GSHAP
1850						34.7	104.9		5	Ms	China：Gansu，Wushan	中国：甘肃武山	* China
1851	1	8				22.3	91.8		6.2	Ms	India：Chittagong，Dacca	印度：吉大港，达卡	GSHAP
1851	1	20				41.2	20.2		5.8	Mk	Albania：Elbasan	阿尔巴尼亚：爱尔巴桑	* Song
1851	2	2	10			10.4	-75.4		6.2	Mk	Colombia：Cartagena	哥伦比亚：卡塔赫纳	* Song
1851	2	2				26.399	67.9		5	Ms	Pakistan：Nawabshah	巴基斯坦：讷瓦布沙阿	GSHAP
1851	2	7				10.5	-75.7		6.3	Mk	Colombia：Cartagena	哥伦比亚：卡塔赫纳	* * Song
1851	2	9				22.6	88.4		5.6	Ms	India：Kolkata	印度：加尔各答	GSHAP
1851	2	28	15			36.5	29		7.2	Ms	Mediterranean Sea	地中海	* GSHAP，NOAA
1851	4	2	10	48		-33.32	-71.42		7.1	Ms	Chile：Valparaiso	智利：瓦尔帕莱索	*
1851	4	2	11	27		-33	-71.5		5.9	Mk	Chile：Valparaiso	智利：瓦尔帕莱索	* Song
1851	4	3				35.5	29.5		6.7	Mk	Mediterranean Sea	地中海	NOAA，Song
1851	4	9				40	47.3	20	6.2	Ms	Azerbaijan：Agcabedi	阿塞拜疆：阿格贾贝迪区	GSHAP
1851	4	19	14	30		25.1	62.3		5.9	Mk	Pakistan：Gwadar	巴基斯坦：瓜达尔	* Song
1851	5	4				-6.05	105.92		7	Mk	Indonesia：Java Island	印度尼西亚：爪哇岛	NOAA，Song
1851	5	15	16	10		37.8	-122.4		7.2	Mk	US：California，San Francisco	美国：加利福尼亚州旧金山	* NOAA，Song
1851	5	16	13			16.2	-61.4		5.9	Mk	Guadeloupe：Sainte - Anne	瓜德罗普岛：圣安娜	* Song
1851	5	23				36	27.5		6.7	Mk	Greece：Dodekanisa	希腊：十二群岛	NOAA，Song
1851	5	26	18	14		-27.35	-70.35		7.2	Ms	Chile：Valparaiso	智利：科皮亚波	* NOAA
1851	6					36.8	58.4	15	6.9	Ms	Iran：Qūchān	伊朗：古昌	* GSHAP，Afghan
1851	7	1	21	15		47.75	18.16		5	Ms	Slovak：Komarno	斯洛伐克：科马尔诺	GSHAP
1851	7	5	12			-19.75	-65.58		5.8	Ms	Bolivia：Potosi	玻利维亚：波托西	GSHAP
1851	8	3				45.938	10.561		5	Ms	Italy：Trento	意大利：特伦特	Italy
1851	8	14	13	22		41	15.7		6.5	Ms	Italy：Melfi	意大利：梅尔菲	* Italy
1851	10	12	6			40.6	19.9		6.8	Ms	Albania：Vlore (Valona)，Berat	阿尔巴尼亚：发罗拉，培拉特	* GSHAP，NOAA
1851	10	15	15	12		25.3	91.7		5	Ms	India：Meghalaya	印度：梅加拉亚邦	GSHAP
1851	10	17				40.4	19.6		6.2	Mk	Albania：Berat	阿尔巴尼亚：培拉特	* Song
1851	11	13	2	51		40	-122		7	Mk	US：California，Red Bluff	美国：加利福尼亚州雷德布拉夫	* NOAA，Song
1851	11	27	20			59.5	153.3	25	6.5	Ms	Russia：Magadan，Sredniy	俄罗斯：马加丹州斯列德尼	GSHAP
1851	12	7				53	160.5	20	5.9	Ms	Russia：Kamchatka Peninsula	俄罗斯：堪察加半岛	GSHAP
1851	12	30				40.7	140.6		6.1	Mk	Japan：Koginsasi	日本：津轻	Japan，Song
1851						40.03	28.4		5.8	Ms	Turkey：Bursa	土耳其：布尔萨	Turkey
1852	1	23	7	3		38.1	15.65		5.17	Ms	Italy：Reggio Calabria	意大利：卡拉布里亚雷焦	Italy
1852	1	24	3	45		29.3	68.8		6.7	Mk	Pakistan：Sibbi	巴基斯坦：锡比	* Afghan
1852	1	24				17	-96.3		6.3	Mk	Mexico：Oaxaca	墨西哥：瓦哈卡	* Song
1852	1	26				36.8	138.2		5.9	Ms	Japan：Shinano	日本：长野信浓町	Japan
1852	2	22				37.1	58.4	10	5.8	Muk	Iran：Qūchān	伊朗：古昌	*
1852	3	31				22.1	77.5		6	Ms	India：Betul	印度：贝杜尔	GSHAP
1852	3	31				29	77.7		5.6	Ms	India：Delhi	印度：德里	GSHAP
1852	4	16	22	16		37.5	-25.3		7.3	Mk	Azores：Sao Miguel (San Miguel)	亚速尔群岛：圣米格尔	* Song
1852	5	12	2			35.5	29.5		6.7	Mk	Mediterranean Sea	地中海	NOAA，Song
1852	5	13	21	40		38.1	15.65		5.17	Ms	Italy：Reggio Calabria	意大利：卡拉布里亚雷焦	Italy
1852	5	26				37.4	105.1		6	Ms	China：Ningxia，Zhongwei，SW.	中国：宁夏中卫西南	* China
1852	5					27	88.3		6.8	Ms	Bhutan：Phuentsholing	不丹：彭措林	GSHAP

年	月	日	时	分	秒	纬度(°)	经度(°)	深度	震级	标度	地名(英文)	地名(中文)	资料来源
Year	Mo	Dy	Hr	Mn	Sec	Latitude	Longitude	Depth	Mag	Scale	Name(English)	Name(Chinese)	Information
1852	6	26	7	15		43.5	10.2		6.6	Mk	Italy:Livorno	意大利:里窝那	NOAA,Song
1852	7	17				20	-75.8		7.1	Mk	Cuba:Santiago De Cuba	古巴:圣地亚哥	* NOAA,Song
1852	7	24				39.9	41.3	12	7.3	Muk	Turkey:Erzurum	土耳其:埃尔佐鲁姆	* GSHAP
1852	8	9	4	37		23.7	90.4		5.6	Ms	Bangladesh:Dhaka	孟加拉:达卡	GSHAP
1852	9	8	22	30		35.5	29.5		6.7	Mk	Mediterranean Sea	地中海	NOAA,Song
1852	9	16	10	30		14.3	120.05		7.6	Ms	Philippines:Luzon,Manila	菲律宾:吕宋岛马尼拉	* Bautista,Maso, Nakamura,NOAA
1852	9	25				13.35	123.3		5	Mk	Philippines:Libmanan,SE.	菲律宾:利马南东南	Bautista,Maso,Song
1852	10	8				34.4	132.6		6.1	Mk	Japan:Aki	日本:广岛安艺郡	Japan,Song
1852	10	19				36.4	28.6		5.8	Ms	Mediterranean Sea	地中海	Turkey
1852	11	10				43.5	10.2		6.6	Mk	Italy:Livorno	意大利:里窝那	NOAA,Song
1852	11	11				1.7	98.8		6.8	Ms	Indonesia:Northern Sumatra	印度尼西亚:苏门答腊北部	* NOAA
1852	11	17	14	3		46.117	15.017		5.03	Ms	Slovenia:Trebnje	斯洛文尼亚:特雷布涅	Italy
1852	11	17				36	118.8		5	Ms	China:Shandong,Zhucheng,W.	中国:山东诸城西	China
1852	11	25	7	9		38	-122		7	Mk	US:California,Concord	美国:加利福尼亚州康科德市	* NOAA,Song
1852	11	26				-4.6	129.9		7.9	Mk	Indonesia:Banda Sea,E.	印度尼西亚:班达海东部	* NOAA,Song
1852	11	27				-12	-77.1		7	Mk	Peru:Lima	秘鲁:利马	* NOAA,Song
1852	11	29				32.5	-115.5		7	Ms	Mexico:Mexicali	墨西哥:墨西卡利	*
1852	12	4				17	-100		7	Ms	Mexico:Guerrero,Acapulco,E.	墨西哥:格雷罗州阿卡普尔科东部	* NOAA
1852	12	9	21	15		41.667	15.333		5.03	Ms	Italy:S. Severo	意大利:圣塞韦罗	Italy
1852	12	16				33.5	121.5		6.5	Ms	China:South Yellow Sea	中国:南黄海	China
1852	12	17				35.5	-121		5.5	Mk	US:California,San Simeon	美国:加利福尼亚州圣西米恩	USGS,Song
1852	12	21	10			38.3	-28.4		7.3	Mk	Azores:Fayal Island	亚速尔群岛:法亚尔岛	* Song
1852	12	24	14			13.85	120.9		5.1	Ms	Philippines:Batangas	菲律宾:八打雁	* Bautista,Maso
1852	12	24				-5	130.5		7	Ms	Indonesia:Banda Sea	印度尼西亚:班达海	NOAA
1852	12					35.3	133.2		6.3	Mk	Japan:Shimane	日本:岛根	Japan,Song
1852						36.1	136.2		6.1	Mk	Japan:Sakai	日本:福井坂井	Japan,Song
1853	1	16	1	30		45.9	15.617		5.17	Ms	Slovenia:Brezice	斯洛文尼亚:布雷日采	Italy
1853	1	26				36.5	138.1		6.5	Ms	Japan:Nagano	日本:长野	Usami,Japan
1853	2	1	21			35.5	-121		6.1	Mk	US:California,San Simeon	美国:加利福尼亚州圣西米恩	* Song
1853	2	19	10			46.383	13.1		5.17	Ms	Italy:Udine	意大利:乌迪内	Italy
1853	3	11	1			35.5	139.5		6.5	Ms	Japan:Kanagawa	日本:神奈川	* Usami,Japan
1853	3	12	7	30		43.7	-75.5		5.5	Mk	US:New York,Glenfield	美国:纽约州格伦菲尔德	USGS,Song
1853	4	8	17	50		40.821	14.426		6.6	Mk	Italy:Tyrrhenian Sea	意大利:第勒尼安海	NOAA,Song
1853	4	9				40.82	15.22		5.9	Ms	Italy:Caposele,Calabritto,Lioni	意大利:卡拉布里托,利奥尼	* Italy
1853	4	14				33.5	121.5		6.5	Ms	China:South Yellow Sea	中国:南黄海	China
1853	4	15				33	121.5		6	Ms	China:South Yellow Sea	中国:南黄海	China
1853	4	16				32	122.5		5.5	Ms	China:Yangtze Delta	中国:长江口	China
1853	4	17				32	122.5		5.5	Ms	China:Yangtze Delta	中国:长江口	China
1853	4	20	13			52	105.5	15	5	Ms	Russia:Lake Baykal	俄罗斯:贝加尔湖	GSHAP
1853	4	22				29.6	52.5		7.7	Mk	Iran:Fars,Shiraz	伊朗:法尔斯,设拉子	* Song
1853	4	23				32	122.5		6	Ms	China:Yangtze Delta	中国:长江口	China
1853	4	24				32	122.5		5.5	Ms	China:Yangtze Delta	中国:长江口	China
1853	5	4				39.6	52.5		6.5	Ms	Caspian Sea	里海	Iran
1853	5	5	12			29.6	52.5		6.2	Ms	Iran:Fars,Shiraz	伊朗:法尔斯,设拉子	Iran
1853	5	18	20			40.8	15.2		6.5	Mk	Italy:Caposele,Calabritto,Lioni	意大利:卡拉布里托,利奥尼	* Song
1853	5	20				34	-81.2		5.5	Mk	US:South Carolina,Lexington	美国:南卡罗来纳州列克星敦	USGS,Song
1853	6	5				31.3	51.9		5.5	Ms	Iran:Hanna	伊朗:哈纳	Iran
1853	6	11				32.6	50.3		5.5	Ms	Iran:Esfahan,W.	伊朗:伊斯法罕西部	Iran
1853	7	15				10.5	-64.2	14	6.7	Muk	Venezuela:Cumana	委内瑞拉:库马纳	* NOAA
1853	8	18	8	30		38.25	23.5		6.6	Ms	Greece:Erythres	希腊:埃里斯雷	* GSHAP,NOAA
1853	9	2				36.4	-121		6.4	Ms	US:California,Tres Pinos,S.	美国:加利福尼亚州特雷斯皮诺斯南部	CGS
1853	9	22				42.683	12.667		5.17	Ms	Italy:Spoleto	意大利:斯波莱托	Italy,GSHAP
1853	10	23				40.8	-124.2		5.5	Ms	US:California,Eureka	美国:加利福尼亚州尤里卡	CGS,USGS
1853	11	1				39	76.2	33	5.5	Ms	China:Xinjiang,Kashi	中国:新疆喀什	GSHAP
1853	11					47	154		7.5	Mk	Kuril Islands	千岛群岛	* NOAA,Song
1853	11					39	76.2		5.5	Ms	China:Xinjiang,Kashi	中国:新疆喀什	China
1853	12	11	16	15		41.9	17.3		6.7	Mk	Adriatic Sea	亚得里亚海	NOAA,Song
1853	12	24				-24	-175.8		7	Mk	Tonga Islands,S.	汤加群岛南部	* NOAA,Song
1853						13.6	123		6.1	Mk	Philippines:Camarines	菲律宾:馬利納	* Maso,Song
1854	1	2				24	-104.4		6.3	Mk	Mexico:Durango	墨西哥:杜兰戈	* Song
1854	1	3	21	30		15.57	32.55		5.5	Ms	Sudan:Al Khurtum	苏丹:喀士穆	GSHAP
1854	1	4				-3.5	128.6		6	Ms	Indonesia:Maluku Islands	印度尼西亚:摩鹿加群岛	* NOAA
1854	1	13				19.8	-100.2		6.3	Mk	Mexico:Tlapujahua	墨西哥:特拉尔普胡瓦	* Song
1854	1	14	23	10		-29.95	-71.35		6	Mk	Chile:Coquimbo	智利:科金博	GSHAP,Song
1854	1	27	18	10		57	-152		7	Mk	Gulf of Alaska	阿拉斯加湾	* NOAA,Song
1854	1	28	18			57	-152		5	Mk	Alaska:Kodiak Island	阿拉斯加:科迪亚克岛	USGS,Song
1854	2	8				52.5	159.5	30	6	Ms	Russia:Kamchatka Peninsula	俄罗斯:堪察加半岛	GSHAP

年 Year	月 Mo	日 Dy	时 Hr	分 Mn	秒 Sec	纬度(°) Latitude	经度(°) Longitude	深度 Depth	震级 Mag	标度 Scale	地名(英文) Name(English)	地名(中文) Name(Chinese)	资料来源 Information
1854	2	12				39.25	16.3		6.15	Ms	Italy:Cosenza	意大利:科森扎	* Italy
1854	2	12				43.064	12.582		5.37	Ms	Italy:Cosenza	意大利:科森扎	* Italy
1854	3	21				36.5	58.3	10	5.1	Ms	Iran:Neyshabur	伊朗:内沙布尔	GSHAP
1854	3	31	5			39.3	16.3		6.5	Mk	Italy:Cosenza	意大利:科森扎	* * Song
1854	4	14				13.8	-89.2		7.1	Mk	El Salvador:San Salvador	萨尔瓦多:圣萨尔瓦多	* Song
1854	5	5				17	-96.3		6.3	Mk	Mexico:Veracruz,Oaxaca	墨西哥:韦拉克鲁斯,瓦哈卡	* Song
1854	5	31	12	59		33	-117		7	Mk	US:California,Poway	美国:加利福尼亚州波韦	* NOAA,Song
1854	6	16	13	25		44.333	11.75		5.17	Ms	Italy:Bologna	意大利:博洛尼亚	Italy
1854	6	16	17			44.3	11.8		6.5	Mk	Italy:Faentino	意大利:法恩扎	* Song
1854	6	27				51	158	40	7	Ms	Russia:Kamchatka,Near East Coast	俄罗斯:堪察加东部近海	GSHAP
1854	7	8	16			35	136		7.6	Ms	Japan:Shiga	日本:滋贺	* Usami,Japan
1854	7	20	1	45		43	-0.1		5.9	Mk	France:Pau	法国:波城	* Song
1854	7	26	20			38.6	142		6.3	Mk	Japan:Miyagi,Near Coast	日本:宫城近海	Japan,Song
1854	7	30	2	30		39.6	20.1		6.5	Ms	Greece:Igoumenitsa	希腊:伊古迈尼察	* GSHAP
1854	7	30				52	159	20	6.9	Ms	Russia:Kamchatka,Near East Coast	俄罗斯:堪察加东部近海	GSHAP
1854	8	4				8.5	-83		7.2	Ms	Costa Rica:Pavones	哥斯达黎加:帕沃内斯	* NOAA
1854	8	7				8.5	-83		7.2	Ms	Costa Rica:Pavones	哥斯达黎加:帕沃内斯	* NOAA
1854	8	25				40.5	141.5		6.8	Mk	Japan:Hachinohe	日本:青森八户	Japan,Song
1854	8	28				40.6	141.6		6.5	Ms	Japan:Aomori	日本:青森	Japan
1854	9	27				1	126.25		7	Mk	Indonesia:Molucca Sea	印度尼西亚:马鲁古海	* NOAA,Song
1854	9					38	46.2		6.3	Mk	Iran:Tabriz	伊朗:大不里士	* * Song
1854	10	1	15			30.5	57.3		5.9	Ms	Iran:Kerman	伊朗:克尔曼	Iran
1854	10	11				34.5	136.7		6.5	Mk	Japan:Iseshi	日本:三重伊勢	Japan,Song
1854	10	22	3	45		38	-122		7	Mk	US:California,Concord	美国:加利福尼亚州康科德市	* NOAA,Song
1854	10	28	12	15		45.7	26.6		6.2	Ms	Romania:Nereju	罗马尼亚:内雷茹	GSHAP
1854	11	18	13			52.5	159.5	40	6.5	Ms	Russia:Kamchatka Peninsula	俄罗斯:堪察加半岛	GSHAP
1854	11					30.5	57.3		5.8	Ms	Iran:Kerman	伊朗:克尔曼	Iran
1854	12	23				0.36	-78.1		5	Ms	Ecuador:Ibarra	厄瓜多尔:伊瓦拉	GSHAP
1854	12	23				34	137.9		8.3	Mfa	Japan:Shizuoka,Near Coast	日本:静冈近海	* Usami,NOAA,Japan
1854	12	24	8			33.1	135		8.4	Mfa	Japan:Tokushima,Near Coast	日本:德岛近海	* Usami,NOAA,Japan
1854	12	24				29.1	107		5.5	Ms	China:Chongqing,Nanchuan,SW.	中国:重庆南川西南	* China
1854	12	26	1			33.4	132.1		7	Ms	Japan:Oita	日本:大分	Usami,Japan
1854	12	29	1	45		43.82	7.55		5.77	Ms	Italy:Ventimiglia,Near Coast	意大利:文蒂米利亚近海	Italy,NOAA
1855	1	1				39.7	141.1		7.5	Ms	Japan:Morioka	日本:岩手盛冈	Japan
1855	1	14				36.15	-120.7		5.5	Ms	US:California,San Ardo	美国:加利福尼亚州圣阿多	CGS
1855	1	23	9			-41	175	33	8	Ms	New Zealand:Wellington,Waiouru	新西兰:惠灵顿,怀乌鲁	* NOAA
1855	1	25	6			39.5	-120.3		6	Ms	US:California,Sierraville	美国:加利福尼亚州谢拉维尔	CGS,USGS
1855	2	1				17	-96.3		6.3	Mk	Mexico:Oaxaca	墨西哥:瓦哈卡	* Song
1855	2	7	4	30		42	-74		5.5	Mk	US:New York,Saugerties	美国:纽约州索格蒂斯	USGS,Song
1855	2	13				35.5	29.5		6.7	Mk	Mediterranean Sea	地中海	NOAA,Song
1855	2	17				38.5	-28		7.7	Mk	Portugal:Azores	葡萄牙:亚速尔群岛	NOAA,Song
1855	2	28	1			40.2	29.1		6.7	Muk	Turkey:Tayabas	土耳其:塔亚巴斯	* GSHAP
1855	3	8				17	-96.3		6.3	Mk	Mexico:Oaxaca	墨西哥:瓦哈卡	* Song
1855	3	15				35.1	137.9		6.1	Mk	Japan:Tenryu	日本:静冈滨松天龙区	Japan,Song
1855	3	18	5			36.2	136.9		6.75	Ms	Japan:Gifu	日本:岐阜	Usami,Japan
1855	3	20	0	30		40.75	-124.2		6	Ms	US:California,Pine Hills	美国:加利福尼亚州派恩高地	* NOAA
1855	3	22				16	121		6.1	Mk	Philippines:San Jose	菲律宾:圣琼斯	* Maso,Song
1855	4	11	17	40		40.2	29.1		7.3	Mk	Turkey:Bursa	土耳其:布尔萨	* Song
1855	4	14				-9	121		7	Mk	Indonesia:Flores Island	印度尼西亚:弗洛勒斯岛	NOAA,Song
1855	4	20	5			34	-107		5.5	Mk	US:New Mexico,Socorro	美国:新墨西哥州索科罗	USGS,Song
1855	4	29				40.2	29.1		6.7	Muk	Turkey:Bursa	土耳其:布尔萨	*
1855	5	18	14			43.7	7.25		6.7	Mk	France:Nice	法国:尼斯	NOAA,Song
1855	7	3				42	19.5		6.5	Ms	Albania:Shkoder, Zadrime	阿尔巴尼亚:斯库台,扎德里马	* GSHAP
1855	7	11	4	15		34.1	-118.1		6	Ms	US:California,Whittier	美国:加利福尼亚州惠提尔	* NOAA
1855	7	14				-0.5	127.2		6.5	Mk	Indonesia:Maluku Utara	印度尼西亚:北马鲁古	* Song
1855	7	16				42	19		5.2	Ms	Adriatic Sea	亚得里亚海	GSHAP
1855	7	25	12			46.217	7.85		8.5	Muk	Switzerland:Haut - Valais	瑞士:上瓦莱州	* Italy
1855	7	26	9	15		46.2	7.9		6.3	Mk	Switzerland:Eisten	瑞士:埃斯滕	* Song
1855	7	28	10			46.3	7.8		6.3	Mk	Switzerland:Visp	瑞士:菲斯普	* Song
1855	8	6				33.1	131.5		6.1	Mk	Japan:Oita	日本:大分	Japan,Song
1855	8	11	9	15		-33	-71.7		7	Mk	Chile:Valparaiso	智利:瓦尔帕莱索	* Song
1855	8	14				42	19		5.2	Ms	Adriatic Sea	亚得里亚海	GSHAP
1855	8	16				35.4	133.3		6.4	Mk	Japan:Yonago	日本:鸟取米子	Japan,Song
1855	8	22	12			37.1	5.7		7.3	Mk	Algeria:Djidjelli	阿尔及利亚:吉杰勒	* Song
1855	8	27	11			38.1	-122.5		5.5	Ms	US:California,San Rafael	美国:加利福尼亚州圣拉斐尔	USGS
1855	9	13				38.1	142		7.5	Ms	Japan:Miyagi	日本:宫城	Japan
1855	9	20				39.3	16.25		5.17	Ms	Italy:Cosenza	意大利:科森扎	Italy

年 Year	月 Mo	日 Dy	时 Hr	分 Mn	秒 Sec	纬度(°) Latitude	经度(°) Longitude	深度 Depth	震级 Mag	标度 Scale	地名(英文) Name(English)	地名(中文) Name(Chinese)	资料来源 Information
1855	9	25				15.91	-85.96		7	Mk	Honduras:Trujillo	洪都拉斯:特鲁希略	* NOAA,Song
1855	10	28	1	45		46.25	7.917		5.17	Ms	Switzerland:Raron	瑞士:拉龙	Italy
1855	10	29				44.3	34.3	20	5.5	Ms	Black Sea	黑海	GSHAP
1855	11	6	3	30		46.2	7.9		6.3	Mk	Switzerland:Eisten	瑞士:埃斯滕	* Song
1855	11	7				34.5	137.6		7.5	Ms	Japan:Toba,Near Coast	日本:三重鸟羽近海	* NOAA,Japan
1855	11	11	13			35.65	139.8		7	Ms	Japan:Tokyo	日本:东京	* Usami,NOAA
1855	11	16				33.8	132.7		6.4	Mk	Japan:Matsuyama	日本:爱媛县松山	Japan,Song
1855	11	20				31.5	122		5	Ms	China:Yangtze Delta	中国:长江口	China
1855	12	3				32.5	134.5		7	Ms	Japan: Tokushima,Coast of S.	日本:德岛南部海域	*
1855	12	10				33.1	131.5		6.8	Mk	Japan:Oita	日本:大分	Japan,Song
1855	12	11				39.2	121.6		5.5	Ms	China:Liaoning,Jinzhou	中国:辽宁金州	* China
1855	12	12	20	30		43.85	6.417		5.57	Ms	France:Rougon	法国:鲁贡	* Italy
1855						34.1	136.2		6.1	Mk	Japan:Owase	日本:三重尾鹫	Japan,Song
1856	1	2	18	15		37.5	-122.5		5.7	Ms	US:California,Pacifica	美国:加利福尼亚州帕西菲卡	CGS,USGS
1856	1	12	10	20		37.1	-8		7.3	Mk	Portugal:Tavira, Algarve	葡萄牙:塔维拉,阿尔加维	* Song
1856	2	2				17	-96.3		6.3	Mk	Mexico:Oaxaca	墨西哥:瓦哈卡	* Song
1856	2	10				-2.9	-79		5.7	Ms	Ecuador:Azuay	厄瓜多尔:阿苏艾	GSHAP
1856	2	15	13	25		37.5	-122.3		5.9	Ms	US:California,San Mateo	美国:加利福尼亚州圣马特奥	* CGS,USGS, NOAA
1856	3	2				3.67	125.5		7.9	Mk	Indonesia:Sangihe Islands	印度尼西亚:桑义赫群岛	* Song,NOAA
1856	3					-44	172		7	Mk	New Zealand:South Island,Ashburton	新西兰:南岛,阿什伯顿	NOAA,Song
1856	4	7				31.6	76.5		5.6	Ms	India:Himachal	印度:喜马偕尔邦	GSHAP
1856	4	10				39.1	121.7		5.25	Ms	China:Liaoning,Jinzhou	中国:辽宁金州	China
1856	4	11	21	32		51.5	106.5	15	5.5	Ms	Russia:Buryatiya,Yagodnoye	俄罗斯:布里亚特州亚戈德诺耶	GSHAP
1856	6	5				43.67	12.041		5.03	Ms	Italy:Pieve Santo Stefano	意大利:皮耶韦-圣斯特凡诺	* Italy
1856	6	10				29.7	108.8		6.25	Ms	China:HubeiXianfeng,W.	中国:湖北咸丰西	* China
1856	7	25				-8.5	116		7	Mk	Indonesia:Java Island	印度尼西亚:爪哇岛	* NOAA,Song
1856	8	6	13	45		46.25	7.867		5.17	Ms	Switzerland:Raron	瑞士:拉龙	Italy
1856	8	9				15.75	-88.17		7.5	Ms	Honduras:Omoa	洪都拉斯:奥莫亚	* NOAA
1856	8	21	21	45		37.1	5.7		6.7	Mk	Algeria:Djidjelli	阿尔及利亚:吉杰勒	* NOAA,Song
1856	8	22	11	40		37.1	5.7		6.7	Mk	Algeria:Djidjelli	阿尔及利亚:吉杰勒	* NOAA,Song
1856	8	23	4	30		40.5	143.5		7.8	Ms	Japan Trench	日本海沟	* Usami,Japan, NOAA
1856	9	12	9	30		58	108	15	5	Ms	Russia:Irkutsk,Kirensk	俄罗斯:伊尔库茨克州基廉斯克	GSHAP
1856	9	21	7	30		33	-117		5.5	Ms	US:California,Poway	美国:加利福尼亚州波韦	CGS,USGS
1856	10	12	0	45		35.5	26	100	8.3	Ms	Greece:Crete Island	希腊:克里特岛	* NOAA,Turkey
1856	11	4				35.8	139.8		6.6	Ms	Japan:Tokyo,Adachi	日本:东京足立	Usami,Japan
1856	11	9	22	17		45.867	14.5	8	5.17	Ms	Slovenia:Ilirska Bistrica	斯洛文尼亚:伊尔利斯卡比斯特里察	Italy,GSHAP
1856	11	13				38.25	26.25		6.6	Ms	Greece:Chios	希腊:希俄斯岛	* NOAA
1856	12	9				34.7	131.8		6.3	Mk	Japan:Masuda	日本:岛根益田	Japan,Song
1856	12	25	21	45		51.5	104.5	15	5	Ms	Russia:Lake Baykal	俄罗斯:贝加尔湖	GSHAP
1856	12	25				20	73		5.6	Ms	India:Dahanu	印度:达哈努	GSHAP
1856	12	27	8	49		51.5	105.6	15	5.6	Ms	Russia:Buryatiya,Mishikha	俄罗斯:布里亚特州米希哈村	GSHAP
1857	1	6	19			4.9	31.7		5	Mk	Sudan:Gondokoro	苏丹:冈多科罗	* Song
1857	1	9	10	13		35	-119		8.3	Muk	US:California,Bakersfield	美国:加利福尼亚州贝克斯菲尔德	*
1857	1	9				36.1	-120.65		6.1	Ms	US:California,San Ardo	美国:加利福尼亚州圣阿多	CGS
1857	1	9				36.29	-120.85		5.6	Ms	US:California,Tres Pinos,S.	美国:加利福尼亚州特雷斯皮诺斯南部	CGS
1857	1	10				34.76	-118.71		5.6	Ms	US:California,Arvin	美国:加利福尼亚州阿尔文	CGS
1857	1	16				34.52	-118.04		6.3	Ms	US:California,Lancaster	美国:加利福尼亚州兰开斯特	CGS
1857	2	1				44.749	10.48		5.26	Ms	Italy:Parma	意大利:帕尔马	Italy
1857	3	7	2	56		46.167	14.083		5.03	Ms	Slovenia:Cerkno	斯洛文尼亚:采尔克诺	Italy
1857	4	9				38.4	42.1		6.7	Ms	Turkey:Bitlis	土耳其:比特利斯	*
1857	4	9				37.4	45.3		6.3	Mk	Iran:Orumiyeh	伊朗:乌尔米耶	* Song
1857	4	17				-5.5	147		8	Ms	Papua New Guinea:Umboi Island	巴布亚新几内亚:温博伊岛	* NOAA
1857	4	25				36.5	58.3	10	5.1	Ms	Iran:Neyshabur	伊朗:内沙布尔	GSHAP
1857	5	13				-8	115.5	50	7	Ms	Indonesia:Bali Sea	印度尼西亚:巴厘海	* NOAA
1857	5	23	9			36.5	1.3		6.6	Mk	Algeria:Sea of Alboran	阿尔及利亚:阿尔沃兰海	* NOAA,Song
1857	6	1	12	30		31.6	65.7		5	Mk	Afghan:Kandahar	阿富汗:坎大哈	Afghan,Song
1857	7	8				34.4	131.4		6	Ms	Japan:Yamaguchi	日本:山口	Japan
1857	7	13	22			34.8	138.3		6.4	Ms	Japan:Yaizu	日本:静冈烧津	* Usami,NOAA
1857	7	30	11	30		19.25	-155		5	Mk	Hawaiian Islands	夏威夷群岛	USGS,Song
1857	8	20	12			-5.3	-80.54	40	6.5	Mk	Peru:Sechura	秘鲁:塞丘拉	GSHAP,Song
1857	8	28				46.792	10.25		5.18	Ms	Switzerland:Ardez	瑞士:阿尔德茨	Italy
1857	9	3	3	5		39.3	-120		6.3	Ms	US:California,Truckee	美国:加利福尼亚州特拉基	CGS,USGS
1857	9	8	21			58	-152		5	Mk	Alaska:Kodiak Island	阿拉斯加:科迪亚克岛	USGS,Song
1857	9	16				39.4	16.4		6.8	Mk	Italy:Calabria,Montemurro	意大利:卡拉布里亚,蒙特穆罗	* Song

年 Year	月 Mo	日 Dy	时 Hr	分 Mn	秒 Sec	纬度(°) Latitude	经度(°) Longitude	深度 Depth	震级 Mag	标度 Scale	地名(英文) Name(English)	地名(中文) Name(Chinese)	资料来源 Information
1857	9	17	22			40.2	29		6.6	Mk	Turkey:Bursa	土耳其：布尔萨	* NOAA,Song
1857	10	11	23			33.9	132.7		6.9	Ms	Japan:Matsuyama	日本：爱媛县松山	Usami
1857	10	27				38.3	45.4		6.3	Mk	Iran:Tabriz	伊朗：大不里士	* Song
1857	11	7	15	21		-27.35	-70.35		6	Mk	Chile:Copiapo	智利：科皮亚波	GSHAP,Song
1857	11	17				1	125		7	Mk	Indonesia:Sulawesi Utara	印度尼西亚：北苏拉威西	* NOAA,Song
1857	11	18				1	125		7	Mk	Indonesia:Sulawesi Utara	印度尼西亚：北苏拉威西	* NOAA,Song
1857	12	16	21	18		40.3	16		6.96	Muk	Italy:Campania,Montemurro	意大利：坎佩尼亚，蒙特穆罗	* Italy
1857	12	23	18	30		44.1	-70.2		5.5	Mk	US:Maine,Lewiston	美国：缅因州刘易斯顿	USGS,Song
1857	12	24	7	50		48.3	83.4	24	6.4	Ms	Kazakhstan:Zyryanovsk,S.	哈萨克斯坦：济良诺夫斯克南部	GSHAP
1857	12	25	2	30		46.6	14		5.17	Ms	Austria:Kaernten	奥地利：克恩顿州	Italy
1858	1	13				40.6	141.6		6.1	Mk	Japan:Aomori	日本：青森	Japan,Song
1858	1	15				49.2	18.8		6.5	Mk	Slovakia:Zilina	斯洛伐克：日利纳	* Song
1858	1	22				55	166	20	7.5	Muk	Russia:Komandorsky Islands	俄罗斯：科曼多尔群岛	*
1858	1	31				-43.3	148.9		7	Mk	Australia:Tasman Sea	澳大利亚：塔斯曼海	NOAA,Song
1858	2	3	1			32.8	130.8		6.1	Mk	Japan:Kumamoto	日本：熊本	Japan,Song
1858	2	21	7	30		38	23		6.5	Ms	Greece:Korinthos	希腊：科林斯	* NOAA
1858	2	21	9			37.87	22.88		6.5	Ms	Greece:Argolida	希腊：阿尔戈利斯	GSHAP
1858	3	9				35.9	139.7		5.9	Ms	Japan:Saitama	日本：埼玉	Japan
1858	4	1				37.2	138.3		6.1	Mk	Japan:Naganoi	日本：长野	Japan,Song
1858	4	5				39.7	20.7		6	Ms	Greece:Preveza	希腊：普雷韦扎	GSHAP
1858	4	8	16			36.5	137.2		6.8	Ms	Japan:Toyama	日本：富山	* Usami
1858	4	8	19			36.2	136.3		6.9	Ms	Japan:Fukui	日本：福井	Usami
1858	4	10	12	30		-29.9	-71.25		6	Mk	Chile:Coquimbo	智利：科金博	GSHAP,Song
1858	4	22	23			36.6	138.2		5.9	Ms	Japan:Nagano	日本：长野	Usami,Japan
1858	4	24	11	15		-30	-71.4		6.5	Ms	Chile:Coquimbo	智利：科金博	* NOAA
1858	5	2				17	-96.3		6.3	Mk	Mexico:Oaxaca	墨西哥：瓦哈卡	* Song
1858	5	11				40.5	141.5		6.1	Mk	Japan:Hachinohe	日本：青森八户	Japan,Song
1858	5	17				36.8	138.2		6.3	Mk	Japan:Shinano	日本：长野信浓町	Japan,Song
1858	6	5				51.03	1.61		6.7	Mk	England:Dover Straits	英国：多佛尔海峡	NOAA,Song
1858	6	19				19.2	-99.1		6.3	Mk	Mexico:Mexico City	墨西哥：墨西哥城	* Song
1858	7	8				40.8	142		7.5	Ms	Japan:Hachinohe	日本：青森八户	Japan
1858	8	6	12	15		40.75	15.55		5.17	Ms	Italy:Ricigliano	意大利：里奇利亚诺	Italy
1858	8	11				31.1	77.2		6.2	Ms	India:Uttarkashi, Chamoli	印度：乌塔卡西，查莫利	GSHAP
1858	8	13				11.399	76		5	Ms	India:Kozhikode	印度：科泽科德	GSHAP
1858	8	24				19	95		6.3	Mk	myanmar:Thayetmyo, Prome	缅甸：德耶，勃郎	* Song
1858	8	24				34	136		6.1	Mk	Japan:Kumano	日本：三重熊野	Japan,Song
1858	8	25				28.3	68.4		5	Mk	Pakistan:Khairpur	巴基斯坦：海尔布尔	Afghan,Song
1858	9	15				-44	172		7	Mk	New Zealand:South Island,Ashburton	新西兰：南岛，阿什伯顿	NOAA,Song
1858	9	20				40	20		6.2	Mk	Albania:Delvine	阿尔巴尼亚：德维纳区	* Song
1858	9	28	23			40.6	141.6		6.6	Ms	Japan:Aomori	日本：青森	Japan
1858	9	30				42.8	23.2		6.6	Ms	Bulgaria:Breznik	保加利亚：布雷兹尼克	* GSHAP
1858	9					26.2	127.5		7	Mk	Ryukyu Islands	琉球群岛	* NOAA,Song
1858	10	10	9	30		40	20.1		6.3	Mk	Albania:Vlore, Kanina	阿尔巴尼亚：发罗拉，卡妮娜	* GSHAP
1858	11	11	6	15		38.2	-9		7.3	Mk	Portugal:Setubal	葡萄牙：塞图巴尔	* Song
1858	11	26	8	35		37.5	-122		6.5	Mk	US:California,San Francisco	美国：加利福尼亚州旧金山	* Song
1858	12	13				1	126		7.7	Mk	Indonesia:Molucca Sea	印度尼西亚：马鲁古海	* NOAA,Song
1858	12	16	2	30		34	-117.5		5.5	Mk	US:California,Los Angeles	美国：加利福尼亚州洛杉矶	USGS,Song
1858	12	16	10			34	-117.5		6	Ms	US:California,Los Angeles	美国：加利福尼亚州洛杉矶	USGS
1858						7.2	124.11		5	Mk	Philippines:Mindanao Island	菲律宾：棉兰老岛	Maso,Song
1859	1	5	9			34.7	131.8		5.9	Ms	Japan:Masuda	日本：岛根益田	Usami,Japan
1859	1	11				35.9	139.7		6.1	Mk	Japan:Saitama	日本：埼玉	Japan,Song
1859	1	20	7	55		45.893	12.103		5	Ms	Italy:Trevignano	意大利：特雷维尼亚诺	Italy
1859	2	4				40.65	15.517		5.03	Ms	Italy:Vietri	意大利：维耶特里	Italy
1859	3	12				35.2	118.2		5.5	Ms	China:Shandong,Linyi,NW.	中国：山东临沂西北	China
1859	3	22	13	30		-0.3	-78.5		6.3	Mk	Ecuador:Quito	厄瓜多尔：基多	* Song
1859	4	12	9	55		43.4	11.3		6.5	Mk	Italy:Radda	意大利：拉达	* Song
1859	6	2	8			39.9	41.3		6.1	Muk	Turkey:Erzurum	土耳其：埃尔佐鲁姆	*
1859	6	11	13			40.7	48.5	10	5.9	Muk	Azerbaijan:Samaxi	阿塞拜疆：沙马基区	*
1859	6	28				1	126.5		7	Ms	Indonesia:Molucca Sea	印度尼西亚：马鲁古海	* NOAA
1859	7	17				39.9	41.3	14	6	Ms	Turkey:Erzurum	土耳其：埃尔佐鲁姆	GSHAP
1859	7	20				-5.5	130.5		7	Mk	Indonesia:Banda Sea	印度尼西亚：班达海	* NOAA,Song
1859	7	29				0	125.5		7.2	Ms	Molukka Sea	马鲁古海	* NOAA
1859	8	21	11	55		40.2	25.8		6.9	Ms	Aegean Sea	爱琴海	* Turkey,NOAA
1859	8	22	12	32		42.83	13		5.1	Ms	Italy:Perugia	意大利：佩鲁贾	GSHAP
1859	8	22	17	15		42.825	13.097		5.7	Ms	Italy:Norcia	意大利：诺尔恰	* Italy
1859	8	25				13	-87.5		6.2	Ms	Honduras:Choluteca	洪都拉斯：乔卢特卡	* NOAA
1859	9	19				40.7	122.2		5.25	Ms	China:Liaoning,Yingkou	中国：辽宁营口	China

年 Year	月 Mo	日 Dy	时 Hr	分 Mn	秒 Sec	纬度(°) Latitude	经度(°) Longitude	深度 Depth	震级 Mag	标度 Scale	地名(英文) Name(English)	地名(中文) Name(Chinese)	资料来源 Information
1859	9	24				37.6	-122.3		7	Mk	US:California,San Mateo	美国:加利福尼亚州圣马特奥	* NOAA,Song
1859	9	25				-5.5	130.5		6.7	Ms	Indonesia:Banda Sea	印度尼西亚:班达海	* NOAA
1859	10	4	1			34.7	131.9		5.9	Ms	Japan:Masuda	日本:岛根益田	Usami
1859	10	5	15			-27.35	-70.35		7.6	Ms	Chile:Copiapo	智利:科皮亚波	* NOAA
1859	10	5	20	16		37.8	-122.4		5.5	Mk	US:California,San Francisco	美国:加利福尼亚州旧金山	USGS,Song
1859	10	20				37.9	23.6		6.7	Mk	Greece:Pireaus	希腊:皮埃里亚	NOAA,Song
1859	10	20				-9	111		7	Mk	Indonesia:Java Ridge	印度尼西亚:爪哇海岭	* NOAA,Song
1859	11	17				36.6	139.9		6.1	Mk	Japan:Tochigi	日本:栃木栃木	Japan,Song
1859	11	21	12	50		20	-156		5	Mk	Hawaiian Islands	夏威夷群岛	USGS,Song
1859	11	22				-40.85	145.32		7	Mk	Australia:Tasman Sea	澳大利亚:塔斯曼海	* NOAA,Song
1859	12	9	2			13.7	-89.8		7	Ms	El Salvador:Sonsonate	萨尔瓦多:松萨卡特	* NOAA
1859	12	17				1	126.5		7	Mk	Indonesia:Molucca Sea	印度尼西亚:马鲁古海	* NOAA,Song
1859	12	25				1.375	127.52		7	Mk	Indonesia:Maluku Utara	印度尼西亚:北马鲁古	NOAA,Song
1859						35.9	139.7		5.9	Ms	Japan:Saitama	日本:埼玉	Usami
1860	1	6				36.833	-1.167		6.7	Mk	Spain:Alboran Sea	西班牙:阿尔沃兰海	NOAA,Song
1860	1	25				22.5	109.4		5.25	Ms	China:Guangxi,Lingshan,NE.	中国:广西灵山东北	China
1860	3	15	19			39.5	-119.5		6.5	Ms	US:Nevada,Patrick	美国:内华达州帕特里克	CGS,USGS
1860	3	17				17.171	-99.651		7	Mk	Mexico:Acapulco	墨西哥:阿卡普尔科	NOAA,Song
1860	4	8	11			18.52	-73.35		7.5	Ms	Haiti:Anse - A - Veau	海地:昂萨沃,太子港	* NOAA
1860	4	10				40	20.1		6.5	Ms	Albania:Gjirokaster	阿尔巴尼亚:吉诺卡斯特	* GSHAP
1860	4	17				36.35	-120.95		6	Ms	US:California,Tres Pinos,S.	美国:加利福尼亚州特雷斯皮诺斯南部	CGS
1860	4	22	7			-12.3	-77.3	40	5	Mk	Peru:Lima,Near Coast	秘鲁:利马近海	GSHAP,Song
1860	4	22	19			-12.1	-77		5	Mk	Peru:Lima,Near Coast	秘鲁:利马近海	GSHAP,Song
1860	4	23				-12	-77.1		7	Mk	Peru:Lima	秘鲁:利马	* NOAA,Song
1860	4	24	11			-12	-77		5	Mk	Peru:Lima	秘鲁:利马	GSHAP,Song
1860	5	8	5	30		45.917	15.617		5.03	Ms	Slovenia:Brezice	斯洛文尼亚:布雷日采	Italy
1860	5	13	18	30		39.4	47.8	35	5.2	Ms	Iran:Parsabad	伊朗:法尔萨巴德	GSHAP
1860	5	27				42.83	13		5.1	Ms	Italy:Perugia	意大利:佩鲁贾	GSHAP
1860	6	7				40.2	29.1		6.2	Ms	Turkey:Bursa	土耳其:布尔萨	GSHAP
1860	7	19	2	30		19.25	-155		5	Mk	Hawaiian Islands	夏威夷群岛	USGS,Song
1860	7	19	15	38		45.9	12.05		5.17	Ms	Italy:Valdobbiadene	意大利:瓦尔多比亚代内	Italy
1860	7	27				40.6	141.6		6.3	Mk	Japan:Aomori	日本:青森	Japan,Song
1860	8	5	22	30		18.05	33.95		5.5	Ms	Sudan:Atbara	苏丹:阿特巴拉	GSHAP
1860	8	6				40.5	25.8		6.2	Ms	Aegean Sea	爱琴海	GSHAP
1860	8	22				40.41	26.65		6.4	Ms	Turkey:Marmara Sea	土耳其:马尔马拉海	GSHAP
1860	8					4	127		7	Mk	Molukka Sea,N.	马鲁古海北部	* NOAA,Song
1860	9	20	23	30		-18.5	-70.35		6	Mk	Chile:Arica	智利:阿里卡	GSHAP,Song
1860	10	6				-1.4	128.5		7	Mk	Molukka Sea	马鲁古海	* NOAA,Song
1860	11	13				40.8	-124.2		5.5	Ms	US:California,Eureka	美国:加利福尼亚州尤里卡	CGS,USGS
1860	12	1				20	-156		7.5	Mk	Hawaiian Islands	夏威夷群岛	NOAA,Song
1860						46	-94.8		5.5	Mk	US:Minnesota,Long Prairie	美国:明尼苏达州朗普雷里	USGS,Song
1860						35.6	139		6.1	Mk	Japan:Otsuki	日本:山梨大月	Japan,Song
1861	2	16				22.6	88.4		6	Ms	India:Kolkata	印度:加尔各答	GSHAP
1861	2	16				-1	97.9	70	8.5	Ms	Indonesia:Lagundi,Simuk	印度尼西亚:拉贡迪,锡穆克	* NOAA
1861	2	22				55	167	20	6.2	Ms	Russia:Ostrov Beringa	俄罗斯:白令岛	GSHAP
1861	2	28				39.4	47.8	35	5.6	Ms	Iran:Parsabad	伊朗:法尔萨巴德	Turkey
1861	3	3	12	20		4.35	31.55		5.5	Ms	Sudan:Juba	苏丹:朱巴	GSHAP
1861	3	9				0	98	20	7	Ms	Indonesia:Northern Sumatra	印度尼西亚:苏门答腊北部	* NOAA
1861	3	21	0	16		-32.8	-68.8		8	Muk	Argentina:Mendoza	阿根廷:门多萨	* NOAA,Song
1861	3	21				34.8	137.1		6	Ms	Japan:Nishio	日本:爱知西尾市	Japan
1861	4	13	5	30		-13.6	-76.35		5	Mk	Peru:Chincha Alta,Near Coast	秘鲁:上钦查近海	GSHAP,Song
1861	4	13	22	30		-13.8	-73.4	20	7.3	Mk	Peru:Andahuaylas	秘鲁:安达韦拉斯	* Song
1861	4	26				1	97.5		7	Ms	Indonesia:Sumatera,Nias Island	印度尼西亚:苏门答腊,尼亚斯岛	* NOAA
1861	4	27	20	15		18.5	-77.9		5.9	Mk	Jamaica:Montego Bay	牙买加:蒙特哥贝	* Song
1861	5	7	3			-12.08	-77		5	Mk	Peru:Lima	秘鲁:利马	GSHAP,Song
1861	5	7				13.74	41.55		6.3	Mk	Eritrea:Dankalia	厄立特里亚:丹卡利亚	* Song
1861	5	8				13.7	41.6		5.5	Ms	Eritrea:Dankalia	厄立特里亚:丹卡利亚	GSHAP
1861	5	9	1	53		46	12		5.03	Ms	Italy:Citta Della Pieve	意大利:皮耶韦城	* Italy
1861	5	10	5			-12.08	-77		5	Mk	Peru:Lima	秘鲁:利马	GSHAP,Song
1861	5	19	19	45		45.75	11.917		5.03	Ms	Italy:Asolo	意大利:阿索洛	Italy
1861	6	2	7			19.25	-155		5	Mk	Hawaiian Islands	夏威夷群岛	USGS,Song
1861	6	5				-6.3	107.3		7	Mk	Indonesia:Java Island	印度尼西亚:爪哇岛	NOAA,Song
1861	6	17				1	97.5		6.8	Ms	Indonesia:Sumatera,Nias Island	印度尼西亚:苏门答腊,尼亚斯岛	* NOAA
1861	6	22	23	33		51.5	106.5	15	5	Ms	Russia:Buryatiya,Yagodnoye	俄罗斯:布里亚特州亚戈德诺耶	GSHAP
1861	6	30	16	30		8.25	127.05		6	Muk	Philippine Trench	菲律宾海沟	Bautista
1861	7	4	0	11		37.5	-122		8	Mk	US:California,Contra Costa	美国:加利福尼亚州康特拉科斯塔	* Song
1861	7	19				39.1	121.7		6	Ms	China:Liaoning,Jinzhou	中国:辽宁金州	* China
1861	7	31				25.399	83		5	Ms	India:Varanasi	印度:瓦拉纳西	GSHAP

年 Year	月 Mo	日 Dy	时 Hr	分 Mn	秒 Sec	纬度(°) Latitude	经度(°) Longitude	深度 Depth	震级 Mag	标度 Scale	地名(英文) Name(English)	地名(中文) Name(Chinese)	资料来源 Information
1861	8	30	1			-33.6	-70.58		6	Mk	Chile:Santiago	智利:圣地亚哥	GSHAP,Song
1861	8	30	15	30		13.3	123.05		5.9	Muk	Philippines:San Pascual	菲律宾:圣帕斯夸尔	Bautista
1861	8	31	10	22		36.1	-81.1		5	Ms	US:North Carolina,North Wilkesboro	美国:北卡罗来纳州北威尔克斯伯勒	USGS
1861	9	25				-1.5	100		6.5	Ms	Indonesia:Southern Sumatra	印度尼西亚:苏门答腊南部	* NOAA
1861	10	16				44.231	12.124		5.13	Ms	Italy:Forli´	意大利:弗利	Italy
1861	10	20	17	30		38.5	142		7.4	Ms	Japan:Miyagi	日本:宫城	* Usami,NOAA
1861	11	19				40.633	15.8		5.03	Ms	Italy:Potenza	意大利:波坦察	Italy
1861	12	5	22	20		21	-157		5.5	Mk	Hawaiian Islands	夏威夷群岛	USGS,Song
1861	12	9				40.786	14.367		5.03	Ms	Italy:Torre Del Greco	意大利:托雷德尔格雷科	Italy
1861	12	12	6	10		41.817	12.717		5.03	Ms	Italy:Marino	意大利:马里诺	Italy
1861	12	15	4	15		-18	-70.4		5	Mk	Peru:Tacna	秘鲁:塔克纳	GSHAP,Song
1861	12	26	5			38.2	22.2		7.5	Muk	Greece:Achaie,Tripolis	希腊:阿哈亚群岛,特里波利斯	* NOAA
1861	12	26	6	30		38.25	22.16		6.7	Ms	Greece:Patrai	希腊:帕特雷	GSHAP
1862	1	1	8	45		38.25	22.25		6.7	Mk	Greece:Ionian Sea	希腊:伊奥尼亚海	NOAA,Song
1862	1	11	9			52.3	106	15	6.5	Ms	Russia:Lake Baykal	俄罗斯:贝加尔湖	GSHAP
1862	1	12	7	19		52.3	106.7	40	7.5	Muk	Russia:Lake Baykal	俄罗斯:贝加尔湖	*
1862	2					25.9	100.1		5.5	Ms	China:Yunnan,Dali	中国:云南大理	China
1862	3	4	9	30		13.75	120.4		6.1	Ms	Philippines:Looc	菲律宾:洛克	* Bautista,Nakamura,Maso,NOAA
1862	3	14	1	30		38.3	20.5		7	Mk	Greece:Argostoli (Kephallenia)	希腊:阿尔戈斯托利	* Song
1862	3	18				43.7	7.25		6.6	Mk	France:Nice	法国:尼斯	NOAA,Song
1862	3	24				36.4	27.4		6.3	Ms	Greece:Chalki (Dodecanese)	希腊:秋奇(萨摩斯岛)	GSHAP
1862	4	8				-6	106.7		5	Mk	Indonesia:Java Island	印度尼西亚:爪哇岛	* * Song
1862	5	4	4			40.3	19.3		6.2	Mk	Albania:Vlore, Kanina	阿尔巴尼亚:发罗拉,卡妮娜	* Song
1862	5	4	21	15		46.167	7.833		5.03	Ms	Switzerland:Vallese	瑞士:瓦莱	Italy
1862	5	27	20			32.7	-117.2		6.2	Ms	US:California,San Diego	美国:加利福尼亚州圣地亚哥	* CGS,USGS, NOAA
1862	5	28	18	25		-12.08	-77		5	Mk	Peru:Lima	秘鲁:利马	GSHAP,Song
1862	5	31	13	5		17.95	121.15		5.3	Muk	Philippines:Tabuk	菲律宾:塔布克	Bautista
1862	6	7				23.3	120.2		6.75	Ms	China:Taiwan,Tainan	中国:台湾台南	* China
1862	6	18				27	88.3		5	Ms	India:Jalpaiguri	印度:孟加拉邦的杰尔拜古里	GSHAP
1862	6	21	5	30		36.9	24.4	150	7	Ms	Greece:Milos Island	希腊:米洛斯岛	GSHAP
1862	6	30	23	48		14	143.3		7.3	Mk	Guam	关岛(西太平洋)	Maso,Song
1862	7	10	8	15		7	0.4		6.5	Mfa	Ghana:Accra,Christiansborg	加纳:阿克拉,克里斯蒂安堡	* NOAA
1862	7	10	18	10		-12.08	-77		5	Mk	Peru:Lima	秘鲁:利马	GSHAP,Song
1862	7	13	8			15.65	121.5		5.8	Muk	Philippines:San Jose,Coast E.	菲律宾:圣琼斯东部海域	Bautista,Maso
1862	7	27	17			48.5	106.5	15	6	Ms	Mongolia:North of Ulaanbaatar	蒙古:乌兰巴托北部	GSHAP
1862	8	7	18	30		17.6	121.5		5.1	Muk	Philippines:Tabuk	菲律宾:塔布克	Bautista
1862	8	13				35	59		5.9	Mk	Iran:Mashhad	伊朗:马什哈德	* Song
1862	8	14	7	15		-16.4	-71.55		5	Mk	Peru:Arequipa	秘鲁:阿雷基帕	GSHAP,Song
1862	9	8	19			17.9	120.5		6.2	Muk	Philippines:Vigan	菲律宾:美岸	Bautista,Maso
1862	9	12	14	45		17.65	121.65		5.2	Muk	Philippines:Tuguegarao	菲律宾:土格加劳	Bautista
1862	9	22	16	17		13.35	122.75		5.1	Muk	Philippines:San Andres	菲律宾:圣安德烈斯	Bautista
1862	9	22	20	58		13.05	123		5.4	Muk	Philippines:San Pascual	菲律宾:圣帕斯夸尔	Bautista
1862	9	23	16	10		13.3	122.95		6	Muk	Philippines:San Pascual	菲律宾:圣帕斯夸尔	Bautista
1862	10	4	5			40.5	19.6		6.1	Ms	Albania:Vlore	阿尔巴尼亚:发罗拉	GSHAP
1862	10	16	1	10		45.7	26.6	150	6.4	Ms	Romania:Nereju	罗马尼亚:内雷茹	GSHAP
1862	10	16				38.8	30.5		6.1	Muk	Turkey:Suhut	土耳其:舒胡特	*
1862	10	29	16			14.1	121.2		5	Mk	Philippines:Calamba	菲律宾:卡兰巴	Maso,Bautista,Song
1862	11	3	3			38.5	27.9		6.9	Ms	Turkey:Izmir,Alasehir	土耳其:伊兹密尔,阿拉谢希尔	GSHAP
1862	11	28				35.4	111.5		5	Ms	China:Shanxi,Jiangxian,SW.	中国:山西绛县西南	China
1862	12	19	2	30		39.7	47.9	25	5.9	Ms	Azerbaijan:Agcabədi	阿塞拜疆:阿格贾贝迪区	Turkey
1862	12	20	1	15		12.7	-87		6.3	Mk	Nicaragua:Chinandega	尼加拉瓜:奇南德加	* Song
1862	12	21	10			22.5	52.5		6.2	Ms	Saudi Arabia:Ash Shamaliyah,SE.	沙特阿拉伯:北部边疆省东南	Iran
1862	12	26				35.6	111.5		5.5	Ms	China:Shanxi,Quwo	中国:山西曲沃	* China
1863	1	2				38.1	48.2		6.1	Mk	Iran:Ardabil	伊朗:阿尔达比勒	* Song
1863	1	19	6			41.489	13.822		5.17	Ms	Italy:Montecassino	意大利:蒙特卡西诺	Italy
1863	1	30	11	30		40.75	13.917		5.03	Ms	Italy:Island of Ischia	意大利:伊斯基亚岛	Italy
1863	2	10				3.9	31.8		5.5	Ms	Uganda:Moyo	乌干达:莫约	GSHAP
1863	3	16				-6.133	106.75		7	Mk	Indonesia:Java Island	印度尼西亚:爪哇岛	* NOAA,Song
1863	3	22	21	30		36.5	28		6.6	Mk	Greece:Rhodes	希腊:罗德港	NOAA,Song
1863	3	29	22			27	88.3		5.6	Ms	India:Jalpaiguri	印度:孟加拉邦的杰尔拜古里	GSHAP
1863	4	22	20	30		36.5	28	90	7.8	Ms	Greece:Rhodes, Kos	希腊:罗德岛,科斯	* GSHAP
1863	6	3	11	20		14.55	120.9		6.5	Ms	Philippines:Manila, Rizal	菲律宾:马尼拉,黎萨	* Bautista,Maso,NOAA
1863	6	9				44	6.2		6.1	Mk	France:Beynes,Mezel	法国:贝纳,梅泽勒	* Song
1863	6	9				14.6	120.5		5.5	Mk	Philippines:Mariveles	菲律宾:马里韦莱斯	* Maso,Song
1863	6	25				32.4	-117.1		5.8	Ms	Mexico:Tijuana	墨西哥:提华纳	CGS

年 Year	月 Mo	日 Dy	时 Hr	分 Mn	秒 Sec	纬度(°) Latitude	经度(°) Longitude	深度 Depth	震级 Mag	标度 Scale	地名(英文) Name(English)	地名(中文) Name(Chinese)	资料来源 Information
1863	6	29	12	15		-16.4	-71.56		5	Mk	Peru:Arequipa	秘鲁:阿雷基帕	GSHAP,Song
1863	6					25.8	100.1		5.5	Ms	China:Yunnan,Dengchuan,S.	中国:云南邓川南	* China
1863	7	6	19			14	143.3		7.2	Mk	Guam	关岛(西太平洋)	Maso,Song
1863	7	8	20	15		27	88.3		5	Ms	India:Jalpaiguri	印度:孟加拉邦的杰尔拜古里	GSHAP
1863	7	18	17			43	47.1	16	5	Ms	Russia:Dagestan,Chirkey,NE.	俄罗斯:达吉斯坦共和国奇尔克伊东北	GSHAP
1863	7	29	18	30		17.6	120.75		5.3	Muk	Philippines:Bucay	菲律宾:布凯	Bautista
1863	7	31				-7.5	109.2		5.9	Mk	Indonesia:Jav,Banyumas	印度尼西亚:爪哇,班尤马	* Song
1863	8	11	14	15		27	88.3		5	Ms	India:Jalpaiguri	印度:孟加拉邦的杰尔拜古里	GSHAP
1863	8	16				38.25	26.25		6.3	Mk	Greece:Chios	希腊:希俄斯岛	* Song
1863	8	17				-19	168.5		7.5	Ms	Vanuatu Islands	瓦努阿图群岛	* NOAA
1863	8	30				29.1	114.1		5	Ms	China:Jiangxi,Xiushui,W.	中国:江西修水西	China
1863	9	20				44.6	141.5		6.4	Ms	Japan:Hokkaido	日本:北海道	* NOAA
1863	9	25				43.8	87.6		5.5	Ms	China:Xinjiang,Urumqi	中国:新疆乌鲁木齐	* China
1863	9	27	3	5		11.25	124.55		6.1	Muk	Philippines:Masbate Island	菲律宾:马斯巴特岛	Bautista
1863	10	21				-8.2	-79.1		5	Mk	Peru:Trujillo,Near Coast	秘鲁:特鲁希略近海	GSHAP,Song
1863	10	25	16	45		-8.2	-79.1		5	Mk	Peru:Trujillo,Near Coast	秘鲁:特鲁希略近海	GSHAP,Song
1863	11	6	10			40.5	29.1		6.7	Ms	Turkey:Yalova	土耳其:亚洛瓦	* GSHAP
1863	11	18				21.799	75.3		5.6	Ms	India:Khargon	印度:克尔冈	GSHAP
1863	11	18				22	75		5	Ms	India:Khargon	印度:克尔冈	GSHAP
1863	11	29	10	30		-12.08	-77		5	Mk	Peru:Lima	秘鲁:利马	GSHAP,Song
1863	12	30	19			38.5	48	10	5.8	Ms	Iran:Ardabil	伊朗:阿尔达比勒	Turkey
1863	12					38.2	48.6		6.1	Ms	Iran:Ardabil	伊朗:阿尔达比勒	* Iran
1863						47	-55		7	Mk	Canada:Newfoundland	加拿大:纽芬兰(岛)	NOAA,Song
1863						38.5	30.6	10	6.3	Ms	Turkey:Suhut	土耳其:舒胡特	* GSHAP
1864	1	3	9			6	124.1		6.9	Muk	Philippines:Mindanao Island	菲律宾:棉兰老岛	Bautista,Maso
1864	1	3				38.2	48.3		6.3	Mk	Iran:Ardabil	伊朗:阿尔达比勒	* Song
1864	1	12	6	9		-27.35	-70.35		6	Mk	Chile:Copiapo	智利:科皮亚波	GSHAP,Song
1864	1	17				30.6	57	6	6	Ms	Iran:Kerman	伊朗:克尔曼	* GSHAP
1864	2	15	15	18		44.3	11.1		6.5	Mk	Italy:Vergato	意大利:韦尔加托	* * Song
1864	2	18	10			44.3	11.1		6.5	Mk	Italy:Vergato	意大利:韦尔加托	* * Song
1864	2	26	13	47		37.2	-121.6		6.1	Ms	US:California,Morgan Hill	美国:加利福尼亚州摩根希尔	CGS,USGS
1864	3	5	16	49		37.5528	-121.855		6	Ms	US:California,Fremont	美国:加利福尼亚州弗里蒙特	CGS,USGS
1864	3	5	16			35	134.8		6.4	Ms	Japan:Hyogo	日本:兵库	Usami
1864	3	15				44.337	11.059		5.03	Ms	Italy:Zocca	意大利:佐卡	Italy
1864	3	29				39.2	141.2		6.1	Mk	Japan:Iwate	日本:岩手	Japan,Song
1864	4	29				22.299	72.8		5	Ms	India:Anand	印度:阿嫩德	GSHAP
1864	4	29				24	70		6	Ms	India:Anjar, Bhuj	印度:安杰尔,普杰	GSHAP
1864	5	19				18.1	-72.3		7.1	Mk	Haiti:Jacmel	海地:雅克梅勒	* NOAA,Song
1864	5	21	2	1		37.6	-121.9		5.8	Ms	US:California,Fremont	美国:加利福尼亚州弗里蒙特	CGS,USGS
1864	5	23				-1	135		7.8	Ms	Indonesia:Manokwari	印度尼西亚:马诺夸里	* NOAA
1864	6	14				40.3	25.1	40	7	Ms	Aegean Sea	爱琴海	GSHAP
1864	6	27	22	30		46.5	-53.7		7	Mk	Canada:Newfoundland	加拿大:纽芬兰(岛)	* NOAA,Song
1864	6	28	7	35		-12.08	-77		5	Mk	Peru:Lima	秘鲁:利马	GSHAP,Song
1864	7	12	4	45		14.2	121.9		5	Muk	Philippines:Mauban	菲律宾:毛班	Bautista
1864	7	26	9	50		-12.08	-77		5	Mk	Peru:Lima	秘鲁:利马	GSHAP,Song
1864	10	2				36.1	29.5		6	Ms	Mediterranean Sea	地中海	GSHAP
1864	10	3				18.6	-97.5		6.3	Mk	Mexico:Puebla,Veracruz	墨西哥:普埃布拉,韦拉克鲁斯	* Song
1864	10	13	16			11.25	124.85		5.6	Muk	Philippines:Samar Island	菲律宾:萨马岛	Bautista
1864	10	21				39.4	23.3		6	Ms	Greece:Magnesia	希腊:马格尼西亚	GSHAP
1864	10	31	22	45		-12.08	-77		5	Mk	Peru:Lima	秘鲁:利马	GSHAP,Song
1864	12	2				33.38	45.98		6.4	Ms	Iraq:Tursaq	伊拉克:图尔萨格	*
1864	12	7	20			33.3	45.9		6.4	Ms	Iraq:Diyala	伊拉克:迪亚拉	Iran
1864	12	11	17	40		44.042	11.282		5.11	Ms	Italy:Prato	意大利:普拉托	Italy
1864	12	20				33	46		6	Mk	Iraq:Wasit	伊拉克:瓦西特	* * Song
1864	12	25				33.2	44.4		5.9	Mk	Iraq:Baghdad,Al-Basrah (Basra)	伊拉克:巴格达,巴士拉	* * Song
1864	12	28	12			41.833	15.583		5.17	Ms	Italy:Apricena	意大利:阿普里切纳	Italy
1865	1	8				-12	-77.1		7	Mk	Peru:Lima	秘鲁:利马	* NOAA,Song
1865	2	8				32.2	46		5.9	Mk	Iraq:Qalat Sukkar	伊拉克:苏凯尔堡	* Song
1865	2	23				40.2	26.2		6.2	Ms	Turkey:Hellespont	土耳其:达达尼尔海峡	GSHAP
1865	3	7	14			38.5	-122.5		6.1	Mk	US:California,Pope Valley	美国:加利福尼亚州波普瓦利	* Song
1865	3	22	0	53		42.7	73.2	15	6.4	Ms	Kazakhstan:Talas,SE.	哈萨克斯坦:塔拉兹东南	GSHAP
1865	4	11	12			30.5	78		5.6	Ms	India:Dehradun	印度:德拉敦	GSHAP
1865	4	27				44.5	29.5	20	6.4	Ms	Black Sea	黑海	GSHAP
1865	5	21	20	15		51.5	106	15	5.5	Ms	Russia:Buryatiya,Klyuevka	俄罗斯:布里亚特州克柳耶夫卡村镇	GSHAP
1865	5	24	11	21		37.1	-121.8		5.9	Ms	US:California,Los Gatos	美国:加利福尼亚州洛斯加托斯	CGS,USGS
1865	6					29.6	53.1		6	Ms	Iran:Fars,Shiraz	伊朗:法尔斯,设拉子	* Iran
1865	7	16	3			54	-167		7	Mk	Aleutian Islands	阿留申群岛	NOAA,Song

年	月	日	时	分	秒	纬度(°)	经度(°)	深度	震级	标度	地名(英文)	地名(中文)	资料来源
Year	Mo	Dy	Hr	Mn	Sec	Latitude	Longitude	Depth	Mag	Scale	Name(English)	Name(Chinese)	Information
1865	7	16				-7	110.3		5.9	Mk	Indonesia:Java,Ambarawa	印度尼西亚:爪哇,安巴拉瓦	*Song
1865	7	19	1			37.7	15.15		5.03	Ms	Italy:Etna	意大利:埃特纳	*Italy
1865	7	23	21	30		39.4	26.2		6.6	Ms	Greece:Molyvos (Lesbos)	希腊:莫利沃斯(莱斯沃斯)	*GSHAP
1865	8	17	15			36	-89.5		5	Ms	US:Missouri,New Madrid	美国:密苏里州新马德里	USGS
1865	9	21	20	50		43.273	12.245		5.17	Ms	Italy:Citta´Di Castello	意大利:卡斯泰洛城	Italy
1865	10	1	17	15		41	-124.5		6.5	Mk	US:California,North Coast	美国:加利福尼亚州北部近海	*Song
1865	10	8	20	46		37.2	-121.9		6.6	Ms	US:California,San Jose	美国:加利福尼亚州圣荷西	*CGS,USGS, NOAA
1865	10	10				40.8	20		6	Ms	Albania:Kuçovë	阿尔巴尼亚:库乔亚区	GSHAP
1865	10	11				37.7	27		6	Ms	Turkey:Soke, Aydin	土耳其:瑟凯,艾登	GSHAP
1865	10	19	14	30		13.6	123.6		6.5	Ms	Philippines:Tiwi	菲律宾:维岛	*Nakamura,Bautista, NOAA
1865	11	11				38.3	26.2		6.1	Ms	Greece:Chios	希腊:希俄斯岛	GSHAP
1865	11	18				-21.6	-175.6		8	Ms	Tonga Islands	汤加群岛	*NOAA
1865	11	22	20			14.4	121.21		5	Mk	Philippines:Tanay	菲律宾:塔奈	Maso,Song
1865	11	28				-12.08	-77		7.2	Mk	Peru:Lima	秘鲁:利马	**NOAA,GSHAP, Song
1865	12	4				32.2	75.8		5	Ms	India:Himachal	印度:喜马偕尔邦	GSHAP
1865	12	14	8	30		-12.08	-77		5	Mk	Peru:Lima	秘鲁:利马	GSHAP,Song
1865	12	15	21	15		10.64	-66.92		5	Mk	Venezuela:Caracas	委内瑞拉:加拉加斯	GSHAP,Song
1865	12	16	22			27	88.3		5	Ms	India:Jalpaiguri	印度:孟加拉邦的杰尔拜古里	GSHAP
1865	12	19	19	30		22.5	92		6.8	Ms	India:Chittagong,Dacca	印度:吉大港,达卡	GSHAP
1865	12	20	21			24.4	88.7		5	Ms	Bangladesh:Rajshahi,S.	孟加拉:拉杰沙希南部	GSHAP
1865	12	25				23.399	88.5		5	Ms	India:Kalna	印度:加尔纳	GSHAP
1865	12	27				21.5	86.9		5	Mk	India:Bhubaneswar	印度:布巴内斯瓦尔	GSHAP,Song
1865						27.2	53.1		5.6	Ms	Iran:Hormozgan	伊朗:荷姆兹甘	**Iran
1866	1	2	9			40.4	19.5		6.6	Ms	Albania:Narta, Vlore	阿尔巴尼亚:娜塔,发罗拉	*NOAA,GSHAP
1866	1	2				18.8	-98		6.3	Mk	Mexico:Puebla,Veracruz	墨西哥:普埃布拉,韦拉克鲁斯	*Song
1866	1	6				41.4	19.4		6.7	Mk	Albania:Durres	阿尔巴尼亚:都拉斯	NOAA,Song
1866	1	19				38	25		6.8	Ms	Greece:Aegean Islands	希腊:爱琴群岛	NOAA
1866	1	23				21.799	87.8		5	Ms	India:Haldia	印度:霍尔迪亚	GSHAP
1866	1	31	24			36.4	25.4		6.1	Ms	Greece:Thera Island (Santorini)	希腊:锡拉岛(圣托里尼岛)	GSHAP,NOAA
1866	2	2				38.4	26		6.4	Ms	Greece:Chios	希腊:希俄斯岛	GSHAP,NOAA
1866	2	3	19	30		-12.08	-77		5	Mk	Peru:Lima	秘鲁:利马	GSHAP,Song
1866	2	6				36	23		6.8	Ms	Greece:Ionian Sea, Amalias	希腊:伊奥尼亚海,亚美雅斯	*GSHAP,NOAA
1866	3	2	15	30		40.4	19.5		6.3	Ms	Albania:Narta, Vlore	阿尔巴尼亚:娜塔,发罗拉	*NOAA
1866	3	6				36.404	25.396		6	Ms	Greece:Thera Island (Santorini)	希腊:锡拉岛(圣托里尼岛)	NOAA
1866	3	8	4	30		51.7	104.5	15	6	Ms	Russia:Lake Baykal	俄罗斯:贝加尔湖	GSHAP
1866	3	13				41.4	19.4		5.5	Ms	Albania:Durres	阿尔巴尼亚:都拉斯	NOAA
1866	3	26	20	12		37	-121.7		5.8	Ms	US:California,Morgan Hill	美国:加利福尼亚州摩根希尔	CGS,USGS
1866	5	19	9	12		44.35	6.017		5.17	Ms	France:Sisteron	法国:锡斯特龙	Italy
1866	5	23				27.7	85.3		7.6	Ms	Nepal:Kazahkstan	尼泊尔:加德满都	*GSHAP
1866	5	23				24	87		5.5	Ms	India:Chittaranjan	印度:吉德伦金	GSHAP
1866	5	23				25	87		6.2	Ms	India:Bhagalpur	印度:帕格尔布尔	GSHAP
1866	6	20	14			38.5	41	23	6.8	Ms	Turkey:Diyarbakir	土耳其:迪亚巴克尔	GSHAP
1866	6	22				-27.35	-70.35		6	Mk	Chile:Copiapo	智利:科皮亚波	GSHAP,Song
1866	6	24	5			14	143.3		7.2	Mk	Guam	关岛(西太平洋)	Maso,Song
1866	7	15	6	30		37.7	-121.5		6	Ms	US:California,Tracy	美国:加利福尼亚州特雷西	CGS,USGS
1866	7	22				38.4	39.4		6.4	Ms	Turkey:Elazig	土耳其:埃拉泽	GSHAP
1866	8	9				-33.8	151.3		7	Mk	Australia:Sydney Harbor	澳大利亚:悉尼港口	NOAA,Song
1866	8	11	23			45.727	10.783		5.17	Ms	Italy:Monte Baldo	意大利:蒙特巴尔多	Italy
1866	8	15				-33.8	151.3		7	Mk	Australia:Sydney Harbor	澳大利亚:悉尼港口	NOAA,Song
1866	9	5	13			58	-152		7	Mk	Alaska:Kodiak Island	阿拉斯加:科迪亚克岛	*NOAA,Song
1866	9	6				52.5	159.5	30	7	Ms	Russia:Kamchatka Peninsula	俄罗斯:堪察加半岛	GSHAP
1866	9					27.7	85.3		5	Ms	Nepal:Kathmandu	尼泊尔:加德满都	GSHAP
1866	10					39	26.5		6.6	Mk	Greece:Mitilini	希腊:米蒂利尼	NOAA,Song
1866	11	24				35.7	140.8		6.1	Mk	Japan:Choshi	日本:千叶铫子	Japan,Song
1866	12	4				40.1	20.1		6.7	Muk	Albania:Himara	阿尔巴尼亚:希马拉	*
1866	12	6	16			42	23		7	Ms	Bulgaria:Blagoevgrad	保加利亚:布拉戈耶夫格勒	GSHAP
1866	12	28	19			18.2	120.6		5.5	Mk	Philippines:Laoag	菲律宾:拉瓦格	*Maso,Song, Bautista
1867	1	2	6	13		36.4	2.7		7.3	Mk	Algeria:Blida	阿尔及利亚:卜利达	*Song
1867	1	5	1	45		11.81	122.31		5	Mk	Philippines:Kalibo	菲律宾:卡利博	Maso,Song
1867	1	27				39.8	20.8		6.2	Ms	Greece:Jannina (Epirus)	希腊:伊庇鲁斯	*GSHAP
1867	2	4	3			38.4	20.2	100	7.9	Muk	Greece:Nisia Ionioy	希腊:伊奥尼亚群岛	*NOAA
1867	2	15				-12.08	-77		5	Mk	Peru:Lima	秘鲁:利马	GSHAP,Song
1867	3	7	14			39.2	26.4		7	Ms	Greece:Mitilini	希腊:米蒂利尼	*
1867	3	7				13.1	80.3		5.6	Ms	India:Ambattur	印度:安巴杜尔	GSHAP
1867	3	16	1	6		18.15	120.55		5.5	Muk	Philippines:Laoag	菲律宾:佬沃	Bautista

年 Year	月 Mo	日 Dy	时 Hr	分 Mn	秒 Sec	纬度(°) Latitude	经度(°) Longitude	深度 Depth	震级 Mag	标度 Scale	地名(英文) Name(English)	地名(中文) Name(Chinese)	资料来源 Information
1867	3	17	10	45		18.4	-64.3		6.1	Mk	British Virgin Islands:Spanish Town	英属维尔京群岛:斯帕尼什陶恩	* Song
1867	3	26	5			17.5	121.21		5	Mk	Philippines:Tabuk	菲律宾:塔布克	Maso, Song
1867	3	29				41.2	24.2		6	Ms	Greece:Serres	希腊:塞雷	GSHAP
1867	4	10				38.2	20.4		6.7	Mk	Greece:Lixouri	希腊:利克苏里翁	NOAA, Song
1867	4	14				33.5	44.9		6.3	Mk	Iraq:Mandali, Jalula, Baghdad	伊拉克:曼代利,杰卢拉,巴格达	* Song
1867	4	20	0	31		8.33	-71.75		5	Mk	Venezuela:Merida	委内瑞拉:梅里达	GSHAP, Song
1867	4	24	20	22		39.2	-96.3		5.1	Ms	UA:Kansas, Topeka	美国:堪萨斯州托皮卡	USGS
1867	5	7	10			58.667	6.167		7.7	Mk	Norway:Stavanger	挪威:斯塔万格	NOAA, Song
1867	6	10				-7.8	110.5		6.5	Mk	Indonesia:Java, Yogyakarta	印度尼西亚:爪哇,约尔卡塔	* Song
1867	7	3				12	79.599		5.6	Ms	India:Tindivanam	印度:丁迪沃讷姆	GSHAP
1867	7	19	9			14.3	119.6		5.8	Muk	Philippines:Luzon, Coast SW.	菲律宾:吕宋岛西南海域	Bautista
1867	7	20	9			62	-161		5	Mk	Alaska Peninsula, S.	阿拉斯加半岛南部	USGS, Song
1867	7	23	12			40.6	46.3	15	6.2	Ms	Azerbaijan:Gǝncǝ	阿塞拜疆:占贾	GSHAP
1867	8	5				-33.8	151.3		7	Mk	Australia:Sydney Harbor	澳大利亚:悉尼港口	NOAA, Song
1867	8	31	17	30		-12.08	-77		5	Mk	Peru:Lima	秘鲁:利马	GSHAP, Song
1867	9	20	3	15		36.5	22.25		7.1	Ms	Greece:Peninsula of Maina (Laconia)	希腊:马伊纳半岛	* NOAA, GSHAP
1867	9					10.9	-64.1		7.5	Ms	Venezuela:Isla De Margarita	委内瑞拉:玛格丽特岛	* NOAA
1867	10	4				38.25	22.25		6.6	Mk	Greece:Ionian Sea	希腊:伊奥尼亚海	NOAA, Song
1867	11	18	18	45		18.1	-65.1	33	7.5	Muk	Virgin Islands:Charlotte Amalie	维尔京群岛:夏洛特阿马利亚	* NOAA
1867	11	19	21			38.5	27		6.6	Mk	Turkey:Izmir	土耳其:伊兹密尔	NOAA, Song
1867	12	1	11	10		18.4	-64.3		6.1	Mk	British Virgin Islands:Spanish Town	英属维尔京群岛:斯帕尼什陶恩	* Song
1867	12	18				25.3	121.8		7	Ms	China:Taiwan, Keelung, Coast of NE.	中国:台湾基隆东北海域	* China, NOAA
1867	12	26	18	30		11.95	125.65		5.5	Muk	Philippines:Samar Island	菲律宾:萨马岛	Bautista, Maso
1868	1	14	5			13.5	120.5		5	Muk	Philippines:Paluan	菲律宾:帕卢安	Bautista
1868	1	20				36.3	56.3	12	5.1	Ms	Iran:Shāhrūd	伊朗:沙赫鲁德	* GSHAP
1868	2	19	6	48		8.5	126.9		6	Muk	Philippine Trench	菲律宾海沟	Bautista
1868	2	25	11	10		41	43	25	6.2	Ms	Turkey:Ardahan	土耳其:阿尔达汉	GSHAP
1868	2					40.2	42.1		5.8	Ms	Turkey:Horasan	土耳其:霍拉桑	Turkey
1868	3	17	11	37		18.1	-65.1		7	Mk	Virgin Islands:Charlotte Amalie	维尔京群岛:夏洛特阿马利亚	* NOAA, Song
1868	3	18	18	30		40	46.8	35	6.3	Ms	Azerbaijan:Ağdam	阿塞拜疆:阿格达姆区	GSHAP
1868	3	28	15	45		52.5	106	15	5	Ms	Russia:Lake Baykal	俄罗斯:贝加尔湖	GSHAP
1868	3	29	0	15		19	-155.5		7	Ms	Hawaiian Islands	夏威夷群岛	GSHAP
1868	3					40.2	42.1		5.8	Ms	Turkey:Horasan	土耳其:霍拉桑	USGS
1868	4	3	2	25		19	-155.5		7.9	Mfa	Hawaiian Islands	夏威夷群岛	Turkey
1868	4	3	21	15		41.2	69.6	18	6.5	Muk	Uzbekistan:Tashkent	乌兹别克斯坦:塔什干	* NOAA
1868	4	4	1			11.3	124.55		5.4	Muk	Philippines:Masbate Island	菲律宾:马斯巴特岛	*
1868	4	4	10	57		20.5	-156.5		5.7	Mk	Hawaiian Islands	夏威夷群岛	Bautista, Maso
1868	4	7				21	-101		6.3	Mk	Mexico:Guanajuato	墨西哥:瓜纳华多	USGS, Song
1868	4	9				36.4	139		6.4	Mk	Japan:Gunma	日本:群马	* Song
1868	4	11	3	30		40	41.7	15	5.7	Ms	Turkey:Erzurum	土耳其:埃尔佐鲁姆	Japan, Song
1868	4	23	3	30		40	41.7		6.7	Muk	Turkey:Erzurum	土耳其:埃尔佐鲁姆	Turkey
1868	4					40.2	42.1		5.8	Ms	Turkey:Horasan	土耳其:霍拉桑	* GSHAP
1868	5	3				37.6	26.9		6	Ms	Turkey:Soke, Aydin	土耳其:瑟凯,艾登	Turkey
1868	5	15				55	-161		7.5	Mk	Aleutian Islands	阿留申群岛	GSHAP
1868	5	17	18			-1.33	-78.45		7.3	Ms	Ecuador:Ambato	厄瓜多尔:安巴托	* NOAA, Song
1868	5	20				-17.6	-71.2		5	Mk	Peru:Torata	秘鲁:塔克纳	GSHAP
1868	5	22				-17.6	-71.2		5	Mk	Peru:Torata	秘鲁:塔克纳	GSHAP, Song
1868	5	22				21.2	-100.5		6.3	Mk	Mexico:San Jose De Iturbide	墨西哥:图尔比德的圣何塞	GSHAP, Song
1868	5	22				45.7	10.7		6.6	Mk	Italy:Lake Garda	意大利:加尔达湖	* Song
1868	5	25	10	30		19	-155.5		5	Mk	Hawaiian Islands	夏威夷群岛	NOAA, Song
1868	5	25				17	-100		7	Mk	Mexico:Acapulco	墨西哥:阿卡普尔科	USGS, Song
1868	5	30	5	10		39.3	-119.7		6	Ms	US:Nevada, Reno	美国:内华达州雷诺	* NOAA, Song
1868	6	10				-17.6	-71.2		5	Mk	Peru:Torata	秘鲁:塔克纳	CGS, USGS
1868	6	17	1	50		42.87	11.538		5.03	Ms	Italy:Grosseto	意大利:格罗塞托	GSHAP, Song
1868	6	21	5	30		47.5	20.07		5.3	Ms	Hungary:Szolnok	匈牙利:索尔诺克	Italy
1868	6	29	0	11		10.45	122.25		5.5	Muk	Philippines:Panay Island	菲律宾:班乃岛	GSHAP
1868	6	30				24.5	91.5		7.5	Muk	Bangladesh:Sylhet	孟加拉:锡尔赫特(锡莱特)	Bautista, Maso
1868	7	21				32.8	109.7		5.5	Ms	China:Shaanxi, Xunyang, E.	中国:陕西旬阳东部	*
1868	7	25	9	10		19	-155.5		5	Mk	Hawaiian Islands	夏威夷群岛	China
1868	7	30	5	30		18.3	120.7		5.8	Muk	Philippines:Laoag	菲律宾:佬沃	USGS, Song
1868	7	31				24	85.4		5	Ms	India:Ranchi	印度:兰契	Bautista
1868	8	1				34.9	52.5	30	6.4	Ms	Iran:Semnan	伊朗:塞姆南	GSHAP
1868	8	12				20	-105		7	Mk	Mexico:Jalisco	墨西哥:哈利斯科	GSHAP
1868	8	13	21	23		-16.4	-71.56		7	Mk	Peru:Arequipa	秘鲁:阿雷基帕	* NOAA, Song
1868	8	13	21	30		-18.6	-71	25	8.5	Ms	Chile:Arica, Near Coast	智利:阿里卡近海	GSHAP, Song

年 Year	月 Mo	日 Dy	时 Hr	分 Mn	秒 Sec	纬度(°) Latitude	经度(°) Longitude	深度 Depth	震级 Mag	标度 Scale	地名(英文) Name(English)	地名(中文) Name(Chinese)	资料来源 Information
1868	8	13	21	46		-18.29	-70.59		5	Mk	Peru:Tacna,Near Coast	秘鲁:塔克纳近海	GSHAP,Song
1868	8	13	22	15		-18.45	-70.2		5	Mk	Chile:Arica	智利:阿里卡	GSHAP,Song
1868	8	13				10.7	-63.1		7	Mk	Venezuela:Rio Caribe	委内瑞拉:里约卡利宾	* NOAA
1868	8	15	19	30		0.81	-77.72		8	Ms	Ecuador:Concepcion	厄瓜多尔:康塞普西翁	*
1868	8	16	6	30		0.31	-78.18	20	7.7	Ms	Ecuador:Imbabura	厄瓜多尔:因巴布拉	*
1868	8	19				11.67	92.73		7.5	Mk	India:Andaman Islands	印度:安达曼群岛	NOAA,Song
1868	8	29	8			42.7	75.9	20	6.4	Ms	Kyrgyzstan:Bishkek	吉尔吉斯斯坦:比什凯克	GSHAP
1868	9	4	16			36.6	-118.4		5.5	Mk	US:California,Badger,E.	美国:加利福尼亚州巴杰东部	USGS,Song
1868	9	5	2			37.6	15.133		6.6	Mk	Italy:Acireale, Catania	意大利:阿瑟瑞尔,卡塔尼亚	* NOAA,Song
1868	9	14				-36.7	-73.2		7	Mk	Chile:Concepcion,Near Coast	智利:康塞普西翁近海	* NOAA,Song
1868	9	17	16	55		38.6	-119.7		5.6	Ms	US:California,Delano	美国:加利福尼亚州德拉诺	CGS,USGS
1868	9	30				24	85		5.6	Ms	India:Ranchi	印度:兰契	GSHAP
1868	10	2	7	30		12.3	123.1		7.5	Mk	Philippines:Aroroy	菲律宾:阿罗罗伊	* NOAA,Song
1868	10	2				-17	-72.5		7	Mk	Peru:Mollendo,Near Coast	秘鲁:莫延多近海	* NOAA,Song
1868	10	3				39.2	23.4		6.3	Ms	Greece:Volos	希腊:伏洛斯	GSHAP
1868	10	12	5	20		-27.35	-70.35		6	Mk	Chile:Copiapo	智利:科皮亚波	GSHAP,Song
1868	10	16				-33.1	-71.7		7	Mk	Chile:Valparaiso	智利:瓦尔帕莱索	* NOAA,Song
1868	10	21	15	53		37.7	-122.1		7	Ms	US:California,Hayward,San Francisco	美国:加利福尼亚州海沃德,旧金山	* CGS,USGS,NOAA
1868	10	30				32.4	117.8		5.5	Ms	China:Anhui,Dingyuan,S.	中国:安徽定远南	* China
1868	11	13	6	50		45.7	26.6	100	5.8	Ms	Romania:Nereju	罗马尼亚:内雷茹	GSHAP
1868	11	13	7	45		45.8	26.6		6.8	Ms	Romania:Vrancea	罗马尼亚:弗朗恰	GSHAP
1868	11	15				11.9	125.9		5.8	Muk	Philippines:Samar Island	菲律宾:萨马岛	Bautista
1868	11	17	8	30		19	-155.5		5	Mk	Hawaiian Islands	夏威夷群岛	USGS,Song
1868	11	27	20	30		45.7	26.6	150	6.4	Ms	Romania:Nereju	罗马尼亚:内雷茹	GSHAP
1868	11	27	21	35		45.7	26.6		6.1	Ms	Romania:Nereju	罗马尼亚:内雷茹	GSHAP
1868	12	31	2	15		7	-73		6.1	Mk	Colombia:Simacota, Barichara De Cabrera	哥伦比亚:锡马科塔,巴里查拉	* Song
1868						25	125.5		6.1	Mk	Japan:Miyako-Jima	日本:宫古岛	Japan,Song
1868						35.1	138.9		6.1	Mk	Japan:Shizuoka	日本:静冈	Japan,Song
1869	1	10				26	96		6.2	Ms	India:Assam	印度:阿萨姆邦	GSHAP
1869	1	10				24.5	92.5		7.5	Ms	India:Assam:Cachar,Silchar	印度:阿萨姆邦:察查,锡尔杰尔	* India
1869	1	27				-36.6	-72.9		7	Mk	Chile:Tome	智利:托梅	* NOAA,Song
1869	2	3	21	35		52	105.5	15	5	Ms	Russia:Lake Baykal	俄罗斯:贝加尔湖	GSHAP
1869	2	6				-39.9	-73.4		7	Mk	Chile:Valdivia	智利:瓦尔迪维亚	* NOAA,Song
1869	2	7	5	15		43.333	11.333		5.17	Ms	Italy:Siena	意大利:锡耶纳	Italy
1869	2	14	0	30		9	-74		5.5	Ms	Colombia:Bolivar	哥伦比亚:波利瓦尔	GSHAP
1869	2	15				7.4	121.55		5.1	Muk	Philippines:Culasi	菲律宾:库拉西	Bautista
1869	2	17	4			7.5	-72.1		5.9	Mk	Venezuela:San Cristobal, Tachira (Lobatera)	委内瑞拉:圣克里斯托瓦尔,塔希提	* Song
1869	2	19	10	30		19	-155.5		5	Mk	Hawaiian Islands	夏威夷群岛	USGS,Song
1869	2	22	12	10		19	-155.5		5	Mk	Hawaiian Islands	夏威夷群岛	USGS,Song
1869	3	6	11	30		7.7	-73.3		5.9	Mk	Colombia:Cachira	哥伦比亚:北桑坦德的卡奇拉	* Song
1869	3	18				34.4	132.45		6.1	Mk	Japan:Hiroshima	日本:广岛	Japan,Song
1869	3	25	0	30		39.8	69.5	30	5.5	Ms	Kyrgyzstan:Suluktu	吉尔吉斯斯坦:苏柳克塔	GSHAP
1869	3	25				30.5	78		5	Ms	India:Dehradun	印度:德拉敦	GSHAP
1869	3	31	13			41.717	15.75		5.17	Ms	Italy:San Severo	意大利:圣塞韦罗	Italy
1869	4	17				25.6	91.9		5	Ms	India:Meghalaya	印度:梅加拉亚邦	GSHAP
1869	4	18	13			34	-107		5.7	Mk	US:New Mexico,Socorro	美国:新墨西哥州索科罗	USGS,Song
1869	4	18				36.5	27.6		6.9	Ms	Turkey:Bodrum	土耳其:博得卢姆	GSHAP
1869	4	20				34	-107		5.5	Mk	US:New Mexico,Socorro	美国:新墨西哥州索科罗	USGS,Song
1869	4	22				-16	-73.5		7	Mk	Peru:Arequipa	秘鲁:阿雷基帕	* NOAA,Song
1869	4	29	2			7.05	123.8		5.8	Muk	Philippines:Mindanao Island	菲律宾:棉兰老岛	Bautista
1869	4	30	2	56		-35.43	-71.67		6	Mk	Chile:Talca	智利:塔尔卡	GSHAP,Song
1869	5	31				40.6	28		5.8	Ms	Turkey:Manyas	土耳其:马尼亚斯	Turkey
1869	6	25				44.314	11.116		5.32	Ms	Italy:Vergato	意大利:韦尔加托	Italy
1869	6	25				-19.6	-70.2		7	Mk	Chile:Iquique,N.	智利:伊基克北部	* NOAA,Song
1869	7	7				27.7	85.3		7.4	Ms	Nepal:Kazahkstan	尼泊尔:加德满都	* GSHAP
1869	7	22	15			-16.4	-71.56		5	Mk	Peru:Arequipa	秘鲁:阿雷基帕	GSHAP,Song
1869	7	24				20	-155		7.7	Mk	Hawaiian Islands	夏威夷群岛	* NOAA,Song
1869	7	27	16	30		-11.3	-75.7		5	Mk	Peru:Perene	秘鲁:佩雷内	GSHAP,Song
1869	7	29	2			-5.3	-80.6		5	Mk	Peru:Sechura	秘鲁:塞丘拉	GSHAP,Song
1869	8	9				27	88.3		5.6	Ms	India:Jalpaiguri	印度:孟加拉邦的杰尔拜古里	GSHAP
1869	8	9				-30	-71.4		7.5	Mk	Chile:Coquimbo	智利:科金博	* NOAA,Song
1869	8	11				-33.8	151.3		7	Mk	Australia:Sydney Harbor	澳大利亚:悉尼港口	NOAA,Song
1869	8	14				40.3	19.3		6	Ms	Albania:Vlore, Kanina	阿尔巴尼亚:发罗拉,卡妮娜	* GSHAP
1869	8	15	14	30		19	-155.5		5	Mk	Hawaiian Islands	夏威夷群岛	USGS,Song
1869	8	15				0.3	-78.1		5.8	Mk	Ecuador:Ibarra	厄瓜多尔:伊瓦拉	* * Song

年 Year	月 Mo	日 Dy	时 Hr	分 Mn	秒 Sec	纬度(°) Latitude	经度(°) Longitude	深度 Depth	震级 Mag	标度 Scale	地名(英文) Name(English)	地名(中文) Name(Chinese)	资料来源 Information
1869	8	16	7			12.4	123.85		7	Ms	Philippines: Masbate Island	菲律宾:马斯巴特岛	* Bautista, Nakamura, Maso, NOAA
1869	8	16	8	30		-18.5	-70.35		6	Mk	Chile: Arica	智利:阿里卡	GSHAP, Song
1869	8	19				-16	-73.5		6.5	Ms	Peru: Arequipa	秘鲁:阿雷基帕	* NOAA
1869	8	21	16	40		-21	-70		6.8	Ms	Chile: Tarapaca, S.	智利:塔拉帕卡南部	* NOAA
1869	8	24	18	45		-17.5	-72	30	7.5	Ms	Peru: Ilo, Near Coast	秘鲁:伊洛近海	* GSHAP, NOAA, Chile
1869	8	24	20			-18.1	-69.9		5	Mk	Peru: Tacna	秘鲁:塔克纳	GSHAP, Song
1869	9	1				41.2	19.5		6.2	Ms	Albania: Durres	阿尔巴尼亚:都拉斯	GSHAP
1869	9	2	12			40.7	43	6	5	Ms	Turkey: Kars	土耳其:卡尔斯	GSHAP
1869	9	9				38.5	27		6.6	Mk	Turkey: Izmir	土耳其:伊兹密尔	NOAA, Song
1869	9	26	20	45		43.495	11.077		5.17	Ms	Italy: San Gimignano	意大利:圣吉米尼亚诺	Italy
1869	10	1	3	15		14.25	120.45		6.6	Ms	Philippines: Luzon, Manila	菲律宾:吕宋岛马尼拉	* Bautista, Maso
1869	10	4	19	32		15.7	119.9		5.6	Muk	Philippines: Santa Cruz	菲律宾:圣克鲁斯	Bautista
1869	10	8	9	30		39.1	-123.1		5.6	Ms	US: California, Ukiah	美国:加利福尼亚州尤凯亚	CGS, USGS
1869	10	11	11	10		44.8	34.9	18	5.6	Ms	Ukraine: Crimea, Sudak	乌克兰:克里米亚,苏达克	* NOAA
1869	10	13	3	30		46.35	14.167		5.17	Ms	Slovenia: Radovljica	斯洛文尼亚:拉多夫利察	Italy
1869	10	23	8	30		14.05	121.8		5.6	Muk	Philippines: Mauban	菲律宾:毛班	Bautista, Maso
1869	11	4	0	30		-16.6	-71.65	30	5	Mk	Peru: Arequipa	秘鲁:阿雷基帕	GSHAP, Song
1869	11	16	11	45		34.9	5.9		7.3	Mk	Algeria: Biskra	阿尔及利亚:比斯卡拉	* Song
1869	11	28				38.69	16.221		5.03	Ms	Italy: Vibo Valentia	意大利:维博瓦伦蒂亚	Italy
1869	12	1	16			37	28		7.5	Ms	Turkey: Bodrum	土耳其:博德鲁姆	*
1869	12	9	12	43		38.7	16.1		6.5	Mk	Italy: Mileto	意大利:米莱托	* * Song
1869	12	13	2	53		44.5	10.75		5.03	Ms	Italy: Serramazzoni	意大利:塞拉马佐尼	Italy
1869	12	19	3			39.9	48.3	33	5.2	Ms	Azerbaijan: Sirvan	阿塞拜疆:希尔万	GSHAP
1869	12	27	10			39.1	-119.8		6.2	Ms	US: Nevada, Johnson Lane	美国:内华达州约翰逊巷	CGS, USGS
1869	12	28	3			38.8	20.8		6.9	Ms	Greece: Leukas (Ionian Islands)	希腊:琉卡斯(伊奥尼亚群岛)	* NOAA, GSHAP
1869						37.1	58.4	10	5	Ms	Iran: Qūchān	伊朗:古昌	GSHAP
1870	2	8				44.1	-67.1		5.5	Mk	US: Maine, Jonesport, Near Coast	美国:缅因州琼斯波特近海	USGS, Song
1870	2	8				43.55	13.471		5.11	Ms	Italy: Numana	意大利:努马纳	Italy
1870	2	17	20	12		37.1	-122		5.9	Ms	US: California, San Jose	美国:加利福尼亚州圣荷西	CGS, USGS
1870	2	22				36.4	28.8		7	Ms	Mediterranean Sea	地中海	GSHAP
1870	3	1	19	57		45.4	14.4	18	6.6	Ms	Croatia: Rijeka	克罗地亚:里耶卡	GSHAP, Italy
1870	3	1	19			11.6	126.31		5	Mk	Philippines: Mindanao Island	菲律宾:棉兰老岛	Maso, Song
1870	3	2	2			46.1	14.9		5.17	Ms	Slovenia: Trebnje	斯洛文尼亚:特雷布涅	Italy
1870	3	22	7			19	-155.5		5	Mk	Hawaiian Islands	夏威夷群岛	USGS, Song
1870	3	28	17	40		-13.55	-72		5	Mk	Peru: Cuzco	秘鲁:库斯科	GSHAP, Song
1870	4	2	19	48		37.9	-122.3		5.8	Ms	US: California, Richmond	美国:加利福尼亚州里奇蒙	CGS, USGS
1870	4	6	11			-18.1	-69.9		5	Mk	Peru: Tacna	秘鲁:塔克纳	GSHAP, Song
1870	4	11				30	99.1		7.25	Ms	China: Sichuan, Batang	中国:四川巴塘	* China
1870	4	22	13	20		-22.5	-68.9		7.3	Mk	Chile: Calama	智利:卡拉马	* Song
1870	5	11	23	30		17	-96.3		7.9	Ms	Mexico: Oaxaca	墨西哥:瓦哈卡	* NOAA
1870	5	12				35.3	139.1		6.5	Ms	Japan: Kanagawa	日本:神奈川	Japan
1870	5	13	7	27		14	143.3		7.2	Mk	Guam	关岛(西太平洋)	Maso, Song
1870	5	23	15	30		18.2	120.85		6.1	Muk	Philippines: Laoag	菲律宾:佬沃	Bautista, Maso
1870	6	18				12.4	-86.6		5.9	Mk	Nicaragua: Leon	尼加拉瓜:里昂	* Song
1870	6	19	7	15		51.7	104.5	15	5.5	Ms	Russia: Lake Baykal	俄罗斯:贝加尔湖	GSHAP
1870	6	24				32.2	29.6		6.6	Mk	Mediterranean Sea	地中海	NOAA, Song
1870	6	26	15			9.5	-69.5		5.9	Mk	Venezuela: Acarigua	委内瑞拉:阿卡里瓜	* Song
1870	7	5				24.1	102		5.25	Ms	China: Yunnan, Xinping	中国:云南新平	China
1870	7	8	7	20		43.6	39.9	13	5.3	Ms	Russia: Krasnodar, Sochi	俄罗斯:克拉斯诺达尔区索契	GSHAP
1870	7	10	18	30		-14.5	-72		5	Mk	Peru: Cuzco	秘鲁:库斯科	GSHAP, Song
1870	7	29				44	14.5		6.7	Mk	Adriatic Sea	亚得里亚海	NOAA, Song
1870	8	1	2	40		38.5	22.5		7	Ms	Greece: Delphi	希腊:德尔斐	* NOAA
1870	8	6				35.2	25.1		6.6	Mk	Greece: Crete Island	希腊:克里特岛	* NOAA, Song
1870	8	7	14	43		20.5	-157		6	Ms	Hawaiian Islands	夏威夷群岛	USGS
1870	8	12				-37.8	161.4		7	Mk	Australia: Tasman Sea	澳大利亚:塔斯曼海	* NOAA, Song
1870	9	28				41.3	19.6		6.7	Ms	Albania: Durres	阿尔巴尼亚:都拉斯	GSHAP
1870	9	30	23			38.5	22.5		7.5	Muk	Greece: Patrai	希腊:帕特雷	*
1870	10	4	16	55		39.22	16.33		6.16	Ms	Italy: Cosenza	意大利:科森扎	* Italy
1870	10	21	18			-16.4	-71.56		5	Mk	Peru: Arequipa	秘鲁:阿雷基帕	GSHAP, Song
1870	10	28	9	45		39.28	16.28		6.6	Mk	Italy: Tyrrhenian Sea	意大利:第勒尼安海	* NOAA, Song
1870	10	30	18	37	7	44.13	12.07	5	5.7	Ms	Italy: Meldola	意大利:梅尔多拉	GSHAP, Italy
1870	11	2	3	30		38.3	15.9		6.6	Mk	Italy: Calabria	意大利:卡拉布里亚	* NOAA, Song
1870	11	4	7			7	127.1		6.8	Ms	Philippines: Mindanao, Davao, Blanco	菲律宾:棉兰老岛,达沃,兰科	* Bautista, Maso
1870	11	6	5			-16.5	-71.56		5	Mk	Peru: Arequipa	秘鲁:阿雷基帕	GSHAP, Song
1870	11	26	10	15		-16.5	-71.56		5	Mk	Peru: Arequipa	秘鲁:阿雷基帕	GSHAP, Song
1870						43.3	104.2	15	6	Ms	Mongolia: Dalandzadgad	蒙古:达兰扎得嘎德	GSHAP

年 Year	月 Mo	日 Dy	时 Hr	分 Mn	秒 Sec	纬度(°) Latitude	经度(°) Longitude	深度 Depth	震级 Mag	标度 Scale	地名(英文) Name(English)	地名(中文) Name(Chinese)	资料来源 Information
1870						22.4	120.6		5.75	Ms	China:Taiwan,Pingtung	中国:台湾屏东	China
1871	1	17				43.7	8.1		6.7	Mk	Ligurian Sea	利古里亚海	* NOAA,Song
1871	2	5				-14.2	-75.7		7	Mk	Peru:Ica	秘鲁:伊卡	* NOAA,Song
1871	2	7				18.2	-94.5		5	Mk	Mexico:Coatzacoalcos	墨西哥:夸察夸尔科斯	* Song
1871	2	20	8	41		20.7	-157	15	7	Muk	Hawaiian Islands	夏威夷群岛	* USGS,NOAA
1871	2	20	20			9.1	124.7		5	Ms	Philippines:Camiguin Island	菲律宾:卡蜜桂茵岛	* Bautista,Maso,NOAA
1871	2	23	6	30		-16.94	-65.38		5.2	Ms	Bolivia:Cochabamba	玻利维亚:科恰班巴	GSHAP
1871	3	2	21	5		40.4	-124.2		6.3	Ms	US:California,Petrolia	美国:加利福尼亚州彼得罗利亚	* CGS,USGS
1871	3	3	23	17		52	106	18	6.3	Ms	Russia:Lake Baykal	俄罗斯:贝加尔湖	GSHAP
1871	3	17				38	43	32	6.8	Ms	Turkey:Çatak	土耳其:恰塔克	GSHAP
1871	3	23	18	48		16.95	120.7		5.1	Muk	Philippines:Cervantes	菲律宾:塞万提斯	Bautista
1871	3	25	14	56		-35	-72.5		7.5	Ms	Chile:Talca	智利:塔尔卡	* NOAA,GSHAP
1871	3	25				38.47	43.35		5.8	Ms	Turkey:Van	土耳其:凡城	Turkey
1871	4	9				39.6	20.1		6	Ms	Greece:Thesprotia	希腊:塞斯普罗蒂亚	GSHAP
1871	5	28	3			7.25	125.95		5.5	Muk	Philippines:Mindanao Island	菲律宾:棉兰老岛	Bautista
1871	6	7				36.85	28.3		5.8	Ms	Turkey:Hisaronu	土耳其:希萨勒尼	Turkey
1871	6	18				40.5	-73.9		7	Mk	US:New York,Rockaway Beach	美国:纽约州罗卡韦滩	* NOAA,Song
1871	6	26				20.2	110.2		5.5	Ms	China:Hainan,Qiongzhou Strait	中国:海南琼州海峡	China
1871	6	27	21	30		7.11	125.61		5	Mk	Philippines:Mindanao Island	菲律宾:棉兰老岛	Maso,Song
1871	6	29	20	45		39.15	16.233		5.03	Ms	Italy:Cosenza	意大利:科森扎	Italy
1871	6					28	91.5		7.5	Ms	China:Xizang (Tibet),Cona,W.	中国:西藏错那西部	China
1871	7	5	21	6		36.4	-118		5.5	Ms	US:California,Owens Valley	美国:加利福尼亚州欧文斯谷	CGS,USGS
1871	7	11	13			17.05	120.45		5.2	Muk	Philippines:Manabo	菲律宾:马纳博	Bautista,Maso
1871	7	29	20	45		43.301	10.619		5.13	Ms	Italy:Guardistallo	意大利:瓜尔迪斯塔洛	Italy
1871	8	1	22			41.917	15.633		5.17	Ms	Italy:Lesina	意大利:莱西纳	Italy
1871	8	20				-33.1	-71.7		7	Mk	Peru:Valparaíso	秘鲁:瓦尔帕莱索	* NOAA,Song
1871	8	21				-12	-76.6		7	Ms	Peru:Lima	秘鲁:利马	* NOAA
1871	8	21				18.2	-64.6		6	Mk	British Virgin Islands:Road Town	英属维尔京群岛:罗德城	* Song
1871	8	25				1	126.25		7	Mk	Indonesia:Molucca Sea	印度尼西亚:马鲁古海	* NOAA,Song
1871	9	13	10	45		19.25	-155		5.7	Mk	Hawaiian Islands	夏威夷群岛	USGS,Song
1871	10	4	12	30		7.01	125.71		5.5	Mk	Philippines:Davao Gulf	菲律宾:达沃湾	Maso,Song
1871	10	5	9			-20.2	-70.2		7.3	Muk	Chile:Iquique	智利:伊基克	*
1871	10	8				38.4	26.1		5.8	Ms	Turkey:Izmir	土耳其:伊兹密尔	Turkey
1871	10	9	13	30		18.1	120.1		5.7	Muk	Philippines:Laoag	菲律宾:佬沃	Bautista
1871	10	9	14	40		39.7	-75.5		5.7	Mk	US:Delaware,Wilmington	美国:特拉华州威尔明顿	USGS,Song
1871	10	22	13			43.417	11.333		5.17	Ms	Italy:Radda	意大利:拉达	Italy
1871	10					40.5	-108.5		5.5	Mk	US:Colorado,Maybell	美国:科罗拉多州梅贝尔	USGS,Song
1871	11	2	1	20		45.8	27.5	20	5	Ms	Romania:Galati	罗马尼亚:加拉茨	GSHAP
1871	11	5	0	45		8.9	126.9		7.3	Muk	Philippine Trench	菲律宾海沟	Bautista,Maso
1871	11	29	8	30		7.4	121.6		5.9	Muk	Philippines:Culasi	菲律宾:库拉西	Bautista,Maso
1871	12	2				45.9	15		5.17	Ms	Slovenia:Trebnje	斯洛文尼亚:特雷布涅	Italy
1871	12	8	9	30		7.3	123.75		7	Ms	Philippines:Mindanao,Cotabato	菲律宾:棉兰老岛,哥打巴托	* Bautista,Maso
1871	12	8	23	30		7.3	123.75		6.1	Mk	Philippines:Mindanao,Cotabato	菲律宾:棉兰老岛,哥打巴托	Maso,Song
1871	12	19	11			8.5	126.9		7.2	Muk	Philippine Trench	菲律宾海沟	Bautista,Maso
1871	12	23				37.3	58.3	15	7.2	Muk	Iran:Qūchān	伊朗:古昌	* GSHAP,Afghan
1871	12	28				-41.5	-73		7	Mk	Chile:Puerto Montt	智利:蒙特港	* NOAA,Song
1872	1	6				37.3	58.3	15	6.3	Muk	Iran:Qūchān	伊朗:古昌	*
1872	1	10				-16.4	-71.5		6.5	Ms	Peru:Arequipa	秘鲁:阿雷基帕	* NOAA
1872	1	26	12	30		15.8	119.45		6.8	Ms	Philippines:Santa Cruz,Near Coast of W.	菲律宾:圣克鲁斯西部近海	* Nakamura,Bautista,Maso,NOAA
1872	1	27	8	30		15.8	119.45		5	Mk	Philippines:Santa Cruz,Near Coast of W.	菲律宾:圣克鲁斯西部近海	Maso,Song
1872	1	27				37.3	139.8		7	Mk	Japan:Fukushima	日本:福岛	Japan,NOAA,Song
1872	1	28	7			40.6	48.7	7	5.7	Ms	Azerbaijan:Shemakha (Semacha)	阿塞拜疆:舍马罕	*
1872	2	4	19	45		13.2	123.5		5.2	Muk	Philippines:Legazpi	菲律宾:黎牙实比	Bautista
1872	2	11	20			39.8	20.3		6.1	Ms	Greece:Thesprotia,N.	希腊:塞斯普罗蒂亚北部	* GSHAP
1872	2	28	7			40.6	48.6	7	5.7	Ms	Azerbaijan:Samaxi	阿塞拜疆:沙马基区	* *
1872	3	14	8	20		34.9	132		7.4	Ms	Japan:Hamada	日本:岛根滨田	* Usami,NOAA
1872	3	16				33.4	130.6		6.8	Mk	Japan:Fukuoka	日本:福冈	Japan,Song
1872	3	23	21	41		40	-117.5		5.5	Ms	US:Nevada,Imlay,SE.	美国:内华达州伊姆莱东南	USGS
1872	3	26	10	30		36.7	-118.1		7.8	Mw	US:California,Owens Valley	美国:加利福尼亚州欧文斯谷	* CGS
1872	3	26	14	6		36.9	-118.2		6.8	Ms	US:California,Blackrock	美国:加利福尼亚州布莱克罗克	CGS,USGS
1872	3	27				17	-96.3		6.3	Mk	Mexico:Oaxaca,Mexico City	墨西哥:瓦哈卡,墨西哥城	* Song
1872	4	3	12	15		37	-118.2		6.3	Ms	US:California,Aberdeen	美国:加利福尼亚州阿伯丁	CGS,USGS
1872	4	3				36.2	36.2		7.5	Ms	Turkey:Hatay; Syria:Aleppo	土耳其:哈塔伊;叙利亚:阿勒颇	*
1872	4	11	19			37.5	-118.5		6.8	Ms	US:California,Chalfant Valley	美国:加利福尼亚州夏芬谷	CGS,USGS
1872	4	14				21.7	72.199		5	Ms	India:Rajkot	印度:拉杰科德	GSHAP
1872	4	18	10			66	-17.5	8	6.3	Ms	Iceland:Grenivik	冰岛:格雷尼维克	Iceland

年	月	日	时	分	秒	纬度(°)	经度(°)	深度	震级	标度	地名(英文)	地名(中文)	资料来源
Year	Mo	Dy	Hr	Mn	Sec	Latitude	Longitude	Depth	Mag	Scale	Name(English)	Name(Chinese)	Information
1872	4	18	11			66.2	-17.9	4	6.3	Ms	Iceland:Grenivik	冰岛:格雷尼维克	Iceland
1872	4	18	12			36.5	-117.8		5.5	Mk	US:California, Lone Pine	美国:加利福尼亚州隆派恩	USGS, Song
1872	4	22	3			19.25	-155.5		5	Mk	Hawaiian Islands	夏威夷群岛	USGS, Song
1872	5	3	1			33	-115		5.8	Ms	US:California, Holtville, E.	美国:加利福尼亚州霍尔特维尔东部	CGS, USGS
1872	5	14	17	45		46.1	13.433		5.03	Ms	Italy:Cividale Del Fruili	意大利:弗留利地区奇维达莱	Italy
1872	5	17	21			36.6	-118.1		5.5	Mk	US:California, Owens Valley	美国:加利福尼亚州欧文斯谷	USGS, Song
1872	6					34.7	47.7		6.1	Ms	Iran: Hamadan	伊朗:哈马丹	* Iran
1872	7	22	14	50		13.6	123.21		5	Mk	Philippines:Libmanan	菲律宾:利马南	Maso, Song
1872	8	23	18	6		52.2	-168.5		7	Mk	Aleutian Islands	阿留申群岛	* NOAA, Song
1872	8	24	13			12.6	121.4		5	Mk	Philippines:Mansalay	菲律宾:曼萨莱	Maso, Song
1872	9	5	19			12.9	124.7		6.2	Muk	Philippines:Laoang	菲律宾:拉旺	Bautista, Maso
1872	9	10	12	20		12.9	124.7		5	Mk	Philippines:Laoang	菲律宾:拉旺	Maso, Song
1872	9	16				34.8	47.6		6.3	Mk	Iran:Kermanshah	伊朗:克尔曼沙赫	* Song
1872	9	21				31.2	120.3		5.5	Ms	China:Jiangsu, Suzhou, W.	中国:江苏苏州西	China
1872	10	8	13	25		39.3	16.25		5.17	Ms	Italy:Cosenza	意大利:科森扎	Italy
1872	11	12				39	-117		6	Ms	US:Nevada, Round Mountain	美国:内华达州朗德芒廷	USGS
1872	11	18				43.2	-71.53		7.5	Mk	US:New Hampshire, Concord	美国:新汉普郡州康科德	* NOAA, Song
1872	11	22				18.799	80		5	Ms	India:Karimnagar	印度:格里姆讷格尔	GSHAP
1872	12	10	23	30		46.4	-112.5		5	Ms	US:Montana, Sheridan	美国:蒙大纳州谢立丹	USGS
1872	12	15	5	40		47.9	-120.3		7	Ms	US:Washington, Manson	美国:华盛顿州曼森	USGS
1872	12	15				29.6	67.9		5	Mk	Pakistan:Quetta	巴基斯坦:奎达	Afghan, Song
1872	12	19	14			15.95	120.05		5.8	Muk	Philippines:Tarlac	菲律宾:打拉	Bautista
1872	12	29	3	48		14.4	120.35		6.4	Ms	Philippines:Mariveles	菲律宾:马里韦莱斯	* Bautista, Maso
1872						64	-19.683		7	Mk	Iceland:Hella	冰岛:海德拉	* NOAA, Song
1873	1	16	15	45		15.05	121.5		5.6	Muk	Philippines:Cabanatuan, SE.	菲律宾:甲万那端东南	Bautista, Maso
1873	1	18	8	20		14.7	122.2		5.4	Muk	Philippines:Quezon, Coast E.	菲律宾:奎松东部海域	Bautista
1873	1	18	9	56		15.25	121.3		5.5	Muk	Philippines:San Fernando, E.	菲律宾:圣费尔南多东部	Bautista
1873	1	18	19	50		15	122.55		5.7	Muk	Philippines:Luzon, Near Coast of E.	菲律宾:吕宋岛东部近海	Bautista
1873	1	20				41.8	12.7		6.5	Mk	Italy:Marino	意大利:马里诺	* * Song
1873	1	31	23	15		37.8	27		6.1	Mk	Greece:Samos Island	希腊:萨摩斯岛	* Song
1873	2	17	17			11.4	126.05		6	Muk	Philippines:Mindanao Island	菲律宾:棉兰老岛	Bautista
1873	2	21	2			68.7	33.3	20	5	Ms	Russia:Murmansk, Murmansk	俄罗斯:摩尔曼斯克州摩尔曼斯克	GSHAP
1873	3	3	10	17		16.5	120.8		5.8	Muk	Philippines:Bokod	菲律宾:博科德	Bautista
1873	3	4				13.7	-88.7		7.1	Mk	El Salvador:San Vicente	萨尔瓦多:圣维森特	* Song
1873	3	12	20	4		43.08	13.25	20	5.88	Ms	Italy:Sarnano	意大利:萨尔纳诺	Italy, GSHAP
1873	3	18	5			11.01	126		6.1	Mk	Philippines:Mindanao Island	菲律宾:棉兰老岛	Maso, Song
1873	3	30	17	58		18.1	120.55		5	Muk	Philippines:Laoag	菲律宾:佬沃	Bautista, Maso
1873	4	11				13.6	-89		6.2	Mk	El Salvador:Salvador, San Vicente	萨尔瓦多:萨尔瓦多,圣维森特	* Song
1873	5	16	19	35		44.612	10.701		5.13	Ms	Italy:Reggiano	意大利:雷焦艾米利亚	Italy
1873	6	29	3	58		46.1	12.3		6	Ms	Italy:Belluno	意大利:贝卢诺	* Italy, GSHAP
1873	7	3	8	47		46.15	12.35	20	5.2	Ms	Italy:Belluno	意大利:贝卢诺	GSHAP
1873	7	7	6	26		-32.3	-71.16		7.7	Mk	Chile:Petorca	智利:佩托尔卡	* Song
1873	7	11	1	43		46.13	12.37	10	5.4	Ms	Italy:Belluno	意大利:贝卢诺	GSHAP
1873	7	12	6	6		41.68	13.78		5.4	Ms	Italy:Alvito	意大利:阿尔维托	* Italy
1873	7	19				44.5	4.7		6.1	Mk	France: Chateauneuf - Du - Rhone, Donzere	法国:罗纳新堡,栋泽尔	* Song
1873	7	23	0	25		41.7	13.7		6.5	Mk	Italy:Sora	意大利:索拉	* * Song
1873	7	25				37.7	23.2		6	Ms	Greece:Argolida	希腊:阿尔戈利斯	GSHAP
1873	7	27	12	10		46.13	12.22		5.2	Ms	Italy:Belluno	意大利:贝卢诺	GSHAP
1873	7	28				32.8	130.8		6.6	Mk	Japan:Kumamoto	日本:熊本	Japan, Song
1873	8	8	7	15		46.12	12.2	8	5.3	Ms	Italy:Belluno	意大利:贝卢诺	GSHAP
1873	8	9	2	30		14.3	121.7		5	Muk	Philippines:Mauban	菲律宾:毛班	Bautista
1873	8	21	9	5		45.98	12.38	15	5.1	Ms	Italy:Treviso	意大利:特雷维索	GSHAP
1873	9	11	9	3		39.3	16.25		5.17	Ms	Italy:Cosenza	意大利:科森扎	Italy
1873	9	17				44.497	10.283		5.52	Ms	Italy:Parma	意大利:帕尔马	Italy
1873	10	13				8.96	-79.53		7	Mk	Panama:Panama City	巴拿马:巴拿马城	* NOAA, Song
1873	10	25	22	38		38	23.3		6.6	Mk	Greece:Megara	希腊:墨伽拉	* GSHAP, Song
1873	11	5	17			40	-118		5.5	Ms	US:Nevada, Fallon, NE.	美国:内华达州法伦东北	USGS
1873	11	6	8	30		46.133	12.217		5.03	Ms	Italy:Belluno	意大利:贝卢诺	Italy
1873	11	9				40.5	25.6	15	5.8	Ms	Aegean Sea	爱琴海	GSHAP
1873	11	14	9	30		13.6	122.25		6.5	Muk	Philippines:Lopez	菲律宾:洛佩斯	Bautista, Maso
1873	11	14	17	15		13.9	121.9		5	Muk	Philippines:Lucena	菲律宾:卢塞纳	Bautista
1873	11	19				-23.6	-70.4		7.5	Mk	Chile:Antofagasta, C.	智利:安托法加斯塔中部	* NOAA, Song
1873	11	23	5	9		42	-124		6.9	Ms	US:California, Smith River	美国:加利福尼亚州史密斯里弗	* CGS, USGS, NOAA
1873	12	13				41.417	13.967		5.17	Ms	Italy:Venafro	意大利:韦纳夫罗	Italy
1873	12	16	19	45		11.85	124		5.7	Muk	Philippines:Masbate Island	菲律宾:马斯巴特岛	Bautista
1873						-5.5	146		8	Ms	Papua New Guinea:Madang	巴布亚新几内亚:马当	* NOAA

年	月	日	时	分	秒	纬度(°)	经度(°)	深度	震级	标度	地名(英文)	地名(中文)	资料来源
Year	Mo	Dy	Hr	Mn	Sec	Latitude	Longitude	Depth	Mag	Scale	Name(English)	Name(Chinese)	Information
1873						40.47	37.8		5.8	Ms	Turkey:Mesudiye	土耳其:梅苏迪耶	Turkey
1873						23	120.2		5.5	Ms	China:Taiwan,Tainan	中国:台湾台南	China
1874	1	16	20			12.5	123.5		5.3	Muk	Philippines:Aroroy	菲律宾:阿罗罗伊	Bautista,Maso
1874	1	18	15			42.9	77.4	20	5.9	Ms	Kyrgyzstan:Issyk - Kul,N.	吉尔吉斯斯坦:伊塞克湖州北部	GSHAP
1874	2	2	21	55		15.5	119.6		6.1	Muk	Philippines:Luzon,Near Coast of W.	菲律宾:吕宋岛西部近海	Bautista
1874	2	3	5	15		14.5	119.65		5.9	Muk	Philippines:Luzon,Coast SW.	菲律宾:吕宋岛西南海域	Bautista
1874	2	6	13	35		10.4	-66.6		5.9	Mk	Venezuela:La Guaira (La Guaayra)	委内瑞拉:拉瓜伊拉	* Song
1874	2	6	14	5		10.64	-66.92		5	Mk	Venezuela:Caracas	委内瑞拉:加拉加斯	GSHAP,Song
1874	2	28	12	45		12.4	123.7		5.3	Muk	Philippines:Masbate Island	菲律宾:马斯巴特岛	Bautista
1874	2	28				43.9	141.6		6.4	Ms	Japan:Hokkaido	日本:北海道	Usami,Japan
1874	3	11				18.1	-65.1		7	Mk	Virgin Islands:Charlotte Amalie	维尔京群岛:夏洛特阿马利亚	* NOAA,Song
1874	3	16				18.2	-100.2		6.3	Mk	Mexico:Morelos,Guerrero	墨西哥:莫雷洛斯,格雷罗	* Song
1874	3	18	5			38.5	23.75		6	Ms	Greece:Erythres	希腊:埃里斯雷	GSHAP
1874	4	13	22	20		18.1	120.45		5.1	Muk	Philippines:Laoag	菲律宾:佬沃	Bautista,Maso
1874	5	3	7			38.8	38.8	14	7.1	Muk	Turkey:Malatya	土耳其:马拉蒂亚	* GSHAP
1874	5	15	22	15		19.25	-155		5	Mk	Hawaiian Islands	夏威夷群岛	USGS,Song
1874	5					22	89		7.9	Mk	Bangladesh:Satkhira	孟加拉:萨德基拉	* NOAA,Song
1874	5					1	126.25		7	Mk	Indonesia:Molucca Sea	印度尼西亚:马鲁古海	* NOAA,Song
1874	6	23				22.1	114.4		5.75	Ms	China:Hong Kong	中国:香港	China
1874	6	28				37.8	26.8		5.8	Ms	Greece:Samos Island	希腊:萨摩斯岛	Turkey
1874	7	6	14	29		52	106	15	5	Ms	Russia:Lake Baykal	俄罗斯:贝加尔湖	GSHAP
1874	7	8	2	32		16.1	122.25		6.1	Muk	Philippines:Santiago,SE.	菲律宾:圣地亚哥东南	Bautista,Maso
1874	8	3				17	120.6		5.9	Mk	Philippines:Suyo	菲律宾:苏约	* Song
1874	8	18	2	30		10.5	-63.1	16	5.9	Muk	Venezuela:Pilar	委内瑞拉:比拉尔	*
1874	8	24	4	15		18.35	120.5		5.3	Muk	Philippines:Laoag	菲律宾:佬沃	Bautista
1874	8	24	22	15		7.2	121.5		6.4	Ms	Philippines:Mindanao, Zamboanga	菲律宾:棉兰老岛,三宝颜	* Bautista,Maso
1874	8	30	22	30		37.883	14.95		5.17	Ms	Italy:Sicilia Island	意大利:西西里岛	Italy
1874	9	3	3	2		14.5	-90.7		6.2	Mk	Guatemala:Antigua,Chimaltenango	危地马拉:安地瓜,奇马尔特南戈	* Song
1874	10	7				44.164	11.579		5	Ms	Italy:Castel Del Rio	意大利:里奥堡	Italy
1874	10	16	2	9		15.4	121.4		5.9	Muk	Philippines:San Fernando,E.	菲律宾:圣费尔南多东部	Bautista,Maso
1874	10	16	2	15		15.4	121.45		6.1	Muk	Philippines:San Fernando,E.	菲律宾:圣费尔南多东部	Bautista
1874	10	18				35	69		7	Ms	Afghan:Charikar	阿富汗:恰里卡尔	* Afghan
1874	11	16				36.5	27.9		7	Ms	Greece:Dodecanese Islands	希腊:多德卡尼斯群岛	GSHAP
1874	12	1	19	30		46.017	7.75		5.03	Ms	Switzerland:Zermatt	瑞士:采尔马特	Italy
1874	12	6	15	50		41.65	13.83		5.47	Ms	Italy:Montecassino	意大利:蒙特卡西诺	Italy
1874	12	29	16	30		19.25	-155		5	Mk	Hawaiian Islands	夏威夷群岛	USGS,Song
1875	1	18	14	15		11.7	125.9		6.7	Muk	Philippines:Mindanao Island	菲律宾:棉兰老岛	Bautista
1875	1	24	12			40.2	-120.5		6.2	Ms	US:California,Milford	美国:加利福尼亚州米尔福德	CGS,USGS
1875	1	26	23	30		14.7	122.3		5.4	Muk	Philippines:Quezon,Coast E.	菲律宾:奎松东部海域	Bautista
1875	2	11				20.7	-103.4		7.5	Muk	Mexico:San Cristobal De La Barranca	墨西哥:圣克里斯托瓦尔的峡谷	*
1875	2	24				20	-105		7	Mk	Mexico:Jalisco	墨西哥:哈利斯科	* NOAA,Song
1875	3	3	22	48		38.5	39.5	35	6.7	Ms	Turkey:Elazig	土耳其:埃拉泽	GSHAP
1875	3	7	19			17.05	121		5.6	Muk	Philippines:Tabuk	菲律宾:塔布克	Bautista
1875	3	8	17	22		17	120.5		5.6	Muk	Philippines:Manabo	菲律宾:马纳博	Bautista,Maso
1875	3	12	13			17.65	120.65		5.2	Muk	Philippines:Bucay	菲律宾:布凯	Bautista
1875	3	17	23	51		44.07	12.55	40	5.74	Ms	Italy:Rimini	意大利:里米尼	Italy, GSHAP
1875	3	18	18	0	51	44.2	12.4		6.7	Mk	Italy:Adriatic Sea	意大利:亚得里亚海	NOAA,Song
1875	3	21	15			30.5	50.5		5.7	Ms	Iran:Behbahan	伊朗:贝赫贝汉	Iran
1875	3	28				-21	167		7.7	Mk	New Caledonia: Loyalty Islands, Lifou Island	新喀里多尼亚:罗亚尔特群岛,利富岛	* NOAA,Song
1875	3					40.15	26.4		5.8	Ms	Turkey:Canakkale	土耳其:恰纳卡莱	Turkey
1875	4	2	2			39.5	-115.8		5.5	Mk	US:Nevada,Eureka	美国:内华达州尤里卡	USGS,Song
1875	4	24				37.3	21.8		6	Mk	Greece:Kyparissia (Messinia)	希腊:麦锡尼	* Song
1875	5	3				38.1	30.2		7.3	Ms	Turkey:Evciler, Dinar	土耳其:艾布西雷尔,第纳尔	* GSHAP
1875	5	10				-18.5	168		7	Ms	Vanuatu Islands	瓦努阿图群岛	* NOAA
1875	5	11				38.7	29.4	40	7	Muk	Turkey:Usak	土耳其:乌沙克	* GSHAP
1875	5	18	7			15.75	119.4		6	Muk	Philippines:Masinloc,Near Coast of W.	菲律宾:马辛洛克西部近海	Bautista
1875	5	18	16	25		7.9	-72.5	20	7.5	Muk	Colombia:Cucuta,San Cayetano	哥伦比亚:库库塔,圣卡耶塔诺	*
1875	5	19	3	30		13.6	123.05		6.1	Ms	Philippines:Camarines	菲律宾:馬利納	* Bautista,Maso
1875	5	19	6	40		13.9	122.4		5.4	Muk	Philippines:Lopez	菲律宾:洛佩斯	Bautista
1875	5	22	18			12.55	122.1		5.9	Muk	Philippines:San Agustin	菲律宾:圣阿古斯丁	Bautista
1875	5					31.2	56.3		6	Ms	Iran:Kerman	伊朗:克尔曼	Iran
1875	6	2				12.3	123.5		5.3	Muk	Philippines:Aroroy	菲律宾:阿罗罗伊	Bautista
1875	6	8				25	106.4		6.5	Ms	China:Guangxi,Leye,N.	中国:广西乐业北部	China
1875	7	5				37.7	26.9		6	Ms	Turkey:Soke, Aydin	土耳其:瑟凯,艾登	GSHAP
1875	7	7				37.7	27		7.3	Mk	Turkey:Soke, Aydin	土耳其:瑟凯,艾登	* Song

年	月	日	时	分	秒	纬度(°)	经度(°)	深度	震级	标度	地名(英文)	地名(中文)	资料来源
Year	Mo	Dy	Hr	Mn	Sec	Latitude	Longitude	Depth	Mag	Scale	Name(English)	Name(Chinese)	Information
1875	7	25	4	28		44.5	33.4	9	5.2	Muk	Ukraine:Crimea, Kherson	乌克兰:克里米亚,赫尔松	*
1875	8	7	16			40.7	48.7	8	5.4	Ms	Azerbaijan:Shemakha (Semacha)	阿塞拜疆:萨马基	GSHAP
1875	8	11	23	55		7.2	124		6.4	Muk	Philippines:Mindanao Island	菲律宾:棉兰老岛	Bautista
1875	8	17	15	45		50.3	24.2	19	5.3	Ms	Ukraine:L'Viv	乌克兰:利沃夫	GSHAP
1875	8					28.8	93		5.5	Ms	China:Xizang (Tibet), Langxian, S.	中国:西藏朗县南部	China
1875	9	3				26.5	93		5.6	Ms	India:Hojai	印度:阿萨姆的霍杰伊	GSHAP
1875	9	11				10.9	124.8		5.2	Muk	Philippines:Samar Island	菲律宾:萨马岛	Bautista
1875	9	16	19			16.95	120.5		5.7	Muk	Philippines:Baguio	菲律宾:碧瑶市	Bautista
1875	9	30	12	30		40.7	-124		5.9	Ms	US:California, Pine Hills	美国:加利福尼亚州派恩高地	CGS, USGS
1875	10	15	15			16.3	120.3		5.9	Mk	Philippines:Benguet, La Trinidad	菲律宾:本格特,特立尼达拉	* Song
1875	10	25				-6.9	108.3		6.1	Mk	Indonesia:Java Island, Kuningan	印度尼西亚:爪哇岛,库宁	* Song
1875	10					40.2	26.4		7.3	Mk	Turkey:Canakkale	土耳其:恰纳卡莱	* Song
1875	11	1	8	25		17	120.1		6.1	Muk	Philippines:Manabo, Coast W.	菲律宾:马纳博西部海域	Bautista
1875	11	1	10			38.8	41.4	14	6.1	Ms	Turkey:Mus	土耳其:穆什	GSHAP
1875	11	2				16	38.5		6.2	Muk	Eritrea: Kelun	厄立特里亚:克伦	*
1875	11	4	19			11.1	124.65		5.6	Muk	Philippines:Samar Island	菲律宾:萨马岛	Bautista
1875	11	15				32.5	-115.5		6.2	Ms	US:California, El Centro	美国:加利福尼亚州埃尔森特罗	CGS
1875	11	23	22			19.25	-155		5	Mk	Hawaiian Islands	夏威夷群岛	USGS, Song
1875	12	6	2	30		-13.4	-72.7	20	5	Mk	Peru:Cuzco	秘鲁:库斯科	GSHAP, Song
1875	12	6				41.689	15.677		6.07	Ms	Italy:San Severo	意大利:圣塞韦罗	Italy
1875	12					18.3	-66.4		5.9	Mk	Puerto Rico:Arecibo	波多黎各:阿雷西波	* Song
1875						0	150		7	Mk	East Caroline Basin	东加罗林海盆	NOAA, Song
1875						56.17	112.59	15	6.7	Ms	Russia:Buryatiya, Yanchukan	俄罗斯:布里亚特州扬丘坎镇	GSHAP
1875						56.56	118.29	15	6	Ms	Russia:Chita, Novaya Chara	俄罗斯:赤塔州诺瓦亚恰拉村镇	GSHAP
1875						57.28	119.3	15	6.5	Ms	Russia:Chita, Chapo - Ologo	俄罗斯:赤塔州恰波奥洛戈镇	GSHAP
1875						57.01	121.28	15	5.9	Ms	Russia:Sakha, SW.	俄罗斯:萨哈共和国西南	GSHAP
1875						27.3	103.7		5	Ms	China:Yunnan, Zhaotong	中国:云南昭通	China
1876	2	11	21			-31.62	-71.18		6	Mk	Chile:Illapel	智利:伊亚佩尔	GSHAP, Song
1876	2	17	16			16.35	120.05		5.3	Muk	Philippines:San Fernando, Coast SW.	菲律宾:圣费尔南多西南海域	Bautista
1876	3	22				39.5	-111.6		5.5	Mk	US:Utah, Huntington	美国:犹他州亨廷顿	USGS, Song
1876	4	7	8	30		40.1	53.1	15	5.2	Ms	Caspian Sea	里海	GSHAP
1876	4	29	10	49		45.75	10.78		5	Ms	Italy:Monte Baldo	意大利:蒙特巴尔多	Italy
1876	5	13	6			38.8	30.5		7.3	Mk	Turkey:Suhut	土耳其:舒胡特	* Song
1876	5	22	0	30		42.75	12.7		5.03	Ms	Italy:Baiano	意大利:巴亚诺	Italy
1876	5	25	3	35		37.817	13.3		5.17	Ms	Italy:Sicilia Island	意大利:西西里岛	Italy
1876	5	28				-3	127.2	50	6.8	Ms	Indonesia:Ceram Sea	印度尼西亚:塞兰海	* NOAA
1876	5	31	17			52.5	107	15	5	Ms	Russia:Lake Baykal	俄罗斯:贝加尔湖	GSHAP
1876	6	26				37.8	22.8		6.1	Ms	Greece:Argolida	希腊:阿尔戈利斯	GSHAP
1876	7	13	14	34		15.1	120		5	Muk	Philippines:San Felipe	菲律宾:圣费利佩	Bautista
1876	7	17	12	17		48	15.2	10	5.1	Ms	Austria:Steiermark	奥地利:施泰尔马克	GSHAP
1876	7	25	20			10.1	126.4		7.2	Muk	Philippines:Mindanao Island	菲律宾:棉兰老岛	Bautista
1876	8	5				25.5	99.5		6	Ms	China:Yunnan, Yongping	中国:云南永平	* China
1876	8	31	15	24		53	107	15	5	Ms	Russia:Lake Baykal	俄罗斯:贝加尔湖	GSHAP
1876	9	13	23	1		38.1	15.65		5.17	Ms	Italy:Reggio Calabria	意大利:卡拉布里亚雷焦	Italy
1876	9	28	3			33.1	49.7		5.8	Ms	Iran:Alīgūdarz	伊朗:阿里古达尔兹	Iran
1876	9					25.7	100.2		5	Ms	China:Yunnan, Dali	中国:云南大理	China
1876	10	8	19			41.683	13.75		5.17	Ms	Italy:Alvito	意大利:阿尔维托	Italy
1876	10	20	15			35.8	49.8		5.7	Ms	Iran:Qazvin	伊朗:加兹温	Iran
1876	10	26	14	18		41.827	12.784		5.03	Ms	Italy:Palestrina	意大利:帕莱斯特里纳	Italy
1876	10	26	14			-22.07	-69.63		6	Mk	Chile:Antofagasta, N.	智利:安托法加斯塔北部	GSHAP, Song
1876	11	17	15	20		17.25	120.35		5	Muk	Philippines:Manabo, Coast W.	菲律宾:马纳博西部海域	Bautista
1876	11					17.5	78.5		5	Ms	India:Andhra	印度:安得拉邦	GSHAP
1876						12	92.8		8.5	Ms	India:Andaman Islands	印度:安达曼群岛	* * India
1877	1	25	3	53		46.45	13.3		5.03	Ms	Italy:Udine	意大利:乌迪内	Italy
1877	2	26	12	27		15.3	119.6		6.2	Muk	Philippines:Luzon, Near Coast of W.	菲律宾:吕宋岛西部近海	Bautista
1877	4	4	19	45		46.167	15.217		5.17	Ms	Slovenia:Celje	斯洛文尼亚:采列	Italy
1877	5	10	0	59		-19.6	-70.2	40	8.5	Muk	Chile:Huara	智利:瓦拉	* Chile, NOAA
1877	5	10	1	28		-18.33	-71.183	40	6	Mk	Peru:Tacna, Near Coast	秘鲁:塔克纳近海	GSHAP, Song
1877	5	14				-12.07	-77.15		7	Mk	Peru:Lima	秘鲁:利马	* NOAA, Song
1877	5	15				-12.07	-77.15		7	Mk	Peru:Lima	秘鲁:利马	* NOAA, Song
1877	5	15				-18.5	-70.3		7	Mk	Chile:Arica	智利:阿里卡	* NOAA, Song
1877	5	30				35.7	-120.3		5.5	Ms	US:California, Shandon	美国:加利福尼亚州尚登	CGS
1877	5	31	14	50		19.25	-155		6.2	Mk	Hawaiian Islands	夏威夷群岛	USGS
1877	6	2	15	6		15.55	120.45		5.8	Muk	Philippines:Tarlac	菲律宾:打拉	Bautista, Maso
1877	6	6	0	22		18.45	120.7		5.1	Muk	Philippines:Laoag	菲律宾:佬沃	Bautista
1877	6	15				-20.9	-70.1		7	Mk	Chile:Tarapaca, S.	智利:塔拉帕卡南部	* NOAA, Song
1877	6	23	23			13.81	121		5.5	Mk	Philippines:Mindoro Island	菲律宾:民都洛岛	Maso, Song

年 Year	月 Mo	日 Dy	时 Hr	分 Mn	秒 Sec	纬度(°) Latitude	经度(°) Longitude	深度 Depth	震级 Mag	标度 Scale	地名(英文) Name(English)	地名(中文) Name(Chinese)	资料来源 Information
1877	7	1	16	30		4.5	31.5		5.5	Ms	Sudan:Juba	苏丹:朱巴	GSHAP
1877	7	4	17	7		14.1	123.1		6.6	Muk	Philippines:Basud	菲律宾:巴苏德	Bautista,Maso
1877	7	10	7	10		39	-120		5.5	Ms	US:California,South Lake Tahoe	美国:加利福尼亚州南莱克塔霍	CGS,USGS
1877	7	23	8	20		11.1	124.65		5.5	Muk	Philippines:Samar Island	菲律宾:萨马岛	Bautista,Maso
1877	7	27	3	40		-29.95	-71.35		6	Mk	Chile:Coquimbo	智利:科金博	GSHAP,Song
1877	8	13	17	50		65.8	137	20	5	Ms	Russia:Sakha,Polyarnik	俄罗斯:萨哈共和国波利亚尔尼克	GSHAP
1877	8	23				-20.2	-70.1		7	Mk	Chile:Iquique	智利:伊基克	* NOAA,Song
1877	8	24	2	45		41.72	13.35		5.29	Ms	Italy:Sora	意大利:索拉	Italy
1877	9	2				-41.8	-74		7	Mk	Chile:Ancud	智利:安库德	* * NOAA,Song
1877	9	12	8			17.45	120.7		5.6	Muk	Philippines:Manabo	菲律宾:马纳博	Bautista
1877	9	12	15	30		45.95	15.15		5.03	Ms	Slovenia:Mokronog	斯洛文尼亚:莫克罗诺格	Italy
1877	10	1	7	27		45.764	10.809		5.03	Ms	Italy:Malcesine	意大利:马尔切西内	Italy
1877	10	8	5	12		46.017	6.217		5.17	Ms	France:Chambéry	法国:尚贝里	Italy
1877	10	9				-14.2	-75.7		7	Mk	Peru:Ica	秘鲁:伊卡	* NOAA,Song
1877	10	12	21	53		45.75	-122.5		5.7	Mk	US:Oregon,Portland	美国:俄勒冈州波特兰	USGS,Song
1877	10	14				37.7	27		6	Ms	Turkey:Soke, Aydin	土耳其:瑟凯,艾登	GSHAP
1877	10					26	101.9		5	Ms	China:Yunnan,Yuanmou,N.	中国:云南元谋北	China
1877	11	15	17	45		41	-97		5.1	Ms	US:Nebraska,Seward	美国:奈伯拉斯卡州西沃德	USGS
1877	11	26				-6	-77.6	20	5	Mk	Peru:Tarapoto	秘鲁:塔拉波托	GSHAP,Song
1877	11	29	5	57		14.4	119.65		5.6	Muk	Philippines:Luzon,Coast SW.	菲律宾:吕宋岛西南海域	Bautista
1877						43	104.5	15	6.5	Ms	Mongolia:Namgon	蒙古:瑙木贡	GSHAP
1877						30.1	57.6		5.6	Ms	Iran:Kerman	伊朗:克尔曼	Iran
1878	1	10				-19	168.5		7.5	Ms	Vanuatu Islands	瓦努阿图群岛	* NOAA
1878	1	12	13	5		15.1	119.6		5.8	Muk	Philippines:Luzon,Near Coast of W.	菲律宾:吕宋岛西部近海	Bautista
1878	1	16				11.05	124.65		5.5	Muk	Philippines:Samar Island	菲律宾:萨马岛	Bautista
1878	1	20				53.6	-166.4		7.5	Mk	Alaska:Unimak Island	阿拉斯加:乌尼马克岛	* NOAA,Song
1878	1	23	12	5		-19.92	-70.335	40	7.9	Ms	Chile:Huara,Near Coast	智利:瓦拉近海	* NOAA
1878	1	23				-20.05	-77	40	6	Mk	Chile:Iquique,Off Coast	智利:伊基克沿海	GSHAP,Song
1878	1	27	10	6		46.1	14.9		5.17	Ms	Slovenia:Trebnje	斯洛文尼亚:特雷布涅	Italy
1878	1	27				-12	-77		7	Mk	Peru:Lima	秘鲁:利马	NOAA,Song
1878	1	28				-19.6	-70.2		7	Mk	Chile:Iquique,N.	智利:伊基克北部	NOAA,Song
1878	2	3				-19.6	-70.2		7	Mk	Chile:Iquique,N.	智利:伊基克北部	NOAA,Song
1878	2	4				-4.25	152.25		7.5	Mk	Papua New Guinea:East New Britain	巴布亚新几内亚:东新不列颠	* NOAA,Song
1878	2	4				-12	-77		7	Mk	Peru:Lima	秘鲁:利马	* NOAA,Song
1878	2	5	16	20		40.8	-73.9		5.5	Mk	US:New York,Bronx	美国:纽约州布朗克斯	USGS,Song
1878	2	9	19	30		5.1	-75.5		6.3	Mk	Colombia:Manizales	哥伦比亚:马尼萨莱斯	* Song
1878	2	11				-19	168.5		8	Ms	Vanuatu Islands	瓦努阿图群岛	* NOAA
1878	2	14				-36.8	-73		7	Mk	Chile:Concepcion	智利:康塞普西翁	* NOAA,Song
1878	3	12				-20.2	-70.1		7	Mk	Chile:Iquique	智利:伊基克	* NOAA,Song
1878	3	22				20.3	-103.4		6.3	Mk	Mexico:Jalisco	墨西哥:哈利斯科	* Song
1878	4	5	18	35		-16.4	-71.56		5	Mk	Peru:Arequipa	秘鲁:阿雷基帕	GSHAP,Song
1878	4	12	0	41		10.3	-66.8	13	5.9	Ms	Venezuela:Cua, Charallave, San Diego	委内瑞拉:库阿,加拉加斯	*
1878	4	12				-20.2	-70.1		7	Mk	Chile:Iquique	智利:伊基克	* NOAA,Song
1878	4	15				40.5	28.7		6.6	Mk	Turkey:Marmara Sea	土耳其:马尔马拉海	NOAA,Song
1878	4	19	7			40.8	29		6.7	Muk	Turkey:Istanbul	土耳其:伊斯坦布尔	* NOAA
1878	4	29	0	30		10.7	-66.5		5.9	Mk	Venezuela:Ocumare Del Tuy	委内瑞拉:奥库马雷	* Song
1878	5	4				41.6	48.1	20	5.7	Ms	Russia:Dagestan,Makhachkala	俄罗斯:达吉斯坦共和国马哈奇卡拉	GSHAP,Turkey
1878	5	9	4	25		40.4	-125.2		7	Ms	US:California,North Coast	美国:加利福尼亚州北部近海	CGS,USGS
1878	6	7	22	25		44.467	7.3		5.17	Ms	Italy:S. Damiano	意大利:圣达米亚诺	Italy
1878	6	12	7	20		34	-118		5.5	Mk	US:California,Long Beach	美国:加利福尼亚州长滩	USGS,Song
1878	6	12				-23.7	-70.4		7	Mk	Chile:Antofagasta,C.	智利:安托法加斯塔中部	* NOAA,Song
1878	6	14				36.5	-104.9		5.5	Mk	US:New Mexcico,Cimarron	美国:新墨西哥州锡马龙	USGS,Song
1878	6	30				-19.6	-70.2		7	Mk	Chile:Iquique,N.	智利:伊基克北部	NOAA,Song
1878	7	29	2			12.5	122.1		5.9	Muk	Philippines:San Agustin	菲律宾:圣阿古斯丁	Bautista
1878	8	7				27.3	100.9		5.5	Ms	China:Yunnan,Ninglang	中国:云南宁蒗	* China
1878	8	13	4	14		14.6	119.8		6.2	Muk	Philippines:Olongapo,Near Coast of W.	菲律宾:奥隆阿波西部近海	Bautista,Maso
1878	8	21	6			46	15.2		5.03	Ms	Slovenia:Mokronog	斯洛文尼亚:莫克罗诺格	Italy
1878	8	29				53.6	-166.4		7.3	Mk	Alaska:Unimak Island	阿拉斯加:乌尼马克岛	* NOAA,USGS,Song
1878	8					-19	168.5		7	Mk	Vanuatu Islands	瓦努阿图群岛	* NOAA,Song
1878	9	10	13	31		44.218	10.037		5	Ms	Italy:Carrara	意大利:卡拉拉	Italy
1878	9	15	7	20		42.87	12.67		5.55	Ms	Italy:Montefalco	意大利:蒙特法尔科	GSHAP,Italy
1878	9	16	4	15		6.95	125.75		6.5	Ms	Philippines:Samal	菲律宾:萨马尔	* Bautista,Maso
1878	9	30				-21.7	-69.5		7	Mk	Chile:Calama,N.	智利:卡拉马北部	NOAA,Song

年 Year	月 Mo	日 Dy	时 Hr	分 Mn	秒 Sec	纬度(°) Latitude	经度(°) Longitude	深度 Depth	震级 Mag	标度 Scale	地名(英文) Name(English)	地名(中文) Name(Chinese)	资料来源 Information
1878	10	2				13.5	-88.4		6.3	Mk	El Salvador:Jucuapa	萨尔瓦多:胡夸帕	* Song
1878	10	4	0	46		37.3	14.7		5.17	Ms	Italy:Sicilia Island	意大利:西西里岛	Italy
1878	10	4	12	30		2.5	-76.5		5	Ms	Colombia:Cauca	哥伦比亚:考卡	GSHAP
1878	10	11				47.116	141.798		7	Mk	Russia:Sakhalin Island	俄罗斯:库页岛(萨哈林岛)	NOAA,Song
1878	11	8	20	30		46.2	16.8		5.7	Ms	Croatia:Varaždin	克罗地亚:瓦拉日丁	* GSHAP
1878	11	9	17	49		44.25	11.5		5.17	Ms	Italy:Castel Del Rio	意大利:里奥堡	Italy
1878	11	23				-32.5	-72.5		7	Mk	Chile:Off Coast of C.	智利:中部沿海	NOAA,Song
1878	11	23				23.5	118		6	Ms	China:Taiwan Strait	中国:台湾海峡	China
1878	12	17	23	30		32.7	-114.6		5.5	Mk	US:Arizona,Yuma	美国:亚利桑那州尤马	USGS,Song
1878	12					28.5	97.5		6.5	Ms	China:Xizang (Tibet),Zayu	中国:西藏察隅	China
1878						14.55	44.25		5.5	Ms	Yemen:Sanaa	也门:萨纳	GSHAP
1879	1	3	1	29		15.6	119.5		5.1	Muk	Philippines:Masinloc,Near Coast of W.	菲律宾:马辛洛克西部近海	Bautista
1879	1	13	4	45		29.5	-82		5.5	Mk	US:Florida,Citra	美国:佛罗里达州锡特拉	USGS,Song
1879	2	2	6	30		-53	-70.67		7.3	Ms	Chile:Punta Arenas	智利:蓬塔阿雷纳斯	Chile
1879	2	4	8	8		36.3	-119.3		5.5	Mk	US:California,Visalia	美国:加利福尼亚州维塞利亚	USGS,Song
1879	2	11	6			6.5	-3.3		5.7	Muk	Cote D'Ivoire:Abidjan	科特迪瓦:阿比让	*
1879	2	23				42.766	13.043		5.22	Ms	Italy:Cascia	意大利:卡夏	Italy
1879	3	7	23	15		9.5	-67.2		5.9	Mk	Venezuela:San Juan De Los Morro	委内瑞拉:圣胡安-德洛斯莫罗斯	* GSHAP,Song
1879	3	22				37.8	47.9		6.7	Ms	Iran:Tabriz	伊朗:大不里士	*
1879	3	27	12			52.1	92.5	18	5.6	Ms	Russia:Krasnoyarsk,S.	俄罗斯:克拉斯罗亚尔斯克南部	GSHAP
1879	4	2				37.5	57.4	15	6.7	Muk	Iran:Bojnurd	伊朗:博季努尔德	*
1879	4	4	3	30		34	122		6.5	Ms	China:South Yellow Sea	中国:南黄海	China
1879	4	27	4	6		44.17	11.58		5.18	Ms	Italy:Castel Del Rio	意大利:里奥堡	Italy
1879	5	14	10	57		13.95	119.9		5.6	Muk	Philippines:Lubang Island	菲律宾:卢邦岛	Bautista
1879	5	16	8			19.25	-155		5	Mk	Hawaiian Islands	夏威夷群岛	USGS,Song
1879	6	17	6	50		37.68	15.15		5.06	Ms	Italy:Etna	意大利:埃特纳	Italy
1879	6	29				33.2	105		5.75	Ms	China:Gansu,Longnan,S.	中国:甘肃陇南南部	China
1879	6	30	15	5		9.35	125.6		6.9	Ms	Philippines:Mindanao,Surigao	菲律宾:老棉兰岛,苏利高	* Bautista,Maso
1879	7	1				33.2	104.7		8	Ms	China:Gansu,Wudu,S.	中国:甘肃武都南	* China
1879	7	11	18			29	33		5.9	Ms	Egypt:Gulf of Suez	埃及:苏伊士海湾	* NOAA
1879	7	17				37.5	15		6	Mk	Italy:Sicilia Island	意大利:西西里岛	* Song
1879	8	8				-32.5	-72.5		7	Mk	Chile:Off Coast of C.	智利:中部沿海	NOAA,Song
1879	8	10	21	7		34.227	-118.433		7	Mk	US:California,San Fernando	美国:加利福尼亚州圣费尔南多	* NOAA,Song
1879	8	28	22			7.41	124.21		5	Mk	Philippines:Mindanao Island	菲律宾:棉兰老岛	Maso,Song
1879	9	12				46.167	14.317		5.03	Ms	Slovenia:Cerkno	斯洛文尼亚:采尔克诺	Italy
1879	9	28				7.01	125.5		5	Mk	Philippines:Mindanao Island	菲律宾:棉兰老岛	Maso,Song
1879	10	9	19	30		45.1	37.9	25	6	Ms	Russia:Krasnodar,Krymsk	俄罗斯:克拉斯诺达尔区克雷姆斯克	GSHAP
1879	10	10	15	45		44.7	21.6		5.6	Ms	Serbia:Pozarevac	塞尔维亚:波扎雷瓦茨	GSHAP
1879	10	10	18	30		44.7	21.6		5	Ms	Serbia:Pozarevac	塞尔维亚:波扎雷瓦茨	GSHAP
1879	10	11	2	45		44.7	21.6		5.6	Ms	Serbia:Pozarevac	塞尔维亚:波扎雷瓦茨	GSHAP
1879	10	14	1			17.5	121.21		5.5	Mk	Philippines:Tabuk	菲律宾:塔布克	Maso,Song
1879	10	18	13	28		13.8	120.2		5.5	Muk	Philippines:Mindoro Island	菲律宾:民都洛岛	Bautista,Maso
1879	11	4	19	25		19.25	-155		5	Mk	Hawaiian Islands	夏威夷群岛	USGS,Song
1879	11	23				24.6	98.7		5	Ms	China:Yunnan,Longling	中国:云南龙陵	China
1879	12	30	12	27		46.167	6.6		5.17	Ms	France:Chambéry	法国:尚贝里	Italy
1879	12					13.4	-89.1		5.9	Mk	El Salvador:San Salvador,Soyapango	萨尔瓦多:圣萨尔瓦多,索亚潘戈	* Song
1879	12					24.4	103.4		5.5	Ms	China:Yunnan,Mile	中国:云南弥勒	China
1879						35.7	139.8		6.2	Mk	Japan:Tokyo	日本:东京	Japan,Song
1880	1	23	4			22.4	-83		6.5	Mk	Cuba:San Cristobal,Candelaria	古巴:圣克里斯托瓦尔,坎德拉里亚	* Song
1880	2	8				33.9	70		5	Mk	Pakistan:Parachinar	巴基斯坦:巴勒吉纳尔	Afghan,Song
1880	2	21	15	50		35.4	139.75		5.9	Ms	Japan:Yokohama	日本:神奈川横滨	Usami
1880	2	27	9	20		17.05	121.05		5.2	Muk	Philippines:Tabuk	菲律宾:塔布克	Bautista,Maso
1880	2	29				24.6	120.8		5.5	Ms	China:Taiwan,Miaoli	中国:台湾苗栗	China
1880	3	28				40.2	35.2		5.5	Ms	Turkey:Yozgat	土耳其:约兹加特	*
1880	3					38.4	26.1		7	Ms	Greece:Chios	希腊:希俄斯	GSHAP
1880	4	4				39.4	67.3	15	5.1	Ms	Uzbekistan:Samarqand	乌兹别克斯坦:撒马尔罕	GSHAP
1880	4	12				34.7	-118.2		5.9	Ms	US:California,Lancaster	美国:加利福尼亚州兰开斯特	CGS
1880	4	26	7	45		37.27	14.68		6.6	Mk	Italy:Sicilia Island	意大利:西西里岛	NOAA,Song
1880	6	22				32.9	104.6		5.5	Ms	China:Gansu,Wenxian	中国:甘肃文县	* China
1880	6	29				38.6	27.1		7.3	Mk	Turkey:Izmir	土耳其:伊兹密尔	* Song
1880	7	4	19	55		46.27	8.07		5.38	Ms	Switzerland:Vallese	瑞士:瓦莱	Italy
1880	7	4				36.5	47.5		5.6	Ms	Iran:Mazra'Eh	伊朗:马兹拉埃	Iran
1880	7	14	16	53		14.9	121.85		6.2	Ms	Philippines:Lake Bay	菲律宾:湾状湖	* Bautista,Maso
1880	7	17				34.8	108.1		5	Ms	China:Shaanxi,Yongshou	中国:陕西永寿	China
1880	7	18	4	40		14.9	121.55	100	7.6	Ms	Philippines:Infanta	菲律宾:因凡塔	* Nakamura,Bautista,Maso,NOAA
1880	7	20	7	40		14.4	121.7		5.9	Ms	Philippines:SW. of Lake Bay,Manila	菲律宾:湾状湖西南,马尼拉	* Bautista,Maso

年 Year	月 Mo	日 Dy	时 Hr	分 Mn	秒 Sec	纬度(°) Latitude	经度(°) Longitude	深度 Depth	震级 Mag	标度 Scale	地名(英文) Name(English)	地名(中文) Name(Chinese)	资料来源 Information
1880	7	22				38.1	27.8		6.1	Muk	Turkey:Izmir	土耳其:伊兹密尔	*
1880	7	24	5	35		40.8	13.467		5.17	Ms	Italy:Medio Tirreno	意大利:文托泰内岛	Italy
1880	7	29	2	40		38.6	27.1		6.7	Muk	Turkey:Izmir	土耳其:伊兹密尔	*
1880	8	15	12	48		-31.6	-71.2		7.7	Muk	Chile:Illapel	智利:伊亚佩尔	* NOAA
1880	8	22	21	25		48	-123		5.5	Mk	US:Washington,Seattle	美国:华盛顿州西雅图	USGS,Song
1880	8					27.1	54.2		6.2	Mk	Iran:Hormozgan	伊朗:荷姆兹甘	* Song
1880	9	2				38.25	22.25		6.6	Mk	Greece:Ionian Sea	希腊:伊奥尼亚海	NOAA,Song
1880	9	6				39.7	118.7		5	Ms	China:Hebei,Luanxian	中国:河北滦县	China
1880	9	23	14	30		15.31	120.11		5	Mk	Philippines:San Fernando,W.	菲律宾:圣费尔南多西部	Maso,Song
1880	9	24	1	45		19.25	-155		5	Mk	Hawaiian Islands	夏威夷群岛	USGS,Song
1880	9	25	14	30		19.25	-155		5	Mk	Hawaiian Islands	夏威夷群岛	USGS,Song
1880	9	29	4			55.8	-155.6		6.3	Ms	Aleutian Islands	阿留申群岛	* NOAA,USGS
1880	10	3	5	18		46.55	23.73		5.6	Ms	Romania:Turda	罗马尼亚:图尔达	GSHAP
1880	10	16	2	22		-12.08	-77		5	Mk	Peru:Lima	秘鲁:利马	GSHAP,Song
1880	10	26	22	20		57	-136		6.4	Ms	Gulf of Alaska,SE.	阿拉斯加湾东南	* USGS,NOAA
1880	11	9	6	33		45.9	16.1		6.2	Ms	Croatia:Bedekovcina	克罗地亚:贝代科夫契纳	* GSHAP
1880	11	22				34	-117		5.5	Ms	US:California,Riverside	美国:加利福尼亚州里弗赛德	CGS
1880	11					36.8	137		5	Mk	Japan:Toyama	日本:富山	* Song
1880	12	1	10			37.933	14.367		5.03	Ms	Italy:Sicilia Island	意大利:西西里岛	Italy
1880	12	1	23	30		43.1	76.9	14	5.7	Ms	Kazakhstan:Almaty	哈萨克斯坦:阿拉木图	GSHAP
1880	12	10	2	24		45.9	16.1		5	Ms	Croatia:Bedekovcina	克罗地亚:贝代科夫契纳	GSHAP
1880	12	13	4	40		47.5	-122.5		5	Mk	US:Washington,Seattle	美国:华盛顿州西雅图	USGS,Song
1880	12	18				40.5	48.1		6.1	Mk	Azerbaijan:Samaxi	阿塞拜疆:沙马基区	* Song
1880	12	19	23	35		34	-117		5.9	Ms	US:California,Riverside	美国:加利福尼亚州里弗赛德	CGS,USGS
1880	12	25	14	30		45.7	26.6	150	6.5	Ms	Romania:Nereju	罗马尼亚:内雷茹	GSHAP
1880						38.08	27.75		5.8	Ms	Turkey:Tire	土耳其:蒂雷	Turkey
1880						36.1	46.2		6.3	Mk	Iran:Kordestan	伊朗:库尔德斯坦	* Song
1881	1	7	2	25		40	-122		5.6	Ms	US:California,Red Bluff	美国:加利福尼亚州雷德布拉夫	CGS,USGS
1881	1	23	22	30		51.5	105	15	5	Ms	Russia:Buryatiya,Tankhoy	俄罗斯:布里亚特州坦霍伊	GSHAP
1881	1	24	16	4		44.32	11.35		5.14	Ms	Italy:Bologna	意大利:博洛尼亚	Italy
1881	1	27	13	19	53	46.9	7.5		5.17	Ms	Switzerland:Worb	瑞士:沃尔布	Italy
1881	2	2	0	11		36.1	-120.6		6	Ms	US:California,Bradley	美国:加利福尼亚州布拉德利	CGS,USGS
1881	2	4	1	26		45.75	14.067		5.03	Ms	Slovenia:Postojne	斯洛文尼亚:波斯托伊纳	Italy
1881	2	10	1			51.5	105.5	15	5	Ms	Russia:Buryatiya,Mishikha	俄罗斯:布里亚特州米希哈村	GSHAP
1881	2	12				44.27	11.958		5.03	Ms	Italy:Faentino	意大利:法恩扎	Italy
1881	2	18				24.5	120.7		6	Ms	China:Taiwan,Miaoli	中国:台湾苗栗	* China
1881	3	4	12			40.75	13.917		5.57	Ms	Italy:Isola D'Ischia	意大利:伊斯基亚岛	* Italy
1881	3	9	1			43	12.8		6.5	Mk	Italy:Foligno,Scopoli	意大利:福利尼奥	* * Song
1881	3	16				40.7	13.9		6	Mk	Italy:Island of Ischia	意大利:伊斯基亚岛	* * Song
1881	4	3	11	30		38.25	26.25		7.3	Ms	Greece:Chios	希腊:希俄斯岛	* NOAA
1881	4	3	11	40		38.3	26.2		6.5	Ms	Greece:Chios	希腊:希俄斯岛	GSHAP
1881	4	10	10			37.4	-121.4		6.3	Ms	US:California,Patterson	美国:加利福尼亚州帕特森	CGS,USGS
1881	4	11				38.2	26.2		6.6	Mk	Greece:Chios	希腊:希俄斯岛	* NOAA,Song
1881	4	22	1			21	-157		5	Mk	Hawaiian Islands	夏威夷群岛	USGS,Song
1881	4	29	3			11.5	-86.3		5.9	Mk	Nicaragua:San Juan Del Sur, Chinandega	尼加拉瓜:南圣胡安,奇南德加	* Song
1881	6	7				38.5	43.3		6	Mk	Turkey:Van,Nemrut	土耳其:凡城,尼姆鲁特	* Song
1881	6	9				11	-84		5.9	Mk	Nicaragua:Santa Cruz	尼加拉瓜:圣克鲁斯	* Song
1881	6	12	23			9.95	126.6		6	Muk	Philippines:Mindanao Island	菲律宾:棉兰老岛	Bautista
1881	6	17	15	18		25	120		6	Ms	China:Taiwan Strait	中国:台湾海峡	China
1881	6					28.6	102.5		5	Ms	China:Sichuan,Yuexi	中国:四川越西	China
1881	7	5	10	35		45	38.1	30	5.1	Ms	Russia:Krasnodar,Krymsk	俄罗斯:克拉斯诺达尔区克雷姆斯克	GSHAP
1881	7	11	4	35		10.45	121.9		6.3	Muk	Sulu Sea	苏禄海	Bautista,Maso
1881	7	12				-16	179		7	Ms	Fiji Islands	斐济群岛	* NOAA
1881	7	14				-20.2	-70.1		7	Mk	Chile:Iquique	智利:伊基克	* NOAA,Song
1881	7	16	6	13		18.1	120.6		5.4	Muk	Philippines:Laoag	菲律宾:佬沃	Bautista
1881	7	20				33.6	104.6		6.5	Ms	China:Gansu,Lixian,SW.	中国:甘肃礼县西南	* China
1881	7	22	2	45		45.25	6.05		5.17	Ms	France:E. of Grenoble	法国:格勒诺布尔东部	Italy
1881	7	27	8	10		16.35	120.9		5.3	Muk	Philippines:Nueva Vizcaya,Bayombong	菲律宾:新比斯开,巴云邦	Bautista,Maso
1881	8	12				17.97	-76.8		7	Mk	Jamaica:Kingston	牙买加:金斯敦	* NOAA,Song
1881	8	14	13	46		14.4	119.7		5.6	Muk	Philippines:Luzon,Coast SW.	菲律宾:吕宋岛西南海域	Bautista
1881	8	15	1	15		15.25	121.7		6.1	Muk	Philippines:San Fernando,Coast E.	菲律宾:圣费尔南多东部海域	Bautista
1881	8	26				38.4	26.1		7	Mk	Greece:Chios	希腊:希俄斯	* Song
1881	8	28				38.3	44.6		5.9	Mk	Iran:Orumiyeh	伊朗:乌尔米耶	* Song
1881	9	1	4	10		16.45	120.9		6.5	Mk	Philippines:Nueva Vizcaya,Bayombong	菲律宾:新比斯开,巴云邦	* Maso,Song,Bautista
1881	9	10	7			42.23	14.28		5.59	Ms	Italy:Lanciano	意大利:兰恰诺	Italy

年 Year	月 Mo	日 Dy	时 Hr	分 Mn	秒 Sec	纬度(°) Latitude	经度(°) Longitude	深度 Depth	震级 Mag	标度 Scale	地名(英文) Name(English)	地名(中文) Name(Chinese)	资料来源 Information
1881	9	13				21	-156		5	Mk	Hawaiian Islands	夏威夷群岛	USGS, Song
1881	9	17	20	55		16.35	120.95		6.1	Mk	Philippines: Nueva Vizcaya, Bayombong	菲律宾:新比斯开,巴云邦	Maso, Song, Bautista
1881	9	18	15	40		16.4	120.9		6.1	Mk	Philippines: Nueva Vizcaya, Bayombong	菲律宾:新比斯开,巴云邦	Maso, Song, Bautista
1881	9	20	1	10		16.5	120.95		6.1	Muk	Philippines: Nueva Vizcaya, Bayombong	菲律宾:新比斯开,巴云邦	Bautista, Maso
1881	9	21	10			39.1	45.4	15	5	Ms	Azerbaijan: Naxçivan	阿塞拜疆:纳希切万	GSHAP
1881	9	25	8			25.1	121.6		5.5	Ms	China: Taiwan, Taipei	中国:台湾台北	* China
1881	9	28	7	34		16.85	121		5.5	Muk	Philippines: Santiago	菲律宾:圣地亚哥	Bautista
1881	9	28	15	15		16.45	120.75		5.6	Muk	Philippines: Baguio	菲律宾:碧瑶市	Bautista
1881	9	28				40.6	33.6		6.1	Muk	Turkey: Ilgaz	土耳其:厄尔加兹	*
1881	9	28				44.143	12.189		5.03	Ms	Italy: Cesena	意大利:切塞纳	Italy
1881	9	29	21	22		16.25	120.95		5.3	Muk	Philippines: Baguio	菲律宾:碧瑶市	Bautista
1881	9	30	2	40		16.4	121		6	Ms	Philippines: Nueva Vizcaya	菲律宾:新比斯开	* Bautista
1881	9	30	15	23		19.5	-156		6	Ms	Hawaiian Islands	夏威夷群岛	USGS
1881	10	4	22	33		17	121		5	Muk	Philippines: Santiago	菲律宾:圣地亚哥	Bautista
1881	10	23	8	11		45.8	15.3		5.17	Ms	Slovenia: Gorjanci	斯洛文尼亚:戈里扬齐山	Italy
1881	10	25	12	22		43.3	147.3		7	Ms	Kuril Islands	千岛群岛	* Usami, Japan
1881	10	27				-19.6	-70.2		7	Mk	Chile: Huara	智利:瓦拉	* NOAA, Song
1881	11	18	3	50		47.2	9.417		5.17	Ms	Switzerland: Buchs	瑞士:布克斯	Italy
1881	11	24				-21.38	-175.65		7	Mk	Tonga Islands	汤加群岛	NOAA, Song
1881	11	25	17	25		46.3	6.967		5.17	Ms	Switzerland: Monthey	瑞士:蒙泰	Italy
1881	12	8	1	5		16	121		5.6	Muk	Philippines: Nueva Vizcaya	菲律宾:新比斯开	Bautista
1881	12	31	9	20		15.2	119.55		5.8	Muk	Philippines: Luzon, Off Coast of W.	菲律宾:吕宋岛西部沿海	Bautista
1881	12	31				12	92.4		8	Ms	India: Andaman - Nicobar Islands	印度:安达曼-尼科巴群岛	* India, NOAA
1882	1	1				37	79.5	33	7	Ms	China: Xinjiang, Karakorum Pass, E.	中国:新疆喀喇昆仑山口东	GSHAP
1882	1					8.57	81.23		6.1	Ms	Sri Lanka: Trincomalee	斯里兰卡:亭可马里	* NOAA, GSHAP
1882	1					24.4	103.4		5.75	Ms	China: Yunnan, Mile	中国:云南弥勒	China
1882	2	2	8	45		16.2	119.25		5.7	Muk	Philippines: Alaminos, Near Coast of W.	菲律宾:阿拉米诺斯西部近海	Bautista
1882	2	12				42.29	14.347		5.26	Ms	Italy: Lanciano	意大利:兰恰诺	Italy
1882	2	23				-27.9	-70.1		7	Mk	Chile: Copiapo	智利:科皮亚波	* NOAA, Song
1882	2	27	6	30		45.878	9.926		5	Ms	Italy: Bergamo	意大利:贝加莫	Italy
1882	2	28				11.5	76.699		5.6	Ms	India: Kozhikode	印度:科泽科德	GSHAP
1882	3	6	21	45		36.5	-121.1		5.9	Ms	US: California, Tres Pinos, S.	美国:加利福尼亚州特雷斯皮诺斯南部	CGS, USGS
1882	3	11	6	5		7.5	121.6		5.6	Muk	Philippines: Culasi	菲律宾:库拉西	Bautista
1882	3	12	4	38		13.7	120.3		5.1	Muk	Philippines: Mindoro Island	菲律宾:民都洛岛	Bautista
1882	3	15	23	50		54.7	83.2	20	5.7	Ms	Russia: Novosibirsk, Berdsk	俄罗斯:新西伯利亚州别尔茨克	GSHAP
1882	3	18	13			7.65	124.5		5.1	Muk	Philippines: Mindanao Island	菲律宾:棉兰老岛	Bautista
1882	4	10	11	30		15.4	121.21		5	Mk	Philippines: San Fernando, E.	菲律宾:圣费尔南多东部	Maso, Song
1882	4	30	2	8		15.1	119.7		5.5	Muk	Philippines: Luzon, Near Coast of W.	菲律宾:吕宋岛西部近海	Bautista
1882	4	30	12	52		14.85	119.5		5.4	Muk	Philippines: Olongapo, Near Coast of W.	菲律宾:奥隆阿波西部近海	Bautista
1882	5	1	6	50		47	-123		5.5	Mk	US: Washington, Olympia	美国:华盛顿州奥林匹亚	USGS, Song
1882	5	1	7	32		15.3	119.45		5.6	Muk	Philippines: Botolan, Near Coast of W.	菲律宾:博托兰西部近海	Bautista
1882	5	10	11	30		7.6	124.5		5.7	Muk	Philippines: Mindanao Island	菲律宾:棉兰老岛	Bautista
1882	5	22	3	54		14	121		5.1	Muk	Philippines: Lemery	菲律宾:莱梅里	Bautista
1882	5	26	4	15		42.7	13		5.03	Ms	Italy: Cascia	意大利:卡夏	Italy
1882	6	6	5	40		41.55	14.2		5.28	Ms	Italy: Isernia	意大利:伊塞尔尼亚	Italy
1882	6	21	14	34		17.15	121.9		5.4	Muk	Philippines: Ilagan	菲律宾:伊拉甘	Bautista
1882	6	24	2	2		33.3	133.5		6.3	Mk	Japan: Shikoku	日本:四国	Japan, Song
1882	6	27	13	32		37.1	-121.9		5.8	Ms	US: California, Los Gatos	美国:加利福尼亚州洛斯加托斯	CGS, USGS
1882	7	19				17.5	-98.3		6.3	Mk	Mexico: Puebla, Huamuxtitlan	墨西哥:普埃布拉,瓦穆斯蒂特兰	* Song
1882	7	24	22	34		14.1	120.1		5.5	Muk	Philippines: Mariveles, Near Coast	菲律宾:马里韦莱斯近海	Bautista
1882	7	25	2	45		14.05	119.65		5.7	Muk	Philippines: Lubang Island	菲律宾:卢邦岛	Bautista
1882	7	28	7	29		18.7	121.9		5.6	Muk	Philippines: Luzon, Coast N.	菲律宾:吕宋岛北部海域	Bautista
1882	7	28	20	25		40.7	13.9		6.6	Mk	Italy: Island of Ischia	意大利:伊斯基亚岛	* Song
1882	8	16				42.979	13.875		5	Ms	Italy: Grottammare	意大利:格罗塔马雷	Italy
1882	8	27	11	30		-12.08	-77		5	Mk	Peru: Lima	秘鲁:利马	GSHAP, Song
1882	9	2				40.9	14.4		5.7	Mk	Italy: Vesuvio	意大利:维苏威	* Song
1882	9	7	7	50		9.5	-78.9	40	8.3	Muk	Panama: San Blas Archipelago	巴拿马:圣布拉群岛	* NOAA
1882	9	8	8	35		-12.08	-77		5	Mk	Peru: Lima	秘鲁:利马	GSHAP, Song
1882	9	11	15	58		13.5	120.45		6.4	Muk	Philippines: Paluan	菲律宾:帕卢安	Bautista
1882	9	12	0	30		14.1	119.8		6.3	Muk	Philippines: Lubang Island	菲律宾:卢邦岛	Bautista
1882	9	14				-19.6	-70.2		7	Mk	Chile: Huara	智利:瓦拉	* NOAA, Song

年 Year	月 Mo	日 Dy	时 Hr	分 Mn	秒 Sec	纬度(°) Latitude	经度(°) Longitude	深度 Depth	震级 Mag	标度 Scale	地名(英文) Name(English)	地名(中文) Name(Chinese)	资料来源 Information
1882	9	16	0	32		14.75	119.75		5.1	Muk	Philippines:Olongapo,Near Coast of W.	菲律宾:奥隆阿波西部近海	Bautista
1882	9	17	13	46		13.5	122.9		5.5	Muk	Philippines:Libmanan	菲律宾:利马南	Bautista
1882	9	17	23	15		-12.08	-77		5	Mk	Peru:Lima	秘鲁:利马	GSHAP,Song
1882	9	18	19	25		45.72	10.77		5.17	Ms	Italy:Monte Baldo	意大利:蒙特巴尔多	Italy
1882	9	20	18	40		-12.08	-77		5	Mk	Peru:Lima	秘鲁:利马	GSHAP,Song
1882	9	28	20			35.1	139.1		6.3	Mk	Japan:Atami	日本:静冈热海	Japan,Song
1882	10	4	6	32		13.7	121.6		5	Muk	Philippines:Lucena	菲律宾:卢塞纳	Bautista
1882	10	7	9	20		9	-82		6.1	Mk	Panama:Punta Robalo	巴拿马:蓬塔罗瓦洛	* * Song
1882	10	10	8	46		13.9	123.1		5.6	Muk	Philippines:Camarines	菲律宾:馬利納	Bautista,Maso
1882	10	10	15	45		13.75	123.3		5.2	Muk	Philippines:Calabanga	菲律宾:卡拉邦阿	Bautista
1882	10	10				-4.6	129.9		7.5	Ms	Indonesia:Banda Sea	印度尼西亚:班达海	* NOAA
1882	10	13				24.8	92.8		5	Ms	India:Assam,S.	印度:阿萨姆南部	GSHAP
1882	10	21				33.7	105.3		5	Ms	China:Gansu,Longnan	中国:甘肃陇南	China
1882	11	8	1	30		40.5	-105.5		6.2	Ms	US:Colorado,Drake	美国:科罗拉多州德雷克	USGS
1882	11	28	21	3		15.05	119.6		5.6	Muk	Philippines:Luzon,Near Coast of W.	菲律宾:吕宋岛西部近海	Bautista
1882	12	2				38.1	115.5		6	Ms	China:Hebei,Shenxian	中国:河北深县	* China
1882	12	6				11.8	124.15		6	Muk	Philippines:Masbate Island	菲律宾:马斯巴特岛	Bautista,Maso
1882	12	6				38.1	115.5		5.5	Ms	China:Hebei,Shenxian	中国:河北深县	China
1882	12	9	10	22		23.8	120.5		6.75	Ms	China:Taiwan,Yunlin	中国:台湾云林	China
1882	12	15				24.899	72.699		6.1	Ms	India:Udaipur	印度:乌代浦	GSHAP
1883	2	6	4	19		16.3	120.75		5.5	Muk	Philippines:Baguio	菲律宾:碧瑶市	Bautista
1883	2	9	19	28		16.3	121		5.6	Muk	Philippines:Nueva Vizcaya	菲律宾:新比斯开	Bautista,Maso
1883	2	9	19	33		16.3	120.9		5.4	Muk	Philippines:Baguio	菲律宾:碧瑶市	Bautista
1883	3	9				7	-76		5.9	Mk	Colombia:Antioquia	哥伦比亚:安提奥基亚	* Song
1883	3	12				17.171	-99.651		7.5	Mk	Mexico:Acapulco	墨西哥:阿卡普尔科	NOAA,Song
1883	3	16				41.831	12.828		5.03	Ms	Italy:Albano	意大利:阿尔巴诺	Italy
1883	3	23				7.4	-76.9		5.5	Ms	Colombia:Riosucio	哥伦比亚:乔科的里奥苏西奥	GSHAP
1883	3	24				-5	-155		7	Mk	Kiribati:Malden Island	基里巴斯:莫尔登岛	NOAA,Song
1883	3	30	15	45		36.8	-121.5		6	Ms	US:California,San Juan Bautista	美国:加利福尼亚州圣胡安包蒂斯塔	CGS,USGS
1883	3	31	2			36.5	70.5	150	6.5	Ms	Afghan:Badakhshan	阿富汗:巴达赫尚	GSHAP
1883	4	12	8	36		37	-89.2		5.5	Mk	US:Illinois,Cairo	美国:伊利诺斯州开罗	USGS,Song
1883	4	28	17			37	56.2		5.8	Ms	Iran:Shāhrūd	伊朗:沙赫鲁德	Iran
1883	5	3				38.1	46.3		6.2	Ms	Iran:Tabriz	伊朗:大不里士	* Iran
1883	5	6	11	2		14.6	121.4		5.1	Muk	Philippines:Tanay	菲律宾:塔奈	Bautista
1883	6	5	8	59		15.9	119.5		5.3	Muk	Philippines:Santa Cruz,Near Coast of W.	菲律宾:圣克鲁斯西部近海	Bautista
1883	6	12	14	30		8.62	-70.11		5	Mk	Venezuela:Barinas	委内瑞拉:巴里纳斯	GSHAP,Song
1883	6	23				37.9	112.6		5.5	Ms	China:Shanxi,Taiyuan	中国:山西太原	* China
1883	6	27				39.5	20		6.7	Mk	Greece:Ionian Islands	希腊:伊奥尼亚群岛	NOAA,Song
1883	7	13	20	25		13.4	123.2		5.8	Muk	Philippines:Libmanan,SE.	菲律宾:利马南东南	Bautista
1883	7	20	8			13.7	122.9		5.7	Muk	Philippines:Camarines	菲律宾:馬利納	Bautista
1883	7	23				40.5	13.9		6.6	Mk	Italy:Lacco Ameno	意大利:拉科阿梅诺	* * Song
1883	7	27	6	51		13.6	121.85		5.1	Muk	Philippines:Lucena	菲律宾:卢塞纳	Bautista
1883	7	28	20	25		40.75	13.88		5.78	Ms	Italy:Island of Ischia,Casamicciola	意大利:伊斯基亚岛,乔拉	* Italy
1883	8	2	17	25		-12.08	-77		5	Mk	Peru:Lima	秘鲁:利马	GSHAP,Song
1883	9	5	12	30		34.7	-119.2		6.3	Ms	US:California,Ojai,N.	美国:加利福尼亚州奥海镇北部	CGS,USGS
1883	9	9	14	15		38.2	22.1		5.8	Ms	Greece:Patrai	希腊:帕特雷	* *
1883	10	1	11	35		-16.4	-71.56		5	Mk	Peru:Arequipa	秘鲁:阿雷基帕	GSHAP,Song
1883	10	6	19	4		59.4	-153.4		7.7	Mk	Alaska Peninsula,S.	阿拉斯加半岛南部	NOAA,Song
1883	10	9	4	30		52	105	15	5	Ms	Russia:Irkutsk,Bol'shaya Rechka	俄罗斯:伊尔库茨克州博利沙亚列奇卡	GSHAP
1883	10	15	13	30		38.4	26.1		7.3	Ms	Greece:Chios	希腊:希俄斯岛	*
1883	10	16	21			27.7	52.3		5.8	Ms	Iran:Kangan	伊朗:坎根	* Iran
1883	10					30.2	81.2		7	Ms	China:Xizang (Tibet),Burang	中国:西藏普兰	China
1883	11	7	3			42.671	13.255		5.15	Ms	Italy:Accumoli	意大利:阿库莫利	Italy,GSHAP
1883	11	14	17			40.6	72.8	12	5.5	Ms	Kyrgyzstan:Osh	吉尔吉斯斯坦:奥什	GSHAP
1883	11	19	0	45		-12.08	-77		5	Mk	Peru:Lima	秘鲁:利马	GSHAP,Song
1883	11	25	11			11.42	-69.68		5	Mk	Venezuela:Coro	委内瑞拉:科罗	GSHAP,Song
1883	12	18	4			-12.08	-77		5	Mk	Peru:Lima	秘鲁:利马	GSHAP,Song
1883						26.4	55.5		6.3	Mk	Iran:Hengam Island	伊朗:亨加姆岛	* * Song
1884	1	9	23	22		13.55	122.65		5.2	Muk	Philippines:Camarines	菲律宾:馬利納	Bautista,Maso
1884	1	10	22	51		13.7	122.75		5.1	Muk	Philippines:Camarines	菲律宾:馬利納	Bautista
1884	1	14				-34.917	-56.167		7	Mk	Uruguay:Montevideo	乌拉圭:蒙得维的亚	* NOAA,Song
1884	1	28	7	30		41.1001	-123.6		6.1	Ms	US:California,Hoopa	美国:加利福尼亚州胡帕	CGS,USGS
1884	1					16	179		7.3	Mk	Johnston Island,NW.	约翰斯顿岛西北[太平洋]	* NOAA,Song
1884	1					23.5	120.4		5.5	Ms	China:Taiwan,Chiayi	中国:台湾嘉义	* China

年 Year	月 Mo	日 Dy	时 Hr	分 Mn	秒 Sec	纬度(°) Latitude	经度(°) Longitude	深度 Depth	震级 Mag	标度 Scale	地名(英文) Name(English)	地名(中文) Name(Chinese)	资料来源 Information
1884	2	6	23	30		41.72	12.671		5.17	Ms	Italy:Albano	意大利：阿尔巴诺	Italy
1884	2	10				37.8	42.4	24	6.8	Ms	Turkey:Siirt	土耳其：锡尔特	GSHAP
1884	2					-6.102	105.423		7	Mk	Indonesia:Sunda Strait	印度尼西亚：巽他海峡	* * NOAA,Song
1884	3	5	6	30		-12.08	-77		5	Mk	Peru:Lima	秘鲁：利马	GSHAP,Song
1884	3	13	5	7		42.7	78.2	20	5.8	Ms	Kyrgyzstan:Bishkek	吉尔吉斯斯坦：比什凯克	GSHAP
1884	3	22	8	49		16.2	119.1		5.9	Muk	Philippines:Alaminos,Near Coast of W.	菲律宾：阿拉米诺斯西部近海	Bautista
1884	3	26	0	40		37	-122.25		5.9	Ms	US:California,Davenport	美国：加利福尼亚州达文波特	CGS,USGS
1884	4	19	22	43		14.85	119.55		5.7	Muk	Philippines:Luzon,Near Coast of W.	菲律宾：吕宋岛西部近海	Bautista
1884	4	24	5	38		-12.08	-77		5	Mk	Peru:Lima	秘鲁：利马	GSHAP,Song
1884	5	12	15	14		14.3	119.7		5.1	Muk	Philippines:Luzon,Coast SW.	菲律宾：吕宋岛西南海域	Bautista
1884	5	19				26.81	55.91		6.3	Mk	Iran:Qeshm Island	伊朗：格什姆岛	* Song
1884	5	27	18	45		-12.08	-77		5	Mk	Peru:Lima	秘鲁：利马	GSHAP,Song
1884	6	5				8.6	124.8		5.1	Muk	Philippines:Mindanao Island	菲律宾：棉兰老岛	Bautista,Maso
1884	6	13				-40.5	148.5		6.4	Ms	Australia:Cape Barren Is.	澳大利亚：巴伦角岛	Australia
1884	6					23.5	120.4		5	Ms	China:Taiwan,Chiayi	中国：台湾嘉义	China
1884	7	20	9	30		15.7	39.6		6.2	Ms	Eritrea:Massawa	厄立特里亚：马萨瓦	* NOAA
1884	7	30	6	15		16	121		5.2	Muk	Philippines:Nueva Vizcaya	菲律宾：新比斯开	Bautista
1884	8	3	0	57		17.75	120.2		5	Muk	Philippines:Vigan	菲律宾：美岸	Bautista
1884	8	10	19	7		40.6	-73.75		5.5	Mfa	US:New York,Rockaway Beach	美国：纽约州罗卡韦滩	* NOAA
1884	8	15				42.933	13.083		5.17	Ms	Italy:Visso	意大利：维索	Italy,GSHAP
1884	9	19				-40.8	149.5		6.4	Ms	Australia:Tasman Sea	澳大利亚：塔斯曼海	Australia
1884	10	14	19	21		35.7	139.8		6.3	Mk	Japan:Tokyo	日本：东京	Japan,Song
1884	10	28	20	6		14.95	121.85		5.5	Muk	Philippines:Quezon,Coast E.	菲律宾：奎松东部海域	Bautista,Maso
1884	11	5				9.1	-79.4		7.5	Ms	Panama:Pacora	巴拿马：帕科拉	* NOAA
1884	11	5				5	-76		6.3	Ms	Colombia:Cartago	哥伦比亚：卡塔戈	GSHAP
1884	11	10	8	50		42	-111.3		5.7	Mk	US:Idaho,Fish Haven	美国：爱达荷州菲什黑文	USGS,Song
1884	11	11	8	26		13	123.1		6.1	Muk	Philippines:San Pascual	菲律宾：圣帕斯夸尔	Bautista
1884	11	11	12			13	123.1		5.4	Muk	Philippines:San Pascual	菲律宾：圣帕斯夸尔	Bautista
1884	11	14				23.1	101		6.5	Ms	China:Yunnan,Pu-er	中国：云南普洱	* China
1884	11	26	23	10		-19.17	-64.91		5.2	Ms	Bolivia:Sucre	玻利维亚：苏克雷	GSHAP
1884	11	27	22	15		44.93	6.62		5.36	Ms	France:Alpi Cozie	法国：科蒂安山	Italy
1884	12	17	15	56		15.75	120.95		5.2	Muk	Philippines:San Jose	菲律宾：圣琼斯	Bautista
1884	12	17	16	14		15.5	121.25		5.1	Muk	Philippines:San Jose	菲律宾：圣琼斯	Bautista
1884	12	20	12	39		15	121.9		5.4	Muk	Philippines:San Fernando,Coast E.	菲律宾：圣费尔南多东部海域	Bautista
1884	12	21				41.31	-72.92		7	Mk	US:Connecticut,New Haven	美国：康涅狄格州纽黑文	* NOAA,Song
1884	12	23	21			11.4	124.5		5.1	Muk	Philippines:Masbate Island	菲律宾：马斯巴特岛	Bautista,Maso
1884	12	24	16	30		11.4	124.5		5.1	Muk	Philippines:Masbate Island	菲律宾：马斯巴特岛	Bautista
1884	12	25	21	8		37	-4		6.7	Muk	Spain:Vega,Alhama,Malaga	西班牙：阿哈马，马拉加	*
1884	12	27	21	30		9	126.8		5.7	Muk	Philippine Trench	菲律宾海沟	Bautista
1884	12					13.4	-88.5		5.9	Mk	El Salvador:Usulutan	萨尔瓦多：乌苏卢坦	* Song
1884	12					5.05	31.7		5.5	Ms	Sudan:Logo	苏丹：洛戈	GSHAP
1885	1	1				44.3	85	33	5	Ms	China:Xinjiang,Shawan,NE.	中国：新疆沙湾东北	GSHAP
1885	1	12	16			52.5	106.5	25	6.7	Ms	Russia:Lake Baykal	俄罗斯：贝加尔湖	GSHAP
1885	1	13	16	29		21	-156		6	Ms	Hawaiian Islands	夏威夷群岛	USGS
1885	1	15				34	105.7		6	Ms	China:Gansu,Tianshui,S.	中国：甘肃天水南	* China
1885	1	16	8			43.7	7.25		6.7	Mk	France:Nice	法国：尼斯	NOAA,Song
1885	1	21	5	7		8.95	126.8		5.7	Muk	Philippine Trench	菲律宾海沟	Bautista
1885	1	25	10	50		66.1	-16.9	20	6.3	Ms	Iceland:Thvera	冰岛：斯韦尔	Iceland
1885	1	31	5	45		40.4	-120.6		6.1	Ms	US:California,Susanville	美国：加利福尼亚州苏珊维尔	CGS,USGS
1885	2	11				20.8	-103.4		6.1	Mk	Mexico:Jalisco,Guadalajara	墨西哥：哈利斯科，瓜达拉哈拉	* Song
1885	2	22	7	30		7.9	127.1		7.2	Ms	Philippines:Mindanao,Surigao	菲律宾：棉兰老岛，苏利高	* Bautista,Maso
1885	2	26	20	48		45.208	10.169		5.22	Ms	Italy:Scandiano	意大利：斯坎迪亚诺	Italy
1885	3	2	16	52		18.5	120		5.9	Muk	Philippines:Luzon,Coast N.	菲律宾：吕宋岛北部海域	Bautista
1885	3	15	17	40		52.8	93.1	15	6.2	Ms	Russia:Krasnoyarsk,S.	俄罗斯：克拉斯罗亚尔斯克南部	GSHAP
1885	3	28	18	23		37	22		6.1	Mk	Greece:Kyparissia (Messinia)	希腊：麦锡尼	* Song
1885	3	31	7	56		36.7	-121.2		5.7	Ms	US:California,Tres Pinos	美国：加利福尼亚州特雷斯皮诺斯	CGS,USGS
1885	4	2	15	25		36.6	-121.1		5.9	Ms	US:California,Tres Pinos,S.	美国：加利福尼亚州特雷斯皮诺斯南部	CGS,USGS
1885	4	7				40.7	122.2		5.5	Ms	China:Liaoning,Yingkou	中国：辽宁营口	China
1885	4	12	4	5		36.2	-120.8		6.5	Ms	US:California,Tres Pinos,S.	美国：加利福尼亚州特雷斯皮诺斯南部	CGS,USGS
1885	4	13	10	25		46.567	7.367		5.17	Ms	Switzerland:Zweisimmen	瑞士：茨韦西门	Italy
1885	4	30	23	15		47.5	15.4	10	5.4	Ms	Austria:Steiermark	奥地利：施泰尔马克	GSHAP
1885	4	30				-2.5	127.5		7.3	Ms	Indonesia:Ceram Sea	印度尼西亚：塞兰海	* NOAA
1885	5	1	0	15		47.5	15.45		5.37	Ms	Austria:Steiermark	奥地利：施泰尔马克	Italy
1885	5	12				-39.9	148.9		6.8	Ms	Australia:Tasman Sea	澳大利亚：塔斯曼海	Australia
1885	5	14	23	15		17.2	120.05		5.9	Muk	Philippines:Manabo,Coast W.	菲律宾：马纳博西部海域	Bautista

年 Year	月 Mo	日 Dy	时 Hr	分 Mn	秒 Sec	纬度(°) Latitude	经度(°) Longitude	深度 Depth	震级 Mag	标度 Scale	地名(英文) Name(English)	地名(中文) Name(Chinese)	资料来源 Information
1885	5	21	2			8.95	126.85		5.7	Muk	Philippine Trench	菲律宾海沟	Bautista
1885	5	25	20			2.5	-76.5		6.3	Ms	Colombia:Cauca	哥伦比亚:考卡	* GSHAP
1885	5	30				33.5	75		7	Ms	India:Srinagar	印度:斯利那加	* GSHAP
1885	6	6				34	76		6.3	Mk	India:Kashmir	印度:克什米尔	* Song
1885	6	17	22	34		42.521	12.844		5.17	Ms	Italy:Rieti	意大利:列蒂	Italy,GSHAP
1885	6					4.7	31.6		5.5	Ms	Sudan:Juba	苏丹:朱巴	GSHAP
1885	7	14				24	90		5.6	Ms	Bangladesh:Dhaka	孟加拉:达卡	GSHAP
1885	7	23	2	45		8.85	123.1		7	Ms	Philippines:Mindanao,Cavite	菲律宾:棉兰老岛,甲米地	* Bautista
1885	7	23	14	45		8.6	123.4		6.5	Mk	Philippines:Mindanao,Dapitan	菲律宾:棉兰老岛,达皮丹	* Maso,Song
1885	7	24	8	34		15.3	122		5.9	Muk	Philippines:San Fernando,Coast E.	菲律宾:圣费尔南多东部海域	Bautista
1885	7	24				25	89.199		5	Ms	Bangladesh:Rajshahi	孟加拉:拉吉沙希	GSHAP
1885	7	28				22.7	88.4		5	Mk	India:Kolkata	印度:加尔各答	GSHAP,Song
1885	7	29				0.2	99.383		6.8	Ms	Indonesia:Banda Aceh	印度尼西亚:班达亚齐	* NOAA
1885	8	1	0	10		38.8	-123		5.5	Mk	US:California,Cloverdale	美国:加利福尼亚州克洛弗代尔	USGS,Song
1885	8	2	21	20		42.7	74.1	15	6.9	Muk	Kyrgyzstan:Bishkek	吉尔吉斯斯坦:比什凯克	*
1885	8	3				1.375	127.52		7	Mk	Indonesia:Maluku Utara	印度尼西亚:北马鲁古	NOAA,Song
1885	9	13				33.3	-116.9		5.8	Ms	US:California,Oceanside	美国:加利福尼亚州欧申赛德	CGS
1885	9	17	9	35		41.133	14.8		5.17	Ms	Italy:Benevento	意大利:贝内文托	Italy
1885	9	19	20			41.7	75.8	14	5	Ms	Kyrgyzstan:Naryn,C.	吉尔吉斯斯坦:纳伦中部	GSHAP
1885	9	29	22			10.1	126.6		6.2	Muk	Philippines:Mindanao Island	菲律宾:棉兰老岛	Bautista,Maso
1885	10	12	4	30		12.3	-86.8		6.5	Mk	Nicaragua:Leon,Chinandega	尼加拉瓜:里昂,奇南德加	* Song
1885	10	13	9	6		14.9	122.3		5.6	Muk	Philippines:Quezon,Coast E.	菲律宾:奎松东部海域	Bautista
1885	10	16	1			9.05	126.8		5.8	Muk	Philippine Trench	菲律宾海沟	Bautista
1885	10	26	10	45		17.05	120.1		5.7	Muk	Philippines:Manabo,Coast W.	菲律宾:马纳博西部海域	Bautista
1885	10	30	22	15		9.05	126.75		5.8	Muk	Philippine Trench	菲律宾海沟	Bautista
1885	11	12				-20.2	-70.1		7	Mk	Chile:Iquique	智利:伊基克	* NOAA,Song
1885	11	16	15	21		14.6	121.8		5.9	Muk	Philippines:Quezon,Coast E.	菲律宾:奎松东部海域	Bautista
1885	11	19	3	15		16.65	120.9		6	Muk	Philippines:Baguio	菲律宾:碧瑶市	Bautista,Maso
1885	11	19	20	50		51.3	108.1	20	6.2	Ms	Russia:Buryatiya,Tugnuy	俄罗斯:布里亚特州图格努伊镇	GSHAP
1885	12	14				5.5	96		7	Mk	Indonesia:North of Sumatera	印度尼西亚:苏门答腊北部	* NOAA,Song
1885	12	22				23.9	103.7		5.25	Ms	China:Yunnan,Qiubei,SW.	中国:云南丘北西南	* China
1885	12	26				41.543	14.679		5.38	Ms	Italy:Campobasso	意大利:坎波巴索	Italy
1885						44.3	85		5.5	Ms	China:Xinjiang,Kuytun	中国:新疆奎屯	China
1886	1	11	8			9.05	126.8		5.8	Muk	Philippine Trench	菲律宾海沟	Bautista
1886	1	17	7	10		41.713	12.679		5.17	Ms	Italy:Albano	意大利:阿尔巴诺	Italy
1886	1	31				5.5	96		7	Mk	Indonesia:North of Sumatera	印度尼西亚:苏门答腊北部	* NOAA,Song
1886	3	5	16	15		-16.4	-71.56		5	Mk	Peru:Arequipa	秘鲁:阿雷基帕	GSHAP,Song
1886	3	6				39.338	16.191		5.56	Ms	Italy:Calabria	意大利:卡拉布里亚区	Italy
1886	4	10	1			10.5	122.2		5.4	Muk	Philippines:Panay Island	菲律宾:班乃岛	Bautista,Maso
1886	4	14	3	20		37.2	-117.7		5.5	Mk	US:California,Bishop	美国:加利福尼亚州毕晓普	USGS,Song
1886	4	14	15	43		16.35	120.65		5.3	Muk	Philippines:Baguio	菲律宾:碧瑶市	Bautista
1886	5	19				8	125.4		7	Mk	Philippines:Hinatuan,Laak	菲律宾:希纳图安,圣维森特	* NOAA,Song
1886	5	21	4	18		13.75	122.35		5.4	Muk	Philippines:Lopez	菲律宾:洛佩斯	Bautista
1886	6	3	3	21		13.65	120.4		5	Muk	Philippines:Looc	菲律宾:洛克	Bautista
1886	6	6	13	56		15.35	119.95		5	Muk	Philippines:Botolan	菲律宾:博托兰	Bautista
1886	6	27	1	5		43	16.5		5.03	Ms	Adriatic Sea	亚得里亚海	Italy
1886	7	22	15	57		37.1	138.5		6.1	Ms	Japan:Niigata	日本:新潟	Usami,Japan
1886	8	1	19	58		13.5	120.05		6.3	Muk	Philippines:Mindoro Island	菲律宾:民都洛岛	Bautista
1886	8	27	21	32		37.1	21.5		7.5	Muk	Greece:Kyparissia (Messinia)	希腊:麦锡尼	* NOAA
1886	8	28	8	45		32.9	-80		5.5	Mk	US:South Carolina,Charleston	美国:卡罗莱纳州查尔斯顿	USGS,Song
1886	9	1	2	51		32.9	-80		7.7	Mw	US:South Carolina,Charleston	美国:卡罗莱纳州查尔斯顿	* USGS,NOAA
1886	9	2	15	54		16	121		5.6	Muk	Philippines:Nueva Vizcaya	菲律宾:新比斯开	Bautista
1886	9	5				45.036	7.306		5.27	Ms	Italy:Torino	意大利:托里诺(都灵)	Italy
1886	9	6	4	6		32.9	-80		5.5	Mk	US:South Carolina,Charleston	美国:卡罗莱纳州查尔斯顿	USGS,Song
1886	9	17	6	29		32.9	-80		5.5	Mk	US:South Carolina,Charleston	美国:卡罗莱纳州查尔斯顿	USGS,Song
1886	9	21	10	15		32.9	-80		5.5	Mk	US:South Carolina,Charleston	美国:卡罗莱纳州查尔斯顿	USGS,Song
1886	9	27	19	2		32.9	-80		5.5	Mk	US:South Carolina,Charleston	美国:卡罗莱纳州查尔斯顿	USGS,Song
1886	9	29	6	20		9.3	-70.4		5.9	Mk	Venezuela:Trujillo	委内瑞拉:特鲁希略	* Song
1886	10	6				39.55	28.95		5.8	Ms	Turkey:Demirci	土耳其:代米尔吉	Turkey
1886	10	16	8	35		43.5	45.9	30	5.8	Ms	Russia:Chechnia,Grozny	俄罗斯:车臣共和国格罗兹尼	Turkey
1886	10	22	10	20		32.9	-80		5.5	Mk	US:South Carolina,Charleston	美国:卡罗莱纳州查尔斯顿	USGS,Song
1886	10	22	19	45		32.9	-80		5.7	Mk	US:South Carolina,Charleston	美国:卡罗莱纳州查尔斯顿	USGS,Song
1886	11	5	17	20		32.9	-80		5.5	Mk	US:South Carolina,Charleston	美国:卡罗莱纳州查尔斯顿	USGS,Song
1886	11	8				43	75	28	5.4	Ms	Kazakhstan:Georgiyevka	哈萨克斯坦:格奥尔吉耶夫卡	GSHAP
1886	11	26	9			10.45	122.2		5.1	Muk	Philippines:Panay Island	菲律宾:班乃岛	Bautista
1886	11	28	23	30		47.3	10.8		5.17	Ms	Austria:Tirol	奥地利:蒂罗尔	Italy
1886	11	29	4	13		41.4	69.5	26	6.7	Ms	Uzbekistan:Tashkent	乌兹别克斯坦:塔什干	GSHAP
1886	11					38.3	29.3		5.8	Ms	Turkey:Denizli	土耳其:登尼资里	Turkey
1886						44.8	101.7	15	6	Ms	Mongolia:Bogd	蒙古:博格多	GSHAP

年	月	日	时	分	秒	纬度(°)	经度(°)	深度	震级	标度	地名(英文)	地名(中文)	资料来源
Year	Mo	Dy	Hr	Mn	Sec	Latitude	Longitude	Depth	Mag	Scale	Name(English)	Name(Chinese)	Information
1886						22	89		7	Mk	Bangladesh:Satkhira	孟加拉:萨德基拉	NOAA,Song
1887	1	13	20	45		50.3	82.9	18	5.8	Ms	Kazakhstan:Zyryanovsk	哈萨克斯坦:济良诺夫斯克	GSHAP
1887	1	15	9	51		35.5	139.3		6.3	Ms	Japan:Atsugi	日本:神奈川厚木	Usami,Japan
1887	1	24	9	57		19.25	-155.5		6	Ms	Hawaiian Islands	夏威夷群岛	USGS
1887	1	24	17	30		10.4	122.2		5.1	Muk	Philippines:Panay Island	菲律宾:班乃岛	Bautista
1887	2	1	5			17.4	121.2		5.8	Muk	Philippines:Tabuk	菲律宾:塔布克	Bautista
1887	2	2	15			11.45	122.05		7.3	Ms	Philippines:Panay,Iloilo	菲律宾:班乃,伊洛伊洛	* Bautista,Maso,NOAA
1887	2	23	5	23		43.92	8.07		6.29	Ms	Italy:Imperia,Near Coast	意大利:因佩里亚近海岸	* Italy,NOAA
1887	3	4	12	42		9.1	126.8		5.8	Muk	Philippine Trench	菲律宾海沟	Bautista
1887	3	17	14	9		32.9	-80		5.5	Mk	US:South Carolina,Charleston	美国:卡罗莱纳州查尔斯顿	USGS,Song
1887	3	24	13	14		13.45	123.25		5.6	Ms	Philippines:Libmanan,SE.	菲律宾:利马南东南	* Bautista,Maso
1887	3	25	4	45		13.95	122.6		5.3	Muk	Philippines:Camarines	菲律宾:馬利納	Bautista
1887	3	25	7	10		13.65	122.85		5.4	Muk	Philippines:Camarines	菲律宾:馬利納	Bautista
1887	4	8				24	116.8		5	Ms	China:Guangdong,Chaozhou	中国:广东潮州	China
1887	4	12	19			9.05	126.8		5.8	Muk	Philippine Trench	菲律宾海沟	Bautista
1887	4	14	1	11	6	45.8	11.917		5.17	Ms	Italy:Asolo	意大利:阿索洛	Italy
1887	5	3				31	-109	80	8	Ms	Mexico:Agua Prieta	墨西哥:索诺拉的阿瓜普列塔	* USGS,NOAA
1887	5	14	5	30		40.2	25.2		7	Ms	Aegean Sea	爱琴海	GSHAP
1887	5	29				18.2	-100.2		6.3	Mk	Mexico:Guerrero,Morelos	墨西哥:格雷罗,莫雷洛斯	* Song
1887	6	3	10	48		39.2	-119.8		6.5	Ms	US:Nevada,Carson City	美国:内华达州卡森市	CGS,USGS
1887	6	8	23	35		43.1	76.8	20	7.3	Muk	Kazakhstan:Almaty	哈萨克斯坦:阿拉木图	*
1887	6	19	4	32		15.35	121.55		5.4	Muk	Philippines:San Fernando,Coast E.	菲律宾:圣费尔南多东部海域	Bautista
1887	7	17	7			35.7	26	100	7.5	Ms	Greece:Crete Island	希腊:克里特岛	GSHAP
1887	7	22	11	27		37.5	138.9		6.1	Ms	Japan:Niigata	日本:新潟	Usami,Japan
1887	7					37.4	103.8		5	Ms	China:Gansu,Jingtai,N.	中国:甘肃景泰北	China
1887	8	21	21			43.1	76.8	20	5.7	Ms	Kazakhstan:Almaty	哈萨克斯坦:阿拉木图	GSHAP
1887	8	22	11			9.1	126.75		5.8	Muk	Philippine Trench	菲律宾海沟	Bautista
1887	8	29				17.7	-100		6.3	Mk	Mexico:Guerrero,Chilpancingo,W.	墨西哥:格雷罗州奇尔潘辛戈西部	* Song
1887	8					38.1	28.2		5.8	Ms	Turkey:Beydag	土耳其:贝伊达	Turkey
1887	9	5	6	23		35.8	140.5		6.4	Ms	Japan:Chiba	日本:千叶	Usami,Japan
1887	9	15	14			14	124		5.2	Muk	Philippines:Bagamanoc	菲律宾:巴加马诺克	Bautista
1887	9	23	4			-22.03	-63.7		6.4	Ms	Bolivia:Tarija	玻利维亚:塔里哈	GSHAP
1887	9	23	12			19.7	-74.4		7.7	Mk	Haiti:Mole Saint Nicolas	海地:摩尔圣尼古拉	* NOAA,Song
1887	10	1	5	5		13.9	123.75		5.7	Muk	Philippines:Caramoan	菲律宾:卡拉莫安	Bautista
1887	10	1	14	5		9.05	126.8		5.8	Muk	Philippine Trench	菲律宾海沟	Bautista
1887	10	3	22	53		38.3	22.8		6.5	Ms	Greece:Antikyra	希腊:安迪基拉	* GSHAP,NOAA
1887	11	9	2	15		44.2	12		6.5	Mk	Italy:Faentino	意大利:法恩扎	* Song
1887	11	29	12	30		35.58	0.33		7.3	Mk	Algeria:Relizane	阿尔及利亚:赫利赞	* Song
1887	11	30	21	34		15.65	121.2		5	Muk	Philippines:San Jose	菲律宾:圣琼斯	Bautista
1887	12	3				39.57	16.22		5.52	Ms	Italy:Bisignano	意大利:比西纳诺	* Italy
1887	12	5	15	30		37.1	-112.5		5.5	Mk	US:Utah,Kanab	美国:犹他州卡纳布	USGS,Song
1887	12	10				50.5	80.5	15	5.2	Ms	Kazakhstan:Semey	哈萨克斯坦:塞米伊	GSHAP
1887	12	16				23.7	102.5		7	Ms	China:Yunnan,Shiping	中国:云南石屏	* China
1888	1	10	12	49		10.4	-63.1		6.5	Ms	Venezuela:Carupano	委内瑞拉:卡鲁帕诺	* GSHAP
1888	1	26	19	45		8.85	126.75		5.8	Muk	Philippine Trench	菲律宾海沟	Bautista,Maso
1888	2	18	10	50		39.2	-123.6		5.5	Ms	US:California,Comptche	美国:加利福尼亚州康普奇	CGS,USGS
1888	2	25	17	21		38.8	15.217		5.17	Ms	Tyrrhenian Sea	第勒尼安海(伊特鲁里亚海)	Italy
1888	3	11				36.5	102.2		5	Ms	China:Qinghai,Ledu	中国:青海乐都	*
1888	3	13				-5.52	148.121		7.7	Mk	Papua New Guinea:Umboi Island	巴布亚新几内亚:温博伊岛	NOAA,Song
1888	3	21				8	125.4		7	Mk	Philippines:Hinatuan,Laak	菲律宾:希纳图安,圣维森特	* NOAA,Song
1888	3	29				28.6	114.5		5.25	Ms	China:Jiangxi,Yifeng,N.	中国:江西宜丰北	China
1888	4	29	1			36.6	140		6.2	Ms	Japan:Utsunomiya	日本:宇都宫市	Usami,Japan
1888	4	29	4	48		39.7	-120.7		6.2	Ms	US:California,Sierra City	美国:加利福尼亚州谢拉锡蒂	CGS,USGS
1888	5	3	5	40		18.65	120.85		5.4	Muk	Philippines:Luzon,Coast N.	菲律宾:吕宋岛北部海域	Bautista
1888	5					38.4	26.1		6.4	Ms	Greece:Chios	希腊:希俄斯	GSHAP
1888	6	5	3	20		-34.6	-57.9	30	5.5	Ms	Argentina:Buenos Aires	阿根廷:布宜诺斯艾利斯	* GSHAP,NOAA
1888	6	13				38.5	119		7.5	Ms	China:Bohai Bay	中国:渤海湾	* China
1888	7	8	16			42.667	13.75		5.17	Ms	Italy:Bellante	意大利:贝兰泰	Italy,GSHAP
1888	7	29	7	30		8.4	127.1		5.7	Muk	Philippine Trench	菲律宾海沟	Bautista
1888	7	30	8	27		43.75	10.3		6.7	Mk	Italy:Pisa	意大利:比萨	NOAA,Song
1888	8	15	9	9		16.65	120.9		5	Muk	Philippines:Baguio	菲律宾:碧瑶市	Bautista
1888	8	18	22	25		18.8	121.9		6.1	Muk	Philippines:Luzon,Coast N.	菲律宾:吕宋岛北部海域	Bautista
1888	8	19	2			17.15	122.15		6.5	Muk	Philippines:Ilagan	菲律宾:伊拉甘	Bautista
1888	8	19	4	56		45.7	26.6		6.2	Ms	Romania:Nereju	罗马尼亚:内雷茹	GSHAP
1888	8	19	6	10		10.4	122.1		5.1	Muk	Philippines:Panay Island	菲律宾:班乃岛	Bautista
1888	8	19	6	39		18.7	121.9		5.2	Muk	Philippines:Luzon,Coast N.	菲律宾:吕宋岛北部海域	Bautista,Maso
1888	8	19	6	55		10.4	122.1		5.8	Muk	Philippines:Panay Island	菲律宾:班乃岛	Bautista
1888	8	19	7	15		10.45	122.1		5.8	Muk	Philippines:Panay Island	菲律宾:班乃岛	Bautista

年 Year	月 Mo	日 Dy	时 Hr	分 Mn	秒 Sec	纬度(°) Latitude	经度(°) Longitude	深度 Depth	震级 Mag	标度 Scale	地名(英文) Name(English)	地名(中文) Name(Chinese)	资料来源 Information
1888	8	19	8			17.3	122.25		6	Muk	Philippines:Ilagan	菲律宾:伊拉甘	Bautista
1888	8	19	11			32.7	−114.6		5.5	Mk	US:Arizona,Yuma	美国:亚利桑那州尤马	USGS,Song
1888	8	20	18	5		19.25	−155		5	Mk	Hawaiian Islands	夏威夷群岛	USGS,Song
1888	8	23				50	134	20	5.5	Ms	Russia:Khabarovsk,Talakan	俄罗斯:哈巴罗夫斯克区塔拉坎	GSHAP
1888	8	31	16	10		−34.5	172.7		7.3	Muk	New Zealand:North Island,Cape Reinga	新西兰:北岛,雷恩加角	*
1888	9	9	15	15		38.2	22.1		6.1	Ms	Greece:Achaia	希腊:阿凯亚	*NOAA
1888	9	9				38.23	22.11		6.3	Ms	Greece:Patrai	希腊:帕特雷	GSHAP
1888	9	15	9	9		16.65	120.9		5	Muk	Philippines:Baguio	菲律宾:碧瑶市	Bautista
1888	9	16	0	41		17.2	122.15		5.4	Muk	Philippines:Ilagan	菲律宾:伊拉甘	Bautista
1888	9	16	19			42.8	74.8	20	5.4	Ms	Kyrgyzstan:Bishkek	吉尔吉斯斯坦:比什凯克	GSHAP
1888	9	22	10			41.3	43.3		6.1	Muk	Georgia:Akhalkalaki	格鲁吉亚:阿卡卡拉吉	*
1888	9	23	12	30		40.9	42.8	12	5.1	Ms	Turkey:Ardahan	土耳其:阿尔达汉	GSHAP
1888	10	4	6	15		47.8	131.1	10	5	Ms	Russia:Jewish,Samara	俄罗斯:犹太州萨马拉	GSHAP
1888	10	7	11	45		7.25	123.65		5.2	Muk	Philippines:Mindanao Island	菲律宾:棉兰老岛	Bautista
1888	10					38.22	28		5.8	Ms	Turkey:Odemis	土耳其:厄代米什	Turkey
1888	11	2	4			−12.08	−77		5	Mk	Peru:Lima	秘鲁:利马	GSHAP,Song
1888	11	2				37.1	104.2		6.25	Ms	China:Gansu,Jingtai	中国:甘肃景泰	*China
1888	11	10	20			44.7	80.5	20	6.2	Ms	China:Xinjiang,Wenquan,S.	中国:新疆温泉南	GSHAP
1888	11	14				44.8	78.5	20	5.7	Ms	Kazakhstan:Almaty	哈萨克斯坦:阿拉木图	GSHAP
1888	11	17	17	30		9.2	−69.8		5.9	Mk	Venezuela:Guanare	委内瑞拉:瓜纳累	*Song
1888	11	28	6	40		40	69.8	20	6.3	Ms	Kyrgyzstan:Lavater	吉尔吉斯斯坦:拉瓦特	GSHAP
1888	11	29				44.9	75.1	30	6.1	Ms	Kazakhstan:Almaty	哈萨克斯坦:阿拉木图	GSHAP
1888	11	30	0	30		9.1	126.75		5.8	Muk	Philippine Trench	菲律宾海沟	Bautista
1888	12	3	19			10.4	122.25		5.1	Muk	Philippines:Panay Island	菲律宾:班乃岛	Bautista
1888	12	14	14	45		15.05	122.05		5.1	Muk	Philippines:San Fernando,Coast E.	菲律宾:圣费尔南多东部海域	Bautista
1888	12	22	20	54		9	126.75		5.8	Muk	Philippine Trench	菲律宾海沟	Bautista
1888						37.1	58.4	10	5.4	Ms	Iran:Qūchān	伊朗:古昌	GSHAP
1888						33.3	49.3		6.3	Mk	Iran:Lorestan	伊朗:洛雷斯坦	*Song
1889	1	1	2	20		9.35	126.3		6.7	Muk	Philippines:Mindanao Island	菲律宾:棉兰老岛	Bautista,Maso
1889	1	12	13	5		9.4	126.6		5.9	Muk	Philippines:Mindanao Island	菲律宾:棉兰老岛	Bautista
1889	1	12	13	40		9.1	126.75		6.2	Muk	Philippine Trench	菲律宾海沟	Bautista
1889	1	21				9.05	126.8		5.5	Muk	Philippine Trench	菲律宾海沟	Bautista
1889	1	29	21	30		18.3	121.05		5.3	Muk	Philippines:Calanasan	菲律宾:巴亚格	Bautista
1889	2	5	8			7.3	123.6		6.6	Muk	Philippines:Mindanao Island	菲律宾:棉兰老岛	Bautista,Maso
1889	2	7	5	20		34.1	−116.7		5.6	Ms	US:California,Landers	美国:加利福尼亚州兰德斯	CGS,USGS
1889	2	11	3	45		7.55	121.65		5.6	Muk	Philippines:Culasi	菲律宾:库拉西	Bautista
1889	2	17	21	9		35.5	139.7		6.2	Ms	Japan:Yokohama	日本:神奈川横滨	Usami,Japan
1889	2	25	6	8		43.1	76.9	15	5	Ms	Kazakhstan:Almaty	哈萨克斯坦:阿拉木图	GSHAP
1889	3	29	5			−18	−70.24		5	Mk	Peru:Tacna	秘鲁:塔克纳	GSHAP,Song
1889	4	2	13	28		−18	−70.24		5	Mk	Peru:Tacna	秘鲁:塔克纳	GSHAP,Song
1889	4	3	7			−12.08	−77		5	Mk	Peru:Lima	秘鲁:利马	GSHAP,Song
1889	4	3	8	10		−12.08	−77		5	Mk	Peru:Lima	秘鲁:利马	GSHAP,Song
1889	4	15	3	28		36.95	−121.4		5.5	Ms	US:California,Hollister	美国:加利福尼亚州霍利斯特	CGS,USGS
1889	4					36.3	59.6		5	Mk	Iran:Mashhad	伊朗:马什哈德	Afghan,Song
1889	5	12	1	42		35.4	136.8		6.7	Ms	Japan:Gifu	日本:岐阜	Usami,Japan
1889	5	15	0	20		18.35	121.55		5.2	Muk	Philippines:Aparri	菲律宾:阿帕里	Bautista
1889	5	19	11	10		38.1	−121.8		6	Ms	US:California,Fairfield	美国:加利福尼亚州费尔菲尔德	CGS,USGS
1889	5	25	2	23		13.15	121.1		6.4	Muk	Philippines:Mindoro Island	菲律宾:民都洛岛	Bautista
1889	5	25	18	23		13.5	121		6.8	Ms	Philippines:Mindoro,Calapan	菲律宾:民都洛岛,卡拉潘	*Nakamura,Maso,NOAA
1889	5	29	9			38.067	16.1		5.17	Ms	Italy:Reggio Calabria	意大利:卡拉布里亚雷焦	Italy
1889	6	20	6			40.5	−120.7		6.2	Ms	US:Oregon,Wasco	美国:俄勒冈州沃斯科	CGS,USGS
1889	6	26	12	45		42.5	48	42	5.9	Ms	Russia:Dagestan,Derbent	俄罗斯:达吉斯坦共和国杰尔宾特	Turkey
1889	6	30	21	15		38.583	14.583		5.17	Ms	Italy:N. of Sicily	意大利:西西里岛北部	Italy
1889	7	11	22	14		43.2	78.7		8.3	Muk	Kazakhstan:Almaty	哈萨克斯坦:阿拉木图	*
1889	7	18	20	30		42.8	74.9	20	5.8	Ms	Kyrgyzstan:Bishkek	吉尔吉斯斯坦:比什凯克	GSHAP
1889	7	19				40.1	53.1	15	5.7	Ms	Caspian Sea	里海	GSHAP
1889	7	28	14	45		31.5	131		6.3	Ms	Japan:Kagoshima	日本:鹿岛	*Usami,Japan
1889	7	31	12	47		37.8	−122.2		5.6	Ms	US:California,San Francisco	美国:加利福尼亚州旧金山	CGS,USGS
1889	8	4	17	45		7.5	121.6		5.6	Muk	Philippines:Culasi	菲律宾:库拉西	Bautista
1889	8	16				−6.05	105.92		7	Mk	Indonesia:Java Island	印度尼西亚:爪哇岛	NOAA,Song
1889	8	17				17.7	−100		6.3	Mk	Mexico:Guerrero,Chilpancingo,W.	墨西哥:格雷罗州奇尔潘辛戈西部	*Song
1889	8	25	19	13		38.3	22		6	Mk	Greece:Achaia	希腊:阿凯亚	*Song
1889	8	25				38.4	22	80	7	Ms	Greece:Patrai	希腊:帕特雷	GSHAP
1889	8	28	2	15		34.2	−117.9		5.6	Ms	US:California,Glendora	美国:加利福尼亚州格伦多拉	CGS,USGS
1889	8					37.7	75.2		6	Ms	China:Xinjiang,Tashkurghan	中国:新疆塔什库尔干	China
1889	9	6				1	126.25		8	Ms	Indonesia:Molucca Sea	印度尼西亚:马鲁古海	*NOAA
1889	9	30	5	20		37.2	−118.7		6	Ms	US:California,Caliente	美国:加利福尼亚州卡连特	CGS,USGS

年 Year	月 Mo	日 Dy	时 Hr	分 Mn	秒 Sec	纬度(°) Latitude	经度(°) Longitude	深度 Depth	震级 Mag	标度 Scale	地名(英文) Name(English)	地名(中文) Name(Chinese)	资料来源 Information
1889	9	30	16	50		28	130		6	Ms	Ryukyu Islands	琉球群岛	Usami, Japan
1889	9					38.1	106.3		5.5	Ms	China: Ningxia, Lingwu	中国:宁夏灵武	China
1889	10	1				18.8	-99		6.3	Mk	Mexico: Morelos	墨西哥:莫雷洛斯	* Song
1889	10	6	3	15		5.9	127		7.3	Muk	Philippine Trench	菲律宾海沟	Bautista, Maso
1889	10	6	6	10		6.3	126.15		5.1	Muk	Philippines: Mindanao Island	菲律宾:棉兰老岛	Bautista
1889	10	13	10	10		46.4	13		5.17	Ms	Italy: Tolmezzo	意大利:托尔梅佐	Italy
1889	10	20	14	25		13.1	124.45		5.6	Muk	Philippines: Sorsogon	菲律宾:索索贡	Bautista
1889	10	25	21	29		39.2	26		6.9	Muk	Greece: Lesbos	希腊:莱斯沃斯	*
1889	10					36.7	67.1		5	Mk	Afghan: Mazar - I - Sharif	阿富汗:马扎里沙里夫	Afghan, Song
1889	10					36.3	115.1		5	Ms	China: Hebei, Daming	中国:河北大名	China
1889	11	21	9			23	120.2		5	Ms	China: Taiwan, Tainan	中国:台湾台南	China
1889	11	22				44.2	80.3	12	5.5	Ms	Kazakhstan: Koktal	哈萨克斯坦:科克塔尔	GSHAP
1889	11	23				-7	113.5		6	Ms	Indonesia: Madura Island, Java	印度尼西亚:马都拉岛,爪哇	* NOAA
1889	12	8				41.83	15.692		5.55	Ms	Italy: Apricena	意大利:阿普里切纳	Italy, NOAA
1889						38	77.5	33	7	Ms	China: Xinjiang, Pishan, S.	中国:新疆皮山南	GSHAP
1890	1	7	6	43		36.5	138		6.2	Ms	Japan: Nagano	日本:长野	Usami, Japan
1890	1	7	19	50		-12.08	-77		5	Mk	Peru: Lima	秘鲁:利马	GSHAP, Song
1890	1	13	21	14		15.8	119.85		5.8	Muk	Philippines: Santa Cruz	菲律宾:圣克鲁斯	Bautista
1890	2	6	16	30		11.35	124.85		6.4	Muk	Philippines: Samar Island	菲律宾:萨马岛	Bautista
1890	2	7	4	30		11.2	124.4		6.1	Mk	Philippines: Samar, Leyte	菲律宾:萨马岛,莱特	* Maso, Song
1890	2	9	12	6		33.4	-116.3		6.8	Ms	US: California, Borrego Springs	美国:加利福尼亚州博雷戈斯普林斯	CGS, USGS
1890	2	17				36.5	102		5.25	Ms	China: Qinghai, Haidong	中国:青海海东	China
1890	2	25	17	30		43	78	40	6.4	Ms	Kazakhstan: Almaty	哈萨克斯坦:阿拉木图	GSHAP
1890	3	25				28.8	53.5		6.4	Ms	Iran: Jahrom	伊朗:贾赫罗姆	Iran
1890	3	26	20	10		46.216	12.384		5.09	Ms	Italy: Belluno	意大利:贝卢诺	Italy
1890	4	13	6	4		18.75	120.25		5.9	Muk	Philippines: Luzon, Coast N.	菲律宾:吕宋岛北部海域	Bautista, Maso
1890	4	13	12	45		18.45	120		6.1	Muk	Philippines: Laoag	菲律宾:佬沃	Bautista
1890	4	16	12	34		34.1	139.5		6.8	Ms	Japan: Miyake Jima	日本:三宅岛	Usami, Japan
1890	4	22				26.5	99.9		5.5	Ms	China: Yunnan, Jianchuan	中国:云南剑川	China
1890	4	24	11	36		36.9	-121.6		6.3	Ms	US: California, Watsonville	美国:加利福尼亚州沃森维尔	CGS, USGS
1890	4	24				-32.75	-70.73		6	Mk	Chile: Valparaiso	智利:瓦尔帕莱索	GSHAP, Song
1890	4	30	23			46.6	82.6	20	5	Ms	Kazakhstan: Urdzhar, E.	哈萨克斯坦:乌尔贾尔东部	GSHAP
1890	5	3	7	24		13.55	122		5.1	Muk	Philippines: Lopez	菲律宾:洛佩斯	Bautista
1890	5	26				38.5	25.5		6.2	Ms	Aegean Sea	爱琴海	GSHAP
1890	6	4	10	14		14.75	121.95		5.2	Muk	Philippines: Quezon, Coast E.	菲律宾:奎松东部海域	Bautista
1890	6	11	1	54		32.7	-114.6		5.5	Mk	US: Arizona, Yuma	美国:亚利桑那州尤马	USGS, Song
1890	6	28				36.2	59.4		6.3	Mk	Iran: Mashhad	伊朗:马什哈德	* * Song
1890	7	11	7	55		36.6	54.6	10	7.2	Ms	Iran: Gorgan	伊朗:戈尔甘	* NOAA
1890	7	14	6	45		6.2	120.75		5	Muk	Celebes Sea	西里伯斯海	Bautista
1890	7	26	9	40		40.5	-124.2		6.3	Ms	US: California, Fortuna	美国:加利福尼亚州福图纳	CGS, USGS
1890	8	7	9	40		19.25	-155		5.5	Mk	Hawaiian Islands	夏威夷群岛	USGS, Song
1890	8	30				21.9	110.1		5.75	Ms	China: Guangdong, Lianjiang, NW.	中国:广东廉江西北	China
1890	9	1	21			36.3	59.6		5	Mk	Iran: Mashhad	伊朗:马什哈德	Afghan, Song
1890	9	19	15	30		-27.35	-70.35		6	Mk	Chile: Copiapo	智利:科皮亚波	GSHAP, Song
1890	10	6				27.3	100.3		5	Ms	China: Yunnan, Lijiang, N.	中国:云南丽江北	China
1890	11	15				-17.78	-63.17		5.2	Ms	Bolivia: Santa Cruz de la Sierra	玻利维亚:圣克鲁斯	GSHAP
1890	11	23				-5	120		5.9	Mk	Indonesia: Sulawesi, Makasar	印度尼西亚:苏拉威西岛,望加锡	* Song
1890	12	12				-6.4	111		6.1	Mk	Indonesia: Java, Pati	印度尼西亚:爪哇,帕蒂	* Song
1890	12	14				37.9	27.1		6.2	Ms	Turkey: Izmir, Efes, Aydin	土耳其:伊兹密尔,艾菲斯,艾登	GSHAP
1890	12	22	10	52		9.2	121.8		5.5	Muk	Sulu Sea	苏禄海	Bautista
1890						36.9	112.9		5.5	Ms	China: Shanxi, Wuxiang	中国:山西武乡	* China
1891	1	2	20			37.3	-121.8		5.8	Ms	US: California, Morgan Hill	美国:加利福尼亚州莫干山	CGS, USGS
1891	1	9	20	34		47.367	9.617		5.17	Ms	Switzerland: Diepoldsau	瑞士:迪波尔德绍	Italy
1891	1	15	3	55		36.5	1.8		6.7	Mk	Algeria: Bourava, Gouraya	阿尔及利亚:古拉亚	* NOAA, Song
1891	1	26	3	10		38.8	15.217		5.17	Ms	Tyrrhenian Sea	第勒尼安海(伊特鲁里亚海)	Italy
1891	2	1	23	31		18.7	120.75		5.4	Muk	Philippines: Luzon, Coast N.	菲律宾:吕宋岛北部海域	Bautista
1891	3	8	3	40		47.5	-121.5		5	Ms	US: Washington, Seattle	美国:华盛顿州西雅图	USGS
1891	3	15	2	4		13.6	121.4		5	Muk	Philippines: Mindoro Island	菲律宾:民都洛岛	Bautista
1891	3	29	12	15		7.3	123.6		5.2	Muk	Philippines: Mindanao Island	菲律宾:棉兰老岛	Bautista
1891	4	3				38.3	43.2		6.3	Mk	Turkey: Van	土耳其:凡城	* Song
1891	4	4	21	30		8.5	126.7		6.3	Muk	Philippine Trench	菲律宾海沟	Bautista
1891	4	7	0	49		38.4	141.1	33	6.8	Ms	Japan: Miyagi	日本:宫城	GSHAP
1891	4	17				37.1	111.9		5.75	Ms	China: Shanxi, Jiexiu	中国:山西介休	* China
1891	4	20	13	55		37.1	-113.6		5.5	Mk	US: Utah, St George	美国:犹他州圣乔治	USGS, Song
1891	5	11				37.5	24.5		6.4	Ms	Greece: Kythnos Island	希腊:基斯诺斯岛	GSHAP
1891	5	19	11	16		15	121.8		5.4	Muk	Philippines: San Fernando, Coast E.	菲律宾:圣费尔南多东部海域	Bautista
1891	6	4	10	15		8.2	125.85		5.2	Muk	Philippines: Mindanao Island	菲律宾:棉兰老岛	Bautista
1891	6	7	1	6	14	45.57	11.17		5.71	Ms	Italy: Tregnago	意大利:特雷尼亚戈	Italy

年 Year	月 Mo	日 Dy	时 Hr	分 Mn	秒 Sec	纬度(°) Latitude	经度(°) Longitude	深度 Depth	震级 Mag	标度 Scale	地名(英文) Name(English)	地名(中文) Name(Chinese)	资料来源 Information
1891	6	10				1.375	127.52		7	Mk	Indonesia:Maluku Utara	印度尼西亚:北马鲁古	NOAA,Song
1891	6	20				-3.6	128.7		7	Mk	Indonesia:Maluku Islands	印度尼西亚:摩鹿加群岛	NOAA,Song
1891	6	21	8	55		10.4	122.2		5.1	Muk	Philippines:Panay Island	菲律宾:班乃岛	Bautista
1891	6	22	18	40		-40.5	177		7	Mk	New Zealand:North Island,Near Coast of E.	新西兰:北岛东部近海	* Song
1891	6	24	19	42		7.6	126		7.2	Muk	Philippines:Mindanao Island	菲律宾:棉兰老岛	Bautista,Maso
1891	6	27	12	11	48	38.55	14.833		5.17	Ms	Italy:N. of Sicily	意大利:西西里岛北部	Italy
1891	6	27				39	20.7		6	Ms	Greece:Ionian Islands,Leukas	希腊:伊奥尼亚群岛,琉卡斯	GSHAP
1891	6					34.5	68.5		5	Mk	Afghan:Jalez	阿富汗:贾莱兹	Afghan,Song
1891	7	21	11	19		38.2	140.8	33	6.8	Ms	Japan:Miyagi	日本:宫城	GSHAP
1891	7	30				32	-115		6.6	Mk	Mexico:Mexicali	墨西哥:墨西卡利	* NOAA,CGS
1891	8	5	15			16.4	119.25		5.2	Muk	Philippines:Alaminos,Near Coast of W.	菲律宾:阿拉米诺斯西部近海	Bautista
1891	8	15	11	2		-15.33	-68.54		5.8	Ms	Bolivia:La Paz	玻利维亚:拉巴斯	GSHAP
1891	9	11	16	10		14	119.75		5.1	Muk	Philippines:Lubang Island	菲律宾:卢邦岛	Bautista
1891	9	13	12	5		14.75	121.95		5.2	Muk	Philippines:Quezon,Coast E.	菲律宾:奎松东部海域	Bautista
1891	9	23	5	10		-12.08	-77		5	Mk	Peru:Lima	秘鲁:利马	GSHAP,Song
1891	9	27	4	55		38.25	-88.5		5.2	Ms	US:Illinois,Belle Prairie City	美国:伊利诺斯州贝莱普雷里锡蒂	USGS
1891	10	5				-9	124	80	7	Ms	Indonesia:Timor Island	印度尼西亚:帝汶岛	* NOAA
1891	10	12	6	28		38.3	-122.4		5.9	Ms	US:California,Napa	美国:加利福尼亚州那帕	CGS,USGS
1891	10	15	22	6		33.2	131.8		6.8	Ms	Japan:Oita	日本:大分	Usami,Japan
1891	10	27	21	37		35.5	137		8.4	Muk	Japan:Gifu	日本:岐阜	* Usami
1891	10	29	22	10		13.9	120		5.8	Muk	Philippines:Lubang Island	菲律宾:卢邦岛	Bautista
1891	11	29	23	21		48	-123.5		7.2	Mk	US:Washington,Clallam Bay	美国:华盛顿州克拉勒姆贝	* NOAA,Song
1891	11					23	120.2		5	Ms	China:Taiwan,Tainan	中国:台湾台南	China
1891	12	23	20	35		35.4	138.9		6.9	Ms	Japan:Yamanakako	日本:山梨山中湖村	Usami
1891	12	28	18	12		19	122.2		5.8	Muk	Philippines:Luzon,Coast N.	菲律宾:吕宋岛北部海域	Bautista
1891	12	28	18	20		18.2	121.1		5.6	Muk	Philippines:Calanasan	菲律宾:巴亚格	Bautista
1891	12		21			40.5	-108		5.5	Mk	US:Colorado,Maybell	美国:科罗拉多州梅贝尔	USGS,Song
1892	1	3	7	21		35.3	137.1		6.5	Ms	Japan:Aichi	日本:爱知	Japan
1892	1	5				45.591	10.482		5	Ms	Italy:Salo´	意大利:萨罗	Italy
1892	1	22				41.725	12.712		5.17	Ms	Italy:Marino	意大利:马里诺	Italy
1892	1	25	5	50		18.5	120.7		5.4	Muk	Philippines:Burgos	菲律宾:布尔戈斯	Bautista
1892	1	26				-40.4	149.5		6.9	Mk	Australia:Tasman Sea	澳大利亚:塔斯曼海	* NOAA,Australia,Song
1892	2	2	8	30		35.2	-111.6		5.5	Mk	US:Arizona,Flagstaff	美国:亚利桑那州弗拉格斯塔夫	USGS,Song
1892	2	4	4	30		45.5	-122.7		5	Ms	US:Oregon,Portland	美国:俄勒冈州波特兰	USGS
1892	2	7	13			10.3	123.2		5	Muk	Philippines:Cebu Island	菲律宾:宿务岛	Bautista
1892	2	10				28.9	105		5	Ms	China:Sichuan,Nanxi	中国:四川南溪	China
1892	2	23	9	56		14.25	121.9		5.2	Muk	Philippines:Mauban	菲律宾:毛班	Bautista
1892	2	24	7	20		31.5	-116.5		7.3	Mk	Mexico:Baja California	墨西哥:下加利福尼亚	* Song
1892	3	5				45.569	7.797		5.09	Ms	Italy:Torino	意大利:托里诺(都灵)	Italy
1892	3	8				20.4	121.45		6.8	Ms	Philippines:Batan Island,San Domingo	菲律宾:巴丹岛,圣多明哥	* Bautista,Maso
1892	3	13	17	30		10.1	123		6.1	Muk	Philippines:Bacolod	菲律宾:巴科洛德	Bautista
1892	3	13	18	30		10.3	122.15		6.1	Muk	Philippines:Panay Island	菲律宾:班乃岛	Bautista
1892	3	14	14			-18.5	-70.35		6	Mk	Chile:Arica	智利:阿里卡	GSHAP,Song
1892	3	16	12	38		38.556	14.59		5.38	Ms	Italy:Alicudi	意大利:阿利库迪岛	Italy
1892	3	16	12	58		16.4	120.4		6.6	Ms	Philippines:San Fernando	菲律宾:圣费尔南多	* Bautista,Maso
1892	3	16	16	34		16.4	120.4		5.5	Mk	Philippines:San Fernando	菲律宾:圣费尔南多	Maso,Song
1892	3	22	16	30		10.5	123.1		5.5	Muk	Philippines:Cebu Island	菲律宾:宿务岛	Bautista
1892	3	26	7	44		16.3	120.85		5.3	Muk	Philippines:Baguio	菲律宾:碧瑶市	Bautista
1892	4	7	8	55		16.15	122.05		5.5	Muk	Philippines:Santiago,SE.	菲律宾:圣地亚哥东南	Bautista
1892	4	17	22	50		47	-123		5.5	Mk	US:Washington,Olympia	美国:华盛顿州奥林匹亚	USGS,Song
1892	4	19	10	50		38.5	-122.5		6.6	Ms	US:California,Pope Valley	美国:加利福尼亚州波普瓦利	* CGS,USGS
1892	4	20				41.758	16.093		5.15	Ms	Italy:Mattinata	意大利:福贾,玛蒂娜妲	Italy
1892	4	21	17	43		38.5	-121.9		6.4	Ms	US:California,Fairfield	美国:加利福尼亚州费尔菲尔德	* CGS,USGS
1892	4	22				22.7	120.2		6	Ms	China:Taiwan,Kaohsiung	中国:台湾高雄	China
1892	4	30	0	9		38.4	-121.8		5.6	Ms	US:California,Fairfield	美国:加利福尼亚州费尔菲尔德	CGS,USGS
1892	5	16	21	10		14	143.3		7.5	Ms	Guam	关岛(西太平洋)	* Maso,NOAA
1892	5	17	12	10		2.5	99.5		7.2	Mk	Indonesia:Northern Sumatera	印度尼西亚:苏门答腊北部	* NOAA,Song
1892	5	20	22	30		15.35	119.65		5.4	Muk	Philippines:Luzon,Near Coast of W.	菲律宾:吕宋岛西部近海	Bautista
1892	5	28	11	15		33.2	-116.2		6.5	Ms	US:California,Borrego Springs	美国:加利福尼亚州博雷戈斯普林斯	CGS,USGS
1892	6	2	22	10		35.7	139.9		6.7	Ms	Japan:Tokyo	日本:东京	Usami,Japan
1892	6	6				42.156	15.52		5.07	Ms	Italy:Tremiti	意大利:特雷米蒂岛	Italy
1892	6	14	13	25		34.2	-117.5		5.5	Ms	US:California,Victorville	美国:加利福尼亚州维克托维尔	CGS,USGS
1892	6	15	22	15		6.65	123.75		5.5	Muk	Philippines:Mindanao Island	菲律宾:棉兰老岛	Bautista

年 Year	月 Mo	日 Dy	时 Hr	分 Mn	秒 Sec	纬度(°) Latitude	经度(°) Longitude	深度 Depth	震级 Mag	标度 Scale	地名(英文) Name(English)	地名(中文) Name(Chinese)	资料来源 Information
1892	6	23	23	20		46.283	12.517		5.17	Ms	Italy:Claut	意大利:克劳特	Italy
1892	7	28	12	7		15	121.85		5.8	Muk	Philippines:San Fernando,Coast E.	菲律宾:圣费尔南多东部海域	Bautista
1892	7	28				19.8	110.5		5	Ms	China:Hainan,Ding - An	中国:海南定安	China
1892	8	9	7	58		45.567	11.167		5.17	Ms	Italy:Tregnago	意大利:特雷尼亚戈	Italy
1892	9	6	20	42		36.1	136.51		6.6	Ms	Japan:Fukui	日本:福井	Japan
1892	9	18	20	46		40.7	66.5	28	6.1	Ms	Uzbekistan:Navoiy	乌兹别克斯坦:纳沃伊州	GSHAP
1892	10	9	11	9		42	142.5	33	7.1	Ms	Japan:Hokkaido	日本:北海道	GSHAP
1892	10	14	5	55		44.5	28	70	6.8	Ms	Romania:Cernavodǎ	罗马尼亚:切尔纳沃德	GSHAP
1892	10	14	6	54		43.3	27		5.2	Ms	Bulgaria:Razgrad	保加利亚:拉兹格勒	GSHAP
1892	11	13	12	45		36.75	-121.4		5.9	Ms	US:California,Tres Pinos	美国:加利福尼亚州特雷斯皮诺斯	CGS,USGS
1892	11	15	11	20		40.54	13		6.6	Mk	Tyrrhenian Sea	第勒尼安海(伊特鲁里亚海)	NOAA,Song
1892	11	18				-3	127.8		7	Ms	Indonesia:Ceram Sea	印度尼西亚:塞兰海	* NOAA
1892	11	24	9	45		39.9	53.1	15	5.7	Ms	Caspian Sea	里海	GSHAP
1892	12	3	9	30		16.6	121		5.8	Muk	Philippines:Nueva Vizcaya	菲律宾:新比斯开	Bautista
1892	12	9	1	42		37.1	136.7		6.5	Ms	Japan:Nanao	日本:石川七尾	* Usami,Japan,NOAA
1892	12	10	16	34		37	136.7		6.5	Ms	Japan:Nanao	日本:石川七尾	Japan
1892	12	20				30.5	66.2		6.3	Mk	Pakistan:Chaman,Baluchistan	巴基斯坦:洽曼,俾路支	* Song
1893	1	25	11	21		40.583	15.417		5.17	Ms	Italy:Auletta	意大利:奥莱塔	Italy
1893	1	25	12	30		18.7	121.9		5.9	Muk	Philippines:Luzon,Coast N.	菲律宾:吕宋岛北部海域	Bautista
1893	1	28				40.5	25.6	15	5.8	Ms	Aegean Sea	爱琴海	GSHAP,NOAA
1893	1	31	2	30		37.7	20.9		6.4	Ms	Greece:Zakynthos	希腊:扎金索斯岛	*
1893	2	9	16			40.5	25.5		6.8	Muk	Greece:Samothraki	希腊:萨莫色雷斯	* NOAA,GSHAP
1893	2	13	4			30.7	67.4		5.9	Ms	Pakistan:Chaman	巴基斯坦:杰曼	Afghan
1893	2	19				17.97	-76.8		7	Mk	Jamaica:Kingston	牙买加:金斯敦	* NOAA,Song
1893	2	22	21	25		-29.9	-71.25		6	Mk	Chile:Coquimbo	智利:科金博	GSHAP,Song
1893	2	23				38.3	116.8		5	Ms	China:Hebei,Cangzhou	中国:河北沧州	China
1893	2	26	18	2		13.65	120.2		5.5	Muk	Philippines:Mindoro Island	菲律宾:民都洛岛	Bautista
1893	3	8	16	39		16.85	120.2		5.6	Muk	Philippines:San Fernando	菲律宾:圣费尔南多	Bautista,Maso
1893	3	12				37.9	26.9		6.6	Ms	Turkey:Izmir, Efes, Aydin	土耳其:伊兹密尔,艾菲斯,艾登	GSHAP
1893	3	31				38.3	38.3		6.7	Ms	Turkey:Malatya	土耳其:马拉蒂亚	*
1893	4	4	19	40		34.3	-118.6		5.8	Ms	US:California,Santa Clarita	美国:加利福尼亚州圣塔克拉利塔	CGS,USGS
1893	4	8	3	20		34.5	-106.8		5.5	Mk	US:New Mexico,La Joya	美国:新墨西哥州拉霍亚	USGS,Song
1893	4	8	13	47		44.3	21		5.7	Mk	Serbia:Kragujevac	塞尔维亚:克拉古耶瓦茨	* GSHAP
1893	4	8	14	9		44.2	21.3		5	Ms	Serbia:Kragujevac	塞尔维亚:克拉古耶瓦茨	GSHAP
1893	4	8	16	41		44.2	21.4		5	Ms	Serbia:Kragujevac	塞尔维亚:克拉古耶瓦茨	GSHAP
1893	4	9	0	50		44.2	21.2		5	Ms	Serbia:Kragujevac	塞尔维亚:克拉古耶瓦茨	GSHAP
1893	4	10	2	29		43.8	21.2		5	Ms	Serbia:Kragujevac	塞尔维亚:克拉古耶瓦茨	GSHAP
1893	4	10	22	57		44.1	21.2		5	Ms	Serbia:Kragujevac	塞尔维亚:克拉古耶瓦茨	GSHAP
1893	4	12	5	51		13.1	123.65		5.5	Muk	Philippines:Legazpi	菲律宾:黎牙实比	Bautista,Maso
1893	4	17	5			37.7	20.9		6.4	Ms	Greece:Zakynthos	希腊:扎金索斯岛	* NOAA
1893	4	22	3	20		38	15.028		5.03	Ms	Italy:Catania	意大利:卡塔尼亚	Italy
1893	4	22	10	12		44.2	21.2		5	Ms	Serbia:Kragujevac	塞尔维亚:克拉古耶瓦茨	GSHAP
1893	4	24	7	24		12.9	124.25		5.5	Muk	Philippines:Sorsogon	菲律宾:索索贡	Bautista
1893	4	29	22	45		44.2	21.2		5	Ms	Serbia:Kragujevac	塞尔维亚:克拉古耶瓦茨	GSHAP
1893	4					25.6	102.5		5	Ms	China:Yunnan,Luquan	中国:云南禄劝	China
1893	5	8	16	27		13.1	124.45		5.2	Muk	Philippines:Sorsogon	菲律宾:索索贡	Bautista
1893	5	19	0	35		34.1	-119.4		5.8	Ms	US:California,Oxnard	美国:加利福尼亚州奥克斯纳德	CGS,USGS
1893	5	20	20	42		44.3	21.2		5.6	Ms	Serbia:Kragujevac	塞尔维亚:克拉古耶瓦茨	GSHAP
1893	5	23	22	2		38.31	23.25		6.3	Ms	Greece:Erythres	希腊:埃里斯雷	GSHAP
1893	5	31	19	13		44.2	21.2		5	Ms	Serbia:Kragujevac	塞尔维亚:克拉古耶瓦茨	GSHAP
1893	6	1				36.6	101.8		5.5	Ms	China:Qinghai,Xining	中国:青海西宁	* China
1893	6	2	22	30		7.6	123.8		5.9	Muk	Philippines:Mindanao Island	菲律宾:棉兰老岛	Bautista,Maso
1893	6	3	17	27		43.5	148		7	Ms	Kuril Islands	千岛群岛	* Usami,GSHAP,NOAA
1893	6	13				42.5	145.5		6.9	Ms	Japan Trench	日本海沟	* NOAA
1893	6	14				40.2	19.7		7.5	Ms	Albania:Himara, Vlore	阿尔巴尼亚:希马拉,发罗拉	* NOAA,GSHAP
1893	6	21	7	30		7.65	126.1		7.3	Ms	Philippines:Mindanao,Davao	菲律宾:棉兰老岛,达沃	* Bautista,Maso
1893	6	30	20	8		8.1	126.21		5.5	Mk	Philippines:Mindanao Island	菲律宾:棉兰老岛	Maso,Song
1893	7	24				41.67	26.55		5.8	Ms	Turkey:Edirne	土耳其:埃迪尔内	Turkey
1893	7	27	19	54		44.2	21.2		5	Ms	Serbia:Kragujevac	塞尔维亚:克拉古耶瓦茨	GSHAP
1893	7	31				-18	168		6	Ms	Vanuatu Islands	瓦努阿图群岛	* NOAA
1893	8	9	9	15		38.4	-122.7		5.6	Ms	US:California,Santa Rosa	美国:加利福尼亚州圣罗莎	CGS,USGS
1893	8	10	9			41.72	16.08		5.44	Ms	Italy:Mattinata	意大利:福贾,玛蒂娜姐	* Italy
1893	8	17	14	25		45.7	26.6	100	6.6	Ms	Romania:Nereju	罗马尼亚:内雷茹	GSHAP
1893	8	27				-15.5	167.2		7	Mk	Vanuatu Islands	瓦努阿图群岛	NOAA,Song
1893	8	29				30.6	101.5		7	Ms	China:Sichuan,Dawu,SE.	中国:四川道孚东南	* China
1893	9	5	22	45		-3.1	-79		5.7	Ms	Ecuador:Azuay	厄瓜多尔:阿苏艾	GSHAP
1893	9	6	17	25		31.4	130.5		6.4	Ms	Japan:Kagoshima	日本:鹿岛	Usami,Japan

年	月	日	时	分	秒	纬度(°)	经度(°)	深度	震级	标度	地名(英文)	地名(中文)	资料来源
Year	Mo	Dy	Hr	Mn	Sec	Latitude	Longitude	Depth	Mag	Scale	Name(English)	Name(Chinese)	Information
1893	9	7				34.5	-106.8		5.7	Mk	US:New Mexico,La Joya	美国:新墨西哥州拉霍亚	USGS,Song
1893	9	8	0	38		43.8	21		5.2	Ms	Serbia:Kragujevac	塞尔维亚:克拉古耶瓦茨	GSHAP
1893	9	10	3	40		45.7	26.6	130	5.8	Ms	Romania:Nereju	罗马尼亚:内雷茹	GSHAP
1893	9	10	3	42		45.7	26.6	100	6.1	Ms	Romania:Nereju	罗马尼亚:内雷茹	GSHAP
1893	9	11				2.5	-76.6		5.7	Ms	Colombia:Cauca	哥伦比亚:考卡	GSHAP
1893	9	14	13	18		15.3	122		5.7	Muk	Philippines:San Fernando,Coast E.	菲律宾:圣费尔南多东部海域	Bautista
1893	10	17				25.1	121.5		5	Ms	China:Taiwan,Taipei	中国:台湾台北	China
1893	11	4	4	28		42.7	75.8	15	6	Ms	Kyrgyzstan:Bishkek	吉尔吉斯斯坦:比什凯克	GSHAP
1893	11	5	3	30		39.5	69.4	40	5.9	Ms	Tadzhikistan:Sabah	塔吉克斯坦:萨巴赫	GSHAP
1893	11	16	4	31		15.3	121.45		5.8	Muk	Philippines:San Fernando,E.	菲律宾:圣费尔南多东部	Bautista
1893	11	17	15	6		37	58.4		7.1	Ms	Iran:Qūchān	伊朗:古昌	* Iran
1893	12	17				41.7	82.8		6.75	Ms	China:Xinjiang,Kuqa,SW.	中国:新疆库车西南	* China
1893	12	23	16	20		12	124.1		5.6	Muk	Philippines:Masbate Island	菲律宾:马斯巴特岛	Bautista,Maso
1893	12	25				41.2	80.3		6.5	Ms	China:Xinjiang,Aksu	中国:新疆阿克苏	* China
1894	1	4	13	9		31.4	130.5		6.3	Ms	Japan:Kagoshima	日本:鹿岛	Usami,Japan
1894	1	10	9	45		35.4	136.7		7.4	Ms	Japan:Mizuho	日本:岐阜瑞穗	Japan
1894	1	17				37.1	58.3		5.9	Mk	Iran:Qūchān	伊朗:古昌	* Song
1894	2	9	12	48	5	45.567	11.15		5.17	Ms	Italy:Tregnago	意大利:特雷尼亚戈	Italy
1894	2	9	17	5		6.3	125.85		6.7	Ms	Philippines:Mindanao,Davao Gulf	菲律宾:棉兰老岛,达沃海湾	* Bautista,Maso
1894	2	17	21	23		8.2	126.11		5	Mk	Philippines:Mindanao Island	菲律宾:棉兰老岛	Maso,Song
1894	2	25	19	18		41.5	142	33	7.2	Ms	Japan:Hakodate,Near Coast	日本:北海道函馆近海	GSHAP
1894	2	26				29.5	53.3		5.9	Ms	Iran:Fars,Shiraz	伊朗:法尔斯,设拉子	* Iran
1894	3	1	15	25		45.7	26.6		5.5	Ms	Romania:Nereju	罗马尼亚:内雷茹	GSHAP
1894	3	4	6	35		45.7	26.6	100	5.8	Ms	Romania:Nereju	罗马尼亚:内雷茹	GSHAP
1894	3	14	9	15		41.5	142.5	33	7	Ms	Japan trench	日本海沟	GSHAP
1894	3	22	10	23		42.5	146	40	8	Ms	Japan:Hokkaido	日本:北海道	* Usami,NOAA
1894	3	25				41.867	15.323		5.17	Ms	Italy:Lesina	意大利:莱西纳	Italy
1894	4	1	22	34		15.4	120.9		5	Mk	Philippines:Cabanatuan	菲律宾:甲万那端	Maso,Song
1894	4	20	16	52		38.6	23.2		6.7	Ms	Greece:Sterea Ellada	希腊:斯戴里亚艾尔拉达	*
1894	4	27	19	42		38.7	23.1		7.2	Ms	Greece:Sterea Ellada	希腊:斯戴里亚艾尔拉达	* Turkey,NOAA
1894	4	29	2	45		8.5	-71.7	20	8.2	Ms	Venezuela:Merida	委内瑞拉:梅里达	*
1894	5	14				36.6	35.6	30	6.1	Ms	Turkey:Adana	土耳其:阿达纳	GSHAP
1894	5	28	20	15		39.995	16.035		5.09	Ms	Italy:Pollino	意大利:波里诺	Italy
1894	6	4	10	15		8.2	125.85		5.2	Muk	Philippines:Mindanao Island	菲律宾:棉兰老岛	Bautista
1894	6	20	5	4		35.7	139.9		7.5	Ms	Japan:Tokyo	日本:东京	* Usami
1894	6	28	18	57		8.2	126.1		6.2	Mk	Philippines: Mindanao, Agusan River Valley	菲律宾:棉兰老岛,阿古桑河流域	* Maso,Song
1894	6	29	21	50		8.2	126.1		5.5	Mk	Philippines: Mindanao, Agusan River Valley	菲律宾:棉兰老岛,阿古桑河流域	Maso,Song
1894	7	10	12	33		40.6	28.7		7	Ms	Turkey:Iznik,Izmit	土耳其:伊兹尼克,伊兹米特	* NOAA,GSHAP
1894	7	18	22	50		41.2	-112		5.5	Mk	US:Nevada,Wells	美国:内华达州韦尔斯	USGS,Song
1894	7	26	0	15		37.75	21.75		6.3	Ms	Greece:Dukat	希腊:杜卡特	*
1894	7	28				41	71.2	10	5	Ms	Uzbekistan:Namangan	乌兹别克斯坦:纳曼干	GSHAP
1894	7	30	5	12		34.3	-117.6		6.2	Ms	US:California,Victorville	美国:加利福尼亚州维克托维尔	CGS,USGS
1894	8	3	6	29	26	38.55	14.833		5.17	Ms	Italy:N. of Sicily	意大利:西西里岛北部	Italy
1894	8	8	5	16		37.65	15.12		5.23	Ms	Italy:Etna	意大利:埃特纳	Italy
1894	8	8	14	19		32.8	131		6.8	Ms	Japan:Kumamoto	日本:熊本	Usami,Japan
1894	8	24				26.2	104.1		5	Ms	China:Yunnan,Xuanwei	中国:云南宣威	China
1894	8	29	10	55		38	141	33	6.9	Ms	Japan:Miyagi	日本:宫城	GSHAP
1894	8	31	12	20		45.7	26.6	150	6.8	Ms	Romania:Nereju	罗马尼亚:内雷茹	GSHAP
1894	9	30	17	36		40.3	-124.5		6.5	Ms	US:California,North Coast	美国:加利福尼亚州北部近海	CGS,USGS
1894	10	7	11	30		35.6	139.8		7.5	Ms	Japan:Tokyo Bay	日本:东京湾	Japan,Usami
1894	10	19	14	30		50.8	84	26	5.9	Ms	Kazakhstan:Zyryanovsk	哈萨克斯坦:济良诺夫斯克	GSHAP
1894	10	22	8	35		38.9	139.8	40	7.3	Ms	Japan:Yamagata	日本:山形	* GSHAP,Usami,NOAA
1894	10	23	23	3		32.8	-116.8		6.1	Ms	US:California,Alpine	美国:加利福尼亚州阿尔派恩	CGS,USGS
1894	10	27	19	30		-32	-68.5		7.5	Ms	Argentina:La Rioja,San Juan	阿根廷:拉里奥哈,圣胡安	*
1894	11	4	16	45		9.4	-70.1		5.9	Mk	Venezuela:Carache	委内瑞拉:卡拉切	* Song
1894	11	16	18	52		38.28	15.87		6.05	Ms	Italy:Palmi, Santa Cristina	意大利:帕尔米,圣克里斯蒂娜	* Italy,NOAA
1894	11	18	10	49		39.2	-119.5		5.5	Mk	US:Nevada,Dayton	美国:内华达州代顿	USGS,Song
1894	11	27	16	5		41	141	33	7.1	Ms	Japan:Aomori	日本:青森	GSHAP
1894	11	27				45.568	10.192		5	Ms	Italy:Brescia	意大利:布雷西亚	Italy
1894	11	28				46.006	11.821		5.03	Ms	Italy:Fonzaso	意大利:丰扎索	Italy
1894	12	6	14	35		40	53.2	15	5.1	Ms	Turkmenistan:Turkmenbasy	土库曼斯坦:土库曼巴希	GSHAP
1894	12	10	14	6		43.9	21.2		5	Ms	Serbia:Kragujevac	塞尔维亚:克拉古耶瓦茨	GSHAP
1894	12	19	21	30		45.03	21.72		5	Ms	Romania:Anina	罗马尼亚:阿尼纳	GSHAP
1894	12	27				38.562	14.57		5.18	Ms	Italy:N. of Sicily	意大利:西西里岛北部	Italy
1895	1	11	22	20		46.1	14.5		5.03	Ms	Slovenia:Ljubljana	斯洛文尼亚:卢布尔雅那	Italy
1895	1	17	8	30		37.1	58.4		6.8	Ms	Iran:Qūchān	伊朗:古昌	*

年 Year	月 Mo	日 Dy	时 Hr	分 Mn	秒 Sec	纬度(°) Latitude	经度(°) Longitude	深度 Depth	震级 Mag	标度 Scale	地名(英文) Name(English)	地名(中文) Name(Chinese)	资料来源 Information
1895	1	18	13	48		36.1	140.4		7.2	Ms	Japan: Namegata	日本:茨城行方	Usami
1895	1	18				46.7	82.7	20	5	Ms	Kazakhstan: Urdzhar, E.	哈萨克斯坦:乌尔贾尔东部	GSHAP
1895	3	6	8	35		-8.5	151		7.5	Ms	Solomon Sea, W.	所罗门海西部	* NOAA
1895	3	9				38.2	-122.4		7	Mk	US: California, Sonoma	美国:加利福尼亚州索诺马	* NOAA, Song
1895	4	14	20	17	30	46.1	14.5	16	6.25	Ms	Slovenia: Ljubljana	斯洛文尼亚:卢布尔雅那	* Italy
1895	4	14	23	1		46.1	14.5	13	5	Ms	Slovenia: Ljubljana	斯洛文尼亚:卢布尔雅那	GSHAP
1895	4	15	0	1		46.1	14.5	13	5.1	Ms	Slovenia: Ljubljana	斯洛文尼亚:卢布尔雅那	GSHAP
1895	5	1	8			2	-75.9		5	Ms	Colombia: Huila	哥伦比亚:乌伊拉	GSHAP
1895	5	13	22	45		13.5	120.9		5.4	Ms	Philippines: Mindoro, Calapan	菲律宾:民都洛岛,卡拉潘	* Bautista, Maso
1895	5	13	22			40.1	19.4		6.4	Mk	Albania: Himara	阿尔巴尼亚:希马拉	* GSHAP
1895	5	14	3			39.5	20.5		7.5	Ms	Greece: Thesprotia	希腊:塞斯普罗蒂亚	*
1895	5	14				39.42	20.61		6.3	Ms	Greece: Preveza	希腊:普雷韦扎	GSHAP
1895	5	15				40	20.1		6.4	Ms	Albania: Gjirokaster	阿尔巴尼亚:吉诺卡斯特	*
1895	5	18	19	54		43.75	11.25		5.17	Ms	Italy: Florence, Martino	意大利:佛罗伦萨,马尔蒂诺	* Italy
1895	5	20	15	32	57	42.75	12.7		5.17	Ms	Italy: Baiano	意大利:巴亚诺	Italy, GSHAP
1895	5	25				33	130		7	Mk	Japan: Omura	日本:长崎大村	* NOAA, Song
1895	6	7	13	56		13.51	121		5.5	Mk	Philippines: Mindoro Island	菲律宾:民都洛岛	Maso, Song
1895	6	10	1	47		45.943	12.073		5.06	Ms	Italy: Valdobbiadene	意大利:瓦尔多比亚代内	Italy
1895	6	16	10			39.5	20.5		7	Mk	Greece: Thesprotia	希腊:塞斯普罗蒂亚	* Song
1895	6	21	10			44.1	20		5.2	Ms	Serbia: Cacak	塞尔维亚:查查克	GSHAP
1895	7	5				37.7	75.1		7	Ms	China: Xinjiang, Tashkurghan	中国:新疆塔什库尔干	China
1895	7	8	21	30		39.5	53.7	60	8.2	Ms	Turkmenistan: Balkanabat	土库曼斯坦:巴尔坎纳巴德	* NOAA
1895	7	9				40	53.1		6.5	Ms	Caspian Sea	里海	Iran
1895	7	11				25.2	100.3		5	Ms	China: Yunnan, Weishan	中国:云南巍山	China
1895	8	4	8			37.8	75.2	20	6.4	Ms	China: Xinjiang, Tashkurghan	中国:新疆塔什库尔干	GSHAP
1895	8	6	2			41.2	19.3		6.2	Mk	Albania: Durres	阿尔巴尼亚:都拉斯	* Song
1895	8	8				57	133	15	6	Ms	Russia: Khabarovsk, Nurki, W.	俄罗斯:哈巴罗夫斯克区努尔基村以西	GSHAP
1895	8	19				37.84	27.8		6.4	Ms	Turkey: Mandelia	土耳其:曼德拉	GSHAP
1895	8	27	13	42		32.8	131		6.3	Ms	Japan: Kumamoto	日本:熊本	Usami
1895	8	30				23.5	116.5		6	Ms	China: Guangdong, Jieyang	中国:广东揭阳	* China
1895	9	4	13	30		44.03	11.82		5.03	Ms	Italy: Galeata	意大利:加莱阿塔	Italy
1895	9	6	19	20		46	-112.5		5	Ms	US: Montana, Butte	美国:蒙大纳州比尤特	USGS
1895	10	25	0	24	58	43.467	11.067		5.03	Ms	Italy: San Gimignano	意大利:圣吉米尼亚诺	Italy
1895	10	31	11	8		37	-89.4		6.1	Mk	US: Missouri, Sikeston	美国:密苏里州赛克斯顿	* Song
1895	11	13	14	30		38.98	70.41	5	5.1	Ms	Tadzhikistan: Garm	塔吉克斯坦:加尔姆	GSHAP
1895	12	9	9	34		21	-157		5	Mk	Hawaiian Islands	夏威夷群岛	USGS, Song
1895	12	18	13	4		40	73	35	6	Ms	Kyrgyzstan: Osh	吉尔吉斯斯坦:奥什	GSHAP
1895	12	25				35.7	51.4		5.9	Mk	Iran: Tehran	伊朗:德黑兰	* Song
1895						16.8	96.2		5.9	Mk	myanmar: Rangoon	缅甸:仰光	* Song
1895						38.6	27.1		7	Ms	Turkey: Izmir	土耳其:伊兹密尔	GSHAP
1896	1	2				37.8	48.3	12	6.7	Ms	Iran: Ardabil	伊朗:阿尔达比勒	* GSHAP
1896	1	4	6	15		48.5	-122.8		5	Mk	US: Washington, Seattle	美国:华盛顿州西雅图	USGS, Song
1896	1	5				38.5	45		6.3	Mk	Iran: Orumiyeh	伊朗:乌尔米耶	* Song
1896	1	9	13	17		36.5	141		7.6	Ms	Japan: Ibaraki, Near Coast	日本:茨城近海	* Usami, NOAA
1896	1	15	18	40		41.5	70.9	23	6.6	Ms	Kyrgyzstan: Jalalabad	吉尔吉斯斯坦:贾拉拉巴德	GSHAP
1896	1	27	21	1		39.1	-119.8		5.5	Mk	US: Nevada, Johnson Lane	美国:内华达州约翰逊巷	USGS, Song
1896	2	12				26.9	100.2		5.5	Ms	China: Yunnan, Lijiang	中国:云南丽江	China
1896	2	14				29.3	104.9		5.75	Ms	China: Sichuan, Zigong	中国:四川自贡	* China
1896	3	2				19.2	-104		6.3	Mk	Mexico: Colima	墨西哥:科利马	* Song
1896	3	4	5	5		38	76	40	7.1	Ms	China: Xinjiang, Tashkurghan	中国:新疆塔什库尔干	* China, GSHAP
1896	3	11	23	30		45.7	26.6	100	6.3	Ms	Romania: Nereju	罗马尼亚:内雷茹	GSHAP
1896	3	14	2	30		-33	-71		6.1	Mk	Chile: Valparaiso	智利:瓦尔帕莱索	* GSHAP, Song
1896	3					32.5	98		7	Ms	China: Sichuan, Shiqu, S.	中国:四川石渠南	China
1896	4	1	16	41		37.5	137.3		5.7	Ms	Japan: Suzu	日本:石川珠洲	Usami
1896	4	2	11	17		45.2	-123.2		5	Ms	US: Oregon, McMinnville	美国:俄勒冈州麦克明维尔	USGS
1896	4	16				39.34	29.2		5.8	Ms	Turkey: Emet	土耳其:埃梅特	Turkey
1896	4	18				-8.3	126		6.2	Mk	Indonesia: Timor	印度尼西亚:帝汶	* Song
1896	4	19	10	56		40	140	33	7	Ms	Japan: Akita	日本:秋田	GSHAP
1896	5	3	13	45		-0.51	-80.45		7	Ms	Ecuador: Portoviejo	厄瓜多尔:波托维耶霍	GSHAP
1896	5					61	-146		5.7	Mk	Gulf of Alaska	阿拉斯加湾	USGS, Song
1896	6	1				44.3	78.4	15	5.4	Ms	Kazakhstan: Almaty	哈萨克斯坦:阿拉木图	GSHAP
1896	6	14	14	20		-18.5	-70.35		6	Mk	Chile: Arica	智利:阿里卡	GSHAP, Song
1896	6	15	10	33		39.5	144		8.4	Muk	Japan Trench	日本海沟	* GSHAP, NOAA
1896	6	17	12			37	68	15	5.2	Ms	Afghan: Balkh	阿富汗:巴尔赫	GSHAP
1896	6	26				36.9	28.1		5.8	Ms	Turkey: Hisaronu	土耳其:希萨勒尼	Turkey
1896	8	1	2	49		37.5	141.5		7.7	Ms	Japan: Fukushima, Off Coast	日本:福岛沿海	Japan
1896	8	17	11	30		36.7	-118.3		6.3	Ms	US: California, Seven Pines	美国:加利福尼亚州塞文派因斯	CGS, USGS
1896	8	23	6	56		39.9	140.6		6.5	Ms	Japan: Akita	日本:秋田	Japan

年 Year	月 Mo	日 Dy	时 Hr	分 Mn	秒 Sec	纬度(°) Latitude	经度(°) Longitude	深度 Depth	震级 Mag	标度 Scale	地名(英文) Name(English)	地名(中文) Name(Chinese)	资料来源 Information
1896	8	26				64	-20.2	5	6.9	Ms	Iceland:Asolfsstadhir	冰岛：奥索尔斯塔济	* Iceland
1896	8	27	9	30		64	-20.1	8	6.7	Ms	Iceland:Asolfsstadhir	冰岛：奥索尔斯塔济	Iceland
1896	8	31	8	6		40	141		7.2	Ms	Japan:Mt. Iwate	日本：岩手山	* Usami,Japan
1896	9	5	23	30		63.9	-21	4	6	Ms	Iceland:Selfoss	冰岛：塞尔福斯	Iceland
1896	9	5	23	35		64	-20.6	8	6.5	Ms	Iceland:Selfoss	冰岛：塞尔福斯	Iceland
1896	9	6	2			63.9	-21.2	9	6	Ms	Iceland:Selfoss	冰岛：塞尔福斯	Iceland
1896	9	13	4	58		18.31	121.11		5.5	Mk	Philippines:Calanasan	菲律宾：巴亚格	Maso,Song
1896	9	13	15	30		19.25	-155		6	Ms	Hawaiian Islands	夏威夷群岛	USGS
1896	9	22	5			41.6	45.2	18	5.2	Ms	Georgia:TBilisi	格鲁吉亚：第比利斯	GSHAP
1896	9	23	23	20		37	71	160	7.5	Muk	Afghan:Badakhshan	阿富汗：巴达赫尚	*
1896	9	27	16	27		39.6	73.6	18	5.6	Ms	Kyrgyzstan:Osh,SW.	吉尔吉斯斯坦：奥什西南	GSHAP
1896	9	28				41.1	20.7		6.1	Ms	Macedonia(Fyrom):Ohrid	马其顿：奥赫里德	GSHAP
1896	10	1	15	30		39.5	47.6	25	5.2	Ms	Iran:Parsabad	伊朗：法尔萨巴德	GSHAP
1896	10	10				-3.5	102.5		6.8	Ms	Indonesia:Southern Sumatra	印度尼西亚：苏门答腊南部	* NOAA
1896	10	27				36.4	27.9		6.4	Ms	Greece:Dodecanese Islands	希腊：多德卡尼斯群岛	GSHAP
1896	11	1				39.4	75.8	25	6.5	Ms	China:Xinjiang,Kashi	中国：新疆喀什	* China
1896	11	5	2	50		38.25	22.25		6.6	Mk	Greece:Ionian Sea	希腊：伊奥尼亚海	NOAA,Song
1896	11	18	2	6		43.5	146	40	8	Mj	Kuril Islands	千岛群岛	* Japan
1896	11	24	18	50		45.7	26.6	100	5.2	Ms	Romania:Nereju	罗马尼亚：内雷茹	GSHAP
1896	12	28				23.5	22.2		5.5	Ms	Libya:Al - Kufrah	利比亚：库夫拉绿洲	GSHAP
1896						64	-19.683		7	Mk	Iceland:Hella	冰岛：海德拉	NOAA,Song
1896						30.3	57.1		6.3	Mk	Iran:Kerman	伊朗：克尔曼	* Song
1897	1	5				29.9	115.2		5	Ms	China:Hubei,Yangxin	中国：湖北阳新	China
1897	1	11	3			26.9	56	33	6.4	Ms	Iran:Qeshm Island	伊朗：格什姆岛	* Iran
1897	1	11				60	-140		5	Mk	Gulf of Alaska,SE.	阿拉斯加湾东南	USGS,Song
1897	1	16	15	49		36.2	139.9		6.9	Ms	Japan:Chikusei	日本：茨城筑西	Usami,Japan
1897	1	16	20	36		36.7	138.3		6.3	Ms	Japan:Naganoi	日本：长野	Usami,Japan
1897	1	17	18	35		18	121.5		5	Mk	Philippines:Aparri	菲律宾：阿帕里	Maso,Song
1897	1	17				40	20.1		5.8	Mk	Albania:Gjirokaster	阿尔巴尼亚：吉诺卡斯特	* Song
1897	1	19	19	20		42.75	12.883	16	5.17	Ms	Italy:Umbria	意大利：翁布里亚	Italy,GSHAP
1897	2	7	7	36		40	140	60	8.3	Muk	Japan:Akita	日本：秋田	* GSHAP
1897	2	15	21	4		8.2	126.11		5.5	Mk	Philippines:Mindanao Island	菲律宾：棉兰老岛	Maso,Song
1897	2	19	20	50		38.1	141.9	30	7.8	Ms	Japan:Miyagi,Near Coast	日本：宫城近海	* NOAA,GSHAP,Japan
1897	3	1	8	40		43.167	12.6		5.03	Ms	Italy:Valfabbrica,Casa Castalda	意大利：瓦尔法布里卡	Italy
1897	3	14				24.7	121.8		6	Ms	China:Taiwan,Yilan	中国：台湾宜兰	* China
1897	3	15				-6.8	120.8		5.5	Ms	Flores Sea	弗洛勒斯海	* NOAA
1897	4	8	13	20		8.2	126.11		6.1	Mk	Philippines:Mindanao Island	菲律宾：棉兰老岛	Maso,Song
1897	4	29	14	15		16.1	-61.3		6.5	Mk	Guadeloupe:Grand Bourg	瓜德罗普岛：格朗布尔	* Song
1897	4	30	7	2		36.7	138.3		6.3	Ms	Japan:Naganoi	日本：长野	Japan
1897	5	10	5	26		-37.3	139.7	14	6.5	Muk	Australia:Beachport,Robe	澳大利亚：海滩港，金斯敦	*
1897	5	13	11	22		12	124	33	7.9	Ms	Philippines:Masbate Island	菲律宾：马斯巴特岛	*
1897	5	15	5	57		46	14.5		5.57	Ms	Slovenia:Ljubljana	斯洛文尼亚：卢布尔雅那	Italy
1897	5	15	14	36		39	12.5		6.5	Mk	Tyrrhenian Sea	第勒尼安海（伊特鲁里亚海）	* Song
1897	5	15	19	4		39.3	-119.7		5	Mk	US:Nevada,Reno	美国：内华达州雷诺	USGS,Song
1897	5	22	2	5		43.467	11		5.03	Ms	Italy:San Gimignano	意大利：圣吉米尼亚诺	Italy
1897	5	22				31.3	56.3		5.5	Ms	Iran:Kerman	伊朗：克尔曼	Iran
1897	5	23	12	22		39.01	142.51		7.5	Ms	Japan:Iwate,Near Coast	日本：岩手近海	Japan
1897	5	28	22	35		37.5	22.5	90	7.5	Ms	Greece:Arkadia	希腊：阿卡迪亚	GSHAP
1897	5	31	18	58		37.3	-80.7		5.6	Ms	US:Virginia,Eggleston	美国：弗吉尼亚州埃格尔斯顿	USGS
1897	5					36.7	28.6		5.8	Ms	Mediterranean Sea	地中海	Turkey
1897	6	5	12	22		46.6	-112		5	Ms	US:Montana,Helena	美国：蒙大纳州海伦娜	USGS
1897	6	5				17	-96.3		7	Muk	Mexico:Oaxaca,Tehuantepec	墨西哥：瓦哈卡，特万特佩克	*
1897	6	12	11	6		26	91	33	8.7	Ms	India:Assam	印度：阿萨姆邦	*
1897	6	20	20	14		37	-121.5		6.4	Ms	US:California,Gilroy	美国：加利福尼亚州吉尔罗伊	CGS,USGS
1897	6	20				16	-95		7	Ms	Mexico:Oaxaca,Salina Cruz	墨西哥：瓦哈卡，萨利纳克鲁斯	* NOAA
1897	7	15	5	57		46.05	14.5		5.13	Ms	Slovenia:Ljubljana	斯洛文尼亚：卢布尔雅那	Italy
1897	8	5	0	10		38	143.7		7.7	Ms	Japan Trench	日本海沟	* NOAA
1897	8	15	12	18		18	120	33	7.9	Ms	Philippines:Laoag,Near Coast	菲律宾：佬沃近海	*
1897	8	16	7	54		39	143	60	7.9	Muk	Japan:Iwate,Near Coast	日本：岩手近海	*
1897	8	25	13			62.5	55	15	5.3	Ms	Russia:Komi,Puzla	俄罗斯：科米州普兹拉	GSHAP
1897	9	6	3	6	45	43.833	11		5.03	Ms	Italy:Padova	意大利：帕多瓦	Italy
1897	9	17	15	10		39.8	68.4	25	6.6	Ms	Uzbekistan:Jazzakh	乌兹别克斯坦：吉扎克	GSHAP
1897	9	17	17	19		39.9	68	45	6.7	Ms	Uzbekistan:Jazzakh	乌兹别克斯坦：吉扎克	GSHAP
1897	9	20	16	25		-11.9	-76.8	70	7.7	Muk	Peru:Lima	秘鲁：利马	* GSHAP
1897	9	20	19	6		6	122	33	8.6	Ms	Philippines:Mindanao,Dapitan	菲律宾：棉兰老岛，达皮丹	*
1897	9	21	5	12		6	122	33	8.7	Ms	Philippines:Mindanao, Zamboanga	菲律宾：棉兰老岛，三宝颜	* NOAA
1897	9	21	7	14		-41.3	174.8		7	Mk	New Zealand:Wellington	新西兰：惠灵顿	NOAA,Song
1897	9	21				43.706	12.966		5.5	Ms	Italy:E. of Pescara	意大利：佩斯卡拉东部	Italy

年	月	日	时	分	秒	纬度(°)	经度(°)	深度	震级	标度	地名(英文)	地名(中文)	资料来源
Year	Mo	Dy	Hr	Mn	Sec	Latitude	Longitude	Depth	Mag	Scale	Name(English)	Name(Chinese)	Information
1897	10	2	13	45		40	142.8	50	7.7	Ms	Japan trench	日本海沟	GSHAP, Usami
1897	10	7	21			7.11	125.61		5	Mk	Philippines: Mindanao Island	菲律宾:棉兰老岛	Maso, Song
1897	10	18	23	48		12	126	33	8.1	Ms	Philippines: Samar Island, E.	菲律宾:萨马岛东部	*
1897	10	19	7	15		12	126		6.1	Mk	Philippines: Samar Island, E.	菲律宾:萨马岛东部	* Maso, Song
1897	10	20	14	24		12	126	33	7.9	Ms	Philippines: Samar Island, E.	菲律宾:萨马岛东部	*
1897	11	4	9	29		45.3	-112.6		6.4	Ms	US: Montana, Dillon	美国:蒙大纳州狄龙	USGS
1897	11	14	0	59		18	121.5		5.5	Mk	Philippines: Aparri	菲律宾:阿帕里	Maso, Song
1897	11	14	13	30		42.9	-106.3		5.5	Mk	US: Wyoming, Casper	美国:怀俄明州卡斯珀	USGS, Song
1897	12	4	0	18		40	142.8	40	7.4	Ms	Japan trench	日本海沟	GSHAP
1897	12	18	7	24	20	43.5	12.38		5.18	Ms	Italy: Citta´Di Castello	意大利:卡斯得洛城	Italy
1897	12	29				18.5	-69.95		5	Mk	Dominica: Santo Domingo	多米尼加:多米尼加	* Song
1897	12					40.1	28		6.4	Ms	Turkey: Balikesir, N.	土耳其:巴勒克西尔北部	GSHAP
1897	12					39.5	20		6.6	Mk	Greece: Ionian Islands	希腊:伊奥尼亚群岛	NOAA, Song
1897						34	-107		5.5	Mk	US: New Mexico, Socorro	美国:新墨西哥州索科罗	USGS, Song
1898	1	15	3	42		36.5	54.9	12	5.5	Muk	Iran: Semnan, Dāmghān	伊朗:塞姆南,达姆甘	* GSHAP
1898	1	16	12	10	5	44.65	11.77		5.03	Ms	Italy: San Marino	意大利:圣马力诺	Italy
1898	1	30	11	15		5.8	121		5.5	Mk	Celebes Sea	西里伯斯海	Maso, Song
1898	2	13	14	58		36.2	139.8		6.4	Ms	Japan: Ibaraki	日本:茨城	Japan
1898	2	20	4	57	26	46.1	13.45		5.17	Ms	Italy: Cividale Del Fruili	意大利:弗留利地区奇维达莱	Italy
1898	2	22	10	44		46.8	6.6		5.17	Ms	Switzerland: Grandson	瑞士:格朗松	Italy
1898	3	4				44.503	10.314		5.07	Ms	Italy: Calestano	意大利:卡莱斯塔诺	Italy
1898	3	31	7	43		38.2	-122.4		6.5	Ms	US: California, Sonoma	美国:加利福尼亚州索诺马	* NOAA
1898	4	2	21	9		35.4	138.4		5.9	Ms	Japan: Hayakawa	日本:山梨早川	Usami
1898	4	3	6	48		34.6	131.2		6.2	Ms	Japan: Yamaguchi	日本:山口	Usami
1898	4	14				39	-124		7.3	Mk	US: California, Manchester, Near Coast	美国:加利福尼亚州曼彻斯特近海	* Song
1898	4	17	22	49	31	46.05	14.5	11	5.03	Ms	Slovenia: Ljubljana	斯洛文尼亚:卢布尔雅那	Italy, GSHAP
1898	4	17				-0.5	-80.5		5.7	Ms	Ecuador: Portoviejo	厄瓜多尔:波托维耶霍	GSHAP
1898	4	22	23	37		38.6	142	60	7.8	Muk	Japan: Miyagi, Near Coast	日本:宫城近海	* Usami, NOAA
1898	4	23	18	22	8	42.917	12.967		5.17	Ms	Italy: Visso	意大利:维索	Italy, GSHAP
1898	4	29	16	18		12	-86	33	7.9	Ms	Nicaragua: Leon, Chinandega	尼加拉瓜:里昂,奇南德加	*
1898	5	6	13	10		46.6	7.667		5.17	Ms	Italy: Spiez	瑞士:施皮茨	Italy
1898	5	25	18			37	138.9		6.1	Ms	Japan: Minamiuonuma	日本:新潟南鱼沼	Usami
1898	6	2	21	40		37.6	22.5	90	7	Ms	Greece: Argolida	希腊:阿尔戈利斯	GSHAP, NOAA
1898	6	5	0	12		38	143	60	8.7	Muk	Japan Trench	日本海沟	*
1898	6	14	3	55		47.117	9.5		5.17	Ms	Switzerland: Buchs	瑞士:布克斯	Italy
1898	6	19	6	40		53.8	87.6	22	5.7	Ms	Russia: Kemerovo, Novokuzneck	俄罗斯:克麦罗沃州新库兹涅茨克	GSHAP
1898	6	21				39.8	76.6	15	6.5	Ms	China: Xinjiang, Artux	中国:新疆阿图什	* China, GSHAP
1898	6	27	22	38		42.415	12.905		5.48	Ms	Italy: Rieti	意大利:列蒂	* Italy
1898	6	29	18	36		52	172		7.6	Muk	Aleutian Islands	阿留申群岛	*
1898	7	2	4	20		43.6	16.7		5.5	Ms	Croatia: Split	克罗地亚:斯普利特	* GSHAP
1898	7	5	9	57		38	142	33	6.9	Ms	Japan: Miyagi, Near Coast	日本:宫城近海	GSHAP
1898	7	23	2	17		-37	-74		6.5	Ms	Chile: Limache, Almendral	智利:利马切	* NOAA, GSHAP
1898	7	31	5	40		39.75	20.75		6.2	Ms	Greece: Janina	希腊:伊欧亚尼纳	*
1898	8	1				61	-150		5.5	Mk	Alaska Peninsula, S.	阿拉斯加半岛南部	USGS, Song
1898	8	10	12	57		33.6	130.2		6	Ms	Japan: Fukuoka	日本:福冈	Usami
1898	8	12	4	3		35.5	130.2		6.5	Ms	Japan Sea	日本海	Japan
1898	8	12				38.181	15.385		5.03	Ms	Italy: Rometta	意大利:罗梅塔	Italy
1898	8	25				42.91	12.973		5.09	Ms	Italy: Visso	意大利:维索	Italy
1898	8					27.3	103.7		5	Ms	China: Yunnan, Zhaotong	中国:云南昭通	China
1898	9	1	9			24.5	124.7		7	Ms	Ryukyu Islands	琉球群岛	Usami
1898	9	12	14	14	10	42.92	13.03		5.1	Ms	Italy: Visso	意大利:维索	GSHAP
1898	9	17	13			38.167	14.867		5.03	Ms	Italy: Gioiosa Marea	意大利:焦约萨马雷阿	Italy
1898	9	22				39.1	113		5.75	Ms	China: Shanxi, Daixian	中国:山西代县	* China
1898	10	11	16	37		50.71	179.5		6.9	Ms	Aleutian Islands, Rat Island	阿留申群岛,拉特岛	USGS
1898	11	13	2	33		35.3	136.7		5.7	Ms	Japan: Hashima	日本:岐阜羽岛	Usami
1898	11	17	15	6		37.2	58.4	11	6.6	Muk	Iran: Qūchān	伊朗:古昌	*
1898	12	3	5	50		37.8	21		6.7	Mk	Greece: Zakynthos	希腊:扎金索斯岛	* NOAA, Song
1898	12	3	16	45		32.7	131.1		6.7	Ms	Japan: Kumamoto	日本:熊本	Usami
1899	1	15				-3	152		7.5	Mk	Papua New Guinea: New Ireland	巴布亚新几内亚:新爱尔兰	* NOAA, Song
1899	1	22	7	56		37.25	21.75		6.6	Ms	Greece: Kyparissia (Messinia)	希腊:麦锡尼	* NOAA
1899	1	24	23	43		17	-98	60	8.4	Muk	Mexico: Guerrero - Oaxaca	墨西哥:格雷罗 - 瓦哈卡	*
1899	1	29				-12.4	130.7		7	Mk	Australia: Northern Australia	澳大利亚:北澳	* NOAA, Song
1899	2	7	12	35	30	42.817	12.95		5.03	Ms	Italy: Perugia	意大利:佩鲁贾	Italy
1899	3	7	0	55		34.2	136.2		7	Ms	Japan: Kihoku	日本:三重纪北	Usami
1899	3	23	18			-21.97	-63.67	10	6.9	Ms	Bolivia: Tarija	玻利维亚:塔里哈	*
1899	3	24	4	5		31.8	131.1		7.2	Ms	Japan: Miyazzaki	日本:宫崎	Usami, Japan
1899	3	31	14	1		35.6	136.6		6	Ms	Japan: Motosu	日本:岐阜本巢	Usami, Japan
1899	3					24.8	98.3		5.5	Ms	China: Yunnan, Yingjiang	中国:云南盈江	China

年 Year	月 Mo	日 Dy	时 Hr	分 Mn	秒 Sec	纬度(°) Latitude	经度(°) Longitude	深度 Depth	震级 Mag	标度 Scale	地名(英文) Name(English)	地名(中文) Name(Chinese)	资料来源 Information
1899	4	2	3	30		55	-161		5	Mk	Aleutian Islands	阿留申群岛	USGS, Song
1899	4	15	10	25		36.3	141		7	Ms	Japan: Ibaraki, Near Coast	日本:茨城近海	Japan
1899	4	16	13	40		41	-126		7	Ms	US: California, Off Coast N.	美国:加利福尼亚州北部沿海	USGS
1899	4	30	22	41		36.85	-121.6		6	Ms	US: California, San Juan Bautista	美国:加利福尼亚州圣胡安包蒂斯塔	CGS, USGS
1899	5	8	3	29		43	146	40	7.2	Ms	Kuril Islands	千岛群岛	GSHAP, Usami
1899	5	15	10	57		43.6	16.7		5.6	Ms	Adriatic Sea	亚得里亚海	GSHAP
1899	6	2	7	19		37.7	-122.5		5.6	Ms	US: California, San Francisco	美国:加利福尼亚州旧金山	CGS, USGS
1899	6	3	4	30		0	-85		7.2	Ms	Carnegie Ridge	卡内基海岭	GSHAP
1899	6	14	11	9		18	-77	60	7.8	Muk	Jamaica: Kingston	牙买加:金斯敦	*
1899	6	26	23	17	22	43.9	11.12		5.09	Ms	Italy: Prato	意大利:普拉托	Italy
1899	7	6	20	10		37.2	-121.5		5.8	Ms	US: California, Morgan Hill	美国:加利福尼亚州摩根希尔	USGS
1899	7	14	6			10.4	-69.2		5.9	Mk	Venezuela: Lara	委内瑞拉:拉腊	* Song
1899	7	14	13	32		60	-150		7.2	Ms	Gulf of Alaska	阿拉斯加湾	USGS
1899	7	19	13	18	54	41.8	12.68		5.18	Ms	Italy: Marino	意大利:马里诺	Italy
1899	7	22	0	46		34.2	-117.4		5.9	Ms	US: California, San Bernardino	美国:加利福尼亚州圣贝纳迪诺	CGS, USGS
1899	7	22	20	32		34.3	-117.5		6.4	Ms	US: California, Victorville	美国:加利福尼亚州维克托维尔	CGS, USGS
1899	8	5	7	20		46.6	14.6		5.03	Ms	Austria: Kaernten	奥地利:克恩顿州	Italy
1899	8	8				-20.2	-70.1		7.7	Mk	Chile: Iquique	智利:伊基克	* * NOAA, Song
1899	9	4	0	22		60	-142	25	8.2	Ms	Gulf of Alaska	阿拉斯加湾	* NOAA
1899	9	4	4	40		60	-142		6.9	Ms	Gulf of Alaska	阿拉斯加湾	USGS
1899	9	10	17	4		60	-140	25	7.8	Ms	Gulf of Alaska	阿拉斯加湾	*
1899	9	10	21	41		60	-140	25	8.6	Ms	Gulf of Alaska	阿拉斯加湾	* USGS, NOAA
1899	9	16	4	33		59	-138		5.7	Mk	Alaska: Lituya Bay	阿拉斯加:立图亚湾	USGS, Song
1899	9	17	12	50		59	-136		6.9	Ms	Alaska: Lituya Bay	阿拉斯加:立图亚湾	USGS
1899	9	18	5	16	23	46.15	14.367		5.03	Ms	Slovenia: Ljubljana	斯洛文尼亚:卢布尔雅那	Italy
1899	9	20	2	12		37.93	28.84		6.7	Ms	Turkey: Sultanhisar, Atca	土耳其:苏尔坦希萨,纳吉利	*
1899	9	23	11	4		60	-143		6.9	Ms	Gulf of Alaska	阿拉斯加湾	USGS
1899	9	23	12	50		59	-143		7	Ms	Gulf of Alaska	阿拉斯加湾	USGS
1899	9	25				27	88.3		6.2	Ms	India: Siliguri	印度:西里古里	GSHAP
1899	9	29	17	3		-3	128.5		7.8	Ms	Indonesia: Maluku Islands	印度尼西亚:摩鹿加群岛	* NOAA
1899	10	13	5			38.4	-122.7		5.7	Mk	US: California, Santa Rosa	美国:加利福尼亚州圣罗莎	USGS, Song
1899	10	19	9	16		-5	153		5	Mk	Papua New Guinea: East New Britain, E.	巴布亚新几内亚:东新不列颠东部	* * Song
1899	11	10	17	41		40	140	33	7.2	Ms	Japan: Akita	日本:秋田	GSHAP, Japan
1899	11	23	9	49		53	159	20	7.9	Muk	Russia: Kamchatka Peninsula	俄罗斯:堪察加半岛	*
1899	11	24	18	43		31.9	132	60	7.2	Muk	Japan: Miyazaki, Near Coast	日本:宫崎近海	* NOAA
1899	11	25				31.9	132		7.1	Ms	Japan: Miyazaki, Near Coast	日本:宫崎近海	* NOAA
1899	11	28				23.4	109.6		5	Ms	China: Guangxi, Wuxuan, S.	中国:广西武宣南	China
1899	12	25	12	25		33.5	-117		6.7	Ms	US: California, Temecula	美国:加利福尼亚州蒂梅丘拉	* CGS, USGS, NOAA
1899	12	25	20	20		8.2	126.11		5	Mk	Philippines: Mindanao Island	菲律宾:棉兰老岛	Maso, Song
1899	12	31	7	50		41.6	43.5		5.6	Muk	Georgia: Borzhomi	格鲁吉亚:博尔若米	*
1900	1	5	19			-3	102		7	Ms	Indonesia: Southern Sumatra	印度尼西亚:苏门答腊南部	Engdahl
1900	1	11	9	7		-5	148		7	Ms	Papua New Guinea: West New Britain	巴布亚新几内亚:西新不列颠	* Engdahl
1900	1	14				-6.9	106.8		6.2	Mk	Indonesia: Java, Sukabumi	印度尼西亚:爪哇,苏卡布米	* Song
1900	1	16	15	14		35.3	138.4		6.3	Ms	Japan: Rowan	日本:山梨县丰冈	Japan
1900	1	18	7	46		44.5	148.5	35	6.7	Mj	Kuril Islands	千岛群岛	Engdahl
1900	1	20	6	33	30	20	-105	10	7.3	Mw	Mexico: Tomatlan	墨西哥:托马特兰	* Engdahl
1900	1	31	19	22		48	146	450	7.5	Mj	Sea Of Okhotsk	鄂霍次克海	Engdahl, GSHAP
1900	2	6	15	9		38.12	31.29	33	5.7	Ms	Turkey: Şarkikaraağaç	土耳其:沙尔克卡拉阿奇	GSHAP
1900	2	7				10.8	76.8		6	Ms	Indian: Chittur	印度:吉杜尔	GSHAP
1900	2	8				10.7	76.7		6	Ms	Indian: Chittur	印度:吉杜尔	GSHAP
1900	2	13	4	28		39	142	33	7.2	Ms	Japan: Oshu, Near Coast	日本:奥州近海	GSHAP
1900	2	24	0	30		38.45	44.87	33	5.4	Ms	Iran: Orumiyeh	伊朗:乌尔米耶	GSHAP
1900	3	4	16	55		45.85	12.067		5.22	Ms	Italy: Valdobbiadene	意大利:瓦尔多比亚代内	Italy
1900	3	12	1	34		38.3	141.9		6.7	Ms	Japan: Miyagi, Near Coast	日本:宫城近海	Usami, Japan
1900	3	15	2	30		38.5	44.97	33	5.1	Ms	Iran: Orumiyeh	伊朗:乌尔米耶	GSHAP
1900	3	17	4	39		41	141	33	6.8	Ms	Japan: Aomori	日本:青森	GSHAP
1900	3	21	15	55		36	136.2		6.6	Ms	Japan: Fukui	日本:福井	Shi Z., Usami, Japan
1900	4	24	23	16		27	126.5	35	6.9	Ms	Ryukyu Islands	琉球群岛	Engdahl
1900	5	11	17	23		39	141	33	7	Mj	Japan: Oshu	日本:岩手奥州	Engdahl, GSHAP, Shi Z., Usami
1900	5	15	2	20		21.5	120.7		6	Ms	China: Taiwan, Coast of S.	中国:台湾南部海域	China
1900	5	16	20	12		20	-105	60	6.9	Ms	Mexico: Tomatlan	墨西哥:托马特兰	* Engdahl
1900	5	19	16	55		42.583	12.768		5.03	Ms	Italy: Arrone	意大利:阿罗内	Italy
1900	5	31	8	43		35.7	136.6		5.9	Ms	Japan: Aichi	日本:爱知	Usami, Japan
1900	5					36.1	114.2		5	Ms	China: Henan, Anyang, W.	中国:河南安阳西	China

年 Year	月 Mo	日 Dy	时 Hr	分 Mn	秒 Sec	纬度(°) Latitude	经度(°) Longitude	深度 Depth	震级 Mag	标度 Scale	地名(英文) Name(English)	地名(中文) Name(Chinese)	资料来源 Information
1900	6	7	22			10.3	-63.3		5.9	Mk	Venezuela: Casanay (Casanai), Cariaco	委内瑞拉:卡萨奈,卡利亚科	* Song
1900	6	8	8	24		42	144	33	7.2	Ms	Japan: Hokkaido	日本:北海道	GSHAP
1900	6	21	20	52		10	-85.5	60	7.2	Mw	Costa Rica: Nicoya	哥斯达黎加:尼科亚	* Engdahl
1900	7	12	6	25		40.3	43.1		5.9	Muk	Turkey: Kars, Digor	土耳其:卡尔斯,季戈尔	*
1900	7	29	6	59		-11	166.1		7.6	Mw	Solomon Islands: Santa Cruz Islands	所罗门群岛:圣克鲁斯岛	* Engdahl
1900	8	1	7	45		40	-112.1		5.6	Mk	US: Utah, Eureka	美国:犹他州尤里卡	USGS, Song
1900	8	5	4	21		37.3	141.7	35	6.6	Mj	Japan: Fukushima, Near Coast	日本:福岛近海	Engdahl
1900	8	11	4	40		62	-138		7	Mk	Canada: Southern Yukon Territory	加拿大:育空地区南部	* NOAA, Song
1900	8	13	20	14		12	124		5	Mk	Philippines: Masbate Island	菲律宾:马斯巴特岛	Maso, Song
1900	8	29	2	32		41.2	142.8	35	6.8	Ms	Japan: Hokkaido	日本:北海道	Engdahl, GSHAP
1900	8					30.5	103.5		5	Ms	China: Sichuan, Qionglai	中国:四川邛崃	China
1900	9	10	21	30		-4	152		6.8	Ms	Bismarck Sea	俾斯麦海	* NOAA
1900	9	11	22	30		40.82	42.12	33	5.1	Ms	Turkey: Erzurum	土耳其:埃尔佐鲁姆	GSHAP
1900	9	17	21	45		-5	148		7.1	Mw	Bismarck Sea	俾斯麦海	* Engdahl, NOAA
1900	9	18				4.6	-74		7.9	Muk	Colombia: Bogota	哥伦比亚:波哥达	*
1900	10	5	17			37.47	44.74	33	5.2	Ms	Iran: Orumiyeh	伊朗:乌尔米耶	GSHAP
1900	10	7	21	4		-4	140	33	6.9	Ms	Indonesia: Papua	印度尼西亚:巴布亚	* Engdahl, NOAA
1900	10	9	12	28		57.09	-153.48		7.7	Ms	Alaska: Kodiak Island	阿拉斯加:科迪亚克岛	* Engdahl, Shi Z.
1900	10	29	8	11		11.2	-66.5	60	7.7	Mw	Venezuela: Macuto	委内瑞拉:马库图	* Engdahl, NOAA
1900	11	5	7	42		33.9	139.4	5	6.6	Mj	Japan: Miyake Jima	日本:三宅岛	Engdahl, Usami, Japan
1900	11	5	8	19		33.9	139.4		6.7	Ms	Japan: Miyake Jima	日本:三宅岛	Japan
1900	11	9	16	10		13	-90		7	Ms	Guatemala: Near Coast	危地马拉:近海	Engdahl
1900	11	10	16	23		38.08	38.72	33	5.4	Ms	Turkey: Malatya	土耳其:马拉蒂亚	GSHAP
1900	11	12	1	6		3	147		6.9	Ms	Philippine Trench	菲律宾海沟	Engdahl
1900	11	24	7	57		43.5	148	35	7	Ms	Kuril Islands	千岛群岛	Engdahl
1900	12	25	5	9		43	146	35	7.1	Mw	Kuril Islands, S.	千岛群岛南部	* Engdahl
1900						24.4	103.4		5	Ms	China: Yunnan, Mile	中国:云南弥勒	China
1901	1	7	0	29	30	-2	-82	25	7.2	Mw	Ecuador: Esmeraldas	厄瓜多尔:埃斯梅拉尔达斯	* Engdahl
1901	1	7	5	20		38	141	33	7.1	Ms	Japan: Miyagi	日本:宫城	GSHAP
1901	1	10				38.02	37.13	33	5.5	Ms	Turkey: Kahramanmaras	土耳其:卡赫拉曼马什拉	GSHAP
1901	1	13	22	41		42.3	143.8	35	6.8	Mj	Japan: Hokkaido	日本:北海道	Engdahl, GSHAP
1901	1	16	2			35.3	133.7		6.6	Ms	Japan: Maniwa	日本:冈山真庭	Japan
1901	1	18	4	39		60	-135		7.1	Mw	Canada: Yukon, Whitehorse	加拿大:育空地区白马市	Engdahl
1901	2	14	16			26	100.1		6.5	Ms	China: Yunnan, Dengchuan	中国:云南邓川	* China, Engdahl
1901	2	16	20	6	15	46.167	15		5.03	Ms	Slovenia: Trebnje	斯洛文尼亚:特雷布涅	Italy
1901	3	3	7	45		36	-120.5		6.7	Ms	US: California, Bradley	美国:加利福尼亚州布拉德利	* NOAA
1901	3	5	10	45		25	-110		6.9	Ms	Gulf of California	加利福尼亚湾	Engdahl
1901	3	16	11	56		-10	40	0	6.9	Ms	Tanzania: Mtwara	坦桑尼亚:姆特瓦拉	Engdahl, GSHAP
1901	3	31	7	11		43.4	28.7	14	7.2	Ms	Bulgaria: Balchik, Kavarna	保加利亚:巴尔奇克,卡瓦尔纳	* GSHAP, NOAA
1901	3	31	11	30		43.6	27.8	30	5	Ms	Bulgaria: Dobrich	保加利亚:多布里奇	GSHAP
1901	4	2	16	54	30	45.5	20.7	18	5	Ms	Serbia: Zrenjanin	塞尔维亚:兹雷尼亚宁	GSHAP
1901	4	2	17	17		45.5	20.7	15	5.8	Ms	Serbia: Zrenjanin	塞尔维亚:兹雷尼亚宁	GSHAP
1901	4	5	21	53		2	130		6.8	Ms	Indonesia: Maluku Utara, Coast of E.	印度尼西亚:北马鲁古东部海域	Engdahl
1901	4	5	22	30		45	148	30	7.3	Mw	Kuril Islands	千岛群岛	* Engdahl
1901	4	5	23	36		41	142	33	7.4	Ms	Japan: Aomori, Near Coast	日本:青森近海	GSHAP
1901	4	21				29.5	90.1	0	6.8	Ms	China: Xizang (Tibet), Lhasa	中国:西藏拉萨	Engdahl
1901	4	24	14	20		42.1	12.736		5.15	Ms	Italy: Moricone	意大利:莫里科内	Italy
1901	4	25	16			29.5	90.1		6.75	Ms	China: Xizang (Tibet), Nyemo	中国:西藏尼木	China
1901	4	25	22	25		43.3	28.5	10	5	Ms	Black Sea	黑海	GSHAP
1901	4	27				12	75		5	Ms	India: Kozhikode	印度:科泽科德	GSHAP
1901	5	12	12	32		39.8	30.5	15	5	Ms	Turkey: Eskişehir	土耳其:埃斯基城	GSHAP
1901	5	14	6	51		44.5	149	35	6.6	Mj	Kuril Islands	千岛群岛	Engdahl
1901	5	20	12	29		36.39	50.48	33	5.4	Ms	Iran: Qazvin	伊朗:加兹温	GSHAP
1901	5	21	19			50.3	83.5	17	5.6	Ms	Kazakhstan: Zyryanovsk	哈萨克斯坦:济良诺夫斯克	GSHAP
1901	5	25	0	32		-10	160		7.2	Mw	Solomon Islands	所罗门群岛	Engdahl
1901	6	7	0	5		24.7	121.8		6.4	Ms	China: Taiwan, Yilan	中国:台湾宜兰	China
1901	6	7	23	28		43.4	28.3	10	5.2	Ms	Black Sea	黑海	GSHAP
1901	6	15	9	34		39	143	35	7	Ms	Japan: Iwate, Near Coast	日本:岩手近海	* Usami, Engdahl, NOAA
1901	6	15	18	14		42.5	17	15	5.3	Ms	Adriatic Sea	亚得里亚海	GSHAP
1901	6	24	7	2		27	130	35	7.2	Mw	Ryukyu Islands	琉球群岛	* Engdahl, NOAA
1901	6	24	13	40		28	130	35	6.5	Mj	Ryukyu Islands	琉球群岛	Engdahl
1901	7	6	23	25		43.4	28.3	33	5.1	Ms	Black Sea	黑海	GSHAP
1901	7	6	23	28		43.4	28.3	10	5.2	Ms	Black Sea	黑海	GSHAP
1901	7	26	22	20		40.8	-115.7		5	Ms	US: Nevada, Elko	美国:内华达州埃尔科	USGS
1901	7	30	3	30		43.4	28.7	15	6	Ms	Bulgaria: Balchik, Kavarna	保加利亚:巴尔奇克,卡瓦尔纳	GSHAP
1901	7	31	10	38	30	41.72	13.75		5.29	Ms	Italy: Sora	意大利:索拉	Italy

年 Year	月 Mo	日 Dy	时 Hr	分 Mn	秒 Sec	纬度(°) Latitude	经度(°) Longitude	深度 Depth	震级 Mag	标度 Scale	地名(英文) Name(English)	地名(中文) Name(Chinese)	资料来源 Information
1901	8	9	9	23	30	40.5	142.5	35	7.2	Mw	Japan:Aomori,Near East Coast	日本:青森东部近海	* Usami,Japan,Engdahl,NOAA
1901	8	9	13	1		-22	170	60	7.9	Mw	New Caledonia:Loyalty Islands	新喀里多尼亚:罗亚尔特群岛	* Engdahl,NOAA
1901	8	9	16	14		40	141.5	33	6.9	Ms	Japan:Mt. Iwate	日本:岩手山	GSHAP
1901	8	9	18	33		40.6	142.3	35	7.5	Mw	Japan:Aomori,Near East Coast	日本:青森东部近海	* Engdahl,GSHAP,Japan,NOAA
1901	8	9	20			40.5	142.5	33	6.3	Ms	Japan:Aomori,Near East Coast	日本:青森东部近海	* NOAA
1901	8	10	10	27		-5	155		6.9	Ms	Papua New Guinea:Bougainville Island	巴布亚新几内亚:布干维尔岛	Engdahl
1901	8	11	14	32		-23	178		6.8	Ms	South of Fiji Islands	斐济群岛南部	Engdahl
1901	8	29	7	30		44	22.2	33	5.2	Ms	Serbia:Zajecar	塞尔维亚:札那查尔	GSHAP
1901	9	8	17	42		-11	170		6.9	Ms	North Vanuatu Islands	瓦努阿图群岛北部	Engdahl
1901	9	10	0	30		14	121.6		7	Ms	Philippines:Tayabas	菲律宾:塔亚巴斯	* Nakamura,Maso,NOAA
1901	9	12	6	15		39	22.2	24	5.6	Ms	Greece:Sophades (Karditsa)	希腊:卡尔季察	Turkey
1901	9	25	3	15		44.3	20.6	20	5.1	Ms	Serbia:Cacak	塞尔维亚:查查克	GSHAP
1901	9	30	10	19		40.2	141.9	35	6.8	Ms	Japan:Morioka	日本:岩手盛冈	Engdahl,Usami,Japan
1901	9	30	10	44		40.2	141.9	35	6.2	Ms	Japan:Morioka	日本:岩手盛冈	Japan
1901	10	8	2	14		13	-87		7.1	Mw	Nicaragua:Chinandega	尼加拉瓜:奇南德加	* Engdahl,NOAA
1901	10	17	5	57		31	68.4		6.1	Ms	Pakistan:Loralai	巴基斯坦:洛拉莱	Afghan
1901	10	25	16	18	30	37	22.2		5.5	Ms	Greece:Kalamai	希腊:卡拉玛达	Turkey
1901	10	30	14	49	58	45.58	10.5		5.67	Ms	Italy:Salo'	意大利:萨罗	Italy
1901	11	8	10	18		40	41.5		6.1	Muk	Turkey:Pasinler, Erzurum	土耳其:哈珊卡尔堡,埃尔佐鲁姆	*
1901	11	9	9	56		36	140.3		7	Ms	Japan:Ibaraki,S.	日本:茨城南部	Japan
1901	11	14	4	32		38.7	-112.1		6.1	Mk	US:Utah,Richfield	美国:犹他州里奇菲尔德	USGS,Song
1901	11	15	20	15		-43	173		6.8	Ms	New Zealand:South Island,Greta Valley	新西兰:南岛,格里塔瓦利	Engdahl
1901	11	21	19	19		-14.177	-76.32	80	5	Mk	Peru:Ica,Coast	秘鲁:伊卡近海	GSHAP,Song
1901	11	25	1	51		3	127		7	Ms	Indonesia:North West of Morotai Island	印度尼西亚:莫罗泰岛西北	Engdahl
1901	12	9	2	17		26	-110		7.1	Mw	Gulf of California	加利福尼亚湾	Engdahl
1901	12	14	22	57		14	122	60	7	Ms	Philippines:Lopez	菲律宾:洛佩斯	* Maso,Engdahl
1901	12	18	3	51		39.4	26.7		5.9	Ms	Turkey:Ayvalik	土耳其:艾伐利克	*
1901	12	24	23	18		37.2	22.2		5.8	Ms	Greece:Tripolis	希腊:特里波利斯	Turkey
1901	12	30	22	34		52	-160		7	Ms	Aleutian Islands,S.	阿留申群岛南部	USGS
1901	12	31	9	2	30	52	-177		7.1	Mw	Andreanof Islands, Aleutian Is.	阿留申群岛,安德烈亚诺夫群岛	* Engdahl,NOAA
1901						39.92	41.3		5.8	Ms	Turkey:Erzurum	土耳其:埃尔佐鲁姆	Turkey
1902	1	1	5	20	30	52.4	-167.5		7	Ms	Aleutian Islands	阿留申群岛	* Engdahl
1902	1	2	14	8		-9	-78.4	80	6.5	Mk	Peru:Chimbote	秘鲁:钦博特	GSHAP,Song
1902	1	8	15	12		44.6	35.8	16	5.5	Ms	Black Sea	黑海	GSHAP
1902	1	12	22	18		3	122		7	Ms	Celebes Sea	西里伯斯海	Engdahl
1902	1	16				17.7	-100		6.2	Mk	Mexico:Guerrero,Chilpancingo,W.	墨西哥:格雷罗州奇尔潘辛戈西部	* Song
1902	1	17	19	38		41.6	141.9	35	6.5	Mj	Japan:Hakodate,Near Coast	日本:北海道函馆近海	Engdahl
1902	1	18	23	23		14.7	-91.6		6.3	Ms	Guatemala:Quezaltenango	危地马拉:克萨尔特南戈	* NOAA
1902	1	24	23	27		-8	150	60	7.2	Mw	New Britain Trench	新不列颠海沟[太平洋]	* Engdahl
1902	1	30	14	1		40.5	141.3	35	6.9	Ms	Japan:Aomori,Hachinohe	日本:青森,八户	Engdahl,Usami
1902	1	30	23	15		40.9	141.7		6.9	Ms	Japan:Aomori,Near Coast	日本:青森近海	Engdahl
1902	1	31	1	42		41.6	142.2	35	6.6	Mj	Japan:Hokkaido	日本:北海道	Engdahl
1902	2	9	7	35		-20	-174	60	6.9	Ms	Tonga Islands	汤加群岛	* Engdahl
1902	2	9	10	12		-43	-171		6.9	Ms	New Zealand:Chatham Islands	新西兰:查塔姆群岛	Engdahl
1902	2	10	15	7		53	160	20	5.5	Ms	Russia:Kamchatka,Near East Coast	俄罗斯:堪察加东部近海	GSHAP
1902	2	13	3	56		41.4	76	15	5.4	Ms	Kyrgyzstan:Kochkor	吉尔吉斯斯坦:科奇科尔	GSHAP
1902	2	13	9	34	6	40.7	48.6	15	6.9	Ms	Azerbaijan:Samaxi	阿塞拜疆:沙马基区	*
1902	2	15	2	40		40.7	48.6	15	5	Ms	Azerbaijan:Samaxi	阿塞拜疆:沙马基区	Iran
1902	2	16	18	11		40.2	47.4	32	5.2	Ms	Azerbaijan:Agcabedi	阿塞拜疆:阿格贾贝迪区	GSHAP
1902	2	17	0	31		20	-70		6.9	Ms	Dominica:Off Coast of N.	多米尼加:北部海域	Engdahl
1902	2	20	15	38		41.4	141.8	35	6.7	Mj	Japan:Aomori	日本:青森	Engdahl
1902	2	21	6	21	1	41.8	48.8	36	5.6	Ms	Caspian Sea	里海	Turkey
1902	2	26				13.5	-89.5		8.3	Ms	El Salvador:La Libertad	萨尔瓦多:拉利伯塔德	* NOAA
1902	3	5	7	6		44.093	10.463		5.17	Ms	Italy:Fiumalbo	意大利:菲乌马尔博	Italy
1902	3	5	19	3		-20	-70		6.8	Ms	Chile:Iquique	智利:伊基克	Engdahl
1902	3	9	7	46		40.7	33.6		5.5	Muk	Turkey:Cankiri	土耳其:钱克勒	*
1902	3	11	20	14		45.7	26.6	150	5.6	Ms	Romania:Nereju	罗马尼亚:内雷茹	GSHAP
1902	3	20	0	59		23	120.2		6.25	Ms	China:Taiwan,Tainan	中国:台湾台南	China
1902	3	22	22	12		35	-120		6.8	Ms	US:California,New Cuyama	美国:加利福尼亚州新库亚马	Engdahl
1902	3	25	5	35		35.9	140.5		7	Ms	Japan:Chiba	日本:千叶	Usami,Japan
1902	3	28	14	44		0	133		6.9	Ms	Indonesia:Irian Jaya Barat,N.	印度尼西亚:西巴布亚北部	Engdahl
1902	4	10	18	11		64.3	27.6	30	5.1	Ms	Finland:Kajaani	芬兰:卡亚尼	GSHAP
1902	4	11	18	35		38.5	23.5	24	5.8	Ms	Greece:Khalkis	希腊:哈尔基斯	Turkey

年 Year	月 Mo	日 Dy	时 Hr	分 Mn	秒 Sec	纬度(°) Latitude	经度(°) Longitude	深度 Depth	震级 Mag	标度 Scale	地名(英文) Name(English)	地名(中文) Name(Chinese)	资料来源 Information
1902	4	11	23	43		51.6	104.5	16	6.6	Ms	Russia:Lake Baykal	俄罗斯:贝加尔湖	Engdahl,GSHAP
1902	4	17	21	10		40	71	30	5.8	Ms	Kyrgyzstan:Batken	吉尔吉斯斯坦:巴特肯	GSHAP
1902	4	19	2	23	30	14	-91	33	7.5	Mw	Guatemala:Quezaltenango, San Marcos	危地马拉:克萨尔特南戈,圣马科斯	* Shi Z.,Engdahl,NOAA
1902	4	27	9	23		43.3	17.5	30	5.3	Ms	Bosnia and Herzegovina:Mostar	波斯尼亚和黑塞哥维那:莫斯塔尔	GSHAP
1902	4	28	13	25		53.8	90.5	15	6	Ms	Russia:Khakassia,Sorsk	俄罗斯:哈卡斯州索尔斯克	GSHAP
1902	4	29	6	57		34.5	-120.5		5.9	Mk	US:California,Lompoc	美国:加利福尼亚州隆波克	* Song
1902	5	2	11	31		39	144	35	7	Mj	Japan Trench	日本海沟	Engdahl
1902	5	5				14.82	-61.17		7.7	Mk	Martinique Island:Mount Pelee	马提尼克岛:培雷山	NOAA,Song
1902	5	8	2	19		30.5	131.5	35	6.6	Mj	Ryukyu Islands	琉球群岛	Engdahl
1902	5	10	12	36		43.3	45.8	33	5.2	Ms	Russia:Chechnia,Grozny	俄罗斯:车臣共和国格罗兹尼	GSHAP
1902	5	19	18	31		38.3	-122		5.5	Ms	US:California,Napa	美国:加利福尼亚州那帕	CGS,USGS
1902	5	25	11	29		35.6	139		6.6	Ms	Japan:Otsuki	日本:山梨大月	Usami,Japan
1902	5	28	9	1		42.8	144.8	35	6.5	Mj	Japan:Hokkaido	日本:北海道	Engdahl,Usami
1902	5					26.5	99.9		5	Ms	China:Yunnan,Jianchuan	中国:云南剑川	China
1902	6	9				26.6	56.2		5.9	Mk	Iran: Qeshm,Bandar Abbas	伊朗:格什姆,阿巴斯港	* Song
1902	6	11	5			50	148	600	8	Ms	Sea of Okhotsk	鄂霍次克海	*
1902	6	16				31	79		6	Ms	India:Uttaranchal:Uttarkahi	印度:乌塔兰契尔邦,乌塔卡西	GSHAP
1902	6	18	23	53	10	43	42	30	5.2	Ms	Georgia:Sukhumi	格鲁吉亚:苏呼米	GSHAP
1902	7	3	15	36	45	43.4	129.4	20	6.7	Ms	China:Jilin,Wangqing	中国:吉林汪清	China,Engdahl
1902	7	5	14	56	30	40.8	23.2	22	6.6	Muk	Greece:Thessalonika	希腊:萨罗尼加	* NOAA
1902	7	6	13	1		-25	-175		6.8	Ms	Tonga Islands,S.	汤加群岛南部	Engdahl
1902	7	9	3	38		27.1	56.3		6.4	Ms	Iran:Bandar Abbas	伊朗:阿巴斯港	* Iran
1902	7	12	13	47		8.6	123.4		5	Mk	Philippines:Mindanao,Dapitan	菲律宾:棉兰老岛,达皮丹	Maso,Song
1902	7	28	6	57		34.8	-120.4		5.4	Ms	US:California,Los Alamos	美国:加利福尼亚州洛斯阿拉莫斯	USGS
1902	7	28	18			34.8	-120.4		5.8	Ms	US:California,Los Alamos	美国:加利福尼亚州洛斯阿拉莫斯	CGS,USGS
1902	7	31	9	20		34.7	-120.3		5.8	Ms	US:California,Los Alamos	美国:加利福尼亚州洛斯阿拉莫斯	CGS,USGS
1902	8	1	3	30		34.6	-120.4		6.1	Mk	US:California,Lompoc	美国:加利福尼亚州隆波克	USGS,Song
1902	8	2	5	38		38.5	21.8	20	5.6	Ms	Greece:Patrai	希腊:帕特雷	Turkey
1902	8	4	22	37	10	44.2	10.2		5.17	Ms	Italy:Carrara	意大利:卡拉拉	Italy
1902	8	12	17	16		39.5	68.5	35	6	Ms	Tadzhikistan:Sabah	塔吉克斯坦:萨巴赫	GSHAP
1902	8	16	8	11	36	24.6	-107.9		7	Mk	Mexico:Culiacan,Off Coast of W.	墨西哥:库利亚坎西部沿海	NOAA,Song
1902	8	17	18	29		56.7	112.7	15	6.5	Ms	Russia:Buryatiya,Yanchukan	俄罗斯:布里亚特州扬丘坎镇	GSHAP
1902	8	21	11	17		7.2	124.2		7.3	Ms	Philippines:Mindanao,Lanao	菲律宾:棉兰老岛,拉瑙湖	* Nakamura,Maso,NOAA
1902	8	22	3			39.9	76.2		8.25	Mw	China:Xinjiang,Kashi,N.	中国:新疆喀什北部	* China,Engdahl
1902	8	22	15			39.8	76.2		6.1	Ms	China:Xinjiang,Kashi,N.	中国:新疆喀什北部	China
1902	8	22	17	50		39.8	76.2		6	Ms	China:Xinjiang,Kashi,N.	中国:新疆喀什北部	China
1902	8	24	1	30		39.8	76.2		6.4	Ms	China:Xinjiang,Kashi,N.	中国:新疆喀什北部	China
1902	8	25	17	9		10.8	122.6		6.5	Mk	Philippines:Iloilo,Panay	菲律宾:伊洛伊洛,班乃	* Maso,Song
1902	8	28	18	30		39.8	76.2		5.7	Ms	China:Xinjiang,Kashi,N.	中国:新疆喀什北部	China
1902	8	30	21	48		37	78		6.8	Ms	China:Xinjiang,Pishan,S.	中国:新疆皮山南	China
1902	8	30	21	50		37	71	200	7.7	Ms	Afghan:Badakhshan	阿富汗:巴达赫尚	GSHAP
1902	8					26.3	99.9		5.5	Ms	China:Yunnan,Jianchuan,S.	中国:云南剑川南	* China
1902	9	5	4	33		39.5	48	20	5	Ms	Iran:Parsabad	伊朗:法尔萨巴德	GSHAP
1902	9	8	21	24		52.5	107.5	15	5	Ms	Russia:Buryatiya,Boldakova	俄罗斯:布里亚特州博尔达科瓦	GSHAP
1902	9	15	2	36		39.8	76.2		6	Ms	China:Xinjiang,Kashi,N.	中国:新疆喀什北部	China
1902	9	16	11	40		39.8	76.2		6.2	Ms	China:Xinjiang,Kashi,N.	中国:新疆喀什北部	China
1902	9	18	18	45		39.8	76.2		5.9	Ms	China:Xinjiang,Kashi,N.	中国:新疆喀什北部	China
1902	9	19				-15	145		6	Ms	Australia:Yorke Peninsula	澳大利亚:约克半岛	Australia
1902	9	20	6	32		38.5	67		6.2	Ms	Uzbekistan:Qashqadaryo	乌兹别克斯坦:卡什卡达里亚	Afghan,GSHAP
1902	9	22	1	46	30	18	146	60	7.5	Mw	Mariana Ridge;Guam:Agana	马里亚纳海岭;关岛:阿加尼亚	* Maso,Engdahl
1902	9	23	20	18	30	16.6	-92.6	100	7.8	Mw	Mexico:Venustiano Carranza,Chiapas	墨西哥:卡兰萨,恰帕斯	* Engdahl
1902	9	27				14	-91		7	Mk	Guatemala:Quezaltenango	危地马拉:克萨尔特南戈	NOAA,Song
1902	10	6	9	15		36.5	70.5	200	7.2	Ms	Afghan:Badakhshan	阿富汗:巴达赫尚	Engdahl,GSHAP
1902	10	25	21	44		43.1	18.5	32	5.5	Ms	Bosnia and Herzegovina:Trebinje,NE.	波斯尼亚和黑塞哥维那:特雷比涅东北	Turkey
1902	11	4	11	33	30	36	96		6.9	Ms	China:Qinghai,Golmud,E.	中国:青海格尔木东	China,Engdahl
1902	11	5	23	50	30	38.2	20.5		5.5	Ms	Ionian Islands	爱奥尼亚群岛	Turkey
1902	11	17	0	38		14.3	120.05		5.5	Mk	Philippines:Luzon,Manila	菲律宾:吕宋岛马尼拉	Maso,Song
1902	11	17	19	50		37.4	-113.5		6.1	Mk	US:Utah,Pine Valley	美国:犹他州派恩瓦利	USGS,Song
1902	11	20	19	15		23	121.5		7.25	Ms	China:Taiwan,Taitung,Coast of E.	中国:台湾台东以东海域	China
1902	11	20	20	27		-22	170		6.9	Ms	Vanuatu Islands	瓦努阿图群岛	Engdahl
1902	11	21	7	3		22.5	121.5	5	6.8	Ms	China:Taiwan,Taitung,Coast of E.	中国:台湾台东以东海域	Engdahl
1902	12	5				37.4	-113.5		5.1	Mk	US:Utah,Pine Valley	美国:犹他州派恩瓦利	USGS,Song
1902	12	10	20	6		31	130		6.4	Ms	Japan:Yakushima	日本:屋久岛	Usami,Japan
1902	12	12	23	10		29	-114	60	7.1	Mw	Mexico:Baja California	墨西哥:下加利福尼亚	* Engdahl
1902	12	12				34.8	-120.4		5.6	Mk	US:California,Los Alamos	美国:加利福尼亚州洛斯阿拉莫斯	USGS,Song

年	月	日	时	分	秒	纬度(°)	经度(°)	深度	震级	标度	地名(英文)	地名(中文)	资料来源
Year	Mo	Dy	Hr	Mn	Sec	Latitude	Longitude	Depth	Mag	Scale	Name(English)	Name(Chinese)	Information
1902	12	16	5	7		40.8	72.3	9	6.4	Ms	Uzbekistan:Andizhan	乌兹别克斯坦:安第札	*
1902	12	17	5	21		42.839	11.601		5.03	Ms	Italy:Santa Fiora	意大利:圣菲奥拉	Italy
1902	12	19	14	50		39.8	76.2		6.2	Ms	China:Xinjiang,Kashi,N.	中国:新疆喀什北部	China
1902	12	23	23	15		14	143.3		7.2	Mk	Guam	关岛(西太平洋)	Maso,Song
1902	12	28	1	43	19	50.7	91.3	30	6.6	Ms	Russia:Tuva,Khandagayty	俄罗斯:唐努图瓦州汉达盖特	GSHAP
1903	1	2	0	7	15	36.5	54.9	25	5.2	Ms	Iran:Semnan,Dāmghān	伊朗:塞姆南,达姆甘	GSHAP
1903	1	4	5	7		-20	-175	400	8	Muk	Tonga Islands	汤加群岛	* Engdahl
1903	1	14	1	47	36	15	-98	25	7.4	Mw	Mexico:Off Coast of Guerrero	墨西哥:格雷罗沿海	* Shi Z.,Engdahl
1903	1	14				24	70		6	Ms	India:Anjar, Bhuj	印度:安杰尔,普杰	GSHAP
1903	1	17	16	5		50.85	-175.16		7	Ms	Andreanof Islands, Aleutian Is.	阿留申群岛,安德烈亚诺夫群岛	Engdahl,USGS
1903	1	18	12	13		42	142	33	6.8	Ms	Japan:Hakodate,Near Coast	日本:北海道函馆近海	GSHAP
1903	1	20	8	24		37	71	30	5.5	Ms	Afghan:Badakhshan	阿富汗:巴达赫尚	GSHAP,Afghan
1903	1	24				31.5	-115		6.6	Ms	Mexico:Baja California	墨西哥:下加利福尼亚	CGS
1903	2	1	9	34		48	98	60	7.1	Mw	Mongolia:North - East of Otgontenger	蒙古:恩赫泰万山东北	* GSHAP,Engdahl
1903	2	3	12	14		34	137	100	6.5	Mj	Japan:Shima	日本:三重志摩	Engdahl
1903	2	5	18	26		52	175		6.8	Ms	Aleutian Islands,Rat Island	阿留申群岛,拉特岛	Engdahl,USGS
1903	2	9	5	18		36.58	47.65	33	5.6	Ms	Iran:Zanjān	伊朗:赞詹	GSHAP
1903	2	16	19	59	5	46	14.1	6	5.03	Ms	Slovenia:Idrija	斯洛文尼亚:伊德里亚	GSHAP,Italy
1903	2	17	8	52		53	160	20	5.9	Ms	Russia:Kamchatka,Near East Coast	俄罗斯:堪察加东部近海	GSHAP
1903	2	17	11	28		40	53	20	5	Ms	Caspian Sea	里海	GSHAP
1903	2	27	0	43	18	-8	106		7.3	Mw	Indonesia:Java Ridge	印度尼西亚:爪哇海岭	* Engdahl
1903	2					18	146		7	Mk	Mariana Islands	马里亚纳群岛	* NOAA,Song
1903	3	12	14	19		53.9	87	30	6.1	Ms	Russia:Kemerovo,Novokuzneck	俄罗斯:克麦罗沃州新库兹涅茨克	GSHAP
1903	3	15	17	57		46.6	-112		5.1	Mk	US:Montana,Helena	美国:蒙大纳州海伦娜	USGS,Song
1903	3	15	19	3		37.8	21.2	18	5.7	Ms	Ionian Sea	爱奥尼亚海	Turkey
1903	3	21	10	36		33.8	132.2		7	Ms	Japan:Shunan	日本:山口周南	Usami,Japan
1903	3	22	14	35		33.2	59.7		6.2	Ms	Iran:Birjand	伊朗:比尔詹德	Afghan
1903	3	24	16	56		33.48	48.96		5.9	Ms	Iran:Lorestan	伊朗:洛雷斯坦	Iran
1903	3	25	22	30		36	25	100	5.5	Ms	Greece:Crete Island,Coast of N.	希腊:克里特岛北部海域	Turkey
1903	3	25				36.1	-121.6		5.9	Ms	US:California,Big Sur	美国:加利福尼亚州大瑟尔	CGS
1903	3	28	8	55	10	40.8	72.7	14	6.1	Ms	Uzbekistan:Andizhan	乌兹别克斯坦:安第札	GSHAP
1903	3	29	22	30		32.2	35.3		5.7	Muk	Israel:Jerusalem	以色列:耶路撒冷	*
1903	3	30				-3	127.5	33	6.5	Ms	Indonesia:Ceram Sea	印度尼西亚:塞兰海	* NOAA
1903	3					43.8	87.6		5	Ms	China:Xinjiang,Urumqi	中国:新疆乌鲁木齐	China
1903	4	4				39	28	20	5.5	Ms	Turkey:Akhisar	土耳其:阿克希萨尔	Turkey
1903	4	19	13	25		37	71	160	6.9	Ms	Afghan:Badakhshan	阿富汗:巴达赫尚	Engdahl,GSHAP
1903	4	19				39.1	42.4		7	Ms	Turkey:Mus	土耳其:穆什	* Turkey
1903	4	28	23	39		39.3	42.3	20	7	Ms	Turkey:Mus	土耳其:穆什	GSHAP
1903	4	28	23	46		39.1	42.5		6.3	Ms	Turkey:Malazgirt	土耳其:马拉兹吉尔特	*
1903	4	29	3	59		-20	-175		7.1	Mw	Tonga Islands	汤加群岛	Engdahl
1903	5	4	3	44		41.034	14.557		5.17	Ms	Italy:Benevento	意大利:贝内文托	Italy
1903	5	13	6	34	6	-17	168	60	7	Ms	Vanuatu Islands	瓦努阿图群岛	* Engdahl
1903	5	13				38.1	13.4		5	Ms	Italy:Sicily,Palermo	意大利:西西里岛,巴勒莫	* NOAA
1903	5	23	22	11		14	123		5	Mk	Philippines:Basud	菲律宾:巴苏德	Maso,Song
1903	5	26	6	9		40.65	29	20	5.9	Ms	Turkey:Istanbul	土耳其:伊斯坦布尔	GSHAP
1903	5	28	3	58		40.9	42.7		5.8	Muk	Turkey:Ardahan	土耳其:阿尔达汉	*
1903	5	29	9	34	30	39.8	18.7		6	Ms	Ionian Sea	爱奥尼亚海	GSHAP
1903	6	2	13	17		61.56	-158.54		6.9	Ms	Alaska Peninsula,S.	阿拉斯加半岛南部	* Engdahl
1903	6	4	14	56		2	31		5.8	Ms	Uganda:Hoima	乌干达:霍伊马	GSHAP
1903	6	4	14	58		2	35		5.8	Ms	Kenya:Sigor	肯尼亚:锡戈尔	GSHAP
1903	6	6	23	17		24.7	121.7		5.5	Ms	China:Taiwan,Yilan	中国:台湾宜兰	China
1903	6	8	15	8		45.7	26.6	150	5.5	Ms	Romania:Nereju	罗马尼亚:内雷茹	GSHAP
1903	6	11	13	12		37.2	-121.8		6.1	Ms	US:California,Morgan Hill	美国:加利福尼亚州摩根希尔	CGS,USGS
1903	6	24	16	56		37.48	48.96	33	5.9	Ms	Iran:Zanjān	伊朗:赞詹	GSHAP
1903	6	26	4	28		47.9	20.4	33	5.2	Ms	Hungary:Eger	匈牙利:埃格尔	GSHAP
1903	7	5	21	54		41.8	48.7	40	5.5	Ms	Caspian Sea	里海	Turkey
1903	7	6	4	55		35	136.5		6.7	Ms	Japan:Komono	日本:三重菰野	Usami,Japan
1903	7	16				18.5	-107		7	Mk	Mexico:Cihuatlan,Off Coast of S.	墨西哥:锡瓦特兰南部海域	* NOAA,Song
1903	7	19	18	7	54	35	30		5.7	Ms	Mediterranean Sea	地中海	Turkey
1903	7	21	13	3		38.2	21.8	20	5.6	Ms	Greece:Patrai	希腊:帕特雷	Turkey
1903	7	28	4			44.3	10		6.5	Mk	Italy:Pontremoli	意大利:蓬特雷莫利	* Song
1903	8	3	6	49		37.3	-121.8		6.2	Ms	US:California,Morgan Hill	美国:加利福尼亚州莫干山	CGS,USGS
1903	8	8	1	10		4.6	-74		7.7	Muk	Colombia:Bogota	哥伦比亚:波哥达	*
1903	8	10	4	40		36.2	137.6		5.7	Ms	Japan:Matsumoto	日本:长野松本	Usami,Japan
1903	8	10	4	46		36.2	137.6		5.7	Ms	Japan:Matsumoto	日本:长野松本	Usami,Japan
1903	8	11	4	32	54	36.36	22.97	80	8.3	Muk	Greece:Mitata (Kythera)	希腊:歇拉岛	* Engdahl
1903	8	12	23			-32.1	-69.1	70	6	Ms	Argentina:San Juan	阿根廷:圣胡安	GSHAP
1903	8	17	14	35		45.7	26.6	130	6.1	Ms	Romania:Nereju	罗马尼亚:内雷茹	GSHAP

年 Year	月 Mo	日 Dy	时 Hr	分 Mn	秒 Sec	纬度(°) Latitude	经度(°) Longitude	深度 Depth	震级 Mag	标度 Scale	地名(英文) Name(English)	地名(中文) Name(Chinese)	资料来源 Information
1903	9	7	7	14		22.7	121.1		6	Ms	China:Taiwan,Taitung	中国:台湾台东	China
1903	9	7				-9	111		7	Mk	Indonesia:Java Ridge	印度尼西亚:爪哇海岭	* NOAA,Song
1903	9	10	3	40		45.7	26.6	130	5.8	Ms	Romania:Nereju	罗马尼亚:内雷茹	GSHAP
1903	9	13	8	2		45.7	26.6	45	6.2	Ms	Romania:Nereju	罗马尼亚:内雷茹	GSHAP
1903	9	18	10	44		42	142.5	33	6.9	Ms	Japan:Hokkaido	日本:北海道	GSHAP
1903	9	19	18	51		37.8	22.8	20	6	Ms	Greece:Argolida	希腊:阿尔戈利斯	GSHAP
1903	9	25	1	20		35.2	58.2		6.5	Muk	Iran:Kashmar	伊朗:卡什马尔	* Iran
1903	9	26				-20.2	-70.1	33	7	Mk	Chile:Iquique	智利:伊基克	* NOAA,Song
1903	10	10	16	41		31.8	132		6.3	Ms	Japan:Miyazaki,Near Coast	日本:宫崎近海	Usami,Japan
1903	10	19	3	10		39.3	74.5		6.2	Ms	China:Xinjiang,Ulugqat,SW.	中国:新疆乌恰西南	China
1903	10	29	14	19		-20	167		6.9	Ms	New Caledonia:Fayaoue,NE.	新喀里多尼亚:法亚韦东北	Engdahl
1903	10	30	3	54		-20	175		6.8	Ms	Vanuatu Islands	瓦努阿图群岛	Engdahl
1903	11	2	21	52		42.794	13.074		5.03	Ms	Italy:Norcia	意大利:诺尔恰	Italy
1903	11	2	22	12		41.1	47.1	36	5	Ms	Azerbaijan:Gence,NE.	阿塞拜疆:占贾东北	GSHAP
1903	11	4	19	14		36.5	-89.8		5.1	Ms	US:Missouri,New Madrid	美国:密苏里州新马德里	USGS
1903	11	10	4	39		14	143.3		7.3	Mk	Guam	关岛(西太平洋)	Maso,Song
1903	11	25	23	16	42	42.1	23.2		5.6	Ms	Bulgaria:Blagoevgrad	保加利亚:布拉戈耶夫格勒	Turkey
1903	11	26	11	49		52.7	107.6	30	6.7	Ms	Russia:Lake Baykal	俄罗斯:贝加尔湖	Engdahl,GSHAP
1903	11	26	16	20		52.7	107.6	15	5.5	Ms	Russia:Lake Baykal	俄罗斯:贝加尔湖	GSHAP
1903	11	26	19	18		52.7	107.6	15	5	Ms	Russia:Lake Baykal	俄罗斯:贝加尔湖	GSHAP
1903	11	27	18	57		52.7	107.6	15	5	Ms	Russia:Lake Baykal	俄罗斯:贝加尔湖	GSHAP
1903	12	1	13			6.4	-76.4		5	Ms	Colombia:Urrao	哥伦比亚:乌劳	GSHAP
1903	12	7	14	44		-28.5	-71	33	6.8	Ms	Chile:Vallenar	智利:巴耶纳尔	* NOAA,GSHAP,Engdahl
1903	12	23	0	53		-10	165		6.8	Ms	Solomon Islands	所罗门群岛	Engdahl
1903	12	23	3			29.5	67.5		5.9	Ms	Pakistan:Quetta	巴基斯坦:奎达	Afghan
1903	12	25	17	45		34	-118		5.1	Mk	US:California,Long Beach	美国:加利福尼亚州长滩	USGS,Song
1903	12	28	2	56		7	126	60	7.1	Mw	Philippines:Davao Gulf	菲律宾:达沃湾	* Engdahl
1903						39.5	-118.1		5.1	Mk	US:Nevada,Fallon,NE.	美国:内华达州法伦东北	USGS,Song
1904	1	7	14	50		-50	165		6.9	Ms	New Zealand:Auckland Islands	新西兰:奥克兰群岛	Engdahl
1904	1	20	14	52	6	7	-79	60	7.2	Mw	Panama:Off Coast of S.	巴拿马:南部海域	* Engdahl,NOAA
1904	1	31	13	24		10.68	-61.51		5	Mk	Trinidad & Tobago:Port of Spain	特立尼达和多巴哥:西班牙港	GSHAP,Song
1904	2	2				6.3	123.6		7	Mk	Celebes Sea	西里伯斯海	NOAA,Song
1904	2	4	21			40	78		6.1	Ms	China:Xinjiang,Maralbishi,NW.	中国:新疆巴楚西北	China
1904	2	6	2	49		45.7	26.6	62	6.3	Ms	Romania:Nereju	罗马尼亚:内雷茹	GSHAP
1904	2	13	21	30		56.4	73	30	5	Ms	Russia:Omsk,Chugunly	俄罗斯:鄂木斯克州丘贡雷	GSHAP
1904	2	16	3	45		40.3	38.4	33	5.1	Ms	Turkey:Giresun	土耳其:吉雷松	GSHAP
1904	2	24	15	53	26	42.1	13.32		5.67	Ms	Italy:L'Aquila	意大利:拉奎拉	Italy
1904	2	25	0	29	4	42.12	13.33	7	5	Ms	Italy:L'Aquila	意大利:拉奎拉	GSHAP
1904	2	25	18	47	50	44.48	10.63		5.13	Ms	Italy:Serramazzoni	意大利:塞拉马佐尼	Italy
1904	3	4	4	45		-12.3	-76.2	90	6	Mk	Peru:Lima	秘鲁:利马	GSHAP,Song
1904	3	4	10	17		-12.021	-76.951	60	6.5	Mk	Peru:Lima	秘鲁:利马	GSHAP,Song
1904	3	10	4	26	6	46.5	13.8		5.32	Ms	Slovenia:Kranjska Gora	斯洛文尼亚:克拉尼斯卡戈拉	Italy
1904	3	17	4	20		48.5	-122.8		5.3	Ms	US:Washington,Seattle	美国:华盛顿州西雅图	USGS
1904	3	18	13	42		42.7	146.1	35	6.8	Mj	Japan:Hokkaido	日本:北海道	* Engdahl
1904	3	19	5	40		-28.57	-70.78		6	Mk	Chile:Atacama	智利:阿塔卡马	GSHAP,Song
1904	3	19	6	28		-29	-71	0	7	Ms	Chile:Atacama	智利:阿塔卡马	Engdahl
1904	3	20	9	59	50	36.6	59.4	11	5.7	Ms	Iran:Mashhad	伊朗:马什哈德	GSHAP
1904	3	21	6	4		45	-67.2		5.1	Ms	US:Maine,Alexander	美国:缅因州亚历山大	USGS
1904	4	4	10	3		41.8	23.2	15	7.5	Ms	Bulgaria:Struma	保加利亚:斯特鲁马河	*
1904	4	4	10	26		41.8	23.2	15	7.1	Mw	Bulgaria:Struma	保加利亚:斯特鲁马河	* Turkey,Engdahl
1904	4	4	10	30	30	42.1	23.4		5.5	Ms	Bulgaria:Razlog Valley	保加利亚:拉兹洛格	GSHAP
1904	4	4	10	39		42.1	23.4	30	5.3	Ms	Bulgaria:Razlog Valley	保加利亚:拉兹洛格	GSHAP
1904	4	4	11	9	30	42	23		5.5	Ms	Bulgaria:Blagoevgrad	保加利亚:布拉戈耶夫格勒	GSHAP
1904	4	5	9	33	30	37.8	22.2		5.5	Ms	Greece:Tripolis	希腊:特里波利斯	Turkey
1904	4	8	8	22		41.706	15.728		5	Ms	Italy:San Severo	意大利:圣塞韦罗	Italy
1904	4	10	2	24		42	23.5	27	5.2	Ms	Bulgaria:Razlog Valley	保加利亚:拉兹洛格	GSHAP
1904	4	10	8	52	46	42.7	22.7		6.5	Ms	Bulgaria:Tran	保加利亚:特伦	GSHAP
1904	4	11	4	18		42.8	23.7	27	5.2	Ms	Bulgaria:Elin Pelin	保加利亚:埃林佩林	GSHAP
1904	4	13	9	55	30	42.4	22.8		5.6	Ms	Bulgaria:Zemen	保加利亚:泽门	GSHAP
1904	4	15	18			50.5	84.8	15	5.4	Ms	Kazakhstan:Zyryanovsk	哈萨克斯坦:济良诺夫斯克	GSHAP
1904	4	17	13			50.5	84.8	30	5.4	Ms	Kazakhstan:Zyryanovsk	哈萨克斯坦:济良诺夫斯克	GSHAP
1904	4	19	18	14	30	42	23.1		5.9	Ms	Bulgaria:Blagoevgrad	保加利亚:布拉戈耶夫格勒	GSHAP
1904	4	20	1	32		42.5	22.3	20	5	Ms	Serbia:Bosilegrad	塞尔维亚:博西莱格勒	GSHAP
1904	4	20	14	3		48.6	17.42		5	Ms	Slovak:Senica	斯洛伐克:塞尼察	GSHAP
1904	4	23	23	8		38.8	142.5	50	7	Ms	Japan trench	日本海沟	GSHAP
1904	4	24	6	39		23.5	120.5		6.5	Ms	China:Taiwan,Chiayi	中国:台湾嘉义	* China
1904	4	25	20	2		42	23	15	5.5	Ms	Bulgaria:Blagoevgrad	保加利亚:布拉戈耶夫格勒	GSHAP
1904	4	28	15	25		40.7	48.5	12	5.1	Ms	Azerbaijan:Samaxi	阿塞拜疆:沙马基区	GSHAP

年 Year	月 Mo	日 Dy	时 Hr	分 Mn	秒 Sec	纬度(°) Latitude	经度(°) Longitude	深度 Depth	震级 Mag	标度 Scale	地名(英文) Name(English)	地名(中文) Name(Chinese)	资料来源 Information
1904	5	1	6	37		-33	-178		6.8	Ms	South of Kermadec Ridge	克马德克海岭南部	Engdahl
1904	5	1	15	24		2	130		7	Ms	Indonesia:Maluku Utara,Coast of E.	印度尼西亚:北马鲁古东部海域	Engdahl
1904	5	2	19	23		37.1	138.9		6.9	Ms	Japan:Niigata	日本:新潟	Japan
1904	5	4	16			-4	-79.2		5.7	Ms	Ecuador:Loja	厄瓜多尔:洛哈	GSHAP
1904	5	7	19	23		37.2	138.8		6.4	Ms	Japan:Niigata	日本:新潟	Shi Z.,Usami
1904	5	18	18	57		52.5	106.5	15	5	Ms	Russia:Lake Baykal	俄罗斯:贝加尔湖	GSHAP
1904	5	19	10	2	30	38.4	27.2		5.5	Ms	Turkey:Izmir	土耳其:伊兹密尔	Turkey
1904	6	6	2	51		35.3	133.2		6.7	Ms	Japan:Shimane	日本:岛根	Usami,Japan
1904	6	7	8	17	54	40	134	350	7.4	mB	Japan Sea	日本海	* GSHAP,Engdahl
1904	6	10	11	15	28	44.18	10.78		5.08	Ms	Italy:Carrara	意大利:卡拉拉	Italy
1904	6	21	13	10		42.1	23.4	30	5.3	Ms	Bulgaria:Razlog Valley	保加利亚:拉兹洛格	GSHAP
1904	6	24	1	4		52	159	30	6.1	Ms	Russia:Kamchatka,Near East Coast	俄罗斯:堪察加东部近海	GSHAP
1904	6	25	14	45	36	52	159	30	7.5	Mw	Russia:Kamchatka,Near East Coast	俄罗斯:堪察加东部近海	* Engdahl,GSHAP,NOAA
1904	6	25	21	0	30	52	159	30	7.6	Mw	Russia:Kamchatka,Near East Coast	俄罗斯:堪察加东部近海	* Engdahl,GSHAP,NOAA
1904	6	26	10	41		52	159	30	6.2	Ms	Russia:Kamchatka,Near East Coast	俄罗斯:堪察加东部近海	GSHAP
1904	6	27	0	9		52	159	60	7.2	Mw	Russia:Kamchatka,Near East Coast	俄罗斯:堪察加东部近海	* Engdahl
1904	6	27	21	29		52.5	106.5	15	5.3	Ms	Russia:Lake Baykal	俄罗斯:贝加尔湖	GSHAP
1904	6	28	2	15		41.6	24.7	35	5	Ms	Bulgaria:Smolyan	保加利亚:斯莫梁	GSHAP
1904	7	1	13	27		42.8	146.4		7.7	Ms	Japan:Hokkaido	日本:北海道	Japan
1904	7	5	21	54		41	49	33	5.5	Ms	Azerbaijan:Quba,SE.	阿塞拜疆:库巴东南	Turkey
1904	7	5				-3.6	128.7		7.3	Mk	Indonesia:Maluku Islands	印度尼西亚:摩鹿加群岛	NOAA,Song
1904	7	12	5	32		44.93	6.85		5.1	Ms	France:Alpi Cozie	法国:科蒂安山	Italy
1904	7	18	20	2	36	41.1	14.9		5.1	Ms	Italy:Benevento	意大利:贝内文托	Italy
1904	7	24	10	44	36	52	159	30	6.7	Ms	Russia:Kamchatka,Near East Coast	俄罗斯:堪察加东部近海	Engdahl,GSHAP
1904	7	27	5	20		33	72		5.7	Ms	Pakistan:Sargodha	巴基斯坦:萨戈达	Afghan
1904	8	1	7	50		42	23.2	45	5	Ms	Bulgaria:Blagoevgrad	保加利亚:布拉戈耶夫格勒	GSHAP
1904	8	7	22	50		-40.5	177		7	Mk	New Zealand: North Island, Near Coast of E.	新西兰:北岛东部近海	* Song
1904	8	8	22	49		-40.5	177	33	6.9	Ms	New Zealand: North Island, Near Coast of SE.	新西兰:北岛东南近海	* Engdahl
1904	8	11	5	56		37.75	27	10	6.2	Ms	Greece:Samos Island	希腊:萨摩斯岛	*
1904	8	11	6	8	30	37.66	26.93		6.8	Ms	Turkey:Soke, Aydin	土耳其:瑟凯,艾登	GSHAP
1904	8	24	20	59	54	30	130	35	7.1	Mw	Japan:Kagoshima,Near Coast of S.	日本:鹿岛南部近海	* Engdahl
1904	8	27	21	56	6	64.66	-148.08		7.3	Ms	Alaska Peninsula,C.	阿拉斯加半岛中部	* Engdahl
1904	8	30	11	42		31	101.1		7	Ms	China:Sichuan,Dawu	中国:四川道孚	* China,Engdahl
1904	9	7				-7.7	109		7	Mk	Indonesia:Jawa Island,S.	印度尼西亚:爪哇岛南部	* NOAA,Song
1904	9	8	16			31	101.1		5.5	Ms	China:Sichuan,Dawu	中国:四川道孚	China
1904	9	10	16			31	101.1		5.5	Ms	China:Sichuan,Dawu	中国:四川道孚	China
1904	9	16	5	37	11	45.3	14.6	5	5.17	Ms	Croatia:Rijeka	克罗地亚:里耶卡	Italy,GSHAP
1904	10	1	10	16		8.2	126.1		5.5	Mk	Philippines: Mindanao, Agusan River Valley	菲律宾:棉兰老岛,阿古桑河流域	Maso,Song
1904	10	3	3	5		12	58		7	Ms	Arabian Sea	阿拉伯海	Engdahl
1904	10	8	18	39		18	120		5.5	Mk	Philippines:Laoag,Near Coast	菲律宾:佬沃近海	Maso,Song
1904	10	16	22	15		46.6	27.3	100	5.5	Ms	Romania:Bacău	罗马尼亚:巴克乌	GSHAP
1904	10	23	10	26		59.1	10.5	30	6	Ms	Norway:Sandefjord	挪威:桑德尔福德	GSHAP
1904	10	28	13	51		8	113		7	Ms	China:South China Sea,Nansha Islands	中国:南海南沙群岛	Engdahl
1904	11	1	11			-1	-80.5		7.7	Muk	Ecuador:Portoviejo	厄瓜多尔:波托维耶霍	*
1904	11	5	20	25		23.5	120.3		6.25	Ms	China:Taiwan,Chiayi	中国:台湾嘉义	* China
1904	11	9	3	28	6	36.9	59.8	20	6.4	Ms	Iran:Mashhad	伊朗:马什哈德	Afghan,Shi Z.
1904	11	17	5	2		43.964	10.82		5.18	Ms	Italy:Pistoia	意大利:皮斯托亚	Italy
1904	12	3	18	37		-12.362	-77.5	60	5	Mk	Peru:Lima,Near Coast	秘鲁:利马近海	GSHAP,Song
1904	12	4	10	23		-10	29		6	Ms	Zambia:Mporokoso	赞比亚:姆波罗科索	GSHAP
1904	12	20	5	44	18	8.5	-83	60	7.2	Mw	Costa Rica:Pavones	哥斯达黎加:帕沃内斯	* Engdahl
1904	12	27	22	47		31	138	100	6.7	Mj	Japan:South Honshu Ridge	日本:本州南部海岭	Engdahl
1904	12	30				-21	-160		7	Mk	Cook Islands	库克群岛	* Song
1905	1	1	2	45	36	45	143	250	7	Ms	Japan:Hokkaido,Coast N.	日本:北海道北部海域	GSHAP
1905	1	6	3	34		44.4	19.3	6	5.8	Ms	Bosnia:Tuzla,S.	波斯尼亚:图兹拉南部	GSHAP
1905	1	6	14	30		35.5	-118.7		5	Ms	US:California,Caliente	美国:加利福尼亚州卡连特	USGS
1905	1	9	6	17		37	48.7	19	6.2	Ms	Iran:Zanjān	伊朗:赞詹	GSHAP
1905	1	9	23	5		48.6	17.5	10	5.7	Ms	Slovak:Senica	斯洛伐克:塞尼察	GSHAP
1905	1	13	13	18		0	143		6.8	Ms	East Caroline Basin	东加罗林海盆	Engdahl
1905	1	16	2	52		48.6	17.5	33	5.3	Ms	Slovak:Senica	斯洛伐克:塞尼察	GSHAP
1905	1	20	2	32	30	39.66	22.83		6.3	Ms	Aegean Sea	爱琴海	NOAA
1905	1	20				39.67	22.83		6.2	Ms	Aegean Sea	爱琴海	GSHAP
1905	1	22	2	43	54	1	123	90	7.2	Mw	Indonesia:Sulawesi Utara	印度尼西亚:北苏拉威西	* Engdahl
1905	1	23	11	15		-13.67	-71.87	7	5	Mk	Peru:Cusco	秘鲁:库斯科	GSHAP,Song

年	月	日	时	分	秒	纬度(°)	经度(°)	深度	震级	标度	地名(英文)	地名(中文)	资料来源
Year	Mo	Dy	Hr	Mn	Sec	Latitude	Longitude	Depth	Mag	Scale	Name(English)	Name(Chinese)	Information
1905	2	3	3			41.1	42.7		6.8	Ms	Turkey:Ardahan	土耳其:阿尔达汉	Iran
1905	2	14	8	46	36	50.73	-178.55		7.9	Mw	Andreanof Islands, Aleutian Is.	阿留申群岛,安德烈亚诺夫群岛	* USGS,Engdahl
1905	2	17	11	42		26	96		6.8	Ms	myanmar:Sagaing,N.	缅甸:实皆北部	Engdahl
1905	2	19	4	35		-10	168		6.8	Ms	Solomon Islands	所罗门群岛	Engdahl
1905	2	25	10	35		37	70.5	30	5.4	Ms	Afghan:Fayzabad	阿富汗:法扎巴德	GSHAP
1905	2	27	17	25		-23	-176		6.9	Ms	South of Fiji Islands	斐济群岛南部	Engdahl
1905	3	4	16	0	20	-4	149	60	7.1	Muk	Bismarck Sea	俾斯麦海	Engdahl
1905	3	4	23	17		-4	149		6.8	Ms	Bismarck Sea	俾斯麦海	Engdahl
1905	3	14	9	42		40	76		6	Ms	China:Xinjiang,Kashi,N.	中国:新疆喀什北部	China,GSHAP
1905	3	14	19	16		40.951	14.805		5	Ms	Italy:Avellino	意大利:阿韦利诺	Italy
1905	3	15	17	55		52.7	92.6	30	6.1	Ms	Russia:Krasnoyarsk,S.	俄罗斯:克拉斯罗亚尔斯克南部	GSHAP
1905	3	17	18	45		42	142	100	7.2	Ms	Japan:Hakodate,Near Coast	日本:北海道函馆近海	GSHAP
1905	3	18	0	58		-27.5	-173	60	7.5	Muk	Kermadec Ridge	克马德克海岭	* Engdahl
1905	3	18	23	56		-10	168		7.2	Mw	Solomon Islands	所罗门群岛	Engdahl
1905	3	19				-17.7	168.3		7	Mk	Vanuatu Islands:Port Vila	瓦努阿图群岛:维拉港	* NOAA,Song
1905	3	22	3	38		51.28	174.83		7	Ms	Aleutian Islands	阿留申群岛	Engdahl,USGS
1905	4	4	0	50		33	76	60	7.8	Mw	India:Kangra	印度:坎格拉	* Engdahl
1905	4	10	12	15		49.3	94.8	15	5.3	Ms	Mongolia:East Uvs	蒙古:乌布苏东部	GSHAP
1905	4	15				40.2	29	33	6.5	Ms	Turkey:Bursa	土耳其:布尔萨	*
1905	4	19	12	25		-32	-171		6.8	Ms	Kermadec Ridge	克马德克海岭	Engdahl
1905	4	25				27.67	56.03		5.8	Ms	Iran:Hormozgan	伊朗:荷姆兹甘	* Iran
1905	4	26	21	43		-21	-70	60	7	Muk	Chile:Tarapaca,S.	智利:塔拉帕卡南部	Engdahl
1905	4	28	6	29		33.8	122		5.3	Ms	China:South Yellow Sea	中国:南黄海	China
1905	4	29	1	46	45	46.02	7.02		5.79	Ms	Switzerland:Martigny	瑞士:马尔蒂尼	Italy
1905	4	30	16	13		39.8	30.5	22	5.4	Ms	Turkey:Eskişehir	土耳其:埃斯基城	GSHAP
1905	5	9				20.3	-103.4		6.2	Mk	Mexico:Jalisco	墨西哥:哈利斯科	* Song
1905	5	18	13	45		-4	149	60	6.9	Ms	Bismarck Sea	俾斯麦海	* Engdahl
1905	5	23	13	13	34	45.917	15.317		5.17	Ms	Slovenia:Skocjan	斯洛文尼亚:什科茨扬	Italy
1905	5	26				36.5	-120.6		6.1	Ms	US:California,Panoche Junction	美国:加利福尼亚州帕诺奇章克申	CGS
1905	5	29	11	15		46.2	16.2	10	5.2	Ms	Croatia:Varaždin	克罗地亚:瓦拉日丁	GSHAP
1905	5	29	11	16	41	46.15	16.21	10	5.2	Ms	Croatia:Varaždin	克罗地亚:瓦拉日丁	GSHAP
1905	6	1	4	42		42.1	19.6	20	6.6	Muk	Albania:Shkoder	阿尔巴尼亚:斯库台	*
1905	6	1	9	30		42	19.5	15	5	Ms	Albania:Shkodër	阿尔巴尼亚:斯库台	GSHAP
1905	6	1	21	46	48	42.3	19.2		5.5	Ms	Macedonia:Podgorica	蒙特尼哥罗(黑山):波德戈里察	GSHAP
1905	6	2	5	39	42	34	132	100	7	mB	Japan:Aki	日本:广岛安艺郡	* Usami,Japan,Engdahl
1905	6	2	20	55		34	132.5		6.8	Ms	Japan:Aki	日本:广岛安艺郡	Japan
1905	6	3	4	15	30	38.2	20.5		5.5	Ms	Ionian Islands	爱奥尼亚群岛	Turkey
1905	6	3	5	10	43	42.1	19.6		5.6	Ms	Albania:Shkoder	阿尔巴尼亚:斯库台	GSHAP
1905	6	7	5	39		34.8	139.2		7	Ms	Japan:Oshima	日本:东京大岛	Shi Z.,Usami,Japan
1905	6	14	11	30		-20	-175		7	Ms	Tonga Islands	汤加群岛	Engdahl
1905	6	16	12	35		42.1	19.6	15	5	Ms	Albania:Shkoder	阿尔巴尼亚:斯库台	GSHAP
1905	6	19	1	27		29.89	59.98		6.8	Ms	Iran:Zahedan	伊朗:扎黑丹	Iran,Afghan
1905	6	20	3	36		41	145	20	6.8	Ms	Japan Trench	日本海沟	GSHAP
1905	6	30	11	53		42.1	19.6	15	5	Ms	Albania:Shkoder	阿尔巴尼亚:斯库台	GSHAP
1905	6	30	17	7		-20	-175	60	7.1	Mw	Tonga Islands	汤加群岛	* Engdahl
1905	7	6	16	21		37.4	142.6	25	7.1	Mw	Japan:Fukushima,Off Coast	日本:福岛沿海	* Engdahl,NOAA
1905	7	6	22	17		42	132	100	6.5	Mj	Japan Sea,N.	日本海北部	Engdahl
1905	7	9	9	40	24	49	99	33	8.4	M	Mongolia:South Hovsgol	蒙古:库苏古尔南部	* GSHAP,Engdahl
1905	7	9	10	57	24	49.5	97.3	20	6.7	Ms	Mongolia:Tselserleg	蒙古:车车尔格勒	GSHAP
1905	7	9	11	21	21	49.5	97.3	20	6.8	Ms	Mongolia:Tselserleg	蒙古:车车尔格勒	GSHAP
1905	7	9	12	26		49.5	97.3	15	5.7	Ms	Mongolia:Tselserleg	蒙古:车车尔格勒	GSHAP
1905	7	9	23	10		42	24.2	30	5.1	Ms	Bulgaria:Batak	保加利亚:巴塔克	GSHAP
1905	7	11	8	38		49.5	97.3	20	7	Ms	Mongolia:Tselserleg	蒙古:车车尔格勒	Engdahl
1905	7	11	15	37	30	22	143	450	7.2	mB	Japan:South Honshu Ridge	日本:本州南部海岭	Engdahl
1905	7	13	4	49		41.8	141.8	33	7	Ms	Japan:Hakodate,Near Coast	日本:北海道函馆近海	GSHAP
1905	7	14	22	1		49.5	97.3	20	6.5	Ms	Mongolia:Tselserleg	蒙古:车车尔格勒	Engdahl
1905	7	15	20	41		34.1	-117.3		5.1	Mk	US:California,San Bernardino	美国:加利福尼亚州圣贝纳迪诺	USGS,Song
1905	7	16	12	21		42	19.6	12	5.4	Ms	Albania:Shkoder	阿尔巴尼亚:斯库台	GSHAP
1905	7	16	18	52		51.7	90.2	20	6	Ms	Russia:Tuva,Kyzyl - Mazhalyk	俄罗斯:唐努图瓦州克孜勒马扎雷克	GSHAP
1905	7	23	2	46	12	49	98	33	8.4	Mw	Mongolia:Bulnai	蒙古:布勒奈	* Engdahl
1905	7	23	4	18		49.3	96.2	20	6.4	Ms	Mongolia:North Dzavhan	蒙古:扎布汗北部	Shi Z.
1905	7	23	8	26		37.1	138.4		6.3	Ms	Japan:Niigata	日本:新潟	Usami,Japan
1905	7	23	20	35		49.3	96.2	20	6	Ms	Mongolia:North Dzavhan	蒙古:扎布汗北部	Shi Z.
1905	8	4	5	9		41.7	19		5.74	Ms	Adriatic Sea	亚得里亚海	Italy
1905	8	6	23	45	55	42	19.5		5.5	Ms	Albania:Shkodër	阿尔巴尼亚:斯库台	GSHAP
1905	8	12	21	26		42	19.5	18	5.3	Ms	Albania:Shkodër	阿尔巴尼亚:斯库台	GSHAP
1905	8	12				22.1	113.4		5	Ms	China:Guangdong,Zhuhai	中国:广东珠海	China

年 Year	月 Mo	日 Dy	时 Hr	分 Mn	秒 Sec	纬度(°) Latitude	经度(°) Longitude	深度 Depth	震级 Mag	标度 Scale	地名(英文) Name(English)	地名(中文) Name(Chinese)	资料来源 Information
1905	8	13	10	21		45.9	7		5.17	Ms	Italy:Torino	意大利:托里诺(都灵)	Italy
1905	8	25	9	46	45	43	129	500	6.75	Muk	China:Jilin,Antu	中国:吉林安图	China,Engdahl
1905	8	25	20	41		42.019	14.026	5	5.28	Ms	Italy:Sulmona To Campobasso	意大利:阿布鲁佐	Italy,GSHAP
1905	8	26	14	45		42.1	13.9		6.5	Mk	Italy:Sulmona To Campobasso	意大利:阿布鲁佐	* Song
1905	8	28	4	23	5	24.2	121.7		6	Ms	China:Taiwan,Hualien,Coast of E.	中国:台湾花莲以东海域	China
1905	9	1	2	45	36	45	143	250	7.3	mB	Japan:Hokkaido,Coast N.	日本:北海道北部海域	* Engdahl
1905	9	1	2	48		49.3	96.2	20	6.1	Ms	Mongolia:North Dzavhan	蒙古:扎布汗北部	Shi Z.
1905	9	3	5	40		34	-118.3		5.1	Mk	US:California,Los Angeles	美国:加利福尼亚州洛杉矶	USGS,Song
1905	9	8	1	43		38.67	16.07		6.8	Ms	Italy:Monteleone,Tropea	意大利:蒙特莱奥内,特罗佩阿	* Italy,Engdahl,NOAA
1905	9	15	6	2	46	53	164	60	7.8	Muk	Russia:Kamchatka,Near East Coast	俄罗斯:堪察加东部近海	* Engdahl,USGS
1905	9	26	1	26	9	29	74	60	7.1	Muk	Indian:Bikaner	印度:比卡内尔	Engdahl,GSHAP
1905	9	26	1	28		30.3	69.9		6.4	Ms	Pakistan:Quetta	巴基斯坦:奎达	Afghan
1905	9	29	11	41	15	33.8	121.5		5.6	Ms	China:South Yellow Sea	中国:南黄海	China
1905	10	3	23	14		41.5	141.8	33	7.1	Ms	Japan:Hakodate,Near Coast	日本:北海道函馆近海	GSHAP
1905	10	4	12	20		39	39	33	5.6	Ms	Turkey:Malatya	土耳其:马拉蒂亚	Turkey
1905	10	4	22	29		44.7	37.4		5.1	Ms	Black Sea	黑海	* NOAA
1905	10	8	7	27		42	23	33	6.4	Muk	Bulgaria:Blagoevgrad	保加利亚:布拉戈耶夫格勒	*
1905	10	20	14	10		41	31	27	5.2	Ms	Turkey:Akçakoca	土耳其:阿克恰科贾	GSHAP
1905	10	21	11	1	37	42	42	60	7.5	Muk	Georgia:Poti	格鲁吉亚:波季	* GSHAP,Engdahl
1905	10	21	13	20	44	43.6	41.2	32	5.6	Ms	Russia:Karachaevo - Cherkess,Arkhyz	俄罗斯:卡拉恰伊 - 切尔克斯州阿尔赫兹	GSHAP
1905	10	22	3	42		41	31	27	5.2	Ms	Turkey:Akçakoca	土耳其:阿克恰科贾	GSHAP
1905	10	22	3	55		40.6	28.3	25	5.9	Ms	Turkey:Manyas	土耳其:马尼亚斯	GSHAP
1905	10	23	2	38	48	41.4	24		5.5	Ms	Greece:Drama	希腊:兹拉马	Turkey
1905	10	24	3	46	42	34	139	250	7.1	Ms	Japan:Shizuoka,Near Coast	日本:静冈近海	Shi Z.
1905	10	24	4	37		42.1	21.8	19	5	Ms	Macedonia:Kumanovo	马其顿:库马诺沃	GSHAP
1905	10	26				-34.17	-70.75		6	Mk	Chile:Rancagua	智利:兰卡瓜	GSHAP,Song
1905	11	5	22			40.7	23	15	5.5	Ms	Greece:Thessalonika	希腊:萨罗尼加	Turkey
1905	11	7	16			29.4	104.7		5	Ms	China:Sichuan,Zigong	中国:四川自贡	* China
1905	11	8	21	41		40.25	24.2	30	7.8	Ms	Aegean Sea	爱琴海	* Turkey,GSHAP
1905	11	8	22	6		40	24	0	6.8	Ms	Aegean Sea	爱琴海	Engdahl
1905	11	11	21	29		42.9	-114.5		5.6	Mk	US:Idaho,Shoshone	美国:爱达荷州肖肖尼	USGS,Song
1905	11	14	12	47		45.967	15.467		5.03	Ms	Slovenia:Krsko	斯洛文尼亚:克尔什科	Italy
1905	11	14	21	2		10	-70.5		5.9	Ms	Venezuela:Lara	委内瑞拉:拉腊	GSHAP
1905	11	18	0	19		41	23		5.6	Ms	Greece:Serres	希腊:塞雷	Turkey
1905	11	22				-17.7	168.3		7	Mk	Vanuatu Islands:Port Vila	瓦努阿图群岛:维拉港	* NOAA,Song
1905	11	24				-17.7	168.3		7	Mk	Vanuatu Islands:Port Vila	瓦努阿图群岛:维拉港	* NOAA,Song
1905	11	26				41.134	15.028		5.32	Ms	Italy:Ariano Irpino	意大利:阿维利诺	Italy
1905	12	4	7	4		38.1	38.6		6.8	Muk	Turkey:Malatya	土耳其:马拉蒂亚	*
1905	12	4	9	40		39	39	33	5.8	Ms	Turkey:Malatya	土耳其:马拉蒂亚	GSHAP
1905	12	4	12	20	25	38	37	60	7	Muk	Turkey:Kahramanmaras	土耳其:卡赫拉曼马什拉	Engdahl,Turkey
1905	12	8	8	22		11	123.5		6.5	Ms	Philippines:Tuburan	菲律宾:伯兰城	* Maso,NOAA
1905	12	10	12	36		53.88	-161.66		6.9	Ms	Aleutian Islands	阿留申群岛	USGS
1905	12	10	12	36		50	180		6.9	Ms	Aleutian Islands,Rat Island	阿留申群岛,拉特岛	Engdahl
1905	12	10	18	12		8.2	126.1		6.1	Mk	Philippines: Mindanao, Agusan River Valley	菲律宾:棉兰老岛,阿古桑河流域	Maso,Song
1905	12	12				40.1	24.3	33	5.1	Ms	Aegean Sea	爱琴海	GSHAP
1905	12	17	5	27		17	-113		7.1	Mw	Mexico:Isla Socorro,W.	墨西哥:索科罗岛西部	Engdahl
1905	12	17	22	16	18	45.9	16.1	7	5.6	Ms	Croatia:Bedekovcina	克罗地亚:贝代科夫契纳	GSHAP
1905	12	18				4	127	33	5	Mk	Indonesia:Karakelong Island	印度尼西亚:卡拉克隆岛	* * Song
1905	12	23	2	37		38.5	141.8		7	Ms	Japan:Miyagi,Near Coast	日本:宫城近海	Usami,Japan
1905	12	23	22	23		35.3	-118.8		5.8	Ms	US:California,Arvin	美国:加利福尼亚州阿尔文	CGS,USGS
1905	12	25	17	5	48	46.8	9.4		5.17	Ms	Switzerland:Reichenau	瑞士:拉蓬,塔明斯	Italy
1905						38	8		6.7	Mk	Balearic Sea	巴利阿里海	NOAA,Song
1905						6.1	1.2		7	Mk	Togo:Lome	多哥:洛美	NOAA,Song
1905						36.1	37.1		5.9	Mk	Syria:Halab (Aleppo)	叙利亚:阿勒颇	* Song
1906	1	2	4	26	30	45.9	16.1	14	6.1	Ms	Croatia:Bedekovcina	克罗地亚:贝代科夫契纳	GSHAP
1906	1	3	13	42		48.5	-117.5		5.1	Mk	US:Nevada,Colville	美国:内华达州科尔维尔	USGS,Song
1906	1	6	16			26.2	104.1		5.5	Ms	China:Yunnan,Xuanwei	中国:云南宣威	* China
1906	1	9	10			-5.6	-81.3	30	5	Mk	Peru:Sechura,Near Coast	秘鲁:塞丘拉近海	GSHAP,Song
1906	1	9	23	5		48.6	17.55	11	5.7	Ms	Slovak:Senica	斯洛伐克:塞尼察	GSHAP
1906	1	16	2	52		48.6	17.55	9	5.2	Ms	Slovak:Senica	斯洛伐克:塞尼察	GSHAP
1906	1	18	11			-33.05	-71.63		6	Mk	Chile:Valparaiso	智利:瓦尔帕莱索	GSHAP,Song
1906	1	21	13	49	35	34	137	350	7.7	mB	Japan:Shima	日本:三重志摩	* Engdahl
1906	1	25	21	32	30	35.2	-111.7		5.6	Mk	US:Arizona,Flagstaff	美国:亚利桑那州弗拉格斯塔夫	USGS,Song
1906	1	26				32	77		6.2	Ms	India:Kashmir,Dharmsala	印度:克什米尔,达兰萨拉	GSHAP
1906	1	31	5	24		10.5	-66.917		7	Mk	Venezuela:Caracas	委内瑞拉:加拉加斯	* NOAA,Song
1906	1	31	15	35	51	1	-81.5	25	8.8	M	Ecuador:Off Coast of W.	厄瓜多尔:西部沿海	* Engdahl,NOAA

年 Year	月 Mo	日 Dy	时 Hr	分 Mn	秒 Sec	纬度(°) Latitude	经度(°) Longitude	深度 Depth	震级 Mag	标度 Scale	地名(英文) Name(English)	地名(中文) Name(Chinese)	资料来源 Information
1906	2	3				3.5	-76.2		7.7	Ms	Colombia:Palmira	哥伦比亚：帕尔米拉	*
1906	2	7				1	-81		7	Mk	Ecuador:Near Coast of W.	厄瓜多尔：西部近海	* NOAA, Song
1906	2	16				13.88	-60.97		7.3	Mk	Saint Lucia:Millet	圣卢西亚：米利特	* NOAA, Song
1906	2	19	1	59		-10	160		7.1	Mw	Solomon Islands	所罗门群岛	Engdahl
1906	2	20	20	54		41.5	48.4	75	5.9	Ms	Azerbaijan:Quba, NW.	阿塞拜疆：库巴西北	Turkey
1906	2	21				3.9	-77.033		7	Mk	Colombia:Buenaventura	哥伦比亚：布埃纳文图拉	* NOAA, Song
1906	2	23	9	49		34.8	139.8		7.3	Ms	Japan:Chiba, Near Coast	日本：千叶近海	Usami, Japan
1906	2	24	0	14		35.5	139.8		7.7	Ms	Japan:Yokohama	日本：神奈川横滨	Usami, Japan
1906	2	27				31.5	77.5		7	Ms	India:Himachal	印度：喜马偕尔邦	India, GSHAP
1906	3	1	17	45		41.1	20	15	6.5	Muk	Albania:Elbasan	阿尔巴尼亚：爱尔巴桑	*
1906	3	2	6	15	15	43	80	60	7.3	Muk	Kazakhstan:Almaty, W.	哈萨克斯坦：阿拉木图西部	Engdahl
1906	3	2	16			41.7	82.7		5	Ms	China:Xinjiang, Kuqa, SW.	中国：新疆库车西南	China
1906	3	3	8	35		2	-90		6.8	Ms	Carnegie Ridge	卡内基海岭	Engdahl, GSHAP
1906	3	7	2	15		38.1	140.8	33	7	Ms	Japan:Miyagi	日本：宫城	GSHAP
1906	3	13	13	27		32.5	132.2		6.8	Ms	Japan:Miyazaki, Near Coast	日本：宫崎近海	Japan
1906	3	16	22	42	40	23.6	120.5	5	6.75	Ms	China:Taiwan, Chiayi	中国：台湾嘉义	* China, Engdahl
1906	3	17	12	20		32.8	130.8		6.7	Ms	Japan:Kumamoto	日本：熊本	Japan
1906	3	17	19	2	39	23.6	120.5		6	Ms	China:Taiwan, Chiayi	中国：台湾嘉义	China
1906	3	22				23.5	120.4		5	Ms	China:Taiwan, Chiayi	中国：台湾嘉义	China
1906	3	26	3	29		23.7	120.5		5.5	Ms	China:Taiwan, Yunlin	中国：台湾云林	China
1906	3	26				18.799	72.9		5	Ms	India:Bombay	印度：孟买	GSHAP
1906	3	27	22	58	40	24.3	118.6		6.25	Ms	China:Taiwan Strait	中国：台湾海峡	* China
1906	3	28	19	15	44	24.3	118.6		5.5	Ms	China:Taiwan Strait	中国：台湾海峡	China
1906	3					12.7	40.6		5.3	Ms	Ethiopia:Afar	埃塞俄比亚：阿法尔区	GSHAP
1906	4	5	18	59	19	23.6	120.5		5	Ms	China:Taiwan, Chiayi	中国：台湾嘉义	China
1906	4	6	10	29		42	146	40	7.8	Ms	Japan Trench	日本海沟	GSHAP
1906	4	6	16	53		23.4	120.4		5.5	Ms	China:Taiwan, Chiayi	中国：台湾嘉义	China
1906	4	6				37.7	126.2		6	Ms	South Korea:Incheon	韩国：仁川	Shi Z.
1906	4	7	22	40		23.4	120.4		5.5	Ms	China:Taiwan, Chiayi	中国：台湾嘉义	China
1906	4	10	21	18		19	-113.8	60	7.2	Mw	Mexico:Isla Clarion	墨西哥：克拉里翁岛	* Engdahl
1906	4	13	19	18		23.4	120.4	5	7.1	Ms	China:Taiwan, Chiayi	中国：台湾嘉义	* China, Engdahl
1906	4	13	23	52		23.4	120.4	5	6.9	Ms	China:Taiwan, Chiayi	中国：台湾嘉义	Engdahl, Wang S.
1906	4	18	13	12	21	37.67	-122.48	20	7.8	M	US:California, San Francisco	美国：加利福尼亚州旧金山	* Engdahl, NOAA
1906	4	19	0	30		32.9	-115.5		6.2	Ms	US:California, Brawley	美国：加利福尼亚州布劳利	CGS, USGS
1906	4	20	12	48		35.9	137.2		5.9	Ms	Japan:Gifu	日本：岐阜	Usami, Japan
1906	4	20	19	38		35.9	137.2		7.1	Ms	Japan:Gifu	日本：岐阜	Usami, Japan
1906	4	21	6	35		43.446	11.137		5.03	Ms	Italy:Firenze (Florence)	意大利：佛罗伦萨	Italy
1906	4	23	9	10		41	-124		6.4	Ms	US:California, Eureka	美国：加利福尼亚州尤里卡	USGS
1906	4	28	18			-3.952	-81.356	30	5	Mk	Peru:Máncora, Near Coast	秘鲁：曼科拉近海	GSHAP, Song
1906	5	2	5	30		38.5	-123		5.1	Mk	US:California, Cazadero	美国：加利福尼亚州卡扎德罗	USGS, Song
1906	5	3	16			23.4	120.4		5.25	Ms	China:Taiwan, Chiayi	中国：台湾嘉义	China
1906	5	4	23	9		33.9	135.3		7.6	Ms	Japan:Wakayama	日本：和歌山	Usami, Japan
1906	5	5	0	36		-18.294	-71.021	30	6	Mk	Peru:Tacna, Near Coast	秘鲁：塔克纳近海	GSHAP, Song
1906	5	7	4	10		39.2	-122.9		5.1	Mk	US:California, Lucerne	美国：加利福尼亚州卢塞恩	USGS, Song
1906	5	7	5			39.2	-122.9		5.1	Mk	US:California, Lucerne	美国：加利福尼亚州卢塞恩	USGS, Song
1906	5	7				-18.5	-70.3	33	7	Mk	Chile:Arica	智利：阿里卡	* NOAA, Song
1906	5					24.6	98.7		5.5	Ms	China:Yunnan, Longling	中国：云南龙陵	* China
1906	6	1	4	30		0	145	33	7.1	Mw	East Caroline Basin	东加罗林海盆	Engdahl, NOAA
1906	6	10	1	44		38.812	15.237		5.1	Ms	Tyrrhenian Sea	第勒尼安海(伊特鲁里亚海)	Italy
1906	6	13				31	79		6	Ms	India:Uttaranchal:Uttarkahi	印度：乌塔兰契尔邦,乌塔卡西	GSHAP
1906	6	19	11	22	41	20	122	60	7.1	Muk	Philippines:Luzon, Coast N.	菲律宾：吕宋岛北部海域	Engdahl, Maso
1906	6	24	11	17	49	15	92	60	7.3	Muk	India:Andaman Islands	印度：安达曼群岛	Engdahl, GSHAP
1906	7	1				7.25	171.3		7	Mk	Marshall Islands	马绍尔群岛	NOAA, Song
1906	7	11				4.6	-74		7.7	Ms	Colombia:Bogota	哥伦比亚：波哥达	*
1906	7	12	12	15		34	-107		5.6	Mk	US:New Mexico, Socorro	美国：新墨西哥州索科罗	USGS, Song
1906	7	12	13	5		34	-107		5.1	Mk	US:New Mexico, Socorro	美国：新墨西哥州索科罗	USGS, Song
1906	7	14	10	27		4.6	-74		7.7	Ms	Colombia:Bogota	哥伦比亚：波哥达	*
1906	7	16	19			34	-107		5.6	Mk	US:New Mexico, Socorro	美国：新墨西哥州索科罗	USGS, Song
1906	8	13	18	45		44.7	79.6	17	5.7	Ms	Kazakhstan:Almaty	哈萨克斯坦：阿拉木图	GSHAP
1906	8	15	16			29.1	111.7		5	Ms	China:Hunan, Changde	中国：湖南常德	China
1906	8	17	0	10	42	51.05	179.69	25	7.8	Mw	Aleutian Islands, Rat Island	阿留申群岛,拉特岛	* Engdahl
1906	8	17	0	40		-33	-72	25	8.2	M	Chile:Valparaíso, Near Coast	智利：瓦尔帕莱索近海	* Shi Z., Engdahl, NOAA
1906	8	19	9	27		-33	-72		6.9	Ms	Chile:Valparaiso	智利：瓦尔帕莱索	Engdahl
1906	8	19	10	1	16	24.2	118.3		5.25	Ms	China:Fujian, Xiamen, Near Coast	中国：福建厦门近海	China
1906	8	25	11	54		7.5	38		5.9	Ms	Ethiopia:Shoa	埃塞俄比亚：绍阿	GSHAP
1906	8	25	13	47	36	9	38.4		6.8	Ms	Ethiopia:Shoa	埃塞俄比亚：绍阿	* Engdahl
1906	8	26	5	59		-4	149		7	Ms	Bismarck Sea	俾斯麦海	Engdahl
1906	8	30	2	38		-21	-70		7.1	Mw	Chile:Tarapaca, S.	智利：塔拉帕卡南部	Engdahl

年	月	日	时	分	秒	纬度(°)	经度(°)	深度	震级	标度	地名(英文)	地名(中文)	资料来源
Year	Mo	Dy	Hr	Mn	Sec	Latitude	Longitude	Depth	Mag	Scale	Name(English)	Name(Chinese)	Information
1906	8	31	14	57	30	27	97	100	6.7	mB	myanmar:Kachin	缅甸:克钦	Engdahl,GSHAP
1906	9	5	15	15		-1.6	-78.55		6	Mk	Ecuador:Chimborazo,N.	厄瓜多尔:钦博腊索山北部	GSHAP,Song
1906	9	7	18	52		34	141	35	7	Ms	Japan Trench	日本海沟	Engdahl
1906	9	10	6	30		-0.9	-78.6		5	Ms	Ecuador:Cotopaxi	厄瓜多尔:科托帕希	GSHAP
1906	9	11	19	3	25	38	13.6		5.17	Ms	Italy:Sicilia Island	意大利:西西里岛	Italy
1906	9	14	16	4	18	-7	149	33	8	Mw	New Britain Trench	新不列颠海沟[太平洋]	* Engdahl,NOAA
1906	9	15	13	10		-20	-72		5	Mk	Chile:Iquique,Off Coast	智利:伊基克沿海	* * Song
1906	9	17	8	38		-4	149		6.8	Ms	Bismarck Sea	俾斯麦海	Engdahl
1906	9	17	10			38	13.7		6.5	Mk	Italy:Sicilia Island	意大利:西西里岛	* Song
1906	9	25	0	48	36	43.4	42.8	26	5	Ms	Russia:Kabardino - Balkaria,Nalchik	俄罗斯:卡尔梅克州纳尔奇克	GSHAP
1906	9	28	5	50		40.5	42.7		6.2	Ms	Turkey:Kagizman	土耳其:卡厄兹曼	GSHAP
1906	9	28	15	24	54	-2	-79	150	7.5	mB	Ecuador:Chimborazo	厄瓜多尔:钦博腊索山	* Engdahl
1906	9	29				22.6	88.4		5	Ms	India:Kolkata	印度:加尔各答	GSHAP
1906	10	2	1	50		-4	149		7.2	Mw	Bismarck Sea	俾斯麦海	* Engdahl,NOAA
1906	10	4	6	52		37.2	67.3	20	5.7	Ms	Afghan:Balkh	阿富汗:巴尔赫	GSHAP
1906	10	8	4	53	38	53.5	154.5	200	6.7	mB	Sea of Okhotsk	鄂霍次克海	Engdahl,GSHAP
1906	10	12	0	56		40.1	139.5	33	6.8	Ms	Japan Sea,E.	日本海东部	GSHAP,Usami
1906	10	16	22	15		46.6	27.3	100	5.5	Ms	Romania:Bacău	罗马尼亚:巴克乌	GSHAP
1906	10	17	9	40		19	121	60	7.3	Muk	Philippines:Bangui,Off Coast of N.	菲律宾:班吉北部海域	Engdahl
1906	10	17	23	15		46.6	27.3	130	5.5	Ms	Romania:Bacău	罗马尼亚:巴克乌	GSHAP
1906	10	20	16	8	57	41.2	44.3	26	5.2	Ms	Armenia:Gyumri,N.	亚美尼亚:久姆里北部	GSHAP
1906	10	24	14	42		40	68	60	6.9	Ms	Uzbekistan:Jizzax	乌兹别克斯坦:吉扎克	Engdahl,GSHAP
1906	10	24	15	39	30	36.5	68	32	6.8	Ms	Afghan:Kholm	阿富汗:胡勒姆	Engdahl,Afghan,GSHAP
1906	10	26	23	23		38	143	40	7.3	Ms	Japan Trench	日本海沟	GSHAP
1906	11	14	17	37		-25	172		6.9	Ms	South Fiji Basin	南斐济海盆	Engdahl
1906	11	15	12	15		34	-107		5.6	Mk	US:New Mexico,Socorro	美国:新墨西哥州索科罗	USGS,Song
1906	11	19	7	18	18	-22	109		7.2	Mw	Australia:Western Australia,Off Coast of W.	澳大利亚:西澳西部海域	* Engdahl
1906	11	20	21			6.5	0.3		5	Mfa	Ghana:Ho,Palime,Accra	加纳:霍城,帕利美,阿克拉	* NOAA
1906	12	3	22	59	24	15	-61	100	7.2	mB	Martinique Island	马提尼克岛(拉丁美洲)	* Engdahl
1906	12	6				22.6	88.4		5	Ms	India:Kolkata	印度:加尔各答	GSHAP
1906	12	7	6	40		35.5	-121.2		5.7	Ms	US:California,San Simeon	美国:加利福尼亚州圣西米恩	CGS,USGS
1906	12	18	20	58		-19	-172		6.8	Ms	Tonga Islands,E.	汤加群岛东部	Engdahl
1906	12	19	1	14		-19	-172		7.2	Mw	Tonga Islands,E.	汤加群岛东部	Engdahl
1906	12	22	18	21		43.5	85		7.7	Mw	China:Xinjiang,Shawan,SW.	中国:新疆沙湾西南	* China,Engdahl
1906	12	23	17	22		56.85	-153.9		7.2	Mw	Alaska:Kodiak Island	阿拉斯加:科迪亚克岛	* Engdahl
1906	12	26	5	54		-18	-71	60	7	Ms	Peru:Near Coast of S.	秘鲁:南部近海	* Engdahl,NOAA
1906	12	26	18	12		50.9	142.1	25	6	Ms	Russia:Sakhalin Island	俄罗斯:库页岛(萨哈林岛)	GSHAP
1906	12	28	0	42		40.5	42		6	Ms	Turkey:Oltu	土耳其:奥尔图	Iran
1907	1	2	11	57		-21.1	-175.1		7.3	Mw	Tonga Islands	汤加群岛	Engdahl
1907	1	4	5	19	12	2	94.5	50	7.5	Mw	Indonesia:Off West Coast of N. Sumatera	印度尼西亚:北苏门答腊西部海域	* Engdahl,NOAA
1907	1	4	19	46		41.1	143.8	40	7.1	Ms	Japan Trench	日本海沟	GSHAP
1907	1	8	5	10		-65	-30		6.9	Ms	East Scotia Basin,S.	东斯科舍海盆南部	Engdahl
1907	1	10	3	48		41.1	143.1	50	7	Ms	Japan Trench	日本海沟	GSHAP
1907	1	14	21	36		18.2	-76.7		6.5	Muk	Jamaica:Kingston	牙买加:金斯敦	* NOAA
1907	1	19	12	12		50.5	141.4	20	6.5	Mk	Japan Sea,N.	日本海北部	GSHAP,Song
1907	1	19	22	11		40.8	46.1	33	5.5	Ms	Azerbaijan:Gəncə	阿塞拜疆:占贾	Turkey
1907	1	21	12	20		40.8	143.8	40	7.1	Ms	Japan Trench	日本海沟	GSHAP
1907	1	27	4	58		65.5	11	41	5.2	Ms	Norway:West of Berg	挪威:贝格西部	GSHAP
1907	1	27				39.1	42.5		6.4	Ms	Turkey:Malazgirt	土耳其:马拉兹吉尔特	GSHAP
1907	2	2	9	4	54	33	18.4	33	5.8	Ms	Mediterranean Sea	地中海	Turkey
1907	2	3	19	34	57	-6	148	60	7.2	Muk	Papua New Guinea:West New Britain	巴布亚新几内亚:西新不列颠	Engdahl
1907	2	6	8	37		29	139	400	6.9	Mj	Japan:South Honshu Ridge	日本:本州南部海岭	Engdahl
1907	2	11	16	26		41.5	141.1	60	7	Ms	Japan:Aomori	日本:青森	GSHAP
1907	2	21	1			38	13.7		6.5	Mk	Italy:Sicilia Island	意大利:西西里岛	* Song
1907	2	23	20	17		-13.2	-75.4	90	7.6	Muk	Peru:Huancavelica	秘鲁:万卡韦利卡	* GSHAP
1907	3	1	6	16		41.5	144.1	50	7.4	Ms	Japan:Hokkaido	日本:北海道	GSHAP
1907	3	10	13	3		32.9	130.7		6.3	Ms	Japan:Kumamoto	日本:熊本	Usami,Japan
1907	3	11	1	34		41.5	75	20	5.6	Ms	Kyrgyzstan:Naryn,C.	吉尔吉斯斯坦:纳伦中部	GSHAP
1907	3	20	13	28	6	41.6	14.517		5.17	Ms	Italy:Castropignano	意大利:卡斯特罗皮尼亚诺	Italy
1907	3	26	11	21	22	38	135	350	6.8	Muk	Japan Sea	日本海	Engdahl,GSHAP
1907	3	29	10			38.4	42.1		5.5	Ms	Turkey:Bitlis	土耳其:比特利斯	Iran
1907	3	29	20	46	30	3	122	500	7.2	mB	Celebes Sea	西里伯斯海	* Engdahl,NOAA
1907	3	29	20	57		34.7	60.2	33	6.1	Ms	Iran:Razavi Khorasan	伊朗:呼罗珊	GSHAP
1907	3	31	14	12		30	50		6	Ms	Iran:Bushehr	伊朗:布什尔	Iran
1907	3	31	14	14		39.1	42.5	33	5.2	Ms	Turkey:Malazgirt	土耳其:马拉兹吉尔特	GSHAP

年	月	日	时	分	秒	纬度(°)	经度(°)	深度	震级	标度	地名(英文)	地名(中文)	资料来源
Year	Mo	Dy	Hr	Mn	Sec	Latitude	Longitude	Depth	Mag	Scale	Name(English)	Name(Chinese)	Information
1907	3	31	22	0	36	-18	-177	400	7.2	mb	Tonga Islands, N.	汤加群岛北部	Engdahl
1907	4	13	7	10		36.5	70.5	30	5.3	Ms	Afghan: Badakhshan	阿富汗:巴达赫尚	GSHAP
1907	4	13	17	57	18	36.5	70.5	260	6.8	mB	Afghan: Badakhshan	阿富汗:巴达赫尚	Engdahl, GSHAP
1907	4	15	6	8	6	17	-100	60	7.9	Mw	Mexico: Guerrero, Acapulco, E.	墨西哥:格雷罗州阿卡普尔科东部	* Engdahl, NOAA
1907	4	17	8	36		37.74	57.85	33	5.8	Ms	Iran: Shirvan	伊朗:希尔凡	GSHAP
1907	4	18	20	59	48	14	123		7.1	Mw	Philippines: Basud	菲律宾:巴苏德	* Engdahl
1907	4	18	23	52	24	13.5	123		7	Ms	Philippines: Libmanan	菲律宾:利马南	Shi Z., Maso, Engdahl
1907	5	4	6	51		-7.5	153.7	60	7.7	Muk	New Britain Trench	新不列颠海沟[太平洋]	* Engdahl
1907	5	4	8	36	48	28	141	200	6.9	mB	Japan: South Honshu Ridge	日本:本州南部海岭	Engdahl, Shi Z.
1907	5	7	10	16		-2.8	144.5		6.8	Ms	Bismarck Sea	俾斯麦海	Engdahl
1907	5	8				37.5	15		5.17	Ms	Italy: Sicilia Island	意大利:西西里岛	Italy
1907	5	9	22	48		52.2	106.5	28	5.4	Ms	Russia: Buryatiya, Ulan-Ude	俄罗斯:布里亚特州乌兰乌德	GSHAP
1907	5	12	16			44.2	86.3		6	Ms	China: Xinjiang, Manas, S.	中国:新疆玛纳斯南	China
1907	5	13	5	23		47.5	15.5		5.03	Ms	Austria: Steiermark	奥地利:施泰尔马克	Italy
1907	5	18	1			43.7	16.7	15	5.2	Ms	Adriatic Sea	亚得里亚海	GSHAP
1907	5	20	7	49		11.2	124.3		6.1	Mk	Philippines: Leyte Island	菲律宾:莱特岛	Maso, Song
1907	5	25	14	2	8	51.5	147	600	7.4	mB	Sea of Okhotsk	鄂霍次克海	* Engdahl
1907	5	25	15	32		18	120		5.9	Mk	Philippines: Laoag, Near Coast	菲律宾:佬沃近海	* Maso, Song
1907	6	1	8	45		0	-82		7	Ms	Ecuador: Off Coast of W.	厄瓜多尔:西部沿海	Engdahl, GSHAP
1907	6	1				42	19.75		5	Ms	Albania: Shkodër	阿尔巴尼亚:斯库台	GSHAP
1907	6	3	6	46		38.7	41.5	33	5	Ms	Turkey: Mus	土耳其:穆什	GSHAP
1907	6	5	3	18		0	-86		7	Ms	Carnegie Ridge	卡内基海岭	Engdahl, GSHAP
1907	6	8				-13.612	-172.525		7	Mk	Samoa Islands	萨摩亚群岛	** NOAA, Song
1907	6	13	9	18		-39.5	-73		6.8	Ms	Chile: Carahue, Temuco	智利:卡拉韦,特木科	Engdahl
1907	6	19				-13.612	-172.525		7	Mk	Samoa Islands	萨摩亚群岛	** NOAA, Song
1907	6	20	11	33		-6.975	-80.493	58	5	Mk	Peru: Chiclayo, Near Coast	秘鲁:奇克拉约近海	GSHAP, Song
1907	6	22	17	40		33.6	35.3		5.7	Ms	Lebanon: Beirut	黎巴嫩:贝鲁特	Turkey
1907	6	25	17	54	36	1	127	200	7.5	mB	Molukka Sea	马鲁古海	* Engdahl
1907	6	27	22	26		-3	170		6.8	Ms	Kiribati: Ocean Island	基里巴斯:大洋岛	Engdahl
1907	7	4	9	12		27.18	56.28		5.7	Ms	Iran: Bandar Abbas	伊朗:阿巴斯港	Iran
1907	7	5	15	46	6	43.7	145.5	100	6.8	Muk	Japan: Hokkaido	日本:北海道	Engdahl, Usami
1907	7	9	19	54	50	14	123	60	7	Muk	Philippines: Basud	菲律宾:巴苏德	Engdahl
1907	7	9				-13.612	-172.525		7	Mk	Samoa Islands	萨摩亚群岛	** NOAA, Song
1907	7	12				26	72		5	Ms	India: Barmer	印度:巴尔梅尔	GSHAP
1907	7	19	0	27	32	45.9	15.6		5.05	Ms	Slovenia: Brezice	斯洛文尼亚:布雷日采	Italy
1907	7	20	13	38		7.1	125.6		6.8	Ms	Philippines: Davao Gulf	菲律宾:达沃湾	Engdahl
1907	7	30				-2	121		5.9	Mk	Indonesia: Sulawesi, Lemo	印度尼西亚:苏拉威西岛,勒莫	* Song
1907	8	1	10	5		43.1	17.9	12	5.7	Ms	Bosnia and Herzegovina: Mostar	波斯尼亚和黑塞哥维那:莫斯塔尔	GSHAP
1907	8	11				40.5	-125.5		6.4	Ms	US: California, Off Coast N.	美国:加利福尼亚州北部沿海	CGS
1907	8	16	13			41.1	20.1	13	6.2	Muk	Albania: Elbasan	阿尔巴尼亚:爱尔巴桑	*
1907	8	17	17	27	54	52	157	120	7.2	mB	Russia: Kamchatka Peninsula	俄罗斯:堪察加半岛	Engdahl, GSHAP
1907	8	21	5	11	24	42.7	48.3	43	5.3	Ms	Caspian Sea	里海	GSHAP
1907	8	21				40.7	30.1	33	5.5	Ms	Turkey: Izmit	土耳其:伊兹米特	Turkey
1907	8	22	22	24		57	-161	120	6.5	Ms	Aleutian Islands	阿留申群岛	USGS
1907	8	29	3			56.5	114.5	15	5.6	Ms	Russia: Buryatiya, Taksimo	俄罗斯:布里亚特州塔克西莫村镇	GSHAP
1907	9	2	16	1	30	52.59	169.73	25	7.3	Mw	Aleutian Islands	阿留申群岛	* GSHAP, USGS, Engdahl
1907	9	15	17	46		40.3	72.5	10	5.8	Ms	Kyrgyzstan: Osh	吉尔吉斯斯坦:奥什	GSHAP
1907	9	19	19	14		40.3	72.5	14	5.5	Ms	Kyrgyzstan: Osh	吉尔吉斯斯坦:奥什	GSHAP
1907	9	20	1	54		34.2	-117.1		5.8	Ms	US: California, Victorville	美国:加利福尼亚州维克托维尔	CGS, USGS
1907	9	24	12	59		59.5	-135.5		5.5	Ms	Canada: Yukon, Whitehorse	加拿大:育空地区白马市	* NOAA
1907	10	3	12	9		48.7	132.2	22	5.2	Ms	Russia: Jewish, Birobidzhan	俄罗斯:犹太州比罗比詹	GSHAP
1907	10	11	14	28		-15	167		6.9	Ms	Vanuatu Islands	瓦努阿图群岛	Engdahl
1907	10	14	16			24.8	118.7		5	Ms	China: Taiwan Strait	中国:台湾海峡	China
1907	10	16	14	57	18	28	-112.5	60	7.2	Mw	Gulf of California	加利福尼亚湾	* Engdahl
1907	10	21	4	23	36	38	69	33	7.2	Mw	Tadzhikistan: Khatlon	塔吉克斯坦:哈特隆州	* GSHAP, Engdahl
1907	10	21	4	44		38.7	68.1	24	7.3	Ms	Tajikistan: Duachanbe	塔吉克斯坦:杜尚别	GSHAP
1907	10	23	20	25		37.7	65.4		6.1	Ms	Turkmenistan: Lebap, E.	土库曼斯坦:列巴普东部	Afghan, GSHAP
1907	10	23	20	28		38	16.1	33	5.9	Ms	Italy: Calabria	意大利:卡拉布里亚	* NOAA
1907	10	24	5	10		38	68.8	18	5.2	Ms	Tadzhikistan: Khatlon	塔吉克斯坦:哈特隆州	GSHAP
1907	10	27	5	17		38.8	68.4	24	6.5	Ms	Tajikistan: Duachanbe	塔吉克斯坦:杜尚别	GSHAP
1907	11	2	22	15		38.5	66.5	20	6.3	Ms	Uzbekistan: Surxondaryo	乌兹别克斯坦:苏尔汉河	GSHAP
1907	11	15	11	21		41.5	143.1	60	7	Ms	Japan: SE. Hokkaido Island	日本:北海道东南	GSHAP
1907	11	16	10	10		-8	-76.8	150	8.7	Ms	Peru: Uchiza	秘鲁:乌奇萨	* GSHAP
1907	11	21	20	3	35	5.9	95.3	60	6.8	Ms	Indonesia: North of Banda Aceh	印度尼西亚:班达亚齐北部	Engdahl, GSHAP
1907	11	24	13	59		14	123		6.5	Mk	Philippines: Basud	菲律宾:巴苏德	* Maso, Song
1907	11	27	9	35		41.5	141.8	33	7	Ms	Japan: Hakodate, Near Coast	日本:北海道函馆近海	GSHAP
1907	12	2	13	53		40.1	142.3	35	6.7	Mj	Japan: Morioka, Near East Coast	日本:盛冈东部近海	Engdahl, Usami
1907	12	15	17	35		-3.1	142.5	33	6.9	Ms	Bismarck Sea	俾斯麦海	* Engdahl, NOAA

年 Year	月 Mo	日 Dy	时 Hr	分 Mn	秒 Sec	纬度(°) Latitude	经度(°) Longitude	深度 Depth	震级 Mag	标度 Scale	地名(英文) Name(English)	地名(中文) Name(Chinese)	资料来源 Information
1907	12	20	10	29	15	43.483	11.367		5.17	Ms	Italy:Radda	意大利:拉达	Italy
1907	12	22	5	59	42	41.867	14.083		5.17	Ms	Italy:Roccaraso	意大利:罗卡拉索	Italy
1907	12	23	1	13		43.8	145	150	6.9	Muk	Japan:Hokkaido	日本:北海道	GSHAP,Usami
1907	12	25	22	36		36.5	70.5	240	6.8	Muk	Afghan:Badakhshan	阿富汗:巴达赫尚	Engdahl,GSHAP
1907	12	30	5	26		12.1	-86.3		7.2	Mw	Nicaragua:Managua	尼加拉瓜:马拉瓜	Engdahl
1907	12					37.6	34.5		6.2	Ms	Turkey:Ulukisla	土耳其:乌卢克什拉	GSHAP
1908	1	11	3	35		23.7	121.4	5	6.8	Ms	China:Taiwan,Hualien	中国:台湾花莲	China,Engdahl
1908	1	12	10	19		30.2	67.7		5.6	Ms	Pakistan:Quetta	巴基斯坦:奎达	Afghan
1908	1	15	12	56		37.3	141.8	35	7.3	Muk	Japan:Fukushima,Near Coast	日本:福岛近海	Engdahl
1908	1	16	9	10		49	87.2	15	5.3	Ms	China:Xinjiang,Altay,N.	中国:新疆阿勒泰北部	GSHAP
1908	1	20	20	5		11.2	124.3		5	Mk	Philippines:Leyte Island	菲律宾:莱特岛	Maso,Song
1908	1	25	20	6		15	35		5.3	Ms	Sudan:Al Qadarif,N.	苏丹:加达里夫北部	GSHAP
1908	1	27	2			40.3	-120.3		5.6	Mk	US:California,Wendel	美国:加利福尼亚州文德尔	USGS,Song
1908	1	31	4	50		42.8	71.3	14	5.3	Ms	Kazakhstan:Talas	哈萨克斯坦:塔拉兹	GSHAP
1908	2	6				-2	100	130	7.5	Ms	Indonesia:Southern Sumatra	印度尼西亚:苏门答腊南部	* NOAA
1908	2	9	18	13		26	100	60	7.3	Muk	China:Yunnan,Dali	中国:云南大理	Engdahl
1908	2	14	11	25		61	-146.2		6	Ms	Alaska Peninsula,S.	阿拉斯加半岛南部	* USGS,NOAA
1908	2	17	3			37.4	35.8	33	6	Ms	Turkey:Kozan	土耳其:科赞	GSHAP
1908	2	19	21	11		48	16.7		5	Ms	Austria:Wien	奥地利:维也纳	GSHAP
1908	2	22	10	34	47	46.017	15.65		5.17	Ms	Slovenia:Brezice	斯洛文尼亚:布雷日采	Italy
1908	3	5	2	16		9	126		6.9	Ms	Philippines:Mindanao Island	菲律宾:棉兰老岛	* Maso,Engdahl
1908	3	5	2	20		30.2	67.7		6.4	Ms	Pakistan:Quetta	巴基斯坦:奎达	Afghan
1908	3	12	19	26	24	36.5	70.5	200	6.5	Ms	Afghan:Badakhshan	阿富汗:巴达赫尚	GSHAP
1908	3	15	7	50		45.623	11.207		5.01	Ms	Italy:Crespadoro	意大利:克雷斯帕多罗	Italy
1908	3	23	12	20		-10	129		6.6	Ms	Indonesia:Timor	印度尼西亚:帝汶	*
1908	3	24	22	7		40.9	71	26	5.4	Ms	Uzbekistan:Namangan	乌兹别克斯坦:纳曼干	GSHAP
1908	3	26	23	3	30	18	-99	80	7.7	mB	Mexico:Guerrero,NE.	墨西哥:格雷罗州东北	* Engdahl
1908	3	27	3	45	30	17	-101		7	Ms	Mexico:Guerrero,Zihuatanejo,E.	墨西哥:格雷罗州锡瓦塔塔内霍东部	* Engdahl
1908	4	2	5	53		3	26		6.1	Ms	Congo:Titule	刚果:蒂图莱	GSHAP
1908	4	16	17	38	48	36.5	70.5	220	6.8	Muk	Afghan:Badakhshan	阿富汗:巴达赫尚	Engdahl,GSHAP
1908	4	19	7	58	48	42	134	450	6.9	Muk	Japan Sea,N.	日本海北部	GSHAP,Engdahl
1908	4	22	23	45		-38	48		7	Ms	Atlantic - Indian Ridge	大西洋 - 印度洋海岭	GSHAP,Engdahl
1908	4	27				35.6	-120.2		5.5	Ms	US:California,Shandon	美国:加利福尼亚州尚登	CGS
1908	5	3	0	51		43	146.5	35	6.5	Mj	Kuril Islands,S.	千岛群岛南部	Engdahl
1908	5	5	6	17	42	3	123		6.9	Ms	Celebes Sea	西里伯斯海	* Engdahl
1908	5	14	13	18		7.3	123.75		5	Mk	Celebes Sea	西里伯斯海	Maso,Song
1908	5	15	8	31	36	59	-141		7	Ms	Alaska:Lituya Bay	阿拉斯加:立图亚湾	Engdahl,USGS
1908	5	17	12	30	54	35.5	24	100	6.8	Muk	Greece:Crete Island	希腊:克里特岛	Engdahl,GSHAP
1908	5	31	17	42		40.6	-75.5		5.1	Mk	US:Pennsylvania,Allentown	美国:宾西法尼亚州阿伦敦	USGS,Song
1908	6	3	15	56		28	67		6.2	Ms	Pakistan:Quetta	巴基斯坦:奎达	Afghan
1908	6	16	17	50		-18.158	-70.837	30	6	Mk	Peru:Near Coast of S.	秘鲁:南部近海	GSHAP,Song
1908	6	21	3	55		40.6	35.9	33	5.2	Ms	Turkey:Merzifon	土耳其:梅尔济丰	GSHAP
1908	6	30	5	44		38.6	14.5		5.17	Ms	Italy:N. of Sicily	意大利:西西里岛北部	Italy
1908	7	10	2	13	35	46.47	13.18		5.34	Ms	Italy:Carnia	意大利:卡尔尼亚	Italy
1908	7	26	3	32		34.59	61.49		5.3	Ms	Afghan:Heart	阿富汗:赫拉特	Iran
1908	7	28	9	35		42	141.5	33	7	Ms	Japan:Muroran	日本:北海道室兰	GSHAP
1908	8	15	10			37.9	14.3		5.17	Ms	Italy:Sicilia Island	意大利:西西里岛	Italy
1908	8	17	10	32		-60	-40		7.2	Mw	East Scotia Basin	东斯科舍海盆	Engdahl
1908	8	18	10	59		40.8	-124		5.8	Ms	US:California,Eureka	美国:加利福尼亚州尤里卡	CGS,USGS
1908	8	20	9	53		32	89	60	7	Muk	China:Xizang (Tibet),Xainza,NE.	中国:西藏申扎东北	China,Engdahl
1908	9	11				48.958	-62.133		7	Mk	Canada:Gulf of Saint Lawrence	加拿大:圣劳伦斯湾	NOAA,Song
1908	9	21	6	31		19.5	-155.4	33	6.8	Ms	Hawaiian Islands	夏威夷群岛	* Engdahl,NOAA
1908	9	22	17			-30.5	-64.5	100	6.5	Ms	Argentina:Cordoba	阿根廷:科尔多瓦	GSHAP
1908	9	28	6	28		38.5	39.2	32	6.1	Ms	Turkey:Elazig	土耳其:埃拉泽	GSHAP,Iran
1908	10	6	21	39	48	45.8	26.5	150	6.8	Muk	Romania:Vrancea	罗马尼亚:弗朗恰	Engdahl,GSHAP
1908	10	13	5	6		18	-102		6.9	Ms	Mexico:Michoacan	墨西哥:米却肯州	Engdahl
1908	10	14	14	56	18	82	30	20	6.6	Ms	Arctic Ocean	北冰洋	GSHAP
1908	10	23	20	14	6	36.5	70.5	220	6.9	mB	Afghan:Badakhshan	阿富汗:巴达赫尚	* Engdahl
1908	10	24	21	16	36	37	70	220	7	mB	Afghan:Taloqan	阿富汗:塔卢坎	Engdahl,GSHAP
1908	10	30	11			37.6	36.8	33	5.4	Ms	Turkey:Kahramanmaras	土耳其:卡赫拉曼马什拉	GSHAP
1908	11	2	5	16		-2	97		6.9	Ms	Indonesia:Sumatra,Near Coast of SW.	印度尼西亚:苏门答腊西南近海	Engdahl
1908	11	4	8	37		36	-117		6.5	Ms	US:California,Death Valley	美国:加利福尼亚州死谷	USGS
1908	11	6	7	9	30	45	150	40	6.9	Ms	Kuril Islands	千岛群岛	* Engdahl,GSHAP
1908	11	6	7	12		30	160	60	7.6	Ms	North Pacific Ocean	北太平洋	*
1908	11	16	16	28		43.155	13.596		5.37	Ms	Italy:E. of Pescara	意大利:佩斯卡拉东部	Italy
1908	11	20	4	3	36	46.25	15.267		5.03	Ms	Slovenia:Celje	斯洛文尼亚:采列	Italy
1908	12	10	4	39		42.3	43	12	5.5	Ms	Georgia:Kutaisi	格鲁吉亚:库塔伊西	GSHAP,Turkey

年 Year	月 Mo	日 Dy	时 Hr	分 Mn	秒 Sec	纬度(°) Latitude	经度(°) Longitude	深度 Depth	震级 Mag	标度 Scale	地名(英文) Name(English)	地名(中文) Name(Chinese)	资料来源 Information
1908	12	10	6	20		38.058	15.036		5	Ms	Italy:Sicily, Melazzo	意大利:西西里岛,米拉佐	Italy
1908	12	12	12	8		-14	-78	60	8.2	Ms	Peru:Lima, Near Coast	秘鲁:利马近海	* Engdahl, NOAA
1908	12	12	12	54	54	26.5	97		7	Ms	myanmar:Kachin	缅甸:克钦	* Engdahl
1908	12	25	21	30		44.2	19	18	5.3	Ms	Bosnia:Tuzla	波斯尼亚:图兹拉	GSHAP
1908	12	27				45.2	-111.9		5.1	Mk	US:Montana, Helena	美国:蒙大纳州海伦娜	USGS, Song
1908	12	28	4	20	24	38.15	15.68	10	7.24	Ms	Italy:Messina, Sicily	意大利:墨西拿,西西里岛	* Italy, Engdahl, NOAA, GSHAP
1908	12	28	8	8		35.6	138.7		6.2	Ms	Japan:Fujiyoshida	日本:山梨富士吉田	Usami, Japan
1908						33.5	106		5.5	Ms	China:Shaanxi, Lueyang, NW.	中国:陕西略阳西北	China
1909	1	3	4	20		38.812	15.237		5.03	Ms	Tyrrhenian Sea	第勒尼安海(伊特鲁里亚海)	Italy
1909	1	11	23	44		49	-122.7		6	Ms	US:Washington, Seattle	美国:华盛顿州西雅图	USGS
1909	1	13	0	45		44.579	11.688		5.53	Ms	Italy:San Marino	意大利:圣马力诺	Italy
1909	1	13	0	46	19	45.4	13.1	25	5.6	Ms	Adriatic Sea	亚得里亚海	GSHAP
1909	1	19	4	56		38.6	26.9		5.8	Muk	Turkey:Izmir	土耳其:伊兹密尔	*
1909	1	20	1	57		22.9	121.3		5.5	Ms	China:Taiwan, Taitung, Coast of E.	中国:台湾台东以东海域	China
1909	1	22	10	10		50.4	142.5	22	6.1	Mk	Russia:Sakhalin Island	俄罗斯:库页岛(萨哈林岛)	GSHAP, Song
1909	1	23	2	48	18	33	50	33	7	Ms	Iran:Esfahan, W.	伊朗:伊斯法罕西部	* Engdahl
1909	1	29				35.6	-5.4		6.2	Mk	Morocco:Tetuan (Tetouan)	摩洛哥:特特万	* Song
1909	2	6	16	1		8.2	126.1		5	Mk	Philippines: Mindanao, Agusan River Valley	菲律宾:棉兰老岛,阿古桑河流域	Maso, Song
1909	2	9	11	24	6	40.2	37.8	60	6.8	Muk	Turkey:Sivas	土耳其:锡瓦斯	* Turkey, Engdahl
1909	2	10	19	49		40	38	15	5.7	Ms	Turkey:Susehri	土耳其:苏谢赫里	GSHAP
1909	2	14	22	28	30	42.5	26.5	25	5.5	Ms	Bulgaria:Yambol	保加利亚:扬博尔	GSHAP
1909	2	15	9	34	30	42.5	26.4		5.9	Ms	Bulgaria:Yambol	保加利亚:扬博尔	GSHAP
1909	2	15	14	7	18	42.5	26.5	40	5.7	Ms	Bulgaria:Yambol	保加利亚:扬博尔	Turkey
1909	2	16	16	50		60	-140		5.1	Mk	Gulf of Alaska	阿拉斯加湾	GSHAP
1909	2	17				27	87		5	Ms	Nepal:Kosi	尼泊尔:戈西	USGS, Song
1909	2	20	16			37.4	113.6		5	Ms	China:Shanxi, Heshun	中国:山西和顺	GSHAP
1909	2	22	9	21	42	-18	-179	550	7.6	mB	Fiji Islands	斐济群岛	China
1909	2	22	14	14		39	37	33	5.7	Ms	Turkey:Kangal	土耳其:坎加尔	* Engdahl
1909	2	26	16	42		5	-95	60	7.1	Muk	Cocos Ridge	科科斯海岭	Turkey
1909	3	1	1	47		-9.5	35.5		5.9	Ms	Tanzania:Iringa, S.	坦桑尼亚:伊林加南部	Engdahl
1909	3	3	12			39.4	-120.9		5	Ms	US:California, Omega	美国:加利福尼亚州欧米加	GSHAP
1909	3	5	12	16		39	40	33	5.3	Ms	Turkey:Elazig	土耳其:埃拉泽	USGS
1909	3	7				-21	-159		7.7	Mk	Cook Islands	库克群岛	GSHAP
1909	3	10	23	55		30.5	130.5	100	6.5	Mj	Japan:Kagoshima, Near Coast of S.	日本:鹿岛南部近海	NOAA, Song
1909	3	12	23	19		34.5	141.5	35	7.1	Muk	Japan Trench	日本海沟	Engdahl
1909	3	13	14	29		34.5	141.5	35	7.6	mB	Japan Trench	日本海沟	* Usami, Engdahl, NOAA
1909	3	17	22	26		30.5	137.5	450	6.7	Mj	Japan:South Honshu Ridge	日本:南本州海岭	* Engdahl, NOAA
1909	3	17	22	53		-2	121		6.9	Ms	Indonesia:Sulawesi, Lemo	印度尼西亚:苏拉威西岛,勒莫	Engdahl
1909	3	18	16	30		8	127		5.9	Mk	Philippine Trench	菲律宾海沟	Engdahl
1909	3	22	20	4		35	141.5	35	6.6	Mj	Japan Trench	日本海沟	* Maso, Song
1909	3	23	3			44.5	10.5		6.5	Mk	Italy:Parma	意大利:帕尔马	Engdahl
1909	4	8				44.7	37.4		5	Mk	Black Sea	黑海	* Song
1909	4	10	5	23		-15	167		6.9	Ms	Vanuatu Islands	瓦努阿图群岛	* * Song
1909	4	10	18	46	54	78	128	20	6.8	Muk	Laptev Sea	拉普帖夫海	Engdahl
1909	4	10	19	36		52	175	60	7	Ms	Aleutian Islands, Rat Island	阿留申群岛,拉特岛	Engdahl, GSHAP
1909	4	11	4	2		36	45		5.6	Ms	Iraq:Dukan	伊拉克:杜坎	* Engdahl, USGS
1909	4	12	8	5		-11.57	-77.181	90	5	Mk	Peru:Vegueta	秘鲁:贝格塔	Turkey
1909	4	13	22	37		14	123		5	Mk	Philippines:Basud	菲律宾:巴苏德	GSHAP, Song
1909	4	14	19	53	42	25	121.5	5	7.1	mB	China:Taiwan, Taipei	中国:台湾台北	Maso, Song
1909	4	23	17	39	36	38.9	-8.8		6.6	Ms	Portugal:Ribatejo, Benavente	葡萄牙:里巴特茹,贝纳维特	* China, Engdahl
1909	4	25	22	36		4	127	100	7.1	mB	Indonesia:Karakelong Island	印度尼西亚:卡拉克隆岛	*
1909	4	26				4.2	9.2		5.5	Mk	Cameroon:Buea	喀麦隆:布埃亚	Engdahl
1909	4	27	12	44		0	147		7.1	Mw	East Caroline Basin	东加罗林海盆	* Song
1909	4	29	22	41	12	-35	53		6.8	Muk	South West – Indian Ridge	南印度洋西海岭	Engdahl
1909	5	11	15	23	37	24.4	103		6	Ms	China:Yunnan, Huaning, N.	中国:云南华宁北	Engdahl, GSHAP
1909	5	11	15	54	24	24.4	103		6.5	Ms	China:Yunnan, Huaning, N.	中国:云南华宁北	Wang S.
1909	5	14	11	17		0.7	117.9		6.1	Mk	Indonesia:Makassar Strait	印度尼西亚:望加锡海峡	* China
1909	5	14	16			27.2	103.6		5.5	Ms	China:Yunnan, Ludian	中国:云南鲁甸	* * Song
1909	5	16	4	15		49	-104		5.5	Ms	US:North Dakota, Fortuna	美国:北达科他州福图纳	China
1909	5	17	8	2	54	-20	-64	250	7	mB	Bolivia:Chuquisaca	玻利维亚:丘基萨卡	USGS
1909	5	18	1	19		41	-124		5.6	Mk	US:California, Eureka	美国:加利福尼亚州尤里卡	Engdahl, GSHAP
1909	5	22	22	44		24	120.9		5.6	Ms	China:Taiwan, Nantou, N.	中国:台湾南投北	USGS, Song
1909	5	26	14	42		41.6	-88.1		5.1	Ms	US:Illinois, Joliet	美国:伊利诺斯州乔利埃特	China
1909	5	30	6	14	30	38.44	22.14		6.2	Ms	Greece:Patrai	希腊:帕特雷	USGS
1909	5	30	21	1	18	-8	131	100	7.1	mB	Indonesia:Palau Jamdena	印度尼西亚:延德纳岛	GSHAP
1909	6	3	18	40	48	-2	101	40	7.2	Mw	Indonesia:Southern Sumatra	印度尼西亚:苏门答腊南部	Engdahl

年 Year	月 Mo	日 Dy	时 Hr	分 Mn	秒 Sec	纬度(°) Latitude	经度(°) Longitude	深度 Depth	震级 Mag	标度 Scale	地名(英文) Name(English)	地名(中文) Name(Chinese)	资料来源 Information
1909	6	7	8	25		43.2	11.5		6.5	Mk	Italy:Toscana	意大利:托斯卡纳	* Song
1909	6	8	5	46	30	-26.5	-70.5	60	7.2	Mw	Chile:Diego De Almagro	智利:迭戈德阿尔马格罗	* Engdahl,NOAA
1909	6	11	21	6		43.7	5.4		6.2	Ms	France:Pertuis	法国:佩尔蒂	*
1909	6	12	0	7		39.1	143	40	7	Ms	Japan:Oshu,Near Coast	日本:奥州近海	GSHAP
1909	6	12	20	20		-19	170		6.9	Ms	Vanuatu Islands	瓦努阿图群岛	Engdahl
1909	6	19	17	45	54	43	26.5	40	5.2	Ms	Bulgaria:Omurtag	保加利亚:奥穆尔塔格	GSHAP
1909	6	23	7	24		39.5	-121		5.9	Ms	US:California,Alleghany	美国:加利福尼亚州阿利甘尼	CGS,USGS
1909	6	27	7	15		-10	162		6.8	Ms	Solomon Islands	所罗门群岛	Engdahl
1909	7	1	6	24		38.147	15.598		5.55	Ms	Italy:Messina	意大利:梅西纳	Italy
1909	7	2	18	54		35.6	139.8		6.4	Ms	Japan:Tokyo Bay	日本:东京湾西部	Usami,Japan
1909	7	6	5	48		41.9	24.7	40	5.1	Ms	Bulgaria:Asenovgrad	保加利亚:阿塞诺夫格勒	GSHAP
1909	7	7	21	37	50	36.5	70.5	230	7.6	mB	Afghan:Badakhshan	阿富汗:巴达赫尚	* Engdahl
1909	7	8	2	30		35.5	72.5		5.8	Mk	Pakistan:Mingora,N.	巴基斯坦:明戈拉北部	* Song
1909	7	8				-15.5	167.2		7.2	Mk	Vanuatu Islands	瓦努阿图群岛	NOAA,Song
1909	7	13	13	13	30	50.5	152.5	250	6	Mk	Sea of Okhotsk	鄂霍次克海	GSHAP,Song
1909	7	15	0	28		37.9	21.5	4	5.7	Muk	Greece:Chavari (Elis)	希腊:伊利斯	*
1909	7	15	0	34	42	37.9	21.5		5.7	Ms	Greece:Amalias	希腊:阿马利阿斯	Turkey
1909	7	23	17			-17.43	-66.35		5.8	Ms	Bolivia:Cochabamba	玻利维亚:科恰班巴	GSHAP
1909	7	30	10	51	54	16.8	-99.8		7.6	Mw	Mexico:Acapulco	墨西哥:阿卡普尔科	* Shi Z.,Engdahl,NOAA
1909	7	31	19	18		17	-100.5		6.9	Ms	Mexico:Guerrero,Near Coast	墨西哥:格雷罗州近海	Engdahl
1909	7					26.5	99.9		5.5	Ms	China:Yunnan,Jianchuan	中国:云南剑川	China
1909	8	3	16			28.8	90.5		6.5	Ms	China:Xizang (Tibet),Nagarze	中国:西藏浪卡子	China,Engdahl
1909	8	3				40.13	124.38		7	Ms	China:Liaoning,Donggang	中国:辽宁东港	Wang S.
1909	8	14	6	31		35.4	136.3	5	6.7	Ms	Japan:Nagahama	日本:滋贺长滨	* Usami,Japan,Engdahl,NOAA
1909	8	16	6	58		10	-84		6.8	Ms	Costa Rica:Cartago	哥斯达黎加:卡塔哥	Engdahl
1909	8	18	0	39	30	-22	172	100	7.2	mB	New Caledonia:Loyalty Islands	新喀里多尼亚:罗亚尔特群岛	Engdahl
1909	8	21	19	17		6.3	123.6		7.2	Ms	Celebes Sea	西里伯斯海	* NOAA
1909	8	24	22	32		43.2	11.5		6.5	Mk	Italy:Toscana	意大利:托斯卡纳	* Song
1909	8	25	0	22		43.15	11.403		5.4	Ms	Italy:Murlo	意大利:穆洛	Italy
1909	8	29	10	27		26	128		6	Ms	Ryukyu Islands	琉球群岛	Usami,Japan
1909	9	7	15	28		33	70		6	Ms	Pakistan:Miran Shah	巴基斯坦:米勒姆沙阿	Afghan
1909	9	8	16	49	48	52.5	-169	90	7	mB	Aleutian Islands	阿留申群岛	USGS,Engdahl
1909	9	10	18	8	54	28	129	100	6.8	Muk	Ryukyu Islands	琉球群岛	Engdahl
1909	9	16	19	39		42	142	35	6.8	Mj	Japan Trench	日本海沟	GSHAP,Usami,Engdahl
1909	9	18	9	57		38	143	40	6.9	Ms	Japan Trench	日本海沟	GSHAP
1909	9	19	21	53		41.9	24.7	25	5	Ms	Bulgaria:Asenovgrad	保加利亚:阿塞诺夫格勒	GSHAP
1909	9	27	9	45		39.8	-87.2		5.1	Ms	US:Indiana,Rockville	美国:印第安纳州罗克维尔	USGS
1909	10	6	2	41		41.8	-112.7		5.6	Mk	US:Utah,Tremonton	美国:犹他州特里蒙顿	USGS,Song
1909	10	8	9	59	7	45.42	16.18	10	6	Ms	Croatia:Sisak	克罗地亚:西萨克	GSHAP
1909	10	10	5	30		45.5	16.3	33	5.2	Ms	Croatia:Sisak	克罗地亚:西萨克	GSHAP
1909	10	10	5	37	7	45.41	16.17	38	5.1	Ms	Croatia:Sisak	克罗地亚:西萨克	GSHAP
1909	10	20	23	41	12	30	68	60	7	Ms	Pakistan:Sibbi	巴基斯坦:锡比	* Engdahl
1909	10	21	16	27		37.7	15.2	5	6.5	Mk	Italy:Sicilia Island	意大利:西西里岛	* Song
1909	10	27	18	45		30.09	57.58		5.5	Ms	Iran:Kerman	伊朗:克尔曼	Iran
1909	10	29	6	45		40.5	-124.2		6.4	Ms	US:California,Fortuna	美国:加利福尼亚州福图纳	USGS
1909	10	29	17	38		40.3	29.6		5.8	Muk	Turkey:Bursa	土耳其:布尔萨	*
1909	10	30	10	17	30	-6	131	250	6.9	Muk	Indonesia:Banda Sea	印度尼西亚:班达海	Engdahl
1909	10	30	17	36	39	42.4	48	40	5.8	Ms	Russia:Dagestan,Derbent	俄罗斯:达吉斯坦共和国杰尔宾特	Turkey
1909	10	31	10	18		8	-105		6.9	Ms	Tehuantepec Ridge	特万特佩克海岭[太平洋]	Engdahl
1909	11	1	3	25		38.2	73.9	20	5.4	Ms	Tadzhikistan:Kuhistoni Badakhshon,E.	塔吉克斯坦:匀瑙-巴达科善东部	GSHAP
1909	11	1	9	16		33.2	49.4		5.1	Ms	Iran:Lorestan	伊朗:洛雷斯坦	Iran
1909	11	10	5	37	7	45.4	16.2	38	5.1	Ms	Croatia:Sisak	克罗地亚:西萨克	GSHAP
1909	11	10	5	54	58	45.3	16.3	33	5.2	Ms	Croatia:Sisak	克罗地亚:西萨克	GSHAP
1909	11	10	6	13	30	32.3	131.1	150	7.5	mB	Japan:Miyazzaki	日本:宫崎	* Usami,Engdahl
1909	11	10	16			38.1	114.4		5.5	Ms	China:Hebei,Huolu	中国:河北获鹿	China
1909	11	12	19	50		-2	27		5.8	Ms	Congo:Kasese	刚果:卡塞塞	GSHAP
1909	11	20	12	50		38.167	15.583		5.17	Ms	Italy:Reggio Calabria	意大利:卡拉布里亚雷焦	Italy
1909	11	21	7	36		24.4	121.8	5	7.3	Ms	China:Taiwan,Yilan	中国:台湾宜兰	* China,Engdahl
1909	11	23	16	30		44.9	37.3	33	5.2	Ms	Black Sea	黑海	GSHAP
1909	12	3	11	50		37.9	13.1		5.17	Ms	Italy:Sicilia Island	意大利:西西里岛	Italy
1909	12	9	15	33		-8	161	0	7	Ms	Solomon Islands	所罗门群岛	Engdahl
1909	12	9	23	23		-10	165		7.7	Muk	Solomon Islands	所罗门群岛	*
1909	12	9	23	28	48	12.5	145	50	6.8	Ms	Mariana Islands,S.	马里亚纳群岛南部	* Engdahl,NOAA
1909	12	9	23	28		14	143.3		8	Muk	Guam	关岛(西太平洋)	* Maso
1909	12	22	4	3		42	144	60	7.1	Ms	Japan:Hokkaido	日本:北海道	GSHAP

年 Year	月 Mo	日 Dy	时 Hr	分 Mn	秒 Sec	纬度(°) Latitude	经度(°) Longitude	深度 Depth	震级 Mag	标度 Scale	地名(英文) Name(English)	地名(中文) Name(Chinese)	资料来源 Information
1909	12	29	20	9	28	32.7	121.5		5	Ms	China:South Yellow Sea	中国:南黄海	China
1910	1	1	11	2		16.5	-84	60	7.1	Mw	Honduras:Near Coast of NE.	洪都拉斯:东北近海	* Engdahl
1910	1	8	14	49	30	35	122		6.75	Muk	China:Yellow Sea	中国:黄海	* China, Engdahl
1910	1	10	13			38.7	-112.1		5.1	Mk	US:Utah, Richfield	美国:犹他州里奇菲尔德	USGS, Song
1910	1	12	3			38.7	-112.1		5.1	Mk	US:Utah, Richfield	美国:犹他州里奇菲尔德	USGS, Song
1910	1	20	17	27		24	121.6		5.5	Ms	China:Taiwan, Hualien	中国:台湾花莲	China
1910	1	21	23	25		42	145	60	6	Ms	Japan:Hokkaido	日本:北海道	GSHAP
1910	1	22	8	48	30	66.5	-17	32	6.9	Ms	Norwegian Sea	挪威海	Iceland, Shi Z., Engdahl
1910	1	23	18	49	42	12	-60.5	100	6.9	mB	Trinidad & Tobago:Northern Coast	特立尼达和多巴哥:北部近海	GSHAP, Engdahl
1910	1	28	23	57	39	45.4	16.2	32	5.4	Ms	Croatia:Sisak	克罗地亚:西萨克	GSHAP
1910	1	29	0	11	56	45.4	16.2	18	5.1	Ms	Croatia:Sisak	克罗地亚:西萨克	GSHAP
1910	1	29	0	57	39	45.44	16.16	32	5.4	Ms	Croatia:Sisak	克罗地亚:西萨克	GSHAP
1910	1	30	3	45		-22	170		7	Ms	Vanuatu Islands	瓦努阿图群岛	Engdahl
1910	2	3	16	34		-17	168		6.8	Ms	Vanuatu Islands	瓦努阿图群岛	Engdahl
1910	2	4	14			-17	168		7	Ms	Vanuatu Islands	瓦努阿图群岛	Engdahl
1910	2	4	20	18		42	144	50	7.3	Ms	Japan:Hokkaido	日本:北海道	GSHAP
1910	2	12	18	10	6	33	138.5	350	7.2	mB	Japan:South Honshu Ridge	日本:南本州海岭	* Engdahl
1910	2	18	5	9	18	36	24.5	150	6.9	mB	Greece:Crete Island	希腊:克里特岛	GSHAP, Engdahl
1910	2	23	7	52		41.7	23.4	12	5.2	Ms	Bulgaria:Sandanski, N.	保加利亚:桑丹斯基北部	GSHAP
1910	2	24				-4	152		7	Mk	Papua New Guinea:East New Britain	巴布亚新几内亚:东新不列颠	* NOAA, Song
1910	3	11	6	52		36.9	-121.8		5.8	Ms	US:California, Watsonville	美国:加利福尼亚州沃森维尔	USGS
1910	3	17	3	3		41.8	144	40	6.8	Ms	Japan:Hokkaido	日本:北海道	GSHAP
1910	3	19	0	11		40	-125		6	Ms	US:California, North Coast	美国:加利福尼亚州北部近海	USGS
1910	3	20	14	13		24	120.7		5.25	Ms	China:Taiwan, Taichung	中国:台湾台中	China
1910	3	22	2	6	24	41.2	22	5	5	Ms	Macedonia:Prilep	马其顿:普里莱普	GSHAP
1910	3	22				10.87	-69.45		5	Mk	Venezuela:Falcon	委内瑞拉:法尔孔	GSHAP, Song
1910	3	24	15	37		47.2	14.3		5.03	Ms	Austria:Steiermark	奥地利:施泰尔马克	Italy
1910	3	25	18	38		23.9	121.6		5.25	Ms	China:Taiwan, Hualien	中国:台湾花莲	China
1910	3	30	16	55	48	-21	170	80	7.1	mB	Vanuatu Islands	瓦努阿图群岛	Engdahl
1910	3	31	18	13		-71	-6		7.1	Ms	East of South Sandwich Trench	南桑维奇海沟东部	Engdahl
1910	3					24.6	98.7		5.5	Ms	China:Yunnan, Longling	中国:云南龙陵	China
1910	4	11	7	57		33.5	-116.5		5.8	Ms	US:California, Anza	美国:加利福尼亚州安萨	CGS, USGS
1910	4	12	0	22	13	25.5	122.5	200	7.75	mB	China:Taiwan, Keelung, Coast of NE.	中国:台湾基隆东北海域	* China, Engdahl
1910	4	13				9.8	-84		7	Mk	Costa Rica:Cartago	哥斯达黎加:卡塔哥	* Song
1910	4	14	6	21		39.1	142.1	60	6.8	Ms	Japan:Oshu, Near Coast	日本:奥州近海	GSHAP
1910	4	19	8	30		46	-112.5		5.4	Ms	US:Montana, Butte	美国:蒙大纳州比尤特	USGS
1910	4	20	22	22		-20	-177	330	7	mB	Fiji Islands	斐济群岛	Engdahl
1910	5	1	18	30	36	-20	169	80	7.1	mB	Vanuatu Islands	瓦努阿图群岛	Engdahl
1910	5	4	23	50		10	-84		6.4	Mk	Costa Rica:Cartago, San Jose	哥斯达黎加:卡塔哥,圣何塞	* Song
1910	5	6	12	3	12	33	121.5		5.5	Ms	China:South Yellow Sea	中国:南黄海	China
1910	5	6	16	40		37.33	-118.42		6	Ms	US:California, Chalfant Valley	美国:加利福尼亚州夏芬谷	CGS, USGS
1910	5	13	6	20		33.7	-117.4		5	Ms	US:California, Riverside	美国:加利福尼亚州里弗赛德	USGS
1910	5	13	7	58	6	57	-160	100	6.8	Muk	Aleutian Islands	阿留申群岛	Engdahl, USGS
1910	5	15	15	47		33.7	-117.4		6	Ms	US:California, Riverside	美国:加利福尼亚州里弗赛德	USGS
1910	5	18	9			-6	30		6.1	Ms	Tanzania:Kigoma, S.	坦桑尼亚:基戈马南部	GSHAP
1910	5	22	6	25		44	148	35	6.9	Ms	Japan:Hokkaido	日本:北海道	* Engdahl
1910	5	22	14	28		40.7	-111.8		5.6	Mk	US:Utah, Huntington	美国:犹他州亨廷顿	USGS, Song
1910	5	28	6	21		-18	27		6	Ms	Zimbabwe:Hwange	津巴布韦:万基	GSHAP
1910	5	30	12	30		10	27		5.5	Ms	Sudan:Ed Dueim	苏丹:杜韦姆	GSHAP
1910	5	30	21	36		38.5	142	33	6.9	Ms	Japan:Miyagi	日本:宫城	GSHAP
1910	5	31	4	54		10	-105		7	Ms	Tehuantepec Ridge	特万特佩克海岭[太平洋]	Engdahl
1910	6	1	5	55	30	-20	169	80	7.3	mB	Vanuatu Islands	瓦努阿图群岛	* Engdahl
1910	6	1	6	48	18	-20	169	80	7.1	mB	Vanuatu Islands	瓦努阿图群岛	Shi Z., Engdahl
1910	6	7	2	5		40.9	15.4	33	5.9	Muk	Italy:Calitri	意大利:卡利特里	*
1910	6	9	11	48		30	139	400	6.7	Mj	Japan:South Honshu Ridge	日本:本州南部海岭	Engdahl
1910	6	16	4	0	16.3	36.5	-4		6.1	Ms	Spain:Málaga, Off Coast of S.	西班牙:马拉加南部近海	Shi Z.
1910	6	16	6	30	42	-19	169.5	100	7.9	mB	Vanuatu Islands	瓦努阿图群岛	* Engdahl
1910	6	17	5	28	40	21	121	0	6.8	Ms	China:Taiwan, Coast of S.	中国:台湾南部海域	China, Engdahl
1910	6	24	13	27		36	4	33	6.4	Ms	Algeria:Masqueray, Kabylia	阿尔及利亚:卡比利亚	*
1910	6	25	19	26		40.9	34.6		6.1	Muk	Turkey:Osmancik, Iskilip	土耳其:奥斯曼哲克,伊斯基利普	*
1910	6	27	18	41		39.8	142.4	33	6.8	Ms	Japan:Iwate, Near Coast	日本:岩手近海	GSHAP
1910	6	29	10	45		-32	-176		7.2	Mw	Kermadec Ridge	克马德克海岭	Engdahl
1910	6	29	13	52	14	42.733	12.95		5.37	Ms	Italy:Umbria	意大利:翁布里亚	Italy
1910	6	29	14	21		-28	-178		6.9	Ms	Kermadec Ridge	克马德克海岭	Engdahl
1910	7	7	8	17		-12	108		6.8	Ms	Indonesia:Java Ridge	印度尼西亚:爪哇海岭	Engdahl
1910	7	12	7	36	12	37	76	120	6.8	Muk	China:Xinjiang, Tashkurghan, SE.	中国:新疆塔什库尔干东南	China, Engdahl

年 Year	月 Mo	日 Dy	时 Hr	分 Mn	秒 Sec	纬度(°) Latitude	经度(°) Longitude	深度 Depth	震级 Mag	标度 Scale	地名(英文) Name(English)	地名(中文) Name(Chinese)	资料来源 Information
1910	7	13	9	32		47.3	10.9		5.17	Ms	Austria:Tirol	奥地利：蒂罗尔	Italy
1910	7	24	6	49		42.5	140.8		6.5	Ms	Japan:Hakodate,Date	日本：北海道伊达	Shi Z.,Usami
1910	7	24				24.3	124.2		6.1	Mk	Japan:Ishigaki - Jima	日本：石垣岛	Japan,Song
1910	7	29	10	26	42	-5	143	80	6.9	Muk	Papua New Guinea:Enga,NW.	巴布亚新几内亚：恩加西北	Engdahl
1910	8	1	10	0	40.4	39	15	200	6.5	Ms	Tyrrhenian Sea	第勒尼安海(伊特鲁里亚海)	Shi Z.
1910	8	4	13			8.7	-70.9		5.8	Ms	Venezuela:Merida	委内瑞拉：梅里达	GSHAP
1910	8	5	1	31	36	42	-127		6.8	Muk	US:Off Coast of W. Oregon	美国：俄勒冈州西部沿海	Engdahl,USGS
1910	8	17	11	58		28.4	67		6.3	Ms	Pakistan:Sind	巴基斯坦：信德	Afghan
1910	8	21	5	38	36	-17	-179	600	7.4	mB	Fiji Islands	斐济群岛	Engdahl
1910	8	21	16	11	30	34	27	170	6.5	Ms	Mediterranean Sea	地中海	GSHAP
1910	8	31	18	57		42	17	20	5.1	Ms	Adriatic Sea	亚得里亚海	GSHAP
1910	9	1	0	45		22.7	121.7	0	7	Ms	China:Taiwan,Taitung,Coast of E.	中国：台湾台东以东海域	China,Engdahl
1910	9	1	14	20		24.1	122.4	0	6.8	Ms	China:Taiwan,Hualien,Coast of E.	中国：台湾花莲以东海域	China,Engdahl
1910	9	6	19	59		-25	-70		7.1	Mw	Chile:Antofagasta,S.	智利：安托法加斯塔南部	Engdahl
1910	9	7	7	11	18	-6	151	80	7.2	mB	Papua New Guinea:East New Britain	巴布亚新几内亚：东新不列颠	Engdahl
1910	9	8	2	50		44.2	141.6		5.9	Ms	Japan:Hokkaido	日本：北海道	Usami,Japan
1910	9	9	1	13	18	51.5	-176	25	7	Ms	Andreanof Islands, Aleutian Is.	阿留申群岛，安德烈亚诺夫群岛	Engdahl,USGS
1910	9	24	3	32	42	16.8	-95.9	80	6.9	Muk	Mexico:Oaxaca	墨西哥：瓦哈卡	* Engdahl
1910	9	24	4	5		35.8	-111.5		5.6	Mk	US:Arizona,Cameron	美国：亚利桑那州卡梅伦	USGS,Song
1910	9	26	10	26		36.8	141.5		7	Ms	Japan:Ibaraki,Near Coast	日本：茨城近海	Usami,Japan
1910	10	3	11	4	12	40.283	15.983		5.03	Ms	Italy:Montemurro	意大利：蒙特穆罗	Italy
1910	10	4	23	0	6	-22	-69	120	7.2	mB	Chile:Antofagasta,N.	智利：安托法加斯塔北部	Chile,Shi Z.,Engdahl
1910	10	17	15	27		41.9	144	50	6.8	Ms	Japan:Hokkaido	日本：北海道	GSHAP
1910	10	27				35.3	-2.97		5.9	Mk	Morocco:Melilla	摩洛哥：梅利利亚	* Song
1910	11	1	2	59		42	144.2	50	7	Ms	Japan:Hokkaido	日本：北海道	GSHAP
1910	11	5				64	-165		7.1	Mk	Bering Strait	白令海峡	NOAA,Song
1910	11	6	20	29		53	-135		6.8	Ms	Gulf of Alaska,SE.	阿拉斯加湾东南	Engdahl
1910	11	7	17	20		37.5	-117		5.1	Mk	US:Nevada,Beatty	美国：内华达州比蒂	USGS,Song
1910	11	9	6	2		-15	166	70	7.5	mB	Vanuatu Islands	瓦努阿图群岛	* Engdahl
1910	11	10	12	19	54	-14	166.5	90	7.1	mB	Vanuatu Islands	瓦努阿图群岛	* Engdahl,NOAA
1910	11	14	7	34	31	24.5	122	0	7	Muk	China:Taiwan,Yilan,Coast of E.	中国：台湾宜兰以东海域	China,Engdahl
1910	11	15	14	21	48	-58	-22	60	7.2	Mw	South Sandwich Trench	南桑威奇海沟	Engdahl
1910	11	18	2	42	48	38.167	15.583		5.17	Ms	Italy:Reggio Calabria	意大利：卡拉布里亚雷焦	Italy
1910	11	21	23	23		38	-118		5.6	Mk	US:Nevada,Coaldale	美国：内华达州科尔代尔	USGS,Song
1910	11	24				6	90		5.5	Ms	Bay of Bengal	孟加拉湾	GSHAP
1910	11	26	4	41	18	-14	167	50	7.2	Mw	Vanuatu Islands	瓦努阿图群岛	* Engdahl
1910	11	29	2	24		25	125	0	6.9	Ms	Ryukyu Islands	琉球群岛	Engdahl
1910	12	4	11			-10	140		6.8	Ms	Indonesia:Timor	印度尼西亚：帝汶	Engdahl
1910	12	4	14	2		39.3	48	37	5.4	Ms	Iran:Parsabad	伊朗：法尔萨巴德	GSHAP
1910	12	7	9	35		41.8	143	33	6.8	Ms	Japan:SE. Hokkaido Island	日本：北海道东南	GSHAP
1910	12	10	9	26	42	-11	162.5	50	7.2	Mw	Solomon Islands	所罗门群岛	Engdahl
1910	12	13	11	37	24	-8	31	0	7.6	Mw	Tanzania:Rukwa	坦桑尼亚：鲁夸	* Engdahl
1910	12	13	13	40		-8	31.7		6.3	Ms	Tanzania:Rukwa	坦桑尼亚：鲁夸	GSHAP
1910	12	14	20	46	12	-21	-178	600	7.2	mB	Fiji Islands	斐济群岛	Engdahl
1910	12	16	14	45		4.5	126	0	7.6	Mw	Indonesia:Karakelong Island	印度尼西亚：卡拉克隆岛	* Engdahl,NOAA
1910	12	18	5	10		-7.8	31.5		5.7	Ms	Tanzania:Kasanga	坦桑尼亚：卡桑加	GSHAP
1910	12	18				4	127	33	6.7	Ms	Indonesia:Karakelong Island	印度尼西亚：卡拉克隆岛	* NOAA
1910	12	22	12	34	24	42.7	13.25	5	5.17	Ms	Italy:Accumoli	意大利：阿库莫利	Italy,GSHAP
1910	12	23	1			59.5	144	15	5	Ms	Russia:Khabarovsk,Dva Stolba	俄罗斯：哈巴罗夫斯克区德瓦斯托尔巴村	GSHAP
1910	12	25	19			43	74.7	10	5.3	Ms	Kyrgyzstan:Bishkek	吉尔吉斯斯坦：比什凯克	GSHAP
1910	12	27	3	54	30	37.9	21.2		5.6	Ms	Greece:Amalias	希腊：阿马利阿斯	Turkey
1910	12	30				9	125.5	60	6.3	Ms	Philippines:Mindanao Island	菲律宾：棉兰老岛	* Nakamura,NOAA
1910	12	31	12	11		36.8	-122.1		5.7	Ms	US:California,Watsonville,Near Coast	美国：加利福尼亚州沃森维尔近海	CGS,USGS
1911	1	1	10	18		36.5	66.5	50	6.8	Ms	Afghan:Balkh,Fariab	阿富汗：巴尔赫，法里亚布	Afghan,GSHAP,Engdahl
1911	1	1	14	59		36.5	66		6.5	Ms	Afghan:Sheberghan	阿富汗：希比尔甘	Afghan
1911	1	2	11	42		39.5	144	30	6.8	Ms	Japan Trench	日本海沟	GSHAP
1911	1	3	7	26		-6.5	31		6	Ms	Tanzania:Rukwa	坦桑尼亚：鲁夸	GSHAP
1911	1	3	23	25	45	43.5	77.5	25	7.8	Mw	Kazakhstan:Almaty	哈萨克斯坦：阿拉木图	* GSHAP,Engdahl
1911	1	25	0	41	35	39.8	114.5		5.9	Ms	China:Hebei,Yuxian	中国：河北蔚县	* China
1911	1	27	23	6	5	14.002	120.993		7.8	Mk	Philippines:Batangas	菲律宾：八打雁	* Song
1911	2	5	16			29.7	116		5	Ms	China:Jiangxi,Jiujiang	中国：江西九江	China
1911	2	5				23	109.8		5.25	Ms	China:Guangxi,Lingshan,NE.	中国：广西灵山东北	China
1911	2	17	20	14		31.9	131.5		6.1	Ms	Japan:Miyazaki	日本：宫崎	Usami,Japan
1911	2	18	14	45		35.4	136.3		6.5	Ms	Japan:Nagahama	日本：滋贺长滨	Usami,Japan

年 Year	月 Mo	日 Dy	时 Hr	分 Mn	秒 Sec	纬度(°) Latitude	经度(°) Longitude	深度 Depth	震级 Mag	标度 Scale	地名(英文) Name(English)	地名(中文) Name(Chinese)	资料来源 Information
1911	2	18	18	41	3	38.2	72.8	26	7.2	Mw	Tajikistan:Pamir Mountains	塔吉克斯坦:帕米尔山脉	* GSHAP, Afghan, Engdahl
1911	2	18	21	36		41.1	20.7		6.7	Ms	Macedonia(Fyrom):Ohrid	马其顿:奥赫里德	* NOAA
1911	2	19	7	18	30	44.12	12.08		5.38	Ms	Italy:Cesena	意大利:切塞纳	Italy
1911	2	23	11	14	12	27	128	5	7.1	Muk	Ryukyu Islands	琉球群岛	Engdahl
1911	2	23	11	34		40	22	15	5.4	Ms	Greece:Larissa	希腊:拉里萨	GSHAP
1911	3	5	3	33		42.5	22.5	30	5	Ms	Serbia:Bosilegrad	塞尔维亚:博西莱格勒	GSHAP
1911	3	6	17	30		6	126	100	6.8	Muk	Philippines:Mindanao Island	菲律宾:棉兰老岛	Engdahl
1911	3	11	19	15		41.6	22.4	30	5	Ms	Macedonia(Fyrom):Stip	马其顿:斯提普	GSHAP
1911	3	11	20	40	18	42	23	50	5.5	Ms	Bulgaria:Blagoevgrad	保加利亚:布拉戈耶夫格勒	GSHAP
1911	3	24	3	18		24	122	35	6.8	Ms	China:Taiwan, Hualien, Coast of E.	中国:台湾花莲以东海域	China, Engdahl
1911	3	26	13	20		3.1	11		5.7	Ms	Cameroon:Yaounde	喀麦隆:雅温得	GSHAP
1911	3	26	13	51		44.061	12.507	8	5.18	Ms	Italy:Rimini	意大利:里米尼	Italy, GSHAP
1911	4	4	15	43	54	36.5	25.5	140	7	mB	Aegean Sea	爱琴海	GSHAP, Engdahl
1911	4	7	6	44	9	50.5	160.6	40	6.5	Ms	Russia:Kamchatka, Near Coast of SE.	俄罗斯:堪察加东南海域	GSHAP
1911	4	10	18	42	24	9	-74	100	7	mB	Colombia:Bolivar	哥伦比亚:波利瓦尔	GSHAP, Engdahl
1911	4	11	10	15		39	142	60	7	Ms	Japan:Oshu, Near Coast	日本:奥州近海	GSHAP
1911	4	18	18	14	36	23	56	50	6.7	Muk	Oman:Ibri	阿曼:伊卜里	* Engdahl
1911	4	18	18	14		31.2	56.9	36	6.7	Ms	Iran:Kerman	伊朗:克尔曼	GSHAP, Iran
1911	4	28	9	52	54	0	-71	600	6.9	mB	Colombia:Vaupes, S.	哥伦比亚:沃佩斯南部	GSHAP, Engdahl
1911	4	28	18	35.7		-27	-179.5	600	6.5	Ms	Lau Ridge[Pacific Ocean]	劳海岭[太平洋]	Shi Z.
1911	4	29	5	33		30.36	57.58		6.4	Ms	Iran:Kerman	伊朗:克尔曼	Iran
1911	4	30	20	42	30	36	30	180	6.25	Ms	Mediterranean Sea	地中海	GSHAP
1911	5	4	23	36	54	51	157	240	7.4	mB	Russia:Kamchatka Peninsula	俄罗斯:堪察加半岛	* GSHAP, Engdahl
1911	5	8				-6	151		7	Mk	Papua New Guinea:East New Britain	巴布亚新几内亚:东新不列颠	* NOAA, Song
1911	5	11				6.1	1.2		6.6	Ms	Togo:Lome	多哥:洛美	NOAA
1911	5	14	16	41		22.5	115		6	Ms	China:Guangdong, Shanwei, Coast	中国:广东汕尾海域	* China
1911	6	7	11	2	42	17.5	-102.5	11	7.6	Mw	Mexico:Near Coast of Michoacan	墨西哥:米却肯近海	* Engdahl
1911	6	7	23	58	48	41	50.5	52	6.4	Ms	Caspian Sea	里海	GSHAP
1911	6	15	14	26		28	130	90	8.1	mB	Ryukyu Islands	琉球群岛	* Usami, Japan, Engdahl, NOAA
1911	6	23	12	30	19	40	48	18	5	Ms	Azerbaijan:Samaxi	阿塞拜疆:沙马基区	GSHAP
1911	7	1	22	0	3	37.25	-121.75		6.5	Ms	US:California, Morgan Hill	美国:加利福尼亚州莫干山	USGS, Engdahl
1911	7	4	13	33	26	36	70.5	190	7.4	mB	Afghan:Badakhshan	阿富汗:巴达赫尚	* GSHAP, Engdahl
1911	7	5	18	40	6	-7.5	117.5	370	7	mB	Flores Sea	弗洛勒斯海	Engdahl
1911	7	8	1	2		46.9	19.7	15	5.6	Ms	Hungary:Kecskemet	匈牙利:凯奇凯梅特	GSHAP
1911	7	11	21	22	18	-14	167	150	6.9	Muk	Vanuatu Islands	瓦努阿图群岛	Engdahl
1911	7	12	4	7	36	9	126	50	7.5	Mw	Philippines:Mindanao, Talacogon	菲律宾:棉兰老岛,塔拉科贡	* Bautista, Engdahl, NOAA
1911	7	19	10	1		-29	-179	200	6.9	Muk	Kermadec Ridge	克马德克海岭	Engdahl
1911	7	24				43.2	0.2		5	Muk	France:Aramits, Arros	法国:阿拉米,阿罗斯	*
1911	7					28.5	97.5		6.5	Ms	China:Xizang (Tibet), Zayu	中国:西藏察隅	China, Engdahl
1911	8	6				53.5	127.1	10	5	Ms	Russia:Amur, Berezovka	俄罗斯:阿穆尔州别列佐夫卡	GSHAP
1911	8	16	22	41	18	7	137	17	7.7	Mw	Western Caroline Islands	卡罗琳群岛西部	* Engdahl
1911	8	21	16	28	55	-21	-176	300	7.2	mB	Tonga Islands	汤加群岛	Engdahl
1911	8	21	22	48		32.9	131		5.9	Ms	Japan:Kumamoto	日本:熊本	Usami, Japan
1911	8	27	10	59	18	17	-96	100	6.8	Muk	Mexico:Oaxaca	墨西哥:瓦哈卡	Engdahl
1911	9	6	0	54	18	45.5	143	360	7	mB	Japan:Hokkaido, Coast N.	日本:北海道北部海域	GSHAP, Usami, Engdahl
1911	9	8	22	43	59	52.5	158	80	6.5	Ms	Russia:Kamchatka Peninsula	俄罗斯:堪察加半岛	GSHAP, Shi Z.
1911	9	12	12	53	18	-23	172.5	150	6.8	Muk	Vanuatu Islands	瓦努阿图群岛	Engdahl
1911	9	13	3	22		27.67	54.44		5.5	Ms	Iran:Lar	伊朗:拉尔	Iran
1911	9	13	22	29		43.399	11.332		5.14	Ms	Italy:Radda	意大利:拉达	Italy
1911	9	15	13	10		-20	-72	40	7.1	Mw	Chile:Iquique, Off Coast	智利:伊基克沿海	* Chile, Shi Z., Engdahl, NOAA
1911	9	17	3	26		51	180		7.1	Mw	Aleutian Islands, Rat Island	阿留申群岛,拉特岛	USGS, Engdahl
1911	9	22	5	1	24	60.5	-149	60	6.9	Muk	Gulf of Alaska	阿拉斯加湾	USGS, Engdahl, NOAA
1911	9	23	4	10		-1.7	-78.9		6	Mk	Ecuador:Chimborazo, N.	厄瓜多尔:钦博腊索山北部	GSHAP, Song
1911	9	24	11	23		42	143	33	7.1	Ms	Japan:SE. Hokkaido Island	日本:北海道东南	GSHAP
1911	10	6	10	16	12	19	-70.5		6.8	Ms	Dominica:Puerto Rico:W.	多米尼加:波多黎各西部	Engdahl, Shi Z.
1911	10	13	2	33	18	43.7	146	80	6.9	Ms	Kuril Islands	千岛群岛	GSHAP
1911	10	14	12	23		40.8	136.2	33	6.9	Ms	Japan Sea, E.	日本海东部	GSHAP
1911	10	14	23	24	5	45.1	98.9	15	5	Ms	Mongolia:Boon Tsagaan Nuur, S.	蒙古:本查干湖南部	GSHAP
1911	10	14	23	24		31	80.5		6.75	Muk	China:Xizang (Tibet), Zanda, SE.	中国:西藏札达东南	China, Engdahl
1911	10	15	8	52		37.7	15.15		5.28	Muk	Italy:Etna	意大利:埃特纳	* Italy
1911	10	15	11	50	7	48.6	157	30	6.3	Ms	Kuril Islands	千岛群岛	GSHAP

年 Year	月 Mo	日 Dy	时 Hr	分 Mn	秒 Sec	纬度(°) Latitude	经度(°) Longitude	深度 Depth	震级 Mag	标度 Scale	地名(英文) Name(English)	地名(中文) Name(Chinese)	资料来源 Information
1911	10	16	16			26.6	103.1		5.75	Ms	China:Yunnan,Huize,N.	中国:云南会泽北	China
1911	10	20	17	44		-12.5	166	160	7	mB	Solomon Islands	所罗门群岛	Engdahl
1911	10	22	22	31	45	39.6	23.3		6	Ms	Aegean Sea	爱琴海	GSHAP
1911	10	29	18	9		11	-101		6.8	Muk	Tehuantepec Ridge	特万特佩克海岭[太平洋]	Engdahl
1911	11	8	14	12	29	42.7	145.7	40	6.3	Ms	Japan:SE. Hokkaido Island	日本:北海道东南	GSHAP
1911	11	8	14	12		34.5	140.5	35	6.5	Mj	Japan:South Honshu Ridge	日本:本州南部海岭	Engdahl
1911	11	13	16	13	12	52	173		6.9	Ms	Aleutian Islands	阿留申群岛	USGS,Shi Z.,Engdahl
1911	11	16	21	25	48	48.3	9.1	40	6.25	Ms	Germany:Burladingen	德国:布拉丁根	Shi Z.
1911	11	18	21	35		40.4	20.5		6.2	Mk	Albania:Korce, Pogradec	阿尔巴尼亚:科里察,波格拉德茨	* Song
1911	11	21	7	36		39	136	300	6.6	Mj	Japan Sea,E.	日本海东部	GSHAP,Engdahl
1911	11	22	23	5	24	-15	169	200	7.3	mB	Vanuatu Islands	瓦努阿图群岛	Engdahl
1911	12	7				23	88		5	Ms	India:Kolkata	印度:加尔各答	GSHAP
1911	12	16	19	14	18	17	-100.7	50	7.6	Mw	Mexico:Guerrero,Near Coast	墨西哥:格雷罗州近海	* Engdahl
1911	12	20	20	28		41	141	33	6.8	Ms	Japan:Aomori	日本:青森	GSHAP
1911	12	31	6	7	6	-2	143.5		6.8	Ms	Papua New Guinea:Sandaun, Off Coast of N.	巴布亚新几内亚:桑道恩北部海域	Engdahl
1912	1	3	19	4		41.8	144.3	40	7.7	Ms	Japan:Hokkaido	日本:北海道	GSHAP
1912	1	4	15	46	54	52	-179	25	6.7	Ms	Andreanof Islands, Aleutian Is.	阿留申群岛,安德烈亚诺夫群岛	USGS,Shi Z.,Engdahl
1912	1	5	3	52		37.33	-118.42		5.5	Ms	US:California,Chalfant Valley	美国:加利福尼亚州夏芬谷	USGS
1912	1	20	23	57		-7.5	32		5.7	Ms	Tanzania:Rukwa	坦桑尼亚:鲁夸	GSHAP
1912	1	23				41	71.7	12	5.2	Ms	Uzbekistan:Namangan	乌兹别克斯坦:纳曼干	GSHAP
1912	1	24	16	23	6	38	20.5	60	6.8	Muk	Greece:Kephallenia	希腊:坎发兰尼亚	* Engdahl,NOAA
1912	1	31	20	11	48	61	-147.5	80	7	mB	Gulf of Alaska	阿拉斯加湾	USGS,Shi Z.,Engdahl
1912	2	13	8	3	53	40.9	20.6		6.1	Ms	Albania:Pogradec	阿尔巴尼亚:波格拉德茨	GSHAP
1912	2	17	13	38		51.8	106	18	5.1	Ms	Russia:Lake Baykal	俄罗斯:贝加尔湖	GSHAP
1912	2	20	13	3		-29.8	25.1		6.2	Ms	South Africa:Botshabelo	南非:博察贝洛	GSHAP
1912	2	24	14	36	38	37	59.5	10	5.5	Ms	Iran:Mashhad	伊朗:马什哈德	GSHAP,Iran
1912	3	8	14	45		-2	29		6.1	Ms	Congo:Goma	刚果:戈马	GSHAP
1912	3	11	10	17	30	51	-131		6.5	Ms	Canada:Off Coast of W. Vancouver	加拿大:温哥华西部海域	Shi Z.
1912	3	25	4	49	30	-18	169	240	6.9	mB	Vanuatu Islands	瓦努阿图群岛	Engdahl
1912	4	13	2	39	36	78.9	108	20	5.2	Ms	Arctic Ocean	北冰洋	GSHAP
1912	4	18	7	37		38.6	142		7.1	Ms	Japan:Miyagi,Near Coast	日本:宫城近海	Usami,Japan
1912	4	25	10	27	48	36.5	70.5	220	6.8	Muk	Afghan:Badakhshan	阿富汗:巴达赫尚	GSHAP,Engdahl
1912	5	6	18	59		64	-20	60	7.5	Ms	Iceland:Hella	冰岛:海德拉	* Engdahl
1912	5	6	19			46.7	142.3	15	5	Ms	Russia:Sakhalin Island	俄罗斯:库页岛(萨哈林岛)	GSHAP
1912	5	8				20.4	-103.2		6.2	Mk	Mexico:Jalisco,Guadalajara	墨西哥:哈利斯科,瓜达拉哈拉	* Song
1912	5	11	17	26	24	-9	72		6.8	Muk	Carlsberg Ridge	卡尔斯伯格海岭[印度洋]	Engdahl
1912	5	12	11	38		-10	35		5.6	Ms	Tanzania:Iringa,S.	坦桑尼亚:伊林加南部	GSHAP
1912	5	13	19	35	48	57	162	100	6.8	Muk	Russia:Kamchatka Peninsula	俄罗斯:堪察加半岛	GSHAP,Engdahl
1912	5	15	0	4	18	-30	-178.5	250	6.5	Ms	Kermadec Ridge	克马德克海岭	Shi Z.
1912	5	17	16	38	8	34.2	23.7		5.9	Ms	Mediterranean Sea	地中海	Turkey
1912	5	22	8	21	51	51.7	103.8	13	5.3	Ms	Russia:Irkutsk,Slyudyanka	俄罗斯:伊尔库茨克州斯柳江卡	GSHAP
1912	5	22	23	8	18	36.5	70.5	220	6.9	Ms	Afghan:Badakhshan	阿富汗:巴达赫尚	GSHAP
1912	5	23	2	24	6	21	97	25	7	Ms	myanmar:Mandalay, Mogok	缅甸:曼德勒,抹谷	* Engdahl
1912	5	25	18	1	54	45.7	27.2	90	6.4	Ms	Romania:Nereju	罗马尼亚:内雷茹	GSHAP
1912	5	25	20	15		45.7	27.2	38	6.2	Ms	Romania:Nereju	罗马尼亚:内雷茹	GSHAP
1912	6	1	0	31	18	36.5	70.5	200	6.8	Ms	Afghan:Badakhshan	阿富汗:巴达赫尚	GSHAP
1912	6	7	1	58		45.7	26.6	100	5.5	Ms	Romania:Nereju	罗马尼亚:内雷茹	GSHAP
1912	6	7	9	55	54	59	-153		6.4	Ms	Alaska:Kodiak Island	阿拉斯加:科迪亚克岛	USGS
1912	6	8	4	41	30	40.5	142	35	6.8	Muk	Japan:Aomori,Near Coast	日本:青森近海	* GSHAP,Usami,Engdahl,NOAA
1912	6	10	16	6	6	59	-153		6.9	Ms	Alaska:Kodiak Island	阿拉斯加:科迪亚克岛	USGS,Shi Z.,Engdahl
1912	6	12	10	30		32.9	-80		5.1	Mk	US:South Carolina,Charleston	美国:卡罗莱纳州查尔斯顿	USGS,Song
1912	6	12	12	43	42	17	-89		6.8	Muk	Caribbean Sea	加勒比海	Engdahl
1912	6	14	1	31	40	48.4	149.8	500	6.5	Ms	Sea of Okhotsk	鄂霍次克海	GSHAP
1912	6	15	7	42	6	51.9	105.8	18	5.3	Ms	Russia:Lake Baykal	俄罗斯:贝加尔湖	GSHAP
1912	6	20				44.5	80	15	5.4	Ms	Kazakhstan:Almaty	哈萨克斯坦:阿拉木图	GSHAP
1912	6	21	9	30		9.2	-70.1		5.5	Ms	Venezuela:Trujillo	委内瑞拉:特鲁希略	GSHAP
1912	7	2	7	34	6	41.383	16.133		5.17	Ms	Italy:Trinitapoli	意大利:蒙特卡尔沃	Italy
1912	7	7	7	57	36	63.07	-146.14		7.2	Mw	Alaska Peninsula,S.	阿拉斯加半岛南部	USGS,Shi Z.,Engdahl
1912	7	9	8	18	6	3	33		6.8	Muk	Uganda:Pader	乌干达:帕德尔	GSHAP,Engdahl
1912	7	15	22	46		36.4	138.5		6.2	Ms	Japan:Tsumagoi	日本:群马嬬恋村	Usami,Japan
1912	7	18	21	16	18	-28	-114		6.5	Ms	Easter Island,SW.	复活节岛西南	Shi Z.
1912	7	24	11	59		-5	-80	30	7	Ms	Peru:Piura	秘鲁:皮乌拉	* Engdahl
1912	7	24	23	24		31	137.5	450	6.6	Mj	Japan:South Honshu Ridge	日本:南本州海岭	Engdahl
1912	8	6	21	11	18	-14	167	260	7.3	mB	Vanuatu Islands	瓦努阿图群岛	Engdahl
1912	8	9	1	29		40.5	27.2	60	7.6	Mw	Turkey:Marmara Sea	土耳其:马尔马拉海	* Engdahl
1912	8	10	1	17	36	43.5	45.1	50	5.7	Ms	Russia:Chechnia,Grozny,NW.	俄罗斯:车臣共和国格罗兹尼北部	GSHAP
1912	8	10	9	23		40.6	27.1	15	6.3	Ms	Turkey:Hellespont	土耳其:达达尼尔海峡	GSHAP

年	月	日	时	分	秒	纬度(°)	经度(°)	深度	震级	标度	地名(英文)	地名(中文)	资料来源
Year	Mo	Dy	Hr	Mn	Sec	Latitude	Longitude	Depth	Mag	Scale	Name(English)	Name(Chinese)	Information
1912	8	10	18	30		40.6	27.1	15	5.3	Ms	Turkey:Sarkoy	土耳其：沙尔柯伊	GSHAP
1912	8	17	14	22		36.4	138.3		5.1	Ms	Japan:Tsumagoi	日本：群马嬬恋村	Usami
1912	8	17	19	11	48	4	127		7.2	Mw	Indonesia:Karakelong Island	印度尼西亚：卡拉克隆岛	Engdahl
1912	8	18	13	20		-7	123	650	6.5	Ms	Flores Sea	弗洛勒斯海	Shi Z.
1912	8	18	21	12		36	-111.5		5.6	Mk	US:Arizona,Cameron	美国：亚利桑那州卡梅伦	USGS,Song
1912	8	23	21	14	30	35	71.5	200	6.8	Muk	Afghan:Asmar	阿富汗：阿斯马尔	Afghan,GSHAP,Engdahl
1912	8	24	1	19		-7	31		5.7	Ms	Tanzania:Chala	坦桑尼亚：查拉	GSHAP
1912	8	31	22	23	28	51.1	160	20	6.7	Ms	Russia:Kamchatka,Near East Coast	俄罗斯：堪察加东部近海	GSHAP
1912	9	1	4	10		-4.5	155	430	7	mB	Papua New Guinea:New Ireland,E.	巴布亚新几内亚：新爱尔兰东部	Engdahl
1912	9	11	0	47	54	5	96.5	100	6.5	Ms	Indonesia:Sumatera,Aceh	印度尼西亚：苏门答腊亚齐	Shi Z.
1912	9	13	23	31		40.5	26.9	18	6.9	Ms	Turkey:Marmara Sea	土耳其：马尔马拉海	GSHAP
1912	9	16	21	4		40	24	15	5.5	Ms	Aegean Sea	爱琴海	Turkey
1912	9	19				19.9	-99.9		6.2	Mk	Mexico:Toluca de Lerdo	墨西哥：墨西哥州托卢卡	* Song
1912	9	29	20	51	30	7	138	60	7.5	Mw	Palau Trench	帕劳海沟[太平洋]	* Engdahl
1912	9	30				44.5	80	15	5.4	Ms	Kazakhstan:Almaty	哈萨克斯坦：阿拉木图	GSHAP
1912	10	12	19	48	41	41.4	43.8	14	6.3	Ms	Georgia:Akhalkalaki	格鲁吉亚：阿卡卡垃吉	GSHAP
1912	10	13	2	22	56	41.5	44	30	5	Ms	Georgia:Bolnisi	格鲁吉亚：博尔尼西	GSHAP
1912	10	18	11	48		54.6	179.2	60	7.1	Muk	Aleutian Islands,Rat Island	阿留申群岛，拉特岛	Engdahl
1912	10	26	9	0	36	14	146	130	7	mB	Guam,NE.	关岛(西太平洋)东北	Engdahl
1912	10	31	17	24	6	7	138	33	6.9	Ms	West Scotia Basin	西斯科舍海盆	* Engdahl,NOAA
1912	11	3	6	4	43	23.5	122		5.5	Ms	China:Taiwan,Hualien,Coast of E.	中国：台湾花莲以东海域	China
1912	11	7	7	40	24	57.5	-155	90	7.3	mB	Aleutian Islands	阿留申群岛	* Engdahl
1912	11	7	22	22		42	144.5	50	7.1	Ms	Japan:Hokkaido	日本：北海道	GSHAP
1912	11	8	7	54		12.6	124		6.5	Mk	Philippines:Sorsogon	菲律宾：索索贡	* Song
1912	11	19	13	55		19.9	-99.8	80	6.9	mB	Mexico:Toluca de Lerdo	墨西哥：墨西哥州托卢卡	* Engdahl
1912	11	28	20	55	6	36.5	70.5	230	6.5	Ms	Afghan:Badakhshan	阿富汗：巴达赫尚	GSHAP
1912	12	2	1			50.5	142.5	15	5.5	Ms	Russia:Sakhalin Island	俄罗斯：库页岛(萨哈林岛)	GSHAP
1912	12	5	12	27	36	57.5	-154	90	6.9	mB	Alaska:Kodiak Island	阿拉斯加：科迪亚克岛	USGS,Shi Z.,Engdahl
1912	12	6				7	138		7	Mk	West Scotia Basin	西斯科舍海盆	* NOAA,Song
1912	12	7	22	46	50	-29	-62.5	620	7.3	mB	Argentina:Santiago del Estero	阿根廷：圣地亚哥-德尔埃斯特罗	* Engdahl
1912	12	8	23	50		39	143	35	6.6	Mj	Japan:Oshu,Near Coast	日本：奥州近海	GSHAP,Engdahl
1912	12	9	8	32	24	15.5	-93		7.1	Mw	Mexico:Near Coast of Chiapas	墨西哥：恰帕斯州近海	Engdahl
1912	12	14				34	-119		5.1	Mk	US:California,Oxnard	美国：加利福尼亚州奥克斯纳德	USGS,Song
1912	12	22	8	5	3	38.167	15.583		5.23	Ms	Italy:Reggio Calabria	意大利：卡拉布里亚雷焦	Italy
1912	12	23	23	56	12	0	123	50	6.7	Ms	Indonesia:Gulf of Tomini	印度尼西亚：托米尼湾	Engdahl
1912	12	24	15	2		40.8	70	25	5.2	Ms	Uzbekistan:Almalyk	乌兹别克斯坦：阿尔马雷克	GSHAP
1912	12	24	18	7	37	23.8	121.8	0	6.5	Ms	China:Taiwan,Hualien,Coast of E.	中国：台湾花莲以东海域	China,Engdahl
1913	1	7	22	50	43	23.8	121.7	0	6.7	Ms	China:Taiwan,Hualien,Coast of E.	中国：台湾花莲以东海域	China,Engdahl
1913	1	8	18	54	51	23.8	121.7		6.5	Ms	China:Taiwan,Hualien,Coast of E.	中国：台湾花莲以东海域	China,Engdahl
1913	1	8	19	17	3	23.8	121.7		5.8	Ms	China:Taiwan,Hualien,Coast of E.	中国：台湾花莲以东海域	China
1913	1	10	6	34	51	23.5	121.8		5.75	Ms	China:Taiwan,Hualien,Coast of E.	中国：台湾花莲以东海域	China
1913	1	11	13	16	54	1.5	122		7.2	Mw	Celebes Sea	西里伯斯海	Engdahl
1913	1	19	17	5	15	2	86	60	6.9	Ms	Mid-Indian Ridge	中印度洋海岭	GSHAP,Engdahl
1913	1	19	23	47	55	46	152	150	6.9	mB	Kuril Islands	千岛群岛	* Shi Z.,Engdahl
1913	1	27	19	38	32	39.3	43	15	5.6	Ms	Turkey:Adilcevaz	土耳其：阿迪尔杰瓦兹	Turkey
1913	2	7				32.2	114.1		5	Ms	China:Henan,Xinyang	中国：河南信阳	Wang S.
1913	2	7				31.2	115		5	Ms	China:Hubei,Macheng	中国：湖北麻城	Wang S.
1913	2	14	18	52		-9	162	100	6.8	Muk	Solomon Islands	所罗门群岛	Engdahl
1913	2	20	8	58	48	41.5	142	30	7	Ms	Japan:Aomori,Near Coast	日本：青森近海	GSHAP,Usami,Japan,Engdahl
1913	2	22	2	36		-41.8	171.5	33	6.8	Ms	New Zealand:South Island,Westport	新西兰：南岛，韦斯特波特	* NOAA
1913	2	23	11			44	80	15	5.7	Ms	Kazakhstan:Koktal	哈萨克斯坦：科克塔尔	China
1913	2	24	2	30		-3.4	-79.6	50	7.7	Muk	Ecuador:Gonzanama, San Pedro	厄瓜多尔：贡萨纳马，圣佩德罗	*
1913	2	27	16	23		15.6	39		5.7	Ms	Eritrea:Asmera	厄立特里亚：阿斯马拉	GSHAP
1913	2	28	7			-3.2	-79.2		5.7	Ms	Ecuador:Azuay	厄瓜多尔：阿苏艾	GSHAP
1913	3	3	20	2	12	28	129	150	6.8	Muk	Ryukyu Islands	琉球群岛	Engdahl
1913	3	6	2	9		30	83		6.2	Ms	China:Xizang (Tibet),Zhongba	中国：西藏仲巴	China
1913	3	6	11	4		30	83		6.4	Ms	China:Xizang (Tibet),Zhongba	中国：西藏仲巴	China
1913	3	14	3	40		45.7	26.6	120	5.5	Ms	Romania:Nereju	罗马尼亚：内雷茹	GSHAP
1913	3	14	8	45		4.5	126.5		7.9	Mw	Indonesia:Karakelong Island	印度尼西亚：卡拉克隆岛	* Engdahl
1913	3	18	1	21	7	63.4	145.8	20	6.2	Ms	Russia:Magadan,Ust′-Khakchan	俄罗斯：马加丹州乌斯季哈克昌村镇	GSHAP
1913	3	23	20	47	18	24	142	80	7.1	mB	Japan:South Honshu Ridge	日本：本州南部海岭	Engdahl
1913	3	24	10	34		26.8	53.7		5.8	Ms	Iran:Hormozgan	伊朗：荷姆兹甘	*
1913	3	25	14	3	56	41.8	48.3	70	5.7	Ms	Russia:Dagestan,Derbent	俄罗斯：达吉斯坦共和国杰尔宾特	Turkey
1913	3	27	3	13		16.5	39		5.5	Ms	Eritrea:Keren,NE.	厄立特里亚：克伦东北	GSHAP
1913	3	27	9	13		29.5	67.5		5.6	Ms	Pakistan:Quetta	巴基斯坦：奎达	Afghan

年	月	日	时	分	秒	纬度(°)	经度(°)	深度	震级	标度	地名(英文)	地名(中文)	资料来源
Year	Mo	Dy	Hr	Mn	Sec	Latitude	Longitude	Depth	Mag	Scale	Name(English)	Name(Chinese)	Information
1913	3	27				40.2	129.6		6.5	Ms	North Korea:Kimchaek,Off Coast	朝鲜:金策沿海	Korea
1913	3	31	3	41	6	51	-179	60	6.9	Muk	Andreanof Islands, Aleutian Is.	阿留申群岛,安德烈亚诺夫群岛	Engdahl,USGS
1913	4	2	23	54		32	132	35	6.7	Mj	Japan:Miyazaki,Near Coast	日本:宫崎近海	Engdahl
1913	4	3	10	39		32.2	119.5		5.5	Ms	China:Jiangsu,Zhenjiang	中国:江苏镇江	China
1913	4	13	6	40	18	32	132	35	6.8	Muk	Japan:Miyazaki,Near Coast	日本:宫崎近海	Engdahl,Usami
1913	4	16	6			39.1	48.6	12	5.1	Ms	Azerbaijan:Lenkeran	阿塞拜疆:连科兰	GSHAP
1913	4	20	3	13	47	41.91	44.32	10	6.1	Ms	Georgia:Gori	格鲁吉亚:哥里	GSHAP
1913	4	25	4	13	30	39.5	58	10	5.6	Ms	Turkmenistan:Ahal	土库曼斯坦:阿哈尔	GSHAP, Iran
1913	4	25	17	56	8	9.5	127.8	60	7.2	Mw	Philippine Trench	菲律宾海沟	* Engdahl
1913	5	8	18	35	24	-17	-174.5	200	6.9	mB	Fiji Islands	斐济群岛	Engdahl,Shi Z.
1913	5	10	13	39		36	22	15	5.5	Ms	Mediterranean Sea	地中海	Turkey
1913	5	14	7	17		43.867	5.85		5.37	Ms	France:Manosque	法国:马诺斯克	Italy
1913	5	18	2	8	53	14.5	145.5		7	Ms	Guam,NE.	关岛(西太平洋)东北	Engdahl
1913	5	20	9	39		52.3	106	22	5.2	Ms	Russia:Lake Baykal	俄罗斯:贝加尔湖	GSHAP
1913	5	20	16	15	9	45.517	14.367		5.17	Ms	Slovenia:Ilirska Bistrica	斯洛文尼亚:伊利尔斯卡比斯特里察	Italy
1913	5	21	20	36		36	141		6.9	Ms	Japan:Ibaraki,Near Coast	日本:茨城近海	Japan
1913	5	30	11	46	46	-5	154	60	7.7	Mw	Papua New Guinea:East New Britain,E.	巴布亚新几内亚:东新不列颠东部	* Engdahl
1913	6	4	9	57	18	-1.5	150		6.8	Ms	Papua New Guinea:Mussau Island	巴布亚新几内亚:穆绍岛	Engdahl
1913	6	14	9	33	12	43.5	25.5	30	6.8	Muk	Bulgaria:Tirnovo	保加利亚:特尔诺沃	* GSHAP,Turkey,Engdahl
1913	6	14	12	13		43	25.5	15	5	Ms	Bulgaria:Tirnovo	保加利亚:大特尔诺沃	GSHAP
1913	6	19	17	17		43.1	25.7	15	5.3	Ms	Bulgaria:Tirnovo	保加利亚:大特尔诺沃	GSHAP
1913	6	22	13	49	52	48	-178		7.2	Muk	Andreanof Islands, Aleutian Is.	阿留申群岛,安德烈亚诺夫群岛	USGS,Engdahl
1913	6	26	4	57	12	-22.5	-173.5	33	7.7	Mw	Tonga Islands,E.	汤加群岛东部	* Engdahl
1913	6	26	8	52		43.1	25.7	15	5.1	Ms	Bulgaria:Tirnovo	保加利亚:大特尔诺沃	GSHAP
1913	6	28	8	53		39.53	16.23		5.65	Ms	Italy:Cosenza,Rogliano,Bisigano	意大利:科森扎,罗利安诺	* Italy
1913	6	29	8	23		31.6	130.3		6	Ms	Japan:Kagoshima	日本:鹿岛	Usami,Japan
1913	6	30	7	35		31.6	130.3		6.4	Ms	Japan:Kagoshima	日本:鹿岛	Japan
1913	7	6	7	5	47	35.9	23.2		5.7	Ms	Mediterranean Sea	地中海	Turkey
1913	7	15	16			29.6	103.7		5	Ms	China:Sichuan,Leshan	中国:四川乐山	China
1913	7	21	22	35		44.041	11.762		5.07	Ms	Italy:Galeata	意大利:加莱阿塔	Italy
1913	7	23	22	3		45.7	26.6	130	5.3	Ms	Romania:Nereju	罗马尼亚:内雷茹	GSHAP
1913	7	23	24			45.7	26.8	100	5.3	Ms	Romania:Nereju	罗马尼亚:内雷茹	GSHAP
1913	7	25	12	38.1		13	-83		6.3	Ms	Nicaragua:Near Coast of E.	尼加拉瓜:东部近海	Shi Z.
1913	7	28	5	39.3	18	-17	-74		7	Ms	Peru:Arequipa,Off Coast	秘鲁:阿雷基帕沿海	* NOAA,Shi Z.,Engdahl
1913	7	30	22	6		41.8	142.5		5.7	Ms	Japan:Hokkaido	日本:北海道	Usami
1913	7	31	22	6		41.8	142.5		6.6	Ms	Japan:Hokkaido	日本:北海道	Japan
1913	8	1	8	44		-22	17		5.8	Ms	Namibia:Windhoek	纳米比亚:温得和克	GSHAP
1913	8	1	17	10	57	47.5	155.5	60	7.7	Muk	Kuril Islands	千岛群岛	* Engdahl
1913	8	4	7	38		61.4	5.8	45	5	Ms	Norway:Sande	挪威:桑讷	GSHAP
1913	8	6	22	14	24	-15.8	-73.5	40	7.8	Mw	Peru:Caraveli,Chuquibamba	秘鲁:卡拉威里,丘基班巴	* Shi Z.,Engdahl,NOAA
1913	8	13	4	25	42	-5.5	105	75	7.3	mB	Indonesia:Southern Sumatra	印度尼西亚:苏门答腊南部	Engdahl
1913	8	17	16			31.8	104.5		5	Ms	China:Sichuan,Beichuan	中国:四川北川	China
1913	8	28	4	58		39.5	141	33	7.4	Ms	Japan:Senboku	日本:秋田仙北	GSHAP
1913	8					28.7	102.2		6	Ms	China:Sichuan,Mianning	中国:四川冕宁	* China
1913	9	9	18	43		37	69	18	5	Ms	Afghan:Qonduz	阿富汗:昆都士	GSHAP
1913	9	16	11	56		3.5	37		6	Ms	Kenya:North Horr	肯尼亚:北霍尔	GSHAP
1913	9	25	16			20	110.3		5	Ms	China:Hainan,Haikou	中国:海南海口	China
1913	9	30	7	33	39	35	24	60	6.1	Ms	Greece:Crete Island	希腊:克里特岛	GSHAP
1913	9					24.7	102.7		5	Ms	China:Yunnan,Jinning	中国:云南晋宁	China
1913	10	3	0	17		40	142.5	60	7	Ms	Japan trench	日本海沟	GSHAP
1913	10	4	18	26		41.513	14.716		5.4	Ms	Italy:Campobasso	意大利:坎波巴索	Italy
1913	10	11	4	6	3	-7	148	33	7	Ms	Papua New Guinea:Huon Gulf	巴布亚新几内亚:休恩湾	* Engdahl,NOAA
1913	10	11	9	10		40	142.5	35	6.9	Mj	Japan trench	日本海沟	GSHAP,Engdahl
1913	10	12	17	5		40	144	35	6.6	Mj	Japan Trench	日本海沟	GSHAP,Engdahl
1913	10	14	8	8	48	-19.5	169	230	7.6	mB	Vanuatu Islands	瓦努阿图群岛	* Engdahl
1913	10	14	23			45.2	-116.7		5.1	Mk	US:Nevada,Helena	美国:内华达州海伦娜	USGS,Song
1913	11	4	21	33		-14.2	-72.9	10	6.3	Ms	Peru:Abancay,Soraya	秘鲁:阿班凯,索拉亚	*
1913	11	10	21	12	30	-18	169	80	7.2	mB	Vanuatu Islands	瓦努阿图群岛	* Engdahl
1913	11	11	21	55		38.1	-107.7		5.1	Mk	US:Colorado,Ouray	美国:科罗拉多州乌雷	USGS,Song
1913	11	15	5	27	6	-23	171	150	7.1	mB	Vanuatu Islands	瓦努阿图群岛	Engdahl
1913	11	17	20	30		50.5	85.5	24	5.4	Ms	Russia:Altai Krai,Onguday	俄罗斯:阿尔泰边疆区翁古达伊	GSHAP
1913	11	23	21	18	14	50.5	158.5	30	6.3	Ms	Kuril Islands	千岛群岛	GSHAP
1913	12	14	2	45		-17.78	-63.17		5.4	Ms	Bolivia:Santa Cruz de la Sierra	玻利维亚:圣克鲁斯	GSHAP
1913	12	15	2	2		35.5	140		5.9	Ms	Japan:Ichihara	日本:千叶市原	Usami,Japan

年	月	日	时	分	秒	纬度(°)	经度(°)	深度	震级	标度	地名(英文)	地名(中文)	资料来源
Year	Mo	Dy	Hr	Mn	Sec	Latitude	Longitude	Depth	Mag	Scale	Name(English)	Name(Chinese)	Information
1913	12	21	2	51	55	50	104.4	15	5	Ms	Mongolia:Northeast Bulgan	蒙古:布尔干东北部	GSHAP
1913	12	21	15	37	38	24.15	102.45		7.2	Mw	China:Yunnan,Eshan	中国:云南峨山	* China,Engdahl
1913	12	21	17	3	4	24.2	102.5		6	Ms	China:Yunnan,Eshan	中国:云南峨山	China
1914	1	2	3	50		38.3	142	60	7.5	Ms	Japan:Miyagi,Near Coast	日本:宫城近海	GSHAP
1914	1	11	7	24		38.5	143.2	30	7.7	Ms	Japan:Miyagi,Off Coast	日本:宫城沿海	GSHAP
1914	1	12	9	28	6	31.5	131	5	6.7	Ms	Japan:Shibushi	日本:鹿岛志布志	* Shi Z.,Usami,Engdahl,NOAA
1914	1	12				-12	-76.6	33	7.3	Mk	Peru:Lima	秘鲁:利马	* NOAA,Song
1914	1	13	21			40.3	71.8	20	5.4	Ms	Uzbekistan:Fergana	乌兹别克斯坦:费尔干纳	GSHAP
1914	1	20	12	0	13	52	159.1	60	7.2	Muk	Russia:Kamchatka,Near East Coast	俄罗斯:堪察加东部近海	Engdahl,GSHAP
1914	1	30	3	36		-34.1	-66		7.5	Mw	Argentina:San Luis	阿根廷:圣路易斯	* Engdahl,Chile
1914	2	6	11	42	18	29.5	65	100	6.8	mB	Pakistan:Quetta	巴基斯坦:奎达	GSHAP,Engdahl
1914	2	7	6	49	43	48.6	159.4	40	6.3	Ms	Kuril Islands	千岛群岛	GSHAP
1914	2	7	6	50		41	142.3	33	6.8	Mj	Japan:Aomori,Near Coast of E.	日本:青森东部近海	GSHAP,Engdahl
1914	2	10	18	31		44.98	-76.92		5.2	Ms	Canada:Kingston	加拿大:金斯敦	USGS
1914	2	18	18	17		39.5	-119.8		6	Ms	US:Nevada,Reno	美国:内华达州雷诺	USGS
1914	2	18	23	39		-17.78	-63.17		6	Ms	Bolivia:Santa Cruz de la Sierra	玻利维亚:圣克鲁斯	GSHAP
1914	2	22	9	35		-17.78	-63.17		6	Ms	Bolivia:Santa Cruz de la Sierra	玻利维亚:圣克鲁斯	GSHAP
1914	2	26	4	58	12	-17	-72	130	7.2	mB	Peru:Arequipa	秘鲁:阿雷基帕	* Engdahl,NOAA
1914	3	3	13	13	32	44.8	150	40	6.3	Ms	Kuril Islands	千岛群岛	GSHAP
1914	3	6	19	5	30	56	163	50	7	Ms	Russia:Kamchatka Peninsula	俄罗斯:堪察加半岛	Shi Z., GSHAP
1914	3	15	20	0	6	39.2	139.8	5	7	Ms	Japan:Sakata	日本:山形酒田	* GSHAP,Usami,Engdahl
1914	3	18	4	20	17	54.3	162.6	20	6.3	Ms	Russia:Kamchatka,Near East Coast	俄罗斯:堪察加东部近海	GSHAP
1914	3	18	6	17	35	55.1	162.9	20	6.3	Ms	Russia:Komandorsky Islands	俄罗斯:科曼多尔群岛	GSHAP
1914	3	27	0	55	48	53.5	163	20	6.1	Ms	Russia:Kamchatka,Near East Coast	俄罗斯:堪察加东部近海	GSHAP
1914	3	27	17	50		39.2	140.4		5.8	Ms	Japan:Akita	日本:秋田	Usami,Japan
1914	3	28	10	44	48	25	99	100	6.9	Muk	China:Yunnan,Baoshan	中国:云南保山	Engdahl
1914	3	30	0	41	18	16.8	-92.2	150	7.2	mB	Mexico:Chiapas	墨西哥:恰帕斯州	* Engdahl
1914	4	8	0	40	30	38.5	73.6	16	5.4	Ms	Tajikistan:Kuhistoni Badakhshon,NE.	塔吉克斯坦:勾瑙-巴达科善东北	China
1914	4	11	16	30	24	-12	163	50	7.2	Mw	Solomon Islands	所罗门群岛	Engdahl
1914	4	20	13	19	50	7.6	-79.1		5.5	Ms	Panama:Off Coast of S.	巴拿马:南部海域	GSHAP
1914	4	24	8	35		39.5	-119.8		6.4	Ms	US:Nevada,Reno	美国:内华达州雷诺	USGS
1914	4	25	18	14	5	53.8	81.5	30	5.3	Ms	Russia:Altai Krai,Kamen-na-Obi	俄罗斯:阿尔泰边疆区鄂毕河畔卡缅	GSHAP
1914	5	7	10	21	54.9	-17.18	-65.85		5.2	Ms	Bolivia:Cochabamba	玻利维亚:科恰班巴	GSHAP
1914	5	8	18	1		37.67	15.13		5.3	Ms	Italy:Catania,Etna	意大利:卡塔尼亚,埃特纳	* Italy
1914	5	13	17	15		41.2	-112		5.6	Mk	US:Nevada,Wells	美国:内华达州韦尔斯	USGS,Song
1914	5	21	8	26		32	69.5		5.7	Ms	Pakistan:Wana	巴基斯坦:瓦纳	Afghan
1914	5	23	3	38		35.3	133.2		6.3	Ms	Japan:Shimane	日本:岛根	Usami,Japan
1914	5	24	15	56	24	-14	20		6	Ms	Angola:Cangamba	安哥拉:坎甘巴	GSHAP,Shi Z.
1914	5	26	8	29		49.1	21.53		5	Ms	Slovak:Giraltovce	斯洛伐克:吉拉尔托夫采	GSHAP
1914	5	26	14	22	42	-2	137	60	7.9	Mw	Indonesia:Papua	印度尼西亚:巴布亚	* Engdahl,NOAA
1914	5	26	20	28	48	49.1	21.5	10	5.2	Ms	Poland:Presov	斯洛伐克:普雷绍夫	GSHAP
1914	5	28	3	23	54	9	-78	70	6.9	mB	Panama:Pacora	巴拿马:帕科拉	Engdahl,Shi Z.
1914	5	28	11	27		39.2	36		5.6	Muk	Turkey:Gemerek	土耳其:盖梅雷克	*
1914	5	31				-0.2	-78.2	10	5.8	Muk	Ecuador:Monte Pullerina	厄瓜多尔:蒙特卡罗山	*
1914	5					48.958	-62.133		7	Mk	Canada:Gulf of Saint Lawrence	加拿大:圣劳伦斯湾	NOAA,Song
1914	6	7	6	39	24	-0.5	-78.48		5	Mk	Ecuador:Quito	厄瓜多尔:基多	GSHAP,Song
1914	6	7	16	24		73	119	15	5.5	Ms	Russia:Olenek Bay	俄罗斯:奥列尼奥克湾	GSHAP
1914	6	14	12	13		43	25	33	5	Ms	Bulgaria:Tirnovo	保加利亚:大特尔诺沃	GSHAP
1914	6	20	7	20	30	-12	166	50	7	Ms	Solomon Islands	所罗门群岛	Engdahl
1914	6	25	19	7	18	-4.5	102.5		7.6	Mw	Indonesia:Southern Sumatra	印度尼西亚:苏门答腊南部	* Engdahl,NOAA
1914	7	4	17	48	24	29	128	200	6.9	Muk	Ryukyu Islands	琉球群岛	Engdahl
1914	7	4	23	38	54	-5.5	129	200	7.1	mB	Indonesia:Banda Sea	印度尼西亚:班达海	Engdahl
1914	7	6	6	37	30	24	122	60	6.8	Muk	China:Taiwan,Hualien,Coast of E.	中国:台湾花莲以东海域	China,Engdahl
1914	7	14	3			45.7	26.8		5.3	Ms	Romania:Nereju	罗马尼亚:内雷茹	GSHAP
1914	7	21	22	31	18	49	-130		6.5	Ms	Canada:Off Coast of W. Vancouver	加拿大:温哥华西部海域	Shi Z.
1914	7	26				-3.5	102		7	Mk	Indonesia:Sumatra,Lais	印度尼西亚:苏门答腊,莱斯	* NOAA,Song
1914	7	31	18	23	12	45.9	26.1	80	5.3	Ms	Romania:Sfântu Gheorghe	罗马尼亚:圣格奥尔基	GSHAP
1914	7	31	21	50		43.2	12.8		5.17	Ms	Italy:Gualdo Tadino	意大利:瓜尔多塔迪诺	Italy,GSHAP
1914	8	3	11	25.5		18.5	-76.5		6	Ms	Jamaica:Port Maria,Near Coast of E.	牙买加:玛丽亚港东部近海	Shi Z.
1914	8	4	22	41	36	43.5	91.5		7.2	Mw	China:Xinjiang,Barkol	中国:新疆巴里坤	* China,Engdahl
1914	8	6	4	10	42	-6	123	600	6.7	mB	Indonesia:Banda Sea	印度尼西亚:班达海	Engdahl
1914	8	17	4	57	1	56.8	59.4	25	5.5	Ms	Russia:Sverdlovsk,Bisert	俄罗斯:斯威尔德洛夫斯克州比谢尔季	GSHAP
1914	8	22	5	28	18	44	-129		6.8	Muk	US:Off Coast of W. Oregon	美国:俄勒冈州西部沿海	USGS,Shi Z.,Engdahl

年 Year	月 Mo	日 Dy	时 Hr	分 Mn	秒 Sec	纬度(°) Latitude	经度(°) Longitude	深度 Depth	震级 Mag	标度 Scale	地名(英文) Name(English)	地名(中文) Name(Chinese)	资料来源 Information
1914	8	30	9	55		38.2	69.3	15	5	Ms	Tadzhikistan:Khatlon,C.	塔吉克斯坦:哈特隆州中部	GSHAP
1914	8	31	14	26		47.3	11.5		5.03	Ms	Austria:Tirol	奥地利:蒂罗尔	Italy
1914	9	11	11	48		-15.5	-73.2		5.9	Mk	Peru:Caraveli,Nazca,Ica	秘鲁:卡拉威里,纳斯卡	* Song
1914	9	11	16	52	14	44	148	35	6.5	Mj	Japan trench	日本海沟	Engdahl,GSHAP
1914	9	17	13	0	48	37.75	21		5.6	Ms	Ionian Sea	爱奥尼亚海	Turkey
1914	9	25	16			26.4	103.3		5	Ms	China:Yunnan,Huize	中国:云南会泽	China
1914	10	3	17	22	12	16	-61	100	7.4	mB	Guadeloupe:Basse Terre	瓜德罗普岛:巴斯特尔	Engdahl
1914	10	3	22	6	34	37.82	30.27		7.1	Mw	Turkey:Burdur, Kilinc	土耳其:布尔杜尔,克伦奇	* GSHAP,Engdahl
1914	10	6	19	15.8		-38	178.5		6.5	Ms	New Zealand: North Island, Near Coast of NE.	新西兰:北岛东北近海	Shi Z.
1914	10	8	10			44.83	13.83		5	Mk	Croatia:Pula	克罗地亚:普拉	GSHAP,Song
1914	10	9	2	39	10	35	78	0	6.6	Ms	China:Xinjiang,Karakorum Pass,S.	中国:新疆喀喇昆仑山口南	China,Engdahl
1914	10	9	20	53		49.6	100.5	15	5	Ms	Mongolia:East of Moron	蒙古:木伦东部	GSHAP
1914	10	11	16	17	6	12	94	80	7.2	mB	India:Andaman Islands	印度:安达曼群岛	Engdahl
1914	10	17	6	22	30	38.25	23.25		6	Ms	Greece:Erythres	希腊:埃里斯雷	*
1914	10	18	20	46		40.7	73.1	16	5.1	Ms	Kyrgyzstan:Osh,NE.	吉尔吉斯斯坦:奥什东北	GSHAP
1914	10	21	15	45		-7	36		5.6	Ms	Tanzania:Dodoma,S.	坦桑尼亚:多多马南部	GSHAP
1914	10	23	6	18	34	6	132.5	60	7.6	Mw	Palau Trench	帕劳海沟[太平洋]	* Engdahl
1914	10	26	2	52		45.7	26.6	120	5	Ms	Romania:Nereju	罗马尼亚:内雷茹	GSHAP
1914	10	26	3	45		45.072	7.337		5.36	Ms	Italy:Torino	意大利:托里诺(都灵)	Italy
1914	10	27	9	22		43.911	10.598		5.79	Ms	Italy:Padova	意大利:帕多瓦	Italy
1914	10	28	0	16.3		-40	178		6.5	Ms	New Zealand: North Island, Near Coast of E.	新西兰:北岛东部近海	Shi Z.
1914	11	1	7	24		38.8	143.2	40	7.7	Ms	Japan:Miyagi,Off Coast	日本:宫城沿海	GSHAP
1914	11	4	19	51		40.3	47.5	40	5.7	Ms	Azerbaijan:Ağcəbədi	阿塞拜疆:阿格贾贝迪区	GSHAP,Afghan
1914	11	15	13	29		37.1	138.1		6.1	Ms	Japan:Joetsu	日本:新潟上越	Usami,Japan
1914	11	22	8	14	18	-39	176	100	7	mB	New Zealand:North Island,Turangi	新西兰:北岛,图朗伊	Engdahl
1914	11	24	11	53	30	22	143	110	7.9	mB	Japan:South Honshu Ridge	日本:本州南部海岭	* Shi Z.,Engdahl
1914	11	27	14	39	46	38.717	20.617	30	6.3	Ms	Greece:Leukas (Ionian Islands)	希腊:琉卡斯(伊奥尼亚群岛)	* NOAA
1914	11	28	10	45		29	131	35	6.9	Mj	Ryukyu Islands	琉球群岛	Engdahl
1914	12	2	23	55		-15.2	-73.2		7	Mk	Peru:Pararca,Paysa,Colta	秘鲁:巴腊尔卡,巴伊萨,库尔塔	* Song
1914	12	3				-3.7	128.2		7	Mk	Indonesia:Ambon Island	印度尼西亚:安汶岛	NOAA,Song
1914	12	13	8	30		-0.9	-78.7		5.7	Ms	Ecuador:Cotopaxi	厄瓜多尔:科托帕希	GSHAP
1914	12	19	3	50	42	41.583	14.25		5.17	Ms	Italy:Isernia	意大利:伊塞尔尼亚	Italy
1914	12	23	6	7		52.5	139.8	25	6	Mk	Russia:Khabarovsk,Bogorodskoye	俄罗斯:哈巴罗夫斯克区博戈罗季茨科耶	GSHAP,Song
1915	1	5	14	33	15	-15	168	200	7.3	mB	Vanuatu Islands	瓦努阿图群岛	Engdahl
1915	1	5	23	26	42	25	123	150	7.3	mB	Ryukyu Islands	琉球群岛	China,Engdahl
1915	1	10	0	45	8	49.6	99.7	15	6	Ms	Mongolia:West of Moron	蒙古:木伦西部	GSHAP
1915	1	12	4	31		34.6	-120.2		5.7	Ms	US:California,Los Alamos	美国:加利福尼亚州洛斯阿拉莫斯	CGS,USGS
1915	1	13	6	52	42	42.013	13.53	10	6.9	Ms	Italy:Marsica, Avezzano	意大利:马尔西卡山,阿韦扎偌	* Italy,Engdahl
1915	1	14	5	9	43	42.8	44.7	19	5.4	Ms	Russia:Vladikavkaz,S.	俄罗斯:符拉迪克奥克兹南部	GSHAP
1915	1	21	22	20		42.8	44.7	30	5.2	Ms	Russia:Vladikavkaz,S.	俄罗斯:符拉迪克奥克兹南部	GSHAP,Iran
1915	1	25	7	55		43.6	27.3	30	5	Ms	Bulgaria:Razgrad	保加利亚:拉兹格勒	GSHAP
1915	1	25	10			43.5	28.5	15	5.6	Ms	Black Sea	黑海	GSHAP
1915	1	27	1	9	56	38.36	20.6		6.6	Ms	Ionian Sea	爱奥尼亚海	GSHAP,NOAA
1915	2	14	8	20	6	38.8	42.5	33	5.6	Ms	Turkey:Ahlat	土耳其:阿赫拉特	Turkey
1915	2	22				40.58	-121.83		5.6	Mk	US:California,Redding	美国:加利福尼亚州雷丁	USGS,Song
1915	2	24	15	41		39.2	67.8	30	5.7	Ms	Tajikistan:Panjakent	塔吉克斯坦:彭吉肯特	GSHAP
1915	2	25	20	36	12	-20	180	600	7.1	mB	Fiji Islands	斐济群岛	Engdahl,Shi Z.
1915	2	28	12	47	24	37.7	43.1	33	5.3	Ms	Turkey:Çatak	土耳其:恰塔克	GSHAP
1915	2	28	18	59	5	23.6	123.5	60	7.7	Muk	Ryukyu Islands,SW.	琉球群岛西南	* Engdahl
1915	3	8	15	29	43	39	142		7	Muk	Japan:Oshu,Near Coast	日本:奥州近海	Engdahl
1915	3	12	14	48	30	12	124	40	6.6	Ms	Philippines:Masbate Island	菲律宾:马斯巴特岛	Engdahl,Bautista
1915	3	17	18	45		42.1	143.6	35	7.2	mB	Japan:Off SE. Coast of Hokkaido	日本:北海道东南沿海	Shi Z., GSHAP, Usami,Engdahl
1915	3	18	21			-14	42		5.8	Ms	Mozambique Channel	莫桑比克海峡	GSHAP
1915	3	26	16	2		10.68	-61.51		5	Mk	Trinidad & Tobago:Port of Spain	特立尼达和多巴哥:西班牙港	GSHAP,Song
1915	3	26	23	37		43.07	12.616		5.03	Ms	Italy:Assisi	意大利:阿西西	Italy
1915	4	5	23	11		38.58	-119.5		5	Ms	US:California,Coleville	美国:加利福尼亚州科尔维尔	USGS
1915	4	23	15	29	18.01	-8	-68	650	6.9	mB	Brazil:Amazonas	巴西:亚马孙州	GSHAP,Engdahl
1915	4	28	3	19	46	34.5	96		6.5	Ms	China:Qinghai,Qumalai,NE.	中国:青海曲麻莱东北	China
1915	4	30	1	45	8	44.8	101.5	33	6.5	Ms	Mongolia:Bogd	蒙古:博格多	GSHAP
1915	4	30	23	43	36	49.5	149.4	600	6.5	Ms	Sea of Okhotsk	鄂霍次克海	GSHAP
1915	5	1	5			47	155	25	7.9	Mw	Kuril Islands	千岛群岛	* Engdahl
1915	5	2	3	59	7	48	155	40	6.3	Ms	Kuril Islands	千岛群岛	GSHAP
1915	5	3	3	14	14	47	155.5	40	6.5	Ms	Kuril Islands	千岛群岛	GSHAP
1915	5	5	15	12	8	34	96		6.5	Ms	China:Qinghai,Zhiduo,E.	中国:青海治多东	China
1915	5	6	12	9		39.5	-126.5		6.8	Muk	US:California,Off Coast of N.	美国:加利福尼亚州北部沿海	USGS,Shi Z.,Engdahl

年	月	日	时	分	秒	纬度(°)	经度(°)	深度	震级	标度	地名(英文)	地名(中文)	资料来源
Year	Mo	Dy	Hr	Mn	Sec	Latitude	Longitude	Depth	Mag	Scale	Name(English)	Name(Chinese)	Information
1915	5	8	13	42	54	-23	39	0	6.8	Muk	Mozambique Channel	莫桑比克海峡	Engdahl,GSHAP
1915	5	14	6	40	48	48	155.5	40	6.1	Ms	Kuril Islands	千岛群岛	GSHAP
1915	5	16	13	55		11.3	122.3		5.9	Mk	Philippines:Panay Island	菲律宾：班乃岛	* Song
1915	5	17	10	39	23	38	21		5.6	Ms	Ionian Sea	爱奥尼亚海	Turkey
1915	5	21	4	19		4.4	31.9		6.3	Ms	Sudan:Juba	苏丹：朱巴	GSHAP
1915	5	23				-1.4	128.5		7	Mk	Molukka Sea	马鲁古海	* NOAA,Song
1915	5	29	6	46		36.08	-118.83		5	Ms	US:California,Springville	美国：加利福尼亚州斯普林维尔	USGS
1915	6	1	14	43	54	78.5	8		6.8	Muk	Norwegian Sea	挪威海	Engdahl
1915	6	3	8	8	30	36.5	70.5	200	6.6	Ms	Afghan:Badakhshan	阿富汗：巴达赫尚	GSHAP
1915	6	4	17	22	2	39.1	21.5		5.8	Ms	Greece:Trikala	希腊：特里卡拉	Turkey
1915	6	4	21	59		40	143.5	35	6.7	Mj	Japan Trench	日本海沟	Engdahl
1915	6	6	21	29	37	-18.5	-68.5	160	7.3	mB	Bolivia:Oruro	玻利维亚：奥鲁罗	* Engdahl
1915	6	7	21	59	25	45.6	151	40	6.3	Ms	Kuril Islands	千岛群岛	GSHAP
1915	6	19	16	1		35.5	139		6.3	Ms	Japan:Fujiyoshida	日本：山梨富士吉田	Usami,Japan
1915	6	23	4	56		32.8	-115.5		6.2	Muk	US:California,Imperial	美国：加利福尼亚州因皮里尔	*
1915	6	24	5	20	36	35	24		5.9	Ms	Greece:Crete Island	希腊：克里特岛	Turkey
1915	6	27	15	29		44	148	35	6.5	Mj	Kuril Islands	千岛群岛	Engdahl,GSHAP
1915	7	7	16	42	54	40	15	300	6	Ms	Italy:Tyrrhenian Sea	意大利：第勒尼安海	Shi Z.
1915	7	11	11	28	36	37	-10.5	50	6.25	Ms	Portugal:Coast SW.	葡萄牙：西南海域	Shi Z.
1915	7	12	2	37	14	40.2	52.9	15	5	Ms	Caspian Sea	里海	GSHAP
1915	7	14	12	13		31.9	130.8		5	Ms	Japan:Kagoshima	日本：鹿岛	Usami,Japan
1915	7	15	22			40.4	-111.6		5.1	Mk	US:Utah, Huntington	美国：犹他州亨廷顿	USGS,Song
1915	7	31	1	31	24	54	162	0	7.5	Mw	Russia:Kamchatka,Near East Coast	俄罗斯：堪察加东部近海	* Engdahl
1915	8	6	13	12	7	43	150.5	0	7.1	Mj	Kuril Islands,S.	千岛群岛南部	Engdahl,GSHAP
1915	8	7	15	4	3	38.5	20.617	14	6.7	Ms	Greece:Ionian Islands	希腊：伊奥尼亚群岛	* NOAA
1915	8	11	9	10		38.5	20.5	10	5.9	Muk	Greece:Nisia Ionioy	希腊：伊奥尼亚群岛	*
1915	8	12	7	36	36	-2.5	119.5	60	6.8	Muk	Indonesia:Sulawesi	印度尼西亚：苏拉威西岛	Engdahl
1915	8	12	9	17	6	9	92		6.25	Ms	India:Nicobar Islands	印度：尼科巴群岛	Shi Z.
1915	8	18	14	4		48.5	-121.4		5.6	Ms	US:Washington,Concrete	美国：华盛顿州康克里特	USGS
1915	8	21	19	23		-12.935	-76.815	40	5	Mk	Peru:Lima,Near Coast	秘鲁：利马近海	GSHAP,Song
1915	8	22	9	18	16	0.1	-78.7		5	Ms	Ecuador:Ibarra	厄瓜多尔：伊瓦拉	GSHAP
1915	8	25	2	12		46.18	7.03		5	Ms	Switzerland:Martigny	瑞士：马尔蒂尼	Italy
1915	8					-10.38	165.8		7	Mk	Solomon Islands	所罗门群岛	NOAA,Song
1915	9	7	1	20	48	14	-89	80	7.4	mB	El Salvador:Chalatenango	萨尔瓦多：查拉特南戈	* Engdahl,NOAA
1915	9	11	23	59	12	5.5	123.5	600	6.8	Muk	Celebes Sea	西里伯斯海	Engdahl
1915	9	20	22	28		-14.412	-76.229	80	5	Mk	Peru:Ica,Near Coast	秘鲁：伊卡近海	GSHAP,Song
1915	9	23	8	14	48	16	39		6.8	Muk	Eritrea:Keren	厄立特里亚：克伦	Engdahl,GSHAP
1915	9	23	18	7		41.983	13.6		5.17	Ms	Italy:Avezzano	意大利：阿韦扎诺	Italy
1915	9	25	20	33	45	50.5	105	15	5.2	Ms	Russia:Buryatiya,Zheltura	俄罗斯：布里亚特州热尔图拉镇	GSHAP
1915	10	3	6	52	48	40.5	-117.5		7.1	M	US:Nevada,Imlay,SE.	美国：内华达州伊姆莱东南	* Shi Z.,Engdahl
1915	10	8	15	36	3	32.8	139.1	200	7	mB	Japan:South Honshu Ridge	日本：本州南部海岭	Engdahl
1915	10	10	23	10		44.732	10.469		5.01	Ms	Italy:Reggio Emilia	意大利：雷焦艾米利亚	Italy
1915	10	11	19	33	12	19	-67		6.8	Muk	Puerto Rico:Mona Passage,Catano	波多黎各：莫纳海峡，坦诺	Engdahl
1915	10	12	21	30		39	144	35	6.8	Mj	Japan Trench	日本海沟	Engdahl
1915	10	27	2	30	14	49	102.2	15	5	Ms	Mongolia:West Bulgan	蒙古：布尔干西部	GSHAP
1915	11	1	7	24		39	142.5	35	7.5	Mw	Japan:Oshu,Near Coast	日本：奥州近海	* Usami,Engdahl,NOAA
1915	11	1	7	50		38	143	35	6.7	Mj	Japan Trench	日本海沟	Engdahl
1915	11	1	9	1		38	143	35	7	Mj	Japan Trench	日本海沟	Engdahl
1915	11	6				-1	136		6	Ms	Indonesia:Papua	印度尼西亚：巴布亚	* NOAA
1915	11	11	3	41		42.53	12.655		5.03	Ms	Italy:Terni	意大利：特尔尼	Italy
1915	11	16	1	38		35.4	140.3		6.7	Ms	Japan:Chiba,Tokyo	日本：千叶县；东京	Usami,Japan
1915	11	18	4	4		37.7	143.1	35	7	Mj	Japan Trench	日本海沟	Engdahl
1915	11	18	20	19	18	18	119.5		6.4	Ms	China:South China Sea	中国：南海	* China,NOAA
1915	11	21	0	13	42	32	-115		7.1	Ms	Mexico:Mexicali	墨西哥：墨西卡利	USGS,Engdahl
1915	11	30	20			-6	30		5.5	Ms	Tanzania:Kigoma,S.	坦桑尼亚：基戈马南部	GSHAP
1915	12	3	2	39	19	29.5	91.5		7	Ms	China:Xizang (Tibet),Sangri	中国：西藏桑日	* China,Engdahl
1915	12	6	20	58		41	145	35	6.5	Mj	Japan Trench	日本海沟	Engdahl
1915	12	13	2	30		10.9	-66.8	25	5.6	Ms	Venezuela:Caracas	委内瑞拉：加拉加斯	GSHAP
1915	12	17	7	4	47	42	79.5		6.5	Ms	Kyrgyzstan:Karakol,SE.	吉尔吉斯斯坦：普热瓦利斯克东南	China,Engdahl
1915	12	25	6	6	9	36.47	36.14	10	5.4	Ms	Turkey:Hatay	土耳其：哈塔伊	GSHAP
1915	12	28	23	40		-15.155	-73.93	90	5	Mk	Peru:Nazca	秘鲁：纳斯卡	GSHAP,Song
1915	12	29				14.56	-88.76		6.6	Ms	El Salvador:Ahuachapan,Ataco	萨尔瓦多：阿瓦查潘，亚他可	*
1915	12	31	12	20		41	-126		6.5	Ms	US:California,Off Coast N.	美国：加利福尼亚州北部沿海	USGS
1915	12	31	18	50	40	44.5	86.5		5	Ms	China:Xinjiang,Manas	中国：新疆玛纳斯	China
1916	1	1	13	20	36	-4	154	25	7.7	Mw	Papua New Guinea:New Ireland,E.	巴布亚新几内亚：新爱尔兰东部	* Engdahl,NOAA
1916	1	4	3	12		11.1	122.3		5.9	Mk	Philippines:Panay,Maasin	菲律宾：班乃，马阿辛	* Song
1916	1	7				13	77.5		5	Ms	India:Bangalore	印度：班加罗尔	GSHAP
1916	1	13	6	18	30	-3	136	30	7.3	Mw	Indonesia:Papua	印度尼西亚：巴布亚	* Engdahl

年 Year	月 Mo	日 Dy	时 Hr	分 Mn	秒 Sec	纬度(°) Latitude	经度(°) Longitude	深度 Depth	震级 Mag	标度 Scale	地名(英文) Name(English)	地名(中文) Name(Chinese)	资料来源 Information
1916	1	13	8	20	48	-3	135.5	16	7.6	Mw	Indonesia：Papua	印度尼西亚：巴布亚	* Engdahl
1916	1	24	6	55	7	41	37	33	7.2	Mw	Turkey：Ikizce	土耳其：伊基兹杰	* GSHAP，Engdahl
1916	1	25	11	38		45	144	250	6.9	Mj	Sea of Okhotsk	鄂霍次克海	Engdahl
1916	1	26	7	37	55	45.4	24.6	21	6.4	Ms	Romania：Câmpulung	罗马尼亚：肯普隆格	GSHAP
1916	1	26	8	15		45.4	24.2	10	5.2	Ms	Romania：Râmnicu Vâlcea	罗马尼亚：勒姆尼库沃尔恰	GSHAP
1916	1	26	8	30		45.4	24.2	15	5	Ms	Romania：Râmnicu Vâlcea	罗马尼亚：勒姆尼库沃尔恰	GSHAP
1916	1	31				8.5	-83		7.7	Mk	Costa Rica：Pavones	哥斯达黎加：帕沃内斯	* NOAA，Song
1916	2	1	7	36	22	29.5	131.5	60	7.4	Mj	Japan：Yaku - shima	日本：屋久岛	* Engdahl
1916	2	3	5	3	4	41	-117.8		5.9	Ms	US：Nevada，Dixie Valley	美国：内华达州迪克西瓦利	USGS
1916	2	6	10	56		45	151	35	6.7	Mj	Japan Trench	日本海沟	Engdahl，GSHAP
1916	2	6	14	39	40	39.1	23.5		5.8	Ms	Greece：Volos	希腊：伏洛斯	Turkey
1916	2	6	21	51	19	48.5	178.5	60	7.7	Muk	Aleutian Islands，Rat Island	阿留申群岛，拉特岛	* Engdahl
1916	2	8	15	35		-12.967	-74.064	120	5	Mk	Peru： Ayacucho	秘鲁：阿亚库乔	GSHAP，Song
1916	2	21	23	39		35.5	-82.5		5.2	Ms	US：North Carolina，Asheville	美国：北卡罗来纳州阿什维尔	USGS
1916	2	22	9	12		36.5	138.5		6	Ms	Japan：Tsumagoi	日本：群马嬬恋村	Usami，Japan
1916	2	27	20	20	48	10.5	-91	60	7.3	Mw	Nicaragua：Off Coast of W.	尼加拉瓜：西部沿海	* Shi Z.，Engdahl
1916	2	28	13	16		43	77.2	25	6	Ms	Kazakhstan：Almaty	哈萨克斯坦：阿拉木图	GSHAP
1916	2	28	18	55		40.6	78.2	20	5.8	Ms	China：Xinjiang，Kalpin	中国：新疆柯坪	China
1916	3	1	16			26.7	103.3		5.25	Ms	China：Yunnan，Huize，N.	中国：云南会泽北	China
1916	3	6	9	22		33.5	131.6		6.1	Ms	Japan：Oita，N.	日本：大分县北部	Japan
1916	3	12	3	23	59	45.2	14.8		5.57	Ms	Croatia：Rijeka	克罗地亚：里耶卡	Italy
1916	3	16	9	12		33.5	131.6		6.1	Ms	Japan：Oita，N.	日本：大分县北部	Usami
1916	3	18	0	58		41.5	144.5	35	6.6	Mj	Japan：Hokkaido	日本：北海道	Engdahl
1916	3	25	23	52	17	24	124		6.5	Mj	Ryukyu Islands	琉球群岛	Engdahl
1916	3	30	5	47		31.4	-110.9		5.1	Mk	US：Arizona，Patagonia	美国：亚利桑那州巴塔哥尼亚	USGS，Song
1916	4	5	13	0	40	33	122		5.25	Ms	China：South Yellow Sea	中国：南黄海	China
1916	4	7	9	26	12	-30	55		7.2	Mw	Atlantic - Indian Ridge	大西洋 - 印度洋海岭	GSHAP，Engdahl
1916	4	14	2	11		32.5	142	35	6.6	Mj	Japan Trench	日本海沟	Engdahl
1916	4	18	4	1	48	53.3	-170	170	7.4	mB	Aleutian Islands	阿留申群岛	* Engdahl
1916	4	21	11	31	48	32.5	141.8	35	7	Ms	Japan Trench	日本海沟	* Engdahl
1916	4	21	13	56	22	36.5	70.5	220	7.1	Ms	Afghan：Badakhshan	阿富汗：巴达赫尚	GSHAP
1916	4	22	4	33		42.294	13.396		5.18	Ms	Italy：L'Aquila (Aquila)	意大利：拉奎拉	Italy，GSHAP
1916	4	24	4	26	42	18.5	-68	80	7	mB	Dominica：Santo Domingo	多米尼加：圣多明哥	* Engdahl
1916	4	24	8	2	12	11	-85		7.2	Mw	Costa Rica：Upala	哥斯达黎加：乌帕拉	Engdahl，Shi Z.
1916	4	26	2	21	30	9.33	-82.55	33	7.1	Ms	Panama：Bocas Del Toro	巴拿马：博卡斯德尔托罗	* Engdahl，NOAA
1916	5	1	11	24		47.2	14.6		5.04	Ms	Austria：Steiermark	奥地利：施泰尔马克	Italy
1916	5	9	14	33	42	1.5	89		6.3	Ms	Bay of Bengal，S.	孟加拉湾南部	GSHAP
1916	5	13	2	26		44.2	-116.5		5.3	Ms	US：Idaho，Weiser	美国：爱达荷州韦泽	USGS
1916	5	14	12	11		40	48.1	30	5	Ms	Azerbaijan：Sirvan	阿塞拜疆：希尔万	GSHAP
1916	5	17	12	50		44	12.63		5.85	Ms	Italy：Misano Adriatico	意大利：米萨诺阿德里亚蒂科	Italy， GSHAP
1916	6	2	3			40.5	52.3	15	5.3	Ms	Caspian Sea	里海	GSHAP
1916	6	2	13	59	24	17.5	-95	150	7	mB	Mexico：Veracruz，Oaxaca	墨西哥：韦拉克鲁斯，瓦哈卡	Engdahl
1916	6	4	0	46		41.445	13.96		5.03	Ms	Italy：Venafro	意大利：韦纳夫罗	Italy
1916	6	21	21	32	30	-28.5	-63	600	7.4	mB	Argentina：Santiago del Estero	阿根廷：圣地亚哥 - 德尔埃斯特罗	* Engdahl
1916	7	3	23	21		38.812	15.237		5.07	Ms	Tyrrhenian Sea	第勒尼安海(伊特鲁里亚海)	Italy，NOAA
1916	7	5	4	40		40.58	-124.25		5.1	Mk	US：California，North Coast	美国：加利福尼亚州北部近海	USGS，Song
1916	7	8	9	34	30	-18	180	600	7.1	mB	Fiji Islands	斐济群岛	Engdahl
1916	7	14	20	27	1	45.2	14.8	20	5.2	Ms	Croatia：Senj	克罗地亚：塞尼	GSHAP
1916	7	16	18	16		39.5	144	35	6.8	Mj	Japan Trench	日本海沟	Engdahl
1916	7	27	3	6		36.5	25.8	140	5.5	Ms	Greece：Amorgos	希腊：阿莫尔戈斯	Turkey
1916	7	27	11	52	42	4	96.5	100	7	mB	Indonesia：Sumatera，Aceh	印度尼西亚：苏门答腊亚齐	Engdahl
1916	8	3	1	30	2	-4	144.5	60	7.1	Mw	Papua New Guinea：Angoram	巴布亚新几内亚：安戈拉姆	* Engdahl
1916	8	3	13	49	19	41.5	-116.5		5.6	Ms	US：Nevada，Tuscarora	美国：内华达州塔斯卡罗拉	USGS
1916	8	3	14	22	38	41.5	-116.5		5.8	Ms	US：Nevada，Tuscarora	美国：内华达州塔斯卡罗拉	USGS
1916	8	4	4	12	52	41.5	-117		5	Ms	US：Nevada，Tuscarora	美国：内华达州塔斯卡罗拉	USGS
1916	8	5	22	52		34	133.4		6.2	Ms	Japan：Ehime	日本：爱媛	Usami，Japan
1916	8	6	19	38		36.67	-121.25		5.8	Ms	US：California，Tres Pinos，S.	美国：加利福尼亚州特雷斯皮诺斯南部	CGS，USGS
1916	8	8	16	52	41	37	-122		5	Ms	US：California，Davenport	美国：加利福尼亚州达文波特	USGS
1916	8	8	18	53	1	18.5	120		5.5	Ms	Philippines：Laoag，Off Coast	菲律宾：佬沃沿海	China
1916	8	14	1	58	24	47	142	20	5	Ms	Russia：Sakhalin Island	俄罗斯：库页岛(萨哈林岛)	GSHAP
1916	8	16	7	6	14	43.97	12.67		5.92	Ms	Italy：Misano Adriatico	意大利：米萨诺阿德里亚蒂科	Italy， GSHAP， NOAA
1916	8	25	9	44	42	-21	-68	180	7	mB	Bolivia：Tupiza	玻利维亚：图皮萨	* Engdahl
1916	8	27	22	43		37.2	141.1	35	6.8	Mj	Japan：Fukushima，Near Coast	日本：福岛近海	Engdahl
1916	8	28	6	39	42	30	81		7.2	Mw	China：Xizang (Tibet)，Burang，S.	中国：西藏普兰南	* Wang S.，Engdahl
1916	8	28	7	27	5	23.7	120.9	5	7.2	Ms	China：Taiwan，Nantou	中国：台湾南投	* China，Engdahl
1916	8					35.7	111.3		5	Ms	China：Shanxi，Xinjiang	中国：山西新绛	China
1916	9	11	6	36	30	-9	113	100	7.1	mB	Indonesia：Java Ridge	印度尼西亚：爪哇海岭	* Engdahl

年 Year	月 Mo	日 Dy	时 Hr	分 Mn	秒 Sec	纬度(°) Latitude	经度(°) Longitude	深度 Depth	震级 Mag	标度 Scale	地名(英文) Name(English)	地名(中文) Name(Chinese)	资料来源 Information
1916	9	15	7	1	18	34.4	141.2	35	7.1	mB	Japan Trench	日本海沟	Engdahl,Usami,Japan
1916	9	18	11	8	26	45.95	15.65		5.17	Ms	Slovenia:Brezice	斯洛文尼亚:布雷日采	Italy
1916	9	27	15	2	13	38.9	23		5.9	Ms	Greece:Yaltra	希腊:亚尔特拉	Turkey
1916	9	30	2	11		33.2	-116.1		5.7	Ms	US:California,Borrego Springs	美国:加利福尼亚州博雷戈斯普林斯	CGS,USGS
1916	10	3	1	26	13	-14	-74.5		7.1	Ms	Peru:Ayacucho	秘鲁:阿亚库乔	Engdahl
1916	10	11	5	49	9	41.5	-116.5		5	Ms	US:Nevada,Tuscarora	美国:内华达州塔斯卡罗拉	USGS
1916	10	14	19	47	15	30.5	82		5.5	Ms	China:Xizang (Tibet),Burang,E.	中国:西藏普兰东	China
1916	10	18	22	4		33.5	-86.5		5.1	Ms	US:Alabama,Sterrett	美国:阿拉巴马州斯特雷特	USGS
1916	10	23	2	44		34.9	-118.9		6	Ms	US:California,Arvin	美国:加利福尼亚州阿尔文	USGS
1916	10	23	2	54		34.7	-119		5.5	Ms	US:California,Ojai,N.	美国:加利福尼亚州奥海镇北部	USGS
1916	10	26	5	42	44	49	154.5	50	6	Ms	Kuril Islands	千岛群岛	GSHAP
1916	10	28	3	20		46	146	100	6.5	Mj	Sea of Okhotsk	鄂霍次克海	Engdahl
1916	10	28	3	20		38	142.06	33	7.9	Ms	Japan:Miyagi,Near Coast	日本:宫城近海	GSHAP
1916	10	28	8	15	51	46.3	14.6	11	5.17	Muk	Slovenia:Gornji Grad	斯洛文尼亚:格尔尼格勒	* Italy
1916	10	31	15	30	33	46.5	160	60	7.7	Mw	Kuril Islands	千岛群岛	* Engdahl,GSHAP
1916	11	10	9	11		35.5	-116		6.1	Ms	US:California,Baker	美国:加利福尼亚州贝克	USGS
1916	11	12				10.1	-66.8		7	Mk	Venezuela:Independência	委内瑞拉:独立镇	* NOAA,Song
1916	11	14	13	54	34	40.8	44.4	26	5.3	Ms	Armenia:Gyumri	亚美尼亚:久姆里	GSHAP
1916	11	14	22	31	33	24	121		6	Ms	China:Taiwan,Nantou,N.	中国:台湾南投北	* China
1916	11	16	6	35	30	42.617	13.15		5.48	Ms	Italy:Norcia,L'Aquila	意大利:诺尔恰,拉奎拉	Italy
1916	11	24	1	23		39.7	124		5.4	Ms	China:Liaoning,Donggang	中国:辽宁东港	China
1916	11	24	4	4		39.2	142.7	35	6.6	Mj	Japan:Oshu,Near Coast	日本:奥州近海	Engdahl
1916	11	25	2	2	48	38	19		5.7	Ms	Ionian Sea	爱奥尼亚海	Turkey
1916	11	26	5	8		34.6	135		6.3	Ms	Japan:Kobe	日本:神户	Japan
1916	11	26	6	8		34.6	135		6.1	Ms	Japan:Kobe	日本:神户	Usami
1916	11	30	13	17	50	19	-70		6.8	Muk	Dominica:Concepcion,De La Vega	多米尼加:康塞普西翁,德拉维加	Engdahl
1916	12	1	22	53		35.17	-120.75		5.6	Mk	US:California,San Luis Obispo	美国:加利福尼亚州圣路易斯-奥比斯保	USGS,Song
1916	12	6	22	17	10	87.5	44	20	5.8	Ms	Arctic Ocean	北冰洋	GSHAP
1916	12	28	21	41		32.3	130.5		5.7	Ms	Japan:Kumamoto,S.	日本:熊本南部	Usami,Japan
1916						41.7	82.7		5.5	Ms	China:Xinjiang,Kuqa,W.	中国:新疆库车西	China
1916						42.9	89.7		6	Ms	China:Xinjiang,Shanshan,NW.	中国:新疆鄯善西北	China
1917	1	4	16	55		23.9	120.9	0	6.5	Ms	China:Taiwan,Nantou	中国:台湾南投	* China,Engdahl
1917	1	6	18	8	50	23.9	120.9	0	6.5	Ms	China:Taiwan,Nantou	中国:台湾南投	China,Engdahl
1917	1	20	23	48	44	12	95		6	Ms	India:Andaman Islands	印度:安达曼群岛	GSHAP
1917	1	21	23	11	34	-7	116		6.6	Ms	Indonesia:Bali Island	印度尼西亚:巴厘岛	* NOAA
1917	1	21	23	27		-3	10		5.5	Ms	Gabon:West of Tchibanga	加蓬:奇班加以西海中	GSHAP
1917	1	24	0	48	12	31.3	116.2	0	6.5	Ms	China:Anhui,Heshan	中国:安徽霍山	* China,Engdahl
1917	1	24	16			24.5	119.5		6.5	Ms	China:Taiwan Strait	中国:台湾海峡	* NOAA
1917	1	26	5	9	5	52	162	10	6.2	Ms	Russia:Kamchatka,Near East Coast	俄罗斯:堪察加东部近海	GSHAP
1917	1	27	14	51	36	26.4	117.2		5	Ms	China:Fujian,Mingxi	中国:福建明溪	China
1917	1	29	8	22	55	45.9	15.6	13	5.75	Muk	Slovenia:Brezice	斯洛文尼亚:布雷日采	* Italy
1917	1	30	2	45	36	56.5	163	19	7.7	Mw	Russia:Kamchatka Peninsula	俄罗斯:堪察加半岛	* GSHAP,Engdahl,NOAA
1917	1	31	3	39	55	6	125		6.4	Ms	Philippines:Mindanao,Glan	菲律宾:棉兰老岛,格兰	* NOAA
1917	2	14	20	48		-30	-73		7	Ms	Chile:Off Coast of C.	智利:中部沿海	Chile
1917	2	15	0	48	24	-30	-73		6.8	Ms	Chile:Off Coast of C.	智利:中部沿海	Engdahl,Shi Z.
1917	2	17	22	48	1	21	120		5.5	Ms	China:Taiwan,Coast of S.	中国:台湾南部海域	China
1917	2	20	19	29	48	19.5	-78.5		7.2	Mw	Cuba:Near Coast of S.	古巴:南部近海	Engdahl,Shi Z.
1917	2	22	1	12		31.3	116.2		5.5	Ms	China:Anhui,Heshan	中国:安徽霍山	China
1917	3	14	18	12	30	40	20		5.5	Ms	Albania:Delvine	阿尔巴尼亚:德维纳区	Turkey
1917	3	15	0	14	11	39.7	144.1	0	7.1	Muk	Japan Trench	日本海沟	Engdahl,GSHAP
1917	3	15	20	42		46	26.5	130	5.5	Ms	Romania:Tulnici	罗马尼亚:图尔尼奇	GSHAP
1917	3	16				-3.7	116.6		7.3	Mk	Indonesia:Java Sea	印度尼西亚:爪哇海	NOAA,Song
1917	4	4	13	39	54	42	23		5	Ms	Bulgaria:Blagoevgrad	保加利亚:布拉戈耶夫格勒	GSHAP
1917	4	9	20	52		38.1	-90.2		5.1	Ms	US:Missouri,Bloomsdale	美国:密苏里州布卢姆斯代尔	USGS
1917	4	10	19	40	18	40.6	27.1	15	5.3	Ms	Turkey:Sarkoy	土耳其:沙尔柯伊	GSHAP
1917	4	11	18	59	55	40	-118		5.1	Ms	US:Nevada,Fallon,NE.	美国:内华达州法伦东北	USGS
1917	4	12	2	54	35	18	97		6	Ms	myanmar:Pyu	缅甸:彪关	GSHAP
1917	4	17				18	84		5.5	Ms	India:Vishakhapatnam	印度:维沙卡帕特南	GSHAP
1917	4	21	0	49	49	37	70.5	220	7.1	mB	Afghan:Fayzabad	阿富汗:法扎巴德	GSHAP,Engdahl
1917	4	26	9	36		43.5	12.1	33	5.8	Muk	Italy:Sansepolcro	意大利:圣塞波尔克罗	* Italy
1917	4	26	13	14	18	39.8	20.4		5.6	Ms	Ionian Sea	爱奥尼亚海	Turkey
1917	4	29	11	55	33	56	113.8	20	6.6	Ms	Russia:Buryatiya,Severomuysk	俄罗斯:布里亚特州谢韦罗穆伊斯克城	GSHAP
1917	5	1	18	26	30	-29.2	-177	50	8	Mw	Kermadec Ridge	克马德克海岭	* Shi Z.,Engdahl,NOAA
1917	5	6	4	19		23.2	121.6	33	5.8	Ms	China:Taiwan,Taitung,Coast of E.	中国:台湾台东以东海域	* NOAA

年 Year	月 Mo	日 Dy	时 Hr	分 Mn	秒 Sec	纬度(°) Latitude	经度(°) Longitude	深度 Depth	震级 Mag	标度 Scale	地名(英文) Name(English)	地名(中文) Name(Chinese)	资料来源 Information
1917	5	12	15	34	36	42.58	12.63		5.11	Ms	Italy:Terni	意大利:特尔尼	Italy
1917	5	17	19	7		35	138.1		6.3	Ms	Japan:Shimada	日本:静冈岛田	Usami,Japan
1917	5	17	21	45	50	34.2	77.5		6	Ms	India:Jammu and Kashmir	印度:查谟和克什米尔	GSHAP
1917	5	19	21			45.7	26.6	150	5.5	Ms	Romania:Nereju	罗马尼亚:内雷茹	GSHAP
1917	5	21	4	45		-8.283	-79.502	40	5	Mk	Peru:Trujillo,Near Coast	秘鲁:特鲁希略近海	GSHAP,Song
1917	5	21	8	56		-15.1	-71.5	20	6	Mk	Peru:Chivay	秘鲁:奇瓦伊	GSHAP,Song
1917	5	23	5	46	27	39	20.5		6.1	Ms	Greece:Ionian Sea	希腊:伊奥尼亚海	GSHAP
1917	5	28	6	6		32.8	-115.3		5.5	Ms	US:California,Holtville	美国:加利福尼亚州霍尔特维尔	USGS
1917	5	28	9	39		39.7	124		6.1	Ms	China:Liaoning,Donggang	中国:辽宁东港	China
1917	5	31	8	47	20	54.5	-160		7.5	Mw	Aleutian Islands	阿留申群岛	* USGS,Engdahl
1917	6	6	20	10		42.5	12.7		6.5	Mk	Italy:Terni	意大利:特尔尼	* Song
1917	6	8	0	51	51	13.82	-89.31		6.7	Ms	El Salvador:La Libertad	萨尔瓦多:拉利伯塔德	*
1917	6	10	4	32	24	44	-129		6.5	Ms	US:Off Coast of W. Oregon	美国:俄勒冈州西部沿海	USGS
1917	6	11	3	23	55	45.7	26.6	100	5.5	Ms	Romania:Nereju	罗马尼亚:内雷茹	GSHAP
1917	6	12	18	44		39.662	16.877		5.5	Ms	Italy:Crosia	意大利:克罗西亚	Italy
1917	6	18	9			42.5	68.8	10	5	Ms	Kazakhstan:Shymkent	哈萨克斯坦:奇姆肯特	GSHAP
1917	6	24	19	48	48	-21	-174	60	6.6	Ms	Tonga Islands	汤加群岛	Engdahl,Shi Z.
1917	6	26	5	49	42	-15.5	-173	25	8.5	Mw	Samoa Islands	萨摩亚群岛	* Engdahl,NOAA
1917	7	4	0	38	20	25	123	60	7.7	Mw	Ryukyu Islands	琉球群岛	* China,Engdahl
1917	7	4	5	36	30	25	123	0	7.2	Muk	Ryukyu Islands	琉球群岛	China,Engdahl
1917	7	4	22	9	30	13	90		6	Ms	India:Andaman Islands	印度:安达曼群岛	GSHAP
1917	7	6	11	1		36.58	-118.08		5.1	Mk	US:California,Owens Valley	美国:加利福尼亚州欧文斯谷	USGS,Song
1917	7	9	22	22		35.25	-120.5		5.1	Mk	US:California,San Luis Obispo	美国:加利福尼亚州圣路易斯-奥比斯保	USGS,Song
1917	7	11	3	23	55	45.7	26.6	100	5.5	Ms	Romania:Nereju	罗马尼亚:内雷茹	GSHAP
1917	7	15	17	58		33.48	45.82		6.3	Ms	Iraq:Diyala	伊拉克:迪亚拉	Iran
1917	7	27	1	1	18	19	-67.5	50	7	Ms	Puerto Rico:Mona Passage	波多黎各:莫纳海峡	Engdahl
1917	7	27	2	51	48	-32.3	-68.9	60	6.9	Ms	Argentina:Mendoza	阿根廷:门多萨	GSHAP,Shi Z.,Engdahl
1917	7	29	14	32	15	41	144	30	7	Ms	Japan Trench	日本海沟	GSHAP,Engdahl
1917	7	29	21	52	24	-3	143.5		7.6	Mw	Papua New Guinea:Dagua	巴布亚新几内亚:达呱区	* Engdahl,NOAA
1917	7	30	23	54	5	28	104		7.3	Mw	China:Yunnan,Daguan,N.	中国:云南大关北	* China,Engdahl
1917	7	31	3	23	10	42.5	131	460	7.4	mB	Russia:Maritime Kray,Zarubino	俄罗斯:滨海边疆区扎鲁比诺	* China,Engdahl
1917	7	31	6	59	10	46.9	90		5.5	Ms	China:Xinjiang,Fuyun	中国:新疆富蕴	China
1917	7	31	7	1		46.9	89.9	20	5.5	Ms	China:Xinjiang,Fuyun	中国:新疆富蕴	GSHAP
1917	8	14	23	7		21	120		5.5	Ms	China:Taiwan,Coast of S.	中国:台湾南部海域	China
1917	8	20	23	2	9	40.3	25.43	40	6	Ms	Greece:Samothraki	希腊:萨莫色雷斯岛	GSHAP
1917	8	23				-3.6	128.7		7	Mk	Indonesia:Maluku Islands	印度尼西亚:摩鹿加群岛	NOAA,Song
1917	8	29	13			37.37	57.05		5.7	Ms	Iran:Bojnurd	伊朗:博季努尔德	Iran,Afghan
1917	8	30	4	7	15	-7.5	128	100	7.3	mB	Indonesia:Banda Sea	印度尼西亚:班达海	* Engdahl
1917	8	31	11	36	24	4	-74	40	7.1	Ms	Colombia: Bogota, Ubaque, Soacha, Caqueza	哥伦比亚:波哥达,乌巴克,索阿查	* Engdahl
1917	9	4	16	42	16	39	95		5.75	Ms	China:Gansu,Aksai,SE.	中国:甘肃阿克塞东南	China
1917	9	17	1	20		41.7	13.6		6.5	Mk	Italy:Sora	意大利:索拉	* Song
1917	9	30	18	30		37.3	71.5	15	5	Ms	Tajikistan: Khorog	塔吉克斯坦:霍罗格	GSHAP
1917	10	10	18	58		42.7	23.3	8	5.1	Ms	Bulgaria:Breznik	保加利亚:布雷兹尼克	GSHAP
1917	10	17	1	24	50	40.5	90.5		5.25	Ms	China:Xinjiang,Ruoqiang	中国:新疆若羌	China
1917	10	18	18	58	45	42.7	23.3		5.2	Ms	Bulgaria:Breznik	保加利亚:布雷兹尼克	GSHAP
1917	10	24	11			36.94	54.31		5.3	Ms	Iran:Gorgan	伊朗:戈尔甘	Iran
1917	11	4	12	3	30	4.8	96.8	60	7.1	Ms	Indonesia:Sumatera,Aceh	印度尼西亚:苏门答腊亚齐	GSHAP,Engdahl
1917	11	5	22	47		43.506	13.586		5.36	Ms	Italy:Numana	意大利:努马纳	Italy
1917	11	5	23	45		43.6	13.7		6.5	Mk	Italy:Ancona	意大利:安科纳	* Song
1917	11	16	3	19	30	-29	-177.5	60	7.3	Mw	Kermadec Ridge	克马德克海岭	* Engdahl,NOAA
1917	11	28	10	21	10	38.5	20.6		5.7	Ms	Ionian Sea	爱奥尼亚海	Turkey
1917	11	28	14	40	10	46.9	90	20	6.1	Ms	China:Xinjiang,Fuyun	中国:新疆富蕴	China
1917	11	28	14	42	44	46.9	59.9	20	6.1	Ms	Kazakhstan:Baikonur	哈萨克斯坦:拜科努尔	GSHAP,Afghan
1917	11	28	14	42		37.18	57.88		5.9	Ms	Iran:Shirvan	伊朗:希尔凡	Iran,GSHAP
1917	12	1	9	47		30	71		5.6	Ms	Pakistan:Multan	巴基斯坦:木尔坦	Afghan
1917	12	2	17	39		44.059	11.829		5.2	Ms	Italy:Galeata	意大利:加莱阿塔	Italy
1917	12	5	12	49		-2.5	36		5.7	Ms	Tanzania:Lake Natron	坦桑尼亚:纳特龙湖	GSHAP
1917	12	9	21	40		46.535	9.883		5.15	Ms	Switzerland:Maloja	瑞士:马洛亚	Italy
1917	12	12	10	50		43	-111.3		5.3	Ms	US:Idaho,Wayan	美国:爱达荷州韦恩	USGS
1917	12	24	9	13	55	38.4	21.7		6	Ms	Greece:Patrai	希腊:帕特雷	GSHAP
1917	12	26	4	30		14	-90		6	Ms	Guatemala:Guatemala City	危地马拉:危地马拉城	*
1917	12	27	7	42	20	40.5	26	33	5	Ms	Aegean Sea	爱琴海	GSHAP
1917	12	29	22	50	20	15	-97	33	7.7	Muk	Mexico:Near Coast of Oaxaca	墨西哥:瓦哈卡近海	* Engdahl
1918	1	4	4	37		14	-90		6.2	Mk	Guatemala:Guatemala City	危地马拉:危地马拉城	* Song
1918	1	15	15	29	6	25.4	123.4		5	Ms	Ryukyu Islands	琉球群岛	China
1918	1	16	7	13	28	38.34	29.48	10	5.7	Ms	Turkey:Denizli	土耳其:登尼资里	Turkey,GSHAP

年 Year	月 Mo	日 Dy	时 Hr	分 Mn	秒 Sec	纬度(°) Latitude	经度(°) Longitude	深度 Depth	震级 Mag	标度 Scale	地名(英文) Name(English)	地名(中文) Name(Chinese)	资料来源 Information
1918	1	16	16	32	6	38.8	32.9	33	5.2	Ms	Turkey:Cihanbeyli	土耳其:吉汉贝伊利	GSHAP
1918	1	18	10	35	5	12	95		6	Ms	India:Andaman Islands	印度:安达曼群岛	GSHAP
1918	1	20	2	36		39	23	150	5.7	Ms	Greece:Pteleos	希腊:普泰莱奥斯	Turkey
1918	1	27	12	56	47	38.5	22		5.5	Ms	Greece:Patrai	希腊:帕特雷	Turkey
1918	1	30	21	18	36.38	45.4	136.5	330.4	7.4	mB	Russia:Maritime Kray,Primorsky	俄罗斯:滨海边疆区普里莫尔斯基	* Engdahl
1918	1					25.6	103.3		5	Ms	China:Yunnan,Xundian	中国:云南寻甸	China
1918	2	4	17	54	49	29.6	87.8		6	Ms	China:Xizang (Tibet),Ngamring,NE.	中国:西藏昂仁东北	China
1918	2	5				37.6	57.3	10	5.5	Ms	Iran:Bojnurd	伊朗:博季努尔德	GSHAP
1918	2	7	5	20	33.87	6.5	126.5	218.1	7.2	mB	Philippines:Mindanao Island	菲律宾:棉兰老岛	* Engdahl
1918	2	9	12	28	42	39.3	23.7		5.6	Ms	Aegean Sea	爱琴海	Turkey
1918	2	9	20	46	26	43	130	450	6.5	Ms	China:Jilin,Tumen	中国:吉林图们	China
1918	2	12	3	0	43	4.5	95.5		5	Mk	Indonesia:Off West Coast of N. Sumatera	印度尼西亚:北苏门答腊西部海域	GSHAP,Song
1918	2	13	6	7	13.98	23.2	117.4	15	7.5	Ms	China:Guangdong,Nan – ao,Near Coast	中国:广东南澳近海	* China,Engdahl,NOAA
1918	2	13	20	25	19	23.6	117.3		6.75	Ms	China:Guangdong,Nan – ao,Near Coast	中国:广东南澳近海	China
1918	2	24	23	0	20	12	–62		6.3	Ms	Grenada:St Georges	格林纳达:圣乔治	GSHAP
1918	2	25	2	7		45.7	26.6	120	5.6	Ms	Romania:Nereju	罗马尼亚:内雷茹	GSHAP
1918	3	12	10	30		39.58	–120.83		5.6	Mk	US:California,Sierra City	美国:加利福尼亚州谢拉锡蒂	USGS,Song
1918	3	16	13	37	50	1	–70		5	Ms	Colombia:Vaupes,NE.	哥伦比亚:沃佩斯东北	GSHAP
1918	3	17	13	45	5	35	27.5		5.7	Ms	Mediterranean Sea	地中海	Turkey
1918	3	22	5	51	50	19.8	103.3	100	5.7	Ms	Laos:Xieng Khouang,N.	老挝:川圹北部	GSHAP
1918	3	24	23	14		34.9	60.7		6	Ms	Iran:Razavi Khorasan	伊朗:呼罗珊	Afghan
1918	3	27	3	52	15	25	123		6.25	Ms	Ryukyu Islands	琉球群岛	China
1918	4	10	2	3	53.83	43.5	130.5	570	7.2	Ms	China:Jilin,Hunchun,N.	中国:吉林珲春北	China,Engdahl
1918	4	13	0	51	15	–8	85		6.5	Ms	East Indian Ridge	东印度洋海岭	Shi Z.
1918	4	14	1	56		42.854	12.548		5.03	Ms	Italy:Giano Dell'Umbria	意大利:翁布里亚区贾诺	Italy
1918	4	18	20	3	5	24	121		5.75	Ms	China:Taiwan,Nantou,N.	中国:台湾南投北	China
1918	4	21	22	32	30.41	33.7	–117	15	6.8	Muk	US:California,Riverside	美国:加利福尼亚州里弗赛德	* Engdahl
1918	4	22	21	15		33.8	–117.6		5.1	Mk	US:California,Los Angeles	美国:加利福尼亚州洛杉矶	USGS,Song
1918	4	24	14	21		45.778	9.631		5.07	Ms	Italy:Caravaggio	意大利:卡拉瓦焦	Italy
1918	4	25	2	22	35	34.5	41.8	33	5.7	Ms	Iraq:Al Anbar	伊拉克:安巴尔	Turkey
1918	4	28	11	12	40	30.5	82		5.5	Ms	China:Xizang (Tibet),Burang	中国:西藏普兰	China
1918	5	1	4	32		32.6	–115.4		5.6	Ms	US:California,Holtville	美国:加利福尼亚州霍尔特维尔	CGS,USGS
1918	5	4	6	6	5	21	120		5.5	Ms	China:Taiwan,Coast of S.	中国:台湾南部海域	China
1918	5	11	21	23	14	–27	–113.5		6.25	Ms	Easter Island,W.	复活节岛西部	Shi Z.
1918	5	19	0	25	22	15.9	83.7		5	Mk	Bay of Bengal	孟加拉湾	GSHAP,Song
1918	5	20	14	36	5.27	7.341	–34.802	15	7.1	Mw	Central Mid – Atlantic Ridge	中大西洋中脊	Engdahl
1918	5	20	17	55	10.86	–28.899	–71.893	35	7.6	mB	Chile:Near Coast of Vallenar	智利:巴耶纳尔近海	* Chile,Shi Z.,Engdahl,NOAA
1918	5	20	18	3	42.95	–2.341	152.973	35	6.7	Muk	Papua New Guinea:New Ireland,E.	巴布亚新几内亚:新爱尔兰东部	Engdahl
1918	5	22	6	30	45.95	–17.47	–176.486	35	7.1	mB	Tonga Islands,N.	汤加群岛北部	Engdahl
1918	5	23	11	57	42.63	27.753	–110.933	15	6.8	Muk	Gulf of California	加利福尼亚湾	Engdahl
1918	5	25	19	29	16.34	–31.108	–92.109	15	6.6	Ms	Chile:Off Coast of C.	智利:中部沿海	Engdahl
1918	5	25	22	30		44.2	141.6		6	Ms	Japan:W. Hokkaido Island	日本:北海道西部	Usami,Japan
1918	5	28	11	30		35.5	–106		5.6	Mk	US:New Mexico,Santa Fe	美国:新墨西哥州圣达菲	USGS,Song
1918	5	31	0	50		40.6	147.8	33	6.1	Ms	Japan Trench	日本海沟	GSHAP
1918	6	6	22	32		33.6	–116.7		5.5	Ms	US:California,Anza	美国:加利福尼亚州安萨	CGS,USGS
1918	6	6				–24.35	151.55		6	Ms	Australia:Gladstone	澳大利亚:格拉斯顿	Australia
1918	6	7	4	55	9	24.3	121.3		5.5	Ms	China:Taiwan,Taichung	中国:台湾台中	China
1918	6	19				–5.6	105.3	33	5	Mk	Indonesia:Bandar Lampung	印度尼西亚:班达楠榜	* * Song
1918	6	21				47	98	20	5.4	Ms	Mongolia:Bayanbulag	蒙古:巴彦布拉格	GSHAP
1918	6	26	13	46		35.4	139.1		6.8	Ms	Japan:Rowan	日本:山梨县上野原	Usami,Japan
1918	7	3	6	52	8.75	–3.471	143.217	35	7.2	Mw	Papua New Guinea:Wewak	巴布亚新几内亚:威瓦克	* Engdahl
1918	7	4	11	25	35	38.07	30.1	30	5.4	Ms	Turkey:Evciler, Dinar	土耳其:艾布西雷尔,第纳尔	GSHAP
1918	7	8	10	22	7.82	24.809	90.725	15	7.5	Mw	Bangladesh:Dhaka	孟加拉:达卡	* India,Engdahl
1918	7	15	0	23		41	–125		6.5	Ms	US:California,North Coast	美国:加利福尼亚州北部近海	USGS
1918	7	16	20	3	46	35.5	25.5	150	7	Ms	Greece:Crete Island	希腊:克里特岛	GSHAP
1918	7	18	2	30		3.138	125.491	33	7	Mk	Indonesia:Sangihe Islands	印度尼西亚:桑义赫群岛	* * NOAA,Song
1918	7	25	20	50		36.2	142.3	35	6.7	Mj	Japan Trench	日本海沟	Engdahl
1918	8	9	0	31	44	34.5	114.5		5.25	Ms	China:Henan,Tongxu	中国:河南通许	China
1918	8	9	0	39	10	40.89	33.41	10	5.8	Ms	Turkey:Kursunlu	土耳其:库鲁修鲁	Turkey
1918	8	13	16			26.9	103		5.5	Ms	China:Yunnan,Qiaojia,S.	中国:云南巧家南	* China
1918	8	13	20	0	36	46	14	20	5.1	Ms	Slovenia:Idrija	斯洛文尼亚:伊德里亚	GSHAP,Italy
1918	8	15	12	18	16.45	5.653	123.563	35	8.2	Mw	Philippines:Cotabato	菲律宾:哥打巴托	* Japan,Engdahl,NOAA
1918	8	15	17	30	13.42	5.232	125.886	35	6.9	Ms	Philippines:Mindanao Island,Coast of S.	菲律宾:棉兰老岛南部海域	Engdahl

年	月	日	时	分	秒	纬度(°)	经度(°)	深度	震级	标度	地名(英文)	地名(中文)	资料来源
Year	Mo	Dy	Hr	Mn	Sec	Latitude	Longitude	Depth	Mag	Scale	Name(English)	Name(Chinese)	Information
1918	8	29	6	39	41	40.58	35.16	10	5.7	Ms	Turkey:Merzifon	土耳其:梅尔济丰	GSHAP
1918	9	7	17	15	43.93	46.812	150.253	242.4	7.6	mB	Kuril Islands	千岛群岛	* Usami,Engdahl,NOAA,Japan
1918	9	7	23	8	39	-1.4	-78.4		5	Ms	Ecuador:Tungurahua	厄瓜多尔:东谷拉瓦	GSHAP
1918	9	7	23	31	51	12	95		5	Mk	India:Andaman Islands	印度:安达曼群岛	GSHAP,Song
1918	9	8	0	9	30	46	152	40	6.1	Ms	Kuril Islands	千岛群岛	GSHAP
1918	9	8	5	40	37	45.5	153	40	6	Ms	Kuril Islands	千岛群岛	GSHAP
1918	9	12	9	38	30	39.5	72		5	Mk	Kyrgyzstan:Osh,SW.	吉尔吉斯斯坦:奥什西南	GSHAP,Song
1918	9	13	6	7	40	21	120		5.5	Ms	China:Taiwan,Coast of S.	中国:台湾南部海域	China
1918	9	13	6	50	18	21	120		5.5	Ms	China:Taiwan,Coast of S.	中国:台湾南部海域	China
1918	9	13	6	55		20.3	121.5		5	Ms	Philippines:Batanes,Ivana	菲律宾:巴坦群岛,伊瓦纳	* China
1918	9	14	17	5		45.3	151.3	40	6.5	Ms	Kuril Islands	千岛群岛	GSHAP
1918	9	21	20	1	21	49.8	87.7	8	6	Ms	Russia:Altai Krai,Belyashi	俄罗斯:阿尔泰边疆区别利亚希镇	Shi Z.
1918	9	22	9	54	49.8	-1.634	98.378	35	6.8	Muk	Indonesia:Southern Sumatra	印度尼西亚:苏门答腊南部	Engdahl
1918	9	22	13	50		45	150	35	6.7	Mj	Kuril Islands	千岛群岛	Engdahl
1918	9	23	2	13		36	28	150	5.6	Ms	Greece:Rhodes	希腊:罗德港	Turkey
1918	9	24	0	3	8	24	121		5	Ms	China:Taiwan,Nantou,N.	中国:台湾南投北	China
1918	9	26	0	16	25	47.267	10.217		5.13	Ms	Austria:Lech	奥地利:莱希	Italy
1918	9	29	12	7	5	35.2	34.7		6.5	Ms	Mediterranean Sea	地中海	GSHAP
1918	9	30	17	51	48.46	-23.363	171.469	35	6.8	Muk	Vanuatu Islands	瓦努阿图群岛	Engdahl
1918	10	11	14	14	40.77	18.5	-67.5	60	7.3	Mw	Puerto Rico:Mona Passage	波多黎各:莫纳海峡	* Shi Z.,Engdahl,NOAA
1918	10	14	12	0	12.11	-20.902	-173.296	35	6.6	mB	Tonga Islands,E.	汤加群岛东部	Engdahl,Shi Z.
1918	10	24	3	43		18.5	-67.5		7	Mk	Puerto Rico:Mona Passage	波多黎各:莫纳海峡	* NOAA,Song
1918	10	27	17	6	40.4	-1.121	150.278	35	7.2	Mw	East Caroline Basin,S.	东加罗林海盆南部	Engdahl
1918	11	2	10	1	10	19.4	-155.3		6.2	Ms	Hawaiian Islands	夏威夷群岛	USGS
1918	11	3	11	13	56.68	-49.885	163.001	15	6.8	Muk	New Zealand:Auckland Islands	新西兰:奥克兰群岛	Engdahl
1918	11	6	19	26	8	46.2	14.4	35	5.4	Ms	Slovenia:Ljubljana	斯洛文尼亚:卢布尔雅那	GSHAP
1918	11	8	4	38	10.77	43.816	152.775	63.5	7.5	mB	Kuril Islands	千岛群岛	* GSHAP,Engdahl,NOAA
1918	11	8	4	42		41	146.5	33	7.4	Ms	Japan Trench	日本海沟	GSHAP
1918	11	10	15	12	28	43.93	11.9		5.79	Ms	Italy:Santa Sofia	意大利:圣安娜索非亚	Italy
1918	11	10	17	59		36.5	137.9		6.1	Ms	Japan:Omachi	日本:长野大町	Japan
1918	11	11	7	4		36.5	137.9	5	6.5	Mj	Japan:Nagano	日本:长野	Engdahl,Usami
1918	11	12	21	45		18.2	-68.2		5.9	Mk	Puerto Rico:Mona Passage	波多黎各:莫纳海峡	* Song
1918	11	13	10	13	27	37.5	27.5		5.5	Ms	Turkey:Milas,NW.	土耳其:米拉斯西北	Turkey
1918	11	18	18	41	44.28	-7.168	129.21	35	7.5	mB	Indonesia:Banda Sea	印度尼西亚:班达海	* Engdahl
1918	11	19	20	18		34	-118.5		5.1	Mk	US:California,Los Angeles	美国:加利福尼亚州洛杉矶	USGS,Song
1918	11	22	15	48	42	46.5	153	40	6.3	Ms	Kuril Islands	千岛群岛	GSHAP
1918	11	23	22	57	48.62	-8.283	126.567	217.9	7.1	mB	Indonesia:Timor Island	印度尼西亚:帝汶岛	Engdahl
1918	11	29	10	41	50	32.7	67.7		6.2	Ms	Afghan:Ghazni	阿富汗:加兹尼	Afghan
1918	11	30	6	48	40	71.2	134	20	6.2	Ms	Russia:Sakha,N.	俄罗斯:萨哈共和国北部	GSHAP
1918	12	1	2	35	4	39	73		6.5	Ms	Tajikistan:Kuhistoni Badakhshon,N.	塔吉克斯坦:勾瑙-巴达科善北部	China
1918	12	4	11	47	38.96	-27.275	-73.464	25	7.5	Mw	Chile:Caldera,Off Coast	智利:卡尔德拉沿海	* Chile,Engdahl,NOAA
1918	12	6	8	41	2.68	50.662	-122.964	15	6.8	Ms	Canada:British Columbia,Pemberton	加拿大:英属哥伦比亚彭伯顿	Engdahl,Shi Z.
1918	12	13	21	33		40.5	144.5	33	7.3	Ms	Japan Trench	日本海沟	GSHAP
1918	12	16	3	3	20	12.5	95		6	Ms	India:Andaman Islands	印度:安达曼群岛	GSHAP
1918	12	16	10	11	20	26.3	121.5		5	Ms	China:Taiwan Strait	中国:台湾海峡	China
1918	12	18	12	44		-27.3	-70.5		8.2	Ms	Chile:Copiapo	智利:科皮亚波	* *
1918	12	18	17	15	55	23.4	121		5.5	Ms	China:Taiwan,Kaohsiung,N.	中国:台湾高雄北	China
1918	12	21	9	24	40	1	-70	600	6.5	Ms	Colombia:Vaupes,NE.	哥伦比亚:沃佩斯东北	GSHAP
1918	12	25	10	21	14.88	-7.073	152.652	458.9	6.8	Muk	New Britain Trench	新不列颠海沟[太平洋]	Engdahl
1918						34.5	58.2		5.9	Mk	Iran:Razavi Khorasan	伊朗:呼罗珊	* Song
1919	1	1	1	33	50.08	7.184	126.937	35	7.1	Mw	Philippine Trench	菲律宾海沟	* Japan,Engdahl
1919	1	1	3	0	4.31	-19.971	-177.914	202.7	7.7	mB	Fiji Islands	斐济群岛	* Engdahl,NOAA
1919	1	2	1	33	42	8	126	33	7.4	Ms	Philippines:Mindanao Island	菲律宾:棉兰老岛	NOAA
1919	1	4	23			40.58	-121.82		5.1	Mk	US:California,Redding	美国:加利福尼亚州雷丁	USGS,Song
1919	1	5	15	25	30	40	20		5.5	Ms	Albania:Delvine	阿尔巴尼亚:德维纳区	Turkey
1919	1	8	10	12	53	40.9	42.2	40	5.3	Ms	Turkey:Erzurum	土耳其:埃尔佐鲁姆	GSHAP,Iran
1919	2	12	12	41	55	46.3	149.7	40	6.3	Ms	Kuril Islands	千岛群岛	GSHAP
1919	2	13				-9	124.85		7.3	Mk	Indonesia:Timor Sea	印度尼西亚:帝汶海	NOAA,Song
1919	2	16	15	57		34.9	-119.2		5.7	Ms	US:California,Bakersfield	美国:加利福尼亚州贝克斯菲尔德	CGS,USGS
1919	2	24	1	56		36.7	21	25	6.4	Ms	Greece:Zante	希腊:赞特	GSHAP
1919	3	2	3	26	51.42	-41	-73.5	15	7.2	Mw	Chile:Purranque	智利:普兰克	Chile,Shi Z.,Engdahl
1919	3	2	11	45	16.16	-41	-73.5	40	7.1	Mw	Chile:Purranque	智利:普兰克	Chile,Shi Z.,Engdahl
1919	3	10	21	20	8	26.4	125.5	130	6	Ms	China:East China Sea	中国:东海	China

年 Year	月 Mo	日 Dy	时 Hr	分 Mn	秒 Sec	纬度(°) Latitude	经度(°) Longitude	深度 Depth	震级 Mag	标度 Scale	地名(英文) Name(English)	地名(中文) Name(Chinese)	资料来源 Information
1919	3	21	1	2	23	13	123	50	6.5	Ms	Philippines:San Pascual	菲律宾:圣帕斯夸尔	Shi Z.
1919	3	28	22	40		36.9	138.4		5.6	Ms	Japan:Iiyama	日本:长野饭山	Japan
1919	3					25	103.7		5	Ms	China:Yunnan,Luliang	中国:云南陆良	China
1919	4	17	11	22	9.46	-30.924	-177.725	35	6.9	Ms	Kermadec Ridge	克马德克海岭	Engdahl,Shi Z.
1919	4	17	20	53	5.68	14.039	-92.288	25	6.9	Ms	Mexico:Near Coast of Oaxaca	墨西哥:瓦哈卡近海	Engdahl
1919	4	18	6	20	12	45.7	26.8	100	5.7	Ms	Romania:Nereju	罗马尼亚:内雷茹	GSHAP
1919	4	21				22	72		6.1	Ms	India:Rajkot	印度:拉杰科德	GSHAP
1919	4	27	0	22		13	123		6.4	Muk	Philippines:Burias Island	菲律宾:布里亚斯岛	* Shi Z.
1919	4	28	6	45	45	13.69	-89.19		5.9	Ms	El Salvador:San Salvador	萨尔瓦多:圣萨尔瓦多	*
1919	4	30	7	17	12.5	-19.823	-172.215	35	8.2	Mw	Tonga Islands,E.	汤加群岛东部	* Engdahl,NOAA
1919	5	1	5	6		-9	33		6.2	Ms	Tanzania:Mbeya	坦桑尼亚:姆贝亚	GSHAP
1919	5	3	0	52	6.68	40.5	145.5	35	7.3	Mw	Japan Trench	日本海沟	* Engdahl
1919	5	5	18	30	28	-11.02	-68.77		5.3	Ms	Bolivia:Cobija	玻利维亚:科维哈	GSHAP
1919	5	6	19	40	38.07	-5.477	152.629	232.8	7.6	mB	Papua New Guinea:East New Britain,E.	巴布亚新几内亚:东新不列颠东部	* Engdahl,NOAA
1919	5	12	22	30		36.19	44.01		5.1	Ms	Iraq:Arbil	伊拉克:阿尔贝拉	Iran,GSHAP
1919	5	23	6	10	38	32.5	68		6.3	Ms	Afghan:Ghazni	阿富汗:加兹尼	Afghan,GSHAP
1919	5	23	18	8	40	30	71		5	Mk	Pakistan:Multan	巴基斯坦:木尔坦	GSHAP,Song
1919	5	27	10	35	19	39.13	31.02	10	5.3	Ms	Turkey:Afyon	土耳其:阿菲永	GSHAP
1919	5	27	17	27	8	53.5	162	20	6	Ms	Russia:Kamchatka,Near East Coast	俄罗斯:堪察加东部近海	GSHAP
1919	5	29	10	59	45	31.5	100.5		6.25	Ms	China:Sichuan,Luhuo,NW.	中国:四川道孚西北	China
1919	6	1	6	51	4.83	27.074	123.315	35	7.1	mB	China:East China Sea	中国:东海	China,Engdahl
1919	6	1	12	46		30	71		5.5	Ms	Pakistan:Multan	巴基斯坦:木尔坦	Afghan
1919	6	9	7	13	40	40.7	34.1	33	6	Ms	Turkey:Iskilip	土耳其:伊斯基利普	GSHAP
1919	6	9	15	47	17	40.68	33.89	10	5.5	Ms	Turkey:Ilgaz	土耳其:厄尔加兹	GSHAP
1919	6	15	18	49		30	71		5.5	Ms	Pakistan:Multan	巴基斯坦:木尔坦	Afghan
1919	6	18	3	2	1	46	141.6	20	5	Ms	Japan:W. Hokkaido Island	日本:北海道西部	GSHAP
1919	6	29	15	6	12	44	11.5	33	6.2	Ms	Italy:Santa Sofia	意大利:圣索菲亚	* Italy
1919	6	29	23	14	9.02	11.935	-88.289	35	6.8	Muk	Nicaragua:Managua,Off Coast	尼加拉瓜:马纳瓜沿海	Engdahl
1919	6	30	7	25		6	37		6.2	Ms	Ethiopia:Awasa	埃塞俄比亚:阿瓦萨	GSHAP
1919	7	4	13	29		-4.5	37.5		5.9	Ms	Tanzania:Naberera	坦桑尼亚:纳贝雷拉	GSHAP
1919	7	8	21	5	52.15	-9	32.5	15	6.8	Muk	Tanzania:Mbeya	坦桑尼亚:姆贝亚	GSHAP,Engdahl
1919	7	11	0	30	38	8	-72		6.3	Ms	Venezuela:San Cristobal	委内瑞拉:圣克里斯托瓦尔	GSHAP
1919	7	12	12	6		45.8	11.917		5	Ms	Italy:Asolo	意大利:阿索洛	Italy
1919	7	16	4	10		41.5	146	33	6.9	Ms	Japan Trench	日本海沟	GSHAP
1919	7	17	9	49	5	24	121		5.75	Ms	China:Taiwan,Nantou,N.	中国:台湾南投北	China
1919	7	17	23	23		24.1	121.9		5.75	Ms	China:Taiwan,Hualien,Coast of E.	中国:台湾花莲以东海域	China
1919	7	22	22	1	35	12	-85	150	6.5	Ms	Nicaragua:Chontales	尼加拉瓜:琼塔莱斯	Shi Z.
1919	7	24	1	3	20	40	76		6.5	Ms	China:Xinjiang,Kashi,N.	中国:新疆喀什北部	China
1919	7					27.3	103.7		5	Ms	China:Yunnan,Zhaotong	中国:云南昭通	China
1919	8	3	18	8		36	142.5	35	6.7	Mj	Japan Trench	日本海沟	Engdahl
1919	8	7	6	50	50	24	121		6	Ms	China:Taiwan,Nantou,N.	中国:台湾南投北	China
1919	8	9	14	38		45.7	26.6	120	5.6	Ms	Romania:Nereju	罗马尼亚:内雷茹	GSHAP
1919	8	18	16	55	22.31	-19.762	-178.108	214.6	7	mB	Fiji Islands	斐济群岛	Engdahl
1919	8	19	20	17	20	35.2	34.7		5.5	Ms	Mediterranean Sea	地中海	Turkey
1919	8	22	22	35	47	40	20		5.5	Ms	Albania:Delvine	阿尔巴尼亚:德维纳区	Turkey
1919	8	25	19	55	15	32	100		6.25	Ms	China:Sichuan,Garze,N.	中国:四川甘孜北	China
1919	8	28	19	34	22	23.8	121.8		6	Ms	China:Taiwan,Hualien,Coast of E.	中国:台湾花莲以东海域	China
1919	8	29	5	44	5.51	-2.682	127.493	35	7	Ms	Indonesia:Ceram Sea	印度尼西亚:塞兰海	Engdahl
1919	8	31	2	32	48	34.5	41.8	33	5.3	Ms	Iraq:Al Anbar	伊拉克:安巴尔	GSHAP
1919	8	31	17	20	35.12	-15.88	167.337	35	7.3	mB	Vanuatu Islands	瓦努阿图群岛	Engdahl
1919	9	5	7	52	20	32	74		5	Mk	Pakistan:Gujranwala	巴基斯坦:古吉兰瓦拉	GSHAP,Song
1919	9	5	20	36	54	46.5	16.5	16	5	Ms	Croatia:Varaždin	克罗地亚:瓦拉日丁	GSHAP,Italy
1919	9	6	1	45	45	38.8	-78.2		5.1	Mk	US:Virginia,Bentonville	美国:弗吉尼亚州本顿维尔	USGS,Song
1919	9	6	9	29	49	19.5	-64.5		6.25	Ms	Puerto Rico trench	波多黎各海沟	Shi Z.
1919	9	8	4	8		18	97		5	Mk	myanmar:Pyu	缅甸:彪关	GSHAP,Song
1919	9	9				-3.6	128.3		5	Mk	Indonesia:Banda Sea	印度尼西亚:班达海	* * Song
1919	9	10	16	57		42.793	11.788		5.38	Ms	Italy:Santa Fiora	意大利:圣菲奥拉	Italy
1919	9	15	3	50		19	-155.5		6.1	Ms	Hawaiian Islands	夏威夷群岛	USGS
1919	9	15	14	7		40.83	-124.17		5.6	Mk	US:California,Eureka	美国:加利福尼亚州尤里卡	USGS,Song
1919	10	1				32.6	-115		5.9	Ms	US:California,Holtville	美国:加利福尼亚州霍尔特维尔	CGS
1919	10	3	9	37	20	-16.5	180		6.9	Ms	Fiji Islands:Rabi	斐济群岛:拉比	*
1919	10	4	17	50		2	83		5	Mk	Sri Lanka:Off Coast of S.	斯里兰卡:以南海域	GSHAP,Song
1919	10	11	13	17	30	40	140	33	6.4	Ms	Japan:Akita	日本:秋田	GSHAP
1919	10	15	15	45	40	23.3	122		6	Ms	China:Taiwan,Hualien,Coast of E.	中国:台湾花莲以东海域	China
1919	10	21	0	24		41.671	15.554		5.02	Ms	Italy:San Severo	意大利:圣塞韦罗	Italy
1919	10	22	6	6		41.537	12.684	10	5.6	Ms	Italy:Aprilia	意大利:阿普里利亚	* Italy
1919	10	24	20	32		26.11	62.05		5.6	Ms	Pakistan:Balochistan	巴基斯坦:俾路支	Iran
1919	10	25	13	51		43.57	12.132		5.15	Ms	Italy:Sansepolcro	意大利:圣塞波尔克罗	Italy

年 Year	月 Mo	日 Dy	时 Hr	分 Mn	秒 Sec	纬度(°) Latitude	经度(°) Longitude	深度 Depth	震级 Mag	标度 Scale	地名(英文) Name(English)	地名(中文) Name(Chinese)	资料来源 Information
1919	10	25	17	10		36.5	25.3		6.1	Ms	Aegean Sea	爱琴海	GSHAP
1919	10	31	7	53		43.5	12.1		6.5	Mk	Italy:Sansepolcro	意大利:圣塞波尔克罗	* Song
1919	10	31	15	37		-27	31.5		6.3	Ms	Swaziland:Mbabane - Manzini	斯威士兰:姆巴巴纳 - 曼齐尼	GSHAP
1919	10	31	19	2		23.1	122.2		6	Ms	China:Taiwan,Taitung,Coast of E.	中国:台湾台东以东海域	China
1919	10	31	23	36		34.8	132.9		5.9	Ms	Japan:Miyoshi	日本:广岛三次	Usami,Japan
1919	11	18	21	54	50	39.2	27.4		7	Ms	Turkey:Izmir	土耳其:伊兹密尔	GSHAP
1919	11	20	14	11	34.05	-12.675	166.434	113	6.8	mB	North Vanuatu Islands	瓦努阿图群岛北部	Engdahl,NOAA
1919	11	21				-4.13	138		7.3	Mk	Indonesia:Papua	印度尼西亚:巴布亚	* Song
1919	11	27				39.2	27.2	30	6	Ms	Turkey:Izmir	土耳其:伊兹密尔	GSHAP
1919	11	28	21	38		44.173	7.764		5	Ms	Italy:Alpi Marittime	意大利:阿尔卑斯山山脉	Italy
1919	11	29	0	33		41.6	14.2		6.5	Mk	Italy:Isernia	意大利:伊塞尔尼亚	* Song
1919	12	8	16			24.4	103.5		5.5	Ms	China:Yunnan,Mile	中国:云南弥勒	China
1919	12	9	20	23	15	19.8	103.3		5	Mk	Laos:Xieng Khouang,N.	老挝:川圹北部	GSHAP,Song
1919	12	15	1	10		57.5	-137		5.1	Mk	Gulf of Alaska,SE.	阿拉斯加湾东南	USGS,Song
1919	12	19	13	58	13	38.3	-119.5		5.2	Ms	US:California,Coleville	美国:加利福尼亚州科尔维尔	USGS
1919	12	20	19	33		22.5	122.5	35	7.1	Ms	China:Taiwan,Taitung,Coast of E.	中国:台湾台东以东海域	China,Engdahl
1919	12	20	20	37	40.85	23	121.7	35	7	Ms	China:Taiwan,Taitung,Coast of E.	中国:台湾台东以东海域	China,Engdahl
1919	12	20	21	38	55	23	121.7		6.5	Ms	China:Taiwan,Taitung,Coast of E.	中国:台湾台东以东海域	China
1919	12	21	16			23.7	103.3		5.5	Ms	China:Yunnan,Kaiyuan	中国:云南开远	China
1919	12	22	23	41	6	39.4	20.5		6.3	Mk	Greece:Thesprotia	希腊:塞斯普罗蒂亚	* Song,Turkey
1919	12	25	21	42	20	44.6	34.9	24	5.7	Ms	Black Sea	黑海	GSHAP,NOAA
1919	12	28	18	46	44	-21.43	-65.72		5.3	Ms	Bolivia:Tupiza	玻利维亚:图皮萨	GSHAP
1920	1	1	2	35		33.2	-116.7		5	Ms	US:California,Santa Ysabel	美国:加利福尼亚州圣伊莎贝尔	USGS
1920	1	3	21	48	3	19.26	-96.97		7.8	Ms	Mexico:Veracruz; Puebla	墨西哥:韦拉克鲁斯;普埃布拉	*
1920	1	9	11	58	27	41.7	26.2		5.5	Ms	Greece:Didymoteicho	希腊:季季莫蒂霍	Turkey
1920	1	11	12	47		10.68	-61.51		5	Mk	Trinidad & Tobago:Port of Spain	特立尼达和多巴哥:西班牙港	GSHAP,Song
1920	1	12	13	39	58	23.5	144		6	Ms	Japan:South Honshu Ridge	日本:本州南部海岭	Shi Z.
1920	1	22	21	44	30	25.5	122		6.25	Ms	China:Taiwan,Keelung,Coast of NE.	中国:台湾基隆东北海域	China
1920	1	24	7	9	16	48.8	-123		5.5	Ms	Canada:British Columbia,Vancouver	加拿大:英属哥伦比亚温哥华	USGS
1920	1	25	3	50	50	25.5	122		5.75	Ms	China:Taiwan,Keelung,Coast of NE.	中国:台湾基隆东北海域	China
1920	1	29				1	126		7.3	Mk	Molukka Sea	马鲁古海	* NOAA,Song
1920	1	30	18	26	45	3	-71.5		6	Ms	Colombia:Vichada,S.	哥伦比亚:维查达南部	GSHAP
1920	2	1	4			21.41	103	10	5.1	Ms	Vietnam:Dien Bien Phu	越南:奠边府	GSHAP
1920	2	2	11	22	14.15	-6.474	151.685	35	7.6	Mw	New Britain Trench	新不列颠海沟[太平洋]	* Engdahl,NOAA
1920	2	7	15	6		40.8	142.5	35	6.7	Mj	Japan trench	日本海沟	GSHAP,Engdahl
1920	2	8	5	24	30	-35	111		6.25	Ms	Australia:Perth,Off Coast of W.	澳大利亚:珀斯西部海域	Shi Z.
1920	2	10	2	30		0.5	30		5.7	Ms	Congo:Beni,E.	刚果:贝尼东部	GSHAP
1920	2	10	22	7	15	18	-67.5		6.5	Ms	Puerto Rico:Mona Passage	波多黎各:莫纳海峡	Shi Z.
1920	2	20	11	44	25	42	44.1	11	6.2	Ms	Georgia:Gori	格鲁吉亚:哥里	*
1920	2	22	17	35	51	47.25	146.238	355.1	7.1	mB	Sea of Okhotsk	鄂霍次克海	Engdahl,GSHAP
1920	2	25	23	32		38.8	32.9	33	5.2	Ms	Turkey:Cihanbeyli	土耳其:吉汉贝伊利	GSHAP
1920	2	27	3	51	36	35	69		5.9	Ms	Afghan:Charikar	阿富汗:恰里卡尔	Afghan,GSHAP,Song
1920	3	17	18	36	50	2	96		5	Mk	Indonesia:Off West Coast of N. Sumatera	印度尼西亚:北苏门答腊西部海域	GSHAP,Song
1920	3	20	18	31	23.98	-35.697	-110.833	15	7	Ms	Southern East Pacific Rise	南太平洋东海岭	Engdahl
1920	3	21	0	28		1	30		5.8	Ms	Uganda:Fort Portal	乌干达:弗特波德尔	GSHAP
1920	3	21	2	30		0.5	30		5.8	Ms	Congo:Beni,E.	刚果:贝尼东部	GSHAP
1920	3	29	5	7	53	51	-129		6.4	Ms	Canada:Off Coast of W. Vancouver	加拿大:温哥华西部海域	Shi Z.
1920	4	2	15	34	25	36.75	26.64	10	5.5	Ms	Greece:Kalymnos	希腊:卡利姆诺斯	Turkey
1920	4	11	23	5		47.5	153	100	6.9	Mj	Kuril Islands	千岛群岛	Engdahl,GSHAP
1920	4	19	21	6	24.78	17.242	-97.19	35	6.8	Muk	Mexico:Oaxaca	墨西哥:瓦哈卡	Engdahl, Shi Z.
1920	5	2	8	27	50	35	90.5		6.25	Ms	China:Qinghai,Ulan Ul Hu	中国:青海乌兰乌拉湖	China
1920	5	2	14	46	40	35	90.5		6	Ms	China:Qinghai,Ulan Ul Hu	中国:青海乌兰乌拉湖	China
1920	5	5	14	41	18	46.384	13.144		5.48	Ms	Italy:Udine	意大利:乌迪内	Italy, GSHAP
1920	5	6	9	40		43	131.5	500	6.5	Ms	Russia:Maritime Kray,Slavyanka	俄罗斯:滨海边疆区斯拉维扬卡	China,Engdahl
1920	5	10	18	49	48	-5	130	370	6.5	Ms	Indonesia:Banda Sea	印度尼西亚:班达海	Shi Z.
1920	5	12	21	53	9.73	34.83	139.476	150	6.8	Muk	Japan:Oshima	日本:东京大岛	Engdahl
1920	5	20	7	26	6.62	-12.339	166.527	84.7	6.8	Muk	North Vanuatu Islands	瓦努阿图群岛北部	Engdahl
1920	5	27	5	48	12	-6	113	600	6.5	Ms	Indonesia:Java Island	印度尼西亚:爪哇岛	Shi Z.
1920	5	29	12	23		24.4	122.7		5.5	Ms	China:Taiwan,Hualien,Coast of E.	中国:台湾花莲以东海域	China
1920	5	29	19	12		43.033	15.033		5.3	Ms	Adriatic Sea	亚得里亚海	Italy
1920	5	30	10	11	10	43	15		5.1	Ms	Adriatic Sea	亚得里亚海	GSHAP
1920	6	5	4	21	35.4	23.5	122.7	35	8	Mw	China:Taiwan,Hualien,Coast of E.	中国:台湾花莲以东海域	* China,Engdahl
1920	6	14	13	8		40	76		5.25	Ms	China:Xinjiang,Kashi,N.	中国:新疆喀什北部	China
1920	6	20	12	14		43.5	17	15	5.1	Ms	Adriatic Sea	亚得里亚海	GSHAP
1920	6	25	9	40		41.4	133.4	33	7	Ms	Japan Sea,N.	日本海北部	GSHAP

年	月	日	时	分	秒	纬度(°)	经度(°)	深度	震级	标度	地名(英文)	地名(中文)	资料来源
Year	Mo	Dy	Hr	Mn	Sec	Latitude	Longitude	Depth	Mag	Scale	Name(English)	Name(Chinese)	Information
1920	7	4	0	11	40	-2	-14		6	Ms	Central Mid - Atlantic Ridge	中大西洋中脊	Shi Z.
1920	7	4	12	17	58	37.5	29	15	5	Ms	Turkey:Tavas	土耳其:塔瓦斯	GSHAP
1920	7	4	20	45	40	37.5	29	15	5.2	Ms	Turkey:Tavas	土耳其:塔瓦斯	GSHAP
1920	7	7	18	41	29	61	-140		6	Ms	Canada:Southern Yukon Territory	加拿大:育空地区南部	Shi Z.
1920	7	10	15	58	30	25	68		5	Mk	Pakistan:Hyderabad	巴基斯坦:海得拉巴	GSHAP,Song
1920	7	11	17	27	20	40	14		5.44	Ms	Tyrrhenian Sea	第勒尼安海(伊特鲁里亚海)	Italy
1920	7	13	6	34	6	-15.3	-68.35		5.8	Ms	Bolivia:La Paz	玻利维亚:拉巴斯	GSHAP
1920	7	16	17	14	15	10	-87		6	Ms	Costa Rica:Near Coast	哥斯达黎加:近海	Shi Z.
1920	7	16	18	8		34.1	-118.3		5.1	Mk	US:California,Los Angeles	美国:加利福尼亚州洛杉矶	USGS,Song
1920	7	16	21	27		34.1	-118.3		5.1	Mk	US:California,Los Angeles	美国:加利福尼亚州洛杉矶	USGS,Song
1920	7	16	21	30		34.1	-118.3		5.1	Mk	US:California,Los Angeles	美国:加利福尼亚州洛杉矶	USGS,Song
1920	7	21	14	29	5	34.4	27		5.5	Ms	Mediterranean Sea	地中海	Turkey
1920	7	23	3	55		40.5	-121.83		5.6	Mk	US:California,Redding	美国:加利福尼亚州雷丁	USGS,Song
1920	7	26	6	30		-2.2	-79.9		5	Ms	Ecuador:Guayaquil	厄瓜多尔:瓜亚基尔	GSHAP
1920	8	3	3	2	32.85	5.881	127.691	345.2	6.8	Muk	Philippine Trench	菲律宾海沟	Engdahl
1920	8	3	19	57	23.94	-27.5	-70	35	6.8	Muk	Chile:Copiapo	智利:科皮亚波	GSHAP,Engdahl
1920	8	5	19	1	4	21.1	121.7		6	Ms	China:Taiwan,Coast of S.	中国:台湾南部海域	China
1920	8	13	2	3		-20	-68	150	6.5	Ms	Bolivia:Potosi,W.	玻利维亚:波托西西部	GSHAP
1920	8	15	6	59	8	22.2	93.2		6	Ms	myanmar:Chin	缅甸:赛钦	GSHAP
1920	8	15	8	16	20.29	-11.887	165.8	35	6.8	Muk	Solomon Islands:Santa Cruz Islands	所罗门群岛:圣克鲁斯群岛	Engdahl
1920	8	20	16	15	38	-38	-73.5	15	7	Ms	Chile:Cañete	智利:卡涅特	* NOAA
1920	9	4	14	9	2	-54	2		6.5	Ms	South Atlantic Ridge	南大西洋海岭	Shi Z.
1920	9	7	5	55	40	44.18	10.28	10	6.48	Ms	Italy:Carrara,Garfagnana	意大利:卡拉拉,弗加法格纳纳	* Italy
1920	9	16	15	8		41.6	142.1	35	6.5	Mj	Japan:Hokkaido	日本:北海道	Engdahl
1920	9	20	14	39	5.91	-20.6	168.8	33	7.8	Mw	New Caledonia:Loyalty Islands	新喀里多尼亚:罗亚尔特群岛	* Engdahl,NOAA
1920	9	20	23	35	8	45.5	94	15	5.6	Ms	Mongolia:South - West of Alag Khairkhan	蒙古:阿拉格山以西南	GSHAP
1920	9	21	17	42	6	45.3	153.5	40	6.2	Ms	Kuril Islands	千岛群岛	GSHAP
1920	9	23	5	32	35	49	156	40	6	Ms	Kuril Islands	千岛群岛	GSHAP
1920	9	24	21	55		6	-83		6.5	Ms	Panama:Off Coast of S.	巴拿马:南部海域	Shi Z.
1920	9	25				41.5	71	10	5.6	Ms	Kyrgyzstan:Jalal - Abad,NW.	吉尔吉斯斯坦:贾拉拉巴德西北	GSHAP
1920	9	27	11	3		47.7	12.9	2	5	Mk	Germany:Bad Reichenhall	德国:巴特赖兴哈尔	GSHAP,Song
1920	9	28	15	17	37	37.89	28.35	10	5.7	Ms	Turkey:Nazilli	土耳其:纳济利	Turkey
1920	10	5	19	3	58	36.58	-121.67		5.2	Ms	US:California,Salinas	美国:加利福尼亚州萨利纳斯	USGS
1920	10	7	20	54		-12	-69		6	Mk	Peru:Puerto Maldonado	秘鲁:马尔多纳多港	GSHAP,Song
1920	10	12	6	54	48	36	81		6.25	Ms	China:Xinjiang,Qira,S.	中国:新疆策勒南	China
1920	10	18	8	11	38.46	45.3	149.9	35	7.2	Ms	Kuril Islands	千岛群岛	GSHAP,Engdahl
1920	10	19	18	18		24.1	122.2		6.5	Ms	China:Taiwan,Hualien,Coast of E.	中国:台湾花莲以东海域	China
1920	10	20	19	16		24.1	122.3		6.25	Ms	China:Taiwan,Hualien,Coast of E.	中国:台湾花莲以东海域	China
1920	10	21	18	57	48	39.6	20.3		5.8	Ms	Greece:Ioannina	希腊:约阿尼纳	Turkey
1920	10					37.5	102.9		5	Ms	China:Gansu,Gulang	中国:甘肃古浪	China
1920	11	12	5	41	58	1	-28		6.5	Ms	Central Mid - Atlantic Ridge	中大西洋中脊	Shi Z.
1920	11	15	9	20	43	36	25.7	120	6	Ms	Aegean Sea	爱琴海	GSHAP
1920	11	16	8	30	57	72.5	-128	50	6.5	Ms	Beaufort Sea	波弗特海[北冰洋]	Shi Z.
1920	11	26	7	51		40.2	20	25	6.3	Muk	Albania:Tepelene, Dragoti	阿尔巴尼亚:台佩莱纳,丹瑞哥帝	* Turkey
1920	12	4	5	52		-39	23.5		6.4	Ms	South Africa:George,Off Coast of S.	南非:乔治南部海域	GSHAP
1920	12	4	23	8	25	24.3	120.2		6	Ms	China:Taiwan Strait	中国:台湾海峡	China
1920	12	5	10	1	15	0	-17		6.25	Ms	Central Mid - Atlantic Ridge	中大西洋中脊	Shi Z.
1920	12	6	1	27	57	24.9	123.1		5	Ms	Ryukyu Islands	琉球群岛	China
1920	12	10	4	25	41.01	-39	-73	35	7.2	Mw	Chile:Teodoro Schmidt	智利:泰奥多罗斯奇米德特	Shi Z.,Engdahl
1920	12	16	12	5	54.68	36.7	104.9	25	8.5	Ms	China:Ningxia,Haiyuan	中国:宁夏海原	* China,Engdahl,Dis
1920	12	17	18	59	49	-32.7	-68.4	10	6	Ms	Argentina:Mendoza	阿根廷:门多萨	*
1920	12	18	2	1	4	40.5	19.5		6	Ms	Albania:Vlore	阿尔巴尼亚:发罗拉	* NOAA,GSHAP
1920	12	19	20	11		37.3	141	35	6.8	Mj	Japan:Fukushima,Near Coast	日本:福岛近海	Engdahl
1920	12	21	21	33	42	29	98.5		6	Ms	China:Xizang (Tibet),Markam	中国:西藏芒康	China
1920	12	22	5	53	44.8	-16.97	-65.85		5.3	Ms	Bolivia:Cochabamba	玻利维亚:科恰班巴	GSHAP
1920	12	25	11	33	13	36.6	105.2		7	Ms	China:Ningxia,Haiyuan,W.	中国:宁夏海原西	China
1920	12	27	9	21		35.2	139		5.6	Ms	Japan:Hakone	日本:神奈川箱根	Usami,Japan
1920	12	28	3	16	29	37.1	105.3		6.25	Ms	China:Ningxia,Haiyuan,NW.	中国:宁夏海原西北	China
1921	1	2	7	6		44.5	149.5	35	6.8	Mj	Kuril Islands	千岛群岛	Engdahl,GSHAP
1921	1	5	0	20		45.75	15.067		5.03	Ms	Slovenia:Toplice	斯洛文尼亚:利普利采	Italy
1921	1	7	2	51	24	-51	140		6.25	Ms	Ridge Between Antarctic And Australia	南极 - 澳大利亚海岭	Shi Z.
1921	1	7	9	42	25	37	105		6	Ms	China:Ningxia,Haiyuan,NW.	中国:宁夏海原西北	China
1921	1	13	17	42		44.3	11.9		6.5	Mk	Italy:Faentino	意大利:法恩扎	* Song
1921	1	16	23	55	48	38.8	32.9	10	5.7	Ms	Turkey:Cihanbeyli	土耳其:吉汉贝伊利	Turkey,GSHAP
1921	1	26	17	55	8	4	97		5	Mk	Indonesia:Sumatera,Aceh	印度尼西亚:苏门答腊亚齐	GSHAP,Song
1921	1	27	11	30	9	36	28		5.6	Ms	Greece:Rhodes	希腊:罗德港	Turkey
1921	1	30	16			36	106		5.5	Ms	China:Ningxia,Guyuan,W.	中国:宁夏固原西	China

年 Year	月 Mo	日 Dy	时 Hr	分 Mn	秒 Sec	纬度(°) Latitude	经度(°) Longitude	深度 Depth	震级 Mag	标度 Scale	地名(英文) Name(English)	地名(中文) Name(Chinese)	资料来源 Information
1921	2	4	8	22	44	15	-91	35	7.4	mB	Guatemala:Chiche	危地马拉:奇切	* Engdahl
1921	2	6	4	27	42	50.3	159.5	40	6.1	Ms	Kuril Islands	千岛群岛	GSHAP
1921	2	10	23	53	45	18	148		6.25	Ms	Mariana Islands	马里亚纳群岛	Shi Z.
1921	2	11				25	80.8		5	Mk	India:Satna	印度:瑟德纳	GSHAP,Song
1921	2	14	1	0	47	3.5	126		6.25	Ms	Indonesia:East of Sangihe Islands	印度尼西亚:桑义赫群岛东部	Shi Z.
1921	2	14	16			34.7	104.8		5	Ms	China:Gansu,Wushan	中国:甘肃武山	China
1921	2	19	18	14	41	-2.047	139.624	35	6.8	Muk	Indonesia:Papua,Near North Coast	印度尼西亚:巴布亚北部近海	Engdahl
1921	2	21	2	0	22	25	70.7		5	Mk	Pakistan:Hyderabad,SE.	巴基斯坦:海得拉巴东南	GSHAP,Song
1921	2	22	16			35	105.2		5.5	Ms	China:Gansu,Tongwei	中国:甘肃通渭	China
1921	2	27	18	23	39.98	-18.647	-173.185	35	7.1	Mw	Tonga Islands,N.	汤加群岛北部	Engdahl
1921	3	3	3	2		37.7	141.5	35	6.9	Mj	Japan:Fukushima,Near Coast	日本:福岛近海	Engdahl
1921	3	4	12	51	3	29	139	450	6	Ms	Japan:South Honshu Ridge	日本:本州南部海岭	Shi Z.
1921	3	5	6	24	8	7	94		5	Mk	India:Nicobar Islands	印度:尼科巴群岛	GSHAP,Song
1921	3	19	7	19	45	24	116.5		6.25	Ms	China:Guangdong,Chaozhou	中国:广东潮州	China
1921	3	23	22	44	40	-6.5	131	50	6	Ms	Indonesia:Banda Sea	印度尼西亚:班达海	Shi Z.
1921	3	24	14	41	52	51.5	158.2	50	6.7	Ms	Russia:Kamchatka Peninsula	俄罗斯:堪察加半岛	GSHAP
1921	3	26	16			37.1	104.1		5.5	Ms	China:Gansu,Jingtai	中国:甘肃景泰	China
1921	3	28	7	49	33.19	13.356	-87.361	35	7.2	Mw	Honduras:Choluteca	洪都拉斯:乔卢特卡	Engdahl
1921	3	29	22	11	49	46	152.7	40	6.2	Ms	Kuril Islands	千岛群岛	GSHAP
1921	3	30	10	26	30	22.2	93.2		5	Mk	myanmar:Chin	缅甸:赛钦	GSHAP,Song
1921	3	30	15	2	18.14	-7.118	127.71	170	6.8	Muk	Indonesia:Banda Sea	印度尼西亚:班达海	Engdahl
1921	3	30	15	5	30	41.7	20.5		5.8	Ms	Albania:Peshkopia	阿尔巴尼亚:佩什科比	Turkey
1921	4	1	4	6	47.37	1.665	98.66	35	6.8	Muk	Indonesia:Northern Sumatra	印度尼西亚:苏门答腊北部	Engdahl,GSHAP
1921	4	2	9	36	45	23	123	35	7.2	Ms	Ryukyu Islands	琉球群岛	China,Engdahl
1921	4	10	13	40	16	54	-134		6.5	Ms	Canada:Graham Island	加拿大:格雷厄姆岛	Shi Z.
1921	4	12	9	36		35.8	106.2		6.5	Ms	China:Ningxia,Guyuan	中国:宁夏固原	China
1921	4	13	4	54	5	37.5	32.5	33	5.2	Ms	Turkey:Çumra	土耳其:科尼亚	GSHAP
1921	4	18	17	58		32.6	132.1		5.7	Ms	Japan:Miyazaki,Near Coast	日本:宫崎近海	Usami,Japan
1921	4	20	16	4	20	34	33		5.6	Ms	Mediterranean Sea	地中海	Turkey
1921	4	29	11	28		43.9	42.7	33	5.2	Ms	Russia:Stavropol,Kislovodsk	俄罗斯:斯塔夫罗波尔区基斯洛沃茨克	GSHAP
1921	4	30	11	4		19.7	-104.3		7.7	Muk	Mexico:Cihuatlán,N.	墨西哥:锡瓦特兰北部	*
1921	5	3	16			37.2	104.2		5	Ms	China:Gansu,Jingtai	中国:甘肃景泰	China
1921	5	4	17	35	36	42	22.8	5	5	Ms	Macedonia(Fyrom):Stip	马其顿:斯提普	GSHAP
1921	5	7	6	15		44.377	9.882		5.03	Ms	Italy:Pontremoli	意大利:蓬特雷莫利	Italy
1921	5	14	11	17	45	0.7	117.9		6.2	Ms	Indonesia:Makassar Strait	印度尼西亚:望加锡海峡	* NOAA
1921	5	20	0	43	2.07	36	70.5	35	6.8	Muk	Afghan:Badakhshan	阿富汗:巴达赫尚	GSHAP,Engdahl
1921	5	21	22	25	42	48	157	30	6.3	Ms	Kuril Islands	千岛群岛	GSHAP
1921	6	4	5	56		43.5	16.8		5.2	Ms	Adriatic Sea	亚得里亚海	GSHAP
1921	6	26	3	40	38	39.3	21		5.7	Ms	Greece:Arta	希腊:阿尔塔	Turkey
1921	6	28	13	58	52.07	-39.421	177.351	150	6.8	Muk	New Zealand:Gisborne, Wairoa	新西兰:吉斯伯恩,威洛亚	Engdahl
1921	6	29	11	37	55	43.9	42.8	22	5.6	Ms	Russia:Stavropol,Kislovodsk	俄罗斯:斯塔夫罗波尔区基斯洛沃茨克	Turkey
1921	7	4	14	18	12.48	28.885	129.915	35	7.4	mB	Ryukyu Islands	琉球群岛	Engdahl
1921	7	4				25.5	141.5		7.1	Ms	Japan:South Honshu Ridge	日本:本州南部海岭	Shi Z.
1921	7	15	18	6	22	2	128	140	6	Ms	Philippine Trench	菲律宾海沟	Shi Z.
1921	7	18	17	3		23	121.7		6	Ms	China:Taiwan,Taitung,Coast of E.	中国:台湾台东以东海域	China
1921	7	25	1	40	50	24	123		6	Ms	Ryukyu Islands	琉球群岛	China
1921	7	25	19	27	14	24	123		5.75	Ms	Ryukyu Islands	琉球群岛	China
1921	8	4				40.13	124.38		7.2	Mk	China:Liaoning,Donggang	中国:辽宁东港	* NOAA,Song
1921	8	10	14	10	32	42.3	21.4		5.8	Ms	Kosovo:Prishtinë,SE.	科索沃:普里什蒂纳东南	Turkey
1921	8	14	13	15	28	15.6	39.6		5.9	Ms	Eritrea:Zula	厄立特里亚:祖拉	*
1921	8	23	20	17	28	67	-18		6.25	Ms	Norwegian Sea	挪威海	Iceland,Shi Z.
1921	8	28	10	45		43.12	13.253		5.06	Ms	Italy:Sarnano	意大利:萨尔纳诺	Italy
1921	8	28	23	23		24	120.8		6	Ms	China:Taiwan,Nantou,N.	中国:台湾南投北	China
1921	9	3	8	58		33.5	143		6	Ms	Japan Trench	日本海沟	Shi Z.
1921	9	5	19	56	55	46.4	153.4	40	6.7	Ms	Kuril Islands	千岛群岛	GSHAP
1921	9	8				32.4	-115.5		5.5	Ms	US:California,El Centro	美国:加利福尼亚州埃尔森特罗	CGS
1921	9	11	4	1	25.97	-11	111	25	7.3	Mw	Indonesia:Java Ridge	印度尼西亚:爪哇海岭	* Engdahl,NOAA
1921	9	12	5	9	48	18	97		5	Mk	myanmar:Pyu	缅甸:彪关	GSHAP,Song
1921	9	13	2	36	56.38	-56.259	-28.622	35	7	Ms	South Sandwich Trench	南桑威奇海沟	Engdahl,Shi Z.
1921	9	13	8	59	53	38.9	21.18		6	Ms	Greece:Agrinion	希腊:阿格里尼翁	GSHAP
1921	9	20	20	21	23	-5	110	600	6	Ms	Indonesia:Java Sea	印度尼西亚:爪哇海	Shi Z.
1921	9	21	11	2		15.6	39.7		5.9	Ms	Eritrea:Zula	厄立特里亚:祖拉	GSHAP
1921	9	24	1	15		43.2	13.2		6.5	Mk	Italy:Tolentino	意大利:托伦蒂诺	* Song
1921	9	26	9	26	10	38.42	31.79	10	5.8	Ms	Turkey:Iigin	土耳其:厄尔根	GSHAP
1921	9	27	16	20		40.5	139	5	6.5	Mj	Japan:Near West Coast of Honshu	日本:本州西部近海	Engdahl
1921	9	29	13	9	20	48.5	153	100	6.4	Ms	Kuril Islands	千岛群岛	GSHAP
1921	9	29	14	12		38.7	-112.1		5.2	Ms	US:Utah,Richfield	美国:犹他州里奇菲尔德	USGS

年 Year	月 Mo	日 Dy	时 Hr	分 Mn	秒 Sec	纬度(°) Latitude	经度(°) Longitude	深度 Depth	震级 Mag	标度 Scale	地名(英文) Name(English)	地名(中文) Name(Chinese)	资料来源 Information
1921	9	30	2	30		38.7	-112.1		5.6	Mk	US:Utah,Richfield	美国:犹他州里奇菲尔德	USGS,Song
1921	10	1	15	32		38.7	-112.1		6.1	Mk	US:Utah,Richfield	美国:犹他州里奇菲尔德	USGS,Song
1921	10	5	19	9	46	36.4	35.2	33	5.5	Ms	Mediterranean Sea	地中海	Turkey
1921	10	7	9	35	11	46.4	142.2	22	5.1	Ms	Russia:Sakhalin Island	俄罗斯:库页岛(萨哈林岛)	GSHAP
1921	10	7				36	110.1		5	Ms	China:Shaanxi,Yichuan	中国:陕西宜川	China
1921	10	10	2	6		-5	135		5.9	Mk	Arafura Sea	亚拉科拉海	* Song
1921	10	12	7	52		45.3	148.6	100	6.6	Mj	Kuril Islands	千岛群岛	Engdahl
1921	10	14	16	43	45	30.5	91		6.25	Ms	China:Xizang (Tibet),Damxung	中国:西藏当雄	China
1921	10	15	4	58	18.04	-12.694	167.03	35	6.8	Ms	North Vanuatu Islands	瓦努阿图群岛北部	Engdahl
1921	10	20	6	3	20.64	-20.06	-68.956	113.6	7.2	mB	Chile:Pica	智利:皮卡	Engdahl,GSHAP
1921	10	21	2	6	10	41.1	20.1		5.5	Ms	Albania:Elbasan	阿尔巴尼亚:爱尔巴桑	Turkey
1921	10	24	3	6		47.5	12.6		5.03	Ms	Austria:St. Johann	奥地利:蒂罗尔州圣约翰	Italy
1921	10	26	7	5	35	25	68		5	Mk	Pakistan:Hyderabad	巴基斯坦:海得拉巴	GSHAP,Song
1921	10	26	23	2	40	25	68		5	Mk	Pakistan:Hyderabad	巴基斯坦:海得拉巴	GSHAP,Song
1921	11	7	16	2		7.1	126.3		5.9	Mk	Philippines:Mindanao Island	菲律宾:棉兰老岛	* Song
1921	11	11	1	18	45	34.2	77.5		5.5	Ms	India:Jammu and Kashmir	印度:查谟和克什米尔	GSHAP
1921	11	11	18	36	26.18	8	127	35	7.3	Mw	Philippine Trench	菲律宾海沟	* Engdahl,NOAA
1921	11	13	8	40	45	10.5	-71		6.3	Ms	Venezuela:Cabimas	委内瑞拉:卡维马斯	GSHAP
1921	11	15	20	36	33.78	36.5	70.5	152.1	7.6	mB	Afghan:Badakhshan	阿富汗:巴达赫尚	* Engdahl
1921	11	28	14			38.5	106.3		5.5	Ms	China:Ningxia,Yinchuan	中国:宁夏银川	China
1921	12	1	10	49	40	33.7	122		6.5	Ms	China:South Yellow Sea	中国:南黄海	China
1921	12	1	14	25		42.7	12		6.5	Mk	Italy:Castel Giorgio	意大利:乔治堡	* Song
1921	12	6	13	26	16	40	45.5		5.5	Ms	Armenia:Gavar (Kamo)	亚美尼亚:卡莫	Turkey
1921	12	8	12	31		36	140.2	35	7	Mj	Japan:Ami	日本:茨城阿见町	Engdahl,Usami
1921	12	18	15	29	28.77	-2.5	-71	650	7.5	mB	Peru:Iquitos	秘鲁:伊基托斯	* Engdahl
1921						43.9	81.4	15	6.5	Ms	China:Xinjiang,Ili	中国:新疆伊犁	GSHAP
1922	1	2	14	50		43.8	-99.3		5.1	Mk	US:South Dakota,Chamberlain	美国:南达科他州张伯伦	USGS,Song
1922	1	6	14	10	43.8	-20.408	-76.389	25	7.1	Mw	Peru:Tarapaca,Off Coast of W.	秘鲁:塔拉帕卡西部沿海	* Shi Z.,Engdahl,NOAA
1922	1	9	5	9	33.82	23.22	-45.931	15	7	Ms	Northern Mid - Atlantic Ridge	北大西洋洋中脊	Engdahl
1922	1	10	13	41	12	24	123		6	Ms	Ryukyu Islands	琉球群岛	China
1922	1	16	22	50	24	2.5	-71	600	7.6	Ms	Colombia:Caqueta, Putumayo	哥伦比亚:卡克塔,普图马约	*
1922	1	17	3	50	1.48	-2.5	-71	650	7.4	mB	Peru:Iquitos	秘鲁:伊基托斯	* Engdahl
1922	1	19	21	58	50	-7	143		7.5	Ms	Papua New Guinea:Honinabi,SW.	巴布亚新几内亚:霍尼纳比西南	* NOAA
1922	1	22	22	5		37.5	141.5	35	6.5	Mj	Japan:Fukushima,Near Coast	日本:福岛近海	Engdahl,Usami,Japan
1922	1	26	9	31	20	41	-126		6	Ms	US:California,Off Coast N.	美国:加利福尼亚州北部沿海	USGS
1922	1	27	6	50	40	-22.17	-47.04	15	5.1	Ms	Brasil:Sao Paulo	巴西:圣保罗	GSHAP
1922	1	27	20	10	15	38.5	14.7	15	5	Mk	Italy:N. of Sicily	意大利:西西里岛北部	* Song
1922	1	27	20	41		10.2	123.5		5.9	Mk	Philippines:Cebu Island	菲律宾:宿务岛	* Song
1922	1	31	13	17	28.7	41	-125.5	15	7.3	M	US:California,Off Coast N.	美国:加利福尼亚州北部沿海	* Engdahl
1922	2	1	16	52	44	38	37	33	5.3	Ms	Turkey:Kahramanmaras	土耳其:卡赫拉曼马什拉	GSHAP
1922	2	13				-5.25	130.5		5	Mk	Indonesia:Banda Sea	印度尼西亚:班达海	* * Song
1922	2	14	12	45	22	-13.5	67		6	Ms	Mid - Indian Ridge	中印度洋海岭	Shi Z.
1922	2	16	3	14	48	11.7	-70.85		6.4	Ms	Venezuela:Punto Fijo	委内瑞拉:蓬托菲霍	*
1922	2	22				-3.3	128.9		7	Mk	Indonesia:Maluku Islands	印度尼西亚:摩鹿加群岛	* NOAA,Song
1922	2	28	1	14		10.2	123.5		6.3	Ms	Philippines:Cebu Island	菲律宾:宿务岛	* Nakamura,NOAA
1922	3	1	9	1		9	123		6	Ms	Philippines:Siaton	菲律宾:绍雷(绍拉)	* Nakamura,NOAA
1922	3	2	14	49		43.6	42.9	33	5.4	Ms	Russia:Stavropol,Kislovodsk	俄罗斯:斯塔夫罗波尔区基斯洛沃茨克	GSHAP
1922	3	4	13	7	44.66	52.924	157.181	241.4	7.1	mB	Russia:Kamchatka Peninsula	俄罗斯:堪察加半岛	GSHAP,Engdahl
1922	3	8	17	33	45	34.5	25		5.5	Ms	Mediterranean Sea	地中海	Turkey
1922	3	10	11	21	20	35.75	-120.25		6.5	Ms	US:California,Shandon	美国:加利福尼亚州尚登	USGS
1922	3	10	16	52	31.89	-20.656	179.626	570	6.8	Muk	South of Fiji Islands	斐济群岛南部	Engdahl
1922	3	15	3	30		-4	36		5.9	Ms	Tanzania:Babati	坦桑尼亚:巴巴蒂	GSHAP
1922	3	16	23	11		35.75	-120.33		5	Ms	US:California,Parkfield	美国:加利福尼亚州帕克菲尔德	USGS
1922	3	24	12	22		44.4	20.4	12	6	Muk	Serbia:Cacak	塞尔维亚:查查克	*
1922	3	28	3	58	1.32	-21.454	-68.13	136.4	7.1	mB	Bolivia:Tupiza	玻利维亚:图皮萨	GSHAP,Engdahl
1922	4	2	0	46	10	34.7	34.8		5.5	Ms	Mediterranean Sea	地中海	Turkey
1922	4	6	2	36		-0.2	-78.6		5	Ms	Ecuador:Quito	厄瓜多尔:基多	GSHAP
1922	4	7	15	58	18	23.5	119		5.75	Ms	China:Taiwan Strait	中国:台湾海峡	China
1922	4	8	20	42	21	72	-8.5		6.25	Ms	Norwegian Sea	挪威海	Iceland,Shi Z.
1922	4	10				-3.5	102.5		7	Mk	Indonesia:Southern Sumatra	印度尼西亚:苏门答腊南部	* NOAA,Song
1922	4	11	4	35	10	40.5	19.2	25	5.6	Ms	Albania:West of Vlore Coast	阿尔巴尼亚:发罗拉西部	Turkey
1922	4	16	13	7		-6	36		6.2	Ms	Tanzania:Dodoma	坦桑尼亚:多多马	GSHAP
1922	4	26	1	11		35.2	139.8	35	6.8	Mj	Japan:Yokosuka	日本:神奈川横须贺	Engdahl,Usami,Japan
1922	4	26	3	59	7	45.5	151.9	60	6.3	Ms	Kuril Islands	千岛群岛	GSHAP
1922	5	2	11	10	45	20	98		5	Mk	myanmar:Taunggyi,SE.	缅甸:东枝东南	GSHAP,Song
1922	5	2	20	24		18.2	-65.5		7	Mk	Puerto Rico:Vieques	波多黎各:别克斯岛	* NOAA,Song
1922	5	4	9	12	51	46	154	30	6.7	Ms	Kuril Islands	千岛群岛	GSHAP

年	月	日	时	分	秒	纬度(°)	经度(°)	深度	震级	标度	地名(英文)	地名(中文)	资料来源
Year	Mo	Dy	Hr	Mn	Sec	Latitude	Longitude	Depth	Mag	Scale	Name(English)	Name(Chinese)	Information
1922	5	9	3	28		36	140		6.4	Ms	Japan:Ibaraki,SW.	日本:茨城西南	Usami,Japan
1922	5	11	6	45	35	12	-59.5	33	6	Ms	Trinidad & Tobago:Northern Coast	特立尼达和多巴哥:北部近海	GSHAP
1922	5	15	20	21		40	143.5	20	6.5	Mj	Japan Trench	日本海沟	GSHAP,Engdahl
1922	5	16	7	6	45	20	121		6	Ms	China:Taiwan,Coast of S.	中国:台湾南部海域	China
1922	5	22	17	33	18	7.5	-79		6	Ms	Panama:Off Coast of S.	巴拿马:南部海域	GSHAP
1922	5	22	18	4	40	23.3	121.4		5.75	Ms	China:Taiwan,Hualien	中国:台湾花莲	China
1922	5	27	2	35		45.2	12.7		6.5	Mk	Italy:Venice	意大利:威尼斯	* Song
1922	6	2	20	11	51	7.404	127.299	35	6.8	Muk	Philippine Trench	菲律宾海沟	Engdahl
1922	6	3	4	14		37.4	30.5	33	5.1	Ms	Turkey:Bucak	土耳其:布贾克	GSHAP
1922	6	5	4	31	5	35	22.5		5.9	Ms	Mediterranean Sea	地中海	Turkey
1922	6	8	7	47		43.148	13.286		5	Ms	Italy:Caldarola	意大利:卡尔达罗拉	Italy
1922	6	12	4	47	34	23.198	-108.908	15	6.8	Muk	Gulf of California	加利福尼亚湾	Engdahl
1922	7	2	13	30		23.8	122.3		6	Ms	China:Taiwan,Hualien,Coast of E.	中国:台湾花莲以东海域	China
1922	7	3	5	29	22	-8.5	66		6	Ms	Chagos Archipelago Region	查戈斯群岛地区[印度洋]	Shi Z.
1922	7	5	20	20		38.5	142	35	6.5	Mj	Japan:Miyagi	日本:宫城	GSHAP,Engdahl
1922	7	8				5.467	95.233		7	Mk	Indonesia:Sumatera,Banda Aceh	印度尼西亚:苏门答腊,班达亚齐	* NOAA,Song
1922	7	10	9	38	13	-19	-62.5	667.1	6.8	Muk	Bolivia:Santa Cruz de la Sierra,S.	玻利维亚:圣克鲁斯南部	GSHAP,Engdahl
1922	7	11	14	13		22	143	35	6.6	Mj	Japan:South Honshu Ridge	日本:本州南部海岭	Engdahl
1922	7	19	12	54	50	24.8	121		6	Ms	China:Taiwan,Hsinchu	中国:台湾新竹	China
1922	8	8	3	49	6	37.5	23.2		5.6	Ms	Greece:Argolida	希腊:阿尔戈利斯	Turkey,NOAA
1922	8	8				10.68	-63.14		5	Mk	Venezuela:Cariaco	委内瑞拉:卡利亚科	GSHAP,Song
1922	8	13	0	9	58	35.325	27.373	35	6.8	Muk	Mediterranean Sea	地中海	GSHAP,Engdahl
1922	8	14	11	41	4.7	52.069	130.539	15	6.8	Muk	Russia:Amur,Blagoveshchensk,NE.	俄罗斯:阿穆尔州海兰泡东北	Engdahl
1922	8	14	11	41	16	52.8	153.8	530	6.8	Ms	Sea of Okhotsk	鄂霍次克海	GSHAP
1922	8	16	15	56	33	53.5	159	50	6.6	Ms	Russia:Kamchatka Peninsula	俄罗斯:堪察加半岛	GSHAP
1922	8	18	5	12		35.75	-120.25		5.5	Ms	US:California,Shandon	美国:加利福尼亚州尚登	CGS,USGS
1922	8	25	11	47	49	36.3	1.3		5.1	Ms	Algeria:Bordj Abou El Hasen, Dahra	阿尔及利亚:阿布哈桑堡,赫尔	*
1922	8	25	19	29	40	50	91	16	6.5	Ms	Mongolia:Turgen	蒙古:图尔根	GSHAP
1922	8	29	3	36		38	33.5	33	5.6	Ms	Turkey:Karapinar	土耳其:卡拉珀纳尔	Turkey
1922	8	30	11	40		36	106.2		5.5	Ms	China:Ningxia,Guyuan	中国:宁夏固原	China
1922	9	1	19	16	9.2	24.5	122	35	7.6	Mw	China:Taiwan,Yilan,Coast of E.	中国:台湾宜兰以东海域	* China,Engdahl,NOAA
1922	9	3	3	11	12	42.4	20.4		5	Ms	Kosova:Prishtine,SW.	科索沃:普里什蒂纳西南	GSHAP
1922	9	4	17	4	17	-10.5	-69.5	660	6.9	Muk	Brazil:Amazonas	巴西:亚马孙州	Shi Z.,Engdahl
1922	9	4	17	53	35	24	120		6.5	Ms	China:Taiwan Strait	中国:台湾海峡	China
1922	9	6	22	12	5	24	123		5.75	Ms	Ryukyu Islands	琉球群岛	China
1922	9	14	19	31	43	24.6	122.3	35	7.1	Mw	China:Taiwan,Yilan,Coast of E.	中国:台湾宜兰以东海域	China,Engdahl
1922	9	16	22	44	36	23.9	122.5		6.25	Ms	China:Taiwan,Hualien,Coast of E.	中国:台湾花莲以东海域	China
1922	9	17	7	22	36	24.2	122.2		6	Ms	China:Taiwan,Hualien,Coast of E.	中国:台湾花莲以东海域	China
1922	9	17	7	53	6	24.2	122.2		6.25	Ms	China:Taiwan,Hualien,Coast of E.	中国:台湾花莲以东海域	China
1922	9	17	9	59	18	24.2	122.2		6.75	Ms	China:Taiwan,Hualien,Coast of E.	中国:台湾花莲以东海域	China
1922	9	18	6	20		24.2	122.2		6	Ms	China:Taiwan,Hualien,Coast of E.	中国:台湾花莲以东海域	China
1922	9	28	22	1	5	39.2	120.5		6.5	Ms	China:Bohai Sea	中国:渤海	China
1922	9	29	18	44	35	42.5	89.3		5.25	Ms	China:Xinjiang,Turpan,S.	中国:新疆吐鲁番南	China
1922	10	1	17	26	8	3	89		5	Mk	Bay of Bengal,S.	孟加拉湾南部	GSHAP,Song
1922	10	7	6	37	59	12	95		6.25	Ms	India:Andaman Islands	印度:安达曼群岛	GSHAP,Shi Z.
1922	10	11	14	50	6.1	-16.125	-72.385	160	7.6	mB	Peru:Arequipa	秘鲁:阿雷基帕	* Shi Z.,Engdahl
1922	10	14	3	56	25	24.5	122.2		6.25	Ms	China:Taiwan,Yilan,Coast of E.	中国:台湾宜兰以东海域	China
1922	10	14	6	39	5	24.5	122.2		5.5	Ms	China:Taiwan,Yilan,Coast of E.	中国:台湾宜兰以东海域	China
1922	10	14	23	45		24.5	122	35	6.9	Ms	China:Taiwan,Yilan,Coast of E.	中国:台湾宜兰以东海域	China,Engdahl
1922	10	16	16	1	32	39.5	91	15	6.5	Ms	China:Xinjiang,Ruoqiang,SE.	中国:新疆若羌东南	GSHAP
1922	10	17	9	56		12	95		5	Mk	India:Andaman Islands	印度:安达曼群岛	GSHAP,Song
1922	10	17	17	46	15	12	95		5	Mk	India:Andaman Islands	印度:安达曼群岛	GSHAP,Song
1922	10	17	21	14	30	12	95		5	Mk	India:Andaman Islands	印度:安达曼群岛	GSHAP,Song
1922	10	17				12.5	96		6.25	Ms	India:Andaman Islands	印度:安达曼群岛	Shi Z.
1922	10	22				-43.3	148.9		7	Mk	Australia:Tasman Sea	澳大利亚:塔斯曼海	NOAA,Song
1922	10	24	21	21	3.4	47	151.8	35	7.3	mB	Kuril Islands	千岛群岛	* Engdahl
1922	10	27	14	22	40	24.5	122.2		6.5	Ms	China:Taiwan,Yilan,Coast of E.	中国:台湾宜兰以东海域	China
1922	10	28	9	28	12	46	89	20	5.2	Ms	China:Xinjiang,Fuyun,S.	中国:新疆富蕴南	GSHAP
1922	11	4	4	20	12	37	20.5		5.9	Ms	Mediterranean Sea	地中海	Turkey
1922	11	6				-8.7	110.8	33	5	Mk	Indonesia:Yogyakarta	印度尼西亚:雍亚卡他	* * Song
1922	11	7	23	0	15	-28	-72	25	7.1	Ms	Chile:Huasco,Near Coast	智利:瓦斯科近海	* Engdahl,Shi Z.,NOAA
1922	11	11	4	32	45	-28.553	-70.755	35	8.7	Mw	Chile:Atacama	智利:阿塔卡马	* Engdahl,NOAA
1922	11	11	22	13		37.5	23	100	5.7	Ms	Greece:Argolida	希腊:阿尔戈利斯	Turkey
1922	11	24	2	15	40	45.6	18.7	18	5.3	Ms	Croatia:Osijek	克罗地亚:奥西耶克	GSHAP
1922	12	2	3	46	36	24.6	122		6.25	Ms	China:Taiwan,Yilan,Coast of E.	中国:台湾宜兰以东海域	China
1922	12	6	13	55	41	36.5	70.5	239.9	7.3	mB	Afghan:Badakhshan	阿富汗:巴达赫尚	* GSHAP,Engdahl

年 Year	月 Mo	日 Dy	时 Hr	分 Mn	秒 Sec	纬度(°) Latitude	经度(°) Longitude	深度 Depth	震级 Mag	标度 Scale	地名(英文) Name(English)	地名(中文) Name(Chinese)	资料来源 Information
1922	12	6	14	1		37.5	29	15	5.2	Ms	Turkey:Tavas	土耳其：塔瓦斯	GSHAP
1922	12	7	16	22	10	41.71	20.76		6.1	Ms	Macedonia(Fyrom):Gostivar	马其顿：戈斯蒂瓦	GSHAP
1922	12	7	16	50		32.7	130.1	5	6.9	Mj	Japan:Nagasaki	日本：长崎	* Engdahl,Usami,Japan
1922	12	8	2	2		32.7	130.1	5	6.5	Mj	Japan:Nagasaki	日本：长崎	Engdahl,Japan
1922	12	8	22	33		40.2	142.9	33	6.8	Mj	Japan:Morioka,Near East Coast	日本：盛冈东部近海	GSHAP,Engdahl
1922	12	13	11	26		24.6	122.1		5.5	Ms	China:Taiwan,Yilan,Coast of E.	中国：台湾宜兰以东海域	China
1922	12	13	14	3	52	24.5	122		5.75	Ms	China:Taiwan,Yilan,Coast of E.	中国：台湾宜兰以东海域	China
1922	12	17	0	50	48	39	73	210	6.7	Ms	Tajikistan:Kuhistoni Badakhshon,N.	塔吉克斯坦：勾瑙－巴达科善北部	China,GSHAP
1922	12	18	12	35	3	19	-67		6.25	Ms	Puerto Rico:Mona Passage,Catano	波多黎各：莫纳海峡，坦诺	Shi Z.
1922	12	24	0	6	26	21	97		5	Mk	myanmar:Mandalay	缅甸：曼德勒	GSHAP,Song
1922	12	25	3	33	10	-43	173		6.3	Ms	New Zealand:South Island,Greta Valley	新西兰：南岛，格里塔瓦利	* NOAA
1922	12	29	12	22		41.724	13.67		5.6	Ms	Italy:Sora	意大利：索拉	Italy
1922	12	31	7	20	11	45.7	151.4	25	7	Ms	Kuril Islands	千岛群岛	GSHAP,Engdahl
1923	1	1	17	55		45.9	14.4	7	5.03	Ms	Croatia:Rijeka	克罗地亚：里耶卡	GSHAP,Italy
1923	1	2	22	42		24.2	122		5.75	Ms	China:Taiwan,Hualien,Coast of E.	中国：台湾花莲以东海域	China
1923	1	11	4	29		42.2	-120.3		5	Ms	US:Oregon,Lakeview	美国：俄勒冈州莱克维尤	USGS
1923	1	14	5	51		36.1	139.9		6.3	Ms	Japan:Ibaraki	日本：茨城	Usami,Japan
1923	1	14	12	59	25	19	-155.5		5.1	Mk	Hawaiian Islands	夏威夷群岛	USGS,Song
1923	1	21	4	13	30	37	20.5		5.6	Ms	Mediterranean Sea	地中海	Turkey
1923	1	22	9	4	20	40.8	-124.5	15	7.2	M	US:California,North Coast	美国：加利福尼亚州北部近海	* Engdahl
1923	1	23	15	42		-26	-67.2		6.1	Ms	Argentina:Salta	阿根廷：萨尔塔	GSHAP
1923	2	1	19	24	58	-21.001	169.537	35	6.7	Ms	New Caledonia:Loyalty Islands	新喀里多尼亚：罗亚尔特群岛	Engdahl
1923	2	2	5	7	43	53.5	162	20	7.1	Mw	Russia:Kamchatka,Near East Coast	俄罗斯：堪察加东部近海	Shi Z., GSHAP, Engdahl
1923	2	3	16	1	49	53.853	160.761	35	8.5	Mw	Russia:Kamchatka Peninsula	俄罗斯：堪察加半岛	* GSHAP,Engdahl,NOAA
1923	2	4				37.6	57.3	10	5.5	Muk	Iran:Bojnurd	伊朗：博季努尔德	*
1923	2	5	12	22		-0.5	-78.6		6.3	Ms	Ecuador:Quito	厄瓜多尔：基多	GSHAP
1923	2	6	15	21		43.5	17.1	16	5.5	Ms	Adriatic Sea	亚得里亚海	GSHAP
1923	2	9	11	14		40.83	-124.17		5	Ms	US:California,Eureka	美国：加利福尼亚州尤里卡	USGS
1923	2	12	18	19		48.8	-122.4		5.1	Mk	US:Washington,Seattle	美国：华盛顿州西雅图	USGS,Song
1923	2	16	9	16	10	49	154.2	30	6.1	Ms	Kuril Islands	千岛群岛	GSHAP
1923	2	23	5	51	59	-0.681	122.996	35	6.8	Muk	Indonesia:Luwuk	印度尼西亚：卢武克	Engdahl
1923	2	24	0	25		-0.4	-78.3		6.8	Ms	Ecuador:Quito	厄瓜多尔：基多	*
1923	2	24	7	34	44	55	162.4	20	7.2	Mw	Russia:Komandorsky Islands	俄罗斯：科曼多尔群岛	* GSHAP, Shi Z., Engdahl
1923	2	28	4	18		24.6	122		5	Ms	China:Taiwan,Yilan,Coast of E.	中国：台湾宜兰以东海域	China
1923	3	2	16	48	45	6.5	124	86.6	7.1	Mw	Philippines:Mindanao Island	菲律宾：棉兰老岛	* Nakamura,Bautista,Engdahl,NOAA
1923	3	3				40.6	131.6	600	5.6	Ms	North Korea:Kimchaek,Off Coast of E.	朝鲜：金策东部海域	Korea
1923	3	4				-26.3	-80.1		8.1	Mk	Chile:San Felix Island	智利：圣费利克斯岛	NOAA,Song
1923	3	5	0	10		24.5	121.8		5	Ms	China:Taiwan,Yilan	中国：台湾宜兰	China
1923	3	6	21	6	54	0	70		5	Mk	Maldives:Off Coast of W.	马尔代夫：西部海域	GSHAP,Song
1923	3	10	19	48	40	34.5	27.5	33	5.6	Ms	Mediterranean Sea	地中海	Turkey
1923	3	15	5	40		43.3	17.3	16	6.2	Mk	Croatia:Split,SE.	克罗地亚：斯普利特东南	* GSHAP
1923	3	16	22	1	44	6.495	127.058	35	7	Ms	Philippine Trench	菲律宾海沟	Engdahl
1923	3	17				-35.3	-72.4		5	Mk	Chile:Constitución	智利：孔斯蒂图西翁	* * Song
1923	3	24	12	40	20	31.5	101	25	7.2	Mw	China:Sichuan,Luhuo	中国：四川炉霍	* China,Engdahl
1923	3	25	21	6	42	43	131	410	5.9	Ms	China:Jilin,Hunchun,E.	中国：吉林珲春东部	GSHAP
1923	4	5	22	9	40	24.7	122.3		5.75	Ms	China:Taiwan,Yilan,Coast of E.	中国：台湾宜兰以东海域	China
1923	4	13	2	26	30	2	96		5	Mk	Indonesia:Off West Coast of N. Sumatera	印度尼西亚：北苏门答腊西部海域	GSHAP,Song
1923	4	13	15	31	0.3	55.4	162.8	20	7.1	Mw	Russia:Kamchatka,Near East Coast	俄罗斯：堪察加东部近海	* GSHAP,Engdahl,NOAA
1923	4	19	3	9	13	2.41	117.313	35	6.9	Ms	Indonesia:Kalimantan Timur	印度尼西亚：东加里曼丹	Engdahl
1923	4	23	3	17	1.1	27.885	125.511	35	6.8	Muk	Ryukyu Islands	琉球群岛	Shi Z.,Engdahl
1923	4	25	19	31	53	59	-138		5.7	Ms	Gulf of Alaska,SE.	阿拉斯加湾东南	USGS
1923	4	29	2	31	29	41	-125		5.6	Ms	US:California,North Coast	美国：加利福尼亚州北部近海	USGS
1923	4	29	9	34	41	40.1	36.4		5.9	Ms	Turkey:Artova	土耳其：阿尔托瓦	Turkey
1923	5	1	10	36	21	-55.316	-25.844	15	6.8	Muk	South Sandwich Islands	南桑威奇群岛	Engdahl
1923	5	4	10	41		23.2	120.6		5.75	Ms	China:Taiwan,Tainan	中国：台湾台南	China
1923	5	4	16	26	47	55.765	-156.986	25	7.1	Ms	Aleutian Islands	阿留申群岛	USGS,Engdahl
1923	5	4	22	26	51	-28.75	-71.75	105.8	6.7	mB	Chile:Near Coast of C.	智利：中部近海	* Shi Z.,Engdahl,NOAA,Chile
1923	5	9	9			43.7	12		6.5	Mk	Italy:Pieve Santo Stefano	意大利：皮耶韦－圣斯特凡诺	* Song

年 Year	月 Mo	日 Dy	时 Hr	分 Mn	秒 Sec	纬度(°) Latitude	经度(°) Longitude	深度 Depth	震级 Mag	标度 Scale	地名(英文) Name(English)	地名(中文) Name(Chinese)	资料来源 Information
1923	5	12	22	57	23	41.4	44.3	20	5.2	Ms	Georgia:Bolnisi	格鲁吉亚:博尔尼西	GSHAP
1923	5	13	1	52	33	39.7	42.8	33	5.3	Ms	Turkey:Kagizman	土耳其:卡厄兹曼	GSHAP
1923	5	15				-7.7	109.2		6.5	Mk	Indonesia:Java Island	印度尼西亚:爪哇岛	* Song
1923	5	16	15	46		-0.22	-78.5		6	Mk	Ecuador:Quito	厄瓜多尔:基多	GSHAP,Song
1923	5	23	22	37		52.5	163.5	20	6.4	Ms	Russia:Kamchatka,Near East Coast	俄罗斯:堪察加东部近海	GSHAP
1923	5	25	22	21		35.2	59.2		5.7	Ms	Iran:Torbat HEydarīyeh	伊朗:托尔巴特海达里耶	*
1923	5	28	1	25	53	-1.5	88.5		6.5	Ms	East Indian Ridge	东印度洋海岭	Shi Z.
1923	5	28	19	34		-31.2	-65.2		5.1	Ms	Argentina:Cordoba	阿根廷:科尔多瓦	GSHAP
1923	5	29	11	34	20	41	30		5.5	Ms	Turkey:Izmit	土耳其:伊兹米特	Turkey
1923	5	30	8	30	40	77	127	20	6	Ms	Laptev Sea	拉普帖夫海	Shi Z.,GSHAP
1923	5	30	17	56	42	77	127		6	Ms	Laptev Sea	拉普帖夫海	Shi Z.
1923	6	1	17	24	47	35.674	141.767	35	7.1	Mw	Japan Trench	日本海沟	* Engdahl,NOAA
1923	6	1	20	14		36	142	35	7.1	Mj	Japan Trench	日本海沟	Engdahl
1923	6	13	16			31.3	100.8		5.75	Ms	China:Sichuan,Luhuo	中国:四川炉霍	China
1923	6	21	12	25		40.5	82.5		5.25	Ms	China:Xinjiang,Xayar,SW.	中国:新疆沙雅西南	China
1923	6	22	6	44	38	22.589	98.681	25	7.2	Mw	myanmar:Shan,NE.	缅甸:山县东北	Engdahl
1923	6	22	12	6	4	22.7	94		5.5	Ms	myanmar:Chin	缅甸:赛钦	GSHAP
1923	6	28	15	12		44.595	10.799		5.21	Ms	Italy:Formigine	意大利:福尔米吉内	Italy
1923	7	1	7	54	55	22	100.5		6.5	Ms	China:Yunnan,Menghai	中国:云南勐海	China
1923	7	2	2	31		23.5	122.5	35	6.7	Ms	China:Taiwan,Hualien,Coast of E.	中国:台湾花莲以东海域	Engdahl,China
1923	7	12	3	15	40	-14.5	-179.99	50	6.6	Ms	North of Fiji Islands	斐济群岛北部	Shi Z.
1923	7	13	11	13	41	31	130.9	35	7.1	Ms	Japan:Kagoshima,Near Coast	日本:鹿岛近海	Engdahl,Usami,Japan
1923	7	13	23	55		30.6	131.2	35	6.6	Mj	Japan:Kagoshima,Near Coast of S.	日本:鹿岛南部近海	Engdahl
1923	7	13				9.495	127		5.5	Ms	Philippine Trench	菲律宾海沟	Nakamura
1923	7	16	13	23	42	37.5	70.5	15	5.6	Ms	Afghan:Badakhshan	阿富汗:巴达赫尚	GSHAP
1923	7	17	1	2	11	63	-147		5.6	Ms	Alaska Peninsula,S.	阿拉斯加半岛南部	USGS
1923	7	18				9.5	125	33	5.5	Ms	Philippines:Surigao	菲律宾:苏里高	* NOAA
1923	7	20	15	2	37	-1.5	-13.5		6.5	Ms	Central Mid - Atlantic Ridge	中大西洋中脊	Shi Z.
1923	7	23	7	30	26	34	-117.25		6.25	Ms	US:California,Riverside	美国:加利福尼亚州里弗赛德	USGS,Shi Z.
1923	7	26	23	37	6	43	130	430	5.75	Ms	China:Jilin,Tumen	中国:吉林图们	China
1923	7	29	9	37	20	37.5	70.5		5	Mk	Afghan:Badakhshan	阿富汗:巴达赫尚	GSHAP,Song
1923	8	1	3	16	30	35	25	150	6.9	Ms	Greece:Crete Island	希腊:克里特岛	GSHAP,Shi Z.
1923	8	1	4	29	47	-49	32		6	Ms	Atlantic - Indian Ridge	大西洋-印度洋海岭	Shi Z.
1923	8	1	8	16	32	34.715	24.974	35	6.7	Muk	Greece:Crete Island	希腊:克里特岛	Engdahl
1923	8	8	12	1	27	10.5	-63.5	100	6.5	Ms	Venezuela:Cariaco	委内瑞拉:卡利亚科	GSHAP
1923	8	8	12	17	25	0.5	-30		6.25	Ms	Central Mid - Atlantic Ridge	中大西洋中脊	Shi Z.
1923	8	10	0	0	34	41	77.5		5.4	Ms	China:Xinjiang,Akqi,W.	中国:新疆阿合奇西	China
1923	8	10	1	0	30	41	77.5	20	5.4	Ms	China:Xinjiang,Akqi,W.	中国:新疆阿合奇西	GSHAP
1923	8	10	2	17	20	41	77.5		5.5	Ms	China:Xinjiang,Akqi,W.	中国:新疆阿合奇西	China
1923	8	10	15	58	6	22.6	93.4	10	6	Ms	myanmar:Chin	缅甸:赛钦	GSHAP
1923	8	11	0	54	25	4.5	119.5		6.5	Ms	Celebes Sea	西里伯斯海	Shi Z.
1923	8	11	16			36.2	103.7		5	Ms	China:Gansu,Lanzhou	中国:甘肃兰州	China
1923	8	11				40	125		5	Ms	North Korea:Sinuiju	朝鲜:新义州	Korea
1923	8	12	10	6	11	25.371	127.785	35	6.8	Muk	Ryukyu Islands,SW.	琉球群岛西南	Engdahl
1923	8	12	12	11		-18.5	-70.3	33	7	Mk	Chile:Arica	智利:阿里卡	* NOAA,Song
1923	8	16	3	52		41.02	34.41	40	5	Ms	Turkey:Tosya	土耳其:托斯亚	GSHAP
1923	8	16	20	22	30	45	151.3	30	6.3	Ms	Kuril Islands	千岛群岛	GSHAP
1923	8	27	11	14	45	23.8	121.9		6.25	Ms	China:Taiwan,Hualien,Coast of E.	中国:台湾花莲以东海域	China
1923	8	31	2	15	54	38.5	72	10	6	Ms	Tajikistan:Barchidiv	塔吉克斯坦:巴尔奇代夫	GSHAP
1923	8					28.7	102.2		5.5	Ms	China:Sichuan,Mianning	中国:四川冕宁	China
1923	9	1	2	58	37	35.1	139.5	35	7.9	M	Japan:Tokyo, Yokohama	日本:东京,横滨	* Usami,Engdahl,NOAA
1923	9	1	3	1		35.1	139.5	60	6.5	Mj	Japan:Sagami Bay	日本:相模湾	Engdahl
1923	9	1	3	3		35.1	139.5	35	7.3	Mj	Japan:Sagami Bay	日本:相模湾	Engdahl
1923	9	1	3	23		35.4	139.4	35	6.6	Mj	Japan:Samukawa	日本:神奈川寒川	Engdahl
1923	9	1	3	39		35.2	139.7	35	6.6	Mj	Japan:Miura	日本:神奈川三浦	Engdahl
1923	9	1	3	48		35.4	139.8	35	7	Mj	Japan:Yokohama	日本:神奈川横滨	Engdahl
1923	9	1	5	23		35.4	139	35	6.7	Mj	Japan:Oyama	日本:静冈小山	Engdahl
1923	9	1	6	19		35.5	140.5	35	6.5	Mj	Japan:Kujukuri	日本:千叶九十九里	Engdahl
1923	9	1	7	38		35.5	138.9	5	6.8	Mj	Japan:Fujiyoshida	日本:山梨富士吉田	Engdahl
1923	9	1	16			36	106.2		5	Ms	China:Ningxia,Guyuan	中国:宁夏固原	China
1923	9	2	2	46	46	35	139.5	35	7.6	Mw	Japan:Miura	日本:神奈川三浦	* Engdahl,NOAA
1923	9	2	9	27		34.9	140.5	35	7.1	Mj	Japan:Chiba,Near Coast	日本:千叶近海	Engdahl
1923	9	2	13	9		35.3	139.1	5	6.5	Mj	Japan:Minamiashigara	日本:神奈川南足柄	Engdahl
1923	9	2	22	38	8.2	-16	-68.5	35	6.8	mB	Bolivia:El Alto	玻利维亚:埃尔阿尔托	GSHAP,Engdahl
1923	9	3	16			36.6	105.6		5.5	Ms	China:Ningxia,Haiyuan	中国:宁夏海原	China
1923	9	4	1			47.7	142.3	14	5.2	Ms	Russia:Sakhalin Island	俄罗斯:库页岛(萨哈林岛)	GSHAP
1923	9	9	17	11		34.8	139.2		6.3	Ms	Japan:Oshima	日本:东京大岛	Japan
1923	9	9	22	3	53	25.2	91	60	7.1	Ms	Bangladesh:Dhaka	孟加拉:达卡	GSHAP,Engdahl

年 Year	月 Mo	日 Dy	时 Hr	分 Mn	秒 Sec	纬度(°) Latitude	经度(°) Longitude	深度 Depth	震级 Mag	标度 Scale	地名(英文) Name(English)	地名(中文) Name(Chinese)	资料来源 Information
1923	9	10	9	37	39	69.7	27.2	33	5	Ms	Finland:Lappi,NE.	芬兰:拉皮东北	GSHAP
1923	9	13	16			39.4	115.8		5.5	Ms	China:Hebei,Gaobeidian	中国:河北高碑店	China
1923	9	14	8	10		29	59.3		5.6	Ms	Iran:Zāhedān	伊朗:扎黑丹	Afghan
1923	9	14	12	57	31	48	96	11	6	Ms	Mongolia:North – West of Uliastay	蒙古:乌里雅苏台市西北	GSHAP
1923	9	15	16			35.7	115.4		5	Ms	China:Henan,Fanxian	中国:河南范县	China
1923	9	17	3	39	32	31	140	150	6	Ms	Japan Trench	日本海沟	Shi Z.
1923	9	17	7	9	7	37.2	57.7		6.4	Ms	Iran:Bojnurd	伊朗:博季努尔德	*
1923	9	19	8	36		49.8	87.7	15	5.6	Ms	Russia:Altai Krai,Belyashi	俄罗斯:阿尔泰边疆区别利亚希镇	GSHAP
1923	9	21	20	1	21	49.8	87.7	8	6	Ms	Russia:Altai Krai,Belyashi	俄罗斯:阿尔泰边疆区别利亚希镇	GSHAP
1923	9	22	20	47	45	29.2	56.9	35	6.9	Muk	Iran:Kerman	伊朗:克尔曼	* Engdahl
1923	9	23				47	95	15	5.1	Ms	Mongolia:Bayan Ula	蒙古:巴彦乌拉	GSHAP
1923	9	26	1	18		43.7	15.7	15	5.3	Ms	Adriatic Sea	亚得里亚海	GSHAP
1923	9	26	2	29	20	1.5	–29.5		6	Ms	Central Mid – Atlantic Ridge	中大西洋中脊	Shi Z.
1923	9	26	8	24		34.8	139.4	5	6.7	Mj	Japan:Oshima	日本:东京大岛	Engdahl
1923	9	29	6	51		22.8	121.1		5.75	Ms	China:Taiwan,Taitung	中国:台湾台东	China
1923	9	30	1	20	50	54	–32		6.5	Ms	North Atlantic Ocean	北大西洋	Shi Z.
1923	10	1	8	16	25	29	67.5		6.1	Ms	Pakistan:Quetta	巴基斯坦:奎达	Afghan
1923	10	2	11	22	20	31.2	70.3		5	Mk	Pakistan:Zhob	巴基斯坦:兹霍布	GSHAP,Song
1923	10	7	3	29	42	–1.77	128.75	23	7.2	Mw	Indonesia:Halmahera Sea	印度尼西亚:哈马黑拉海	* Engdahl
1923	10	9	11	23		39.5	141	33	6.8	Ms	Japan:Senboku	日本:秋田仙北	GSHAP
1923	10	10	7	11	18	72	–10		6.5	Ms	Greenland Sea	格陵兰海	Shi Z.
1923	10	12	23	53	0.4	13.5	50		5.4	Ms	Western Gulf of Aden	亚丁湾西部	GSHAP
1923	10	14	16			48.5	122.5		5	Ms	China:Inner Mongolia,Zalantun	中国:内蒙古扎兰屯	China
1923	10	15	3	49	10	31.2	70.3		5	Mk	Pakistan:Zhob	巴基斯坦:兹霍布	GSHAP,Song
1923	10	20	3	18	48	30	99		6.5	Ms	China:Sichuan,Batang	中国:四川巴塘	China
1923	10	26	12	13	16	41.2	28.6	24	5	Ms	Turkey:Istanbul	土耳其:伊斯坦布尔	GSHAP
1923	10	28	9	28	15	46	90.3	15	5.4	Ms	China:Xinjiang,Qinggil,S.	中国:新疆青河南	China
1923	10					37.1	109.2		5.5	Ms	China:Shaanxi,Ansai	中国:陕西安塞	China
1923	11	2	21	8	11	–4.5	151.5	50	7.2	mB	Papua New Guinea:East New Britain	巴布亚新几内亚:东新不列颠	* Engdahl,NOAA
1923	11	3	8	37	46	19.5	–73.5		6	Ms	Haiti:Gonayiv	海地:戈纳伊夫	Shi Z.
1923	11	3	16	19		29.4	130.8	35	6.8	Mj	Japan:Yaku – shima	日本:屋久岛	Engdahl
1923	11	4	0	4	48	–5	152	148.5	6.9	mB	Papua New Guinea:East New Britain	巴布亚新几内亚:东新不列颠	* Engdahl,NOAA
1923	11	5	21	28	2.2	29.646	129.636	35	7.1	Mw	Ryukyu Islands	琉球群岛	Engdahl
1923	11	5	22	7		32.5	–115.5		5	Ms	Mexico:Mexicali	墨西哥:墨西卡利	USGS
1923	11	6	17	15	17	–38	–73.5		6.3	Ms	Chile:Cañete	智利:卡涅特	GSHAP
1923	11	6	19	18		29.2	130.4	35	6.5	Mj	Ryukyu Islands	琉球群岛	Engdahl
1923	11	7	23	57		32.5	–115.5		5.7	Ms	US:California,El Centro	美国:加利福尼亚州埃尔森特罗	USGS
1923	11	8	12	28		40.677	15.449		5.01	Ms	Italy:Muro Lucano	意大利:穆罗卢卡诺	Italy
1923	11	8	12	29		–26.4	–68		5.6	Ms	Argentina:Catamarca	阿根廷:卡塔马卡	GSHAP
1923	11	11	14	0	27	85	102	20	5.2	Ms	Arctic Ocean	北冰洋	GSHAP
1923	11	13	6	30		38.7	111.1		5.5	Ms	China:Shanxi,Kelan,W.	中国:山西岢岚西	China
1923	11	17	2	53	20	51	–179.5	160	6	Mk	Andreanof Islands, Aleutian Is.	阿留申群岛,安德烈亚诺夫群岛	USGS,Song
1923	11	18	21	29	20	24	123		6.75	Ms	Ryukyu Islands	琉球群岛	China
1923	11	19	1	19		24	123		5.75	Ms	Ryukyu Islands	琉球群岛	China
1923	11	22	7	20	45	24	123		6	Ms	Ryukyu Islands	琉球群岛	China
1923	11	25	17	3	5	24	123		5.75	Ms	Ryukyu Islands	琉球群岛	China
1923	11	26	12	18	37	–31	58		6	Ms	Western Indian Ridge	西印度洋海岭	Shi Z.
1923	11	28	7	7		47.1	13.8		5.01	Ms	Austria:Salzburg	奥地利:萨尔茨堡	Italy
1923	11	29	3	36		33.62	59.4		5.6	Ms	Iran:Razavi Khorasan	伊朗:呼罗珊	Iran
1923	12	4	23	40		33.3	134	5	6.5	Mj	Japan:Shikoku,Near Coast	日本:四国近海	Engdahl
1923	12	5	20	56	35	40	23.4		6.4	Ms	Aegean Sea	爱琴海	GSHAP
1923	12	8	19	6	20	32	127.5		6	Ms	China:East China Sea	中国:东海	China
1923	12	10	23	53		13.5	50		5.5	Ms	Western Gulf of Aden	亚丁湾西部	GSHAP
1923	12	14	10	31		1	–77.5		6.3	Muk	Colombia:Narino	哥伦比亚:纳里尼奥	* GSHAP
1923	12	15	18	59		41.7	13.5		6.5	Mk	Italy:Alatri	意大利:阿特拉里	* Song
1923	12	20	15	13	24	39.5	72	15	5.6	Ms	Kyrgyzstan:Osh,SW.	吉尔吉斯斯坦:奥什西南	GSHAP
1923	12	22	9	55		5.2	–73.2		7	Mk	Colombia:Gachala,Gacheta	哥伦比亚:嘎查拉,加奇塔	* Song
1923	12	28	22	24	48	39.6	69.2	18	6.4	Ms	Tajikistan:Leninobod	塔吉克斯坦:列宁纳巴德	GSHAP
1924	1	1	15	16	30	41	70.5	20	5	Ms	Tajikistan:Khodjend,N.	塔吉克斯坦:苦盏北部	GSHAP
1924	1	2	8	55	13	43.736	13.141		5.59	Ms	Italy:Senigallia	意大利:塞尼加利亚	Italy, GSHAP
1924	1	4	12	21		39.2	71.4	20	5.1	Ms	Tajikistan:Dzhirgatal, Garm	塔吉克斯坦:吉尔加塔尔,加尔姆	GSHAP
1924	1	7				4.7	–73.5		6.3	Ms	Colombia:Medina	哥伦比亚:昆地那马加的梅迪纳	GSHAP
1924	1	9	6	22		–24	–64		5.5	Ms	Argentina:Apolinario Saravia	阿根廷:阿波利纳里奥 – 萨拉维亚	GSHAP
1924	1	13	3			0.92	–77.78		7	Ms	Colombia:Narino	哥伦比亚:纳里尼奥	GSHAP
1924	1	15	20	50		35.5	139.5	5	7.3	Mj	Japan:Kanagawa	日本:神奈川	* Engdahl,Usami
1924	1	16	21	37	59	–22.028	–177.909	350	7	mB	Tonga Islands,W.	汤加群岛西部	Engdahl
1924	1	19	20	7		–27.8	–66		5.6	Ms	Argentina:Catamarca	阿根廷:卡塔马卡	GSHAP

年 Year	月 Mo	日 Dy	时 Hr	分 Mn	秒 Sec	纬度(°) Latitude	经度(°) Longitude	深度 Depth	震级 Mag	标度 Scale	地名(英文) Name(English)	地名(中文) Name(Chinese)	资料来源 Information
1924	1	21	1	52	54	54	158.8	340	7.2	Ms	Russia:Kamchatka Peninsula	俄罗斯:堪察加半岛	GSHAP
1924	1	21	1	52	56	56.619	145.166	35	6.8	mB	Sea of Okhotsk	鄂霍次克海	Engdahl
1924	1	22	11	4	50	39.3	33.2	33	5.8	Ms	Turkey:Ankara	土耳其:安卡拉	Turkey
1924	1	24	2	22	45	41.7	8.5		5.03	Ms	Italy:Sardegna	意大利:撒丁岛	Italy
1924	1	24	18	34	42	7	94		5	Mk	India:Nicobar Islands	印度:尼科巴群岛	GSHAP,Song
1924	1	27	4	22	12	20	121		6.5	Ms	China:Taiwan,Coast of S.	中国:台湾南部海域	China
1924	1	28	3	43	28	1	-70		5.5	Ms	Colombia:Vaupes,NE.	哥伦比亚:沃佩斯东北	GSHAP
1924	1	29	8	39		43.5	15.5	10	5.3	Ms	Adriatic Sea	亚得里亚海	GSHAP
1924	1	30	0	5	24	25	93		6	Ms	India:Assam, Cachar District	印度:阿萨姆邦,察查地区	GSHAP
1924	1	30	4	47	43	13	144		6.25	Ms	Mariana Islands,S.	马里亚纳群岛南部	Shi Z.
1924	2	9	1	45		43.5	15.7	19	5.1	Ms	Adriatic Sea	亚得里亚海	GSHAP
1924	2	9	22	54	5	32	88		5.25	Ms	China:Xizang (Tibet),Nyima	中国:西藏尼玛	China
1924	2	13	14	50		-26	-65		5.2	Ms	Argentina:Salta	阿根廷:萨尔塔	GSHAP
1924	2	13	22	50	13	-2.5	122		6.5	Ms	Molukka Sea,S.	马鲁古海南部	Shi Z.
1924	2	14	18	55	30	26	96		5.5	Ms	myanmar:Sagaing,N.	缅甸:实皆北部	GSHAP
1924	2	18	17	4		34.3	33.9		6	Ms	Mediterranean Sea	地中海	GSHAP
1924	2	19	7	0	2	39.4	48.6	75	6.6	Ms	Azerbaijan:Lenkeran	阿塞拜疆:连科兰	GSHAP,Turkey
1924	2	19	8	30		39.4	48.6	30	5	Ms	Azerbaijan:Lenkeran	阿塞拜疆:连科兰	Iran
1924	2	19	15	7	9	35	120		5	Ms	China:Yellow Sea	中国:黄海	China
1924	2	23	21	30		-24	-64.4		6	Ms	Argentina:Jujuy,SE.	阿根廷:胡胡伊东南	GSHAP
1924	2	24	5	45	10	44	-127		5.7	Ms	US:Off Coast of W. Oregon	美国:俄勒冈州西部沿海	USGS
1924	2	24	16	46	3	44.2	138.2	320	6.2	Ms	Japan Sea,NE.	日本海东北	GSHAP
1924	2	27	20	4		32.599	36.1		5.7	Ms	Syria:As Suwayda	叙利亚:苏韦达	Turkey
1924	2	27	20	24	20	33	36	33	5.8	Ms	Syria:Jasim	叙利亚:贾西姆	Turkey
1924	2	28	10	44		43.3	15.8	15	5.1	Ms	Adriatic Sea	亚得里亚海	GSHAP
1924	2	29	8	38	23	-49.694	30.282	15	6.8	Muk	South Atlantic - Indian Ridge	南大西洋-印度洋海岭	Engdahl, Shi Z.
1924	3	3	8	1		-1.6	-78.6		6.9	Muk	Ecuador:Chimborazo,N.	厄瓜多尔:钦博腊索山北部	*
1924	3	4	10	7	53	9.557	-83.844	35	7	Ms	Costa Rica:San Jose,SE.	哥斯达黎加:圣何塞东南	Engdahl
1924	3	5	4	24	59	-6.571	129.674	143.4	6.8	Muk	Indonesia:Banda Sea	印度尼西亚:班达海	Engdahl
1924	3	11	14	40	36	51.2	139.7	20	5.6	Ms	Russia:Gulf of Amur	俄罗斯:阿穆尔湾	GSHAP
1924	3	11	22	44	28	-3.503	-81.686	35	6.8	Muk	Peru:Tumbes,Near Coast	秘鲁:通贝斯近海	GSHAP,Engdahl
1924	3	13	10	42	3	63	150	15	5.5	Ms	Russia:Magadan,Rechnaya	俄罗斯:马加丹州列奇纳亚	GSHAP
1924	3	15	10	31	24	49.126	143.142	35	6.9	Ms	Russia:Sakhalin Island	俄罗斯:库页岛(萨哈林岛)	* GSHAP,Engdahl, Usami
1924	3	15	12	46	44	49.2	141.9	13	5	Ms	Russia:Sakhalin Island	俄罗斯:库页岛(萨哈林岛)	GSHAP
1924	3	16	1	22	36	-2	-72		5.5	Ms	Colombia:Amazonas,S.	哥伦比亚:亚马孙南部	GSHAP
1924	3	16	20	51	3	49.3	141.9	13	5.5	Ms	Russia:Sakhalin Island	俄罗斯:库页岛(萨哈林岛)	GSHAP
1924	3	16				35.1	5.2		5.6	Muk	Algeria:Batna	阿尔及利亚:巴特纳	*
1924	3	17	14	4	9	49.3	141.9	18	5.2	Ms	Russia:Sakhalin Island	俄罗斯:库页岛(萨哈林岛)	GSHAP
1924	3	19	16	56		-31	-69		5.8	Ms	Argentina:San Juan	阿根廷:圣胡安	GSHAP
1924	3	25	21	6	42	43	131	410	5.25	Ms	China:Jilin,Hunchun,E.	中国:吉林珲春东部	China
1924	3	26	17	8	33	46.9	11.4		5.22	Ms	Italy:Vipiteno	意大利:维皮泰诺	Italy
1924	3	30	0	8	56	50	-130.25		6	Ms	Canada:Off Coast of W. Vancouver	加拿大:温哥华西部海域	Shi Z.
1924	4	3	2	30	30	32	139	350	6	Ms	Japan:South Honshu Ridge	日本:本州南部海岭	Shi Z.
1924	4	3	2	48	30	32	74		5	Mk	Pakistan:Gujranwala	巴基斯坦:古吉兰瓦拉	GSHAP,Song
1924	4	4	22	10	18	43.8	110	15	5	Ms	Mongolia:Tamsagbulag	蒙古:塔木萨格布拉格	GSHAP
1924	4	11	7	18	14	42.5	15.5		5	Mk	Italy:E. of Pescara	意大利:佩斯卡拉东部海域	GSHAP,Song
1924	4	11	13	38	44	49.7	141.9	13	5.5	Ms	Russia:Sakhalin Island	俄罗斯:库页岛(萨哈林岛)	GSHAP
1924	4	13	13	48		0.5	117.3		6.25	Ms	Indonesia:Kalimantan Timur	印度尼西亚:东加里曼丹	Shi Z.
1924	4	14	16	20	41	6.5	126.5	35	8.2	Mw	Philippines:Mindanao,Mati	菲律宾:棉兰老岛,马蒂	* Bautista,Engdahl, NOAA
1924	4	15	12	48	54	46.25	7.917		5.48	Ms	Switzerland:Raron	瑞士:拉龙	Italy
1924	4	20	14	26	0.5	14.5	52		6.2	Ms	Eastern Gulf of Aden	亚丁湾东部	GSHAP
1924	4	21	16	12	25	35.5	104		5.75	Ms	China:Gansu,Lintao	中国:甘肃临洮	China
1924	4	25	18	4	59	27.5	142		6	Ms	Japan:South Honshu Ridge	日本:本州南部海岭	Shi Z.
1924	4	30	5	7	38	-34	-176		6	Ms	Kermadec Ridge	克马德克海岭	Shi Z.
1924	5	3	15	14	48	16	119		5.5	Ms	Philippines:Agno,Off Coast	菲律宾:阿格诺沿海	China
1924	5	4	16	51	51	-21.504	-178.441	561.9	7.2	mB	Fiji Islands	斐济群岛	Engdahl
1924	5	6	16	9	31	15.935	118.95	35	7	Ms	Philippines:Santa Cruz,Off Coast of W.	菲律宾:圣克鲁斯西部沿海	* Wang S.,Bautista, Engdahl,NOAA
1924	5	11	22	16	48	40	76	33	5	Ms	China:Xinjiang,Kashi,N.	中国:新疆喀什北部	GSHAP
1924	5	12	8	46		46.409	12.912		5.15	Ms	Italy:Carnia	意大利:卡尔尼亚	Italy
1924	5	13	1	52	33	40	42	30	5.3	Ms	Turkey:Erzurum	土耳其:埃尔佐鲁姆	* GSHAP,Iran
1924	5	16	18	23	37	42.4	21.2		5	Ms	Kosova:Prishtine	科索沃:普里什蒂纳	GSHAP
1924	5	25	13	46	35	-19	-179	550	6.25	Ms	Fiji Islands	斐济群岛	Shi Z.
1924	5	27	5	50		-28.5	-66		5.4	Ms	Argentina:Catamarca	阿根廷:卡塔马卡	GSHAP
1924	5	27	20	9	29	62	135.5	15	5.2	Ms	Russia:Sakha,Churan	俄罗斯:萨哈共和国丘兰	GSHAP
1924	5	28	9	52	0.5	48.385	145.748	431.8	7	mB	Sea of Okhotsk	鄂霍次克海	GSHAP,Shi Z., Engdahl

年 Year	月 Mo	日 Dy	时 Hr	分 Mn	秒 Sec	纬度(°) Latitude	经度(°) Longitude	深度 Depth	震级 Mag	标度 Scale	地名(英文) Name(English)	地名(中文) Name(Chinese)	资料来源 Information
1924	6	12	21	3	48	44.167	10.733		5	Ms	Italy:Fanano	意大利:法纳诺	Italy
1924	6	17	16	26	36	37.5	90		5	Ms	China:Xinjiang,Ruoqiang,SE.	中国:新疆若羌东南	China
1924	6	22	16	36	43	-7	107	100	6	Ms	Indonesia:Java Island	印度尼西亚:爪哇岛	Shi Z.
1924	6	22	22	29	8	5.5	-78.5	60	6.5	Ms	Colombia:Near Coast	哥伦比亚:近海	GSHAP
1924	6	26	1	37	33	-56	157.5	25	8.3	Mw	Australia:Macquarie Island,S.	澳大利亚:麦加利岛南部	* Engdahl,NOAA
1924	6	30	3	41		27.5	53.8		5.8	Ms	Iran:Jahrom,S.	伊朗:贾赫罗姆南部	Iran
1924	6	30	15	44	26	45.1	147.4	120	7.2	mB	Kuril Islands	千岛群岛	* Engdahl
1924	7	1	6	20		1.5	36		5.6	Ms	Kenya:Sigor	肯尼亚:锡戈尔	GSHAP
1924	7	3	4	40	15	36.8	83.8	35	7.1	Mw	China:Xinjiang,Niya,E.	中国:新疆民丰东	* China,Engdahl
1924	7	5	15	1	54	37.3	85.3		5	Ms	China:Xinjiang,Qarqan,SW.	中国:新疆且末西南	China
1924	7	6	14	18	49	7	-78	35	6.8	Muk	Colombia:Near Coast	哥伦比亚:近海	GSHAP,Shi Z., Engdahl
1924	7	6	18	31	51	40.5	73.1	22	6.4	Ms	Kyrgyzstan:Osh,NE.	吉尔吉斯斯坦:奥什东北	GSHAP
1924	7	11	19	44	45	36.791	83.958	35	7.1	Mw	China:Xinjiang,Niya,E.	中国:新疆民丰东	China,Engdahl
1924	7	12	9	4	26	43	93		5.5	Ms	China:Xinjiang,Kumul	中国:新疆哈密	China
1924	7	12	15	12	40	40.565	73.397	25	6.8	Muk	Kyrgyzstan:Osh,NE.	吉尔吉斯斯坦:奥什东北	Engdahl,GSHAP
1924	7	15	21	38		37.3	85.3		5	Ms	China:Xinjiang,Qarqan,SW.	中国:新疆且末西南	China
1924	7	21	0	36	18	2.4	98.8		5	Mk	Indonesia:Northern Sumatera	印度尼西亚:苏门答腊北部	GSHAP,Song
1924	7	21				-43.95	-176.567		7.3	Mk	New Zealand:Chatham Islands	新西兰:查塔姆群岛	NOAA,Song
1924	7	22	4	4	18	-2	-80	250	6.5	Ms	Ecuador:Guayaquil	厄瓜多尔:瓜亚基尔	GSHAP
1924	7	22	14	23		23.7	122	35	6.8	Ms	China:Taiwan,Hualien,Coast of E.	中国:台湾花莲以东海域	Engdahl,China
1924	7	24	4	55	22	-49.862	159.824	35	7	Ms	Australia:Macquarie Island,N.	澳大利亚:麦加利岛北部	* Shi Z.,Engdahl
1924	7	29	5	18	42	-3.386	121.196	35	6.8	Muk	Indonesia:South East Sulawesi	印度尼西亚:东南苏拉威西	Engdahl
1924	8	1	14	42	56	26	96		5	Mk	myanmar:Sagaing,N.	缅甸:实皆北部	GSHAP,Song
1924	8	6	14	22	40	36.5	140.5	75	6.5	Ms	Japan:Hitachi	日本:茨城日立	Shi Z.
1924	8	10	6	11	59	-30.865	-177.189	35	6.8	Muk	Kermadec Ridge	克马德克海岭	Engdahl
1924	8	12	18	18		33.9	135.2		6.4	Ms	Japan:Wakayama,C.	日本:和歌山中部	Usami,Japan
1924	8	13	23	57	50	29.5	90		6	Ms	China:Xizang (Tibet),Lhasa,W.	中国:西藏拉萨西	China
1924	8	14	18	2	40	36.133	141.892	35	7	Ms	Japan Trench	日本海沟	Engdahl, Shi Z.
1924	8	14	23	27		36.3	142.2	35	6.7	Mj	Japan Trench	日本海沟	Engdahl
1924	8	17	2	10		36	142.5	35	6.6	Mj	Japan Trench	日本海沟	Engdahl
1924	8	20	16	50		19.25	-155.55		5	Ms	Hawaiian Islands	夏威夷群岛	USGS
1924	8	25	2	21	50	-44.863	34.929	25	6.8	Muk	Atlantic - Indian Ridge	大西洋-印度洋海岭	Engdahl
1924	8	25	14	31		36.2	142	35	6.7	Mj	Japan Trench	日本海沟	Engdahl
1924	8	25	23	6	54	55	162.5	20	6	Ms	Russia:Komandorsky Islands	俄罗斯:科曼多尔群岛	GSHAP
1924	8	28	23	50	36	33.5	131		6	Ms	Japan:Oita	日本:大分	Shi Z.
1924	8	28				64.15	-21.95		7	Mk	Iceland:Raudhamelur	冰岛:勒伊扎梅勒	* NOAA,Song
1924	8	30	3	5	2.5	8.5	126.5	35	7.2	Mw	Philippines:Mindanao,Surigao	菲律宾:棉兰老岛,苏利高	* Engdahl,NOAA
1924	9	2	2	3		23	95		5.5	Ms	myanmar:Sagaing	缅甸:实皆	GSHAP
1924	9	10	5	54	30	-7.5	123	200	6.5	Ms	Flores Sea	弗洛勒斯海	Shi Z.
1924	9	10	11	59	30	37	32		5.6	Ms	Turkey:Akseki	土耳其:阿克塞基	Turkey
1924	9	12	0	9	40	33.2	71.4		5	Mk	Pakistan:Peshawar	巴基斯坦:白沙瓦	GSHAP,Song
1924	9	12	8	59	30	33.2	71.4		5	Mk	Pakistan:Peshawar	巴基斯坦:白沙瓦	GSHAP,Song
1924	9	13	14	34	17	39.864	41.876	35	6.8	Ms	Turkey:Erzurum	土耳其:埃尔佐鲁姆	* Engdahl
1924	9	13	20	45	3	39.7	41.9	33	5.3	Ms	Turkey:Pasinler, Erzurum	土耳其:哈珊卡尔堡,埃尔佐鲁姆	GSHAP
1924	9	16	2	36	2	38.9	70.5	20	6.5	Ms	Tadzhikistan:Kalaihongbu	塔吉克斯坦:卡莱洪布	GSHAP
1924	9	17	10	20	51	36.8	70.7	100	6.2	Ms	Afghan:Badakhshan	阿富汗:巴达赫尚	GSHAP
1924	9	18	1	8		36.3	140.2	35	6.6	Mj	Japan:Ishioka	日本:茨城石冈	Engdahl
1924	9	20				40	42		5.5	Ms	Turkey:Erzurum	土耳其:埃尔佐鲁姆	Iran
1924	9	22	7	42		40	42		5.5	Ms	Turkey:Erzurum	土耳其:埃尔佐鲁姆	Iran
1924	9	27	4	27	42	39.92	41.47	10	5.2	Ms	Turkey:Erzurum	土耳其:埃尔佐鲁姆	GSHAP,Iran
1924	9	27	10	12		37	53	16	5.1	Ms	Caspian Sea	里海	GSHAP
1924	10	8	20	32	57	30	90		6.5	Ms	China:Xizang (Tibet),Lhasa,NW.	中国:西藏拉萨西北	China
1924	10	9	5	41		40.9	48.6	18	5.2	Ms	Azerbaijan:Qebele,SE.	阿塞拜疆:盖贝莱区东南	GSHAP
1924	10	12	19	34	10	-0.5	-29		6.5	Ms	Central Mid - Atlantic Ridge	中大西洋中脊	Shi Z.
1924	10	13	16	17	46	36.522	70.831	179.4	7.2	mB	Afghan:Badakhshan	阿富汗:巴达赫尚	Engdahl,GSHAP
1924	10	14	5	0	19	24	-45		6.5	Ms	North Atlantic Ocean	北大西洋	Shi Z.
1924	10	16	23	13		-31.8	-70		6	Ms	Argentina:San Juan	阿根廷:圣胡安	GSHAP
1924	10	18	23	5	30	2.814	-80.169	15	6.8	Muk	Colombia:Off Coast of W.	哥伦比亚:西部沿海	Engdahl,GSHAP, Shi Z.
1924	10	20	19	52	44	55	165.5	20	6.4	Ms	Russia:Komandorsky Islands	俄罗斯:科曼多尔群岛	GSHAP
1924	10	24	2			43.8	13.2		6.5	Mk	Italy:Ancona	意大利:安科纳	* Song
1924	11	8	9	5		35.5	48	33	5.5	Ms	Iran:Hamadan	伊朗:哈马丹	GSHAP
1924	11	10	21	8	56	35.5	48		5	Ms	Iran:Hamadan	伊朗:哈马丹	Iran
1924	11	10	21	54	56	35.5	48		5.5	Ms	Iran:Hamadan	伊朗:哈马丹	Iran
1924	11	11	15	53	40	35.5	48		5	Ms	Iran:Hamadan	伊朗:哈马丹	Iran
1924	11	12	6	46		38.7	13.217		5.03	Ms	Italy:Sicily,Palermo	意大利:西西里岛,巴勒莫	Italy
1924	11	12				-7.2	109.5		6.1	Mk	Indonesia:Java Island	印度尼西亚:爪哇岛	* Song
1924	11	13	9	44	10	39.3	20.7		5.5	Ms	Greece:Preveza	希腊:普雷韦扎	Turkey

年 Year	月 Mo	日 Dy	时 Hr	分 Mn	秒 Sec	纬度(°) Latitude	经度(°) Longitude	深度 Depth	震级 Mag	标度 Scale	地名(英文) Name(English)	地名(中文) Name(Chinese)	资料来源 Information
1924	11	20	20	27	45	38.5	30.8		5.9	Ms	Turkey: Çay	土耳其:恰伊	Turkey
1924	11	25	7	10		42.5	-111.5		5.1	Mk	US: Idaho, Montpelier	美国:爱达荷州蒙特佩利尔	USGS, Song
1924	11	25	17	26		45.5	142	300	6.7	Mj	Japan: Hokkaido, Coast N.	日本:北海道北部海域	Engdahl, GSHAP
1924	11	25	17	27	30	53.4	141.3	15	5.3	Ms	Russia: Gulf of Amur	俄罗斯:阿穆尔湾	GSHAP
1924	11	28	8	45		42.5	12.7		6.5	Mk	Italy: Terni	意大利:特尔尼	* Song
1924	12	2				-7.3	109.9		6.5	Mk	Indonesia: Java Island	印度尼西亚:爪哇岛	* Song
1924	12	3	21	34	45	45.9	15.6	7	5.3	Ms	Slovenia: Brezice	斯洛文尼亚:布雷日采	GSHAP, Italy
1924	12	5	9	36	25	0.5	126	200	6.5	Ms	Molukka Sea	马鲁古海	Shi Z.
1924	12	11	17	28	34	-41	80		6.25	Ms	South - East Indian Ridge	南印度洋东海岭	Shi Z.
1924	12	12	3	29	5	46.462	12.981		5.53	Ms	Italy: Carnia	意大利:卡尔尼亚	Italy
1924	12	15	20	49	15	-15.5	167.5	210	6.5	Ms	Vanuatu Islands	瓦努阿图群岛	Shi Z.
1924	12	21	19	23		-32.2	-66.4		5.9	Ms	Argentina: San Luis	阿根廷:圣路易斯	GSHAP
1924	12	23	17	4	50	42.1	24.7	22	5.3	Ms	Bulgaria: Asenovgrad	保加利亚:阿塞诺夫格勒	GSHAP
1924	12	26	23	32		-21.5	-179	540	6.25	Ms	South of Fiji Islands	斐济群岛南部	Shi Z.
1924	12	26	23	40	30	14	109		5	Mk	Vietnam: Quy Nhon	越南:归仁	GSHAP, Song
1924	12	27	11	21	54	44.159	146.37	35	7	mB	Kuril Islands	千岛群岛	GSHAP, Engdahl
1924	12	28	22	55	4.8	43.397	146.579	35	7	Ms	Kuril Islands	千岛群岛	* Shi Z., GSHAP, Engdahl
1925	1	2	23	15	50	38.8	70	10	5.6	Ms	Tadzhikistan: Norak	塔吉克斯坦:努雷克	GSHAP
1925	1	5	13	45	46	-14	-73.5	200	6.5	Ms	Peru: Andahuaylas	秘鲁:安达韦拉斯	GSHAP, Shi Z.
1925	1	8	2	45		46.867	6.5		5.17	Ms	Switzerland: St. Croix	瑞士:圣克鲁瓦	Italy
1925	1	8				-5.25	130.5		7	Mk	Indonesia: Banda Sea	印度尼西亚:班达海	* NOAA, Song
1925	1	9	17	38	24	41.1	42.4	60	6	Ms	Turkey: Ardahan	土耳其:阿尔达汉	* Turkey
1925	1	11	16			30.5	91.5		5.5	Ms	China: Xizang (Tibet), Damxung	中国:西藏当雄	China
1925	1	18	12	5	57	47.912	153.635	35	7.2	Mw	Kuril Islands	千岛群岛	Engdahl, GSHAP
1925	1	21	18	11		-55	-24	35	6.8	Muk	South Sandwich Trench	南桑威奇海沟	Engdahl
1925	1	26	16			24.4	114.9		5	Ms	China: Guangdong, Heping	中国:广东和平	China
1925	1	28	4	5		43.5	147.5	35	6.9	Mj	Kuril Islands	千岛群岛	Engdahl, GSHAP
1925	1	30	17	28	20	52.8	174	96	6	Mk	Aleutian Islands	阿留申群岛	USGS, Song
1925	1	31	7	5		47.86	20.42	5	5	Ms	Hungary: Eger	匈牙利:埃格尔	GSHAP
1925	2	1	5	24	2	43.3	147.6	40	6.5	Ms	Kuril Islands	千岛群岛	GSHAP
1925	2	2	13	29	9	43.2	147.2	60	6.7	Ms	Kuril Islands	千岛群岛	GSHAP
1925	2	2	19	46	45	43.2	147.2	60	6.7	Ms	Kuril Islands	千岛群岛	GSHAP
1925	2	2	19	48		40.5	146.5	33	6.8	Mj	Japan Trench	日本海沟	GSHAP, Engdahl
1925	2	7	12	14	58	37	19		5.6	Ms	Mediterranean Sea	地中海	Turkey
1925	2	7	17	23	50	48	105	15	5.4	Ms	Mongolia: Ulaanbaatar, W.	蒙古:乌兰巴托西部	GSHAP
1925	2	7	18	18		25	121.5		5.5	Ms	China: Taiwan, Taipei	中国:台湾台北	China
1925	2	8				41.1	42.7	33	5.5	Ms	Turkey: Göle	土耳其:格莱	Turkey
1925	2	16	17	39	21	-58.005	-6.932	15	6.8	Muk	South Sandwich Trench	南桑威奇海沟	Engdahl
1925	2	18	11	35	49	69	145	20	5	Ms	Russia: Sakha, NE.	俄罗斯:萨哈共和国东北	GSHAP
1925	2	20	1	2		45.5	150.5	35	7	Mj	Kuril Islands	千岛群岛	Engdahl, GSHAP
1925	2	23	23	53	36	60	-146		6	Ms	Gulf of Alaska	阿拉斯加湾	* USGS, NOAA
1925	3	1	2	19	18	48.25	-70.75	60	7	Ms	Canada: Quebec	加拿大:魁北克	Shi Z.
1925	3	1	12	25	26	23.1	121.3		5.5	Ms	China: Taiwan, Taitung	中国:台湾台东	China
1925	3	1	23	42		46.1	12.2		6.5	Mk	Italy: Belluno	意大利:贝卢诺	* Song
1925	3	7	18	14	16	-58	-7		6.5	Ms	South Atlantic Ridge	南大西洋海岭	Shi Z.
1925	3	8	11	27	47	34	67	200	5.75	Ms	Afghan: Ghazni	阿富汗:加兹尼	GSHAP
1925	3	12	1	22		40	42	33	5	Ms	Turkey: Erzurum	土耳其:埃尔佐鲁姆	GSHAP
1925	3	15	13	46	45	-11	119.5	50	6	Ms	Indonesia: Sumba Island	印度尼西亚:松巴岛	Shi Z.
1925	3	15	15	41	30	-11	119.5	50	6.25	Ms	Indonesia: Sumba Island	印度尼西亚:松巴岛	Shi Z.
1925	3	16	14	42	19	25.7	100.4	26	7	Ms	China: Yunnan, Dali	中国:云南大理	* China, Engdahl
1925	3	16	23	50	26	25	100.5		6.25	Ms	China: Yunnan, Nanjian	中国:云南南涧	China
1925	3	19	15	37	55	4.8	96.8		5	Mk	Indonesia: Sumatera, Aceh	印度尼西亚:苏门答腊亚齐	GSHAP, Song
1925	3	20	2			43.2	10.9		6.5	Mk	Italy: Sinalunga	意大利:锡纳伦加	* Song
1925	3	22	8	42		-18.5	168.5	35	7.1	Mw	Vanuatu Islands	瓦努阿图群岛	* Engdahl
1925	3	26	10	25	12	5.5	125		6.5	Ms	Philippines: Mindanao Island	菲律宾:棉兰老岛	Shi Z.
1925	3	27	4	16	33	28	139	500	6	Ms	Japan: South Honshu Ridge	日本:本州南部海岭	Shi Z.
1925	3	29	21	12	37	8	-78	60	7.1	Ms	Panama: Off Coast of S.	巴拿马:南部海域	Shi Z.
1925	4	2	16			25.6	100.2		5.5	Ms	China: Yunnan, Dali	中国:云南大理	China
1925	4	4	23	34	36	35.5	29	15	5	Ms	Mediterranean Sea	地中海	GSHAP
1925	4	5	3	4	25	35.5	29		5.9	Ms	Mediterranean Sea	地中海	Turkey
1925	4	5	3	15		35.5	29	15	5	Ms	Mediterranean Sea	地中海	GSHAP
1925	4	5	3	53	48	36.17	30.21	10	5.6	Ms	Mediterranean Sea	地中海	GSHAP
1925	4	11	10	42	6.9	-34.238	58.267	15	6.8	Ms	Mid - Indian Ridge	中印度洋海岭	Engdahl
1925	4	12	19	25	35	35.5	29	33	5	Ms	Mediterranean Sea	地中海	GSHAP
1925	4	14	1	34	10	12	95		5.5	Ms	India: Andaman Islands	印度:安达曼群岛	GSHAP
1925	4	15	6	1	38	35.5	29	15	5	Ms	Mediterranean Sea	地中海	GSHAP
1925	4	15	6	14	30	35.5	29	15	5.2	Ms	Mediterranean Sea	地中海	GSHAP
1925	4	15	16			25.3	100.5		5	Ms	China: Yunnan, Midu	中国:云南弥渡	China

年 Year	月 Mo	日 Dy	时 Hr	分 Mn	秒 Sec	纬度(°) Latitude	经度(°) Longitude	深度 Depth	震级 Mag	标度 Scale	地名(英文) Name(English)	地名(中文) Name(Chinese)	资料来源 Information
1925	4	16	3	30		32.5	-115.5		5.1	Mk	Mexico:Mexicali	墨西哥:墨西卡利	USGS,Song
1925	4	16	19	52	44	21.798	121.111	35	7.1	Ms	China:Taiwan,Coast of S.	中国:台湾南部海域	Engdahl,China
1925	4	19	15	46	43	33.513	137.835	331.5	6.8	Muk	Japan:Mie,Near Coast	日本:三重近海	Engdahl
1925	4	20	2			38	142.2	50	6.8	Ms	Japan:Miyagi,Off Coast	日本:宫城沿海	GSHAP
1925	4	20	10	28	10	37.2	101.4		5.25	Ms	China:Qinghai,Datong,NW.	中国:青海大通西北	China
1925	4	22	23	10	42	-0.5	129		6	Ms	Indonesia:Halmahera Sea	印度尼西亚:哈马黑拉海	Shi Z.
1925	4	26	8	24	40	-56	147		6.25	Ms	Southern Pacific Ridge	南太平洋海岭	Shi Z.
1925	5	3	17	21	48	1.216	126.576	35	7.1	Ms	Molukka Sea	马鲁古海	Engdahl
1925	5	3	22	59	6.1	-34.107	57.95	15	7	Ms	Mid - Indian Ridge	中印度洋海岭	Engdahl
1925	5	5	10	6	6	9.3	122.7	35	6.8	Ms	Philippines:Bayawan	菲律宾:巴亚万	* NOAA
1925	5	7	4	30		43.2	10.8		6.5	Mk	Italy:Sinalunga	意大利:锡纳伦加	* Song
1925	5	13	22	51	17	41.3	43.6	18	5.1	Ms	Georgia:Akhalkalaki	格鲁吉亚:阿卡卡拉吉	GSHAP
1925	5	13	23	54	34	11	92		6	Ms	India:Andaman Islands	印度:安达曼群岛	Shi Z.
1925	5	14	7	10	56	37	69.5	150	6	Ms	Afghan:Taloqan	阿富汗:塔卢坎	GSHAP
1925	5	15	11	57	5.4	-25.5	-70.546	35	7.1	Ms	Chile:Taltal	智利:塔尔塔尔	* Engdahl,Chile,NOAA
1925	5	15	18	25	34	30	139		6.25	Ms	Japan:South Honshu Ridge	日本:本州南部海岭	Shi Z.
1925	5	19	5	23	48	-34.208	57.88	15	6.8	Muk	Mid - Indian Ridge	中印度洋海岭	Engdahl
1925	5	20	11	4	48	30.5	142.5		6	Ms	Japan:South Honshu Ridge	日本:本州南部海岭	Shi Z.
1925	5	22	9	40	10	30.5	142		6.25	Ms	Japan:South Honshu Ridge	日本:本州南部海岭	Shi Z.
1925	5	23	2	9	50	35.75	134.75	5	6.8	Ms	Japan:Toyooka	日本:兵库丰冈	* Usami,Japan,Engdahl
1925	5	24	1	24	20	23.9	121.9		5.75	Ms	China:Taiwan,Hualien,Coast of E.	中国:台湾花莲以东海域	China
1925	5	25	3	43	6	12.2	122.1	10	6.3	Ms	Philippines:Looc	菲律宾:洛克	* NOAA
1925	5	26	15	37		24	123		6	Ms	Ryukyu Islands	琉球群岛	China
1925	5	27	2	29	58	36.5	134.5	400	6.5	Ms	Japan Sea	日本海	Shi Z.
1925	5	28	5	55	11	-35	56		6.5	Ms	Western Indian Ridge	西印度洋海岭	Shi Z.
1925	5	30	22	45		43.9	16.2	9	5.2	Ms	Croatia:Šibenik	克罗地亚:希贝尼克	GSHAP
1925	6	2	3	43		41.2	143	33	6.8	Ms	Japan Trench	日本海沟	GSHAP
1925	6	3	4	33	60	1.467	126.193	35	7	Ms	Molukka Sea	马鲁古海	Engdahl
1925	6	4	12	2	52	41.5	-125		6	Ms	US:California,North Coast	美国:加利福尼亚州北部近海	USGS
1925	6	7	23	41	39	4.029	-76.079	35	6.8	Muk	Colombia:Tulua	哥伦比亚:图卢阿	Engdahl,GSHAP
1925	6	9	13	40	23	-4.142	143.098	35	7	Ms	Papua New Guinea:Ambunti	巴布亚新几内亚:安本蒂	Engdahl
1925	6	13	20	23	10	-29	-22		6	Ms	South Atlantic Ocean	南大西洋	Shi Z.
1925	6	14	5	38	10	24.3	121.8		5.5	Ms	China:Taiwan,Hualien,Coast of E.	中国:台湾花莲以东海域	China
1925	6	14	22	28	16	18	-83	90	6.5	Ms	Cayman Trench	开曼海沟[加勒比海]	Shi Z.
1925	6	20	13	4	15	36.5	71.5	200	6.7	Ms	Afghan:Badakhshan	阿富汗:巴达赫尚	GSHAP
1925	6	23	4	43		41.7	142.5	100	6.4	Ms	Japan trench	日本海沟	GSHAP
1925	6	23	16	46	40	-0.11	-77.039	25	6.8	Muk	Ecuador:Sucumbios,W.	厄瓜多尔:苏昆毕奥斯西部	Engdahl,GSHAP
1925	6	28	1	21	11	46.5	-111.473	15	6.6	M	US:Montana,Townsend	美国:蒙大纳州汤森	* USGS,Engdahl
1925	6	28	2	5	27	46.4	-111.2		5.6	Mk	US:Montana,Townsend	美国:蒙大纳州汤森	USGS,Song
1925	6	28	4	20		46.4	-111.2		5.1	Mk	US:Montana,Townsend	美国:蒙大纳州汤森	USGS,Song
1925	6	28	13	41	45	11	93	60	6.5	Ms	India:Andaman Islands	印度:安达曼群岛	Shi Z.
1925	6	29	14	42	16	34.5	-119.6		6.2	Muk	US:California,Santa Barbara	美国:加利福尼亚州圣巴巴拉	*
1925	7	3	16	37		34.3	-119.8		5.1	Mk	US:California,Santa Barbara	美国:加利福尼亚州圣巴巴拉	USGS,Song
1925	7	3	18	19		34.3	-119.8		5.1	Mk	US:California,Santa Barbara	美国:加利福尼亚州圣巴巴拉	USGS,Song
1925	7	3	19	20		35.5	133.3		6.3	Ms	Japan:Tottori	日本:鸟取	Usami,Japan
1925	7	5	7	2	9	13.5	-42.5	60	6	Ms	Central Mid - Atlantic Ridge	中大西洋中脊	Shi Z.
1925	7	6	12	15	55	38.25	21.75	125	6.9	Ms	Greece:Patrai	希腊:帕特雷	GSHAP
1925	7	6	16	46		35.4	136.5		6.1	Ms	Japan:Tarui	日本:岐阜垂井	Usami,Japan
1925	7	7	8	14	2	-35.5	59.5		6	Ms	Western Indian Ridge	西印度洋海岭	Shi Z.
1925	7	7	15	5	21	18.5	-61	60	6.5	Ms	Anguilla:The Valley,E.	安圭拉:峡谷市东部	Shi Z.
1925	7	7	17	43	41	17.362	-60.742	35	6.8	Muk	Antigua and Barbuda:St John's,E.	安提瓜和巴布达:圣约翰斯东部	Engdahl,Shi Z.
1925	7	17	3	13	53	12	141.25		6.25	Ms	Mariana Islands,S.	马里亚纳群岛南部	Shi Z.
1925	7	19	5			40.2	16.1		6.5	Mk	Italy:Pollino	意大利:波里诺	* Song
1925	7	20	15	3	30	42.5	7.5		5	Ms	Ligurian Sea	利古里亚海	Italy
1925	7	21	13			43.5	85.5		5	Ms	China:Xinjiang,Shawan,S.	中国:新疆沙湾南	China
1925	7	26	16			31.7	115.5		5	Ms	China:Henan,Shangcheng	中国:河南商城	China
1925	7	30	18	43	16	28.54	51.82	33	5.3	Ms	Iran:Bushehr	伊朗:布什尔	Iran
1925	7	31	8	46	18	5.5	-77.5		5	Ms	Colombia:Near Coast	哥伦比亚:近海	GSHAP
1925	8	5	20	11	33	40	78		5.25	Ms	China:Xinjiang,Maralbishi,NW.	中国:新疆巴楚西北	China,GSHAP
1925	8	6	7	15	29	36.5	70.5	250	5.3	Ms	Afghan:Badakhshan	阿富汗:巴达赫尚	GSHAP
1925	8	7	6	46	37	38	30.5		5.9	Ms	Turkey:Dinar	土耳其:第纳尔	*
1925	8	7	7	47	53	18.401	-101.263	35	6.8	Muk	Mexico:Guerrero,N.	墨西哥:格雷罗州北部	Engdahl
1925	8	12	6	58	45	24	-46	60	6.5	Ms	North Atlantic Ocean	北大西洋	Shi Z.
1925	8	14	4	8	38	-59	151		6.5	Ms	Southern Pacific Ridge	南太平洋海岭	Shi Z.
1925	8	16	20	58	24	38	30	15	5.1	Ms	Turkey:Dinar	土耳其:迪纳尔	GSHAP

年 Year	月 Mo	日 Dy	时 Hr	分 Mn	秒 Sec	纬度(°) Latitude	经度(°) Longitude	深度 Depth	震级 Mag	标度 Scale	地名(英文) Name(English)	地名(中文) Name(Chinese)	资料来源 Information
1925	8	19	12	7	33.68	54.4	168.6	20	7	Ms	Aleutian Islands	阿留申群岛	GSHAP, Shi Z., Engdahl
1925	8	25	5	10		41.882	16.179		5.09	Ms	Italy: Gargano	意大利:加尔加诺	Italy
1925	8	30	13	16	13	38	69.5	10	5.4	Ms	Tadzhikistan: Khatlon	塔吉克斯坦:哈特隆州	GSHAP
1925	8	31	9	58		35	90.5		5.5	Ms	China: Qinghai, Ulan Ul Hu	中国:青海乌兰乌拉湖	China
1925	9	1	8	16	20	38	29	15	5.6	Ms	Turkey: Denizli	土耳其:登尼资里	GSHAP
1925	9	5	7	43	24	45.467	14.85		5.36	Ms	Croatia: Rijeka	克罗地亚:里耶卡	Italy
1925	9	11	4	40	47	45.2	14.7	25	5.1	Ms	Croatia: Rijeka	克罗地亚:里耶卡	GSHAP
1925	9	12	0	48	6	43	93	15	5	Ms	China: Xinjiang, Kumul	中国:新疆哈密	GSHAP
1925	9	14	9	6	45	39	31	33	5.1	Ms	Turkey: Afyon	土耳其:阿菲永	GSHAP
1925	9	18	2	28	42	37.4	30.4	15	5.1	Ms	Turkey: Bucak	土耳其:布贾克	GSHAP
1925	9	23	20	12	15	36.5	70.5	160	6	Mk	Afghan: Badakhshan	阿富汗:巴达赫尚	GSHAP, Song
1925	9	24	4	38		26.6	55.4		6.1	Ms	Iran: Hengam Island	伊朗:亨加姆岛	Iran
1925	9	24	13	33	46	41.72	14.18		5.4	Ms	Italy: Isernia	意大利:伊塞尔尼亚	Italy
1925	9	28	21	42	40	50	76	24	5.8	Ms	Kazakhstan: Karkaralinsk	哈萨克斯坦:卡尔卡拉林斯克	GSHAP
1925	9	29	17	33	50	18.5	-62		6.5	Ms	Anguilla: The Valley, E.	安圭拉:峡谷市东部	Shi Z.
1925	10	5	4	8	59.24	12.216	-85.871	35	6.8	Muk	Nicaragua: Managua	尼加拉瓜:马拉瓜	* Shi Z., Engdahl
1925	10	5	11	8	42	41.7	142.6	100	6	Ms	Japan trench	日本海沟	GSHAP
1925	10	12	5	44	40	-34	60		6.25	Ms	Western Indian Ridge	西印度洋海岭	Shi Z.
1925	10	13	17	40	37.69	10.604	-42.129	15	7	Ms	Northern Mid - Atlantic Ridge	北大西洋洋中脊	* Engdahl
1925	10	14	17	5	8	27	100		5.75	Ms	China: Yunnan, Lijiang	中国:云南丽江	* China
1925	10	15	12	36	24	26.9	100.1		6	Ms	China: Yunnan, Lijiang	中国:云南丽江	Wang S.
1925	10	18	8	25	58	3.5	128	220	6.25	Ms	Indonesia: North of Morotai Island	印度尼西亚:莫罗泰岛北部	Shi Z.
1925	10	20	9	41	51	29	139.5	380	6.25	Ms	Japan: South Honshu Ridge	日本:本州南部海岭	Shi Z.
1925	10	21				45	77	15	5.2	Ms	Kazakhstan: Taldy - Kurgan	哈萨克斯坦:塔尔迪库尔干	GSHAP
1925	10	23	1	47	35	-10.5	115		6	Ms	Indonesia: Java Ridge	印度尼西亚:爪哇海岭	Shi Z.
1925	10	25	4	31	9.3	-18.2	-65.17		5.2	Ms	Bolivia: Aiquile	玻利维亚:艾基莱	GSHAP
1925	11	6	19	20	45	26.5	81.5		5.5	Ms	India: Prem Nagar	印度:普莱姆讷格尔	GSHAP
1925	11	10	13	50	40.93	-0.633	130.267	35	7.2	Mw	Indonesia: Irian Jaya Barat	印度尼西亚:西巴布亚	Engdahl
1925	11	13	12	14	53.39	13	125	35	7.2	Mw	Philippines: Samar, Laoang	菲律宾:萨马岛,拉旺	* Bautista, Engdahl, NOAA
1925	11	16	11	55	1.4	18.375	-106.809	25	7	Ms	Mexico: Cihuatlan, Off Coast of S.	墨西哥:锡瓦特兰南部海域	* Engdahl, NOAA
1925	12	4				44.2	12.2		6.5	Mk	Italy: Forli´	意大利:弗利	* Song
1925	12	7	7	34	30	37	76.5		6	Ms	China: Xinjiang, Kargilik, SW.	中国:新疆叶城西南	China
1925	12	10	4	59	32	37.2	57.8	12	5.5	Ms	Iran: Shirvan	伊朗:希尔凡	GSHAP
1925	12	14				34.6	58.1		5.5	Muk	Iran: Razavi Khorasan	伊朗:呼罗珊	*
1925	12	15	6	44	30	30	85		5	Ms	China: Xizang (Tibet), Coqen	中国:西藏措勤	China
1925	12	18	2	28	42	37.4	30.4	33	5.1	Ms	Turkey: Bucak	土耳其:布贾克	GSHAP
1925	12	18	5	53		28.5	51.2		5.5	Muk	Iran: Bushehr	伊朗:布什尔	*
1925	12	18	9	24	22	40.3	62	15	5.2	Ms	Turkmenistan: Lebap	土库曼斯坦:列巴普	GSHAP
1925	12	18	18	10	25	36.7	71	220	6.3	Ms	Afghan: Badakhshan	阿富汗:巴达赫尚	GSHAP
1925	12	19	16	9	34.03	-32.341	-110.414	15	6.8	Muk	Easter Island, S.	复活节岛南部	Engdahl
1925	12	22	5	5	38.4	21	101.5	15	6.8	Muk	Laos: Luang Namtha	老挝:琅南塔	Wang S., Engdahl
1925	12	23	23	4	12	20	101.5		5	Mk	Laos: Muang Houn	老挝:孟昏	GSHAP, Song
1925	12	29	16	4	11	-1.5	120.5		6.5	Ms	Indonesia: Sulawesi	印度尼西亚:苏拉威西岛	Shi Z.
1926	1	1	18	4	3	45.77	14.28		5.71	Ms	Slovenia: Postojne	斯洛文尼亚:波斯托伊纳	Italy
1926	1	7	14	31	18	33	-40		6	Ms	North Atlantic Ocean	北大西洋	Shi Z.
1926	1	8	9	14		42.852	11.631		5	Ms	Italy: Santa Fiora	意大利:圣菲奥拉	Italy
1926	1	13	1	47	4	38.6	28.1		5.9	Ms	Turkey: Salihli	土耳其:萨利赫利	Turkey
1926	1	13	8	8	24	38	29.5	15	5.6	Ms	Turkey: Denizli	土耳其:登尼资里	GSHAP
1926	1	15	14	52	53	45.6	142.3	340	6	Ms	Japan: Hokkaido, Coast N.	日本:北海道北部海域	GSHAP
1926	1	18	11	20	35	43	75	15	5.4	Ms	Kazakhstan: Georgiyevka	哈萨克斯坦:格奥尔吉耶夫卡	GSHAP
1926	1	18	21	7	24.45	-2.777	88.255	15	6.8	Muk	Bay of Bengal, S.	孟加拉湾南部	Engdahl
1926	1	25	0	36	29.34	-9.994	159.027	35	7.2	Mw	Solomon Islands	所罗门群岛	Engdahl
1926	2	1	1	17	33	10.5	-63.5	100	6.5	Ms	Venezuela: Cariaco	委内瑞拉:卡利亚科	GSHAP
1926	2	4	6	44	18	41	140	150	6.4	Ms	Japan: Aomori	日本:青森	GSHAP
1926	2	7	2	44	4	-4	152	390	6.5	Ms	Papua New Guinea: East New Britain	巴布亚新几内亚:东新不列颠	Shi Z.
1926	2	8	15	17	57.37	12.011	-88.758	35	7.1	Mw	El Salvador: Off Coast of S.	萨尔瓦多:南部沿海	Engdahl
1926	2	9	0	24	24	-28	-62	660	6.5	Ms	Argentina: Santiago del Estero	阿根廷:圣地亚哥-德尔埃斯特罗	GSHAP
1926	2	15	2	59	40.47	11.355	-91.794	35	6.9	Muk	Nicaragua: Off Coast of W.	尼加拉瓜:西部沿海	Engdahl
1926	2	15	23	11	40	25	123		5	Ms	Ryukyu Islands	琉球群岛	China
1926	2	18	18	20	45	34	-119.5		5.5	Ms	US: California, Oxnard	美国:加利福尼亚州奥克斯纳德	USGS
1926	2	26	16	8	23	37.8	21.1		5.7	Ms	Ionian Sea	爱奥尼亚海	Turkey
1926	2	28	9	15		56.5	138	20	5	Ms	Russia: Khabarovsk, Ayan	俄罗斯:哈巴罗夫斯克区尼亚恰村	GSHAP
1926	3	1	20	1		36.8	30	120	6.4	Ms	Turkey: Cameli	土耳其:恰梅利	GSHAP
1926	3	3	6	58		36.8	30	5	5	Ms	Turkey: Cameli	土耳其:恰梅利	GSHAP
1926	3	3	18	6	27	37.3	85.3		5	Ms	China: Xinjiang, Qarqan, SW.	中国:新疆且末西南	China
1926	3	7	20	33	38	-5	-76.5	150	6.5	Ms	Peru: Loreto, SW.	秘鲁:洛雷托西南	GSHAP

年 Year	月 Mo	日 Dy	时 Hr	分 Mn	秒 Sec	纬度(°) Latitude	经度(°) Longitude	深度 Depth	震级 Mag	标度 Scale	地名(英文) Name(English)	地名(中文) Name(Chinese)	资料来源 Information
1926	3	8	20	21	37	43	148.5	30	6	Ms	Kuril Islands	千岛群岛	GSHAP
1926	3	11	10	41	54	-10	-74		5	Mk	Peru:Ucayali,SW.	秘鲁:乌卡亚利西南	GSHAP,Song
1926	3	16	17	37	20	-16.5	-171		6	Ms	Tonga Islands,N.	汤加群岛北部	Shi Z.
1926	3	16	17	53		37.5	29	15	6.3	Ms	Turkey:Tavas	土耳其:塔瓦斯	GSHAP
1926	3	16				37.8	29.1	33	5.1	Ms	Turkey:Denizli	土耳其:登尼资里	GSHAP
1926	3	17	11	53	42	11.984	-82.065	25	6.9	Muk	Columbia:San Luis,S.	哥伦比亚:圣路易斯南部	Engdahl
1926	3	17	13	20		37	35	33	5.5	Ms	Turkey:Tarsus	土耳其:塔苏斯	Turkey
1926	3	18	6	31	45	35	69		5	Mk	Afghan:Charikar	阿富汗:恰里卡尔	GSHAP,Song
1926	3	18	14	6	16.46	35.787	29.246	35	6.9	Muk	Mediterranean Sea	地中海	GSHAP,Engdahl
1926	3	18	17	52	54	35.9	29.8	80	5.5	Ms	Mediterranean Sea	地中海	Turkey
1926	3	20	9	3		20.5	-155.5		6	Ms	Hawaiian Islands	夏威夷群岛	* USGS,NOAA
1926	3	21	12	5	58	-34	58.5		6	Ms	Western Indian Ridge	西印度洋海岭	Shi Z.
1926	3	21	14	19	14.3	-60.631	-23.673	35	7.1	Ms	South Sandwich Trench	南桑威奇海沟	Engdahl
1926	3	22	16	24	10	36	70		5.6	Ms	Afghan:Taloqan	阿富汗:塔卢坎	GSHAP
1926	3	24	11	7	16	50	97	20	5.9	Ms	Russia:Tuva,Naryn,E.	俄罗斯:唐努图瓦州纳伦东部	GSHAP
1926	3	27	10	48	21.15	-8.563	160.554	35	7.1	Mw	Solomon Islands	所罗门群岛	Engdahl
1926	3	29	15	52	55	20	101.5		5	Mk	Laos:Muang Houn	老挝:孟昏	GSHAP,Song
1926	4	1	16	3	53.73	34.152	136.923	356.2	6.9	Muk	Japan:Shima	日本:三重志摩	Engdahl
1926	4	3	20	9		34	-116		5.5	Ms	US:California,Palm Springs	美国:加利福尼亚州棕泉	USGS
1926	4	5	23	29	19	39	-29	50	6	Ms	North Atlantic Ocean	北大西洋	Shi Z.
1926	4	6	19	33		40.78	144.04	80	6.8	Ms	Japan Trench	日本海沟	GSHAP
1926	4	9	10	4	50	74	127.4	20	5.8	Ms	Laptev Sea	拉普捷夫海	GSHAP
1926	4	11	6	26	24	40.6	69.5	18	5.4	Ms	Tajikistan:Thabo Shull	塔吉克斯坦:塔博沙尔	GSHAP
1926	4	12	8	32	34.09	-10	161	60	7.2	Mw	Solomon Islands	所罗门群岛	* Engdahl
1926	4	19	7	49	58	45.3	39.3	50	5.4	Ms	Russia:Krasnodar,Krasnodar	俄罗斯:克拉斯诺达尔区克拉斯诺达尔	GSHAP
1926	4	22	15	3		19.5	-155.5		5.1	Mk	Hawaiian Islands	夏威夷群岛	USGS,Song
1926	4	22	23	47	52	23	145		6	Ms	Mariana Islands,N.	马里亚纳群岛北部	Shi Z.
1926	4	28	11	13	39.35	-22.665	-68.164	35	7.1	mB	Chile:Antofagasta,C.	智利:安托法加斯塔中部	Engdahl,Shi Z.,Chile
1926	5	2	10	0	50	39.5	72	10	5.4	Ms	Kyrgyzstan:Osh,SW.	吉尔吉斯斯坦:奥什西南	GSHAP
1926	5	5	6	21	33	3	-91		6.5	Ms	Carnegie Ridge	卡内基海岭	Shi Z.
1926	5	7	6	11	28	31.5	141		6.25	Ms	Japan Trench	日本海沟	Shi Z.
1926	5	9	9	47	37	-46	34		6	Ms	Atlantic - Indian Ridge	大西洋 - 印度洋海岭	Shi Z.
1926	5	10	8	19	10	26	97	80	6.3	Ms	myanmar:Kachin	缅甸:克钦	GSHAP
1926	5	16				40	76	33	5	Ms	China:Xinjiang,Kashi,N.	中国:新疆喀什北部	GSHAP
1926	5	19	21	13	55	26.5	59		5.6	Ms	Iran:Sistan And Baluchestan	伊朗:锡斯坦 - 俾路支斯坦	Iran
1926	5	26	9	40	43	36.5	70.5	150	5.8	Ms	Afghan:Badakhshan	阿富汗:巴达赫尚	GSHAP
1926	5	26	19	45		41.1	142.6	60	7	Ms	Japan trench	日本海沟	GSHAP
1926	5	28	22	31	33	40.2	53.1	9	5	Ms	Caspian Sea	里海	GSHAP
1926	5	28	22	31	41	40.9	73.1	9	5.3	Ms	Kyrgyzstan:Jalal - Abad	吉尔吉斯斯坦:贾拉拉巴德	GSHAP
1926	5	29	22	37	32	15	92		5.6	Ms	India:Andaman Islands	印度:安达曼群岛	GSHAP
1926	5	31	13	35	49	-33.5	57		6.5	Ms	Western Indian Ridge	西印度洋海岭	Shi Z.
1926	6	3	4	47	3.84	-15.048	168.192	77.2	7.1	mB	Vanuatu Islands	瓦努阿图群岛	Engdahl
1926	6	4	6	50	58	35	90.5		6	Ms	China:Qinghai,Ulan Ul Hu	中国:青海乌兰乌拉湖	China
1926	6	4	7	3		35	90.5		5.25	Ms	China:Qinghai,Ulan Ul Hu	中国:青海乌兰乌拉湖	China
1926	6	4	15	7		41.3	143	20	6.8	Ms	Japan:SE. Hokkaido Island	日本:北海道东南	GSHAP
1926	6	5	9	9	39	31	130	180	6.5	Ms	Japan:Kagoshima	日本:鹿岛	Shi Z.
1926	6	5	19	50	24	43	-127.5		6	Ms	US:Off Coast of W. Oregon	美国:俄勒冈州西部沿海	USGS
1926	6	6	6	49		35	90.5		5.25	Ms	China:Qinghai,Ulan Ul Hu	中国:青海乌兰乌拉湖	China
1926	6	10	19	16		39.8	20	120	6.2	Ms	Albania:Sarande	阿尔巴尼亚:萨兰达	GSHAP
1926	6	13	2	3		20	116.5		5.5	Ms	China:South China Sea	中国:南海	China
1926	6	16	3	12		42	20.5		5.1	Ms	Albania:Kukës	阿尔巴尼亚:库克斯	GSHAP
1926	6	17	18	13	30	39.5	91.5	20	5	Ms	China:Xinjiang,Ruoqiang,NE.	中国:新疆若羌东北	GSHAP
1926	6	19	22			41.5	13.8		6.5	Mk	Italy:Montecassino	意大利:蒙特卡西诺	* Song
1926	6	20	6	54	15.68	-56.727	-26.803	35	6.9	Muk	South Sandwich Trench	南桑威奇海沟	Engdahl
1926	6	21	8	48	52	30	142.5		6	Ms	Japan:South Honshu Ridge	日本:本州南部海岭	Shi Z.
1926	6	24	21	16	30	-7.5	128.25	150	6.5	Ms	Indonesia:Banda Sea	印度尼西亚:班达海	Shi Z.
1926	6	25	3	36	52	-28	-115		6.25	Ms	Easter Island,SW.	复活节岛西南	Shi Z.
1926	6	26	19	46	40.95	36.5	27.5	101.8	7.7	mB	Greece:Rhodes Island	希腊:罗德岛	* Engdahl
1926	6	28	3	23	25	-15	99.5		6.8	Ms	Cocos Islands,SE.	科科斯群岛东南	* Engdahl
1926	6	28	6	15	41	-1	99.5		6.5	Ms	Indonesia:Southern Sumatra	印度尼西亚:苏门答腊南部	Shi Z.
1926	6	29	1	22	16	27	121		5.25	Ms	China:Zhejiang,Wenzhou,Coast	中国:浙江温州海域	China
1926	6	29	12	5		44.6	10.7		6.5	Mk	Italy:Reggiano	意大利:雷焦艾米利亚	* Song
1926	6	29	14	27	3.83	27	127	130	7.4	mB	Ryukyu Islands	琉球群岛	* Shi Z.,Engdahl
1926	6	29	23	21		34.5	-119.5		5.5	Ms	US:California,Santa Barbara	美国:加利福尼亚州圣巴巴拉	USGS
1926	6	29	23	45		42.6	26.7	6	5	Ms	Bulgaria:Yambol	保加利亚:扬博尔	GSHAP
1926	6	30	13	31		35.8	-118.4		5.7	Ms	US:California,Caliente	美国:加利福尼亚州卡连特	CGS,USGS
1926	6	30	22	51	46	38.8	70	10	5.9	Ms	Tadzhikistan:Norak	塔吉克斯坦:努雷克	GSHAP
1926	7	1	14	8	58.48	-3.131	100.561	35	6.8	Muk	Indonesia:Southern Sumatra	印度尼西亚:苏门答腊南部	Engdahl

年 Year	月 Mo	日 Dy	时 Hr	分 Mn	秒 Sec	纬度(°) Latitude	经度(°) Longitude	深度 Depth	震级 Mag	标度 Scale	地名(英文) Name(English)	地名(中文) Name(Chinese)	资料来源 Information
1926	7	5				-2.9	104.7		6.4	Mk	Indonesia:Southern Sumatra	印度尼西亚:苏门答腊南部	* Song
1926	7	6	16	28	5	38.5	71		5	Mk	Tajikistan:Kuhistoni Badakhshon,NW.	塔吉克斯坦:勾瑙-巴达科善西北	GSHAP,Song
1926	7	6	21	20	30	12.7	94.5		6	Ms	India:Andaman Islands	印度:安达曼群岛	GSHAP
1926	7	8	9	50		35.9	-82.1		5.6	Mk	US:North Carolina,Spruce Pine	美国:北卡罗来纳州斯普鲁斯派恩	USGS,Song
1926	7	10	10	51	13.44	0.732	126.112	35	6.6	Ms	Molukka Sea	马鲁古海	Engdahl
1926	7	12	22	12	30	15.5	92.5		5.5	Ms	Bay of Bengal	孟加拉湾	GSHAP
1926	7	14	16	46	48	2	129	180	6.25	Ms	Indonesia:Maluku Utara,Coast of E.	印度尼西亚:北马鲁古东部海域	Shi Z.
1926	7	14	16	59	27	2	129	180	6.25	Ms	Indonesia:Maluku Utara,Coast of E.	印度尼西亚:北马鲁古东部海域	Shi Z.
1926	7	14	22	22	25	66	-163		5.6	Ms	Alaska Peninsula,C.	阿拉斯加半岛中部	USGS
1926	7	15	21	47	10	23	121.7		5.5	Ms	China:Taiwan,Taitung,Coast of E.	中国:台湾台东以东海域	China
1926	7	25	17	57	54	36.5	-120.4	15	5.8	Ms	US:California,Three Rocks	美国:加利福尼亚州斯里罗克斯	CGS,USGS
1926	7	26	18	54	51.81	35.887	135.583	336.1	6.8	Muk	Japan:Fukui,Near Coast	日本:福井近海	Engdahl
1926	7	27	7	23	36	30.5	80.5		5.25	Ms	China:Xizang (Tibet),Burang,NW.	中国:西藏普兰西北	China
1926	7	28	8	52	28	-8	157.5	50	6.5	Ms	Solomon Islands	所罗门群岛	Shi Z.
1926	7	30				49.21	-2.131		7	Mk	England:Jersey Island	英国:泽西岛	NOAA,Song
1926	8	3	3	41	30	22	121		6.5	Ms	China:Taiwan,Pingtung,Coast of E.	中国:台湾屏东以东海域	China
1926	8	3	9	26		35.4	139.8	35	6.2	Ms	Japan:Yokohama	日本:神奈川横滨	Usami,Japan
1926	8	3	10	32	11.05	-2.217	126.379	35	6.8	Muk	Indonesia:Sanana Island	印度尼西亚:萨纳纳岛	Engdahl
1926	8	3	19	41	20	1	97.5		6	Ms	Indonesia:Sumatera,Nias Island	印度尼西亚:苏门答腊,尼亚斯岛	GSHAP, Shi Z.
1926	8	6	5	23	54	85.5	100	20	5.6	Ms	Arctic Ocean	北冰洋	GSHAP
1926	8	6	13	17	48	26	96		5	Mk	myanmar:Sagaing,N.	缅甸:实皆北部	GSHAP,Song
1926	8	6	20	36	30	35	78		5	Ms	China:Xinjiang,Karakorum Pass,S.	中国:新疆喀喇昆仑山口南	China
1926	8	6	22	45	59	35.4	78.7		6.25	Ms	China:Xinjiang,Karakorum Pass,E.	中国:新疆喀喇昆仑山口东	China
1926	8	11	5	47	35	29.5	101.5		5.5	Ms	China:Sichuan,Garze,SW.	中国:四川甘孜西南	China
1926	8	12	22	17	43	-23.139	-70.552	35	6.8	Muk	Chile:Antofagasta,C.	智利:安托法加斯塔中部	Engdahl,GSHAP
1926	8	14	8	36	50	-40	-88		6	Ms	Chile:Off Coast of S.	智利:南部沿海	Shi Z.
1926	8	15	9	53	45	14	109		5	Mk	Vietnam:Quy Nhon	越南:归仁	GSHAP,Song
1926	8	17	1	43		39	14.8	100	6	Ms	Italy:Salina Island	意大利:萨利纳岛	* NOAA
1926	8	18	17	5	1	38.5	20.7		5.6	Ms	Ionian Sea	爱奥尼亚海	Turkey
1926	8	18	23	58	48	24.5	94.5		5.5	Ms	myanmar:Sagaing	缅甸:实皆	GSHAP
1926	8	22				38.3	-28.4		7	Mk	Portugal:Azores	葡萄牙:亚速尔群岛	NOAA,Song
1926	8	25	5	44	47.88	-23.007	171.822	35	7	Ms	Vanuatu Islands	瓦努阿图群岛	Engdahl
1926	8	26	10	30	2	39	73	20	5	Ms	Tajikistan:Kuhistoni Badakhshon,N.	塔吉克斯坦:勾瑙-巴达科善北部	GSHAP
1926	8	29	7	40	36	46	89		5	Ms	China:Xinjiang,Fuyun,S.	中国:新疆富蕴南	China
1926	8	30	11	38	9.72	37.5	23	85.2	7.1	mB	Greece:Argolida	希腊:阿尔戈利斯	GSHAP,Engdahl,NOAA
1926	8	31	10	40	8	38.5	-28		5.9	Mk	Azores:Fayal Island	亚速尔群岛:法亚尔岛	* Song
1926	9	2	1	21	59.6	-34.02	58.227	15	6.9	Ms	Mid-Indian Ridge	中印度洋海岭	Engdahl
1926	9	4	15	36	58	43.5	143	40	6.8	Ms	Japan:Hokkaido	日本:北海道	GSHAP,Usami
1926	9	7	12	22	52.16	-3.541	146.188	35	6.8	Muk	Bismarck Sea	俾斯麦海	Engdahl, Shi Z.
1926	9	8	15	49	30	23	95		5	Mk	myanmar:Sagaing	缅甸:实皆	GSHAP,Song
1926	9	10	10	34	27.82	-9.152	110.701	35	7	mB	Indonesia:Java Ridge	印度尼西亚:爪哇海岭	Engdahl
1926	9	11	17	2	30	20.8	106.6		5	Mk	Vietnam:Hai Phong	越南:海防	GSHAP,Song
1926	9	12	15	43	36	22.7	122.5		6.25	Ms	China:Taiwan,Taitung,Coast of E.	中国:台湾台东以东海域	China
1926	9	16	17	59	15.01	-9.674	159.519	35	6.9	Ms	Solomon Islands	所罗门群岛	* Engdahl,NOAA
1926	9	19	1	3	57	36	22	80	6.7	Ms	Greece:Zante	希腊:赞特	GSHAP
1926	9	19	20	21	58	57.3	67	20	5	Ms	Russia:Tyumen,Tyumen	俄罗斯:秋明州秋明	GSHAP
1926	9	23	18	31	48	2.8	96		5	Mk	Indonesia:Simeulue Island	印度尼西亚:锡默卢岛	GSHAP,Song
1926	9	26	1	0	39	32	140	200	6	Ms	Japan:South Honshu Ridge	日本:本州南部海岭	Shi Z.
1926	9	26				-8.2	107.3		5	Mk	Indonesia:Java Ridge	印度尼西亚:爪哇海岭	* * Song
1926	9	28	15	42		47.7	16		5	Ms	Austria:Ternitz	奥地利:泰尔尼茨	GSHAP
1926	9	28	21	30	52	46.5	13		5.07	Ms	Italy:Tolmezzo	意大利:托尔梅佐	Italy
1926	9	30	5	17	43	3	122.5	600	6.25	Ms	Celebes Sea	西里伯斯海	Shi Z.
1926	10	1	9	7	55	11	-104		6	Ms	Tehuantepec Ridge	特万特佩克海岭[太平洋]	Shi Z.
1926	10	3	19	38	1.68	-49.809	161.703	15	7.3	Mw	Australia:Macquarie Island,N.	澳大利亚:麦加利岛北部	* Shi Z.,Engdahl
1926	10	4	23	44		36.2	128.3		5	Ms	South Korea:Sangju	韩国:尚州	GSHAP
1926	10	11	17	20		8.55	-71.2		5.5	Ms	Venezuela:Merida	委内瑞拉:梅里达	GSHAP
1926	10	12	11	57	25	42.8	19.9		5.2	Mk	Montenegro:Berane	门的内哥罗(黑山):贝拉内	* GSHAP
1926	10	13	19	8	16.91	51.63	-175.65	35	7	Ms	Andreanof Islands, Aleutian Is.	阿留申群岛,安德烈亚诺夫群岛	USGS,Shi Z.,Engdahl
1926	10	22	12	35	11	36.62	-122.35		6.1	Ms	US:California,Carmel,Near Coast	美国:加利福尼亚州卡梅尔近海	USGS
1926	10	22	13	35	22	36.55	-122.18		6.1	Ms	US:California,Carmel,Near Coast	美国:加利福尼亚州卡梅尔近海	USGS
1926	10	22	19	59		40.7	43.7	7	5.7	Muk	Turkey; Armenia	土耳其;亚美尼亚	*
1926	10	23	1	59	4	41.4	19		5.46	Ms	Adriatic Sea	亚得里亚海	Italy,Turkey
1926	10	23	14	30	18	25	93		5.5	Ms	India:Silchar	印度:锡尔杰尔	GSHAP
1926	10	24	22	51	49.5	37.02	-122.21		5.8	Ms	US:California,Davenport	美国:加利福尼亚州达文波特	CGS,USGS
1926	10	26	3	44	43.59	-3.219	139.097	35	7.5	Mw	Indonesia:Papua	印度尼西亚:巴布亚	* Engdahl
1926	10	27	16			48	122.7		5	Ms	China:Inner Mongolia,Zalantun	中国:内蒙古扎兰屯	China

年	月	日	时	分	秒	纬度(°)	经度(°)	深度	震级	标度	地名(英文)	地名(中文)	资料来源
Year	Mo	Dy	Hr	Mn	Sec	Latitude	Longitude	Depth	Mag	Scale	Name(English)	Name(Chinese)	Information
1926	10	30	1	37	0.6	11.5	43.5		5.5	Ms	Djibouti:Djibouti	吉布提:吉布提	GSHAP
1926	10	30	13	46	34	9.5	124.5		6.25	Ms	Philippines:Negros Island	菲律宾:内格罗斯岛	Shi Z.
1926	10	30	19	41	55	48.5	-129		6.1	Ms	Canada:Off Coast of W. Vancouver	加拿大:温哥华西部海域	Shi Z.
1926	10					24.5	103.8		5	Ms	China:Yunnan,Luxi	中国:云南泸西	China
1926	11	1	1	39	18	48.75	-128.5		6.6	Ms	Canada:Off Coast of W. Vancouver	加拿大:温哥华西部海域	Shi Z.
1926	11	1	23	31		24.9	122.7		6	Ms	China:Taiwan,Yilan,Coast of E.	中国:台湾宜兰东南海域	China
1926	11	3				-0.8	-78.6		5	Ms	Ecuador:Cotopaxi	厄瓜多尔:科托帕希	GSHAP
1926	11	5	7	55	30.08	12.67	-86.736	35	7.1	mB	Nicaragua:Managua,Granada	尼加拉瓜:马拉瓜,格拉纳达	* Shi Z.,Engdahl
1926	11	10	23	20	56.1	-17.4	-66.12		5.2	Ms	Bolivia:Cochabamba	玻利维亚:科恰班巴	GSHAP
1926	11	13	0	17	31.3	-17.4	-66.12		5.4	Ms	Bolivia:Cochabamba	玻利维亚:科恰班巴	GSHAP
1926	11	21	11	14	45	25.6	100.3		5.5	Ms	China:Yunnan,Dali	中国:云南大理	* China
1926	12	2	8	13	44	-34	57		6.25	Ms	Western Indian Ridge	西印度洋海岭	Shi Z.
1926	12	5	19	40	36	27	100		5	Ms	China:Yunnan,Lijiang	中国:云南丽江	China
1926	12	5	19	44	8	27	100		5	Ms	China:Yunnan,Lijiang	中国:云南丽江	China
1926	12	9	22	38	48	-28	-71	33	6	Ms	Chile:Copiapo,Near Coast	智利:科皮亚波近海	* NOAA
1926	12	10	8	38	53	40.75	-126		6	Ms	US:California,Off Coast N.	美国:加利福尼亚州北部沿海	USGS
1926	12	13	0	44		46.1	-111.2		5.4	Ms	US:Montana,Maudlow	美国:蒙大纳州莫德洛	USGS
1926	12	13				-7	110		6.5	Mk	Indonesia:Java,Prupuk	印度尼西亚:爪哇,普鲁普克	* Song
1926	12	14	17	10	32	-12	121		6.25	Ms	Timor Sea	帝汶海	Shi Z.
1926	12	16	17	54	5	40.13	30.72	10	5.7	Ms	Turkey:Eskişehir	土耳其:埃斯基城	Turkey
1926	12	17	6	31	5	41	19.5		6.1	Ms	Albania:Durres	阿尔巴尼亚:都拉斯	* Turkey
1926	12	18	18	5		0.8	-77.9		6.5	Ms	Ecuador:Concepcion	厄瓜多尔:康塞普西翁	GSHAP
1926	12	18	21	7	20	41.95	13.533		5.03	Ms	Italy:Avezzano	意大利:阿韦扎诺	Italy
1926	12	18				36	-10		7	Mk	Portugal:Coast SW.	葡萄牙:西南海域	* NOAA,Song
1926	12	19	1	50		1.1	-77.5		6.3	Ms	Colombia:Narino	哥伦比亚:纳里尼奥	GSHAP
1926	12	20	10	31	6	39	31	33	5	Ms	Turkey:Afyon	土耳其:阿菲永	GSHAP
1926	12	25	15	43	39.05	1.822	116.881	35	6.8	Muk	Indonesia:North East Kalimantan Island	印度尼西亚:加里曼丹岛东北	Engdahl
1926	12	27	8	42	55	-57	-110		6	Ms	Southern Pacific Ridge	南太平洋海岭	Shi Z.
1926	12	27	9	19		36.4	-120.4		5.5	Ms	US:California,Coalinga	美国:加利福尼亚州科灵加	CGS,USGS
1926	12	27	9	20	30	-57	-110		6.25	Ms	Southern Pacific Ridge	南太平洋海岭	Shi Z.
1926	12	27	18			0.63	-77.8		6	Mk	Ecuador:Carchi,E.	厄瓜多尔:卡尔奇东部	GSHAP,Song
1926	12	31	16	53	45	25	77.5		5.5	Ms	India:Guna	印度:古纳	GSHAP
1927	1	1	8	16		32.5	-115.5		5.8	Muk	US:California,El Centro	美国:加利福尼亚州埃尔森特罗	* NOAA
1927	1	3	22	9	5	23	121.7		5.25	Ms	China:Taiwan,Taitung,Coast of E.	中国:台湾台东以东海域	China
1927	1	5	16	24	12	17	118		5	Ms	China: South China Sea, Zhongsha Islands,E.	中国:南海中沙群岛东	China
1927	1	7	10	43		82	126	20	5.1	Ms	Arctic Ocean	北冰洋	GSHAP
1927	1	15	14	31	16	36.2	134.5	420	6.5	Ms	Japan Sea	日本海	Shi Z.
1927	1	15	20	47		42.3	17.8	15	5	Ms	Adriatic Sea	亚得里亚海	GSHAP
1927	1	20	8	47	40	41.5	70.8	20	5.2	Ms	Kyrgyzstan:Jalal - Abad,Nw.	吉尔吉斯斯坦:贾拉拉巴德西北	GSHAP
1927	1	24	1	5	47.48	-18.388	168.226	35	7.1	Ms	Vanuatu Islands	瓦努阿图群岛	Engdahl
1927	1	24	5	18		59	3	57	5.5	Ms	Norwegian Sea	挪威海	GSHAP,NOAA
1927	1	24	5	50		-30.5	-65.5		5	Ms	Argentina:Cordoba	阿根廷:科尔多瓦	GSHAP
1927	1	29	18	37	37	-44	37		6.25	Ms	Atlantic - Indian Ridge	大西洋 - 印度洋海岭	Shi Z.
1927	1	30	8	54		31.2	70.3		5	Mk	Pakistan:Zhob	巴基斯坦:兹霍布	GSHAP,Song
1927	2	1	17	56	36.62	-6.704	154.972	35	6.9	Muk	Papua New Guinea:Bougainville Island	巴布亚新几内亚:布干维尔岛	Engdahl
1927	2	3	3	53	10	33.5	121		6.5	Ms	China:South Yellow Sea	中国:南黄海	China
1927	2	3	4	52	5	33.5	121		6.5	Ms	China:South Yellow Sea	中国:南黄海	China
1927	2	7	6	4	42	38.18	30.27	10	5.2	Ms	Turkey:Dinar	土耳其:第纳尔	GSHAP
1927	2	13	3	33	20	25.5	93.5		5	Mk	India:Dimapur	印度:迪马布尔	GSHAP,Song
1927	2	14	3	43	21	43	18	50	6.25	Ms	Bosnia and Herzegovina:Mostar	波斯尼亚和黑塞哥维那:莫斯塔尔	Shi Z.
1927	2	15	23	54	3.5	36.95	-122.27		5.9	Ms	US:California,Davenport	美国:加利福尼亚州达文波特	CGS,USGS
1927	2	16	1	35	27.68	46.8	153.1	10	7	Ms	Kuril Islands	千岛群岛	GSHAP,Engdahl
1927	2	16	2	56	20	46.5	153.5	40	6.8	Ms	Kuril Islands	千岛群岛	GSHAP
1927	2	16	8	36	35	46.3	153	40	6.1	Ms	Kuril Islands	千岛群岛	GSHAP
1927	2	19	6	50	26	33.5	121		5	Ms	China:South Yellow Sea	中国:南黄海	China
1927	2	20	1	0	30	24	121		5	Ms	China:Taiwan,Nantou,N.	中国:台湾南投北	China
1927	2	21	22	5	21	33.5	121		5.5	Ms	China:South Yellow Sea	中国:南黄海	China
1927	2	22	19	54	16	28	144	50	6.25	Ms	Japan:South Honshu Ridge	日本:本州南部海岭	Shi Z.
1927	2	25	15	41	26.49	-38.327	177.943	35	6.8	Muk	New Zealand:North Island,Whatatutu	新西兰:北岛,惠塔塔图	Engdahl
1927	2	27	3	53	45	26.3	121.5		5	Ms	China:Taiwan Strait	中国:台湾海峡	China
1927	3	3	1	5	14.91	-6.617	121.807	35	7	Ms	Indonesia:Flores Sea	印度尼西亚:弗洛勒斯海	Engdahl
1927	3	3	16	50	4	46.3	153.5	50	6.3	Ms	Kuril Islands	千岛群岛	GSHAP
1927	3	6	1	33	40	27	-45		6	Ms	North Atlantic Ocean	北大西洋	Shi Z.
1927	3	7	9	27	42.06	35.802	134.924	9.6	7.6	Ms	Japan:Toyooka	日本:京都京丹后	* Engdahl,Usami,Japan,NOAA

年 Year	月 Mo	日 Dy	时 Hr	分 Mn	秒 Sec	纬度(°) Latitude	经度(°) Longitude	深度 Depth	震级 Mag	标度 Scale	地名(英文) Name(English)	地名(中文) Name(Chinese)	资料来源 Information
1927	3	12	18	44	32	-41	-106	50	6.5	Ms	Southern Pacific Ridge	南太平洋海岭	Shi Z.
1927	3	13	5	32	26	-6	-81.5		6	Ms	Peru:Bayóvar, Near Coast	秘鲁:巴约瓦尔近海	GSHAP
1927	3	14	17	37	39	26	103		6	Ms	China:Yunnan, Dongchuan	中国:云南东川	* China
1927	3	15	16	56	32	24.5	95	130	6.5	Ms	myanmar:Sagaing	缅甸:实皆	GSHAP
1927	3	15	21	48	37	38.2	98.2		6	Ms	China:Qinghai, Har Hu, E.	中国:青海哈拉湖东	China
1927	3	19	16			24.1	102		5	Ms	China:Yunnan, Xinping	中国:云南新平	* China
1927	3	19	20	30	30	2.8	96		5	Mk	Indonesia:Simeulue Island	印度尼西亚:锡默卢岛	GSHAP, Song
1927	3	20	15	21	42	20.5	-155.25		6	Ms	Hawaiian Islands	夏威夷群岛	USGS
1927	3	21	15	5	34	-33	58		6.5	Ms	Western Indian Ridge	西印度洋海岭	Shi Z.
1927	3	24	7	41	30	40	78	20	5.3	Ms	China:Xinjiang, Maralbishi, NW.	中国:新疆巴楚西北	China
1927	3	24	14	46	35	35	26		5.6	Ms	Mediterranean Sea	地中海	Turkey
1927	4	1	19	5	38.46	-19.802	-177.478	35	7	mB	Fiji Islands	斐济群岛	Engdahl
1927	4	3	13	47	8	30.5	142	150	6	Ms	Japan:South Honshu Ridge	日本:本州南部海岭	Shi Z.
1927	4	6	18	54	5	-10	-70	600	6	Ms	Brazil:Amazonas	巴西:亚马孙州	GSHAP
1927	4	11	22	3	50	-34	59		6	Ms	Western Indian Ridge	西印度洋海岭	Shi Z.
1927	4	13	13	44	17.15	15.434	120.722	175.4	6.8	Muk	Philippines:Baguio	菲律宾:碧瑶市	Shi Z., Engdahl
1927	4	13	14	34	37	16	120.5	140	6.25	Ms	Philippines:Baguio	菲律宾:碧瑶市	Shi Z.
1927	4	14	6	23	30.32	-32.477	-69.675	35	7.2	mB	Argentina:Mendoza	阿根廷:门多萨	Engdahl, GSHAP
1927	4	16	9	11	19	-33.5	58.5		6.25	Ms	Western Indian Ridge	西印度洋海岭	Shi Z.
1927	4	17	9	5	52	-7.5	127	200	6.25	Ms	Indonesia:Banda Sea	印度尼西亚:班达海	Shi Z.
1927	4	17	19	7		41.5	13.8		6.5	Mk	Italy:Montecassino	意大利:蒙特卡西诺	* Song
1927	4	18	15	2		37	71	200	6.8	Ms	Afghan:Badakhshan	阿富汗:巴达赫尚	GSHAP
1927	4	19	17	30	11.54	15.25	120.454	139.1	7.1	mB	Philippines:San Fernando	菲律宾:圣费尔南多	Engdahl
1927	4	21	3	21	20	50.2	86.9	28	6	Ms	Russia:Altai Krai, Belyashi	俄罗斯:阿尔泰边疆区别利亚希镇	GSHAP
1927	4	23	8	58		-27	-67.5		5.7	Ms	Argentina:Catamarca	阿根廷:卡塔马卡	GSHAP
1927	4	24	11	20	20	36.4	70.5	15	5.1	Ms	Afghan:Fayzabad	阿富汗:法扎巴德	GSHAP
1927	4	26	7	55	24	39.5	72		5	Mk	Kyrgyzstan:Osh, SW.	吉尔吉斯斯坦:奥什西南	GSHAP, Song
1927	4	27	19	16	17	30.5	142	50	6.5	Ms	Japan:South Honshu Ridge	日本:本州南部海岭	Shi Z.
1927	4	28	0	49	42	38	69.5		5	Mk	Tadzhikistan:Khatlon	塔吉克斯坦:哈特隆州	GSHAP, Song
1927	4	28	2	4	44	15.5	92.5		5.5	Ms	Bay of Bengal	孟加拉湾	GSHAP
1927	4	28	10	24	36	26.3	121.5		5	Ms	China:Taiwan Strait	中国:台湾海峡	China
1927	4	29	11	20		66.3	-19.5	30	5.5	Ms	Norwegian Sea	挪威海	Iceland
1927	4	30	13	56	40	39.3	79.2		6	Ms	China:Xinjiang, Maralbishi, SE.	中国:新疆巴楚东南	China
1927	4					36.4	102.6		5.25	Ms	China:Qinghai, Ledu, E.	中国:青海乐都东	China
1927	5	2	22	4	55	39	81.5	33	5.2	Ms	China:Xinjiang, Hotan, NE.	中国:新疆和田东北	GSHAP
1927	5	9	10	31		27.68	56.7		6.4	Ms	Iran:Hormozgan	伊朗:荷姆兹甘	Iran
1927	5	10	6	3	44	-1.5	99.5	50	6	Ms	Indonesia:Southern Sumatra	印度尼西亚:苏门答腊南部	Shi Z.
1927	5	10	19	59	27	52	88.5	22	5.3	Ms	Russia:Khakassia, Bezymyanka, W.	俄罗斯:哈卡斯州别济米扬卡	GSHAP
1927	5	13	22	12		-23.5	-64.5		5.9	Ms	Argentina:Jujuy	阿根廷:胡胡伊	GSHAP
1927	5	13	23	9	13	-2.5	143.5	50	6.25	Ms	Bismarck Sea	俾斯麦海	Shi Z.
1927	5	15	2	47		44.1	20.5	12	5.9	Muk	Serbia:Cacak	塞尔维亚:查查克	*
1927	5	15	3	12		44.2	20.5	9	5.2	Ms	Serbia:Cacak	塞尔维亚:查查克	GSHAP
1927	5	16	12	1	5	30	142		6.25	Ms	Japan:South Honshu Ridge	日本:本州南部海岭	Shi Z.
1927	5	16	23	57	30	39.5	72		5	Mk	Kyrgyzstan:Osh, SW.	吉尔吉斯斯坦:奥什西南	GSHAP, Song
1927	5	17	6	11	40	8	94		5	Mk	India:Nicobar Islands	印度:尼科巴群岛	GSHAP, Song
1927	5	17	21	44	16	44	131	430	6.5	Ms	China:Heilongjiang, Dongning	中国:黑龙江东宁	China
1927	5	20	10	51		24.5	94.5		5.5	Ms	myanmar:Sagaing	缅甸:实皆	GSHAP
1927	5	21	8	4	45	30.5	69		5	Mk	Pakistan:Quetta	巴基斯坦:奎达	GSHAP, Song
1927	5	22	1	45	10	-21	-67	140	6.2	Ms	Bolivia:Tupiza	玻利维亚:图皮萨	GSHAP
1927	5	22	21	43		37.7	102.2		5.5	Ms	China:Gansu, Gulang, W.	中国:甘肃古浪西	China
1927	5	22	22	32	48.05	37.7	102.2	25	8	Ms	China:Gansu, Gulang, W.	中国:甘肃古浪西	* China, Engdahl
1927	5	23	1	45	40	37.7	102.2		5.25	Ms	China:Gansu, Gulang, W.	中国:甘肃古浪西	China
1927	5	23	6	37	50	49	94.6	24	5.6	Ms	Mongolia:Southeast Uvs	蒙古:乌布苏东南部	GSHAP
1927	5	23	10	11	42	37.7	102.2		5.25	Ms	China:Gansu, Gulang, W.	中国:甘肃古浪西	China
1927	5	23	13	51	6	37.7	102.2		6	Ms	China:Gansu, Gulang, W.	中国:甘肃古浪西	China
1927	5	23	23	44	54	37.7	102.2		5.75	Ms	China:Gansu, Gulang, W.	中国:甘肃古浪西	China
1927	5	23	23	56	25	37.7	102.2		5.5	Ms	China:Gansu, Gulang, W.	中国:甘肃古浪西	China
1927	5	24	16	1	24	37.7	102.2		5.25	Ms	China:Gansu, Gulang, W.	中国:甘肃古浪西	China
1927	5	25	2	50		41.25	14.624		5.16	Ms	Italy:Benevento	意大利:贝内文托	Italy
1927	5	29	10	28	30	41.2	75.2	15	5	Ms	Kyrgyzstan:Naryn, C.	吉尔吉斯斯坦:纳伦中部	GSHAP
1927	6	1	12	20		40.3	-74		5.6	Mk	US:New Jersey, Long Branch	美国:新泽西州朗布兰奇	USGS, Song
1927	6	2	16	37	34	23.5	81		6.5	Ms	India:Shahdol	印度:沙赫多尔	GSHAP
1927	6	2				23.799	82.099		6.5	Ms	India:Shahdol	印度:沙赫多尔	GSHAP
1927	6	3	7	12	17.97	-7.071	130.96	169	7.2	mB	Indonesia:Palau Jamdena	印度尼西亚:延德纳岛	Engdahl
1927	6	5	2	24	58	36	31	120	6.25	Ms	Mediterranean Sea	地中海	GSHAP, Shi Z.
1927	6	9	11	36	30	22	120.5		5.5	Ms	China:Taiwan, Pingtung, Coast of W.	中国:台湾屏东西部海域	China
1927	6	10	18	13	30	47.3	139.8	20	5	Ms	Japan Sea, N.	日本海北部	GSHAP
1927	6	11	2	32	9	-1.5	130	60	6.5	Ms	Indonesia:Halmahera	印度尼西亚:哈马黑拉	Shi Z.
1927	6	14	0	35	15	25.2	120.9		5	Ms	China:Taiwan Strait	中国:台湾海峡	China

年 Year	月 Mo	日 Dy	时 Hr	分 Mn	秒 Sec	纬度(°) Latitude	经度(°) Longitude	深度 Depth	震级 Mag	标度 Scale	地名(英文) Name(English)	地名(中文) Name(Chinese)	资料来源 Information
1927	6	14	17	16	55	-50	140		6.5	Ms	Ridge Between Antarctic And Australia	南极-澳大利亚海岭	Shi Z.
1927	6	16	2	40	12	6	99.5		5	Mk	Malacca Strait	马六甲海峡	GSHAP,Song
1927	6	19	8	51		-32.5	-69.3		5.9	Ms	Argentina:Mendoza	阿根廷:门多萨	GSHAP
1927	6	20	14	15	25	43.5	147.8	60	6.1	Ms	Kuril Islands	千岛群岛	GSHAP
1927	6	20	17	24		45	7		6.5	Mk	Italy:Torino	意大利:托里诺(都灵)	* Song
1927	6	23	23	42	15	37.7	102.2		5.5	Ms	China:Gansu,Gulang,W.	中国:甘肃古浪西	China
1927	6	26	11	20	50	44.5	34.3	35	5.5	Mk	Black Sea	黑海	* GSHAP,Song
1927	6	27	8	12	15	34	73		5	Mk	Pakistan:Abbottābad	巴基斯坦:阿伯塔巴德	GSHAP,Song
1927	6	28	19	46		-33	-69		5.6	Ms	Argentina:Mendoza	阿根廷:门多萨	GSHAP
1927	6	29	22	0	50	34	73		5	Mk	Pakistan:Abbottābad	巴基斯坦:阿伯塔巴德	GSHAP,Song
1927	6	30	22	59	36	39	20.7		5.8	Ms	Ionian Sea	爱奥尼亚海	Turkey
1927	7	1	8	18	58.51	36.381	22.723	35	7	mB	Greece:Oetylos (Laconia)	希腊:拉可尼亚	* Engdahl
1927	7	2	20	38	46	29.5	101		5.5	Ms	China:Sichuan,Yajiang,S.	中国:四川雅江南	China
1927	7	3	10	37	49	-15	-172.5		6.25	Ms	Samoa Islands	萨摩亚群岛	Shi Z.
1927	7	7	20	6		27	62.26	100	6.4	Ms	Iran:Sistan And Baluchestan	伊朗:锡斯坦-俾路支斯坦	Iran
1927	7	11	13	4		32	35.5	33	6.3	Ms	Israel:Jerusalem	以色列:耶路撒冷	* NOAA
1927	7	11	16	12	15	36	67	12	5.3	Ms	Afghan:Balkh	阿富汗:巴尔赫	GSHAP
1927	7	12	21	7	54.53	44.6	145.1	100	6.8	Muk	Kuril Islands	千岛群岛	GSHAP,Engdahl
1927	7	15	3	46	41	36.8	71.3	220	6	Ms	Afghan:Badakhshan	阿富汗:巴达赫尚	GSHAP
1927	7	15	21	10	30	27	96		5.5	Ms	myanmar:Sagaing,N.	缅甸:实皆北部	GSHAP
1927	7	17	8	48	33	13	141		6	Ms	Mariana Islands,S.	马里亚纳群岛南部	Shi Z.
1927	7	22	3	55	17	35	53.8	40	6.9	Ms	Iran:Semnan	伊朗:塞姆南	GSHAP, Iran
1927	7	23	22	40	34	34.5	53.9	13	6	Ms	Iran:Semnan	伊朗:塞姆南	GSHAP
1927	7	24	20	17	5	45.7	26.6	120	5.5	Ms	Romania:Nereju	罗马尼亚:内雷茹	GSHAP
1927	7	29	0	3	11	15	87		6.5	Ms	Bay of Bengal	孟加拉湾	GSHAP
1927	7	29				15	87		6.5	Ms	Bay of Bengal	孟加拉湾	GSHAP
1927	8	1	11	28	36	-24	-66.5	200	6.5	Ms	Argentina:Jujuy,S.	阿根廷:胡胡伊南部	GSHAP
1927	8	2	0	51	46	19	-64.25		6.5	Ms	Puerto Rico trench	波多黎各海沟	Shi Z.
1927	8	3	20	12		19	-155.5		5.1	Mk	Hawaiian Islands	夏威夷群岛	USGS,Song
1927	8	4	12	24		34	-118.5		5.3	Ms	US:California,Los Angeles	美国:加利福尼亚州洛杉矶	USGS
1927	8	4	15	48	0.47	-6.809	125.768	474.1	6.8	Muk	Indonesia:Banda Sea	印度尼西亚:班达海	Engdahl
1927	8	5	21	12	58.84	37.873	142.191	35	7.1	Ms	Japan:Miyagi,Near Coast	日本:宫城近海	* Engdahl,Usami,NOAA
1927	8	7	6	33	50	42.4	19.5		5.4	Ms	Albania:Shkoder,N.	阿尔巴尼亚:斯库台北部	GSHAP
1927	8	8	0	57	55.24	50.329	155.728	105.6	6.8	Muk	Kuril Islands	千岛群岛	Engdahl,GSHAP
1927	8	8	18	43	48	-7	124	680	6.25	Ms	Indonesia:Banda Sea	印度尼西亚:班达海	Shi Z.
1927	8	10	11	36	15.72	-0.534	131.673	35	7.1	Mw	Indonesia:Irian Jaya Barat	印度尼西亚:西巴布亚	Engdahl
1927	8	12	0	33	52.45	27.721	139.706	530	6.8	Muk	Japan:South Honshu Ridge	日本:本州南部海岭	Engdahl
1927	8	12	10	22	47	41	71.6	14	6	Ms	Uzbekistan:Namangan	乌兹别克斯坦:纳曼干	GSHAP
1927	8	12	16	16	47	41	71.6	20	5.5	Ms	Uzbekistan:Namangan	乌兹别克斯坦:纳曼干	GSHAP
1927	8	13	8	23		-34	-69		5.9	Ms	Argentina:San Rafael	阿根廷:圣拉斐尔	GSHAP
1927	8	14	19	45		45.8	14.2		6.3	Mk	Slovenia:Ljubljana,S.	斯洛文尼亚:卢布尔雅那南部	* Song
1927	8	16	1			42.9	13.1		6.5	Mk	Italy:Visso	意大利:维索	* Song
1927	8	18	19	28	0.87	34.2	142	20	6.9	Ms	Japan Trench	日本海沟	* Engdahl,NOAA
1927	8	20	20	5	44	41	-124.6		5.3	Ms	US:California,North Coast	美国:加利福尼亚州北部近海	USGS
1927	8	20	23	54	29.72	4.988	-82.196	15	6.8	Ms	Panama:Off Coast of S.	巴拿马:南部海域	Engdahl,Shi Z.
1927	8	24	18	9	2.96	23	120.5	60	6.75	Muk	China:Taiwan,Tainan	中国:台湾台南	* China,Engdahl
1927	8	25	22	56	38	22	90		5	Mk	Bangladesh:Barisal	孟加拉:巴里萨尔	GSHAP,Song
1927	8	26	16	22		4.5	17		5.9	Ms	Central African:Bangui,W.	中非:班吉西部	GSHAP
1927	9	3	19	47	48.46	10.871	-43.487	15	6.9	Muk	Northern Mid-Atlantic Ridge	北大西洋洋中脊	Engdahl
1927	9	5	20	10	30	34.2	72		5	Mk	Pakistan:Peshawar	巴基斯坦:白沙瓦	GSHAP,Song
1927	9	7	19	57	5	-56	148		6.25	Ms	Southern Pacific Ridge	南太平洋海岭	Shi Z.
1927	9	8	23	22	48	-7.5	107.5	50	6.25	Ms	Indonesia:Java Island	印度尼西亚:爪哇岛	Shi Z.
1927	9	10	16	28	15	-34	57	50	6.25	Ms	Western Indian Ridge	西印度洋海岭	Shi Z.
1927	9	11	22	15		44.3	34.3	17	6.8	Muk	Ukraine:Crimea	乌克兰:克里米亚	*
1927	9	16				44.4	34.3		5	Mk	Black Sea	黑海	* Song
1927	9	18	2	7	7	37.5	-118.75		6	Ms	US:California,Mammoth Lakes	美国:加利福尼亚州马姆莫斯湖	USGS
1927	9	23	13	54	22.55	42.3	85.6		6.75	Muk	China:Xinjiang,Hejing,W.	中国:新疆和静西	China,Engdahl
1927	9	30	18	40	6	34.2	72		5	Mk	Pakistan:Peshawar	巴基斯坦:白沙瓦	GSHAP,Song
1927	10	2	3	7	26	35	69	223	6	Mk	Afghan:Charikar	阿富汗:恰里卡尔	GSHAP,Song
1927	10	3	23	55	52	-21	-68	100	6.5	Ms	Bolivia:Tupiza	玻利维亚:图皮萨	GSHAP
1927	10	5	16	36	48	25	123		5.25	Ms	Ryukyu Islands	琉球群岛	China
1927	10	7	21	34	30	36	69.5	15	5.2	Ms	Afghan:Baghlan	阿富汗:巴格兰	GSHAP
1927	10	8	9	34	28	30.5	80.5		5.25	Ms	China:Xizang (Tibet),Burang,NW.	中国:西藏普兰西北	China
1927	10	8	12	26	10	34	143		6	Ms	Japan Trench	日本海沟	Shi Z.
1927	10	8	19	49		48.1	16.6	10	5.2	Ms	Austria:Wien	奥地利:维也纳	GSHAP
1927	10	10	17	49	29	25	123		5	Ms	Ryukyu Islands	琉球群岛	China
1927	10	11	3	23	58	25	123		5.25	Ms	Ryukyu Islands	琉球群岛	China

年 Year	月 Mo	日 Dy	时 Hr	分 Mn	秒 Sec	纬度(°) Latitude	经度(°) Longitude	深度 Depth	震级 Mag	标度 Scale	地名(英文) Name(English)	地名(中文) Name(Chinese)	资料来源 Information
1927	10	11	14	45		41.881	13.449		5.27	Ms	Italy:Avezzano	意大利:阿韦扎诺	Italy
1927	10	12	6	28	2	25	123		5.5	Ms	Ryukyu Islands	琉球群岛	China
1927	10	12	6	55	47	24	123		5	Ms	Ryukyu Islands	琉球群岛	China
1927	10	16	7	0	48	48	89	20	5	Ms	China:Xinjiang,Altay	中国:新疆阿勒泰	GSHAP
1927	10	16	14	12	8	-44	42		6	Ms	Atlantic - Indian Ridge	大西洋 - 印度洋海岭	Shi Z.
1927	10	17	23	57		41.9	13.5		6.5	Mk	Italy:Avezzano	意大利:阿韦扎诺	* Song
1927	10	19	13	48	40	-34	59		6	Ms	Western Indian Ridge	西印度洋海岭	Shi Z.
1927	10	24	15	59	56.23	57.44	-136.373	15	7.1	Ms	Gulf of Alaska	阿拉斯加湾	* Engdahl,NOAA
1927	10	24	19	5	32	33	143		6	Ms	Japan Trench	日本海沟	Shi Z.
1927	10	27	1	53		37.5	138.8		5.3	Ms	Japan:Niigata	日本:新潟	Usami,Japan
1927	10	28	21	49		44.52	9.59		5.13	Ms	Italy:Bedonia	意大利:贝多尼亚	Italy
1927	10	29	1	24	44	39	75		5.2	Ms	China:Xinjiang,Ulugqat	中国:新疆乌恰	China
1927	10	30	23	49		44.5	9.6		6.5	Mk	Italy:Bedonia	意大利:贝多尼亚	* Song
1927	10	31	23	30		40	76.6	20	5.4	Ms	China:Xinjiang,Artux,NE.	中国:新疆阿图什东北	China
1927	11	4	13	51	4.75	34.915	-121.031	15	7.1	M	US:California,Santa Maria,Near Coast	美国:加利福尼亚州圣玛丽亚近海	* Engdahl,NOAA
1927	11	5	6	38	2	25.1	124.9	150	5.5	Ms	Ryukyu Islands	琉球群岛	China
1927	11	6	15	34	37.4	-6.86	129.434	217.2	6.8	Muk	Indonesia:Banda Sea	印度尼西亚:班达海	Engdahl
1927	11	8	3	10	28	-34	60		6.5	Ms	Western Indian Ridge	西印度洋海岭	Shi Z.
1927	11	14	0	12	6	70.1	128.7	22	6.8	Ms	Russia:Sakha,N.	俄罗斯:萨哈共和国北部	GSHAP
1927	11	14	4	56	31.91	70.033	128.69	15	6.8	Muk	Russia:Sakha,N.	俄罗斯:萨哈共和国北部	GSHAP,Engdahl
1927	11	14	7	19	28.43	-30.5	-71.5	35	6.8	Muk	Chile:Illapel	智利:伊拉帕尔	GSHAP,Engdahl
1927	11	14	15	4	35	-54	8		6.25	Ms	South Atlantic - Indian Ridge	南大西洋 - 印度洋海岭	Shi Z.
1927	11	15	17			44.5	9.6		6.5	Mk	Italy:Bedonia	意大利:贝多尼亚	* Song
1927	11	15	21	48	46	70.5	128.5	16	5.8	Ms	Russia:Sakha,N.	俄罗斯:萨哈共和国北部	GSHAP
1927	11	16	21	10	12.33	6.746	125.538	44	6.9	Ms	Philippines:Davao Gulf	菲律宾:达沃湾	Engdahl
1927	11	17	20	54	47	-24	-66.5	200	5.5	Ms	Argentina:Jujuy,S.	阿根廷:胡胡伊南部	GSHAP
1927	11	18	11	1	36	21.5	68		5	Mk	Arabian Sea,N.	阿拉伯海北部	GSHAP,Song
1927	11	19	3	32	30	35	-120.5		5	Ms	US:California,Nipomo	美国:加利福尼亚州尼波莫	USGS
1927	11	21	23	12	30.91	-44.6	-73	33	7.1	Mw	Chile:Aisen Region	智利:艾森区	* Shi Z.,Engdahl,NOAA
1927	11	23	3	15		45.8	11.8		6.5	Mk	Italy:Malcesine	意大利:马尔切西内	* Song
1927	11	23	16			25.2	102.5		5.5	Ms	China:Yunnan,Fumin	中国:云南富民	* China
1927	11	26	12	54	0.41	-24.32	-66.963	179.3	7	mB	Argentina:Salta	阿根廷:萨尔塔	Engdahl,GSHAP
1927	12	1	4	37	27	-0.7	119.7		6.3	Ms	Indonesia:Sulawesi,Donggala	印度尼西亚:苏拉威西岛,栋加拉	* NOAA
1927	12	2	6	55		34.1	135.2	10	5.3	Ms	Japan:Wakayama,W.	日本:和歌山西部	Usami,Japan
1927	12	12	20	26	19	34.5	34		5.5	Ms	Mediterranean Sea	地中海	Turkey
1927	12	26	15	6	14	41.7	12.7		5.02	Ms	Italy:Albano	意大利:阿尔巴诺	Italy
1927	12	28	18	20	34.18	55.663	160.039	35	7.5	Mw	Russia:Kamchatka Peninsula	俄罗斯:堪察加半岛	* Engdahl,NOAA
1927	12	31	23	13	23	-51	140		6	Ms	Ridge Between Antarctic And Australia	南极 - 澳大利亚海岭	Shi Z.
1928	1	1	18	43	31	53	152	510	7	Ms	Sea of Okhotsk	鄂霍次克海	GSHAP
1928	1	3	6	21	51	39	67	15	5.3	Ms	Uzbekistan:Shakhrisabz	乌兹别克斯坦:沙赫里萨布兹	GSHAP
1928	1	5	14	9	16	43.5	78.5	20	5.6	Ms	Kazakhstan:Alma - Ata,NE.	哈萨克斯坦:阿拉木图东北	GSHAP
1928	1	5	21	46	13	-19.092	-63.79	561.2	6.8	Muk	Bolivia:Chuquisaca	玻利维亚:丘基萨卡	Engdahl,GSHAP
1928	1	6	19	31	56.05	0.155	35.748	15	6.9	Ms	Uganda:Kichwamba	乌干达:基丘万巴	Engdahl,GSHAP
1928	1	8	0	40		-28	-65.5		5.5	Ms	Argentina:Catamarca	阿根廷:卡塔马卡	GSHAP
1928	1	10	2	25		0.3	36.2		6	Ms	Uganda:Kichwamba	乌干达:基丘万巴	GSHAP
1928	1	15	2	55	18	4.8	96.8		5	Mk	Indonesia:Sumatera,Aceh	印度尼西亚:苏门答腊亚齐	GSHAP,Song
1928	1	15	8			39.7	75.5	33	5	Ms	China:Xinjiang,Ulugqat	中国:新疆乌恰	GSHAP
1928	1	16	10	26		-36	-70		5.3	Ms	Argentina:Chos Malal	阿根廷:乔斯马拉尔	GSHAP
1928	1	21	15	4	50	36.5	70.5		5	Mk	Afghan:Badakhshan	阿富汗:巴达赫尚	GSHAP,Song
1928	1	22	2	9		-33.5	-69.5		5.5	Ms	Argentina:Tunuyán	阿根廷:图努扬	GSHAP
1928	1	24	7	36	12	40.99	30.86	10	5.3	Ms	Turkey:Abant	土耳其:阿邦特	GSHAP
1928	1	25	20			42.9	11.6		6.5	Mk	Italy:Grosseto	意大利:格罗塞托	* Song
1928	1	26	18	50	39	29	143		6	Ms	Japan:South Honshu Ridge	日本:本州南部海岭	Shi Z.
1928	1	26	21	51	34	-5	96		6.25	Ms	Indonesia:Sumatra,Coast of SW.	印度尼西亚:苏门答腊西南海域	Shi Z.
1928	1	27	7	11		-35	-69.5		5	Ms	Argentina:San Rafael	阿根廷:圣拉斐尔	GSHAP
1928	1	27	22	22	28	22.8	121.1		5.75	Ms	China:Taiwan,Taitung	中国:台湾台东	China
1928	1	30	3	15	24	-33	59		6.5	Ms	Western Indian Ridge	西印度洋海岭	Shi Z.
1928	2	2	12	52		47.8	-121.7		5.1	Mk	US:Washington,Seattle	美国:华盛顿州西雅图	USGS,Song
1928	2	3	13	47	38	70.5	128.8	15	6.2	Ms	Russia:Sakha,N.	俄罗斯:萨哈共和国北部	GSHAP
1928	2	7	0	1	41.35	-2.573	88.593	15	6.8	Muk	Bay of Bengal,S.	孟加拉湾南部	Engdahl
1928	2	7	9			39.5	75.6	33	5	Ms	China:Xinjiang,Kashi	中国:新疆喀什	GSHAP
1928	2	7				44.2	9.2		5.9	Mk	France:Cauro,Coti - Chiavari	法国:考罗,科蒂基亚瓦里	* Song
1928	2	9				49	-125	33	5.8	Ms	Canada:Vancouver Island	加拿大:温哥华岛	* NOAA
1928	2	10	4	39		17.8	-97.6	100	7.7	Muk	Mexico:Oaxaca,Colima,Puebla	墨西哥:瓦哈卡,科利马,普埃布拉	*
1928	2	13	5	33	37	11	141		6	Ms	Mariana Islands,S.	马里亚纳群岛南部	Shi Z.
1928	2	17	22			40	75	33	5	Ms	China:Xinjiang,Ulugqat,N.	中国:新疆乌恰北	GSHAP

年 Year	月 Mo	日 Dy	时 Hr	分 Mn	秒 Sec	纬度(°) Latitude	经度(°) Longitude	深度 Depth	震级 Mag	标度 Scale	地名(英文) Name(English)	地名(中文) Name(Chinese)	资料来源 Information
1928	2	21	19	49	7.81	67.503	-172.504	15	6.9	Muk	Bering Strait	白令海峡	Engdahl
1928	2	22	17	50	48	32	35.5		5.5	Ms	Israel:Tomer	以色列:托梅尔	Turkey
1928	2	23	9	20	50	22	120.5		5.5	Ms	China:Taiwan,Pingtung,Coast of W.	中国:台湾屏东西部海域	China
1928	2	24	14	10	23	67	-171		6.25	Ms	Chukchi Sea	楚科奇海	Shi Z.
1928	2	25	17	23	48	36.5	71	180	6.2	Ms	Afghan:Badakhshan	阿富汗:巴达赫尚	GSHAP
1928	2	26	1	19	10	68	-172		6.5	Ms	Chukchi Sea	楚科奇海	Shi Z.
1928	2	29	21	57		-58.5	148		6.25	Ms	Southern Pacific Ridge	南太平洋海岭	Shi Z.
1928	3	7	10	55		38.8	16		6	Muk	Italy:Sicily,Calabria	意大利:西西里岛,卡拉布里亚	*
1928	3	7	22	43	28	37.6	102.2		6	Ms	China:Gansu,Gulang,W.	中国:甘肃古浪西	China
1928	3	8	18	13		31.6	60		5.5	Muk	Iran:Nehbandan	伊朗:内赫班丹	* Iran
1928	3	9	18	5	27.79	-2.5	88.5	15	7.7	Mw	Bay of Bengal,S.	孟加拉湾南部	* Engdahl
1928	3	13	18	31	35.12	-7.213	153.873	35	7	mB	New Britain Trench	新不列颠海沟[太平洋]	Engdahl
1928	3	16	5	1	10.18	-22	170.5	60	7.5	Mw	New Caledonia:Loyalty Islands	新喀里多尼亚:罗亚尔特群岛	* Engdahl
1928	3	17	14	22	9	-44	43		6	Ms	Atlantic - Indian Ridge	大西洋-印度洋海岭	Shi Z.
1928	3	18	1	33	56	39.8	77.6	20	5.2	Ms	China:Xinjiang,Payzawat,NE.	中国:新疆伽师东北	China
1928	3	19	10	1	0.5	14.5	53		5.5	Ms	Eastern Gulf of Aden	亚丁湾东部	GSHAP
1928	3	22	4	17	8.36	15.7	-96.1	35	7.5	Mw	Mexico:Near Coast of Oaxaca	墨西哥:瓦哈卡近海	* Engdahl,NOAA
1928	3	27	8	32		46.4	13	33	5.8	Muk	Italy:Tolmezzo	意大利:托尔梅佐	*
1928	3	27	17	47	4	82.7	88	20	5	Ms	Arctic Ocean	北冰洋	GSHAP
1928	3	27	19	6	48	-34	60		6.25	Ms	Western Indian Ridge	西印度洋海岭	Shi Z.
1928	3	29	5	6	8.44	31.682	137.73	433.9	7	mB	Ryukyu Trench	琉球海沟	Engdahl
1928	3	30	1	1	19	42	72.3	20	5.2	Ms	Kyrgyzstan:Talas,C.	吉尔吉斯斯坦:塔拉斯中部	GSHAP
1928	3	30	9	38	57	45.9	26.5	150	5.6	Ms	Romania:Tulnici	罗马尼亚:图尔尼奇	GSHAP
1928	3	31	0	29	47	38.1	27.1		6.5	Ms	Turkey:Tepekoy, Torbali	土耳其:泰佩柯伊,托布雷	* NOAA
1928	4	3	16	42	45	-11.5	-14.5		6.25	Ms	Central Mid - Atlantic Ridge	中大西洋中脊	Shi Z.
1928	4	7	7	33	33	22	120.5		5	Ms	China:Taiwan,Pingtung,Coast of W.	中国:台湾屏东西部海域	China
1928	4	9	17	34	17.89	-13.731	-70.628	35	6.8	Ms	Peru:W. of Cuzco	秘鲁:库斯科西部	* Engdahl
1928	4	12	9			39.6	74.5	33	5	Ms	China:Xinjiang,Ulugqat,W.	中国:新疆乌恰西	GSHAP
1928	4	14	9	0	1.09	42.2	25.3	15	6.8	Ms	Bulgaria:Chirpan	保加利亚:奇尔潘	* Engdahl
1928	4	14	9	23	36	42.2	25.3	40	5.1	Ms	Bulgaria:Chirpan	保加利亚:奇尔潘	GSHAP
1928	4	14	10	23	44	41.88	25.8	10	5.3	Ms	Bulgarian:Haskovo	保加利亚:哈斯科沃	GSHAP
1928	4	14	13	16		35.3	54.4	13	5.2	Ms	Iran:Semnan	伊朗:塞姆南	GSHAP
1928	4	15	21	57	12	39.8	-122.65	15	5.5	Ms	US:California,Elk Creek	美国:加利福尼亚州埃尔克里克	CGS,USGS
1928	4	16	19	56	36	43	85.5		5	Ms	China:Xinjiang,Hejing,NW.	中国:新疆和静西北	China
1928	4	16	21	26	15	17.75	-97.1		7.8	Ms	Mexico:Oaxaca	墨西哥:瓦哈卡	*
1928	4	17	18	23		-24.1	-65.4		5.8	Ms	Argentina:Salta	阿根廷:萨尔塔	GSHAP
1928	4	18	19	22	54.78	42.386	25.087	15	6.8	Ms	Bulgaria:Popovitsa	保加利亚:普罗夫迪夫	* Engdahl
1928	4	18	19	40	58	42.2	25		5.4	Ms	Bulgaria:Popovitsa	保加利亚:普罗夫迪夫	GSHAP
1928	4	18	20	5	45	42	25		5	Ms	Bulgaria:Asenovgrad	保加利亚:阿塞诺夫格勒	GSHAP
1928	4	18	20	49	51	42.1	25		5	Ms	Bulgaria:Popovitsa	保加利亚:普罗夫迪夫	GSHAP
1928	4	18	21	40		34.1	-119.3		5.2	Ms	US:California,Oxnard	美国:加利福尼亚州奥克斯纳德	USGS
1928	4	18	23	14	36	42.2	25.1		5.6	Ms	Bulgaria:Popovitsa	保加利亚:普罗夫迪夫	GSHAP
1928	4	18	23	27		42	25.8	50	5.2	Ms	Bulgaria:Haskovo,NE.	保加利亚:哈斯科沃东北	GSHAP
1928	4	19	22	21	3	42.2	25.1		5.1	Ms	Bulgaria:Popovitsa	保加利亚:普罗夫迪夫	GSHAP
1928	4	20	6	15	10	42.2	25.1		5	Ms	Bulgaria:Popovitsa	保加利亚:普罗夫迪夫	GSHAP
1928	4	22	4	55	9	46	143.4	340	6.5	Ms	Russia:Sakhalin Island	俄罗斯:库页岛(萨哈林岛)	GSHAP
1928	4	22	20	13	46	38	23	14	6.3	Ms	Greece:Corinth (Corinthia)	希腊:科林斯(科林特)	* Turkey,NOAA
1928	4	24	1	14	48	42	25.4		5	Ms	Bulgaria:Dimitrovgrad	保加利亚:季米特洛夫格勒	GSHAP
1928	4	24	11	14	48	38	23.5		5	Ms	Aegean Sea	爱琴海	* NOAA
1928	4	24	19	44	58	24.5	121.4		5.5	Ms	China:Taiwan,Yilan	中国:台湾宜兰	China
1928	4	25	0	31	18	38	23		5.2	Ms	Greece:Megara	希腊:墨伽拉	* NOAA
1928	4	25	1	16	58	38.5	73.5	150	5.75	Ms	Tajikistan:Kuhistoni Badakhshon,NE.	塔吉克斯坦:勾瑙-巴达科善东北	China
1928	4	25	9	25	40	42.1	25.9		5.7	Ms	Bulgarian:Dimitrovgrad	保加利亚:季米特诺夫格勒	GSHAP
1928	4	26	15	40	1	37.4	55.4	10	5	Ms	Iran:Gorgan	伊朗:戈尔甘	GSHAP
1928	4	27	20	35	1.37	-13	-69.5	35	6.8	Muk	Peru:W. of Cuzco	秘鲁:库斯科西部	* Engdahl
1928	4	27				38.5	27		6.6	Mk	Turkey:Izmir	土耳其:伊兹密尔	NOAA,Song
1928	4	28	8			40.2	77	33	5	Ms	China:Xinjiang,Artux,NE.	中国:新疆阿图什东北	GSHAP
1928	4	28	17	58	50	42.1	25		5.4	Ms	Bulgaria:Popovitsa	保加利亚:普罗夫迪夫	GSHAP
1928	5	1	18	54	41	67	-172		6.25	Ms	Chukchi Sea	楚科奇海	Shi Z.
1928	5	2	14	3	13	34.2	72		5	Mk	Pakistan:Peshawar	巴基斯坦:白沙瓦	GSHAP,Song
1928	5	2	21	54	32	39.6	29.1	20	6.3	Ms	Turkey:Demirci	土耳其:代米尔吉	* * GSHAP,NOAA
1928	5	6	18			39.8	30.5	12	5	Ms	Turkey:Eskişehir	土耳其:埃斯基城	GSHAP
1928	5	8	4	46	12	50	149.1	590	6.9	Ms	Sea of Okhotsk	鄂霍次克海	GSHAP
1928	5	9	3	36	20	20	102	60	5.3	Ms	Laos:Luang Prabang	老挝:琅勃拉邦	GSHAP
1928	5	12	20	28		1	-19		6	Ms	Central Mid - Atlantic Ridge	中大西洋中脊	Shi Z.
1928	5	14	22	14	51.45	-5	-78	35	7.2	Mw	Peru:Huancabamba,Cajamarca	秘鲁:宛卡班巴,卡哈马尔卡	* Engdahl
1928	5	15	5	43	45	-54	-23		6	Ms	South Sandwich Trench	南桑威奇海沟	Shi Z.
1928	5	17	10	55		-13	-72		5	Mk	Peru:Cuzco	秘鲁:库斯科	GSHAP,Song

年 Year	月 Mo	日 Dy	时 Hr	分 Mn	秒 Sec	纬度(°) Latitude	经度(°) Longitude	深度 Depth	震级 Mag	标度 Scale	地名(英文) Name(English)	地名(中文) Name(Chinese)	资料来源 Information
1928	5	18				-19	-172.5		7	Mk	Tonga Islands, E.	汤加群岛东部	* NOAA, Song
1928	5	19	3	28	46	13.5	91.5	60	6.25	Ms	India: Andaman Islands	印度:安达曼群岛	GSHAP, Shi Z.
1928	5	20	16	29		35.6	140.3	60	5.8	Ms	Japan: Chiba, Yachimata	日本:千叶八街	Usami, Japan
1928	5	26	8	28	56	-23.5	-69	130	6.3	Ms	Chile: Antofagasta, C.	智利:安托法加斯塔中部	GSHAP
1928	5	27	9	50	27.5	40	143.2	35	7.1	Ms	Japan: Iwate, Near Coast	日本:岩手近海	* GSHAP, Engdahl, NOAA
1928	5	30	20	1		43.706	13.122		5.06	Ms	Italy: E. of Pescara	意大利:佩斯卡拉东部	Italy
1928	5	31	23	23	58	-41.5	80		6.25	Ms	South - East Indian Ridge	南印度洋东海岭	Shi Z.
1928	6	4	11	31		-34	-68.6		5.6	Ms	Argentina: San Rafael	阿根廷:圣拉斐尔	GSHAP
1928	6	7	6	24	35	44	131	430	6	Ms	China: Heilongjiang, Dongning	中国:黑龙江东宁	China
1928	6	15	6	12	42.29	12.732	120.819	35	7	Ms	Philippines: Mindoro, SW.	菲律宾:民都洛岛西南	* Bautista, Engdahl, NOAA
1928	6	15	17	16	29.54	11.5	121.5	60	6.75	Muk	Sulu Sea	苏禄海	Shi Z., Engdahl
1928	6	17	3	19	33.05	16.25	-98	35	7.7	Mw	Mexico: Oaxaca	墨西哥:瓦哈卡	* Engdahl, NOAA
1928	6	17	6	41	53	-21.5	-179.5	640	6.25	Ms	South of Fiji Islands	斐济群岛南部	Shi Z.
1928	6	18	14	10	25	39	75	33	5.2	Ms	China: Xinjiang, Ulugqat	中国:新疆乌恰	GSHAP
1928	6	21	16	27	19.24	60	-146.5	35	6.8	Ms	Gulf of Alaska	阿拉斯加湾	USGS, Shi Z., Engdahl
1928	6	24	4	34	38	36	70.5	120	6.4	Ms	Afghan: Badakhshan	阿富汗:巴达赫尚	GSHAP
1928	6	27	1	31	30	20	121		5	Ms	China: Taiwan, Coast of S.	中国:台湾南部海域	China
1928	6	29	22	49	45.45	-15.664	170.701	35	7.1	Ms	Vanuatu Islands	瓦努阿图群岛	Engdahl
1928	7	6	4	24	4	-17.24	-66.29		5.3	Ms	Bolivia: Cochabamba	玻利维亚:科恰班巴	GSHAP
1928	7	9	15	47	40	27	96		5.5	Ms	myanmar: Sagaing, N.	缅甸:实皆北部	GSHAP
1928	7	11	10			40.3	76.4	33	5	Ms	China: Xinjiang, Kashi, N.	中国:新疆喀什北部	GSHAP
1928	7	11	23	46	55	39.4	67.2	20	5.4	Ms	Uzbekistan: Uzgut	乌兹别克斯坦:乌尔古特	GSHAP
1928	7	15	9	33	32	38.05	27.32	10	5.8	Ms	Turkey: Torbal	土耳其:托尔巴勒	Turkey
1928	7	18	18	45		-1	-78		5.7	Ms	Ecuador: Napo	厄瓜多尔:纳波	GSHAP
1928	7	18	19	5	8.94	-5.359	-78.738	35	6.9	Ms	Peru: Jaén	秘鲁:哈恩	* GSHAP, Engdahl, NOAA
1928	7	19	20	13	50	31.5	102.5		5.75	Ms	China: Sichuan, Xiaojin, N.	中国:四川小金北	* China
1928	7	19	23	38	45	-55.5	9		6.25	Ms	South Atlantic - Indian Ridge	南大西洋 - 印度洋海岭	Shi Z.
1928	7	21	5	33		-26	-66.5		5	Ms	Argentina: Salta	阿根廷:萨尔塔	GSHAP
1928	7	27	15	23	4	6	95.5	100	6	Ms	Indonesia: Pulau We	印度尼西亚:韦岛	GSHAP, Shi Z.
1928	7	28	19	50	15	-31	-71	50	6.5	Ms	Chile: Ovalle	智利:奥瓦耶	GSHAP
1928	8	1	19	46		62.7	-22	98	5	Ms	Iceland: Coast of SW.	冰岛:西南海域	Iceland
1928	8	1	20	46		62.7	-22	98	5	Ms	Iceland: Coast of SW.	冰岛:西南海域	Iceland
1928	8	2	1	31	14	36.5	65.5		5	Mk	Afghan: Sheberghan	阿富汗:希比尔甘	GSHAP, Song
1928	8	3	11	44	42	-2	-14		6	Ms	Central Mid - Atlantic Ridge	中大西洋中脊	Shi Z.
1928	8	4	18	26	20	16.418	-98.266	35	7.2	Mw	Mexico: Ometepec	墨西哥:奥美特佩克	Engdahl
1928	8	4				-8.32	121.708	1	7.8	Mk	Indonesia: Flores Islands	印度尼西亚:弗洛勒斯群岛	NOAA, Song
1928	8	5	14	41	56	16	119.5		6.25	Ms	Philippines: Agno, Off Coast	菲律宾:阿格诺沿海	China
1928	8	8	2	15	14	-34	57		6	Ms	Western Indian Ridge	西印度洋海岭	Shi Z.
1928	8	10	15	33	34.32	36.636	70.49	35	6.8	Muk	Afghan: Badakhshan	阿富汗:巴达赫尚	Engdahl, GSHAP
1928	8	12	8	8	44.59	1.834	127.243	35	7	mB	Molukka Sea	马鲁古海	Engdahl
1928	8	15	17	15	43	-28	-62.5	620	6.5	Ms	Argentina: Santiago del Estero	阿根廷:圣地亚哥 - 德尔埃斯特罗	GSHAP
1928	8	16	3	49	8	28	140	500	6	Ms	Japan: South Honshu Ridge	日本:本州南部海岭	Shi Z.
1928	8	16	7	36	42	70	126	16	5.6	Ms	Russia: Sakha, N.	俄罗斯:萨哈共和国北部	GSHAP
1928	8	21	19	1		37.3	57.9	9	5.4	Muk	Iran: Shirvan	伊朗:希尔凡	*
1928	8	21	19	2		32.3	58.7		5.6	Ms	Iran: Birjand	伊朗:比尔詹德	Afghan
1928	8	23	1	17	55	49.6	146.5	580	6.4	Ms	Sea of Okhotsk	鄂霍次克海	GSHAP
1928	8	23	3	53	38	41.8	72.9	21	5.5	Ms	Kyrgyzstan: Talas, SE.	吉尔吉斯斯坦:塔拉斯东南	GSHAP
1928	8	23	6	15	55	36.5	36		5.6	Ms	Turkey: Iskenderun	土耳其:伊斯肯德伦	Turkey
1928	8	24	21	43	31.13	-14.287	168.497	220	7	mB	Vanuatu Islands	瓦努阿图群岛	Engdahl
1928	8	25	1	48	12	49.6	141.9	12	5.5	Ms	Russia: Sakhalin Island	俄罗斯:库页岛(萨哈林岛)	GSHAP
1928	8	25	21	9	9	45.917	15.55		5.17	Ms	Slovenia: Brezice	斯洛文尼亚:布雷日采	Italy
1928	8	26	22	11		24	121		5.5	Ms	China: Taiwan, Nantou, N.	中国:台湾南投北	China
1928	8	29	17	16	3	23	121.7		5.75	Ms	China: Taiwan, Taitung, Coast of E.	中国:台湾台东以东海域	China
1928	8	30	6	30	58	23	121.7		5.75	Ms	China: Taiwan, Taitung, Coast of E.	中国:台湾台东以东海域	China
1928	8	30	10	54	15	23	121.7		5	Ms	China: Taiwan, Taitung, Coast of E.	中国:台湾台东以东海域	China
1928	8	30	12	12	20	27	96		5.5	Ms	myanmar: Sagaing, N.	缅甸:实皆北部	GSHAP
1928	9	1	6	9	52	28.8	69.6		6.5	Ms	Pakistan: Quetta	巴基斯坦:奎达	Afghan, GSHAP
1928	9	5	5	36		42.1	-115.2		5.2	Ms	US: Idaho, Jarbidge	美国:爱达荷州贾比奇	USGS
1928	9	5	14	42		35	-117		5.5	Ms	US: California, Fort Irwin	美国:加利福尼亚州欧文堡	CGS, USGS
1928	9	7	2	49	21.6	-5.495	147.001	140	6.8	Muk	Bismarck Sea	俾斯麦海	Engdahl
1928	9	11	0	27		-31	-69		5.5	Ms	Argentina: San Juan	阿根廷:圣胡安	GSHAP
1928	9	11	12	36	19	43.5	-130.3		6.3	Ms	US: Off Coast of W. Oregon	美国:俄勒冈州西部沿海	USGS
1928	9	12	1	20		-31	-180	500	6.25	Ms	Kermadec Ridge	克马德克海岭	Shi Z.
1928	9	18	17	19	20	0	-20		6.5	Ms	Central Mid - Atlantic Ridge	中大西洋中脊	Shi Z.
1928	9	18	19	52	0.3	13.5	52		6	Ms	Eastern Gulf of Aden	亚丁湾东部	GSHAP
1928	9	19	8	15	48	29	142		6	Ms	Japan: South Honshu Ridge	日本:本州南部海岭	Shi Z.

年 Year	月 Mo	日 Dy	时 Hr	分 Mn	秒 Sec	纬度(°) Latitude	经度(°) Longitude	深度 Depth	震级 Mag	标度 Scale	地名(英文) Name(English)	地名(中文) Name(Chinese)	资料来源 Information
1928	9	21	13	27	7.33	-14.954	-70.331	242.5	6.8	Muk	Peru:Ayaviri	秘鲁:阿亚维里	Engdahl,GSHAP
1928	9	22	7	31	33.33	-12.708	165.892	35	6.9	Muk	North Vanuatu Islands	瓦努阿图群岛北部	Engdahl
1928	9	22	16			25.4	101.8		5.5	Ms	China:Yunnan,Lufeng,NW.	中国:云南禄丰西北	China
1928	9	25	4	58	42	33.5	132	120	6	Ms	Japan:Oita	日本:大分	Shi Z.
1928	9	25	8	2	30	45.3	153.5	30	6	Ms	Kuril Islands	千岛群岛	GSHAP
1928	9	27	0	44	5	12	-60	33	6.5	Ms	Trinidad & Tobago:Northern Coast	特立尼达和多巴哥:北部近海	GSHAP
1928	10	2	19	1		33.6	-116.7		5.5	Ms	US:California,Anza	美国:加利福尼亚州安萨	CGS,USGS
1928	10	3	0	57	8	40.47	33.45	70	5	Ms	Turkey:Cankiri	土耳其:昌基利	GSHAP
1928	10	4	11	14	7	40.22	33.67	10	5.7	Ms	Turkey:Kirikkale	土耳其:克鲁兹卡雷	Turkey
1928	10	4	18	22		7.2	37.6		6	Ms	Ethiopia:Jimma	埃塞俄比亚:吉马	GSHAP
1928	10	6	6	40		47.7	12.9	2	5	Mk	Germany:Bad Reichenhall	德国:巴特赖兴哈尔	GSHAP,Song
1928	10	9	3	1	14.23	16.229	-97.55	35	7.5	Mw	Mexico:Oaxaca	墨西哥:瓦哈卡	* Engdahl
1928	10	12	7	26	9	23	95		5	Mk	myanmar:Sagaing	缅甸:实皆	GSHAP,Song
1928	10	12	7	29	38	46	153	30	6	Ms	Kuril Islands	千岛群岛	GSHAP
1928	10	15	14	19	45.79	28.351	67.094	35	6.8	Muk	Pakistan:Quetta	巴基斯坦:奎达	Engdahl,Afghan,GSHAP
1928	10	17	7	54		-34	-69.5		5	Ms	Argentina:San Rafael,W.	阿根廷:圣拉斐尔西部	GSHAP
1928	10	17	15	19	35	-53	-54		6.5	Ms	South Atlantic Ocean	南大西洋	GSHAP
1928	10	21	13	11	55	28.5	66.3		5	Mk	Pakistan:Quetta	巴基斯坦:奎达	GSHAP,Song
1928	10	23	17	52	6	51.1	157.3	50	6.1	Ms	Russia:Kamchatka,Near East Coast	俄罗斯:堪察加东部近海	GSHAP
1928	10	25	12	36	19	-13.5	68.5		6.5	Ms	Mid-Indian Ridge	中印度洋海岭	Shi Z.
1928	10	31	20	4	23	43.4	147.5	60	6	Ms	Kuril Islands	千岛群岛	GSHAP
1928	11	1	4	12	49	27	-105.5		6.3	Ms	Mexico:Parral	墨西哥:帕拉尔	Shi Z.
1928	11	1	16	8	18	5.5	-71.5		5.7	Ms	Colombia:Trinidad	哥伦比亚:特立尼达	GSHAP
1928	11	3	9	5	51	21.1	121.7		5	Ms	China:Taiwan,Coast of S.	中国:台湾南部海域	China
1928	11	6	13	42	36	40	52.8	40	5.4	Ms	Caspian Sea	里海	GSHAP
1928	11	7	18	37	20	51.9	90.6	20	5.3	Ms	Russia:Tuva,Kyzyl-Mazhalyk	俄罗斯:唐努图瓦州克孜勒马扎雷克	GSHAP
1928	11	11	22	40	56	-34	58		6.25	Ms	Western Indian Ridge	西印度洋海岭	Shi Z.
1928	11	14	4	33	9	35	72.5	110	6.8	Ms	Pakistan:Attock	巴基斯坦:阿塔克	GSHAP
1928	11	15	15	34	56	25.5	93.5		5	Mk	India:Dimapur	印度:迪马布尔	GSHAP,Song
1928	11	20	16	35	9.88	-23.111	-69.931	35	6.9	Ms	Chile:Tocopilla,Near Coast	智利:托科皮亚近海	* Chile,Engdahl,NOAA
1928	11	22	8	31	6.85	-57.071	-3.312	15	6.9	Muk	South Sandwich Trench	南桑威奇海沟	Engdahl
1928	11	23	4	23	12	45.7	26.6	150	5.7	Ms	Romania:Nereju	罗马尼亚:内雷茹	GSHAP
1928	11	28	10	43	17.67	-8.379	120.965	35	6.9	Ms	Flores Sea	弗洛勒斯海	Engdahl
1928	12	1	4	6	15.18	-35.086	-71.683	35	7.7	Mw	Chile:Talca, Chillan, Santiago	智利:塔尔卡,奇廉,圣地亚哥	* Chile,Engdahl,NOAA
1928	12	6	2			-33.5	-69.5		5.4	Ms	Argentina:Tunuyán	阿根廷:图努扬	GSHAP
1928	12	8	17	25		-28.4	-68.2		5.6	Ms	Argentina:La Rioja	阿根廷:拉里奥哈	GSHAP
1928	12	10	4	33	38	3	98		6	Mk	Indonesia:Sumatera,Medan	印度尼西亚:苏门答腊,棉兰	GSHAP,Song
1928	12	12	1	25	30	30.5	69		5	Mk	Pakistan:Quetta	巴基斯坦:奎达	GSHAP,Song
1928	12	13	3	5	18	44.8	81.7	15	5.4	Ms	China:Xinjiang,Bortala	中国:新疆博尔塔拉	China
1928	12	14	0	28	20	30.5	69		5	Mk	Pakistan:Quetta	巴基斯坦:奎达	GSHAP,Song
1928	12	14	1	58	4	2.8	96		5	Mk	Indonesia:Simeulue Island	印度尼西亚:锡默卢岛	GSHAP,Song
1928	12	14	2	8		28.8	68.1		5.6	Ms	Pakistan:Quetta	巴基斯坦:奎达	Afghan
1928	12	15	7			41.5	73.6	33	5	Ms	Kyrgyzstan:Naryn,W.	吉尔吉斯斯坦:纳伦西部	GSHAP
1928	12	18	3	39	27	43.5	90.5	20	5	Ms	China:Xinjiang,Shanshan	中国:新疆鄯善	GSHAP
1928	12	18	3	44	26	47.5	96	30	5.5	Ms	Mongolia:South-West of Uliastay	蒙古:乌里雅苏台市西南	GSHAP
1928	12	18	9	16	42	52	101.6	15	5	Ms	Russia:Buryatiya,Kyren,NW.	俄罗斯:布里亚特州克廖恩西北	GSHAP
1928	12	19	11	39	17.21	7.1	124.1	35	7.3	Mw	Philippines:Cotabato	菲律宾:哥打巴托	* Shi Z.,Engdahl,NOAA
1928	12	19	15	15	50	21.5	143.5	200	6	Ms	Mariana Islands,N.	马里亚纳群岛北部	Shi Z.
1928	12	21	0	28		-34	-69		5.2	Ms	Argentina:San Rafael	阿根廷:圣拉斐尔	GSHAP
1928	12	26	21	32	52	6	-99		6	Ms	Central East Pacific Rise	中央东太平洋海岭	Shi Z.
1928	12	27	4	46	10	-61	-55		6.25	Ms	West Scotia Basin	西斯科舍海盆	Shi Z.
1928	12	28	14	19	45.2	7.726	123.675	35	6.9	Muk	Philippines:Mindanao Island	菲律宾:棉兰老岛	Engdahl
1928	12	31	7	33	36	26.5	99		5	Ms	China:Yunnan,Nujiang,N.	中国:云南怒江北	China
1928						48.967	-58		7	Mk	Canada:Newfoundland	加拿大:纽芬兰(岛)	NOAA,Song
1929	1	1	16	40		33.1	130.9		5.4	Ms	Japan:Oita,W.	日本:大分县西部	Usami,Japan
1929	1	2	2	26	56	23.2	120.6		5.25	Ms	China:Taiwan,Tainan	中国:台湾台南	China
1929	1	6	0	2		63.8	-22.8	4	5.2	Ms	Iceland:Grindavík	冰岛:格林达维克	Iceland
1929	1	8	7	23	27	-33	60		6.25	Ms	Western Indian Ridge	西印度洋海岭	Shi Z.
1929	1	10	10			40.2	77.2	33	5	Ms	China:Xinjiang,Akqi	中国:新疆阿合奇	GSHAP
1929	1	13	0	3	3.19	49.8	154.8	35	7.4	mB	Kuril Islands	千岛群岛	* Engdahl
1929	1	13	18	44	39	40.7	111.3		6	Ms	China:Inner Mongolia,Tumed Zuoqi	中国:内蒙古土默特左旗	* China
1929	1	14	9	45	21	31.7	77		5	Mk	India:Himachal	印度:喜马偕尔邦	GSHAP,Song
1929	1	17	11	45	42.24	9.499	-64.381	35	6.9	Muk	Venezuela:Anaco	委内瑞拉:阿纳科	* Engdahl,NOAA
1929	1	17	22	28	42	12	144		6.25	Ms	Mariana Islands,S.	马里亚纳群岛南部	Shi Z.

年 Year	月 Mo	日 Dy	时 Hr	分 Mn	秒 Sec	纬度(°) Latitude	经度(°) Longitude	深度 Depth	震级 Mag	标度 Scale	地名(英文) Name(English)	地名(中文) Name(Chinese)	资料来源 Information
1929	1	19	3	17	54	10	-81.5		6	Ms	Panama:Off Coast of N.	巴拿马:北部沿海	Shi Z.
1929	1	19	11	19	33	25.5	98		5.5	Ms	myanmar:Myitkyina	缅甸:密支那	* China
1929	1	19	16			40.7	111.3		5.5	Ms	China:Inner Mongolia,Tumed Zuoqi	中国:内蒙古土默特左旗	China
1929	1	21	4	55	35	-50	136		6	Ms	Ridge Between Antarctic And Australia	南极－澳大利亚海岭	Shi Z.
1929	1	21	10	30	53	64	-148		6.25	Ms	Alaska Peninsula,C.	阿拉斯加半岛中部	USGS
1929	1	22	14	43	5	11.5	43.5		6	Ms	Djibouti:Djibouti	吉布提:吉布提	Shi Z.
1929	1	27	16	7	12	8	-37		6.5	Ms	Central Mid－Atlantic Ridge	中大西洋中脊	Shi Z.
1929	2	1	17	14	26.02	36.459	70.931	207.9	7	mB	Afghan:Badakhshan	阿富汗:巴达赫尚	* Engdahl
1929	2	2	0	0	23.71	-1.513	-21.784	15	6.8	Ms	Central Mid－Atlantic Ridge	中大西洋中脊	Engdahl
1929	2	6	6	49	14	48.528	152.84	137.6	6.8	Muk	Kuril Islands	千岛群岛	Engdahl,GSHAP
1929	2	8	6	41		24.9	119.9		5	Ms	China:Taiwan Strait	中国:台湾海峡	China
1929	2	9	0	55	40	23.5	102.5		5.25	Ms	China:Yunnan,Jianshui,W.	中国:云南建水西	China
1929	2	10	3	14		0.4	30		5.7	Ms	Congo:Beni	刚果:贝尼	GSHAP
1929	2	10	17	20	16	44	44		5.6	Ms	Russia:Stavropol,Mineralnye Vody	俄罗斯:斯塔夫罗波尔区矿水城	Turkey
1929	2	14	14	39	26	28.5	128.5		6	Ms	Ryukyu Islands	琉球群岛	Shi Z.
1929	2	16	3			46.1	-111.3		5.6	Ms	US:Montana,Maudlow	美国:蒙大纳州莫德洛	USGS
1929	2	16	19	23	16	-56	-121		6.25	Ms	Southern Pacific Ridge	南太平洋海岭	Shi Z.
1929	2	19	5	24		-17	-63		5.3	Ms	Bolivia:Santa Cruz de la Sierra	玻利维亚:圣克鲁斯	GSHAP
1929	2	22	20	41	49.76	10.482	-41.883	15	7	Ms	Northern Mid－Atlantic Ridge	北大西洋洋中脊	Engdahl
1929	3	1	7	31	13	51.5	-130.75		6.1	Ms	Canada:Off Coast of W. Vancouver	加拿大:温哥华西部海域	Shi Z.
1929	3	1	10	32	10	46.767	6.75		5.57	Ms	Switzerland:Yverdon	瑞士:伊韦尔东	Italy
1929	3	3	3	11	3	36.8	70.7	200	6	Ms	Afghan:Badakhshan	阿富汗:巴达赫尚	GSHAP
1929	3	6	16	59	23	38.7	70.5		5	Mk	Tadzhikistan:Kalaihongbu	塔吉克斯坦:卡莱洪布	GSHAP,Song
1929	3	7	1	34	42.84	50.786	-169.524	25	7.8	Mw	Aleutian Islands	阿留申群岛	* Engdahl,NOAA
1929	3	9	2	11	51	24.5	142.5		6.25	Ms	Japan:South Honshu Ridge	日本:本州南部海岭	Shi Z.
1929	3	9	10	50	33.26	-43.227	173.002	15.2	6.9	Muk	New Zealand: South Island, Christchurch	新西兰:南岛,基督城	Engdahl
1929	3	10	14	34	34.87	18.761	145.686	35	6.8	Muk	Mariana Islands	马里亚纳群岛	Engdahl
1929	3	11	13	25	32	10.5	-75.5		5	Ms	Colombia:Cartagena	哥伦比亚:卡塔赫纳	GSHAP
1929	3	13	11	1	27	36.2	71	100	5.9	Ms	Afghan:Badakhshan	阿富汗:巴达赫尚	GSHAP
1929	3	16	3	22		14.2	53.8		5.4	Ms	Arabian Sea	阿拉伯海	GSHAP
1929	3	16	8			9.9	-69.39		5.5	Ms	Venezuela:Lara	委内瑞拉:拉腊	GSHAP
1929	3	16	12	30		14	54		5.5	Ms	Arabian Sea	阿拉伯海	GSHAP
1929	3	17	2			9.9	-69.39		5.5	Ms	Venezuela:Lara	委内瑞拉:拉腊	GSHAP
1929	3	17	12	14	22	48	144	310	6	Ms	Sea of Okhotsk	鄂霍次克海	Shi Z.
1929	3	18	23	21	2	38.5	143.5		6	Ms	Japan Trench	日本海沟	Shi Z.
1929	3	22	3	4	4	24	103		6	Ms	China:Yunnan,Tonghai	中国:云南通海	China
1929	3	25	3	47	4	29	94.5		5.5	Ms	India:Arunachal Pradesh	印度:阿鲁那恰尔邦	China
1929	3	25	14	54	24	5.5	93		5	Mk	India:Nicobar Islands	印度:尼科巴群岛	GSHAP,Song
1929	3	26	8	25	12	1	97.5		5	Mk	Indonesia:Sumatera,Nias Island	印度尼西亚:苏门答腊,尼亚斯岛	GSHAP,Song
1929	3	27	2	11	55	39.1	71.6		5	Mk	Tadzhikistan:Dzhirgatal	塔吉克斯坦:吉尔加塔尔	GSHAP,Song
1929	3	27	2	36	8	39.1	71.6		5	Mk	Tadzhikistan:Dzhirgatal	塔吉克斯坦:吉尔加塔尔	GSHAP,Song
1929	3	27	3	37	18	39.1	71.6		5	Mk	Tadzhikistan:Dzhirgatal	塔吉克斯坦:吉尔加塔尔	GSHAP,Song
1929	3	27	7	41	46	36.7	26.5	120	6.2	Ms	Aegean Sea	爱琴海	GSHAP
1929	3	28	20	17	57	-55	-27.5		6.5	Ms	South Sandwich Trench	南桑威奇海沟	Shi Z.
1929	4	2	3	26	20	37.2	101.4		5.5	Ms	China:Qinghai,Datong,NW.	中国:青海大通西北	China
1929	4	5	7	26	46	20	121		5.5	Ms	China:Taiwan,Coast of S.	中国:台湾南部海域	China
1929	4	8	10	16	57.55	7.77	123.817	584	6.8	Muk	Philippines:Mindanao Island	菲律宾:棉兰老岛	Engdahl
1929	4	9	3	52	49	-33.5	58		6.25	Ms	Western Indian Ridge	西印度洋海岭	Shi Z.
1929	4	10	23	53		25	77.5		5	Mk	India:Guna	印度:古纳	GSHAP,Song
1929	4	11	23	53		25	77.5		5.5	Ms	India:Guna	印度:古纳	GSHAP
1929	4	13	21	5	59	-55	-24		6	Ms	South Sandwich Trench	南桑威奇海沟	Shi Z.
1929	4	17	18	34	12	36.5	141	100	6	Ms	Japan:Ibaraki,Near Coast	日本:茨城近海	Shi Z.
1929	4	20	1	9	46	44.47	11.13		5.55	Ms	Italy:Bologna	意大利:博洛尼亚	Italy
1929	4	24	4	59	15	36.5	65.5		5	Mk	Afghan:Sheberghan	阿富汗:希比尔甘	GSHAP,Song
1929	4	28	4	58	0.3	14.5	54		5.5	Ms	Arabian Sea	阿拉伯海	GSHAP
1929	4	30	18	48	36	12.7	94.8		6	Ms	India:Andaman Islands	印度:安达曼群岛	GSHAP
1929	5	1	7	38	41	14	147		6.25	Ms	Mariana Islands	马里亚纳群岛	Shi Z.
1929	5	1	15	37	37.06	37.957	57.693	25	7.1	Mw	Iran:Bojnurd	伊朗:博季努尔德	* Engdahl
1929	5	2	14	25	57	45	149.5	70	6.3	Ms	Kuril Islands	千岛群岛	GSHAP
1929	5	3	16	20	1	37.7	58.2	13	5.1	Ms	Iran:Qūchān	伊朗:古昌	GSHAP
1929	5	4	6	31	19	38.64	58.02	33	5.2	Ms	Turkmenistan:Asgabat	土库曼斯坦:阿什哈巴德	Iran,GSHAP
1929	5	10	11	17	46	50.2	106.3	27	5.6	Ms	Mongolia:Suhbaatar	蒙古:苏赫巴托尔	GSHAP
1929	5	13	13	27	9	37.8	57.4	13	5.7	Ms	Iran:Bojnurd	伊朗:博季努尔德	GSHAP
1929	5	18	1	2	12	11.5	41.5		6	Ms	Ethiopia:Mile	埃塞俄比亚:米莱	Shi Z.
1929	5	18	6	37		40.2	37.9	10	6.5	Muk	Turkey:Susehri	土耳其:苏谢赫里	*
1929	5	20	12	17	56	45.8	26.5	100	5.6	Ms	Romania:Vrancea	罗马尼亚:弗朗恰	GSHAP
1929	5	20	18			37	74.9	33	5	Ms	China:Xinjiang,Tashkurghan,SW.	中国:新疆塔什库尔干西南	GSHAP

年 Year	月 Mo	日 Dy	时 Hr	分 Mn	秒 Sec	纬度(°) Latitude	经度(°) Longitude	深度 Depth	震级 Mag	标度 Scale	地名(英文) Name(English)	地名(中文) Name(Chinese)	资料来源 Information
1929	5	21	16	35		31.7	132.2	30	7.1	Ms	Japan:Miyazaki,Near Coast	日本:宫崎近海	* Usami,NOAA
1929	5	22	20	6	15	-62	155		6.5	Ms	Southern Pacific Ridge	南太平洋海岭	Shi Z.
1929	5	23	5	4		-32.9	-68.9	30	5.7	Ms	Argentina:Mendoza	阿根廷:门多萨	GSHAP
1929	5	24	18	37	44	29.3	98.7		5.75	Ms	China:Xizang (Tibet),Markam,SE.	中国:西藏芒康东南	China
1929	5	25	6	46		39	37.5	33	5.5	Ms	Turkey:Kangal	土耳其:坎加尔	Turkey
1929	5	25	11	59	36.16	-7.363	-74.097	35	6.8	Muk	Peru:Pucallpa	秘鲁:普卡尔帕	Engdahl,GSHAP
1929	5	26	22	40	2.64	51.235	-130.556	15	7	Ms	Canada: British Columbia, Kunghit Island	加拿大:英属哥伦比亚康吉特岛	* Engdah l, Shi Z., NOAA
1929	5	28	4	49	15	-33	-110		6.25	Ms	Easter Island,S.	复活节岛南部	Shi Z.
1929	5	30	9	43	30.64	-34.768	-67.598	35	6.8	Muk	Argentina:San Rafael	阿根廷:圣拉斐尔	Engdahl,GSHAP
1929	6	1	22	18		-34.8	-68.2		5	Ms	Argentina:San Rafael	阿根廷:圣拉斐尔	GSHAP
1929	6	2	21	38	36.23	34.045	137.08	348.4	6.9	mB	Japan:Mie,Near Coast	日本:三重近海	Engdahl
1929	6	3	20	29	54	43.2	67.1	51	6.4	Ms	Kazakhstan:Qyzylorda	哈萨克斯坦:克孜勒奥尔达	GSHAP
1929	6	4	7	4	45	37.3	66.5	14	5.7	Ms	Afghan:Jowzjan,N.	阿富汗:朱兹詹北部	GSHAP
1929	6	4	14	40		-35.2	-68.1		5	Ms	Argentina:San Rafael	阿根廷:圣拉斐尔	GSHAP
1929	6	4	15	15	24.4	6.021	125.639	35	7.1	mB	Philippines:Mindanao Island	菲律宾:棉兰老岛	Engdahl, Shi Z.
1929	6	4				25.2	97.2		5.9	Mk	myanmar:Myitkyina	缅甸:密支那	* Song
1929	6	5	9	6	51	42.9	66.8	30	5.2	Ms	Kazakhstan:Turkistan	哈萨克斯坦:突厥斯坦	GSHAP
1929	6	6	10	50	11	-1	-14.5		6.5	Ms	Central Mid - Atlantic Ridge	中大西洋中脊	Shi Z.
1929	6	6	14	18	53	-33.5	59		6	Ms	Western Indian Ridge	西印度洋海岭	Shi Z.
1929	6	8	6	10	40	5.5	93		5	Mk	India:Nicobar Islands	印度:尼科巴群岛	GSHAP,Song
1929	6	9	9	7	54	46	151.1	10	6.6	Ms	Kuril Islands	千岛群岛	GSHAP
1929	6	10	0	18	4	25.5	98		5.5	Ms	myanmar:Myitkyina	缅甸:密支那	China
1929	6	10	23	3	14	71	10		6.25	Ms	Norwegian Sea	挪威海	Shi Z.
1929	6	12	11	42	58.83	-4.233	143.644	35	6.8	Muk	Papua New Guinea:Terebu	巴布亚新几内亚:泰雷布	Engdahl
1929	6	12	14	30	4	25.5	98		5.75	Ms	myanmar:Myitkyina	缅甸:密支那	China
1929	6	13	0	12	14	46	151.2	50	7.3	Ms	Kuril Islands	千岛群岛	GSHAP
1929	6	13	0	14	7	46	151.1	50	6.2	Ms	Kuril Islands	千岛群岛	GSHAP
1929	6	13	0	26	45	46	151.2	50	6.2	Ms	Kuril Islands	千岛群岛	GSHAP
1929	6	13	9	24	38.7	8.5	127	35	7.2	Mw	Philippines:Mindanao,Hinatuan	菲律宾:棉兰老岛,海纳特	* Shi Z., Bautista, Engdahl, NOAA
1929	6	13	22	15	36	41.5	63.5	30	5.2	Ms	Uzbekistan:Navoiy	乌兹别克斯坦:纳沃伊州	GSHAP
1929	6	15	21	26		-31	-68		5	Ms	Argentina:San Juan	阿根廷:圣胡安	GSHAP
1929	6	16	22	47	32	-41.75	172.25	35	7.5	Mw	New Zealand:South Island,Murchison	新西兰:南岛,默奇森	* Engdahl,NOAA
1929	6	19	19	20	45	25.5	98		5	Ms	myanmar:Myitkyina	缅甸:密支那	China
1929	6	20	7	39		-31.5	-68		5.6	Ms	Argentina:San Juan	阿根廷:圣胡安	GSHAP
1929	6	20	18	22	33	-8.5	114	60	6.25	Ms	Indonesia:Java Island	印度尼西亚:爪哇岛	Shi Z.
1929	6	27	12	47	14.9	-54.714	-29.549	35	8	Mw	South Sandwich Trench	南桑威奇海沟	* Engdahl
1929	6	29	1	39	36	2.8	96		5	Mk	Indonesia:Simeulue Island	印度尼西亚:锡默卢岛	GSHAP,Song
1929	7	3	0	53		62.5	-149		6.25	Ms	Alaska Peninsula,S.	阿拉斯加半岛南部	USGS,Shi Z.
1929	7	4	4	28	35	64	-148		6.5	Ms	Alaska Peninsula,C.	阿拉斯加半岛中部	USGS
1929	7	5	14	19	8.66	51.424	-178.136	35	7	Ms	Andreanof Islands, Aleutian Is.	阿留申群岛,安德烈亚诺夫群岛	Engdahl,USGS
1929	7	6	9	46	15	14.5	-46		6.5	Ms	Central Mid - Atlantic Ridge	中大西洋中脊	Shi Z.
1929	7	7	21	23	16.52	51.347	-177.91	35	7.2	Mw	Andreanof Islands, Aleutian Is.	阿留申群岛,安德烈亚诺夫群岛	Engdahl,USGS
1929	7	10	9	1	57	37.5	70.5		5	Mk	Afghan:Badakhshan	阿富汗:巴达赫尚	GSHAP,Song
1929	7	13	7	36		37.5	58	57	5.8	Muk	Iran:Shirvan	伊朗:希尔凡	*
1929	7	14	8	58		-33	-110		6.5	Ms	Easter Island,S.	复活节岛南部	Shi Z.
1929	7	14	9	36	45	48.6	154.8	40	6.4	Ms	Kuril Islands	千岛群岛	GSHAP
1929	7	15	7	44	14	32.2	49.7	65	6.2	Muk	Iran:Khuzestan	伊朗:胡齐斯坦	*
1929	7	18	21	2		43.988	11.507		5.07	Ms	Italy:Borgo S. Lorenzo	意大利:圣洛伦佐镇	Italy
1929	7	23	18	42		63.9	-21.7	33	6.3	Muk	Iceland:Reykjavik	冰岛:雷克雅未克	*
1929	7	23	20	4		63.9	-21.7	9	5.2	Ms	Iceland:Reykjavik	冰岛:雷克雅未克	Iceland
1929	7	25	0	17	21	37.6	57.9	13	5.7	Ms	Iran:Shirvan	伊朗:希尔凡	GSHAP
1929	7	25	8	39	12	-0.4	-78.55		6.3	Ms	Ecuador:Quito	厄瓜多尔:基多	GSHAP
1929	7	25	22	57	17	-13.5	-14		6.25	Ms	Central Mid - Atlantic Ridge	中大西洋中脊	Shi Z.
1929	7	26	17	18	0.4	-3	24		5.5	Ms	Congo:Lodja	刚果:洛贾	GSHAP
1929	7	26	22	48	16	35.5	139	20	6.1	Ms	Japan:Fujiyoshida	日本:山梨富士吉田	Shi Z.,Usami,Japan
1929	7	27	1	59		-34	-69.5		5.7	Ms	Argentina:San Rafael,W.	阿根廷:圣拉斐尔西部	GSHAP
1929	8	1	5	1	48	12	93.5		6.5	Ms	India:Andaman Islands	印度:安达曼群岛	GSHAP,Shi Z.
1929	8	3	12	49	28	-17	-172.5		6.5	Ms	Tonga Islands,N.	汤加群岛北部	Shi Z.
1929	8	4	9	3	53	36	31		5.6	Ms	Mediterranean Sea	地中海	Turkey
1929	8	4	14	45		-0.4	-78.55		5	Ms	Ecuador:Quito	厄瓜多尔:基多	GSHAP
1929	8	8	12	57	13	21	97	60	6.5	Ms	myanmar:Mandalay	缅甸:曼德勒	GSHAP
1929	8	9	3	57		-34	-68		5	Ms	Argentina:San Rafael	阿根廷:圣拉斐尔	GSHAP
1929	8	9	20			24	122		6.75	Ms	China:Taiwan,Hualien,Coast of E.	中国:台湾花莲以东海域	China
1929	8	12	11	24		42.9	-78.3		7	Mk	US:New York,Darien	美国:纽约州达里恩	* Song
1929	8	14	2	16	50	-66	175		6	Ms	Southern Pacific Ridge	南太平洋海岭	Shi Z.
1929	8	15	19	56	21	5	-83.5		6.5	Ms	Colombia:Off Coast of W.	哥伦比亚:西部沿海	Shi Z.

年 Year	月 Mo	日 Dy	时 Hr	分 Mn	秒 Sec	纬度(°) Latitude	经度(°) Longitude	深度 Depth	震级 Mag	标度 Scale	地名(英文) Name(English)	地名(中文) Name(Chinese)	资料来源 Information
1929	8	16	21	28	25	-16.5	121		6.25	Ms	Australia:Broome,Off Coast of W.	澳大利亚:布鲁姆西部海域	Shi Z.
1929	8	19	2	43	10.9	24.087	121.662	35	6.8	Muk	China:Taiwan,Hualien	中国:台湾花莲	China,Engdahl
1929	8	20	16	38	20	24	122		6.25	Ms	China:Taiwan,Hualien,Coast of E.	中国:台湾花莲以东海域	China
1929	8	29	19	47	13	24	122		5.5	Ms	China:Taiwan,Hualien,Coast of E.	中国:台湾花莲以东海域	China
1929	9	3	12	7	39	26.5	62.25		6.5	Ms	Pakistan:Balochistan	巴基斯坦:俾路支	Iran
1929	9	4	22	24	58	43.2	66.8	30	5.3	Ms	Kazakhstan:Qyzylorda	哈萨克斯坦:克孜勒奥尔达	GSHAP
1929	9	9	3	28	15	2.4	98.8		5	Mk	Indonesia:Northern Sumatera	印度尼西亚:苏门答腊北部	GSHAP,Song
1929	9	9	18	57	45	25.5	98.5		5	Ms	China:Yunnan,Tengchong,N.	中国:云南腾冲北	China
1929	9	10	20	22	40	-34	60		6.25	Ms	Western Indian Ridge	西印度洋海岭	Shi Z.
1929	9	11	22	18	42	24	122		6	Ms	China:Taiwan,Hualien,Coast of E.	中国:台湾花莲以东海域	China
1929	9	14	0	15	36	24	122		5	Ms	China:Taiwan,Hualien,Coast of E.	中国:台湾花莲以东海域	China
1929	9	15	13	10	15	40.2	38.8	50	5.2	Ms	Turkey:Giresun	土耳其:吉雷松	GSHAP
1929	9	17	19	17	34	51	-131		6.3	Ms	Canada:Off Coast of W. Vancouver	加拿大:温哥华西部海域	Shi Z.
1929	9	21	18	54	23	10	125	300	6	Ms	Philippines:Bohol Island	菲律宾:保和岛	Shi Z.
1929	9	24	13	52	17	36.7	70.7	200	6.4	Ms	Afghan:Badakhshan	阿富汗:巴达赫尚	GSHAP
1929	9	26	4	50	56	19.75	-156		5.6	Ms	Hawaiian Islands	夏威夷群岛	USGS
1929	9	26	20	0	22.7	34.83	-116.52		5.1	Ms	US:California,Newberry Springs	美国:加利福尼亚州纽贝里斯普林斯	USGS
1929	9	27	21	20		19.75	-156		5.1	Mk	Hawaiian Islands	夏威夷群岛	USGS,Song
1929	9	27	23	16	3	25	-110.5		6	Ms	Gulf of California	加利福尼亚湾	Shi Z.
1929	9	28	14	56	24	46.7	146.7	390	6.3	Ms	Sea of Okhotsk	鄂霍次克海	GSHAP
1929	9	28	17	38		19.75	-156		5.6	Mk	Hawaiian Islands	夏威夷群岛	USGS,Song
1929	9	29	1	48		19.75	-156		5.1	Mk	Hawaiian Islands	夏威夷群岛	USGS,Song
1929	9	30	22	25		19.75	-156		5.1	Mk	Hawaiian Islands	夏威夷群岛	USGS,Song
1929	10	5	2	34	45	-37	78		6	Ms	South - East Indian Ridge	南印度洋东海岭	Shi Z.
1929	10	5	16	59	56	53.4	160	20	6.1	Ms	Russia:Kamchatka,Near East Coast	俄罗斯:堪察加东部近海	GSHAP
1929	10	6	7	51	31	19.75	-156		6.5	Ms	Hawaiian Islands	夏威夷群岛	USGS
1929	10	16	20	27	37	25.8	98.7		6.5	Ms	China:Yunnan,Tengchong,N.	中国:云南腾冲北	China
1929	10	18	10	42	35	25.5	98.5		5	Ms	China:Yunnan,Tengchong,N.	中国:云南腾冲北	China
1929	10	18	23	54		-35.5	-69.5		5.3	Ms	Argentina:San Rafael	阿根廷:圣拉斐尔	GSHAP
1929	10	19	10	12	51.43	-23.038	-68.737	35	7.4	mB	Chile:Antofagasta,C.	智利:安托法加斯塔中部	* Shi Z.,Engdahl
1929	10	19	18	33	3	26.7	96		5.5	Ms	myanmar:Sagaing,N.	缅甸:实皆北部	GSHAP
1929	10	19	20	20	42	-23	-69	100	6	Ms	Chile:Antofagasta,C.	智利:安托法加斯塔中部	GSHAP
1929	10	20	3	50		10.68	-61.51		5	Mk	Trinidad & Tobago:Port of Spain	特立尼达和多巴哥:西班牙港	GSHAP,Song
1929	10	21	10	33	38	-59	-26		6	Ms	South Sandwich Islands	南桑威奇群岛	Shi Z.
1929	10	22	18	10		-26	-68.5		5.8	Ms	Chile:Copiapo,N.	智利:科皮亚波北部	GSHAP
1929	10	22	18	38	30	23.2	120.6		5.25	Ms	China:Taiwan,Tainan	中国:台湾台南	China
1929	10	24	6	34	13	22	118		6.5	Ms	China:Taiwan Strait	中国:台湾海峡	China
1929	10	27	16	42	58	32.35	48.35	33	5	Ms	Iran:Khuzestan	伊朗:胡齐斯坦	Iran
1929	10	29	5	53	39	27.5	54.5		5.6	Ms	Iran:Lar	伊朗:拉尔	Iran
1929	10	29	18	33	3	26	96		5.5	Ms	myanmar:Sagaing,N.	缅甸:实皆北部	GSHAP
1929	11	1	6	57	21	45.9	26.5	150	6.7	Ms	Romania:Tulnici	罗马尼亚:图尔尼奇	GSHAP
1929	11	9				4.633	95.567		7	Mk	Indonesia:Off West Coast of N. Sumatera	印度尼西亚:北苏门答腊西部海域	NOAA,Song
1929	11	11	7	36		36.8	26.5	100	5.7	Ms	Greece:Amorgos	希腊:阿莫尔戈斯	Turkey
1929	11	15	18	50	32.21	7.522	142.735	25	7.1	Ms	Philippine Trench	菲律宾海沟	Engdahl
1929	11	18	20	32	0.76	44.539	-56.008	15	7.3	M	Canada:Grand Banks of Newfoundland	加拿大:纽芬兰大浅滩	* Engdahl,NOAA
1929	11	19				37.5	57.9	12	5	Ms	Iran:Shirvan	伊朗:希尔凡	GSHAP
1929	11	20	5	54		34.2	135.2	10	5.6	Ms	Japan:Wakayama	日本:和歌山	Usami,Japan
1929	11	23	12	32		-30.6	-69.7		5.4	Ms	Argentina:San Juan	阿根廷:圣胡安	GSHAP
1929	11	28	19	49		36.9	-118.2		5.5	Ms	US:California,Blackrock	美国:加利福尼亚州布莱克罗克	USGS
1929	12	5	22	28		-31.7	-68.4		5.1	Ms	Argentina:San Juan	阿根廷:圣胡安	GSHAP
1929	12	6	16	46	42.91	-55.456	-28.587	15	6.8	Muk	South Sandwich Trench	南桑威奇海沟	Engdahl
1929	12	6	20	21	9.45	-56.758	-30.003	35	6.8	Muk	South Sandwich Trench	南桑威奇海沟	Engdahl
1929	12	9	6	50	1.1	4.5	94.5	35	6.75	Ms	Indonesia:Off West Coast of N. Sumatera	印度尼西亚:北苏门答腊西部海域	GSHAP,Shi Z.,Engdahl
1929	12	10	17	55	3	36.5	70.5	191	6	Mk	Afghan:Badakhshan	阿富汗:巴达赫尚	GSHAP,Song
1929	12	11	3	48		2	21.5		5.4	Ms	Congo:Lisala	刚果:利萨拉	GSHAP
1929	12	15	19	54	28	18	97		5	Mk	myanmar:Pyu	缅甸:彪关	GSHAP,Song
1929	12	17	10	58	44.27	53.783	171.512	35	7.7	Mw	Russia:Ostrov Beringa	俄罗斯:白令岛	* Engdahl
1929	12	18	6	58	28	24.6	122.7		5.5	Ms	China:Taiwan,Yilan,Coast of E.	中国:台湾宜兰以东海域	China
1929	12	20	16	27		-28	-64		5.2	Ms	Argentina:Santiago del Estero	阿根廷:圣地亚哥-德尔埃斯特罗	GSHAP
1929	12	20	20	19	34	40.2	23.8	6	5	Ms	Aegean Sea	爱琴海	GSHAP
1929	12	27	13	32	7	-3	125	230	6.5	Ms	Indonesia:Banda Sea	印度尼西亚:班达海	Shi Z.
1929	12	29	0	58	53	37.5	70.5		5	Mk	Afghan:Badakhshan	阿富汗:巴达赫尚	GSHAP,Song
1929	12	31	1	3	57	11	141		6.25	Ms	Mariana Islands,S.	马里亚纳群岛南部	Shi Z.
1929	12	31	4	10	20	-51	138		6	Ms	Ridge Between Antarctic And Australia	南极-澳大利亚海岭	Shi Z.

年 Year	月 Mo	日 Dy	时 Hr	分 Mn	秒 Sec	纬度(°) Latitude	经度(°) Longitude	深度 Depth	震级 Mag	标度 Scale	地名(英文) Name(English)	地名(中文) Name(Chinese)	资料来源 Information
1929	12	31	20	14		-31.5	-69.8		5.9	Ms	Argentina:San Juan	阿根廷:圣胡安	GSHAP
1930	1	2	16			32.2	119.4		5.5	Ms	China:Jiangsu,Zhenjiang	中国:江苏镇江	* China
1930	1	5	1	19	48.67	49.964	153.58	107.9	7	mB	Kuril Islands	千岛群岛	Engdahl,GSHAP
1930	1	5	18	52	18	44.6	149.2	40	5.9	Ms	Kuril Islands	千岛群岛	GSHAP
1930	1	6	23	50		-55	-131		6	Ms	Southern Pacific Ridge	南太平洋海岭	Shi Z.
1930	1	7	17	27	36	39.2	72.1	10	5.3	Ms	Tadzhikistan:Dzhirgatal	塔吉克斯坦:吉尔加塔尔	GSHAP
1930	1	9	7	58		-33	-69.5		5.8	Ms	Argentina:Mendoza	阿根廷:门多萨	GSHAP
1930	1	13	13	23		-31	-68.5		5.8	Ms	Argentina:San Juan	阿根廷:圣胡安	GSHAP
1930	1	14	22	1	19	-16	-171	30	6.25	Ms	Tonga Islands,N.	汤加群岛北部	Shi Z.
1930	1	16	0	34		34.2	-116.9		5.5	Ms	US:California,Landers	美国:加利福尼亚州兰德斯	CGS,USGS
1930	1	17	11	10	19	-33	59		6	Ms	Western Indian Ridge	西印度洋海岭	Shi Z.
1930	1	26	12	20	30	18.5	146.5	190	6.25	Ms	Mariana Islands	马里亚纳群岛	Shi Z.
1930	1	26	13	23		-28.5	-68		5.8	Ms	Argentina:La Rioja	阿根廷:拉里奥哈	GSHAP
1930	1	28	6	25		40.4	20.5	33	5.6	Muk	Albania:Korce, Lavdar	阿尔巴尼亚:科里察,拉夫达里	*
1930	2	5	13	28		33.5	130.25	20	5.1	Ms	Japan:Fukuoka,W.	日本:福冈西部	Usami,Japan
1930	2	8	6	28	58	39.4	74.9		5.25	Ms	China:Xinjiang,Ulugqat,W.	中国:新疆乌恰西	China
1930	2	10	4	47		-24	-64		5.5	Ms	Argentina:Apolinario Saravia	阿根廷:阿波利纳里奥-萨拉维亚	GSHAP
1930	2	11	0	11		34.2	135.1	10	5.2	Ms	Japan:Wakayama	日本:和歌山附近	Usami,Japan
1930	2	14	18	38	11.91	36.067	24.789	35	6.8	Muk	Aegean Sea	爱琴海	* Engdahl
1930	2	14	20	41	10	-21	-175	50	6.5	Ms	Tonga Islands	汤加群岛	Shi Z.
1930	2	16				36	-3		7	Mk	Spain:El Ejido,Off Coast of S.	西班牙:埃尔埃希多南部近海	* NOAA,Song
1930	2	18	1	52	48	-60	-25		6.5	Ms	South Sandwich Trench	南桑威奇海沟	Shi Z.
1930	2	23	18	19	12	39.6	23.1		6	Ms	Aegean Sea	爱琴海	GSHAP
1930	2	26	2	30		33	-115.5		5	Ms	US:California,Brawley	美国:加利福尼亚州布劳利	USGS
1930	2	27	2	15	16	4	94.1		5	Mk	India:Nicobar Islands	印度:尼科巴群岛	GSHAP,Song
1930	2	28	0	57	56	15	-46		6	Ms	Central Mid-Atlantic Ridge	中大西洋中脊	Shi Z.
1930	3	1	5	35	23	40	75.3	20	5.4	Ms	China:Xinjiang,Ulugqat,N.	中国:新疆乌恰北	China
1930	3	2	15	26	45	25.5	123.5		5	Ms	Ryukyu Islands	琉球群岛	China
1930	3	6	3	31	36	27	140	540	6	Ms	Japan:South Honshu Ridge	日本:本州南部海岭	Shi Z.
1930	3	6	9	18	32	35	24.5	100	6	Ms	Greece:Crete Island	希腊:克里特岛	GSHAP
1930	3	6	15	44	20	39	72	10	5.4	Ms	Tadzhikistan:Dzhirgatal	塔吉克斯坦:吉尔加塔尔	GSHAP
1930	3	8	3	45	30	9.7	-78.7		6.3	Ms	Panama:Off Coast of N.	巴拿马:北部沿海	GSHAP
1930	3	10	16	27	34	49	148.2	640	7.5	Mk	Sea of Okhotsk	鄂霍次克海	GSHAP,Song
1930	3	13	8	38	12	48	102.5	15	5.2	Ms	Mongolia:West Arhangay	蒙古:后杭爱西部	GSHAP
1930	3	22	8	50		34.8	139.1	20	5.8	Ms	Japan:Higashiizu	日本:静冈东伊豆	Usami,Japan
1930	3	23	19	24	25	26.5	99		5	Ms	China:Yunnan,Nujiang,N.	中国:云南怒江北	China
1930	3	26	7	12	12.29	-7.714	125.755	35	6.9	Ms	Indonesia:Pulau Wetar	印度尼西亚:韦塔岛	Engdahl
1930	3	26	11	14	40	36.5	96		5.5	Ms	China:Qinghai,Golmud,E.	中国:青海格尔木东	China
1930	3	26				38.6	14.6		5	Ms	Italy:Filicudi Island	意大利:菲里库地岛	* Italy
1930	3	27	10	40		-33.5	-70		5.1	Ms	Chile:Santiago	智利:圣地亚哥	GSHAP
1930	3	30	8	26	14.59	-54.722	-28.861	35	6.8	Muk	South Sandwich Trench	南桑威奇海沟	Engdahl
1930	3	31				12.1	-86.2		6.4	Mk	Nicaragua:Managua	尼加拉瓜:马拉瓜	* Song
1930	4	3	12	8	40	32.5	43.7	33	5.3	Ms	Iraq:Karbala	伊拉克:卡尔巴拉	GSHAP
1930	4	9	5	7	46	39.7	34	33	5	Ms	Turkey:Kirsehir	土耳其:克尔谢希尔	GSHAP
1930	4	9				40.1	77.1	33	5	Ms	China:Xinjiang,Artux,NE.	中国:新疆阿图什东北	Wang S.,USGS
1930	4	10	14	24	5	40	76.5		5.5	Ms	China:Xinjiang,Artux,NE.	中国:新疆阿图什东北	China,GSHAP
1930	4	12	2	0	43	-24	169		6.25	Ms	Vanuatu Islands	瓦努阿图群岛	Shi Z.
1930	4	15	9	56	27	28	54		5.6	Ms	Iran:Jahrom	伊朗:贾赫罗姆	Iran
1930	4	17	20	6	39	37.78	22.99		6	Ms	Greece:Argolida	希腊:阿尔戈利斯	GSHAP
1930	4	21	10	19	8	45.5	151.5	40	5.9	Ms	Kuril Islands	千岛群岛	GSHAP
1930	4	21	11	50	59.7	-55.985	-26.14	35	6.8	Muk	South Sandwich Trench	南桑威奇海沟	Engdahl
1930	4	23	21	48	51	45	151	30	6.6	Ms	Kuril Islands	千岛群岛	GSHAP
1930	4	25	15	4	44	45.5	151.2	30	6	Ms	Kuril Islands	千岛群岛	GSHAP
1930	4	27	14	26	22	-33	59		6.25	Ms	Western Indian Ridge	西印度洋海岭	Shi Z.
1930	4	28	12	59	27	32	100		6	Ms	China:Sichuan,Garze,N.	中国:四川甘孜北	China
1930	4	28	18	34	37	25.8	98.6		6.25	Ms	China:Yunnan,Nujiang	中国:云南怒江	China
1930	4	30	16	6	2.32	-19.364	-175.329	95.3	6.8	Muk	Tonga Islands	汤加群岛	Engdahl
1930	4	30	23	21		42.5	15.5		5	Mk	Italy:E. of Pescara	意大利:佩斯卡拉东部海域	GSHAP,Song
1930	5	1	1	19	48	49	154	140	6.9	Muk	Kuril Islands	千岛群岛	Engdahl
1930	5	5	13	45	58	17.3	96.5	35	7.2	Mw	myanmar:Pegu, Rangoon	缅甸:勃固,仰光	* Engdahl,NOAA
1930	5	6	7	3	20	37.21	44.57	10	5.4	Ms	Turkey:Semdinli	土耳其:谢姆丁利	GSHAP
1930	5	6	22	34	27.78	38.152	44.685	25	7.1	Mw	Iran:Orumiyeh	伊朗:乌尔米耶	* Engdahl
1930	5	8	13	35		-22	173		6.25	Ms	New Caledonia:Loyalty Islands	新喀里多尼亚:罗亚尔特群岛	Shi Z.
1930	5	8	14	23	30	37.7	45.2		5.1	Ms	Iran:Orumiyeh	伊朗:乌尔米耶	Iran
1930	5	9	7	7	21	34.1	32.2		5.7	Ms	Mediterranean Sea	地中海	Turkey
1930	5	11	11	30	36	31.7	77		5.5	Ms	India:Himachal	印度:喜马偕尔邦	GSHAP
1930	5	11	22	35	46	27.5	55		6	Ms	Iran:Lar	伊朗:拉尔	Shi Z.
1930	5	14	0	1		46.609	12.347		5.01	Ms	Italy:Belluno	意大利:贝卢诺	Italy
1930	5	14	19	48	22	26.8	103		6	Ms	China:Yunnan,Qiaojia,S.	中国:云南巧家南	* China

年 Year	月 Mo	日 Dy	时 Hr	分 Mn	秒 Sec	纬度(°) Latitude	经度(°) Longitude	深度 Depth	震级 Mag	标度 Scale	地名(英文) Name(English)	地名(中文) Name(Chinese)	资料来源 Information
1930	5	15	2	16		20	101.5	60	5	Ms	Laos:Muang Houn	老挝:孟昏	GSHAP
1930	5	16	2	16		20	101.5		5	Mk	Laos:Muang Houn	老挝:孟昏	GSHAP,Song
1930	5	19	15	3	56	21.6	121		6.5	Ms	China:Taiwan,Coast of S.	中国:台湾南部海域	China
1930	5	19	19	39		-30.5	-69		5.3	Ms	Argentina:San Juan	阿根廷:圣胡安	GSHAP
1930	5	21	22	9	7	43	-30		6	Ms	North Atlantic Ocean	北大西洋	Shi Z.
1930	5	23	9	48	20	37.5	44.5		5.2	Ms	Turkey:Yüksekova	土耳其:于克塞科瓦	Iran
1930	5	23	16	38	8.77	34.134	139.774	127	6.8	Muk	Japan:South Honshu Ridge	日本:本州南部海岭	Engdahl
1930	5	24	9	25	5	37	72		5	Mk	Tajikistan:Kuhistoni Badakhshon,SW.	塔吉克斯坦:勾瑙-巴达科善西南	GSHAP,Song
1930	5	24	22	2		44.136	10.724		5.22	Ms	Italy:Fiumalbo	意大利:菲乌马尔博	Italy
1930	5	29	8	30	54	7	-74.5	220	6	Ms	Colombia:Antioquia	哥伦比亚:安提奥基亚	GSHAP
1930	5	29	17	14	55	37.5	45.5		5.5	Ms	Iran:Orumiyeh	伊朗:乌尔米耶	Iran
1930	5	30	12	56	55	2	124.5	300	6.25	Ms	Celebes Sea	西里伯斯海	Shi Z.
1930	5	30	17	58		36.4	140.7	30	6.6	Ms	Japan:Ibaraki,Near Coast	日本:茨城近海	Usami,Japan
1930	6	3	18	9	26	51	149	600	6	Ms	Sea of Okhotsk	鄂霍次克海	GSHAP
1930	6	4	7	28	7	38.17	45.09	56	5.3	Ms	Iran:Orumiyeh	伊朗:乌尔米耶	Iran
1930	6	4	9	50	32.21	-6.446	127.851	375.9	6.8	Muk	Indonesia:Banda Sea	印度尼西亚:班达海	Engdahl
1930	6	5	11	42	43	-17	174		6.5	Ms	Fiji Islands	斐济群岛	Shi Z.
1930	6	5	16	27	4	25.5	98		5.5	Ms	myanmar:Myitkyina	缅甸:密支那	China
1930	6	11	0	49	42.6	-5.873	148.886	35	7.1	Ms	Papua New Guinea:West New Britain	巴布亚新几内亚:西新不列颠	Engdahl
1930	6	11	7	6	34	25	93.5	60	5	Ms	India:Imphal	印度:英帕尔	GSHAP
1930	6	11	13	45	3	23	121.7		5	Ms	China:Taiwan,Taitung,Coast of E.	中国:台湾台东以东海域	China
1930	6	11	17	12	1	25	94	60	5	Ms	India:Imphal	印度:英帕尔	GSHAP
1930	6	12	9	15		42.6	-111		5.1	Mk	US:Wyoming,Afton	美国:怀俄明州阿夫顿	USGS,Song
1930	6	13	19	58		-32	-68		5.5	Ms	Argentina:San Juan	阿根廷:圣胡安	GSHAP
1930	6	15	21	8	11	-46	-116		6.25	Ms	Southern Pacific Ridge	南太平洋海岭	Shi Z.
1930	6	17	20	7	22	51.8	84.8	15	5.3	Ms	Russia:Altayskiy Kray,Bulatovo	俄罗斯:阿尔泰边疆区布拉托沃	GSHAP
1930	6	19	13	7	27	-5.6	105.3	33	6	Ms	Indonesia:Bandar Lampung	印度尼西亚:班达楠榜	* NOAA
1930	6	22	18	24	40	-44	-81		6	Ms	Chile:Off Coast of S.	智利:南部沿海	Shi Z.
1930	6	25	0	49		25	77.5		5.5	Ms	India:Guna	印度:古纳	GSHAP
1930	6	25	12	6	20	19	-64		6.25	Ms	British Virgin Island:Road Town	英属维尔京群岛:罗德城	Shi Z.
1930	6	25	21	25	30	35.2	23.8		5.5	Ms	Greece:Crete Island	希腊:克里特岛	Turkey
1930	6	25				25	77.5		5.5	Ms	India:Guna	印度:古纳	GSHAP
1930	6					23.4	103.2		5.25	Ms	China:Yunnan,Gejiu	中国:云南个旧	China
1930	7	2	21	3	44.64	25.641	90.245	35	7.1	Ms	India:Meghalaya	印度:梅加拉亚邦	* Engdahl,GSHAP, India
1930	7	3	6	1	21	25.8	90.2		5	Mk	India:Meghalaya	印度:梅加拉亚邦	GSHAP,Song
1930	7	4	18	54	44	25.8	90.2		5.5	Ms	India:Meghalaya	印度:梅加拉亚邦	GSHAP
1930	7	4	21	34		25.8	90.2		5.5	Ms	India:Meghalaya	印度:梅加拉亚邦	GSHAP
1930	7	5	23	12		37.8	-4.5		5.6	Muk	Spain:Montilla	西班牙:梦提拉	*
1930	7	7	12	40		-34	-69		5.8	Ms	Argentina:San Rafael	阿根廷:圣拉斐尔	GSHAP
1930	7	7	14	34	44	8	94		6	Ms	India:Nicobar Islands	印度:尼科巴群岛	GSHAP
1930	7	8	4	32	24	25.8	90.8		5.5	Ms	India:Meghalaya	印度:梅加拉亚邦	GSHAP
1930	7	8	9	43		25.8	90.8		5.5	Ms	India:Meghalaya	印度:梅加拉亚邦	GSHAP
1930	7	9	9			40.2	75.2	33	5	Ms	China:Xinjiang,Ulugqat,N.	中国:新疆乌恰北	GSHAP
1930	7	11	7	6	34	25	93.8		5.5	Ms	India:Imphal	印度:英帕尔	GSHAP
1930	7	13	1	12	22	-56	-67		6.3	Ms	West Scotia Basin	西斯科舍海盆	GSHAP
1930	7	13	14	0	12	25.8	90.8		5.5	Ms	India:Meghalaya	印度:梅加拉亚邦	GSHAP
1930	7	13	19	27	21	38.1	98.2		6.5	Ms	China:Qinghai,Har Hu,E.	中国:青海哈拉湖东	China
1930	7	14	20	41	54	38	68		5	Mk	Tadzhikistan:Khatlon,C.	塔吉克斯坦:哈特隆州中部	GSHAP,Song
1930	7	17	14	34	44	8	94		5	Mk	India:Nicobar Islands	印度:尼科巴群岛	GSHAP,Song
1930	7	18	9	42		32.9	131.1		6.1	Mk	Japan:Aso Mountain	日本:阿苏山	Japan,Song
1930	7	18				17.4	95.5		5.9	Mk	myanmar:Tharrawaddy	缅甸:沙耶瓦岛	* Song
1930	7	19	2	38		45	-123.2		5.1	Mk	US:Oregon,Dallas	美国:俄勒冈州达拉斯	USGS,Song
1930	7	19	15	20	12	-9.3	114.3	100	6.5	Ms	Indonesia:Java Ridge	印度尼西亚:爪哇海岭	* NOAA
1930	7	21	14	6	2	7	114		6	Ms	China:South China Sea,Nansha Islands	中国:南海南沙群岛	China
1930	7	22	19	25	52.09	44.418	147.598	114.3	6.9	mB	Kuril Islands	千岛群岛	GSHAP,Engdahl
1930	7	23	0	9		41.05	15.37	7	6.72	Ms	Italy:Irpinia	意大利:伊尔皮尼亚	* Italy
1930	7	23	18	53	16	34.4	104.8		5.5	Ms	China:Gansu,Wushan,S.	中国:甘肃武山南	China
1930	8	2	16	6	5	-57	-135		6.5	Ms	Southern Pacific Ridge	南太平洋海岭	Shi Z.
1930	8	3	22	5	51	37.3	44.8		5	Ms	Iran:Orumiyeh	伊朗:乌尔米耶	Iran
1930	8	4	5	4	31	-9.5	-70.5	650	6.5	Ms	Brazil:Acre	巴西:阿克里	GSHAP,Shi Z.
1930	8	5	11	25		34.5	-119.5		5	Ms	US:California,Santa Barbara	美国:加利福尼亚州圣巴巴拉	USGS
1930	8	6	7	28	30	25.5	98		5	Ms	myanmar:Myitkyina	缅甸:密支那	China
1930	8	7	23	47	41	23.2	120.6		5.5	Ms	China:Taiwan,Tainan	中国:台湾台南	China
1930	8	18	9	53	44.27	-55.978	-26.734	47.4	6.9	Ms	South Sandwich Trench	南桑威奇海沟	Engdahl,Shi Z.
1930	8	20	20	54	12	24.5	122.2		6.75	Ms	China:Taiwan,Yilan,Coast of E.	中国:台湾宜兰以东海域	China

年	月	日	时	分	秒	纬度(°)	经度(°)	深度	震级	标度	地名(英文)	地名(中文)	资料来源
Year	Mo	Dy	Hr	Mn	Sec	Latitude	Longitude	Depth	Mag	Scale	Name(English)	Name(Chinese)	Information
1930	8	22	0	44		36.2	27.5	120	5.5	Ms	Greece: Rhodes	希腊:罗德港	Turkey
1930	8	22	9	44	57	44	84		5.25	Ms	China: Xinjiang, Usu, SW.	中国:新疆乌苏西南	China
1930	8	23	10	53		27.88	55.02		6.2	Ms	Iran: Lar	伊朗:拉尔	Iran
1930	8	24	10	51	16	30	100		5.5	Ms	China: Sichuan, Litang, NW.	中国:四川理塘西北	* China
1930	8	29	20	2	30	45	146	160	6.1	Ms	Kuril Islands	千岛群岛	GSHAP
1930	8	31	0	40	38	34.03	-118.643	15	5.2	Ms	US: California, Topanga	美国:加利福尼亚州托潘加	* NOAA
1930	9	1	5	18	3	25.5	98		5.5	Ms	myanmar: Myitkyina	缅甸:密支那	China
1930	9	1	17	43	15	35.2	81.1		5.5	Ms	China: Xizang (Tibet), Rutog, NE.	中国:西藏日土东北	China
1930	9	2	18	58	43	29.9	51.44	33	5.6	Ms	Iran: Fars	伊朗:法尔斯	Iran
1930	9	4	10	13	56	37	72		5	Mk	Tajikistan: Kuhistoni Badakhshon, SW.	塔吉克斯坦:勾瑙-巴达科善西南	GSHAP, Song
1930	9	11	12	36	49	37.5	31.3		6	Ms	Turkey: Sutculer	土耳其:叙特曲莱尔	GSHAP
1930	9	11	17	20	12	36.7	70.1	220	6.2	Ms	Afghan: Taloqan	阿富汗:塔卢坎	GSHAP
1930	9	11	19	16		-31	-66		5.1	Ms	Argentina: La Rioja	阿根廷:拉里奥哈	GSHAP
1930	9	11				5.5	94		7	Mk	Indonesia: North West of Sumatera	印度尼西亚:苏门答腊西北沿海	* NOAA, Song
1930	9	13	3	57	48	38.56	69.41	1	5.5	Mk	Tajikistan: Roghun	塔吉克斯坦:罗格汉	GSHAP, Song
1930	9	13	17	58	58	23	96		5	Mk	myanmar: Kyaukkyi	缅甸:皎基	GSHAP, Song
1930	9	14	3	1	5	-60	148		6.25	Ms	Southern Pacific Ridge	南太平洋海岭	Shi Z.
1930	9	14	17	13	33	-14.5	165.5	280	6.5	Ms	Vanuatu Islands	瓦努阿图群岛	Shi Z.
1930	9	21	23	4	14	25.8	98.4		6.5	Ms	myanmar: Myitkyina	缅甸:密支那	* China
1930	9	22	1	31	19	-35.5	-179.5		6.5	Ms	Kermadec Ridge	克马德克海岭	Shi Z.
1930	9	22	4	54	50	25.5	98.5		5.25	Ms	China: Yunnan, Tengchong, N.	中国:云南腾冲北	China
1930	9	22	7	11	27	25.5	98.5		5	Ms	China: Yunnan, Tengchong, N.	中国:云南腾冲北	China
1930	9	22	16	26	40	38.4	68.5	5	6.3	Muk	Tajikistan: Dushanbe (Stalinabad)	塔吉克斯坦:杜桑贝	* GSHAP
1930	9	23	2	56	55	40.95	-124.2		5.5	Ms	US: California, Eureka	美国:加利福尼亚州尤里卡	CGS, USGS
1930	9	23	10	15	20	37.6	71.6	120	5.4	Ms	Tajikistan: Khorog	塔吉克斯坦:霍罗格	GSHAP
1930	9	23	12	5	7	27.5	106		5.5	Ms	China: Guizhou, Jinsha	中国:贵州金沙	China
1930	9	23	23	34	10	-26	-66	150	6.5	Ms	Argentina: Salta	阿根廷:萨尔塔	GSHAP
1930	9	24	2			40.3	76.7	33	5	Ms	China: Xinjiang, Kalpin	中国:新疆柯坪	GSHAP
1930	9	25	18	33	34	25.3	98.9		6	Ms	China: Yunnan, Tengchong, NE.	中国:云南腾冲东北	China
1930	9	29	13	29		27.5	68.5		5.6	Ms	Pakistan: Khairpur	巴基斯坦:海尔布尔	GSHAP
1930	9	30	13	5		9	94		5	Mk	India: Nicobar Islands	印度:尼科巴群岛	GSHAP, Song
1930	9	30	21	20	54.09	-4.423	145.46	35	6.8	Muk	Bismarck Sea	俾斯麦海	* Engdahl, NOAA
1930	10	2				35.8	52.1		5.5	Muk	Iran: Tehran, Damāvand	伊朗:德黑兰,达马万德	* Iran
1930	10	3	18	9	4	0.5	135		6	Ms	Indonesia: North of Papua	印度尼西亚:巴布亚北部	Shi Z.
1930	10	7	1	27	20	25.5	98.5		5	Ms	China: Yunnan, Tengchong, N.	中国:云南腾冲北	China
1930	10	7	20	53		35.8	52.1	33	5	Ms	Iran: Tehran, Damāvand	伊朗:德黑兰,达马万德	GSHAP
1930	10	8	0	27		47.4	10.7		5.5	Ms	Austria: Tirol	奥地利:蒂罗尔	Italy
1930	10	8	10	19	23.34	-13.459	168.867	35	6.8	Ms	North Vanuatu Islands	瓦努阿图群岛北部	Engdahl
1930	10	9	4	33	40	39.1	17.3		5	Ms	Italy: Crotone	意大利:克罗托内	Italy
1930	10	10	0	37	13	25.8	98.3		5.25	Ms	myanmar: Myitkyina	缅甸:密支那	China
1930	10	12	15	6	41	40.2	69.7	12	5.1	Ms	Tajikistan: Khudzhand	塔吉克斯坦:苦盏	GSHAP
1930	10	16	21	36		36.33	136.33	20	6.4	Ms	Japan: Kaga	日本:石川加贺	Usami, Japan
1930	10	19	6	44		-36	-69		5.4	Ms	Argentina: Chos Malal	阿根廷:乔斯马拉尔	GSHAP
1930	10	23	11	45	29	-20	170	80	6	Ms	Vanuatu Islands	瓦努阿图群岛	Shi Z.
1930	10	24	10	47		10.4	42.8		5.8	Ms	Ethiopia: Adigala	埃塞俄比亚:阿迪加拉	GSHAP
1930	10	24	20	15	12.95	18.351	146.57	35	7	Ms	Mariana Islands	马里亚纳群岛	Engdahl
1930	10	25	17	41	0.6	11.5	42		5.5	Ms	Ethiopia: Afar	埃塞俄比亚:阿法尔区	GSHAP
1930	10	25	23	34	25	37.9	45.1		5	Ms	Iran: Orumiyeh	伊朗:乌尔米耶	Iran
1930	10	27	23	28	0.4	11.5	43.5		5.5	Ms	Djibouti: Djibouti	吉布提:吉布提	GSHAP
1930	10	30	6	17	50	12.4	92.5		5.5	Ms	India: Andaman Islands	印度:安达曼群岛	GSHAP
1930	10	30	7	13	10	43.75	13.5		6	Ms	Italy: Senigallia	意大利:塞尼加利亚	* NOAA
1930	10	30	16	15	42	39.3	76.3	33	5	Ms	China: Xinjiang, Kashi	中国:新疆喀什	GSHAP
1930	11	4	4	32	33	22.5	120.5		5	Ms	China: Taiwan, Pingtung	中国:台湾屏东	China
1930	11	4	15	38	3	25.6	98.3		5.75	Ms	myanmar: Myitkyina	缅甸:密支那	China
1930	11	5				-4.05	39.667		7	Ms	Kenya: Mombasa	肯尼亚:蒙巴萨	* NOAA
1930	11	6	21	56		41.067	15.7		5.03	Ms	Italy: Melfi	意大利:梅尔菲	Italy
1930	11	8	3	22	42.97	3.792	121.965	638.9	6.9	Muk	Celebes Sea	西里伯斯海	Engdahl
1930	11	9	19	8	39.69	-0.366	132.608	35	6.9	Muk	Indonesia: Irian Jaya Barat	印度尼西亚:西巴布亚	Engdahl
1930	11	11	8	29	45	24.5	122.2		5.75	Ms	China: Taiwan, Yilan, Coast of E.	中国:台湾宜兰以东海域	China
1930	11	18	22			40	76	33	5	Ms	China: Xinjiang, Kashi, N.	中国:新疆喀什北部	GSHAP
1930	11	21	2	0	25	40.5	19.5	12	6.3	Ms	Albania: Vlore	阿尔巴尼亚:发罗拉	* Turkey
1930	11	24	6	6	48	-2	-77	100	6.25	Ms	Ecuador: Pastaza	厄瓜多尔:帕斯塔萨	Shi Z.
1930	11	25	19	2	51.93	34.977	139.103	35	6.9	Mw	Japan: Izu	日本:静冈伊豆	* Engdahl
1930	12	2	0	27	30	25.8	98.3		6	Ms	myanmar: Myitkyina	缅甸:密支那	China
1930	12	2	13	29		40.3	19.6	4	5	Muk	Albania: Vlore, Tepelene	阿尔巴尼亚:发罗拉,德培雷恩	*
1930	12	3	15	42	14	15	97		5	Mk	myanmar: Ye, W.	缅甸:耶城西部	GSHAP, Song
1930	12	3	16	36	20	17.3	96.5		5	Mk	myanmar: Bago	缅甸:勃固	GSHAP, Song
1930	12	3	18	51	49.75	17.972	96.422	35	7.3	Mw	myanmar: Pyu	缅甸:彪关	* Engdahl

年 Year	月 Mo	日 Dy	时 Hr	分 Mn	秒 Sec	纬度(°) Latitude	经度(°) Longitude	深度 Depth	震级 Mag	标度 Scale	地名(英文) Name(English)	地名(中文) Name(Chinese)	资料来源 Information
1930	12	4	6	18	39	23	97		5	Mk	myanmar:Namhsan	缅甸:南散	GSHAP,Song
1930	12	5	5	57	54	41.4	48.7	24	5.2	Ms	Azerbaijan:Quba	阿塞拜疆:库巴	GSHAP
1930	12	6	7	3	28	53	-172	80	6.5	Ms	Andreanof Islands, Aleutian Is.	阿留申群岛,安德烈亚诺夫群岛	USGS
1930	12	7	12			43.7	13.3		6.5	Mk	Italy:Senigallia	意大利:塞尼加利亚	* Song
1930	12	8	8	1	5	23.2	120.6		6.25	Ms	China:Taiwan,Tainan	中国:台湾台南	* China
1930	12	9	0	27	30	25	100.5		5	Ms	China:Yunnan,Nanjian	中国:云南南涧	China
1930	12	11	8	58	55	40.08	-124.5		5	Ms	US:California,North Coast	美国:加利福尼亚州北部近海	USGS
1930	12	11	12	27		40.4	-124.8		5.5	Ms	US:California,North Coast	美国:加利福尼亚州北部近海	CGS,USGS
1930	12	12	2	53	12	25	100.5		5	Ms	China:Yunnan,Nanjian	中国:云南南涧	China
1930	12	13	2	35	32	-60	150		6	Ms	Southern Pacific Ridge	南太平洋海岭	Shi Z.
1930	12	13	14	22	53	42.3	142.4	100	6.3	Ms	Japan:Hokkaido	日本:北海道	GSHAP
1930	12	13	16	28	27	8	94		5	Mk	India:Nicobar Islands	印度:尼科巴群岛	GSHAP,Song
1930	12	15	15	59	34	23.2	120.6		5	Ms	China:Taiwan,Tainan	中国:台湾台南	China
1930	12	16	8	19	25	36	71		5	Mk	Afghan:Badakhshan	阿富汗:巴达赫尚	GSHAP,Song
1930	12	16				-6.2	105.4	64	5	Mk	Indonesia:Java Island	印度尼西亚:爪哇岛	* * Song
1930	12	20	14	2		34.9	132.8	20	6	Ms	Japan:Miyoshi	日本:广岛三次	Usami,Japan
1930	12	21	14	51	12.94	19.986	121.585	35	7	mB	Luzon Ridge	吕宋海岭	Engdahl,China
1930	12	21	23	51	53	23.5	120.9		5.5	Ms	China:Taiwan,Nantou	中国:台湾南投	* China
1930	12	22	4	19	50	23.2	120.6		5.5	Ms	China:Taiwan,Tainan	中国:台湾台南	China
1930	12	23	4	20	31	23.6	120.2		5	Ms	China:Taiwan,Yunlin	中国:台湾云林	China
1930	12	23	21	35	36	-1.3	144.3	33	6.5	Ms	Bismarck Sea	俾斯麦海	* NOAA
1930	12	23	23	55	6	43	143	150	6	Ms	Japan:Hokkaido	日本:北海道	Shi Z., GSHAP
1930	12	24	6	2	50	-24.7	-66.3	30	6	Ms	Argentina:Salta	阿根廷:萨尔塔	*
1930	12	25	13	7	19	-33	-13		6.25	Ms	Southern Mid - Atlantic Ridge	南大西洋洋中脊	Shi Z.
1930	12	25	13	49	27	41.9	69.1	15	5	Ms	Kazakhstan:Shymkent	哈萨克斯坦:奇姆肯特	GSHAP
1930	12	25	19	3		35.1	133	5	7	Muk	Japan:Okuizumo	日本:岛根奥出云町	*
1930	12	29	8	26	24	-28.5	-71		6	Ms	Chile:Vallenar	智利:巴耶纳尔	* NOAA
1931	1	1	23	52	22	23.5	122		6.25	Ms	China:Taiwan,Hualien,Coast of E.	中国:台湾花莲以东海域	China
1931	1	2	9	49	4.53	18.614	-107.205	25	6.8	Muk	Mexico:Off Coast of Jalisco	墨西哥:哈利斯科沿海	Engdahl
1931	1	4	0	0	43	38	23		5.6	Muk	Greece:Corinth - Isthmia (Corinthia)	希腊:科林斯 - 伊斯米亚(科林特)	* Turkey
1931	1	6	16			25	98.5		5	Ms	China:Yunnan,Tengchong	中国:云南腾冲	China
1931	1	6	23	28	40	36.5	-124.4		5	Ms	US:California,Off Coast of C.	美国:加利福尼亚州中部沿海	USGS
1931	1	7	3	49	42	36.5	71	200	5.7	Ms	Afghan:Badakhshan	阿富汗:巴达赫尚	GSHAP
1931	1	9	1	45	40	39.8	140.8	140	6.1	Ms	Japan:Senboku	日本:秋田仙北	GSHAP
1931	1	12	15	6	12	38.47	31.8	20	5.3	Ms	Turkey: Konya	土耳其:科尼亚	GSHAP
1931	1	12	15	55	31	38.47	32.42	60	5	Ms	Turkey: Konya	土耳其:科尼亚	GSHAP
1931	1	12	20	34	3	55.2	163		6.5	Ms	Russia:Kamchatka,Near East Coast	俄罗斯:堪察加东部近海	Shi Z.
1931	1	14				-6.9	106.8		6.2	Mk	Indonesia:Java,Sukabumi	印度尼西亚:爪哇,苏卡布米	* * Song
1931	1	15	1	50	47.14	16.1	-96.8	35	7.8	Mw	Mexico:Oaxaca	墨西哥:瓦哈卡	* Engdahl
1931	1	15	21	1	42.8	28.497	127.137	35	6.8	Muk	Ryukyu Islands	琉球群岛	Engdahl,Shi Z.
1931	1	15	22	42	59	-3	143.5		6.5	Ms	Papua New Guinea:Dagua	巴布亚新几内亚:达呱区	Shi Z.
1931	1	16	19	19	53	16.5	-96.25		6.5	Ms	Mexico:Oaxaca	墨西哥:瓦哈卡	Shi Z.
1931	1	17	2	50	14	26.75	-111		6.5	Ms	Gulf of California	加利福尼亚湾	Shi Z.
1931	1	19	12	24	6	-7.5	126.5		6	Ms	Indonesia:Banda Sea	印度尼西亚:班达海	Shi Z.
1931	1	20	9	27	25	36.5	70.6	300	6.3	Ms	Afghan:Badakhshan	阿富汗:巴达赫尚	GSHAP
1931	1	20	15	26	32	4	99	150	6.25	Ms	Malacca Strait	马六甲海峡	Shi Z., GSHAP
1931	1	21	8	58	4	43.2	146	120	6.25	Ms	Japan:Hokkaido	日本:北海道	Shi Z.
1931	1	24	13	41	4	10	126		6.25	Ms	Philippines:Mindanao Island	菲律宾:棉兰老岛	Shi Z.
1931	1	24	15	2	9	23.4	120.4		5.5	Ms	China:Taiwan,Chiayi	中国:台湾嘉义	China
1931	1	25	12	34	24	15	-105		6	Ms	Mexico:Zihuatanejo,Off Coast	墨西哥:锡瓦塔塔内霍沿海	Shi Z.
1931	1	26	7	50		44.3	10.1		6.5	Mk	Italy:Carrara	意大利:卡拉拉	* Song
1931	1	27	14	29	3	60.75	-149		5.6	Ms	Gulf of Alaska	阿拉斯加湾	USGS
1931	1	27	20	9	22.08	25.6	96.8	60	7.6	Mw	myanmar:Kachin	缅甸:克钦	* Engdahl
1931	1	28	5	55		40.6	20.8	33	5.8	Muk	Albania:Korce	阿尔巴尼亚:科里察	*
1931	1	28	20	9		25.4	96.8		6.5	Mk	myanmar:Myitkyina	缅甸:密支那	* Song
1931	1	28	21	24	10.91	10.778	144.803	35	7.1	Ms	Western Caroline Islands	卡罗琳群岛西部	Engdahl
1931	1	28				38.3	31.4		6.8	Ms	Turkey:Akçehir	土耳其:阿克谢希尔	GSHAP
1931	1	30	3	32	38	25.4	96.8		5	Mk	myanmar:Myitkyina	缅甸:密支那	GSHAP,Song
1931	2	1	6	30		44.3	10.1		6.5	Mk	Italy:Carrara	意大利:卡拉拉	* Song
1931	2	2	12			40.3	77.3	33	5	Ms	China:Xinjiang,Kalpin	中国:新疆柯坪	GSHAP
1931	2	2	22	46	51.27	-39.772	176.025	35	7.7	Mw	New Zealand:North Island,Maraekakaho	新西兰:北岛,马拉卡卡霍	* Engdahl,NOAA
1931	2	5	4	48		35.1	-106.6		5.1	Mk	US:New Mexico,Albuquerque	美国:新墨西哥州阿尔伯克基	USGS,Song
1931	2	7	15	3	14	25.8	90.2		5	Mk	India:Meghalaya	印度:梅加拉亚邦	GSHAP,Song
1931	2	8	1	43	47	-39.5	177		6.5	Ms	New Zealand:North Island,Hastings	新西兰:北岛,黑斯廷斯	Shi Z.
1931	2	10	1	22	54	25.5	96		5.6	Ms	myanmar:Sagaing,N.	缅甸:实皆北部	GSHAP
1931	2	10	6	34	32.97	-5.433	102.458	35	7.1	Mw	Indonesia:Sumatra,Coast of SW.	印度尼西亚:苏门答腊西南海域	Engdahl
1931	2	11	19	47	41	25.4	96.8		5	Mk	myanmar:Myitkyina	缅甸:密支那	GSHAP,Song
1931	2	12	5	43	57	-5.25	102.5		6.5	Ms	Indonesia:Sumatra,Coast of SW.	印度尼西亚:苏门答腊西南海域	Engdahl

年 Year	月 Mo	日 Dy	时 Hr	分 Mn	秒 Sec	纬度(°) Latitude	经度(°) Longitude	深度 Depth	震级 Mag	标度 Scale	地名(英文) Name(English)	地名(中文) Name(Chinese)	资料来源 Information
1931	2	13	0	41		24.1	121.9		6	Ms	China:Taiwan,Hualien,Coast of E.	中国:台湾花莲以东海域	China
1931	2	13	1	27	22.6	-39.479	176.813	35	7.1	Ms	New Zealand:North Island,Hastings	新西兰:北岛,黑斯廷斯	* Engdahl,NOAA
1931	2	13	22	17	30	11.5	96		5	Mk	India:Andaman Islands	印度:安达曼群岛	GSHAP,Song
1931	2	14	13	58	45	-5.25	102.5		6.5	Ms	Indonesia:Sumatra,Coast of SW.	印度尼西亚:苏门答腊西南海域	Engdahl
1931	2	16	18	48	35	42.2	142.5		6.8	Ms	Japan:Hokkaido	日本:北海道	Shi Z.,Usami
1931	2	18	12	58		-29	-66.5		6	Ms	Argentina:La Rioja	阿根廷:拉里奥哈	GSHAP
1931	2	19				-39.5	177		7	Mk	New Zealand:North Island,Hastings	新西兰:北岛,黑斯廷斯	* NOAA,Song
1931	2	20	5	33	27.26	44.43	135.642	356.7	7.4	mB	Russia:Maritime Kray,Dalnegorsk	俄罗斯:滨海边疆区达利涅戈尔斯克	GSHAP,Engdahl
1931	2	22	21	27	27	-8	120	100	6	Ms	Indonesia:Flores Islands	印度尼西亚:弗洛勒斯群岛	Shi Z.
1931	2	23	2	15	2	50	148	600	6	Ms	Sea of Okhotsk	鄂霍次克海	GSHAP
1931	2	27	9	37	43.48	2.093	126.237	35	6.8	Muk	Molukka Sea	马鲁古海	Engdahl
1931	2	28	22	25	51	12	93.5		5	Mk	India:Andaman Islands	印度:安达曼群岛	GSHAP,Song
1931	3	1	14	23	6	46.3	142.8	320	7.5	Mk	Russia:Sakhalin Island	俄罗斯:库页岛(萨哈林岛)	GSHAP,Song
1931	3	2	2	18	25.21	-21.828	171.147	35	7	mB	Vanuatu Islands	瓦努阿图群岛	Engdahl
1931	3	5	17	55	1	3	96		6	Ms	Indonesia:Simeulue Island	印度尼西亚:锡默卢岛	Shi Z.
1931	3	7	0	16	47	41.2	22.5	18	6	Ms	Greece:Kilkis	希腊:基尔基斯	GSHAP
1931	3	7	0	41	56	11.5	-85.5	80	6	Ms	Nicaragua:Rivas	尼加拉瓜:里瓦斯	Shi Z.
1931	3	8	1	50	24	41	22.5	120	6.9	Muk	Greece:Kilkis	希腊:基尔基斯	* Engdahl
1931	3	9	3	48	56.79	40.484	142.664	35	7.7	Mw	Japan:Aomori,Near East Coast	日本:青森东部近海	* Engdahl,NOAA
1931	3	10	3	28	53	40	-125		5.6	Ms	US:California,North Coast	美国:加利福尼亚州北部近海	USGS
1931	3	11	5	58	47	-7	131		6	Ms	Indonesia:Banda Sea	印度尼西亚:班达海	Shi Z.
1931	3	11	12	26	46.31	23.133	143.647	35	6.8	Muk	Japan:South Honshu Ridge	日本:本州南部海岭	Engdahl
1931	3	15	15	15	5	24.3	97.9		5.25	Ms	China:Yunnan,Longchuan	中国:云南陇川	China
1931	3	15	16	33	14	24.3	97.9		5.5	Ms	China:Yunnan,Longchuan	中国:云南陇川	China
1931	3	18	8	2	23	-33.825	-71.546	35	7.1	Ms	Chile:Near Coast of C.	智利:中部近海	* Chile,Engdahl,NOAA
1931	3	18	20	13	41.65	5.642	126.424	35	6.8	Ms	Philippines:Mindanao Island	菲律宾:棉兰老岛	Engdahl, Shi Z.
1931	3	19	6	25	6.71	18.11	120.354	35	6.9	Muk	Philippines:Laoag,Batac	菲律宾:拉瓦格,巴塔克	* Engdahl
1931	3	20	15	39	54	49.8	142	20	5.2	Ms	Russia:Sakhalin Island	俄罗斯:库页岛(萨哈林岛)	GSHAP
1931	3	26	23			44.9	11.4		6.5	Mk	Italy:Verona	意大利:维罗那	* Song
1931	3	28	12	38	48.11	-7.369	129.491	150.9	7.2	mB	Indonesia:Banda Sea	印度尼西亚:班达海	Engdahl
1931	3	29	17	24	58	51	-170		6	Ms	Aleutian Islands	阿留申群岛	USGS
1931	3	29	17	51	49.62	42.918	143.866	89.7	6.8	Muk	Japan:Hokkaido	日本:北海道	Engdahl,Shi Z.,GSHAP
1931	3	31	16	2		13.2	-85.7		5.6	Muk	Nicaragua:Matagalpa	尼加拉瓜:马塔加尔帕	*
1931	4	2	12	22	56	-6	126.5	130	6	Ms	Indonesia:Banda Sea	印度尼西亚:班达海	Shi Z.
1931	4	3	1	56	11	-9.25	-79		6.3	Ms	Peru:Chimbote,Near Coast	秘鲁:钦博特近海	GSHAP
1931	4	3	5	19	6	-27	-65	180	6.3	Ms	Argentina:Santiago del Estero	阿根廷:圣地亚哥-德尔埃斯特罗	GSHAP
1931	4	3	23	19	22.01	-19.911	179.247	637.8	6.8	Muk	South of Fiji Islands	斐济群岛南部	Engdahl
1931	4	5	13	34		44.192	11.708		5.1	Ms	Italy:Faentino	意大利:法恩扎	Italy
1931	4	6	6	49	43.38	-6.631	155.016	35	6.8	Muk	Papua New Guinea:Bougainville Island	巴布亚新几内亚:布干维尔岛	Engdahl
1931	4	7	0	15	47	25.4	96.8		5	Mk	myanmar:Myitkyina	缅甸:密支那	GSHAP,Song
1931	4	7	7	39	26	-51	15		6	Ms	South Atlantic-Indian Ridge	南大西洋-印度洋海岭	Shi Z.
1931	4	8	19	3	15	-2	138		6	Ms	Indonesia:Papua	印度尼西亚:巴布亚	Shi Z.
1931	4	9	23	1	21	43.6	146	20	6.3	Ms	Kuril Islands	千岛群岛	GSHAP
1931	4	9				38.3	31.7		6	Ms	Turkey:Iigin	土耳其:厄尔根	GSHAP
1931	4	15	16	58	58	48	-28		6	Ms	North Atlantic Ocean	北大西洋	Shi Z.
1931	4	18	4			48.75	-122.25		5.1	Mk	US:Washington,Seattle	美国:华盛顿州西雅图	USGS,Song
1931	4	21	0	2	3	38.7	133.7	320	6.1	Ms	Japan Sea	日本海	GSHAP
1931	4	21	15	17		44.4	11.6		6.5	Mk	Italy:Bologna	意大利:博洛尼亚	* Song
1931	4	24	5	47		-10	112	100	6	Ms	Indonesia:Java Ridge	印度尼西亚:爪哇海岭	Shi Z.
1931	4	24	17	22	19.29	-6.656	154.973	35	6.9	Muk	Papua New Guinea:Bougainville Island	巴布亚新几内亚:布干维尔岛	Engdahl
1931	4	24	22	27		46.3	12.5		6.5	Mk	Italy:Claut	意大利:克劳特	* Song
1931	4	26	4	22	7	53.5	162	50	6.25	Ms	Russia:Kamchatka,Near East Coast	俄罗斯:堪察加东部近海	Shi Z.
1931	4	27	16	50		39.48	46.09	15	6.4	Ms	Armenia:Kapan	亚美尼亚:卡潘	* Iran
1931	5	1	9	45		3	27		5.4	Ms	Congo:Poko	刚果:波科	GSHAP
1931	5	1	22	36	58.1	8.1	-69.64	25	6.3	Ms	Venezuela:Barinas	委内瑞拉:巴里纳斯	GSHAP
1931	5	2	17	36	55	32.9	69.3		5	Mk	Afghan:Paktika	阿富汗:帕克蒂卡	GSHAP,Song
1931	5	5	6	42	15	26.5	54	65	5.6	Ms	Arabian Gulf	阿拉伯海	Iran
1931	5	6	17	19	20	52.5	108	15	5	Ms	Russia:Buryatia,Baturino	俄罗斯:布里亚特区巴图里诺	GSHAP
1931	5	6	20	22	25	38.24	39.15	40	5	Ms	Turkey:Malatya	土耳其:马拉蒂亚	GSHAP
1931	5	10	19	24	45	-25	-116		6.25	Ms	Easter Island,W.	复活节岛西部	Shi Z.
1931	5	12	1	37	3	52	158	50	6.5	Ms	Russia:Kamchatka Peninsula	俄罗斯:堪察加半岛	Shi Z., GSHAP
1931	5	12	10	25	13	38.8	46.3	21	5.3	Ms	Iran:Tabriz,N.	伊朗:大不里士北部	GSHAP
1931	5	15	7	41	58	-29	-180	500	6	Ms	Kermadec Ridge	克马德克海岭	Shi Z.
1931	5	16	7	15	14	36	71		5	Mk	Afghan:Badakhshan	阿富汗:巴达赫尚	GSHAP,Song

年 Year	月 Mo	日 Dy	时 Hr	分 Mn	秒 Sec	纬度(°) Latitude	经度(°) Longitude	深度 Depth	震级 Mag	标度 Scale	地名(英文) Name(English)	地名(中文) Name(Chinese)	资料来源 Information
1931	5	16	20	47	30	16.5	-97		6.25	Ms	Mexico:Oaxaca	墨西哥:瓦哈卡	Shi Z.
1931	5	17	15	23	19	40.5	48.5	26	5	Ms	Azerbaijan:Samaxi	阿塞拜疆:沙马基区	GSHAP
1931	5	20	2	22	53.8	37.472	-16.072	25	7.1	Ms	North Atlantic Ocean,E.	北大西洋东部	Engdahl
1931	5	20	5	10	6	25.4	96.8		5	Mk	myanmar:Myitkyina	缅甸:密支那	GSHAP,Song
1931	5	20	21	53	54	-27.5	-71.5		6.3	Ms	Chile:Copiapo,Near Coast	智利:科皮亚波近海	GSHAP
1931	5	24	0	13		10	125.5		6.25	Ms	Philippines:Bohol Island	菲律宾:保和岛	Shi Z.
1931	5	24	5	49		-29	-68.5		5.4	Ms	Argentina:San Juan	阿根廷:圣胡安	GSHAP
1931	5	27	0	43	29	27.5	98.5		5.25	Ms	myanmar:Kachin,NE.	缅甸:克钦东北	China
1931	5	27	6	34	14	-25.5	-116.5		6.25	Ms	Easter Island,W.	复活节岛西部	Shi Z.
1931	5	28	3	15	4	-20.5	-70.5	120	6.5	Ms	Chile:Iquique,Near Coast	智利:伊基克近海	GSHAP
1931	5	28	18	34	10	52.5	160		6	Ms	Russia:Kamchatka Peninsula	俄罗斯:堪察加半岛	Shi Z.
1931	5	29	5	16	32	63	-149		5.6	Ms	Alaska Peninsula,S.	阿拉斯加半岛南部	USGS
1931	5	30	11	34	16	52.2	173.3		6	Ms	Aleutian Islands	阿留申群岛	USGS
1931	6	1	11	54	23	-4.5	152		6.25	Ms	Papua New Guinea:East New Britain	巴布亚新几内亚:东新不列颠	Shi Z.
1931	6	2	2	37	52	36	137.5	260	6.5	Ms	Japan:Gifu	日本:岐阜	Shi Z.
1931	6	4	9	50	18	-6.5	129	150	6.5	Ms	Indonesia:Banda Sea	印度尼西亚:班达海	Shi Z.
1931	6	5	8	24		36.5	31	120	6.2	Ms	Mediterranean Sea	地中海	GSHAP
1931	6	9	0	29	22	32.9	69.3		5	Mk	Afghan:Paktika	阿富汗:帕克蒂卡	GSHAP,Song
1931	6	9	5	7	39	36	141.5		6	Ms	Japan:Ibaraki,Near Coast	日本:茨城近海	Shi Z.
1931	6	9	12	14	11	50.5	159		6	Ms	Kuril Islands	千岛群岛	Shi Z.
1931	6	9	13	52	12	-14	-174		6.5	Ms	Samoa Islands	萨摩亚群岛	Shi Z.
1931	6	9	15	58	36	-24.5	-176		6.25	Ms	Tonga Islands,S.	汤加群岛南部	Shi Z.
1931	6	12	1	45	2	28.5	140.5	410	6.25	Ms	Japan:South Honshu Ridge	日本:本州南部海岭	Shi Z.
1931	6	15	11	19	55	-14.5	-75.5		6	Ms	Peru:Ica	秘鲁:伊卡	GSHAP
1931	6	17	12	9	37	35.8	139.5		6	Ms	Japan:Tokorozawa	日本:埼玉所泽	Shi Z.
1931	6	17	17	2		-6.5	146.5	140	6.5	Ms	Papua New Guinea:Mumeng	巴布亚新几内亚:穆孟	Shi Z.
1931	6	18	12	58	33	30.5	84.1		5.75	Ms	China:Xizang (Tibet),Coqen,SW.	中国:西藏措勤西南	China
1931	6	18	14	35		-14.139	-71.36	15	6	Mk	Peru:Espinar	秘鲁:埃斯皮纳尔	GSHAP,Song
1931	6	20	15	5	17	87	86	20	5.3	Ms	Arctic Ocean	北冰洋	GSHAP
1931	6	23	6	14	55	36	141		6.25	Ms	Japan:Ibaraki,Near Coast	日本:茨城近海	Shi Z.
1931	6	23	12	12	0.5	13.5	52		5.5	Ms	Eastern Gulf of Aden	亚丁湾东部	GSHAP
1931	6	25	0	40	12	27	100		5	Ms	China:Yunnan,Lijiang	中国:云南丽江	China
1931	6	28	16	26	56	54	164		6	Ms	Russia:Kamchatka,Near East Coast	俄罗斯:堪察加东部近海	Shi Z.
1931	6	29	16	43	17	34	136.5	380	6.5	Ms	Japan:Minamiise	日本:三重南伊势	Shi Z.
1931	6	29	20	22	42	48.5	123.5		5.25	Ms	China:Inner Mongolia,Arun,N.	中国:内蒙古阿荣旗北	China
1931	6	29	20	24	4	-29.5	-71		6	Ms	Chile:La Higuera	智利:拉伊格拉	GSHAP
1931	6	30	10	23	56	36.5	23		5.5	Ms	Greece:Niata	希腊:尼阿塔	Turkey
1931	7	1	7	48	39	30	109		5	Ms	China:Hubei,Lichuan,S.	中国:湖北利川南	China
1931	7	2	3	38	50	24	142.5	120	6	Ms	Japan:South Honshu Ridge	日本:本州南部海岭	Shi Z.
1931	7	5	17	57	9	39.3	47.8	60	5.3	Ms	Iran:Parsabad	伊朗:法尔萨巴德	GSHAP
1931	7	6	0	30		37.7	15.1		6.5	Mk	Italy:Sicilia Island	意大利:西西里岛	* Song
1931	7	7	3	54	12	14	-96		6.25	Ms	Tehuantepec Ridge	特万特佩克海岭[太平洋]	Shi Z.
1931	7	11	5	56	13	-8.5	-74.5	120	6.3	Ms	Peru:Pucallpa	秘鲁:普卡尔帕	GSHAP
1931	7	12	16	45	23	12	123		6.5	Ms	Philippines:Aroroy	菲律宾:阿罗罗伊	Shi Z.
1931	7	12	22	24	22	39.5	26		5.6	Ms	Aegean Sea	爱琴海	Turkey
1931	7	15	2	17	17	39	67		5	Mk	Uzbekistan:Shakhrisabz	乌兹别克斯坦:沙赫里萨布兹	GSHAP,Song
1931	7	15	16	26	58	58.9	149	14	6.2	Ms	Sea of Okhotsk	鄂霍次克海	GSHAP
1931	7	16	20	26	12	-0.9	-78.7		5.7	Ms	Ecuador:Cotopaxi	厄瓜多尔:科托帕希	GSHAP
1931	7	17	9	13	44	16.25	-97.25		6.25	Ms	Mexico:Oaxaca	墨西哥:瓦哈卡	Shi Z.
1931	7	18	5	27	5	-20.824	-68.394	35	6.8	Muk	Bolivia:Pacu - Pacu	玻利维亚:帕库帕库	Engdahl,GSHAP
1931	7	18	11	23	51.55	54.277	160.998	42.3	6.8	Muk	Russia:Kamchatka Peninsula	俄罗斯:堪察加半岛	Shi Z.,GSHAP, Engdahl
1931	7	20	8	30	30	-14	-173	80	6.5	Ms	Samoa Islands	萨摩亚群岛	Shi Z.
1931	7	21	3	36	13.3	-20.922	170.187	35	6.9	mB	Vanuatu Islands	瓦努阿图群岛	Engdahl
1931	7	23	4	45	56	40	71		5	Mk	Kyrgyzstan:Batken,S.	吉尔吉斯斯坦:巴特肯南部	GSHAP,Song
1931	7	23	14	20	59.71	-6.653	155.446	400	6.8	Muk	Papua New Guinea:Bougainville Island	巴布亚新几内亚:布干维尔岛	Engdahl
1931	7	25	12	40	6	25.5	98.5		6	Ms	China:Yunnan,Tengchong,N.	中国:云南腾冲北	China
1931	7	27	16	28	54	1.5	-90.5		5.6	Ms	Carnegie Ridge	卡内基海岭	GSHAP
1931	7	28	17	36	25	29.5	52	232	5.6	Ms	Iran:Fars	伊朗:法尔斯	Iran
1931	7	29	11	35	32	35	98		5.5	Ms	China:Qinghai,Maduo	中国:青海玛多	China
1931	7	29	17	9	45	24	97		5.5	Ms	myanmar:Bhamo	缅甸:八莫	China
1931	7	31	0	2	55	40.5	40		5.6	Ms	Turkey:Bayburt	土耳其:巴伊布尔特	Turkey
1931	8	2	18	16	55	32.8	84.3		5	Ms	China:Xizang (Tibet),Gerze	中国:西藏改则	China
1931	8	2	23	29	45	51.5	151.5	400	6.5	Ms	Sea of Okhotsk	鄂霍次克海	Shi Z.
1931	8	6	18	16	4	55.5	109		6	Ms	Russia:Lake Baykal	俄罗斯:贝加尔湖	Shi Z.
1931	8	7	2	11	43.36	-2.859	142.079	35	7.1	Mw	Bismarck Sea	俾斯麦海	* Engdahl,NOAA
1931	8	7	10	49	30	38	62	15	5.2	Ms	Turkmenistan:Mary	土库曼斯坦:马雷	GSHAP,Iran

年 Year	月 Mo	日 Dy	时 Hr	分 Mn	秒 Sec	纬度(°) Latitude	经度(°) Longitude	深度 Depth	震级 Mag	标度 Scale	地名(英文) Name(English)	地名(中文) Name(Chinese)	资料来源 Information
1931	8	8	4	7	6	9.5	93		5.6	Ms	India:Nicobar Islands	印度:尼科巴群岛	GSHAP
1931	8	8	8	54	16	37	59	12	5.3	Ms	Iran:Mashhad	伊朗:马什哈德	GSHAP
1931	8	10	10	21	40	18	97		5	Mk	myanmar:Pyu	缅甸:彪关	GSHAP,Song
1931	8	10	21	18	47.7	47.1	89.8	35	8	Mw	China:Xinjiang,Fuyun	中国:新疆富蕴	* China,Engdahl
1931	8	11	6	3	36	46.9	90		5.5	Ms	China:Xinjiang,Fuyun	中国:新疆富蕴	China
1931	8	11	17	40	49	27.5	98.5		5.5	Ms	myanmar:Kachin,NE.	缅甸:克钦东北	China
1931	8	12	6	59	36	48.1	88.4	20	5	Ms	China:Xinjiang,Altay	中国:新疆阿勒泰	China
1931	8	13	22	9	11	-29	-178		6.25	Ms	Kermadec Ridge	克马德克海岭	Shi Z.
1931	8	14	16	12	3	52.5	-168		6	Ms	Aleutian Islands	阿留申群岛	USGS
1931	8	15	4	1	5	36.5	70.8	200	5.9	Ms	Afghan:Fayzabad	阿富汗:法扎巴德	GSHAP
1931	8	16	1	0	58	46.9	90		5.25	Ms	China:Xinjiang,Fuyun	中国:新疆富蕴	China
1931	8	16	11	40	22.3	30.5	-104.57	1	5.8	Ms	US:Texas,Marfa	美国:德克萨斯州马尔法	USGS
1931	8	17	5	5	25	-32.5	-69.5	120	5.8	Ms	Argentina:Mendoza	阿根廷:门多萨	GSHAP
1931	8	17	17	48	46	27.5	128		6	Ms	Ryukyu Islands	琉球群岛	Shi Z.
1931	8	18	9	47	10	40.8	23.5	15	5.2	Ms	Greece:Chalkidiki	希腊:哈尔基迪基	GSHAP
1931	8	18	14	21	8.04	47.29	90.118	35	7.2	Mw	China:Xinjiang,Fuyun	中国:新疆富蕴	China,Engdahl
1931	8	21	12	35		-0.9	-77.8		5	Ms	Ecuador:Ambato	厄瓜多尔:安巴托	GSHAP
1931	8	23	18	1	46	40	-125		5.3	Ms	US:California,North Coast	美国:加利福尼亚州北部近海	USGS
1931	8	24	1	58	52	46.9	90		5	Ms	China:Xinjiang,Fuyun	中国:新疆富蕴	China
1931	8	24	21	35	27.9	30.1	67.6	35	6.7	Ms	Pakistan:Quetta	巴基斯坦:奎达	Afghan,Engdahl
1931	8	24	23	30	15	30.2	67.7		5	Mk	Pakistan:Quetta	巴基斯坦:奎达	GSHAP,Song
1931	8	25	0	31	8	30.2	67.7		5	Mk	Pakistan:Quetta	巴基斯坦:奎达	GSHAP,Song
1931	8	25	0	54	9	30.2	67.7		5	Mk	Pakistan:Quetta	巴基斯坦:奎达	GSHAP,Song
1931	8	25	3	6	25	30.2	67.7		5	Mk	Pakistan:Quetta	巴基斯坦:奎达	GSHAP,Song
1931	8	25	15	45	35	30.2	67.7		5	Mk	Pakistan:Quetta	巴基斯坦:奎达	GSHAP,Song
1931	8	25	18	52	57	30.2	67.7		5	Mk	Pakistan:Quetta	巴基斯坦:奎达	GSHAP,Song
1931	8	26	10	50	14	46.9	90		5.5	Ms	China:Xinjiang,Fuyun	中国:新疆富蕴	China
1931	8	26	19	29	20	28	69		5.6	Ms	Pakistan:Khairpur	巴基斯坦:海尔布尔	GSHAP
1931	8	27	15	27	25	29.473	67.172	35	7.1	Mw	Pakistan:Mach,Baluchistan	巴基斯坦:默杰,俾路支	* GSHAP,Engdahl
1931	8	28	0	42	20	28.5	69		5	Mk	Pakistan:Quetta	巴基斯坦:奎达	GSHAP,Song
1931	8	28	3	18	7	30.2	67.7		5	Mk	Pakistan:Quetta	巴基斯坦:奎达	GSHAP,Song
1931	8	28	19	40		28.8	67.4		5.6	Ms	Pakistan:Quetta	巴基斯坦:奎达	Afghan
1931	8	28	21	24	13	29.8	67.3		5	Mk	Pakistan:Quetta	巴基斯坦:奎达	GSHAP,Song
1931	9	3	17	10	47	29.8	67.3		5	Mk	Pakistan:Quetta	巴基斯坦:奎达	GSHAP,Song
1931	9	5	1	26		44.057	11.367		5.09	Ms	Italy:Firenzuola	意大利:菲伦佐拉	Italy
1931	9	6	5	38	7	18.5	96		5.6	Ms	myanmar:Pyay	缅甸:比艾	GSHAP
1931	9	6	14	33	3	30.2	67.7		5	Mk	Pakistan:Quetta	巴基斯坦:奎达	GSHAP,Song
1931	9	7	21	13	3	30	71		5	Mk	Pakistan:Multan	巴基斯坦:木尔坦	GSHAP,Song
1931	9	8	16	12		29.8	67.3		5	Mk	Pakistan:Quetta	巴基斯坦:奎达	GSHAP,Song
1931	9	8	19	8	58	36.5	141.5		6.25	Ms	Japan:Ibaraki,Near Coast	日本:茨城近海	Shi Z.
1931	9	9	13	40	30	40.8	-125		5.8	Ms	US:California,North Coast	美国:加利福尼亚州北部近海	USGS
1931	9	9	20	38	28.4	19.152	145.489	171.8	7.1	mB	Mariana Islands,N.	马里亚纳群岛北部	Engdahl
1931	9	11	22	22		-34	-68.5		5	Ms	Argentina:San Rafael	阿根廷:圣拉斐尔	GSHAP
1931	9	12	1	45		56.5	161	10	6	Ms	Russia:Kamchatka Peninsula	俄罗斯:堪察加半岛	Shi Z. ,GSHAP
1931	9	12	15	41	32	5	-77.5		6.2	Ms	Colombia:Near Coast	哥伦比亚:近海	GSHAP
1931	9	12	16			28.3	90.8		6.5	Ms	China:Xizang (Tibet),Lhozhag	中国:西藏洛扎	China
1931	9	14	0	10		42.7	13		6.5	Mk	Italy:Cascia	意大利:卡夏	* Song
1931	9	14	3	32	15	36.6	70.8	220	5.7	Ms	Afghan:Badakhshan	阿富汗:巴达赫尚	GSHAP
1931	9	14	3			37.5	74.5	33	5	Ms	Tajikistan:Kuhistoni Badakhshon,SE.	塔吉克斯坦:勾瑙－巴达科善东南	GSHAP
1931	9	16	12	43	5	35.5	138.8		6	Ms	Japan:Fujiyoshida	日本:山梨富士吉田	Shi Z.
1931	9	17	19	30		50.1	127	80	5.5	Ms	China:Heilongjiang,Heihe	中国:黑龙江黑河	GSHAP
1931	9	19	7	40	38	8	136		6	Ms	Western Caroline Islands	卡罗琳群岛西部	Shi Z.
1931	9	21	2	20	3.81	36.021	139.381	35	6.8	Muk	Japan:Yorii	日本:埼玉寄居	* Usami,Japan,Engdahl
1931	9	21	10	27	21.57	19.421	113.158	25	6.8	Muk	China:South China Sea	中国:南海	Engdahl,China
1931	9	21	13	34	32.46	-37.961	177.811	101.3	6.8	Muk	New Zealand:North Island,Omaio	新西兰:北岛,奥马奥	Engdahl, Shi Z.
1931	9	23	13	28		40.4	19.6		5.5	Ms	Albania:Vlore, Kanina	阿尔巴尼亚:发罗拉,卡妮娜	Turkey
1931	9	25	5	59	52.21	-5.178	102.511	35	7.3	Mw	Indonesia:Sumatra,Coast of SW.	印度尼西亚:苏门答腊西南海域	* Engdahl,NOAA
1931	9	25	21	31	38	-5	102.5		6	Ms	Indonesia:Sumatra,Coast of SW.	印度尼西亚:苏门答腊西南海域	Shi Z.
1931	9	26	7	2	6	25	123		5	Ms	Ryukyu Islands	琉球群岛	China
1931	9	26	19	50	30	15	-92	60	6	Ms	Guatemala:San Marcos	危地马拉:圣马科斯	Shi Z.
1931	9	26	20	3	7	14.5	-91.5		6.25	Ms	Guatemala:Mazatenango	危地马拉:马萨特南戈	Shi Z.
1931	9	29	5	14	32	1.5	126.5		6	Ms	Molukka Sea	马鲁古海	Shi Z.
1931	9	30	11	14	45	28.5	69		5.6	Ms	Pakistan:Quetta	巴基斯坦:奎达	GSHAP
1931	10	1	11	45	38	30	-114.5		6	Ms	Mexico:Baja California	墨西哥:下加利福尼亚	Shi Z.
1931	10	2	14	18	28	28.3	98		5.25	Ms	China:Xizang (Tibet),Zayu,SE.	中国:西藏察隅东南	China
1931	10	3	10	35	10	29.8	67.3		5	Mk	Pakistan:Quetta	巴基斯坦:奎达	GSHAP,Song

年 Year	月 Mo	日 Dy	时 Hr	分 Mn	秒 Sec	纬度(°) Latitude	经度(°) Longitude	深度 Depth	震级 Mag	标度 Scale	地名(英文) Name(English)	地名(中文) Name(Chinese)	资料来源 Information
1931	10	3	19	13	20.8	-10.5	161.75	35	7.8	Mw	Solomon Islands:San Cristobal Island	所罗门群岛:圣克里斯托瓦尔岛	* Engdahl,NOAA
1931	10	3	21	18	20.02	-12.292	161.538	35	6.8	Muk	Solomon Islands:Santa Cruz Islands	所罗门群岛:圣克鲁斯群岛	Engdahl
1931	10	3	21	55	14.7	-12.684	163.187	35	7	Ms	Solomon Islands:Santa Cruz Islands	所罗门群岛:圣克鲁斯群岛	Engdahl
1931	10	3	22	47	47.55	-10.913	161.403	35	7.1	Mw	Solomon Islands	所罗门群岛	Engdahl
1931	10	5	22	31	28.54	36.535	70.854	206.4	6.8	Muk	Afghan:Badakhshan	阿富汗:巴达赫尚	Engdahl,GSHAP
1931	10	8	1	12		-37.5	-68		5	Ms	Argentina:Chos Malal	阿根廷:乔斯马拉尔	GSHAP
1931	10	10	0	20	1.55	-9.968	161.194	50.2	7.7	Mw	Solomon Islands	所罗门群岛	* Engdahl
1931	10	10	1	8	23.65	-10.13	161.184	35	6.8	Muk	Solomon Islands	所罗门群岛	Engdahl
1931	10	10	1	30	53.43	-9.878	161.334	35	6.8	Muk	Solomon Islands	所罗门群岛	Engdahl
1931	10	10	2	16	49.4	-10.66	161.064	35	6.8	Muk	Solomon Islands	所罗门群岛	Engdahl
1931	10	10	16	37	5	59.3	147.8	14	6.6	Ms	Russia:Magadan,Sheltinga	俄罗斯:马加丹州舍利京加村	GSHAP
1931	10	12	3	57	24	7.5	-82.5		6	Ms	Panama:Off Coast of S.	巴拿马:南部海域	Shi Z.
1931	10	13	7	36	42	35.6	43.2	33	5	Ms	Iraq:Makhmur	伊拉克:迈赫穆尔	GSHAP
1931	10	17	12	34	50	63	-147		5.6	Ms	Alaska Peninsula,S.	阿拉斯加半岛南部	USGS
1931	10	17	15	33	52	25.5	141.5	180	6	Ms	Japan:South Honshu Ridge	日本:本州南部海岭	Shi Z.
1931	10	18	4	29	47.29	-26.765	-179.91	35	6.8	Muk	South of Fiji Islands	斐济群岛南部	Engdahl
1931	10	18	7	6	40	26	98		5.5	Ms	myanmar:Myitkyina	缅甸:密支那	China
1931	10	20	15	58	32	41.7	51.1	110	6.2	Ms	Caspian Sea	里海	GSHAP
1931	10	23	20	6	34	-9	159		6.25	Ms	Solomon Islands	所罗门群岛	Shi Z.
1931	10	24	12	37		24	122.2		5.5	Ms	China:Taiwan,Hualien,Coast of E.	中国:台湾花莲以东海域	China
1931	10	27	1	32	7	23.5	123		5.5	Ms	Ryukyu Islands	琉球群岛	China
1931	10	28	5	35	3	17.5	121.5		6.25	Ms	Philippines:Tabuk	菲律宾:塔布克	Shi Z.
1931	10	29	8	39	18	17	146	520	6.5	Ms	Mariana Islands	马里亚纳群岛	Shi Z.
1931	10	31	7	2	56	22	122		5	Ms	China:Taiwan,Pingtung,Coast of E.	中国:台湾屏东以东海域	China
1931	11	1	18	53	12	32.5	132		6	Ms	Japan:Miyazaki,Near Coast	日本:宫崎近海	Shi Z. ,Japan
1931	11	2	0	32	10.67	16.261	-96.67	35	6.8	Muk	Mexico:Oaxaca	墨西哥:瓦哈卡	Engdahl
1931	11	2	10	3	3.46	32	131.5	60	7.5	Mw	Japan:Miyazzaki	日本:宫崎	* Usami,Japan, Engdahl,NOAA
1931	11	2	17	2	56	-8	146		6.5	Ms	Papua New Guinea:Kerema	巴布亚新几内亚:凯里马	Shi Z.
1931	11	3	2	35	55	17	147	100	6.25	Ms	Mariana Islands	马里亚纳群岛	Shi Z.
1931	11	3	16	19	56	39.5	141.8		6.1	Ms	Japan:Miyako	日本:岩手宫古	Shi Z. ,Usami
1931	11	4	15	21	30	38.1	69	30	5.5	Ms	Tadzhikistan:Khatlon	塔吉克斯坦:哈特隆州	GSHAP
1931	11	4	17	53	36	49.1	155.8	50	6	Ms	Kuril Islands	千岛群岛	GSHAP
1931	11	5	12	19	33	47	90		6.25	Ms	China:Xinjiang,Fuyun	中国:新疆富蕴	China
1931	11	7	16	20		-32.5	-68		5.3	Ms	Argentina:Mendoza	阿根廷:门多萨	GSHAP
1931	11	16	6	15	20	40	69.3		5	Mk	Tadzhikistan:Sughd	塔吉克斯坦:索格特州	GSHAP,Song
1931	11	17	2	50		-27	-67.5		5.3	Ms	Argentina:Catamarca	阿根廷:卡塔马卡	GSHAP
1931	11	18	3	32	5	-20	-174		6	Ms	Tonga Islands	汤加群岛	Shi Z.
1931	11	20	14	16	33.29	-10.64	161.642	35	6.8	Muk	Solomon Islands	所罗门群岛	Engdahl
1931	11	22				37.8	57.5	11	5	Ms	Iran:Bojnurd	伊朗:博季努尔德	GSHAP
1931	11	23	23	32	10	36.5	21.5		5.5	Ms	Mediterranean Sea	地中海	Turkey
1931	11	24	8	25		-33	-69.5		5.3	Ms	Argentina:Mendoza	阿根廷:门多萨	GSHAP
1931	11	30	17	1	36	15.5	92.5		5.6	Ms	Bay of Bengal	孟加拉湾	GSHAP
1931	12	1	3	20	21	-63	153		6.25	Ms	Southern Pacific Ridge	南太平洋海岭	Shi Z.
1931	12	1	18	10	2	-57	144		6.5	Ms	Southern Pacific Ridge	南太平洋海岭	Shi Z.
1931	12	1				22.8	-80.4		7	Mk	Cuba:Rodrigo	古巴:罗德里戈	NOAA,Song
1931	12	4	0	53		36.5	-121.67		5.1	Ms	US:California,Salinas	美国:加利福尼亚州萨利纳斯	USGS
1931	12	6	23	0	57	34.5	102		5.5	Ms	China:Gansu,Maqu,N.	中国:甘肃玛曲北	China
1931	12	14	19	17	50	54.5	163		6	Ms	Russia:Kamchatka,Near East Coast	俄罗斯:堪察加东部近海	Shi Z.
1931	12	15	3	31	22	43.967	11.383		5	Ms	Italy:Borgo S. Lorenzo	意大利:圣洛伦佐镇	Italy
1931	12	16	19	33	20	38.3	72.8		5	Mk	Tadzhikistan:Kuda La	塔吉克斯坦:库达拉	GSHAP,Song
1931	12	18	9	49	19	-5.5	102		6.25	Ms	Indonesia:Sumatra,Coast of SW.	印度尼西亚:苏门答腊西南海域	Shi Z.
1931	12	21	5	47		32.6	130.4		5.4	Ms	Japan:Kumamoto	日本:熊本	Usami,Japan
1931	12	22	13	8		32.6	130.5		5.6	Ms	Japan:Kumamoto	日本:熊本	Japan
1931	12	24	3	40	40	60	-152	100	6.25	Ms	Gulf of Alaska	阿拉斯加湾	USGS,Shi Z.
1931	12	25	3	4	24	-52	141		6	Ms	Ridge Between Antarctic And Australia	南极-澳大利亚海岭	Shi Z.
1931	12	25	11	41	8	46.259	13.104		5.36	Ms	Italy:Tarcento	意大利:塔尔琴托	Italy
1931	12	26	1	43		32.5	130.5		5.6	Ms	Japan:Kumamoto	日本:熊本	Japan
1931	12	31	0	23	34	-17	64		6.25	Ms	Mid-Indian Ridge	中印度洋海岭	Shi Z.
1932	1	2	23	36		39.096	16.958		5.62	Ms	Italy:Calabria	意大利:卡拉布里亚区	Italy
1932	1	3	7	50	23	25.5	98.5		5.5	Ms	China:Yunnan,Tengchong,N.	中国:云南腾冲北	China
1932	1	4	1	25	1	22	144	60	6.5	Ms	Mariana Islands,N.	马里亚纳群岛北部	Shi Z.
1932	1	4	2	41		-37	-70.5		5.5	Ms	Argentina:Chos Malal	阿根廷:乔斯马拉尔	GSHAP
1932	1	5	1	53	56	-27	-114		6.5	Ms	Easter Island,W.	复活节岛西部	Shi Z.
1932	1	5	11	22	25	20	148	130	6	Ms	Mariana Islands,N.	马里亚纳群岛北部	Shi Z.
1932	1	9	10	21	48.25	-6.083	154.445	387.6	7.2	mB	New Britain Trench	新不列颠海沟[太平洋]	Engdahl
1932	1	13	16	17	27	52	-179		6	Ms	Andreanof Islands, Aleutian Is.	阿留申群岛,安德烈亚诺夫群岛	USGS

年 Year	月 Mo	日 Dy	时 Hr	分 Mn	秒 Sec	纬度(°) Latitude	经度(°) Longitude	深度 Depth	震级 Mag	标度 Scale	地名(英文) Name(English)	地名(中文) Name(Chinese)	资料来源 Information
1932	1	20	2	30	46.11	-11.866	-77.386	35	6.8	Muk	Peru:Lima,Near Coast	秘鲁:利马近海	* Engdahl
1932	1	22	0	48	56	33	47		5.6	Ms	Iran:Lorestan,W.	伊朗:洛雷斯坦西部	Turkey
1932	1	24	3	44	19	-17.25	167.75		6.5	Ms	Vanuatu Islands	瓦努阿图群岛	Shi Z.
1932	1	26	10	13		43.5	-110.7		5.1	Mk	US:Wyoming,Jackson	美国:怀俄明州杰克逊	USGS,Song
1932	1	26	13			-32	-69		5	Ms	Argentina:San Juan	阿根廷:圣胡安	GSHAP
1932	1	27	19	40	54	51.5	-29.5		6	Ms	North Atlantic Ocean	北大西洋	Shi Z.
1932	1	29	13	41	16.27	-6.808	155.035	53.8	7.1	Ms	Papua New Guinea:Bougainville Island	巴布亚新几内亚:布干维尔岛	Engdahl
1932	1	29	15	39	6	-6.5	155		6.5	Ms	Papua New Guinea:Bougainville Island	巴布亚新几内亚:布干维尔岛	Shi Z.
1932	1	30	3	4	46	-7.5	155		6.25	Ms	Solomon Islands	所罗门群岛	Shi Z.
1932	1	31	16	1	5	-6	155		6	Ms	Papua New Guinea:Bougainville Island	巴布亚新几内亚:布干维尔岛	Shi Z.
1932	2	3	6	16	2.6	19.77	-75.85	25	6.8	Muk	Cuba:Santiago De Cuba	古巴:圣地亚哥	* Engdahl,NOAA
1932	2	3	7	34	34	29	140	140	6.25	Ms	Japan:South Honshu Ridge	日本:本州南部海岭	Shi Z.
1932	2	4	21	18	9	26.5	62.25		5.6	Ms	Pakistan:Balochistan	巴基斯坦:俾路支	Iran
1932	2	5	13	43		25.4	96.8		5	Mk	myanmar:Myitkyina	缅甸:密支那	GSHAP,Song
1932	2	9	2	20		36.6	70.6	220	5.2	Ms	Afghan:Badakhshan	阿富汗:巴达赫尚	GSHAP
1932	2	12	0	58	9	10.5	57.5		6	Ms	Arabian Sea	阿拉伯海	Shi Z.
1932	2	13	19	30	30	13.5	146	90	6	Ms	Guam,E.	关岛(西太平洋)东部	Shi Z.
1932	2	14	20	30	25	37.5	70.5		5	Mk	Afghan:Badakhshan	阿富汗:巴达赫尚	GSHAP,Song
1932	2	14	23	13	34	-19	66.5		6.25	Ms	Central Indian Ridge	印度洋中脊	Shi Z.
1932	2	16	13	48	50	-15	180		6.5	Ms	North of Fiji Islands	斐济群岛北部	Shi Z.
1932	2	17	16	6	57	12	-73.5		5.6	Ms	Colombia:La Guajira,Near Coast	哥伦比亚:瓜希拉省近海	GSHAP
1932	2	19	12	57	11	45.63	10.73		5.01	Ms	Italy:Brescia	意大利:布雷西亚	Italy
1932	2	23	0	13	53.99	-57.927	-12.052	15	6.8	Ms	South Sandwich Trench	南桑威奇海沟	Engdahl
1932	2	23	20	11	30	-10	162	60	6.5	Ms	Solomon Islands	所罗门群岛	Shi Z.
1932	2	26	16	58		36	-121		5	Ms	US:California,San Ardo	美国:加利福尼亚州圣阿多	USGS
1932	2	27	8	49	40	-22.5	-70	120	5.5	Ms	Chile:Calama	智利:卡拉马	GSHAP
1932	2	27	16	9	57	-57.5	144		6	Ms	Southern Pacific Ridge	南太平洋海岭	Shi Z.
1932	3	1	19	1	50	-36.5	-70	290	5.5	Ms	Argentina:Chos Malal	阿根廷:乔斯马拉尔	GSHAP
1932	3	2	17	14	36	40.2	-127		5.6	Ms	US:California,Off Coast N.	美国:加利福尼亚州北部沿海	USGS
1932	3	2	17	40	48	43	-131		6	Ms	US:Off Coast of W. Oregon	美国:俄勒冈州西部沿海	USGS
1932	3	4	23	20	51	33.5	80.5		5.5	Ms	China:Xizang (Tibet),Rutog,E.	中国:西藏日土东	China
1932	3	5	16			30.1	101.8		6	Ms	China:Sichuan,Garze,SW.	中国:四川甘孜西南	China
1932	3	6	0	17	56	25.5	92.5		5.6	Ms	India:Meghalaya	印度:梅加拉亚邦	* China
1932	3	8	3	11	9	-6	154	70	6.5	Ms	New Britain Trench	新不列颠海沟[太平洋]	GSHAP
1932	3	8	4	29	30	51.5	-178		6	Ms	Aleutian Islands	阿留申群岛	Shi Z.
1932	3	8	18	1	4	-17.5	179.6		6.2	Muk	Fiji Islands:Koro,Mudu	斐济群岛:科罗海,穆杜	USGS
1932	3	9	1	11	50	36.3	69.4		5	Mk	Afghan:Puli Khumri	阿富汗:普勒胡姆里	*
1932	3	9	10	16	55	38.2	20.5		5.6	Ms	Ionian Islands	爱奥尼亚群岛	GSHAP,Song
1932	3	10	5	17	47	-55	-135		6.5	Ms	Southern Pacific Ridge	南太平洋海岭	Turkey
1932	3	13	2	53		45.7	26.6	120	5	Ms	Romania:Nereju	罗马尼亚:内雷茹	Shi Z.
1932	3	14	4	5	55	22.5	-109		6	Ms	Gulf of California	加利福尼亚湾	GSHAP
1932	3	14	22	42	57.07	8.149	-71.974	35	6.8	Muk	Venezuela:El Palmar	委内瑞拉:埃尔帕尔马	Shi Z.
1932	3	15	4	32	14	11	144.5		6.25	Ms	Mariana Islands,S.	马里亚纳群岛南部	Engdahl,GSHAP
1932	3	15	7	44	34	41	45	15	5.6	Ms	Armenia:Idzhevan	亚美尼亚:伊杰万	Shi Z.
1932	3	15	10	18	6	34	48		5.6	Ms	Iran:Hamadan	伊朗:哈马丹	Turkey,GSHAP
1932	3	18	5	16	19	-17	65.5		6	Ms	Mid-Indian Ridge	中印度洋海岭	Turkey
1932	3	19	10	36	36	15.5	147.75		6.75	Ms	Mariana Islands	马里亚纳群岛	Shi Z.
1932	3	19	10	59	43.41	15.733	147.46	35	6.8	Muk	Mariana Islands	马里亚纳群岛	Shi Z.
1932	3	19	23	10	47	-3	152	350	6.5	Ms	Papua New Guinea:New Ireland	巴布亚新几内亚:新爱尔兰	Engdahl
1932	3	19				9.5	127.3		7.8	Ms	Philippine Trench	菲律宾海沟	Shi Z.
1932	3	23	9	4	7	37.7	69.8		5	Mk	Tadzhikistan:Khatlon	塔吉克斯坦:哈特隆州	Nakamura
1932	3	23	12	8	2	-37	-99		6	Ms	Chile:Off Coast of C.	智利:中部沿海	GSHAP,Song
1932	3	24	16	8	36	25	90		5.6	Ms	Bangladesh:Rajshahi	孟加拉:拉吉沙希	Shi Z.
1932	3	25	4	29	32	30	89.2		5.25	Ms	China:Xizang (Tibet),Shigatse,N.	中国:西藏日喀则北	GSHAP
1932	3	25	23	54	51	62.5	-153		6	Ms	Alaska Peninsula,S.	阿拉斯加半岛南部	China
1932	3	25	23	58	39.08	62.355	-153.451	35	6.9	Muk	Alaska Peninsula,S.	阿拉斯加半岛南部	USGS
1932	3	26	9	52	26.83	-4.392	128.491	35	6.8	Muk	Indonesia:Ceram Sea	印度尼西亚:塞兰海	Engdahl,USGS
1932	3	27	8	44	40	24.5	92		5.6	Ms	Bangladesh:Sylhet	孟加拉:锡尔赫特(锡莱特)	Engdahl
1932	3	27	8	48	45	25.5	92.5		5.5	Ms	India:Meghalaya	印度:梅加拉亚邦	GSHAP
1932	3	28	0	35	34	-8	98.5		6	Ms	Indonesia:Sumatra,Off Coast of SW.	印度尼西亚:苏门答腊西南沿海	GSHAP
1932	3	30	15	1	32	-6.5	154.5	50	6	Ms	Papua New Guinea:Bougainville Island	巴布亚新几内亚:布干维尔岛	Shi Z.
1932	4	3	10	52	41	36.7	70.5	250	6	Ms	Afghan:Fayzabad	阿富汗:法扎巴德	Shi Z.
1932	4	3	20	38	53	-30.75	-177.5		6.25	Ms	Kermadec Ridge	克马德克海岭	GSHAP
1932	4	4	19	16	38.88	30.557	138.816	415.8	6.8	Muk	Japan:South Honshu Ridge	日本:本州南部海岭	Shi Z.
1932	4	4	19	38	38	30	139	410	6.75	Ms	Japan:South Honshu Ridge	日本:本州南部海岭	Engdahl

年	月	日	时	分	秒	纬度(°)	经度(°)	深度	震级	标度	地名(英文)	地名(中文)	资料来源
Year	Mo	Dy	Hr	Mn	Sec	Latitude	Longitude	Depth	Mag	Scale	Name(English)	Name(Chinese)	Information
1932	4	6	9	11	18	31.4	115		6	Ms	China:Hubei,Macheng,N.	中国:湖北麻城北	* China
1932	4	7	16	15	51	29	-113		6.75	Ms	Gulf of California	加利福尼亚湾	Shi Z.
1932	4	12	19	24	10	26.5	-110		6.75	Ms	Gulf of California	加利福尼亚湾	Shi Z.
1932	4	12	23	52	39.78	-4.797	152.654	85.9	6.8	Muk	Papua New Guinea:New Ireland	巴布亚新几内亚:新爱尔兰	Engdahl
1932	4	18	11	23	21	25	64		6	Ms	Pakistan:Gwadar	巴基斯坦:瓜达尔	Iran
1932	4	20	20	5	45	41	74.8	20	5.1	Ms	Kyrgyzstan:Naryn,SW.	吉尔吉斯斯坦:纳伦西南	GSHAP
1932	4	22	4	58	8	-4.5	103	80	6.5	Ms	Indonesia:Southern Sumatra	印度尼西亚:苏门答腊南部	Shi Z.
1932	4	23	9	58		41.3	22.7	24	5	Ms	Macedonia(Fyrom):Berovo	马其顿:贝罗沃区	GSHAP
1932	4	26	7	54	48	-25	-69.5	70	6.5	Ms	Chile:Antofagasta,S.	智利:安托法加斯塔南部	GSHAP
1932	4	27	1	47	46	34	23.5		5.6	Ms	Mediterranean Sea	地中海	Turkey
1932	4	29	18	18	23	51.5	-178		6.2	Ms	Andreanof Islands, Aleutian Is.	阿留申群岛,安德烈亚诺夫群岛	USGS
1932	4	30	1	6	19	-5	-11.5		6	Ms	Central Mid - Atlantic Ridge	中大西洋中脊	Shi Z.
1932	4	30	10	52	36	36.6	70.6	140	5.4	Ms	Afghan:Badakhshan	阿富汗:巴达赫尚	GSHAP
1932	5	4	5	5	8	0.5	122	200	6	Ms	Indonesia:Marisa	印度尼西亚:马里萨	Shi Z.
1932	5	5	4	11	1	34.5	135.5	380	6.5	Ms	Japan:Sakai	日本:大阪堺市	Shi Z.
1932	5	7	1	34		-28.5	-69		5.5	Ms	Argentina:La Rioja	阿根廷:拉里奥哈	GSHAP
1932	5	7	14	54	9	36.25	45		5.6	Ms	Iraq:Dukan	伊拉克:杜坎	Turkey
1932	5	8	19	21	17	-32.5	-69.5	110	5.5	Ms	Argentina:Mendoza	阿根廷:门多萨	GSHAP
1932	5	10	11	53	4	-32	-70	110	5.5	Ms	Argentina:San Juan	阿根廷:圣胡安	GSHAP
1932	5	10	14	23	3	-7.5	128	170	6	Ms	Indonesia:Banda Sea	印度尼西亚:班达海	Shi Z.
1932	5	11	6	35	35	33	142	80	6	Ms	Japan Trench	日本海沟	Shi Z.
1932	5	12	6	8	5	0.2	126	170	6.5	Ms	Molukka Sea	马鲁古海	Shi Z.
1932	5	14	3	44	53	36	28.5		5.6	Ms	Mediterranean Sea	地中海	Turkey
1932	5	14	13	11	5.73	0.258	126.169	35	8.1	Mw	Molukka Sea	马鲁古海	* Engdahl
1932	5	17	12	56	30	-8.5	115	80	6.25	Ms	Indonesia:Denpasar	印度尼西亚:丹帕沙	Shi Z.
1932	5	18	18	45	50	-46	106		6	Ms	Great Australian Bight,S.	大澳大利亚湾南部	Shi Z.
1932	5	20	19	16		36.6	53.4	12	5.4	Muk	Iran:Mazanderan	伊朗:马赞德兰	*
1932	5	21	10	10	3.42	12.364	-87.894	35	6.9	Muk	Nicaragua:Near West Coast	尼加拉瓜:西部近海	* Engdahl
1932	5	21	21	39	24	-6.5	105	100	6.5	Ms	Indonesia:Sunda Strait	印度尼西亚:巽他海峡	Shi Z.
1932	5	22	11	29	18	-20	-174		6.25	Ms	Tonga Islands	汤加群岛	Shi Z.
1932	5	22	17	1		37.907	15.456		5.15	Ms	Italy:Sicilia Island	意大利:西西里岛	Italy
1932	5	22	22	40	2	14.25	-90	80	6	Ms	Guatemala:Antigua	危地马拉:安地瓜	Shi Z.
1932	5	26	5	12	26	25.4	96.8		5	Mk	myanmar:Myitkyina	缅甸:密支那	GSHAP,Song
1932	5	26	16	9	39.28	-25.399	179.049	568.8	7.5	mB	Tonga Islands,S.	汤加群岛南部	* Engdahl
1932	5	26	22	21	54	-25.5	-179.25	600	6.5	Ms	Tonga Islands,SW.	汤加群岛西南	Shi Z.
1932	5	27	1	29	48	-25.5	-179.25	600	6.25	Ms	Tonga Islands,SW.	汤加群岛西南	Shi Z.
1932	5	27	10	42	15	45.7	26.6	120	5.6	Ms	Romania:Nereju	罗马尼亚:内雷茹	GSHAP
1932	5	28	2	21	19	28	132	60	6.5	Ms	Ryukyu Islands	琉球群岛	Shi Z.
1932	5	30	0	22	45	-19	-69	160	5.8	Ms	Chile:Arica,SE.	智利:阿里卡东南	GSHAP
1932	5	31	8	37	18	7	-38		6	Ms	Central Mid - Atlantic Ridge	中大西洋中脊	GSHAP
1932	6	2	19	44	56	47.7	102.4	15	5	Ms	Mongolia:West Arhangay	蒙古:后杭爱西部	GSHAP
1932	6	3	10	36	53.57	19.457	-104.146	25	7.9	Mw	Mexico:Cihuatlán	墨西哥:锡瓦特兰	* Engdahl,NOAA
1932	6	3	17	29	15	45.9	100.9	15	5.1	Ms	Mongolia:South of Bayanhongor	蒙古:巴彦洪戈尔市以南	GSHAP
1932	6	3	17	40	4	19.5	-104.25		6	Ms	Mexico:Jalisco	墨西哥:哈利斯科	Shi Z.
1932	6	5	9	4	37	19.5	-105		6.25	Ms	Mexico:Jalisco	墨西哥:哈利斯科	Shi Z.
1932	6	6	8	44	22	40.75	-124.5		6.4	Ms	US:California,North Coast	美国:加利福尼亚州北部近海	USGS
1932	6	6	11	49	55	19.5	-76.5		6	Ms	Cuba:Off Coast of SE.	古巴:东南海域	Shi Z.
1932	6	6	16			23.4	103.2		5	Ms	China:Yunnan,Gejiu	中国:云南个旧	China
1932	6	8	7	52	47	62.5	-153.3		6	Ms	Alaska Peninsula,S.	阿拉斯加半岛南部	USGS
1932	6	8	14	54	38	8	126		6.25	Ms	Philippines:Mindanao Island	菲律宾:棉兰老岛	Shi Z.
1932	6	9	6	30	43	-27.5	-70.5	80	5.8	Ms	Chile:Copiapo	智利:科皮亚波	GSHAP
1932	6	10	20	21	23.09	5.119	127.272	86.9	6.8	Muk	Philippine Trench	菲律宾海沟	Engdahl
1932	6	11	8	32	0.6	14.2	53.8		5.5	Ms	Arabian Sea	阿拉伯海	GSHAP
1932	6	11	13	11	32	-35	-71	80	5.8	Ms	Chile:Curico	智利:库里科	GSHAP
1932	6	11	17			13.5	145.5	60	6	Ms	Guam,E.	关岛(西太平洋)东部	Shi Z.
1932	6	13	20	57	32	18	119.25		6.25	Ms	Philippines:Laoag,Off Coast of W.	菲律宾:拉瓦格西部沿海	Shi Z.
1932	6	14	5	59	38	18.5	120.25	80	6.25	Ms	Philippines:Laoag,Off Coast	菲律宾:佬沃沿海	Shi Z.
1932	6	14	11	20	12	18	120	40	6	Ms	Philippines:Laoag,Off Coast	菲律宾:佬沃沿海	Shi Z.
1932	6	14	19	54		-31	-67		5.1	Ms	Argentina:San Luis	阿根廷:圣路易斯	GSHAP
1932	6	16	1	18	41.06	2.43	97.643	35	6.8	Muk	Indonesia:Northern Sumatera	印度尼西亚:苏门答腊北部	Engdahl
1932	6	16	23	13	5	-20	-176	200	6	Ms	Tonga Islands	汤加群岛	Shi Z.
1932	6	18	0	13	39	-20	-71	70	6.3	Ms	Chile:Iquique,Near Coast	智利:伊基克近海	GSHAP
1932	6	18	10	12	16.14	19.452	-103.632	54.3	7.9	Mw	Mexico:Colima	墨西哥:科利马	* Engdahl,NOAA
1932	6	20	9	1	47	12.5	-89	80	6	Ms	El Salvador:Off Coast of W.	萨尔瓦多:西部海域	* * Shi Z.
1932	6	20	9	26	27	43	-127.5		5.5	Ms	US:Off Coast of W. Oregon	美国:俄勒冈州西部沿海	USGS
1932	6	21	4	33	45	16	-96.5		6	Ms	Mexico:Oaxaca	墨西哥:瓦哈卡	Shi Z.
1932	6	21	22	59	12	16.5	112		5.5	Ms	China:South China Sea,Xisha Islands	中国:南海西沙群岛	China
1932	6	22	0	36	3	36	140.5	40	6	Ms	Japan:Hokota	日本:茨城鉾田	Shi Z.

年 Year	月 Mo	日 Dy	时 Hr	分 Mn	秒 Sec	纬度(°) Latitude	经度(°) Longitude	深度 Depth	震级 Mag	标度 Scale	地名(英文) Name(English)	地名(中文) Name(Chinese)	资料来源 Information
1932	6	22	5	30		-29.5	-70		5.4	Ms	Chile: La Higuera, E.	智利:拉伊格拉东部	GSHAP
1932	6	22	12	59	31.27	19.028	-104.379	25	6.9	Muk	Mexico: Manzanillo	墨西哥:曼萨尼约	* Engdahl, NOAA
1932	6	25	2	31	41	-6.5	-81.5		6.4	Ms	Peru: Cartagena, Near Coast	秘鲁:卡塔赫纳近海	GSHAP
1932	6	26	19	19	9	46	152	40	6.2	Ms	Kuril Islands	千岛群岛	GSHAP
1932	6	29	2	30	6	35.5	27.6		5.6	Ms	Mediterranean Sea	地中海	Turkey
1932	6	29	18	33	43	35.68	26.67	140	5.6	Ms	Greece: Karpathos Island	希腊:皮加贾岛	Turkey
1932	6	29	22	20	12	7	-77.5		5.6	Ms	Colombia: Bahia Solano	哥伦比亚:巴伊阿索拉诺	GSHAP
1932	7	2	2	11	17	-2.5	132		6	Ms	Indonesia: Ceram Sea	印度尼西亚:塞兰海	Shi Z.
1932	7	5	10	52	15	-6	103.5	80	6	Ms	Indonesia: Sumatra, Coast of SW.	印度尼西亚:苏门答腊西南海域	Shi Z.
1932	7	7	16	15	53.95	29.098	-113.318	15	6.8	Muk	Gulf of California	加利福尼亚湾	Engdahl
1932	7	9	11	11	51	49.1	92.7	20	5.1	Ms	Mongolia: Naranbulag	蒙古:纳兰布拉格	GSHAP
1932	7	9	12	56	10	-14.5	167.25	120	6.5	Ms	Vanuatu Islands	瓦努阿图群岛	Shi Z.
1932	7	9	20	23	54	5.5	126.5	120	6	Ms	Philippines: Mindanao Island	菲律宾:棉兰老岛	Shi Z.
1932	7	9	23	20		-32.5	-69.5		5.1	Ms	Argentina: Mendoza	阿根廷:门多萨	GSHAP
1932	7	10	0	43	25	53.1	143.3	15	5.5	Mk	Russia: Sakhalin Island	俄罗斯:库页岛(萨哈林岛)	GSHAP, Song
1932	7	10	7	45	10	39.6	145	33	7.2	Ms	Japan Trench	日本海沟	GSHAP, Shi Z.
1932	7	12	19	24	12.29	26.238	-110.288	15	6.8	Muk	Gulf of California	加利福尼亚湾	Engdahl
1932	7	14	8	53	28	-3.5	154	150	6.25	Ms	Papua New Guinea: New Ireland, E.	巴布亚新几内亚:新爱尔兰东部	Shi Z.
1932	7	16	21	2	48	-7	68		6	Ms	Mid - Indian Ridge	中印度洋海岭	Shi Z.
1932	7	18	5	2	5	14	120	100	6	Ms	Philippines: Lubang Island	菲律宾:卢邦岛	Shi Z.
1932	7	18	6	1	55	47.75	-121.83		5.2	Ms	US: Washington, Seattle	美国:华盛顿州西雅图	USGS
1932	7	20	20	5	46	-27	-178	170	6.5	Ms	Tonga Islands, SW.	汤加群岛西南	Shi Z.
1932	7	21	12	39	49	-3.25	137.5		6.5	Ms	Indonesia: Papua	印度尼西亚:巴布亚	Shi Z.
1932	7	25	8	24	40.06	35.381	135.709	360.7	6.8	Muk	Japan: Fukui	日本:福井	Engdahl
1932	7	25	9	12	52.66	18.803	-103.942	35	6.8	Muk	Mexico: Near Coast of Jalisco	墨西哥:哈利斯科近海	Engdahl
1932	7	27	21	19	30	-6.5	130	60	6.25	Ms	Indonesia: Banda Sea	印度尼西亚:班达海	Shi Z.
1932	7	29	0	45	18	-19	-70	110	6	Ms	Chile: Arica, SE.	智利:阿里卡东南	GSHAP
1932	7	29	20	58	37	-0.5	124	200	6.5	Ms	Molukka Sea	马鲁古海	Shi Z.
1932	8	2	4	25	38	1.5	126	100	6.5	Ms	Molukka Sea	马鲁古海	Shi Z.
1932	8	4	6	37	27	53	160	100	6.25	Ms	Russia: Kamchatka, Near East Coast	俄罗斯:堪察加东部近海	Shi Z., GSHAP
1932	8	5	0	46	50	21	120		5	Ms	China: Taiwan, Coast of S.	中国:台湾南部海域	China
1932	8	6	3	57		-16.7	-71.7	90	5	Mk	Peru: Arequipa	秘鲁:阿雷基帕	GSHAP, Song
1932	8	6	22	16		47.7	-122.3		5.1	Mk	US: Washington, Seattle	美国:华盛顿州西雅图	USGS, Song
1932	8	11	11	49	33	-6	110	600	6	Ms	Indonesia: Java Island	印度尼西亚:爪哇岛	Shi Z.
1932	8	12	3	24	4.54	52.418	-168.623	35	6.8	Muk	Aleutian Islands	阿留申群岛	Engdahl, USGS
1932	8	13	20	56	1	-51	164		6.25	Ms	New Zealand: Auckland Islands	新西兰:奥克兰群岛	Shi Z.
1932	8	14	4	39	39.35	25.765	95.655	143.9	7	mB	India: Assam	印度:阿萨姆邦	* Engdahl. GSHAP
1932	8	14	7	10	37	22	95.5		5	Mk	myanmar: Sagaing, S.	缅甸:实皆南部	GSHAP, Song
1932	8	14	12	36	9	62.8	154.6	14	5.4	Ms	Russia: Magadan, C.	俄罗斯:马加丹州中部	GSHAP
1932	8	15	4	34	42	39.25	22	100	6.1	Ms	Greece: Sophades (Karditsa)	希腊:卡尔季察	GSHAP
1932	8	15	20	31		-32.5	-69		5.2	Ms	Argentina: Mendoza	阿根廷:门多萨	GSHAP
1932	8	21	4	15	35	24.5	121.5		6.5	Ms	China: Taiwan, Yilan	中国:台湾宜兰	China
1932	8	22	11	12	42	36.1	121.6		6.25	Ms	China: Yellow Sea	中国:黄海	China
1932	8	24	12	10	32	16.5	120.5		6.25	Mk	Philippines: Baguio	菲律宾:碧瑶	* Song, Shi Z.
1932	9	2	12	56	30	23	142.5	140	6.5	Ms	Japan: South Honshu Ridge	日本:本州南部海岭	Shi Z.
1932	9	3	11	58	55.45	40.939	143.456	35	6.8	Muk	Japan Trench	日本海沟	Engdahl, GSHAP
1932	9	5	6	23	50	-6	-81	50	6	Ms	Peru: Bayóvar	秘鲁:巴约瓦尔	GSHAP
1932	9	7	18	36		45.7	26.6		5.4	Ms	Romania: Nereju	罗马尼亚:内雷茹	GSHAP
1932	9	8	1	41	13	19	-104		6.25	Ms	Mexico: Tecoman	墨西哥:特科曼	Shi Z.
1932	9	8	7	25		31.6	58.2		5.6	Ms	Iran: Kerman	伊朗:克尔曼	Afghan
1932	9	9	13	39	4	-3.6	128.3	17	6.25	Ms	Indonesia: Banda Sea	印度尼西亚:班达海	* Shi Z., NOAA
1932	9	10	22	51	3	22.5	120.5		5	Ms	China: Taiwan, Pingtung	中国:台湾屏东	China
1932	9	11	14	13	12	45.1	83		6	Ms	China: Xinjiang, Jinghe, N.	中国:新疆精河北	China
1932	9	14	8	43	23	61	-148	50	6.25	Ms	Gulf of Alaska	阿拉斯加湾	USGS
1932	9	15	11	13	15	6	120.75		6.25	Ms	Celebes Sea	西里伯斯海	Shi Z.
1932	9	15	13	54	57.58	-38.956	177.455	35	6.8	Ms	New Zealand: Gisborne, Wairoa	新西兰:吉斯伯恩,威洛亚	* Engdahl, NOAA
1932	9	20	15	43	25	8.5	93.5		5.6	Ms	India: Nicobar Islands	印度:尼科巴群岛	GSHAP
1932	9	23	14	22	15.05	44.486	138.722	350	7	mB	Japan Sea, NE.	日本海东北	Engdahl, GSHAP
1932	9	26	19	20	48.66	40.333	23.732	35	6.9	Muk	Greece: Chalkidiki	希腊:哈尔基迪基	* Engdahl, NOAA
1932	9	29	3	57		40.5	23.8		6.2	Muk	Greece: Chalkidiki	希腊:哈尔基迪基	*
1932	9	29	17	46	27	46	153	30	6.5	Ms	Kuril Islands	千岛群岛	Shi Z., GSHAP
1932	9	30	6	12	16	36	22.7	33	6	Ms	Greece: Kythira	希腊:基西拉	GSHAP
1932	10	1	15	8	5	28	140.5	450	6	Ms	Japan: South Honshu Ridge	日本:本州南部海岭	Shi Z.
1932	10	2	2	59	12.78	11.273	-87.494	35	6.8	Muk	Nicaragua: Off Coast of W.	尼加拉瓜:西部沿海	Engdahl
1932	10	2	3	22	5	41.4	65.6	30	6.2	Ms	Uzbekistan: Navoiy	乌兹别克斯坦:纳沃伊州	GSHAP
1932	10	3	4	37	40	-1	-91		5.6	Ms	Carnegie Ridge	卡内基海岭	GSHAP
1932	10	9	12	49	49	23.5	122.5	130	6	Ms	China: Taiwan, Hualien, Coast of E.	中国:台湾花莲以东海域	China
1932	10	16	12	8	6.36	54.916	-159.655	25	6.8	Muk	Aleutian Islands	阿留申群岛	Engdahl, USGS
1932	10	17	13	25	31	-7.5	157	100	6.25	Ms	Solomon Islands	所罗门群岛	Shi Z.

年 Year	月 Mo	日 Dy	时 Hr	分 Mn	秒 Sec	纬度(°) Latitude	经度(°) Longitude	深度 Depth	震级 Mag	标度 Scale	地名(英文) Name(English)	地名(中文) Name(Chinese)	资料来源 Information
1932	10	18	4	9	50	0	123.5	200	6.5	Ms	Molukka Sea	马鲁古海	Shi Z.
1932	10	20	17	36	43	-30	-179	70	6	Ms	Kermadec Ridge	克马德克海岭	Shi Z.
1932	10	23	13	36	35	35.25	27.25		5.6	Ms	Mediterranean Sea	地中海	Turkey
1932	10	23	21	27	48	24.5	122.3		6.25	Ms	China:Taiwan,Yilan,Coast of E.	中国:台湾宜兰以东海域	China
1932	10	25	1	7	23	37.75	-122.5		5.1	Ms	US:California,San Francisco	美国:加利福尼亚州旧金山	USGS
1932	10	25	17	2	9	47.2	144.5	400	6.5	Ms	Sea of Okhotsk	鄂霍次克海	GSHAP
1932	10	29	9	59	24	39.5	72		5	Mk	Kyrgyzstan:Osh,SW.	吉尔吉斯斯坦:奥什西南	GSHAP,Song
1932	10	29	11	8	50	39.2	72.2	20	5.9	Ms	Tadzhikistan:Dzhirgatal	塔吉克斯坦:吉尔加塔尔	GSHAP
1932	10	30	20	47	0.45	54.829	-159.856	25	6.8	Muk	Aleutian Islands	阿留申群岛	Engdahl,USGS
1932	11	1	10	38	54	-24	-70	100	6	Ms	Chile:Antofagasta,C.	智利:安托法加斯塔中部	GSHAP
1932	11	2	11	3	24.61	-22.977	-112.338	15	6.8	Muk	Easter Island,W.	复活节岛西部	Engdahl, Shi Z.
1932	11	2	16			24.5	103.1		5	Ms	China:Yunnan,Chengjiang,SE.	中国:云南澄江东南	China
1932	11	2				-32	-131.5		7.5	Muk	Southern Pacific Ridge	南太平洋海岭	*
1932	11	3	19	42	53	16.5	146.5	170	6	Ms	Mariana Islands	马里亚纳群岛	Shi Z.
1932	11	4				10.5	-64.2		7	Mk	Venezuela:Cumana	委内瑞拉:库马纳	* NOAA,Song
1932	11	6	12	47	45	51.5	141.5	20	5.5	Ms	Russia:Gulf of Amur	俄罗斯:阿穆尔湾	GSHAP
1932	11	6	12	47	53	51	150	520	6	Ms	Sea of Okhotsk	鄂霍次克海	Shi Z.
1932	11	9	18	30	16	26.5	92		5.5	Ms	India:Guwahati	印度:阿萨姆的高哈蒂	China
1932	11	10	13	53		-30	-61		5.8	Ms	Argentina:Santa Fe	阿根廷:圣达菲	GSHAP
1932	11	10				40.5	-74		7	Mk	US:New York,Breezy Point	美国:纽约州布里齐波恩特	* Song
1932	11	13	4	46	28.87	43.841	136.881	35	7.1	mB	Japan Sea,NE.	日本海东北	GSHAP,Engdahl
1932	11	17	6	2	58	19.5	-103.75		6.25	Ms	Mexico:Jalisco	墨西哥:哈利斯科	Shi Z.
1932	11	18	13	47	16	2	124.5	280	6.5	Ms	Celebes Sea	西里伯斯海	Shi Z.
1932	11	22	14	51	25	-8	128	180	6.5	Ms	Indonesia:Banda Sea	印度尼西亚:班达海	Shi Z.
1932	11	26	4	23	59.6	42.379	142.543	45.5	6.8	Muk	Japan:Hokkaido	日本:北海道	Engdahl,GSHAP, Usami
1932	11	27	3	37	28	29	142	60	6	Ms	Japan:South Honshu Ridge	日本:本州南部海岭	Shi Z.
1932	11	29	1	47	34	-13	167		6	Ms	North Vanuatu Islands	瓦努阿图群岛北部	Shi Z.
1932	11	29	11	10	59.89	-32.331	-71.42	35	6.8	Muk	Chile:La Ligua	智利:拉利瓜	Engdahl,GSHAP
1932	12	4	4	4		35.5	-36.5		6	Ms	North Atlantic Ocean	北大西洋	Shi Z.
1932	12	4	8	11	20.88	2.387	121.019	45.8	7.1	Ms	Celebes Sea	西里伯斯海	Engdahl,Shi Z.
1932	12	4	10	32	57	2.25	121		6.25	Ms	Celebes Sea	西里伯斯海	Shi Z.
1932	12	7	16	22	9	19	-104		6.5	Ms	Mexico:Tecoman	墨西哥:特科曼	Shi Z.
1932	12	8	12	19		-33.5	-68.5		5.4	Ms	Argentina:Tunuyán	阿根廷:图努扬	GSHAP
1932	12	8	15	17		44	146	100	5.9	Ms	Kuril Islands	千岛群岛	GSHAP
1932	12	9	8	34	55	-15	-75	75	6.5	Ms	Peru:Nazca	秘鲁:纳斯卡	GSHAP
1932	12	11	4	25	55	9	93.5		6	Ms	India:Nicobar Islands	印度:尼科巴群岛	Shi Z.
1932	12	11	21	46	9	42.7	19.4		5	Ms	Montenegro:Niksic,E.	蒙特尼哥罗(黑山):尼克希奇东部	GSHAP
1932	12	15	19	33	38	21	121		6	Ms	China:Taiwan,Coast of S.	中国:台湾南部海域	China
1932	12	20				38.7	-117.8		7.2	Muk	US:Nevada,Cedar Mountain	美国:内华达州雪松山	*
1932	12	21	6	10	9.27	38.51	-118.084	15	7.2	M	US:Nevada,Luning	美国:内华达州卢宁	Engdahl
1932	12	24	4	17	20	42.8	78.2	23	5.6	Ms	Kyrgyzstan:Issyk-Kul,N.	吉尔吉斯斯坦:伊塞克湖州北部	GSHAP
1932	12	24	6	30	32	-3.25	145.75		6.5	Ms	Bismarck Sea	俾斯麦海	Shi Z.
1932	12	24	12	40	49	38.8	-118		5	Ms	US:Nevada,Gabbs	美国:内华达州加布斯	USGS
1932	12	25	1	4	31.96	39.771	96.69	25	7.6	Mw	China:Gansu,Yumen	中国:甘肃玉门	* China,Engdahl
1932	12	25	3	54	45	38.8	-118		5.5	Ms	US:Nevada,Gabbs	美国:内华达州加布斯	USGS
1932	12	25	12	32	3	-18.69	-66.01		5.4	Ms	Bolivia:Potosi	玻利维亚:波托西	GSHAP
1932	12	26	5	3		38.75	-118		5.3	Ms	US:Nevada,Gabbs	美国:内华达州加布斯	USGS
1932	12	26	19	3	5	36.9	34.73	60	5.2	Ms	Turkey:Mersin	土耳其:梅尔辛	GSHAP
1932	12	26	22	31	6	26	143.5	280	6.5	Ms	Japan:South Honshu Ridge	日本:本州南部海岭	Shi Z.
1932	12	29	6	20	28	38.8	-118		5.2	Ms	US:Nevada,Gabbs	美国:内华达州加布斯	USGS
1932	12	29	6	38	3	38.8	-118		5	Ms	US:Nevada,Gabbs	美国:内华达州加布斯	USGS
1932	12	29	6	45	8	38.8	-118		5	Ms	US:Nevada,Gabbs	美国:内华达州加布斯	USGS
1932	12	30	21	20		42.8	78.2	20	5.1	Ms	Kyrgyzstan:Issyk-Kul,N.	吉尔吉斯斯坦:伊塞克湖州北部	GSHAP
1932	12	31	6	30	55.8	-29.084	32.957	15	6.8	Muk	Swaziland:Mbabane-Manzini	斯威士兰:姆巴巴纳-曼齐尼	Engdahl,GSHAP
1932						31.8	102.2		5	Ms	China:Sichuan,Barkam,S.	中国:四川马尔康南	* China
1933	1	1	8	48	45.87	-14.754	167.502	147	7	mB	Vanuatu Islands	瓦努阿图群岛	Engdahl
1933	1	3	15	26	55	40.5	144	33	6.4	Ms	Japan Trench	日本海沟	GSHAP
1933	1	4	1	1	15	38.8	-118		5.1	Ms	US:Nevada,Gabbs	美国:内华达州加布斯	USGS
1933	1	4	3	59	28	61	-148		6.25	Ms	Gulf of Alaska	阿拉斯加湾	USGS,Shi Z.
1933	1	4				26	144		6.5	Ms	Japan:South Honshu Ridge	日本:本州南部海岭	Shi Z.
1933	1	5	6	50	20	38.75	-118		5.7	Ms	US:Nevada,Gabbs	美国:内华达州加布斯	USGS
1933	1	6	13	5	56	39	-117.8		5.1	Ms	US:Nevada,Cedar Mountain	美国:内华达州雪松山	USGS
1933	1	6	19	10	13	-22	1		6	Ms	South Atlantic Ocean	南大西洋	Shi Z.
1933	1	7	4	7	37	40.3	144	20	7	Ms	Japan Trench	日本海沟	GSHAP
1933	1	8	6	28	51	40.5	143.2		6	Ms	Japan:Aomori,Near Coast	日本:青森近海	Shi Z.
1933	1	8	16			49.12	154.508	33	6	Ms	Kuril Islands	千岛群岛	NOAA
1933	1	9	2	1	46	36.4	69.6	180	7.1	Ms	Afghan:Taloqan	阿富汗:塔卢坎	GSHAP
1933	1	11	17	29	38	38.9	-117.8		5.2	Ms	US:Nevada,Cedar Mountain	美国:内华达州雪松山	USGS

年	月	日	时	分	秒	纬度(°)	经度(°)	深度	震级	标度	地名(英文)	地名(中文)	资料来源
Year	Mo	Dy	Hr	Mn	Sec	Latitude	Longitude	Depth	Mag	Scale	Name(English)	Name(Chinese)	Information
1933	1	15	18	2	2	-5.5	147.5	140	6.25	Ms	Papua New Guinea:North of Lae	巴布亚新几内亚:莱城北部	Shi Z.
1933	1	17	15	59	56	40	97		5.5	Ms	China:Gansu,Yumen	中国:甘肃玉门	China
1933	1	17	18	47	41	-34	59		6	Ms	Western Indian Ridge	西印度洋海岭	Shi Z.
1933	1	17	22	16	32	46.1	90.4		5.5	Ms	China:Xinjiang,Qinggil,S.	中国:新疆青河南	China
1933	1	18	8	37	32	-37	-18		6.25	Ms	Southern Mid - Atlantic Ridge	南大西洋洋中脊	Shi Z.
1933	1	18	17	15	1	50.7	148.8	600	5.9	Ms	Sea of Okhotsk	鄂霍次克海	GSHAP
1933	1	18				51	149		6.5	Ms	Sea of Okhotsk	鄂霍次克海	Shi Z.
1933	1	20	12	12	12	36.5	70.5	230	5.7	Ms	Afghan:Badakhshan	阿富汗:巴达赫尚	GSHAP
1933	1	20	13	5		37.8	-112.8		5.1	Mk	US:Utah,Parowan	美国:犹他州帕罗万	USGS,Song
1933	1	21	16	23	48	47	89.5		5.5	Ms	China:Xinjiang,Fuyun	中国:新疆富蕴	China
1933	1	21	19	21	14.08	-33.505	57.732	15	7.1	Ms	Mid - Indian Ridge	中印度洋海岭	Engdahl
1933	1	23	18	14.6		-21	-180	600	6.25	Ms	Lau Ridge[Pacific Ocean]	劳海岭[太平洋]	Shi Z.
1933	1	24	15	39	9	18.75	-101.75	90	6.25	Ms	Mexico:Michoacan	墨西哥:米却肯州	Shi Z.
1933	1	27	22	36	42.9	-15.693	-171.779	35	6.8	Muk	Samoa Islands	萨摩亚群岛	Engdahl
1933	1	29	13	51	11	38.5	-118		5	Ms	US:Nevada,Luning	美国:内华达州卢宁	USGS
1933	1	30	7	34		-29	-69		5.5	Ms	Argentina:San Juan	阿根廷:圣胡安	GSHAP
1933	2	3	3	26		37.33	-118.83	16	5	Ms	US:California,Huntington Lake,NE.	美国:加利福尼亚州亨廷顿莱克东北	USGS
1933	2	3	22	11	48	46.2	152.4	80	6.7	Ms	Kuril Islands	千岛群岛	GSHAP
1933	2	4	6	17	58	28	139	550	6	Ms	Japan:South Honshu Ridge	日本:本州南部海岭	Shi Z.
1933	2	9	3	56	53	31.8	138.8	370	6	Ms	Japan:South Honshu Ridge	日本:本州南部海岭	Shi Z.
1933	2	10	8	46	1	-23	-68	110	5.8	Ms	Chile:Antofagasta,C.	智利:安托法加斯塔中部	GSHAP
1933	2	10	22	0	50	1.2	-77.5		5.7	Ms	Colombia:Narino	哥伦比亚:纳里尼奥	GSHAP
1933	2	12	4	36		-27	-66		5.5	Ms	Argentina:Catamarca	阿根廷:卡塔马卡	GSHAP
1933	2	13	2	49	15	46.3	90.5		6.5	Ms	China:Xinjiang,Qinggil	中国:新疆青河	China
1933	2	13	22	8	45	38.7	-117.9		5.5	Ms	US:Nevada,Cedar Mountain	美国:内华达州雪松山	USGS
1933	2	19	4	26	11	25	123	12	5.75	Ms	Ryukyu Islands	琉球群岛	China
1933	2	19	8	34	39	-11	163	60	6.5	Ms	Solomon Islands	所罗门群岛	Shi Z.
1933	2	21	19	2	59	27.5	57.5		5.6	Ms	Iran:Kerman	伊朗:克尔曼	Iran
1933	2	22	17	57	4	43	81.5	30	5.5	Ms	China:Xinjiang,Ili	中国:新疆伊犁	GSHAP
1933	2	23	8	9	20.78	-20	-71	40	7.2	Mw	Chile:Iquique,Near Coast	智利:伊基克近海	* Engdahl,NOAA
1933	2	26	21	25		37.4	13		6.5	Mk	Italy:Sicilia Island	意大利:西西里岛	* Song
1933	3	1				26.9	100.2		5	Ms	China:Yunnan,Lijiang	中国:云南丽江	China
1933	3	2	17	31	0.92	39.1	144.7	10	8.4	M	Japan Trench	日本海沟	* GSHAP, Shi Z., Usami,Japan, Engdahl,NOAA
1933	3	2	20	42	52	39.5	143		6.5	Ms	Japan:Miyako,Off Coast	日本:宫古沿海	Shi Z.
1933	3	3	2	19	38	15.5	120	120	6.5	Ms	Philippines:Masinloc	菲律宾:马辛洛克	Shi Z.
1933	3	3	9	12	52	39.2	143		6.5	Ms	Japan:Oshu,Near Coast	日本:奥州近海	Shi Z.
1933	3	3	15	7	14	39.5	143.5		6	Ms	Japan:Miyako,Off Coast	日本:宫古沿海	Shi Z.
1933	3	6	13	5	35	26	90.5		5.7	Ms	India:Meghalaya	印度:梅加拉亚邦	GSHAP
1933	3	6	33	5	38	25.7	90.5		5.8	Ms	India:Meghalaya	印度:梅加拉亚邦	GSHAP
1933	3	7	14	39		41.023	15.351		5.13	Ms	Italy:Irpinia	意大利:伊尔皮尼亚	Italy
1933	3	8	1	35	42	40	143		6	Ms	Japan:Iwate,Near Coast	日本:岩手近海	Shi Z.
1933	3	11	1	54	7.8	33.62	-117.97	16	6.3	ML	US:California,Huntington Beach	美国:加利福尼亚州亨廷顿海滩	*
1933	3	11	2	9		33.75	-118.08	16	5	Ms	US:California,Long Beach	美国:加利福尼亚州长滩	USGS
1933	3	11	2	30		33.75	-118.08	16	5.1	Ms	US:California,Long Beach	美国:加利福尼亚州长滩	USGS
1933	3	11	3	23		33.75	-118.08	16	5	Ms	US:California,Long Beach	美国:加利福尼亚州长滩	USGS
1933	3	11	5	10	22	33.7	-118.07	16	5.1	Ms	US:California,Huntington Beach	美国:加利福尼亚州亨廷顿海滩	USGS
1933	3	11	5	18	4	33.57	-117.98	16	5.2	Ms	US:California,Huntington Beach	美国:加利福尼亚州亨廷顿海滩	USGS
1933	3	11	6	58	3	33.68	-118.05	16	5.5	Ms	US:California,Huntington Beach	美国:加利福尼亚州亨廷顿海滩	USGS
1933	3	11	8	54	57	33.7	-118.07	16	5.1	Ms	US:California,Huntington Beach	美国:加利福尼亚州亨廷顿海滩	USGS
1933	3	11	9	10		33.75	-118.08	16	5.1	Ms	US:California,Long Beach	美国:加利福尼亚州长滩	USGS
1933	3	11	14	22	1	42.5	147		6.25	Ms	Japan Trench	日本海沟	Shi Z.
1933	3	11	14	25		33.85	-118.27	16	5	Ms	US:California,Long Beach	美国:加利福尼亚州长滩	USGS
1933	3	11	19	32	48.52	27.102	139.977	550.8	6.8	Muk	Japan:South Honshu Ridge	日本:本州南部海岭	Engdahl
1933	3	12	20	44	20	38.8	-117.6		5	Ms	US:Nevada,Round Mountain	美国:内华达州朗德芒廷	USGS
1933	3	13	13	18	28	33.75	-118.08	16	5.3	Ms	US:California,Long Beach	美国:加利福尼亚州长滩	USGS
1933	3	14	1	19	39	38.4	25.3		5.5	Ms	Aegean Sea	爱琴海	Turkey
1933	3	14	19	1	50	33.62	-118.02	16	5.1	Ms	US:California,Huntington Beach	美国:加利福尼亚州亨廷顿海滩	USGS
1933	3	15	4	58	19	-20	-174		6	Ms	Tonga Islands	汤加群岛	Shi Z.
1933	3	17	15	55	30.1	54.857	161.601	35	7	Ms	Russia:Kamchatka Peninsula	俄罗斯:堪察加半岛	Engdahl,GSHAP
1933	3	17	19	32	31.92	6.262	127.218	50.5	6.8	Muk	Philippine Trench	菲律宾海沟	Engdahl
1933	3	18	3	5	22	-59	-15		6.5	Ms	South Sandwich Trench	南桑威奇海沟	Shi Z.
1933	3	18	15	51	32	32.2	139.8	170	6.5	Ms	Japan:South Honshu Ridge	日本:本州南部海岭	Shi Z.
1933	3	22	2	22	50	42.6	74.5	20	5.2	Ms	Kyrgyzstan:Chui,C.	吉尔吉斯斯坦:楚河州中部	GSHAP
1933	3	23	17	38	16	45.7	104.2	30	6.2	Ms	Mongolia:West Dundgovi	蒙古:中戈壁西部	GSHAP
1933	3	25	8	33		-30	-68.4		5.7	Ms	Argentina:La Rioja	阿根廷:拉里奥哈	GSHAP
1933	3	26	19	5	53	43.5	-129		5.5	Ms	US:Off Coast of W. Oregon	美国:俄勒冈州西部沿海	USGS

年	月	日	时	分	秒	纬度(°)	经度(°)	深度	震级	标度	地名(英文)	地名(中文)	资料来源
Year	Mo	Dy	Hr	Mn	Sec	Latitude	Longitude	Depth	Mag	Scale	Name(English)	Name(Chinese)	Information
1933	3	28	4	20	26	58.25	-149		5.6	Ms	Alaska:Kodiak Island	阿拉斯加:科迪亚克岛	USGS
1933	3	28	4	55	13	38.2	70.9		5	Mk	Afghan:Fayzabad,N.	阿富汗:法扎巴德北部	GSHAP,Song
1933	3	31	21	59	36	36.8	97.4		5.25	Ms	China:Qinghai,Haixi,S.	中国:青海海西南	China
1933	4	1	15	58	58	39.5	143.5		6	Ms	Japan:Miyako,Off Coast	日本:宫古沿海	Shi Z.
1933	4	2	13	0	33	39.8	71.3		5	Mk	Kyrgyzstan:Batken,S.	吉尔吉斯斯坦:巴特肯南部	GSHAP,Song
1933	4	3	10	32		49.8	141.6	20	5.5	Ms	Russia:Sakhalin Island	俄罗斯:库页岛(萨哈林岛)	GSHAP
1933	4	6	22	42	13	38.6	67.8		5	Mk	Uzbekistan:Surxondaryo	乌兹别克斯坦:苏尔汉河	GSHAP,Song
1933	4	9	2	46	42.38	39.398	143.658	35	6.8	Muk	Japan Trench	日本海沟	Engdahl
1933	4	9	3	58	17	19.5	-105		6.5	Ms	Mexico:Jalisco	墨西哥:哈利斯科	Shi Z.
1933	4	16	19	16	27	-3	139.5		6.25	Ms	Indonesia:Papua	印度尼西亚:巴布亚	Shi Z.
1933	4	19	1	45	47	-51	-116		6	Ms	Southern Pacific Ridge	南太平洋海岭	Shi Z.
1933	4	19	6	44	36	24.3	121.5		6.5	Ms	China:Taiwan,Taichung	中国:台湾台中	China
1933	4	23	5	57	37.44	36.516	27.15	35	6.8	Muk	Greece:Dodecanese Islands	希腊:多德卡尼斯群岛	* Turkey,Engdahl,NOAA
1933	4	23	7	13	41	39	143		6.25	Ms	Japan:Oshu,Near Coast	日本:奥州近海	Shi Z.
1933	4	27	2	36	11.51	61.25	-150.75	35	6.9	Ms	Alaska Peninsula,S.	阿拉斯加半岛南部	USGS,Shi Z.,Engdahl
1933	4	27	11	55	38	52.5	-167		6	Ms	Aleutian Islands	阿留申群岛	USGS
1933	4	28	22	28	41	35.25	27		5.6	Ms	Greece:Karpathos Island	希腊:皮加贾岛	Turkey
1933	4	30	13	6	51	38.8	71.2		5	Mk	Tajikistan:Kuhistoni Badakhshon,NW.	塔吉克斯坦:勾瑙-巴达科善西北	GSHAP,Song
1933	5	1	10	51	7	44.8	149		6.5	Ms	Kuril Islands	千岛群岛	Shi Z.
1933	5	1	18	30	5	45	149		6	Ms	Kuril Islands	千岛群岛	Shi Z.
1933	5	1	18	49	47	51.75	-173		6.5	Ms	Andreanof Islands, Aleutian Is.	阿留申群岛,安德烈亚诺夫群岛	USGS
1933	5	3	23	31	3	24.2	121.8		5.5	Ms	China:Taiwan,Hualien,Coast of E.	中国:台湾花莲以东海域	China
1933	5	6	5	33	30	5.5	-83		6.5	Ms	Colombia:Off Coast of W.	哥伦比亚:西部沿海	Shi Z.
1933	5	6	20	30	29	5.75	-82.75		6	Ms	Panama:Off Coast of S.	巴拿马:南部海域	Shi Z.
1933	5	8	10	33	49.85	17.332	-100.901	35	6.8	Muk	Mexico:Guerrero,Zihuatanejo,E.	墨西哥:格雷罗州锡瓦塔塔内霍东部	Engdahl
1933	5	9	9	46	25	38.5	-117.9		5.1	Ms	US:Nevada,Mina	美国:内华达州迈纳	USGS
1933	5	11	19	9	50	40.4	23.7		6.3	Ms	Greece:Chalkidiki	希腊:哈尔基迪基	GSHAP
1933	5	12	16	10	43	24.3	97.9		5.5	Ms	China:Yunnan,Longchuan	中国:云南陇川	China
1933	5	16	1	12	28	7	96.5		6.5	Ms	India:Nicobar Islands	印度:尼科巴群岛	Shi Z.
1933	5	17	23	55	24	54	161		6.25	Ms	Russia:Kamchatka,Near East Coast	俄罗斯:堪察加东部近海	Shi Z.
1933	5	18	4	28	35	0.5	-78.5	60	5.6	Ms	Ecuador:Ibarra	厄瓜多尔:伊瓦拉	GSHAP
1933	5	18	10	24	12	29.5	80		5	Mk	India:Haldwani	印度:赫尔德瓦	GSHAP,Song
1933	5	19	17	20	45	38	98.5		5.25	Ms	China:Qinghai,Tianjun,N.	中国:青海天峻北	China
1933	5	19	17	57	59	-1.5	-15		6.25	Ms	Central Mid-Atlantic Ridge	中大西洋中脊	Shi Z.
1933	5	19				6.9	0.6		7	Mk	Togo:Kpalime	多哥:帕利梅	* NOAA,Song
1933	5	20	4	38	24	-20	-174.5		6	Ms	Tonga Islands	汤加群岛	Shi Z.
1933	5	21	8	13	42	-35	-180	100	6	Ms	Kermadec Ridge	克马德克海岭	Shi Z.
1933	5	21	10	10		12	-87.5	90	6.9	Muk	El Salvador:Near Coast	萨尔瓦多:近海	*
1933	5	21	11	51	28	-3.5	130.5	120	6.25	Ms	Indonesia:Maluku Islands	印度尼西亚:摩鹿加群岛	Shi Z.
1933	5	21	17	53	43	36.5	70.5	220	5.5	Ms	Afghan:Badakhshan	阿富汗:巴达赫尚	GSHAP
1933	5	21	21	23	50	22	145.5	180	6.25	Ms	Mariana Islands,N.	马里亚纳群岛北部	Shi Z.
1933	5	21	21	54	5	22	145.5	200	6.25	Ms	Mariana Islands,N.	马里亚纳群岛北部	Shi Z.
1933	5	24	4	35	50	47.5	145.4	360	6.1	Ms	Sea of Okhotsk	鄂霍次克海	GSHAP
1933	5	27	22	41	58	37	70.5	230	5.8	Ms	Afghan:Badakhshan	阿富汗:巴达赫尚	GSHAP
1933	6	1	17	19	53	4	94		5.6	Ms	India:Nicobar Islands	印度:尼科巴群岛	GSHAP
1933	6	2	7	38	45	31	131.5		6.25	Ms	Japan:Tanega-shima	日本:种子岛	Shi Z.
1933	6	3	7	48		-28	-68		5.2	Ms	Argentina:Catamarca	阿根廷:卡塔马卡	GSHAP
1933	6	3	17	9	11	28.2	128.8		6.25	Ms	Ryukyu Islands	琉球群岛	Shi Z.
1933	6	4	13	40	17	-5	146	120	6	Ms	Papua New Guinea:Madang	巴布亚新几内亚:马当	Shi Z.
1933	6	4	14	8	22	38.5	-118.16	16	5.2	Ms	US:Nevada,Luning	美国:内华达州卢宁	USGS
1933	6	5	1	43		-33	-70		5.2	Ms	Chile:Los Andes,W.	智利:洛斯安第斯西部	GSHAP
1933	6	6	2	28	22	14	120		6.25	Ms	Philippines:Lubang	菲律宾:卢邦	Shi Z.
1933	6	6	3			-29	-67		5	Ms	Argentina:La Rioja	阿根廷:拉里奥哈	GSHAP
1933	6	7	11	46	8	27.5	99.9		6.25	Ms	China:Yunnan,Deqen	中国:云南迪庆	China
1933	6	8	18	10	39	40	144.5		6.25	Ms	Japan Trench	日本海沟	Shi Z.
1933	6	10	12	6	54	64	-23		6	Ms	Iceland:Hafnir	冰岛:哈布尼尔	Shi Z.
1933	6	11	8	34	31	38.8	-117.5		5.2	Ms	US:Nevada,Round Mountain	美国:内华达州朗德芒廷	USGS
1933	6	11	13	9	12	-22	-176	80	6.5	Ms	Tonga Islands	汤加群岛	Shi Z.
1933	6	12	15	23	38	61.5	-150.5		5.6	Ms	Gulf of Alaska	阿拉斯加湾	USGS
1933	6	13	20	33	36	41	143	33	6.4	Ms	Japan Trench	日本海沟	GSHAP
1933	6	13	22	19	47	61	-151		6.25	Ms	Alaska Peninsula,S.	阿拉斯加半岛南部	USGS,Shi Z.
1933	6	18	3	53	58	-15	-172		6	Ms	Samoa Islands	萨摩亚群岛	Shi Z.
1933	6	18	13	11	25	30	142	80	6.25	Ms	Japan:South Honshu Ridge	日本:本州南部海岭	Shi Z.
1933	6	18	21	37	37.73	38.28	142.51	35	7.2	Mw	Japan:Miyagi,Near Coast	日本:宫城近海	* Japan,Engdahl,NOAA
1933	6	19	18	47	43	61.25	-150.5		6	Ms	Alaska Peninsula,S.	阿拉斯加半岛南部	USGS

年	月	日	时	分	秒	纬度(°)	经度(°)	深度	震级	标度	地名(英文)	地名(中文)	资料来源
Year	Mo	Dy	Hr	Mn	Sec	Latitude	Longitude	Depth	Mag	Scale	Name(English)	Name(Chinese)	Information
1933	6	19	22	34	9	37.6	72.6		5	Mk	Tadzhikistan:Sasse School	塔吉克斯坦:萨瑟库尔	GSHAP,Song
1933	6	20	9	6		-31	-65		5.2	Ms	Argentina:Cordoba	阿根廷:科尔多瓦	GSHAP
1933	6	21	13	41	12	-4	102	80	6.5	Ms	Indonesia:Southern Sumatera,Lahat	印度尼西亚:苏门答腊南部,拉哈特	Shi Z.
1933	6	23	20	50	50	36.8	69.5		5	Mk	Afghan:Taloqan	阿富汗:塔卢坎	GSHAP,Song
1933	6	24	21	54	49.45	-5.5	104.8	60	7.3	Mw	Indonesia:Southern Sumatra	印度尼西亚:苏门答腊南部	* Engdahl
1933	6	25	20	45	27	39.08	-119.33		6.1	Ms	US:Nevada,Yerington	美国:内华达州耶灵顿	USGS
1933	6	28	23	34	58	53.5	-165		6	Ms	Alaska:Unimak Island	阿拉斯加:乌尼马克岛	USGS
1933	7	2	19	59	13	45.2	26.2	140	5.6	Ms	Romania:Nehoiu	罗马尼亚:内霍尤	GSHAP
1933	7	3	15	9	5	19	97		5.6	Ms	myanmar:Hpasawng	缅甸:帕桑	GSHAP
1933	7	6	7	7	16	39.3	46.6		5.5	Ms	Armenia:Kapan	亚美尼亚:卡潘	Iran
1933	7	7	7	30	51	24	65		5.6	Ms	Arabian Sea,N.	阿拉伯海北部	GSHAP
1933	7	9	1	29	58	44.5	149.5		6.5	Ms	Kuril Islands	千岛群岛	Shi Z.
1933	7	9	5	34	20	18	-105		6	Ms	Mexico:Tecoman,Off Coast	墨西哥:特科曼沿海	Shi Z.
1933	7	9	9	27	57	44.5	150		6.25	Ms	Kuril Islands	千岛群岛	Shi Z.
1933	7	9	9	48	20	46	148		6.25	Ms	Kuril Islands	千岛群岛	Shi Z.
1933	7	9	11	21	33	45	150		6	Ms	Kuril Islands	千岛群岛	Shi Z.
1933	7	9	12	30	42.25	44.5	150	35	6.8	Muk	Kuril Islands	千岛群岛	Shi Z.,Engdahl
1933	7	9	16	7	2	45	150		6.25	Ms	Kuril Islands	千岛群岛	Shi Z.
1933	7	9	22	14	51	45	150		6	Ms	Kuril Islands	千岛群岛	Shi Z.
1933	7	10	0	21	31	39	144.8		6.25	Ms	Japan Trench	日本海沟	Shi Z.
1933	7	10	3	22	4	19	-103.5		6.25	Ms	Mexico:Colima	墨西哥:科利马	Shi Z.
1933	7	10	10	33	12	-6	134		6.25	Ms	Indonesia:Papua	印度尼西亚:巴布亚	Shi Z.
1933	7	11	7	46	30	40.5	96	15	5.25	Ms	China:Gansu,Guazhouxian	中国:甘肃瓜州	China
1933	7	13	7	57	45	42.5	139.5	100	6	Ms	Japan:Hokkaido	日本:北海道	Shi Z.
1933	7	13	14	23	25	-7.75	106.5	70	6.25	Ms	Indonesia:Java Island	印度尼西亚:爪哇岛	Shi Z.
1933	7	14	1	38	14	-20.5	169.5	110	6	Ms	Vanuatu Islands	瓦努阿图群岛	Shi Z.
1933	7	14	16	3	35	43	131	530	5.5	Ms	China:Jilin,Hunchun,E.	中国:吉林珲春东部	China
1933	7	18	19	5	22	11	139		6	Ms	Western Caroline Islands	卡罗琳群岛西部	Shi Z.
1933	7	19	10	45	29	51.75	-174		6	Ms	Andreanof Islands, Aleutian Is.	阿留申群岛,安德烈亚诺夫群岛	USGS
1933	7	19	10	55	53	51.75	-174		6	Ms	Andreanof Islands, Aleutian Is.	阿留申群岛,安德烈亚诺夫群岛	USGS
1933	7	19	13	32	21	51.75	-174		6.25	Ms	Andreanof Islands, Aleutian Is.	阿留申群岛,安德烈亚诺夫群岛	USGS
1933	7	19	14	59	52	51.75	-174		6.25	Ms	Andreanof Islands, Aleutian Is.	阿留申群岛,安德烈亚诺夫群岛	USGS
1933	7	19	18	43	15	38.7	29.9	18	5.3	Ms	Turkey:Denizli	土耳其:登尼资里	GSHAP
1933	7	19	20	7	8	38.25	29.75	100	6	Ms	Turkey:Denizli	土耳其:登尼资里	Shi Z.
1933	7	20	4	19	33	37.7	69.8		5	Mk	Tadzhikistan:Khatlon	塔吉克斯坦:哈特隆州	GSHAP,Song
1933	7	20	23	14	5	38.692	144.861	35	6.8	Muk	Japan Trench	日本海沟	Engdahl,GSHAP
1933	7	21	20	6	45	-56.5	-26.5		6.5	Ms	South Sandwich Trench	南桑威奇海沟	Shi Z.
1933	7	22	20	55	19.3	52.592	-168.935	35	6.8	Muk	Aleutian Islands	阿留申群岛	Engdahl,USGS
1933	7	23	4	13	11	-15.75	-75.25	80	6	Ms	Peru:Arequipa. NW.	秘鲁:阿雷基帕西北	GSHAP
1933	7	24	7	37	57	42.5	131	550	5.75	Ms	Russia:Maritime Kray,Zarubino	俄罗斯:滨海边疆区扎鲁比诺	China
1933	7	24	8	37	56	42.5	132	560	6.5	Ms	Russia:Maritime Kray,Vladivostok	俄罗斯:滨海边疆区海参崴	GSHAP
1933	7	24	18	55	38.71	-16.282	-173.094	35	6.8	Muk	Samoa Islands	萨摩亚群岛	Engdahl
1933	7	24				37.8	29.1	33	5.1	Ms	Turkey:Denizli	土耳其:登尼资里	GSHAP
1933	7	25	13	38	23	37.5	72	250	5.5	Ms	Tajikistan: Khorog	塔吉克斯坦:霍罗格	GSHAP
1933	7	26	4	57	26	63	-147		5.6	Ms	Alaska Peninsula,S.	阿拉斯加半岛南部	USGS
1933	7	31	15	23	7	-15.5	-75.5	80	6	Ms	Peru:Ica,Near Coast	秘鲁:伊卡近海	GSHAP
1933	8	4	17	32	40	25.5	98		5	Ms	myanmar:Myitkyina	缅甸:密支那	China
1933	8	5	0	44	13	-9	157.5		6.25	Ms	Solomon Islands	所罗门群岛	Shi Z.
1933	8	6	2	54	52	-11	-75.5	100	6.5	Ms	Peru:Perene	秘鲁:佩雷内	GSHAP
1933	8	7	3	2	43	12.5	-98		6	Ms	Tehuantepec Ridge	特万特佩克海岭[太平洋]	Shi Z.
1933	8	9	23	2	45	-15.5	-68.5	170	6.25	Ms	Bolivia:La Paz	玻利维亚:拉巴斯	GSHAP
1933	8	11	8	54	6	25.9	98.4		6.5	Ms	myanmar:Myitkyina	缅甸:密支那	China
1933	8	11	13	49	49	31.2	70.3		5	Mk	Pakistan:Zhob	巴基斯坦:兹霍布	GSHAP,Song
1933	8	12	9	56	57	46.667	6.767		5.17	Ms	Switzerland:Yverdon	瑞士:伊韦尔东	Italy
1933	8	13	9	27	58	-34	57		6.25	Ms	Western Indian Ridge	西印度洋海岭	Shi Z.
1933	8	15	2	57	59	29	143.5	60	6.25	Ms	Japan:South Honshu Ridge	日本:本州南部海岭	Shi Z.
1933	8	20	11	45	5	13.5	125		6.5	Ms	Philippines:Sorsogon,E.	菲律宾:索索贡东部	Shi Z.
1933	8	20	22	59	16	-13	-80		5.6	Ms	Peru:Lima,Near Coast	秘鲁:利马近海	GSHAP
1933	8	22	9	49	58	-13	-80		5.6	Ms	Peru:Lima,Near Coast	秘鲁:利马近海	GSHAP
1933	8	22	10	57	15	-51	31		6.25	Ms	Atlantic - Indian Ridge	大西洋-印度洋海岭	Shi Z.
1933	8	25	7	50	32.5	31.9	103.4	25	7.3	Mw	China:Sichuan,Maoxian,W.	中国:四川茂县西	* China,Engdahl
1933	8	25	9	26	5	-6	121	720	6.5	Ms	Indonesia:Flores Sea	印度尼西亚:弗洛勒斯海	Shi Z.
1933	8	25	11	38	53	31.7	103.4		5	Ms	China:Sichuan,Maoxian,W.	中国:四川茂县西	China
1933	8	28	22	19	46.71	-59.439	-26.643	35	7.2	Mw	South Sandwich Trench	南桑威奇海沟	Engdahl
1933	8	29	14	52	36	-10.9	-69.5	65	6.5	Ms	Peru:Madre de Dios,N.	秘鲁:马德雷德蒂奥斯北部	GSHAP
1933	9	2	16	41	16.85	30.262	139.031	424.5	6.8	Muk	Japan:South Honshu Ridge	日本:本州南部海岭	Engdahl
1933	9	6	7	7	16	39.3	46.6	33	5.5	Ms	Armenia:Kapan	亚美尼亚:卡潘	GSHAP
1933	9	6	22	8	31.47	-21.948	-179.243	587.4	7	mB	Tonga Islands,W.	汤加群岛西部	Engdahl
1933	9	7	17	53	38	6.5	126		6.25	Ms	Philippines:Mindanao Island	菲律宾:棉兰老岛	Shi Z.

年 Year	月 Mo	日 Dy	时 Hr	分 Mn	秒 Sec	纬度(°) Latitude	经度(°) Longitude	深度 Depth	震级 Mag	标度 Scale	地名(英文) Name(English)	地名(中文) Name(Chinese)	资料来源 Information
1933	9	9	5	2	35	44	130	590	6.25	Ms	China:Heilongjiang,Mudanjiang,SE.	中国:黑龙江牡丹江东南	China
1933	9	9	19	34	21	40.1	70.7	26	5.5	Ms	Tajikistan:Isfala	塔吉克斯坦:伊斯法拉	GSHAP
1933	9	9	21	19	56.1	-12.407	166.464	35	6.9	Muk	North Vanuatu Islands	瓦努阿图群岛北部	Engdahl
1933	9	14	7	59	24	-19	-70.5	100	5.3	Ms	Chile:Arica,Near Coast	智利:阿里卡近海	GSHAP
1933	9	19	3	46		44.4	6.45		5.03	Ms	France:Seyne	法国:塞讷	Italy
1933	9	19	16			29.5	102.5		5	Ms	China:Sichuan,Hanyuan,N.	中国:四川汉源北	* *
1933	9	20	23	33	40	13	121	100	6.5	Ms	Philippines:Santa Cruz	菲律宾:圣克鲁斯	Shi Z.
1933	9	21	3	14	26	37.2	137.2		6	Ms	Japan:Nanao	日本:石川七尾	Shi Z.,Usami,Japan
1933	9	21	9	47	56	38.5	143		6.25	Ms	Japan:Miyagi,Off Coast	日本:宫城沿海	Shi Z.
1933	9	22	11	37	36	-16.5	174.5		6	Ms	Fiji Islands	斐济群岛	Shi Z.
1933	9	24	15	19	41	51.775	-176.726	35	6.8	Muk	Andreanof Islands, Aleutian Is.	阿留申群岛,安德烈亚诺夫群岛	Engdahl,USGS,Shi Z.
1933	9	25	9	46	50	37	35.5	33	5	Ms	Turkey:Adana	土耳其:阿达纳	GSHAP
1933	9	25	13	45	45	6	126		6	Ms	Philippines:Mindanao Island	菲律宾:棉兰老岛	Shi Z.
1933	9	25	18	51	27	38.321	87.167	45.8	6.8	Muk	China:Xinjiang,Ruoqiang,SW.	中国:新疆若羌西南	China,Engdahl
1933	9	26	3	33		42.05	14.18	33	5.68	Ms	Italy:Sulmona	意大利:苏尔莫纳	* Italy
1933	9	27	21	41	30	-4.75	151		6	Ms	Papua New Guinea:East New Britain	巴布亚新几内亚:东新不列颠	Shi Z.
1933	9	30	14	21	3	-2	138		6.25	Ms	Indonesia:Papua	印度尼西亚:巴布亚	Shi Z.
1933	10	1	2	40	42	-7	-75.25	120	6.3	Ms	Peru:Orellana	秘鲁:奥雷亚纳	GSHAP
1933	10	2	9	10	17.6	33.78	-118.13	16	5.4	Ms	US:California,Long Beach	美国:加利福尼亚州长滩	USGS
1933	10	2	13	59	6	-10	166		6	Ms	Solomon Islands	所罗门群岛	Shi Z.
1933	10	2	15	29	29.51	-2.044	-81.099	35	6.9	Ms	Ecuador:Near Coast of W.	厄瓜多尔:西部近海	* Engdahl,NOAA
1933	10	3	10	21	20	-1.75	-80.75		6.3	Ms	Ecuador:La Libertad	厄瓜多尔:拉利伯塔德	GSHAP
1933	10	3	14	21	49	-1.75	-80.75		6	Ms	Ecuador:La Libertad	厄瓜多尔:拉利伯塔德	GSHAP
1933	10	3	18	38	51	37.2	139	30	6.1	Ms	Japan:Minamiuonuma	日本:新潟南鱼沼	Shi Z.,Usami
1933	10	5	5	50		68.5	-19.5	226	5	Ms	Norwegian Sea	挪威海	Iceland
1933	10	5	6	22		68.5	-19.5	226	5.2	Ms	Norwegian Sea	挪威海	Iceland
1933	10	5	13	29	46	34.6	57.3	10	6	Ms	Iran:Razavi Khorasan	伊朗:呼罗珊	GSHAP
1933	10	10	3	34	12	-22.5	-69.5	110	5.5	Ms	Chile:Calama	智利:卡拉马	GSHAP
1933	10	12	7	12	50	-23	-69.5	100	6.3	Ms	Chile:Antofagasta,C.	智利:安托法加斯塔中部	GSHAP
1933	10	14	16			31.8	104		5.75	Ms	China:Sichuan,Maoxian	中国:四川茂县	China
1933	10	14	22	19	1	53.75	-164		6.2	Ms	Alaska:Unimak Island	阿拉斯加:乌尼马克岛	USGS
1933	10	16	4	34	44	33	67		5.6	Ms	Afghan:Uruzgan	阿富汗:乌鲁兹甘	GSHAP,Afghan
1933	10	17	12	23	52	-3.5	131	130	6.5	Ms	Indonesia:Ceram Sea	印度尼西亚:塞兰海	Shi Z.
1933	10	19	7	11		-32	-70		5.7	Ms	Argentina:San Juan	阿根廷:圣胡安	GSHAP
1933	10	23	13	32	0.3	-34	55		6	Ms	South West - Indian Ridge	南印度洋西海岭	GSHAP
1933	10	24	16	24	59	42.9	45.9	10	5.2	Ms	Russia:Chechnia,Grozny,S.	俄罗斯:车臣共和国格罗兹尼北部	GSHAP
1933	10	25	23	28	16	-23.686	-66.65	206.5	7	mB	Argentina:Jujuy	阿根廷:胡胡伊	Engdahl,GSHAP
1933	10	26	12	7	6.52	-60.29	-59.301	15	6.8	Muk	West Scotia Basin	西斯科舍海盆	Engdahl,GSHAP
1933	10	27	5	40	20	-7.5	120	420	6	Ms	Indonesia:Flores Sea	印度尼西亚:弗洛勒斯海	Shi Z.
1933	10	27	10	58	54	38.9	-117.6		5.5	Ms	US:Nevada,Round Mountain	美国:内华达州朗德芒廷	USGS
1933	10	30	6	59	51	-16.5	167.5		6	Ms	Vanuatu Islands	瓦努阿图群岛	Shi Z.
1933	11	2	12	26	54	52	-176		6.5	Ms	Andreanof Islands, Aleutian Is.	阿留申群岛,安德烈亚诺夫群岛	USGS
1933	11	3	4	14		-22	-70.5	70	5.5	Muk	Chile:Antofagasta,Coast	智利:安托法加斯塔近海	*
1933	11	4	8	41	18.2	8.36	-71.81	25	6	Ms	Venezuela:Merida	委内瑞拉:梅里达	GSHAP
1933	11	5	20	27	20	26	98.4		5.5	Ms	myanmar:Myitkyina	缅甸:密支那	China
1933	11	6	7	7	16	39.3	46.6	33	5.5	Ms	Armenia:Kapan	亚美尼亚:卡潘	Turkey
1933	11	7	6	39	58	18	146	70	6	Ms	Mariana Ridge	马里亚纳海岭	Shi Z.
1933	11	8	1	51		47.4	10.7		5.03	Ms	Austria:Tirol	奥地利:蒂罗尔	Italy
1933	11	14	14	5	9	-32	-69.5	110	6.5	Ms	Argentina:San Juan	阿根廷:圣胡安	GSHAP
1933	11	18	3	54		-7	154.5	60	6.25	Ms	Solomon Islands	所罗门群岛	Shi Z.
1933	11	19	3	11	20	-16.5	167.5		6.25	Ms	Vanuatu Islands	瓦努阿图群岛	Shi Z.
1933	11	19	9	8	29	25	98		5.5	Ms	China:Yunnan,Tengchong,W.	中国:云南腾冲西	China
1933	11	20	23	21	35.3	72.996	-70.116	15	7.4	M	Baffin Bay, Greenland	巴芬湾,格陵兰岛	Engdahl
1933	11	21	23	48	38	8	-83		6	Ms	Costa Rica:Pavones,Near Coast of S.	哥斯达黎加:帕沃内斯南部近海	Shi Z.
1933	11	22	12	42	24.97	-5.603	151.701	35	6.8	Muk	Papua New Guinea:East New Britain	巴布亚新几内亚:东新不列颠	Engdahl
1933	11	23	18	57	44	8	-83		6	Ms	Costa Rica:Pavones,Near Coast of S.	哥斯达黎加:帕沃内斯南部近海	Shi Z.
1933	11	28	11	9		32.1	56	27	6.3	Muk	Iran:Yazd	伊朗:亚兹德	* GSHAP
1933	11	29	5	3	20	8	-83		6	Ms	Costa Rica:Pavones,Near Coast of S.	哥斯达黎加:帕沃内斯南部近海	Shi Z.
1933	12	1	10	26	26	-20.5	169	140	6.5	Ms	Vanuatu Islands	瓦努阿图群岛	Shi Z.
1933	12	2	2	15	16	36.5	69.5		5.6	Ms	Afghan:Puli Khumri	阿富汗:普勒胡姆里	GSHAP
1933	12	2	20	5	12	-51	-53		6.5	Ms	Malvinas Islands	马尔维纳斯群岛	GSHAP
1933	12	2	50	17	18	-52	161		6	Ms	New Zealand:Auckland Islands,SW.	新西兰:奥克兰群岛西南	Shi Z.
1933	12	4	14	40	14	25.8	95.7		5	Mk	myanmar:Sagaing,N.	缅甸:实皆北部	GSHAP,Song
1933	12	4	19	33	58.88	46.192	144.592	352.6	7.1	mB	Sea of Okhotsk	鄂霍次克海	Engdahl,GSHAP

年 Year	月 Mo	日 Dy	时 Hr	分 Mn	秒 Sec	纬度(°) Latitude	经度(°) Longitude	深度 Depth	震级 Mag	标度 Scale	地名(英文) Name(English)	地名(中文) Name(Chinese)	资料来源 Information
1933	12	8				10.68	-61.51		5	Mk	Trinidad & Tobago:Port of Spain	特立尼达和多巴哥:西班牙港	GSHAP,Song
1933	12	9	7	52	10	36.5	69.5	15	5.6	Ms	Afghan:Puli Khumri	阿富汗:普勒胡姆里	GSHAP
1933	12	10	7	49	2	-30	-71		5.6	Ms	Chile:Vicuña	智利:比库尼亚	GSHAP
1933	12	12	14	11	17.12	-4.294	153.154	35	6.8	Muk	Papua New Guinea:New Ireland	巴布亚新几内亚:新爱尔兰	* Engdahl,NOAA
1933	12	13	15	34	37	37.2	-122		5	Ms	US:California,San Jose	美国:加利福尼亚州圣荷西	USGS
1933	12	13	21	23	45	19.25	-104.25		6.5	Ms	Mexico:Jalisco	墨西哥:哈利斯科	Shi Z.
1933	12	14	7	16	29	18.75	-103.5		6	Ms	Mexico:Tecoman	墨西哥:特科曼	Shi Z.
1933	12	15	7	42	6	56.5	-34		6	Ms	North Atlantic Ocean	北大西洋	Shi Z.
1933	12	17	23	4	51	42.8	79	15	5.5	Ms	Kazakhstan:Alma - Ata,SE.	哈萨克斯坦:阿拉木图东南	GSHAP
1933	12	19	5	39	53	87.5	50	20	5.6	Ms	Arctic Ocean	北冰洋	GSHAP
1933	12	21	4	31	55	-31	-69	120	6.3	Ms	Argentina:San Juan	阿根廷:圣胡安	GSHAP
1933	12	24	10	45	55	-1	150		6	Ms	East Caroline Basin,S.	东加罗林海盆南部	Shi Z.
1933	12	29	8	17	1	-5	-81.5		5.2	Ms	Peru:Paita,Near Coast	秘鲁:派塔近海	GSHAP
1933	12	30	7	46	2	24	123		5.25	Ms	Ryukyu Islands	琉球群岛	China
1934	1	1	6	16	45	-8	122	60	6.5	Ms	Indonesia:Flores Sea	印度尼西亚:弗洛勒斯海	Shi Z.
1934	1	1	8	5	14	-29.5	-71		5.6	Ms	Chile:La Higuera	智利:拉伊格拉	GSHAP
1934	1	2	20	55		29.97	57.42		5.6	Ms	Iran:Kerman	伊朗:克尔曼	Iran
1934	1	3	9	42	8.82	53.6	155.8	35	6.9	Muk	Russia:Kamchatka Peninsula	俄罗斯:堪察加半岛	GSHAP,Engdahl
1934	1	9	7	32	32	-28.5	-63	630	6	Ms	Argentina:Santiago del Estero	阿根廷:圣地亚哥 - 德尔埃斯特罗	GSHAP
1934	1	12	13	31	52	23.7	102.7		6	Ms	China:Yunnan,Jianshui,NW.	中国:云南建水西北	* China
1934	1	15	8	43	25.39	26.5	86.5	35	8.1	M	India:Bihar; Nepal:Kathmandu	印度:比哈尔;尼泊尔:加德满都	* India,Engdahl
1934	1	16	4	59	22	28	86		5.25	Ms	China:Xizang (Tibet),Nyalam,S.	中国:西藏聂拉木南部	China
1934	1	16	18	39	42	6	124.75		6.25	Ms	Philippines:Mindanao Island	菲律宾:棉兰老岛	Shi Z.
1934	1	16	23	20	20	36.5	70.5		5	Mk	Afghan:Badakhshan	阿富汗:巴达赫尚	GSHAP,Song
1934	1	17	8	22	30	42.3	51	60	5.2	Ms	Caspian Sea	里海	GSHAP
1934	1	18	3	21	5	-21	-179	580	6.5	Ms	Lau Ridge[Pacific Ocean]	劳海岭[太平洋]	Shi Z.
1934	1	18	15	47	31	38.8	71.2		5	Mk	Tajikistan:Kuhistoni Badakhshon,NW.	塔吉克斯坦:勾瑙 - 巴达科善西北	GSHAP,Song
1934	1	19	12	33	11	25.9	98.3		6	Ms	myanmar:Myitkyina	缅甸:密支那	China
1934	1	19	18	49	54	26.6	86.8		5	Mk	Nepal:Hanuman Nagar	尼泊尔:赫努曼讷格尔	GSHAP,Song
1934	1	20	17	56	16	41	108.8		6.25	Ms	China:Inner Mongolia,Wuyuan	中国:内蒙古五原	* China
1934	1	20	22	52	30	25.5	122		6	Ms	China:Taiwan,Keelung,Coast of NE.	中国:台湾基隆东北海域	China
1934	1	21	6	55	40	25.5	122		5.75	Ms	China:Taiwan,Keelung,Coast of NE.	中国:台湾基隆东北海域	China
1934	1	22	7	49	50	25.5	122		5.75	Ms	China:Taiwan,Keelung,Coast of NE.	中国:台湾基隆东北海域	China
1934	1	28	19	10	9.84	16.857	-99.643	35	6.8	Muk	Mexico:Acapulco	墨西哥:阿卡普尔科	Engdahl
1934	1	30	19	23	29	38.3	-118.4		5.5	Ms	US:Nevada,Mina	美国:内华达州迈纳	USGS
1934	1	30	20	16	31	38.28	-118.36		6.5	Ms	US:Nevada,Mina,SW.	美国:内华达州迈纳西南	USGS
1934	1	30	23	39	38	38.3	-118.4		5.4	Ms	US:Nevada,Mina	美国:内华达州迈纳	USGS
1934	1	31	0	24	22	38.3	-118.4		5	Ms	US:Nevada,Mina	美国:内华达州迈纳	USGS
1934	1	31	3	54	49	38.3	-118.4		5	Ms	US:Nevada,Mina	美国:内华达州迈纳	USGS
1934	1	31	10	6	30	-16	-173.5		6.25	Ms	Tonga Islands,N.	汤加群岛北部	Shi Z.
1934	2	1	11	0	54	38.3	-118.4		5	Ms	US:Nevada,Mina	美国:内华达州迈纳	USGS
1934	2	1	11	18	51	38.5	-118.25		5.2	Ms	US:Nevada,Luning	美国:内华达州卢宁	USGS
1934	2	1	11	45	54	38.3	-118.4		5.4	Ms	US:Nevada,Mina	美国:内华达州迈纳	USGS
1934	2	2	15	5	16	-4.5	135		6.25	Ms	Indonesia:Papua	印度尼西亚:巴布亚	Shi Z.
1934	2	2	19	59	13	45.5	26.2	140	5.6	Ms	Romania:Nehoiu	罗马尼亚:内霍尤	GSHAP
1934	2	3	14	33	13.39	-5.851	151.264	35	6.8	Muk	Papua New Guinea:West New Britain	巴布亚新几内亚:西新不列颠	Engdahl
1934	2	4	3	10	45	18.5	145	570	6.5	Ms	Mariana Islands	马里亚纳群岛	Shi Z.
1934	2	4	9	35	22	40.5	19.25	25	5.6	Ms	Albania:West of Vlore Coast	阿尔巴尼亚:发罗拉西部	Turkey
1934	2	4	13	27	14	30.5	51.75	65	6.3	Ms	Iran:Fars	伊朗:法尔斯	Iran
1934	2	4	22	1	11	-5	129.5		6.25	Ms	Indonesia:Banda Sea	印度尼西亚:班达海	Shi Z.
1934	2	9	9	20	34	38.3	-118.4		5.5	Ms	US:Nevada,Mina	美国:内华达州迈纳	USGS
1934	2	9	9	28	47	-4	151.5		6.5	Ms	Papua New Guinea:East New Britain	巴布亚新几内亚:东新不列颠	Shi Z.
1934	2	9	22	32	13	-20.5	-176.5	230	6.5	Ms	Tonga Islands,W.	汤加群岛西部	Shi Z.
1934	2	11	8	59	31	-6.5	154.5	80	6.5	Ms	Papua New Guinea:Bougainville Island	巴布亚新几内亚:布干维尔岛	Shi Z.
1934	2	12	11	30	50	20	101.2		6	Ms	Laos:Muang Houn	老挝:孟昏	GSHAP
1934	2	14	1	21	13	-6	122.5	100	6.25	Ms	Indonesia:Flores Sea	印度尼西亚:弗洛勒斯海	Shi Z.
1934	2	14	3	59	41.76	17.5	119	35	7.5	Mw	China: South China Sea, Zhongsha Islands,E.	中国:南海中沙群岛东	* Shi Z.,Bautista,Engdahl,NOAA
1934	2	15	0	34		-34	-66		5.2	Ms	Argentina:Villa Mercedes	阿根廷:比亚梅塞德斯	GSHAP
1934	2	19	10	24	43	-2.5	99.75		6.25	Ms	Indonesia:Southern Sumatra	印度尼西亚:苏门答腊南部	Shi Z.
1934	2	20	3	18	55	-4	-105		6	Ms	East Pacific Ridge	东太平洋海岭	Shi Z.
1934	2	20	20	6	32	39.1	72.4		5	Mk	Tadzhikistan:Dzhirgatal	塔吉克斯坦:吉尔加塔尔	GSHAP,Song

年 Year	月 Mo	日 Dy	时 Hr	分 Mn	秒 Sec	纬度(°) Latitude	经度(°) Longitude	深度 Depth	震级 Mag	标度 Scale	地名(英文) Name(English)	地名(中文) Name(Chinese)	资料来源 Information
1934	2	21	11	37	20	34.5	22.5		5.6	Ms	Mediterranean Sea	地中海	Turkey
1934	2	22	8	7	24	38.22	45.03	100	5.7	Ms	Iran:Orumiyeh	伊朗:乌尔米耶	Turkey
1934	2	24	5	33	30	12.75	-86.75	200	6	Ms	Nicaragua:Leon	尼加拉瓜:莱昂	Shi Z.
1934	2	24	6	23	46.84	22.878	144.067	35	7.2	Mw	Japan:South Honshu Ridge	日本:本州南部海岭	Engdahl
1934	2	27	21	29	35	-6	154	180	6.5	Ms	New Britain Trench	新不列颠海沟[太平洋]	Shi Z.
1934	2	28	14	21	55.71	-5.234	149.484	35	7.1	Mw	Bismarck Sea	俾斯麦海	Engdahl
1934	3	1	19	41	9	-7	148		6.5	Ms	Papua New Guinea:Huon Gulf	巴布亚新几内亚:休恩湾	Shi Z.
1934	3	1	21	45	19.5	-40.925	-72.877	35	7.3	mB	Chile:Futrono	智利:富特罗诺	Engdahl,GSHAP
1934	3	4	5	55	1	-16.75	167.75		6.25	Ms	Vanuatu Islands	瓦努阿图群岛	Shi Z.
1934	3	4	11	17	30	56	164	20	6.3	Ms	Russia:Kamchatka,Near East Coast	俄罗斯:堪察加东部近海	GSHAP
1934	3	5	4	52	53	24.5	122.2		5	Ms	China:Taiwan,Yilan,Coast of E.	中国:台湾宜兰以东海域	China
1934	3	5	11	46	19.39	-40.5	175.5	60	7.3	Mw	New Zealand:North Island,Tokomaru	新西兰:北岛,托科马鲁	* Engdahl
1934	3	7	0	51		-34	-69		5.3	Ms	Argentina:San Rafael	阿根廷:圣拉斐尔	GSHAP
1934	3	7	22	41	47	13.25	-87.75		6.25	Ms	Nicaragua:Gulf of Fonseca	尼加拉瓜:丰塞卡湾	Shi Z.
1934	3	8	2	56	47	33.25	26		5.6	Ms	Mediterranean Sea	地中海	Turkey
1934	3	8	23	2	20	-28	68.5		6	Ms	Western Indian Ridge	西印度洋海岭	Shi Z.
1934	3	9	14	2		57.5	167	20	5.7	Ms	Bering Sea,W.	白令海西部	GSHAP
1934	3	10	11	4		-29.1	-68.2		5.3	Ms	Argentina:San Juan	阿根廷:圣胡安	GSHAP
1934	3	11	19	9	55	38.4	96.5		5.75	Ms	China:Qinghai,Har Hu,W.	中国:青海哈拉湖西	China
1934	3	12	15	5	40	41.7	-112.8		6.6	Ms	US:Utah,Tremonton	美国:犹他州特里蒙顿	USGS
1934	3	12	18	12		41.5	-112.5		5.1	Ms	US:Utah,Brigham City	美国:犹他州布里格姆城	USGS
1934	3	12	18	20	13	41.5	-112.5		6	Ms	US:Utah,Brigham City	美国:犹他州布里格姆城	USGS
1934	3	13	13	11	57.97	-11.455	164.392	35	6.8	Muk	Solomon Islands	所罗门群岛	Engdahl
1934	3	15	10	46	35	-40	176		6.25	Ms	New Zealand:North Island,Dannevirke	新西兰:北岛,丹尼弗克	Shi Z.
1934	3	15	12	1		41.5	-112.5		5.1	Ms	US:Utah,Brigham City	美国:犹他州布里格姆城	USGS
1934	3	16	14	13	46.98	-4.891	145.504	35	6.8	Muk	Papua New Guinea:Madang	巴布亚新几内亚:马当	Engdahl
1934	3	18	0	16		31.3	116.2		5	Ms	China:Anhui,Heshan	中国:安徽霍山	China
1934	3	18	4	33	13.64	50.187	156.278	35	6.8	Muk	Kuril Islands	千岛群岛	Engdahl,GSHAP
1934	3	20	2	38	22	-5.5	148		6.5	Ms	Papua New Guinea:Umboi Island	巴布亚新几内亚:温博伊岛	Shi Z.
1934	3	21	3	40		34.8	138.9		5.5	Ms	Japan:Nishiizu	日本:静冈西伊豆	Usami,Japan
1934	3	24	12	4	34.23	-10.065	160.803	35	7.1	Ms	Solomon Islands	所罗门群岛	Engdahl
1934	3	24	22	52	46	-23	-66	270	5.8	Ms	Argentina:Jujuy	阿根廷:胡胡伊	GSHAP
1934	3	29	20	6	48	45.7	26.5	150	6.8	Ms	Romania:Nereju	罗马尼亚:内雷茹	GSHAP
1934	3	31	3	13		-28.5	-72	60	5.5	Ms	Chile:Near Coast of C.	智利:中部近海	GSHAP
1934	4	2	4	57	45	0	125	50	6	Ms	Molukka Sea	马鲁古海	Shi Z.
1934	4	3	7	36	27	4	-78		6	Ms	Colombia:Near Coast	哥伦比亚:近海	GSHAP
1934	4	3	11	26	37	35.5	65		5.6	Ms	Afghan:Maymana	阿富汗:迈马纳	GSHAP
1934	4	3	22	32		28.5	140.5		6	Ms	Japan:South Honshu Ridge	日本:本州南部海岭	Shi Z.
1934	4	6	12	7	9	3.4	-77.8		5	Ms	Colombia:Near Coast	哥伦比亚:近海	GSHAP
1934	4	6	19	9	34.53	37.302	141.78	35	6.8	Muk	Japan:Fukushima,Near Coast	日本:福岛近海	Engdahl
1934	4	7	2	16		41.5	-111.5		5.5	Ms	US:Utah,Hyrum,SE.	美国:犹他州海勒姆东南	USGS
1934	4	9	15	29	24	-35	-99		6.5	Ms	Easter Island,S.	复活节岛南部	Shi Z.
1934	4	10	10	23	3.8	-6.976	115.779	35	6.8	Muk	Indonesia:Bali Island	印度尼西亚:巴厘岛	Engdahl
1934	4	11	21	11	46.2	-20.463	170.56	35	6.8	Muk	Vanuatu Islands	瓦努阿图群岛	Engdahl
1934	4	11	21	56	2	-7	116.25		6	Ms	Indonesia:Bali Island	印度尼西亚:巴厘岛	Shi Z.
1934	4	12	9	10	40	25.5	98.5		5.5	Ms	China:Yunnan,Tengchong,N.	中国:云南腾冲北	China
1934	4	13	22	3	53	25.5	124.5	250	6	Ms	Ryukyu Islands	琉球群岛	China
1934	4	14	21	26	32	41.5	-112.5		5.2	Ms	US:Utah,Brigham City	美国:犹他州布里格姆城	USGS
1934	4	14				29	75.5		5	Ms	India:Bhiwani	印度:波瓦尼	GSHAP
1934	4	15	10	33	18	34.2	140.5	70	6.5	Ms	Japan:Shizuoka,Near Coast	日本:静冈近海	Shi Z.
1934	4	15	12	9		38	-115		5	Ms	US:Nevada,Pioche	美国:内华达州皮奥奇	USGS
1934	4	15	22	15	19.52	7.526	126.857	35	7.1	Mw	Philippine Trench	菲律宾海沟	Engdahl, Shi Z.
1934	4	16	3	59	15	8	127.25		6	Ms	Philippine Trench	菲律宾海沟	Shi Z.
1934	4	16	13	40	18	21.5	121.5		6	Ms	China:Taiwan,Coast of S.	中国:台湾南部海域	China
1934	4	18	13	5	2	38.8	71.2		5	Mk	Tajikistan:Kuhistoni Badakhshon,NW.	塔吉克斯坦:勾瑙-巴达科善西北	GSHAP,Song
1934	4	19	16	13	29	29.8	139.2	430	6.5	Ms	Japan:South Honshu Ridge	日本:本州南部海岭	Shi Z.
1934	4	19	23	26	27	33	93		5	Ms	China:Qinghai,Zhiduo,W.	中国:青海治多西部	China
1934	4	19	23	27		24	65		5.6	Ms	Arabian Sea,N.	阿拉伯海北部	GSHAP
1934	4	24	1	59	10	-6	130.5		6	Ms	Indonesia:Banda Sea	印度尼西亚:班达海	Shi Z.
1934	4	24	17	36	20	-14	-174		6.25	Ms	Samoa Islands	萨摩亚群岛	Shi Z.
1934	4	26	5	31	53	-23	171.5		6.25	Ms	New Caledonia:Loyalty Islands	新喀里多尼亚:罗亚尔特群岛	Shi Z.
1934	4	26	7	56	52	-22.5	172		6	Ms	New Caledonia:Loyalty Islands	新喀里多尼亚:罗亚尔特群岛	Shi Z.
1934	4	26	13	39	35	1	123		6.25	Ms	Celebes Sea	西里伯斯海	Shi Z.
1934	4	26	21	0	18	-14	166		6.5	Ms	Vanuatu Islands	瓦努阿图群岛	Shi Z.
1934	4	27	20	46	55	-22.75	171.25		6.5	Ms	New Caledonia:Loyalty Islands	新喀里多尼亚:罗亚尔特群岛	Shi Z.

年 Year	月 Mo	日 Dy	时 Hr	分 Mn	秒 Sec	纬度(°) Latitude	经度(°) Longitude	深度 Depth	震级 Mag	标度 Scale	地名(英文) Name(English)	地名(中文) Name(Chinese)	资料来源 Information
1934	4	28	15	7	54	-4	152.5		6	Ms	Papua New Guinea：East New Britain	巴布亚新几内亚：东新不列颠	Shi Z.
1934	4	30	12	26		37.5	70.5		5	Mk	Afghan：Badakhshan	阿富汗：巴达赫尚	GSHAP，Song
1934	5	1	3	40	40	27	69		5.6	Ms	Pakistan：Khairpur	巴基斯坦：海尔布尔	GSHAP
1934	5	1	7	4	59.87	3.5	97.5	145	6.9	mB	Indonesia：Sumatera，Aceh	印度尼西亚：苏门答腊亚齐	GSHAP，Engdahl
1934	5	2	16			26.6	103.1		5.25	Ms	China：Yunnan，Huize	中国：云南会泽	China
1934	5	3	1	31	11	27.8	142.5		6	Ms	Japan：South Honshu Ridge	日本：本州南部海岭	Shi Z.
1934	5	4	4	36	10.59	61.25	-147.5	35	7.1	mB	Alaska Peninsula，S.	阿拉斯加半岛南部	USGS，Shi Z.，Engdahl
1934	5	5	14	32	16	-32	-179		6.25	Ms	Kermadec Ridge	克马德克海岭	Shi Z.
1934	5	6	8	9	49	41.5	-113		5.5	Ms	US：Utah，Park Valley	美国：犹他州帕克瓦利	USGS
1934	5	9	16	13	40	47.9	154.6	40	6	Ms	Kuril Islands	千岛群岛	GSHAP
1934	5	11	17	13	8	-19.5	-71		5.6	Ms	Chile：Huara，Off Coast	智利：瓦拉沿海	GSHAP
1934	5	12	20	26	30	4	96.5		5.6	Ms	Indonesia：Sumatera，Aceh	印度尼西亚：苏门答腊亚齐	GSHAP
1934	5	13	9	2	8.07	-4.889	153.842	35	6.8	Muk	Papua New Guinea：New Ireland，E.	巴布亚新几内亚：新爱尔兰东部	Engdahl
1934	5	14	22	12	46	57.75	-152.25	60	6.5	Ms	Alaska：Kodiak Island	阿拉斯加：科迪亚克岛	USGS
1934	5	19	1	15	41	-13	-14		6	Ms	Central Mid - Atlantic Ridge	中大西洋中脊	Shi Z.
1934	5	19	10	47	37	14.75	-91.25	120	6.25	Ms	Guatemala：Panajachel	危地马拉：帕纳哈切尔	Shi Z.
1934	5	21	4	36	48	25	118.2		5.75	Ms	China：Fujian，Quanzhou	中国：福建泉州	China
1934	5	22	1	21	47	8	94		5	Mk	India：Nicobar Islands	印度：尼科巴群岛	GSHAP，Song
1934	5	22	11	1	40	1.25	-30.25		6.25	Ms	Central Mid - Atlantic Ridge	中大西洋中脊	Shi Z.
1934	5	28	5	32	40	46.3	149.9	160	6.1	Ms	Kuril Islands	千岛群岛	GSHAP
1934	5	30	23	3	58	36.2	140.5	70	6	Ms	Japan：Hokota	日本：茨城鉾田	Shi Z.
1934	6	2	5	54	29	24.5	95	130	6.5	Ms	myanmar：Sagaing	缅甸：实皆	GSHAP
1934	6	2	13	43		66	-18.25	3	6.2	Ms	Iceland：Grenivik	冰岛：格雷尼维克	* Iceland，NOAA
1934	6	2	16	45	29	61.25	-147		6.25	Ms	Alaska Peninsula，S.	阿拉斯加半岛南部	USGS
1934	6	2	20	56	29	54.8	161.7	20	6.5	Ms	Russia：Kamchatka Peninsula	俄罗斯：堪察加半岛	GSHAP
1934	6	3	16	15	40	-15.5	168	120	6.5	Ms	Vanuatu Islands	瓦努阿图群岛	Shi Z.
1934	6	4	5	55	49	38.4	72.8	160	5.9	Ms	Tadzhikistan：Kuda La	塔吉克斯坦：库达拉	GSHAP
1934	6	5	21	48		35.8	-120.33	16	5	Ms	US：California，Parkfield	美国：加利福尼亚州帕克菲尔德	USGS
1934	6	6	3	18	34	-56	-140		6.25	Ms	Southern Pacific Ridge	南太平洋海岭	Shi Z.
1934	6	8	3	16		46.287	12.539		5.07	Ms	Italy：Claut	意大利：克劳特	Italy
1934	6	8	4	30		35.8	-120.33	16	5	Ms	US：California，Parkfield	美国：加利福尼亚州帕克菲尔德	USGS
1934	6	8	4	47	47	35.8	-120.33	16	6	Ms	US：California，Parkfield	美国：加利福尼亚州帕克菲尔德	USGS
1934	6	8	16			32	103.7		5.5	Ms	China：Sichuan，Maoxian，Diexi	中国：四川茂县叠溪	China
1934	6	9	9	44		-32.7	-69.7		5.8	Ms	Argentina：Mendoza	阿根廷：门多萨	GSHAP
1934	6	9	11	4		-34	-68		5	Ms	Argentina：San Rafael	阿根廷：圣拉斐尔	GSHAP
1934	6	9	12	58	38.9	-6.07	147.299	35	6.9	Muk	Papua New Guinea：Morobe	巴布亚新几内亚：莫罗贝	Engdahl
1934	6	11	3	7	9	-33.5	-64.5	30	6	Ms	Argentina：Río Cuarto	阿根廷：里奥夸尔托	GSHAP
1934	6	11	6	0	33	-33.5	-64.5	30	6	Ms	Argentina：Río Cuarto	阿根廷：里奥夸尔托	GSHAP
1934	6	12	0	9		-31.8	-66.9		5.2	Ms	Argentina：San Juan	阿根廷：圣胡安	GSHAP
1934	6	12	9	32	20	14.75	-96		6	Ms	Tehuantepec Ridge	特万特佩克海岭[太平洋]	Shi Z.
1934	6	13	1	51	1	44.2	147.4	112.1	6.9	Muk	Kuril Islands	千岛群岛	Engdahl，GSHAP
1934	6	13	9	6		44.438	9.725		5.22	Ms	Italy：Genova	意大利：热那亚	Italy
1934	6	13	22	10	22.97	27.428	62.594	35	7	mB	Pakistan：Balochistan	巴基斯坦：俾路支	Engdahl，Iran
1934	6	15	2	51	57	-6.5	148		6	Ms	Papua New Guinea：Lae，E.	巴布亚新几内亚：莱城东部	Shi Z.
1934	6	18	3	26	42	36.8	69.5		5	Mk	Afghan：Taloqan	阿富汗：塔卢坎	GSHAP，Song
1934	6	18	9	13	50.97	60.785	-151.244	50.2	6.8	Muk	Alaska Peninsula，S.	阿拉斯加半岛南部	Engdahl，USGS，Shi Z.
1934	6	19	1	4	42	37.7	69.8		5	Mk	Tadzhikistan：Khatlon	塔吉克斯坦：哈特隆州	GSHAP，Song
1934	6	19	15	47	10	30.2	139.5	480	6.25	Ms	Japan：South Honshu Ridge	日本：本州南部海岭	Shi Z.
1934	6	19	18	43	15	39	31		5.6	Ms	Turkey：Afyon	土耳其：阿菲永	Turkey
1934	6	22	17	55	34	-3	150		6	Ms	Bismarck Sea	俾斯麦海	Shi Z.
1934	6	23	4	19	55	33	92.8		6	Ms	China：Qinghai，Zhiduo，W.	中国：青海治多西部	China
1934	6	24	1	39	55	-2.5	-106.5		6	Ms	East Pacific Ridge	东太平洋海岭	Shi Z.
1934	6	24	5	59	34.97	-23.198	-68.58	102.3	6.9	Muk	Chile：Antofagasta，C.	智利：安托法加斯塔中部	Engdahl，GSHAP
1934	6	28	0	56	3	-12.5	165		6	Ms	Solomon Islands	所罗门群岛	Shi Z.
1934	6	29	8	26	14.71	-7.083	123.166	647.7	7	mB	Indonesia：Flores Islands	印度尼西亚：弗洛勒斯群岛	Engdahl
1934	6	29	12	34	45	-5.75	121.5	670	6.25	Ms	Indonesia：Flores Islands	印度尼西亚：弗洛勒斯群岛	Shi Z.
1934	7	4	1	42	34	-55.5	-41		6.25	Ms	East Scotia Basin	东斯科舍海盆	Shi Z.
1934	7	4	10	44		-27	-63		5.1	Ms	Argentina：Santiago del Estero	阿根廷：圣地亚哥-德尔埃斯特罗	GSHAP
1934	7	5	7	30	40	37.7	69.8		5	Mk	Tadzhikistan：Khatlon	塔吉克斯坦：哈特隆州	GSHAP，Song
1934	7	6	22	48	55.1	41.22	-125.27	5	6.5	Ms	US：California，North Coast	美国：加利福尼亚州北部近海	USGS
1934	7	12	9	52		38.39	144.18	70	6.8	Ms	Japan Trench	日本海沟	GSHAP，Shi Z.
1934	7	12	14	24	18	-15	112.5		6	Ms	Australia：Broome，Off Coast of W.	澳大利亚：布鲁姆西部海域	Shi Z.
1934	7	18	1	36	28.23	8	-82.5	25	7.6	Mw	Panama：Off Coast of S.	巴拿马：南部海域	* Engdahl，NOAA
1934	7	18	4	0	35	8	-83		6.5	Ms	Costa Rica：Pavones，Near Coast of S.	哥斯达黎加：帕沃内斯南部近海	Shi Z.
1934	7	18	6	35	32	8.25	-82.5		6	Ms	Panama：Guarumal	巴拿马：瓜鲁马尔	Shi Z.
1934	7	18	16	9	49	8	-82.25		6	Ms	Panama：Off Coast of S.	巴拿马：南部海域	Shi Z.
1934	7	18	16	59	41.82	7.601	-82.298	15	6.9	Ms	Panama：Off Coast of S.	巴拿马：南部海域	Engdahl

年 Year	月 Mo	日 Dy	时 Hr	分 Mn	秒 Sec	纬度(°) Latitude	经度(°) Longitude	深度 Depth	震级 Mag	标度 Scale	地名(英文) Name(English)	地名(中文) Name(Chinese)	资料来源 Information
1934	7	18	19	40	23.95	-11.907	166.731	35	7.8	Mw	Solomon Islands:Santa Cruz Islands	所罗门群岛:圣克鲁斯岛	* Engdahl,NOAA
1934	7	19	0	6	49.07	-12.561	165.949	15.8	6.8	Muk	Solomon Islands	所罗门群岛	Engdahl
1934	7	19	1	27	32.87	-0.5	133.3	35	7	Ms	Indonesia:Irian Jaya Barat	印度尼西亚:西巴布亚	* * NOAA,Engdahl
1934	7	19	5	45	21	-13	166.5		6.5	Ms	Solomon Islands	所罗门群岛	Shi Z.
1934	7	19	7	37	0.75	-13.254	166.262	35	6.9	Muk	Solomon Islands	所罗门群岛	Engdahl
1934	7	20	2	10	44	52	-173		6	Ms	Andreanof Islands, Aleutian Is.	阿留申群岛,安德烈亚诺夫群岛	USGS
1934	7	21	6	18	23.29	-11.139	165.503	35	7.1	Mw	North Vanuatu Islands	瓦努阿图群岛北部	* Engdahl
1934	7	21	10	37		-24.4	-67.4		5.6	Ms	Argentina:Salta	阿根廷:萨尔塔	GSHAP
1934	7	21	10	39	13.3	8.189	-82.786	25	6.8	Muk	Panama: Puerto Armuelles, Near Coast of S.	巴拿马:阿穆埃耶斯港南部近海	Engdahl
1934	7	22	2	57	49	-11.5	165		6.25	Ms	Solomon Islands	所罗门群岛	Shi Z.
1934	7	22	19	56	36.16	35.712	70.683	35	6.8	Muk	Afghan:Badakhshan	阿富汗:巴达赫尚	Engdahl,GSHAP
1934	7	23	18	21	26	7.25	-34.25		6	Ms	Central Mid - Atlantic Ridge	中大西洋中脊	Shi Z.
1934	7	25	11	37	5	46.1	90.4	20	5.2	Ms	China:Xinjiang,Qinggil,S.	中国:新疆青河南	GSHAP
1934	7	27	2	25	45	16	-92.5	50	6.25	Ms	Mexico:Comitan	墨西哥:恰帕斯的科米坦	Shi Z.
1934	7	28	2	6	24	41	77.5	20	5.75	Ms	China:Xinjiang,Akqi,W.	中国:新疆阿合奇西	China,GSHAP
1934	7	28	17	25	30	-31	-71.5		5.6	Ms	Chile:Punitaqui	智利:普尼塔基	GSHAP
1934	7	28	21	37	3.08	55.587	-156.677	25	6.8	Muk	Aleutian Islands	阿留申群岛	Engdahl,USGS
1934	7	30				-2	121		5.9	Mk	Indonesia:Sulawesi,Lemo	印度尼西亚:苏拉威西岛,勒莫	* * Song
1934	7	31	10	58	52	4.2	96.3		5	Mk	Indonesia:Sumatera,Aceh	印度尼西亚:苏门答腊亚齐	GSHAP,Song
1934	7	31	11	49	16	3.5	96.2		6	Mk	Indonesia:Off West Coast of N. Sumatera	印度尼西亚:北苏门答腊西部海域	GSHAP,Song
1934	8	2	7	13	8	61.5	-147.5		6	Ms	Alaska Peninsula,S.	阿拉斯加半岛南部	USGS
1934	8	4	13	8	6	-3	146.5		6	Ms	Bismarck Sea	俾斯麦海	Shi Z.
1934	8	6	12	7	8	3.2	-77.7		6	Ms	Colombia:Near Coast	哥伦比亚:近海	GSHAP
1934	8	7	3	40	10.47	-13.055	166.851	35	6.9	Muk	North Vanuatu Islands	瓦努阿图群岛北部	Engdahl
1934	8	7	11	50	4	44.6	87.7		6	Ms	China:Xinjiang,Urumqi,N.	中国:新疆乌鲁木齐北	China
1934	8	10	22	44	12	24.5	122		5.25	Ms	China:Taiwan,Yilan,Coast of E.	中国:台湾宜兰以东海域	China
1934	8	11	8	18	21	24.8	121.5		6.5	Ms	China:Taiwan,Wulai	中国:台湾新北乌来	* China
1934	8	11	11	57	39	-5.5	151.5		6.25	Ms	Papua New Guinea:East New Britain	巴布亚新几内亚:东新不列颠	Shi Z.
1934	8	12	23	49	23.45	8.03	126.776	35	7	Ms	Philippine Trench	菲律宾海沟	Engdahl
1934	8	14	8	49	14	-18.5	176		6	Ms	Fiji Islands	斐济群岛	Shi Z.
1934	8	15	19	10		-2.3	-79		5	Ms	Ecuador:Chimborazo	厄瓜多尔:钦博腊索山	GSHAP
1934	8	18	3	38		35.7	137		6.25	Ms	Japan:Gujo	日本:岐阜郡上	Shi Z.,Usami
1934	8	21	19	26	15	0	98		6.25	Ms	Indonesia:Northern Sumatra	印度尼西亚:苏门答腊北部	Shi Z.
1934	8	23	23	48	42	-14	167		6.25	Ms	Vanuatu Islands	瓦努阿图群岛	Shi Z.
1934	8	31	5	2	45	73	-71		6.5	Ms	Baffin Bay, Greenland	巴芬湾,格陵兰岛	Shi Z.
1934	8	31	14	57	47	38.9	70.9	7	6.5	Ms	Tadzhikistan:Tajikabad	塔吉克斯坦:塔吉卡巴德	GSHAP
1934	9	1	6	50	40	38.6	71.9		5	Mk	Tajikistan:Barchidiv	塔吉克斯坦:巴尔奇代夫	GSHAP,Song
1934	9	1	6	57	32	-36	-104		6.5	Ms	Southern East Pacific Rise	南太平洋东海岭	ShiZ.
1934	9	1	9	2	51	37.6	72.6		5	Mk	Tadzhikistan:Sasse School	塔吉克斯坦:萨瑟库尔	GSHAP,Song
1934	9	1	11	39	26	0.25	-25.5		6	Ms	Central Mid - Atlantic Ridge	中大西洋中脊	Shi Z.
1934	9	1	12	31	21	38.7	70.5		5	Mk	Tadzhikistan:Kalaihongbu	塔吉克斯坦:卡莱洪布	GSHAP,Song
1934	9	1	13	0	39	38.8	71.2		5	Mk	Tajikistan:Kuhistoni Badakhshon,NW.	塔吉克斯坦:勾瑙-巴达科善西北	GSHAP,Song
1934	9	2	10	46	19	39.1	72.4		5	Mk	Tadzhikistan:Dzhirgatal	塔吉克斯坦:吉尔加塔尔	GSHAP,Song
1934	9	3	2	49	5	38.7	70.5		5	Mk	Tadzhikistan:Kalaihongbu	塔吉克斯坦:卡莱洪布	GSHAP,Song
1934	9	3	10	19	18	39.2	70.9	10	5	Ms	Tadzhikistan:Tajikabad	塔吉克斯坦:塔吉卡巴德	GSHAP
1934	9	4	1	20	30	38.8	71.2		5	Mk	Tajikistan:Kuhistoni Badakhshon,NW.	塔吉克斯坦:勾瑙-巴达科善西北	GSHAP,Song
1934	9	4	2	26		47.4	11.8		5.09	Ms	Austria:Tirol	奥地利:蒂罗尔	Italy
1934	9	4	8	59	10	38.8	71.2		5	Mk	Tajikistan:Kuhistoni Badakhshon,NW.	塔吉克斯坦:勾瑙-巴达科善西北	GSHAP,Song
1934	9	4	9	33	45	38.8	71.2		5	Mk	Tajikistan:Kuhistoni Badakhshon,NW.	塔吉克斯坦:勾瑙-巴达科善西北	GSHAP,Song
1934	9	4	16	34	25	-22.5	172		6.25	Ms	New Caledonia:Loyalty Islands	新喀里多尼亚:罗亚尔特群岛	Shi Z.
1934	9	5	10	19	50	38.7	70.5		5	Mk	Tadzhikistan:Kalaihongbu	塔吉克斯坦:卡莱洪布	GSHAP,Song
1934	9	6	2	16	52	6.5	126	150	6	Ms	Philippines:Mindanao Island	菲律宾:棉兰老岛	Shi Z.
1934	9	8	6	44	55	38.4	71.2	11	5.4	Ms	Tajikistan:Kalaihongbu	塔吉克斯坦:卡莱洪布	GSHAP
1934	9	8	19	57	45	37.9	71.9		5	Mk	Tajikistan:Sha Zude	塔吉克斯坦:沙祖德	GSHAP,Song
1934	9	11	1	19		37.439	14.58		5.03	Ms	Italy:Sicilia Island	意大利:西西里岛	Italy
1934	9	11	8	13	43	0	123		6.25	Ms	Indonesia:Molucca Sea	印度尼西亚:马鲁古海	Shi Z.
1934	9	11	14	7	5	38.8	70.9	7	5	Ms	Tadzhikistan:Tajikabad	塔吉克斯坦:塔吉卡巴德	GSHAP
1934	9	15	6	56	46	20	-105		6.25	Ms	Mexico:Jalisco	墨西哥:哈利斯科	Shi Z.
1934	9	18	7	7	43	37.5	70.5		5	Mk	Afghan:Badakhshan	阿富汗:巴达赫尚	GSHAP,Song
1934	9	21	12	38	54	2	99	100	6	Mk	Indonesia:Northern Sumatera	印度尼西亚:苏门答腊北部	GSHAP,Song
1934	9	22	16			36.6	105.7		5	Ms	China:Ningxia,Haiyuan	中国:宁夏海原	China
1934	9	23	1	24	31	39.3	71.1	10	5.3	Ms	Tadzhikistan:Dzhirgatal	塔吉克斯坦:吉尔加塔尔	GSHAP

年 Year	月 Mo	日 Dy	时 Hr	分 Mn	秒 Sec	纬度(°) Latitude	经度(°) Longitude	深度 Depth	震级 Mag	标度 Scale	地名(英文) Name(English)	地名(中文) Name(Chinese)	资料来源 Information
1934	9	23	7	59	3	-30	-177	80	6	Ms	Kermadec Ridge	克马德克海岭	Shi Z.
1934	9	24	4	53		35.5	138.8		5.2	Ms	Japan:Fujiyoshida	日本:山梨富士吉田	Japan
1934	9	25	19	14	25	-5	152	100	6.5	Ms	Papua New Guinea:East New Britain	巴布亚新几内亚:东新不列颠	Shi Z.
1934	9	26	0	7	7	37.1	69.9	15	5	Ms	Afghan:Taloqan	阿富汗:塔卢坎	GSHAP
1934	9	26	1	7	2	36.5	70.5		5	Mk	Afghan:Badakhshan	阿富汗:巴达赫尚	GSHAP,Song
1934	9	26	1	8		-34	-69		5	Ms	Argentina:San Rafael	阿根廷:圣拉斐尔	GSHAP
1934	9	26	7	27	28	5.25	-33		6.3	Ms	Central Mid - Atlantic Ridge	中大西洋中脊	GSHAP
1934	10	5	20	25	52	41.75	143.5	33	6.4	Ms	Japan:Hokkaido	日本:北海道	GSHAP
1934	10	6	12	48	34	1	-27		6	Ms	Central Mid - Atlantic Ridge	中大西洋中脊	Shi Z.
1934	10	10	15	42	9.85	-23.748	179.782	529.8	7.2	mB	South of Fiji Islands	斐济群岛南部	Engdahl
1934	10	13	1	47		-28.3	-66.3		5	Ms	Argentina:Catamarca	阿根廷:卡塔马卡	GSHAP
1934	10	15	8	17	53	50.9	109.9	23	5.6	Ms	Russia:Chita,Khilok	俄罗斯:赤塔州希洛克	GSHAP
1934	10	18	7	48	22	-10.75	165		6.5	Ms	Solomon Islands	所罗门群岛	Shi Z.
1934	10	19	20	58	15	33.8	82		5.75	Ms	China:Xizang (Tibet),Geji,N.	中国:西藏革吉北	China
1934	10	21	17	53	44	18	146	210	6.5	Ms	Mariana Ridge	马里亚纳海岭	Shi Z.
1934	10	25	10	20	28	36.7	72.2		5	Mk	Afghan:Badakhshan,NE.	阿富汗:巴达赫尚东北	GSHAP,Song
1934	10	26	14	44	29	29	131.2		6.75	Ms	Ryukyu Islands	琉球群岛	Shi Z.
1934	10	26	14	44	33.59	-6.626	124.035	643.9	6.8	Muk	Indonesia:Banda Sea	印度尼西亚:班达海	Engdahl
1934	10	26	16			39.9	119.2		5	Ms	China:Hebei,Funing	中国:河北抚宁	China
1934	10	26	17	11	13.02	29.373	131.392	35	6.8	Muk	Japan:Yaku - shima	日本:屋久岛	Engdahl
1934	10	27	4	57	43	37	71		5	Mk	Afghan:Badakhshan	阿富汗:巴达赫尚	GSHAP,Song
1934	10	27	9	54	55	-48	-116		6.25	Ms	Southern Pacific Ridge	南太平洋海岭	Shi Z.
1934	10	29	16	15	45	39.9	47.8	30	5.7	Ms	Azerbaijan:Ağcabədi	阿塞拜疆:阿格贾贝迪区	Turkey
1934	10	29	23	25	23	-5	-78	110	6.3	Ms	Peru:Bagua Grande	秘鲁:大巴瓜	GSHAP
1934	11	4	1	53	40	-22	174.5		6.25	Ms	Fiji Islands	斐济群岛	Shi Z.
1934	11	4	3	14	16	-22	174		6.5	Ms	Fiji Islands	斐济群岛	Shi Z.
1934	11	5	23	2	20	52	-175		6.5	Ms	Andreanof Islands, Aleutian Is.	阿留申群岛,安德烈亚诺夫群岛	USGS
1934	11	7	21	17	36	39.4	69.3		5	Mk	Tadzhikistan:Sughd	塔吉克斯坦:索格特州	GSHAP,Song
1934	11	9	3	58	56	-17.5	-174	80	6.25	Ms	Tonga Islands,N.	汤加群岛北部	Shi Z.
1934	11	9	13	40	56	36.7	25.7	140	6.3	Ms	Aegean Sea	爱琴海	GSHAP
1934	11	9	23	9	19	39.283	16.333		5.03	Ms	Italy:Cosenza	意大利:科森扎	Italy
1934	11	11	21	17	23	24.5	122		5.25	Ms	China:Taiwan,Yilan,Coast of E.	中国:台湾宜兰以东海域	China
1934	11	12	7	19	16	39	41		6	Ms	Turkey:Solhan	土耳其:索尔汉	Shi Z.
1934	11	15	23	14	43	36.6	71.4	15	5.2	Ms	Afghan:Badakhshan	阿富汗:巴达赫尚	GSHAP
1934	11	17	17	42		40.5	-124.08		5	Ms	US:California,Fortuna	美国:加利福尼亚州福图纳	USGS
1934	11	18	3	21	20	36.4	70.6	200	6.7	Ms	Afghan:Badakhshan	阿富汗:巴达赫尚	GSHAP
1934	11	18	9	18	31	54	160.5	20	6	Ms	Russia:Kamchatka Peninsula	俄罗斯:堪察加半岛	Shi Z., GSHAP
1934	11	18	22	40	7	-4	153		6.5	Ms	Papua New Guinea:New Ireland	巴布亚新几内亚:新爱尔兰	Shi Z.
1934	11	21	22	26	13	34	26		5.6	Ms	Mediterranean Sea	地中海	Turkey
1934	11	24	12	34	3	-57	146		6.25	Ms	Southern Pacific Ridge	南太平洋海岭	Shi Z.
1934	11	26	12	9	8	14	120		6.25	Ms	Philippines:Lubang	菲律宾:卢邦	Shi Z.
1934	11	27	6	14	17.38	2.226	127.395	35	6.8	Muk	Molukka Sea	马鲁古海	Engdahl
1934	11	27				37.919	40.211		6.2	Mk	Turkey:Diyarbakir	土耳其:迪亚巴克尔	* Song
1934	11	28	5	48	50	-22.5	-69	80	5.8	Ms	Chile:Calama	智利:卡拉马	GSHAP
1934	11	30	2	5	18.7	18.679	-105.319	25	7	Ms	Mexico:Off Coast of Jalisco	墨西哥:哈利斯科沿海	* Engdahl,NOAA
1934	11	30	2	58	23	44.1	14	50	5.77	Ms	Adriatic Sea	亚得里亚海	Italy,GSHAP
1934	12	3	2	38	30	15	-89		6.25	Ms	Honduras:San Jorge, La Encarnacion	洪都拉斯:圣乔治湾,恩卡纳西翁	* Shi Z.
1934	12	4	17	24	34.71	-19.298	-69.752	35	6.9	Muk	Chile:Iquique, Pisagua	智利:伊基克,皮萨瓜	* Engdahl,Shi Z., NOAA
1934	12	12	8	40	49	-25	-178	600	6.5	Ms	Tonga Islands,SW.	汤加群岛西南	Shi Z.
1934	12	13	10	12		0.1	-78.4		5	Ms	Ecuador:Quito	厄瓜多尔:基多	GSHAP
1934	12	13				0	150		7	Mk	East Caroline Basin	东加罗林海盆	NOAA,Song
1934	12	14	20	42	36	31.3	88.8		5.5	Ms	China:Xizang (Tibet),Xainza,N.	中国:西藏申扎北	China
1934	12	15	1	57	43.63	31.013	89.08	35	7.1	Ms	China:Xizang (Tibet),Xainza,NE.	中国:西藏申扎东北	Engdahl,China
1934	12	15	19	14	28.92	-23.568	-179.689	496.9	6.9	Muk	South of Fiji Islands	斐济群岛南部	Engdahl
1934	12	15				37.919	40.211		5.9	Mk	Turkey:Diyarbakir	土耳其:迪亚巴克尔	* Song
1934	12	16	16	31	10	-24	-68	150	6	Ms	Chile:Antofagasta,C.	智利:安托法加斯塔中部	GSHAP
1934	12	17	3	36	13	24.2	121.8		5	Ms	China:Taiwan,Hualien,Coast of E.	中国:台湾花莲以东海域	China
1934	12	17	15	52	38	-2.5	148.5		6.5	Ms	Bismarck Sea	俾斯麦海	Shi Z.
1934	12	18	11	22	20	31	89.3		5.75	Ms	China:Xizang (Tibet),Xainza	中国:西藏申扎	China
1934	12	19	6	14	5	45.767	15.217		5.03	Ms	Slovenia:Gorjanci	斯洛文尼亚:戈里扬齐山	Italy
1934	12	20	0	24	23	38.8	71.2		5	Mk	Tajikistan:Kuhistoni Badakhshon,NW.	塔吉克斯坦:勾瑙 - 巴达科善西北	GSHAP,Song
1934	12	21	6	34	42	30.9	89.1		5.25	Ms	China:Xizang (Tibet),Xainza	中国:西藏申扎	China
1934	12	21	12	39	3	31.8	89.2		5.5	Ms	China:Xizang (Tibet),Xainza,NE.	中国:西藏申扎东北	China
1934	12	22	14	29	31	11.5	-87		6.5	Ms	Nicaragua:Near Coast of W.	尼加拉瓜:西部近海	Shi Z.
1934	12	23	9	52	28	-21	-68	100	6.5	Ms	Bolivia:Tupiza	玻利维亚:图皮萨	GSHAP
1934	12	24	15	23		38.2	-20.6		7	Mk	North Atlantic Ocean,E.	北大西洋东部	* Song

年 Year	月 Mo	日 Dy	时 Hr	分 Mn	秒 Sec	纬度(°) Latitude	经度(°) Longitude	深度 Depth	震级 Mag	标度 Scale	地名(英文) Name(English)	地名(中文) Name(Chinese)	资料来源 Information
1934	12	24	16	26		35.9	-120.5	16	5	Ms	US:California,Parkfield	美国:加利福尼亚州帕克菲尔德	USGS
1934	12	25	6	27	20	18.5	147		6	Ms	Mariana Islands	马里亚纳群岛	Shi Z.
1934	12	27	13	37	27	35.1	70.9		5	Mk	Afghan:Nurestan	阿富汗:努里斯坦	GSHAP,Song
1934	12	30	13	52	14	32.25	-115.5		6.5	Ms	Mexico:Mexicali	墨西哥:墨西卡利	USGS
1934	12	31	18	45	57	32.685	-115.761	15	7.1	Ms	US:California,Baja,Imperial Valley	美国:加利福尼亚州巴哈,帝王谷	* Engdahl
1935	1	1	13	20	35	-15.719	-174.526	35	7	mB	Samoa Islands	萨摩亚群岛	Engdahl
1935	1	2	7	30		32.8	-114.2		5.1	Mk	US:Arizona,Roll	美国:亚利桑那州罗尔	USGS,Song
1935	1	2	17	17		19.42	-155.28	4	5.9	Ms	Hawaiian Islands	夏威夷群岛	USGS
1935	1	2	22	23	24	29.8	87.9		5.25	Ms	China:Xizang (Tibet),Xaitongmoin	中国:西藏谢通门	China
1935	1	2	22	40	58	40.25	-125.25		5.8	Ms	US:California,North Coast	美国:加利福尼亚州北部近海	CGS,USGS
1935	1	3	0	50	17	30.8	88.2		6.5	Ms	China:Xizang (Tibet),Xainza,W.	中国:西藏申扎西	China
1935	1	4	10	22	16	38.9	70.9	10	5.3	Ms	Tadzhikistan:Tajikabad	塔吉克斯坦:塔吉卡巴德	GSHAP
1935	1	4	14	41		40.5	27.5	7	6.2	Muk	Turkey:Marmara Sea	土耳其:马尔马拉海	*
1935	1	4	16	20		40.25	27.5		6	Ms	Turkey:Canakkale	土耳其:恰纳卡莱	Shi Z.
1935	1	5	4	20	20	38.7	70.5		5	Mk	Tadzhikistan:Kalaihongbu	塔吉克斯坦:卡莱洪布	GSHAP,Song
1935	1	5	4	33	30	38.7	70.5		5	Mk	Tadzhikistan:Kalaihongbu	塔吉克斯坦:卡莱洪布	GSHAP,Song
1935	1	5	4	41	22	38.7	70.5		5	Mk	Tadzhikistan:Kalaihongbu	塔吉克斯坦:卡莱洪布	GSHAP,Song
1935	1	10	8	10		36	-112.1		5.1	Mk	US:Arizona,Tusayan	美国:亚利桑那州图萨扬	USGS,Song
1935	1	16	6	12	10	38.2	70.9		5	Mk	Afghan:Fayzabad,N.	阿富汗:法扎巴德北部	GSHAP,Song
1935	1	16	23	19	45	38.2	70.9		5	Mk	Afghan:Fayzabad,N.	阿富汗:法扎巴德北部	GSHAP,Song
1935	1	17	2	8	11	-20.25	169.5		6.5	Ms	Vanuatu Islands	瓦努阿图群岛	Shi Z.
1935	1	19	12	37	30	1	-28		6.25	Ms	Central Mid - Atlantic Ridge	中大西洋中脊	Shi Z.
1935	1	19	12	58	53	1	-28		6	Ms	Central Mid - Atlantic Ridge	中大西洋中脊	Shi Z.
1935	1	21	15	31		-26.5	-65	600	6	Ms	Argentina:Santiago del Estero	阿根廷:圣地亚哥-德尔埃斯特罗	GSHAP
1935	1	22	14	56	43	-2.75	128.75		6.25	Ms	Indonesia:Ceram Sea	印度尼西亚:塞兰海	Shi Z.
1935	1	23	7	24	8.77	52.517	-169.461	35	6.8	Muk	Aleutian Islands	阿留申群岛	Engdahl,USGS
1935	1	25	14	38		41.1	43.9	30	5	Ms	Armenia:Gyumri	亚美尼亚:久姆里	GSHAP
1935	1	26	17	41	35	85.5	36	20	5.6	Ms	Arctic Ocean	北冰洋	GSHAP
1935	1	30	0	35	19	49.7	94.8	15	5.8	Ms	Mongolia:East of Baruunturuun	蒙古:西图伦东部	GSHAP
1935	1	31	6	27	30	38.7	70.5		5	Mk	Tadzhikistan:Kalaihongbu	塔吉克斯坦:卡莱洪布	GSHAP,Song
1935	1	31	17	45	45	-12	166		6.25	Ms	Solomon Islands	所罗门群岛	Shi Z.
1935	2	3	2	10	40	36.5	70.5	220	6.1	Ms	Afghan:Badakhshan	阿富汗:巴达赫尚	GSHAP
1935	2	4	17	24	27	-20	-174		6.25	Ms	Tonga Islands	汤加群岛	Shi Z.
1935	2	4	21	7	31	2.5	127	80	6.5	Ms	Molukka Sea,N.	马鲁古海北部	Shi Z.
1935	2	6	1	53	53	30.5	-42		6	Ms	North Atlantic Ocean	北大西洋	Shi Z.
1935	2	7	17	29	2	13.5	122.8		6	Ms	Philippines:San Andres	菲律宾:圣安德烈斯	Shi Z.
1935	2	9	19	19		24.9	122.1	60	6.25	Ms	China:Taiwan,Yilan,Coast of E.	中国:台湾宜兰东南海域	China
1935	2	10	18	29	33	29.5	139	500	6.25	Ms	Japan:South Honshu Ridge	日本:本州南部海岭	Shi Z.
1935	2	13	17	22	1	-25.5	-69	100	6.5	Ms	Chile:Antofagasta,SE.	智利:安托法加斯塔东南	GSHAP,Shi Z.
1935	2	17	16	13	30	24	121.6		5	Ms	China:Taiwan,Hualien	中国:台湾花莲	China
1935	2	18	8	36		-29	-67		5.1	Ms	Argentina:La Rioja	阿根廷:拉里奥哈	GSHAP
1935	2	19	20	10	19	35.5	140.5		6	Ms	Japan:Kujukuri	日本:千叶九十九里	Shi Z.
1935	2	21	1	25		34.5	-106.8		5.1	Mk	US:New Mexico,La Joya	美国:新墨西哥州拉霍亚	USGS,Song
1935	2	22	7	55	28	24.2	121.8		6	Ms	China:Taiwan,Hualien,Coast of E.	中国:台湾花莲以东海域	China
1935	2	22	8	53		-31	-70.2		5.6	Ms	Argentina:San Juan	阿根廷:圣胡安	GSHAP
1935	2	22	17	6	1.3	52.25	175	25	7.1	Ms	Aleutian Islands,Rat Island	阿留申群岛,拉特岛	Engdahl,GSHAP,USGS
1935	2	24				32	-115.2		5.5	Ms	Mexico:Mexicali	墨西哥:墨西卡利	CGS
1935	2	25	2	51	27	35.8	25	35	6.8	Muk	Aegean Sea	爱琴海	* GSHAP,Engdahl
1935	2	27	9	9	21	3	126		6	Ms	Indonesia:East of Sangihe Islands	印度尼西亚:桑义赫群岛东部	Shi Z.
1935	2	28	7	10	25	-23	-67	200	6.25	Ms	Argentina:Jujuy	阿根廷:胡胡伊	Shi Z.
1935	2					27	104		5.5	Ms	China:Yunnan,Zhaotong,SE.	中国:云南昭通东南	China
1935	3	2	5	51	24	51.5	108	15	5.3	Ms	Russia:Buryatiya,Ulan - Ude	俄罗斯:布里亚特州乌兰乌德	GSHAP
1935	3	3	22	46	8	30.1	89		5	Ms	China:Xizang (Tibet),Namling,N.	中国:西藏南木林北	China
1935	3	5	10	26	35	36.3	53.3		6	Muk	Iran:Mazandaran	伊朗:马赞德兰	* Shi Z.
1935	3	5	22	15	53	29.7	80.2		6	Ms	India:Haldwani	印度:赫尔德瓦	GSHAP
1935	3	5	22	35		-9.82	-77.43	25	5	Mk	Peru:Huari	秘鲁:瓦里	GSHAP,Song
1935	3	8	11	59	14	-4	-80	100	6	Ms	Ecuador:Loja	厄瓜多尔:洛哈	GSHAP
1935	3	9	2	54	37	-12	-78	150	5.8	Ms	Peru:Lima,Near Coast	秘鲁:利马近海	GSHAP
1935	3	11	10	58	40	20	101.5	60	5	Ms	Laos:Muang Houn	老挝:孟昏	GSHAP
1935	3	15	10	33	52	29.6	80.4		5	Mk	Nepal:Patan	尼泊尔:帕坦	GSHAP,Song
1935	3	18	8	40	41	35.5	27	130	6.5	Ms	Greece:Karpathos Island	希腊:皮加贾岛	GSHAP
1935	3	19	7	27		44.65	6.63		5.3	Ms	France:Alpi Cozie	法国:科蒂安山	Italy
1935	3	20	22	57	21	-7.75	156		6.5	Ms	Solomon Islands	所罗门群岛	Shi Z.
1935	3	21	0	4	2	24.2	89.5	80	6.3	Ms	Bangladesh:Rajshahi,S.	孟加拉:拉杰沙希南部	GSHAP
1935	3	21	4	48	8	27	85		5.5	Ms	Nepal:Birgunj	尼泊尔:比尔根杰	GSHAP
1935	3	24	14	27		21.9	123.1		5.25	Ms	Ryukyu Islands	琉球群岛	China
1935	3	26	19	54	47	-15.5	-73	120	6	Ms	Peru:Pampacolca	秘鲁:潘帕科尔卡	GSHAP
1935	3	28	23	47	51	43	131	550	6.25	Ms	China:Jilin,Hunchun,E.	中国:吉林珲春东部	China,GSHAP

年 Year	月 Mo	日 Dy	时 Hr	分 Mn	秒 Sec	纬度(°) Latitude	经度(°) Longitude	深度 Depth	震级 Mag	标度 Scale	地名(英文) Name(English)	地名(中文) Name(Chinese)	资料来源 Information
1935	3	29	12	24	18	-29	-177.5		6.25	Ms	Kermadec Ridge	克马德克海岭	Shi Z.
1935	3	30	21	19	43	37.5	141.2	50	6.5	Ms	Japan: Fukushima, Near Coast	日本:福岛近海	Shi Z.
1935	3	31	3	21	31	41.1	20.4		5.8	Ms	Albania: Librazhd	阿尔巴尼亚:利布拉什德	Turkey
1935	4	2	18	59		-32	-68		5.3	Ms	Argentina: San Juan	阿根廷:圣胡安	GSHAP
1935	4	3	11	11	57	36.7	70.9	160	6.3	Ms	Afghan: Badakhshan	阿富汗:巴达赫尚	GSHAP
1935	4	5	2	55		-22	-175		6	Ms	Tonga Islands	汤加群岛	Shi Z.
1935	4	9	19	59	41	42.2	48.8	150	6.3	Ms	Caspian Sea	里海	GSHAP
1935	4	10	22	32	31	10.5	-62	100	6.5	Ms	Venezuela: Macuro	委内瑞拉:马库罗	GSHAP
1935	4	11	1	17	55	13.2	95.5		6	Ms	India: Andaman Islands	印度:安达曼群岛	Shi Z.
1935	4	11	23	14	50	36.432	53.621	35	6.8	Muk	Iran: Mazanderan	伊朗:马赞德兰	* Iran, Engdahl
1935	4	12	0	33	39	36	52.8	10	5.5	Ms	Iran: Mazanderan	伊朗:马赞德兰	GSHAP
1935	4	12	1	6	35	36	53.5	12	5.6	Ms	Iran: Mazanderan	伊朗:马赞德兰	GSHAP
1935	4	12	12	44	30	36	53.4	12	5.7	Ms	Iran: Mazanderan	伊朗:马赞德兰	GSHAP
1935	4	12	22	31	48	36.3	53.5	12	5.3	Ms	Iran: Mazanderan	伊朗:马赞德兰	GSHAP
1935	4	13	2	29	2	36	53.5	10	5.1	Ms	Iran: Mazanderan	伊朗:马赞德兰	GSHAP
1935	4	15	11	15	7	36.2	137.2	270	6.25	Ms	Japan: Hida	日本:岐阜飞驒	Shi Z.
1935	4	19	15	23	24	31.243	15.3	15	7.1	Ms	Libya: Misurata	利比亚:米苏拉塔	Engdahl
1935	4	19	20	31	30	31	15.5		6	Ms	Libya: Surt	利比亚:苏尔特	Shi Z.
1935	4	20	5	10	51	31	15.75		6.5	Ms	Libya: Surt	利比亚:苏尔特	Shi Z.
1935	4	20	7	47	22	37.5	70.5		5	Mk	Afghan: Badakhshan	阿富汗:巴达赫尚	GSHAP, Song
1935	4	20	10	56	22	37.5	70.5		5	Mk	Afghan: Badakhshan	阿富汗:巴达赫尚	GSHAP, Song
1935	4	20	22	2	2.86	24.364	120.613	35	7.1	Ms	China: Taiwan, Taichung	中国:台湾台中	* China, Engdahl
1935	4	20	22	26	26	24.7	120.9		6	Ms	China: Taiwan, Miaoli	中国:台湾苗栗	China
1935	4	21	7	25	54	-4.5	114		6.25	Ms	Indonesia: Java Sea	印度尼西亚:爪哇海	Shi Z.
1935	4	21	19	13	30	24.6	120.9		5.25	Ms	China: Taiwan, Miaoli	中国:台湾苗栗	China
1935	4	22	13	15	27	39.8	67.5	25	5.3	Ms	Uzbekistan: Samarqand	乌兹别克斯坦:撒马尔罕	GSHAP
1935	4	23	16	45	41	24	94.7	110	6.25	Ms	myanmar: Sagaing	缅甸:实皆	Shi Z., GSHAP
1935	4	24	15	52	18	0.5	74.2		6	Ms	Maldives: Off Coast of E.	马尔代夫:东部海域	GSHAP
1935	4	24	18	51	40	15.25	-93	50	6.25	Ms	Mexico: Tapachula	墨西哥:塔帕丘拉	Shi Z.
1935	4	27	16			29.4	102.3		6	Ms	China: Sichuan, Luding, S.	中国:四川泸定南	* * China
1935	4					23.5	103		5.5	Ms	China: Yunnan, Jianshui, E.	中国:云南建水东	China
1935	5	1	10	24		39.3	40.6		6.1	Muk	Turkey: Bingol	土耳其:宾格尔	*
1935	5	4	23	2	24	24.8	120.8		6	Ms	China: Taiwan, Miaoli, Coast of W.	中国:台湾苗栗西部海域	* China
1935	5	6	17	40	25	24.5	121.5		5	Ms	China: Taiwan, Yilan	中国:台湾宜兰	China
1935	5	7	5	55	20	5.8	126	50	6	Ms	Philippines: Mindanao Island	菲律宾:棉兰老岛	Shi Z.
1935	5	8	20	57		-24	-67		5.4	Ms	Argentina: Jujuy, SW.	阿根廷:胡胡伊西南	GSHAP
1935	5	12	5	20	24	37.5	71.2	100	6.1	Ms	Afghan: Fayzabad	阿富汗:法扎巴德	GSHAP
1935	5	12	20	0	31	20	102	60	5.3	Ms	Laos: Luang Prabang	老挝:琅勃拉邦	GSHAP
1935	5	13	19	53	33	19.5	101		6.5	Ms	Thailand: Kha Mu Ban Pon	泰国:卡穆班奔	GSHAP
1935	5	14	23	23	2.31	-58.946	-26.065	35	6.9	mB	South Sandwich Trench	南桑威奇海沟	Engdahl
1935	5	15	2	1		28.4	67.5		6	Ms	Pakistan: Quetta	巴基斯坦:奎达	Afghan
1935	5	16	17	24	16	37.5	69.2	52	5.5	Ms	Tadzhikistan: Khatlon, S.	塔吉克斯坦:哈特隆州南部	GSHAP
1935	5	16	20	41	30	-55	-123		6.25	Ms	Southern Pacific Ridge	南太平洋海岭	Shi Z.
1935	5	20	5	21	29	4	126.5		6	Ms	Indonesia: Karakelong Island	印度尼西亚:卡拉克隆岛	Shi Z.
1935	5	21	4	22	34	28.8	89.5		6.25	Ms	China: Xizang (Tibet), Gyangze	中国:西藏江孜	China
1935	5	21	6	51	45	-5.695	146.295	35	6.8	Muk	Australia: Macquarie Island, W.	澳大利亚:麦加利岛西部	Engdahl
1935	5	21	13	6	13	-6	146	140	6	Ms	Papua New Guinea: Kaiapit	巴布亚新几内亚:卡亚皮特	Shi Z.
1935	5	23	17	58	59	23	-45		6.25	Ms	North Atlantic Ocean	北大西洋	Shi Z.
1935	5	24	5	36	40	12.188	125.041	35	6.8	Muk	Philippines: Samar Island	菲律宾:萨马岛	Engdahl
1935	5	25	0	7	55	12	125.5		6.25	Ms	Philippines: Samar Island	菲律宾:萨马岛	Shi Z.
1935	5	26	22	3	47	11.8	125.5		6.25	Ms	Philippines: Samar Island	菲律宾:萨马岛	Shi Z.
1935	5	28	12	8	54	-33.5	-68	200	5.8	Ms	Argentina: Rivadavia	阿根廷:里瓦达维亚	GSHAP
1935	5	29	19	42	48	24	120.8		5.75	Ms	China: Taiwan, Nantou, N.	中国:台湾南投北	China
1935	5	30	21	32	57	28.894	66.176	35	8.1	Mw	Pakistan: Quetta	巴基斯坦:奎达	* Engdahl
1935	5	31	2	3	49	29.6	66.5		5	Mk	Pakistan: Quetta	巴基斯坦:奎达	GSHAP, Song
1935	5	31	8	18	37	38.75	134	450	6.6	Ms	Japan Sea	日本海	GSHAP
1935	5	31	17	12	19	29.6	66.5		5	Mk	Pakistan: Quetta	巴基斯坦:奎达	GSHAP, Song
1935	6	1	4	30	16	29.6	66.5		5	Mk	Pakistan: Quetta	巴基斯坦:奎达	GSHAP, Song
1935	6	1	14	39	52	7.5	126.5	100	6	Ms	Philippines: Mindanao Island	菲律宾:棉兰老岛	Shi Z.
1935	6	2	9	16		30.1	66.9		6	Ms	Pakistan: Quetta	巴基斯坦:奎达	Afghan
1935	6	3	4	57	17	38.5	69.9		5	Mk	Tadzhikistan: Khatlon	塔吉克斯坦:哈特隆州	GSHAP, Song
1935	6	3	17	8		41	-124		5	Ms	US: California, Eureka	美国:加利福尼亚州尤里卡	USGS
1935	6	5	11	48		44.26	11.876		5.34	Ms	Italy: Faentino	意大利:法恩扎	Italy
1935	6	7	1	50	58	24.2	120.5		5.75	Ms	China: Taiwan, Taichung	中国:台湾台中	* China
1935	6	16	6	18	34	-4.5	147		6	Ms	Bismarck Sea	俾斯麦海	Shi Z.
1935	6	18	22	27	41	12.5	125.5		6.25	Ms	Philippines: Samar Island	菲律宾:萨马岛	Shi Z.
1935	6	19	22	14	54	-10.5	161		6	Ms	Solomon Islands	所罗门群岛	Shi Z.
1935	6	22	15	48	28	-6	120		6.25	Ms	Indonesia: Flores Sea	印度尼西亚:弗洛勒斯海	Shi Z.
1935	6	23	7	13	1	43.5	90	20	5.2	Ms	China: Xinjiang, Urumqi	中国:新疆乌鲁木齐	GSHAP

年 Year	月 Mo	日 Dy	时 Hr	分 Mn	秒 Sec	纬度(°) Latitude	经度(°) Longitude	深度 Depth	震级 Mag	标度 Scale	地名(英文) Name(English)	地名(中文) Name(Chinese)	资料来源 Information
1935	6	24	23	23	18	-15.55	167.872	141.6	7.1	mB	Vanuatu Islands	瓦努阿图群岛	Engdahl
1935	6	25	12	33	45	45.4	150.8	60	6.4	Ms	Kuril Islands	千岛群岛	GSHAP
1935	6	25	23	52	43	36.2	70.7		5	Mk	Afghan:Badakhshan	阿富汗:巴达赫尚	GSHAP,Song
1935	6	28	2	0	35	-34	-73		6	Ms	Chile:Near Coast of C.	智利:中部近海	GSHAP
1935	6	28	19	30	5	19.5	-155.25		5.6	Ms	Hawaiian Islands	夏威夷群岛	USGS
1935	6	28				34.2	140.5		6.25	Ms	Japan:Shizuoka,Near Coast	日本:静冈近海	Shi Z.
1935	6	29	6	48	59	18.54	-103.659	35	6.9	Muk	Mexico:Jalisco	墨西哥:哈利斯科	Engdahl
1935	6	30	8	8	22	24.7	66		5	Mk	Gulf of Oman	阿曼湾	GSHAP,Song
1935	7	5	17	53		38.3	67.4	18	6.2	Ms	Tajikistan:Dushanbe (Stalinabad)	塔吉克斯坦:杜桑贝	GSHAP
1935	7	7	13	23	14	17.4	119		6.25	Ms	China:South China Sea,Zhongsha Islands,E.	中国:南海中沙群岛东	Wang S.
1935	7	11	18	35		35	138	10	6.3	Muk	Japan:Tenryu	日本:静冈滨松天龙区	* Usami
1935	7	11	23	3	42	-4	111	620	6	Ms	Indonesia:Java Sea	印度尼西亚:爪哇海	Shi Z.
1935	7	12	1	41	23	43.8	92.8	15	5.75	Ms	China:Xinjiang,Barkol	中国:新疆巴里坤	China,GSHAP
1935	7	13	0	3	46	45.3	26.6	140	5.6	Ms	Romania:Nehoiu	罗马尼亚:内霍尤	GSHAP
1935	7	13	22	40	50	51	142	17	5.5	Ms	Russia:Sakhalin Island	俄罗斯:库页岛(萨哈林岛)	GSHAP
1935	7	14	11	32	42	39.3	76.1		5.25	Ms	China:Xinjiang,Kashi	中国:新疆喀什	China
1935	7	15	14	13	35	-20	-178.5	580	6.5	Ms	Fiji Islands	斐济群岛	Shi Z.
1935	7	16	16	18	58	24.6	120.8	30	6.5	Ms	China:Taiwan,Miaoli	中国:台湾苗栗	* China
1935	7	17	0	4	19	65.9	7.2	33	5	Ms	Norwegian Sea	挪威海	GSHAP
1935	7	17	10	46	15	-59.779	-24.025	35	6.8	Muk	South Sandwich Trench	南桑威奇海沟	Engdahl
1935	7	19	0	50		36.6	141.4		6.9	Ms	Japan:Ibaraki,Near Coast	日本:茨城近海	* Japan,NOAA
1935	7	20				21	72.699		5.6	Ms	India:Rajkot	印度:拉杰科德	GSHAP
1935	7	22	6	55	16	38.3	72.8		5	Mk	Tadzhikistan:Kuda La	塔吉克斯坦:库达拉	GSHAP,Song
1935	7	26	8	3	36	47.5	146.3	480	7.5	Mk	Sea of Okhotsk	鄂霍次克海	GSHAP,Song
1935	7	26	9	10	11	33.1	101		5.5	Ms	China:Qinghai,Jiuzhi,SW.	中国:青海久治西南	China
1935	7	26	10	32	31	33.3	101.1		6	Ms	China:Qinghai,Jiuzhi,SW.	中国:青海久治西南	China
1935	7	26	19	41		-34	-68		5	Ms	Argentina:San Rafael	阿根廷:圣拉斐尔	GSHAP
1935	7	27	10	13	9	48.8	146.5	490	6.25	Ms	Sea of Okhotsk	鄂霍次克海	Shi Z.
1935	7	28	5	23	55	36.7	71.5	150	6	Ms	Afghan:Badakhshan	阿富汗:巴达赫尚	GSHAP
1935	7	29	4	12	49	19	146	200	6	Ms	Mariana Ridge	马里亚纳海岭	Shi Z.
1935	7	29	7	38	51	-21.537	-177.919	454.9	7.1	mB	Tonga Islands,W.	汤加群岛西部	Engdahl
1935	7	29	23	16	36	39.5	73.5		5.75	Ms	Kyrgyzstan:Osh,S.	吉尔吉斯斯坦:奥什南部	China
1935	7	31	9	58	29	39.5	73.5		5.25	Ms	Kyrgyzstan:Osh,S.	吉尔吉斯斯坦:奥什南部	China
1935	8	1	22	51	49	36.3	70		5	Mk	Afghan:Taloqan	阿富汗:塔卢坎	GSHAP,Song
1935	8	3	1	10	7.25	4.43	96.326	35	7	Ms	Indonesia:Sumatera,Aceh	印度尼西亚:苏门答腊亚齐	Engdahl
1935	8	5	23	50	10	-35	-72		6	Ms	Chile:Curico	智利:库里科	GSHAP
1935	8	7	9	2		1	-77.5	95	6	Mk	Colombia:Narino	哥伦比亚:纳里尼奥	* Song
1935	8	9	1	30	37	38.7	70.5		5	Mk	Tadzhikistan:Kalaihongbu	塔吉克斯坦:卡莱洪布	GSHAP,Song
1935	8	9	16	48	59	22.7	120.3		5	Ms	China:Taiwan,Kaohsiung	中国:台湾高雄	China
1935	8	10	5	10		42.9	12.7		6.5	Mk	Italy:Foligno	意大利:福利尼奥	* Song
1935	8	10	17	31	55	-62.5	-21	60	6.5	Ms	East of South Sandwich Trench	南桑维奇海沟东部	Shi Z.
1935	8	17	1	44	38	-22.098	171.646	35	7.2	mB	Vanuatu Islands	瓦努阿图群岛	Engdahl
1935	8	17	20	26	27	18.5	119.5		6	Ms	China:South China Sea	中国:南海	China
1935	8	18	9	0	10	39.6	43.1	33	5	Ms	Turkey:Agri	土耳其:阿勒	GSHAP
1935	8	21	13	48	44	-16	-174	100	6.25	Ms	Samoa Islands	萨摩亚群岛	Shi Z.
1935	8	23	13	57	44	-4.5	102		6.5	Ms	Indonesia:Southern Sumatera,Lahat	印度尼西亚:苏门答腊南部,拉哈特	Shi Z.
1935	8	31	17	39	57	44.5	150.4	30	6.1	Ms	Kuril Islands	千岛群岛	GSHAP
1935	9	4	1	27	39	63.75	-152.5		6.25	Ms	Alaska Peninsula,S.	阿拉斯加半岛南部	USGS
1935	9	4	1	37	46	22.2	121.3	35	7.1	Mw	China:Taiwan,Taitung,Coast of E.	中国:台湾台东以东海域	China,Engdahl
1935	9	4	1	54	30	22.3	121.3		6	Ms	China:Taiwan,Taitung,Coast of E.	中国:台湾台东以东海域	China
1935	9	4	3	28	8	22.3	121.3		6	Ms	China:Taiwan,Taitung,Coast of E.	中国:台湾台东以东海域	China
1935	9	5	6			45.8	26.7	130	5.6	Ms	Romania:Vrancea	罗马尼亚:弗朗恰	GSHAP
1935	9	8	17	3		32.9	-115.22	16	5	Ms	US:California,Holtville	美国:加利福尼亚州霍尔特维尔	USGS
1935	9	9	6	17	39	6.228	141.717	35	7	Ms	Philippine Trench	菲律宾海沟	Engdahl
1935	9	9	15	21		-30.8	-69.5		5.5	Ms	Argentina:San Juan	阿根廷:圣胡安	GSHAP
1935	9	11	14	4	3.22	43	146.5	35	7.2	Mw	Kuril Islands,S.	千岛群岛南部	* Engdahl
1935	9	12	16	1	22	-20	-179	600	6	Ms	Fiji Islands	斐济群岛	Shi Z.
1935	9	15	14	9	9.16	-25.749	-113.22	15	6.8	Muk	Easter Island,W.	复活节岛西部	Engdahl
1935	9	18	4	58		5.5	-76	80	6.3	Ms	Colombia:Bagado	哥伦比亚:乔科的巴加多	GSHAP
1935	9	19	9	55	47	-15.5	-70	250	6.5	Ms	Peru:Juliaca	秘鲁:胡利亚卡	GSHAP
1935	9	20	1	46	43	-3.92	141.33	35	8.1	Mw	Papua New Guinea:Green River	巴布亚新几内亚:格林河	* Engdahl,NOAA
1935	9	20	5	23	9.97	-3.583	142.905	35	7	Ms	Papua New Guinea:Terebu	巴布亚新几内亚:泰雷布	Engdahl
1935	9	24	22	12	15	49.5	-130		6.2	Ms	Canada:Off Coast of W. Vancouver	加拿大:温哥华西部海域	Shi Z.
1935	9	28	4	0	30	-23	-68.5	100	5.3	Ms	Chile:Antofagasta,C.	智利:安托法加斯塔中部	GSHAP
1935	9	28	8	19	22	39.3	71		5	Mk	Tadzhikistan:Dzhirgatal	塔吉克斯坦:吉尔加塔尔	GSHAP,Song
1935	9	29	6	36		40.2	77.8		5.5	Ms	China:Xinjiang,Maralbishi,NW.	中国:新疆巴楚西北	China
1935	10	2	5	32	59	43.202	146.83	35	6.9	mB	Kuril Islands	千岛群岛	Engdahl,GSHAP
1935	10	4	5	15	36	6	125	500	6.5	Ms	Philippines:Mindanao Island	菲律宾:棉兰老岛	Shi Z.

年 Year	月 Mo	日 Dy	时 Hr	分 Mn	秒 Sec	纬度(°) Latitude	经度(°) Longitude	深度 Depth	震级 Mag	标度 Scale	地名(英文) Name(English)	地名(中文) Name(Chinese)	资料来源 Information
1935	10	4	14	50	54	29.6	66.5		5	Mk	Pakistan:Quetta	巴基斯坦:奎达	GSHAP,Song
1935	10	6	14	45	32	35	90.5		5.5	Ms	China:Qinghai,Ulan Ul Hu	中国:青海乌兰乌拉湖	China
1935	10	7	19	30		47	-111.9		5.1	Mk	US:Montana,Helena	美国:蒙大纳州海伦娜	USGS,Song
1935	10	8	9	19	6	38.8	70.8	15	6.1	Ms	Tadzhikistan:Tajikabad	塔吉克斯坦:塔吉卡巴德	GSHAP
1935	10	9	22	8		64	-21.5	5	5.5	Ms	Iceland:Reykjavik	冰岛:雷克雅末克	Iceland
1935	10	10	2	4		41.5	143.1	33	7	Ms	Japan:SE. Hokkaido Island	日本:北海道东南	GSHAP
1935	10	10	4	37	50	39.1	70.7		5	Mk	Tadzhikistan:Tajikabad	塔吉克斯坦:塔吉卡巴德	GSHAP,Song
1935	10	10	10	54	19	39.1	70.7		5	Mk	Tadzhikistan:Tajikabad	塔吉克斯坦:塔吉卡巴德	GSHAP,Song
1935	10	11	4	20	15	36.3	70.4	200	5.8	Ms	Afghan:Taloqan,S.	阿富汗:塔卢坎南部	GSHAP
1935	10	11	14	6		32.9	-115.22	16	5	Ms	US:California,Holtville	美国:加利福尼亚州霍尔特维尔	USGS
1935	10	12	7	50	39	46.6	-112	5	5.9	Ms	US:Montana,Helena	美国:蒙大纳州海伦娜	USGS
1935	10	12	16	45	25	39.9	143.7	10	7.1	Mw	Japan Trench	日本海沟	* Japan,GSHAP,Engdahl,NOAA
1935	10	13	19	32	22	39.35	40.52	40	5.1	Ms	Turkey:Bingol	土耳其:宾格尔	GSHAP
1935	10	14	10	29		64	-21.5	5	5	Ms	Iceland:Reykjavik	冰岛:雷克雅末克	Iceland
1935	10	14	20	20	12	38.8	70.5	8	5	Ms	Tadzhikistan:Kalaihongbu	塔吉克斯坦:卡莱洪布	GSHAP
1935	10	15	20	30		46.6	-112		5.1	Mk	US:Montana,Helena	美国:蒙大纳州海伦娜	USGS,Song
1935	10	17	14	32	43	3.5	97.5		5	Mk	Indonesia:Sumatera,Aceh	印度尼西亚:苏门答腊亚齐	GSHAP,Song
1935	10	18	0	11	60	40.7	144.3	10	7.1	Mw	Japan Trench	日本海沟	* Japan,GSHAP,Engdahl,NOAA
1935	10	18	11	5	27	12.322	141.705	35	6.9	Ms	Mariana Islands,S.	马里亚纳群岛南部	Engdahl
1935	10	19	4	48	2	46.6	-112		6.2	Ms	US:Montana,Helena	美国:蒙大纳州海伦娜	*
1935	10	22	7	29	44	40	27.2	33	5.2	Ms	Turkey:Canakkale	土耳其:恰纳卡莱	GSHAP
1935	10	24	14	48	7.6	34.1	-116.8	16	5.1	Ms	US:California,Landers	美国:加利福尼亚州兰德斯	USGS
1935	10	25	17	39	32	51.5	143.5	20	5.6	Ms	Russia:Sakhalin Island	俄罗斯:库页岛(萨哈林岛)	GSHAP
1935	10	26	21	17	15	39.3	73.3	20	5.5	Ms	Tajikistan:Kuhistoni Badakhshon,N.	塔吉克斯坦:勾瑙-巴达科善北部	GSHAP
1935	10	27	19	21		46.6	-112		5.1	Mk	US:Montana,Helena	美国:蒙大纳州海伦娜	USGS,Song
1935	10	27	22	5	5	4	-76	150	5.5	Ms	Colombia:Tulua	哥伦比亚:图卢阿	GSHAP
1935	10	28	12	5	45	31.3	69.3		5.6	Ms	Pakistan:Quetta	巴基斯坦:奎达	Afghan
1935	10	30	1	31	3	30.5	91		5.25	Ms	China:Xizang (Tibet),Damxung	中国:西藏当雄	China
1935	10	31	18	37	47	46.6	-112		6	Ms	US:Montana,Helena	美国:蒙大纳州海伦娜	*
1935	11	1	6	3	34.2	46.87	-79.05	1	6.2	Ms	Canada:Ontario,North Bay	加拿大:安大略,诺斯贝	USGS
1935	11	1	16	22	9.13	21.148	103.082	15	6.8	Muk	Vietnam:Lai Chau,S.	越南:孟来南部	Engdahl,GSHAP
1935	11	2	21	5	40	-2	-79	130	6	Ms	Ecuador:Chimborazo	厄瓜多尔:钦博腊索山	GSHAP
1935	11	4	11	23		46.6	-112		5.1	Mk	US:Montana,Helena	美国:蒙大纳州海伦娜	USGS,Song
1935	11	7	4	37	28	41.3	20.3		5.6	Ms	Albania:Librazhd,N.	阿尔巴尼亚:利布拉什德北部	Turkey
1935	11	10	18	27	46	16.5	-62.5	100	6.25	Ms	Montserrat:Plymouth	蒙特塞拉特:普利茅斯	Shi Z.
1935	11	11	18	55	29	50	147	590	6	Ms	Sea of Okhotsk	鄂霍次克海	Shi Z.
1935	11	12	21	28	16	3.5	97.5		5	Mk	Indonesia:Sumatera,Aceh	印度尼西亚:苏门答腊亚齐	GSHAP,Song
1935	11	14	19	56	44	-5.291	152.155	35	6.8	Muk	Papua New Guinea:East New Britain	巴布亚新几内亚:东新不列颠	Engdahl
1935	11	21	11	41		19.52	-155.52	8	5.6	Ms	Hawaiian Islands	夏威夷群岛	USGS,NOAA
1935	11	23	7	52	30	0.5	-85.5	60	6.3	Ms	Carnegie Ridge	卡内基海岭	GSHAP
1935	11	24	17	39		-31	-70		5	Ms	Argentina:San Juan	阿根廷:圣胡安	GSHAP
1935	11	25	10	3	3	5.5	94		6.5	Ms	Indonesia:North West of Sumatera	印度尼西亚:苏门答腊西北沿海	* NOAA
1935	11	26	18	33	24	5.5	93.7		5	Mk	India:Nicobar Islands	印度:尼科巴群岛	GSHAP,Song
1935	11	27	20	25	50	39.3	71		5	Mk	Tadzhikistan:Dzhirgatal	塔吉克斯坦:吉尔加塔尔	GSHAP,Song
1935	11	28	14	41	48	46.6	-112		5	Ms	US:Montana,Helena	美国:蒙大纳州海伦娜	USGS
1935	11	29	19	32	11	38.9	93.9		5.5	Ms	China:Gansu,Aksai,S.	中国:甘肃阿克塞南部	China
1935	11	29	19	53	33	49.7	142	20	5.2	Ms	Russia:Sakhalin Island	俄罗斯:库页岛(萨哈林岛)	GSHAP
1935	11	30	3	39	47	10	-79.25		6.25	Ms	Panama:Off Coast of N.	巴拿马:北部沿海	Shi Z.
1935	12	1	23	45	3	29	128		6.25	Ms	Ryukyu Islands	琉球群岛	Shi Z.
1935	12	2	16	42	42	28.8	128		6	Ms	Ryukyu Islands	琉球群岛	Shi Z.
1935	12	5	17	50	42	-16	-178		6.5	Ms	Fiji Islands	斐济群岛	Shi Z.
1935	12	7	11	11		36.3	128.5		5	Ms	South Korea:Gunwi	韩国:军威郡	GSHAP
1935	12	9	7	23	30	-55	162		6.25	Ms	New Zealand:Auckland Islands,SW.	新西兰:奥克兰群岛西南	Shi Z.
1935	12	9	15	57	50	35.9	65.9		5	Mk	Afghan:Maymana,W.	阿富汗:迈马纳以西	GSHAP,Song
1935	12	11	12	11	20	42.6	75.9	15	5.2	Ms	Kyrgyzstan:Bishkek	吉尔吉斯斯坦:比什凯克	GSHAP
1935	12	14	1	31	15	-9.545	-70.786	629.8	6.9	Muk	Brazil:Amazonas	巴西:亚马孙州	Engdahl,GSHAP
1935	12	14	12	47	29	21.5	143.5	270	6.5	Ms	Mariana Islands,N.	马里亚纳群岛北部	Shi Z.
1935	12	14	22	5	25	14.75	-92.5	35	7.2	Mw	Mexico:Tapachula	墨西哥:恰帕斯的塔帕丘拉	* Shi Z.,Engdahl
1935	12	15	7	7	55	-9.59	161.145	35	7.5	Mw	Solomon Islands	所罗门群岛	* Engdahl
1935	12	16	16	57	24	-9.5	-70.5	650	6.3	Ms	Brazil:Amazonas	巴西:亚马孙州	GSHAP
1935	12	16	18			34.7	-106.8		5.1	Mk	US:New Mexico,Albuquerque	美国:新墨西哥州阿尔伯克基	USGS,Song
1935	12	17	19	17	36	22.525	125.747	25	7.1	Mw	Ryukyu Islands	琉球群岛	Shi Z.,Engdahl
1935	12	18	5	33	18	34.7	-106.8		5.1	Mk	US:New Mexico,Albuquerque	美国:新墨西哥州阿尔伯克基	USGS,Song
1935	12	18	7	10	36	28.7	103.6		6	Ms	China:Sichuan,Mabian	中国:四川马边	* China

年	月	日	时	分	秒	纬度(°)	经度(°)	深度	震级	标度	地名(英文)	地名(中文)	资料来源
Year	Mo	Dy	Hr	Mn	Sec	Latitude	Longitude	Depth	Mag	Scale	Name(English)	Name(Chinese)	Information
1935	12	18	16	59	30	29.1	103.3		6	Ms	China:Sichuan,Mabian,NW.	中国:四川马边西北	China
1935	12	19	13	26	50	28.7	103.2		5.25	Ms	China:Sichuan,Mabian	中国:四川马边	China
1935	12	19	23	11	2	36.5	70.5	230	5.4	Ms	Afghan:Badakhshan	阿富汗:巴达赫尚	GSHAP
1935	12	20	7	45		33.17	-115.5	16	5	Ms	US:California,Calipatria	美国:加利福尼亚州卡利帕特里亚	USGS
1935	12	20	10	30		34.7	-106.8		5.1	Mk	US:New Mexico,Albuquerque	美国:新墨西哥州阿尔伯克基	USGS,Song
1935	12	20	11	12		-32	-69		5.5	Ms	Argentina:San Juan	阿根廷:圣胡安	GSHAP
1935	12	23	14	43	19	48.5	154.5	60	6	Ms	Kuril Islands	千岛群岛	Shi Z.
1935	12	24	12	24	11	2.753	-79.293	15	6.8	Muk	Colombia:Near Coast	哥伦比亚:近海	Engdahl,GSHAP
1935	12	28	2	35	30	-0.345	98.147	35	7.8	Mw	Indonesia:Northern Sumatra	印度尼西亚:苏门答腊北部	* Engdahl,NOAA
1935	12	28	4	50	49	-9.5	-70.5	650	5.8	Ms	Brazil:Amazonas	巴西:亚马孙州	GSHAP
1935	12	29	3	31	22	25.5	98.5		5.25	Ms	China:Yunnan,Tengchong,N.	中国:云南腾冲北	China
1935	12	29	23	37	20	-3.5	128.5		6.5	Ms	Indonesia:Pulau Haruku	印度尼西亚:哈鲁库岛	Shi Z.
1936	1	1	3	47		46	89.9		5.5	Ms	China:Xinjiang,Qinggil,SW.	中国:新疆青河西南	China
1936	1	2	0	37	9	79.75	2		6	Ms	Greenland Sea	格陵兰海	Shi Z.
1936	1	2	17	26	46	-9.483	119.361	35	6.8	Muk	Indonesia:Sumba	印度尼西亚:萨姆巴	Engdahl
1936	1	2	22	34	28	-0.279	98.872	35	7	mB	Indonesia:Sumatra,Near Coast of C.	印度尼西亚:苏门答腊中部近海	Engdahl
1936	1	7	11	52	58	37.8	71.6		5	Mk	Tajikistan: Khorog	塔吉克斯坦:霍罗格	GSHAP,Song
1936	1	9	9	23		1.1	-77.6		7	Muk	Colombia:Narino	哥伦比亚:纳里尼奥	*
1936	1	10	4	30		1.1	-77.6		5.7	Ms	Colombia:Narino	哥伦比亚:纳里尼奥	GSHAP
1936	1	14	5	36	31	-60.53	-22.38	35	6.8	Ms	South Sandwich Trench	南桑威奇海沟	Engdahl,Shi Z.
1936	1	14	14	12	20	-28.922	-62.624	601.7	6.9	Muk	Argentina:Santiago del Estero	阿根廷:圣地亚哥-德尔埃斯特罗	Engdahl,GSHAP
1936	1	14	15	11	28	36.6	23.1		5.5	Ms	Greece:Oetylos (Laconia)	希腊:拉可尼亚	Turkey
1936	1	15	4	40		44	-111		5.1	Mk	US:Wyoming,Moran	美国:怀俄明州莫兰	USGS,Song
1936	1	18	1	20		62	-152		5.6	Ms	Alaska Peninsula,S.	阿拉斯加半岛南部	USGS
1936	1	20	2	29	30	35.8	32.11	140	5	Ms	Mediterranean Sea	地中海	GSHAP
1936	1	20	16	56	19	6.031	127.13	35	7	mB	Philippine Trench	菲律宾海沟	Engdahl
1936	1	22	9	25	25	-4	103	80	6.25	Ms	Indonesia:Southern Sumatra	印度尼西亚:苏门答腊南部	Shi Z.
1936	1	27	19	30	22	45	91.6	15	6	Ms	China:Xinjiang,Mori,NE.	中国:新疆木垒东北	China,GSHAP
1936	1	31	15	14	15	-22	-67	160	5.5	Ms	Bolivia:Tarija	玻利维亚:塔里哈	GSHAP
1936	2	2	5	14		37.5	68.5		5	Mk	Tadzhikistan:Khatlon	塔吉克斯坦:哈特隆州	GSHAP,Song
1936	2	2	17	8	24	37.5	38	33	5	Ms	Turkey:Besni	土耳其:贝斯尼	GSHAP
1936	2	4	8	16	7	46.25	14.55		5.22	Ms	Slovenia:Kamnik	斯洛文尼亚:卡姆尼克	Italy
1936	2	7	7	56	30	35.633	103.265	25	6.8	Muk	China:Gansu,Linxia	中国:甘肃临夏	* China,Engdahl
1936	2	8	12	11	14	-5.247	145.772	50	6.8	Muk	Papua New Guinea:Madang	巴布亚新几内亚:马当	Engdahl
1936	2	10	18	5	35	-18.528	-177.709	487.2	6.8	Muk	Fiji Islands	斐济群岛	Engdahl
1936	2	11	3	48		27.5	87		5.5	Ms	Nepal:Kosi,N.	尼泊尔:戈西北部	China
1936	2	11	4	48	8	27.5	87	50	5.6	Ms	Nepal:Kosi	尼泊尔:戈西	GSHAP
1936	2	11	20	7	27	26.5	92		5	Mk	India:Guwahati	印度:阿萨姆的高哈蒂	GSHAP,Song
1936	2	12	9	34	30	-6	116	600	6.5	Ms	Indonesia:Bali	印度尼西亚:巴厘岛	Shi Z.
1936	2	14	0	30		46.6	-112		5.1	Mk	US:Montana,Helena	美国:蒙大纳州海伦娜	USGS,Song
1936	2	15	12	47	2.16	-4.362	133.285	35	7.1	Mw	Indonesia:Aru Islands	印度尼西亚:阿鲁群岛	Engdahl
1936	2	16	3	9	7	-28	-71.5		5.6	Ms	Chile:Huasco,Near Coast	智利:瓦斯科近海	GSHAP
1936	2	16	14	16	56	-24	173	160	6.5	Ms	Fiji Islands	斐济群岛	Shi Z.
1936	2	18	14	30	32	31	89		5.5	Ms	China:Xizang (Tibet),Xainza	中国:西藏申扎附近	China
1936	2	18				24.1	102.8		5	Ms	China:Yunnan,Tonghai	中国:云南通海	China
1936	2	21	1	7	58	34.5	135.8	20	6.4	Ms	Japan:Kashihara	日本:奈良橿原	Shi Z.,Usami
1936	2	21	6	20	40	23	96		5.6	Ms	myanmar:Kyaukkyi	缅甸:皎基	GSHAP
1936	2	21	16	57	16	-5	144.5	75	6.9	Muk	Papua New Guinea:Madang	巴布亚新几内亚:马当	Engdahl
1936	2	22	15	32	5.54	-48.945	164.225	25	6.8	Ms	New Zealand:Auckland Islands,N.	新西兰:奥克兰群岛以北	Engdahl,Shi Z.
1936	2	22	19	22	58	-48.592	163.782	25	6.8	Muk	New Zealand:Auckland Islands,N.	新西兰:奥克兰群岛以北	Engdahl
1936	2	27	10	4	15	-7.613	127.383	181.7	6.8	Muk	Indonesia:Pulau Romang	印度尼西亚:罗芒岛	Engdahl
1936	2	28	16	15	24	-5	114		6.5	Ms	Indonesia:Java Sea	印度尼西亚:爪哇海	Shi Z.
1936	3	1	10	21	57	47.5	147.2	420	7.5	Mk	Sea of Okhotsk	鄂霍次克海	GSHAP,Song
1936	3	1	17	45		-40	-72.5	120	7.1	Ms	Chile:Futrono	智利:富特罗诺	Chile
1936	3	2	3	19	4	41.8	144.8	40	6.8	Ms	Japan Trench	日本海沟	GSHAP
1936	3	5	6	5	58	-9.5	-108		6	Ms	East Pacific Ridge	东太平洋海岭	Shi Z.
1936	3	8	0	27	52	23.7	121.4		5.25	Ms	China:Taiwan,Hualien	中国:台湾花莲	China
1936	3	10	20	35	53	42	144.8	40	6.3	Ms	Japan Trench	日本海沟	GSHAP
1936	3	11	8	40	52	56.5	112.5	15	5.1	Ms	Russia:Buryatiya,Yanchukan	俄罗斯:布里亚特州扬丘坎镇	GSHAP
1936	3	11	10	58	40	20	101.5		5	Mk	Laos:Muang Houn	老挝:孟昏	GSHAP,Song
1936	3	17	19	49	22	0	98		5.6	Ms	Indonesia:Northern Sumatra	印度尼西亚:苏门答腊北部	GSHAP
1936	3	18	22	23	29	2.4	98.1		5	Mk	Indonesia:Northern Sumatera	印度尼西亚:苏门答腊北部	GSHAP,Song
1936	3	20	23	53	3	-14.5	-173.5		6.25	Ms	Tonga Islands,N.	汤加群岛北部	Shi Z.
1936	3	21	1	52	11	-17	66		6.25	Ms	Mid-Indian Ridge	中印度洋海岭	Shi Z.
1936	3	22	12	16	9.3	-8.45	157.437	35	6.9	Muk	Solomon Islands	所罗门群岛	Engdahl
1936	3	24	19	46	22	39	42	33	6	Ms	Turkey:Mus	土耳其:穆什	GSHAP
1936	3	31	3	33	10	21.5	143.2	290	6	Ms	Mariana Islands,N.	马里亚纳群岛北部	Shi Z.
1936	4	1	2	9	28	4.165	126.521	35	7.7	Mw	Indonesia:Karakelong Island	印度尼西亚:卡拉克隆岛	* Engdahl,NOAA
1936	4	1				22.5	109.4	7	6.75	Ms	China:Guangxi,Lingshan,NE.	中国:广西灵山东北	* China

年	月	日	时	分	秒	纬度(°)	经度(°)	深度	震级	标度	地名(英文)	地名(中文)	资料来源
Year	Mo	Dy	Hr	Mn	Sec	Latitude	Longitude	Depth	Mag	Scale	Name(English)	Name(Chinese)	Information
1936	4	2	6	16	51	-3	151		6.5	Ms	Bismarck Sea	俾斯麦海	Shi Z.
1936	4	7	1	37	44	-21	-177	100	6	Ms	Tonga Islands, W.	汤加群岛西部	Shi Z.
1936	4	8	4	17	18	41	43.5	33	5.5	Ms	Turkey: Kars	土耳其:卡尔斯	GSHAP, Turkey
1936	4	9	0	53		39	73		5	Ms	Tajikistan: Kuhistoni Badakhshon, N.	塔吉克斯坦:勾瑙-巴达科善北部	China
1936	4	10	0	1	1	42	106.2	15	5	Ms	China: Inner Mongolia, Bayan Nur, NW.	中国:内蒙古巴彦淖尔西北	GSHAP
1936	4	10	20	1	1	42	106.2		5.5	Ms	China: Inner Mongolia, Bayan Nur, NW.	中国:内蒙古巴彦淖尔西北	China
1936	4	12	20	51	2.38	7.3	137.564	41.7	6.8	Muk	Palau Trench	帕劳海沟[太平洋]	Engdahl
1936	4	15	6	5	58	-9	111	100	6	Ms	Indonesia: Java Ridge	印度尼西亚:爪哇海岭	Shi Z.
1936	4	17	3	19	5	46.05	5.917		5.17	Ms	France: Chambéry	法国:尚贝里	Italy
1936	4	17	22	15	8	37.5	57.7	12	5	Ms	Iran: Shirvan	伊朗:希尔凡	GSHAP
1936	4	19	5	7	20	-7.674	156.473	35	7.2	Mw	Solomon Islands	所罗门群岛	Engdahl
1936	4	19	9	4		10.5	93		6.5	Ms	India: Andaman Islands	印度:安达曼群岛	Shi Z.
1936	4	22	16			22.7	113.2		5	Ms	China: Guangdong, Shunde	中国:广东顺德	China
1936	4	23	23	14	21	50.25	179		6.25	Ms	Aleutian Islands, Rat Island	阿留申群岛,拉特岛	USGS, Shi Z.
1936	4	26	23	59	12	28.733	103.497	25	6.8	Muk	China: Sichuan, Mabian	中国:四川马边	* China, Engdahl
1936	4	27	1	33	25	28.9	103.5		5.75	Ms	China: Sichuan, Mabian	中国:四川马边	China
1936	4	27	3	36	55	28.7	103.2		5.5	Ms	China: Sichuan, Mabian	中国:四川马边	China
1936	4	27	4	42	37	28.7	103.2		6	Ms	China: Sichuan, Mabian	中国:四川马边	China
1936	4	28	13	35	45	-6.5	129	200	6.5	Ms	Indonesia: Banda Sea	印度尼西亚:班达海	Engdahl
1936	4	28	18	27	24	28.8	103.6		5.5	Ms	China: Sichuan, Mabian	中国:四川马边	China
1936	4	28	23	15	26	36.7	26.7	170	6	Ms	Greece: Kos Island	希腊:科斯岛	GSHAP
1936	4	30	10	55	38	44	-128.5		5.5	Ms	US: Off Coast of W. Oregon	美国:俄勒冈州西部沿海	USGS
1936	4	30	17	6	19	-31	-65	200	6	Ms	Argentina: Cordoba	阿根廷:科尔多瓦	GSHAP
1936	5	1	10	24	44	39.6	43.1	33	5.6	Ms	Turkey: Agri	土耳其:阿勒	Turkey
1936	5	2	20	57	30	39.8	43.5	33	5	Ms	Turkey: Igdir	土耳其:伊迪尔	GSHAP
1936	5	5	19	43	9	-3.25	148.5		6.25	Ms	Bismarck Sea	俾斯麦海	Shi Z.
1936	5	6	3	38	55	-8	-75	160	6	Ms	Peru: Pucallpa	秘鲁:普卡尔帕	GSHAP
1936	5	7	1	53	13	36.5	69.3	15	5.7	Ms	Afghan: Qonduz	阿富汗:昆都士	GSHAP
1936	5	7				28.5	83.5		7	Ms	Nepal: Pokhara	尼泊尔:博克拉	India
1936	5	8	9	11	34	-5.75	112.75	620	6.5	Ms	Indonesia: Java Sea	印度尼西亚:爪哇海	Shi Z.
1936	5	8	15	24	23	28.9	103.6		5.75	Ms	China: Sichuan, Mabian	中国:四川马边	China
1936	5	8	17	22	18	61	-153	170	5.7	Ms	Alaska Peninsula, S.	阿拉斯加半岛南部	USGS
1936	5	10	5	56	28	26.3	96.8		5.5	Ms	myanmar: Myitkyina	缅甸:密支那	GSHAP
1936	5	10	17	40	13.2	37.61	-118.37	10	5	Ms	US: California, Chalfant Valley	美国:加利福尼亚州夏芬谷	USGS
1936	5	16	6	45	19	29.1	103.9		5.5	Ms	China: Sichuan, Muchuan	中国:四川沐川	China
1936	5	16	7	5	47.2	28.675	103.684	25	6.8	Muk	China: Sichuan, Mabian	中国:四川马边	China, Engdahl
1936	5	17	17	38	2	45.3	26.3	140	5.6	Ms	Romania: Nehoiu	罗马尼亚:内霍尤	GSHAP
1936	5	19	7	22	26	-5.75	112.75	610	6.5	Ms	Indonesia: Java Sea	印度尼西亚:爪哇海	Shi Z.
1936	5	19	16	24	15	42.5	89.3		5.25	Ms	China: Xinjiang, Turpan, S.	中国:新疆吐鲁番南	China
1936	5	19	20	50	17.3	-9.245	123.836	147.7	6.8	Muk	Indonesia: Timor Island	印度尼西亚:帝汶岛	Engdahl
1936	5	19	21	17	37	0.4	98		5	Mk	Indonesia: Northern Sumatra	印度尼西亚:苏门答腊北部	GSHAP, Song
1936	5	19	21	30	34	0.4	98		5	Mk	Indonesia: Northern Sumatra	印度尼西亚:苏门答腊北部	GSHAP, Song
1936	5	20	0	16	1	13.5	121.5	160	6	Ms	Philippines: Lucena	菲律宾:卢塞纳	Shi Z.
1936	5	20	7	20		38.91	144.21	90	7.1	Ms	Japan Trench	日本海沟	GSHAP
1936	5	22	0	15	58	-32	-66	40	6	Ms	Argentina: San Luis	阿根廷:圣路易斯	GSHAP
1936	5	27	6	19	18	28.345	83.283	35	7	Ms	Nepal: Dhawalagiri	尼泊尔:道拉吉里区	Engdahl, GSHAP
1936	5	27	6	54		51.5	105	15	5.5	Ms	Russia: Lake Baykal	俄罗斯:贝加尔湖	GSHAP
1936	5	28	12	28	25	21.7	120.8		5.75	Ms	China: Taiwan, Coast of S.	中国:台湾南部海域	China
1936	5	28	18	49	0.65	10.286	-103.77	15	6.8	Muk	Tehuantepec Ridge	特万特佩克海岭[太平洋]	Engdahl
1936	5	30	7	8	38	25.7	90.5		5	Mk	India: Meghalaya	印度:梅加拉亚邦	GSHAP, Song
1936	6	3	2	55	36	41.5	142	80	6.1	Ms	Japan: Aomori, Near Coast	日本:青森近海	GSHAP
1936	6	3	9	15		40.16	-126.45		5.8	Ms	US: California, Off Coast N.	美国:加利福尼亚州北部沿海	USGS
1936	6	5	14	37	35	0.369	123.797	179.2	6.8	Muk	Molukka Sea	马鲁古海	Engdahl
1936	6	9	16	36	30	0	99	60	6.8	Muk	Indonesia: Northern Sumatra	印度尼西亚:苏门答腊北部	Engdahl
1936	6	10	3	29		26.5	64		5.7	Ms	Pakistan: Balochistan	巴基斯坦:俾路支	Iran
1936	6	10	8	23	21	-5.5	147	190	7	mB	Bismarck Sea	俾斯麦海	Engdahl
1936	6	13	0	32	39	32.75	22.5		5.6	Ms	Mediterranean Sea	地中海	Turkey
1936	6	16	0	33	31	-15	-175		6	Ms	North of Fiji Islands	斐济群岛北部	Shi Z.
1936	6	18	14	56	27	26.6	90.3		5.5	Ms	India: Meghalaya	印度:梅加拉亚邦	GSHAP
1936	6	19	16	34	51	26.4	96.9		6	Ms	India: Assam	印度:阿萨姆邦	GSHAP
1936	6	22	10	28	6	-22	-68	100	6	Ms	Chile: Antofagasta, N.	智利:安托法加斯塔北部	GSHAP
1936	6	22	19	27		13.5	-45		6	Ms	Central Mid - Atlantic Ridge	中大西洋中脊	Shi Z.
1936	6	22	23	42	3	38.9	73.7		5.25	Ms	Tajikistan: Kuhistoni Badakhshon, NE.	塔吉克斯坦:勾瑙-巴达科善东北	China
1936	6	24	4	4	34	36.4	69.4	100	6	Ms	Afghan: Puli Khumri	阿富汗:普勒胡姆里	GSHAP
1936	6	25	16	51	52	32.5	137.5		6.25	Ms	Ryukyu Trench	琉球海沟	Shi Z.

年	月	日	时	分	秒	纬度(°)	经度(°)	深度	震级	标度	地名(英文)	地名(中文)	资料来源
Year	Mo	Dy	Hr	Mn	Sec	Latitude	Longitude	Depth	Mag	Scale	Name(English)	Name(Chinese)	Information
1936	6	29	14	30	12	36.502	70.836	222.2	6.8	Muk	Afghan:Badakhshan	阿富汗:巴达赫尚	Engdahl,GSHAP
1936	6	30	15	6	45	55	165	20	7.2	Mw	Russia:Komandorsky Islands	俄罗斯:科曼多尔群岛	* Engdahl
1936	6	30	19	26		33	60		6.2	Muk	Iran:Birjand	伊朗:比尔詹德	*
1936	7	2	16	29		39.2	-117.5		5	Ms	US:Nevada,Round Mountain	美国:内华达州朗德芒廷	USGS
1936	7	3	21	2		35.2	127.6		5.8	Muk	South Korea:Gurye	韩国:求礼郡	* GSHAP
1936	7	4	8	52	35	-18	-70	140	6	Ms	Peru:Tacna	秘鲁:塔克纳	GSHAP
1936	7	4	8	57	11	4	99	200	6.5	Ms	Malacca Strait	马六甲海峡	Shi Z., GSHAP
1936	7	4				35.2	127.6		6	Ms	South Korea:Gurye	韩国:求礼郡	Korea
1936	7	5	18	55	14.3	5.856	127.024	35	7.3	mB	Philippine Trench	菲律宾海沟	Engdahl
1936	7	8	8	32		23.1	121.4		5.5	Ms	China:Taiwan,Taitung	中国:台湾台东	China
1936	7	13	11	12	17	-24.5	-70	60	7.1	Mw	Chile:Antofagasta,S.	智利:安托法加斯塔南部	* Chile,Engdahl,NOAA
1936	7	15	14	47	22	37.9	69.8		5	Mk	Tadzhikistan:Khatlon	塔吉克斯坦:哈特隆州	GSHAP,Song
1936	7	15	23			1.1	-77.6		6.3	Ms	Colombia:Narino	哥伦比亚:纳里尼奥	GSHAP
1936	7	16	7	7	48	45.97	-118.21	5	5.7	Ms	US:Washington,Walla Walla	美国:华盛顿州沃拉沃拉	USGS
1936	7	19	2	36	54	1	-77.3		5	Ms	Colombia:Narino	哥伦比亚:纳里尼奥	GSHAP
1936	7	20	23	54	32	24.4	120.6		5	Ms	China:Taiwan,Taichung	中国:台湾台中	China
1936	7	22	8	56	21	28	68.1		5	Mk	Pakistan:Khairpur	巴基斯坦:海尔布尔	GSHAP,Song
1936	7	26	7	36	58	-24.204	-70.632	35	6.8	Muk	Chile:Antofagasta,C.	智利:安托法加斯塔中部	Engdahl,GSHAP
1936	8	1	6	24	30	34.2	105.7		6	Ms	China:Gansu,Tianshui,S.	中国:甘肃天水南	* China
1936	8	3	10	8	10	26	125		5.25	Ms	China:East China Sea	中国:东海	China
1936	8	4	14	9	47	20	121		5.5	Ms	China:Taiwan,Coast of S.	中国:台湾南部海域	Wang S.
1936	8	8	4	12	43	34	26	60	5.9	Ms	Mediterranean Sea	地中海	Turkey
1936	8	9	16	7	9	19.5	120.5		5.25	Ms	Luzon Ridge,W.	吕宋海岭西部	China
1936	8	12	22	24	28	37.44	29.44	130	5	Ms	Turkey:Acipayam	土耳其:阿哲帕亚姆	GSHAP
1936	8	13	20	2	43.7	8.588	126.553	35	6.8	Muk	Philippines:Mindanao Island	菲律宾:棉兰老岛	Engdahl
1936	8	14				1.2	-77.3		5.8	Mk	Colombia:Narino	哥伦比亚:纳里尼奥	* Song
1936	8	16	16			26.6	103		5.5	Ms	China:Yunnan,Huize,W.	中国:云南会泽西	* China
1936	8	20	2	8	46	30.42	51.54	33	5	Ms	Iran:Fars	伊朗:法尔斯	Iran
1936	8	20	2	32	33	36.5	71		5.6	Ms	Afghan:Badakhshan	阿富汗:巴达赫尚	GSHAP
1936	8	20	23	32	42	36.7	71.2	100	6.1	Ms	Afghan:Badakhshan	阿富汗:巴达赫尚	GSHAP
1936	8	22	6	51	35	22.3	120.8		7.2	Ms	China:Taiwan,Taitung	中国:台湾台东	* China
1936	8	22	11	9	20	21.949	121.186	35	7.2	Mw	China:Taiwan,Pingtung,Coast of E.	中国:台湾屏东以东海域	Engdahl,China
1936	8	23	21	12	14	5.296	94.759	35	7.1	Ms	Indonesia:North West of Sumatera	印度尼西亚:苏门答腊西北沿海	* Engdahl,NOAA
1936	8	24	22	22		-51	140		6.25	Ms	Ridge Between Antarctic And Australia	南极-澳大利亚海岭	Shi Z.
1936	8	27	3	4	51	6.1	94.7		5	Mk	India:Nicobar Islands	印度:尼科巴群岛	GSHAP,Song
1936	8	29	12	41	50	38.2	72	30	5.5	Ms	Tajikistan:Pamir Mountains	塔吉克斯坦:帕米尔山脉	GSHAP
1936	9	2	13	12	25	41.5	46.6	22	5.3	Ms	Azerbaijan:Gence,N.	阿塞拜疆:占贾北部	GSHAP
1936	9	4	8	9	38	31	141.5	50	6.5	Ms	Japan Trench	日本海沟	Shi Z.
1936	9	6	17	39	28	-21.5	-174		6	Ms	Tonga Islands	汤加群岛	Shi Z.
1936	9	7	1	30	49	27.5	87		5.5	Ms	Nepal:Kosi,N.	尼泊尔:戈西北部	China
1936	9	7	12	17	11	-57.862	-32.105	15	6.8	Muk	South Sandwich Trench	南桑威奇海沟	Engdahl
1936	9	9				3.8	97.5		7.2	Muk	Indonesia:Sumatera,Aceh	印度尼西亚:苏门答腊亚齐	*
1936	9	12	17	59	6	24.4	120.6		5.5	Ms	China:Taiwan,Taichung	中国:台湾台中	China
1936	9	16	17	44	13	-16	-72.5	130	5.8	Ms	Peru:Arequipa	秘鲁:阿雷基帕	GSHAP
1936	9	18	18	38	30	31	142	50	6.25	Ms	Japan:South Honshu Ridge	日本:本州南部海岭	Shi Z.
1936	9	19	1	1	49	3.648	97.551	35	7.1	Mw	Indonesia:Sumatera,Aceh	印度尼西亚:苏门答腊亚齐	GSHAP,Engdahl
1936	9	19	6	30	28	2.8	96		5	Mk	Indonesia:Simeulue Island	印度尼西亚:锡默卢岛	GSHAP,Song
1936	9	21	12	27	10	41.23	33.46	40	5.1	Ms	Turkey:Karabük	土耳其:卡拉比克	GSHAP
1936	9	24	20	51	52	28.7	105.1		5	Ms	China:Sichuan,Jiang-an	中国:四川江安	China
1936	9	25	1	8	32	38.7	69.2		5	Mk	Tadzhikistan:Duachanbe	塔吉克斯坦:杜尚别	GSHAP,Song
1936	9	25	12	53	35	43	-129		6.2	Ms	US:Off Coast of W. Oregon	美国:俄勒冈州西部沿海	USGS
1936	10	3	15	48	39	47.1	14.7	10	5.1	Ms	Austria:Obdach	奥地利:奥布达赫	GSHAP
1936	10	3	16	49		47.1	14.8		5.37	Ms	Austria:Steiermark	奥地利:施泰尔马克	Italy,GSHAP
1936	10	5	9	44	26	1.633	126.237	35	7	Ms	Molukka Sea	马鲁古海	Engdahl
1936	10	10	1	25	32	40.3	-126		5	Ms	US:California,Off Coast N.	美国:加利福尼亚州北部沿海	USGS
1936	10	18	3	10		46.088	12.38		5.9	Ms	Italy:Belluno	意大利:贝卢诺	Italy
1936	10	19	12	4	25	-2.158	126.24	35	6.8	Muk	Indonesia:Sanana Island	印度尼西亚:萨纳纳岛	Engdahl
1936	10	19				37.5	129.5		5	Ms	South Korea:Samcheok	韩国:江原道	Korea
1936	10	20	22	10	18	38.3	72.8		5	Mk	Tadzhikistan:Kuda La	塔吉克斯坦:库达拉	GSHAP,Song
1936	10	22	23	50		66.8	-17.4	39	5.8	Ms	Norwegian Sea	挪威海	Iceland
1936	10	23	0	1		66.8	-17.4	39	5.8	Ms	Norwegian Sea	挪威海	Iceland
1936	10	23	6	24	25	61.3	-150.7		5.1	Mk	Alaska Peninsula,S.	阿拉斯加半岛南部	USGS,Song
1936	10	25	15	30	25	34.8	140.5	80	6.25	Ms	Japan:South Honshu Ridge	日本:本州南部海岭	Shi Z.
1936	10	26	9	33	32	34.2	136.5	380	6.25	Ms	Japan:Minamiise	日本:三重南伊势	Shi Z.
1936	10	26	19	32	6	0	99		5	Mk	Indonesia:Northern Sumatra	印度尼西亚:苏门答腊北部	GSHAP,Song
1936	10	29	18	38	50	13.203	145.414	35	6.8	Muk	Mariana Islands,S.	马里亚纳群岛南部	Engdahl
1936	11	2	14	57	52.3	47.28	154.258	35	6.8	Ms	Kuril Islands	千岛群岛	Engdahl,GSHAP

年	月	日	时	分	秒	纬度(°)	经度(°)	深度	震级	标度	地名(英文)	地名(中文)	资料来源
Year	Mo	Dy	Hr	Mn	Sec	Latitude	Longitude	Depth	Mag	Scale	Name(English)	Name(Chinese)	Information
1936	11	2	20	45	59	38.2	142.2	40	7.1	Mw	Japan:Miyagi,Near Coast	日本:宫城近海	* Japan,NOAA,Usami,GSHAP,Engdahl
1936	11	3	4	43	33	59	151.2	16	5.7	Ms	Sea of Okhotsk	鄂霍次克海	GSHAP
1936	11	4	7	24	50	0	98.3		5	Mk	Indonesia:Northern Sumatra	印度尼西亚:苏门答腊北部	GSHAP,Song
1936	11	5	20	46	18	43	-131		6	Ms	US:Off Coast of W. Oregon	美国:俄勒冈州西部沿海	USGS
1936	11	7	5	7	30	-24	-66	200	5.8	Ms	Argentina:Jujuy,S.	阿根廷:胡胡伊南部	GSHAP
1936	11	7	6	12		38.8	142	40	7	Ms	Japan:Miyagi,Near Coast	日本:宫城近海	GSHAP
1936	11	7	6	32	47	-23	-67	200	6	Ms	Argentina:Jujuy	阿根廷:胡胡伊	GSHAP
1936	11	11	17	11	24	39.5	74.2		5.5	Ms	China:Xinjiang,Ulugqat,W.	中国:新疆乌恰西	* China
1936	11	12	2	15	58	17.5	147	170	6.25	Ms	Mariana Islands	马里亚纳群岛	Shi Z.
1936	11	12	20	4	48	45.5	148.5	150	6.5	Ms	Kuril Islands	千岛群岛	GSHAP
1936	11	13	12	31	34.1	55.2	164	35	7.1	Ms	Russia:Kamchatka,Near East Coast	俄罗斯:堪察加东部近海	* Engdahl,NOAA
1936	11	15	21	50	16	-21	-178	540	6.5	Ms	Tonga Islands,W.	汤加群岛西部	Shi Z.
1936	11	18	15	50	14	41.25	33.33	10	5.4	Ms	Turkey:Karabük	土耳其:卡拉比克	GSHAP
1936	11	19	21	44	19	13.5	90.8		5	Mk	Bay of Bengal	孟加拉湾	GSHAP,Song
1936	11	22	17	45	16	30.5	86.9		5.75	Ms	China:Xizang (Tibet),Xainza,W.	中国:西藏申扎西	China
1936	11	26	8	33	32	-18.5	-178	560	6.5	Ms	Fiji Islands	斐济群岛	Shi Z.
1936	11	29	4	11		38.3	72.8		5	Mk	Tadzhikistan:Kuda La	塔吉克斯坦:库达拉	GSHAP,Song
1936	11	29	14	55	10	-22.5	-67	230	6	Ms	Argentina:Jujuy,N.	阿根廷:胡胡伊北部	GSHAP
1936	11	29	22	50	17	22.3	121.3		5.5	Ms	China:Taiwan,Taitung,Coast of E.	中国:台湾台东以东海域	China
1936	11	30	23	45	48	-2	126		6.25	Ms	Indonesia:Sanana Island	印度尼西亚:萨纳纳岛	Shi Z.
1936	12	1	6	9	15	30	129	270	6.5	Ms	Ryukyu Islands	琉球群岛	Shi Z.
1936	12	2	18	30	30	39.3	70.5		5	Mk	Tadzhikistan:Tajikabad	塔吉克斯坦:塔吉卡巴德	GSHAP,Song
1936	12	5	0	37	58	-20	-70.5	100	6	Ms	Chile:Iquique,Near Coast	智利:伊基克近海	GSHAP
1936	12	13	18	27	3	39.3	70.5		5	Mk	Tadzhikistan:Tajikabad	塔吉克斯坦:塔吉卡巴德	GSHAP,Song
1936	12	16	16	15		1.1	-77.6		5.7	Ms	Colombia:Narino	哥伦比亚:纳里尼奥	GSHAP
1936	12	19	2	57	37	13.2	-88.7		6.4	Mk	El Salvador:Usulutan	萨尔瓦多:乌苏卢坦	* Song
1936	12	21	19	3	13	52.5	-131.5		6	Ms	Canada:Queen Charlotte Islands	加拿大:夏洛特皇后群岛	Shi Z.
1936	12	26	22	52	35	-30.805	-178.137	35	6.7	Ms	Kermadec Ridge	克马德克海岭	Engdahl,Shi Z.
1936	12	27	0	14		34.4	139.2		6.3	Ms	Japan:Shizuoka,Near Coast	日本:静冈近海	* Shi Z.,Usami
1936	12	29	14	47	51	-4.598	153.671	35	6.9	mB	Papua New Guinea:New Ireland,E.	巴布亚新几内亚:新爱尔兰东部	Engdahl
1937	1	2	14	4	2	35	25		5.6	Ms	Greece:Crete Island	希腊:克里特岛	Turkey
1937	1	3	10	11	55	38.2	71		5	Mk	Afghan:Fayzabad,N.	阿富汗:法扎巴德北部	GSHAP,Song
1937	1	4	22	46	57	-4	141.5		6	Ms	Papua New Guinea: Sandaun, Green River	巴布亚新几内亚:桑道恩,格林里弗	Shi Z.
1937	1	5	11	9	12	27.5	139	500	6	Ms	Japan:South Honshu Ridge	日本:本州南部海岭	Shi Z.
1937	1	5	21	37	57	31	132.2		6.3	Ms	Japan:Tanega-shima,Coast E.	日本:种子岛东部海域	Shi Z.
1937	1	7	13	20	41	35.404	97.667	15	7.6	Mw	China:Qinghai,Maduo,NW.	中国:青海玛多西北	* China,Engdahl
1937	1	7	13	23	31	40.2	44.4	10	5.2	Ms	Armenia:Yerevan(Erivan)	亚美尼亚:耶烈万(叶里温)	Iran
1937	1	7	17	45	16	35.5	97.7		5.75	Ms	China:Qinghai,Maduo,NW.	中国:青海玛多西北	China
1937	1	11	13	21	16	16	-94.5	110	6	Ms	Mexico:Juchitán	墨西哥:胡奇坦	Shi Z.
1937	1	12	18	32	58	12.6	-87.2		5.9	Mk	Nicaragua:Chinandega,Port Corinto	尼加拉瓜:奇南德加,科林多港	* Song
1937	1	23	10	55	58	-5.29	152.757	35	7	Ms	Papua New Guinea:East New Britain,E.	巴布亚新几内亚:东新不列颠东部	Engdahl
1937	1	24	16	12	44	56	130	15	5.5	Ms	Russia:Amur,Gornyy,N.	俄罗斯:阿穆尔州戈尔内北部	GSHAP
1937	1	25	6	34	5.07	-10.847	162.794	35	7.1	Ms	Solomon Islands	所罗门群岛	Engdahl
1937	1	26	14	34		45.7	26.6		5	Ms	Romania:Nereju	罗马尼亚:内雷茹	GSHAP
1937	1	27	7	4		32.8	130.8		5	Ms	Japan:Kumamoto	日本:熊本	Usami,Japan
1937	1	29	4	7		23.8	122.2	40	5.2	Ms	China:Taiwan,Hualien,Coast of E.	中国:台湾花莲以东海域	China
1937	1	30	10	31	52	-36	-72	100	5.5	Ms	Chile:Chillan	智利:奇廉	GSHAP
1937	2	7	4	41	34	40.5	-125.25		5.8	Ms	US:California,North Coast	美国:加利福尼亚州北部近海	CGS,USGS
1937	2	10				36.1	7.1		5.4	Muk	Algeria:Guelma, Lapaine	阿尔及利亚:盖勒马	*
1937	2	12	5	33	32	35.5	98		5.75	Ms	China:Qinghai,Maduo,N.	中国:青海玛多北	China
1937	2	13	9	58	57	35	98		5	Ms	China:Qinghai,Maduo	中国:青海玛多	China
1937	2	17	9	15	24	44.6	149.4	30	6	Ms	Kuril Islands	千岛群岛	GSHAP
1937	2	19	9	9	10	38.3	-118.3		5	Ms	US:Nevada,Mina,SW.	美国:内华达州迈纳西南	USGS
1937	2	21	7	2	44	44.5	149.4	45	7.3	Mw	Kuril Islands	千岛群岛	* Engdahl
1937	2	23	0	9	16	25.8	98.4		5.5	Ms	myanmar:Myitkyina	缅甸:密支那	China
1937	2	24	18	45	45	-23	-67	260	5.3	Ms	Argentina:Jujuy	阿根廷:胡胡伊	GSHAP
1937	3	2	14	47	33.3	40.49	-84.27	2	5	Ms	US:Ohio,St Marys	美国:俄亥俄州圣玛丽斯	USGS
1937	3	9	5	7	32	39	71.8		5	Mk	Tadzhikistan:Dzhirgatal	塔吉克斯坦:吉尔加塔尔	GSHAP,Song
1937	3	9	5	44	35.5	40.47	-84.28	3	5.4	Ms	US:Ohio,New Bremen	美国:俄亥俄州新不来梅	USGS
1937	3	9	15	40	20	9	-83.5	30	6.4	Ms	Costa Rica:Puerto Cortes	哥斯达黎加:科尔特斯港	Shi Z.
1937	3	9	20	19	14	27	92		5.5	Ms	Bhutan:Samdrup Jongkhar,E.	不丹:萨姆德鲁琼卡尔宗东部	China,GSHAP
1937	3	12	9	25	14	6.5	94.5		5	Mk	India:Nicobar Islands	印度:尼科巴群岛	GSHAP,Song
1937	3	14	11	55	48	-24.5	-69.5	60	6.5	Ms	Chile:Antofagasta,S.	智利:安托法加斯塔南部	GSHAP
1937	3	15	2	48	39	36.5	71		5	Mk	Afghan:Badakhshan	阿富汗:巴达赫尚	GSHAP,Song
1937	3	16	15	45	46	18	121	100	6.5	Ms	Philippines:Aparri	菲律宾:阿帕里	Shi Z.
1937	3	19	18	11	55	-29	-70	70	6	Ms	Chile:La Higuera,E.	智利:拉伊格拉东部	GSHAP

年 Year	月 Mo	日 Dy	时 Hr	分 Mn	秒 Sec	纬度(°) Latitude	经度(°) Longitude	深度 Depth	震级 Mag	标度 Scale	地名(英文) Name(English)	地名(中文) Name(Chinese)	资料来源 Information
1937	3	21	16	12	2	25.5	94		5.5	Ms	India:Mizoram,N.	印度:米佐拉姆北部	GSHAP
1937	3	23	0	44	26	-36.5	-98	50	6.5	Ms	Chile:Off Coast of C.	智利:中部沿海	Shi Z.
1937	3	25	16	49	1.8	33.41	-116.26	10	6	Ms	US:California,Borrego Springs	美国:加利福尼亚州博雷戈斯普林斯	USGS
1937	3	26	21	9	6	40.25	-126.75		5.5	Ms	US:California,Off Coast N.	美国:加利福尼亚州北部沿海	USGS
1937	3	28	12	21	42	-13.5	-75	120	5.5	Ms	Peru:Huaytara	秘鲁:瓦伊塔拉	GSHAP
1937	3	29	7	49	45	-16.203	-71.071	95.8	6.8	Muk	Peru:Arequipa	秘鲁:阿雷基帕	Engdahl,GSHAP
1937	3	30	11	38	2	24.5	121		5.25	Ms	China:Taiwan,Miaoli,E.	中国:台湾苗栗东	China
1937	3	31	10	36	6	28	90.5		5	Ms	Bhutan:Bumthang,N.	不丹:布姆唐宗北部	China
1937	4	2	5	30	18	-21	-179	600	6.5	Ms	Fiji Islands	斐济群岛	Shi Z.
1937	4	3	11	20	31	24	120		5.25	Ms	China:Taiwan Strait	中国:台湾海峡	China
1937	4	3	11	50		23.3	120.8		5.1	Ms	China:Taiwan,Chiayi,SE.	中国:台湾嘉义东南	China
1937	4	5	6	56	40	-0.685	133.693	44.4	6.9	Muk	Indonesia:Irian Jaya Barat	印度尼西亚:西巴布亚	Engdahl
1937	4	8				-7.729	-77.981	20	5	Mk	Peru:Huamachuco	秘鲁:瓦马丘科	GSHAP,Song
1937	4	9	14	5	1	23.7	120.5		5.25	Ms	China:Taiwan,Yunlin	中国:台湾云林	China
1937	4	11	20	43		23.7	120.5		5	Ms	China:Taiwan,Yunlin	中国:台湾云林	China
1937	4	13	21	23		24.2	123	20	5.1	Ms	Ryukyu Islands	琉球群岛	China
1937	4	15	20	12	32	3	97		5	Mk	Indonesia:Off West Coast of N. Sumatera	印度尼西亚:北苏门答腊西部海域	GSHAP,Song
1937	4	16	3	1	38	-20.768	-177.144	348.8	7.5	mB	Tonga Islands,W.	汤加群岛西部	* Engdahl
1937	4	17				-7.73	-77.98	10	5	Mk	Peru:Huamachuco	秘鲁:瓦马丘科	GSHAP,Song
1937	4	24	4	58	35	-12	-178	200	6.25	Ms	Wallis and Futuna Islands	瓦利斯群岛和富图纳群岛	Shi Z.
1937	4	25	3	58	19	37.2	69.3		5	Mk	Tadzhikistan:Khatlon,S.	塔吉克斯坦:哈特隆州南部	GSHAP,Song
1937	4	27	15	39	1	39.5	71.9		5	Mk	Kyrgyzstan:Kara Mack	吉尔吉斯斯坦:卡拉梅克	GSHAP,Song
1937	4	29	20	18	57	45.7	137.3	380	6.7	Ms	Russia:Maritime Kray,Amgu	俄罗斯:滨海边疆区阿姆古	GSHAP
1937	4	30	19	32	55	30	81.5		5.5	Ms	Nepal:Seti,N.	尼泊尔:塞蒂北部	China
1937	5	1	12	20	47	-37	-109		6.5	Ms	Easter Island,S.	复活节岛南部	Shi Z.
1937	5	5	21	15	39	19.2	145.8	190	6.25	Ms	Mariana Ridge	马里亚纳海岭	Shi Z.
1937	5	10	13	39	44	37.6	71.6		5	Mk	Tajikistan: Khorog	塔吉克斯坦:霍罗格	GSHAP,Song
1937	5	10	15	25	38	-26.5	178	640	6.5	Ms	Kermadec Ridge	克马德克海岭	Shi Z.
1937	5	12	2	44	48	-4.734	144.587	35	6.8	Muk	Papua New Guinea:Madang	巴布亚新几内亚:马当	Engdahl
1937	5	12	13	8	21	0	98		5	Mk	Indonesia:Northern Sumatra	印度尼西亚:苏门答腊北部	GSHAP,Song
1937	5	13	18	47	55	0	123.5	200	6.25	Ms	Molukka Sea	马鲁古海	Shi Z.
1937	5	15	9	17	56	38.8	69.7		5	Mk	Tadzhikistan:Norak	塔吉克斯坦:努雷克	GSHAP,Song
1937	5	21	13	12	25	2.5	-77.5	90	6.5	Ms	Colombia:Cauca	哥伦比亚:考卡	GSHAP
1937	5	23	10	57	30	38.69	27.78	10	5.6	Ms	Turkey:Saruhanl	土耳其:萨鲁汉勒	Turkey
1937	5	28	15	35	53	17	-93	150	6.5	Ms	Mexico:Chiapas	墨西哥:恰帕斯州	Shi Z.
1937	5	28	19	56	3	24	142	530	6.5	Ms	Mariana Islands,N.	马里亚纳群岛北部	Shi Z.
1937	5	29	15	22	40	36.3	30.7	15	5	Ms	Mediterranean Sea	地中海	GSHAP
1937	5	31	5	34	19	29.3	81		5	Mk	Nepal:Seti,C.	尼泊尔:塞蒂中部	GSHAP,Song
1937	5	31	10	38	30	1.5	129	170	6.25	Ms	Indonesia:East of Maluku Utara	印度尼西亚:北马鲁古东部海域	Shi Z.
1937	5	31	15	31	57	-6.5	154	100	6.5	Ms	New Britain Trench	新不列颠海沟[太平洋]	Shi Z.
1937	6	8	18	0	40	46.5	149.5	140	6.3	Ms	Kuril Islands	千岛群岛	GSHAP
1937	6	8	22	29	39	16	-93	200	6.25	Ms	Mexico:Chiapas	墨西哥:恰帕斯州	Shi Z.
1937	6	10	17			44.2	126.6		5	Ms	China:Jilin,Jilin,N.	中国:吉林吉林市北	China
1937	6	12	18	8	10	26	141	430	6	Ms	Japan:South Honshu Ridge	日本:本州南部海岭	Shi Z.
1937	6	18	9	7	26	41.25	-120		5.2	Ms	US:California,Cedarville	美国:加利福尼亚州锡达维尔	USGS
1937	6	19	17	7	27	-26.5	178.5	650	6.25	Ms	Kermadec Ridge	克马德克海岭	Shi Z.
1937	6	21	15	13	5.9	-8.443	-79.853	42	7.1	Ms	Peru:Trujillo,Near Coast	秘鲁:特鲁希略近海	Engdahl,GSHAP
1937	6	22	5	34	3	-9	-79	150	5.8	Ms	Peru:Chimbote,Near Coast	秘鲁:钦博特近海	GSHAP
1937	6	24	14	57	18	-7.8	-80.3		5.4	Ms	Peru:Trujillo,Near Coast	秘鲁:特鲁希略近海	GSHAP
1937	6	29	18	4	36	37.2	69.3		5	Mk	Tadzhikistan:Khatlon,S.	塔吉克斯坦:哈特隆州南部	GSHAP,Song
1937	7	1	11	49	49	3.123	95.787	35	6.8	Muk	Indonesia:Simeulue Island	印度尼西亚:锡默卢岛	GSHAP,Engdahl
1937	7	2	2	37	17	-13.857	167.049	35	7	mB	Vanuatu Islands	瓦努阿图群岛	Engdahl
1937	7	2	21	40	20	38.2	71		5	Mk	Afghan:Fayzabad,N.	阿富汗:法扎巴德北部	GSHAP,Song
1937	7	4	5	55	21	-11.293	163.955	35	6.9	Muk	Solomon Islands	所罗门群岛	Engdahl
1937	7	8	15	51	5	3	-84		6	Ms	Carnegie Ridge	卡内基海岭	Shi Z.
1937	7	9	17	27	40	-16	-72	180	6	Ms	Peru:Arequipa	秘鲁:阿雷基帕	GSHAP
1937	7	12	0	2	31	5.6	95.7		5	Mk	Indonesia:North of Sumatera	印度尼西亚:苏门答腊北部	GSHAP,Song
1937	7	14	4	54	5	36.3	71		5	Mk	Afghan:Badakhshan	阿富汗:巴达赫尚	GSHAP,Song
1937	7	15	19	3	26	52	159	140	6.5	Ms	Russia:Kamchatka,Near East Coast	俄罗斯:堪察加东部近海	Shi Z., GSHAP
1937	7	17	17	11		41.785	15.298		5.07	Ms	Italy:San Severo	意大利:圣塞韦罗	Italy
1937	7	18	1	1	15	54	-166.5	70	6.25	Ms	Aleutian Islands	阿留申群岛	USGS
1937	7	19	19	35	28	-1.978	-76.397	184.2	7.1	mB	Ecuador:Pastaza,E.	厄瓜多尔:帕斯塔萨东部	Engdahl,GSHAP
1937	7	20	7	1		43.2	16.9	8	5.2	Ms	Adriatic Sea	亚得里亚海	GSHAP
1937	7	21	0	7	31	45.5	145.1	430	6.1	Ms	Japan:Hokkaido,Coast N.	日本:北海道北部海域	GSHAP
1937	7	22	17	9	35	64.494	-146.854	35	7.3	Ms	Alaska Peninsula,C.	阿拉斯加半岛中部	Engdahl,USGS
1937	7	23	20	44	17	38.5	73.8	100	5.8	Ms	Tadzhikistan:Kuhistoni Badakhshon,E.	塔吉克斯坦:勾瑙-巴达科善东部	GSHAP

年 Year	月 Mo	日 Dy	时 Hr	分 Mn	秒 Sec	纬度(°) Latitude	经度(°) Longitude	深度 Depth	震级 Mag	标度 Scale	地名(英文) Name(English)	地名(中文) Name(Chinese)	资料来源 Information
1937	7	26	3	47	9.4	18.523	-95.878	35	7.2	mB	Mexico:Puebla,Esperanza	墨西哥:普埃布拉,埃斯佩兰萨	* Shi Z.,Engdahl
1937	7	26	19	56	34	38.396	142.17	35	7.1	mB	Japan:Miyagi	日本:宫城	Shi Z., GSHAP, Usami,Engdahl
1937	7	31	20	35	50.9	35.4	115.1	25	7	Muk	China:Shandong,Heze	中国:山东菏泽	* China,Engdahl
1937	8	1	10	41	7.75	35.3	115.2	25	6.8	Muk	China:Shandong,Heze	中国:山东菏泽	Wang S.,Engdahl
1937	8	2	15	45	38	48.6	155.4	40	5.9	Ms	Kuril Islands	千岛群岛	GSHAP
1937	8	4	23	35	22	6	95.5	120	6	Mk	Indonesia:Pulau We	印度尼西亚:韦岛	GSHAP,Song
1937	8	5	14	43	57	-5.936	149.731	124	6.8	Muk	Papua New Guinea:West New Britain	巴布亚新几内亚:西新不列颠	Engdahl
1937	8	8	3	58	57	43	86		5.5	Ms	China:Xinjiang,Hejing,NW.	中国:新疆和静西北	China
1937	8	8	4	58	57	43	86	33	5.5	Ms	China:Xinjiang,Hejing,NW.	中国:新疆和静西北	GSHAP
1937	8	8	10	12	3	19	145.5	120	6.5	Ms	Mariana Islands	马里亚纳群岛	Shi Z.
1937	8	11	0	55	48	-9.675	117.533	35	7.2	mB	Indonesia:Sumbawa	印度尼西亚:松巴哇	Engdahl
1937	8	13	11	47	38	-56.5	-130		6	Ms	Southern Pacific Ridge	南太平洋海岭	Shi Z.
1937	8	15	11	36	48	30	90		5.75	Ms	China:Xizang (Tibet),Nyemo	中国:西藏尼木	China
1937	8	20	6	38	5	-26	67.5		6	Ms	Western Indian Ridge	西印度洋海岭	Shi Z.
1937	8	20	11	59	22	14.5	121.5	60	7.3	Mw	Philippines:Tanay	菲律宾:塔奈	* Engdahl,NOAA
1937	8	22	11	31	44	7	-36		6	Ms	Central Mid - Atlantic Ridge	中大西洋中脊	GSHAP
1937	8	24	20	13	23	5	-89		6	Ms	Cocos Ridge	科科斯海岭	Shi Z.
1937	8	31	14	15	7	25.9	96.8		6	Ms	India:Assam	印度:阿萨姆邦	GSHAP
1937	9	1	8	38	47	-32.807	-179.064	35	6.9	mB	South of Kermadec Ridge	克马德克海岭南部	Engdahl,Shi Z.
1937	9	3	18	48	11	52.5	-177.5	80	7.2	mB	Andreanof Islands, Aleutian Is.	阿留申群岛,安德烈亚诺夫群岛	Engdahl,USGS
1937	9	4	3	39	36	-0.5	-80		6.4	Ms	Ecuador:Portoviejo	厄瓜多尔:波托维耶霍	GSHAP
1937	9	4	6	14	21	-17.5	174		6.5	Ms	Fiji Islands	斐济群岛	Shi Z.
1937	9	8	0	40	15	-56.541	-26.912	219.4	7.1	mB	South Sandwich Trench	南桑威奇海沟	Engdahl
1937	9	9	17	35	30	36.2	71.2	100	5.7	Ms	Afghan:Badakhshan	阿富汗:巴达赫尚	GSHAP
1937	9	9	23	37	27	24.9	94.7		5.5	Ms	India:Mizoram,E.	印度:米佐拉姆东部	GSHAP
1937	9	12	11	54	53	20.5	146	140	6.25	Ms	Mariana Islands,N.	马里亚纳群岛北部	Shi Z.
1937	9	14	16			37.8	112.5		5	Ms	China:Shanxi,Taiyuan	中国:山西太原	* * China
1937	9	15	12	27	32	-10.5	161.5	80	7.2	mB	Solomon Islands	所罗门群岛	Engdahl
1937	9	17	9	30	41	-56.5	-25		6.5	Ms	South Sandwich Trench	南桑威奇海沟	Shi Z.
1937	9	19	16	10	38	39	71.8		5	Mk	Tadzhikistan:Dzhirgatal	塔吉克斯坦:吉尔加塔尔	GSHAP,Song
1937	9	21	7	46	47	20.5	101.7		6	Ms	Laos:Muang Houn	老挝:孟昏	GSHAP
1937	9	21	9	39	51	1.805	126.531	35	6.9	Muk	Molukka Sea	马鲁古海	Engdahl, Shi Z.
1937	9	21	21	2		56	162.5	33	5.7	Ms	Russia:Kamchatka Peninsula	俄罗斯:堪察加半岛	* NOAA
1937	9	22				58	165		5.8	Ms	Russia:Kamchatka,Near East Coast	俄罗斯:堪察加东部近海	NOAA
1937	9	23	13	6	1.34	-6.721	154.011	35	6.9	Ms	New Britain Trench	新不列颠海沟[太平洋]	Engdahl
1937	9	24	2	40	7	9	-76	100	5.5	Ms	Colombia:Montería	哥伦比亚:蒙特里亚	GSHAP
1937	9	24	19	9	52	-22.5	-70	130	6	Ms	Chile:Calama	智利:卡拉马	GSHAP
1937	9	27	8	55	17	-8.7	110.8	35	7	Ms	Indonesia:Java,Jogyakarta	印度尼西亚:爪哇,日惹	* Engdahl
1937	9	28	13	17	43	0	123.5	200	6.5	Ms	Molukka Sea	马鲁古海	Shi Z.
1937	10	6	9	47	18	18.43	-98.921	35	6.9	Muk	Mexico:Chilpancingo,Tixtla	墨西哥:奇尔潘辛戈,蒂科斯特拉	* Engdahl
1937	10	6	21	48	2	1.5	-29		6.25	Ms	Central Mid - Atlantic Ridge	中大西洋中脊	Shi Z.
1937	10	7	7	51	45	-59.5	-53		6.25	Ms	West Scotia Basin	西斯科舍海盆	Shi Z.
1937	10	11	21	23	2	-42	-91		6	Ms	Chile Ridge	智利海岭	Shi Z.
1937	10	12	3	10	12	-53	145		6	Ms	Ridge Between Antarctic And Australia	南极-澳大利亚海岭	Shi Z.
1937	10	12	20	50	55	-25	-68.5	110	6.5	Ms	Chile:Antofagasta,SE.	智利:安托法加斯塔东南	GSHAP
1937	10	15	3	41	15	-13.5	-77	90	5.3	Ms	Peru:Chincha Alta,Near Coast	秘鲁:上钦查近海	GSHAP
1937	10	20	1	23	43	31	78		5.5	Ms	India:Dehradun,N.	印度:北安查尔邦德拉敦北部	GSHAP
1937	10	22	16	14	15	1	98.5		5	Mk	Indonesia:Sumatera,Near West Coast	印度尼西亚:苏门答腊西部近海	GSHAP,Song
1937	10	23	16	53	18	-37.75	177.75		6.25	Ms	New Zealand:North Island,Te Kaha	新西兰:北岛,蒂卡哈	Shi Z.
1937	10	25	23	20	35	49.5	156.8	40	6	Ms	Kuril Islands	千岛群岛	GSHAP
1937	10	27	0	21	20	-34.5	-71	110	6	Ms	Chile:Rancagua	智利:兰卡瓜	GSHAP
1937	10	29	7	26	37	36.6	70.1	200	6.5	Ms	Afghan:Taloqan	阿富汗:塔卢坎	GSHAP
1937	10	31	22	26	44	37	70.5	160	6	Mk	Afghan:Badakhshan	阿富汗:巴达赫尚	GSHAP,Song
1937	11	1	8	35	5	-25	-70	75	6	Ms	Chile:Antofagasta,S.	智利:安托法加斯塔南部	GSHAP
1937	11	3	6	6		-15.5	-68.5	33	5.4	Ms	Bolivia:La Paz	玻利维亚:拉巴斯	GSHAP
1937	11	6				-8.7	110.8	33	6	Ms	Indonesia:Yogyakarta	印度尼西亚:雍亚卡他	* NOAA
1937	11	7	9	8	43	-10	-73.5	120	5.5	Ms	Peru:Ucayali,SW.	秘鲁:乌卡亚利西南	GSHAP
1937	11	7	19	7	40	35	73	100	5.8	Ms	Pakistan:Mingora	巴基斯坦:明戈拉	GSHAP
1937	11	9	6	25		24.6	121.6		5	Ms	China:Taiwan,Yilan	中国:台湾宜兰	China
1937	11	9	10	21	40	-36.5	-97		6	Ms	Chile:Off Coast of C.	智利:中部沿海	Shi Z.
1937	11	9	16			24.9	102.8		5	Ms	China:Yunnan,Chenggong	中国:云南呈贡	China
1937	11	10	7	19	23	43	-127		5.7	Ms	US:Off Coast of W. Oregon	美国:俄勒冈州西部沿海	USGS
1937	11	10	19	42	49	41.8	78.9	5	5	Ms	Kyrgyzstan:Karakol,SE.	吉尔吉斯斯坦:普热瓦利斯克东南	GSHAP
1937	11	11	17	11		37.5	72.2		5.5	Ms	Tajikistan: Khorog	塔吉克斯坦:霍罗格	Afghan
1937	11	13	11	50	37	38	69.5	10	5.7	Ms	Tadzhikistan:Khatlon	塔吉克斯坦:哈特隆州	Afghan,GSHAP

年 Year	月 Mo	日 Dy	时 Hr	分 Mn	秒 Sec	纬度(°) Latitude	经度(°) Longitude	深度 Depth	震级 Mag	标度 Scale	地名(英文) Name(English)	地名(中文) Name(Chinese)	资料来源 Information
1937	11	14	10	58	13	36.5	70.5	240	7.1	mB	Afghan:Fayzabad	阿富汗:法扎巴德	* GSHAP,Engdahl
1937	11	15	21	37	34	35	78	100	6.5	Ms	China:Xinjiang,Karakorum Pass,S.	中国:新疆喀喇昆仑山口南	China
1937	11	16	13	49	22	36.3	71	191	6	Mk	Afghan:Badakhshan	阿富汗:巴达赫尚	GSHAP,Song
1937	11	16	22	28	5	34.5	99.5		5	Ms	China:Qinghai,Golog,W.	中国:青海果洛西	China
1937	11	18	4	39	56	42.6	80.1	20	5.1	Ms	Kazakhstan:Narynkol	哈萨克斯坦:纳伦郭勒	China,GSHAP
1937	11	19	0	50	20	42.1	-113.9		5.4	Ms	US:Idaho,Oakley	美国:爱达荷州奥克利	USGS
1937	11	23	13	52	50	-44	-116		6.25	Ms	Southern Pacific Ridge	南太平洋海岭	Shi Z.
1937	11	25	4	34	56	24.6	121.1		5	Ms	China:Taiwan,Hsinchu	中国:台湾新竹	China
1937	11	26	10	45	14	24	123	50	6	Ms	Ryukyu Islands	琉球群岛	China
1937	11	30	0	40	27	5.5	90		6.5	Ms	Indonesia:North West of Sumatera	印度尼西亚:苏门答腊西北沿海	Shi Z.
1937	11	30	12	57	46	5	36		6.25	Ms	Ethiopia:Maji,S.	埃塞俄比亚:马吉南部	Shi Z., GSHAP
1937	12	6	21	43	9	14	-82	60	6	Ms	Nicaragua:Near Coast of E.	尼加拉瓜:东部近海	Shi Z.
1937	12	8	8	32	15	22.9	121.2	38.8	7	Ms	China:Taiwan,Taitung	中国:台湾台东	* China,Engdahl
1937	12	8	9	41		23.1	121.4		5.3	Ms	China:Taiwan,Taitung	中国:台湾台东	China
1937	12	8	9	54		23.1	121.5		5.2	Ms	China:Taiwan,Taitung,Coast of E.	中国:台湾台东以东海域	China
1937	12	8	20	38	43	22.9	121.5		6	Ms	China:Taiwan,Taitung,Coast of E.	中国:台湾台东以东海域	China
1937	12	10	18	4		44.334	10.834		5.42	Ms	Italy:Zocca	意大利:佐卡	Italy
1937	12	12	14	3	45	-25	-70	60	6	Ms	Chile:Antofagasta,S.	智利:安托法加斯塔南部	GSHAP
1937	12	13	18	53	57	22.7	121.2		6.75	Ms	China:Taiwan,Taitung,Coast of E.	中国:台湾台东以东海域	China
1937	12	13	22	58	47	26	-45		6	Ms	North Atlantic Ocean	北大西洋	Shi Z.
1937	12	16	17	35	28	35.7	23.2	33	6.5	Ms	Mediterranean Sea	地中海	GSHAP
1937	12	17	9	32	12	22.7	121.2		6.75	Ms	China:Taiwan,Taitung,Coast of E.	中国:台湾台东以东海域	China
1937	12	18	13	18		42.1	70.9	25	6.5	Ms	Uzbekistan:Tashkent,NE.	乌兹别克斯坦:塔什干东北	GSHAP
1937	12	20	4	59	39	29.3	81		5	Mk	Nepal:Seti,C.	尼泊尔:塞蒂中部	GSHAP,Song
1937	12	23	13	18	6.17	16.7	-98.5	60	7.4	Mw	Mexico:Guerrero,Ometepec	墨西哥:格雷罗,奥美特佩克	* Engdahl
1937	12	24	3	23	38	-37	-72	70	5.5	Ms	Chile:Yungay	智利:永盖	GSHAP
1937	12	24	6	20	40	-10.5	-76.5	10	6.25	Muk	Peru:Huancabamba,Oxapampa	秘鲁:宛卡班巴,奥克萨潘帕	* Shi Z.
1937	12	25	9	55	50	55.6	111.7	15	6.5	Ms	Russia:Buryatiya,Krasnyy	俄罗斯:布里亚特州克拉斯内	GSHAP
1937	12	26				13.5	-89.5		6.2	Mk	El Salvador:Ahuachapan,Atiquizaya	萨尔瓦多:阿华查邦,阿替基赛雅	* Song
1937	12	28	6	19	26	1	-29		6.5	Ms	Central Mid - Atlantic Ridge	中大西洋中脊	Shi Z.
1938	1	1	23	28	1.7	25.883	143.234	35	6.8	Muk	Japan:South Honshu Ridge	日本:本州南部海岭	Engdahl
1938	1	2	7	54		35	133.4	10	5.3	Ms	Japan:Okayama	日本:冈山	Usami,Japan
1938	1	2				16.1	-98.3		6.2	Mk	Mexico:Ometepec	墨西哥:奥美特佩克	* Song
1938	1	4	4	49	6	32.5	98		5.25	Ms	China:Sichuan,Shiqu,S.	中国:四川石渠南	China
1938	1	7	18	27	21	46	96	15	5.1	Ms	Mongolia:Altay	蒙古:阿尔泰	GSHAP
1938	1	9	20	26		-30.5	-69	120	5.8	Ms	Argentina:San Juan	阿根廷:圣胡安	GSHAP
1938	1	10	20	54	27	29.8	131.2	60	6.25	Ms	Japan:Yaku - shima	日本:屋久岛	Shi Z.
1938	1	11	15	11	58	33.5	135.5	20	6.7	Ms	Japan:Susami	日本:和歌山周参见	Shi Z.,Usami
1938	1	11	15	27		-6	105	150	6	Ms	Indonesia:Sumatra,Coast of SW.	印度尼西亚:苏门答腊西南海域	Shi Z.
1938	1	12	1	8	21	38.8	71	10	5.4	Ms	Tadzhikistan:Tajikabad	塔吉克斯坦:塔吉卡巴德	GSHAP
1938	1	13	22	44	25	-27	-116		6	Ms	Easter Island,W.	复活节岛西部	Shi Z.
1938	1	16	21	41	47	-6	-75	100	6	Ms	Peru:Loreto,SW.	秘鲁:洛雷托西南	GSHAP
1938	1	18	4	20	4	-4	101.5	100	6.5	Ms	Indonesia:Sumatra,Coast of SW.	印度尼西亚:苏门答腊西南海域	Shi Z.
1938	1	18	9	28	57	36.7	70.8	200	6.1	Ms	Afghan:Badakhshan	阿富汗:巴达赫尚	GSHAP
1938	1	19	6	4		37.6	71.6		5	Mk	Tajikistan: Khorog	塔吉克斯坦:霍罗格	GSHAP,Song
1938	1	23	8	32	51	20.96	-156.18	25	6.8	Ms	Hawaiian Islands	夏威夷群岛	Engdahl,USGS
1938	1	24	10	31	50	-60.547	-35.582	15	7	Ms	East Scotia Basin	东斯科舍海盆	Engdahl
1938	1	26	3	40		33.44	45.78		5.7	Ms	Iraq:Diyala	伊拉克:迪亚拉	Iran
1938	1	26	10	48	6	36.5	70.5	300	5.8	Ms	Afghan:Badakhshan	阿富汗:巴达赫尚	GSHAP
1938	1	27	6	51	8	36.3	71	191	6	Mk	Afghan:Badakhshan	阿富汗:巴达赫尚	GSHAP,Song
1938	1	29	4	13	8	27.5	87		5.5	Ms	Nepal:Kosi,N.	尼泊尔:戈西北部	China
1938	2	1	19	4	22	-5.05	131.62	35	8.4	Mw	Indonesia:Banda Sea	印度尼西亚:班达海	* Engdahl,NOAA
1938	2	2	9	37	3	-3	100	120	6	Ms	Indonesia:Southern Sumatra	印度尼西亚:苏门答腊南部	Shi Z.
1938	2	4	0	19	1	26	65		5	Mk	Pakistan:Balochistan	巴基斯坦:俾路支	GSHAP,Song
1938	2	4	10	27	21	-3	-91		6.5	Ms	Ecuador:Galapagos Islands	厄瓜多尔:加拉帕戈斯群岛	GSHAP
1938	2	4	14	23		5.1	-75.5	130	6.2	Mk	Colombia:Manizales	哥伦比亚:卡尔达斯的马尼萨莱斯	* Song
1938	2	5	2	23	41	4.555	-75.919	155.7	6.9	mB	Colombia:Sipi	哥伦比亚:乔科的锡皮	GSHAP,Engdahl
1938	2	5	9	55	10	14	124	160	6.5	Ms	Philippines:Bagamanoc	菲律宾:巴加马诺克	Shi Z.
1938	2	7	14	43		36.5	139.5	100	6.5	Ms	Japan:Utsunomiya	日本:宇都宫市	Shi Z.
1938	2	8	7	16	9	-1.5	-81		5.2	Ms	Ecuador:Near Coast of W.	厄瓜多尔:西部近海	GSHAP
1938	2	8	13	13	10	24.8	122.1	40	5.75	Ms	China:Taiwan,Yilan,Coast of E.	中国:台湾宜兰东南海域	China
1938	2	10	7	3		64.8	-22.5	32	5.2	Ms	Iceland:Raudhamelur	冰岛:勒伊扎梅勒	Iceland
1938	2	10	8	38		64.8	-22.5	32	5	Ms	Iceland:Raudhamelur	冰岛:勒伊扎梅勒	Iceland
1938	2	10	10	19		64.8	-22.5	32	5.2	Ms	Iceland:Raudhamelur	冰岛:勒伊扎梅勒	Iceland
1938	2	10	20	37	53	34.8	26.2		5.6	Ms	Greece:Crete Island	希腊:克里特岛	Turkey
1938	2	11	6	56	24	42.7	147.3	40	5.9	Ms	Kuril Islands	千岛群岛	GSHAP
1938	2	13	8	3	51	-35.5	180		6.5	Ms	Kermadec Ridge	克马德克海岭	Shi Z.
1938	2	13				-5.25	130.5		7	Mk	Indonesia:Banda Sea	印度尼西亚:班达海	* NOAA,Song
1938	2	14	2	54	15	40.4	53.7	30	6.2	Ms	Turkmenistan:Balkanabat	土库曼斯坦:巴尔坎纳巴德	GSHAP

年 Year	月 Mo	日 Dy	时 Hr	分 Mn	秒 Sec	纬度(°) Latitude	经度(°) Longitude	深度 Depth	震级 Mag	标度 Scale	地名(英文) Name(English)	地名(中文) Name(Chinese)	资料来源 Information
1938	2	14	15	22	6	-2.5	-81.9		5.2	Ms	Ecuador:Near Coast of W.	厄瓜多尔:西部近海	GSHAP
1938	2	14	19	14	48	36.3	71		5	Mk	Afghan:Badakhshan	阿富汗:巴达赫尚	GSHAP,Song
1938	2	15	2	32		44.6	6.5		5.17	Ms	France:Hautes - Alpes	法国:上阿尔卑斯	Italy
1938	2	15	3	27	42	19	-26		6.25	Ms	Cape Verde Basin,NE.	佛得角海盆东北[大西洋]	Shi Z.
1938	2	21	13	49	37	52	93.5	28	5.4	Ms	Russia:Tuva,Turan	俄罗斯:唐努图瓦州图兰	GSHAP
1938	2	26	12	10	43	28	90.5		5.25	Ms	Bhutan:Bumthang,N.	不丹:布姆唐宗北部	China
1938	2	27				40.5	53.5	30	5.1	Ms	Turkmenistan:Turkmenbasy	土库曼斯坦:土库曼巴希	GSHAP
1938	3	1	4	24	30	11	92		5	Mk	India:Andaman Islands	印度:安达曼群岛	GSHAP,Song
1938	3	1	23	26	58	-55	12		6.5	Ms	South Atlantic - Indian Ridge	南大西洋-印度洋海岭	Shi Z.
1938	3	4	1	38		23.2	121.4		5.2	Ms	China:Taiwan,Taitung	中国:台湾台东	China
1938	3	5	12			-14	-72	20	5	Mk	Peru:Cuzco	秘鲁:库斯科	GSHAP,Song
1938	3	6	1	56		-5.1	153.1		7	Mk	New Britain Trench	新不列颠海沟[太平洋]	* NOAA,Song
1938	3	6	16	54	5	-19	-178	500	6	Ms	Tonga Islands,W.	汤加群岛西部	Shi Z.
1938	3	6	18	30		-14.2	-71.3	30	5	Mk	Peru:Espinar	秘鲁:埃斯皮纳尔	GSHAP,Song
1938	3	12	13	4	0.4	10.5	44.5		5.8	Ms	Somalia:Berbera,W.	索马里:柏培拉西部	GSHAP
1938	3	13	17	45	32	38.8	20.6		5.8	Ms	Ionian Sea	爱奥尼亚海	Turkey
1938	3	13	21	5	30	27	66.5		5	Mk	Pakistan:Balochistan	巴基斯坦:俾路支	GSHAP,Song
1938	3	14	0	48	24	21.6	65		5	Mk	Arabian Sea,N.	阿拉伯海北部	GSHAP,Song
1938	3	14	0	48	38	21.5	75.7	50	6.3	Ms	India:Khargon	印度:克尔冈	GSHAP
1938	3	14	5	14	21	32.3	103.6		6	Ms	China:Sichuan,Songpan,S.	中国:四川松潘南	China
1938	3	22	15	22	14	52.25	-132		6.3	Ms	Canada:Queen Charlotte Islands	加拿大:夏洛特皇后群岛	Shi Z.
1938	3	25	15	49	26	-14.5	179		6	Ms	North of Fiji Islands	斐济群岛北部	Shi Z.
1938	3	27	11	16	27	46.05	16.9	7	5.6	Ms	Croatia:Varaždin	克罗地亚:瓦拉日丁	GSHAP
1938	3	31	22	31	10	20	120.5	60	6.5	Ms	China:Taiwan,Coast of S.	中国:台湾南部海域	China
1938	4	1	0	43	46	20	120.5		5.5	Ms	China:Taiwan,Coast of S.	中国:台湾南部海域	China
1938	4	1	21	31	11	20	120.5		6	Ms	China:Taiwan,Coast of S.	中国:台湾南部海域	China
1938	4	2	6	2		-59.5	-58		6.25	Ms	West Scotia Basin	西斯科舍海盆	Shi Z.
1938	4	2	7	30	6	44.5	149.3	40	6	Ms	Kuril Islands	千岛群岛	GSHAP
1938	4	4	21	9	3	-7	127	420	6	Ms	Indonesia:Banda Sea	印度尼西亚:班达海	Shi Z.
1938	4	6	1	14	30	36.5	70.5	240	5	Ms	Afghan:Badakhshan	阿富汗:巴达赫尚	GSHAP
1938	4	9	9	10	40	-15.5	168	100	6.5	Ms	Vanuatu Islands	瓦努阿图群岛	Shi Z.
1938	4	10	5	5	46	36.3	98.7		5.75	Ms	China:Qinghai,Dulan,E.	中国:青海都兰东	China
1938	4	13	1	10	17	26	91		5	Mk	India:Guwahati	印度:古瓦哈提	GSHAP,Song
1938	4	13	2	45	21	38.112	14.925	35	6.8	Muk	Italy:Sicilia Island	意大利:西西里岛	Engdahl
1938	4	13	13	53	13	12	-60.5		5.6	Ms	Trinidad & Tobago:Northern Coast	特立尼达和多巴哥:北部近海	GSHAP
1938	4	14	1	16	27	23.372	94.407	35	6.8	Muk	myanmar:Sagaing	缅甸:实皆	Engdahl,GSHAP
1938	4	17	8	56	8	-28	134		6	Ms	Australia:S. Australia	澳大利亚:南澳	Shi Z.
1938	4	17	14	39	38	-19	-69.5	60	6.5	Ms	Chile:Arica,SE.	智利:阿里卡东南	GSHAP
1938	4	19	10	56		39.1	34		5.6	Ms	Turkey:Kirsehir	土耳其:克尔谢希尔	Turkey
1938	4	19	10	59	23	39.439	34.015	35	6.8	Muk	Turkey:Kirsehir	土耳其:克尔谢希尔	* Engdahl
1938	4	19	23	11	18	39.65	33.87	30	5.1	Ms	Turkey:Kirsehir	土耳其:克尔谢希尔	GSHAP
1938	4	20	6	27	5	-22	175		6.5	Ms	Fiji Islands	斐济群岛	Shi Z.
1938	4	21	1	15	14	-52.5	27.5		6.25	Ms	South Atlantic - Indian Ridge	南大西洋-印度洋海岭	Shi Z.
1938	4	23	0	27	50	28	131.5		6.25	Ms	Ryukyu Islands	琉球群岛	Shi Z.
1938	4	24	14	10	58	-23.5	-66	180	6	Ms	Argentina:Jujuy	阿根廷:胡胡伊	GSHAP
1938	4	24	20	21	6	2	-69		5	Ms	Colombia:Guainia	哥伦比亚:瓜伊尼亚	GSHAP
1938	4	25	17	7		12.2	-86.9		5.9	Mk	Nicaragua:Leon,Chinandega	尼加拉瓜:里昂,奇南德加	* Song
1938	4	26	12	53	35	-6.5	129	150	6.5	Ms	Indonesia:Banda Sea	印度尼西亚:班达海	Shi Z.
1938	5	2	23	40	30	7.5	-75	100	5.8	Ms	Colombia:Antioquia	哥伦比亚:安提奥基亚	GSHAP
1938	5	3	2	15	27	18.5	-99	100	6.5	Ms	Mexico:Morelos	墨西哥:莫雷洛斯	Shi Z.
1938	5	3	19	15	45	46.5	150.8	100	6	Ms	Kuril Islands	千岛群岛	GSHAP
1938	5	6	3	41	8	24.5	95	100	5.8	Ms	myanmar:Sagaing	缅甸:实皆	GSHAP
1938	5	6	18	17		12.3	-86.9		6.2	Mk	Nicaragua:Leon (Telica Volcano)	尼加拉瓜:里昂(特利卡火山)	* Song
1938	5	8	13	48	5.21	-48.27	99.722	15	6.8	Muk	South - East Indian Ridge	南印度洋东海岭	Engdahl
1938	5	9	15	40	12	21.3	100.5	5	6	Ms	myanmar:Mong Yawng	缅甸:孟洋	GSHAP
1938	5	12	15	39	5.76	-6	147.8	60	7.3	Mw	Papua New Guinea:West New Britain	巴布亚新几内亚:西新不列颠	* Engdahl,NOAA
1938	5	12	21	32		18.3	37.6		5.8	Ms	Sudan:Port Sudan,S.	苏丹:苏丹港南部	GSHAP
1938	5	12	22	9	37	34.8	26.2	33	5.8	Ms	Greece:Crete Island	希腊:克里特岛	Turkey
1938	5	14	12	3	9	21.7	99.5		6	Ms	myanmar:Keng Tung	缅甸:肯格塔恩	* China
1938	5	19	17	8	36	-0.366	119.525	49.4	7.5	Mw	Indonesia:Tinombo	印度尼西亚:蒂农博	* Engdahl,NOAA
1938	5	23	7	18	33	36.458	141.755	35	7.7	Mw	Japan Trench	日本海沟	* Engdahl,Usami,NOAA
1938	5	23	8	21	54	18	119.5	80	7	mB	China:South China Sea	中国:南海	Shi Z.,Engdahl,China
1938	5	24	9	37	26	36.7	73.8	15	5.4	Ms	Pakistan:Khyber Pakhtunkhwa,NE.	巴基斯坦:西北边境省东北	GSHAP
1938	5	27	21	23		42.5	16.9	30	5.5	Ms	Adriatic Sea	亚得里亚海	GSHAP
1938	5	28	10	14	1	42.75	-126.1		6	Ms	US:Off Coast of W. Oregon	美国:俄勒冈州西部沿海	USGS
1938	5	28	16	42	3	43.6	144.3	20	6.7	Ms	Japan:Hokkaido	日本:北海道	* GSHAP,Usami,NOAA

年 Year	月 Mo	日 Dy	时 Hr	分 Mn	秒 Sec	纬度(°) Latitude	经度(°) Longitude	深度 Depth	震级 Mag	标度 Scale	地名(英文) Name(English)	地名(中文) Name(Chinese)	资料来源 Information
1938	5	30	14	29	52.2	-19.882	169.165	35	7	mB	Vanuatu Islands	瓦努阿图群岛	Engdahl
1938	5	31	8	34	55.4	33.7	-117.51	10	5.5	Ms	US:California, Los Angeles	美国:加利福尼亚州洛杉矶	USGS
1938	5	31	17	55	22	40.9	33.73	10	5.1	Ms	Turkey:Ilgaz	土耳其:厄尔加兹	GSHAP
1938	6	3	16	38	3	34.5	26.5	120	5.9	Ms	Mediterranean Sea	地中海	Turkey
1938	6	6	2	42		32.9	-115.22	16	5	Ms	US:California, Holtville	美国:加利福尼亚州霍尔特维尔	USGS
1938	6	9	19	15	11	-3.145	126.928	25	7	Ms	Indonesia:Ceram Sea	印度尼西亚:塞兰海	Engdahl
1938	6	10	9	53	45	25.208	125.115	35	7.6	Mw	Ryukyu Islands, SW.	琉球群岛西南	* Usami, China, NOAA
1938	6	13	11	30		45.9	-111.3		5.1	Mk	US:Montana, Manhattan	美国:蒙大纳州曼哈顿	USGS, Song
1938	6	14	5	32		45.9	-111.3		5.1	Mk	US:Montana, Manhattan	美国:蒙大纳州曼哈顿	USGS, Song
1938	6	15	7	43	50	-31	-70.5	70	6	Ms	Chile:Ovalle	智利:奥瓦耶	GSHAP
1938	6	16	2	15	19.7	27.585	129.539	35	7.2	Mw	Ryukyu Islands	琉球群岛	Engdahl
1938	6	16	22	50	30	24.6	121.1		5.25	Ms	China:Taiwan, Hsinchu	中国:台湾新竹	China
1938	6	20	23	50	36	42.72	76.12	10	6.9	Muk	Kazakhstan:Almaty	哈萨克斯坦:阿拉木图	GSHAP, China
1938	6	23	1	3	58	-30.5	-70	70	6.5	Ms	Argentina:San Juan	阿根廷:圣胡安	GSHAP
1938	6	23	12	55	28	-20.548	169.51	35	6.9	Muk	New Caledonia:Loyalty Islands	新喀里多尼亚:罗亚尔特群岛	Engdahl
1938	6	26				22.299	71.599		5	Ms	India:Botad	印度:博达德	GSHAP
1938	6	28	19	17	43	18.2	-99.5	110	6.5	Ms	Mexico:Teloloapan	墨西哥:特洛瓦潘	* Shi Z.
1938	6	30	16	44	48	-20.5	169.5	70	6.25	Ms	Vanuatu Islands	瓦努阿图群岛	Shi Z.
1938	7	1	18	13		41	-124		5	Ms	US:California, Eureka	美国:加利福尼亚州尤里卡	USGS
1938	7	2	11	50		-11.272	-75.951	15	6	Mk	Peru:Perene	秘鲁:佩雷内	GSHAP, Song
1938	7	5	22	7	14	-22.882	172.062	35	6.8	Muk	Vanuatu Islands	瓦努阿图群岛	Engdahl
1938	7	7	4	50		-5.692	-80.042	80	5	Mk	Peru:Piura	秘鲁:皮乌拉	GSHAP, Song
1938	7	7	7	48		46.048	12.716		5	Ms	Italy:Pordenone	意大利:波代诺内	Italy
1938	7	13	20	15	17	45.9	26.7	120	5.6	Ms	Romania:Tulnici	罗马尼亚:图尔尼奇	GSHAP
1938	7	14	23	31	31	-22	175	60	6	Ms	Fiji Islands	斐济群岛	Shi Z.
1938	7	14				22.299	71.8		5	Ms	India:Botad	印度:博达德	GSHAP
1938	7	18	0	57		44.6	6.73		5.24	Ms	France:Alpi Cozie	法国:科蒂安山	Italy
1938	7	19	19	45		35.2	59.3	33	5	Ms	Iran:Torbat HEydarīyeh	伊朗:托尔巴特海达里耶	GSHAP
1938	7	20	0	23	35	38.3	23.8	33	6.1	Ms	Greece:Erythres	希腊:埃里斯雷	GSHAP
1938	7	21	9	10	0.4	-3.1	41.1		6	Ms	Kenya:Mombasa, Off Coast of E.	肯尼亚:蒙巴萨东部沿海	GSHAP
1938	7	21	21	56	6	39.56	33.68	10	5.1	Ms	Turkey:Kirsehir	土耳其:克尔谢希尔	GSHAP
1938	7	23	23	0	20	-5	147	120	6.5	Ms	Bismarck Sea	俾斯麦海	Shi Z.
1938	7	23				22.399	71.8		5.5	Ms	India:Botad	印度:博达德	GSHAP
1938	7	24	13	12	13	53.5	-167	50	6.25	Ms	Aleutian Islands	阿留申群岛	USGS, Shi Z.
1938	7	28	8	17	1	46	153.5	70	5.9	Ms	Kuril Islands	千岛群岛	GSHAP
1938	7	29	13	6	38	-1	99	80	6.5	Ms	Indonesia:Southern Sumatra	印度尼西亚:苏门答腊南部	Shi Z.
1938	7	31	21	54	14	43	136.8	360	6	Ms	Japan Sea, NE.	日本海东北	GSHAP
1938	8	3	13	32	36	43.9	-126.2		5.6	Ms	US:Off Coast of W. Oregon	美国:俄勒冈州西部沿海	USGS
1938	8	4	8	54	54	-23.761	-66.559	207.7	6.8	Muk	Chile:Antofagasta, C.	智利:安托法加斯塔中部	China, GSHAP
1938	8	5	14	17	40	36.8	71	15	5.2	Ms	Afghan:Badakhshan	阿富汗:巴达赫尚	GSHAP
1938	8	10	0	20		23.5	121.1		5.2	Ms	China:Taiwan, Hualien	中国:台湾花莲	China
1938	8	10	2	2		-0.3	-78.4	10	7.2	Muk	Ecuador:Sangolqui, Tingo - Pichincha	厄瓜多尔:桑戈尔基,廷戈-皮钦查	* GSHAP
1938	8	12	2	30		42.467	13.2		5.01	Ms	Italy:L'Aquila	意大利:拉奎拉	Italy
1938	8	16	4	27	57	22.957	93.884	35	7.1	Mw	myanmar:Sagaing	缅甸:实皆	China, GSHAP
1938	8	17	1	45	36	44	147	80	6	Ms	Kuril Islands	千岛群岛	GSHAP
1938	8	18	9	30	11	-4.04	102.687	124.6	6.9	Muk	Indonesia:Southern Sumatra	印度尼西亚:苏门答腊南部	Engdahl
1938	8	18	22	17		24.2	121.6		5.2	Ms	China:Taiwan, Hualien	中国:台湾花莲	China
1938	8	22	21	37	24	37.4	98.5		6	Ms	China:Qinghai, Tianjun, W.	中国:青海天峻西	China
1938	8	23	7	16	3	32.2	92.9		5.5	Ms	China:Xizang (Tibet), Baen, W.	中国:西藏巴青西	China
1938	8	24	15	43	50	-9	119	50	6.5	Ms	Indonesia:Sumba	印度尼西亚:萨姆巴	Shi Z.
1938	8	25	0	4	54	4	-78		5	Ms	Colombia:Near Coast	哥伦比亚:近海	GSHAP
1938	8	25	1	28	6.38	-5.679	101.297	35	6.9	Muk	Indonesia:Sumatra, Coast of SW.	印度尼西亚:苏门答腊西南海域	Engdahl
1938	8	28	0	35		21.6	122.5	40	6	Ms	China:Taiwan, Coast of S.	中国:台湾南部海域	China
1938	8	30	11	49	39	-3.911	143.574	35	6.8	Muk	Papua New Guinea:Terebu	巴布亚新几内亚:泰雷布	Engdahl
1938	8	31	17	44	42	-3.018	151.289	35	6.8	Muk	Papua New Guinea:New Ireland	巴布亚新几内亚:新爱尔兰	Engdahl
1938	9	1	2	54	9	23.7	122.4		6	Ms	China:Taiwan, Hualien, Coast of E.	中国:台湾花莲以东海域	China
1938	9	5	14	42	32	-55	-152		6	Ms	Southern Pacific Ridge	南太平洋海岭	Shi Z.
1938	9	6	13	28	20	41	50	22	5	Ms	Caspian Sea	里海	GSHAP
1938	9	7	4	3	24	23.9	121.7	47.4	7	Ms	China:Taiwan, Hualien, Coast of E.	中国:台湾花莲以东海域	China, Engdahl
1938	9	7	12	58	20	-6.5	155	160	6.5	Ms	Papua New Guinea:Bougainville Island	巴布亚新几内亚:布干维尔岛	Shi Z.
1938	9	9	17	27	12	-7.2	-80.3		5.8	Ms	Peru:Chiclayo, Near Coast	秘鲁:奇克拉约近海	GSHAP
1938	9	10	22	23	57	7.5	79		5.8	Ms	Sri Lanka:Colombo	斯里兰卡:科伦坡	GSHAP
1938	9	12	6	10		40	-124		5.5	Ms	US:California, Whitethorn	美国:加利福尼亚州怀特索恩	USGS
1938	9	14	8	50		24.4	120.6		5.3	Ms	China:Taiwan, Taichung	中国:台湾台中	China
1938	9	17	14	23	4.1	35.63	-117.51		5	Ms	US:California, Trona	美国:加利福尼亚州特罗纳	USGS
1938	9	18	0	38	0.3	9.5	40.3		5.8	Ms	Ethiopia:Debre Birhan	埃塞俄比亚:德卜勒伯尔汉	GSHAP
1938	9	18	3	50	38	38	22.5	100	6.5	Ms	Greece:Corinthia, Arcadia	希腊:科林特,阿卡迪亚	GSHAP

年 Year	月 Mo	日 Dy	时 Hr	分 Mn	秒 Sec	纬度(°) Latitude	经度(°) Longitude	深度 Depth	震级 Mag	标度 Scale	地名(英文) Name(English)	地名(中文) Name(Chinese)	资料来源 Information
1938	9	18	13	42		23.4	121.3		5.3	Ms	China:Taiwan,Hualien	中国:台湾花莲	China
1938	9	20	22	4	30	48.2	90.5		5.25	Ms	Mongolia:Hongo,W.	蒙古:洪戈西部	China,GSHAP
1938	9	21	18	52	2.03	36.372	141.325	35	6.9	Muk	Japan:Ibaraki,Near Coast	日本:茨城近海	Engdahl,Usami
1938	9	23	1	3	16	0	85		5	Mk	Bay of Bengal,S.	孟加拉湾南部	GSHAP,Song
1938	9	27	2	31	0.4	9.5	40.3		6	Ms	Ethiopia:Addis Abeba	埃塞俄比亚:亚的斯亚贝巴	GSHAP
1938	9	27	12	23	48	36.45	-121.25		5	Ms	US:California,Soledad	美国:加利福尼亚州索莱达	USGS
1938	9	30	9	2	18	35.1	78.1		5	Ms	China:Xinjiang,Karakorum Pass,S.	中国:新疆喀喇昆仑山口南	China
1938	10	7	6	11	36	10.3	95		5	Mk	India:Andaman Islands	印度:安达曼群岛	GSHAP,Song
1938	10	7	10	53	40	9.5	93.7		5	Mk	India:Nicobar Islands	印度:尼科巴群岛	GSHAP,Song
1938	10	7	16	23	45	9.5	94	120	6.25	Ms	India:Nicobar Islands	印度:尼科巴群岛	GSHAP
1938	10	9	16	36	40	-62	160		6	Ms	Southern Pacific Ridge	南太平洋海岭	Shi Z.
1938	10	9	20	39	9	9.5	93.7		6	Ms	India:Nicobar Islands	印度:尼科巴群岛	GSHAP
1938	10	10	20	48	11	2.386	126.553	35	7.2	Mw	Molukka Sea	马鲁古海	Engdahl
1938	10	12	0	35		39.2	144.19	10	6.9	Ms	Japan Trench	日本海沟	GSHAP
1938	10	13	15	26	23	23.9	121.7		6.25	Ms	China:Taiwan,Hualien,Coast of E.	中国:台湾花莲以东海域	China
1938	10	17	15	26	59	44.4	140.5	250	6.5	Ms	Japan Sea,NE.	日本海东北	GSHAP
1938	10	19	4	13	26	49.5	90.3	36	6.8	Muk	Mongolia:Nogoonnuur	蒙古:瑙贡努尔	Engdahl,GSHAP
1938	10	20	2	19	24	-9.268	123.243	35	7.3	mB	Indonesia:Flores Island,E.	印度尼西亚:弗洛勒斯岛东部	Engdahl
1938	10	20	13	14	0.6	9.5	40.3		5.5	Ms	Ethiopia:Debre Birhan	埃塞俄比亚:德卜勒伯尔汉	GSHAP
1938	10	21	6	46	22	43.5	131	550	6.25	Ms	China:Heilongjiang,Dongning,S.	中国:黑龙江东宁南	China
1938	10	21	20	24	12	2.5	66	60	6.5	Ms	North Indian Ridge	北印度洋海岭	Shi Z.
1938	10	21	23	35	38	-35	-179.5	30	6.25	Ms	Kermadec Ridge	克马德克海岭	Shi Z.
1938	10	23	2	25	0.1	9.5	40.3		5.5	Ms	Ethiopia:Debre Birhan	埃塞俄比亚:德卜勒伯尔汉	GSHAP
1938	10	23	15	1	0.2	-17.6	41.3		6	Ms	Mozambique Channel	莫桑比克海峡	GSHAP
1938	10	26	3	27	36	25	102		5.5	Ms	China:Yunnan,Lufeng	中国:云南禄丰	China
1938	10	29	22	53		-9	116	90	6.5	Ms	Indonesia:Sumbawa	印度尼西亚:松巴哇	Shi Z.
1938	10	31	5	27	16	37.1	71.2		5	Mk	Afghan:Badakhshan	阿富汗:巴达赫尚	GSHAP,Song
1938	11	1	0	47	13	37	70.5		5	Mk	Afghan:Badakhshan	阿富汗:巴达赫尚	GSHAP,Song
1938	11	5	8	43	23	37.009	142.045	35	7.9	Mw	Japan Trench	日本海沟	* Shi Z.,Usami,Engdahl,NOAA
1938	11	5	10	50	16.8	37.108	142.081	35	7.8	Mw	Japan Trench	日本海沟	* Engdahl,NOAA
1938	11	6	8	53	55	37.287	142.283	35	7.7	Mw	Japan Trench	日本海沟	* Engdahl,NOAA
1938	11	6	21	38	46	36.867	142.625	60	7	Ms	Japan Trench	日本海沟	Shi Z.,Engdahl,NOAA
1938	11	8	3	11	34	48	16.4	7	5.1	Ms	Austria:Bad Voslau	奥地利:巴特弗斯劳	GSHAP
1938	11	9	2	22		37.5	141.2	20	6.5	Ms	Japan:Fukushima,Near Coast	日本:福岛近海	* NOAA
1938	11	10	20	18	47	55.328	-158.37	35	8.2	M	Aleutian Islands	阿留申群岛	* USGS,Engdahl,NOAA
1938	11	12	14	50		46.4	153.4	30	6.2	Ms	Kuril Islands	千岛群岛	GSHAP
1938	11	13	13	13	42	44.6	149.4	35	6.9	Muk	Kuril Islands	千岛群岛	GSHAP, Shi Z.,Engdahl
1938	11	13	22	31	33	37	141.5	60	7	Ms	Japan:Fukushima,Near Coast	日本:福岛近海	* Shi Z.,Engdahl,NOAA
1938	11	15	13	48		39.25	-123		5.1	Mk	US:California,Potter Valley	美国:加利福尼亚州波特瓦利	USGS,Song
1938	11	15	21	0	17	-4.5	98.5		6.5	Ms	Indonesia:Sumatra,Coast of SW.	印度尼西亚:苏门答腊西南海域	Shi Z.
1938	11	17	3	54	41	55.45	-157.55	35	7.2	Mw	Aleutian Islands	阿留申群岛	USGS,Engdahl
1938	11	18	14	12	35	-13	168	360	6.5	Ms	North Vanuatu Islands	瓦努阿图群岛北部	Shi Z.
1938	11	19	1	27		24.5	121.4		5.1	Ms	China:Taiwan,Yilan	中国:台湾宜兰	China
1938	11	19	5	39	40	47.5	153.5	40	6.1	Ms	Kuril Islands	千岛群岛	GSHAP
1938	11	21	1	11	31	29.9	95.3		6	Ms	China:Xizang(Tibet),Bowo,W.	中国:西藏波密西	China
1938	11	21	6	58	55	23.9	121.7		5.75	Ms	China:Taiwan,Hualien,Coast of E.	中国:台湾花莲以东海域	China
1938	11	22	1	14		36.7	142.1	10	6.9	Ms	Japan Trench	日本海沟	* NOAA
1938	11	30	2	29	52	37.026	142.133	35	6.9	Ms	Japan Trench	日本海沟	* Engdahl,NOAA
1938	12	1	18	9	20	30.3	68.3		5	Mk	Pakistan:Sibbi	巴基斯坦:锡比	GSHAP,Song
1938	12	2	14	13	20	3	97		5	Mk	Indonesia:Off West Coast of N. Sumatera	印度尼西亚:北苏门答腊西部海域	GSHAP,Song
1938	12	2	22	14	20	33.2	90.4		6	Ms	China:Xizang(Tibet),Amdo,NW.	中国:西藏安多西北	China
1938	12	3	17	42	52.6	37.45	-118.6	10	5.7	Ms	US:California,Huntington Lake,NE.	美国:加利福尼亚州亨廷顿莱克东北	USGS
1938	12	6	23	0	56	22.9	121.5	39	7	Ms	China:Taiwan,Taitung,Coast of E.	中国:台湾台东以东海域	* China,Engdahl
1938	12	7	10	12	18	22.9	121.5		5.5	Ms	China:Taiwan,Taitung,Coast of E.	中国:台湾台东以东海域	China
1938	12	7	15	0	56	22.9	121.5		5.75	Ms	China:Taiwan,Taitung,Coast of E.	中国:台湾台东以东海域	China
1938	12	9	5	2	45	22.9	121.5		5.75	Ms	China:Taiwan,Taitung,Coast of E.	中国:台湾台东以东海域	China
1938	12	12	22	2	46	6.5	-78		5	Ms	Colombia:Near Coast	哥伦比亚:近海	GSHAP
1938	12	16	17	21	24	-45.503	166.88	25	6.9	Ms	New Zealand:South Island,Secretary Island	新西兰:南岛,塞克勒特里岛	Engdahl,Shi Z.
1938	12	17	16	35	25	47.5	92.8	18	6.5	Ms	Mongolia:North Hovo	蒙古:科布多北部	GSHAP
1938	12	19	4	53	10	18.3	119		5	Ms	China:South China Sea	中国:南海	China
1938	12	19	18	23	46	43.7	147.6	30	6.2	Ms	Kuril Islands	千岛群岛	GSHAP

年 Year	月 Mo	日 Dy	时 Hr	分 Mn	秒 Sec	纬度(°) Latitude	经度(°) Longitude	深度 Depth	震级 Mag	标度 Scale	地名(英文) Name(English)	地名(中文) Name(Chinese)	资料来源 Information
1938	12	19	18	56		36.6	58.5		5.6	Ms	Iran:Mashhad	伊朗:马什哈德	Afghan
1938	12	21	12	26	40	-9.75	119		6.5	Ms	Indonesia:Sumba Island	印度尼西亚:松巴岛	Shi Z.
1938	12	22	16	56	42	24.1	123.1		5.9	Ms	Ryukyu Islands	琉球群岛	China
1938	12	30	2	20	50	-40.25	176.5		6.25	Ms	New Zealand:North Island,Mangaorapa	新西兰:北岛,曼加雷帕	Shi Z.
1938	12	30	12	10	48	59	-153	100	5.5	Ms	Alaska:Kodiak Island	阿拉斯加:科迪亚克岛	USGS
1938						34.5	58.2		5.9	Mk	Iran:Razavi Khorasan	伊朗:呼罗珊	* * Song
1939	1	2	4	35		36.3	30.7		5.3	Muk	Mediterranean Sea	地中海	*
1939	1	2	4	36	17	39.74	27.86	100	5.7	Ms	Turkey:Balikesir	土耳其:巴勒克西尔	Turkey
1939	1	7	16			37.1	121.6		5.5	Ms	China:Shandong,Rushan,N.	中国:山东乳山北	China
1939	1	10	1	4		36.5	127.3		5	Ms	South Korea:Okcheon	韩国:沃川郡	GSHAP
1939	1	10	2	50	40	6.5	94.5		5.8	Ms	India:Nicobar Islands	印度:尼科巴群岛	GSHAP
1939	1	10	10	7	3	6.5	94.5		6	Ms	India:Nicobar Islands	印度:尼科巴群岛	GSHAP
1939	1	11	22			39	-119.2		5.5	Ms	US:Nevada,Yerington	美国:内华达州耶灵顿	USGS
1939	1	18	1	44	18	-29.5	-71	70	6.3	Ms	Chile:La Higuera	智利:拉伊格拉	GSHAP
1939	1	18	12	40	11	-21.5	-70	70	5.8	Ms	Chile:Tarapaca,S.	智利:塔拉帕卡南部	GSHAP
1939	1	20	20	40	27	13.5	-91.5	70	6.5	Ms	Guatemala:Near Coast	危地马拉:近海	Shi Z.
1939	1	22	4	41	4	53.6	143	13	5.5	Ms	Russia:Sakhalin Island	俄罗斯:库页岛(萨哈林岛)	GSHAP
1939	1	22	13	31	43	-7.5	149		6.25	Ms	Solomon Sea,W.	所罗门海西部	Shi Z.
1939	1	24	19	48	53	-26.5	-63	580	6	Ms	Argentina:Santiago del Estero	阿根廷:圣地亚哥-德尔埃斯特罗	GSHAP
1939	1	25	3	32	14	-36.2	-72.2	60	7.7	Mw	Chile:Chillan	智利:奇廉	* Engdahl,NOAA
1939	1	25	11	2	22	31	50		5.6	Ms	Iran:Ahwaz	伊朗:阿瓦士	Turkey
1939	1	27	20	10	15	38.467	14.883	15	5.15	Ms	Italy:Calabria	意大利:卡拉布里亚	* Italy,NOAA
1939	1	29	15	25	50	5	94.5		5.6	Ms	India:Nicobar Islands	印度:尼科巴群岛	GSHAP
1939	1	30	2	18	30	-7.08	155.386	35	7.7	Mw	Papua New Guinea:Bougainville Island	巴布亚新几内亚:布干维尔岛	* Engdahl,NOAA
1939	1	30	23	50	24	-5.5	147	200	6.5	Ms	Papua New Guinea:North West of Lae	巴布亚新几内亚:莱城西北	Shi Z.
1939	2	2	14	5	9	1.5	92		5	Mk	Bay of Bengal,S.	孟加拉湾南部	GSHAP,Song
1939	2	3	5	26	26	-9.479	159.363	35	7.1	Ms	Solomon Islands	所罗门群岛	Engdahl
1939	2	3	20	13	15	-22.5	-175.5		6.25	Ms	Tonga Islands	汤加群岛	Shi Z.
1939	2	4	11	34	5	7	126.5	100	6	Ms	Philippines:Mindanao Island	菲律宾:棉兰老岛	Shi Z.
1939	2	6	7	23	17	45.2	14.6		5.03	Ms	Croatia:Rijeka	克罗地亚:里耶卡	Italy,GSHAP
1939	2	6	21	10	15	36.5	71	250	5.2	Ms	Afghan:Badakhshan	阿富汗:巴达赫尚	GSHAP
1939	2	9	11	45	20	0	98.5		5.6	Ms	Indonesia:Northern Sumatra	印度尼西亚:苏门答腊北部	GSHAP
1939	2	11	11	17		44.002	11.431		5.17	Ms	Italy:Marradi	意大利:马拉迪	Italy
1939	2	17	3	24	24	42.1	23.4	40	5.1	Ms	Bulgaria:Razlog Valley	保加利亚:拉兹洛格	GSHAP
1939	2	19	12	51	40	-30.5	-71	100	5.5	Ms	Chile:Ovalle	智利:奥瓦耶	GSHAP
1939	2	23	15	40	46	42.5	82.5		6	Ms	China:Xinjiang,Kuqa,NW.	中国:新疆库车西北	China
1939	2	24	14	15	55.7	54.05	-162.01	79	6.25	Ms	Aleutian Islands	阿留申群岛	USGS
1939	3	2	7	0	20	-4.383	143.155	35	7	mB	Papua New Guinea:Ambunti	巴布亚新几内亚:安本蒂	Engdahl
1939	3	8	21	58	19	-6.756	155.34	35	6.8	Muk	Papua New Guinea:Bougainville Island	巴布亚新几内亚:布干维尔岛	Engdahl
1939	3	10	7	54	15	48.3	97.8	20	5.4	Ms	Mongolia:West Dzavhan	蒙古:扎布汗西部	GSHAP
1939	3	12	16			36.6	104.7		5	Ms	China:Gansu,Jingyuan	中国:甘肃靖远	China
1939	3	17	12	12	24	42.5	82.5		5.75	Ms	China:Xinjiang,Kuqa,NW.	中国:新疆库车西北	China
1939	3	17	13	9		40.75	-126		5	Ms	US:California,Off Coast N.	美国:加利福尼亚州北部沿海	USGS
1939	3	20	1	56	53	42.5	82.5		5.5	Ms	China:Xinjiang,Kuqa,NW.	中国:新疆库车西北	China
1939	3	20	3	22		32.3	132	20	6.6	Ms	Japan:Miyazaki,Near Coast	日本:宫崎近海	* NOAA
1939	3	21	1	11	14	-1.285	89.401	15	7	Ms	Bay of Bengal,S.	孟加拉湾南部	Engdahl
1939	3	23	5	44		47.43	21.97	23	5.1	Ms	Hungary:Debrecen	匈牙利:德布勒森	GSHAP
1939	3	28	21	35		36.4	58		5	Ms	Iran:Sabzevar	伊朗:萨卜泽瓦尔	Iran
1939	3	31	7	18	10	42.2	145	70	6.3	Ms	Japan:Hokkaido	日本:北海道	GSHAP
1939	4	5	16	42	45	-19.712	168.984	35	7	mB	Vanuatu Islands	瓦努阿图群岛	Engdahl
1939	4	6	4	8		35	54.5	33	5.5	Ms	Iran:Semnan	伊朗:塞姆南	GSHAP
1939	4	17	19	15	33	39.9	77.1		5	Ms	China:Xinjiang,Artux,E.	中国:新疆阿图什东	China
1939	4	18	6	22	44	-27	-70.5	35	7.3	mB	Chile:Copiapo	智利:科皮亚波	* Chile,Engdahl,NOAA
1939	4	20	17	46	14	13	-60.5	130	5.3	Ms	St Vincent & Grenadines: Port Elizabeth,E.	圣文森特和格林纳丁斯:伊丽莎白港东部	GSHAP
1939	4	20	22	6	35	-46.5	167.5		6	Ms	New Zealand: South Island, Near Coast of S.	新西兰:南岛南部近海	Shi Z.
1939	4	21	4	29	17	47.745	139.821	35	6.9	mB	Japan Sea,N.	日本海北部	Engdahl,GSHAP
1939	4	23	16	23	6	0.5	-17.5		6.25	Ms	Central Mid-Atlantic Ridge	中大西洋中脊	Shi Z.
1939	4	25	12	53	37	-12.5	-75.5	150	6.3	Ms	Peru: Huancayo	秘鲁:万卡约	GSHAP
1939	4	26	11	16	26	19.6	120.6		6	Ms	Luzon Ridge,W.	吕宋海岭西部	China
1939	4	29				26.2	85.9		5	Ms	India:Darbhanga	印度:达尔彭加	GSHAP
1939	4	30	2	55	29	-9.295	159.234	35	7.9	Mw	Solomon Islands	所罗门群岛	* Engdahl,NOAA

年 Year	月 Mo	日 Dy	时 Hr	分 Mn	秒 Sec	纬度(°) Latitude	经度(°) Longitude	深度 Depth	震级 Mag	标度 Scale	地名(英文) Name(English)	地名(中文) Name(Chinese)	资料来源 Information
1939	5	1	5	58	32.6	40.1	139.5	35	7	Ms	Japan:Akita,Near West Coast	日本:秋田西部近海	* Usami,Engdahl,NOAA
1939	5	2	13	14	47	29.5	-113.5		6.75	Ms	Gulf of California	加利福尼亚湾	Shi Z.
1939	5	4	20	44	46.8	35.97	-114.82		5	Ms	US:Nevada,Las Vegas	美国:内华达州拉斯维加斯	USGS
1939	5	7	17	0	7	13.5	121.2	110	6.5	Ms	Philippines:Calapan	菲律宾:卡拉潘	* Shi Z.,NOAA
1939	5	8	1	46	53	37.053	-24.427	15.7	6.5	Ms	North Atlantic Ocean,Azores Islands	北大西洋:亚速尔群岛	* Engdahl,NOAA
1939	5	11	18	4		38.58	-117.83		5.5	Ms	US:Nevada,Mina	美国:内华达州迈纳	USGS
1939	5	12	9	46	16	37.9	71.2		5	Mk	Afghan:Fayzabad,N.	阿富汗:法扎巴德北部	GSHAP,Song
1939	5	12				45.9	-111.3		5.1	Mk	US:Montana,Manhattan	美国:蒙大纳州曼哈顿	USGS,Song
1939	5	13	0	43	35	-22	-66	210	5.5	Ms	Argentina:Jujuy,N.	阿根廷:胡胡伊北部	GSHAP
1939	5	13	12	58	58	3	97		5	Mk	Indonesia:Off West Coast of N. Sumatera	印度尼西亚:北苏门答腊西部海域	GSHAP,Song
1939	5	14	18	12	24	-36.5	179	80	6	Ms	Kermadec Ridge,S.	克马德克海岭南部	Shi Z.
1939	5	15	20	57	31	19.37	-155.13	16	5.1	Mk	Hawaiian Islands	夏威夷群岛	USGS,Song
1939	5	16	7	20	12	23.9	121.7		6	Ms	China:Taiwan,Hualien,Coast of E.	中国:台湾花莲以东海域	China
1939	5	17	18	30	38	23.223	143.585	35	6.9	Muk	Japan:South Honshu Ridge	日本:本州南部海岭	Engdahl
1939	5	19	18	25	35	-18	-69	100	6.25	Ms	Bolivia:Oruro	玻利维亚:奥鲁罗	GSHAP
1939	5	19	18	51	34	52.3	98.6	30	6	Ms	Russia:Tuva,NE.	俄罗斯:唐努图瓦州东北	GSHAP
1939	5	20	9	35	23	41	19.5		5.6	Ms	Albania:Durres	阿尔巴尼亚:都拉斯	Turkey
1939	5	21	20	21	53	-22.5	-179	600	6	Ms	Lau Ridge[Pacific Ocean]	劳海岭[太平洋]	Shi Z.
1939	5	22	1	34	48	-3	141		6.25	Ms	Papua New Guinea:Sandaun,Krisa	巴布亚新几内亚:桑道恩,克里萨	Shi Z.
1939	5	23	4	18	45	9	59		6	Ms	Arabian Sea	阿拉伯海	Shi Z.
1939	5	26	9	40	37	53.9	108.8	23	6	Ms	Russia:Lake Baykal	俄罗斯:贝加尔湖	GSHAP
1939	5	26	12	18	17	47	144	420	6	Ms	Sea of Okhotsk	鄂霍次克海	Shi Z.
1939	5	26	17	50	23	-3.5	140.5		6.5	Ms	Indonesia:Papua	印度尼西亚:巴布亚	Shi Z.
1939	5	27	3	45	44	24.461	93.955	46.9	6.8	Muk	India:Imphal,S.	印度:英帕尔南部	Engdahl,GSHAP
1939	5	30	0	52	50	39.4	76.7		5.5	Ms	China:Xinjiang,Payzawat	中国:新疆伽师	China
1939	5	30	10	7	6	38.98	70.45	6	5.8	Ms	Tadzhikistan:Garm	塔吉克斯坦:加尔姆	GSHAP
1939	5	31				10.18	-64.61		5	Mk	Venezuela:Barcelona	委内瑞拉:巴塞罗纳	GSHAP,Song
1939	6	2	3	33	17	4.595	126.239	35	6.5	Ms	Indonesia:Karakelong Island	印度尼西亚:卡拉克隆岛	Engdahl
1939	6	3	9	30		10.13	-64.7		5	Mk	Venezuela:Barcelona	委内瑞拉:巴塞罗纳	GSHAP,Song
1939	6	4	0	24		-9	123.5	80	6.25	Ms	Indonesia:Savu Sea	印度尼西亚:萨武海	Shi Z.
1939	6	4	7	48	57	53	107.5	15	5	Ms	Russia:Lake Baykal	俄罗斯:贝加尔湖	GSHAP
1939	6	6	1	22	27	35.9	70		5	Mk	Afghan:Puli Khumri	阿富汗:普勒胡姆里	GSHAP,Song
1939	6	8	20	46	51	-15.269	-173.931	35	7	mB	North of Fiji Islands	斐济群岛北部	Engdahl
1939	6	10	8	36	48	33.9	56.97	33	5.2	Ms	Iran:Razavi Khorasan	伊朗:呼罗珊	Iran
1939	6	12	4	5	9	20.5	-66		6.25	Ms	Puerto Rico:San Juan,N.	波多黎各:圣胡安北部	Shi Z.
1939	6	13	20	39	48	0.47	125.257	35	6.9	Muk	Molukka Sea	马鲁古海	Engdahl
1939	6	16	7	35	12	41	94.5		5.25	Ms	China:Gansu,Dunhuang,N.	中国:甘肃敦煌北	China
1939	6	18	3	51	54	23.2	121.6		5.5	Ms	China:Taiwan,Taitung,Coast of E.	中国:台湾台东以东海域	China
1939	6	18	12	23	57	42.5	82.5		5.5	Ms	China:Xinjiang,Kuqa,NW.	中国:新疆库车西北	China
1939	6	18	16	46	5	10	-83	70	6.5	Ms	Costa Rica:Limon	哥斯达黎加:利蒙	Shi Z.
1939	6	19	0	42	40	37.3	71.4	15	5.4	Ms	Afghan:Fayzabad,E.	阿富汗:法扎巴德东部	GSHAP
1939	6	19	21	56	40	23.5	94		5.6	Ms	myanmar:Chin	缅甸:赛钦	GSHAP
1939	6	22	17	2	46	39.3	69.4		5	Mk	Tadzhikistan:Sabah - Take Bu	塔吉克斯坦:萨巴赫 - 塔科布	GSHAP,Song
1939	6	22	19	19	26	5.18	-0.13	13	6.8	mB	Ghana:Accra	加纳:阿克拉	* NOAA
1939	6	24	4	22	24	-12.5	-72		5.8	Mk	Peru:Pomacanchi	秘鲁:波马奇	* GSHAP,Song
1939	6	24	13	2	6	36.8	-121.45		5.5	Ms	US:California,Tres Pinos	美国:加利福尼亚州特雷斯皮诺斯	USGS
1939	6	28	11	32	22	-29	-49	15	5.5	Ms	Brasil:Criciuma	巴西:克里西乌马	GSHAP
1939	6	29	21	5	45	44	93.5	15	5.5	Ms	China:Xinjiang,Barkol,N.	中国:新疆巴里坤北	GSHAP
1939	7	1	13	21	30	2.8	95.7		5	Mk	Indonesia:Simeulue Island	印度尼西亚:锡默卢岛	GSHAP,Song
1939	7	4	18	26	14.8	-21.086	-65.39	298.9	6.8	Muk	Bolivia:Tupiza	玻利维亚:图皮萨	Engdahl,GSHAP
1939	7	5	22	41	8.88	-21.927	-179.938	642.6	6.9	Muk	Tonga Islands,W.	汤加群岛西部	Engdahl
1939	7	6	1	5	56	-22	180	650	6.25	Ms	Lau Ridge[Pacific Ocean]	劳海岭[太平洋]	Shi Z.
1939	7	6	3	51	58	42.5	82.5		5.5	Ms	China:Xinjiang,Kuqa,NW.	中国:新疆库车西北	China
1939	7	8	2	38		-29	-68	170	5.5	Ms	Argentina:La Rioja	阿根廷:拉里奥哈	GSHAP
1939	7	12	20	8	20	43.7	147.6	30	5.9	Ms	Kuril Islands	千岛群岛	GSHAP
1939	7	12	22	58	22	-3.031	140.276	35	6.8	Muk	Indonesia:Papua	印度尼西亚:巴布亚	Engdahl
1939	7	14	8	31	40	53.75	169	60	6.5	Ms	Aleutian Islands	阿留申群岛	Shi Z.
1939	7	14	14	21		19.32	-155.12		5.5	Ms	Hawaiian Islands	夏威夷群岛	USGS
1939	7	18	3	26	38	49	-129.25		6.5	Ms	Canada:Off Coast of W. Vancouver	加拿大:温哥华西部海域	Shi Z.
1939	7	18	11	23	58	6.5	93.5	60	6.2	Ms	India:Nicobar Islands	印度:尼科巴群岛	GSHAP
1939	7	20	2	23	8.28	-21.206	-178.77	639.6	6.8	mB	Fiji Islands	斐济群岛	Engdahl,Shi Z.
1939	7	23	15	7	24	-9	-109		6	Ms	East Pacific Ridge	东太平洋海岭	Shi Z.
1939	7	25	3	40	22	39.9	29.4	15	5.2	Ms	Turkey:Bursa	土耳其:布尔萨	GSHAP
1939	8	1	15	55	56	50.5	156	130	6	Ms	Kuril Islands	千岛群岛	GSHAP
1939	8	2	0	46	22	36	-16		6.5	Ms	North Atlantic Ocean,E.	北大西洋东部	Shi Z.
1939	8	2	13	6	10	40.2	29.1	15	5.3	Ms	Turkey:Bursa	土耳其:布尔萨	GSHAP

年 Year	月 Mo	日 Dy	时 Hr	分 Mn	秒 Sec	纬度(°) Latitude	经度(°) Longitude	深度 Depth	震级 Mag	标度 Scale	地名(英文) Name(English)	地名(中文) Name(Chinese)	资料来源 Information
1939	8	3	12	32	55	39.7	29.7		5.5	Ms	Turkey:Kütahya	土耳其：屈塔希亚	Turkey
1939	8	6	4	38		25	123.1		5.1	Ms	Ryukyu Islands	琉球群岛	China
1939	8	7	23	59	42	4	77.5		5.6	Ms	Sri Lanka:Off Coast of SW.	斯里兰卡：西南海域	GSHAP
1939	8	9	23	43	44	39.9	29.6	15	5.1	Ms	Turkey:Bursa	土耳其：布尔萨	GSHAP
1939	8	12	2	7	29	-16.058	168.154	172.4	7	mB	Vanuatu Islands	瓦努阿图群岛	Engdahl
1939	8	12	9	49	55	44.8	151	60	6.5	Ms	Kuril Islands	千岛群岛	GSHAP
1939	8	12	19	41	4	-24	-68.5	70	5.8	Ms	Chile:Antofagasta,C.	智利：安托法加斯塔中部	GSHAP
1939	8	15	3	52		22.4	-80		8.1	Ms	Cuba:Santa Clara	古巴：圣塔克莱拉	*NOAA
1939	8	18	22	16	4.14	-18.649	168.454	35	6.9	Muk	Vanuatu Islands	瓦努阿图群岛	Engdahl
1939	8	20	7	17	26	54	-164	75	6.25	Ms	Aleutian Islands	阿留申群岛	USGS
1939	8	21	15	19	3	51.5	177		6	Ms	Aleutian Islands,Rat Island	阿留申群岛，拉特岛	USGS
1939	8	25	3	48	20	-4.709	153.253	76.1	6.8	Muk	Papua New Guinea:New Ireland	巴布亚新几内亚：新爱尔兰	Engdahl
1939	8	27	11	18		-19	170	280	6.5	Ms	Vanuatu Islands	瓦努阿图群岛	Shi Z.
1939	8	28	21	35	36	36.4	58	12	5.3	Ms	Iran:Sabzevar	伊朗：萨卜泽瓦尔	GSHAP
1939	8	31	5	8		36.6	127.5		5.3	Ms	South Korea:Okcheon	韩国：沃川郡	GSHAP
1939	9	2	8	58	57	-12.519	166.892	86.9	6.8	Muk	North Vanuatu Islands	瓦努阿图群岛北部	Engdahl
1939	9	5	6	2		45.9	26.6	150	5.1	Ms	Romania:Tulnici	罗马尼亚：图尔尼奇	GSHAP
1939	9	6	11	27	32	36.6	66.5	30	5.2	Ms	Afghan:Sheberghan	阿富汗：希比尔甘	GSHAP
1939	9	13	18	3	30	-18.5	-70.5	130	5.8	Ms	Chile:Arica,Near Coast	智利：阿里卡近海	GSHAP
1939	9	14	9	1	6	12	95	100	6	Ms	India:Andaman Islands	印度：安达曼群岛	Shi Z.
1939	9	15	23	16	26	39.8	29.6		5.7	Ms	Turkey:Kütahya	土耳其：屈塔希亚	Turkey
1939	9	18	0	14	37	47.8	15.9	5	5.1	Ms	Austria:Ternitz	奥地利：泰尔尼茨	GSHAP
1939	9	18	16			24.4	102.6		5.5	Ms	China:Yunnan,Yuxi	中国：云南玉溪	*China
1939	9	19	3	24		37.8	57.7	17	5.5	Ms	Iran:Shirvan	伊朗：希尔凡	GSHAP
1939	9	20	0	19	26	38	21		6.3	Ms	Greece:Cephalonia	希腊：凯法隆尼亚	GSHAP
1939	9	20	6	53	12	-11.5	-75.5	60	6	Ms	Peru:Perene	秘鲁：佩雷内	GSHAP
1939	9	21	0	37		39.1	26.8		6.5	Muk	Turkey:Izmir	土耳其：伊兹密尔	*
1939	9	22	0	36	36	39.07	29.94	10	7.1	Ms	Turkey:Kütahya	土耳其：屈塔希亚	GSHAP
1939	9	25	15	31	1	8.7	93.9		6	Ms	India:Nicobar Islands	印度：尼科巴群岛	GSHAP
1939	9	28	14	58	27	15.5	-91.5	110	6.25	Ms	Guatemala:Huehuetenango	危地马拉：韦韦特南戈	Shi Z.
1939	10	1	10	56	54	-31.5	-66.5	200	5.8	Ms	Argentina:San Luis	阿根廷：圣路易斯	GSHAP
1939	10	3	13	41	22	-16.5	-179.5	600	6.25	Ms	Fiji Islands	斐济群岛	Shi Z.
1939	10	5	4	55	50	-22	-67	240	6	Ms	Bolivia:Tarija	玻利维亚：塔里哈	GSHAP
1939	10	7	20	43	1	-6.5	128		6.5	Ms	Indonesia:Banda Sea	印度尼西亚：班达海	Shi Z.
1939	10	7	23	51	18	-18.5	-70	110	6	Ms	Chile:Arica,E.	智利：阿里卡东部	GSHAP
1939	10	10	18	32	0.64	38.666	143.151	35	7.2	Mw	Japan Trench	日本海沟	GSHAP,Engdahl
1939	10	10	20	42	30	36.3	69	15	5	Ms	Afghan:Puli Khumri	阿富汗：普勒胡姆里	GSHAP
1939	10	11	14	51		-15.3	-72.2	120	8.6	Ms	Peru:Orcopampa	秘鲁：奥尔科潘帕	*GSHAP
1939	10	14	6	2	24	10.7	-63.8		5.6	Ms	Venezuela:Cariaco	委内瑞拉：卡利亚科	GSHAP
1939	10	15	14	5		44.119	10.255		5.2	Ms	Italy:Fiumalbo	意大利：菲乌马尔博	Italy
1939	10	17	6	22	11	-14.809	167.289	101	7.3	mB	Vanuatu Islands	瓦努阿图群岛	Engdahl
1939	10	19	21	32	44	39.8	29.6	8	5.3	Ms	Turkey:Kütahya	土耳其：屈塔希亚	GSHAP
1939	10	20	20	6	2	8	-83		6	Ms	Costa Rica:Pavones,Near Coast of S.	哥斯达黎加：帕沃内斯南部近海	Shi Z.
1939	10	22	14	39	42	42.5	144	90	6	Ms	Japan:Hokkaido	日本：北海道	Shi Z.
1939	10	30	13	12	36	-16	-174	150	6.5	Ms	Samoa Islands	萨摩亚群岛	Shi Z.
1939	11	1	19	11	45	-21.5	-68	240	5.7	Ms	Bolivia:Tupiza	玻利维亚：图皮萨	GSHAP
1939	11	4	10	15	24	32	49.5		6	Ms	Iran:Khuzestan	伊朗：胡齐斯坦	GSHAP
1939	11	5	2	2	5	7	-34		6	Ms	Central Mid – Atlantic Ridge	中大西洋中脊	GSHAP
1939	11	7	3	53	22	24.4	120.7		5.75	Ms	China:Taiwan,Taichung	中国：台湾台中	China
1939	11	8	17	21		36.32	57.59		6.3	Ms	Iran:Sabzevar	伊朗：萨卜泽瓦尔	Iran
1939	11	9	16	6	20	12	143.5	90	6.25	Ms	Mariana Islands,S.	马里亚纳群岛南部	Shi Z.
1939	11	10	16	49	40	-53	160		6	Ms	New Zealand:Auckland Islands,SW.	新西兰：奥克兰群岛西南	Shi Z.
1939	11	10	20	20	48	-9	148		6.25	Ms	Papua New Guinea:Llimo	巴布亚新几内亚：伊利莫	Shi Z.
1939	11	13	7	45	54	47.5	-122.5		5.7	Ms	US:Washington,Seattle	美国：华盛顿州西雅图	USGS
1939	11	17	9	1	28	-6	154.5	140	6	Ms	Papua New Guinea:Bougainville Island	巴布亚新几内亚：布干维尔岛	Shi Z.
1939	11	17	18	39	30	-21.5	-178	600	6	Ms	Tonga Islands,W.	汤加群岛西部	Shi Z.
1939	11	18	1	32	48	52	157	75	6.5	Ms	Russia:Kamchatka Peninsula	俄罗斯：堪察加半岛	Shi Z., GSHAP
1939	11	18	7	42	15	-15	-75.5		5.6	Ms	Peru:Ica,Near Coast	秘鲁：伊卡近海	GSHAP
1939	11	21	8	43		39.7	40.4	80	5.9	Muk	Turkey:Erzincan	土耳其：埃尔津占	*
1939	11	21	8	49	2	39.85	39.6	80	6.5	Ms	Turkey:Erzincan	土耳其：埃尔津占	GSHAP
1939	11	21	11	1	47.6	36.42	71.134	216	6.9	Muk	Afghan:Badakhshan	阿富汗：巴达赫尚	*GSHAP,Engdahl
1939	11	26	6	26	18	-8.5	-77.5	130	5.5	Ms	Peru:Caraz	秘鲁：卡拉斯	GSHAP
1939	11	28	14	22	15	32.19	42.55	33	5.3	Ms	Iraq:Al Anbar	伊拉克：安巴尔	Iran
1939	12	5	8	30	13	14.253	-91.904	35	6.8	Muk	Mexico:Near Coast of Chiapas	墨西哥：恰帕斯州近海	Engdahl
1939	12	13	18	45	24	-17	-74	100	5.5	Ms	Peru:Arequipa,Off Coast	秘鲁：阿雷基帕沿海	GSHAP
1939	12	16	10	46	31	43.624	147.797	35	7.1	mB	Kuril Islands	千岛群岛	Engdahl,GSHAP
1939	12	18	6	26	18	-15	168		6	Ms	Vanuatu Islands	瓦努阿图群岛	Shi Z.

年	月	日	时	分	秒	纬度(°)	经度(°)	深度	震级	标度	地名(英文)	地名(中文)	资料来源
Year	Mo	Dy	Hr	Mn	Sec	Latitude	Longitude	Depth	Mag	Scale	Name(English)	Name(Chinese)	Information
1939	12	19	0	2	31	36.5	70.5	220	5.5	Ms	Afghan:Badakhshan	阿富汗:巴达赫尚	GSHAP
1939	12	19	19	28		24.3	120.7		5.1	Ms	China:Taiwan,Taichung	中国:台湾台中	China
1939	12	20	13	4	6	-7	120	700	6	Ms	Flores Sea	弗洛勒斯海	Shi Z.
1939	12	21	20	54	53	9.986	-84.546	35	7.2	Mw	Costa Rica:Cartago	哥斯达黎加:卡塔哥	Engdahl
1939	12	21	21	0	33	-0.208	122.565	35	7.8	mB	Indonesia:Kalo,Luwuk,Sula Island	印度尼西亚:卡洛,卢武克,苏拉岛	* Engdahl,NOAA
1939	12	22	4	44	3.99	9.543	-84.675	35	6.8	Muk	Costa Rica:Near Coast	哥斯达黎加:近海	Engdahl
1939	12	24	22	27	40	-6.5	-71	600	5.5	Ms	Brazil:Amazonas	巴西:亚马孙州	GSHAP
1939	12	25	6	34		40	27	15	5.2	Ms	Turkey:Can	土耳其:恰恩	GSHAP
1939	12	25	20	56	7	-0.5	123.5	125	6.25	Ms	Indonesia:Molucca Sea	印度尼西亚:马鲁古海	Shi Z.
1939	12	26	11	55	11	13.25	-88.25	75	6	Ms	El Salvador:Usulutan	萨尔瓦多:乌苏卢坦	Shi Z.
1939	12	26	23	57	23	39.77	39.533	35	7.8	Ms	Turkey:Erzincan	土耳其:埃尔津占	* Engdahl,NOAA
1939	12	27	2	48	34	39.99	38.14	50	5.5	Ms	Turkey:Suşehri	土耳其:苏谢赫里	Turkey
1939	12	27	3	2	36	-2.75	135.75	80	6.5	Ms	Indonesia:Papua	印度尼西亚:巴布亚	Shi Z.
1939	12	28	3	25	20	40	37	33	5.7	Ms	Turkey:Sivas	土耳其:锡瓦斯	Turkey
1939	12	28	12	15	38	35.8	-120.33		5	Ms	US:California,Parkfield	美国:加利福尼亚州帕克菲尔德	USGS
1939	12	31	17	13		24	122.5	60	5.2	Ms	China:Taiwan,Hualien,Coast of E.	中国:台湾花莲以东海域	China
1940	1	1	12	15	13	-18	-178.5	570	6.25	Ms	Fiji Islands	斐济群岛	Shi Z.
1940	1	2	11	7	14	-28.5	-113		6.25	Ms	Easter Island,SW.	复活节岛西南	Shi Z.
1940	1	6	8	15	29	44.7	152.3	40	5.9	Ms	Kuril Islands	千岛群岛	GSHAP
1940	1	6	14	3	30	-21.69	170.781	79.7	7.2	mB	New Caledonia:Loyalty Islands	新喀里多尼亚:罗亚尔特群岛	Engdahl
1940	1	6	19	4	33	35.7	25.9		5.6	Ms	Mediterranean Sea	地中海	Turkey
1940	1	10	11	17	29	35	98.8		5.75	Ms	China:Qinghai,Maduo,E.	中国:青海玛多东	China
1940	1	15	13	19	24	38.08	13.43	15	5.34	Ms	Italy:Sicily,Palermo	意大利:西西里岛,巴勒莫	* Italy,NOAA
1940	1	15				-31	-69		7	Mk	Argentina:San Juan	阿根廷:圣胡安	* Song
1940	1	17	1	14	59	17.244	148.218	31.3	7.3	mB	Mariana Islands	马里亚纳群岛	Engdahl
1940	1	19	4	23	48	42.7	121.3		6	Ms	China:Inner Mongolia,Hure Qi,W.	中国:内蒙古库伦旗西	* China
1940	1	20	9	58		-55	-133		6.8	Muk	Southern Pacific Ridge	南太平洋海岭	Engdahl
1940	1	21	4	19	36	-32	-178	230	6.25	Ms	Kermadec Ridge	克马德克海岭	Shi Z.
1940	1	26	15	20	42	36.3	71.1	100	5.6	Ms	Afghan:Badakhshan	阿富汗:巴达赫尚	GSHAP
1940	1	26	17	4	27	27.445	132.047	35	6.8	Muk	Ryukyu Islands	琉球群岛	Engdahl
1940	1	26	23	11	41	44.4	79.3	30	5.5	Ms	Kazakhstan:Almaty	哈萨克斯坦:阿拉木图	GSHAP
1940	1	30	11	56	55	-11.5	-77	50	5.6	Ms	Peru:Sayán	秘鲁:萨扬	GSHAP
1940	2	1	6	20		40.5	22.8	12	5.4	Ms	Greece:Thessalonika	希腊:萨罗尼加	GSHAP
1940	2	2	19	53	42	37	70.5		5	Mk	Afghan:Badakhshan	阿富汗:巴达赫尚	GSHAP,Song
1940	2	5	7	59	26	45.5	84		5.75	Ms	China:Xinjiang,Karamay,W.	中国:新疆克拉玛依西部	China
1940	2	7	17	16	1.89	51.323	174.9	34.4	6.9	mB	Aleutian Islands,Rat Island	阿留申群岛,拉特岛	GSHAP,Engdahl
1940	2	8	8	5	59	40	-121.6	35	6	Ms	US:California,Chico	美国:加利福尼亚州奇科	USGS,Shi Z.
1940	2	8	15	15	18	36.5	70.6	180	5.8	Ms	Afghan:Badakhshan	阿富汗:巴达赫尚	GSHAP
1940	2	12	0	1	30	-26.5	-71	70	6.5	Ms	Chile:Chanaral,Near Coast	智利:查尼亚拉尔近海	GSHAP
1940	2	12	8	20	57	-23.272	-177.646	164.6	6.8	Muk	South of Fiji Islands	斐济群岛南部	Engdahl
1940	2	12	9	17	49	54.958	-161.182	35	6.8	Muk	Aleutian Islands	阿留申群岛	Engdahl,USGS
1940	2	13	11	46	28	27	92		5.25	Ms	Bhutan:Samdrup Jongkhar,E.	不丹:萨姆德鲁琼卡尔宗东部	China
1940	2	13	23	53		40	-124		5.1	Mk	US:California,Whitethorn	美国:加利福尼亚州怀特索恩	USGS,Song
1940	2	16	1	1	59	32.5	94		5.5	Ms	China:Xizang (Tibet),Baen	中国:西藏巴青	China
1940	2	20	2	18	24	-13.776	167.138	190.5	7	mB	Vanuatu Islands	瓦努阿图群岛	Engdahl
1940	2	20	12	54	40	-37.5	79		6.5	Ms	South - East Indian Ridge	南印度洋东海岭	Shi Z.
1940	2	20				12.5	-87.5		5.9	Mk	Nicaragua:Corinto,Chinandega	尼加拉瓜:科林托,奇南德加	* Song
1940	2	20				38.4	35.5		5.3	Ms	Turkey:Kayseri,Develi	土耳其:开塞利,德韦利	* Turkey
1940	2	22	13	30	46	20.4	122		5.3	Ms	Luzon Ridge	吕宋海岭	China
1940	2	23	0	39	51	40.6	19.6		5.5	Ms	Albania:Vlore	阿尔巴尼亚:发罗拉	Turkey
1940	2	23	9	27	46	42.2	25	30	5	Ms	Bulgaria:Popovitsa	保加利亚:普罗夫迪夫	GSHAP
1940	2	24	12	0	13	-2.304	141.952	35	6.8	Muk	Papua New Guinea:Sandaun,Off Coast of N.	巴布亚新几内亚:桑道恩北部海域	Engdahl
1940	2	27	12	12	47	8.5	-62	33	6	Ms	Venezuela:Tucupita	委内瑞拉:图皮皮塔	GSHAP
1940	2	29	16	7	44	35.7	25.9		6	Ms	Greece:Crete Island	希腊:克里特岛	GSHAP
1940	3	4	10	19	25	36.6	70.6	99	7.7	Ms	Afghan:Fayzabad	阿富汗:法扎巴德	GSHAP
1940	3	4	19	59	5	15.25	-45		6	Ms	Central Mid - Atlantic Ridge	中大西洋中脊	Shi Z.
1940	3	6	18	22	45	-51	165		6	Ms	New Zealand:Auckland Islands	新西兰:奥克兰群岛	Shi Z.
1940	3	7	7	8	40	-33	-111		6.5	Ms	Easter Island,S.	复活节岛南部	Shi Z.
1940	3	9	4	54	2	45.817	15.417		5.17	Ms	Slovenia:Kostanjevica	斯洛文尼亚:科斯塔涅维察	Italy
1940	3	9	10	47	4	27	140	500	6.5	Ms	Japan:South Honshu Ridge	日本:本州南部海岭	Shi Z.
1940	3	10	18	1	54	37	-115	16	5	Ms	US:Nevada,Alamo	美国:内华达州阿拉莫	USGS
1940	3	14	18	22	45	-55.601	147.382	15	6.8	Muk	Australia:Macquarie Island,NW.	澳大利亚:麦加利岛西北	Engdahl
1940	3	17	15	8	27	42.5	82.5		5.5	Ms	China:Xinjiang,Kuqa,NW.	中国:新疆库车西北	China
1940	3	19	4	35	58	36.5	70.4	160	6.5	Ms	Afghan:Taloqan,S.	阿富汗:塔卢坎南部	GSHAP
1940	3	21	13	52	57	-10.185	107.848	35	6.8	Muk	Indonesia:Java Ridge	印度尼西亚:爪哇海岭	Engdahl
1940	3	22	10	3	5	36.3	71		5	Mk	Afghan:Badakhshan	阿富汗:巴达赫尚	GSHAP,Song
1940	3	24	11	48	39	-23	-66	280	5.8	Ms	Argentina:Jujuy	阿根廷:胡胡伊	GSHAP
1940	3	28	15	48	52	14.5	120	200	6.8	Muk	Philippines:Olongapo,Coast W.	菲律宾:奥隆阿波西部海域	Engdahl

年 Year	月 Mo	日 Dy	时 Hr	分 Mn	秒 Sec	纬度(°) Latitude	经度(°) Longitude	深度 Depth	震级 Mag	标度 Scale	地名(英文) Name(English)	地名(中文) Name(Chinese)	资料来源 Information
1940	3	29	21	37	24	2	96.5		5.6	Ms	Indonesia:Off West Coast of N. Sumatera	印度尼西亚：北苏门答腊西部海域	GSHAP
1940	3	29	23	20	22	-57	144		6	Ms	Southern Pacific Ridge	南太平洋海岭	Shi Z.
1940	3	31	16	52	30	-19	-70.5	50	6	Ms	Chile:Arica,Near Coast	智利：阿里卡近海	GSHAP
1940	4	1	11	19	7.23	-3.104	139.357	50.8	6.9	Muk	Indonesia:Papua	印度尼西亚：巴布亚	Engdahl
1940	4	2	16			24.4	102.4		5	Ms	China:Yunnan,Yuxi	中国：云南玉溪	China
1940	4	5	16	35	23	24.5	143	220	6.5	Ms	Japan:South Honshu Ridge	日本：本州南部海岭	Shi Z.
1940	4	6	13	43	2	23.9	102.3		6	Ms	China:Yunnan,Shiping,NW.	中国：云南石屏西北	* China
1940	4	7	14	28	38	31.5	77		5	Mk	India:Himachal	印度：喜马偕尔邦	GSHAP,Song
1940	4	8	8	49	15	-33.5	-71.5		6	Ms	Chile:San Antonio	智利：圣安东尼奥	GSHAP
1940	4	13	6	29	2	38.8	35.2	33	5.6	Ms	Turkey:Incesu	土耳其：因杰苏	Turkey
1940	4	14	9	19	28	39.9	75.7		5	Ms	China:Xinjiang,Kashi,N.	中国：新疆喀什北部	China
1940	4	14	9	33	22	-16	-174	200	6.25	Ms	Samoa Islands	萨摩亚群岛	Shi Z.
1940	4	14	14	5	36	37.2	69.3		5	Mk	Tadzhikistan:Khatlon,S.	塔吉克斯坦：哈特隆州南部	GSHAP,Song
1940	4	14	14	56	12	44.6	149.4	80	6	Ms	Kuril Islands	千岛群岛	GSHAP
1940	4	16	6	7	43	52	173.5	25	7.1	Ms	Aleutian Islands	阿留申群岛	GSHAP,Engdahl
1940	4	16	6	43	9.65	52.168	173.72	35	6.8	Ms	Aleutian Islands	阿留申群岛	GSHAP,Engdahl
1940	4	19	14	39	47	49.5	156.2	70	6	Ms	Kuril Islands	千岛群岛	GSHAP
1940	4	20	20	18	4	35	136	400	6	Ms	Japan:Kusatsu	日本：滋贺草津	Shi Z.
1940	4	24	10	22	6	-5	148.5		6	Ms	Bismarck Sea	俾斯麦海	Shi Z.
1940	4	27	9	35	18	-15	167		6.5	Ms	Vanuatu Islands	瓦努阿图群岛	Shi Z.
1940	4	27	10	33	16	1.305	-19.177	15	6.8	Muk	Central Mid - Atlantic Ridge	中大西洋中脊	Engdahl
1940	4	27	18	4	40	-15	167		6.5	Ms	Vanuatu Islands	瓦努阿图群岛	Shi Z.
1940	5	1	2	34	2	-25.5	-62.5	580	6.3	Ms	Argentina:Resistencia	阿根廷：雷西斯滕西亚	GSHAP
1940	5	2	8	24		-19.5	169.5	370	6	Ms	Vanuatu Islands	瓦努阿图群岛	Shi Z.
1940	5	4	16	44	30	-6.5	-81		5.6	Ms	Peru:Cartagena,Near Coast	秘鲁：卡塔赫纳近海	GSHAP
1940	5	4	21	1		35.8	58.5		6.5	Ms	Iran:Neyshabur	伊朗：内沙布尔	Afghan
1940	5	5	2	3	42	-7	-80		6	Ms	Peru:Chiclayo,Near Coast	秘鲁：奇克拉约近海	GSHAP
1940	5	6	13	38	2	39.6	69.5		5	Mk	Kyrgyzstan:Suluktu	吉尔吉斯斯坦：苏柳克塔	GSHAP,Song
1940	5	7	22	23		41.7	43.8	19	6	Muk	Georgia:Gori,S.	格鲁吉亚：哥里南部	*
1940	5	10	18	59	32	-9.5	108	50	6	Ms	Indonesia:Java Ridge	印度尼西亚：爪哇海岭	Shi Z.
1940	5	11	21	0	20	23.7	94.2	80	6.5	Ms	myanmar:Sagaing	缅甸：实皆	GSHAP
1940	5	13	22	40		24	121.7		5.2	Ms	China:Taiwan,Hualien	中国：台湾花莲	China
1940	5	18	5	3	58.5	34.08	-116.3	16	5.4	Ms	US:California,Landers	美国：加利福尼亚州兰德斯	USGS
1940	5	18	5	51	20.3	34.07	-116.33	16	5.2	Ms	US:California,Landers	美国：加利福尼亚州兰德斯	USGS
1940	5	18	7	21	32.7	34.07	-116.33	16	5	Ms	US:California,Landers	美国：加利福尼亚州兰德斯	USGS
1940	5	19	4	36	49	33.222	-115.697	15	6.9	M	US:California,Imperial	美国：加利福尼亚州因皮里尔	* Engdahl
1940	5	19	4	55		32.76	-115.48	16	5.5	Ms	US:California,Holtville	美国：加利福尼亚州霍尔特维尔	USGS
1940	5	19	5	51	34	32.76	-115.48	16	5.5	Ms	US:California,Holtville	美国：加利福尼亚州霍尔特维尔	USGS
1940	5	19	6	33	20	32.76	-115.48	16	5	Ms	US:California,Holtville	美国：加利福尼亚州霍尔特维尔	USGS
1940	5	19	6	35	40	32.76	-115.48	16	5.5	Ms	US:California,Holtville	美国：加利福尼亚州霍尔特维尔	USGS
1940	5	19	15	17	57	50.574	149.133	573.7	6.8	Muk	Sea of Okhotsk	鄂霍次克海	Engdahl,Shi Z.,GSHAP
1940	5	19	18	16	32	-22.75	32.5		6.23	Ms	Mozambique:Vilankulos,W.	莫桑比克：维兰库卢什西部	Shi Z., GSHAP
1940	5	21	7	23		23.8	120.5		5.2	Ms	China:Taiwan,Yunlin	中国：台湾云林	China
1940	5	21	18	48	56	-22	-178.5	350	6.5	Ms	Lau Ridge[Pacific Ocean]	劳海岭[太平洋]	Shi Z.
1940	5	23	11			32.76	-115.48		5.1	Mk	US:California,Holtville	美国：加利福尼亚州霍尔特维尔	USGS,Song
1940	5	23	17	30		32.77	-115.48		5.1	Mk	US:California,Holtville	美国：加利福尼亚州霍尔特维尔	USGS,Song
1940	5	23	18	45		32.76	-115.48		5.1	Mk	US:California,Holtville	美国：加利福尼亚州霍尔特维尔	USGS,Song
1940	5	24	16	33	58	-11.119	-77.629	50.1	7.5	Mw	Peru:Sayán	秘鲁：萨扬	* Engdahl,NOAA
1940	5	27	4	10	34	36.7	71.2	240	6	Ms	Afghan:Badakhshan	阿富汗：巴达赫尚	GSHAP
1940	5	28	9	40	48	-2.318	139.15	35	7	Ms	Indonesia:Papua,Near North Coast	印度尼西亚：巴布亚北部近海	Engdahl
1940	5	29	1	57	52	67	-135		6.25	Ms	Canada:Northern Yukon Territory	加拿大：育空地区北部	Shi Z.
1940	6	3	18	5	18	25.25	-110.25		6.25	Ms	Gulf of California	加利福尼亚湾	Shi Z.
1940	6	4	10	35	8.3	33	-116.43	16	5.1	Ms	US:California,Descanso	美国：加利福尼亚州德斯坎索	USGS
1940	6	5	11	1	10	67.5	-136		6.5	Ms	Canada:Northern Yukon Territory	加拿大：育空地区北部	Shi Z.
1940	6	7	7	17	15	-9.75	151.25		6.25	Ms	Solomon Islands	所罗门群岛	Shi Z.
1940	6	11	8	42	13	-8	125		6.25	Ms	Indonesia:Timor Island	印度尼西亚：帝汶岛	Shi Z.
1940	6	12	18	36	58	31.5	142.5	100	6.5	Ms	Japan:South Honshu Ridge	日本：本州南部海岭	Shi Z.
1940	6	17	10	26	47	20.4	-154.7		6	Ms	Hawaiian Islands	夏威夷群岛	USGS
1940	6	17	22	43	10	37.3	70.9		5	Mk	Afghan:Badakhshan	阿富汗：巴达赫尚	GSHAP,Song
1940	6	18	13	52	33	5.5	123.5	570	6.5	Ms	Celebes Sea	西里伯斯海	Shi Z.
1940	6	18	16			24.5	102.6		5.75	Ms	China:Yunnan,Yuxi,N.	中国：云南玉溪北	* China
1940	6	22	11	36	44	-0.07	122.809	173.6	6.8	Muk	Indonesia:Molucca Sea	印度尼西亚：马鲁古海	Engdahl
1940	6	23	18	59	35.9	10.05	-68.05	25	5	Mk	Venezuela:Valencia	委内瑞拉：巴伦西亚	GSHAP,Song
1940	6	24	9	57	23	45.8	26.5	120	5	Ms	Romania:Vrancea	罗马尼亚：弗朗恰	GSHAP
1940	7	2	19	8	53	-15	175.5		6	Ms	North of Fiji Islands	斐济群岛北部	Shi Z.
1940	7	2	20	58	24	11.5	95		5	Mk	India:Andaman Islands	印度：安达曼群岛	GSHAP,Song
1940	7	4	9	0	34	44.6	143.7	260	6	Ms	Japan:Hokkaido,Coast N.	日本：北海道北部海域	GSHAP

年	月	日	时	分	秒	纬度(°)	经度(°)	深度	震级	标度	地名(英文)	地名(中文)	资料来源
Year	Mo	Dy	Hr	Mn	Sec	Latitude	Longitude	Depth	Mag	Scale	Name(English)	Name(Chinese)	Information
1940	7	6	3	40	18	13	-61.25	160	6.5	Ms	St Vincent & Grenadines:Port Elizabeth	圣文森特和格林纳丁斯:伊丽莎白港	GSHAP
1940	7	6	17	45	12	33.5	46.5		5.6	Ms	Iran:Lorestan,W.	伊朗:洛雷斯坦西部	Turkey
1940	7	8	15	16	30	27.5	139.5	500	6	Ms	Japan:South Honshu Ridge	日本:本州南部海岭	Shi Z.
1940	7	10	5	49	59	44	131	580	7.3	mB	China:Heilongjiang,Dongning	中国:黑龙江东宁	China,Engdahl
1940	7	10	13	10	48	41.5	44	18	5.1	Ms	Georgia:Bolnisi	格鲁吉亚:博尔尼西	GSHAP
1940	7	14	5	52	53.5	52.117	178.159	35	7.4	mB	Aleutian Islands,Rat Island	阿留申群岛,拉特岛	* Engdahl
1940	7	15	23	56	14	52	178	65	5.7	Ms	Aleutian Islands,Rat Island	阿留申群岛,拉特岛	USGS
1940	7	16	3	17	33	20.5	-155		5.6	Ms	Hawaiian Islands	夏威夷群岛	USGS
1940	7	17	6	36	22	36.8	71.5	15	5.7	Ms	Afghan:Badakhshan	阿富汗:巴达赫尚	GSHAP
1940	7	17	11	44	44	36.8	70.7	15	5.6	Ms	Afghan:Badakhshan	阿富汗:巴达赫尚	GSHAP
1940	7	19	4	53	26	37.5	57.5	13	5.8	Ms	Iran:Bojnurd	伊朗:博季努尔德	GSHAP
1940	7	19	16	27		61	-150		5.1	Mk	Alaska Peninsula,S.	阿拉斯加半岛南部	USGS,Song
1940	7	20	1	53	53	-15.5	-173		6	Ms	Samoa Islands	萨摩亚群岛	Shi Z.
1940	7	21	5	16	3	-16	169.5	160	6	Ms	Vanuatu Islands	瓦努阿图群岛	Shi Z.
1940	7	21	15	38	25	2.5	121		6.25	Ms	Celebes Sea	西里伯斯海	Shi Z.
1940	7	24	22	15	27	34.5	34	80	5.7	Ms	Mediterranean Sea	地中海	Turkey
1940	7	27	13	32	31	14.06	-91.429	61.7	6.8	Muk	Guatemala:San José	危地马拉:圣何塞	Engdahl
1940	7	30	0	12	15	39.6	35.2		6.2	Ms	Turkey:Yozgat	土耳其:约兹加特	GSHAP
1940	8	1	12	38	41	-26.471	179.848	536.9	6.8	Muk	Tonga Islands,S.	汤加群岛南部	Engdahl
1940	8	1	15	8	26	44.508	139.829	35	7.5	Mw	Japan:W. Hokkaido Island	日本:北海道岛西部海域	* GSHAP,Usami,Engdahl,NOAA
1940	8	1	19	45	6	38	72.5	20	5.5	Ms	Tajikistan:Sha Zude	塔吉克斯坦:沙祖德	GSHAP
1940	8	4	16	7	5	-14	-74	120	5.5	Ms	Peru:Chuschi, Cangallo	秘鲁:丘斯奇,坎加约	GSHAP
1940	8	5	9	55	15	40.2	122		5.75	Ms	China:Liaoning,Gaozhou	中国:辽宁盖州	* China
1940	8	5	21	29	10	23	122		5.75	Ms	China:Taiwan,Taitung,Coast of E.	中国:台湾台东以东海域	China
1940	8	7	2	55	57	-22	-68.5	110	6.3	Ms	Chile:Antofagasta,N.	智利:安托法加斯塔北部	GSHAP
1940	8	8	14	8	20	-57.5	147		6.25	Ms	Southern Pacific Ridge	南太平洋海岭	Shi Z.
1940	8	11	16	46	44	-15.5	-172		6	Ms	Samoa Islands	萨摩亚群岛	Shi Z.
1940	8	13	15	36	40	36	132		6.8	Muk	Japan Sea	日本海	Engdahl
1940	8	14	8	49	0.2	11	46		5.7	Ms	Western Gulf of Aden	亚丁湾西部	GSHAP
1940	8	15	21	23	28	18	146	150	6	Ms	Mariana Ridge	马里亚纳海岭	Shi Z.
1940	8	16	18	23	12	35.8	30.5	25	5.2	Ms	Mediterranean Sea	地中海	GSHAP
1940	8	22	3	27	18	53	-165.5	60	7	Ms	Aleutian Islands	阿留申群岛	USGS,Shi Z.,Engdahl
1940	8	24	13	31	7	-15.5	-173		6	Ms	Samoa Islands	萨摩亚群岛	Shi Z.
1940	8	26	2	27	59	-11.5	-75	110	6	Ms	Peru:Perene	秘鲁:佩雷内	GSHAP
1940	8	26	5	0	43	1.25	-90		5.6	Ms	Carnegie Ridge	卡内基海岭	GSHAP
1940	8	29	7	3	14	34.8	90.9		5.75	Ms	China:Qinghai,Ulan Ul Hu,E.	中国:青海乌兰乌拉湖东	China
1940	8	30	12	30	40	44.6	79.4	20	5.5	Ms	Kazakhstan:Taldy Kurgan,SE.	哈萨克斯坦:塔尔迪库尔干东南	China,GSHAP
1940	8	30	15	2	1	44.6	79.6	20	5.5	Ms	Kazakhstan:Taldy Kurgan,SE.	哈萨克斯坦:塔尔迪库尔干东南	China,GSHAP
1940	8	31	0	27		24.3	121.7		5.7	Ms	China:Taiwan,Hualien	中国:台湾花莲	China
1940	9	1	18	46	29	36.1	69	15	5.5	Ms	Afghan:Puli Khumri	阿富汗:普勒胡姆里	GSHAP
1940	9	2	8	44	42	21	-155.25		5.6	Ms	Hawaiian Islands	夏威夷群岛	USGS
1940	9	3	1	28	1	-22	171.75	100	6	Ms	Fiji Islands	斐济群岛	Shi Z.
1940	9	3	14	40	37	30.7	91.7		6.25	Ms	China:Xizang (Tibet),Damxung	中国:西藏当雄	China
1940	9	3	19	57	7	30.5	91.5		5.5	Ms	China:Xizang (Tibet),Damxung	中国:西藏当雄	China
1940	9	4	19	11	26	33.5	91.5		5.75	Ms	China:Qinghai,Golmud,SW.	中国:青海格尔木西南	China
1940	9	12	0	21	21	2	123	160	6.5	Ms	Celebes Sea	西里伯斯海	Shi Z.
1940	9	12	13	17	10	-4.5	153	40	7.1	Ms	Papua New Guinea:New Ireland	巴布亚新几内亚:新爱尔兰	Engdahl
1940	9	18	15	9	3	-23	-68	110	6.5	Ms	Chile:Antofagasta,C.	智利:安托法加斯塔中部	GSHAP
1940	9	19	11	1		39	142	33	6.9	Ms	Japan:Oshu,Near Coast	日本:奥州近海	GSHAP
1940	9	19	18	19	48	-24	171	80	7	mB	Vanuatu Islands	瓦努阿图群岛	Engdahl
1940	9	21	13	48	58	36.5	70.5	230	6.5	Ms	Afghan:Badakhshan	阿富汗:巴达赫尚	GSHAP
1940	9	22	3	38	23	8.7	93.9		5.5	Ms	India:Nicobar Islands	印度:尼科巴群岛	GSHAP
1940	9	22	22	51	56	8	124	680	7	mB	Philippines:Mindanao Island	菲律宾:棉兰老岛	Engdahl
1940	9	23	7	15	10	-23	-64	550	6.5	Ms	Argentina:Tartagal	阿根廷:塔塔加尔	GSHAP
1940	9	23	10	25	59	56.1	112.1	15	5.7	Ms	Russia:Buryatiya,Novy Uoyan	俄罗斯:布里亚特州乌奥扬村镇	GSHAP
1940	9	24	9	55	44	-9.5	-70.5	600	6	Ms	Brazil:Amazonas	巴西:亚马孙州	GSHAP
1940	9	25	19	31	20	36.2	52.2		5	Ms	Iran:Tehran,Damāvand	伊朗:德黑兰,达马万德	Iran
1940	9	26	3	56	31	-11.5	166.25	150	6.8	Muk	North Vanuatu Islands	瓦努阿图群岛北部	Engdahl
1940	9	29	1	21	22	-35	-70	110	6.3	Ms	Argentina:San Rafael	阿根廷:圣拉斐尔	GSHAP
1940	10	1	10	42	38	-30	-72.5	80	6.5	Ms	Chile:Off Coast of C.	智利:中部沿海	GSHAP
1940	10	1	21	38	20	-62	160		6.5	Ms	Southern Pacific Ridge	南太平洋海岭	Shi Z.
1940	10	3	0	3	26	19.4	120.8		5	Ms	Luzon Ridge,W.	吕宋海岭西部	China
1940	10	3	4	56	8	-21	-70	110	6.3	Ms	Chile:Tarapaca,S.	智利:塔拉帕卡南部	GSHAP
1940	10	4	4	35	51	30.5	91.5		6	Ms	China:Xizang (Tibet),Damxung	中国:西藏当雄	China
1940	10	4	7	54	50	-20.592	-70.718	23.5	7.1	mB	Chile:Tocopilla,Near Coast	智利:托科皮亚近海	* GSHAP,Engdahl,NOAA
1940	10	5	14	38	43	9.5	-84.25		6.25	Ms	Costa Rica:Puerto Quepos	哥斯达黎加:克波斯港	Shi Z.

年	月	日	时	分	秒	纬度(°)	经度(°)	深度	震级	标度	地名(英文)	地名(中文)	资料来源
Year	Mo	Dy	Hr	Mn	Sec	Latitude	Longitude	Depth	Mag	Scale	Name(English)	Name(Chinese)	Information
1940	10	5	14	44	33	37.2	69	15	6	Ms	Afghan:Qonduz	阿富汗:昆都士	GSHAP
1940	10	6	15	38	23.7	-20.003	-71.021	25	6.8	Muk	Chile:Iquique,Near Coast	智利:伊基克近海	Engdahl,GSHAP
1940	10	7	6	42	56	5.29	126.136	35	6.9	mB	Philippines:Mindanao Island,Coast of S.	菲律宾:棉兰老岛南部海域	Engdahl
1940	10	10	2	6		-5	135		5.9	Mk	Arafura Sea	亚拉科拉海	* * Song
1940	10	11	7	53	9	60	-150.5		6	Ms	Alaska Peninsula,S.	阿拉斯加半岛南部	USGS
1940	10	11	14	41	14	-42.042	-73.933	15	7	Ms	Chile:Ancud	智利:安库德	* Chile,Shi Z.,Engdahl,NOAA
1940	10	16	13	17		42.885	11.867		5.3	Ms	Italy:Radicofani	意大利:拉迪科法尼	Italy
1940	10	18	12	25	41	39.6	42.2	15	5.6	Ms	Turkey:Horasan	土耳其:霍拉桑	Turkey
1940	10	22	6	37		45.9	26.5	150	6.8	Ms	Romania:Tulnici	罗马尼亚:图尔尼奇	GSHAP
1940	10	23	2	23	15	-2	-76	140	6	Ms	Ecuador:Pastaza	厄瓜多尔:帕斯塔萨	GSHAP
1940	10	24	20	6	44	-34.353	-71.288	35	6.8	Muk	Chile:Las Cabras	智利:拉斯卡夫拉斯	Engdahl,GSHAP
1940	10	27	5	35	40.6	9.821	-84.357	35	6.8	Muk	Costa Rica:Santiago	哥斯达黎加:圣地亚哥	Engdahl
1940	10	27	22	29	18	47.2	-123.4		5.1	Ms	US:Washington,Seattle	美国:华盛顿州西雅图	USGS
1940	10	30	3	10	8	1.5	-20		6.25	Ms	Central Mid - Atlantic Ridge	中大西洋中脊	Shi Z.
1940	10	30	11	48	28	-21.5	-179	610	6.25	Ms	Lau Ridge[Pacific Ocean]	劳海岭[太平洋]	Shi Z.
1940	10	31	10	43	50	23.7	69.9		6	Ms	India:Anjar, Bhuj	印度:安杰尔,普杰	GSHAP
1940	10	31				22.5	70.4		5.8	Ms	India:Jamnagar	印度:贾姆讷格尔	GSHAP
1940	11	4	8	30	13	36.6	70.7	200	6.2	Ms	Afghan:Fayzabad	阿富汗:法扎巴德	GSHAP
1940	11	6	16	11	10	28.7	103.6		5.5	Ms	China:Sichuan,Mabian	中国:四川马边	China
1940	11	7	13	58	12	30.238	138.853	35	6.8	Muk	Japan:South Honshu Ridge	日本:本州南部海岭	Engdahl
1940	11	8	12	0	42	45.4	26.2	100	5.3	Ms	Romania:Nehoiu	罗马尼亚:内霍尤	GSHAP
1940	11	10	1	39	8.36	45.773	26.655	122	7.3	mB	Romania:Vrancea	罗马尼亚:弗朗恰	* GSHAP,Engdahl
1940	11	11	6	34	11.9	46	26.8	130	5	Ms	Romania:Tulnici	罗马尼亚:图尔尼奇	GSHAP
1940	11	13	11	35	58	8.5	93.5		5.6	Ms	India:Nicobar Islands	印度:尼科巴群岛	GSHAP
1940	11	16	18	20		24.6	122.1		5.1	Ms	China:Taiwan,Yilan,Coast of E.	中国:台湾宜兰以东海域	China
1940	11	17	3	56	30	44.8	-130		6	Ms	US:Off Coast of W. Oregon	美国:俄勒冈州西部沿海	USGS
1940	11	17	5	55	47	-61	148		6.5	Ms	Southern Pacific Ridge	南太平洋海岭	Shi Z.
1940	11	17	5	56	15	39.2	70.7		5	Mk	Tadzhikistan:Tajikabad	塔吉克斯坦:塔吉卡巴德	GSHAP,Song
1940	11	19	0	16	12	39	71.8		5	Mk	Tadzhikistan:Dzhirgatal	塔吉克斯坦:吉尔加塔尔	GSHAP,Song
1940	11	19	15	1	43	39.019	142.244	50.5	6.8	Ms	Japan:Oshu,Near Coast	日本:奥州近海	Engdahl,GSHAP
1940	11	19	20	27	13	45.9	27.1	100	5.3	Ms	Romania:Panciu	罗马尼亚:潘丘	GSHAP
1940	11	20	17	59	57	36.6	70.8	200	5.8	Ms	Afghan:Badakhshan	阿富汗:巴达赫尚	GSHAP
1940	11	22	13	6	37	43.7	131.5	540	6	Ms	Russia:Maritime Kray,Ussuriysk	俄罗斯:滨海边疆区双城子	China
1940	11	22	15	8	24	44	132	560	6.6	Ms	Russia:Maritime Kray,Ussuriysk	俄罗斯:滨海边疆区双城子	GSHAP
1940	11	23	14	49	53	45.8	26.8	150	5.3	Ms	Romania:Vrancea	罗马尼亚:弗朗恰	GSHAP
1940	11	26	9	49		24.6	122.3		5.4	Ms	China:Taiwan,Yilan,Coast of E.	中国:台湾宜兰以东海域	China
1940	11	27	14	41	30	-3.711	150.963	35	6.8	Muk	Bismarck Sea	俾斯麦海	Engdahl
1940	12	1	17	19		45.7	26.6	130	5.1	Ms	Romania:Nereju	罗马尼亚:内雷茹	GSHAP
1940	12	2	12	8	4	40.5	76.3		5.25	Ms	Kyrgyzstan:Naryn,SE.	吉尔吉斯斯坦:纳伦东南	China
1940	12	4	13	5	42	-5	131		6.5	Ms	Indonesia:Banda Sea	印度尼西亚:班达海	Shi Z.
1940	12	17	14	42	7	-0.75	138.5		6.5	Ms	Indonesia:Papua	印度尼西亚:巴布亚	Shi Z.
1940	12	18	3	39	0.3	-13	32		6	Ms	Zambia:Musoro	赞比亚:穆索罗	GSHAP
1940	12	18	5	32	15	-7	129.5	150	6.5	Ms	Indonesia:Banda Sea	印度尼西亚:班达海	Shi Z.
1940	12	20	5	18		38.3	38.2	33	5.8	Ms	Turkey:Malatya	土耳其:马拉蒂亚	Turkey
1940	12	20	7	27	26.2	43.87	-71.37	10	5.5	Ms	US:New Hampshire,Glen	美国:新汉普郡州格伦	USGS
1940	12	20	23	40	42	40	-124		5.5	Ms	US:California,Whitethorn	美国:加利福尼亚州怀特索恩	USGS
1940	12	22	12	31	44	-14	178		6.5	Ms	North of Fiji Islands	斐济群岛北部	Shi Z.
1940	12	22	18	59	48	-15.5	-68.5	151.1	6.9	mB	Bolivia:La Paz	玻利维亚:拉巴斯	GSHAP,Engdahl
1940	12	23	21	50	29	46.5	-112.5		5.1	Mk	US:Montana,Sheridan	美国:蒙大纳州谢立丹	USGS,Song
1940	12	24	13	43	45	43.91	-71.28	8	5.5	Ms	US:New Hampshire,Glen	美国:新汉普郡州格伦	USGS
1940	12	25	23	7	32	36.3	71.1	200	6	Ms	Afghan:Badakhshan	阿富汗:巴达赫尚	GSHAP
1940	12	27	16	57	34	39.5	73.2		5	Ms	Kyrgyzstan:Osh,S.	吉尔吉斯斯坦:奥什南部	China,GSHAP
1940	12	28	16	37	46.6	18.14	147.527	35	7.3	mB	Mariana Islands	马里亚纳群岛	Engdahl
1940	12	29	18	5	36	1.5	-91		5.6	Ms	Carnegie Ridge	卡内基海岭	GSHAP
1940						31.6	103.9		5.5	Ms	China:Sichuan,Maoxian	中国:四川茂县	China
1941	1	2	16	49	38	3	122.5	500	6.25	Ms	Celebes Sea	西里伯斯海	Shi Z.
1941	1	3	14	15		24	121.8		5.1	Ms	China:Taiwan,Hualien,Coast of E.	中国:台湾花莲以东海域	China
1941	1	4	3	12	55	-5.75	122	50	6	Ms	Indonesia:Sulawesi	印度尼西亚:苏拉威西岛	Shi Z.
1941	1	5	18	47	5.52	1.723	122.24	35	6.6	Ms	Celebes Sea	西里伯斯海	Engdahl
1941	1	6	9	48	34	11.75	-86.5	60	6	Ms	Nicaragua:Near Coast of W.	尼加拉瓜:西部近海	Shi Z.
1941	1	7	10	37	51	0	123	220	6	Ms	Indonesia:Molucca Sea	印度尼西亚:马鲁古海	Shi Z.
1941	1	9	18	13	34	38.03	27.4	70	5.6	Ms	Turkey:Selcuk	土耳其:塞尔丘克	Turkey
1941	1	10	7	38	14	34	77		5	Mk	India:Jammu & Kashmir	印度:查谟和克什米尔	GSHAP,Song
1941	1	11	8	32	59	16.4	43.5		6.5	mB	Yemen:Sanaa	也门:萨纳	*
1941	1	12	0	18	38	1.8	122	60	6.25	Ms	Celebes Sea	西里伯斯海	Shi Z.
1941	1	13	16	27	40	-4.72	152.316	35	7	Ms	Papua New Guinea:East New Britain	巴布亚新几内亚:东新不列颠	* Engdahl,NOAA

年 Year	月 Mo	日 Dy	时 Hr	分 Mn	秒 Sec	纬度(°) Latitude	经度(°) Longitude	深度 Depth	震级 Mag	标度 Scale	地名(英文) Name(English)	地名(中文) Name(Chinese)	资料来源 Information
1941	1	19	3	13	28	-53	-41		6.5	Ms	East Scotia Basin	东斯科舍海盆	Shi Z.
1941	1	20	3	37	7	35	34	100	6.5	Ms	Cyprus:Gazimağusa	塞浦路斯:法马古斯塔	Shi Z.
1941	1	21	12	41	45	27.339	91.714	15	6.8	Muk	Bhutan:Trashigang,N.	不丹:塔希冈北部	China,Engdahl
1941	1	24	5	44	3	-3.25	-76.75	120	6.5	Ms	Peru:Loreto,W.	秘鲁:洛雷托西部	GSHAP
1941	1	24	15	35	24	0.5	-20		6.25	Ms	Central Mid-Atlantic Ridge	中大西洋中脊	Shi Z.
1941	1	25	23	35	13	-16	176.5	370	6.5	Ms	Fiji Islands	斐济群岛	Shi Z.
1941	1	27	1	30	4	27	92	180	6.5	Ms	Bhutan:Samdrup Jongkhar,E.	不丹:萨姆德鲁琼卡尔宗东部	China
1941	1	29	7	4		45.7	26.6	130	5.1	Ms	Romania:Nereju	罗马尼亚:内雷茹	GSHAP
1941	1	31	2	38	41	-6.36	129.098	221.2	6.8	Muk	Indonesia:Banda Sea	印度尼西亚:班达海	Engdahl
1941	2	2	23	38	32	6	-77.5		5.6	Ms	Colombia:Bahia Solano	哥伦比亚:巴伊阿索拉诺	GSHAP
1941	2	4	9	17		16.9	43.9		5.2	Ms	Yemen:Sanaa,N.	也门:萨纳北部	GSHAP
1941	2	4	14	3	20	10.078	123.998	602.4	7	mB	Philippines:Mindanao Island	菲律宾:棉兰老岛	Engdahl
1941	2	4	17	4	19	22.9	121.5	20	5.5	Ms	China:Taiwan,Taitung,Coast of E.	中国:台湾台东以东海域	China
1941	2	7	12	22	4	28	108.5		5	Ms	China:Guizhou,Yingjiang	中国:贵州印江	China
1941	2	7	15	13	26	55	166.5	20	6.25	Ms	Russia:Komandorsky Islands	俄罗斯:科曼多尔群岛	GSHAP,Shi Z.
1941	2	8	18	46	8	1	120		6.5	Ms	Indonesia:South West Sulawesi sea	印度尼西亚:苏拉威西海西南	Shi Z.
1941	2	9	9	44	4	40.5	-125.25		6.6	Ms	US:California,North Coast	美国:加利福尼亚州北部近海	*
1941	2	9	19	19	28	-4	153		6.5	Ms	Papua New Guinea:New Ireland	巴布亚新几内亚:新爱尔兰	Shi Z.
1941	2	14	18	55	16	-53.5	-131		6.5	Ms	Southern Pacific Ridge	南太平洋海岭	Shi Z.
1941	2	16	16	38		33.5	58.6		6.3	Muk	Iran:Razavi Khorasan	伊朗:呼罗珊	*
1941	2	22	19	14	49	-20.5	-177.5	500	6	Ms	Tonga Islands,W.	汤加群岛西部	Shi Z.
1941	2	23	9	56	40	28	96	90	5.5	Ms	India:Arunachal Pradesh,E.	印度:阿鲁那恰尔邦东部	China
1941	2	23	22	30	43	-6.75	129.5	170	6.25	Ms	Indonesia:Banda Sea	印度尼西亚:班达海	Shi Z.
1941	2	25	5	37	55	-9.227	124.64	176.1	6.9	Muk	Indonesia:Timor Island	印度尼西亚:帝汶岛	Engdahl
1941	2	26	7	4	59	39.6	70.3		5	Mk	Kyrgyzstan:Bazar Dare	吉尔吉斯斯坦:扎尔达雷	GSHAP,Song
1941	2	27	9	44	15	4.215	127.016	35	6.8	Muk	Indonesia:Karakelong Island	印度尼西亚:卡拉克隆岛	Engdahl
1941	3	1	3	52	47	39.67	22.54		6.3	Ms	Aegean Sea	爱琴海	GSHAP
1941	3	7	3			36.7	138.4	5	5	Ms	Japan:Naganoi	日本:长野	Usami,Japan
1941	3	11	21	48	55	36.5	71	210	6	Ms	Afghan:Badakhshan	阿富汗:巴达赫尚	GSHAP
1941	3	14	16	8	18	-7	120	550	6	Ms	Indonesia:Flores Sea	印度尼西亚:弗洛勒斯海	Shi Z.
1941	3	15	5	46	23	28.5	-113.25		6	Ms	Gulf of California	加利福尼亚湾	Shi Z.
1941	3	16	7	42	28.6	50.235	157.276	35	6.8	Muk	Kuril Islands	千岛群岛	Engdahl,GSHAP
1941	3	16	16	35	15	38.5	11.5	100	6.5	Ms	Tyrrhenian Sea	第勒尼安海(伊特鲁里亚海)	Shi Z.
1941	3	16	18	48		38.3	12.2		5	Ms	Italy:Marsala,Near Coast of N.	意大利:马尔萨拉北部近海	* NOAA
1941	3	16	20	54	53	7.5	73		5.6	Ms	Maldive Ridge	马尔代夫海岭	GSHAP
1941	3	16				7.5	73		5.5	Ms	Maldive Ridge	马尔代夫海岭	GSHAP
1941	3	19	1	31	0.4	10.5	44.5		5.5	Ms	Somalia:Berbera,W.	索马里:柏培拉西部	GSHAP
1941	3	21	7	57	59	7	-35		6.5	Ms	Central Mid-Atlantic Ridge	中大西洋中脊	GSHAP
1941	3	29	19	54	56	1.5	97		5	Mk	Indonesia:Off West Coast of N. Sumatera	印度尼西亚:北苏门答腊西部海域	GSHAP,Song
1941	4	1	10	40	59	56	-153.5		6.5	Ms	Alaska:Kodiak Island	阿拉斯加:科迪亚克岛	USGS
1941	4	3	14	55	16	-22.5	-66	260	6.5	Ms	Argentina:Jujuy,N.	阿根廷:胡胡伊北部	GSHAP
1941	4	3	15	21	31	-22.579	-66.642	150.1	7.2	mB	Argentina:Jujuy,N.	阿根廷:胡胡伊北部	Engdahl,GSHAP
1941	4	4	15	32	23	19.6	120.6		5.5	Ms	Luzon Ridge,W.	吕宋海岭西部	China
1941	4	4	22	0	25	46.3	83		5.5	Ms	China:Xinjiang,Qoqek,S.	中国:新疆塔城南	China
1941	4	5	9	58	38	39.3	72.1	20	5	Ms	Kyrgyzstan:Kara Mack	吉尔吉斯斯坦:卡拉梅克	GSHAP
1941	4	5	16	50		34.6	131.65	10	6.2	Ms	Japan:Yamaguchi	日本:山口	Usami,Japan
1941	4	7	23	29	19	17.265	-78.591	15	7	Ms	Caribbean Sea	加勒比海	Engdahl,Shi Z.
1941	4	14	19	32	47	36.8	71.2	240	5.8	Ms	Afghan:Badakhshan	阿富汗:巴达赫尚	GSHAP
1941	4	15	19	9	57	18.677	-102.957	35	7.6	Mw	Mexico:Michoacan, Colima, Jalisco	墨西哥:米却肯,科利马,哈利斯科	* Engdahl
1941	4	18	6	15	58	-20.5	170	120	6.25	Ms	Vanuatu Islands	瓦努阿图群岛	Shi Z.
1941	4	18	13	25	40	-5	103.5		6.25	Ms	Indonesia:Southern Sumatra	印度尼西亚:苏门答腊南部	Shi Z.
1941	4	19	7	53	45	39.1	97		6	Ms	China:Qinghai,Har Hu,N.	中国:青海哈拉湖北	China
1941	4	20	17	38	27	39.2	70.5	20	6.4	Ms	Tadzhikistan:Tajikabad	塔吉克斯坦:塔吉卡巴德	GSHAP
1941	4	26	7	8	3	36.8	70.2	180	5.3	Ms	Afghan:Fayzabad	阿富汗:法扎巴德	GSHAP
1941	4	26	23	10	58	39.3	70.6	10	5.5	Ms	Tadzhikistan:Garm	塔吉克斯坦:加尔姆	GSHAP
1941	4	27	13	1	32	39.68	35.31	60	5.7	Ms	Turkey:Yozgat	土耳其:约兹加特	Turkey
1941	4	29	1	35	40	-26.791	116.197	25	6.8	Muk	Australia:Murchison	澳大利亚:默奇森	Engdahl,Australia
1941	5	2	9	55	6	-6	152.5	80	6.5	Ms	New Britain Trench	新不列颠海沟[太平洋]	Shi Z.
1941	5	5	15	18	27	47	127.2		6	Ms	China:Heilongjiang,Suihua	中国:黑龙江绥化	* China
1941	5	6	16	55	29	39.3	70.6	10	5.6	Ms	Tadzhikistan:Garm	塔吉克斯坦:加尔姆	GSHAP
1941	5	7	12	19	49	-18.857	168.936	153.4	6.8	Muk	Vanuatu Islands	瓦努阿图群岛	Engdahl
1941	5	8	6	56		63.5	-24	72	5.2	Ms	Iceland:Grindavík,Near Coast of SW.	冰岛:格林达维克西南近海	Iceland
1941	5	8	10	21	50	-18.083	-178.407	568.7	6.9	Muk	Fiji Islands	斐济群岛	Engdahl
1941	5	9	5	32	45	13.789	122.451	35	6.8	Muk	Philippines:Lopez	菲律宾:洛佩斯	Engdahl
1941	5	11	5	8		-11.5	-76.9		5	Mk	Peru:Sayán	秘鲁:萨扬	GSHAP,Song
1941	5	13	16	1	54	40.3	-126.4		6	Ms	US:California,Off Coast N.	美国:加利福尼亚州北部沿海	USGS
1941	5	14	6	8	8	25.8	98.4		5.5	Ms	myanmar:Myitkyina	缅甸:密支那	China

年 Year	月 Mo	日 Dy	时 Hr	分 Mn	秒 Sec	纬度(°) Latitude	经度(°) Longitude	深度 Depth	震级 Mag	标度 Scale	地名(英文) Name(English)	地名(中文) Name(Chinese)	资料来源 Information
1941	5	15	15	19	52	36.5	70	230	6	Ms	Afghan:Taloqan	阿富汗:塔卢坎	GSHAP
1941	5	16	7	14	34	23.6	99.4	25	7	Muk	China:Yunnan,Gengma	中国:云南耿马	* China,Engdahl
1941	5	16	8	46	13	36.3	71		5	Mk	Afghan:Badakhshan	阿富汗:巴达赫尚	GSHAP,Song
1941	5	16	9	22		62	-27.5	314	5.2	Ms	Iceland:Coast of SW.	冰岛:西南海域	Iceland
1941	5	17	2	24	58.5	-10.462	166.139	35	7.2	Mw	North Vanuatu Islands	瓦努阿图群岛北部	Engdahl
1941	5	17	21	29	34	36.5	70.5	250	5.75	Ms	Afghan:Badakhshan	阿富汗:巴达赫尚	GSHAP
1941	5	22	1	0	25	26.7	93.1		5.5	Ms	India:Tezpur	印度:阿萨姆的提斯浦尔	China
1941	5	22	6	16		38.8	15.23		5.03	Ms	Tyrrhenian Sea	第勒尼安海(伊特鲁里亚海)	Italy
1941	5	23	19	51	58	37.07	28.21	40	6.2	Ms	Turkey:Marmaris	土耳其:马尔马里斯	GSHAP
1941	5	24	5	12	30	-5.5	134		6	Ms	Indonesia:Papua	印度尼西亚:巴布亚	Shi Z.
1941	6	9	6	17	24	42.8	-126		5.2	Ms	US:Off Coast of W. Oregon	美国:俄勒冈州西部沿海	USGS
1941	6	9	8	43	45	42.8	-126		5	Ms	US:Off Coast of W. Oregon	美国:俄勒冈州西部沿海	USGS
1941	6	10	20	38	43	32	47.5		5.6	Ms	Iraq:Al Halfayah	伊拉克:哈勒法耶	Turkey
1941	6	11	23	13	31	30.1	102.5		6	Ms	China:Sichuan,Luding,NW.	中国:四川泸定西北	China
1941	6	16	5	42	34	40.8	27.8	20	6	Ms	Turkey:Marmara Sea	土耳其:马尔马拉海	GSHAP
1941	6	16	11	26	56	6	127.5	100	6.5	Ms	Philippine Trench	菲律宾海沟	Shi Z.
1941	6	17	10	52	10	36.2	71.4	100	5.6	Ms	Afghan:Badakhshan	阿富汗:巴达赫尚	GSHAP
1941	6	18	10	15	1	-0.5	125		6.5	Ms	Molukka Sea,S.	马鲁古海南部	Shi Z.
1941	6	18	11	9	10	52	-34.5		6.25	Ms	North Atlantic Ocean	北大西洋	Shi Z.
1941	6	18	19	58	56	-0.5	125		6.25	Ms	Molukka Sea,S.	马鲁古海南部	Shi Z.
1941	6	21	17	41	35	-20	-178.5	580	6.25	Ms	Lau Ridge[Pacific Ocean]	劳海岭[太平洋]	Shi Z.
1941	6	23	9	28	45	-1	119.5		6.25	Ms	Indonesia:Sulawesi	印度尼西亚:苏拉威西岛	Shi Z.
1941	6	24	15	16	10	41	20.5		5.6	Ms	Albania:Pogradec	阿尔巴尼亚:波格拉德茨	Turkey
1941	6	26	11	52	6.63	12.149	92.478	49.1	7.7	Mw	India:Andaman Islands,Madras	印度:安达曼群岛,马德拉斯	* Engdahl,India,GSHAP,NOAA
1941	6	27	7	32	47	12.4	92.5		5.5	Ms	India:Andaman Islands	印度:安达曼群岛	GSHAP
1941	6	27	7	55	49	-26.5	137.5		6.5	Ms	Australia:S. Australia,N.	澳大利亚:南澳北部	Shi Z.
1941	6	27	8	32	19	12.4	92.5		6	Ms	India:Andaman Islands	印度:安达曼群岛	GSHAP
1941	6	27	17	11	44	17.75	-92.25	220	6.25	Ms	Mexico:Tabasco	墨西哥:塔巴斯科	Shi Z.
1941	6	27	19	4	6	12.4	92.5		6	Ms	India:Andaman Islands	印度:安达曼群岛	GSHAP
1941	6	27				-26	137.4		6.5	Ms	Australia:Simpson Desert	澳大利亚:辛普森沙漠	Australia
1941	6	28	17	55	23	12.4	92.5		6	Ms	India:Andaman Islands	印度:安达曼群岛	GSHAP
1941	6	28	23	7	23	12.4	92.5		5	Mk	India:Andaman Islands	印度:安达曼群岛	GSHAP,Song
1941	6	30	3	13	41	12.4	92.5		6	Ms	India:Andaman Islands	印度:安达曼群岛	GSHAP
1941	6	30	16	33	56	-17	65		6	Ms	Mid - Indian Ridge	中印度洋海岭	Shi Z.
1941	6	30	18	23	33	12.4	92.5		5	Mk	India:Andaman Islands	印度:安达曼群岛	GSHAP,Song
1941	7	1	6	25	49	52.6	106.8	21	5.6	Ms	Russia:Lake Baykal	俄罗斯:贝加尔湖	GSHAP
1941	7	1	7	50	54.8	34.37	-119.58	16	5.9	Ms	US:California,Santa Barbara	美国:加利福尼亚州圣巴巴拉	USGS
1941	7	1	23	54		34.37	-119.58	16	5.9	Ms	US:California,Santa Barbara	美国:加利福尼亚州圣巴巴拉	CGS,USGS
1941	7	2	2	42	6	12.4	92.5		6.1	Ms	India:Andaman Islands	印度:安达曼群岛	GSHAP
1941	7	3	7	11	43	-31.8	-67.8	20	6.25	Ms	Argentina:San Juan	阿根廷:圣胡安	GSHAP
1941	7	6	0	34	28	31	141	110	6.25	Ms	Japan Trench	日本海沟	Shi Z.
1941	7	7	22	43		43	16.5	30	5.2	Ms	Adriatic Sea	亚得里亚海	GSHAP
1941	7	9	0	39	11	12.4	92.5		5.5	Ms	India:Andaman Islands	印度:安达曼群岛	GSHAP
1941	7	10	9	29	42	-18.5	-70	120	6	Ms	Chile:Arica,E.	智利:阿里卡东部	GSHAP
1941	7	11	1	16	29	5	-82.5		6.25	Ms	Colombia:Off Coast of W.	哥伦比亚:西部沿海	Shi Z.
1941	7	13	15	39	36	37.66	26.09	60	6.2	Ms	Greece:Ikaria Island	希腊:伊卡利亚岛	GSHAP
1941	7	14	2	2	25	12	93		6	Ms	India:Andaman Islands	印度:安达曼群岛	Shi Z.
1941	7	15	14	45	26	36.8	138.2		6.2	Ms	Japan:Shinano	日本:长野信浓町	Shi Z.,Usami
1941	7	17	23	34	0.3	14	52		5.7	Ms	Eastern Gulf of Aden	亚丁湾东部	GSHAP
1941	7	18	3	53	42	40	-119		5	Ms	US:Nevada,Lovelock	美国:内华达州拉夫洛克	USGS
1941	7	19	15	13	14	32	131.8		6.25	Ms	Japan:Miyazaki,Near Coast	日本:宫崎近海	Shi Z.
1941	7	21	16	36	10	0.25	-19.5		6	Ms	Central Mid - Atlantic Ridge	中大西洋中脊	Shi Z.
1941	7	21	20	19	30	12.4	92.5		6	Ms	India:Andaman Islands	印度:安达曼群岛	GSHAP
1941	7	23	9	30	38	47.8	152.5	130	6	Ms	Kuril Islands	千岛群岛	GSHAP
1941	7	23	21	4	43	15	-94		6	Ms	Mexico:Near Coast of Chiapas	墨西哥:恰帕斯州近海	Shi Z.
1941	7	26	20	11	19	15.5	146		6.25	Ms	Mariana Islands	马里亚纳群岛	Shi Z.
1941	7	30	1	51	21	61	-151		6.25	Ms	Alaska Peninsula,S.	阿拉斯加半岛南部	USGS,Shi Z.
1941	8	1	3	48	6	32.9	85.3		5.25	Ms	China:Xizang(Tibet),Gerze,NE.	中国:西藏改则东北	China
1941	8	2	9	21	32	30	100		5	Ms	China:Sichuan,Litang,NW.	中国:四川理塘西北	China
1941	8	2	11	41	29.1	-29.767	-177.606	35	7.1	Ms	Kermadec Ridge	克马德克海岭	Engdahl
1941	8	4	10	53	10	51.601	178.602	43.9	6.8	Muk	Aleutian Islands,Rat Island	阿留申群岛,拉特岛	Engdahl,USGS,Shi Z.
1941	8	6	6	15	3	55.515	-163.106	108.3	6.8	Muk	Aleutian Islands	阿留申群岛	Engdahl,USGS
1941	8	7				36	10		5.5	Mk	Tunisia:Al - Qayrawan	突尼斯:凯鲁万	* Song
1941	8	9	14	24		63	-25	144	5	Ms	Iceland:Coast of SW.	冰岛:西南海域	Iceland
1941	8	9	15	35		63	-25	144	5.8	Ms	Iceland:Coast of SW.	冰岛:西南海域	Iceland
1941	8	9	22	17	38	12.5	93		6	Ms	India:Andaman Islands	印度:安达曼群岛	Shi Z.
1941	8	10	16	59	49	-31.5	-70.5	80	5.8	Ms	Chile:Coquimbo	智利:科金博	GSHAP
1941	8	10	19	17	51	-23.5	-66.5	220	5.5	Ms	Argentina:Jujuy	阿根廷:胡胡伊	GSHAP

年 Year	月 Mo	日 Dy	时 Hr	分 Mn	秒 Sec	纬度(°) Latitude	经度(°) Longitude	深度 Depth	震级 Mag	标度 Scale	地名(英文) Name(English)	地名(中文) Name(Chinese)	资料来源 Information
1941	8	13	0	55	53	40.8	71.3	20	5.1	Ms	Uzbekistan:Fergana	乌兹别克斯坦:费尔干纳	GSHAP
1941	8	14	1	43	40	-23	-66.75	180	6	Ms	Argentina:Jujuy	阿根廷:胡胡伊	GSHAP
1941	8	14	9	38	35	44.1	85.4		5.75	Ms	China:Xinjiang,Shawan	中国:新疆沙湾一带	China
1941	8	15	6	9	29	19.302	-26.355	27.9	6.8	Muk	North Atlantic Ocean,E.	北大西洋东部	Engdahl
1941	8	19	16	19	30	9.5	93.7		6	Ms	India:Nicobar Islands	印度:尼科巴群岛	GSHAP
1941	8	20	10	36	32	41.7	15.4		5.37	Ms	Italy:S. Severo	意大利:圣塞韦罗	Italy
1941	8	28	5	34	12	56.5	-157.5	100	6.5	Ms	Aleutian Islands	阿留申群岛	Shi Z.
1941	8	29	13	9	53	41.5	-118.5		5.5	Ms	US:Nevada,Orovada	美国:内华达州奥罗瓦达	USGS
1941	8	30	9	36	18	18.5	147.5		6.5	Ms	Mariana Islands	马里亚纳群岛	Shi Z.
1941	8	30	13	6	58	18.357	147.235	35	6.8	Muk	Mariana Islands	马里亚纳群岛	Engdahl,Shi Z.
1941	8	30	16	44	47	12.4	92.5		6.3	Ms	India:Andaman Islands	印度:安达曼群岛	GSHAP
1941	9	1	14	18	40	41.7	24.7	6	5.1	Ms	Bulgaria:Chepelare	保加利亚:切佩拉雷	GSHAP
1941	9	4	10	21	41	-5.073	153.686	35	7.1	mB	Papua New Guinea:East New Britain,E.	巴布亚新几内亚:东新不列颠东部	Engdahl
1941	9	5	17	10	30	40	74.8		5.5	Ms	China:Xinjiang,Ulugqat,NW.	中国:新疆乌恰西北	China
1941	9	6	3	17	47	27	92		6	Ms	Bhutan:Samdrup Jongkhar,E.	不丹:萨姆德鲁琼卡尔宗东部	China
1941	9	6	6	15	6	55.75	-163	150	6.75	Ms	Aleutian Islands	阿留申群岛	Shi Z.
1941	9	7	11	13		41.2	15		5.17	Ms	Italy:Montecalvo	意大利:蒙特卡尔沃	Italy
1941	9	8	16	30		41.988	13.068		5.03	Ms	Italy:Cervara Di Roma	意大利:切尔瓦拉-迪罗马	Italy
1941	9	10	21	53		39.5	43.3	28	6	Muk	Turkey:Agri	土耳其:阿勒	* Iran
1941	9	12	7	2	4.68	-0.719	132.522	35	6.9	Ms	Indonesia:Irian Jaya Barat	印度尼西亚:西巴布亚	Engdahl
1941	9	13	18	14	51	18.5	-106.5		6	Ms	Mexico:Tecoman,Off Coast	墨西哥:特科曼沿海	Shi Z.
1941	9	14	0	17		22.9	121		5.2	Ms	China:Taiwan,Taitung	中国:台湾台东	China
1941	9	14	16	43	31.8	37.57	-118.73	16	5.8	Ms	US:California,Mammoth Lakes	美国:加利福尼亚州马姆莫斯湖	USGS
1941	9	14	18	21	18.7	37.57	-118.73	16	5.5	Ms	US:California,Mammoth Lakes	美国:加利福尼亚州马姆莫斯湖	USGS
1941	9	14	18	39	11.9	37.57	-118.73	16	6	Ms	US:California,Mammoth Lakes	美国:加利福尼亚州马姆莫斯湖	USGS
1941	9	14	21	16	1	37.57	-118.73	16	5	Ms	US:California,Mammoth Lakes	美国:加利福尼亚州马姆莫斯湖	USGS
1941	9	16	21	39	8.29	-29.484	-177.398	35	6.9	Ms	Kermadec Ridge	克马德克海岭	Engdahl, Shi Z.
1941	9	17	6	48	3.04	-0.078	122.013	193.3	6.9	mB	Indonesia:Gulf of Tomini	印度尼西亚:托米尼湾	Engdahl
1941	9	18	13	14	9.68	-13.928	-72.294	61	7	mB	Peru:Apurimac	秘鲁:阿普里马克	Engdahl,GSHAP
1941	9	21	6	19	45	25.15	115.6		5.75	Ms	China:Jiangxi,Xunwu,N.	中国:江西寻邬北	China
1941	9	21	18	53	21	11	92		5.5	Ms	India:Andaman Islands	印度:安达曼群岛	GSHAP
1941	9	21	19	53	7.2	34.87	-118.93	16	5.2	Ms	US:California,Arvin	美国:加利福尼亚州阿尔文	USGS
1941	9	24	1	1	18	49.551	158.344	33.8	6.8	mB	Kuril Islands	千岛群岛	Engdahl,GSHAP
1941	9	25	3	45	0.5	12.7	53.7		5.5	Ms	Arabian Sea	阿拉伯海	GSHAP
1941	9	25	17	48	38	19.5	-155.5		6	Ms	Hawaiian Islands	夏威夷群岛	USGS
1941	9	28	5	34	12	56.5	-157.5	100	6.5	Ms	Aleutian Islands	阿留申群岛	USGS
1941	9	29	2	32		30.7	67.2		5	Mk	Pakistan:Quetta	巴基斯坦:奎达	GSHAP,Song
1941	9	29	17	8	23	-22	175	60	6.5	Ms	Fiji Islands	斐济群岛	Shi Z.
1941	10	1	8	24		24.7	122	30	5.6	Ms	China:Taiwan,Yilan,Coast of E.	中国:台湾宜兰以东海域	China
1941	10	3	16	13	8	40.4	-124.8		6.4	Ms	US:California,North Coast	美国:加利福尼亚州北部近海	USGS
1941	10	5	7	4	45	-44	34		6.25	Ms	Atlantic-Indian Ridge	大西洋-印度洋海岭	Shi Z.
1941	10	5	10	11	12	-14.5	-173.75		6.5	Ms	Samoa Islands	萨摩亚群岛	Shi Z.
1941	10	6	6	59		40.4	-125		5	Ms	US:California,North Coast	美国:加利福尼亚州北部近海	USGS
1941	10	8	15	24	20	31.7	102.3		6	Ms	China:Sichuan,Barkam,S.	中国:四川马尔康南部	* China
1941	10	8	19	11	4	3	97		5	Mk	Indonesia:Off West Coast of N. Sumatera	印度尼西亚:北苏门答腊西部海域	GSHAP,Song
1941	10	11	9	14	20	2	100		5	Mk	Indonesia:Northern Sumatera	印度尼西亚:苏门答腊北部	GSHAP,Song
1941	10	15	0	7	6	-16	-73.5	100	5.6	Ms	Peru:Arequipa	秘鲁:阿雷基帕	GSHAP
1941	10	15	9	35	15	-15.5	-74	110	6	Ms	Peru:Nazca	秘鲁:纳斯卡	GSHAP
1941	10	23	7	47	34	38.2	71		5	Mk	Afghan:Fayzabad,N.	阿富汗:法扎巴德北部	GSHAP,Song
1941	10	23	21	2	39	12.4	92.5		6	Ms	India:Andaman Islands	印度:安达曼群岛	GSHAP
1941	10	29	0	57	25	0	98		5	Mk	Indonesia:Northern Sumatra	印度尼西亚:苏门答腊北部	GSHAP,Song
1941	10	31	6	31	6	25.4	98.4		6.25	Ms	China:Yunnan,Tengchong,N.	中国:云南腾冲北	China
1941	10	31	12	41		43	-128.5		5.5	Ms	US:Off Coast of W. Oregon	美国:俄勒冈州西部沿海	USGS
1941	11	3	20	44	12	43	12.433	3	5.17	Ms	Italy:Deruta	意大利:代鲁塔	Italy,GSHAP
1941	11	4	2	26	47	-18.25	-178	570	6.25	Ms	Fiji Islands	斐济群岛	Shi Z.
1941	11	5	11	5	29	-23	172.5	100	6	Ms	Fiji Islands	斐济群岛	Shi Z.
1941	11	5	13	5	22	-23	172	100	6.25	Ms	Fiji Islands	斐济群岛	Shi Z.
1941	11	5	17	38	52	12.834	123.481	35	6.9	Muk	Philippines:Pio Duran	菲律宾:皮奥杜兰	Engdahl
1941	11	6	12	29	46	54	-161.5		6	Ms	Aleutian Islands	阿留申群岛	USGS
1941	11	8	23	37	28.4	0.724	122.857	35	7.2	Mw	Indonesia:Sulawesi Utara	印度尼西亚:北苏拉威西	Engdahl
1941	11	10	9	44	50	-22	-67	200	6.25	Ms	Bolivia:Tarija	玻利维亚:塔里哈	GSHAP
1941	11	12	6	51	15	6	94	60	6.25	Ms	Indonesia:Pulau We	印度尼西亚:韦岛	GSHAP
1941	11	12	10	4		39.7	39.4	70	5.9	Muk	Turkey:Erzincan	土耳其:埃尔津占	*
1941	11	14	2	51	33	3	97		5	Mk	Indonesia:Off West Coast of N. Sumatera	印度尼西亚:北苏门答腊西部海域	GSHAP,Song
1941	11	14	6	49	14	45.5	148	135	6.3	Ms	Kuril Islands	千岛群岛	GSHAP
1941	11	14	8	41	36.3	33.78	-118.25	16	5.4	Ms	US:California,Long Beach	美国:加利福尼亚州长滩	USGS

年 Year	月 Mo	日 Dy	时 Hr	分 Mn	秒 Sec	纬度(°) Latitude	经度(°) Longitude	深度 Depth	震级 Mag	标度 Scale	地名(英文) Name(English)	地名(中文) Name(Chinese)	资料来源 Information
1941	11	15	4	19	57	-59.802	-26.993	35	7.1	mB	South Sandwich Trench	南桑威奇海沟	Engdahl
1941	11	18	10	14	42	-60.757	-55.375	35	7.1	Ms	West Scotia Basin	西斯科舍海盆	Engdahl
1941	11	18	16	46		32	132.1	10	7.7	Mw	Japan:Miyazaki, Near Coast	日本:宫崎近海	* Usami, Engdahl, NOAA
1941	11	20	15	16	31	-41	42		6	Ms	Western Indian Ridge	西印度洋海岭	Shi Z.
1941	11	24	16	37	0.4	-39	51.1		6.5	Ms	Atlantic - Indian Ridge	大西洋-印度洋海岭	GSHAP
1941	11	24	21	46	22	-28.276	-177.611	35	7	mB	Kermadec Ridge	克马德克海岭	Engdahl, Shi Z.
1941	11	25	18	3	59	37.171	-18.96	25	8.1	Mw	North Atlantic Ocean, E.	北大西洋东部	* Engdahl, NOAA
1941	11	27	8	37	41.6	-7.347	121.233	524.1	6.8	Muk	Flores Sea	弗洛勒斯海	Engdahl
1941	11	28	12	23	25	36.6	70.6	200	6.3	Ms	Afghan:Fayzabad	阿富汗:法扎巴德	GSHAP
1941	12	1	19	56	20	-54	-56		6.3	Ms	South Atlantic Ocean	南大西洋	GSHAP
1941	12	2	5	22	56	37.5	41	33	5.1	Ms	Turkey:Savur	土耳其:萨武尔	GSHAP
1941	12	2	23	38	32	6	-77.5		5.6	Ms	Colombia:Bahia Solano	哥伦比亚:巴伊阿索拉诺	GSHAP
1941	12	4	14	48	49	43	90.5		5.75	Ms	China:Xinjiang, Shanshan	中国:新疆鄯善	China
1941	12	5	20	47	4.38	8.752	-83.158	35	7.3	Mw	Costa Rica:Piedras Blancas	哥斯达黎加:彼德拉斯布兰卡斯	* Engdahl, NOAA
1941	12	6	1	25	1	10.5	-85.25		6	Ms	Costa Rica:Bagaces	哥斯达黎加:巴加塞斯	Shi Z.
1941	12	6	16			23.4	101.7		5	Ms	China:Yunnan, Mojiang	中国:云南墨江	China
1941	12	6	21	24	44.7	8.143	-84.401	35	7	Ms	Costa Rica:Off Coast	哥斯达黎加:沿海	* Shi Z., Engdahl, NOAA
1941	12	9	2	43	13	-3	121.5		6.25	Ms	Indonesia:Sulawesi	印度尼西亚:苏拉威西岛	Shi Z.
1941	12	13	6	15	59	37.2	28.3	100	6.5	Ms	Turkey:Marmaris	土耳其:马尔马里斯	GSHAP
1941	12	14	16			23.7	102.5		5	Ms	China:Yunnan, Shiping	中国:云南石屏	China
1941	12	16	19	19	46	23.251	120.391	35	7.1	Mw	China:Taiwan, Tainan	中国:台湾台南	* China, Engdahl
1941	12	17	19	29		23.4	120.4		6.6	Ms	China:Taiwan, Chiayi	中国:台湾嘉义	China
1941	12	17	19	55		23.4	120.4		5.2	Ms	China:Taiwan, Chiayi	中国:台湾嘉义	China
1941	12	26	14	48	3.14	21.076	99.145	25	7	Ms	myanmar:Keng Tung	缅甸:肯格塔恩	* China, Engdahl
1941	12	27	18	17	27	35.822	-10.56	25	6.8	Muk	Steait of Gibraltar	直布罗陀海峡	Engdahl
1941	12	29	18	37		45.5	-122.7		5.1	Mk	US:Oregon, Portland	美国:俄勒冈州波特兰	USGS, Song
1941	12	31	6	48	44	37.57	-118.73	16	5.4	Ms	US:California, Mammoth Lakes	美国:加利福尼亚州马姆莫斯湖	USGS
1941	12	31	17	23	20	-20.5	180	630	6.25	Ms	Lau Ridge[Pacific Ocean]	劳海岭[太平洋]	Shi Z.
1942	1	8	13	31	20	39.4	72.9	20	5.2	Ms	Kyrgyzstan:Osh, SW.	吉尔吉斯斯坦:奥什西南	GSHAP
1942	1	8	15	12	31	-6	-78.5	110	6	Ms	Peru:Bagua Grande	秘鲁:大巴瓜	GSHAP
1942	1	9	9	33		23.5	121.3	40	5.8	Ms	China:Taiwan, Hualien	中国:台湾花莲	China
1942	1	10	17	50		23.1	122.2		5.2	Ms	China:Taiwan, Taitung, Coast of E.	中国:台湾台东以东海域	China
1942	1	18	16	36	31	41.1	71.6	21	5.9	Ms	Uzbekistan:Namangan	乌兹别克斯坦:纳曼干	GSHAP
1942	1	18	16			22.8	101		5	Ms	China:Yunnan, Pu - er	中国:云南普洱	China
1942	1	27	13	29	11	-4.325	134.838	18.4	7.1	Ms	Indonesia:Papua	印度尼西亚:巴布亚	Engdahl
1942	1	29	9	23	49	-19.321	169.042	117.7	7	mB	Vanuatu Islands	瓦努阿图群岛	Engdahl
1942	1	30	12	12	8	6.1	95.1		6	Ms	Indonesia:Pulau We	印度尼西亚:韦岛	GSHAP
1942	1	31	17	30	47	23.1	100.3		6.75	Ms	China:Yunnan, Pu - er, NW.	中国:云南普洱西北	* China
1942	2	5	1	15	58	38.8	27.7		5.5	Ms	Turkey:Saruhanl	土耳其:萨鲁汉勒	Turkey
1942	2	14	10	44	59	40.9	72.1	15	5.5	Ms	Uzbekistan:Namangan	乌兹别克斯坦:纳曼干	GSHAP
1942	2	16	18	8	19	-11.338	166.582	115.4	6.9	Muk	North Vanuatu Islands	瓦努阿图群岛北部	Engdahl
1942	2	21	7	7	43	38	142	60	7	Ms	Japan:Miyagi, Near Coast	日本:宫城近海	Shi Z., Usami
1942	2	21	21	46	52	24	90.3		5	Mk	Bangladesh:Dhaka	孟加拉:达卡	GSHAP, Song
1942	2	28	4	54	55	39.2	70.9	10	5.5	Ms	Tadzhikistan:Tajikabad	塔吉克斯坦:塔吉卡巴德	GSHAP
1942	3	3	1	3	24	34	-115.75	16	5	Ms	US:California, Landers, E.	美国:加利福尼亚州兰德斯东部	USGS
1942	3	5	19	48	19	44.272	141.632	259	7	mB	Japan:W. Hokkaido Island	日本:北海道西部	Engdahl, GSHAP
1942	3	8	4	19	51	43	102.5	15	5.5	Ms	Mongolia:Namgon	蒙古:瑙木贡	GSHAP
1942	3	19	11	59	19	50.5	-131		6	Ms	Canada:Off Coast of W. Vancouver	加拿大:温哥华西部海域	Shi Z.
1942	3	22	2	8	27	36.6	70.7	200	6.3	Ms	Afghan:Fayzabad	阿富汗:法扎巴德	GSHAP
1942	3	24	23	37		24.3	122.1	40	5.7	Ms	China:Taiwan, Hualien, Coast of E.	中国:台湾花莲以东海域	China
1942	3	27	18	38	3	39.5	55.3	24	5.2	Ms	Turkmenistan:Balkanabat	土库曼斯坦:巴尔坎纳巴德	GSHAP
1942	3	27	18	38	44	46.9	82.5	20	5.2	Ms	Kazakhstan:Urdzhar	哈萨克斯坦:乌尔贾尔	GSHAP
1942	4	3	17	45		39.8	53.4	18	5.3	Ms	Caspian Sea	里海	GSHAP
1942	4	4				39.8	53.4	20	5	Ms	Caspian Sea	里海	GSHAP
1942	4	8	15	40	28.8	12.845	120.553	41.3	7.3	Mw	Philippines:Mindoro Island	菲律宾:民都洛岛	* Engdahl
1942	4	11	1	25	12	14.75	-91.5	140	6.25	Ms	Guatemala:Quetzaltenango	危地马拉:克萨尔特南戈	Shi Z.
1942	4	13	7	46	18	-1	-16		6.5	Ms	Central Mid - Atlantic Ridge	中大西洋中脊	Shi Z.
1942	4	15	19			39.8	53.4	20	5	Ms	Caspian Sea	里海	GSHAP
1942	4	20	8	40	31	34.5	137	350	6.5	Ms	Japan:Toba	日本:三重鸟羽	Shi Z.
1942	4	27	18	38	3	39.8	54		5	Ms	Turkmenistan:Balkanabat	土库曼斯坦:巴尔坎纳巴德	Iran
1942	4	28	19	40		24	122		5.1	Ms	China:Taiwan, Hualien, Coast of E.	中国:台湾花莲以东海域	China
1942	5	2				11	-66		6	Mk	Venezuela:La Guaira (La Guaayra)	委内瑞拉:拉瓜伊拉	GSHAP, Song
1942	5	6	22	50	13	10	-65		6	Ms	Venezuela:Barcelona	委内瑞拉:巴塞罗纳	GSHAP
1942	5	9	4	37	9	35.7	26.8	120	5.7	Ms	Greece:Karpathos Island	希腊:皮加贾岛	Turkey
1942	5	11				40.5	53.5	20	5.3	Ms	Turkmenistan:Turkmenbasy	土库曼斯坦:土库曼巴希	GSHAP
1942	5	14	2	13	28	0.012	-79.902	35	7.8	Mw	Ecuador:Bahía de Caráquez	厄瓜多尔:卡拉克斯港	* Shi Z., Engdahl
1942	5	15	14	8	36	24	90.3		5	Mk	Bangladesh:Dhaka	孟加拉:达卡	GSHAP, Song

年	月	日	时	分	秒	纬度(°)	经度(°)	深度	震级	标度	地名(英文)	地名(中文)	资料来源
Year	Mo	Dy	Hr	Mn	Sec	Latitude	Longitude	Depth	Mag	Scale	Name(English)	Name(Chinese)	Information
1942	5	15	16	55	30	36.7	70.7	200	5.6	Ms	Afghan:Badakhshan	阿富汗:巴达赫尚	GSHAP
1942	5	15	18	12	5.6	1.17	-79.26		6.4	Ms	Ecuador:Near Coast of W.	厄瓜多尔:西部近海	GSHAP
1942	5	15				-7.7	109.2		6.5	Mk	Indonesia:Java Island	印度尼西亚:爪哇岛	* * Song
1942	5	17	15	14	18	0.43	-80.34		6.2	Ms	Ecuador:Near Coast of W.	厄瓜多尔:西部近海	GSHAP
1942	5	21	3	42	41	37.5	20.5	150	6.1	Ms	Mediterranean Sea	地中海	GSHAP
1942	5	22	10	30	36	4.6	-74.5	130	5.8	Ms	Colombia:Santa Fe	哥伦比亚:圣达菲	* NOAA
1942	5	23	15	47	29	32.98	-115.98	16	5	Ms	US:California,Brawley	美国:加利福尼亚州布劳利	USGS
1942	5	23	20	1	21	30	69.5		5	Mk	Pakistan:Quetta	巴基斯坦:奎达	GSHAP,Song
1942	5	24	3	26	33	5.178	97.018	35	6.8	Muk	Indonesia:Sumatera,Aceh	印度尼西亚:苏门答腊亚齐	Engdahl,GSHAP
1942	5	24	21	19	32	22.9	121.5		6	Ms	China:Taiwan,Taitung,Coast of E.	中国:台湾台东以东海域	China
1942	5	28	1	1	55	-0.074	123.78	104.2	7.4	mB	Molukka Sea	马鲁古海	* Engdahl
1942	5	28	15	20	3	38.8	70.9	10	5.7	Ms	Tadzhikistan:Tajikabad	塔吉克斯坦:塔吉卡巴德	GSHAP
1942	6	1	9	17	40	39.3	22.4		5.6	Ms	Greece:Sophades (Karditsa)	希腊:卡尔季察	Turkey
1942	6	2	0	30	31	-54.5	-4		6.25	Ms	South Atlantic Ridge	南大西洋海岭	Shi Z.
1942	6	3	16	31	10	-15	166.5	120	6.25	Ms	Vanuatu Islands	瓦努阿图群岛	Shi Z.
1942	6	5				-34.6	-67.9		6.2	Mk	Argentina:San Rafael	阿根廷:圣拉斐尔	* Song
1942	6	7	10	48	10.5	0.6	-80.56		6.1	Ms	Ecuador:Near Coast of W.	厄瓜多尔:西部近海	GSHAP
1942	6	14	3	9	58	14.548	148.008	48.7	7	mB	Mariana Islands,NE.	马里亚纳群岛东北	Engdahl
1942	6	15	13	47	14	-32.133	179.756	518.3	6.8	Muk	Kermadec Ridge	克马德克海岭	Engdahl
1942	6	16	9	13		35.7	23.2	150	6	Ms	Mediterranean Sea	地中海	GSHAP
1942	6	16	21	5	11.6	0.65	-80.65		6.1	Ms	Ecuador:Near Coast of W.	厄瓜多尔:西部近海	GSHAP
1942	6	18	9	31	0.86	9.123	140.101	35	7	Ms	Philippine Trench	菲律宾海沟	Engdahl
1942	6	20	10	2	13	18.876	-101.063	85.9	6.8	Muk	Mexico:Michoacan,SE.	墨西哥:米却肯东南	Engdahl
1942	6	21	4	38	43	36.5	27	130	6.4	Ms	Greece:Dodecanese Islands	希腊:多德卡尼斯群岛	GSHAP
1942	6	24	11	16	30.7	-41.534	175.63	35	7	Ms	New Zealand: North Island, Near Coast of SE.	新西兰:北岛东南近海	Engdahl
1942	6	29	6	26	36	-33.125	-70.495	65.4	6.9	Muk	Chile:La Ligua	智利:拉利瓜	Engdahl,GSHAP
1942	7	1	21	33	40.9	0.78	-80.43		6.1	Ms	Ecuador:Near Coast of W.	厄瓜多尔:西部近海	GSHAP
1942	7	3	2	50	23	27	66.5		5	Mk	Pakistan:Balochistan	巴基斯坦:俾路支	GSHAP,Song
1942	7	3	20	59	30	0.5	-80.5		6.1	Ms	Ecuador:Near Coast of W.	厄瓜多尔:西部近海	GSHAP
1942	7	3	23	46	22.9	0.33	-81.01		6.2	Ms	Ecuador:Near Coast of W.	厄瓜多尔:西部近海	GSHAP
1942	7	4	1	53	7.6	0.78	-80.46		6.2	Ms	Ecuador:Near Coast of W.	厄瓜多尔:西部近海	GSHAP
1942	7	4	4	59	31	0.91	-80.33		6.1	Ms	Ecuador:Near Coast of W.	厄瓜多尔:西部近海	GSHAP
1942	7	6	16	21	12	0.5	-80.5		6.2	Ms	Ecuador:Near Coast of W.	厄瓜多尔:西部近海	GSHAP
1942	7	7	2	53	40	-20.569	-178.9	289.7	6.8	Muk	Fiji Islands	斐济群岛	Engdahl
1942	7	8	6	55	43	-24.602	-70.189	35	7	mB	Chile:Antofagasta,C.	智利:安托法加斯塔中部	Chile,Engdahl
1942	7	8	19	35		21.5	122.1	40	5.1	Ms	China:Taiwan,Coast of S.	中国:台湾南部海域	China
1942	7	8	21	22	27	43	122		6	Ms	China: Inner Mongolia, Horqin Zuoyi Houqi	中国:内蒙古科尔沁左翼后旗	* China
1942	7	10	4	49	56	0.74	-80.68		6.1	Ms	Ecuador:Near Coast of W.	厄瓜多尔:西部近海	GSHAP
1942	7	11	16	41	56	38.5	-117.1		5	Ms	US:Nevada,Round Mountain	美国:内华达州朗德芒廷	USGS
1942	7	20	13	31	45	-35	-99		6	Ms	Chile:Off Coast of C.	智利:中部沿海	Shi Z.
1942	7	21	7	47	48	-20.5	-64		5.3	Ms	Bolivia:Chuquisaca	玻利维亚:丘基萨卡	GSHAP
1942	7	25	6	22	33	11.548	125.313	35	6.8	Muk	Philippines:Samar Island	菲律宾:萨马岛	Engdahl
1942	7	26	6	53		24.4	122	40	5.2	Ms	China:Taiwan,Hualien,Coast of E.	中国:台湾花莲以东海域	China
1942	7	27	11	5	29	44	146.5	80	6	Ms	Kuril Islands	千岛群岛	GSHAP
1942	7	29	19	19		45.7	26.6	130	5	Ms	Romania:Nereju	罗马尼亚:内雷茹	GSHAP
1942	7	29	22	49	20	-2.637	127.586	35	6.7	Ms	Indonesia:Ceram Sea	印度尼西亚:塞兰海	Engdahl
1942	8	1	12	34	4.74	-41.066	175.684	35	6.9	Ms	New Zealand:North Island,Longbush	新西兰:北岛,朗布什	Engdahl,Shi Z.
1942	8	1	14	30	13	-47.796	100.768	15	6.8	Ms	South - East Indian Ridge	南印度洋东海岭	Engdahl
1942	8	6	23	37		13.78	-90.913	35	7.7	Mw	Guatemala:San José	危地马拉:圣何塞	* Shi Z. ,Engdahl
1942	8	8	22	36	34	14.25	-91.5		6.5	Ms	Guatemala:El Sapotal	危地马拉:埃尔萨波塔尔	Shi Z.
1942	8	18	21	55	24	38.6	-118.5		5	Ms	US:Nevada,Hawthorne,N.	美国:内华达州霍索恩北部	USGS
1942	8	19	18	29	37	18	96		6	Ms	myanmar:Pyu	缅甸:彪关	GSHAP
1942	8	23	6	35	18	53	163.8	20	6.7	Ms	Russia:Kamchatka,Near East Coast	俄罗斯:堪察加东部近海	GSHAP
1942	8	23	15	41	25	43.5	26.7	6	5.1	Ms	Bulgaria:Razgrad	保加利亚:拉兹格勒	GSHAP
1942	8	24	22	50	32	-14.975	-74.92	35	8.2	Ms	Peru:Ica,Near Coast	秘鲁:伊卡近海	* Engdahl,NOAA
1942	8	27	6	14		41.7	20.4	33	6	Ms	Albania:Peshkopia	阿尔巴尼亚:佩什科比	*
1942	8	29	1	39	20	-24	179.5	570	6.8	Muk	South of Fiji Islands	斐济群岛南部	Engdahl
1942	8	30	23	8		37.7	-113.1		5.1	Mk	US:Utah,Cedar City	美国:犹他州锡达城	USGS,Song
1942	8	31	10	4	38	53.7	143.1	20	5	Ms	Russia:Sakhalin Island	俄罗斯:库页岛(萨哈林岛)	GSHAP
1942	9	1	9	42	15	35.48	26.94	10	6	Ms	Greece:Karpathos Island	希腊:皮加贾岛	GSHAP
1942	9	1	18	59	34	47	127		6	Ms	China:Heilongjiang,Suihua,N.	中国:黑龙江绥化北	China
1942	9	1	21			21.08	103.57	33	6.8	Ms	Vietnam:Son La	越南:山萝	GSHAP
1942	9	3	7	44	20	29.8	95.3		5.5	Ms	China:Xizang (Tibet),Bowo	中国:西藏波密	China
1942	9	9	1	25	25	53.549	-165.772	42.5	6.9	mB	Alaska:Unimak Island	阿拉斯加:乌尼马克岛	USGS,Shi Z. , Engdahl
1942	9	14	11	31	2.76	-21.906	171.451	98.2	6.9	mB	Vanuatu Islands	瓦努阿图群岛	Engdahl
1942	9	17	11	40	19	49.4	151.6	300	6.6	Ms	Sea of Okhotsk	鄂霍次克海	GSHAP

年 Year	月 Mo	日 Dy	时 Hr	分 Mn	秒 Sec	纬度(°) Latitude	经度(°) Longitude	深度 Depth	震级 Mag	标度 Scale	地名(英文) Name(English)	地名(中文) Name(Chinese)	资料来源 Information
1942	9	22	0	46	15	-37	-98		6.25	Ms	Chile:Off Coast of C.	智利:中部沿海	Shi Z.
1942	9	24	3	38	58	23.9	121.7		6.5	Ms	China:Taiwan,Hualien,Coast of E.	中国:台湾花莲以东海域	China
1942	9	26	15	50		37.7	-113.1		5.1	Mk	US:Utah,Cedar City	美国:犹他州锡达城	USGS,Song
1942	9	27	13	12	21	-42	-81		6.25	Ms	Chile:Off Coast of S.	智利:南部沿海	Shi Z.
1942	10	8	3	2	39	6	-82.75		6	Ms	Panama:Off Coast of S.	巴拿马:南部海域	Shi Z.
1942	10	9	15	46	13	-11.538	34.646	25	6.8	Muk	Tanzania:Mbinga	坦桑尼亚:姆宾加	Engdahl,GSHAP
1942	10	20	23	21	52	7.731	122.595	35	7.2	Mw	Philippines:Mindanao Island	菲律宾:棉兰老岛	Engdahl
1942	10	21	16	22	13	32.97	-116	16	6.5	Ms	US:California,Seeley,NW.	美国:加利福尼亚州西利西北	USGS
1942	10	21	16	25	19	32.97	-116	16	5	Ms	US:California,Seeley,NW.	美国:加利福尼亚州西利西北	USGS
1942	10	21	16	26	54	32.97	-116	16	5	Ms	US:California,Seeley,NW.	美国:加利福尼亚州西利西北	USGS
1942	10	22	1	50	38	33.233	-115.717	16	6	Ms	US:California,Salton City	美国:加利福尼亚州索尔顿城	CGS,USGS
1942	10	22	18	13	26	32.97	-116	16	5	Ms	US:California,Seeley,NW.	美国:加利福尼亚州西利西北	USGS
1942	10	26	21	9	14	46.016	151.542	35	6.8	Ms	Kuril Islands	千岛群岛	GSHAP,Engdahl
1942	10	28	2	22	53	39.1	27.8		6	Ms	Turkey:Izmir	土耳其:伊兹密尔	GSHAP
1942	10	28	10	44	39	15.25	-96.5		6.25	Ms	Mexico:Near Coast of Oaxaca	墨西哥:瓦哈卡近海	Shi Z.
1942	10	30	6	17	50	12.4	92.5		5	Mk	India:Andaman Islands	印度:安达曼群岛	GSHAP,Song
1942	11	2	23	59	37	-18.024	-175.582	35	6.9	Muk	Tonga Islands,N.	汤加群岛北部	Engdahl
1942	11	6	13	31	11	-6.521	-76.768	123.6	6.8	Muk	Peru:Tarapoto	秘鲁:塔拉波托	Engdahl,GSHAP
1942	11	6	21	25		24.6	121.5		5.7	Ms	China:Taiwan,Yilan	中国:台湾宜兰	China
1942	11	7	7	32	11	-9.03	123.06	74.9	6.8	Muk	Indonesia:Flores Island,E.	印度尼西亚:弗洛勒斯岛东部	Engdahl
1942	11	7	11	46		24	122.2	40	5.1	Ms	China:Taiwan,Hualien,Coast of E.	中国:台湾花莲以东海域	China
1942	11	7	11	56		24	122.2	30	5.8	Ms	China:Taiwan,Hualien,Coast of E.	中国:台湾花莲以东海域	China
1942	11	8				-16	-76		8	Ms	Peru:Arequipa,Near Coast	秘鲁:阿雷基帕近海	* *
1942	11	10	11	41	28	-49.726	29.947	15	8	Mw	Marion Island	马里恩岛[印度洋]	* Engdahl
1942	11	12	4	55	32	16.592	-94.296	69.5	6.8	Muk	Mexico:Juchitan	墨西哥:胡齐坦	* Shi Z.,Engdahl
1942	11	14	20	56	58	0.4	-80.4		6.1	Ms	Ecuador:Near Coast of W.	厄瓜多尔:西部近海	GSHAP
1942	11	15	0	46	5	0.4	-80.4		6.3	Ms	Ecuador:Near Coast of W.	厄瓜多尔:西部近海	GSHAP
1942	11	15	17	1		39.2	28.2		6.1	Muk	Turkey:Balikesir,Bigadic	土耳其:巴里开赛,比加迪克	*
1942	11	15	17	12	3.23	36.369	141.433	35	6.9	Ms	Japan:Ibaraki,Near Coast	日本:茨城近海	Engdahl,Shi Z.
1942	11	16	21	26		36.5	71.5	100	5.7	Ms	Afghan:Badakhshan	阿富汗:巴达赫尚	GSHAP
1942	11	18	12	1	0.1	10	38		5.5	Ms	Ethiopia:Dejen	埃塞俄比亚:德真	GSHAP
1942	11	19	14	39	56	-0.6	-81.7		6.1	Ms	Ecuador:Off Coast of W.	厄瓜多尔:西部沿海	GSHAP
1942	11	19	17	55		63.5	-23	36	5	Ms	Iceland:Grindavík,Near Coast of SW.	冰岛:格林达维克西南近海	Iceland
1942	11	21	14	1		40.3	34.6		5.9	Mk	Turkey:Kastamonu, Kargi	土耳其:卡斯塔末努,卡尔古	* Song
1942	11	26	14	27	31.5	45.405	150.175	76	7.4	mB	Kuril Islands	千岛群岛	Engdahl,GSHAP
1942	11	26	22	20		40.5	34		7.6	Muk	Turkey:Havza,Ladik	土耳其:哈佛扎,拉迪克	*
1942	11	28	10	38	47	7.28	-35.644	15	7.1	Ms	Central Mid-Atlantic Ridge	中大西洋中脊	Engdahl
1942	11	30	0	47	58	-27	-63.5	590	6.5	Ms	Argentina:Santiago del Estero	阿根廷:圣地亚哥-德尔埃斯特罗	GSHAP
1942	12	2	19	4		40.6	35		6.2	Mk	Turkey:Corum	土耳其:乔鲁姆	* Song
1942	12	3	9	44	42	39.7	-119.3		5.9	Ms	US:Nevada,Nixon	美国:内华达州尼克松	CGS,USGS
1942	12	5	14	28	40	59.5	-152	100	6.5	Ms	Gulf of Alaska	阿拉斯加湾	USGS
1942	12	9	2	14		24.3	121.6		5.1	Ms	China:Taiwan,Hualien	中国:台湾花莲	China
1942	12	11	2	39		40.8	35.1		6.2	Mk	Turkey:Merzifon	土耳其:梅尔济丰	* Song
1942	12	13	8	42	43	52.4	153.8	540	6.7	Ms	Sea of Okhotsk	鄂霍次克海	GSHAP
1942	12	15	9	9	5	-0.6	-81.7		6.1	Ms	Ecuador:Off Coast of W.	厄瓜多尔:西部沿海	GSHAP
1942	12	16	2	44	46	0.4	-80.4		6.1	Ms	Ecuador:Near Coast of W.	厄瓜多尔:西部近海	GSHAP
1942	12	17	1	8	20	-57	146		6	Ms	Southern Pacific Ridge	南太平洋海岭	Shi Z.
1942	12	17	15	7	43	38.87	-119.9		5.1	Ms	US:Nevada,Johnson Lane,S.	美国:内华达州约翰逊巷南部	USGS
1942	12	19	9	21	7	35.9	72.5		5	Mk	Pakistan:Mingora,N.	巴基斯坦:明戈拉北部	GSHAP,Song
1942	12	19	23	10	33	31.258	141.616	35	6.9	Ms	Japan Trench	日本海沟	Engdahl,Shi Z.
1942	12	20	14	3	11	40.9	36.5	35	7.2	Mw	Turkey:Niksar, Erbaa	土耳其:尼克萨尔,埃尔巴	* Engdahl
1942	12	21	21	21	0.3	14	52		5.5	Ms	Eastern Gulf of Aden	亚丁湾东部	GSHAP
1942	12	22	4	14	37	-15.617	-175.398	35	6.8	Muk	North of Fiji Islands	斐济群岛北部	Engdahl
1942	12	25	8	0	28.2	-17.28	-65.81		5.7	Ms	Bolivia:Cochabamba	玻利维亚:科恰班巴	GSHAP
1942	12	26	12	31	40	8.5	-75.5		6.5	Ms	Colombia:Cordoba	哥伦比亚:科尔多巴	GSHAP
1942	12	29	3	42		43.4	17.2	15	6	Muk	Croatia:Split,SE.	克罗地亚:斯普利特东南	*
1942	12	31	12	3	42	18	-47		6.5	Ms	North Atlantic Ocean	北大西洋	Shi Z.
1943	1	6	5	51	3	-2	-80.5		6.1	Ms	Ecuador:Guayaquil	厄瓜多尔:瓜亚基尔	GSHAP
1943	1	6	9	51	3	-5	-80.7		5.7	Ms	Peru:Piura	秘鲁:皮乌拉	GSHAP
1943	1	7	11	14	45	38.5	20.5		5.6	Ms	Ionian Sea	爱奥尼亚海	Turkey
1943	1	7	22	36		37.3	20.6	100	6.1	Ms	Ionian Sea	爱奥尼亚海	GSHAP
1943	1	8	23	56	21	39.6	29.6	33	5.2	Ms	Turkey:Kütahya	土耳其:屈塔希亚	GSHAP
1943	1	11	19	50	18	38.62	69.3	18	6	Ms	Tajikistan:Roghun	塔吉克斯坦:罗格汉	GSHAP
1943	1	12	9	5	9	38.47	69.26	5	5.6	Ms	Tajikistan:Duachanbe	塔吉克斯坦:杜尚别	GSHAP
1943	1	20	12	38		43.1	17	27	5.3	Ms	Adriatic Sea	亚得里亚海	GSHAP
1943	1	20	15	32		40.8	30.5		6.6	Muk	Turkey:Hendek	土耳其:亨达克	*
1943	1	22	12			59	151	20	5	Ms	Sea of Okhotsk	鄂霍次克海	GSHAP
1943	1	29				44.3	17		5.8	Mk	Bosnia:Zenica	波斯尼亚:泽尼察	* Song

年 Year	月 Mo	日 Dy	时 Hr	分 Mn	秒 Sec	纬度(°) Latitude	经度(°) Longitude	深度 Depth	震级 Mag	标度 Scale	地名(英文) Name(English)	地名(中文) Name(Chinese)	资料来源 Information
1943	1	30	5	33	3	-2	-80.5	100	6.9	Muk	Ecuador:Guayaquil	厄瓜多尔:瓜亚基尔	* Engdahl
1943	1	31	5	1		-14.2	-71.5	25	5	Ms	Peru:Espinar	秘鲁:埃斯皮纳尔	* GSHAP
1943	2	6	2	36		24.89	63.25		6.2	Ms	Pakistan:Gwadar	巴基斯坦:瓜达尔	Iran
1943	2	6	9	36	37	36.5	70.3	240	6	Ms	Afghan:Taloqan,S.	阿富汗:塔卢坎南部	GSHAP
1943	2	8	20	10	36	-2.5	-80	100	5.2	Ms	Ecuador:Guayaquil	厄瓜多尔:瓜亚基尔	GSHAP
1943	2	8	21	5	24	27	92		5.5	Ms	Bhutan:Samdrup Jongkhar,E.	不丹:萨姆德鲁琼卡尔宗东部	GSHAP
1943	2	14	7	28	22	38	20		5.8	Ms	Ionian Sea	爱奥尼亚海	Turkey
1943	2	16	7	28	35	-15	-72	190	6.9	mB	Peru:Arequipa,N.	秘鲁:阿雷基帕北部	GSHAP,Engdahl
1943	2	18	15	38	46.4	-17.38	-66.19	33	5.2	Ms	Bolivia:Cochabamba	玻利维亚:科恰班巴	GSHAP
1943	2	22	9	20	45	16.7	-101.5	60	7.4	Mw	Mexico: Guerrero, Paricutin Volcano Forms	墨西哥:格雷罗,帕里库廷火山	* Engdahl
1943	2	22	14	20		40.7	-112		5.1	Mk	US:Utah,Salt Lake City	美国:犹他州盐湖城	USGS,Song
1943	2	23	23	19	49	22	100.5		5.75	Ms	China:Yunnan,Menghai	中国:云南勐海	China
1943	2	28	12	54	33	36.5	70.5	210	7.1	mB	Afghan:Badakhshan	阿富汗:巴达赫尚	Engdahl,GSHAP
1943	3	2	9	4	55	33	90.1		5.75	Ms	China:Xizang (Tibet),Baingoin,N.	中国:西藏班戈北部	China
1943	3	4	6	32	23	-22	-179.5	600	6	Ms	Lau Ridge[Pacific Ocean]	劳海岭[太平洋]	Shi Z.
1943	3	4	10	13		35.6	134.2	20	6.1	Ms	Japan:Tottori	日本:鸟取	Shi Z.,Usami
1943	3	5	0	31	40	5.25	-82.5		6.8	Muk	Colombia:Off Coast of W.	哥伦比亚:西部沿海	Engdahl
1943	3	7	3	1	36	58.5	166	20	6.7	Ms	Bering Sea,W.	白令海西部	GSHAP
1943	3	9	9	48	55	-60	-27		7.1	Mw	South Sandwich Trench	南桑威奇海沟	Engdahl,Shi Z.
1943	3	11	9	34	11	-22	170	80	6.8	Muk	Vanuatu Islands	瓦努阿图群岛	Engdahl
1943	3	14	14	37		-20	-69.5	150	7.2	Ms	Chile:Tarapaca	智利:达拉巴卡	Chile
1943	3	14	17	11		-22	169.5		6.8	Ms	Vanuatu Islands	瓦努阿图群岛	Engdahl
1943	3	14	18	37	56	-20	-69.5	150	7.1	mB	Chile:Tarapaca	智利:达拉巴卡	Engdahl
1943	3	15	2	24	29	-22	169.5		6.9	Ms	Vanuatu Islands	瓦努阿图群岛	Engdahl
1943	3	15	4	47	56	9.5	142		6.8	Muk	Philippine Trench	菲律宾海沟	Engdahl
1943	3	15	22	59	15	-14.5	-177	300	6.8	Muk	Samoa Islands	萨摩亚群岛	Engdahl
1943	3	20	4	50	33	-16	174.5		6.5	Ms	Fiji Islands	斐济群岛	Shi Z.
1943	3	21	20	35	43	-5.75	152.25		7.1	Ms	Papua New Guinea:East New Britain	巴布亚新几内亚:东新不列颠	Engdahl
1943	3	24	11	11	27	-23	-179	430	6.25	Ms	Lau Ridge[Pacific Ocean]	劳海岭[太平洋]	Shi Z.
1943	3	25	15	40		43.074	13.584		5.02	Ms	Italy:Offida	意大利:奥菲达	Italy
1943	3	25	18	27	15	-60	-27		7	Ms	South Sandwich Trench	南桑威奇海沟	Engdahl,Shi Z.
1943	3	26	17	38	14	-23	-176.5	100	6.9	Muk	South of Fiji Islands	斐济群岛南部	Engdahl
1943	3	29	5	14	0.1	-18	44		6	Ms	Mozambique Channel	莫桑比克海峡	GSHAP
1943	3	30	16			25.7	100.1		5.5	Ms	China:Yunnan,Dali	中国:云南大理	China
1943	3	30	21	7	28	39.43	-120.4		5.3	Ms	US:California,Sierraville	美国:加利福尼亚州谢拉维尔	USGS
1943	4	1	14	18	8	-6.5	105.5		7.1	Ms	Indonesia:Sunda Strait	印度尼西亚:巽他海峡	Engdahl
1943	4	5	1	56	1	39.3	73.3		6.5	Ms	Tajikistan:Kuhistoni Badakhshon,N.	塔吉克斯坦:勾瑙-巴达科善北部	* China
1943	4	5	3	8	58	-6.5	-76	140	6.5	Ms	Peru:Tarapoto	秘鲁:塔拉波托	GSHAP
1943	4	6	16	7	15	-30.75	-72	60	8.2	Mw	Chile:Illapel	智利:伊拉帕尔	* Engdahl,NOAA
1943	4	9	8	48	59	19	146	170	6.9	mB	Mariana Ridge	马里亚纳海岭	Engdahl,Shi Z.
1943	4	11	14	46		36.3	141.5		6.6	Ms	Japan:Ibaraki,Near Coast	日本:茨城近海	Engdahl
1943	4	12	3	14		23.5	123.1	20	5.4	Ms	Ryukyu Islands	琉球群岛	China
1943	4	14	8	15	41	39.62	29.64	40	5	Ms	Turkey:Kütahya	土耳其:屈塔希亚	GSHAP
1943	4	16				36.1	4.5		5	Muk	Algeria:Mansourah	阿尔及利亚:曼苏拉	*
1943	4	28	19	46	50	45.8	27.1	100	5.5	Ms	Romania:Vrancea	罗马尼亚:弗朗恰	GSHAP
1943	4	28	23	43	18	-24.5	180	530	6.5	Ms	Lau Ridge[Pacific Ocean]	劳海岭[太平洋]	Shi Z.
1943	4	29	15	24	56	44.5	147.2	120	6.2	Ms	Kuril Islands	千岛群岛	GSHAP
1943	5	2	17	18	9	6.5	-80		7	Ms	Panama:Off Coast of S.	巴拿马:南部海域	GSHAP,Engdahl
1943	5	3	1	59	12	12.5	125.5		7.2	Mw	Philippines:Samar Island	菲律宾:萨马岛	Engdahl
1943	5	12	12	25		43.1	13.3		6.5	Mk	Italy:Sarnano	意大利:萨尔纳诺	* Song
1943	5	22	9	1	57	-30.75	-72		6.8	Muk	Chile:Near Coast of C.	智利:中部近海	GSHAP,Engdahl
1943	5	25	23	7	36	7.5	128	60	7.6	Mw	Philippine Trench	菲律宾海沟	* Engdahl
1943	5	26	10	31	30	18.25	-106		6.5	Ms	Mexico:Tecoman,Off Coast	墨西哥:特科曼沿海	Shi Z.
1943	5	28	20	1	30	-21	-179.5	630	6.5	Ms	Lau Ridge[Pacific Ocean]	劳海岭[太平洋]	Shi Z.
1943	6	2	2	55	24	39.2	71.8	10	5.7	Ms	Tadzhikistan:Jayer Gan	塔吉克斯坦:贾伊尔甘	GSHAP
1943	6	3	20	48	3	-16	-173		6.5	Ms	Samoa Islands	萨摩亚群岛	Shi Z.
1943	6	7	11	40	20	45	35.5	15	5.4	Ms	Black Sea	黑海	GSHAP
1943	6	8	20	42	46	-1	101	50	7.2	Mw	Indonesia:Southern Sumatra	印度尼西亚:苏门答腊南部	Engdahl
1943	6	9	3	6	22	-1	101	50	7.5	Mw	Indonesia:Southern Sumatra	印度尼西亚:苏门答腊南部	* Engdahl
1943	6	13	5	11	49	42.75	143.25	60	7.1	Mw	Japan:SE. Hokkaido Island	日本:北海道东南	* GSHAP,Engdahl,NOAA
1943	6	13	8	36	55	41	143.3	0	6.5	Ms	Japan:SE. Hokkaido Island	日本:北海道东南	Engdahl
1943	6	14	2	59	58	-29	60		6.25	Ms	Western Indian Ridge	西印度洋海岭	Shi Z.
1943	6	15	11	10		41.33	142.45	20	6.9	Ms	Japan:Hokkaido	日本:北海道	GSHAP
1943	6	20	15	33		40.6	30.5	15	6.2	Muk	Turkey:Hendek, Adapazari	土耳其:亨达克,阿达帕札勒	*
1943	6	20	16	47	55	40.8	30.4	32	5.5	Ms	Turkey:Sakarya	土耳其:萨卡里亚	GSHAP

年 Year	月 Mo	日 Dy	时 Hr	分 Mn	秒 Sec	纬度(°) Latitude	经度(°) Longitude	深度 Depth	震级 Mag	标度 Scale	地名(英文) Name(English)	地名(中文) Name(Chinese)	资料来源 Information
1943	6	20	16			30.6	104.1		5	Ms	China:Sichuan,Chengdu	中国:四川成都	*
1943	6	20	17	39	35	-11.5	-14		6	Ms	Central Mid-Atlantic Ridge	中大西洋中脊	Shi Z.
1943	6	25	19	13	28	-18	-178	550	6.25	Ms	Fiji Islands	斐济群岛	Shi Z.
1943	6	27	10	5	37	35	26	100	6.1	Ms	Greece:Crete Island	希腊:克里特岛	GSHAP
1943	6	29	9	5	6	2	125	180	6.5	Ms	Celebes Sea	西里伯斯海	Shi Z.
1943	6	30	10	49	2	-7	122	720	6.8	Muk	Indonesia:Flores Islands	印度尼西亚:弗洛勒斯群岛	Engdahl
1943	7	1				36	129.5		6	Ms	South Korea:Kyongju	韩国:庆州	Korea
1943	7	2	6	48		24.4	120.7		5.2	Ms	China:Taiwan,Taichung	中国:台湾台中	China
1943	7	5	21	7	54	-16	-74		6.8	Muk	Peru:Arequipa,NW.	秘鲁:阿雷基帕西北	GSHAP,Engdahl
1943	7	6	9	40		-17	-70	160	5.8	Ms	Peru:Moquegua	秘鲁:莫克瓜	GSHAP
1943	7	11	2	10	25	-32.5	-178.5	180	6.9	mB	South of Kermadec Ridge	克马德克海岭南部	Engdahl,Shi Z.
1943	7	15	11	53	52	40	78.4		5.5	Ms	China:Xinjiang,Maralbishi	中国:新疆巴楚	China
1943	7	16	15	43		24.3	121.9		5.4	Ms	China:Taiwan,Hualien,Coast of E.	中国:台湾花莲以东海域	China
1943	7	19	0	29		23.6	121.4		5.4	Ms	China:Taiwan,Hualien	中国:台湾花莲	China
1943	7	21	4	13	57	-34	-110		6.5	Ms	Easter Island,S.	复活节岛南部	Shi Z.
1943	7	22	2	9	18	-0.6	-81.7		6.2	Ms	Ecuador:Off Coast of W.	厄瓜多尔:西部沿海	GSHAP
1943	7	22	7	9	28	38.8	20.6		5.6	Ms	Ionian Sea	爱奥尼亚海	Turkey
1943	7	23	14	53	9	-9.5	110	90	7.6	mB	Indonesia:Java Ridge	印度尼西亚:爪哇海岭	* Engdahl
1943	7	24	1	44		45.986	11.884		5.18	Ms	Italy:Valdobbiadene	意大利:瓦尔多比亚代内	Italy
1943	7	27				35	26	70	5.5	Ms	Mediterranean Sea	地中海	Turkey
1943	7	29	3	2	16	19.3	-67.5		7.6	Mw	Puerto Rico:San Juan	波多黎各:圣胡安	* Engdahl
1943	7	30	1	2	30	19.25	-67.75		6.5	Ms	Dominica:Samana	多米尼加:萨马纳	Shi Z.
1943	8	1	16	18	41	-20	170	230	6.9	mB	Vanuatu Islands	瓦努阿图群岛	Engdahl
1943	8	2	0	46	35	-45	167		6.8	Muk	New Zealand:South Island,Secretary Island	新西兰:南岛,塞克勒特里岛	Engdahl
1943	8	9	5	30	4	38.2	-118.2		5.5	Ms	US:Nevada,Mina,SW.	美国:内华达州迈纳西南	USGS
1943	8	10	15	13	16	53.6	161.2	20	6.6	Ms	Russia:Kamchatka Peninsula	俄罗斯:堪察加半岛	GSHAP
1943	8	12	4	50		37.3	139.8	15	6.1	Ms	Japan:Fukushima	日本:福岛	Usami,Japan
1943	8	29	3	45	13	34.27	-116.97	16	5.5	Ms	US:California,Landers	美国:加利福尼亚州兰德斯	USGS
1943	8	29	10	20		24.7	120.5		5.1	Ms	China:Taiwan,Miaoli,Coast of W.	中国:台湾苗栗西部海域	China
1943	8	31	16	10	40	14.25	-91.5	80	6.8	Muk	Guatemala:El Sapotal	危地马拉:埃尔萨波塔尔	Engdahl
1943	9	6	3	41	30	-53	159	25	7.6	Mw	Australia:Macquarie Island,N.	澳大利亚:麦加利岛北部	* Engdahl
1943	9	8	17	18		22.8	121.3	60	5.6	Ms	China:Taiwan,Taitung,Coast of E.	中国:台湾台东以东海域	China
1943	9	9	4	6	13	36.3	70.8	160	6.3	Ms	Afghan:Badakhshan	阿富汗:巴达赫尚	GSHAP
1943	9	10	8	36	53	35.3	133.9	10	7	Mw	Japan:Misasa	日本:鸟取三朝	* Usami,Engdahl
1943	9	11	19	34		-15	-174		6.9	Muk	North of Fiji Islands	斐济群岛北部	Engdahl
1943	9	14	2	1	12	-22	171	50	7.2	Mw	New Caledonia:Loyalty Islands	新喀里多尼亚:罗亚尔特群岛	* Engdahl
1943	9	14	3	47	15	-22	170	50	7.1	Ms	Fiji Islands	斐济群岛	Shi Z.,Engdahl
1943	9	14	7	18	8	-30	-177	60	7.4	Ms	Kermadec Ridge	克马德克海岭	* Engdahl
1943	9	19	4	47	48	-28	-113		6.25	Ms	Easter Island,SW.	复活节岛西南	Shi Z.
1943	9	22	23	18	8	-35.5	-178.5		6.8	Muk	Kermadec Ridge	克马德克海岭	Engdahl
1943	9	23	15	0	44	15	-91.5	110	6.8	Muk	Guatemala:Totonicapan	危地马拉:托托尼卡潘	Engdahl
1943	9	24	11	31	37	36.2	73.4	120	6.8	Muk	Pakistan:Gupis, Rawalpindi	巴基斯坦:古比斯,拉瓦尔品第	GSHAP,Engdahl
1943	9	26	2	8	0.2	-38	50		6.5	Ms	Atlantic-Indian Ridge	大西洋-印度洋海岭	GSHAP
1943	9	27	22	3	44	-30	-178	90	7	mB	Kermadec Ridge	克马德克海岭	Engdahl
1943	10	2	7	57		25.4	122.2	60	5.8	Ms	China:Taiwan,Keelung,Coast of NE.	中国:台湾基隆东北海域	China
1943	10	3	8	28		42.935	13.639		5.81	Ms	Italy:Offida	意大利:奥菲达	Italy
1943	10	8	15	13	16	53.6	161.2	20	6.6	Ms	Russia:Kamchatka Peninsula	俄罗斯:堪察加半岛	GSHAP
1943	10	10	0	43	12	35	82		5.5	Ms	China:Xizang (Tibet),Rutog,NE.	中国:西藏日土东北	China
1943	10	13	5	43	3	36.8	138.2		6.1	Ms	Japan:Shinano	日本:长野信浓町	Shi Z.,Usami
1943	10	13				9.92	-69.59		5	Mk	Venezuela:Lara	委内瑞拉:拉腊	GSHAP,Song
1943	10	16	13	8	46	36.4	27.9	110	6.6	Ms	Greece:Dodecanese Islands	希腊:多德卡尼斯群岛	GSHAP
1943	10	21	23	8	13	-15	-177.5		6.8	Ms	North of Fiji Islands	斐济群岛北部	Engdahl
1943	10	22	15	15		23.9	121.6		5.4	Ms	China:Taiwan,Hualien	中国:台湾花莲	China
1943	10	22	16	1	15	24.3	122.3		6.25	Ms	China:Taiwan,Hualien,Coast of E.	中国:台湾花莲以东海域	China
1943	10	23	17	23	16	26.8	94		7.1	Mw	India:Mariani	印度:阿萨姆的默里亚尼	* GSHAP,Engdahl
1943	10	24	13	40	23	49.5	156	40	6	Ms	Kuril Islands	千岛群岛	GSHAP
1943	10	24	16	4	36	-22	-174		6.8	Ms	Tonga Islands	汤加群岛	Engdahl,Shi Z.
1943	10					10.46	-68.58		5	Mk	Venezuela:Yaracuy	委内瑞拉:亚拉奎	GSHAP,Song
1943	11	2	3	39	17	38.7	70.65	5	5.2	Ms	Tajikistan:Garm	塔吉克斯坦:加尔姆	GSHAP
1943	11	2	16	59		23.9	121.7		5.1	Ms	China:Taiwan,Hualien,Coast of E.	中国:台湾花莲以东海域	China
1943	11	2	18	8	22	-57	-26		7.2	Mw	South Sandwich Trench	南桑威奇海沟	Engdahl
1943	11	2	18	16		23.9	121.6		5.2	Ms	China:Taiwan,Hualien	中国:台湾花莲	China
1943	11	3	14	32	17	61.9	-150.84		7.2	Mw	Alaska Peninsula,S.	阿拉斯加半岛南部	USGS,Engdahl
1943	11	4	6	45	44	-57	-26.5		6.5	Ms	South Sandwich Islands	南桑威奇群岛	Shi Z.
1943	11	6	8	31	37	-6	134.3	60	7.6	Mw	Indonesia:Pulau Kobroor	印度尼西亚:科布罗尔岛	* Engdahl
1943	11	7	7	25	45	22	119		6	Ms	China:Taiwan Strait	中国:台湾海峡	China
1943	11	8	6	59	19	80	5		6	Ms	Norway:Svalbard,Longyearbyen	挪威:斯瓦尔巴特群岛,朗伊尔城	Shi Z.

年 Year	月 Mo	日 Dy	时 Hr	分 Mn	秒 Sec	纬度(°) Latitude	经度(°) Longitude	深度 Depth	震级 Mag	标度 Scale	地名(英文) Name(English)	地名(中文) Name(Chinese)	资料来源 Information
1943	11	9	11	46	32	44	147.5	90	6.8	Muk	Kuril Islands	千岛群岛	Engdahl,GSHAP
1943	11	12				-7.2	109.5		6.1	Mk	Indonesia:Java,Wonosobo	印度尼西亚:爪哇,索博	* * Song
1943	11	13	16	43	28	-55	-129		6.5	Ms	Southern Pacific Ridge	南太平洋海岭	Shi Z.
1943	11	13	18	43	57	-19	170		7.2	Mw	Vanuatu Islands	瓦努阿图群岛	Engdahl
1943	11	17	14	57	17	33.5	138	300	6.9	mB	Japan:Mie,Near Coast	日本:三重近海	Engdahl,Shi Z.
1943	11	19	3	10	58	43.4	48.5	20	5	Ms	Caspian Sea	里海	GSHAP
1943	11	20	10	1	52	36.9	28.8		5.7	Ms	Mediterranean Sea	地中海	Turkey
1943	11	23	21	51	35	24.6	121.1		5.75	Ms	China:Taiwan,Hsinchu	中国:台湾新竹	China
1943	11	24	13	17	13	22.5	122		6.9	Muk	China:Taiwan,Taitung,Coast of E.	中国:台湾台东以东海域	China,Engdahl
1943	11	26	21	25	22	-2.5	100	130	7.1	mB	Indonesia:Southern Sumatra	印度尼西亚:苏门答腊南部	Engdahl
1943	11	26	22	20	36	41	33.7	33	7.5	Mw	Turkey:Ladik	土耳其:拉迪克	* Engdahl
1943	11	28	17	11		54.9	156.8	350	7.6	Muk	Russia:Kamchatka Peninsula	俄罗斯:堪察加半岛	*
1943	11	29	2	4	24	46.5	16		5.26	Ms	Slovenia:Gorice	斯洛文尼亚:戈里采山	Italy
1943	11	29	19	37		-29.5	-68.5	100	6.8	Muk	Argentina:San Juan	阿根廷:圣胡安	GSHAP,Engdahl
1943	11	29	21	18	22	49.5	156.2	30	6.1	Ms	Kuril Islands	千岛群岛	GSHAP
1943	12	1	6	4	55	-4.75	144	120	7.3	mB	Papua New Guinea:East Sepik	巴布亚新几内亚:东塞皮克	Engdahl
1943	12	1	10	34	46	-19.5	-69.75	80	7.1	mB	Chile:Tarapaca,S.	智利:塔拉帕卡南部	Engdahl,Chile
1943	12	2	5	8	57	22.9	121.5		6.5	Ms	China:Taiwan,Taitung,Coast of E.	中国:台湾台东以东海域	China,Engdahl
1943	12	2	6	36		22.6	121.7	40	5.1	Ms	China:Taiwan,Taitung,Coast of E.	中国:台湾台东以东海域	China
1943	12	2	22	16		24.1	121.6		5.4	Ms	China:Taiwan,Hualien	中国:台湾花莲	China
1943	12	2				-7.3	109.9		6.5	Mk	Indonesia:Java,Wonosobo	印度尼西亚:爪哇,索博	* * Song
1943	12	3	7	56		24.1	121.6		5.5	Ms	China:Taiwan,Hualien	中国:台湾花莲	China
1943	12	5	3	16	17	36.2	70.1	200	5.7	Ms	Afghan:Taloqan	阿富汗:塔卢坎	GSHAP
1943	12	5	21	37		22.7	121.6	40	5.1	Ms	China:Taiwan,Taitung,Coast of E.	中国:台湾台东以东海域	China
1943	12	5				40	40		6.4	Mk	Turkey:Erzincan	土耳其:埃尔津詹	* Song
1943	12	6	6	10	7	15	93.6		6	Ms	India:Andaman Islands	印度:安达曼群岛	GSHAP
1943	12	7	1	7	23	16	-94	60	6	Ms	Mexico:Tonalá	墨西哥:托纳拉	Shi Z.
1943	12	7	1	19		41	35.6	33	5.6	Ms	Turkey:Havza	土耳其:哈夫扎	Turkey
1943	12	12	15	54	20	36.4	70.6	150	6	Ms	Afghan:Badakhshan	阿富汗:巴达赫尚	GSHAP
1943	12	21	13	46	21	13	-71		6.5	Ms	Columbia:Uribia	哥伦比亚:乌里维亚北部海域	GSHAP
1943	12	22	7	1	50	-2.5	-77	130	6.3	Ms	Ecuador:Macas	厄瓜多尔:马卡斯	GSHAP
1943	12	22	12	53		12	-71		6.5	Ms	Venezuela:Punto Fijo	委内瑞拉:蓬托菲霍	GSHAP
1943	12	22	15	50	28	34.33	-115.8	16	5.5	Ms	US:California,Landers,NE.	美国:加利福尼亚州兰德斯东北	USGS
1943	12	23	15	56	5	13	-71		6.5	Ms	Columbia:Uribia	哥伦比亚:乌里维亚北部海域	GSHAP
1943	12	23	19	0	10	-5.5	153.5	50	7.2	Mw	New Britain Trench	新不列颠海沟[太平洋]	Engdahl
1943	12	24	1	0	14	13	-71		6.3	Ms	Columbia:Uribia	哥伦比亚:乌里维亚北部海域	GSHAP
1943	12	27	3	55	13	-32	-178.5		6.25	Ms	Kermadec Ridge	克马德克海岭	Shi Z.
1943	12	29	13	5	22	40.3	78.1		5.75	Ms	China:Xinjiang,Kalpin	中国:新疆柯坪	China
1943	12	30	7	36	7	-32.5	-177		6.25	Ms	Kermadec Ridge	克马德克海岭	Shi Z.
1944	1	3	9	49	4	41	79	20	5.3	Ms	China:Xinjiang,Akqi,W.	中国:新疆阿合奇西	China
1944	1	3	10	19	13	13	-71		5	Ms	Columbia:Uribia	哥伦比亚:乌里维亚北部海域	GSHAP
1944	1	4	0	57	54	13	-71		5.5	Ms	Columbia:Uribia	哥伦比亚:乌里维亚北部海域	GSHAP
1944	1	5	7	44	12	36.42	27.67	70	5.6	Ms	Greece:Rhodes	希腊:罗德港	Turkey
1944	1	5	10	59	12	13	-71		6.3	Ms	Columbia:Uribia	哥伦比亚:乌里维亚北部海域	GSHAP
1944	1	5	21	12	43	-3.5	102	60	6.8	Ms	Indonesia:Sumatra,Lais	印度尼西亚:苏门答腊,莱斯	Engdahl
1944	1	7	2	49	20	-4.5	143.5	120	7	mB	Papua New Guinea:Ambunti,E.	巴布亚新几内亚:安本蒂以东	Engdahl
1944	1	10	4	22	47	-29	-69		5	Ms	Argentina:San Juan	阿根廷:圣胡安	GSHAP
1944	1	10	20	9	52	17	-101		6.8	Muk	Mexico:Guerrero,Zihuatanejo,E.	墨西哥:格雷罗州锡瓦塔塔内霍东部	Engdahl
1944	1	12	15	2	40	40.3	-124.9		5.1	Ms	US:California,North Coast	美国:加利福尼亚州北部近海	USGS
1944	1	15	23	49	30	-31.5	-68.5	50	7.1	Mw	Argentina:San Juan	阿根廷:圣胡安	* Engdahl
1944	1	16	2	25	29	40.3	-125.1		5.1	Ms	US:California,North Coast	美国:加利福尼亚州北部近海	USGS
1944	1	20	1			60	152	20	5	Ms	Russia:Magadan,Ola	俄罗斯:马加丹州奥拉	GSHAP
1944	2	1	3	22	36	41.4	32.7	33	7.2	Mw	Turkey:Karabük	土耳其:卡拉比克	* Engdahl
1944	2	1	5	15		41.8	142.1		6.6	Ms	Japan:Hokkaido	日本:北海道	Engdahl
1944	2	3	11	25	24	5.6	-71.6		5	Ms	Colombia:Trinidad	哥伦比亚:特立尼达	GSHAP
1944	2	3	12	14	59	60.5	-137.5		6.5	Ms	Canada:Yukon,Whitehorse	加拿大:育空地区白马市	Shi Z.
1944	2	3	14	10	12	6.5	-72		5	Ms	Colombia:Tame	哥伦比亚:塔梅	GSHAP
1944	2	4	18	13		66	-17.5	8	5.2	Ms	Iceland:Grenivik	冰岛:格雷尼维克	Iceland
1944	2	5	17	19	56	22.5	122.5	0	6.6	Ms	China:Taiwan,Taitung,Coast of E.	中国:台湾台东以东海域	China,Engdahl
1944	2	5	17	44		23.7	121.8		5.2	Ms	China:Taiwan,Hualien,Coast of E.	中国:台湾花莲以东海域	China
1944	2	5	19	16		23.7	121.8		5.7	Ms	China:Taiwan,Hualien,Coast of E.	中国:台湾花莲以东海域	China
1944	2	6	3	14		23.6	121.8		5.4	Ms	China:Taiwan,Hualien,Coast of E.	中国:台湾花莲以东海域	China
1944	2	6	3	50	30	10	-62		6	Mk	Venezuela:Maturín	委内瑞拉:马图林	GSHAP,Song
1944	2	6	17	6		66	-17.5	8	5	Ms	Iceland:Grenivik	冰岛:格雷尼维克	Iceland
1944	2	6	23	47		23.6	121.8		5.1	Ms	China:Taiwan,Hualien,Coast of E.	中国:台湾花莲以东海域	China
1944	2	7	13	28		23.5	121.9		5.7	Ms	China:Taiwan,Hualien,Coast of E.	中国:台湾花莲以东海域	China
1944	2	13	19	55		23.4	121.8		5.5	Ms	China:Taiwan,Hualien,Coast of E.	中国:台湾花莲以东海域	China

年	月	日	时	分	秒	纬度(°)	经度(°)	深度	震级	标度	地名(英文)	地名(中文)	资料来源
Year	Mo	Dy	Hr	Mn	Sec	Latitude	Longitude	Depth	Mag	Scale	Name(English)	Name(Chinese)	Information
1944	2	14	2	54	11	61	147.4	14	5	Ms	Russia:Magadan,Ust′-Khakchan	俄罗斯:马加丹州乌斯季哈克昌村镇	GSHAP
1944	2	18	20	3		63.4	-23.6	62	5	Ms	Iceland:Coast of SW.	冰岛:西南海域	Iceland
1944	2	18	21	37		63.4	-23.6	62	5.2	Ms	Iceland:Coast of SW.	冰岛:西南海域	Iceland
1944	2	19	11	36		63.4	-23.6	62	5.8	Ms	Iceland:Coast of SW.	冰岛:西南海域	Iceland
1944	2	19	13	47		63.4	-23.6	62	5.5	Ms	Iceland:Coast of SW.	冰岛:西南海域	Iceland
1944	2	20	19	32		63.4	-23.6	62	5.2	Ms	Iceland:Coast of SW.	冰岛:西南海域	Iceland
1944	2	21	0	26		63.4	-23.6	62	5.2	Ms	Iceland:Coast of SW.	冰岛:西南海域	Iceland
1944	2	21	8	29		63.4	-23.6	62	5.2	Ms	Iceland:Coast of SW.	冰岛:西南海域	Iceland
1944	2	21	15	26		63.4	-23.6	62	5.5	Ms	Iceland:Coast of SW.	冰岛:西南海域	Iceland
1944	2	21	17	34		63.4	-23.6	62	5.2	Ms	Iceland:Coast of SW.	冰岛:西南海域	Iceland
1944	2	21	20	14		63.4	-23.6	62	5	Ms	Iceland:Coast of SW.	冰岛:西南海域	Iceland
1944	2	22	0	33		63.4	-23.6	62	5	Ms	Iceland:Coast of SW.	冰岛:西南海域	Iceland
1944	2	22	2	13		63.4	-23.6	62	5.2	Ms	Iceland:Coast of SW.	冰岛:西南海域	Iceland
1944	2	23	1	29		63.4	-23.6	62	5.2	Ms	Iceland:Coast of SW.	冰岛:西南海域	Iceland
1944	2	25	16	59		45.7	26.6	100	5.2	Ms	Romania:Nereju	罗马尼亚:内雷茹	GSHAP
1944	2	28	12	24		63.4	-23.6	62	5.2	Ms	Iceland:Coast of SW.	冰岛:西南海域	Iceland
1944	2	29	3	41	53	-14.5	-70.5	200	7.1	mB	Peru:Juliaca	秘鲁:胡利亚卡	Engdahl,GSHAP
1944	2	29	16	28	7	0.5	76	60	7.1	Ms	Maldives:Off Coast of E.	马尔代夫:东部海域	GSHAP,Engdahl
1944	3	6	20	9	8	44.5	-129		5.7	Ms	US:Oregon,Off Coast of W.	美国:俄勒冈州西部沿海	USGS
1944	3	6	23	16	30	44.5	-129		5.7	Ms	US:Oregon,Off Coast of W.	美国:俄勒冈州西部沿海	USGS
1944	3	9	22	3	43	44	84		6.5	Ms	China:Xinjiang,Xinyuan,NE.	中国:新疆新源东北	China
1944	3	9	22	12	58	44	84		7.1	Ms	China:Xinjiang,Xinyuan,NE.	中国:新疆新源东北	*China,Engdahl
1944	3	11	2	14		23.7	121.5		5.5	Ms	China:Taiwan,Hualien	中国:台湾花莲	China
1944	3	11	9			40.8	32.2	33	5.8	Ms	Turkey:Gerede	土耳其:盖雷代	Turkey
1944	3	14	23	59	26	41.7	23.9	22	5.1	Ms	Bulgaria:Satovcha	保加利亚:萨托夫恰	GSHAP
1944	3	15	5	3	53	39.7	73.1	20	6	Ms	Kyrgyzstan:Kara Mack	吉尔吉斯斯坦:卡拉梅克	GSHAP
1944	3	15	5	50		39.6	73	20	5.1	Ms	Kyrgyzstan:Osh,S.	吉尔吉斯斯坦:奥什南部	GSHAP
1944	3	15	6	17	21	39.6	73	20	5.4	Ms	Kyrgyzstan:Osh,S.	吉尔吉斯斯坦:奥什南部	GSHAP
1944	3	22	0	43	18	-8.5	123.5	220	7.2	mB	Indonesia:Flores Island,E.	印度尼西亚:弗洛勒斯岛东部	*Engdahl
1944	3	28	18	21		22.2	121		5.2	Ms	China:Taiwan,Taitung,Coast of E.	中国:台湾台东以东海域	China
1944	3	31	2	51	43	-7	130.5	60	7	Ms	Indonesia:Banda Sea	印度尼西亚:班达海	Engdahl
1944	4	1	9	22	8	-57	-128		6	Ms	Southern Pacific Ridge	南太平洋海岭	Shi Z.
1944	4	5	6	51		37.5	42.5	33	5.2	Ms	Turkey:Şirnak	土耳其:舍尔纳克	GSHAP
1944	4	5	15	47		22.7	121.6		5.4	Ms	China:Taiwan,Taitung,Coast of E.	中国:台湾台东以东海域	China
1944	4	5	18	5	53	36.8	54.5	7	5.4	Muk	Iran:Gorgan	伊朗:戈尔甘	*GSHAP,Iran
1944	4	7	13	32	58	12	-85.5	200	6	Ms	Nicaragua:Chontales	尼加拉瓜:琼塔莱斯	Shi Z.
1944	4	9	17	15		23.2	122.9	60	5.7	Ms	China:Taiwan,Taitung,Coast of E.	中国:台湾台东以东海域	China
1944	4	9	18			23.2	122.8	60	5.8	Ms	China:Taiwan,Taitung,Coast of E.	中国:台湾台东以东海域	China
1944	4	15	4	40		40.5	31.2		5.6	Ms	Turkey:Eskisehir	土耳其:博卢	Turkey
1944	4	17	18	36	48	45	88		5.5	Ms	China:Xinjiang,Manas,NE.	中国:新疆玛纳斯东北	China
1944	4	19	22	32	10	-26	-112.5		6	Ms	Easter Island,W.	复活节岛西部	Shi Z.
1944	4	22	3	35	38	-28	-113.5		6	Ms	Easter Island,SW.	复活节岛西南	Shi Z.
1944	4	23	10	57	45	-22	-177.5	370	6.5	Ms	Tonga Islands,W.	汤加群岛西部	Shi Z.
1944	4	26	1	54	15	-1	134	50	6.9	Ms	Indonesia:Irian Jaya Barat	印度尼西亚:西巴布亚	Engdahl
1944	4	27	14	38	9	-0.5	133.5	50	7.2	Mw	Indonesia:Irian Jaya Barat	印度尼西亚:西巴布亚	Engdahl
1944	4	29	6	25	28	54	145	20	5.5	Ms	Sea of Okhotsk	鄂霍次克海	GSHAP
1944	4	29	21	41	28	36.4	71.7	200	5.2	Ms	Afghan:Badakhshan	阿富汗:巴达赫尚	GSHAP
1944	5	6	0	13	42	22	-44		6.25	Ms	Northern Mid-Atlantic Ridge	北大西洋洋中脊	Shi Z.
1944	5	9	14	29	57	2.5	-75.5	100	6	Ms	Colombia:Huila	哥伦比亚:乌伊拉	GSHAP
1944	5	14	8	51	36	-23	-179.5	600	6	Ms	Lau Ridge[Pacific Ocean]	劳海岭[太平洋]	Shi Z.
1944	5	18	19	55	12	-44	-109		6	Ms	Southern Pacific Ridge	南太平洋海岭	Shi Z.
1944	5	19	0	19	19	-2.5	152.75	50	7	Ms	Papua New Guinea:New Ireland,E.	巴布亚新几内亚:新爱尔兰东部	Engdahl
1944	5	21	2	32	11	44.5	88	33	5.2	Ms	China:Xinjiang,Manas,NE.	中国:新疆玛纳斯东北	GSHAP
1944	5	25	1	6	37	-21.5	-179.5	640	7	mB	Fiji Islands	斐济群岛	Engdahl,Shi Z.
1944	5	25	12	58	5	-2.5	152.8	60	7.3	Mw	Papua New Guinea:New Ireland,E.	巴布亚新几内亚:新爱尔兰东部	*Engdahl
1944	5	25	14	18		23.7	122.8	60	6	Ms	China:Taiwan,Hualien,Coast of E.	中国:台湾花莲以东海域	China
1944	5	27	23	52	32	36.2	27.2		6.2	Ms	Greece:Dodecanese Islands	希腊:多德卡尼斯群岛	GSHAP
1944	6	4	19	36	22	51.1	162	20	6	Ms	Russia:Kamchatka,Near East Coast	俄罗斯:堪察加东部近海	GSHAP
1944	6	8	2	38	4	-10	-71	600	6.3	Ms	Peru:Ucayali,SE.	秘鲁:乌卡亚利东南	GSHAP
1944	6	11	19	18	56	1	-86		6.8	Ms	Carnegie Ridge	卡内基海岭	GSHAP
1944	6	12	10	45	34.7	33.98	-116.72	10	5.1	Ms	US:California,Palm Springs	美国:加利福尼亚州棕泉	USGS
1944	6	12	11	16	36	33.99	-116.71	10	5.3	Ms	US:California,Palm Springs	美国:加利福尼亚州棕泉	USGS
1944	6	20	11	35	3	28	103		5.25	Ms	China:Sichuan,Zhaojue,E.	中国:四川昭觉东	China
1944	6	21	10	58	20	-22	169	50	7	Ms	Vanuatu Islands	瓦努阿图群岛	Engdahl
1944	6	25	4	16	25	38.9	29.3	40	6.2	Muk	Turkey:Usak	土耳其:乌沙克	*GSHAP
1944	6	25	6	57	44	39	29.5	12	5.4	Ms	Turkey:Gediz	土耳其:盖迪兹	GSHAP
1944	6	25	14	17	30	-22	169.5	80	6.8	Muk	Vanuatu Islands	瓦努阿图群岛	Engdahl
1944	6	28	2	15		37.5	35	33	5.2	Ms	Turkey:Seyhan	土耳其:杰伊汗	GSHAP

年 Year	月 Mo	日 Dy	时 Hr	分 Mn	秒 Sec	纬度(°) Latitude	经度(°) Longitude	深度 Depth	震级 Mag	标度 Scale	地名(英文) Name(English)	地名(中文) Name(Chinese)	资料来源 Information
1944	6	28	2	57	21	36	45	33	5.5	Ms	Iraq:Dukan	伊拉克:杜坎	Turkey
1944	6	28	7	58	54	15	-92.5		7.1	Ms	Mexico:Near Coast of Oaxaca	墨西哥:瓦哈卡近海	Engdahl
1944	7	10	6	21		63.4	-23.6	62	5	Ms	Iceland:Coast of SW.	冰岛:西南海域	Iceland
1944	7	10	13	24	59	-14.5	-175.5	180	6.8	Muk	Samoa Islands	萨摩亚群岛	Engdahl
1944	7	12	19	30	20.7	44.41	-115.06	10	6.1	Ms	US:Idaho,Custer,NW.	美国:爱达荷州卡斯特西北	USGS
1944	7	17	10	53	59	35.91	42.55	80	6.1	Ms	Iraq:Ninawa	伊拉克:尼尼微	GSHAP
1944	7	20	10	37	20	35.5	26.5		5.6	Ms	Mediterranean Sea	地中海	Turkey
1944	7	23	12			28.86	56.82		5.5	Ms	Iran:Hormozgan	伊朗:荷姆兹甘	Iran
1944	7	23	16	13	39	-24	-66.5	250	6	Ms	Argentina:Jujuy,S.	阿根廷:胡胡伊南部	GSHAP
1944	7	27	0	4	23	54	-165.5	70	7.1	mB	Aleutian Islands	阿留申群岛	USGS,Engdahl
1944	7	27	8	18	48	12	93		5	Mk	India:Andaman Islands	印度:安达曼群岛	GSHAP,Song
1944	7	30	4	0	35	36.7	22.5	8	6	Muk	Greece:Gytheio	希腊:吉雄	* Turkey
1944	8	2	22	54	37	28.5	101.5		5.75	Ms	China:Sichuan,Muli,N.	中国:四川木里北	China
1944	8	4	9			23.4	122		5.1	Ms	China:Taiwan,Hualien,Coast of E.	中国:台湾花莲以东海域	China
1944	8	5	0	57	17	-13.5	-92.5		6	Ms	Peru:Lima,Off Coast of W.	秘鲁:利马西部沿海	Shi Z.
1944	8	5	1	24	8	-13.5	-92.5		6.25	Ms	Peru:Lima,Off Coast of W.	秘鲁:利马西部沿海	Shi Z.
1944	8	9	17	36	37	36.5	27.5	100	5.9	Ms	Greece:Rhodes	希腊:罗德港	Turkey
1944	8	10	1	52	50	51.25	-131		6.25	Ms	Canada:Off Coast of W. Vancouver	加拿大:温哥华西部海域	Shi Z.
1944	8	12	9	13	55	26.5	101.5		5.75	Ms	China:Yunnan,Huaping,SE.	中国:云南华坪东南	China
1944	8	14	11	7	23	59	-155	100	6.2	Ms	Alaska Peninsula,S.	阿拉斯加半岛南部	USGS
1944	8	15	11	47	40	13	143	110	6.9	Muk	Mariana Islands,S.	马里亚纳群岛南部	Engdahl
1944	8	17	13	28	4	35.5	26.5	100	5.5	Ms	Mediterranean Sea	地中海	Turkey
1944	8	18	10	33	17	38.17	140.61	150	6.9	Muk	Japan:Miyagi	日本:宫城	GSHAP,Engdahl
1944	8	24	23	37	54	16	-93.5	100	6	Ms	Mexico:Chiapas	墨西哥:恰帕斯州	Shi Z.
1944	8	25	12	25	2	-18	-175.5	240	6.25	Ms	Tonga Islands,N.	汤加群岛北部	Shi Z.
1944	8	30	1	14	9	-17.5	167.5	60	6.8	Muk	Vanuatu Islands	瓦努阿图群岛	Engdahl
1944	9	3	19	11	29	-57	-122		6.8	Ms	Pacific - Antarctic Ridge	太平洋-南极洲洋脊	Engdahl
1944	9	5	4	38	45.7	44.957	-74.723	12	5.6	Ms	US:New York,Massena	美国:纽约州马塞纳	*
1944	9	6	5	52	31	-22.5	172	120	6.5	Ms	Fiji Islands	斐济群岛	Shi Z.
1944	9	6	13	27	0.6	6	38		6	Ms	Ethiopia:Arba Minch	埃塞俄比亚:阿尔巴门奇	GSHAP
1944	9	9	4	12	20	39	-107.5		5.1	Mk	US:Colorado,Somerset	美国:科罗拉多州萨默塞特	USGS,Song
1944	9	11	9	45	22	1.5	127	40	6.9	Ms	Molukka Sea	马鲁古海	Engdahl
1944	9	14	6	38	56	-8.5	108.5		6.8	Muk	Indonesia:Java Island	印度尼西亚:爪哇岛	Engdahl
1944	9	15	14	20		-0.5	-79		5.7	Ms	Ecuador:Puerto Limón	厄瓜多尔:利蒙港	* * GSHAP
1944	9	18	3	9		22.9	121.5	20	5.1	Ms	China:Taiwan,Taitung,Coast of E.	中国:台湾台东以东海域	China
1944	9	23	12	13	20	53	162.5	20	7.1	Mw	Russia:Kamchatka,Near East Coast	俄罗斯:堪察加东部近海	GSHAP,Shi Z.,Engdahl
1944	9	27	16	25	2	39.1	75	40	7	Ms	China:Xinjiang,Ulugqat	中国:新疆乌恰	* China,Engdahl
1944	9	27	16	52	57	39.1	75		6	Ms	China:Xinjiang,Ulugqat	中国:新疆乌恰	China
1944	9	30	4	13	19	41.11	34.87	10	5.5	Ms	Turkey:Osmancik	土耳其:奥斯曼哲克	Turkey
1944	9	30	5	9	8	39.3	74.8	20	5	Ms	China:Xinjiang,Ulugqat,SW.	中国:新疆乌恰西南	China,GSHAP
1944	9	30	7	41	7	39.2	74.8		5.5	Ms	China:Xinjiang,Ulugqat,SW.	中国:新疆乌恰西南	China
1944	10	2	17	22		14.5	-89.75	160	6.5	Ms	Guatemala:Antigua	危地马拉:安地瓜	Shi Z.
1944	10	2	20	29	51	42.5	142.5	75	6.8	mB	Japan:Hokkaido	日本:北海道	Shi Z.,Engdahl
1944	10	5	16	57	2	-4.5	152.5	110	6.9	Muk	Papua New Guinea:East New Britain	巴布亚新几内亚:东新不列颠	Engdahl
1944	10	5	17	28	27	-22.5	172	120	7.3	mB	New Caledonia:Loyalty Islands	新喀里多尼亚:罗亚尔特群岛	* Engdahl
1944	10	6	2	34	36	39.4	26.7		6.8	Ms	Turkey:Izmir	土耳其:伊兹密尔	*
1944	10	11	9	45	15	-15	-173	80	6.8	Muk	Tonga Islands,N.	汤加群岛北部	Engdahl
1944	10	14	5	50	20	44.3	83.7		5.5	Ms	China:Xinjiang,Usu,W.	中国:新疆乌苏西	China
1944	10	14	11	20	25	31	101		5	Ms	China:Sichuan,Dawu	中国:四川道孚	China
1944	10	14	15	15	30	46.3	137	460	6	Ms	Russia:Maritime Kray,Primorsky	俄罗斯:滨海边疆区普里莫尔斯基	GSHAP
1944	10	14	20	16	8	1.5	127		6.8	Muk	Molukka Sea	马鲁古海	Engdahl, Shi Z.
1944	10	17	18	36	54	31.4	83.2		6.8	Muk	China:Xizang (Tibet),Zhongba	中国:西藏仲巴	China,Engdahl
1944	10	17	21	17	40	39.2	71.8	10	5.1	Ms	Tadzhikistan:Jayer Gan	塔吉克斯坦:贾伊尔甘	GSHAP
1944	10	23	23	40	1	0.5	-80.5		6.9	Muk	Ecuador:Near Coast of W.	厄瓜多尔:西部近海	GSHAP,Engdahl
1944	10	29	0	11	32	31.3	83.4		6.75	Muk	China:Xizang (Tibet),Zhongba	中国:西藏仲巴	China,Engdahl
1944	11	6	4	49	5	31.3	83.4		6	Ms	China:Xizang (Tibet),Zhongba	中国:西藏仲巴	China
1944	11	13	19	23	30	-24.5	-179	610	6	Ms	Lau Ridge[Pacific Ocean]	劳海岭[太平洋]	Shi Z.
1944	11	14	23	18	4	36.5	70.7	160	6.1	Ms	Afghan:Fayzabad	阿富汗:法扎巴德	GSHAP
1944	11	15	20	47	1	4.5	127.5		7	Ms	Indonesia:Karakelong Island	印度尼西亚:卡拉克隆岛	Engdahl
1944	11	16	12	10	58	-12.5	167		7.2	Mw	North Vanuatu Islands	瓦努阿图群岛北部	Engdahl
1944	11	18	7	53	19	-28	-112		6	Ms	Easter Island,W.	复活节岛西部	Shi Z.
1944	11	21	10	2	20	-58	-66	50	6.5	Ms	West Scotia Basin	西斯科舍海盆	GSHAP
1944	11	24	4	49	3	-19	169	170	7.4	mB	Vanuatu Islands	瓦努阿图群岛	* Engdahl
1944	11	29	18	51	21	-19	169	170	7.1	mB	Vanuatu Islands	瓦努阿图群岛	Engdahl
1944	11	30	1	45	53	-23	-179	180	6.8	Muk	South of Fiji Islands	斐济群岛南部	Engdahl
1944	12	1	4	0	25	-21	-178.5	600	6.4	Ms	Lau Ridge[Pacific Ocean]	劳海岭[太平洋]	Shi Z.
1944	12	4	20	34	34	14.5	146.5	60	6.8	Muk	Mariana Islands	马里亚纳群岛	Engdahl

年 Year	月 Mo	日 Dy	时 Hr	分 Mn	秒 Sec	纬度(°) Latitude	经度(°) Longitude	深度 Depth	震级 Mag	标度 Scale	地名(英文) Name(English)	地名(中文) Name(Chinese)	资料来源 Information
1944	12	6	16	27		38.3	140.2		5.8	Ms	Japan:Yamagata	日本:山形	Usami
1944	12	7	4	35	42	34	137.1	30	8.1	M	Japan:Mie,Near Coast	日本:三重近海	* Shi Z. ,Engdahl, NOAA
1944	12	7	4	48		46.9	-123.8		5.1	Mk	US:Washington,Aberdeen	美国:华盛顿州阿伯丁	USGS,Song
1944	12	7	6	25	32	33.7	136.2		6.5	Ms	Japan:Shingu,Near Coast	日本:和歌山新宫近海	Engdahl
1944	12	8	6	44	18	36.4	70.9	200	5.4	Ms	Afghan:Badakhshan	阿富汗:巴达赫尚	GSHAP
1944	12	8	7	17	5	-22.5	170	90	6.25	Ms	Fiji Islands	斐济群岛	Shi Z.
1944	12	8	12	59	25	-22.5	170	70	6.25	Ms	Fiji Islands	斐济群岛	Shi Z.
1944	12	8	21	56		24.1	122.9	40	5.5	Ms	China:Taiwan,Hualien,Coast of E.	中国:台湾花莲以东海域	China
1944	12	10	5	11	28	-24.5	65.5		6.8	Muk	Mid-Indian Ridge	中印度洋海岭	Engdahl
1944	12	10	16	24	58	-18	168	50	7	Ms	Vanuatu Islands	瓦努阿图群岛	Engdahl
1944	12	10	19	23		-14	68.5		6	Ms	Mid-Indian Ridge	中印度洋海岭	Shi Z.
1944	12	12	4	17	10	51.5	179.5	50	6.9	Ms	Aleutian Islands,Rat Island	阿留申群岛,拉特岛	USGS,Shi Z. , Engdahl
1944	12	12	10	25	10	34	137.1		6.7	Ms	Japan:Shima	日本:三重志摩	Engdahl
1944	12	19	14	8	56	39.7	124.3		6.75	Muk	China:Liaoning,Donggang	中国:辽宁东港	China,Engdahl
1944	12	21	9	1	30	-23.5	172.5	100	6.5	Ms	Fiji Islands	斐济群岛	Shi Z.
1944	12	22	22	31	47	-25	-70	120	6.5	Ms	Chile:Antofagasta,S.	智利:安托法加斯塔南部	GSHAP
1944	12	24	14	46	40	24.7	92.2		6.1	Ms	Bangladesh:Sylhet	孟加拉:锡尔赫特(锡莱特)	GSHAP
1944	12	27	14	11	40	19.5	-155.5		5.6	Ms	Hawaiian Islands	夏威夷群岛	USGS
1944	12	27	15	25	49	-6.5	152	90	6.9	mB	New Britain Trench	新不列颠海沟[太平洋]	Engdahl
1944	12	28	1	5	35	-6	149.5	60	6.8	Muk	Papua New Guinea:West New Britain	巴布亚新几内亚:西新不列颠	Engdahl
1944	12	29	22	55	59	8	-104		6	Ms	Tehuantepec Ridge	特万特佩克海岭[太平洋]	Shi Z.
1944	12	29	23	45	19	8.5	-104		6.25	Ms	Tehuantepec Ridge	特万特佩克海岭[太平洋]	Shi Z.
1944	12	30	22	3	2	43.75	-126.75		5.7	Ms	US:Off Coast of W. Oregon	美国:俄勒冈州西部沿海	USGS
1945	1	1	1	20	42	73	-70		6.5	Ms	Baffin Bay, Greenland	巴芬湾,格陵兰岛	Shi Z.
1945	1	4	4	20	50	31	83		5.25	Ms	China:Xizang (Tibet),Zhongba	中国:西藏仲巴	China
1945	1	12	18	38	26	34.7	137.2		6.8	Ms	Japan:Tahara	日本:爱知田原市	* Usami,Engdahl, NOAA
1945	1	15	5	30		38.4	44.2	32	5.1	Ms	Turkey:Saray	土耳其:萨拉伊	GSHAP
1945	1	15	17	21		27.04	54.85		5.5	Ms	Iran:Hormozgan	伊朗:荷姆兹甘	Iran
1945	1	22	7	47	53	19.5	-70.5		6	Ms	Dominica:Santiago	多米尼加:圣地亚哥	Shi Z.
1945	1	23	19	31	17	49	143.5	600	6.6	Ms	Russia:Sakhalin Island	俄罗斯:库页岛(萨哈林岛)	GSHAP
1945	2	1	10	35	51	-22	170	60	7	mB	Vanuatu Islands	瓦努阿图群岛	Engdahl
1945	2	1	12	13	40	-22	170	60	7.2	mB	Vanuatu Islands	瓦努阿图群岛	Engdahl
1945	2	1	19	53	31	36.5	57.7	12	5.2	Ms	Iran:Sabzevar	伊朗:萨卜泽瓦尔	GSHAP
1945	2	10	4	57	56	41.25	142.5	50	7.1	Ms	Japan:Aomori,Near Coast	日本:青森近海	* GSHAP,Engdahl, Usami,NOAA
1945	2	11	1	20	50	52.7	141.9	10	5	Ms	Russia:Sakhalin Island	俄罗斯:库页岛(萨哈林岛)	GSHAP
1945	2	11	21	2		23.5	121.5		5.5	Ms	China:Taiwan,Hualien	中国:台湾花莲	China
1945	2	14	3	1	11.3	44.61	-115.09	10	6	Ms	US:Idaho,Custer,NW.	美国:爱达荷州卡斯特西北	USGS
1945	2	18	10	8	7	42	143	50	6.7	Ms	Japan Trench	日本海沟	GSHAP,Engdahl
1945	2	26	22	14	27	26	143.5	50	6.5	Ms	Japan:South Honshu Ridge	日本:本州南部海岭	Engdahl,Shi Z.
1945	3	2	10	39	43	41.2	33.4	10	5.6	Ms	Turkey:Karabük	土耳其:卡拉比克	Turkey
1945	3	11	17	45	5	5	126.5	100	6.8	Muk	Philippines:Mindanao Island,Coast of S.	菲律宾:棉兰老岛南部海域	Engdahl
1945	3	11	21	37	50	37	142	50	6.7	Ms	Japan Trench	日本海沟	Engdahl,Shi Z.
1945	3	12	20	51	47	45.6	26.4	150	5.8	Ms	Romania:Nehoiu	罗马尼亚:内霍尤	GSHAP
1945	3	17	23	57	54	6.6	-78.5	0	6.8	Muk	Colombia:Near Coast	哥伦比亚:近海	Engdahl,GSHAP
1945	3	18	8	1	26	0	32		6	Ms	Uganda:Mpigi	乌干达:姆皮吉	*
1945	3	20	7	59		37.4	35.8	60	6	Muk	Turkey:Aelana, Ceyhan	土耳其:伊利安那港,杰伊汉	*
1945	3	20	21	55	7	34.25	-116.17	16	5	Ms	US:California,Landers	美国:加利福尼亚州兰德斯	USGS
1945	3	23	23	14	13	-62	153		7	Ms	South Atlantic Ocean	南大西洋	Engdahl
1945	3	31	22	7	0.5	14.5	39.5		5.6	Ms	Ethiopia:Addigrat	埃塞俄比亚:阿迪格拉特	GSHAP
1945	4	1	23	43	42	34	-120.02	16	5.4	Ms	US:California,Santa Rosa Island	美国:加利福尼亚州圣罗莎岛	USGS
1945	4	10	1	22	4	41.63	143.18	50	7.1	Ms	Japan:SE. Hokkaido Island	日本:北海道东南	GSHAP
1945	4	10	16	14		25.1	122		5.4	Ms	China:Taiwan,Gongliao,Coast of E.	中国:台湾新北贡寮以东海域	China
1945	4	10	16	15	39	24.3	122.3		6.25	Ms	China:Taiwan,Hualien,Coast of E.	中国:台湾花莲以东海域	China
1945	4	11	11	22	57	42	-126		5	Ms	US:Off Coast of W. Oregon	美国:俄勒冈州西部沿海	USGS
1945	4	12	0	21	7	2.5	-80		5	Ms	Colombia:Off Coast of W.	哥伦比亚:西部沿海	GSHAP
1945	4	14	7			-17.746	-71.72	30	5	Mk	Peru:Ilo,Near Coast	秘鲁:伊洛近海	GSHAP,Song
1945	4	15	2	35	22	57	164	0	7.1	Mw	Bering Sea,W.	白令海西部	Engdahl,GSHAP
1945	4	15	3	41	28	57	164	0	6.8	Muk	Bering Sea,W.	白令海西部	Engdahl,GSHAP
1945	4	18	13	4	48	-42	80		6.5	Ms	South-East Indian Ridge	南印度洋东海岭	Shi Z.
1945	4	19	13	3	58	-21	169.5	40	6.7	Ms	Vanuatu Islands	瓦努阿图群岛	Engdahl
1945	4	19	17	46	51	42.9	77.5	20	5.7	Ms	Kyrgyzstan:Issyk-Kul,N.	吉尔吉斯斯坦:伊塞克湖州北部	GSHAP
1945	4	21	17	14	28	19	-100.5	100	6.5	Ms	Mexico:Mexico,SW.	墨西哥:墨西哥州西南	Shi Z.
1945	4	22	9	51	18	5	123	650	6.8	Muk	Celebes Sea	西里伯斯海	Engdahl
1945	4	23	6	22	31	-4.5	153	160	6.8	Muk	Papua New Guinea:New Ireland	巴布亚新几内亚:新爱尔兰	Engdahl

年 Year	月 Mo	日 Dy	时 Hr	分 Mn	秒 Sec	纬度(°) Latitude	经度(°) Longitude	深度 Depth	震级 Mag	标度 Scale	地名(英文) Name(English)	地名(中文) Name(Chinese)	资料来源 Information
1945	4	29	20	16	17	47.4	-121.7		5.5	Ms	US:Washington,Seattle	美国:华盛顿州西雅图	USGS
1945	5	1	23			23.5	121.2		5.1	Ms	China:Taiwan,Hualien	中国:台湾花莲	China
1945	5	2	5	58		-4.6	-81.6	30	5	Mk	Peru:Talara,Near Coast	秘鲁:塔拉拉近海	GSHAP,Song
1945	5	2	19	47	54	41.2	-123.5		5	Ms	US:California,Hoopa	美国:加利福尼亚州胡帕	USGS
1945	5	9	3	31	13	-7.5	124	550	6.8	Muk	Indonesia:Banda Sea	印度尼西亚:班达海	Engdahl
1945	5	19	5	2	53	25.1	90.9		6	Ms	Bangladesh:Dhaka	孟加拉:达卡	GSHAP
1945	5	19	15	7	4	40.25	-126.5		6.2	Ms	US:California,Off Coast of N.	美国:加利福尼亚州北部沿海	USGS,Shi Z.
1945	5	31	18	11	44	37.8	142.6	50	6.6	Ms	Japan Trench	日本海沟	Engdahl
1945	6	1	15	13	40	53.4	-168.7	80	6	Mk	Aleutian Islands	阿留申群岛	USGS,Song
1945	6	1	22	24	7	7.5	-34.5		6	Ms	Central Mid - Atlantic Ridge	中大西洋中脊	Shi Z.
1945	6	3	13	5	33	8.4	-82.7	80	7	Muk	Costa Rica:Chiriqui	哥斯达黎加:奇里基	Engdahl
1945	6	13	23	44	18	6.5	93.5		6	Ms	India:Nicobar Islands	印度:尼科巴群岛	GSHAP
1945	6	14	3	30	13	37.08	-117.5	16	5	Ms	US:California,Death Valley	美国:加利福尼亚州死谷	USGS
1945	6	15	9	8		-12.345	-77.699	40	5	Mk	Peru:Lima,Near Coast	秘鲁:利马近海	GSHAP,Song
1945	6	20	1	23	44	46.3	153.8	30	6	Ms	Kuril Islands	千岛群岛	GSHAP
1945	6	20	17	35	24	46.8	153.4	45	6.4	Ms	Kuril Islands	千岛群岛	GSHAP
1945	6	21	1	33		38.5	43.3		5.9	Mk	Turkey:Van,Nemrut	土耳其:凡城,尼姆鲁特	* Song
1945	6	21	11	55		-16.138	-72.415	30	5	Mk	Peru:Arequipa	秘鲁:阿雷基帕	GSHAP,Song
1945	6	22	9	18	40	43.9	146.5	120	6.9	mB	Kuril Islands	千岛群岛	GSHAP,Engdahl
1945	6	22	18	0	57	32.5	76	60	6.6	Ms	India:Kashmir,Dharmsala	印度:克什米尔,达兰萨拉	GSHAP
1945	6	22				32.8	76.1		6.3	Ms	India:Natchaba	印度:查巴	India
1945	6	24	23	54	55	-6.5	131	160	6.5	Ms	Indonesia:Banda Sea	印度尼西亚:班达海	Shi Z.
1945	6	25	15	48	42	59	160	20	5	Ms	Russia:Kamchatka Peninsula	俄罗斯:堪察加半岛	GSHAP
1945	6	27	13	8	20	27	-111		6.8	Ms	Gulf of California	加利福尼亚湾	Engdahl,Shi Z.
1945	6	28	4	30	17	12	94		6	Ms	India:Andaman Islands	印度:安达曼群岛	GSHAP
1945	6	29	15	37	13	44.83	9.13		5.15	Ms	Italy:Pavia	意大利:帕维亚	Italy
1945	6	30	5	31	18	17	-115		6.8	Muk	Mexico:Isla Socorro,W.	墨西哥:索科罗岛西部	Engdahl
1945	6	30	18	18	28	9.5	-75.3		5	Ms	Colombia:Sincelejo	哥伦比亚:苏克雷的辛塞莱霍	GSHAP
1945	7	9	11	56	44	6.7	-78.9		5	Ms	Colombia:Near Coast	哥伦比亚:近海	GSHAP
1945	7	9	16	42	8	2.5	-76.5	100	6.5	Ms	Colombia:Cauca	哥伦比亚:考卡	GSHAP
1945	7	13	7	17		-33.25	-70.5	100	7.1	Ms	Chile:Santiago	智利:圣地亚哥	Chile
1945	7	15	5	35	13	17.5	146.5	120	7.1	mB	Mariana Islands	马里亚纳群岛	Engdahl
1945	7	23	3	54	55	5	96		6.8	Muk	Indonesia:Sumatera,Aceh	印度尼西亚:苏门答腊亚齐	Engdahl
1945	7	29	8	56		38.5	43.3	33	6.4	Ms	Turkey:Van,Bolgesi	土耳其:凡城,沃尔季什	* Iran
1945	8	1	22	23	28	24.3	121.6		6.5	Ms	China:Taiwan,Hualien	中国:台湾花莲	China
1945	8	2	17	52	7	20.4	120.4		6	Ms	China:Taiwan,Coast of S.	中国:台湾南部海域	China
1945	8	2	20	44	45	54	-133		6.25	Ms	Canada:Graham Island	加拿大:格雷厄姆岛	Shi Z.
1945	8	6	23	2	10	-6	-76.5	100	6	Mk	Peru:Tarapoto	秘鲁:塔拉波托	GSHAP,Song
1945	8	8	9	53	40	11	92.5	50	6.8	Muk	India:Andaman Islands	印度:安达曼群岛	Engdahl
1945	8	8	19	50		-8.9	-75.7	30	5	Mk	Peru:Pucallpa,SW.	秘鲁:普卡尔帕西南	GSHAP,Song
1945	8	9	3	13	32	-6	-76.5		5	Mk	Peru:Tarapoto	秘鲁:塔拉波托	GSHAP,Song
1945	8	9	21	50	10	20.4	120.4		5.5	Ms	China:Taiwan,Coast of S.	中国:台湾南部海域	China
1945	8	14	12	10	53	27	129.5	60	6.8	Muk	Ryukyu Islands	琉球群岛	Engdahl
1945	8	15	17	56	24	33.22	-116.13	16	5.7	Ms	US:California,Borrego Springs	美国:加利福尼亚州博雷戈斯普林斯	USGS
1945	8	21	16	29	37	-10.5	-75	120	6.8	Muk	Peru:Pasco,W.	秘鲁:帕斯科东部	GSHAP,Engdahl
1945	8	21	16			23.4	103.2		5	Ms	China:Yunnan,Gejiu	中国:云南个旧	China
1945	8	21				41.5	130.5		7	Ms	Japan Sea,N.	日本海北部	Korea
1945	8	28	19	19		31	140	100	6.7	Ms	Japan Trench	日本海沟	Engdahl
1945	8	29	10	22	40	-15	168	50	7.1	Ms	Vanuatu Islands	瓦努阿图群岛	Engdahl
1945	9	1	22	44	10	-46.5	165.5		7.1	Ms	New Zealand:South Island,SW.	新西兰:南岛西南近海	Engdahl
1945	9	1				39	43.3		5.8	Ms	Turkey:Van,N.	土耳其:凡城北部	Iran
1945	9	2	11	54	5	34.4	28.9	80	6.4	Ms	Mediterranean Sea	地中海	GSHAP
1945	9	5	21	48	45	-5	153.5	50	7.1	Ms	Papua New Guinea:East New Britain,E.	巴布亚新几内亚:东新不列颠东部	Engdahl
1945	9	7	15	48	26	45.9	26.5	80	6.5	Ms	Romania:Tulnici	罗马尼亚:图尔尼奇	GSHAP
1945	9	9	4	3	54	-17	167	60	6.6	Ms	Vanuatu Islands	瓦努阿图群岛	Engdahl
1945	9	12	0	51		2.5	15.6		6.2	Muk	Cameroon:Moloundou;Congo:Babali	喀麦隆:莫隆杜;刚果:巴巴利	*
1945	9	13	11	17	11	-33.25	-70.5	100	7	mB	Chile:Santiago	智利:圣地亚哥	GSHAP,Engdahl
1945	9	14	17	22		45.7	26.6	100	5.1	Ms	Romania:Nereju	罗马尼亚:内雷茹	GSHAP
1945	9	18	22	39		40.6	-116.5		5.1	Ms	US:Nevada,Beowawe	美国:内华达州贝奥沃维	USGS
1945	9	19	10	40	49	29.5	84		5.5	Ms	China:Xizang (Tibet),Zhongba	中国:西藏仲巴	China
1945	9	19	12	28	2	42.5	144.4	65	6.6	Ms	Japan:Hokkaido	日本:北海道	Engdahl
1945	9	22	9	10	5	-4	147	50	6.8	Ms	Bismarck Sea	俾斯麦海	Engdahl
1945	9	23	9	57	48	48	-114.3		5.5	Ms	US:Idaho,Lakeside	美国:爱达荷州莱克赛德	USGS
1945	9	23	15	34	21	39.5	119		6.25	Ms	China:Hebei,Luanxian	中国:河北滦县	* China
1945	9	26	13	42	4	42	20.5		5	Ms	Albania:Kukës	阿尔巴尼亚:库克斯	GSHAP
1945	9	28	22	24	5	41.9	-126.7		6.1	Ms	US:Off Coast of W. Oregon	美国:俄勒冈州西部沿海	USGS

年 Year	月 Mo	日 Dy	时 Hr	分 Mn	秒 Sec	纬度(°) Latitude	经度(°) Longitude	深度 Depth	震级 Mag	标度 Scale	地名(英文) Name(English)	地名(中文) Name(Chinese)	资料来源 Information
1945	9	29	4	27	46	-6	-77		5.6	Ms	Peru:Tarapoto	秘鲁：塔拉波托	GSHAP
1945	10	1	5	16		29	67.3		5.9	Ms	Pakistan:Quetta	巴基斯坦：奎达	Afghan
1945	10	7	13	23	27	12.25	-89.25		6.8	Muk	El Salvador:Off Coast of W.	萨尔瓦多：西部海域	Engdahl
1945	10	9	14	36	33	43.5	147.5	80	7	mB	Kuril Islands	千岛群岛	Engdahl,GSHAP
1945	10	11	16	52	52	17.5	-98.5	90	6.5	Ms	Mexico:Guerrero,E.	墨西哥：格雷罗州东部	Shi Z.
1945	10	16	16	2	58	-0.25	125	50	6.9	Ms	Molukka Sea,S.	马鲁古海南部	Engdahl
1945	10	20				39	43		5	Ms	Turkey:Adilcevaz	土耳其：阿迪尔杰瓦兹	Iran
1945	10	21	3	21	3	23.7	120.5		6.25	Ms	China:Taiwan,Yunlin	中国：台湾云林	China
1945	10	21	6	43	52	36	77		5	Ms	China:Xinjiang,Mazar	中国：新疆麻扎	China
1945	10	25	14	58	41	57.2	163.8	20	6.4	Ms	Bering Sea,W.	白令海西部	GSHAP
1945	10	26	13	56	50	41.54	33.29	50	6	Ms	Turkey:Karabük	土耳其：卡拉比克	GSHAP
1945	10	27	11	24	41	15	-91.25	200	6.8	Muk	Guatemala:Chiche	危地马拉：奇切	Engdahl
1945	10	28	0	17	0.1	11	42.5		5.5	Ms	Ethiopia:Dewele	埃塞俄比亚：多沃莱	GSHAP
1945	10	28	5	37	44	-13.75	167.5	200	6.8	Muk	Vanuatu Islands	瓦努阿图群岛	Engdahl
1945	11	3	22	9	3	58.5	-151	50	6.8	Muk	Alaska:Kodiak Island	阿拉斯加：科迪亚克岛	Engdahl,USGS
1945	11	8	9	5	23	83	-15		6	Ms	Arctic Ocean	北冰洋	Shi Z.
1945	11	8	10	2	37	83	-15		6	Ms	Arctic Ocean	北冰洋	Shi Z.
1945	11	16	18	2	22	58	-136.5		5.6	Ms	Gulf of Alaska,SE.	阿拉斯加湾东南	USGS
1945	11	17	16	8	19	43.2	139.5	260	6.1	Ms	Japan Sea,NE.	日本海东北	GSHAP
1945	11	18	1	7	41	38.8	-112		5.1	Mk	US:Utah,Richfield	美国：犹他州里奇菲尔德	USGS,Song
1945	11	23	8	10	1	10	-62	100	6.5	Ms	Venezuela:Maturín	委内瑞拉：马图林	GSHAP
1945	11	26	5	13	10	-21	180	600	6.9	mB	South of Fiji Islands	斐济群岛南部	Engdahl,Shi Z.
1945	11	27	21	56	50	24.2	62.6	25	8	Mw	Gulf of Oman,E.	阿曼湾东部	* Engdahl,NOAA
1945	11	28	7	37	15	-2	-80		5.2	Ms	Ecuador:Guayaquil	厄瓜多尔：瓜亚基尔	GSHAP
1945	12	8	1	4	2	-6.5	151		7.1	Ms	New Britain Trench	新不列颠海沟[太平洋]	Engdahl
1945	12	9	6	8	46	45.6	26.8	90	6.2	Ms	Romania:Focşani	罗马尼亚：福克沙尼	GSHAP
1945	12	21				38	28.9		5.3	Ms	Turkey:Denizli, Burdur	土耳其：丹兹利，布尔杜尔	* Turkey
1945	12	23	8	10	1	10	-62	100	6.5	Ms	Venezuela:Maturín	委内瑞拉：马图林	GSHAP
1945	12	27	4	41	5	-6	151	40	6.9	Ms	Papua New Guinea:East New Britain	巴布亚新几内亚：东新不列颠	Engdahl
1945	12	28	17	48	45	-6	150	60	7.6	Mw	Papua New Guinea:West New Britain	巴布亚新几内亚：西新不列颠	* Engdahl
1946	1	5	1	15	11	15	-91	210	6	Ms	Guatemala:Chiche	危地马拉：奇切	Shi Z.
1946	1	5	19	57	20	-16	167	50	7.1	Mw	Vanuatu Islands	瓦努阿图群岛	Engdahl
1946	1	8	18	54	18	33	-115.83	16	5.4	Ms	US:California,Westmorland	美国：加利福尼亚州威斯特莫兰	USGS
1946	1	11	1	33	29	44	129.5	580	7.2	Ms	China:Heilongjiang,Ningan,S.	中国：黑龙江宁安南	China,Engdahl
1946	1	12	19	28		23.6	120.9		5.2	Ms	China:Taiwan,Nantou	中国：台湾南投	China
1946	1	12	20	25	37	59.11	-148.94	56	6.7	Ms	Gulf of Alaska	阿拉斯加湾	USGS,Shi Z.,Engdahl
1946	1	15	22	31	56	40.5	-117.25		5.1	Ms	US:Nevada,Battle Mountain	美国：内华达州巴特尔芒廷	USGS
1946	1	17	9	39	35	-7.5	147.5	100	7.2	mB	Papua New Guinea:Morobe	巴布亚新几内亚：莫罗贝	Engdahl
1946	1	20	16	54	21	-17.5	167.5		6.7	Ms	Vanuatu Islands	瓦努阿图群岛	Engdahl
1946	1	21	11	25	32	41.05	33.48	60	5	Ms	Turkey:Karabük	土耳其：卡拉比克	GSHAP
1946	1	25	4	28	27	10.7	-63.8		5	Mk	Venezuela:Cariaco	委内瑞拉：卡利亚科	GSHAP,Song
1946	1	25	17	32		46.3	7.5		6.1	Ms	Switzerland:Vallese	瑞士：瓦莱	Italy
1946	1	26	6	36	56	24	98.5		6	Ms	myanmar:Kunlong	缅甸：滚弄	China
1946	2	3	7	22		-17.634	-72.463	70	5	Mk	Peru:Ilo,Near Coast	秘鲁：伊洛近海	GSHAP,Song
1946	2	4	3	44	48	53	-176	160	6.8	Muk	Andreanof Islands, Aleutian Is.	阿留申群岛，安德烈亚诺夫群岛	USGS,Shi Z.,Engdahl
1946	2	9	13	19		42.67	15.5		5	Mk	Adriatic Sea	亚得里亚海	GSHAP,Song
1946	2	10				32.55	59.26	33	5.5	Ms	Iran:Birjand	伊朗：比尔詹德	* Iran
1946	2	12	2	43	24	35.75	5		5.6	Ms	Algeria:Hodna Mountains	阿尔及利亚：荷德纳山脉	*
1946	2	12				32.6	59.8		6	Ms	Iran:Birjand	伊朗：比尔詹德	Iran
1946	2	15	3	17	48.3	47.4	-122.67	18	5.7	Ms	US:Washington,Olympia	美国：华盛顿州奥林匹亚	USGS
1946	2	19	18	55	23	35	88.5		6	Ms	China:Xizang (Tibet),Baingoin	中国：西藏班戈	China
1946	2	21	15	43		38.2	31.8	60	5.6	Muk	Turkey: Konya	土耳其：科尼亚	*
1946	2	22	17	24	52	16.25	-92.5	170	6	Ms	Mexico:Chiapas	墨西哥：恰帕斯州	Shi Z.
1946	2	27	6	5	39	-23	-66.5	270	6	Ms	Argentina:Jujuy	阿根廷：胡胡伊	GSHAP
1946	3	7	21	40	50	27.5	96.4		5.25	Ms	India:Margherita,E.	印度：阿鲁纳恰尔邦玛格丽塔东部	China
1946	3	11	20	35		23.4	121.5		5.2	Ms	China:Taiwan,Hualien	中国：台湾花莲	China
1946	3	12	0	1	55	-35.5	-106		6.5	Ms	Easter Island,S.	复活节岛南部	Shi Z.
1946	3	12	2	21		29.4	51.4	33	6	Ms	Iran:Bushehr	伊朗：布什尔	* Iran
1946	3	15	13	21	0.9	35.75	-117.99	16	5.2	Ms	US:California,Brown	美国：加利福尼亚州布朗	USGS
1946	3	15	13	49	35.9	35.72	-118.06	22	6.3	Ms	US:California,Inyo,W.	美国：加利福尼亚州因约县西部	USGS
1946	3	15	14	0	35.4	35.72	-118.07	16	5.3	Ms	US:California,Inyo,W.	美国：加利福尼亚州因约县西部	USGS
1946	3	15	19	18	53.6	35.72	-117.98	16	5.4	Ms	US:California,Ridgecrest	美国：加利福尼亚州里奇克雷斯特	USGS
1946	3	15	21	54	33.4	35.75	-118.03	16	5.2	Ms	US:California,Inyo,W.	美国：加利福尼亚州因约县西部	USGS
1946	3	16	9	46	17.9	35.74	-118.04	16	5.1	Ms	US:California,Inyo,W.	美国：加利福尼亚州因约县西部	USGS
1946	3	16	11	31	25	24.6	121.1		6	Ms	China:Taiwan,Hsinchu	中国：台湾新竹	China
1946	3	16	14	15	8	26.4	92.6		6	Ms	India:Hojai	印度：阿萨姆的霍杰伊	China,GSHAP
1946	3	17	14	45	53	38.3	-117.9		5	Ms	US:Nevada,Mina	美国：内华达州迈纳	USGS

年 Year	月 Mo	日 Dy	时 Hr	分 Mn	秒 Sec	纬度(°) Latitude	经度(°) Longitude	深度 Depth	震级 Mag	标度 Scale	地名(英文) Name(English)	地名(中文) Name(Chinese)	资料来源 Information
1946	3	18	15	50	42.6	35.75	-117.91	4	5.3	Ms	US:California,Brown	美国:加利福尼亚州布朗	USGS
1946	3	25	8	47	42	19.75	-74.75		6	Ms	Cuba:Near Coast of S.	古巴:南部近海	Shi Z.
1946	3	26	17	9	3	-3	102		6.8	Muk	Indonesia:Southern Sumatra	印度尼西亚:苏门答腊南部	Engdahl
1946	3	29	7	17	28	2.3	-76.3		5.7	Ms	Colombia:Huila	哥伦比亚:乌伊拉	GSHAP
1946	3	29	7	26	4	-1.7	-80.9		6	Mk	Ecuador:Near Coast of W.	厄瓜多尔:西部近海	GSHAP,Song
1946	4	1	12	28	54	53.32	-163.19	50	7.3	Ms	Alaska:Unimak Island	阿拉斯加:乌尼马克岛	* USGS,Engdahl,NOAA
1946	4	5	20	54	5	35.25	23.5	100	6	Ms	Greece:Crete Island	希腊:克里特岛	GSHAP
1946	4	6	3	5	45	-24	68		6	Ms	Mid - Indian Ridge	中印度洋海岭	Shi Z.
1946	4	11	1	52	20	-1	-14.5		7.2	Mw	Central Mid - Atlantic Ridge	中大西洋中脊	Engdahl
1946	4	12	7	36	43	35.5	26.5		5.6	Ms	Mediterranean Sea	地中海	Turkey
1946	4	13	18	57	52	-19	-176	250	6	Ms	Tonga Islands	汤加群岛	Shi Z.
1946	4	16	11	43	50	40.8	19.9		5.5	Ms	Albania:Kuçovë	阿尔巴尼亚:库乔亚区	Turkey
1946	4	16	13	36	55	-41	-73	60	5.8	Ms	Chile:Purranque	智利:普兰克	GSHAP
1946	4	19	23	29		-38	-73.5	70	7.3	Ms	Chile:Cañete	智利:卡涅特	Chile
1946	4	23	4	55	56	-50	140		6.8	Muk	Great Australian Bight,S.	大澳大利亚湾南部	Engdahl
1946	4	26	8	9	23	49	148	600	6.2	Ms	Sea of Okhotsk	鄂霍次克海	GSHAP
1946	5	3	22	23	43	-6	154		7.2	Mw	Solomon Sea,N.	所罗门海北部	Engdahl
1946	5	8	5	20	22	0	99.5		7.1	Ms	Indonesia:Northern Sumatra	印度尼西亚:苏门答腊北部	Engdahl
1946	5	10	23	32	9	-24.5	-69	100	5.8	Ms	Chile:Antofagasta,SE.	智利:安托法加斯塔东南	GSHAP
1946	5	16	22	11		23.9	121.6		5.5	Ms	China:Taiwan,Hualien	中国:台湾花莲	China
1946	5	19	0	31	16	55	165.2	20	6	Ms	Russia:Komandorsky Islands	俄罗斯:科曼多尔群岛	GSHAP
1946	5	21	9	16	42	14.5	-60.5	50	6.5	Ms	Martinique Island:Coast	马提尼克岛:沿海	Engdahl,Shi Z.
1946	5	30	4			46.317	7.5		5.77	Ms	Switzerland:Vallese	瑞士:瓦莱	Italy
1946	5	31	3	12		40	41.5		6	Muk	Turkey:Ustukran	土耳其:埃尔祖鲁姆	* Iran
1946	6	2	0	8	58	23.8	121.8		6.25	Ms	China:Taiwan,Hualien,Coast of E.	中国:台湾花莲以东海域	China
1946	6	3	17	4		23.8	122.3		5.7	Ms	China:Taiwan,Hualien,Coast of E.	中国:台湾花莲以东海域	China
1946	6	5	13	38		24.6	122.9		5.1	Ms	China:Taiwan,Yilan,Coast of E.	中国:台湾宜兰以东海域	China
1946	6	7	4	13	20	16.5	-94	100	6.9	mB	Mexico:Chiapas	墨西哥:恰帕斯	Engdahl,Shi Z.
1946	6	9	9	52	33	50	92.5	8	5.1	Ms	Mongolia:Ulaangom	蒙古:乌兰固木	GSHAP
1946	6	15	18	29	15	-2	128	60	6.8	Muk	Indonesia:Ceram Sea	印度尼西亚:塞兰海	Engdahl
1946	6	18	1	3		22.8	121.2		5.1	Ms	China:Taiwan,Taitung	中国:台湾台东	China
1946	6	20	3	7		29.5	66		5.8	Ms	Pakistan:Quetta	巴基斯坦:奎达	Afghan
1946	6	23	17	13	22	49.75	-124.5	0	7.6	Mw	Canada:British Columbia,Powell River	加拿大:英属哥伦比亚鲍威尔里弗	* Engdahl,NOAA
1946	6	24	4	11	14	42	76	15	5.2	Ms	Kyrgyzstan:Issyk - Kul	吉尔吉斯斯坦:伊塞克湖州	GSHAP
1946	6	24	15	48	20	14.75	-89	260	6	Ms	Honduras:Cucuyagua	洪都拉斯:库库亚瓜	Shi Z.
1946	6	26	7	53	40	14.75	-90.75	90	6.5	Ms	Guatemala:Antigua	危地马拉:安地瓜	Shi Z.
1946	6	26	12	34	36	-43.25	171.5		6.5	Ms	New Zealand:South Island,Birdwood	新西兰:南岛,伯德伍德	Shi Z.
1946	6	26	15	21	35	36.7	70.5	200	5.6	Ms	Afghan:Badakhshan	阿富汗:巴达赫尚	GSHAP
1946	6	28	7	12	43	-43.5	171.5		6	Ms	New Zealand:South Island,Mount Hutt	新西兰:南岛,芒特赫特	Shi Z.
1946	7	2	11	12	46	30	92		5.25	Ms	China:Xizang (Tibet),Lhasa,NE.	中国:西藏拉萨东北	China
1946	7	5				-2.9	104.7		6.4	Mk	Indonesia:Southern Sumatra	印度尼西亚:苏门答腊南部	* * Song
1946	7	7	6	55	15	40.5	-121.5		5	Ms	US:California,Redding	美国:加利福尼亚州雷丁	USGS
1946	7	7	21	47		23.1	121.5		5.4	Ms	China:Taiwan,Taitung,Coast of E.	中国:台湾台东以东海域	China
1946	7	9	13	13	50	-19	169	170	7.2	mB	Vanuatu Islands	瓦努阿图群岛	Engdahl
1946	7	11	4	46	42	17	-94.5	130	6.9	mB	Mexico:Veracruz,Oaxaca	墨西哥:韦拉克鲁斯,瓦哈卡	Engdahl,Shi Z.
1946	7	12	21	56	27	53.5	-169	100	6.8	Muk	Aleutian Islands	阿留申群岛	Engdahl,USGS
1946	7	16	5	26	26	33.8	25.3		5.8	Ms	Mediterranean Sea	地中海	Turkey
1946	7	16	19	45	23	38.5	31	30	5.2	Ms	Turkey:Çay	土耳其:恰伊	GSHAP
1946	7	17	9	48	6	35	46		5.6	Ms	Iran:Kermanshah	伊朗:克尔曼沙赫	Iran
1946	7	17	23	37	40	35	46		5.6	Ms	Iran:Kermanshah	伊朗:克尔曼沙赫	Iran
1946	7	18	14	27	58	34.53	-115.98	16	5.6	Ms	US:California,Landers,NE.	美国:加利福尼亚州兰德斯东北	USGS
1946	7	26	6	44	45	-19.75	-70.5	70	6.8	Muk	Chile:Huara,Near Coast	智利:瓦拉近海	Engdahl,GSHAP
1946	7	26	22	31	48	-22.5	172.5	120	6.25	Ms	Fiji Islands	斐济群岛	Shi Z.
1946	7	27	16	25	43	36	46		5.5	Ms	Iran:Kordestan,W.	伊朗:库尔德斯坦西部	Turkey
1946	7	31	0	28	57	12.5	-60	50	6	Ms	Trinidad & Tobago:Northern Coast	特立尼达和多巴哥:北部近海	GSHAP
1946	8	2	19	18	48	-26.5	-70.5	50	7.1	Ms	Chile:Diego De Almagro	智利:迭戈德阿尔马格罗	* NOAA,Engdahl
1946	8	4	15	25	33	-25	180	550	6.25	Ms	Lau Ridge[Pacific Ocean]	劳海岭[太平洋]	Shi Z.
1946	8	4	17	51	5	19.3	-68.9	60	7.9	Mw	Dominica:Samana	多米尼加:萨马纳	* Engdahl,NOAA
1946	8	8	13	28	28	19.71	-69.51	50	7.5	Mw	Dominica:Northeastern Coast	多米尼加:东北海域	* Engdahl,NOAA
1946	8	11	1	54	26	-8	156		6.8	Muk	Solomon Islands	所罗门群岛	Engdahl
1946	8	17	9	48	6	35	46		5.6	Ms	Iran:Kermanshah	伊朗:克尔曼沙赫	Turkey
1946	8	17	23	37	40	35	46		5.6	Ms	Iran:Kermanshah	伊朗:克尔曼沙赫	Turkey
1946	8	19	19	56		23.5	121.7		5.8	Ms	China:Taiwan,Hualien,Coast of E.	中国:台湾花莲以东海域	China
1946	8	21	18	0	18	-24	-177	100	6.9	mB	South of Fiji Islands	斐济群岛南部	Engdahl,Shi Z.
1946	8	28	22	28	15	-26	-63	580	7.1	mB	Argentina:Resistencia	阿根廷:雷西斯滕西亚	GSHAP,Engdahl

年 Year	月 Mo	日 Dy	时 Hr	分 Mn	秒 Sec	纬度(°) Latitude	经度(°) Longitude	深度 Depth	震级 Mag	标度 Scale	地名(英文) Name(English)	地名(中文) Name(Chinese)	资料来源 Information
1946	9	9	9	36	38	23.7	121.6		6	Ms	China:Taiwan,Hualien,Coast of E.	中国:台湾花莲以东海域	China
1946	9	11	9	56		-1.8	28		6	Ms	Congo:Walikale	刚果:瓦利卡莱	GSHAP
1946	9	12	15	17	15	23.5	96		7.3	Mw	myanmar:Tagaung	缅甸:太公	* Shi Z.,Engdahl
1946	9	12	15	20	20	23.9	96.2	60	7.7	Mw	myanmar:Tagaung	缅甸:太公	* GSHAP,Shi Z.,Engdahl
1946	9	13	18	59	9	52.4	158.2	80	7	Ms	Russia:Kamchatka Peninsula	俄罗斯:堪察加半岛	GSHAP
1946	9	15	5	21	22	5	-78		5	Ms	Colombia:Near Coast	哥伦比亚:近海	GSHAP
1946	9	15	15	52	49	34	86.5		5.75	Ms	China:Xizang (Tibet),Nyima,N.	中国:西藏尼玛北部	China
1946	9	23	23	30		-6	145	100	7.1	mB	Papua New Guinea:Chimbu	巴布亚新几内亚:钦布	Engdahl
1946	9	26	10	53	15	-25	179	600	6.9	mB	Kermadec Ridge	克马德克海岭	Engdahl,Shi Z.
1946	9	27	19	44		22.4	121		5.5	Ms	China:Taiwan,Taitung,Coast of E.	中国:台湾台东以东海域	China
1946	9	28	7	19	9	33.95	-116.85	16	5	Ms	US:California,Palm Springs	美国:加利福尼亚州棕泉	USGS
1946	9	29	3	1	55	-4.5	153.5	60	7.6	Mw	Papua New Guinea:New Ireland,E.	巴布亚新几内亚:新爱尔兰东部	* Engdahl
1946	9	29	20	22	0.1	13	48		5.5	Ms	Western Gulf of Aden	亚丁湾西部	GSHAP
1946	9	30	0	59	40	-13	-76	70	6.9	Ms	Peru:Canete	秘鲁:卡涅特	* Engdahl,Shi Z.,NOAA
1946	9	30	11	29	20	-37.5	-17		6.5	Ms	Southern Mid - Atlantic Ridge	南大西洋洋中脊	Shi Z.
1946	10	2	4	46	5	51	159	60	6.8	Muk	Russia:Kamchatka,Near East Coast	俄罗斯:堪察加东部近海	GSHAP,Engdahl
1946	10	2	6	43	13	50.8	159	40	6.8	Muk	Kuril Islands	千岛群岛	GSHAP,Engdahl
1946	10	3	7	17	9	45.7	26.6	100	5.5	Ms	Romania:Nereju	罗马尼亚:内雷茹	GSHAP
1946	10	4	14	45	26	18.75	-68.5	50	7	Ms	Dominica:La Altagracia,E.	多米尼加:阿尔塔格拉西亚东部	Shi Z.
1946	10	8	13	56	25	-25	178	670	6.8	Muk	South of Fiji Islands	斐济群岛南部	Engdahl
1946	10	9	3	31		23.5	120.8		5.1	Ms	China:Taiwan,Nantou	中国:台湾南投	China
1946	10	9	20	25	49	-25.5	-67	33	5.9	Ms	Argentina:Salta	阿根廷:萨尔塔	GSHAP
1946	10	13	23	13	6	-22	-66.5	200	6	Ms	Bolivia:Tarija	玻利维亚:塔里哈	GSHAP
1946	10	14	4	44	40	-31	-177	40	6.25	Ms	Kermadec Ridge	克马德克海岭	Shi Z.
1946	10	22	10	0	17	-14.5	168	220	6.8	Muk	Vanuatu Islands	瓦努阿图群岛	Engdahl
1946	10	24	8	38	14	-17	180	570	6	Ms	Fiji Islands	斐济群岛	Shi Z.
1946	10	25	21	50	16	54	159.2	100	6.3	Ms	Russia:Kamchatka Peninsula	俄罗斯:堪察加半岛	GSHAP
1946	10	26	0	21	3	-60	-35		6.6	Ms	East Scotia Basin	东斯科舍海盆	Engdahl,Shi Z.
1946	10	30	7	47	34	54.25	-164		6.9	Muk	Aleutian Islands	阿留申群岛	USGS,Engdahl
1946	11	1	11	14	24	51.5	-174.5	40	7	Ms	Andreanof Islands, Aleutian Is.	阿留申群岛,安德烈亚诺夫群岛	* Engdahl,NOAA
1946	11	1	20	9	25	-10	163	80	6.25	Ms	Solomon Islands	所罗门群岛	Shi Z.
1946	11	2	18	28	25	41.5	72.5	35	7.3	Mw	Kyrgyzstan:Jalal - Abad	吉尔吉斯斯坦:贾拉拉巴德	* Engdahl
1946	11	3	18	47		45.8	26.6	150	5.6	Ms	Romania:Vrancea	罗马尼亚:弗朗恰	GSHAP
1946	11	4	21	47	47	39.3	55.4	26	7.1	Mw	Turkmenistan:Balkanabat	土库曼斯坦:巴尔坎纳巴德	* Engdahl
1946	11	5	6	59	40	-25.5	-67	160	5.8	Ms	Argentina:Salta	阿根廷:萨尔塔	GSHAP
1946	11	6	19	56	23	34.5	80.6		6.25	Ms	China:Xizang (Tibet),Rutog,NE.	中国:西藏日土东北	China
1946	11	10	0	46	40	40.7	79.2		5.5	Ms	China:Xinjiang,Kalpin	中国:新疆柯坪	China
1946	11	10	12	54	56	-31	-70	120	6.3	Ms	Argentina:San Juan	阿根廷:圣胡安	GSHAP
1946	11	10	17	42	53	-8.5	-77.5	12	6.8	Mw	Peru:Caraz	秘鲁:卡拉斯	* Engdahl
1946	11	12	17	28	41	-20	-173.5		7.1	Mw	Tonga Islands,E.	汤加群岛东部	Engdahl
1946	11	17	2	49	6	-7	130	100	6.5	Ms	Indonesia:Banda Sea	印度尼西亚:班达海	Shi Z.
1946	11	17	22	24	19	11.5	57.5		6	Ms	Arabian Sea	阿拉伯海	Shi Z.
1946	11	18	2	40	32	-21	180	600	6.25	Ms	Lau Ridge[Pacific Ocean]	劳海岭[太平洋]	Shi Z.
1946	11	19	11	11	40	35.8	79.7		5	Ms	China:Xinjiang,Hotan,S.	中国:新疆和田南	China
1946	11	28	15	51	35	-18.5	-174	290	7	mB	Tonga Islands,N.	汤加群岛北部	Engdahl
1946	11	30	11	41		22.8	121.2		5.5	Ms	China:Taiwan,Taitung	中国:台湾台东	China
1946	12	4	22	46	39	23.1	120.3		6.75	Ms	China:Taiwan,Tainan	中国:台湾台南	* China,Engdahl
1946	12	5	8	41	19	12.4	92.5		6	Ms	India:Andaman Islands	印度:安达曼群岛	GSHAP
1946	12	7	17	18	18	-15	167	120	6	Ms	Vanuatu Islands	瓦努阿图群岛	Shi Z.
1946	12	9	12	26	46	42.8	77.9	15	5.1	Ms	Kyrgyzstan:Karakol	吉尔吉斯斯坦:普热瓦利斯克	GSHAP
1946	12	10	7	22	57	44.5	140.5	100	6	Ms	Japan Sea,NE.	日本海东北	Shi Z.
1946	12	10	16	33	14	-22	-178	620	6	Ms	Tonga Islands,W.	汤加群岛西部	Shi Z.
1946	12	11	13	9		48.4	-114.4		5.1	Mk	US:Idaho,Whitefish	美国:爱达荷州怀特菲什	USGS,Song
1946	12	13	12	49		-6	-81.3		5.6	Ms	Peru:Bayóvar,Near Coast	秘鲁:巴约瓦尔近海	GSHAP
1946	12	13				-7	110		6.5	Mk	Indonesia:Java,Prupuk	印度尼西亚:爪哇,普鲁普克	* * Song
1946	12	16	16	39		23.4	120.4		5.8	Ms	China:Taiwan,Chiayi	中国:台湾嘉义	China
1946	12	17	22	41	6	-21	-177	580	6.5	Ms	Tonga Islands,W.	汤加群岛西部	Shi Z.
1946	12	19	2	57	19	24.7	122.5	100	6.75	Muk	China:Taiwan,Yilan,Coast of E.	中国:台湾宜兰以东海域	China,Engdahl
1946	12	20	19	19	5	33	135.6	20	8.1	M	Ryukyu Trench	琉球海沟	* Engdahl,NOAA,Japan
1946	12	21	3	39	13	43.3	148.4	30	6.1	Ms	Kuril Islands	千岛群岛	GSHAP
1946	12	21	10	18	49	43.7	148.3	40	7.2	Mw	Kuril Islands	千岛群岛	GSHAP, Shi Z.,Engdahl
1946	12	22	13	21	51	22.5	122.5		6	Ms	China:Taiwan,Taitung,Coast of E.	中国:台湾台东以东海域	China
1946	12	24	3	59	54	-3	146.5		6.25	Ms	Bismarck Sea	俾斯麦海	Shi Z.
1946	12	25	11	13	10	51.5	180	90	6.5	Ms	Aleutian Islands,Rat Island	阿留申群岛,拉特岛	USGS
1947	1	3	2	17	3	43.6	148.9		6.7	Ms	Kuril Islands	千岛群岛	Engdahl

年 Year	月 Mo	日 Dy	时 Hr	分 Mn	秒 Sec	纬度(°) Latitude	经度(°) Longitude	深度 Depth	震级 Mag	标度 Scale	地名(英文) Name(English)	地名(中文) Name(Chinese)	资料来源 Information
1947	1	16	2	37	40	-31.1	-64.5	50	5.5	Ms	Argentina:Cordoba	阿根廷:科尔多瓦	GSHAP
1947	1	21	4	6	59	35	97.5		5.25	Ms	China:Qinghai,Gyaring Hu	中国:青海鄂陵湖	China
1947	1	21	20	6	42	-25	-70		7	Muk	Chile:Antofagasta,S.	智利:安托法加斯塔南部	GSHAP,Engdahl
1947	1	26	10	6	46	12.5	-86.25	170	7	mB	Nicaragua:Managua	尼加拉瓜:马拉瓜	* Engdahl
1947	1	29	8	17	50	-26	-63	580	7	mB	Argentina:Resistencia	阿根廷:雷西斯滕西亚	* GSHAP,Engdahl
1947	1	30	12	32	46	37	71.5	200	5.6	Ms	Afghan:Fayzabad,E.	阿富汗:法扎巴德东部	GSHAP
1947	2	2	18	50	28	-16	169	130	6.5	Ms	Vanuatu Islands	瓦努阿图群岛	Shi Z.
1947	2	5	6	14	23	36.23	-120.65		5	Ms	US:California,Tres Pinos,S.	美国:加利福尼亚州特雷斯皮诺斯南部	USGS
1947	2	7	8	40	35	-10	161.5	50	6.6	Ms	Solomon Islands	所罗门群岛	Engdahl
1947	2	9	15	18		-11.2	-75.4	15	5	Mk	Peru:Perene	秘鲁:佩雷内	GSHAP,Song
1947	2	10	3	2	2	31.8	85.4		6.25	Ms	China:Xizang (Tibet),Gerze,SE.	中国:西藏改则东南	China
1947	2	18	11			10.74	-71.62		5	Mk	Venezuela:Maracaibo	委内瑞拉:马拉开波湾	GSHAP,Song
1947	2	18	13	30	25	33	136.75	440	6.8	Muk	Ryukyu Trench	琉球海沟	Engdahl
1947	2	24	17	31	36	-15.5	-68.8	32	6.8	Ms	Bolivia:La Paz	玻利维亚:拉巴斯	GSHAP
1947	2	25	8	55		-7.95	-77.7	25	5	Mk	Peru:Vinas	秘鲁:比尼亚斯	GSHAP,Song
1947	2	26	5	42		39	15.2		5.3	Ms	Tyrrhenian Sea	第勒尼安海(伊特鲁里亚海)	Italy
1947	3	2	19	9	26	-5	144.5	50	6.8	Ms	Papua New Guinea:Madang	巴布亚新几内亚:马当	Engdahl
1947	3	8	14	33	5	24.9	94.7		5.5	Ms	India:Mizoram,E.	印度:米佐拉姆东部	GSHAP
1947	3	13	14	3		45.7	26.6	130	5	Ms	Romania:Nereju	罗马尼亚:内雷茹	GSHAP
1947	3	14	18			47.2	-113.5		5.1	Mk	US:Montana,Seeley Lake	美国:蒙大纳州锡利莱克	USGS,Song
1947	3	16	9	32	34	24.3	122.3		6	Ms	China:Taiwan,Hualien,Coast of E.	中国:台湾花莲以东海域	China
1947	3	17	7	19	32	33.3	99.5		7.5	Mw	China:Qinghai,Darlag,S.	中国:青海达日南	China,Engdahl
1947	3	17	10	30		22.4	119.7		5.5	Ms	China:Taiwan Strait	中国:台湾海峡	China
1947	3	25	20	32	14	-38.85	178.87	12	7	Ms	New Zealand:North Island,Off Coast of E.	新西兰:北岛东部沿海	* Engdahl,NOAA
1947	3	26	16	23	10	39	98		5	Ms	China:Gansu,Jiuquan,SW.	中国:甘肃酒泉西南	China
1947	3	26	20	48	32	25	102		5.5	Ms	China:Yunnan,Dayao	中国:云南大姚	* China
1947	3	29	7	50		64	-19.7	1	5.2	Ms	Iceland:Hella	冰岛:海德拉	Iceland
1947	4	2	5	39	11	-1.5	138		7.2	Mw	Indonesia:Papua	印度尼西亚:巴布亚	Engdahl
1947	4	2	20	45	6	24.3	122.3		6.25	Ms	China:Taiwan,Hualien,Coast of E.	中国:台湾花莲以东海域	China
1947	4	4	1	7		23.9	122.4	20	5.5	Ms	China:Taiwan,Hualien,Coast of E.	中国:台湾花莲以东海域	China
1947	4	4	1	13		24.2	122.3		5.1	Ms	China:Taiwan,Hualien,Coast of E.	中国:台湾花莲以东海域	China
1947	4	9				32.9	59.2		6	Ms	Iran:Birjand	伊朗:比尔詹德	Iran
1947	4	10	15	58	6	35	-116.6		6.4	Muk	US:California,Victorville	美国:加利福尼亚州维克托维尔	*
1947	4	10	16	3		34.97	-116.55	16	5.1	Ms	US:California,Newberry Springs	美国:加利福尼亚州纽贝里斯普林斯	USGS
1947	4	10	17	18	22	34.95	-116.53	16	5	Ms	US:California,Newberry Springs	美国:加利福尼亚州纽贝里斯普林斯	USGS
1947	4	11	7	47		34.97	-116.55	16	5	Ms	US:California,Newberry Springs	美国:加利福尼亚州纽贝里斯普林斯	USGS
1947	4	11	14	30		20.7	121.3		5.8	Ms	China:Taiwan,Coast of S.	中国:台湾南部海域	China
1947	4	12	14	5	9	39.7	25.2		5.7	Ms	Aegean Sea	爱琴海	Turkey
1947	4	14	7	15	33	44	148.5		7.1	Ms	Kuril Islands	千岛群岛	Engdahl
1947	4	19	17	39	15	37.8	43.31	40	5	Ms	Turkey:Çatak	土耳其:恰塔克	GSHAP
1947	4	19	20	29	35	39.2	23.6		5.6	Ms	Aegean Sea	爱琴海	Turkey
1947	4	23	13	19		23.9	122.5	20	5.1	Ms	China:Taiwan,Hualien,Coast of E.	中国:台湾花莲以东海域	China
1947	4	24	19	35	14	8.5	-39	50	6.6	Ms	Central Mid - Atlantic Ridge	中大西洋中脊	Engdahl
1947	4	30	7	46		23.9	121.3		5.1	Ms	China:Taiwan,Hualien	中国:台湾花莲	China
1947	5	1				24.2	121.2		5.25	Ms	China:Taiwan,Nantou,N.	中国:台湾南投北	China
1947	5	3	4	14		39	30	15	5.3	Ms	Turkey:Kütahya	土耳其:屈塔希亚	GSHAP
1947	5	6	1	1	15	-31.5	-68.6	96	5.7	Ms	Argentina:San Juan	阿根廷:圣胡安	GSHAP
1947	5	6	20	30	32	-6.5	148.5	60	7.3	Mw	New Britain Trench	新不列颠海沟[太平洋]	* Engdahl,NOAA
1947	5	9	14	5		33.3	131.1	20	5.5	Ms	Japan:Oita	日本:大分	Usami,Japan
1947	5	10	0	7	3	58	145.5	18	5.3	Ms	Sea of Okhotsk	鄂霍次克海	GSHAP
1947	5	11	6	32	15	38.65	16.52		5.71	Ms	Italy:Calabria	意大利:卡拉布里亚区	Italy
1947	5	17	7	6		-38.42	178.88	12	7.2	Ms	New Zealand:North Island,Near Coast of NE.	新西兰:北岛东北近海	* NOAA
1947	5	25	22	59	57	22.5	122.5		6	Ms	China:Taiwan,Taitung,Coast of E.	中国:台湾台东以东海域	China
1947	5	26	13	0	54	47	151	200	6	Ms	Kuril Islands	千岛群岛	Shi Z.,GSHAP
1947	5	26	19	40	55	-8.5	158	560	6.25	Ms	Solomon Islands	所罗门群岛	Shi Z.
1947	5	27	3	34	54	-8.5	124	100	6.5	Ms	Indonesia:Timor Island	印度尼西亚:帝汶岛	Shi Z.
1947	5	27	5	58	54	-1.5	135.25		7.2	Mw	Indonesia:Irian Jaya Barat	印度尼西亚:西巴布亚	Engdahl
1947	5	27	20	59	42	40.4	-124.7		5.2	Ms	US:California,North Coast	美国:加利福尼亚州北部近海	USGS
1947	6	1	11	18	35	36.6	21.5		5.8	Ms	Mediterranean Sea	地中海	Turkey
1947	6	4	0	29	55	40	24	80	6.2	Ms	Greece:Toroni	希腊:托罗尼	GSHAP
1947	6	7	4	5		26.7	102.9		5.5	Ms	China:Sichuan,Huidong,SE.	中国:四川会东东南	* China
1947	6	7	18	47	48	11.5	125		6.9	Muk	Philippines:Samar Island	菲律宾:萨马岛	Engdahl,Shi Z.
1947	6	11	2	26	12	-23.7	-65.7		5.1	Ms	Argentina:Jujuy	阿根廷:胡胡伊	GSHAP

年 Year	月 Mo	日 Dy	时 Hr	分 Mn	秒 Sec	纬度(°) Latitude	经度(°) Longitude	深度 Depth	震级 Mag	标度 Scale	地名(英文) Name(English)	地名(中文) Name(Chinese)	资料来源 Information
1947	6	12	9	2	30	1.5	126.5	40	7.1	Ms	Molukka Sea	马鲁古海	Engdahl
1947	6	13	20	24	49	21.5	145.5		6.9	Ms	Mariana Islands, N.	马里亚纳群岛北部	Engdahl, Shi Z.
1947	6	19	7	34	37	22	145.5		6.6	Ms	Mariana Islands, N.	马里亚纳群岛北部	Engdahl, Shi Z.
1947	6	30	7	55		22.8	121.2		5.5	Ms	China: Taiwan, Taitung	中国:台湾台东	China
1947	7	7	22	35	50	38	20.5	100	6.2	Ms	Greece: Nisia Ionioy	希腊:伊奥尼亚群岛	GSHAP
1947	7	10	8	30		-8.57	-77.62		5	Mk	Peru: Caraz	秘鲁:卡拉斯	GSHAP, Song
1947	7	10	10	19	27	33	77	60	6.1	Ms	India: Kashmir, Dharmsala	印度:克什米尔,达兰萨拉	GSHAP
1947	7	12	2	58	52	45.4	150	45	6.3	Ms	Kuril Islands	千岛群岛	GSHAP
1947	7	12	4	27		-9.392	-79.122	40	6.1	Ms	Peru: Chimbote, Near Coast	秘鲁:钦博特近海	GSHAP
1947	7	13	12	57	35	-19	-175	120	6.25	Ms	Tonga Islands	汤加群岛	Shi Z.
1947	7	14	7	1		1.2	-77.2	10	7	Ms	Colombia: Narino	哥伦比亚:纳里尼奥	* GSHAP
1947	7	23	17	13	22	-55.5	-29		6.5	Ms	South Sandwich Islands	南桑威奇群岛	Shi Z.
1947	7	24	22	10	46	34.02	-116.5	16	5.5	Ms	US: California, Palm Springs	美国:加利福尼亚州棕泉	USGS
1947	7	25	0	46	31	34.02	-116.5	16	5	Ms	US: California, Palm Springs	美国:加利福尼亚州棕泉	USGS
1947	7	25	1	0	30	-18	-178	560	6.25	Ms	Fiji Islands	斐济群岛	Shi Z.
1947	7	25	6	19	49	34.02	-116.5	16	5.2	Ms	US: California, Palm Springs	美国:加利福尼亚州棕泉	USGS
1947	7	25	19	8	48	-24.5	-63.5	580	6.3	Ms	Argentina: Salta	阿根廷:萨尔塔	GSHAP
1947	7	26	2	49	41	34.02	-116.5	16	5.1	Ms	US: California, Palm Springs	美国:加利福尼亚州棕泉	USGS
1947	7	26	11	55	28	47.5	152.1	80	6.2	Ms	Kuril Islands	千岛群岛	GSHAP
1947	7	29	12	45		-8.33	-77.5	20	5	Mk	Peru: Caraz, N.	秘鲁:卡拉斯北部	GSHAP, Song
1947	7	29	13	43	22	28.6	93.6	60	7.9	Ms	India: Arunachal Pradesh	印度:阿鲁那恰尔邦	* China, Engdahl
1947	7	30	4			-16.2	-71.8	120	5	Mk	Peru: Arequipa	秘鲁:阿雷基帕	GSHAP, Song
1947	8	1	0	49	35	-27.5	-67.5	160	5.8	Ms	Argentina: Catamarca	阿根廷:卡塔马卡	GSHAP
1947	8	4	17	44		22.7	123	20	5.1	Ms	Ryukyu Islands	琉球群岛	China
1947	8	5	14	24	10	25.1	63.4		6.9	Mw	Pakistan: Gwadar	巴基斯坦:瓜达尔	* Engdahl
1947	8	6	5	46	58	-9.25	-71.5	600	6.8	Muk	Brazil: Amazonas	巴西:亚马孙州	GSHAP, Engdahl
1947	8	6	9	36	40	37	8		5.3	Ms	Algeria: Aae	阿尔及利亚:安纳巴	*
1947	8	7	0	40	20	19.75	-75.25	50	6.8	Muk	Cuba: Near Coast of S.	古巴:南部近海	Engdahl
1947	8	15	4	11	3	42.5	45	25	5.5	Ms	Georgia: Gori, N.	格鲁吉亚:哥里北部	Turkey
1947	8	16	4	53	17	40.6	77.4		5.25	Ms	China: Xinjiang, Kalpin	中国:新疆柯坪	China
1947	8	16	5	53	17	40.5	77.6	20	5.2	Ms	China: Xinjiang, Kalpin	中国:新疆柯坪	GSHAP
1947	8	17	9	4	40	24.3	122.3		6	Ms	China: Taiwan, Hualien, Coast of E.	中国:台湾花莲以东海域	China
1947	8	19	20	7	6	31.2	79.9		5.5	Ms	China: Xizang (Tibet), Zanda	中国:西藏札达	China
1947	8	24	11	37	4	41.5	81.9		6.25	Ms	China: Xinjiang, Baicheng, S.	中国:新疆拜城南	China
1947	8	28	6	50	21	49	155.5	40	6.8	Muk	Kuril Islands	千岛群岛	Engdahl, GSHAP
1947	8	28	14	29	30	52.5	160	10	6.2	Ms	Russia: Kamchatka Peninsula	俄罗斯:堪察加半岛	GSHAP
1947	8	30	22	21	31	35.1	23.4	33	6.4	Ms	Greece: Crete Island	希腊:克里特岛	GSHAP
1947	8	31	6	17	29	-22.4	-62.5	223	5.2	Ms	Argentina: San Bernardo, NE.	阿根廷:萨尔塔的圣贝尔纳多东北	GSHAP
1947	9	2	14	32	40	-19	-176	250	6.8	Muk	Tonga Islands	汤加群岛	Engdahl
1947	9	3	15	26	56	47	153	120	6.8	Muk	Kuril Islands	千岛群岛	Engdahl, GSHAP
1947	9	9	23	47	59	25.9	96.8		6	Ms	India: Assam	印度:阿萨姆邦	GSHAP
1947	9	13	15	11	17	37.4	20		5.6	Ms	Ionian Sea	爱奥尼亚海	Turkey
1947	9	20	18	56	35	36.2	69.2	15	5.2	Ms	Afghan: Puli Khumri	阿富汗:普勒胡姆里	GSHAP
1947	9	22	2	16	1	43.5	-128		5.5	Ms	US: Off Coast of W. Oregon	美国:俄勒冈州西部沿海	USGS
1947	9	23	12	28	9	33.4	58.7		6.8	Muk	Iran: Razavi Khorasan	伊朗:呼罗珊	* Engdahl
1947	9	23	13	52	55	40.4	-125.2		5.3	Ms	US: California, North Coast	美国:加利福尼亚州北部近海	USGS
1947	9	26	3	4		33.8	58.6		6	Ms	Iran: Razavi Khorasan	伊朗:呼罗珊	Afghan
1947	9	26	16	1	57	24.7	123	110	7.4	mB	Ryukyu Islands	琉球群岛	China, Engdahl
1947	9	28	10	35		23.9	122.5	20	5.2	Ms	China: Taiwan, Hualien, Coast of E.	中国:台湾花莲以东海域	China
1947	10	1	12	30		-8.264	-77.588	20	5	Mk	Peru: Caraz, N.	秘鲁:卡拉斯北部	GSHAP, Song
1947	10	3	6	13	51	27.5	58		6.25	Ms	Iran: Kerman	伊朗:克尔曼	Shi Z.
1947	10	6	15	18	14	33.7	58.7	33	5.3	Ms	Iran: Razavi Khorasan	伊朗:呼罗珊	Iran
1947	10	6	19	55	37	36.967	21.683	28	6.9	Ms	Greece: Kyparissia (Messinia)	希腊:麦锡尼	* Engdahl, NOAA
1947	10	10	7	32	16	45	147	20	6.5	Ms	Kuril Islands	千岛群岛	GSHAP
1947	10	14	22	29	31	38.6	72.7	20	5.1	Ms	Tadzhikistan: Kuda La	塔吉克斯坦:库达拉	GSHAP
1947	10	15	7	50		43.1	13.1		5.6	Ms	Italy: Visso	意大利:维索	GSHAP
1947	10	16	2	9	47	64.28	-148.23	66	7.2	M	Alaska Peninsula, C.	阿拉斯加半岛中部	USGS, Engdahl
1947	10	16	21	3		23.8	122.3		5.2	Ms	China: Taiwan, Hualien, Coast of E.	中国:台湾花莲以东海域	China
1947	10	17	13	25	20	45.7	26.6	100	5.4	Ms	Romania: Nereju	罗马尼亚:内雷茹	GSHAP
1947	10	21	9	45	41	43.9	146.2	25	5.9	Ms	Kuril Islands	千岛群岛	GSHAP
1947	11	1	14	58	53	-10.5	-75	0	7.7	Mw	Peru: Satipo, Acobamba	秘鲁:萨蒂波,阿科班巴	* Engdahl
1947	11	1	15	47		24.1	121.5		5.2	Ms	China: Taiwan, Hualien	中国:台湾花莲	China
1947	11	4	0	9	10	43.8	141.5	33	7.1	Ms	Japan: W. Hokkaido Island	日本:北海道西部	* GSHAP, Engdahl, Usami, NOAA
1947	11	6	16	8		40.2	24.5		5.5	Ms	Aegean Sea	爱琴海	Turkey
1947	11	6	16	50		35.2	-106.3		5.1	Mk	US: New Mexico, Sandia Park	美国:新墨西哥州桑迪亚公园	USGS, Song
1947	11	7	23			-10.565	-75.101	200	5	Mk	Peru: Perene	秘鲁:佩雷内	GSHAP, Song
1947	11	8	14	1		64	-19.7	1	5	Ms	Iceland: Hella	冰岛:海德拉	Iceland
1947	11	8	16	26	1	36.9	68	15	5	Ms	Afghan: Balkh	阿富汗:巴尔赫	GSHAP

年	月	日	时	分	秒	纬度(°)	经度(°)	深度	震级	标度	地名(英文)	地名(中文)	资料来源
Year	Mo	Dy	Hr	Mn	Sec	Latitude	Longitude	Depth	Mag	Scale	Name(English)	Name(Chinese)	Information
1947	11	9	4	57	50	-22.5	170	50	6.5	Ms	New Caledonia:Loyalty Islands	新喀里多尼亚:罗亚尔特群岛	Engdahl
1947	11	14	5	7	43	24.3	122.3		5.5	Ms	China:Taiwan,Hualien,Coast of E.	中国:台湾花莲以东海域	China
1947	11	14	10	50	18	43.9	143.2	160	6.7	Ms	Japan:Hokkaido	日本:北海道	GSHAP,Engdahl
1947	11	15	23	4	6	24.7	123.2		5.75	Ms	Ryukyu Islands	琉球群岛	China
1947	11	16	1	42		24.8	123	20	5.4	Ms	Ryukyu Islands	琉球群岛	China
1947	11	17	10	28	2	37.1	76.4		5	Ms	China:Xinjiang,Tashkurghan,SE.	中国:新疆塔什库尔干东南	China
1947	11	18	21	59	3	33.27	-119.45	16	5	Ms	US:California,San Nicolas Island	美国:加利福尼亚州圣尼古拉斯岛	USGS
1947	11	20	8	19	36	49.4	155.4	80	6.1	Ms	Kuril Islands	千岛群岛	GSHAP
1947	11	23	9	46	3.3	44.82	-111.71	5	6.2	Ms	US:Montana,Hebgen Lake	美国:蒙大纳州赫伯根湖	USGS
1947	11	29	17	56	4	27.9	91.9		5.5	Ms	China:Xizang (Tibet),Cona,S.	中国:西藏错那南部	China,GSHAP
1947	12	7	1	44	18	36.7	70.5	200	5.7	Ms	Afghan:Badakhshan	阿富汗:巴达赫尚	GSHAP
1947	12	9	23	40	3	36.52	34.34	10	5.2	Ms	Turkey:Erdemli	土耳其:埃尔代姆利	GSHAP
1947	12	14	2	16	12	-26.3	-63.2	30	6	Ms	Argentina:Santiago del Estero	阿根廷:圣地亚哥-德尔埃斯特罗	GSHAP
1947	12	14				39.9	42.5	33	5.5	Ms	Turkey:Kagizman	土耳其:卡厄兹曼	Turkey
1947	12	15	19	20	26	-59.5	-160	60	6.6	Ms	Pacific - Antarctic Ridge	太平洋-南极洲洋脊	Engdahl
1947	12	17	22	3	10	41.3	79		5	Ms	China:Xinjiang,Uqturpan	中国:新疆乌什	China
1947	12	19	1	47	26	42.5	82.5		5	Ms	China:Xinjiang,Kuqa,NW.	中国:新疆库车西北	China
1947	12	19	4	37	47	42.5	82.5	20	5.4	Ms	China:Xinjiang,Kuqa,NW.	中国:新疆库车西北	China,GSHAP
1947	12	19	17	31	18	40.71	32.82	10	5.1	Ms	Turkey:Eskipazar	土耳其:埃斯基帕扎尔	GSHAP
1947	12	24	5	22		-54	114	60	7	Ms	South Atlantic Ocean	南大西洋	Shi Z.
1948	1	4	8	56	37	-20.75	-179	600	6.9	mB	Fiji Islands	斐济群岛	Engdahl,Shi Z.
1948	1	6	17	23	26	17	-98	80	6.9	mB	Mexico:Oaxaca	墨西哥:瓦哈卡	Engdahl,Shi Z.
1948	1	6	17	25	58	17	-98	80	7	Muk	Mexico:Oaxaca	墨西哥:瓦哈卡	Engdahl
1948	1	10	0	45	50	42	-127		5.3	Ms	US:Off Coast of W. Oregon	美国:俄勒冈州西部沿海	USGS
1948	1	14	2	25	30	-9	-109		6.25	Ms	East Pacific Ridge	东太平洋海岭	Shi Z.
1948	1	15	0	16		24.4	122.4		5.2	Ms	China:Taiwan,Hualien,Coast of E.	中国:台湾花莲以东海域	China
1948	1	16	11	8		52	172	100	6.7	Ms	Aleutian Islands	阿留申群岛	GSHAP, USGS
1948	1	20	9	44	12	-33.5	-178	50	6.8	Muk	South of Kermadec Ridge	克马德克海岭南部	Engdahl
1948	1	21	16	47	40	-30.5	-58	30	5.5	Ms	Argentina:Cordoba	阿根廷:科尔多瓦	GSHAP
1948	1	21	18	19	19	10.24	-69.85	25	5	Mk	Venezuela:Lara	委内瑞拉:拉腊	GSHAP,Song
1948	1	22	12	57		24	122.1		5.4	Ms	China:Taiwan,Hualien,Coast of E.	中国:台湾花莲以东海域	China
1948	1	22	13	55	21	-22	-177	140	6.9	mB	Tonga Islands,W.	汤加群岛西部	Engdahl,Shi Z.
1948	1	24	17	46	40	10.5	122	33	8.1	Mw	Philippines:Panay, Iloilo City	菲律宾:班乃,伊洛伊洛城	* Engdahl,NOAA
1948	1	27	11	58	28	-20.5	-178	630	7	mB	Fiji Islands	斐济群岛	Engdahl,Shi Z.
1948	1	28	3	47	21	1.5	126.5	80	7.1	mB	Molukka Sea	马鲁古海	Engdahl
1948	1	28	15	51		36.4	67.7		6.5	Ms	Afghan:Balkh	阿富汗:巴尔赫	Afghan
1948	1	30	8	43	48	33.7	58.7	33	6.4	Ms	Iran:Razavi Khorasan	伊朗:呼罗珊	Iran
1948	2	9	12	58	15	35.5	27.1	40	6.9	Ms	Greece:Karpathos Island	希腊:皮加贾岛	* Turkey,Engdahl,NOAA
1948	2	9	14	54	22	0	122.5	160	6.9	mB	Indonesia:Gulf of Tomini	印度尼西亚:托米尼湾	Engdahl, Shi Z.
1948	2	13	3	57	11	36	80.5		6.25	Ms	China:Xinjiang,Hotan,SE.	中国:新疆和田东南	China
1948	2	14	10	52	39	-28	-63.5	477	5.9	Ms	Argentina:Santiago del Estero	阿根廷:圣地亚哥-德尔埃斯特罗	GSHAP
1948	2	14	22			-8.3	-77.2	20	6	Mk	Peru:Tayabamba	秘鲁:塔亚班巴	GSHAP,Song
1948	2	18	20	29	50	83	40	20	6.3	Ms	Arctic Ocean	北冰洋	GSHAP
1948	2	20	1	23	11	-5	-80.7		5.1	Ms	Peru:Piura	秘鲁:皮乌拉	GSHAP
1948	2	20	1	26	32	-5	-80.7		5.1	Ms	Peru:Piura	秘鲁:皮乌拉	GSHAP
1948	2	23	1	23	11	-5	-80.7		5.1	Ms	Peru:Piura	秘鲁:皮乌拉	GSHAP
1948	2	24	8	15	10	32.5	-118.55	16	5.3	Ms	US:California,San Diego,Near Coast	美国:加利福尼亚州圣地牙哥近海	USGS
1948	3	1	1	12	28	-3	127.5	50	7.1	Ms	Indonesia:Ceram Sea	印度尼西亚:塞兰海	* Engdahl
1948	3	1	16	50	5	26.8	94		5.5	Ms	India:Mariani,NW.	印度:阿萨姆的默里亚尼西北	GSHAP
1948	3	3	9	9	54	18.8	119		7.1	Mw	China:South China Sea	中国:南海	China,Engdahl
1948	3	4	1	53		-10.2	-75.2	80	5	Mk	Peru:Perene	秘鲁:佩雷内	GSHAP,Song
1948	3	5	20	2		42.3	45.7	33	5	Ms	Georgia:Kakhetiya	格鲁吉亚:卡赫季州	GSHAP
1948	3	7	18	50	11	53.1	160.9	20	6	Ms	Russia:Kamchatka Peninsula	俄罗斯:堪察加半岛	GSHAP
1948	3	12	21	6		45.9	26.7	150	5.3	Ms	Romania:Tulnici	罗马尼亚:图尔尼奇	GSHAP
1948	3	13	20	2	35	1.5	126.5	60	6.6	Ms	Molukka Sea	马鲁古海	Engdahl
1948	3	13	21	6		45.9	26.7	150	5.3	Ms	Romania:Tulnici	罗马尼亚:图尔尼奇	GSHAP
1948	3	16	1	40	30	19.6	120.6		5.75	Ms	Luzon Ridge,W.	吕宋海岭西部	China
1948	3	23	18	11	28	52.9	153.3	200	6.4	Ms	Sea of Okhotsk	鄂霍次克海	GSHAP
1948	3	27	18	14		24.4	121.8		5.2	Ms	China:Taiwan,Yilan	中国:台湾宜兰	China
1948	3	28	1	30	7	-18.96	-65.17	33	6.1	Ms	Bolivia:Sucre	玻利维亚:苏克雷	GSHAP
1948	3	29	10	22	40	35.1	23.4		5.8	Ms	Greece:Crete Island	希腊:克里特岛	Turkey
1948	4	12	6	23		23.4	121.4		5.5	Ms	China:Taiwan,Hualien	中国:台湾花莲	China
1948	4	14	4	38		-11.8	-75.1	30	5	Mk	Peru:Paccha	秘鲁:帕克查	GSHAP,Song
1948	4	17	16	11	28	33	135.75	40	7.2	Mw	Ryukyu Trench	琉球海沟	* Engdahl,NOAA
1948	4	20	19	9		24.1	121.7		5.2	Ms	China:Taiwan,Hualien	中国:台湾花莲	China
1948	4	20	19	11		24.2	121.7		5.2	Ms	China:Taiwan,Hualien,Coast of E.	中国:台湾花莲以东海域	China
1948	4	21	0	57		24.3	122		5.5	Ms	China:Taiwan,Hualien,Coast of E.	中国:台湾花莲以东海域	China
1948	4	21	20	22	2	19.25	-69.25	40	7.1	Ms	Dominica:Samana	多米尼加:萨马纳	Engdahl,Shi Z.

年 Year	月 Mo	日 Dy	时 Hr	分 Mn	秒 Sec	纬度(°) Latitude	经度(°) Longitude	深度 Depth	震级 Mag	标度 Scale	地名(英文) Name(English)	地名(中文) Name(Chinese)	资料来源 Information
1948	4	22	4	35		24.1	121.7		5.5	Ms	China:Taiwan,Hualien	中国:台湾花莲	China
1948	4	22	10	42	45	38.5	20.3	33	6.7	Ms	Greece:Nisia Ionioy	希腊:伊奥尼亚群岛	*Turkey,NOAA
1948	4	22	13	28		24.4	121.9		5.2	Ms	China:Taiwan,Hualien,Coast of E.	中国:台湾花莲以东海域	China
1948	4	29	0	33	40	45.9	26.7	130	5	Ms	Romania:Tulnici	罗马尼亚:图尔尼奇	GSHAP
1948	4	30	14	50		36	31	45	5.8	Ms	Mediterranean Sea	地中海	Turkey
1948	5	1	1	37	41	28.5	103.6		5.5	Ms	China:Sichuan,Mabian	中国:四川马边	China
1948	5	3	18	13		23.7	122.5	80	5.2	Ms	China:Taiwan,Hualien,Coast of E.	中国:台湾花莲以东海域	China
1948	5	7	7	15		44.6	10.9		6.5	Mk	Italy:Modena	意大利:摩德纳	*Song
1948	5	8	2	46	30	44.7	150.3	70	5.8	Ms	Kuril Islands	千岛群岛	GSHAP
1948	5	8	8	31	57	54.5	142.4	20	5	Ms	Russia:Sakhalin Island	俄罗斯:库页岛(萨哈林岛)	GSHAP
1948	5	9	2	9	2	32	131.5		6.7	Ms	Japan:Miyazzaki	日本:宫崎	Engdahl,Usami
1948	5	11	8	55	41	-17.5	-70.25	70	7.4	mB	Peru:Arequipa, Moquegua	秘鲁:阿雷基帕,莫克瓜	*Engdahl
1948	5	12	0	57	2	37.8	142.6	65	6.6	Ms	Japan Trench	日本海沟	Engdahl
1948	5	14	22	31	43	54.5	-161	25	7.3	Mw	Aleutian Islands	阿留申群岛	*Engdahl
1948	5	22	5	7	40	33.3	23.5		5.6	Ms	Mediterranean Sea	地中海	Turkey
1948	5	22	19	21	29	-42.5	172.75		6.25	Ms	New Zealand: South Island, Hanmer Plain	新西兰:南岛,汉默普莱恩	Shi Z.
1948	5	23	9	13	18	37.2	121.8		6	Ms	China:Shandong,Wendeng,W.	中国:山东文登西部	China,NOAA
1948	5	25	7	11	21	29.5	100.5		7.2	Mw	China:Sichuan,Litang	中国:四川理塘	*China,Engdahl
1948	5	25	15	13	7	44	-127		5.5	Ms	US:Off Coast of W. Oregon	美国:俄勒冈州西部沿海	USGS
1948	5	25	15	32	2	43.5	-127		5.8	Ms	US:Off Coast of W. Oregon	美国:俄勒冈州西部沿海	USGS
1948	5	25	16	20	41	29.7	100.7		5.5	Ms	China:Sichuan,Litang	中国:四川理塘	China
1948	5	25	18	43	24	29.8	100.6		5.5	Ms	China:Sichuan,Litang	中国:四川理塘	China
1948	5	26	9	16	53	56.3	-153.8		6	Ms	Alaska:Kodiak Island	阿拉斯加:科迪亚克岛	USGS
1948	5	26	13	40	49	30	100		5	Ms	China:Sichuan,Litang,NW.	中国:四川理塘西北	China
1948	5	28	5	36	16	-13	-76.5	60	7	Muk	Peru:Canete	秘鲁:卡涅特	*Engdahl
1948	5	29	4	48	58	45.9	26.7	150	6	Ms	Romania:Tulnici	罗马尼亚:图尔尼奇	GSHAP
1948	5	29	14	2	5	35.1	115.4		5.5	Ms	China:Shandong,Heze	中国:山东菏泽	China
1948	6	1	3	19	54	6.5	94.5		6	Ms	India:Nicobar Islands	印度:尼科巴群岛	GSHAP
1948	6	2	18	58	18	6	95		6.3	Ms	India:Nicobar Islands	印度:尼科巴群岛	*NOAA
1948	6	13	6	33		43.536	12.104		5.17	Ms	Italy:Sansepolcro	意大利:圣塞波尔克罗	Italy
1948	6	14	9	20		-7.7	-74.3	200	6.1	Ms	Peru:Pucallpa	秘鲁:普卡尔帕	GSHAP
1948	6	15	11	44	43	33.75	135.25		6.9	Muk	Japan:Tanabe	日本:和歌山田边	Engdahl,Usami
1948	6	17	14	8		36.5	49	33	5.2	Ms	Iran:Zanjān	伊朗:赞詹	GSHAP
1948	6	18	7	27	15	28.7	101.4		5.75	Ms	China:Sichuan,Muli,N.	中国:四川木里北	China
1948	6	18	18	44		37.5	58		5.5	Ms	Iran:Shirvan	伊朗:希尔凡	Afghan
1948	6	23	7	25		-17.3	-70.8	30	6	Mk	Peru:Torata	秘鲁:塔克纳	GSHAP,Song
1948	6	27	0	8	23	26.4	99.7		6.25	Ms	China:Yunnan,Jianchuan	中国:云南剑川	*China
1948	6	28	7	13	30	36.5	136	20	7	Mw	Japan:Fukui,Near Coast	日本:福井近海	*Usami,Engdahl
1948	6	29	10	28	37	-15.5	-172.5	60	6.5	Ms	Samoa Islands	萨摩亚群岛	Engdahl,Shi Z.
1948	6	29	16	6	29	41.9	46.4	80	6.1	Ms	Georgia:Gurdzhaani	格鲁吉亚:古祖尼	GSHAP
1948	6	30	12	21		38.5	20.5	33	6.4	Muk	Greece:Ionian Islands,Levkas	希腊:伊奥尼亚群岛,莱夫卡斯	*
1948	6	30	19	31		36.5	49	33	5	Ms	Iran:Zanjān	伊朗:赞詹	GSHAP
1948	7	3	4	18		-8.3	-74.7	95	5	Mk	Peru:Pucallpa	秘鲁:普卡尔帕	GSHAP,Song
1948	7	3	15	45		64	-20.5	10	5.2	Ms	Iceland:Selfoss	冰岛:塞尔福斯	Iceland
1948	7	5	13	53		29.88	57.73		6	Ms	Iran:Kerman	伊朗:克尔曼	Iran
1948	7	7	2	19	10	33	136.5		6.6	Ms	Ryukyu Trench	琉球海沟	Engdahl
1948	7	10	16			26.4	99.4		5.25	Ms	China:Yunnan,Lanping	中国:云南兰坪	China
1948	7	15	11	2	5	10.5	-104		6	Ms	Tehuantepec Ridge	特万特佩克海岭[太平洋]	Shi Z.
1948	7	17	19	34	3	45.9	10.4		5	Ms	Italy:Brescia	意大利:布雷西亚	Italy
1948	7	20	11	2	17	-17	-75	70	7.1	mB	Peru:Arequipa,Off Coast	秘鲁:阿雷基帕沿海	GSHAP,Engdahl
1948	7	24	6	3	5	35.2	24.4	100	7	Ms	Greece:Crete Island	希腊:克里特岛	GSHAP
1948	7	26	3	33	35	7.5	-77.4		5	Ms	Colombia:Riosucio	哥伦比亚:里奥苏西奥	GSHAP
1948	7	27	4	41	30	44.5	91.5		5	Ms	China:Xinjiang,Mori,NE.	中国:新疆木垒东北	China
1948	7	27	5	41	30	45.3	92.1	15	5	Ms	Mongolia:South Hovo	蒙古:科布多南部	GSHAP
1948	7	30	3	30	14	31.41	49.12	43	5.5	Ms	Iran:Ahwaz	伊朗:阿瓦士	Iran
1948	7	30	21	18		23.8	122.6	40	5.7	Ms	China:Taiwan,Hualien,Coast of E.	中国:台湾花莲以东海域	China
1948	8	6	9	56	2	5.2	-74.5	130	5	Ms	Colombia:Yacopi	哥伦比亚:昆地那马加的亚科皮	GSHAP
1948	8	10	13	26	49	36.9	28.8	33	5.6	Ms	Mediterranean Sea	地中海	Turkey,GSHAP
1948	8	11	10	36	19	17.75	-95.25	100	6.8	Muk	Mexico:Veracruz,Oaxaca	墨西哥:韦拉克鲁斯,瓦哈卡	Engdahl
1948	8	16	10	45	11	-24.5	-65.6	160	5.5	Ms	Argentina:Salta	阿根廷:萨尔塔	GSHAP
1948	8	18	19	6	9	38.9	39.4	10	5	Ms	Turkey:Tunceli	土耳其:通杰利	GSHAP
1948	8	18	19	11	57	40.5	-124.7		5	Ms	US:California,North Coast	美国:加利福尼亚州北部近海	USGS
1948	8	18	21	12	20	41.58	15.75		5.58	Ms	Italy:Siponto	意大利:曼夫雷多尼亚	Italy
1948	8	19	13	50	46	63	-150.5	100	6.25	Ms	Alaska Peninsula,S.	阿拉斯加半岛南部	USGS,Shi Z.
1948	8	25	6	9	24	-24.4	-64.6	50	6.9	Ms	Argentina:Salta	阿根廷:萨尔塔	GSHAP,Engdahl
1948	8	27	10	44	6	42	19.5		5.6	Ms	Albania:Shkodër	阿尔巴尼亚:斯库台	Turkey
1948	8	27	11	24	19	42	19.5		5	Ms	Albania:Shkodër	阿尔巴尼亚:斯库台	GSHAP
1948	8	27	16	48	29	-28	-66	191	6.2	Ms	Argentina:Catamarca	阿根廷:卡塔马卡	GSHAP

年 Year	月 Mo	日 Dy	时 Hr	分 Mn	秒 Sec	纬度(°) Latitude	经度(°) Longitude	深度 Depth	震级 Mag	标度 Scale	地名(英文) Name(English)	地名(中文) Name(Chinese)	资料来源 Information
1948	8	28	2	27	53	55	165.4	20	6	Ms	Russia: Komandorsky Islands	俄罗斯:科曼多尔群岛	GSHAP
1948	8	30	1	29		66.5	-17.5	23	5.2	Ms	Norwegian Sea	挪威海	Iceland
1948	8	30	21	42	1	41.9	48	31	5.4	Ms	Russia: Dagestan, Derbent, SW.	俄罗斯:达吉斯坦共和国杰尔宾特西南	GSHAP
1948	9	2	23	34	50	10	125.5		7	Ms	Philippines: Bohol Island	菲律宾:保和岛	Engdahl
1948	9	7	8	15	22	36.9	70.6	220	6.7	Ms	Afghan: Fayzabad	阿富汗:法扎巴德	GSHAP
1948	9	8	15	9	11	-21	-174	0	8	Mw	Tonga Islands	汤加群岛	* Engdahl, NOAA
1948	9	10	13	48	34	43.5	147	40	6.9	Ms	Kuril Islands	千岛群岛	GSHAP, Engdahl
1948	9	11	8	52	32	37.2	23.2	100	6.5	Ms	Greece: Arkadia	希腊:阿卡迪亚	GSHAP
1948	9	15	3	52	30	33.3	84.2		5.5	Ms	China: Xizang (Tibet), Gerze	中国:西藏改则	China
1948	9	21	17	33	43	6	94.5		6	Ms	India: Nicobar Islands	印度:尼科巴群岛	GSHAP
1948	9	21	17	53	53	36.6	21.5		5.5	Ms	Mediterranean Sea	地中海	Turkey
1948	9	22	7	17	52	-24.5	-65.6	160	6.1	Ms	Argentina: Salta	阿根廷:萨尔塔	GSHAP
1948	9	24	23	27	59	21.5	122		6	Ms	China: Taiwan, Coast of S.	中国:台湾南部海域	China
1948	9	26	5	51	15	80.7	99.6	20	5	Ms	Arctic Ocean	北冰洋	GSHAP
1948	9	30	7	32		23.7	119.8		5.4	Ms	China: Taiwan Strait	中国:台湾海峡	China
1948	10	1	3	11		22.4	121.8		5.2	Ms	China: Taiwan, Taitung, Coast of E.	中国:台湾台东以东海域	China
1948	10	2	18	10		-14	-72.8	30	5	Mk	Peru: Apurimac	秘鲁:阿普里马克	GSHAP, Song
1948	10	4	4	56	51	23.9	121.7		6	Ms	China: Taiwan, Hualien, Coast of E.	中国:台湾花莲以东海域	China
1948	10	5	20	12	5	37.9	58.6	18	7.2	Mw	Turkmenistan: Asgabat	土库曼斯坦:阿什哈巴德	* Engdahl
1948	10	6	1	24	44	37.4	58.8	12	6	Ms	Iran: Qūchān	伊朗:古昌	Shi Z.
1948	10	7	1	18	32	27.9	91.9		5	Ms	China: Xizang (Tibet), Cona, S.	中国:西藏错那南部	China
1948	10	8	19	1	7	27.4	104		5.75	Ms	China: Guizhou, Weining, N.	中国:贵州威宁北	* China
1948	10	9	16			32	103.7		5	Ms	China: Sichuan, Maoxian, Diexi	中国:四川茂县叠溪	China
1948	10	10	2	6	1	27.6	103.8		5.75	Ms	China: Yunnan, Daguan	中国:云南大关	China
1948	10	10	17	43	1	35.1	23.4		5.8	Ms	Greece: Crete Island	希腊:克里特岛	Turkey
1948	10	13	4	44	50	40.8	29.2	20	5.6	Ms	Turkey: Istanbul	土耳其:伊斯坦布尔	GSHAP
1948	10	18	8	59	53	35.5	27.2		5.6	Ms	Mediterranean Sea	地中海	Turkey
1948	10	22	16			28	103.6		5.5	Ms	China: Sichuan, Mabian	中国:四川马边	China
1948	10	23	4	47		24.3	122.3		6.25	Ms	China: Taiwan, Hualien, Coast of E.	中国:台湾花莲以东海域	China
1948	10	28	20	45	29	36.1	141.2	65	6.5	Ms	Japan: Ibaraki, Near Coast	日本:茨城近海	Engdahl
1948	11	1	12	5	50	54.5	163.2	20	6.3	Ms	Russia: Kamchatka, Near East Coast	俄罗斯:堪察加东部近海	GSHAP
1948	11	2	16	48	8	35.98	-114.78		5.1	Mk	US: Nevada, Las Vegas	美国:内华达州拉斯维加斯	USGS, Song
1948	11	3	11	40		42.862	11.563		5.03	Ms	Italy: Grosseto	意大利:格罗塞托	Italy
1948	11	19	1	4	24	10	-83.5	80	7	mB	Costa Rica: Limón	哥斯达黎加:利蒙	Engdahl
1948	11	21	19	10	28	-13.5	167	180	6.8	Muk	North Vanuatu Islands	瓦努阿图群岛北部	Engdahl
1948	11	22	16	6	4	39.2	68.1	30	5.4	Ms	Tajikistan: Chimtarga	塔吉克斯坦:奇姆塔尔加山	GSHAP
1948	11	22	23	32	47	83.5	38	20	5.2	Ms	Arctic Ocean	北冰洋	GSHAP
1948	11	26	5	36	37	-5	145	70	7	mB	Papua New Guinea: Madang	巴布亚新几内亚:马当	Engdahl
1948	11	28	21	43	7	26.8	94		5.75	Ms	India: Mariani	印度:阿萨姆的默里亚尼	China
1948	12	4	0	22	48	22	-106		6.9	Ms	Mexico: Maria Madre Island	墨西哥:玛丽亚马德雷岛	* Engdahl, NOAA
1948	12	4	16			26.4	103.1		5	Ms	China: Yunnan, Qiaojia, S.	中国:云南巧家南	China
1948	12	4	23	43	17	33.93	-116.38	16	6.5	Ms	US: California, Palm Springs	美国:加利福尼亚州棕泉	USGS
1948	12	6	14	9	12	22.9	121.5		6	Ms	China: Taiwan, Taitung, Coast of E.	中国:台湾台东以东海域	China
1948	12	12	13	17	18	51.6	177.2		6.6	Ms	Aleutian Islands, Rat Island	阿留申群岛,拉特岛	USGS
1948	12	14	9	34	27	28	103.5		5.25	Ms	China: Yunnan, Yongshan, SW.	中国:云南永善西南	China
1948	12	14	16	2	49	42.8	74.7	20	5	Ms	Kyrgyzstan: Bishkek	吉尔吉斯斯坦:比什凯克	GSHAP
1948	12	15	19	11	28	22	142.5	240	6.8	Muk	Japan: South Honshu Ridge	日本:本州南部海岭	Engdahl
1948	12	20	23	7	19	23.4	121.6		6	Ms	China: Taiwan, Hualien, Coast of E.	中国:台湾花莲以东海域	China
1948	12	23	8	41	17	55.5	166	60	6.8	Muk	Aleutian Islands	阿留申群岛	GSHAP, Shi Z., Engdahl
1948	12	23	15	31	11	44.9	130.4	15	5.2	Ms	China: Heilongjiang, Muleng	中国:黑龙江穆棱	GSHAP
1948	12	26	7	12	21	-22.5	-69	100	7	Ms	Chile: Calama	智利:卡拉马	* NOAA
1948	12	29	12	53	28	39.55	-120.08		6	Ms	US: California, Sierraville, W.	美国:加利福尼亚州谢拉维尔西部	USGS
1948						20.3	104.8	25	5.5	Ms	Vietnam: Thanh Hoa, NW.	越南:清化西北	GSHAP
1949	1	2	4	43	40	4	94	100	6	Mk	India: Nicobar Islands	印度:尼科巴群岛	GSHAP, Song
1949	1	3	18	11	22	42.5	82.5		5.25	Ms	China: Xinjiang, Kuqa, NW.	中国:新疆库车西北	China
1949	1	5	3	14		33.2	121		5	Ms	China: South Yellow Sea	中国:南黄海	China
1949	1	8	12	20		-13.852	-76.545	60	5	Mk	Peru: Chincha Alta, Near Coast	秘鲁:上钦查近海	GSHAP, Song
1949	1	9	8	30		8.49	-70.53		5	Mk	Venezuela: Barinas	委内瑞拉:巴里纳斯	GSHAP, Song
1949	1	11	10	20		-16.442	-71.223	100	5	Mk	Peru: Arequipa	秘鲁:阿雷基帕	GSHAP, Song
1949	1	14	2	17	45	33.2	121		5.75	Ms	China: South Yellow Sea	中国:南黄海	China
1949	1	14	15	53	58	38.9	25	33	5.6	Ms	Aegean Sea	爱琴海	Turkey
1949	1	19	13	38	20	23.8	121.8		5.75	Ms	China: Taiwan, Hualien, Coast of E.	中国:台湾花莲以东海域	China
1949	1	19	15	40		23.7	122.4	40	5.4	Ms	China: Taiwan, Hualien, Coast of E.	中国:台湾花莲以东海域	China
1949	1	19	15			23.8	121.8		6.5	Ms	China: Taiwan, Hualien, Coast of E.	中国:台湾花莲以东海域	China, Engdahl
1949	1	20	13	24	56	35.6	134.2	20	6.5	Ms	Japan: Tottori	日本:鸟取	Engdahl, Usami
1949	1	23	6	31	7	-11	93	50	6.7	Ms	Mid - Indian Ridge	中印度洋海岭	Engdahl
1949	1	24	9	15	48	-22	-176	110	6.9	mB	Tonga Islands	汤加群岛	Engdahl, Shi Z.

年 Year	月 Mo	日 Dy	时 Hr	分 Mn	秒 Sec	纬度(°) Latitude	经度(°) Longitude	深度 Depth	震级 Mag	标度 Scale	地名(英文) Name(English)	地名(中文) Name(Chinese)	资料来源 Information
1949	1	27	11			54.6	163.5	150	5.9	Ms	Russia:Kamchatka,Near East Coast	俄罗斯:堪察加东部近海	* NOAA
1949	1	31	14	53	16	-21	-65	250	5.3	Ms	Bolivia:Tarija	玻利维亚:塔里哈	GSHAP
1949	2	2	9	15		23.9	121.5	20	5.1	Ms	China:Taiwan,Hualien	中国:台湾花莲	China
1949	2	2	17	41	29	53	-173	220	6.8	mB	Andreanof Islands, Aleutian Is.	阿留申群岛,安德烈亚诺夫群岛	USGS,Shi Z.,Engdahl
1949	2	5	0	28	15	39.9	29.2	9	5.1	Ms	Turkey:Bursa	土耳其:布尔萨	GSHAP
1949	2	5	7	55	20	31.2	79.9		5.5	Ms	China:Xizang (Tibet),Zanda	中国:西藏札达	China
1949	2	9	13	28	30	38.2	20	15	6.6	Mk	Greece:Nisia Ionioy	希腊:伊奥尼亚群岛	* NOAA,Song
1949	2	9	17	30	50	-39.75	174	170	6.25	Ms	New Zealand: North Island, Taranaki, Near Coast	新西兰:北岛,塔拉纳基区近海	Shi Z.
1949	2	10	21	56	36	-15.8	-172.8		6.8	Muk	Samoa Islands	萨摩亚群岛	Engdahl
1949	2	11	7	23	46	-35	-109		6.25	Ms	Easter Island,S.	复活节岛南部	Shi Z.
1949	2	11	21	5	24	37.08	-117.75	16	5.6	Ms	US:California,Bishop	美国:加利福尼亚州毕晓普	USGS
1949	2	13	18	24	24	-33.5	-178	60	6.8	Ms	South of Kermadec Ridge	克马德克海岭南部	Engdahl,Shi Z.
1949	2	21	16	38	32	41.2	84.5		5.75	Ms	China:Xinjiang,Luntai,S.	中国:新疆轮台南	China
1949	2	23	16	8	8	42	84		7.3	Mw	China:Xinjiang,Kuqa,NE.	中国:新疆库车东北	* China,Engdahl
1949	2	24	5	28	12	41.9	82.9		5.5	Ms	China:Xinjiang,Kuqa	中国:新疆库车	China,GSHAP,Dis
1949	2	24	7	22	39	41.5	83.7		5	Ms	China:Xinjiang,Luntai	中国:新疆轮台	China
1949	2	24	10	12	1	42	85		5	Ms	China:Xinjiang,Luntai,NE.	中国:新疆轮台东北	China
1949	2	24	23	2		30.1	69		5.9	Ms	Pakistan:Quetta	巴基斯坦:奎达	Afghan
1949	2	26	0	18	11	41.4	83.7		5	Ms	China:Xinjiang,Kuqa,SE.	中国:新疆库车东南	China
1949	2	28	0	13	4	-57	-29	60	6.6	Ms	South Sandwich Trench	南桑威奇海沟	Engdahl,Shi Z.
1949	3	3	6	45	47	42	84		5	Ms	China:Xinjiang,Luntai	中国:新疆轮台	China
1949	3	4	10	19	25	36	70.5	230	7.4	mB	Afghan:Fayzabad	阿富汗:法扎巴德	* Engdahl
1949	3	4	15	26	59	41.2	84.5		5.25	Ms	China:Xinjiang,Luntai,S.	中国:新疆轮台南	China
1949	3	5	2	56		-11.771	-77.25	50	5	Mk	Peru:Lima	秘鲁:利马	GSHAP,Song
1949	3	6	11	27	54	42.2	84.1		5	Ms	China:Xinjiang,Luntai	中国:新疆轮台	China
1949	3	6	16	36	47	30.01	51.44	33	5.3	Ms	Iran:Fars	伊朗:法尔斯	Iran
1949	3	7	6	50		40.7	-111.8		5.1	Mk	US:Utah, Huntington	美国:犹他州亨廷顿	USGS,Song
1949	3	9	5	25	31	41.2	84.5		5	Ms	China:Xinjiang,Luntai,S.	中国:新疆轮台南	China
1949	3	9	12	28	39	37.02	-121.48		5.2	Ms	US:California,Gilroy	美国:加利福尼亚州吉尔罗伊	USGS
1949	3	11	19	55	13	41.3	83.7		5	Ms	China:Xinjiang,Kuqa,SE.	中国:新疆库车东南	China
1949	3	11	20	27	38	31.5	93.5		5.5	Ms	China:Xizang (Tibet),Baen,S.	中国:西藏巴青南	China
1949	3	11	22	28	14	26	98.8		5.5	Ms	China:Yunnan,Nujiang,N.	中国:云南怒江北	China
1949	3	13	18	43		-21.5	-68	120	5.6	Ms	Bolivia:Tupiza	玻利维亚:图皮萨	GSHAP
1949	3	16	22	15	13	-5.5	151	60	6.6	Ms	Papua New Guinea:West New Britain	巴布亚新几内亚:西新不列颠	Engdahl
1949	3	16				8.49	-71.53		5	Mk	Venezuela:Merida	委内瑞拉:梅里达	GSHAP,Song
1949	3	17	5	49	6	-15.5	-69.5		5.1	Ms	Peru:Juliaca	秘鲁:胡利亚卡	GSHAP
1949	3	17	21	5	3	-5.5	151	60	6.6	Ms	Papua New Guinea:West New Britain	巴布亚新几内亚:西新不列颠	Engdahl
1949	3	19	1	3	20	26.1	122.9		5.5	Ms	China:Taiwan,Keelung,Coast of NE.	中国:台湾基隆东北海域	China
1949	3	20	11	48		24	121.9	20	5	Ms	China:Taiwan,Hualien,Coast of E.	中国:台湾花莲以东海域	China
1949	3	24	20	56	56	42	-126		6.2	Ms	US:California,Off Coast of N.	美国:加利福尼亚州北部沿海	Shi Z.
1949	3	27	6	34	5	3.5	127.5		7.1	Mw	Indonesia:North West of Morotai Island	印度尼西亚:莫罗泰岛西北	Engdahl
1949	3	28	19	43	16	42	-126		5.8	Ms	US:Off Coast of W. Oregon	美国:俄勒冈州西部沿海	USGS
1949	4	5	9	27	6	41	131	580	6.7	Muk	Japan Sea,N.	日本海北部	Engdahl,GSHAP
1949	4	13	19	55	43	47.167	-122.617	60	6.5	Ms	US:Washington:Olympia	美国:华盛顿州奥林匹亚	* Shi Z.,Engdahl,NOAA
1949	4	18	21	34	42	-15.8	-172.8		7	Muk	Samoa Islands	萨摩亚群岛	Engdahl
1949	4	19	15	19	10	48.2	154.4	80	6.2	Ms	Kuril Islands	千岛群岛	GSHAP
1949	4	20	3	29	7	-38	-73.5	70	7.1	mB	Chile:Cañete	智利:卡涅特	* Engdahl,NOAA
1949	4	22	17	17	2	-36	-113		6.5	Ms	Easter Island,SW.	复活节岛西南	Shi Z.
1949	4	23	11	15	39	-8	121	80	7	mB	Flores Sea	弗洛勒斯海	Engdahl
1949	4	24	4	22		27.28	56.46	100	6.3	Ms	Iran:Bandar Abbas	伊朗:阿巴斯港	*
1949	4	25	9	54		-19.75	-69	110	7.3	Ms	Chile:Tarapaca	智利:达拉巴卡	Chile
1949	4	25	13	54	59	-19.75	-69	110	7.2	mB	Chile:Tarapaca	智利:达拉巴卡	Shi Z.,Engdahl
1949	4	25	23	9	21	38.27	38.99	80	5.3	Ms	Turkey:Malatya	土耳其:马拉蒂亚	GSHAP
1949	4	26	14	20		23.7	122.4	20	5.7	Ms	China:Taiwan,Hualien,Coast of E.	中国:台湾花莲以东海域	China
1949	4	30	1	23	32	6.5	125	130	7.3	mB	Philippines:Mindanao Island	菲律宾:棉兰老岛	Engdahl
1949	5	2	11	25	47	34.02	-115.68	16	5.9	Ms	US:California,Landers,E.	美国:加利福尼亚州兰德斯东部	USGS
1949	5	3	5	56	41	48.6	153.5	96	7	Muk	Kuril Islands	千岛群岛	Engdahl,GSHAP
1949	5	5	9	27	6	41	131	580	6.8	Ms	Japan Sea,N.	日本海北部	GSHAP
1949	5	5	18	35	13	41.2	84.5		5	Ms	China:Xinjiang,Luntai,S.	中国:新疆轮台南	China
1949	5	6	14	30	15	53.7	109.7	15	5.8	Ms	Russia:Buryatiya,Barguzin	俄罗斯:布里亚特州巴尔古津	GSHAP
1949	5	8	21	24	31	-20.8	-69	129	6.8	Muk	Chile:Tarapaca,S.	智利:塔拉帕卡南部	Engdahl,GSHAP
1949	5	9	8	35	7	40.5	84.5		5	Ms	China:Xinjiang,Luntai,S.	中国:新疆轮台南	China

年 Year	月 Mo	日 Dy	时 Hr	分 Mn	秒 Sec	纬度(°) Latitude	经度(°) Longitude	深度 Depth	震级 Mag	标度 Scale	地名(英文) Name(English)	地名(中文) Name(Chinese)	资料来源 Information
1949	5	9	13	36	15	4.5	95.5	0	6.8	Muk	Indonesia: Off West Coast of N. Sumatera	印度尼西亚:北苏门答腊西部海域	* Engdahl, NOAA
1949	5	10	9	13	25	36.9	69.9	180	5.3	Ms	Afghan: Taloqan	阿富汗:塔卢坎	GSHAP
1949	5	13	20	14	7	40.94	32.71	20	5.1	Ms	Turkey: Eskipazar	土耳其:埃斯基帕扎尔	GSHAP
1949	5	25	7	23	49	42	83.6		6.25	Ms	China: Xinjiang, Kuqa	中国:新疆库车	China
1949	5	29	21	32		-22	-69	100	7	Ms	Chile: Antofagasta, N.	智利:安托法加斯塔北部	Chile
1949	5	30	1	32	50	-20.8	-69	96	7	Muk	Chile: Tarapaca, S.	智利:塔拉帕卡南部	Engdahl
1949	6	10	15	49	17	39.2	71.7	19	6.2	Ms	Tadzhikistan: Jayer Gan	塔吉克斯坦:贾伊尔甘	Shi Z.
1949	6	10	16	24		39.1	71	14	6.2	Ms	Tadzhikistan: Dzhirgatal	塔吉克斯坦:吉尔加塔尔	Shi Z.
1949	6	11	14	14	9	23.4	121.6		5.75	Ms	China: Taiwan, Hualien, Coast of E.	中国:台湾花莲以东海域	China
1949	6	12	17	52	26	-26.5	-62.5	620	6.9	Muk	Argentina: Santiago del Estero	阿根廷:圣地亚哥－德尔埃斯特罗	GSHAP, Engdahl
1949	6	12	17	55	54	-26.5	-62.5	620	6.9	Muk	Argentina: Santiago del Estero	阿根廷:圣地亚哥－德尔埃斯特罗	GSHAP, Engdahl
1949	6	14	0	21	15	11.5	95		6	Ms	India: Andaman Islands	印度:安达曼群岛	GSHAP
1949	6	15	9	42	42	33.3	100		6	Ms	China: Qinghai, Baima, NW.	中国:青海班玛西北	China
1949	6	17	4	20		34	28.5	100	5.8	Ms	Mediterranean Sea	地中海	Turkey
1949	6	20	21			-13.549	-75.306	90	5	Mk	Peru: Ica	秘鲁:伊卡	GSHAP, Song
1949	6	23	22	27	11	-16.1	168.3	129	6.8	Muk	Vanuatu Islands	瓦努阿图群岛	Engdahl
1949	6	24	22	38	49	-6.2	105.7	65	7	Muk	Indonesia: Java Island	印度尼西亚:爪哇岛	Engdahl
1949	7	1	3	26	53	-22	-68	100	5.5	Ms	Chile: Antofagasta, N.	智利:安托法加斯塔北部	GSHAP
1949	7	2	19	57	13	16	148	50	6.6	Ms	Mariana Islands, NE.	马里亚纳群岛东北	Engdahl, Shi Z.
1949	7	8	7	50	40	39.2	70.8	28	5.1	Ms	Tadzhikistan: Tajikabad	塔吉克斯坦:塔吉卡巴德	GSHAP
1949	7	8	8	2	16	39.2	70.8	12	5.7	Ms	Tadzhikistan: Tajikabad	塔吉克斯坦:塔吉卡巴德	GSHAP
1949	7	10	3	53	36	39	70.5	16	7.6	Mw	Tadzhikistan: Tajikabad	塔吉克斯坦:塔吉卡巴德	* Engdahl
1949	7	10	7	18	51	39.3	70.8	10	5	Ms	Tadzhikistan: Tajikabad	塔吉克斯坦:塔吉卡巴德	GSHAP
1949	7	10	10	43	55	39.3	70.8	10	5	Ms	Tadzhikistan: Tajikabad	塔吉克斯坦:塔吉卡巴德	GSHAP
1949	7	10	10	57	28	39.2	70.8	10	5.1	Ms	Tadzhikistan: Tajikabad	塔吉克斯坦:塔吉卡巴德	GSHAP
1949	7	10	11	57	53	39.1	70.8	10	5.1	Ms	Tadzhikistan: Tajikabad	塔吉克斯坦:塔吉卡巴德	GSHAP
1949	7	10	14	13	24	39.2	71.1	10	5.4	Ms	Tadzhikistan: Dzhirgatal	塔吉克斯坦:吉尔加塔尔	GSHAP
1949	7	10	15	19		39.1	71	10	5.8	Ms	Tadzhikistan: Dzhirgatal	塔吉克斯坦:吉尔加塔尔	GSHAP
1949	7	10	15	49	17	39.2	71.1	19	6.2	Ms	Tadzhikistan: Dzhirgatal	塔吉克斯坦:吉尔加塔尔	GSHAP
1949	7	10	16	24		39.2	70.7	0	6.5	Ms	Tadzhikistan: Dzhirgatal	塔吉克斯坦:吉尔加塔尔	Engdahl, GSHAP
1949	7	11	3	55	26	39.2	70.9	10	5	Ms	Tadzhikistan: Tajikabad	塔吉克斯坦:塔吉卡巴德	GSHAP
1949	7	11	16	10		34	132.5	40	6.2	Ms	Japan: Yamaguchi	日本:山口	Usami, Japan
1949	7	13	10	13	59	39.2	71	10	5.2	Ms	Tadzhikistan: Dzhirgatal	塔吉克斯坦:吉尔加塔尔	GSHAP
1949	7	13	18	28	25	39.2	70.8	10	5.1	Ms	Tadzhikistan: Tajikabad	塔吉克斯坦:塔吉卡巴德	GSHAP
1949	7	15	5	30		-8.32	-77.51	20	5	Mk	Peru: Caraz, N.	秘鲁:卡拉斯北部	GSHAP, Song
1949	7	15	10	59	58	25	95		5	Mk	myanmar: Sagaing, N.	缅甸:实皆北部	GSHAP, Song
1949	7	15	11	22	41	29	98		5	Ms	China: Xizang (Tibet), Zayu, NE.	中国:西藏察隅东北	China
1949	7	19	17	42	12	39.1	71.1	10	6	Ms	Tadzhikistan: Dzhirgatal	塔吉克斯坦:吉尔加塔尔	GSHAP
1949	7	20	22	20	7	-10	101		6.25	Ms	Cocos Islands, NE.	科科斯群岛东北	Shi Z.
1949	7	21	8	1	39	-15.5	-73	150	6.5	Ms	Peru: Pampacolca	秘鲁:潘帕科尔卡	GSHAP
1949	7	23	10	26	45	-18.5	170	150	7.2	mB	Vanuatu Islands	瓦努阿图群岛	Engdahl
1949	7	23	15	3	30	38.6	26.3	10	6.8	Muk	Greece: Chios	希腊:希俄斯岛	* Turkey, Engdahl, NOAA
1949	7	25	3	50	41	16.4	147.6	191	6.8	Muk	Mariana Islands	马里亚纳群岛	Engdahl
1949	7	25	11	24	27	-34	-112		6.8	Muk	Southern East Pacific Rise	南太平洋东海岭	Engdahl
1949	7	27	15	11	42	-28	-177	70	6.9	mB	Kermadec Ridge	克马德克海岭	Engdahl, Shi Z.
1949	8	1	7	39	45	35.5	74.5		5	Mk	Pakistan: Kashmir, Gilgit	巴基斯坦:克什米尔,吉尔吉特	GSHAP, Song
1949	8	5	19	8	47	-1.5	-78.2	60	6.8	Muk	Ecuador: Tungurahua	厄瓜多尔:东谷拉瓦	* Engdahl, Shi Z.
1949	8	6	0	35	37	-18.5	-174.5	70	7.2	mB	Tonga Islands, N.	汤加群岛北部	* Engdahl
1949	8	11	3	13	10	-1.2	-78.5		5	Ms	Ecuador: Ambato	厄瓜多尔:安巴托	GSHAP
1949	8	11	20	59	5	31	89		5.25	Ms	China: Xizang (Tibet), Xainza	中国:西藏申札	China
1949	8	12	7	38	28	39.8	76.8		5.25	Ms	China: Xinjiang, Artux, E.	中国:新疆阿图什东	China, GSHAP
1949	8	17	18	34	13	43.5	146.2	75	7.3	Ms	Kuril Islands	千岛群岛	GSHAP
1949	8	17	18	44	13	39.5	40.6	0	6.8	Muk	Turkey: Bingol, N.	土耳其:宾格尔北部	* Engdahl
1949	8	17	20	38	17	40.1	40.57	100	5.3	Ms	Turkey: Bayburt	土耳其:巴伊布尔特	GSHAP
1949	8	17	20	45	33	39.58	40.57	60	5.2	Ms	Turkey: Bingol, N.	土耳其:宾格尔北部	GSHAP
1949	8	22	4	1	11	53.62	-133.27	25	8.1	Ms	Canada: Queen Charlotte Islands	加拿大:夏洛特皇后群岛	* Engdahl, NOAA
1949	8	22	8	51	22	-36	-18		6	Ms	Southern Mid-Atlantic Ridge	南大西洋洋中脊	Shi Z.
1949	8	23	22	3	54	39.2	71.1	25	5.5	Ms	Tadzhikistan: Dzhirgatal	塔吉克斯坦:吉尔加塔尔	GSHAP
1949	8	24	6	7	14	43.5	-127		5.5	Ms	US: Off Coast of W. Oregon	美国:俄勒冈州西部沿海	USGS
1949	8	25	4	14	21	52.2	-179.3	0	6.8	Muk	Andreanof Islands, Aleutian Is.	阿留申群岛,安德烈亚诺夫群岛	Engdahl, USGS
1949	8	29	14	32	23	38.9	71	10	5.2	Ms	Tajikistan: Kuhistoni Badakhshon, NW.	塔吉克斯坦:勾瑙－巴达科善西北	GSHAP
1949	9	5				17	121	80	6	Ms	Philippines: Santiago	菲律宾:圣地亚哥	Nakamura
1949	9	14	19	50	20	0.75	126	50	6.9	Ms	Molukka Sea	马鲁古海	Engdahl
1949	9	15	3	45		42.5	12.7		6.5	Mk	Italy: Terni	意大利:特尔尼	* Song
1949	9	15	15	56		51	142.5	10	5.2	Ms	Russia: Sakhalin Island	俄罗斯:库页岛(萨哈林岛)	GSHAP
1949	9	15	16			24.2	103		5.25	Ms	China: Yunnan, Huaning	中国:云南华宁	China

年 Year	月 Mo	日 Dy	时 Hr	分 Mn	秒 Sec	纬度(°) Latitude	经度(°) Longitude	深度 Depth	震级 Mag	标度 Scale	地名(英文) Name(English)	地名(中文) Name(Chinese)	资料来源 Information
1949	9	17				3.83	-51.84		5	Ms	French Guiana:Cayenne	法属圭亚那:开云	GSHAP
1949	9	19	21	42	13	-54	-2		6.25	Ms	South Atlantic Ridge	南大西洋海岭	Shi Z.
1949	9	20	11	55	27	-29.5	-177.5	80	6.9	Muk	Kermadec Ridge	克马德克海岭	Engdahl
1949	9	23	8	13	15	43.2	135.5	560	7.8	Ms	Japan Sea,E.	日本海东部	GSHAP
1949	9	24	4	17	48	-6.5	155	60	6.8	Muk	Papua New Guinea:Bougainville Island	巴布亚新几内亚:布干维尔岛	Engdahl
1949	9	27	15	30	45	59.75	-149	50	6.7	Ms	Gulf of Alaska	阿拉斯加湾	USGS,Shi Z.,Engdahl
1949	9	29	4	47	10	41.8	84.6		5	Ms	China:Xinjiang,Luntai	中国:新疆轮台	China
1949	9	29	23	4		24.4	122.2		5	Ms	China:Taiwan,Hualien,Coast of E.	中国:台湾花莲以东海域	China
1949	10	1	18	0	0.5	-7.5	30		6	Ms	Congo:Moba	刚果:莫巴	GSHAP
1949	10	7	12	2	21	-33.25	58		6.8	Muk	Mid-Indian Ridge	中印度洋海岭	Engdahl
1949	10	8	3	8		36.915	14.686		5.18	Ms	Italy:Sicilia Island	意大利:西西里岛	Italy
1949	10	8	20	34	18	21.5	122		5.5	Ms	China:Taiwan,Coast of S.	中国:台湾南部海域	Wang S.
1949	10	11	9	5	27	42.8	144	105	5.9	Ms	Japan:Hokkaido	日本:北海道	GSHAP
1949	10	13	10	26	30	36.6	44.5	33	5	Ms	Iraq:Arbil	伊拉克:阿尔贝拉	GSHAP
1949	10	19	21	0	19	-5.5	154	60	7.5	Mw	New Britain Trench	新不列颠海沟[太平洋]	* Engdahl,NOAA
1949	10	20	2	21	27	46.3	93.8	15	5.5	Ms	Mongolia:Bayangol	蒙古:巴颜郭勒	GSHAP
1949	10	21	6	9		21.5	122		5.2	Ms	China:Taiwan,Coast of S.	中国:台湾南部海域	Wang S.
1949	10	27	19	8		42.532	12.805		5	Ms	Italy:Rieti	意大利:列蒂	Italy
1949	10	30	6			47	142.6	10	5.2	Ms	Russia:Sakhalin Island	俄罗斯:库页岛(萨哈林岛)	GSHAP
1949	10	31	1	39	29.5	56.05	-135.69		6.25	Ms	Canada:Graham Island	加拿大:格雷厄姆岛	USGS,Shi Z.
1949	10	31	17	55	43	-5.6	153.6	96	6.8	Muk	New Britain Trench	新不列颠海沟[太平洋]	Engdahl
1949	11	1	13	4	25	47.5	92.7	16	5.6	Ms	Mongolia:North Hovo	蒙古:科布多北部	GSHAP
1949	11	3	1	12	36	48.8	153.8	160	6.8	Muk	Kuril Islands	千岛群岛	GSHAP,Engdahl
1949	11	4	20	42	38	32.2	-116.55	16	5.7	Ms	Mexico:Tijuana	墨西哥:提华纳	USGS
1949	11	5	4	35	24	32.2	-116.55	16	5.1	Ms	Mexico:Tijuana	墨西哥:提华纳	USGS
1949	11	5	15	5	45	36.7	54.7	24	5.5	Ms	Iran:Gorgan	伊朗:戈尔甘	GSHAP
1949	11	7	5	59	49	-14	167	96	6.8	Muk	Vanuatu Islands	瓦努阿图群岛	Engdahl
1949	11	7	20	59	52	-18.5	-63.5		5	Ms	Bolivia:Santa Cruz de la Sierra,S.	玻利维亚:圣克鲁斯南部	GSHAP
1949	11	11	15	44	19	22.9	121.5		5.75	Ms	China:Taiwan,Taitung,Coast of E.	中国:台湾台东以东海域	China
1949	11	13	5	27	11	30	102.5		5.5	Ms	China:Sichuan,Luding,NW.	中国:四川泸定西北	* China
1949	11	14	2	10	10	-1.7	-80.9		5.2	Ms	Ecuador:Near Coast of W.	厄瓜多尔:西部近海	GSHAP
1949	11	17	1	19	52	33.75	-118.25		6.2	Mk	US:California,Long Beach	美国:加利福尼亚州长滩	* Song
1949	11	17	19	20	28	25.9	96.8		5	Mk	myanmar:Myitkyina	缅甸:密支那	GSHAP,Song
1949	11	20	7	9	43	28.1	-112.6		6.8	Muk	Gulf of California	加利福尼亚湾	Engdahl
1949	11	22	0	51	49	-28.5	-178.5	180	7.1	mB	Kermadec Ridge	克马德克海岭	* Engdahl
1949	11	25	3	17		45.7	26.6	9	5.2	Ms	Romania:Nereju	罗马尼亚:内雷茹	GSHAP
1949	11	27	8	42	18	-18	-173	60	6.6	Ms	Tonga Islands,N.	汤加群岛北部	Engdahl,Shi Z.
1949	12	3	12	1	55	-17.7	-69.2	160	5.4	Ms	Bolivia:Viacha	玻利维亚:比亚查	GSHAP
1949	12	10	19	37	14	26	89		6	Ms	Bhutan:Phuentsholing	不丹:彭措林	GSHAP
1949	12	14	3	43	50	36	59	12	5	Ms	Iran:Neyshabur	伊朗:内沙布尔	GSHAP
1949	12	17	1	13	15	38	57	12	5.1	Ms	Iran:Bojnurd	伊朗:博季努尔德	GSHAP
1949	12	17	6	53	30	-54	-71	33	7.8	Mw	Chile:Punta Arenas	智利:蓬塔阿雷纳斯	* Engdahl,NOAA
1949	12	17	15	7	55	-54	-71	0	7.8	Mw	Chile:Punta Arenas	智利:蓬塔阿雷纳斯	* Shi Z.,Engdahl,NOAA
1949	12	18	5	39	3	-34.5	180	190	6.8	Muk	South of Kermadec Ridge	克马德克海岭南部	Engdahl
1949	12	21	19	33	8	-19.5	-64	620	6.8	Muk	Bolivia:Chuquisaca	玻利维亚:丘基萨卡	GSHAP,Shi Z.,Engdahl
1949	12	23	21	34		21.7	121.2	20	5	Ms	China:Taiwan,Coast of S.	中国:台湾南部海域	China
1949	12	25	23	17	30	36.5	140		6	Ms	Japan:Utsunomiya	日本:宇都宫市	Shi Z.
1949	12	25	23	24	54	36.5	140		6.25	Ms	Japan:Utsunomiya	日本:宇都宫市	Shi Z.,Usami
1949	12	26	3	36	10	45.7	26.7	135	5.3	Ms	Romania:Nereju	罗马尼亚:内雷茹	GSHAP
1949	12	26	6	23	52	-15.5	-180		6.8	Ms	North of Fiji Islands	斐济群岛北部	Engdahl
1949	12	27	23	57	16	-60	-22	50	6.7	Ms	South Sandwich Trench	南桑威奇海沟	Engdahl,Shi Z.
1949	12	28	5	39	3	-34.5	180	190	6.75	Ms	Kermadec Ridge	克马德克海岭	Shi Z.
1949	12	29	3	3	54	18	121		7.2	Mw	Philippines:Laoag	菲律宾:拉瓦格	* Engdahl,NOAA
1950	1	2	15	14	35	-11.5	165.4		7	Muk	Solomon Islands	所罗门群岛	Engdahl
1950	1	3	11	6	23	-46	-75.5		6	Ms	Chile:Near Coast of S.	智利:南部近海	GSHAP
1950	1	7	23	15	27	3	97		5	Mk	Indonesia:Off West Coast of N. Sumatera	印度尼西亚:北苏门答腊西部海域	GSHAP,Song
1950	1	12	12	6	9	-18	-178	550	6.8	Muk	Fiji Islands	斐济群岛	Engdahl
1950	1	12	17	10		42.3	142.4	120	6.2	Ms	Japan:Hokkaido	日本:北海道	GSHAP
1950	1	16	4	25	10	45.6	26.3	120	5.3	Ms	Romania:Nehoiu	罗马尼亚:内霍尤	GSHAP
1950	1	17	0	51		35.7	-109.5		5.1	Mk	US:Arizona,Ganado	美国:亚利桑那州加纳多	USGS,Song
1950	1	18	1	55	51	40.5	-110.5		5.3	Ms	US:Utah,Talmage	美国:犹他州塔尔米奇	USGS
1950	1	19	17	27		27.3	53.2		5.8	Ms	Iran:Hormozgan	伊朗:荷姆兹甘	* Iran
1950	1	21	14	9	49	-36	-71.5	64	5	Mk	Chile:Chillan	智利:奇廉	GSHAP,Song
1950	1	22	3	18	18	4.2	-78.6		5	Ms	Colombia:Near Coast	哥伦比亚:近海	GSHAP
1950	1	22	4	7		27.3	53.2		5.8	Ms	Iran:Hormozgan	伊朗:荷姆兹甘	* * Iran

年 Year	月 Mo	日 Dy	时 Hr	分 Mn	秒 Sec	纬度(°) Latitude	经度(°) Longitude	深度 Depth	震级 Mag	标度 Scale	地名(英文) Name(English)	地名(中文) Name(Chinese)	资料来源 Information
1950	1	30	0	56	32	-53.5	-71.5	0	6.9	Ms	Chile:Punta Arenas	智利：蓬塔阿雷纳斯	* Engdahl,NOAA
1950	1	30	10	3	22	33.59	45.5		5.8	Ms	Iraq:Diyala	伊拉克：迪亚拉	Iran
1950	1	31	11	24	40	-10.5	33.5		5.6	Ms	Malawi:Katumbi	马拉维：卡通比	GSHAP
1950	2	2	23	33	39	21.7	100.1		7.1	Mw	China:Yunnan,Menghai,SW.	中国：云南勐海西南	* China,Engdahl
1950	2	2	23			24.2	121.8	20	5.2	Ms	China:Taiwan,Hualien,Coast of E.	中国：台湾花莲以东海域	China
1950	2	3	2	51	52	22.1	99.9		6.75	Ms	China:Yunnan,Menghai,SE.	中国：云南勐连东南	Wang S.
1950	2	3	13	3	52	21.7	100.2		5.5	Ms	China:Yunnan,Menghai,SW.	中国：云南勐海西南	China
1950	2	5	1	23	42	-48.2	164.2		6.9	Muk	New Zealand:Auckland Islands,N.	新西兰：奥克兰群岛以北	Engdahl
1950	2	6	4	28	53	51.3	99	40	5.6	Ms	Mongolia:North Hovsgol	蒙古：库苏古尔北部	GSHAP
1950	2	11	1	22	8	-43	42		6.25	Ms	Western Indian Ridge	西印度洋海岭	Shi Z.
1950	2	13	7	3	28	22	65		5	Mk	Arabian Sea,N.	阿拉伯海北部	GSHAP,Song
1950	2	15	14	36	59	11.2	93.3		6	Ms	India:Andaman Islands	印度：安达曼群岛	GSHAP
1950	2	17	21	7	7	-7	146	180	7.3	Ms	Papua New Guinea:Menyamya	巴布亚新几内亚：梅尼亚米亚	Shi Z.
1950	2	19	3	52		30.1	68.8		5	Mk	Pakistan:Quetta	巴基斯坦：奎达	GSHAP,Song
1950	2	20	20	50	6	-19.5	-63	600	5	Ms	Bolivia:Santa Cruz de la Sierra,S.	玻利维亚：圣克鲁斯南部	GSHAP
1950	2	23	8	31	23	49.2	147.8	480	6	Ms	Sea of Okhotsk	鄂霍次克海	GSHAP
1950	2	23	11	1	10	29.8	95.3		6	Ms	China:Xizang (Tibet),Bowo,W.	中国：西藏波密西	China
1950	2	24	6	1	42	6	-77.5		6	Ms	Colombia:Bahia Solano	哥伦比亚：巴伊阿索拉诺	GSHAP
1950	2	25	5	47	11	45.8	98.5	15	6.1	Ms	Mongolia:West Bayanhongor	蒙古：巴彦洪戈尔西部	GSHAP
1950	2	26	3	35	48	28	90.5		5	Ms	Bhutan:Bumthang,N.	不丹：布姆唐宗北部	China
1950	2	28	10	20	57	46	144	340	7.5	mB	Sea of Okhotsk	鄂霍次克海	* Engdahl
1950	3	2	18	39	45	-60	-35		6.9	Muk	East Scotia Basin	东斯科舍海盆	Engdahl
1950	3	5	0	32	44	39.2	70.7		5	Mk	Tadzhikistan:Tajikabad	塔吉克斯坦：塔吉卡巴德	GSHAP,Song
1950	3	5	18	1	23	-22.1	-68.7	160	5	Mk	Chile:Antofagasta,N.	智利：安托法加斯塔北部	GSHAP,Song
1950	3	7	2	7	47	10.5	122.3		6.7	Ms	Philippines:Panay Island	菲律宾：班乃岛	Engdahl
1950	3	7	8	3		-8	-71	550	8.6	Ms	Brazil:Amazonas	巴西：亚马孙州	*
1950	3	12	2	5	58	29.5	70.7		5	Mk	Pakistan:Bahawalpur	巴基斯坦：巴哈瓦尔布尔	GSHAP,Song
1950	3	12	18	15		42.7	13.25		5.17	Ms	Italy:Accumoli	意大利：阿库莫利	Italy
1950	3	14	3	10	4	-8	-74	150	6.8	Muk	Peru:Pucallpa	秘鲁：普卡尔帕	GSHAP,Engdahl
1950	3	14	18	10	41	-37.8	177.2		5.8	Ms	New Zealand:North Island,Near Coast of NE.	新西兰：北岛东北近海	* NOAA
1950	3	18	18	19	12	-17.7	-69.2	160	5.2	Ms	Bolivia:Viacha	玻利维亚：比亚查	GSHAP
1950	3	20	15	22	17	40.45	-121.47		5.5	Ms	US:California,Mill Creek	美国：加利福尼亚州米尔克里克	USGS
1950	3	22	21	7	22	22.5	122.5	96	5.25	Ms	China:Taiwan,Taitung,Coast of E.	中国：台湾台东以东海域	China
1950	3	23	0	24	41	30.1	68.8		5	Mk	Pakistan:Quetta	巴基斯坦：奎达	GSHAP,Song
1950	3	25	6	53	50	15	115		5.25	Ms	China:South China Sea,Zhongsha Islands	中国：南海中沙群岛	China
1950	3	26	16	53	0.2	14.5	39.5		5.5	Ms	Ethiopia:Addigrat	埃塞俄比亚：阿迪格拉特	GSHAP
1950	3	27	13	4	2	53.3	172.2	10	6.8	Muk	Aleutian Islands	阿留申群岛	GSHAP,Engdahl
1950	3	27	21	18	29	-5.9	102.9		7	Muk	Indonesia:Sumatra,Coast of SW.	印度尼西亚：苏门答腊西南海域	Engdahl
1950	3	30	22	37	33	36.7	70.5	223	6	Mk	Afghan:Badakhshan	阿富汗：巴达赫尚	GSHAP,Song
1950	3	31	12	47	42	-10.958	-78.194	50	5	Mk	Peru:Lima,Near Coast	秘鲁：利马近海	GSHAP,Song
1950	3	31	13	37	51	36.7	70.5	223	6	Mk	Afghan:Badakhshan	阿富汗：巴达赫尚	GSHAP,Song
1950	3	31	22	39	9	36.7	70.5	223	6	Mk	Afghan:Badakhshan	阿富汗：巴达赫尚	GSHAP,Song
1950	4	1	2	10		24.4	122.1	20	5.2	Ms	China:Taiwan,Hualien,Coast of E.	中国：台湾花莲以东海域	China
1950	4	1	2	23		24.3	122.2	20	5.4	Ms	China:Taiwan,Hualien,Coast of E.	中国：台湾花莲以东海域	China
1950	4	1	3	4		24.4	122.2	20	5.2	Ms	China:Taiwan,Hualien,Coast of E.	中国：台湾花莲以东海域	China
1950	4	1				43.477	10.521		5.09	Ms	Italy:Orciano, Luciana	意大利：奥尔恰诺，卢西亚娜	Italy
1950	4	4	18	44	10	51.77	101	24	6.8	Muk	Russia:Buryatiya,Khokhorzon	俄罗斯：布里亚特州霍霍尔宗村	GSHAP,Engdahl
1950	4	5	9	26	13	11	92		6	Ms	India:Andaman Islands	印度：安达曼群岛	GSHAP
1950	4	6	2	43	28	37.9	58.6	17	5.4	Ms	Turkmenistan:Asgabat	土库曼斯坦：阿什哈巴德	GSHAP
1950	4	6	12	50		41.6	78.7		5	Ms	Kyrgyzstan:Karakol,SE.	吉尔吉斯斯坦：普热瓦利斯克东南	China
1950	4	8				37.708	15.165		5.05	Ms	Italy:Giarre	意大利：贾雷	Italy
1950	4	10	3	55		38.183	15.55		5.17	Ms	Italy:Messina	意大利：梅西纳	Italy
1950	4	10	16	48	48	4.6	-75.4	128	6	Ms	Colombia:Ibagué	哥伦比亚：托利马的伊瓦格	GSHAP
1950	4	13	0	23	34	41.5	51.4	30	5	Ms	Caspian Sea	里海	GSHAP
1950	4	14	11	3	48	48	-122.5		5.1	Mk	US:Washington,Seattle	美国：华盛顿州西雅图	USGS,Song
1950	4	20	9	50	51	45	151	45	6.3	Ms	Kuril Islands	千岛群岛	GSHAP
1950	4	26	7	4	55	33.7	135.8	33	6.8	Muk	Japan:Nachikatsuura	日本：和歌山那智胜浦	Engdahl,Usami
1950	4	30	18	21	37	-10.3	-75.4		5	Mk	Peru:Perene	秘鲁：佩雷内	GSHAP,Song
1950	5	2	16	43	3	38.63	58.75		5	Ms	Turkmenistan:Asgabat	土库曼斯坦：阿什哈巴德	Iran,GSHAP
1950	5	9	6	10	0.3	12	47.3		5.7	Ms	Western Gulf of Aden	亚丁湾西部	GSHAP
1950	5	9	11	16	57	38.4	58.6	25	6.4	Ms	Turkmenistan:Asgabat	土库曼斯坦：阿什哈巴德	GSHAP,Afghan
1950	5	10	23	39	0.2	-16.6	42		6.5	Ms	Mozambique Channel	莫桑比克海峡	GSHAP
1950	5	12	23	30	4	-1.9	-80.4		5.2	Ms	Ecuador:Guayaquil	厄瓜多尔：瓜亚基尔	GSHAP
1950	5	16	13	23		-15	-69.5	250	7.9	Muk	Peru:Azangaro	秘鲁：阿桑加罗	*
1950	5	17	11	46	45	39.32	130.63	580	6.7	Muk	Japan Sea	日本海	GSHAP,Engdahl
1950	5	17	18	13	13	-21	169	40	6.6	Ms	Vanuatu Islands	瓦努阿图群岛	Engdahl
1950	5	17	19	30	37	36.5	71	223	6	Mk	Afghan:Badakhshan	阿富汗：巴达赫尚	GSHAP,Song

年 Year	月 Mo	日 Dy	时 Hr	分 Mn	秒 Sec	纬度(°) Latitude	经度(°) Longitude	深度 Depth	震级 Mag	标度 Scale	地名(英文) Name(English)	地名(中文) Name(Chinese)	资料来源 Information
1950	5	19	2	38	11	-20.6	169		6.9	Muk	Vanuatu Islands	瓦努阿图群岛	Engdahl
1950	5	20	18	53	50	37.1	70.9	80	5.7	Ms	Afghan:Badakhshan	阿富汗:巴达赫尚	GSHAP
1950	5	21	18	37		-13.5	-72		6	Muk	Peru:Cusco	秘鲁:库斯科	*
1950	5	25	8	34	37	65.5	-151.5		6	Ms	Alaska Peninsula,C.	阿拉斯加半岛中部	USGS
1950	5	25	18	35	7	13	143.5	90	7.1	mB	Mariana Islands,S.	马里亚纳群岛南部	Engdahl
1950	5	26	1	17	25	-20.25	169.25	40	6.9	Ms	Vanuatu Islands	瓦努阿图群岛	Engdahl
1950	5	27	14	27	13	-18.5	-178	603	6.8	Muk	Fiji Islands	斐济群岛	Engdahl
1950	5	30	1	16	15	19.5	-156		6.2	Ms	Hawaiian Islands	夏威夷群岛	USGS
1950	6	2	23	42		23.9	121.3	20	5.2	Ms	China:Taiwan,Hualien	中国:台湾花莲	China
1950	6	5	11	16	10	87	47.7	10	5.1	Ms	Arctic Ocean	北冰洋	GSHAP
1950	6	7	16	52	34	-4	-76.5	110	6.8	Muk	Peru:Loreto,NW.	秘鲁:洛雷托西北	GSHAP,Engdahl
1950	6	8	16	7	32	-47	-15	60	7.1	Ms	South Atlantic Ridge	南大西洋海岭	Shi Z.
1950	6	14	4	24	16	24.5	69		5.6	Ms	Pakistan:Hyderabad	巴基斯坦:海得拉巴	GSHAP
1950	6	14	7	59	23	-14.5	-70	287	5.1	Ms	Peru:Juliaca	秘鲁:胡利亚卡	GSHAP
1950	6	14				24.299	69		5.5	Ms	Pakistan:Hyderabad	巴基斯坦:海得拉巴	GSHAP
1950	6	15	0	47		23.8	121.7	20	5.4	Ms	China:Taiwan,Hualien,Coast of E.	中国:台湾花莲以东海域	China
1950	6	17	1	17		23.3	121.7	20	5	Ms	China:Taiwan,Hualien,Coast of E.	中国:台湾花莲以东海域	China
1950	6	18	12	46	23	35.4	100.3		5	Ms	China:Qinghai,Tongde,NW.	中国:青海同德西北	China
1950	6	19	12	36	58	-6.2	112		6.8	Muk	Indonesia:Java Island	印度尼西亚:爪哇岛	* Engdahl
1950	6	20	1	18	53	45.9	26.6	150	5.5	Ms	Romania:Tulnici	罗马尼亚:图尔尼奇	GSHAP
1950	6	21	6	55	37	-20.25	169.25	40	6.8	Ms	Vanuatu Islands	瓦努阿图群岛	Engdahl
1950	6	24	22	25	34	-20.5	169.5	40	6.8	Ms	Vanuatu Islands	瓦努阿图群岛	Engdahl
1950	6	26	1	57		-10.54	-76.6	100	5	Mk	Peru:Sayán	秘鲁:萨扬	GSHAP,Song
1950	6	26	12	10	50	38.7	73.9	100	5.5	Ms	China:Xinjiang,Ulugqat,SW.	中国:新疆乌恰西南	China
1950	6	28	16	23	37	1	98.5		5	Mk	Indonesia:Sumatera,Near West Coast	印度尼西亚:苏门答腊西部近海	GSHAP,Song
1950	7	2	22	49	25	4.2	-73.7		6	Ms	Colombia:Villavicencio	哥伦比亚:比亚维森西奥	GSHAP
1950	7	6	7	3	29	39.3	73.3		5.25	Ms	Tajikistan:Kuhistoni Badakhshon,N.	塔吉克斯坦:勾瑙-巴达科善北部	China
1950	7	9	1	39	29	-33	-112		6.8	Muk	Southern East Pacific Rise	南太平洋东海岭	Engdahl
1950	7	9	2	35		7.8	-72.5	41	7	Ms	Colombia:Anboledas	哥伦比亚:阿沃莱达斯	* GSHAP
1950	7	9	3	28	58.8	7.8	-73.1		5	Ms	Colombia:Abrego	哥伦比亚:北桑坦德的阿夫雷戈	GSHAP
1950	7	9	4	40	4	-8	-70.75	650	7	mB	Brazil:Amazonas	巴西:亚马孙州	Engdahl
1950	7	9	4	50	5	-8	-70.75	650	7	mB	Brazil:Amazonas	巴西:亚马孙州	Engdahl
1950	7	9	9	45	7	-8.2	-71	667	6.4	Ms	Brazil:Amazonas	巴西:亚马孙州	GSHAP
1950	7	9	16	10	24	36.7	70.5	223	7.5	Ms	Afghan:Fayzabad	阿富汗:法扎巴德	Engdahl,GSHAP
1950	7	12	11	9	10	52.5	-167.5		6.2	Ms	Aleutian Islands	阿留申群岛	USGS
1950	7	13	4	3	59	28	139.6	540	6.9	Muk	Japan:South Honshu Ridge	日本:本州南部海岭	Engdahl
1950	7	14	6	29	57	45.7	27.1	100	5.1	Ms	Romania:Nereju	罗马尼亚:内雷茹	GSHAP
1950	7	17	12	25		-14.1	-71.5	20	5	Mk	Peru:Cusco	秘鲁:库斯科	GSHAP,Song
1950	7	21	20	32		-16.1	168.3		6.5	Ms	Vanuatu Islands	瓦努阿图群岛	Engdahl
1950	7	28	17	50	48	33.12	-115.57	16	5.4	Ms	US:California,Calipatria	美国:加利福尼亚州卡利帕特里亚	USGS
1950	7	29	14	36	32	33.12	-115.57	16	5.5	Ms	US:California,Calipatria	美国:加利福尼亚州卡利帕特里亚	USGS
1950	7	29	16	46	6	2.2	126.9	96	7	mB	Molukka Sea	马鲁古海	Engdahl, Shi Z.
1950	7	29	23	49	2	-6.5	155	70	6.9	mB	Papua New Guinea:Bougainville Island	巴布亚新几内亚:布干维尔岛	Engdahl
1950	8	2	13	49	0.6	14.5	39.5		6.1	Ms	Eritrea:Asmera	厄立特里亚:阿斯马拉	GSHAP
1950	8	3	22	18	19	10.5	-68	8	6.8	Ms	Venezuela:El Tocuyo	委内瑞拉:托丘约	* NOAA
1950	8	5	3	54		9.8	-69.85		5	Mk	Venezuela:Lara	委内瑞拉:拉腊	GSHAP,Song
1950	8	5	9	17	2	-48.2	164.2		6.8	Muk	New Zealand:Auckland Islands,N.	新西兰:奥克兰群岛以北	Engdahl
1950	8	5	10	45	14	9.66	-69.74	25	5	Mk	Venezuela:Lara	委内瑞拉:拉腊	GSHAP,Song
1950	8	5	11	32		23.7	122.3		5.7	Ms	China:Taiwan,Hualien,Coast of E.	中国:台湾花莲以东海域	China
1950	8	5	19	8		-1.5	-78.2	60	6.8	Muk	Ecuador:Tungurahua	厄瓜多尔:东谷拉瓦	*
1950	8	6	10	30		9.29	-70.67		6	Mk	Venezuela:Guanare	委内瑞拉:瓜纳里	GSHAP,Song
1950	8	6	14	30		9.98	-69.93		5	Mk	Venezuela:Lara	委内瑞拉:拉腊	GSHAP,Song
1950	8	6	20	35		-8.4	-77.58	20	5	Mk	Peru:Caraz	秘鲁:卡拉斯	GSHAP,Song
1950	8	7	2	45	1	6.2	125.6	128	6.8	Muk	Philippines:Mindanao Island	菲律宾:棉兰老岛	Engdahl
1950	8	7	22	30		8.99	-68.29		5	Mk	Venezuela:Cojedes	委内瑞拉:科赫德斯	GSHAP,Song
1950	8	8	9	36	57	38.6	70.5		5	Mk	Tadzhikistan:Kalaihongbu	塔吉克斯坦:卡莱洪布	GSHAP,Song
1950	8	9	0	45		9.58	-69.89		5	Mk	Venezuela:Lara	委内瑞拉:拉腊	GSHAP,Song
1950	8	12	3	59	6	32.6	75.9		5.5	Ms	India:Himachal	印度:喜马偕尔邦	GSHAP
1950	8	12	11			9.67	-70.25		5	Mk	Venezuela:Trujillo	委内瑞拉:特鲁希略	GSHAP,Song
1950	8	13	5	59	7	33.5	80		5	Ms	China:Xizang (Tibet),Rutog	中国:西藏日土附近	China
1950	8	14	22	51	24	-27.25	-62.5	630	7.2	mB	Argentina:Santiago del Estero	阿根廷:圣地亚哥-德尔埃斯特罗	GSHAP,Engdahl
1950	8	15	14	9	30	28.5	96.5		8.6	M	China:Xizang (Tibet),Zayu	中国:西藏察隅	* China,Engdahl,Dis
1950	8	15	15	57	39	28.7	96.6		5.75	Ms	China:Xizang (Tibet),Zayu	中国:西藏察隅	China
1950	8	15	16	29	28	28.7	96.6		6	Ms	China:Xizang (Tibet),Zayu	中国:西藏察隅	China
1950	8	15	16	49	56	28.7	96.6		6	Ms	China:Xizang (Tibet),Zayu	中国:西藏察隅	China
1950	8	15	17	16	51	28.7	96.6		6	Ms	China:Xizang (Tibet),Zayu	中国:西藏察隅	China

年 Year	月 Mo	日 Dy	时 Hr	分 Mn	秒 Sec	纬度(°) Latitude	经度(°) Longitude	深度 Depth	震级 Mag	标度 Scale	地名(英文) Name(English)	地名(中文) Name(Chinese)	资料来源 Information
1950	8	15	18	38	40	28.7	96.6		6	Ms	China:Xizang (Tibet),Zayu	中国:西藏察隅	China
1950	8	15	19	58	45	28.7	96.6		6	Ms	China:Xizang (Tibet),Zayu	中国:西藏察隅	China
1950	8	15	21	1	34	28.7	96.6		5	Ms	China:Xizang (Tibet),Zayu	中国:西藏察隅	China
1950	8	15	22	30	47	28.7	96.6		5.25	Ms	China:Xizang (Tibet),Zayu	中国:西藏察隅	China
1950	8	15	23	44	33	28.7	96.6		5.75	Ms	China:Xizang (Tibet),Zayu	中国:西藏察隅	China
1950	8	16	3	32	38	28	96		5.5	Ms	India:Arunachal Pradesh,E.	印度:阿鲁那恰尔邦东部	China
1950	8	16	3	56	10	27.5	96.5		5	Ms	India:Margherita,E.	印度:阿鲁纳恰尔邦玛格丽塔东部	China
1950	8	16	4	33	6	28.7	96.6		5.5	Ms	China:Xizang (Tibet),Zayu	中国:西藏察隅	China
1950	8	16	6	41	57	28.7	96.6		6	Ms	China:Xizang (Tibet),Zayu	中国:西藏察隅	China
1950	8	16	7	46	45	27.5	96		5	Ms	India:Margherita,E.	印度:阿鲁纳恰尔邦玛格丽塔东部	China
1950	8	16	11	28	20	27.5	96.4		5.25	Ms	India:Margherita,E.	印度:阿鲁纳恰尔邦玛格丽塔东部	China
1950	8	16	12	38	27	27.9	91.9		5.25	Ms	China:Xizang (Tibet),Cona,S.	中国:西藏错那南部	China
1950	8	16	14	3	9	27	95		5	Ms	Bhutan:Sonari	印度:阿萨姆的索纳里	China
1950	8	16	14	57	6	28	98.5		5	Ms	China:Yunnan,Gongshan,N.	中国:云南贡山北	China
1950	8	16	15	29	25	29.2	95.1		5.5	Ms	China:Xizang (Tibet),Medog	中国:西藏墨脱	China
1950	8	16	16	36		29.2	95.1		5	Ms	China:Xizang (Tibet),Medog	中国:西藏墨脱	China
1950	8	16	17	51	37	27.9	91.9		5.75	Ms	China:Xizang (Tibet),Cona,S.	中国:西藏错那南部	China
1950	8	16	19	25	40	29.2	95.1		5.25	Ms	China:Xizang (Tibet),Medog	中国:西藏墨脱	China
1950	8	16	21	44	19	29.2	95.1		5	Ms	China:Xizang (Tibet),Medog	中国:西藏墨脱	China
1950	8	17	1	54	14	29.2	95.1		5.75	Ms	China:Xizang (Tibet),Medog	中国:西藏墨脱	China
1950	8	17	3	26	15	33.5	80		5.25	Ms	China:Xizang (Tibet),Rutog	中国:西藏日土附近	China
1950	8	17	4	29	10	29.2	95.1		5.5	Ms	China:Xizang (Tibet),Medog	中国:西藏墨脱	China
1950	8	17	16	15	25	-22.3	-179.2	603	6.9	Muk	South of Fiji Islands	斐济群岛南部	Engdahl
1950	8	17	23	56	34	27.9	91.9		5	Ms	China:Xizang (Tibet),Cona,S.	中国:西藏错那南部	China
1950	8	18	1	7	34	25.5	96		7	Ms	myanmar:Haungpa,W.	缅甸:杭巴西部	GSHAP
1950	8	18	11	20	22	28.7	96.6		6.25	Ms	China:Xizang (Tibet),Zayu	中国:西藏察隅	China
1950	8	18	16	58	46	28.7	96.6		5.75	Ms	China:Xizang (Tibet),Zayu	中国:西藏察隅	China
1950	8	18	22	17	39	28.7	96.6		5	Ms	China:Xizang (Tibet),Zayu	中国:西藏察隅	China
1950	8	19	21	19	55	28.7	96.6		5.25	Ms	China:Xizang (Tibet),Zayu	中国:西藏察隅	China
1950	8	19	22	42	56	36.5	75.5		5	Ms	Pakistan:Gilgit,NW.	巴基斯坦:吉尔吉特西北	China
1950	8	20	1	44	55	47.25	-113.25		5.1	Mk	US:Montana,Seeley Lake,NE.	美国:蒙大纳州锡利莱克东北	USGS,Song
1950	8	20	9	3	34	29.2	95.1		5.5	Ms	China:Xizang (Tibet),Medog	中国:西藏墨脱	China
1950	8	21	4	51	36	28.7	96.6		5.25	Ms	China:Xizang (Tibet),Zayu	中国:西藏察隅	China
1950	8	21	5	51	30	27.5	97		5.5	Ms	myanmar:Kachin,N.	缅甸:克钦北部	GSHAP
1950	8	21	7	29	45	33.1	91.5		5.5	Ms	China:Xizang (Tibet),Amdo,N.	中国:西藏安多北	China
1950	8	21	18	43	50	29.2	95.1		5	Ms	China:Xizang (Tibet),Medog	中国:西藏墨脱	China
1950	8	21	22	55	40	28.8	93.7		5.25	Ms	China:Xizang (Tibet),Mainling,SW.	中国:西藏米林西南	China
1950	8	22	1	22	35	30	95.5		5.5	Ms	China:Xizang (Tibet),Bowo	中国:西藏波密	China
1950	8	22	1	57	22	27.2	97.4		5	Ms	myanmar:Kachin,N.	缅甸:克钦北部	China
1950	8	22	2	4		35.2	132.7	30	5.3	Ms	Japan:Shimane	日本:岛根	Usami,Japan
1950	8	22	6	2	9	0	98		5	Mk	Indonesia:Northern Sumatra	印度尼西亚:苏门答腊北部	GSHAP,Song
1950	8	22	6	43	10	28.7	94.2		5.75	Ms	India:Arunachal Pradesh	印度:阿鲁那恰尔邦	China
1950	8	22	13	22	19	27.2	97.4		6	Ms	myanmar:Kachin,N.	缅甸:克钦北部	China
1950	8	22	17	20	12	29.2	95.1		5	Ms	China:Xizang (Tibet),Medog	中国:西藏墨脱	China
1950	8	23	3	9	19	29.2	95.1		5.75	Ms	China:Xizang (Tibet),Medog	中国:西藏墨脱	China
1950	8	23	15	33	56	27.2	97.4		5.25	Ms	myanmar:Kachin,N.	缅甸:克钦北部	China
1950	8	23	18	46	58	28.7	96.6		5.75	Ms	China:Xizang (Tibet),Zayu	中国:西藏察隅	China
1950	8	24	1	27	44	27.5	96.4		5.25	Ms	India:Margherita,E.	印度:阿鲁纳恰尔邦玛格丽塔东部	China
1950	8	24	17	45	34	42.5	-126		5.6	Ms	US:Off Coast of W. Oregon	美国:俄勒冈州西部沿海	USGS
1950	8	25	7	14	8	29.2	95.1		5.5	Ms	China:Xizang (Tibet),Medog	中国:西藏墨脱	China
1950	8	25	13	3	30	29.2	95.1		5.25	Ms	China:Xizang (Tibet),Medog	中国:西藏墨脱	China
1950	8	25	16	57	29	27.2	97.4		5.25	Ms	myanmar:Kachin,N.	缅甸:克钦北部	China
1950	8	26	4	39	27	65	-162		6.5	Ms	Alaska Peninsula,C.	阿拉斯加半岛中部	USGS
1950	8	26	6	33	6	26.8	95		6	Ms	India:Nagaland,NE.	印度:那加兰东北	China
1950	8	26	13	34	18	32	95		5.25	Ms	China:Xizang (Tibet),Baen,E.	中国:西藏巴青东	China
1950	8	27	10	59	58	29.2	95.1		5	Ms	China:Xizang (Tibet),Medog	中国:西藏墨脱	China
1950	8	28	17	32	5	36.8	71.4	128	6	Mk	Afghan:Badakhshan	阿富汗:巴达赫尚	GSHAP,Song
1950	8	29	17	42	10	0	98		5	Mk	Indonesia:Northern Sumatra	印度尼西亚:苏门答腊北部	GSHAP,Song
1950	8	29	22	27	14	0	98		5	Mk	Indonesia:Northern Sumatra	印度尼西亚:苏门答腊北部	GSHAP,Song
1950	8	31	1	26	20	27.5	96.4		5	Ms	India:Margherita,E.	印度:阿鲁纳恰尔邦玛格丽塔东部	China
1950	8	31	7	5	47	5.5	126	96	7	mB	Philippines:Mindanao Island	菲律宾:棉兰老岛	Engdahl
1950	8	31	17	22	12	44.9	17.4	4	5	Ms	Bosnia:Banja Luka	波斯尼亚:巴尼亚卢卡	GSHAP
1950	8	31	19	52	36	29.2	95.1		5.5	Ms	China:Xizang (Tibet),Medog	中国:西藏墨脱	China
1950	9	1	2	46	55	-4.5	89.25		6	Ms	East Indian Ridge	东印度洋海岭	Shi Z.
1950	9	1	7	12		30	95.5		5	Ms	China:Xizang (Tibet),Bowo	中国:西藏波密	China
1950	9	1	23	44	39	30	95.5		5	Ms	China:Xizang (Tibet),Bowo	中国:西藏波密	China
1950	9	2	2	47	13	52.5	-170		6.4	Ms	Aleutian Islands	阿留申群岛	USGS
1950	9	2	16	14	35	28.7	96.6		5.75	Ms	China:Xizang (Tibet),Zayu	中国:西藏察隅	China
1950	9	3	23	30	44	29.2	95.1		5	Ms	China:Xizang (Tibet),Medog	中国:西藏墨脱	China

年 Year	月 Mo	日 Dy	时 Hr	分 Mn	秒 Sec	纬度(°) Latitude	经度(°) Longitude	深度 Depth	震级 Mag	标度 Scale	地名(英文) Name(English)	地名(中文) Name(Chinese)	资料来源 Information
1950	9	4	6	19		28.7	96.6		5.25	Ms	China:Xizang (Tibet),Zayu	中国:西藏察隅	China
1950	9	4	7	12	28	28.7	96.6		5	Ms	China:Xizang (Tibet),Zayu	中国:西藏察隅	China
1950	9	5	4	8		42.516	13.657		5.73	Ms	Italy:Gran Sasso	意大利:格兰萨索	Italy
1950	9	5	20	18	14	29.3	92		5	Ms	China:Xizang (Tibet),Sangri	中国:西藏桑日	China
1950	9	6	7	37	8	30.2	70		5	Mk	Pakistan:Multan	巴基斯坦:木尔坦	GSHAP,Song
1950	9	8	14	2	30	51.7	100.9	15	5	Ms	Mongolia:Hatgal,N.	蒙古:哈德哈勒北部	GSHAP
1950	9	8	15	26	6	25.9	96.8		5.5	Ms	myanmar:Myitkyina	缅甸:密支那	GSHAP
1950	9	9	5	37	38	-27	-70.6		5	Mk	Chile:Copiapo	智利:科皮亚波	GSHAP,Song
1950	9	10	3	21	22	35.5	140.4		6.8	Muk	Japan:Oamishirasato	日本:千叶大网白里	Engdahl,Usami
1950	9	10	9	30	25	29.2	95.1		5	Ms	China:Xizang (Tibet),Medog	中国:西藏墨脱	China
1950	9	10	15	16	8	-15.5	167	100	7.1	mB	Vanuatu Islands	瓦努阿图群岛	Engdahl
1950	9	11	0	18	22	26.8	95		6	Ms	India:Nagaland,NE.	印度:那加兰东北	GSHAP
1950	9	11	9	39	47	29.2	95.1		5.75	Ms	China:Xizang (Tibet),Medog	中国:西藏墨脱	China
1950	9	11				9.8	-69.85		5	Mk	Venezuela:Lara	委内瑞拉:拉腊	GSHAP,Song
1950	9	12	6	16	12	36.2	73		5.5	Ms	Pakistan:Kashmir,Gilgit	巴基斯坦:克什米尔,吉尔吉特	GSHAP
1950	9	12	20	31	34	28.7	96.6		5.25	Ms	China:Xizang (Tibet),Zayu	中国:西藏察隅	China
1950	9	13	0	3	7	23.5	103.1		5.75	Ms	China:Yunnan,Gejiu,N.	中国:云南个旧北	* China
1950	9	13	11	7	27	27.5	96.4		6	Ms	India:Margherita,E.	印度:阿鲁纳恰尔邦玛格丽塔东部	China
1950	9	14	2	31	32	29.2	95.1		5	Ms	China:Xizang (Tibet),Medog	中国:西藏墨脱	China
1950	9	14	7	52	31	-19.3	-63.8	603	5.5	Ms	Bolivia:Chuquisaca	玻利维亚:丘基萨卡	GSHAP
1950	9	16	21	58	15	52	177	100	6.6	Ms	Aleutian Islands,Rat Island	阿留申群岛,拉特岛	USGS
1950	9	18	19	7	1	35	95		5.25	Ms	China:Qinghai,Qumalai,NW.	中国:青海曲麻莱西北	China
1950	9	18	19	36	43	-8	-71	650	6	Ms	Brazil:Amazonas	巴西:亚马孙州	GSHAP
1950	9	19	5	45		9.92	-69.59		5	Mk	Venezuela:Lara	委内瑞拉:拉腊	GSHAP,Song
1950	9	19	20	29	48	-2	138.5		6.9	Muk	Indonesia:Papua	印度尼西亚:巴布亚	Engdahl
1950	9	22	7	52	4	-25.5	-114		6.8	Muk	Easter Island,W.	复活节岛西部	Engdahl
1950	9	22	13	48	59	28	97.5		5	Ms	myanmar:Kachin,N.	缅甸:克钦北部	China
1950	9	22	23	53	32	-17.6	-177.1	413	7	Muk	Tonga Islands,N.	汤加群岛北部	Engdahl
1950	9	23	6	23	40	34.8	25.6		5.5	Ms	Greece:Crete Island	希腊:克里特岛	Turkey
1950	9	24	22	56		34.5	60.7		5.6	Ms	Afghan:Heart	阿富汗:赫拉特	Afghan
1950	9	25	12	25	28	24	93		5	Mk	India:Mizoram,N.	印度:米佐拉姆北部	GSHAP,Song
1950	9	25	17	58	2	32.6	75.9		5	Mk	India:Himachal	印度:喜马偕尔邦	GSHAP,Song
1950	9	25	18	9	27	-32.5	-71.3		5	Mk	Chile:Valparaiso	智利:瓦尔帕莱索	GSHAP,Song
1950	9	26	19	6		22.5	122.5		5.75	Ms	China:Taiwan,Taitung,Coast of E.	中国:台湾台东以东海域	China
1950	9	28	3	29	35	22.9	121.5		5.75	Ms	China:Taiwan,Taitung,Coast of E.	中国:台湾台东以东海域	China
1950	9	29	6	32	20	19	-107	60	6.6	Ms	Mexico:Near Coast of Jalisco	墨西哥:哈利斯科近海	Engdahl,Shi Z.
1950	9	30	7	28	55	28.7	94.2		6.5	Ms	India:Arunachal Pradesh	印度:阿鲁那恰尔邦	China
1950	10	3	23	2	6	27.6	96.9		5.75	Ms	myanmar:Kachin,N.	缅甸:克钦北部	China
1950	10	5	16	9	31	11	-85	60	7.8	Mw	Costa Rica:Upala	哥斯达黎加:乌帕拉	* Engdahl,NOAA
1950	10	6	21	20	59	33.3	76.5		5	Mk	India:Jammu & Kashmir	印度:查谟和克什米尔	GSHAP,Song
1950	10	8	3	23	9	-3.8	128.3	60	7.5	Mw	Indonesia:Ceram Sea	印度尼西亚:塞兰海	* Engdahl,NOAA
1950	10	8	3	50	12	29.2	95.1		6.25	Ms	China:Xizang (Tibet),Medog	中国:西藏墨脱	China
1950	10	10	0	2	52	36.7	70.5	223	6	Mk	Afghan:Badakhshan	阿富汗:巴达赫尚	GSHAP,Song
1950	10	16	5	25	22	-5	-80	60	5	Mk	Peru:Piura	秘鲁:皮乌拉	GSHAP,Song
1950	10	16	15	42	23	27.5	96.4		5.25	Ms	India:Margherita,E.	印度:阿鲁纳恰尔邦玛格丽塔东部	China
1950	10	20	0	13		22.9	121.1		5.5	Ms	China:Taiwan,Taitung	中国:台湾台东	China
1950	10	21	9	42	58	17.8	-105.5		6.8	Muk	Mexico:Off Coast of Jalisco	墨西哥:哈利斯科沿海	Engdahl
1950	10	23	16	13	20	14.5	-91.5	0	7.5	Mw	Mexico:Mazatenango	危地马拉:马萨特南戈	* Shi Z.,Engdahl,NOAA
1950	10	25	7	3	23	26.3	126.2	130	6.25	Ms	Ryukyu Islands	琉球群岛	China
1950	10	26	9	30		11.42	-69.68		5	Mk	Venezuela:Coro	委内瑞拉:科罗	GSHAP,Song
1950	10	28	16	47	18	52.3	79.3	25	5	Ms	Russia:Altai Krai,Rubtsovsk,NW.	俄罗斯:阿尔泰边疆区鲁布佐夫斯克西北	GSHAP
1950	10	29	6	2	20	27.5	96.4		5.5	Ms	India:Margherita,E.	印度:阿鲁纳恰尔邦玛格丽塔东部	China
1950	10	30	9	4	50	25.9	96.8		5	Mk	myanmar:Myitkyina	缅甸:密支那	GSHAP,Song
1950	10	30	23	13	47	32	97		5.5	Ms	China:Xizang (Tibet),Qamdo,N.	中国:西藏昌都北	China
1950	11	2	6	18	2.8	-17.38	-66.19		5.3	Ms	Bolivia:Cochabamba	玻利维亚:科恰班巴	GSHAP
1950	11	2	7	7	35	24.6	121.1		6	Ms	China:Taiwan,Hsinchu	中国:台湾新竹	China
1950	11	2	15	27	56	-6.5	129.5	50	7.4	mB	Indonesia:Banda Sea	印度尼西亚:班达海	* Engdahl
1950	11	2	20	17	31	30.4	97.3		5.5	Ms	China:Xizang (Tibet),Chagyab	中国:西藏察雅	China
1950	11	5	17	37	27	33.25	134.75		6.9	Muk	Japan:Tokushima,Near Coast	日本:德岛近海	Engdahl
1950	11	8	2	18	12	-10	159.5	0	7.1	Mw	Solomon Islands	所罗门群岛	* Engdahl,NOAA
1950	11	8	10	7	45	38.3	39.1	33	5.2	Ms	Turkey:Malatya	土耳其:马拉蒂亚	GSHAP
1950	11	9	7	32	36	43.3	46.1	19	5	Ms	Russia:Chechnia,Grozny,E.	俄罗斯:车臣共和国格罗兹尼北部	GSHAP
1950	11	12	21	30	27	27.7	94.8		5.5	Ms	India:Arunachal Pradesh	印度:阿鲁那恰尔邦	GSHAP
1950	11	16	9	9	7	27.5	96.4		5	Ms	India:Margherita,E.	印度:阿鲁纳恰尔邦玛格丽塔东部	China
1950	11	17	19	28	16	16.5	-100.4		6.8	Muk	Mexico:Near Coast of Guerrero	墨西哥:格雷罗近海	* Engdahl
1950	11	17	22	1	4	38.75	70.5	5	5.3	Ms	Tadzhikistan:Kalaihongbu	塔吉克斯坦:卡莱洪布	GSHAP
1950	11	18	0	44	10	27.7	94.6		6.7	Ms	India:Assam,N.	印度:阿萨姆北部	GSHAP

年	月	日	时	分	秒	纬度(°)	经度(°)	深度	震级	标度	地名(英文)	地名(中文)	资料来源
Year	Mo	Dy	Hr	Mn	Sec	Latitude	Longitude	Depth	Mag	Scale	Name(English)	Name(Chinese)	Information
1950	11	19	21	34	56	38.4	72.2		5	Mk	Tadzhikistan:Baulch Maldives	塔吉克斯坦:巴尔奇代夫	GSHAP,Song
1950	11	20	11	29		22.4	121.1		5.3	Ms	China:Taiwan,Taitung,Coast of E.	中国:台湾台东以东海域	China
1950	11	20	13	15		9.61	-69.8		5	Mk	Venezuela:Lara	委内瑞拉:拉腊	GSHAP,Song
1950	11	21	7	10	3	29	96		5	Ms	India:Arunachal Pradesh	印度:阿鲁那恰尔邦	China
1950	11	21	13	55	59	-21	-65.5	287	5.5	Ms	Bolivia:Tupiza	玻利维亚:图皮萨	GSHAP
1950	11	21	20	53	57	38.6	70.5	5	5.2	Ms	Tajikistan:Garm	塔吉克斯坦:加尔姆	GSHAP
1950	11	22	1	28	18	37.6	71.6	223	6	Mk	Tajikistan: Khorog	塔吉克斯坦:霍罗格	GSHAP,Song
1950	11	22	10	16	26	51.4	-176	0	6.8	Muk	Andreanof Islands, Aleutian Is.	阿留申群岛,安德烈亚诺夫群岛	Engdahl,USGS
1950	11	28	17	53	19	40	27.9	33	5	Ms	Turkey:Manyas	土耳其:马尼亚斯	GSHAP
1950	12	1	14	50	58	14	-47.25	60	6.6	Ms	Northern Mid - Atlantic Ridge	北大西洋洋中脊	Engdahl
1950	12	2	15	19	22	-8.2	-71	667	6.8	Muk	Brazil:Amazonas	巴西:亚马孙州	GSHAP,Engdahl
1950	12	2	19	51	49	-18.3	167.5	60	7.2	Mw	Vanuatu Islands	瓦努阿图群岛	* Engdahl
1950	12	2	19	55	27	-18.25	167.5	60	7.2	Muk	Vanuatu Islands	瓦努阿图群岛	Shi Z. ,Engdahl
1950	12	3	6	26	52	29	96		6	Ms	India:Arunachal Pradesh	印度:阿鲁那恰尔邦	China
1950	12	3	7	47	33	-18	167.7		6.5	Muk	Vanuatu Islands	瓦努阿图群岛	Engdahl
1950	12	3	18	26	3	36.5	71		5	Mk	Afghan:Badakhshan	阿富汗:巴达赫尚	GSHAP,Song
1950	12	4	16	28	3	-5	153.5	110	7.3	mB	Papua New Guinea:East New Britain,E.	巴布亚新几内亚:东新不列颠东部	Engdahl
1950	12	4	21	34	51	-21	-67.5	64	5.2	Ms	Bolivia:Tupiza	玻利维亚:图皮萨	GSHAP
1950	12	9	21	38	48	-23.5	-67.5	100	7.7	mB	Chile:Antofagasta,C.	智利:安托法加斯塔中部	* Engdahl
1950	12	10	2	50	42	-14.25	-75.75	80	7.1	mB	Peru:Ica,Chimbote,Huaraz	秘鲁:伊卡,钦博塔,安卡什	* Engdahl,NOAA
1950	12	10	13	23	4	-28	-178.5	250	7.2	mB	Kermadec Ridge	克马德克海岭	* Engdahl
1950	12	11	14	46	41	-8	-70.75	650	6.3	Ms	Brazil:Amazonas	巴西:亚马孙州	GSHAP
1950	12	14	1	52	49	-19.5	-176	200	7.5	mB	Tonga Islands	汤加群岛	* Engdahl
1950	12	14	13	24	19	40.08	-120.07		5.6	Ms	US:California,Doyle	美国:加利福尼亚州多伊尔	USGS
1950	12	14	14	15	51	16.48	-98.22	50	7.3	Mw	Mexico:Oaxaca	墨西哥:瓦哈卡	* Engdahl,NOAA
1950	12	15	23	37	51	45	78	23	5	Ms	Kazakhstan:Almaty	哈萨克斯坦:阿拉木图	GSHAP
1950	12	21	11	36	48	-29.5	-71	100	5	Mk	Chile:La Higuera	智利:拉伊格拉	GSHAP,Song
1950	12	22	9	10	40	8	91.5		6	Ms	India:Andaman Islands	印度:安达曼群岛	GSHAP
1950	12	24	4	35	37	36.7	70.5	223	6	Mk	Afghan:Badakhshan	阿富汗:巴达赫尚	GSHAP,Song
1950	12	24	22	35	20.1	24.4	91.7		6.3	Ms	Bangladesh:Sylhet	孟加拉:锡尔赫特(锡莱特)	GSHAP
1950	12	28	14	17	26	-7.5	-71	650	6.3	Ms	Brazil:Amazonas	巴西:亚马孙州	GSHAP
1950	12	29	11	56	7	32.7	87.8		5.75	Ms	China:Xizang (Tibet),Nyima,N.	中国:西藏尼玛北	China
1950	12	29	22	35	20	24.4	91.7		6.3	Ms	Bangladesh:Sylhet	孟加拉:锡尔赫特(锡莱特)	GSHAP
1950						65	145.5	20	5	Ms	Russia:Sakha,Artyk	俄罗斯:萨哈共和国阿尔特克	GSHAP
1951	1	1	3	7	55	47.7	109.9	30	5.8	Ms	Mongolia:Central Hentiy	蒙古:肯特中部	GSHAP
1951	1	3	21	14	14	28.7	94.2		5	Ms	India:Arunachal Pradesh	印度:阿鲁那恰尔邦	China
1951	1	4	3	38	18	38.4	73.6	140	5.9	Ms	Tajikistan:Kuhistoni Badakhshon,E.	塔吉克斯坦:戈瑙-巴达科善东部	GSHAP
1951	1	5	0	52	40	7.5	-80.5	90	6.8	Muk	Panama:Off Coast of S.	巴拿马:南部海域	Engdahl
1951	1	6	5	17	20	36.5	71	223	6.8	Muk	Afghan:Badakhshan	阿富汗:巴达赫尚	GSHAP,Engdahl
1951	1	6	7	51	31	7.5	-80.5	90	6.9	Muk	Panama:Off Coast of S.	巴拿马:南部海域	Engdahl
1951	1	7	18	31		57.9	163.2	20	5.2	Ms	Russia:Kamchatka Peninsula	俄罗斯:堪察加半岛	GSHAP
1951	1	8	16	32		35.4	140.1	40	6.2	Ms	Japan:Ichihara	日本:千叶市原	Usami,Japan
1951	1	8	21	39	29	-5	151		6.9	Muk	Bismarck Sea	俾斯麦海	Engdahl
1951	1	9	16	0	21	81	126.5	20	5.3	Ms	Arctic Ocean	北冰洋	GSHAP
1951	1	10	21	39	49	39.7	75		5	Ms	China:Xinjiang,Ulugqat	中国:新疆乌恰	China,GSHAP
1951	1	15	4	12	12	-14.9	167.1	96	6.7	Muk	Vanuatu Islands	瓦努阿图群岛	Engdahl
1951	1	16	1	11		41.808	15.9	12	5.27	Ms	Italy:San Severo	意大利:圣塞韦罗	Italy,GSHAP
1951	1	16	8	8	42	36.7	70.5	223	6	Mk	Afghan:Badakhshan	阿富汗:巴达赫尚	GSHAP,Song
1951	1	18	21	15	45	52.1	-177.5		6.3	Ms	Andreanof Islands, Aleutian Is.	阿留申群岛,安德烈亚诺夫群岛	USGS
1951	1	22	23	20		10.43	-63.8		5	Mk	Venezuela:Isla Cubagua	委内瑞拉:库巴瓜岛	GSHAP,Song
1951	1	23	6	52	41	-55	-136.5		6.9	Muk	Southern Pacific Ridge	南太平洋海岭	Engdahl
1951	1	24	7	17	2.6	32.983	-115.733	16	5.8	Ms	US:California,Brawley	美国:加利福尼亚州布劳利	CGS,USGS
1951	1	26	2	51		-5.794	-79.751	30	5	Mk	Peru:Piura	秘鲁:皮乌拉	GSHAP,Song
1951	1	28	10	20	8	36.9	70.8	96	6	Mk	Afghan:Badakhshan	阿富汗:巴达赫尚	GSHAP,Song
1951	1	28	13	26	28	24.3	122.3		6	Ms	China:Taiwan,Hualien,Coast of E.	中国:台湾花莲以东海域	China
1951	1	30	23	7		32.2	33.3		6.2	Ms	Mediterranean Sea	地中海	GSHAP
1951	1	31	16	39		-12.209	-76.935	50	5	Mk	Peru:Lima	秘鲁:利马	GSHAP,Song
1951	2	2	16	44	36	46.7	142.5	10	5.5	Ms	Russia:Sakhalin Island	俄罗斯:库页岛(萨哈林岛)	GSHAP
1951	2	2	23	59	6	37	30.5	90	5.4	Ms	Turkey:Antalya	土耳其:安塔利亚	GSHAP
1951	2	6	1	33		23.7	121.7	40	5	Ms	China:Taiwan,Hualien,Coast of E.	中国:台湾花莲以东海域	China
1951	2	7	6	24	31	36.7	70.5	223	6	Mk	Afghan:Badakhshan	阿富汗:巴达赫尚	GSHAP,Song
1951	2	8	21	14	15	27.5	95.5		5	Mk	India:Makum	印度:阿萨姆的马古姆	GSHAP,Song
1951	2	10	8	38	14	43.5	146.2	70	6	Ms	Kuril Islands	千岛群岛	GSHAP
1951	2	12	17	22	6	65.8	137	18	6.4	Ms	Russia:Sakha,Artyk,NW.	俄罗斯:萨哈共和国阿尔特克西北	GSHAP
1951	2	13	11	55	50	-15	-175.25	250	6.9	Muk	North of Fiji Islands	斐济群岛北部	Engdahl
1951	2	13	22	12	57	56	-156	0	7.2	Mw	Aleutian Islands	阿留申群岛	Engdahl,USGS
1951	2	15	8	23	20	29	98		5	Ms	China:Xizang (Tibet),Zayu,NE.	中国:西藏察隅东北	China
1951	2	17	21	7	7	-9.3	147.1	180	7.2	mB	Papua New Guinea:Lea Lea	巴布亚新几内亚:莱阿莱阿	* Engdahl

年 Year	月 Mo	日 Dy	时 Hr	分 Mn	秒 Sec	纬度(°) Latitude	经度(°) Longitude	深度 Depth	震级 Mag	标度 Scale	地名(英文) Name(English)	地名(中文) Name(Chinese)	资料来源 Information
1951	2	20	0	14	12	47.97	19.13	17	5.1	Ms	Hungary:Budapest	匈牙利:布达佩斯	GSHAP
1951	2	21	1	24	15	28.7	94.2		5	Ms	India:Arunachal Pradesh	印度:阿鲁那恰尔邦	China
1951	2	22	1	45	42	-3.7	142.2		7.8	Mk	Papua New Guinea:Nuku	巴布亚新几内亚:努库	*NOAA,Song
1951	2	23	2	56	42	44.5	-129.5		5.6	Ms	US:Oregon,Off Coast of W.	美国:俄勒冈州西部沿海	USGS
1951	3	4	11	17	24	-16	-74.5	64	6.9	Muk	Peru:Nazca	秘鲁:纳斯卡	GSHAP,Engdahl
1951	3	5	20	11	48	28.5	128	170	6.9	Muk	Ryukyu Islands	琉球群岛	Engdahl
1951	3	6	18	58	13	28.7	95.4		5.5	Ms	India:Arunachal Pradesh,E.	印度:阿鲁那恰尔邦东部	China
1951	3	9	19	44	17	-8.7	124.1	540	6.8	Muk	Indonesia:Timor Island	印度尼西亚:帝汶岛	Engdahl
1951	3	10	21	57	29	-15	167.5	130	7.2	mB	Vanuatu Islands	瓦努阿图群岛	Engdahl
1951	3	11	9	8	14	-14	-70	200	5.2	Ms	Peru:Puno,N.	秘鲁:普诺北部	GSHAP
1951	3	12	14	52	20	28.7	94.2		5.75	Ms	India:Arunachal Pradesh	印度:阿鲁那恰尔邦	China
1951	3	15	16			29.3	102.6		5	Ms	China:Sichuan,Hanyuan	中国:四川汉源	China
1951	3	16	13	56	50	30.5	97.5		5.25	Ms	China:Xizang (Tibet),Chagyab	中国:西藏察雅	China
1951	3	17	4	27	35	30.9	97.4		6	Ms	China:Xizang (Tibet),Qamdo	中国:西藏昌都附近	China
1951	3	18	9	24	30	39.9	42.1	33	5.5	Ms	Turkey:Horasan	土耳其:霍拉桑	Turkey
1951	3	19	20	28	49	54	161	20	5.8	Ms	Russia:Kamchatka Peninsula	俄罗斯:堪察加半岛	GSHAP
1951	3	19				9.5	127.3		7.8	Muk	Philippine Trench	菲律宾海沟	*
1951	3	23	21	38	51	-30.5	180	270	6.8	mB	Kermadec Ridge	克马德克海岭	*Engdahl
1951	3	24	0	17	43	-10.6	165.5	160	7.1	Muk	Solomon Islands	所罗门群岛	Engdahl
1951	3	28	1	55	13	-36.5	177	360	6.25	Ms	Kermadec Ridge	克马德克海岭	Shi Z.
1951	3	30	2	37		37.1	71.2	128	6	Mk	Afghan:Badakhshan	阿富汗:巴达赫尚	GSHAP,Song
1951	3	30	12	13	1	29.9	97.2		5	Ms	China:Xizang (Tibet),Baxoi	中国:西藏八宿附近	China
1951	3	31	9	20	34	60.4	-153.6	223	6	Mk	South of Alaska	阿拉斯加南部	USGS,Song
1951	4	1	19	21	8	40.47	-125.3		5	Ms	US:California,Off Coast N.	美国:加利福尼亚州北部沿海	USGS
1951	4	2	17	56	52	38.6	70.5		5	Mk	Tadzhikistan:Kalaihongbu	塔吉克斯坦:卡莱洪布	GSHAP,Song
1951	4	3	19	26	15	39.2	70.7		5	Mk	Tadzhikistan:Tajikabad	塔吉克斯坦:塔吉卡巴德	GSHAP,Song
1951	4	3	23	13	38	39.2	70.7		5	Mk	Tadzhikistan:Tajikabad	塔吉克斯坦:塔吉卡巴德	GSHAP,Song
1951	4	4	10	46	12	65	136	16	5.2	Ms	Russia:Sakha,Polyarnik	俄罗斯:萨哈共和国波利亚尔尼克	GSHAP
1951	4	6	22	54	13	45.6	143.4	370	6.3	Ms	Japan:Hokkaido,Coast N.	日本:北海道北部海域	GSHAP
1951	4	6	23	53		30.5	97.5		5.25	Ms	China:Xizang (Tibet),Chagyab	中国:西藏察雅	China
1951	4	7	20	29	12	25.8	90.4		6.8	Ms	India:Songsak	印度:松瑟格	GSHAP
1951	4	8	20	53	8	18.5	70.8		6	Ms	India:Gujarat	印度:古吉拉特	GSHAP
1951	4	8				19.1	70.5		6	Ms	India:Gujarat	印度:古吉拉特	GSHAP
1951	4	10	10	55	38	-15.5	-173		6.8	Muk	Samoa Islands	萨摩亚群岛	Engdahl
1951	4	14	0	45	29	-23.3	-66.4	223	7	Muk	Argentina:Jujuy	阿根廷:胡胡伊	GSHAP,Engdahl
1951	4	14	4	10	6	39.1	71.6	25	5.9	Ms	Tadzhikistan:Dzhirgatal	塔吉克斯坦:吉尔加塔尔	GSHAP
1951	4	14	4	52	21	39.1	71.6	10	5	Ms	Tadzhikistan:Dzhirgatal	塔吉克斯坦:吉尔加塔尔	GSHAP
1951	4	14	12	45	6	39	71.8		5	Mk	Tadzhikistan:Dzhirgatal	塔吉克斯坦:吉尔加塔尔	GSHAP,Song
1951	4	14	13	32	59	61.3	137.4	30	6.5	Ms	Russia:Sakha,Allakh - Yun	俄罗斯:萨哈共和国阿拉赫云	GSHAP
1951	4	14	23	40	59	28.4	93.8		6.5	Ms	India:Arunachal Pradesh	印度:阿鲁那恰尔邦	China
1951	4	16	19	52	57	31	138.5	470	6.8	Muk	Japan:South Honshu Ridge	日本:南本州海岭	Engdahl
1951	4	22	3	37	40	28.7	94.2		5.5	Ms	India:Arunachal Pradesh	印度:阿鲁那恰尔邦	China
1951	4	23	0	52	23	19.2	-155.5		6.5	Ms	Hawaiian Islands	夏威夷群岛	USGS
1951	4	23	13	17	4	-21	-67.5	287	6.3	Ms	Bolivia:Tupiza	玻利维亚:图皮萨	GSHAP
1951	4	26	6	46	5	37.6	71.6	192	6	Mk	Tajikistan: Khorog	塔吉克斯坦:霍罗格	GSHAP,Song
1951	4	29	7	35	37	81.5	131	20	5.2	Ms	Laptev Sea	拉普捷夫海	GSHAP
1951	5	1	5	2	40	-50.5	149		6.8	Ms	Australia:Macquarie Island,NW.	澳大利亚:麦加利岛西北	Engdahl
1951	5	1	19			36.7	70.5	160	6	Mk	Afghan:Badakhshan	阿富汗:巴达赫尚	GSHAP,Song
1951	5	2	12	19	50	39.2	70.7		5	Mk	Tadzhikistan:Tajikabad	塔吉克斯坦:塔吉卡巴德	GSHAP,Song
1951	5	4	1	5		24.6	122.3	20	5	Ms	China:Taiwan,Yilan,Coast of E.	中国:台湾宜兰以东海域	China
1951	5	4	11	53	14	44.4	142.2	240	6.5	Ms	Japan:Hokkaido	日本:北海道	GSHAP
1951	5	6	16	10	52	71.5	-9		7	Muk	Jan Mayen Island	扬马延岛	Engdahl
1951	5	6	23	8		13	-87.8	100	6.5	Muk	El Salvador:La Unión	萨尔瓦多:拉乌尼翁	*
1951	5	8	20	0	51	-8.3	-79.8	64	5	Mk	Peru:Trujillo,Near Coast	秘鲁:特鲁希略近海	GSHAP,Song
1951	5	9	6	20	23	36.9	70.8	128	6	Mk	Afghan:Badakhshan	阿富汗:巴达赫尚	GSHAP,Song
1951	5	10	9	18	0.3	-19.75	34		6	Ms	Mozambique:Beira,W.	莫桑比克:贝拉西部	GSHAP
1951	5	10	14	57	22	27.5	102		5.5	Ms	China:Sichuan,Dechang,NW.	中国:四川德昌西北	China
1951	5	12	22	7	52	39.62	71.2	25	5.6	Ms	Kyrgyzstan:Bazar Dare	吉尔吉斯斯坦:扎尔达雷	GSHAP
1951	5	13	1	45	52	39.5	71.1		5	Mk	Tadzhikistan:Dzhirgatal	塔吉克斯坦:吉尔加塔尔	GSHAP,Song
1951	5	13	7	17	35	39.5	71.1		5	Mk	Tadzhikistan:Dzhirgatal	塔吉克斯坦:吉尔加塔尔	GSHAP,Song
1951	5	13	7	52	4	39.5	71.1		5	Mk	Tadzhikistan:Dzhirgatal	塔吉克斯坦:吉尔加塔尔	GSHAP,Song
1951	5	13	20	49	50	38.6	70.5		5	Mk	Tadzhikistan:Kalaihongbu	塔吉克斯坦:卡莱洪布	GSHAP,Song
1951	5	14	4	7	32	30.2	70.1		5.7	Ms	Pakistan:Quetta	巴基斯坦:奎达	Afghan,GSHAP
1951	5	14	6	2	4	37.1	71.2	96	6	Mk	Afghan:Badakhshan	阿富汗:巴达赫尚	GSHAP,Song
1951	5	15	22	54		45.254	9.55		5.24	Ms	Italy:Lodi	意大利:洛迪	Italy
1951	5	16	13	23		-15	-69.5	250	7.9	Muk	Peru:Azangaro	秘鲁:阿桑加罗	*GSHAP
1951	5	19	11	54	49	39	71.3		5	Mk	Tadzhikistan:Dzhirgatal	塔吉克斯坦:吉尔加塔尔	GSHAP,Song
1951	5	21	8	27	20	-6	154.5	150	7	mB	Papua New Guinea:Bougainville Island	巴布亚新几内亚:布干维尔岛	Engdahl

年	月	日	时	分	秒	纬度(°)	经度(°)	深度	震级	标度	地名(英文)	地名(中文)	资料来源
Year	Mo	Dy	Hr	Mn	Sec	Latitude	Longitude	Depth	Mag	Scale	Name(English)	Name(Chinese)	Information
1951	5	22	17	41	28	24.3	122.3		5	Ms	China:Taiwan,Hualien,Coast of E.	中国:台湾花莲以东海域	China
1951	5	24	15	31		37.6	71.6	96	6	Mk	Tajikistan: Khorog	塔吉克斯坦:霍罗格	GSHAP,Song
1951	5	25	20	42		43.033	15.067		5.17	Ms	Adriatic Sea	亚得里亚海	Italy
1951	5	28	14	16		31.8	27	100	6.2	Ms	Mediterranean Sea	地中海	GSHAP
1951	5	28	15	59	19	29	87		5.5	Ms	China:Xizang (Tibet),Tingri,N.	中国:西藏定日北部	China
1951	5	29	1	52		23.1	120.6	20	5.2	Ms	China:Taiwan,Kaohsiung	中国:台湾高雄	China
1951	6	3	18	30	24	24.3	122.3		5.5	Ms	China:Taiwan,Hualien,Coast of E.	中国:台湾花莲以东海域	China
1951	6	5	7	32	24	23.7	122.5		5	Ms	China:Taiwan,Hualien,Coast of E.	中国:台湾花莲以东海域	China
1951	6	5	16	57	43	29.75	131.75	60	6.8	Muk	Ryukyu Islands	琉球群岛	Engdahl
1951	6	6	16	10	48	71.3	-9.7		7	Muk	Jan Mayen Island	扬马延岛	Engdahl
1951	6	7	22	58	56	-28.5	-175.9		6.8	Muk	Kermadec Ridge	克马德克海岭	Engdahl
1951	6	8	13	34	36	24.3	122.3		5.25	Ms	China:Taiwan,Hualien,Coast of E.	中国:台湾花莲以东海域	China
1951	6	9	11	22	7	32.26	49.8	53	6.2	Ms	Iran:Khuzestan	伊朗:胡齐斯坦	Iran
1951	6	12	5	42	35	-13.1	-76.2		5	Mk	Peru:Canete	秘鲁:卡涅特	GSHAP,Song
1951	6	12	22	40	39	36.3	71	223	7.5	Ms	Afghan:Badakhshan	阿富汗:巴达赫尚	Engdahl
1951	6	16	23	46	58	44.5	-130		5.5	Ms	US:Off Coast of W. Oregon	美国:俄勒冈州西部沿海	USGS
1951	6	17	9	40	15	44.5	-130		6	Ms	US:Off Coast of W. Oregon	美国:俄勒冈州西部沿海	USGS
1951	6	17	17	59	42.7	-17.2	-65.24		5.5	Ms	Bolivia:Cochabamba	玻利维亚:科恰班巴	GSHAP
1951	6	20	4	48	9	36.3	71	96	6	Mk	Afghan:Badakhshan	阿富汗:巴达赫尚	GSHAP,Song
1951	6	20	21	50	18	23.9	121.7		5.75	Ms	China:Taiwan,Hualien,Coast of E.	中国:台湾花莲以东海域	China
1951	6	24	1	44	26	-8.3	-79.8		5.5	Ms	Peru:Trujillo,Near Coast	秘鲁:特鲁希略近海	GSHAP
1951	6	25	3	37		23.7	122.6	60	5.4	Ms	China:Taiwan,Hualien,Coast of E.	中国:台湾花莲以东海域	China
1951	6	25	16	12	37	61.1	-150.1	128	6.2	Ms	Alaska Peninsula,S.	阿拉斯加半岛南部	USGS
1951	6	28	3	7	46	-19.3	-63.8		6.2	Ms	Bolivia:Chuquisaca	玻利维亚:丘基萨卡	GSHAP
1951	6	28	3	36	52	-17	-71.5		5	Mk	Peru:Arequipa	秘鲁:阿雷基帕	GSHAP,Song
1951	7	3	4	11		12.2	45.8		5.4	Ms	Western Gulf of Aden	亚丁湾西部	GSHAP
1951	7	3	5	23	0.5	12.2	45.8		5.1	Ms	Western Gulf of Aden	亚丁湾西部	GSHAP
1951	7	3	18	16		12.2	45.8		5	Ms	Western Gulf of Aden	亚丁湾西部	GSHAP
1951	7	5	9	3	57	35	82		5	Ms	China:Xizang (Tibet),Rutog,NE.	中国:西藏日土东北	China
1951	7	7	3	57	13	36.7	70.5	223	6	Mk	Afghan:Badakhshan	阿富汗:巴达赫尚	GSHAP,Song
1951	7	7	5	49	39	36.7	70.5	223	6	Mk	Afghan:Badakhshan	阿富汗:巴达赫尚	GSHAP,Song
1951	7	9	0	4		16.1	-96.8	50	6.2	Muk	Mexico:Oaxaca	墨西哥:瓦哈卡	*
1951	7	9	9	3	51	21	95		5	Mk	myanmar:Meiktila	缅甸:密铁拉	GSHAP,Song
1951	7	11	18	21	52	27.5	139.5	480	6.9	mB	Japan:South Honshu Ridge	日本:本州南部海岭	Engdahl
1951	7	12	9	42	56	36.7	70.5	160	6	Mk	Afghan:Badakhshan	阿富汗:巴达赫尚	GSHAP,Song
1951	7	13	6	36	9	28.5	96		5.25	Ms	India:Arunachal Pradesh,E.	印度:阿鲁那恰尔邦东部	China
1951	7	14	4	59		-4	-81.3	30	5	Mk	Peru:Máncora,Near Coast	秘鲁:曼科拉近海	GSHAP,Song
1951	7	18	9	6	16	1	-27		6.9	Muk	Central Mid - Atlantic Ridge	中大西洋中脊	Engdahl
1951	7	19	20	41	28	51.6	-177.8	65	5.8	Ms	Andreanof Islands, Aleutian Is.	阿留申群岛,安德烈亚诺夫群岛	USGS
1951	7	21	1	32	24	28.7.	96.6		5.5	Ms	China:Xizang (Tibet),Zayu	中国:西藏察隅	China
1951	7	21	3	23		14	55		5.5	Ms	Arabian Sea	阿拉伯海	GSHAP
1951	7	21	4	6	34	36.7	70.5	160	6	Mk	Afghan:Badakhshan	阿富汗:巴达赫尚	GSHAP,Song
1951	7	21	20	25	49	45	107.5	15	5	Ms	Mongolia:Buyant - Ovco	蒙古:巴彦特敖包	GSHAP
1951	7	22	11	19	54	39.6	71.3		5	Mk	Kyrgyzstan:Batken,S.	吉尔吉斯斯坦:巴特肯南部	GSHAP,Song
1951	7	29	10	53	45	36.58	-121.18		5	Ms	US:California,Tres Pinos,S.	美国:加利福尼亚州特雷斯皮诺斯南部	USGS
1951	7	31	22	41	26	31.9	95.4		5.25	Ms	China:Xizang (Tibet),Dengqen,N.	中国:西藏丁青北	China
1951	8	1	3	18		10.05	-69.3		5	Mk	Venezuela:Lara	委内瑞拉:拉腊	GSHAP,Song
1951	8	2	9	57		37.1	138.5		5.2	Ms	Japan:Niigata	日本:新潟	Usami,Japan
1951	8	3	0	23	58	13	-87.5	100	6	Ms	Nicaragua:Gulf of Fonseca,Potosi	尼加拉瓜:丰塞卡湾,波多西	* NOAA
1951	8	3	23	35	28	39.1	71.7	15	5.1	Ms	Tadzhikistan:Dzhirgatal	塔吉克斯坦:吉尔加塔尔	GSHAP
1951	8	4	0	16	6	39	71.8		5	Mk	Tadzhikistan:Dzhirgatal	塔吉克斯坦:吉尔加塔尔	GSHAP,Song
1951	8	4	1	42	2	36.9	70.8	192	6	Mk	Afghan:Badakhshan	阿富汗:巴达赫尚	GSHAP,Song
1951	8	4	7	9	54	36.9	70.8	192	6	Mk	Afghan:Badakhshan	阿富汗:巴达赫尚	GSHAP,Song
1951	8	4	11	20	42	19.6	120.6		5.1	Ms	Luzon Ridge,W.	吕宋海岭西部	Wang S.
1951	8	6	8	8	56	13	-87.5	100	5.5	Ms	Nicaragua:Gulf of Fonseca,Jinotega	尼加拉瓜:丰塞卡湾,希诺特加	*
1951	8	6	19	29	36	-2	-79		5.2	Ms	Ecuador:Chimborazo	厄瓜多尔:钦博腊索山	GSHAP
1951	8	7	5	37	30	-8.443	-77.256	100	5	Mk	Peru:Santa Clara	秘鲁:圣克拉拉	GSHAP,Song
1951	8	8	8	40		35.9	31.1	33	5	Ms	Mediterranean Sea	地中海	GSHAP
1951	8	8	19	56		42.704	13.546		5.28	Ms	Italy:Teramo	意大利:泰拉莫	Italy
1951	8	8	22	9		41.6	13.8		6.5	Mk	Italy:Montecassino	意大利:蒙特卡西诺	* Song
1951	8	10	0	5	24	-14	-77		5	Mk	Peru:Pisco,Near Coast	秘鲁:皮斯科近海	GSHAP,Song
1951	8	10	23	0	22	46	143.8	340	6.7	Ms	Russia:Sakhalin Island	俄罗斯:库页岛(萨哈林岛)	GSHAP
1951	8	13	18	33	30	40.8	33.4		6.7	Muk	Turkey:Kursunlu	土耳其:库鲁修鲁	* Engdahl
1951	8	14	20	1	28	5.2	-74.5	223	5	Ms	Colombia:Yacopi	哥伦比亚:昆地那马加的亚科皮	GSHAP
1951	8	15	7	23		33.5	-118.2		5.9	Mk	US:California,Huntington Beach	美国:加利福尼亚州亨廷顿比奇	* Song
1951	8	16	23	52	8	28.2	57.3		5.7	Ms	Iran:Kerman	伊朗:克尔曼	Iran
1951	8	19	6	25	53	38.8	69.7		5	Mk	Tadzhikistan:Norak	塔吉克斯坦:努雷克	GSHAP,Song
1951	8	19	15	38	46	36.9	70.8	223	6	Mk	Afghan:Badakhshan	阿富汗:巴达赫尚	GSHAP,Song

年 Year	月 Mo	日 Dy	时 Hr	分 Mn	秒 Sec	纬度(°) Latitude	经度(°) Longitude	深度 Depth	震级 Mag	标度 Scale	地名(英文) Name(English)	地名(中文) Name(Chinese)	资料来源 Information
1951	8	20	12	25	21	-3.8	33.6		5.9	Ms	Tanzania:Shinyanga	坦桑尼亚:希尼安加	GSHAP
1951	8	21	10	57		19.7	-156	60	6.9	Ms	Hawaiian Islands	夏威夷群岛	* Engdahl,NOAA
1951	8	24	10	27	26	37.3	21.3		5.5	Ms	Ionian Sea	爱奥尼亚海	Turkey
1951	8	24	14	21	35	46.8	150.8	180	6.6	Ms	Kuril Islands	千岛群岛	GSHAP
1951	8	26	10	8	56	32.6	78.7		5	Ms	China:Xizang (Tibet),Ngari,W.	中国:西藏阿里西部	China
1951	8	26	18	23	58	36.9	70.8	223	6	Mk	Afghan:Badakhshan	阿富汗:巴达赫尚	GSHAP,Song
1951	8	28	1	59	31	27	99		5	Ms	China:Yunnan,Fugong	中国:云南福贡	China
1951	8	29	12	6	36	36.7	70.5	223	6	Mk	Afghan:Badakhshan	阿富汗:巴达赫尚	GSHAP,Song
1951	8	31	12	29	37	35.5	22.8		5.7	Ms	Mediterranean Sea	地中海	Turkey
1951	9	1				43.028	13.287		5.31	Ms	Italy:Sarnano	意大利:萨尔纳诺	Italy
1951	9	8	9	53		-6.9	-80.2	40	5	Mk	Peru:Chiclayo,Near Coast	秘鲁:奇克拉约近海	GSHAP,Song
1951	9	12	20	41	48	33.3	76.5		5.5	Ms	India:Jammu & Kashmir	印度:查谟和克什米尔	GSHAP
1951	9	13	21	16		23.8	121.6		5.2	Ms	China:Taiwan,Hualien	中国:台湾花莲	China
1951	9	15	0	56	15	33.3	76.5		5	Mk	India:Jammu & Kashmir	印度:查谟和克什米尔	GSHAP,Song
1951	9	15	12	54	25	37.1	71.2	192	6	Mk	Afghan:Badakhshan	阿富汗:巴达赫尚	GSHAP,Song
1951	9	15	22	52	12	40.15	28.02	40	5.6	Ms	Turkey:Manyas	土耳其:马尼亚斯	Turkey
1951	9	20	5	48	13	-4.2	-81.2		5	Mk	Peru:Mớncora	秘鲁:曼科拉	GSHAP,Song
1951	9	20	23	19	33	32.6	75.9		5	Mk	India:Himachal	印度:喜马偕尔邦	GSHAP,Song
1951	9	24	13	10	44	49.5	156.2	75	6.3	Ms	Kuril Islands	千岛群岛	GSHAP
1951	9	24	19	30	21	25.9	96.8		5.5	Ms	myanmar:Myitkyina	缅甸:密支那	GSHAP
1951	10	1	23	59	37	22.3	94.1		5	Mk	myanmar:Chin	缅甸:赛钦	GSHAP,Song
1951	10	4	5	43	5	36.6	70.6	200	5.2	Ms	Afghan:Badakhshan	阿富汗:巴达赫尚	GSHAP
1951	10	7	6	0	19	7.2	-75	96	5	Ms	Colombia:Antioquia	哥伦比亚:安提奥基亚	GSHAP
1951	10	8	4	10	35	40.25	-124.5		6	Ms	US:California,North Coast	美国:加利福尼亚州北部近海	CGS,USGS
1951	10	9	9	11		37.6	71.6		5	Mk	Tajikistan: Khorog	塔吉克斯坦:霍罗格	GSHAP,Song
1951	10	9	9	37	17	39.6	69.5		5	Mk	Kyrgyzstan:Suluktu	吉尔吉斯斯坦:苏柳克塔	GSHAP,Song
1951	10	11	1	37	35	-5.5	152	60	6.9	Muk	Papua New Guinea:East New Britain	巴布亚新几内亚:东新不列颠	Engdahl
1951	10	11	9	38	49	35.1	86.8		5	Ms	China:Xizang (Tibet),Nyima,N.	中国:西藏尼玛北部	China
1951	10	12	18	22	36	-2	-77		5.2	Ms	Ecuador:Pastaza	厄瓜多尔:帕斯塔萨	GSHAP
1951	10	14	9	43		22.2	121.6	40	5	Ms	China:Taiwan,Taitung,Coast of E.	中国:台湾台东以东海域	China
1951	10	15	14	48	59	36.7	70.5	223	6	Mk	Afghan:Badakhshan	阿富汗:巴达赫尚	GSHAP,Song
1951	10	17	2	33	21	9.5	-73		5	Ms	Venezuela:Zulia	委内瑞拉:苏利亚	GSHAP
1951	10	18	4	2	41	28.8	93.7		5.5	Ms	China:Xizang (Tibet),Mainling,SW.	中国:西藏米林西南	China
1951	10	18	8	26	24	41.6	142	40	6.5	Ms	Japan:Hakodate,Near Coast	日本:北海道函馆近海	Engdahl,Usami
1951	10	21	21	34	14	23.75	121.5	0	7.5	Mw	China:Taiwan,Hualien	中国:台湾花莲	* China,Engdahl,Dis
1951	10	21	22	55	26	23.9	121.7		6	Ms	China:Taiwan,Hualien,Coast of E.	中国:台湾花莲以东海域	China
1951	10	21	23	15		23.6	121.9	20	5.5	Ms	China:Taiwan,Hualien,Coast of E.	中国:台湾花莲以东海域	China
1951	10	22	0	55		23.8	121.6		5.8	Ms	China:Taiwan,Hualien	中国:台湾花莲	China
1951	10	22	1	2		23.7	121.2	20	5.2	Ms	China:Taiwan,Nantou	中国:台湾南投	China
1951	10	22	1	21		23.8	121.7		5.8	Ms	China:Taiwan,Hualien,Coast of E.	中国:台湾花莲以东海域	China
1951	10	22	3	29	27	23.75	121.25	0	7.2	Mw	China:Taiwan,Hualien	中国:台湾花莲	China,Engdahl
1951	10	22	3	47		23.6	121.6		5.4	Ms	China:Taiwan,Hualien,Coast of E.	中国:台湾花莲以东海域	China
1951	10	22	3	50		24.1	121.8		5.7	Ms	China:Taiwan,Hualien,Coast of E.	中国:台湾花莲以东海域	China
1951	10	22	3	52		23.7	121.7		6.1	Ms	China:Taiwan,Hualien,Coast of E.	中国:台湾花莲以东海域	China
1951	10	22	4	15		23.6	121.9	20	5.5	Ms	China:Taiwan,Hualien,Coast of E.	中国:台湾花莲以东海域	China
1951	10	22	4	23	53	23.9	121.7		6	Ms	China:Taiwan,Hualien,Coast of E.	中国:台湾花莲以东海域	China
1951	10	22	4	28	5	23.9	121.7	0	7	Ms	China:Taiwan,Hualien,Coast of E.	中国:台湾花莲以东海域	Engdahl,China
1951	10	22	4	32		24	121.9	20	6	Ms	China:Taiwan,Hualien,Coast of E.	中国:台湾花莲以东海域	China
1951	10	22	4	37		24	121.9	20	5.4	Ms	China:Taiwan,Hualien,Coast of E.	中国:台湾花莲以东海域	China
1951	10	22	4	39		24	121.9	20	5.5	Ms	China:Taiwan,Hualien,Coast of E.	中国:台湾花莲以东海域	China
1951	10	22	4	49		23.9	121.8	20	5.4	Ms	China:Taiwan,Hualien,Coast of E.	中国:台湾花莲以东海域	China
1951	10	22	4	52		23.9	121.8	20	5.2	Ms	China:Taiwan,Hualien,Coast of E.	中国:台湾花莲以东海域	China
1951	10	22	4	58		23.6	121.7	20	5.5	Ms	China:Taiwan,Hualien,Coast of E.	中国:台湾花莲以东海域	China
1951	10	22	5	17	44	23.9	121.7	0	6.6	Ms	China:Taiwan,Hualien,Coast of E.	中国:台湾花莲以东海域	Engdahl,China
1951	10	22	5	43	1	24	121.25	0	7.1	Mw	China:Taiwan,Nantou,N.	中国:台湾南投北	Engdahl,China,NOAA
1951	10	22	6	19		23.6	122.3	20	5.5	Ms	China:Taiwan,Hualien,Coast of E.	中国:台湾花莲以东海域	China
1951	10	22	6	57		24.2	121.9	20	5	Ms	China:Taiwan,Hualien,Coast of E.	中国:台湾花莲以东海域	China
1951	10	22	7	22	3	24.1	121.7	20	5.4	Ms	China:Taiwan,Hualien	中国:台湾花莲	China
1951	10	22	7	34		24.1	121.8	20	5.4	Ms	China:Taiwan,Hualien,Coast of E.	中国:台湾花莲以东海域	China
1951	10	22	7	53		24.2	121.9		5.4	Ms	China:Taiwan,Hualien,Coast of E.	中国:台湾花莲以东海域	China
1951	10	22	9	13		23.9	121.9	20	5.4	Ms	China:Taiwan,Hualien,Coast of E.	中国:台湾花莲以东海域	China
1951	10	22	9	15		23.7	121.9	20	5.8	Ms	China:Taiwan,Hualien,Coast of E.	中国:台湾花莲以东海域	China
1951	10	22	9	24		23.5	122.1	40	5.2	Ms	China:Taiwan,Hualien,Coast of E.	中国:台湾花莲以东海域	China
1951	10	22	9	40		24.2	122	20	5.9	Ms	China:Taiwan,Hualien,Coast of E.	中国:台湾花莲以东海域	China
1951	10	22	9	49		24.3	121.9	20	5	Ms	China:Taiwan,Hualien,Coast of E.	中国:台湾花莲以东海域	China
1951	10	22	10	25	45	23.9	121.7		5.75	Ms	China:Taiwan,Hualien,Coast of E.	中国:台湾花莲以东海域	China
1951	10	22	10	25		23.6	121.9	40	5.5	Ms	China:Taiwan,Hualien,Coast of E.	中国:台湾花莲以东海域	China

年 Year	月 Mo	日 Dy	时 Hr	分 Mn	秒 Sec	纬度(°) Latitude	经度(°) Longitude	深度 Depth	震级 Mag	标度 Scale	地名(英文) Name(English)	地名(中文) Name(Chinese)	资料来源 Information
1951	10	22	11	11	3	23.9	121.7		6.5	Ms	China:Taiwan,Hualien,Coast of E.	中国：台湾花莲以东海域	China
1951	10	22	11	19		24	121.1	40	5.4	Ms	China:Taiwan,Nantou,N.	中国：台湾南投北	China
1951	10	22	11	34		24.2	122.1	20	5.8	Ms	China:Taiwan,Hualien,Coast of E.	中国：台湾花莲以东海域	China
1951	10	22	11	46		24.2	121.9	20	5.2	Ms	China:Taiwan,Hualien,Coast of E.	中国：台湾花莲以东海域	China
1951	10	22	11	48		23.7	122.2	20	5.8	Ms	China:Taiwan,Hualien,Coast of E.	中国：台湾花莲以东海域	China
1951	10	22	11	53		24	122.1	40	5.7	Ms	China:Taiwan,Hualien,Coast of E.	中国：台湾花莲以东海域	China
1951	10	22	12	46		24.3	121.8	20	5.5	Ms	China:Taiwan,Hualien,Coast of E.	中国：台湾花莲以东海域	China
1951	10	22	12	48	38	23.9	121.7		6.5	Ms	China:Taiwan,Hualien,Coast of E.	中国：台湾花莲以东海域	China
1951	10	22	13	1	13	23.9	121.7		6.25	Ms	China:Taiwan,Hualien,Coast of E.	中国：台湾花莲以东海域	China
1951	10	22	13	33		24.1	121.8		5.2	Ms	China:Taiwan,Hualien,Coast of E.	中国：台湾花莲以东海域	China
1951	10	22	13	49		23.9	122	20	5.4	Ms	China:Taiwan,Hualien,Coast of E.	中国：台湾花莲以东海域	China
1951	10	22	13	58		24.3	121.9		5.2	Ms	China:Taiwan,Hualien,Coast of E.	中国：台湾花莲以东海域	China
1951	10	22	13			24.1	121.9	20	5.8	Ms	China:Taiwan,Hualien,Coast of E.	中国：台湾花莲以东海域	China
1951	10	22	14	16		23.7	121.9	20	5	Ms	China:Taiwan,Hualien,Coast of E.	中国：台湾花莲以东海域	China
1951	10	22	14	20		23.9	121.6		5.5	Ms	China:Taiwan,Hualien	中国：台湾花莲	China
1951	10	22	14	46	42	23.9	121.7		6	Ms	China:Taiwan,Hualien,Coast of E.	中国：台湾花莲以东海域	China
1951	10	22	14	51		23.8	121.6	20	5.4	Ms	China:Taiwan,Hualien	中国：台湾花莲	China
1951	10	22	14	56		24.1	121.9	20	5.4	Ms	China:Taiwan,Hualien,Coast of E.	中国：台湾花莲以东海域	China
1951	10	22	15	29	47	23.9	121.7		6.75	Ms	China:Taiwan,Hualien,Coast of E.	中国：台湾花莲以东海域	China,Engdahl
1951	10	22	16	6	55	23.9	121.7		6	Ms	China:Taiwan,Hualien,Coast of E.	中国：台湾花莲以东海域	China
1951	10	22	16	12		23.8	121.6		5.2	Ms	China:Taiwan,Hualien	中国：台湾花莲	China
1951	10	22	16	17		24.3	121.9	80	5.7	Ms	China:Taiwan,Hualien,Coast of E.	中国：台湾花莲以东海域	China
1951	10	22	16	39		24.4	121.9	40	5.7	Ms	China:Taiwan,Hualien,Coast of E.	中国：台湾花莲以东海域	China
1951	10	22	17	23		23.9	122.1	60	5.2	Ms	China:Taiwan,Hualien,Coast of E.	中国：台湾花莲以东海域	China
1951	10	22	18	16		23.8	121.7		5	Ms	China:Taiwan,Hualien,Coast of E.	中国：台湾花莲以东海域	China
1951	10	22	18	42	35	23.9	121.7		6	Ms	China:Taiwan,Hualien,Coast of E.	中国：台湾花莲以东海域	China
1951	10	22	20	24	45	23.9	121.7		5.75	Ms	China:Taiwan,Hualien,Coast of E.	中国：台湾花莲以东海域	China
1951	10	22	20	51	39	23.9	121.7		6	Ms	China:Taiwan,Hualien,Coast of E.	中国：台湾花莲以东海域	China
1951	10	22	22	16		24.2	122.2	60	5.2	Ms	China:Taiwan,Hualien,Coast of E.	中国：台湾花莲以东海域	China
1951	10	22	23	34		24.4	121.9	20	5.4	Ms	China:Taiwan,Hualien,Coast of E.	中国：台湾花莲以东海域	China
1951	10	22	23	36	25	23.9	121.7		5.5	Ms	China:Taiwan,Hualien,Coast of E.	中国：台湾花莲以东海域	China
1951	10	23	1	19	36	23.9	121.7		6.5	Ms	China:Taiwan,Hualien,Coast of E.	中国：台湾花莲以东海域	China
1951	10	23	1	55		23.8	122.1	20	5.2	Ms	China:Taiwan,Hualien,Coast of E.	中国：台湾花莲以东海域	China
1951	10	23	7	55	13	23.9	121.7		6.5	Ms	China:Taiwan,Hualien,Coast of E.	中国：台湾花莲以东海域	China
1951	10	23	11	19		24.1	122	20	5	Ms	China:Taiwan,Hualien,Coast of E.	中国：台湾花莲以东海域	China
1951	10	23	13	24		23.6	122.1	40	5.5	Ms	China:Taiwan,Hualien,Coast of E.	中国：台湾花莲以东海域	China
1951	10	23	13	27	15	23.9	121.7		5.5	Ms	China:Taiwan,Hualien,Coast of E.	中国：台湾花莲以东海域	China
1951	10	23	13	31		23.9	121.9	20	5.2	Ms	China:Taiwan,Hualien,Coast of E.	中国：台湾花莲以东海域	China
1951	10	23	18	18	46	23.9	121.7		5.5	Ms	China:Taiwan,Hualien,Coast of E.	中国：台湾花莲以东海域	China
1951	10	23	22	32		23.9	122.4	60	5.4	Ms	China:Taiwan,Hualien,Coast of E.	中国：台湾花莲以东海域	China
1951	10	24	3	39		23.9	121.7		6	Ms	China:Taiwan,Hualien,Coast of E.	中国：台湾花莲以东海域	China
1951	10	24	3	55		24.1	121.8		5.2	Ms	China:Taiwan,Hualien,Coast of E.	中国：台湾花莲以东海域	China
1951	10	24	4	10		24.3	122.3	60	5.7	Ms	China:Taiwan,Hualien,Coast of E.	中国：台湾花莲以东海域	China
1951	10	24	4	26		24.3	121.8	20	5.5	Ms	China:Taiwan,Hualien,Coast of E.	中国：台湾花莲以东海域	China
1951	10	24	6	26	24	23.9	121.7		5.5	Ms	China:Taiwan,Hualien,Coast of E.	中国：台湾花莲以东海域	China
1951	10	24	6	47		23.8	121.8	20	5.4	Ms	China:Taiwan,Hualien,Coast of E.	中国：台湾花莲以东海域	China
1951	10	24	7	20		24.1	121.6		5.2	Ms	China:Taiwan,Hualien	中国：台湾花莲	China
1951	10	24	7	34		23.9	121.7	20	5.4	Ms	China:Taiwan,Hualien,Coast of E.	中国：台湾花莲以东海域	China
1951	10	24	9	50		23.8	121.9	20	5	Ms	China:Taiwan,Hualien,Coast of E.	中国：台湾花莲以东海域	China
1951	10	24	13	42	14	23.9	121.7		6	Ms	China:Taiwan,Hualien,Coast of E.	中国：台湾花莲以东海域	China
1951	10	24	20	8		24.1	121.9	40	5	Ms	China:Taiwan,Hualien,Coast of E.	中国：台湾花莲以东海域	China
1951	10	25	12	19	42	23.9	121.7		6.75	Ms	China:Taiwan,Hualien,Coast of E.	中国：台湾花莲以东海域	China,Engdahl
1951	10	25	21	38		23.8	121.9	20	5.4	Ms	China:Taiwan,Hualien,Coast of E.	中国：台湾花莲以东海域	China
1951	10	26	6	49		22.8	122.6	20	5.4	Ms	China:Taiwan,Taitung,Coast of E.	中国：台湾台东以东海域	China
1951	10	28	1	55	49	23.9	121.7		5.75	Ms	China:Taiwan,Hualien,Coast of E.	中国：台湾花莲以东海域	China
1951	10	28	4	16		24.1	121.7		5.2	Ms	China:Taiwan,Hualien	中国：台湾花莲	China
1951	10	28	6	47	42	-58	158		6.8	Muk	South Atlantic Ocean	南大西洋	Engdahl
1951	10	28	23	34		23.7	121.9	40	5.2	Ms	China:Taiwan,Hualien,Coast of E.	中国：台湾花莲以东海域	China
1951	10	29	21	16	35	30.3	68.3	96	6	Mk	Pakistan:Sibbi	巴基斯坦：锡比	GSHAP,Song
1951	10	30	15	44	39	43.5	82	20	5.5	Ms	China:Xinjiang,Tokkuztara	中国：新疆巩留	China,GSHAP
1951	10	30	16	14	32	43.5	82		5	Ms	China:Xinjiang,Tokkuztara	中国：新疆巩留	China
1951	10	31	19	14	25	43.3	82.6		5.25	Ms	China:Xinjiang,Tokkuztara	中国：新疆巩留	China
1951	11	1	11	10	0.4	-4	35.25		6	Ms	Tanzania:Babati	坦桑尼亚：巴巴蒂	GSHAP
1951	11	1	18	49	34	37.2	69.3		5	Mk	Tadzhikistan:Khatlon,S.	塔吉克斯坦：哈特隆州南部	GSHAP,Song
1951	11	1	20	19	6	37.2	69.3		5	Mk	Tadzhikistan:Khatlon,S.	塔吉克斯坦：哈特隆州南部	GSHAP,Song
1951	11	2	21	55	42	42.3	45.3	20	5.3	Ms	Georgia:Kakhetiya	格鲁吉亚：卡赫季州	GSHAP
1951	11	3	13	32	13	23.9	121.7		5.5	Ms	China:Taiwan,Hualien,Coast of E.	中国：台湾花莲以东海域	China
1951	11	6	0	50	40	29	96		5	Ms	India:Arunachal Pradesh	印度：阿鲁那恰尔邦	China
1951	11	6	14	57	12	47.5	153.9	30	6	Ms	Kuril Islands	千岛群岛	GSHAP

年 Year	月 Mo	日 Dy	时 Hr	分 Mn	秒 Sec	纬度(°) Latitude	经度(°) Longitude	深度 Depth	震级 Mag	标度 Scale	地名(英文) Name(English)	地名(中文) Name(Chinese)	资料来源 Information
1951	11	6	16	40	5	47.6	153.7	50	7.2	Mw	Kuril Islands	千岛群岛	GSHAP, Shi Z., Engdahl
1951	11	6	18	50	28	47.5	153.9	30	6.3	Ms	Kuril Islands	千岛群岛	GSHAP
1951	11	8	13	45	7.3	54.33	-160.69	33	6.2	Ms	Aleutian Islands	阿留申群岛	USGS
1951	11	8	19	34	12	19.19	-155.72		5.1	Mk	Hawaiian Islands	夏威夷群岛	USGS, Song
1951	11	9	5	52	45	24.6	121.1		5.5	Ms	China: Taiwan, Hsinchu	中国:台湾新竹	China
1951	11	9	7	57	28	47.5	153.9	30	5.9	Ms	Kuril Islands	千岛群岛	GSHAP
1951	11	9	22	7	55	-21.75	-68	120	6.8	Muk	Bolivia: Tupiza	玻利维亚:图皮萨	GSHAP, Engdahl
1951	11	12	8	9	26	47.2	153.9	20	6.4	Ms	Kuril Islands	千岛群岛	GSHAP
1951	11	13	14	22		23.3	121.4		5.2	Ms	China: Taiwan, Hualien	中国:台湾花莲	China
1951	11	15	6	37	26	30	86		5.25	Ms	China: Xizang (Tibet), Ngamring, N.	中国:西藏昂仁北	China
1951	11	15	8	42		23.9	121.9		5.2	Ms	China: Taiwan, Hualien, Coast of E.	中国:台湾花莲以东海域	China
1951	11	15	10	31	36	52.6	160.3	20	6.2	Ms	Russia: Kamchatka Peninsula	俄罗斯:堪察加半岛	GSHAP
1951	11	15	19	42	13	52.6	160.3	20	6.3	Ms	Russia: Kamchatka Peninsula	俄罗斯:堪察加半岛	GSHAP
1951	11	17	4	45	58	31	91.6		6.25	Ms	China: Xizang (Tibet), Damxung	中国:西藏当雄	China
1951	11	17	17	0	5	36.8	69.4	160	6	Mk	Afghan: Qonduz	阿富汗:昆都士	GSHAP, Song
1951	11	18	9	26	32	30.5	91.5	0	6.8	Ms	China: Xizang (Tibet), Damxung	中国:西藏当雄	China, Engdahl
1951	11	18	9	35	47	31.1	91.4		8	Ms	China: Xizang (Tibet), Damxung	中国:西藏当雄	* China, Engdahl, Dis
1951	11	18	11	22	56	30.5	91.5		5.75	Ms	China: Xizang (Tibet), Damxung	中国:西藏当雄	China
1951	11	18	12	6	57	30.5	91.5		5.5	Ms	China: Xizang (Tibet), Damxung	中国:西藏当雄	China
1951	11	18	18	41	26	30.5	91.5		5.5	Ms	China: Xizang (Tibet), Damxung	中国:西藏当雄	China
1951	11	19	0	26	43	31	91.6		5	Ms	China: Xizang (Tibet), Damxung	中国:西藏当雄	China
1951	11	23	4	11	46	30.5	91.5		5	Ms	China: Xizang (Tibet), Damxung	中国:西藏当雄	China
1951	11	24	18	50	18	22.9	121.5		7.3	Mw	China: Taiwan, Taitung, Coast of E.	中国:台湾台东以东海域	* China, Engdahl, Dis
1951	11	25	4	13		23.1	121.3		5.4	Ms	China: Taiwan, Taitung	中国:台湾台东	China
1951	11	25	14	2	32	31	91.6		5.5	Ms	China: Xizang (Tibet), Damxung	中国:西藏当雄	China
1951	11	25	16	53		23.1	121.1		5	Ms	China: Taiwan, Taitung	中国:台湾台东	China
1951	11	26	6	38	29	22.9	121.5		6.25	Ms	China: Taiwan, Taitung, Coast of E.	中国:台湾台东以东海域	China
1951	11	29	9	16		22.8	120.9		5.2	Ms	China: Taiwan, Taitung	中国:台湾台东	China
1951	11	29	14	27		22.9	121		5.5	Ms	China: Taiwan, Taitung	中国:台湾台东	China
1951	11	30	6	8		43.8	6.4		5.37	Ms	France: Rougon	法国:鲁贡	Italy
1951	12	3	6	57	32	30	92		5.75	Ms	China: Xizang (Tibet), Maizhokunggar	中国:西藏墨竹工卡附近	China
1951	12	5	1	15		22.9	121.9		5.8	Ms	China: Taiwan, Taitung, Coast of E.	中国:台湾台东以东海域	China
1951	12	5	6	58	32	22.9	121.5		6.5	Ms	China: Taiwan, Taitung, Coast of E.	中国:台湾台东以东海域	China
1951	12	6	14	29	19	5.7	-77.4		5	Ms	Colombia: Nuquí, Near Coast	哥伦比亚:努基近海	GSHAP
1951	12	7	20	52	50	31	90.5		5.75	Ms	China: Xizang (Tibet), Damxung, NW.	中国:西藏当雄西北	China
1951	12	8	4	14	12	-34	57	25	7.5	Mw	Mid - Indian Ridge	中印度洋海岭	* Engdahl
1951	12	11	21	0	23	37.1	71.2		5	Mk	Afghan: Badakhshan	阿富汗:巴达赫尚	GSHAP, Song
1951	12	11	21	11		23.4	121.4		5.4	Ms	China: Taiwan, Hualien	中国:台湾花莲	China
1951	12	12	1	37	40	16.5	-96.9	160	7	Muk	Mexico: Oaxaca	墨西哥:瓦哈卡	Engdahl
1951	12	12	14	17	33	39	71.8		5	Mk	Tadzhikistan: Dzhirgatal	塔吉克斯坦:吉尔加塔尔	GSHAP, Song
1951	12	12	14	27	51	39	71.8		5	Mk	Tadzhikistan: Dzhirgatal	塔吉克斯坦:吉尔加塔尔	GSHAP, Song
1951	12	12	15	56	20	39	71.8		5	Mk	Tadzhikistan: Dzhirgatal	塔吉克斯坦:吉尔加塔尔	GSHAP, Song
1951	12	12	16	57	51	39	71.8		5	Mk	Tadzhikistan: Dzhirgatal	塔吉克斯坦:吉尔加塔尔	GSHAP, Song
1951	12	12	17	36	17	39	71.8		5	Mk	Tadzhikistan: Dzhirgatal	塔吉克斯坦:吉尔加塔尔	GSHAP, Song
1951	12	12	20	52	19	39	71.8		5	Mk	Tadzhikistan: Dzhirgatal	塔吉克斯坦:吉尔加塔尔	GSHAP, Song
1951	12	15	18	54	24	37.6	71.6	96	6	Mk	Tajikistan: Khorog	塔吉克斯坦:霍罗格	GSHAP, Song
1951	12	18	14	9	7	-19.3	-174.5	64	6.8	Muk	Tonga Islands	汤加群岛	Engdahl
1951	12	21	7	37	29	26.7	100		6.25	Ms	China: Yunnan, Jianchuan	中国:云南剑川	* China, Dis
1951	12	25	4	22		24.2	121.7	20	5.2	Ms	China: Taiwan, Hualien	中国:台湾花莲	China
1951	12	26	0	46	54	32.82	-118.35	16	5.9	Ms	US: California, Near Coast of San Diego	美国:加利福尼亚州圣地牙哥近海	USGS
1951	12	26	10	7	4	31.3	90.6		6.25	Ms	China: Xizang (Tibet), Damxung, NW.	中国:西藏当雄西北	China
1951	12	26	16	30	52	39.6	95.7	15	6	Ms	China: Gansu, Subei, E.	中国:甘肃肃北东	China
1951	12	28	2	49	27	37.57	-118.58	16	5.2	Ms	US: California, Mammoth Lakes	美国:加利福尼亚州马姆莫斯湖	USGS
1951	12	28	9	20	26	16.9	-98.7	33	6.6	Ms	Mexico: Acapulco	墨西哥:阿卡普尔科	Engdahl
1951	12	29	19	33	12	39.2	70.7		5	Mk	Tadzhikistan: Tajikabad	塔吉克斯坦:塔吉卡巴德	GSHAP, Song
1951	12	29	22	4	5	20.4	120.4		5.5	Ms	China: Taiwan, Coast of S.	中国:台湾南部海域	China
1951	12	30	18	21		27.14	58.08		5.9	Ms	Iran: Kerman	伊朗:克尔曼	Iran
1951	12	31	12	34	30	-2	-78		5.2	Ms	Ecuador: Morona Santiago, N.	厄瓜多尔:莫罗纳-圣地亚哥北部	GSHAP
1951	12	31	23	33		24.1	121.6		5.4	Ms	China: Taiwan, Hualien	中国:台湾花莲	China
1952	1	1	4	0	45	31.5	86		5.5	Ms	China: Xizang (Tibet), Coqen, SE.	中国:西藏措勤东南	China
1952	1	1	15	6	16	36.7	70.5	223	6	Mk	Afghan: Badakhshan	阿富汗:巴达赫尚	GSHAP, Song
1952	1	3	6	3		39.9	41.7		6	Muk	Turkey: Pasinler, Erzurum	土耳其:哈珊卡尔堡,埃尔佐鲁姆	*
1952	1	3	12	57	24	36.6	68.7		5	Mk	Afghan: Qonduz	阿富汗:昆都士	GSHAP, Song
1952	1	7	21	43	28	37.2	69.3		5	Mk	Tadzhikistan: Khatlon, S.	塔吉克斯坦:哈特隆州南部	GSHAP, Song

年 Year	月 Mo	日 Dy	时 Hr	分 Mn	秒 Sec	纬度(°) Latitude	经度(°) Longitude	深度 Depth	震级 Mag	标度 Scale	地名(英文) Name(English)	地名(中文) Name(Chinese)	资料来源 Information
1952	1	8	23	16	18	38.9	72.8		5	Mk	Tadzhikistan:Kuda La	塔吉克斯坦:库达拉	GSHAP,Song
1952	1	9	22	30	53	39.5	71.1		5	Mk	Tadzhikistan:Dzhirgatal	塔吉克斯坦:吉尔加塔尔	GSHAP,Song
1952	1	10	17	18		24.1	121.7	20	5	Ms	China:Taiwan,Hualien	中国:台湾花莲	China
1952	1	11	7	3	7	44.6	148.9	80	5.9	Ms	Kuril Islands	千岛群岛	GSHAP
1952	1	11	7	38	55	36.7	70.5	160	6	Mk	Afghan:Badakhshan	阿富汗:巴达赫尚	GSHAP,Song
1952	1	12	20	11	37	52.5	-167.5		6.5	Ms	Aleutian Islands	阿留申群岛	USGS
1952	1	13	4	3	40	23	124.5		6.9	Muk	Ryukyu Islands	琉球群岛	Engdahl
1952	1	15	2	31	38	23.8	94.5	96	6	Ms	myanmar:Sagaing	缅甸:实皆	GSHAP
1952	1	15	7	0	51	-4.26	-80.06	100	6.5	Ms	Ecuador:Loja	厄瓜多尔:洛哈	GSHAP
1952	1	17	13	55	28	37.2	69.3		5	Mk	Tadzhikistan:Khatlon,S.	塔吉克斯坦:哈特隆州南部	GSHAP,Song
1952	1	18	12	44	18	-0.8	-92		5.5	Ms	Carnegie Ridge	卡内基海岭	GSHAP
1952	1	19	2	12	22	37.2	69.3		5	Mk	Tadzhikistan:Khatlon,S.	塔吉克斯坦:哈特隆州南部	GSHAP,Song
1952	1	19	19	26	12	37.8	72.4	223	6	Mk	Tajikistan:Sha Zude	塔吉克斯坦:沙祖德	GSHAP,Song
1952	1	20	22	19	9	37.8	72.4	160	6	Mk	Tajikistan:Sha Zude	塔吉克斯坦:沙祖德	GSHAP,Song
1952	1	21	3	42	55	52.5	-167.5	0	6.8	Muk	Aleutian Islands	阿留申群岛	Engdahl,USGS
1952	1	22	22	31	8	39.1	71.3		5	Mk	Tadzhikistan:Dzhirgatal	塔吉克斯坦:吉尔加塔尔	GSHAP,Song
1952	1	23	3	29	25	39.8	95.7		5.5	Ms	China:Gansu,Subei,NE.	中国:甘肃肃北东北	China
1952	1	23	15	1	17	38.9	72.8		5	Mk	Tadzhikistan:Kuda La	塔吉克斯坦:库达拉	GSHAP,Song
1952	1	24	3	13	15	36.7	70.5	160	6	Mk	Afghan:Badakhshan	阿富汗:巴达赫尚	GSHAP,Song
1952	1	25	3	21	15	39.2	70.7		5	Mk	Tadzhikistan:Tajikabad	塔吉克斯坦:塔吉卡巴德	GSHAP,Song
1952	1	25	15	25	11	39.6	71.3		5	Mk	Kyrgyzstan:Batken,S.	吉尔吉斯斯坦:巴特肯南部	GSHAP,Song
1952	1	27	9	15	50	37.1	99.2		5	Ms	China:Qinghai,Tianjun	中国:青海天峻	China
1952	1	28	15	19		23.9	122.1	20	5.4	Ms	China:Taiwan,Hualien,Coast of E.	中国:台湾花莲以东海域	China
1952	1	29	18	47	10	37.6	71.6	160	6	Mk	Tajikistan: Khorog	塔吉克斯坦:霍罗格	GSHAP,Song
1952	1	30	4			44.5	-73.2		5.1	Mk	US:Vermont,Burlington	美国:维莫特州伯灵顿	USGS,Song
1952	1	30	7	2	40	44.5	149.4	90	6.6	Ms	Kuril Islands	千岛群岛	GSHAP
1952	1	30	23	33	54	37.7	68.5		5	Mk	Tadzhikistan:Khatlon,C.	塔吉克斯坦:哈特隆州中部	GSHAP,Song
1952	1	31	0	21		40	41.7	33	6	Ms	Turkey:Erzurum	土耳其:埃尔佐鲁姆	GSHAP
1952	1	31	20	55	14	-4	30.5		6.25	Ms	Tanzania:Kigoma,N.	坦桑尼亚:基戈马北部	Shi Z.
1952	2	2	1	8	55	36.6	68.7		5	Mk	Afghan:Qonduz	阿富汗:昆都士	GSHAP,Song
1952	2	2	10	20	7	51.4	-179.2	96	6	Mk	Andreanof Islands, Aleutian Is.	阿留申群岛,安德烈亚诺夫群岛	USGS,Song
1952	2	3	0	16	6	34.3	93.6		5	Ms	China:Qinghai,Zhiduo,NW.	中国:青海治多西北	China
1952	2	4	11	45	44	37.1	72.5		5	Mk	Tajikistan:Kuhistoni Badakhshon,SW.	塔吉克斯坦:勾瑙-巴达科善西南	GSHAP,Song
1952	2	5	16			27.9	102.3		5	Ms	China:Sichuan,Xichang	中国:四川西昌	China
1952	2	5	23	26	19	36.7	70.5	160	6	Mk	Afghan:Badakhshan	阿富汗:巴达赫尚	GSHAP,Song
1952	2	6	4	27	16	39.9	95.2		5.25	Ms	China:Gansu,Subei,NE.	中国:甘肃肃北东北	China
1952	2	6	5	38	29	37.6	71.6	96	6	Mk	Tajikistan: Khorog	塔吉克斯坦:霍罗格	GSHAP,Song
1952	2	6	9	37	32	36.7	70.5		5	Mk	Afghan:Badakhshan	阿富汗:巴达赫尚	GSHAP,Song
1952	2	6	11	25	20	31.2	95.5		5.25	Ms	China:Xizang (Tibet),Dengqen	中国:西藏丁青附近	China
1952	2	6	22	44	46	37.6	71.6	96	6	Mk	Tajikistan: Khorog	塔吉克斯坦:霍罗格	GSHAP,Song
1952	2	6	23	34	44	36.5	71	96	6	Mk	Afghan:Badakhshan	阿富汗:巴达赫尚	GSHAP,Song
1952	2	9	12	40	40	38.8	69.7		5	Mk	Tadzhikistan:Norak	塔吉克斯坦:努雷克	GSHAP,Song
1952	2	11	4	32	49	37.6	71.6	160	6	Mk	Tajikistan: Khorog	塔吉克斯坦:霍罗格	GSHAP,Song
1952	2	11	7	1	5	-5.5	110	660	6.9	Muk	Indonesia:Java Sea	印度尼西亚:爪哇海	Engdahl
1952	2	12	1	58	29	-8.5	-74	223	5	Mk	Peru:Pucallpa	秘鲁:普卡尔帕	GSHAP,Song
1952	2	12	3	6	32	36.9	70.8	223	6	Mk	Afghan:Badakhshan	阿富汗:巴达赫尚	GSHAP,Song
1952	2	12	10	33	11	37.6	71.6	160	6	Mk	Tajikistan: Khorog	塔吉克斯坦:霍罗格	GSHAP,Song
1952	2	14	3	38	12	-7.5	126.5		7.2	Mw	Indonesia:Banda Sea	印度尼西亚:班达海	Engdahl
1952	2	14	21	2	37	7.3	-76.5	0	6.8	Muk	Colombia:Mutata	哥伦比亚:安提奥基亚的穆塔塔	Engdahl,GSHAP
1952	2	15	2	23	22	39.2	70.7		5	Mk	Tadzhikistan:Tajikabad	塔吉克斯坦:塔吉卡巴德	GSHAP,Song
1952	2	16	21	44	2	30	95.5		5	Ms	China:Xizang (Tibet),Bowo	中国:西藏波密	China
1952	2	18	13	37	20	37.6	71.6	223	6	Mk	Tajikistan: Khorog	塔吉克斯坦:霍罗格	GSHAP,Song
1952	2	19	22	22	4	37.3	69.8		5	Mk	Afghan:Taloqan	阿富汗:塔卢坎	GSHAP,Song
1952	2	20	9	10	3	-16	-74.5	96	5	Mk	Peru:Arequipa,Near Coast	秘鲁:阿雷基帕近海	GSHAP,Song
1952	2	24	7	41	33	39.2	70.7		5	Mk	Tadzhikistan:Tajikabad	塔吉克斯坦:塔吉卡巴德	GSHAP,Song
1952	2	24	21	15	28	38.9	72.8		5	Mk	Tadzhikistan:Kuda La	塔吉克斯坦:库达拉	GSHAP,Song
1952	2	25	1	17	3	-16.7	-173.5		6.9	Muk	Tonga Islands,N.	汤加群岛北部	Engdahl
1952	2	26	11	31	10	-14.1	-69.9	260	6.9	mB	Peru:Puno,N.	秘鲁:普诺北部	* Shi Z.,Engdahl
1952	2	26	17	54	4	36.8	69.4	192	6	Mk	Afghan:Qonduz	阿富汗:昆都士	GSHAP,Song
1952	3	2	15	57	40	44.3	141.2	200	5.4	Ms	Japan:Hokkaido	日本:北海道	GSHAP
1952	3	4	1	22	43	42.15	143.85	45	8.1	Mw	Japan:Hokkaido	日本:北海道	* GSHAP,Usami,Engdahl,NOAA
1952	3	4	1	40	4	42.2	143.9		7.1	Ms	Japan:Hokkaido	日本:北海道	Engdahl
1952	3	4	19	30	29	-10.5	162.1		6.8	Muk	Solomon Islands	所罗门群岛	Engdahl
1952	3	4	19	56	21	41.7	144.9	64	6.5	Ms	Japan:Hokkaido	日本:北海道	Engdahl
1952	3	6	22	1	35	36.7	70.5	192	6	Mk	Afghan:Badakhshan	阿富汗:巴达赫尚	GSHAP,Song
1952	3	7	7	32		36.5	136.2		6.8	Ms	Japan:Fukui,Near Coast	日本:福井近海	Shi Z.,Usami
1952	3	8	18	37	38	2.7	96.2		5	Mk	Indonesia:Simeulue Island	印度尼西亚:锡默卢岛	GSHAP,Song

年 Year	月 Mo	日 Dy	时 Hr	分 Mn	秒 Sec	纬度(°) Latitude	经度(°) Longitude	深度 Depth	震级 Mag	标度 Scale	地名(英文) Name(English)	地名(中文) Name(Chinese)	资料来源 Information
1952	3	9	4	45	25	38	20.8	100	5.7	Ms	Ionian Sea	爱奥尼亚海	Turkey
1952	3	9	17	3	47	42.5	143	20	7.2	Mw	Japan:Hokkaido	日本:北海道	* Engdahl,NOAA
1952	3	10	17	44	7	39.2	70.7		5	Mk	Tadzhikistan:Tajikabad	塔吉克斯坦:塔吉卡巴德	GSHAP,Song
1952	3	12	12	13		63.9	-22.1	2	5.2	Ms	Iceland:Grindavík	冰岛:格林达维克	Iceland
1952	3	13	6	29	54	40.67	29.11	10	5.4	Ms	Turkey:Istanbul	土耳其:伊斯坦布尔	GSHAP
1952	3	13	13	57	37	28.5	127.3	285	6.5	Ms	Ryukyu Islands	琉球群岛	China,Engdahl
1952	3	14	18	19	57	30.5	91.6		5	Ms	China:Xizang (Tibet),Damxung	中国:西藏当雄	China
1952	3	18	0	12	10	39.2	71.5		5	Mk	Tadzhikistan:Jayer Gan	塔吉克斯坦:贾伊尔甘	GSHAP,Song
1952	3	19	1	27	29	39.8	28.7		5.8	Ms	Turkey:Demirci	土耳其:代米尔吉	Turkey
1952	3	19	8	13		37.667	15.138		5.2	Ms	Italy:Etna	意大利:埃特纳	Italy
1952	3	19	9	6		39	125.5		6.5	Ms	North Korea:Pyongyang	朝鲜:平壤	Engdahl
1952	3	19	10	57	12	9.5	126	25	7.7	Mw	Philippines:Mindanao Island	菲律宾:棉兰老岛	* Engdahl,NOAA
1952	3	21	7	47	4	36.3	98.5		5	Ms	China:Qinghai,Dulan	中国:青海都兰	China
1952	3	21	20	58	45	36.9	70.8	96	6	Mk	Afghan:Badakhshan	阿富汗:巴达赫尚	GSHAP,Song
1952	3	22	18	15	42	51.5	-173.5		6.3	Ms	Andreanof Islands, Aleutian Is.	阿留申群岛,安德烈亚诺夫群岛	USGS
1952	3	22	22	7	11	39.1	71.3		5	Mk	Tadzhikistan:Dzhirgatal	塔吉克斯坦:吉尔加塔尔	GSHAP,Song
1952	3	27	17	46	34	39.2	70.7		5	Mk	Tadzhikistan:Tajikabad	塔吉克斯坦:塔吉卡巴德	GSHAP,Song
1952	3	28	22	46	28	39.2	70.7		5	Mk	Tadzhikistan:Tajikabad	塔吉克斯坦:塔吉卡巴德	GSHAP,Song
1952	3	29	13	6	38	37.8	72.4	160	6	Mk	Tajikistan:Sha Zude	塔吉克斯坦:沙祖德	GSHAP,Song
1952	3	30	1	15	55	39.2	70.7		5	Mk	Tadzhikistan:Tajikabad	塔吉克斯坦:塔吉卡巴德	GSHAP,Song
1952	3	30	1	29	56	29.4	67.1		5	Mk	Pakistan:Quetta	巴基斯坦:奎达	GSHAP,Song
1952	3	30	4	8	24	36.7	70.5	223	6	Mk	Afghan:Badakhshan	阿富汗:巴达赫尚	GSHAP,Song
1952	3	30	4	19	5	36.7	70.5	223	6	Mk	Afghan:Badakhshan	阿富汗:巴达赫尚	GSHAP,Song
1952	3	30	22	21	43	37.6	71.6	160	6	Mk	Tajikistan: Khorog	塔吉克斯坦:霍罗格	GSHAP,Song
1952	3	30	22	27	15	39.2	70.7		5	Mk	Tadzhikistan:Tajikabad	塔吉克斯坦:塔吉卡巴德	GSHAP,Song
1952	3	31	0	50	40	-6	-79.5		5	Mk	Peru:Piura	秘鲁:皮乌拉	GSHAP,Song
1952	3	31	6	16	52	4.5	95.5		5	Mk	Indonesia:Off West Coast of N. Sumatera	印度尼西亚:北苏门答腊西部海域	GSHAP,Song
1952	4	1	0	37	41	48	-113.8		5.5	Ms	US:Montana,Bigfork	美国:蒙大纳州比格福克	USGS
1952	4	1	20	35	58	34.1	83.6		5.25	Ms	China:Xizang (Tibet),Gerze,NW.	中国:西藏改则西北	China
1952	4	2	13	44	7	39.2	70.7		5	Mk	Tadzhikistan:Tajikabad	塔吉克斯坦:塔吉卡巴德	GSHAP,Song
1952	4	2	15	39	9	36.7	70.5		5	Mk	Afghan:Badakhshan	阿富汗:巴达赫尚	GSHAP,Song
1952	4	4	5	38	38	36.7	70.5	192	6	Mk	Afghan:Badakhshan	阿富汗:巴达赫尚	GSHAP,Song
1952	4	4	7	49	25	23.4	121.6		5.5	Ms	China:Taiwan,Hualien,Coast of E.	中国:台湾花莲以东海域	China
1952	4	4	7	57	4	39.6	71.3		5	Mk	Kyrgyzstan:Batken,S.	吉尔吉斯斯坦:巴特肯南部	GSHAP,Song
1952	4	4	10	28	22	39.6	71.3		5	Mk	Kyrgyzstan:Batken,S.	吉尔吉斯斯坦:巴特肯南部	GSHAP,Song
1952	4	6	18	12	55	-11	-78.2		5	Mk	Peru:Lima,Near Coast	秘鲁:利马近海	GSHAP,Song
1952	4	9	16	29	28.4	35.53	-97.85	10	5.5	Ms	US:Oklahoma,Oklahoma City	美国:奥克拉荷马州奥克拉荷马城	USGS
1952	4	10	1	7	58	39.5	71.1		5	Mk	Tadzhikistan:Dzhirgatal	塔吉克斯坦:吉尔加塔尔	GSHAP,Song
1952	4	10	22	14	54	37.8	72.4	160	6	Mk	Tajikistan:Sha Zude	塔吉克斯坦:沙祖德	GSHAP,Song
1952	4	13	0	18	19	37.1	71.2	192	6	Mk	Afghan:Badakhshan	阿富汗:巴达赫尚	GSHAP,Song
1952	4	14	23	20	42	37.6	71.6	160	6	Mk	Tajikistan: Khorog	塔吉克斯坦:霍罗格	GSHAP,Song
1952	4	17	8	37	19	36.2	69.7	96	6	Mk	Afghan:Taloqan	阿富汗:塔卢坎	GSHAP,Song
1952	4	17	9	22	12	52.6	97	20	5	Ms	Russia:Tuva,Toora - Khem,E.	俄罗斯:唐努图瓦州托拉赫姆东部	GSHAP
1952	4	18	10	55	3	36.8	69.9	223	6	Mk	Afghan:Taloqan	阿富汗:塔卢坎	GSHAP,Song
1952	4	19	9	58	59	7.2	-72.1	64	6.9	Muk	Colombia:Norte de Santander	哥伦比亚:北桑坦德	Engdahl,GSHAP
1952	4	21	1	58	25	-2.75	-78.5		5.2	Ms	Ecuador:Morona Santiago	厄瓜多尔:莫罗纳 - 圣地亚哥	GSHAP
1952	4	21	3	41	58	36.9	70.8		5	Mk	Afghan:Badakhshan	阿富汗:巴达赫尚	GSHAP,Song
1952	4	22	16	54	42.5	46.2	-111.4		5.1	Mk	US:Montana,Toston	美国:蒙大纳州托斯顿	USGS,Song
1952	4	24				37.6	125.3		5	Ms	North Korea:Ongjin	朝鲜:瓮津	Korea
1952	4	26	4	11	10	36.8	69.4		5	Mk	Afghan:Qonduz	阿富汗:昆都士	GSHAP,Song
1952	4	26	20	12	56	37.9	69.1		5	Mk	Tadzhikistan:Khatlon,C.	塔吉克斯坦:哈特隆州中部	GSHAP,Song
1952	4	29	1	35	31	25.5	122.8	285	6	Ms	China:Taiwan,Keelung,Coast of NE.	中国:台湾基隆东北海域	China
1952	4	30	1	49		25.5	94.5		6	Ms	India:Manipur	印度:曼尼普尔	GSHAP
1952	5	2	4	48	33	39.2	70.7		5	Mk	Tadzhikistan:Tajikabad	塔吉克斯坦:塔吉卡巴德	GSHAP,Song
1952	5	3	12	14	11	-14.6	-76.3		5	Mk	Peru:Ica,Near Coast	秘鲁:伊卡近海	GSHAP,Song
1952	5	4	0	14		-14.4	-76.1		5	Mk	Peru:Ica	秘鲁:伊卡	GSHAP,Song
1952	5	4	6	55	59	36.7	70.5	223	6	Mk	Afghan:Badakhshan	阿富汗:巴达赫尚	GSHAP,Song
1952	5	4	15	32	50	36.9	70.8	223	6	Mk	Afghan:Badakhshan	阿富汗:巴达赫尚	GSHAP,Song
1952	5	5	9	34	7	20	103.5	60	5	Ms	Laos:Muang Peun	老挝:孟本	GSHAP
1952	5	5	9	35	17	23	96		5	Mk	myanmar:Kyaukkyi	缅甸:皎基	GSHAP,Song
1952	5	7	13	41	27	36.8	69.9	223	6	Mk	Afghan:Taloqan	阿富汗:塔卢坎	GSHAP,Song
1952	5	8	10	54	19	36.6	68.7		5	Mk	Afghan:Qonduz	阿富汗:昆都士	GSHAP,Song
1952	5	9	8	49	4	45.9	148.7	100	5.2	Ms	Kuril Islands	千岛群岛	GSHAP
1952	5	9	15	31	32	39.42	-119.78		5.1	Ms	US:Nevada,Reno	美国:内华达州雷诺	USGS
1952	5	9	17	47	43	-6.602	155.377	35	6.7	Ms	Papua New Guinea:Bougainville Island	巴布亚新几内亚:布干维尔岛	Engdahl
1952	5	9				11	78		5	Ms	India:Namakkal	印度:纳默格尔	GSHAP

年 Year	月 Mo	日 Dy	时 Hr	分 Mn	秒 Sec	纬度(°) Latitude	经度(°) Longitude	深度 Depth	震级 Mag	标度 Scale	地名(英文) Name(English)	地名(中文) Name(Chinese)	资料来源 Information
1952	5	11	9	13	1	37.1	71.2	128	6	Mk	Afghan:Badakhshan	阿富汗:巴达赫尚	GSHAP,Song
1952	5	13	17	19	50	36.5	71	128	6	Mk	Afghan:Badakhshan	阿富汗:巴达赫尚	GSHAP,Song
1952	5	13	19	31	45	10.3	-85.3	64	6.9	Muk	Costa Rica:Santa Cruz	哥斯达黎加:圣克鲁斯	* Engdahl,NOAA
1952	5	14	9	32	49	36.8	69.9	223	6	Mk	Afghan:Taloqan	阿富汗:塔卢坎	GSHAP,Song
1952	5	15	18	12	44	22	119		5.5	Ms	China:Taiwan Strait	中国:台湾海峡	China
1952	5	16	0	3	40	38.6	70.5		5	Mk	Tadzhikistan:Kalaihongbu	塔吉克斯坦:卡莱洪布	GSHAP,Song
1952	5	16	13	59	35	36.6	68.7		5	Mk	Afghan:Qonduz	阿富汗:昆都士	GSHAP,Song
1952	5	16	14	32		63.9	-22.1	2	5	Ms	Iceland:Grindavík	冰岛:格林达维克	Iceland
1952	5	16	20	45	41	6.7	-78.9		6.9	Muk	Colombia:Near Coast	哥伦比亚:近海	GSHAP,Engdahl
1952	5	17	6	4	41	36.8	69.9	223	6	Mk	Afghan:Taloqan	阿富汗:塔卢坎	GSHAP,Song
1952	5	17	6	22	49	51.7	153.3	400	5.6	Ms	Sea of Okhotsk	鄂霍次克海	GSHAP
1952	5	17	15	47	27	6.7	-78.9		5	Ms	Colombia:Near Coast	哥伦比亚:近海	GSHAP
1952	5	19	18	32	20	42.2	143.9		6.8	Muk	Japan:Hokkaido	日本:北海道	Engdahl
1952	5	20	18	33	41	31	97		5	Ms	China:Xizang (Tibet),Qamdo,S.	中国:西藏昌都南	China
1952	5	20	19	16		36.6	53.4	12	5.4	Ms	Iran:Mazanderan	伊朗:马赞德兰	GSHAP
1952	5	22	3	51	20	38.6	68.8		5	Mk	Tadzhikistan:Duachanbe	塔吉克斯坦:杜尚别	GSHAP,Song
1952	5	23	22	12	26	19.48	-155.98	10	6	Ms	Hawaiian Islands	夏威夷群岛	USGS
1952	5	24	1	59	9	-20.5	-70.5		6.8	Muk	Chile:Iquique,Near Coast	智利:伊基克近海	GSHAP,Engdahl
1952	5	26	1	46	32	28.5	94.5		5.5	Ms	India:Arunachal Pradesh	印度:阿鲁那恰尔邦	China
1952	5	26	9	17	33	36.9	70.8	192	6	Mk	Afghan:Badakhshan	阿富汗:巴达赫尚	GSHAP,Song
1952	5	26	22	1	33	38.6	70.5		5	Mk	Tadzhikistan:Kalaihongbu	塔吉克斯坦:卡莱洪布	GSHAP,Song
1952	5	28	7	47	44	37	70.8	230	6.1	Ms	Afghan:Badakhshan	阿富汗:巴达赫尚	GSHAP
1952	5	28	7	59	8	35.4	135.8	350	6.9	Muk	Japan:Fukui	日本:福井	Engdahl
1952	5	30	10	33	34	21.9	121.4	96	5.5	Ms	China:Taiwan,Pingtung,Coast of E.	中国:台湾屏东以东海域	China
1952	5	31	15	26	21	36.6	68.7		5	Mk	Afghan:Qonduz	阿富汗:昆都士	GSHAP,Song
1952	6	2	0	49	14	36.5	71	223	6	Mk	Afghan:Badakhshan	阿富汗:巴达赫尚	GSHAP,Song
1952	6	2	2	54	20	29	96		5.25	Ms	India:Arunachal Pradesh	印度:阿鲁那恰尔邦	China
1952	6	2	10	8	23	30.5	91.5		5.25	Ms	China:Xizang (Tibet),Damxung	中国:西藏当雄	China
1952	6	2	10	33	34	30.5	91.5		5	Ms	China:Xizang (Tibet),Damxung	中国:西藏当雄	China
1952	6	2	19	1	13	37.6	71.6	160	6	Mk	Tajikistan: Khorog	塔吉克斯坦:霍罗格	GSHAP,Song
1952	6	2	22	58	23	39.2	71.5		5	Mk	Tadzhikistan:Jayer Gan	塔吉克斯坦:贾伊尔甘	GSHAP,Song
1952	6	3	5	48	18	39.2	71.5		5	Mk	Tadzhikistan:Jayer Gan	塔吉克斯坦:贾伊尔甘	GSHAP,Song
1952	6	3	11	21	26	36.7	70.5	192	6	Mk	Afghan:Badakhshan	阿富汗:巴达赫尚	GSHAP,Song
1952	6	3	12	24	12	8.5	-77	96	5	Ms	Colombia:Acandí	哥伦比亚:阿坎迪	GSHAP
1952	6	3	23	24	32	36.7	70.5	192	6	Mk	Afghan:Badakhshan	阿富汗:巴达赫尚	GSHAP,Song
1952	6	3				39.8	39.5		6.2	Mk	Turkey:Pasinler,Erzincan	土耳其:哈珊卡尔堡,埃尔津占	* Song
1952	6	3				11	78		5	Ms	India:Namakkal	印度:纳默格尔	GSHAP
1952	6	4	6	19	56	37.3	78.5		5.25	Ms	China:Xinjiang,Keriya,W.	中国:新疆和田西	China
1952	6	4	21	30	47	6	-77.5		6.1	Ms	Colombia:Bahia Solano	哥伦比亚:巴伊阿索拉诺	GSHAP
1952	6	5	5	56	33	6	-77.5		6.2	Ms	Colombia:Bahia Solano	哥伦比亚:巴伊阿索拉诺	GSHAP
1952	6	7	16	1	23	36.7	70.5	223	6	Mk	Afghan:Badakhshan	阿富汗:巴达赫尚	GSHAP,Song
1952	6	8	12	42	20	36.3	69.1		5	Mk	Afghan:Puli Khumri	阿富汗:普勒胡姆里	GSHAP,Song
1952	6	8	19	0	11	39.2	70.7		5	Mk	Tadzhikistan:Tajikabad	塔吉克斯坦:塔吉卡巴德	GSHAP,Song
1952	6	9	23	30	6	36.7	70.5	223	6	Mk	Afghan:Badakhshan	阿富汗:巴达赫尚	GSHAP,Song
1952	6	11	0	31	42	-31.581	-68.467	25	6.5	Ms	Argentina:San Juan	阿根廷:圣胡安	GSHAP,Engdahl
1952	6	12	11			34.8	26.2	150	6	Ms	Greece:Crete Island	希腊:克里特岛	GSHAP
1952	6	13	21	52	1	38.9	67.5		5	Mk	Uzbekistan:Shahelisa Buzz	乌兹别克斯坦:沙赫里萨布兹	GSHAP,Song
1952	6	15	4	15	34	38.4	72.2		5	Mk	Tadzhikistan:Baulch Maldives	塔吉克斯坦:巴尔奇代夫	GSHAP,Song
1952	6	15	15	16	5	31.5	90.8		5.25	Ms	China:Xizang (Tibet),Damxung,NW.	中国:西藏当雄西北	China
1952	6	17	10	24	1	36.3	69.1		5	Mk	Afghan:Puli Khumri	阿富汗:普勒胡姆里	GSHAP,Song
1952	6	18	6	57	12	39.5	71.9		5	Mk	Kyrgyzstan:Kara Mack	吉尔吉斯斯坦:卡拉梅克	GSHAP,Song
1952	6	19	12	12	59	22.7	99.8		6.5	Ms	China:Yunnan,Lancang,NW.	中国:云南澜沧西北	* China
1952	6	20	4	46	15	23.9	121.7		6.5	Ms	China:Taiwan,Hualien,Coast of E.	中国:台湾花莲以东海域	China
1952	6	20	15	55	14	37.1	71.2	192	6	Mk	Afghan:Badakhshan	阿富汗:巴达赫尚	GSHAP,Song
1952	6	21	6	28	57	46.7	153.7	30	6	Ms	Kuril Islands	千岛群岛	GSHAP
1952	6	21	8	46	27	36.3	69.1		5	Mk	Afghan:Puli Khumri	阿富汗:普勒胡姆里	GSHAP,Song
1952	6	22	10	8	13	46.6	153.7	30	6.2	Ms	Kuril Islands	千岛群岛	GSHAP
1952	6	22	14	48	54	38.8	69.7		5	Mk	Tadzhikistan:Norak	塔吉克斯坦:努雷克	GSHAP,Song
1952	6	22	21	41	53	46.7	153.7	0	7	Muk	Kuril Islands	千岛群岛	Engdahl,GSHAP
1952	6	23	12	3	8	24.3	122.3		6	Ms	China:Taiwan,Hualien,Coast of E.	中国:台湾花莲以东海域	China
1952	6	24	3	21	14	37.8	72.4	160	6	Mk	Tajikistan:Sha Zude	塔吉克斯坦:沙祖德	GSHAP,Song
1952	6	24	19	31	14	37.8	72.4	160	6	Mk	Tajikistan:Sha Zude	塔吉克斯坦:沙祖德	GSHAP,Song
1952	6	24	23	52	32	39.3	72.6		5	Mk	Tajikistan:Kuhistoni Badakhshon	塔吉克斯坦:勾瑙 - 巴达科善	GSHAP,Song
1952	6	25	23	19	55	30.1	102.2		5.75	Ms	China:Sichuan,Garze,N.	中国:四川甘孜西部	China
1952	6	26	3	43	23	38.6	70.5		5	Mk	Tadzhikistan:Kalaihongbu	塔吉克斯坦:卡莱洪布	GSHAP,Song
1952	6	26	10	42	55	39.6	71.3		5	Mk	Kyrgyzstan:Batken,S.	吉尔吉斯斯坦:巴特肯南部	GSHAP,Song
1952	6	27	2	29	18	38.3	69.1		5	Mk	Tadzhikistan:Khatlon,C.	塔吉克斯坦:哈特隆州中部	GSHAP,Song
1952	6	28	0	56	11	37.6	71.6	223	6	Mk	Tajikistan: Khorog	塔吉克斯坦:霍罗格	GSHAP,Song

年 Year	月 Mo	日 Dy	时 Hr	分 Mn	秒 Sec	纬度(°) Latitude	经度(°) Longitude	深度 Depth	震级 Mag	标度 Scale	地名(英文) Name(English)	地名(中文) Name(Chinese)	资料来源 Information
1952	6	28	20	9	58	36.8	71.4	128	6	Mk	Afghan:Badakhshan	阿富汗:巴达赫尚	GSHAP,Song
1952	6	29	9	56	38.4	8.15	-72.92	157	5.5	Ms	Colombia:Bucarasica	哥伦比亚:北桑坦德的布卡拉西卡	GSHAP
1952	6	30	21	4	28	-0.3	30.1		6	Ms	Uganda:Bushenyi	乌干达:布谢尼	GSHAP
1952	7	1	17	59	51	36.8	71.4	128	6	Mk	Afghan:Badakhshan	阿富汗:巴达赫尚	GSHAP,Song
1952	7	3	0	52	24	5.7	-77.4		6	Ms	Colombia:Nuquí,Near Coast	哥伦比亚:努基近海	GSHAP
1952	7	4	8	15	22	38.6	69.6		5	Mk	Tajikistan:Duachanbe	塔吉克斯坦:杜尚别	GSHAP,Song
1952	7	5	17	19	48	36.5	70.8	200	6.2	Ms	Afghan:Fayzabad	阿富汗:法扎巴德	GSHAP
1952	7	7	1	38	1	37.1	68.4		5	Mk	Afghan:Kondoz	阿富汗:昆都士	GSHAP,Song
1952	7	7	2	52	59	54.2	-164.5		6.2	Ms	Aleutian Islands	阿留申群岛	USGS
1952	7	9	7	37	20	38.6	70.5		5	Mk	Tadzhikistan:Kalaihongbu	塔吉克斯坦:卡莱洪布	GSHAP,Song
1952	7	9	11	42	35	36.9	70.8	192	6	Mk	Afghan:Badakhshan	阿富汗:巴达赫尚	GSHAP,Song
1952	7	13	9	36	8	38.6	70.5		5	Mk	Tadzhikistan:Kalaihongbu	塔吉克斯坦:卡莱洪布	GSHAP,Song
1952	7	13	11	58	33	-18.5	169.25	260	6.8	Muk	Vanuatu Islands	瓦努阿图群岛	Engdahl
1952	7	13	17	34	32	-3.1	127.4	33	6.8	Muk	Indonesia:Ceram Sea	印度尼西亚:塞兰海	Engdahl
1952	7	16	0	32		39.2	70.7		5	Mk	Tadzhikistan:Tajikabad	塔吉克斯坦:塔吉卡巴德	GSHAP,Song
1952	7	16	23	48	10	36.2	-89.6		5.1	Mk	US:Missouri,New Madrid	美国:密苏里州新马德里	USGS,Song
1952	7	17	16	9	50	34.4	135.8	64	6.8	Muk	Japan:Oyodo	日本:奈良大淀	Engdahl,Usami,Shi Z
1952	7	18	15	19	21	39.2	71.5		5	Mk	Tadzhikistan:Jayer Gan	塔吉克斯坦:贾伊尔甘	GSHAP,Song
1952	7	18	21	41	16	37.6	71.6	160	6	Mk	Tajikistan: Khorog	塔吉克斯坦:霍罗格	GSHAP,Song
1952	7	19	8	2		-12.572	-76.873	70	5	Mk	Peru:Lima,Near Coast	秘鲁:利马近海	GSHAP,Song
1952	7	21	7	9	20	39.8	77.4		5	Ms	China:Xinjiang,Maralbishi,W.	中国:新疆巴楚西	China
1952	7	21	11	52	15.6	34.949	-119.046	10	7.3	M	US:California,Bakersfield	美国:加利福尼亚州贝克斯菲尔德	* Engdahl
1952	7	21	12	2		35	-119.03	16	5.6	Ms	US:California,Bakersfield	美国:加利福尼亚州贝克斯菲尔德	USGS
1952	7	21	12	5	31	35	-119	16	6.4	Ms	US:California,Bakersfield	美国:加利福尼亚州贝克斯菲尔德	USGS
1952	7	21	12	19	36	34.95	-118.87	16	5.3	Ms	US:California,Arvin	美国:加利福尼亚州阿尔文	USGS
1952	7	21	15	13	58	35.18	-118.65	16	5.1	Ms	US:California,Caliente	美国:加利福尼亚州卡连特	USGS
1952	7	21	17	42	44	35.23	-118.53	16	5.1	Ms	US:California,Caliente	美国:加利福尼亚州卡连特	USGS
1952	7	21	18	4	29	38.9	72.8		5	Mk	Tadzhikistan:Kuda La	塔吉克斯坦:库达拉	GSHAP,Song
1952	7	21	19	41	22	35.13	-118.77	16	5.5	Ms	US:California,Arvin	美国:加利福尼亚州阿尔文	USGS
1952	7	21	22	48	38	36.7	70.5		5	Mk	Afghan:Badakhshan	阿富汗:巴达赫尚	GSHAP,Song
1952	7	23	0	38	32	35.37	-118.58	16	6.1	Ms	US:California,Caliente	美国:加利福尼亚州卡连特	USGS
1952	7	23	3	19	23	35.37	-118.58	16	5	Ms	US:California,Caliente	美国:加利福尼亚州卡连特	USGS
1952	7	23	7	53	19	35	-118.83	16	5.4	Ms	US:California,Arvin	美国:加利福尼亚州阿尔文	USGS
1952	7	23	13	17	5	35.22	-118.82	16	5.7	Ms	US:California,Arvin	美国:加利福尼亚州阿尔文	USGS
1952	7	23	18	13	51	35	-118.83	16	5.2	Ms	US:California,Arvin	美国:加利福尼亚州阿尔文	USGS
1952	7	24	13	49	20	39.2	70.2		5	Mk	Tajikistan:Sughd	塔吉克斯坦:索格特州	GSHAP,Song
1952	7	25	13	13	8.3	35.31	-118.5	3	5	Ms	US:California,Caliente	美国:加利福尼亚州卡连特	USGS
1952	7	25	19	9	44.6	35.315	-118.516	6	6	Ms	US:California,Caliente	美国:加利福尼亚州卡连特	CGS,USGS
1952	7	25	19	43	23.7	35.317	-118.494	11	5.8	Ms	US:California,Caliente	美国:加利福尼亚州卡连特	CGS,USGS
1952	7	26	13	29	51	39.9	69.5		5	Mk	Tadzhikistan:Suluktu	吉尔吉斯斯坦:苏柳克塔	GSHAP,Song
1952	7	26	14	26	39	18.3	95.4		6	Ms	myanmar:Pyay	缅甸:比艾	GSHAP
1952	7	27	7	23	49	36.5	71	223	6	Mk	Afghan:Badakhshan	阿富汗:巴达赫尚	GSHAP,Song
1952	7	28	15	3	47	37.6	71.6	128	6	Mk	Tajikistan: Khorog	塔吉克斯坦:霍罗格	GSHAP,Song
1952	7	28	18	30	4	39.5	71.1		5	Mk	Tadzhikistan:Dzhirgatal	塔吉克斯坦:吉尔加塔尔	GSHAP,Song
1952	7	29	7	3	47	35.38	-118.85	16	6.1	Ms	US:California,Bakersfield	美国:加利福尼亚州贝克斯菲尔德	USGS
1952	7	29	8	1	46	35.4	-118.82	16	5.1	Ms	US:California,Arvin	美国:加利福尼亚州阿尔文	USGS
1952	7	31	7	47	19	38.6	70.5		5	Mk	Tadzhikistan:Kalaihongbu	塔吉克斯坦:卡莱洪布	GSHAP,Song
1952	7	31	12	9	9	35.33	-118.6	16	5.8	Ms	US:California,Caliente	美国:加利福尼亚州卡连特	USGS
1952	8	1	10	31	14	29.87	50.27		5	Ms	Iran:Bushehr	伊朗:布什尔	Iran
1952	8	1	13	4	30	34.9	-118.95	16	5.1	Ms	US:California,Arvin	美国:加利福尼亚州阿尔文	USGS
1952	8	2	17	50	15	36.5	71	96	6	Mk	Afghan:Badakhshan	阿富汗:巴达赫尚	GSHAP,Song
1952	8	3	13	13	44	-12.8	-78.5		5	Mk	Peru:Lima,Near Coast	秘鲁:利马近海	GSHAP,Song
1952	8	3	16	36	14	45.6	26.5	150	5.1	Ms	Romania:Nehoiu	罗马尼亚:内霍尤	GSHAP
1952	8	4	1	49	44	31.66	49.93	69	5.5	Ms	Iran:Ahwaz,W.	伊朗:阿瓦士西部	Iran
1952	8	4	3	38	19	39.2	70.7		5	Mk	Tadzhikistan:Tajikabad	塔吉克斯坦:塔吉卡巴德	GSHAP,Song
1952	8	4	19	17	7	39.6	71.3		5	Mk	Kyrgyzstan:Batken,S.	吉尔吉斯斯坦:巴特肯南部	GSHAP,Song
1952	8	4	21	57	28	39.6	71.3		5	Mk	Kyrgyzstan:Batken,S.	吉尔吉斯斯坦:巴特肯南部	GSHAP,Song
1952	8	5	16	47	4	37	70.5	287	6	Mk	Afghan:Badakhshan	阿富汗:巴达赫尚	GSHAP,Song
1952	8	6	1	15		23.9	121.6	10	5	Ms	China:Taiwan,Hualien	中国:台湾花莲	China
1952	8	8	6	27	41	39.2	70.7		5	Mk	Tadzhikistan:Tajikabad	塔吉克斯坦:塔吉卡巴德	GSHAP,Song
1952	8	8	19	29	18	36.3	71	33	5	Mk	Afghan:Badakhshan	阿富汗:巴达赫尚	GSHAP,Song
1952	8	10	18	19		23.5	121.4		5	Ms	China:Taiwan,Hualien	中国:台湾花莲	China
1952	8	11	21	40	42	39.2	70.7		5	Mk	Tadzhikistan:Tajikabad	塔吉克斯坦:塔吉卡巴德	GSHAP,Song
1952	8	12	6	31	3	6	94.5		6	Ms	India:Nicobar Islands	印度:尼科巴群岛	GSHAP
1952	8	13	3	14	21	37.3	69.8		5	Mk	Afghan:Taloqan	阿富汗:塔卢坎	GSHAP,Song
1952	8	13	14	6	50	37.3	69.8		5	Mk	Afghan:Kalafgan	阿富汗:卡拉夫甘	GSHAP,Song
1952	8	13	14	30	56	34.19	46.81	81	5.6	Ms	Iran:Kermanshah	伊朗:克尔曼沙赫	Iran
1952	8	14	12	40	52	36.8	69.9	223	6	Mk	Afghan:Taloqan	阿富汗:塔卢坎	GSHAP,Song

年 Year	月 Mo	日 Dy	时 Hr	分 Mn	秒 Sec	纬度(°) Latitude	经度(°) Longitude	深度 Depth	震级 Mag	标度 Scale	地名(英文) Name(English)	地名(中文) Name(Chinese)	资料来源 Information
1952	8	14	16	1	6	2.3	97	33	5	Mk	Indonesia:Off West Coast of N. Sumatera	印度尼西亚:北苏门答腊西部海域	GSHAP,Song
1952	8	16	18	14	54	38.6	70.5		5	Mk	Tadzhikistan:Kalaihongbu	塔吉克斯坦:卡莱洪布	GSHAP,Song
1952	8	17	16	2	11	30.797	91.648	10	7.7	Mw	China:Xizang (Tibet),Damxung,NE.	中国:西藏当雄东北	China,Engdahl
1952	8	17	21	40	57	30	93		5.25	Ms	China:Xizang (Tibet),Gongbo - gyamda	中国:西藏工布江达	China
1952	8	17	22	15	29	37.8	72.4	192	6	Mk	Tajikistan:Sha Zude	塔吉克斯坦:沙祖德	GSHAP,Song
1952	8	18	13	54	5	42	15.75		5	Mk	Italy:Rodi Garganico	意大利:城镇如罗迪城	GSHAP,Song
1952	8	19	6	49	46	37.6	71.6	192	6	Mk	Tajikistan: Khorog	塔吉克斯坦:霍罗格	GSHAP,Song
1952	8	20	14	3	26	36.9	70.8	160	6	Mk	Afghan:Badakhshan	阿富汗:巴达赫尚	GSHAP,Song
1952	8	20	15	24	59	43	-127		6.5	Ms	US:Off Coast of W. Oregon	美国:俄勒冈州西部沿海	USGS,Shi Z.
1952	8	21	22	34	15	39.9	70.3		5	Mk	Kyrgyzstan:Lavater	吉尔吉斯斯坦:拉瓦特	GSHAP,Song
1952	8	21	23	37	55	39.9	70.3		5	Mk	Kyrgyzstan:Lavater	吉尔吉斯斯坦:拉瓦特	GSHAP,Song
1952	8	22	22	41	24	35.333	-118.917	16	5.8	ML	US:California,Bakersfield	美国:加利福尼亚州贝克斯菲尔德	*
1952	8	23	10	9	7.1	34.52	-118.2	13	5	Ms	US:California,Lancaster	美国:加利福尼亚州兰开斯特	USGS
1952	8	23	17	23		23.9	121.6	10	5.2	Ms	China:Taiwan,Hualien	中国:台湾花莲	China
1952	8	24	18	32	27	39.2	70.7		5	Mk	Tadzhikistan:Tajikabad	塔吉克斯坦:塔吉卡巴德	GSHAP,Song
1952	8	24				10.53	-72.47		5	Mk	Venezuela:Villa De Rosario	委内瑞拉:维拉代罗萨里奥	GSHAP,Song
1952	8	25	1	44	48	28	94		5.25	Ms	India:Arunachal Pradesh	印度:阿鲁那恰尔邦	China
1952	8	25	5	36	55	36.5	71	223	6	Mk	Afghan:Badakhshan	阿富汗:巴达赫尚	GSHAP,Song
1952	8	29	5	28	19	5.3	96.1	96	5.5	Ms	Indonesia:Sumatera,Aceh	印度尼西亚:苏门答腊亚齐	GSHAP
1952	8	30	20	51	34	31.2	103		5	Ms	China:Sichuan,Lixian	中国:四川理县	China
1952	8	31	19	44	35	36.5	71		5	Mk	Afghan:Badakhshan	阿富汗:巴达赫尚	GSHAP,Song
1952	8					23.6	103.2		5	Ms	China:Yunnan,Kaiyuan,S.	中国:云南开远南	China
1952	9	4	14	35	55	36.9	70.8	223	6	Mk	Afghan:Badakhshan	阿富汗:巴达赫尚	GSHAP,Song
1952	9	9	1	37	45	39.3	72.6		5	Mk	Tajikistan:Kuhistoni Badakhshon	塔吉克斯坦:勾瑙-巴达科善	GSHAP,Song
1952	9	9	12	54	42	9.2	-84.2		6.9	Muk	Costa Rica:Near Coast	哥斯达黎加:近海	Engdahl
1952	9	10	9	6	0.1	14.5	39.5	33	5.6	Ms	Ethiopia:Addigrat	埃塞俄比亚:阿迪格拉特	GSHAP
1952	9	11	2	1		-8.9	-75.7	30	5	Mk	Peru:Pucallpa,SW.	秘鲁:普卡尔帕西南	GSHAP,Song
1952	9	11	21	28	30	39.5	71.1		5	Mk	Tadzhikistan:Dzhirgatal	塔吉克斯坦:吉尔加塔尔	GSHAP,Song
1952	9	11	22	26	41	-29.6	-177.1		6.8	Muk	Kermadec Ridge	克马德克海岭	Engdahl
1952	9	14	9	34	25	34.3	91.7		5.75	Ms	China:Qinghai,Golmud,SW.	中国:青海格尔木西南	China
1952	9	14	15	55		-8.9	-75.7	30	5	Mk	Peru:Pucallpa,SW.	秘鲁:普卡尔帕西南	GSHAP,Song
1952	9	15	4	31	22	37.9	58	18	5.1	Ms	Iran:Qūchān	伊朗:古昌	GSHAP
1952	9	15	11	28		30.6	70		5.5	Ms	Pakistan:Quetta	巴基斯坦:奎达	Afghan
1952	9	15	17	59	22	30	92		5	Ms	China:Xizang (Tibet),Maizhokunggar	中国:西藏墨竹工卡	China
1952	9	15	23	51	22	39.2	70.7		5	Mk	Tadzhikistan:Tajikabad	塔吉克斯坦:塔吉卡巴德	GSHAP,Song
1952	9	16	2	50		31.9	140		7	Mk	Japan Trench	日本海沟	Usami,Japan,NOAA,Song
1952	9	17	12	41	28	39.2	70.7		5	Mk	Tadzhikistan:Tajikabad	塔吉克斯坦:塔吉卡巴德	GSHAP,Song
1952	9	19	3	8	13	38.4	72.2		5	Mk	Tadzhikistan:Baulch Maldives	塔吉克斯坦:巴尔奇代夫	GSHAP,Song
1952	9	19	4	26	11	36.8	71.4	223	6	Mk	Afghan:Badakhshan	阿富汗:巴达赫尚	GSHAP,Song
1952	9	20	10	31	2	36.7	70.5	192	6	Mk	Afghan:Badakhshan	阿富汗:巴达赫尚	GSHAP,Song
1952	9	21	2	30	39.9	-21.75	-65.75	271.4	7.1	mB	Bolivia:Tupiza	玻利维亚:图皮萨	GSHAP,Engdahl
1952	9	22	11	41	25	40.2	-124.42		5.2	Ms	US:California,North Coast	美国:加利福尼亚州北部近海	USGS
1952	9	24	3	23		31.9	140		7	Mk	Japan Trench	日本海沟	Usami,Japan,NOAA,Song
1952	9	24	20	29	24	56.3	-158.6	96	6	Mk	Aleutian Islands	阿留申群岛	USGS,Song
1952	9	25	3	33		31.9	140		7	Mk	Japan Trench	日本海沟	Usami,Japan,NOAA,Song
1952	9	27	19	5	48	50.2	157.3	96	6.5	Muk	Kuril Islands	千岛群岛	Engdahl,GSHAP
1952	9	29	6	31	28	37.6	71.6	160	6	Mk	Tajikistan: Khorog	塔吉克斯坦:霍罗格	GSHAP,Song
1952	9	30	2	50	44	38.91	44.09	10	5	Ms	Turkey:Muradiye	土耳其:姆拉迪艾	GSHAP
1952	9	30	12	52	2	28.3	102.2		6.75	Ms	China:Sichuan,Mianning,S.	中国:四川冕宁南	* China,Dis
1952	10	1	13	21	11	36.3	92		5	Ms	China:Qinghai,Golmud,W.	中国:青海格尔木西	China
1952	10	3	2	53	40	39.5	71.1		5	Mk	Tadzhikistan:Dzhirgatal	塔吉克斯坦:吉尔加塔尔	GSHAP,Song
1952	10	3	7	36	49	6.7	-82.5		6.5	Muk	Panama:Off Coast of S.	巴拿马:南部海域	Engdahl
1952	10	4	17	34	20	36.9	70.8	223	6	Mk	Afghan:Badakhshan	阿富汗:巴达赫尚	GSHAP,Song
1952	10	5	10	54	56	37.5	20.8		5.8	Ms	Ionian Sea	爱奥尼亚海	Turkey
1952	10	5	22	4	30	37.1	93.2		6	Ms	China:Qinghai,Golmud,NW.	中国:青海格尔木西北	China
1952	10	6	2	8	57	36.9	70.8	192	6	Mk	Afghan:Badakhshan	阿富汗:巴达赫尚	GSHAP,Song
1952	10	6	11	55	51	36.8	71.4	192	6	Mk	Afghan:Badakhshan	阿富汗:巴达赫尚	GSHAP,Song
1952	10	7	5	29	49	38.8	70.4		5	Mk	Tadzhikistan:Garm	塔吉克斯坦:加尔姆	GSHAP,Song
1952	10	7	16	51	4	43.6	141	200	5.5	Ms	Japan:W. Hokkaido Island	日本:北海道西部	GSHAP
1952	10	7	18	2	14	31.5	87.5		5.25	Ms	China:Xizang (Tibet),Xainza,NW.	中国:西藏申扎西北	China
1952	10	8	4	29	22	36.7	70.5	223	6	Mk	Afghan:Badakhshan	阿富汗:巴达赫尚	GSHAP,Song
1952	10	8	8	42	12	36.5	71	128	6	Mk	Afghan:Badakhshan	阿富汗:巴达赫尚	GSHAP,Song

年 Year	月 Mo	日 Dy	时 Hr	分 Mn	秒 Sec	纬度(°) Latitude	经度(°) Longitude	深度 Depth	震级 Mag	标度 Scale	地名(英文) Name(English)	地名(中文) Name(Chinese)	资料来源 Information
1952	10	8	14	24	1	39	112.7		5.5	Ms	China:Shanxi,Daixian,SW.	中国:山西代县西南	* China
1952	10	10	18	47	32	30.4	69.3		6.2	Ms	Pakistan:Quetta	巴基斯坦:奎达	Afghan,GSHAP
1952	10	12	6	31	44	-15.4	-66.4	287	5.8	Ms	Bolivia:La Paz	玻利维亚:拉巴斯	GSHAP
1952	10	15	2	46		23.8	122.4		5.5	Ms	China:Taiwan,Hualien,Coast of E.	中国:台湾花莲以东海域	China
1952	10	15	17	50		34.7	32.8		5.6	Ms	Cyprus:Limassol	塞浦路斯:利马索尔	Turkey
1952	10	18	21	26	17	36.6	70.4	200	5.1	Ms	Afghan:Taloqan	阿富汗:塔卢坎	GSHAP
1952	10	19	10	44	28	27.8	85.7		5.5	Ms	Nepal:Kathmandu,E.	尼泊尔:加德满都东部	GSHAP
1952	10	22	13	7	37	38.9	72.8		5	Mk	Tadzhikistan:Kuda La	塔吉克斯坦:库达拉	GSHAP,Song
1952	10	22	17			36.5	35.5		5	Muk	Turkey:Ceyhan,Misis	土耳其:杰伊汗,米西斯	*
1952	10	22	21	8	48	37.3	69.8		5	Mk	Afghan:Taloqan	阿富汗:塔卢坎	GSHAP,Song
1952	10	24	22	55	8	36.9	70.8	192	6	Mk	Afghan:Badakhshan	阿富汗:巴达赫尚	GSHAP,Song
1952	10	26	1	37	22	38.4	71.6		5	Mk	Tajikistan:Deh	塔吉克斯坦:代赫	GSHAP,Song
1952	10	26	8	23	19	29.4	67.9		5	Mk	Pakistan:Quetta	巴基斯坦:奎达	GSHAP,Song
1952	10	26	15	53	6	39.3	143.7	33	6.5	Ms	Japan Trench	日本海沟	Engdahl
1952	10	28	17	28	7	36.6	70.1	223	6	Mk	Afghan:Kalafgan	阿富汗:卡拉夫甘	GSHAP,Song
1952	10	29	3	20	44	38.2	69.4		5	Mk	Tadzhikistan:Khatlon	塔吉克斯坦:哈特隆州	GSHAP,Song
1952	10	30	13	13	7	8.7	-76.3		5.7	Ms	Colombia:Montería	哥伦比亚:蒙特里亚	GSHAP
1952	10	31	23	51	40	33.3	101		6	Ms	China:Qinghai,Jiuzhi,SW.	中国:青海久治西南	China
1952	11	2	15	29	3	36.9	70.8	128	6	Mk	Afghan:Badakhshan	阿富汗:巴达赫尚	GSHAP,Song
1952	11	3	5	17	10	39.2	70.7		5	Mk	Tadzhikistan:Tajikabad	塔吉克斯坦:塔吉卡巴德	GSHAP,Song
1952	11	3	20	38	1	39.2	70.7		5	Mk	Tadzhikistan:Tajikabad	塔吉克斯坦:塔吉卡巴德	GSHAP,Song
1952	11	4	11	53	8	32	103.5		5.5	Ms	China:Sichuan,Songpan,S.	中国:四川松潘南	China
1952	11	4	16	58	28	52.755	160.057	22.2	9	M	Russia:Kamchatka,Near East Coast	俄罗斯:堪察加东部近海	* Engdahl,NOAA
1952	11	5	23	58	39	38.8	69.7		5	Mk	Tadzhikistan:Norak	塔吉克斯坦:努雷克	GSHAP,Song
1952	11	6	19	47	26	-4.728	145.091	35	7.1	Mw	Papua New Guinea:Madang	巴布亚新几内亚:马当	Engdahl
1952	11	7	2	24	42	36.5	71		5	Mk	Afghan:Badakhshan	阿富汗:巴达赫尚	GSHAP,Song
1952	11	7	4	33	57	25.5	94		6	Ms	India:Mizoram,N.	印度:米佐拉姆北部	GSHAP
1952	11	8	3	7		23.8	120.7		5.4	Ms	China:Taiwan,Nantou	中国:台湾南投	China
1952	11	8	7	6		28.5	83.2		5.5	Ms	Nepal:Bheri,E.	尼泊尔:佩里东部	GSHAP
1952	11	8	10	41	54	27.9	82.2		5.5	Ms	Nepal:Tulsipur	尼泊尔:杜尔西布尔	GSHAP
1952	11	9	15	31	11	45	151.5	30	6.2	Ms	Kuril Islands	千岛群岛	GSHAP
1952	11	11	15	49	22	39	71.8		5	Mk	Tadzhikistan:Dzhirgatal	塔吉克斯坦:吉尔加塔尔	GSHAP,Song
1952	11	12	0	9	51	39	71.8		5	Mk	Tadzhikistan:Dzhirgatal	塔吉克斯坦:吉尔加塔尔	GSHAP,Song
1952	11	12	23	7		24	121.8	40	5	Ms	China:Taiwan,Hualien,Coast of E.	中国:台湾花莲以东海域	China
1952	11	14	0	9	2	36.8	71.4	287	6	Mk	Afghan:Badakhshan	阿富汗:巴达赫尚	GSHAP,Song
1952	11	14	0	28	45	36.6	70.1	160	6	Mk	Afghan:Kalafgan	阿富汗:卡拉夫甘	GSHAP,Song
1952	11	14	11	40	44	-6.6	-76.9		5	Mk	Peru:Juanjui	秘鲁:胡安惠	GSHAP,Song
1952	11	15	19	0	53	36.5	71		5	Mk	Afghan:Badakhshan	阿富汗:巴达赫尚	GSHAP,Song
1952	11	17	8	57	36	39.2	70.7		5	Mk	Tadzhikistan:Tajikabad	塔吉克斯坦:塔吉卡巴德	GSHAP,Song
1952	11	19	7	58	3	39.3	72.6		5	Mk	Tajikistan:Kuhistoni Badakhshon	塔吉克斯坦:勾瑙-巴达科善	GSHAP,Song
1952	11	19	10	23	31	29.8	86.7		5.25	Ms	China:Xizang (Tibet),Ngamring,N.	中国:西藏昂仁北	China
1952	11	20	1	13	9	36.6	70.1	223	6	Mk	Afghan:Kalafgan	阿富汗:卡拉夫甘	GSHAP,Song
1952	11	22	7	46	36	35.77	-121.14	10	6	Ms	US:California,San Simeon	美国:加利福尼亚州圣西米恩	USGS
1952	11	24	19	56	38	39.2	70.7		5	Mk	Tadzhikistan:Tajikabad	塔吉克斯坦:塔吉卡巴德	GSHAP,Song
1952	11	24	20	13	27	39.5	71.1		5	Mk	Tadzhikistan:Dzhirgatal	塔吉克斯坦:吉尔加塔尔	GSHAP,Song
1952	11	24	20	31	25	39.5	71.1		5	Mk	Tadzhikistan:Dzhirgatal	塔吉克斯坦:吉尔加塔尔	GSHAP,Song
1952	11	25	13	14	38	52.7	106.8	15	5	Ms	Russia:Lake Baykal	俄罗斯:贝加尔湖	GSHAP
1952	11	27	7	20	32	36.6	70	150	6.2	Ms	Afghan:Taloqan	阿富汗:塔卢坎	GSHAP
1952	11	28	1	12	55	6.7	-78.9		5	Ms	Colombia:Near Coast	哥伦比亚:近海	GSHAP
1952	11	28	5	34	17	25	95.2		6	Ms	myanmar:Sagaing,N.	缅甸:实皆北部	GSHAP
1952	11	29	8	22	42	52.6	160.3	33	6.9	Muk	Russia:Kamchatka Peninsula	俄罗斯:堪察加半岛	Engdahl
1952	11	29	21	24	17	39	71.8		5	Mk	Tadzhikistan:Dzhirgatal	塔吉克斯坦:吉尔加塔尔	GSHAP,Song
1952	11	29	23	46	27	56.3	-153.8	0	6.8	Muk	Alaska:Kodiak Island	阿拉斯加:科迪亚克岛	Engdahl,USGS
1952	12	1	19	23	16	36.8	69.9	192	6	Mk	Afghan:Taloqan	阿富汗:塔卢坎	GSHAP,Song
1952	12	2	3	19	20	37.1	68.8		5	Mk	Afghan:Qonduz	阿富汗:昆都士	GSHAP,Song
1952	12	2	4	48	26	38.8	70.4		5	Mk	Tadzhikistan:Garm	塔吉克斯坦:加尔姆	GSHAP,Song
1952	12	2	7	11	24	36.2	69.7	160	6	Mk	Afghan:Taloqan	阿富汗:塔卢坎	GSHAP,Song
1952	12	2	18	2	34	37.6	71.6	128	6	Mk	Tajikistan: Khorog	塔吉克斯坦:霍罗格	GSHAP,Song
1952	12	3	23	15		24.4	122.6		5.7	Ms	China:Taiwan,Hualien,Coast of E.	中国:台湾花莲以东海域	China
1952	12	4	3	51	40	52	178.2	128	6	Ms	Aleutian Islands,Rat Island	阿留申群岛,拉特岛	USGS
1952	12	4	4	52	39	37.1	71.2		5	Mk	Afghan:Badakhshan	阿富汗:巴达赫尚	GSHAP,Song
1952	12	5	17	48	35	37.1	71.2		5	Mk	Afghan:Badakhshan	阿富汗:巴达赫尚	GSHAP,Song
1952	12	6	10	41	23	-8.141	156.125	15	7.2	Mw	Solomon Islands	所罗门群岛	Engdahl
1952	12	7	0	50	17	52.5	174.2		6.2	Ms	Aleutian Islands	阿留申群岛	USGS
1952	12	7	15	34	25	36.8	69.9	192	6	Mk	Afghan:Taloqan	阿富汗:塔卢坎	GSHAP,Song
1952	12	7	22	11	7	36.8	69.9	192	6	Mk	Afghan:Taloqan	阿富汗:塔卢坎	GSHAP,Song
1952	12	8	15	9	32	22.9	99.7		5.75	Ms	China:Yunnan,Lancang,NW.	中国:云南澜沧西北	* China
1952	12	10	7	37	46	36.1	68.2		5	Mk	Afghan:Samangan	阿富汗:萨曼甘	GSHAP,Song
1952	12	10	14	6	40	84.5	100	20	5.2	Ms	Arctic Ocean	北冰洋	GSHAP

年 Year	月 Mo	日 Dy	时 Hr	分 Mn	秒 Sec	纬度(°) Latitude	经度(°) Longitude	深度 Depth	震级 Mag	标度 Scale	地名(英文) Name(English)	地名(中文) Name(Chinese)	资料来源 Information
1952	12	14	8	57	27	37.1	71.2	128	6	Mk	Afghan: Badakhshan	阿富汗:巴达赫尚	GSHAP, Song
1952	12	15	23	24	58	39.5	104		5.5	Ms	China: Inner Mongolia, Alxa Zuoqi, NW.	中国:内蒙古阿拉善左旗西北	China
1952	12	17	12	8	28	36.6	70.1		5	Mk	Afghan: Kalafgan	阿富汗:卡拉夫甘	GSHAP, Song
1952	12	17	23	3	57	34.7	24.7	100	6.8	Muk	Greece: Crete Island	希腊:克里特岛	GSHAP, Engdahl
1952	12	19	0	50	39	36.9	70.8	128	6	Mk	Afghan: Badakhshan	阿富汗:巴达赫尚	GSHAP, Song
1952	12	21	8	10	18	36.8	71.4	128	6	Mk	Afghan: Badakhshan	阿富汗:巴达赫尚	GSHAP, Song
1952	12	21	21	18		24.8	121.8		5.2	Ms	China: Taiwan, Yilan	中国:台湾宜兰	China
1952	12	22	22	24	41	53.8	161.7		6.8	Muk	Russia: Kamchatka Peninsula	俄罗斯:堪察加半岛	Engdahl
1952	12	23	12	14	52	36.9	70.8	223	6	Mk	Afghan: Badakhshan	阿富汗:巴达赫尚	GSHAP, Song
1952	12	24	18	39	41	-5.508	151.959	24.4	7.1	Mw	Papua New Guinea: East New Britain	巴布亚新几内亚:东新不列颠	Engdahl
1952	12	25	1	37	35	37	70.5		5	Mk	Afghan: Badakhshan	阿富汗:巴达赫尚	GSHAP, Song
1952	12	25	22	22	43	29.3	70		6	Ms	Pakistan: Multan	巴基斯坦:木尔坦	Afghan, GSHAP
1952	12	26	7	28	6	36.9	70.8	192	6	Mk	Afghan: Badakhshan	阿富汗:巴达赫尚	GSHAP, Song
1952	12	27	18	45	37	31.2	74.8		5	Mk	India: Kashmir	印度:克什米尔	GSHAP, Song
1952	12	29	9	19	18	22.9	121.5		5.25	Ms	China: Taiwan, Taitung, Coast of E.	中国:台湾台东以东海域	China
1952	12	29	17	36	50	38.1	58	6	5	Ms	Turkmenistan: Asgabat	土库曼斯坦:阿什哈巴德	GSHAP
1952	12	30	12	7		10.3	-83.5		5.8	Mk	Costa Rica: La Paz	哥斯达黎加:拉巴斯	* Song
1952	12	31	8	9	58	36.7	70.5	223	6	Mk	Afghan: Badakhshan	阿富汗:巴达赫尚	GSHAP, Song
1952	12	31	17	18	50	35.59	25.92	40	5.7	Ms	Mediterranean Sea	地中海	Turkey
1953	1	3	21	31	15	16.717	93.083		5	Mk	Bay of Bengal	孟加拉湾	GSHAP, Song
1953	1	5	7	48	27	53.582	171.202	17.3	7.2	Mw	Aleutian Islands	阿留申群岛	Engdahl, GSHAP
1953	1	5	10	6	36	49.152	155.525	50.6	7.1	Mw	Kuril Islands	千岛群岛	Engdahl
1953	1	6	16	5	43	-21	-67.5	160	5.7	Ms	Bolivia: Tupiza	玻利维亚:图皮萨	GSHAP
1953	1	7	1	18	57	41.3	20.6		5.6	Ms	Macedonia: Ohrid	马其顿:奥赫里德	Turkey
1953	1	7	14	8	32	-5.6	150.5		6.3	Ms	Papua New Guinea: West New Britain	巴布亚新几内亚:西新不列颠	Shi Z.
1953	1	8	1	1	5	34.5	79.5		5	Ms	China: Xinjiang, Aksai Chin	中国:新疆和田阿克赛钦湖	China, GSHAP
1953	1	11	22	53	30	65.3	-133.2		6.4	Ms	Canada: Northern Yukon Territory	加拿大:育空地区北部	Shi Z.
1953	1	12	17	23	44	50	156.4	64	6.9	Ms	Kuril Islands	千岛群岛	Engdahl
1953	1	13	7	37	59	-2	-81		5.2	Ms	Ecuador: Near Coast of W.	厄瓜多尔:西部近海	GSHAP
1953	1	15	12	5		19.32	-155.43	24	5.2	Ms	Hawaiian Islands	夏威夷群岛	USGS
1953	1	15	20	6		31.07	56.78		5.6	Ms	Iran: Kerman, N.	伊朗:克尔曼北部	Iran
1953	1	15	21	56		28.5	52.3		5.5	Mk	Iran: Bushehr	伊朗:布什尔	* Song
1953	1	16	15	55		24.2	121.6		5.5	Ms	China: Taiwan, Hualien	中国:台湾花莲	China
1953	1	17	17	30	3	50.5	155.2	128	6	Ms	Kuril Islands	千岛群岛	Shi Z.
1953	1	19	4	57	27	41.4	143.9	40	6.4	Ms	Japan Trench	日本海沟	Shi Z.
1953	1	20	17	33	7	1.5	126		6.5	Ms	Molukka Sea	马鲁古海	Shi Z.
1953	1	21	1	43	1	50	156.4	60	6	Ms	Kuril Islands	千岛群岛	Shi Z.
1953	1	22	5	53	47	41.8	45.1		5.1	Ms	Georgia: TBilisi	格鲁吉亚:第比利斯	Iran
1953	1	23	0	27	38	40.1	78.2	5	5	Ms	China: Xinjiang, Maralbishi	中国:新疆巴楚	China, GSHAP
1953	1	25	19	47		18.4	-73.4		5.7	Muk	Haiti: Port - Au - Prince	海地:太子港	*
1953	1	27	3	12	58	52	160.3		6.3	Ms	Russia: Kamchatka Peninsula	俄罗斯:堪察加半岛	Shi Z.
1953	1	27	3	25	3	-4.5	152.7		6.2	Ms	Papua New Guinea: New Ireland	巴布亚新几内亚:新爱尔兰	Shi Z.
1953	1	27	13	55	36	22.25	95		5	Mk	myanmar: Sagaing, S.	缅甸:实皆南部	GSHAP, Song
1953	1	30	21	46	54	-11.9	166.8	96	6.7	Ms	North Vanuatu Islands	瓦努阿图群岛北部	Engdahl
1953	1	31	21	52	22	-16	-13		6	Ms	Central Mid - Atlantic Ridge	中大西洋中脊	Shi Z.
1953	2	6	13	12	59	42.5	143.5	80	6.4	Ms	Japan: Hokkaido	日本:北海道	Shi Z.
1953	2	7	18	23	13	49.2	156.1		6	Ms	Kuril Islands	千岛群岛	Shi Z.
1953	2	11	23	22	22	39.8	77.4		5.5	Ms	China: Xinjiang, Maralbishi, W.	中国:新疆巴楚西	China
1953	2	12	0	16		-17.5	-71.7	40	5	Mk	Peru: Ilo, Near Coast	秘鲁:伊洛近海	GSHAP, Song
1953	2	12	8	15	32	35.39	54.88	13	6.9	Muk	Iran: Semnan	伊朗:塞姆南	* Iran, GSHAP
1953	2	14	8	53	13	35.5	26.5	100	6.2	Ms	Greece: Crete Island	希腊:克里特岛	GSHAP
1953	2	14	21	48	16	18.5	146	64	6.7	Ms	Mariana Ridge	马里亚纳海岭	Engdahl
1953	2	15	9	32	25	-12	-77.5		5	Mk	Peru: Lima, Near Coast	秘鲁:利马近海	GSHAP, Song
1953	2	15	21	59		22.6	121.6		5	Ms	China: Taiwan, Taitung, Coast of E.	中国:台湾台东以东海域	China
1953	2	15				-12	-77.5		5.5	Ms	Peru: Lima, Near Coast	秘鲁:利马近海	* NOAA
1953	2	16	1	2	2	29.5	81		5.25	Ms	Nepal: Bhandar	尼泊尔:彭达尔	China
1953	2	19	13	6	19	-29	-179	350	6.5	Ms	Kermadec Ridge	克马德克海岭	Shi Z.
1953	2	19	15	17	41	0	-18.1		6.5	Ms	Central Mid - Atlantic Ridge	中大西洋中脊	Shi Z.
1953	2	22	2	19		87	40	20	5.2	Ms	Arctic Ocean	北冰洋	GSHAP
1953	2	23	0	46	8	29.5	81.3		5.5	Ms	Nepal: Seti, C.	尼泊尔:塞蒂中部	China
1953	2	25	21	16	12	56	-156.2	60	6.8	Ms	Aleutian Islands	阿留申群岛	USGS, Shi Z., Engdahl
1953	2	26	0	32	32	51.4	157.7	160	6.6	Ms	Russia: Kamchatka Peninsula	俄罗斯:堪察加半岛	Shi Z.
1953	2	26	10	13	13	-19.9	169		6	Ms	Vanuatu Islands	瓦努阿图群岛	Shi Z.
1953	2	26	11	42	33	-11.118	164.287	35	7.1	Mw	Solomon Islands	所罗门群岛	Engdahl
1953	3	1	7	54	8	32.5	103.5		5.5	Ms	China: Sichuan, Songpan, SW.	中国:四川松潘西南	China

年 Year	月 Mo	日 Dy	时 Hr	分 Mn	秒 Sec	纬度(°) Latitude	经度(°) Longitude	深度 Depth	震级 Mag	标度 Scale	地名(英文) Name(English)	地名(中文) Name(Chinese)	资料来源 Information
1953	3	3	11	27		-20.6	169		6.7	Ms	Vanuatu Islands	瓦努阿图群岛	Engdahl
1953	3	3	22	53	59	48.5	155.2		6	Ms	Kuril Islands	千岛群岛	Shi Z.
1953	3	4	0	57	59	-28	-63.5	603	6.3	Ms	Argentina:Santiago del Estero	阿根廷:圣地亚哥-德尔埃斯特罗	GSHAP
1953	3	4	14	45	46	23.9	121.7		5.5	Ms	China:Taiwan,Hualien,Coast of E.	中国:台湾花莲以东海域	China
1953	3	5	21	1	23	51.9	158	60	6.5	Ms	Russia:Kamchatka Peninsula	俄罗斯:堪察加半岛	Shi Z.
1953	3	5	21	21	45	49.2	156.1		6	Ms	Kuril Islands	千岛群岛	Shi Z.
1953	3	6	21	58	36	25.3	123.5		5	Ms	Ryukyu Islands	琉球群岛	China
1953	3	9	10	3	51	-5.1	153.5	55	6.5	Ms	Papua New Guinea:East New Britain, E.	巴布亚新几内亚:东新不列颠东部	Shi Z.
1953	3	11				31.9	140		7	Mk	Japan Trench	日本海沟	Usami,Japan,NOAA,Song
1953	3	15	3	9	7	40.2	77.9		5	Ms	China:Xinjiang,Maralbishi,NW.	中国:新疆巴楚西北	China
1953	3	15	14	15	54	34	25	100	5.6	Ms	Mediterranean Sea	地中海	Turkey
1953	3	16	17	35	39	39.9	78.2		5.25	Ms	China:Xinjiang,Maralbishi	中国:新疆巴楚	China
1953	3	17	13	4		50	156.5		5.8	Ms	Kuril Islands	千岛群岛	* NOAA
1953	3	18	19	6	17.3	40.12	27.621	15	7.2	Mw	Turkey:Yenice, Onon	土耳其:图穆鲁斯,森扁	* Engdahl
1953	3	19	8	27	54	14.111	-61.213	126.8	7.1	mB	Martinique Island	马提尼克岛(拉丁美洲)	Engdahl
1953	3	19	10	15	54	28.5	127.3	160	5.75	Ms	Ryukyu Islands	琉球群岛	China
1953	3	19	18	53	29	-26	-178.5	600	6	Ms	Tonga Islands,SW.	汤加群岛西南	Shi Z.
1953	3	22	5	19		38.82	-119.98		5	Ms	US:California,Woodfords	美国:加利福尼亚州伍德福兹	USGS
1953	3	23	5	22	48	39.37	41.28	50	5	Ms	Turkey:Tekman	土耳其:泰克曼	GSHAP
1953	3	24	21	17	36	37.02	37	10	5.2	Ms	Turkey:Kilis	土耳其:基利斯	GSHAP
1953	3	26	2	9	41	52.6	160.3		6	Ms	Russia:Kamchatka Peninsula	俄罗斯:堪察加半岛	Shi Z.
1953	3	30	22	16		-13.6	-72.6	20	5	Mk	Peru:Apurimac	秘鲁:阿普里马克	GSHAP,Song
1953	4	2	3	56	10	-5.1	151.3	55	6	Ms	Papua New Guinea:Bubu	巴布亚新几内亚:布布	Shi Z.
1953	4	2				9.6	76.599		5.5	Ms	India:Kochi	印度:柯枝市	GSHAP
1953	4	4	5	52	13	36.3	141.5	40	6.3	Ms	Japan:Ibaraki,Near Coast	日本:茨城近海	Shi Z.
1953	4	5	8	54	30	-33.5	-178	100	6	Ms	Kermadec Ridge	克马德克海岭	Shi Z.
1953	4	5	10	15	35	22.9	121.5		5.5	Ms	China:Taiwan,Taitung,Coast of E.	中国:台湾台东以东海域	China
1953	4	6	0	36	24	-7	132	55	6.1	Ms	Indonesia:Banda Sea	印度尼西亚:班达海	Shi Z.
1953	4	6	12	14	44	52.6	160.3		6.2	Ms	Russia:Kamchatka Peninsula	俄罗斯:堪察加半岛	Shi Z.
1953	4	7	17	28	33	-24.5	180	603	6	Ms	Lau Ridge[Pacific Ocean]	劳海岭[太平洋]	Shi Z.
1953	4	14	13	29	26	-8.2	-71	603	6.7	Ms	Brazil:Amazonas	巴西:亚马孙州	GSHAP,Shi Z.,Engdahl
1953	4	17	0	2	50	-5.2	-77.2		6.1	Ms	Peru:Loreto,SW.	秘鲁:洛雷托西南	GSHAP,Shi Z.
1953	4	19	22	47	39	50.5	-179		5.5	Ms	Andreanof Islands, Aleutian Is.	阿留申群岛,安德烈亚诺夫群岛	USGS
1953	4	20	11	0	31	-15.3	-172.5		6	Ms	Samoa Islands	萨摩亚群岛	Shi Z.
1953	4	21	8	50	6	45.3	150.5	120	5.6	Ms	Kuril Islands	千岛群岛	GSHAP
1953	4	23	3	50	56	30.5	96.7		5.5	Ms	China:Xizang (Tibet),Baxoi	中国:西藏八宿附近	China
1953	4	23	3	53	32	30.5	96.7		5.5	Ms	China:Xizang (Tibet),Baxoi	中国:西藏八宿附近	China
1953	4	23	16	24	32	-4.402	152.708	35	7.6	Mw	Papua New Guinea:New Ireland	巴布亚新几内亚:新爱尔兰	* Engdahl
1953	4	24	23	38	37	43.7	86.6		5.5	Ms	China:Xinjiang,Hutubi,SW.	中国:新疆呼图壁西南	China
1953	4	25	16	23	42	43.7	86.2		5.25	Ms	China:Xinjiang,Hutubi,SW.	中国:新疆呼图壁西南	China
1953	4	26	0	28		-7.3	-78.46	20	5	Mk	Peru:Trujillo	秘鲁:特鲁希略	GSHAP,Song
1953	4	26	20	39	50	40.1	77.3		5	Ms	China:Xinjiang,Artux,NE.	中国:新疆阿图什东北	China
1953	4	29	3	31	18	-9.7	159.6		6.3	Ms	Solomon Islands	所罗门群岛	Shi Z.
1953	4	30	6	26	42	-20.6	169		6.7	Ms	Vanuatu Islands	瓦努阿图群岛	Engdahl
1953	4	30	15	45	24	41	48.1	20	5	Ms	Azerbaijan:Qebele	阿塞拜疆:盖贝莱区	GSHAP
1953	4					29	52		5.8	Mk	Iran:Fars	伊朗:法尔斯	* Song
1953	5	1	21	18	19	33.7	72.5	64	5	Mk	Pakistan:Attock	巴基斯坦:阿塔克	GSHAP,Song
1953	5	2	18	37	38	38.7	26.5	33	6	Ms	Turkey:Izmir;Aegean Islands	土耳其:伊兹密尔,爱琴群岛	GSHAP
1953	5	2	23	50		-17.2	-71.1	20	5	Mk	Peru:Torata	秘鲁:塔克纳	GSHAP,Song
1953	5	3	23	57	6	24.2	103.2		5	Ms	China:Yunnan,Mile,SW.	中国:云南弥勒西南	* China
1953	5	4	11	29	15	53.8	161.7		6.3	Ms	Russia:Kamchatka Peninsula	俄罗斯:堪察加半岛	Shi Z.
1953	5	4	15	26	36	-28	-63.5	603	6.5	Ms	Argentina:Santiago del Estero	阿根廷:圣地亚哥-德尔埃斯特罗	GSHAP
1953	5	6	17	16	48	-37.254	-72.92	68.4	7.5	mB	Chile:Coelemu	智利:科埃莱穆	* Engdahl,NOAA
1953	5	11	10	16	40	-21.7	169.3		6.6	Ms	Vanuatu Islands	瓦努阿图群岛	Shi Z.
1953	5	12	12	39	6	52.3	-177.3	96	6	Mk	Andreanof Islands, Aleutian Is.	阿留申群岛,安德烈亚诺夫群岛	USGS,Song
1953	5	13	4	16	29	52.5	174.2	65	5.5	Ms	Aleutian Islands	阿留申群岛	USGS
1953	5	17	2	33	54	45.3	27.3	140	5	Ms	Romania:Focşani	罗马尼亚:福克沙尼	GSHAP
1953	5	17	13	11	33	-5.8	102.2	300	6	Ms	Indonesia:Sumatra,Coast of SW.	印度尼西亚:苏门答腊西南海域	Shi Z.
1953	5	18	8	12	11	28.7	-43.6		6	Ms	North Atlantic Ocean	北大西洋	Shi Z.
1953	5	18	8	15	23	-5.8	102.2		6	Ms	Indonesia:Sumatra,Coast of SW.	印度尼西亚:苏门答腊西南海域	Shi Z.
1953	5	19	3	11	9	51.9	159.9		6.4	Ms	Russia:Kamchatka Peninsula	俄罗斯:堪察加半岛	Shi Z.
1953	5	19	15	49	55	1	98.5	64	5	Mk	Indonesia:Sumatera,Near West Coast	印度尼西亚:苏门答腊西部近海	GSHAP,Song
1953	5	20	7	45	24	-53.2	-134		6.2	Ms	Southern Pacific Ridge	南太平洋海岭	Shi Z.
1953	5	20	10	43	50	0.4	123.7	96	6.7	Ms	Molukka Sea	马鲁古海	Engdahl
1953	5	20	16	34	52	40.1	77.2		5.25	Ms	China:Xinjiang,Artux,NE.	中国:新疆阿图什东北	China

年	月	日	时	分	秒	纬度(°)	经度(°)	深度	震级	标度	地名(英文)	地名(中文)	资料来源
Year	Mo	Dy	Hr	Mn	Sec	Latitude	Longitude	Depth	Mag	Scale	Name(English)	Name(Chinese)	Information
1953	5	20	16			26.5	99.9		5	Ms	China:Yunnan,Jianchuan	中国:云南剑川	China
1953	5	24	1	19	40	-55.5	-29		6.2	Ms	South Sandwich Islands	南桑威奇群岛	Shi Z.
1953	5	25	12	38	14	-3.1	101.5		6	Ms	Indonesia:Southern Sumatra	印度尼西亚:苏门答腊南部	Shi Z.
1953	5	25	17	40	32	51.3	159.3		6.4	Ms	Russia:Kamchatka,Near East Coast	俄罗斯:堪察加东部近海	Shi Z.
1953	5	26	1	43	12	41.8	143	50	6.2	Ms	Japan:SE. Hokkaido Island	日本:北海道东南	GSHAP
1953	5	28	20	49		-9.3	-78.2	90	5	Ms	Peru:Chimbote	秘鲁:钦博特	GSHAP
1953	5	28	21	4	43	38.2	75.1		5	Ms	China:Xinjiang,Tashkurghan	中国:新疆塔什库尔干	China
1953	5	31	5	0	15	-8.5	118.3	100	6.5	Ms	Indonesia:Sumbawa	印度尼西亚:松巴哇	Shi Z.
1953	5	31	19	58	39	19.8	-70.7	33	6.9	Ms	Dominica:Puerto Plata	多米尼加:普拉塔港	* Engdahl,NOAA
1953	6	2	17	50	12	29.9	142.1	60	6	Ms	Japan:South Honshu Ridge	日本:本州南部海岭	Shi Z.
1953	6	3	2	23		22.8	121		5.25	Ms	China:Taiwan,Taitung	中国:台湾台东	China
1953	6	3	16	5	24	40.1	28.8		6	Ms	Turkey:Iznik,Izmit	土耳其:伊兹尼克,伊兹米特	GSHAP
1953	6	6	1	10	18	11	93		6	Ms	India:Andaman Islands	印度:安达曼群岛	GSHAP
1953	6	7	1	58	6	53.6	143	13	5.2	Ms	Russia:Sakhalin Island	俄罗斯:库页岛(萨哈林岛)	GSHAP
1953	6	7	21	38	48	25	100		5	Ms	China:Yunnan,Fengqing,N.	中国:云南凤庆北	China
1953	6	8	11	40	29	52.7	159.4		6.4	Ms	Russia:Kamchatka Peninsula	俄罗斯:堪察加半岛	Shi Z.
1953	6	9	1	39	2	53.1	160.9		6.5	Ms	Russia:Kamchatka Peninsula	俄罗斯:堪察加半岛	Shi Z.
1953	6	13	18	38	58	38.1	22.6		5.5	Ms	Greece:Nemea	希腊:奈迈阿	Turkey
1953	6	14	4	17	29.9	32.95	-115.72	16	5.5	Ms	US:California,Brawley	美国:加利福尼亚州布劳利	USGS
1953	6	15	17	47	14	56.3	-153.8		6.5	Ms	Alaska:Kodiak Island	阿拉斯加:科迪亚克岛	USGS
1953	6	16	16	2	3	-25	-177.5	100	6.3	Ms	Fiji Islands	斐济群岛	Shi Z.
1953	6	16	19	48	25	55.6	-160.4	33	6.2	Ms	Aleutian Islands	阿留申群岛	USGS
1953	6	17	14	8	36	-15.6	-74.6	64	5	Mk	Peru:Nazca	秘鲁:纳斯卡	GSHAP,Song
1953	6	18	5	44		41.4	26.3		5.9	Mk	Greece:Didymoteicho	希腊:季季莫蒂霍	* Song
1953	6	18	10	4	49	-6.5	155		6	Ms	Papua New Guinea:Bougainville Island	巴布亚新几内亚:布干维尔岛	Shi Z.
1953	6	19	5	2	19	57	114.7	25	5	Ms	Russia:Irkutsk,Irbo	俄罗斯:伊尔库茨克州伊尔博	GSHAP
1953	6	23	1	53	12	36	25	100	6.1	Ms	Aegean Sea	爱琴海	GSHAP
1953	6	23	13	53	35	51.4	157.7		6.1	Ms	Russia:Kamchatka Peninsula	俄罗斯:堪察加半岛	Shi Z.
1953	6	24	21	18	46	46.2	150.6	70	6	Ms	Kuril Islands	千岛群岛	GSHAP
1953	6	25	10	43	53	-9.2	123		6.8	Ms	Indonesia:Flores Island,E.	印度尼西亚:弗洛勒斯岛东部	Engdahl
1953	6	25	10	45	6.03	-8.727	123.704	35	7.1	Ms	Indonesia:Flores Island,E.	印度尼西亚:弗洛勒斯岛东部	Engdahl
1953	6	26	5	42	58	-8.546	123.945	35	6.7	Ms	Indonesia:Timor Island	印度尼西亚:帝汶岛	Engdahl
1953	6	26	11	42	42	23.5	100		5.5	Ms	China:Yunnan,Shuangjiang	中国:云南双江	China
1953	6	27	7	43	11	-24.5	180	603	6	Ms	Fiji Islands	斐济群岛	Shi Z.
1953	6	29	23	26	55	30.8	80.5		5	Ms	China:Xizang (Tibet),Burang,NW.	中国:西藏普兰西北	China
1953	7	1	2	59	38	50.2	157.3	60	6.5	Ms	Kuril Islands	千岛群岛	Shi Z.
1953	7	2	6	57		-19.235	169.608	238.2	7.4	mB	Vanuatu Islands	瓦努阿图群岛	* Engdahl
1953	7	3	18	29	18	-56.5	-26.3		6	Ms	South Sandwich Trench	南桑威奇海沟	Shi Z.
1953	7	6	21	55	38	-6.8	147.2		6.2	Ms	Papua New Guinea:Lae	巴布亚新几内亚:莱城	Shi Z.
1953	7	7	4	7	50	0.9	100.4	250	6	Ms	Indonesia:Northern Sumatra	印度尼西亚:苏门答腊北部	Shi Z.
1953	7	7	17	28	23	30.8	141.4	60	6	Ms	Japan Trench	日本海沟	Shi Z.
1953	7	9	19	2	8	39.9	78.3		6	Ms	China:Xinjiang,Maralbishi	中国:新疆巴楚	China
1953	7	9	20	43	33	40	78.3		5.25	Ms	China:Xinjiang,Maralbishi	中国:新疆巴楚	China
1953	7	9	21	23	48	30	42.5		6.63	Ms	Saudi Arabia:Lawqah	沙特阿拉伯:劳盖	GSHAP
1953	7	10	15	6	42	-5.8	112.8	54	6.5	Ms	Indonesia:Java Sea	印度尼西亚:爪哇海	Shi Z.
1953	7	12	0	53	7	36.5	71	15	5	Ms	Afghan:Badakhshan	阿富汗:巴达赫尚	GSHAP
1953	7	12	6	43	5	-2.4	138.6		6.4	Ms	Indonesia:Papua	印度尼西亚:巴布亚	Shi Z.
1953	7	13	18	4	1	38.5	75.1	160	5	Ms	China:Xinjiang,Ulugqat,SW.	中国:新疆乌恰西南	China
1953	7	14	12	44		42.2	139.9	20	5.4	Ms	Japan:Uchiura Bay	日本:内浦湾	Japan
1953	7	15	22	32	19	24.4	122.3	20	5	Ms	China:Taiwan,Hualien,Coast of E.	中国:台湾花莲以东海域	China
1953	7	20	18	8	15	-24.6	-176.7	100	6.4	Ms	Fiji Islands	斐济群岛	Shi Z.
1953	7	21	17	22	35	25.8	128		6	Ms	Ryukyu Islands	琉球群岛	Shi Z.
1953	7	22	5	11	19	51.2	157.1	60	6.5	Ms	Russia:Kamchatka Peninsula	俄罗斯:堪察加半岛	Shi Z.
1953	7	22	15	9	37	39.24	28.43	10	5.6	Ms	Turkey:Demirci	土耳其:代米尔吉	Turkey
1953	7	23	1	5	44	26.5	65.1		5	Mk	Pakistan:Balochistan	巴基斯坦:俾路支	GSHAP,Song
1953	7	25	15	43	45	28	97		5	Ms	India:Arunachal Pradesh,E.	印度:阿鲁那恰尔邦东部	China
1953	7	26	13	5	22	-15	-75	60	5	Mk	Peru:Nazca	秘鲁:纳斯卡	GSHAP,Song
1953	7	26	16	53	20	17.8	145.6	192	6.9	Ms	Mariana Islands	马里亚纳群岛	Engdahl
1953	7	28	7	39	45	-21	-178	540	6.2	Ms	Tonga Islands,W.	汤加群岛西部	Shi Z.
1953	7	29	18	15	36	13	-90.5		6	Ms	Guatemala:Near Coast	危地马拉:近海	Shi Z.
1953	7	29	23	18	2	-15.8	-172.8		6.4	Ms	Samoa Islands	萨摩亚群岛	Shi Z.
1953	7	30	23	44	51	18.7	145.4	200	6	Ms	Mariana Islands	马里亚纳群岛	Shi Z.
1953	8	2	17	20	2	-21.6	169.7		6	Ms	Vanuatu Islands	瓦努阿图群岛	Shi Z.
1953	8	2	20	59	29	21.8	144	250	6	Ms	Mariana Islands,N.	马里亚纳群岛北部	Shi Z.
1953	8	4	13	53	16	-15.9	167.9	160	6	Ms	Vanuatu Islands	瓦努阿图群岛	Shi Z.
1953	8	6	18	55	41	43.3	86.4		5.5	Ms	China:Xinjiang,Hutubi,SW.	中国:新疆呼图壁西南	China
1953	8	8	16	50		47.9	-114		5.1	Mk	US:Idaho,Proctor	美国:爱达荷州普罗克托	USGS,Song
1953	8	9	5	53	29	-22.1	-68.7	128	6.3	Ms	Chile:Antofagasta,N.	智利:安托法加斯塔北部	GSHAP

年 Year	月 Mo	日 Dy	时 Hr	分 Mn	秒 Sec	纬度(°) Latitude	经度(°) Longitude	深度 Depth	震级 Mag	标度 Scale	地名(英文) Name(English)	地名(中文) Name(Chinese)	资料来源 Information
1953	8	9	7	41	7	38.3	20.8		6.5	Ms	Greece:Asprogerakas (Kephallenia)	希腊:坎发兰尼亚	Shi Z.
1953	8	11	3	32	22	38.1	20.6	33	6.8	Ms	Greece:Asprogerakas (Kephallenia)	希腊:坎发兰尼亚	* Engdahl
1953	8	12	9	23	54.6	38.046	20.766	15	7.2	Mw	Greece:Lixouri - Argostoli	希腊:利克苏里 - 阿尔戈斯托利	* Engdahl,NOAA
1953	8	12	12	5	21	38	21		6.4	Ms	Greece:Asprogerakas (Kephallenia)	希腊:坎发兰尼亚	Shi Z.
1953	8	12	14	8	39	38.3	20.8		6	Ms	Greece:Asprogerakas (Kephallenia)	希腊:坎发兰尼亚	Shi Z.
1953	8	12	16	53	45	-21.2	-174.8		6.3	Ms	Tonga Islands	汤加群岛	Shi Z.
1953	8	13	9	23	27	-21.5	170.2	128	6.8	Ms	Vanuatu Islands	瓦努阿图群岛	Engdahl
1953	8	16	3	9	55	-7.1	-74.7	160	5	Mk	Peru:Contamana	秘鲁:孔塔马纳	GSHAP,Song
1953	8	17	3	14	36	-6.8	115.1		6	Ms	Indonesia:Bali Sea	印度尼西亚:巴厘海	Shi Z.
1953	8	21	19	53		23.5	121.4	10	5.2	Ms	China:Taiwan,Hualien	中国:台湾花莲	China
1953	8	24	13	21	2	14.1	-91.4	100	6.5	Ms	Guatemala:San José	危地马拉:圣何塞	Shi Z.
1953	8	25	2	4	15	-5.2	152.4		6.4	Ms	Papua New Guinea:East New Britain, E.	巴布亚新几内亚:东新不列颠东部	Shi Z.
1953	8	27	20	46	2	1.3	97.3		5.87	Ms	Indonesia:Sumatera,Nias Island	印度尼西亚:苏门答腊,尼亚斯岛	GSHAP
1953	8	27	21	23	43	2.4	97.5		5	Mk	Indonesia:Off West Coast of N. Sumatera	印度尼西亚:北苏门答腊西部海域	GSHAP,Song
1953	8	27	22	16	40	43.2	142.5	160	6.3	Ms	Japan:Hokkaido	日本:北海道	GSHAP
1953	8	29	1	58	25	27.9	82.2		6	Ms	India:Uttar Pradesh	印度:北方邦	GSHAP
1953	8	29	6	30		9.35	-70.63		5	Mk	Venezuela:Trujillo	委内瑞拉:特鲁希略	GSHAP,Song
1953	8	31	7	52	50	53.5	160.5	60	6.1	Ms	Russia:Kamchatka Peninsula	俄罗斯:堪察加半岛	Shi Z.
1953	9	4	7	23	9	50.6	156.7	64	6.7	Ms	Kuril Islands	千岛群岛	Engdahl
1953	9	4	14	7	15	-32.7	-71.8	33	6.9	Ms	Chile:Near Coast of C.	智利:中部近海	GSHAP
1953	9	5	1	8	13	36.96	29.35	80	5.2	Ms	Turkey:Cameli	土耳其:恰梅利	GSHAP
1953	9	5	14	18	41	38	23		6	Ms	Greece:Asprogerakas (Kephallenia)	希腊:坎发兰尼亚	Shi Z.
1953	9	5	18	58	21	51.2	157.1	55	6.1	Ms	Russia:Kamchatka Peninsula	俄罗斯:堪察加半岛	Shi Z.
1953	9	5	22	52	53	39.75	71.25		5	Mk	Kyrgyzstan:Batken,S.	吉尔吉斯斯坦:巴特青南部	GSHAP,Song
1953	9	6	1	32	17	49.5	91.4	20	5.4	Ms	Mongolia:West Uvs	蒙古:乌布苏西部	GSHAP
1953	9	7	3	58	58	41.2	32.8		6.2	Ms	Turkey:Karabük	土耳其:卡拉比克	Shi Z.
1953	9	9	15	51	14	2	99		5	Mk	Indonesia:Northern Sumatera	印度尼西亚:苏门答腊北部	GSHAP,Song
1953	9	10	4	6		35	32.5		6.5	Ms	Cyprus:Nea Pafos (Paphos)	塞浦路斯:帕福斯	* NOAA
1953	9	14	0	26	36	-18.2	178.3	60	6.8	Muk	Fiji Islands	斐济群岛	* Engdahl,NOAA
1953	9	16	1	48	42	-15	-174.5		6.3	Ms	Samoa Islands	萨摩亚群岛	Shi Z.
1953	9	17	21	11	41	-20.5	-174	100	6.7	Ms	Tonga Islands	汤加群岛	Engdahl
1953	9	23	2	14	38	50	156.4	64	6.8	Ms	Kuril Islands	千岛群岛	Engdahl
1953	9	26	3	34	29	39.53	-119.98		5.3	Ms	US:Nevada,Reno	美国:内华达州雷诺	USGS
1953	9	27	6	5	25	13.7	-57.8		6	Ms	Barbados Island,Off Coast of E.	巴巴多斯岛:东部海域	Shi Z.
1953	9	28	5	50	29	-22.5	-66	250	6	Ms	Argentina:Jujuy,N.	阿根廷:胡胡伊北部	Shi Z.
1953	9	29	1	36	48	-37.637	176.868	311.7	7	mB	New Zealand:North Island,Near Coast of NE.	新西兰:北岛东北近海	Engdahl
1953	9	30	23	4	11	22	-107.5		6.7	Ms	Mexico:Maria Madre Island	墨西哥:玛丽亚马德雷岛	Engdahl
1953	10	1	18	27	6	45.967	15.5		5.17	Ms	Slovenia:Krsko	斯洛文尼亚:克尔什科	Italy
1953	10	5	2	45	56	23.5	95.25		5	Mk	myanmar:Sagaing	缅甸:实皆	GSHAP,Song
1953	10	5	4	31	43	54.1	161		6.8	Ms	Russia:Kamchatka,Near East Coast	俄罗斯:堪察加东部近海	Engdahl
1953	10	6	21	38	18	-3.6	150.9		6.6	Ms	Bismarck Sea	俾斯麦海	Shi Z.
1953	10	6	22	53	35	-23.3	170.9		6	Ms	Fiji Islands	斐济群岛	Shi Z.
1953	10	8	16	20	6	29.9	97.2		5.25	Ms	China:Xizang (Tibet),Baxoi	中国:西藏八宿附近	China
1953	10	8	19	11		32.3	82.8		5.75	Ms	China:Xizang (Tibet),Gerze,W.	中国:西藏改则西	China
1953	10	8	19	53	27	32.3	82.8		5	Ms	China:Xizang (Tibet),Gerze,W.	中国:西藏改则西	China
1953	10	11	13	8	33	50	156.4	33	6.8	Ms	Kuril Islands	千岛群岛	Engdahl
1953	10	12	5	47	40	32.4	82.9		6.25	Ms	China:Xizang (Tibet),Gerze,W.	中国:西藏改则西	China
1953	10	13	8	53	49	30	-114		6	Ms	Gulf of California	加利福尼亚湾	Shi Z.
1953	10	14	14	47	23	42.8	144.6	128	6.9	Ms	Japan:Hokkaido	日本:北海道	Engdahl,GSHAP
1953	10	16	9	53	13	16	-96.6		6	Ms	Mexico:Oaxaca	墨西哥:瓦哈卡	Shi Z.
1953	10	17	9	13	59.5	-2.7	28.7		5.6	Ms	Burundi:Sange	布隆迪:桑盖	GSHAP
1953	10	17	21	7	23	52	159		6.5	Ms	Russia:Kamchatka,Near East Coast	俄罗斯:堪察加东部近海	Shi Z.
1953	10	21	18	39	52	38.6	20.96		6.3	Ms	Greece:Asprogerakas (Kephallenia)	希腊:坎发兰尼亚	GSHAP
1953	10	24	23	19	40	-35.3	180		6.2	Ms	Kermadec Ridge	克马德克海岭	Shi Z.
1953	10	27	3	40	52	42.7	145.5	45	6.2	Ms	Japan:Hokkaido	日本:北海道	GSHAP, Shi Z.
1953	10	27	18	20	47	-19.5	-66.5	287	6.7	Ms	Bolivia:Potosi	玻利维亚:波托西	GSHAP,Engdahl
1953	10	31	14	5	5	40	77		5.25	Ms	China:Xinjiang,Artux,NE.	中国:新疆阿图什东北	China,GSHAP
1953	11	1	17	24	40	36.5	70	200	6	Mk	Afghan:Kalafgan	阿富汗:卡拉夫甘	GSHAP,Song
1953	11	1	18	16	52	23.3	122.3		5.75	Ms	China:Taiwan,Hualien,Coast of E.	中国:台湾花莲以东海域	China
1953	11	4	3	49	13	-13.189	166.516	35	7.5	Mw	North Vanuatu Islands	瓦努阿图群岛北部	Engdahl
1953	11	4	12	27	42	-13	166.4		6.5	Ms	Solomon Islands	所罗门群岛	Shi Z.
1953	11	5	8	21	38	36.5	70.6	200	5.8	Ms	Afghan:Badakhshan	阿富汗:巴达赫尚	GSHAP
1953	11	7	13	3	8	-0.4	98.8		6	Ms	Indonesia:Sumatra,Near Coast of C.	印度尼西亚:苏门答腊中部近海	Shi Z.
1953	11	8	14	45	46	39.1	24.2		5.5	Ms	Aegean Sea	爱琴海	Turkey
1953	11	9	17	25	42	52.7	159.4		6.5	Ms	Russia:Kamchatka Peninsula	俄罗斯:堪察加半岛	Shi Z.

年	月	日	时	分	秒	纬度(°)	经度(°)	深度	震级	标度	地名(英文)	地名(中文)	资料来源
Year	Mo	Dy	Hr	Mn	Sec	Latitude	Longitude	Depth	Mag	Scale	Name(English)	Name(Chinese)	Information
1953	11	10	15	8	35	39	-28.9		6	Ms	North Atlantic Ocean, Azores Islands	北大西洋:亚速尔群岛	Shi Z.
1953	11	10	23	40	27	51.022	157.572	54.3	7	mB	Russia: Kamchatka Peninsula	俄罗斯:堪察加半岛	Engdahl
1953	11	13	16	17	10	4.1	95.9		6.3	Ms	Indonesia: Off West Coast of N. Sumatera	印度尼西亚:北苏门答腊西部海域	Shi Z.
1953	11	13	19	15	40	-13	166.4		6.7	Ms	North Vanuatu Islands	瓦努阿图群岛北部	Engdahl
1953	11	14	20	3	34	52.6	160.3		6.5	Ms	Russia: Kamchatka Peninsula	俄罗斯:堪察加半岛	Shi Z.
1953	11	16	17	17	28	-21.2	168.5		6	Ms	Vanuatu Islands	瓦努阿图群岛	Shi Z.
1953	11	17	13	29	56	13.588	-92.26	25	6.9	Ms	Guatemala: Off Coast of SW.	危地马拉:西南海域	Engdahl, Shi Z.
1953	11	18	5	50		-9.2	-78.9	40	5	Mk	Peru: Chimbote, Near Coast	秘鲁:钦博特近海	GSHAP, Song
1953	11	23	5	47	40	40.5	92.5	15	5	Ms	China: Xinjiang, Ruoqiang, NE.	中国:新疆若羌东北	GSHAP
1953	11	24	10	0	37	46.5	141.7	360	7	Ms	Russia: Sakhalin Island	俄罗斯:库页岛(萨哈林岛)	GSHAP
1953	11	25	17	35	58	-18	-176.6		6	Ms	Fiji Islands	斐济群岛	Shi Z.
1953	11	25	17	48	56	34.034	141.786	35	7.9	Mw	Japan Trench	日本海沟	* Usami, Engdahl, NOAA
1953	11	26	0	3	28	34	141	45	6.5	Ms	Japan Trench	日本海沟	Shi Z.
1953	11	26	8	14	17	34.3	141.8	40	6.8	Ms	Japan Trench	日本海沟	Shi Z., Engdahl
1953	11	27	11	30	6	33.9	141.5	60	6	Ms	Japan Trench	日本海沟	Shi Z.
1953	11	27	23	1	28.5	-18.3	-176.7	43	6.2	Ms	Fiji Islands	斐济群岛	Shi Z.
1953	11	28	22	4	24	43	88.5		5	Ms	China: Xinjiang, Turpan, W.	中国:新疆吐鲁番西	China
1953	11	29	0	35	42	43.9	86.6		5.75	Ms	China: Xinjiang, Hutubi, SW.	中国:新疆呼图壁西南	China
1953	12	1	5	8	50	29.1	128.399	223	6.8	Ms	Ryukyu Islands	琉球群岛	Engdahl
1953	12	1	16	7	28	50.3	148	500	6.5	Ms	Sea of Okhotsk	鄂霍次克海	GSHAP
1953	12	2	4	25	55	-3.5	141.5		6.6	Ms	Papua New Guinea: Green River	巴布亚新几内亚:格林里弗	Shi Z.
1953	12	3	14	54	8	31.4	85.7		6.25	Ms	China: Xizang (Tibet), Coqen	中国:西藏措勤	China
1953	12	4	7	50	54	39.8	77.4		5.25	Ms	China: Xinjiang, Maralbishi, W.	中国:新疆巴楚西	China
1953	12	4	14	54	46	49.5	-129		6.2	Ms	Canada: Off Coast of W. Vancouver	加拿大:温哥华西部海域	Shi Z.
1953	12	7	2	5	40	-22.538	-68.845	107.9	7.2	mB	Chile: Antofagasta, C.	智利:安托法加斯塔中部	* Engdahl
1953	12	7	14	11	38	38.8	142	55	6.5	Ms	Japan: Miyagi, Near Coast	日本:宫城近海	Shi Z.
1953	12	10	21	27	35	36.5	70.5	220	6	Mk	Afghan: Badakhshan	阿富汗:巴达赫尚	GSHAP, Song
1953	12	12	17	31	28	-3.597	-80.847	19	7.5	Mw	Peru: Tumbes, Near Coast	秘鲁:通贝斯近海	* Engdahl, NOAA
1953	12	14	7	11	6	44.067	12.183		5	Ms	Italy: Cesena	意大利:切塞纳	Italy
1953	12	16	4	32	12	45.5	-122.7		5	Ms	US: Oregon, Portland	美国:俄勒冈州波特兰	USGS
1953	12	20	0	21	25	39.5	137	350	6.2	Ms	Japan Sea	日本海	Shi Z.
1953	12	20	9	19	43	-31.8	-71.7		6	Ms	Chile: Near Coast of C.	智利:中部近海	Shi Z.
1953	12	20	21	20	19	34.2	140.6	55	6.3	Ms	Japan Trench	日本海沟	Shi Z.
1953	12	21	1	42	3	38	75.1	100	5.25	Ms	China: Xinjiang, Tashkurghan	中国:新疆塔什库尔干	China
1953	12	21	17	36	19	41.6	142	55	6	Ms	Japan: Hokkaido	日本:北海道	Shi Z.
1953	12	22	18	45	19	15.5	119.1		5.75	Ms	Philippines: Agno, Off Coast	菲律宾:阿格诺沿海	China
1953	12	23	4	45	23	1	-77		6	Ms	Colombia: Pasto	哥伦比亚:帕斯托	GSHAP
1953	12	24	2	33	40	51.9	159.9		6	Ms	Russia: Kamchatka Peninsula	俄罗斯:堪察加半岛	Shi Z.
1953	12	24	23	21	12	52.3	159.6		6.1	Ms	Russia: Kamchatka Peninsula	俄罗斯:堪察加半岛	Shi Z.
1953	12	25	1	51	37	52.3	159.6	64	6.9	Ms	Russia: Kamchatka Peninsula	俄罗斯:堪察加半岛	Engdahl
1953	12	26	13	12	38	52.3	159.6		6	Ms	Russia: Kamchatka Peninsula	俄罗斯:堪察加半岛	Shi Z.
1953	12	28	2	38	44	38.3	20.8		6.3	Ms	Greece: Asprogerakas (Kephallenia)	希腊:坎发兰尼亚	Shi Z.
1954	1	1	13	4	21	-9.2	123.6	96	6.5	Ms	Indonesia: Flores Island, E.	印度尼西亚:弗洛勒斯岛东部	Shi Z.
1954	1	2	1	13	41	37	27.1	140	5.5	Ms	Greece: Kalymnos	希腊:卡利姆诺斯	Turkey
1954	1	7	7	25		40.3	-76		5.1	Mk	US: Pennsylvania, Reading	美国:宾西法尼亚州里丁	USGS, Song
1954	1	11	17	9	2	22.7	125.8		6	Ms	Ryukyu Islands	琉球群岛	Shi Z.
1954	1	12	14	16	25	-48.2	164.2		6.7	Ms	New Zealand: Auckland Islands, N.	新西兰:奥克兰群岛以北	Engdahl
1954	1	12	14	20	30	-48.2	164.2		6.7	Ms	New Zealand: Auckland Islands, N.	新西兰:奥克兰群岛以北	Engdahl
1954	1	12	23	33	49	35	-119.02	16	6	Ms	US: California, Bakersfield	美国:加利福尼亚州贝克斯菲尔德	USGS, Shi Z.
1954	1	13	0	13	9	-49	165.8		6.7	Ms	New Zealand: South Island, SW.	新西兰:南岛西南近海	Engdahl, Shi Z.
1954	1	18	14	16		37.7	21.2	90	6.1	Ms	Greece: Zakynthos	希腊:扎金索斯岛	GSHAP
1954	1	20	4	16	30.8	8.7	-103.7		6	Ms	Tehuantepec Ridge	特万特佩克海岭[太平洋]	Shi Z.
1954	1	22	21	23	7	-19.9	169	96	6	Ms	Vanuatu Islands	瓦努阿图群岛	Shi Z.
1954	1	23	16	6	31	37.4	72.5	8	5.8	Ms	Tajikistan: Pamir Mountains	塔吉克斯坦:帕米尔山脉	GSHAP
1954	1	23	17	11	56	37.4	72.5	15	5.8	Ms	Tajikistan: Pamir Mountains	塔吉克斯坦:帕米尔山脉	GSHAP, Afghan
1954	1	27	14	19	48	35.15	-118.63	16	5	Ms	US: California, Caliente	美国:加利福尼亚州卡连特	USGS
1954	1	31	11	43	27	52	160		6	Ms	Russia: Kamchatka Peninsula	俄罗斯:堪察加半岛	Shi Z.
1954	2	1	1	6	58	24.247	144.013	35	6.8	Ms	Japan: South Honshu Ridge	日本:本州南部海岭	Engdahl, Shi Z.
1954	2	1				32.3	-115.3		5.6	Ms	Mexico: Mexicali	墨西哥:墨西卡利	CGS
1954	2	2	17	45	44	83.1	-4		6	Ms	Greenland Sea	格陵兰海	Shi Z.
1954	2	3	15	56	51	36.5	70		5	Mk	Afghan: Kalafgan	阿富汗:卡拉夫甘	GSHAP, Song
1954	2	3	18	23	57	45	149	110	5.8	Ms	Kuril Islands	千岛群岛	GSHAP
1954	2	5	9	19	48	-4.6	153.5		6.7	Ms	Papua New Guinea: New Ireland, E.	巴布亚新几内亚:新爱尔兰东部	Engdahl
1954	2	5	15	17		17.3	-92.6	100	6.2	Muk	Mexico: Chiapas	墨西哥:恰帕斯州	*
1954	2	7	4	24	4	40	75.3		5	Ms	China: Xinjiang, Ulugqat, N.	中国:新疆乌恰北	China
1954	2	7	6	15	30	-15.8	167.6	128	6.5	Ms	Vanuatu Islands	瓦努阿图群岛	Shi Z.

年 Year	月 Mo	日 Dy	时 Hr	分 Mn	秒 Sec	纬度(°) Latitude	经度(°) Longitude	深度 Depth	震级 Mag	标度 Scale	地名(英文) Name(English)	地名(中文) Name(Chinese)	资料来源 Information
1954	2	8	14	19	9	-29	-70.5	150	7.7	Muk	Chile:La Higuera,E.	智利:拉伊格拉东部	* GSHAP
1954	2	11	0	30	21	39	101.3	35	7.1	Mw	China:Gansu,Shandan,NE.	中国:甘肃山丹东北	* China,Engdahl,Dis
1954	2	11	3	53	46	39	101.5		6	Ms	China:Gansu,Shandan,NE.	中国:甘肃山丹东北	China
1954	2	12	0	47	42	39.4	101.3		5.5	Ms	China:Inner Mongolia,Alxa Youqi	中国:内蒙古阿拉善右旗	China
1954	2	15	3	22	44	5.1	-82.6		6.2	Ms	Colombia:Off Coast of W.	哥伦比亚:西部沿海	Shi Z.
1954	2	16	2	23	32	34	74.75		5	Mk	India:Kashmir	印度:克什米尔	GSHAP,Song
1954	2	17	1	38	57	52.2	160.2		6.2	Ms	Russia:Kamchatka Peninsula	俄罗斯:堪察加半岛	Shi Z.
1954	2	17	11	19	19	45.9	151.6	100	6.4	Ms	Kuril Islands	千岛群岛	GSHAP
1954	2	19	0	40	31	11.7	-86.9		6.8	Ms	Nicaragua:Near Coast of W.	尼加拉瓜:西部近海	Engdahl
1954	2	19	13	28	30	45.2	91		5.25	Ms	China:Xinjiang,Mori,NE.	中国:新疆木垒东北	China
1954	2	19	19	7	52	-30.149	-177.335	35	6.7	Ms	Kermadec Ridge	克马德克海岭	Engdahl,Shi Z.
1954	2	19	21	34	43	11.9	-86.8		6.5	Ms	Nicaragua:Managua,Near Coast	尼加拉瓜:马纳瓜近海	Shi Z.
1954	2	20	2	0	50	11.9	-87		6	Ms	Nicaragua:Managua,Near Coast	尼加拉瓜:马纳瓜近海	Shi Z.
1954	2	20	18	35	6.55	-7.276	124.352	551.6	7	mB	Indonesia:Banda Sea	印度尼西亚:班达海	Engdahl
1954	2	21	20			41.2	-75.9		5.6	Mk	US:Pennsylvania,Wilkes - Barre	美国:宾西法尼亚州威尔克斯－巴里	USGS,Song
1954	2	22	6	11	25	34.3	141.7	60	6	Ms	Japan Trench	日本海沟	Shi Z.
1954	2	22	12	3	28	-56.786	-26.761	35	7	mB	South Sandwich Trench	南桑威奇海沟	Engdahl
1954	2	22	22	17		22.9	120.8	10	5	Ms	China:Taiwan,Kaohsiung	中国:台湾高雄	China
1954	2	23	6	40	35	27.8	91.6		6	Ms	Bhutan:Tashigang,N.	不丹:塔希冈北部	China
1954	2	24	3	55		41.2	-75.9		5.1	Mk	US:Pennsylvania,Wilkes - Barre	美国:宾西法尼亚州威尔克斯－巴里	USGS,Song
1954	2	24	20	45	21	27	139.5	477	6	Ms	Japan:South Honshu Ridge	日本:本州南部海岭	Shi Z.
1954	2	26	3	21	24	44.5	148.2	120	5.7	Ms	Kuril Islands	千岛群岛	GSHAP
1954	2	26	18	46	17	36.8	71.3	120	6	Ms	Afghan:Badakhshan	阿富汗:巴达赫尚	GSHAP
1954	2	28	0	55	24	27.1	130.8	200	6.2	Ms	Ryukyu Islands	琉球群岛	Shi Z.
1954	2	28	18	9		-34.9	138.7	4	5.4	Muk	Australia:Adelaide,S.	澳大利亚:阿得雷德南部	*
1954	2	28	21	24	43	27	56		5	Ms	Iran:Bandar Abbas	伊朗:阿巴斯港	Iran
1954	3	3	6	2	60	-5.873	142.475	20	6.9	Ms	Papua New Guinea:Koroba	巴布亚新几内亚:科罗巴	Engdahl
1954	3	3	20	46	8.2	61.54	-146.78	56	6.2	Ms	Alaska Peninsula,S.	阿拉斯加半岛南部	USGS
1954	3	6	0	29	32	-23.5	-179.8	550	6.5	Ms	Lau Ridge[Pacific Ocean]	劳海岭[太平洋]	Shi Z.
1954	3	8	8	17	18	38	20.6		5.5	Ms	Ionian Sea	爱奥尼亚海	Turkey
1954	3	9	2	21	42	0.8	-29.9		6.3	Ms	Central Mid - Atlantic Ridge	中大西洋中脊	Shi Z.
1954	3	9	5	30	46	32.5	95		5.75	Ms	China:Qinghai,Zaduo	中国:青海杂多	China
1954	3	9	5	39	26	50.1	157.4		6.4	Ms	Kuril Islands	千岛群岛	Shi Z.
1954	3	13	0	59	2	28.1	65.6		5	Mk	Pakistan:Quetta	巴基斯坦:奎达	GSHAP,Song
1954	3	14	8	52	38	-16	-179		6.3	Ms	Fiji Islands	斐济群岛	Shi Z.
1954	3	14	17	44	30	52.2	160.3		6	Ms	Russia:Kamchatka Peninsula	俄罗斯:堪察加半岛	Shi Z.
1954	3	19	9	54	29	33.28	-116.18	16	6.2	Ms	US:California,Borrego Springs	美国:加利福尼亚州博雷戈斯普林斯	USGS
1954	3	19	9	55	56	33.28	-116.18	16	5	Ms	US:California,Borrego Springs	美国:加利福尼亚州博雷戈斯普林斯	USGS
1954	3	19	10	21	17	33.28	-116.18	16	5.5	Ms	US:California,Borrego Springs	美国:加利福尼亚州博雷戈斯普林斯	USGS
1954	3	21	18	58		34.5	25	130	5.7	Ms	Mediterranean Sea	地中海	Turkey
1954	3	21	23	42	16	24.42	95.104	186.1	7.4	mB	myanmar:Sagaing	缅甸:实皆	* Engdahl
1954	3	23	4	14	50	33.28	-116.18	16	5.1	Ms	US:California,Borrego Springs	美国:加利福尼亚州博雷戈斯普林斯	USGS
1954	3	23	12	58		40.5	27.5	100	5.5	Ms	Turkey:Marmara Sea	土耳其:马尔马拉海	Turkey
1954	3	27	11	33	59	44.5	141.5	240	5.8	Ms	Japan:Hokkaido	日本:北海道	GSHAP
1954	3	27				7.25	171.3		7	Mk	Marshall Islands	马绍尔群岛	NOAA,Song
1954	3	28	4	47	53	39.1	41	0	6.8	Muk	Turkey:Solhan	土耳其:索尔汉	Engdahl,GSHAP
1954	3	28	20	36	21	51.6	175.8		6.5	Ms	Aleutian Islands,Rat Island	阿留申群岛,拉特岛	USGS
1954	3	28	20	58	10	51.6	175.8	65	5.5	Ms	Aleutian Islands,Rat Island	阿留申群岛,拉特岛	USGS
1954	3	29	4	1	16	19.6	121.5		6.5	Ms	Philippines:Luzon,Coast N.	菲律宾:吕宋岛北部海域	Shi Z.
1954	3	29	6	17	7.72	37.032	-3.513	627.3	7.9	M	Spain:Granada	西班牙:格拉纳达	* Engdahl
1954	3	30	16	40	2	19.38	-155.02	9	6	Ms	Hawaiian Islands	夏威夷群岛	USGS
1954	3	30	18	41	56	19.35	-155.02	9	6.5	Ms	Hawaiian Islands	夏威夷群岛	USGS
1954	3	31	18	25	49	12.243	58.04	15	7.1	Mw	Arabian Sea	阿拉伯海	Engdahl
1954	4	1	14	8	57	19.4	-67.2	8	6	Ms	Puerto Rico:San Juan	波多黎各:圣胡安	Shi Z.
1954	4	1	18	18	44	46.6	154	40	6.4	Ms	Kuril Islands	千岛群岛	GSHAP
1954	4	1	23	11	27	17.6	-92.6	100	6	Ms	Tabasco,Mexico	墨西哥:塔巴斯科州	Shi Z.
1954	4	5	17	52	22	-23	-67.5	150	5	Mk	Chile:Antofagasta,C.	智利:安托法加斯塔中部	GSHAP,Song
1954	4	11	10	53	32	36.6	70.6	200	6.4	Ms	Afghan:Fayzabad	阿富汗:法扎巴德	GSHAP
1954	4	12	20	59		24.1	122.2	10	5.2	Ms	China:Taiwan,Hualien,Coast of E.	中国:台湾花莲以东海域	China
1954	4	13	15	25	44	33.3	133.9		6	Ms	Japan:Shikoku,Near Coast	日本:四国近海	Shi Z.
1954	4	14	7	54	21	-23.9	-69.2	96	5.5	Ms	Chile:Antofagasta,C.	智利:安托法加斯塔中部	GSHAP
1954	4	14	13	24	46	9.9	92.9		6	Ms	India:Andaman Islands	印度:安达曼群岛	GSHAP
1954	4	15	5	14	50	-14.25	-66.5		5	Ms	Bolivia:La Paz	玻利维亚:拉巴斯	GSHAP

年 Year	月 Mo	日 Dy	时 Hr	分 Mn	秒 Sec	纬度(°) Latitude	经度(°) Longitude	深度 Depth	震级 Mag	标度 Scale	地名(英文) Name(English)	地名(中文) Name(Chinese)	资料来源 Information
1954	4	17	20	10	37	51.5	-179		6.7	Ms	Andreanof Islands, Aleutian Is.	阿留申群岛,安德烈亚诺夫群岛	USGS,Engdahl
1954	4	19	16	53	18	39	75.5		5	Ms	China:Xinjiang,Ulugqat	中国:新疆乌恰	China
1954	4	19	20	24	7	-30	-72		7	Ms	Chile:Near Coast of C.	智利:中部近海	Shi Z.
1954	4	20				39.8	22.1		7	Muk	Greece:Larissa	希腊:拉里萨	*
1954	4	21	20	23	5	-13	-77	100	5	Mk	Peru:Mala,Near Coast	秘鲁:马拉近海	GSHAP,Song
1954	4	23	21	4	30	-13.25	-63.5		5.1	Ms	Bolivia:El Beni,E.	玻利维亚:贝尼省东部	GSHAP
1954	4	24	8	33	4.1	62.99	-148.54	90	6	Mk	South of Alaska	阿拉斯加南部	USGS,Song
1954	4	24	18	33	9	42.8	142.1	100	5.4	Ms	Japan:Hokkaido	日本:北海道	GSHAP
1954	4	25	3	57	6	8	-72.9		5	Ms	Colombia:Bucarasica	哥伦比亚:北桑坦德的布卡拉西卡	GSHAP
1954	4	25	20	33	28	36.903	-121.61		5.6	Ms	US:California,San Juan Bautista	美国:加利福尼亚州圣胡安包蒂斯塔	CGS,USGS
1954	4	26	20	24	50	52.2	158.7	55	6.5	Ms	Russia:Kamchatka Peninsula	俄罗斯:堪察加半岛	Shi Z.
1954	4	26				7.25	171.3		7	Mk	Marshall Islands	马绍尔群岛	* NOAA,Song
1954	4	27	10	6	25	5.9	-82.6		6.5	Ms	Panama:Off Coast of S.	巴拿马:南部海域	Shi Z.
1954	4	27	21	21	33	-56.1	147.3		6	Ms	Southern Pacific Ridge	南太平洋海岭	Shi Z.
1954	4	29	10	49	27	28.9	-112.9		6.8	Ms	Gulf of California	加利福尼亚湾	Engdahl
1954	4	29	11	34	38	28.971	-112.993	9.3	7.1	Mw	Gulf of California	加利福尼亚湾	Engdahl
1954	4	29	11	34		29.5	-29.5		7.5	Muk	North Atlantic Ocean	北大西洋	*
1954	4	30	13	2	40	39.187	22.239	25	6.8	Ms	Greece:Sophades (Karditsa)	希腊:卡尔季察	* Engdahl
1954	4	30	23	4	30	0	-18.5		6	Ms	Central Mid - Atlantic Ridge	中大西洋中脊	Shi Z.
1954	5	1	20	53	31	37.8	27.1		5.6	Ms	Turkey:Kuşadasi	土耳其:库萨达斯	Turkey
1954	5	2	17	48	3	4.2	95.1		6.1	Ms	Indonesia:Off West Coast of N. Sumatera	印度尼西亚:北苏门答腊西部海域	Shi Z.
1954	5	3	15	29	43	51.9	159.8		6.7	Ms	Russia:Kamchatka Peninsula	俄罗斯:堪察加半岛	Engdahl
1954	5	3	17	13	39	12	-86.1	150	6	Ms	Nicaragua:Masaya	尼加拉瓜:马萨亚	Shi Z.
1954	5	3	18	20	26	31	98.5		5.25	Ms	China:Xizang (Tibet),Gonjo	中国:西藏贡觉附近	China
1954	5	5	13	9	49	27.8	-112		6.6	Ms	Gulf of California	加利福尼亚湾	Shi Z.
1954	5	5	17	13	17	50.2	156.6		6.4	Ms	Kuril Islands	千岛群岛	Shi Z.
1954	5	6	9	2	20	50.4	155.4	128	6.1	Ms	Kuril Islands	千岛群岛	Shi Z.
1954	5	13	14	46	39	16.9	-95.9	80	6.5	Ms	Mexico:Oaxaca	墨西哥:瓦哈卡	Shi Z.
1954	5	14	22	39	25	36	137.4	223	6.8	Ms	Japan:Gifu	日本:岐阜	Engdahl
1954	5	15	13	2	14	48	-122		5	Ms	US:Washington,Seattle	美国:华盛顿州西雅图	USGS
1954	5	16	20	10	39	36.6	70.9	160	6	Mk	Afghan:Badakhshan	阿富汗:巴达赫尚	GSHAP,Song
1954	5	16	22	10	40	36.8	70.8	180	5.6	Ms	Afghan:Badakhshan	阿富汗:巴达赫尚	GSHAP
1954	5	19	9	34	55	46.08	7.1		5.46	Ms	Switzerland:Martigny	瑞士:马尔蒂尼	Italy
1954	5	19	23	7	15	-5.2	151.8		6.3	Ms	Papua New Guinea:East New Britain	巴布亚新几内亚:东新不列颠	Shi Z.
1954	5	21	0	59		-16.45	-71.75	25	5	Mk	Peru:Arequipa	秘鲁:阿雷基帕	GSHAP,Song
1954	5	21	5	12	32	47	95	20	5.5	Ms	Mongolia:Bayan Ula	蒙古:巴彦乌拉	GSHAP
1954	5	23	4	10	26	46	149.7	130	6	Ms	Kuril Islands	千岛群岛	GSHAP
1954	5	23	23	52	43	34.98	-118.98	16	5.1	Ms	US:California,Arvin	美国:加利福尼亚州阿尔文	USGS
1954	5	25	0	20		-16.25	-71.8	15	5	Mk	Peru:Arequipa	秘鲁:阿雷基帕	GSHAP,Song
1954	5	26	1	43	4	51.6	159.9		6	Ms	Russia:Kamchatka Peninsula	俄罗斯:堪察加半岛	Shi Z.
1954	5	29	12	11	37	-12	-68		5.6	Ms	Bolivia:San Juan	玻利维亚:圣胡安	GSHAP
1954	5	31	15	48	48	-8.2	118.2	150	6.3	Ms	Indonesia:Flores Island,E.	印度尼西亚:弗洛勒斯岛东部	Shi Z.
1954	6	1	20	32	36	-12	-74		5	Mk	Peru:Huancayo,E.	秘鲁:万卡约东部	GSHAP,Song
1954	6	4	6	50	40	-0.7	-91.7		6.8	Ms	Carnegie Ridge	卡内基海岭	GSHAP
1954	6	4	16	1	55	27.7	-110.9		6	Ms	Gulf of California	加利福尼亚湾	Shi Z.
1954	6	6	16	50	38	-3.4	135.5		6.8	Ms	Indonesia:Papua	印度尼西亚:巴布亚	Engdahl
1954	6	7	10	15	40	-3.6	152.5	477	6.8	Ms	Papua New Guinea:New Ireland	巴布亚新几内亚:新爱尔兰	Engdahl
1954	6	10	22	37	59	29.3	139.6	413	6	Ms	Japan:South Honshu Ridge	日本:本州南部海岭	Shi Z.
1954	6	10				36	66		7	Mk	Afghan:Sar - E Pol	阿富汗:萨尔普勒	* Song
1954	6	11	11	25	36	41.4	44.1	33	5.5	Ms	Georgia:Akhalkalaki	格鲁吉亚:阿卡卡垃吉	Turkey,GSHAP
1954	6	12	5	35	17	-17.8	-178.6	540	6.5	Ms	Fiji Islands	斐济群岛	Shi Z.
1954	6	13	15	41	55	-1	29		5.6	Ms	Congo:Lutunguru	刚果:卢通古鲁	GSHAP
1954	6	15	13	30	3	-5.4	-76.7	128	6.7	Ms	Peru:Loreto,SW.	秘鲁:洛雷托西南	Engdahl,GSHAP
1954	6	15	13	32	17	48.4	146.4	500	6.2	Ms	Sea of Okhotsk	鄂霍次克海	GSHAP
1954	6	17	1	8	39	31.6	116.6		5.25	Ms	China:Anhui,Liuan	中国:安徽六安	* China
1954	6	17	1	42	23.2	56.29	-154.09		6.5	Ms	Alaska:Kodiak Island	阿拉斯加:科迪亚克岛	USGS
1954	6	19	1	56	25	29.1	131.3		6.3	Ms	Ryukyu Islands	琉球群岛	Shi Z.
1954	6	21	1	48	43	-23.2	-68.3	128	6.6	Ms	Chile:Antofagasta,C.	智利:安托法加斯塔中部	GSHAP
1954	6	21	8	59	20	1.5	-84		5.3	Ms	Carnegie Ridge	卡内基海岭	GSHAP
1954	6	28	4	57	50	-58.8	-142.4		6	Ms	Southern Pacific Ridge	南太平洋海岭	Shi Z.
1954	6	28	21	31	44	29.3	86.3		5	Ms	China:Xizang (Tibet),Ngamring,W.	中国:西藏昂仁西	China
1954	6	30	13	26	51	5.8	37.3		6	Ms	Ethiopia:Awasa	埃塞俄比亚:阿瓦萨	Shi Z.
1954	7	1	5	23	57	23.5	122.2	40	5.25	Ms	China:Taiwan,Hualien,Coast of E.	中国:台湾花莲以东海域	China
1954	7	2	2	45	9	13	123.9		6.8	Ms	Philippines:Sorsogon	菲律宾:索索贡	* Engdahl
1954	7	3	0	32	57	-3.1	29.3		5.5	Ms	Burundi:Buganda	布隆迪:布干达	GSHAP
1954	7	3	21	52	35	19.4	-155.2	12	5.4	Ms	Hawaiian Islands	夏威夷群岛	USGS

年 Year	月 Mo	日 Dy	时 Hr	分 Mn	秒 Sec	纬度(°) Latitude	经度(°) Longitude	深度 Depth	震级 Mag	标度 Scale	地名(英文) Name(English)	地名(中文) Name(Chinese)	资料来源 Information
1954	7	3	22	31	30	-6.6	105.6	96	6.9	mB	Indonesia:Pandeglang	印度尼西亚:爪哇岛板底兰	Engdahl
1954	7	5	12	20	47	23.5	65.5		5	Mk	Pakistan:Karachi	巴基斯坦:卡拉奇	GSHAP,Song
1954	7	6	4	0	14	-2.9	148.1		6	Ms	Bismarck Sea	俾斯麦海	Shi Z.
1954	7	6	8	4	37	46.5	153.2	65	6.7	Ms	Kuril Islands	千岛群岛	GSHAP,Engdahl
1954	7	6	11	13	20	39.4	-118.5		6.8	Muk	US:Nevada,Fallon	美国:内华达州法伦	*
1954	7	6	11	18	4	39.42	-118.53		5.5	Ms	US:Nevada,Fallon	美国:内华达州法伦	USGS
1954	7	6	11	49		39.42	-118.53		5.7	Ms	US:Nevada,Fallon	美国:内华达州法伦	USGS
1954	7	6	13	15	11	39.42	-118.53		5.2	Ms	US:Nevada,Fallon	美国:内华达州法伦	USGS
1954	7	6	22	7	41	39.3	-118.5		6.5	Ms	US:Nevada,Fallon	美国:内华达州法伦	USGS,Shi Z.
1954	7	7	0	25	16	59.7	4.9	54	5.1	Ms	Norway:West of Lykling	挪威:吕克灵西部	GSHAP
1954	7	8	19	31	57	39.42	-118.53		5.3	Ms	US:Nevada,Fallon	美国:内华达州法伦	USGS
1954	7	10	5	20		-16.6	-71.6	15	5	Mk	Peru:Arequipa	秘鲁:阿雷基帕	GSHAP,Song
1954	7	10	8	11	44	50.3	141.8	10	5	Ms	Japan Sea,N.	日本海北部	GSHAP
1954	7	10	22	56	55	36.8	71.2	200	6.1	Ms	Afghan:Badakhshan	阿富汗:巴达赫尚	GSHAP
1954	7	13	8	4	47	-3.1	150.7		6.3	Ms	Bismarck Sea	俾斯麦海	Shi Z.
1954	7	13	21	54		-15.9	-73.2	20	5	Mk	Peru:Arequipa. NW.	秘鲁:阿雷基帕西北	GSHAP,Song
1954	7	18	9	7	35	35.5	141.1	15	6.4	Ms	Japan:Chiba	日本:千叶	Shi Z.
1954	7	18	19	53	26	-30.6	-179.9	400	6	Ms	Kermadec Ridge	克马德克海岭	Shi Z.
1954	7	20	0	11	38	38.2	-116.4		5	Ms	US:Nevada,Round Mountain,SE.	美国:内华达州朗德芒廷东南	USGS
1954	7	21	4	38	58	27.7	101.1		5.25	Ms	China:Sichuan,Muli,SW.	中国:四川木里西南	China
1954	7	23	4	33	30	-30.5	-71.5	60	6.8	Ms	Chile:Illapel	智利:伊拉帕尔	GSHAP
1954	7	23	14	45	14	34	69.6		5	Mk	Afghan:Gardēz	阿富汗:加德兹	GSHAP,Song
1954	7	24	8	54	30	-22.5	-67.5		5.1	Ms	Bolivia:Potosi,S.	玻利维亚:波托西南部	GSHAP
1954	7	26	20	15	45	-41	-73		6.5	Ms	Chile:Purranque	智利:普兰克	GSHAP
1954	7	26	22	9	56	11.9	-43.8		6.3	Ms	Central Mid - Atlantic Ridge	中大西洋中脊	Shi Z.
1954	7	29	0	14	19	-18.75	-68.75		5.1	Ms	Bolivia:Oruro	玻利维亚:奥鲁罗	GSHAP
1954	7	29	3	34	20	49.6	158.1		6.1	Ms	Kuril Islands	千岛群岛	Shi Z.
1954	7	29	4	42		46.267	7.7		5.24	Ms	Switzerland:Sierre	瑞士:谢拉	Italy
1954	7	30	2	0	10	39.42	-118.53		5.1	Ms	US:Nevada,Fallon	美国:内华达州法伦	USGS
1954	7	30	8	46	2	-36.5	-97.2	100	6.4	Ms	Chile:Off Coast of C.	智利:中部沿海	Shi Z.
1954	7	31	0	59	57	38.8	104.2		7	Ms	China:Inner Mongolia,Alxa Zuoqi,W.	中国:内蒙古阿拉善左旗西	* China,Engdahl
1954	7	31	1	15	4	38.8	104.2		5	Ms	China:Inner Mongolia,Alxa Zuoqi,W.	中国:内蒙古阿拉善左旗西	China
1954	7					66	141	16	5	Ms	Russia:Sakha,Artyk	俄罗斯:萨哈共和国阿尔特克	GSHAP
1954	8	2	10	18	53	39.42	-118.53		5.4	Ms	US:Nevada,Fallon	美国:内华达州法伦	USGS
1954	8	3	18	18	13	40.1	24.5		6	Ms	Aegean Sea	爱琴海	Shi Z.
1954	8	5	4	12	51	40.2	25	26	5	Ms	Aegean Sea	爱琴海	GSHAP
1954	8	5	8	49	53	51.7	175.8	65	6	Ms	Aleutian Islands,Rat Island	阿留申群岛,拉特岛	USGS
1954	8	5	20	39	8	35.8	27.5		5.5	Ms	Mediterranean Sea	地中海	Turkey
1954	8	5	23	44	29	-5.9	146.7		6	Ms	Papua New Guinea:North West of Lae	巴布亚新几内亚:莱城西北	Shi Z.
1954	8	6	16	19	47	-1	-23.5		6.2	Ms	Central Mid - Atlantic Ridge	中大西洋中脊	Shi Z.
1954	8	6	19	21	12	40.667	15.883		5.29	Ms	Italy:Pietragalla	意大利:彼得拉加拉	Italy
1954	8	7	9	37	24	-18.5	-69	140	6.2	Ms	Chile:Arica,E.	智利:阿里卡东部	GSHAP
1954	8	7	15	13	40	36.5	71	220	6	Mk	Afghan:Badakhshan	阿富汗:巴达赫尚	GSHAP,Song
1954	8	9	19	16	54	53.5	160.8	55	6.5	Ms	Russia:Kamchatka Peninsula	俄罗斯:堪察加半岛	Shi Z.
1954	8	14	1	36	45	51.6	160.9		6	Ms	Russia:Kamchatka Peninsula	俄罗斯:堪察加半岛	Shi Z.
1954	8	14	22	56	12	51.6	160.9		6.2	Ms	Russia:Kamchatka Peninsula	俄罗斯:堪察加半岛	Shi Z.
1954	8	15	23	56	56	24.8	122.2	60	5	Ms	China:Taiwan,Yilan,Coast of E.	中国:台湾宜兰东南海域	China
1954	8	16	9	2	36	43.7	84.4		5	Ms	China:Xinjiang,Xinyuan,E.	中国:新疆新源东	China
1954	8	18	4	42	26	-21.2	-176	160	6.9	Ms	Tonga Islands	汤加群岛	Engdahl
1954	8	18	23	32	10	39	70.6		5	Mk	Tadzhikistan:Garm	塔吉克斯坦:加尔姆	GSHAP,Song
1954	8	19	21	3	23	41.1	36.3	3	6.2	Ms	Turkey:Ladik	土耳其:拉迪克	GSHAP
1954	8	20	15	30		27.5	52		5	Muk	Iran:Kangan,Akhtar	伊朗:坎根,阿赫塔尔	*
1954	8	21	6	38	35	7.1	126.8		6.2	Ms	Philippine Trench	菲律宾海沟	Shi Z.
1954	8	21	14	41	29	45.8	142	320	5	Ms	Japan:Hokkaido,Coast N.	日本:北海道北部海域	GSHAP
1954	8	24	5	51	30	39.5	-118.3	0	6.6	M	US:Nevada,Stillwater	美国:内华达州斯蒂尔沃特	* Engdahl
1954	8	24	5	57	46	39.58	-118.45		5.2	Ms	US:Nevada,Fallon,NE.	美国:内华达州法伦东北	USGS
1954	8	28	10	1	24	36.6	141.4	40	6	Ms	Japan:Ibaraki,Near Coast	日本:茨城近海	Shi Z.
1954	8	30	7	57	24	43.9	147.7	60	6.3	Ms	Kuril Islands	千岛群岛	GSHAP
1954	8	31	22	20	32	39.58	-118.45		6.2	Ms	US:Nevada,Fallon,NE.	美国:内华达州法伦东北	USGS,Shi Z.
1954	9	1	5	18	46	39.58	-118.45		5.5	Ms	US:Nevada,Fallon,NE.	美国:内华达州法伦东北	USGS
1954	9	1	11	3	18	-21.5	-177	250	7	Ms	Tonga Islands,W.	汤加群岛西部	Shi Z.
1954	9	1	21	9	58	37	57	13	5	Ms	Iran:Sabzevar	伊朗:萨卜泽瓦尔	GSHAP
1954	9	2	18	51	44	-10.8	166	192	6.6	Ms	Solomon Islands	所罗门群岛	Shi Z.
1954	9	4	3	28	47	-3.3	139.8	60	6.5	Ms	Indonesia:Papua	印度尼西亚:巴布亚	Shi Z.
1954	9	4	4	19	12	36.7	26.7	130	5.6	Ms	Greece:Kalymnos	希腊:卡利姆诺斯	Turkey
1954	9	4	6	43	45	28.3	83.8		6.5	Ms	Nepal:Pokhara	尼泊尔:博克拉	GSHAP

年 Year	月 Mo	日 Dy	时 Hr	分 Mn	秒 Sec	纬度(°) Latitude	经度(°) Longitude	深度 Depth	震级 Mag	标度 Scale	地名(英文) Name(English)	地名(中文) Name(Chinese)	资料来源 Information
1954	9	4	6	45	14	28.3	83.8		6.7	Ms	Nepal:Pokhara	尼泊尔:博克拉	GSHAP
1954	9	4	7	53	24	21.5	121.7		5.5	Ms	China:Taiwan,Coast of S.	中国:台湾南部海域	China
1954	9	5	7	45	37.6	-19.6	-176.2	21	6.4	Ms	Tonga Islands,W.	汤加群岛西部	Shi Z.
1954	9	6	14	6	32	22.2	118.6		5.25	Ms	China:Taiwan Strait	中国:台湾海峡	China
1954	9	6	16	47		20.7	120.8		6	Ms	China:Taiwan,Coast of S.	中国:台湾南部海域	China
1954	9	6	18	30	52	51.5	158.2	55	6.4	Ms	Russia:Kamchatka Peninsula	俄罗斯:堪察加半岛	Shi Z.
1954	9	7	0	8	24	20.7	120.8		5.75	Ms	China:Taiwan,Coast of S.	中国:台湾南部海域	China
1954	9	7	0	11	48	20.7	120.8		6	Ms	China:Taiwan,Coast of S.	中国:台湾南部海域	China
1954	9	7	0	35	14	20.7	120.8		6	Ms	China:Taiwan,Coast of S.	中国:台湾南部海域	China
1954	9	9	1	4	37	36.2	1.6	5	6.7	Ms	Algeria:El Asnam	阿尔及利亚:亚斯南	* Engdahl,NOAA
1954	9	9	2	52		36	1.5		6.7	Muk	Algeria:El Asnam	阿尔及利亚:亚斯南	*
1954	9	9	9	28		36	1.5		6.2	Mk	Algeria:El Asnam	阿尔及利亚:亚斯南	* Song
1954	9	10	5	44	6	36.6	1.3		6.2	Ms	Algeria:El Asnam	阿尔及利亚:亚斯南	Shi Z.
1954	9	12	7	43	49	40.9	143.8	20	6.4	Ms	Japan Trench	日本海沟	Shi Z.
1954	9	13	2	10		-20.5	-175.8	128	6.7	Ms	Tonga Islands	汤加群岛	Engdahl
1954	9	13	18	12	38	20.7	120.8		5.5	Ms	China:Taiwan,Coast of S.	中国:台湾南部海域	China
1954	9	13	18	19	17	20.7	120.8		5.75	Ms	China:Taiwan,Coast of S.	中国:台湾南部海域	China
1954	9	13	21	46		30.9	35.3		5.5	Ms	Israel:Beer Sheva,SE.	以色列:贝尔谢巴东南	Turkey
1954	9	14	0	48	18	21	121.5		6	Ms	China:Taiwan,Coast of S.	中国:台湾南部海域	China
1954	9	14	6	20	10	27.4	126.6		6	Ms	China:East China Sea	中国:东海	China
1954	9	15	17	56	9	-17.8	-178.6	540	6.9	Ms	Fiji Islands	斐济群岛	Engdahl
1954	9	17	1	13	14	-4.4	153.4		6	Ms	Papua New Guinea:New Ireland,E.	巴布亚新几内亚:新爱尔兰东部	Shi Z.
1954	9	17	7	33	24	24.2	121.8		6	Ms	China:Taiwan,Hualien,Coast of E.	中国:台湾花莲以东海域	China
1954	9	17	11	3	14	-21.376	-176.508	184.8	7	mB	Tonga Islands,W.	汤加群岛西部	Engdahl
1954	9	17	19	1	48.4	6.4	-71.59	2	5	Ms	Colombia:Tame	哥伦比亚:塔梅	GSHAP
1954	9	20	0	39	31	-1.8	120.5		6	Ms	Indonesia:Sulawesi	印度尼西亚:苏拉威西岛	Shi Z.
1954	9	23	21	43	35	49	156.2		6.3	Ms	Kuril Islands	千岛群岛	Shi Z.
1954	9	28	12	53	6	-15.9	-172.6		6	Ms	Samoa Islands	萨摩亚群岛	Shi Z.
1954	10	1	2	55	35	-10.9	166.2		6.8	Muk	Solomon Islands	所罗门群岛	Engdahl
1954	10	1	13	31		45.6	27.1	60	5	Ms	Romania:Focşani	罗马尼亚:福克沙尼	GSHAP
1954	10	3	2	47	22	-10.7	165.9		6.9	Ms	North Vanuatu Islands	瓦努阿图群岛北部	Engdahl
1954	10	3	9	54		21.8	122	80	5.2	Ms	China:Taiwan,Coast of S.	中国:台湾南部海域	China
1954	10	3	11	18	47	60.7	-150.3	64	6.8	Ms	Alaska Peninsula,S.	阿拉斯加半岛南部	USGS,Shi Z.,Engdahl
1954	10	3	23	21	43	-1.1	127.1		6.2	Ms	Molukka Sea,S.	马鲁古海南部	Shi Z.
1954	10	4	1	33	21	24.9	121.9	5	5.5	Ms	China:Taiwan,Yilan,Coast of E.	中国:台湾宜兰东南海域	China
1954	10	5	11	28	23	55	109	15	5.3	Ms	Russia:Lake Baykal	俄罗斯:贝加尔湖	GSHAP
1954	10	7	2	55	35	-10.9	166.2		6.7	Ms	Solomon Islands	所罗门群岛	Shi Z.
1954	10	13	22	11	43	37.4	69.3	11	5.1	Ms	Tadzhikistan:Khatlon	塔吉克斯坦:哈特隆州	GSHAP
1954	10	14	1	35	3	-7.6	127.6		6.5	Ms	Indonesia:Pulau Romang	印度尼西亚:罗芒岛	Shi Z.
1954	10	17	22	57	19	31.5	-116.7		6	Ms	Mexico:Baja California	墨西哥:下加利福尼亚	Shi Z.,CGS
1954	10	20	13	54	52	23.8	120.7	5	5.5	Ms	China:Taiwan,Nantou	中国:台湾南投	China
1954	10	20				30.6	142		6.5	Ms	Japan:South Honshu Ridge	日本:本州南部海岭	Shi Z.
1954	10	21	0	10	9	-41.3	80.2		6.7	Ms	Mid-Indian Ridge	中印度洋海岭	Engdahl
1954	10	21	6	51	44	13.9	-90.6	60	6.4	Ms	Guatemala:Iztapa	危地马拉:伊斯塔帕	Shi Z.
1954	10	24	0	44	36	40	40	33	6	Ms	Turkey:Erzincan	土耳其:埃尔津詹	GSHAP
1954	10	24	9	44	9	31.7	-116		6	Ms	Mexico:Baja California	墨西哥:下加利福尼亚	Shi Z.,CGS
1954	10	24	11	41	6	29.4	104.8		5	Ms	China:Sichuan,Zigong	中国:四川自贡	* China
1954	10	27	21	48	47	40	77.4		5	Ms	China:Xinjiang,Maralbishi,W.	中国:新疆巴楚西	China
1954	10	28	14	36	28	36	69.5	100	6	Mk	Afghan:Baghlan	阿富汗:巴格兰	GSHAP,Song
1954	10	30	21	56	55	38.5	103.7		5	Ms	China:Gansu,Minqin,E.	中国:甘肃民勤东	China
1954	10	30	23	43	29	40.5	45.25	6	6	Ms	Armenia:Idzhevan	亚美尼亚:伊杰万	Iran,GSHAP
1954	10	31	23	12	54	-18.9	169.9		6.1	Ms	Vanuatu Islands	瓦努阿图群岛	Shi Z.
1954	10					67.47	-32.283		8.1	Mk	Greenland Sea	格陵兰海	NOAA,Song
1954	11	1	21	9	58	37.1	57.3	22	5.1	Ms	Iran:Bojnurd	伊朗:博季努尔德	GSHAP
1954	11	2	8	24	12	-8	119		6.8	Muk	Indonesia:Sumba	印度尼西亚:萨姆巴	*
1954	11	2	10	5	26	38	104		5.75	Ms	China:Inner Mongolia,Alxa Zuoqi,SW.	中国:内蒙古阿拉善左旗西南	China
1954	11	7	22	52	47	40	40		5.5	Ms	Turkey:Erzincan	土耳其:埃尔津詹	Turkey
1954	11	9	14	42	1	47	101	15	5	Ms	Mongolia:South Arhangay	蒙古:后杭爱南部	GSHAP
1954	11	11	5	14		37.3	53.3		5.5	Ms	Caspian Sea	里海	Iran
1954	11	12	12	26	51	31.9	-116		6.2	Ms	Mexico:Baja California	墨西哥:下加利福尼亚	Shi Z.
1954	11	12				31.5	-116		6.3	Ms	Mexico:Baja California	墨西哥:下加利福尼亚	CGS
1954	11	18	5	20		48.8	155	100	6	Ms	Kuril Islands	千岛群岛	Shi Z.
1954	11	18	20	44	54	38.9	142.2	30	6.5	Ms	Japan:Miyagi	日本:宫城	* Shi Z.
1954	11	19	5	56	2	40.8	132	500	7.6	Ms	Japan Sea	日本海	GSHAP
1954	11	20	19	6	18	27.5	82.5		5	Mk	India:Gorakhpur	印度:戈勒克布尔	GSHAP,Song
1954	11	21	7	37	31	-29.5	-177.5		6.3	Ms	Kermadec Ridge	克马德克海岭	Shi Z.
1954	11	23	1	30	47	28.6	96		5	Ms	India:Arunachal Pradesh,E.	印度:阿鲁那恰尔邦东部	China
1954	11	23	21	13	1	52.6	159.9	55	6.3	Ms	Russia:Kamchatka Peninsula	俄罗斯:堪察加半岛	Shi Z.

年 Year	月 Mo	日 Dy	时 Hr	分 Mn	秒 Sec	纬度(°) Latitude	经度(°) Longitude	深度 Depth	震级 Mag	标度 Scale	地名(英文) Name(English)	地名(中文) Name(Chinese)	资料来源 Information
1954	11	25	11	16	36	40.27	-125.63		6.7	Ms	US:California,Off Coast N.	美国:加利福尼亚州北部沿海	CGS,USGS, Shi Z., Engdahl
1954	11	25	21	33	42	-21.6	-179.5	603	6.5	Ms	Lau Ridge[Pacific Ocean]	劳海岭[太平洋]	Shi Z.
1954	12	3	21	38	16	41.4	74.8	15	5.4	Ms	Kyrgyzstan:Naryn,C.	吉尔吉斯斯坦:纳伦中部	GSHAP
1954	12	4	7	0	31	-5.1	152.8		6.4	Ms	Papua New Guinea:East New Britain,E.	巴布亚新几内亚:东新不列颠东部	Shi Z.
1954	12	4	18	31	12	10.93	-61.43	53	6.5	Ms	Trinidad & Tobago:Northern Coast	特立尼达和多巴哥:北部近海	GSHAP
1954	12	10	13	0	36	17.8	-81.8	80	6.3	Ms	Caribbean Sea	加勒比海	Shi Z.
1954	12	11	12	57	8	52.7	-32		6.5	Ms	North Atlantic Ocean	北大西洋	Shi Z.
1954	12	16	11	7	15	39.3	-118.2	10	7.2	M	US:Nevada,Fallon,E.	美国:内华达州法伦东部	* USGS,Engdahl
1954	12	16	11	11	33	39.2	-118	0	7	M	US:Nevada,Fallon,E.	美国:内华达州法伦东部	Engdahl,Shi Z.
1954	12	16	11	50	36	39.28	-118.12		5	Ms	US:Nevada,Fallon,E.	美国:内华达州法伦东部	USGS
1954	12	16	11	57	30	39.28	-118.12		5	Ms	US:Nevada,Fallon,E.	美国:内华达州法伦东部	USGS
1954	12	16	13	15	3	39.28	-118.12		5	Ms	US:Nevada,Fallon,E.	美国:内华达州法伦东部	USGS
1954	12	16	14	16	57	39.28	-118.12		5.8	Ms	US:Nevada,Fallon,E.	美国:内华达州法伦东部	USGS
1954	12	16	14	24	10	39.28	-118.12		5.3	Ms	US:Nevada,Fallon,E.	美国:内华达州法伦东部	USGS
1954	12	16	15	9	42	39.28	-118.12		5.1	Ms	US:Nevada,Fallon,E.	美国:内华达州法伦东部	USGS
1954	12	17	20	27	6	39.28	-118.12		5	Ms	US:Nevada,Fallon,E.	美国:内华达州法伦东部	USGS
1954	12	19	10	23	41	-23.1	-66.6	223	6.6	Ms	Argentina:Jujuy	阿根廷:胡胡伊	GSHAP
1954	12	20	17	36	47	39.28	-118.12		5	Ms	US:Nevada,Fallon,E.	美国:内华达州法伦东部	USGS
1954	12	21	11	57	20	-3.3	145.6		6.2	Ms	Bismarck Sea	俾斯麦海	Shi Z.
1954	12	21	19	56	24.4	40.78	-124.17		6.6	Ms	US:California,Eureka	美国:加利福尼亚州尤里卡	USGS,Shi Z.
1954	12	23	16	27	18	37.9	21.1	33	6	Ms	Greece:Zante	希腊:赞特	GSHAP
1954	12	28	1	0	41	-4.7	152.8		6.5	Ms	Papua New Guinea:New Ireland	巴布亚新几内亚:新爱尔兰	Shi Z.
1954	12	28	17			-16.5	-71.66	20	5	Mk	Peru:Arequipa	秘鲁:阿雷基帕	GSHAP,Song
1954	12	30	11	32	30	52.5	-168.4	65	6.6	Ms	Aleutian Islands	阿留申群岛	USGS
1954						20.3	105	24	5.6	Ms	Vietnam:Thanh Hoa,NW.	越南:清化西北	GSHAP
1955	1	1	12	13	54	39	-118		5.1	Ms	US:Nevada,Fallon,E.	美国:内华达州法伦东部	USGS
1955	1	3	1	7	3	39.2	22.1		5.6	Ms	Greece:Sophades (Karditsa)	希腊:卡尔季察	Turkey
1955	1	3	18	41	57	-15	-75.4	64	5.9	Ms	Peru:Nazca	秘鲁:纳斯卡	GSHAP
1955	1	3	19	29	18	5.25	95.5		5	Mk	Indonesia:Sumatera,Aceh	印度尼西亚:苏门答腊亚齐	GSHAP,Song
1955	1	5	0	50	22	-50.18	162.647	25	7.1	Mw	Australia:Macquarie Island,N.	澳大利亚:麦加利岛北部	Engdahl
1955	1	5	17	48	44	-16.299	167.332	35	6.9	Ms	Vanuatu Islands	瓦努阿图群岛	Engdahl
1955	1	5	23	42	13	-15.869	167.462	35	6.8	Ms	Vanuatu Islands	瓦努阿图群岛	Engdahl
1955	1	6	3	22	38	-16	167.3		6	Ms	Vanuatu Islands	瓦努阿图群岛	Shi Z.
1955	1	8	7	33	43	-11.759	166.282	58.4	6.8	Ms	Solomon Islands	所罗门群岛	Engdahl
1955	1	9	9	10	50	39	-118		5	Ms	US:Nevada,Fallon,E.	美国:内华达州法伦东部	USGS
1955	1	10	4	25	50	37.2	70.8	100	5.8	Ms	Afghan:Badakhshan	阿富汗:巴达赫尚	GSHAP
1955	1	11	9	21		35.2	23.5	130	5.8	Ms	Greece:Crete Island	希腊:克里特岛	Turkey
1955	1	13	2	3	48	53.126	-167.528	18.9	6.9	Ms	Aleutian Islands	阿留申群岛	Engdahl, USGS,Shi Z.
1955	1	13	2	35	46	53.2	-167.4		6.5	Ms	Aleutian Islands	阿留申群岛	USGS
1955	1	14	7	44	42	24.9	94	100	6	Mk	India:Mizoram,E.	印度:米佐拉姆东部	GSHAP,Song
1955	1	15	16	43		63.9	-22.3	9	5	Ms	Iceland:Grindavík	冰岛:格林达维克	Iceland
1955	1	18				9.7	-79.6		5.5	mb	Panama:Off Coast of N.	巴拿马:北部沿海	* NOAA
1955	1	20	3	48	52	15.5	-104.4		6.2	Ms	Mexico:Zihuatanejo,Off Coast	墨西哥:锡瓦塔塔内霍沿海	Shi Z.
1955	1	25	12	23		33.8	-118.2		5.9	Mk	US:California,Long Beach	美国:加利福尼亚州长滩	* Song
1955	1	28	7	41		33.9	23.6	130	6.2	Ms	Mediterranean Sea	地中海	GSHAP
1955	1	28	17	2	38	33.2	82.4		6.5	Ms	China:Xizang (Tibet),Geji,N.	中国:西藏革吉北	China
1955	1	29	17	3	35	51.5	159.5		6	Ms	Russia:Kamchatka Peninsula	俄罗斯:堪察加半岛	Shi Z.
1955	1	31	5	3	7	-12.42	-57.3		6.8	Ms	Brasil:Mato Grosso	巴西:马托格罗索	GSHAP
1955	1	31	16	2	7	46.6	153.2	20	6.7	Ms	Kuril Islands	千岛群岛	GSHAP, Shi Z.
1955	2	1	9	16	13	42	142.6	50	6.1	Ms	Japan:Hokkaido	日本:北海道	GSHAP
1955	2	4	5	20	0.4	6	37.5		5.5	Ms	Ethiopia:Awasa	埃塞俄比亚:阿瓦萨	GSHAP
1955	2	4	7	21	49	-17.2	66.8		6	Ms	Mid-Indian Ridge	中印度洋海岭	Shi Z.
1955	2	5	20	41	58	46.4	152.7	50	6.3	Ms	Kuril Islands	千岛群岛	GSHAP
1955	2	6	2	27	51.9	70.7	-14.4		6.2	Ms	Greenland Sea	格陵兰海	Shi Z.
1955	2	6	14	51	55	40	78.2		5	Ms	China:Xinjiang,Maralbishi	中国:新疆巴楚	China,GSHAP
1955	2	8	4	12	10	-20	-62.5	600	5.7	Ms	Bolivia:Boyuibe	玻利维亚:博尤伊韦	GSHAP
1955	2	9	9	35	24	33	83		5.25	Ms	China:Xizang (Tibet),Zhongba	中国:西藏仲巴	China
1955	2	9	10	6		41.72	15.863		5.17	Ms	Italy:San Severo	意大利:圣塞韦罗	Italy
1955	2	9	16	6		-12	-77		5	Mk	Peru:Lima	秘鲁:利马	GSHAP,Song
1955	2	10	4	6	12	-11.5	-77.5		5	Mk	Peru:Vegueta	秘鲁:贝格塔	GSHAP,Song
1955	2	13	17	16	56	56.2	160.5	160	6	Ms	Russia:Kamchatka Peninsula	俄罗斯:堪察加半岛	Shi Z.
1955	2	14	9	51	35	7.8	94		6.2	Ms	India:Nicobar Islands	印度:尼科巴群岛	GSHAP
1955	2	14	16	53	18	3.4	126.3		6.1	Ms	Molukka Sea,N.	马鲁古海北部	Shi Z.
1955	2	15	6	21	20	-13.8	167.3	60	6	Ms	Vanuatu Islands	瓦努阿图群岛	Shi Z.
1955	2	18	22	48	33	30.5	67		6.3	Mk	Pakistan:Quetta	巴基斯坦:奎达	* GSHAP,Song
1955	2	19	3	44	28	-20.5	-65	250	5.8	Ms	Bolivia:Chuquisaca	玻利维亚:丘基萨卡	GSHAP
1955	2	23	18	31	0.4	-34.7	53.9		6	Ms	South West-Indian Ridge	南印度洋西海岭	GSHAP

年	月	日	时	分	秒	纬度(°)	经度(°)	深度	震级	标度	地名(英文)	地名(中文)	资料来源
Year	Mo	Dy	Hr	Mn	Sec	Latitude	Longitude	Depth	Mag	Scale	Name(English)	Name(Chinese)	Information
1955	2	25	17	54		24	122.5	40	5.1	Ms	China:Taiwan,Hualien,Coast of E.	中国:台湾花莲以东海域	China
1955	2	26	18	19		-7.194	-80.259	30	5	Mk	Peru:Chiclayo,Near Coast	秘鲁:奇克拉约近海	GSHAP,Song
1955	2	27	20	43	27	-28.406	-175.379	17.9	7.8	Mw	Kermadec Ridge	克马德克海岭	* Engdahl
1955	3	1	1	46	13	-19.84	-36.75	15	6.3	Ms	Brasil:Serra,Off Coast of E.	巴西:塞拉东部沿海	GSHAP
1955	3	1	4	42	58	65.3	-132.9		6.5	Ms	Canada:Northern Yukon Territory	加拿大:育空地区北部	Shi Z.
1955	3	1	22	10	24.7	-15.14	41.52		5.4	Ms	Mozambique Channel	莫桑比克海峡	GSHAP
1955	3	5	10	23	2	36.8	71.3	100	5.2	Ms	Afghan:Badakhshan	阿富汗:巴达赫尚	GSHAP
1955	3	6	6	18	12	-1.8	100.4	55	6.5	Ms	Indonesia:Southern Sumatra	印度尼西亚:苏门答腊南部	Shi Z.
1955	3	6	10	55	29	9.6	122.5		6.1	Ms	Philippines:Panglao Island	菲律宾:彭哥鲁奥岛	Shi Z.
1955	3	6	13	33	33	9.6	122.5		6.2	Ms	Philippines:Panglao Island	菲律宾:彭哥鲁奥岛	Shi Z.
1955	3	6	20	55	27	38.3	72.7	100	5.5	Ms	Tadzhikistan:Kuda La	塔吉克斯坦:库达拉	GSHAP
1955	3	7	4	44	46	-18.9	168.8		6	Ms	Vanuatu Islands	瓦努阿图群岛	Shi Z.
1955	3	8	8	21	26.1	19.33	-155		5.4	Ms	Hawaiian Islands	夏威夷群岛	USGS
1955	3	9	2	26	26	-30.5	-13.1		6	Ms	Southern Mid - Atlantic Ridge	南大西洋洋中脊	Shi Z.
1955	3	9	9	19	7	24	122.8		5.5	Ms	China:Taiwan - Hualien,Coast of E.	中国:台湾花莲以东海域	China
1955	3	9	17	11	23	-5	-79		5	Mk	Peru:Jaén	秘鲁:哈恩	GSHAP,Song
1955	3	10	21	10	13	-15.1	-173.3		6.2	Ms	Samoa Islands	萨摩亚群岛	Shi Z.
1955	3	10	21	16	20	32.5	77		5	Mk	India:Himachal	印度:喜马偕尔邦	GSHAP,Song
1955	3	12	16	42	30	35.4	73.1	5	5.3	Ms	Pakistan:Mingora,N.	巴基斯坦:明戈拉北部	GSHAP
1955	3	14	13	12	14	52.799	-173.4	148.6	6.5	mB	Andreanof Islands, Aleutian Is.	阿留申群岛,安德烈亚诺夫群岛	USGS,Engdahl
1955	3	15	8	13	23	23.8	93		5	Mk	India:Mizoram,N.	印度:米佐拉姆北部	GSHAP,Song
1955	3	16	20	12	34	24.3	122.1	10	5.5	Ms	China:Taiwan,Hualien,Coast of E.	中国:台湾花莲以东海域	China
1955	3	18	0	6	50	54.209	161.202	48.5	7.3	Mw	Russia:Kamchatka Peninsula	俄罗斯:堪察加半岛	Engdahl,GSHAP
1955	3	21	4	53		23	121.8	10	5.4	Ms	China:Taiwan,Taitung,Coast of E.	中国:台湾台东以东海域	China
1955	3	21	13	2	5	26	98.5		5.25	Ms	myanmar:Kachin,NE.	缅甸:克钦东北	China
1955	3	22	6	14	12	25.9	98.4		6	Ms	myanmar:Myitkyina	缅甸:密支那	China
1955	3	22	14	5	7.86	-9.207	91.762	20	6.9	Ms	Carlsberg Ridge	卡尔斯伯格海岭[印度洋]	Engdahl
1955	3	23	17	16	21	-56.2	147.5		6	Ms	Southern Pacific Ridge	南太平洋海岭	Shi Z.
1955	3	24	17	53	49	47.9	148.2	300	5.8	Ms	Sea of Okhotsk	鄂霍次克海	GSHAP
1955	3	27	13	59		19	116		5.25	Ms	China:South China Sea	中国:南海	China
1955	3	27	14	38	50	29.8	90.2		5.75	Ms	China:Xizang (Tibet),Lhasa,W.	中国:西藏拉萨西	China
1955	3	28	2	2	20	19.4	-155.3		5.1	Mk	Hawaiian Islands	夏威夷群岛	USGS,Song
1955	3	28	9	12	25	29.8	129.8	96	6.3	Ms	Ryukyu Islands	琉球群岛	Shi Z.
1955	3	28	14	45	50	37.7	21.2		5.7	Ms	Ionian Sea	爱奥尼亚海	Turkey
1955	3	31	18	17	12	7.386	122.878	54.2	7.7	Mw	Philippines:Mindanao,Lanao	菲律宾:棉兰老岛,拉瑙湖	* Shi Z.,Engdahl
1955	3	31	20	52	56	8.1	123.2		6.4	Ms	Philippines:Mindanao Island	菲律宾:棉兰老岛	Shi Z.
1955	4	1	14	24	25.5	19.41	-155.3	10	5.2	Ms	Hawaiian Islands	夏威夷群岛	USGS
1955	4	1	18	41		64.1	-21.2	2	5.5	Ms	Iceland:Selfoss	冰岛:塞尔福斯	Iceland
1955	4	4	11	11	28	21.8	121.1		6.5	Ms	China:Taiwan,Coast of S.	中国:台湾南部海域	China
1955	4	4	19	24	5	13	-87		6.2	Muk	Nicaragua:Chinandega	尼加拉瓜:奇南德加	*
1955	4	5	14	2	46	21.8	120.9		5.75	Ms	China:Taiwan,Coast of S.	中国:台湾南部海域	China
1955	4	5	15	9	19	25.2	-109.6		6.8	Ms	Gulf of California	加利福尼亚湾	Engdahl
1955	4	6	19	48	44	-34.1	87.2		6.2	Ms	Southern East Pacific Rise	南太平洋东海岭	Shi Z.
1955	4	10	17	38	14	7.8	124.1		6.4	Ms	Philippines:Mindanao Island	菲律宾:棉兰老岛	Shi Z.
1955	4	13	11	40	20	22.6	121.7	20	5	Ms	China:Taiwan,Taitung,Coast of E.	中国:台湾台东以东海域	China
1955	4	13	20	45		37.5	22		5.9	Ms	Greece:Kyparissia (Messinia)	希腊:麦锡尼	* Turkey
1955	4	14	1	0	40	32.4	76.1		5	Mk	India:Himachal	印度:喜马偕尔邦	GSHAP,Song
1955	4	14	1	29	3	30	101.8	10	7.5	Mw	China:Sichuan,Garze,SW.	中国:四川甘孜西南	* China,Engdahl,Dis
1955	4	15	3	40	59	39.816	74.64	35	7.1	Mw	China:Xinjiang,Ulugqat,W.	中国:新疆乌恰西	* China,Engdahl
1955	4	15	4	13	25	39.9	74.7	0	6.9	Ms	China:Xinjiang,Ulugqat,NW.	中国:新疆乌恰西北	Engdahl
1955	4	17	18	35	31	52.2	159.7	64	6.8	Ms	Russia:Kamchatka Peninsula	俄罗斯:堪察加半岛	Engdahl
1955	4	18	19	16	7	28	52.5		5	Ms	Iran:Kangan	伊朗:坎根	Iran
1955	4	19	16	47	19	39.3	23.1	33	6.3	Ms	Greece:Magnesia	希腊:马格尼西亚	* Turkey,NOAA
1955	4	19	20	24	6	-30	-72	30	6.9	Ms	Chile:Near Coast of C.	智利:中部近海	* Engdahl,NOAA
1955	4	20	2	12	26	-30	-72.5		6.5	Ms	Chile:Off Coast of C.	智利:中部沿海	GSHAP
1955	4	20	5	48	27	-30.5	-72.5		6.5	Ms	Chile:Off Coast of C.	智利:中部沿海	GSHAP
1955	4	21	7	18		39.5	23		6	Muk	Aegean Sea	爱琴海	*
1955	4	22	16	27	38	46	150.5	128	6.7	Ms	Kuril Islands	千岛群岛	Engdahl,GSHAP
1955	4	23	16	39	8	27.6	139.8	477	6.2	Ms	Japan:South Honshu Ridge	日本:本州南部海岭	Shi Z.
1955	4	23	18	28	42	-24.6	-113		6.5	Ms	Easter Island,W.	复活节岛西部	Shi Z.
1955	4	24	12	59	12	44.2	83.6		6.5	Ms	China:Xinjiang,Usu,SW.	中国:新疆乌苏西南	* China
1955	4	24	13	23	20	44	84	20	5	Ms	China:Xinjiang,Usu,SW.	中国:新疆乌苏西南	GSHAP
1955	4	24	14	11	46	44	83.5		5.25	Ms	China:Xinjiang,Usu,SW.	中国:新疆乌苏西南	China
1955	4	24	20	34	35	-17	-65		5.4	Ms	Bolivia:Cochabamba	玻利维亚:科恰班巴	GSHAP
1955	4	26	3	3	38	13.2	-89.4	60	6.5	Ms	El Salvador:Off Coast of W.	萨尔瓦多:西部海域	Shi Z.
1955	4	27	22	42		44	83.5		5	Ms	China:Xinjiang,Usu,SW.	中国:新疆乌苏西南	China
1955	4	28	0	35	48	-8.6	-108.2		6	Ms	East Pacific Ridge	东太平洋海岭	Shi Z.
1955	4	28	19	5	2	51.8	-178.1		6.5	Ms	Andreanof Islands, Aleutian Is.	阿留申群岛,安德烈亚诺夫群岛	USGS

年 Year	月 Mo	日 Dy	时 Hr	分 Mn	秒 Sec	纬度(°) Latitude	经度(°) Longitude	深度 Depth	震级 Mag	标度 Scale	地名(英文) Name(English)	地名(中文) Name(Chinese)	资料来源 Information
1955	4	29	23	25	37	38.5	73.4	130	5	Ms	Tajikistan:Kuhistoni Badakhshon,N.	塔吉克斯坦:勾瑙－巴达科善北部	GSHAP
1955	4	30	1	43	55	12.2	-86.6		6	Ms	Nicaragua:Leon	尼加拉瓜:里昂	Shi Z.
1955	5	1	9	55	18	39.9	143.7	60	6.8	Ms	Japan Trench	日本海沟	Shi Z., GSHAP
1955	5	1	13	58	49	39.8	143.6	40	6	Ms	Japan Trench	日本海沟	Shi Z.
1955	5	1	21	22	52	45.5	26.3	135	5.4	Ms	Romania:Nehoiu	罗马尼亚:内霍尤	GSHAP
1955	5	3	12	50	5	-8.5	-79.5		5	Mk	Peru:Trujillo,Near Coast	秘鲁:特鲁希略近海	GSHAP,Song
1955	5	4	0	16	57	27.2	97		5.5	Ms	India:Margherita,E.	印度:阿鲁纳恰尔邦玛格丽塔东部	China
1955	5	4	4	57	15	38	101		5	Ms	China:Gansu,Minle,SE.	中国:甘肃民乐东南	China
1955	5	11	11	4	1	-0.2	-77.8		6.8	Muk	Ecuador:Napo,N.	厄瓜多尔:纳波北部	GSHAP,Engdahl
1955	5	13	3	29	56	19.3	-64.4		6	Ms	Puerto Rico trench	波多黎各海沟	Shi Z.
1955	5	14	6	4	17	27.6	139.9	477	6.7	Ms	Japan:South Honshu Ridge	日本:本州南部海岭	Engdahl
1955	5	14	13	35	43	36.7	70.9	200	5.7	Ms	Afghan:Badakhshan	阿富汗:巴达赫尚	GSHAP
1955	5	14	20			28.9	-126.2		6	Ms	Mexico:Baja California,Off Coast of W.	墨西哥:下加利福尼亚西部沿海	Shi Z.
1955	5	17	14	49	55	6.738	93.754	29.1	7.2	Mw	India:Nicobar Islands	印度:尼科巴群岛	* Engdahl,NOAA
1955	5	19	3	11		66.5	-17.5	23	5	Ms	Norwegian Sea	挪威海	Iceland
1955	5	22	4	58		47.283	11.416		5.15	Ms	Austria:Tirol	奥地利:蒂罗尔	Italy
1955	5	22	23	45	17	-11	-74	100	6	Mk	Peru:Satipo	秘鲁:萨蒂波	GSHAP,Song
1955	5	23	16	32		23.8	121.8	5	5.2	Ms	China:Taiwan,Hualien,Coast of E.	中国:台湾花莲以东海域	China
1955	5	25	3	9		14	-92.5	100	6	Ms	Guatemala:Near Coast	危地马拉:近海	Shi Z.
1955	5	25	12	28	46	39.8	77.6		5	Ms	China:Xinjiang,Maralbishi,W.	中国:新疆巴楚西	China,GSHAP
1955	5	25	18	20	53	47.9	157.2	80	6	Ms	Kuril Islands	千岛群岛	GSHAP
1955	5	26	13	15	18	7	93		5	Mk	India:Nicobar Islands	印度:尼科巴群岛	GSHAP,Song
1955	5	26	16	23	13	-10	160.7		6.6	Ms	Solomon Islands	所罗门群岛	Engdahl
1955	5	26	21	18		25.5	105		5	Ms	China:Guizhou,Xingren,NW.	中国:贵州兴仁西北	China
1955	5	28	6	20	41	-30.8	-65.198	192	6.7	Ms	Argentina:Cordoba	阿根廷:科尔多瓦	GSHAP,Engdahl
1955	5	29	2	31	34	50	151.1	400	5.6	Ms	Sea of Okhotsk	鄂霍次克海	GSHAP
1955	5	29	13	31	24.8	55.66	-154.37		5.7	Ms	Alaska:Kodiak Island	阿拉斯加:科迪亚克岛	USGS
1955	5	29	15	34	3	-10.3	110.5		6.5	Ms	Indonesia:Java Ridge	印度尼西亚:爪哇海岭	Shi Z.
1955	5	29	21	3	9.3	55.84	-154.27		5.5	Ms	Alaska:Kodiak Island	阿拉斯加:科迪亚克岛	USGS
1955	5	30	12	31	44	24.269	142.458	563.4	7.1	mB	Japan:South Honshu Ridge	日本:本州南部海岭	Engdahl
1955	5	30	23	27	6	-3.2	136.9	128	6.3	Ms	Indonesia:Papua	印度尼西亚:巴布亚	Shi Z.
1955	5	31	9	30	59	-27.4	-177.7	100	6.6	Ms	Kermadec Ridge	克马德克海岭	Shi Z.
1955	5	31	14	44	16	42.1	141.3	128	6	Ms	Japan:Muroran	日本:北海道室兰	Shi Z.
1955	5	31	17	57	12	-0.4	-91.7		6	Ms	Carnegie Ridge	卡内基海岭	GSHAP
1955	6	2	0	18	57	51.4	-179.8		6.7	Ms	Andreanof Islands, Aleutian Is.	阿留申群岛,安德烈亚诺夫群岛	USGS,Engdahl
1955	6	2	2	2	11	51.4	-179.8		6	Ms	Andreanof Islands, Aleutian Is.	阿留申群岛,安德烈亚诺夫群岛	USGS
1955	6	2	23	34	37	40.35	25.71	10	5.7	Ms	Aegean Sea	爱琴海	Turkey
1955	6	3	11	39	41	61.7	4.4	64	5.2	Ms	Norway:West of Kalvag	挪威:卡尔沃格西部	GSHAP
1955	6	3	14	1	53	36.9	70.8	80	6.3	Ms	Afghan:Badakhshan	阿富汗:巴达赫尚	GSHAP
1955	6	4	0	16	57	27.2	97	33	5.5	Ms	India:Margherita,E.	印度:阿鲁纳恰尔邦玛格丽塔东部	GSHAP
1955	6	5	1	53	17	51.5	-179.8		6.3	Ms	Andreanof Islands, Aleutian Is.	阿留申群岛,安德烈亚诺夫群岛	USGS
1955	6	5	6	11	21	24.2	121.4		6	Ms	China:Taiwan,Hualien	中国:台湾花莲	China
1955	6	5	15	43	9	39.8	75.5		5.25	Ms	China:Xinjiang,Ulugqat	中国:新疆乌恰	China
1955	6	7	0	48	54	26.5	101.1		6	Ms	China:Yunnan,Huaping,SW.	中国:云南华坪西南	* China
1955	6	7	15	30	19	27.3	100.9		5.25	Ms	China:Yunnan,Ninglang	中国:云南宁蒗	China
1955	6	11	22	19	37	-27.2	-63.1	600	6	Ms	Argentina:Santiago del Estero	阿根廷:圣地亚哥－德尔埃斯特罗	Shi Z.
1955	6	12	20	30	43	48.5	155.4		6	Ms	Kuril Islands	千岛群岛	Shi Z.
1955	6	13	13	53	40	48.7	152.8	200	6.3	Ms	Kuril Islands	千岛群岛	GSHAP,Shi Z.
1955	6	13	19	17	21	23.9	122.1	20	5	Ms	China:Taiwan,Hualien,Coast of E.	中国:台湾花莲以东海域	China
1955	6	14	6	11	23	20	-107		7	Ms	Mexico:Off Coast of Jalisco	墨西哥:哈利斯科州沿海	Shi Z.
1955	6	14	17	22	1	36.4	141.8	40	6	Ms	Japan Trench	日本海沟	Shi Z.
1955	6	15	1	3	54	39.1	71.8	10	5	Ms	Tadzhikistan:Jayer Gan	塔吉克斯坦:贾伊尔甘	GSHAP
1955	6	17	7	6	32	22.3	121.6		5.75	Ms	China:Taiwan,Taitung,Coast of E.	中国:台湾台东以东海域	China
1955	6	18	16	7	22	23.3	121.2	5	5.25	Ms	China:Taiwan,Hualien	中国:台湾花莲	China
1955	6	18	20	21	4	34	58.5		5	Ms	Iran:Razavi Khorasan	伊朗:呼罗珊	Iran
1955	6	19	19	20		38.97	-118.25		5.2	Ms	US:Nevada,Gabbs	美国:内华达州加布斯	USGS
1955	6	19	19	25	16	39	-118.5		5	Ms	US:Nevada,Hawthorne,N.	美国:内华达州霍索恩北部	USGS
1955	6	20	2			-13.5	-72	20	5	Mk	Peru:Cuzco	秘鲁:库斯科	GSHAP,Song
1955	6	20	12	7	31	51.4	-179.5	33	6.8	Ms	Andreanof Islands, Aleutian Is.	阿留申群岛,安德烈亚诺夫群岛	USGS,Shi Z., Engdahl
1955	6	21	10	51	6	52.3	161.7		6	Ms	Russia:Kamchatka,Near East Coast	俄罗斯:堪察加东部近海	Shi Z.
1955	6	23	11	19	22	41.9	71.1	20	5	Ms	Kyrgyzstan:Jalal－Abad	吉尔吉斯斯坦:贾拉拉巴德	GSHAP
1955	6	23	13	41		35.2	133.4	20	5.1	Ms	Japan:Hino	日本:鸟取日野	Usami,Japan
1955	6	23	22	13	33	44.4	148.8	55	6	Ms	Kuril Islands	千岛群岛	Shi Z.
1955	6	27	10	14	9	32.5	78.6		5.75	Ms	China:Xizang (Tibet),Ngari,W.	中国:西藏阿里西部	China
1955	6	28	4	28	5.3	86.6	70.3		6	Ms	Arctic Ocean	北冰洋	Shi Z.
1955	7	3	8	0	59	51.5	177.2	33	5.7	Ms	Aleutian Islands,Rat Island	阿留申群岛,拉特岛	USGS
1955	7	3	14	1	53	36.9	70.8	80	6.3	Ms	Afghan:Badakhshan	阿富汗:巴达赫尚	GSHAP

年	月	日	时	分	秒	纬度(°)	经度(°)	深度	震级	标度	地名(英文)	地名(中文)	资料来源
Year	Mo	Dy	Hr	Mn	Sec	Latitude	Longitude	Depth	Mag	Scale	Name(English)	Name(Chinese)	Information
1955	7	3	14	26	34	51.6	177.6	33	6.5	Ms	Aleutian Islands, Rat Island	阿留申群岛,拉特岛	USGS
1955	7	4	14	19	52	51.4	177.4	65	6.6	Ms	Aleutian Islands, Rat Island	阿留申群岛,拉特岛	USGS
1955	7	6	1	54	24	51.4	157.5	64	6.8	Muk	Russia: Kamchatka Peninsula	俄罗斯:堪察加半岛	Engdahl
1955	7	8	18	39	10	-21.6	-178.8	540	6	Ms	Lau Ridge[Pacific Ocean]	劳海岭[太平洋]	Shi Z.
1955	7	8	19	3	14	-5.6	110.1	603	6	Ms	Indonesia: Java Sea	印度尼西亚:爪哇海	Shi Z.
1955	7	10	14	20	49	-21.2	-174.3		6.2	Ms	Tonga Islands	汤加群岛	Shi Z.
1955	7	14	9	51	35	7.8	94		6.1	Ms	India: Nicobar Islands	印度:尼科巴群岛	Shi Z.
1955	7	16	7	7	10	37.6	27.2		6.8	Ms	Turkey: Soke, Aydin	土耳其:瑟凯,艾登	* Engdahl
1955	7	16	13	31	43	-14	-78.5	50	5	Ms	Peru: Lima, Near Coast	秘鲁:利马近海	GSHAP
1955	7	17	7	54	3	46	153.6	60	5.9	Ms	Kuril Islands	千岛群岛	GSHAP
1955	7	17	21	58	23	54.4	-168.3		6.9	Muk	Aleutian Islands	阿留申群岛	Engdahl
1955	7	17	22	38		21.1	121.1	60	5.4	Ms	China: Taiwan, Coast of S.	中国:台湾南部海域	China
1955	7	18	11	30	5	-14.4	167.3	192	6	Ms	Vanuatu Islands	瓦努阿图群岛	Shi Z.
1955	7	19	8	47	38	39.7	68	14	5.2	Ms	Uzbekistan: Jazzakh	乌兹别克斯坦:吉扎克	GSHAP
1955	7	19	23	52	23.1	56.33	-153.16		6.1	Ms	Alaska: Kodiak Island	阿拉斯加:科迪亚克岛	USGS, Shi Z.
1955	7	20	21	1	43	0.2	-78.4		6	Muk	Ecuador: Ibarra	厄瓜多尔:伊瓦拉	*
1955	7	21	11	45	40	-15.4	-74	60	6.8	Ms	Peru: Nazca	秘鲁:纳斯卡	GSHAP
1955	7	22	4	0	2.9	1.42	30.52		5.5	Ms	Uganda: Hoima	乌干达:霍伊马	GSHAP
1955	7	24	11	2	13	35.7	140.7	16	6	Ms	Japan: Asahi	日本:千叶旭市	Shi Z.
1955	7	24	16	20	4	23.3	122		5.75	Ms	China: Taiwan, Hualien, Coast of E.	中国:台湾花莲以东海域	China
1955	7	26	4	4	19.4	56.51	-153.25		6	Ms	Alaska: Kodiak Island	阿拉斯加:科迪亚克岛	USGS
1955	7	26	22	10	23	39.7	74.7		5	Ms	China: Xinjiang, Ulugqat, W.	中国:新疆乌恰西	China
1955	7	27	1	20	51	33.8	134.3	10	6	Ms	Japan: Tokushima	日本:德岛	Shi Z., Usami
1955	7	27	18	19	10.1	56.59	-152.78		6.2	Ms	Alaska: Kodiak Island	阿拉斯加:科迪亚克岛	USGS
1955	7	28	1	59	32	-40.5	-71.8		6	Ms	Argentina: Neuquen, SW.	阿根廷:内乌肯西南	Shi Z.
1955	7	28	3	6	10	36.7	66.7	40	5	Ms	Afghan: Sheberghan	阿富汗:希比尔甘	GSHAP
1955	8	2	6	50	19	9.2	93.8		6	Ms	India: Nicobar Islands	印度:尼科巴群岛	GSHAP
1955	8	3	6	39	42	38	-107.3		5.1	Mk	US: Colorado, Lake City	美国:科罗拉多州莱克城	USGS, Song
1955	8	3	17	10	15	32	91.5		5	Ms	China: Xizang (Tibet), Nagqu, NW.	中国:西藏那曲西北	China
1955	8	3	22	42	3	29.8	102		5.5	Ms	China: Sichuan, Garze, S.	中国:四川甘孜南	China
1955	8	4	6	40	46	30.7	86.5		5.25	Ms	China: Xizang (Tibet), Xainza, W.	中国:西藏申扎西	China
1955	8	6	8	31	32	-21.105	-177.351	358.7	7	mB	Tonga Islands, W.	汤加群岛西部	Engdahl
1955	8	8	10	35	35	38.33	-118.67		5.2	Ms	US: California, Benton	美国:加利福尼亚州本顿	USGS
1955	8	10	15	39	22	43.8	144.9	120	6.1	Ms	Japan: Hokkaido	日本:北海道	GSHAP
1955	8	14	12	28		19.31	-155.29	29	5.7	Ms	Hawaiian Islands	夏威夷群岛	USGS
1955	8	14	16	43	24	-31.5	-179.3		6.5	Ms	Kermadec Ridge	克马德克海岭	Shi Z.
1955	8	15	16	44	7	27	95		5	Mk	Bhutan: Sonari	印度:阿萨姆的索纳里	GSHAP, Song
1955	8	16	11	47	4	-6.2	155	192	6.9	mB	Papua New Guinea: Bougainville Island	巴布亚新几内亚:布干维尔岛	Engdahl
1955	8	17	10	42	37	-8.5	-76	150	5	Mk	Peru: Uchiza	秘鲁:乌奇萨	GSHAP, Song
1955	8	19	7	44	44	-8	-79.5	60	5	Mk	Peru: Trujillo, Near Coast	秘鲁:特鲁希略近海	GSHAP, Song
1955	8	21	16	4	1	24	96.5		5	Ms	myanmar: Chaungwa	缅甸:羌瓦	GSHAP
1955	8	21	17	34	15	-3.1	137.5	128	6.9	Ms	Indonesia: Papua	印度尼西亚:巴布亚	Engdahl
1955	8	23	14	9	17	31	71.5	60	6.6	Ms	Pakistan: Multan	巴基斯坦:木尔坦	GSHAP
1955	8	23	15	32	37	43.5	-128		6.2	Ms	US: Off Coast of W. Oregon	美国:俄勒冈州西部沿海	USGS
1955	8	27	2	49		-17.2	-70.9	25	5	Mk	Peru: Torata	秘鲁:塔克纳	GSHAP, Song
1955	8	27	10	54	59	24.3	143.3	100	6.5	Ms	Japan: South Honshu Ridge	日本:本州南部海岭	Shi Z.
1955	8	28	20	13	36	13.8	-90.8	64	6.8	Ms	Guatemala: Near Coast	危地马拉:近海	Engdahl
1955	8	29	15	34		51.8	-178.1		5.7	Ms	Andreanof Islands, Aleutian Is.	阿留申群岛,安德烈亚诺夫群岛	USGS
1955	8	30	17	35	29	28	139.2	540	6	Ms	Japan: South Honshu Ridge	日本:本州南部海岭	Shi Z.
1955	9	1	17	33		10	-84.5		5.8	Muk	Costa Rica: Cartago	哥斯达黎加:卡塔哥	*
1955	9	1	22	40	30	52.7	154.9	500	6.4	Ms	Sea of Okhotsk	鄂霍次克海	GSHAP
1955	9	3	4	57	20	39.8	74.9		5	Ms	China: Xinjiang, Ulugqat, W.	中国:新疆乌恰西	China
1955	9	3	12	36	21	13.8	-90.8	100	6.6	Ms	Guatemala: Near Coast	危地马拉:近海	Shi Z.
1955	9	3	16	23	23	-0.4	121.9	287	6.6	Ms	Indonesia: Molucca Sea	印度尼西亚:马鲁古海	Shi Z.
1955	9	4	19	9	37	42.8	144.9	55	6	Ms	Japan: Hokkaido	日本:北海道	Shi Z.
1955	9	4	22	13		1.66	30.9		5.2	Ms	Uganda: Hoima	乌干达:霍伊马	GSHAP
1955	9	5	2	1	18	37.37	-121.78		5.5	Ms	US: California, Morgan Hill	美国:加利福尼亚州莫干山	USGS
1955	9	8	2	3	19	-58.7	-19.6		6.5	Ms	East of South Sandwich Trench	南桑维奇海沟东部	Shi Z.
1955	9	8	3	27	16	-6.9	155.7	33	6.5	Ms	Solomon Islands	所罗门群岛	* NOAA
1955	9	8	3	31	25	8	-77		5	Ms	Colombia: Apartado	哥伦比亚:阿帕尔塔多	GSHAP
1955	9	8	4	45	26	25	95	150	5.68	Ms	myanmar: Sagaing, N.	缅甸:实皆北部	GSHAP
1955	9	9	9	42	2	-2.1	100.3		6.6	Ms	Indonesia: Southern Sumatra	印度尼西亚:苏门答腊南部	Shi Z.
1955	9	11	17	54	30	-6.9	155.2		6	Ms	Solomon Islands	所罗门群岛	Shi Z.
1955	9	12	6	9	24	32.2	29.6	33	6.7	Ms	Mediterranean Sea	地中海	* Turkey, Engdahl
1955	9	13	2	0	40	52	-176	60	6	Ms	Aleutian Islands	阿留申群岛	Shi Z.
1955	9	14	17	32	10	82	110	20	5	Ms	Arctic Ocean	北冰洋	GSHAP
1955	9	15	12	30	30	-4.8	134.2		6.7	Ms	Indonesia: Irian Jaya Barat	印度尼西亚:西巴布亚	Engdahl

年 Year	月 Mo	日 Dy	时 Hr	分 Mn	秒 Sec	纬度(°) Latitude	经度(°) Longitude	深度 Depth	震级 Mag	标度 Scale	地名(英文) Name(English)	地名(中文) Name(Chinese)	资料来源 Information
1955	9	20	13	20	20	-31.9	-177.7		6.5	Ms	Kermadec Ridge	克马德克海岭	Shi Z.
1955	9	20	20	21	13	27.5	90		5.68	Ms	Bhutan:Wangdue Phodrang	不丹:旺杜波德朗	GSHAP
1955	9	21	6	39	40	-17.3	168.2		6	Ms	Vanuatu Islands	瓦努阿图群岛	Shi Z.
1955	9	22	3	25	7	23.9	122.5	0	6.8	Ms	China:Taiwan,Hualien,Coast of E.	中国:台湾花莲以东海域	China,Engdahl
1955	9	22	3	37		24	122.3	10	5.2	Ms	China:Taiwan,Hualien,Coast of E.	中国:台湾花莲以东海域	China
1955	9	23	15	6	18	26.6	101.8		6.9	Ms	China:Sichuan,Panzhihua	中国:四川攀枝花	* China,Engdahl,Dis
1955	9	24	2	0	46	-31	-177.8		6	Ms	Kermadec Ridge	克马德克海岭	Shi Z.
1955	9	24	10	21	28	22.1	121.5		6	Ms	China:Taiwan,Pingtung,Coast of E.	中国:台湾屏东以东海域	China
1955	9	25	18	59	33	6	126.7	100	6.5	Ms	Philippine Trench	菲律宾海沟	Shi Z.
1955	9	26	8	28	31	15.9	-92.2	223	6.9	Ms	Mexico:Chiapas	墨西哥:恰帕斯州	Engdahl
1955	9	28	1	46	40	26.5	101.8		5.5	Ms	China:Sichuan,Panzhihua	中国:四川攀枝花	China
1955	9	28	4	23	7	22.4	121.4	10	5.25	Ms	China:Taiwan,Taitung,Coast of E.	中国:台湾台东以东海域	China
1955	9	28	18	9	39	15.2	-97.3		6	Ms	Mexico:Near Coast of Oaxaca	墨西哥:瓦哈卡近海	Shi Z.
1955	9	29	19	58	25	40.1	141.2	96	6	Ms	Japan:Mt. Iwate	日本:岩手山	Shi Z.
1955	10	1	6	29	55	29.9	101.4		5.75	Ms	China:Sichuan,Garze,SW.	中国:四川甘孜西南	* China
1955	10	5	8	58	3	54	160.7	55	6	Ms	Russia:Kamchatka Peninsula	俄罗斯:堪察加半岛	Shi Z.
1955	10	6	11	3	16	-36	-70	150	6.5	Ms	Argentina:Chos Malal	阿根廷:乔斯马拉尔	GSHAP
1955	10	9	17	40	18	-4.8	152.7	55	6.3	Ms	Papua New Guinea:New Ireland	巴布亚新几内亚:新爱尔兰	Shi Z.
1955	10	9	21	3		-16.2	-71.3	25	5.9	Mk	Peru:La Union Prov,Arequipa	秘鲁:拉乌尼翁,阿雷基帕	* GSHAP,Song
1955	10	9	23	13	49	51.3	177.1	65	6	Ms	Aleutian Islands,Rat Island	阿留申群岛,拉特岛	USGS
1955	10	10	8	57	53	-5.1	152.924	35	7.3	Mw	New Britain Trench	新不列颠海沟[太平洋]	* Engdahl
1955	10	13	9	26	50	-10.046	160.786	35	7.1	mB	Solomon Islands	所罗门群岛	Engdahl
1955	10	13	17	50	18	23.8	121.6		5.25	Ms	China:Taiwan,Hualien	中国:台湾花莲	China
1955	10	14	8	43	3.2	-3.7	-104.1		6.2	Ms	East Pacific Ridge	东太平洋海岭	Shi Z.
1955	10	15	4	31	15	6	-77.5		5	Ms	Colombia:Bahia Solano	哥伦比亚:巴伊阿索拉诺	GSHAP
1955	10	17	20	8		17.175	43.7		5	Ms	Yemen:Sanaa,NW.	也门:萨纳西北	GSHAP
1955	10	19	1	45		40.3	140.2		5.7	Ms	Japan:Akita	日本:秋田	Usami,Japan
1955	10	19	9	54	43	49.5	155.5		6.4	Ms	Kuril Islands	千岛群岛	Shi Z.
1955	10	20	23	41	42	30.6	142	40	6.5	Ms	Japan:South Honshu Ridge	日本:本州南部海岭	Shi Z.
1955	10	21	4	32	19	4.3	95.5	128	6.2	Ms	Indonesia:Off West Coast of N. Sumatera	印度尼西亚:北苏门答腊西部海域	Shi Z.
1955	10	21	19	2	41	-20.7	-179.1	603	6.3	Ms	Lau Ridge[Pacific Ocean]	劳海岭[太平洋]	Shi Z.
1955	10	21	23	9	42	4.3	95.5		6.5	Ms	Indonesia:Off West Coast of N. Sumatera	印度尼西亚:北苏门答腊西部海域	Shi Z.
1955	10	24	4	10	44	37.97	-122.05		5.4	Ms	US:California,Concord	美国:加利福尼亚州康科德市	USGS
1955	10	25	16	34	20	16	-95.7		6.2	Ms	Mexico:Oaxaca,Near Coast	墨西哥:瓦哈卡近海	Shi Z.
1955	10	26	11	15		23.9	122.3	10	5.4	Ms	China:Taiwan,Hualien,Coast of E.	中国:台湾花莲以东海域	China
1955	10	31	1	5	52	51.5	-175.2		5.8	Ms	Andreanof Islands, Aleutian Is.	阿留申群岛,安德烈亚诺夫群岛	USGS
1955	11	1	23	46	20	40.7	143.7	40	6	Ms	Japan Trench	日本海沟	Shi Z.
1955	11	2	19	40	6	36	-120.92		5.2	Ms	US:California,San Ardo	美国:加利福尼亚州圣阿多	USGS
1955	11	4	22	44	5	-34.4	-70.1	128	6.7	Ms	Argentina:Tunuyán	阿根廷:图努扬	GSHAP,Engdahl
1955	11	10	1	44	5.32	-15.557	-173.652	66.6	7.2	Ms	Samoa Islands	萨摩亚群岛	Engdahl
1955	11	12	5	32	14	25.3	34.5		6	Ms	Red Sea	红海	Shi Z.
1955	11	12	20	6	53	45	148.6	100	5.1	Ms	Kuril Islands	千岛群岛	GSHAP
1955	11	13	10	10		8.6	-71.69		5	Mk	Venezuela:Merida	委内瑞拉:梅里达	GSHAP,Song
1955	11	13	23	7	8	-33	-179	100	6	Ms	Kermadec Ridge	克马德克海岭	Shi Z.
1955	11	14	13	23	21	17.4	145.8	150	6	Ms	Mariana Islands	马里亚纳群岛	Shi Z.
1955	11	15	10	6	47.2	55.27	-155.64		6.4	Ms	Aleutian Islands	阿留申群岛	USGS,Shi Z.
1955	11	15	16	26	44	18.8	145.8	192	6.4	Ms	Mariana Islands	马里亚纳群岛	Shi Z.
1955	11	15	22	10	53	43.5	87		5.5	Ms	China:Xinjiang,Urumqi,SW.	中国:新疆乌鲁木齐西南	China
1955	11	17	6	53	34	-26.2	-70.2	64	6.7	Ms	Chile:Diego De Almagro	智利:迭戈德阿尔马格罗	GSHAP,Engdahl
1955	11	21	20	25	33	39.42	-118.08		5.5	Ms	US:Nevada,Fallon,E.	美国:内华达州法伦东部	USGS
1955	11	22	3	24	4	-24.4	-122.6		6.8	Muk	Easter Island,W.	复活节岛西部	Engdahl
1955	11	23	2	33	47	26.5	90		5	Ms	India:Assam	印度:阿萨姆邦	GSHAP
1955	11	23	6	29	30	50.7	157.2	33	6.8	Ms	Kuril Islands	千岛群岛	Engdahl
1955	11	23	7	35		23.8	122.9	60	5.2	Ms	China:Taiwan,Hualien,Coast of E.	中国:台湾花莲以东海域	China
1955	11	24	4	51	24	19.2	121.1		6	Ms	Philippines:Luzon,Coast N.	菲律宾:吕宋岛北部海域	Shi Z.
1955	11	25	8	34		42.2	142.9	100	5.2	Ms	Japan:Hokkaido	日本:北海道	GSHAP
1955	12	4	2	1	31	-35	180		6	Ms	Kermadec Ridge	克马德克海岭	Shi Z.
1955	12	4	14	2	12	33.37	48.8	65	6	Ms	Iran:Lorestan	伊朗:洛雷斯坦	Iran
1955	12	5	20	14	18	23.6	122.5	20	5.75	Ms	China:Taiwan,Hualien,Coast of E.	中国:台湾花莲以东海域	China
1955	12	6	4	31		-20.2	-70.2		6.7	Ms	Chile:Iquique	智利:伊基克	GSHAP,Engdahl
1955	12	7	15	3	12	26.4	142.7		6.9	Ms	Japan:South Honshu Ridge	日本:本州南部海岭	- Engdahl
1955	12	8	17	35	58	-3.6	152.2	413	6.4	Ms	Papua New Guinea:New Ireland	巴布亚新几内亚:新爱尔兰	Shi Z.
1955	12	8	21	58	8	45	99.5	15	5	Ms	Mongolia:Central Bayanhongor	蒙古:巴彦洪戈尔中部	GSHAP
1955	12	10	20	24	16	64	152	12	5.2	Ms	Russia:Magadan,Poselok	俄罗斯:马加丹州波谢洛克村	GSHAP
1955	12	11	5	42	39	37.3	71.3	100	5.5	Ms	Afghan:Fayzabad,E.	阿富汗:法扎巴德东部	GSHAP
1955	12	14	10	51	44	22	92.5		6.5	Ms	Bangladesh:Rangamati	孟加拉:兰加马蒂	GSHAP
1955	12	15	10	18	44.8	-6.3	31		5.1	Ms	Tanzania:Mpanda	坦桑尼亚:姆潘达	GSHAP

年	月	日	时	分	秒	纬度(°)	经度(°)	深度	震级	标度	地名(英文)	地名(中文)	资料来源
Year	Mo	Dy	Hr	Mn	Sec	Latitude	Longitude	Depth	Mag	Scale	Name(English)	Name(Chinese)	Information
1955	12	17	6	7	29	33	-115.5	16	5.4	Ms	US:California, Brawley	美国:加利福尼亚州布劳利	USGS
1955	12	18	22	37	45	30	90		5.25	Ms	China:Xizang (Tibet), Lhasa, NW.	中国:西藏拉萨西北	China
1955	12	19	3	13	49	8.5	126.9		6	Ms	Philippine Trench	菲律宾海沟	Shi Z.
1955	12	27	2	27	54	-25.1	-177.8	200	6	Ms	Tonga Islands, SW.	汤加群岛西南	Shi Z.
1955	12	29	7	25	35	30.1	90.3		5.5	Ms	China:Xizang (Tibet), Lhasa, NW.	中国:西藏拉萨西北	China
1956	1	1	23	8	40	-7	129.1	192	6.2	Ms	Indonesia:Banda Sea	印度尼西亚:班达海	Shi Z.
1956	1	2	1	30	15	8	95		5	Mk	India:Andaman Islands	印度:安达曼群岛	GSHAP, Song
1956	1	3	15	41	9	49.2	155.8	55	6	Ms	Kuril Islands	千岛群岛	Shi Z.
1956	1	6	12	15	41	40.4	26.3		6	Ms	Turkey:Hellespont	土耳其:达达尼尔海峡	Shi Z.
1956	1	6	14	52	58	41.8	30.8	15	5	Ms	Black Sea	黑海	GSHAP
1956	1	8	7	11	26	17	-99.5		6.5	Ms	Mexico:Guerrero, Acapulco, E.	墨西哥:格雷罗州阿卡普尔科东部	*
1956	1	8	20	54	22	-19.029	-70.671	51.9	6.7	Ms	Chile:Arica, Near Coast	智利:阿里卡近海	Shi Z., Engdahl, NOAA
1956	1	9	0	44		40.57	16.366		5.03	Ms	Italy:Grassano	意大利:格拉萨诺	Italy
1956	1	9	8	1	35	43.5	145	100	5.6	Ms	Japan:Hokkaido	日本:北海道	GSHAP
1956	1	9	12	5	55	-22.9	-179	650	6.5	Ms	Lau Ridge[Pacific Ocean]	劳海岭[太平洋]	Shi Z.
1956	1	10	8	52	41.3	-26.601	-174.807	35	6.9	Ms	Tonga Islands, S.	汤加群岛南部	* Engdahl, Shi Z.
1956	1	11	6	10	6	7.7	94		6.3	Ms	India:Nicobar Islands	印度:尼科巴群岛	Shi Z.
1956	1	11	22	16	17	30	69.6		5.5	Ms	Pakistan:Quetta	巴基斯坦:奎达	Afghan
1956	1	12	5	46		47.5	19.3		5.8	Muk	Hungary:Budapest	匈牙利:布达佩斯	*
1956	1	12	11	44	40	50	90.5	20	5.1	Ms	Mongolia:West Uvs	蒙古:乌布苏西部	GSHAP
1956	1	12				23.5	95.5		6.1	Ms	myanmar:Sagaing	缅甸:实皆	GSHAP
1956	1	13	3	27	42	57.6	163.5		6	Ms	Bering Sea, W.	白令海西部	Shi Z.
1956	1	13	6	16	15	-29.7	167.9		6	Ms	Norfolk Island	诺福克岛	Shi Z.
1956	1	14	14	8	52	51.8	-172.9	65	6	Ms	Andreanof Islands, Aleutian Is.	阿留申群岛,安德烈亚诺夫群岛	USGS
1956	1	16	23	37	45.6	-0.825	-80.283	35	6.9	Ms	Ecuador:Portoviejo	厄瓜多尔:波托维耶霍	* Engdahl
1956	1	19	19	50	35	29.9	81.6		5	Ms	Nepal:Seti, N.	尼泊尔:塞蒂北部	China
1956	1	21	17	35	34	23	94		6.1	Ms	myanmar:Chin	缅甸:赛钦	GSHAP
1956	1	23	3	47	25	55.5	162	20	6	Ms	Russia:Kamchatka, Near East Coast	俄罗斯:堪察加东部近海	GSHAP
1956	1	24				12.2	-86.7		7.3	Muk	Nicaragua:Puerto Samoza	尼加拉瓜:波多黎各	*
1956	1	27	10	6	57	41.9	83.3		5.25	Ms	China:Xinjiang, Kuqa	中国:新疆库车	China
1956	1	27	13	38	48	-25.3	-176.4		6.1	Ms	Tonga Islands, SW.	汤加群岛西南	Shi Z.
1956	1	28	7	42	50	-4.6	151.4	100	6.5	Ms	Papua New Guinea:East New Britain	巴布亚新几内亚:东新不列颠	Shi Z.
1956	1	29	22	21		20.8	120.9		5.5	Ms	China:Taiwan, Coast of S.	中国:台湾南部海域	China
1956	1	30	8	43	2	-37.3	177.4		6.2	Ms	New Zealand:North Island, Near Coast of N.	新西兰:北岛北部近海	Shi Z.
1956	1	30				23.2	77.099		5	Ms	India:Bhopal	印度:博帕尔	GSHAP
1956	1	31	2	25		45.5	14.3	7	5.1	Muk	Slovenia:Ilirska Bistrica	斯洛文尼亚:伊利尔斯卡比斯特里察	* Italy
1956	1	31	9	17	12	-3.456	152.028	357.7	7.1	Ms	Papua New Guinea:New Ireland	巴布亚新几内亚:新爱尔兰	Engdahl
1956	2	1	1	32	57	-20	169.2		6.3	Ms	Vanuatu Islands	瓦努阿图群岛	Shi Z.
1956	2	1	13	41	53	18.819	145.006	380.4	7	mB	Mariana Islands	马里亚纳群岛	Engdahl
1956	2	1	15	10	51	39.1	15.6	215	6.4	Ms	Tyrrhenian Sea	第勒尼安海(伊特鲁里亚海)	Shi Z.
1956	2	2				23.2	77.099		5	Mk	India:Bhopal	印度:博帕尔	GSHAP, Song
1956	2	3	13	16	11	33.29	46.7	79	6.2	Ms	Iran:Lorestan, W.	伊朗:洛雷斯坦西部	Iran
1956	2	3	21	37	0.5	-4.8	30.4		5.5	Ms	Tanzania:Kigoma	坦桑尼亚:基戈马	GSHAP
1956	2	4	22	12	47.1	-6.5	31.1		5.5	Ms	Tanzania:Mpanda	坦桑尼亚:姆潘达	GSHAP
1956	2	5	23	21		23.8	122.2	5	5.4	Ms	China:Taiwan, Hualien, Coast of E.	中国:台湾花莲以东海域	China
1956	2	9	14	32	41	31.75	-115.92	16	6.8	Ms	Mexico:Baja California	墨西哥:下加利福尼亚	USGS, Engdahl
1956	2	9	15	24	26	31.75	-115.9		6.2	Ms	Mexico:Baja California	墨西哥:下加利福尼亚	Shi Z.
1956	2	9	16	29	53	31.6	-115.1		6	Ms	Mexico:Baja California	墨西哥:下加利福尼亚	Shi Z.
1956	2	9	18	48	45	31.75	-115.9		6	Ms	Mexico:Baja California	墨西哥:下加利福尼亚	Shi Z.
1956	2	10	0	2	43	37.3	142.2	60	6.4	Ms	Japan Trench	日本海沟	Shi Z.
1956	2	10	18	12	53	31.75	-115.9		6	Ms	Mexico:Baja California	墨西哥:下加利福尼亚	Shi Z.
1956	2	11	5	38	38	5	94.5		5	Mk	India:Nicobar Islands	印度:尼科巴群岛	GSHAP, Song
1956	2	12	11	49	27	18.9	119.9	40	6.5	Ms	China:South China Sea	中国:南海	China
1956	2	12	17	31	20	36	70.5	150	6	Mk	Afghan:Takhar	阿富汗:塔哈尔	GSHAP, Song
1956	2	12	19	40	20	19	120		5	Ms	Luzon Ridge, W.	吕宋海岭西部	China
1956	2	13	3	44	45	19	120		5.25	Ms	Luzon Ridge, W.	吕宋海岭西部	China
1956	2	13	14	20	57	18.5	119.5		5.5	Ms	China:South China Sea	中国:南海	China
1956	2	13	22	39	50	18.5	119.5		5	Ms	China:South China Sea	中国:南海	China
1956	2	14	0	52	56	35.7	140	55	6	Ms	Japan:Narashino	日本:千叶习志野	Shi Z., Usami
1956	2	14	8	21	3	19	119.5		5.5	Ms	Luzon Ridge, W.	吕宋海岭西部	China
1956	2	14	12	33	57	18.6	119.8		5.5	Ms	China:South China Sea	中国:南海	China
1956	2	14	12	35	8	18.9	120.1		5.75	Ms	Philippines:Laoag, Off Coast	菲律宾:佬沃沿海	China
1956	2	14	18	33	35	31.5	-115.5		6.2	Ms	Mexico:Baja California	墨西哥:下加利福尼亚	CGS, Shi Z.
1956	2	15	1	20	42	31.5	-115.5		6.5	Ms	Mexico:Baja California	墨西哥:下加利福尼亚	CGS, Shi Z.
1956	2	15	15	49	23	27.5	52.7		5.5	Ms	Iran:Fars	伊朗:法尔斯	Iran

年 Year	月 Mo	日 Dy	时 Hr	分 Mn	秒 Sec	纬度(°) Latitude	经度(°) Longitude	深度 Depth	震级 Mag	标度 Scale	地名(英文) Name(English)	地名(中文) Name(Chinese)	资料来源 Information
1956	2	17	9	53	54	-48.7	-15.7		6.1	Ms	South Atlantic Ridge	南大西洋海岭	Shi Z.
1956	2	18	7	34	25	30.244	138.222	486.1	7.1	mB	Japan:South Honshu Ridge	日本:本州南部海岭	Engdahl
1956	2	18	10	24	20	-5	-79.5		5.3	Ms	Peru:Piura	秘鲁:皮乌拉	GSHAP
1956	2	18	17	48	40	-8.5	-79.5		5	Mk	Peru:Trujillo,Near Coast	秘鲁:特鲁希略近海	GSHAP,Song
1956	2	19	2	18		51.7	-131.4		6.6	Ms	Canada:Queen Charlotte Islands	加拿大:夏洛特皇后群岛	Shi Z.
1956	2	19	4	13	14.5	58.52	-153.74		5.6	Ms	Alaska:Kodiak Island	阿拉斯加:科迪亚克岛	USGS
1956	2	20	1	29		44.919	11.899		5	Ms	Italy:Argenta	意大利:阿真塔	Italy
1956	2	20	20	31		40	30.5		5.8	Muk	Turkey:Eskisehir	土耳其:埃斯基城	*
1956	2	22	9	59	28	-3.6	68.6		6.1	Ms	North Indian Ridge	北印度洋海岭	Shi Z.
1956	2	22	22	55	6	43.333	11.333		5.03	Ms	Italy:Siena	意大利:锡耶纳	Italy
1956	2	23	1	21	3	31.4	-42.5		6	Ms	North Atlantic Ocean	北大西洋	Shi Z.
1956	2	23	3	47	25	55.5	162	20	6	Ms	Russia:Kamchatka,Near East Coast	俄罗斯:堪察加东部近海	GSHAP
1956	2	24	9	18	53	-35.5	180		6	Ms	Kermadec Ridge	克马德克海岭	Shi Z.
1956	2	24	19	46	53	48.2	146.6	500	5.3	Ms	Sea of Okhotsk	鄂霍次克海	GSHAP
1956	2	29	20	51	10	24	95	60	6.4	Ms	myanmar:Sagaing	缅甸:实皆	GSHAP,Shi Z.
1956	2	29	21	25	59	23.4	94.2	33	6	Ms	myanmar:Sagaing	缅甸:实皆	GSHAP
1956	3	1	12	47	46	28.5	52		5.4	Ms	Iran:Bushehr	伊朗:布什尔	Iran
1956	3	2	11	56	22.7	63.57	-149.33	79	5.5	Ms	Alaska Peninsula,S.	阿拉斯加半岛南部	USGS
1956	3	3	0	5	34	-15.262	-173.507	35	6.7	Ms	Tonga Islands,N.	汤加群岛北部	Engdahl
1956	3	3	10	13	44	23.5	94.5	60	5	Ms	myanmar:Sagaing	缅甸:实皆	GSHAP
1956	3	4	3	18	10	83	112.5	20	5	Ms	Arctic Ocean	北冰洋	GSHAP
1956	3	5	3	42	27	51.9	159.4		6.1	Ms	Russia:Kamchatka Peninsula	俄罗斯:堪察加半岛	Shi Z.
1956	3	5	7	12	24	37.6	77.1		5.75	Ms	China:Xinjiang,Kargilik,SW.	中国:新疆叶城西南	China
1956	3	5	23	29	46	44.3	144.1	20	6.4	Ms	Japan:Hokkaido	日本:北海道	* Shi Z.,NOAA
1956	3	6	8	55	16	26.5	51		5.8	Ms	Arabian Gulf	阿拉伯海	Iran
1956	3	9	16	44	54	28	52.75		5	Ms	Iran:Fars	伊朗:法尔斯	Iran
1956	3	10	21	37	17	0.3	125.3	128	6.5	Ms	Molukka Sea	马鲁古海	Shi Z.
1956	3	13	13	13	27	7.991	-81.828	35	6.9	Ms	Panama:Puerto Vidal,Near Coast of W.	巴拿马:比达尔港西部近海	Engdahl
1956	3	16	19	32	40	35.5	35.5	6	6	Muk	Lebanon:Litani	黎巴嫩:利塔尼河	* Shi Z.
1956	3	16	19	43	28	35.5	35.5		6	Ms	Lebanon:Litani	黎巴嫩:利塔尼河	Shi Z.
1956	3	18	8	17	52	5.4	93.8		5.5	Ms	India:Nicobar Islands	印度:尼科巴群岛	GSHAP
1956	3	19	17	36	4	-5.8	150		6.4	Ms	Papua New Guinea:West New Britain	巴布亚新几内亚:西新不列颠	Shi Z.
1956	3	20	4	15		51.5	159.5		6	Ms	Russia:Kamchatka Peninsula	俄罗斯:堪察加半岛	Shi Z.
1956	3	21	4	54	48	40.92	48.39	8	5.3	Ms	Azerbaijan:Qebele,SE.	阿塞拜疆:盖贝莱区东南	GSHAP
1956	3	22	6	34		-3.3	-79	96	6.5	Ms	Ecuador:Azuay	厄瓜多尔:阿苏艾	GSHAP
1956	3	23	4	50	11	29.9	90.1		5.25	Ms	China:Xizang (Tibet),Lhasa,W.	中国:西藏拉萨西	China
1956	3	25	23	27	39	51.9	159	55	6.5	Ms	Russia:Kamchatka,Near East Coast	俄罗斯:堪察加东部近海	Shi Z.
1956	3	26	3	59	39	52	158.4	96	6.1	Ms	Russia:Kamchatka Peninsula	俄罗斯:堪察加半岛	Shi Z.
1956	3	31	8	19	30	3.5	-78.5	100	5	Ms	Colombia:Near Coast of W.	哥伦比亚:西部近海	GSHAP
1956	4	1	6	37	8	3	97		5	Mk	Indonesia:Off West Coast of N. Sumatera	印度尼西亚:北苏门答腊西部海域	GSHAP,Song
1956	4	2	10	49	55	2	96.8		6.5	Ms	Indonesia:Off West Coast of N. Sumatera	印度尼西亚:北苏门答腊西部海域	Shi Z.
1956	4	4	21	21	14.6	-5	35.4		5.8	Ms	Tanzania:Dodoma,N.	坦桑尼亚:多多马北部	GSHAP
1956	4	6	7	11	39	36.392	70.781	212.3	6.8	Ms	Afghan:Fayzabad	阿富汗:法扎巴德	Engdahl,GSHAP
1956	4	6	16	27	51	-13	167	200	6	Ms	Solomon Islands	所罗门群岛	Shi Z.
1956	4	7	18	1		-32.2	-179.9	350	6.2	Ms	Kermadec Ridge	克马德克海岭	Shi Z.
1956	4	8	20	55	27	49	130.5		5	Ms	Russia:Amur,Novopokrovka	俄罗斯:阿穆尔州新波克罗夫卡	China
1956	4	9	2	15	40	49	130.5	20	5	Ms	Russia:Amur,Novopokrovka	俄罗斯:阿穆尔州新波克罗夫卡	GSHAP
1956	4	9	16	58	32	45	142.7	320	5	Ms	Japan:Hokkaido,Coast N.	日本:北海道北部海域	GSHAP
1956	4	10	13	16	8.21	-2.897	102.255	131.3	6.8	Ms	Indonesia:Southern Sumatra	印度尼西亚:苏门答腊南部	Engdahl
1956	4	11	1	45	10	38.85	70.42	5	5	Ms	Tadzhikistan:Garm	塔吉克斯坦:加尔姆	GSHAP
1956	4	12	22	34	46	37.3	50.201	30	6	Ms	Iran:Rudbar, Rasht	伊朗:鲁德巴,拉什特	Shi Z.,Turkey,GSHAP
1956	4	15	12	46	5	39.2	71.9	15	5	Ms	Tajikistan:Dzhirgatal,E.	塔吉克斯坦:吉尔加塔尔东部	GSHAP
1956	4	18	11	0	22	51.8	-177.7	33	6.7	Ms	Andreanof Islands, Aleutian Is.	阿留申群岛,安德烈亚诺夫群岛	USGS
1956	4	19	18	38		37	-4		6.2	Mk	Spain:Alhama,Malaga	西班牙:阿哈马,马拉加	* Song
1956	4	20	15	15	55	-7.2	129.2	150	6	Ms	Indonesia:Banda Sea	印度尼西亚:班达海	Shi Z.
1956	4	22	4	40	54	-5	152		6	Ms	Papua New Guinea:East New Britain	巴布亚新几内亚:东新不列颠	Shi Z.
1956	4	22	17	21	52.5	53.79	-161.48		6.5	Ms	Alaska:Unimak Island	阿拉斯加:乌尼马克岛	USGS,Shi Z.
1956	4	23	3	31	43	42.4	144.9	45	6.5	Ms	Japan:Hokkaido	日本:北海道	GSHAP
1956	4	25	8	30	4.8	-17.1	174.9	45	6.2	Ms	Vanuatu Islands	瓦努阿图群岛	Shi Z.
1956	4	26	3	0	3	44.15	11.317		5	Ms	Italy:Castel Del Rio	意大利:里奥堡	Italy
1956	4	26	7	41	51.2	-16.9	174.7		6	Ms	Vanuatu Islands	瓦努阿图群岛	Shi Z.
1956	4	26	14	52	20	51.5	143.5		6	Ms	Russia:Sakhalin Island	俄罗斯:库页岛(萨哈林岛)	Shi Z.
1956	5	1	2	42	12	-4.8	103.1	55	6.6	Ms	Indonesia:Southern Sumatra	印度尼西亚:苏门答腊南部	Shi Z.

年 Year	月 Mo	日 Dy	时 Hr	分 Mn	秒 Sec	纬度(°) Latitude	经度(°) Longitude	深度 Depth	震级 Mag	标度 Scale	地名(英文) Name(English)	地名(中文) Name(Chinese)	资料来源 Information
1956	5	3	2	11	17	-16	-74		5.5	Ms	Peru:Arequipa,NW.	秘鲁:阿雷基帕西北	GSHAP
1956	5	5	3	22	36	-15.7	-173.1	100	6	Ms	Samoa Islands	萨摩亚群岛	Shi Z.
1956	5	6	20	57	18.1	54.5	-162.47		5.7	Ms	Aleutian Islands	阿留申群岛	USGS
1956	5	7	10	58	19	-45.5	95.9		6.5	Ms	South Atlantic Ocean	南大西洋	Shi Z.
1956	5	8	19	50	7	38.9	74.6		5.25	Ms	China:Xinjiang,Ulugqat,SW.	中国:新疆乌恰西南	China
1956	5	13	4	27	15	85.5	96	20	5	Ms	Arctic Ocean	北冰洋	GSHAP
1956	5	13	7	50	33	29.9	70		6.1	Ms	Pakistan:Multan	巴基斯坦:木尔坦	GSHAP
1956	5	13	8	56	36	85	85.4	20	5	Ms	Arctic Ocean	北冰洋	GSHAP
1956	5	13	14	34	1	85.5	96	12	5.1	Ms	Arctic Ocean	北冰洋	GSHAP
1956	5	15	18	34		37.5	20.5	15	5.6	Ms	Ionian Sea	爱奥尼亚海	Turkey
1956	5	15	22	56	53	37.4	20.9		6	Ms	Greece:Zante	希腊:赞特	Shi Z.
1956	5	17	0	7	26	36.5	70.5	220	6	Mk	Afghan:Badakhshan	阿富汗:巴达赫尚	GSHAP,Song
1956	5	17	5	59	57	-16.5	-72	60	5.3	Ms	Peru:Arequipa	秘鲁:阿雷基帕	GSHAP
1956	5	18	22	8	28	39	22.8		6.1	Ms	Greece:Lamia	希腊:拉米亚	Shi Z.
1956	5	19	1	30	39	-6.9	155.7		6.4	Ms	Solomon Islands	所罗门群岛	Shi Z.
1956	5	19	20	2		-40	43		6.2	Ms	Atlantic - Indian Ridge	大西洋-印度洋海岭	GSHAP
1956	5	20				7.25	171.3		7	Mk	Marshall Islands	马绍尔群岛	NOAA,Song
1956	5	22	3	1	5	-15.3	-173.1		6.4	Ms	Samoa Islands	萨摩亚群岛	Shi Z.
1956	5	22	13	36	17	-4	152.6	540	6.5	Ms	Papua New Guinea:New Ireland	巴布亚新几内亚:新爱尔兰	Shi Z.
1956	5	23	20	48	31	-15.611	-178.587	416.1	7.2	mB	North of Fiji Islands	斐济群岛北部	* Engdahl
1956	5	25	0	50	33	1	97.5		5	Mk	Indonesia:Sumatera,Nias Island	印度尼西亚:苏门答腊,尼亚斯岛	GSHAP,Song
1956	5	26	18	40		43.983	11.92		5.09	Ms	Italy:Galeata	意大利:加莱阿塔	Italy
1956	5	26	20	21	24	-19.1	-178.1	603	6.5	Ms	Fiji Islands	斐济群岛	Shi Z.
1956	5	27	13	9	39	4	95.5		5	Mk	Indonesia:Off West Coast of N. Sumatera	印度尼西亚:北苏门答腊西部海域	GSHAP,Song
1956	5	27				7.25	171.3		7	Mk	Marshall Islands	马绍尔群岛	NOAA,Song
1956	6	4	7	9	19	52.1	-170.6		6.4	Ms	Aleutian Islands	阿留申群岛	USGS,Shi Z.
1956	6	5	5	59	47	-49.6	-113.7		6.3	Ms	Southern Pacific Ridge	南太平洋海岭	Shi Z.
1956	6	8	4	7	27	35.2	67.5		6.3	Ms	Afghan:Bamyan	阿富汗:巴米扬	Shi Z.
1956	6	9	10	8	30	-30.233	-71.444	26.6	6.8	Ms	Chile:Andacollo	智利:安达科约	GSHAP,Shi Z.,Engdahl
1956	6	9	23	13	56	35.042	67.479	35	7.6	Mw	Afghan:Bamyan	阿富汗:巴米扬	* GSHAP,Engdahl
1956	6	9	23	53	41	35	68		5	Mk	Afghan:Bamyan	阿富汗:巴米扬	GSHAP,Song
1956	6	10	1	1	35	35	68		5	Mk	Afghan:Bamyan	阿富汗:巴米扬	GSHAP,Song
1956	6	10	3	33	4	35	67.5	5	5	Ms	Afghan:Bamyan	阿富汗:巴米扬	GSHAP
1956	6	10	15	19	40	-18	-74.5	33	5.1	Ms	Peru:Off Coast of S.	秘鲁:南部沿海	GSHAP
1956	6	10	23	43	38	35	67.5		5	Mk	Afghan:Bamyan	阿富汗:巴米扬	GSHAP,Song
1956	6	11	2	57	13	35.1	67.4	5	5.3	Ms	Afghan:Bamyan	阿富汗:巴米扬	GSHAP
1956	6	11	9	56	10	-27.5	-69		5.9	Ms	Argentina:Catamarca	阿根廷:卡塔马卡	GSHAP
1956	6	12	3	12	26	24.8	90.9		6	Ms	Bangladesh:Dhaka	孟加拉:达卡	GSHAP
1956	6	12	8	54	4.3	-8.7	-109.8		6.3	Ms	East Pacific Ridge	东太平洋海岭	Shi Z.
1956	6	15	13	56	46	50.8	155.5	200	5	Ms	Kuril Islands	千岛群岛	GSHAP
1956	6	23	2	18	6.27	56.259	163.52	18.2	6.7	Ms	Russia:Kamchatka,Near East Coast	俄罗斯:堪察加东部近海	Engdahl,GSHAP
1956	6	24	20	58	39	-7	154.9		6.2	Ms	Solomon Islands	所罗门群岛	Shi Z.
1956	6	25	12	52	4	30.5	60		5	Ms	Iran:Zahedan	伊朗:扎黑丹	Iran
1956	6	27	18	57	40	23.6	120.6		5	Ms	China:Taiwan,Chiayi	中国:台湾嘉义	China
1956	6	28	22	58	49	49	-129.4		6.3	Ms	Canada:Off Coast of W. Vancouver	加拿大:温哥华西部海域	Shi Z.
1956	6	29	1	21	57	24.1	122.5		5.75	Ms	China:Taiwan,Hualien,Coast of E.	中国:台湾花莲以东海域	China
1956	6	30	1	50	22	43.6	28.5	60	5.4	Ms	Black Sea	黑海	GSHAP
1956	6	30	11	37	10	35	56.5	12	5	Ms	Iran:Semnan	伊朗:塞姆南	GSHAP
1956	7	3	10	17	56	28.3	85		5.5	Ms	Nepal:Gandaki,E.	尼泊尔:甘达基专区东部	China
1956	7	3	23	26	18	37	70.9	230	5.8	Ms	Afghan:Badakhshan	阿富汗:巴达赫尚	GSHAP
1956	7	6	2	22		42.5	-126		5	Ms	US:Off Coast of W. Oregon	美国:俄勒冈州西部沿海	USGS
1956	7	9	3	11	45	36.617	26.026	35	7.8	Mw	Greece:Amorgos	希腊:阿莫尔戈斯	* Engdahl,NOAA
1956	7	9	3	24	7.83	36.508	25.956	35	6.9	Ms	Aegean Sea	爱琴海	* Engdahl,NOAA
1956	7	9	9	56	13	19.737	-72.994	43.9	6.9	Ms	Haiti:Gonaives	海地:戈纳伊夫	Engdahl
1956	7	10	22	8	23	36.5	71.5	100	5.5	Ms	Afghan:Badakhshan	阿富汗:巴达赫尚	GSHAP
1956	7	10				7.25	171.3		7	Mk	Marshall Islands	马绍尔群岛	NOAA,Song
1956	7	12	15	1	26	22.2	93.3	100	6.3	Ms	myanmar:Chin	缅甸:赛钦	GSHAP,Shi Z.
1956	7	14	0	14	30	36	71		5	Mk	Afghan:Badakhshan	阿富汗:巴达赫尚	GSHAP,Song
1956	7	16	15	7	9.33	21.969	95.802	32.1	7.1	Mw	myanmar:Sagaing,S.	缅甸:实皆南部	* Engdahl
1956	7	16	20	40	25	22.5	96.5	100	6	Mk	myanmar:Thonze	缅甸:东色	GSHAP,Song
1956	7	17	7	34	12	-6.945	126.068	454.1	6.8	Ms	Indonesia:Banda Sea	印度尼西亚:班达海	Engdahl
1956	7	18	6	19	35	-5.025	130.422	130.5	7.2	mB	Indonesia:Banda Sea	印度尼西亚:班达海	* Engdahl
1956	7	19	20	40	54	14.7	120.1		6	Ms	Philippines:Olongapo,Coast W.	菲律宾:奥隆阿波西部海域	Shi Z.
1956	7	19	23	26	37	9.5	-84.2	96	6.2	Ms	Costa Rica:Puerto Quepos	哥斯达黎加:克波斯港	Shi Z.
1956	7	19	23	38	4	9.5	-85		6.2	Ms	Costa Rica:Near Coast	哥斯达黎加:近海	Shi Z.
1956	7	20				7.25	171.3		7	Mk	Marshall Islands	马绍尔群岛	NOAA,Song
1956	7	21	14	51	12	50.1	148.1	620	6.3	Ms	Sea of Okhotsk	鄂霍次克海	GSHAP

年 Year	月 Mo	日 Dy	时 Hr	分 Mn	秒 Sec	纬度(°) Latitude	经度(°) Longitude	深度 Depth	震级 Mag	标度 Scale	地名(英文) Name(English)	地名(中文) Name(Chinese)	资料来源 Information
1956	7	21	15	32		23	70		6.1	Muk	India: Anjar, Bhuj, Gandhidham	印度：安杰尔，普杰，甘地达姆	*
1956	7	22	9	25	8	−19	−69	100	6.1	Ms	Chile: Arica, SE.	智利：阿里卡东南	GSHAP
1956	7	23	19	26	1	−23.65	−112.07		6.8	Muk	Easter Island, W.	复活节岛西部	Engdahl
1956	7	26	9	53	17	39.55	−118.45		5.1	Ms	US: Nevada, Fallon, NE.	美国：内华达州法伦东北	USGS
1956	7	30	9	15		35.89	26.01	10	6.2	Ms	Aegean Sea	爱琴海	GSHAP
1956	8	4	9	49		−5.2	152	130	6.3	Ms	Papua New Guinea: East New Britain	巴布亚新几内亚：东新不列颠	Shi Z.
1956	8	4	13	28	41	53.7	159.2	120	5.3	Ms	Russia: Kamchatka Peninsula	俄罗斯：堪察加半岛	GSHAP
1956	8	7	0	29	53	22.5	93.5	150	6	Mk	myanmar: Chin	缅甸：赛钦	GSHAP, Song
1956	8	8	23	2	10	32	67		5	Mk	Afghan: Qalat	阿富汗：卡拉特	GSHAP, Song
1956	8	9	23	0	49	−16.108	−174.801	284	6.7	Ms	Fiji Islands	斐济群岛	Engdahl
1956	8	12	16	59	37.6	33.8	138.8	50	6.5	Ms	Japan: Mie, Near Coast	日本：三重近海	* NOAA
1956	8	14	2	50	12	−52.7	26		6.5	Ms	South Atlantic – Indian Ridge	南大西洋－印度洋海岭	Shi Z.
1956	8	15	5	20	40	−0.3	101.5	287	6.4	Ms	Indonesia: Southern Sumatra	印度尼西亚：苏门答腊南部	Shi Z.
1956	8	15	10	51	23	−0.1	122.9	140	6.3	Ms	Indonesia: Molucca Sea	印度尼西亚：马鲁古海	Shi Z.
1956	8	15	12	2	55	43.2	16		6	Ms	Adriatic Sea	亚得里亚海	Shi Z.
1956	8	15	13	12	16	45.5	151.5	50	6.6	Ms	Kuril Islands	千岛群岛	GSHAP
1956	8	17	5	53	25	−5	−80		5	Ms	Peru: Piura	秘鲁：皮乌拉	GSHAP
1956	8	17	10	39		41.717	15.667		5.03	Ms	Italy: San Severo	意大利：圣塞韦罗	Italy
1956	8	19	0	44	33	37.8	114		5	Ms	China: Shanxi, Pingding, E.	中国：山西平定东	* China
1956	8	20	5	33	46	7.2	−79.8		6.2	Ms	Panama: Off Coast of S.	巴拿马：南部海域	Shi Z.
1956	8	22	19	40	14	28	95.2		5.25	Ms	India: Arunachal Pradesh, E.	印度：阿鲁那恰尔邦东部	China
1956	8	23	13	48	26	−15.27	−68.67	33	6.4	Ms	Bolivia: La Paz	玻利维亚：拉巴斯	GSHAP, Shi Z.
1956	8	24	4	27	34	52.74	172.6	33	6.6	Ms	Aleutian Islands	阿留申群岛	GSHAP, Shi Z.
1956	8	30	4	24	21.5	53.69	−163.88		6.2	Ms	Alaska: Unimak Island	阿拉斯加：乌尼马克岛	USGS, Shi Z.
1956	9	3	8	15	24	37.8	114		5	Ms	China: Shanxi, Pingding, E.	中国：山西平定东	China
1956	9	6	11	46	41	35.62	25.9	40	5.8	Ms	Mediterranean Sea	地中海	Turkey
1956	9	7	9	3	39	7.1	94.1		6	Ms	India: Nicobar Islands	印度：尼科巴群岛	GSHAP
1956	9	8	15	39	48	36.7	70.1	180	5.5	Ms	Afghan: Kalafgan	阿富汗：卡拉夫甘	GSHAP
1956	9	10	12	31	54	0	101.5	250	6.2	Ms	Indonesia: Northern Sumatra	印度尼西亚：苏门答腊北部	Shi Z.
1956	9	11	2	32	30	−16.2	−178.3		6.3	Ms	Fiji Islands	斐济群岛	Shi Z.
1956	9	11	9	54	37	13.5	−91.2	55	6.1	Ms	Guatemala: Near Coast	危地马拉：近海	Shi Z.
1956	9	11	15	44	4	−17	169		6	Ms	Vanuatu Islands	瓦努阿图群岛	Shi Z.
1956	9	11	21	4	5	49.5	155.4	55	6.1	Ms	Kuril Islands	千岛群岛	Shi Z.
1956	9	15	7	39	4	−20	−69	100	6.8	Ms	Chile: Tarapaca	智利：达拉巴卡	GSHAP
1956	9	16	8	37		33.8	69.6		6.7	Ms	Afghan: Gardēz	阿富汗：加德兹	Afghan
1956	9	16	14	23	22	34	69.5		5	Mk	Afghan: Lowgar	阿富汗：洛加尔	GSHAP, Song
1956	9	17	20	18	52	4.1	95.1	58	5	Mk	India: Nicobar Islands	印度：尼科巴群岛	GSHAP, Song
1956	9	17	22	39	57.1	−10.15	34.29		5.9	Ms	Malawi: Karonga	马拉维：卡龙加	GSHAP
1956	9	19	23	47	44	23.5	94.5	150	6.13	Ms	myanmar: Sagaing	缅甸：实皆	GSHAP
1956	9	20	21	52	1	51.6	159.5		6.5	Ms	Russia: Kamchatka Peninsula	俄罗斯：堪察加半岛	Shi Z.
1956	9	22	15	54	21	38	69	7	5.8	Ms	Tadzhikistan: Khatlon, C.	塔吉克斯坦：哈特隆州中部	GSHAP
1956	9	24	6	4	40	−15	−173.3		6	Ms	Samoa Islands	萨摩亚群岛	Shi Z.
1956	9	24	10	20	37	33.9	69.5		6.2	Ms	Afghan: Lowgar	阿富汗：洛加尔	GSHAP
1956	9	25	16	25	14	34.25	69.75		5	Mk	Afghan: Gardēz	阿富汗：加德兹	GSHAP, Song
1956	9	29	9	3	39	7.1	94.4		6.3	Ms	India: Nicobar Islands	印度：尼科巴群岛	Shi Z., GSHAP
1956	9	29	21	20	55	38	140.5	20	6.1	Ms	Japan: Miyagi	日本：宫城	Shi Z., Usami
1956	9	29	23	20	56	35.642	140.31	67	6.9	Ms	Japan: Yachimata	日本：千叶八街	Engdahl, Usami
1956	10	2	14	56	30	53.1	159.6	60	6.3	Ms	Russia: Kamchatka Peninsula	俄罗斯：堪察加半岛	Shi Z.
1956	10	3	8	18	47	−20.09	−69.38	90	6.5	Ms	Chile: Tarapaca	智利：达拉巴卡	GSHAP
1956	10	10	15	31	36	28.2	77.7		6.7	Ms	India: Mathura (Muttra)	印度：摩头罗	GSHAP
1956	10	11	2	24	38	45.967	150.548	104.8	7.3	mB	Kuril Islands	千岛群岛	* Engdahl
1956	10	11	16	48	50	40.67	−125.77		6	Ms	US: California, Off Coast N.	美国：加利福尼亚州北部沿海	USGS
1956	10	12	2	37	44	−15.5	−75.28	60	6.5	Ms	Peru: Nazca	秘鲁：纳斯卡	GSHAP, Shi Z.
1956	10	12	12	22	52	42.2	144.6	50	6.3	Ms	Japan: SE. Hokkaido Island	日本：北海道东南	Shi Z.
1956	10	13	8	21	12	36.3	71.3	90	6.1	Ms	Afghan: Badakhshan	阿富汗：巴达赫尚	Shi Z.
1956	10	13	16	39	1	48.5	122		5.25	Ms	China: Inner Mongolia, Zalantun, NW.	中国：内蒙古扎兰屯西北	China
1956	10	16	10	44	55	19.67	−156.47	25	5.5	Ms	Hawaiian Islands	夏威夷群岛	USGS
1956	10	17	1	14	51	36.75	70.5	200	6	Mk	Afghan: Badakhshan	阿富汗：巴达赫尚	GSHAP, Song
1956	10	19	12	0	42	−20.8	−179	630	6	Ms	Lau Ridge [Pacific Ocean]	劳海岭[太平洋]	Shi Z.
1956	10	19	15	5	34	−55.9	−122.5		6.5	Ms	Southern Pacific Ridge	南太平洋海岭	Shi Z.
1956	10	19	20	47	31	52.27	177.4		6.7	Ms	Aleutian Islands, Rat Island	阿留申群岛，拉特岛	USGS
1956	10	23	8	41	28	13.59	120.58	115	6.7	Ms	Philippines: Abra de Ilog	菲律宾：阿布拉－德伊洛	Shi Z., Engdahl
1956	10	23	10	32	10	23.5	121		5	Ms	China: Taiwan, Nantou	中国：台湾南投	China
1956	10	24	14	42	17	11.619	−86.436	35	7.2	Mw	Nicaragua: Near Coast of W.	尼加拉瓜：西部近海	Engdahl
1956	10	25	5	21	41	11.6	−86.5		6.2	Ms	Nicaragua: Near Coast of W.	尼加拉瓜：西部近海	Shi Z.
1956	10	26	22	50	25	−13.7	166.9		6.5	Ms	Vanuatu Islands	瓦努阿图群岛	Shi Z.
1956	10	28	3	28	45	−33.395	−178.69	50	6.8	Ms	South of Kermadec Ridge	克马德克海岭南部	Engdahl

年 Year	月 Mo	日 Dy	时 Hr	分 Mn	秒 Sec	纬度(°) Latitude	经度(°) Longitude	深度 Depth	震级 Mag	标度 Scale	地名(英文) Name(English)	地名(中文) Name(Chinese)	资料来源 Information
1956	10	28	10	45	8	13.9	123		6.6	Ms	Philippines：Camarines	菲律宾：馬利納	Shi Z.
1956	10	29	15	42	8	-8.5	-77	60	6.4	Ms	Peru：Pueblo Libre	秘鲁：普韦布洛利布雷	GSHAP
1956	10	30	0	11		66.7	-17.5	28	5.1	Ms	Norwegian Sea	挪威海	Iceland
1956	10	31	14	3	50	27.283	54.405	35	6.8	Ms	Iran：Hormozgan	伊朗：荷姆兹甘	* Engdahl
1956	10	31	17	29		23.9	122.7	60	5.2	Ms	China：Taiwan，Hualien，Coast of E.	中国：台湾花莲以东海域	China
1956	11	1	3	5		11.42	-69.68		5	Mk	Venezuela：Coro	委内瑞拉：科罗	GSHAP，Song
1956	11	2	16	4	30	39.5	23		5.75	Ms	Greece：Volos - Agria（Magnesia）	希腊：伏洛斯 - 阿格里	* Turkey，NOAA
1956	11	4	7	5	49	-22.287	-175.427	52.2	6.8	Ms	Tonga Islands	汤加群岛	Engdahl
1956	11	5	19	45		46.506	13.039	15	5.13	Ms	Italy：Paluzza	意大利：帕卢扎	Italy，GSHAP
1956	11	9	13	6	15	17.4	-94.1	150	6.3	Ms	Mexico：Coatzacoalcos	墨西哥：夸察夸尔科斯	Shi Z.
1956	11	10	0	8	34	10.7	-85.7	100	6	Ms	Costa Rica：Near Coast	哥斯达黎加：近海	Shi Z.
1956	11	10	14	39	56	15.6	120.3		6	Ms	Philippines：Tarlac	菲律宾：打拉	Shi Z.
1956	11	10	15	41	2	25	94.5	150	6	Mk	India：Imphal	印度：英帕尔	GSHAP，Song
1956	11	13	9	55	29	-48.7	123.4		6.5	Ms	Australia：Macquarie Island，N.	澳大利亚：麦加利岛北部	Shi Z.
1956	11	14	0	51	30	36.7	70.8	190	7	Ms	Afghan：Badakhshan	阿富汗：巴达赫尚	GSHAP
1956	11	14	23	26		36.5	71	150	6.5	Ms	Afghan：Badakhshan	阿富汗：巴达赫尚	Shi Z.
1956	11	16	3	23	9	35.95	-120.47		5	Ms	US：California，Parkfield	美国：加利福尼亚州帕克菲尔德	USGS
1956	11	16	11	54		8.2	-71.23	25	5	Ms	Venezuela：El Palmar	委内瑞拉：埃尔帕尔马	GSHAP
1956	11	16	22	2	19	-18	-69	150	5	Ms	Bolivia：Oruro	玻利维亚：奥鲁罗	GSHAP
1956	11	17	20	27	17.2	54.55	-133.67		6.5	Ms	Canada：Graham Island	加拿大：格雷厄姆岛	USGS
1956	11	18	5	19	31	39.8	76.7	15	5.25	Ms	China：Xinjiang，Artux，E.	中国：新疆阿图什东	China，GSHAP
1956	11	19	12	2	44	12.2	144	150	6	Ms	Mariana Islands，S.	马里亚纳群岛南部	Shi Z.
1956	11	21	6	22	10	49.1	141.9	14	5	Ms	Russia：Sakhalin Island	俄罗斯：库页岛（萨哈林岛）	GSHAP
1956	11	21	7	33	29	38.3	142.4	40	6	Ms	Japan：Miyagi，Off Coast	日本：宫城沿海	Shi Z.
1956	11	23	4	46		8.3	-71.2	12	5.7	Ms	Venezuela：Merida	委内瑞拉：梅里达	GSHAP
1956	11	24	1	56	6	-22.5	-67	15	5.4	Ms	Argentina：Jujuy，N.	阿根廷：胡胡伊北部	GSHAP
1956	11	24				8.13	-71.47		5	Mk	Venezuela：El Palmar	委内瑞拉：埃尔帕尔马	GSHAP，Song
1956	11	25	14	15	10	-17	-71.5	100	5.2	Ms	Peru：Arequipa	秘鲁：阿雷基帕	GSHAP
1956	11	25	18	7	37	-14.6	167.7	100	6	Ms	Vanuatu Islands	瓦努阿图群岛	Shi Z.
1956	11	26	23	29	41	-21.6	169.1		6.6	Ms	Vanuatu Islands	瓦努阿图群岛	Shi Z.
1956	11	28	19	27	21	49.198	155.456	65.4	6.7	Ms	Kuril Islands	千岛群岛	Engdahl
1956	11	29	9	15	31	27.1	141.2	80	6.5	Ms	Japan：South Honshu Ridge	日本：本州南部海岭	Shi Z.
1956	12	1	21	24	54	-17.5	-72.5	33	5.6	Ms	Peru：Ilo，Near Coast	秘鲁：伊洛近海	GSHAP
1956	12	2	2	59	55	52.51	-169.05		5.5	Ms	Aleutian Islands	阿留申群岛	USGS
1956	12	3	7	20	6	52.64	-168.61		6.6	Ms	Aleutian Islands	阿留申群岛	USGS
1956	12	4	10	7	54	-45.5	-106.9		6.6	Ms	Southern Pacific Ridge	南太平洋海岭	Shi Z.
1956	12	4	23	1	34	15	-92.3	100	6	Ms	Mexico：Near Coast of Chiapas	墨西哥：恰帕斯州近海	Shi Z.
1956	12	6	20	30	21	36.25	71	200	6	Mk	Afghan：Badakhshan	阿富汗：巴达赫尚	GSHAP，Song
1956	12	8	16	10	25	51.37	-179.17		6.5	Ms	Andreanof Islands， Aleutian Is.	阿留申群岛，安德烈亚诺夫群岛	USGS
1956	12	12	20	53	7	24	121		5.25	Ms	China：Taiwan，Nantou，N.	中国：台湾南投北	China
1956	12	15	17	24	37	-13.2	166.8	224	6.2	Ms	North Vanuatu Islands	瓦努阿图群岛北部	Shi Z.
1956	12	15	23	13	55	6.5	78		5	Mk	Sri Lanka：Off Coast of W.	斯里兰卡：西部海域	GSHAP，Song
1956	12	16	1	41	58	6.33	-77.63	39	6.5	Ms	Colombia：Bahia Solano	哥伦比亚：巴伊阿索拉诺	GSHAP
1956	12	18	2	31	11	-25.492	-70.182	43.7	6.9	Ms	Chile：Antofagasta，S.	智利：安托法加斯塔南部	* NOAA，GSHAP，Shi Z.，Engdahl
1956	12	18	17	53		30.5	35.5		6	Ms	Jordan：Maân	约旦：马安	GSHAP
1956	12	19				8.5	126.9		6	Ms	Philippine Trench	菲律宾海沟	Shi Z.
1956	12	20	10	59	57	-26.9	-175.9		6.4	Ms	Kermadec Ridge	克马德克海岭	Shi Z.
1956	12	21	3	27	40	26.6	96.3		6	Ms	myanmar：Kachin，N.	缅甸：克钦北部	GSHAP
1956	12	21	8	58	59	51.356	-130.747	15	6.7	Ms	Canada：Queen Charlotte Islands	加拿大：夏洛特皇后群岛	Engdahl
1956	12	21	20	10	6	33.7	139.5		6.4	Ms	Japan：South Honshu Ridge	日本：本州南部海岭	Shi Z.
1956	12	22	23	12	35	33.7	139.6		6.2	Ms	Japan：Miyake Jima	日本：三宅岛	Shi Z.
1956	12	23	8	37	39	22.1	144.3	100	6.5	Ms	Mariana Islands，N.	马里亚纳群岛北部	Shi Z.
1956	12	25	9	33	35	48.8	-28		6.3	Ms	North Atlantic Ocean	北大西洋	Shi Z.
1956	12	26	7	46	24	-10	166		6	Ms	Solomon Islands	所罗门群岛	Shi Z.
1956	12	27	0	14	12	-23.413	-176.897	195.5	7	mB	South of Fiji Islands	斐济群岛南部	Engdahl
1956	12	28	2	23	51	37.5	70.5		5	Mk	Afghan：Badakhshan	阿富汗：巴达赫尚	GSHAP，Song
1956	12	28	14	24	40	-38.3	177.5	150	6.5	Ms	New Zealand：North Island，Matawai	新西兰：北岛，马塔怀	Shi Z.
1956	12	29	20	22	12	-21.8	-175.3		6.3	Ms	Tonga Islands	汤加群岛	Shi Z.
1956	12	30	21	59	6	24	94.5		5	Ms	myanmar：Sagaing	缅甸：实皆	GSHAP
1956	12	31	17	37	45	38.25	-118.93		5	Ms	US：California，Mammoth Lakes	美国：加利福尼亚州马姆莫斯湖	USGS
1956	12	31	17	39	24	38.28	-118.97		5.1	Ms	US：California，Mammoth Lakes	美国：加利福尼亚州马姆莫斯湖	USGS
1956	12	31	21	33	22	40.5	115.5		5	Ms	China：Hebei，Zhuolu	中国：河北涿鹿	* China
1956	12	31	21	59	13	23	94		5.2	Ms	myanmar：Chin	缅甸：赛钦	GSHAP
1957	1	1	0	56	40	53.4	159.1	100	6.3	Ms	Russia：Kamchatka Peninsula	俄罗斯：堪察加半岛	GSHAP
1957	1	2	0	39	22.9	52.36	-168.36		6.5	Ms	Aleutian Islands	阿留申群岛	USGS
1957	1	2	2	17	41	52.439	-168.169	13.3	6.9	Ms	Aleutian Islands	阿留申群岛	Engdahl，USGS，Shi Z.
1957	1	2	3	12	52.8	52.51	-168.1		6.6	Ms	Aleutian Islands	阿留申群岛	USGS
1957	1	2	3	30	34.2	52.72	-168		6	Ms	Aleutian Islands	阿留申群岛	USGS

年	月	日	时	分	秒	纬度(°)	经度(°)	深度	震级	标度	地名(英文)	地名(中文)	资料来源
Year	Mo	Dy	Hr	Mn	Sec	Latitude	Longitude	Depth	Mag	Scale	Name(English)	Name(Chinese)	Information
1957	1	2	3	48	52	52.51	-168.03	15	6.7	Ms	Aleutian Islands	阿留申群岛	USGS,Shi Z.,Engdahl
1957	1	2	4	3	33	52.463	-168.503	15	6.7	Ms	Aleutian Islands	阿留申群岛	Engdahl,USGS
1957	1	2	10	49	32.8	52.66	-168		6.5	Ms	Aleutian Islands	阿留申群岛	USGS
1957	1	3	0	41	3	52.91	-167.88		6.4	Ms	Aleutian Islands	阿留申群岛	USGS
1957	1	3	12	48	29	43.9	130.6	593	7	mB	China:Heilongjiang,Dongning,SW.	中国:黑龙江东宁西南	China,Engdahl
1957	1	3	13	43	32	43.9	130.6	580	6.4	Ms	China:Heilongjiang,Dongning,SW.	中国:黑龙江东宁西南	China,GSHAP
1957	1	4	12	36	10	7	-78		5	Ms	Colombia:Near Coast	哥伦比亚:近海	GSHAP
1957	1	9	7	52	56.4	52.8	-167.44		6.5	Ms	Aleutian Islands	阿留申群岛	USGS
1957	1	10	4	14	44	6	95.3		6	Ms	Indonesia:Pulau We	印度尼西亚:韦岛	GSHAP
1957	1	13	11	38	16	38.77	70.55	15	5.2	Ms	Tajikistan:Garm	塔吉克斯坦:加尔姆	GSHAP
1957	1	15	4	9	15	-2	-76.5	100	6	Ms	Ecuador:Pastaza	厄瓜多尔:帕斯塔萨	GSHAP
1957	1	17	22	26	51	33.1	137.6	364	6	Ms	Ryukyu Trench	琉球海沟	Shi Z.
1957	1	19	5	16	40	-20.8	-179	606	6.5	Ms	Lau Ridge[Pacific Ocean]	劳海岭[太平洋]	Shi Z.
1957	1	20	18	12	49	37.2	71	100	5.8	Ms	Afghan:Badakhshan	阿富汗:巴达赫尚	GSHAP
1957	1	22	11	18	24.5	-4.8	28.7		5.6	Ms	Congo:Lulimba	刚果:卢林巴	GSHAP
1957	1	24	1	11	19	-6.1	146.4	127	6	Ms	Papua New Guinea:Lae	巴布亚新几内亚:莱城	Shi Z.
1957	1	24	7	16	29	-12.5	-78		6.3	Ms	Peru:Lima,Near Coast	秘鲁:利马近海	GSHAP
1957	1	24	15	49	24	1.5	96.75		5	Mk	Indonesia:Off West Coast of N. Sumatera	印度尼西亚:北苏门答腊西部海域	GSHAP,Song
1957	1	25	3	36	55	51.76	-177.03	47	6.5	Ms	Andreanof Islands, Aleutian Is.	阿留申群岛,安德烈亚诺夫群岛	USGS
1957	1	26	1	16	6	48.33	-122.43		5	Ms	US:Washington,Seattle	美国:华盛顿州西雅图	USGS
1957	1	26	16	30	48	42.58	42.3	19	5.3	Ms	Georgia:Zugdidi	格鲁吉亚:祖格迪迪	GSHAP
1957	1	28	8	16	22	-15.1	-173.3		6.4	Ms	Samoa Islands	萨摩亚群岛	Shi Z.
1957	1	29	15	17	28	42.47	42.45	16	5.1	Ms	Georgia:Zugdidi	格鲁吉亚:祖格迪迪	GSHAP
1957	1	29	15	21	24	42.5	42.4	9	5.3	Ms	Georgia:Zugdidi	格鲁吉亚:祖格迪迪	GSHAP
1957	1	30	15	29	3	-20.1	-174.1		6.1	Ms	Tonga Islands	汤加群岛	Shi Z.
1957	1	31	0	47		-22	-66	150	5.6	Ms	Argentina:Jujuy,N.	阿根廷:胡胡伊北部	GSHAP
1957	2	2	11	45	37	-21.4	169.6		6	Ms	Vanuatu Islands	瓦努阿图群岛	Shi Z.
1957	2	3	17	24	48	56.6	159.1	10	6.4	Ms	Russia:Kamchatka Peninsula	俄罗斯:堪察加半岛	GSHAP,Shi Z.
1957	2	5	4	51	20	25.7	-45.4		6	Ms	North Atlantic Ocean	北大西洋	Shi Z.
1957	2	6	13	6	11	1.81	-90.56		6	Ms	Carnegie Ridge	卡内基海岭	GSHAP
1957	2	6	20	34	58	50	105.5	20	6.5	Ms	Mongolia:Suhbaatar	蒙古:苏赫巴托尔	GSHAP
1957	2	8	5	39		24.3	122.4	40	5.5	Ms	China:Taiwan,Hualien,Coast of E.	中国:台湾花莲以东海域	China
1957	2	9	13	29	25	-34.2	-179.9	135	6.3	Ms	Kermadec Ridge	克马德克海岭	Shi Z.
1957	2	9	16	38	7	41.16	-126.3		6	Ms	US:California,Off Coast of N.	美国:加利福尼亚州北部沿海	Shi Z.
1957	2	10	22	32	23	10.267	126.14	35	6.7	Ms	Philippines:Mindanao Island	菲律宾:棉兰老岛	Engdahl
1957	2	10	22	50	59.7	10.093	125.952	35	6.8	Ms	Philippines:Leyte Island	菲律宾:莱特岛	Engdahl
1957	2	11	1	14	46	10.1	126		6.6	Ms	Philippines:Mindanao Island	菲律宾:棉兰老岛	Shi Z.
1957	2	11	14	25	40	10	126.3		6.2	Ms	Philippines:Mindanao Island	菲律宾:棉兰老岛	Shi Z.
1957	2	11	17	4	57	47.53	-121.07		5.1	Mk	US:Washington,Easton	美国:华盛顿州伊斯顿	USGS,Song
1957	2	12	8	52	53	48.36	154.79	60	5.9	Ms	Kuril Islands	千岛群岛	GSHAP
1957	2	13	0	29	50	9.9	126.2		6.3	Ms	Philippines:Mindanao Island	菲律宾:棉兰老岛	Shi Z.
1957	2	17	15	46	50	16.3	-96.6	60	6	Ms	Mexico:Oaxaca	墨西哥:瓦哈卡	Shi Z.
1957	2	18	14	49	30	25.7	-45.5		6.1	Ms	North Atlantic Ocean	北大西洋	Shi Z.
1957	2	18	23	49	52	-11.5	-78	100	6.6	Ms	Peru:Lima,Near Coast	秘鲁:利马近海	GSHAP
1957	2	19	7	43	59	36.2	21.6	30	6.2	Ms	Greece:Zante	希腊:赞特	Shi Z.
1957	2	20	4	41	1	36.2	8.9		5.6	Ms	Tunisia:Sidi Touil	突尼斯:西迪泰维	*
1957	2	20	21	58	28	2.1	97	31	6.3	Ms	Indonesia:Off West Coast of N. Sumatera	印度尼西亚:北苏门答腊西部海域	Shi Z.
1957	2	21	14	30	11	53.02	-171.27	126	6.7	Ms	Andreanof Islands, Aleutian Is.	阿留申群岛,安德烈亚诺夫群岛	USGS
1957	2	22	7	57	42	40.25	39.75	10	5.1	Ms	Turkey:Gümüşhane	土耳其:居米什哈内	GSHAP
1957	2	23	20	26	18	23.917	121.517	56.8	7.2	Mw	China:Taiwan,Hualien	中国:台湾花莲	* China,Engdahl
1957	2	24	17	25		23.9	121.7	40	5	Ms	China:Taiwan,Hualien,Coast of E.	中国:台湾花莲以东海域	China
1957	2	27	13	6	10.7	1.6	-90.7		6	Ms	Carnegie Ridge	卡内基海岭	Shi Z.
1957	2	27	15	1	26	24.1	121.7		5.25	Ms	China:Taiwan,Hualien	中国:台湾花莲	China
1957	3	1	15	40	6	29.5	79.75		5	Mk	India:Haldwani	印度:赫尔德瓦	GSHAP,Song
1957	3	2	0	27	33	18.3	-78.1		6.5	Ms	Jamaica:Montego Bay	牙买加:蒙特歌湾	Shi Z.
1957	3	2	8	10	32	-5.9	151.1	39	6	Ms	Papua New Guinea:West New Britain	巴布亚新几内亚:西新不列颠	Shi Z.
1957	3	5	12	24	37	33.1	-39.9		6.4	Ms	North Atlantic Ocean	北大西洋	Shi Z.
1957	3	8	12	14	17	39.201	22.75	10	6.8	Ms	Greece:Magnesia	希腊:马格尼西亚	Shi Z.,Engdahl
1957	3	8	12	21	16	39.4	22.8	10	6.9	Ms	Greece:Magnesia	希腊:马格尼西亚	* Engdahl
1957	3	8	20	37	57	39.3	23		6	Ms	Greece:Magnesia	希腊:马格尼西亚	Shi Z.
1957	3	8	23	35	9	39.2	22.8		6.2	Ms	Greece:Magnisia	希腊:马格尼西亚	Shi Z.
1957	3	9	14	22	32.6	51.556	-175.392	30	9.1	M	Andreanof Islands, Aleutian Is.	阿留申群岛,安德烈亚诺夫群岛	* Engdahl,USGS,NOAA
1957	3	9	15	41	51.5	50.74	-176.16		6	Ms	Andreanof Islands, Aleutian Is.	阿留申群岛,安德烈亚诺夫群岛	USGS
1957	3	9	20	39	26	52.501	-169.43	48.6	7.2	Mw	Aleutian Islands	阿留申群岛	Engdahl,USGS
1957	3	9	22	19	17	-19	-64		5.5	Ms	Bolivia:Chuquisaca	玻利维亚:丘基萨卡	GSHAP

年 Year	月 Mo	日 Dy	时 Hr	分 Mn	秒 Sec	纬度(°) Latitude	经度(°) Longitude	深度 Depth	震级 Mag	标度 Scale	地名(英文) Name(English)	地名(中文) Name(Chinese)	资料来源 Information
1957	3	10	3	6	18	51.869	-173.84	30	6.8	Ms	Andreanof Islands, Aleutian Is.	阿留申群岛,安德烈亚诺夫群岛	Engdahl,USGS,Shi Z.
1957	3	10	3	9	5.6	51.4	-174.29	33	6.6	Ms	Andreanof Islands, Aleutian Is.	阿留申群岛,安德烈亚诺夫群岛	USGS,Shi Z.
1957	3	10	3	30	23	36.6	70.5	140	5.6	Ms	Afghan:Badakhshan	阿富汗:巴达赫尚	GSHAP
1957	3	10	11	20	45.6	51.88	-170.91		6.5	Ms	Andreanof Islands, Aleutian Is.	阿留申群岛,安德烈亚诺夫群岛	USGS
1957	3	10	12	36	5.8	51.18	-170.84		6	Ms	Aleutian Islands	阿留申群岛	USGS
1957	3	10	12	45	37.4	50.57	-176.83	33	6.4	Ms	Andreanof Islands, Aleutian Is.	阿留申群岛,安德烈亚诺夫群岛	USGS
1957	3	10	13	10	13.4	51.28	-179.99		6.1	Ms	Andreanof Islands, Aleutian Is.	阿留申群岛,安德烈亚诺夫群岛	USGS
1957	3	10	13	28	36.4	51.08	-178.63	30	6	Ms	Andreanof Islands, Aleutian Is.	阿留申群岛,安德烈亚诺夫群岛	USGS
1957	3	10	15	26	29.1	51.58	-172.99	33	6.7	Ms	Andreanof Islands, Aleutian Is.	阿留申群岛,安德烈亚诺夫群岛	USGS
1957	3	10	16	37	53.2	51.57	-173.17	33	6	Ms	Andreanof Islands, Aleutian Is.	阿留申群岛,安德烈亚诺夫群岛	USGS
1957	3	11	3	12	47	51.064	-176.923	17.8	6.8	Ms	Andreanof Islands, Aleutian Is.	阿留申群岛,安德烈亚诺夫群岛	Engdahl,USGS
1957	3	11	3	35	5.5	50.66	-176.96	33	6	Ms	Andreanof Islands, Aleutian Is.	阿留申群岛,安德烈亚诺夫群岛	USGS,Shi Z.
1957	3	11	9	58	50	52.535	-168.904	30	7.1	Mw	Aleutian Islands	阿留申群岛	Engdahl,USGS
1957	3	11	12	9	12	2	97.1		6.4	Ms	Indonesia:Off West Coast of N. Sumatera	印度尼西亚:北苏门答腊西部海域	Shi Z.
1957	3	11	14	55	26	51.398	-178.424	35	6.9	Ms	Andreanof Islands, Aleutian Is.	阿留申群岛,安德烈亚诺夫群岛	USGS,Shi Z.,Engdahl
1957	3	11	15	35	59.8	51.01	-178.97	30	6.6	Ms	Andreanof Islands, Aleutian Is.	阿留申群岛,安德烈亚诺夫群岛	USGS,Shi Z.
1957	3	12	7	28	53.7	51.53	-173.51	33	6.5	Ms	Andreanof Islands, Aleutian Is.	阿留申群岛,安德烈亚诺夫群岛	USGS,Shi Z.
1957	3	12	7	39	22.7	51.01	-178.25	30	6.3	Ms	Andreanof Islands, Aleutian Is.	阿留申群岛,安德烈亚诺夫群岛	USGS
1957	3	12	11	45	0.25	51.678	-176.627	35	7.1	Mw	Andreanof Islands, Aleutian Is.	阿留申群岛,安德烈亚诺夫群岛	Engdahl,USGS,Shi Z.
1957	3	12	12	46	12.1	52.95	-168.42		6	Ms	Aleutian Islands	阿留申群岛	USGS
1957	3	12	21	22	58	-1.59	-80.15	60	6.2	Ms	Ecuador:Portoviejo	厄瓜多尔:波托维耶霍	GSHAP
1957	3	13	2	48	20.8	51.7	-171.17		6.1	Ms	Andreanof Islands, Aleutian Is.	阿留申群岛,安德烈亚诺夫群岛	USGS
1957	3	13	15	42	12.8	51.454	-178.541	35	6.9	Ms	Andreanof Islands, Aleutian Is.	阿留申群岛,安德烈亚诺夫群岛	Engdahl,USGS,Shi Z.
1957	3	13	19	59	24.1	53.96	-165.44		6.2	Ms	Aleutian Islands	阿留申群岛	USGS
1957	3	14	1	52	19.4	52.59	-168.48		5.7	Ms	Aleutian Islands	阿留申群岛	USGS
1957	3	14	14	47	51.8	51.298	-176.644	35	7.2	Mw	Andreanof Islands, Aleutian Is.	阿留申群岛,安德烈亚诺夫群岛	Engdahl,USGS,Shi Z.
1957	3	15	2	52	9	52.73	-166.94		6.7	Ms	Aleutian Islands	阿留申群岛	USGS
1957	3	15	2	57	10	24.5	122.5		6	Ms	China:Taiwan,Yilan,Coast of E.	中国:台湾宜兰以东海域	China
1957	3	16	0	43	41	35.7	52.7	12	5	Ms	Iran:Tehran,Damāvand	伊朗:德黑兰,达马万德	GSHAP
1957	3	16	2	34	19	51.16	-178.8	33	7.1	Mw	Andreanof Islands, Aleutian Is.	阿留申群岛,安德烈亚诺夫群岛	USGS,Shi Z.,Engdahl
1957	3	16	12	22	34	36.75	71.5		5	Mk	Afghan:Badakhshan	阿富汗:巴达赫尚	GSHAP,Song
1957	3	17	7	53	52.2	51.57	-179.49		6.1	Ms	Andreanof Islands, Aleutian Is.	阿留申群岛,安德烈亚诺夫群岛	USGS
1957	3	17	16	17	18.2	52.02	-166.03	42	6.4	Ms	Aleutian Islands	阿留申群岛	USGS
1957	3	17	22	44	44.8	53.79	-165.29		6.6	Ms	Alaska:Unimak Island	阿拉斯加:乌尼马克岛	USGS,Shi Z.
1957	3	18	2	25	33	52.19	-171.05	51	6.2	Ms	Aleutian Islands	阿留申群岛	USGS
1957	3	18	21	14	20	-6.2	152.4		6	Ms	New Britain Trench	新不列颠海沟[太平洋]	Shi Z.
1957	3	18	23	17	28	44.5	33	15	5.5	Ms	Black Sea	黑海	GSHAP
1957	3	19	11	28	56	51.07	-176.84	33	6	Ms	Andreanof Islands, Aleutian Is.	阿留申群岛,安德烈亚诺夫群岛	USGS
1957	3	19	12	51	1.58	51.654	-174.54	35	6.7	Ms	Andreanof Islands, Aleutian Is.	阿留申群岛,安德烈亚诺夫群岛	Engdahl,USGS
1957	3	21	8	44	46	14.3	-92.9		6.1	Ms	Mexico:Near Coast of Chiapas	墨西哥:恰帕斯州近海	Shi Z.
1957	3	22	11	7	47	35.3	67.4		6.2	Ms	Afghan:Bamyan	阿富汗:巴米扬	Shi Z.
1957	3	22	14	21	14	53.678	-165.681	45.2	7.1	Mw	Alaska:Unimak Island	阿拉斯加:乌尼马克岛	* Engdahl,USGS
1957	3	22	19	44	21	37.67	-122.48		5.3	Ms	US:California,San Francisco	美国:加利福尼亚州旧金山	USGS
1957	3	23	0	12	25	38	98.5		5	Ms	China:Qinghai,Tianjun,N.	中国:青海天峻北	China
1957	3	23	5	12	43	-5.501	130.933	133	7.1	mB	Indonesia:Banda Sea	印度尼西亚:班达海	Engdahl
1957	3	24	8	22	22	50.9	-130.4		6.5	Ms	Canada:Off Coast of W. Vancouver	加拿大:温哥华西部海域	Shi Z.
1957	3	24	11	6	10	52.29	-169.53		6.2	Ms	Aleutian Islands	阿留申群岛	USGS
1957	3	24	11	36	49.6	52.27	-171.53		6	Ms	Andreanof Islands, Aleutian Is.	阿留申群岛,安德烈亚诺夫群岛	USGS
1957	3	24	12	5	15	36.7	70.9	200	5.9	Ms	Afghan:Badakhshan	阿富汗:巴达赫尚	GSHAP
1957	3	25	0	39	27	52.9	-167		6	Ms	Aleutian Islands	阿留申群岛	Shi Z.
1957	3	28	12	6	24	36.5	71	188	6.8	Ms	Afghan:Badakhshan	阿富汗:巴达赫尚	Shi Z.
1957	3	28	20	8	20	51.62	-171.26		5.7	Ms	Andreanof Islands, Aleutian Is.	阿留申群岛,安德烈亚诺夫群岛	USGS
1957	3	29	5	10	36	53.377	-166.904	35	6.7	Ms	Aleutian Islands	阿留申群岛	USGS,Shi Z.,Engdahl
1957	3	29	22	49	50.8	52.65	-168.38		6.1	Ms	Aleutian Islands	阿留申群岛	USGS
1957	3	30	9	17	8	51.82	-175.21	33	6.2	Ms	Andreanof Islands, Aleutian Is.	阿留申群岛,安德烈亚诺夫群岛	USGS
1957	3	31	2	22	33	-22	-67.75	100	5.5	Ms	Bolivia:Tarija	玻利维亚:塔里哈	GSHAP
1957	3	31	10	8	34.3	51.18	-178.48	33	6.1	Ms	Andreanof Islands, Aleutian Is.	阿留申群岛,安德烈亚诺夫群岛	USGS
1957	3	31	13	5	13	24.1	121.8		5	Ms	China:Taiwan,Hualien,Coast of E.	中国:台湾花莲以东海域	China
1957	4	1	11	35	31	50.66	-173.12		6	Ms	Andreanof Islands, Aleutian Is.	阿留申群岛,安德烈亚诺夫群岛	USGS
1957	4	2	0	39	45	51.11	-173.02		6.1	Ms	Andreanof Islands, Aleutian Is.	阿留申群岛,安德烈亚诺夫群岛	USGS
1957	4	2	4	38	14	44	83		5.25	Ms	China:Xinjiang,Nilka	中国:新疆尼勒克	China
1957	4	2	20	16	59	51.04	-173.01		6.1	Ms	Andreanof Islands, Aleutian Is.	阿留申群岛,安德烈亚诺夫群岛	USGS
1957	4	2	21	27	56	50.85	-173.16		6.2	Ms	Andreanof Islands, Aleutian Is.	阿留申群岛,安德烈亚诺夫群岛	USGS
1957	4	4	0	13	2.2	58.06	-155.18	74	6	Ms	Aleutian Islands	阿留申群岛	USGS
1957	4	4	11	36	17	36	70	15	5.25	Ms	Afghan:Taloqan	阿富汗:塔卢坎	GSHAP
1957	4	5	2	49	40	52.09	-172.1		6.5	Ms	Andreanof Islands, Aleutian Is.	阿留申群岛,安德烈亚诺夫群岛	USGS
1957	4	5	7	30	29	-26.626	-177.093	92.6	6.7	Ms	South of Fiji Islands	斐济群岛南部	Engdahl
1957	4	5	23	14		23.7	123	20	5	Ms	Ryukyu Islands	琉球群岛	China

年 Year	月 Mo	日 Dy	时 Hr	分 Mn	秒 Sec	纬度(°) Latitude	经度(°) Longitude	深度 Depth	震级 Mag	标度 Scale	地名(英文) Name(English)	地名(中文) Name(Chinese)	资料来源 Information
1957	4	6	14	36	55	40.5	77.2		5	Ms	China:Xinjiang,Kalpin	中国:新疆柯坪	China,GSHAP
1957	4	7	10	14	9	-1.1	136.9		6.4	Ms	Indonesia:Papua	印度尼西亚:巴布亚	Shi Z.
1957	4	8	20	18	13	8.5	-82.8		6.3	Ms	Panama:Progreso	巴拿马:普罗格雷索	Shi Z.
1957	4	9	0	24	44	30.559	138.392	452.8	6.8	Ms	Japan:South Honshu Ridge	日本:南本州海岭	Engdahl
1957	4	9	11	2	12	51.27	-178.56		6	Ms	Andreanof Islands, Aleutian Is.	阿留申群岛,安德烈亚诺夫群岛	USGS
1957	4	10	5	12	5.2	15.5	-98		6.6	Ms	Mexico:Off Coast of Oaxaca	墨西哥:瓦哈卡沿海	Shi Z.
1957	4	10	9	9	22	50.5	-176.86	20	6.2	Ms	Andreanof Islands, Aleutian Is.	阿留申群岛,安德烈亚诺夫群岛	USGS
1957	4	10	11	30	4.91	55.84	-153.88	35	6.9	Ms	Alaska:Kodiak Island	阿拉斯加:科迪亚克岛	USGS,Shi Z., Engdahl
1957	4	11	16	19		42.256	13.079		5.18	Ms	Italy:Fiamignano	意大利:菲亚米尼亚诺	Italy
1957	4	12	4	17	45	51.5	-178.5		5	Ms	Andreanof Islands, Aleutian Is.	阿留申群岛,安德烈亚诺夫群岛	USGS
1957	4	13	6	30	9	6.4	126.8		6	Ms	Philippine Trench	菲律宾海沟	Shi Z.
1957	4	13	10	10	54	6.4	126.8	100	6	Ms	Philippine Trench	菲律宾海沟	Shi Z.
1957	4	13	21	51	4.4	-30.18	26.9		5.6	Ms	South Africa:Botshabelo	南非:博察贝洛	GSHAP
1957	4	14	6	11	56	30.58	84.27		6.5	Ms	China:Xizang (Tibet),Coqen,SW.	中国:西藏措勤西南	China
1957	4	14	16	36	59	31.1	84		5	Ms	China:Xizang (Tibet),Coqen,SW.	中国:西藏措勤西南	China
1957	4	14	19	18	5.44	-15.403	-173.129	35	7.5	Mw	Samoa Islands	萨摩亚群岛	* Engdahl
1957	4	14	20	59	1	50.14	-178.81		6	Ms	Andreanof Islands, Aleutian Is.	阿留申群岛,安德烈亚诺夫群岛	USGS
1957	4	15	10	38	42	51.48	-179.02	39	6	Ms	Andreanof Islands, Aleutian Is.	阿留申群岛,安德烈亚诺夫群岛	USGS
1957	4	15	21	33	6	52.07	-167.04		6.4	Ms	Aleutian Islands	阿留申群岛	USGS
1957	4	16	4	4	9.33	-4.504	107.244	600.1	7.2	mB	Indonesia:Java Sea	印度尼西亚:爪哇海	* Engdahl
1957	4	17	8	8	6	-20.3	-175.9	200	6	Ms	Tonga Islands	汤加群岛	Shi Z.
1957	4	17	13	24	56	52.52	-168.69		6	Ms	Aleutian Islands	阿留申群岛	USGS
1957	4	17	18	9	32	14.5	-92.3	57	6	Ms	Guatemala:Near Coast	危地马拉:近海	Shi Z.
1957	4	19	15	44	56	51.372	-168.248	9.9	6.7	Ms	Aleutian Islands,S.	阿留申群岛南部	Engdahl,USGS
1957	4	19	22	19	32	52.2	-166.28	13.6	6.5	Ms	Aleutian Islands	阿留申群岛	USGS,Engdahl
1957	4	20	12	30	42	-5.8	147.6		6.6	Ms	Papua New Guinea:North of Lae	巴布亚新几内亚:莱城北部	Shi Z.
1957	4	21	21	12	29	6.933	-72.066	16.3	7.1	Ms	Colombia:Cubara	哥伦比亚:北桑坦德的库瓦拉	GSHAP,Shi Z., Engdahl
1957	4	22	0	18	16	30.5	84.5		5.25	Ms	China:Xizang (Tibet),Coqen,SW.	中国:西藏措勤西南	China
1957	4	22	1	42	20	30.7	84.5		5	Ms	China:Xizang (Tibet),Coqen,SW.	中国:西藏措勤西南	China
1957	4	22	13	43	20	6.99	-71.97	66	5	Ms	Colombia:Cubara	哥伦比亚:北桑坦德的库瓦拉	GSHAP
1957	4	23	17	57	16.7	6.97	-71.82		5	Ms	Colombia:Saravena	哥伦比亚:阿劳卡的萨拉韦纳	GSHAP
1957	4	23				33.4	52.5		5.8	Mk	Iran:Esfahan	伊朗:伊斯法罕	* Song
1957	4	24	19	10	15	36.356	28.649	58.7	6.9	Ms	Greece:Dodecanese Islands	希腊:多德卡尼斯群岛	* Engdahl
1957	4	25	2	25	44	36.387	28.609	63.4	7	mB	Turkey:Fethiye	土耳其:费特希耶	* Engdahl
1957	4	25	4	17	55	-0.75	-78.75	60	5.5	Ms	Ecuador:Cotopaxi	厄瓜多尔:科托帕希	GSHAP
1957	4	25	7	9	25	45.5	99.5	15	5.9	Ms	Mongolia:Central Bayanhongor	蒙古:巴彦洪戈尔中部	GSHAP
1957	4	25	21	57	38.7	33.22	-115.81		5.2	Ms	US:California,Salton City	美国:加利福尼亚州索尔顿城	USGS
1957	4	25	22	24	12	33.18	-115.85	16	5.1	Ms	US:California,Salton City	美国:加利福尼亚州索尔顿城	USGS
1957	4	26	2	11	54	36.8	70.6	180	6	Ms	Afghan:Fayzabad	阿富汗:法扎巴德	GSHAP
1957	4	26	6	33	36	36.2	28.9	23	6.3	Ms	Mediterranean Sea	地中海	Shi Z.
1957	4	28	1	23	48	7.1	126.8	42	6.4	Ms	Philippine Trench	菲律宾海沟	Shi Z.
1957	4	28	14	48	54	52.59	-168.52		5.9	Ms	Aleutian Islands	阿留申群岛	USGS
1957	4	29	4	30	6	52.4	-168.8		5.5	Ms	Aleutian Islands	阿留申群岛	USGS
1957	4	29	9	22	25	43.6	148.2	100	5.6	Ms	Kuril Islands	千岛群岛	GSHAP
1957	4	29	10	11	53	-22	-66	200	5.4	Ms	Argentina:Jujuy,N.	阿根廷:胡胡伊北部	GSHAP
1957	4	29	20	55	58	-8.8	107.1		6.2	Ms	Indonesia:Java Island	印度尼西亚:爪哇岛	Shi Z.
1957	4	30	9	17		51.9	-175.2		6	Ms	Aleutian Islands	阿留申群岛	Shi Z.
1957	5	1	0	45	3	41.1	79.3		5	Ms	China:Xinjiang,Uqturpan	中国:新疆乌什	China
1957	5	2	3	55	32.4	72.1	-68		6	Ms	Baffin Bay, Greenland	巴芬湾,格陵兰岛	Shi Z.
1957	5	2	10	34	19	-55.9	-123.5		6.5	Ms	Southern Pacific Ridge	南太平洋海岭	Shi Z.
1957	5	2	11	29	14	52.74	-168.76		6.3	Ms	Aleutian Islands	阿留申群岛	USGS
1957	5	2	11	38	54	52.67	-168.78		6.4	Ms	Aleutian Islands	阿留申群岛	USGS
1957	5	2	21	36	29	-7.5	120.2	600	6.6	Ms	Indonesia:Flores Sea	印度尼西亚:弗洛勒斯海	Shi Z.
1957	5	4	10	5	45	-3.9	136.3		6.4	Ms	Indonesia:Papua	印度尼西亚:巴布亚	Shi Z.
1957	5	4	14	52	25	36.9	96.3		5.5	Ms	China:Qinghai,Haixi,S.	中国:青海海西南	China
1957	5	6	15	7	2	37.5	51.5		5	Ms	Iran:Rudbar, Rasht	伊朗:鲁德巴,拉什特	Iran
1957	5	12	4	47	46	-60.9	-25.1		6	Ms	South Sandwich Trench	南桑威奇海沟	Shi Z.
1957	5	12	6	48	30	53.1	142.7	20	5.5	Ms	Russia:Sakhalin Island	俄罗斯:库页岛(萨哈林岛)	GSHAP
1957	5	12	11	29	5	-9.01	107.24		6.7	Ms	Indonesia:Java Ridge	印度尼西亚:爪哇海岭	Engdahl
1957	5	13	2	20	59	42.8	136.4	300	5.5	Ms	Japan Sea,N.	日本海北部	GSHAP
1957	5	15	1	19	59	35	70		5	Mk	Afghan:Jalalabad	阿富汗:贾拉拉巴德	GSHAP,Song
1957	5	18	5	24	6	51.19	-171.27		6.2	Ms	Aleutian Islands	阿留申群岛	USGS
1957	5	20	1	50	54	51.28	179.57		5.8	Ms	Aleutian Islands,Rat Island	阿留申群岛,拉特岛	USGS
1957	5	20	19	57	34	38.7	14.1		5.22	Ms	Tyrrhenian Sea	第勒尼安海(伊特鲁里亚海)	Italy
1957	5	21	1	12	4.83	21.776	144.267	107.3	6.9	mB	Mariana Islands,N.	马里亚纳群岛北部	Engdahl, Shi Z.
1957	5	21	11	36	5	36.3	141.6		6	Ms	Japan Trench	日本海沟	Shi Z.
1957	5	21	11	44	6	38.7	14.1		6.1	Ms	Tyrrhenian Sea	第勒尼安海(伊特鲁里亚海)	Shi Z.
1957	5	22	13	29	48	50.46	-176.9		6.6	Ms	Andreanof Islands, Aleutian Is.	阿留申群岛,安德烈亚诺夫群岛	USGS,Shi Z.

年	月	日	时	分	秒	纬度(°)	经度(°)	深度	震级	标度	地名(英文)	地名(中文)	资料来源
Year	Mo	Dy	Hr	Mn	Sec	Latitude	Longitude	Depth	Mag	Scale	Name(English)	Name(Chinese)	Information
1957	5	23	23	13		24	121.8	20	5.2	Ms	China:Taiwan,Hualien,Coast of E.	中国:台湾花莲以东海域	China
1957	5	24	2	37	50	3.74	-76.77	60	6.7	Ms	Colombia:Buenaventura	哥伦比亚:布埃纳文图拉	GSHAP
1957	5	24	3	36	37	53.24	-167.5	36	6.1	Ms	Aleutian Islands	阿留申群岛	USGS
1957	5	25	1	14	30	39	71.5		5	Mk	Tadzhikistan:Tajikabad	塔吉克斯坦:塔吉卡巴德	GSHAP,Song
1957	5	25	16	21	40	42.8	15.3		5	Mk	Adriatic Sea	亚得里亚海	GSHAP,Song
1957	5	25	18	33	3	-7.18	30.51		5.6	Ms	Tanzania:Mpanda	坦桑尼亚:姆潘达	GSHAP
1957	5	26	6	33	35	40.7	30.9	15	7.2	Mw	Turkey:Abant	土耳其:阿邦特	* Shi Z.,Engdahl
1957	5	26	9	36	37	40.8	30.8		6.2	Ms	Turkey:Abant	土耳其:阿邦特	Shi Z.
1957	5	26	15	59	33.6	33.23	-116	15	5	Ms	US:California,Borrego Springs	美国:加利福尼亚州博雷戈斯普林斯	USGS
1957	5	27	11	1	27	40.7	31		6.2	Ms	Turkey:Abant	土耳其:阿邦特	Shi Z.
1957	5	28	5	51	30	25.5	95		6	Ms	myanmar:Sagaing,N.	缅甸:实皆北部	GSHAP
1957	5	30	0	18	55	-20.6	-174.2		6	Ms	Tonga Islands	汤加群岛	Shi Z.
1957	5	31	2	16	27	-27.5	-63	600	6.4	Ms	Argentina:Santiago del Estero	阿根廷:圣地亚哥-德尔埃斯特罗	GSHAP
1957	5	31	22	17	9	51.19	-179.24		6.4	Ms	Andreanof Islands, Aleutian Is.	阿留申群岛,安德烈亚诺夫群岛	USGS,Shi Z.
1957	6	4	17	5	12	-17.8	-178.6	589	6.4	Ms	Fiji Islands	斐济群岛	Shi Z.
1957	6	4	20	18	14	-2.7	101.3	78	6.2	Ms	Indonesia:Southern Sumatra	印度尼西亚:苏门答腊南部	Shi Z.
1957	6	5	16	27	18	37.6	112.8		5	Ms	China:Shanxi,Yuci	中国:山西榆次	China
1957	6	6	19	49	48	3.6	126.8		6.1	Ms	Indonesia:Karakelong Island	印度尼西亚:卡拉克隆岛	Shi Z.
1957	6	7	0	3	18	44.1	82.1		5	Ms	China:Xinjiang,Ili,E.	中国:新疆伊犁东部	China
1957	6	10	1	0	15	-8.725	118.065	129.3	6.7	Ms	Indonesia:Sumbawa	印度尼西亚:松巴哇	Engdahl
1957	6	10	3	13	17	13.09	143.91	151	6.8	Muk	Mariana Islands,S.	马里亚纳群岛南部	Engdahl
1957	6	10	4	46	12	30	68		5	Mk	Pakistan:Sibbi	巴基斯坦:锡比	GSHAP,Song
1957	6	10	20	2	2	38	112.5		5	Ms	China:Shanxi,Taiyuan	中国:山西太原	* China
1957	6	11	4	57	24	36.5	70	200	5.8	Ms	Afghan:Kalafgan	阿富汗:卡拉夫甘	GSHAP
1957	6	11	7	1	54	52.7	158	100	5.4	Ms	Russia:Kamchatka Peninsula	俄罗斯:堪察加半岛	GSHAP
1957	6	11	14	49	46.9	-30.839	-177.992	64.7	6.9	mB	Kermadec Ridge	克马德克海岭	Engdahl,Shi Z.
1957	6	11	18	49	32	17.863	120.18	35	6.8	Ms	Philippines:Vigan	菲律宾:美岸	Engdahl
1957	6	11	23	53	56	51.59	-176.04		6.1	Ms	Andreanof Islands, Aleutian Is.	阿留申群岛,安德烈亚诺夫群岛	USGS
1957	6	12	8	28	38	41.2	142.8	45	6.2	Ms	Japan trench	日本海沟	Shi Z.
1957	6	13	10	40	44	51.51	-175.14	20.3	6.7	Ms	Andreanof Islands, Aleutian Is.	阿留申群岛,安德烈亚诺夫群岛	USGS,Shi Z.,Engdahl
1957	6	14	6	24	25	51.95	-176.11	40	6.2	Ms	Andreanof Islands, Aleutian Is.	阿留申群岛,安德烈亚诺夫群岛	USGS
1957	6	14	11	36	49	32	67		5	Mk	Afghan:Qalat	阿富汗:卡拉特	GSHAP,Song
1957	6	15	0	44	17	-33.8	56.4		6.3	Ms	Western Indian Ridge	西印度洋海岭	Shi Z.
1957	6	15	18	18	24	52.31	-171.32	28	6	Ms	Andreanof Islands, Aleutian Is.	阿留申群岛,安德烈亚诺夫群岛	USGS
1957	6	18	2	12	20	14.4	95.7	43	6.4	Ms	India:Andaman Islands	印度:安达曼群岛	Shi Z.,GSHAP
1957	6	18	14	48	28	14.396	95.733	35	6.7	Ms	India:Andaman Islands	印度:安达曼群岛	Engdahl,Shi Z.,GSHAP
1957	6	18	17	56	12	-25.597	170.075	30	6.7	Ms	South Fiji Basin	南斐济海盆	Engdahl
1957	6	19	1	29	59	-24	-176	73	6.3	Ms	Tonga Islands,S.	汤加群岛南部	Shi Z.
1957	6	19	8	1	36	-16.425	176.904	28.1	6.7	Ms	Fiji Islands	斐济群岛	Engdahl
1957	6	20	1	6	41	19.2	145.7	120	6	Ms	Mariana Ridge	马里亚纳海岭	Shi Z.
1957	6	21	23	20	30	22.5	100.5		5.5	Ms	China:Yunnan,Lancang,E.	中国:云南澜沧东	China
1957	6	22	6	19	13	15.9	-93.7	60	6.5	Ms	Mexico:Tonalá	墨西哥:托纳拉	Shi Z.
1957	6	22	23	50	30	-1.5	137	35	7.3	Mw	Indonesia:Papua	印度尼西亚:巴布亚	* Engdahl,NOAA
1957	6	23	3	27	3	57.9	-137.7	16	6	Ms	Gulf of Alaska	阿拉斯加湾	Shi Z.
1957	6	24	9	49	58	16.1	-93.8	92	6.2	Ms	Mexico:Tonalá	墨西哥:托纳拉	Shi Z.
1957	6	25	10	11	17	10	94		5	Mk	India:Andaman Islands	印度:安达曼群岛	GSHAP,Song
1957	6	26	19	5		10.3	-70.14		6	Mk	Venezuela:Lara	委内瑞拉:拉腊	GSHAP,Song
1957	6	27	0	9	35	56.3	116.5	16	7.4	Mw	Russia:Chita,Kuanda	俄罗斯:赤塔州库安达村镇	* Engdahl
1957	6	29	7	48	15	51.71	-166.64		6.3	Ms	Aleutian Islands,S.	阿留申群岛南部	USGS
1957	6	29	22	33	55	56.3	116.9	20	5.5	Ms	Russia:Chita,Syul ban	俄罗斯:赤塔州休利班	GSHAP
1957	7	1	11	42	6	38	69		5	Mk	Tadzhikistan:Khatlon,C.	塔吉克斯坦:哈特隆州中部	GSHAP,Song
1957	7	1	19	30	25	24.4	93.8	78	6.8	Ms	India:Imphal,S.	印度:英帕尔南部	GSHAP,Shi Z.,Engdahl
1957	7	2	0	42	29	36.09	52.701	35	7.1	Mw	Iran:Mazanderan	伊朗:马赞德兰	* Engdahl,Iran
1957	7	2	3	45		36.2	52.7		5	Ms	Iran:Mazanderan	伊朗:马赞德兰	Iran
1957	7	3	12	24	38	50.17	-179.12		6.4	Ms	Andreanof Islands, Aleutian Is.	阿留申群岛,安德烈亚诺夫群岛	USGS,Shi Z.
1957	7	4	8	28	59	-4	102.5	100	6	Ms	Indonesia:Southern Sumatra	印度尼西亚:苏门答腊南部	Shi Z.
1957	7	5	12	34	5	-30.8	-178.1	124	6.1	Ms	Kermadec Ridge	克马德克海岭	Shi Z.
1957	7	5	15	32	5.3	-1.89	26.75		5.6	Ms	Congo:Sulia	刚果:苏利亚	GSHAP
1957	7	7	5	58	58	39.37	40.46	60	5.1	Ms	Turkey:Bingol	土耳其:宾格尔	GSHAP
1957	7	7	16	11	25	-6.8	155.3	76	6.6	Ms	Papua New Guinea:Bougainville Island	巴布亚新几内亚:布干维尔岛	Shi Z.
1957	7	8	0	33	6	24	94.5		5	Mk	myanmar:Sagaing	缅甸:实皆	GSHAP,Song
1957	7	8	15	30	36	14.6	-91.1	121	6	Ms	Guatemala:San Lucas Tolimán	危地马拉:圣卢卡斯-托利曼	Shi Z.
1957	7	9	9	58	13	-6.2	104.1	60	6.2	Ms	Indonesia:Sumatra,Coast of SW.	印度尼西亚:苏门答腊西南海域	Shi Z.
1957	7	10	9	4	12	7.576	-82.73	10	6.7	Ms	Panama:Off Coast of S.	巴拿马:南部海域	Engdahl
1957	7	13	9	32	7	-15.3	-172.9		6	Ms	Samoa Islands	萨摩亚群岛	Shi Z.

年	月	日	时	分	秒	纬度(°)	经度(°)	深度	震级	标度	地名(英文)	地名(中文)	资料来源
Year	Mo	Dy	Hr	Mn	Sec	Latitude	Longitude	Depth	Mag	Scale	Name(English)	Name(Chinese)	Information
1957	7	14	6	24	1.92	-27.169	-177.779	200.7	7	mB	Kermadec Ridge	克马德克海岭	Engdahl
1957	7	14	8	10	55	-30.066	-177.598	53.7	6.8	Ms	Kermadec Ridge	克马德克海岭	Engdahl
1957	7	14	9	42	27	-20.4	-174.1		6.4	Ms	Tonga Islands	汤加群岛	Shi Z.
1957	7	15	23	8	8	29	70		5	Mk	Pakistan:Rahim Yar Khan	巴基斯坦:拉希姆亚尔汗	GSHAP,Song
1957	7	17	16	24	30	35.5	104.3		5.1	Ms	China:Gansu,Lintao	中国:甘肃临洮	China
1957	7	19	3	24	24	36	71		5	Mk	Afghan:Badakhshan	阿富汗:巴达赫尚	GSHAP,Song
1957	7	19	9	4	7	42.767	12.65		5.17	Ms	Italy:Perugia	意大利:佩鲁贾	Italy,GSHAP
1957	7	19	13	2	15	24.6	122.7	100	6	Ms	China:Taiwan,Yilan,Coast of E.	中国:台湾宜兰以东海域	China
1957	7	20	9	55	38	-21.41	33.4		6.2	Ms	Mozambique:Vilankulos,NW.	莫桑比克:维兰库卢什西北	GSHAP
1957	7	20	14	8	12	42.7	145.5	100	6	Ms	Japan:SE. Hokkaido Island	日本:北海道东南	Shi Z.
1957	7	20	15	38	49	-19.7	-174.2		6.2	Ms	Tonga Islands	汤加群岛	Shi Z.
1957	7	22	6	16	57	-33.3	-178.7		6	Ms	Kermadec Ridge	克马德克海岭	Shi Z.
1957	7	22	10	16	37	34.7	136.2	364	6	Ms	Japan:Iga	日本:三重伊贺	Shi Z.
1957	7	23	0	45	10	51.36	-177.19		6.5	Ms	Andreanof Islands, Aleutian Is.	阿留申群岛,安德烈亚诺夫群岛	USGS,Shi Z.
1957	7	24	1	57	25	-30	-70.5		6.5	Ms	Chile:Vicuña	智利:比库尼亚	GSHAP
1957	7	24	11	2	31	-18	169.1		6.5	Ms	Vanuatu Islands	瓦努阿图群岛	Shi Z.
1957	7	25	7	42	24	51.22	-177.21		6.2	Ms	Andreanof Islands, Aleutian Is.	阿留申群岛,安德烈亚诺夫群岛	USGS
1957	7	26	17	45	36	36	71		5	Mk	Afghan:Badakhshan	阿富汗:巴达赫尚	GSHAP,Song
1957	7	28	8	40	9.88	16.881	-99.297	37.2	7.8	Mw	Mexico:Acapulco,Mexico City	墨西哥:阿卡普尔科,墨西哥城	* Engdahl,NOAA
1957	7	29	13	15	19	-23.5	-71.5	33	7	Ms	Chile:Mejillones,Near Coast	智利:梅希约内斯近海	* NOAA,Shi Z.
1957	8	1	10	59	38	36.5	71	200	6	Mk	Afghan:Badakhshan	阿富汗:巴达赫尚	GSHAP,Song
1957	8	1	16	18	48	52	-170		5.6	Ms	Andreanof Islands, Aleutian Is.	阿留申群岛,安德烈亚诺夫群岛	USGS
1957	8	4	0	39	12	-3.6	145		6.2	Ms	Bismarck Sea	俾斯麦海	Shi Z.
1957	8	4	6	6	34	16.5	-99.7		6.2	Ms	Mexico:Near Coast of Guerrero	墨西哥:格雷罗近海	Shi Z.
1957	8	4	14	16	16	16.8	-99.5		6.2	Ms	Mexico:Guerrero,Acapulco,E.	墨西哥:格雷罗州阿卡普尔科东部	Shi Z.
1957	8	4	21	8	54	-45.6	35.9		6.5	Ms	Atlantic - Indian Ridge	大西洋-印度洋海岭	Shi Z.
1957	8	4	23	3	57	45.7	142.9	320	5.6	Ms	Japan:Hokkaido,Coast N.	日本:北海道北部海域	GSHAP
1957	8	7	8	49	24	-5	-81		5.3	Ms	Peru:Paita	秘鲁:派塔	GSHAP
1957	8	7	15	28	26	36	70.75	200	6	Mk	Afghan:Badakhshan	阿富汗:巴达赫尚	GSHAP,Song
1957	8	8	13	50		-4.279	-81.921	40	5	Mk	Peru:Máncora,Near Coast	秘鲁:曼科拉近海	GSHAP,Song
1957	8	8	19	42	45	29.6	103		5	Ms	China:Sichuan,Hanyuan,NE.	中国:四川汉源东北	China
1957	8	9	2	29	21	-2	136.7		6.2	Ms	Indonesia:Papua	印度尼西亚:巴布亚	Shi Z.
1957	8	9	10	59	49	45.9	150.9	20	5.8	Ms	Kuril Islands	千岛群岛	GSHAP
1957	8	10	0	1	37	45.3	151.3	100	6.2	Ms	Kuril Islands	千岛群岛	GSHAP
1957	8	11	21	38	9	-17.9	169.03	17	6.8	Muk	Vanuatu Islands	瓦努阿图群岛	Engdahl
1957	8	12	21	42		34	70		5	Mk	Pakistan:Parachinar	巴基斯坦:巴勒吉纳尔	GSHAP,Song
1957	8	13	15	51	2	23.3	121.7		5	Ms	China:Taiwan,Hualien,Coast of E.	中国:台湾花莲以东海域	China
1957	8	15	20	45	22	-4.8	155	486	6.5	Ms	Papua New Guinea:Bougainville Island	巴布亚新几内亚:布干维尔岛	Shi Z.
1957	8	16	23	31	56	10.3	-103.8		6.5	Ms	Tehuantepec Ridge	特万特佩克海岭[太平洋]	Shi Z.
1957	8	18	8	37	1	12.2	123.8	21	6.5	Ms	Philippines:Aroroy	菲律宾:阿罗罗伊	Shi Z.
1957	8	18	10	41	56	21.8	-155.47	10	5.6	Ms	Hawaiian Islands	夏威夷群岛	USGS
1957	8	18	19	47	0.1	-8	29		5.3	Ms	Congo:Moba	刚果:莫巴	GSHAP
1957	8	18	21	42	38	50.1	156.4	75	6.5	Ms	Kuril Islands	千岛群岛	Shi Z.
1957	8	19	11	34	42	-10.3	160.8	27	6.5	Ms	Solomon Islands	所罗门群岛	Shi Z.
1957	8	19	21	31	55	51.17	-171.16		6.5	Ms	Aleutian Islands	阿留申群岛	USGS
1957	8	20	1	50	6	37.5	72.5		5	Mk	Tajikistan:Sha Zude	塔吉克斯坦:沙祖德	GSHAP,Song
1957	8	20	6	27	8	-10.2	160.8		6	Ms	Solomon Islands	所罗门群岛	Shi Z.
1957	8	20	12	1	55	-10.4	161.1		6.5	Ms	Solomon Islands	所罗门群岛	Shi Z.
1957	8	20	15	21	11	36.9	71	210	6	Ms	Afghan:Badakhshan	阿富汗:巴达赫尚	GSHAP
1957	8	20	22	32	10	51	96.5	20	5.3	Ms	Russia:Tuva,Naryn,NE.	俄罗斯:唐努图瓦州纳伦东部	GSHAP
1957	8	21	15	34	5	43.9	147	100	6.5	Ms	Kuril Islands	千岛群岛	Engdahl
1957	8	22	16	43	37	-15.3	167.7		6	Ms	Vanuatu Islands	瓦努阿图群岛	Shi Z.
1957	8	22	18	27	19	37.7	87.2		5	Ms	China:Xinjiang,Ruoqiang,SW.	中国:新疆若羌西南	China
1957	8	23	2	0	19	-5.5	154	60	6.4	Ms	New Britain Trench	新不列颠海沟[太平洋]	Shi Z.
1957	8	23	11	42	37	24	121.9		5.5	Ms	China:Taiwan,Hualien,Coast of E.	中国:台湾花莲以东海域	China
1957	8	25	21	4	50	22	80		5.5	Ms	India:Jabalpur	印度:贾巴尔普尔	GSHAP
1957	8	25				22	80		5.5	Ms	India:Jabalpur	印度:贾巴尔普尔	GSHAP
1957	8	26	11	28	52	-18.74	-63.73	33	6.4	Ms	Bolivia:Chuquisaca	玻利维亚:丘基萨卡	GSHAP,Shi Z.
1957	8	26	13	58	48	-2	-81	34	6.3	Ms	Ecuador:Near Coast of W.	厄瓜多尔:西部近海	GSHAP,Shi Z.
1957	8	26	18	22	18	-19	-63	33	6.2	Ms	Bolivia:Santa Cruz de la Sierra,S.	玻利维亚:圣克鲁斯南部	GSHAP
1957	8	27	11	54		44.394	10.994		5.06	Ms	Italy:Zocca	意大利:佐卡	Italy
1957	8	30	16	18	1	39.37	72.93	46	5.5	Ms	Uzbekistan:Andizhan	乌兹别克斯坦:安第札	GSHAP
1957	8	31	12	1	4	48.8	100	12	5.6	Ms	Mongolia:South Hovsgol	蒙古:库苏古尔南部	GSHAP
1957	9	1	12	49	59	39	74.4		5.25	Ms	China:Xinjiang,Ulugqat,SW.	中国:新疆乌恰西南	China
1957	9	2	3	35	55	25.5	96.5		5	Mk	myanmar:Myitkyina	缅甸:密支那	GSHAP,Song
1957	9	2	9	46	29	-15	-173.5		6.2	Ms	Samoa Islands	萨摩亚群岛	Shi Z.
1957	9	2	14	20	14	51.69	-168.01		6.2	Ms	Aleutian Islands,S.	阿留申群岛南部	USGS
1957	9	2	21	27	38	36.6	72	200	6.2	Ms	Afghan:Badakhshan,NE.	阿富汗:巴达赫尚东北	GSHAP

年 Year	月 Mo	日 Dy	时 Hr	分 Mn	秒 Sec	纬度(°) Latitude	经度(°) Longitude	深度 Depth	震级 Mag	标度 Scale	地名(英文) Name(English)	地名(中文) Name(Chinese)	资料来源 Information
1957	9	4	8	7	15	28	65.5		6	Ms	Pakistan：Khuzdar	巴基斯坦：胡兹达尔	GSHAP
1957	9	5	7	17		-20.667	33.167		5.8	Ms	Mozambique：Beira	莫桑比克：贝拉	GSHAP
1957	9	5				28.2	53.7		5	Ms	Iran：Jahrom	伊朗：贾赫罗姆	* Iran
1957	9	6	0	17	55	-20	-68	100	5.8	Ms	Bolivia：Potosi，W.	玻利维亚：波托西西部	GSHAP
1957	9	6	4	54	39	50.5	-177.28		5.7	Ms	Andreanof Islands, Aleutian Is.	阿留申群岛，安德烈亚诺夫群岛	USGS
1957	9	7	6	48	42	50.1	156.3	69	6	Ms	Kuril Islands	千岛群岛	Shi Z.
1957	9	7	10	6	45	51.23	-178.58		6.1	Ms	Andreanof Islands, Aleutian Is.	阿留申群岛，安德烈亚诺夫群岛	USGS
1957	9	9	0	13	30	-48	99.7		6	Ms	South Atlantic Ocean	南大西洋	Shi Z.
1957	9	9	9	0	33.9	-15.2	-176.5		6.2	Ms	Samoa Islands	萨摩亚群岛	Shi Z.
1957	9	10	6	13	40	27	96.5		5	Mk	myanmar：Sagaing，N.	缅甸：实皆北部	GSHAP，Song
1957	9	11	23	22	12	-15.9	-172		6.3	Ms	Tonga Islands，N.	汤加群岛北部	Shi Z.
1957	9	12	0	28	2	16.9	-85.6	12	6	Ms	Honduras：Near Coast of NE.	洪都拉斯：东北近海	Shi Z.
1957	9	13	22	32	40	36.5	69.5		5	Mk	Afghan：Puli Khumri	阿富汗：普勒胡姆里	GSHAP，Song
1957	9	15	5	22	37	-5.3	107.8	300	6	Ms	Indonesia：Java Sea	印度尼西亚：爪哇海	Shi Z.
1957	9	18	18	51		37	71	150	6	Mk	Afghan：Badakhshan	阿富汗：巴达赫尚	GSHAP，Song
1957	9	18	20	53	4	36.5	70.7	157	6.1	Ms	Afghan：Badakhshan	阿富汗：巴达赫尚	Shi Z.
1957	9	20	10	1	58	36.5	71	200	6	Mk	Afghan：Badakhshan	阿富汗：巴达赫尚	GSHAP，Song
1957	9	20	17	45		24	121.7		5.2	Ms	China：Taiwan，Hualien	中国：台湾花莲	China
1957	9	21	20	16	59	40.75	34.02	40	5.1	Ms	Turkey：Iskilip	土耳其：伊斯基利普	GSHAP
1957	9	24	8	21	12	5.23	127.117	35	7.7	Mw	Indonesia：North of Merampit Island	印度尼西亚：默兰皮特岛北部	* Engdahl
1957	9	25	16	36	43	5.8	127.2	60	6	Ms	Philippine Trench	菲律宾海沟	Shi Z.
1957	9	26	18	46	45	5.9	126.9	18	6	Ms	Philippine Trench	菲律宾海沟	Shi Z.
1957	9	26				-8.2	107.3		5.5	Ms	Indonesia：Java Ridge	印度尼西亚：爪哇海岭	* NOAA
1957	9	27	4	8	24	-1.2	127.1		6.2	Ms	Molukka Sea，S.	马鲁古海南部	Shi Z.
1957	9	27	4	58	51	64.2	178.2	10	5.7	Ms	Aleutian Islands，Rat Island	阿留申群岛，拉特岛	GSHAP
1957	9	28	0	27	33	30.9	137.9	468	6.4	Ms	Japan：South Honshu Ridge	日本：南本州海岭	Shi Z.
1957	9	28	14	20	3.64	-20.4	-178.5	549	7.2	mB	Fiji Islands	斐济群岛	* Shi Z.，Engdahl
1957	9	29	8	13	25	-25.2	-178.7	570	6.4	Ms	Tonga Islands，SW.	汤加群岛西南	Shi Z.
1957	10	1	6	20	2	41.8	79.5		5	Ms	China：Xinjiang，Uqturpan，N.	中国：新疆乌什北	China
1957	10	1	8	8	50	35	73		5	Mk	Pakistan：Mingora	巴基斯坦：明戈拉	GSHAP，Song
1957	10	2	12	27	55	10.863	-62.692	31	6.4	Ms	Venezuela：Pilar	委内瑞拉：比拉尔	GSHAP，Shi Z.
1957	10	2	20	58	40	-6.4	69.7		6	Ms	Chagos Archipelago Region	查戈斯群岛地区[印度洋]	Shi Z.
1957	10	3	5	58	18	-4.2	133.2	50	6	Ms	Indonesia：Papua	印度尼西亚：巴布亚	Shi Z.
1957	10	4	5	26	7.2	10.92	-62.81	32	6.8	Ms	Venezuela：Pilar	委内瑞拉：比拉尔	GSHAP
1957	10	4	23	55	43	52.56	177.8		5.5	Ms	Aleutian Islands，Rat Island	阿留申群岛，拉特岛	USGS
1957	10	5	22	40	46	37.6	69.4	50	5.2	Ms	Tadzhikistan：Khatlon	塔吉克斯坦：哈特隆州	GSHAP
1957	10	6	0	54	8.71	10.82	-62.79	35	5.1	Ms	Venezuela：Pilar	委内瑞拉：比拉尔	GSHAP
1957	10	7	13	19	53	51.6	159.3	40	6.5	Ms	Russia：Kamchatka Peninsula	俄罗斯：堪察加半岛	Shi Z.
1957	10	10	1	30		8.19	-72.23		5	Mk	Venezuela：El Palmar	委内瑞拉：埃尔帕尔马	GSHAP，Song
1957	10	10	18	8	42	37	70		5	Mk	Afghan：Kalafgan	阿富汗：卡拉夫甘	GSHAP，Song
1957	10	10	18	54	9	53.87	-165.41	79	5.7	Ms	Aleutian Islands	阿留申群岛	USGS
1957	10	12	0	7	42	25	95		5	Mk	myanmar：Sagaing，N.	缅甸：实皆北部	GSHAP，Song
1957	10	12	18	57	13	-8.3	110.3	87	6.4	Ms	Indonesia：Java Island	印度尼西亚：爪哇岛	Shi Z.
1957	10	13	4	19	16	52.5	160.2		6.4	Ms	Russia：Kamchatka Peninsula	俄罗斯：堪察加半岛	Shi Z.
1957	10	13	20	33	1	-60.4	150.9		6.5	Ms	Southern Pacific Ridge	南太平洋海岭	Shi Z.
1957	10	17	1	51		23.3	121.4	20	5.4	Ms	China：Taiwan，Hualien	中国：台湾花莲	China
1957	10	17	2	51	50	-12	34		5.1	Ms	Malawi：Mzuzu	马拉维：姆祖祖	GSHAP
1957	10	17	5	10	5	21.5	79		5	Mk	India：Jabalpur	印度：贾巴尔普尔	GSHAP，Song
1957	10	19	18	28	57	23.7	121.6	40	6.75	Ms	China：Taiwan，Hualien，Coast of E.	中国：台湾花莲以东海域	China
1957	10	19	21	42		44.22	146	150	6.6	Ms	Kuril Islands	千岛群岛	GSHAP
1957	10	21	14	49	12	27	95		5	Mk	Bhutan：Sonari	印度：阿萨姆的索纳里	GSHAP，Song
1957	10	22	5	32	37	45	147.1	140	5.1	Ms	Kuril Islands	千岛群岛	GSHAP
1957	10	23	5	56	56	52.53	-169.69	38	6.25	Ms	Aleutian Islands	阿留申群岛	USGS，Shi Z.
1957	10	24	0	17	40	-14.9	167.9		6.2	Ms	Vanuatu Islands	瓦努阿图群岛	Shi Z.
1957	10	24	20	7	21	-28.9	-68	37	6	Ms	Argentina：La Rioja	阿根廷：拉里奥哈	GSHAP
1957	10	24	21	44	31	25	-109		6	Ms	Gulf of California	加利福尼亚湾	Shi Z.
1957	10	25	1	42	52	21.6	121		5.25	Ms	China：Taiwan，Coast of S.	中国：台湾南部海域	China
1957	10	25	6	19	12	21.4	121		5	Ms	China：Taiwan，Coast of S.	中国：台湾南部海域	China
1957	10	25	10	3	39	50.52	156.54	68	6.8	Muk	Kuril Islands	千岛群岛	Engdahl
1957	10	26	8	26	19	-20.7	-178.5	602	6.2	Ms	Lau Ridge[Pacific Ocean]	劳海岭[太平洋]	Shi Z.
1957	10	26	14	17	9	-2	116	87	6.4	Ms	Indonesia：Makassar Strait	印度尼西亚：望加锡海峡	* Shi Z.，NOAA
1957	10	27	22	32	38	55.9	161.8	160	6.9	Ms	Russia：Kamchatka Peninsula	俄罗斯：堪察加半岛	GSHAP
1957	10	30	1	42	59	35.1	27.2		5.6	Ms	Mediterranean Sea	地中海	Turkey
1957	10	31	10	7	57	6.8	-82.6		6.6	Ms	Panama：Off Coast of S.	巴拿马：南部海域	Shi Z.
1957	11	1	14	21	46	37	72.5		5	Mk	Tajikistan：Kuhistoni Badakhshon，SW.	塔吉克斯坦：勾瑙-巴达科善西南	GSHAP，Song
1957	11	2	18	30	34	-13.5	166.7	63	6.4	Ms	North Vanuatu Islands	瓦努阿图群岛北部	Shi Z.
1957	11	3	9	56		32.5	35.8		5.5	Ms	Jordan：Irbid	约旦：伊尔比德	Turkey

年 Year	月 Mo	日 Dy	时 Hr	分 Mn	秒 Sec	纬度(°) Latitude	经度(°) Longitude	深度 Depth	震级 Mag	标度 Scale	地名(英文) Name(English)	地名(中文) Name(Chinese)	资料来源 Information
1957	11	3	19	11	24	29	69.5		5	Mk	Pakistan:Quetta	巴基斯坦:奎达	GSHAP,Song
1957	11	5	9	54	33	-13	168.8	650	6	Ms	Solomon Islands	所罗门群岛	Shi Z.
1957	11	7	4	15	35	52	179	150	5.5	Ms	Aleutian Islands,Rat Island	阿留申群岛,拉特岛	USGS
1957	11	7	6	21	56	-57.5	-143.5		6	Ms	Southern Pacific Ridge	南太平洋海岭	Shi Z.
1957	11	10	2	36	25	-7.2	155.6		6.5	Ms	Solomon Islands	所罗门群岛	* NOAA,Shi Z.
1957	11	10	3	43	49	-7.5	155.5		6	Ms	Solomon Islands	所罗门群岛	Shi Z.
1957	11	10	5	28	11	-24.3	-175.8		6.3	Ms	Tonga Islands,S.	汤加群岛南部	Shi Z.
1957	11	10	5	49	3	-6.5	147	22	6	Ms	Papua New Guinea:Lae	巴布亚新几内亚:莱城	Shi Z.
1957	11	10	10	21	19.6	7.88	-74.48	52	5	Ms	Colombia:Antioquia	哥伦比亚:安提奥基亚	GSHAP
1957	11	10	19	20	6	34.2	139.4		6.3	Ms	Japan:Miyake Jima	日本:三宅岛	Shi Z.,Usami
1957	11	13	17	22	47	-32.8	-179.3	35	6.6	Ms	Kermadec Ridge	克马德克海岭	Shi Z.
1957	11	15	1	20	41	36	70.5	200	6	Mk	Afghan:Takhar	阿富汗:塔哈尔	GSHAP,Song
1957	11	15	7	52	33	8.5	123.6	66	6	Ms	Philippines:Mindanao Island	菲律宾:棉兰老岛	Shi Z.
1957	11	15	16	30	27	51.4	157.9	50	6	Ms	Russia:Kamchatka Peninsula	俄罗斯:堪察加半岛	Shi Z.
1957	11	16	1	48	47	51.43	-177.01		5.7	Ms	Andreanof Islands, Aleutian Is.	阿留申群岛,安德烈亚诺夫群岛	USGS
1957	11	17	5	57	47.8	48.08	148.73	355	6.4	Ms	Sea of Okhotsk	鄂霍次克海	GSHAP
1957	11	18	10	12		51.29	-179.32		6	Ms	Andreanof Islands, Aleutian Is.	阿留申群岛,安德烈亚诺夫群岛	USGS
1957	11	20	12	40	27	53.79	-164.71		6.5	Ms	Alaska:Unimak Island	阿拉斯加:乌尼马克岛	USGS,Shi Z.
1957	11	20	22	18	56	37	72	150	6	Mk	Tajikistan:Kuhistoni Badakhshon,SW.	塔吉克斯坦:勾瑙-巴达科善西南	GSHAP,Song
1957	11	22	20	59	31	39.5	71		5	Mk	Tadzhikistan:Dzhirgatal	塔吉克斯坦:吉尔加塔尔	GSHAP,Song
1957	11	23	0	58	45	52.96	-167.58	68	6.2	Ms	Aleutian Islands	阿留申群岛	USGS
1957	11	25	22	35	14	-1.8	115.9	100	6.3	Ms	Indonesia:Makassar Strait	印度尼西亚:望加锡海峡	Shi Z.
1957	11	26	0	41	35	37.25	72.5		5	Mk	Tajikistan: Khorog	塔吉克斯坦:霍罗格	GSHAP,Song
1957	11	26	1	3	41	4	98.5		5	Mk	Indonesia:Sumatera:Medan	印度尼西亚:苏门答腊,棉兰	GSHAP,Song
1957	11	26	5	10	9	-1.9	115.9	44	6.3	Ms	Indonesia:Makassar Strait	印度尼西亚:望加锡海峡	Shi Z.
1957	11	26	8	15	24	39.3	22.7		6.2	Ms	Greece:Magnesia	希腊:马格尼西亚	Shi Z.
1957	11	26	11	35	44	51.18	-176.38		6.2	Ms	Andreanof Islands, Aleutian Is.	阿留申群岛,安德烈亚诺夫群岛	USGS
1957	11	27	3	8	4	39.2	22.6		6.3	Ms	Greece:Volos	希腊:伏洛斯	Shi Z.
1957	11	28	3	7	55	-10	-75.5	600	5.8	Ms	Peru:Perene	秘鲁:佩雷内	GSHAP
1957	11	28	17	4	55	36.5	71.5	150	6	Mk	Afghan:Badakhshan	阿富汗:巴达赫尚	GSHAP,Song
1957	11	28	20	50	11	-14.9	167.9		6.2	Ms	Vanuatu Islands	瓦努阿图群岛	Shi Z.
1957	11	29	21	34	20	25.5	92.25		5	Mk	India:Meghalaya	印度:梅加拉亚邦	GSHAP,Song
1957	11	29	22	19	43	-20.402	-67.307	156.9	7.4	mB	Bolivia:Tupiza	玻利维亚:图皮萨	* Engdahl
1957	11	30	21	54	22.2	47.13	153.8	103	6.5	Ms	Kuril Islands	千岛群岛	GSHAP
1957	12	3	1	46	5	51.5	-178		6.2	Ms	Andreanof Islands, Aleutian Is.	阿留申群岛,安德烈亚诺夫群岛	USGS
1957	12	3	21	46	18	52.64	-169.8		5.6	Ms	Aleutian Islands	阿留申群岛	USGS
1957	12	4	3	37	52	45.153	99.206	35	8.1	M	Mongolia:Boon Tsagaan Nuur,S.	蒙古:本查干湖南部	* Engdahl
1957	12	4	13	20	8	45	101.4		6.5	Ms	Mongolia:Central Bayanhongor	蒙古:巴彦洪戈尔中部	Shi Z.
1957	12	6	4	54		42.707	12.029		5.17	Ms	Italy:Castel Giorgio	意大利:乔治堡	Italy,GSHAP
1957	12	6	8	36	19	45	150.7	60	6.5	Ms	Kuril Islands	千岛群岛	Shi Z.
1957	12	6	22	54	28	23.5	121.7	30	5.4	Ms	China:Taiwan,Hualien,Coast of E.	中国:台湾花莲以东海域	China
1957	12	7	3	16	55	-6.9	123.6	550	6	Ms	Flores Sea	弗洛勒斯海	Shi Z.
1957	12	7	14	11	15	43.2	100.2		5.5	Ms	Mongolia:Bogd	蒙古:博格多	China
1957	12	9	21	17	30	30	79.75		5	Mk	India:Almora,N.	印度:北安查尔邦阿尔莫拉北部	GSHAP,Song
1957	12	10	14	36	2.23	-6.55	154.97	25	6.8	Ms	Papua New Guinea:Bougainville Island	巴布亚新几内亚:布干维尔岛	Engdahl
1957	12	12	18	38	24	-13.6	166.7	25	6	Ms	Vanuatu Islands	瓦努阿图群岛	Shi Z.
1957	12	12	20	5	10	24.5	93		5.5	Ms	India:Mizoram,N.	印度:米佐拉姆北部	GSHAP
1957	12	13	1	31	58.1	6.72	-76.82	51.1	6.7	Ms	Colombia:Murindo	哥伦比亚:穆林多	Engdahl,GSHAP
1957	12	13	1	45	6.28	34.278	47.712	35	6.8	Ms	Iran:Kermanshah	伊朗:克尔曼沙赫	* Engdahl,Iran
1957	12	13	5	9	42	17.3	73.7		5.5	Ms	India:Maharashtra,Satara	印度:马哈拉施特拉邦,萨达拉	GSHAP
1957	12	13	9	7	57	36.75	70		5	Mk	Afghan:Kalafgan	阿富汗:卡拉夫甘	GSHAP,Song
1957	12	13	20	26	20	52.12	-169.67		6	Ms	Aleutian Islands	阿留申群岛	USGS
1957	12	15	22	18	25	-14.5	-73	200	5.2	Ms	Peru:Apurimac	秘鲁:阿普里马克	GSHAP
1957	12	16	13	11	30	24	90		5	Mk	Bangladesh:Dhaka	孟加拉:达卡	GSHAP,Song
1957	12	16	17	27	51	49.8	-126.6	12	6	Ms	Canada:Vancouver Island	加拿大:温哥华岛	Shi Z.
1957	12	16	23	5	36	34.33	47.67	68	5.1	Ms	Iran:Kermanshah	伊朗:克尔曼沙赫	Iran
1957	12	17	5	10	12	53.3	162.4	20	6.8	Ms	Russia:Kamchatka,Near East Coast	俄罗斯:堪察加东部近海	GSHAP
1957	12	17	13	50	22	-12.477	166.676	120.6	7.2	mB	Solomon Islands:Santa Cruz Islands	所罗门群岛:圣克鲁斯群岛	* Engdahl
1957	12	18	9	50	55	36.5	71		5	Mk	Afghan:Badakhshan	阿富汗:巴达赫尚	GSHAP,Song
1957	12	19	6	25		47.5	-116		5.1	Mk	US:Idaho,Murray	美国:爱达荷州默里	USGS,Song
1957	12	23	12	34	8	35.2	-35.8	35	6	Ms	North Atlantic Ocean	北大西洋	Shi Z.
1957	12	25	16	26	4	10.5	-62.6	29	6	Ms	Venezuela:Yaguaraparo	委内瑞拉:亚瓜拉帕罗	Shi Z.
1957	12	26	15	1	45	40.83	29.72	10	5.2	Ms	Turkey:Iznik	土耳其:伊兹尼克	GSHAP
1957	12	28	14	36	40	-17.8	-64.7		6	Ms	Bolivia:Cochabamba	玻利维亚:科恰班巴	Shi Z.
1957	12	31	14	28	17	-45	166.1		6.5	Ms	Tasman Sea	塔斯曼海[太平洋]	Shi Z.
1958	1	2	2	8	14	36.2	22.3		5.7	Ms	Mediterranean Sea	地中海	Turkey

年 Year	月 Mo	日 Dy	时 Hr	分 Mn	秒 Sec	纬度(°) Latitude	经度(°) Longitude	深度 Depth	震级 Mag	标度 Scale	地名(英文) Name(English)	地名(中文) Name(Chinese)	资料来源 Information
1958	1	3	22	4	44	56	114	15	5.6	Ms	Russia:Buryatiya,Severomuysk	俄罗斯:布里亚特州谢韦罗穆伊斯克城	GSHAP
1958	1	4	7	27	58	27.4	92		5.25	Ms	Bhutan:Tashigang	不丹:塔希冈	China
1958	1	5	8	5	8	1.8	122.3	482	6	Ms	Celebes Sea	西里伯斯海	Shi Z.
1958	1	5	11	30	48	56.7	121.2	14	6.5	Ms	Russia:Sakha,SW.	俄罗斯:萨哈共和国西南	GSHAP
1958	1	6	1	54	37	37	71	70	5.8	Ms	Afghan:Badakhshan	阿富汗:巴达赫尚	GSHAP
1958	1	6	11	24	11	25.6	96.7		5.8	Ms	myanmar:Myitkyina	缅甸:密支那	GSHAP
1958	1	6	16	53		-18.31	-64.67		5.2	Ms	Bolivia:Sucre	玻利维亚:苏克雷	GSHAP
1958	1	7	6	5	38	38.9	70.3		6	Ms	Tadzhikistan:Garm	塔吉克斯坦:加尔姆	Shi Z.
1958	1	9	11	14	3	-5.4	147.1	175	6	Ms	Papua New Guinea:Umboi Island	巴布亚新几内亚:温博伊岛	Shi Z.
1958	1	9	17	39	27	44.78	84.88	10	6	Ms	China:Xinjiang,Usu,NE.	中国:新疆乌苏东北	China,GSHAP
1958	1	11	13	19	6	-23.7	-177.3	147	6.2	Ms	Tonga Islands,SW.	汤加群岛西南	Shi Z.
1958	1	13	0	2	27	52.37	176.73	121	6.5	Ms	Aleutian Islands,Rat Island	阿留申群岛,拉特岛	USGS
1958	1	13	2	54	39	-11	165.9	70	6	Ms	Solomon Islands	所罗门群岛	Shi Z.
1958	1	13	20	14	36	11.8	92.8	54	6	Ms	India:Andaman Islands	印度:安达曼群岛	Shi Z.
1958	1	13	20	28	43	39.5	71.8	20	5.4	Ms	Kyrgyzstan:Kara Mack	吉尔吉斯斯坦:卡拉梅克	GSHAP
1958	1	14	13	34	50	39.48	40.41	60	5.1	Ms	Turkey:Bingol,N.	土耳其:宾格尔北部	GSHAP
1958	1	15	19	14	31	-16.779	-72.503	68.6	7	mB	Peru:Arequipa	秘鲁:阿雷基帕	* Engdahl
1958	1	15	22	15	44	-13.8	166.2	164	6.4	Ms	Vanuatu Islands	瓦努阿图群岛	Shi Z.
1958	1	16	2	4		36.5	53		6.4	Mk	Iran:Mazanderan	伊朗:马赞德兰	* Song
1958	1	16	4	18	15	39.5	25.4		5.7	Ms	Aegean Sea	爱琴海	Turkey
1958	1	17	7	15	38	-51.6	139.8		6	Ms	Ridge Between Antarctic And Australia	南极-澳大利亚海岭	Shi Z.
1958	1	19	14	7	27	1.5	-79.5	60	7.8	Mw	Colombia:Near Coast	哥伦比亚:近海	* Shi Z. ,Engdahl, NOAA
1958	1	19	14	43	30	1.34	-79.51	60	6.8	Ms	Ecuador:Near Coast of W.	厄瓜多尔:西部近海	GSHAP,Engdahl
1958	1	19	16	50	13	5.5	95		5	Mk	India:Nicobar Islands	印度:尼科巴群岛	GSHAP,Song
1958	1	22	18	29		23.62	121.72	50	6.1	Ms	China:Taiwan,Hualien,Coast of E.	中国:台湾花莲以东海域	China
1958	1	22	21	42	6	13.5	90		5	Mk	Bay of Bengal	孟加拉湾	GSHAP,Song
1958	1	22				35.6	58.7		5	Ms	Iran:Neyshabur	伊朗:内沙布尔	Iran
1958	1	23	2	34	10	44.32	146.04	140	6.4	Ms	Kuril Islands	千岛群岛	GSHAP
1958	1	23	4	30	13	30.8	84.1		5.5	Ms	China:Xizang (Tibet),Coqen,SW.	中国:西藏措勤西南	China
1958	1	23	13	35	4	65	6.5	48	5.3	Ms	Norwegian Sea	挪威海	GSHAP
1958	1	24	4	35	54	56.5	116		6	Ms	Russia:Chita,Syulban	俄罗斯:赤塔州休利班	Shi Z.
1958	1	24	5	54	1	56	164	60	6.6	Ms	Russia:Kamchatka,Near East Coast	俄罗斯:堪察加东部近海	GSHAP
1958	1	24	13	50		-0.93	-78.61		5	Ms	Ecuador:Cotopaxi	厄瓜多尔:科托帕希	GSHAP
1958	1	24	23	17	30.5	60.16	-151.76	52	6.4	Ms	Gulf of Alaska	阿拉斯加湾	USGS
1958	1	24	23	53	34	-17.9	-178.6	565	6	Ms	Fiji Islands	斐济群岛	Shi Z.
1958	1	26	7	28	39	49	155.5	100	5.7	Ms	Kuril Islands	千岛群岛	GSHAP
1958	1	27	7	44	8	-14.99	-174.1	47	6.8	Muk	Samoa Islands:Apia	萨摩亚群岛:阿皮亚	Engdahl
1958	1	29	17	13	25	27.25	66.5		5	Mk	Pakistan:Balochistan	巴基斯坦:俾路支	GSHAP,Song
1958	1	30	6	13	25	-7.2	155.7		6.5	Ms	Solomon Islands	所罗门群岛	Shi Z.
1958	2	1	14	9		2	-79		7	Mk	Colombia:Near Coast	哥伦比亚:近海	* Song
1958	2	1	16	10	19	1.455	-79.556	35	6.9	Ms	Ecuador:Near Coast of W.	厄瓜多尔:西部近海	Shi Z. ,Engdahl
1958	2	1	18	2	39	1.76	-79.16		6.5	Ms	Colombia:Near Coast	哥伦比亚:近海	GSHAP
1958	2	1	20	45	52	1.66	-79.19	46	6.7	Ms	Colombia:Near Coast	哥伦比亚:近海	GSHAP
1958	2	2	2	34	59.2	1.57	-79.28		5	Ms	Ecuador:Near Coast of W.	厄瓜多尔:西部近海	GSHAP
1958	2	2	8	11	59	48.28	154.4	45	6.2	Ms	Kuril Islands	千岛群岛	GSHAP
1958	2	2	8	16	20	2	-80		5	Ms	Colombia:Off Coast of W.	哥伦比亚:西部沿海	GSHAP
1958	2	2	8	49	15	1.62	-79.26		5.5	Ms	Colombia:Near Coast	哥伦比亚:近海	GSHAP
1958	2	6	1	42	15	24.3	122.8	60	5.3	Ms	China:Taiwan,Hualien,Coast of E.	中国:台湾花莲以东海域	China
1958	2	7	0	32	25	3.5	96.5		5	Mk	Indonesia:Off West Coast of N. Sumatera	印度尼西亚:北苏门答腊西部海域	GSHAP,Song
1958	2	7	23	23	37	31.577	103.912	14.2	6.8	Ms	China:Sichuan,Maoxian	中国:四川茂县	* Engdahl,China
1958	2	9	9	31	9	24.9	90.9		5	Ms	Bangladesh:Dhaka	孟加拉:达卡	GSHAP
1958	2	9	22	29	23	12.7	120.9		6	Ms	Philippines:Sablayan	菲律宾:萨布拉延	Shi Z.
1958	2	12	18	17	9	6	95.7		6	Ms	Indonesia:Pulau We	印度尼西亚:韦岛	GSHAP
1958	2	12	23	43	52	51.79	-175.2	50	6	Ms	Andreanof Islands, Aleutian Is.	阿留申群岛,安德烈亚诺夫群岛	USGS
1958	2	13	0	11	37	27.7	92.6		5.25	Ms	India:Arunachal Pradesh	印度:阿鲁那恰尔邦	China
1958	2	13	22	52		40.5	-111.5		5.1	Mk	US:Utah, Huntington	美国:犹他州亨廷顿	USGS,Song
1958	2	15	1	46	45	43.78	147.67	35	6.2	Ms	Kuril Islands	千岛群岛	GSHAP
1958	2	16	6	4	12	38.6	142	59	6.3	Ms	Japan:Miyagi,Near Coast	日本:宫城近海	Shi Z.
1958	2	17	5	18	42	36.5	70.6	180	6.6	Ms	Afghan:Badakhshan	阿富汗:巴达赫尚	GSHAP
1958	2	18	18	52	41	20.5	120.5		5	Ms	China:Taiwan,Coast of S.	中国:台湾南部海域	China
1958	2	18	19	8	9	21	120.3		5.25	Ms	China:Taiwan,Coast of S.	中国:台湾南部海域	China
1958	2	18	19	48	44	20.6	120.3		5.9	Ms	China:Taiwan,Coast of S.	中国:台湾南部海域	China
1958	2	18	20	8	44	-3	147.5		6	Ms	Bismarck Sea	俾斯麦海	Shi Z.
1958	2	19	10	33	9	39.1	74.8		5.3	Ms	China:Xinjiang,Ulugqat,SW.	中国:新疆乌恰西南	China
1958	2	19	19	25	32	-7.8	107.6	86	6.1	Ms	Indonesia:Java Island	印度尼西亚:爪哇岛	Shi Z.

年 Year	月 Mo	日 Dy	时 Hr	分 Mn	秒 Sec	纬度(°) Latitude	经度(°) Longitude	深度 Depth	震级 Mag	标度 Scale	地名(英文) Name(English)	地名(中文) Name(Chinese)	资料来源 Information
1958	2	20	3	57	47	20.9	120.1		5.7	Ms	China:Taiwan,Coast of S.	中国:台湾南部海域	China
1958	2	20	4	38	36	20.7	120.2		5.5	Ms	China:Taiwan,Coast of S.	中国:台湾南部海域	China
1958	2	20	9	4	47	20.9	120.3		5.5	Ms	China:Taiwan,Coast of S.	中国:台湾南部海域	China
1958	2	21	3	18	25	-16	-74.5	33	5.2	Ms	Peru:Arequipa,Near Coast	秘鲁:阿雷基帕近海	GSHAP
1958	2	21	19	30		9.45	-64.84		5	Mk	Venezuela:Anaco	委内瑞拉:阿纳科	GSHAP,Song
1958	2	22	10	50	30	50.109	-175.499	35	6.7	Ms	Andreanof Islands, Aleutian Is.	阿留申群岛,安德烈亚诺夫群岛	Engdahl,USGS
1958	2	22	17	5	3	52.15	-174.91		5.5	Ms	Andreanof Islands, Aleutian Is.	阿留申群岛,安德烈亚诺夫群岛	USGS
1958	2	23	8	14	48	-27.5	-63	600	6	Ms	Argentina:Santiago del Estero	阿根廷:圣地亚哥-德尔埃斯特罗	Shi Z.
1958	2	23	9	12	27	28.6	139.6	450	6.4	Ms	Japan:South Honshu Ridge	日本:本州南部海岭	Shi Z.
1958	2	23	10	6	25	20.6	120.5		5.6	Ms	China:Taiwan,Coast of S.	中国:台湾南部海域	China
1958	2	23	10	47	41	23.9	142.5		6.5	Ms	Japan:South Honshu Ridge	日本:本州南部海岭	Shi Z.
1958	2	24	12	27	9	45.1	99.6	11	6.3	Ms	Mongolia:Boon Tsagaan Nuur,SW.	蒙古:本查干湖西南	Shi Z.
1958	2	25	1	56	39	51.42	179.42		5.7	Ms	Aleutian Islands,Rat Island	阿留申群岛,拉特岛	USGS
1958	2	25	14	56	29	6	96		5	Mk	Indonesia:Pulau We	印度尼西亚:韦岛	GSHAP,Song
1958	2	26	19	51	34	-2.5	-78.5	100	5.7	Ms	Ecuador:Chimborazo,S.	厄瓜多尔:钦博腊索山南部	GSHAP
1958	2	27	23	27	54	20.8	120.2		6.5	Ms	China:Taiwan,Coast of S.	中国:台湾南部海域	China
1958	3	1	9	5	40	-13.5	-76.5		7	Ms	Peru:Chincha Alta,Near Coast	秘鲁:上钦查近海	GSHAP
1958	3	3	7	22	49	23.2	121.9		5.5	Ms	China:Taiwan,Taitung,Coast of E.	中国:台湾台东以东海域	China
1958	3	3	16	18	23	55.5	166	40	6.4	Ms	Russia:Komandorsky Islands	俄罗斯:科曼多尔群岛	GSHAP,Shi Z.
1958	3	3	17	13	14	6	-73.5	150	5	Ms	Colombia:Suaita	哥伦比亚:苏艾塔	GSHAP
1958	3	4	1	50	9	-0.5	-81		6.1	Ms	Ecuador:Near Coast of W.	厄瓜多尔:西部近海	GSHAP
1958	3	4	4	29	31	20	120.5		5	Ms	China:Taiwan,Coast of S.	中国:台湾南部海域	China
1958	3	7	6	55	32	36.7	70.5	190	5.6	Ms	Afghan:Badakhshan	阿富汗:巴达赫尚	GSHAP
1958	3	9	10	22	33	-33.4	-179.4	50	6.5	Ms	Kermadec Ridge	克马德克海岭	Shi Z.
1958	3	11	0	22	56	25	125	70	7.5	Ms	Ryukyu Islands	琉球群岛	*
1958	3	11	0	26	3.96	24.433	124.351	109.9	7.2	mB	Ryukyu Islands	琉球群岛	Engdahl,Wang S.
1958	3	13	23	49	25	12.6	122.9		6	Ms	Philippines:Aroroy	菲律宾:阿罗罗伊	Shi Z.
1958	3	14	0	9	41	25.5	96		5	Mk	myanmar:Sagaing,N.	缅甸:实皆北部	GSHAP,Song
1958	3	15	0	24	5	22.8	122		5.8	Ms	China:Taiwan,Taitung,Coast of E.	中国:台湾台东以东海域	China
1958	3	17	21	7	24	8	93.5		5	Mk	India:Nicobar Islands	印度:尼科巴群岛	GSHAP,Song
1958	3	18	8	34	6	33.75	67.5		5	Mk	Afghan:Ghazni	阿富汗:加兹尼	GSHAP,Song
1958	3	18	22	20		50.24	-172.95		6.2	Ms	Andreanof Islands, Aleutian Is.	阿留申群岛,安德烈亚诺夫群岛	USGS
1958	3	19	16	3	54	46.5	14.75	15	5.03	Ms	Austria:Bleiburg	奥地利:布莱堡	Italy,GSHAP
1958	3	20	1	38	5	50.49	-172.84		6.6	Ms	Andreanof Islands, Aleutian Is.	阿留申群岛,安德烈亚诺夫群岛	USGS,Shi Z.
1958	3	20	12	59	32	37.5	73	100	6	Mk	Tadzhikistan:Sasse School	塔吉克斯坦:萨瑟库尔	GSHAP,Song
1958	3	20	22	23	16	36.75	71	100	6	Mk	Afghan:Badakhshan	阿富汗:巴达赫尚	GSHAP,Song
1958	3	21	18	32	54	13.5	92.5		5	Mk	India:Andaman Islands	印度:安达曼群岛	GSHAP,Song
1958	3	22	10	11	33	23.5	93.8	51	6.5	Ms	myanmar:Chin	缅甸:赛钦	GSHAP
1958	3	22	11	7	47	35.3	67.4	20	5.9	Ms	Afghan:Bamyan	阿富汗:巴米扬	GSHAP,Afghan
1958	3	25	9	8	47.7	-9.6	31.1		5.1	Ms	Zambia:Senga Hill	赞比亚:森纳基拉	GSHAP
1958	3	28	4	9	37	36.6	70.9	210	5.8	Ms	Afghan:Badakhshan	阿富汗:巴达赫尚	GSHAP
1958	3	28	12	6	26	36.543	70.996	183.6	6.8	Ms	Afghan:Badakhshan	阿富汗:巴达赫尚	Engdahl,GSHAP
1958	3	29	10	33	4	38.3	103.5		5	Ms	China:Gansu,Minqin,SE.	中国:甘肃民勤东南	China
1958	3	31	3	42	45	29.5	82		5	Mk	Nepal:Karnali	尼泊尔:格尔纳利河	GSHAP,Song
1958	4	3	2	23	42	41.1	19.8		5.7	Ms	Albania:Peqin	阿尔巴尼亚:佩钦	Turkey
1958	4	3	7	18	33	34.9	27.5		6.3	Ms	Mediterranean Sea	地中海	Shi Z.
1958	4	4	15	38	8	-5.4	151.7	37	6	Ms	Papua New Guinea:East New Britain	巴布亚新几内亚:东新不列颠	Shi Z.
1958	4	7	15	30	47	65.823	-156.243	35	7.3	M	Alaska Peninsula,C.	阿拉斯加半岛中部	Engdahl,USGS
1958	4	7	18	5	7.57	38.4	143.2	20	6.9	Ms	Japan Trench	日本海沟	Shi Z., GSHAP, Engdahl
1958	4	7	18	30	14	38.4	143.3		6.4	Ms	Japan Trench	日本海沟	Shi Z.
1958	4	7	18	38	19	38.5	143.3		6	Ms	Japan Trench	日本海沟	Shi Z.
1958	4	7	19	13	27	45.203	98.475	25	6.8	Ms	Mongolia:West Bayanhongor	蒙古:巴彦洪戈尔西部	Engdahl
1958	4	8	0	14	16	65.87	-155.95		6.1	Ms	Alaska Peninsula,C.	阿拉斯加半岛中部	USGS
1958	4	8	4	35	21	7	-73	54	5	Ms	Colombia:Bucaramanga	哥伦比亚:布卡拉曼加	GSHAP
1958	4	8	9	59	15	33	67.5		5	Mk	Afghan:Ghazni	阿富汗:加兹尼	GSHAP,Song
1958	4	9	4	36	39	29.07	52.03	43	5.6	Ms	Iran:Fars	伊朗:法尔斯	Iran
1958	4	9	6	15	11.6	56.14	-139.23		5.5	Ms	Gulf of Alaska,SE.	阿拉斯加湾东南	USGS
1958	4	10	10	55	34	52	100	15	5.8	Ms	Russia:Buryatiya,Rudnichnyy	俄罗斯:布里亚特州鲁德尼奇内	GSHAP
1958	4	10	11	50	11	38.5	143	46	6	Ms	Japan:Miyagi,Off Coast	日本:宫城沿海	Shi Z.
1958	4	10	23	12	54.4	-4.1	-106.1		6.2	Ms	East Pacific Ridge	东太平洋海岭	Shi Z.
1958	4	11	0	58	18	38.6	143	36	6.4	Ms	Japan:Miyagi,Near Coast	日本:宫城近海	Shi Z.
1958	4	11	23	11	33.3	47.8	152.64	140	6.7	Ms	Kuril Islands	千岛群岛	GSHAP
1958	4	12	11	47	5	26.9	-110.8		6.5	Ms	Gulf of California	加利福尼亚湾	Shi Z.
1958	4	12	13	25	29	24.8	126	56	6.3	Ms	Ryukyu Islands,SW.	琉球群岛西南	Shi Z.
1958	4	12	16	10	40	30.25	71		5	Mk	Pakistan:Multan	巴基斯坦:木尔坦	GSHAP,Song
1958	4	13	9	7	24.6	65.83	-155.55		6.7	Ms	Alaska Peninsula,C.	阿拉斯加半岛中部	USGS

年 Year	月 Mo	日 Dy	时 Hr	分 Mn	秒 Sec	纬度(°) Latitude	经度(°) Longitude	深度 Depth	震级 Mag	标度 Scale	地名(英文) Name(English)	地名(中文) Name(Chinese)	资料来源 Information
1958	4	13	12	29	14	52.918	160.801	35	6.7	Ms	Russia:Kamchatka Peninsula	俄罗斯:堪察加半岛	GSHAP, Shi Z., Engdahl
1958	4	14	21	32	34.7	0.99	-79.44	25	6.8	Ms	Ecuador:Rocafuerte	厄瓜多尔:罗卡堡	GSHAP,Shi Z., Engdahl
1958	4	14	22	48	31.8	0.85	-79.24		6.6	Ms	Ecuador:Rocafuerte	厄瓜多尔:罗卡堡	GSHAP
1958	4	15	1	30	44.1	0.95	-79.6		6.6	Ms	Ecuador:Esmeraldas	厄瓜多尔:埃斯梅拉达斯	GSHAP
1958	4	15	3	52	35	8.6	-84.5		6.4	Ms	Costa Rica:Off Coast	哥斯达黎加:沿海	Shi Z.
1958	4	15	22	20	0.3	0	30.5		5	Ms	Uganda:Mbarara	乌干达:姆巴拉拉	GSHAP
1958	4	17	11	32	55	37.2	141	67	6	Ms	Japan:Iwaki	日本:福岛磐城	Shi Z.
1958	4	19	4	3	25	26.4	-110.3		6	Ms	Gulf of California	加利福尼亚湾	Shi Z.
1958	4	19	9	1	2	36	-114.8		5.1	Mk	US:Nevada,Las Vegas	美国:内华达州拉斯维加斯	USGS,Song
1958	4	21	4	32	1	24.1	121.7		5.2	Ms	China:Taiwan,Hualien	中国:台湾花莲	China
1958	4	21	12	15	28	-8	-74	150	5.5	Ms	Peru:Pucallpa	秘鲁:普卡尔帕	GSHAP
1958	4	21	20	14	50	-15.1	-175.2		6.5	Ms	Samoa Islands	萨摩亚群岛	Shi Z.
1958	4	21	22	37	38	-4.4	104.2	161	6.7	Ms	Indonesia:Southern Sumatra	印度尼西亚:苏门答腊南部	* Shi Z.,NOAA
1958	4	22	10	2	43	36.5	30.4	80	5.3	Ms	Mediterranean Sea	地中海	GSHAP
1958	4	23	2	57	49	45.62	151.69	50	6.1	Ms	Kuril Islands	千岛群岛	GSHAP
1958	4	25	18	32	15	36.5	71.5	150	6	Mk	Afghan:Badakhshan	阿富汗:巴达赫尚	GSHAP,Song
1958	4	27	17	17	35	42.5	143.6	90	5.7	Ms	Japan:Hokkaido	日本:北海道	GSHAP
1958	4	27	19	3	53	52.94	-169.5		5.9	Ms	Andreanof Islands, Aleutian Is.	阿留申群岛,安德烈亚诺夫群岛	USGS
1958	4	28	11	47	40	-11	-74		6.5	Ms	Peru:Satipo	秘鲁:萨蒂波	GSHAP
1958	4	30	8	16	48	36.8	70.8	190	5.4	Ms	Afghan:Badakhshan	阿富汗:巴达赫尚	GSHAP
1958	4	30	9	33	35	28.5	82		5	Mk	Nepal:Bheri	尼泊尔:佩里	GSHAP,Song
1958	4	30	13	54	48	38.5	104		5.1	Ms	China:Inner Mongolia,Alxa,W.	中国:内蒙古阿拉善盟西部	China
1958	4	30	19	27	32	-21	-67.5	150	6	Ms	Bolivia:Tupiza	玻利维亚:图皮萨	GSHAP
1958	5	1	0	29	22.3	-13.23	167.21	210	6.3	Ms	North Vanuatu Islands	瓦努阿图群岛北部	Shi Z.
1958	5	1	12	33	41	26.5	140.5	441	6	Ms	Japan:South Honshu Ridge	日本:本州南部海岭	Shi Z.
1958	5	2	20	29	18	16.7	-99.3		6.2	Ms	Mexico:Guerrero,Acapulco,E.	墨西哥:格雷罗州阿卡普尔科东部	Shi Z.
1958	5	3	18	27	15	37.5	72.5	100	6	Mk	Tajikistan:Sha Zude	塔吉克斯坦:沙祖德	GSHAP,Song
1958	5	5	5	21	34	35.67	44.73	10	5.3	Ms	Iraq:Kirkuk	伊拉克:基尔库克	GSHAP
1958	5	5	6	31	38.2	-9.64	27.83	60	6.4	Ms	Congo:Kundelungu - Berge	刚果:蒙克代吕唐居	GSHAP,Shi Z.
1958	5	6	4	15	45	43.14	47.77	5	5.5	Ms	Russia:Dagestan,Makhachkala	俄罗斯:达吉斯坦共和国马哈奇卡拉	Turkey
1958	5	7	13	28	57	32	68.5		5	Mk	Pakistan:Loralai	巴基斯坦:洛拉莱	GSHAP,Song
1958	5	8	12	40	49	-24.23	-67.16	178	6.4	Ms	Argentina:Salta	阿根廷:萨尔塔	GSHAP
1958	5	9	0	44	12	1.14	-94.49		6	Ms	Carnegie Ridge	卡内基海岭	GSHAP
1958	5	9	2	40	53	36.51	27.67	50	5.5	Ms	Greece:Rhodes	希腊:罗德港	Turkey
1958	5	9	4	20	31	-30.5	-65	200	6.8	Muk	Argentina:Cordoba	阿根廷:科尔多瓦	Engdahl,GSHAP
1958	5	10	22	54	39.5	65.12	-152.09		6.3	Ms	Alaska Peninsula,C.	阿拉斯加半岛中部	USGS
1958	5	11	5	23	55.6	65.01	-151.97		6.3	Ms	Alaska Peninsula,C.	阿拉斯加半岛中部	USGS
1958	5	12	16	50	2	31.4	141	85	6.1	Ms	Japan Trench	日本海沟	Shi Z.
1958	5	12	21	12	16	-6.5	-75.5	150	5.6	Ms	Peru:Tarapoto	秘鲁:塔拉波托	GSHAP
1958	5	14	2	34		38.5	-28.8		5.9	Mk	Azores Islands	亚速尔群岛	* Song
1958	5	14	12	35	43	12	94.9		6	Ms	India:Andaman Islands	印度:安达曼群岛	GSHAP
1958	5	16	15	15	48	-22	-68	200	5	Ms	Chile:Antofagasta,N.	智利:安托法加斯塔北部	GSHAP
1958	5	17	7	2	27	-3.2	147.1		6.2	Ms	Bismarck Sea	俾斯麦海	Shi Z.
1958	5	17	16	42	40	12.5	95		5	Mk	India:Andaman Islands	印度:安达曼群岛	GSHAP,Song
1958	5	18	2	32	53	-13.1	166.5		6.3	Ms	North Vanuatu Islands	瓦努阿图群岛北部	Shi Z.
1958	5	18	12	21	18	-13.2	166.3		6.2	Ms	North Vanuatu Islands	瓦努阿图群岛北部	Shi Z.
1958	5	19	17	31	30	-22	-68		5.5	Ms	Chile:Antofagasta,N.	智利:安托法加斯塔北部	GSHAP
1958	5	21	4	45	24	22	121	100	5.25	Ms	China:Taiwan,Pingtung,Coast of E.	中国:台湾屏东以东海域	China
1958	5	22	5	35	18	7	95		5	Mk	India:Andaman Islands,Great Nicobar	印度:安达曼群岛,大尼科巴岛	GSHAP,Song
1958	5	22	15	8	4	-3.4	146.2		6.1	Ms	Bismarck Sea	俾斯麦海	Shi Z.
1958	5	24	20	6	54	27	95		5	Mk	Bhutan:Sonari	印度:阿萨姆的索纳里	GSHAP,Song
1958	5	24	22	15	0.4	12	43.5		5.3	Ms	Djibouti:Obock	吉布提:奥博克	GSHAP
1958	5	24	23	53	38	12.14	43.59		5.3	Ms	Djibouti:Obock	吉布提:奥博克	GSHAP
1958	5	25	0	35	23	51.48	-177.42		5.6	Ms	Andreanof Islands, Aleutian Is.	阿留申群岛,安德烈亚诺夫群岛	USGS
1958	5	25	14	54	30	51.27	-177.11		5.6	Ms	Andreanof Islands, Aleutian Is.	阿留申群岛,安德烈亚诺夫群岛	USGS
1958	5	25	21	11	42	-3.12	-78.09	100	6.5	Ms	Ecuador:Morona Santiago	厄瓜多尔:莫罗纳-圣地亚哥	GSHAP
1958	5	26	8	49	47	-3	-77	27	5.6	Ms	Peru:Loreto,NW.	秘鲁:洛雷托西北	GSHAP
1958	5	26	10	56	45	53.26	-169.61	130	6.1	Ms	Aleutian Islands	阿留申群岛	USGS
1958	5	27	18	27	45	36.8	26.7	166	5.5	Ms	Greece:Kalymnos	希腊:卡利姆诺斯	Turkey
1958	5	28	0	17	42	8	93		5	Mk	India:Nicobar Islands	印度:尼科巴群岛	GSHAP,Song
1958	5	29	5	21	33	27.7	139.8	441	6.1	Ms	Japan:South Honshu Ridge	日本:本州南部海岭	Shi Z.
1958	5	30	1	10	17	36.8	70.6	200	5.2	Ms	Afghan:Badakhshan	阿富汗:巴达赫尚	GSHAP
1958	5	30	16	11	45	24.9	122	120	5.75	Ms	China:Taiwan,Yilan,Coast of E.	中国:台湾宜兰东南海域	China
1958	5	30	18	4	53	52.73	-168.62		6.3	Ms	Aleutian Islands	阿留申群岛	USGS,Shi Z.
1958	5	31	8	1	27	-21.5	-64		5.1	Ms	Bolivia:Tarija	玻利维亚:塔里哈	GSHAP

年 Year	月 Mo	日 Dy	时 Hr	分 Mn	秒 Sec	纬度(°) Latitude	经度(°) Longitude	深度 Depth	震级 Mag	标度 Scale	地名(英文) Name(English)	地名(中文) Name(Chinese)	资料来源 Information
1958	5	31	19	32	37	-15.457	168.612	35	7.1	Mw	Vanuatu Islands	瓦努阿图群岛	Engdahl
1958	6	1	10	40	17	-18	-69	150	5.1	Ms	Bolivia:Oruro	玻利维亚:奥鲁罗	GSHAP
1958	6	1	19	47	5	-19	-64.5		5.5	Ms	Bolivia:Sucre	玻利维亚:苏克雷	GSHAP
1958	6	3	8	49	18	29.5	70.75		5	Mk	Pakistan:Bahawalpur	巴基斯坦:巴哈瓦尔布尔	GSHAP,Song
1958	6	3	19	31	52	-15.6	168.2		6.5	Ms	Vanuatu Islands	瓦努阿图群岛	Shi Z.
1958	6	4	14	29	54	52.69	-167.22	19	6.1	Ms	Aleutian Islands	阿留申群岛	USGS
1958	6	5	13	29		37	20.7	120	5.8	Ms	Mediterranean Sea	地中海	Turkey
1958	6	6	9	11	18	7.9	-84.5		6.6	Ms	Costa Rica:Off Coast	哥斯达黎加:沿海	Shi Z.
1958	6	6	19	15	31	5.4	-82.6		6	Ms	Colombia:Off Coast of W.	哥伦比亚:西部沿海	Shi Z.
1958	6	8	0	38	53	53.2	-166.79		6	Ms	Aleutian Islands	阿留申群岛	USGS
1958	6	8	15	52	23	-16	-75	33	5.1	Ms	Peru:Arequipa,Near Coast	秘鲁:阿雷基帕近海	GSHAP
1958	6	10	7	4	9	30.29	51.12	58	5.5	Ms	Iran:Fars	伊朗:法尔斯	Iran
1958	6	12	11	54	17	7.7	-84.5	83	6.1	Ms	Costa Rica:Off Coast	哥斯达黎加:沿海	Shi Z.
1958	6	12	20	53	1	52.98	-166.97		6.5	Ms	Aleutian Islands	阿留申群岛	USGS
1958	6	12	21	34	12	53.4	-166.3	200	5.5	Ms	Aleutian Islands	阿留申群岛	USGS
1958	6	15	14	54	33	-18	-178.6	546	6.3	Ms	Fiji Islands	斐济群岛	Shi Z.
1958	6	17	0	27	12	42.5	141.5	100	5	Ms	Japan:Shiraoi	日本:北海道白老町	GSHAP
1958	6	17	19	6	48	24.5	142.3	79	6.5	Ms	Japan:South Honshu Ridge	日本:本州南部海岭	Shi Z.
1958	6	19	5	18	8.1	49.87	155.84	70	6.4	Ms	Kuril Islands	千岛群岛	GSHAP
1958	6	23	5	10	4	48.7	102.9	15	6.2	Ms	Mongolia:West Bulgan	蒙古:布尔干西部	GSHAP
1958	6	24	4	48	20	40.8	78.8		5.75	Ms	China:Xinjiang,Kalpin	中国:新疆柯坪	China
1958	6	24	6	7		42.34	13.477		5.17	Ms	Italy:L'Aquila	意大利:拉奎拉	Italy
1958	6	25	1	14	2	36.27	52.8	4	5	Ms	Iran:Mazanderan	伊朗:马赞德兰	Iran
1958	6	25	9	36	40	-3.591	144.323	35	6.9	Ms	Bismarck Sea	俾斯麦海	Engdahl
1958	6	25	23	24		51.6	153.3	500	6	Ms	Sea of Okhotsk	鄂霍次克海	GSHAP
1958	6	26	4	38	23	54	160.1	120	6.8	Ms	Russia:Kamchatka Peninsula	俄罗斯:堪察加半岛	GSHAP,Shi Z.
1958	6	26	23	29	40	31	141.8	120	6	Ms	Japan Trench	日本海沟	Shi Z.
1958	6	29	3	25	47	-15.59	-71.33	171	6.5	Muk	Peru:Arequipa	秘鲁:阿雷基帕	GSHAP,Engdahl
1958	6	30	8	42	44	36.4	27.3	110	6	Ms	Greece:Chalki (Dodecanese)	希腊:秋奇(萨摩斯岛)	GSHAP
1958	6	30	18	26	33	31.1	141.9	60	6.4	Ms	Japan Trench	日本海沟	Shi Z.
1958	7	1	5	53	14	51.59	-176.87	67	6	Ms	Andreanof Islands, Aleutian Is.	阿留申群岛,安德烈亚诺夫群岛	USGS
1958	7	3	5	45	14	-18.1	65.2		6.2	Ms	Mid-Indian Ridge	中印度洋海岭	Shi Z.
1958	7	3	6	27	49	-29.4	-179.6	410	6.2	Ms	Kermadec Ridge	克马德克海岭	Shi Z.
1958	7	3	10	23	7	-56	-124.3		6	Ms	Southern Pacific Ridge	南太平洋海岭	Shi Z.
1958	7	3	12	48	5	47.8	147	420	5.9	Ms	Sea of Okhotsk	鄂霍次克海	GSHAP
1958	7	4	18	34	14	5.8	124.9	85	6	Ms	Philippines:Mindanao Island	菲律宾:棉兰老岛	Shi Z.
1958	7	5	1	17	54	3	98	150	6	Mk	Indonesia:Sumatera,Medan	印度尼西亚:苏门答腊,棉兰	GSHAP,Song
1958	7	6	19	49	32	23.7	122.4	40	5.2	Ms	China:Taiwan,Hualien,Coast of E.	中国:台湾花莲以东海域	China
1958	7	7	5	16	2	50.06	179.94		5.5	Ms	Aleutian Islands,Rat Island	阿留申群岛,拉特岛	USGS
1958	7	8	22	48	36	-42.9	42.1		6	Ms	South Atlantic-Indian Ridge	南大西洋-印度洋海岭	Shi Z.
1958	7	10	6	15	60	58.37	-136.665	35	7.3	M	Alaska:Lituya Bay	阿拉斯加:立图亚湾	*Engdahl,NOAA
1958	7	11	19	10	20	-21	-69	77	6.5	Ms	Chile:Tarapaca,S.	智利:塔拉帕卡南部	GSHAP,Shi Z.
1958	7	12	0	48	31	-4.6	-105.9		6.1	Ms	East Pacific Ridge	东太平洋海岭	Shi Z.
1958	7	13	8	10	1.7	57.91	-136.95		5.6	Ms	Gulf of Alaska,SE.	阿拉斯加湾东南	USGS
1958	7	13	15	28		24.5	94		5	Mk	India:Imphal,S.	印度:英帕尔南部	GSHAP,Song
1958	7	16	12	54	20	-29.3	-112.8		6	Ms	Easter Island,SW.	复活节岛西南	Shi Z.
1958	7	16	21	58	0.2	-21	30		6	Ms	Zimbabwe:Bulawayo	津巴布韦:布拉瓦约	GSHAP
1958	7	17	19	2	13	51.54	-176.68		5.7	Ms	Andreanof Islands, Aleutian Is.	阿留申群岛,安德烈亚诺夫群岛	USGS
1958	7	17	20	59	24	51.45	-176.69		6	Ms	Andreanof Islands, Aleutian Is.	阿留申群岛,安德烈亚诺夫群岛	USGS
1958	7	18	0	39	31	51.4	-176.6	9	6	Ms	Aleutian Islands	阿留申群岛	Shi Z.
1958	7	18	21	38	20	25.3	123.7	145	5.2	Ms	Ryukyu Islands	琉球群岛	China
1958	7	19	5	18	8.1	49.87	155.84	70	6.4	Ms	Kuril Islands	千岛群岛	GSHAP
1958	7	19	6	30	26	-4.3	138.4	150	6.6	Ms	Indonesia:Papua	印度尼西亚:巴布亚	Shi Z.
1958	7	19	18	16	57.1	-0.714	129.778	35	6.8	Ms	Indonesia:Irian Jaya Barat	印度尼西亚:西巴布亚	Engdahl
1958	7	21	7	25	4.7	44.18	147.8	66	6.1	Ms	Kuril Islands	千岛群岛	GSHAP
1958	7	21	14	37	24	51.5	-178.43	57	6.2	Ms	Andreanof Islands, Aleutian Is.	阿留申群岛,安德烈亚诺夫群岛	USGS
1958	7	23	10	27	27	31.2	141.9	54	6.3	Ms	Japan Trench	日本海沟	Shi Z.
1958	7	24	13	8	5	52.74	-169.77		5.7	Ms	Aleutian Islands	阿留申群岛	USGS
1958	7	26	6	13	0.5	-39.79	45.62		6	Ms	Atlantic-Indian Ridge	大西洋-印度洋海岭	GSHAP
1958	7	26	17	37	14	-13.238	-69.389	611.7	7.2	mB	Peru:Puno,N.	秘鲁:普诺北部	*Engdahl
1958	7	26	18	4	42	-12.5	-68	650	5.2	Ms	Bolivia:La Paz,N.	玻利维亚:拉巴斯北部	GSHAP
1958	7	29	21	37	23	3.8	-26.6		6.2	Ms	Central Mid-Atlantic Ridge	中大西洋中脊	Shi Z.
1958	7	30	2	47	16	44.5	148.8		6	Ms	Kuril Islands	千岛群岛	Shi Z.
1958	7	30	4	45	1	-2.8	139.4	72	6.1	Ms	Indonesia:Papua	印度尼西亚:巴布亚	Shi Z.
1958	8	3	1	6	28	-22.1	-179	550	6.3	Ms	Lau Ridge[Pacific Ocean]	劳海岭[太平洋]	Shi Z.
1958	8	4	4	13	27	-6.2	129.9	199	6.3	Ms	Indonesia:Banda Sea	印度尼西亚:班达海	Shi Z.
1958	8	4	17	48	19	44.1	147.2	130	5.3	Ms	Kuril Islands	千岛群岛	GSHAP
1958	8	4	20	48		36.9	71.5	120	5.5	Ms	Afghan:Badakhshan	阿富汗:巴达赫尚	GSHAP
1958	8	6	17	16	10	59.6	6.1	43	5	Ms	Norway:Etne	挪威:埃特讷	GSHAP

年 Year	月 Mo	日 Dy	时 Hr	分 Mn	秒 Sec	纬度(°) Latitude	经度(°) Longitude	深度 Depth	震级 Mag	标度 Scale	地名(英文) Name(English)	地名(中文) Name(Chinese)	资料来源 Information
1958	8	6	21	9	18	-16.67	-173.06	54	6.8	Muk	Tonga Islands, N.	汤加群岛北部	Engdahl
1958	8	8	12	52	9	36.8	70.8	210	5.8	Ms	Afghan: Badakhshan	阿富汗:巴达赫尚	GSHAP
1958	8	12	19	25	16	0.5	126.2	66	6.5	Ms	Indonesia: Maluku Utara, Coast of W.	印度尼西亚:北马鲁古西部海域	Shi Z.
1958	8	13	7	33	39	37.2	66.5	20	5.3	Ms	Afghan: Jowzjan, N.	阿富汗:朱兹詹北部	GSHAP
1958	8	13	17	32	26	29	69		5	Mk	Pakistan: Quetta	巴基斯坦:奎达	GSHAP, Song
1958	8	13	20	12	59	50.59	-177.75		6.4	Ms	Andreanof Islands, Aleutian Is.	阿留申群岛,安德烈亚诺夫群岛	USGS
1958	8	14	11	27	5	34.27	47.78	39	5.7	Ms	Iran: Kermanshah	伊朗:克尔曼沙赫	Iran
1958	8	14	14	55	12	51.59	-175.39		6.5	Ms	Andreanof Islands, Aleutian Is.	阿留申群岛,安德烈亚诺夫群岛	USGS
1958	8	15	6	20	52	6.81	-72.98	159	5	Ms	Colombia: Bucaramanga	哥伦比亚:布卡拉曼加	GSHAP
1958	8	15	19	55	44	53.51	160.253	46.1	6.8	Ms	Russia: Kamchatka, Near East Coast	俄罗斯:堪察加东部近海	GSHAP, Shi Z., Engdahl
1958	8	15	22	29	20	1.7	125	174.9	6.9	mB	Indonesia: Likupang	印度尼西亚:利库庞	Shi Z., Engdahl
1958	8	16	11	13	47	-24.6	-175.6		6	Ms	Tonga Islands, S.	汤加群岛南部	Shi Z.
1958	8	16	13	17	54	51.43	-176.11		6.1	Ms	Andreanof Islands, Aleutian Is.	阿留申群岛,安德烈亚诺夫群岛	USGS
1958	8	16	19	13	51	34.259	47.869	35	6.7	Ms	Iran: Hamadan	伊朗:哈马丹	* Engdahl
1958	8	16	22	15	18	34	48.5		5.1	Ms	Iran: Hamadan	伊朗:哈马丹	Iran
1958	8	17	3	24	36	1	-80		6.1	Ms	Ecuador: Near Coast of W.	厄瓜多尔:西部近海	GSHAP
1958	8	17	9	8	35	51.38	-176.23		6	Ms	Andreanof Islands, Aleutian Is.	阿留申群岛,安德烈亚诺夫群岛	USGS
1958	8	17	11	16	10	34	48		5.4	Ms	Iran: Hamadan	伊朗:哈马丹	Iran
1958	8	17	18	1	8	-3.5	147.8		6.4	Ms	Bismarck Sea	俾斯麦海	Shi Z.
1958	8	19	15	54	58	34.19	48.18	86	5.1	Ms	Iran: Hamadan	伊朗:哈马丹	Iran
1958	8	19	21	48	11	-1.2	149.2		6	Ms	Bismarck Sea	俾斯麦海	Shi Z.
1958	8	20	3	40	9	-14.3	166.3		6.3	Ms	Vanuatu Islands	瓦努阿图群岛	Shi Z.
1958	8	20	7	46	11	24.1	122.5	45	5.5	Ms	China: Taiwan, Hualien, Coast of E.	中国:台湾花莲以东海域	China
1958	8	21	0	12	53	-20	-65	300	5.8	Ms	Bolivia: Chuquisaca	玻利维亚:丘基萨卡	GSHAP
1958	8	21	20	59	4	-18.1	-175.2	163	6	Ms	Tonga Islands, N.	汤加群岛北部	Shi Z.
1958	8	22	23	18	34	-26.7	-115.5		6	Ms	Easter Island, W.	复活节岛西部	Shi Z.
1958	8	27	2	25	34.6	-4.1	-104.4		6	Ms	East Pacific Ridge	东太平洋海岭	Shi Z.
1958	8	27	15	16	34	37.4	21		6.4	Ms	Greece: Zante	希腊:赞特	GSHAP
1958	8	28	9	36	4	-34	-70		6	Ms	Chile: Cordillera	智利:科尔迪耶拉	Shi Z.
1958	8	30	18	38	20	27.6	-111.7		6	Ms	Gulf of California	加利福尼亚湾	Shi Z.
1958	8	31	23	0	17	63.3	-144.3	17	6.2	Ms	Alaska Peninsula, S.	阿拉斯加半岛南部	Shi Z.
1958	9	1	14	40	54.7	-18	-65		5.2	Ms	Bolivia: Cochabamba	玻利维亚:科恰班巴	* GSHAP
1958	9	2	1	13	23	37.5	20.7		5.5	Ms	Ionian Sea	爱奥尼亚海	Turkey
1958	9	2	20	53	46.4	-18.2	-65.17		5	Ms	Bolivia: Aiquile	玻利维亚:艾基莱	GSHAP
1958	9	3	1	34	8	34	47		5	Ms	Iran: Kermanshah	伊朗:克尔曼沙赫	Iran
1958	9	3	3	44	24	0	-17.8		6.3	Ms	Central Mid - Atlantic Ridge	中大西洋中脊	Shi Z.
1958	9	3	8	10	27	40.7	143.1	43	6.1	Ms	Japan: Aomori, Near East Coast	日本:青森东部近海	Shi Z.
1958	9	4	21	51	17	-33.785	-70.112	35	6.8	Ms	Argentina: Tunuyán	阿根廷:图努扬	* Engdahl
1958	9	5	11	59	32	46.1	143	340	6	Ms	Russia: Sakhalin Island	俄罗斯:库页岛(萨哈林岛)	GSHAP
1958	9	8	5	25	43	52	159.4	67	6.4	Ms	Russia: Kamchatka Peninsula	俄罗斯:堪察加半岛	Shi Z.
1958	9	9	11	32	12	46.1	151.6	58	6	Ms	Kuril Islands	千岛群岛	Shi Z.
1958	9	11	6	59	7	35	100		5.1	Ms	China: Qinghai, Tongde, SW.	中国:青海同德西南	China
1958	9	11	18	1	55	7.5	126.8	82	6	Ms	Philippine Trench	菲律宾海沟	Shi Z.
1958	9	14	3	19	38	22.5	100		5.2	Ms	China: Yunnan, Lancang	中国:云南澜沧	China
1958	9	14	14	21	44	56.73	121.08	10	6.4	Ms	Russia: Sakha, SW.	俄罗斯:萨哈共和国西南	GSHAP
1958	9	15	19	1	44	50.9	157	120	5.4	Ms	Russia: Kamchatka Peninsula	俄罗斯:堪察加半岛	GSHAP
1958	9	15	19	45	50	2.6	120.8	690	6.3	Ms	Celebes Sea	西里伯斯海	Shi Z.
1958	9	16	14	22	31	34.59	59.43	5	5	Ms	Iran: Razavi Khorasan	伊朗:呼罗珊	GSHAP
1958	9	17	12	24		49.3	156.4		7	Mk	Kuril Islands	千岛群岛	* NOAA, Song
1958	9	18	20	53	2	36.8	70.4	200	5.8	Ms	Afghan: Taloqan	阿富汗:塔卢坎	GSHAP
1958	9	18	21	24	42	-9.5	-80	33	5.1	Ms	Peru: Chimbote, Near Coast	秘鲁:钦博特近海	GSHAP
1958	9	20	5	17	23	20.5	105		5	Mk	Vietnam: Thanh Hoa, NW.	越南:清化西北	GSHAP, Song
1958	9	20	17	9	34	-6.5	154.9		6.3	Ms	Papua New Guinea: Bougainville Island	巴布亚新几内亚:布干维尔岛	Shi Z.
1958	9	21	5	45	18	38.4	141.9	61	6	Ms	Japan: Miyagi, Near Coast	日本:宫城近海	Shi Z.
1958	9	21	16	18		34.52	47.42	71	5.5	Ms	Iran: Kermanshah	伊朗:克尔曼沙赫	* Iran
1958	9	22	11	32	54	-1.5	-77	200	5.5	Ms	Ecuador: Pastaza, C.	厄瓜多尔:帕斯塔萨中部	GSHAP
1958	9	22	19	5	44	-33.7	-178.1		6.5	Ms	Kermadec Ridge	克马德克海岭	Shi Z.
1958	9	24	3	44	17.6	59.63	-142.93		6.2	Ms	Gulf of Alaska	阿拉斯加湾	USGS
1958	9	25	1	5	36	22.5	109.5	5	5.75	Ms	China: Guangxi, Lingshan, NE.	中国:广西灵山东北	* China
1958	9	25	6	54	4	36.6	69.9	230	5.5	Ms	Afghan: Taloqan	阿富汗:塔卢坎	GSHAP
1958	9	25	7	20	6.46	7.94	-39.353	35	6.7	Ms	Central Mid - Atlantic Ridge	中大西洋中脊	Engdahl
1958	9	30	9	45		47.2	10.6		5.03	Ms	Austria: Tirol	奥地利:蒂罗尔	Italy
1958	10	1	9	29	43	-57.1	147.6		6.2	Ms	Southern Pacific Ridge	南太平洋海岭	Shi Z.
1958	10	1	17	47	17	52.67	-165.4		6.2	Ms	Aleutian Islands	阿留申群岛	USGS
1958	10	2	4	24	27	-58	-9.5		6	Ms	South Atlantic Ridge	南大西洋海岭	Shi Z.
1958	10	6	9	30		36.5	54		5.2	Ms	Iran: Mazanderan	伊朗:马赞德兰	Iran, GSHAP

年 Year	月 Mo	日 Dy	时 Hr	分 Mn	秒 Sec	纬度(°) Latitude	经度(°) Longitude	深度 Depth	震级 Mag	标度 Scale	地名(英文) Name(English)	地名(中文) Name(Chinese)	资料来源 Information
1958	10	7	12	32	47	-5.4	152	40	6.4	Ms	Papua New Guinea:East New Britain	巴布亚新几内亚:东新不列颠	Shi Z.
1958	10	7	15	24	27	-16	-69	200	5.1	Ms	Bolivia:El Alto	玻利维亚:埃尔阿尔托	GSHAP
1958	10	9	11	20	17	-55.5	-27.5	120	6.3	Ms	South Sandwich Islands	南桑威奇群岛	Shi Z.
1958	10	10	8	30	26	53.6	160.2	100	6.5	Ms	Russia:Kamchatka Peninsula	俄罗斯:堪察加半岛	Shi Z.
1958	10	11	14	37	42	-23.5	-65	200	6	Ms	Argentina:Jujuy	阿根廷:胡胡伊	GSHAP
1958	10	12	6	33	30	44	99	15	5	Ms	Mongolia:Dzalaa	蒙古:扎拉	GSHAP
1958	10	12	15	18	47	27.9	126.3	256	6.75	Ms	China:East China Sea	中国:东海	China
1958	10	13	8	58	13	41.6	75.01	12	5.2	Ms	Kyrgyzstan:Naryn,C.	吉尔吉斯斯坦:纳伦中部	GSHAP
1958	10	13	10	11	55	38.27	68.67	22	5	Ms	Tajikistan:Dushanbe (Stalinabad)	塔吉克斯坦:杜桑贝	GSHAP
1958	10	16	11	52	30	23	94.5		5	Mk	myanmar:Sagaing	缅甸:实皆	GSHAP,Song
1958	10	18	6	34	13	6.71	-72.18	100	5.5	Ms	Colombia:Guican	哥伦比亚:圭坎	GSHAP
1958	10	19	11	42	47	-34.4	-178.3	35	6	Ms	Kermadec Ridge	克马德克海岭	Shi Z.
1958	10	19	23	21		24.1	122.1	20	5	Ms	China:Taiwan,Hualien,Coast of E.	中国:台湾花莲以东海域	China
1958	10	20	0	55	32	51.9	-175.15		5.7	Ms	Andreanof Islands, Aleutian Is.	阿留申群岛,安德烈亚诺夫群岛	USGS
1958	10	20	1	12		-9.5	112.5	100	6.7	Muk	Indonesia:Java Ridge	印度尼西亚:爪哇海岭	*
1958	10	21	6	15	12	-5.5	147	174	6.2	Ms	Papua New Guinea:North West of Lae	巴布亚新几内亚:莱城西北	Shi Z.
1958	10	22	23	42	54	-14.9	167.8	46	6.3	Ms	Vanuatu Islands	瓦努阿图群岛	Shi Z.
1958	10	23	15	42	56	33.63	46.19	11	5.3	Ms	Iran:Lorestan,W.	伊朗:洛雷斯坦西部	Iran
1958	10	27	10	9		38.983	16.433		5.03	Ms	Italy:Catanzaro	意大利:卡坦扎罗	Italy
1958	10	28	5	22	47	25.2	96.3		6	Ms	myanmar:Myitkyina,W.	缅甸:密支那西部	GSHAP
1958	10	28	10	46	32	30.63	84.48		6.5	Ms	China:Xizang (Tibet),Coqen,SW.	中国:西藏措勤西南	China
1958	10	28	23	50	7	51.53	179.3		5.7	Ms	Aleutian Islands,Rat Island	阿留申群岛,拉特岛	USGS
1958	10	29	7	44	10	51.49	179.41		6.6	Ms	Aleutian Islands,Rat Island	阿留申群岛,拉特岛	USGS,Shi Z.
1958	10	31	23	39	32	24.6	122.5	120	5.9	Ms	China:Taiwan,Yilan,Coast of E.	中国:台湾宜兰以东海域	China
1958	11	1	3	38	39	-3.4	150.2		6.3	Ms	Bismarck Sea	俾斯麦海	Shi Z.
1958	11	1	12	16	44	-17.6	167.9	61	6.2	Ms	Vanuatu Islands	瓦努阿图群岛	Shi Z.
1958	11	1	16	6	25	22	85		5	Mk	India:Rourkela	印度:劳尔克拉	GSHAP,Song
1958	11	2	10	44	47	51.57	-175.19		5.6	Ms	Andreanof Islands, Aleutian Is.	阿留申群岛,安德烈亚诺夫群岛	USGS
1958	11	3	14	31	37	30.5	84.5		5.4	Ms	China:Xizang (Tibet),Coqen,SW.	中国:西藏措勤西南	China
1958	11	4	8	28	28	28	140.8	60	6	Ms	Japan:South Honshu Ridge	日本:本州南部海岭	Shi Z.
1958	11	4	8	31	6	28	140.9	60	6	Ms	Japan:South Honshu Ridge	日本:本州南部海岭	Shi Z.
1958	11	4	9	16	44	7	-73	150	5.5	Ms	Colombia:Bucaramanga	哥伦比亚:布卡拉曼加	GSHAP
1958	11	4	11	13	48	-10	34		5.2	Ms	Malawi:Karonga	马拉维:卡龙加	GSHAP
1958	11	4	22	55	16	-50	-115	266	6.1	Ms	Southern Pacific Ridge	南太平洋海岭	* Shi Z.
1958	11	5	22	56	33	36.75	72	100	6	Mk	Afghan:Badakhshan,NE.	阿富汗:巴达赫尚东北	GSHAP,Song
1958	11	6	22	58	9.5	44.329	148.623	35	8.4	Mw	Kuril Islands	千岛群岛	* Engdahl,GSHAP,NOAA
1958	11	7	4	59	59	44.7	149.1	43	6	Ms	Kuril Islands	千岛群岛	Shi Z.
1958	11	7	7	40	45	44.6	148.7	56	6	Ms	Kuril Islands	千岛群岛	Shi Z.
1958	11	7	10	29	19	43.7	147.9	80	6	Ms	Kuril Islands	千岛群岛	Shi Z.
1958	11	7	11	24	29	44.4	148.8	48	6	Ms	Kuril Islands	千岛群岛	Shi Z.
1958	11	8	9	22	60	51.9	159.4	56	6.8	Ms	Russia:Kamchatka Peninsula	俄罗斯:堪察加半岛	Shi Z.,Engdahl
1958	11	8	17	9	43	36.5	70.5	220	6	Mk	Afghan:Badakhshan	阿富汗:巴达赫尚	GSHAP,Song
1958	11	8	19	36	50	11.4	92.3		6	Ms	India:Andaman Islands	印度:安达曼群岛	GSHAP
1958	11	12	20	23	33	44.052	148.837	35	7	Mw	Kuril Islands	千岛群岛	* Engdahl,NOAA
1958	11	13	4	4	42	44.1	148.3	37	6.1	Ms	Kuril Islands	千岛群岛	Shi Z.
1958	11	13	16	16	25	8.7	93.3		6	Ms	India:Nicobar Islands	印度:尼科巴群岛	GSHAP
1958	11	14	5	34	58	44.3	148.9	35	6	Ms	Kuril Islands	千岛群岛	Shi Z.
1958	11	14	13	48	31	-6.4	131.3	73	6.2	Ms	Indonesia:Banda Sea	印度尼西亚:班达海	Shi Z.
1958	11	15	9	0	53	44.3	148.7	50	6.5	Ms	Kuril Islands	千岛群岛	Shi Z.
1958	11	15	18	22	40	30	70.5		5	Mk	Pakistan:Multan	巴基斯坦:木尔坦	GSHAP,Song
1958	11	15	18	36	47	29.75	70.75		5	Mk	Pakistan:Bahawalpur	巴基斯坦:巴哈瓦尔布尔	GSHAP,Song
1958	11	16	17	44	48	-15.8	-171.8		6.2	Ms	Tonga Islands,N.	汤加群岛北部	Shi Z.
1958	11	18	7	45	22	51.66	179.37		5.7	Ms	Aleutian Islands,Rat Island	阿留申群岛,拉特岛	USGS
1958	11	18	10	45		44.3	9.9		6.5	Mk	Italy:Pontremoli	意大利:蓬特雷莫利	* Song
1958	11	19	9	23	52	44.2	148.9	100	6	Ms	Kuril Islands	千岛群岛	Shi Z.
1958	11	19	15	2	15.7	60.46	-150.91	46	5.9	Ms	Alaska Peninsula,S.	阿拉斯加半岛南部	USGS
1958	11	20	5	36	35	52.2	158.8		6	Ms	Russia:Kamchatka Peninsula	俄罗斯:堪察加半岛	Shi Z.
1958	11	20	14	18	8	45.2	149.5	61	6	Ms	Kuril Islands	千岛群岛	Shi Z.
1958	11	21	23	32	48	30	70		5	Mk	Pakistan:Multan	巴基斯坦:木尔坦	GSHAP,Song
1958	11	23	3	20	52	-2.5	-79	100	5.7	Ms	Ecuador:Canar	厄瓜多尔:卡尼亚尔	GSHAP
1958	11	23	20	15	48	28.8	86.9		5.2	Ms	China:Xizang (Tibet),Tingri	中国:西藏日喀则定日	China
1958	11	25	4	0	15	26.5	86.5		5	Mk	India:Madhepur	印度:默泰布尔	GSHAP,Song
1958	11	27	14	58	52	-19	-65		5.2	Ms	Bolivia:Sucre	玻利维亚:苏克雷	GSHAP
1958	11	29	9	30		44.4	8.8		6.5	Mk	Italy:Genova	意大利:热那亚	* Song
1958	11	30	1	32	48	32.4	142.6	160	6.3	Ms	Japan:South Honshu Ridge	日本:本州南部海岭	Shi Z.
1958	11	30	9	39	8	38.1	100.1		5.1	Ms	China:Qinghai,Qilian,SW.	中国:青海祁连西南	China

年	月	日	时	分	秒	纬度(°)	经度(°)	深度	震级	标度	地名(英文)	地名(中文)	资料来源
Year	Mo	Dy	Hr	Mn	Sec	Latitude	Longitude	Depth	Mag	Scale	Name(English)	Name(Chinese)	Information
1958	12	1	3	21	18	32.25	-115.75	16	5.8	Ms	Mexico:Mexicali	墨西哥:墨西卡利	USGS,CGS
1958	12	3	2	23	40	27	86		5	Mk	Nepal:Janakpur	尼泊尔:贾纳克布尔	GSHAP,Song
1958	12	3	9	48	26	19.1	121.1		6	Ms	Philippines:Luzon,Coast N.	菲律宾:吕宋岛北部海域	Shi Z.
1958	12	3	10	16	11	33.5	69		5	Mk	Afghan:Kabul	阿富汗:喀布尔	GSHAP,Song
1958	12	3	21	34	24	36.25	70.5	220	6	Mk	Afghan:Badakhshan	阿富汗:巴达赫尚	GSHAP,Song
1958	12	4	19	19	26	11.7	-86.4	100	6	Ms	Nicaragua:Near Coast of W.	尼加拉瓜:西部近海	Shi Z.
1958	12	6	9	33	51	6.5	-82.7	30	6.1	Ms	Panama:Off Coast of S.	巴拿马:南部海域	Shi Z.
1958	12	7	2	46	48	36	71.5	150	6	Mk	Pakistan:Khyber Pakhtunkhwa,N.	巴基斯坦:西北边境省北部	GSHAP,Song
1958	12	7	17	58	12	18.3	-105.2	82	6	Ms	Mexico:Manzanillo,Off Coast	墨西哥:曼萨尼约沿海	Shi Z.
1958	12	8	12	8	30	44.6	149.2	54	6	Ms	Kuril Islands	千岛群岛	Shi Z.
1958	12	8	14	5	30	29	70		5	Mk	Pakistan:Rahim Yar Khan	巴基斯坦:拉希姆亚尔汗	GSHAP,Song
1958	12	8	14	34	27	29.5	70		5	Mk	Pakistan:Multan	巴基斯坦:木尔坦	GSHAP,Song
1958	12	10	3	43	45	36.4	71	100	5.7	Ms	Afghan:Badakhshan	阿富汗:巴达赫尚	GSHAP
1958	12	10	7	3	1	-36.92	177.02	274	6.8	Muk	Kermadec Ridge,S.	克马德克海岭南部	Engdahl
1958	12	14	7	11	30	-34.9	-108.7		6	Ms	Easter Island,S.	复活节岛南部	Shi Z.
1958	12	17	15	34	18	28.7	127.3		5.75	Ms	Ryukyu Islands	琉球群岛	China
1958	12	19	3	27	24	37.4	29.1	16	5	Ms	Turkey:Tavas	土耳其:塔瓦斯	GSHAP
1958	12	19	11	14	40	-16	-72	100	6	Ms	Peru:Arequipa	秘鲁:阿雷基帕	Shi Z.
1958	12	19	18	36	24	51.46	-177.68		5.6	Ms	Andreanof Islands, Aleutian Is.	阿留申群岛,安德烈亚诺夫群岛	USGS
1958	12	20	19	20	46	28.8	127.3		6	Ms	Ryukyu Islands	琉球群岛	Wang S.
1958	12	21	4	46	29	44.55	80.87		6.5	Ms	China:Xinjiang,Ili	中国:新疆伊犁	China,GSHAP
1958	12	23	6	27	14	2.15	-78.98		5	Ms	Colombia:Narino,Near Coast	哥伦比亚:纳里尼奥近海	GSHAP
1958	12	24	5	7	12	37	71.5		5	Mk	Afghan:Fayzabad,E.	阿富汗:法扎巴德东部	GSHAP,Song
1958	12	25	8	5	42	-5.6	151.2	51	6.5	Ms	Papua New Guinea:West New Britain	巴布亚新几内亚:西新不列颠	Shi Z.
1958	12	28	5	34	38	30	79.9		6.2	Ms	India:Chamoli	印度:查莫利	GSHAP
1958	12	29	22	38	22	2.5	99		5	Mk	Indonesia:Northern Sumatera	印度尼西亚:苏门答腊北部	GSHAP,Song
1958	12	30	8	38	6	-35.5	-106.5	61	6	Ms	Easter Island,S.	复活节岛南部	Shi Z.
1958	12	31	1	45	57	-23.1	-178.5	394	6	Ms	Tonga Islands,SW.	汤加群岛西南	Shi Z.
1958	12	31	3	45	15	30.1	79.9		6	Ms	India:Chamoli	印度:查莫利	GSHAP
1958						20.38	104.78	28	5.7	Ms	Vietnam:Thanh Hoa,NW.	越南:清化西北	GSHAP
1959	1	3	4	15	47	-15	-75	33	5	Ms	Peru:Nazca	秘鲁:纳斯卡	GSHAP
1959	1	3	11	17	39	-14.84	-75.7		6.4	Ms	Peru:Ica,Near Coast	秘鲁:伊卡近海	GSHAP
1959	1	4	3	58	0.1	15.5	54		5.6	Ms	Arabian Sea	阿拉伯海	GSHAP
1959	1	5	9	46	58	-22.3	171.6	116	6.5	Ms	Fiji Islands	斐济群岛	Shi Z.
1959	1	8	1	33	57	15.3	-61.3	140	6.6	Ms	Dominica:Roseau	多米尼加:罗索	Shi Z.
1959	1	11	7	22	43	14.7	-90.3	200	6.2	Ms	Guatemala:Antigua	危地马拉:安地瓜	Shi Z.
1959	1	12	12	8	11	36	71	200	6	Mk	Afghan:Badakhshan	阿富汗:巴达赫尚	GSHAP,Song
1959	1	13	1	15	27	13.43	146.09		6.8	Muk	Mariana Islands	马里亚纳群岛	Engdahl
1959	1	13	19	6	40	-16.5	-71.5	150	5.4	Ms	Peru:Arequipa	秘鲁:阿雷基帕	GSHAP
1959	1	15	21	20	27.9	-25.5	-179.9	469	6.5	Ms	Lau Ridge[Pacific Ocean]	劳海岭[太平洋]	Shi Z.
1959	1	16	1	31	26	52.34	-177.11	41	6.2	Ms	Andreanof Islands, Aleutian Is.	阿留申群岛,安德烈亚诺夫群岛	USGS
1959	1	18	22	23	21.6	-19	-178.1	475	6.2	Ms	Fiji Islands	斐济群岛	Shi Z.
1959	1	20	23	58	50	-4.5	-82.5	33	6	Ms	Peru:Talara,Near Coast	秘鲁:塔拉拉近海	GSHAP
1959	1	21	13	57	0.3	13.9	51.69		5.1	Ms	Eastern Gulf of Aden	亚丁湾东部	GSHAP
1959	1	22	5	10	31	37.56	142.483	35	7.2	Mw	Japan Trench	日本海沟	* Engdahl,NOAA
1959	1	24	5	8	38	37.4	141.2	86	6.4	Ms	Japan:Fukushima,Near Coast	日本:福岛近海	Shi Z.
1959	1	24	19	42	28	14.4	-92.4	86	6	Ms	Guatemala:Near Coast	危地马拉:近海	Shi Z.
1959	1	24	19	55	14	37.5	-24.5		6.4	Ms	North Atlantic Ocean,Azores Islands	北大西洋:亚速尔群岛	Shi Z.
1959	1	26	6	46		44.5	9.6		6.5	Mk	Italy:Bedonia	意大利:贝多尼亚	* Song
1959	1	26	17	46	51	-1	-77	200	6.2	Ms	Ecuador:Orellana	厄瓜多尔:奥雷利亚纳	GSHAP
1959	1	26	20	58	50	-4.5	-82.5		6	Ms	Peru:Talara,Near Coast	秘鲁:塔拉拉近海	GSHAP
1959	1	27	0	20	24.7	18	-68.6	95	6	Ms	Dominica:Santo Domingo	多米尼加:多米尼加	Shi Z.
1959	1	28	10	4	9	-30.7	-78.9		6.2	Ms	Chile:Off Coast of C.	智利:中部沿海	Shi Z.
1959	1	29	20	21	27	51.88	-173.79		5.8	Ms	Andreanof Islands, Aleutian Is.	阿留申群岛,安德烈亚诺夫群岛	USGS
1959	1	29	20	58	20	52.14	-173.86		5.5	Ms	Andreanof Islands, Aleutian Is.	阿留申群岛,安德烈亚诺夫群岛	USGS
1959	1	29	23	24	30.5	70.9	7.3		6	Ms	Norwegian Sea	挪威海	Shi Z.
1959	1	30	0	19	34	-9.84	160.93	59	6.8	Muk	Solomon Islands	所罗门群岛	Engdahl
1959	1	30	16	15	58	-26.5	-71	100	6	Ms	Chile:Chanaral,Near Coast	智利:查尼亚拉尔近海	Shi Z.
1959	1	30	18	9	54.7	-31.6	-179.3	422	6	Ms	Kermadec Ridge	克马德克海岭	Shi Z.
1959	1	30	20	38	58	43.5	144.2		6.4	Ms	Japan:Hokkaido	日本:北海道	Shi Z. ,Usami
1959	1	30	22	16	48	43.5	144.4		6.5	Ms	Japan:Hokkaido	日本:北海道	Shi Z.
1959	1	30	22	52	54	36.3	105.8		5	Ms	China:Ningxia,Xiji,N.	中国:宁夏西吉北	China
1959	1	31	1	45	4	37	104		5.25	Ms	China:Gansu,Jingtai	中国:甘肃景泰	China
1959	1	31	21	42	46	36.5	70.5	220	6	Mk	Afghan:Badakhshan	阿富汗:巴达赫尚	GSHAP,Song
1959	2	1	3	13	35	36.7	71	234	6.3	Ms	Afghan:Badakhshan	阿富汗:巴达赫尚	Shi Z.
1959	2	5	1	40	50.5	57.4	-156.9	70	6.6	Ms	Aleutian Islands	阿留申群岛	Shi Z.
1959	2	6	14	33	5	51.72	-176.02	44	6	Ms	Andreanof Islands, Aleutian Is.	阿留申群岛,安德烈亚诺夫群岛	USGS

年 Year	月 Mo	日 Dy	时 Hr	分 Mn	秒 Sec	纬度(°) Latitude	经度(°) Longitude	深度 Depth	震级 Mag	标度 Scale	地名(英文) Name(English)	地名(中文) Name(Chinese)	资料来源 Information
1959	2	7	9	36	55	-3.786	-81.685	35	6.9	Ms	Peru:Máncora,Near Coast	秘鲁:曼科拉近海	*GSHAP,Shi Z.,Engdahl,NOAA
1959	2	8	1	2	26	49.1	-28.3		6	Ms	North Atlantic Ocean	北大西洋	Shi Z.
1959	2	8	5	46	17.2	-23.3	-179.9	570	6	Ms	Lau Ridge[Pacific Ocean]	劳海岭[太平洋]	Shi Z.
1959	2	9	4	42	35	50	-177.64		6.2	Ms	Andreanof Islands, Aleutian Is.	阿留申群岛,安德烈亚诺夫群岛	USGS
1959	2	9	21	13	25	-4.8	153.7	87	6	Ms	Papua New Guinea:New Ireland,E.	巴布亚新几内亚:新爱尔兰东部	Shi Z.
1959	2	11	13	52	16	16.1	-97.4		6	Ms	Mexico:Oaxaca	墨西哥:瓦哈卡	Shi Z.
1959	2	11	19	57	5	-4	-82.5	33	6.4	Ms	Peru:Máncora,Near Coast	秘鲁:曼科拉近海	GSHAP
1959	2	14	22	10	47	27.5	96.6		5.2	Ms	India:Margherita,E.	印度:阿鲁纳恰尔邦玛格丽塔东部	China
1959	2	14	22	25	54	27.6	96.5		5.6	Ms	India:Margherita,E.	印度:阿鲁纳恰尔邦玛格丽塔东部	China
1959	2	15	3	59	24	-59.5	-25.7		6.5	Ms	South Sandwich Islands	南桑威奇群岛	Shi Z.
1959	2	15	4	2	30	44.3	83.5	20	5.25	Ms	China:Xinjiang,Usu,W.	中国:新疆乌苏西	China,GSHAP
1959	2	15	4	42	41	-59.758	-25.802	35	6.7	Ms	South Sandwich Trench	南桑威奇海沟	Engdahl
1959	2	15	23	26	17	-1.5	-81.5	33	5.7	Ms	Ecuador:Near Coast of W.	厄瓜多尔:西部近海	GSHAP
1959	2	16	0	39	32	-1.36	-81.25		6	Ms	Ecuador:Near Coast of W.	厄瓜多尔:西部近海	GSHAP
1959	2	17	2	51	56	-1	-80.5		6.3	Ms	Ecuador:Portoviejo	厄瓜多尔:波托维耶霍	GSHAP
1959	2	17	12	3	4	51.1	-171.23		6.3	Ms	Aleutian Islands	阿留申群岛	USGS,Shi Z.
1959	2	17	12	49	20	31.3	141.1	60	6	Ms	Japan Trench	日本海沟	Shi Z.
1959	2	20	4	12	56	-30.64	-71.1	63	6.4	Ms	Chile:Ovalle	智利:奥瓦耶	GSHAP
1959	2	20	18	16	20	15.9	-90.6	150	6.4	Ms	Guatemala:Chisec	危地马拉:奇塞克	Shi Z.
1959	2	22	3	30	43	29	91.8		5.5	Ms	China:Xizang (Tibet),Shannan	中国:西藏山南	China
1959	2	22	8	53	30	31.5	69		5	Mk	Pakistan:Loralai	巴基斯坦:洛拉莱	GSHAP,Song
1959	2	23	1	58	46	-5.8	149.4	45	6	Ms	Papua New Guinea:West New Britain	巴布亚新几内亚:西新不列颠	Shi Z.
1959	2	23	10	31	20	53.1	158.7	131	6.1	Ms	Russia:Kamchatka Peninsula	俄罗斯:堪察加半岛	Shi Z.
1959	2	23				40.63	22.97		6.7	Mk	Greece:Thessalonika	希腊:萨罗尼加	NOAA,Song
1959	2	27	20	56	43	27.5	129	91	6.5	Ms	Ryukyu Islands	琉球群岛	Shi Z.,Usami
1959	2	27	22	19	52	38	-112.5		5.1	Mk	US:Utah,Parowan	美国:犹他州帕罗万	USGS,Song
1959	2	28	1	32	24	53.02	-168.06		5.5	Ms	Aleutian Islands	阿留申群岛	USGS
1959	3	1	16	49	14	-0.883	134.307	35	7	mB	Indonesia:Irian Jaya Barat	印度尼西亚:西巴布亚	Engdahl
1959	3	2	9	13	44	-8.2	127.8		6	Ms	Indonesia:Timor Island	印度尼西亚:帝汶岛	Shi Z.
1959	3	2	15	51	43	37	70.5	220	6	Ms	Afghan:Fayzabad	阿富汗:法扎巴德	GSHAP
1959	3	2	23	27	17	36.98	-121.6		5.3	Ms	US:California,Gilroy	美国:加利福尼亚州吉尔罗伊	USGS
1959	3	4	0	52	49	51.8	159.3		6.1	Ms	Russia:Kamchatka Peninsula	俄罗斯:堪察加半岛	Shi Z.
1959	3	4	19	57	59	12.2	92.7		6.1	Ms	India:Andaman Islands	印度:安达曼群岛	Shi Z.
1959	3	5	22	55	45	2.1	97.7	130	6.2	Ms	Indonesia:Off West Coast of N. Sumatera	印度尼西亚:北苏门答腊西部海域	Shi Z.
1959	3	9	22	3	3	15.1	-91	171	6	Ms	Guatemala:Chiche	危地马拉:奇切	Shi Z.
1959	3	10	17	48	19.7	-15.31	30.16		6.1	Ms	Zambia:Lusaka,Off of E.	赞比亚:路沙卡东部	GSHAP
1959	3	11	2	59	59	28.2	104		5	Ms	China:Yunnan,Yanjin	中国:云南盐津	China
1959	3	12	1	29	11	7.2	144.7		6.1	Ms	Western Caroline Islands	卡罗琳群岛西部	Shi Z.
1959	3	17	8	25	20	27	129.7		6.5	Ms	Ryukyu Islands	琉球群岛	Shi Z.
1959	3	17	19	1	42	4	96		5	Mk	Indonesia:Off West Coast of N. Sumatera	印度尼西亚:北苏门答腊西部海域	GSHAP,Song
1959	3	17	19	7	48	32	70		5	Mk	Pakistan:Wana	巴基斯坦:瓦纳	GSHAP,Song
1959	3	18	7	26	47	36.7	141.1	90	6	Ms	Japan:Hitachi,Near Coast	日本:茨城日立近海	Shi Z.
1959	3	19	8	25	32	35.1	-36.1		6.2	Ms	North Atlantic Ocean	北大西洋	Shi Z.
1959	3	19	21	52	2	-4.5	30		5	Ms	Tanzania:Kigoma	坦桑尼亚:基戈马	GSHAP
1959	3	20	1	2	40	51.6	159.1		6.3	Ms	Russia:Kamchatka,Near East Coast	俄罗斯:堪察加东部近海	Shi Z.
1959	3	21	19	47	1	-21.4	-179.2	623	6	Ms	Lau Ridge[Pacific Ocean]	劳海岭[太平洋]	Shi Z.
1959	3	23	7	10	20	39.6	-118.02		6.3	Ms	US:Nevada,Fallon,NE.	美国:内华达州法伦东北	USGS
1959	3	24	10	24		43.698	11.296		5	Ms	Italy:Impruneta	意大利:因普鲁内塔	Italy
1959	3	25	6	3	48	30	70	100	6	Mk	Pakistan:Multan	巴基斯坦:木尔坦	GSHAP,Song
1959	3	25	16	25	36	39	70		5	Mk	Tadzhikistan:Garm	塔吉克斯坦:加尔姆	GSHAP,Song
1959	3	27	7	2	9	17.2	-63	155	6	Ms	St Kitts and Nevis:Basseterre	圣基茨和尼维斯:巴斯特尔	Shi Z.
1959	3	28	14	7	49	22.5	121.5		5	Ms	China:Taiwan,Taitung,Coast of E.	中国:台湾台东以东海域	China
1959	3	29	19	9	35	45.07	137.2	330	6	Ms	Japan Sea,NE.	日本海东北	GSHAP
1959	3	30	12	41	9	26	100.7		5.5	Ms	China:Yunnan,Binchuan,N.	中国:云南宾川北	China
1959	3	31	7	20	45.3	-15.3	-173		6	Ms	Samoa Islands	萨摩亚群岛	Shi Z.
1959	4	1	0	34	21	27.6	-20.8		6.2	Ms	North Atlantic Ocean,E.	北大西洋东部	Shi Z.
1959	4	1	18	18	30	39.72	-120.2		5.6	Ms	US:California,Chilcoot	美国:加利福尼亚州奇尔库特	USGS
1959	4	2	19	21	35	20.4	120.7		5.75	Ms	China:Taiwan,Coast of S.	中国:台湾南部海域	China
1959	4	3	5	48	33	24.3	121.9		5.1	Ms	China:Taiwan,Hualien,Coast of E.	中国:台湾花莲以东海域	China
1959	4	3	16	4	24	9	94.25		5	Mk	India:Nicobar Islands	印度:尼科巴群岛	GSHAP,Song
1959	4	5	10	48		44	6.8		5.5	Muk	France:St Paul D'Ubaye,Jausiers	法国:圣保罗,若西耶	*Italy
1959	4	5	23	29	31	-5.5	146.4	38	6	Ms	Papua New Guinea:North West of Lae	巴布亚新几内亚:莱城西北	Shi Z.
1959	4	6	14	12	39	0	120.4		6.5	Ms	Indonesia:Tinombo	印度尼西亚:蒂农博	Shi Z.
1959	4	8	1	23	28.7	-32.7	-179.5	393	6.2	Ms	Kermadec Ridge	克马德克海岭	Shi Z.

年 Year	月 Mo	日 Dy	时 Hr	分 Mn	秒 Sec	纬度(°) Latitude	经度(°) Longitude	深度 Depth	震级 Mag	标度 Scale	地名(英文) Name(English)	地名(中文) Name(Chinese)	资料来源 Information
1959	4	8	11	44	26	-50.5	-73		6.2	Ms	Argentina:Santa Cruz,SW.	阿根廷:圣克鲁斯西南	Shi Z.
1959	4	9	6	18	34	-36.3	76.8		6	Ms	South - East Indian Ridge	南印度洋东海岭	Shi Z.
1959	4	9	12	24		44.5	149	60	6	Ms	Kuril Islands	千岛群岛	* NOAA
1959	4	9	17	8	33	25.7	94.7		5.13	Ms	India:Mizoram,N.	印度:米佐拉姆北部	GSHAP
1959	4	9	17	36	11	6.8	-82.3		6.1	Ms	Panama:Off Coast of S.	巴拿马:南部海域	Shi Z.
1959	4	10	5	47	39	-25.7	-178.3	598	6.2	Ms	Tonga Islands,SW.	汤加群岛西南	Shi Z.
1959	4	11	22			42.9	12.6		6.5	Mk	Italy:Montefalco	意大利:蒙特法尔科	* Song
1959	4	12	9	54	56	17.1	-95	124	6.3	Ms	Mexico:Juchitán	墨西哥:胡奇坦	Shi Z.
1959	4	12	9	59	23	24.1	122.4		5.3	Ms	China:Taiwan,Hualien,Coast of E.	中国:台湾花莲以东海域	China
1959	4	12	15	22	30	-4.4	134.2	100	6.3	Ms	Indonesia:Papua	印度尼西亚:巴布亚	Shi Z.
1959	4	12	20	54	2.6	-15.2	-173.7		6.2	Ms	Samoa Islands	萨摩亚群岛	Shi Z.
1959	4	13	18	32	5	22	93.3	80	5.9	Ms	myanmar:Chin	缅甸:赛钦	GSHAP
1959	4	14	7	20	27.3	57.95	-155.01	67	6	Ms	Aleutian Islands	阿留申群岛	USGS
1959	4	14	9	36	0.4	-15	22.25		5.7	Ms	Zambia:Sikongo	赞比亚:锡孔戈	GSHAP
1959	4	15	0	15	21	41.4	143		6	Ms	Japan:SE. Hokkaido Island	日本:北海道东南	Shi Z.
1959	4	16	16	14	1	12.5	143.2	93	6.5	Ms	Mariana Islands,S.	马里亚纳群岛南部	Shi Z.
1959	4	17				44.5	10.8		6.5	Mk	Italy:Formigine	意大利:福尔米吉内	* Song
1959	4	19	7	26	14	-45.1	-80.5		6	Ms	Chile:Off Coast of S.	智利:南部沿海	Shi Z.
1959	4	19	15	3	30.7	58.2	-151.74	37	6.2	Ms	Alaska:Kodiak Island	阿拉斯加:科迪亚克岛	USGS
1959	4	20	3	27	55	-6	148.8	70	6	Ms	Papua New Guinea:West New Britain	巴布亚新几内亚:西新不列颠	Shi Z.
1959	4	21	16	36	42	-18.5	-71.5	33	5.2	Ms	Chile:Arica,Near Coast	智利:阿里卡近海	GSHAP
1959	4	22	3	36	45	36	69.3	160	5.5	Ms	Afghan:Puli Khumri	阿富汗:普勒胡姆里	GSHAP
1959	4	22	7	31	33	2.5	99.8	226	6	Mk	Indonesia:Northern Sumatera	印度尼西亚:苏门答腊北部	GSHAP,Song
1959	4	22	10	55	11	53.8	-166.87	51	6.1	Ms	Aleutian Islands	阿留申群岛	USGS,Shi Z.
1959	4	22	18	58	39	40.3	103.8		5	Ms	China: Inner Mongolia, Alxa Zuoqi, NW.	中国:内蒙古阿拉善左旗西北	China
1959	4	22	20	26	47	-36.5	-98.2		6	Ms	Chile:Off Coast of C.	智利:中部沿海	Shi Z.
1959	4	24	9	31	33	11.5	-86.4		6.2	Ms	Nicaragua:Near Coast of W.	尼加拉瓜:西部近海	Shi Z.
1959	4	24	17	58	3.4	-31.6	-178.2	25	6.6	Ms	Kermadec Ridge	克马德克海岭	Shi Z.
1959	4	25	0	26		37	28.7		6.3	Muk	Turkey:Koycegiz, Mugla	土耳其:克伊杰伊兹,穆拉	*
1959	4	26	12	35		26.2	100.7		5.8	Ms	China:Yunnan,Binchuan,NW.	中国:云南宾川西北	China
1959	4	26	14	45		46.484	13.021		5.23	Ms	Italy:Carnia	意大利:卡尔尼亚	Italy
1959	4	26	20	40	39	24.687	122.792	126.3	7.5	Ms	China:Taiwan,Yilan,Coast of E.	中国:台湾宜兰以东海域	* China,Engdahl
1959	4	27	13	9	24	33.2	92.6		6	Ms	China:Qinghai, Golmud, Tanggula Mountain	中国:青海格尔木唐古拉山	China
1959	4	28	11	9	35	14.5	-92.5	52	6.6	Ms	Mexico:Near Coast of Chiapas	墨西哥:恰帕斯州近海	Shi Z.
1959	5	1	8	24	4	37	51.5		5.5	Ms	Iran:Rudbar, Rasht	伊朗:鲁德巴,拉什特	Iran
1959	5	4	7	15	46	53.351	159.645	35	8	Mw	Russia:Kamchatka Peninsula	俄罗斯:堪察加半岛	* Engdahl,NOAA
1959	5	4	16	25	57	-7.5	32.9		5	Ms	Tanzania:Mbeya	坦桑尼亚:姆贝亚	GSHAP
1959	5	4	17	18	40	29	92.2		5.2	Ms	China:Xizang (Tibet),Qusum	中国:西藏曲松附近	China
1959	5	5	11	40	8	34.5	71.5		5	Mk	Pakistan:Landi Kotal	巴基斯坦:兰迪科塔尔	GSHAP,Song
1959	5	5	19	4	19	53.6	158.8	20	6	Ms	Russia:Kamchatka Peninsula	俄罗斯:堪察加半岛	Shi Z.
1959	5	7	0	3	26	-3.1	148.4		6.3	Ms	Bismarck Sea	俾斯麦海	Shi Z.
1959	5	8	5	15	17	26.5	127.5		6	Ms	Ryukyu Islands	琉球群岛	Shi Z.
1959	5	8	11	34	52	53.7	160.4	67	6	Ms	Russia:Kamchatka Peninsula	俄罗斯:堪察加半岛	Shi Z.
1959	5	10	9	43	58	48.4	149.1	450	5.1	Ms	Sea of Okhotsk	鄂霍次克海	GSHAP
1959	5	12	0	35	47	32.3	78.6		6.3	Ms	China:Xizang (Tibet),Ngari,W.	中国:西藏阿里西部	China,GSHAP
1959	5	12	4	57	34	54.5	168.5	20	6.5	Ms	Aleutian Islands	阿留申群岛	GSHAP,Shi Z.
1959	5	12	9	46	59	-23.149	-64.944	35	6.8	Ms	Argentina:Jujuy	阿根廷:胡胡伊	Engdahl,GSHAP
1959	5	12	21	40	23	51.54	-177.14		5.8	Ms	Andreanof Islands, Aleutian Is.	阿留申群岛,安德烈亚诺夫群岛	USGS
1959	5	12	21	59	56	51.21	-176.95		6.2	Ms	Andreanof Islands, Aleutian Is.	阿留申群岛,安德烈亚诺夫群岛	USGS
1959	5	14	6	36	56	35	24.72		6.3	Ms	Greece:Crete Island	希腊:克里特岛	GSHAP
1959	5	16	6	16	28	-4.9	153.3	60	6.5	Ms	Papua New Guinea:New Ireland	巴布亚新几内亚:新爱尔兰	Shi Z.
1959	5	18	7	24	8	52.51	173.69		6.1	Ms	Aleutian Islands	阿留申群岛	USGS
1959	5	19	15	17	46	33	68.1	35	5	Mk	Afghan:Ghazni	阿富汗:加兹尼	GSHAP,Song
1959	5	20	19	49	13	41.87	41.86	13	5.1	Ms	Georgia:Poti	格鲁吉亚:波季	GSHAP
1959	5	21	11	34	23	-28	-69	60	6	Ms	Argentina:Catamarca	阿根廷:卡塔马卡	GSHAP
1959	5	22	8	31	6	25.5	95.5		5	Ms	myanmar:Sagaing,N.	缅甸:实皆北部	GSHAP
1959	5	24	11	28	19	25.9	90.3		5	Mk	India:Meghalaya	印度:梅加拉亚邦	GSHAP,Song
1959	5	24	19	17	42	17.45	-97.145	69.6	7	mB	Mexico:Oaxaca	墨西哥:瓦哈卡	* Shi Z. ,Engdahl
1959	5	25	19	20	48	27	94		5	Mk	India:Nazira	印度:阿萨姆的纳济拉	GSHAP,Song
1959	5	26	4	13	5	27.5	126.5	108	6.6	Ms	China:East China Sea	中国:东海	Shi Z.
1959	5	26	6	35	58	37	69.9	30	5.3	Ms	Afghan:Taloqan	阿富汗:塔卢坎	GSHAP
1959	5	26	6	50	54	37.5	70		5	Mk	Afghan:Kalafgan	阿富汗:卡拉夫甘	GSHAP,Song
1959	5	27	20	38	26	45.7	21.1	5	5	Ms	Romania:Timisoara	罗马尼亚:蒂米什瓦拉	GSHAP
1959	5	28	4	6	57	7.1	-73.6	168	5	Ms	Colombia:Santander	哥伦比亚:桑坦德	GSHAP
1959	5	29	10	42	54	-19.3	168.9	106	6.5	Ms	Vanuatu Islands	瓦努阿图群岛	Shi Z.
1959	5	31	9	28	19	-6.4	155.9	63	6.4	Ms	Solomon Islands	所罗门群岛	Shi Z.

年 Year	月 Mo	日 Dy	时 Hr	分 Mn	秒 Sec	纬度(°) Latitude	经度(°) Longitude	深度 Depth	震级 Mag	标度 Scale	地名(英文) Name(English)	地名(中文) Name(Chinese)	资料来源 Information
1959	6	1	17	7	22	-6.4	156.1	100	6	Ms	Solomon Islands	所罗门群岛	Shi Z.
1959	6	2	2	37	48	21	120.9		6	Ms	China:Taiwan,Coast of S.	中国:台湾南部海域	China
1959	6	2	3	52	7	-25.5	-176.1		6	Ms	Tonga Islands,S.	汤加群岛南部	Shi Z.
1959	6	2	4	57	21	21	121.2		6.5	Ms	China:Taiwan,Coast of S.	中国:台湾南部海域	China
1959	6	2	5	42	25	-42.79	-73.89	87	5.9	Ms	Chile:Castro	智利:卡斯特罗	GSHAP
1959	6	2	5	42	37	21.3	121.4		6	Ms	China:Taiwan,Coast of S.	中国:台湾南部海域	China
1959	6	2	19	13	32	23.2	121.9		5.25	Ms	China:Taiwan,Taitung,Coast of E.	中国:台湾台东以东海域	China
1959	6	4	12	31	56.4	59.98	-152.7	99	5.5	Ms	Alaska Peninsula,S.	阿拉斯加半岛南部	USGS
1959	6	7	8	33	24	24	94		5.5	Ms	India:Imphal,S.	印度:英帕尔南部	GSHAP
1959	6	7	13	39	38	0.1	-17.6		6.1	Ms	Central Mid - Atlantic Ridge	中大西洋中脊	Shi Z.
1959	6	7	16	12	2	31	70		5	Mk	Pakistan:Zhob	巴基斯坦:兹霍布	GSHAP,Song
1959	6	10	3	25	10	29	91.8		5.25	Ms	China:Xizang (Tibet),Shannan	中国:西藏山南	China
1959	6	10	4	16	2	35.6	23.6		5.5	Ms	Greece:Crete Island	希腊:克里特岛	Turkey
1959	6	13	12	1	58	34.8	32.5	60	5.6	Ms	Cyprus:Pafos	塞浦路斯:帕福斯	Turkey
1959	6	13	16	4	14	38.7	104.2		5	Ms	China:Inner Mongolia,Alxa Zuoqi,W.	中国:内蒙古阿拉善左旗西	China
1959	6	13	21	56	40	46.43	12.65	19	5.2	Ms	Italy:Misano Adriatico	意大利:米萨诺阿德里亚蒂科	GSHAP
1959	6	14	0	12	6.46	-20.369	-68.881	111.6	7.5	mB	Chile:Pica	智利:皮卡	* Engdahl
1959	6	18	15	31	32	54.129	160.265	35	6.8	Ms	Russia:Kamchatka Peninsula	俄罗斯:堪察加半岛	* Engdahl
1959	6	18	15	58	38	54.1	161		6.5	Ms	Russia:Kamchatka,Near East Coast	俄罗斯:堪察加东部近海	Shi Z.
1959	6	20	14	16	52	38.7	70.7	62	5	Mk	Tadzhikistan:Kalaihongbu	塔吉克斯坦:卡莱洪布	GSHAP,Song
1959	6	22	3	22	51	-4	-81	33	5.4	Ms	Peru:Máncora	秘鲁:曼科拉	GSHAP
1959	6	23	14	35		39.08	-118.82		6.2	Ms	US:Nevada,Yerington	美国:内华达州耶灵顿	USGS
1959	6	23	15	4	34	39.1	-118.8		5.5	Ms	US:Nevada,Yerington	美国:内华达州耶灵顿	USGS
1959	6	25	3	12	43	36.5	71.4	84	6	Ms	Afghan:Badakhshan	阿富汗:巴达赫尚	Shi Z.
1959	6	26	5	4		45	141.5	240	5.5	Ms	Japan:Hokkaido,Coast N.	日本:北海道北部海域	GSHAP
1959	6	27	19	4	40	-33.715	179.926	162.8	6.7	Ms	South of Kermadec Ridge	克马德克海岭南部	Engdahl
1959	6	27	19	11	32	41.9	80	20	6.75	Ms	China:Xinjiang,Aksu,N.	中国:新疆阿克苏北	China,Engdahl
1959	6	28	19	43	30	-9.5	122.5	50	6.4	Ms	Indonesia:Timor,Kupang	印度尼西亚:帝汶,古邦	Shi Z.
1959	6	29	7	16	7	-7.3	155.2		6.1	Ms	Solomon Islands	所罗门群岛	Shi Z.
1959	6	30	22	42	30	8.3	-71.23	25	6	Mk	Venezuela:Merida	委内瑞拉:梅里达	GSHAP,Song
1959	7	1	2	27	47	28.1	139.5	533	6.3	Ms	Japan:South Honshu Ridge	日本:本州南部海岭	Shi Z.
1959	7	2	18	33	54	31.8	115.3		5	Ms	China:Henan,Huangchuan	中国:河南潢川	* China
1959	7	3	17	55	59	-16.271	173.031	35	6.8	Ms	Fiji Islands	斐济群岛	Engdahl
1959	7	6	9	10	17	-26.5	-61	600	6.8	Ms	Argentina:Resistencia	阿根廷:雷西斯滕西亚	GSHAP
1959	7	6	9	23	27	-26.5	-61.5	600	6.9	Ms	Argentina:Resistencia	阿根廷:雷西斯滕西亚	GSHAP
1959	7	9	16	5	18	-20.5	-68	100	6.7	Ms	Bolivia:Potosi,W.	玻利维亚:波托西西部	GSHAP
1959	7	10	4	11	40	-19	-69		5.7	Ms	Chile:Arica,SE.	智利:阿里卡东南	GSHAP
1959	7	11	12	1	44	-36.8	78.7		6.3	Ms	South - East Indian Ridge	南印度洋东海岭	Shi Z.
1959	7	12	0	24	22.5	-19.9	-177.7	369	6.2	Ms	Fiji Islands	斐济群岛	Shi Z.
1959	7	12	19	21	58	41.72	72.8	14	5	Ms	Kyrgyzstan:Talas,SE.	吉尔吉斯斯坦:塔拉斯东南	GSHAP
1959	7	13	12	28	47	52.01	-172		6.5	Ms	Andreanof Islands, Aleutian Is.	阿留申群岛,安德烈亚诺夫群岛	USGS
1959	7	15	16	42	18	36	71		5	Mk	Afghan:Badakhshan	阿富汗:巴达赫尚	GSHAP,Song
1959	7	18	19	55	4.04	15.7	120.6	146	6.9	Ms	Philippines:Paniqui	菲律宾:帕尼基	Shi Z.,Engdahl
1959	7	19	15	6	16	-15.092	-70.391	208	7.1	mB	Peru:Ayaviri	秘鲁:阿亚维里	Engdahl,GSHAP
1959	7	20	2	41	10	-5.7	111.5	528	6	Ms	Indonesia:Java Sea	印度尼西亚:爪哇海	Shi Z.
1959	7	21	7	43	13	-14.3	167.8		6.1	Ms	Vanuatu Islands	瓦努阿图群岛	Shi Z.
1959	7	21	9	17	56	18.9	-68.1	55	6	Ms	Dominica:La Altagracia,E.	多米尼加:阿尔塔格拉西亚东部	Shi Z.
1959	7	21	12	29	10	16.2	-97.8		6.2	Ms	Mexico:Oaxaca	墨西哥:瓦哈卡	Shi Z.
1959	7	21	13	3	31	15.8	-97.8		6	Ms	Mexico:Near Coast of Oaxaca	墨西哥:瓦哈卡近海	Shi Z.
1959	7	21	17	39	29	36.8	-112.37		5.6	Ms	US:Arizona,Fredonia	美国:亚利桑那州弗里多尼亚	USGS
1959	7	22	19	24	17	52.8	153.6	620	6.9	Ms	Sea of Okhotsk	鄂霍次克海	GSHAP
1959	7	22	19	32	31	50.2	142.5	13	5.5	Ms	Russia:Sakhalin Island	俄罗斯:库页岛(萨哈林岛)	GSHAP
1959	7	22	23	2	26	-5.1	152.6	60	6.6	Ms	Papua New Guinea:East New Britain,E.	巴布亚新几内亚:东新不列颠东部	Shi Z.
1959	7	24	1	23	9	41.13	-125.3		6	Ms	US:California,Off Coast of N.	美国:加利福尼亚州北部沿海	Shi Z.
1959	7	24	16	17	47	24.1	95	160	6.1	Ms	myanmar:Sagaing	缅甸:实皆	GSHAP,Shi Z.
1959	7	25	19	23	59	50.2	142.5	20	5.2	Ms	Russia:Sakhalin Island	俄罗斯:库页岛(萨哈林岛)	GSHAP
1959	7	26	0	20	35	36	71	150	6	Mk	Afghan:Badakhshan	阿富汗:巴达赫尚	GSHAP,Song
1959	7	26	17	7	3	40.9	27.5	30	5	Ms	Turkey:Marmara Sea	土耳其:马尔马拉海	GSHAP
1959	7	29	9	53	56	33.5	67.5		5	Mk	Afghan:Ghazni	阿富汗:加兹尼	GSHAP,Song
1959	7	30	16	45	55	36	70.5	200	6	Mk	Afghan:Takhar	阿富汗:塔哈尔	GSHAP,Song
1959	7	31	19	53	2	38.5	70	6	5.9	Ms	Tadzhikistan:Khatlon	塔吉克斯坦:哈特隆州	GSHAP
1959	8	4	7	36	59	37.35	-118.55	16	5.2	Ms	US:California,Chalfant Valley	美国:加利福尼亚州夏芬谷	USGS
1959	8	5	2	26	48	-4.5	28.5		5	Ms	Congo:Lulimba	刚果:卢林巴	GSHAP
1959	8	5	5	16	38	11.9	125.3		6	Ms	Philippines:Samar Island	菲律宾:萨马岛	Shi Z.
1959	8	7	10	43	31.1	56.41	-153.58		5.7	Ms	Alaska:Kodiak Island	阿拉斯加:科迪亚克岛	USGS
1959	8	7	21	45	25.5	56.45	-153.51		6	Ms	Alaska:Kodiak Island	阿拉斯加:科迪亚克岛	USGS
1959	8	8	0	47	36	54.9	163		6.3	Ms	Russia:Komandorsky Islands	俄罗斯:科曼多尔群岛	Shi Z.

年 Year	月 Mo	日 Dy	时 Hr	分 Mn	秒 Sec	纬度(°) Latitude	经度(°) Longitude	深度 Depth	震级 Mag	标度 Scale	地名(英文) Name(English)	地名(中文) Name(Chinese)	资料来源 Information
1959	8	9	11	17		0.5	29		5.1	Ms	Congo:Lutunguru	刚果:卢通古鲁	GSHAP
1959	8	10	23	7	29	35.6	110.9		5.4	Ms	China:Shanxi,Jishan	中国:山西稷山	* China
1959	8	11	16	37	20	8	92.5		5	Mk	Bay of Bengal	孟加拉湾	GSHAP,Song
1959	8	12	2	0	52	-3	-80.5	33	5.7	Ms	Ecuador:Near Coast of W.	厄瓜多尔:西部近海	GSHAP
1959	8	12	4	5	17.1	-14.96	26.54		5.9	Ms	Zambia:Mumbwa	赞比亚:蒙布瓦	GSHAP
1959	8	12	9	58	22	-16.6	-177.2		6.5	Ms	Fiji Islands	斐济群岛	Shi Z.
1959	8	12	18	58	2	27.7	103.7		5	Ms	China:Yunnan,Daguan	中国:云南大关	China
1959	8	13	0	33	13	39.85	48.51	48	5.3	Ms	Azerbaijan:Lenkeran	阿塞拜疆:连科兰	Iran,GSHAP
1959	8	15	8	57	5.24	21.952	120.97	25	7.2	Mw	China:Taiwan,Pingtung,Coast of E.	中国:台湾屏东以东海域	* China,Engdahl,Dis
1959	8	16	0	51	43	-21	169.1		6.3	Ms	Vanuatu Islands	瓦努阿图群岛	Shi Z.
1959	8	16	1	21	6	22.1	121.4		6	Ms	China:Taiwan,Pingtung,Coast of E.	中国:台湾屏东以东海域	China
1959	8	17	1	2	37	22.4	121.3		5.5	Ms	China:Taiwan,Taitung,Coast of E.	中国:台湾台东以东海域	China
1959	8	17	1	33	14	40.9	19.8		6.1	Ms	Albania:Kuçovë	阿尔巴尼亚:库乔亚区	Shi Z.
1959	8	17	4	27	21	22.8	121.5		5.4	Ms	China:Taiwan,Taitung,Coast of E.	中国:台湾台东以东海域	China
1959	8	17	7	25	17	22.5	121.2		5.5	Ms	China:Taiwan,Taitung,Coast of E.	中国:台湾台东以东海域	China
1959	8	17	7	58	6	22.5	121.1		5.5	Ms	China:Taiwan,Taitung	中国:台湾台东	China
1959	8	17	21	4	50	-7.895	156.338	35	7.1	Mw	Solomon Islands	所罗门群岛	* Engdahl,NOAA
1959	8	17	21	10		21.4	121.6		5.5	Ms	China:Taiwan,Coast of S.	中国:台湾南部海域	China
1959	8	18	0	34	3.26	21.981	121.534	174.3	6.8	Ms	China:Taiwan,Pingtung,Coast of E.	中国:台湾屏东以东海域	Engdahl,China
1959	8	18	6	37	20	44.548	-110.636	15	7.3	M	US:Wyoming,Shell	美国:怀俄明州谢尔	* Engdahl
1959	8	18	7	56	16.8	44.7	-110.71	5	6.5	Ms	US:Wyoming,Mammoth	美国:怀俄明州马默斯	USGS
1959	8	18	8	41	47.5	44.85	-111.05	5	6	Ms	US:Montana,West Yellowstone	美国:蒙大纳州西黄石	USGS
1959	8	18	11	3	48.1	44.72	-110.85	5	5.6	Ms	US:Wyoming,Mammoth	美国:怀俄明州马默斯	USGS
1959	8	18	15	26	5.9	44.72	-110.87	5	6.5	Ms	US:Wyoming,Mammoth	美国:怀俄明州马默斯	USGS
1959	8	19	4	4	1.7	44.65	-110.84	5	6	Ms	US:Wyoming,Mammoth	美国:怀俄明州马默斯	USGS
1959	8	19	7	8	28	21.5	121		5	Ms	China:Taiwan,Coast of S.	中国:台湾南部海域	China
1959	8	19	15	32	3	45.9	26.8	150	5.1	Ms	Romania:Tulnici	罗马尼亚:图尔尼奇	GSHAP
1959	8	19	19	6	27	44.82	-111.59	5	5	Ms	US:Montana,Cameron	美国:蒙大纳州卡梅伦	USGS
1959	8	19	19	43	47.2	44.76	-110.96	5	5	Ms	US:Wyoming,Mammoth	美国:怀俄明州马默斯	USGS
1959	8	20	19	11	26.8	44.7	-111.68	5	5	Ms	US:Montana,Dillon,SE.	美国:蒙大纳州狄龙东南	USGS
1959	8	21	7	13	28	39.2	104.3		5	Ms	China:Inner Mongolia,Alxa Zuoqi,W.	中国:内蒙古阿拉善左旗西	China
1959	8	21	8	3	15	-50.5	139.6		6.1	Ms	Ridge Between Antarctic And Australia	南极-澳大利亚海岭	Shi Z.
1959	8	21	8	5	34	-50.6	139.7		6	Ms	Ridge Between Antarctic And Australia	南极-澳大利亚海岭	Shi Z.
1959	8	21	9	37	49	-50.4	139.4		6	Ms	Ridge Between Antarctic And Australia	南极-澳大利亚海岭	Shi Z.
1959	8	23	3	18	59	28.75	69		5	Mk	Pakistan:Quetta	巴基斯坦:奎达	GSHAP,Song
1959	8	23	5	39	36	28.75	70		5	Mk	Pakistan:Quetta	巴基斯坦:奎达	GSHAP,Song
1959	8	23	8	40		44.7	-111.2		5.1	Mk	US:Montana,West Yellowstone	美国:蒙大纳州西黄石	USGS,Song
1959	8	24	1	26	3.9	-4.2	35		5.8	Ms	Tanzania:Haidom	坦桑尼亚:哈伊多姆	GSHAP
1959	8	24	8	13	17	25	97		5	Mk	myanmar:Myitkyina	缅甸:密支那	GSHAP,Song
1959	8	24	21	30	55	-10.517	161.342	35	6.7	Ms	Solomon Islands	所罗门群岛	Engdahl
1959	8	26	8	25	37	18.2	-94.4	32.4	6.9	Ms	Mexico:Gulf of Campeche	墨西哥:坎佩切海湾	* Shi Z.,Engdahl
1959	8	26	10	27	40	50.6	-130.5		6.5	Ms	Canada:Off Coast of W. Vancouver	加拿大:温哥华西部海域	Shi Z.
1959	8	27	23	53	10	25	96		5.7	Ms	myanmar:Sagaing,N.	缅甸:实皆北部	GSHAP
1959	8	28	12	7	47.4	63.42	-148.85	44	6	Ms	Alaska Peninsula,S.	阿拉斯加半岛南部	USGS
1959	8	29	5	31	40	38.9	74.9	5	5	Ms	China:Xinjiang,Ulugqat,SW.	中国:新疆乌恰西南	China,GSHAP
1959	8	29	17	3	14	52.68	106.98	20	6.8	Ms	Russia:Lake Baykal	俄罗斯:贝加尔湖	GSHAP,Shi Z.
1959	8	30	22	56	57	36.5	67.8	20	5.3	Ms	Afghan:Kholm	阿富汗:胡勒姆	GSHAP
1959	9	1	11	37		40.9	19.8	11	6.1	Muk	Albania:Kuçovë	阿尔巴尼亚:库乔亚区	*
1959	9	3	6	27	31	-4.5	122.7		6.2	Ms	Indonesia:Kendari	印度尼西亚:肯达里	Shi Z.
1959	9	4	0	9	50	29	92.3		5.1	Ms	China:Xizang (Tibet),Qusum	中国:西藏曲松附近	China
1959	9	4	18	26	41	-1	-24		6.1	Ms	Central Mid-Atlantic Ridge	中大西洋中脊	Shi Z.
1959	9	5	6	7	39	0.7	129		6.1	Ms	Indonesia:Maluku Utara,Coast of W.	印度尼西亚:北马鲁古西部海域	Shi Z.
1959	9	5	12	4		44.7	-111.2		5.1	Mk	US:Montana,West Yellowstone	美国:蒙大纳州西黄石	USGS,Song
1959	9	5	21	28	41	51.3	179.36		5.6	Ms	Aleutian Islands,Rat Island	阿留申群岛,拉特岛	USGS
1959	9	9	5	44	31	36.7	71	120	5.2	Ms	Afghan:Badakhshan	阿富汗:巴达赫尚	GSHAP
1959	9	10	5	35	4	-6.4	154.9		6	Ms	Papua New Guinea:Bougainville Island	巴布亚新几内亚:布干维尔岛	Shi Z.
1959	9	10	13	59	23	39.64	41.73	70	5.3	Ms	Turkey:Pasinler, Erzurum	土耳其:哈珊卡尔堡,埃尔佐鲁姆	GSHAP
1959	9	10	22	56	50	46.8	151.7	120	5.4	Ms	Kuril Islands	千岛群岛	GSHAP
1959	9	12	1	41	3	-20	-68	150	5.2	Ms	Bolivia:Potosi,W.	玻利维亚:波托西西部	GSHAP
1959	9	12	1	53	50	-3.6	146		6.5	Ms	Bismarck Sea	俾斯麦海	Shi Z.
1959	9	12	11	24	28	-9.9	156.3		6	Ms	Solomon Islands	所罗门群岛	Shi Z.
1959	9	12	21	20	3	36.9	71	200	5.6	Ms	Afghan:Badakhshan	阿富汗:巴达赫尚	GSHAP
1959	9	13	19	16	1	39.8	74.4		5	Ms	China:Xinjiang,Ulugqat,W.	中国:新疆乌恰西	China

年 Year	月 Mo	日 Dy	时 Hr	分 Mn	秒 Sec	纬度(°) Latitude	经度(°) Longitude	深度 Depth	震级 Mag	标度 Scale	地名(英文) Name(English)	地名(中文) Name(Chinese)	资料来源 Information
1959	9	14	1	31	29	2.25	97		5	Mk	Indonesia:Off West Coast of N. Sumatera	印度尼西亚:北苏门答腊西部海域	GSHAP,Song
1959	9	14	13	15	57.6	-24.1	-176.9	59	6	Ms	Tonga Islands,SW.	汤加群岛西南	Shi Z.
1959	9	14	14	9	46	-28.722	-177.079	35	7.8	Mw	Kermadec Ridge	克马德克海岭	* Engdahl
1959	9	14	17	6	21.4	-28.6	-177.4	43	6.6	Ms	Kermadec Ridge	克马德克海岭	Shi Z.
1959	9	14	17	22	27	46.3	151.4		6.1	Ms	Kuril Islands	千岛群岛	Shi Z.
1959	9	14	22	23	53	-28.73	-177.09	51	6.5	Muk	Kermadec Ridge	克马德克海岭	Engdahl,Shi Z.
1959	9	15	5	59	47	-28.676	-176.701	35	6.9	Ms	Kermadec Ridge	克马德克海岭	Engdahl
1959	9	15	11	5	37	-22.067	-179.29	586.7	7.1	Ms	South of Fiji Islands	斐济群岛南部	Engdahl
1959	9	15	15	8	27	43.5	147.1	79	6	Ms	Kuril Islands	千岛群岛	Shi Z.
1959	9	16	5	13	50	35.2	26		6.4	Ms	Greece:Crete Island	希腊:克里特岛	Shi Z.
1959	9	16	15	57	5.9	-28.5	-176.6	12	6.2	Ms	Kermadec Ridge	克马德克海岭	Shi Z.
1959	9	19	16	2	25	29.12	51.27	95	5.1	Ms	Iran:Bushehr	伊朗:布什尔	Iran
1959	9	21	12	19	34	40.7	75	15	5	Ms	Kyrgyzstan:Naryn,S.	吉尔吉斯斯坦:纳伦南部	GSHAP
1959	9	21	16	16	19.9	62.47	-158.68		5.5	Ms	Alaska Peninsula,S.	阿拉斯加半岛南部	USGS
1959	9	25	2	36	54	21.878	121.244	35	6.8	Ms	China:Taiwan,Coast of S.	中国:台湾南部海域	China,Engdahl
1959	9	25	3	1		22.1	121.5	20	5.2	Ms	China:Taiwan,Pingtung,Coast of E.	中国:台湾屏东以东海域	China
1959	9	26	8	20	48	43.7	-128.3		6.1	Ms	US:Off Coast of W. Oregon	美国:俄勒冈州西部沿海	USGS
1959	9	27	16	40	30	33	109.3		5	Ms	China:Shaanxi,Xunyang	中国:陕西旬阳	China
1959	9	28	10	16	22	35.74	30.08	100	5.1	Ms	Mediterranean Sea	地中海	GSHAP
1959	9	29	15	32	3.5	-28.8	-176.7	40	6.6	Ms	Kermadec Ridge	克马德克海岭	Shi Z.
1959	9	30	4	45	48	2.5	97		5	Mk	Indonesia:Off West Coast of N. Sumatera	印度尼西亚:北苏门答腊西部海域	GSHAP,Song
1959	9	30	20	26		-18.1	168		6.3	Ms	Vanuatu Islands	瓦努阿图群岛	Shi Z.
1959	10	5	17	56	29	83.5	114.5	20	5.6	Ms	Arctic Ocean	北冰洋	GSHAP
1959	10	5	18	11	25	83.5	114.5	20	5	Ms	Arctic Ocean	北冰洋	GSHAP
1959	10	5	18	27	47	83.5	114.5	20	5.7	Ms	Arctic Ocean	北冰洋	GSHAP
1959	10	5	20	34	4	41	20		5.5	Ms	Albania:Elbasan	阿尔巴尼亚:爱尔巴桑	Turkey
1959	10	6	7	45	51	40	106.1		5	Ms	China:Inner Mongolia,Wuhai	中国:内蒙古乌海	China
1959	10	12	3	21	53	2	98.1		6.1	Ms	Indonesia:Northern Sumatera	印度尼西亚:苏门答腊北部	Shi Z.
1959	10	12	3	43	44	-19	-68.5	150	5.2	Ms	Bolivia:Oruro	玻利维亚:奥鲁罗	GSHAP
1959	10	12	19	26		16	80		5.5	Ms	India:Ongole	印度:翁戈尔	GSHAP
1959	10	13	8	15		35.5	-111.5		5	Ms	US:Arizona,Flagstaff	美国:亚利桑那州弗拉格斯塔夫	USGS
1959	10	13				15.699	80.099		5	Ms	India:Ongole	印度:翁戈尔	GSHAP
1959	10	15	6	15	41	0.001	119.957	35	6.7	Ms	Indonesia:Sulawesi	印度尼西亚:苏拉威西岛	Engdahl
1959	10	15	7	40	36	44.7	148.7	81	6.1	Ms	Kuril Islands	千岛群岛	Shi Z.
1959	10	19	2	46	58	44.2	147.9	60	6.5	Ms	Kuril Islands	千岛群岛	Shi Z.
1959	10	19	8	27	22	-28	-176.8		6.25	Ms	Kermadec Ridge	克马德克海岭	Shi Z.
1959	10	19	13	52	43.1	-22	-179.5	591	6.5	Ms	Lau Ridge[Pacific Ocean]	劳海岭[太平洋]	Shi Z.
1959	10	19	14	29	44.8	-17.38	-66.19		5.4	Ms	Bolivia:Cochabamba	玻利维亚:科恰班巴	GSHAP
1959	10	19	15	55	30	-54.5	-27.9		6.4	Ms	South Sandwich Trench	南桑威奇海沟	Shi Z.
1959	10	22	19	34	37.5	-21.4	-178.9	518	6.2	Ms	Lau Ridge[Pacific Ocean]	劳海岭[太平洋]	Shi Z.
1959	10	23	6	17	54	-20.5	-68.5	200	5.2	Ms	Chile:Pozo Almonte,E.	智利:波索阿尔蒙特东部	GSHAP
1959	10	24	23	40	38	41.67	70	13	5.7	Ms	Uzbekistan:Tashkent	乌兹别克斯坦:塔什干	GSHAP
1959	10	25	15	57		39.1	41.6	50	6.2	Muk	Turkey:Varto, Mus	土耳其:瓦尔托,穆什	* GSHAP
1959	10	26	7	35	10	37.531	143.051	13	6.7	Ms	Japan Trench	日本海沟	* Shi Z.,Engdahl,NOAA
1959	10	26	10	29	12	51.9	157	144	6	Ms	Russia:Kamchatka Peninsula	俄罗斯:堪察加半岛	Shi Z.
1959	10	27	6	52	49	44.9	151.6	70	7.2	Ms	Kuril Islands	千岛群岛	* GSHAP,Shi Z.
1959	10	28	0	0	42	28.5	82.5		5	Mk	Nepal:Bheri,E.	尼泊尔:佩里东部	GSHAP,Song
1959	10	29	14	19	58.4	-28.8	-177.4	55	6	Ms	Kermadec Ridge	克马德克海岭	Shi Z.
1959	10	29	14	30	26	42.8	131.1	547	6.25	Ms	Russia:Maritime Kray,Slavyanka	俄罗斯:滨海边疆区斯拉维扬卡	China
1959	10	30	4	0	25.7	65.9	136.9		6	Ms	Russia:Sakha,Artyk,NW.	俄罗斯:萨哈共和国阿尔特克西北	Shi Z.
1959	10	30	11	12	58	44.46	80.51	20	5.8	Ms	China:Xinjiang,Sayram Lake,W.	中国:新疆赛里木湖西	GSHAP
1959	10	31	4	27	12	-16.7	-177.9	416	6.6	Ms	Fiji Islands	斐济群岛	Shi Z.
1959	11	2	13	15	37	21.5	92.3	30	5	Mk	Bangladesh:Rangamati	孟加拉:兰加马蒂	GSHAP,Song
1959	11	2	20	3	36	-5.6	151	67	6.4	Ms	Papua New Guinea:West New Britain	巴布亚新几内亚:西新不列颠	Shi Z.
1959	11	3	9	40	5	-10.8	110.8		6.4	Ms	Indonesia:Java Ridge	印度尼西亚:爪哇海岭	Shi Z.
1959	11	3	17	3	8	44.7	-111.2		5.1	Mk	US:Montana,West Yellowstone	美国:蒙大纳州西黄石	USGS,Song
1959	11	4	9	54	48	32.5	66		5	Mk	Afghan:Uruzgan	阿富汗:乌鲁兹甘	GSHAP,Song
1959	11	7	22	16	16	-23.6	-175.6		6	Ms	Tonga Islands,S.	汤加群岛南部	Shi Z.
1959	11	7				36.4	2.6		5.5	Muk	Algeria:Bou - Medfa	阿尔及利亚:布迈德法	*
1959	11	8	13	54	58.9	43.84	140.52	21	6.3	Ms	Japan:W. Hokkaido Island	日本:北海道岛西部海域	GSHAP,Usami
1959	11	10	20	56	15	36.2	88.7		6	Ms	China:Xizang (Tibet),Baingoin,N.	中国:西藏班戈北部	China
1959	11	13	9	55	19	29	105		5	Ms	China:Sichuan,Fushun	中国:四川富顺	China
1959	11	15	10	25	16	38.75	75.32	40	6.4	Ms	China:Xinjiang,Ulugqat,SW.	中国:新疆乌恰西南	* China,GSHAP
1959	11	15	17	8	47	37.751	20.508	25	6.8	Ms	Greece:Zante	希腊:赞特	Engdahl,GSHAP
1959	11	16	10	21	17	-0.9	-26.3		6.3	Ms	Central Mid - Atlantic Ridge	中大西洋中脊	Shi Z.

年 Year	月 Mo	日 Dy	时 Hr	分 Mn	秒 Sec	纬度(°) Latitude	经度(°) Longitude	深度 Depth	震级 Mag	标度 Scale	地名(英文) Name(English)	地名(中文) Name(Chinese)	资料来源 Information
1959	11	17	23	55	5	30.3	94.1		5.25	Ms	China:Xizang (Tibet),Lhari,SE.	中国:西藏嘉黎东南	China
1959	11	19	11	8	51	-6.003	146.552	144.4	7	mB	Papua New Guinea:Morobe	巴布亚新几内亚:莫罗贝	Engdahl
1959	11	22	16	26	36	-54.6	-136		6	Ms	Southern Pacific Ridge	南太平洋海岭	Shi Z.
1959	11	23	21	5	35	24.8	122.7		5.25	Ms	China:Taiwan,Yilan,Coast of E.	中国:台湾宜兰东南海域	China
1959	11	26	7	6	20	-5.4	102.9		6.5	Ms	Indonesia:Sumatra,Coast of SW.	印度尼西亚:苏门答腊西南海域	Shi Z.
1959	11	26	23	9	33	-5.407	102.834	54.3	6.7	Ms	Indonesia:Sumatra,Coast of SW.	印度尼西亚:苏门答腊西南海域	Engdahl
1959	11	27	0	22	22	37.7	20.2		6	Ms	Greece:Zante	希腊:赞特	Shi Z.
1959	11	27	0	26	11	37.8	20.1		6	Ms	Greece:Zante	希腊:赞特	Shi Z.
1959	11	28	2	45	47.8	-19.8	174.5		6	Ms	Vanuatu Islands	瓦努阿图群岛	Shi Z.
1959	11	28	3	9	13	38.5	104		5	Ms	China:Inner Mongolia,Alxa,W.	中国:内蒙古阿拉善盟西部	China
1959	11	28	12	34	53	-28.5	-71		6.5	Ms	Chile:Vallenar	智利:巴耶纳尔	GSHAP
1959	11	30	11	13		44.4	80.6	20	5.8	Ms	China:Xinjiang,Ili	中国:新疆伊犁	China,GSHAP
1959	11	30	15	18	36.2	59.73	-151.29		6.1	Ms	Gulf of Alaska	阿拉斯加湾	USGS
1959	12	1	14	59	40	-62.9	155.7		6.3	Ms	Southern Pacific Ridge	南太平洋海岭	Shi Z.
1959	12	2	7	43	55	21.5	94.5	150	6	Mk	myanmar:Magway,N.	缅甸:马圭北部	GSHAP,Song
1959	12	2	9	34	16	-1.1	123.1	111	6.5	Ms	Indonesia:Batui	印度尼西亚:巴图伊	Shi Z.
1959	12	3	14	0	24	25	94		5	Mk	India:Imphal	印度:英帕尔	GSHAP,Song
1959	12	5	8	13	42	40.3	-125.42		5.1	Ms	US:California,Off Coast N.	美国:加利福尼亚州北部沿海	USGS
1959	12	7	19	3	24	29.5	67.5		5	Mk	Pakistan:Quetta	巴基斯坦:奎达	GSHAP,Song
1959	12	8	9	35	19	36.91	29.07	70	5	Ms	Turkey:Cameli	土耳其:恰梅利	GSHAP
1959	12	8	12	21	1	37.9	72.9	5	5	Ms	Tajikistan:Sha Zude	塔吉克斯坦:沙祖德	GSHAP
1959	12	8	13	34	6	41.24	43.96	60	5.9	Ms	Georgia:Akhalkalaki	格鲁吉亚:阿卡卡垃吉	Turkey
1959	12	14	17	58	36	5.4	125.6	173	6.2	Ms	Philippines:Mindanao Island,Coast of S.	菲律宾:棉兰老岛南部海域	Shi Z.
1959	12	14	21	49	11	0.5	124.8		6	Ms	Molukka Sea	马鲁古海	Shi Z.
1959	12	14	22	0	51	52.45	-168.21		6.4	Ms	Aleutian Islands	阿留申群岛	USGS
1959	12	14	23	22	4.5	-59.906	-25.928	35	6.9	Ms	South Sandwich Trench	南桑威奇海沟	Engdahl,Shi Z.
1959	12	15	7	9	45	27	88		5.6	Ms	Nepal:Jamuna	尼泊尔:贾木纳	GSHAP
1959	12	15	10	47	41	36.3	69.7		5	Mk	Afghan:Taloqan	阿富汗:塔卢坎	GSHAP,Song
1959	12	17	1	31	14	21.4	120.7		5.3	Ms	China:Taiwan,Coast of S.	中国:台湾南部海域	China
1959	12	17	16	48	54.7	-36.2	-102.8		6	Ms	Easter Island,S.	复活节岛南部	Shi Z.
1959	12	18	16	24	50	52.56	-168.39		6.5	Ms	Aleutian Islands	阿留申群岛	USGS
1959	12	18	18	8	4	31.5	91		5	Ms	China:Xizang (Tibet),Nagqu,W.	中国:西藏那曲西	China
1959	12	21	10	20	34.6	-27.5	-176.3		6	Ms	Tonga Islands,SW.	汤加群岛西南	Shi Z.
1959	12	21	11	14	18.4	-27.5	-176.5	10	6.5	Ms	Kermadec Ridge	克马德克海岭	Shi Z.
1959	12	21	11	19	22	13.847	51.616	35	6.8	Ms	Eastern Gulf of Aden	亚丁湾东部	Engdahl,GSHAP
1959	12	22	0	9	0.4	13.93	51.43		5.8	Ms	Eastern Gulf of Aden	亚丁湾东部	GSHAP
1959	12	22	3	3	48	-14	-66.5		5.1	Ms	Bolivia:El Beni,Santa Rosa	玻利维亚:贝尼省圣罗莎	GSHAP
1959	12	22	3	4		-21.43	-65.72		5.4	Ms	Bolivia:Tupiza	玻利维亚:图皮萨	GSHAP
1959	12	23	9	29		37.357	14.908		5.23	Ms	Italy:Sicilia Island	意大利:西西里岛	Italy
1959	12	24	12	50		-13.5	-74		5.9	Mk	Peru:Ayacucho,Pomabamba	秘鲁:阿亚库乔,波马班巴	* Song
1959	12	25	10	18	52	-25.44	-68.71	111	6.6	Ms	Chile:Antofagasta,SE.	智利:安托法加斯塔东南	GSHAP
1959	12	25	15	57		39.1	41.6		5.4	Ms	Turkey:Varto, Mus	土耳其:瓦尔托,穆什	Turkey
1959	12	26	18	19	7.8	59.67	-151.26		6.2	Ms	Gulf of Alaska	阿拉斯加湾	USGS
1959	12	26	22	2	38	52.197	160.34	35	6.7	Ms	Russia:Kamchatka Peninsula	俄罗斯:堪察加半岛	Engdahl
1959	12	27	6	51	32	52.3	159.9		6.3	Ms	Russia:Kamchatka Peninsula	俄罗斯:堪察加半岛	Shi Z.
1959	12	27	11	54	49	52.6	160.1		6.3	Ms	Russia:Kamchatka Peninsula	俄罗斯:堪察加半岛	Shi Z.
1959	12	27	12	39	9	-28.2	-63.1	650	6	Ms	Argentina:Santiago del Estero	阿根廷:圣地亚哥-德尔埃斯特罗	Shi Z.
1959	12	27	15	52	60	55.981	162.891	25	6.8	Ms	Russia:Kamchatka,Near East Coast	俄罗斯:堪察加东部近海	Shi Z.,Engdahl
1959	12	28	7	20	32	52.4	160		6.6	Ms	Russia:Kamchatka Peninsula	俄罗斯:堪察加半岛	Shi Z.
1959	12	28	10	3	8	-22.5	-67.5	100	5.6	Ms	Bolivia:Potosi,S.	玻利维亚:波托西南部	GSHAP
1959	12	28	13	4	30	52.3	160.3		6.4	Ms	Russia:Kamchatka Peninsula	俄罗斯:堪察加半岛	Shi Z.
1959	12	29	20	35	13	17.5	145.4	369	6.1	Ms	Mariana Islands	马里亚纳群岛	Shi Z.
1959	12	31	1	49	4	43.5	111		5.75	Ms	Mongolia:Tamsagbulag	蒙古:塔木萨格布拉格	China
1960	1	1	4	11	44	48.1	154.3	70	5.8	Ms	Kuril Islands	千岛群岛	GSHAP
1960	1	2	3	21	52	-15.5	-68	150	6.2	Ms	Bolivia:La Paz	玻利维亚:拉巴斯	GSHAP
1960	1	2	5	6	54	2.5	96		5.75	Ms	Indonesia:Simeulue Island	印度尼西亚:锡默卢岛	GSHAP
1960	1	2	12	21	51	-55.6	-1.8		6.1	Ms	South Atlantic Ridge	南大西洋海岭	Shi Z.
1960	1	2	23	8	30	4.5	97		5	Mk	Indonesia:Sumatera,Aceh	印度尼西亚:苏门答腊亚齐	GSHAP,Song
1960	1	3	11	24	6	43.8	84.7		5.75	Ms	China:Xinjiang,Usu,S.	中国:新疆乌苏南	China
1960	1	3	20	19	30	39.5	15.5	250	6.2	Ms	Italy:Tyrrhenian Sea	意大利:第勒尼安海	Shi Z.
1960	1	3	21	20	14	45	148	100	6.2	Ms	Kuril Islands	千岛群岛	GSHAP
1960	1	4	3	57	3	26	90		5	Mk	India:Assam	印度:阿萨姆邦	GSHAP,Song
1960	1	4	6	16	0.3	11.55	42.71		5.7	Ms	Djibouti:Djibouti	吉布提:吉布提	GSHAP
1960	1	6	18	45	8	23.5	95		5	Mk	myanmar:Sagaing	缅甸:实皆	GSHAP,Song
1960	1	6	22	57	10	32	54.5		5	Ms	Iran:Yazd	伊朗:亚兹德	Iran
1960	1	7	8	15	21	6.5	94		5	Mk	India:Nicobar Islands	印度:尼科巴群岛	GSHAP,Song
1960	1	7	13	28	16	-56	-27.5		6.3	Ms	South Sandwich Islands	南桑威奇群岛	Shi Z.
1960	1	7	23	17	18	6.5	94.5		5.8	Ms	India:Nicobar Islands	印度:尼科巴群岛	GSHAP

年 Year	月 Mo	日 Dy	时 Hr	分 Mn	秒 Sec	纬度(°) Latitude	经度(°) Longitude	深度 Depth	震级 Mag	标度 Scale	地名(英文) Name(English)	地名(中文) Name(Chinese)	资料来源 Information
1960	1	8	14	45	53	-55.5	-27.5		6.2	Ms	South Sandwich Islands	南桑威奇群岛	Shi Z.
1960	1	9	6	32	15	-18.5	-65		5.8	Ms	Bolivia:Sucre	玻利维亚：苏克雷	GSHAP
1960	1	9	7	24	5	36.482	70.141	223.9	6.8	Ms	Afghan:Taloqan	阿富汗：塔卢坎	Engdahl,GSHAP
1960	1	10	22	51	29	42	143	100	5.5	Ms	Japan:SE. Hokkaido Island	日本：北海道东南	GSHAP
1960	1	11	3	10	14	16	96.5		5	Mk	myanmar:Yangon,S.	缅甸：仰光南部	GSHAP,Song
1960	1	11	11	27		41.283	13.986		5.17	Ms	Italy:Roccamonfina	意大利：罗卡蒙菲纳	Italy
1960	1	12	0	52	41	23.4	122.3		5.5	Ms	China:Taiwan,Hualien,Coast of E.	中国：台湾花莲以东海域	China
1960	1	12	3	9	10	-55.5	-27		6.1	Ms	South Sandwich Trench	南桑威奇海沟	Shi Z.
1960	1	12	21	44	10	16.25	95.75		5	Mk	myanmar:Yangon,S.	缅甸：仰光南部	GSHAP,Song
1960	1	13	15	40	30	-15.814	-72.788	95.4	7.5	mB	Peru:Arequipa,Chuquibamba	秘鲁：阿雷基帕，丘基班巴	* Shi Z.,Engdahl,NOAA
1960	1	14	2	41	24	5	96.5		5	Mk	Indonesia:Sumatera,Aceh	印度尼西亚：苏门答腊亚齐	GSHAP,Song
1960	1	15	9	30	24	-14.961	-75.162	97.2	6.9	mB	Peru:Lima,Nazca,Ica	秘鲁：利马，纳斯卡，伊卡	* Shi Z.,Engdahl
1960	1	16	20	49	31.1	63.29	-150.41	125	5.9	Ms	Alaska Peninsula,S.	阿拉斯加半岛南部	USGS
1960	1	17	2	57	58	-14.5	-74.5	150	6.4	Ms	Peru:Ayacucho	秘鲁：阿亚库乔	GSHAP,Shi Z.
1960	1	18	19	30	18	9	-77	100	5	Ms	Colombia:Acandí,Near Coast	哥伦比亚：阿坎迪近海	GSHAP
1960	1	18	22	0	53	29.5	67.5		5	Mk	Pakistan:Quetta	巴基斯坦：奎达	GSHAP,Song
1960	1	19	2	16	52	52	158		6.3	Ms	Russia:Kamchatka Peninsula	俄罗斯：堪察加半岛	Shi Z.
1960	1	19	9	15	5.2	-23.4	-179.6	552	6	Ms	Lau Ridge[Pacific Ocean]	劳海岭[太平洋]	Shi Z.
1960	1	20	3	25	53	36.78	-121.43		5	Ms	US:California,Tres Pinos	美国：加利福尼亚州特雷斯皮诺斯	USGS
1960	1	21	10	43	33	-16	-179.5		6	Ms	Fiji Islands	斐济群岛	Shi Z.
1960	1	21	20	45		5	95		5	Mk	India:Nicobar Islands	印度：尼科巴群岛	GSHAP,Song
1960	1	22	2	14	24	42.4	143.1	50	5.3	Ms	Japan:SE. Hokkaido Island	日本：北海道东南	GSHAP
1960	1	23	3	37	32	-12.5	-68.5	300	5.6	Ms	Bolivia:Chive	玻利维亚：奇韦	GSHAP
1960	1	23	4	40	56	-4	127.5		6.6	Ms	Indonesia:Banda Sea	印度尼西亚：班达海	Shi Z.
1960	1	23	7	31	14	-4	127.5		6.5	Ms	Indonesia:Banda Sea	印度尼西亚：班达海	Shi Z.
1960	1	23	17	56	33	-4.16	127.48	35	6.6	Muk	Indonesia:Banda Sea	印度尼西亚：班达海	Engdahl
1960	1	24	4	21	48.1	-15.9	-179.4	27	6.4	Ms	North of Fiji Islands	斐济群岛北部	Shi Z.
1960	1	25	16	29	31.4	-15.8	-179.4	8	6.2	Ms	North of Fiji Islands	斐济群岛北部	Shi Z.
1960	1	26	9	52		39.5	39.5		6.1	Ms	Turkey:Erzincan	土耳其：埃尔津占	Shi Z.
1960	1	26	13	5	42	36.85	29.02	60	5.2	Ms	Turkey:Dalaman	土耳其：达拉曼	GSHAP
1960	1	26	20	27	4	45.8	26.2	140	5.3	Ms	Romania:Covasna	罗马尼亚：科瓦斯纳	GSHAP
1960	1	29	7	33	44	36.5	70.5	200	6.1	Ms	Afghan:Badakhshan	阿富汗：巴达赫尚	GSHAP
1960	1	30	5	7	24	-5.5	-77.5		5.4	Ms	Peru:Loreto,SW.	秘鲁：洛雷托西南	GSHAP
1960	1	31	5	8	18	33.5	134.5		6.3	Ms	Japan:Shikoku	日本：四国	Shi Z.
1960	1	31	13	51	38	33.8	87.5		5	Ms	China:Xizang (Tibet),Nyima,N.	中国：西藏尼玛北部	China
1960	2	2	23	51	59	33.8	104.5		5.25	Ms	China:Gansu,Zhouqu	中国：甘肃舟曲	* China
1960	2	3	2	20	55	-37.4	178.3		6	Ms	New Zealand:North Island,Near Coast of NE.	新西兰：北岛东北近海	Shi Z.
1960	2	3	12	49	19	43	139.4	217	5.4	Ms	Japan Sea,NE.	日本海东北	GSHAP
1960	2	4	3	46	30	-4.5	153.5	100	6.5	Ms	Papua New Guinea:New Ireland,E.	巴布亚新几内亚：新爱尔兰东部	Shi Z.
1960	2	4	16	50	30	39	143		6.3	Ms	Japan:Oshu,Near Coast	日本：奥州近海	Shi Z.
1960	2	6	17	1	26	31.5	91		5	Ms	China:Xizang (Tibet),Nagqu,W.	中国：西藏那曲西	China
1960	2	7	4	24	52.5	7.19	-72.23	36	5	Ms	Colombia:Norte de Santander	哥伦比亚：北桑坦德	GSHAP
1960	2	8	12	45	34	-58	-67		6.8	Ms	West Scotia Basin	西斯科舍海盆	GSHAP
1960	2	8	18	54	28	36.7	70.3	70	5.1	Ms	Afghan:Taloqan	阿富汗：塔卢坎	GSHAP
1960	2	8	19	6	16	-8.5	-74.5	200	5	Ms	Peru:Pucallpa	秘鲁：普卡尔帕	GSHAP
1960	2	9	11	9	59	46.2	143.7	320	5.8	Ms	Russia:Sakhalin Island	俄罗斯：库页岛(萨哈林岛)	GSHAP
1960	2	9	23	55	56	-4.039	127.728	32.6	6.7	Ms	Indonesia:Banda Sea	印度尼西亚：班达海	Engdahl
1960	2	13	20	40	6	-17.5	-70	150	5.7	Ms	Peru:Torata	秘鲁：塔克纳	GSHAP
1960	2	14	12	51	18	12.5	92.5		5	Mk	India:Andaman Islands	印度：安达曼群岛	GSHAP,Song
1960	2	17	8	5	30	37	71.5	250	6	Mk	Afghan:Fayzabad,E.	阿富汗：法扎巴德东部	GSHAP,Song
1960	2	17	12	32	12	-29.85	-111.9	35	6.5	Muk	Easter Island,S.	复活节岛南部	Engdahl
1960	2	17	15	32	50	45.58	14.32	14	5.5	Ms	Slovenia:Ilirska Bistrica	斯洛文尼亚：伊利尔斯卡比斯特里察	GSHAP,Italy
1960	2	17	16	27	47	43.1	146.1	30	5	Ms	Kuril Islands	千岛群岛	GSHAP
1960	2	18	1	59	23	35.5	73	150	6	Mk	Pakistan:Mingora,N.	巴基斯坦：明戈拉北部	GSHAP,Song
1960	2	18	20	32	49	29.5	97.4		5	Ms	China:Xizang (Tibet),Zogang,SW.	中国：西藏左贡西南	China
1960	2	19	10	36	54	36.8	71	190	7.1	Ms	Afghan:Badakhshan	阿富汗：巴达赫尚	GSHAP
1960	2	20	14	40	8	37.5	44.5		5.6	Ms	Turkey:Yüksekova	土耳其：于克塞科瓦	Iran
1960	2	20	23	30	31	36	71	200	6	Mk	Afghan:Badakhshan	阿富汗：巴达赫尚	GSHAP,Song
1960	2	21	0	46	56	-42.5	173.1	60	6	Ms	New Zealand:South Island,Lyford	新西兰：南岛，莱福德	Shi Z.
1960	2	21	7	22	48	42.5	103		5.75	Ms	Mongolia:Namgon	蒙古：瑙木贡	China
1960	2	21	8	13	31	36	4.1	33	5.6	Ms	Algeria:Melouza	阿尔及利亚：迈卢扎	*
1960	2	21	8	22	48	42.5	103	15	5.7	Ms	Mongolia:Namgon	蒙古：瑙木贡	GSHAP
1960	2	21	9	29	15	38	42		5.5	Ms	Turkey:Siirt	土耳其：锡尔特	Turkey,GSHAP
1960	2	23	2	9	5	36.7	71.1	160	5.9	Ms	Afghan:Badakhshan	阿富汗：巴达赫尚	GSHAP
1960	2	23	7	10	35	23.5	121.6		5.75	Ms	China:Taiwan,Hualien,Coast of E.	中国：台湾花莲以东海域	China
1960	2	23	7	34	31	39	20.6		5.6	Ms	Ionian Sea	爱奥尼亚海	Turkey

年 Year	月 Mo	日 Dy	时 Hr	分 Mn	秒 Sec	纬度(°) Latitude	经度(°) Longitude	深度 Depth	震级 Mag	标度 Scale	地名(英文) Name(English)	地名(中文) Name(Chinese)	资料来源 Information
1960	2	23	16	4	50	-6	154.5		6.1	Ms	Papua New Guinea:Bougainville Island	巴布亚新几内亚:布干维尔岛	Shi Z.
1960	2	24	21	37	4	-7.5	156		6.6	Ms	Solomon Islands	所罗门群岛	Shi Z.
1960	2	25	14	7	29	36.5	71.25	200	6	Mk	Afghan:Badakhshan	阿富汗:巴达赫尚	GSHAP,Song
1960	2	26	1	8	45	23.8	122.5	60	5.25	Ms	China:Taiwan,Hualien,Coast of E.	中国:台湾花莲以东海域	China
1960	2	26	6	3		38.87	125.8		5.1	Ms	North Korea:Pyongyang	朝鲜:平壤	Korea
1960	2	26	23	29	24	51.32	-177.97		6.3	Ms	Andreanof Islands, Aleutian Is.	阿留申群岛,安德烈亚诺夫群岛	USGS,Shi Z.
1960	2	27	8	10	4	51.53	-177.96		6.1	Ms	Andreanof Islands, Aleutian Is.	阿留申群岛,安德烈亚诺夫群岛	USGS
1960	2	28	9	34	18	44	147.9	40	5.1	Ms	Kuril Islands	千岛群岛	GSHAP
1960	2	29	8	34	30	23.5	94.5		5	Mk	myanmar:Sagaing	缅甸:实皆	GSHAP,Song
1960	2	29	23	40	12	30.5	-9.5		6.8	Ms	Morocco:Agadir	摩洛哥:阿加迪尔	* NOAA
1960	3	2	12	18	5	32	50.25		5.8	Ms	Iran:Khuzestan	伊朗:胡齐斯坦	Iran
1960	3	3	14	15	6	40.8	78.1		5	Ms	China:Xinjiang,Kalpin	中国:新疆柯坪	China
1960	3	4	2	15	58	50.6	-176.85		5.9	Ms	Andreanof Islands, Aleutian Is.	阿留申群岛,安德烈亚诺夫群岛	USGS
1960	3	4	3	53		31	129	140	6.5	Ms	Japan:Kagoshima	日本:鹿岛	Shi Z.
1960	3	4	21	5	45	7.5	94		6	Ms	India:Nicobar Islands	印度:尼科巴群岛	GSHAP
1960	3	5	11	25		29	81		5	Mk	Nepal:Seti	尼泊尔:塞蒂	GSHAP,Song
1960	3	5	13	49	24	0.717	128.83	27.7	6.8	Ms	Molukka Sea	马鲁古海	Engdahl
1960	3	5	23	50	38	29	81		5	Mk	Nepal:Seti	尼泊尔:塞蒂	GSHAP,Song
1960	3	6	2	22	6	1	129		6	Ms	Indonesia:Maluku Utara,Coast of E.	印度尼西亚:北马鲁古东部海域	Shi Z.
1960	3	7	0	51	40	34.48	55.35	5	5	Ms	Iran:Semnan	伊朗:塞姆南	GSHAP
1960	3	7	6	12	10	51.6	153.5	450	5.8	Ms	Sea of Okhotsk	鄂霍次克海	GSHAP
1960	3	7	11	34	17	23.8	122.2		5.25	Ms	China:Taiwan,Hualien,Coast of E.	中国:台湾花莲以东海域	China
1960	3	8	16	33	41	-17.03	168.717	243.3	7.2	mB	Vanuatu Islands	瓦努阿图群岛	Engdahl
1960	3	9	23	54	25	-16.5	-72.5	150	6.2	Ms	Peru:Arequipa	秘鲁:阿雷基帕	GSHAP,Shi Z.
1960	3	10	13	44	25.9	-15.1	-173.6	14	6	Ms	Samoa Islands	萨摩亚群岛	Shi Z.
1960	3	10	14	32	41	46.92	152.11	100	6.1	Ms	Kuril Islands	千岛群岛	GSHAP
1960	3	12	11	54		42	21		5.6	Ms	Fyrom:Tetovo	马其顿:泰托沃	GSHAP
1960	3	12	20	30	42	-6.14	152.26	35	6.5	Muk	New Britain Trench	新不列颠海沟[太平洋]	Engdahl
1960	3	13	23	53	32	7.5	-77	60	6.1	Ms	Colombia:Riosucio	哥伦比亚:乔科的里奥苏西奥	GSHAP
1960	3	14	0	53	7	42.6	142.8	71	5.8	Ms	Japan:Hokkaido	日本:北海道	GSHAP
1960	3	14	4	44		42.037	13.266		5.17	Ms	Italy:Tagliacozzo	意大利:塔利亚科佐	Italy,GSHAP
1960	3	16	17	39	16.9	-15.5	-173.2		6	Ms	Samoa Islands	萨摩亚群岛	Shi Z.
1960	3	18	14	46	23	37.25	71		5	Mk	Afghan:Badakhshan	阿富汗:巴达赫尚	GSHAP,Song
1960	3	20	7	25	59	0.5	99.5		5	Mk	Indonesia:Northern Sumatra	印度尼西亚:苏门答腊北部	GSHAP,Song
1960	3	20	10	41	18	39	44		5.5	Ms	Turkey:Çaldiran	土耳其:恰尔德兰	Iran
1960	3	20	17	7	29	39.871	143.435	20	7.8	Mw	Japan Trench	日本海沟	* Engdahl,Usami,NOAA,GSHAP,Shi Z.
1960	3	20	22	25	18	38.3	46		5.2	Ms	Iran:Tabriz	伊朗:大不里士	Iran
1960	3	21	0	34	50	39.5	143		6.4	Ms	Japan:Miyako,Off Coast	日本:宫古沿海	Shi Z.
1960	3	21	3	45	52	25	97.5		5.25	Ms	myanmar:Myitkyina	缅甸:密支那	China
1960	3	21	9	18	22	40	143		6.2	Ms	Japan:Morioka,Near East Coast	日本:盛冈东部近海	Shi Z.
1960	3	22	2	31	17	-61.5	154		6.4	Ms	Southern Pacific Ridge	南太平洋海岭	Shi Z.
1960	3	23	0	23		39.4	143.7		6.7	Ms	Japan Trench	日本海沟	* NOAA
1960	3	23	20	3	48	32.3	103.7		5	Ms	China:Sichuan,Songpan,S.	中国:四川松潘南	China
1960	3	23	22	22	36	39.5	143		6	Ms	Japan:Miyako,Off Coast	日本:宫古沿海	Shi Z.
1960	3	23	23	8	49	46.35	7.98		5.36	Ms	Switzerland:Vallese	瑞士:瓦莱	Italy
1960	3	24	5	54	36	46.9	152.5	60	5.5	Ms	Kuril Islands	千岛群岛	GSHAP
1960	3	24	23	21	5	31.25	51		6	Ms	Iran:Aharmahal And Bakhtiari	伊朗:恰哈马哈勒-巴赫蒂亚里	Iran
1960	3	25	9	45	0.4	12	46.75		5.5	Ms	Western Gulf of Aden	亚丁湾西部	GSHAP
1960	3	27	3	48	28	-13.4	165.9		6.2	Ms	North Vanuatu Islands	瓦努阿图群岛北部	Shi Z.
1960	3	27	8	58	0.21	-13.295	165.903	26.9	6.5	Muk	North Vanuatu Islands	瓦努阿图群岛北部	Engdahl
1960	3	27	20	15	45	19	-105		6.1	Ms	Mexico:Near Coast of Jalisco	墨西哥:哈利斯科近海	Shi Z.
1960	3	27	23	28	26	-39.01	175.23	224	6	Ms	New Zealand:Wellington	新西兰:惠灵顿区	Shi Z.
1960	3	28	0	16	38.5	7.5	-81.8		6.5	Ms	Panama:Off Coast of S.	巴拿马:南部海域	Shi Z.
1960	3	28	6	36		-13.5	165.9		6	Ms	North Vanuatu Islands	瓦努阿图群岛北部	Shi Z.
1960	3	29	6	30	59	-16.829	167.295	5	6.7	Ms	Vanuatu Islands	瓦努阿图群岛	Engdahl
1960	3	29	7	30	33	0	98		5	Mk	Indonesia:Northern Sumatra	印度尼西亚:苏门答腊北部	GSHAP,Song
1960	3	29	22	10	20	-6	147		6	Ms	Papua New Guinea:Lae	巴布亚新几内亚:莱城	Shi Z.
1960	3	30	10	49	48	-13.5	165.9		6	Ms	North Vanuatu Islands	瓦努阿图群岛北部	Shi Z.
1960	4	1	13	18	23	-14.5	-73.5	100	5.9	Ms	Peru:Apurimac	秘鲁:阿普里马克	GSHAP
1960	4	2	10	29	50	36.5	71	200	6	Mk	Afghan:Badakhshan	阿富汗:巴达赫尚	GSHAP,Song
1960	4	2	11	7	57	0.5	-80.5		6.2	Ms	Ecuador:Near Coast of W.	厄瓜多尔:西部近海	GSHAP
1960	4	2	22	36		34.25	48.25	25	5.3	Ms	Iran:Hamadan	伊朗:哈马丹	Iran,GSHAP
1960	4	5	7	17	45	-61	-26		6.1	Ms	South Sandwich Trench	南桑威奇海沟	Shi Z.
1960	4	6	2	5	6	-20	-68.5	100	5	Ms	Bolivia:Potosi,W.	玻利维亚:波托西西部	GSHAP
1960	4	7	13	47	29.3	-24.3	-179.8	483	6	Ms	Lau Ridge[Pacific Ocean]	劳海岭[太平洋]	Shi Z.
1960	4	7	23	55	49.3	-21.5	-176.5	125	6	Ms	Tonga Islands,W.	汤加群岛西部	Shi Z.
1960	4	9	17	3	25	24.3	121.7	10	5	Ms	China:Taiwan,Hualien	中国:台湾花莲	China

年	月	日	时	分	秒	纬度(°)	经度(°)	深度	震级	标度	地名(英文)	地名(中文)	资料来源
Year	Mo	Dy	Hr	Mn	Sec	Latitude	Longitude	Depth	Mag	Scale	Name(English)	Name(Chinese)	Information
1960	4	13	6	57	49	44.7	127		5.8	Ms	China:Jilin,Yushu	中国:吉林榆树	* China
1960	4	13	12	37	38	15.5	-92.5		6	Ms	Mexico:Chiapas	墨西哥:恰帕斯州	Shi Z.
1960	4	15	3	25	39	-26.96	-113.43	35	6.5	Muk	Easter Island,W.	复活节岛西部	Engdahl
1960	4	15	10	52		10.5	-66.92		5	Mk	Venezuela:Caracas	委内瑞拉:加拉加斯	GSHAP,Song
1960	4	15	11	39	1	40.5	142	150	6	Ms	Japan:Aomori,Near East Coast	日本:青森东部近海	Shi Z.
1960	4	15	22	5	8	-13.66	165.88	35	6.5	Muk	Vanuatu Islands	瓦努阿图群岛	Engdahl
1960	4	18	14	46	20	45.5	142.5	280	5.2	Ms	Japan:Hokkaido,Coast N.	日本:北海道北部海域	GSHAP
1960	4	20	20	59	51	36.25	70	200	6	Mk	Afghan:Taloqan	阿富汗:塔卢坎	GSHAP,Song
1960	4	22	16	14	44	1	99.25		5	Mk	Indonesia:Northern Sumatra	印度尼西亚:苏门答腊北部	GSHAP,Song
1960	4	24	3	22	23	-6	113.5	600	6.5	Ms	Indonesia:Java Sea	印度尼西亚:爪哇海	Shi Z.
1960	4	24	12	14		28	54.5		6	Muk	Iran:Lar	伊朗:拉尔	*
1960	4	25	4	1	7	46.2	143.8	360	5.8	Ms	Sea of Okhotsk	鄂霍次克海	GSHAP
1960	4	26	21	27	21	39	101.4		5	Ms	China:Gansu,Shandan,NE.	中国:甘肃山丹东北	China
1960	4	27	17	39	32	28	54.5		5.3	Ms	Iran:Lar	伊朗:拉尔	Iran
1960	4	27	18	9	17	28	54.5		5.2	Ms	Iran:Lar	伊朗:拉尔	Iran
1960	4	29	9	16	12	-0.5	121.5		6.4	Ms	Indonesia:Sulawesi	印度尼西亚:苏拉威西岛	* Shi Z.
1960	4	29	12	47	16	-1	-78.5	100	5.9	Ms	Ecuador:Cotopaxi	厄瓜多尔:科托帕希	GSHAP
1960	4	30	4	1	32	-0.35	121.63		6.2	Ms	Indonesia:Sulawesi	印度尼西亚:苏拉威西岛	Shi Z.
1960	4	30	22	10	7	-6	124.5	600	6	Ms	Indonesia:Banda Sea	印度尼西亚:班达海	Shi Z.
1960	5	2	1	0	4	43.7	84.3		5.25	Ms	China:Xinjiang,Usu,S.	中国:新疆乌苏南	China,GSHAP
1960	5	2	2	43	45	37	69		5	Mk	Afghan:Qonduz	阿富汗:昆都士	GSHAP,Song
1960	5	3	6	59	4	27.7	54.2		5.4	Ms	Iran:Jahrom,S.	伊朗:贾赫罗姆南部	Iran
1960	5	3	7	55	16	29.8	99.6		5.4	Ms	China:Sichuan,Batang,SE.	中国:四川巴塘东南	China
1960	5	4	2	17		0	32		6	Ms	Uganda:Mpigi	乌干达:姆皮吉	GSHAP
1960	5	6	13	59	4	22	94	100	6	Mk	myanmar:Chin	缅甸:赛钦	GSHAP,Song
1960	5	8	12	23	57	37	71	200	6	Mk	Afghan:Badakhshan	阿富汗:巴达赫尚	GSHAP,Song
1960	5	8	13	44	56	36.5	69		5	Mk	Afghan:Qonduz	阿富汗:昆都士	GSHAP,Song
1960	5	9	14	36	27	25.5	89.5		5	Mk	Bangladesh:Rajshahi	孟加拉:拉吉沙希	GSHAP,Song
1960	5	9	20	13	29	-4.5	-106	60	6	Ms	East Pacific Ridge	东太平洋海岭	Shi Z.
1960	5	11	18	36		-3	131		6.4	Ms	Indonesia:Maluku Islands	印度尼西亚:摩鹿加群岛	Shi Z.
1960	5	12	22	32	32	7.5	-81		6.5	Ms	Panama:Off Coast of S.	巴拿马:南部海域	Shi Z.
1960	5	13	16	7	11.2	54.81	-161.35		6.3	Ms	Aleutian Islands	阿留申群岛	USGS,Shi Z.
1960	5	14	11	26	54	43.5	140	250	5.7	Ms	Japan Sea,N.	日本海北部	GSHAP
1960	5	14	22	19	55	53.5	159.5		6	Ms	Russia:Kamchatka Peninsula	俄罗斯:堪察加半岛	Shi Z.
1960	5	15	13	30	26	24.2	122		5.25	Ms	China:Taiwan,Hualien,Coast of E.	中国:台湾花莲以东海域	China
1960	5	18	6	35	10	29.08	129.892	56.8	6.7	Ms	Ryukyu Islands	琉球群岛	Engdahl
1960	5	18	8	41	8	27.22	53.15	51	5.5	Ms	Iran:Hormozgan	伊朗:荷姆兹甘	Iran
1960	5	19	2	6	55	36.5	71	100	6.2	Ms	Afghan:Badakhshan	阿富汗:巴达赫尚	GSHAP
1960	5	19	10	11	51	-17	66		6.3	Ms	Mid - Indian Ridge	中印度洋海岭	Shi Z.
1960	5	20	4	14	29	27.38	53.15	49	5.2	Ms	Iran:Hormozgan	伊朗:荷姆兹甘	Iran
1960	5	20	11	12	31	-28	167.5		6.5	Ms	Norfolk Island	诺福克岛	Shi Z.
1960	5	21	10	2	57.7	-37.872	-73.243	35	8.2	Mw	Chile:Curanilahue	智利:库拉尼拉韦	* Engdahl,NOAA
1960	5	21	10	54	0.75	-37.141	-72.404	35	6.8	Ms	Chile:Curanilahue	智利:库拉尼拉韦	Shi Z.,Engdahl
1960	5	21	11	47	58	-38	-71		6.5	Ms	Argentina:Zapala,NW.	阿根廷:萨帕拉西北	Shi Z.
1960	5	21	13	0	6	-37.3	-72.9		6.5	Ms	Chile:Laja	智利:拉哈	Shi Z.
1960	5	22	8	10	54	-37.8	-72.6		6	Ms	Chile:Angol	智利:安戈尔	Shi Z.
1960	5	22	10	30	44.3	-37.963	-73.173	38	6.8	Mw	Chile:Cañete	智利:卡涅特	GSHAP,Shi Z.,Engdahl
1960	5	22	10	32	50	-37.993	-73.341	51	6.8	Mw	Chile:Curanilahue	智利:库拉尼拉韦	GSHAP,Shi Z.,Engdahl
1960	5	22	12	16	44	-38.2	-73.2		6.3	Ms	Chile:Cañete	智利:卡涅特	Shi Z.
1960	5	22	18	56	4.03	-38.147	-72.984	35	7.9	Mw	Chile:Traiguén	智利:特赖根	Engdahl
1960	5	22	19	11	18	-38.235	-73.047	35	9.5	M	Chile:Puerto Montt, Valdivia	智利:蒙特港,巴尔迪维亚	* Engdahl,NOAA
1960	5	22	23	56	10	-42.5	-74	60	6	Ms	Chile:Castro	智利:卡斯特罗	Shi Z.
1960	5	23	0	25	44	-38.5	-75		6.8	Ms	Chile:Off Coast of C.	智利:中部沿海	GSHAP
1960	5	23	0	51	14	-37.4	-72.3		6	Ms	Chile:Laja	智利:拉哈	Shi Z.
1960	5	23	0	53	57	-39.5	-73		6.9	Ms	Chile:Lanco	智利:兰科	GSHAP
1960	5	23	1	34	52	-39.5	-73.7		6.3	Ms	Chile:Near Coast of C.	智利:中部近海	Shi Z.
1960	5	23	1	43	59	-38.5	-75		6	Ms	Chile:Off Coast of C.	智利:中部沿海	Shi Z.
1960	5	23	2	46	30	-41.5	-73.7		6.4	Ms	Chile:Los Muermos	智利:卢斯穆埃尔莫斯	Shi Z.
1960	5	23	2	56	17	-42.9	-75.3		6.3	Ms	Chile:Near Coast of S.	智利:南部近海	Shi Z.
1960	5	23	5	13	34	-38.1	-72.8		6.4	Ms	Chile:Traiguén	智利:特赖根	Shi Z.
1960	5	23	7	9	17	-48	-77		6.3	Ms	Chile:Off Coast of S.	智利:南部沿海	GSHAP
1960	5	23	9	52	20	-37.7	-72		6	Ms	Chile:Santa Barbara	智利:圣巴巴拉	Shi Z.
1960	5	23	10	37	59	-43.5	-73.7		6.2	Ms	Chile:Quellon	智利:克永	Shi Z.
1960	5	24	14	46	42	-43.962	167.824	35	6.7	Ms	Tasman Sea	塔斯曼海[太平洋]	Engdahl
1960	5	24	20	32	43	-50.8	-73.2		6	Ms	Argentina:Santa Cruz,SW.	阿根廷:圣克鲁斯西南	Shi Z.
1960	5	25	8	34	42	-44.824	-75.73	25.8	6.9	Ms	Chile:Near Coast of S.	智利:南部近海	GSHAP,Shi Z.,Engdahl

年 Year	月 Mo	日 Dy	时 Hr	分 Mn	秒 Sec	纬度(°) Latitude	经度(°) Longitude	深度 Depth	震级 Mag	标度 Scale	地名(英文) Name(English)	地名(中文) Name(Chinese)	资料来源 Information
1960	5	25	12	50		27.3	54.3		5.1	Ms	Iran:Jahrom,S.	伊朗:贾赫罗姆南部	Iran
1960	5	26	5	10		40	20		6.5	Muk	Albania:Delvine	阿尔巴尼亚:德维纳区	*
1960	5	26	18	4	50	4.5	96.5		5	Mk	Indonesia:Sumatera,Aceh	印度尼西亚:苏门答腊亚齐	GSHAP,Song
1960	5	26	19	33	56	-38.5	-73	60	5.5	Ms	Chile:Cholchol	智利:乔尔乔尔	GSHAP
1960	5	26	20	5	13	26.7	92.7	50	5.1	Ms	India:Tezpur	印度:阿萨姆的提斯浦尔	China
1960	5	26	22	59	6	-38	-73		5.3	Ms	Chile:Purén	智利:普伦	GSHAP
1960	5	27	3	17	21	-41	-76		5.9	Ms	Chile:Off Coast of S.	智利:南部沿海	GSHAP
1960	5	27	10	25	6	-38	-75	60	5	Ms	Chile:Off Coast of C.	智利:中部沿海	GSHAP
1960	5	27	23	6	54	-45.1	-76.2		6.2	Ms	Chile:Near Coast of S.	智利:南部近海	Shi Z.
1960	5	28	3	5	53	-39.5	-74.5		5.5	Ms	Chile:Near Coast of C.	智利:中部近海	GSHAP
1960	5	28	11	5	41	-37.8	-72.7		6.1	Ms	Chile:Angol	智利:安戈尔	Shi Z.
1960	5	28	19	42	1	29.8	52.3		5	Ms	Iran:Fars,Shiraz	伊朗:法尔斯,设拉子	Iran
1960	5	29	7	20	1	25.5	124.5		5.5	Ms	Ryukyu Islands	琉球群岛	China
1960	5	29	7	39	29	-38	-72.5		6.5	Ms	Chile:Angol	智利:安戈尔	GSHAP
1960	5	29	8	34	20	-37.5	-73		5.8	Ms	Chile:Curanilahue	智利:库拉尼拉韦	GSHAP
1960	5	29	14	5	25	-37.5	-73		6	Ms	Chile:Curanilahue	智利:库拉尼拉韦	Shi Z.
1960	5	29	21	23	55	-43	-75.8		6.1	Ms	Chile:Near Coast of S.	智利:南部近海	Shi Z.
1960	5	30	17	46	43	-38.5	-74	60	5.3	Ms	Chile:Near Coast of C.	智利:中部近海	GSHAP
1960	5	31	2	40	1	-39.66	-75.53	35	6.5	Muk	Chile:Off Coast of C.	智利:中部沿海	Engdahl,GSHAP
1960	5	31	11	2	16	17.79	-61.65	35	6.6	Muk	Antigua and Barbuda:St John's	安提瓜和巴布达:圣约翰斯	Engdahl
1960	6	2	5	58	7.81	-46.314	-74.267	25	6.8	Muk	Chile:Aisen Region	智利:艾森区	Engdahl,GSHAP
1960	6	2	7	22	30	33.5	60		5.3	Ms	Iran:Birjand	伊朗:比尔詹德	Iran
1960	6	2	7	47	11	-5.5	151.5		6.6	Ms	Papua New Guinea:East New Britain	巴布亚新几内亚:东新不列颠	Shi Z.
1960	6	3	13	14	38	-17.5	-179.5	600	6	Ms	Fiji Islands	斐济群岛	Shi Z.
1960	6	3	13	23	42.8	-17.8	-179.3	617	6	Ms	Fiji Islands	斐济群岛	Shi Z.
1960	6	3	19	55	30	-42.5	-75		5.5	Ms	Chile:Near Coast of S.	智利:南部近海	GSHAP
1960	6	3	21	48	57	-41	-73.5		5.5	Ms	Chile:Purranque	智利:普兰克	GSHAP
1960	6	4	2	27	6	20	-104.5		6.1	Ms	Mexico:Jalisco	墨西哥:哈利斯科	Shi Z.
1960	6	4	3	2	49	-39	-73.5		5.5	Ms	Chile:Near Coast of C.	智利:中部近海	GSHAP
1960	6	5	7	47	7	37.52	-118.73	16	5.2	Ms	US:California,Mammoth Lakes,S.	美国:加利福尼亚州马姆莫斯湖南部	USGS
1960	6	6	1	17	45.5	40.84	-124.91		5.7	Ms	US:California,North Coast	美国:加利福尼亚州北部近海	USGS
1960	6	6	5	55	50	-45.727	-73.444	25	7.2	Mw	Chile:Aisen Region	智利:艾森区	Engdahl,GSHAP,Shi Z.
1960	6	7	22	9	51	31	51	70	5	Ms	Iran:Iluyeh & Boyer Ahmad	伊朗:科吉卢耶-博韦艾哈迈德	Iran
1960	6	9	11	23	51	-18	169		6.2	Ms	Vanuatu Islands	瓦努阿图群岛	Shi Z.
1960	6	9	22	55	11	3.5	96.5		5	Mk	Indonesia:Off West Coast of N. Sumatera	印度尼西亚:北苏门答腊西部海域	GSHAP,Song
1960	6	10	13	49	21	26.5	53		5	Ms	Arabian Gulf	阿拉伯海	Iran
1960	6	10	21	12	4.2	-15.6	-173.8		6	Ms	Samoa Islands	萨摩亚群岛	Shi Z.
1960	6	11	0	34	48	-21	-64.5	300	6.2	Ms	Bolivia:Tarija	玻利维亚:塔里哈	GSHAP
1960	6	11	15	14	9	-9.4	152.3	33	6.6	Ms	Solomon Sea,W.	所罗门海西部	* NOAA
1960	6	11	16	37	40	-9.5	152.5		6.4	Ms	Solomon Islands	所罗门群岛	Shi Z.
1960	6	12	7	19	43	-36	-98		6.2	Ms	Easter Island,SE.	复活节岛东南	Shi Z.
1960	6	13	5	47	5	-44.8	-76.6		6	Ms	Chile:Near Coast of S.	智利:南部近海	Shi Z.
1960	6	15	15	36	51	41	142.5	40	6	Ms	Japan trench	日本海沟	Shi Z.
1960	6	15	23	27	40	-0.5	133		6	Ms	Indonesia:Papua	印度尼西亚:巴布亚	Shi Z.
1960	6	15	23	32	35	-26	178.5	600	6.2	Ms	Tonga Islands,S.	汤加群岛南部	Shi Z.
1960	6	17	16	35	33	51.9	-173.15		6.1	Ms	Andreanof Islands, Aleutian Is.	阿留申群岛,安德烈亚诺夫群岛	USGS
1960	6	19	2	21	21	11.5	93		5	Mk	India:Andaman Islands	印度:安达曼群岛	GSHAP,Song
1960	6	19	22	1		-38	-73.5		7.3	Ms	Chile:Cañete	智利:卡涅特	Chile
1960	6	20	2	1	14	-38.254	-73.283	25	7	Mw	Chile:Traiguén	智利:特赖根	Shi Z.,Engdahl
1960	6	20	12	59	46	-39.218	-73.331	25	7.1	Mw	Chile:Near Coast of C.	智利:中部近海	Engdahl,GSHAP
1960	6	21	8	34	39	-4.5	-105		6	Ms	East Pacific Ridge	东太平洋海岭	Shi Z.
1960	6	21	14	5	57	-2	-80.5		6.1	Ms	Ecuador:Guayaquil	厄瓜多尔:瓜亚基尔	GSHAP
1960	6	22	23	28	47	51.68	-173.43		6.1	Ms	Andreanof Islands, Aleutian Is.	阿留申群岛,安德烈亚诺夫群岛	USGS
1960	6	23	3	37	42	37	49.5		6.5	Ms	Iran:Rudbar, Rasht	伊朗:鲁德巴,拉什特	Iran
1960	6	23	19	23	30	47	152.5	150	5.1	Ms	Kuril Islands	千岛群岛	GSHAP
1960	6	25	13	53	37	6.5	-72.5	150	5	Ms	Colombia:Guican	哥伦比亚:圭坎	GSHAP
1960	6	25	14	41	58.8	-30.2	-177.8	75	6.6	Ms	Kermadec Ridge	克马德克海岭	Shi Z.
1960	6	25	19	55	46	47	94.5	15	5.3	Ms	Mongolia:Bayan Ula	蒙古:巴彦乌拉	GSHAP
1960	6	29	1	57	15	-42.9	-74		6.2	Ms	Chile:Chiloe	智利:奇洛埃	Shi Z.
1960	6	29	4	29	25	-30.1	-177.7	89	6.1	Ms	Kermadec Ridge	克马德克海岭	Shi Z.
1960	6	29	17	6	57	52.69	-168.04		5.9	Ms	Aleutian Islands	阿留申群岛	USGS
1960	6	30	11	45	18	-43.5	-73.5		5.8	Ms	Chile:Quellon	智利:克永	GSHAP
1960	6	30	19	58	37.7	60.3	-150.9	55	5.9	Ms	Alaska Peninsula,S.	阿拉斯加半岛南部	USGS
1960	7	2	10	17	6	-39.5	-75		5.3	Ms	Chile:Off Coast of C.	智利:中部沿海	GSHAP
1960	7	2	12	44	22	41.32	131.96	530	6.5	Ms	Japan Sea,N.	日本海北部	GSHAP

年 Year	月 Mo	日 Dy	时 Hr	分 Mn	秒 Sec	纬度(°) Latitude	经度(°) Longitude	深度 Depth	震级 Mag	标度 Scale	地名(英文) Name(English)	地名(中文) Name(Chinese)	资料来源 Information
1960	7	3	20	20	46	50.28	-177.1		7	Ms	Andreanof Islands，Aleutian Is.	阿留申群岛，安德烈亚诺夫群岛	USGS，Shi Z.
1960	7	4	4	28	41.1	51.755	-131.357	35	6.7	Ms	Canada：Queen Charlotte Islands	加拿大：夏洛特皇后群岛	Engdahl
1960	7	4	13	10	5	51.8	-131.1		6	Ms	Canada：Queen Charlotte Islands	加拿大：夏洛特皇后群岛	Shi Z.
1960	7	4	21	29	25	-43	-74	60	5.8	Ms	Chile：Quellon	智利：克永	GSHAP
1960	7	6	5	16	48	36.8	70.5	210	6	Ms	Afghan：Fayzabad	阿富汗：法扎巴德	GSHAP
1960	7	6	23	14	19	39.5	71.5		5	Mk	Tadzhikistan：Jayer Gan	塔吉克斯坦：贾伊尔甘	GSHAP，Song
1960	7	8	12	51	27	30.5	130.5	100	6	Ms	Japan：Kagoshima，Near Coast of S.	日本：鹿岛南部近海	Shi Z.
1960	7	8	18	34	50.5	-3.5	35.7		5.5	Ms	Tanzania：Karatu	坦桑尼亚：卡拉图	GSHAP
1960	7	10	0	5	38	1	98.5	150	6.5	Ms	Indonesia：Sumatera，Near West Coast	印度尼西亚：苏门答腊西部近海	Shi Z.
1960	7	10	13	49	26	27.18	53.12	36	5.1	Ms	Iran：Hormozgan	伊朗：荷姆兹甘	Iran
1960	7	10	22	56	10	26.5	53		5	Ms	Arabian Gulf	阿拉伯海	Iran
1960	7	11	8	6	48	-37	-73		5.4	Ms	Chile：Hualqui	智利：瓦尔基	GSHAP
1960	7	11	11	55	14	-15.8	-172	24	6.4	Ms	Tonga Islands，N.	汤加群岛北部	Shi Z.
1960	7	13	7	55	58	-54	1		6.2	Ms	South Atlantic Ridge	南大西洋海岭	Shi Z.
1960	7	13	13	1	1	40.5	23.3	3	5	Ms	Greece：Chalkidiki	希腊：哈尔基迪基	GSHAP
1960	7	14	18	39	35.8	7.17	38.46		6.1	Ms	Ethiopia：Shashemene	埃塞俄比亚：沙舍默内	GSHAP
1960	7	14	22	11	10	36.2	70	120	5.9	Ms	Afghan：Taloqan	阿富汗：塔卢坎	GSHAP
1960	7	15	1	7	16.8	-14.15	21.85		5.9	Ms	Angola：Lumbala	安哥拉：隆巴拉	GSHAP
1960	7	17	5	14	56	36	69	200	6	Ms	Afghan：Puli Khumri	阿富汗：普勒胡姆里	Shi Z.
1960	7	18	0	54	7	7	94	150	5.75	Ms	India：Nicobar Islands	印度：尼科巴群岛	GSHAP
1960	7	18	1	15	24	6.5	95.5		5	Mk	Indonesia：Pulau We，N.	印度尼西亚：韦岛北部	GSHAP，Song
1960	7	18	1	43	29	-4.5	151	200	6.5	Ms	Papua New Guinea：East New Britain	巴布亚新几内亚：东新不列颠	Shi Z.
1960	7	18	1	43	54	7	95		5	Mk	India：Andaman Islands，Great Nicobar	印度：安达曼群岛，大尼科巴岛	GSHAP，Song
1960	7	18	1	48	36	39	65		5	Mk	Uzbekistan：Qashqadaryo	乌兹别克斯坦：卡什卡达里亚	GSHAP，Song
1960	7	18	4	41		55.6	110.4	15	5.1	Ms	Russia：Buryatiya，Tokshaki	俄罗斯：布里亚特州托克沙基	GSHAP
1960	7	18	16	51	41	37.5	70.5		5	Mk	Afghan：Badakhshan	阿富汗：巴达赫尚	GSHAP，Song
1960	7	19	2	42	30	1	-87.5		6	Ms	Carnegie Ridge	卡内基海岭	GSHAP
1960	7	19	4	19	14	-7	-80		5	Ms	Peru：Chiclayo，Near Coast	秘鲁：奇克拉约近海	GSHAP
1960	7	20	9	30	41	49	157.5	30	6	Ms	Kuril Islands	千岛群岛	GSHAP
1960	7	20	15	20	35	36.75	69.5	100	6	Mk	Afghan：Puli Khumri	阿富汗：普勒胡姆里	GSHAP，Song
1960	7	20	20	59	25	-20.5	169	200	6	Ms	Vanuatu Islands	瓦努阿图群岛	Shi Z.
1960	7	21	4	1	30	-38	-73.5		5.5	Ms	Chile：Cañete	智利：卡涅特	GSHAP
1960	7	23	13	23	48	34.5	50.5		5.1	Ms	Iran：Markazi，Arak	伊朗：中央省阿拉克	Iran
1960	7	23	14	15		34.35	-106.85		5.1	Mk	US：New Mexico，La Joya	美国：新墨西哥州拉霍亚	USGS，Song
1960	7	24	9	48	56	56	164		6.2	Ms	Russia：Kamchatka，Near East Coast	俄罗斯：堪察加东部近海	Shi Z.
1960	7	24	10	37	25	-40	-74		5.9	Ms	Chile：Near Coast of S.	智利：南部近海	GSHAP
1960	7	25	3	41	5	53.3	163.9	10	6.5	Ms	Russia：Kamchatka，Near East Coast	俄罗斯：堪察加东部近海	GSHAP，Shi Z.
1960	7	25	11	12	9.33	53.642	158.847	139.5	7.2	mB	Russia：Kamchatka Peninsula	俄罗斯：堪察加半岛	Engdahl
1960	7	25	21	11	34	30.5	56.5	33	5	Ms	Iran：Kerman	伊朗：克尔曼	GSHAP
1960	7	27	10	5	7	-44.5	-76	150	6.4	Ms	Chile：Off Coast of S.	智利：南部沿海	GSHAP
1960	7	28	17	0	1	31.3	57.5		5	Ms	Iran：Kerman	伊朗：克尔曼	Iran
1960	7	29	0	24	6	-19.5	170.5		6.5	Ms	Vanuatu Islands	瓦努阿图群岛	Shi Z.
1960	7	29	10	42	44.6	26.9	90.3		6.5	Ms	India：Assam	印度：阿萨姆邦	GSHAP
1960	7	29	14	33	40	32	67.5		5.25	Ms	Afghan：Ghazni	阿富汗：加兹尼	GSHAP
1960	7	29	17	31	43	40.365	142.454	50.5	6.8	Ms	Japan：Iwate，Near Coast	日本：岩手近海	* Shi Z.，Engdahl，NOAA
1960	7	30	2	4		-1.5	-79	21	5.8	Mk	Ecuador：Chimborazo，Bolivar	厄瓜多尔：钦博拉索山，玻利瓦	* Song
1960	7	31	2	55	49	-6.177	150.071	35	6.8	Ms	Papua New Guinea：West New Britain	巴布亚新几内亚：西新不列颠	Engdahl
1960	7	31	7	4	36	-5.996	150.069	35	6.5	Muk	Papua New Guinea：West New Britain	巴布亚新几内亚：西新不列颠	Engdahl
1960	7	31	14	55	3	-43.6	-74.3	97	6	Ms	Chile：Near Coast of S.	智利：南部近海	Shi Z.
1960	7	31	22	26	53	27.5	54.5		5	Ms	Iran：Lar	伊朗：拉尔	Iran
1960	8	1	2	20	50	28	54.3	67	6.2	Ms	Iran：Lar	伊朗：拉尔	Shi Z.
1960	8	1	12	40	23	46	142.7	330	6	Ms	Russia：Sakhalin Island	俄罗斯：库页岛(萨哈林岛)	GSHAP
1960	8	1	15	17	2	4	97.3	69	5	Mk	Indonesia：Sumatera，Aceh	印度尼西亚：苏门答腊亚齐	GSHAP，Song
1960	8	2	5	7	25	-22.113	171.386	95	6.5	Muk	Vanuatu Islands	瓦努阿图群岛	Engdahl
1960	8	2	13	42	17.7	-4.9	-105.3		6	Ms	East Pacific Ridge	东太平洋海岭	Shi Z.
1960	8	2	15	10	57	28	54.3		5.8	Ms	Iran：Lar	伊朗：拉尔	Iran
1960	8	3	7	2	26	27.3	66.5	32	5	Mk	Pakistan：Balochistan	巴基斯坦：俾路支	GSHAP，Song
1960	8	3	21	48	47	12.6	95.2	62	5	Mk	India：Andaman Islands	印度：安达曼群岛	GSHAP，Song
1960	8	4	7	34	48	51.41	179.04	20	6.3	Ms	Aleutian Islands，Rat Island	阿留申群岛，拉特岛	USGS，Shi Z.
1960	8	5	22	27	41	51.34	178.83	52	5.7	Ms	Aleutian Islands，Rat Island	阿留申群岛，拉特岛	USGS
1960	8	6	14	49	52.8	-42.6	-75.7	78	5.7	Ms	Chile：Off Coast of S.	智利：南部沿海	GSHAP
1960	8	7	16	27	16.2	42.4	-111.5	49	5.1	Mk	US：Idaho，Montpelier	美国：爱达荷州蒙特佩利尔	USGS，Song
1960	8	8	12	28	0.1	12.06	44.5		5.2	Ms	Yemen：Gulf of Aden	也门：亚丁湾	GSHAP

年	月	日	时	分	秒	纬度(°)	经度(°)	深度	震级	标度	地名(英文)	地名(中文)	资料来源
Year	Mo	Dy	Hr	Mn	Sec	Latitude	Longitude	Depth	Mag	Scale	Name(English)	Name(Chinese)	Information
1960	8	9	7	39	18	40.32	-127.07	17	6.3	Ms	US:California, Off Coast N.	美国:加利福尼亚州北部沿海	USGS, Shi Z.
1960	8	9	16	46	30.2	-24.3	-177.1	75	6.3	Ms	Tonga Islands, SW.	汤加群岛西南	Shi Z.
1960	8	10	1	40	40	47.2	145	400	5.5	Ms	Sea of Okhotsk	鄂霍次克海	GSHAP
1960	8	13	7	11	5.9	40.4	142.4	54	6	Ms	Japan:Aomori, Near Coast	日本:青森近海	Shi Z.
1960	8	13	14	14	59	-39.914	-74.689	45.2	6.6	Ms	Chile:Off Coast of S.	智利:南部沿海	GSHAP, Engdahl
1960	8	14	22	37	11	36.3	69.9	15	5.5	Ms	Afghan:Taloqan	阿富汗:塔卢坎	Afghan
1960	8	19	3	8	35	26	95.9	70	6	Mk	myanmar:Sagaing, N.	缅甸:实皆北部	GSHAP, Song
1960	8	20	20	8	41.2	-35.7	-15.4	45	6.1	Ms	Southern Mid - Atlantic Ridge	南大西洋洋中脊	Shi Z.
1960	8	21	3	29	5	27	88.5	29	5	Ms	India:Jalpaiguri	印度:孟加拉邦的杰尔拜古里	China
1960	8	23	8	58	11	29.1	59.8	51	5.6	Ms	Iran:Zāhedān	伊朗:扎黑丹	Iran
1960	8	23	22	44	53.4	-14.8	-176.4	40	6.1	Ms	Samoa Islands	萨摩亚群岛	Shi Z.
1960	8	24	1	44	12.5	56.2	164.1	45	6	Ms	Russia:Kamchatka, Near East Coast	俄罗斯:堪察加东部近海	Shi Z.
1960	8	24	19	27	50	24.7	95	86	6	Mk	myanmar:Sagaing	缅甸:实皆	GSHAP, Song
1960	8	25	17	41	54	52.52	-169.67	22	6	Ms	Aleutian Islands	阿留申群岛	USGS, Shi Z.
1960	8	26	7	9	47	29	67.6	64	5	Mk	Pakistan:Quetta	巴基斯坦:奎达	GSHAP, Song
1960	8	26	9	45	33	34.7	70.8	43	5	Mk	Afghan:Asadabad	阿富汗:阿萨达巴德	GSHAP, Song
1960	8	27	12	31	2	27	90		5	Mk	Bhutan:Dagana, SE.	不丹:达加纳宗东南	GSHAP, Song
1960	8	27	15	58		28.6	76.7	58	6	Mk	India:New Delhi	印度:新德里	* GSHAP, Song
1960	8	27	18	16	13	50.11	153.99	160	6.2	Ms	Kuril Islands	千岛群岛	GSHAP, Shi Z.
1960	8	29	16	23	11	36.3	71.2	103	6	Mk	Afghan:Badakhshan	阿富汗:巴达赫尚	GSHAP, Song
1960	9	1	9	28	19.5	-16.8	167	63	6	Ms	Vanuatu Islands	瓦努阿图群岛	Shi Z.
1960	9	1	10	35	1	-16.5	167.6	27	6	Ms	Vanuatu Islands	瓦努阿图群岛	Shi Z.
1960	9	1	15	37	13	56.25	-153.59		6.1	Ms	Alaska:Kodiak Island	阿拉斯加:科迪亚克岛	USGS
1960	9	2	13	46	11	28.9	98.5	33	5.5	Ms	China:Xizang (Tibet), Markam, S.	中国:西藏芒康南部	China
1960	9	2	18	40	57	24.2	122.1	20	5	Ms	China:Taiwan, Hualien, Coast of E.	中国:台湾花莲以东海域	China
1960	9	2	22	2	48.9	52	-171.4	49	6	Ms	Aleutian Islands	阿留申群岛	Shi Z.
1960	9	3	12	41	34.9	-6.1	154.5	457	6.5	Ms	Papua New Guinea:Bougainville Island	巴布亚新几内亚:布干维尔岛	Shi Z.
1960	9	3	23	46	23.9	44.6	149.1	27	6.1	Ms	Kuril Islands	千岛群岛	Shi Z.
1960	9	5	4	36	30	36.4	70.3	220	6	Mk	Afghan:Takhar	阿富汗:塔哈尔	GSHAP, Song
1960	9	6	14	3	1.8	-20.4	169.4	35	6.2	Ms	Vanuatu Islands	瓦努阿图群岛	Shi Z.
1960	9	9	5	3		42.57	12.65		5	Mk	Italy:Terni	意大利:特尔尼	GSHAP, Song
1960	9	9	10	5	23	37	71	200	5.8	Ms	Afghan:Badakhshan	阿富汗:巴达赫尚	GSHAP
1960	9	10	10	44	51.2	4	122.6	629	6	Ms	Celebes Sea	西里伯斯海	Shi Z.
1960	9	10	15	45	21	6.9	94.7	25	5	Mk	India:Andaman Islands, Great Nicobar	印度:安达曼群岛,大尼科巴岛	GSHAP, Song
1960	9	12	2	44	39.7	60.5	-153.8	195	5.5	Ms	Alaska Peninsula, S.	阿拉斯加半岛南部	USGS
1960	9	12	12	17	8.1	27.3	128.4	48	6.4	Ms	Ryukyu Islands	琉球群岛	Shi Z.
1960	9	12	14	46	20	2.8	99	164	6	Mk	Indonesia:Northern Sumatera	印度尼西亚:苏门答腊北部	GSHAP, Song
1960	9	13	21	55	34	-5	-74.5	119	5.4	Ms	Peru:Requena	秘鲁:雷克纳	GSHAP
1960	9	14	0	8	3	-15.2	-76.2	91	5.1	Ms	Peru:Ica, Near Coast	秘鲁:伊卡近海	GSHAP
1960	9	16	1	38	59	38.6	68.6	45	5.5	Ms	Tadzhikistan:Duachanbe	塔吉克斯坦:杜尚别	GSHAP
1960	9	17	8	5	30	49.6	155.2	28	6.1	Ms	Kuril Islands	千岛群岛	Shi Z.
1960	9	17	19	56	8.3	-20.9	-174.4	2	6	Ms	Tonga Islands	汤加群岛	Shi Z.
1960	9	19	3	39	40	15.4	119.3	55	6	Ms	Philippines:Agno, Off Coast	菲律宾:阿格诺沿海	China
1960	9	19	19	1	21	6.97	-77.44	66	6.2	Ms	Colombia:Bahia Solano	哥伦比亚:巴伊阿索拉诺	GSHAP, Shi Z.
1960	9	20	4	5	49	49.92	88.02	15	5	Ms	Russia:Altai Krai, Bel tir	俄罗斯:阿尔泰边疆区别利季尔镇	GSHAP
1960	9	21	2	40		-3.28	-79.31		6.3	Ms	Ecuador:Azuay	厄瓜多尔:阿苏艾	GSHAP
1960	9	21	23	4	40	31.8	50.5	29	5	Ms	Iran:Aharmahal And Bakhtiari	伊朗:恰哈马哈勒-巴赫蒂亚里	Iran
1960	9	22	5	38	10	-3.6	29.1	29	6	Ms	Burundi:Bujumbura	布隆迪:布琼布拉	Shi Z., GSHAP
1960	9	22	9	5	32.5	-3.6	29	28	6.6	Ms	Congo:Lake Tanganyika	刚果:坦噶尼喀湖	*
1960	9	23	5	20	27	27.8	96.2	81	6	Mk	India:Nagaland, NE.	印度:那加兰东北	GSHAP, Song
1960	9	24	13	58	33	-3	-75.9	146	6.3	Ms	Peru:Loreto, NW.	秘鲁:洛雷托西北	GSHAP
1960	9	25	8	36	27	28.4	53.2	53	5.5	Ms	Iran:Jahrom	伊朗:贾赫罗姆	Iran
1960	9	26	16	58	13	-16	-72.9	115	5	Ms	Peru:Arequipa	秘鲁:阿雷基帕	GSHAP
1960	9	28	4	29	34	32.4	95.8		5.2	Ms	China:Qinghai, Nangqian, NW.	中国:青海囊谦西北	China
1960	9	29	11	18	52.9	19	144.7	469	6.3	Ms	Mariana Islands	马里亚纳群岛	Shi Z.
1960	10	1	3	0	47	23.5	94.6	2	5	Mk	myanmar:Sagaing	缅甸:实皆	GSHAP, Song
1960	10	1	16	10	57	51.302	-172.464	34.1	6.5	Muk	Andreanof Islands, Aleutian Is.	阿留申群岛,安德烈亚诺夫群岛	USGS, Shi Z., Engdahl
1960	10	2	18	8	11	18.5	94.9	95	6	Mk	myanmar:Pyay	缅甸:比艾	GSHAP, Song
1960	10	3	0	49	19	30	68.2	74	5	Ms	Pakistan:Sibbi	巴基斯坦:锡比	GSHAP
1960	10	6	16	19	11	52.7	108.1	15	5.5	Ms	Russia:Buryatiya, Cheremushka	俄罗斯:布里亚特州切利穆什卡村镇	GSHAP
1960	10	7	15	18	34	-7.622	130.735	48.5	6.8	Ms	Indonesia:Palau Jamdena	印度尼西亚:延德纳岛	Engdahl
1960	10	7				11.1	122.3		5.9	Mk	Philippines:Panay Island	菲律宾:班乃岛	* Song
1960	10	8	5	53	5.55	40.105	130.144	610.6	6.7	Ms	North Korea:Kimchaek, Off Coast	朝鲜:金策沿海	GSHAP, Engdahl
1960	10	8	20	40	6.6	7.9	92.9	84	6	Ms	India:Andaman Islands	印度:安达曼群岛	Shi Z.
1960	10	9	9	0	42	40.8	141.2	155	6.1	Ms	Japan:Aomori	日本:青森	Shi Z.
1960	10	10	16	16	8	48	152	250	5.3	Ms	Kuril Islands	千岛群岛	GSHAP

年	月	日	时	分	秒	纬度(°)	经度(°)	深度	震级	标度	地名(英文)	地名(中文)	资料来源
Year	Mo	Dy	Hr	Mn	Sec	Latitude	Longitude	Depth	Mag	Scale	Name(English)	Name(Chinese)	Information
1960	10	11	8	5	30.5	38.3	-107.6	49	5.5	Ms	US:Colorado,Cimarron	美国:科罗拉多州锡马龙	USGS
1960	10	13	2	21	26	45.7	26.5	150	5.5	Ms	Romania:Nereju	罗马尼亚:内雷茹	GSHAP
1960	10	13	14	52	34.7	54.8	161.2	35	6.5	Ms	Russia:Kamchatka Peninsula	俄罗斯:堪察加半岛	Shi Z.
1960	10	14	17	48	27.7	-38.9	-73.5	19	5.4	Ms	Chile:Carahue	智利:卡拉韦	GSHAP
1960	10	14	21	19	13	51.83	-172.25	41	6.5	Ms	Andreanof Islands, Aleutian Is.	阿留申群岛,安德烈亚诺夫群岛	USGS
1960	10	16	19	20	44	52.2	153.5	383	5.5	Ms	Sea of Okhotsk	鄂霍次克海	GSHAP
1960	10	17	15	56	13.9	5	-78.2	79	5	Ms	Colombia:Off Coast of W.	哥伦比亚:西部沿海	GSHAP
1960	10	20	11	5	57.6	-11.1	164.9		6.2	Ms	Solomon Islands	所罗门群岛	Shi Z.
1960	10	20	23	40	22	44.6	148	100	5.3	Ms	Kuril Islands	千岛群岛	GSHAP
1960	10	21	2	0	8	7.4	94	133	6	Mk	India:Nicobar Islands	印度:尼科巴群岛	GSHAP,Song
1960	10	22	8	22	0.9	-10.4	161.2	93	6.6	Ms	Solomon Islands	所罗门群岛	Shi Z.
1960	10	24	3	58	18	-3.5	28.4		5.1	Ms	Congo:Mwenga	刚果:姆文加	GSHAP
1960	10	24	5	47	1	36.6	71.1	246	6	Mk	Afghan:Badakhshan	阿富汗:巴达赫尚	GSHAP,Song
1960	10	27	5	25	4.9	1.5	-90.8	25	5	Ms	Carnegie Ridge	卡内基海岭	GSHAP
1960	10	28	4	18	46	71.433	-9.111	35	6.8	Muk	Jan Mayen Island	扬马延岛	Engdahl
1960	10	28	13	18	19.8	52.092	157.642	108.5	6.9	mB	Russia:Kamchatka Peninsula	俄罗斯:堪察加半岛	Engdahl, Shi Z.
1960	10	28	22	29	26.6	34.6	141.1	96	6.1	Ms	Japan Trench	日本海沟	Shi Z.
1960	10	29	1	25	36	25.7	67.6	23	5	Mk	Pakistan:Hyderabad	巴基斯坦:海得拉巴	GSHAP,Song
1960	10	30	12	14	36.1	-23.4	-70.3	76	6.8	Ms	Chile:Antofagasta,C.	智利:安托法加斯塔中部	GSHAP
1960	10	30	21	32	47.7	-22.9	-68	60	6.8	Ms	Chile:Antofagasta,C.	智利:安托法加斯塔中部	GSHAP
1960	11	1	8	46	1.08	-38.379	-74.848	35	6.8	Ms	Chile:Near Coast of C.	智利:中部近海	* Shi Z.,Engdahl,NOAA
1960	11	1	12	29	31.6	-38.7	-75	64	5.1	Ms	Chile:Off Coast of C.	智利:中部沿海	GSHAP
1960	11	1	19	6	34	50.1	154.2	200	6.5	Ms	Kuril Islands	千岛群岛	GSHAP
1960	11	2	16	31	53	23.3	93.8	124	6	Mk	myanmar:Chin	缅甸:赛钦	GSHAP,Song
1960	11	2	17	14	54	-11.2	164.8	80	6.6	Ms	Solomon Islands	所罗门群岛	Shi Z.
1960	11	3	22	2	19	-14.4	-71.6	55	5	Ms	Peru:Espinar	秘鲁:埃斯皮纳尔	GSHAP
1960	11	4	16	52		27	54	33	5.8	Ms	Iran:Hormozgan	伊朗:荷姆兹甘	Iran
1960	11	5	4	43	49	24	108.5		5	Ms	China:Guangxi,Du-an	中国:广西都安	China
1960	11	5	20	20	53.7	39.4	20.5	49	6	Ms	Greece:Thesprotia	希腊:塞斯普罗蒂亚	Shi Z.
1960	11	5	21	28	23	29.5	68		5	Mk	Pakistan:Quetta	巴基斯坦:奎达	GSHAP,Song
1960	11	6	4	38	16.7	53.2	159.8	32	6.3	Ms	Russia:Kamchatka Peninsula	俄罗斯:堪察加半岛	Shi Z.
1960	11	6	6	14	53	-31.237	-177.533	35	6.5	Muk	Kermadec Ridge	克马德克海岭	Engdahl
1960	11	6	22	10	3	52.69	-168.07	43	6.2	Ms	Aleutian Islands	阿留申群岛	USGS,Shi Z.
1960	11	8	11	36	27	44.9	-125.2		5	Ms	US:Near Coast of W. Oregon	美国:俄勒冈州西部近海	USGS
1960	11	9	1	17	36.8	-21.6	-67.5	131	5.2	Ms	Bolivia:Tupiza	玻利维亚:图皮萨	GSHAP
1960	11	9	3	17	58.5	-60.9	-24.8	37	6.5	Ms	South Sandwich Trench	南桑威奇海沟	Shi Z.
1960	11	9	9	43	42	32.7	103.7	20	6.75	Ms	China:Sichuan,Songpan	中国:四川松潘	* China,Dis
1960	11	9	20	6	16.2	-23.4	-70.6	52	6	Ms	Chile:Mejillones	智利:梅希约内斯	Shi Z.
1960	11	10	1	54	57	36.6	70.7	160	5	Ms	Afghan:Badakhshan	阿富汗:巴达赫尚	GSHAP
1960	11	10	14	44	48.8	-2.7	139.3	39	6.6	Ms	Indonesia:Papua	印度尼西亚:巴布亚	Shi Z.
1960	11	11	6	53	27	-16.1	-71.9	114	5.3	Ms	Peru:Arequipa	秘鲁:阿雷基帕	GSHAP
1960	11	11	22	22	18	6.8	94.4	31	5	Mk	India:Nicobar Islands	印度:尼科巴群岛	GSHAP,Song
1960	11	13	9	20	36	51.283	-168.735	21	6.7	Ms	Aleutian Islands,S.	阿留申群岛南部	USGS,Shi Z.,Engdahl
1960	11	14	15	55	57	24.5	96.2	58	5	Mk	myanmar:Tagaung	缅甸:太公	GSHAP,Song
1960	11	15	9	5	59	23.4	94.3	103	6	Mk	myanmar:Sagaing	缅甸:实皆	GSHAP,Song
1960	11	16	9	6	1	23	93		5	Mk	myanmar:Chin	缅甸:赛钦	GSHAP,Song
1960	11	16	22	59	49	38.5	89.4		5.2	Ms	China:Xinjiang,Ruoqiang,SE.	中国:新疆若羌东南	China
1960	11	17	16	44	45	46.8	153.8	50	5.2	Ms	Kuril Islands	千岛群岛	GSHAP
1960	11	18	3	38	44	51.6	151	496	5.4	Ms	Sea of Okhotsk	鄂霍次克海	GSHAP
1960	11	19	10	20	15.5	-7.5	30		5	Ms	Congo:Moba	刚果:莫巴	GSHAP
1960	11	19	13	12	50	30	69.5		5	Mk	Pakistan:Quetta	巴基斯坦:奎达	GSHAP,Song
1960	11	19	19	25	16	30.5	51.56	33	5.3	Ms	Iran:Fars	伊朗:法尔斯	Iran
1960	11	20	22	2	2.13	-6.727	-80.606	52	7.8	Mw	Peru:Chiclayo,Near Coast	秘鲁:奇克拉约近海	* Engdahl,NOAA
1960	11	22	2	32	21	-7.1	-80.8	51	5	Ms	Peru:Chiclayo,Near Coast	秘鲁:奇克拉约近海	GSHAP,Song
1960	11	22	6	21	51	-36.362	52.463	35	6.8	Muk	Atlantic-Indian Ridge	大西洋-印度洋海岭	Engdahl,GSHAP
1960	11	22	12	28	54.8	-40.3	-73.9	49	6.5	Ms	Chile:Near Coast of S.	智利:南部近海	GSHAP
1960	11	22	17	51	38	6.5	93.75		5	Mk	India:Nicobar Islands	印度:尼科巴群岛	GSHAP,Song
1960	11	23	14	12	26	-24.504	-176.104	35	6.8	Ms	Tonga Islands,S.	汤加群岛南部	Engdahl
1960	11	24	4	50	15.8	-4.6	153	87	6.1	Ms	Papua New Guinea:New Ireland	巴布亚新几内亚:新爱尔兰	Shi Z.
1960	11	24	6	52	47	-24.702	-176.397	35	7.1	Mw	South of Fiji Islands	斐济群岛南部	Engdahl
1960	11	25	11	24	42	39.5	47.5	33	6	Ms	Iran:Parsabad	伊朗:法尔萨巴德	Iran
1960	11	27	20	37	18.8	-3.7	28.7		5.1	Ms	Congo:Mwenga	刚果:姆文加	GSHAP
1960	11	27	21	24	30.7	-37.2	-73.4	61	5.4	Ms	Chile:Arauco	智利:阿劳科	GSHAP
1960	11	29	9	31	59.5	-44.1	-76	63	5.3	Ms	Chile:Off Coast of S.	智利:南部沿海	GSHAP
1960	11	29	14	7	6	26.7	126.4	148	5.5	Ms	Ryukyu Islands	琉球群岛	China
1960	11	29	19	17	6	-16	-74	33	5.6	Ms	Peru:Arequipa,NW.	秘鲁:阿雷基帕西北	GSHAP
1960	11	30	13	14	33	42.8	85		5	Ms	China:Xinjiang,Hejing,NW.	中国:新疆和静西北	China
1960	12	1	20	49	50.4	49	-129.3		6	Ms	Canada:Off Coast of W. Vancouver	加拿大:温哥华西部海域	Shi Z.

年 Year	月 Mo	日 Dy	时 Hr	分 Mn	秒 Sec	纬度(°) Latitude	经度(°) Longitude	深度 Depth	震级 Mag	标度 Scale	地名(英文) Name(English)	地名(中文) Name(Chinese)	资料来源 Information
1960	12	2	9	10	43	-24.677	-70.089	15	7.2	Mw	Chile:Antofagasta,S.	智利:安托法加斯塔南部	Engdahl,GSHAP
1960	12	2	9	37	36.1	-24.4	-69.5	46	6.8	Ms	Chile:Antofagasta,C.	智利:安托法加斯塔中部	GSHAP
1960	12	2	13	43	0.2	-3.5	29		5	Ms	Congo:Uvira	刚果:乌维拉	GSHAP
1960	12	3	4	24	18	43.122	104.411	12.4	6.9	Ms	Mongolia:Namgon	蒙古:瑙木贡	Engdahl,GSHAP
1960	12	3	7	7	42.6	52.7	-177.4	160	5.5	Ms	Andreanof Islands, Aleutian Is.	阿留申群岛,安德烈亚诺夫群岛	USGS
1960	12	3	20	21	10	76.6	131	20	5.1	Ms	Laptev Sea	拉普捷夫海	GSHAP
1960	12	3	22	16		30	52	33	5	Ms	Iran:Fars	伊朗:法尔斯	Iran
1960	12	6	8	56	8.4	8.7	-82.7	25	6	Ms	Panama:Sortova	巴拿马:索尔托瓦	Shi Z.
1960	12	6	8	56	9	-21.4	-69.2	28	6.5	Ms	Chile:Tarapaca,S.	智利:塔拉帕卡南部	Shi Z.
1960	12	10	6	29	33	19.1	119.5	61	5	Ms	Luzon Ridge,W.	吕宋海岭西部	China
1960	12	11	0	7	44	36.3	84.5		5.5	Ms	China:Xinjiang,Keriya,E.	中国:新疆于田东	China
1960	12	11	18	53	3.2	-15.7	167	57	6.2	Ms	Vanuatu Islands	瓦努阿图群岛	Shi Z.
1960	12	13	7	36	20	-52.036	160.996	35	7.2	Mw	Australia:Macquarie Island,N.	澳大利亚:麦加利岛北部	Engdahl
1960	12	14	23	51	27	2.898	126.127	35	6.7	Ms	Molukka Sea,N.	马鲁古海北部	Engdahl
1960	12	16	16	49		14.65	42.57		5.6	Ms	Yemen:Al Hudaydah	也门:荷台达	GSHAP
1960	12	17	16	44	45	46.8	153.8	50	5.6	Ms	Kuril Islands	千岛群岛	GSHAP
1960	12	19	0	1	31	36.6	71.6	25	5	Mk	Afghan:Badakhshan	阿富汗:巴达赫尚	GSHAP,Song
1960	12	21	14	39	58.9	61.81	-152.35	100	5.7	Ms	Gulf of Alaska	阿拉斯加湾	USGS
1960	12	22	3	2	20.6	9.8	94.1	36	6	Ms	India:Nicobar Islands	印度:尼科巴群岛	GSHAP
1960	12	22	21	2	41.2	-6.9	155.3	469	6	Ms	Solomon Islands	所罗门群岛	Shi Z.
1960	12	25	11	24	43	40.1	48.6	23	5	Ms	Azerbaijan:Sirvan,NW.	阿塞拜疆:希尔万西北	GSHAP,Iran
1960	12	26	20	43	2	39	70.75		5	Mk	Tadzhikistan:Garm	塔吉克斯坦:加尔姆	GSHAP,Song
1960	12	27	10	35	26	41.52	-125.05		5.4	Ms	US:California,North Coast	美国:加利福尼亚州北部近海	USGS
1960	12	29	10	36	45	-44.97	-75.844	35	6.6	Muk	Chile:Near Coast of S.	智利:南部近海	GSHAP,Shi Z., Engdahl
1960	12	30	11	3	36	-17	-70	47	5.3	Ms	Peru:Moquegua	秘鲁:莫克瓜	GSHAP
1960	12	30	21	33	24	36.3	71	200	6	Mk	Afghan:Badakhshan	阿富汗:巴达赫尚	GSHAP,Song
1960	12	31	18	8	10	-44.148	-75.744	35	6.6	Muk	Chile:Near Coast of S.	智利:南部近海	Engdahl,GSHAP
1961	1	2	10	11	56.9	-12.5	166.3	140	6.6	Ms	Solomon Islands	所罗门群岛	Shi Z.
1961	1	5	14	6	33	51.752	-175.842	43.2	6.7	Ms	Andreanof Islands, Aleutian Is.	阿留申群岛,安德烈亚诺夫群岛	Engdahl,USGS
1961	1	5	15	9	38	45.9	149.3	20	6.7	Ms	Kuril Islands	千岛群岛	GSHAP
1961	1	5	15	54	4.97	-4.219	143.199	140	7.1	mB	Papua New Guinea:Ambunti	巴布亚新几内亚:安本蒂	Engdahl
1961	1	5	17	57	53	-20.99	169.605	35	6.7	Ms	Vanuatu Islands	瓦努阿图群岛	Engdahl
1961	1	5	18	14	39	-21.036	169.392	35	6.8	Ms	Vanuatu Islands	瓦努阿图群岛	Engdahl
1961	1	7	10	30	55	35.42	26.14	80	5.5	Ms	Mediterranean Sea	地中海	Turkey
1961	1	10	14	22		50	156.1	70	7	Mk	Kuril Islands	千岛群岛	* Song
1961	1	11	11	59	52	51.98	-170.87	47	6.2	Ms	Andreanof Islands, Aleutian Is.	阿留申群岛,安德烈亚诺夫群岛	USGS,Shi Z.
1961	1	12	14	13	30.9	57.81	-155.47	75	6	Mk	Aleutian Islands	阿留申群岛	USGS,Song
1961	1	14	2	26	24	53.2	172.1	50	5	Ms	Aleutian Islands	阿留申群岛	GSHAP
1961	1	14	16	17	26.1	6.8	-73	159	5.2	Ms	Colombia:Bucaramanga	哥伦比亚:布卡拉曼加	GSHAP
1961	1	14	16	38	55.6	53.9	-163.7	41	6	Ms	Aleutian Islands	阿留申群岛	Shi Z.
1961	1	16	7	20	13	36.136	141.912	35	6.9	Ms	Japan Trench	日本海沟	* Engdahl,NOAA
1961	1	16	11	19	46.5	35.7	140.6	157	6.4	Ms	Japan:Sosa	日本:千叶匝瑳	Shi Z.,NOAA
1961	1	16	12	12	35	36.2	141.7	105	6.9	Ms	Japan Trench	日本海沟	Shi Z.,NOAA
1961	1	16	14	4	5.3	36.3	141.2	127	6.1	Ms	Japan:Ibaraki,Near Coast	日本:茨城近海	Shi Z.
1961	1	16	15	41	17	36.6	141.5	52	6.5	Ms	Japan:Ibaraki,Near Coast	日本:茨城近海	Shi Z.
1961	1	19	17	22	16.9	49.7	155.8	31	6	Ms	Kuril Islands	千岛群岛	Shi Z.
1961	1	20	17	9	12.3	56.52	-152.42	46	6.3	Ms	Alaska:Kodiak Island	阿拉斯加:科迪亚克岛	USGS,Shi Z.
1961	1	22	3	24	12	-12.531	165.689	35	6.8	Ms	Solomon Islands	所罗门群岛	Engdahl
1961	1	26	1	47	5	15.3	93.6	74	6	Mk	India:Andaman Islands	印度:安达曼群岛	GSHAP,Song
1961	1	26	14	58	46.7	-8	30.3		5	Ms	Congo:Moba	刚果:莫巴	GSHAP
1961	1	26	16	13	25.1	-21.5	169.5	119	6.4	Ms	Vanuatu Islands	瓦努阿图群岛	Shi Z.
1961	1	27	18	33	16.8	-6.4	30.7		5.1	Ms	Tanzania:Mpanda	坦桑尼亚:姆潘达	GSHAP
1961	1	28	3	24	46	-13.6	-76.3	86	5.8	Ms	Peru:Chincha Alta,Near Coast	秘鲁:上钦查近海	GSHAP
1961	1	28	8	12	46.2	35.78	-118.05	6	5.3	Ms	US:California,Inyo,W.	美国:加利福尼亚州因约县西部	USGS
1961	1	28	19	43	1.4	-21.3	169.5	50	6.2	Ms	Vanuatu Islands	瓦努阿图群岛	Shi Z.
1961	1	30	12	12	36.3	65.23	-150.25		5.5	Ms	Alaska Peninsula,C.	阿拉斯加半岛中部	USGS
1961	1	31	0	48	39	55.862	-153.706	23	6.5	Muk	Alaska:Kodiak Island	阿拉斯加:科迪亚克岛	Engdahl,USGS, Shi Z.
1961	2	1	18	39		37.45	138.83	20	5.2	Ms	Japan:Niigata	日本:新潟	Usami
1961	2	2	0	4	16	37.45	-118.63	16	5.3	Ms	US:California,Huntington Lake,NE.	美国:加利福尼亚州亨廷顿莱克东北	USGS
1961	2	2	0	7	42	37.42	-118.67	16	5.1	Ms	US:California,Huntington Lake,NE.	美国:加利福尼亚州亨廷顿莱克东北	USGS
1961	2	2	9	42	15.4	-2.8	-77.8	25	5.4	Ms	Ecuador:Macas	厄瓜多尔:马卡斯	GSHAP
1961	2	3	2	25	53	3.7	97.4	29	5	Mk	Indonesia:Sumatera,Aceh	印度尼西亚:苏门答腊亚齐	GSHAP,Song
1961	2	4	8	51	49	24.9	93.34	141	7.6	Muk	India:Imphal,W.	印度:英帕尔西部	* GSHAP
1961	2	4	19	9	18	24.2	122.8	45	6.2	Ms	China:Taiwan,Hualien,Coast of E.	中国:台湾花莲以东海域	China
1961	2	6	21	45	13.5	-6.8	155.3	59	6.6	Ms	Papua New Guinea:Bougainville Island	巴布亚新几内亚:布干维尔岛	Shi Z.

年 Year	月 Mo	日 Dy	时 Hr	分 Mn	秒 Sec	纬度(°) Latitude	经度(°) Longitude	深度 Depth	震级 Mag	标度 Scale	地名(英文) Name(English)	地名(中文) Name(Chinese)	资料来源 Information
1961	2	8	8	4	13.8	-10.6	-71	669	6.2	Ms	Peru:Ucayali,SE.	秘鲁:乌卡亚利东南	Shi Z.
1961	2	9	2	8	18.1	-28.4	-177.5	45	6.5	Ms	Kermadec Ridge	克马德克海岭	Shi Z.
1961	2	11	21	1	10.2	-28.4	-177.6	61	6.5	Ms	Kermadec Ridge	克马德克海岭	Shi Z.
1961	2	12	21	53	46	43.744	147.729	35	6.9	Ms	Kuril Islands	千岛群岛	* Shi Z., Engdahl, NOAA
1961	2	12	23	26	34.5	44	147.7	23	6.1	Ms	Kuril Islands	千岛群岛	Shi Z.
1961	2	13	16	10	20	29.9	81	35	5	Mk	Nepal:Seti	尼泊尔:塞蒂	GSHAP, Song
1961	2	13	16	27	20.9	43.7	149.6		6	Ms	Kuril Islands	千岛群岛	Shi Z.
1961	2	14	3	22	0.7	43.8	147.9	20	6.1	Ms	Kuril Islands	千岛群岛	Shi Z.
1961	2	15	10	45	15.9	43.7	147.4	69	6.3	Ms	Kuril Islands	千岛群岛	Shi Z.
1961	2	15	11	28	55	30.9	84.4		5	Ms	China:Xizang (Tibet),Coqen,SW.	中国:西藏措勤西南	China
1961	2	16	13	54	53.7	43.2	148	71	6.1	Ms	Kuril Islands	千岛群岛	Shi Z.
1961	2	17	13	8	27	36.5	70.6	195	6	Mk	Afghan:Badakhshan	阿富汗:巴达赫尚	GSHAP, Song
1961	2	20	18	47	2	5.5	96.4	171	6	Mk	Indonesia:North of Sumatera	印度尼西亚:苏门答腊北部	GSHAP, Song
1961	2	20	22	27	2	-2.4	-77.37	47	6.1	Ms	Ecuador:Morona Santiago,E.	厄瓜多尔:莫罗纳-圣地亚哥东部	GSHAP
1961	2	23	4	16	24.3	38.4	142.8	116	6.3	Ms	Japan Trench	日本海沟	Shi Z.
1961	2	24	3	4	23	25.9	125.7	110	6	Ms	Ryukyu Islands	琉球群岛	China
1961	2	26	5	48	46.3	-32.9	-111.2	29	6.3	Ms	Easter Island,S.	复活节岛南部	Shi Z.
1961	2	26	18	10	52	31.632	131.548	49.9	7.7	Mw	Japan:Miyazaki,Near Coast	日本:宫崎近海	* Usami, Engdahl, NOAA
1961	2	27	1	7	51.3	6.7	-73	200	5.1	Ms	Colombia:Bucaramanga	哥伦比亚:布卡拉曼加	GSHAP
1961	2	27	17	53	49	38.5	74	130	5	Ms	Tajikistan:Kuhistoni Badakhshon,E.	塔吉克斯坦:勾瑙-巴达科善东部	China
1961	3	4	10	19	33.7	-20.4	-67.5	109	5.3	Ms	Bolivia:Potosi,W.	玻利维亚:波托西西部	GSHAP
1961	3	5	1	26	26.1	-10.7	161.6	100	6.2	Ms	Solomon Islands	所罗门群岛	Shi Z.
1961	3	7	6	43	11	-43.3	-80.4	25	6	Ms	Chile:Off Coast of S.	智利:南部沿海	Shi Z.
1961	3	7	10	10	40	-28.3	-175.7	40	7.1	Mw	Kermadec Ridge	克马德克海岭	* Shi Z., Engdahl
1961	3	11	1	31	40.9	48.84	154.957	45.9	6.5	Muk	Kuril Islands	千岛群岛	Engdahl
1961	3	11	8	41	3.6	11.7	43		6	Ms	Djibouti:Djibouti	吉布提:吉布提	Shi Z.
1961	3	13	8	3	43.9	19.2	-107.3	49	6.2	Ms	Mexico:Puerto Vallarta,Off Coast	墨西哥:巴亚尔塔港沿海	Shi Z.
1961	3	14	1	4	58	43.7	140.5	147	5.4	Ms	Japan:W. Hokkaido Island	日本:北海道岛西部海域	GSHAP
1961	3	15	10	14	55.5	-3.3	150.6	21	6	Ms	Bismarck Sea	俾斯麦海	Shi Z.
1961	3	15	22	16		32	130.8	20	5.5	Ms	Japan:Kagoshima	日本:鹿岛	Japan
1961	3	16	13	45	35.6	-8.2	122	74	6.3	Muk	Indonesia:Flores Islands	印度尼西亚:弗洛勒斯群岛	*
1961	3	17	12	14		35.1	134.3	40	5.9	Ms	Japan:Hyogo	日本:兵库	Japan
1961	3	17	20	10	41.7	-24	-175.8	87	6	Ms	Tonga Islands,S.	汤加群岛南部	Shi Z.
1961	3	18	14	55	5.93	-49.507	163.457	35	6.8	Ms	South-East Indian Ridge	南印度洋东海岭	Engdahl
1961	3	18				-10.38	165.8		7.7	Mk	Solomon Islands	所罗门群岛	NOAA, Song
1961	3	20	3	30	27	36.6	71.1	80	5.8	Ms	Afghan:Badakhshan	阿富汗:巴达赫尚	GSHAP
1961	3	20	6	16	21.1	11.3	-86.5	60	6	Ms	Costa Rica:Near Coast	哥斯达黎加:近海	Shi Z.
1961	3	20	11	38	42	46.1	143.1	330	6.2	Ms	Russia:Sakhalin Island	俄罗斯:库页岛(萨哈林岛)	GSHAP
1961	3	20	15	53	20.8	-18.4	-175.3	228	6.6	Ms	Tonga Islands,N.	汤加群岛北部	Shi Z.
1961	3	20	23	42	33.5	-24.1	-175.6		6.3	Ms	Tonga Islands,S.	汤加群岛南部	Shi Z.
1961	3	21	9	28	56	38.1	73.5	90	5.1	Ms	Tajikistan:Pamir Mountains	塔吉克斯坦:帕米尔山脉	GSHAP
1961	3	24	22	57	5.5	35.7	141.3		6	Ms	Japan:Chiba,Near Coast	日本:千叶近海	Shi Z.
1961	3	25	2	10	13.2	-2.1	-78.7	132	6.3	Ms	Ecuador:Tixan	厄瓜多尔:蒂克桑	GSHAP
1961	3	26	23	11	39	30.6	84.4	24	5	Ms	China:Xizang (Tibet),Coqen,SW.	中国:西藏措勤西南	China
1961	3	28	0	44	12	39.82	30.19	10	5	Ms	Turkey:Eskişehir	土耳其:埃斯基城	GSHAP
1961	3	28	9	36	5.79	0.053	123.627	137.3	7.3	mB	Molukka Sea	马鲁古海	Engdahl
1961	3	28	12	29	15	51.9	-176.15	62	6.2	Ms	Andreanof Islands, Aleutian Is.	阿留申群岛,安德烈亚诺夫群岛	USGS
1961	3	28	21	1	56.2	-22.1	-68	125	6	Ms	Chile:Antofagasta,N.	智利:安托法加斯塔北部	GSHAP
1961	3	30	8	49	44.3	-15.2	-173.2		6	Ms	Samoa Islands	萨摩亚群岛	Shi Z.
1961	3	30	12	0	8	32.8	103.7		5.5	Ms	China:Sichuan,Songpan,N.	中国:四川松潘北	China
1961	4	1	15	18	26	39.9	77.8	20	6.75	Ms	China:Xinjiang,Maralbishi,W.	中国:新疆巴楚西	China, Engdahl
1961	4	3	1	10	32.2	6.8	-72.9	221	5.1	Ms	Colombia:Bucaramanga	哥伦比亚:布卡拉曼加	GSHAP
1961	4	4	9	46	40	39.9	77.8		6.4	Ms	China:Xinjiang,Maralbishi,W.	中国:新疆巴楚西	China
1961	4	4	20	10	42	47.98	154.94	40	5.9	Ms	Kuril Islands	千岛群岛	GSHAP
1961	4	4	21	32		34	-118	16	5.9	Mk	US:California,Long Beach	美国:加利福尼亚州长滩	* Song
1961	4	5	6	47	7	39.8	77.8		5.25	Ms	China:Xinjiang,Maralbishi,W.	中国:新疆巴楚西	China
1961	4	5	18	17	5	39.8	77.7		5	Ms	China:Xinjiang,Maralbishi,W.	中国:新疆巴楚西	China
1961	4	6	1	33	50	39.8	77.7		5.5	Ms	China:Xinjiang,Maralbishi,W.	中国:新疆巴楚西	China
1961	4	6	4	4	45	40.18	-124.75		5.1	Ms	US:California,North Coast	美国:加利福尼亚州北部近海	USGS
1961	4	6	14	5	0	2.2	97.2	25	5.25	Ms	Indonesia:Off West Coast of N. Sumatera	印度尼西亚:北苏门答腊西部海域	GSHAP
1961	4	6	18	12		28.1	56.8		5.7	Ms	Iran:Hormozgan	伊朗:荷姆兹甘	Iran
1961	4	6	22	26	30	1.9	96.5	25	5.63	Ms	Indonesia:Off West Coast of N. Sumatera	印度尼西亚:北苏门答腊西部海域	GSHAP
1961	4	7	4	40	43	36.1	70.3	100	5.1	Ms	Afghan:Takhar	阿富汗:塔哈尔	GSHAP
1961	4	7	4	52	40	36.3	70.7	60	5	Mk	Afghan:Badakhshan	阿富汗:巴达赫尚	GSHAP, Song
1961	4	7	19	54	56	57.2	163.8	35	5.5	Ms	Russia:Ostrov Beringa	俄罗斯:白令岛	GSHAP

年	月	日	时	分	秒	纬度(°)	经度(°)	深度	震级	标度	地名(英文)	地名(中文)	资料来源
Year	Mo	Dy	Hr	Mn	Sec	Latitude	Longitude	Depth	Mag	Scale	Name(English)	Name(Chinese)	Information
1961	4	7	21	17	48	39.64	72.89	26	5.5	Ms	Uzbekistan:Andizhan	乌兹别克斯坦:安第札	GSHAP
1961	4	8	3	6	49.9	-2.6	-81	25	6.2	Ms	Ecuador:Near Coast of W.	厄瓜多尔:西部近海	GSHAP
1961	4	8	4	22	7	-2.11	-79.11		6.1	Ms	Ecuador:Guayas,E.	厄瓜多尔:瓜亚斯东部	GSHAP
1961	4	8	4	47	6	-2.12	-79.18	47	6.1	Ms	Ecuador:Guayas,E.	厄瓜多尔:瓜亚斯东部	GSHAP
1961	4	8	9	3	48	-2.2	-78.9		6.1	Ms	Ecuador:Tixan	厄瓜多尔:蒂克桑	GSHAP
1961	4	8	17	59	46.7	-38.4	-72.7	60	6.6	Ms	Chile:Traiguén	智利:特赖根	GSHAP,Shi Z.
1961	4	8	21	36	41.6	14.8	145.1	105	6.5	Ms	Mariana Islands	马里亚纳群岛	Shi Z.
1961	4	9	7	23	16	36.68	-121.3		5.6	Ms	US:California,Tres Pinos,S.	美国:加利福尼亚州特雷斯皮诺斯南部	USGS
1961	4	9	7	25	41	36.68	-121.3		5.5	Ms	US:California,Tres Pinos,S.	美国:加利福尼亚州特雷斯皮诺斯南部	USGS
1961	4	9	9	21	30.3	-26	178.3	626	6.4	Ms	Tonga Islands,S.	汤加群岛南部	Shi Z.
1961	4	9	15	35	9	24.1	122.2		6.5	Ms	China:Taiwan,Hualien,Coast of E.	中国:台湾花莲以东海域	China
1961	4	10	6	57	14	24.1	122.3	22	5	Ms	China:Taiwan,Hualien,Coast of E.	中国:台湾花莲以东海域	China
1961	4	12	17	27	46	48.1	154.7	60	5.2	Ms	Kuril Islands	千岛群岛	GSHAP
1961	4	12	22	20	33.6	13.1	-88.9	122	6	Ms	El Salvador:Off Coast of W.	萨尔瓦多:西部海域	Shi Z.
1961	4	13	4	25	58	23	94.7	25	5	Mk	myanmar:Sagaing	缅甸:实皆	GSHAP,Song
1961	4	13	16	34	41	39.8	77.7	10.7	6.8	Ms	China:Xinjiang,Maralbishi,W.	中国:新疆巴楚西	* China,Engdahl
1961	4	16	5	2	39.3	39.33	-111.65		5.1	Mk	US:Utah,Ephraim	美国:犹他州伊弗雷姆	USGS,Song
1961	4	16	11	40	59	53.6	158.5	190	5.9	Ms	Russia:Kamchatka Peninsula	俄罗斯:堪察加半岛	GSHAP
1961	4	17	18	13	6	27	100.5		5	Ms	China:Yunnan,Lijiang,NE.	中国:云南丽江东北	China
1961	4	17	20	35	10.4	-20.9	-68.4	119	6.2	Ms	Bolivia:Pacu - Pacu	玻利维亚:帕库帕库	GSHAP
1961	4	19	6	57	28	30.3	70.4	33	5.5	Ms	Pakistan:Multan	巴基斯坦:木尔坦	GSHAP
1961	4	19	11	3	45.9	-18.8	-67.4	60	5.3	Ms	Bolivia:Oruro	玻利维亚:奥鲁罗	GSHAP
1961	4	20	21	39	6.6	-15.7	-172.9	8	6.1	Ms	Samoa Islands	萨摩亚群岛	Shi Z.
1961	4	21	19	30	39	48	155.6	60	5.1	Ms	Kuril Islands	千岛群岛	GSHAP
1961	4	21	20	10	42	47.9	154.9	40	6	Ms	Kuril Islands	千岛群岛	GSHAP
1961	4	21	21	26	42.1	51.9	-173.9	36	5.6	Ms	Andreanof Islands, Aleutian Is.	阿留申群岛,安德烈亚诺夫群岛	USGS
1961	4	22	19	1	34.4	-2.8	-80.8	30	5.8	Ms	Ecuador:Near Coast of W.	厄瓜多尔:西部近海	GSHAP
1961	4	23	5	14	31.1	26.2	129.8	110	6	Ms	Ryukyu Islands	琉球群岛	Shi Z.
1961	4	23	9	1	41.8	44.6	150.2	44	6.5	Ms	Kuril Islands	千岛群岛	Shi Z.
1961	4	26	7	38	54.1	44.6	149.9	20	6	Ms	Kuril Islands	千岛群岛	Shi Z.
1961	4	26	11	46	47	25.3	95.4	211	6	Mk	myanmar:Sagaing,N.	缅甸:实皆北部	GSHAP,Song
1961	4	27	17	52	14	-13.2	-75.1	83	6.1	Ms	Peru:Huancavelica	秘鲁:万卡韦利卡	GSHAP
1961	4	28	8	40	26.5	-22	-62.9	82	5.1	Ms	Bolivia:Tarija	玻利维亚:塔里哈	GSHAP
1961	4	29	9	19	30	40.42	-127.45		5.5	Ms	US:California,Off Coast N.	美国:加利福尼亚州北部沿海	USGS
1961	4	29	10	45	40	42.1	105	20	5.8	Ms	Mongolia:Namgon	蒙古:瑙木贡	China
1961	4	29	21	18	3	45	147.2	180	5.3	Ms	Kuril Islands	千岛群岛	GSHAP
1961	4	30	11	15	19.8	44.6	149.7	70	6	Ms	Kuril Islands	千岛群岛	Shi Z.
1961	5	1	16	31	44	37.65	36.76	40	5	Ms	Turkey:Kahramanmaras	土耳其:卡赫拉曼马什拉	GSHAP
1961	5	2	22	44	48.6	-28	-176.8	45	6.6	Ms	Kermadec Ridge	克马德克海岭	Shi Z.
1961	5	7	0	25	40.8	-6.1	154.4	123	6.5	Ms	New Britain Trench	新不列颠海沟[太平洋]	Shi Z.
1961	5	7	10	22	43.7	5.8	126.8	89	6.3	Ms	Philippine Trench	菲律宾海沟	Shi Z.
1961	5	8	19	23	35.4	-24.3	-69.7	48	6	Ms	Chile:Antofagasta,C.	智利:安托法加斯塔中部	Shi Z.
1961	5	11	8	38	27.1	-37.4	-73.6	47	6.4	Ms	Chile:Arauco	智利:阿劳科	GSHAP
1961	5	12	3	40	20	0	97.9	81	6	Mk	Indonesia:Northern Sumatra	印度尼西亚:苏门答腊北部	GSHAP,Song
1961	5	12	6	29	10	47	153	80	5.1	Ms	Kuril Islands	千岛群岛	GSHAP
1961	5	14	0	5	58	25.5	122.4	250	6	Ms	China:Taiwan,Keelung,Coast of NE.	中国:台湾基隆东北海域	China
1961	5	15	16	7	26	38.1	103.9		5.25	Ms	China:Gansu,Minqin,SE.	中国:甘肃民勤东南	China
1961	5	16	21	45	24	30	132	25	6	Ms	Ryukyu Islands	琉球群岛	Shi Z.
1961	5	17	19	29	24	52.3	173.9	35	6.5	Ms	Aleutian Islands	阿留申群岛	GSHAP,Shi Z.
1961	5	18	0	23	47	33.7	99.2		5.2	Ms	China:Qinghai,Darlag,W.	中国:青海达日西	China
1961	5	19	16	37	28.9	24.1	123.4	71	6	Ms	Ryukyu Islands	琉球群岛	Shi Z.
1961	5	19	21	30	27	38.1	72.5	140	5.3	Ms	Tajikistan:Sha Zude	塔吉克斯坦:沙祖德	GSHAP
1961	5	20	17	51	58	-6.5	30.7	33	5.5	Ms	Tanzania:Mpanda	坦桑尼亚:姆潘达	GSHAP
1961	5	21	1	5	58	48	86	88	5.5	Ms	China:Xinjiang,Kaba,W.	中国:新疆哈巴河西部	China
1961	5	21	17	41	28.2	-3.1	-80.9	27	6	Ms	Ecuador:Near Coast of W.	厄瓜多尔:西部近海	GSHAP
1961	5	22	13	44	34.4	-21.3	-174.4	53	6.2	Ms	Tonga Islands	汤加群岛	Shi Z.
1961	5	22	17	32	28.8	-23	-176.2	84	6.5	Ms	Tonga Islands,W.	汤加群岛西部	Shi Z.
1961	5	23	2	45		36.7	28.5		6.5	Ms	Greece:Rhodes Island	希腊:罗德岛	* NOAA
1961	5	23	4	19		24.1	122.4	35	5	Ms	China:Taiwan,Hualien,Coast of E.	中国:台湾花莲以东海域	China
1961	5	23	16	44	59.4	12.6	-87.3	138	6.3	Ms	Nicaragua:Chinandega,Port Corinto	尼加拉瓜:奇南德加,科林多港	Shi Z.
1961	5	25	13	33	27	39.8	77.7		5.25	Ms	China:Xinjiang,Maralbishi,W.	中国:新疆巴楚西	China
1961	5	27	10	37	40	35.4	70	32	5	Mk	Afghan:Charikar	阿富汗:恰里卡尔	GSHAP,Song
1961	5	27	16	52	19	0.8	98.5	39	5.75	Ms	Indonesia:Northern Sumatra	印度尼西亚:苏门答腊北部	GSHAP
1961	5	27	17	26	32	1.2	98.4	36	5	Mk	Indonesia:Sumatera,Near West Coast	印度尼西亚:苏门答腊西部近海	GSHAP,Song
1961	5	29	10	51	59.5	10.39	39.81		5.3	Ms	Ethiopia:Dessie	埃塞俄比亚:德西	GSHAP

年	月	日	时	分	秒	纬度(°)	经度(°)	深度	震级	标度	地名(英文)	地名(中文)	资料来源
Year	Mo	Dy	Hr	Mn	Sec	Latitude	Longitude	Depth	Mag	Scale	Name(English)	Name(Chinese)	Information
1961	6	1	16	31	44	37.65	36.76	40	5	Ms	Turkey:Kahramanmaras	土耳其:卡赫拉曼马什拉	GSHAP
1961	6	1	23	29	22	10.44	39.858	23.9	6.6	Muk	Ethiopia:Karakore	埃塞俄比亚:卡拉科雷	* Engdahl
1961	6	2	4	51	0.2	10.32	39.82	77	6.2	Ms	Ethiopia:Addis Abeba	埃塞俄比亚:亚的斯亚贝巴	GSHAP
1961	6	2	5	45	0.1	10.58	40.14	156	5.5	Ms	Ethiopia:Dessie	埃塞俄比亚:德西	GSHAP
1961	6	2	7	2	46.1	10.14	39.91		5	Ms	Ethiopia:Molale	埃塞俄比亚:莫拉莱	GSHAP
1961	6	2	18	26	12.6	-3	-80.4	37	6.2	Ms	Ecuador:Near Coast of W.	厄瓜多尔:西部近海	GSHAP
1961	6	3	4	21	56	-18.1	-70.3	60	5	Ms	Peru:Tacna	秘鲁:塔克纳	GSHAP
1961	6	3	15	23	0.3	10.5	39.8	151	5.4	Ms	Ethiopia:Dessie	埃塞俄比亚:德西	GSHAP
1961	6	4	7	33	3	34.15	81.9		6.5	Ms	China:Xizang (Tibet),Rutog,NE.	中国:西藏日土东北	China
1961	6	4	11	18	33	37.1	71.9	190	6	Mk	Tajikistan:Kuhistoni Badakhshon,SW.	塔吉克斯坦:勾瑙-巴达科善西南	GSHAP,Song
1961	6	4	13	51	31	34.1	81.9		5	Ms	China:Xizang (Tibet),Rutog,NE.	中国:西藏日土东北	China
1961	6	4	23	35	27	33.5	75.4	25	5	Mk	India:Jammu & Kashmir	印度:查谟和克什米尔	GSHAP,Song
1961	6	5	3	31	6	29	54.5		5.3	Ms	Iran:S, Darab	伊朗:达拉卜	Iran
1961	6	6	20	56	15	39.9	77.5		5	Ms	China:Xinjiang,Maralbishi,W.	中国:新疆巴楚西	China
1961	6	6				40.63	22.97		6.7	Mk	Greece:Thessalonika	希腊:萨罗尼加	NOAA,Song
1961	6	7	14	15	18.9	-5.4	-11.6	17	6.2	Ms	Central Mid - Atlantic Ridge	中大西洋中脊	Shi Z.
1961	6	8	3	59	21	36.4	71	264	6	Mk	Afghan:Badakhshan	阿富汗:巴达赫尚	GSHAP,Song
1961	6	9	3	55	51	34.7	73.8	110	6	Mk	Pakistan:Azad Kashmir	巴基斯坦:阿萨得喀什米尔	GSHAP,Song
1961	6	9	9	36	50	41	50.75	50	6	Ms	Caspian Sea	里海	Iran
1961	6	9	15	17	46	4.8	95.2	33	5	Mk	Indonesia:Off West Coast of N. Sumatera	印度尼西亚:北苏门答腊西部海域	GSHAP,Song
1961	6	10	21	31	50.9	-24.2	-112.1	47	6.2	Ms	Easter Island,W.	复活节岛西部	Shi Z.
1961	6	11	5	10	29	27.865	54.558	35	6.8	Ms	Iran:Lar	伊朗:拉尔	* Engdahl
1961	6	11	5	30	10	27.9	54.5		5.8	Ms	Iran:Lar	伊朗:拉尔	Iran
1961	6	11	6	46	47	27.9	54.5		5.1	Ms	Iran:Lar	伊朗:拉尔	Iran
1961	6	11	6	51	29	27.8	54.9	49	5.1	Ms	Iran:Lar	伊朗:拉尔	Iran
1961	6	11	12	31	26.8	28.2	54.6	36	6.1	Ms	Iran:Lar	伊朗:拉尔	Shi Z.
1961	6	11	13	57	57	27.9	54.5		5.6	Ms	Iran:Lar	伊朗:拉尔	Iran
1961	6	11	17	15	33	24.97	98.63	27	5.8	Ms	China:Yunnan,Tengchong	中国:云南腾冲	* China
1961	6	13	13	36	29	8.7	83.2	43	5	Mk	Sri Lanka:Off Coast of E.	斯里兰卡:以东海域	GSHAP,Song
1961	6	13	21	37	58.6	-21.7	-176.2	157	6.2	Ms	Tonga Islands,W.	汤加群岛西部	Shi Z.
1961	6	14	0	41	13	24.7	94.8		5.7	Ms	myanmar:Sagaing	缅甸:实皆	GSHAP
1961	6	14	20	32	0.3	10.58	39.73	92	5.5	Ms	Ethiopia:Dessie	埃塞俄比亚:德西	GSHAP
1961	6	15	0	58	23	23.5	121.7		5	Ms	China:Taiwan,Hualien,Coast of E.	中国:台湾花莲以东海域	China
1961	6	15	20	49	42	39.1	70	45	5	Mk	Tadzhikistan:Dzhirgatal	塔吉克斯坦:吉尔加塔尔	GSHAP,Song
1961	6	15	23	24	43.8	45.9	151.2	36	6	Ms	Kuril Islands	千岛群岛	Shi Z.
1961	6	16	7	8	16.5	-41.3	-74.5	17	5.9	Ms	Chile:Near Coast of S.	智利:南部近海	GSHAP
1961	6	16	10	31	56.2	8.9	-73.4	120	6.5	Ms	Colombia:Convención	哥伦比亚:北桑坦德的孔本西翁	*
1961	6	17	8	5	53	27.9	55	38	5	Ms	Iran:Lar	伊朗:拉尔	Iran
1961	6	17	10	56	30	-12	-75.3	29	5.2	Ms	Peru:Paccha	秘鲁:帕克查	GSHAP
1961	6	17	15	7	33.7	14.2	-92.9	95	6.2	Ms	Guatemala:Near Coast	危地马拉:近海	Shi Z.
1961	6	18	6	26	6	34	81.5		5	Ms	China:Xizang (Tibet),Rutog,NE.	中国:西藏日土东北	China
1961	6	18	13	55	16.8	-31.5	-179.8	406	6.2	Ms	Kermadec Ridge	克马德克海岭	Shi Z.
1961	6	19	1	45	27	12.72	121.97	56	5.75	Muk	Philippines:Mindoro,SW.	菲律宾:民都洛岛西南	Bautista
1961	6	19	17	4	37	36.7	70.7	180	6.2	Ms	Afghan:Badakhshan	阿富汗:巴达赫尚	GSHAP
1961	6	20	3	21	29.5	12.23	44.34		6	Ms	Yemen:Gulf of Aden	也门:亚丁湾	GSHAP
1961	6	21	6	39	20	27.75	54.5		5.3	Ms	Iran:Lar	伊朗:拉尔	Iran
1961	6	21	16	4	45	37.8	29.1	13	5	Ms	Turkey:Denizli	土耳其:登尼资里	GSHAP
1961	6	22	0	56	5	42.4	19.3		5.2	Ms	Montenegro:Podgorica	蒙特尼哥罗(黑山):波德戈里察	GSHAP
1961	6	23	8	55	55.2	44.1	-128.9	56	6.3	Ms	US:Off Coast of W. Oregon	美国:俄勒冈州西部沿海	Shi Z.
1961	6	23	16	36	24	27.5	54.75		5.8	Ms	Iran:Lar	伊朗:拉尔	Iran
1961	6	24	9	36	5.6	4	97.5	135	6	Ms	Indonesia:Sumatera,Aceh	印度尼西亚:苏门答腊亚齐	Shi Z.
1961	6	25	16	46	38.6	21.8	143.5		6	Ms	Mariana Islands,N.	马里亚纳群岛北部	Shi Z.
1961	6	26	14	47	21	52.08	174.62	40	6.2	Ms	Aleutian Islands	阿留申群岛	USGS,Shi Z.
1961	6	27	0	49		33.5	49.4		5.9	Mk	Iran:Lorestan	伊朗:洛雷斯坦	* Song
1961	6	27	7	3	41	27.73	99.75	10	6	Ms	China:Yunnan,Deqen	中国:云南迪庆	* China
1961	6	27	7	52	53	54.3	158.9	290	6.1	Ms	Russia:Kamchatka Peninsula	俄罗斯:堪察加半岛	GSHAP
1961	6	27	10	45	55	28	99.9	33	5.4	Ms	China:Yunnan,Deqen,NE.	中国:云南迪庆东北	China
1961	6	27	21	56	2	27.7	99.6	38	5	Ms	China:Yunnan,Deqen	中国:云南迪庆	China
1961	6	29	9	22	55.8	-13.9	166	37	6.3	Ms	Vanuatu Islands	瓦努阿图群岛	Shi Z.
1961	6	29	14	2	42.5	52.4	-173.4	76	6	Mk	Andreanof Islands, Aleutian Is.	阿留申群岛,安德烈亚诺夫群岛	USGS,Song
1961	7	1	13	10	40	-15.3	-74.8	68	5.5	Ms	Peru:Nazca	秘鲁:纳斯卡	GSHAP
1961	7	3	7	6		34.1	-106.95		5.1	Mk	US:New Mexico,Socorro	美国:新墨西哥州索科罗	USGS,Song
1961	7	3	14	49	30	-8.7	-79.1	57	5.5	Ms	Peru:Chimbote,Near Coast	秘鲁:钦博特近海	GSHAP
1961	7	4	4	56		40.9	-118.4		5.4	Ms	US:Nevada,Winnemucca	美国:内华达州温尼马卡	USGS
1961	7	4	6	10	44.8	18	146.4	145	6.5	Ms	Mariana Islands	马里亚纳群岛	Shi Z.
1961	7	4	11	9	11	40.13	-118.6		5	Ms	US:Nevada,Lovelock	美国:内华达州拉夫洛克	USGS
1961	7	5	6	34	32	39.9	77.5		5	Ms	China:Xinjiang,Maralbishi,W.	中国:新疆巴楚西	China

年 Year	月 Mo	日 Dy	时 Hr	分 Mn	秒 Sec	纬度(°) Latitude	经度(°) Longitude	深度 Depth	震级 Mag	标度 Scale	地名(英文) Name(English)	地名(中文) Name(Chinese)	资料来源 Information
1961	7	6	22	9	32	-20.668	169.442	31.3	6.7	Ms	Vanuatu Islands	瓦努阿图群岛	Engdahl
1961	7	7	13	10	49	-5.946	149.727	43.8	6.7	Ms	Papua New Guinea: West New Britain	巴布亚新几内亚:西新不列颠	Engdahl
1961	7	7	17	1	57	24.8	98.7		5.6	Ms	China: Yunnan, Longling, N.	中国:云南龙陵北	China
1961	7	8	3	35	20.5	-20.2	168.7		6	Ms	Vanuatu Islands	瓦努阿图群岛	Shi Z.
1961	7	8	5	49	2	-6.2	-77.1	15	5.5	Ms	Peru: Tarapoto	秘鲁:塔拉波托	GSHAP
1961	7	8	15	34	37.4	-20.1	168.7	26	6.2	Ms	Vanuatu Islands	瓦努阿图群岛	Shi Z.
1961	7	9	9			11.42	-69.68		5	Mk	Venezuela: Coro	委内瑞拉:科罗	GSHAP, Song
1961	7	10	3	49	56.4	-19.3	-68.4	117	5.4	Ms	Bolivia: Oruro	玻利维亚:奥鲁罗	GSHAP
1961	7	11	9	31	42.6	8	93.1	17	6.2	Ms	India: Andaman Islands	印度:安达曼群岛	Shi Z.
1961	7	11	17	23	42	27.1	81	25	5	Mk	India: Barabanki	印度:巴拉本吉	GSHAP, Song
1961	7	11				8.3	93.4		5.4	Ms	India: Nicobar Islands	印度:尼科巴群岛	GSHAP
1961	7	13	17	19		-41.7	-75.2	40	7	Ms	Chile: Off Coast of S.	智利:南部沿海	Chile
1961	7	13	21	44	33	23.1	122.7		5.2	Ms	China: Taiwan, Taitung, Coast of E.	中国:台湾台东以东海域	China
1961	7	16	9	4	40	36.4	70.7	206	6	Mk	Afghan: Badakhshan	阿富汗:巴达赫尚	GSHAP, Song
1961	7	18	14	3	42	29.655	131.743	36.2	6.9	Ms	Ryukyu Islands	琉球群岛	* Japan, Engdahl, NOAA
1961	7	19	11	58	43.7	29.8	131.5	31	6	Ms	Ryukyu Islands	琉球群岛	Shi Z.
1961	7	19	23	0	56.7	37.9	20.2	37	5.5	Ms	Ionian Sea	爱奥尼亚海	Turkey
1961	7	20	15	33	18	24.8	123.1	70	5	Ms	Ryukyu Islands	琉球群岛	China
1961	7	21	2	48	59	8.3	93.4	24	5	Mk	India: Nicobar Islands	印度:尼科巴群岛	GSHAP, Song
1961	7	23	14	3	39.8	-18.6	168.2	44	6.2	Ms	Vanuatu Islands	瓦努阿图群岛	Shi Z.
1961	7	23	21	51	10	-18.421	168.411	35	7.3	Mw	Vanuatu Islands	瓦努阿图群岛	* Engdahl, NOAA
1961	7	24	1	53	29.9	-2.1	-79.4	33	6.2	Ms	Ecuador: Guayas, E.	厄瓜多尔:瓜亚斯东部	GSHAP
1961	7	24	2	7	18.6	-1.6	-78.3	30	6.4	Ms	Ecuador: Morona Santiago, N.	厄瓜多尔:莫罗纳-圣地亚哥北部	GSHAP
1961	7	26	9	19	2	-37.6	176.9	230	6	Ms	New Zealand: North Island, Near Coast of N.	新西兰:北岛北部近海	Shi Z.
1961	7	28	0	34	22	27.1	126.6	169	5.75	Ms	China: East China Sea	中国:东海	China
1961	7	28	1	5	34	-2.1	-77.15	165	6.3	Ms	Ecuador: Pastaza	厄瓜多尔:帕斯塔萨	GSHAP
1961	7	28	6	11	38.7	-18.7	167.7	41	6	Ms	Vanuatu Islands	瓦努阿图群岛	Shi Z.
1961	8	1	5	39	53.2	-9.3	160.5	50	6.6	Ms	Solomon Islands	所罗门群岛	* NOAA
1961	8	1	7	21	12.2	-57	-25.1	44	6.2	Ms	South Sandwich Trench	南桑威奇海沟	Shi Z.
1961	8	1	9	34	40.7	-57.3	-26.1	31	6	Ms	South Sandwich Trench	南桑威奇海沟	Shi Z.
1961	8	3	0	41	0.4	14.7	52.5	33	5.3	Ms	Eastern Gulf of Aden	亚丁湾东部	GSHAP
1961	8	5	19	0	20	21.8	93.9	50	5	Mk	myanmar: Chin	缅甸:赛钦	GSHAP, Song
1961	8	8	12	18	19	51.15	-170.63		6.6	Ms	Aleutian Islands	阿留申群岛	USGS, Shi Z.
1961	8	8	18	53	16	34.3	74.6	23	5	Mk	India: Kashmir	印度:克什米尔	GSHAP, Song
1961	8	9	16	2	35.5	-19.2	168.8	44	6	Ms	Vanuatu Islands	瓦努阿图群岛	Shi Z.
1961	8	11	15	51	35	42.913	145.304	35	7.2	Mw	Japan: SE. Hokkaido Island	日本:北海道东南	* Usami, Engdahl, NOAA
1961	8	13	6	1	1	24.4	121.9		5.7	Ms	China: Taiwan, Hualien, Coast of E.	中国:台湾花莲以东海域	China
1961	8	14	18	50	54.4	-24.4	-175.7	53	6	Ms	Tonga Islands, S.	汤加群岛南部	Shi Z.
1961	8	14	23	28	46.5	-20.4	169.4	97	6.2	Ms	Vanuatu Islands	瓦努阿图群岛	Shi Z.
1961	8	15	19	3	55.7	33	142.4	39	6.3	Ms	Japan Trench	日本海沟	Shi Z.
1961	8	16	12	23	13	36.5	71.2	220	6	Mk	Afghan: Badakhshan	阿富汗:巴达赫尚	GSHAP, Song
1961	8	17	3	35	42	35.7	69.7	205	6	Mk	Afghan: Panjshir	阿富汗:潘希尔	GSHAP, Song
1961	8	17	8	2	11	30.5	91.5	60	7	Ms	China: Xizang (Tibet), Damxung	中国:西藏当雄	Wang S.
1961	8	17	17	49	43	-17.4	-72.7	46	5.3	Ms	Peru: Camana, Near Coast	秘鲁:卡马纳近海	GSHAP
1961	8	17	21	16	31	46.338	149.548	153.6	6.7	Ms	Kuril Islands	千岛群岛	* Engdahl
1961	8	19	5	9	51	-10.86	-70.846	612.9	7.2	mB	Peru: Madre de Dios, N.	秘鲁:马德雷德蒂奥斯北部	Engdahl, GSHAP
1961	8	19	5	33	38	36.07	136.7	35	6.9	Ms	Japan: Fukui	日本:福井	* Usami, Engdahl
1961	8	20	9	10	11	-11.5	-70.6	630	5.9	Ms	Peru: Madre de Dios, N.	秘鲁:马德雷德蒂奥斯北部	GSHAP
1961	8	21	7	0	22	36.5	71.3	80	5.6	Ms	Afghan: Badakhshan	阿富汗:巴达赫尚	GSHAP
1961	8	21	16	6	54.7	-18	-174	47	6	Ms	Tonga Islands, N.	汤加群岛北部	Shi Z.
1961	8	23	4	12	36	38.55	68.5	19	5.4	Ms	Tajikistan: Gissar	塔吉克斯坦:吉萨尔	GSHAP
1961	8	27	16	22	12.3	47.06	154.03	40	6.4	Ms	Kuril Islands	千岛群岛	GSHAP
1961	8	27	16	47	49.1	18.1	146.6	38	6.3	Ms	Mariana Islands	马里亚纳群岛	Shi Z.
1961	8	27	20	56	17	46.9	154.5	20	5	Ms	Kuril Islands	千岛群岛	GSHAP
1961	8	28	6	28	19	-15.2	-70.2	185	5	Ms	Peru: Juliaca	秘鲁:胡利亚卡	GSHAP
1961	8	28	7	41	27.8	-12.8	169.4	640	6	Ms	Solomon Islands	所罗门群岛	Shi Z.
1961	8	30	3	45	28	-3.9	-77.8	33	5.2	Ms	Peru: Amazonas, N.	秘鲁:亚马孙北部	GSHAP
1961	8	31	1	48	39	-10.697	-70.886	598.2	7	mB	Peru: Madre de Dios, N.	秘鲁:马德雷德蒂奥斯北部	Shi Z., Engdahl
1961	8	31	1	57	9.7	-10.341	-71.002	601.4	7.3	mB	Peru: Ucayali, SE.	秘鲁:乌卡亚利东南	* Engdahl
1961	9	1	0	9	39	-59.267	-26.576	131	7.2	mB	South Sandwich Trench	南桑威奇海沟	* Engdahl
1961	9	1	18	50	39	13.825	-92.334	41.7	6.5	Muk	Mexico: Near Coast of Oaxaca	墨西哥:瓦哈卡近海	Engdahl
1961	9	2	0	26	3	52.18	-171.05		5.5	Ms	Aleutian Islands	阿留申群岛	USGS
1961	9	4	4	53	17	46.9	154.3	60	5.1	Ms	Kuril Islands	千岛群岛	GSHAP
1961	9	4	9	49	15	51.58	-178.25	52	6.2	Ms	Andreanof Islands, Aleutian Is.	阿留申群岛,安德烈亚诺夫群岛	USGS

年	月	日	时	分	秒	纬度(°)	经度(°)	深度	震级	标度	地名(英文)	地名(中文)	资料来源
Year	Mo	Dy	Hr	Mn	Sec	Latitude	Longitude	Depth	Mag	Scale	Name(English)	Name(Chinese)	Information
1961	9	5	6	13		38.5	73.2	100	6.4	Ms	Tajikistan:Kuhistoni Badakhshon,N.	塔吉克斯坦:勾瑙-巴达科善北部	China,GSHAP
1961	9	5	11	34	31.4	59.77	-150.8		6.2	Ms	Alaska Peninsula,S.	阿拉斯加半岛南部	USGS,Shi Z.
1961	9	5	14	9	52	36.8	54.5	19	5.6	Ms	Iran:Gorgan	伊朗:戈尔甘	GSHAP
1961	9	5				-58	-27		7.7	Muk	South Sandwich Trench	南桑威奇海沟	*
1961	9	6	13	35	42	36.5	70.6	197	6	Mk	Afghan:Badakhshan	阿富汗:巴达赫尚	GSHAP,Song
1961	9	8	11	26	32	-56.26	-27.283	105.3	7.6	mB	South Sandwich Trench	南桑威奇海沟	* Engdahl
1961	9	11	2	46	50.3	51.4	180	60	5.9	Ms	Aleutian Islands,Rat Island	阿留申群岛,拉特岛	USGS
1961	9	12	11	18	25	-11.1	-70.6	543	5.3	Ms	Peru:Madre de Dios,N.	秘鲁:马德雷德蒂奥斯北部	GSHAP
1961	9	13	21	19	19.9	-41.7	-75.2	40	7	Ms	Chile:Off Coast of S.	智利:南部沿海	GSHAP
1961	9	14	8	3	12	32.83	47.54	33	5.4	Ms	Iran:Lorestan,W.	伊朗:洛雷斯坦西部	Iran,GSHAP
1961	9	15	1	46		34.9	33.8		6	Ms	Cyprus:Larnaca	塞浦路斯:拉纳卡	GSHAP
1961	9	17	7	41	56	24.1	122.2	30	6.3	Ms	China:Taiwan,Hualien,Coast of E.	中国:台湾花莲以东海域	China
1961	9	17	15	55	55.9	46.02	-122.12	7	5.1	Ms	US:Washington,Cougar	美国:华盛顿州库格	USGS
1961	9	18	11	1	4	41.1	50.2	64	6	Ms	Caspian Sea	里海	GSHAP
1961	9	19	2	25	51	-20.453	-63.049	575.8	6.5	Muk	Bolivia:Boyuibe	玻利维亚:博尤伊韦	Engdahl,GSHAP
1961	9	19	9	46	17.7	6.7	-82.4		6.3	Ms	Panama:Off Coast of S.	巴拿马:南部海域	Shi Z.
1961	9	20	19	3	37.7	-3.6	151	44	6.2	Ms	Bismarck Sea	俾斯麦海	Shi Z.
1961	9	25	2	27	13.5	60.36	-152.88	117	5.8	Ms	Gulf of Alaska	阿拉斯加湾	USGS
1961	9	25	10	46	26	0.9	99.5	33	5	Mk	Indonesia:Northern Sumatra	印度尼西亚:苏门答腊北部	GSHAP,Song
1961	9	27	11	20	45	52.4	-168.68		5.6	Ms	Aleutian Islands	阿留申群岛	USGS
1961	9	27	12	8	32.6	-59.3	-23.3		6.1	Ms	South Sandwich Trench	南桑威奇海沟	Shi Z.
1961	9	27	19	20	44	52.46	-168.79	42	6	Ms	Aleutian Islands	阿留申群岛	USGS
1961	9	27	19	27	0.8	52.35	-168.75	22	6	Ms	Aleutian Islands	阿留申群岛	USGS,Shi Z.
1961	9	27	21	7	12	26.3	124.7	160	5.75	Ms	Ryukyu Islands	琉球群岛	China
1961	9	28	1	23	59.6	-3.9	102	78	6.3	Ms	Indonesia:Southern Sumatra	印度尼西亚:苏门答腊南部	Shi Z.
1961	9	28	3	24	37.7	30.8	141.6	41	6	Ms	Japan Trench	日本海沟	Shi Z.
1961	9	28	5	0	45	36.8	70.5	200	6	Ms	Afghan:Fayzabad	阿富汗:法扎巴德	GSHAP
1961	9	29	8	45	22	13.5	93.9	60	5	Mk	India:Andaman Islands	印度:安达曼群岛	GSHAP,Song
1961	9	29	19	6	8	0.5	122.4	110	6.4	Ms	Indonesia:Gorontalo	印度尼西亚:哥伦打洛	Shi Z.
1961	10	1	0	16	1	34.33	104.78		5.7	Ms	China:Gansu,Minxian,E.	中国:甘肃岷县东	* China
1961	10	1	14	17	41	37.6	71.8	122	6	Mk	Tajikistan: Khorog	塔吉克斯坦:霍罗格	GSHAP,Song
1961	10	2	7	21	44.7	36.7	21.9	33	5.88	Ms	Greece:Kalamai	希腊:卡拉玛达	Turkey
1961	10	5	22	35		24.1	121.7	5	5.5	Ms	China:Taiwan,Hualien	中国:台湾花莲	China
1961	10	5	23	1	7	51	149.7	518	5.2	Ms	Sea of Okhotsk	鄂霍次克海	GSHAP
1961	10	7	9	55	55.4	-0.4	-80.4	56	6.2	Ms	Ecuador:Portoviejo	厄瓜多尔:波托维耶霍	GSHAP
1961	10	10	17	24	58.9	-4.7	138.2	36	6	Ms	Indonesia:Papua	印度尼西亚:巴布亚	Shi Z.
1961	10	11	12	28	35	-13.3	-75.5	137	5	Ms	Peru:Canete	秘鲁:卡涅特	GSHAP
1961	10	14	7	1		34.11	48.46	84	5.3	Ms	Iran:Hamadan	伊朗:哈马丹	* Iran
1961	10	14	21	18	3.4	-0.9	-80.4	25	6.1	Ms	Ecuador:Portoviejo	厄瓜多尔:波托维耶霍	GSHAP
1961	10	18	15	31	19	23.1	94.6	69	5	Mk	myanmar:Sagaing	缅甸:实皆	GSHAP,Song
1961	10	18	16	51	58	-36.803	-73.433	25	6.8	Ms	Chile:Concepcion,Near Coast	智利:康塞普西翁近海	* Shi Z.,Engdahl,NOAA
1961	10	18	18	10	30.4	-36.9	-73.5	55	6	Ms	Chile:Near Coast of C.	智利:中部近海	Shi Z.
1961	10	19	5	9	43.9	35.83	-117.76		5.2	Ms	US:California,Brown	美国:加利福尼亚州布朗	USGS
1961	10	19	11	19	20.1	-37.1	-70.6	149	6.3	Ms	Argentina:Chos Malal	阿根廷:乔斯马拉尔	GSHAP
1961	10	23	0	8	36.6	-60.2	-33.6		6.5	Ms	East Scotia Basin	东斯科舍海盆	Shi Z.
1961	10	23	14	39	35.9	3.5	126.6	20	6.5	Ms	Molukka Sea,N.	马鲁古海北部	Shi Z.
1961	10	24	7	25	23.7	44.59	146.85	120	6.1	Ms	Kuril Islands	千岛群岛	GSHAP
1961	10	26	0	38	22.8	-3.1	148.1		6.3	Ms	Bismarck Sea	俾斯麦海	Shi Z.
1961	10	26	15	27	5.9	-0.3	98.7	34	6.4	Ms	Indonesia:Sumatra,Near Coast of C.	印度尼西亚:苏门答腊中部近海	Shi Z.
1961	10	26	16	37		-3.25	29		5.2	Ms	Congo:Uvira	刚果:乌维拉	GSHAP
1961	10	26	21	56	16.5	6.9	-73.1	154	5	Ms	Colombia:Santander	哥伦比亚:桑坦德	GSHAP
1961	10	28	10	46	43	33.7	48.8	33	5	Ms	Iran:Lorestan	伊朗:洛雷斯坦	GSHAP
1961	10	28	22	45	46	53.6	108.8	20	5.5	Ms	Russia:Lake Baykal	俄罗斯:贝加尔湖	GSHAP
1961	10	31	1	43	54	51.83	175.82	22	5.5	Ms	Aleutian Islands,Rat Island	阿留申群岛,拉特岛	USGS
1961	10	31	13	37		42.407	13.064	10	5.13	Ms	Italy:Antrodoco	意大利:安特罗多科	Italy,GSHAP
1961	11	1				42.35	13.02	10	5.1	Ms	Italy:Antrodoco	意大利:安特罗多科	GSHAP
1961	11	2				42.35	13.02	10	5.1	Ms	Italy:Antrodoco	意大利:安特罗多科	GSHAP
1961	11	3				42.35	13.02	10	5.1	Ms	Italy:Antrodoco	意大利:安特罗多科	GSHAP
1961	11	4	13	5	6	32.5	92.2		5.5	Ms	China:Xizang (Tibet),Amdo,NE.	中国:西藏安多东北	China
1961	11	5	10	36	42	45.3	148.7	150	6.1	Ms	Kuril Islands	千岛群岛	GSHAP
1961	11	6	5	28	22.8	-13.3	166.5	59	6	Ms	North Vanuatu Islands	瓦努阿图群岛北部	Shi Z.
1961	11	6	7	59	6	26.7	91.9		5.5	Ms	India:Udalguri	印度:阿萨姆的乌德尔古里	GSHAP
1961	11	6				42.35	13.02	10	5.1	Ms	Italy:Antrodoco	意大利:安特罗多科	GSHAP
1961	11	7	5	52	38	48	152.5	200	5	Ms	Kuril Islands	千岛群岛	GSHAP
1961	11	8	19	30		-13.98	-71.9	20	5	Mk	Peru:Cusco	秘鲁:库斯科	GSHAP,Song
1961	11	9	4	19	42	-22.9	-67.9	84	6.3	Ms	Chile:Antofagasta,C.	智利:安托法加斯塔中部	GSHAP
1961	11	10	2	7	34	-14.3	-71.9	68	5.3	Ms	Peru:Espinar	秘鲁:埃斯皮纳尔	GSHAP

年 Year	月 Mo	日 Dy	时 Hr	分 Mn	秒 Sec	纬度(°) Latitude	经度(°) Longitude	深度 Depth	震级 Mag	标度 Scale	地名(英文) Name(English)	地名(中文) Name(Chinese)	资料来源 Information
1961	11	12	2	15	12	0.5	29.5	39	5.5	Ms	Congo:Beni	刚果:贝尼	GSHAP
1961	11	13	4	30	43.9	-11.3	33.9		5.2	Ms	Malawi:Mzuzu	马拉维:姆祖祖	GSHAP
1961	11	13	9	12	12	35.9	70.4	123	6	Mk	Afghan:Takhar	阿富汗:塔哈尔	GSHAP,Song
1961	11	14	4	42	24.5	7.3	-82.4	29	6.2	Ms	Panama:Off Coast of S.	巴拿马:南部海域	Shi Z.
1961	11	15	5	38	55.5	34.94	-118.99	11	5	Ms	US:California,Arvin	美国:加利福尼亚州阿尔文	USGS
1961	11	15	7	17	14.3	42.723	145.315	52.3	6.8	Ms	Japan:SE. Hokkaido Island	日本:北海道东南	* Japan,Engdahl,NOAA
1961	11	16	8	19	54.1	18.5	-68.9	150	6	Ms	Dominica:La Romana	多米尼加:拉罗马纳	Shi Z.
1961	11	18	1	43	8	32.7	73.6	48	5	Mk	Pakistan:Jhelum	巴基斯坦:杰赫勒姆	GSHAP,Song
1961	11	18	22	9	53	23.9	121.8	50	5.5	Ms	China:Taiwan,Hualien,Coast of E.	中国:台湾花莲以东海域	China
1961	11	19	23	22	0.08	0.626	124.2	187.5	6.8	Ms	Indonesia:Sulawesi Utara	印度尼西亚:北苏拉威西	Engdahl
1961	11	20	4	3	47	51.3	92.7	12	5	Ms	Russia:Tuva,Torgalyg	俄罗斯:唐努图瓦州托尔加雷格	GSHAP
1961	11	23	11	17	27.7	-5.6	-80.3	61	5.9	Ms	Peru:Piura	秘鲁:皮乌拉	GSHAP
1961	11	27	5	57	7.7	31.6	131.1		6.4	Ms	Japan:Miyazzaki	日本:宫崎	Shi Z.
1961	11	27	17	10	38.1	31.6	131.1		6.4	Ms	Japan:Miyazzaki	日本:宫崎	Shi Z.
1961	11	28	8	58		40	26.3	120	6	Ms	Turkey:Canakkale	土耳其:恰纳卡莱	GSHAP
1961	11	28	10	14	45	35.7	73.6	31	5	Mk	Pakistan:Kashmir,Gilgit	巴基斯坦:克什米尔,吉尔吉特	GSHAP,Song
1961	11	29	20	38	9.2	-7.2	-76.4	33	5.6	Ms	Peru:South of Tarapoto	秘鲁:塔拉波托南部	GSHAP
1961	11	30	13	30	16	-8.5	33.7		5.4	Ms	Tanzania:Iringa,C.	坦桑尼亚:伊林加中部	GSHAP
1961	12	1	7	34	19	56.4	159.1	35	5	Ms	Russia:Kamchatka Peninsula	俄罗斯:堪察加半岛	GSHAP
1961	12	1	21	13	5	26.4	125	210	6.25	Ms	China:East China Sea	中国:东海	China
1961	12	3	8	40	30	25	123	145	5.9	Ms	Ryukyu Islands	琉球群岛	China
1961	12	3	19	55	5	43.4	135.1	380	5.4	Ms	Japan Sea	日本海	GSHAP
1961	12	4	12	38	3	33	95		5.9	Ms	China:Qinghai,Zaduo	中国:青海杂多	China
1961	12	4	16	12	12	0.3	-78.3	33	6.4	Ms	Ecuador:Ibarra	厄瓜多尔:伊瓦拉	GSHAP
1961	12	5	13	2	35.7	-16.4	168	205	6.1	Ms	Vanuatu Islands	瓦努阿图群岛	Shi Z.
1961	12	5				42.35	13.02	10	5.1	Ms	Italy:Antrodoco	意大利:安特罗多科	GSHAP
1961	12	6	5	48	38.3	13.6	93.4	35	6.3	Ms	India:Andaman Islands	印度:安达曼群岛	Shi Z.
1961	12	6	13	35	59.1	-23.6	-176.2	138	6.2	Ms	Tonga Islands,SW.	汤加群岛西南	Shi Z.
1961	12	6	16	39	37.5	49.28	155.44	55	6.5	Ms	Kuril Islands	千岛群岛	GSHAP
1961	12	8	9	19	52	30.9	87.2		5.4	Ms	China:Xizang (Tibet),Xaitongmoin	中国:西藏谢通门	China
1961	12	9	2	15	20.8	56.3	-153.5		6.1	Ms	Gulf of Alaska	阿拉斯加湾	Shi Z.
1961	12	9	3	58	55.4	-14.9	-75.7	39	5	Ms	Peru:Ica,Near Coast	秘鲁:伊卡近海	GSHAP
1961	12	9	11	18	10	-43.692	-75.752	28.7	6.8	Ms	Chile:Near Coast of S.	智利:南部近海	Engdahl,GSHAP
1961	12	9	19	49	40.3	-21.9	-179.9	564	6	Ms	Lau Ridge[Pacific Ocean]	劳海岭[太平洋]	Shi Z.
1961	12	11	9	52	16	23.3	94.6	83	6	Mk	myanmar:Sagaing	缅甸:实皆	GSHAP,Song
1961	12	12	23	6	23	43.1	146.5	70	5.9	Ms	Kuril Islands	千岛群岛	GSHAP
1961	12	14	7	10	23.2	-3.1	140.9	44	6	Ms	Indonesia:Papua	印度尼西亚:巴布亚	Shi Z.
1961	12	16	13	40	21	51.7	160.5	30	5.4	Ms	Russia:Kamchatka Peninsula	俄罗斯:堪察加半岛	GSHAP
1961	12	17	14	33	24	38.5	50.5		5	Ms	Caspian Sea	里海	Iran
1961	12	18	16	42	22	26.3	96.3	93	6	Mk	myanmar:Kachin	缅甸:克钦	GSHAP,Song
1961	12	20	12	1		-10.25	33.5		5.8	Ms	Malawi:Karonga	马拉维:卡龙加	GSHAP
1961	12	20	13	25	34.5	4.587	-75.542	162.9	6.9	Ms	Colombia:Pereira	哥伦比亚:利萨拉尔达的佩雷拉	* Engdahl
1961	12	23	18	9	5	36.3	71.3	183	6	Mk	Afghan:Badakhshan	阿富汗:巴达赫尚	GSHAP,Song
1961	12	24	6	50	55	43.1	144.4	120	6	Ms	Japan:Hokkaido	日本:北海道	GSHAP
1961	12	24	7	13	28	29.5	80.8	33	5.7	Ms	Nepal:Patan	尼泊尔:帕坦	GSHAP
1961	12	24	14	25	30.6	-5.7	-80.9	33	5.9	Ms	Peru:Sechura	秘鲁:塞丘拉	GSHAP
1961	12	24	23	43	19.2	-38.3	-74.6	31	6.2	Ms	Chile:Near Coast of C.	智利:中部近海	GSHAP
1961	12	25	11	19	10	27	90	33	5.5	Ms	Bhutan:Dagana,SE.	不丹:达加纳宗东南	GSHAP
1961	12	25	21	51	7	39.3	77.1	150	5.25	Ms	China:Xinjiang,Yopurga	中国:新疆岳普湖	China
1961	12	27	23	48	4.43	-41.243	175.754	35	6.8	Muk	New Zealand:North Island,Hinakura	新西兰:北岛,希纳库拉	Engdahl
1961	12	30	0	39	29	52.153	177.902	35	6.8	Ms	Aleutian Islands,Rat Island	阿留申群岛,拉特岛	Engdahl,USGS,Shi Z.
1961	12	30	7	8	30	39.9	77.6		5.5	Ms	China:Xinjiang,Maralbishi,W.	中国:新疆巴楚西	China
1962	1	1	13	24	41.9	6.9	-73	176	5	Ms	Colombia:Santander	哥伦比亚:桑坦德	GSHAP
1962	1	3	17	53	10	52.31	177.48	77	6	Mk	Aleutian Islands	阿留申群岛	USGS,Song
1962	1	3	20	50	53	43.33	149.32	30	5.3	Ms	Kuril Islands	千岛群岛	GSHAP
1962	1	4	4	35	41.3	33.7	135.2	43	6.4	Ms	Japan:Tokushima	日本:德岛	Shi Z.
1962	1	4	21	24	55	24.6	121.9	38	5	Ms	China:Taiwan,Yilan,Coast of E.	中国:台湾宜兰以东海域	China
1962	1	5	0	23	31.6	-15	-177.6		6.3	Ms	North of Fiji Islands	斐济群岛北部	Shi Z.
1962	1	5	4	27	2	36.7	71.1	100	5.1	Ms	Afghan:Badakhshan	阿富汗:巴达赫尚	GSHAP
1962	1	5	8	8	2.5	-15.4	-172.6		6.2	Ms	Samoa Islands	萨摩亚群岛	Shi Z.
1962	1	7	10	3		43.3	17.1	33	6	Muk	Croatia:Split,SE.	克罗地亚:斯普利特东南	*
1962	1	8	1	0	25	18.291	-70.461	32.6	6.7	Ms	Dominica:Santo Domingo	多米尼加:多米尼加	Engdahl
1962	1	8	22	25	12	36.6	70.7	200	5.5	Ms	Afghan:Badakhshan	阿富汗:巴达赫尚	GSHAP
1962	1	9	12	40	47.5	43.09	144.89	40	6	Ms	Japan:Hokkaido	日本:北海道	GSHAP
1962	1	9	22	13	46	47.6	147.5	500	5.9	Ms	Sea of Okhotsk	鄂霍次克海	GSHAP
1962	1	11	3	1	30	28	85		5.5	Ms	Nepal:Gandaki,E.	尼泊尔:甘达基专区东部	China
1962	1	11	5	5		43.3	17.1	33	5.8	Muk	Croatia:Split,SE.	克罗地亚:斯普利特东南	*

年 Year	月 Mo	日 Dy	时 Hr	分 Mn	秒 Sec	纬度(°) Latitude	经度(°) Longitude	深度 Depth	震级 Mag	标度 Scale	地名(英文) Name(English)	地名(中文) Name(Chinese)	资料来源 Information
1962	1	11	10	2		43.4	17	10	5	Ms	Adriatic Sea	亚得里亚海	GSHAP
1962	1	15	9	48	18	42.67	145.1	40	5	Ms	Japan:Hokkaido	日本:北海道	GSHAP
1962	1	16	2	4		36.5	53		6.4	Mk	Iran:Mazanderan	伊朗:马赞德兰	* * Song
1962	1	16	11	35	45	-30.5	-178.1	50	6.5	Ms	Kermadec Ridge	克马德克海岭	Shi Z.
1962	1	19	6	1	8	51.51	161.01	40	5	Ms	Russia:Kamchatka Peninsula	俄罗斯:堪察加半岛	GSHAP
1962	1	20	0	9	16	43.58	147	70	5.3	Ms	Kuril Islands	千岛群岛	GSHAP
1962	1	20	3	31	42	43.57	146.75	85	5	Ms	Kuril Islands	千岛群岛	GSHAP
1962	1	21	2	51		43.3	17	25	5.2	Ms	Adriatic Sea	亚得里亚海	GSHAP
1962	1	22	7	26	41	52.4	100.2	15	5.5	Ms	Russia:Buryatiya,Sorok	俄罗斯:布里亚特州索罗克	GSHAP
1962	1	23	17	31		43.921	12.806		5.03	Ms	Italy:E. of Pescara	意大利:佩斯卡拉东部	Italy
1962	1	24	3	1	19.2	-21.6	-66.7	219	5.3	Ms	Bolivia:Tupiza	玻利维亚:图皮萨	GSHAP
1962	1	24	15	39	50	24.7	121.9	80	5.3	Ms	China:Taiwan,Yilan,Coast of E.	中国:台湾宜兰以东海域	China
1962	1	26	5	22	51	32.2	138.1	333	6.1	Ms	Japan:South Honshu Ridge	日本:南本州海岭	Shi Z.
1962	1	26	8	17	35	35.2	22.7		6.3	Ms	Mediterranean Sea	地中海	GSHAP
1962	1	28	5	40	4.1	-17.2	-171.9		6.2	Ms	Tonga Islands,N.	汤加群岛北部	Shi Z.
1962	1	30	17	15	24	79	130	20	5.1	Ms	Laptev Sea	拉普捷夫海	GSHAP
1962	1	31	0	5	52	38.67	70.13	5	5	Ms	Tadzhikistan:Khatlon	塔吉克斯坦:哈特隆州	GSHAP
1962	2	3	0	37	57.4	-1.3	137.5		6.6	Ms	Indonesia:Papua	印度尼西亚:巴布亚	Shi Z.
1962	2	5	22	55	51.9	35.9	139.1	136	6.1	Ms	Japan:Chichibu	日本:埼玉秩父	Shi Z.
1962	2	7	1	12	40	46	150.1	160	5.7	Ms	Kuril Islands	千岛群岛	GSHAP
1962	2	11	2	42	35.6	29.6	139.1	400	6.1	Ms	Japan:South Honshu Ridge	日本:本州南部海岭	Shi Z.
1962	2	11	18	55	32.8	-4.5	153.5	111	6.3	Ms	Papua New Guinea:New Ireland,E.	巴布亚新几内亚:新爱尔兰东部	Shi Z.
1962	2	13	6	42	30	33.8	95	40	5.3	Ms	China:Qinghai,Zhiduo,SW.	中国:青海治多西南	China
1962	2	14	6	36	3.27	-38.091	-73.05	32.9	7.5	mB	Chile:Angol	智利:安戈尔	* Engdahl
1962	2	18	17	25	12.6	8.08	-74.87	24	5.6	Ms	Colombia:Antioquia	哥伦比亚:安提奥基亚	GSHAP
1962	2	18	23	25	20.1	-0.6	-91.7	33	5	Mk	Carnegie Ridge	卡内基海岭	GSHAP,Song
1962	2	18				36	9		5.3	Muk	Tunisia:Gafour	突尼斯:加弗尔	*
1962	2	20	9	15	50	6	93		5.5	Ms	India:Nicobar Islands	印度:尼科巴群岛	GSHAP
1962	2	20	16	5	45	43	144.76	45	6.3	Ms	Japan:Hokkaido	日本:北海道	GSHAP
1962	2	20	22	2	32	25.75	96.5		6	Ms	myanmar:Kachin	缅甸:克钦	GSHAP
1962	2	23	20	21	28.6	-3.8	152	25	6	Ms	Papua New Guinea:New Ireland	巴布亚新几内亚:新爱尔兰	Shi Z.
1962	2	26	15	55	43	44	147	100	5.5	Ms	Kuril Islands	千岛群岛	GSHAP
1962	2	27	6	34	53	27.6	101.9		5.5	Ms	China:Sichuan,Dechang,NW.	中国:四川德昌西北	China
1962	2	27	12	40	50.2	-37.4	-72.5	63	6.5	Ms	Chile:Laja	智利:拉哈	GSHAP,Shi Z.
1962	2	27	14	3	31.5	-18.9	-68.4	188	5.5	Ms	Bolivia:Oruro	玻利维亚:奥鲁罗	GSHAP
1962	3	1	2	12	37	-15.7	-74.3	64	5.7	Ms	Peru:Arequipa. NW.	秘鲁:阿雷基帕西北	GSHAP
1962	3	1	4	52	6	25.6	125.1	116	5.5	Ms	Ryukyu Islands	琉球群岛	China
1962	3	1	23	41	11.5	-14	172.1		6.1	Ms	Vanuatu Islands	瓦努阿图群岛	Shi Z.
1962	3	3	0	54	17	27.3	101		5.1	Ms	China:Yunnan,Ninglang	中国:云南宁蒗	China
1962	3	4	0	41	42	-10.6	-75.2	33	5	Mk	Peru:Perene	秘鲁:佩雷内	GSHAP,Song
1962	3	7	11	1	6.2	19.134	145.066	692.5	6.9	Mw	Mariana Islands,N.	马里亚纳群岛北部	Engdahl
1962	3	8	21	38	0.3	-3.86	27.9		5.6	Ms	Congo:Kama	刚果:卡马	GSHAP
1962	3	8	21	38		3.73	28.99		5.1	Ms	Congo:Dungu	刚果:栋古	GSHAP
1962	3	10	8	44		23.2	120.6	31	5.2	Ms	China:Taiwan,Tainan	中国:台湾台南	China
1962	3	11	15	23	42	52.29	178.46	110	6.1	Ms	Aleutian Islands,Rat Island	阿留申群岛,拉特岛	USGS
1962	3	11	19	19	9.4	9	126.5	51	6.5	Ms	Philippines:Mindanao Island	菲律宾:棉兰老岛	Shi Z.
1962	3	12	11	40	17	8.008	-82.757	35	6.8	Ms	Panama: Puerto Armuelles, Near Coast of S.	巴拿马:阿穆埃耶斯港南部近海	* GSHAP, Shi Z., Engdahl,NOAA
1962	3	17	20	47	36	10.677	-43.332	35	7	mB	Northern Mid - Atlantic Ridge	北大西洋洋中脊	Engdahl
1962	3	18	15	30		40.9	19.5	33	6.1	Muk	Albania:Elbasan	阿尔巴尼亚:爱尔巴桑	* Turkey
1962	3	18	20	18	53	23.72	114.67	5	6.1	Ms	China:Guangdong,Heyuan	中国:广东河源	* China,Dis
1962	3	19	5	54	36.9	0.2	123.6	150	6.5	Ms	Molukka Sea	马鲁古海	Shi Z.
1962	3	20	3	37	60	45	149.1	115	5.7	Ms	Kuril Islands	千岛群岛	GSHAP
1962	3	20	23	10	40	31.9	94.5	31	5.2	Ms	China:Xizang (Tibet),Suoxian,E.	中国:西藏索县东	China
1962	3	21	22	57	53.9	-6.1	112.9	630	6.4	Ms	Indonesia:Java Sea	印度尼西亚:爪哇海	Shi Z.
1962	3	22	0	19	43.2	-6	113	575	6	Ms	Indonesia:Java Sea	印度尼西亚:爪哇海	Shi Z.
1962	3	22	15	13	9.05	-3.203	142.692	35	6.7	Ms	Papua New Guinea:Aitape	巴布亚新几内亚:爱塔佩	Engdahl
1962	3	23	6	11	33	27.5	100		5	Ms	China:Yunnan,Deqen,SE.	中国:云南迪庆东南	China
1962	3	24	12	59	35	-5.742	145.234	111	6.8	Ms	Papua New Guinea:Western Highlands	巴布亚新几内亚:西高地区	Engdahl
1962	3	25	20	49	7	27.5	100		5.1	Ms	China:Yunnan,Deqen,SE.	中国:云南迪庆东南	China
1962	3	26	16	32	43.6	-40.6	-73.3	32	6.2	Ms	Chile:Osorno	智利:奥索尔诺	Shi Z.
1962	3	28	0	51	55	36.9	71.4	110	6	Ms	Afghan:Badakhshan	阿富汗:巴达赫尚	GSHAP
1962	3	29	1	52	21	51.49	157.54	120	5.7	Ms	Russia:Kamchatka Peninsula	俄罗斯:堪察加半岛	GSHAP
1962	4	1	0	45		33.6	59	33	5.5	Ms	Iran:Razavi Khorasan	伊朗:呼罗珊	* GSHAP
1962	4	1	12	11	9.2	-4.2	143.6	80	6.5	Ms	Papua New Guinea:Terebu	巴布亚新几内亚:泰雷布	Shi Z.
1962	4	1	12	11	59.5	63.4	-150.7	108	5.5	Ms	Alaska Peninsula,S.	阿拉斯加半岛南部	USGS
1962	4	5	3	40	8.9	53.7	-163.6	65	5.5	Ms	Aleutian Islands	阿留申群岛	USGS
1962	4	6	23	27	38	44.01	147.38	85	5.5	Ms	Kuril Islands	千岛群岛	GSHAP

年 Year	月 Mo	日 Dy	时 Hr	分 Mn	秒 Sec	纬度(°) Latitude	经度(°) Longitude	深度 Depth	震级 Mag	标度 Scale	地名(英文) Name(English)	地名(中文) Name(Chinese)	资料来源 Information
1962	4	7	6	21	38.4	10	144.4	50	6	Ms	Western Caroline Islands	卡罗琳群岛西部	Shi Z.
1962	4	10	13	7	48	45.7	142.8	320	5.2	Ms	Japan:Hokkaido,Coast N.	日本:北海道北部海域	GSHAP
1962	4	10	21	37	7	37.8	20.1		6.3	Ms	Greece:Zante	希腊:赞特	GSHAP
1962	4	10	22	50	31	44.01	146.87	95	5.1	Ms	Kuril Islands	千岛群岛	GSHAP
1962	4	11	9	33	36	36.5	71.4	100	5.4	Ms	Afghan:Badakhshan	阿富汗:巴达赫尚	GSHAP
1962	4	11	23	21	26.3	-0.2	-91.5	25	6.4	Ms	Carnegie Ridge	卡内基海岭	GSHAP
1962	4	12	0	52	43	38.073	142.741	24.5	7.2	Mw	Japan Trench	日本海沟	* Japan,GSHAP,Engdahl,NOAA
1962	4	12	16	20	51	24.6	122.4	20	5.1	Ms	China:Taiwan,Yilan,Coast of E.	中国:台湾宜兰以东海域	China
1962	4	13	15	38	51.9	38.22	-119.46	6	5.1	Ms	US:California,Coleville	美国:加利福尼亚州科尔维尔	USGS
1962	4	13	18	36		49.4	87.2		5.5	Ms	Russia:Altai Krai,Belyashi	俄罗斯:阿尔泰边疆区别利亚希镇	China
1962	4	14	7	53	14.7	40.27	-125.31		5.4	Ms	US:California,Off Coast N.	美国:加利福尼亚州北部沿海	USGS
1962	4	16	13	20	15.1	30.6	140.6	110	6.4	Ms	Japan Trench	日本海沟	Shi Z.
1962	4	17	10	3	42	42.45	17.37	25	5	Mk	Adriatic Sea	亚得里亚海	GSHAP,Song
1962	4	17	11	51	17	25.7	95.1	65	5.5	Ms	myanmar:Sagaing,N.	缅甸:实皆北部	GSHAP
1962	4	18	19	14	36.7	-10	-79	39	6.3	Muk	Peru:Casma,Huaraz	秘鲁:卡斯马,安卡什(瓦拉斯)	* Shi Z.
1962	4	19	23	16	5	69.5	138.5	24	6.2	Ms	Russia:Sakha,N.	俄罗斯:萨哈共和国北部	GSHAP
1962	4	20	5	47	58	20.339	-72.074	35	6.7	Ms	Haiti:Cap - Haitien,Coast of N.	海地:海地角北部海域	Engdahl
1962	4	20	7	28	12	24.3	106		5	Ms	China:Guangxi,Tianlin,W.	中国:广西田林西	China
1962	4	22	4	45	20.3	15.5	-93.1	70	6	Ms	Mexico:Near Coast of Chiapas	墨西哥:恰帕斯州近海	Shi Z.
1962	4	23	4	18	1	23.6	106.1		5.5	Ms	China:Yunnan,Funing,E.	中国:云南富宁东	* China
1962	4	23	5	58	10	42.529	144.069	35	6.9	Ms	Japan:Hokkaido	日本:北海道	* GSHAP,Engdahl,Usami,Japan,NOAA
1962	4	23	16	4	27	51.35	159.99	5	5	Ms	Russia:Kamchatka Peninsula	俄罗斯:堪察加半岛	GSHAP
1962	4	24	14	20	13	36.9	70.2	220	5.6	Ms	Afghan:Fayzabad	阿富汗:法扎巴德	GSHAP
1962	4	25	4	44	48	45	5.55		5.37	Ms	France:Grenoble	法国:格勒诺布尔	Italy
1962	4	25	15	47	29.4	38.4	142.5	56	6.3	Ms	Japan:Miyagi,Off Coast	日本:宫城沿海	Shi Z.
1962	4	25				45	5.6		5.3	Muk	France:Le Gua	法国:勒瓜	*
1962	4	26	7	26	26.3	-17.873	-178.683	551.6	7.5	Muk	Fiji Islands	斐济群岛	Engdahl
1962	4	26	9	43	8	44.12	147.78	85	5.5	Ms	Kuril Islands	千岛群岛	GSHAP
1962	4	28	9	1	10	43.8	146.6	130	5.1	Ms	Kuril Islands	千岛群岛	GSHAP
1962	4	28	11	19		36.03	26.87	50	6	Ms	Greece:Dodecanese Islands	希腊:多德卡尼斯群岛	GSHAP
1962	4	30	2	26		38.7	141.1	100	6.5	Muk	Japan:Kurihara	日本:宫城栗原	* Usami
1962	4	30	16	16	53.1	-18.384	-175.753	35	6.5	Muk	Tonga Islands,N.	汤加群岛北部	Engdahl
1962	5	2	6	15	17	52.6	141.9	20	5	Ms	Russia:Sakhalin Island	俄罗斯:库页岛(萨哈林岛)	GSHAP
1962	5	3	3	34	49	-60	-32.9	20	6	Ms	East Scotia Basin	东斯科舍海盆	Shi Z.
1962	5	4	23	8	5.3	-0.9	-80.1	74	6.2	Ms	Ecuador:Portoviejo	厄瓜多尔:波托维耶霍	GSHAP
1962	5	5	11	11	49.3	34.1	139.3	57	6	Ms	Japan:Miyake Jima	日本:三宅岛	Shi Z.
1962	5	6	11	16	58	52.5	141.9	15	5	Ms	Russia:Sakhalin Island	俄罗斯:库页岛(萨哈林岛)	GSHAP
1962	5	6	19	0	14	-60.128	-33.738	24.2	6.6	Ms	East Scotia Basin	东斯科舍海盆	Engdahl,Shi Z.
1962	5	7	15	39	14	52.6	141.9	15	5	Ms	Russia:Sakhalin Island	俄罗斯:库页岛(萨哈林岛)	GSHAP
1962	5	7	17	39	52	45.166	147.025	19.8	6.7	Ms	Kuril Islands	千岛群岛	Engdahl,GSHAP
1962	5	8	16	25	15	43.7	144.6	110	5	Ms	Japan:Hokkaido	日本:北海道	GSHAP
1962	5	9	1	54	39	43.23	145.45	90	5.1	Ms	Japan:Hokkaido	日本:北海道	GSHAP
1962	5	9	12	12	20	36.6	68.5	15	5	Ms	Afghan:Qonduz	阿富汗:昆都士	GSHAP
1962	5	10	0	3	39.9	61.96	-150.11	82	6	Ms	Alaska Peninsula,S.	阿拉斯加半岛南部	USGS
1962	5	10	5	12	12	52.39	-171.03	43	6	Ms	Aleutian Islands	阿留申群岛	USGS,Shi Z.
1962	5	10	8	44	21	52.89	159.84	100	5.2	Ms	Russia:Kamchatka Peninsula	俄罗斯:堪察加半岛	GSHAP
1962	5	11	14	11	56	17.171	-99.651	35	7.3	Mw	Mexico:Acapulco	墨西哥:阿卡普尔科	* Engdahl,NOAA
1962	5	15	5	23	47	-7.489	128.104	25.7	6.9	Ms	Indonesia:Banda Sea	印度尼西亚:班达海	Engdahl
1962	5	15	19	32	28	53.18	159.95	50	5	Ms	Russia:Kamchatka Peninsula	俄罗斯:堪察加半岛	GSHAP
1962	5	16	13	3	10	45	149.83	105	5.7	Ms	Kuril Islands	千岛群岛	GSHAP
1962	5	19	14	58	16	17.008	-99.764	35	6.7	Ms	Mexico:Guerrero,Acapulco,E.	墨西哥:格雷罗州阿卡普尔科东部	* Engdahl,NOAA
1962	5	19	16	55	41	43.72	146.17	115	5.2	Ms	Kuril Islands	千岛群岛	GSHAP
1962	5	21	12	2	53	36.991	95.896	15.7	6.9	Ms	China:Qinghai,Golmud,NE.	中国:青海格尔木东北	* China,Engdahl
1962	5	21	12	21		41.8	142.7	60	5.7	Ms	Japan:Hokkaido	日本:北海道	* NOAA
1962	5	21	12	36	20	37	95.9	25	5.5	Ms	China:Qinghai,Golmud,NE.	中国:青海格尔木东北	China
1962	5	21	13	15	44	37.2	95.9		5.9	Ms	China:Qinghai,Golmud,NE.	中国:青海格尔木东北	China
1962	5	21	15	41	43	37.1	95.8	40	5	Ms	China:Qinghai,Golmud,NE.	中国:青海格尔木东北	China
1962	5	21	21	15	39	-19.962	-177.272	416	7.5	Mw	Tonga Islands,W.	汤加群岛西部	Engdahl
1962	5	21	21	21	3	37.1	95.8		5	Ms	China:Qinghai,Golmud,NE.	中国:青海格尔木东北	China
1962	5	22	8	6	38	-12.276	166.636	116.6	6.8	Ms	Solomon Islands	所罗门群岛	Engdahl
1962	5	22	22	3	34	-5.445	151.759	51	6.7	Ms	Papua New Guinea:East New Britain	巴布亚新几内亚:东新不列颠	Engdahl
1962	5	22	23	29	11	37	96.3	25	5	Ms	China:Qinghai,Haixi,W.	中国:青海海西西部	China
1962	5	23	1	42	15	37.2	95.9	55	5.2	Ms	China:Qinghai,Golmud,NE.	中国:青海格尔木东北	China
1962	5	25	14	49	11.2	-2.5	-79.1	79	6.1	Ms	Ecuador:Cuenca	厄瓜多尔:昆卡	GSHAP
1962	5	30	15	53	51	42.97	147.73	95	5.1	Ms	Kuril Islands	千岛群岛	GSHAP
1962	5	31	6	28	26.1	22	142.7	258	6.3	Ms	Japan:South Honshu Ridge	日本:本州南部海岭	Shi Z.

年 Year	月 Mo	日 Dy	时 Hr	分 Mn	秒 Sec	纬度(°) Latitude	经度(°) Longitude	深度 Depth	震级 Mag	标度 Scale	地名(英文) Name(English)	地名(中文) Name(Chinese)	资料来源 Information
1962	6	2	17	15	13.8	29.9	130.7	54	6.3	Ms	Japan:Yaku - shima	日本:屋久岛	Shi Z.
1962	6	2	18	21	28	44.03	147.33	100	5.1	Ms	Kuril Islands	千岛群岛	GSHAP
1962	6	6	17	50	7.2	39.12	-123.1	10	5.2	Ms	US:California,Ukiah	美国:加利福尼亚州尤凯亚	USGS
1962	6	11	7	15		43.6	18.3		6.3	Muk	Bosnia:Goražde	波斯尼亚:戈拉日代	*
1962	6	12	1	19	22	42.78	144.97	70	5.3	Ms	Japan:SE. Hokkaido Island	日本:北海道东南	GSHAP
1962	6	14	7	51	47	54.2	169.3	20	6.1	Ms	Aleutian Islands	阿留申群岛	GSHAP,Shi Z.
1962	6	14	7	55	51.8	54.3	169.2	60	6	Ms	Aleutian Islands	阿留申群岛	Shi Z.
1962	6	14	20	18	6	-1.9	-76.9	160	6.1	Ms	Ecuador:Pastaza	厄瓜多尔:帕斯塔萨	GSHAP
1962	6	14	22	14	15	26.3	126.1	10	6	Ms	Ryukyu Islands	琉球群岛	China
1962	6	15	6	30	35.7	-20.5	-70.6	33	5	Ms	Chile:Iquique,Near Coast	智利:伊基克近海	GSHAP
1962	6	17	4	39	27	33.3	76.2		5.5	Ms	India:Jammu & Kashmir	印度:查谟和克什米尔	GSHAP
1962	6	18	23	42	37.1	-4.9	152	100	6.5	Ms	Papua New Guinea:East New Britain	巴布亚新几内亚:东新不列颠	Shi Z.
1962	6	20	4	34	50	45.5	142.9	300	6.3	Ms	Japan:Hokkaido,Coast N.	日本:北海道北部海域	GSHAP
1962	6	21	4	43	43.3	5.7	-82.6		6.2	Ms	Panama:Off Coast of S.	巴拿马:南部海域	Shi Z.
1962	6	23	5	5	1	29.75	49.34	55	5.2	Ms	Iran:Bushehr	伊朗:布什尔	Iran
1962	6	23	9	44	38.9	25.5	128.3		6.5	Ms	Ryukyu Islands	琉球群岛	Shi Z.
1962	6	23	9	58	27	19.2	121.3	45	6	Ms	Philippines:Luzon,Coast N.	菲律宾:吕宋岛北部海域	Shi Z.
1962	6	24	1	21	18	25.2	101.2		6.2	Ms	China:Yunnan,Nanhua	中国:云南南华	* China,Dis
1962	6	25	11	10	25	24.1	122.7		6.5	Ms	China:Taiwan,Hualien,Coast of E.	中国:台湾花莲以东海域	China
1962	6	27				1.5	-157.2		7	Mk	Kiribati:Line Islands	基里巴斯:莱恩群岛	NOAA,Song
1962	6	28	4	27	14.2	19.4	-155.45	10	6.1	Ms	Hawaiian Islands	夏威夷群岛	USGS
1962	6	29	16	28	3.8	62.4	-152.17	23	6	Ms	Alaska Peninsula,S.	阿拉斯加半岛南部	USGS
1962	6	29	22	35	46	32.34	48.8	58	5.6	Ms	Iran:Khuzestan	伊朗:胡齐斯坦	Iran
1962	7	1	3	37	40	29.9	103.2		5.1	Ms	China:Sichuan,Hongya,W.	中国:四川洪雅西	China
1962	7	1	21	23	46	39.7	75.3		5.3	Ms	China:Xinjiang,Ulugqat	中国:新疆乌恰	China
1962	7	2	8	32	43	-10.67	166.067	102.9	6.6	Muk	Solomon Islands	所罗门群岛	Engdahl
1962	7	3	18	13	35.6	-56.3	-142.5	25	6.2	Ms	Southern Pacific Ridge	南太平洋海岭	Shi Z.
1962	7	5	17	40	55.3	30.9	141.8	23	6	Ms	Japan Trench	日本海沟	Shi Z.
1962	7	6	9	16	16	37.81	20.2		6.1	Ms	Greece:Zante	希腊:赞特	GSHAP
1962	7	6	23	5	35	36.547	70.375	211.8	6.9	Ms	Afghan:Taloqan	阿富汗:塔卢坎	GSHAP,Engdahl
1962	7	7	6	12	48.9	51.3	178.6	60	6	Ms	Aleutian Islands,Rat Island	阿留申群岛,拉特岛	Shi Z.
1962	7	11	12	40	30.7	11.9	122.1	25	6	Ms	Philippines:Kalibo	菲律宾:卡利博	Shi Z.
1962	7	12	22	5	58.8	-3.9	-104.1	25	6	Ms	East Pacific Ridge	东太平洋海岭	Shi Z.
1962	7	13	3	32	0.5	10.4	122.6	66	6	Ms	Philippines:Iloilo	菲律宾:伊洛伊洛	Shi Z.
1962	7	13	22	19	20	56.11	164.27	40	5	Ms	Russia:Ostrov Beringa	俄罗斯:白令岛	GSHAP
1962	7	14	15	58	50	30.5	79.3		5	Ms	India:Joshimath	印度:北安查尔邦焦希默特	China
1962	7	14	19	43	46.2	40.43	-125.51	30	5.1	Ms	US:California,Off Coast N.	美国:加利福尼亚州北部沿海	USGS
1962	7	15	6	47	22.5	39.8	140.9	103	6.4	Ms	Japan:Senboku	日本:秋田仙北	Shi Z.
1962	7	15	14	43	50	-9.3	-78.9	80	5.7	Ms	Peru:Chimbote,Near Coast	秘鲁:钦博特近海	GSHAP
1962	7	16	12	54	43.1	62.27	-152.58	50	6	Ms	Alaska Peninsula,S.	阿拉斯加半岛南部	USGS
1962	7	17	5	32	12	-43.023	-75.503	35	6.8	Muk	Chile:Near Coast of S.	智利:南部近海	Engdahl,Shi Z.
1962	7	17	17	20	22.9	43.1	144.5	30	6	Ms	Japan:Hokkaido	日本:北海道	Shi Z.
1962	7	19	0	22	49	44.12	147.27	105	5.2	Ms	Kuril Islands	千岛群岛	GSHAP
1962	7	22	18	58	14	45.8	143.2	310	5	Ms	Japan:Hokkaido,Coast N.	日本:北海道北部海域	GSHAP
1962	7	25	4	37	42.9	18.9	-81.2		6.2	Ms	Caribbean Sea	加勒比海	Shi Z.
1962	7	26	8	14	46	7.499	-82.781	23	7.2	Mw	Panama:Off Coast of S.	巴拿马:南部海域	* Engdahl
1962	7	26	16	40	20	36.5	105.5		5	Ms	China:Ningxia,Haiyuan	中国:宁夏海原	China
1962	7	29	7	57	41	23.78	114.65	8	5.3	Ms	China:Guangdong,Heyuan	中国:广东河源	China
1962	7	30	17	16	51	-3.309	143.929	45.9	6.8	Ms	Bismarck Sea	俾斯麦海	Engdahl
1962	7	30	20	19	2.53	5.096	-76.626	150	6.9	Ms	Colombia:Mistrato	哥伦比亚:米斯特拉托	* Shi Z. ,Engdahl
1962	8	1	4	37	0.98	-3.267	143.773	35	6.9	Ms	Bismarck Sea	俾斯麦海	Engdahl
1962	8	1	15	47	46	39.2	98.6	25	5.4	Ms	China:Gansu,Jiuquan,S.	中国:甘肃酒泉南	China
1962	8	3	4	56		-23.3	-68.1	107	7.1	Ms	Chile:Antofagasta,C.	智利:安托法加斯塔中部	Chile
1962	8	3	8	56	19	-23.298	-68.004	115.8	7.2	mB	Chile:Antofagasta,C.	智利:安托法加斯塔中部	Shi Z. ,Engdahl
1962	8	3	11	4	5	40.91	73.11	20	5.5	Ms	Kyrgyzstan:Uzgen	吉尔吉斯斯坦:乌兹根	GSHAP
1962	8	3	18	2	46	36.7	70.9	210	5.4	Ms	Afghan:Badakhshan	阿富汗:巴达赫尚	GSHAP
1962	8	6	1	35	30.5	32	-40.8	48	6.1	Ms	North Atlantic Ocean	北大西洋	Shi Z.
1962	8	6	20	51	56.8	-26.9	-177.1	50	6.1	Ms	Tonga Islands,SW.	汤加群岛西南	Shi Z.
1962	8	11	8	15	44	25.2	123.3	140	6.5	Ms	Ryukyu Islands	琉球群岛	China
1962	8	13	6	35	56	2.1	-83.5		6.4	Ms	Colombia:Off Coast of W.	哥伦比亚:西部沿海	Shi Z.
1962	8	13	20	11	39	53.6	108.8	15	5.2	Ms	Russia:Lake Baykal	俄罗斯:贝加尔湖	GSHAP
1962	8	14	7	27	31	27	55.5		5	Ms	Iran:Hormozgan	伊朗:荷姆兹甘	Iran
1962	8	15	8	19	39	54.59	160.9	95	5.4	Ms	Russia:Kamchatka Peninsula	俄罗斯:堪察加半岛	GSHAP
1962	8	15	9	6	56	45.3	132.7		5.1	Ms	China:Heilongjiang,Hulin,SW.	中国:黑龙江虎林西南	China
1962	8	15	10	6	55	45.1	133.1	30	5	Ms	Russia:Maritime Kray,Kirovsky	俄罗斯:滨海边疆区基洛夫斯基	GSHAP
1962	8	17	5	4	31.5	10.6	121.6		6.3	Ms	Sulu Sea	苏禄海	Shi Z.
1962	8	18	16	43	55.9	62.26	-152.54	46	6.1	Ms	Alaska Peninsula,S.	阿拉斯加半岛南部	USGS
1962	8	18	17	46	15.7	62.21	-152.5	40	6.3	Ms	Alaska Peninsula,S.	阿拉斯加半岛南部	USGS

年 Year	月 Mo	日 Dy	时 Hr	分 Mn	秒 Sec	纬度(°) Latitude	经度(°) Longitude	深度 Depth	震级 Mag	标度 Scale	地名(英文) Name(English)	地名(中文) Name(Chinese)	资料来源 Information
1962	8	19	0	23	3.9	-19.9	-66.9	240	5	Ms	Bolivia:Potosi,W.	玻利维亚:波托西西部	GSHAP
1962	8	19	5	13	3	42.1	144.5	40	5	Ms	Japan:Hokkaido	日本:北海道	GSHAP
1962	8	19	18	26	38	44.68	81.58		6.4	Ms	China:Xinjiang,Wenquan,SE.	中国:新疆温泉东南	* China
1962	8	21	18	19		41.13	14.97	34	6.19	Muk	Italy:Benevento	意大利:贝内文托	* Italy
1962	8	21	18	44	51	41.2	15.1		6	Ms	Italy:Ariano Irpino	意大利:阿里亚诺伊尔皮诺	Shi Z.
1962	8	21	21	6	0.1	-28.7	-176.8	55	6.3	Ms	Kermadec Ridge	克马德克海岭	Shi Z.
1962	8	21	21	9	50.3	-29.6	-111.9		6.3	Ms	Easter Island,S.	复活节岛南部	Shi Z.
1962	8	22	23	5	40	44.58	149.77	40	5	Ms	Kuril Islands	千岛群岛	GSHAP
1962	8	23	15	29	48	22.9	120.9	20	5.2	Ms	China:Taiwan,Taitung	中国:台湾台东	China
1962	8	23	19	29	14.8	41.84	-124.39	59	5.6	Ms	US:California,North Coast	美国:加利福尼亚州北部近海	USGS
1962	8	24	9	4	22.9	-15	-173.3		6	Ms	Samoa Islands	萨摩亚群岛	Shi Z.
1962	8	26	6	49		34.11	139.45	40	5.9	Ms	Japan:Miyake Jima	日本:三宅岛	Usami,Japan
1962	8	26	8	31	48.7	-20.5	-178.5	561	6	Ms	Lau Ridge[Pacific Ocean]	劳海岭[太平洋]	Shi Z.
1962	8	27	2	18	59	40.27	137.98	270	6.5	Ms	Japan Sea,E.	日本海东部	GSHAP
1962	8	28	10	59	58	37.874	22.737	107.7	6.8	Ms	Greece:Argolida	希腊:阿尔戈利斯	* Engdahl
1962	8	30	13	35		41.8	-111.8	37	5.8	Muk	US:Utah,Logan	美国:犹他州洛根	*
1962	8	30	13	58	20	43.57	147.63	105	5.2	Ms	Kuril Islands	千岛群岛	GSHAP
1962	8	31	16	26	1	52.41	160.76	5	5	Ms	Russia:Kamchatka Peninsula	俄罗斯:堪察加半岛	GSHAP
1962	8	31	17	2	45	51.32	-179.75	37	6.7	Ms	Andreanof Islands, Aleutian Is.	阿留申群岛,安德烈亚诺夫群岛	USGS
1962	9	1	3	46	8.34	51.247	-179.646	33.2	6.5	Muk	Andreanof Islands, Aleutian Is.	阿留申群岛,安德烈亚诺夫群岛	USGS,Shi Z., Engdahl
1962	9	1	4	41	41.5	51.3	-179.9	37	6	Ms	Andreanof Islands, Aleutian Is.	阿留申群岛,安德烈亚诺夫群岛	USGS
1962	9	1	4	52	14.5	-15.9	168.2	244	6	Ms	Vanuatu Islands	瓦努阿图群岛	Shi Z.
1962	9	1	7	51	8	51.211	-179.785	31.1	6.5	Muk	Andreanof Islands, Aleutian Is.	阿留申群岛,安德烈亚诺夫群岛	Engdahl,USGS
1962	9	1	19	20	41	35.556	49.81	17.6	6.9	Ms	Iran:Qazvin	伊朗:加兹温	* Engdahl
1962	9	1	22	51	30	24	73		5	Ms	India:Delvada	印度:代尔瓦达	GSHAP
1962	9	1				24.2	73		5	Ms	India:Udaipur	印度:乌代浦	GSHAP
1962	9	2	5	33	5	27.5	127	26	5.25	Ms	Ryukyu Islands	琉球群岛	China
1962	9	4	13	30	13	35.6	49.9	33	5.3	Ms	Iran:Qazvin	伊朗:加兹温	GSHAP
1962	9	4	22	59	16	39.9	43.9	10	5.8	Muk	Turkey:Igdir	土耳其:伊迪尔	* Iran, GSHAP
1962	9	5	16	4	27.8	40.72	-112.09	7	5.2	Ms	US:Utah,Salt Lake City	美国:犹他州盐湖城	USGS
1962	9	10	15	43	59	-21.37	-178.985	630	6.5	Mw	Fiji Islands	斐济群岛	Engdahl
1962	9	11	21	56	22	23.8	121.3	33	5.2	Ms	China:Taiwan,Hualien	中国:台湾花莲	China
1962	9	12	20	10		-1.04	-78.59		5.6	Ms	Ecuador:Ambato	厄瓜多尔:安巴托	GSHAP
1962	9	12	20	57	0.4	36.5	69.2	50	6.63	Ms	Afghan:Qonduz	阿富汗:昆都士	GSHAP,Afghan
1962	9	14	0	33		39.6	23.3		5.5	Muk	Aegean Sea	爱琴海	*
1962	9	15	12	35	8	31.9	76.2		5.5	Ms	India:Himachal	印度:喜马偕尔邦	GSHAP
1962	9	15	22	50	48.5	48.56	156.86	50	6.4	Ms	Kuril Islands	千岛群岛	GSHAP
1962	9	16	3	5	33	19.3	-103.1	100	6	Ms	Mexico:Jalisco	墨西哥:哈利斯科	Shi Z.
1962	9	16	18	47	44	43.7	147.4	75	5.2	Ms	Kuril Islands	千岛群岛	GSHAP
1962	9	17	17	55	45.4	-21	-179.1	601	6	Ms	Lau Ridge[Pacific Ocean]	劳海岭[太平洋]	Shi Z.
1962	9	18	0	29	5.67	7.39	-82.421	19.2	6.6	Ms	Panama:Off Coast of S.	巴拿马:南部海域	Engdahl,Shi Z.
1962	9	18	5	23	4	36.5	69		5	Ms	Afghan:Qonduz	阿富汗:昆都士	GSHAP
1962	9	19	5	7	39	47.9	145.5	80	5.8	Ms	Sea of Okhotsk	鄂霍次克海	GSHAP
1962	9	19	7	28	50	30.27	50.31	114	5.4	Ms	Iran:Behbahan	伊朗:贝赫贝汉	Iran
1962	9	22	8	6	27	36.5	68.7	50	5.1	Ms	Afghan:Qonduz	阿富汗:昆都士	GSHAP
1962	9	24	3	26	44	44.2	80.7		5.5	Ms	China:Xinjiang,Ili	中国:新疆伊犁	China
1962	9	24	14	38	21.7	42.8	145.3		6.4	Ms	Japan:Hokkaido	日本:北海道	Shi Z.
1962	9	25	4	48	36.3	-7.5	35.1	33	5.5	Ms	Tanzania:Iringa	坦桑尼亚:伊林加	GSHAP
1962	9	29	6	53	50	28.2	57.4	50	5.5	Ms	Iran:Kerman	伊朗:克尔曼	Iran
1962	9	29	7	58	20	-17.1	-70.5	33	5.8	Ms	Peru:Torata	秘鲁:塔克纳	GSHAP
1962	9	29	15	17	47.7	-27	-63.6	575	6.5	Ms	Argentina:Santiago del Estero	阿根廷:圣地亚哥－德尔埃斯特罗	GSHAP,Shi Z.
1962	10	1	9	53	34	46.7	152.2	140	5.5	Ms	Kuril Islands	千岛群岛	GSHAP
1962	10	1	12	13	57.4	27.9	54.9	16	6.5	Ms	Iran:Lar	伊朗:拉尔	Shi Z.
1962	10	3	23	55	26	50.03	147.15	90	5.1	Ms	Sea of Okhotsk	鄂霍次克海	GSHAP
1962	10	5	20	2		35.1	58.7	8	5.3	Muk	Iran:Kashmar	伊朗:卡什马尔	* Iran
1962	10	5	20	54	49	45.5	151.6	50	5.1	Ms	Kuril Islands	千岛群岛	GSHAP
1962	10	6	1	38	54	25.5	101		5	Ms	China:Yunnan,Yaoan	中国:云南姚安	China
1962	10	6	4	23	24.1	-17.4	167.7		6.6	Ms	Vanuatu Islands	瓦努阿图群岛	Shi Z.
1962	10	6	8	3	31.7	-17.2	168		6	Ms	Vanuatu Islands	瓦努阿图群岛	Shi Z.
1962	10	6	23	31	27.7	-17.5	167.5	42	6	Ms	Vanuatu Islands	瓦努阿图群岛	Shi Z.
1962	10	6	23	57	55	24.4	122	40	5	Ms	China:Taiwan,Hualien,Coast of E.	中国:台湾花莲以东海域	China
1962	10	8	21	56	19	24.4	121.9		6.5	Ms	China:Taiwan,Hualien,Coast of E.	中国:台湾花莲以东海域	China
1962	10	8	22	24	7	24.1	121.8	39	6	Ms	China:Taiwan,Hualien,Coast of E.	中国:台湾花莲以东海域	China
1962	10	9	4	28	42	45.9	143.1	320	5.2	Ms	Japan:Hokkaido,Coast N.	日本:北海道北部海域	GSHAP
1962	10	9	15	59	21	36.8	70.9	230	5.4	Ms	Afghan:Badakhshan	阿富汗:巴达赫尚	GSHAP
1962	10	9	20	14	38.3	-3.2	148.2		6.3	Ms	Bismarck Sea	俾斯麦海	Shi Z.
1962	10	10	11	42	35.1	-3.1	-78.4	33	6.2	Ms	Ecuador:Morona Santiago	厄瓜多尔:莫罗纳－圣地亚哥	GSHAP
1962	10	11	6	22	50.6	-1.3	-80.4	75	6.2	Ms	Ecuador:Portoviejo	厄瓜多尔:波托维耶霍	GSHAP
1962	10	11	16	2	36	24.2	121.8		5.1	Ms	China:Taiwan,Hualien,Coast of E.	中国:台湾花莲以东海域	China

年	月	日	时	分	秒	纬度(°)	经度(°)	深度	震级	标度	地名(英文)	地名(中文)	资料来源
Year	Mo	Dy	Hr	Mn	Sec	Latitude	Longitude	Depth	Mag	Scale	Name(English)	Name(Chinese)	Information
1962	10	13	10	23	38	35.75	50.07	35	5.5	Ms	Iran:Qazvin	伊朗:加兹温	GSHAP
1962	10	18	8	40	55	46	150	180	5.4	Ms	Kuril Islands	千岛群岛	GSHAP
1962	10	18	11	22	41	46	149.9	180	6	Ms	Kuril Islands	千岛群岛	GSHAP
1962	10	20	9	27		42.7	12.7		5.17	Ms	Italy:Baiano	意大利:巴亚诺	Italy,GSHAP
1962	10	21	2	5	23.7	61.39	-149.21	71	6	Ms	Gulf of Alaska	阿拉斯加湾	USGS
1962	10	23	4	33	47	44.6	148.87	85	5	Ms	Kuril Islands	千岛群岛	GSHAP
1962	10	23	10	18	55	45.12	149.3	130	5.3	Ms	Kuril Islands	千岛群岛	GSHAP
1962	10	25	20	6	10	-61.4	154.9		6	Ms	Southern Pacific Ridge	南太平洋海岭	Shi Z.
1962	10	30	16	13	25	26.6	93.3	33	5.5	Ms	India:Tezpur	印度:阿萨姆的提斯浦尔	GSHAP
1962	10	30				1.5	-157.2		7	Mk	Kiribati:Line Islands	基里巴斯:莱恩群岛	NOAA,Song
1962	10	31	11	32	28	5.379	-82.597	20	6.5	Muk	Colombia:Off Coast of W.	哥伦比亚:西部沿海	Engdahl
1962	11	1	13	46	31.9	37.66	70.2	5	5	Ms	Tadzhikistan:Khatlon	塔吉克斯坦:哈特隆州	GSHAP
1962	11	1	15	26	45	37.7	70.2		5	Ms	Tadzhikistan:Khatlon	塔吉克斯坦:哈特隆州	GSHAP
1962	11	1	15	33	22.6	1.9	133	56	6	Ms	Indonesia:Irian Jaya Barat,N.	印度尼西亚:西巴布亚北部	Shi Z.
1962	11	4	22	53	34.2	-43.2	-75.6		6	Ms	Chile:Near Coast of S.	智利:南部近海	Shi Z.
1962	11	6	0	9		28.1	55.6	40	5.5	Muk	Iran:Hormozgan	伊朗:荷姆兹甘	*
1962	11	6	3	36	43.6	45.64	-122.59	16	5.2	Ms	US:Oregon,Portland	美国:俄勒冈州波特兰	USGS
1962	11	6	12	23	22.7	-4	-79.8	84	6.1	Ms	Ecuador:Loja	厄瓜多尔:洛哈	GSHAP
1962	11	8	0	33	13.8	-4.4	-105.5		6.2	Ms	East Pacific Ridge	东太平洋海岭	Shi Z.
1962	11	9	1	11	5	33.53	47.16	56	5	Ms	Iran:Lorestan	伊朗:洛雷斯坦	GSHAP
1962	11	10	1	33	21	43.378	147.409	69.6	6.7	Ms	Kuril Islands	千岛群岛	Engdahl,GSHAP
1962	11	11	3	52	19.4	-1.2	-78.8	59	6.3	Ms	Ecuador:Ambato	厄瓜多尔:安巴托	GSHAP
1962	11	11	11	31	43	55.9	113.12	16	5.8	Ms	Russia:Buryatiya,Severomuysk	俄罗斯:布里亚特州谢韦罗穆伊斯克城	GSHAP
1962	11	11	15	15	28	17.05	40.58		5.8	Ms	Red Sea	红海	GSHAP
1962	11	11	16	9	57.6	-12.9	166.5	77	6.2	Ms	Solomon Islands	所罗门群岛	Shi Z.
1962	11	11	22	14	20.8	-43.219	-76.098	35	6.6	Muk	Chile:Off Coast of S.	智利:南部沿海	Engdahl,GSHAP
1962	11	14	7	48		35.7	141.1	40	5.8	Ms	Japan:Chiba	日本:千叶	Japan
1962	11	15	23	25	15	-8.7	-79.8	45	6.1	Ms	Peru:Chimbote,Near Coast	秘鲁:钦博特近海	GSHAP,Shi Z.
1962	11	16	6	39	8.2	-1	-78.6	33	6.3	Ms	Ecuador:Cotopaxi	厄瓜多尔:科托帕希	GSHAP
1962	11	16	7	18	37.3	-32.3	-111.1	43	6.5	Ms	Easter Island,S.	复活节岛南部	Shi Z.
1962	11	16	21	10	3.47	13.327	93.021	29.3	6.7	Ms	India:Andaman Islands	印度:安达曼群岛	Engdahl, Shi Z.
1962	11	19	7	25		24.3	122.6	70	5	Ms	China:Taiwan,Hualien,Coast of E.	中国:台湾花莲以东海域	China
1962	11	20	7	32	38	56.19	159.03	5	5.5	Ms	Russia:Kamchatka Peninsula	俄罗斯:堪察加半岛	GSHAP
1962	11	20	17	43	13	43.6	145.68	95	5.1	Ms	Japan:Hokkaido	日本:北海道	GSHAP
1962	11	24	7	31	45	10.693	-62.681	11	5.5	Ms	Venezuela:Pilar	委内瑞拉:比拉尔	GSHAP
1962	11	24	15	52	22	49.8	155.8	90	6	Ms	Kuril Islands	千岛群岛	GSHAP
1962	11	26	1	41	8	36.6	70	160	5.4	Ms	Afghan:Kalafgan	阿富汗:卡拉夫甘	GSHAP
1962	11	26	5	29	34	39.9	77.4	20	5.7	Ms	China:Xinjiang,Maralbishi,W.	中国:新疆巴楚西	China,GSHAP
1962	11	27	6	53	1	25.1	123	175	6.3	Ms	Ryukyu Islands	琉球群岛	China
1962	11	29	19	6	37.6	-17.3	168.5		6.1	Ms	Vanuatu Islands	瓦努阿图群岛	Shi Z.
1962	12	1	12	37	20	44.05	146.6	90	5.1	Ms	Kuril Islands	千岛群岛	GSHAP
1962	12	2	10	8	48.5	-4.8	153.8	94	6.4	Ms	Papua New Guinea:New Ireland,E.	巴布亚新几内亚:新爱尔兰东部	Shi Z.
1962	12	4	7	23	4.2	-21.8	-65.6	300	5	Ms	Bolivia:Tupiza	玻利维亚:图皮萨	GSHAP
1962	12	6	8	52	40	54	153.41	500	5.9	Ms	Sea of Okhotsk	鄂霍次克海	GSHAP
1962	12	7	9	36	1	38.12	106.27		5.5	Ms	China:Ningxia,Lingwu	中国:宁夏灵武	China
1962	12	7	14	3	40	29.218	139.406	427.9	6.6	Mw	Japan:South Honshu Ridge	日本:本州南部海岭	Engdahl
1962	12	8	9	2	54	36.63	54.85	40	5	Ms	Iran:Gorgan	伊朗:戈尔甘	GSHAP
1962	12	8	18	18	29.1	-15.2	-173.7		6.5	Ms	Samoa Islands	萨摩亚群岛	Shi Z.
1962	12	8	21	27	21	-25.827	-63.278	589.4	7.2	Mw	Argentina:Resistencia	阿根廷:雷西斯滕西亚	Engdahl,GSHAP
1962	12	8	22	55	1.2	50.5	-176.8		6.2	Ms	Aleutian Islands	阿留申群岛	Shi Z.
1962	12	11	3	12	50	34.75	105.05		5	Ms	China:Gansu,Gangu,N.	中国:甘肃甘谷西北	China
1962	12	13	13	15	49.8	20.1	122	45	6.2	Ms	Philippines:Luzon,Coast N.	菲律宾:吕宋岛北部海域	Shi Z.
1962	12	14	16	52	49	50.5	90.72	15	5.1	Ms	Russia:Tuva,Mugur - Aksy	俄罗斯:唐努图瓦州穆古尔阿克瑟	GSHAP
1962	12	16	0	55	52	44.22	147.95	90	5.1	Ms	Kuril Islands	千岛群岛	GSHAP
1962	12	17	11	0	16	2.1	122.9	383	6	Ms	Celebes Sea	西里伯斯海	Shi Z.
1962	12	17	17	25	39	38.03	106.18		5.5	Ms	China:Ningxia,Wuzhong	中国:宁夏吴忠	* China
1962	12	21	0	44	19.7	-9	112.4	64	6.2	Ms	Indonesia:Java Ridge	印度尼西亚:爪哇海岭	Shi Z.
1962	12	21	6	27	44	52.58	-168.71		6.1	Ms	Aleutian Islands	阿留申群岛	USGS
1962	12	21	8	42	43	52.47	-168.54	33	6.5	Ms	Aleutian Islands	阿留申群岛	* USGS,NOAA
1962	12	21	9	0	41.4	52.4	-168.5	33	6.2	Ms	Aleutian Islands	阿留申群岛	USGS
1962	12	21	9	10	1.6	52.5	-168.5	33	6.6	Ms	Aleutian Islands	阿留申群岛	USGS,Shi Z.
1962	12	21	9	33	18	42.11	142.46	60	6.3	Ms	Japan:Hokkaido	日本:北海道	GSHAP
1962	12	22	0	52	23.4	-22	170.1		6.5	Ms	Fiji Islands	斐济群岛	Shi Z.
1962	12	22	1	59	50.3	-9.2	112.4	61	6	Ms	Indonesia:Java Ridge	印度尼西亚:爪哇海岭	Shi Z.
1962	12	22	15	20	25	52.46	-168.83	47	6.5	Ms	Aleutian Islands	阿留申群岛	USGS,Shi Z.
1962	12	23	6	28		38.6	73	120	5.2	Ms	Tajikistan:Kuhistoni Badakhshon,N.	塔吉克斯坦:勾瑙-巴达科善北部	GSHAP
1962	12	23	9	52	16	44.4	148.9	40	5	Ms	Kuril Islands	千岛群岛	GSHAP

年	月	日	时	分	秒	纬度(°)	经度(°)	深度	震级	标度	地名(英文)	地名(中文)	资料来源
Year	Mo	Dy	Hr	Mn	Sec	Latitude	Longitude	Depth	Mag	Scale	Name(English)	Name(Chinese)	Information
1962	12	23	20	19	29	44.7	149.4	40	5	Ms	Kuril Islands	千岛群岛	GSHAP
1962	12	26	22	25	15.5	53.85	168.32	10	6.7	Ms	Aleutian Islands	阿留申群岛	GSHAP
1962	12	26	23	25	16.7	23.9	65.4	34	6	Ms	Arabian Sea,N.	阿拉伯海北部	Shi Z.
1962	12	26	23	46	14.7	54	168.8		6.4	Ms	Aleutian Islands	阿留申群岛	Shi Z.
1962	12	27	14	2	2.1	-4.9	145.1	35	6	Ms	Papua New Guinea:Madang	巴布亚新几内亚:马当	Shi Z.
1962	12	27	18	18	42	39.9	142	36	6.3	Ms	Japan:Iwate,Near Coast	日本:岩手近海	Shi Z.
1962	12	28	8	6	51	9.87	-61.19	59	6.1	Ms	Trinidad & Tobago:Near Coast of S.	特立尼达和多巴哥:南部近海	GSHAP
1962	12	29	10	41	4.6	-20.2	-70.3	49	6.8	Ms	Chile:Iquique,Near Coast	智利:伊基克近海	GSHAP
1962	12	29	14	47	41.4	-31.2	-177.9	43	6.2	Ms	Kermadec Ridge	克马德克海岭	Shi Z.
1962	12	30	22	8	40	42.8	144.5	15	5.3	Ms	Japan:Hokkaido	日本:北海道	GSHAP
1962	12	31	8	0	25	52.65	160.68	30	5	Ms	Russia:Kamchatka Peninsula	俄罗斯:堪察加半岛	GSHAP
1963	1	1	23	39	6	56.57	-157.56	51	6.5	Ms	Aleutian Islands	阿留申群岛	USGS
1963	1	2	17	38		35.7	49.9	20	5.5	Ms	Iran:Qazvin	伊朗:加兹温	Iran
1963	1	4	12	16	38	-4.7	154	69	6	Ms	Papua New Guinea:New Ireland,E.	巴布亚新几内亚:新爱尔兰东部	Shi Z.
1963	1	5	15	4	49	43	144.7	130	5.8	Ms	Japan:Hokkaido	日本:北海道	GSHAP
1963	1	6	21	20	56.5	47.4	155.9		6	Ms	Kuril Islands	千岛群岛	Shi Z.
1963	1	9	6	34	20	44.4	148.8	40	5.5	Ms	Kuril Islands	千岛群岛	GSHAP
1963	1	9	18	22	33.4	-3.3	29.4	33	5.4	Ms	Burundi:Bujumbura	布隆迪:布琼布拉	GSHAP
1963	1	11	12	12	16.2	-45	-75.7		6.1	Ms	Chile:Near Coast of S.	智利:南部近海	Shi Z.
1963	1	12	3	40	33.1	4.7	-76.7	84	5.8	Ms	Colombia:Sipi	哥伦比亚:乔科的锡皮	GSHAP
1963	1	12	6	20	18	36.6	70	48	5.1	Ms	Afghan:Kalafgan	阿富汗:卡拉夫甘	GSHAP
1963	1	14	18	33	24.2	45.7	26.6	118	5.9	Ms	Romania:Nereju	罗马尼亚:内雷茹	GSHAP
1963	1	16	20	20	51	-3.9	-76.8	102	5.8	Ms	Peru:Loreto,NW.	秘鲁:洛雷托西北	GSHAP
1963	1	17	19	30	59	-8.3	-75.1	124	5.5	Ms	Peru:Pucallpa	秘鲁:普卡尔帕	GSHAP
1963	1	17	20	41	12	25.7	125.4	113	5.4	Ms	China:East China Sea	中国:东海	China
1963	1	21	4	25	30	55	162.14	40	5.1	Ms	Russia:Kamchatka Peninsula	俄罗斯:堪察加半岛	GSHAP
1963	1	22	4	55	17	31.4	89.6		5.1	Ms	China:Xizang (Tibet),Baingoin,SW.	中国:西藏班戈西南	China
1963	1	25	11	17	48	45.3	150.6	25	5.3	Ms	Kuril Islands	千岛群岛	GSHAP
1963	1	26	5	40	28	44.47	147.93	80	5	Ms	Kuril Islands	千岛群岛	GSHAP
1963	1	26	12	23	5	43.68	147.58	50	5.1	Ms	Kuril Islands	千岛群岛	GSHAP
1963	1	27	19	35	15	41.08	49.84	55	6.2	Ms	Caspian Sea	里海	GSHAP
1963	1	28	4	5	24	43	144.4	20	5.3	Ms	Japan:Hokkaido	日本:北海道	GSHAP,Usami
1963	1	28	12	12	19.8	-2.6	149.9		6.5	Ms	Bismarck Sea	俾斯麦海	Shi Z.
1963	1	28	13	0	54	54.596	-161.625	35	6.7	Ms	Aleutian Islands	阿留申群岛	Engdahl,USGS,Shi Z.
1963	1	29	9	21	16.5	49.8	155.02	140	6.6	Ms	Kuril Islands	千岛群岛	GSHAP
1963	1	30	3	53	2	46.3	149.6	40	5.2	Ms	Kuril Islands	千岛群岛	GSHAP
1963	1	30	10	10	6.18	-55.6	-28.242	33	6.8	Ms	South Sandwich Trench	南桑威奇海沟	Engdahl
1963	1	30	10	33	50	29.5	80.9		5.5	Ms	Nepal:Seti	尼泊尔:塞蒂	GSHAP
1963	1	31	3	8	3.5	45.9	150.6	130	7.1	Ms	Kuril Islands	千岛群岛	GSHAP
1963	1	31	4	6	44	27.1	126.8	40	6.3	Ms	China:East China Sea	中国:东海	China
1963	2	2	19	34		42.383	12.95		5.17	Ms	Italy:Rieti	意大利:列蒂	Italy,GSHAP
1963	2	3	6	33	34	43.85	147.15	85	5	Ms	Kuril Islands	千岛群岛	GSHAP
1963	2	4	23	21	9	48.5	154.9	85	6	Ms	Kuril Islands	千岛群岛	Shi Z.
1963	2	5	20	39	21.6	-38.4	-73.2	41	6.6	Ms	Chile:Traiguén	智利:特赖根	Shi Z.
1963	2	6	1	21	29	-38.4	-73.6		6.2	Ms	Chile:Carahue	智利:卡拉韦	Shi Z.
1963	2	6	1	55	59	-7.9	119.9	306	6.1	Ms	Indonesia:Flores Sea	印度尼西亚:弗洛勒斯海	Shi Z.
1963	2	6	18	17	10	55.51	166.45	39	5.2	Ms	Russia:Ostrov Beringa	俄罗斯:白令岛	GSHAP
1963	2	6	21	43	24	-28.3	-70.9	12	5	Ms	Chile:Atacama	智利:阿塔卡马	GSHAP
1963	2	10	6	48	29	52.6	106.9	15	5	Ms	Russia:Lake Baykal	俄罗斯:贝加尔湖	GSHAP
1963	2	10	12	0	44	42	142.6	40	5.5	Ms	Japan:Hokkaido	日本:北海道	GSHAP
1963	2	13	8	50	4.65	24.356	122.06	35	7.3	Mw	China:Taiwan,Hualien,Coast of E.	中国:台湾花莲以东海域	* China,Engdahl,NOAA
1963	2	13	9	9	19	24.4	122.1	45	5.5	Ms	China:Taiwan,Hualien,Coast of E.	中国:台湾花莲以东海域	China
1963	2	13	9	30	35	24.8	121.7	33	5.4	Ms	China:Taiwan,Yilan	中国:台湾宜兰	China
1963	2	13	12	45		40.658	15.782		5.26	Ms	Italy:Tito	意大利:蒂托	Italy
1963	2	13	18	13	57	-9.937	160.916	35	6.7	Ms	Solomon Islands	所罗门群岛	Engdahl
1963	2	14	7	4	40.8	-7.2	128.2	197	6.5	Ms	Indonesia:Banda Sea	印度尼西亚:班达海	Shi Z.
1963	2	14	13	18		44.2	15.2	23	5.1	Ms	Croatia:Zadar	克罗地亚:扎达尔	GSHAP
1963	2	14	22	7	54	-4.882	144.598	65.2	6.5	Muk	Papua New Guinea:Madang	巴布亚新几内亚:马当	Engdahl
1963	2	15	16	29	20	4.1	96.1	43	5.9	Ms	Indonesia:Off West Coast of N. Sumatera	印度尼西亚:北苏门答腊西部海域	GSHAP
1963	2	16	12	19	30	36.6	70.3	200	5.5	Ms	Afghan:Taloqan	阿富汗:塔卢坎	GSHAP
1963	2	17	5	38	18.3	36.5	70.5	200	6.2	Ms	Afghan:Badakhshan	阿富汗:巴达赫尚	GSHAP
1963	2	18	14	25	19	36.7	70.7	70	5	Ms	Afghan:Badakhshan	阿富汗:巴达赫尚	GSHAP
1963	2	19	18	13	39	44.3	146.8	135	5.3	Ms	Kuril Islands	千岛群岛	GSHAP
1963	2	20	19	40	29	24.6	122.1		5.4	Ms	China:Taiwan,Yilan,Coast of E.	中国:台湾宜兰以东海域	China
1963	2	21	17	14	31	32.6	21	5	5.4	Ms	Libya:Barce (Al Marj)	利比亚:迈尔季	*
1963	2	22	7	10	29	84.8	99.1	20	5.3	Ms	Arctic Ocean	北冰洋	GSHAP
1963	2	24	5	38	19	-15.1	-72.5	97	5	Ms	Peru:Orcopampa	秘鲁:奥尔科潘帕	GSHAP

年 Year	月 Mo	日 Dy	时 Hr	分 Mn	秒 Sec	纬度(°) Latitude	经度(°) Longitude	深度 Depth	震级 Mag	标度 Scale	地名(英文) Name(English)	地名(中文) Name(Chinese)	资料来源 Information
1963	2	25	8	8	18.5	-28.1	-65.6	20	5.3	Ms	Argentina:Catamarca	阿根廷:卡塔马卡	GSHAP
1963	2	25	17	11	8	24.2	123.2	84	5.7	Ms	Ryukyu Islands	琉球群岛	China
1963	2	26	2	21	2	44.25	146.83	145	5.3	Ms	Kuril Islands	千岛群岛	GSHAP
1963	2	26	12	25	55	44.27	146.78	145	5.3	Ms	Kuril Islands	千岛群岛	GSHAP
1963	2	26	20	14	11	-7.576	146.214	180.8	7.3	mB	Papua New Guinea:Gulf	巴布亚新几内亚:海湾区	Engdahl
1963	2	27	4	30	0.8	-6	149.4	52	6.4	Ms	Papua New Guinea:West New Britain	巴布亚新几内亚:西新不列颠	Shi Z.
1963	2	27	11	0	42	-15.1	-73.6	105	5.2	Ms	Peru:Nazca	秘鲁:纳斯卡	GSHAP
1963	2	28	1	7	7	47	147	380	5	Ms	Sea of Okhotsk	鄂霍次克海	GSHAP
1963	3	1	0	25	57.9	34.93	-118.97	14	5	Ms	US:California,Arvin	美国:加利福尼亚州阿尔文	USGS
1963	3	1	12	49	10	44.48	147.22	140	5.3	Ms	Kuril Islands	千岛群岛	GSHAP
1963	3	4	13	38	43	24.5	121.9		6	Ms	China:Taiwan,Yilan,Coast of E.	中国:台湾宜兰以东海域	China
1963	3	4	15	43	4	-4.5	-81.6		6	Ms	Peru:Talara,Near Coast	秘鲁:塔拉拉近海	Shi Z.
1963	3	5	7	5	1.7	-4.5	-81.5	31	6	Ms	Peru:Talara,Near Coast	秘鲁:塔拉拉近海	Shi Z.
1963	3	7	5	22	1.7	-27	-113.5		6.5	Ms	Easter Island,W.	复活节岛西部	Shi Z.
1963	3	7	12	16	28.5	-44.3	-75.3	45	6.3	Ms	Chile:Near Coast of S.	智利:南部近海	Shi Z.
1963	3	7	21	49	22	36.5	71.1	80	5.9	Ms	Afghan:Badakhshan	阿富汗:巴达赫尚	GSHAP
1963	3	9	6	44	28	46.1	141.4	20	5	Ms	Japan:Hokkaido,Coast N.	日本:北海道北部海域	GSHAP
1963	3	10	1	25	59.2	56.2	-153.7	57	6	Ms	Gulf of Alaska	阿拉斯加湾	Shi Z.
1963	3	10	2	53	29	24.7	122.2		6.1	Ms	China:Taiwan,Yilan,Coast of E.	中国:台湾宜兰以东海域	China
1963	3	10	10	51	48.1	-29.9	-71.2	70	6.1	Ms	Chile:Coquimbo	智利:科金博	Shi Z.
1963	3	11	7	27	21	37.9	29.1	24	5.6	Ms	Turkey:Denizli	土耳其:登尼资里	GSHAP
1963	3	11	10	27	47	36.5	71.1	252	5	Ms	Afghan:Badakhshan	阿富汗:巴达赫尚	GSHAP
1963	3	14	8	0	12	19	120.2	23	5.5	Ms	Luzon Ridge,W.	吕宋海岭西部	China
1963	3	16	8	44	49	46.641	154.951	13.7	7.2	Mw	Kuril Islands	千岛群岛	* GSHAP,Engdahl
1963	3	16	13	45	40	42.6	145.2	40	5.2	Ms	Japan:Hokkaido	日本:北海道	GSHAP
1963	3	16	22	28	51	39.18	71.75		5	Ms	Tadzhikistan:Jayer Gan	塔吉克斯坦:贾伊尔甘	GSHAP
1963	3	22	3	57	24	45.4	148.9	120	5.3	Ms	Kuril Islands	千岛群岛	GSHAP
1963	3	24	2	7	12.8	-9.7	120.4		6.2	Mw	Indonesia:Sumba Island	印度尼西亚:松巴岛	ISC
1963	3	24	12	4	16	44.7	141.5	300	5.2	Ms	Japan:Hokkaido	日本:北海道	GSHAP
1963	3	24	12	44		34.4	47.9	40	7.2	Muk	Iran:Hamadan	伊朗:哈马丹	*
1963	3	24	21	35	23.2	51.8	-178.1	47	6	Ms	Andreanof Islands, Aleutian Is.	阿留申群岛,安德烈亚诺夫群岛	USGS
1963	3	25	20	17	3.8	-56.3	149.9	39	6	Ms	Southern Pacific Ridge	南太平洋海岭	Shi Z.
1963	3	25	22	46	16.2	0.7	96.5	30	6.4	Ms	Indonesia:Northern Sumatera	印度尼西亚:苏门答腊北部	Shi Z.
1963	3	26	9	48	20	-30.112	-177.536	35	7.4	Mw	Kermadec Ridge	克马德克海岭	Engdahl
1963	3	26	13	25	2.08	-30.042	-177.709	35	7	Ms	Kermadec Ridge	克马德克海岭	Engdahl
1963	3	26	19	47	46	44.4	146.7	110	6.1	Ms	Kuril Islands	千岛群岛	Shi Z.
1963	3	26	21	34	41.1	36	135.7		6.9	Ms	Japan Sea	日本海	Shi Z.,Usami,Japan
1963	3	27	5	12	12	43.7	146.1	90	6.1	Ms	Kuril Islands	千岛群岛	GSHAP
1963	3	27	13	15	30.2	6.3	-73.1	147	5	Ms	Colombia:Charalá	哥伦比亚:查腊拉	GSHAP
1963	3	28	0	15	50.4	66.3	-19.877	15	6.8	Ms	Norwegian Sea	挪威海	Engdahl
1963	3	28	0	26		66.3	-20.2	20	5.4	Ms	Norwegian Sea	挪威海	Iceland
1963	3	28	1			66.4	-19.6	38	5.4	Ms	Norwegian Sea	挪威海	Iceland
1963	3	28	12	45		40.8	15.6		6.5	Mk	Italy:Calitri	意大利:卡利特里	* Song
1963	3	30	1	53	28.5	-19.1	169	156	6.3	Ms	Vanuatu Islands	瓦努阿图群岛	Shi Z.
1963	3	30	16	51	56.6	44.2	148		6.3	Ms	Kuril Islands	千岛群岛	Shi Z.
1963	3	31	2	27	6.5	37	57.9	33	7	Muk	Iran:Qūchān	伊朗:古昌	* GSHAP
1963	3	31	4	45	59	-6.6	-81.2	31	5.2	Ms	Peru:Cartagena,Near Coast	秘鲁:卡塔赫纳近海	GSHAP
1963	3	31	5	30	49.3	-29.9	-177.7	48	6.5	Ms	Kermadec Ridge	克马德克海岭	Shi Z.
1963	3	31	5	51		-10.8	-78.5	32	5.5	Ms	Peru:Casma,Huaraz	秘鲁:卡斯马,安卡什(瓦拉斯)	GSHAP
1963	3	31	7	7	36.3	-6.1	149	60	6.3	Ms	Papua New Guinea:West New Britain	巴布亚新几内亚:西新不列颠	Shi Z.
1963	3	31	17	28	52.7	0.8	96.6		6	Ms	Indonesia:Northern Sumatera	印度尼西亚:苏门答腊北部	Shi Z.
1963	3	31	19	22	53.3	-30	-178	50	6.2	Ms	Kermadec Ridge	克马德克海岭	Shi Z.
1963	4	1	4	28	46	44.606	141.422	260.7	6.7	Ms	Japan:Hokkaido	日本:北海道	Engdahl,,GSHAP
1963	4	1	9	23		35.4	69.6	15	5.3	Ms	Afghan:Panjshir	阿富汗:潘希尔	GSHAP
1963	4	1	16	31	29	29.1	77.5	203	5.5	Ms	India:Delhi	印度:德里	GSHAP
1963	4	2	0	57	45.4	6.9	-73.1	159	5.2	Ms	Colombia:Santander	哥伦比亚:桑坦德	GSHAP
1963	4	2	4	6	51	55.21	160.54	5	5	Ms	Russia:Kamchatka Peninsula	俄罗斯:堪察加半岛	GSHAP
1963	4	2	16	18	55.3	53.1	-171.7	140	6.4	Ms	Andreanof Islands, Aleutian Is.	阿留申群岛,安德烈亚诺夫群岛	USGS,Shi Z.
1963	4	3	14	47	55.6	-55.5	-128.1		6.5	Ms	Southern Pacific Ridge	南太平洋海岭	Shi Z.
1963	4	3	15	54	51.7	61.2	-147.8	71	5.7	Ms	Gulf of Alaska	阿拉斯加湾	USGS
1963	4	6	11	19	23.2	63.4	-149.6	42	6	Ms	Alaska Peninsula,S.	阿拉斯加半岛南部	USGS
1963	4	6	17	48	56	33.7	82.5		5	Ms	China:Xizang (Tibet),Geji,N.	中国:西藏革吉北	China
1963	4	7	15	27	59.4	53.7	-170	174	6	Ms	Aleutian Islands	阿留申群岛	USGS
1963	4	7	22	36	3.4	-4.9	103.2	72	6.6	Ms	Indonesia:Southern Sumatra	印度尼西亚:苏门答腊南部	Shi Z.
1963	4	10	6	56	33.3	6.9	-73.1	152	5.3	Ms	Colombia:Santander	哥伦比亚:桑坦德	GSHAP
1963	4	11	11	2	57	52.4	153.7	550	5.7	Ms	Sea of Okhotsk	鄂霍次克海	GSHAP
1963	4	12	0	41	31	31.9	78.8	35	5	Ms	China:Xizang (Tibet),Zanda,NW.	中国:西藏札达西北	China

年 Year	月 Mo	日 Dy	时 Hr	分 Mn	秒 Sec	纬度(°) Latitude	经度(°) Longitude	深度 Depth	震级 Mag	标度 Scale	地名(英文) Name(English)	地名(中文) Name(Chinese)	资料来源 Information
1963	4	12	8	41	56.7	-39	176.7	106	6	Ms	New Zealand: North Island, Maraekakaho	新西兰:北岛,马拉卡卡霍	Shi Z.
1963	4	13	2	20	59	-6.298	-76.54	124.2	6.7	Ms	Peru: Tarapoto	秘鲁:塔拉波托	GSHAP, Engdahl,
1963	4	13	14	31	21	-3.4	135.4	31	6	Ms	Indonesia: Papua	印度尼西亚:巴布亚	Shi Z.
1963	4	15	5	40	43.4	-23.8	-69	112	5	Ms	Chile: Antofagasta, C.	智利:安托法加斯塔中部	GSHAP
1963	4	15	13	24	20	44.1	147.1	110	5.2	Ms	Kuril Islands	千岛群岛	GSHAP
1963	4	15	21	56	11	44.9	148.3	100	6.1	Ms	Kuril Islands	千岛群岛	GSHAP
1963	4	16	1	29	23	-1.172	128.026	35	7.2	Mw	Indonesia: Halmahera Sea	印度尼西亚:哈马黑拉海	Engdahl
1963	4	16	1	55	10.9	-0.7	128	32	6.5	Ms	Indonesia: Halmahera Sea	印度尼西亚:哈马黑拉海	Shi Z.
1963	4	16	12	3	44.4	-1.1	127.4	50	6	Ms	Molukka Sea, S.	马鲁古海南部	Shi Z.
1963	4	16	18	47	7	35.8	44.4		5.4	Ms	Iraq: Kirkuk	伊拉克:基尔库克	Iran
1963	4	17	2	11	26.1	-19.6	-178.6		6.6	Ms	Lau Ridge[Pacific Ocean]	劳海岭[太平洋]	Shi Z.
1963	4	17	10	45	14	36.4	70.4		5	Ms	Afghan: Fayzabad	阿富汗:法扎巴德	GSHAP
1963	4	17	21	35	46	47.7	155.4	40	5	Ms	Kuril Islands	千岛群岛	GSHAP
1963	4	18	18	19	35	24.4	122.5		5	Ms	China: Taiwan, Hualien, Coast of E.	中国:台湾花莲以东海域	China
1963	4	19	7	35	25	35.631	96.979	35	6.9	Ms	China: Qinghai, Maduo, NW.	中国:青海玛多西北	* China, Engdahl,
1963	4	20	20	32	17	52.14	159.65	30	5	Ms	Russia: Kamchatka Peninsula	俄罗斯:堪察加半岛	GSHAP
1963	4	21	4	38	25	24.22	122.37	40	6	Ms	China: Taiwan, Hualien, Coast of E.	中国:台湾花莲以东海域	China
1963	4	21	10	38	30.2	-3.2	146.9		6	Ms	Bismarck Sea	俾斯麦海	Shi Z.
1963	4	22	15	38	23	41.37	38.75	60	5.4	Ms	Black Sea	黑海	GSHAP
1963	4	23	2	50	53	43	146.4	80	5	Ms	Kuril Islands	千岛群岛	GSHAP
1963	4	23	2	51	15.8	46.7	103.5		6	Ms	Mongolia: North - West Ovorhangay	蒙古:前杭爱西北	Shi Z.
1963	4	23	9	55	7	25.8	99.5	20	6	Ms	China: Yunnan, Yunlong, SE.	中国:云南云龙东南	* China
1963	4	25	13	36	11	44.917	5.65		5.17	Ms	France: Grenoble	法国:格勒诺布尔	Italy
1963	4	26	23	45	5	24.1	122.7	45	5.1	Ms	China: Taiwan, Hualien, Coast of E.	中国:台湾花莲以东海域	China
1963	4	27	3	43		66.4	-19.4	34	5.1	Ms	Norwegian Sea	挪威海	Iceland
1963	4	27	8	42	58.1	-0.9	128.4	27	6.1	Ms	Indonesia: Halmahera Sea	印度尼西亚:哈马黑拉海	Shi Z.
1963	4	29	14	51	52.4	-64	159.2		6	Ms	Southern Pacific Ridge	南太平洋海岭	Shi Z.
1963	4	29	21	44	17.2	51.3	178.7	56	6	Ms	Aleutian Islands, Rat Island	阿留申群岛,拉特岛	USGS
1963	4	30	0	58	19.2	-0.9	128.8		6.5	Ms	Indonesia: Halmahera Sea	印度尼西亚:哈马黑拉海	Shi Z.
1963	4	30	7	7	53.3	51.3	178.6	45	5.8	Ms	Aleutian Islands, Rat Island	阿留申群岛,拉特岛	USGS
1963	4	30	18	43	7	-8.3	-80	9	5.1	Ms	Peru: Trujillo, Near Coast	秘鲁:特鲁希略近海	GSHAP
1963	5	1	10	3	21	-19.061	169.08	141.8	7.1	mB	Vanuatu Islands	瓦努阿图群岛	Engdahl
1963	5	2	1	58	26	28.5	54.9	46	5.8	Ms	Iran: Lar	伊朗:拉尔	Iran
1963	5	2	23	13	12.8	63.2	-149	82	6	Ms	Alaska Peninsula, S.	阿拉斯加半岛南部	Shi Z.
1963	5	3	10	44	30	30.7	51.8	35	5.3	Ms	Iran: Shiraz, N.	伊朗:设拉子北部	Iran
1963	5	4	5	56	1.1	51.8	-175.4	41	6	Ms	Andreanof Islands, Aleutian Is.	阿留申群岛,安德烈亚诺夫群岛	USGS
1963	5	4	16	48	13	45.1	23.4	33	5	Ms	Romania: Curtişoara	罗马尼亚:库尔蒂什瓦拉	GSHAP
1963	5	5	15	17	2.1	-24.8	-69.6	53	5.4	Ms	Chile: Antofagasta, S.	智利:安托法加斯塔南部	GSHAP
1963	5	6	8	38	32	-9.2	112.4	80	6	Ms	Indonesia: Java Ridge	印度尼西亚:爪哇海岭	Shi Z.
1963	5	7	3	16	40	36.6	71	218	5.1	Ms	Afghan: Badakhshan	阿富汗:巴达赫尚	GSHAP
1963	5	7	16	23	11.8	-22.1	-68.7	112	5.7	Ms	Chile: Antofagasta, N.	智利:安托法加斯塔北部	GSHAP
1963	5	8	8	50	56.3	54.9	-163.8	90	6	Ms	Aleutian Islands	阿留申群岛	USGS
1963	5	8	10	22	9.6	36.6	141	45	6.4	Ms	Japan: Ibaraki, Near Coast	日本:茨城近海	Shi Z.
1963	5	8	13	56	27.4	-58.8	-62.4	35	5.4	Ms	West Scotia Basin	西斯科舍海盆	GSHAP
1963	5	8	14	15	10	22.5	84.5		5.2	Ms	India: Rourkela	印度:劳尔克拉	GSHAP
1963	5	9	15	3	43.8	12.4	-87	50	5.5	Ms	Nicaragua: Leon	尼加拉瓜:里昂	*
1963	5	10	10	57	34.7	40.9	47.8	150	5.5	Ms	Azerbaijan: Gəncə, E.	阿塞拜疆:占贾东部	Turkey
1963	5	10	22	22	44	-2.12	-77.51	25	6.8	Ms	Ecuador: Morona Santiago, N.	厄瓜多尔:莫罗纳-圣地亚哥北部	GSHAP
1963	5	11	1	10	48.5	32.8	19.4	33	5.8	Ms	Mediterranean Sea	地中海	Turkey
1963	5	11	17	49	44	24.1	122.4	35	5.6	Ms	China: Taiwan, Hualien, Coast of E.	中国:台湾花莲以东海域	China
1963	5	12	9	42	57.3	-57	159.4		6.2	Ms	Australia: Macquarie Island, S.	澳大利亚:麦加利岛南部	Shi Z.
1963	5	12	11	52	28	46	15.6		5	Ms	Slovenia: Brezice	斯洛文尼亚:布雷日采	GSHAP
1963	5	12	20	8	40.8	57.3	-154	60	6.5	Ms	Alaska: Kodiak Island	阿拉斯加:科迪亚克岛	USGS
1963	5	12	20	37	17.8	56.1	163.1	69	6	Ms	Russia: Kamchatka, Near East Coast	俄罗斯:堪察加东部近海	Shi Z.
1963	5	17	6	9	20.4	15.7	120.1	99	6.2	Ms	Philippines: Tarlac	菲律宾:打拉	Shi Z.
1963	5	17	14	11	5	-14.1	-73.9	94	5.1	Ms	Peru: Ayacucho	秘鲁:阿亚库乔	GSHAP
1963	5	17	22	40	6.7	-24.7	-177.3	70	6	Ms	Tonga Islands, SW.	汤加群岛西南	Shi Z.
1963	5	18	5	33	26.7	-29.7	-68.6	42	5.1	Ms	Argentina: La Rioja	阿根廷:拉里奥哈	GSHAP
1963	5	18	12	20	34.4	-8.2	115.6	65	6	Muk	Indonesia: Bali Island	印度尼西亚:巴厘岛	*
1963	5	18	23	47	18	49.4	156.2	40	5.7	Ms	Kuril Islands	千岛群岛	GSHAP
1963	5	19	1	3	6.2	-46.522	-75.465	35	6.7	Ms	Chile: Near Coast of S.	智利:南部近海	GSHAP, Shi Z., Engdahl
1963	5	19	10	0	5	46.1	14.8	13	5.17	Muk	Slovenia: Ljubljana	斯洛文尼亚:卢布尔雅那	* Italy
1963	5	19	21	35	52	23.667	-46.01	35	6.5	Muk	Northern Mid - Atlantic Ridge	北大西洋洋中脊	Engdahl
1963	5	19	23	31	25.3	-17.7	-69.4	137	5.2	Ms	Bolivia: Viacha	玻利维亚:比亚查	GSHAP
1963	5	20	11	38	2.76	-30.916	-178.101	41	6.8	Ms	Kermadec Ridge	克马德克海岭	Engdahl
1963	5	20	17	1	39	72.1	126.7	14	5	Ms	Russia: Sakha, N.	俄罗斯:萨哈共和国北部	GSHAP
1963	5	20	20	15		42.783	12.833		5.03	Ms	Italy: Perugia	意大利:佩鲁贾	Italy

年 Year	月 Mo	日 Dy	时 Hr	分 Mn	秒 Sec	纬度(°) Latitude	经度(°) Longitude	深度 Depth	震级 Mag	标度 Scale	地名(英文) Name(English)	地名(中文) Name(Chinese)	资料来源 Information
1963	5	22	13	56	49	48.626	154.815	50.6	6.5	Muk	Kuril Islands	千岛群岛	Engdahl,GSHAP
1963	5	22	15	42	51.5	4.3	127.9	82	6	Ms	South Phinippines Trench	菲律宾海沟南部	Shi Z.
1963	5	22	21	53	3.7	-8.2	115.7	47	6	Ms	Indonesia:Bali Island	印度尼西亚:巴厘岛	Shi Z.
1963	5	23	3	33	24.8	-15	-176.7	302	6	Ms	North of Fiji Islands	斐济群岛北部	Shi Z.
1963	5	23	10	15	8.9	36.6	30	226	5.6	Ms	Turkey:Cameli	土耳其:恰梅利	Turkey
1963	5	25	7	56	58.8	-24.2	-66.8	185	5.1	Ms	Argentina:Salta	阿根廷:萨尔塔	GSHAP
1963	5	25	16	8	0.6	-56.7	-24.8	29	6.2	Ms	South Sandwich Trench	南桑威奇海沟	Shi Z.
1963	5	26	19	24	43.5	-14.8	34.7	33	5.7	Ms	Malawi:Blantyre	马拉维:布兰太尔	GSHAP
1963	5	26	23	6	54	55.3	160.1	10	6	Ms	Russia:Kamchatka Peninsula	俄罗斯:堪察加半岛	GSHAP
1963	5	27	3	58	46.6	55.2	160.1	49	6	Ms	Russia:Kamchatka Peninsula	俄罗斯:堪察加半岛	Shi Z.
1963	5	28	21	4	15.4	47.5	152.6	166	6	Ms	Kuril Islands	千岛群岛	Shi Z.
1963	5	29	0	47	48	27.9	52.4		5.8	Ms	Iran:Kangan	伊朗:坎根	Iran
1963	5	29	8	38	8	27.2	59.5	75	5	Ms	Iran:Sistan And Baluchestan	伊朗:锡斯坦－俾路支斯坦	Iran
1963	5	30	3	44	51	50	156.8	150	5.8	Ms	Kuril Islands	千岛群岛	GSHAP
1963	5	30	6	56	8.6	-54.3	144.1		6	Ms	Ridge Between Antarctic And Australia	南极－澳大利亚海岭	Shi Z.
1963	6	1	10	49	59	36.2	70.9	80	5.6	Ms	Afghan:Badakhshan	阿富汗:巴达赫尚	GSHAP
1963	6	1	21	13	53	-15.3	-173.4		6	Ms	Samoa Islands	萨摩亚群岛	Shi Z.
1963	6	2	21	4	21.6	-58.3	-15.3		6.3	Ms	East of South Sandwich Trench	南桑维奇海沟东部	Shi Z.
1963	6	3	11	31	50.5	5.4	-73	32	5	Ms	Colombia:Sogamoso	哥伦比亚:索加莫索	GSHAP
1963	6	3	12	18	26	2.8	-72.7	33	5.7	Ms	Colombia:Meta	哥伦比亚:梅塔省	GSHAP
1963	6	4	21	4	42.3	-1.2	127.3		6.2	Ms	Molukka Sea,S.	马鲁古海南部	Shi Z.
1963	6	6	4	18	56	19.9	120.5	42	6	Ms	Luzon Ridge,W.	吕宋海岭西部	China
1963	6	6	6	7	19	20	120.6	9	5	Ms	China:Taiwan,Coast of S.	中国:台湾南部海域	China
1963	6	6	8	21	18	6.5	94.6	90	5.5	Ms	India:Nicobar Islands	印度:尼科巴群岛	GSHAP
1963	6	7	0	20	51.8	-24.1	-67	180	5.2	Ms	Argentina:Salta	阿根廷:萨尔塔	GSHAP
1963	6	9	17	34		23.6	122.2	10	5.4	Ms	China:Taiwan,Hualien,Coast of E.	中国:台湾花莲以东海域	China
1963	6	10	4	16	38.4	-55.9	146.2		6.2	Ms	Ridge Between Antarctic And Australia	南极－澳大利亚海岭	Shi Z.
1963	6	10	6	39	4.1	-55.2	146.1		6.4	Ms	Ridge Between Antarctic And Australia	南极－澳大利亚海岭	Shi Z.
1963	6	10	10	46	56	51.01	159.95	3	5.4	Ms	Russia:Kamchatka Peninsula	俄罗斯:堪察加半岛	GSHAP
1963	6	11	3	25	36	37.1	70	38	5.1	Ms	Afghan:Kalafgan	阿富汗:卡拉夫甘	GSHAP
1963	6	11	18	7	22	31	87.3		5	Ms	China:Xizang (Tibet),Xaitongmoin	中国:西藏谢通门	China
1963	6	11				31.796	-116.269		5.8	Ms	Mexico:Baja California	墨西哥:下加利福尼亚	CGS
1963	6	12	7	28	55	45	150.6	40	5	Ms	Kuril Islands	千岛群岛	GSHAP
1963	6	14	14	26	52	42.6	145.1	40	5.5	Ms	Japan:Hokkaido	日本:北海道	GSHAP
1963	6	16	15	8	48	44.3	147.9	20	5.3	Ms	Kuril Islands	千岛群岛	GSHAP
1963	6	16	19	48	25	55.6	-160.4	60	6.4	Ms	Aleutian Islands	阿留申群岛	Shi Z.
1963	6	17	18	30	54.3	-65.7	-179.3		6.2	Ms	Southern Pacific Ridge	南太平洋海岭	Shi Z.
1963	6	17	18	32	9.9	60.5	-140.8		6	Ms	Gulf of Alaska	阿拉斯加湾	Shi Z.
1963	6	17	23	2	6	-4.1	102.2	70	6.2	Ms	Indonesia:Southern Sumatra	印度尼西亚:苏门答腊南部	Shi Z.
1963	6	19	9	9	4	4.7	126.5	83	6.3	Ms	Philippines:Mindanao Island,Coast of S.	菲律宾:棉兰老岛南部海域	Shi Z.
1963	6	19	10	47	39	24.9	90.5	51	6.2	Ms	Bangladesh:Dhaka	孟加拉:达卡	GSHAP
1963	6	19	21	37	42	43.7	146.1	80	5.5	Ms	Kuril Islands	千岛群岛	GSHAP
1963	6	20	22	46	18.8	-28	-176.5	48	6	Ms	Kermadec Ridge	克马德克海岭	Shi Z.
1963	6	21	12	18	24.4	-23.8	-66.6	203	5.2	Ms	Argentina:Jujuy	阿根廷:胡胡伊	GSHAP
1963	6	21	13	44	24	47.9	130.6		5.8	Ms	China:Heilongjiang,Luobei,N.	中国:黑龙江萝北北	* China
1963	6	21	15	26	29.3	24.8	90.9	53	6.4	Ms	Bangladesh:Dhaka	孟加拉:达卡	GSHAP,Shi Z.
1963	6	22	20	51	55	53.1	121.4		5.6	Ms	China:Inner Mongolia,Eerguna,N.	中国:内蒙古额尔古纳北部	China
1963	6	24	4	26	37	59.273	-152.184	33	6.7	Ms	Gulf of Alaska	阿拉斯加湾	Engdahl,USGS
1963	6	26	14	9	21	36.4	76.7	90	6	Ms	China:Xinjiang,Mazar,W.	中国:新疆麻扎西	China
1963	6	26	17	21	57	24.3	95.1	79	5.4	Ms	myanmar:Sagaing	缅甸:实皆	GSHAP
1963	6	26	17	42	42.2	7	-82.3	34	6.2	Ms	Panama:Off Coast of S.	巴拿马:南部海域	Shi Z.
1963	6	27	7	8	1.8	60.5	-140.8	31	5.9	Ms	Gulf of Alaska,SE.	阿拉斯加湾东南	USGS
1963	6	27	15	32	53	14.4	93.7	33	5.2	Ms	India:Andaman Islands	印度:安达曼群岛	GSHAP
1963	6	28	2	28	50.7	-27.5	66	28	6.3	Ms	Western Indian Ridge	西印度洋海岭	Shi Z.
1963	6	28	13	47	45	1.2	97.3	27	5	Ms	Indonesia:Sumatera,Nias Island	印度尼西亚:苏门答腊,尼亚斯岛	GSHAP
1963	6	28	21	55	42	46.477	153.487	35	6.8	Ms	Kuril Islands	千岛群岛	* Shi Z.,Engdahl
1963	6	30	7	41		33.2	49.2	38	5.1	Muk	Iran:Lorestan	伊朗:洛雷斯坦	*
1963	6	30	22	4	52.8	46.5	153.3		6	Ms	Kuril Islands	千岛群岛	Shi Z.
1963	7	1	21	10	34	37.1	96.1		5	Ms	China:Qinghai,Golmud,NE.	中国:青海格尔木东北	China
1963	7	3	0	36	39	46.7	154.3	40	5	Ms	Kuril Islands	千岛群岛	GSHAP
1963	7	4	10	58	15	-26.583	-177.715	171.7	6.9	mB	South of Fiji Islands	斐济群岛南部	Engdahl
1963	7	5	5	48	13.4	-11.6	-77.5	55	6	Ms	Peru:Lima,Near Coast	秘鲁:利马近海	Shi Z.
1963	7	5	13	11	27	37.4	73.2		5	Ms	Afghan:Langar	阿富汗:兰加尔	GSHAP
1963	7	6	1	24	58	45.7	146.3	40	5	Ms	Sea of Okhotsk	鄂霍次克海	GSHAP
1963	7	6	22	32	31.7	-16.3	37.7		6.1	Ms	Mozambique:Mocuba	莫桑比克:莫库巴	GSHAP

年 Year	月 Mo	日 Dy	时 Hr	分 Mn	秒 Sec	纬度(°) Latitude	经度(°) Longitude	深度 Depth	震级 Mag	标度 Scale	地名(英文) Name(English)	地名(中文) Name(Chinese)	资料来源 Information
1963	7	9	3	4	37	46.3	153.7		6	Ms	Kuril Islands	千岛群岛	Shi Z.
1963	7	9	9	24	33.3	8.5	-83	31	6.1	Ms	Costa Rica:Pavones	哥斯达黎加:帕沃内斯	Shi Z.
1963	7	9	17	34	33	24.1	122.7		5	Ms	China:Taiwan,Hualien,Coast of E.	中国:台湾花莲以东海域	China
1963	7	10	5	22	57.1	46.3	152.9		6.5	Ms	Kuril Islands	千岛群岛	Shi Z.
1963	7	10	19	52	19.4	19.2	145.6	171	6.5	Ms	Mariana Islands,N.	马里亚纳群岛北部	Shi Z.
1963	7	12	23	37	50.6	3.9	-74.9	40	5	Ms	Colombia:Tolima	哥伦比亚:托利马	GSHAP
1963	7	13	8	24	20	29.6	50.8		5	Ms	Iran:Bushehr	伊朗:布什尔	Iran
1963	7	13	14	6	26	24.2	122.5		5.4	Ms	China:Taiwan,Hualien,Coast of E.	中国:台湾花莲以东海域	China
1963	7	13	19	8	40	24.5	71	33	5.6	Ms	Pakistan:Hyderabad,SE.	巴基斯坦:海得拉巴东南	GSHAP
1963	7	13				24.5	70.199		5.5	Ms	Pakistan:Hyderabad,SE.	巴基斯坦:海得拉巴东南	GSHAP
1963	7	14	5	41	45	10.45	-62.73	34	6.3	Ms	Venezuela:Yaguaraparo	委内瑞拉:亚瓜拉帕罗	GSHAP,Shi Z.
1963	7	14	10	51	43	36.1	70.6	120	5.1	Ms	Afghan:Badakhshan	阿富汗:巴达赫尚	GSHAP
1963	7	14	17	6	38.6	-39.4	174.9	159	6	Ms	New Zealand:Wellington	新西兰:惠灵顿区	Shi Z.
1963	7	14	21	34	11	50.2	157.8	40	5	Ms	Kuril Islands	千岛群岛	GSHAP
1963	7	15	8	41	7	55.45	162.3	75	5.3	Ms	Russia:Kamchatka Peninsula	俄罗斯:堪察加半岛	GSHAP
1963	7	15	9	43	45	47.8	154.9	100	5.6	Ms	Kuril Islands	千岛群岛	GSHAP
1963	7	16	18	27	20	43.163	41.527	35	6.7	Ms	Russia:Karachaevo - Cherkess,Dombay	俄罗斯:卡拉恰伊 - 切尔克斯州栋巴伊	Engdahl,GSHAP
1963	7	18	4	58	9.2	-61	-22.3		6	Ms	South Sandwich Trench	南桑威奇海沟	Shi Z.
1963	7	18	13	59	42	44.6	147.6	135	5.1	Ms	Kuril Islands	千岛群岛	GSHAP
1963	7	19	5	45		43.3	8.2		5.91	Ms	Ligurian Sea	利古里亚海	Italy
1963	7	19	5	46	5.2	43.4	8.17		6.2	Ms	France:Ligurian Sea	法国:利古里亚海	Shi Z.
1963	7	20	2	14	46	47.1	152.7	100	5.3	Ms	Kuril Islands	千岛群岛	GSHAP
1963	7	20	6	36	10.8	-57.6	148.5		6.4	Ms	Southern Pacific Ridge	南太平洋海岭	Shi Z.
1963	7	23	21	46	51	44.3	147.3	140	5.1	Ms	Kuril Islands	千岛群岛	GSHAP
1963	7	24	11	32	21	24.6	122.1		6.2	Ms	China:Taiwan,Yilan,Coast of E.	中国:台湾宜兰以东海域	China
1963	7	24	19	4	32.5	-9	158.2		6	Ms	Solomon Islands	所罗门群岛	Shi Z.
1963	7	25	7	4	21.9	6.8	-73	152	5.2	Ms	Colombia:Bucaramanga	哥伦比亚:布卡拉曼加	GSHAP
1963	7	26	2	39	33	45.2	149.7	100	5.3	Ms	Kuril Islands	千岛群岛	GSHAP
1963	7	26	4	17	12.5	42.1	21.5	5	6	Ms	Macedonia:Skopje	马其顿:斯科普里	* Turkey
1963	7	26	4	53	14	42.1	21.6	33	5	Mk	Macedonia:Kumanovo	马其顿:库马诺沃	GSHAP,Song
1963	7	28	18	51	36.7	46.6	153.1		6	Ms	Kuril Islands	千岛群岛	Shi Z.
1963	7	29	6	10		28.2	55.7	46	5.2	Muk	Iran:Hormozgan	伊朗:荷姆兹甘	*
1963	7	29	20	14	7.3	-30.2	-177.3	85	6.6	Ms	Kermadec Ridge	克马德克海岭	Shi Z.
1963	7	29	20	16	36.9	-29.7	-177		6.4	Ms	Kermadec Ridge	克马德克海岭	Shi Z.
1963	7	30	5	45	54	-29.965	-177.077	33.2	6.5	Muk	Kermadec Ridge	克马德克海岭	Engdahl
1963	7	30	8	6	9	44.1	145.9	150	5.3	Ms	Japan:Hokkaido	日本:北海道	GSHAP
1963	7	30	13	51	57.8	-55.9	-27.5		6	Ms	South Sandwich Islands	南桑威奇群岛	Shi Z.
1963	8	3	10	21	34	7.23	-35.836	16.9	6.9	Muk	Central Mid - Atlantic Ridge	中大西洋中脊	Engdahl
1963	8	4	21	38	10	48.2	154.8	40	5	Ms	Kuril Islands	千岛群岛	GSHAP
1963	8	7	4	33	43	53.8	142.7	17	5	Ms	Russia:Sakhalin Island	俄罗斯:库页岛(萨哈林岛)	GSHAP
1963	8	7	22	32	11	48	156.2	40	5	Ms	Kuril Islands	千岛群岛	GSHAP
1963	8	8	2	14	54	54.2	168.1	20	6.2	Ms	Aleutian Islands	阿留申群岛	GSHAP,Shi Z.
1963	8	8	11	16	11.2	-5.8	151	48	6	Ms	Papua New Guinea:West New Britain	巴布亚新几内亚:西新不列颠	Shi Z.
1963	8	8	13	2	12	45.9	149.6	150	5.1	Ms	Kuril Islands	千岛群岛	GSHAP
1963	8	9	6	5		44.101	11.938		5.32	Ms	Italy:Faentino	意大利:法恩扎	Italy
1963	8	9	8	42	24	50.5	157.7	40	5.2	Ms	Kuril Islands	千岛群岛	GSHAP
1963	8	9	14	36	45.9	-15.3	-175.7		6	Ms	North of Fiji Islands	斐济群岛北部	Shi Z.
1963	8	10	20	35	12	48.9	156.7	40	5	Ms	Kuril Islands	千岛群岛	GSHAP
1963	8	11	10	3	5.1	-38.1	-73.1	60	5	Ms	Chile:Cañete	智利:卡涅特	GSHAP
1963	8	12	3	1	38	38.1	88.7		5.5	Ms	China:Xinjiang,Ruoqiang,SE.	中国:新疆若羌东南	China
1963	8	12	7	19	55	27.7	53.2	33	5	Ms	Iran:Hormozgan	伊朗:荷姆兹甘	Iran
1963	8	12	18	29	39	25.2	62.7	33	5.2	Ms	Pakistan:Gwadar	巴基斯坦:瓜达尔	Iran
1963	8	13	0	18	44	42.7	144.1	20	5.3	Ms	Japan:Hokkaido	日本:北海道	GSHAP
1963	8	13	7	3	50	36.6	71.1	240	5.6	Ms	Afghan:Badakhshan	阿富汗:巴达赫尚	GSHAP
1963	8	13	7	27	58	44.5	148.4	130	5.6	Ms	Kuril Islands	千岛群岛	GSHAP
1963	8	13	12	39	55.3	-3.1	-80.4	66	6.5	Ms	Ecuador:Near Coast of W.	厄瓜多尔:西部近海	GSHAP
1963	8	14	0	15	7.1	-16.7	28.7		5.9	Ms	Zambia:Lusaka,S.	赞比亚:路沙卡南部	GSHAP
1963	8	14	14	32	36.7	-22.3	-68.7	120	5.1	Ms	Chile:Antofagasta,N.	智利:安托法加斯塔北部	GSHAP
1963	8	14	18	43	55.5	-3.4	135.4		6.2	Ms	Indonesia:Papua	印度尼西亚:巴布亚	Shi Z.
1963	8	15	2	17	16	27.9	139.6	500	6	Ms	Japan:South Honshu Ridge	日本:本州南部海岭	Shi Z.
1963	8	15	6	11	30.8	37.7	141.9	50	6.5	Ms	Japan:Fukushima,Near Coast	日本:福岛近海	Shi Z.
1963	8	15	17	25	8.34	-13.742	-69.332	552.1	7.7	Mw	Peru:Puno,N.	秘鲁:普诺北部	* Engdahl
1963	8	17	11	12	41.2	30.6	130.9		6.5	Ms	Japan:Kagoshima,Near Coast of S.	日本:鹿岛南部近海	Shi Z.
1963	8	18	18	43	16.1	50.3	-176.9		6	Ms	Aleutian Islands	阿留申群岛	Shi Z.
1963	8	20	15	5	35	46.2	151.3	100	5.1	Ms	Kuril Islands	千岛群岛	GSHAP
1963	8	22	19	52	27	-9.542	158.407	35	6.7	Ms	Solomon Islands	所罗门群岛	Engdahl
1963	8	23	3	45	21	44.5	146.9	150	5.3	Ms	Kuril Islands	千岛群岛	GSHAP

年	月	日	时	分	秒	纬度(°)	经度(°)	深度	震级	标度	地名(英文)	地名(中文)	资料来源
Year	Mo	Dy	Hr	Mn	Sec	Latitude	Longitude	Depth	Mag	Scale	Name(English)	Name(Chinese)	Information
1963	8	23	13	9	24	52.21	159.76	10	5.8	Ms	Russia:Kamchatka Peninsula	俄罗斯:堪察加半岛	GSHAP
1963	8	25	12	18	14	-17.701	-178.557	570.1	7.1	Mw	Fiji Islands	斐济群岛	Engdahl
1963	8	27	3	23	32.6	-45.9	-75.3	33	5.3	Ms	Chile:Near Coast of S.	智利:南部近海	GSHAP
1963	8	27	15	9	24	47.8	154.8	40	5	Ms	Kuril Islands	千岛群岛	GSHAP
1963	8	29	7	53	50	39.8	74.2		6.5	Ms	China:Xinjiang,Ulugqat,W.	中国:新疆乌恰西	* China
1963	8	29	15	30	31.4	-7.1	-81.6	23	6.5	Ms	Peru:Chiclayo,Near Coast	秘鲁:奇克拉约近海	GSHAP,Shi Z.
1963	8	30	4	46	25	44.9	79.9		5	Ms	China:Xinjiang,Wenquan,W.	中国:新疆温泉西	China
1963	8	31	8	34	37	39.4	72		5	Ms	Kyrgyzstan:Osh,SW.	吉尔吉斯斯坦:奥什西南	GSHAP
1963	9	2	1	34		33.9	74.8	25	5.3	Muk	India:Kashmir,SW.	印度:克什米尔西南	*
1963	9	2	22	25	52	26.2	90	20	5.5	Ms	India:Assam	印度:阿萨姆邦	GSHAP
1963	9	4	13	32	15	71.29	-73.354	35	6.5	Muk	Baffin Bay, Greenland	巴芬湾,格陵兰岛	Engdahl
1963	9	4	18	36	28	24.1	96	148	5	Ms	myanmar:Tagaung	缅甸:太公	GSHAP
1963	9	6	6	3	52.1	36.4	130.6		6	Ms	Japan Sea	日本海	Shi Z.
1963	9	7	1	16	55.1	36.4	130.6		6	Ms	Japan Sea	日本海	Shi Z.
1963	9	7	11	53	12	45.2	151.1	40	5	Ms	Kuril Islands	千岛群岛	GSHAP
1963	9	7	12	43	58	53.75	160.56	40	5	Ms	Russia:Kamchatka Peninsula	俄罗斯:堪察加半岛	GSHAP
1963	9	8	19	50	29.8	-23.6	-179.8	550	6.2	Ms	Lau Ridge[Pacific Ocean]	劳海岭[太平洋]	Shi Z.
1963	9	9	2	45	45.5	-4.4	152.7	34	6.2	Ms	Papua New Guinea:New Ireland	巴布亚新几内亚:新爱尔兰	Shi Z.
1963	9	14	2	13	43	22	121.2	80	5.6	Ms	China:Taiwan,Pingtung,Coast of E.	中国:台湾屏东以东海域	China
1963	9	14	3	52	16.9	-31.4	-179		6.2	Ms	Kermadec Ridge	克马德克海岭	Shi Z.
1963	9	14	7	17	18.5	19	145	610	6.1	Ms	Mariana Islands	马里亚纳群岛	Shi Z.
1963	9	14	19	46	17	36.89	-121.6	3	5.4	Ms	US:California,San Juan Bautista	美国:加利福尼亚州圣胡安包蒂斯塔	USGS
1963	9	15	0	46	54	-10.472	165.77	35	7.5	Mw	Solomon Islands:Santa Cruz Islands	所罗门群岛:圣克鲁斯群岛	Engdahl
1963	9	16	0	6	56	22.2	120.5		5	Ms	China:Taiwan,Pingtung,Coast of W.	中国:台湾屏东西部海域	China
1963	9	16	9	43	53	54.86	165.73	40	5	Ms	Russia:Ostrov Beringa	俄罗斯:白令岛	GSHAP
1963	9	17	5	54	36	-10.69	-78.146	65.4	6.8	Muk	Peru:Lima,Near Coast	秘鲁:利马近海	Engdahl,GSHAP
1963	9	17	19	20	12	-10.286	165.413	27.6	7.5	Mw	Solomon Islands	所罗门群岛	Engdahl
1963	9	18	15	41	58	38.67	57.22	12	5.2	Ms	Turkmenistan:Asgabat	土库曼斯坦:阿什哈巴德	Iran,GSHAP
1963	9	18	16	58	12.5	40.9	29.2	33	6.38	Ms	Turkey:Istanbul	土耳其:伊斯坦布尔	GSHAP,NOAA
1963	9	18	17	18	0.8	-3.3	139.9	90	6	Ms	Indonesia:Papua	印度尼西亚:巴布亚	Shi Z.
1963	9	20	22	11	32.2	-17.8	-68.8	171	5.1	Ms	Bolivia:Viacha	玻利维亚:比亚查	GSHAP
1963	9	21	4	19	0.1	-17	29		5	Ms	Zimbabwe:Kariba	津巴布韦:卡里巴	GSHAP
1963	9	21	19	0	17	45.9	154.1	40	5.2	Ms	Kuril Islands	千岛群岛	GSHAP
1963	9	21	23	9	51	46.6	153.2	50	5.1	Ms	Kuril Islands	千岛群岛	GSHAP
1963	9	22	2	56	24.3	-19.3	-175.9	28	6.1	Ms	Tonga Islands	汤加群岛	Shi Z.
1963	9	23	6	40	36.5	-16.6	28.6		5.7	Ms	Zambia:Lusaka,S.	赞比亚:路沙卡南部	GSHAP
1963	9	23	9	1	56.8	-16.6	28.8		6.1	Ms	Zimbabwe:Kariba	津巴布韦:卡里巴	GSHAP
1963	9	23	12	32	0.4	-16.75	28.75		5	Ms	Zambia:Lusaka,S.	赞比亚:路沙卡南部	GSHAP
1963	9	23	14	41	52.6	33.71	-116.93	17	5	Ms	US:California,Palm Springs	美国:加利福尼亚州棕泉	USGS
1963	9	23	15	2	23.3	-16.7	28.4		5.6	Ms	Zambia:Lusaka,S.	赞比亚:路沙卡南部	GSHAP
1963	9	23	16	41	0.4	-16.75	28.5		5.5	Ms	Zambia:Lusaka,S.	赞比亚:路沙卡南部	GSHAP
1963	9	23	22	23	37.7	-16.6	28.7		5.8	Ms	Zambia:Lusaka,S.	赞比亚:路沙卡南部	GSHAP
1963	9	24	9	21	4	44.4	147.6	105	5	Ms	Kuril Islands	千岛群岛	GSHAP
1963	9	24	15	12	26	42.1	142.7	80	5.5	Ms	Japan:Hokkaido	日本:北海道	GSHAP
1963	9	24	16	30	17	-10.694	-78.212	65.3	6.9	mB	Peru:Cajacay	秘鲁:卡哈凯	* Shi Z.,Engdahl,NOAA
1963	9	25	7	3	54.6	-16.7	28.7		6.4	Ms	Zimbabwe:Kariba	津巴布韦:卡里巴	GSHAP
1963	9	26	5	28	2	50.11	-176.92		5.8	Ms	Andreanof Islands, Aleutian Is.	阿留申群岛,安德烈亚诺夫群岛	USGS
1963	9	26	14	42	59	46.4	153.1	40	5	Ms	Kuril Islands	千岛群岛	GSHAP
1963	9	27	11	25	53.6	-17.2	174.7		6	Ms	Vanuatu Islands	瓦努阿图群岛	Shi Z.
1963	9	27	17	55	59	46.9	152.7	100	5.3	Ms	Kuril Islands	千岛群岛	GSHAP
1963	9	27	18	4	41	45.3	149.7	50	5.3	Ms	Kuril Islands	千岛群岛	GSHAP
1963	9	28	6	0	25	22.9	94.5	108	5.6	Ms	myanmar:Sagaing	缅甸:实皆	GSHAP
1963	10	1	19	49	20	44.7	148.2	100	5.1	Ms	Kuril Islands	千岛群岛	GSHAP
1963	10	3	5	32	16	22.5	121.3		5.1	Ms	China:Taiwan,Taitung,Coast of E.	中国:台湾台东以东海域	China
1963	10	3	23	24	34.7	31.9	132.2	20	6.4	Ms	Japan:Miyazaki,Near Coast	日本:宫崎近海	Japan,Shi Z.
1963	10	5	14	57	0.4	11.49	42.82		5.1	Ms	Djibouti:Djibouti	吉布提:吉布提	GSHAP
1963	10	5	23	50	50	45.3	150	40	5.7	Ms	Kuril Islands	千岛群岛	GSHAP
1963	10	6	17	15	33.9	-33.9	-70	101	5.1	Ms	Chile:San José De Maipo	智利:圣霍塞德迈波	GSHAP
1963	10	7	12	43	53	-12.9	-76.8	69	5.4	Ms	Peru:Lima,Near Coast	秘鲁:利马近海	GSHAP
1963	10	7	13	14	24.6	-23.6	-179.9	550	6	Ms	Lau Ridge[Pacific Ocean]	劳海岭[太平洋]	Shi Z.
1963	10	7	23	34	25	42.9	110.5		5.4	Ms	Mongolia:Hovsgol,SE.	蒙古:库苏古尔东南	China
1963	10	8	0	17	1.1	-15.1	-173.2		6.1	Ms	Samoa Islands	萨摩亚群岛	Shi Z.
1963	10	9	21	20	36	44.4	147.7	100	5.1	Ms	Kuril Islands	千岛群岛	GSHAP
1963	10	12	11	27		44.426	149.272	48.3	7.1	Mw	Kuril Islands	千岛群岛	* GSHAP,Engdahl,NOAA
1963	10	12	13	18	17	44.6	149.6	40	5	Ms	Kuril Islands	千岛群岛	GSHAP
1963	10	12	13	44	50	44.6	149.2	40	5	Ms	Kuril Islands	千岛群岛	GSHAP

年 Year	月 Mo	日 Dy	时 Hr	分 Mn	秒 Sec	纬度(°) Latitude	经度(°) Longitude	深度 Depth	震级 Mag	标度 Scale	地名(英文) Name(English)	地名(中文) Name(Chinese)	资料来源 Information
1963	10	12	22	2	4	44.6	149.4	40	5	Ms	Kuril Islands	千岛群岛	GSHAP
1963	10	13	5	17	53	44.77	149.798	13.4	8.6	Mw	Kuril Islands	千岛群岛	* Engdahl, NOAA
1963	10	13	12	58	21.6	45	150.1	50	6	Ms	Kuril Islands	千岛群岛	Shi Z.
1963	10	13	15	59	52.9	45.6	150.5	35	6.3	Ms	Kuril Islands	千岛群岛	Shi Z.
1963	10	14	2	1	24	25.2	95.3		5.3	Ms	myanmar: Sagaing, N.	缅甸:实皆北部	GSHAP
1963	10	14	4	11	14	44.7	150.6	45	6	Ms	Kuril Islands	千岛群岛	Shi Z.
1963	10	14	5	39	17.1	-2.3	-77.6	33	6	Ms	Ecuador: Morona Santiago, E.	厄瓜多尔:莫罗纳-圣地亚哥东部	GSHAP
1963	10	14	13	21	45.2	44.8	151	60	6.3	Ms	Kuril Islands	千岛群岛	Shi Z.
1963	10	14	17	50	15	45.2	151.3		6.3	Ms	Kuril Islands	千岛群岛	Shi Z.
1963	10	14	21	12	38	37.5	71.9	122	6	Ms	Tajikistan: Khorog	塔吉克斯坦:霍罗格	Shi Z.
1963	10	15	10			67	-19.3	76	5.2	Ms	Norwegian Sea	挪威海	Iceland
1963	10	16	11	46	12	43.1	151.5	40	5	Ms	Kuril Islands	千岛群岛	GSHAP
1963	10	16	15	42	59	38.8	73.3		6.6	Ms	Tajikistan: Kuhistoni Badakhshon, N.	塔吉克斯坦:勾瑙-巴达科善北部	China, GSHAP
1963	10	19	2	18	38	47.25	153.77	35	6.1	Ms	Kuril Islands	千岛群岛	GSHAP
1963	10	20	0	22	53.3	-37.7	-73.2	35	5	Ms	Chile: Cañete	智利:卡涅特	GSHAP
1963	10	20	0	53	10.9	44.772	150.563	27.9	7.9	Mw	Kuril Islands	千岛群岛	* Japan, Engdahl, NOAA
1963	10	22	16	15	54	10.4	94		5.7	Ms	India: Andaman Islands	印度:安达曼群岛	GSHAP
1963	10	24	6	44	18.5	4.3	-78.4	38	5	Ms	Colombia: Near Coast	哥伦比亚:近海	GSHAP
1963	10	24	7	26	23.9	-4.9	102.9	50	6.3	Ms	Indonesia: Southern Sumatra	印度尼西亚:苏门答腊南部	Shi Z.
1963	10	25	22	49	42	37	95.6		5	Ms	China: Qinghai, Golmud, NE.	中国:青海格尔木东北	China
1963	10	28	7	55	12.3	-24.3	-176		6.1	Ms	Tonga Islands, S.	汤加群岛南部	Shi Z.
1963	10	28	12	3	19.8	52.8	159.8		6.1	Ms	Russia: Kamchatka, Near East Coast	俄罗斯:堪察加东部近海	Shi Z.
1963	10	29	15	49	10.3	-24.8	-68.6	67	5	Ms	Chile: Antofagasta, SE.	智利:安托法加斯塔东南	GSHAP
1963	10	29	22	23	56	47.17	93	16	5.6	Ms	Mongolia: Central Hovd	蒙古:科布多中部	GSHAP
1963	10	30	1	17	34	-4.92	-78.7	40	5.3	Ms	Peru: Jaén, N.	秘鲁:哈恩北部	GSHAP
1963	10	31	3	17	42	-21.8	-175		6.2	Ms	Tonga Islands	汤加群岛	Shi Z.
1963	10	31	9	57	1	27.4	55.6	35	5.3	Ms	Iran: Lar	伊朗:拉尔	Iran
1963	11	1	20	59	28.1	-22.5	-176.8	71	6.1	Ms	Tonga Islands, W.	汤加群岛西部	Shi Z.
1963	11	1	22	41	23.8	44.9	148.9	60	6	Ms	Kuril Islands	千岛群岛	Shi Z.
1963	11	3	2	14	27	24.1	122.9		5	Ms	China: Taiwan, Hualien, Coast of E.	中国:台湾花莲以东海域	China
1963	11	3	3	10	12	-3.5	-77.8	33	6.5	Ms	Peru: Loreto, NW.	秘鲁:洛雷托西北	GSHAP, Shi Z.
1963	11	3	3	37	27	49.4	156.1	80	5.5	Ms	Kuril Islands	千岛群岛	GSHAP
1963	11	4	1	14	32.8	-15.1	167.3	154	6.4	Ms	Vanuatu Islands	瓦努阿图群岛	Shi Z.
1963	11	4	1	17	5.76	-6.733	129.684	35	7.8	mB	Indonesia: Banda Sea	印度尼西亚:班达海	* Engdahl
1963	11	6	2	13	19	-2.748	138.272	35	6.7	Ms	Indonesia: Papua	印度尼西亚:巴布亚	Engdahl
1963	11	8	9	59	24.3	-16.5	28.5		5.7	Ms	Zambia: Lusaka, S.	赞比亚:路沙卡南部	GSHAP
1963	11	9	21	15	31	-9.017	-71.601	585.6	7.7	Mw	Brazil: Amazonas	巴西:亚马孙州	Engdahl, GSHAP, Shi Z.
1963	11	10	1	0	40	-9.036	-71.352	595.7	6.8	Muk	Brazil: Amazonas	巴西:亚马孙州	Engdahl
1963	11	10	17	17	42.7	44.4	149.5	40	6.3	Ms	Kuril Islands	千岛群岛	Shi Z.
1963	11	15	21	6	34	44.3	149	50	6.5	Ms	Kuril Islands	千岛群岛	Shi Z.
1963	11	16	11	7	54	26.7	97.2	33	5.1	Ms	myanmar: Makaw	缅甸:马高	GSHAP
1963	11	16	22	43	26.4	-22.3	-175		6	Ms	Tonga Islands	汤加群岛	Shi Z.
1963	11	17	0	48	2.6	7.6	-37.4		6.6	Ms	Central Mid - Atlantic Ridge	中大西洋中脊	Shi Z.
1963	11	18	1	42	56	39.3	57	33	5	Ms	Turkmenistan: Ahal	土库曼斯坦:阿哈尔	Iran
1963	11	18	14	38	28.9	29.9	-113.6	14	6.6	Ms	Gulf of California	加利福尼亚湾	Shi Z.
1963	11	22	16	15	54	10.4	94	33	5.7	Ms	India: Andaman Islands	印度:安达曼群岛	GSHAP
1963	11	22	21	41	31	37.2	30	20	5.1	Ms	Turkey: Korkuteli	土耳其:科尔库泰利	GSHAP
1963	11	23	7	50	46.3	30.1	-114	14	6.2	Ms	Gulf of California	加利福尼亚湾	Shi Z.
1963	11	23	17	30	22	43.4	145.9	80	5.2	Ms	Japan: Hokkaido	日本:北海道	GSHAP
1963	11	24	11	5	56.8	28.2	140.1	260	6	Ms	Japan: South Honshu Ridge	日本:本州南部海岭	Shi Z.
1963	11	25	5	47	1	43.2	144.8	100	5.3	Ms	Japan: Hokkaido	日本:北海道	GSHAP
1963	11	25	16	46	41	22.7	121.6		5.2	Ms	China: Taiwan, Taitung, Coast of E.	中国:台湾台东以东海域	China
1963	11	27	21	10	40	30.8	79.1		5.1	Ms	India: Dehradun, NE.	印度:北安查尔邦德拉敦东北	GSHAP
1963	11	28	6	28	31.8	0.7	31.51		5.5	Ms	Uganda: Mubende	乌干达:穆本德	GSHAP
1963	11	29	3	56	22	44.8	147.1	140	5.3	Ms	Kuril Islands	千岛群岛	GSHAP
1963	11	29	16	22		23.4	122.5	20	5.4	Ms	China: Taiwan, Hualien, Coast of E.	中国:台湾花莲以东海域	China
1963	11	30	21	40	20	6.6	94.2	33	5.3	Ms	India: Nicobar Islands	印度:尼科巴群岛	GSHAP
1963	12	3	12	58	20	44.4	153	40	5	Ms	Kuril Islands	千岛群岛	GSHAP
1963	12	3	21	15	10.4	-12.2	166		6	Ms	Solomon Islands	所罗门群岛	Shi Z.
1963	12	3	23	3	41.6	-22.4	-69.3	16	6.3	Ms	Chile: Calama	智利:卡拉马	GSHAP, Shi Z.
1963	12	4	6	45	46	46	153.7	40	5	Ms	Kuril Islands	千岛群岛	GSHAP
1963	12	4	15	59	42.1	-35.5	-102.8		6	Ms	Easter Island, SE.	复活节岛东南	Shi Z.
1963	12	5	4	7	43	17.3	80.1	33	5.5	Ms	India: Khammam	印度:坎曼	GSHAP
1963	12	6	3	16	24	43.23	135.46	400	5.2	Ms	Japan Sea	日本海	GSHAP
1963	12	9	18	1	55	36.1	71.2	157	5	Ms	Afghan: Badakhshan	阿富汗:巴达赫尚	GSHAP
1963	12	10	3	31	21.1	-6.2	128.1	366	6	Ms	Indonesia: Banda Sea	印度尼西亚:班达海	Shi Z.

年 Year	月 Mo	日 Dy	时 Hr	分 Mn	秒 Sec	纬度(°) Latitude	经度(°) Longitude	深度 Depth	震级 Mag	标度 Scale	地名(英文) Name(English)	地名(中文) Name(Chinese)	资料来源 Information
1963	12	10	14	49	42.6	-18.1	-68.5	79	5.3	Ms	Bolivia:Cosapa	玻利维亚:科萨帕	GSHAP
1963	12	11	0	47	48.3	-15.1	-173.6		6	Ms	Samoa Islands	萨摩亚群岛	Shi Z.
1963	12	11	2	31	19.4	-17.8	-178.6	537	6	Ms	Fiji Islands	斐济群岛	Shi Z.
1963	12	11	17	8	9	51.42	-179.3	32	6	Ms	Andreanof Islands, Aleutian Is.	阿留申群岛,安德烈亚诺夫群岛	USGS,Shi Z.
1963	12	12	15	2	48.3	4.5	97.2	33	6.1	Ms	Indonesia:Sumatera,Aceh	印度尼西亚:苏门答腊亚齐	GSHAP
1963	12	14	7	51	6.9	62.7	-149.2	70	6.2	Ms	Alaska Peninsula,S.	阿拉斯加半岛南部	Shi Z.
1963	12	15	19	34	48	-4.764	108.05	668.3	7.1	Mw	Indonesia:Java Sea	印度尼西亚:爪哇海	Engdahl
1963	12	16	1	51	30.6	-6.2	105.4	64	6.6	Ms	Indonesia:Java Island	印度尼西亚:爪哇岛	* Shi Z. ,NOAA
1963	12	16	11	9	37	45.6	142.7	350	6	Ms	Japan:Hokkaido,Coast N.	日本:北海道北部海域	GSHAP
1963	12	16	12	29	36	43.7	147.4	40	5.2	Ms	Kuril Islands	千岛群岛	GSHAP
1963	12	16	13	47	56.4	37.1	20.9	15	6	Ms	Greece:Zante	希腊:赞特	Shi Z.
1963	12	16	16	6	35.2	-6.5	105.3	46	6	Ms	Indonesia:Java Island	印度尼西亚:爪哇岛	Shi Z.
1963	12	18	0	30	2.58	-24.776	-176.52	35	7.7	Mw	Tonga Islands,SW.	汤加群岛西南	* Shi Z. ,Engdahl, NOAA
1963	12	18	6	40	18	41.9	82.6		5.1	Ms	China:Xinjiang,Xinhe,N.	中国:新疆新和北	China
1963	12	19	17	4	7	-9.7	-79.1	56	5.1	Ms	Peru:Chimbote,Near Coast	秘鲁:钦博特近海	GSHAP
1963	12	19	20	33	50.1	-35.2	-68	32	5.3	Ms	Argentina:San Rafael	阿根廷:圣拉斐尔	GSHAP
1963	12	20	8	55	58	44.1	151.7	20	5.3	Ms	Kuril Islands	千岛群岛	GSHAP
1963	12	20	10	48	4	-5.2	-80.8	55	5.2	Ms	Peru:Piura	秘鲁:皮乌拉	GSHAP
1963	12	21	13	9	9.6	16.1	119.7		6.1	Ms	Philippines:Agno,Off Coast	菲律宾:阿格诺沿海	Shi Z.
1963	12	22	20	10	27	44.7	152.5	40	5.2	Ms	Kuril Islands	千岛群岛	GSHAP
1963	12	22	23	13	55.2	6.9	-73	153	5.2	Ms	Colombia:Santander	哥伦比亚:桑坦德	GSHAP
1963	12	25	18	45	41	46.6	152.2	80	5	Ms	Kuril Islands	千岛群岛	GSHAP
1963	12	28	1	44	5	36.6	70.2	205	5	Ms	Afghan:Kalafgan	阿富汗:卡拉夫甘	GSHAP
1963	12	28	9	3	52.9	-32.7	-178.9		6.3	Ms	Kermadec Ridge	克马德克海岭	Shi Z.
1963	12	29	17	15	39.2	-18.5	-69.7	113	5.5	Ms	Chile:Arica,E.	智利:阿里卡东部	GSHAP
1963	12	30	22	6	7	6.9	94.7	64	5.6	Ms	India:Andaman Islands,Great Nicobar	印度:安达曼群岛,大尼科巴岛	GSHAP
1963	12	31	17	37	34	-56.424	-25.811	35	6.8	Ms	South Sandwich Trench	南桑威奇海沟	Engdahl
1964	1	1	20	2	32	-3.2	139.7	33	6.3	Mw	Indonesia:Papua	印度尼西亚:巴布亚	ISC
1964	1	4	22	45	46	-1.9	102.3	33	6.7	Mw	Indonesia:Southern Sumatra	印度尼西亚:苏门答腊南部	ISC
1964	1	5	23	46	7.21	-52.173	28.234	7.5	6.8	mB	South Atlantic - Indian Ridge	南大西洋-印度洋海岭	ISC,Engdahl
1964	1	15	21	36	7.09	29.128	140.937	74.4	6.4	Mw	Japan:South Honshu Ridge	日本:本州南部海岭	ISC,Engdahl
1964	1	18	12	4	40	23.15	120.656	21	7	Ms	China:Taiwan,Kaohsiung	中国:台湾高雄	* China,Engdahl, Dis
1964	1	20	17	8	38	-20.748	169.988	140.9	6.9	mB	Vanuatu Islands	瓦努阿图群岛	ISC,Engdahl
1964	1	22	15	58	45	22.288	93.534	58.3	6.1	Mw	myanmar:Chin	缅甸:赛钦	ISC,Engdahl
1964	1	22	23	59	45	-13.604	165.99	34.4	6.2	mB	Vanuatu Islands	瓦努阿图群岛	ISC,Engdahl
1964	1	24	17	17	45.5	38.7	129.4	542	6	Ms	Japan Sea,W.	日本海西部	Shi Z.
1964	1	26	9	9	36	-16.313	-71.526	118.2	6.6	Mw	Peru:Arequipa	秘鲁:阿雷基帕	ISC,Shi Z. , Engdahl
1964	1	28	14	9	17	36.449	70.94	194.6	6.4	mB	Afghan:Badakhshan	阿富汗:巴达赫尚	ISC,Engdahl
1964	2	6	13	7	23	55.643	-156.069	3.4	7.1	Mw	Aleutian Islands	阿留申群岛	Engdahl
1964	2	9	2	0	7	-16.5	-179.2	480	6	Ms	Fiji Islands	斐济群岛	Shi Z.
1964	2	12	20	31	53.2	-3.5	146.6		6.5	Ms	Bismarck Sea	俾斯麦海	Shi Z.
1964	2	12	22	33	59	-15.3	-174.4		6	Ms	Samoa Islands	萨摩亚群岛	Shi Z.
1964	2	14	16	29	47	-5.192	151.81	61.4	6	mB	Papua New Guinea:East New Britain	巴布亚新几内亚:东新不列颠	ISC,Engdahl
1964	2	22	1	47	37	-37.41	176.62	268	6.2	Mw	New Zealand:North Island,Near Coast of NE.	新西兰:北岛东北近海	ISC
1964	2	25	0	34	29	-44.664	37.269	10	6.7	Mw	Atlantic - Indian Ridge	大西洋-印度洋海岭	ISC,Engdahl
1964	2	27	15	10	50	21.591	94.378	100.8	6.4	Mw	myanmar:Magway,N.	缅甸:马圭北部	ISC,Engdahl
1964	3	1	12	54	37	7.8	122.5	31	6.2	Mw	Philippines:Mindanao Island	菲律宾:棉兰老岛	ISC
1964	3	15	22	30	27	36.165	-7.64	19.2	6.7	Mw	Steait of Gibraltar,Coast W.	直布罗陀海峡西部海域	ISC,Engdahl
1964	3	18	4	37	27	52.516	153.645	429.5	6.4	Mw	Sea of Okhotsk	鄂霍次克海	Engdahl
1964	3	21	3	42	20	-6.478	127.922	355.2	6.8	Mw	Indonesia:Banda Sea	印度尼西亚:班达海	Engdahl
1964	3	23	13	40	30	38	73.3	150	6	Mw	Tajikistan:Pamir Mountains	塔吉克斯坦:帕米尔山脉	ISC
1964	3	26	9	15	33	8.3	121.8	59	6.4	Mw	Philippines:Culasi, Panay	菲律宾:库拉西,班乃	ISC
1964	3	27	23	3	41	27.2	89.3	32	6.3	Mw	Bhutan:Phuentsholing	不丹:彭措林	ISC
1964	3	28	3	36	13	61.017	-147.648	6.6	9.2	M	Gulf of Alaska	阿拉斯加湾	* Engdahl,NOAA
1964	3	28	4	54	10	59.69	-149.411	30.3	6.3	Mw	Gulf of Alaska	阿拉斯加湾	ISC,Shi Z. , Engdahl
1964	3	28	5	35	37	57.183	-152.922	4.1	6.4	Ms	Alaska:Kodiak Island	阿拉斯加:科迪亚克岛	Shi Z. ,Engdahl
1964	3	28	6	8	48	60.091	-148.545	35	6.1	Ms	Gulf of Alaska	阿拉斯加湾	Shi Z. ,Engdahl
1964	3	28	6	43	59	58.206	-151.28	26.1	6.6	Mw	Alaska:Kodiak Island	阿拉斯加:科迪亚克岛	ISC,Shi Z. , Engdahl
1964	3	28	7	10	24	58.721	-149.508	26.3	6.3	Mw	Gulf of Alaska	阿拉斯加湾	ISC,Shi Z. , Engdahl
1964	3	28	7	30	32	57.251	-151.793	20.2	6.4	Ms	Alaska:Kodiak Island	阿拉斯加:科迪亚克岛	Shi Z. ,Engdahl
1964	3	28	8	33	48	58.026	-151.124	20.5	6.5	Muk	Alaska:Kodiak Island	阿拉斯加:科迪亚克岛	Engdahl
1964	3	28	9	1	2.48	56.388	-152.083	24.5	6.4	Mw	Alaska:Kodiak Island	阿拉斯加:科迪亚克岛	ISC,Shi Z. , Engdahl
1964	3	28	9	5	56.4	56.6	-153.2	25	6	Ms	Alaska:Kodiak Island	阿拉斯加:科迪亚克岛	Shi Z.
1964	3	28	9	52	57.2	59.668	-146.586	28.9	6.2	Muk	Gulf of Alaska	阿拉斯加湾	Shi Z. ,Engdahl
1964	3	28	10	35	38	57.2	-152.4	33	6.4	Ms	Alaska:Kodiak Island	阿拉斯加:科迪亚克岛	ISC,Shi Z.

年 Year	月 Mo	日 Dy	时 Hr	分 Mn	秒 Sec	纬度(°) Latitude	经度(°) Longitude	深度 Depth	震级 Mag	标度 Scale	地名(英文) Name(English)	地名(中文) Name(Chinese)	资料来源 Information
1964	3	28	11	8	33	59.99	-148.402	64.7	6	Ms	Alaska:Kenai Peninsula	阿拉斯加:基奈半岛	Shi Z.,Engdahl
1964	3	28	11	30	11	0.377	122.068	141.3	6.2	mb	Indonesia:Gulf of Tomini	印度尼西亚:托米尼湾	ISC,Engdahl
1964	3	28	12	20	53	56.397	-154.011	42.7	6.5	Muk	Alaska:Kodiak Island	阿拉斯加:科迪亚克岛	ISC,Shi Z.,Engdahl
1964	3	28	14	1	57.6	56.5	-154.4	25	6	Ms	Alaska:Kodiak Island	阿拉斯加:科迪亚克岛	Shi Z.
1964	3	28	14	47	38	60.294	-146.731	8.9	6.3	Muk	Gulf of Alaska	阿拉斯加湾	Shi Z.,Engdahl
1964	3	28	14	49	16	60.404	-146.982	12.7	6.5	Muk	Gulf of Alaska	阿拉斯加湾	ISC,Shi Z.,Engdahl
1964	3	28	20	29	6.47	59.737	-148.777	11.9	6.7	Muk	Gulf of Alaska	阿拉斯加湾	Engdahl,Shi Z.
1964	3	29	1	29	36	57.458	-151.366	22.7	6.3	Ms	Alaska:Kodiak Island	阿拉斯加:科迪亚克岛	Shi Z.,Engdahl
1964	3	30	2	18	6.91	56.5	-153.053	18.4	6.6	Muk	Alaska:Kodiak Island	阿拉斯加:科迪亚克岛	Engdahl
1964	3	30	7	9	34	59.837	-145.773	15	6.3	Muk	Gulf of Alaska	阿拉斯加湾	Engdahl,Shi Z.
1964	4	2	15	56	52.6	5.8	125.8	179	6.2	Ms	Philippines:Mindanao Island	菲律宾:棉兰老岛	Shi Z.
1964	4	3	22	33	40	61.579	-147.636	8.7	6	Muk	Gulf of Alaska	阿拉斯加湾	Engdahl
1964	4	4	17	46	9.57	56.227	-154.416	19.2	6.5	Muk	Alaska:Kodiak Island	阿拉斯加:科迪亚克岛	Engdahl
1964	4	4	17	59	44.7	56.395	-154.474	20.8	6.1	Muk	Alaska:Kodiak Island	阿拉斯加:科迪亚克岛	Engdahl,Shi Z.
1964	4	5	1	22	14	56.19	-153.45	16.5	6	Muk	Alaska:Kodiak Island	阿拉斯加:科迪亚克岛	Engdahl
1964	4	7	13	18	22	0.004	123.153	161.7	6.3	Mw	Indonesia:Gulf of Tomini	印度尼西亚:托米尼湾	ISC,Engdahl
1964	4	8	8	8	11	-6.8	68.9	33	6	Mw	Mid - Indian Ridge	中印度洋海岭	ISC
1964	4	8	10	58	12	45.751	150.907	52.2	6.1	Ms	Kuril Islands	千岛群岛	Shi Z.,Engdahl
1964	4	12	1	24	30	56.525	-152.304	2.6	6.2	Muk	Alaska:Kodiak Island	阿拉斯加:科迪亚克岛	Engdahl
1964	4	12	11	10	53	-34	-179	110	6.8	Mw	South of Kermadec Ridge	克马德克海岭南部	ISC
1964	4	13	8	30		45.3	18.1	32	6	Muk	Croatia:Požega	克罗地亚:波热加	*
1964	4	16	19	26	55	56.358	-153	4.2	6.6	Muk	Alaska:Kodiak Island	阿拉斯加:科迪亚克岛	Engdahl
1964	4	17	4	49	29	56.32	-152.989	5.8	6.2	Ms	Alaska:Kodiak Island	阿拉斯加:科迪亚克岛	Shi Z.,Engdahl
1964	4	17	13	18	18.9	0.1	123.2	150	6.3	Ms	Indonesia:Gulf of Tomini	印度尼西亚:托米尼湾	Shi Z.
1964	4	18	5	27	44.6	45.5	151.1		6.2	Ms	Kuril Islands	千岛群岛	Shi Z.
1964	4	19	14	12	21.9	-60.5	-58.3		6	Ms	West Scotia Basin	西斯科舍海盆	Shi Z.
1964	4	20	11	56	44	61.413	-147.321	34.5	6.5	Muk	Gulf of Alaska	阿拉斯加湾	Engdahl
1964	4	21	5	1	37	61.41	-147.468	34.7	6	Muk	Gulf of Alaska	阿拉斯加湾	Engdahl
1964	4	23	3	32	48	-5.42	133.939	6.1	7.1	Mw	Indonesia:Banda Sea	印度尼西亚:班达海	ISC,Engdahl
1964	4	24	5	56	12	-5.068	144.276	105.6	6.9	mB	Papua New Guinea:Enga	巴布亚新几内亚:恩加	ISC,Engdahl
1964	4	27	6	44	25.1	-60.1	151		6.2	Ms	West of Macquarie Ridge	麦夸里海岭西部	Shi Z.
1964	4	29	9	16		-0.5	121.5		6.2	Mk	Indonesia:Sulawesi	印度尼西亚:苏拉威西岛	* * Song
1964	4	30	16	3	31.4	-4.6	153.3	78	6	Ms	Papua New Guinea:New Ireland	巴布亚新几内亚:新爱尔兰	Shi Z.
1964	5	7	5	45	32	-3.93	35.112	31.6	6.3	mb	Tanzania:Singida	坦桑尼亚:辛吉达	* ISC,Engdahl
1964	5	7	7	58	14	40.407	139.024	21.1	6.6	Ms	Japan:Akita,Near West Coast	日本:秋田西部近海	* Usami,Engdahl,NOAA
1964	5	7	11	11	4.9	30.6	137.7	469	6	Ms	Japan:South Honshu Ridge	日本:南本州海岭	Shi Z.
1964	5	7	20	12	49.3	40.571	139.169	13.5	6	mb	Japan Sea,E.	日本海东部	Shi Z.,Engdahl
1964	5	12	18	17	7.09	-20.046	-173.759	15	6.1	Ms	Tonga Islands,E.	汤加群岛东部	Shi Z.,Engdahl,ISC
1964	5	13	5	25	26.1	-32.8	-178.3		6.6	Ms	Kermadec Ridge	克马德克海岭	Shi Z.
1964	5	16	8	38	54	36.3	71.5	122	6	Ms	Afghan:Badakhshan	阿富汗:巴达赫尚	Shi Z.
1964	5	16	16	7	46.2	-32.8	-178.3		6	Ms	Kermadec Ridge	克马德克海岭	Shi Z.
1964	5	17	0	50	17.9	59.4	-142.7	35	6	Ms	Gulf of Alaska	阿拉斯加湾	Shi Z.
1964	5	17	19	26	21	35.315	-36.099	15	6.3	Ms	North Atlantic Ocean	北大西洋	Shi Z.,Engdahl
1964	5	20	6	1	16.3	-2.76	139.326	61.9	6.1	mb	Indonesia:Papua,N.	印度尼西亚:巴布亚北部	ISC,Engdahl
1964	5	23	11	22	33.3	28.6	139.4	410	6.4	Ms	Japan:South Honshu Ridge	日本:本州南部海岭	Shi Z.
1964	5	24	22	22	25	-36.8	178.05	170	6.1	Mw	Kermadec Ridge,S.	克马德克海岭南部	ISC
1964	5	26	10	59	13	-56.245	-27.631	116.4	7.5	mB	South Sandwich Islands	南桑威奇群岛	Engdahl
1964	5	27	19	2	2	-56.4	-28.4	61	6	Ms	South Sandwich Islands	南桑威奇群岛	ISC,Shi Z.
1964	5	28	23	28	32.1	1.533	127.151	127.8	6.3	Mw	Molukka Sea	马鲁古海	ISC,Engdahl
1964	5	29	9	4	38	-56.212	-27.669	122.3	6.1	mb	South Sandwich Islands	南桑威奇群岛	ISC,Engdahl
1964	5	31	0	40	39	43.535	147.017	48	6.7	Ms	Kuril Islands	千岛群岛	ISC,Engdahl,Japan
1964	6	10	22	16	41	4.972	127.352	90.1	6.4	Ms	Philippine Trench	菲律宾海沟	Shi Z.,Engdahl
1964	6	11	17	1	48.5	-2	140.8	18	6.1	Ms	Indonesia:Papua	印度尼西亚:巴布亚	Shi Z.
1964	6	11	21	28	8	-55.9	-27.7	135	6.1	Mw	South Sandwich Islands	南桑威奇群岛	ISC
1964	6	13	8	23	45	10	93	33	6.1	Mw	India:Andaman Islands	印度:安达曼群岛	ISC
1964	6	14	12	15	34	38.08	38.475	10.4	6.1	Muk	Turkey:Malatya,Adiyaman	土耳其:马拉蒂亚,阿德亚曼	* Engdahl
1964	6	15	0	5	31.1	5.4	97		6	Ms	Indonesia:North of Sumatera	印度尼西亚:苏门答腊北部	Shi Z.
1964	6	16	4	1	41	38.434	139.226	13.1	7.5	M	Japan Sea	日本海	* ISC,Usami,Engdahl,NOAA
1964	6	16	6	53	6.97	38.752	139.199	13.9	6.2	Ms	Japan:Niigata	日本:新潟	Shi Z.,Engdahl
1964	6	16	11	16	4.77	-2.013	141.229	10.4	6	Ms	Bismarck Sea	俾斯麦海	Shi Z.,Engdahl
1964	6	22	21	23	33	13.6	120.3	56	6.5	Mw	Philippines:Mindoro Island	菲律宾:民都洛岛	ISC
1964	6	23	1	26	38	43.27	146.151	75.3	7.2	mb	Kuril Islands	千岛群岛	* Japan,Engdahl
1964	6	30	13	46	19	-0.8	122.443	11.1	6.6	Ms	Indonesia:Luwuk	印度尼西亚:卢武克	Shi Z.,Engdahl
1964	6	30	20	8	25	46.518	144.613	339.9	6.2	Ms	Russia:Sakhalin Island	俄罗斯:库页岛(萨哈林岛)	Shi Z.,Engdahl
1964	7	4	10	49	31	11.719	144.637	32.6	6	mb	Mariana Islands,S.	马里亚纳群岛南部	ISC,Engdahl
1964	7	5	23	35	59	44.635	149.528	23.3	6.5	Mw	Kuril Islands	千岛群岛	ISC,Engdahl

年	月	日	时	分	秒	纬度(°)	经度(°)	深度	震级	标度	地名(英文)	地名(中文)	资料来源
Year	Mo	Dy	Hr	Mn	Sec	Latitude	Longitude	Depth	Mag	Scale	Name(English)	Name(Chinese)	Information
1964	7	5				-15.5	166.5		7.5	Muk	Vanuatu Islands:Espiritu Santo Islands	瓦努阿图群岛:圣埃斯皮里图岛	*
1964	7	6	2	14	35	26.116	-110.376	15	6.6	Ms	Gulf of California	加利福尼亚湾	Shi Z.,Engdahl
1964	7	6	7	22	13	18.194	-100.51	92.7	7.2	mb	Mexico:Guerrero,N.	墨西哥:格雷罗州北部	* Engdahl
1964	7	6	10	6	2	-6.3	154.7	49	6.4	Mw	Papua New Guinea:Bougainville Island	巴布亚新几内亚:布干维尔岛	ISC
1964	7	8	11	55	44	-5.597	129.741	206.8	7	mb	Indonesia:Banda Sea	印度尼西亚:班达海	ISC,Shi Z.,Engdahl
1964	7	9	11	22	6.56	-23.371	-175.459	38.5	6.4	Ms	Tonga Islands,S.	汤加群岛南部	Shi Z.,Engdahl
1964	7	9	16	39	51.2	-15.579	167.748	130.5	7.4	mb	Vanuatu Islands	瓦努阿图群岛	ISC,Engdahl
1964	7	13	10	58	47	23.7	94.7	117	6.5	Mw	myanmar:Sagaing	缅甸:实皆	ISC
1964	7	15	23	36	1.5	44.8	149.6	54	6.3	Ms	Kuril Islands	千岛群岛	Shi Z.
1964	7	17	4	41	4.13	49.455	158.507	24.9	6.3	Ms	Kuril Islands	千岛群岛	Shi Z.,Engdahl
1964	7	21	3	48	59.1	-25.994	-177.838	207	6.4	Ms	South of Fiji Islands	斐济群岛南部	Shi Z.,Engdahl
1964	7	21	13	13	0.2	11.5	121.9	34	6.1	Ms	Philippines:Mindoro,SW.	菲律宾:民都洛岛西南	Shi Z.
1964	7	23	19	8	6.6	59.9	-149.2	55	6	Ms	Gulf of Alaska	阿拉斯加湾	Shi Z.
1964	7	24	6	50	51	47.019	153.909	5.6	6.5	Ms	Kuril Islands	千岛群岛	Shi Z.,Engdahl
1964	7	24	8	12	39	47.159	153.876	14.9	6.8	Ms	Kuril Islands	千岛群岛	* ISC,Engdahl,NOAA
1964	7	24	10	54	52.5	13.1	145	43	6.1	Ms	Mariana Islands,S.	马里亚纳群岛南部	Shi Z.
1964	7	24	17	2	49.2	47.084	153.711	20.1	6.5	Ms	Kuril Islands	千岛群岛	Shi Z.,Engdahl
1964	7	25	19	31	4	-27.873	-71.106	23.1	6.1	mb	Chile:Copiapo,Near Coast	智利:科皮亚波近海	ISC,Shi Z.,Engdahl
1964	7	26	18	34	34.6	46.8	153.8		6	Ms	Kuril Islands	千岛群岛	Shi Z.
1964	7	28	18	40	4.27	-51.314	139.347	15	6.3	Ms	Ridge Between Antarctic And Australia	南极-澳大利亚海岭	Shi Z.,Engdahl
1964	7	28	21	38	42	14.08	96.079	10.8	6.5	Ms	India:Andaman Islands	印度:安达曼群岛	Shi Z.,Engdahl
1964	7	31	4	5	6.2	44.6	151.6	53	6.4	Ms	Kuril Islands	千岛群岛	Shi Z.
1964	7	31	5	52	20	-6.014	149.373	58.8	6.6	Ms	Papua New Guinea:West New Britain	巴布亚新几内亚:西新不列颠	Shi Z.,Engdahl
1964	8	2	8	36	15	56.101	-150.057	7.6	6	Muk	Alaska:Kodiak Island	阿拉斯加:科迪亚克岛	Engdahl
1964	8	5	22	23	12	-41.171	-75.023	18	6.1	mb	Chile:Off Coast of S.	智利:南部沿海	ISC,Shi Z.,Engdahl
1964	8	8	14	59	43	31.672	140.385	113.5	6.4	Ms	Japan Trench	日本海沟	Shi Z.,Engdahl
1964	8	8	15	45	10.9	12.5	-87.8	63	6	Ms	El Salvador:Near Coast	萨尔瓦多:近海	Shi Z.
1964	8	12	6	51	49.9	48.9	153.7	127	6.2	Ms	Kuril Islands	千岛群岛	Shi Z.
1964	8	13	0	31	16	-5.496	154.286	386.8	7	Mw	Papua New Guinea:Bougainville Island	巴布亚新几内亚:布干维尔岛	ISC,Engdahl
1964	8	18	4	45	4.27	-26.386	-71.663	40	6.1	mb	Chile:Chanaral,Off Coast	智利:查尼亚拉尔沿海	ISC,Shi Z.,Engdahl
1964	8	23	15	24	5.3	-6.1	149.4	63	6	Ms	Papua New Guinea:West New Britain	巴布亚新几内亚:西新不列颠	Shi Z.
1964	8	25	13	47	16	78.103	126.771	4.4	6.2	mb	Laptev Sea	拉普帖夫海	ISC,Engdahl
1964	8	30	8	47	34.7	-5	144.5	93	6	Ms	Papua New Guinea:Madang	巴布亚新几内亚:马当	Shi Z.
1964	9	5	2	17	14	-32.2	179.5	397	6.2	Mw	South of Kermadec Ridge	克马德克海岭南部	ISC
1964	9	5	2	53	51	-5.787	154.157	52.6	6.4	Mw	Papua New Guinea:Bougainville Island	巴布亚新几内亚:布干维尔岛	ISC,Engdahl
1964	9	12	12	43	19	-4.429	144.122	108.4	6	mb	Papua New Guinea:East Sepik	巴布亚新几内亚:东塞皮克	ISC,Engdahl
1964	9	12	22	7	3	-49.076	164.403	28.4	6.9	Ms	New Zealand:Auckland Islands,N.	新西兰:奥克兰群岛以北	ISC,Shi Z.,Engdahl
1964	9	14	13	33	34	15.83	-92.83	200	6.1	Mw	Mexico:Near Coast of Chiapas	墨西哥:恰帕斯州近海	ISC
1964	9	15	8	58	4.37	-56.117	-26.84	94.5	6.1	Mw	South Sandwich Islands	南桑威奇群岛	ISC,Engdahl
1964	9	15	15	29	39.1	8.849	93.006	79.6	6.3	mb	India:Nicobar Islands	印度:尼科巴群岛	Shi Z.,ISC,Engdahl
1964	9	16	1	26	28	10.601	92.771	41.3	6.3	Ms	India:Andaman Islands	印度:安达曼群岛	Shi Z.,Engdahl
1964	9	16	5	20	46	-5.9	152	29	6.2	Mw	Papua New Guinea:East New Britain	巴布亚新几内亚:东新不列颠	ISC
1964	9	19	5	8	15.1	15.3	-94	42	6	Ms	Mexico:Tonalú	墨西哥:托纳拉	Shi Z.
1964	9	20	3	25	36	-6.8	108.9	240	6	Ms	Indonesia:Java Sea	印度尼西亚:爪哇海	Shi Z.
1964	9	24	13	59	36	43.5	-127.5	14	6.1	Mw	US:Off Coast of W. Oregon	美国:俄勒冈州西部沿海	ISC
1964	9	25	20	28	33.5	-3.8	139	171	6	Ms	Indonesia:Papua	印度尼西亚:巴布亚	Shi Z.
1964	9	29	14	0	14.9	-20.4	-174.4	29	6.3	Ms	Tonga Islands	汤加群岛	Shi Z.
1964	10	1	11	0	48	43.5	-126.9	33	6	Mw	US:Off Coast of W. Oregon	美国:俄勒冈州西部沿海	ISC
1964	10	2	13	0	37	-10.388	162.446	30	6	Mw	Solomon Islands	所罗门群岛	ISC,Engdahl
1964	10	6	6	11	32	18.6	119.6	33	6	Mw	Philippines:Luzon,Coast N.	菲律宾:吕宋岛北部海域	ISC
1964	10	6	14	31	24	40.25	28.208	31	7	Muk	Turkey:Manyas, Bursa	土耳其:马尼亚斯,布尔萨	* Engdahl
1964	10	11	21	15	8.58	-0.623	121.63	63.1	6.3	Mw	Indonesia:Gulf of Tomini	印度尼西亚:托米尼湾	ISC,Engdahl
1964	10	12	21	55	33	-31.462	-110.857	15	6	Mw	Southern East Pacific Rise	南太平洋东海岭	ISC,Engdahl
1964	10	13	23	2	26	35.8	71.1	120	6	Ms	Afghan:Nurestan	阿富汗:努里斯坦	Shi Z.
1964	10	16	6	59	37.9	44.452	149.726	12.1	6.6	Ms	Kuril Islands	千岛群岛	Shi Z.,Engdahl
1964	10	16	8	18	23	43.3	149.9	60	6.1	Mw	Kuril Islands	千岛群岛	ISC
1964	10	16	9	18	16.6	44.5	149.1		6.2	Ms	Kuril Islands	千岛群岛	Shi Z.
1964	10	18	9	6	27	3.013	65.855	20.6	6.3	Mw	Carlsberg Ridge	卡尔斯伯格海岭[印度洋]	ISC,Engdahl
1964	10	18	12	32	26	-7.173	123.809	577.1	7	Mw	Indonesia:Banda Sea	印度尼西亚:班达海	Shi Z.,Engdahl
1964	10	21	23	9	19	28.041	93.748	24.4	6.6	Ms	India:Arunachal Pradesh	印度:阿鲁那恰尔邦	China,Engdahl

年 Year	月 Mo	日 Dy	时 Hr	分 Mn	秒 Sec	纬度(°) Latitude	经度(°) Longitude	深度 Depth	震级 Mag	标度 Scale	地名(英文) Name(English)	地名(中文) Name(Chinese)	资料来源 Information
1964	10	23	1	56	3	19.749	-56.016	15	6.5	Mw	North - Western Atlantic Ocean	北大西洋西部	ISC, Shi Z., Engdahl
1964	11	2	6	51	1.63	-4.032	-76.768	109.2	6.5	Ms	Peru: Loreto, SW.	秘鲁:洛雷托西南	Shi Z., Engdahl
1964	11	8	2	44		-49	165.5	33	6.7	Ms	New Zealand: Auckland Islands, N.	新西兰:奥克兰群岛以北	ISC, Shi Z.
1964	11	14	3	56	6	33.6	131.6	60	6.3	Ms	Japan: Kunisaki	日本:大分国东	Shi Z.
1964	11	16	22	40	48	0.945	118.879	48.2	6.7	Mw	Indonesia: Makassar Strait	印度尼西亚:望加锡海峡	ISC, Engdahl
1964	11	17	8	15	41	-5.753	150.732	50.1	7.1	Mw	Papua New Guinea: East New Britain	巴布亚新几内亚:东新不列颠	* Engdahl, NOAA
1964	11	18	22	20	59	-20.443	-173.841	1.7	6	Ms	Tonga Islands, E.	汤加群岛东部	Shi Z., Engdahl
1964	11	19	23	35	8.84	-5.978	150.757	10.4	6	mb	Papua New Guinea: East New Britain	巴布亚新几内亚:东新不列颠	ISC, Engdahl
1964	11	21	6	19	27	-15.6	167.8	200	6.5	Mw	Vanuatu Islands	瓦努阿图群岛	ISC
1964	11	25	9	24	11	-4.395	122.075	613.9	6.2	Mw	Indonesia: Banda Sea	印度尼西亚:班达海	ISC, Engdahl
1964	11	26	10	21	6	24.9	122	11	6.3	Ms	China: Taiwan, Yilan, Coast of E.	中国:台湾宜兰东南海域	Wang S.
1964	11	27	13	47	42.7	37.927	138.342	21.6	6.3	Ms	Japan: Sado Island	日本:佐渡岛	Shi Z., Engdahl
1964	11	30	12	27	38	6.753	94.573	16	6.5	Ms	India: Nicobar Islands	印度:尼科巴群岛	Shi Z., Engdahl
1964	12	7	8	58	47.1	-5.388	151.294	77.9	6.4	Ms	Papua New Guinea: Bubu	巴布亚新几内亚:布布	Shi Z., Engdahl
1964	12	8	17	49	46.3	34.7	139.2	31	6	Ms	Japan: Higashiizu	日本:静冈东伊豆	Shi Z., Usami
1964	12	9	13	35	43	-27.497	-63.253	581.9	6.4	Mw	Argentina: Santiago del Estero	阿根廷:圣地亚哥-德尔埃斯特罗	Engdahl
1964	12	11	16	4	58.2	38.9	130	550	6	Ms	Japan Sea, W.	日本海西部	Shi Z.
1964	12	13	0	33	27	64.83	-165.593	16.5	6	Muk	Bering Strait	白令海峡	Engdahl
1964	12	19	6	41	22	-33.06	-178.75	205	6	Mw	South of Kermadec Ridge	克马德克海岭南部	ISC
1964	12	22	8	1	12.6	18.4	-68.8	115	6	Ms	Dominica: La Romana	多米尼加:拉罗马纳	Shi Z.
1964	12	22	20	54	35.9	31.924	-117.086	1.6	6.3	Mw	Mexico: Baja California	墨西哥:下加利福尼亚	ISC, Engdahl
1964	12	23	5	46	44	-59.4	-26.9	33	6	Mw	South Sandwich Islands	南桑威奇群岛	ISC
1964	12	28	16	16	11	-22.205	-179.579	592.1	6.7	Mw	South of Fiji Islands	斐济群岛南部	ISC, Shi Z., Engdahl
1964	12	28	17	4	57	86.751	68.056	15.8	6.2	Ms	Arctic Ocean	北冰洋	Shi Z., Engdahl
1964	12	30	15	27	25.8	31.3	139.2	261	6.5	Ms	Japan: South Honshu Ridge	日本:本州南部海岭	Shi Z.
1965	1	5	18	5	56.1	-20.509	-173.911	4.3	6.8	Muk	Tonga Islands, E.	汤加群岛东部	ISC, Shi Z., Engdahl
1965	1	8	20	24	56	-33.8	179.3	33	6.4	Mw	South of Kermadec Ridge	克马德克海岭南部	ISC
1965	1	10	7	37	35	-5.8	147.3	113	6.5	Mw	Papua New Guinea: Morobe	巴布亚新几内亚:莫罗贝	ISC
1965	1	10	13	36	34	-13.505	166.639	49.1	6.8	Muk	Vanuatu Islands	瓦努阿图群岛	ISC, Engdahl
1965	1	12	10	8	47.7	-56	-27.4		6	Ms	South Sandwich Islands	南桑威奇群岛	Shi Z.
1965	1	14	18	46	20.4	-38.8	176	82	6	Ms	New Zealand: Wellington	新西兰:惠灵顿区	Shi Z.
1965	1	17	20	57	41	-6.855	108.986	226.9	6.5	Mw	Indonesia: Java Sea	印度尼西亚:爪哇海	ISC, Engdahl
1965	1	20	9	18	37	-18.3	167.5	33	6	Mw	Vanuatu Islands	瓦努阿图群岛	ISC
1965	1	21	6	9	57	-34.264	-179.989	20	6	Ms	South of Kermadec Ridge	克马德克海岭南部	Shi Z., Engdahl
1965	1	24	0	11	17	-2.455	125.965	28.4	8.2	Mw	Indonesia: Sanana Island	印度尼西亚:萨纳纳岛	* Engdahl, NOAA
1965	1	25	12	2	51	-2.6	126.1	33	6.3	Mw	Indonesia: Ceram Sea	印度尼西亚:塞兰海	ISC
1965	1	29	9	35	25.7	54.8	161.7		6.2	Ms	Russia: Kamchatka Peninsula	俄罗斯:堪察加半岛	Shi Z.
1965	2	2	7	58	15	-2.1	138.9	12	6.1	Mw	Indonesia: Papua, Near North Coast	印度尼西亚:巴布亚北部近海	ISC
1965	2	2	15	56	51	37.5	73.4		6	Ms	Tajikistan: Pamir Mountains	塔吉克斯坦:帕米尔山脉	Shi Z.
1965	2	4	4	53	57.7	51.1	178.4	40	6	Ms	Aleutian Islands	阿留申群岛	Shi Z.
1965	2	4	5	1	21.6	51.209	178.499	30.1	7.5	M	Aleutian Islands	阿留申群岛	* Engdahl, NOAA
1965	2	4	6	4	60	51.682	175.052	34.9	6.1	Muk	Aleutian Islands	阿留申群岛	ISC, Engdahl
1965	2	4	6	37	7.75	52.538	172.093	38.8	6.2	Ms	Aleutian Islands	阿留申群岛	Shi Z., Engdahl
1965	2	4	7	11	22.7	51.048	177.856	24	6.3	Ms	Aleutian Islands	阿留申群岛	Shi Z., Engdahl
1965	2	4	7	43	43.2	52.7	172.9		6	Ms	Aleutian Islands	阿留申群岛	Shi Z.
1965	2	4	8	40	39	51.397	179.56	8.2	7.8	Mw	Aleutian Islands, Rat Island	阿留申群岛,拉特岛	Engdahl
1965	2	4	12	6	3.98	52.784	172.029	7.3	6.5	Muk	Aleutian Islands	阿留申群岛	Engdahl
1965	2	4	14	18	27	53.032	171.065	8.7	6.2	Muk	Aleutian Islands	阿留申群岛	Engdahl
1965	2	4	15	51	25	53.037	170.836	20.1	6.2	Muk	Aleutian Islands	阿留申群岛	Engdahl
1965	2	4	18	34	7.3	51.2	176.7	35	6	Ms	Aleutian Islands	阿留申群岛	Shi Z.
1965	2	4	20	32	25.1	51.6	176.6	40	6	Ms	Aleutian Islands	阿留申群岛	Shi Z.
1965	2	5	6	39	50	51.665	174.818	23.9	6.4	Muk	Aleutian Islands	阿留申群岛	Engdahl
1965	2	5	9	32	11	52.3	174.3	41	6.5	Muk	Aleutian Islands	阿留申群岛	Shi Z., Engdahl
1965	2	5	13	38	49	51.916	173.935	38.4	6.6	Mw	Aleutian Islands	阿留申群岛	ISC, Engdahl
1965	2	5	19	0	41.9	52	173.2	27	6.2	Ms	Aleutian Islands	阿留申群岛	Shi Z.
1965	2	5	21	48	25.8	51.1	178.3	25	6	Ms	Aleutian Islands	阿留申群岛	Shi Z.
1965	2	5	22	15	59.5	51.5	176.7	25	6	Ms	Aleutian Islands, Rat Island	阿留申群岛,拉特岛	Shi Z.
1965	2	6	1	40	33	53.061	-161.943	20	6.8	Mw	Alaska: Unimak Island	阿拉斯加:乌尼马克岛	ISC, Shi Z., Engdahl
1965	2	6	7	14	45.1	52.1	173	35	6	Ms	Aleutian Islands	阿留申群岛	Shi Z.
1965	2	6	8	46	51	51.9	174	30	6	Mw	Aleutian Islands	阿留申群岛	ISC
1965	2	6	14	11	10	51.7	174.2	38	6	Mw	Aleutian Islands	阿留申群岛	ISC
1965	2	6	16	50	28	53.158	-161.806	19.5	6.6	Mw	Alaska: Unimak Island	阿拉斯加:乌尼马克岛	ISC, Shi Z., Engdahl
1965	2	6	18	10	28.8	51.5	176.5	35	6	Ms	Aleutian Islands, Rat Island	阿留申群岛,拉特岛	Shi Z.
1965	2	7	1	0	12.5	52.2	172.1	30	6	Ms	Aleutian Islands	阿留申群岛	Shi Z.
1965	2	7	9	25	52	51.331	179.199	21	6.2	Muk	Aleutian Islands, Rat Island	阿留申群岛,拉特岛	Engdahl
1965	2	7	17	13	8.2	52.2	173.1	30	6	Ms	Aleutian Islands	阿留申群岛	Shi Z.
1965	2	8	7	23	8.2	51.8	174.6		6	Ms	Aleutian Islands	阿留申群岛	Shi Z.

年 Year	月 Mo	日 Dy	时 Hr	分 Mn	秒 Sec	纬度(°) Latitude	经度(°) Longitude	深度 Depth	震级 Mag	标度 Scale	地名(英文) Name(English)	地名(中文) Name(Chinese)	资料来源 Information
1965	2	8	15	46	51	55.108	165.609	31.2	6.2	Ms	Russia:Komandorsky Islands	俄罗斯:科曼多尔群岛	Shi Z.,Engdahl
1965	2	9	5	42	4	-18.6	169.3	250	6	Mw	Vanuatu Islands	瓦努阿图群岛	ISC
1965	2	9	17	37	15	52.729	171.949	17.2	6.4	Ms	Aleutian Islands	阿留申群岛	Shi Z.,Engdahl
1965	2	10	6	37	54	-14.8	167.2	150	6.3	Mw	Vanuatu Islands	瓦努阿图群岛	ISC
1965	2	11	2	33	29.3	-21.8	-176.4	174	6	Ms	Tonga Islands,W.	汤加群岛西部	Shi Z.
1965	2	12	0	55	6.87	52.193	172.843	13.6	6	Muk	Aleutian Islands	阿留申群岛	Engdahl
1965	2	15	1	25	7.89	51.074	179.37	28.2	6	Muk	Aleutian Islands,Rat Island	阿留申群岛,拉特岛	Engdahl
1965	2	17	10	18	52	51.563	176.621	37	6.5	Muk	Aleutian Islands,Rat Island	阿留申群岛,拉特岛	Engdahl
1965	2	17	18	23	51.7	21.6	142.8	290	6	Ms	Mariana Islands,N.	马里亚纳群岛北部	Shi Z.
1965	2	18	8	34	5.4	51.8	176.4	15	6	Ms	Aleutian Islands	阿留申群岛	Shi Z.
1965	2	18	23	13	40	51.393	179.266	34.6	6	Muk	Aleutian Islands,Rat Island	阿留申群岛,拉特岛	Engdahl
1965	2	21	11	14	15.1	-15.1	-173.2		6	Ms	Samoa Islands	萨摩亚群岛	Shi Z.
1965	2	22	9	14	51.3	51.9	173.4	35	6	Ms	Aleutian Islands	阿留申群岛	Shi Z.
1965	2	23	18	11	48	-25.667	-70.71	38.5	7	Ms	Chile:Taltal,Near Coast	智利:塔尔塔尔近海	* Shi Z.,Engdahl,NOAA
1965	2	23	22	11	50	-25.7	-70.5	38.5	6.5	Ms	Chile:Taltal	智利:塔尔塔尔	ISC,Engdahl
1965	2	24	6	56		-19.1	169	75	6	Mw	Vanuatu Islands	瓦努阿图群岛	ISC
1965	2	25	4	51	29	-5.397	152.051	32	6.5	Muk	Papua New Guinea:East New Britain	巴布亚新几内亚:东新不列颠	Engdahl
1965	2	25	5	22	14.5	52.057	173.164	28.8	6.3	Ms	Aleutian Islands	阿留申群岛	Shi Z.,Engdahl
1965	2	25	19	23	33	-11.4	166.1	86	6	Ms	Solomon Islands	所罗门群岛	Shi Z.
1965	2	26	8	55	41	-6.752	102.678	11.1	6.1	Mw	Indonesia:Sumatra,Coast of SW.	印度尼西亚:苏门答腊西南海域	ISC,Engdahl
1965	2	26	23	36	12.2	6.9	-73	146	6	Ms	Colombia:Santander	哥伦比亚:桑坦德	Shi Z.
1965	3	1	21	32	14	15.323	-92.573	105.1	6.4	Mw	Mexico:Near Coast of Chiapas	墨西哥:恰帕斯州近海	ISC,Shi Z.,Engdahl
1965	3	2	9	19	41.6	-27.2	-177.9	39	6	Ms	North Harvard Trench	哈佛海沟北部	Shi Z.
1965	3	2	21	36	38.4	28.2	139.3	495	6	Ms	Japan:South Honshu Ridge	日本:本州南部海岭	Shi Z.
1965	3	3	15	14	7.75	-5.359	151.87	17.7	6	Mw	Papua New Guinea:Kalip	巴布亚新几内亚:卡利普	ISC,Engdahl
1965	3	4	1	48	58	-5.482	147.063	212.7	6.4	Mw	Bismarck Sea	俾斯麦海	ISC,Engdahl
1965	3	5	10	3	34.2	-5.1	134.4		6	Ms	Indonesia:Papua	印度尼西亚:巴布亚	Shi Z.
1965	3	7	11	4	39.3	51.8	176.4	35	6.1	Ms	Aleutian Islands	阿留申群岛	Shi Z.
1965	3	9	17	57	53.7	39.229	23.825	18	6.3	Mw	Greece:Alonisos, Skopelos	希腊:爱琴海,斯科派洛斯岛	* Engdahl,NOAA
1965	3	12	7	39	17	51.5	178.2		6.5	Ms	Aleutian Islands,Rat Island	阿留申群岛,拉特岛	Shi Z.
1965	3	12	8	42	28.2	-56	-27.5		6	Ms	South Sandwich Islands	南桑威奇群岛	Shi Z.
1965	3	14	15	53	7.82	36.4	70.716	209.7	7.5	mb	Afghan:Badakhshan	阿富汗:巴达赫尚	* Engdahl
1965	3	16	16	46	18	40.783	142.954	36.6	6.5	Muk	Japan:Aomori,Near East Coast	日本:青森东部近海	ISC,Engdahl
1965	3	17	14	27	16	52.74	171.999	31.2	6.3	Mw	Aleutian Islands	阿留申群岛	ISC,Shi Z.,Engdahl
1965	3	18	6	22	11.9	-19.928	-175.935	223.5	6.3	mB	Tonga Islands	汤加群岛	Engdahl
1965	3	21	11	8	17	-1.491	126.481	28.2	6.8	Muk	Molukka Sea,S.	马鲁古海南部	Shi Z.,Engdahl
1965	3	22	2	44	47	-15.34	-173.177	28.9	6.5	Muk	Samoa Islands	萨摩亚群岛	Engdahl
1965	3	22	22	56	28	-31.99	-71.523	46.3	6	Muk	Chile:Los Vilos	智利:洛斯比洛斯	* ISC,Engdahl,NOAA
1965	3	23	23	54	5.73	-15.353	-173.085	35.3	6.5	Muk	Tonga Islands,N.	汤加群岛北部	Engdahl
1965	3	24	17	31	10	-21.9	169.9	41	6.6	Mw	Vanuatu Islands	瓦努阿图群岛	ISC
1965	3	27	23	56	57	-2.6	126.2	33	6.2	Mw	Indonesia:Ceram Sea	印度尼西亚:塞兰海	ISC
1965	3	28	13	23	1.14	55.226	161.911	41.8	6.4	Ms	Russia:Kamchatka Peninsula	俄罗斯:堪察加半岛	Shi Z.,Engdahl
1965	3	28	16	33	17	-32.492	-71.212	69.9	7.4	mb	Chile:Valparaiso	智利:瓦尔帕莱索	* Shi Z.,Engdahl
1965	3	29	10	47	40.1	40.759	142.846	40.7	6.1	mb	Japan:Aomori,Near East Coast	日本:青森东部近海	ISC,Engdahl
1965	3	30	2	27	4.99	50.314	177.935	20	7.7	Mw	Aleutian Islands,Rat Island	阿留申群岛,拉特岛	* Engdahl,NOAA
1965	3	31	9	47	28	38.339	22.299	50.3	6.3	mb	Greece:Kato - Makrinou	希腊:下马克里努	* Engdahl
1965	4	1	7	8	41	9.904	125.833	99.8	6.4	Mw	Philippines:Mindanao Island	菲律宾:棉兰老岛	ISC,Engdahl
1965	4	1	21	20	43.8	-50	-114.1		6	Ms	Southern Pacific Ridge	南太平洋海岭	Shi Z.
1965	4	3	11	20	45	15.841	-97.981	15	6	Muk	Mexico:Near Coast of Oaxaca	墨西哥:瓦哈卡近海	Engdahl
1965	4	3	11	29	13	16.025	-97.865	31.5	6.2	Muk	Mexico:Oaxaca	墨西哥:瓦哈卡	Engdahl
1965	4	4	4	25	49	-7.2	104.9	33	6.2	Mw	Indonesia:Sumatra,Coast of SW.	印度尼西亚:苏门答腊西南海域	ISC
1965	4	4	13	30	38	51.786	175.375	27.9	6	Muk	Aleutian Islands	阿留申群岛	Engdahl
1965	4	4	15	36	13	-26.903	-176.039	29.5	6	Muk	South of Fiji Islands	斐济群岛南部	Engdahl
1965	4	5	3	12	54.2	37.7	21.8	34	6.2	Ms	Greece:Dukat	希腊:杜卡特	*
1965	4	5	13	52	13.4	44.6	151.1	90	6	Ms	Kuril Islands	千岛群岛	Shi Z.
1965	4	6	5	32	0.36	36.102	139.835	59	6.3	Ms	Japan:Sakai	日本:茨城境町	Shi Z.,Engdahl
1965	4	6	9	42	32	-0.498	119.922	53.6	6	Muk	Indonesia:Tinombo	印度尼西亚:蒂农博	Engdahl
1965	4	7	8	5	52	-21	169	120	6	Mw	Vanuatu Islands	瓦努阿图群岛	ISC
1965	4	8	20	30	56	-57.569	-28.888	57.6	6.3	mb	South Sandwich Islands	南桑威奇群岛	ISC,Engdahl
1965	4	9	22	52	24.3	-4.2	134.1		6	Ms	Indonesia:Papua	印度尼西亚:巴布亚	Shi Z.
1965	4	10	16	54	55.8	53.1	170.9	8	6.4	Ms	Aleutian Islands	阿留申群岛	Shi Z.
1965	4	10	22	32	48	-17.881	-178.692	545.4	6.5	Mw	Fiji Islands	斐济群岛	Engdahl
1965	4	10	22	53	5.36	-13.479	170.383	637	6.3	Mw	North Vanuatu Islands	瓦努阿图群岛北部	ISC,Engdahl
1965	4	11	0	11	13	-42.687	174.14	31	6.2	mb	New Zealand:South Island,Near Coast of E.	新西兰:南岛东部近海	ISC,Engdahl

年	月	日	时	分	秒	纬度(°)	经度(°)	深度	震级	标度	地名(英文)	地名(中文)	资料来源
Year	Mo	Dy	Hr	Mn	Sec	Latitude	Longitude	Depth	Mag	Scale	Name(English)	Name(Chinese)	Information
1965	4	12	20	26	15.3	-32.3	-178.5	167	6	Ms	South of Kermadec Ridge	克马德克海岭南部	Shi Z.
1965	4	12	20	41	16.3	30.2	138.5	421	6	Ms	Japan:South Honshu Ridge	日本:南本州海岭	Shi Z.
1965	4	18	6	33	58.8	41.5	-127.1	20	6	Ms	US:California,Off Coast N.	美国:加利福尼亚州北部沿海	Shi Z.
1965	4	18	9	39	22	-59.806	-26.483	40.1	6	Muk	South Sandwich Islands	南桑威奇群岛	Engdahl
1965	4	18	12	41	56	-59.803	-26.42	24	6	Muk	South Sandwich Islands	南桑威奇群岛	Engdahl
1965	4	19	23	42	0.7	34.842	138.278	38.7	6	Ms	Japan:Makinohara	日本:静冈牧之原	* ISC,Usami,Engdahl
1965	4	20	6	43	8.8	52.4	172	35	6.3	Ms	Aleutian Islands	阿留申群岛	Shi Z.
1965	4	20	17	15	19.4	14.8	146.9	60	6	Ms	Mariana Islands	马里亚纳群岛	Shi Z.
1965	4	25	1	0	17	24.252	142.75	49	6	Ms	Japan:South Honshu Ridge	日本:本州南部海岭	Shi Z.,Engdahl
1965	4	25	10	1	9	-2.2	29.1	13	6	Mw	Congo:Bukavu	刚果:布卡武	ISC
1965	4	25	21	45	54	-56.13	-27.3	33	6	Mw	South Sandwich Islands	南桑威奇群岛	ISC
1965	4	26	20	29	7.4	54.5	-162.6	53	6.5	Ms	Aleutian Islands	阿留申群岛	Shi Z.
1965	4	29	15	28	46	47.317	-122.335	65.4	6.8	Ms	US:Washington,Seattle	美国:华盛顿州西雅图	* Shi Z.,Engdahl
1965	4	29	15	49	0.96	-5.627	110.234	535.8	6.3	Ms	Indonesia:Java Sea	印度尼西亚:爪哇海	Shi Z.,Engdahl
1965	5	2	7	13	42	28.9	128.9	30	6	Ms	Ryukyu Islands	琉球群岛	Shi Z.
1965	5	3	10	1	35.3	13.5	-89.3	23	6.3	Ms	El Salvador:San Marcos	萨尔瓦多:圣马科斯	*
1965	5	5	23	2	1.7	52.6	173.5	56	6	Ms	Aleutian Islands	阿留申群岛	Shi Z.
1965	5	6	14	24	4	-6.1	149.1	74	6	Mw	Papua New Guinea:West New Britain	巴布亚新几内亚:西新不列颠	ISC
1965	5	8	3	5	38.5	18.4	120.4	56	6	Ms	Philippines:Laoag	菲律宾:佬沃	Shi Z.
1965	5	16	11	35	54	5.245	125.532	90.4	6.2	Mw	Philippines:Mindanao Island,Coast of S.	菲律宾:棉兰老岛南部海域	ISC,Engdahl
1965	5	17	17	19	33	22.439	121.279	69	6.8	Ms	China:Taiwan,Taitung,Coast of E.	中国:台湾台东以东海域	China,Engdahl
1965	5	19	6	3	58.9	-6.6	105.39	64.9	6.3	Ms	Indonesia:Java Island	印度尼西亚:爪哇岛	Shi Z.,Engdahl
1965	5	20	0	40	12	-14.642	167.504	9.7	7.6	Mw	Vanuatu Islands	瓦努阿图群岛	ISC,Engdahl
1965	5	20	20	37	41	-45.14	167.65	105	6.3	Mw	New Zealand:South Island,Te Anau	新西兰:南岛,蒂阿瑙湖	ISC
1965	5	22	10	31	39	-21.11	-178.527	555.7	6.1	Mw	Fiji Islands	斐济群岛	Engdahl
1965	5	23	23	46	16	52.158	175.167	33.8	6.1	Mw	Aleutian Islands	阿留申群岛	ISC,Engdahl
1965	5	26	19	44	14	-56.157	-27.689	132.1	6.7	Mw	South Sandwich Islands	南桑威奇群岛	ISC,Engdahl
1965	5	30	2	9	6	-17	167.6	33	6	Mw	Vanuatu Islands	瓦努阿图群岛	ISC
1965	5	31	8	38	7.5	35.7	139.6	124	6.2	Ms	Japan:Tokyo	日本:东京	Shi Z.
1965	6	7	10	18	57	-4.5	103.2		6	Ms	Indonesia:Southern Sumatra	印度尼西亚:苏门答腊南部	Shi Z.
1965	6	10	5	49		35.9	70.5	125	6	Ms	Afghan:Badakhshan	阿富汗:巴达赫尚	Shi Z.
1965	6	11	2	37	34.7	51.8	174.1	35	6	Ms	Aleutian Islands	阿留申群岛	Shi Z.
1965	6	11	3	33	47	44.614	148.941	44.3	7.1	Mw	Kuril Islands	千岛群岛	* ISC,Engdahl,NOAA
1965	6	12	18	50	13	-20.46	-69.109	102.7	6.5	Ms	Chile:Pozo Almonte,E.	智利:波索阿尔蒙特东部	Shi Z.,Engdahl
1965	6	15	9	20	31	-37.833	177.583	66.6	6.2	Mw	New Zealand:North Island,Omaio	新西兰:北岛,奥马奥	ISC,Engdahl
1965	6	15	23	10	25.2	-20.863	173.88	8.2	6.2	Muk	Vanuatu Islands	瓦努阿图群岛	Engdahl
1965	6	23	11	9	16	56.496	-152.834	19.4	6.4	Muk	Alaska:Kodiak Island	阿拉斯加:科迪亚克岛	Engdahl
1965	6	23	12	22	22.2	56.6	-152.8	25	6.2	Ms	Alaska:Kodiak Island	阿拉斯加:科迪亚克岛	Shi Z.
1965	6	27	11	36	10	23.7	121.7		6	Ms	China:Taiwan,Hualien,Coast of E.	中国:台湾花莲以东海域	Wang S.
1965	6	30	2	53	13.1	-1.708	126.557	11.4	6	Muk	Molukka Sea,S.	马鲁古海南部	Engdahl
1965	6	30	6	33	33	51.76	176.62	45.3	6.2	Ms	Aleutian Islands	阿留申群岛	Shi Z.,Engdahl
1965	7	1	23	12	42.3	-63.082	-163.414	10	6	Muk	Pacific - Antarctic Ridge	太平洋-南极洲洋脊	Engdahl
1965	7	2	20	58	41	52.976	-167.569	57.7	6.5	Ms	Aleutian Islands	阿留申群岛	* ISC,Shi Z.,Engdahl,NOAA
1965	7	6	18	36	49	-4.513	155.109	519	6.3	Mw	Papua New Guinea:Bougainville Island	巴布亚新几内亚:布干维尔岛	ISC,Engdahl
1965	7	7	21	38	50.5	32.7	138.7	240	6.1	Ms	Japan:South Honshu Ridge	日本:本州南部海岭	Shi Z.
1965	7	15	18	33	32.4	7.662	123.72	594	6	Mw	Philippines:Mindanao Island	菲律宾:棉兰老岛	ISC,Engdahl
1965	7	17	7	20	31	-9.74	159.879	10.5	6.4	Mw	Solomon Islands	所罗门群岛	ISC,Engdahl
1965	7	19	23	53	56.2	-25.6	180	497	6	Ms	South of Fiji Islands	斐济群岛南部	Shi Z.
1965	7	21	2	51	34	-20.764	-175.619	5	6	Muk	Tonga Islands	汤加群岛	Engdahl
1965	7	25	13	33	5.2	41.3	146.6		6	Ms	Japan:SE. Hokkaido Island	日本:北海道东南	Shi Z.
1965	7	28	22	29	9.48	-2.339	101.806	139.2	6.2	Ms	Indonesia:Southern Sumatra	印度尼西亚:苏门答腊南部	Shi Z.,Engdahl
1965	7	29	8	29	23	51.024	-171.309	20.2	6.7	Ms	Aleutian Islands	阿留申群岛	ISC,Shi Z.,Engdahl
1965	7	30	5	45	16	-18.1	-70.8	72	6	Mw	Peru:Tacna	秘鲁:塔克纳	ISC
1965	7	30	7	20	10.3	6.7	-73	174	6.1	Ms	Colombia:Bucaramanga	哥伦比亚:布卡拉曼加	Shi Z.
1965	8	1	15	2	56.1	46.9	143.8	400	6	Ms	Russia:Sakhalin Island	俄罗斯:库页岛(萨哈林岛)	Shi Z.
1965	8	1	16	41	13.7	52.7	153.4	462	6.3	Ms	Sea of Okhotsk	鄂霍次克海	Shi Z.
1965	8	1	20	34	16.8	-13.5	165.8	13	6	Ms	North Vanuatu Islands	瓦努阿图群岛北部	Shi Z.
1965	8	1	23	44	32.4	-32.415	-178.858	72.7	6.2	Mw	South of Kermadec Ridge	克马德克海岭南部	ISC,Engdahl
1965	8	2	13	19	55	-56.077	157.841	7.1	6.9	Ms	Australia:Macquarie Island,S.	澳大利亚:麦加利岛南部	ISC,Shi Z.,Engdahl
1965	8	2	16	43	1.4	7.4	-78.7	2	6.4	Ms	Panama:Off Coast of S.	巴拿马:南部海域	Shi Z.
1965	8	4	1	5	53	16.8	-94.5	117	6	Ms	Mexico:Juchitán	墨西哥:胡奇坦	Shi Z.
1965	8	4	8	47	9.4	-13.2	167	209	6	Ms	North Vanuatu Islands	瓦努阿图群岛北部	Shi Z.
1965	8	5	0	7	53	-5.215	151.72	56.7	6.5	Muk	Papua New Guinea:East New Britain	巴布亚新几内亚:东新不列颠	ISC,Engdahl

年 Year	月 Mo	日 Dy	时 Hr	分 Mn	秒 Sec	纬度(°) Latitude	经度(°) Longitude	深度 Depth	震级 Mag	标度 Scale	地名(英文) Name(English)	地名(中文) Name(Chinese)	资料来源 Information
1965	8	9	2	34	21.7	-7	123.1	576	6	Ms	Flores Sea	弗洛勒斯海	Shi Z.
1965	8	11	3	40	57	-15.471	166.992	17.6	7.2	Mw	Vanuatu Islands	瓦努阿图群岛	ISC,Engdahl
1965	8	11	19	52	31	-15.648	167.134	29.6	6.5	Muk	Vanuatu Islands	瓦努阿图群岛	Engdahl
1965	8	11	20	14	1.18	-15.764	167.161	54.4	6.5	Muk	Vanuatu Islands	瓦努阿图群岛	Engdahl
1965	8	11	22	31	52	-15.797	167.268	45.8	7.6	Mw	Vanuatu Islands	瓦努阿图群岛	* ISC,Engdahl, NOAA
1965	8	12	8	1	49	-15.927	167.489	59.7	6.8	Muk	Vanuatu Islands	瓦努阿图群岛	ISC,Engdahl
1965	8	12	12	57	11	-5.209	152.182	40.9	6.6	Muk	Papua New Guinea:East New Britain	巴布亚新几内亚:东新不列颠	Engdahl
1965	8	12	18	4	56.3	-15.9	167.4	45	6	Ms	Vanuatu Islands	瓦努阿图群岛	Shi Z.
1965	8	13	12	40	8.35	-15.9	167.6	21.5	7.3	Mw	Vanuatu Islands	瓦努阿图群岛	* Engdahl,NOAA
1965	8	13	17	56	31	-16.585	167.62	56.7	6.5	Ms	Vanuatu Islands	瓦努阿图群岛	Shi Z,Engdahl
1965	8	13	21	57	38	-6.457	148.614	31.7	6.1	Ms	Papua New Guinea:West New Britain	巴布亚新几内亚:西新不列颠	Shi Z.,Engdahl
1965	8	16	12	36	24	-0.557	-19.951	23.9	6	mb	Central Mid - Atlantic Ridge	中大西洋中脊	ISC,Engdahl
1965	8	17	10	35	7.7	4.971	95.839	51.2	6.3	Ms	Indonesia:Sumatera,Aceh	印度尼西亚:苏门答腊亚齐	Shi Z.,Engdahl
1965	8	17	11	14	10.4	-5.2	152.6	47	6	Ms	Papua New Guinea:East New Britain,E.	巴布亚新几内亚:东新不列颠东部	Shi Z.
1965	8	17	16	17	41.5	-15.2	166.6	19	6	Ms	Vanuatu Islands	瓦努阿图群岛	Shi Z.
1965	8	20	5	54	52	-5.771	128.609	331.5	6.7	Mw	Indonesia:Banda Sea	印度尼西亚:班达海	ISC,Engdahl
1965	8	20	21	21	53	-22.84	-176.1	79.7	6	mb	Tonga Islands	汤加群岛	ISC,Shi Z., Engdahl
1965	8	21	18	50	15.7	-18	-178.4	576	6	Ms	Fiji Islands	斐济群岛	Shi Z.
1965	8	23	19	46	1.61	16.178	-95.846	10.5	7.4	Mw	Mexico:Oaxaca	墨西哥:瓦哈卡	* Engdahl,NOAA
1965	8	24	4	48	12	-1	136.5		6	Ms	Indonesia:Papua	印度尼西亚:巴布亚	Shi Z.
1965	8	27	18	22	2.8	44.6	148.9	38	6.2	Ms	Kuril Islands	千岛群岛	Shi Z.
1965	8	29	12	46	30	-15.7	167.6	10	6	Mw	Vanuatu Islands	瓦努阿图群岛	ISC
1965	8	30	18	9	44	-6.484	104.664	49	6.1	Mw	Indonesia:Sumatra,Coast of SW.	印度尼西亚:苏门答腊西南海域	ISC,Engdahl
1965	9	1	4	47	33	-34.687	179.82	91.6	6.3	Mw	Kermadec Ridge	克马德克海岭	ISC,Engdahl
1965	9	2	4	26	37.3	51.9	175.5	31	6	Ms	Aleutian Islands	阿留申群岛	Shi Z.
1965	9	3	21	38	53.6	-5.2	153.7	54	6	Ms	Papua New Guinea:East New Britain,E.	巴布亚新几内亚:东新不列颠东部	Shi Z.
1965	9	4	14	32	51	58.178	-152.636	26	6.8	Ms	Alaska:Kodiak Island	阿拉斯加:科迪亚克岛	ISC,Shi Z., Engdahl
1965	9	9	10	2	26	6.498	-84.458	15	6.8	Muk	Costa Rica:Off Coast	哥斯达黎加:沿海	Engdahl
1965	9	11	6	53	1.06	-5.32	153.076	46	6.2	Muk	Papua New Guinea:East New Britain, E.	巴布亚新几内亚:东新不列颠东部	ISC,Engdahl
1965	9	11	22	15	14.8	7	-71.8	14	6	Ms	Colombia:Saravena	哥伦比亚:萨拉韦纳	Shi Z.
1965	9	12	8	40	14	-6.351	151.679	38.8	6.6	Muk	Papua New Guinea:East New Britain	巴布亚新几内亚:东新不列颠	ISC,Engdahl
1965	9	12	22	2	35	-6.475	70.746	27.6	7	Muk	Mid - Indian Ridge	中印度洋海岭	ISC,Engdahl
1965	9	14	8	27	15.9	8.4	126.8		6	Ms	Philippine Trench	菲律宾海沟	Shi Z.
1965	9	17	11	13	57	-1.462	-77.66	187	6.6	Mw	Ecuador:Pastaza,W.	厄瓜多尔:帕斯塔萨西部	ISC,Shi Z., Engdahl
1965	9	17	16	21	21.2	36.336	141.327	43.5	7.1	Muk	Japan:Ibaraki,Near Coast	日本:茨城近海	ISC,Engdahl
1965	9	18	20	46	39	59.348	-145.258	10.3	6	Muk	Gulf of Alaska	阿拉斯加湾	Engdahl
1965	9	18	22	3	14	8.296	126.893	32.5	6.2	Ms	Philippine Trench	菲律宾海沟	Shi Z.,Engdahl
1965	9	19	8	47	49.4	-0.9	99.7	93	6	Ms	Indonesia:Southern Sumatra	印度尼西亚:苏门答腊南部	Shi Z.
1965	9	21	1	38	31.6	28.993	128.182	196.4	6	mb	Ryukyu Islands	琉球群岛	Wang S., ISC, Engdahl
1965	9	22	9	35	25.3	-10.3	134	14	6	Ms	Indonesia:Papua	印度尼西亚:巴布亚	Shi Z.
1965	9	22	22	8	3.05	36.421	141.347	45.6	6.8	Muk	Japan:Ibaraki,Near Coast	日本:茨城近海	ISC,Engdahl
1965	9	25	2	1	18.4	-24.509	-175.847	19.7	6.5	Muk	Tonga Islands,S.	汤加群岛南部	Engdahl
1965	9	25	15	49	49	-9.6	148.8	37	6	Mw	Solomon Islands	所罗门群岛	ISC
1965	9	28	5	6	36.7	-28.087	-177.802	17.3	6.6	Muk	Kermadec Ridge	克马德克海岭	Engdahl
1965	9	30	23	47	40.7	59.7	-143.4	19	6	Ms	Gulf of Alaska	阿拉斯加湾	Shi Z.
1965	10	1	8	52	4.84	50.015	178.286	14.3	6.5	Muk	Aleutian Islands,Rat Island	阿留申群岛,拉特岛	ISC,Shi Z., Engdahl
1965	10	1	13	22	30	-19.921	174.541	553.1	6.3	Mw	Vanuatu Islands	瓦努阿图群岛	ISC,Engdahl
1965	10	3	10	46	16.7	52.6	-170.6	22	6.2	Ms	Aleutian Islands	阿留申群岛	Shi Z.
1965	10	3	16	14	56	-42.962	-75.381	20.2	6.5	Muk	Chile:Off Coast of S.	智利:南部沿海	* ISC,Shi Z., Engdahl,NOAA
1965	10	17	18	56	8	-5	151.2	175	6	Mw	Papua New Guinea:Bubu	巴布亚新几内亚:布布	ISC
1965	10	18	21	50	6.29	-1.377	127.618	26.6	6.8	Muk	Indonesia:Halmahera	印度尼西亚:哈马黑拉	Engdahl
1965	10	19	20	48	47.4	52.3	174.3	48	6	Ms	Aleutian Islands	阿留申群岛	Shi Z.
1965	10	23	6	0	48.5	53.8	-165.5	16	6.2	Ms	Aleutian Islands	阿留申群岛	Shi Z.
1965	10	25	22	34	24	44.197	145.379	163.9	6.1	mb	Japan:Hokkaido	日本:北海道	ISC,Usami, Engdahl
1965	10	28	1	46	45.9	51.8	176.5	65	6	Ms	Aleutian Islands	阿留申群岛	Shi Z.
1965	11	1	8	58	37.2	-4.2	142.9	101	6	Ms	Papua New Guinea:East Sepik	巴布亚新几内亚:东塞皮克	Shi Z.
1965	11	3	1	39	4.35	-9.116	-71.302	593	6.7	Mw	Brazil:Acre	巴西:阿克里	ISC,Shi Z., Engdahl
1965	11	3	18	21	7.01	-22.407	-114.032	14.7	6.2	Muk	Easter Island,W.	复活节岛西部	Engdahl
1965	11	6	9	21	48	-22.213	-113.861	21.3	6	Muk	Easter Island,W.	复活节岛西部	ISC,Engdahl
1965	11	11	1	32	56	-23.3	172.6	50	6	Mw	Vanuatu Islands	瓦努阿图群岛	ISC

年 Year	月 Mo	日 Dy	时 Hr	分 Mn	秒 Sec	纬度(°) Latitude	经度(°) Longitude	深度 Depth	震级 Mag	标度 Scale	地名(英文) Name(English)	地名(中文) Name(Chinese)	资料来源 Information
1965	11	11	2	51	25.7	-60.6	153.7		6.1	Ms	West of Macquarie Ridge	麦夸里海岭西部	Shi Z.
1965	11	12	17	52	24	30.673	140.166	20.2	6.8	Muk	Japan Trench	日本海沟	ISC, Engdahl
1965	11	13	4	33	55	43.9	87.8	60	7	Ms	China: Xinjiang, Urumqi, E.	中国:新疆乌鲁木齐东	* China, Engdahl, ISC, Dis
1965	11	13	17	59	40	-29.3	-68.1	34	6	Mw	Argentina: San Juan	阿根廷:圣胡安	ISC
1965	11	15	11	18	49	-0.356	-18.658	8.7	6.2	Muk	Central Mid - Atlantic Ridge	中大西洋中脊	Engdahl
1965	11	16	15	24	43	30.925	-41.522	2.4	6.5	Muk	North Atlantic Ocean	北大西洋	ISC, Engdahl
1965	11	16	17	5	41	25.487	125.272	94.4	6.2	Ms	Ryukyu Islands	琉球群岛	Shi Z., Engdahl
1965	11	18	20	0	20	-18.844	-177.722	420.3	6.5	Mw	Fiji Islands	斐济群岛	Engdahl
1965	11	18	21	58	19	53.868	160.619	49.8	6.1	Mw	Russia: Kamchatka Peninsula	俄罗斯:堪察加半岛	ISC, Engdahl
1965	11	19	7	8	10	-29.619	-178.5	15	6.1	Muk	Kermadec Ridge	克马德克海岭	Engdahl
1965	11	21	10	31	56	-6.259	130.392	132.4	6.3	mb	Indonesia: Banda Sea	印度尼西亚:班达海	ISC, Engdahl
1965	11	23	1	17	33	2.978	124.799	40.2	6	Muk	Molukka Sea, N.	马鲁古海北部	Engdahl
1965	11	27	8	42	24.2	32.9	140.6	70	6.1	Ms	Japan Trench	日本海沟	Shi Z.
1965	11	28	3	56	44	-45.857	-73.03	10	6.1	Muk	Chile: Aisen Region	智利:艾森区	Engdahl, Shi Z.
1965	11	28	5	26	7.39	36.159	27.366	76.8	6.5	Ms	Greece: Chalki (Dodecanese)	希腊:秋奇(萨摩斯岛)	Shi Z., Engdahl
1965	12	3	21	17	33.6	36.3	69.5	19	6	Ms	Afghan: Puli Khumri	阿富汗:普勒胡姆里	Shi Z.
1965	12	4	2	11	49.9	51.006	-170.577	10	6.2	Ms	Aleutian Islands	阿留申群岛	Shi Z., Engdahl
1965	12	5	18	14	50.2	52.6	173.2	36	6	Ms	Aleutian Islands	阿留申群岛	Shi Z.
1965	12	6	11	34	53	18.921	-107.192	15	6.8	Muk	Mexico: Off Coast of Jalisco	墨西哥:哈利斯科沿海	Engdahl
1965	12	7	22	19	18	-6.401	146.345	120.6	6.1	Mw	Papua New Guinea: Morobe	巴布亚新几内亚:莫罗贝	ISC, Engdahl
1965	12	8	18	5	26	-37.042	177.577	165.1	6.3	Mw	New Zealand: North Island, Near Coast of NE.	新西兰:北岛东北近海	ISC, Engdahl
1965	12	9	6	7	49	17.202	-100.098	51.3	6.2	Muk	Mexico: Oaxaca	墨西哥:瓦哈卡	ISC, Engdahl
1965	12	9	13	12	56	-18.067	-178.068	643	6.2	Mw	Fiji Islands	斐济群岛	Engdahl
1965	12	13	10	52	9.74	44.659	150.18	27.7	6	Muk	Kuril Islands	千岛群岛	Engdahl
1965	12	13	15	8	26	-56.1	-27.6	151	6.3	Mw	South Sandwich Islands	南桑威奇群岛	ISC
1965	12	15	23	5	24	7.59	-82.16	22.5	6.8	Muk	Panama: Off Coast of S.	巴拿马:南部海域	Engdahl
1965	12	22	0	28	46.2	52.4	160.5	5	6.2	Ms	Russia: Kamchatka Peninsula	俄罗斯:堪察加半岛	Shi Z.
1965	12	22	19	41	24	58.279	-153.157	51.8	6.4	mb	Alaska: Kodiak Island	阿拉斯加:科迪亚克岛	ISC, Shi Z., Engdahl
1965	12	25	2	57	59	-18.121	-179.092	623.5	6.2	Mw	Fiji Islands	斐济群岛	Engdahl
1965	12	28	20	32	29	27.882	141.826	60.8	6.5	Ms	Japan: South Honshu Ridge	日本:本州南部海岭	Shi Z., Engdahl
1966	1	5	17	21	28.7	13.39	95.61	32	6	Ms	India: Andaman Islands	印度:安达曼群岛	Shi Z.
1966	1	9	9	11		11.34	-62.25	155	6.4	Mw	Grenada: St Georges	格林纳达:圣乔治	ISC
1966	1	11	3	10	59	0.5	120.2	92	6	Mw	Indonesia: Gorontalo	印度尼西亚:哥伦打洛	ISC
1966	1	11	14	16	31.9	33.76	137.2	27	6	Ms	Japan: Mie, Near Coast	日本:三重近海	Shi Z.
1966	1	22	14	27	6.12	55.898	-153.891	12.9	6	Muk	Aleutian Islands	阿留申群岛	Engdahl
1966	1	28	5	42	16	-17.045	168.598	4.3	6.5	Muk	Vanuatu Islands	瓦努阿图群岛	Engdahl
1966	2	4	10	39	12.5	-15.929	167.994	182.6	6.5	mB	Vanuatu Islands	瓦努阿图群岛	ISC, Engdahl
1966	2	5	2	1	47	39.044	21.757	21.4	6.2	Muk	Greece: Sophades (Karditsa)	希腊:卡尔季察	* Engdahl
1966	2	5	15	12	31	26.16	103.171	9.2	6.5	Ms	China: Yunnan, Dongchuan	中国:云南东川	* China, Engdahl, Dis
1966	2	7	23	6	37	30.215	69.84	16.4	6.4	Muk	Pakistan: Quetta	巴基斯坦:奎达	Engdahl
1966	2	9	4	40	31	-56.698	-25.612	33.9	6.4	Muk	South Sandwich Trench	南桑维奇海沟	Engdahl
1966	2	10	14	21	13	20.764	146.309	43.9	6.5	Muk	Mariana Islands, N.	马里亚纳群岛北部	ISC, Engdahl
1966	2	13	10	44	38.7	26.174	103.252	2.2	6.2	Ms	China: Yunnan, Dongchuan	中国:云南东川	* China, Engdahl
1966	2	15	17	40	34	-19.9	168.9	27	7.1	Mw	Vanuatu Islands	瓦努阿图群岛	ISC
1966	2	16	3	18	29	-17.679	168.077	37.5	6.5	Muk	Vanuatu Islands	瓦努阿图群岛	ISC, Engdahl
1966	2	17	11	48		-32.234	78.817	16.1	6.2	Muk	Mid - Indian Ridge	中印度洋海岭	ISC, Engdahl
1966	2	22	5	2	43	-5.431	151.61	66	6.1	mb	Papua New Guinea: Malmal	巴布亚新几内亚:马尔马尔	ISC, Engdahl
1966	3	6	2	15	58	31.453	80.469	41.1	7	Muk	China: Xizang (Tibet), Zanda, SE.	中国:西藏札达东南	ISC, Engdahl
1966	3	7	1	16	9	39.1	41.6	38	6	Muk	Turkey: Varto, Mus	土耳其:瓦尔托,穆什	*
1966	3	7	21	29	16	37.388	114.963	7.7	6.8	Ms	China: Hebei, Longyao, E.	中国:河北隆尧东	* China, Engdahl, Dis
1966	3	12	16	31	20	24.307	122.695	28.9	7.4	Mw	China: Taiwan, Hualien, Coast of E.	中国:台湾花莲以东海域	* China, Engdahl, NOAA
1966	3	13	17	58	33	-55.153	-126.574	10	6.2	Muk	Southern Pacific Ridge	南太平洋海岭	Engdahl
1966	3	17	15	50	34	-21.13	-179.104	635.7	6.7	Mw	Tonga Islands, W.	汤加群岛西部	ISC, Shi Z., Engdahl
1966	3	20	1	42	51	0.842	29.873	15	7.2	Muk	Uganda: Kichwamba	乌干达:基丘万巴	* Engdahl
1966	3	20	18	28		21.82	-58.73	10	6.4	Mw	North - Western Atlantic Ocean	北大西洋西部	ISC
1966	3	22	7	19	27	37.5	115.1	9	7.2	Ms	China: Hebei, Ningjin, SE.	中国:河北宁晋东南	* China, Dis
1966	3	22	8	11	37	37.551	114.991	17.7	6.7	Ms	China: Hebei, Ningjin, SE.	中国:河北宁晋东南	China, Engdahl
1966	3	22	8	19	33	37.561	115.178	9.9	6.8	Mw	China: Hebei, Xingtai	中国:河北邢台	Engdahl, ISC
1966	3	23	0	4	35.9	23.937	122.927	47.3	6.6	Mw	China: Taiwan, Hualien, Coast of E.	中国:台湾花莲以东海域	ISC, Engdahl
1966	3	26	15	19	1.37	37.74	115.172	5.7	6.2	Ms	China: Hebei, Xinji, S.	中国:河北辛集南	* China, Engdahl, Dis
1966	3	29	6	11	59	37.35	115.03	25	6	Ms	China: Hebei, Xinji, S.	中国:河北辛集南	Wang S.
1966	3	30	12	39	59	49.822	-129.718	1.8	6.2	Ms	Canada: Off Coast of W. Vancouver	加拿大:温哥华西部海域	Shi Z., Engdahl
1966	4	5	8	7	24	39.5	22.4	25	6.4	Mw	Greece: Larissa	希腊:拉里萨	ISC
1966	4	6	2	59	0.76	-45.765	95.95	10	6	Muk	South - East Indian Ridge	南印度洋东海岭	Engdahl
1966	4	6	19	45	48	-22.9	171.7	150	6	Mw	Vanuatu Islands	瓦努阿图群岛	ISC
1966	4	8	1	46	47	51.256	157.735	46.6	6.5	Muk	Russia: Kamchatka Peninsula	俄罗斯:堪察加半岛	ISC, Engdahl

年 Year	月 Mo	日 Dy	时 Hr	分 Mn	秒 Sec	纬度(°) Latitude	经度(°) Longitude	深度 Depth	震级 Mag	标度 Scale	地名(英文) Name(English)	地名(中文) Name(Chinese)	资料来源 Information
1966	4	9	14	49	22	-14.01	166.78	44	6.7	Mw	Vanuatu Islands	瓦努阿图群岛	ISC
1966	4	12	23	15	29	-17.94	168.05	29	6.3	Mw	Vanuatu Islands	瓦努阿图群岛	ISC
1966	4	12	23	37	38	-38.206	-73.291	5	6.4	Ms	Chile:Cañete	智利:卡涅特	Engdahl,Shi Z.
1966	4	16	1	27	14	56.842	-153.682	11.7	6.2	Muk	Alaska:Kodiak Island	阿拉斯加:科迪亚克岛	Engdahl
1966	4	16	7	12		18.77	-61.43	10	6.2	Mw	Puerto Rico trench	波多黎各海沟	ISC
1966	4	20	16	42	5	41.86	48.32	26	6.3	Mw	Russia:Dagestan,Derbent	俄罗斯:达吉斯坦共和国杰尔宾特	ISC
1966	4	23	0	9	33	-1.068	122.248	20.7	6.8	Muk	Indonesia:Sulawesi	印度尼西亚:苏拉威西岛	Engdahl
1966	4	26				41.2	69.1		7.7	Mk	Uzbekistan:Tashkent	乌兹别克斯坦:塔什干	* Song
1966	4	27	19	48	51	38.28	42.64	29	6.3	Mw	Turkey:Hizan	土耳其:希赞	ISC
1966	5	5	14	21	23	24.347	122.506	49.8	6.3	Ms	China:Taiwan,Hualien,Coast of E.	中国:台湾花莲以东海域	Wang S.,Engdahl
1966	5	11	14	17	38	48.876	156.248	23.9	6.3	Mw	Kuril Islands	千岛群岛	ISC,Engdahl
1966	5	14	20	27		10.37	-63	38	6.2	Mw	Venezuela:Pilar	委内瑞拉:比拉尔	ISC
1966	5	19	7	6	30	53.959	-164.076	39.7	6	Muk	Aleutian Islands	阿留申群岛	Engdahl
1966	5	20	9	14	44	13.832	146.347	17.5	6.4	Muk	Mariana Islands	马里亚纳群岛	Engdahl
1966	5	25	13	20	55	-52.871	160.186	15	6	mb	Macquarie Ridge	麦夸里海岭	ISC,Engdahl
1966	6	2	3	27	52.6	50.994	176.019	23.4	6	Muk	Aleutian Islands	阿留申群岛	Engdahl
1966	6	4	23	48	21	46.546	152.622	39	6	Mw	Kuril Islands	千岛群岛	ISC,Engdahl
1966	6	6	7	46	17	36.415	71.13	216.9	6.1	mb	Afghan:Badakhshan	阿富汗:巴达赫尚	ISC,Engdahl
1966	6	6	20	47	12	9.537	126.362	41.6	6.3	Ms	Philippines:Mindanao Island	菲律宾:棉兰老岛	Shi Z.,Engdahl
1966	6	7	0	59	45	-14.85	-75.832	19.4	6.2	Muk	Peru:Ica,Near Coast	秘鲁:伊卡近海	Engdahl,Shi Z.
1966	6	7	13	59	38	11.302	139.641	49.6	7.1	Muk	Western Caroline Islands	卡罗琳群岛西部	ISC,Engdahl
1966	6	12	3	10		17.4	-61.86	29	6.2	Mw	Antigua and Barbuda:St John's	安提瓜和巴布达:圣约翰斯	ISC
1966	6	13	7	33	11	-21.13	174.336	14.4	6.1	Muk	Vanuatu Islands	瓦努阿图群岛	ISC,Engdahl
1966	6	13	18	8	38	-12.243	167.123	243.5	6.1	Mw	Solomon Islands	所罗门群岛	ISC,Engdahl
1966	6	15	0	59	43	-10.4	160.8	31	7.1	Mw	Solomon Islands	所罗门群岛	* Engdahl,NOAA
1966	6	15	1	32	53	-10.104	161.027	11.7	7.3	Mw	Solomon Islands	所罗门群岛	ISC,Engdahl
1966	6	15	6	13	52	-10.027	160.976	31.1	6	Muk	Solomon Islands	所罗门群岛	Engdahl,ISC
1966	6	20	7	57		11.47	-69.47	31	6.1	Mw	Venezuela:Coro	委内瑞拉:科罗	ISC
1966	6	22	20	29	6	-7.257	124.651	526.9	7	Mw	Indonesia:Flores Islands	印度尼西亚:弗洛勒斯群岛	ISC,Engdahl
1966	6	27	10	41	8.3	29.554	80.854	22.7	6.3	Muk	Nepal:Athpali	尼泊尔:阿特巴利	* ISC, Wang S., Engdahl
1966	6	27	10	59	17	29.61	80.928	16.6	6.5	Ms	Nepal:Athpali	尼泊尔:阿特巴利	Wang S.,Engdahl
1966	6	28	4	26	15	35.876	-120.486	1.2	6.1	M	US:California,Parkfield	美国:加利福尼亚州帕克菲尔德	Engdahl
1966	6	30	22	15	2	37.32	-116.28	25	6.1	Mw	US:Nevada,Beatty	美国:内华达州比蒂	ISC
1966	7	1	5	50	40	24.807	122.506	109.9	6.2	Ms	China:Taiwan,Yilan,Coast of E.	中国:台湾宜兰东南海域	China,Engdahl
1966	7	4	18	33	39	51.824	179.875	13.4	7.3	Mw	Aleutian Islands,Rat Island	阿留申群岛,拉特岛	Engdahl
1966	7	6	19	23	37	-4.545	-105.175	18.5	6	Muk	Central East Pacific Rise	中央东太平洋海岭	Engdahl
1966	7	11	22	45	52	-19.35	-173.32	8	6	Ms	Tonga Islands,E.	汤加群岛东部	Shi Z.
1966	7	15	8			16.99	-61.45	69	6.1	Mw	Antigua and Barbuda:St John's	安提瓜和巴布达:圣约翰斯	ISC
1966	7	19	1	40	55	56.229	164.851	11.1	6.1	Muk	Russia:Komandorsky Islands	俄罗斯:科曼多尔群岛	Engdahl,Shi Z.
1966	7	21	18	30	16	-17.874	-178.516	587.4	6.1	mB	Fiji Islands	斐济群岛	Engdahl
1966	8	1	21	2	58	30.051	68.629	9.8	7	Muk	Pakistan:Quetta	巴基斯坦:奎达	ISC,Engdahl
1966	8	7	2	13	2.84	50.548	-171.21	11.2	6.4	Ms	Andreanof Islands, Aleutian Is.	阿留申群岛,安德烈亚诺夫群岛	ISC,Shi Z., Engdahl
1966	8	7	17	36	27	31.671	-114.473	15	6.6	Ms	Mexico:Mexicali	墨西哥:墨西卡利	Shi Z.,Engdahl
1966	8	15	2	45	35.3	13.309	121.318	20.8	6.1	Ms	Philippines:Mindoro Island	菲律宾:民都洛岛	Shi Z.,Engdahl
1966	8	18	10	33	17	14.506	-91.689	70.4	6.4	Ms	Guatemala:Retalhuleu	危地马拉:雷塔卢莱乌	Shi Z.,Engdahl
1966	8	18	14	34	1	-0.079	124.938	46.1	6	mb	Molukka Sea	马鲁古海	ISC,Engdahl
1966	8	18	14	37	53	-0.063	125.041	27.6	6.1	mb	Molukka Sea	马鲁古海	ISC,Engdahl
1966	8	19	12	22	10	39.161	41.58	17.5	6.8	Muk	Turkey:Varto	土耳其:瓦尔托	* Engdahl
1966	8	20	11	59	9	39.42	40.98	14	6	Ms	Turkey:Bingol	土耳其:宾格尔	Shi Z.
1966	8	22	14	0	4	53.03	171.11	6	6.2	Ms	Aleutian Islands	阿留申群岛	Shi Z.
1966	8	22	17	42	11	-22.446	170.703	36.2	6.5	Muk	Vanuatu Islands	瓦努阿图群岛	Engdahl
1966	8	28	7	29	40	-35.885	178.577	144	6.1	Mw	Kermadec Ridge	克马德克海岭	ISC,Engdahl
1966	8	28	10	3	3.3	-4.59	155.21	511	6	Ms	Papua New Guinea:Bougainville Island	巴布亚新几内亚:布干维尔岛	Shi Z.
1966	9	2	7	59	4.3	-4.68	-106.178	20.1	6.2	Muk	East Pacific Ridge	东太平洋海岭	Engdahl
1966	9	8	21	15	53	2.353	128.386	81.1	7.2	mb	Indonesia:Pulau Morotai	印度尼西亚:莫罗泰岛	ISC,Engdahl
1966	9	12	11	29	41	-23.045	170.671	39.4	6.7	Ms	Vanuatu Islands	瓦努阿图群岛	Shi Z.,Engdahl
1966	9	12	16	41	2.29	39.384	-120.225	0.5	6	Mw	US:California,Truckee	美国:加利福尼亚州特拉基	ISC,Engdahl
1966	9	14	23	18	41	-60.278	-27.252	15.4	6.9	Mw	South Sandwich Islands	南桑威奇群岛	ISC,Shi Z., Engdahl
1966	9	28	14	0	21	27.457	100.089	5.5	6.4	Ms	China:Yunnan,Deqen,SE.	中国:云南迪庆东南	* China, ISC, Engdahl
1966	10	7	15	55	12	-21.623	170.628	166.9	6	mb	Vanuatu Islands	瓦努阿图群岛	ISC,Engdahl
1966	10	14	1	4	43	36.5	87.4	14	6	Ms	China:Xinjiang,Qarqan,SE.	中国:新疆且末东南	Wang S.
1966	10	17	21	41	55	-10.807	-78.684	20.7	8.2	Mw	Peru:Lima,Huacho,Huaura	秘鲁:利马,瓦乔,瓦拉河	* Engdahl,NOAA
1966	10	19	8	1	34	-1.584	-15.389	22.3	7	Muk	Central Mid-Atlantic Ridge	中大西洋中脊	ISC,Engdahl
1966	10	27	14	21	4	22.141	145.949	11.6	6	mb	Mariana Islands,N.	马里亚纳群岛北部	ISC,Engdahl
1966	11	5	12	45	13.9	-15.19	-175.11	31	6	Ms	Tonga Islands,N.	汤加群岛北部	Shi Z.
1966	11	10	3	2	34	-31.946	-68.391	114.6	6	mb	Argentina:San Juan	阿根廷:圣胡安	ISC,Engdahl
1966	11	12	18	45	1.99	-15.652	167.361	33.2	6.3	Mw	Vanuatu Islands	瓦努阿图群岛	ISC,Engdahl

年 Year	月 Mo	日 Dy	时 Hr	分 Mn	秒 Sec	纬度(°) Latitude	经度(°) Longitude	深度 Depth	震级 Mag	标度 Scale	地名(英文) Name(English)	地名(中文) Name(Chinese)	资料来源 Information
1966	11	27	17	23		12.38	-57.7	10	6	Mw	Barbados Island, Off Coast of E.	巴巴多斯岛:东部海域	ISC
1966	11	28				-10	168		7	Mk	Solomon Islands	所罗门群岛	NOAA, Song
1966	11	29	22	17	31.2	-14.67	167.41	174	6.2	Ms	Vanuatu Islands	瓦努阿图群岛	Shi Z.
1966	12	1	4	56	60	-14.043	167.146	134.8	6	mb	Vanuatu Islands	瓦努阿图群岛	ISC, Engdahl
1966	12	7	23	54		18.32	-68.56	114	6.2	Mw	Dominica: La Altagracia	多米尼加:阿尔塔格拉西亚	ISC
1966	12	14	21	7	56	-4.958	144.074	97.2	6.5	Ms	Papua New Guinea: East Sepik	巴布亚新几内亚:东塞皮克	Shi Z., Engdahl
1966	12	16	20	52	17	29.619	80.818	10.6	6.1	Ms	Nepal: Athpali	尼泊尔:阿特巴利	Wang S., ISC, Engdahl
1966	12	20	12	26	55	-26.151	-63.164	581.5	6.3	Mw	Argentina: Santiago del Estero	阿根廷:圣地亚哥-德尔埃斯特罗	Engdahl
1966	12	20	15	30	1	37.32	-116.36	21	6.3	Mw	US: Nevada, Beatty	美国:内华达州比蒂	ISC
1966	12	23	15	50	25	-7.161	148.365	66.7	6.1	mb	New Britain Trench	新不列颠海沟[太平洋]	ISC, Engdahl
1966	12	27	11	12		22.07	-58.81	10	6	Mw	North - Western Atlantic Ocean	北大西洋西部	ISC
1966	12	28	8	18	7.4	-25.502	-70.655	30	7.7	Mw	Chile: Taltal, Catalina	智利:塔尔塔尔,卡特琳娜	* Engdahl, NOAA
1966	12	31	18	23	11	-11.893	166.445	82.8	7.3	mb	Solomon Islands: Santa Cruz Islands	所罗门群岛:圣克鲁斯群岛	* Engdahl, NOAA
1966	12	31	22	15	17	-12.334	166.684	22.6	7.2	Mw	Solomon Islands: Santa Cruz Islands	所罗门群岛:圣克鲁斯群岛	* Engdahl, NOAA
1967	1	1	0	21	7.37	-12.037	166.309	24.3	6.6	Muk	Solomon Islands: Santa Cruz Islands	所罗门群岛:圣克鲁斯群岛	Engdahl
1967	1	1	7	5	50	-15.27	-173.554	32.4	6.6	Muk	Tonga Islands, N.	汤加群岛北部	ISC, Shi Z., Engdahl
1967	1	1	18	23	4	-11.8	166.5	33	8.1	Ms	North Vanuatu Islands	瓦努阿图群岛北部	* NOAA
1967	1	1	21	58	58	-11.036	165.594	19.6	6	Muk	Solomon Islands	所罗门群岛	Engdahl
1967	1	2	20	0	1.25	-12.419	166.458	42.5	6	Muk	Solomon Islands: Santa Cruz Islands	所罗门群岛:圣克鲁斯群岛	Engdahl
1967	1	3	5	35	48	-10.933	165.668	29.4	6.2	Muk	Solomon Islands	所罗门群岛	Engdahl
1967	1	4	5	58		38.4	22	10	6	Muk	Greece: Patrai	希腊:帕特雷	*
1967	1	5	0	14	40	48.202	102.925	14.7	7	Mw	Mongolia: Southwest Bulgan	蒙古:布尔干西南	* ISC, Engdahl
1967	1	13	13	48	14	-10.564	161.372	36.3	6.8	Muk	Solomon Islands	所罗门群岛	Engdahl
1967	1	16	14	26	29	-11.261	165.825	32	6	Muk	Solomon Islands	所罗门群岛	Engdahl
1967	1	17	1	7	55.3	-27.382	-63.265	591.3	6.3	Mw	Argentina: Santiago del Estero	阿根廷:圣地亚哥-德尔埃斯特罗	Engdahl
1967	1	17	11	59	33.4	38.307	142.162	45.5	6.5	Muk	Japan: Miyagi, Near Coast	日本:宫城近海	ISC, Engdahl
1967	1	18	5	34	35	56.653	121.002	13.8	6.6	Muk	Russia: Sakha, Khani	俄罗斯:萨哈共和国哈尼	ISC, Engdahl
1967	1	18	8	18	22	52.472	-168.3	20.6	6	Muk	Aleutian Islands	阿留申群岛	Engdahl
1967	1	19	12	40	11.9	-14.797	-178.735	3.5	6.9	Ms	North of Fiji Islands	斐济群岛北部	ISC, Engdahl
1967	1	20	1	57	20	48.073	103.054	2.8	7	Muk	Mongolia: Ulaanbaatar, W.	蒙古:乌兰巴托西部	ISC, Engdahl
1967	1	21	2	54	1.99	-49.728	-114.914	28	6.8	Muk	Southern Pacific Ridge	南太平洋海岭	Engdahl
1967	1	24	9	29	17.1	-0.8	-20.8	43	6.2	Ms	Central Mid - Atlantic Ridge	中大西洋中脊	Shi Z.
1967	1	25	1	50	21	36.656	71.578	276.2	6.4	Ms	Afghan: Badakhshan	阿富汗:巴达赫尚	Shi Z., Engdahl
1967	1	28	13	52	59	52.316	-169.604	38.5	6.4	Muk	Aleutian Islands	阿留申群岛	Engdahl, Shi Z.
1967	1	28	17	42	2.86	52.318	-169.413	48.1	6	Muk	Aleutian Islands	阿留申群岛	Engdahl, Shi Z.
1967	2	4	14	9	1	24.07	-62.87	1	6.4	Mw	North - Western Atlantic Ocean	北大西洋西部	ISC
1967	2	9	15	24	47	2.889	-74.799	40.4	7.2	Mw	Colombia: Huila, Neiva, Rivera	哥伦比亚:乌伊拉,内瓦,里维埃拉	* ISC, Shi Z., Engdahl
1967	2	13	23	14	23	52.784	-34.243	13.4	6.8	Muk	Northern Mid - Atlantic Ridge	北大西洋洋中脊	Engdahl
1967	2	15	16	11	12.8	-9.121	-71.325	600.6	7	Mw	Brazil: Acre	巴西:阿克里	ISC, Shi Z., Engdahl
1967	2	17	10	10	53	-23.795	-175.073	23.5	6.5	Muk	Tonga Islands, S.	汤加群岛南部	ISC, Engdahl
1967	2	19	22	14	39	-9.168	112.946	97.9	6.8	Muk	Indonesia: Java Ridge	印度尼西亚:爪哇海岭	* Engdahl
1967	3	4	5	9	26	21.4	121.9	125	6.1	Ms	China: Taiwan, Coast of S.	中国:台湾南部海域	Wang S.
1967	3	4	17	58	4.18	39.099	24.618	8.7	7.1	Muk	Greece: Skyros	希腊:斯基罗斯	Engdahl
1967	3	9	6	58	37	-10.561	166.395	20.6	6.5	Muk	North Vanuatu Islands	瓦努阿图群岛北部	Engdahl
1967	3	9	18	2	45	-10.749	166.497	37.2	6	Muk	North Vanuatu Islands	瓦努阿图群岛北部	ISC, Engdahl
1967	3	11	8	33	28	-10.773	166.343	47.1	6.2	Muk	North Vanuatu Islands	瓦努阿图群岛北部	ISC, Engdahl
1967	3	12	18	35	22	19.44	38.84	33	6.1	Mw	Red Sea	红海	ISC
1967	3	12	21	44	33	19.62	38.68	33	6.1	Mw	Red Sea	红海	ISC
1967	3	13	16	6	54	-40.193	-74.842	22.4	7.3	Muk	Chile: Off Coast of S.	智利:南部沿海	Engdahl
1967	3	14	6	58	6	28.396	94.282	20.9	6.2	Ms	India: Arunachal Pradesh	印度:阿鲁那恰尔邦	Wang S., Engdahl
1967	3	16	16	0	15	19.47	38.73	33	6.2	Mw	Red Sea	红海	ISC
1967	3	17	11	24	44	-3.556	150.908	6.8	6.2	Muk	Bismarck Sea	俾斯麦海	Engdahl
1967	3	19	4	1	36	45.626	151.197	8.7	7	Ms	Kuril Islands	千岛群岛	* NOAA, ISC, Engdahl
1967	3	21	23	39	23	19.7	39.23	33	6.1	Mw	Red Sea	红海	ISC
1967	3	24	9	0	21	-6.026	112.281	601.4	6.7	Mw	Indonesia: Java Island	印度尼西亚:爪哇岛	ISC, Shi Z., Engdahl
1967	3	27	8	58	24	38.516	116.601	26.8	6.3	Ms	China: Hebei, Hejian	中国:河北河间	* China, Engdahl, Dis
1967	3	27	10	1	42	-16.384	168.2	1.5	6.2	Muk	Vanuatu Islands	瓦努阿图群岛	Engdahl
1967	3	28	2	41	33	19.86	38.7	27	6.7	Mw	Red Sea	红海	ISC
1967	3	30	2	8	1.08	-11.142	115.309	11.5	6	mb	Indonesia: Java Ridge	印度尼西亚:爪哇海岭	ISC, Engdahl
1967	4	10	15	2	45	-7.258	155.855	40.2	6.2	Muk	Solomon Islands	所罗门群岛	Engdahl
1967	4	12	4	51	37	5.084	96.232	18.6	6.1	mb	Indonesia: Sumatera, Aceh	印度尼西亚:苏门答腊亚齐	* Engdahl, NOAA
1967	4	13	19	53	46	27.344	128.591	54.4	6	Mw	Ryukyu Islands	琉球群岛	ISC, Engdahl
1967	4	21	8	14	22	-5.553	126.687	4.8	6.2	Muk	Indonesia: Banda Sea	印度尼西亚:班达海	Engdahl
1967	4	29	3	55	20.6	51.388	-178.332	33	6	mb	Andreanof Islands, Aleutian Is.	阿留申群岛,安德烈亚诺夫群岛	ISC, Engdahl
1967	5	11	14	50	59	39.382	73.792	5.7	6.6	Mw	China: Xinjiang, Kashi, W.	中国:新疆喀什西部	ISC, Engdahl
1967	5	21	18	45	14	-1.006	101.303	179	6.2	mb	Indonesia: Southern Sumatra	印度尼西亚:苏门答腊南部	ISC, Engdahl
1967	5	27	17	23		51.845	176.12	30.9	6.3	Ms	Aleutian Islands	阿留申群岛	Engdahl, Shi Z.

年 Year	月 Mo	日 Dy	时 Hr	分 Mn	秒 Sec	纬度(°) Latitude	经度(°) Longitude	深度 Depth	震级 Mag	标度 Scale	地名(英文) Name(English)	地名(中文) Name(Chinese)	资料来源 Information
1967	5	27	19	5	47	36.088	77.728	8.2	6.2	Mw	China:Xinjiang,Mazar	中国:新疆麻扎	ISC,Engdahl
1967	6	17	5	0	15.5	-58.397	-26.858	162.6	6.5	Mw	South Sandwich Islands	南桑威奇群岛	ISC,Shi Z.,Engdahl
1967	6	19	17	7	47.1	52.705	-166.937	31.2	6.5	Ms	Aleutian Islands	阿留申群岛	Shi Z.,Engdahl
1967	6	21	18	13	4.32	64.637	-147.61	6.4	6.3	Ms	Alaska:Slana, Mentasta Lake	阿拉斯加:斯拉纳,门湖	Shi Z.,Engdahl
1967	6	23	5	5	8.51	-5.857	130.449	104.5	6.7	Ms	Indonesia:Banda Sea	印度尼西亚:班达海	Shi Z.,Engdahl
1967	7	1	23	10	8.59	54.31	-157.997	28.8	6.2	mb	Aleutian Islands	阿留申群岛	ISC,Shi Z.,Engdahl
1967	7	12	21	0	22.2	5.73	-82.72	29	6.2	Ms	Panama:Off Coast of S.	巴拿马:南部海域	Shi Z.
1967	7	16	13	34	30.1	-0.96	132.73	30	6.3	Ms	Indonesia:Papua	印度尼西亚:巴布亚	Shi Z.
1967	7	20	15	38	24	7.604	134.732	20.8	6.2	Ms	Micronesia:W. Caroline Islands	密克罗尼西亚:卡罗琳群岛西部	Shi Z.,Engdahl
1967	7	22	16	56	55	40.632	30.74	4.2	7.4	Mw	Turkey:Mudurnu, Adapazari	土耳其:穆杜尔努,阿达帕扎勒	* Engdahl
1967	7	26	18	52	60	39.502	40.408	8.7	6.2	Muk	Turkey:Tunceli	土耳其:通杰利	* Engdahl
1967	7	29	0	0	2.64	10.555	-67.31	23.7	6.5	Mw	Venezuela:El Tocuyo	委内瑞拉:托丘约	* Engdahl,NOAA
1967	7	29	10	24	26	6.788	-73.073	160.9	6.8	Ms	Colombia:Bucaramanga	哥伦比亚:布卡拉曼加	* Engdahl
1967	7	30	13	35	10	-5.24	153.49	13	6.8	Ms	Papua New Guinea:East New Britain,E.	巴布亚新几内亚:东新不列颠东部	Shi Z.
1967	8	1	19	18	4	-33.11	179.8	209	6.1	Mw	South of Kermadec Ridge	克马德克海岭南部	ISC
1967	8	10	11	21	25	45.331	150.348	43.1	6.4	Mw	Kuril Islands	千岛群岛	ISC,Engdahl
1967	8	12	9	39	47	-24.762	-177.294	143.7	6.5	mB	South of Fiji Islands	斐济群岛南部	ISC,Shi Z.,Engdahl
1967	8	13	20	6	53	35.379	135.449	364.5	6.3	Mw	Japan:Ayabe	日本:京都绫部	ISC,Engdahl
1967	8	13	22	15	10	-4.4	152.5	30	6.4	Ms	Papua New Guinea:East New Britain	巴布亚新几内亚:东新不列颠	* NOAA
1967	8	19	15	28	12	10.357	125.827	74.1	6	mb	Philippines:Mindanao Island	菲律宾:棉兰老岛	ISC,Engdahl
1967	8	21	7	33	4	3.696	95.682	42.8	6.2	mb	Indonesia:Off West Coast of N. Sumatera	印度尼西亚:北苏门答腊西部海域	ISC,Engdahl
1967	8	22	13	2	4.91	-60.821	-24.358	13.8	6.1	mb	South Sandwich Islands	南桑威奇群岛	ISC,Shi Z.,Engdahl
1967	8	26	0	36	48	12.189	140.84	70.7	6.1	mb	Western Caroline Islands	卡罗琳群岛西部	ISC,Shi Z.,Engdahl
1967	8	30	4	22	4.35	31.631	100.232	8.1	7	Muk	China:Sichuan,Luhuo,NW.	中国:四川炉霍西北	* China,Engdahl
1967	8	30	11	8	51	31.7	100.33		6	Ms	China:Sichuan,Luhuo,NW.	中国:四川炉霍西北	Wang S.
1967	9	3	21	7	32	-10.601	-79.689	36.5	6.8	Ms	Peru:Chimbote,Off Coast	秘鲁:钦博特沿海	* Shi Z.,Engdahl,NOAA
1967	9	4	3	52	0.95	-31.397	-179.335	240.2	6.4	mB	Kermadec Ridge	克马德克海岭	Engdahl
1967	9	7	7	12	37.7	2.636	124.218	280.3	6.2	Ms	Indonesia:West of Sangihe Islands	印度尼西亚:桑义赫群岛西部	Shi Z.,Engdahl
1967	9	9	10	6	45	-27.658	-63.169	579.7	6.7	Mw	Argentina:Santiago del Estero	阿根廷:圣地亚哥-德尔埃斯特罗	ISC,Shi Z.,Engdahl
1967	9	16	23	31	28	-30.99	177.45	339	6.2	Mw	South Fiji Basin	南斐济海盆	ISC
1967	9	19	12	45	36	-57.791	-23.618	28.8	6	mb	South Sandwich Trench	南桑威奇海沟	Engdahl
1967	9	20	10	37	21.3	-20.742	169.856	132.6	6	mb	Vanuatu Islands	瓦努阿图群岛	ISC,Engdahl
1967	9	22	10	17	60	44.567	149.569	39.8	6.3	Mw	Kuril Islands	千岛群岛	ISC,Engdahl
1967	9	28	4	56	54	-6.59	153.478	17	6.6	Ms	New Britain Trench	新不列颠海沟[太平洋]	Shi Z.,Engdahl
1967	9	28	15	44	52	59.43	-147.12	4	6.1	Ms	Gulf of Alaska	阿拉斯加湾	Shi Z.
1967	10	4	17	21	20.4	-5.657	153.942	30.3	6.6	Ms	New Britain Trench	新不列颠海沟[太平洋]	Shi Z.,Engdahl
1967	10	9	17	21	49	-21.303	-179.053	636.6	7.3	Mw	Tonga Islands,W.	汤加群岛西部	ISC,Shi Z.,Engdahl
1967	10	12	6	35	8.62	-21.132	-179.083	645.4	6.3	Mw	Tonga Islands,W.	汤加群岛西部	ISC,Engdahl
1967	10	12	12	53	47	52.155	152.521	471.2	6.2	Mw	Sea of Okhotsk	鄂霍次克海	ISC,Engdahl
1967	10	12	18	31	43	-7.177	129.852	84.7	6	mb	Indonesia:Alor Islands	印度尼西亚:阿洛群岛	ISC,Engdahl
1967	10	15	8	0	52	11.907	-85.924	161.4	6.1	mb	Nicaragua:Granada	尼加拉瓜:格拉纳达	ISC,Shi Z.,Engdahl
1967	10	18	22	6	23	-34.02	-178.79	33	6	Mw	South of Kermadec Ridge	克马德克海岭南部	ISC
1967	10	20	1	2	46	58.73	-24.89	22	6	Ms	North Atlantic Ocean	北大西洋	Shi Z.
1967	10	25	0	59	24.1	24.464	122.221	67.1	7	mb	China:Taiwan,Hualien,Coast of E.	中国:台湾花莲以东海域	* China,Engdahl
1967	11	4	10	17	14.5	-17.81	-178.99	568	6.25	Ms	Fiji Islands	斐济群岛	Shi Z.
1967	11	4	14	30	36	43.532	144.226	10	6.5	Mw	Japan:Hokkaido	日本:北海道	ISC,Engdahl
1967	11	9	2	18	49	-7.205	123.713	581.3	6.2	Mw	Indonesia:Banda Sea	印度尼西亚:班达海	Engdahl
1967	11	15	21	31	56	-28.792	-71.165	35.9	6	mb	Chile:Vallenar	智利:巴耶纳尔	* ISC,Shi Z.,Engdahl,NOAA
1967	11	16	1	17	52	-30.45	-178.5	280	6.1	Mw	Kermadec Ridge	克马德克海岭	ISC
1967	11	19	17	29	22.1	-22.56	170.84	37	6.3	Ms	Vanuatu Islands,SE.	瓦努阿图群岛东南	Shi Z.
1967	11	22	15	19	28	-22.677	171.031	37	6.3	Ms	Vanuatu Islands,SE.	瓦努阿图群岛东南	Shi Z.,Engdahl
1967	11	23	8	35	54	14.449	51.983	13.2	7	Muk	Eastern Gulf of Aden	亚丁湾东部	Engdahl
1967	11	23	13	42	3.17	80.202	-0.647	9.2	6.4	Ms	Greenland Sea	格陵兰海	Shi Z.,Engdahl
1967	11	26	2	54	6.46	-8.177	112.929	146.5	6.2	Ms	Indonesia:Java Island	印度尼西亚:爪哇岛	Shi Z.,Engdahl
1967	11	30	7	23	54	41.379	20.456	36.5	6.7	Muk	Albania:Durres,NE.	阿尔巴尼亚:都拉斯东北	* ISC,Engdahl
1967	12	1	13	57	4.87	49.464	154.385	142.9	6.4	mB	Kuril Islands	千岛群岛	ISC,Engdahl
1967	12	10	22	51	22	17.394	73.774	10.7	6.3	M	India:Satara	印度:萨达拉	* India,ISC,Engdahl
1967	12	21	2	25	24.4	-21.864	-69.948	42.5	7.4	Mw	Chile:Antofagasta,N.	智利:安托法加斯塔北部	* Shi Z.,Engdahl,NOAA
1967	12	24	20	3	11	17.431	-61.152	11.4	6.1	mb	Antigua and Barbuda:St John's	安提瓜和巴布达:圣约翰斯	ISC,Shi Z.,Engdahl
1967	12	25	1	23	34	-5.289	153.763	51.2	7.2	Mw	Papua New Guinea:East New Britain,E.	巴布亚新几内亚:东新不列颠东部	ISC,Engdahl
1967	12	27	9	17	55	-21.211	-68.185	116.2	7	mb	Bolivia:Potosi	玻利维亚:波托西	ISC,Shi Z.,Engdahl
1967	12	28	6	26	16.7	44.21	-128.99	33	6.3	Ms	US:Off Coast of W. Oregon	美国:俄勒冈州西部沿海	Shi Z.

年 Year	月 Mo	日 Dy	时 Hr	分 Mn	秒 Sec	纬度(°) Latitude	经度(°) Longitude	深度 Depth	震级 Mag	标度 Scale	地名(英文) Name(English)	地名(中文) Name(Chinese)	资料来源 Information
1968	1	4	0	57	44.7	52.151	-171.349	26.3	6.3	Ms	Andreanof Islands, Aleutian Is.	阿留申群岛,安德烈亚诺夫群岛	Shi Z., Engdahl
1968	1	13	7	3	46	24.115	122.237	44.8	6.3	Mw	China:Taiwan, Hualien, Coast of E.	中国:台湾花莲以东海域	ISC, Engdahl
1968	1	14	12	25	11.1	-7.523	127.917	112.8	6	mb	Indonesia:Banda Sea	印度尼西亚:班达海	ISC, Engdahl
1968	1	14	17	43	6	52.65	-171.25	3	6.3	Ms	Aleutian Islands	阿留申群岛	Shi Z.
1968	1	15	2	1	8.5	37.77	12.98	33	6.12	Ms	Italy:Sicily, Belice Valley	意大利:西西里岛,贝利切谷	* Italy
1968	1	19	6	4	39	-9.328	158.487	29.4	6	mb	Solomon Islands	所罗门群岛	ISC, Engdahl
1968	1	19	18	15	2	38.65	-116.2	20	6.3	Mw	US:Nevada, Round Mountain, E.	美国:内华达州朗德芒廷东部	ISC
1968	1	20	21	21	32.9	-30.117	-179.452	359.3	6.2	Mw	South of Kermadec Ridge	克马德克海岭南部	ISC, Shi Z., Engdahl
1968	1	21	16	42	29.5	-1.44	-14.1	38	6.2	Ms	Central Mid - Atlantic Ridge	中大西洋中脊	Shi Z.
1968	1	22	10	35	40	38.4	75.6	132	6.2	Mw	China:Xinjiang, Tashkurghan	中国:新疆塔什库尔干	ISC
1968	1	26	4	45	43	-8.898	120.246	30	6	mb	Indonesia:Flores Islands	印度尼西亚:弗洛勒斯群岛	ISC, Engdahl
1968	1	29	10	19	7.18	43.586	146.701	39.7	7.3	Mw	Kuril Islands	千岛群岛	* ISC, Engdahl, NOAA
1968	1	29	16	42	52	43.472	147.194	35.3	6.4	Mw	Kuril Islands	千岛群岛	ISC, Engdahl
1968	1	30	1	48	30	43.4	147.6	30	6	Mw	Kuril Islands	千岛群岛	ISC
1968	1	30	3	44	26	-6.155	113.312	595.6	6.3	Mw	Indonesia:Java Island	印度尼西亚:爪哇岛	ISC, Engdahl
1968	2	12	5	44	44	-5.502	153.404	23.2	7.4	Mw	New Britain Trench	新不列颠海沟[太平洋]	* ISC, Engdahl
1968	2	19	22	45	44	39.372	24.946	8.1	7.2	Mw	Aegean Sea	爱琴海	* ISC, Engdahl, NOAA
1968	2	21	1	45		32	130.6	3	6.3	Muk	Japan:Kagoshima	日本:鹿岛	* Usami
1968	2	24	1	11	23	-33.07	-177.46	33	6.1	Mw	South of Kermadec Ridge	克马德克海岭南部	ISC
1968	2	26	10	50	18	22.762	121.414	16.2	7.2	Mw	China:Taiwan, Taitung, Coast of E.	中国:台湾台东以东海域	ISC, Engdahl
1968	2	28	12	8	2.61	32.929	137.776	346.3	6.3	Mw	Ryukyu Trench	琉球海沟	ISC, Engdahl
1968	2	28				37.7	-29.4		7.6	Muk	Azores Islands	亚速尔群岛	*
1968	3	7	13	22	19	-5.833	151.062	41	6.5	Ms	Papua New Guinea:West New Britain	巴布亚新几内亚:西新不列颠	Shi Z., Engdahl
1968	3	10	3	49	25.1	52.08	-177.32	7	6	Ms	Andreanof Islands, Aleutian Is.	阿留申群岛,安德烈亚诺夫群岛	Shi Z.
1968	3	11	8	26	34	-16.197	-173.864	111.8	6.3	mB	Tonga Islands, N.	汤加群岛北部	ISC, Shi Z., Engdahl
1968	3	17	20	14	39	3.231	128.097	103.2	6.4	Mw	Indonesia:North of Morotai Island	印度尼西亚:莫罗泰岛北部	ISC, Engdahl
1968	3	19	1	35	49.6	-17.37	-172.66	33	6.1	Ms	Tonga Islands, N.	汤加群岛北部	Shi Z.
1968	3	26	0	42	0.91	-6.651	116.124	555	6.1	Mw	Indonesia:Bali Island	印度尼西亚:巴厘岛	Engdahl
1968	4	1	0	42	5.03	32.482	132.192	30.2	7.5	Mw	Japan:Miyazzaki, Near Coast	日本:宫崎近海	* Usami, Engdahl, NOAA
1968	4	1	7	13	19	32.267	132.123	33.9	6.8	Ms	Japan:Miyazaki, Near Coast	日本:宫崎近海	Shi Z., Engdahl
1968	4	9	2	29	1.79	33.16	-116.192	15	7	Ms	US:California, Borrego Springs	美国:加利福尼亚州博雷戈斯普林斯	ISC, Shi Z., Engdahl
1968	4	21	8	34	3.2	38.68	142.99	33	6.2	Ms	Japan:Miyagi, Near Coast	日本:宫城近海	Shi Z.
1968	4	23	20	29	16	58.651	-149.979	21.4	6.2	mb	Alaska:Kodiak Island	阿拉斯加:科迪亚克岛	ISC, Shi Z., Engdahl
1968	4	26	15	0	1	37.31	-116.41	13	6.2	Mw	US:Nevada, Beatty	美国:内华达州比蒂	ISC
1968	5	2	10	2		39.3	44.4		6.2	Ms	Iran:Maku	伊朗:马库	*
1968	5	4				-27.15	-109.45		7	Mk	Easter Island	复活节岛	NOAA, Song
1968	5	8	12	17	13	43.582	-128.046	11.8	6.1	mb	US:Off Coast of W. Oregon	美国:俄勒冈州西部沿海	ISC, Shi Z., Engdahl
1968	5	14	14	5	6.49	29.936	129.37	160.4	6.5	mB	Ryukyu Islands	琉球群岛	ISC, Engdahl
1968	5	15	15	0	30	-29.77	-179	31	6.5	Ms	Kermadec Ridge	克马德克海岭	Shi Z.
1968	5	16	0	49	0.41	40.903	143.346	25.8	8.3	Mw	Japan Trench	日本海沟	* ISC, Engdahl, NOAA
1968	5	16	8	58	15	41.481	142.734	30.3	6.4	Mw	Japan:SE. Hokkaido Island	日本:北海道东南	ISC, Engdahl
1968	5	16	10	39	0.52	41.593	142.786	11.8	7.8	Mw	Japan:Aomori, Near Coast of E.	日本:青森东部近海	* ISC, Engdahl, NOAA
1968	5	16	16	13	46	39.815	143.587	21.5	6.5	Mw	Japan:Miyako, Off Coast	日本:宫古沿海	ISC, Engdahl
1968	5	16	23	4	52	39.881	143.223	8.3	7.2	Muk	Japan:Miyako, Off Coast	日本:宫古沿海	ISC, Engdahl
1968	5	17	10	42	44.3	39.69	143.46	18	6.2	Ms	Japan:Miyako, Off Coast	日本:宫古沿海	Shi Z.
1968	5	17	16	2	24.1	40.59	144.08	32	6.2	Ms	Japan Trench	日本海沟	Shi Z.
1968	5	19	4	12	36	35.65	141.9	11	6	Ms	Japan Trench	日本海沟	Shi Z.
1968	5	20	7	13	9.35	-30.83	-178.138	59.6	6	mb	Kermadec Ridge	克马德克海岭	ISC, Engdahl
1968	5	20	20	5	52	-30.783	-178.141	58.3	7	Ms	Kermadec Ridge	克马德克海岭	ISC, Engdahl
1968	5	20	21	9	46	44.793	150.358	30.4	7.1	Mw	Kuril Islands	千岛群岛	ISC, Engdahl
1968	5	21	0	19	35	44.8	150.2	43	6.4	Mw	Kuril Islands	千岛群岛	ISC
1968	5	21	8	20	2	44.867	150.186	29.1	6.2	Ms	Kuril Islands	千岛群岛	ISC, Engdahl
1968	5	21	11	0	45	44.8	150.3	42	6.2	Mw	Kuril Islands	千岛群岛	ISC
1968	5	22	19	29	28	40.284	142.32	47.9	6.3	Mw	Japan:Morioka, Near East Coast	日本:盛冈东部近海	ISC, Engdahl
1968	5	23	17	24	20	-41.743	172.123	46.7	7.2	Mw	New Zealand:South Island, Murchison	新西兰:南岛,默奇森	* ISC, Shi Z., Engdahl
1968	5	24	14	6	25	40.953	143.092	29.4	6.2	Ms	Japan:Aomori, Near East Coast	日本:青森东部近海	ISC, Engdahl
1968	5	24	15	43	56	-6.852	118.908	618.1	6.3	Mw	Indonesia:Flores Islands	印度尼西亚:弗洛勒斯群岛	ISC, Engdahl
1968	5	25	11	52	56.2	40.16	143.17	26	6.1	Ms	Japan:Morioka, Near East Coast	日本:盛冈东部近海	Shi Z.
1968	5	28	13	27	20	-2.919	139.411	63.7	7.2	mb	Indonesia:Papua, N.	印度尼西亚:巴布亚北部	* ISC, Engdahl
1968	5	30	5	23	47	44.618	150.299	22.4	6.7	Mw	Kuril Islands	千岛群岛	ISC, Engdahl
1968	5	30	19	42	23	-30.97	-177.56	17	6.2	Ms	Kermadec Ridge	克马德克海岭	ISC, Engdahl

年 Year	月 Mo	日 Dy	时 Hr	分 Mn	秒 Sec	纬度(°) Latitude	经度(°) Longitude	深度 Depth	震级 Mag	标度 Scale	地名(英文) Name(English)	地名(中文) Name(Chinese)	资料来源 Information
1968	6	1	9	9	42	-2.8	139.4	50	6	Mw	Indonesia:Papua,N.	印度尼西亚:巴布亚北部	ISC
1968	6	7	11	57	34	-1.863	120.068	44.8	6.7	Ms	Indonesia:Sulawesi	印度尼西亚:苏拉威西岛	ISC,Engdahl
1968	6	7	21	30	52	-2.085	120.424	17.2	6	Ms	Indonesia:Sulawesi	印度尼西亚:苏拉威西岛	Shi Z.,Engdahl
1968	6	8	21	42	7.4	28.44	129.62	44	6	Ms	Ryukyu Islands	琉球群岛	Shi Z.
1968	6	8	23	24	3.89	-48.885	31.129	19	6	Ms	South Atlantic - Indian Ridge	南大西洋 - 印度洋海岭	ISC,Engdahl
1968	6	12	13	41	51	39.501	142.893	31.2	7.1	Mw	Japan:Miyako,Near Coast	日本:宫古近海	* Engdahl,NOAA
1968	6	12	21	57	38	39.3	143	40	6.1	Mw	Japan:Oshu,Near Coast	日本:奥州近海	ISC
1968	6	12	23	26	30.1	13.84	120.75	135	6.2	Ms	Philippines:Mindoro Island	菲律宾:民都洛岛	Shi Z.
1968	6	15	7	8	49	5.571	-82.603	13.8	6	Ms	Panama:Off Coast of S.	巴拿马:南部海域	ISC,Engdahl
1968	6	15	13	34	14	-18.3	167.9	11	6	Mw	Vanuatu Islands	瓦努阿图群岛	ISC
1968	6	15	17	40	16	-0.27	-91.6	17	6.25	Ms	Carnegie Ridge	卡内基海岭	Shi Z.
1968	6	16	4	56	3.69	-35.929	-16.124	15	6.1	Ms	Southern Mid - Atlantic Ridge	南大西洋洋中脊	ISC,Engdahl
1968	6	17	11	53	1.56	41.095	143.072	37.2	7	Muk	Japan Trench	日本海沟	ISC,Engdahl
1968	6	17	18	57	22	38.6	144.2	40	6	Mw	Japan Trench	日本海沟	ISC
1968	6	19	5	55	42	-19.4	125.1	18	6	Mw	Australia:Broome,SW.	澳大利亚:布鲁姆西南	ISC
1968	6	19	8	13	35	-5.558	-77.151	15.6	6.9	Ms	Peru:San Martin,Moyobamba	秘鲁:圣马丁,莫约班巴	* Shi Z.,Engdahl
1968	7	5	11	28	15	38.547	142.114	47	6	mb	Japan:Miyagi,Near Coast	日本:宫城近海	ISC,Engdahl
1968	7	10	11	16	44.6	-36.816	78.431	15	6.1	Ms	Mid - Indian Ridge	中印度洋海岭	ISC,Engdahl
1968	7	10	20	40	30.1	40.24	143.31	21	6	Ms	Japan:Morioka,Near East Coast	日本:盛冈东部近海	Shi Z.
1968	7	12	0	44	38	39.584	143.214	22.6	6.4	Mw	Japan:Miyako,Off Coast	日本:宫古沿海	ISC,Engdahl
1968	7	23	18	28	1.96	18.864	-106.929	15	6	Ms	Mexico:Off Coast of Jalisco	墨西哥:哈利斯科沿海	Shi Z.,Engdahl
1968	7	23	23	2	42	40.8	143.2	40	6	Mw	Japan:Aomori,Near East Coast	日本:青森东部近海	ISC
1968	7	25	7	23	9	-30.811	-178.148	65.1	7.1	mb	Kermadec Ridge	克马德克海岭	* ISC,Engdahl,NOAA
1968	7	27	2	45	50	35.4	27.9	33	6.1	Mw	Mediterranean Sea	地中海	ISC
1968	7	29	11	12	4.18	-22.506	-174.896	59.9	6	Ms	Tonga Islands	汤加群岛	ISC,Engdahl
1968	7	29	23	52	20	-0.291	133.499	32.5	6	Ms	Indonesia:Irian Jaya Barat	印度尼西亚:西巴布亚	ISC,Engdahl
1968	7	30	20	38	43	-6.928	-80.407	30	6.4	Ms	Peru:Chiclayo,Near Coast	秘鲁:奇克拉约近海	ISC,Engdahl
1968	8	1	20	19	25	16.384	122.078	52.2	7.7	Mw	Philippines:Santiago,SE.	菲律宾:圣地亚哥东南	* Bautista,Engdahl,NOAA
1968	8	2	14	6	46	16.494	-97.771	49.8	7.3	Mw	Mexico:Oaxaca,Guerrero	墨西哥:瓦哈卡,格雷罗	* ISC,Shi Z.,Engdahl
1968	8	3	4	54	36	25.646	128.473	29	7.1	Mw	Ryukyu Islands	琉球群岛	ISC,Engdahl
1968	8	4	11	41	26	6.577	126.73	102.8	6.7	Mw	Philippine Trench	菲律宾海沟	ISC,Engdahl
1968	8	5	7	17	5	33.3	132.2	10	6.5	Ms	Japan:Osaka	日本:大阪	* NOAA,ISC
1968	8	5	16	17	6.87	33.327	132.225	45.1	6.2	mb	Japan:Ehime	日本:爱媛	ISC,Usami,Engdahl
1968	8	10	2	7	4.04	1.422	126.26	19.6	7.6	Mw	Molukka Sea	马鲁古海	* ISC,Engdahl,NOAA
1968	8	10	5	51	49	1.403	126.177	36.1	6.6	Ms	Molukka Sea	马鲁古海	Shi Z.,Engdahl
1968	8	11	20	0	42.2	1.548	126.391	16.7	6	Ms	Molukka Sea	马鲁古海	ISC,Engdahl
1968	8	14	22	14	20	0.058	119.69	18.8	7.3	Mw	Indonesia:Sulawesi,Tambu	印度尼西亚:苏拉威西岛,坦布	* ISC,Engdahl,NOAA
1968	8	18	18	38	32	-10.205	159.963	540.8	7.3	Mw	Solomon Islands	所罗门群岛	Engdahl
1968	8	21	17	56	47	-30.662	-178.812	15	6.4	Ms	Kermadec Ridge	克马德克海岭	ISC,Engdahl
1968	8	22	14	0	7.85	52.946	171.13	23.9	6	Ms	Aleutian Islands	阿留申群岛	ISC,Engdahl
1968	8	23	22	36	52	-21.978	-63.649	533.4	6.3	Mw	Bolivia:Tarija	玻利维亚:塔里哈	Engdahl
1968	8	28	20	42	18	15.607	121.961	13.5	6.1	Ms	Philippines:San Jose,Coast E.	菲律宾:圣琼斯东部海域	ISC,Bautista,Engdahl
1968	8	31	10	47	40	34.045	58.96	12.3	7.2	Mw	Iran:Razavi Khorasan	伊朗:呼罗珊	* ISC,Engdahl
1968	9	1	7	27	31	34.072	58.212	15	6.3	Ms	Iran:Razavi Khorasan	伊朗:呼罗珊	* ISC,Engdahl
1968	9	3	8	19	54	41.771	32.452	4.9	6.6	Mw	Turkey:Bartin, Amasra	土耳其:巴尔腾,阿马斯腊	* Engdahl,NOAA
1968	9	8	15	12	27	-3.74	143.08	44.8	6.1	Ms	Papua New Guinea: East Sepik, Near Coast of N.	巴布亚新几内亚:东塞皮克北部近海	ISC,Engdahl
1968	9	9	0	37	47	-8.678	-74.48	141.9	6	Mw	Peru:Pucallpa	秘鲁:普卡尔帕	ISC,Engdahl
1968	9	11	19	17	13.7	34.03	59.54	33	6	Ms	Iran:Razavi Khorasan	伊朗:呼罗珊	Shi Z.
1968	9	12	22	44	7.68	-21.581	-179.216	634.3	6.2	Mw	Tonga Islands,W.	汤加群岛西部	ISC,Engdahl
1968	9	16	13	55	36	-6.032	148.743	43	7	Muk	Papua New Guinea:West New Britain	巴布亚新几内亚:西新不列颠	Engdahl
1968	9	20	6	0	4.62	10.731	-62.719	102.6	6.2	mb	Venezuela:Carupano	委内瑞拉:卡鲁帕诺	* Shi Z.,Engdahl,NOAA
1968	9	21	13	6	2.78	42.108	142.619	59.6	6.2	Muk	Japan:Hokkaido	日本:北海道	ISC,Usami,Engdahl
1968	9	25	7	2	51	-46.615	166.333	10	6.3	Ms	New Zealand: South Island, Near Coast of S.	新西兰:南岛南部近海	ISC,Engdahl
1968	9	26	14	37	47	-20.959	-176.848	247.3	6	mB	Fiji Islands	斐济群岛	Engdahl
1968	9	26	18	2	53	-30.577	-177.948	49.1	6.8	Ms	Kermadec Ridge	克马德克海岭	ISC,Engdahl
1968	9	27	19	6	44	-3.664	143.371	5.2	6.5	Ms	Papua New Guinea: East Sepik, Near Coast of N.	巴布亚新几内亚:东塞皮克北部近海	ISC,Engdahl
1968	10	4	6	4	38	-56.31	-27.266	103.3	6	mb	South Sandwich Islands	南桑威奇群岛	ISC,Engdahl
1968	10	6	5	15	11	-15.062	-175.311	21.5	6	Ms	Tonga Islands,N.	汤加群岛北部	ISC,Engdahl
1968	10	6	8	47	0.16	-14.854	-175.348	10.4	6	Ms	Samoa Islands	萨摩亚群岛	ISC,Engdahl
1968	10	7	19	20	22	26.291	140.682	519.8	7.3	Mw	Japan:South Honshu Ridge	日本:本州南部海岭	* Engdahl

年 Year	月 Mo	日 Dy	时 Hr	分 Mn	秒 Sec	纬度(°) Latitude	经度(°) Longitude	深度 Depth	震级 Mag	标度 Scale	地名(英文) Name(English)	地名(中文) Name(Chinese)	资料来源 Information
1968	10	7	20	49	5.86	42.002	142.519	52.8	6.1	Ms	Japan: Hokkaido	日本:北海道	ISC, Usami, Engdahl
1968	10	12	19	17	41	-20.793	-178.669	602.3	6.1	Mw	Fiji Islands	斐济群岛	ISC, Engdahl
1968	10	14	2	58	51	-31.523	116.978	5	6.8	Ms	Australia: Meckering, Northam	澳大利亚:梅克林,诺瑟姆	* ISC, Engdahl
1968	10	23	21	4	43	-3.375	143.322	9.4	7.1	Mw	Papua New Guinea: Wewak, Dagua	巴布亚新几内亚:威瓦克,达呱区	* Engdahl
1968	10	24	15	51	17	5.955	126.989	40.4	6.6	Muk	Philippine Trench	菲律宾海沟	ISC, Engdahl
1968	10	28	23	32	31	-12.478	166.533	67.4	6.6	Mw	Solomon Islands: Santa Cruz Islands	所罗门群岛:圣克鲁斯群岛	ISC, Engdahl
1968	10	29	22	16	18	65.405	-150.19	7	6.5	Ms	Alaska Peninsula, C.	阿拉斯加半岛中部	ISC, Shi Z., Engdahl
1968	10	31	9	6	38	1.171	126.308	36.1	6	Ms	Molukka Sea	马鲁古海	ISC, Engdahl
1968	11	4	9	7	40	-14.24	172.122	592.4	6.5	Mw	Vanuatu Islands	瓦努阿图群岛	ISC, Engdahl
1968	11	6	20	16	6	-6.1	-107.1	33	6	Mw	Ecuador: Galapagos, SE.	厄瓜多尔:加拉帕戈斯岛东南	ISC
1968	11	9	20	30	46	2.38	126.857	48.6	6	Ms	Molukka Sea	马鲁古海	ISC, Engdahl
1968	11	14	9	23	43	-4.97	143.16	56	6.5	Mw	Papua New Guinea: East Sepik	巴布亚新几内亚:东塞皮克	ISC
1968	11	15	0	7	10.6	58.273	-150.449	21.9	6.4	Muk	Alaska: Kodiak Island	阿拉斯加:科迪亚克岛	Engdahl
1968	11	16	7	45	51	-16.619	176.036	46.9	6.1	Muk	Fiji Islands	斐济群岛	Engdahl
1968	11	25	18	36	57	5.044	126.589	50.3	6.2	Ms	Philippines: Mindanao Island, Coast of S.	菲律宾:棉兰老岛南部海域	ISC, Engdahl
1968	11	28	10	36	7.74	15.24	-94.77	22.5	6.4	Ms	Mexico: Near Coast of Chiapas	墨西哥:恰帕斯州近海	ISC, Shi Z., Engdahl
1968	12	2	2	33	44	-14.1	23.781	12.5	6	Mw	Zambia: Lukulu	赞比亚:卢库卢	ISC, Engdahl
1968	12	5	9	44	13	63.885	-21.832	4.9	6	Ms	Iceland: Reykjavik	冰岛:雷克雅未克	ISC, Engdahl
1968	12	7	4	57	49	-3.445	146.262	1.7	6.5	Ms	Bismarck Sea	俾斯麦海	ISC, Engdahl
1968	12	15	2	14	19	51.551	175.84	30	6.2	Ms	Aleutian Islands, Rat Island	阿留申群岛,拉特岛	ISC, Shi Z., Engdahl
1968	12	15	2	28	32	51.671	175.763	16.3	6.1	Ms	Aleutian Islands	阿留申群岛	ISC, Engdahl
1968	12	17	12	2	19	60.103	-152.841	106.2	6	mb	Alaska: Kodiak Island	阿拉斯加:科迪亚克岛	ISC, Shi Z., Engdahl
1968	12	19	16	30	2	37.22	-116.42	22	6.3	Mw	US: Nevada, Beatty	美国:内华达州比蒂	ISC
1969	1	5	13	26	43	-7.991	158.968	62.8	7.3	mb	Solomon Islands: Santa Isabel Island	所罗门群岛:圣伊萨贝尔岛	* Engdahl
1969	1	6	15	38	58	-10.48	164.592	1.9	6.8	Ms	Solomon Islands	所罗门群岛	ISC, Engdahl
1969	1	11	4	26	24	-28.401	-176.705	35.8	6.6	Muk	Kermadec Ridge	克马德克海岭	Engdahl
1969	1	14	23	12	9	36.136	29.198	31.7	6	Ms	Mediterranean Sea	地中海	ISC, Engdahl
1969	1	18	3	2	40	-56.806	-26.96	144.1	6	mb	South Sandwich Islands	南桑威奇群岛	Engdahl
1969	1	19	7	2	8.97	44.891	143.207	237.1	7.3	mb	Japan: Hokkaido, Coast N.	日本:北海道北部海域	* ISC, Engdahl
1969	1	19	18	50	54	-14.908	167.309	113.7	6.2	mb	Vanuatu Islands	瓦努阿图群岛	ISC, Engdahl
1969	1	24	2	33	4.31	-21.95	-179.474	595.3	6.7	Mw	Northeast South Fiji Sea Basin	南斐济海盆东北部	Engdahl
1969	1	30	10	29	43	4.767	127.435	79.6	7.1	mb	Indonesia: Karakelong Island	印度尼西亚:卡拉克隆岛	* Engdahl
1969	1	31	0	44	17	4.136	128.06	49.7	6.3	Ms	Molukka Sea, N.	马鲁古海北部	ISC, Engdahl
1969	2	3	21	41	48	4.797	127.529	74.2	6.1	mb	Indonesia: Karakelong Island	印度尼西亚:卡拉克隆岛	ISC, Bautista, Engdahl
1969	2	4	1	38	31	-0.733	121.539	53.9	6.1	Ms	Indonesia: Gulf of Tomini	印度尼西亚:托米尼湾	ISC, Engdahl
1969	2	10	22	58	5.73	-22.807	178.795	659.9	7.2	Mw	South of Fiji Islands	斐济群岛南部	Engdahl
1969	2	11	22	8	54	41.426	79.239	13.1	7.1	Muk	China: Xinjiang, Uqturpan	中国:新疆乌什	* China, ISC, Engdahl
1969	2	11	22	16	12	-6.791	126.672	425.1	7.2	Mw	Indonesia: Banda Sea	印度尼西亚:班达海	Engdahl
1969	2	17	0	43	3.37	3.781	128.349	35.1	6.5	Ms	Molukka Sea, N.	马鲁古海北部	ISC, Engdahl
1969	2	20	9	55	33	3.52	128.119	15.2	6.4	Ms	Molukka Sea, N.	马鲁古海北部	ISC, Engdahl
1969	2	24	0	8	51	-6.253	131.041	70.3	6.4	Ms	Indonesia: Tanimbar Islands	印度尼西亚:塔宁巴尔群岛	Shi Z., Engdahl
1969	2	28	2	40	35	35.923	-10.568	32.5	7.8	Mw	Portugal: Lisboa; Morocco: Raba	葡萄牙:里斯本;摩洛哥:拉巴特	* Engdahl, NOAA
1969	3	3	0	59	14	40.2	27.4	33	6	Mw	Turkey: Yenice, Onon	土耳其:图穆鲁斯,森扁	ISC
1969	3	3	14	49	32	51.5	159.3	25	6	Mw	Russia: Kamchatka Peninsula	俄罗斯:堪察加半岛	ISC
1969	3	9	13	48	2.49	-4.004	135.63	15.8	6.6	Ms	Indonesia: Papua	印度尼西亚:巴布亚	ISC, Engdahl
1969	3	9	14	39	3.21	-4.079	135.576	15.7	6	Ms	Indonesia: Papua	印度尼西亚:巴布亚	ISC, Engdahl
1969	3	10	6	54	18	-5.611	147.304	198.3	6.7	Ms	Papua New Guinea: Morobe	巴布亚新几内亚:莫罗贝	Shi Z., Engdahl
1969	3	10	8	15	9.98	12.329	-87.418	59.9	6	Muk	Nicaragua: Near West Coast	尼加拉瓜:西部近海	Engdahl
1969	3	20	16	18	56	8.74	127.282	22.5	6.1	Ms	Philippine Trench	菲律宾海沟	ISC, Engdahl
1969	3	28	1	48	32	38.535	28.467	9.3	6.4	Ms	Turkey: Alasehir, Sarigol	土耳其:阿拉谢希尔,萨里格尔	* ISC, Engdahl
1969	3	29	9	15	52.7	11.939	41.219	12	6.3	Ms	Ethiopia: Afar	埃塞俄比亚:阿法尔区	* ISC, Engdahl
1969	3	29	11	4	50	11.926	41.356	6	6.3	Ms	Ethiopia: Afar	埃塞俄比亚:阿法尔区	Shi Z., Engdahl
1969	3	31	7	15	51	27.511	33.936	3.5	6.8	Ms	Egypt: South of Gulf of Suez	埃及:苏伊士湾南端	* ISC, Engdahl, NOAA
1969	3	31	19	25	28	38.439	134.474	398.1	6.7	Mw	Japan Sea	日本海	Engdahl
1969	4	5	2	18	30	11.951	41.331	6.8	6.1	Ms	Ethiopia: Afar	埃塞俄比亚:阿法尔区	ISC, Engdahl
1969	4	5	23	26	9.36	1.25	-85.171	2.1	6.2	Ms	Carnegie Ridge	卡内基海岭	ISC, Engdahl
1969	4	13	23	33	18	-6.128	129.891	166.9	6.6	Ms	Indonesia: Banda Sea	印度尼西亚:班达海	Shi Z., Engdahl
1969	4	16	1	22	46	-3.514	151.003	15	6.5	Ms	Bismarck Sea	俾斯麦海	ISC, Engdahl
1969	4	21	2	19	6.8	14.15	-91.03	76	6	Ms	Guatemala: San José	危地马拉:圣何塞	Shi Z.
1969	4	21	7	19	28	32.149	131.868	37.1	7	Muk	Japan: Miyazzaki, Near Coast	日本:宫崎近海	* Usami, Engdahl, NOAA
1969	4	22	6	31	58	-26.69	-113.963	15	6.2	Ms	Easter Island, W.	复活节岛西部	ISC, Engdahl
1969	4	22	21	59	11	1.9	31.5	28	6	Mw	Uganda: Masindi	乌干达:马辛迪	ISC
1969	4	26	5	58	50	-30.685	-71.529	22.3	6	Ms	Chile: Andacollo	智利:安达科约	ISC, Engdahl
1969	4	26	6	2	51	-30.603	-71.422	33.6	6.3	Ms	Chile: Illapel	智利:伊拉帕尔	ISC, Engdahl
1969	5	1	19	5	26	-16.732	-174.609	205.3	6	Mw	Fiji Islands	斐济群岛	ISC, Engdahl
1969	5	13	14	30	22	-7.244	120.854	630.5	6.4	Mw	Flores Sea	弗洛勒斯海	Engdahl

年 Year	月 Mo	日 Dy	时 Hr	分 Mn	秒 Sec	纬度(°) Latitude	经度(°) Longitude	深度 Depth	震级 Mag	标度 Scale	地名(英文) Name(English)	地名(中文) Name(Chinese)	资料来源 Information
1969	5	14	19	32	54.8	51.278	-179.856	14	7	Ms	Andreanof Islands, Aleutian Is.	阿留申群岛,安德烈亚诺夫群岛	ISC,Engdahl
1969	5	30	16	22	46	-32.203	-177.938	10.9	6.2	Muk	South of Kermadec Ridge	克马德克海岭南部	ISC,Engdahl
1969	6	13	8	48	30.9	49.427	155.48	61.8	6	mb	Kuril Islands	千岛群岛	ISC,Engdahl
1969	6	14	3	22	57.7	-7.942	159.066	58.6	6.6	Muk	Solomon Islands	所罗门群岛	ISC,Engdahl
1969	6	17	23	58	8.53	-52.615	159.835	12.5	6.6	Ms	Australia:Macquarie Island,N.	澳大利亚:麦夸里岛北部	ISC,Shi Z.,Engdahl
1969	6	22	10	45	27	51.434	-179.951	62	6.1	mb	Andreanof Islands, Aleutian Is.	阿留申群岛,安德烈亚诺夫群岛	ISC,Engdahl
1969	6	29	17	9	12	-62.702	166.456	10	6	Ms	Balleny Islands	巴雷尼群岛	ISC,Engdahl
1969	7	12	13	0	38	46.5	153.4	10	6	Mw	Kuril Islands	千岛群岛	ISC
1969	7	16	8	16	54	52.202	158.9	58.3	6.5	Muk	Russia:Kamchatka Peninsula	俄罗斯:堪察加半岛	ISC,Engdahl
1969	7	18	4	24	46.9	38.421	119.453	12	7.4	Ms	China:Bohai Sea	中国:渤海	*China,Engdahl,ISC,Dis
1969	7	24	12	41	37	-45.65	35.032	10.6	6	Ms	Marion Island	马里恩岛[印度洋]	Shi Z.,Engdahl
1969	7	25	14	49	38	21.612	111.809	3.4	6.4	Ms	China:Guangdong,Yangjiang	中国:广东阳江	*China,Engdahl,Dis
1969	8	4	17	19	21	-5.732	125.386	527.6	6.4	Mw	Indonesia:Banda Sea	印度尼西亚:班达海	ISC,Engdahl
1969	8	5	2	13	10	1.246	126.19	26.4	7	Ms	Molukka Sea	马鲁古海	ISC,Engdahl
1969	8	8	11	8	14	-47.751	-15.692	19.8	6	Ms	South Atlantic Ridge	南大西洋海岭	ISC,Engdahl
1969	8	11	21	27	38	43.478	147.815	45.6	8.2	Mw	Kuril Islands	千岛群岛	*ISC,Engdahl,NOAA
1969	8	11	21	36	13	43.787	146.397	32.2	6	mb	Japan:Hokkaido	日本:北海道	Engdahl
1969	8	11	21	40	51	43.611	147.615	4.9	6	mb	Kuril Islands	千岛群岛	ISC,Engdahl
1969	8	11	23	2	56	43.297	147.781	30.2	6.4	Mw	Kuril Islands	千岛群岛	ISC,Engdahl
1969	8	11	23	52	57.2	1.824	126.341	29.1	7.1	Mw	Molukka Sea	马鲁古海	ISC,Engdahl
1969	8	12	3	33	38	43.203	147.726	20	6.2	Mw	Kuril Islands	千岛群岛	ISC,Engdahl
1969	8	12	5	3	28	43.596	148.219	25.5	6.5	Ms	Kuril Islands	千岛群岛	ISC,Engdahl
1969	8	12	5	53	30	43.803	148.534	27.8	6.2	Ms	Kuril Islands	千岛群岛	ISC,Engdahl
1969	8	12	9	25	38	43.5	147.6	25	6.1	Mw	Kuril Islands	千岛群岛	ISC
1969	8	12	11	21	23	44.016	148.695	19.3	6.3	Ms	Kuril Islands	千岛群岛	ISC,Engdahl
1969	8	12	21	16	14	43.003	146.691	32.8	6.4	Ms	Japan:Off SE. Coast of Hokkaido	日本:北海道东南沿海	Shi Z.,Engdahl
1969	8	12	23	5	55	43.36	148.01	15	6	Ms	Kuril Islands	千岛群岛	Shi Z.
1969	8	13	22	57	11	44.18	148.262	37.7	6.1	Ms	Kuril Islands	千岛群岛	ISC,Engdahl
1969	8	14	14	19	1.98	43.27	147.568	17.5	6.5	Ms	Kuril Islands	千岛群岛	ISC,Engdahl
1969	8	15	4	32	2	43.255	147.898	25.2	6.5	Mw	Kuril Islands	千岛群岛	ISC,Engdahl
1969	8	15	8	41	55	21.594	143.107	305.5	6.2	Mw	Mariana Islands,N.	马里亚纳群岛北部	ISC,Engdahl
1969	8	15	10	2	18	43.1	148.3	30	6	Mw	Kuril Islands,S.	千岛群岛南部	ISC
1969	8	16	15	15	33	43.6	147.4	55	6	Mw	Kuril Islands	千岛群岛	ISC
1969	8	17	20	14	59	24.851	-109.683	29.5	7.2	Muk	Gulf of California	加利福尼亚湾	ISC,Shi Z.,Engdahl
1969	8	18	1	4	3.18	-55.868	-123.34	13.6	6.4	Ms	Southern Pacific Ridge	南太平洋海岭	ISC,Engdahl
1969	8	20	7	50	12	47.922	153.66	113.6	6	mb	Kuril Islands	千岛群岛	ISC,Engdahl
1969	8	27	18	5	49	42.6	145.3	40	6.4	Mw	Japan:Hokkaido	日本:北海道	ISC
1969	8	28	13	54	9	-31.712	-177.397	1.1	6	Ms	Kermadec Ridge	克马德克海岭	Shi Z.,Engdahl
1969	8	30	7	11	41	43.586	147.833	30.9	6.3	Ms	Kuril Islands	千岛群岛	ISC,Engdahl
1969	9	2	2	6	18	-31.403	-176.849	19.2	6	Muk	Kermadec Ridge	克马德克海岭	Engdahl
1969	9	3	16	20	12	30.72	140.5	60	6.2	Mw	Japan Trench	日本海沟	ISC
1969	9	6	14	30	42	36.912	-11.94	39	6	Ms	North Atlantic Ocean,E.	北大西洋东部	ISC,Engdahl
1969	9	6	14	50	2.02	-8.879	157.935	44.1	6.1	Ms	Solomon Islands	所罗门群岛	ISC,Engdahl
1969	9	9	5	15	38	35.786	137.093	7.5	6	Ms	Japan:Gujo	日本:岐阜郡上	ISC,Usami,Engdahl
1969	9	12	8	57	8.15	51.257	-179.182	35.5	6.6	Ms	Andreanof Islands, Aleutian Is.	阿留申群岛,安德烈亚诺夫群岛	ISC,Shi Z.,Engdahl
1969	9	16	14	30	2	37.33	-116.43	22	6.1	Mw	US:Nevada,Beatty	美国:内华达州比蒂	ISC
1969	9	16	15	43	45	37.4	-116.44	47	6.2	Mw	US:Nevada,Beatty	美国:内华达州比蒂	ISC
1969	9	20	5	8	55	58.297	-32.116	4.6	6	Ms	Reykjanes Ridge	雷克雅内斯海岭[大西洋]	ISC,Engdahl
1969	9	21	1	14	50	32.7	-127	1	6.2	Mw	US:California,Off Coast SW.	美国:加利福尼亚州西南海域	ISC
1969	9	22	1	40	20	-5.6	68.1	14	6	Mw	Chagos Archipelago Region	查戈斯群岛地区[印度洋]	ISC
1969	9	24	18	3	19	15.228	-45.743	17.4	6.4	Ms	Northern Mid-Atlantic Ridge	北大西洋洋中脊	ISC,Engdahl
1969	9	29	20	3	30	-33.19	19.336	15	6.3	Ms	South Africa:Ceres	南非:锡里斯	*Engdahl
1969	9	30	17	51	40	-31.829	-177.703	15	6.1	Ms	South of Kermadec Ridge	克马德克海岭南部	ISC,Engdahl
1969	10	1	5	5	46	-11.835	-75.195	6.5	6.2	Ms	Peru:Huancayo	秘鲁:万卡约	*ISC,Shi Z.,Engdahl
1969	10	1	5	12	18	49.4	153.5	27	6	Mw	Kuril Islands	千岛群岛	ISC
1969	10	1	19	53	14	-60.868	-19.767	5	6	Ms	Antarctica-Atlantic Ridge	南极-大西洋海岭	ISC,Shi Z.,Engdahl
1969	10	2	22	6	1	51.59	179.19	34	6.4	Mw	Aleutian Islands,Rat Island	阿留申群岛,拉特岛	ISC
1969	10	17	1	25	1.68	23.087	94.707	25	6.1	mb	myanmar:Sagaing	缅甸:实皆	ISC,Engdahl
1969	10	21	20	53	46	51.31	-179.23	43	6	Ms	Andreanof Islands, Aleutian Is.	阿留申群岛,安德烈亚诺夫群岛	ISC,Shi Z.
1969	10	26	6	38	2.65	-16.204	-173.78	105.2	6.7	Ms	Tonga Islands,N.	汤加群岛北部	Shi Z.,Engdahl
1969	10	26	11	25	10	42.8	147.9	40	6.2	Mw	Japan:Off SE. Coast of Hokkaido	日本:北海道东南沿海	ISC
1969	10	26	21	39	21.8	-53.336	23.484	34.1	6.1	Ms	Atlantic-Indian Ridge	大西洋-印度洋海岭	Shi Z.,Engdahl
1969	10	27	8	10	58	44.837	17.234	15	6.1	Ms	Bosnia:Kakasi	波斯尼亚:卡卡西	*ISC,Engdahl
1969	10	31	11	33	1.35	51.262	-178.97	9.4	6.3	Ms	Andreanof Islands, Aleutian Is.	阿留申群岛,安德烈亚诺夫群岛	ISC,Shi Z.,Engdahl
1969	11	1	11	8	22	23.083	-107.994	12.8	6.6	Ms	Gulf of California	加利福尼亚湾	ISC,Engdahl
1969	11	7	18	34	6.2	27.815	59.979	75.8	6.1	mb	Pakistan:Balochistan	巴基斯坦:俾路支	ISC,Engdahl
1969	11	9	9	7	51	-16.25	167.9	186	6.1	Ms	Vanuatu Islands	瓦努阿图群岛	Shi Z.

年 Year	月 Mo	日 Dy	时 Hr	分 Mn	秒 Sec	纬度(°) Latitude	经度(°) Longitude	深度 Depth	震级 Mag	标度 Scale	地名(英文) Name(English)	地名(中文) Name(Chinese)	资料来源 Information
1969	11	13	7	51	30	-27.791	-71.835	22.9	6	Ms	Chile:Off Coast of C.	智利:中部沿海	ISC,Shi Z.,Engdahl
1969	11	21	2	5	35	1.973	94.574	11	7.6	Mw	Indonesia: Off West Coast of N. Sumatera	印度尼西亚:北苏门答腊西部海域	* Engdahl
1969	11	22	23	9	35	57.729	163.595	9.1	7.8	Mw	Russia:Kamchatka,Near East Coast	俄罗斯:堪察加东部近海	* Engdahl,NOAA
1969	11	24	21	14	13.2	60.49	-58.88	33	6.8	Ms	Labrador Sea	拉布拉多海	Shi Z.
1969	11	26	12	44	3.26	-16.837	167.843	10.2	6	Ms	Vanuatu Islands	瓦努阿图群岛	ISC,Engdahl
1969	12	10	19	54	2.3	-14.819	167.155	38.2	6.3	Ms	Vanuatu Islands	瓦努阿图群岛	ISC,Engdahl
1969	12	14	2	42	13	1.979	126.896	60.1	6	mb	Molukka Sea	马鲁古海	ISC,Engdahl
1969	12	18	13	32	4.84	46.224	142.472	327.3	6.4	Mw	Russia:Sakhalin Island	俄罗斯:库页岛(萨哈林岛)	* * Engdahl
1969	12	25	21	32	29.2	15.727	-59.648	9.7	7.2	Mw	Guadeloupe:Grand Bourg	瓜德罗普岛:格兰堡	* ISC,Shi Z.,Engdahl,NOAA
1969	12	25	22	26	11	15.8	-59.7	15	6.3	Mw	Guadeloupe:Basse Terre,E.	瓜德罗普岛:巴斯特尔东部	ISC
1969	12	25	22	31	5	16.035	-59.797	14.5	6.5	Mw	Guadeloupe:Basse Terre,E.	瓜德罗普岛:巴斯特尔东部	ISC,Engdahl
1969	12	31	19	1	60	28.545	129.132	59	6.3	Ms	Ryukyu Islands	琉球群岛	ISC,Usami,Engdahl
1970	1	4	17	0	40	24.147	102.462	14	7.8	Ms	China:Yunnan,Tonghai	中国:云南通海	* China,Engdahl,Dis
1970	1	6	5	35	54	-9.616	151.501	14	6.2	Ms	Solomon Sea	所罗门海	ISC,Engdahl
1970	1	8	17	12	43	-34.889	178.845	209.2	7	mb	Kermadec Ridge	克马德克海岭	ISC,Engdahl
1970	1	10	12	7	9.1	6.788	126.687	61.4	7.6	Mw	Philippines:Mindanao Island	菲律宾:棉兰老岛	* ISC,Engdahl,NOAA
1970	1	20	7	19	48	-25.865	-177.173	45	7.2	mb	South of Fiji Islands	斐济群岛南部	ISC,Engdahl
1970	1	20	17	33	6.05	42.523	143.024	34.9	6.4	Ms	Japan:Hokkaido	日本:北海道	ISC,Usami,Engdahl
1970	1	21	17	51	38	6.977	-104.256	19.2	6.6	Ms	Central East Pacific Rise	中央东太平洋海岭	ISC,Engdahl
1970	1	26	10	1	21	-12.63	166.474	41.6	6.4	Ms	Solomon Islands:Santa Cruz Islands	所罗门群岛:圣克鲁斯群岛	ISC,Engdahl
1970	1	28	23	6	2.31	-20.72	-178.739	604.2	6.2	Mw	Fiji Islands	斐济群岛	Engdahl
1970	2	4	5	8	51	15.516	-99.488	29.2	6.5	Ms	Mexico:Off Coast of Guerrero	墨西哥:格雷罗沿海	ISC,Shi Z.,Engdahl
1970	2	5	22	5	60	12.6	122.058	7.7	6.6	Ms	Philippines:Romblon Island	菲律宾:朗布隆岛	* Bautista,Engdahl
1970	2	6	0	11	49.5	54.57	163.56	43	6.2	Ms	Russia:Ostrov Beringa	俄罗斯:白令岛	Shi Z.
1970	2	6	22	10	41	23.051	100.753	6	6.1	Ms	China:Yunnan,Ninger,W.	中国:云南宁洱西	China,Engdahl
1970	2	13	15	43	29	-5.979	112.972	623.6	6.5	Mw	Indonesia:Java Sea	印度尼西亚:爪哇海	Engdahl
1970	2	14	11	18	16.4	-9.9	-75.6	35	6	mb	Peru:Panao,Chaclla	秘鲁:帕瑙,奎罗	* Shi Z.
1970	2	19	7	10	2	27.58	94.13	12	6.1	Ms	India:Arunachal Pradesh	印度:阿鲁那恰尔邦	Wang S.
1970	2	24	2	7	34	30.604	103.054	3	6.2	Ms	China:Sichuan,Dayi,W.	中国:四川大邑西	China,Engdahl
1970	2	28	10	52	34.3	52.554	-175.036	179.4	6	mb	Andreanof Islands, Aleutian Is.	阿留申群岛,安德烈亚诺夫群岛	ISC,Shi Z.,Engdahl
1970	3	4	3	30	38	12.169	143.857	36.8	6.2	Ms	Mariana Islands,S.	马里亚纳群岛南部	ISC,Shi Z.,Engdahl
1970	3	9	16	1	12	-19.079	168.68	35.3	6.5	Ms	Vanuatu Islands	瓦努阿图群岛	ISC,Engdahl
1970	3	10	4	58	26	44.65	148.99	44	6.2	Mw	Kuril Islands	千岛群岛	ISC
1970	3	11	22	38	37	57.328	-153.94	38.7	6	Ms	Alaska:Kodiak Island	阿拉斯加:科迪亚克岛	* ISC,Shi Z.,Engdahl,NOAA
1970	3	19	23	33	31	51.296	173.781	16.6	6.2	Ms	Aleutian Islands	阿留申群岛	ISC,Shi Z.,Engdahl
1970	3	26	19	0	2	37.3	-116.49	23	6.4	Mw	US:Nevada,Beatty	美国:内华达州比蒂	ISC
1970	3	27	18	36	51	0.273	119.327	34	6.7	Ms	Indonesia:Makassar Strait	印度尼西亚:望加锡海峡	ISC,Engdahl
1970	3	28	21	2	26	39.172	29.55	24.2	7.4	Ms	Turkey:Gediz	土耳其:盖迪兹	* Shi Z.,Engdahl
1970	3	29	10	8	22	-17.083	168.606	236	6	mb	Vanuatu Islands	瓦努阿图群岛	ISC,Engdahl
1970	3	30	16	46	46	6.767	126.616	63.8	7.1	mb	Philippines:Mindanao Island	菲律宾:棉兰老岛	Engdahl
1970	3	30	20	40	50	-49.6	164.3	33	6	Mw	New Zealand:Auckland Islands	新西兰:奥克兰群岛	ISC
1970	4	7	5	34	6.39	15.772	121.659	28.3	7.2	Mw	Philippines:San Jose,Coast E.	菲律宾:圣琼斯东部海域	* Bautista,Engdahl,NOAA
1970	4	8	21	23	58	15.457	121.753	24	6.2	Ms	Philippines:San Fernando,Coast E.	菲律宾:圣费尔南多东部海域	ISC,Engdahl
1970	4	11	4	5	44	59.644	-142.604	2.9	6.2	Ms	Gulf of Alaska	阿拉斯加湾	ISC,Shi Z.,Engdahl
1970	4	12	4	1	44	15.085	122.01	15.7	7	Ms	Philippines:San Fernando,Coast E.	菲律宾:圣费尔南多东部海域	ISC,Bautista,Engdahl
1970	4	15	13	14	25	15.132	122.68	26	6	Ms	Philippines:Luzon,Near Coast of E.	菲律宾:吕宋岛东部近海	ISC,Bautista,Engdahl
1970	4	16	5	33	19	59.773	-142.546	4.1	6.8	Ms	Gulf of Alaska	阿拉斯加湾	ISC,Shi Z.,Engdahl
1970	4	19	1	15	46	59.552	-142.838	8	6.5	Mw	Gulf of Alaska	阿拉斯加湾	ISC,Shi Z.,Engdahl
1970	4	20	10	39	14	-18.81	169.381	245.7	7	mb	Vanuatu Islands	瓦努阿图群岛	ISC,Engdahl
1970	4	29	11	22	34	14.424	-92.775	16.1	6.3	Ms	Mexico:Near Coast of Chiapas	墨西哥:恰帕斯州近海	ISC,Shi Z.,Engdahl
1970	4	30	8	33	4.09	14.665	-93.217	45.1	6.4	Ms	Mexico:Near Coast of Chiapas	墨西哥:恰帕斯州近海	ISC,Shi Z.,Engdahl
1970	5	1	8	35	26	14.536	-93.226	44.6	6	Muk	Mexico:Tapachula,Off Coast	墨西哥:塔帕丘拉沿海	Engdahl
1970	5	4	18	53	19	-41.554	80.082	8.8	6.2	Ms	Mid - Indian Ridge	中印度洋海岭	ISC,Engdahl
1970	5	10	20	5	18.8	18.583	145.37	620.9	6.1	Mw	Mariana Islands	马里亚纳群岛	Engdahl
1970	5	14	18	12	26	43.102	47.071	12.7	6.5	Ms	Russia:Dagestan,Chirkey,NE.	俄罗斯:达吉斯坦共和国奇尔克伊东北	* ISC,Engdahl,NOAA
1970	5	15	17	13	14	50.203	91.259	11.2	6.7	Ms	Mongolia:Turgen	蒙古:图尔根	ISC,Engdahl
1970	5	20	20	3	43.2	-55.936	-28.268	68.7	6.1	mb	South Sandwich Islands	南桑威奇群岛	ISC,Shi Z.,Engdahl
1970	5	27	12	5	9.58	27.203	140.223	407.3	7.1	Mw	Japan:South Honshu Ridge	日本:本州南部海岭	ISC,Engdahl
1970	5	27	19	5	38	40.313	143.074	10.2	6	Ms	Japan:Morioka,Near East Coast	日本:盛冈东部近海	ISC,Engdahl
1970	5	31	20	23	32	-9.248	-78.84	73	7.9	M	Peru:Casma,Near Coast	秘鲁:卡斯马近海	* Engdahl,Shi Z.,NOAA
1970	5	31	20	45	53	-9.998	-78.502	50.8	6	mb	Peru:Huarmey,Near Coast	秘鲁:瓦尔梅近海	ISC,Engdahl

年 Year	月 Mo	日 Dy	时 Hr	分 Mn	秒 Sec	纬度(°) Latitude	经度(°) Longitude	深度 Depth	震级 Mag	标度 Scale	地名(英文) Name(English)	地名(中文) Name(Chinese)	资料来源 Information
1970	6	4	4	9	27.5	-9.892	-78.668	54.9	6.2	Muk	Peru:Chimbote,Near Coast	秘鲁:钦博特近海	ISC,Shi Z.,Engdahl
1970	6	5	4	53	5.73	42.492	78.719	4	6.6	Ms	Kazakhstan:Almaty	哈萨克斯坦:阿拉木图	* ISC,Engdahl
1970	6	5	10	31	53.9	63.26	146.18	33	6.2	Ms	Russia:Magadan,Myaundzha,N.	俄罗斯:马加丹州米亚温贾北部	GSHAP
1970	6	10	16	17	43.5	44.862	149.574	5	6.5	Ms	Kuril Islands	千岛群岛	Shi Z.,Engdahl
1970	6	11	6	2	56	-24.486	-68.497	109.7	6.2	mb	Chile:Antofagasta,C.	智利:安托法加斯塔中部	ISC,Shi Z.,Engdahl
1970	6	11	16	46	36	-59.396	159.215	33.6	7.3	Mw	Macquarie Ridge	麦夸里海岭	* Engdahl
1970	6	12	8	6	21	-2.909	139.166	50.5	6.1	Ms	Indonesia:Papua,N.	印度尼西亚:巴布亚北部	ISC,Engdahl
1970	6	14	0	0	8.65	-51.988	-74.328	0.6	6.5	Ms	Chile:Punta Arenas,NW.	智利:蓬塔阿雷纳斯西北	* ISC,Shi Z.,Engdahl,NOAA
1970	6	15	9	41	40	-8.7	118.8	33	6	Mw	Indonesia:Sumbawa	印度尼西亚:松巴哇	ISC
1970	6	15	11	14	50	-54.37	-64.108	3.3	7	Ms	Indonesia:Flores Islands	印度尼西亚:弗洛勒斯群岛	ISC,Shi Z.,Engdahl
1970	6	16	5	10	33.6	5.36	-82.68	17	6.3	Ms	Panama:Off Coast of S.	巴拿马:南部海域	Shi Z.
1970	6	19	10	56	15.7	-22.265	-70.502	49	6.4	Ms	Chile:Tocopilla,Near Coast	智利:托科皮亚近海	* ISC,Shi Z.,Engdahl,NOAA
1970	6	24	13	9	12	51.774	-130.939	20.3	6.8	Mw	Canada:Queen Charlotte Islands	加拿大:夏洛特皇后群岛	* Shi Z.,Engdahl
1970	6	28	1	30	18	-8.748	123.994	76.2	6.2	mb	Indonesia:Flores Islands	印度尼西亚:弗洛勒斯群岛	ISC,Engdahl
1970	6	28	11	9	53	-21.746	-179.363	606.9	6.4	Mw	Tonga Islands,W.	汤加群岛西部	Engdahl
1970	7	2	0	56	13	-51.071	139.298	3.1	6	Ms	Great Australian Bight,S.	大澳大利亚湾南部	ISC,Engdahl
1970	7	11	20	10	54.1	-60.63	-25.27	45	6	Ms	South Sandwich Islands	南桑威奇群岛	Shi Z.
1970	7	16	21	17	43	-19.205	-173.297	15	6	Ms	Tonga Islands,E.	汤加群岛东部	ISC,Engdahl
1970	7	17	20	4	46	-21.931	-174.635	12.5	6.2	Ms	Tonga Islands	汤加群岛	ISC,Engdahl
1970	7	18	1	48	38.9	51.349	-178.548	32.1	6	Ms	Andreanof Islands, Aleutian Is.	阿留申群岛,安德烈亚诺夫群岛	Shi Z.,Engdahl
1970	7	19	9	22	42	-3.933	152.318	13.6	6	Ms	Papua New Guinea:New Ireland	巴布亚新几内亚:新爱尔兰	ISC,Engdahl
1970	7	25	22	41	14	32.246	131.68	45.6	7	Mw	Japan:Miyazaki,Near Coast	日本:宫崎近海	* Engdahl,NOAA
1970	7	29	10	16	23.1	25.991	95.351	79.5	6.4	mb	myanmar:Sagaing,N.	缅甸:实皆北部	ISC,Engdahl
1970	7	30	0	52	20	37.836	55.887	10.9	6.6	Ms	Iran:Gorgan,NE.	伊朗:戈尔甘东北	* ISC,Engdahl
1970	7	30	4	58	44.7	14.246	51.827	23.8	6.5	Ms	Eastern Gulf of Aden	亚丁湾东部	ISC,Engdahl
1970	7	31	17	8	6.03	-1.486	-72.563	644.6	8	M	Colombia:Amazonas	哥伦比亚:亚马孙	* Shi Z.,Engdahl
1970	8	3	13	15	22	-22.4	170.3	21	6.1	Mw	Vanuatu Islands	瓦努阿图群岛	ISC
1970	8	7	7	51	13	-17.865	-178.151	558.8	6.1	Mw	Fiji Islands	斐济群岛	Engdahl
1970	8	10	15	15	23.4	-13.917	166.687	57.3	6.4	Ms	Vanuatu Islands	瓦努阿图群岛	ISC,Engdahl
1970	8	11	10	22	24	-14.095	166.57	39.1	7.5	Ms	Vanuatu Islands	瓦努阿图群岛	* * Engdahl
1970	8	11	20	10	52	-60.6	-25.4	33	6	Mw	South Sandwich Islands	南桑威奇群岛	ISC
1970	8	13	4	22	37	-9.003	117.933	96.8	6	Mw	Indonesia:Sumbawa	印度尼西亚:松巴哇	ISC,Engdahl
1970	8	24	12	30	18	-56.356	-142.504	13.7	6.4	Ms	Pacific - Antarctic Ridge	太平洋-南极洲洋脊	ISC,Engdahl
1970	8	28	1	2	47	-4.572	153.283	59.4	6.2	Muk	Papua New Guinea:New Ireland	巴布亚新几内亚:新爱尔兰	ISC,Engdahl
1970	8	30	17	46	11	52.342	151.621	650.8	7.3	Mw	Sea of Okhotsk	鄂霍次克海	ISC,Engdahl
1970	9	1	5	11	20	17.705	147.702	59	6.4	Ms	Mariana Islands	马里亚纳群岛	ISC,Engdahl
1970	9	5	7	52	30	52.196	151.48	584.1	6.5	Mw	Sea of Okhotsk	鄂霍次克海	Engdahl
1970	9	23	12	4	56	-6.46	154.623	42.7	6.5	Ms	Papua New Guinea:Bougainville Island	巴布亚新几内亚:布干维尔岛	ISC,Engdahl
1970	9	26	12	2	32	6.237	-77.527	12.6	6.6	Ms	Colombia:Bahia Solano	哥伦比亚:巴伊阿索拉诺	* Engdahl
1970	9	27	3	38	37.5	6.374	-77.507	5.5	6.5	Ms	Colombia:Bahia Solano	哥伦比亚:巴伊阿索拉诺	ISC,Shi Z.,Engdahl
1970	9	29	6	3	29	-13.518	166.676	68.7	6	mb	Vanuatu Islands	瓦努阿图群岛	ISC,Engdahl
1970	10	2	6	15	34.3	-6.8	154.973	52.2	6	Muk	Solomon Sea,N.	所罗门海北部	Engdahl
1970	10	10	8	53	4.75	-3.606	86.124	22.4	6.3	Ms	South - East Indian Ridge	南印度洋东海岭	ISC,Engdahl
1970	10	10	21	59	42.7	-31.93	-177.857	19.1	6.2	Ms	South of Kermadec Ridge	克马德克海岭南部	ISC,Engdahl
1970	10	11	3	16	50	-31.997	-178.028	26.6	6.3	Ms	South of Kermadec Ridge	克马德克海岭南部	ISC,Engdahl
1970	10	11	5	38	7.62	-32.067	-177.76	34.8	6.1	Ms	South of Kermadec Ridge	克马德克海岭南部	ISC,Engdahl
1970	10	14	18	15	39	43.482	147.878	29.5	6	Ms	Kuril Islands	千岛群岛	ISC,Engdahl
1970	10	25	15	9	50	9.066	93.854	23.4	6.3	Ms	India:Nicobar Islands	印度:尼科巴群岛	ISC,Engdahl
1970	10	29	2	23	25	-41.278	80.448	27.2	6	Ms	Mid - Indian Ridge	中印度洋海岭	Shi Z.,Engdahl
1970	10	31	17	53	7.07	-4.907	145.471	8.1	7.3	Ms	Papua New Guinea:Madang	巴布亚新几内亚:马当	* Engdahl,NOAA
1970	11	8	22	35	44	-3.421	135.623	2.3	6.8	Ms	Indonesia:Papua	印度尼西亚:巴布亚	ISC,Engdahl
1970	11	12	6	7	17	-5.063	145.234	26.6	6.5	Ms	Papua New Guinea:Madang	巴布亚新几内亚:马当	ISC,Engdahl
1970	11	13	14	16	23	12.09	124.178	21.8	6.3	Ms	Philippines:Calbayog	菲律宾:甲描育	ISC,Bautista,Engdahl
1970	11	14	7	58	22	22.839	121.363	27.6	6.5	Ms	China:Taiwan,Taitung,Coast of E.	中国:台湾台东以东海域	China,Engdahl
1970	11	26	3	11	43	43.567	-127.809	16.9	6	Ms	US:Off Coast of W. Oregon	美国:俄勒冈州西部沿海	Shi Z.,Engdahl
1970	11	29	6	1	18	-11.813	-14.064	12.8	6	Ms	Central Mid - Atlantic Ridge	中大西洋中脊	ISC,Engdahl
1970	12	1	18	14	37	-10.961	163.505	11.5	6.1	Ms	Solomon Islands	所罗门群岛	ISC,Engdahl
1970	12	2	15	25	43	-11.028	163.767	3.5	6.5	Ms	Solomon Islands	所罗门群岛	ISC,Engdahl
1970	12	2	15	54	17	-11.005	163.493	2.7	7	Ms	Solomon Islands	所罗门群岛	ISC,Engdahl
1970	12	4	17	8	51	-23.203	-70.039	42.7	6.3	Ms	Chile:Antofagasta,C.	智利:安托法加斯塔中部	ISC,Shi Z.,Engdahl
1970	12	6	20	20	53	41.835	143.514	40.7	6.1	Ms	Japan:Hokkaido	日本:北海道	ISC,Engdahl
1970	12	7	21	35	23	29.757	139.98	183.4	6	mb	Japan:South Honshu Ridge	日本:本州南部海岭	ISC,Engdahl
1970	12	8	19	30	7.84	-30.872	-71.201	50.7	6.4	Ms	Chile:Ovalle	智利:奥瓦耶	ISC,Shi Z.,Engdahl
1970	12	10	4	34	38.8	-4.079	-80.662	20.1	7.8	Ms	Peru:Tumbes	秘鲁:通贝斯	* Shi Z.,ISC,Engdahl
1970	12	19	10	38	7.06	-1.625	99.885	45	6.2	Ms	Indonesia:Southern Sumatra	印度尼西亚:苏门答腊南部	ISC,Engdahl

年 Year	月 Mo	日 Dy	时 Hr	分 Mn	秒 Sec	纬度(°) Latitude	经度(°) Longitude	深度 Depth	震级 Mag	标度 Scale	地名(英文) Name(English)	地名(中文) Name(Chinese)	资料来源 Information
1970	12	28	20	3	26	-5.202	153.621	59	6.5	Muk	Papua New Guinea:East New Britain,E.	巴布亚新几内亚:东新不列颠东部	ISC,Engdahl
1970	12	29	2	26	12	-10.552	161.46	58.9	6.8	Muk	Solomon Islands	所罗门群岛	ISC,Engdahl
1971	1	3	17	35	41	-55.647	-2.455	25	7.1	Ms	South Atlantic Ridge	南大西洋海岭	ISC,Engdahl
1971	1	10	7	17	7.71	-3.232	139.744	54.9	7.7	Mw	Indonesia:Papua	印度尼西亚:巴布亚	* Engdahl
1971	1	10	10	45	10	-3.075	139.647	52.9	6.2	mb	Indonesia:Papua	印度尼西亚:巴布亚	ISC,Engdahl
1971	1	10	16	38	39.9	-3.5	140.118	45.4	6	Ms	Indonesia:Papua	印度尼西亚:巴布亚	ISC,Engdahl
1971	1	15	7	28	38	-3.03	139.47	33	6	Mw	Indonesia:Papua	印度尼西亚:巴布亚	ISC
1971	1	25	0	18	26	-9.632	151.424	23.2	6.3	Ms	Solomon Sea	所罗门海	ISC,Engdahl
1971	1	25	16	8	18	51.461	-177.716	47.1	6.3	Ms	Aleutian Islands	阿留申群岛	ISC,Shi Z.,Engdahl
1971	1	29	21	58	5.7	51.638	150.963	537.1	6.9	Mw	Sea of Okhotsk	鄂霍次克海	ISC,Engdahl
1971	2	4	15	33	33	0.552	98.665	60	7.1	Ms	Indonesia:Natal,Sibolga	印度尼西亚:纳塔尔,实武牙	* Engdahl
1971	2	7	2	29	26.9	51.321	-176.789	22.3	6.5	Muk	Aleutian Islands	阿留申群岛	ISC,Shi Z.,Engdahl
1971	2	8	21	4	20	-63.422	-61.417	13.6	7	Ms	West Scotia Basin	西斯科舍海盆	ISC,Shi Z.,Engdahl
1971	2	9	14	0	41.8	34.401	-118.392	6.4	6.7	M	US:California,San Fernando	美国:加利福尼亚州圣费尔南多	* Shi Z.,Engdahl
1971	2	15	7	51	3.3	-25.275	178.454	586.5	6.6	Mw	South of Fiji Islands	斐济群岛南部	ISC,Engdahl
1971	2	17	5	13	0	40.17	142.35	48	6.2	Mw	Japan:Morioka,Near East Coast	日本:盛冈东部近海	ISC
1971	2	21	10	35	22.4	-23.804	-67.151	179.9	6	mb	Argentina:Jujuy	阿根廷:胡胡伊	ISC,Shi Z.,Engdahl
1971	3	4	0	28	39	30.408	138.417	451.3	6	Mw	Japan:South Honshu Ridge	日本:南本州海岭	Engdahl
1971	3	13	15	47	58	-18.354	173.648	16.4	6	Ms	Fiji Islands	斐济群岛	ISC,Engdahl
1971	3	13	19	12	26	-5.736	145.428	111	6.2	mb	Papua New Guinea:Western Highlands	巴布亚新几内亚:西高地区	ISC,Engdahl
1971	3	13	23	51	35	50.594	-130.115	18.2	6.1	Ms	Canada:Off Coast of W. Vancouver	加拿大:温哥华西部海域	ISC,Shi Z.,Engdahl
1971	3	16	12	32	31	-10.901	163.829	27	6.4	Ms	Solomon Islands	所罗门群岛	ISC,Engdahl
1971	3	23	2	15	28	-23.003	-176.13	73.3	6.1	mb	Tonga Islands	汤加群岛	ISC,Engdahl
1971	3	23	9	26	28	70.965	-7.056	8	6.3	Ms	Jan Mayen Island	扬马延岛	ISC,Engdahl
1971	3	24	13	54	18	35.423	98.046	2.4	6.4	Ms	China:Qinghai,Maduo,N.	中国:青海玛多北	ISC,Engdahl
1971	3	26	9	8	6	-55.44	-129.1	33	6	Mw	Southern Pacific Ridge	南太平洋海岭	ISC
1971	3	28	8	23	20	11.833	94.976	17.4	6.3	Ms	India:Andaman Islands	印度:安达曼群岛	ISC,Engdahl
1971	4	3	12	50	43	32.2	95.4	20	6.5	Ms	China:Qinghai,Zaduo,S.	中国:青海杂多南部	China
1971	4	4	10	15	34	-56.116	-122.547	3.3	6.6	Ms	Southern Pacific Ridge	南太平洋海岭	ISC,Engdahl
1971	4	5	5	2	16	-0.362	124.669	52.8	6	mb	Molukka Sea,S.	马鲁古海南部	ISC,Engdahl
1971	4	6	11	6	30	-22.232	-179.466	586.9	6.2	Mw	Northeast South Fiji Sea Basin	南斐济海盆东北部	Engdahl
1971	4	7	4	59	40	2.431	129.114	34.6	6.6	Ms	Indonesia:Maluku Utara,Coast of E.	印度尼西亚:北马鲁古东部海域	ISC,Engdahl
1971	4	8	7	45	60	-4.47	102.265	80.4	6.3	mb	Indonesia:Southern Sumatra	印度尼西亚:苏门答腊南部	ISC,Engdahl
1971	4	12	19	3	22.1	28.264	55.608	5.6	6	Ms	Iran:Hormozgan	伊朗:荷姆兹甘	* Iran,ISC,Engdahl
1971	4	15	0	37	29	-36.857	177.322	243.7	6.2	Mw	Kermadec Ridge,S.	克马德克海岭南部	ISC,Engdahl
1971	4	21	6	42	16.3	53.9	-161.5	21	6.1	Ms	Aleutian Islands	阿留申群岛	Shi Z.
1971	4	24	13	54	16.4	35.5	98.1	13	6.3	Ms	China:Qinghai,Maduo,N.	中国:青海玛多北	CSN
1971	4	28	15	32	2.2	22.953	100.993	8	6.7	Ms	China:Yunnan,Pu-er	中国:云南普洱	China,Engdahl
1971	5	2	6	8	26	51.433	-177.248	21	7.1	Ms	Aleutian Islands	阿留申群岛	* Shi Z.,ISC,Engdahl,NOAA
1971	5	4	2	4	32	-6.545	105.312	50.5	6	Muk	Indonesia:Sunda Strait	印度尼西亚:巽他海峡	ISC,Engdahl
1971	5	9	8	25	2.16	-39.748	-104.946	25.6	6.2	Mw	Southern Pacific Ridge	南太平洋海岭	ISC,Engdahl
1971	5	18	22	44	42	63.924	146.114	8.9	7	Muk	Russia:Magadan,Myaundzha,N.	俄罗斯:马加丹州米亚温贾北部	ISC,Engdahl
1971	5	22	16	44	0.91	38.868	40.542	3.6	6.7	Ms	Turkey:Bingol	土耳其:宾格尔	* Engdahl
1971	5	22	20	3	30	32.328	92.098	2	6.5	Ms	China:Xizang(Tibet),Amdo,NE.	中国:西藏安多东北	China,Engdahl
1971	5	30	15	44	16.5	25.2	96.352	6	6.1	Ms	myanmar:Myitkyina,W.	缅甸:密支那西部	ISC,Engdahl
1971	5	31	3	46	52	72.203	0.999	15	6	Muk	Norwegian Sea	挪威海	Engdahl
1971	5	31	5	13	57	25.234	96.495	3.7	6.1	Ms	myanmar:Myitkyina,W.	缅甸:密支那西部	ISC,Engdahl
1971	6	11	12	56	6.77	17.984	-69.808	59	6.5	Muk	Dominica:Santo Domingo	多米尼加:多米尼加	* Shi Z.,Engdahl
1971	6	11	13	58	39	51.575	176.083	23.6	6.5	Ms	Aleutian Islands,Rat Island	阿留申群岛,拉特岛	ISC,Shi Z.,Engdahl
1971	6	17	21	0	41.8	-25.423	-69.052	90.1	7.2	mb	Chile:Catalina, Antofagasta	智利:卡特琳娜,安托法加斯塔	* Chile,Shi Z.,Engdahl
1971	6	24	13	52	23	24.1	123.8	50	6	Mw	Ryukyu Islands,SW.	琉球群岛西南	ISC
1971	6	26	19	27	16	-5.215	96.843	28.3	6.4	Ms	Indonesia:Sumatra,Coast of SW.	印度尼西亚:苏门答腊西南海域	ISC,Engdahl
1971	6	27	2	37	20	-5.88	144.36	58	6.3	Mw	Papua New Guinea:Southern Highlands	巴布亚新几内亚:南高地区	ISC
1971	7	8	19	7	10	-7.058	129.647	102.8	6.1	mb	Indonesia:Alor Islands	印度尼西亚:阿洛群岛	ISC,Engdahl
1971	7	9	3	3	20	-32.558	-71.085	59	7.8	Mw	Chile:Valparaiso	智利:瓦尔帕莱索	* Shi Z.,Engdahl,NOAA
1971	7	11	9	51	37	-32.248	-71.704	18	6.3	Ms	Chile:Near Coast of C.	智利:中部近海	ISC,Shi Z.,Engdahl
1971	7	14	6	11	31	-5.519	153.906	44.5	8	Mw	New Britain Trench	新不列颠海沟[太平洋]	* Engdahl,NOAA
1971	7	14	7	41	13	-5.607	153.768	57.8	7.1	Mw	New Britain Trench	新不列颠海沟[太平洋]	Engdahl,ISC
1971	7	14	17	38	48	-5.173	153.232	12.8	6.3	Ms	Papua New Guinea:East New Britain,E.	巴布亚新几内亚:东新不列颠东部	Engdahl
1971	7	14	18	27	42	-5.219	153.293	5.4	6.5	Ms	Papua New Guinea:East New Britain,E.	巴布亚新几内亚:东新不列颠东部	Engdahl
1971	7	18	14	31	19	-4.857	153.354	45	6.6	Ms	Papua New Guinea:New Ireland	巴布亚新几内亚:新爱尔兰	ISC,Engdahl

年 Year	月 Mo	日 Dy	时 Hr	分 Mn	秒 Sec	纬度(°) Latitude	经度(°) Longitude	深度 Depth	震级 Mag	标度 Scale	地名(英文) Name(English)	地名(中文) Name(Chinese)	资料来源 Information
1971	7	19	0	14	46	-5.756	153.87	31.3	7.1	Ms	New Britain Trench	新不列颠海沟[太平洋]	ISC, Engdahl
1971	7	19	15	37	46	-5.613	150.632	15	6.2	Ms	Papua New Guinea: West New Britain	巴布亚新几内亚:西新不列颠	ISC, Engdahl
1971	7	20	19	51	1	-31.61	-178.44	265	6.2	Mw	South of Kermadec Ridge	克马德克海岭南部	ISC
1971	7	25	12	51	41	12.452	123.704	13.4	6.3	Ms	Philippines: Masbate Island	菲律宾:马斯巴特岛	ISC, Bautista, Engdahl
1971	7	25	14	14	27	-6.007	129.822	177	6.2	Ms	Indonesia: Banda Sea	印度尼西亚:班达海	Shi Z., Engdahl
1971	7	25	15	41	22	52.133	173.07	20.1	6.3	Ms	Aleutian Islands	阿留申群岛	ISC, Shi Z., Engdahl
1971	7	26	1	23	22	-4.889	153.183	37.1	8.1	Mw	Papua New Guinea: New Ireland	巴布亚新几内亚:新爱尔兰	* Engdahl, NOAA
1971	7	26	2	24	59	-5.178	152.353	29.8	6.1	mb	Papua New Guinea: East New Britain, E.	巴布亚新几内亚:东新不列颠东部	ISC, Engdahl
1971	7	26	2	29	38	-5.73	151.94	33	6.2	Mw	Papua New Guinea: East New Britain	巴布亚新几内亚:东新不列颠	ISC
1971	7	26	9	37	14	-5.831	151.542	28.4	6	mb	Papua New Guinea: East New Britain	巴布亚新几内亚:东新不列颠	ISC, Engdahl
1971	7	26	15	35	42	-5.705	151.54	49.2	6.2	Ms	Papua New Guinea: East New Britain	巴布亚新几内亚:东新不列颠	ISC, Engdahl
1971	7	26	19	15	34	-5.821	151.271	49	6.1	Ms	Papua New Guinea: West New Britain	巴布亚新几内亚:西新不列颠	ISC, Engdahl
1971	7	27	2	2	46	-2.825	-77.362	94.5	7.3	mb	Ecuador: Morona Santiago	厄瓜多尔:莫罗纳-圣地亚哥	* GSHAP, Engdahl, CSN
1971	7	27	20	47	53.2	-5.137	152.958	1.8	6.5	Ms	Papua New Guinea: East New Britain, E.	巴布亚新几内亚:东新不列颠东部	ISC, Engdahl
1971	7	28	1	10	24	-5.136	152.906	18.5	6.4	Ms	Papua New Guinea: East New Britain, E.	巴布亚新几内亚:东新不列颠东部	ISC, Engdahl
1971	8	2	7	24	59	41.378	143.459	53.8	7.2	Mw	Japan: SE. Hokkaido Island	日本:北海道东南	* Engdahl, NOAA
1971	8	5	1	58	52	-0.929	-22.085	22.6	7	Ms	Central Mid - Atlantic Ridge	中大西洋中脊	ISC, Engdahl
1971	8	9	12	12	2.87	-5.882	154.324	60.4	6	Mw	Papua New Guinea: Bougainville Island	巴布亚新几内亚:布干维尔岛	ISC, Engdahl
1971	8	9	20	1	41	-5.671	152.113	30.2	6.2	Ms	Papua New Guinea: East New Britain	巴布亚新几内亚:东新不列颠	ISC, Engdahl
1971	8	11	14	23	30	-62.787	155.832	10.9	6.1	Ms	Balleny Islands	巴雷尼群岛	ISC, Engdahl
1971	8	13	16	48	46	-6.114	154.135	8.6	6.2	Ms	Solomon Sea, N.	所罗门海北部	ISC, Engdahl
1971	8	13	20	29	17	-6.17	154.13	30	6.2	Mw	Solomon Sea, N.	所罗门海北部	ISC
1971	8	14	9	2	50	-15.519	-178.274	15	6.6	Ms	North of Fiji Islands	斐济群岛北部	ISC, Engdahl
1971	8	19	22	15	40.6	49.284	155.482	40.2	6.1	Ms	Kuril Islands	千岛群岛	ISC, Engdahl
1971	8	23	4	8	2	-3.998	145.909	15	6.3	Ms	Bismarck Sea	俾斯麦海	ISC, Engdahl
1971	8	24	16	33	22.7	52.2	91.4	33	6	Ms	Russia: Khakassia, Abakan	俄罗斯:哈卡斯州阿巴坎	Shi Z.
1971	9	5	18	35	29	46.555	141.187	18.3	7.3	Mw	Russia: Sakhalin Island	俄罗斯:库页岛(萨哈林岛)	* Engdahl, NOAA
1971	9	5	19	33	51	46.369	141.221	27.9	6.3	Mw	Russia: Sakhalin Island	俄罗斯:库页岛(萨哈林岛)	ISC, Engdahl
1971	9	6	13	37	12	46.755	141.382	20.8	6.2	Mw	Russia: Sakhalin Island	俄罗斯:库页岛(萨哈林岛)	* ISC, Engdahl, NOAA
1971	9	8	11	48	28	46.445	141.122	24.1	6.6	Ms	Russia: Sakhalin Island	俄罗斯:库页岛(萨哈林岛)	* ISC, Engdahl, NOAA
1971	9	8	16	59	56	46.302	141.055	20.6	6.2	Ms	Russia: Sakhalin Island	俄罗斯:库页岛(萨哈林岛)	* ISC, Engdahl, NOAA
1971	9	13	4	18	5	18.7	-70	50	6.2	Mw	Dominica: Santo Dominigo, N.	多米尼加:圣多明哥北部	ISC
1971	9	14	3	11	6	23	100.8		6.2	Ms	China: Yunnan, Ninger, W.	中国:云南宁洱西	Wang S.
1971	9	14	5	20	31	-6.442	151.548	35.1	6.3	Ms	Papua New Guinea: East New Britain	巴布亚新几内亚:东新不列颠	ISC, Engdahl
1971	9	15	13	29	34.4	31.5	140	72	6.2	Ms	Japan Trench	日本海沟	Shi Z.
1971	9	15	14	55	7.52	39.164	143.442	19.4	6	Ms	Japan: Oshu, Off Coast	日本:奥州沿海	ISC, Engdahl
1971	9	16	6	22	41	-5.971	130.697	131.5	6.4	mb	Indonesia: Banda Sea	印度尼西亚:班达海	ISC, Engdahl
1971	9	19	22	15	37.7	49.3	155.4	33	6.1	Ms	Kuril Islands	千岛群岛	CSN
1971	9	20	21	36	9.6	13.4	-92.4	33	6.2	Ms	Mexico: Off Coast of Chiapas	墨西哥:恰帕斯沿海	CSN
1971	9	23	4	8	2	-4	146.1	33	6.7	Ms	Bismarck Sea	俾斯麦海	CSN
1971	9	25	4	36	15	-6.558	146.673	111.6	6.3	mb	Papua New Guinea: Lae	巴布亚新几内亚:莱城	* Engdahl, NOAA
1971	9	27	19	1	47	46.419	141.159	19.6	6.1	Ms	Russia: Sakhalin Island	俄罗斯:库页岛(萨哈林岛)	* ISC, Engdahl, NOAA
1971	9	27	22	20	0.2	-3.197	148.285	1.2	6.1	Ms	Bismarck Sea	俾斯麦海	ISC, Engdahl
1971	9	30	8	18	0.75	26.974	-110.84	15	6.6	Ms	Gulf of California	加利福尼亚湾	ISC, Shi Z., Engdahl
1971	10	3	13	24	38	-14.555	171.75	3.6	6.4	Ms	Vanuatu Islands	瓦努阿图群岛	ISC, Engdahl
1971	10	4	1	30	34	-5.836	154.193	50	6.6	Muk	Papua New Guinea: Bougainville Island	巴布亚新几内亚:布干维尔岛	ISC, Engdahl
1971	10	14	22	36	34	-54.183	2.206	8.5	6.3	Ms	Bouvet Island Region	布维岛地区[南大西洋]	ISC, Engdahl
1971	10	16	5	15	27	-5.967	154.371	77.3	6.5	Ms	Papua New Guinea: Bougainville Island	巴布亚新几内亚:布干维尔岛	Shi Z., Engdahl
1971	10	23	1	41	12	-54.765	146.513	12.4	6.2	Ms	West of Macquarie Ridge	麦夸里海岭西部	ISC, Engdahl
1971	10	23	21	55	26	44.2	150.7	30	6	Ms	Kuril Islands	千岛群岛	CSN
1971	10	23	22	33	31	11.857	142.549	16.1	6.3	Ms	Mariana Islands, S.	马里亚纳群岛南部	ISC, Shi Z., Engdahl

年 Year	月 Mo	日 Dy	时 Hr	分 Mn	秒 Sec	纬度(°) Latitude	经度(°) Longitude	深度 Depth	震级 Mag	标度 Scale	地名(英文) Name(English)	地名(中文) Name(Chinese)	资料来源 Information
1971	10	24	1	9	57.4	39.3	143.6	40	6.2	Ms	Japan Trench	日本海沟	CSN
1971	10	24	1	37	32	11.9	142.442	32.6	6.4	Ms	Mariana Islands, S.	马里亚纳群岛南部	ISC, Shi Z., Engdahl
1971	10	24	2	21	4.08	11.878	142.369	32.8	6	Ms	Mariana Islands, S.	马里亚纳群岛南部	ISC, Shi Z., Engdahl
1971	10	24	16	33	22.7	52.2	91.4	33	6	Ms	Russia: Khakassia, Abakan	俄罗斯:哈卡斯州阿巴坎	CSN
1971	10	25	3	46	41	-13.123	166.512	57.2	6.2	Ms	North Vanuatu Islands	瓦努阿图群岛北部	ISC, Engdahl
1971	10	27	17	58	40	-15.578	167.32	60.9	6.3	mb	Vanuatu Islands: Espiritu Santo Islands	瓦努阿图群岛:圣埃斯皮里图岛	* Engdahl
1971	10	28	13	31	4	41.8	72.6	75	6.2	Mw	Kyrgyzstan: Talas, SE.	吉尔吉斯斯坦:塔拉斯东南	ISC
1971	10	28	15	13	40	-5.467	153.846	122.4	6.6	Ms	New Britain Trench	新不列颠海沟[太平洋]	Shi Z., Engdahl
1971	10	28	18	0	3.94	-13.431	166.483	49.6	6.7	Ms	North Vanuatu Islands	瓦努阿图群岛北部	ISC, Engdahl
1971	11	1	9	59	45	-10.313	169.821	50	6	Muk	Solomon Islands	所罗门群岛	Engdahl
1971	11	6	22	0	0.1	51.5	179.1	21	6.8	Mw	Aleutian Islands, Rat Island	阿留申群岛,拉特岛	* ISC, NOAA
1971	11	20	7	28	0.47	-23.498	-179.806	539.8	6.5	Mw	South of Fiji Islands	斐济群岛南部	CSN, ISC, Engdahl
1971	11	21	5	57	13	-11.88	166.623	114.9	7.1	mb	Solomon Islands	所罗门群岛	ISC, Engdahl
1971	11	24	19	35	32	52.811	159.174	115.2	7.4	mb	Russia: Kamchatka, Near East Coast	俄罗斯:堪察加东部近海	* Engdahl
1971	12	2	17	18	23	44.804	153.44	16.2	6.3	Ms	Kuril Islands, S.	千岛群岛南部	ISC, CSN, Engdahl
1971	12	5	5	50	9.23	49.46	-129.671	15	6	Ms	Canada: Off Coast of W. Vancouver	加拿大:温哥华西部海域	ISC, Shi Z., Engdahl
1971	12	7	3	26	17	-54.413	5.844	2.4	6.1	Ms	Bouvet Island Region	布维岛地区[南大西洋]	ISC, Engdahl
1971	12	8	16	5	25	-22.876	-70.559	17.3	6.1	Ms	Chile: Mejillones, Near Coast	智利:梅希约内斯近海	ISC, Shi Z., Engdahl
1971	12	11	7	25	20	-6.106	154.521	62.6	6.2	Ms	Papua New Guinea: Bougainville Island	巴布亚新几内亚:布干维尔岛	Shi Z., Engdahl
1971	12	15	8	29	54	56.023	163.17	9	7.8	Mw	Russia: Kamchatka, Near East Coast	俄罗斯:堪察加东部近海	* Engdahl, NOAA
1971	12	16	12	25	48	55.9	163.6	33	6	Ms	Russia: Kamchatka, Near East Coast	俄罗斯:堪察加东部近海	Shi Z.
1971	12	25	3	46	36.3	-13.1	166.5	34	6	Ms	North Vanuatu Islands	瓦努阿图群岛北部	CSN
1971	12	25	4	36	14	-6.5	146.6	115	6.7	Ms	Papua New Guinea: Morobe	巴布亚新几内亚:莫罗贝	CSN
1971	12	26	15	50	58	-6.362	154.951	54.2	6	Muk	Solomon Sea, N.	所罗门海北部	CSN, Engdahl
1971	12	30	15	39	39	-4.755	151.853	110.2	6	Mw	Papua New Guinea: East New Britain	巴布亚新几内亚:东新不列颠	ISC, Engdahl
1972	1	1	22	5	54	-16.852	174.943	0.9	6.4	Muk	Fiji Islands	斐济群岛	Engdahl
1972	1	4	3	16	56	22.536	122.017	28.9	7.2	Ms	China: Taiwan, Taitung, Coast of E.	中国:台湾台东以东海域	* China, Engdahl
1972	1	6	0	30	18.9	-4.602	151.83	162.5	6	Mw	Papua New Guinea: East New Britain	巴布亚新几内亚:东新不列颠	ISC, Engdahl
1972	1	8	5	27	55	20.97	120.278	39	7.3	Ms	China: Taiwan, Coast of S.	中国:台湾南部海域	China, ISC, Engdahl
1972	1	8	11	34	50	-55.809	-28.859	56.8	6.2	mb	South Sandwich Islands	南桑威奇群岛	ISC, Shi Z., Engdahl
1972	1	12	9	59	11	-6.854	-71.761	570	6.4	Mw	Brazil: Amazonas	巴西:亚马孙州	CSN, Shi Z., Engdahl
1972	1	13	17	24	22.6	61.9	147.1	33	6	Ms	Russia: Magadan, Dorozhnyy	俄罗斯:马加丹州多罗日内	Shi Z.
1972	1	17	21	42	31.9	-1.9	99.6	33	6	Ms	Indonesia: Southern Sumatra	印度尼西亚:苏门答腊南部	Shi Z.
1972	1	18	21	55	17	-4.82	145.084	26.1	6.6	Ms	Papua New Guinea: Madang	巴布亚新几内亚:马当	ISC, Engdahl
1972	1	18	22	8	15	-4.725	145.037	32.8	6.4	Muk	Papua New Guinea: Madang	巴布亚新几内亚:马当	Engdahl
1972	1	19	15	0	53.2	-4.675	144.965	11.6	6.4	Ms	Papua New Guinea: Madang	巴布亚新几内亚:马当	ISC, Engdahl
1972	1	21	19	18	58.6	-6.696	-71.798	565.5	6.1	Mw	Brazil: Amazonas	巴西:亚马孙州	Engdahl
1972	1	22	13	8	48	14.008	-91.035	70	6.5	Ms	Guatemala: San José	危地马拉:圣何塞	Shi Z., Engdahl
1972	1	22	21	50	37	-20.405	172.939	6.5	6.3	Ms	Vanuatu Islands	瓦努阿图群岛	ISC, Engdahl
1972	1	23	21	17	56	-13.229	166.371	51.6	7.1	Ms	North Vanuatu Islands	瓦努阿图群岛北部	ISC, Engdahl, CSN
1972	1	24	3	55	46	-13.103	166.458	45.8	6.2	Ms	North Vanuatu Islands	瓦努阿图群岛北部	ISC, Engdahl
1972	1	24	4	30	2.6	3.5	123.8	417	6	Ms	Celebes Sea	西里伯斯海	Shi Z.
1972	1	25	1	6	21	22.549	122.325	10.1	8	Ms	China: Taiwan, Taitung, Coast of E.	中国:台湾台东以东海域	* China, Engdahl, NOAA
1972	1	25	3	41	22	23.037	122.118	11.9	7.6	Ms	China: Taiwan, Taitung, Coast of E.	中国:台湾台东以东海域	* China, Engdahl
1972	1	26	23	0	23	-20.207	-178.842	640.6	6.6	Mw	Fiji Islands	斐济群岛	Engdahl
1972	1	28	1	16	23	-19.376	169.209	127.3	6.1	mb	Vanuatu Islands	瓦努阿图群岛	ISC, CSN, Engdahl
1972	2	4	13	29	14	-23	-68.4	100	6	Mw	Chile: Calama	智利:卡拉马	ISC
1972	2	14	23	29	53	-11.432	166.407	106.4	7.3	mb	Solomon Islands	所罗门群岛	CSN, ISC, Engdahl
1972	2	21	19	34	51	56.3	-158.7	50	6	Mw	Aleutian Islands	阿留申群岛	ISC
1972	2	22	1	14	47	36.6	70.2	160	6.3	Mw	Afghan: Taloqan	阿富汗:塔卢坎	ISC
1972	2	24	4	30	2.6	3.5	123.8	417	6	Ms	Celebes Sea	西里伯斯海	CSN
1972	2	25	1	17	14	-60.642	-25.531	19.5	6.1	Ms	South Sandwich Islands	南桑威奇群岛	ISC, Shi Z., Engdahl
1972	2	29	9	23	1.58	33.377	140.881	58.8	7.5	Mw	Japan Trench	日本海沟	ISC, Engdahl
1972	2	29	9	42	43	33.469	140.898	59.5	6.2	Muk	Japan Trench	日本海沟	* Engdahl, NOAA
1972	3	1	9	28	55	40.49	-125.425	3.5	6	Ms	US: California, Off Coast N.	美国:加利福尼亚州北部沿海	Engdahl
1972	3	7	7	45	24	-28.265	-178.2	203.8	6.1	mb	Kermadec Ridge	克马德克海岭	Shi Z., Engdahl
1972	3	15	11	23	8	51.7	176.7	35	6	Mw	Aleutian Islands	阿留申群岛	ISC, Engdahl
1972	3	17	0	21	28	-24.843	-179.561	428.3	6.1	Mw	South of Fiji Islands	斐济群岛南部	ISC
1972	3	18	23	17	42	33.598	141.316	44	6	Muk	Japan Trench	日本海沟	ISC, Engdahl
1972	3	20	7	33	49.6	-6.81	-76.78	49.8	6.9	Muk	Peru: Juanjui	秘鲁:胡安惠	Engdahl
1972	3	20	23	31	48	51.27	-179.21	43	6	Ms	Andreanof Islands, Aleutian Is.	阿留申群岛,安德烈亚诺夫群岛	* GSHAP, Shi Z., Engdahl
1972	3	22	10	27	44	49.063	153.54	138	6.2	mb	Kuril Islands	千岛群岛	ISC, Shi Z.
1972	3	24	3	38	29	56.096	-157.129	69.7	6	mb	Aleutian Islands	阿留申群岛	* * Engdahl

年	月	日	时	分	秒	纬度(°)	经度(°)	深度	震级	标度	地名(英文)	地名(中文)	资料来源
Year	Mo	Dy	Hr	Mn	Sec	Latitude	Longitude	Depth	Mag	Scale	Name(English)	Name(Chinese)	Information
1972	3	25	12	15	28	-3.543	150.202	13.1	6.4	Ms	Bismarck Sea	俾斯麦海	ISC,Engdahl
1972	3	25	22	59	42	43.36	146.041	44.8	6	Ms	Kuril Islands	千岛群岛	ISC,Engdahl
1972	3	28	1	16	21.7	-19.4	169.1	124	6.1	Ms	Vanuatu Islands	瓦努阿图群岛	CSN
1972	3	30	5	34	52	-25.752	179.633	495.7	7.3	Mw	South of Fiji Islands	斐济群岛南部	Engdahl
1972	4	1	23	51	20	-49.454	164.062	1.8	6.3	Ms	New Zealand:Auckland Islands,N.	新西兰:奥克兰群岛以北	ISC,Shi Z.,Engdahl
1972	4	2	21	30	5.23	-13.136	166.175	11	6.6	Ms	North Vanuatu Islands	瓦努阿图群岛北部	Engdahl,ISC
1972	4	4	22	43	9.7	-7.516	125.579	393.9	6.8	Mw	Indonesia:Banda Sea	印度尼西亚:班达海	ISC,Engdahl
1972	4	6	3	21	2	-58.2	-29.4	50	6.5	Mw	South Sandwich Islands	南桑威奇群岛	ISC
1972	4	10	2	6	51	28.408	52.789	11	6.9	Ms	Iran:Fars,Qir,Karzin	伊朗:法尔斯,吉尔,卡尔津	* Engdahl
1972	4	11	2	21	14.1	0.892	-28.324	11	6.4	Ms	Central Mid - Atlantic Ridge	中大西洋中脊	ISC,Engdahl
1972	4	17	10	49	45.2	24.17	122.464	41.8	6.1	Ms	China:Taiwan,Hualien,Coast of E.	中国:台湾花莲以东海域	ISC,Engdahl
1972	4	24	1	20	48	-31.314	-111.093	17.5	6.1	Ms	Easter Island,S.	复活节岛南部	ISC,Engdahl
1972	4	24	9	57	21	23.604	121.534	21	7.3	Ms	China:Taiwan,Hualien	中国:台湾花莲	* China,Engdahl,CSN
1972	4	25	19	30	9.04	13.388	120.312	33.9	7.2	Mw	Philippines:Mindoro Island	菲律宾:民都洛岛	* Bautista,Engdahl,CSN
1972	4	28	23	32	11	-5.143	154.237	410.9	7.2	Mw	Papua New Guinea:Bougainville Island	巴布亚新几内亚:布干维尔岛	ISC,Engdahl
1972	5	4	7	48	20	-15.981	167.635	54.2	6.8	Ms	Vanuatu Islands	瓦努阿图群岛	ISC,Engdahl
1972	5	4	21	40	2.05	35.166	23.558	39.4	6.3	Ms	Greece:Crete Island	希腊:克里特岛	ISC,Engdahl
1972	5	5	23	16	29	-4.205	152.724	25.4	6.6	Ms	Papua New Guinea:New Ireland	巴布亚新几内亚:新爱尔兰	ISC,Engdahl
1972	5	7	22	6	28.4	-53.656	-134.211	12	6.3	Ms	Southern Pacific Ridge	南太平洋海岭	ISC,Engdahl
1972	5	22	6	4	3.06	16.619	122.221	42.8	6.9	Ms	Philippines:Santiago,E.	菲律宾:圣地亚哥东部	ISC,Bautista,Engdahl
1972	5	22	20	45	58	-17.831	-175.009	225.2	7.2	mb	Tonga Islands,N.	汤加群岛北部	ISC,Engdahl
1972	5	28	1	55	22	-11.08	116.93	21.9	6.2	Ms	Indonesia:Sumbawa	印度尼西亚:松巴哇	ISC,Engdahl
1972	6	8	18	53	46	-30.375	-71.528	58.9	6.6	Ms	Chile:Andacollo	智利:安达科约	* Shi Z.,Engdahl,NOAA
1972	6	11	16	41	3.38	3.864	124.234	330.7	7.8	Mw	Celebes Sea	西里伯斯海	* Engdahl
1972	6	24	15	29	22.2	36.255	69.684	31.1	6.1	Ms	Afghan:Taloqan	阿富汗:塔卢坎	* ISC,Engdahl
1972	7	8	6	49	23	36.392	71.423	107.2	6.4	Mw	Afghan:Badakhshan	阿富汗:巴达赫尚	ISC,Engdahl
1972	7	11	5	54	46	36.3	70.2	160	6.3	Mw	Afghan:Taloqan,S.	阿富汗:塔卢坎南部	ISC
1972	7	16	4	21	42	-35.008	179.985	60.2	6.2	Mw	Kermadec Ridge	克马德克海岭	ISC,Engdahl
1972	7	22	16	41	1	31.5	91.7	15	6	Ms	China:Xizang (Tibet),Nagqu,W.	中国:西藏那曲西	Wang S.
1972	7	23	19	13	5.95	50.108	-129.439	4.8	6.4	Ms	Canada:Off Coast of W. Vancouver	加拿大:温哥华西部海域	ISC,Shi Z.,Engdahl
1972	7	30	20	13	56	-4.673	152.262	3.8	6	Ms	Papua New Guinea:East New Britain	巴布亚新几内亚:东新不列颠	ISC,Engdahl
1972	7	30	21	45	14.1	56.696	-136.098	6.8	7.6	Ms	Alaska:Sitka, Juneau	阿拉斯加:锡特卡,朱诺	* Shi Z.,Engdahl,NOAA
1972	8	3	4	40	55.4	51.119	-178.137	36.4	6.2	Ms	Andreanof Islands, Aleutian Is.	阿留申群岛,安德烈亚诺夫群岛	ISC,Shi Z.,Engdahl
1972	8	4	17	51	9.74	49.172	156.012	12.7	6.6	Ms	Kuril Islands	千岛群岛	Shi Z.,Engdahl
1972	8	4	20	1	38	-11.134	162.078	26.6	6	Ms	Solomon Islands	所罗门群岛	ISC,Engdahl
1972	8	4	22	30	36	-11.04	162.064	14.7	6.1	Ms	Solomon Islands	所罗门群岛	ISC,Engdahl
1972	8	5	6	31	0.5	-11.149	162.229	31.1	6.1	Ms	Solomon Islands	所罗门群岛	ISC,Engdahl
1972	8	6	1	12	54	25.4	61.4	33	6.2	Mw	Iran:Zūhedān	伊朗:扎黑丹	ISC
1972	8	6	7	14	45.3	-11.086	162.18	29.1	6.5	Muk	Solomon Islands	所罗门群岛	Engdahl
1972	8	7	9	24	14	-16.662	-171.962	16.6	6	Ms	Samoa Islands	萨摩亚群岛	ISC,Engdahl
1972	8	17	23	44	7.9	-6.002	152.928	12.9	7.1	Ms	New Britain Trench	新不列颠海沟[太平洋]	* Engdahl,NOAA
1972	8	19	16	6	17	-5.143	134.095	34.6	6.1	mb	Indonesia: Pulau Duroa, Off Coast of NE.	印度尼西亚:杜罗阿岛东北海域	ISC,Engdahl
1972	8	21	6	23	50	49.441	147.083	586.4	6.3	Mw	Sea of Okhotsk	鄂霍次克海	Engdahl
1972	8	28	18	57	60	-21.337	-174.24	2.7	6	Ms	Tonga Islands	汤加群岛	ISC,Engdahl
1972	8	30	10	29	51	-3.498	144.911	1.1	6.4	Ms	Bismarck Sea	俾斯麦海	ISC,Engdahl
1972	8	31	8	7	21	35.88	136.77	10	6	Ms	Japan:Motosu	日本:岐阜本巢	ISC,Usami
1972	9	3	6	31	22	-5.494	151.311	31.6	6.2	Ms	Papua New Guinea:Bubu	巴布亚新几内亚:布布	ISC,Engdahl
1972	9	3	16	48	30	35.949	73.321	32.9	6.2	Ms	Pakistan:Gupis, Rawalpindi	巴基斯坦:古比斯,拉瓦尔品第	* Engdahl
1972	9	4	18	11	14	-11.778	166.412	66.5	6.1	mb	Solomon Islands	所罗门群岛	ISC,Engdahl
1972	9	5	17	30	37	-19.887	169.156	52.2	6.1	mb	Vanuatu Islands	瓦努阿图群岛	ISC,Engdahl
1972	9	9	2	44	2.38	-15.357	-175.569	15	6.1	Ms	Tonga Islands,N.	汤加群岛北部	ISC,Engdahl
1972	9	10	6	3	27.3	-20.157	168.882	35.7	6.2	Ms	Vanuatu Islands	瓦努阿图群岛	ISC,Engdahl
1972	9	11	13	35	50	-3.279	130.736	28.5	6	Ms	Indonesia:Ceram Sea	印度尼西亚:塞兰海	ISC,Engdahl
1972	9	13	14	33	39	-20.384	169.012	31.1	6.6	Ms	Vanuatu Islands	瓦努阿图群岛	ISC,Engdahl
1972	9	17	14	7	12.2	38.239	20.269	0.7	6.3	Ms	Greece:Lixouri	希腊:利克苏里	* Engdahl
1972	9	19	1	36	51	19.471	-70.247	10.6	6.1	Ms	Dominica:Santiago	多米尼加:圣地亚哥	ISC,Shi Z.,Engdahl
1972	9	22	19	57	26.3	22.405	121.135	12.8	6.6	Ms	China:Taiwan,Taitung,Coast of E.	中国:台湾台东以东海域	China,Engdahl,CSN
1972	9	23	2	14	28	22.281	121.241	34.7	6.4	Ms	China:Taiwan,Taitung,Coast of E.	中国:台湾台东以东海域	China,Engdahl
1972	9	24	20	9	36	-6.165	131.08	15	6.9	Ms	Indonesia:Ceram Sea	印度尼西亚:塞兰海	ISC,Engdahl,CSN
1972	9	27	9	1	42	-16.524	-172.064	11.1	6	Ms	Samoa Islands	萨摩亚群岛	ISC,Engdahl
1972	10	1	23	49	39	7.476	123.763	629.1	6	mb	Philippines:Mindanao Island	菲律宾:棉兰老岛	ISC,Engdahl

年	月	日	时	分	秒	纬度(°)	经度(°)	深度	震级	标度	地名(英文)	地名(中文)	资料来源
Year	Mo	Dy	Hr	Mn	Sec	Latitude	Longitude	Depth	Mag	Scale	Name(English)	Name(Chinese)	Information
1972	10	6	16	42	55	-6.069	149.84	48.3	6.4	Muk	Papua New Guinea:West New Britain	巴布亚新几内亚:西新不列颠	Engdahl
1972	10	13	4	46	11	52.8	-163.1	38	6	Ms	Aleutian Islands	阿留申群岛	Shi Z.
1972	10	18	20	1	51	-8.59	124.92	33	6.3	Mw	Indonesia:Timor Island	印度尼西亚:帝汶岛	ISC
1972	10	20	8	17	46	18.713	-106.77	8.9	6.5	Ms	Mexico:Off Coast of Jalisco	墨西哥:哈利斯科沿海	ISC,Engdahl
1972	10	20	17	49.2		18.79	-106.74	35	6.5	Ms	Mexico:Off Coast of Jalisco	墨西哥:哈利斯科沿海	Shi Z.
1972	10	23	2	14	27.2	22.4	121.1	20	6.4	Ms	China:Taiwan,Taitung,Coast of E.	中国:台湾台东以东海域	CSN
1972	10	26	17	5	3	27.44	128.54	47	6	Mw	Ryukyu Islands	琉球群岛	ISC
1972	10	27	9	23	9.37	-19.966	168.976	32.9	6.2	Ms	Vanuatu Islands	瓦努阿图群岛	ISC,Engdahl
1972	10	28	2	27	12	-7.325	146.832	3.2	6	Ms	Papua New Guinea:Morobe	巴布亚新几内亚:莫罗贝	ISC,Engdahl
1972	10	28	3	16	54	-15.292	167.565	134.2	6.6	Ms	Vanuatu Islands	瓦努阿图群岛	Shi Z.,Engdahl,CSN
1972	10	29	23	47	16	-30.22	60.69	33	6.1	Mw	Atlantic - Indian Ridge	大西洋-印度洋海岭	ISC
1972	10	30	16	48	11	-6.296	154.821	50.4	6.2	Ms	Papua New Guinea:Bougainville Island	巴布亚新几内亚:布干维尔岛	ISC,Engdahl
1972	11	2	19	55	25	-20.034	169.007	38.4	7	Ms	Vanuatu Islands	瓦努阿图群岛	.*Engdahl
1972	11	4	3	49	58	-20.051	169.224	49.6	6.2	Muk	Vanuatu Islands	瓦努阿图群岛	Engdahl
1972	11	4	23	48	22	-20.16	168.88	21	6.1	Mw	Vanuatu Islands	瓦努阿图群岛	ISC
1972	11	9	18	41	14	23.886	121.553	20.3	6.3	Ms	China:Taiwan,Hualien	中国:台湾花莲	China,Engdahl
1972	11	12	17	56	55	38.285	73.165	115.4	6	Mw	Tajikistan:Kuhistoni Badakhshon,E.	塔吉克斯坦:勾瑙-巴达科善东部	ISC,Engdahl
1972	11	13	4	43	45	15.543	-95.072	15	6.5	Ms	Mexico:Near Coast of Oaxaca	墨西哥:瓦哈卡近海	ISC,Shi Z.,Engdahl
1972	11	21	2	47	16	23.88	121.64	17	6.2	Ms	China:Taiwan,Hualien	中国:台湾花莲	Wang S.,Engdahl
1972	11	21	3	59	12	-6.467	154.178	46.2	6.4	Ms	Solomon Sea,N.	所罗门海北部	ISC,Engdahl
1972	11	27	15	17	42	-5.348	126.619	427.7	6.4	Mw	Indonesia:Banda Sea	印度尼西亚:班达海	Engdahl
1972	12	2	0	19	54	6.466	126.657	82.1	7.4	mb	Philippines:Mindanao, Davao	菲律宾:棉兰老岛,达沃	*Engdahl,Bautista,Engdahl,NOAA
1972	12	4	10	16	14	33.331	140.713	70.6	7.4	Mw	Japan Trench	日本海沟	*ISC,Engdahl,NOAA
1972	12	6	1	43	28	-3.026	139.185	45.9	6	Ms	Indonesia:Papua	印度尼西亚:巴布亚	ISC,Engdahl
1972	12	22	8	55	10	-7.2	127.7	108	6	Mw	Indonesia:Banda Sea	印度尼西亚:班达海	ISC
1972	12	22	12	18	59	-55.57	-28.273	12.2	6.4	Ms	South Sandwich Islands	南桑威奇群岛	ISC,Shi Z.,Engdahl
1972	12	22	16	22	6.34	-16.141	-172.46	10.8	6	Ms	Samoa Islands	萨摩亚群岛	ISC,Engdahl
1972	12	23	6	29	45	12.347	-86.128	7.3	6.2	Ms	Nicaragua:Managua	尼加拉瓜:马拉瓜	*Engdahl
1972	12	27	22	59	27	76.758	-107.064	4.3	6	Ms	Canada:Baffin Bay	加拿大:巴芬湾	ISC,Engdahl
1972	12	29	4	51	2.1	-30.61	-71.189	54.4	6	Ms	Chile:Ovalle	智利:奥瓦耶	*Shi Z.,Engdahl,NOAA
1973	1	1	11	42	35	-35.571	-15.425	8.6	6	Ms	Southern Mid - Atlantic Ridge	南大西洋洋中脊	ISC,Engdahl
1973	1	5	13	54	31	-38.98	175.369	156.2	6.4	mb	New Zealand:North Island,Taumarunui	新西兰:北岛,陶马鲁努伊	ISC,Shi Z.,Engdahl
1973	1	6	7	58	12	-31.72	-179.91	564	6.1	Mw	Kermadec Ridge	克马德克海岭	ISC
1973	1	6	15	52	43	-14.652	166.484	27.2	6	Ms	Vanuatu Islands	瓦努阿图群岛	ISC,Engdahl
1973	1	18	9	28	15.1	-6.871	150.028	38.7	6.8	Ms	New Britain Trench	新不列颠海沟[太平洋]	ISC,Engdahl
1973	1	22	0	37	55	18.511	-105.104	1.1	6.1	Ms	Mexico:Off Coast of Jalisco	墨西哥:哈利斯科沿海	ISC,Shi Z.,Engdahl
1973	1	23	4	49	48	-12.143	166.569	108	6	mb	Solomon Islands:Santa Cruz Islands	所罗门群岛:圣克鲁斯群岛	ISC,Engdahl
1973	1	27	13	8	51	-0.167	123.948	105.2	6	Mw	Molukka Sea	马鲁古海	ISC,Engdahl
1973	1	30	21	1	12.5	18.455	-102.96	37.2	7.6	Mw	Mexico:Farias, Tecoman	墨西哥:法里亚斯,特科曼	*Shi Z.,Engdahl,NOAA
1973	1	31	20	55	55	28.258	139.27	512.4	6.9	Mw	Japan:South Honshu Ridge	日本:本州南部海岭	ISC,Engdahl
1973	2	1	5	14	23	-22.568	-66.185	237.8	6	mb	Argentina:Jujuy,N.	阿根廷:胡胡伊北部	ISC,Shi Z.,Engdahl
1973	2	1	7	27	44.8	-17.7	-175.2	232	6.4	Ms	Tonga Islands,N.	汤加群岛北部	Shi Z.
1973	2	6	10	37	8.7	31.361	100.504	6.6	7.6	Ms	China:Sichuan,Luhuo,NW.	中国:四川炉霍附近	*China,Engdahl,Dis
1973	2	8	10	9	8.64	-45.491	96.27	17.6	6.1	Ms	South - East Indian Ridge	南印度洋东海岭	ISC,Engdahl
1973	2	14	16	11	12	-30.465	-177.291	1.5	6.3	Ms	Kermadec Ridge	克马德克海岭	ISC,Engdahl
1973	2	25	5	35	56	-61.101	-37.931	25.5	6.2	Ms	East Scotia Basin	东斯科舍海盆	ISC,Engdahl,Shi Z.
1973	2	28	6	37	55	50.484	156.624	60.6	7.2	Mw	Kuril Islands,S.	千岛群岛南部	*Engdahl,ISC,NOAA
1973	3	9	10	6	38	6.281	127.345	44.6	6.6	Ms	Philippine Trench	菲律宾海沟	ISC,Shi Z.,Engdahl
1973	3	12	19	39	23	50.835	157.121	58.4	6.2	Muk	Kuril Islands	千岛群岛	ISC,Engdahl
1973	3	16	0	51	48	2.13	126.599	15.5	6.3	Ms	Molukka Sea	马鲁古海	ISC,Engdahl
1973	3	17	4	57	13	-19.44	169.479	188.8	6	Mw	Vanuatu Islands	瓦努阿图群岛	ISC,Engdahl
1973	3	17	8	30	55	13.399	122.795	42.3	7.5	Mw	Philippines:San Andres	菲律宾:圣安德烈斯	*Bautista,Engdahl,NOAA
1973	3	18	11	6	14	2.038	126.456	17.7	6.5	Ms	Molukka Sea	马鲁古海	ISC,Engdahl
1973	3	26	2	37	22	23.471	123.886	10.8	6	Ms	Ryukyu Islands,SW.	琉球群岛西南	ISC,Engdahl
1973	3	28	23	55	49	23.387	123.727	32.3	6	Ms	Ryukyu Islands,SW.	琉球群岛西南	ISC,Engdahl
1973	4	3	13	54	2.34	4.605	-75.667	151.3	6.1	mb	Colombia:Armenia	哥伦比亚:金迪奥的亚美尼亚	ISC,Shi Z.,Engdahl
1973	4	7	3	0	57	6.983	91.28	7	6.6	Ms	India:Nicobar Islands	印度:尼科巴群岛	ISC,Engdahl
1973	4	7	12	22	44	-58.437	-13.525	4.4	6.7	Ms	East of South Sandwich Trench	南桑维奇海沟东部	ISC,Shi Z.,Engdahl
1973	4	8	12	41	3.25	-15.796	167.304	31.2	6.4	Ms	Vanuatu Islands	瓦努阿图群岛	ISC,Engdahl
1973	4	12	13	49	18	50.877	157.405	55.7	6.5	Muk	Kuril Islands	千岛群岛	ISC,Engdahl

年	月	日	时	分	秒	纬度(°)	经度(°)	深度	震级	标度	地名(英文)	地名(中文)	资料来源
Year	Mo	Dy	Hr	Mn	Sec	Latitude	Longitude	Depth	Mag	Scale	Name(English)	Name(Chinese)	Information
1973	4	14	8	34	2.09	10.673	-84.858	31.5	6.5	Ms	Costa Rica:Arenal	哥斯达黎加:阿雷纳	* Shi Z.,Engdahl
1973	4	17	12	34	26	-4.367	134.217	14.8	6.4	Ms	Indonesia:Irian Jaya Barat	印度尼西亚:西巴布亚	ISC,Engdahl
1973	4	23	19	42	38.8	29.3	130.4	34	6.1	Ms	Ryukyu Islands	琉球群岛	CSN
1973	4	24	0	34	36.8	31.7	139.3	20	6	Ms	Japan:South Honshu Ridge	日本:本州南部海岭	CSN
1973	4	24	21	30	7.34	4.911	-78.114	20.2	6.5	Ms	Colombia:Off Coast of W.	哥伦比亚:西部沿海	* ISC,Shi Z.,Engdahl
1973	4	25	20	13	6	-32.1	-179.3	100	6	Mw	Kermadec Ridge	克马德克海岭	ISC
1973	4	25	21	34	37.9	-59.3	-59.3	67	6.3	Ms	South Pacific; North of Antarctica Peninsula	南太平洋;南极半岛北部	Shi Z.
1973	4	25	21	34	40	-59.359	-26.146	70.9	6	mb	South Sandwich Islands	南桑威奇群岛	ISC,Engdahl
1973	4	26	20	26	33	19.936	-155.098	48	6.3	Muk	Hawaiian Islands,Hilo	夏威夷群岛,希洛市	* Engdahl
1973	5	1	10	40	45	-10	150.2	15	6	Mw	Papua New Guinea:Milne Bay	巴布亚新几内亚:米尔恩湾区	ISC,USGS
1973	5	12	16	20	11.6	-3.798	152.08	14.1	6	Ms	Papua New Guinea:New Ireland	巴布亚新几内亚:新爱尔兰	Shi Z.,Engdahl
1973	5	26	2	37	21.7	23.5	123.6	7	6.2	Ms	Ryukyu Islands,SW.	琉球群岛西南	CSN
1973	5	26	20	26	28	19.9	-155.1	50	6.2	Ms	Hawaiian Islands	夏威夷群岛	CSN
1973	6	1	7	22	55	-47.739	99.516	1.8	6.3	Ms	Great Australian Bight,S.	大澳大利亚湾南部	ISC,Engdahl
1973	6	5	3	12	29	-17.207	167.854	32.2	6.1	Ms	Vanuatu Islands	瓦努阿图群岛	ISC,Engdahl
1973	6	6	12	59	59	37.24	-116.3	7	6.1	Mw	US:Nevada,Beatty	美国:内华达州比蒂	ISC
1973	6	7	18	32	45	14.421	-91.717	32.2	6.7	Ms	Guatemala:Champerico	危地马拉:钱佩里科	Shi Z.,Engdahl
1973	6	9	8	21	29	-10.29	161.423	76.9	6.2	mb	Solomon Islands	所罗门群岛	ISC,Engdahl
1973	6	11	8	42	2.82	53.675	161.499	11.7	6	Ms	Russia:Kamchatka Peninsula	俄罗斯:堪察加半岛	ISC,Engdahl
1973	6	17	3	55	3.96	43.223	145.743	43.3	7.8	Mw	Japan:Hokkaido	日本:北海道	* ISC,Engdahl,NOAA
1973	6	17	20	37	58	42.717	145.983	37.1	6	Ms	Japan:Off SE. Coast of Hokkaido	日本:北海道东南沿海	ISC,Engdahl
1973	6	22	6	7	37.9	42.955	146.308	33.6	6.3	Ms	Japan:Off SE. Coast of Hokkaido	日本:北海道东南沿海	Shi Z.,Engdahl,USGS
1973	6	24	2	43	25	43.356	146.422	33.1	7.3	Mw	Kuril Islands	千岛群岛	* ISC,Engdahl,NOAA
1973	6	26	22	31	59	43.112	146.601	28.6	7	Ms	Japan:Off SE. Coast of Hokkaido	日本:北海道东南沿海	* ISC,Engdahl,NOAA,CSN
1973	7	1	13	33	33.2	57.802	-137.416	13	6.7	Ms	Gulf of Alaska	阿拉斯加湾	ISC,Shi Z.,Engdahl
1973	7	3	7	3	47	12.277	125.34	40.4	6.5	Ms	Philippines:Samar Island	菲律宾:萨马岛	ISC,Engdahl
1973	7	3	16	59	33	57.936	-138.023	9.8	6	Ms	Gulf of Alaska	阿拉斯加湾	ISC,Shi Z.,Engdahl
1973	7	5	22	46	18	13.219	124.645	34.5	6	Ms	Philippines:Sorsogon,E.	菲律宾:索索贡东部	ISC,Shi Z.,Bautista,Engdahl
1973	7	14	4	51	20	35.147	86.498	12.6	7.3	Ms	China:Xizang (Tibet),Nyima,N.	中国:西藏尼玛北部	* Wang S.,Engdahl
1973	7	21	4	19	19	-24.895	-179.12	418.1	6.3	Mw	South of Fiji Islands	斐济群岛南部	Engdahl
1973	7	24	7	55	8	-31.5	179.6	429	6.3	Mw	Kermadec Ridge	克马德克海岭	ISC
1973	7	26	18	2	24.2	43	147.1	39	6.1	Ms	Kuril Islands,S.	千岛群岛南部	CSN
1973	7	31	10	51	10	-27.006	-71.258	2.2	6.3	Ms	Chile:Caldera,Near Coast	智利:卡尔德拉近海	ISC,Shi Z.,Engdahl
1973	7	31	20	44	52	-8.715	161.012	13.6	6	Ms	Solomon Islands	所罗门群岛	ISC,Engdahl
1973	8	1	1	31	32.3	-14.346	167.362	201.7	6.1	mb	Vanuatu Islands	瓦努阿图群岛	Engdahl,ISC,CSN
1973	8	1	15	44	25.5	-26.8	-71	16	6	Ms	Chile:Caldera,Near Coast	智利:卡尔德拉近海	Shi Z.
1973	8	7	3	41	27.6	-26.885	-70.935	28.6	6.1	Ms	Chile:Caldera,Near Coast	智利:卡尔德拉近海	ISC,Shi Z.,Engdahl
1973	8	7	6	38	58	-54.268	-136.659	5.3	6.1	Ms	Southern Pacific Ridge	南太平洋海岭	ISC,Engdahl
1973	8	7	14	22	48	-26.832	-70.866	20.6	6.3	Ms	Chile:Copiapo	智利:科皮亚波	ISC,Shi Z.,Engdahl
1973	8	9	10	44	26	43.45	146.43	55	6	Mw	Kuril Islands	千岛群岛	ISC
1973	8	11	7	15	37.7	32.916	104.019	7.2	6.5	Ms	China:Sichuan,Songpan,NE.	中国:四川松潘东北	China,Engdahl,Dis
1973	8	16	3	58	10	23.05	101.11	33	6.4	Ms	China:Yunnan,Pu-er	中国:云南普洱	China
1973	8	18	8	25	49	11.499	121.402	38.5	6.1	Ms	Philippines:Panay Island	菲律宾:班乃岛	ISC,Engdahl
1973	8	21	14	2	44.8	-5.2	102.6	33	6	Ms	Indonesia:Sumatra,Coast of SW.	印度尼西亚:苏门答腊西南海域	Shi Z.
1973	8	22	6	39	28	-32.818	-179.084	81.8	6.5	Mw	South of Kermadec Ridge	克马德克海岭南部	ISC,Engdahl
1973	8	22	7	58	57	-31.54	-178.4	465	6	Mw	South of Kermadec Ridge	克马德克海岭南部	ISC
1973	8	25	3	44	34.2	10.6	138.4	33	6.1	Ms	Western Caroline Islands	卡罗琳群岛西部	Shi Z.
1973	8	28	9	50	41	18.233	-96.608	80.7	7.3	mb	Mexico:Veracruz, Mexico City	墨西哥:韦拉克鲁斯,墨西哥城	* Engdahl
1973	8	28	15	1	57	-0.288	-17.996	12.5	6.8	Ms	South Atlantic Ridge	南大西洋海岭	ISC,Engdahl
1973	9	8	7	25	42	33.1	86.9		6	Ms	China:Xizang (Tibet),Nyima,N.	中国:西藏尼玛北部	Wang S.
1973	9	9	18	25	51	39.553	143.228	21.3	6	Mw	Japan:Miyako,Off Coast	日本:宫古沿海	ISC,Engdahl
1973	9	10	7	43	34	42.442	131.052	561.2	6.7	Mw	Japan Sea	日本海	Wang S.,Engdahl
1973	9	11	23	18	53	25.67	124.559	146	6.1	Ms	Ryukyu Islands	琉球群岛	Wang S.,Engdahl
1973	9	16	12	16	59.8	51.3	-176.6	47	6.1	Ms	Aleutian Islands	阿留申群岛	CSN
1973	9	18	8	25	44.1	11.5	121.4	14	6.5	Ms	Philippines:Panay Island	菲律宾:班乃岛	CSN
1973	9	18	13	32	49	-54.499	-132.415	2.5	6.4	Ms	Southern Pacific Ridge	南太平洋海岭	ISC,Engdahl
1973	9	20	20	43	40	9.232	123.93	555	6.6	Mw	Philippines:Negros Island	菲律宾:内格罗斯岛	ISC,Shi Z.,Engdahl,CSN
1973	9	21	7	13	32	-4.431	-102.111	11.9	6	Ms	Ecuador:Galapagos,SE.	厄瓜多尔:加拉帕戈斯岛东南	ISC,Engdahl
1973	9	21	7	31	1.34	-4.414	-102.054	12.1	6	mb	Ecuador:Galapagos,SE.	厄瓜多尔:加拉帕戈斯岛东南	ISC,Engdahl
1973	9	21	14	2	44.8	-5.2	102.6	33	6	Ms	Indonesia:Sumatra,Coast of SW.	印度尼西亚:苏门答腊西南海域	CSN
1973	9	25	16	17	27	-54.976	146.098	15	6.3	Ms	West of Macquarie Ridge	麦夸里海岭西部	ISC,Engdahl
1973	9	29	0	44	1.32	41.907	130.975	569.6	7.8	Mw	North Korea:Najin,Off Coast of E.	朝鲜:罗津东部沿海	Engdahl,Wang S.
1973	10	5	5	45	32	-32.969	-71.89	37.1	6.5	Ms	Chile:Near Coast of C.	智利:中部近海	ISC,Shi Z.,Engdahl

年	月	日	时	分	秒	纬度(°)	经度(°)	深度	震级	标度	地名(英文)	地名(中文)	资料来源
Year	Mo	Dy	Hr	Mn	Sec	Latitude	Longitude	Depth	Mag	Scale	Name(English)	Name(Chinese)	Information
1973	10	5	5	47	51.1	−33.068	−71.942	34	6.3	Muk	Chile:Valparaiso,La Ligua	智利:瓦尔帕莱索,拉里瓜	* Shi Z.,Engdahl,NOAA
1973	10	6	15	7	37.3	−60.95	−21.628	15	7.5	Ms	Antarctica − Atlantic Ridge	南极 − 大西洋海岭	* Engdahl
1973	10	9	7	57	39	−14.299	167.144	53.8	6.4	Ms	Vanuatu Islands	瓦努阿图群岛	ISC,Engdahl
1973	10	11	2	7	51	0.817	−29.683	6.7	6.3	Ms	Central Mid − Atlantic Ridge	中大西洋中脊	ISC,Engdahl
1973	10	17	3	16	30	35.3	70.4	60	6	Mw	Afghan:Chitral, Mardan	阿富汗:吉德拉尔,马尔丹	ISC
1973	10	21	7	31	2.8	−4.4	−101.9	33	6.2	Ms	Central East Pacific Rise	中央东太平洋海岭	CSN
1973	10	21	14	2	44.8	−5.2	102.6	33	6	Ms	Indonesia:Sumatra,Coast of SW.	印度尼西亚:苏门答腊西南海域	CSN
1973	10	25	14	9	0.33	−21.981	−63.65	529.8	6.6	Mw	Bolivia:Tarija	玻利维亚:塔里哈	ISC,Shi Z.,Engdahl
1973	10	27	6	59	57.4	70.78	54.18	0	7.6	Ms	Barents Sea	巴伦支海	*
1973	11	6	9	36	8.12	51.62	−175.418	48.7	6.2	Muk	Andreanof Islands, Aleutian Is.	阿留申群岛,安德烈亚诺夫群岛	ISC,Shi Z.,Engdahl,USGS
1973	11	6	18	26	37	51.532	−175.269	47	6.3	Ms	Andreanof Islands, Aleutian Is.	阿留申群岛,安德烈亚诺夫群岛	ISC,Shi Z.,Engdahl
1973	11	8	8	59	14	50.02	156.315	54.6	6.1	Ms	Kuril Islands	千岛群岛	ISC,Engdahl
1973	11	19	13	1	58	38.955	141.94	55.4	6.5	Muk	Japan:Miyagi,Near Coast	日本:宫城近海	ISC,Engdahl,USGS
1973	11	30	8	9	57	−15.223	167.5	130.6	6.2	mb	Vanuatu Islands	瓦努阿图群岛	ISC,Engdahl,USGS
1973	12	1	17	0	56.2	−35.654	−74.586	25.2	6	Ms	Chile:Off Coast of C.	智利:中部沿海	Shi Z.,Engdahl
1973	12	9	19	55	48	−19.932	169.821	40.5	6.8	Ms	Vanuatu Islands	瓦努阿图群岛	ISC,Engdahl
1973	12	9	20	57	57	−19.77	169.88	34	6.3	Mw	Vanuatu Islands	瓦努阿图群岛	ISC
1973	12	19	4	43	0.05	−9.454	119.297	29.3	6	mb	Indonesia:Sumba	印度尼西亚:萨姆巴	ISC,Engdahl
1973	12	25	3	44	34.2	10.6	138.4	33	6.1	Ms	Western Caroline Islands	卡罗琳群岛西部	CSN
1973	12	28	5	31	5.52	−23.96	−179.939	531.8	6.8	Mw	South of Fiji Islands	斐济群岛南部	Engdahl
1973	12	28	13	41	47	−14.5	166.784	23.6	7.3	Mw	Vanuatu Islands:Espiritu Santo Islands	瓦努阿图群岛:圣埃斯皮里图岛	* Engdahl,USGS
1973	12	29	0	19	33	−15.155	167.002	51	6.9	Mw	Vanuatu Islands	瓦努阿图群岛	* Engdahl
1973	12	29	8	20	14	54.616	168.64	11.3	6	Ms	Aleutian Islands	阿留申群岛	ISC,Shi Z.,Engdahl
1973	12	30	16	21	27	−15.348	−172.95	6	6.2	Ms	Samoa Islands	萨摩亚群岛	ISC,Engdahl
1973	12	30	16	39	32	−15.4	166.593	9.5	6.6	Ms	Vanuatu Islands	瓦努阿图群岛	ISC,Engdahl
1974	1	2	10	42	33	−22.45	−68.326	119.8	7.5	Mw	Chile:Calama	智利:卡拉马	ISC,Shi Z.,Engdahl,USGS
1974	1	5	8	33	50.7	−12.351	−76.307	92.2	6.1	mb	Peru:Lima, Yauyos	秘鲁:利马,尧约斯	* Engdahl
1974	1	8	21	47	21	−38.927	46.274	18.8	6.1	Ms	South West − Indian Ridge	南印度洋西海岭	ISC,Engdahl
1974	1	10	8	51	17	−14.525	166.959	53.8	7.1	Mw	Vanuatu Islands	瓦努阿图群岛	ISC,Engdahl
1974	1	11	5	36	37	−14.176	166.619	47.8	6.2	Ms	Vanuatu Islands	瓦努阿图群岛	ISC,Engdahl
1974	1	26	5	35	36.5	18.503	−103.329	13.9	6.1	Ms	Mexico:Michoacan	墨西哥:米却肯州	ISC,Shi Z.,Engdahl
1974	1	30	9	53	14	−5.15	134.118	35.5	6.3	Ms	Indonesia:Aru Islands	印度尼西亚:阿鲁群岛	ISC,Engdahl
1974	1	31	23	30	7.41	−7.405	155.946	37.7	7.3	Mw	Solomon Islands	所罗门群岛	* Engdahl,NOAA,USGS
1974	2	1	3	12	36	−7.213	155.737	35.1	7.4	Mw	Solomon Islands	所罗门群岛	* Engdahl,NOAA
1974	2	4	20	10	44	−7.362	155.811	51.5	6	Muk	Solomon Islands	所罗门群岛	Engdahl
1974	2	6	4	4	14	53.665	−164.717	32.5	6.5	Ms	Aleutian Islands	阿留申群岛	ISC,Shi Z.,Engdahl
1974	2	16	1	51	12	11.485	92.33	18.7	6	Ms	India:Andaman Islands	印度:安达曼群岛	ISC,Engdahl
1974	2	16	1	53	46	11.45	92.36	33	6.1	Mw	India:Andaman Islands	印度:安达曼群岛	ISC
1974	2	19	3	30	24	14.025	122.131	19.8	6.1	Ms	Philippines:Lopez	菲律宾:洛佩斯	ISC,Shi Z.,Engdahl
1974	2	22	0	36	55	33.169	136.954	388.9	6.6	Mw	Ryukyu Trench	琉球海沟	ISC,Engdahl
1974	2	27	18	1	49	1.27	97.63	37	6	Mw	Indonesia:Sumatera,Nias Island	印度尼西亚:苏门答腊,尼亚斯岛	ISC
1974	2	28	13	59	17	−36.748	177.1	3.3	6.2	Ms	Kermadec Ridge,S.	克马德克海岭南部	ISC,Engdahl
1974	2	28	20	20	13	9.347	−84.109	56.8	6.2	Ms	Costa Rica:Off Coast	哥斯达黎加:沿海	ISC,Shi Z.,Engdahl
1974	3	3	4	50	51	35.591	140.625	52	6	Muk	Japan:Asahi	日本:千叶旭市	ISC,Engdahl,USGS
1974	3	3	14	22	41	−20.076	169.815	28.9	6.1	Ms	Vanuatu Islands	瓦努阿图群岛	ISC,CSN,Engdahl
1974	3	6	1	40	30	12.308	−86.368	123.3	6.3	Ms	Nicaragua:Managua	尼加拉瓜:马纳瓜	Shi Z.,Engdahl
1974	3	6	19	29	8	−6.404	129.02	3	6.3	Ms	Indonesia:Banda Sea	印度尼西亚:班达海	ISC,Engdahl
1974	3	9	20	14	30	−7.474	156.204	50.8	6.5	Ms	Solomon Islands	所罗门群岛	ISC,Engdahl
1974	3	9	20	18	10	−7.416	156.082	56.2	6.6	Mw	Solomon Islands	所罗门群岛	ISC,Engdahl
1974	3	18	10	56	15	−14.942	−172.784	33.3	6	Ms	Samoa Islands,S.	萨摩亚群岛南部	ISC,Engdahl
1974	3	22	0	36	53.4	33.1	136.9	389	6.3	Ms	Ryukyu Trench	琉球海沟	CSN
1974	3	23	14	28	35	−24.025	179.949	520.9	7	Mw	South of Fiji Islands	斐济群岛南部	CSN,ISC,Engdahl
1974	3	23	20	25	51	−21.891	173.884	15	6.1	Ms	Vanuatu Islands	瓦努阿图群岛	CSN,ISC,Engdahl
1974	3	28	13	59	17.3	−36.9	177.6	15	6.3	Ms	Kermadec Ridge,S.	克马德克海岭南部	Shi Z.
1974	4	6	1	53	45.4	55.2	−160.5	46	6.2	Ms	Aleutian Islands	阿留申群岛	Shi Z.
1974	4	6	3	55	56	55.05	−160.51	6	6.4	Ms	Aleutian Islands	阿留申群岛	ISC,Shi Z.
1974	4	22	0	36	53.4	33.1	136.9	389	6.3	Ms	Ryukyu Trench	琉球海沟	CSN
1974	4	27	8	40	31	−31.57	−179.16	503	6.2	Mw	Kermadec Ridge	克马德克海岭	ISC
1974	5	1	19	19	41	−32.41	−179.97	33	6	Mw	South of Kermadec Ridge	克马德克海岭南部	ISC
1974	5	7	2	25	11	−16.653	−177.344	15	6	Ms	Tonga Islands,N.	汤加群岛北部	ISC,Engdahl
1974	5	8	23	33	29	34.569	138.773	10.7	7.2	Mw	Japan:Minamiizu	日本:静冈南伊豆	* ISC,Usami,Engdahl,NOAA
1974	5	10	8	12	4.23	−4.369	−102.094	15	6	Ms	Ecuador:Galapagos,SE.	厄瓜多尔:加拉帕戈斯岛东南	ISC,Engdahl

年 Year	月 Mo	日 Dy	时 Hr	分 Mn	秒 Sec	纬度(°) Latitude	经度(°) Longitude	深度 Depth	震级 Mag	标度 Scale	地名(英文) Name(English)	地名(中文) Name(Chinese)	资料来源 Information
1974	5	10	19	25	17	28.184	103.995	9	7.1	Ms	China:Yunnan,Daguan,N.	中国:云南大关北	* China,Engdahl,Dis
1974	5	11	0	43	43	1.861	126.372	12.7	6	Ms	Molukka Sea	马鲁古海	ISC,Engdahl
1974	5	13	18	54	31.7	-6.7	102.5		6.4	Ms	Indonesia:Sumatra,Coast of SW.	印度尼西亚:苏门答腊西南海域	Shi Z. ,USGS
1974	5	15	18	59	58	49.998	156.161	59.2	6.5	Muk	Kuril Islands	千岛群岛	ISC,Engdahl,CSN
1974	5	16	20	0	3	27.37	140.65	500	6.3	Mw	Japan:South Honshu Ridge	日本:本州南部海岭	ISC
1974	5	17	15	22	8.89	-11.195	-74.985	111.1	6	Ms	Peru:Perene	秘鲁:佩雷内	ISC,Shi Z. ,Engdahl
1974	5	26	1	32	11	-17.68	167.874	2.6	6	Ms	Vanuatu Islands	瓦努阿图群岛	CSN,ISC,Engdahl
1974	5	26	15	24	24	-17.62	167.49	7	6.2	Mw	Vanuatu Islands	瓦努阿图群岛	ISC
1974	5	31	14	4	59.8	27.497	-111.061	0.4	6.3	Ms	Gulf of California	加利福尼亚湾	ISC,Shi Z. ,Engdahl
1974	6	4	4	14	17	-15.951	-174.982	274.7	6.1	mb	Wallis and Futuna Islands,S.	瓦利斯群岛和富图纳群岛南部	ISC,Engdahl
1974	6	7	6	47	40	-15.448	-175.285	46.2	6	Ms	North of Fiji Islands	斐济群岛北部	ISC,Engdahl
1974	6	12	16	25	46	10.511	-63.431	8.3	6.1	Ms	Venezuela:Cariaco	委内瑞拉:卡利亚科	* Engdahl
1974	6	13	18	54	31.7	-6.7	102.5	20	6.4	Ms	Indonesia:Sumatra,Coast of SW.	印度尼西亚:苏门答腊西南海域	CSN
1974	6	14	6	35	49	-32.59	-178.62	495	6	Mw	South of Kermadec Ridge	克马德克海岭南部	ISC
1974	6	19	2	55	19	-33.42	56.88	33	6.6	Mw	South West - Indian Ridge	南印度洋西海岭	ISC
1974	6	25	17	22	19	-26.03	84.193	22.3	6.6	Ms	South - East Indian Ridge	南印度洋东海岭	ISC,Engdahl,CSN
1974	6	27	1	49	11	33.812	139.233	23.6	6.1	Muk	Japan:Miyake Jima	日本:三宅岛	ISC,Engdahl
1974	7	1	16	51	54	-22.124	-64.638	18	6.5	Mw	Bolivia:Tarija	玻利维亚:塔里哈	* GSHAP,Engdahl
1974	7	2	23	26	23	-29.153	-175.816	2.2	7.4	Mw	Kermadec Ridge	克马德克海岭	ISC,Engdahl
1974	7	3	23	25	11	-29.224	-175.963	36.7	6.6	Ms	Kermadec Ridge	克马德克海岭	ISC,Engdahl
1974	7	4	11	30	42.1	45.14	94.03	33	7.1	Ms	Mongolia:West Govi - Altay	蒙古:戈壁阿尔泰西部	* China
1974	7	4	19	30	42	45.185	93.938	15.6	7.5	Muk	China:Xinjiang,Barkol,NE.	中国:新疆巴里坤东北	* Wang S. ,Engdahl
1974	7	8	5	45	40	36.426	141.139	44.5	6	Ms	Japan:Ibaraki,Near Coast	日本:茨城近海	ISC,Engdahl,USGS
1974	7	13	1	18	22.8	7.737	-77.631	5.5	7.7	Ms	Colombia:Bogota, Cali, Pereira	哥伦比亚:波哥达,卡利,佩雷拉	* Shi Z. ,Engdahl
1974	7	22	8	12	47.5	-22.1	-113.6	33	6	Ms	Easter Island,W.	复活节岛西部	CSN
1974	7	24	20	34	35.4	-55.8	-27.5	80	6.1	Ms	South Sandwich Islands	南桑威奇群岛	CSN
1974	7	28	11	34	56	46.33	153.261	10.1	6.3	Muk	Kuril Islands	千岛群岛	ISC,Engdahl
1974	7	29	7	16	26	46.109	153.026	18.4	6	Muk	Kuril Islands	千岛群岛	ISC,Engdahl
1974	7	30	5	12	42	36.368	70.732	213.8	7.1	mb	Afghan:Badakhshan	阿富汗:巴达赫尚	ISC,Engdahl
1974	8	1	5	8	2.74	56.492	-152.38	15	6.1	Ms	Alaska:Kodiak Island	阿拉斯加:科迪亚克岛	ISC,Shi Z. ,Engdahl
1974	8	1	5	55	35	56.465	-152.227	4.4	6.3	Ms	Alaska:Kodiak Island	阿拉斯加:科迪亚克岛	ISC,Shi Z. ,Engdahl
1974	8	1	7	59	56	56.63	-152.26	33	6	Ms	Alaska:Kodiak Island	阿拉斯加:科迪亚克岛	ISC,Shi Z.
1974	8	8	19	16	45	24.556	122.644	8.6	6	Ms	China:Taiwan,Yilan,Coast of E.	中国:台湾宜兰以东海域	ISC,Engdahl
1974	8	11	1	13	56	39.377	73.799	2.5	7.3	Ms	China:Xinjiang,Kashi,W.	中国:新疆喀什西部	China,Engdahl
1974	8	11	21	21	36	39.505	73.633	4.6	6.1	Ms	Kyrgyzstan:Osh,S.	吉尔吉斯斯坦:奥什南部	China,Engdahl
1974	8	12	2	52	42	-16.058	-179.115	47.1	6.1	Muk	North of Fiji Islands	斐济群岛北部	Engdahl
1974	8	13	12	52	48	-15.912	-179.373	46	6.3	Muk	North of Fiji Islands	斐济群岛北部	Engdahl
1974	8	18	10	44	10	-38.433	-73.462	8.4	7.1	Ms	Chile:La Union, Valdivia	智利:拉乌尼翁,巴尔迪维亚	* CSN,Shi Z. ,Engdahl,NOAA
1974	8	27	12	56	1	39.564	73.831	7	6	Ms	Kyrgyzstan:Osh,S.	吉尔吉斯斯坦:奥什南部	Wang S. ,Engdahl
1974	9	7	20	43	10	-9.817	108.329	14.6	6.5	Ms	Indonesia:Java Ridge	印度尼西亚:爪哇海岭	ISC,Engdahl
1974	9	13	3	46	20.2	51.4	-178	59	6.1	Ms	Aleutian Islands	阿留申群岛	CSN
1974	9	21	12	40	23	-23.673	-175.835	29.8	6.3	Ms	Tonga Islands,S.	汤加群岛南部	ISC,Engdahl
1974	9	23	19	28	14	-0.297	12.759	2.4	6.2	Ms	Gabon:Ogooue - Lolo	加蓬:奥果韦 - 洛洛	* Engdahl
1974	9	27	3	10	10	33.672	141.146	52	6.1	Ms	Japan Trench	日本海沟	ISC,Engdahl
1974	9	27	5	47	30	43.18	146.537	30	6.9	Mw	Japan:Hokkaido,Near Coast of E.	日本:北海道东部海域	* Engdahl,NOAA,USGS
1974	10	3	14	21	34	-12.254	-77.524	33.9	8.1	Mw	Peru:Lima, Callao	秘鲁:利马,卡亚俄	* Engdahl,NOAA
1974	10	7	21	53	8	-58.08	-58.08	286	6	Ms	South Pacific;North of Antarctica Peninsula	南太平洋;南极半岛北部	Shi Z.
1974	10	8	9	50	57	17.347	-61.977	23.3	6.9	Mw	Antigua And Barbuda:St Kitts	安提瓜和巴布达:圣基茨	* CSN,Shi Z. ,ISC,Engdahl
1974	10	9	7	32	4.17	44.724	150.026	50.2	6.4	Ms	Kuril Islands	千岛群岛	ISC,Engdahl
1974	10	10	6	56	52	41.074	143.078	43.4	7	Muk	Japan Trench	日本海沟	ISC,Engdahl
1974	10	11	8	33	51	-60.806	154.004	10	6.1	Ms	Balleny Islands	巴雷尼群岛	ISC,Engdahl
1974	10	12	6	14	52	40.592	143.579	13.3	6	Ms	Japan Trench	日本海沟	ISC,Engdahl
1974	10	16	5	45	11	52.596	-32.039	27.8	6.9	Ms	Northern Mid - Atlantic Ridge	北大西洋洋中脊	ISC,Engdahl,CSN
1974	10	16	9	41	30.5	51.2	-177.4	61	6	Ms	Aleutian Islands	阿留申群岛	CSN
1974	10	21	4	12	29	-17.988	-178.44	588	6.3	Mw	Fiji Islands	斐济群岛	ISC,Engdahl
1974	10	23	6	14	55	-8.446	154.141	35.1	7.1	Mw	Solomon Sea	所罗门海	ISC,Engdahl
1974	10	27	10	30	38	-15.45	167.18	36	6.3	Mw	Vanuatu Islands	瓦努阿图群岛	ISC
1974	10	29	3	14	20	-6.972	129.496	158.1	6.3	mb	Indonesia:Alor Islands	印度尼西亚:阿洛群岛	ISC,Engdahl
1974	11	5	10	38	38	-39.54	173.45	12	6.1	Mw	New Zealand:North Island,Opunake,Coast	新西兰:北岛,奥普纳基近海	ISC
1974	11	8	21	23	24	42.543	141.788	128.2	6.5	Mw	Japan:Hokkaido	日本:北海道	ISC,Usami,Engdahl,USGS
1974	11	9	12	59	52	-12.524	-77.631	9.7	7.1	Mw	Peru:Mala,Off Coast	秘鲁:马拉沿海	Engdahl,ISC,Shi Z.
1974	11	9	19	10	58	-6.489	105.335	65.8	6.1	mb	Indonesia:Sunda Strait	印度尼西亚:巽他海峡	ISC,Engdahl
1974	11	10	4	25	33	-15.921	-178.43	30.8	6.1	Ms	North of Fiji Islands	斐济群岛北部	ISC,Engdahl

年	月	日	时	分	秒	纬度(°)	经度(°)	深度	震级	标度	地名(英文)	地名(中文)	资料来源
Year	Mo	Dy	Hr	Mn	Sec	Latitude	Longitude	Depth	Mag	Scale	Name(English)	Name(Chinese)	Information
1974	11	16	9	41	30.5	51.2	-177.4	61	6	Ms	Aleutian Islands	阿留申群岛	CSN
1974	11	19	4	58	23	-3.161	150.668	6	6.1	Ms	Bismarck Sea	俾斯麦海	ISC,Engdahl
1974	11	20	4	14	52	-15.153	167.226	68.3	6.2	mb	Vanuatu Islands	瓦努阿图群岛	ISC,Engdahl,USGS
1974	11	27	18	45	12	-6.1	154.16	49	6.1	Mw	Solomon Sea,N.	所罗门海北部	ISC
1974	11	29	22	5	24	30.682	138.354	424.7	7.1	Mw	Japan:South Honshu Ridge	日本:南本州海岭	ISC,Engdahl,USGS
1974	12	3	3	6	34	-4.989	129.919	14.7	6.5	Ms	Indonesia:Banda Sea	印度尼西亚:班达海	ISC,Engdahl
1974	12	4	3	7	52	0.503	97.852	44.3	6.9	Ms	Indonesia:Northern Sumatra	印度尼西亚:苏门答腊北部	ISC,Engdahl
1974	12	5	11	57	33	-7.718	-74.408	159.5	6	mb	Peru:North of Pucallpa	秘鲁:普卡尔帕北部	Shi Z.,ISC,Engdahl
1974	12	19	4	58	22.3	-3	150.8	20	6.1	Ms	Bismarck Sea	俾斯麦海	CSN
1974	12	20	4	14	50.1	-14.9	167.2	61	7	Ms	Vanuatu Islands	瓦努阿图群岛	CSN
1974	12	21	8	28	55	-14.568	-174.931	15	6.1	Ms	Samoa Islands	萨摩亚群岛	ISC,Engdahl
1974	12	24	6	55	47	-2.311	98.916	21.5	6.8	Ms	Indonesia:Sumatra,Near Coast of SW.	印度尼西亚:苏门答腊西南近海	ISC,Engdahl
1974	12	25	2	49	12.4	51.7	174.6	30	6.2	Ms	Aleutian Islands	阿留申群岛	Shi Z.
1974	12	28	12	11	43.7	35.023	72.9	14.5	6.2	Ms	Pakistan:Balakot, Patan	巴基斯坦:巴拉考特,巴丹	* Engdahl
1974	12	31	20	21	9	14.13	-91.82	39	6.1	Ms	Guatemala:Near Coast	危地马拉:近海	ISC,Shi Z.
1975	1	2	8	58	59.2	46.8	151.5	52	6.3	Ms	Kuril Islands	千岛群岛	Shi Z.,USGS
1975	1	8	1	58	56	-3.004	101.648	90.8	6	Mw	Indonesia:Southern Sumatra	印度尼西亚:苏门答腊南部	ISC,Engdahl
1975	1	9	9	49	42	-4.8	130.1	25	6	Mw	Indonesia:Banda Sea	印度尼西亚:班达海	ISC
1975	1	12	17	47	22	-33.548	-177.844	8.2	6	Ms	South of Kermadec Ridge	克马德克海岭南部	ISC,Engdahl
1975	1	14	19	37	19.5	-4.917	129.958	23.5	6.2	Ms	Indonesia:Banda Sea	印度尼西亚:班达海	Shi Z.,Engdahl
1975	1	14	19	48	59	-4.942	130.021	16.3	6.5	Ms	Indonesia:Banda Sea	印度尼西亚:班达海	ISC,Engdahl
1975	1	15	11	34	44	29.41	101.745	32.9	6.2	Ms	China:Sichuan,Garze,SW.	中国:四川甘孜西南	China,Engdahl,Dis
1975	1	19	8	1	60	32.375	78.489	2.7	6.8	Ms	India:Kashmir	印度:克什米尔	* India, Wang S., Engdahl
1975	1	25	2	8	43	7.154	-77.765	34.9	6.5	Ms	Colombia:Off Coast of W.	哥伦比亚:西部沿海	ISC,Shi Z.,Engdahl
1975	2	2	8	43	42	53.036	173.595	13.1	7.6	Ms	Aleutian Islands	阿留申群岛	* Engdahl,USGS
1975	2	4	11	36	5	40.717	122.734	8	7.3	Ms	China:Liaoning,Haicheng	中国:辽宁海城	* China,Engdahl,Dis
1975	2	7	4	51	43	-7.234	149.571	16.2	6.4	Ms	New Britain Trench	新不列颠海沟[太平洋]	ISC,Engdahl
1975	2	22	8	36	8.92	51.324	-179.404	48.8	6.5	Ms	Aleutian Islands	阿留申群岛	Shi Z.,Engdahl, USGS
1975	2	22	22	4	38	-25.08	-178.832	374	6.9	Mw	South of Fiji Islands	斐济群岛南部	ISC,Engdahl,CSN
1975	2	26	4	48	53	84.965	98.492	11.2	6	Muk	Arctic Ocean	北冰洋	Engdahl
1975	3	5	0	22	19	-2.396	126.094	12	6.6	Ms	Indonesia:Sanana Island	印度尼西亚:萨纳纳岛	* * ISC,Engdahl
1975	3	7	7	4	44	27.484	56.225	22.4	6.1	Ms	Iran:Hormozgan	伊朗:荷姆兹甘	* Engdahl
1975	3	13	15	26	49	-29.912	-71.396	31.4	6.9	Ms	Chile:Coquimbo	智利:科金博	* Shi Z.,Engdahl, NOAA
1975	3	13	18	45	29.8	-21.787	170.628	75.2	6	mb	Vanuatu Islands	瓦努阿图群岛	ISC,Engdahl
1975	3	17	22	11	3.27	-2.475	138.38	30.7	6	Ms	Indonesia:Papua	印度尼西亚:巴布亚	ISC,Engdahl
1975	3	18	17	21	27	-4.272	-77.003	121.4	6.2	mb	Peru:Loreto,SW.	秘鲁:洛雷托西南	Shi Z.,Engdahl
1975	3	23	7	32	37	22.686	122.787	15.7	7	Ms	China:Taiwan,Taitung,Coast of E.	中国:台湾台东以东海域	Wang S.,Engdahl
1975	3	27	5	15	7.67	40.42	26.147	3.4	6.7	Ms	Turkey:Canakkale, Eceabat	土耳其:青纳卡莱,伊赛巴特	* Engdahl,USGS
1975	3	28	2	31	7.79	42.012	-112.476	5.3	6	Ms	US:Idaho,Pocatello Valley	美国:爱达荷州波卡提洛峡谷	* Engdahl
1975	4	5	9	34	36.6	10.067	-69.663	21.6	6.1	Ms	Venezuela:Lara	委内瑞拉:拉腊	* Shi Z.,Engdahl
1975	4	5	20	38	31.4	10.132	-75.649	46.9	6.1	Muk	Colombia:Cartagena	哥伦比亚:卡塔赫纳	Engdahl
1975	4	6	9	55	20	52.195	160.016	27.2	6.2	Ms	Russia:Kamchatka Peninsula	俄罗斯:堪察加半岛	ISC,Engdahl
1975	4	6	10	34	58	52.257	159.899	29.5	6.2	Ms	Russia:Kamchatka Peninsula	俄罗斯:堪察加半岛	ISC,Engdahl
1975	4	9	6	26	24	-4.065	152.761	133.2	6.1	mb	Papua New Guinea:New Ireland	巴布亚新几内亚:新爱尔兰	ISC,Engdahl
1975	4	11	0	10	32	-50.977	139.129	3.7	6.3	Ms	Great Australian Bight,S.	大澳大利亚湾南部	ISC,Engdahl
1975	4	16	1	27	18	71.474	-10.46	0.7	6.5	Ms	Jan Mayen Island	扬马延岛	ISC,Engdahl
1975	4	20	11	40	38	-36.378	-98.926	11.1	6.2	Ms	West of Chile Ridge	智利海岭西部	ISC,Engdahl
1975	4	20	17	35	52	33.143	131.26	6.7	6.1	Ms	Japan:Oita	日本:大分	* Usami,Engdahl
1975	4	23	11	14	51	16.449	-98.839	16.6	6.2	Ms	Mexico:Near Coast of Guerrero	墨西哥:格雷罗近海	Shi Z.,Engdahl
1975	4	28	11	6	41	35.804	79.921	4.4	6.3	Ms	China:Xinjiang,Karakorum Pass,E.	中国:新疆喀喇昆仑山口东	ISC,Engdahl
1975	5	5	5	18	49	33.087	92.862	15	6.4	Ms	China:Qinghai,Zhiduo,W.	中国:青海治多西部	Wang S.,Engdahl
1975	5	9	18	35	8.5	-32.864	-179.145	73.7	6.6	Mw	South of Kermadec Ridge	克马德克海岭南部	ISC,Engdahl,USGS
1975	5	10	14	27	43	-38.215	-72.999	28	7.7	Mw	Chile:Cañete	智利:卡涅特	* Engdahl
1975	5	13	21	18	41	1.03	126.036	22.1	6.3	Ms	Molukka Sea	马鲁古海	ISC,Engdahl
1975	5	18	23	53	50	-20.907	-173.876	3.9	6	Ms	Tonga Islands,E.	汤加群岛东部	ISC,Engdahl
1975	5	23	11	14	48	16.4	-98.9	11	6.2	Ms	Mexico:Near Coast of Guerrero	墨西哥:格雷罗州近海	CSN
1975	5	23	16	1	53	22.753	122.567	17.9	7	Muk	China:Taiwan,Taitung,Coast of E.	中国:台湾台东以东海域	ISC,Engdahl
1975	5	25	19	4	31.9	57.4	-150.1	20	6.1	Ms	Alaska:Kodiak Island	阿拉斯加:科迪亚克岛	Shi Z.
1975	5	26	9	11	49	35.97	-17.645	4.9	7.9	Mw	North Atlantic Ocean,E.	北大西洋东部	* Engdahl,NOAA
1975	5	27	10	18	37	0.758	122.594	65.6	6	mb	Indonesia:Gorontalo	印度尼西亚:哥伦打洛	ISC,Engdahl
1975	5	28	11	6	39.2	35.9	79.8	20	6.1	Ms	China:Xinjiang,Hetian	中国:新疆和田	CSN
1975	5	29	15	44	46	33.1	137.32	380	6.2	Mw	Ryukyu Trench	琉球海沟	ISC
1975	5	30	17	46	24	-50.464	139.516	14.3	6.1	Ms	Great Australian Bight,S.	大澳大利亚湾南部	ISC,Engdahl
1975	6	10	13	47	19	43.129	147.655	28.2	7	Ms	Japan:Hokkaido,Near Coast of E.	日本:北海道东部海域	* Engdahl,NOAA
1975	6	13	18	8	11	43.487	147.695	4	6.4	Ms	Kuril Islands	千岛群岛	ISC,Engdahl
1975	6	14	18	38	3.27	43.583	147.856	32.5	6	Ms	Kuril Islands	千岛群岛	ISC,Engdahl

年 Year	月 Mo	日 Dy	时 Hr	分 Mn	秒 Sec	纬度(°) Latitude	经度(°) Longitude	深度 Depth	震级 Mag	标度 Scale	地名(英文) Name(English)	地名(中文) Name(Chinese)	资料来源 Information
1975	6	15	0	19	31	43.701	147.848	5.7	6.2	Ms	Kuril Islands	千岛群岛	ISC,Engdahl
1975	6	16	22	35	21	-3.055	147.998	5.4	6.5	Ms	Bismarck Sea	俾斯麦海	ISC,Engdahl
1975	6	22	22	44	12	43.231	147.167	22.3	6.1	Ms	Kuril Islands	千岛群岛	ISC,Engdahl
1975	6	26	9	52	20	31.97	138.28	400	6	Mw	Japan:South Honshu Ridge	日本:南本州海岭	ISC
1975	6	26	12	30	1	37.3	-116.32	14	6.1	Mw	US:Nevada,Beatty	美国:内华达州比蒂	ISC
1975	6	29	10	37	42	38.731	130.085	555.2	7.1	Mw	Japan Sea	日本海	ISC,Engdahl
1975	7	5	9	30	33	-31.76	179.85	552	6	Mw	Kermadec Ridge	克马德克海岭	ISC
1975	7	8	9	37	25	29.36	-113.452	1.9	6.5	Ms	Gulf of California	加利福尼亚湾	Shi Z.,Engdahl
1975	7	8	12	4	41	21.449	94.597	119.7	6.8	Muk	myanmar:Pagan	缅甸:蒲甘	* Engdahl
1975	7	10	18	29	16	6.52	126.631	73.9	6.8	Ms	Philippines:Mindanao Island	菲律宾:棉兰老岛	ISC,Shi Z.,Engdahl
1975	7	14	23	27	53	-40.419	78.401	9.9	6.5	Ms	Mid-Indian Ridge	中印度洋海岭	Shi Z.,ISC,Engdahl
1975	7	16	18	17	44	-30.75	-177.341	36.6	6.2	Ms	Kermadec Ridge	克马德克海岭	ISC,Engdahl
1975	7	16	19	38	24	-30.86	-177.342	30.7	6.1	Ms	Kermadec Ridge	克马德克海岭	ISC,Engdahl
1975	7	20	14	37	42	-6.612	155.097	59.7	7.7	Mw	Solomon Sea,N.	所罗门海北部	* Engdahl,NOAA,CSN
1975	7	20	19	54	30	-7.081	155.214	44.2	7.3	Mw	Solomon Islands	所罗门群岛	* Engdahl,USGS,CSN
1975	7	20	23	5	20	-6.576	154.739	50.3	6.7	Ms	Solomon Sea,N.	所罗门海北部	ISC,Engdahl
1975	7	21	2	38	59	-6.83	155.454	63.1	6.2	mb	Papua New Guinea:Bougainville Island	巴布亚新几内亚:布干维尔岛	ISC,Engdahl
1975	7	22	19	20	17	-7.199	155.734	50.2	6.1	Ms	Solomon Islands	所罗门群岛	ISC,Engdahl
1975	7	30	9	17	13.1	-9.981	123.817	3.5	6.1	Ms	Indonesia:Timor Island	印度尼西亚:帝汶岛	ISC,Engdahl
1975	8	2	10	18	17.9	53.355	-161.462	22.6	6	Ms	Alaska:Unimak Island	阿拉斯加:乌尼马克岛	Shi Z.,Engdahl
1975	8	6	22	24	31	-2.434	146.107	15	6.3	Ms	Papua New Guinea:Mussau Island	巴布亚新几内亚:穆绍岛	ISC,Engdahl
1975	8	10	10	25	49	-22.737	-66.627	208.5	6.1	mb	Argentina:Jujuy,N.	阿根廷:胡胡伊北部	Shi Z.,Engdahl
1975	8	12	14	21	6.99	32.064	137.783	399.3	6.9	Mw	Ryukyu Trench	琉球海沟	ISC,Engdahl,USGS
1975	8	15	7	28	25	54.931	167.872	29.4	6.6	Ms	Aleutian Islands	阿留申群岛	Shi Z.,Engdahl
1975	8	20	23	5	20.9	-6.4	154.9	67	6	Ms	Papua New Guinea:Bougainville Island	巴布亚新几内亚:布干维尔岛	CSN
1975	8	21	2	3	58.1	-6.7	155.5	33	6.2	Ms	Papua New Guinea:Bougainville Island	巴布亚新几内亚:布干维尔岛	CSN
1975	8	27	5	15	9.7	40.4	26		6.7	Ms	Aegean Sea	爱琴海	Shi Z.
1975	9	6	9	20	14	38.516	40.768	39.7	6.7	Ms	Turkey:Lice	土耳其:利杰	* Engdahl
1975	9	19	3	37	8.41	-34.745	81.797	3.8	6.1	Ms	South-East Indian Ridge	南印度洋东海岭	ISC,Engdahl
1975	9	22	19	20	11.2	-7.1	155.8	14	6	Ms	Solomon Islands	所罗门群岛	CSN
1975	9	24	1	47	51	-20.49	-173.955	29.5	6.5	Ms	Tonga Islands,E.	汤加群岛东部	ISC,CSN,Engdahl
1975	9	24	11	3	0.97	-11.912	-14.511	20.9	6.1	Ms	Central Mid-Atlantic Ridge	中大西洋中脊	ISC,Engdahl
1975	9	29	14	36	24	-0.457	124.675	26.8	6.1	Ms	Molukka Sea,S.	马鲁古海南部	ISC,Engdahl
1975	9	30	18	17	51	-5.002	102.067	32.6	6	Ms	Indonesia:Sumatra,Coast of SW.	印度尼西亚:苏门答腊西南海域	ISC,Engdahl
1975	10	1	3	30	1.64	-4.859	102.145	37.2	7	Ms	Indonesia:Southern Sumatra	印度尼西亚:苏门答腊南部	ISC,Engdahl
1975	10	3	5	14	27	30.241	66.293	15	6.7	Ms	Pakistan:Quetta	巴基斯坦:奎达	ISC,Engdahl
1975	10	3	11	51	9	-22.13	126.72	33	6	Mw	Australia:Western Australia	澳大利亚:西澳	ISC
1975	10	3	17	31	34	30.387	66.347	1.6	6.4	Ms	Pakistan:Quetta	巴基斯坦:奎达	ISC,Engdahl
1975	10	6	22	24	22	-12.593	166.562	92.1	6	mb	Solomon Islands:Santa Cruz Islands	所罗门群岛:圣克鲁斯群岛	ISC,Engdahl
1975	10	7	8	28	8.24	0.866	-26.741	12.8	6.7	Ms	Central Mid-Atlantic Ridge	中大西洋中脊	ISC,Engdahl
1975	10	8	8	15	51	28.8	55.2	33	6.1	Mw	Iran:S,Darab	伊朗:达拉卜	ISC
1975	10	10	19	47	18	-15.44	167.55	123	6	Mw	Vanuatu Islands	瓦努阿图群岛	ISC
1975	10	11	14	35	18	-24.906	-175.111	20.8	7.4	Mw	Tonga Islands,S.	汤加群岛南部	* Engdahl
1975	10	11	14	55	3.62	-24.118	-175.255	51.3	6	mb	Tonga Islands,S.	汤加群岛南部	ISC,Engdahl
1975	10	11	18	0	58	-3.287	148.547	9.2	6.2	Ms	Bismarck Sea	俾斯麦海	Shi Z.,Engdahl
1975	10	17	3	31	54	-7.532	128.736	113.3	6.1	mb	Indonesia:Banda Sea	印度尼西亚:班达海	Shi Z.,Engdahl
1975	10	20	22	25	25.5	-16.371	-177.399	2.1	6.5	Ms	East of Fiji Islands	斐济群岛东部	ISC,Engdahl
1975	10	21	17	12	23	11.675	121.66	15.1	6.1	Ms	Philippines:Culasi,Panay	菲律宾:库拉西,班乃	ISC,Engdahl
1975	10	21	20	29	17.3	-12.5	166.5	70	6	Ms	Solomon Islands:Santa Cruz Islands	所罗门群岛:圣克鲁斯群岛	Shi Z.
1975	10	21	23	6	21	11.685	121.561	10.9	6.3	Ms	Philippines:Mindoro,SW.	菲律宾:民都洛岛西南	ISC,Engdahl
1975	10	27	18	26	43	7.916	126.856	16.8	6	Ms	Philippine Trench	菲律宾海沟	Shi Z.,Engdahl
1975	10	28	6	54	23.7	-22.824	-70.364	36.6	6.3	Ms	Chile:Mejillones,Near Coast	智利:梅希约内斯近海	ISC,Shi Z.,Engdahl
1975	10	28	14	30	2	37.32	-116.4	24	6.2	Mw	US:Nevada,Beatty	美国:内华达州比蒂	ISC
1975	10	30	1	41	34	42.115	142.622	60.3	6	Mw	Japan:Hokkaido	日本:北海道	ISC,Engdahl,USGS
1975	10	31	8	28	4.07	12.536	125.999	51.1	7.5	Mw	Philippines:Samar Island	菲律宾:萨马岛	* Bautista,Engdahl,NOAA
1975	11	1	1	17	35	13.851	144.813	107.8	7.1	mb	Guam	关岛(西太平洋)	* Engdahl
1975	11	6	12	36	21	12.525	126.058	44.1	6.1	Mw	Philippines:Samar Island,E.	菲律宾:萨马岛东部	ISC,Engdahl
1975	11	15	20	39	33	12.956	125.904	50.6	6	Ms	Philippines:Samar Island	菲律宾:萨马岛	Engdahl
1975	11	21	4	45	35	-7.5	127.3	100	6	Mw	Indonesia:Banda Sea	印度尼西亚:班达海	ISC
1975	11	25	8	6	44	-9.114	156.716	4.7	6.1	Ms	Solomon Islands	所罗门群岛	ISC,Engdahl
1975	11	29	2	18	1	12.3	125.7	50	6.2	Mw	Philippines:Samar Island	菲律宾:萨马岛	ISC
1975	11	29	9	0	53	-32.21	-177.64	331	6.1	Mw	South of Kermadec Ridge	克马德克海岭南部	ISC
1975	11	29	14	47	40.9	19.451	-155.033	2.1	7.2	Ms	Hawaiian Islands	夏威夷群岛	* Engdahl,NOAA

年	月	日	时	分	秒	纬度(°)	经度(°)	深度	震级	标度	地名(英文)	地名(中文)	资料来源
Year	Mo	Dy	Hr	Mn	Sec	Latitude	Longitude	Depth	Mag	Scale	Name(English)	Name(Chinese)	Information
1975	11	30	13	32	33.7	10.532	145.97	12.6	6.6	Muk	Mariana Islands, S.	马里亚纳群岛南部	Engdahl
1975	11	30	20	30	17	52.582	-167.21	11.6	6.3	Ms	Aleutian Islands	阿留申群岛	Shi Z., Engdahl
1975	12	9	9	14	44	-14.923	-172.776	48.5	6.2	Ms	Samoa Islands, S.	萨摩亚群岛南部	ISC, Engdahl, USGS
1975	12	17	5	35	19	5.271	95.799	14.9	6.2	Ms	Indonesia: Sumatera, Aceh	印度尼西亚:苏门答腊亚齐	ISC, Engdahl
1975	12	21	10	54	19	51.874	151.548	559.7	6.8	Mw	Sea of Okhotsk	鄂霍次克海	ISC, Engdahl
1975	12	25	23	22	23	-4.083	142.148	113	6.4	mb	Papua New Guinea: East Sepik	巴布亚新几内亚:东塞皮克	ISC, Engdahl, USGS
1975	12	26	15	56	38	-16.241	-172.364	15	7.7	Mw	Samoa Islands	萨摩亚群岛	* Engdahl, NOAA
1975	12	29	2	17	53.9	11.9	125.9	70	6.2	Ms	Philippines: Samar Island	菲律宾:萨马岛	CSN
1975	12	29	3	39	44	-56.826	-68.606	11.7	6.5	Ms	West Scotia Basin	西斯科舍海盆	ISC, Shi Z., Engdahl
1975	12	29	5	7	55	26.6	97.3	20	6	Mw	myanmar: Kachin	缅甸:克钦	ISC
1976	1	1	1	29	39	-28.714	-177.42	46.3	7.3	Mw	Kermadec Ridge	克马德克海岭	Engdahl
1976	1	5	2	31	36	-13.29	-74.9	95	6	Mw	Peru: Huancavelica	秘鲁:万卡韦利卡	ISC
1976	1	6	21	8	21	51.569	159.273	28.1	6.2	Mw	Russia: Kamchatka Peninsula	俄罗斯:堪察加半岛	ISC, Engdahl
1976	1	9	23	54	38	-15.808	167.927	175.6	6.3	Mw	Vanuatu Islands	瓦努阿图群岛	ISC, Engdahl
1976	1	13	13	29	19	66.226	-16.576	15	6.3	Mw	Iceland: Thvera	冰岛:斯韦尔	* Engdahl
1976	1	14	15	56	34	-29.213	-177.638	43.7	7.8	Mw	Kermadec Ridge	克马德克海岭	* Engdahl
1976	1	14	16	47	38	-29.172	-177.316	31.7	7.9	Mw	Kermadec Ridge	克马德克海岭	* Engdahl, NOAA
1976	1	14	22	43	41.9	-28.62	-176.589	15	6.4	Mw	Kermadec Ridge	克马德克海岭	ISC, Engdahl
1976	1	15	2	0	16	-29.118	-176.64	54	6.4	Ms	Kermadec Ridge	克马德克海岭	Shi Z., Engdahl, USGS
1976	1	15	3	48	39	-30.264	-177.396	74.1	6.7	Ms	Kermadec Ridge	克马德克海岭	CSN, Engdahl, ISC
1976	1	15	6	6	46	-30.027	-176.794	15	6.2	Mw	Kermadec Ridge	克马德克海岭	ISC, Engdahl
1976	1	15	16	12	21	-30.158	-177.097	15	6	Mw	Kermadec Ridge	克马德克海岭	ISC, Engdahl
1976	1	16	15	28	9.6	-29.8	-176.4	33	6.3	Ms	Kermadec Ridge	克马德克海岭	CSN
1976	1	18	13	29	33	-32.49	-178.138	28	6.3	Mw	South of Kermadec Ridge	克马德克海岭南部	ISC, Engdahl, USGS
1976	1	18	18	47	42	-32.89	-177.45	33	6	Mw	South of Kermadec Ridge	克马德克海岭南部	ISC
1976	1	21	10	5	25	44.777	149.141	38.9	7.2	Mw	Kuril Islands	千岛群岛	* Engdahl, NOAA
1976	1	21	13	32	21	-32.68	-179.4	257	6.4	Mw	South of Kermadec Ridge	克马德克海岭南部	ISC, USGS
1976	1	23	5	45	31	-7.503	119.881	612.6	6.6	Mw	Flores Sea	弗洛勒斯海	ISC, Engdahl
1976	1	24	21	48	26	-28.625	-177.401	69.2	6.2	Mw	Kermadec Ridge	克马德克海岭	ISC, Engdahl
1976	1	25	12	23	55	44.701	149.802	35.6	6	Muk	Kuril Islands	千岛群岛	Engdahl
1976	1	26	19	1	38	-29.34	-176.46	30	6	Mw	Kermadec Ridge	克马德克海岭	ISC
1976	1	27	11	8	48	-29.642	-176.641	6.4	6	Ms	Kermadec Ridge	克马德克海岭	Shi Z., Engdahl
1976	2	3	23	57	59	54.498	161.973	48.2	6	Mw	Russia: Kamchatka Peninsula	俄罗斯:堪察加半岛	ISC, Engdahl
1976	2	4	9	1	46	15.297	-89.145	12.1	7.5	M	Guatemala: Chimaltenango, Guatemala City	危地马拉:奇马尔特南戈,危地马拉城	* Shi Z., CSN, ISC, Engdahl, NOAA
1976	2	6	16	53	53	-5.979	146.344	44.3	6	Mw	Papua New Guinea: Madang	巴布亚新几内亚:马当	ISC, Engdahl
1976	2	11	21	43	55.5	-15.212	-172.218	19	6	Ms	Samoa Islands	萨摩亚群岛	Shi Z., Engdahl
1976	2	12	14	45	2	37.33	-116.47	22	6.1	Mw	US: Nevada, Beatty	美国:内华达州比蒂	ISC
1976	2	14	3	10	37	-57.426	-64.526	27.5	6	Ms	West Scotia Basin	西斯科舍海盆	Shi Z., Engdahl
1976	2	14	10	50	24	26.6	140.62	560	6.2	Mw	Japan: South Honshu Ridge	日本:本州南部海岭	ISC, USGS
1976	2	15	1	54	22	13.027	125.773	14.8	6.5	Mw	Philippines: Samar Island	菲律宾:萨马岛	ISC, Engdahl
1976	2	15	21	23	22	-28.573	-176.696	44.5	6.1	Mw	Kermadec Ridge	克马德克海岭	ISC, Engdahl
1976	2	22	5	11	7	-3.36	145.23	22	6	Mw	Bismarck Sea	俾斯麦海	ISC
1976	2	23	15	14	16	51.456	-130.686	8.5	6	Mw	Canada: Queen Charlotte Islands	加拿大:夏洛特皇后群岛	Shi Z., Engdahl
1976	2	28	16	27	11	-40.032	-75.013	15.8	6	Mw	Chile: Off Coast of S.	智利:南部沿海	ISC, Engdahl
1976	3	3	22	50	10	-8.23	121.44	30	6	Mw	Indonesia: Flores Islands	印度尼西亚:弗洛勒斯群岛	ISC
1976	3	4	2	50	3.15	-14.785	167.217	101.4	6.9	Mw	Vanuatu Islands	瓦努阿图群岛	ISC, Engdahl, USGS
1976	3	8	4	39	58	-10.647	165.123	46.3	6.1	Mw	Solomon Islands	所罗门群岛	ISC, Engdahl
1976	3	8	20	6	35	-11.912	166.517	78.4	6.3	Ms	Solomon Islands	所罗门群岛	Shi Z., Engdahl
1976	3	13	5	22	46	-6.254	154.797	52.2	6.2	Mw	Papua New Guinea: Bougainville Island	巴布亚新几内亚:布干维尔岛	ISC, Engdahl
1976	3	14	12	30	1	37.33	-116.45	17	6.2	Mw	US: Nevada, Beatty	美国:内华达州比蒂	ISC
1976	3	17	14	15	1	37.3	-116.32	15	6	Mw	US: Nevada, Beatty	美国:内华达州比蒂	ISC
1976	3	24	4	46	5.17	-29.875	-177.697	28.9	7.1	Mw	Kermadec Ridge	克马德克海岭	ISC, Engdahl, USGS
1976	3	27	8	49	30	-38.787	78.158	9.9	6	Ms	Mid-Indian Ridge	中印度洋海岭	CSN, Engdahl
1976	3	29	5	39	36	3.91	-85.891	21.6	6.6	Mw	Colombia: Off Coast of W.	哥伦比亚:西部沿海	ISC, Engdahl
1976	4	5	16	54	39	40.231	112.222	7.7	6.2	Ms	China: Inner Mongolia, Horinger, SE.	中国:内蒙古和林格尔东南	Wang S., Engdahl, USGS, Dis
1976	4	6	13	49	11	-3.866	152.005	5.6	6.4	Mw	Papua New Guinea: New Ireland	巴布亚新几内亚:新爱尔兰	ISC, Engdahl
1976	4	8	2	40	25	40.352	63.738	7.7	6.7	Mw	Uzbekistan: Gazli	乌兹别克斯坦:加兹利	* Engdahl
1976	4	8	2	59	8	40.221	63.759	37.9	6.1	Mw	Uzbekistan: Bukhara	乌兹别克斯坦:布哈拉	ISC, Engdahl
1976	4	9	7	8	51	0.849	-79.577	17.9	6.7	Mw	Ecuador: Esmeraldos	厄瓜多尔:埃斯梅拉达斯	* Shi Z., Engdahl
1976	4	10	4	24	59	-6.43	154.83	54	6	Mw	Papua New Guinea: Bougainville Island	巴布亚新几内亚:布干维尔岛	ISC
1976	4	10	17	12	10	-17.761	-178.4	562.6	6.4	Mw	Fiji Islands	斐济群岛	Engdahl
1976	4	14	15	26	16	-51.945	139.704	15	6.1	Mw	Great Australian Bight, S.	大澳大利亚湾南部	ISC, Engdahl
1976	4	22	17	3	7	28.71	52.13	24	6	Mw	Iran: Bushehr	伊朗:布什尔	ISC
1976	4	29	6	32	47.8	-28.188	-176.596	42.2	6.2	Mw	North East of Kermadec Ridge	克马德克海岭东北	ISC, Engdahl

年 Year	月 Mo	日 Dy	时 Hr	分 Mn	秒 Sec	纬度(°) Latitude	经度(°) Longitude	深度 Depth	震级 Mag	标度 Scale	地名(英文) Name(English)	地名(中文) Name(Chinese)	资料来源 Information
1976	5	4	13	56	32	-44.726	167.663	30.4	6.6	Mw	New Zealand: South Island, Milford Sound	新西兰:南岛,米尔福德桑德	ISC, Shi Z., Engdahl
1976	5	5	4	52	55	-29.845	-177.641	59.8	7.1	Mw	Kermadec Ridge	克马德克海岭	ISC, Engdahl, USGS
1976	5	6	20	0	15	46.385	13.266	20.9	6.5	Mw	Italy: Udine	意大利:乌迪内	* Italy, Engdahl
1976	5	11	15	50	41	-51.666	139.662	15	6.4	Mw	Great Australian Bight, S.	大澳大利亚湾南部	ISC, Engdahl
1976	5	11	16	59	46	37.411	20.418	8.2	6.5	Mw	Ionian Sea	爱奥尼亚海	ISC, Engdahl
1976	5	15	5	0	37	-37.21	177.25	180	6.1	Mw	New Zealand: North Island, Near Coast of NE.	新西兰:北岛东北近海	ISC
1976	5	15	21	55	58	-11.66	-74.418	19.1	6.8	Mw	Peru: Huancayo	秘鲁:万卡约	ISC, Engdahl
1976	5	17	2	58	43	40.377	63.437	16.6	6.7	Mw	Uzbekistan: Gazli, Bukhara	乌兹别克斯坦:加兹利,布哈拉	* Engdahl
1976	5	18	6	4	45	-60.445	154.401	25.8	6.4	Mw	Macquarie Ridge	麦夸里海岭	ISC, Engdahl
1976	5	19	4	7	15.8	4.46	-75.78	157	6.4	Muk	Colombia: Armenia	哥伦比亚:金迪奥的亚美尼亚	USGS, Engdahl, ISC
1976	5	19	19	10	39	-31.118	-177.601	37.4	6	Muk	Kermadec Ridge	克马德克海岭	Engdahl
1976	5	22	3	0	21	-5.589	154.319	94.7	6	mb	Papua New Guinea: Bougainville Island	巴布亚新几内亚:布干维尔岛	ISC, Engdahl
1976	5	29	12	23	21	24.514	98.915	6	7.3	Ms	China: Yunnan, Longling, E.	中国:云南龙陵东	* China, Engdahl, Dis
1976	5	29	14	0	18.5	24.531	98.71	10	7.4	Ms	China: Yunnan, Longling, E.	中国:云南龙陵东	* China, Engdahl, USGS
1976	5	30	3	8	55	-41.602	-75.437	26.3	6.1	Mw	Chile: Off Coast of S.	智利:南部沿海	ISC, Engdahl
1976	5	31	5	8	30	24.349	98.624	10.5	6.5	Ms	China: Yunnan, Dehong, SE.	中国:云南德宏东南	Wang S., Engdahl
1976	6	3	16	44	40	-5.099	153.591	80.2	7.2	Mw	Papua New Guinea: East New Britain, E.	巴布亚新几内亚:东新不列颠东部	ISC, Engdahl, USGS
1976	6	5	8	20	7	-10.035	161.061	47.4	6.3	Mw	Solomon Islands	所罗门群岛	ISC, Engdahl
1976	6	7	7	36	55	14.106	124.869	14.3	6.6	Mw	Philippines: Baras, E.	菲律宾:巴拉斯东部	ISC, Bautista, Engdahl
1976	6	7	14	26	42	17.38	-100.692	56.3	6.5	Mw	Mexico: Guerrero, Zihuatanejo	墨西哥:格雷罗州锡瓦塔塔内霍	* CSN, Shi Z., Engdahl
1976	6	9	0	20	38	24.942	98.749	5.3	6.2	Ms	China: Yunnan, Tengchong	中国:云南腾冲	Wang S., Engdahl
1976	6	15	6	9	1.5	0.535	134.747	17.7	6.5	Mw	Indonesia: North of Papua	印度尼西亚:巴布亚北部	ISC, Shi Z., Engdahl
1976	6	17	14	28	49	46.16	12.86	24	6.1	Mw	Italy: Pordenone	意大利:波代诺内	ISC
1976	6	19	15	0	46	-17.938	65.345	12.8	6.4	Mw	Central Indian Ridge	印度洋中脊	ISC, Engdahl
1976	6	20	20	53	13	3.437	96.254	16.2	7	Mw	Indonesia: Off West Coast of N. Sumatera	印度尼西亚:北苏门答腊西部海域	ISC, Engdahl
1976	6	25	19	18	55	-4.523	140.105	3.2	7.2	Mw	Indonesia: Papua, E.	印度尼西亚:巴布亚东部	* Engdahl
1976	6	26	10	30	57	3.75	126.696	7.7	6.5	Mw	Indonesia: Karakelong Island	印度尼西亚:卡拉克隆岛	ISC, Engdahl
1976	6	29	18	30	12	-33.772	-177.815	57.5	6.2	Mw	South of Kermadec Ridge	克马德克海岭南部	ISC, Engdahl
1976	7	3	16	33	21	24.3	98.8	22	6	Ms	China: Yunnan, Dehong, SE.	中国:云南德宏东南	Wang S.
1976	7	10	11	37	16.4	47.315	145.765	415	6.2	Mw	Kuril Islands	千岛群岛	ISC, Engdahl
1976	7	11	16	54	32	7.491	-78.246	6.1	6.8	Mw	Panama: Off Coast of S.	巴拿马:南部海域	Shi Z., Engdahl
1976	7	11	20	41	51.4	7.374	-78.07	18	7.3	Mw	Panama: Off Coast of S.	巴拿马:南部海域	Shi Z., Engdahl
1976	7	14	7	13	24	-8.227	114.775	25.4	6.5	Mw	Indonesia: Bali Island	印度尼西亚:巴厘岛	* Engdahl
1976	7	17	21	6	35	-4.182	152.8	62.6	6.6	Mw	Papua New Guinea: New Ireland	巴布亚新几内亚:新爱尔兰	ISC, Engdahl, USGS
1976	7	20	22	51	42	-31.34	-179.01	395	7	Mw	Kermadec Ridge	克马德克海岭	ISC
1976	7	21	15	10	47	24.757	98.645	5	6.6	Ms	China: Yunnan, Longling, N.	中国:云南龙陵北	Wang S., Engdahl
1976	7	26	1	41	25	-21.91	-113.33	33	6.2	Mw	Easter Island, W.	复活节岛西部	ISC
1976	7	26	2	56	38	4.935	118.255	10.4	6.3	Mw	Malaysia: Sabah	马来西亚:沙巴	* Engdahl
1976	7	27	19	42	56	39.606	117.888	16.6	7.8	Ms	China: Hebei, Tangshan	中国:河北唐山	* China, Engdahl, Dis
1976	7	27	23	17	29	39.2	117.8	19	6.2	Ms	China: Hebei, Tangshan	中国:河北唐山	Wang S.
1976	7	28	10	45	36	39.723	118.36	18.4	7.1	Ms	China: Hebei, Luanxian	中国:河北滦县	* China, Engdahl
1976	7	28	17	15	3.66	-20.192	170.124	8.3	6.3	Mw	Vanuatu Islands	瓦努阿图群岛	ISC, Engdahl
1976	7	28	18	24	29	39.409	72.757	29.3	6	Mw	Tajikistan: Kuhistoni Badakhshon	塔吉克斯坦:勾瑙-巴达科善	ISC, Engdahl
1976	7	28	20	17	44	43.264	45.654	15.2	6.2	Mw	Russia: Chechnia, Grozny, N.	俄罗斯:车臣共和国格罗兹尼北部	ISC, Engdahl, USGS
1976	7	31	0	47	3.38	-30.295	-177.805	51.1	6.5	Mw	Kermadec Ridge	克马德克海岭	ISC, Engdahl
1976	8	2	10	55	28	-20.623	169.414	60.3	6.9	Mw	Vanuatu Islands	瓦努阿图群岛	ISC, Engdahl
1976	8	12	6	56	52.9	-6.8	129.6	175	6.3	Ms	Indonesia: Banda Sea	印度尼西亚:班达海	Shi Z.
1976	8	12	20	53	50	3.547	124.241	351.5	6.4	Mw	Celebes Sea	西里伯斯海	Engdahl, USGS
1976	8	16	14	6	47	32.753	104.095	12.1	7.2	Ms	China: Sichuan, Songpan	中国:四川松潘	Wang S., Engdahl, Dis
1976	8	16	15	53	15	-33.56	-175.85	146	6	Mw	South of Kermadec Ridge	克马德克海岭南部	ISC
1976	8	16	16	11	12	6.292	124.09	57.7	8	Mw	Philippines: Mindanao, Lebak	菲律宾:棉兰老岛,莱巴克	* Bautista, Engdahl, NOAA
1976	8	17	1	11	12	10.121	125.885	33.3	6.1	Mw	Philippines: Leyte Island	菲律宾:莱特岛	ISC, Engdahl
1976	8	17	4	19	29	7.261	122.961	21.2	7.1	Mw	Philippines: Mindanao Island	菲律宾:棉兰老岛	* Engdahl
1976	8	21	6	56	55	-6.795	129.587	178.4	6.4	Mw	Indonesia: Banda Sea	印度尼西亚:班达海	ISC, Engdahl
1976	8	21	21	49	55	32.564	104.228	23.1	6.7	Ms	China: Sichuan, Songpan, E.	中国:四川松潘东	Wang S., Engdahl
1976	8	23	3	30	5.27	32.485	104.184	7	7.2	Ms	China: Sichuan, Songpan, E.	中国:四川松潘东	Wang S., Engdahl
1976	9	4	8	48	44.9	-13.7	166.9	80	6.5	Ms	Vanuatu Islands	瓦努阿图群岛	Shi Z.
1976	9	15	3	15	20	46.314	13.206	0.9	6	Mw	Italy: Udine	意大利:乌迪内	* Italy, ISC, Engdahl
1976	9	22	0	16	8.89	44.846	149.229	57.2	6	Mw	Kuril Islands	千岛群岛	ISC, Engdahl
1976	9	22	20	7	5.12	40.061	106.3	28.1	6.2	Ms	China: Inner Mongolia, Wuhai	中国:内蒙古乌海	Wang S., Engdahl, Dis

年 Year	月 Mo	日 Dy	时 Hr	分 Mn	秒 Sec	纬度(°) Latitude	经度(°) Longitude	深度 Depth	震级 Mag	标度 Scale	地名(英文) Name(English)	地名(中文) Name(Chinese)	资料来源 Information
1976	9	30	23	34	16.8	-30.266	-177.638	43.4	6.6	Mw	Kermadec Ridge	克马德克海岭	ISC,Engdahl
1976	10	1	3	33	59	-30.248	-177.327	44.2	6	mb	Kermadec Ridge	克马德克海岭	ISC,Engdahl
1976	10	5	18	2	16	-6.41	153.013	16.1	6.4	Mw	New Britain Trench	新不列颠海沟[太平洋]	ISC,Engdahl
1976	10	8	21	5	33	18.996	121.266	56	6.3	Mw	Philippines:Luzon,Coast N.	菲律宾:吕宋岛北部海域	ISC,Engdahl
1976	10	12	0	40	54	-10.447	161.367	105.1	6	Mw	Solomon Islands	所罗门群岛	ISC,Engdahl
1976	10	15	14	47	55	26.9	125.6	18	6.1	Ms	Ryukyu Islands	琉球群岛	Wang S.
1976	10	29	2	51	7.6	-4.475	139.991	15	6.8	Mw	Indonesia:Papua	印度尼西亚:巴布亚	* Engdahl
1976	11	2	7	13	17	-29.349	77.596	28.6	6.6	Mw	Mid - Indian Ridge	中印度洋海岭	ISC,Engdahl
1976	11	2	19	29	31	26.776	125.259	217.5	6.2	Ms	China:East China Sea	中国:东海	Wang S.,Engdahl,USGS
1976	11	6	18	4	7.43	27.63	101.003	7.9	6.7	Ms	China:Sichuan,Muli,SW.	中国:四川木里西南	Wang S.,Engdahl,Dis
1976	11	7	4	0	51.6	33.821	59.184	7	6	Mw	Iran:Razavi Khorasan	伊朗:呼罗珊	* Engdahl
1976	11	7	17	9	8.7	8.499	126.359	66.3	6.8	Mw	Philippines:Mindanao Island	菲律宾:棉兰老岛	ISC,Engdahl
1976	11	8	8	19	30	38.134	142.251	44.4	6.3	Mw	Japan:Miyagi,Off Coast	日本:宫城沿海	ISC,Engdahl
1976	11	15	13	53	3.42	39.475	117.743	22.9	6.9	Ms	China:Tianjin,Ninghe,N.	中国:天津宁河北	Wang S.,Engdahl,Dis
1976	11	16	18	20	47	-41.562	80.1	1.4	6.2	Mw	Mid - Indian Ridge	中印度洋海岭	ISC,Engdahl
1976	11	18	3	24	0	-8.794	157.027	20.8	6.4	Mw	Solomon Islands	所罗门群岛	ISC,Engdahl
1976	11	18	5	43	39	-4.193	135.117	3.7	6.5	Mw	Indonesia:Papua	印度尼西亚:巴布亚	ISC,Engdahl
1976	11	22	4	22	25	7.03	123.58	60	6	Mw	Philippines:Mindanao Island	菲律宾:棉兰老岛	ISC
1976	11	24	12	22	17	39.083	44.03	9.7	7.3	Mw	Turkey:Muradiye	土耳其:姆拉迪艾	* Engdahl
1976	11	25	14	6	36	-19.55	-177.638	440.9	6.5	Mw	Fiji Islands	斐济群岛	ISC,Engdahl
1976	11	26	11	19	27	41.306	-125.743	15	6.7	Mw	US:California,Off Coast N.	美国:加利福尼亚州北部沿海	Shi Z.,Engdahl
1976	11	30	0	41	4.96	-20.472	-68.893	133.7	7.6	Mw	Chile:Pozo Almonte,E.	智利:波索阿尔蒙特东部	* CSN,Shi Z.,Engdahl
1976	12	11	18	8	4.56	7.612	93.817	18	6	Ms	India:Nicobar Islands	印度:尼科巴群岛	Shi Z.,Engdahl
1976	12	12	1	8	52	28.044	139.644	504.3	6.5	Mw	Japan:South Honshu Ridge	日本:本州南部海岭	ISC,Engdahl
1976	12	13	6	36	58.8	27.358	100.997	8.7	6.4	Ms	China:Sichuan,Yanyuan,SW.	中国:四川盐源西南	Wang S.,Engdahl
1976	12	14	16	6	45	28.294	130.669	30.2	6.4	Mw	Ryukyu Islands	琉球群岛	ISC,Engdahl
1976	12	20	20	33	11	48.789	-129.237	19.6	6.7	Mw	Canada:Off Coast of W. Vancouver	加拿大:温哥华西部海域	Shi Z.,CSN, ISC,Engdahl
1977	1	1	19	1	43	-2.523	126.597	43.3	6.4	Mw	Indonesia:Ceram Sea	印度尼西亚:塞兰海	ISC,Engdahl
1977	1	1	21	39	40.5	38.189	91.017	5	6.4	Ms	China:Qinghai,Haixi Mangya,NW.	中国:青海海西茫崖西北	Wang S.,Engdahl
1977	1	2	9	55	31	-10.097	119.016	24.5	6.3	Mw	Indonesia:Sumba Island	印度尼西亚:松巴岛	ISC,Engdahl
1977	1	6	6	11	41	-3.578	144.499	15	6.8	Mw	Papua New Guinea: East Sepik, Near Coast of N.	巴布亚新几内亚:东塞皮克北部近海	ISC,Engdahl
1977	1	8	7	40	44	-11.353	166.284	51.2	6	Mw	Solomon Islands	所罗门群岛	Engdahl
1977	1	17	6	23	37	26.689	142.724	26.1	6.2	Mw	Japan:South Honshu Ridge	日本:本州南部海岭	ISC,Engdahl,USGS
1977	1	17	21	27	21	-24.911	-68.652	100	6.9	Mw	Chile:Antofagasta,SE.	智利:安托法加斯塔东南	Shi Z.,Engdahl,USGS
1977	1	18	5	41	50	-41.749	174.384	38.7	6.1	Mw	New Zealand:Cook Strait	新西兰:库克海峡	ISC,Shi Z.,Engdahl
1977	1	19	0	46	18	37.033	95.759	16.4	6.3	Ms	China:Qinghai,Golmud,NE.	中国:青海格尔木东北	Wang S.,Engdahl
1977	1	19	13	54	5.96	5.067	126.511	43.6	6.2	Mw	Philippines:Mindanao Island,Coast of S.	菲律宾:棉兰老岛南部海域	Engdahl
1977	1	21	6	11	6.1	-18.082	-178.306	600.5	6	Mw	Fiji Islands	斐济群岛	Engdahl
1977	1	31	14	26	19	40.08	70.858	39.2	6	Mw	Kyrgyzstan:Khaydarken	吉尔吉斯斯坦:海达尔肯	* ISC,Engdahl,USGS
1977	2	1	13	3	5	48.1	154.7	60	6.2	Mw	Kuril Islands	千岛群岛	ISC
1977	2	4	7	46	37	-24.725	-63.474	576.6	6.7	Mw	Argentina:Salta	阿根廷:萨尔塔	ISC,Shi Z.,Engdahl
1977	2	5	3	29	21	-66.483	-82.448	33	6.3	Mw	South Pacific;North of Antarctica Peninsula	南太平洋;南极半岛北部	ISC,Shi Z.,Engdahl
1977	2	10	22	41	5.34	-60.953	-23.104	16.2	6.2	Mw	South Sandwich Trench	南桑威奇海沟	ISC,Shi Z.,Engdahl
1977	2	13	8	45	3	44.7	148	110	6.1	Mw	Kuril Islands	千岛群岛	ISC
1977	2	16	10	40	23	0.519	126	39.4	6	Mw	Molukka Sea	马鲁古海	ISC,Engdahl
1977	2	18	4	8	20	41.527	142.081	39.1	6	Mw	Japan:Hokkaido	日本:北海道	Engdahl
1977	2	18	20	51	33	33.131	140.927	58.1	6.2	Mw	Japan Trench	日本海沟	ISC,Engdahl,USGS
1977	2	19	7	53	21	-41.199	80.541	7.9	6	Mw	Mid - Indian Ridge	中印度洋海岭	ISC,Engdahl
1977	2	19	22	34	2.3	53.548	169.951	10.4	6.8	Mw	Aleutian Islands	阿留申群岛	Shi Z.,Engdahl
1977	2	20	4	36	59.2	38.8	141.8	73	6.6	Ms	Japan:Miyagi,Near Coast	日本:宫城近海	Shi Z.
1977	2	22	6	7	37	14.2	-91.4	50	6.3	Ms	Guatemala:San José,NW.	危地马拉:圣何塞西北	Shi Z.
1977	2	24	11	39	58	42.5	142.6	65	6.6	Mw	Japan:Hokkaido	日本:北海道	ISC,USGS
1977	2	25	1	18	55	-6.259	147.568	58.5	6.2	Mw	Papua New Guinea:Wasu	巴布亚新几内亚:瓦苏	Engdahl
1977	3	2	9	53	25	6.705	123.687	54.7	6.4	Mw	Celebes Sea	西里伯斯海	ISC,Engdahl
1977	3	4	19	21	56	45.777	26.703	88.9	7.5	Mw	Romania:Paltin	罗马尼亚:帕尔廷	* Engdahl,USGS
1977	3	8	23	17	29	0.502	99.772	14.5	6.1	Mw	Indonesia:Northern Sumatra	印度尼西亚:苏门答腊北部	* Shi Z.,Engdahl
1977	3	9	14	27	58	41.604	131.057	568.7	6.9	Mw	Japan Sea,N.	日本海北部	ISC,Engdahl
1977	3	13	21	14	34	-8.034	-74.348	159.7	6	Mw	Peru:Pucallpa	秘鲁:普卡尔帕	Engdahl
1977	3	15	8	55	4.25	-4.976	131.036	74.4	6.2	Mw	Indonesia:Banda Sea	印度尼西亚:班达海	Engdahl
1977	3	15	19	55	46	-6.772	155.039	43.1	6	Mw	Solomon Sea,N.	所罗门海北部	Engdahl
1977	3	15	22	4	41.3	26.5	140.8	275	6.7	Ms	Japan:South Honshu Ridge	日本:本州南部海岭	Shi Z.
1977	3	18	21	43	54	16.753	122.283	34	7.3	Mw	Philippines:Santiago,E.	菲律宾:圣地亚哥东部	* Bautista,Engdahl
1977	3	19	10	56	21	44.16	148.23	43	6	Mw	Kuril Islands	千岛群岛	ISC

年 Year	月 Mo	日 Dy	时 Hr	分 Mn	秒 Sec	纬度(°) Latitude	经度(°) Longitude	深度 Depth	震级 Mag	标度 Scale	地名(英文) Name(English)	地名(中文) Name(Chinese)	资料来源 Information
1977	3	19	19	35	10	16.874	122.347	41.3	6.1	Mw	Philippines:Santiago,E.	菲律宾:圣地亚哥东部	Engdahl
1977	3	21	21	18	57	27.608	56.358	35.6	6.7	Mw	Iran:Hormozgan	伊朗:荷姆兹甘	* Engdahl
1977	3	21	22	42	7.34	27.607	56.467	26.9	6.1	Mw	Iran:Hormozgan	伊朗:荷姆兹甘	Engdahl
1977	3	22	2	23	15	-33.801	179.171	303.7	6	Mw	South of Kermadec Ridge	克马德克海岭南部	Engdahl
1977	3	23	7	19	8.64	-14.711	-177.886	10	6.3	Mw	North of Fiji Islands	斐济群岛北部	ISC,Engdahl
1977	3	23	17	10	22	-14.594	-177.858	9.6	6.1	Mw	North of Fiji Islands	斐济群岛北部	ISC,Engdahl
1977	3	26	4	36	14.2	52.288	-168.228	22.1	6.1	Mw	Aleutian Islands	阿留申群岛	Shi Z.,Engdahl
1977	3	28	1	15	43.4	-14.723	167.19	111.2	6.1	Mw	Vanuatu Islands	瓦努阿图群岛	Engdahl
1977	4	1	13	36	23	27.556	56.285	5.7	6	Mw	Iran:Hormozgan	伊朗:荷姆兹甘	ISC,Engdahl
1977	4	2	7	15	26.4	-16.795	-171.947	50.3	7.3	Mw	Samoa Islands	萨摩亚群岛	* Engdahl,NOAA
1977	4	4	17	52	18.2	7.334	-34.878	10.8	6.1	Mw	Central Mid - Atlantic Ridge	中大西洋中脊	ISC,Engdahl
1977	4	6	13	36	36.2	31.961	50.649	16.3	6	Mw	Iran:Aharmahal And Bakhtiari	伊朗:恰哈马哈勒-巴赫蒂亚里	* Engdahl
1977	4	9	4	4	14	-10.058	-71.184	563.7	6.1	Mw	Peru:Ucayali,E.	秘鲁:乌卡亚利东部	Engdahl
1977	4	10	8	31	34	44.2	147.7	75	6.3	Mw	Kuril Islands	千岛群岛	ISC
1977	4	13	10	28	54	-31.22	-177.01	33	6	Mw	Kermadec Ridge	克马德克海岭	ISC
1977	4	20	23	13	8.49	-9.813	160.471	11	6.8	Mw	Solomon Islands	所罗门群岛	* Engdahl,NOAA
1977	4	20	23	42	55	-9.903	160.456	39.4	7.3	Mw	Solomon Islands	所罗门群岛	* Engdahl,NOAA
1977	4	20	23	49	12.2	-9.571	160.652	16.4	7.1	Mw	Solomon Islands	所罗门群岛	* ISC,Engdahl
1977	4	21	0	2	52	-9.781	160.251	52.1	6	mb	Solomon Islands	所罗门群岛	ISC,Engdahl
1977	4	21	1	45	54	26.838	142.55	50.6	6.2	Ms	Japan:South Honshu Ridge	日本:本州南部海岭	ISC,Engdahl
1977	4	21	4	24	12	-10.01	160.817	44.9	7.4	Mw	Solomon Islands	所罗门群岛	* Engdahl,NOAA
1977	4	21	7	18	55	-10.274	160.756	58.2	6	Ms	Solomon Islands	所罗门群岛	ISC,Engdahl
1977	4	22	3	10	56.2	-10.141	160.744	10	6	Mw	Solomon Islands	所罗门群岛	ISC,Engdahl
1977	5	12	11	17	54	39.277	117.734	20.1	6.2	Ms	China:Tianjin,Ninghe	中国:天津宁河	Wang S.,Engdahl,Dis
1977	5	12	12	20	2.47	21.704	92.933	38.3	6	Mw	myanmar:Chin	缅甸:赛钦	Engdahl
1977	5	12	21	37	34	50	155.3	135	6.3	Mw	Kuril Islands	千岛群岛	ISC
1977	5	13	11	13	34	28.425	139.565	445.1	6.5	Mw	Japan:South Honshu Ridge	日本:本州南部海岭	ISC,Engdahl,USGS
1977	5	14	6	4	41	1.44	-85.32	30.3	6	Mw	Carnegie Ridge	卡内基海岭	Engdahl
1977	5	15	0	21	0	49.5	153.1	210	6.1	Mw	Kuril Islands	千岛群岛	ISC
1977	5	21	5	35	24	15.648	120.814	192.2	6.2	Mw	Philippines:Paniqui	菲律宾:帕尼基	Engdahl
1977	5	24	10	23	26	18.814	145.448	215.8	6.4	Mw	Mariana Islands	马里亚纳群岛	Engdahl,USGS
1977	5	25	14	55	47	4.218	95.701	56.9	6.4	Mw	Indonesia:Off West Coast of N. Sumatera	印度尼西亚:北苏门答腊西部海域	ISC,Engdahl
1977	5	28	5	51	50	-1.852	120.425	49.1	6.1	Mw	Indonesia:Sulawesi	印度尼西亚:苏拉威西岛	Engdahl
1977	5	30	15	16	4.69	52.383	-169.704	46.6	6.3	Mw	Aleutian Islands	阿留申群岛	Shi Z.,Engdahl
1977	6	3	2	31	5.71	36.373	70.761	208	6.1	Mw	Afghan:Badakhshan	阿富汗:巴达赫尚	Engdahl,USGS
1977	6	5	4	45	5.28	32.615	48.087	9.8	6.1	Mw	Iran:Lorestan,W.	伊朗:洛雷斯坦西部	Engdahl
1977	6	12	8	47	47	38.58	141.523	72.3	6.2	Mw	Japan:Miyagi	日本:宫城	ISC,Engdahl
1977	6	13	11	47	44	13.334	124.62	38	6	Mw	Philippines:Virac	菲律宾:比拉克	Engdahl,Bautista
1977	6	17	2	29	10.1	-19.873	-179.007	679.9	6.2	Mw	Fiji Islands	斐济群岛	Engdahl
1977	6	18	22	10	54	-9.717	159.742	26.3	6.1	Mw	Solomon Islands	所罗门群岛	Engdahl
1977	6	22	12	8	34	-22.912	-175.744	65.5	8.1	Ms	Tonga Islands	汤加群岛	* CSN,Engdahl,NOAA,USGS
1977	6	26	0	10	59	45.3	150.8	50	6.2	Mw	Kuril Islands	千岛群岛	ISC
1977	6	28	19	18	34	22.613	-45.093	8.5	6	Mw	Northern Mid - Atlantic Ridge	北大西洋洋中脊	ISC,Engdahl
1977	6	29	7	24	32	-7.695	127.727	108.1	6.2	Mw	Indonesia:Banda Sea	印度尼西亚:班达海	ISC,Engdahl
1977	7	2	0	55	9.91	-9.909	160.57	11.9	6.1	Mw	Solomon Islands	所罗门群岛	Engdahl
1977	7	3	14	39	16	1.403	126.32	49.3	6.3	Mw	Molukka Sea	马鲁古海	ISC,Engdahl
1977	7	6	11	28	33	-21.07	-178.524	605.3	6.2	Mw	Fiji Islands	斐济群岛	ISC,Engdahl
1977	7	10	1	42	37	-56.127	-27.706	115.1	6.1	Mw	South Sandwich Islands	南桑威奇群岛	ISC,Shi Z.,Engdahl
1977	7	21	11	53	22	-53.97	158.765	23.4	6.9	Mw	Australia:Macquarie Island,N.	澳大利亚:麦夸里岛北部	ISC,Shi Z.,Engdahl
1977	7	21	13	45	56	16.888	122.377	34.5	6.9	Ms	Philippines:Santiago,E.	菲律宾:圣地亚哥东部	ISC,Bautista,Engdahl,USGS
1977	7	22	17	16	46	-33.742	-179.589	72.2	6.1	Mw	South of Kermadec Ridge	克马德克海岭南部	ISC,Engdahl
1977	7	24	6	22	50.4	-15.31	-173.061	15	6.4	Mw	Tonga Islands,N.	汤加群岛北部	ISC,Engdahl
1977	7	29	11	15	46	-8.054	155.574	24.3	7.2	Mw	Solomon Islands	所罗门群岛	ISC,Engdahl
1977	8	4	1	11	12	-56.101	-27.841	108.9	6	Mw	South Sandwich Islands	南桑威奇群岛	ISC,Shi Z.,Engdahl
1977	8	7	7	8	5.56	8.489	-82.784	22.4	6	Mw	Panama:Puerto Armuelles	巴拿马:阿穆埃耶斯港	Engdahl
1977	8	11	1	42	56	-17.676	-174.286	118.6	6.7	Mw	Tonga Islands,N.	汤加群岛北部	CSN, ISC,Engdahl
1977	8	14	21	38	56	-7.844	107.521	54.2	6.1	Mw	Indonesia:Java Island	印度尼西亚:爪哇岛	Engdahl
1977	8	19	6	8	55.2	-11.126	118.38	21.3	8.3	Mw	Indonesia:Sumba Islands,S.	印度尼西亚:松巴岛南部	* Engdahl,NOAA
1977	8	20	2	46	13	16.655	-86.798	10.7	6.1	Mw	Honduras:Near Coast of N.	洪都拉斯:北部近海	Engdahl
1977	8	20	3	51	56	16.72	-86.631	30.3	6.4	Mw	Honduras:Near Coast of N.	洪都拉斯:北部近海	Engdahl
1977	8	20	4	20	29	-11.227	118.192	12.7	6	Ms	Indonesia:South of Sumbawa	印度尼西亚:松巴哇南部	ISC,Engdahl
1977	8	20	9	21	50	-11.169	119.019	15	6.3	Mw	Indonesia:Java Trench	印度尼西亚:爪哇海沟	Engdahl,ISC
1977	8	20	19	16	32	-11.112	118.994	15	6.6	Mw	Indonesia:South of Sumba	印度尼西亚:萨姆巴岛南部	ISC,Engdahl
1977	8	25	18	5	11	-10.89	119.216	26.4	6.3	Mw	Indonesia:Sumba	印度尼西亚:萨姆巴	ISC,Engdahl
1977	8	26	8	26	36.4	-10.862	119.217	18.1	6	Mw	Indonesia:Sumba	印度尼西亚:萨姆巴	Engdahl
1977	8	26	19	50	0.27	-59.564	-20.513	12.5	7.2	Mw	East of South Sandwich Trench	南桑维奇海沟东部	ISC,Shi Z.,Engdahl

年 Year	月 Mo	日 Dy	时 Hr	分 Mn	秒 Sec	纬度(°) Latitude	经度(°) Longitude	深度 Depth	震级 Mag	标度 Scale	地名(英文) Name(English)	地名(中文) Name(Chinese)	资料来源 Information
1977	8	27	7	12	26	-8.137	125.326	42.7	7.1	Mw	Indonesia:Timor Island	印度尼西亚:帝汶岛	ISC,Engdahl
1977	8	29	14	23	45	17.467	119.829	30.5	6.3	Mw	Philippines:Vigan,Off Coast of W.	菲律宾:美岸西部沿海	ISC,Engdahl
1977	8	31	0	42	5.54	7.352	-76.159	22	6.6	Mw	Colombia:Apartado, Medellin	哥伦比亚:阿帕尔坦多,麦德林	* Shi Z. ,Engdahl
1977	9	2	10	36	27	-11.051	119.016	13.4	6.2	Mw	Indonesia:South of Sumba	印度尼西亚:萨姆巴岛南部	ISC,Engdahl
1977	9	4	8	48	42	-13.729	166.834	47.4	6.6	Mw	Vanuatu Islands	瓦努阿图群岛	ISC,Engdahl
1977	9	4	15	40	56	51.114	178.381	12.3	6.6	Mw	Aleutian Islands	阿留申群岛	ISC,Shi Z. ,Engdahl
1977	9	4	17	10	32	51.098	178.274	27.2	6.8	Mw	Aleutian Islands	阿留申群岛	Shi Z. ,Engdahl
1977	9	4	17	24	46	51.1	177.945	15.9	6.7	Mw	Aleutian Islands	阿留申群岛	Shi Z. ,Engdahl
1977	9	13	0	21	51	-15.47	-173.21	12.6	6.1	Mw	Samoa Islands	萨摩亚群岛	ISC,Engdahl
1977	9	14	14	51	5.58	-56.43	-25.748	40.2	6.1	Mw	West of South Sandwich Trench	南桑维奇海沟西部	Engdahl
1977	9	17	5	23	29	11.829	143.215	14.5	6.2	Mw	Mariana Islands,S.	马里亚纳群岛南部	ISC,Shi Z. ,Engdahl
1977	9	19	5	13	11	-1.931	126.616	28.8	6.3	Mw	Indonesia:Ceram Sea	印度尼西亚:塞兰海	Engdahl
1977	9	21	21	1	45	51.728	155.184	224	6.4	Mw	Russia:Kamchatka Peninsula	俄罗斯:堪察加半岛	Engdahl,USGS
1977	9	26	4	56	57	-60.06	150.569	15	6.1	Mw	West of Macquarie Ridge	麦夸里海岭西部	Engdahl
1977	9	30	21	22	55	-16.038	-172.792	7.6	6	Mw	Samoa Islands	萨摩亚群岛	Engdahl
1977	10	7	4	45	42	-9.99	117.253	10	6	Mw	Indonesia:Sumbawa	印度尼西亚:松巴哇	Engdahl
1977	10	7	12	10	43	-9.933	117.227	15	6.5	Mw	Indonesia:Sumbawa	印度尼西亚:松巴哇	ISC,Engdahl
1977	10	7	17	1	12	-9.941	117.22	15.3	6	Mw	Indonesia:Java Ridge	印度尼西亚:爪哇海岭	Engdahl,ISC
1977	10	7	17	36	46.3	-9.785	117.182	17.6	6	Mw	Indonesia:Sumbawa	印度尼西亚:松巴哇	Engdahl
1977	10	8	21	6	54	13.276	124.361	29.8	6	Mw	Philippines:Virac	菲律宾:比拉克	Engdahl
1977	10	10	11	53	51.3	-25.846	-175.283	6.9	7.3	Mw	Tonga Islands,S.	汤加群岛南部	* Engdahl,NOAA
1977	10	14	4	55	34	-15.759	-172.969	15.9	6.1	Mw	Samoa Islands	萨摩亚群岛	Engdahl
1977	10	16	21	9	16	-9.773	117.033	8.9	6.3	Mw	Indonesia:Sumbawa	印度尼西亚:松巴哇	Engdahl
1977	10	17	17	26	40.8	-27.986	173.215	28	7	Mw	South Fiji Basin	南斐济海盆	ISC,Engdahl
1977	10	22	17	57	18.5	-28.003	-62.938	617.7	6.8	Mw	Argentina:Charata	阿根廷:查拉塔	Shi Z. ,Engdahl
1977	10	29	20	15	47	-6.2	146.645	108.4	6.1	Mw	Papua New Guinea:Morobe	巴布亚新几内亚:莫罗贝	Engdahl
1977	10	30	12	53	24.6	-14.863	167.019	107.9	6.2	Mw	Vanuatu Islands	瓦努阿图群岛	Engdahl,USGS
1977	10	31	8	14	9	-11.44	118.22	33	6.3	Mw	Indonesia:South of Sumbawa	印度尼西亚:松巴哇南部	ISC
1977	11	4	9	52	59	51.646	-175.991	46.1	6.8	Mw	Andreanof Islands, Aleutian Is.	阿留申群岛,安德烈亚诺夫群岛	ISC,Shi Z. , Engdahl,USGS
1977	11	5	14	44	6.62	51.596	-175.626	48	6	Mw	Andreanof Islands, Aleutian Is.	阿留申群岛,安德烈亚诺夫群岛	Engdahl
1977	11	16	19	36	15	41.9	142.3	72	6.2	Mw	Japan:Hokkaido	日本:北海道	ISC
1977	11	18	5	20	9.31	32.614	88.398	6.9	6.6	Ms	China:Xizang (Tibet),Nyima,NE.	中国:西藏尼玛东北	Wang S. ,Engdahl
1977	11	18	10	17	44	-4.392	101.974	44.8	6.1	Mw	Indonesia:Southern Sumatera,Lahat	印度尼西亚:苏门答腊南部,拉哈特	Engdahl
1977	11	21	2	9	27	43.1	138.9	220	6.2	Mw	Japan Sea,NE.	日本海东北	ISC
1977	11	21	2	50	4.21	29.221	-112.969	15	6	Mw	Gulf of California	加利福尼亚湾	Engdahl
1977	11	21	9	52	37	-31.75	-178.98	349	6.1	Mw	Kermadec Ridge	克马德克海岭	ISC
1977	11	21	23	5	5	-29.65	-177.25	456	6.1	Mw	Kermadec Ridge	克马德克海岭	ISC
1977	11	22	15	56	45	-10.193	161.159	90.4	6.4	Mw	Solomon Islands	所罗门群岛	Engdahl
1977	11	23	9	26	27	-31.083	-67.778	18.3	7.5	Mw	Argentina:San Juan,Mendoza	阿根廷:圣胡安,门多萨	* Engdahl
1977	11	23	9	34	60	-31.061	-67.612	20	6	mb	Argentina:San Juan	阿根廷:圣胡安	ISC,Engdahl
1977	11	23	16	55	19.8	52.169	-171.55	35	6	Mw	Andreanof Islands, Aleutian Is.	阿留申群岛,安德烈亚诺夫群岛	Engdahl
1977	11	24	1	58	31	-31.571	-67.781	11.8	6	Ms	Argentina:San Juan	阿根廷:圣胡安	ISC,Engdahl
1977	11	24	2	2	32	-31.601	-67.716	18.8	6.3	Ms	Argentina:San Juan	阿根廷:圣胡安	ISC,Engdahl
1977	11	27	2	19	53	11.835	125.521	27	6.1	Mw	Philippines:Samar Island	菲律宾:萨马岛	Engdahl
1977	11	27	8	36	6.04	46.4	153.271	23.2	6	Mw	Kuril Islands	千岛群岛	CSN,Engdahl
1977	11	28	0	31	30	-31.8	-68.1	16	6	Ms	Argentina:San Juan	阿根廷:圣胡安	Shi Z.
1977	11	28	6	31	29	-31.475	-67.391	9.3	6.2	Ms	Argentina:San Juan	阿根廷:圣胡安	Engdahl
1977	12	2	4	13	54	-5	145.083	56.1	6.1	Mw	Papua New Guinea:Madang	巴布亚新几内亚:马当	Engdahl,USGS
1977	12	3	13	41	23	3.515	95.89	49.3	6.1	Mw	Indonesia:Off West Coast of N. Sumatera	印度尼西亚:北苏门答腊西部海域	Engdahl
1977	12	4	5	50	37.4	-23.854	-175.937	56.6	6.2	Mw	South of Fiji Islands	斐济群岛南部	ISC,Engdahl
1977	12	5	14	13	52	-23.807	-175.837	20.4	6	Mw	Tonga Islands,S.	汤加群岛南部	Engdahl
1977	12	6	17	52	35	-11.326	118.14	19.9	6	Mw	Indonesia:South of Sumbawa	印度尼西亚:松巴哇南部	Engdahl
1977	12	8	6	15	17	-24.037	-175.589	25.8	6	Mw	Tonga Islands,S.	汤加群岛南部	ISC,Engdahl
1977	12	10	5	46	30	27.5	57.3	33	6.2	Mw	Iran:Kerman	伊朗:克尔曼	ISC
1977	12	13	1	14	17	17.324	-54.828	13.1	6.4	Mw	North - Western Atlantic Ocean	北大西洋西部	ISC,Engdahl
1977	12	18	16	47	18	39.857	77.285	23.4	6.2	Ms	China:Xinjiang,Payzawat,NE.	中国:新疆伽师东北	Wang S. ,Engdahl, Dis
1977	12	21	1	0	37	25.561	143.18	56.4	6.6	Mw	Japan:South Honshu Ridge	日本:本州南部海岭	ISC,Engdahl
1977	12	22	4	45	15	29.577	127.732	22.6	6	Mw	Ryukyu Islands	琉球群岛	Wang S. , Engdahl, USGS
1977	12	23	21	2	11	39.185	143.247	30.9	6.1	Mw	Japan:Oshu,Off Coast	日本:奥州沿海	Shi Z. ,Engdahl
1977	12	23	21	14	28	39.197	143.12	34.5	6	Ms	Japan:Oshu,Off Coast	日本:奥州沿海	ISC,Engdahl
1977	12	28	2	45	35	16.585	40.26	10.4	6.6	Mw	Red Sea	红海	ISC,Engdahl
1977	12	30	10	38	22	-5.086	151.765	75.4	6	Mw	Papua New Guinea:East New Britain	巴布亚新几内亚:东新不列颠	ISC,Engdahl
1977	12	31	7	53	17	-15.41	-71.662	142.7	6.2	Mw	Peru:Chivay	秘鲁:奇瓦伊	ISC,Engdahl
1978	1	6	4	41	21	18.825	121.917	11.2	6.1	Mw	Philippines:Luzon,Coast N.	菲律宾:吕宋岛北部海域	ISC,Engdahl
1978	1	13	20	3	3	44.661	149.733	33.4	6.1	Mw	Kuril Islands	千岛群岛	ISC,Engdahl

年 Year	月 Mo	日 Dy	时 Hr	分 Mn	秒 Sec	纬度(°) Latitude	经度(°) Longitude	深度 Depth	震级 Mag	标度 Scale	地名(英文) Name(English)	地名(中文) Name(Chinese)	资料来源 Information
1978	1	14	3	24	40	34.802	139.294	9.2	6.7	Mw	Japan:Oshima	日本:东京大岛	* Engdahl, NOAA, USGS
1978	1	14	15	20	53	-30.137	-177.446	20	6.3	Mw	East of Kermadec Ridge	克马德克海岭东部	ISC, Engdahl
1978	1	15	6	56	39	-30.187	-177.394	36.6	6.2	Mw	Kermadec Ridge	克马德克海岭	ISC, Engdahl
1978	1	16	3	20	5.1	36.4	70.7	212	6	Ms	Afghan:Badakhshan	阿富汗:巴达赫尚	Shi Z.
1978	1	17	11	33	15	-31.333	-67.913	21.4	6	Mw	Argentina:San Juan	阿根廷:圣胡安	Engdahl, USGS
1978	1	24	5	54	23	44.701	149.729	36.8	6	Mw	Kuril Islands	千岛群岛	Engdahl
1978	1	24	15	32	24	-5.977	148.886	79.6	6.1	Mw	Papua New Guinea:West New Britain	巴布亚新几内亚:西新不列颠	Engdahl
1978	1	25	23	18	54	-5.294	151.75	12.6	6.6	Mw	Papua New Guinea:Kalip	巴布亚新几内亚:卡利普	ISC, Engdahl, USGS
1978	1	28	19	36	40	-25.986	-177.203	104.8	6.4	Mw	South of Fiji Islands	斐济群岛南部	ISC, Engdahl
1978	1	29	14	17	31	-4.202	152.799	15	6.1	Mw	Papua New Guinea:New Ireland	巴布亚新几内亚:新爱尔兰	Engdahl
1978	2	2	7	58	8.71	-5.526	151.757	47.1	6.1	Mw	Papua New Guinea:East New Britain	巴布亚新几内亚:东新不列颠	Engdahl
1978	2	7	7	1	41	-0.06	124.072	74.1	6.4	Mw	Indonesia:Molucca Sea	印度尼西亚:马鲁古海	Engdahl
1978	2	8	0	15	40	24.182	122.665	28.3	6.1	Mw	China:Taiwan, Hualien, Coast of E.	中国:台湾花莲以东海域	Engdahl, Wang S.
1978	2	9	21	35	15	-30.535	-177.257	38.1	7	Mw	Kermadec Ridge	克马德克海岭	* Engdahl
1978	2	9	22	21	43	-30.606	-177.189	5.7	6.9	Ms	Kermadec Ridge	克马德克海岭	ISC, Engdahl, USGS
1978	2	10	0	56	22.4	-30.734	-177.364	30.7	6	Ms	Kermadec Ridge	克马德克海岭	ISC, Engdahl
1978	2	10	19	32	36	-30.103	-177.173	15	6.2	Mw	Kermadec Ridge	克马德克海岭	ISC, Engdahl
1978	2	11	0	5	22	-30.246	-176.968	15	6.3	Mw	Kermadec Ridge	克马德克海岭	ISC, Engdahl
1978	2	11	0	16	19	-30.52	-176.97	33	6.4	Mw	Kermadec Ridge	克马德克海岭	ISC
1978	2	11	1	26	28	5.668	-32.935	30.8	6.1	Ms	Central Mid - Atlantic Ridge	中大西洋中脊	ISC, Engdahl
1978	2	19	12	19	39	-3.864	129.025	117	6	Mw	Indonesia:Ceram Sea	印度尼西亚:塞兰海	Engdahl
1978	2	20	4	37	0.53	38.832	141.969	67.2	6.5	Mw	Japan:Miyagi, Near Coast	日本:宫城近海	* ISC, Engdahl
1978	2	21	7	14	56	-4.962	125.316	514.7	6.1	mb	Indonesia:Banda Sea	印度尼西亚:班达海	ISC, Engdahl
1978	2	21	7	47	23	-5.105	125.217	540.9	6.2	Mw	Indonesia:Banda Sea	印度尼西亚:班达海	ISC, Engdahl, USGS
1978	2	22	6	7	35	14.268	-91.4	66.9	6.3	Mw	Guatemala:San José, NW.	危地马拉:圣何塞西北	ISC, Engdahl
1978	2	22	19	37	15	-22.73	-175.955	53.1	6	Mw	Tonga Islands	汤加群岛	Engdahl
1978	2	26	9	16	53	-26.674	-114.572	30.4	6	Mw	Easter Island, W.	复活节岛西部	Engdahl
1978	3	2	14	34	58.3	55.2	164.7		6	Ms	Russia:Ostrov Beringa	俄罗斯:白令岛	Shi Z.
1978	3	3	10	48	15	-15.28	-173.458	55.1	6.2	Ms	Tonga Islands, N.	汤加群岛北部	ISC, Engdahl
1978	3	3	10	53	21	55.144	164.704	25.1	6	Mw	Russia:Komandorsky Islands	俄罗斯:科曼多尔群岛	Shi Z., Engdahl
1978	3	4	4	46	35	-21.862	-174.697	15	6.1	Mw	Tonga Islands	汤加群岛	ISC, Engdahl
1978	3	4	14	58	14	-4.639	153.065	72	6.3	Mw	Papua New Guinea:New Ireland	巴布亚新几内亚:新爱尔兰	ISC, Engdahl
1978	3	6	0	22	17	-35.639	-102.636	8.8	6.1	Mw	West of Chile Ridge	智利海岭西部	Engdahl
1978	3	7	23	31	29	-56.587	-25.682	21.2	6.1	Mw	South Sandwich Trench	南桑维奇海沟	Engdahl
1978	3	15	22	4	43	26.433	140.734	274.2	6.5	Mw	Japan:South Honshu Ridge	日本:本州南部海岭	ISC, Engdahl, USGS
1978	3	16	1	59	60	29.93	66.236	10.6	6.1	Mw	Pakistan:Quetta, Nushki	巴基斯坦:奎塔,努士启	* Engdahl
1978	3	17	11	0	41	-22.91	-175.3	47	6.2	Ms	Tonga Islands	汤加群岛	Shi Z.
1978	3	19	1	39	11	16.932	-99.782	11	6.6	Mw	Mexico:Acapulco	墨西哥:阿卡普尔科	* Shi Z., Engdahl
1978	3	20	15	42	46	0.78	-29.823	14.8	6.1	Mw	Central Mid - Atlantic Ridge	中大西洋中脊	Engdahl
1978	3	20	18	9	41	0.749	-29.7	2.9	6.2	Mw	Central Mid - Atlantic Ridge	中大西洋中脊	Engdahl
1978	3	22	0	50	34	44.015	148.988	35.6	6.7	Mw	Kuril Islands	千岛群岛	* ISC, Engdahl, NOAA
1978	3	22	21	34	35	44.125	149.018	32.5	6.4	Mw	Kuril Islands	千岛群岛	* ISC, Engdahl, NOAA
1978	3	23	0	31	2	44.293	148.947	26.1	7.1	Mw	Kuril Islands	千岛群岛	* ISC, Engdahl, NOAA
1978	3	23	1	49	36	43.875	148.898	39.4	6.6	Ms	Kuril Islands	千岛群岛	ISC, Engdahl
1978	3	23	2	37	0.8	44.226	148.744	33.2	6.1	Ms	Kuril Islands	千岛群岛	Engdahl
1978	3	23	3	14	21	44.359	149.113	8.2	7.5	Ms	Kuril Islands	千岛群岛	CSN, Engdahl, NOAA, USGS
1978	3	23	3	15	20	44.982	148.523	21	7.6	Mw	Kuril Islands	千岛群岛	* ISC, CSN, Engdahl
1978	3	23	3	50	52	44.429	149.574	33.1	6	mb	Kuril Islands	千岛群岛	ISC, Engdahl
1978	3	23	8	14	31.7	44.3	149.087	33.8	6	Mw	Kuril Islands	千岛群岛	Shi Z., Engdahl
1978	3	23	19	12	26	44.369	149.718	33.2	6.5	Mw	Kuril Islands	千岛群岛	ISC, Engdahl
1978	3	24	0	42	36	29.769	-67.43	8.4	6.2	Mw	North - Western Atlantic Ocean	北大西洋西部	ISC, Engdahl
1978	3	24	19	47	49	44.233	148.923	12.2	7.5	Mw	Kuril Islands	千岛群岛	* Engdahl, NOAA
1978	3	24	21	5	49	42.835	78.574	23.8	6.9	Mw	Kazakhstan:Almaty	哈萨克斯坦:阿拉木图	* ISC, Engdahl
1978	3	24	22	8	58	44.128	148.966	28.2	6.2	Ms	Kuril Islands	千岛群岛	Engdahl, USGS
1978	3	27	10	36	0.99	-8.649	125.024	15.7	6.1	Mw	Indonesia:Timor Island	印度尼西亚:帝汶岛	Engdahl
1978	3	28	20	17	6.85	48.756	154.908	47.7	6.1	Mw	Kuril Islands	千岛群岛	Engdahl
1978	3	29	4	2	21	-6.028	148.604	55.6	6	Mw	Papua New Guinea:West New Britain	巴布亚新几内亚:西新不列颠	Engdahl
1978	3	29	16	55	50	-19.646	169.187	98.5	6.1	Mw	Vanuatu Islands	瓦努阿图群岛	Engdahl
1978	4	3	9	48	33	-4.884	133.956	6.4	6.3	Mw	Indonesia:Irian Jaya Barat	印度尼西亚:西巴布亚	ISC, Engdahl
1978	4	3	11	28	27	-35.807	-100.929	15.1	6	Mw	West of Chile Ridge	智利海岭西部	Engdahl
1978	4	4	0	40	28.9	32.996	82.322	11.2	6.4	Ms	China:Xizang (Tibet), Geji, N.	中国:西藏革吉北	Wang S., Engdahl

年 Year	月 Mo	日 Dy	时 Hr	分 Mn	秒 Sec	纬度(°) Latitude	经度(°) Longitude	深度 Depth	震级 Mag	标度 Scale	地名(英文) Name(English)	地名(中文) Name(Chinese)	资料来源 Information
1978	4	4	21	11	40	10.099	-77.823	7.2	6.3	Mw	Panama:Off Coast of N.	巴拿马:北部沿海	Shi Z.,Engdahl
1978	4	6	23	29	55	35.254	141.107	31	6	Mw	Japan:Chiba,Near Coast	日本:千叶近海	ISC,Engdahl,USGS
1978	4	7	7	44	57	44.454	149.371	35.6	6.2	Mw	Kuril Islands	千岛群岛	ISC,Engdahl
1978	4	7	8	29	56	44.3	149.6	30	6.4	Mw	Kuril Islands	千岛群岛	ISC
1978	4	8	10	26	6	22.6	121.1	20	6.3	Mw	China:Taiwan,Taitung	中国:台湾台东	ISC,USGS
1978	4	10	20	52	17	-11.488	116.574	13.2	6.6	Mw	Indonesia:South of Sumbawa	印度尼西亚:松巴哇南部	ISC,Engdahl,CSN
1978	4	11	2	41	45	-9.431	148.961	28.7	6	Mw	Papua New Guinea:Northern	巴布亚新几内亚:北部区	Engdahl,USGS
1978	4	11	23	42	6.09	-19.369	-173.67	9.5	6	Mw	Tonga Islands,E.	汤加群岛东部	Engdahl
1978	4	12	3	42	4.79	56.409	-152.708	11.7	6.5	Mw	Alaska:Kodiak Island	阿拉斯加:科迪亚克岛	Shi Z.,Engdahl
1978	4	15	23	33	50	38.383	15.072	16.8	6.1	Mw	Italy:Sicilia Island	意大利:西西里岛	* Italy,Engdahl
1978	4	18	17	27	30	5.107	127.41	112.7	6.3	Mw	South Phinippines Trench	菲律宾海沟南部	ISC,Engdahl
1978	4	20	22	19	28	46.7	152.1	106	6.2	Mw	Kuril Islands	千岛群岛	ISC,USGS
1978	4	21	15	22	59	36.567	71.246	224.8	6.1	Mw	Afghan:Badakhshan	阿富汗:巴达赫尚	Engdahl
1978	4	25	4	24	56	4.667	124.584	51.8	6.2	Mw	Celebes Sea	西里伯斯海	Engdahl
1978	4	29	4	21	7.9	-9.802	160.525	15	6.1	Mw	Solomon Islands	所罗门群岛	ISC,Engdahl
1978	5	5	23	22	35	-37.84	176.73	70	6.3	Mw	New Zealand:North Island,Matata	新西兰:北岛,马塔塔	ISC
1978	5	11	0	23	39	51.645	-176.096	53.9	6.2	Mw	Andreanof Islands, Aleutian Is.	阿留申群岛,安德烈亚诺夫群岛	Engdahl
1978	5	13	7	8	48.5	-14.589	167.387	169.8	6.8	Mw	Vanuatu Islands	瓦努阿图群岛	ISC,Engdahl
1978	5	22	7	31	55	43.4	139	10	6	Mw	Japan Sea,NE.	日本海东北	ISC
1978	5	22	15	52	25	-54.815	1.002	14.9	6.1	Mw	South Atlantic Ridge	南大西洋海岭	Engdahl
1978	5	23	6	1	7.07	-0.779	127.307	40.1	6	Mw	Molukka Sea,S.	马鲁古海南部	Engdahl
1978	5	23	7	50	30	31.083	130.148	163.7	6.7	Mw	Japan:Kagoshima	日本:鹿岛	ISC,Engdahl,USGS
1978	5	23	20	11	44	42.8	144.8	75	6	Mw	Japan:Hokkaido	日本:北海道	ISC
1978	5	24	6	16	60	51.233	-179.226	46.1	6.7	Mw	Andreanof Islands, Aleutian Is.	阿留申群岛,安德烈亚诺夫群岛	Shi Z.,Engdahl
1978	5	26	23	58	25	24.282	142.735	38.4	6.6	Mw	Japan:South Honshu Ridge	日本:本州南部海岭	ISC,Engdahl
1978	5	27	10	17	19	24.143	142.821	36.6	6	Mw	Japan:South Honshu Ridge	日本:本州南部海岭	Engdahl
1978	5	29	17	20	28	-44.894	-79.609	15	6.5	Mw	Chile:Off Coast of S.	智利:南部沿海	Shi Z.,Engdahl
1978	5	30	20	17	15	11.017	57.366	20.9	6	Mw	Arabian Sea	阿拉伯海	Engdahl
1978	5	31	1	7	20	12.715	-87.225	40.3	6.5	Mw	Nicaragua:Chinandega	尼加拉瓜:奇南德加	Shi Z.,Engdahl
1978	6	3	4	57	11	-57.031	-140.792	5.3	6	Ms	Pacific - Antarctic Ridge	太平洋-南极洲洋脊	ISC,Engdahl
1978	6	3	20	3	52.5	35.1	132.6	4	6.1	Mw	Japan:Misato	日本:岛根美乡町	* ISC,Japan,USGS
1978	6	4	19	30	23	40.38	63.62	33	6	mb	Uzbekistan:Gazli	乌兹别克斯坦:加兹利	ISC,USGS
1978	6	6	3	58	31	50.9	158	60	6.1	Mw	Kuril Islands	千岛群岛	ISC
1978	6	11	14	27	58	-15.227	-173.523	45.7	6.1	Mw	Tonga Islands,N.	汤加群岛北部	ISC,Engdahl
1978	6	11	14	55	29	49.222	-129.511	15	6.3	Mw	Canada:Off Coast of W. Vancouver	加拿大:温哥华西部海域	Shi Z.,Engdahl
1978	6	12	8	14	29	38.224	142.009	53.3	7.7	Mw	Japan:Miyagi,Near Coast	日本:宫城近海	* Engdahl,NOAA
1978	6	14	11	34	22	38.416	142.392	41.2	6.4	Mw	Japan:Miyagi,Off Coast	日本:宫城沿海	ISC,Engdahl,USGS
1978	6	14	12	32	36	8.285	122.395	30.1	7	Mw	Philippines:Mindanao Island	菲律宾:棉兰老岛	* Engdahl,NOAA
1978	6	14	13	34	8.07	8.247	122.339	48.5	6.6	Mw	Philippines:Mindanao Island	菲律宾:棉兰老岛	ISC,Engdahl,USGS
1978	6	15	8	18	28	5.694	-82.73	15	6.2	Mw	Panama:Off Coast of S.	巴拿马:南部海域	Engdahl
1978	6	16	7	57	1.79	7.85	126.307	142.4	6	Mw	Philippines:Mindanao Island	菲律宾:棉兰老岛	ISC,Engdahl
1978	6	17	15	11	31	-17.103	-172.167	4.2	7	Mw	Tonga Islands,N.	汤加群岛北部	ISC,Engdahl
1978	6	20	20	3	24	40.765	23.304	7.7	6.3	Mw	Greece:Thessaloniki	希腊:塞萨洛尼基	* Engdahl,NOAA
1978	6	21	11	1	41.2	48.3	148.7	417	6.2	Ms	Sea of Okhotsk	鄂霍次克海	CSN
1978	6	21	11	10	38.2	48.266	148.641	401.2	6.5	Mw	Sea of Okhotsk	鄂霍次克海	USGS,ISC,Engdahl
1978	6	22	6	20		44	14		6.7	Mk	Adriatic Sea	亚得里亚海	* NOAA,Song
1978	6	24	9	31	44	-5.089	102.299	32.7	6.4	Mw	Indonesia:Sumatra,Coast of SW.	印度尼西亚:苏门答腊西南海域	ISC,Engdahl
1978	6	27	1	11	23	-56.488	147.222	15	6.2	Ms	Australia:Macquarie Island,W.	澳大利亚:麦夸里岛西部	ISC,Engdahl
1978	6	27	12	43	44	46.6	153.4	30	6	Mw	Kuril Islands	千岛群岛	ISC
1978	6	29	9	10	57	52.75	-173.43	140	6.4	Mw	Andreanof Islands, Aleutian Is.	阿留申群岛,安德烈亚诺夫群岛	ISC
1978	7	2	4	1	34	-15.302	-175.398	15	6.5	Mw	Tonga Islands,N.	汤加群岛北部	ISC,Engdahl
1978	7	8	3	6	50	0.541	126.198	47.4	6	Mw	Molukka Sea	马鲁古海	Engdahl
1978	7	17	13	26	17	-14.955	-175.769	297.3	6.5	Mw	Samoa Islands	萨摩亚群岛	ISC,Engdahl
1978	7	22	11	51	45	-4.169	152.842	15	6.2	Mw	Papua New Guinea:New Ireland	巴布亚新几内亚:新爱尔兰	ISC,Engdahl
1978	7	23	14	42	41	22.243	121.419	39.2	7.3	Mw	China:Taiwan,Taitung,Coast of E.	中国:台湾台东以东海域	* Wang S.,Engdahl,NOAA
1978	7	24	6	23	48	45	150.3	30	6	Mw	Kuril Islands	千岛群岛	ISC
1978	7	24	19	45	34	-20.641	172.644	15	6.4	Mw	Vanuatu Islands	瓦努阿图群岛	ISC,Engdahl
1978	7	24	23	54	45	22.126	121.429	11.6	6.5	Ms	China:Taiwan,Pingtung,Coast of E.	中国:台湾屏东以东海域	Engdahl,USGS
1978	7	27	18	25	7.37	-15.6	-172.975	15	6	Mw	Samoa Islands	萨摩亚群岛	Engdahl
1978	8	3	6	7	37.7	52.1	97.1	62	6	Ms	Russia:Tuva,NE.	俄罗斯:唐努图瓦州东北	Shi Z.
1978	8	3	18	11	21	-26.541	-70.542	76.4	6.9	Mw	Chile:Copiapo - Taltai	智利:科皮亚波-塔尔塔尔	* Engdahl
1978	8	3	23	25	35.3	-0.159	131.785	41.3	6.4	Mw	Indonesia:Irian Jaya Barat	印度尼西亚:西巴布亚	ISC,Engdahl
1978	8	5	4	12	43	-3.513	151.03	15	6.2	Mw	Bismarck Sea	俾斯麦海	ISC,Engdahl
1978	8	5	6	43	8.93	-60.852	-56.043	23.9	6.1	Mw	West Scotia Basin	西斯科舍海盆	Engdahl
1978	8	5	15	46	37	-3.596	152.272	251.6	6	Mw	Papua New Guinea:New Ireland	巴布亚新几内亚:新爱尔兰	Engdahl
1978	8	8	7	46	24	-12.365	166.517	87	6.3	Mw	Solomon Islands:Santa Cruz Islands	所罗门群岛:圣克鲁斯群岛	Engdahl
1978	8	8	10	12	55	-0.55	131.93	44	6.3	Mw	Indonesia:Irian Jaya Barat	印度尼西亚:西巴布亚	ISC
1978	8	10	16	53	39	-35.984	-17.48	16	6.3	Mw	Southern Mid - Atlantic Ridge	南大西洋洋中脊	ISC,Engdahl

年 Year	月 Mo	日 Dy	时 Hr	分 Mn	秒 Sec	纬度(°) Latitude	经度(°) Longitude	深度 Depth	震级 Mag	标度 Scale	地名(英文) Name(English)	地名(中文) Name(Chinese)	资料来源 Information
1978	8	14	23	45	2.48	-7.911	146.942	142.5	6	Mw	Papua New Guinea:Morobe	巴布亚新几内亚:莫罗贝	Engdahl
1978	8	15	12	37	15.9	-30.523	-178.038	51.4	6.7	Mw	Kermadec Ridge	克马德克海岭	ISC,CSN,Engdahl
1978	8	17	8	51	50.8	-21.071	-174.221	8.5	6	Mw	Tonga Islands	汤加群岛	Engdahl
1978	8	18	15	35	18	14.343	-91.471	84	6.2	Mw	Guatemala:San José,NW.	危地马拉:圣何塞西北	Engdahl
1978	8	18	18	52	30	59.856	-153.609	120.1	6.1	Mw	Alaska Peninsula,S.	阿拉斯加半岛南部	Engdahl
1978	8	21	22	5	3.55	-47.57	32.438	8	6.5	Mw	Marion Island	马里恩岛[印度洋]	ISC,Engdahl
1978	8	23	0	38	30	10.222	-85.204	25	7	Mw	Costa Rica:Near Coast	哥斯达黎加:近海	Shi Z.,Engdahl
1978	9	1	4	16	45	-17.392	168.082	38.6	6.2	Mw	Vanuatu Islands	瓦努阿图群岛	Engdahl
1978	9	1	9	56	2.8	-7.487	156.546	33.5	6.4	Mw	Solomon Islands	所罗门群岛	ISC,Engdahl
1978	9	2	1	57	35	24.877	121.896	110.5	6.3	Mw	China:Taiwan,Yilan,Coast of E.	中国:台湾宜兰东南海域	ISC,Engdahl
1978	9	6	4	1	55	-20.211	168.831	37.1	6.3	Mw	Vanuatu Islands	瓦努阿图群岛	ISC,Engdahl
1978	9	6	11	7	43	-13.307	167.224	189.2	6.7	Mw	North Vanuatu Islands	瓦努阿图群岛北部	ISC,Engdahl
1978	9	10	23	24	16	14.259	-91.534	80.4	6.1	Mw	Guatemala:El Sapotal	危地马拉:埃尔萨波塔尔	Engdahl,Engdahl
1978	9	11	7	40	53	24.984	124.865	15	6	Mw	Ryukyu Islands,SW.	琉球群岛西南	ISC,Engdahl,USGS
1978	9	12	6	0	38	-4.474	-106.048	15	6.1	Mw	Ecuador:Galapagos,SE.	厄瓜多尔:加拉帕戈斯岛东南	Engdahl
1978	9	15	11	39	25	48.274	154.305	45.1	6	Mw	Kuril Islands	千岛群岛	ISC,Engdahl
1978	9	16	15	35	55.3	33.268	57.387	15	7.4	Mw	Iran:Razavi Khorasan	伊朗:呼罗珊	* Engdahl
1978	9	23	16	32	12	-13.921	167.279	200.6	6.7	Mw	Vanuatu Islands	瓦努阿图群岛	ISC,Engdahl
1978	10	8	14	20	2.26	39.428	74.761	18.7	6	Mw	China:Xinjiang,Ulugqat,W.	中国:新疆乌恰西	ISC,Engdahl
1978	10	30	15	15	22	-7.07	129.75	141	6.8	Mw	Indonesia:Alor Islands	印度尼西亚:阿洛群岛	ISC
1978	10	30	18	23	32	13.841	-91.067	25	6.3	Mw	Guatemala:Near Coast	危地马拉:近海	Shi Z.,Engdahl
1978	11	1	19	48	28	39.363	72.59	24.2	6.6	Mw	Tajikistan:Kuhistoni Badakhshon	塔吉克斯坦:勾瑙-巴达科善	* Engdahl,USGS
1978	11	4	15	22	20	37.673	48.911	27.6	6.4	Mw	Iran:Zanjān	伊朗:赞詹	ISC,Engdahl
1978	11	4	22	29	26	-11.32	162.229	43.4	7	Mw	Solomon Islands	所罗门群岛	ISC,Engdahl
1978	11	4	22	51	58	-11.179	162.159	47	6.3	Ms	Solomon Islands	所罗门群岛	ISC,Engdahl
1978	11	5	22	2	10	-11.128	162.21	43.3	7	Mw	Solomon Islands	所罗门群岛	ISC,Engdahl
1978	11	7	17	33	58	-10.935	162.28	15	6.3	Mw	Solomon Islands	所罗门群岛	ISC,Engdahl
1978	11	9	0	51	32	-10.788	161.402	45.8	6.1	Mw	Solomon Islands	所罗门群岛	Engdahl
1978	11	21	11	55	43	-7.66	127.44	167	6.1	Mw	Indonesia:Banda Sea	印度尼西亚:班达海	ISC
1978	11	27	14	18	17	-4.84	144.45	72	6.3	Mw	Papua New Guinea:East Sepik	巴布亚新几内亚:东塞皮克	ISC
1978	11	27	23	50	21.7	-10.839	162.219	23.6	6.2	Mw	Solomon Islands	所罗门群岛	Engdahl
1978	11	29	19	52	50	16.012	-96.602	24.5	7.8	Mw	Mexico:Oaxaca	墨西哥:瓦哈卡	* Shi Z.,Engdahl, NOAA
1978	12	1	15	35	17	-10.184	161.557	47.4	6	Mw	Solomon Islands	所罗门群岛	ISC,Engdahl
1978	12	6	11	53	36	13.254	-89.653	29.4	6.1	Mw	El Salvador:La Libertad,Coast	萨尔瓦多:拉利伯塔德近海	Shi Z.,Engdahl
1978	12	6	14	2	12	44.455	146.475	181	7.8	Mw	Kuril Islands	千岛群岛	* ISC,Engdahl
1978	12	9	4	17	6.84	45.333	150.107	50.2	6.1	Mw	Kuril Islands	千岛群岛	ISC,Engdahl
1978	12	11	3	33	55	-7.121	117.93	474.6	6	Mw	Flores Sea	弗洛勒斯海	Engdahl
1978	12	12	11	44	15	7.377	123.39	12.8	6.9	Mw	Philippines:Mindanao Island	菲律宾:棉兰老岛	ISC,Engdahl
1978	12	14	7	5	20.6	32.132	49.639	19	6.2	Mw	Iran:Khuzestan	伊朗:胡齐斯坦	* Engdahl
1978	12	14	19	25	59	0.516	126.001	44.3	6.1	Mw	Molukka Sea	马鲁古海	ISC,Engdahl
1978	12	18	10	15	57	-54.466	2.137	22.7	6.6	Mw	Bouvet Island Region	布维岛地区[南大西洋]	ISC,Engdahl
1978	12	21	14	36	53	-11.146	162.672	15	6.4	Mw	Solomon Islands	所罗门群岛	ISC,Engdahl
1978	12	23	5	10	53	-8.26	121.325	39.8	6.1	Mw	Flores Sea	弗洛勒斯海	Engdahl
1978	12	23	11	23	15.2	23.224	122.015	48	7	Mw	China:Taiwan,Taitung,Coast of E.	中国:台湾台东以东海域	* China,Engdahl
1978	12	25	23	57	58	10.249	-103.953	19.7	6.6	Mw	Mexico:Off Coast of SW.	墨西哥:西南海域	Shi Z.,Engdahl
1978	12	26	0	6	43	-8.441	121.415	43	6.1	Ms	Indonesia:Flores Islands	印度尼西亚:弗洛勒斯群岛	ISC,Engdahl
1979	1	10	1	26	6.75	26.551	60.909	6	6	Mw	Iran:Sistan And Baluchestan	伊朗:锡斯坦-俾路支斯坦	ISC,Engdahl
1979	1	10	15	5	46	26.491	60.993	3.6	6.1	Mw	Iran:Sistan And Baluchestan	伊朗:锡斯坦-俾路支斯坦	ISC,Engdahl
1979	1	11	6	28	15	-4.079	101.24	28.4	6.3	Mw	Indonesia:Sumatra,Coast of SW.	印度尼西亚:苏门答腊西南海域	ISC,Engdahl
1979	1	12	3	59	1.75	14.278	-91.547	79.7	6.1	Mw	Guatemala:El Sapotal	危地马拉:埃尔萨波塔尔	Engdahl
1979	1	13	19	33	38.1	-35.672	-16.007	10.3	6.1	Mw	Southern Mid-Atlantic Ridge	南大西洋洋中脊	Engdahl
1979	1	16	9	50	8.39	33.901	59.471	8.6	6.5	Mw	Iran:Razavi Khorasan	伊朗:呼罗珊	* ISC,Engdahl
1979	1	16	15	5	7.55	-45.644	96.102	15	6.3	Mw	South-East Indian Ridge	南印度洋东海岭	ISC,Engdahl
1979	1	25	4	8	18	-29.974	-177.384	32.7	6.4	Mw	Kermadec Ridge	克马德克海岭	ISC,Engdahl
1979	1	25	21	3	21	49.52	150.13	600	6	Mw	Sea of Okhotsk	鄂霍次克海	ISC
1979	1	26	10	4	32.3	17.402	-100.881	29.6	6.6	Mw	Mexico:Guerrero,Zihuatanejo,E.	墨西哥:格雷罗州锡瓦塔塔内霍东部	Shi Z.,Engdahl
1979	1	27	18	15	2.23	-18.552	168.296	29.6	6.3	Mw	Vanuatu Islands	瓦努阿图群岛	ISC,Engdahl
1979	1	27	18	58	1.14	54.766	-161.243	52.3	6.1	Mw	Aleutian Islands	阿留申群岛	Shi Z.,Engdahl
1979	1	28	19	45	21	11.83	-43.754	10.5	6	Mw	Northern Mid-Atlantic Ridge	北大西洋洋中脊	Engdahl
1979	2	3	7	47	25	0.013	125.963	15	6.1	Mw	Molukka Sea	马鲁古海	Engdahl
1979	2	7	21	2	8.97	5.181	127.329	138.6	6.4	Mw	Philippine Trench	菲律宾海沟	ISC,Engdahl
1979	2	11	22	22	23	6.02	125.944	150.9	6.3	Mw	Philippines:Mindanao Island	菲律宾:棉兰老岛	ISC,Engdahl
1979	2	13	5	34	25.9	55.428	-157.153	19.5	6.6	Mw	Aleutian Islands	阿留申群岛	Shi Z.,Engdahl
1979	2	14	16	55	5.73	-15.577	167.705	130	6.1	Mw	Vanuatu Islands	瓦努阿图群岛	Engdahl
1979	2	16	0	31	18	-13.629	166.767	62.5	6.4	Mw	Vanuatu Islands	瓦努阿图群岛	ISC,Engdahl
1979	2	16	10	8	55	-16.535	-72.551	55.2	7.2	Mw	Peru:Arequipa	秘鲁:阿雷基帕	* Shi Z.,Engdahl
1979	2	18	5	23	52	-43.153	41.455	12.8	6.4	Mw	Atlantic-Indian Ridge	大西洋-印度洋海岭	ISC,Engdahl

年 Year	月 Mo	日 Dy	时 Hr	分 Mn	秒 Sec	纬度(°) Latitude	经度(°) Longitude	深度 Depth	震级 Mag	标度 Scale	地名(英文) Name(English)	地名(中文) Name(Chinese)	资料来源 Information
1979	2	20	6	32	36	40.298	143.717	19.9	6.3	Mw	Japan Trench	日本海沟	* Engdahl, NOAA
1979	2	22	18	31	0.41	-0.16	-17.675	10	6.1	Mw	South Atlantic Ridge	南大西洋海岭	Engdahl
1979	2	28	21	27	8.06	60.691	-141.671	18	7.5	Mw	Gulf of Alaska	阿拉斯加湾	* Shi Z., Engdahl, NOAA
1979	3	8	14	49	56	0.989	120.361	39.2	6.4	Mw	Indonesia: Dondo	印度尼西亚:东都	ISC, Engdahl
1979	3	9	1	26	37	-9.562	147.982	46	6.3	Mw	Papua New Guinea: Central	巴布亚新几内亚:中部区	ISC, Engdahl
1979	3	12	6	38	14	-55.975	-122.394	12.1	6	Mw	Southern Pacific Ridge	南太平洋海岭	ISC, Engdahl
1979	3	14	11	7	15	17.759	-101.222	24.6	7.5	Mw	Mexico: Guerrero, Zihuatanejo	墨西哥:格雷罗州锡瓦塔塔内霍	* Shi Z., Engdahl, NOAA
1979	3	15	12	52	27	23.175	101.055	2.5	6.8	Ms	China: Yunnan, Pu - er	中国:云南普洱	Wang S., Engdahl, Dis
1979	3	15	13	13	43	-32.007	-68.024	18.2	6.1	Ms	Argentina: San Juan	阿根廷:圣胡安	ISC, Engdahl
1979	3	19	22	31	7	-36.72	78.74	10	6.2	Mw	Mid - Indian Ridge	中印度洋海岭	ISC
1979	3	20	13	0	12	-36.537	78.767	15	6.1	Mw	Mid - Indian Ridge	中印度洋海岭	ISC, Engdahl
1979	3	22	3	42	16	42.4	145	38	6.1	Mw	Japan: Hokkaido	日本:北海道	ISC
1979	3	23	19	32	33	17.964	-69.076	81.5	6.7	Mw	Dominica: Santo Domingo	多米尼加:多米尼加	Shi Z., Engdahl
1979	3	29	2	1	31	42	83.4	20	6	Ms	China: Xinjiang, Kuqa, NE.	中国:新疆库车东北	Wang S., Dis
1979	3	29	7	7	18	32.478	97.184	7.7	6.2	Ms	China: Qinghai, Yushu, SE.	中国:青海玉树东南	Wang S., Engdahl, Dis
1979	4	10	1	42	24	2.988	126.964	40	7	Mw	Indonesia: North West of Morotai Island	印度尼西亚:莫罗泰岛西北	ISC, Engdahl
1979	4	14	0	53	16	-26.72	-177.61	195	6.1	Mw	South of Fiji Islands	斐济群岛南部	ISC
1979	4	14	10	0	26	-35.868	-102.802	4.1	6.8	Mw	West of Chile Ridge	智利海岭西部	ISC, Engdahl
1979	4	15	6	19	45	42.001	19.154	15	7	Mw	Adriatic Sea	亚得里亚海	* Engdahl, NOAA
1979	4	15	22	14	53	5.643	123.557	535	6.6	Mw	Celebes Sea	西里伯斯海	CSN, Engdahl, USGS
1979	4	22	9	50	15	32.963	-39.703	7.8	6	Mw	Northern Mid - Atlantic Ridge	北大西洋洋中脊	Engdahl
1979	4	22	18	16	33	0.005	123.007	91.8	6.1	Mw	Indonesia: Gulf of Tomini	印度尼西亚:托米尼湾	Engdahl
1979	4	23	5	45	11	-16.62	120.166	31.6	6.2	Mw	Australia: Broome, Off Coast of W.	澳大利亚:布鲁姆西部海域	Engdahl, ISC, USGS
1979	4	23	21	54	38	-53.039	159.849	15	6.3	Mw	Australia: Macquarie Island, N.	澳大利亚:麦夸里岛北部	Shi Z., Engdahl
1979	4	24	1	45	9.65	-20.873	-178.595	597.1	6.3	Mw	Fiji Islands	斐济群岛	ISC, CSN, Engdahl
1979	4	25	22	13	57	-16.94	120.48	1	6.1	Mw	Australia: Broome, Off Coast of W.	澳大利亚:布鲁姆西部海域	ISC
1979	4	28	10	50	38	48.3	155	40	6.2	Mw	Kuril Islands	千岛群岛	ISC
1979	4	28	11	38	20	-27.537	-70.993	27.9	6.2	Mw	Chile: Copiapo, Near Coast	智利:科皮亚波近海	Shi Z., Engdahl
1979	4	29	13	55	57	-15.38	-178.308	9.3	6.2	Mw	North of Fiji Islands	斐济群岛北部	Engdahl
1979	5	1	0	39	32	9.328	125.522	16.1	6.2	Mw	Philippines: Mindanao Island	菲律宾:棉兰老岛	ISC, Engdahl
1979	5	1	13	3	40	-21.266	169.872	95.2	7.4	Mw	Vanuatu Islands	瓦努阿图群岛	ISC, Engdahl
1979	5	5	16	17	4.08	-10.984	165.624	17.5	6.1	Mw	Solomon Islands	所罗门群岛	Engdahl
1979	5	5	20	4	55	8.07	-71	13	6	Mw	Venezuela: Pedraza La Vieja	委内瑞拉:旧佩德拉萨	ISC, USGS
1979	5	13	6	26	8	19.015	145.437	241	6.7	Mw	Mariana Islands, N.	马里亚纳群岛北部	ISC, Engdahl
1979	5	13	17	30	58	-4.063	123.054	610.5	6	Mw	Indonesia: Banda Sea	印度尼西亚:班达海	Engdahl
1979	5	14	23	4	3.46	-22.919	-69.087	82.7	6.3	Mw	Chile: Antofagasta, C.	智利:安托法加斯塔中部	Engdahl, USGS
1979	5	15	6	59	25	34.582	24.475	44.9	6.1	Mw	Greece: Crete Island	希腊:克里特岛	* Engdahl
1979	5	16	2	27	3.95	-35.537	-16.249	13.2	6.5	Mw	Southern Mid - Atlantic Ridge	南大西洋洋中脊	ISC, Engdahl
1979	5	18	20	18	4	24.148	142.433	585.6	6.5	Mw	Japan: South Honshu Ridge	日本:本州南部海岭	ISC, Engdahl
1979	5	18	23	22	27	0.631	125.985	37	6.3	Mw	Molukka Sea	马鲁古海	ISC, Engdahl
1979	5	20	8	14	1.4	56.61	-156.715	70.7	6.6	Mw	Aleutian Islands	阿留申群岛	Shi Z., Engdahl
1979	5	21	22	22	26.8	-15.423	-70.045	232.2	6.9	Mw	Peru: Juliaca	秘鲁:胡利亚卡	Shi Z., Engdahl
1979	5	24	17	23	20	42.241	18.826	9.6	6.2	Mw	Adriatic Sea	亚得里亚海	* Engdahl
1979	5	25	16	45	29	52.581	-167.001	22.8	6.3	Mw	Aleutian Islands	阿留申群岛	Shi Z., Engdahl
1979	5	25	18	15	42	24.134	142.288	583.5	6	Mw	Japan: South Honshu Ridge	日本:本州南部海岭	ISC, Engdahl, USGS
1979	5	28	9	27	35	36.468	31.769	103	6	Mw	Mediterranean Sea	地中海	Engdahl
1979	5	30	9	38	54	-8.342	115.863	20	6.2	Mw	Indonesia: Sumbawa	印度尼西亚:松巴哇	* ISC, Engdahl
1979	5	31	5	45	45.9	-22.9	-175.1	33	6.1	Ms	Tonga Islands	汤加群岛	Shi Z.
1979	5	31	16	26	19.8	-24.7	-177.1	33	6	Ms	South of Fiji Islands	斐济群岛南部	Shi Z.
1979	6	2	9	47	60	-30.784	117.132	3	6.1	Mw	Australia: Perth	澳大利亚:珀斯	* Engdahl
1979	6	10	6	32	55	-36.064	-97.797	15	6	Mw	West of Chile Ridge	智利海岭西部	ISC, Engdahl
1979	6	10	6	49	54	8.086	-38.144	11.1	6.1	Mw	Central Mid - Atlantic Ridge	中大西洋中脊	ISC, Engdahl
1979	6	22	6	30	56.4	17.007	-94.625	113.6	6.9	Mw	Mexico: Oaxaca	墨西哥:瓦哈卡	Shi Z., Engdahl
1979	6	25	5	29	6.79	-5	145.65	187.8	6.6	Mw	Papua New Guinea: Madang	巴布亚新几内亚:马当	* Engdahl
1979	6	26	12	1	44	44.4	149.1	60	6.2	Mw	Kuril Islands	千岛群岛	ISC
1979	6	27	9	50	3.89	7.138	-82.275	2.5	6.4	Mw	Panama: Off Coast of S.	巴拿马:南部海域	Shi Z., Engdahl
1979	6	27	21	46	24	-29.51	-68.36	103	6.2	Mw	Argentina: San Juan	阿根廷:圣胡安	ISC, USGS
1979	7	1	20	38	6.13	8.375	-82.845	28	6.2	Mw	Costa Rica: Puerto Armuelles	哥斯达黎加:阿摩叶斯港	* Shi Z., Engdahl
1979	7	4	6	7	45	43.965	146.701	63.6	6	mb	Kuril Islands	千岛群岛	ISC, Engdahl, USGS
1979	7	5	6	11	32	44	146.7	65	6.1	Mw	Kuril Islands	千岛群岛	ISC
1979	7	8	8	55	36	-23.23	-179.5	610	6	Ms	South of Fiji Islands	斐济群岛南部	CSN
1979	7	9	10	57	23	31.45	119.25	12	6	Ms	China: Jiangsu, Liyang, SW.	中国:江苏溧阳西南	* China, Dis, USGS, ISC
1979	7	9	16	8	8.63	-5.605	153.302	19.7	6.2	Mw	New Britain Trench	新不列颠海沟[太平洋]	ISC, Engdahl
1979	7	13	8	10	13	33.887	131.848	69.1	6.1	Mw	Japan: Yamaguchi	日本:山口	ISC, Engdahl, USGS

年 Year	月 Mo	日 Dy	时 Hr	分 Mn	秒 Sec	纬度(°) Latitude	经度(°) Longitude	深度 Depth	震级 Mag	标度 Scale	地名(英文) Name(English)	地名(中文) Name(Chinese)	资料来源 Information
1979	7	20	21	20	4	47.3	152.6	110	6.1	Mw	Kuril Islands	千岛群岛	ISC
1979	7	20	22	45	2.08	-23.399	-179.894	545.9	6	Mw	South of Fiji Islands	斐济群岛南部	Engdahl
1979	7	24	0	53	57	-20.448	-174.129	17.5	6.2	Mw	Tonga Islands	汤加群岛	Engdahl
1979	7	24	19	31	18	-11.185	107.628	12.1	7	Mw	Indonesia:Java Ridge	印度尼西亚:爪哇海岭	ISC,Engdahl
1979	7	25	17	57	3.3	-21.95	-138.92	33	6	Ms	Tuamotu Archipelago Islands	土阿莫土群岛[法属波利尼西亚]	CSN
1979	7	28	15	22	54.4	50	142.6	25	6	Ms	Russia:Sakhalin Island	俄罗斯:库页岛(萨哈林岛)	Shi Z.
1979	7	29	5	25	40.6	-6.4	102.5	27	6.2	Ms	Indonesia:Sumatra,Coast of SW.	印度尼西亚:苏门答腊西南海域	Shi Z.,USGS
1979	8	5	0	53	52	-22.904	-177.436	229.2	6.5	Mw	South of Fiji Islands	斐济群岛南部	ISC,Engdahl
1979	8	10	14	42	49	-52.655	18.709	15	6	Ms	Atlantic - Indian Ridge	大西洋-印度洋海岭	Shi Z.,Engdahl
1979	8	13	3	3	47	-4.881	153.518	69.2	6	Mw	Papua New Guinea:New Ireland,E.	巴布亚新几内亚:新爱尔兰东部	Engdahl
1979	8	16	21	31	27	41.802	130.893	579.5	6.7	Mw	North Korea:Najin,Off Coast of E.	朝鲜:罗津东部沿海	ISC,Engdahl
1979	8	17	12	59	10	-17.734	167.951	27.3	6.4	Mw	Vanuatu Islands	瓦努阿图群岛	ISC,Engdahl
1979	8	17	15	18	26	-17.629	167.906	20.6	6	Mw	Vanuatu Islands	瓦努阿图群岛	Engdahl
1979	8	19	7	10	4.8	61.4	159.2	23	6	Ms	Russia:Magadan,Chaybukha	俄罗斯:马加丹州柴布哈	Shi Z.
1979	8	22	12	24	15	-17.514	66.031	19.9	6	Mw	Central Indian Ridge	印度洋中脊	Engdahl
1979	8	24	4	26	56	8.929	-83.477	43.3	6.5	Mw	Costa Rica:Off Coast	哥斯达黎加:沿海	Shi Z.,Engdahl
1979	8	24	16	59	28	41.2	108.1	18	6	Ms	China:Inner Mongolia,Wuyuan	中国:内蒙古五原	*China,Dis
1979	8	25	8	44	7.28	10.699	-41.696	20.9	6.8	Mw	Northern Mid - Atlantic Ridge	北大西洋洋中脊	ISC,Engdahl
1979	8	26	11	47	25	-17.636	167.774	5.6	6.3	Mw	Vanuatu Islands	瓦努阿图群岛	ISC,Engdahl
1979	8	26	14	31	23	19.048	122.081	13.1	6.7	Mw	Luzon Ridge	吕宋海岭	ISC,Engdahl
1979	8	28	20	39	16	51.1	157.8	40	6.7	Mw	Russia:Kamchatka Peninsula	俄罗斯:堪察加半岛	ISC
1979	8	31	13	44	52	42.4	142.3	130	6.5	Mw	Japan:Hokkaido	日本:北海道	ISC
1979	9	2	7	57	17	-4.97	154.25	439	6.5	Mw	Papua New Guinea:Bougainville Island	巴布亚新几内亚:布干维尔岛	ISC
1979	9	6	8	9	40	-5.952	149.72	53.3	6	Mw	Papua New Guinea:West New Britain	巴布亚新几内亚:西新不列颠	Engdahl
1979	9	12	5	17	56	-1.688	135.966	18.9	7.5	Mw	Indonesia:Papua	印度尼西亚:巴布亚	*Engdahl,NOAA
1979	9	13	6	33	3.63	-1.167	136.429	18.9	6.1	Mw	Indonesia:Papua	印度尼西亚:巴布亚	Engdahl
1979	9	16	17	55	50	3.471	128.082	49.4	6	Mw	Indonesia:North of Morotai Island	印度尼西亚:莫罗泰岛北部	Engdahl
1979	9	23	22	43	41.8	-60.581	-50.331	15	6	Mw	West Scotia Basin	西斯科舍海盆	Shi Z.,Engdahl
1979	9	23	23	3	28	-60.578	-50.489	15	6.2	Mw	West Scotia Basin	西斯科舍海盆	ISC,Engdahl
1979	9	26	4	7	33	46.5	152.8	50	6.2	Mw	Kuril Islands	千岛群岛	ISC
1979	9	27	13	59	51	-19.108	168.817	47.8	6.1	Mw	Vanuatu Islands	瓦努阿图群岛	Engdahl
1979	9	29	18	37	15	1.161	94.172	36.6	6.9	Mw	Indonesia:Sumatera,Off West Coast	印度尼西亚:苏门答腊西部沿海	ISC,Engdahl
1979	10	1	14	14	12	15.763	-92.197	164.7	6.2	Mw	Mexico:Near Coast of Chiapas	墨西哥:恰帕斯州近海	Shi Z.,Engdahl
1979	10	12	10	25	19	-46.695	165.826	5.9	7.3	Mw	New Zealand:South Island,SW.	新西兰:南岛西南近海	*Engdahl
1979	10	15	23	17	0.46	32.815	-115.646	12	6.4	M	US:California,Imperial	美国:加利福尼亚州因皮里尔	*Engdahl,USGS
1979	10	17	5	43	2.78	18.521	145.409	583	7	Mw	Mariana Islands	马里亚纳群岛	ISC,Engdahl
1979	10	17	10	14	15	-61.37	154.176	15	6	Mw	Balleny Islands	巴雷尼群岛	Engdahl
1979	10	17	23	29	27	-1.173	136.535	19.9	6.1	Mw	Indonesia:Papua	印度尼西亚:巴布亚	ISC,Engdahl
1979	10	19	2	38	24	0.485	126.588	50.4	6.1	Mw	Molukka Sea	马鲁古海	Engdahl
1979	10	20	1	41	13.4	-8.365	115.782	51.8	6.4	Mw	Indonesia:Sumbawa	印度尼西亚:松巴哇	*Engdahl
1979	10	22	5	58	51	0.634	125.946	37.1	6.5	Mw	Molukka Sea	马鲁古海	ISC,Engdahl
1979	10	23	8	19	5.29	-10.596	161.372	51.8	6.1	Mw	Solomon Islands	所罗门群岛	Engdahl,ISC
1979	10	23	9	51	7.56	-10.628	161.352	17.2	7	Mw	Solomon Islands	所罗门群岛	ISC,Engdahl,USGS
1979	10	27	14	35	59	13.829	-90.841	57.7	6.9	Mw	Guatemala:Near Coast	危地马拉:近海	*Shi Z.,Engdahl
1979	10	27	21	43	22	13.725	-90.713	27.6	6.8	Mw	Guatemala:Near Coast	危地马拉:近海	Shi Z.,Engdahl
1979	10	30	1	37	7.9	18.806	145.183	586.6	6.2	Mw	Mariana Islands	马里亚纳群岛	Engdahl,USGS
1979	11	2	1	32	25	-13.427	166.818	78.3	6.1	Mw	North Vanuatu Islands	瓦努阿图群岛北部	ISC,Engdahl
1979	11	2	15	53	6.06	-7.745	108.164	72.3	6.5	Mw	Indonesia:Java Island	印度尼西亚:爪哇岛	*Engdahl
1979	11	5	1	51	15	17.822	-68.644	106.2	6.2	Mw	Dominica:Santo Domingo	多米尼加:多米尼加	Engdahl
1979	11	6	1	25	0	-21.09	-178.8	584	7.7	Mw	Fiji Islands	斐济群岛	ISC,USGS
1979	11	6	11	38	33.3	-9.516	159.304	31.4	6.1	Mw	Solomon Islands	所罗门群岛	ISC,Engdahl
1979	11	8	15	56	47	-32.282	179.396	461.5	6.2	Mw	South of Kermadec Ridge	克马德克海岭南部	Engdahl
1979	11	9	14	38	21	-17.75	-178.72	550	6.4	Mw	Fiji Islands	斐济群岛	ISC,USGS
1979	11	9	16	39	27	-13.311	166.766	49	6.3	Mw	North Vanuatu Islands	瓦努阿图群岛北部	ISC,Engdahl
1979	11	13	19	5	4.23	-4.468	101.947	46.3	6.3	Mw	Indonesia:Southern Sumatera,Lahat	印度尼西亚:苏门答腊南部,拉哈特	ISC,Engdahl
1979	11	13	20	43	38	-23.576	-174.762	14.3	6.6	Mw	Tonga Islands,S.	汤加群岛南部	ISC,Engdahl
1979	11	14	2	21	21	33.959	59.723	8.9	6.6	Mw	Iran:Razavi Khorasan	伊朗:呼罗珊	*Engdahl
1979	11	16	15	21	25	-16.686	-179.913	11	6.8	Mw	Fiji Islands	斐济群岛	*Engdahl,NOAA
1979	11	16	18	10	51	-1.951	134.17	37.3	6.1	Mw	Indonesia:Irian Jaya Barat	印度尼西亚:西巴布亚	ISC,Engdahl
1979	11	19	22	17	22.4	5.864	125.242	90.7	6.5	Mw	Philippines:Mindanao Island	菲律宾:棉兰老岛	ISC,Engdahl
1979	11	20	6	45	5	-26.42	-139.08	33	6.7	Mw	Pitcairn Islands	皮特凯恩群岛	ISC
1979	11	22	2	41	19	-24.268	-67.133	180	6.5	Mw	Argentina:Salta	阿根廷:萨尔塔	Engdahl,USGS
1979	11	23	0	30	45	-15.23	-173.74	87	6	Mw	Tonga Islands,N.	汤加群岛北部	ISC
1979	11	23	23	40	31	4.793	-76.19	108.5	7.2	Mw	Colombia:Manizales - Armenia	哥伦比亚:马尼萨莱斯-亚美尼亚	*ISC,Shi Z.,Engdahl
1979	11	24	19	19	1.09	-18.899	-176.558	3.3	6.4	Mw	Fiji Islands	斐济群岛	ISC,Engdahl
1979	11	27	17	10	35	34.059	59.757	8	7.1	Mw	Iran:Razavi Khorasan	伊朗:呼罗珊	*Engdahl

年 Year	月 Mo	日 Dy	时 Hr	分 Mn	秒 Sec	纬度(°) Latitude	经度(°) Longitude	深度 Depth	震级 Mag	标度 Scale	地名(英文) Name(English)	地名(中文) Name(Chinese)	资料来源 Information
1979	11	29	17	8	31	23.27	143.82	100	6.1	Mw	Japan: South Honshu Ridge	日本:本州南部海岭	ISC
1979	12	3	23	51	1.77	-55.133	-128.658	2.1	6	Ms	Southern Pacific Ridge	南太平洋海岭	ISC, Engdahl
1979	12	7	9	24	0.2	34.083	59.851	16.5	6.1	Mw	Iran: Razavi Khorasan	伊朗:呼罗珊	* Engdahl
1979	12	11	17	26	20	28.928	140.788	129.5	6.7	Mw	Japan: South Honshu Ridge	日本:本州南部海岭	ISC, Engdahl
1979	12	12	7	59	4.73	1.603	-79.362	24.4	8.1	Mw	Colombia: Near Coast	哥伦比亚:近海	* Shi Z., Engdahl, NOAA
1979	12	13	2	43	38.4	5.529	-80.517	23.7	6	Mw	Panama: Off Coast of S.	巴拿马:南部海域	Engdahl
1979	12	13	5	37	50	2.476	-79.415	28.6	6.3	Mw	Colombia: Near Coast	哥伦比亚:近海	Engdahl
1979	12	15	0	2	40	-3.333	102.576	13.5	6.6	Mw	Indonesia: Southern Sumatra	印度尼西亚:苏门答腊南部	* Engdahl
1979	12	17	19	58	23	-8.487	115.754	15	6.5	Mw	Indonesia: Sumbawa; Bali	印度尼西亚:松巴哇;巴厘岛	* ISC, Engdahl
1979	12	18	10	37	54	11.326	-86.553	21	6	Ms	Nicaragua: Near Coast of W.	尼加拉瓜:西部近海	Shi Z., Engdahl
1979	12	23	8	34	2.63	3.544	126.786	51.3	6	Mw	Indonesia: Karakelong Island	印度尼西亚:卡拉克隆岛	Engdahl
1979	12	31	23	7	25	2.058	-79.02	33.9	6	Mw	Colombia: Near Coast	哥伦比亚:近海	Engdahl
1980	1	1	16	42	42	38.727	-27.75	12.9	6.9	Mw	Azores: Terceira, Angra Do Heroismo	亚速尔群岛:特塞拉岛,英雄港	* Engdahl, NOAA
1980	1	2	20	58	43	5.986	126.152	38.2	7	Mw	Philippines: Mindanao Island	菲律宾:棉兰老岛	ISC, Engdahl
1980	1	2	22	27	11.6	-10.9	-79.1	33	6	Ms	Peru: Chimbote, Off Coast	秘鲁:钦博特沿海	Shi Z.
1980	1	2	22	30	25	-10.76	-79.07	27	6.3	Mw	Peru: Chimbote, Off Coast	秘鲁:钦博特沿海	ISC
1980	1	3	18	11	56	0	67.141	26	6	Mw	Carlsberg Ridge	卡尔斯伯格海岭[印度洋]	ISC, Engdahl
1980	1	12	15	31	41	33.552	57.207	15	6	Mw	Iran: Razavi Khorasan	伊朗:呼罗珊	Engdahl
1980	1	12	15	57	3.49	41.742	143.662	32.2	6.1	Mw	Japan: Hokkaido	日本:北海道	ISC, Engdahl, USGS
1980	1	14	4	10	55	16.573	40.267	3.7	6.1	Mw	Red Sea	红海	Engdahl
1980	1	14	12	19	39	-22.422	-174.914	18	6	Mw	Tonga Islands	汤加群岛	ISC, Engdahl
1980	1	16	15	49	17	-14.51	-73.345	96.7	6	Mw	Peru: Apurimac	秘鲁:阿普里马克	Engdahl
1980	1	18	21	55	31	-53.935	158.49	15	6.3	Mw	Australia: Macquarie Island	澳大利亚:麦加利岛	Engdahl
1980	1	18	22	10	16.3	37.827	133.417	427	6.3	Mw	Japan Sea	日本海	ISC, Engdahl, USGS
1980	1	19	7	2	36	51.329	-178.463	42.5	6	Mw	Andreanof Islands, Aleutian Is.	阿留申群岛,安德烈亚诺夫群岛	Engdahl
1980	1	27	16	38	4.28	-35.349	-105.915	17.7	6.3	Mw	Southern East Pacific Rise	南太平洋东海岭	Engdahl
1980	2	3	11	58	41	-17.656	-171.075	28.5	6.4	Mw	Tonga Islands, N.	汤加群岛北部	ISC, Engdahl
1980	2	4	3	45	58	-57.953	-7.221	10.7	6.2	Mw	South Atlantic Ridge	南大西洋海岭	ISC, Engdahl
1980	2	6	5	50	57	-7.883	156.288	44.6	6	Mw	Solomon Islands	所罗门群岛	Engdahl
1980	2	7	10	49	8.42	-54.023	159.039	15	6.9	Mw	Australia: Macquarie Island, N.	澳大利亚:麦夸里岛北部	ISC, Shi Z., Engdahl
1980	2	8	13	7	13	22.87	143.27	170	6.1	Mw	Japan: South Honshu Ridge	日本:本州南部海岭	ISC
1980	2	12	3	20	25	-4.702	153.188	71	6.4	Mw	Papua New Guinea: New Ireland	巴布亚新几内亚:新爱尔兰	ISC, Engdahl
1980	2	13	22	9	35	36.472	76.858	94.3	6.1	Ms	China: Xinjiang, Mazar, W.	中国:新疆麻扎西	China, ISC, Engdahl
1980	2	15	14	25	51	44.618	149.649	35.4	6.1	Mw	Kuril Islands	千岛群岛	ISC, Engdahl
1980	2	22	3	2	45.4	30.548	88.617	7.3	6.6	Ms	China: Xizang (Tibet), Xainza, W.	中国:西藏申扎南	Wang S., Engdahl
1980	2	22	21	15	41	-10.673	161.7	48.8	6.2	Mw	Solomon Islands	所罗门群岛	ISC, Engdahl
1980	2	23	5	51	4.14	43.591	146.678	37.6	7.1	Mw	Kuril Islands	千岛群岛	* Engdahl, NOAA
1980	2	23	22	38	53	43.281	146.883	29.1	6.1	Mw	Japan: Off SE. Coast of Hokkaido	日本:北海道东南沿海	ISC, Engdahl, CSN, USGS
1980	2	27	21	17	21	-5.957	150.193	50.2	6.8	Mw	Papua New Guinea: West New Britain	巴布亚新几内亚:西新不列颠	ISC, Engdahl
1980	2	27	21	35	21	-6.123	150.24	45	6.5	Mw	Papua New Guinea: West New Britain	巴布亚新几内亚:西新不列颠	ISC, Engdahl
1980	2	29	11	13	28	6.32	126.856	99.3	6.3	Mw	Philippine Trench	菲律宾海沟	ISC, Engdahl
1980	3	2	23	29	0.02	27.016	126.64	40.6	6.3	Mw	China: East China Sea	中国:东海	ISC, Engdahl
1980	3	3	0	33	47.8	12.213	144.072	28.7	6.0	Ms	Mariana Islands, S.	马里亚纳群岛南部	Shi Z., Engdahl
1980	3	6	13	46	12	-18.22	-177.83	577	7.5	Mw	Fiji Islands	斐济群岛	ISC
1980	3	7	8	25	10	-16.706	-72.83	48	6.2	Mw	Peru: Camana	秘鲁:卡马纳	Shi Z., Engdahl
1980	3	8	14	29	58	-22.758	171.461	45.2	6.3	Mw	Vanuatu Islands	瓦努阿图群岛	ISC, Engdahl
1980	3	8	22	12	13	-22.64	171.452	40.8	7.2	Mw	Vanuatu Islands	瓦努阿图群岛	ISC, Engdahl
1980	3	8	23	44	14	27.07	126.62	2	7.1	Mw	China: East China Sea	中国:东海	ISC
1980	3	22	10	27	42	55.681	161.445	68.9	6.1	Mw	Russia: Kamchatka Peninsula	俄罗斯:堪察加半岛	Engdahl
1980	3	24	3	59	53	52.946	-167.708	36.2	7	Mw	Aleutian Islands	阿留申群岛	Shi Z., Engdahl
1980	3	24	4	2	20	52.792	-167.661	23.3	6.1	Mw	Aleutian Islands	阿留申群岛	ISC, Engdahl
1980	3	26	20	43	40.1	23.788	-45.553	14.2	6.5	Mw	North Atlantic Ocean	北大西洋	ISC, Engdahl
1980	3	29	4	7	43	-4.628	154.917	491.2	6.7	Mw	Papua New Guinea: Bougainville Island	巴布亚新几内亚:布干维尔岛	CSN, ISC, Engdahl
1980	3	29	6	41	50	-43.106	-75.421	18.5	6.1	Mw	Chile: Near Coast of S.	智利:南部近海	Engdahl
1980	3	31	7	32	33.3	35.491	135.524	361.6	6.2	Mw	Japan: Maizuru	日本:京都舞鹤	Engdahl
1980	3	31	12	41	48	16.125	121.909	30.7	6.4	Mw	Philippines: Santiago, SE.	菲律宾:圣地亚哥东南	ISC, Bautista, Engdahl
1980	3	31	13	4	30	-20.425	-173.695	15	6.1	Mw	Tonga Islands, E.	汤加群岛东部	ISC, Engdahl
1980	4	1	11	11	54	-20.557	-173.469	16.3	6	Mw	Tonga Islands, E.	汤加群岛东部	ISC, Engdahl
1980	4	1	16	21	51	4.125	97.497	49.9	6.1	Mw	Indonesia: Sumatera, Aceh	印度尼西亚:苏门答腊亚齐	ISC, Engdahl
1980	4	11	21	55	53	-22.924	171.202	29.8	6.5	Mw	Vanuatu Islands, SE.	瓦努阿图群岛东南	ISC, Engdahl
1980	4	13	18	4	41	-23.593	-177.225	148	7.6	Mw	South of Fiji Islands	斐济群岛南部	ISC, Engdahl
1980	4	14	12	39	4	-10.865	164.232	20.1	6.5	Mw	Solomon Islands	所罗门群岛	ISC, Engdahl
1980	4	14	19	11	58	-17.153	66.748	11.7	6.3	Mw	Central Indian Ridge	印度洋中脊	Engdahl, USGS

年 Year	月 Mo	日 Dy	时 Hr	分 Mn	秒 Sec	纬度(°) Latitude	经度(°) Longitude	深度 Depth	震级 Mag	标度 Scale	地名(英文) Name(English)	地名(中文) Name(Chinese)	资料来源 Information
1980	4	16	12	18	20	-8.045	108.741	64.3	6.2	Mw	Indonesia:Java Island	印度尼西亚:爪哇岛	* Engdahl
1980	4	20	2	37	52	11.77	57.747	11.6	6.5	Mw	Arabian Sea	阿拉伯海	ISC,Engdahl
1980	4	22	5	34	16	32.135	137.632	401.4	6.4	Mw	Ryukyu Trench	琉球海沟	ISC,CSN,Engdahl
1980	4	22	6	55	30	-18.237	-178.045	587.9	6	Mw	Fiji Islands	斐济群岛	Engdahl
1980	4	26	22	35	51	-14.92	167.13	133	6.4	Mw	Vanuatu Islands	瓦努阿图群岛	ISC
1980	4	30	23	56	11	42	143.8	40	6	Mw	Japan:Hokkaido	日本:北海道	ISC
1980	5	4	18	35	20	38.047	49.018	25	6.6	Mw	Caspian Sea	里海	ISC,Engdahl
1980	5	5	22	59	56	-5.924	154.45	49	6	Mw	Papua New Guinea:Bougainville Island	巴布亚新几内亚:布干维尔岛	Engdahl
1980	5	9	22	32	44.8	-55.939	147.144	15	6.4	Mw	Australia:Macquarie Island,W.	澳大利亚:麦夸里岛西部	ISC,Engdahl
1980	5	9	23	2	20	-20.36	-177.63	500	6.7	Mw	Fiji Islands	斐济群岛	ISC
1980	5	10	1	46	25	-5.904	154.465	63	6.2	Mw	Papua New Guinea:Bougainville Island	巴布亚新几内亚:布干维尔岛	Engdahl
1980	5	12	16	37	34	-14.49	168.003	8.8	6.2	Mw	Vanuatu Islands	瓦努阿图群岛	ISC,Engdahl
1980	5	14	11	26	4.02	-6.028	154.569	76.1	6.4	Mw	Papua New Guinea:Bougainville Island	巴布亚新几内亚:布干维尔岛	ISC,Engdahl
1980	5	15	18	58	23.7	-6.145	125.658	7.9	6.4	Mw	Indonesia:Banda Sea	印度尼西亚:班达海	ISC,Engdahl
1980	5	25	16	33	47	37.526	-118.835	12.3	6.2	M	US:California,Mammoth Lakes	美国:加利福尼亚州马姆莫斯湖	* Shi Z.,Engdahl
1980	5	26	18	41	43.1	-19.436	-69.288	102.7	6.6	Mw	Chile:Tarapaca	智利:塔拉帕卡	ISC,Shi Z.,Engdahl
1980	5	30	18	17	38	48.7	154.6	81	6.2	Mw	Kuril Islands	千岛群岛	ISC
1980	6	4	9	31	51.7	-5.219	151.404	90.2	6	Mw	Papua New Guinea:Kalip	巴布亚新几内亚:卡利普	Engdahl
1980	6	8	20	28	29	-59.145	158.359	15	6.2	Mw	Macquarie Ridge	麦夸里海岭	Engdahl
1980	6	9	3	28	22	32.269	-114.906	2.2	6.4	Mw	Mexico:Mexicali	墨西哥:墨西卡利	* Shi Z.,Engdahl
1980	6	9	12	42	5.92	9.673	126.587	52.2	6.1	Mw	Philippines:Mindanao Island	菲律宾:棉兰老岛	ISC,Engdahl
1980	6	9	13	14	21	9.75	126.64	19	6	Mw	Philippines:Mindanao Island	菲律宾:棉兰老岛	ISC
1980	6	9	18	18	42	-15.35	-173.053	15	6	Mw	Tonga Islands,N.	汤加群岛北部	Engdahl
1980	6	10	23	13	25	50.4	151.9	550	6	Mw	Kuril Islands	千岛群岛	ISC
1980	6	11	8	10	9.09	-6.926	125.388	537.3	6	Mw	Indonesia:Banda Sea	印度尼西亚:班达海	Engdahl
1980	6	14	19	32	38	-18.318	-177.89	560.1	6	Mw	Fiji Islands	斐济群岛	Engdahl
1980	6	15	8	3	47	9.813	126.415	43.9	6.1	Mw	Philippines:Mindanao Island	菲律宾:棉兰老岛	Engdahl
1980	6	16	20	48	59	-7.316	128.542	156.1	6	Mw	Indonesia:Banda Sea	印度尼西亚:班达海	Shi Z.,Engdahl
1980	6	18	9	18	33	-5.15	152.183	52.6	6.9	Mw	Papua New Guinea:East New Britain	巴布亚新几内亚:东新不列颠	ISC,Engdahl
1980	6	18	10	49	11	-15.23	-173.514	37.2	6.4	Mw	Tonga Islands,N.	汤加群岛北部	ISC,Engdahl
1980	6	18	17	14	53	9.53	126.588	29.6	6.9	Mw	Philippines:Mindanao Island	菲律宾:棉兰老岛	ISC,Bautista,Engdahl
1980	6	19	6	40	42	9.63	126.697	20.7	6.1	Mw	Philippine Trench	菲律宾海沟	ISC,Engdahl
1980	6	19	8	31	40	-30.018	-177.908	58.2	6.5	Mw	Kermadec Ridge	克马德克海岭	ISC,Engdahl
1980	6	19	8	33	2.44	9.32	126.693	58	6.1	Ms	Philippines:Mindanao Island	菲律宾:棉兰老岛	ISC,Engdahl
1980	6	19	15	29	40	9.367	126.523	42.1	6.1	Mw	Philippines:Mindanao Island	菲律宾:棉兰老岛	Engdahl
1980	6	21	20	19	28	-58.027	-10.738	6.2	6.4	Mw	East of South Sandwich Trench	南桑维奇海沟东部	Shi Z.,Engdahl
1980	6	23	18	35	22	-15.88	-74.19	59	6	Mw	Peru:Chala	秘鲁:查拉	ISC
1980	6	23	20	13	18	-28.816	-176.574	14.8	6.3	Mw	Kermadec Ridge	克马德克海岭	ISC,Engdahl
1980	6	23	21	4	37	-28.603	-176.697	29.5	6	Ms	Kermadec Ridge	克马德克海岭	Engdahl,ISC
1980	6	24	6	27	54.5	-6.086	103.709	40.8	6	Ms	Indonesia:Sumatra,Coast of SW.	印度尼西亚:苏门答腊西南海域	ISC,Engdahl
1980	6	24	7	35	48	32.941	88.558	11.7	6.1	Ms	China:Xizang (Tibet),Nyima,NE.	中国:西藏尼玛东北	Wang S.,Engdahl
1980	6	25	12	4	59	4.471	-75.756	165.3	6.4	Mw	Colombia:S. of Armenia	哥伦比亚:亚美尼亚南部	Engdahl,USGS
1980	6	25	23	18	22	-5.186	151.763	50.8	6.6	Mw	Papua New Guinea:East New Britain	巴布亚新几内亚:东新不列颠	ISC,Engdahl
1980	6	29	7	20	7.7	34.854	139.273	17	6.4	Mw	Japan:Oshima	日本:东京大岛	* ISC,Engdahl,NOAA
1980	6	30	18	59	31.8	60.2	-140.9	15	6	Ms	Gulf of Alaska	阿拉斯加湾	Shi Z.
1980	7	8	4	39	30	6.618	125.713	176.3	6.5	Mw	Philippines:Mindanao Island	菲律宾:棉兰老岛	ISC,Engdahl,USGS
1980	7	8	23	19	24	-12.487	166.482	56	7.5	Mw	Solomon Islands:Santa Cruz Islands	所罗门群岛:圣克鲁斯群岛	* Engdahl
1980	7	9	2	11	55	39.257	23.009	17.2	6.6	Mw	Greece:Magnisia	希腊:马格尼西亚	* Engdahl
1980	7	9	2	35	54	39.232	22.629	39.2	6.1	Ms	Greece:Volos	希腊:伏洛斯	ISC,Engdahl
1980	7	9	11	0	18	-12.808	166.173	18.7	6	Mw	Solomon Islands:Santa Cruz Islands	所罗门群岛:圣克鲁斯群岛	Engdahl
1980	7	9	20	56	56	-12.804	166.239	44.4	6.6	Mw	Solomon Islands:Santa Cruz Islands	所罗门群岛:圣克鲁斯群岛	ISC,Engdahl
1980	7	14	16	14	60	-29.207	-177.108	14.6	6.7	Mw	Kermadec Ridge	克马德克海岭	ISC,Engdahl
1980	7	14	16	41	26	-28.9	-176.8	50	6.2	Mw	Kermadec Ridge	克马德克海岭	ISC
1980	7	16	19	56	49	-4.432	143.579	87.3	7.3	Mw	Papua New Guinea:East Sepik	巴布亚新几内亚:东塞皮克	ISC,Engdahl
1980	7	17	19	42	24	-12.504	166.011	31.6	7.8	Mw	Solomon Islands:Santa Cruz Islands	所罗门群岛:圣克鲁斯群岛	* Engdahl,NOAA
1980	7	19	11	52	20.8	-29.055	-69.689	107.8	6	Mw	Argentina:San Juan,N.	阿根廷:圣胡安北部	Shi Z.,Engdahl
1980	7	20	21	20	4.62	-17.886	-178.529	587.8	6.3	Mw	Fiji Islands	斐济群岛	ISC,Engdahl
1980	7	21	21	20	24.1	-12.28	166.62	60.5	6.4	Mw	Solomon Islands:Santa Cruz Islands	所罗门群岛:圣克鲁斯群岛	ISC,Engdahl
1980	7	22	7	6	24	-20.339	169.705	123.6	6.3	Mw	Vanuatu Islands	瓦努阿图群岛	ISC,Engdahl
1980	7	24	15	30	7.61	-22.042	170.229	35.6	6	Mw	New Caledonia:Loyalty Islands	新喀里多尼亚:罗亚尔特群岛	Engdahl
1980	7	29	3	11	59	-13.09	166.442	58.3	6.7	Mw	North Vanuatu Islands	瓦努阿图群岛北部	ISC,Engdahl
1980	7	29	14	58	42	29.616	81.1	13.8	6.6	Mw	Nepal:Seti	尼泊尔:塞蒂	* ISC,Engdahl
1980	7	30	6	56	20	5.203	-82.675	23	6.3	Mw	Panama:Off Coast of S.	巴拿马:南部海域	Shi Z.,Engdahl

年 Year	月 Mo	日 Dy	时 Hr	分 Mn	秒 Sec	纬度(°) Latitude	经度(°) Longitude	深度 Depth	震级 Mag	标度 Scale	地名(英文) Name(English)	地名(中文) Name(Chinese)	资料来源 Information
1980	8	2	10	46	11	51.94	-169.18	17	6.8	Mw	Aleutian Islands	阿留申群岛	ISC
1980	8	2	15	47	26	-11.06	165.54	16.4	6.3	Mw	Solomon Islands	所罗门群岛	ISC, Engdahl
1980	8	3	3	0	37	-33.43	-70.98	33	6	Mw	Chile: Curacaví	智利:库拉卡维	ISC
1980	8	4	8	21	41	14.8	-98.8	5	6.1	Mw	Mexico: Off Coast of Guerrero	墨西哥:格雷罗沿海	ISC
1980	8	9	5	45	10	15.915	-88.488	15.4	6.5	Mw	Honduras; Guatemala: Izabel Province	洪都拉斯;危地马拉:古拉特	* ISC, Shi Z., Engdahl
1980	8	18	15	7	54	-1.986	-80.002	55.9	6	Mw	Ecuador: Guayaquil	厄瓜多尔:瓜亚基尔	* GSHAP, Engdahl
1980	8	19	21	1	34	-3.544	140.051	59.3	6.2	Mw	Indonesia: Papua	印度尼西亚:巴布亚	Engdahl
1980	8	21	7	49	37	-34.155	-69.52	3.5	6.3	Ms	Argentina: San Rafael, W.	阿根廷:圣拉斐尔西部	ISC, Engdahl
1980	8	21	11	52	37	43.131	147.821	15	6	Ms	Kuril Islands, S.	千岛群岛南部	ISC, Engdahl
1980	8	21	12	7	22	-41.304	80.409	9.7	6.4	Mw	Mid - Indian Ridge	中印度洋海岭	ISC, Engdahl
1980	8	24	20	10	6.2	-15.22	-173.442	36.2	6.3	Mw	Samoa: South West of Apia	萨摩亚:阿皮亚西南	ISC, Engdahl
1980	9	3	22	12	39.6	3.236	-78.126	30.6	6.1	Mw	Colombia: Off Coast of W.	哥伦比亚:西部沿海	Shi Z., Engdahl
1980	9	10	7	39	50	-18.607	176.215	36.2	6	Mw	Fiji Islands	斐济群岛	Engdahl
1980	9	24	17	54	25	35.525	140.062	71.5	6	Mw	Japan: Tokyo, Yokohama	日本:东京,横滨	* Engdahl
1980	9	26	15	20	37	-3.228	142.33	20.8	6.6	Mw	Papua New Guinea: Sandaun	巴布亚新几内亚:桑道恩	ISC, Engdahl
1980	9	28	18	26	0.43	-6.292	154.87	62.2	6	Mw	Papua New Guinea: Bougainville Island	巴布亚新几内亚:布干维尔岛	ISC, Engdahl
1980	10	2	19	6	56	19.945	122.421	28.9	6	Mw	Philippines: Luzon, Coast N.	菲律宾:吕宋岛北部海域	ISC, Engdahl, USGS
1980	10	3	1	53	17	-20.21	-177.717	548.9	6	Mw	Fiji Islands	斐济群岛	Engdahl
1980	10	4	4	37	36	-15.743	-179.249	32.2	6.5	Mw	North of Fiji Islands	斐济群岛北部	ISC, Engdahl
1980	10	8	16	4	50	-5.363	103.069	53.9	6.4	Mw	Indonesia: Southern Sumatra	印度尼西亚:苏门答腊南部	ISC, Engdahl
1980	10	8	22	1	36	-1.402	-77.651	189.4	6	Mw	Ecuador: Pastaza, W.	厄瓜多尔:帕斯塔萨西部	Engdahl
1980	10	9	16	19	42	-15.425	-173.293	53.1	6.2	Mw	Samoa: South West of Apia	萨摩亚:阿皮亚西南	ISC, Engdahl
1980	10	10	12	25	26	36.154	1.417	15	7.7	Mw	Algeria: Bordj Abou El Hasen, Dahra	阿尔及利亚:阿布哈桑堡,赫尔	* Engdahl, NOAA
1980	10	10	15	17	30	1.08	126.05	70	6.3	Mw	Molukka Sea	马鲁古海	ISC
1980	10	10	15	39	12	36.215	1.579	13.8	6.2	Mw	Algeria: Bordj Abou El Hasen, Dahra	阿尔及利亚:阿布哈桑堡,赫尔	ISC, Engdahl
1980	10	22	22	59	56.4	-36.461	-98.418	12	6	Mw	West of Chile Ridge	智利海岭西部	Engdahl
1980	10	24	3	25	36.4	-21.974	170.23	35.7	6.8	Mw	Vanuatu Islands	瓦努阿图群岛	ISC, Engdahl
1980	10	24	14	53	36	18.176	-98.236	64.9	7.4	Ms	Mexico: Huajapan De Leon, Oaxaca	墨西哥:瓦华潘 - 德莱昂,瓦哈卡	* Shi Z., Engdahl
1980	10	25	7	0	8	-22.019	170.139	21	7.1	Mw	New Caledonia: E.	新喀里多尼亚东部	ISC, Engdahl
1980	10	25	11	0	7.5	-21.941	170.056	39	7.5	Mw	Vanuatu Islands	瓦努阿图群岛	ISC, Engdahl
1980	10	25	16	20	4.68	-22.319	170.482	20.1	6.6	Mw	Vanuatu Islands	瓦努阿图群岛	ISC, Engdahl
1980	10	26	5	14	17	11.811	125.501	20	6.4	Mw	Philippines: Samar Island	菲律宾:萨马岛	ISC, Engdahl
1980	10	26	19	18	38	-22.292	170.293	40.8	6	Mw	Vanuatu Islands	瓦努阿图群岛	Engdahl
1980	10	27	13	4	54	-13.048	166.273	17.2	6.4	Mw	North Vanuatu Islands	瓦努阿图群岛北部	ISC, Engdahl
1980	10	28	2	38	13.6	-30.502	-177.826	54	6	Mw	Kermadec Ridge	克马德克海岭	Engdahl
1980	10	29	17	44	15	-21.528	169.627	28.6	6.5	Mw	Vanuatu Islands	瓦努阿图群岛	ISC, Engdahl
1980	10	29	18	45	13	8.4	93.35	33	6.2	Mw	India: Nicobar Islands	印度:尼科巴群岛	ISC
1980	10	30	9	53	7.61	-22.287	169.647	33.1	6.1	Mw	Vanuatu Islands	瓦努阿图群岛	Engdahl
1980	11	1	10	48	7.88	0.36	-25.589	19	6	Mw	Central Mid - Atlantic Ridge	中大西洋中脊	Engdahl
1980	11	1	22	52	20	18.859	-107.883	15	6.4	Mw	Mexico: Off Coast of Jalisco	墨西哥:哈利斯科沿海	ISC, Engdahl
1980	11	5	18	15	1.37	-2.729	121.985	15	6.1	Mw	Indonesia: Bungku Selatan	印度尼西亚:邦库	Engdahl
1980	11	8	10	27	35	41.112	-124.299	16.4	7.6	Mw	US: California, North Coast	美国:加利福尼亚州北部近海	* CGS, USGS, Shi Z., Engdahl
1980	11	11	10	37	0.51	-51.372	28.718	16.2	6.8	Mw	South Atlantic - Indian Ridge	南大西洋 - 印度洋海岭	ISC, Engdahl
1980	11	13	2	58	35.2	-12	166.3	51	6.2	Ms	Solomon Islands: Santa Cruz Islands	所罗门群岛:圣克鲁斯群岛	Shi Z.
1980	11	19	19	0	51	27.395	88.796	35.4	6.6	Ms	India: Sikkim, Gangtok	印度:锡金,甘托克	Wang S., Engdahl
1980	11	21	14	56	14	51.777	-176.111	46.3	6	Mw	Andreanof Islands, Aleutian Is.	阿留申群岛,安德烈亚诺夫群岛	Engdahl
1980	11	23	18	34	55	40.794	15.312	6.8	6.9	Mw	Italy: Avellino, Potenza, Caserta	意大利:艾维连奴,波坦察,卡塞塔	* Engdahl
1980	11	29	6	48	45.4	-35.269	-179.732	15	6	Mw	South of Kermadec Ridge	克马德克海岭南部	ISC, Engdahl
1980	11	30	12	24	45	-19.488	-175.784	236.6	6.3	Mw	Tonga Islands	汤加群岛	ISC, Engdahl
1980	12	8	19	13	47.6	-14.791	166.935	38.3	6.1	Mw	Vanuatu Islands	瓦努阿图群岛	Engdahl
1980	12	11	18	15	7.83	-21.4	-68.177	110.9	6.3	Mw	Bolivia: Potosi, W.	玻利维亚:波托西西部	Shi Z., Engdahl
1980	12	12	21	7	22.5	6.661	123.869	20.3	6	Mw	Philippines: Mindanao Island	菲律宾:棉兰老岛	Engdahl
1980	12	15	8	12	43	-17.594	-172.221	6.2	6.3	Mw	Tonga Islands, N.	汤加群岛北部	ISC, Engdahl
1980	12	17	0	47	57	-21.446	170.013	92.1	6.4	Mw	Vanuatu Islands	瓦努阿图群岛	ISC, Engdahl
1980	12	17	16	22	0.67	49.437	-129.735	9.3	6.7	Mw	Canada: Off Coast of W. Vancouver	加拿大:温哥华西部海域	Shi Z., Engdahl
1980	12	18	12	34	15	35.884	44.631	15	6.2	Mw	Iraq: Kirkuk	伊拉克:基尔库克	Engdahl
1980	12	19	1	16	55	34.476	50.646	12.9	6.2	Mw	Iran: Qom	伊朗:库姆	* ISC, Engdahl
1980	12	19	2	57	57	-21.211	-174.362	17.5	6.2	Mw	Tonga Islands	汤加群岛	ISC, Engdahl
1980	12	19	23	32	43.5	30.604	140.691	85.5	6.3	Mw	Japan Trench	日本海沟	ISC, Engdahl
1980	12	21	18	25	45	-8.997	158.466	49.5	6	Mw	Solomon Islands	所罗门群岛	Engdahl
1980	12	23	9	53	41	-16.328	178.245	11.4	6.1	Mw	Fiji Islands	斐济群岛	Engdahl
1980	12	30	15	48	39.3	0.1	97.3	33	6.2	Ms	Indonesia: Northern Sumatera	印度尼西亚:苏门答腊北部	Shi Z.
1980	12	31	10	32	14.3	46.057	151.452	46.3	6.9	Mw	Kuril Islands	千岛群岛	ISC, Engdahl
1981	1	2	15	39	48	29.318	128.1	225	6.9	Mw	Ryukyu Islands	琉球群岛	ISC, Engdahl, USGS

年 Year	月 Mo	日 Dy	时 Hr	分 Mn	秒 Sec	纬度(°) Latitude	经度(°) Longitude	深度 Depth	震级 Mag	标度 Scale	地名(英文) Name(English)	地名(中文) Name(Chinese)	资料来源 Information
1981	1	3	20	54	11	-34.87	178.91	253	6.0	Mw	Kermadec Ridge	克马德克海岭	ISC
1981	1	7	20	31	17	-49.755	-114.254	33.5	6.1	Mw	Southern Pacific Ridge	南太平洋海岭	Engdahl
1981	1	7	21	36	23	19.112	121.156	28.6	6.0	Mw	Philippines:Luzon,Coast N.	菲律宾:吕宋岛北部海域	Engdahl
1981	1	9	8	31	55	17.21	-60.98	12	6.0	Mw	Antigua and Barbuda:St John's,E.	安提瓜和巴布达:圣约翰斯东部	ISC
1981	1	11	15	9	47	2.025	97.991	60.6	6.1	Mw	Indonesia:Northern Sumatera	印度尼西亚:苏门答腊北部	Engdahl
1981	1	18	3	6	48	-61.114	-55.455	34.2	6.2	Mw	West Scotia Basin	西斯科舍海盆	ISC,Engdahl
1981	1	18	11	46	55	38.575	143.083	29.1	6.0	Mw	Japan:Miyagi,Off Coast	日本:宫城沿海	ISC,Engdahl
1981	1	18	18	11	31	38.636	142.894	39.5	6.4	Mw	Japan:Miyagi,Near Coast	日本:宫城近海	ISC,Engdahl
1981	1	18	18	17	28	38.708	142.788	47.3	7	Mw	Japan:Miyagi,Near Coast	日本:宫城近海	* Engdahl,NOAA,USGS
1981	1	19	2	7	12	-8.504	124.714	29	6.1	Mw	Indonesia:Flores Island,S.	印度尼西亚:弗洛勒斯岛南部	Engdahl
1981	1	19	15	11	1.57	-4.514	139.284	20	6.7	Mw	Indonesia:Papua	印度尼西亚:巴布亚	* Engdahl
1981	1	19	21	44	26	-3.458	146.14	21.4	6.3	Mw	Bismarck Sea	俾斯麦海	ISC,Engdahl
1981	1	22	19	34	43.2	38.275	142.802	29	6.4	Mw	Japan Trench	日本海沟	ISC,Engdahl
1981	1	23	4	58	32.8	42.498	142.134	115.9	6.8	Mw	Japan:Hokkaido	日本:北海道	ISC,Engdahl
1981	1	23	10	22	37	38.199	142.834	36.5	6	Mw	Japan Trench	日本海沟	ISC,Engdahl
1981	1	23	21	13	49.4	30.936	101.101	5.5	6.9	Ms	China:Sichuan,Dawu	中国:四川道孚	* China,Engdahl,Dis
1981	1	23	21	54	43	-29.672	60.79	11.7	6.9	Mw	Atlantic - Indian Ridge	大西洋-印度洋海岭	ISC,Engdahl
1981	1	29	4	51	38	24.504	121.925	40	6	Mw	China:Taiwan,Yilan,Coast of E.	中国:台湾宜兰以东海域	ISC,Engdahl,USGS
1981	1	30	8	52	46	51.835	176.183	35.3	7	Mw	Aleutian Islands	阿留申群岛	ISC,Engdahl
1981	2	6	7	23	8.28	-21.129	-178.874	628.8	6.1	Mw	Fiji Islands	斐济群岛	Engdahl
1981	2	15	14	36	33	18.47	-69	39	6.3	Mw	Dominica:La Romana	多米尼加:拉罗马纳	ISC
1981	2	17	15	18	31.7	-21.608	169.483	4.6	6.8	Mw	Vanuatu Islands	瓦努阿图群岛	ISC,Engdahl
1981	2	17	19	16	1	-31.84	-179.16	442	6.0	Mw	Kermadec Ridge	克马德克海岭	ISC
1981	2	19	8	23	4.53	-21.568	169.513	38.4	6	Mw	Vanuatu Islands	瓦努阿图群岛	ISC,Engdahl
1981	2	20	20	9	12	22.93	121.5	5	6.1	Mw	China:Taiwan,Taitung,Coast of E.	中国:台湾台东以东海域	ISC
1981	2	22	21	45	48	-22.122	174.924	41.5	6.3	Mw	Vanuatu Islands	瓦努阿图群岛	ISC,Engdahl
1981	2	24	5	52	51	-21.465	169.217	53.1	6.1	Mw	Vanuatu Islands	瓦努阿图群岛	Engdahl
1981	2	24	16	17	2.21	-6.022	148.737	65.1	6.6	Mw	Papua New Guinea:West New Britain	巴布亚新几内亚:西新不列颠	ISC,Engdahl
1981	2	24	20	53	38	38.16	22.974	16.9	6.6	Mw	Greece:Gulf of Corinth	希腊:科林斯海湾	* ISC,Engdahl,NOAA
1981	2	25	2	35	51	38.098	23.171	6	6.3	Mw	Greece:Gulf of Corinth	希腊:科林斯海湾	ISC,Engdahl
1981	2	26	17	18	21	-13.793	166.574	90.6	6.5	Mw	Vanuatu Islands	瓦努阿图群岛	ISC,Engdahl
1981	2	28	21	56	16	-6.481	-81.425	41	6.1	Mw	Peru:Reventazon,Off Coast	秘鲁:雷文塔松沿海	ISC,Engdahl
1981	3	2	12	13	47	22.896	121.466	22.1	6.1	Mw	China:Taiwan,Taitung,Coast of E.	中国:台湾台东以东海域	ISC,Engdahl,USGS
1981	3	4	21	58	6.2	38.196	23.301	15	6.3	Mw	Greece:Athens,Corinth	希腊:雅典,科林斯	* ISC,Engdahl
1981	3	6	19	42	59	3.903	-85.836	13.8	6.7	Mw	Colombia:Off Coast of W.	哥伦比亚:西部沿海	ISC,Engdahl
1981	3	21	22	52	40.5	-5.445	146.784	225.7	6.2	Mw	Bismarck Sea	俾斯麦海	ISC,Engdahl
1981	3	23	19	28	9.17	-33.664	-71.962	22.7	6.4	Mw	Chile:Near Coast of C.	智利:中部近海	ISC,Engdahl,USGS
1981	3	24	18	18	1.54	52.165	-167.718	2.6	6.3	Ms	Aleutian Islands	阿留申群岛	ISC,Engdahl
1981	3	26	18	4	45	-19.492	-69	131	6.5	Mw	Chile:Tarapaca	智利:塔拉帕卡	Engdahl,USGS
1981	3	26	21	30	4.66	3.442	128.001	44.9	6.6	Mw	Indonesia:North of Morotai Island	印度尼西亚:莫罗泰岛北部	ISC,Engdahl
1981	4	1	18	3	38	-27.333	-63.332	557.2	6.5	Mw	Argentina:Santiago del Estero	阿根廷:圣地亚哥-德尔埃斯特罗	Engdahl
1981	4	9	8	37	12	-59.803	150.277	15	6.4	Mw	West of Macquarie Ridge	麦夸里海岭西部	ISC,Engdahl
1981	4	10	0	23	34	-4.048	147.389	8.5	6.0	Mw	Bismarck Sea	俾斯麦海	Engdahl
1981	4	24	21	50	10.1	-13.43	166.535	54.8	6.9	Mw	North Vanuatu Islands	瓦努阿图群岛北部	ISC,Engdahl
1981	4	25	5	30	18	-13.537	166.724	45.9	6.0	Mw	Vanuatu Islands	瓦努阿图群岛	Engdahl
1981	4	25	5	36	42	-22.31	179.497	591.8	6.2	Mw	South of Fiji Islands	斐济群岛南部	ISC,Engdahl
1981	4	26	12	9	31.2	33.126	-115.643	10.1	6.0	Mw	US:California,Westmorland	美国:加利福尼亚州威斯特莫兰	* ISC,Engdahl
1981	4	27	18	17	36	-57.658	148.197	15	6.6	Mw	West of Macquarie Ridge	麦夸里海岭西部	ISC,Engdahl
1981	4	28	21	14	49	-23.784	-179.929	540.4	6.7	Mw	South of Fiji Islands	斐济群岛南部	ISC,Engdahl
1981	4	30	14	41	39	43.308	150.15	19	6.3	Mw	Kuril Islands	千岛群岛	ISC,Engdahl
1981	5	2	16	4	56	36.381	71.141	220	6.5	Mw	Afghan:Badakhshan	阿富汗:巴达赫尚	ISC,Engdahl
1981	5	6	21	34	53	-2.046	-80.946	56.5	6.3	Ms	Ecuador:Near Coast of W.	厄瓜多尔:西部近海	ISC,Engdahl
1981	5	6	21	36	5	-1.915	-80.909	11.1	6.5	Mw	Ecuador:Near Coast of W.	厄瓜多尔:西部近海	Engdahl
1981	5	8	23	34	48.2	42.657	139.166	219.1	6.5	Mw	Japan Sea,N.	日本海北部	ISC,Engdahl
1981	5	13	1	39	57	5.827	126.933	147.1	6.3	Mw	Philippine Trench	菲律宾海沟	ISC,Engdahl
1981	5	22	2	55	24	-6.6	132.242	73.3	6.1	Mw	Indonesia:Palau Jamdena	印度尼西亚:延德纳岛	Engdahl
1981	5	25	5	25	12	-48.721	164.658	8.6	7.6	Mw	New Zealand:Auckland Islands,N.	新西兰:奥克兰群岛以北	* Engdahl,NOAA
1981	5	28	16	10	9.98	-14.746	167.345	137.2	6.2	Mw	Vanuatu Islands	瓦努阿图群岛	Engdahl
1981	5	28	22	18	56	-5.624	151.475	64.2	6.3	Mw	Papua New Guinea:East New Britain	巴布亚新几内亚:东新不列颠	ISC,Engdahl
1981	6	1	14	7	1	-16.13	-173.56	33	6.0	Mw	Samoa Islands	萨摩亚群岛	ISC
1981	6	1	15	12	51	18.794	-107.049	44.9	6.2	Mw	Mexico:Off Coast of Jalisco	墨西哥:哈利斯科沿海	ISC,Engdahl
1981	6	3	5	47	51	-35.605	-16.972	33.6	6.6	Mw	Southern Mid - Atlantic Ridge	南大西洋洋中脊	ISC,Engdahl
1981	6	7	21	40	37	16.578	145.522	316	6.0	Mw	Mariana Islands	马里亚纳群岛	Engdahl
1981	6	9	22	8	21	34.487	91.433	10	6.1	Mw	China:Qinghai,Golmud,SW.	中国:青海格尔木西南	ISC,Engdahl
1981	6	11	7	24	24	29.858	57.686	14.3	6.6	Mw	Iran:Kerman	伊朗:克尔曼	* Engdahl

年 Year	月 Mo	日 Dy	时 Hr	分 Mn	秒 Sec	纬度(°) Latitude	经度(°) Longitude	深度 Depth	震级 Mag	标度 Scale	地名(英文) Name(English)	地名(中文) Name(Chinese)	资料来源 Information
1981	6	13	1	26	4.35	-60.34	154.367	5.8	6.4	Mw	Macquarie Ridge	麦夸里海岭	ISC,Engdahl
1981	6	25	19	51	25	-41.676	79.821	23.6	6	Mw	Mid - Indian Ridge	中印度洋海岭	ISC,Engdahl
1981	6	26	0	51	5.84	-30.322	-178.865	175.2	6.2	Mw	Kermadec Ridge	克马德克海岭	Engdahl
1981	7	4	4	40	55	-30.21	-179.27	50	6.2	Mw	Kermadec Ridge	克马德克海岭	ISC
1981	7	6	3	8	25	-22.251	171.814	30	7.6	Mw	Vanuatu Islands	瓦努阿图群岛	ISC,Engdahl
1981	7	7	21	10	59	-0.219	-18.849	7.7	6.9	Mw	Central Mid - Atlantic Ridge	中大西洋中脊	ISC,Engdahl
1981	7	14	17	18	49	-36.775	78.416	10.1	6	Mw	Mid - Indian Ridge	中印度洋海岭	ISC,Engdahl
1981	7	15	7	59	8.51	-17.265	167.696	13.4	7.1	Mw	Vanuatu Islands	瓦努阿图群岛	ISC,Engdahl
1981	7	26	5	14	21	17.79	-102.01	21	6.5	Mw	Mexico:Near Coast of Michoacan	墨西哥:米却肯近海	ISC,USGS
1981	7	26	20	26	21	-35.727	-15.996	18.8	6.1	Mw	Southern Mid - Atlantic Ridge	南大西洋洋中脊	Engdahl
1981	7	28	17	22	24	29.964	57.766	13.8	7.3	Mw	Iran:Kerman	伊朗:克尔曼	* Engdahl
1981	7	29	1	11	9.99	-21.591	169.781	10	6.3	Mw	Vanuatu Islands	瓦努阿图群岛	ISC,Engdahl
1981	8	7	11	35	23	-5.165	151.741	62.6	6.2	Mw	Papua New Guinea:East New Britain	巴布亚新几内亚:东新不列颠	Engdahl
1981	8	17	2	19	0.99	14.383	-93.81	39.8	6.0	Mw	Mexico:Near Coast of Chiapas	墨西哥:恰帕斯州近海	Engdahl
1981	8	19	22	50	54	-9.15	67.167	26.6	6.2	Mw	Carlsberg Ridge	卡尔斯伯格海岭[印度洋]	Engdahl
1981	8	23	1	59	50	-22.09	170.9	102	6.0	Mw	Vanuatu Islands,SE.	瓦努阿图群岛东南	ISC
1981	8	23	12	0	25	48.741	157.373	15.1	6.0	Mw	Kuril Islands	千岛群岛	ISC,Engdahl
1981	8	26	16	32	16	-5.294	151.55	54.5	6.0	Mw	Papua New Guinea:Malmal	巴布亚新几内亚:马尔马尔	Engdahl
1981	9	1	9	29	31	-15.112	-173.019	14.2	7.7	Mw	Samoa Islands:Apia	萨摩亚群岛:阿皮亚	* Engdahl,NOAA
1981	9	3	4	29	55	6.527	126.12	94.2	6.1	Mw	Philippines:Mindanao Island	菲律宾:棉兰老岛	Engdahl
1981	9	3	5	35	46	43.622	146.978	45.3	6.6	Mw	Kuril Islands	千岛群岛	ISC,Engdahl,USGS
1981	9	4	11	15	14	9.957	123.966	634	6.6	Mw	Philippines:Mindanao Island	菲律宾:棉兰老岛	ISC,Engdahl
1981	9	4	15	50	55	33.895	-119.028	15	6.0	Mw	US:California,Oxnard,S.	美国:加利福尼亚州奥克斯纳德南部	ISC,Engdahl,USGS
1981	9	6	11	2	43.2	-21.516	169.685	37.7	6	Mw	Vanuatu Islands	瓦努阿图群岛	ISC,Engdahl
1981	9	10	22	43	1	-23.08	-176.96	33	6.1	Mw	Tonga Islands,SW.	汤加群岛西南	ISC
1981	9	12	7	15	54	35.68	73.593	17	6.2	Mw	India:Kashmir,Gilgit	印度:克什米尔,吉尔吉特	* ISC,Engdahl
1981	9	13	7	25	15	-60.911	-19.975	20.8	6.0	Mw	Antarctica - Atlantic Ridge	南极 - 大西洋海岭	Engdahl
1981	9	14	12	44	31	18.261	-68.919	169.8	6.1	Mw	Dominica:Santo Domingo	多米尼加:多米尼加	Engdahl
1981	9	17	6	19	11	-6.472	127.828	34	6.1	Mw	Indonesia:Banda Sea	印度尼西亚:班达海	Engdahl
1981	9	17	8	23	26	-22.527	170.603	29.4	6.8	Mw	Vanuatu Islands	瓦努阿图群岛	ISC,Engdahl
1981	9	19	6	50	59	23.02	101.46	33	6	Ms	China:Yunnan,Pu - er	中国:云南普洱	China
1981	9	21	14	24	44	-22.242	170.575	30	6.2	Mw	Vanuatu Islands	瓦努阿图群岛	ISC,Engdahl
1981	9	24	21	9	42	-45.81	79.83	39	6.0	Mw	Mid - Indian Ridge	中印度洋海岭	ISC
1981	9	25	14	30	55	-30.083	-177.909	52.6	6	Mw	Kermadec Ridge	克马德克海岭	ISC,Engdahl
1981	9	28	17	56	19	-29.496	-178.986	321	6.6	Mw	Kermadec Ridge	克马德克海岭	ISC,Engdahl
1981	10	1	17	4	43	50.734	160.401	10.3	6	Mw	Kuril Islands	千岛群岛	ISC,Engdahl
1981	10	4	0	1	31	-4.531	146.238	13	6.3	Mw	Bismarck Sea	俾斯麦海	ISC,Engdahl
1981	10	7	3	2	14	-20.76	-178.561	618.3	6.5	Mw	Fiji Islands	斐济群岛	ISC,Engdahl
1981	10	9	12	19	41	-9.966	162.127	44.1	6.3	Mw	Solomon Islands	所罗门群岛	ISC,Engdahl
1981	10	15	1	47	53	40.3	142.33	53	6.1	Mw	Japan:Morioka,Near East Coast	日本:盛冈东部近海	ISC
1981	10	16	3	25	42	-33.2	-73.072	25	7.1	Mw	Chile:Off Coast of C.	智利:中部沿海	* Chile,ISC,Engdahl
1981	10	17	6	44	57	-7.092	129.029	185.5	6.4	Mw	Indonesia:Banda Sea	印度尼西亚:班达海	ISC,Engdahl
1981	10	17	12	8	28	-3.194	142.326	25.3	6.0	Mw	Papua New Guinea:Sandaun	巴布亚新几内亚:桑道恩	Engdahl
1981	10	17	14	35	44	-45.419	-15.137	24.5	6.1	Mw	South Atlantic Ridge	南大西洋海岭	ISC,Engdahl
1981	10	17	20	4	15	4.582	122.576	597	6.0	Mw	Celebes Sea	西里伯斯海	Engdahl
1981	10	25	3	22	16	18.161	-101.99	19	7.2	Mw	Mexico:Michoacan,Lazaro Cardenas	墨西哥:米却肯,拉萨罗卡德纳斯	* ISC,Engdahl,NOAA
1981	10	28	4	34	19	-31.317	-110.712	8.2	6.4	Mw	Easter Island,S.	复活节岛南部	ISC,Engdahl
1981	11	3	13	47	35	43.436	-127.895	7.6	6.4	Mw	US:Off Coast of W. Oregon	美国:俄勒冈州西部沿海	ISC,Engdahl,USGS
1981	11	4	14	38	12	-20.024	-174.196	35.5	6.5	Mw	Tonga Islands	汤加群岛	ISC,Engdahl
1981	11	6	6	18	59.7	-10.26	107.79	33	6.7	Ms	Indonesia:Java Ridge	印度尼西亚:爪哇海岭	CSN
1981	11	6	16	47	48	-3.492	143.844	15	6.6	Mw	Papua New Guinea: East Sepik, Near Coast of N.	巴布亚新几内亚:东塞皮克北部近海	ISC,Engdahl,USGS
1981	11	7	3	29	52	-32.232	-71.379	63.9	7	Mw	Chile:La Ligua	智利:拉利瓜	ISC,Engdahl,USGS
1981	11	7	9	42	56	-17.335	66.63	10	6.5	Mw	Central Indian Ridge	印度洋中脊	ISC,Engdahl
1981	11	8	13	41	21	-6.181	112.095	635.8	6.1	Mw	Indonesia:Java Island	印度尼西亚:爪哇岛	Engdahl
1981	11	15	20	18	18.7	-65.547	-179.409	10	6.1	Mw	Southern Pacific Ridge	南太平洋海岭	ISC,Engdahl
1981	11	16	12	2	46	-37.36	176.73	182	6.0	Mw	New Zealand: North Island, Near Coast of NE.	新西兰:北岛东北近海	ISC
1981	11	16	13	53	19	-22.147	169.612	27	6.3	Mw	Vanuatu Islands	瓦努阿图群岛	ISC,Engdahl
1981	11	16	19	42	36.2	-33.842	-179.456	13.8	6.1	Mw	South of Kermadec Ridge	克马德克海岭南部	ISC,Engdahl
1981	11	18	17	37	48	-29.547	-176.992	20.5	6	Mw	Kermadec Ridge	克马德克海岭	ISC,Engdahl
1981	11	18	17	54	36	-29.55	-176.82	19	6.0	Mw	East of Kermadec Ridge	克马德克海岭东部	ISC
1981	11	22	15	5	24	18.732	120.835	41.7	6.4	Mw	Philippines:Luzon,Coast N.	菲律宾:吕宋岛北部海域	ISC,Bautista,Engdahl
1981	11	23	10	17	25	43.051	146.172	40.1	6	Mw	Kuril Islands,S.	千岛群岛南部	ISC,Engdahl,USGS
1981	11	24	23	30	34	-22.472	170.719	29.5	6.7	Mw	Vanuatu Islands	瓦努阿图群岛	ISC,Engdahl
1981	11	24	23	49	58	-22.363	170.631	49.5	6.2	Ms	Vanuatu Islands	瓦努阿图群岛	ISC,Engdahl

年 Year	月 Mo	日 Dy	时 Hr	分 Mn	秒 Sec	纬度(°) Latitude	经度(°) Longitude	深度 Depth	震级 Mag	标度 Scale	地名(英文) Name(English)	地名(中文) Name(Chinese)	资料来源 Information
1981	11	25	23	51	18	-20.886	-178.797	618.6	6.0	Mw	Fiji Islands	斐济群岛	Engdahl
1981	11	27	17	21	47	42.866	131.209	544.8	6.2	Mw	Russia:Maritime Kray,Slavyanka	俄罗斯:滨海边疆区斯拉维扬卡	China,Engdahl
1981	12	2	6	24	46	40.943	142.512	77.7	6.3	Mw	Japan:Aomori,Near East Coast	日本:青森东部近海	ISC,Engdahl,USGS
1981	12	6	12	50	50	-6.121	152.083	30.3	6.3	Mw	New Britain Trench	新不列颠海沟[太平洋]	ISC,Engdahl
1981	12	11	9	45	59	-6.047	148.205	69	6.2	Mw	Papua New Guinea:West New Britain	巴布亚新几内亚:西新不列颠	Engdahl
1981	12	12	4	52	39	23.986	125.871	12.4	6.4	Mw	Ryukyu Islands,SW.	琉球群岛西南	ISC,Engdahl
1981	12	14	12	5	55	-56.455	-26.564	96.4	6.1	Mw	South Sandwich Islands	南桑威奇群岛	Engdahl
1981	12	19	14	10	52	39.184	25.313	10	6.9	Mw	Greece:Aegean Sea,Lesbos	希腊:爱琴海,莱斯沃斯	*ISC,Engdahl
1981	12	21	10	32	14	14.811	-92.303	80.3	6.0	Mw	Mexico:Near Coast of Oaxaca	墨西哥:瓦哈卡近海	Engdahl
1981	12	23	0	30	4.63	-3.817	150.635	459	6.0	Mw	Bismarck Sea	俾斯麦海	Engdahl
1981	12	24	5	33	23	-29.947	-177.535	32.7	6.8	Mw	Kermadec Ridge	克马德克海岭	ISC,Engdahl
1981	12	26	17	5	32	-29.936	-177.652	20.5	7.1	Mw	Kermadec Ridge	克马德克海岭	ISC,Engdahl
1981	12	27	17	39	15	38.853	24.945	10	6.3	Mw	Aegean Sea	爱琴海	ISC,Engdahl
1982	1	1	18	51	6.07	26.821	142.632	45.6	6.6	Mw	Japan:South Honshu Ridge	日本:本州南部海岭	ISC,Engdahl
1982	1	2	3	30	29	14.9	-100.7	5	6.4	Mw	Mexico:Off Coast of Guerrero	墨西哥:格雷罗沿海	ISC
1982	1	3	14	9	54	-0.987	-21.868	19.1	7.1	Mw	Central Mid-Atlantic Ridge	中大西洋中脊	ISC,Engdahl
1982	1	4	6	5	4.18	17.999	145.684	611.7	6.5	Mw	Mariana Islands	马里亚纳群岛	ISC,Engdahl
1982	1	4	22	20	55	-23.105	-177.268	200	6.4	Mw	South of Fiji Islands	斐济群岛南部	ISC,Engdahl
1982	1	11	6	10	6.81	13.835	124.336	32.6	7.4	Ms	Philippines:Virac, Catanduanes	菲律宾:比拉克,卡坦端内斯	*ISC,Bautista,NOAA,USGS
1982	1	12	1	44	52	-52.519	28.034	25.7	6.2	Mw	South Atlantic-Indian Ridge	南大西洋-印度洋海岭	Engdahl
1982	1	12	5	48	20	13.172	-87.54	7.9	6.1	Mw	Honduras:Masaya	洪都拉斯:马萨亚	*Engdahl
1982	1	13	0	6	43	-9.492	152.3	24.8	6.1	Mw	Solomon Sea	所罗门海	ISC,Engdahl
1982	1	14	9	53	44	-9.398	151.959	11.2	6.1	Mw	Solomon Sea,W.	所罗门海西部	Engdahl
1982	1	15	13	48	21	-9.553	152.288	12.3	6.1	Mw	Solomon Sea	所罗门海	ISC,Engdahl
1982	1	18	19	27	27	39.948	24.388	15	6.6	Mw	Aegean Sea	爱琴海	ISC,Engdahl
1982	1	18	19	31	15	39.966	24.506	50	6.8	Ms	Aegean Sea	爱琴海	ISC,Engdahl
1982	1	20	4	25	15	7.061	93.953	26.2	6.3	Mw	India:Nicobar Islands	印度:尼科巴群岛	*ISC,Engdahl
1982	1	20	7	9	18	7.233	93.847	20.6	6.2	Mw	India:Nicobar Islands	印度:尼科巴群岛	ISC,Engdahl
1982	1	23	14	10	41	23.951	121.754	11.6	6	Mw	China:Taiwan,Hualien,Coast of E.	中国:台湾花莲以东海域	ISC,Engdahl,USGS
1982	1	23	17	37	29	31.667	82.285	9.9	6.6	Mw	China:Xizang (Tibet),Geji	中国:西藏革吉	ISC,Engdahl
1982	1	23	17	48	2.16	31.583	82.24	19.1	6	Ms	China:Xizang (Tibet),Geji	中国:西藏革吉	ISC,Engdahl
1982	1	24	6	8	59	14.084	124.285	38.6	6.6	Mw	Philippines:Bagamanoc	菲律宾:巴加马诺克	ISC,Engdahl
1982	1	28	14	26	15	-27.38	-71.78	33	6.1	Mw	Chile:Copiapo,Near Coast	智利:科皮亚波近海	ISC
1982	1	30	2	35	11	16.706	-61.442	51.4	6.1	Mw	Antigua and Barbuda:St John's	安提瓜和巴布达:圣约翰斯	ISC,Engdahl
1982	2	10	20	38	4.73	-22.682	-66.603	220	6.8	Mw	Argentina:Jujuy,N.	阿根廷:胡胡伊北部	Engdahl,USGS
1982	2	15	5	50	12	-3.493	177.526	18.5	6.0	Mw	Kiribati:Arorae	基里巴斯:阿罗赖岛	Engdahl
1982	2	20	13	26	52	-10.887	166.123	39.3	6.8	Mw	Solomon Islands	所罗门群岛	ISC,Engdahl
1982	2	20	19	18	26.6	33.654	141.044	54.9	6.5	Mw	Japan Trench	日本海沟	ISC,Engdahl
1982	2	21	9	25	16	-6.4	102.4	28	6.1	Mw	Indonesia:Sumatra,Coast of SW.	印度尼西亚:苏门答腊西南海域	ISC,USGS
1982	2	27	16	16	54	22.315	143.546	114	6.3	Mw	Japan:South Honshu Ridge	日本:本州南部海岭	ISC,Engdahl
1982	3	4	9	11	50	-22.385	173.7	33.3	6.1	Mw	New Caledonia:E.	新喀里多尼亚东部	ISC,Engdahl
1982	3	10	21	58	46	-56.128	-27.441	111.9	6.6	Mw	South Sandwich Islands	南桑威奇群岛	ISC,Engdahl
1982	3	11	10	32	28	-9.429	118.356	31.4	6.5	Mw	Indonesia:Sumbawa Island	印度尼西亚:松巴哇岛	*Engdahl,NOAA
1982	3	12	5	27	47	13.905	123.548	21.6	6.0	Mw	Philippines:Goa,N.	菲律宾:果阿北部	Engdahl
1982	3	21	2	32	7.37	42.262	142.423	27.4	6.9	Mw	Japan:Hokkaido, Urakawa, Hiroo	日本:北海道,浦河,広尾	*Engdahl,NOAA
1982	3	25	5	5	43	-52.841	-46.943	18	6.3	Mw	South Atlantic Ocean	南大西洋	ISC,Engdahl
1982	3	27	0	19	28	34.763	140.952	27.6	6.1	Mw	Japan:Chiba,Near Coast	日本:千叶近海	Engdahl
1982	3	27	13	45	34	-11.116	163.047	43	6.2	Mw	Solomon Islands	所罗门群岛	ISC,Engdahl
1982	3	27	18	40	48	-11.017	163.152	30	6.1	Mw	Solomon Islands	所罗门群岛	Engdahl
1982	3	28	3	52	36	-31.47	-178.564	85.8	6.4	Mw	South of Kermadec Ridge	克马德克海岭南部	ISC,Engdahl
1982	3	28	23	24	51.8	-12.743	-76.01	91.4	6.3	Mw	Peru:Lima,Coast	秘鲁:利马近海	*Engdahl
1982	3	29	10	36	44	-3.649	145.686	15.7	6.0	Mw	Bismarck Sea	俾斯麦海	Engdahl
1982	3	29	12	20	27	-15.486	-179.597	22.7	6.4	Mw	North of Fiji Islands	斐济群岛北部	ISC,Engdahl
1982	3	29	21	33	54	0.084	123.243	165.7	6	Mw	Indonesia:Gulf of Tomini	印度尼西亚:托米尼湾	ISC,Engdahl
1982	4	6	19	56	55	14.291	-92.016	65.1	6.7	Mw	Mexico:Near Coast of Chiapas	墨西哥:恰帕斯州近海	ISC,Engdahl
1982	4	9	11	50	59	26.35	126.47	130	6.0	Mw	Ryukyu Islands	琉球群岛	ISC
1982	4	10	16	25	37	17.502	-83.425	18.4	6.3	Mw	Caribbean Sea	加勒比海	ISC,Engdahl
1982	4	12	0	34	46	-30.281	-177.764	43.1	6.2	Mw	Kermadec Ridge	克马德克海岭	ISC,Engdahl
1982	4	16	14	4	52	-15.78	-172.902	25.4	6.2	Mw	Samoa Islands	萨摩亚群岛	ISC,Engdahl
1982	4	17	9	21	1.66	19.904	120.523	25.2	6.4	Mw	Luzon Ridge,W.	吕宋海岭西部	China,Engdahl
1982	4	18	11	30	57	-28.194	-114.085	10	6.1	Mw	Easter Island,SW.	复活节岛西南	ISC,Engdahl
1982	4	19	11	54	1	-22.98	-65.94	33	6.0	Mw	Argentina:Jujuy	阿根廷:胡胡伊	ISC
1982	4	19	14	42	20	19.939	120.51	29.1	6.2	Mw	Luzon Ridge,W.	吕宋海岭西部	China,Engdahl,USGS
1982	5	2	11	19	42	-29.401	-177.127	38.6	6.4	Mw	Kermadec Ridge	克马德克海岭	ISC,Engdahl
1982	5	7	5	38	37	-60.699	-20.969	10.9	7	Mw	East of South Sandwich Trench	南桑维奇海沟东部	ISC,Engdahl
1982	5	20	21	29	16	-20.287	168.306	35.8	6.0	Mw	Vanuatu Islands	瓦努阿图群岛	Engdahl
1982	5	31	10	21	17	55.11	165.486	32.5	6.5	Mw	Russia:Komandorsky Islands	俄罗斯:科曼多尔群岛	ISC,Engdahl

年 Year	月 Mo	日 Dy	时 Hr	分 Mn	秒 Sec	纬度(°) Latitude	经度(°) Longitude	深度 Depth	震级 Mag	标度 Scale	地名(英文) Name(English)	地名(中文) Name(Chinese)	资料来源 Information
1982	5	31	15	18	57	7.796	135.8	32.1	6.5	Mw	Micronesia:W. Caroline Islands	密克罗尼西亚:卡罗琳群岛西部	ISC,Engdahl
1982	5	31	20	13	10	38.773	142.153	50	6.1	Mw	Japan:Miyagi,Near Coast	日本:宫城近海	ISC,Engdahl,USGS
1982	6	1	4	14	14	-41.543	-75.15	17.1	6.4	Mw	Chile:Off Coast of S.	智利:南部沿海	ISC,Engdahl
1982	6	2	12	37	32	-18.097	-172.412	7.5	6.4	Mw	Tonga Islands,N.	汤加群岛北部	ISC,Engdahl
1982	6	4	3	1	4.76	51.591	-177.342	51.3	6.0	Mw	Andreanof Islands, Aleutian Is.	阿留申群岛,安德烈亚诺夫群岛	Engdahl
1982	6	4	15	21	35	4.131	124.509	340.3	6	Mw	Celebes Sea	西里伯斯海	ISC,Engdahl,USGS
1982	6	6	10	20	35	35.327	-35.998	17.2	6.3	Mw	Azores:Flores	亚速尔群岛:弗洛勒斯岛	Engdahl,USGS
1982	6	7	6	52	33	16.406	-98.294	8.3	6.9	Mw	Mexico:Guerrero,SE.	墨西哥:格雷罗州东南	ISC,Engdahl
1982	6	7	10	59	39	16.517	-98.344	18.4	6.9	Mw	Mexico:Guererro, Orziba, Oaxaca, Guadalupe	墨西哥:格雷罗,瓦哈卡,瓜达卢佩	* Engdahl
1982	6	9	3	8	35	-5.639	151.046	67.9	6.4	Mw	Papua New Guinea:West New Britain	巴布亚新几内亚:西新不列颠	ISC,Engdahl
1982	6	11	0	38	11	-17.638	-174.324	125.1	6.8	Mw	Tonga Islands,N.	汤加群岛北部	ISC,Engdahl
1982	6	15	23	24	32	31.96	100.03	15	6.0	Ms	China:Sichuan,Garze,NW.	中国:四川甘孜西北	* China,Dis
1982	6	19	6	21	58	13.337	-89.312	73.1	7.3	Mw	El Salvador:La Libertad,Coast	萨尔瓦多:拉利伯塔德近海	* CSN,ISC,Engdahl
1982	6	22	4	18	42	-7.367	126.048	452.6	7.5	Mw	Indonesia:Banda Sea	印度尼西亚:班达海	Engdahl
1982	6	25	10	23	53	-6.5	103.7	65	6.3	Mw	Indonesia:Sumatra,Coast of SW.	印度尼西亚:苏门答腊西南海域	ISC
1982	6	27	16	17	18	-55.499	160.253	31	6.2	Mw	Macquarie Ridge	麦夸里海岭	ISC,Engdahl
1982	6	30	1	57	34	44.723	151.112	20.2	7.1	Mw	Kuril Islands	千岛群岛	ISC,Engdahl
1982	7	4	1	20	8.79	27.929	136.985	548.9	6.7	Mw	Japan:South Honshu Ridge	日本:本州南部海岭	ISC,Engdahl
1982	7	7	10	43	3.89	-51.307	160.653	4.4	7.2	Mw	Macquarie Ridge	麦夸里海岭	ISC,Engdahl
1982	7	17	22	2	5.94	-21.72	173.204	10.1	6.2	Mw	Vanuatu Islands	瓦努阿图群岛	ISC,Engdahl
1982	7	23	14	23	54	36.307	141.763	27.4	7	Mw	Japan Trench	日本海沟	* ISC,Engdahl,NOAA,USGS
1982	7	23	17	54	3.23	36.119	141.816	25.4	6.1	Mw	Japan Trench	日本海沟	ISC,Engdahl
1982	7	31	6	29	16	51.787	176.125	31	6.2	Mw	Aleutian Islands	阿留申群岛	ISC,Engdahl
1982	8	5	20	32	52	-12.454	166.201	9.5	7	Mw	Solomon Islands:Santa Cruz Islands	所罗门群岛:圣克鲁斯群岛	* Engdahl,ISC
1982	8	7	20	56	23	-11.233	115.305	24.3	6.5	Mw	Indonesia:Java Ridge	印度尼西亚:爪哇海岭	ISC,Engdahl
1982	8	12	2	13	11	-4.32	153.14	47.1	6.5	Mw	Papua New Guinea:New Ireland	巴布亚新几内亚:新爱尔兰	ISC,Engdahl
1982	8	12	8	41	55.7	-1.159	-24.823	27.1	6.1	Mw	Central Mid - Atlantic Ridge	中大西洋中脊	Engdahl
1982	8	14	14	27	41	-5.039	144.014	105.1	6.1	Mw	Papua New Guinea:Enga	巴布亚新几内亚:恩加	Engdahl
1982	8	17	22	22	26	33.725	22.957	33.7	6.4	Mw	Mediterranean Sea	地中海	ISC,Engdahl
1982	8	19	15	59	3.78	6.684	-82.669	9.1	6.8	Mw	Panama:Off Coast of S.	巴拿马:南部海域	ISC,Engdahl
1982	8	23	16	40	7	34	142	33	6.0	Mw	Japan Trench	日本海沟	ISC
1982	8	26	5	23	0.6	-2.702	-79.875	66.5	6.0	Mw	Ecuador:Guayaquil	厄瓜多尔:瓜亚基尔	Engdahl,USGS
1982	9	3	1	32	2.21	43.974	148.396	33.4	6.1	Mw	Kuril Islands	千岛群岛	ISC,Engdahl
1982	9	3	23	39	37	-15.324	-172.997	10.1	6.5	Mw	Samoa Islands	萨摩亚群岛	ISC,Engdahl
1982	9	4	2	8	9	-15.413	-172.947	23.4	6.2	Mw	Samoa Islands	萨摩亚群岛	ISC,Engdahl
1982	9	4	13	31	17	-25.554	-176.152	44.6	6.1	Mw	South of Fiji Islands	斐济群岛南部	ISC,Engdahl
1982	9	6	1	47	4.21	29.394	140.318	175.6	6.8	Mw	Japan:South Honshu Ridge	日本:本州南部海岭	ISC,Engdahl
1982	9	8	2	37	35	27.1	140.65	420	6.0	Mw	Japan:South Honshu Ridge	日本:本州南部海岭	ISC
1982	9	8	21	12	30	-34.2	58.23	40	6.0	Mw	South West - Indian Ridge	南印度洋西海岭	ISC
1982	9	12	9	22	24	52.69	-166.983	24.8	6.2	Mw	Aleutian Islands	阿留申群岛	Engdahl
1982	9	14	18	17	3.73	-7.14	147.968	10.1	6.5	Mw	New Britain Trench	新不列颠海沟[太平洋]	ISC,Engdahl
1982	9	15	20	23	0.78	-14.519	-70.764	167	6.3	Mw	Peru:Juliaca	秘鲁:胡利亚卡	ISC,Engdahl
1982	9	17	13	28	26	-23.453	-179.772	549.5	6.1	Mw	South of Fiji Islands	斐济群岛南部	ISC,Engdahl
1982	9	20	12	57	43	-26.92	-175.76	7.1	6	Mw	South of Fiji Islands	斐济群岛南部	Engdahl
1982	9	20	13	48	32	-26.936	-175.816	22.3	6.9	Ms	South of Fiji Islands	斐济群岛南部	ISC,Engdahl
1982	9	21	1	28	18	-9.567	152.326	6.8	6.2	Mw	Solomon Sea	所罗门海	ISC,Engdahl,USGS
1982	9	28	15	14	38.2	-24.291	-176.604	41.9	6.4	Mw	South of Fiji Islands	斐济群岛南部	ISC,Engdahl
1982	10	2	8	26	27	-14.751	167.362	151.8	6.1	Mw	Vanuatu Islands	瓦努阿图群岛	ISC,Engdahl
1982	10	7	7	15	56.9	-7.192	125.777	508.1	6.7	Mw	Indonesia:Banda Sea	印度尼西亚:班达海	Engdahl
1982	10	19	16	19	2.85	-11.334	163.236	14.3	6.1	Mw	Solomon Islands	所罗门群岛	ISC,Engdahl
1982	10	31	6	3	5.72	14.069	-90.288	96.9	6.2	Mw	Guatemala:Antigua	危地马拉:安地瓜	ISC,Engdahl
1982	11	10	21	20	48	-15.403	-175.945	32.3	6.1	Mw	North East of Fiji Islands	斐济群岛东北	Engdahl,USGS
1982	11	11	0	43	48	-6.663	101.557	39	6.2	Mw	Indonesia:Sumatra,Coast of SW.	印度尼西亚:苏门答腊西南海域	Engdahl
1982	11	16	17	25	56	-14.607	168.121	39.1	6.1	Mw	Vanuatu Islands	瓦努阿图群岛	ISC,Engdahl
1982	11	18	14	57	53	-1.728	-76.653	193.3	6.6	Mw	Ecuador:Pastaza	厄瓜多尔:帕斯塔萨	Engdahl
1982	11	18	20	39	53	-31.185	-65.811	162.2	6.0	Mw	Argentina:La Rioja	阿根廷:拉里奥哈	ISC,Engdahl
1982	11	19	4	27	15	-10.625	-74.652	10.9	6.7	Mw	Peru:Pasco,W.	秘鲁:帕斯科东部	Engdahl
1982	11	21	23	27	13	55.464	162.952	32.2	6.2	Mw	Russia:Kamchatka,Near East Coast	俄罗斯:堪察加东部近海	ISC,Engdahl
1982	11	27	2	19	12	-32.51	179.21	33	6.0	Mw	South of Kermadec Ridge	克马德克海岭南部	ISC,Engdahl
1982	11	27	9	55	41	50.139	147.761	633	6.1	Mw	Sea of Okhotsk	鄂霍次克海	ISC
1982	12	3	22	29	58	-13.239	167.266	223.4	6.5	Mw	North Vanuatu Islands	瓦努阿图群岛北部	ISC,Engdahl
1982	12	9	1	41	41.3	-29.012	-112.503	20.3	6.0	Mw	Easter Island,SW.	复活节岛西南	ISC,Engdahl
1982	12	13	2	50	49.8	-63.153	-61.155	5.4	6.0	Mw	West Scotia Basin	西斯科舍海盆	Engdahl
1982	12	13	9	12	51	14.669	44.246	7	6.2	Mw	Yemen:Dhamar	也门:扎马尔	Engdahl
1982	12	16	0	40	50.3	36.115	68.981	35.9	6.4	Mw	Afghan:Puli Khumri	阿富汗:普勒胡姆里	* ISC,Engdahl
1982	12	17	2	43	5.04	24.576	122.527	89.3	6.5	Mw	China:Taiwan,Yilan,Coast of E.	中国:台湾宜兰以东海域	* ISC,Engdahl

年 Year	月 Mo	日 Dy	时 Hr	分 Mn	秒 Sec	纬度(°) Latitude	经度(°) Longitude	深度 Depth	震级 Mag	标度 Scale	地名(英文) Name(English)	地名(中文) Name(Chinese)	资料来源 Information
1982	12	19	17	43	57	-24.193	-175.575	31.6	7.7	Mw	Tonga Islands, S.	汤加群岛南部	* ISC, Engdahl, NOAA
1982	12	20	1	30	27.7	-23.804	-175.436	2.9	6	Ms	South of Fiji Islands	斐济群岛南部	ISC, Engdahl
1982	12	20	2	58	12	-23.728	-175.836	32.7	6.3	Mw	Tonga Islands, S.	汤加群岛南部	ISC, Engdahl
1982	12	20	17	45	30	-23.71	-175.682	43.9	6.2	Mw	Tonga Islands, S.	汤加群岛南部	ISC, Engdahl
1982	12	20	17	46	12	-23.578	-175.826	48.9	6.3	Ms	Tonga Islands, S.	汤加群岛南部	ISC, Engdahl
1982	12	25	12	28	0.39	-8.428	122.971	6.3	6	Mw	Indonesia: Flores Island, E.	印度尼西亚:弗洛勒斯岛东部	* Engdahl, NOAA
1982	12	28	6	37	44	33.881	139.446	20.3	6.2	Mw	Japan: Miyake Jima	日本:三宅岛	* ISC, Engdahl, NOAA, USGS
1982	12	28	13	49	30	19.947	121.379	32.1	6.1	Mw	Philippines: Luzon, Coast N.	菲律宾:吕宋岛北部海域	ISC, Bau tista, Engdahl
1982	12	31	3	47	28.	-21.166	-68.464	110.8	6.0	Mw	Chile: Tarapaca, S.	智利:塔拉帕卡南部	Engdahl
1982	12	31	19	46	29	41.4	79.9	33	6.0	Mw	China: Xinjiang, Uqturpan	中国:新疆乌什	ISC
1983	1	1	5	31	55	-17.219	-69.183	163.6	6.3	Mw	Bolivia: Santa Cruz de la Sierra	玻利维亚:圣克鲁斯	ISC, Engdahl
1983	1	5	4	28	11	9.663	122.178	26.4	6.0	Mw	Philippines: Panglao Island	菲律宾:彭哥鲁奥岛	Engdahl
1983	1	7	6	23	7.14	-15.24	-177.896	2.8	6.0	Mw	North of Fiji Islands	斐济群岛北部	Engdahl
1983	1	8	11	21	32	-15.412	-173.222	46.3	6.3	Mw	Samoa Islands	萨摩亚群岛	ISC, Engdahl
1983	1	8	15	4	57	-3.125	148.275	6.1	6.2	Mw	Bismarck Sea	俾斯麦海	ISC, Engdahl
1983	1	9	21	3	52	55.168	163.197	7.6	6	Mw	Russia: Kamchatka, Near East Coast	俄罗斯:堪察加东部近海	ISC, Engdahl
1983	1	13	9	23	51	-35.811	-102.73	16.9	6.2	Mw	West of Chile Ridge	智利海岭西部	Engdahl, USGS
1983	1	14	18	20	51	55.847	-154.203	7	6.1	Mw	Aleutian Islands	阿留申群岛	ISC, Engdahl, USGS
1983	1	15	0	39	35	33.29	136.04	434	6.2	Mw	Ryukyu Trench	琉球海沟	ISC, USGS
1983	1	16	22	10	13	-5.482	147.081	234	6.6	Mw	Bismarck Sea	俾斯麦海	ISC, Engdahl
1983	1	17	12	41	30	38.015	20.324	6	6.9	Mw	Ionian Sea	爱奥尼亚海	* Engdahl, NOAA
1983	1	18	15	23	35	-58.064	-24.337	26.8	6.4	Mw	South Sandwich Islands	南桑威奇群岛	ISC, Engdahl
1983	1	22	1	24	32	-6.9	103.2	33	6.1	Mw	Indonesia: Sumatra, Coast of SW.	印度尼西亚:苏门答腊西南海域	ISC, USGS
1983	1	22	1	27	44	-6.797	102.901	25.6	6.0	Mw	Indonesia: Sumatra, Coast of SW.	印度尼西亚:苏门答腊西南海域	ISC, Engdahl
1983	1	22	6	44	38	-6.693	102.828	30	6.2	Mw	Indonesia: Sumatra, Coast of SW.	印度尼西亚:苏门答腊西南海域	ISC, Engdahl
1983	1	24	8	17	40	16.132	-95.238	49.3	6.8	Mw	Mexico: Oaxaca, Salina Cruz	墨西哥:瓦哈卡,萨利纳克鲁斯	* ISC, Engdahl
1983	1	24	13	2	36	51.38	176.213	15.6	6.0	Mw	Aleutian Islands	阿留申群岛	ISC, Engdahl
1983	1	24	23	9	23.1	12.887	93.576	80.4	6.8	Mw	India: Andaman Islands	印度:安达曼群岛	ISC, Engdahl
1983	1	25	6	8	11	-3.604	140.227	35.3	6.0	Mw	Indonesia: Papua	印度尼西亚:巴布亚	Engdahl
1983	1	26	4	40	15	-49.727	-114.287	19.5	6.1	Ms	Southern Pacific Ridge	南太平洋海岭	ISC, Engdahl
1983	1	26	4	43	24	-50.081	-113.847	18.5	6.4	Mw	Southern Pacific Ridge	南太平洋海岭	ISC, Engdahl
1983	1	26	16	2	22	-30.44	-179.207	233.4	7	Mw	Kermadec Ridge	克马德克海岭	ISC, Engdahl
1983	1	26	17	52	42	-6.134	149.964	57.2	6.2	Mw	Papua New Guinea: West New Britain	巴布亚新几内亚:西新不列颠	Engdahl
1983	1	28	3	15	11	2.599	124.015	354.4	6.0	Mw	Molukka Sea, N.	马鲁古海北部	Engdahl
1983	2	5	23	41	9	15.6	-96.1	15	6.3	Mw	Mexico: Near Coast of Oaxaca	墨西哥:瓦哈卡近海	ISC, USGS
1983	2	7	11	54	30	15.3	-98.5	25	6.6	Mw	Mexico: Near Coast of Chiapas	墨西哥:恰帕斯州近海	ISC, USGS
1983	2	7	15	6	28	26.865	57.57	22	6	Mw	Iran: Kerman	伊朗:克尔曼	ISC, Engdahl
1983	2	7	18	23	18	-29.637	-177.721	62	6.1	Mw	Kermadec Ridge	克马德克海岭	ISC, Engdahl
1983	2	12	8	47	13	5.696	126.297	40.3	6.3	Mw	Philippines: Mindanao Island	菲律宾:棉兰老岛	ISC, Engdahl
1983	2	13	1	40	12	40.015	75.235	7.5	6.7	Ms	China: Xinjiang, Ulugqat, N.	中国:新疆乌恰北	* China, Engdahl, ISC, Dis
1983	2	13	6	35	32	13.867	144.974	108.8	6.1	Mw	Guam	关岛(西太平洋)	Engdahl, USGS
1983	2	14	0	23	21.2	10.561	140.983	39.4	6.0	Mw	Western Caroline Islands	卡罗琳群岛西部	Engdahl
1983	2	14	3	20	5.15	54.865	-159.262	38.5	6.5	Mw	Aleutian Islands	阿留申群岛	ISC, Engdahl
1983	2	14	8	10	5.47	54.938	-159.236	34.9	6	Mw	Aleutian Islands	阿留申群岛	ISC, Engdahl
1983	2	19	20	14	24	8.724	123.988	568.7	6	Mw	Philippines: Mindanao Island	菲律宾:棉兰老岛	ISC, Engdahl
1983	2	20	10	49	54	5.607	126.225	45.2	6.3	Mw	Philippines: Mindanao Island	菲律宾:棉兰老岛	ISC, Engdahl, USGS
1983	2	25	22	3	57	-5.449	146.874	228.5	6.0	Mw	Bismarck Sea	俾斯麦海	Engdahl
1983	2	25	22	49	53.7	-18.612	-69.356	138.8	6.7	Mw	Chile: Arica, SE.	智利:阿里卡东南	ISC, Engdahl, USGS
1983	2	26	7	11	1.36	49.284	155.501	61	6.3	Mw	Kuril Islands	千岛群岛	ISC, Engdahl
1983	2	27	12	14	21	35.949	140.037	67	6.0	Mw	Japan: Tsukubamirai	日本:茨城筑波未来	ISC, Engdahl, USGS
1983	2	28	5	44	26	44.153	148.002	42.2	6.1	Mw	Kuril Islands	千岛群岛	Engdahl
1983	2	28	22	44	22	-44.172	-78.892	19.1	6.0	Mw	Chile: Off Coast of S.	智利:南部沿海	Engdahl
1983	3	5	22	20	15	-37.63	77.95	10	6.0	Mw	Mid - Indian Ridge	中印度洋海岭	ISC
1983	3	10	0	27	50	43.856	147.39	36.5	6	Mw	Kuril Islands	千岛群岛	ISC, Engdahl
1983	3	12	0	53	42	-4.052	127.896	35.4	6.1	Mw	Indonesia: Banda Sea	印度尼西亚:班达海	ISC, Engdahl, USGS
1983	3	12	1	36	39	-4.084	127.854	30.4	6.6	Mw	Indonesia: Banda Sea	印度尼西亚:班达海	* Engdahl, NOAA
1983	3	12	1	37	12	1	123.3	33	6.4	Mw	Celebes Sea	西里伯斯海	ISC
1983	3	12	8	49	48	-18.118	168.155	39.4	6.1	Mw	Vanuatu Islands	瓦努阿图群岛	Engdahl
1983	3	15	19	58	32	5.358	126.489	41.4	6.5	Mw	Philippines: Mindanao Island, Coast of S.	菲律宾:棉兰老岛南部海域	ISC, Engdahl
1983	3	18	9	5	51	-4.887	153.589	88.7	7.7	Mw	Papua New Guinea: New Ireland, E.	巴布亚新几内亚:新爱尔兰东部	* Engdahl, NOAA, USGS
1983	3	20	13	45	51	-4.668	153.185	81	6.4	Mw	Papua New Guinea: New Ireland	巴布亚新几内亚:新爱尔兰	ISC, Engdahl
1983	3	21	7	44	18	-21.527	-175.277	61.8	6.7	Mw	Tonga Islands	汤加群岛	ISC, Engdahl

年 Year	月 Mo	日 Dy	时 Hr	分 Mn	秒 Sec	纬度(°) Latitude	经度(°) Longitude	深度 Depth	震级 Mag	标度 Scale	地名(英文) Name(English)	地名(中文) Name(Chinese)	资料来源 Information
1983	3	23	6	9	31	-6.442	154.673	41.1	6.4	Mw	Papua New Guinea:Bougainville Island	巴布亚新几内亚:布干维尔岛	ISC,Engdahl
1983	3	23	23	51	8.73	38.221	20.362	25.1	6.2	Mw	Greece:Nisia Ionioy	希腊:伊奥尼亚群岛	* Engdahl
1983	3	24	4	17	0	34.8	22.1	33	6.2	Mw	Mediterranean Sea	地中海	ISC
1983	3	31	13	12	53	2.461	-76.686	22	7.0	Mw	Colombia:Popayan	哥伦比亚:波帕扬	* GSHAP
1983	4	3	2	50	1.61	8.777	-83.032	25	7.5	Mw	Costa Rica:Puntarenas	哥斯达黎加:蓬塔雷纳斯	* Engdahl
1983	4	4	2	51	37	5.724	94.694	94.5	7	Mw	Indonesia:North West of Sumatera	印度尼西亚:苏门答腊西北沿海	* Engdahl
1983	4	4	19	4	23	52.978	159.74	41.6	6.0	Mw	Russia:Kamchatka Peninsula	俄罗斯:堪察加半岛	ISC,Engdahl
1983	4	4	23	12	50	49.457	155.52	58.1	6.5	Mw	Kuril Islands	千岛群岛	ISC,Engdahl
1983	4	4	23	59	0.54	-14.999	167.365	127.2	6.1	Mw	Vanuatu Islands	瓦努阿图群岛	ISC,Engdahl
1983	4	5	6	50	32	39.963	75.262	10.7	6.1	Ms	China:Xinjiang,Ulugqat,N.	中国:新疆乌恰北	* China,Engdahl
1983	4	7	19	29	14	7.989	-82.701	20	6.0	Mw	Panama:Off Coast of S.	巴拿马:南部海域	Engdahl
1983	4	8	2	28	28	11.423	57.521	14.1	6.5	Mw	Arabian Sea	阿拉伯海	ISC,Engdahl
1983	4	11	8	18	10	10.387	-62.728	28.2	6.1	Mw	Venezuela:Yaguaraparo	委内瑞拉:亚瓜拉帕罗	ISC,Engdahl
1983	4	12	12	7	58	-4.845	-78.091	125.7	7	Mw	Peru:Chimbote	秘鲁:钦博特	* Engdahl
1983	4	17	14	6	60	-20.731	169.266	38.6	6.4	Mw	Vanuatu Islands	瓦努阿图群岛	ISC,Engdahl
1983	4	18	10	58	53	27.767	62.056	62.7	6.7	Mw	Pakistan:Balochistan	巴基斯坦:俾路支	ISC,Engdahl
1983	4	22	7	51	42	6.11	126.88	67	6.2	Mw	Indonesia:Karakelong Island	印度尼西亚:卡拉克隆岛	ISC,USGS
1983	4	24	9	8	6	13.41	146.24	33	6.3	Mw	Mariana Islands,S.	马里亚纳群岛南部	ISC
1983	4	24	9	8	51.1	-8.55	157.677	11.9	6.3	Mw	Solomon Islands	所罗门群岛	ISC,Engdahl
1983	4	26	15	26	42	24.694	122.607	119.7	6.5	Mw	China:Taiwan,Yilan,Coast of E.	中国:台湾宜兰以东海域	ISC,Engdahl,USGS
1983	4	27	1	39	22	-62.562	155.52	10.1	6.1	Mw	Balleny Islands	巴雷尼群岛	Engdahl
1983	4	30	14	3	50	41.557	143.792	23.3	6.3	Mw	Japan Trench	日本海沟	ISC,Engdahl
1983	5	1	18	10	42	46.467	153.393	23.1	6.2	Mw	Kuril Islands	千岛群岛	ISC,Engdahl
1983	5	2	23	42	39	36.234	-120.304	10	6.5	M	US:California,Coalinga	美国:加利福尼亚州科灵加	* ISC,Engdahl
1983	5	9	10	58	26	-41.026	-75.026	15.9	6.1	Mw	Chile:Off Coast of S.	智利:南部沿海	Engdahl
1983	5	9	15	53	5.05	8.251	-82.932	43	6.3	Mw	Panama:Puerto Armuelles	巴拿马:阿穆埃耶斯港	ISC,Engdahl
1983	5	9	20	9	16	19.964	-109.466	6.1	6.4	Mw	Mexico:Off Coast of Jalisco	墨西哥:哈利斯科沿海	ISC,Engdahl
1983	5	10	0	15	0	24.52	121.43	5	6.1	Mw	China:Taiwan,Yilan	中国:台湾宜兰	ISC
1983	5	10	11	2	36	-5.393	150.959	104.4	6.5	Mw	Papua New Guinea:West New Britain	巴布亚新几内亚:西新不列颠	ISC,Engdahl
1983	5	10	18	27	33.4	-4.746	152.515	71.7	6.7	Mw	Papua New Guinea:New Ireland	巴布亚新几内亚:新爱尔兰	ISC,Engdahl
1983	5	11	0	17	14	2.305	128.279	130.5	6.1	Mw	Indonesia:Maluku Utara	印度尼西亚:北马鲁古	Engdahl
1983	5	12	11	2	44	17.547	-46.58	10.4	6	Ms	Northern Mid - Atlantic Ridge	北大西洋洋中脊	ISC,Engdahl
1983	5	15	0	24	0.07	-18.932	-175.513	19.5	6.7	Mw	Tonga Islands,N.	汤加群岛北部	ISC,Engdahl
1983	5	18	18	14	4	52.63	159.16	33	6.0	Mw	Russia:Kamchatka Peninsula	俄罗斯:堪察加半岛	ISC
1983	5	21	7	39	25	47.41	152.26	33	6.1	Mw	Kuril Islands	千岛群岛	ISC
1983	5	26	3	0	0.83	40.468	139.08	20	7.7	Mw	Japan:Akita,Near West Coast	日本:秋田西部近海	* ISC,Engdahl,NOAA
1983	6	1	1	59	56.2	-17.075	-174.526	182.6	6.5	Mw	Fiji Islands	斐济群岛	ISC,Engdahl
1983	6	1	10	58	43	-15.856	-172.537	8.4	6.2	Mw	Samoa Islands	萨摩亚群岛	ISC,Engdahl
1983	6	2	20	12	51	-9.557	-71.197	596.3	6.2	Mw	Brazil:Acre	巴西:阿克里	Engdahl
1983	6	9	12	49	4.8	40.242	139.004	27.3	6	Mw	Japan:Noshiro	日本:能代	* Engdahl,NOAA,USGS
1983	6	9	18	46	3.88	51.422	-174.148	30.5	6.1	Mw	Aleutian Islands	阿留申群岛	ISC,Engdahl
1983	6	10	2	13	26	76.2	125.2	33	6.0	Mw	Laptev Sea	拉普帖夫海	ISC
1983	6	20	5	43	38	-23.606	179.209	546.2	6.2	Mw	South of Fiji Islands	斐济群岛南部	Engdahl,USGS
1983	6	21	6	25	30	41.358	139.124	17.1	6.8	Mw	Japan:Off SW. Coast of Hokkaido	日本:北海道西南沿海	* ISC,Engdahl,NOAA,USGS
1983	6	21	14	48	9.44	24.17	122.396	43.8	6.2	Mw	China:Taiwan,Hualien,Coast of E.	中国:台湾花莲以东海域	ISC,Engdahl
1983	6	24	7	18	23	21.738	103.259	15.3	6.3	Mw	Vietnam:Muong Lay	越南:孟来	ISC,Engdahl,USGS
1983	6	24	9	6	48	24.227	122.392	48.7	6.6	Mw	China:Taiwan,Hualien,Coast of E.	中国:台湾花莲以东海域	ISC,Engdahl
1983	6	24	9	7	14	21.402	102.551	15	6.9	Ms	Laos:Chung Cha	老挝:昌乍	Engdahl,USGS
1983	6	25	10	2	35	-39.1	-177.7	33	6.4	Mw	New Zealand:Chatham Islands,N.	新西兰:查塔姆群岛北部	ISC
1983	6	28	3	25	18	60.219	-141.31	13.4	6.0	Mw	Alaska:Cape Yakataga	阿拉斯加:开普亚拉塔加	ISC,Engdahl
1983	7	3	17	13	40.5	9.454	-83.785	11.7	6.4	Mw	Costa Rica:Cartago	哥斯达黎加:卡塔戈	Engdahl
1983	7	3	17	14	22	9.629	-83.69	14.2	6.5	Mw	Costa Rica:Cartago	哥斯达黎加:卡塔戈	* Engdahl
1983	7	5	5	58	23	-55.781	-123.405	10.1	6.2	Mw	Southern Pacific Ridge	南太平洋海岭	ISC,Engdahl
1983	7	5	11	11	43	-22.601	171.074	44.9	6.6	Mw	Vanuatu Islands,SE.	瓦努阿图群岛东南	ISC,Engdahl
1983	7	5	12	1	28	40.312	27.255	4.5	6.1	Mw	Turkey:Biga, Erdek	土耳其:比噶,埃尔德克	* Engdahl
1983	7	7	5	29	48	-22.599	171.02	51.1	6	Mw	Vanuatu Islands,SE.	瓦努阿图群岛东南	Engdahl,ISC
1983	7	7	16	5	43	-22.565	170.848	51.8	6.4	Mw	Vanuatu Islands,SE.	瓦努阿图群岛东南	ISC,Engdahl
1983	7	11	12	56	29	-60.918	-53.121	7.7	7	Mw	West Scotia Basin	西斯科舍海盆	ISC,Engdahl
1983	7	11	13	17	49	-61.2	-54.39	9	7.3	Ms	West Scotia Basin	西斯科舍海盆	CSN
1983	7	12	11	34	19	27.607	56.407	22.1	6	Mw	Iran:Hormozgan	伊朗:荷姆兹甘	ISC,Engdahl
1983	7	12	15	10	4.51	61.024	-147.434	32.6	6.5	Mw	Alaska:Prince William Sound	阿拉斯加:威廉王子湾	* ISC,Engdahl
1983	7	14	19	47	48	5.512	126.377	42.5	6.2	Mw	Philippines:Mindanao Island	菲律宾:棉兰老岛	ISC,Engdahl
1983	7	15	10	45	39	5.503	126.399	33.6	6	Mw	Philippines:Mindanao Island	菲律宾:棉兰老岛	ISC,Engdahl,USGS
1983	7	18	12	52	41	12.688	-87.129	46.7	6.5	Mw	Nicaragua:Chinandega	尼加拉瓜:奇南德加	ISC,Engdahl

年 Year	月 Mo	日 Dy	时 Hr	分 Mn	秒 Sec	纬度(°) Latitude	经度(°) Longitude	深度 Depth	震级 Mag	标度 Scale	地名(英文) Name(English)	地名(中文) Name(Chinese)	资料来源 Information
1983	7	22	2	39	53	36.23	-120.42	9	6.0	Mw	US:California,Coalinga	美国:加利福尼亚州科灵加	ISC,USGS
1983	7	24	23	7	32	53.895	158.325	182	6.2	Mw	Russia:Kamchatka Peninsula	俄罗斯:堪察加半岛	ISC,Engdahl
1983	7	24	23	38	12	-8.221	119.378	54.5	6	Mw	Indonesia:Sumba	印度尼西亚:萨姆巴	ISC,Engdahl
1983	8	2	2	17	43	20.45	122.09	160.7	6.3	Mw	Luzon Ridge	吕宋海岭	ISC,Engdahl
1983	8	5	5	25	44.1	-17.269	167.931	25.7	6.0	Mw	Vanuatu Islands	瓦努阿图群岛	Engdahl
1983	8	6	2	27	4	16.2	-95.3	5	6.2	Mw	Mexico:Oaxaca,Salina Cruz	墨西哥:瓦哈卡,萨利纳克鲁斯	ISC
1983	8	6	15	43	55	40.107	24.763	10	6.7	Mw	Aegean Sea	爱琴海	* Engdahl,NOAA
1983	8	6	22	37	57	-6.51	130.095	165.6	6.0	Mw	Indonesia:Banda Sea	印度尼西亚:班达海	Engdahl
1983	8	8	3	47	57	35.5	139.07	25	6.0	Mw	Japan:Fujiyoshida	日本:山梨富士吉田	* ISC,USGS
1983	8	12	11	14	57.3	-17.432	66.103	30	6.0	Mw	Central Indian Ridge	印度洋中脊	Engdahl
1983	8	14	19	56	40	-63.342	169.664	1.8	6.0	Mw	Balleny Islands	巴雷尼群岛	Engdahl
1983	8	17	10	55	58.7	55.788	161.321	92.8	7	Mw	Russia:Kamchatka Peninsula	俄罗斯:堪察加半岛	* ISC,Engdahl,NOAA
1983	8	17	12	17	58	18.219	120.803	29	6.6	Mw	Philippines:Laoag	菲律宾:佬沃	* Bautista,Engdahl,NOAA
1983	8	23	23	39	42	-5.793	151.095	51.2	6.0	Mw	Papua New Guinea:West New Britain	巴布亚新几内亚:西新不列颠	Engdahl
1983	8	24	13	36	32	40.29	-124.63	20.8	6.2	Mw	US:California,North Coast	美国:加利福尼亚州北部近海	Engdahl,USGS
1983	8	25	20	23	34	33.55	131.471	123.4	6.5	Mw	Japan:Oita	日本:大分	ISC,Engdahl,USGS
1983	8	27	18	49	50.2	8.153	125.91	14.4	6	Mw	Philippines:Mindanao Island	菲律宾:棉兰老岛	ISC,Engdahl
1983	8	29	5	19	24	-3.412	148.835	12	6.0	Mw	Bismarck Sea	俾斯麦海	Engdahl
1983	8	30	8	50	19	-16.688	-172.018	44	6	Mw	Samoa Islands	萨摩亚群岛	ISC,Engdahl
1983	9	1	17	59	33	-52.57	25.898	21.1	6.3	Mw	Atlantic - Indian Ridge	大西洋-印度洋海岭	Engdahl
1983	9	1	20	1	47	-17.438	-69.951	101.5	6.0	Mw	Peru:Torata	秘鲁:塔克纳	ISC,Engdahl
1983	9	7	19	22	4.8	60.934	-147.535	30	6.4	Mw	Gulf of Alaska	阿拉斯加湾	ISC,Engdahl,USGS
1983	9	12	15	42	9.71	36.497	71.082	206.1	6.1	Mw	Afghan:Badakhshan	阿富汗:巴达赫尚	ISC,Engdahl
1983	9	14	11	25	2.32	18.12	145.854	159.2	6.3	Mw	Mariana Islands	马里亚纳群岛	ISC,Engdahl
1983	9	15	10	39	4.04	16.087	-93.179	118.1	6.3	Mw	Mexico:Chiapas	墨西哥:恰帕斯	Engdahl,USGS
1983	9	16	8	9	28	-23.981	-179.727	514.4	6	Mw	South of Fiji Islands	斐济群岛南部	ISC,Engdahl
1983	9	17	5	56	57	4.768	94.998	56.3	6.1	Mw	Indonesia:Off West Coast of N. Sumatera	印度尼西亚:北苏门答腊西部海域	Engdahl
1983	9	17	12	11	42	-16.666	-177.291	16.3	6.6	Mw	Fiji Islands	斐济群岛	ISC,Engdahl
1983	9	17	12	46	54	-60.42	-27.03	20	6.1	Mw	South Sandwich Islands	南桑威奇群岛	ISC,USGS
1983	9	21	19	20	45	24.157	122.185	39.5	6.7	Ms	China:Taiwan,Hualien,Coast of E.	中国:台湾花莲以东海域	China,Engdahl
1983	9	23	12	29	25	24.069	122.249	37	6	Mw	China:Taiwan,Hualien,Coast of E.	中国:台湾花莲以东海域	ISC,Engdahl
1983	9	24	17	17	55	-3.651	151.172	10.1	6.2	Mw	Bismarck Sea	俾斯麦海	ISC,Engdahl
1983	9	28	7	59	12	41.3	132.82	564	6.0	Mw	Japan Sea,N.	日本海北部	ISC
1983	9	28	8	4	46	41.28	132.89	563	6.0	Mw	Japan Sea,N.	日本海北部	ISC
1983	10	3	13	33	37	33.986	139.48	10.8	6	Mw	Japan:Miyakejima, Oshima	日本:三宅岛,大岛	* ISC,Engdahl
1983	10	4	18	52	16	-26.539	-70.503	24.6	7.7	Mw	Chile:Copoapo - Chanaral	智利:科皮亚波-查尼亚拉尔	* Engdahl,NOAA
1983	10	8	7	45	28	44.177	130.787	564	6.1	Mw	China:Heilongjiang,Dongning	中国:黑龙江东宁	ISC,Engdahl
1983	10	9	11	25	44	-26.131	-70.481	33.1	6.5	Mw	Chile:Chanaral	智利:查尼亚拉尔	ISC,Engdahl
1983	10	12	3	39	42	8.063	-82.669	31.3	6.0	Mw	Panama:Puerto Armuelles	巴拿马:阿穆埃耶斯港	Engdahl
1983	10	13	13	6	42	-0.871	-21.795	21.1	6.0	Mw	Central Mid - Atlantic Ridge	中大西洋中脊	Engdahl
1983	10	15	10	56	52	-8.069	156.356	2.7	6.6	Mw	Solomon Islands	所罗门群岛	ISC,Engdahl
1983	10	16	5	32	27.5	1.08	120.963	18.5	6.4	Mw	Indonesia:Biau	印度尼西亚:比奥	* Engdahl
1983	10	16	9	59	48	-23.674	-70.19	63.4	6	Mw	Chile:Antofagasta,C.	智利:安托法加斯塔中部	ISC,Engdahl
1983	10	17	13	25	20.2	-20.543	-173.852	10.1	6.2	Mw	Tonga Islands,E.	汤加群岛东部	ISC,Engdahl
1983	10	17	19	36	23	37.574	-17.459	10	6.4	Mw	North Atlantic Ocean,E.	北大西洋东部	ISC,Engdahl
1983	10	22	4	21	34	-60.688	-25.494	3.9	7.1	Mw	South Sandwich Islands	南桑威奇群岛	ISC,Engdahl
1983	10	22	5	53	21	-60.536	-24.892	4.6	6.4	Mw	South Sandwich Islands	南桑威奇群岛	ISC,Engdahl
1983	10	22	13	7	38	-60.713	-25.397	15.3	6.5	Mw	South Sandwich Islands	南桑威奇群岛	ISC,Engdahl
1983	10	25	0	36	24	1.151	120.842	26.6	6.5	Mw	Indonesia:Sulawesi Utara	印度尼西亚:北苏拉威西	* Engdahl
1983	10	27	19	43	50	1.082	120.829	31.3	6.5	Mw	Indonesia:Biau	印度尼西亚:比奥	ISC,Engdahl
1983	10	28	5	56	55	-31.366	-179.367	10	6.0	Mw	Kermadec Ridge	克马德克海岭	Engdahl
1983	10	28	14	6	9.72	44.086	-113.805	16	7.3	Ms	US:Idaho,Borah Peak, Challis	美国:爱达荷州博拉峰,查利斯	* Engdahl
1983	10	30	4	12	30	40.328	42.177	15	6.6	Mw	Turkey:Erzurum, Kars	土耳其:埃尔佐鲁姆,卡尔斯	* Engdahl
1983	10	30	16	51	57	35.464	133.899	27	6.2	Mw	Japan:Tottori	日本:鸟取	* Japan
1983	10	31	17	37	57	-9.04	119.069	81.9	6.4	Mw	Indonesia:Sumba	印度尼西亚:萨姆巴	ISC,Engdahl
1983	11	5	19	48	23	33.99	89.99	27	6	Ms	China:Qinghai,Ulan Ul Hu,SW.	中国:青海乌兰乌拉湖西南	China
1983	11	6	21	9	43	35.17	115.25	15	6.0	Ms	China:Shandong,Heze	中国:山东菏泽	* China,Dis
1983	11	7	8	39	23	1.4	128.121	38.1	6	Mw	Indonesia:Pulau Pakal	印度尼西亚:帕卡尔岛	ISC,Engdahl
1983	11	7	8	42	28	1.31	128.178	25	6.6	Mw	Indonesia:Maluku Utara	印度尼西亚:北马鲁古	ISC,Engdahl,USGS
1983	11	7	16	26	31.5	1.443	128.21	24.9	6.4	Mw	Philippine Trench	菲律宾海沟	ISC,Engdahl
1983	11	15	17	35	8.69	31.219	141.837	37.8	6.0	Mw	Japan Trench	日本海沟	ISC,Engdahl
1983	11	16	16	13	2.61	19.438	-155.376	12.5	6.7	M	Hawaiian Islands	夏威夷群岛	* Engdahl
1983	11	20	0	44	46	43.8	148.348	30.4	6.1	Mw	Kuril Islands	千岛群岛	ISC,Engdahl
1983	11	20	20	32	22	-7.497	130.611	56.2	6.1	Mw	Indonesia:Palau Jamdena	印度尼西亚:延德纳岛	ISC,Engdahl
1983	11	22	14	21	4.29	0.518	-79.767	49.8	6.8	Mw	Ecuador:Muisne	厄瓜多尔:穆伊斯内	ISC,Engdahl,USGS

年 Year	月 Mo	日 Dy	时 Hr	分 Mn	秒 Sec	纬度(°) Latitude	经度(°) Longitude	深度 Depth	震级 Mag	标度 Scale	地名(英文) Name(English)	地名(中文) Name(Chinese)	资料来源 Information
1983	11	24	5	30	36	-7.508	128.103	181.7	7.4	Mw	Indonesia:Timor, Dili	印度尼西亚:帝汶,帝利	ISC,Engdahl
1983	11	25	19	56	10	-40.514	155.544	26.1	6	Mw	Tasman Sea	塔斯曼海[太平洋]	ISC,Engdahl
1983	11	25	21	54	16	-5.44	152.037	43.2	6.1	Mw	Papua New Guinea:East New Britain	巴布亚新几内亚:东新不列颠	ISC,Engdahl
1983	11	26	20	18	25	7.374	-82.306	9.7	6.3	Mw	Panama:Off Coast of S.	巴拿马:南部海域	ISC,Engdahl
1983	11	29	23	41	8.61	-19.47	-177.738	531.1	6.0	Mw	Fiji Islands	斐济群岛	Engdahl
1983	11	30	2	56	48	41.868	142.752	50.5	6	Mw	Japan:Hokkaido	日本:北海道	ISC,Engdahl,USGS
1983	11	30	17	46	2.51	-6.835	72.065	11	7.7	Mw	Chagos Archipelago Region	查戈斯群岛地区[印度洋]	* Engdahl,NOAA,USGS
1983	12	2	3	9	3.13	14.055	-91.914	31	7	Mw	Guatemala:Near Coast	危地马拉:近海	CSN,Engdahl,USGS
1983	12	3	1	23	59	-15.379	-172.833	50.8	6.1	Mw	Samoa:South of Apia	萨摩亚:阿皮亚南部	ISC,Engdahl
1983	12	3	17	43	18	-6.478	71.393	19.3	6.3	Mw	Mid - Indian Ridge	中印度洋海岭	ISC,Engdahl
1983	12	7	12	14	48.6	-15.96	167.19	29	6.0	Ms	Vanuatu Islands	瓦努阿图群岛	CSN
1983	12	8	2	19	12.3	-19.169	-178.335	629.9	6.0	Mw	Fiji Islands	斐济群岛	Engdahl
1983	12	8	13	18	1.23	3.794	148.995	31.9	6.2	Mw	East Caroline Basin	东加罗林海盆	ISC,Engdahl
1983	12	10	20	22	40	14.295	-91.685	84.3	6.0	Mw	Guatemala:Champerico	危地马拉:钱佩里科	Engdahl
1983	12	11	9	13	52	8.137	137.212	30.9	6.4	Mw	Micronesia:W. Caroline Islands	密克罗尼西亚:卡罗琳群岛西部	ISC,Engdahl
1983	12	12	9	26	11.2	-7.618	127.301	162.6	6.4	Mw	Indonesia:Banda Sea	印度尼西亚:班达海	ISC,Engdahl
1983	12	15	4	22	35	-33.111	-70.195	99.5	6.0	Mw	Chile:Los Andes,W.	智利:洛斯安第斯西部	Engdahl,USGS
1983	12	15	14	11	24	-3.13	145.478	8.6	6.3	Mw	Bismarck Sea	俾斯麦海	ISC,Engdahl
1983	12	20	16	58	32	-2.372	145.035	6.8	6.2	Mw	Papua New Guinea:Mussau Island	巴布亚新几内亚:穆绍岛	ISC,Engdahl
1983	12	20	18	46	34	-2.488	145.08	12.9	6.1	Mw	Papua New Guinea:Mussau Island	巴布亚新几内亚:穆绍岛	Engdahl
1983	12	21	12	5	7.34	-28.179	-63.083	604.5	6.9	Mw	Argentina:Santiago del Estero	阿根廷:圣地亚哥-德尔埃斯特罗	ISC,Engdahl
1983	12	21	23	32	14	-5.446	151.898	40.9	6.3	Mw	Papua New Guinea:Kalip	巴布亚新几内亚:卡利普	ISC,Engdahl
1983	12	22	0	7	36	-5.49	152.05	57	6.0	Mw	Papua New Guinea:East New Britain	巴布亚新几内亚:东新不列颠	ISC
1983	12	22	1	2	7.29	-5.4	151.916	54.3	6.5	Mw	Papua New Guinea:East New Britain	巴布亚新几内亚:东新不列颠	* Engdahl
1983	12	22	4	11	30	11.862	-13.511	8.2	6.3	Mw	Guinea:Gaoual - Koumbia	几内亚:高瓦尔-昆比亚	* Engdahl
1983	12	30	23	52	41	36.401	70.713	213.6	7.4	Mw	Afghan:Badakhshan	阿富汗:巴达赫尚	* Engdahl
1984	1	1	9	3	41	33.659	136.8	385.5	7.2	Mw	Japan:Mie,Near Coast	日本:三重近海	ISC,Engdahl
1984	1	1	22	8	15	-22.68	-65.955	258.3	6.0	Mw	Argentina:Jujuy,N.	阿根廷:胡胡伊北部	Engdahl
1984	1	2	22	10	1.18	-56.616	-142.513	18.9	6.4	Mw	Pacific - Antarctic Ridge	太平洋-南极洲洋脊	ISC,Engdahl
1984	1	8	15	24	16	-2.866	118.725	42.5	6.7	Mw	Indonesia:Sulawesi,W	印度尼西亚:苏拉威西岛西部	* Engdahl,NOAA
1984	1	16	12	27	15	-30.053	-112.34	4.9	6.3	Mw	Southern East Pacific Rise	南太平洋东海岭	ISC,Engdahl
1984	1	17	2	8	31	-9.9	116	33	6.0	Mw	Indonesia:Sumbawa	印度尼西亚:松巴哇	ISC
1984	1	19	16	15	16	-23.654	-178.208	325.1	6.2	Mw	South of Fiji Islands	斐济群岛南部	Engdahl
1984	1	19	16	34	46	6.04	146.596	25.7	6.0	Mw	Micronesia:W. Caroline Islands	密克罗尼西亚:卡罗琳群岛西部	Engdahl
1984	1	23	7	34	59	29.323	130.367	42.1	6.0	Mw	Ryukyu Islands	琉球群岛	ISC,Engdahl
1984	1	26	22	46	32	2.99	121.97	650	6.1	Mw	Celebes Sea	西里伯斯海	ISC
1984	1	27	13	1	41	36.448	71.053	168.1	6.1	Mw	Afghan:Badakhshan	阿富汗:巴达赫尚	ISC,Engdahl,USGS
1984	2	1	7	28	30	48.981	146.582	585.5	6.3	Mw	Sea of Okhotsk	鄂霍次克海	ISC,Engdahl
1984	2	1	14	22	7.39	34.577	70.475	17	6.1	Mw	Afghan:Khorog, Jalalabad	阿富汗:霍罗格,贾拉拉巴德	* ISC,Engdahl
1984	2	7	21	33	23	-9.957	160.522	17	7.6	Mw	Solomon Islands:Guadalcanal	所罗门群岛:瓜达康纳尔岛	* Engdahl,USGS
1984	2	8	0	39	56	-9.831	160.303	53.3	6.4	Mw	Solomon Islands	所罗门群岛	ISC,Engdahl
1984	2	10	16	51	26	28.284	-112.091	27.4	6	Mw	Gulf of California	加利福尼亚湾	ISC,Engdahl
1984	2	16	17	18	43	36.448	70.849	208.5	6.4	Mw	Afghan:Fayzabad	阿富汗:法扎巴德	* Engdahl
1984	2	17	16	32	24	-6.594	130.138	167.7	6	Mw	Indonesia:Banda Sea	印度尼西亚:班达海	ISC,Engdahl
1984	2	17	20	33	44.2	20.582	-109.062	10	6.1	Mw	Mexico:Maria Madre Island	墨西哥:玛丽亚马德雷岛	Engdahl
1984	2	25	6	41	0	-7.4	103.4	45	6.3	Mw	Indonesia:Sumatra,Coast of SW.	印度尼西亚:苏门答腊西南海域	ISC,USGS
1984	2	26	8	18	20	-17.326	-70.514	108.6	6.1	Mw	Peru:Torata	秘鲁:塔克纳	Engdahl
1984	3	1	19	21	27.3	-4.622	-106.072	13.2	6.0	Mw	Central East Pacific Rise	中央东太平洋海岭	Engdahl
1984	3	2	5	48	1.51	-4.289	145.79	12.1	6.0	Mw	Bismarck Sea	俾斯麦海	Engdahl
1984	3	5	3	33	51	8.127	123.728	632	7.3	Mw	Philippines:Mindanao Island	菲律宾:棉兰老岛	ISC,Engdahl
1984	3	5	3	36	38	22.24	121.29	105	6.1	Mw	China:Taiwan,Taitung,Coast of E.	中国:台湾台东以东海域	ISC
1984	3	6	2	17	22	29.374	138.872	459.8	7.4	Mw	Japan:South Honshu Ridge	日本:本州南部海岭	ISC,Engdahl,USGS
1984	3	6	14	55	15	42.53	142.93	118	6.0	Mw	Japan:Hokkaido	日本:北海道	ISC
1984	3	8	0	40	53	-38.267	177.306	95.1	6	Mw	New Zealand:North Island,Matawai	新西兰:北岛,马塔怀	ISC,Engdahl
1984	3	10	9	2	3.71	-7.596	106.951	67.3	6.0	Mw	Indonesia:Java Island	印度尼西亚:爪哇岛	Engdahl
1984	3	12	10	50	50	-23.425	-179.904	546.8	6.2	Mw	South of Fiji Islands	斐济群岛南部	Engdahl,USGS
1984	3	14	11	36	32	-20.098	-178.01	571	6.0	Mw	Fiji Islands	斐济群岛	Engdahl
1984	3	17	3	43	49	23.5	124.85	11	6.0	Mw	Ryukyu Islands	琉球群岛	ISC
1984	3	19	20	28	39	40.356	63.344	9	7	Mw	Uzbekistan:Gazli	乌兹别克斯坦:加兹利	* Engdahl,USGS
1984	3	21	2	44	27	49.191	155.306	45.8	6.0	Mw	Kuril Islands	千岛群岛	ISC,Engdahl
1984	3	21	8	27	54	-43.908	77.87	18.2	6.0	Mw	Mid - Indian Ridge	中印度洋海岭	Engdahl
1984	3	23	20	31	35	-15.237	-173.552	46.7	6.0	Mw	Tonga Islands,N.	汤加群岛北部	Engdahl
1984	3	24	9	44	3.6	44.171	148.164	37.4	7.2	Mw	Kuril Islands	千岛群岛	* Engdahl,NOAA
1984	3	27	20	6	34	-4.593	145.85	20.6	6.5	Mw	Papua New Guinea:Madang	巴布亚新几内亚:马当	* Engdahl,USGS

年 Year	月 Mo	日 Dy	时 Hr	分 Mn	秒 Sec	纬度(°) Latitude	经度(°) Longitude	深度 Depth	震级 Mag	标度 Scale	地名(英文) Name(English)	地名(中文) Name(Chinese)	资料来源 Information
1984	3	28	9	11	22	24.143	122.579	51.6	6	Ms	China:Taiwan,Hualien,Coast of E.	中国:台湾花莲以东海域	China,Engdahl
1984	4	1	9	59	3	-5.699	124.808	604.8	6.0	Mw	Indonesia:Banda Sea	印度尼西亚:班达海	ISC,Engdahl
1984	4	6	4	13	21	-55.542	147.065	10	6.1	Mw	Australia:Macquarie Island,W.	澳大利亚:麦夸里岛西部	ISC,Engdahl
1984	4	6	23	8	23.6	-18.928	168.972	178.8	6.8	Mw	Vanuatu Islands	瓦努阿图群岛	ISC,Engdahl,USGS
1984	4	7	23	7	56	-21.05	168.71	33	6.0	Mw	Vanuatu Islands	瓦努阿图群岛	ISC
1984	4	13	9	50	11	11.85	95.01	25	6.0	Mw	India:Andaman Islands	印度:安达曼群岛	ISC
1984	4	13	22	5	10	-5.701	148.328	178.5	6.1	Mw	Papua New Guinea:West New Britain	巴布亚新几内亚:西新不列颠	Engdahl
1984	4	18	6	49	15	-15.94	-174.293	149.7	6.5	Mw	Samoa:South West of Apia	萨摩亚:阿皮亚西南	ISC,Engdahl
1984	4	19	2	52	22	30.1	74	200	6.2	Mw	India:Hanumangarh	印度:赫努曼格尔	ISC
1984	4	20	6	31	12	50.047	148.75	590.2	6.3	Mw	Sea of Okhotsk	鄂霍次克海	ISC,Engdahl
1984	4	21	12	36	10	-15.609	-172.985	15.5	6.0	Mw	Samoa Islands	萨摩亚群岛	Engdahl
1984	4	22	3	33	1.69	-21.849	-179.286	594.6	6.4	Mw	Tonga Islands,W.	汤加群岛西部	Engdahl,USGS
1984	4	22	6	14	25	-0.553	-19.841	17	6.2	Mw	Central Mid-Atlantic Ridge	中大西洋中脊	Engdahl
1984	4	23	21	40	37	47.435	146.707	417.5	6.5	Mw	Kuril Islands	千岛群岛	ISC,Engdahl
1984	4	23	22	29	59.8	22.037	99.125	13.4	6.3	Ms	myanmar:Keng Tung,N.	缅甸:肯格塔恩北部	China,Engdahl
1984	4	24	4	11	30	30.907	138.37	400.9	6.9	Mw	Japan:South Honshu Ridge	日本:南本州海岭	ISC,Engdahl
1984	4	24	21	15	21	37.304	-121.708	8.8	6.2	M	US:California,Morgan Hill	美国:加利福尼亚州莫干山	* ISC,Engdahl
1984	4	25	4	19	32	-17.314	-177.154	409	6.3	Mw	Tonga Islands,N.	汤加群岛北部	Engdahl,USGS
1984	4	26	10	11	10	-6.82	71.49	10	6.0	Mw	Chagos Archipelago Region	查戈斯群岛地区[印度洋]	ISC
1984	4	29	5	3	0.02	43.256	12.53	12	6.1	ML	Italy:Perugia-Assissi-Gubbio	意大利:佩鲁贾-阿西西-古比欧	* Italy,USGS
1984	5	6	15	19	16	24.24	93.536	54.5	6.0	Mw	India:Imphal,S.	印度:英帕尔南部	Engdahl
1984	5	7	17	49	45	41.737	13.891	21.5	6	ML	Italy:Abruzzo	意大利:阿布鲁佐	* Italy,Engdahl,USGS
1984	5	8	3	37	17	-30.287	-177.584	40.2	6.2	Mw	Kermadec Ridge	克马德克海岭	ISC,Engdahl
1984	5	17	16	53	54	-36.24	53.602	17.5	6.9	Mw	Atlantic-Indian Ridge	大西洋-印度洋海岭	ISC,Engdahl
1984	5	21	15	37	55	32.604	121.603	44	6.4	Ms	China:South Yellow Sea	中国:南黄海	China,Engdahl,Dis
1984	5	21	15	39	3.87	32.697	121.517	45.1	6.2	Ms	China:South Yellow Sea	中国:南黄海	China,Engdahl,Dis
1984	5	23	5	16	35	-51.972	161.155	10	6.1	Mw	Macquarie Ridge	麦夸里海岭	ISC,Engdahl
1984	5	25	23	53	58	-54.583	-136.585	21.8	6.5	Mw	Southern Pacific Ridge	南太平洋海岭	ISC,Engdahl
1984	5	26	2	44	49	-54.651	-135.454	10.9	6.2	Mw	Southern Pacific Ridge	南太平洋海岭	ISC,Engdahl
1984	5	26	3	58	59	-43.507	38.727	9.1	6.7	Mw	Marion Island	马里恩岛[印度洋]	ISC,Engdahl
1984	5	26	22	42	49	-10.829	164.298	24.5	6.4	Mw	Solomon Islands	所罗门群岛	ISC,Engdahl
1984	5	27	3	39	30	28.73	128.6	1	6.1	Mw	Ryukyu Islands	琉球群岛	ISC
1984	5	30	7	49	45	-4.838	151.596	171.7	7.1	Mw	Papua New Guinea:East New Britain	巴布亚新几内亚:东新不列颠	ISC,Engdahl,USGS
1984	6	6	5	38	26	-4.799	125.856	42.8	6.2	Mw	Indonesia:Banda Sea	印度尼西亚:班达海	Engdahl
1984	6	8	1	41	15	-5.827	103.994	22.8	6.1	Mw	Indonesia:Southern Sumatra	印度尼西亚:苏门答腊南部	ISC,Engdahl
1984	6	11	2	5	36	-30.775	-71.221	50.1	6.2	Mw	Chile:Ovalle	智利:奥瓦耶	ISC,Engdahl
1984	6	15	14	22	25	-15.855	-174.743	256.9	6.6	Mw	Wallis and Futuna Islands,S.	瓦利斯群岛和富图纳群岛南部	ISC,Engdahl
1984	6	17	7	48	2	38.86	25.72	23	6.1	Mw	Aegean Sea	爱琴海	ISC
1984	6	18	11	20	18	-15.702	-72.401	108.9	6.5	Mw	Peru:Pampacolca	秘鲁:潘帕科尔卡	Engdahl,USGS,ISC
1984	6	21	10	43	45	35.402	23.336	48.4	6.2	Mw	Greece:Crete Island	希腊:克里特岛	Engdahl
1984	6	22	15	55	31	-58.379	-15.788	17	6.3	Mw	East of South Sandwich Trench	南桑维奇海沟东部	ISC,Engdahl
1984	6	24	11	17	16	17.982	-69.369	44.1	6.7	Mw	Dominica:Santo Domingo	多米尼加:多米尼加	* Engdahl
1984	6	24	13	29	41	-43.598	170.667	9	6.1	Mw	New Zealand:South Island,Sibbald	新西兰:南岛,锡博尔德	ISC,Engdahl
1984	6	28	19	51	25	2.95	126.444	57.9	6.2	Mw	Indonesia:Maluku Utara,Coast of NW.	印度尼西亚:北马鲁古西北海域	Engdahl,USGS
1984	7	1	10	11	46	33.2	74.8	197	6.3	Mw	Pakistan:Mirpur	巴基斯坦:米尔布尔	ISC
1984	7	2	4	50	44	16.754	-98.493	35	6.2	Mw	Mexico:Guerrero,Acapulco	墨西哥:格雷罗州阿卡普尔科	ISC,Engdahl
1984	7	5	5	21	53	-6.077	154.469	55.6	6.6	Mw	New Britain Trench	新不列颠海沟[太平洋]	ISC,Engdahl
1984	7	9	23	19	4.81	-5.755	111.24	538.1	6.7	Mw	Indonesia:Java Sea	印度尼西亚:爪哇海	ISC,Engdahl,USGS
1984	7	14	21	3	39	17.1	-100.6	6	6.1	Mw	Mexico:Acapulco	墨西哥:阿卡普尔科	ISC
1984	7	16	12	27	31	-54.919	-128.591	11.5	6.2	Mw	Southern Pacific Ridge	南太平洋海岭	ISC,Engdahl
1984	7	17	14	14	18	-56.471	-27.456	125.5	6.0	Mw	South Sandwich Islands	南桑威奇群岛	Engdahl
1984	7	23	4	58	21	-30.71	-178.39	411	6.3	Mw	Kermadec Ridge	克马德克海岭	ISC
1984	7	23	16	3	43	1.341	126.324	44.5	6.4	Mw	Indonesia:Molucca Sea	印度尼西亚:马鲁古海	ISC,Engdahl
1984	8	6	12	1	54	-0.072	122.427	245.3	7.4	Mw	Indonesia:Gulf of Tomini	印度尼西亚:托米尼湾	ISC,Engdahl
1984	8	6	19	6	40	32.447	131.865	45.5	6.9	Mw	Japan:Miyazzaki,Near Coast	日本:宫崎近海	* ISC,Engdahl,NOAA
1984	8	11	1	20	49	-4.987	152.153	56.8	6.2	Mw	Papua New Guinea:East New Britain	巴布亚新几内亚:东新不列颠	Engdahl
1984	8	23	19	49	19	11.571	-86.509	63.6	6.2	Mw	Nicaragua:Masaya	尼加拉瓜:马萨亚	ISC,Engdahl
1984	8	26	5	0	47	-23.61	179.112	565.3	6.4	Mw	South of Fiji Islands	斐济群岛南部	Engdahl
1984	8	29	0	18	19	15.8	-98.6	6	6.1	Mw	Mexico:Near Coast of Guerrero	墨西哥:格雷罗近海	ISC
1984	8	30	16	6	18	-33.257	-179.229	57.7	6	Mw	Kermadec Ridge	克马德克海岭	ISC,Engdahl
1984	8	31	15	42	14	-17.947	172.226	38.4	6.4	Mw	Vanuatu Islands	瓦努阿图群岛	ISC,Engdahl
1984	8	31	19	46	5.35	16.072	-93.264	117.8	6.3	Mw	Mexico:Chiapas	墨西哥:恰帕斯	Engdahl

年 Year	月 Mo	日 Dy	时 Hr	分 Mn	秒 Sec	纬度(°) Latitude	经度(°) Longitude	深度 Depth	震级 Mag	标度 Scale	地名(英文) Name(English)	地名(中文) Name(Chinese)	资料来源 Information
1984	9	5	9	32	14	−8.068	121.669	204.1	6.0	Mw	Indonesia: Banda Sea	印度尼西亚:班达海	Engdahl
1984	9	10	3	14	11	40.378	−126.912	6.2	6.6	Mw	US: California, Off Coast N.	美国:加利福尼亚州北部沿海	ISC, Engdahl
1984	9	11	7	16	37.1	−15.501	167.728	131.3	6.1	Mw	Vanuatu Islands	瓦努阿图群岛	Engdahl
1984	9	13	23	48	50	35.801	137.466	1.1	6.2	Mw	Japan: Mt Ontake	日本:御岳山	* ISC, Engdahl
1984	9	17	6	41	47	−17.919	65.641	23.4	6.2	Mw	Central Indian Ridge	印度洋中脊	ISC, Engdahl
1984	9	17	9	8	56	−32.052	−178.309	50.6	6.3	Mw	South of Kermadec Ridge	克马德克海岭南部	ISC, Engdahl
1984	9	18	13	26	2	40.885	42.219	10	6.4	Ms	Turkey: Erzurum, Olur	土耳其:埃尔佐鲁姆,奥卢尔	*
1984	9	18	17	2	45	34.016	141.521	43.3	6.8	Mw	Japan Trench	日本海沟	* ISC, Engdahl, NOAA, USGS
1984	9	19	0	21	51	−6.924	72.728	3.8	6	Ms	Chagos Archipelago Region	查戈斯群岛地区[印度洋]	ISC, Engdahl
1984	9	22	18	10	37	13.876	145.372	103.8	6.1	Mw	Guam, NE.	关岛(西太平洋)东北	Engdahl
1984	9	22	21	44	18	−32.144	−178.17	42.4	6.1	Mw	South of Kermadec Ridge	克马德克海岭南部	ISC, Engdahl
1984	9	28	0	3	35	−25.798	−175.838	15.6	6.6	Mw	Tonga Islands, S.	汤加群岛南部	ISC, Engdahl
1984	9	28	3	3	49	−21.467	−177.732	372.1	6.0	Mw	South East of Fiji Islands	斐济群岛东南	Engdahl
1984	9	28	10	40	26.5	−31.635	−110.955	14.6	6.1	Mw	Easter Island, S.	复活节岛南部	Engdahl
1984	9	30	20	48	46	−6.058	148.503	63.5	6.0	Mw	Papua New Guinea: West New Britain	巴布亚新几内亚:西新不列颠	Engdahl
1984	10	4	16	31	54	−9.875	118.689	31.4	6.3	Mw	Indonesia: Sumba Island	印度尼西亚:松巴岛	ISC, Engdahl
1984	10	12	18	21	48	−16.65	177.18	10	6.3	Mw	Fiji Islands	斐济群岛	ISC, Engdahl
1984	10	13	2	3	45	−18.163	−175.501	10.1	6.1	Mw	Tonga Islands, N.	汤加群岛北部	ISC, Engdahl
1984	10	13	5	32	41	−15.75	177.353	12.7	6.2	Mw	North of Fiji Islands	斐济群岛北部	ISC, Engdahl
1984	10	14	3	18	24	45.2	154.4	33	6.2	Mw	Kuril Islands	千岛群岛	ISC
1984	10	15	10	21	8.48	−15.871	−173.554	126.2	7.1	Mw	North of Fiji Islands	斐济群岛北部	ISC, Engdahl
1984	10	19	14	37	52	−15.896	−173.895	121.7	6.0	Mw	Samoa: South West of Apia	萨摩亚:阿皮亚西南	Engdahl
1984	10	20	17	59	19	−24.015	−66.775	195	6.2	Mw	Argentina: Salta	阿根廷:萨尔塔	ISC, Engdahl
1984	10	22	15	26	51	−31.68	−177.64	10	6.0	Mw	Kermadec Ridge	克马德克海岭	ISC
1984	10	26	8	49	27	1.647	126.253	58.6	6.3	Mw	Indonesia: Molucca Sea	印度尼西亚:马鲁古海	ISC, Engdahl
1984	10	26	20	22	20	39.176	71.358	9	6.1	Mw	Tajikistan: Dzhirgatal, Garm	塔吉克斯坦:吉尔加塔尔,加尔姆	* Engdahl, USGS
1984	10	29	23	4	40	51.13	179.45	15	6.1	Mw	Aleutian Islands, Rat Island	阿留申群岛,拉特岛	ISC
1984	10	29	23	18	6.8	5.732	125.515	156.7	6.6	Mw	Philippines: Mindanao Island	菲律宾:棉兰老岛	ISC, Engdahl, USGS
1984	10	30	1	5	51	−17.086	−173.999	142.6	6.6	Mw	Tonga Islands, N.	汤加群岛北部	ISC, Engdahl
1984	11	1	4	48	52	8.156	−38.805	11.7	7	Mw	Central Mid − Atlantic Ridge	中大西洋中脊	ISC, Engdahl
1984	11	1	18	43	42	55.193	163.609	23	6.3	Mw	Russia: Kamchatka, Near East Coast	俄罗斯:堪察加东部近海	ISC, Engdahl
1984	11	15	2	46	24	−22.043	171.018	131.4	7.1	Mw	Vanuatu Islands	瓦努阿图群岛	ISC, Engdahl
1984	11	15	5	52	31	−20.342	−177.326	340.8	6.3	Mw	Tonga Islands, W.	汤加群岛西部	Engdahl, USGS
1984	11	17	6	49	31	0.179	97.959	28.7	7.1	Mw	Indonesia: Northern Sumatra	印度尼西亚:苏门答腊北部	ISC, Engdahl
1984	11	17	13	45	50	−18.812	−177.94	454	6.7	Mw	Fiji Islands	斐济群岛	ISC, Engdahl
1984	11	17	22	43	40	−18.327	−175.622	24.6	6.2	Mw	Tonga Islands, N.	汤加群岛北部	ISC, Engdahl
1984	11	20	8	15	14	5.129	125.114	167	7.5	Mw	Philippines: Mindanao Island, Coast of S.	菲律宾:棉兰老岛南部海域	ISC, Engdahl
1984	11	21	14	33	20	−14.459	171.248	13.3	6.4	Mw	Vanuatu Islands	瓦努阿图群岛	ISC, Engdahl
1984	11	21	18	17	55	−14.504	171.106	33.8	6.1	Mw	Vanuatu Islands	瓦努阿图群岛	ISC, Engdahl
1984	11	22	0	50	47	−30.938	−13.463	23.1	6.0	Mw	Southern Mid − Atlantic Ridge	南大西洋洋中脊	Engdahl
1984	11	22	17	7	37	−17.745	−177.98	641.2	6.5	Mw	Fiji Islands	斐济群岛	Engdahl, USGS
1984	11	23	4	45	53	−8.031	102.158	22.9	6.4	Mw	Indonesia: Sumatra, Coast of SW.	印度尼西亚:苏门答腊西南海域	ISC, Engdahl
1984	11	23	4	46	7.41	−14.277	171.344	27.7	6.8	Mw	Vanuatu Islands	瓦努阿图群岛	ISC, Engdahl
1984	11	23	7	12	34	−14.182	171.422	36.3	6	Mw	Vanuatu Islands	瓦努阿图群岛	ISC, Engdahl, USGS
1984	11	28	10	29	2	25.6	102.9	33	6.0	Mw	China: Yunnan, Luquan	中国:云南禄劝	ISC
1984	11	30	14	14	59	16	−98.3	20	6.3	Mw	Mexico: Near Coast of Guerrero	墨西哥:格雷罗近海	ISC, USGS
1984	12	2	6	9	46	20.375	−115.798	10	6.4	Mw	Mexico: Isla Clarion	墨西哥:克拉里翁岛	ISC, Engdahl
1984	12	2	21	9	28	−3.809	152.05	21.4	6.2	Mw	Papua New Guinea: New Ireland	巴布亚新几内亚:新爱尔兰	ISC, Engdahl
1984	12	3	4	8	35	44.226	148.149	51.6	6.4	Mw	Kuril Islands	千岛群岛	ISC, Engdahl
1984	12	4	7	43	22	21.4	140.6	119	6.0	Mw	Western Caroline Islands	卡罗琳群岛西部	ISC, Engdahl
1984	12	7	10	19	13	−1.437	−15.073	13.3	6.1	Mw	Central Mid − Atlantic Ridge	中大西洋中脊	ISC
1984	12	8	14	53	41	4.7	126.4	33	6.1	Mw	Indonesia: Karakelong Island	印度尼西亚:卡拉克隆岛	Engdahl
1984	12	10	10	22	4.72	−14.84	−75.23	53	6.4	Mw	Peru: Nazca	秘鲁:纳斯卡	ISC
1984	12	11	23	22	23	−22.589	−68.671	115.4	6.5	Mw	Chile: Calama	智利:卡拉马	USGS, ISC
1984	12	17	23	30	20	44.394	149.177	12.2	6.1	Mw	Kuril Islands	千岛群岛	Engdahl, USGS
1984	12	17	23	56	60	44.293	149.128	36.3	6	Mw	Kuril Islands	千岛群岛	ISC, Engdahl
1984	12	20	16	26	17	11.337	−86.306	72.4	6.0	Mw	Nicaragua: Masaya	尼加拉瓜:马萨亚	ISC, Engdahl
1984	12	21	18	47	54	−6.09	149.89	58.2	6.2	Mw	Papua New Guinea: West New Britain	巴布亚新几内亚:西新不列颠	Engdahl
1984	12	24	5	32	35	−5.95	149.686	57.1	6.2	Mw	Papua New Guinea: West New Britain	巴布亚新几内亚:西新不列颠	ISC, Engdahl
1984	12	28	10	37	53	56.21	163.391	16.7	6.7	Mw	Russia: Kamchatka, Near East Coast	俄罗斯:堪察加东部近海	ISC, Engdahl, USGS
1984	12	28	18	20	15	−36.57	177.79	18	6.2	Mw	Kermadec Ridge, S.	克马德克海岭南部	* Engdahl, NOAA
1984	12	29	1	7	6	24.49	122.04	10	6.2	Mw	China: Taiwan, Hualien, Coast of E.	中国:台湾花莲以东海域	ISC, USGS
1984	12	30	21	36	54	−36.643	177.671	37.7	6.8	Mw	Kermadec Ridge, S.	克马德克海岭南部	ISC
1984	12	30	23	33	39	24.678	92.866	15	6	Mw	India: Assam, Cachar District	印度:阿萨姆邦,察查地区	ISC, Engdahl

年 Year	月 Mo	日 Dy	时 Hr	分 Mn	秒 Sec	纬度(°) Latitude	经度(°) Longitude	深度 Depth	震级 Mag	标度 Scale	地名(英文) Name(English)	地名(中文) Name(Chinese)	资料来源 Information
1984	12	31	21	42	13	-60.06	153.313	10	6.0	Mw	West of Macquarie Ridge	麦夸里海岭西部	Engdahl
1985	1	2	5	32	51	55.352	-157.866	33.4	6	Mw	Aleutian Islands	阿留申群岛	ISC, Engdahl
1985	1	5	11	11	34	10.151	-80.083	48.4	6.1	Mw	Panama: Off Coast of N.	巴拿马:北部沿海	ISC, Engdahl
1985	1	7	19	25	33	-15.4	167.88	33	6.2	Mw	Vanuatu Islands	瓦努阿图群岛	ISC
1985	1	10	17	47	58	10.768	-43.467	10.3	6.1	Mw	Northern Mid - Atlantic Ridge	北大西洋洋中脊	Engdahl
1985	1	11	14	42	1.22	0.205	123.57	203	6.2	Mw	Indonesia: Sulawesi, Donggala	印度尼西亚:苏拉威西岛,栋加拉	ISC, Engdahl, USGS
1985	1	17	21	33	11.2	-3.764	141.816	33	6.1	Mw	Papua New Guinea: Sandaun	巴布亚新几内亚:桑道恩	Engdahl
1985	1	17	21	44	15	-3.707	141.741	44.7	6.1	Mw	Papua New Guinea: Sandaun	巴布亚新几内亚:桑道恩	Engdahl
1985	1	18	15	0	10	-29.393	-70.831	81	6.3	Mw	Chile: Coquimbo	智利:科金博	ISC, Engdahl
1985	1	21	0	55	22	-0.955	128.399	17.3	6.7	Mw	Indonesia: Halmahera Sea	印度尼西亚:哈马黑拉海	ISC, Engdahl
1985	1	26	3	7	1.4	-33.11	-68.592	18.6	6	Mw	Argentina: Mendoza, La Ligua	阿根廷:门多萨,拉里瓜	* Engdahl
1985	1	26	21	36	11	32.6	131.3	118	6.0	Mw	Japan: Miyazzaki	日本:宫崎	ISC
1985	1	31	4	33	1.71	-46.095	165.21	26.9	6.3	Mw	New Zealand: Auckland Islands, N.	新西兰:奥克兰群岛以北	ISC, Engdahl
1985	2	3	4	50	54	-20.534	-173.972	38.2	6.0	Mw	Tonga Islands	汤加群岛	Engdahl
1985	2	6	13	29	12	37.9	151.7	33	6.0	Mw	Japan Trench	日本海沟	ISC
1985	2	18	19	41	0	23.5	124.8	33	6.0	Mw	Ryukyu Islands	琉球群岛	ISC
1985	2	19	23	3	32	-26	179.9	520	6.0	Mw	South of Fiji Islands	斐济群岛南部	ISC
1985	2	23	13	41	57	-10.225	161.173	89.4	6.2	Mw	Solomon Islands	所罗门群岛	ISC, Engdahl
1985	2	24	2	26	58	-2.091	119.765	52.4	6.0	Mw	Indonesia: Sulawesi	印度尼西亚:苏拉威西岛	Engdahl
1985	2	28	20	53	49	27.52	128.467	55.4	6	Mw	Ryukyu Islands	琉球群岛	ISC, Engdahl, USGS
1985	3	1	17	11	20	-2.044	119.626	24.2	6.4	Mw	Indonesia: Sulawesi	印度尼西亚:苏拉威西岛	ISC, Engdahl
1985	3	2	15	47	35	-1.937	119.708	46.1	6.7	Mw	Indonesia: Sulawesi	印度尼西亚:苏拉威西岛	ISC, Engdahl
1985	3	3	22	47	9.54	-33.132	-71.708	40	8	Mw	Chile: San Antonio, Valparaiso	智利:圣安东尼奥,瓦尔帕莱索	* Chile, Engdahl, NOAA
1985	3	3	23	38	31	-32.829	-71.211	22.8	6.4	Ms	Chile: Valparaiso	智利:瓦尔帕莱索	ISC, Engdahl
1985	3	4	0	32	24.7	-33.23	-71.738	45.7	7.4	Mw	Chile: Valparaiso	智利:瓦尔帕莱索	ISC, Engdahl
1985	3	4	3	17	57	-34.157	-72.058	44.2	6.2	Ms	Chile: Isla De Maipo	智利:伊斯拉德迈波	ISC, Engdahl
1985	3	4	6	6	57	-33.912	-72.06	24.7	6.3	Mw	Chile: Near Coast of C.	智利:中部近海	ISC, Engdahl
1985	3	4	6	17	52	-33.131	-71.915	25	6.3	Ms	Chile: Near Coast of C.	智利:中部近海	ISC, Engdahl
1985	3	4	15	1	8.35	-33.865	-71.222	38	6.3	Mw	Chile: San Pedro	智利:圣佩德罗	ISC, Engdahl
1985	3	4	19	3	10	-32.802	-71.615	50.4	6.2	Mw	Chile: Near Coast of C.	智利:中部近海	ISC, Engdahl
1985	3	5	13	40	12	1.173	122.835	33.6	6.2	Mw	Indonesia: South Sulawesi sea	印度尼西亚:苏拉威西海南部	ISC, Engdahl
1985	3	7	11	19	40	5.815	126.323	55	6.0	Mw	Philippines: Mindanao Island	菲律宾:棉兰老岛	ISC, Engdahl
1985	3	9	14	8	5.63	66.201	-150.016	9	6.2	Mw	Alaska Peninsula, C.	阿拉斯加半岛中部	ISC, Engdahl
1985	3	13	19	34	59	43.467	-127.72	10	6.5	Mw	US: Off Coast of W. Oregon	美国:俄勒冈州西部沿海	ISC, Engdahl
1985	3	16	14	54	2.71	16.982	-62.446	15.8	6.4	Mw	Saint Kitts and Nevis: Charlestown	圣基茨和尼维斯:查尔斯敦	* Engdahl, NOAA, USGS
1985	3	17	10	41	38	-32.708	-71.61	22	6.6	Mw	Chile: Valparaiso, Vina Del Mar	智利:瓦尔帕莱索,维尼亚德尔马	* ISC, Engdahl
1985	3	18	19	49	46	7.775	123.512	27.1	6.5	Mw	Philippines: Pagadian, Zamboanga	菲律宾:帕加迪安,三宝颜	* Engdahl
1985	3	19	4	1	6	-33.272	-71.703	20	6.7	Mw	Chile: Valparaiso	智利:瓦尔帕莱索	ISC, Engdahl, USGS
1985	3	21	8	18	38	6.58	94.82	33	7.1	Mw	India: Nicobar Islands	印度:尼科巴群岛	ISC
1985	3	22	14	42	58	-6.596	105.37	55.5	6.4	Mw	Indonesia: Sunda Strait	印度尼西亚:巽他海峡	ISC, Engdahl, USGS
1985	3	25	5	14	33.6	-34.302	-72.182	23	6.4	Mw	Chile: Near Coast of C.	智利:中部近海	ISC, Engdahl
1985	3	25	11	7	23	-6.441	128.788	271.1	6.2	Mw	Indonesia: Banda Sea	印度尼西亚:班达海	Engdahl
1985	3	27	12	48	13	44.402	146.649	147	6.1	Mw	Kuril Islands	千岛群岛	ISC, Engdahl, USGS
1985	3	28	16	7	8	40.327	140.335	164.6	6.3	Mw	Japan: Akita	日本:秋田	ISC, Engdahl, USGS
1985	4	3	13	6	20	-32.666	-71.656	20	6.1	Mw	Chile: Valparaiso	智利:瓦尔帕莱索	ISC, Engdahl
1985	4	3	20	21	37.7	28.271	139.51	475.1	6.4	Mw	Japan: South Honshu Ridge	日本:本州南部海岭	ISC, Engdahl
1985	4	7	0	19	34.8	-56.147	-122.445	6.1	6.4	Mw	Southern Pacific Ridge	南太平洋海岭	ISC, Engdahl
1985	4	8	19	15	7.01	-4.05	136.259	3.9	6.0	Mw	Indonesia: Papua	印度尼西亚:巴布亚	Engdahl
1985	4	9	1	57	0.77	-34.143	-71.463	38	7.1	Mw	Chile: Santiago - Valparaiso	智利:圣地亚哥 - 瓦尔帕莱索	* Chile, Engdahl, USGS
1985	4	9	5	15	38	34.184	140.79	45.7	6.2	Mw	Japan Trench	日本海沟	Engdahl
1985	4	10	16	26	21.3	29.978	138.88	414.7	6.3	Mw	Japan: South Honshu Ridge	日本:本州南部海岭	ISC, Engdahl, USGS
1985	4	11	11	54	30	-39.2	178.9	33	6.2	Mw	New Zealand: North Island, Near Coast of E.	新西兰:北岛东部近海	ISC
1985	4	12	6	12	42	-11.286	165.844	1.7	6	Mw	Solomon Islands	所罗门群岛	ISC, Engdahl
1985	4	13	3	0	7.21	1.613	126.429	44.3	6.9	Mw	Indonesia: Molucca Sea	印度尼西亚:马鲁古海	ISC, Engdahl
1985	4	16	22	5	48	-31.56	-179.76	503	6.0	Mw	Kermadec Ridge	克马德克海岭	ISC
1985	4	18	5	52	54.8	25.914	102.863	3.9	6.2	Ms	China: Yunnan, Luquan, NE.	中国:云南禄劝东北	* China, Engdahl, Dis
1985	4	19	17	43	12	11.837	-86.668	71	6.1	Mw	Nicaragua: Managua	尼加拉瓜:马拉瓜	ISC, Engdahl
1985	4	20	18	23	49	8.989	-77.417	31.1	6.3	Mw	Panama: San Blas	巴拿马:圣布拉斯	ISC, Engdahl
1985	4	21	13	21	29	35.7	87.7	31	6.0	Mw	China: Xizang (Tibet), Baingoin, N.	中国:西藏班戈北部	ISC
1985	4	21	13	28	22	29.69	138.09	514	6.0	Mw	Japan: South Honshu Ridge	日本:本州南部海岭	ISC
1985	4	21	13	53	3.6	-5.151	130.43	90.9	6.0	Mw	Indonesia: Banda Sea	印度尼西亚:班达海	Engdahl
1985	4	23	16	15	13	15.34	120.609	189.9	6.8	Mw	Philippines: Capas	菲律宾:卡帕斯	ISC, Engdahl
1985	4	23	16	16	39	21.87	121.04	34	6.0	Mw	China: Taiwan, Coast of S.	中国:台湾南部海域	ISC
1985	4	24	1	7	13	16.542	120.813	6	6.1	Mw	Philippines: Baguio	菲律宾:碧瑶	* ISC, Bautista, Engdahl

年 Year	月 Mo	日 Dy	时 Hr	分 Mn	秒 Sec	纬度(°) Latitude	经度(°) Longitude	深度 Depth	震级 Mag	标度 Scale	地名(英文) Name(English)	地名(中文) Name(Chinese)	资料来源 Information
1985	4	25	9	6	42	-60.621	153.814	10	6.0	Mw	Macquarie Ridge	麦夸里海岭	Engdahl
1985	4	30	8	45	30	24.874	125.336	52	6.1	Mw	Ryukyu Islands, SW.	琉球群岛西南	ISC, Engdahl
1985	5	1	13	27	58	-9.228	-71.236	606.1	6.6	Mw	Brazil: Amazonas	巴西:亚马孙州	ISC, Engdahl
1985	5	2	8	55	17	48.888	156.215	37.3	6.4	Mw	Kuril Islands	千岛群岛	ISC, Engdahl
1985	5	6	17	10	5.53	-37.546	179.531	41.6	6.2	Mw	New Zealand: North Island, Near Coast of NE.	新西兰:北岛东北近海	ISC, Engdahl
1985	5	9	19	5	24	51.447	177.933	36.7	6.3	Mw	Aleutian Islands	阿留申群岛	ISC, Engdahl
1985	5	9	19	14	10	51.296	178.042	43.1	6	Ms	Aleutian Islands	阿留申群岛	ISC, Engdahl
1985	5	10	15	35	54	-5.601	151.056	47.4	7.2	Mw	Papua New Guinea: West New Britain	巴布亚新几内亚:西新不列颠	* Engdahl, USGS
1985	5	13	10	41	0	32.99	132.59	39	6.0	Mw	Japan: Ehime	日本:爱媛	ISC, USGS
1985	5	14	13	25	2.2	-10.683	41.387	28.6	6	Mw	Tanzania: Quionga, Off Coast of E.	坦桑尼亚:基翁加东部海域	ISC, Engdahl
1985	5	14	18	11	13	-10.617	41.412	28.8	6.3	Mw	Mozambique: Palma, Coast	莫桑比克:帕尔马沿海	ISC, Engdahl
1985	5	15	20	12	45	-56.746	-25.45	19.5	6.5	Mw	South Sandwich Trench	南桑维奇海沟	ISC, Engdahl
1985	5	16	0	22	3.6	-56.64	-25.45	32	6.3	Ms	South Sandwich Trench	南桑维奇海沟	CSN
1985	5	16	14	20	28	-29.052	77.687	19.3	6.3	Mw	Mid - Indian Ridge	中印度洋海岭	ISC, Engdahl
1985	5	18	16	59	14	-19.165	-69.106	106.1	6.0	Mw	Chile: Tarapaca	智利:塔拉帕卡	Engdahl
1985	5	19	18	9	17	-30.257	-71.339	40.5	6.2	Mw	Chile: Coquimbo	智利:科金博	ISC, Engdahl, USGS
1985	5	24	22	4	45	51.418	-178.38	39.5	6.1	Mw	Andreanof Islands, Aleutian Is.	阿留申群岛,安德烈亚诺夫群岛	ISC, Engdahl
1985	5	31	7	24	35	12.314	144.314	27.5	6	Mw	Mariana Islands, S.	马里亚纳群岛南部	ISC, Engdahl
1985	6	3	2	45	30	13.233	-90.047	29.5	6.3	Mw	Guatemala: Near Coast	危地马拉:近海	ISC, Engdahl
1985	6	3	12	6	24	-15.344	-173.39	46.4	6.6	Mw	Samoa: South West of Apia	萨摩亚:阿皮亚西南	ISC, Engdahl
1985	6	4	3	56	32	4.914	127.486	125.3	6.2	Mw	Indonesia: Karakelong Island	印度尼西亚:卡拉克隆岛	ISC, Engdahl
1985	6	5	23	4	58	-4.66	153.231	72.8	6.3	Mw	Papua New Guinea: New Ireland	巴布亚新几内亚:新爱尔兰	ISC, Engdahl, USGS
1985	6	6	2	40	14	0.936	-28.469	4.9	6.5	Mw	Central Mid - Atlantic Ridge	中大西洋中脊	ISC, Engdahl
1985	6	8	13	19	3	4.8	126.6	33	6.2	Mw	Philippines: Mindanao Island, Coast of S.	菲律宾:棉兰老岛南部海域	ISC
1985	6	10	15	37	3.63	-27.964	-66.869	169.2	6.4	Mw	Argentina: Catamarca	阿根廷:卡塔马卡	ISC, Engdahl, USGS
1985	6	12	17	22	54	24.622	122.118	27.6	6.3	Ms	China: Taiwan, Yilan, Coast of E.	中国:台湾宜兰以东海域	China, Engdahl
1985	6	17	19	12	38	30.9	135.2	33	6.2	Mw	Japan: Wakayama, Near Coast	日本:和歌山近海	ISC
1985	6	21	4	31	13	-28.429	-175.839	31.9	6.0	Mw	North East of Kermadec Ridge	克马德克海岭东北	Engdahl
1985	6	23	13	1	35	-10.972	163.682	11	6.5	Mw	Solomon Islands	所罗门群岛	ISC, Engdahl
1985	6	23	13	57	47	-10.938	163.861	28.4	6	Ms	Solomon Islands	所罗门群岛	ISC, Engdahl
1985	6	23	19	49	55	-10.915	163.891	21.7	6.4	Mw	Solomon Islands	所罗门群岛	ISC, Engdahl
1985	6	26	3	4	22	4.9	126.7	33	6.1	Mw	Philippine Trench	菲律宾海沟	ISC
1985	6	30	2	39	1.9	49.9	78.67		6.1	Ms	Kazakhstan: Semey	哈萨克斯坦:塞米伊	CSN
1985	7	3	3	11	33	-54.969	146.454	10	6.4	Mw	West of Macquarie Ridge	麦夸里海岭西部	ISC, Engdahl
1985	7	3	4	36	55	-4.452	152.879	46.7	7.2	Mw	Papua New Guinea: New Ireland	巴布亚新几内亚:新爱尔兰	* Engdahl, NOAA
1985	7	3	10	20	20	-4.391	152.893	58.2	6.0	Mw	Papua New Guinea: New Ireland	巴布亚新几内亚:新爱尔兰	ISC, Engdahl
1985	7	3	15	55	50	-17.211	167.866	25.3	6.5	Mw	Vanuatu Islands	瓦努阿图群岛	ISC, Engdahl
1985	7	6	3	37	21	-29.692	-177.694	60.1	6.2	Mw	Kermadec Ridge	克马德克海岭	Engdahl
1985	7	6	14	37	33	-6.7	116.8	33	6.2	Mw	Indonesia: Bali Island	印度尼西亚:巴厘岛	ISC, USGS
1985	7	7	6	1	12	20.4	135.9	33	6.1	Mw	Japan: Wakayama, Near Coast	日本:和歌山近海	ISC
1985	7	7	11	25	14	-32.975	-72.024	33.4	6	Mw	Chile: Near Coast of C.	智利:中部近海	ISC, Engdahl
1985	7	8	19	37	38	-59.699	150.004	10	6.3	Mw	West of Macquarie Ridge	麦夸里海岭西部	ISC, Engdahl
1985	7	10	5	6	37	-38.462	-91.546	13.7	6.1	Mw	Chile Ridge	智利海岭	Engdahl
1985	7	17	8	9	31	-4.238	152.932	31.3	6.0	Mw	Papua New Guinea: New Ireland	巴布亚新几内亚:新爱尔兰	Engdahl, USGS
1985	7	17	19	31	32.8	51.625	-172.95	42.8	6.1	Mw	Aleutian Islands	阿留申群岛	ISC, Engdahl
1985	7	18	0	25	27	-37.006	78.15	2.4	6.0	Mw	Mid - Indian Ridge	中印度洋海岭	Engdahl
1985	7	19	14	34	0.87	-38.776	177.216	38.3	6.0	Mw	New Zealand: Gisborne, Wairoa	新西兰:吉斯伯恩,威洛亚	Engdahl
1985	7	20	0	53	14.5	50.03	78.81	5	6.2	Ms	Kazakhstan: Semey	哈萨克斯坦:塞米伊	CSN
1985	7	22	9	26	53	-6.231	148.816	29.9	6.8	Mw	Papua New Guinea: West New Britain	巴布亚新几内亚:西新不列颠	ISC, Engdahl
1985	7	27	16	26	49	-27.008	-113.444	19.7	6.0	Mw	Easter Island, W.	复活节岛西部	Engdahl
1985	7	28	22	59	53	-60.363	-27.13	9.3	6.4	Mw	South Sandwich Islands	南桑威奇群岛	ISC, Engdahl
1985	7	29	7	54	46	36.164	70.864	99.8	7.4	Mw	Afghan: Badakhshan	阿富汗:巴达赫尚	* ISC, Engdahl
1985	7	31	7	37	49	51.8	174	33	6.0	Mw	Aleutian Islands	阿留申群岛	ISC
1985	8	2	7	46	53	36.137	70.804	101.5	6.4	Mw	Afghan: Badakhshan	阿富汗:巴达赫尚	ISC, Engdahl
1985	8	4	2	36	24	7.454	123.42	20.8	6.4	Mw	Philippines: Mindanao Island	菲律宾:棉兰老岛	ISC, Bautista, Engdahl
1985	8	4	12	1	58	36.137	-120.104	10	6.1	Mw	US: California, Huron	美国:加利福尼亚州何伦	Engdahl, USGS
1985	8	8	16	18	3.74	-6.109	113.429	591.1	6.2	Mw	Indonesia: Java Island	印度尼西亚:爪哇岛	Engdahl
1985	8	9	6	9	17	-15.26	-174.551	207.1	6.1	Mw	North of Fiji Islands	斐济群岛北部	Engdahl
1985	8	9	19	59	46	16.934	120.158	24.5	6.1	Mw	Philippines: San Fernando	菲律宾:圣费尔南多	ISC, Engdahl
1985	8	11	0	19	3.51	11.157	140.277	27.1	6	Mw	Western Caroline Islands	卡罗琳群岛西部	ISC, Engdahl
1985	8	11	9	59	46	54.148	168.707	54	6.2	Mw	Aleutian Islands	阿留申群岛	ISC, Engdahl
1985	8	12	0	4	51	-38.473	-73.664	22.1	6.2	Mw	Chile: Near Coast of C.	智利:中部近海	ISC, Engdahl
1985	8	12	3	49	20	37.796	141.726	51.4	6.5	Mw	Japan: Fukushima, Near Coast	日本:福岛近海	ISC, Engdahl, USGS
1985	8	18	15	25	13	-55.573	-124.307	26	6.0	Mw	Southern Pacific Ridge	南太平洋海岭	Engdahl

年 Year	月 Mo	日 Dy	时 Hr	分 Mn	秒 Sec	纬度(°) Latitude	经度(°) Longitude	深度 Depth	震级 Mag	标度 Scale	地名(英文) Name(English)	地名(中文) Name(Chinese)	资料来源 Information
1985	8	21	11	26	30	-9.18	-78.853	55.6	6.4	Mw	Peru:Chimbote,Near Coast	秘鲁:钦博特近海	* ISC,Engdahl
1985	8	23	12	41	60	39.445	75.248	20	7.1	Ms	China:Xinjiang,Ulugqat	中国:新疆乌恰	* China,Engdahl,Dis
1985	8	28	20	50	50	-21.02	-178.891	634.4	6.6	Mw	Fiji Islands	斐济群岛	ISC,Engdahl
1985	9	5	16	30	57	28.05	139.69	513	6.0	Mw	Japan:South Honshu Ridge	日本:本州南部海岭	ISC
1985	9	10	4	7	52	-6.344	149.791	28.8	6.5	Mw	Papua New Guinea:West New Britain	巴布亚新几内亚:西新不列颠	ISC,Engdahl
1985	9	10	6	39	4.05	27.211	139.9	517.8	6.4	Mw	Japan:South Honshu Ridge	日本:南本州海岭	ISC,Engdahl
1985	9	11	19	20	32	-54.26	-132.466	10	6.0	Mw	Southern Pacific Ridge	南太平洋海岭	Engdahl
1985	9	11	20	45	52	39.361	75.428	22.8	6.6	Ms	China:Xinjiang,Ulugqat	中国:新疆乌恰	China,Engdahl
1985	9	15	1	29	25	-4.12	136.287	11.2	6.3	Mw	Indonesia:Papua	印度尼西亚:巴布亚	ISC,Engdahl
1985	9	15	2	42	55	-4.065	136.094	4.5	6.3	Mw	Indonesia:Papua	印度尼西亚:巴布亚	* Engdahl
1985	9	15	7	57	55	17.94	-97.185	68.1	6	Mw	Mexico:Oaxaca	墨西哥:瓦哈卡	ISC,Engdahl,USGS
1985	9	19	13	17	49	18.437	-102.358	15	8	M	Mexico:Michoacan,Mexico City	墨西哥:米却肯,墨西哥城	* Engdahl,NOAA
1985	9	21	1	37	14	17.827	-101.622	18.4	7.6	Mw	Mexico:Guerrero,Zihuatanejo	墨西哥:格雷罗州锡瓦塔塔内霍	* Engdahl,NOAA
1985	9	26	7	27	54	-34.647	-178.517	66.8	6.9	Mw	South of Kermadec Ridge	克马德克海岭南部	ISC,Engdahl
1985	9	27	3	39	10	-9.794	159.914	33.3	6.6	Mw	Solomon Islands:Honiara	所罗门群岛:霍尼亚拉	* Engdahl,USGS
1985	9	27	10	10	17	-21.991	-174.613	5.4	6.1	Mw	Tonga Islands	汤加群岛	ISC,Engdahl
1985	10	4	8	41	38	27.56	139.96	478	6.1	Mw	Japan:South Honshu Ridge	日本:本州南部海岭	USGS,ISC,Engdahl
1985	10	5	15	24	3.47	62.171	-124.279	7	6.6	Mw	Canada:NW. Territories	加拿大:西北地区	ISC,Engdahl,USGS
1985	10	6	12	0	49	-18.96	169.548	261.4	6.1	Mw	Vanuatu Islands	瓦努阿图群岛	Engdahl
1985	10	9	1	15	6.16	-6.739	107.01	155.9	6.5	Mw	Indonesia:Java Sea	印度尼西亚:爪哇海	ISC,Engdahl,USGS
1985	10	9	9	33	34.2	54.731	-159.638	32.2	6.6	Mw	Aleutian Islands	阿留申群岛	ISC,Engdahl,USGS
1985	10	12	2	12	59	-21.654	-176.309	157.5	6.2	Mw	Tonga Islands,W.	汤加群岛西部	ISC,Engdahl
1985	10	12	22	20	43	0.855	-29.964	33.7	6.4	Mw	Central Mid - Atlantic Ridge	中大西洋中脊	ISC,Engdahl
1985	10	23	0	49	11	-11.11	125.16	14	6.0	Mw	Timor Sea	帝汶海	ISC
1985	10	25	2	9	8.46	52.09	-171.323	56.1	6.0	Mw	Andreanof Islands, Aleutian Is.	阿留申群岛,安德烈亚诺夫群岛	Engdahl
1985	10	25	18	12	21	-7.128	124.241	601	6	Mw	Indonesia:Banda Sea	印度尼西亚:班达海	ISC,Engdahl
1985	10	29	13	13	43	36.682	54.773	20	6.1	Mw	Iran:Gorgan	伊朗:戈尔甘	ISC,Engdahl
1985	10	29	14	10	41.6	-9.548	151.05	16.3	6.4	Mw	Papua New Guinea:Milne Bay	巴布亚新几内亚:米尔恩湾	ISC,Engdahl
1985	10	31	19	33	11	53.201	-166.915	56.5	6.1	Mw	Alaska:Unimak Island	阿拉斯加:乌尼马克岛	ISC,Engdahl
1985	10	31	21	49	21	-28.739	-63.199	597.7	6.5	Mw	Argentina:Santiago del Estero	阿根廷:圣地亚哥-德尔埃斯特罗	Engdahl,USGS
1985	11	2	19	49	26	-18.024	176.062	10	6.2	Mw	Fiji Islands	斐济群岛	ISC,Engdahl
1985	11	6	8	15	43	-58.805	-26.333	147.5	6.1	Mw	South Sandwich Islands	南桑威奇群岛	Engdahl
1985	11	7	19	12	33	-35.181	-179.227	53.6	6.5	Mw	South of Kermadec Ridge	克马德克海岭南部	ISC,Engdahl
1985	11	7	23	34	36	7.729	137.004	29.7	6.1	Mw	Micronesia:W. Caroline Islands	密克罗尼西亚:卡罗琳群岛西部	Engdahl
1985	11	8	18	40	22	27.931	140.696	10	6.2	Mw	Japan:South Honshu Ridge	日本:本州南部海岭	ISC,Engdahl
1985	11	12	3	34	19	-36.491	-98.271	2.7	6.3	Mw	West of Chile Ridge	智利海岭西部	Engdahl
1985	11	14	2	11	27	-34.2	-11.5	33	6.0	Mw	Southern Mid - Atlantic Ridge	南大西洋洋中脊	ISC
1985	11	14	22	17	46	54.766	-159.789	30.7	6.1	Mw	Aleutian Islands	阿留申群岛	ISC,Engdahl
1985	11	16	4	12	20	-38.586	78.309	10.6	6.5	Mw	Mid - Indian Ridge	中印度洋海岭	ISC,Engdahl
1985	11	17	9	40	23	-1.67	134.937	11.4	7.1	Mw	Indonesia:Irian Jaya Barat	印度尼西亚:西巴布亚	* Engdahl
1985	11	17	14	20	58	-1.634	134.437	27.1	6.0	Mw	Indonesia:Irian Jaya Barat	印度尼西亚:西巴布亚	Engdahl
1985	11	22	8	45	27	-5.974	149.458	50.6	6.2	Mw	Papua New Guinea:West New Britain	巴布亚新几内亚:西新不列颠	ISC,Engdahl
1985	11	28	2	25	44	-14.043	166.331	32.8	7	Mw	Vanuatu Islands	瓦努阿图群岛	ISC,Engdahl
1985	11	28	3	49	57.7	-13.982	166.284	49.4	7.6	Mw	Vanuatu Islands	瓦努阿图群岛	* Engdahl
1985	11	30	3	4	20	-16.319	-174.176	165.3	6.0	Mw	Fiji Islands	斐济群岛	Engdahl
1985	12	6	22	26	27	-1.622	134.919	19.7	6.0	Mw	Indonesia:Irian Jaya Barat	印度尼西亚:西巴布亚	Engdahl
1985	12	14	6	46	15	3.696	126.562	37.2	6.2	Mw	Indonesia:Karakelong Island	印度尼西亚:卡拉克隆岛	ISC,Engdahl
1985	12	16	2	44	39	11.716	-85.88	35.9	6.1	Mw	Nicaragua:Rivas, Masaya	尼加拉瓜:里瓦斯,马萨亚	* Engdahl
1985	12	16	8	3	14	-14.123	166.231	52.9	6.5	Ms	Vanuatu Islands	瓦努阿图群岛	Engdahl,USGS
1985	12	16	8	4	10.2	-14.084	166.32	51.4	6.5	Mw	Vanuatu Islands	瓦努阿图群岛	ISC,Engdahl
1985	12	21	1	13	24	-14.012	166.631	43.3	7.6	Mw	Vanuatu Islands	瓦努阿图群岛	* Engdahl
1985	12	21	2	46	37	-14.106	166.715	53.8	6.5	Mw	Vanuatu Islands	瓦努阿图群岛	ISC,Engdahl
1985	12	21	10	2	2.25	-14.148	166.626	52.2	6.3	Mw	Vanuatu Islands	瓦努阿图群岛	ISC,Engdahl
1985	12	22	17	13	28	-15.581	-178.319	10.8	6.0	Mw	North of Fiji Islands	斐济群岛北部	Engdahl
1985	12	22	18	27	0.59	-15.709	-178.26	10	6.0	Mw	North of Fiji Islands	斐济群岛北部	Engdahl
1985	12	23	5	16	5.08	62.164	-124.311	6	6.8	M	Canada:NW. Territories	加拿大:西北地区	ISC,Engdahl,USGS
1985	12	24	4	9	43	-34.999	54.238	9.9	6.2	Mw	South West - Indian Ridge	南印度洋西海岭	ISC,Engdahl
1985	12	25	22	15	11	-21.676	-178.46	463.1	6.1	Mw	Tonga Islands,W.	汤加群岛西部	Engdahl
1985	12	27	5	38	55	-5.769	104.058	26.4	6.5	Mw	Indonesia:Southern Sumatra	印度尼西亚:苏门答腊南部	ISC,Engdahl
1985	12	28	15	41	7.15	-13.184	166.561	51.1	6.3	Mw	North Vanuatu Islands	瓦努阿图群岛北部	ISC,Engdahl
1985	12	28	23	10	53	-5.856	104.198	22.9	6.1	Mw	Indonesia:Southern Sumatra	印度尼西亚:苏门答腊南部	ISC,Engdahl
1985	12	29	6	39	16	-5.52	104.47	33	6.0	Mw	Indonesia:Southern Sumatra	印度尼西亚:苏门答腊南部	ISC
1985	12	30	11	13	17	-5.562	150.7	116.5	6.1	Mw	Papua New Guinea:East New Britain	巴布亚新几内亚:东新不列颠	Engdahl
1986	1	3	9	43	30	-0.97	126.913	34.1	6.1	Mw	Molukka Sea,S.	马鲁古海南部	Engdahl
1986	1	14	3	3	38	36.4	71	255	6.9	Mw	Afghan:Badakhshan	阿富汗:巴达赫尚	ISC
1986	1	15	20	17	32	-21.458	170.439	143.1	7.1	Mw	Vanuatu Islands	瓦努阿图群岛	ISC,Engdahl

年 Year	月 Mo	日 Dy	时 Hr	分 Mn	秒 Sec	纬度(°) Latitude	经度(°) Longitude	深度 Depth	震级 Mag	标度 Scale	地名(英文) Name(English)	地名(中文) Name(Chinese)	资料来源 Information
1986	1	16	13	4	33	24.765	122.016	12	6.4	Ms	China:Taiwan,Yilan,Coast of E.	中国:台湾宜兰东南海域	China,Engdahl
1986	1	22	12	26	47	-10.183	161.07	98.3	6.3	Mw	Solomon Islands	所罗门群岛	ISC,Engdahl
1986	1	27	7	35	23	-10.348	161.199	57.7	6.0	Mw	Solomon Islands	所罗门群岛	Engdahl
1986	1	28	12	32	17	8.803	94.016	14.7	6	Mw	India:Nicobar Islands	印度:尼科巴群岛	ISC,Engdahl
1986	2	3	20	47	38	27.896	139.487	528.5	6.4	Mw	Japan:South Honshu Ridge	日本:本州南部海岭	ISC,Engdahl
1986	2	12	2	59	34	36.429	140.975	45.4	6.2	Mw	Japan:Ibaraki,Near Coast	日本:茨城近海	ISC,Engdahl,USGS
1986	2	19	11	40	25	19.009	121.341	38.1	6.1	Mw	Philippines:Luzon,Coast N.	菲律宾:吕宋岛北部海域	Engdahl
1986	2	24	19	41	50	-8.917	156.784	18.9	6.2	Mw	Solomon Islands	所罗门群岛	ISC,Engdahl
1986	3	5	15	47	8.41	-18.834	169.692	291.4	6.1	Mw	Vanuatu Islands	瓦努阿图群岛	Engdahl
1986	3	6	0	5	38	40.342	51.6	22.4	6.5	Mw	Caspian Sea	里海	ISC,Engdahl,USGS
1986	3	6	12	31	27	-6.99	155.835	87	6.0	Mw	Solomon Islands	所罗门群岛	ISC,Engdahl
1986	3	7	2	46	53	-4.963	151.766	112.1	6.4	Mw	Papua New Guinea:East New Britain	巴布亚新几内亚:东新不列颠	ISC,Engdahl
1986	3	11	23	7	25	35.5	68	33	6.5	Mw	Afghan:Bamyan	阿富汗:巴米扬	ISC
1986	3	13	5	36	27	-7.012	155.661	39.1	6.1	Mw	Solomon Islands	所罗门群岛	ISC,Engdahl
1986	3	14	8	42	6	42.9	145.9	33	6.2	Mw	Japan:Off SE. Coast of Hokkaido	日本:北海道东南沿海	ISC
1986	3	14	10	30	52	-47.123	-12.929	8.7	6.0	Mw	South Atlantic Ridge	南大西洋海岭	Engdahl
1986	3	14	16	55	52	-30.106	-176.458	24.5	6.2	Mw	Kermadec Ridge	克马德克海岭	ISC,Engdahl
1986	3	15	11	29	43	-19.175	-67.441	224.2	6.3	Mw	Bolivia:Oruro	玻利维亚:奥鲁罗	Engdahl
1986	3	17	9	18	24	27.36	140.27	475	6.0	Mw	Japan:South Honshu Ridge	日本:本州南部海岭	ISC
1986	3	22	9	21	58	24.78	123	15	6.0	Mw	Ryukyu Islands	琉球群岛	ISC
1986	3	22	9	48	3	24.85	122.94	16	6.0	Mw	China:Taiwan,Yilan,Coast of E.	中国:台湾宜兰东南海域	ISC
1986	3	22	10	31	6	24.78	122.96	24	6.1	Mw	China:Taiwan,Yilan,Coast of E.	中国:台湾宜兰东南海域	ISC
1986	3	22	11	19	34	24.76	122.85	21	6.2	Mw	China:Taiwan,Yilan,Coast of E.	中国:台湾宜兰东南海域	ISC
1986	3	22	12	6	32	24.756	122.914	13.7	6.2	Ms	China:Taiwan,Yilan,Coast of E.	中国:台湾宜兰东南海域	China,Engdahl
1986	3	22	16	56	52.8	-4.472	-104.844	9.5	6.1	Mw	Ecuador:Galapagos,SE.	厄瓜多尔:加拉帕戈斯岛东南	Engdahl
1986	3	24	1	33	56	24.9	122.84	18	6	Ms	China:Taiwan,Yilan,Coast of E.	中国:台湾宜兰东南海域	China
1986	3	24	2	1	33	28.592	129.987	44.9	6.3	Mw	Ryukyu Islands	琉球群岛	ISC,Engdahl,USGS
1986	3	24	10	34	2	14.33	-91.72	33	6.5	Mw	Guatemala:Champerico	危地马拉:钱佩里科	ISC
1986	3	24	19	31	40	-2.454	138.726	23.5	6.7	Mw	Indonesia:Papua	印度尼西亚:巴布亚	ISC,Engdahl
1986	3	26	22	6	58.8	-7.128	-71.616	608.4	6.3	Mw	Brazil:Amazonas	巴西:亚马孙州	ISC,Engdahl,USGS
1986	3	27	11	58	18	-14.463	-177.937	13.1	6.0	Mw	Samoa Islands	萨摩亚群岛	Engdahl
1986	4	1	10	13	42	-18.03	-178.504	545.7	6.0	Mw	Fiji Islands	斐济群岛	Engdahl
1986	4	5	20	14	29	-13.41	-71.785	51	6.1	Mw	Peru:Cuzco	秘鲁:库斯科	* GSHAP
1986	4	7	22	43	32	14.7	-91.9	33	6.1	Mw	Mexico:Near Coast of Chiapas	墨西哥:恰帕斯州近海	ISC
1986	4	8	18	2	31	-8	-73.2	33	6.1	Mw	Peru:Pucallpa	秘鲁:普卡尔帕	ISC
1986	4	8	20	22	57	25.11	123.06	10	6.0	Mw	Ryukyu Islands	琉球群岛	ISC
1986	4	10	2	21	16	-0.941	126.803	40.7	6.2	Mw	Molukka Sea,S.	马鲁古海南部	Engdahl
1986	4	11	17	22	20	54.049	-167.997	16.3	6	Mw	Aleutian Islands	阿留申群岛	ISC,Engdahl
1986	4	14	0	25	16	-13.917	166.882	41.5	6.3	Mw	Vanuatu Islands	瓦努阿图群岛	ISC,Engdahl
1986	4	14	14	52	13	-57.811	-24.452	12.8	6.4	Mw	South Sandwich Trench	南桑维奇海沟	ISC,Engdahl
1986	4	16	12	52	20	43.945	147.499	37.5	6.3	Mw	Kuril Islands	千岛群岛	ISC,Engdahl
1986	4	20	7	3	32	-2.407	139.356	31.1	6.8	Mw	Indonesia:Papua,Near North Coast	印度尼西亚:巴布亚北部近海	ISC,Engdahl
1986	4	27	3	24	8.62	-31.181	-13.387	16.3	6.0	Mw	Southern Mid-Atlantic Ridge	南大西洋洋中脊	Engdahl
1986	4	30	7	7	19	18.371	-103	22.8	7	Mw	Mexico:Michoacan, Arteaga	墨西哥:米却肯,阿特亚加	ISC,Engdahl
1986	5	1	19	31	42	-21.845	170.282	58.7	6.1	Mw	Vanuatu Islands	瓦努阿图群岛	Engdahl
1986	5	2	10	30	5.75	55.182	163.704	23.2	6.1	Mw	Russia:Kamchatka,Near East Coast	俄罗斯:堪察加东部近海	ISC,Engdahl
1986	5	5	3	35	40	37.998	37.785	4.5	6.1	Mw	Turkey:Dogansehir	土耳其:多安谢希尔	* ISC,Engdahl
1986	5	7	20	43	35	51.443	-174.797	37.4	6.3	Mw	Aleutian Islands	阿留申群岛	ISC,Engdahl
1986	5	7	22	47	12	51.557	-174.813	28.2	8	M	Andreanof Islands, Aleutian Is.	阿留申群岛,安德烈亚诺夫群岛	* Engdahl,NOAA
1986	5	7	23	25	27	36.344	70.704	214.8	6.2	Mw	Afghan:Badakhshan	阿富汗:巴达赫尚	ISC,Engdahl,USGS
1986	5	8	1	11	5.37	51.127	-176.688	46.7	6.7	Mw	Aleutian Islands	阿留申群岛	ISC,Engdahl,USGS
1986	5	8	1	15	18	51.172	-176.796	49.1	6.4	Mw	Aleutian Islands	阿留申群岛	ISC,Engdahl,USGS
1986	5	8	1	20	57.8	51.58	-177.16	33	6.5	Ms	Andreanof Islands, Aleutian Is.	阿留申群岛,安德烈亚诺夫群岛	CSN
1986	5	8	2	4	3	51	-177.7	33	6.1	Mw	Aleutian Islands	阿留申群岛	ISC,USGS
1986	5	8	5	37	23	51.384	-175.372	25.7	6.4	Mw	Aleutian Islands	阿留申群岛	ISC,Engdahl
1986	5	8	14	37	36	4.63	125.408	151.6	6.4	Mw	Celebes Sea	西里伯斯海	Engdahl,USGS
1986	5	9	16	23	49	-17.145	-65.636	6.3	6.0	Mw	Bolivia:Cochabamba	玻利维亚:科恰班巴	ISC,Engdahl
1986	5	11	1	24	29	26.754	125.261	213.2	6.6	Mw	China:East China Sea	中国:东海	ISC,Engdahl
1986	5	15	6	38	36	52.314	-174.676	9.9	6.4	Mw	Andreanof Islands, Aleutian Is.	阿留申群岛,安德烈亚诺夫群岛	ISC,Engdahl,USGS
1986	5	16	16	57	39	47.12	154.08	33	6.0	Mw	Kuril Islands	千岛群岛	ISC
1986	5	17	16	20	23	52.255	-174.324	12.8	6.5	Mw	Andreanof Islands, Aleutian Is.	阿留申群岛,安德烈亚诺夫群岛	* Engdahl,NOAA,USGS
1986	5	20	4	25	48	24.146	121.644	15.8	6.8	Ms	China:Taiwan,Hualien	中国:台湾花莲	* China,Engdahl
1986	5	20	5	37	32	24.113	121.649	30.7	6.7	Ms	China:Taiwan,Hualien	中国:台湾花莲	Engdahl,ISC
1986	5	21	5	47	12	43.808	148.417	28.1	6.3	Mw	Kuril Islands	千岛群岛	ISC,Engdahl
1986	5	24	10	43	34	-15.455	-173.047	8.6	6.0	Mw	Samoa Islands	萨摩亚群岛	Engdahl
1986	5	26	18	40	46	-21.825	-179.024	594	6.8	Mw	Tonga Islands,W.	汤加群岛西部	ISC,Engdahl

年	月	日	时	分	秒	纬度(°)	经度(°)	深度	震级	标度	地名(英文)	地名(中文)	资料来源
Year	Mo	Dy	Hr	Mn	Sec	Latitude	Longitude	Depth	Mag	Scale	Name(English)	Name(Chinese)	Information
1986	5	26	19	6	17	-20.217	178.953	539.8	7.1	Mw	South of Fiji Islands	斐济群岛南部	ISC, Engdahl
1986	5	27	8	54	6.75	-7.064	124.095	605.9	6.0	Mw	Indonesia: Banda Sea	印度尼西亚:班达海	Engdahl
1986	5	31	3	40	3	43.6	145.9	33	6.0	Mw	Japan: Hokkaido	日本:北海道	ISC
1986	6	2	1	31	12	-6.959	154.533	19.2	6	Mw	New Britain Trench	新不列颠海沟[太平洋]	ISC, Engdahl
1986	6	2	19	29	10	47.7	146.8	33	6.0	Mw	Sea of Okhotsk	鄂霍次克海	ISC
1986	6	3	14	40	9.03	10.404	125.907	45.5	6.1	Mw	Philippines: Leyte Island	菲律宾:莱特岛	Engdahl
1986	6	8	11	2	28	43.306	146.385	62.4	6	Mw	Kuril Islands	千岛群岛	ISC, Engdahl
1986	6	11	6	18	19	-15.519	-179.11	15	6.0	Mw	North of Fiji Islands	斐济群岛北部	Engdahl
1986	6	11	13	48	2.31	10.578	-62.909	14.1	6.3	Mw	Venezuela: Pilar	委内瑞拉:比拉尔	* Engdahl
1986	6	16	10	48	28	-21.99	-178.861	558.1	7.1	Mw	Tonga Islands, W.	汤加群岛西部	ISC, Engdahl
1986	6	17	10	38	26	5.741	126.745	96.3	6	Mw	Philippine Trench	菲律宾海沟	Engdahl, ISC
1986	6	17	18	13	18	5.661	125.254	72.3	6.5	Mw	Philippines: Mindanao Island	菲律宾:棉兰老岛	ISC, Engdahl
1986	6	18	8	5	17	51.675	-176.839	55.9	6.5	Mw	Andreanof Islands, Aleutian Is.	阿留申群岛,安德烈亚诺夫群岛	ISC, Engdahl
1986	6	19	9	9	10	56.386	-152.939	9.3	6.4	Mw	Alaska: Kodiak Island	阿拉斯加:科迪亚克岛	ISC, Engdahl
1986	6	19	23	18	29	-30.845	-177.595	15	6.1	Mw	Kermadec Ridge	克马德克海岭	ISC, Engdahl
1986	6	20	17	12	45	31.179	86.759	7.5	6.4	Ms	China: Xizang (Tibet), Coqen, SE.	中国:西藏措勤东南	China, Engdahl
1986	6	24	2	53	13	34.832	140.545	62.5	6.6	Mw	Japan: South Honshu Ridge	日本:本州南部海岭	ISC, Engdahl, USGS
1986	6	24	3	11	35	-4.443	144.003	123.3	7.2	Mw	Papua New Guinea: East Sepik	巴布亚新几内亚:东塞皮克	* Engdahl
1986	6	24	6	56	54	-0.098	-17.814	9.8	6.4	Mw	South Atlantic Ridge	南大西洋海岭	ISC, Engdahl
1986	6	24	19	31	8.44	-28.047	-178.219	6.8	6.0	Mw	Kermadec Ridge	克马德克海岭	Engdahl
1986	6	28	5	3	50	-20.062	-175.946	223.2	6.5	Mw	Tonga Islands	汤加群岛	ISC, Engdahl
1986	6	29	11	57	46	-28.009	-177.815	23.2	6.1	Mw	Kermadec Ridge	克马德克海岭	ISC, Engdahl
1986	7	1	0	49	6.47	-15.672	-172.331	17.2	6.1	Mw	Samoa Islands	萨摩亚群岛	Engdahl
1986	7	5	19	57	43	-60.524	153.706	15	6.1	Mw	West of Macquarie Ridge	麦夸里海岭西部	Engdahl
1986	7	5	22	9	34	15.488	-92.523	72.4	6.0	Mw	Mexico: Chiapas	墨西哥:恰帕斯州	Engdahl
1986	7	6	19	24	24	34.427	80.177	0.4	6	Mw	China: Xinjiang, Karakorum Pass, S.	中国:新疆喀喇昆仑山口南	ISC, Engdahl
1986	7	7	16	27	0.95	10.352	56.827	24.4	6.4	Mw	Arabian Sea	阿拉伯海	ISC, Engdahl
1986	7	8	4	27	38	1.98	124.282	265.8	6.1	Mw	Celebes Sea	西里伯斯海	ISC, Engdahl
1986	7	8	9	20	45	33.97	-116.779	11.7	6.1	M	US: California, Palm Springs	美国:加利福尼亚州棕泉	* USGS, Engdahl
1986	7	9	23	10	57	1.938	126.489	50.9	6.8	Mw	Indonesia: Molucca Sea	印度尼西亚:马鲁古海	ISC, Engdahl
1986	7	10	1	29	38.6	1.868	126.368	45.3	6	Ms	Indonesia: Molucca Sea	印度尼西亚:马鲁古海	ISC, Engdahl
1986	7	13	9	12	13	16.019	-93.879	91.7	6.5	Mw	Mexico: Veracruz, Oaxaca	墨西哥:韦拉克鲁斯,瓦哈卡	ISC, Engdahl, USGS
1986	7	16	12	41	30	-19.541	169.268	116.3	6.6	Mw	Vanuatu Islands	瓦努阿图群岛	ISC, Engdahl
1986	7	19	5	59	39	47.234	151.096	152.2	6.3	Mw	Kuril Islands	千岛群岛	ISC, Engdahl
1986	7	19	6	53	21	53.553	-167.16	46.6	6.0	Mw	Alaska: Unimak Island	阿拉斯加:乌尼马克岛	Engdahl
1986	7	19	22	32	39	53.47	-167.333	44.9	6.0	Mw	Alaska: Unimak Island	阿拉斯加:乌尼马克岛	Engdahl
1986	7	21	14	42	28	37.495	-118.436	9.7	6.4	M	US: California, Chalfant Valley	美国:加利福尼亚州夏芬谷	* ISC, Engdahl
1986	7	25	23	41	12	26.459	125.913	31.9	6.1	Mw	Ryukyu Islands	琉球群岛	ISC, Engdahl
1986	7	30	11	31	49	24.7	121.65	29	6	Ms	China: Taiwan, Yilan	中国:台湾宜兰	China
1986	8	2	17	49	22	13.79	-88.77	33	6.0	Mw	El Salvador: San Isidro	萨尔瓦多:圣伊西德罗	ISC
1986	8	10	4	40	52.8	1.954	128.25	118.9	6.2	Mw	Indonesia: Pulau Morotai	印度尼西亚:莫罗泰岛	ISC, Engdahl
1986	8	14	19	39	15	1.805	126.485	30.9	7.5	Mw	Indonesia: Molucca Sea	印度尼西亚:马鲁古海	ISC, Engdahl
1986	8	15	7	40	45	1.913	126.473	27	6.3	Mw	Indonesia: Molucca Sea	印度尼西亚:马鲁古海	Engdahl
1986	8	16	17	19	24	1.9	126.474	34.4	6.4	Mw	Indonesia: Molucca Sea	印度尼西亚:马鲁古海	Engdahl
1986	8	16	20	24	6	-25.7	-175.5	33	6.2	Mw	Tonga Islands, S.	汤加群岛南部	ISC
1986	8	16	21	8	29	1.804	126.464	29.6	6.1	Mw	Indonesia: Molucca Sea	印度尼西亚:马鲁古海	Engdahl
1986	8	17	15	27	43	2.291	127.001	36	6.4	Mw	Indonesia: West of Maluku Utara	印度尼西亚:北马鲁古西部海域	ISC, Engdahl
1986	8	17	15	31	21	2.154	127.136	37.5	6.3	Ms	Indonesia: West of Maluku Utara	印度尼西亚:北马鲁古西部海域	ISC, Engdahl
1986	8	18	1	59	57	-20.482	-174.134	26.9	6.2	Mw	Tonga Islands	汤加群岛	ISC, Engdahl
1986	8	20	7	5	2.83	-5.287	151.371	78.8	6.3	Mw	Papua New Guinea: East New Britain	巴布亚新几内亚:东新不列颠	Engdahl
1986	8	20	21	23	53	34.542	91.572	3.9	6.4	Mw	China: Qinghai, Golmud, SW.	中国:青海格尔木西南	China, Engdahl
1986	8	23	23	47	50	-34.498	179.434	28.5	6.4	Mw	South of Kermadec Ridge	克马德克海岭南部	ISC, Engdahl
1986	8	26	9	43	1.22	37.77	101.568	2.4	6.5	Ms	China: Gansu, Yongchang, SW.	中国:甘肃永昌西南	China, Engdahl
1986	8	30	21	28	37	45.525	26.272	135.9	7.2	Mw	Romania: Bucharest, Kishinev	罗马尼亚:布加勒斯特,基希讷乌	* Engdahl
1986	9	5	2	47	17	-59.519	-29.682	13.2	6.1	Mw	South Sandwich Islands	南桑威奇群岛	ISC, Engdahl
1986	9	11	0	18	26	-5.15	152.524	41.7	6.5	Mw	Papua New Guinea: East New Britain, E.	巴布亚新几内亚:东新不列颠东部	ISC, Engdahl
1986	9	12	23	57	15	56.184	-153.444	15.7	6.5	Mw	Alaska: Kodiak Island	阿拉斯加:科迪亚克岛	ISC, Engdahl
1986	9	13	9	28	28	-60.821	-36.815	24.4	6.3	Mw	East Scotia Basin	东斯科舍海盆	ISC, Engdahl
1986	9	13	15	17	23	-31.844	-179.801	225.1	6.5	Mw	Kermadec Ridge	克马德克海岭	ISC, Engdahl, USGS
1986	9	13	17	24	35.4	37.077	22.176	23.3	6	Mw	Greece: Kalami, Lakonia, Zakinthos	希腊:卡拉米,拉科尼亚,扎金索斯	* Engdahl
1986	9	14	20	58	25	-6.473	154.966	61.4	6.1	Mw	Solomon Sea, N.	所罗门海北部	Engdahl
1986	9	15	21	42	24	36.2	69.6	33	6.0	Mw	Afghan: Puli Khumri	阿富汗:普勒胡姆里	ISC
1986	9	16	18	20	20	19.366	146.368	50.8	6.6	Mw	Mariana Islands, N.	马里亚纳群岛北部	ISC, Engdahl
1986	9	17	21	25	18	10.456	56.99	15.6	6.2	Mw	Carlsberg Ridge	卡尔斯伯格海岭[印度洋]	ISC, Engdahl
1986	9	25	6	15	56	22.987	-108.248	0.8	6.0	Mw	Gulf of California	加利福尼亚湾	Engdahl
1986	9	25	20	6	13	3.711	126.699	31.6	6.0	Mw	Indonesia: Karakelong Island	印度尼西亚:卡拉克隆岛	Engdahl

年 Year	月 Mo	日 Dy	时 Hr	分 Mn	秒 Sec	纬度(°) Latitude	经度(°) Longitude	深度 Depth	震级 Mag	标度 Scale	地名(英文) Name(English)	地名(中文) Name(Chinese)	资料来源 Information
1986	10	14	13	7	22	-43.094	41.689	19.2	6.2	Mw	Atlantic - Indian Ridge	大西洋-印度洋海岭	Engdahl, USGS
1986	10	14	16	53	11	-5.052	153.657	54.5	6.8	Mw	Papua New Guinea: East New Britain, E.	巴布亚新几内亚:东新不列颠东部	ISC, Engdahl
1986	10	17	7	32	52	-5.283	131.453	57.6	6.4	Mw	Indonesia: Banda Sea	印度尼西亚:班达海	ISC, Engdahl
1986	10	20	6	46	11	-28.15	-176.291	26.7	7.7	Mw	Kermadec Ridge	克马德克海岭	* Engdahl, NOAA
1986	10	20	14	41	25	-27.918	-176.12	17.2	6.1	Mw	North East of Kermadec Ridge	克马德克海岭东北	ISC, Engdahl
1986	10	21	12	29	43	-27.573	-176.488	15	6.0	Ms	North East of Kermadec Ridge	克马德克海岭东北	CSN, Engdahl
1986	10	22	8	59	31	-10.633	166.127	178.7	6.0	Mw	Solomon Islands	所罗门群岛	Engdahl
1986	10	23	2	18	54	-15.572	167.627	173.1	6.2	Mw	Vanuatu Islands	瓦努阿图群岛	Engdahl
1986	10	23	3	54	22	-6.057	146.344	125.4	6.0	Mw	Papua New Guinea: Morobe	巴布亚新几内亚:莫罗贝	Engdahl
1986	10	23	15	48	46	-10.995	165.308	21.6	6.7	Mw	Solomon Islands	所罗门群岛	ISC, Engdahl
1986	10	23	16	23	50	-11.054	165.654	17.7	6.5	Mw	Solomon Islands	所罗门群岛	ISC, Engdahl
1986	10	24	2	42	50	-25.29	-70.23	41	6.5	Mw	Chile: Antofagasta, S.	智利:安托法加斯塔南部	ISC, USGS
1986	10	24	2	58	50	-5.65	153.938	64.1	6.4	Mw	New Britain Trench	新不列颠海沟[太平洋]	ISC, Engdahl
1986	10	24	5	27	35	-10.954	165.123	27.2	6	Mw	Solomon Islands	所罗门群岛	ISC, Engdahl
1986	10	24	5	53	15	-10.885	165.379	8.3	6.3	Mw	North Vanuatu Islands	瓦努阿图群岛北部	Engdahl, ISC
1986	10	25	20	47	4.88	-17.678	168.17	43.2	6.2	Mw	Vanuatu Islands	瓦努阿图群岛	Engdahl
1986	10	30	1	28	56	-21.667	-176.551	189.8	7.2	Mw	Tonga Islands, W.	汤加群岛西部	ISC, Engdahl
1986	11	7	19	48	58	-28.45	-176.368	18.1	6.2	Mw	Kermadec Ridge	克马德克海岭	ISC, Engdahl
1986	11	8	3	40	10	-27.93	-176.42	33	6.0	Mw	North East of Kermadec Ridge	克马德克海岭东北	ISC
1986	11	11	0	2	32	2.408	126.761	58.8	6.0	Mw	Indonesia: West of Maluku Utara	印度尼西亚:北马鲁古西部海域	Engdahl
1986	11	11	18	57	13.8	-48.897	31.236	6	6.0	Mw	South Atlantic - Indian Ridge	南大西洋-印度洋海岭	Engdahl
1986	11	14	21	20	7.06	23.989	121.731	34	7.4	Mw	China: Taiwan, Hualien, Coast of E.	中国:台湾花莲以东海域	* China, Engdahl, NOAA
1986	11	14	23	4	38	23.944	121.803	32.1	6.7	Ms	China: Taiwan, Hualien, Coast of E.	中国:台湾花莲以东海域	China, Engdahl
1986	11	15	0	17	44	23.945	121.856	26.9	6.3	Ms	China: Taiwan, Hualien, Coast of E.	中国:台湾花莲以东海域	China, Engdahl
1986	11	15	6	24	7.48	23.927	121.727	20.1	6.1	Ms	China: Taiwan, Hualien, Coast of E.	中国:台湾花莲以东海域	China, Engdahl, USGS
1986	11	22	0	41	44	34.517	139.564	2.1	6	Mw	Japan: South Honshu Ridge	日本:本州南部海岭	ISC, Engdahl, USGS
1986	11	23	1	39	25	-3.412	-77.388	109.5	6.8	Mw	Peru: Loreto, W.	秘鲁:洛雷托西部	ISC, Engdahl
1986	11	25	13	59	42	44.12	16.339	30	6.0	Mw	Bosnia: Strmica, Knin	波斯尼亚:斯特尔米察,克宁	* ISC
1986	11	30	20	15	32	39.003	142.032	37	6	Mw	Japan: Oshu, Near Coast	日本:奥州近海	ISC, Engdahl, USGS
1986	12	1	12	29	60	-27.367	-176.246	10.2	6.1	Mw	North East of Kermadec Ridge	克马德克海岭东北	ISC, Engdahl
1986	12	1	12	53	49	-27.246	-176.317	23.2	6	Mw	North East of Kermadec Ridge	克马德克海岭东北	ISC, Engdahl
1986	12	5	6	56	37	-51.297	139.138	15	6	Mw	Great Australian Bight, S.	大澳大利亚湾南部	ISC, Engdahl
1986	12	7	14	17	10	43.274	25.912	21	6.1	Mw	Bulgaria: Veliko Turnovo	保加利亚:大特尔偌沃	* ISC
1986	12	7	14	40	30	0.857	124.293	213.4	6.1	Mw	Indonesia: Sulawesi Utara	印度尼西亚:北苏拉威西	Engdahl
1986	12	7	16	56	39	18.837	-107.198	15	6.1	Mw	Mexico: Off Coast of Jalisco	墨西哥:哈利斯科沿海	Engdahl
1986	12	19	3	41	56	-10.055	119.015	24.5	6.4	Mw	Indonesia: Sumba	印度尼西亚:萨姆巴	ISC, Engdahl
1986	12	20	8	21	25	-28.22	-176.783	48.3	6.1	Mw	Kermadec Ridge	克马德克海岭	ISC, Engdahl
1986	12	21	1	10	53	-28.052	-176.672	18.8	6.5	Mw	Kermadec Ridge	克马德克海岭	ISC, Engdahl
1986	12	22	14	18	42	-56.916	-48.887	23.3	6.4	Mw	West Scotia Basin	西斯科舍海盆	ISC, Engdahl
1986	12	25	17	17	44	-44.463	-79.02	22.4	6.4	Mw	Chile: Off Coast of S.	智利:南部沿海	Engdahl, USGS
1986	12	28	20	4	39	-38.64	78.632	10.7	6.3	Mw	Mid - Indian Ridge	中印度洋海岭	ISC, Engdahl
1986	12	30	15	32	18	-20.388	-174.007	46.5	6	Mw	Tonga Islands	汤加群岛	ISC, Engdahl
1987	1	3	15	35	6.91	-3.476	146.251	30.4	6.2	Mw	Bismarck Sea	俾斯麦海	ISC, Engdahl
1987	1	3	16	30	29	-3.418	146.323	4.6	6.3	Mw	Bismarck Sea	俾斯麦海	ISC, Engdahl
1987	1	3	22	4	6.53	-15.001	167.984	16.6	6.7	Mw	Vanuatu Islands	瓦努阿图群岛	ISC, Engdahl
1987	1	4	17	52	38	5.846	-82.636	13	6.3	Mw	Panama: Off Coast of S.	巴拿马:南部海域	Engdahl
1987	1	5	12	11	56	52.5	-169.403	18.2	6.8	Mw	Aleutian Islands	阿留申群岛	ISC, Engdahl
1987	1	9	6	14	46	39.889	141.616	68	6.6	Mw	Japan: Miyako	日本:岩手宫古	ISC, Japan, Engdahl, USGS
1987	1	9	8	1	33	-19.435	-176.435	7.8	6.5	Mw	Tonga Islands, W.	汤加群岛西部	ISC, Engdahl
1987	1	13	13	24	1.61	5.74	-79.033	12.1	6.0	Mw	Colombia: Near Coast	哥伦比亚:近海	Engdahl
1987	1	14	9	38	57	-49.934	-113.941	13.1	6.0	Mw	Southern Pacific Ridge	南太平洋海岭	Engdahl
1987	1	14	11	3	50	42.597	142.793	102	6.8	Mw	Japan: Hokkaido	日本:北海道	ISC, Engdahl, USGS
1987	1	24	8	9	20	41.488	79.343	8.2	6.4	Ms	China: Xinjiang, Uqturpan	中国:新疆乌什	* China, Engdahl, Dis
1987	1	29	2	43	50	1.335	126.225	49.7	6.4	Mw	Molukka Sea	马鲁古海	Engdahl
1987	1	30	22	29	38	-60.157	-27.01	7.8	7	Mw	South Sandwich Islands	南桑威奇群岛	ISC, Engdahl
1987	2	6	12	23	50	37.025	141.705	36	6.4	Mw	Japan: Fukushima, Near Coast	日本:福岛近海	ISC, Engdahl, USGS
1987	2	6	13	16	18.7	37.023	141.723	41.5	6.7	Mw	Japan: Fukushima, Near Coast	日本:福岛近海	* ISC, Engdahl, NOAA, USGS
1987	2	7	11	57	35	-5.819	147.636	17.6	6.2	Mw	Papua New Guinea: Morobe	巴布亚新几内亚:莫罗贝	ISC, Engdahl
1987	2	7	12	29	0.64	52.387	-168.323	14.6	6	Ms	Aleutian Islands	阿留申群岛	ISC, Engdahl
1987	2	8	17	48	53	1.62	126.533	33.5	6.2	Mw	Indonesia: Molucca Sea	印度尼西亚:马鲁古海	Engdahl
1987	2	8	18	33	59	-6.024	147.668	42.5	7.3	Mw	Papua New Guinea: Huon Peninsula	巴布亚新几内亚:休昂港半岛	* Engdahl, NOAA, USGS
1987	2	9	18	17	32	-5.963	147.888	42	6.0	Mw	Papua New Guinea: Umboi Island	巴布亚新几内亚:温博伊岛	Engdahl
1987	2	10	0	59	30	-19.413	-177.48	397.2	6.5	Mw	Tonga Islands, W.	汤加群岛西部	ISC, Engdahl
1987	2	11	6	12	55.4	18.811	120.969	27.4	6.1	Mw	Philippines: Luzon, Coast N.	菲律宾:吕宋岛北部海域	ISC, Bautista, Engdahl

年	月	日	时	分	秒	纬度(°)	经度(°)	深度	震级	标度	地名(英文)	地名(中文)	资料来源
Year	Mo	Dy	Hr	Mn	Sec	Latitude	Longitude	Depth	Mag	Scale	Name(English)	Name(Chinese)	Information
1987	2	11	7	56	15	-15.825	167.374	24	6.4	Mw	Vanuatu Islands	瓦努阿图群岛	ISC,Engdahl
1987	2	11	17	42	52	43.123	132.22	502.8	6.1	Mw	Russia:Maritime Kray,Vladivostok	俄罗斯:滨海边疆区海参崴	ISC,Engdahl,USGS
1987	2	13	7	18	33	0.684	126.153	58.1	6.7	Mw	Molukka Sea	马鲁古海	ISC,Engdahl
1987	2	16	17	28	14	0.855	126.193	35.8	6.2	Mw	Molukka Sea	马鲁古海	Engdahl
1987	2	17	6	16	18	-32.714	-179.137	41.9	6.7	Mw	South of Kermadec Ridge	克马德克海岭南部	ISC,Engdahl
1987	2	18	0	0	55	51.279	-179.259	41.3	6.2	Mw	Aleutian Islands	阿留申群岛	ISC,Engdahl,USGS
1987	2	23	2	43	41	-58.02	-25.457	24.1	6.2	Mw	South Sandwich Islands	南桑威奇群岛	ISC,Engdahl
1987	2	23	15	49	57	-15.847	167.912	235.6	6.9	Mw	Vanuatu Islands	瓦努阿图群岛	Engdahl,USGS
1987	2	24	0	51	29	-56.564	147.515	15	6	Mw	Australia:Macquarie Island,W.	澳大利亚:麦夸里岛西部	ISC,Engdahl
1987	2	25	11	27	14.5	-6.093	147.682	58.4	6.1	Mw	Papua New Guinea:Morobe	巴布亚新几内亚:莫罗贝	Engdahl
1987	2	25	19	56	34	38.081	91.162	24	6.1	Ms	China:Qinghai,Haixi Mangya,NW.	中国:青海海西茫崖西北	China,Engdahl,Dis
1987	2	27	8	31	58	53.455	-167.276	21.2	6.9	Mw	Alaska:Unimak Island	阿拉斯加:乌尼马克岛	ISC,Engdahl
1987	3	2	1	42	34	-38.015	176.921	15	6.5	Mw	New Zealand:North Island,Whakatane	新西兰:北岛,瓦卡塔尼	*Engdahl,USGS
1987	3	2	5	57	46	-45.708	96.026	15	6.2	Mw	South - East Indian Ridge	南印度洋东海岭	ISC,Engdahl
1987	3	2	6	44	32	-38.139	176.699	11	6.5	Ms	New Zealand:North Island,Kawerau	新西兰:北岛,卡韦劳	ISC,Engdahl
1987	3	5	9	17	5	-24.395	-70.102	45.3	7.6	Mw	Chile:Antofagasta,C.	智利:安托法加斯塔中部	*ISC,Engdahl,NOAA
1987	3	5	10	55	14	-24.44	-70.57	30.2	7	Mw	Chile:Antofagasta,C.	智利:安托法加斯塔中部	ISC,Engdahl,USGS
1987	3	6	1	54	52	0.042	-77.666	13.1	6.4	Mw	Ecuador:Sucumbios,W.	厄瓜多尔:苏昆毕奥斯西部	ISC,Engdahl
1987	3	6	4	10	44	0.083	-77.785	16.4	7.2	Mw	Ecuador:Napo, Quito	厄瓜多尔:纳波,基多	*GSHAP,Engdahl
1987	3	6	7	6	46	-24.078	-70.119	41.9	6.1	Mw	Chile:Antofagasta,C.	智利:安托法加斯塔中部	ISC,Engdahl
1987	3	6	8	14	50	0.115	-77.867	6.5	6.0	Mw	Ecuador:Quito,NE.	厄瓜多尔:基多东北	Engdahl
1987	3	6	9	39	56	-24.097	-70.082	44.7	6.2	Mw	Chile:Antofagasta,C.	智利:安托法加斯塔中部	ISC,Engdahl
1987	3	12	12	18	14	15.547	-94.617	45.7	6.1	Mw	Mexico:Near Coast of Oaxaca	墨西哥:瓦哈卡近海	Engdahl
1987	3	13	6	56	18	12.21	-88.66	34	6.1	Mw	Nicaragua:Leon,Chinandega	尼加拉瓜:里昂,奇南德加	ISC
1987	3	13	8	21	51	-23.861	-177.284	36.8	6.1	Mw	South of Fiji Islands	斐济群岛南部	ISC,Engdahl
1987	3	16	15	49	40	-6.418	147.646	37.7	6	Mw	Papua New Guinea:Morobe	巴布亚新几内亚:莫罗贝	ISC,Engdahl
1987	3	18	0	22	52	2.107	126.519	43.6	6.1	Mw	Molukka Sea	马鲁古海	ISC,Engdahl
1987	3	18	3	36	32	32.057	131.773	54	6.7	Mw	Japan:Miyazaki, Naze	日本:宫崎山甲	*Engdahl,NOAA,USGS
1987	3	19	21	27	49	29.19	138.28	533	6.1	Mw	Japan:South Honshu Ridge	日本:本州南部海岭	ISC
1987	3	19	22	51	41	-20.391	-176.126	216.3	6.6	Mw	Tonga Islands	汤加群岛	Engdahl,USGS
1987	3	21	10	41	38	52.081	-177.528	95.4	6.4	Mw	Andreanof Islands, Aleutian Is.	阿留申群岛,安德烈亚诺夫群岛	ISC,Engdahl
1987	3	22	2	49	18	51.678	-173.649	22.7	6.2	Mw	Andreanof Islands, Aleutian Is.	阿留申群岛,安德烈亚诺夫群岛	ISC,Engdahl
1987	3	22	3	23	60	-23.945	-70.049	39.8	6.1	Mw	Chile:Antofagasta	智利:安托法加斯塔	ISC,Engdahl,USGS
1987	3	22	12	12	36	-37.19	176.73	353	6.1	Mw	New Zealand:North Island, Near Coast of NE.	新西兰:北岛东北近海	ISC
1987	3	26	16	17	39	-13.723	167.269	191.9	6.2	Mw	Vanuatu Islands	瓦努阿图群岛	Engdahl,USGS
1987	3	26	18	32	19.5	-21.25	-174.356	16.5	6.1	Mw	Tonga Islands	汤加群岛	ISC,Engdahl
1987	4	1	1	48	6.9	-22.901	-66.248	228.1	7	Mw	Argentina:Jujuy	阿根廷:胡胡伊	ISC,Engdahl
1987	4	1	16	1	45.9	21.87	98.58	14	6.2	Ms	myanmar:Shan,C.	缅甸:山县中部	CSN
1987	4	7	0	40	45	37.392	141.722	29	6.7	Mw	Japan:Fukushima,Near Coast	日本:福岛近海	ISC,Engdahl,USGS
1987	4	8	17	42	35	11.716	-86.344	20	6.4	Mw	Nicaragua:Masaya	尼加拉瓜:马萨亚	ISC,Engdahl
1987	4	9	0	48	55	1.231	128.389	26.6	6.3	Mw	Indonesia:Pulau Pakal	印度尼西亚:帕卡尔岛	ISC,Engdahl
1987	4	14	2	8	16	18.796	147.003	26	6.1	Mw	Mariana Islands	马里亚纳群岛	ISC,Engdahl
1987	4	16	19	23	26	37.089	141.522	41.7	6.1	Mw	Japan:Fukushima,Near Coast	日本:福岛近海	ISC,Engdahl
1987	4	21	15	28	42	-22.795	170.29	20	6.1	Mw	Vanuatu Islands	瓦努阿图群岛	ISC,Engdahl
1987	4	22	20	13	25	37.187	141.484	30	6.7	Mw	Japan:Fukushima,Near Coast	日本:福岛近海	ISC,Engdahl,USGS
1987	4	25	12	16	50	15.92	120.268	107	6.9	Mw	Philippines:Manila, Cubi Point	菲律宾:马尼拉,骄碧角	*ISC,Engdahl,USGS
1987	4	25	19	22	8.84	2.404	98.902	7.8	6.4	Mw	Indonesia:Northern Sumatera	印度尼西亚:苏门答腊北部	*ISC,Engdahl
1987	4	29	14	27	37	-18.998	-177.686	388.6	6.5	Mw	Fiji Islands	斐济群岛	Engdahl
1987	5	5	10	50	56	0.058	-19.154	2	6.2	Mw	Central Mid - Atlantic Ridge	中大西洋中脊	Engdahl
1987	5	5	15	40	48	36.48	70.67	202	6.2	Mw	Afghan:Badakhshan	阿富汗:巴达赫尚	USGS,ISC,Engdahl
1987	5	6	4	6	16	51.292	-179.867	22.4	6.6	Mw	Andreanof Islands, Aleutian Is.	阿留申群岛,安德烈亚诺夫群岛	ISC,Engdahl
1987	5	6	12	39	49	-5.677	152.7	5.6	6.5	Mw	Papua New Guinea:East New Britain	巴布亚新几内亚:东新不列颠	ISC,Engdahl
1987	5	7	3	5	50	46.767	139.215	430	6.8	Mw	Japan Sea,N.	日本海北部	ISC,Engdahl
1987	5	11	9	59	36	4.504	127.708	96.7	6.3	Mw	Indonesia:Karakelong Island	印度尼西亚:卡拉克隆岛	Engdahl
1987	5	12	1	30	27	7.109	126.721	27.7	6.5	Mw	Philippine Trench	菲律宾海沟	ISC,Engdahl
1987	5	12	13	56	28	-5.264	151.349	85	6.1	Mw	Papua New Guinea:East New Britain	巴布亚新几内亚:东新不列颠	Engdahl
1987	5	14	16	4	28	-5.712	-81.368	31.1	6	Mw	Peru:Bayovar,Near Coast	秘鲁:巴约瓦尔近海	ISC,Engdahl
1987	5	18	1	53	53	25.212	94.164	53.6	6.3	Mw	India:Manipur	印度:曼尼普尔	ISC,Engdahl
1987	5	18	3	7	35	49.219	147.673	542	6.8	Mw	Sea of Okhotsk	鄂霍次克海	ISC,Engdahl
1987	5	18	7	23	26	-2.231	99.93	33.8	6.0	Mw	Indonesia:Southern Sumatra	印度尼西亚:苏门答腊南部	ISC,Engdahl
1987	5	18	7	27	2.2	8.268	125.324	19.2	6.3	Mw	Philippines:Mindanao Island	菲律宾:棉兰老岛	Engdahl,Bautista
1987	5	19	0	13	34	26	137.7	33	6.1	Mw	Japan:South Honshu Ridge	日本:本州南部海岭	ISC
1987	5	19	12	56	27	-30.345	-71.511	37.6	6.2	Mw	Chile:Ovalle	智利:奥瓦耶	ISC,Engdahl

年 Year	月 Mo	日 Dy	时 Hr	分 Mn	秒 Sec	纬度(°) Latitude	经度(°) Longitude	深度 Depth	震级 Mag	标度 Scale	地名(英文) Name(English)	地名(中文) Name(Chinese)	资料来源 Information
1987	5	25	11	31	57	63.781	-19.686	11.3	6	Mw	Iceland:Hella	冰岛:海德拉	ISC,Engdahl
1987	6	5	21	25	12	5.369	127.492	40.9	6.1	Mw	South Phinippines Trench	菲律宾海沟南部	Engdahl
1987	6	6	18	40	29	10.713	126.051	17	6.5	Mw	Philippines:Mindanao Island	菲律宾:棉兰老岛	ISC,Engdahl
1987	6	7	5	49	46	20.425	121.324	17.7	6.3	Mw	Philippines:Luzon,Coast N.	菲律宾:吕宋岛北部海域	ISC,Engdahl
1987	6	9	6	19	27	-6.298	148.853	50.1	6.3	Mw	Papua New Guinea:West New Britain	巴布亚新几内亚:西新不列颠	ISC,Engdahl
1987	6	10	19	51	28	-60.383	-27.287	7	6.2	Mw	South Sandwich Islands	南桑威奇群岛	ISC,Engdahl
1987	6	14	5	7	32	10.437	126.072	40.1	6.2	Mw	Philippines:Mindanao Island	菲律宾:棉兰老岛	ISC,Engdahl
1987	6	15	6	31	47	3.94	125.917	140.1	6.2	Mw	Indonesia:Tahuna	印度尼西亚:塔胡纳	ISC,Engdahl,USGS
1987	6	17	1	32	56	-5.564	130.835	73.8	7.1	Mw	Indonesia:Banda Sea	印度尼西亚:班达海	ISC,Engdahl
1987	6	18	10	1	5.17	17.322	121.353	13.6	6.0	Mw	Philippines:Tabuk	菲律宾:塔布克	ISC,Bautista,Engdahl
1987	6	18	14	3	17	-10.724	162.318	73	6.3	Mw	Solomon Islands	所罗门群岛	* Engdahl,NOAA
1987	6	21	5	46	12	54.19	-162.66	34	6.5	Mw	Aleutian Islands	阿留申群岛	ISC,Engdahl
1987	6	24	3	30	32	-21.146	173.7	29.9	6.5	Mw	Vanuatu Islands	瓦努阿图群岛	ISC,Engdahl
1987	6	26	23	5	50	-21.192	169.253	24.5	6.1	Mw	Vanuatu Islands	瓦努阿图群岛	Engdahl
1987	6	27	0	17	6.48	-2.089	138.169	21	6.6	Mw	Indonesia:Papua	印度尼西亚:巴布亚	ISC,Engdahl
1987	6	27	9	9	7.26	-14.091	-75.947	59.8	6	Mw	Peru:Ica	秘鲁:伊卡	ISC,Engdahl
1987	7	6	1	6	8.99	-27.058	-108.351	9.6	6.7	Mw	Easter Island	复活节岛	ISC,Engdahl
1987	7	6	2	49	43	-14.039	167.925	36.4	6.6	Mw	Vanuatu Islands	瓦努阿图群岛	* Engdahl,NOAA
1987	7	6	3	5	2.98	-13.955	167.847	57	6.5	Ms	Vanuatu Islands	瓦努阿图群岛	ISC,Engdahl,USGS
1987	7	8	11	50	18	-27.038	-108.221	24.1	6.5	Mw	Easter Island	复活节岛	ISC,Engdahl
1987	7	9	7	27	34	-56.484	-25.689	19.4	6.0	Mw	South Sandwich Trench	南桑维奇海沟	Engdahl
1987	7	10	18	49	55	55.128	165.512	27.1	6.3	Mw	Russia:Komandorsky Islands	俄罗斯:科曼多尔群岛	ISC,Engdahl
1987	7	13	19	14	59	-15.259	-69.99	234.4	6.0	Mw	Peru:Juliaca	秘鲁:胡利亚卡	Engdahl
1987	7	15	7	16	15	17.508	-97.153	64.8	6.2	Mw	Mexico:Oaxaca	墨西哥:瓦哈卡	ISC,Engdahl
1987	7	17	1	57	41	1.434	-85.357	14.3	6.2	Mw	Carnegie Ridge	卡内基海岭	Engdahl
1987	7	31	23	56	59	40.389	-124.196	17.7	6	Mw	US:California,North Coast	美国:加利福尼亚州北部近海	ISC,Engdahl,USGS
1987	8	8	15	48	58	-19.092	-70.006	71.2	7.2	Mw	Chile:Tarapaca	智利:塔拉帕卡	* Chile,Engdahl
1987	8	10	9	57	36	4.8	126.6	33	6.2	Mw	Philippines:Mindanao Island,Coast of S.	菲律宾:棉兰老岛南部海域	ISC,USGS
1987	8	10	10	52	21	29.874	63.885	163.1	6.1	Mw	Afghan:Helmand	阿富汗:赫尔曼德	Engdahl
1987	8	13	15	23	8.61	-17.9	-70.908	37.9	6.5	Mw	Peru:Tacna	秘鲁:塔克纳	* Engdahl
1987	8	14	5	59	6.19	-12.531	166.623	31.1	6.0	Mw	Solomon Islands:Santa Cruz Islands	所罗门群岛:圣克鲁斯群岛	Engdahl
1987	8	14	17	39	33.8	53.412	-169.145	119.5	6.0	Mw	Aleutian Islands	阿留申群岛	Engdahl
1987	8	15	18	4	25	-28.097	-70.774	37	6.4	Mw	Chile:Copiapo	智利:科皮亚波	ISC,Engdahl,USGS
1987	8	16	21	38	47	-34.961	179.856	57.9	6.1	Mw	Kermadec Ridge	克马德克海岭	Engdahl,USGS
1987	8	18	2	18	48	-5.515	151.71	18.3	6.1	Mw	Papua New Guinea:East New Britain	巴布亚新几内亚:东新不列颠	Engdahl
1987	8	26	6	56	47	-20.711	-178.435	570.9	6.1	Mw	South East of Fiji Islands	斐济群岛东南	Engdahl
1987	8	29	14	15	16	-56.52	-25.58	15	6.0	Mw	South Sandwich Trench	南桑维奇海沟	ISC
1987	9	1	4	26	8.58	-23.103	-66.472	199	6.3	Mw	Argentina:Jujuy	阿根廷:胡胡伊	ISC,Engdahl
1987	9	3	6	40	15	-58.923	158.504	28.3	7.4	Mw	Macquarie Ridge	麦夸里海岭	* Engdahl
1987	9	3	8	1	34.9	-59.586	159.021	15	6.8	Mw	Macquarie Ridge	麦夸里海岭	ISC,Engdahl
1987	9	4	4	27	11	49.371	156.324	34	6.3	Mw	Kuril Islands	千岛群岛	ISC,Engdahl
1987	9	7	11	57	9	-31.061	-177.884	23.4	6.6	Mw	Kermadec Ridge	克马德克海岭	ISC,Engdahl
1987	9	8	2	58	54	6.594	-82.501	18.2	6.0	Mw	Panama:Off Coast of S.	巴拿马:南部海域	Engdahl
1987	9	13	20	8	54	-34.348	-70.03	15	6.0	Mw	Chile:Maipo Volcanoes	智利:迈波火山	ISC,Engdahl
1987	9	14	10	17	11	31.3	135.9	33	6.2	Mw	Japan:Wakayama,Near Coast	日本:和歌山近海	ISC
1987	9	15	8	50	12	-4.705	153.171	63.8	6.0	Mw	Papua New Guinea:New Ireland	巴布亚新几内亚:新爱尔兰	Engdahl
1987	9	17	4	47	14	-4.077	145.73	8.1	6.1	Mw	Bismarck Sea	俾斯麦海	ISC,Engdahl
1987	9	22	13	43	38	-1.008	-78.032	5.2	6.4	Mw	Ecuador:Ambato, Latacunga	厄瓜多尔:安巴托,拉塔昆加	* Engdahl
1987	9	22	16	21	42	-1.069	-78.083	48.3	6.0	Mw	Ecuador:Ambato	厄瓜多尔:安巴托	Engdahl
1987	9	22	22	5	14	76.4	134.3	13	6.0	Mw	Laptev Sea	拉普帖夫海	ISC
1987	9	23	15	15	0.45	-50.759	139.357	28.5	6.2	Mw	Great Australian Bight,S.	大澳大利亚湾南部	ISC,Engdahl
1987	9	23	15	22	49	-50.531	139.647	15	6.1	Mw	Great Australian Bight,S.	大澳大利亚湾南部	Engdahl
1987	9	28	7	15	39	-18.359	168.354	30.8	6.1	Mw	Vanuatu Islands	瓦努阿图群岛	Engdahl,ISC
1987	9	28	11	47	11	-18.459	168.103	33.6	6.8	Mw	Vanuatu Islands	瓦努阿图群岛	ISC,Engdahl
1987	9	28	13	46	16	-18.547	168.206	27.1	6.6	Mw	Vanuatu Islands	瓦努阿图群岛	ISC,Engdahl
1987	9	30	1	39	28	-18.178	168.018	39.4	6.5	Mw	Vanuatu Islands	瓦努阿图群岛	ISC,Engdahl
1987	10	1	14	42	20	34.061	-118.134	14.4	6.0	Mw	US:California,Whittier	美国:加利福尼亚州惠提尔	* USGS,ISC,Engdahl
1987	10	3	3	35	7.56	-18.165	-69.28	116.4	6.0	Mw	Chile:Putre	智利:普特雷	ISC,Engdahl
1987	10	3	10	16	28	-5.427	131.047	80.9	6.4	Mw	Indonesia:Banda Sea	印度尼西亚:班达海	ISC,Engdahl
1987	10	3	11	0	6.58	36.467	71.467	93.4	6.1	Mw	Pakistan:Attock	巴基斯坦:阿塔克	ISC,Engdahl
1987	10	4	8	15	19	10.801	-85.932	40.5	6.2	Mw	Costa Rica:Near Coast	哥斯达黎加:近海	ISC,Engdahl
1987	10	4	18	34	24	55.595	161.609	54	6.0	Mw	Russia:Kamchatka Peninsula	俄罗斯:堪察加半岛	ISC,Engdahl
1987	10	6	4	19	8.37	-17.963	-172.212	22.3	7.3	Mw	Tonga Islands,N.	汤加群岛北部	* Engdahl,NOAA
1987	10	6	20	11	37	52.981	159.897	34	6.5	Mw	Russia:Kamchatka,Near East Coast	俄罗斯:堪察加东部近海	ISC,Engdahl
1987	10	8	3	20	43	-19.614	-173.026	14	6.3	Mw	Tonga Islands,E.	汤加群岛东部	ISC,Engdahl
1987	10	12	13	57	6.32	-7.269	154.425	25	7	Mw	Solomon Sea	所罗门海	* Engdahl,NOAA

年 Year	月 Mo	日 Dy	时 Hr	分 Mn	秒 Sec	纬度(°) Latitude	经度(°) Longitude	深度 Depth	震级 Mag	标度 Scale	地名(英文) Name(English)	地名(中文) Name(Chinese)	资料来源 Information
1987	10	16	20	48	3.23	-6.215	149.036	48	7.4	Mw	Papua New Guinea:West New Britain	巴布亚新几内亚:西新不列颠	* Engdahl, NOAA, USGS
1987	10	20	9	23	38	52.667	172.275	31.3	6.0	Mw	Aleutian Islands	阿留申群岛	Engdahl
1987	10	25	16	46	16	5.473	36.836	12	6.2	Mw	Ethiopia:Maji	埃塞俄比亚:马吉	ISC, Engdahl
1987	10	25	16	54	3.45	-2.244	138.407	7	6.8	Mw	Indonesia:Papua	印度尼西亚:巴布亚	Engdahl, ISC
1987	10	27	21	58	18	-28.697	-62.94	605	6.4	Mw	Argentina:Santiago del Estero	阿根廷:圣地亚哥-德尔埃斯特罗	ISC, Engdahl
1987	10	28	8	58	34	5.789	36.763	26.9	6.0	Mw	Ethiopia:Arba Minch	埃塞俄比亚:阿尔巴门奇	Engdahl
1987	10	29	20	23	43	4.842	127.729	157.5	6.8	Mw	Philippine Trench	菲律宾海沟	ISC, Engdahl
1987	11	1	8	42	7.06	-28.645	-177.369	54.5	6.2	Mw	Kermadec Ridge	克马德克海岭	ISC, Engdahl
1987	11	3	8	15	1.8	-17.131	-173.778	88	6.2	Mw	Tonga Islands, N.	汤加群岛北部	ISC, Engdahl
1987	11	7	16	23	58	5.682	126.558	82.1	6.1	Mw	Philippines:Mindanao Island	菲律宾:棉兰老岛	ISC, Engdahl
1987	11	14	22	22	60	19.68	-108.896	15	6.2	Mw	Mexico:Revilla Gigedo Islands	墨西哥:雷维亚希赫多群岛	ISC, Engdahl
1987	11	17	3	40	10	12.54	-86.983	78.7	6.5	Mw	Nicaragua:Chinandega	尼加拉瓜:奇南德加	ISC, Engdahl
1987	11	17	8	46	53	58.79	-143.193	15	7.2	Mw	Gulf of Alaska	阿拉斯加湾	* Engdahl, NOAA
1987	11	18	12	46	44	-26.28	-70.51	41	6.4	Mw	Chile:Diego De Almagro	智利:迭戈德阿尔马格罗	ISC
1987	11	18	16	27	7.16	12.886	124.763	23.6	6.4	Mw	Philippines:Samar Island	菲律宾:萨马岛	Bautista, ISC, Engdahl
1987	11	24	1	54	20	33.264	-115.759	15	6.5	ML	US:California, Imperial	美国:加利福尼亚州因皮里尔	* Engdahl, USGS
1987	11	24	9	24	4	-2.7	155.9	33	6.1	Mw	Papua New Guinea:New Ireland	巴布亚新几内亚:新爱尔兰	ISC
1987	11	24	13	15	58	33.07	-115.952	1.9	6.5	Mw	US:California, Salton City	美国:加利福尼亚州索尔顿城	ISC, Engdahl, USGS
1987	11	25	16	8	37	-5.62	149.368	141	6.1	Mw	Papua New Guinea:West New Britain	巴布亚新几内亚:西新不列颠	Engdahl
1987	11	26	1	43	15	-8.259	124.15	27.5	6.6	Mw	Indonesia:Timor;Pantar	印度尼西亚:帝汶;班达岛	* Engdahl
1987	11	26	17	28	56	-16.37	168.21	17.2	6.2	Mw	Vanuatu Islands	瓦努阿图群岛	ISC, Engdahl
1987	11	27	0	2	11.1	-0.197	125.008	46.1	6.1	Mw	Indonesia:Molucca Sea	印度尼西亚:马鲁古海	Engdahl
1987	11	27	13	33	18	-16.332	168.192	21.4	6.2	Mw	Vanuatu Islands	瓦努阿图群岛	ISC, Engdahl
1987	11	28	4	3	48	-0.272	124.847	46.4	6.3	Mw	Indonesia:Molucca Sea	印度尼西亚:马鲁古海	Engdahl
1987	11	30	19	23	17	58.836	-142.601	8.7	7.9	M	Gulf of Alaska	阿拉斯加湾	* Engdahl, NOAA
1987	12	4	19	51	37	-5.754	154.582	145	6.4	Mw	Papua New Guinea:Bougainville Island	巴布亚新几内亚:布干维尔岛	ISC, Engdahl
1987	12	7	12	26	12	-13.594	167.517	37.8	6.3	Mw	Vanuatu Islands	瓦努阿图群岛	ISC, Engdahl
1987	12	7	13	14	37.4	-13.545	167.536	41.5	6.2	Mw	Vanuatu Islands	瓦努阿图群岛	ISC, Engdahl
1987	12	11	2	3	12	-22.005	-174.825	43.4	6.0	Mw	Tonga Islands	汤加群岛	Engdahl
1987	12	12	4	51	52	29.732	140.101	166.1	6.3	Mw	Japan Trench	日本海沟	ISC, Engdahl
1987	12	15	14	57	42	23.447	142.965	42.6	6	Mw	Japan:South Honshu Ridge	日本:本州南部海岭	ISC, Engdahl
1987	12	17	2	8	20	35.421	140.322	47.3	6.5	Mw	Japan:Chiba, Tokyo	日本:千叶县;东京	* ISC, Engdahl
1987	12	17	20	23	0.25	-9.136	114.548	48.9	6.0	Mw	Indonesia:Java Ridge	印度尼西亚:爪哇海岭	Engdahl
1988	1	4	14	9	29	-37.71	176.19	324	6.1	Mw	New Zealand:North Island, Te Puke	新西兰:北岛,蒂普基	ISC
1988	1	12	7	29	33	-28.707	-177.414	39	6.6	Mw	Kermadec Ridge	克马德克海岭	ISC, Engdahl
1988	1	15	8	40	26	-20.772	-175.974	218.6	6.4	Mw	Tonga Islands	汤加群岛	ISC, Engdahl
1988	1	19	3	24	48	3.6	122.1	33	6.2	Mw	Celebes Sea	西里伯斯海	ISC
1988	1	19	7	30	30	-24.665	-70.512	13.8	7	Mw	Chile:Antofagasta, S.	智利:安托法加斯塔南部	ISC, Engdahl
1988	1	21	8	22	25	-18.185	168.193	49.3	6.2	Mw	Vanuatu Islands	瓦努阿图群岛	Engdahl
1988	1	22	0	35	60	-19.874	133.778	5	6.3	M	Australia:Tennant Creek	澳大利亚:滕南特克里克	* Engdahl
1988	1	22	3	57	27	-19.875	133.83	3	6.4	M	Australia:Northern Territory, C.	澳大利亚:北领地中部	ISC, Engdahl
1988	1	22	12	4	59	-19.897	133.828	5	6.6	M	Australia:Northern Territory, C.	澳大利亚:北领地中部	* ISC, Engdahl
1988	1	28	11	20	9.31	5.344	126.327	39.6	6.1	Mw	Indonesia:North West of Merampit Island	印度尼西亚:默兰皮特岛西北	Engdahl, USGS
1988	1	29	16	48	3.1	-15.409	-174.012	112.6	6.0	Mw	Samoa Islands	萨摩亚群岛	Engdahl
1988	2	5	14	1	4.43	-24.743	-70.423	37	7.2	Mw	Chile:Antofagasta, S.	智利:安托法加斯塔南部	ISC, Engdahl, USGS
1988	2	5	18	1	3	-24.753	-70.433	37	7.2	Ms	Chile:Antofagasta, S.	智利:安托法加斯塔南部	* NOAA
1988	2	5	18	49	33	-24.995	-70.624	32.9	6.4	Mw	Chile:Antofagasta, S.	智利:安托法加斯塔南部	ISC, Engdahl
1988	2	6	15	15	42	-6.553	131.973	30.6	6.2	Mw	Indonesia:Palau Jamdena	印度尼西亚:延德纳岛	Engdahl
1988	2	6	18	3	56	-17.949	-66.919	285	6.5	Mw	Bolivia:Cochabamba	玻利维亚:科恰班巴	ISC, Engdahl
1988	2	6	21	30	5.2	-16.187	-173.768	121.6	6.2	Mw	Samoa Islands	萨摩亚群岛	Engdahl
1988	2	7	8	46	59	60.304	-153.279	137.7	6.5	Mw	Alaska Peninsula, S.	阿拉斯加半岛南部	Engdahl, USGS, ISC
1988	2	7	18	15	6.17	50.808	173.452	25	6.3	Mw	Aleutian Islands	阿留申群岛	ISC, Engdahl
1988	2	8	13	51	33	17.586	-101.1	40.9	6.0	Mw	Mexico:Guerrero, Mexico City	墨西哥:格雷罗,墨西哥城	ISC, Engdahl
1988	2	16	4	22	36	51.586	174.989	19.5	6	Mw	Aleutian Islands	阿留申群岛	ISC, Engdahl
1988	2	20	1	26	0.12	-7.149	127.027	319.3	6.4	Mw	Indonesia:Banda Sea	印度尼西亚:班达海	ISC, Engdahl, USGS
1988	2	21	19	2	59	10.71	-88.88	36	6.1	Mw	Costa Rica:Near Coast	哥斯达黎加:近海	ISC
1988	2	22	19	13	19	-20.919	-69.728	70	6.6	Mw	Chile:Pica	智利:皮卡	ISC, Engdahl, USGS
1988	2	24	3	52	4.91	13.474	124.551	25	7.3	Mw	Philippines:Virac	菲律宾:比拉克	ISC, Bautista, Engdahl
1988	2	26	6	17	30	-37.293	47.92	9	6.8	Mw	Atlantic - Indian Ridge	大西洋-印度洋海岭	ISC, Engdahl
1988	2	27	13	46	18	-20.33	-174.65	16	6.0	Mw	Tonga Islands	汤加群岛	ISC
1988	2	29	5	31	41	55.157	167.416	18.3	6.9	Mw	Russia:Komandorsky Islands	俄罗斯:科曼多尔群岛	ISC, Engdahl
1988	3	6	22	35	37	57.262	-142.747	6.1	7.8	M	Alaska:Anchorage	阿拉斯加:安克雷奇	* Engdahl, NOAA
1988	3	6	23	14	36	57.719	-142.888	2.5	6.3	Mw	Gulf of Alaska	阿拉斯加湾	ISC, Engdahl
1988	3	9	21	33	56	-17.287	-74.085	37.9	6.0	Mw	Peru:Arequipa, Off Coast	秘鲁:阿雷基帕沿海	ISC, Engdahl
1988	3	10	6	17	25	10.27	-60.586	56	6.7	Mw	Trinidad & Tobago:Near Coast of S.	特立尼达和多巴哥:南部近海	ISC, Engdahl, USGS

年 Year	月 Mo	日 Dy	时 Hr	分 Mn	秒 Sec	纬度(°) Latitude	经度(°) Longitude	深度 Depth	震级 Mag	标度 Scale	地名(英文) Name(English)	地名(中文) Name(Chinese)	资料来源 Information
1988	3	10	10	25	6.52	-21.017	-178.626	623	6.6	Mw	Fiji Islands	斐济群岛	ISC, Engdahl
1988	3	11	3	44	58	9.106	-82.945	17.3	6	Mw	Panama: Bocas Del Toro	巴拿马:博卡斯德尔托罗	ISC, Engdahl, USGS
1988	3	12	0	44	25	-22.85	178.74	33	6.2	Mw	South of Fiji Islands	斐济群岛南部	ISC
1988	3	13	11	31	32	-33.666	-72.242	24.7	6.0	Mw	Chile: Near Coast of C.	智利:中部近海	ISC, Engdahl
1988	3	17	12	2	47	-5.8	-76.3	33	6.0	Mw	Peru: Loreto, SW.	秘鲁:洛雷托西南	ISC
1988	3	17	20	34	29	35.66	139.65	96	6.0	Mw	Japan: Tokyo	日本:东京	ISC, USGS
1988	3	18	22	51	17	-3.585	146.708	8.8	6.2	Mw	Bismarck Sea	俾斯麦海	ISC, Engdahl
1988	3	21	23	31	26	77.586	125.487	28.5	6.4	Mw	Arctic Ocean	北冰洋	ISC, Engdahl
1988	3	23	15	50	21	10.772	-43.554	12.4	6.2	Mw	Northern Mid-Atlantic Ridge	北大西洋洋中脊	CSN, Engdahl, USGS
1988	3	25	19	36	47	62.1	-124.15	2.3	6.2	Mw	Canada: NW. Territories	加拿大:西北地区	ISC, Engdahl
1988	3	26	22	58	10	35.8	75.3	33	6.1	Mw	India: Kashmir	印度:克什米尔	ISC
1988	3	30	23	50	58	-24.932	-70.457	41.6	6.2	Mw	Chile: Antofagasta, S.	智利:安托法加斯塔南部	Engdahl
1988	4	2	5	13	22	-33	-178.1	33	6.0	Mw	South of Kermadec Ridge	克马德克海岭南部	ISC
1988	4	2	14	26	29	-15.39	-173.015	20.5	6.3	Mw	Samoa Islands	萨摩亚群岛	ISC, Engdahl
1988	4	2	14	56	57	-15.39	-172.84	33	6.1	Mw	Samoa: South of Apia	萨摩亚:阿皮亚南部	ISC
1988	4	3	1	33	4.8	49.92	78.87		6.1	Ms	Kazakhstan: Semey	哈萨克斯坦:塞米伊	CSN
1988	4	4	15	43	3	30.416	131.015	18.1	6	Mw	Japan: Kagoshima, Near Coast of S.	日本:鹿岛南部近海	ISC, Engdahl
1988	4	8	23	13	27	-3.379	145.746	34.3	6.4	Mw	Bismarck Sea	俾斯麦海	ISC, Engdahl
1988	4	8	23	21	12	-3.411	145.788	15	6.3	Ms	Bismarck Sea	俾斯麦海	ISC, Engdahl
1988	4	12	20	26	19	-33.77	56.34	10	6.4	Mw	South West-Indian Ridge	南印度洋西海岭	ISC
1988	4	12	23	19	56	-17.25	-72.26	30.4	7.1	Mw	Peru: Arequipa, Near Coast	秘鲁:阿雷基帕近海	ISC, Engdahl
1988	4	13	0	39	33.6	-17.332	-72.513	25.5	6.2	Mw	Peru: Arequipa, Near Coast	秘鲁:阿雷基帕近海	ISC, Engdahl
1988	4	17	5	11	34	-58.555	-25.335	14.9	6.3	Mw	South Sandwich Islands	南桑威奇群岛	ISC, Engdahl
1988	4	25	10	10	35	-7.815	158.3	44	6.2	Mw	Solomon Islands	所罗门群岛	ISC, Engdahl
1988	5	1	23	6	32	-56.014	-27.799	114.4	6.2	Mw	South Sandwich Islands	南桑威奇群岛	Engdahl
1988	5	3	23	22	8.92	-22.75	170.366	10.8	6.1	Mw	Vanuatu Islands	瓦努阿图群岛	ISC, Engdahl
1988	5	4	23	47	4.25	18.501	145.894	125.9	6.3	Mw	Mariana Islands	马里亚纳群岛	Engdahl
1988	5	5	10	4	17	-26.897	-113.307	18.4	6.3	Mw	Easter Island, W.	复活节岛西部	ISC, Engdahl
1988	5	5	22	32	50	-26.842	-113.644	12.2	6.1	Mw	Easter Island, W.	复活节岛西部	ISC, Engdahl
1988	5	6	14	46	18	11.505	-85.872	87	6.6	Mw	Nicaragua: Rivas	尼加拉瓜:里瓦斯	ISC, Engdahl, USGS
1988	5	7	0	57	15	43.59	147.76	38	6.0	Mw	Kuril Islands	千岛群岛	ISC
1988	5	16	23	7	39	-13.953	166.368	20.4	6	Mw	Vanuatu Islands	瓦努阿图群岛	ISC, Engdahl
1988	5	17	14	25	55	-11.43	170.738	34	6.2	Mw	North Vanuatu Islands	瓦努阿图群岛北部	ISC, Engdahl
1988	5	20	14	58	45	8.104	-38.442	11	6	Mw	Central Mid-Atlantic Ridge	中大西洋中脊	ISC, Engdahl
1988	5	21	0	8	25	-1.16	98.47	32	6.0	Mw	Indonesia: Southern Sumatra	印度尼西亚:苏门答腊南部	ISC
1988	5	21	14	28	40	-33.005	-71.852	34.6	6.1	Mw	Chile: Valparaiso	智利:瓦尔帕莱索	ISC, Engdahl
1988	5	22	9	39	56.6	53.627	-163.322	26.7	6	Mw	Aleutian Islands	阿留申群岛	ISC, Engdahl
1988	5	25	16	50	17	-31.44	178.25	33	6.5	Mw	Kermadec Ridge	克马德克海岭	ISC
1988	5	30	21	11	13	-7.495	128.363	89	6.8	Mw	Indonesia: Pulau Damar	印度尼西亚:达马尔岛	ISC, Engdahl
1988	6	3	23	27	36	-45.039	167.587	74.8	6.7	Mw	New Zealand: South Island, Te Anau	新西兰:南岛,蒂阿瑙湖	ISC, Engdahl
1988	6	5	18	22	50	-15.364	167.594	111.6	6.5	Mw	Vanuatu Islands	瓦努阿图群岛	ISC, Engdahl
1988	6	11	12	17	29	-15.134	-173.41	42.1	6.1	Mw	Samoa: South West of Apia	萨摩亚:阿皮亚西南	ISC, Engdahl
1988	6	12	13	39	39.5	-10.703	165.258	16.7	6.5	Mw	Solomon Islands	所罗门群岛	ISC, Engdahl
1988	6	18	22	49	43	26.755	-110.981	5.7	6.7	Mw	Gulf of California	加利福尼亚湾	ISC, Engdahl
1988	6	19	19	52	7	12.376	121.067	17	6.4	Mw	Philippines: Mindoro, San Jose	菲律宾:民都洛岛,圣何塞	* Bautista
1988	6	19	20	19	53	12.356	121.086	12.5	6.2	Mw	Philippines: Panay Island	菲律宾:班乃岛	* USGS
1988	6	19	20	24	12	12.21	121.25	33	6.1	Mw	Philippines: Panay Island	菲律宾:班乃岛	ISC
1988	6	24	8	57	55	10.165	-60.571	39	6.0	Mw	Trinidad & Tobago: Near Coast of S.	特立尼达和多巴哥:南部近海	ISC, Engdahl
1988	6	27	6	7	52	-20.236	169.384	66	6	Mw	Vanuatu Islands	瓦努阿图群岛	ISC, Engdahl
1988	6	28	16	40	21	-56.471	147.224	14.1	6	Mw	Australia: Macquarie Island, W.	澳大利亚:麦夸里岛西部	ISC, Engdahl
1988	7	2	10	1	30	-14.287	167.2	143	6.3	Mw	Vanuatu Islands	瓦努阿图群岛	ISC, Engdahl
1988	7	3	11	43	15	8.95	137.877	17.9	6.5	Mw	West Scotia Basin	西斯科舍海盆	ISC, Engdahl
1988	7	5	20	32	8.46	-6.125	148.793	58.5	6.7	Mw	Papua New Guinea: West New Britain	巴布亚新几内亚:西新不列颠	* Engdahl, NOAA
1988	7	6	15	54	21	41.834	144.162	30	6.2	Mw	Japan: Hokkaido	日本:北海道	ISC, Engdahl
1988	7	6	16	55	18	41.9	144.17	27	6.0	Mw	Japan: Hokkaido	日本:北海道	ISC
1988	7	11	0	12	32	5.328	126.543	25.2	6.0	Mw	Philippines: Mindanao Island, Coast of S.	菲律宾:棉兰老岛南部海域	Engdahl
1988	7	18	13	22	12	54.587	168.484	16.2	6	Mw	Aleutian Islands	阿留申群岛	ISC, Engdahl
1988	7	19	1	0	22	-19.556	-174.984	144.2	6.3	Mw	Tonga Islands	汤加群岛	ISC, Engdahl
1988	7	20	23	15	38	23.977	121.685	51	6.0	Ms	China: Taiwan, Hualien	中国:台湾花莲	* China, Engdahl
1988	7	23	14	25	39	-22.072	174.957	21.6	6.4	Mw	Vanuatu Islands	瓦努阿图群岛	ISC, Engdahl
1988	7	23	15	17	10	-6.526	152.786	21.5	7	Mw	New Britain Trench	新不列颠海沟[太平洋]	ISC, Engdahl
1988	7	23	17	11	39	-6.437	153.055	32.3	6.4	Mw	New Britain Trench	新不列颠海沟[太平洋]	ISC, Engdahl, USGS
1988	7	25	6	46	8.89	-6.057	133.638	30.4	6.9	Mw	Indonesia: Aru Islands	印度尼西亚:阿鲁群岛	ISC, Engdahl
1988	7	27	21	55	11	-13.124	167.114	173.7	6.7	Mw	North Vanuatu Islands	瓦努阿图群岛北部	ISC, Engdahl
1988	7	27	22	44	37	-13.177	167.063	182	6	Mw	North Vanuatu Islands	瓦努阿图群岛北部	Engdahl, ISC
1988	7	28	17	12	34	-22.268	-65.735	281.1	6.2	Mw	Argentina: Jujuy, N.	阿根廷:胡胡伊北部	Engdahl

年 Year	月 Mo	日 Dy	时 Hr	分 Mn	秒 Sec	纬度(°) Latitude	经度(°) Longitude	深度 Depth	震级 Mag	标度 Scale	地名(英文) Name(English)	地名(中文) Name(Chinese)	资料来源 Information
1988	7	31	12	50	9.76	-22.206	171.11	58.3	6.6	Mw	Vanuatu Islands	瓦努阿图群岛	ISC, Engdahl
1988	7	31	15	22	52	-31.894	57.403	20.4	6.0	Mw	Atlantic - Indian Ridge	大西洋-印度洋海岭	ISC, Engdahl
1988	8	4	6	18	45	-42.3	-88.4	33	6.0	Mw	Chile Ridge	智利海岭	ISC
1988	8	6	0	36	26	25.09	95.108	90.5	7.3	Mw	myanmar: Sagaing, N.	缅甸:实皆北部	* Engdahl, China
1988	8	6	6	26	58	-7.153	151.039	30	6	Mw	New Britain Trench	新不列颠海沟[太平洋]	ISC, Engdahl
1988	8	6	9	3	23	36.475	71.064	195	6.2	Mw	Afghan: Badakhshan	阿富汗:巴达赫尚	ISC, Engdahl
1988	8	10	4	38	29	-10.258	160.896	36.1	7.6	Mw	Solomon Islands: San Cristobal	所罗门群岛:圣克里斯托瓦尔	* Engdahl, NOAA
1988	8	10	6	38	47.6	-10.208	160.896	70.5	6.6	Mw	Solomon Islands	所罗门群岛	ISC, Engdahl
1988	8	10	11	46	50	-28.227	-112.719	22.8	6.0	Mw	Easter Island, SW.	复活节岛西南	Engdahl
1988	8	10	13	11	21	-14.911	167.332	126.7	6.8	Mw	Vanuatu Islands	瓦努阿图群岛	ISC, Engdahl
1988	8	11	13	29	24.5	-17.973	65.36	20.5	6.2	Mw	Central Indian Ridge	印度洋中脊	Engdahl, USGS
1988	8	11	16	4	45	29.9	51.657	15	6.1	Mw	Iran: Fars	伊朗:法尔斯	* Engdahl
1988	8	14	10	56	59	54.599	152.654	651.7	6.1	Mw	Sea of Okhotsk	鄂霍次克海	Engdahl
1988	8	14	17	53	11	-27.345	-71.09	34.9	6.7	Mw	Chile: Copiapo, Near Coast	智利:科皮亚波近海	ISC, Engdahl, USGS
1988	8	14	18	55	25	-5.04	153.46	52	6.1	Mw	Papua New Guinea: East New Britain, E.	巴布亚新几内亚:东新不列颠东部	ISC
1988	8	15	9	59	25	8.729	126.291	51.3	6.1	Mw	Philippines: Mindanao Island	菲律宾:棉兰老岛	ISC, Engdahl, USGS
1988	8	17	1	59	9.27	-7.711	107.105	27	6	Mw	Indonesia: Java Island	印度尼西亚:爪哇岛	ISC, Engdahl
1988	8	17	11	34	52	-27.192	-71.065	28.2	6.1	Mw	Chile: Diego De Almagro	智利:迭戈德阿尔马格罗	ISC, Engdahl
1988	8	20	8	19	38	-16.427	167.289	17.6	6.0	Mw	Vanuatu Islands	瓦努阿图群岛	ISC, Engdahl
1988	8	20	23	9	11	26.758	86.624	57	6.9	Mw	Nepal: Sagarmatha	尼泊尔:萨加玛塔	* Engdahl
1988	9	7	11	53	26	30.355	137.394	489.3	6.6	Mw	Japan: South Honshu Ridge	日本:南本州海岭	ISC, Engdahl
1988	9	13	0	58	48	30.002	138.564	457.3	6.0	Mw	Japan: South Honshu Ridge	日本:南本州海岭	ISC, Engdahl
1988	9	14	22	14	7.94	-23.558	-68.052	119.5	6	Mw	Chile: Antofagasta, C.	智利:安托法加斯塔中部	ISC, Engdahl
1988	9	15	18	48	3.1	-1.429	-77.842	176.2	6.2	Mw	Ecuador: Pastaza, W.	厄瓜多尔:帕斯塔萨西部	Engdahl
1988	9	19	18	58	40	-23.09	-175.6	42	6.0	Mw	Tonga Islands, S.	汤加群岛南部	ISC
1988	9	21	9	58	27	42.8	156.2	33	6.2	Mw	Kuril Islands, S.	千岛群岛南部	ISC
1988	9	26	1	29	29	23.99	126.81	33	6.0	Mw	Ryukyu Islands	琉球群岛	ISC
1988	10	1	9	43	27	-35.278	-106.104	16.2	6.3	Mw	Southern East Pacific Rise	南太平洋东海岭	ISC, Engdahl
1988	10	4	15	37	57.6	-3.512	150.585	22.1	6.1	Mw	Bismarck Sea	俾斯麦海	ISC, Engdahl
1988	10	8	4	46	26	-18.83	-172.368	40.4	7.2	Mw	Tonga Islands, N.	汤加群岛北部	ISC, Engdahl
1988	10	8	21	32	5.35	4.201	126.463	37.2	6.0	Mw	Indonesia: Karakelong Island	印度尼西亚:卡拉克隆岛	ISC, Engdahl
1988	10	10	18	20	26.7	-28.609	-177.465	30.1	6.6	Ms	Kermadec Ridge	克马德克海岭	CSN, Engdahl
1988	10	13	0	32	11	62.02	169.66	33	6.2	Mw	Russia: Koryakskiy, N.	俄罗斯:科里亚克区北部	ISC, USGS
1988	10	16	12	9	28	21.854	121.742	20.1	6.2	Ms	China: Taiwan, Coast of S.	中国:台湾南部海域	China, Engdahl
1988	10	19	0	8	41	37.1	141.4	33	6.0	Mw	Japan: Fukushima, Near Coast	日本:福岛近海	ISC
1988	10	26	2	15	12	36.81	70.81	223	6.0	Mw	Afghan: Badakhshan	阿富汗:巴达赫尚	ISC
1988	11	1	22	31	7.86	-57.399	-25.238	13.4	6.3	Mw	South Sandwich Trench	南桑维奇海沟	ISC, Engdahl
1988	11	3	14	47	13	13.908	-90.502	75.4	6.6	Mw	Guatemala: San Vicente Pacaya	危地马拉:圣维森特省帕卡亚	* Engdahl
1988	11	3	15	16	52	12.85	-92.14	36	6.7	Mw	El Salvador: Off Coast of W.	萨尔瓦多:西部海域	ISC
1988	11	3	19	42	21	19.002	-67.328	40.3	6	Mw	Puerto Rico: Mona Passage, Catano	波多黎各:莫纳海峡,坦诺	* ISC, Engdahl
1988	11	4	2	43	16	13.03	-90.73	35	6.5	Mw	Guatemala: Near Coast	危地马拉:近海	ISC
1988	11	5	2	14	29	34.27	91.87	7	6.8	Ms	China: Qinghai, Golmud, SW.	中国:青海格尔木西南	China, Engdahl, USGS, Dis
1988	11	5	12	15	53	-22.004	170.245	43.6	6.2	Mw	Vanuatu Islands	瓦努阿图群岛	ISC, Engdahl
1988	11	6	13	3	21	22.814	99.605	18	7.4	Ms	China: Yunnan, Ximeng, N.	中国:云南临沧东北	* China, Engdahl, Dis
1988	11	6	13	15	45	23.228	99.436	9.5	6.9	Ms	China: Yunnan, Cangyuan, NE.	中国:云南临沧东北	* China, Engdahl
1988	11	7	3	50	3.7	-22.172	175.112	30.8	6.8	Mw	Vanuatu Islands	瓦努阿图群岛	ISC, Engdahl
1988	11	7	23	15	41	1.534	126.352	52.2	6	Mw	Indonesia: Molucca Sea	印度尼西亚:马鲁古海	ISC, Engdahl
1988	11	14	2	15	39	-3.513	150.379	22.3	6.7	Mw	Bismarck Sea	俾斯麦海	ISC, Engdahl
1988	11	17	6	55	48	12.327	124.576	19	6.6	Mw	Philippines: Samar; Catarman	菲律宾:萨马岛;卡塔曼	* Bautista, Engdahl
1988	11	18	19	38	56	-6.07	149.794	61	6.6	Mw	Papua New Guinea: West New Britain	巴布亚新几内亚:西新不列颠	ISC, Engdahl
1988	11	20	9	11	13	-47.77	99.664	24.1	6.1	Mw	Great Australian Bight, S.	大澳大利亚湾南部	ISC, Engdahl
1988	11	25	8	35	44	-47.929	99.425	15.4	6.3	Mw	Great Australian Bight, S.	大澳大利亚湾南部	ISC, Engdahl
1988	11	25	22	29	39	34.42	91.93	23	6	Ms	China: Qinghai, Golmud, SW.	中国:青海格尔木西南	China
1988	11	30	7	13	31	22.759	99.783	10	6.5	Ms	China: Yunnan, Lancang, N.	中国:云南澜沧北	China, Engdahl
1988	12	5	16	5	34	-15.293	-173.423	41.2	6.3	Mw	Tonga Islands, N.	汤加群岛北部	ISC, Engdahl
1988	12	6	13	20	43	29.895	51.631	12.1	6.0	Mw	Iran: Fars	伊朗:法尔斯	ISC, Engdahl
1988	12	7	7	41	26	40.928	44.114	5	6.8	M	Armenia: Leninakan, Spitak	亚美尼亚:列宁纳坎,斯皮塔克	* Engdahl
1988	12	8	12	59	2.01	6.891	-82.744	15	6.2	Mw	Panama: Off Coast of S.	巴拿马:南部海域	ISC, Engdahl
1988	12	9	7	49	29	-59.952	-26.114	43.8	6.0	Mw	South Sandwich Islands	南桑威奇群岛	ISC, Engdahl
1988	12	13	4	1	41	71.108	-7.739	12.8	6	Mw	Jan Mayen Island	扬马延岛	ISC, Engdahl
1988	12	16	9	57	18	-29.856	-177.847	33.7	6.4	Mw	Kermadec Ridge	克马德克海岭	ISC, Engdahl
1988	12	17	4	18	6.2	49.92	78.95		6.1	Ms	Kazakhstan: Semey	哈萨克斯坦:塞米伊	CSN
1988	12	24	4	26	55	-23.572	-66.643	187.9	6.1	Mw	Argentina: Jujuy	阿根廷:胡胡伊	Engdahl
1988	12	30	0	27	51	-2.888	141.548	21	6.0	Mw	Papua New Guinea: Sandaun, Krisa	巴布亚新几内亚:桑道恩,克里萨	Engdahl
1989	1	2	1	52	10	-18.621	-174.504	116.7	6.2	Mw	Tonga Islands, N.	汤加群岛北部	ISC, Engdahl

年 Year	月 Mo	日 Dy	时 Hr	分 Mn	秒 Sec	纬度(°) Latitude	经度(°) Longitude	深度 Depth	震级 Mag	标度 Scale	地名(英文) Name(English)	地名(中文) Name(Chinese)	资料来源 Information
1989	1	8	19	57	8.49	51.465	-174.915	39.8	6	Mw	Aleutian Islands	阿留申群岛	ISC, Engdahl
1989	1	9	13	42	39	46.952	153.5	17.2	6.5	Mw	Kuril Islands	千岛群岛	ISC, Engdahl
1989	1	9	13	49	43	47.42	152.24	33	6.7	Mw	Kuril Islands	千岛群岛	ISC
1989	1	10	5	55	1.45	-3.161	130.514	32	6.7	Mw	Indonesia: Banda Sea	印度尼西亚:班达海	ISC, Engdahl
1989	1	12	19	47	40	46.917	153.798	14.3	6.1	Mw	Kuril Islands	千岛群岛	ISC, Engdahl
1989	1	17	0	35	25	-6.156	149.013	32	6.4	Mw	Papua New Guinea: West New Britain	巴布亚新几内亚:西新不列颠	ISC, Engdahl
1989	1	19	3	17	50	-3.966	-105.877	9.9	6	Mw	Ecuador: Galapagos, SE.	厄瓜多尔:加拉帕戈斯岛东南	ISC, Engdahl
1989	1	22	22	20	20	41.885	144.242	25	6.2	Mw	Japan: Hokkaido	日本:北海道	ISC, Engdahl
1989	1	27	8	34	53	56.146	164.349	29.7	6.3	Mw	Russia: Kamchatka, Near East Coast	俄罗斯:堪察加东部近海	ISC, Engdahl
1989	2	4	19	24	9.28	5.76	-82.661	15	6.3	Mw	Panama: Off Coast of S.	巴拿马:南部海域	ISC, Engdahl
1989	2	4	22	10	40	-4.631	153.098	52	6.2	Mw	Papua New Guinea: New Ireland	巴布亚新几内亚:新爱尔兰	ISC, Engdahl
1989	2	10	11	15	26.2	2.309	126.703	46.1	7.1	Mw	Indonesia: West of Maluku Utara	印度尼西亚:北马鲁古西部海域	ISC, Engdahl
1989	2	13	12	15	4	3.3	127.1	88	6.3	Mw	Indonesia: North West of Morotai Island	印度尼西亚:莫罗泰岛西北	ISC, USGS
1989	2	13	23	58	18	-1.3	127.55	55	6.1	Mw	Molukka Sea, S.	马鲁古海南部	ISC
1989	2	14	6	20	23	-10.487	161.407	32	6.5	Mw	Solomon Islands	所罗门群岛	ISC, Engdahl
1989	2	16	16	36	57	-56.021	-123.198	9.7	6.2	Mw	Southern Pacific Ridge	南太平洋海岭	ISC, Engdahl
1989	2	16	21	50	24	44.7	153.1	33	6.1	Mw	Kuril Islands, S.	千岛群岛南部	ISC
1989	2	19	12	49	11	-14.916	167.283	100	6.1	Mw	Vanuatu Islands	瓦努阿图群岛	Engdahl
1989	2	22	10	25	46	56.229	-153.646	21.1	6	Mw	Alaska: Kodiak Island	阿拉斯加:科迪亚克岛	ISC, Engdahl
1989	2	25	11	26	37	-29.952	-177.833	33.9	6.7	Mw	Kermadec Ridge	克马德克海岭	ISC, Engdahl
1989	2	27	23	39	9.23	2.364	127.975	24	6.4	Mw	Indonesia: Pulau Morotai	印度尼西亚:莫罗泰岛	ISC, Engdahl
1989	2	28	13	1	58	-23.146	-61.465	561.3	6.5	Mw	Paraguay: Palmar	巴拉圭:帕尔马	Engdahl, USGS
1989	2	28	13	49	5.55	-7.737	127.239	263	6.1	Mw	Indonesia: Banda Sea	印度尼西亚:班达海	Engdahl
1989	3	6	14	39	44	35.665	140.584	42	6.1	Mw	Japan: Sosa	日本:千叶匝瑳	ISC, Engdahl, USGS
1989	3	8	11	44	34	1.023	126.205	33.6	6.1	Mw	Indonesia: Molucca Sea	印度尼西亚:马鲁古海	* Engdahl
1989	3	10	21	49	48	-13.74	34.48	30	6.3	Mw	Malawi: Salima, Dedza	马拉维:萨利马,代扎	* ISC, Engdahl
1989	3	11	5	5	1.97	-17.771	-174.772	231.6	6.9	Mw	Tonga Islands, N.	汤加群岛北部	ISC, Engdahl
1989	3	17	2	21	55	27.09	127.48	95	6.1	Mw	Ryukyu Islands	琉球群岛	ISC
1989	3	17	19	33	8.68	-34.474	-178.308	51.5	6.2	Mw	South of Kermadec Ridge	克马德克海岭南部	ISC, Engdahl
1989	3	20	2	36	44	23.87	125.38	1	6.0	Mw	Ryukyu Islands	琉球群岛	ISC
1989	3	30	20	39	30	-19.557	-175.8	228.5	6	Mw	Tonga Islands	汤加群岛	ISC, Engdahl
1989	4	2	20	51	19	-30.78	-179.21	33	6.2	Mw	Kermadec Ridge	克马德克海岭	ISC
1989	4	5	23	47	49	-21.127	-68.869	104.7	6.2	Mw	Chile: Tarapaca, S.	智利:塔拉帕卡南部	ISC, Engdahl
1989	4	6	8	5	59	-19.302	169.059	166	6.9	Mw	Vanuatu Islands	瓦努阿图群岛	ISC, Engdahl
1989	4	8	3	6	3.28	-15.626	-172.966	31.7	6	Mw	Samoa Islands	萨摩亚群岛	ISC, Engdahl
1989	4	11	3	56	40	49.507	159.144	22.1	6.8	Mw	Kuril Islands	千岛群岛	ISC, Engdahl
1989	4	15	14	26	43	8.45	-60.68	48	6.0	Mw	Venezuela: Delta Amacuro	委内瑞拉:阿马库罗三角洲	ISC
1989	4	15	20	34	11	30.007	99.237	13	6.6	Ms	China: Sichuan, Batang, SE.	中国:四川巴塘东南	* China, Engdahl, Dis
1989	4	16	10	51	20	6.23	-32.11	10	6.0	Mw	Central Mid - Atlantic Ridge	中大西洋中脊	ISC
1989	4	16	19	48	14	-21.096	-178.84	594.9	6.3	Mw	Fiji Islands	斐济群岛	Engdahl, USGS
1989	4	17	13	5	16	-37.87	175.86	296	6.1	Mw	New Zealand: North Island, Turangaomoana	新西兰:北岛,特朗阿莫纳	ISC
1989	4	18	12	33	53	-23.875	179.972	526.5	6.0	Mw	South of Fiji Islands	斐济群岛南部	Engdahl
1989	4	20	8	8	50	-9.08	-78.66	60	6.1	Mw	Peru: Chimbote	秘鲁:钦博特	ISC
1989	4	20	22	59	56	57.166	122.074	26	6.3	Mw	Russia: Sakha, SW.	俄罗斯:萨哈共和国西南	ISC, Engdahl, USGS
1989	4	25	1	13	23	30.004	99.414	8	6.6	Ms	China: Sichuan, Batang, E.	中国:四川巴塘东	China, Engdahl
1989	4	25	14	29	2.32	16.794	-99.251	19	6.9	Mw	Mexico: Mexico City, Acapulco	墨西哥:墨西哥城,阿卡普尔科	* ISC, Engdahl
1989	4	27	2	20	6.42	30.618	140.655	87	6.3	Mw	Japan Trench	日本海沟	ISC, Engdahl
1989	4	28	17	38	28	-4.321	101.322	29.1	6	Mw	Indonesia: Sumatra, Coast of SW.	印度尼西亚:苏门答腊西南海域	ISC, Engdahl
1989	4	28	20	26	19	-59.592	-29.398	15.8	6.0	Mw	South Sandwich Islands	南桑威奇群岛	Engdahl
1989	4	28	21	9	59	-4.226	101.281	32.3	6.1	Mw	Indonesia: Sumatra, Coast of SW.	印度尼西亚:苏门答腊西南海域	Engdahl
1989	4	30	8	22	56	11.027	-68.24	20	6	Mw	Venezuela: Falcon, Carabobo	委内瑞拉:法拉孔,卡拉沃沃	ISC, Engdahl
1989	4	30	15	33	53.1	-17.939	-178.585	565.5	6.0	Mw	Fiji Islands	斐济群岛	Engdahl
1989	5	3	5	53	3.07	30.091	99.471	14	6.3	Ms	China: Sichuan, Batang, E.	中国:四川巴塘东	China, Engdahl, Dis
1989	5	3	15	41	33	30.059	99.543	8	6.3	Ms	China: Sichuan, Batang, E.	中国:四川巴塘东	China, Engdahl
1989	5	4	10	30	7	-6.67	-75.83	32	6.4	Mw	Peru: Tarapoto	秘鲁:塔拉波托	ISC, USGS
1989	5	5	18	28	40.6	-8.298	-71.381	593	7.1	Mw	Brazil: Rio Branco	巴西:里奥布朗库	ISC, Engdahl
1989	5	6	16	25	9	23.7	122.06	34	6.2	Mw	China: Taiwan, Hualien, Coast of E.	中国:台湾花莲以东海域	ISC
1989	5	7	0	38	17	23.52	99.62	34	6.2	Ms	China: Yunnan, Gengma	中国:云南耿马	* China, USGS, Dis
1989	5	8	14	28	31	-23.454	-179.859	536.3	6.3	Mw	South of Fiji Islands	斐济群岛南部	Engdahl, USGS
1989	5	14	0	59	52	-30.586	-178.248	46.2	6.9	Mw	Kermadec Ridge	克马德克海岭	ISC, Engdahl
1989	5	14	9	40	50	-13.647	66.239	14.2	6.0	Mw	Mid - Indian Ridge	中印度洋海岭	Engdahl
1989	5	17	5	4	38	57.072	122.108	30.7	6	Mw	Russia: Sakha, SW.	俄罗斯:萨哈共和国西南	ISC, Engdahl
1989	5	19	2	21	58	54.292	-165.654	104	6.2	Mw	Aleutian Islands	阿留申群岛	ISC, Engdahl
1989	5	20	16	1	45	-30.598	-178.201	31.4	6.3	Mw	Kermadec Ridge	克马德克海岭	ISC, Engdahl
1989	5	23	10	54	47	-52.507	160.602	4.3	8.1	Mw	Macquarie Ridge	麦夸里海岭	* Engdahl, NOAA
1989	5	24	13	31	17	56.177	164.143	21.7	6.3	Mw	Russia: Kamchatka, Near East Coast	俄罗斯:堪察加东部近海	ISC, Engdahl

年 Year	月 Mo	日 Dy	时 Hr	分 Mn	秒 Sec	纬度(°) Latitude	经度(°) Longitude	深度 Depth	震级 Mag	标度 Scale	地名(英文) Name(English)	地名(中文) Name(Chinese)	资料来源 Information
1989	5	25	0	54	54	-52.2	159.864	15	6.0	Mw	Australia:Macquarie Island,N.	澳大利亚:麦夸里岛北部	Engdahl
1989	5	25	13	1	35	-36.66	177.22	259	6.6	Mw	Kermadec Ridge,S.	克马德克海岭南部	ISC
1989	5	27	3	1	28	-54.76	-132.582	5	6.1	Mw	Southern Pacific Ridge	南太平洋海岭	ISC,Engdahl
1989	5	27	20	8	39	30.146	50.886	29	6	Mw	Iran:Fars	伊朗:法尔斯	*ISC,Engdahl
1989	5	28	15	52	54	-50.98	159.63	10	6.2	Mw	Australia:Macquarie Island,N.	澳大利亚:麦夸里岛北部	ISC
1989	5	31	5	54	22	-45.302	167.071	23.2	6.5	Mw	New Zealand:South Island,Secretary Island	新西兰:南岛,塞克勒特里岛	ISC,Engdahl
1989	6	9	12	19	31	71.02	-5.74	20	6.0	Mw	Jan Mayen Island	扬马延岛	ISC
1989	6	14	10	17	33	12.87	143.3	104	6.0	Mw	Mariana Islands,S.	马里亚纳群岛南部	ISC
1989	6	16	10	51	8	58.01	-154.42	53	6.1	Mw	Alaska:Kodiak Island	阿拉斯加:科迪亚克岛	ISC
1989	6	16	23	42	37	31.819	138.064	363.7	6.4	Mw	Japan:South Honshu Ridge	日本:南本州海岭	ISC,Engdahl
1989	6	18	14	6	36	17.41	-68.39	31	6.2	Mw	Puerto Rico:Isla Mona	波多黎各:莫纳岛	ISC
1989	6	25	20	37	34	1.137	-79.568	15	6.3	Mw	Ecuador:Esmeraldas,Guayaquil	厄瓜多尔:埃斯梅拉尔达斯,瓜亚基尔	*Engdahl
1989	6	26	3	27	7.04	19.464	-155.174	9	6.4	Mw	Hawaiian Islands	夏威夷群岛	*Engdahl,NOAA
1989	6	29	0	18	44	-22.12	-176.03	32	6.1	Mw	Tonga Islands	汤加群岛	ISC
1989	7	3	17	2	32	-53.212	160.092	15	6.4	Mw	Macquarie Ridge	麦夸里海岭	ISC,Engdahl
1989	7	3	17	9	59	51.62	-175.217	47	6.1	Mw	Andreanof Islands, Aleutian Is.	阿留申群岛,安德烈亚诺夫群岛	ISC,Engdahl
1989	7	14	20	42	42	-8.089	125.114	12.4	6.7	Mw	Indonesia:Timor,Alor	印度尼西亚:帝汶,阿勒群岛	*ISC,Engdahl
1989	7	22	5	2	13	2.316	128.188	141.8	6.4	Mw	Indonesia:Pulau Morotai	印度尼西亚:莫罗泰岛	ISC,Engdahl
1989	7	24	3	27	50	36.084	71.093	95	6	Mw	Afghan:Badakhshan	阿富汗:巴达赫尚	ISC,Engdahl
1989	7	24	10	3	46	-18.869	176.854	25.7	6	Mw	Fiji Islands	斐济群岛	Engdahl,ISC
1989	7	24	10	53	11	-18.855	176.872	13.6	6.0	Mw	Fiji Islands	斐济群岛	ISC,Engdahl
1989	7	31	17	7	30	-7.897	121.096	18.4	6.7	Mw	Flores Sea	弗洛勒斯海	ISC,Engdahl
1989	8	1	0	18	6.51	-4.482	138.974	14	6.1	Mw	Indonesia:Papua	印度尼西亚:巴布亚	*ISC,Engdahl
1989	8	3	2	24	17	1.1	126.03	38	6.0	Mw	Indonesia:Molucca Sea	印度尼西亚:马鲁古海	ISC
1989	8	3	11	31	23	23.063	121.93	15.3	6.7	Ms	China:Taiwan,Taitung,Coast of E.	中国:台湾台东以东海域	China,Engdahl
1989	8	3	22	25	56	-22.548	179.212	601.3	6.0	Mw	South of Fiji Islands	斐济群岛南部	Engdahl
1989	8	6	3	12	43	-2.68	139.02	30	6.0	Mw	Indonesia:Papua	印度尼西亚:巴布亚	ISC
1989	8	7	5	30	0	13.35	-90.32	34	6.3	Mw	Guatemala:Near Coast	危地马拉:近海	ISC
1989	8	8	7	59	6	-40.1	174.41	122	6.0	Mw	New Zealand:Cook Strait	新西兰:库克海峡	ISC
1989	8	9	0	40	41	-20.63	-176.45	33	6.0	Mw	Fiji Islands	斐济群岛	ISC
1989	8	10	1	55	56	5.907	124.377	32.8	6.1	Mw	Philippines:Mindanao Island	菲律宾:棉兰老岛	Engdahl
1989	8	12	0	40	12	0.782	126.765	51.2	6.1	Mw	Indonesia:Maluku Utara,Coast of W.	印度尼西亚:北马鲁古西部海域	Engdahl
1989	8	12	20	46	43	-20.19	-174.5	34	6.1	Mw	Tonga Islands	汤加群岛	ISC
1989	8	14	17	51	12	-19.019	176.729	44.4	6.3	Mw	Fiji Islands	斐济群岛	ISC,Engdahl
1989	8	20	11	16	58	11.743	41.963	12	6.5	Mw	Djibouti:Yoboki	吉布提:约博基	*Engdahl,USGS
1989	8	20	11	46	33	11.911	41.814	32.2	6.1	Mw	Ethiopia:Afar	埃塞俄比亚:阿法尔区	ISC,Engdahl
1989	8	20	11	56	24	11.816	41.952	35.7	6.2	Mw	Ethiopia:Afar	埃塞俄比亚:阿法尔区	ISC,Engdahl
1989	8	20	18	27	37	11.808	41.694	25	6.6	Ms	Ethiopia:Afar	埃塞俄比亚:阿法尔区	ISC,Engdahl
1989	8	20	19	25	58	11.896	41.825	12	6.1	Mw	Ethiopia:Afar	埃塞俄比亚:阿法尔区	ISC,Engdahl
1989	8	21	1	9	8.46	11.862	41.855	16	6.4	Mw	Ethiopia:Afar	埃塞俄比亚:阿法尔区	ISC,Engdahl
1989	8	21	1	34	9.3	12.48	42.06	10	6.1	Ms	Ethiopia:Afar	埃塞俄比亚:阿法尔区	CSN
1989	8	21	5	3	7.48	11.963	41.773	10	6.1	Mw	Ethiopia:Afar	埃塞俄比亚:阿法尔区	ISC,Engdahl
1989	8	21	18	25	42.5	-4.122	154.491	496.6	6.6	Mw	Papua New Guinea:New Ireland	巴布亚新几内亚:新爱尔兰	ISC,Engdahl,USGS
1989	8	21	23	12	43	24.12	122.467	42.4	6.3	Ms	China:Taiwan,Hualien,Coast of E.	中国:台湾花莲以东海域	China,Engdahl
1989	8	24	2	12	58	36.4	22.9	33	6.0	Mw	Greece:Kythira	希腊:基西拉	ISC
1989	8	29	4	16	26	18.019	-105.69	27	6.5	Mw	Mexico:Off Coast of Jalisco	墨西哥:哈利斯科沿海	ISC,Engdahl
1989	9	4	5	20	57	-4.248	136.704	9	6.4	Mw	Indonesia:Tembagapura	印度尼西亚:特巴加普拉	*Engdahl
1989	9	4	13	15	0.18	55.629	-156.912	11	7.1	Mw	Aleutian Islands	阿留申群岛	*Engdahl,NOAA
1989	9	4	14	57	27	-32.955	-178.643	21.8	6.1	Ms	South of Kermadec Ridge	克马德克海岭南部	ISC,Engdahl
1989	9	6	9	10	43	-35.989	-103.189	16.2	6.0	Mw	Southern East Pacific Rise	南太平洋东海岭	Engdahl
1989	9	6	14	45	53	0.995	126.09	38.6	6.0	Mw	Molukka Sea	马鲁古海	Engdahl
1989	9	9	1	40	35	2.43	-79.76	7	6.0	Mw	Colombia:Tumaco,Near Coast	哥伦比亚:图马科近海	ISC
1989	9	13	11	40	51	-35.417	-17.544	13.2	6.4	Mw	Southern Mid - Atlantic Ridge	南大西洋洋中脊	ISC,Engdahl
1989	9	14	19	10	27	1.667	127.347	103	6.1	Mw	Molukka Sea	马鲁古海	ISC,Engdahl
1989	9	16	2	5	9.76	40.337	51.551	47	6.4	Mw	Caspian Sea	里海	ISC,Engdahl,USGS
1989	9	16	23	20	54.8	16.463	-93.661	113.1	6.1	Mw	Mexico:Chiapas	墨西哥:恰帕斯州	ISC,Engdahl
1989	9	17	0	53	41	40.202	51.763	47.8	6.2	Mw	Caspian Sea	里海	ISC,Engdahl
1989	9	20	13	19	33.3	51.208	178.82	30.9	6.2	Mw	Aleutian Islands	阿留申群岛	Engdahl
1989	9	22	1	25	53	31.541	102.451	15	6.5	Ms	China:Sichuan,Xiaojin,N.	中国:四川小金北	*China,Engdahl,Dis
1989	9	25	14	17	49	-20.332	169.298	34	6.5	Mw	Vanuatu Islands	瓦努阿图群岛	ISC,Engdahl
1989	10	7	6	55	43	-20.109	169.075	46.1	6.1	Mw	Vanuatu Islands	瓦努阿图群岛	Engdahl
1989	10	7	15	48	31	51.337	-179.037	20	6.8	Mw	Andreanof Islands, Aleutian Is.	阿留申群岛,安德烈亚诺夫群岛	ISC,Engdahl
1989	10	7	16	42	32.8	51.205	-179.227	37.3	6.2	Mw	Andreanof Islands, Aleutian Is.	阿留申群岛,安德烈亚诺夫群岛	ISC,Engdahl,USGS
1989	10	7	17	42	34	51.194	-179.233	7	6.1	Mw	Aleutian Islands	阿留申群岛	Engdahl,ISC
1989	10	15	10	5	7.96	-60.359	150.216	15	6	Mw	West of Macquarie Ridge	麦夸里海岭西部	ISC,Engdahl

年 Year	月 Mo	日 Dy	时 Hr	分 Mn	秒 Sec	纬度(°) Latitude	经度(°) Longitude	深度 Depth	震级 Mag	标度 Scale	地名(英文) Name(English)	地名(中文) Name(Chinese)	资料来源 Information
1989	10	17	16	27	54.9	-4.039	152.452	26	6.1	Mw	Papua New Guinea: East New Britain	巴布亚新几内亚:东新不列颠	Engdahl
1989	10	18	0	4	18	37.144	-121.756	16	6.9	M	US: California, Loma Prieta	美国:加利福尼亚州洛马普里埃塔	* Engdahl, NOAA
1989	10	18	11	40	52	-10.176	161.106	45	6	Mw	Solomon Islands	所罗门群岛	ISC, Engdahl
1989	10	18	14	57	22.4	39.92	113.91	13	6.0	Ms	China: Shanxi, Datong, E.	中国:山西大同东	* China, Dis
1989	10	22	20	35	39	-7.38	128.62	153	6.0	Mw	Indonesia: Banda Sea	印度尼西亚:班达海	ISC
1989	10	23	13	7	37	-25.7	-179	33	6.2	Mw	South of Fiji Islands	斐济群岛南部	ISC
1989	10	23	13	8	30	-25.73	179.871	482	6.1	Mw	South of Fiji Islands	斐济群岛南部	Engdahl
1989	10	26	17	6	44	39.885	143.494	10.4	6	Mw	Japan: Miyako, Off Coast	日本:宫古沿海	ISC, Engdahl
1989	10	27	1	45	57	39.896	143.64	12.3	6.4	Mw	Japan: Miyako, Off Coast	日本:宫古沿海	ISC, Engdahl
1989	10	27	7	42	21	-59.7	-26.2	33	6.0	Mw	South Sandwich Islands	南桑威奇群岛	ISC
1989	10	27	21	4	54	-10.975	162.364	27.5	6.9	Mw	Solomon Islands	所罗门群岛	ISC, Engdahl
1989	10	29	5	25	41	39.676	143.298	12.1	6.5	Mw	Japan: Miyako, Off Coast	日本:宫古沿海	* Engdahl, NOAA
1989	10	29	19	9	15	36.729	2.433	6	6	Mw	Algeria: Algiers, Cherchell	阿尔及利亚:阿尔及尔,舍尔沙勒	* Engdahl, NOAA
1989	10	31	18	44	19	-9.13	112.07	33	6.0	Mw	Indonesia: Java Ridge	印度尼西亚:爪哇海岭	ISC
1989	10	31	19	34	59	-9.14	112.08	33	6.1	Mw	Indonesia: Java Ridge	印度尼西亚:爪哇海岭	ISC
1989	11	1	6	40	31	-21.099	-67.906	140	6.1	Mw	Bolivia: Potosi, W.	玻利维亚:波托西西部	ISC, Engdahl, USGS
1989	11	1	9	49	26	2.54	128.09	36	6.0	Mw	Indonesia: Maluku Utara, Coast of N.	印度尼西亚:北马鲁古北部海域	ISC
1989	11	1	18	25	37	39.923	142.757	29	7.4	Mw	Japan: Aomori, Misawa	日本:青森,三泽	* Engdahl, NOAA
1989	11	1	18	36	35	39.676	143.178	27	6	mb	Japan: Miyako, Off Coast	日本:宫古沿海	ISC, Engdahl
1989	11	1	19	52	43	39.72	143.54	21	6.2	Mw	Japan: Miyako, Off Coast	日本:宫古沿海	ISC
1989	11	2	13	42	14	40.06	143.31	33	6.0	Mw	Japan: Morioka, Near East Coast	日本:盛冈东部近海	ISC
1989	11	3	17	39	12	-1.253	148.786	15.8	6.0	Mw	Papua New Guinea: Mussau Island	巴布亚新几内亚:穆绍岛	Engdahl
1989	11	6	20	52	20	-11.222	162.493	18.7	6.1	Mw	Solomon Islands	所罗门群岛	ISC, Engdahl
1989	11	9	3	19	29	-11.33	118.16	63	6.1	Mw	Indonesia: South of Sumbawa	印度尼西亚:松巴哇南部	ISC
1989	11	15	13	17	55	29.24	141.42	42	6.0	Mw	Japan: South Honshu Ridge	日本:本州南部海岭	ISC
1989	11	16	8	39	44	-17.705	-178.986	538	6.2	Mw	Fiji Islands	斐济群岛	Engdahl
1989	11	18	3	27	52	24.04	121.67	29	6.4	Mw	China: Taiwan, Hualien	中国:台湾花莲	ISC
1989	11	19	12	42	54	-6.484	154.299	23.8	6.1	Mw	Solomon Sea, N.	所罗门海北部	Engdahl
1989	11	21	14	37	42	-50.298	162.73	4.3	6.2	Mw	Australia: Macquarie Island, N.	澳大利亚:麦夸里岛北部	ISC, Engdahl
1989	11	25	7	49	46	-2.166	138.872	26	6	Mw	Indonesia: Papua	印度尼西亚:巴布亚	ISC, Engdahl
1989	11	27	16	4	32	5.89	126.77	50	6.0	Mw	Philippine Trench	菲律宾海沟	ISC
1989	11	29	1	0	17	-15.809	-73.131	71	6.3	Mw	Peru: Arequipa. NW.	秘鲁:阿雷基帕西北	ISC, Engdahl
1989	11	29	5	49	2.03	-25.479	179.719	506.3	6.1	Mw	South of Fiji Islands	斐济群岛南部	Engdahl
1989	12	1	5	6	11	51.67	-178.17	43	6.3	Mw	Andreanof Islands, Aleutian Is.	阿留申群岛,安德烈亚诺夫群岛	ISC, USGS
1989	12	1	18	58	50	-14.41	167.61	33	6.1	Mw	Vanuatu Islands	瓦努阿图群岛	ISC
1989	12	3	14	16	51	-7.625	-74.425	160	6.5	Mw	Peru: Pucallpa	秘鲁:普卡尔帕	Engdahl
1989	12	3	21	32	22	-57.78	148.355	15	6.0	Mw	West of Macquarie Ridge	麦夸里海岭西部	Engdahl
1989	12	6	5	19	45	-6.22	130.41	98	6.1	Mw	Indonesia: Banda Sea	印度尼西亚:班达海	ISC
1989	12	7	12	59	35	25.919	58.965	14.2	6	Mw	Iran: Sistan And Baluchestan	伊朗:锡斯坦-俾路支斯坦	ISC, Engdahl
1989	12	7	13	38	46	-6.411	146.428	104	6.5	Mw	Papua New Guinea: Lae	巴布亚新几内亚:莱城	ISC, Engdahl
1989	12	8	10	23	11.5	10.129	126.465	21.5	6.2	Mw	Philippines: Mindanao Island	菲律宾:棉兰老岛	ISC, Engdahl
1989	12	9	20	38	10	0.186	123.333	153.1	6.7	Mw	Molukka Sea	马鲁古海	ISC, Engdahl
1989	12	12	8	33	58	-4.671	130.821	74.2	6.1	Mw	Indonesia: Banda Sea	印度尼西亚:班达海	ISC, Engdahl
1989	12	14	19	13	56	-10.423	161.335	40.4	6.0	Mw	Solomon Islands	所罗门群岛	Engdahl
1989	12	15	18	43	48	8.377	126.642	26.2	7.5	Mw	Philippines: Mindanao, Cotabato	菲律宾:棉兰老岛,哥打巴托	* Bautista, Engdahl
1989	12	15	18	53	44	8.355	126.422	69.1	6.0	Mw	Philippines: Mindanao Island	菲律宾:棉兰老岛	ISC, Engdahl
1989	12	20	0	8	23	8.144	126.76	23.8	6.5	Mw	Philippine Trench	菲律宾海沟	ISC, Engdahl
1989	12	21	16	49	15	45.38	150.081	43	6	Mw	Kuril Islands	千岛群岛	ISC, Engdahl
1989	12	23	11	24	4.37	17.466	145.767	164.1	6.3	Mw	Mariana Islands	马里亚纳群岛	Engdahl
1989	12	25	14	24	34.3	60.069	-73.538	5	6	M	Canada: Quebec, N.	加拿大:魁北克州北部	ISC, Engdahl
1989	12	25	19	50	18	1.67	127.3	106	6.0	Mw	Molukka Sea	马鲁古海	ISC
1989	12	27	20	1	1	-4.21	102.91	31	6.1	Mw	Indonesia: Southern Sumatra	印度尼西亚:苏门答腊南部	ISC
1989	12	30	23	15	37	-3.367	146.303	32.7	6.5	Ms	Bismarck Sea	俾斯麦海	ISC, Engdahl
1989	12	30	23	18	51	-3.439	146.05	21.9	6.7	Mw	Bismarck Sea	俾斯麦海	ISC, Engdahl
1990	1	4	5	32	23	-15.547	-172.965	56.7	6.5	Mw	Samoa Islands	萨摩亚群岛	ISC, Engdahl
1990	1	5	18	27	0.23	18.796	-106.882	23.3	6.0	Mw	Mexico: Off Coast of Jalisco	墨西哥:哈利斯科沿海	Engdahl
1990	1	6	21	44	59	-10.644	92.932	20.2	6.0	Mw	Mid-Indian Ridge	中印度洋海岭	Engdahl
1990	1	8	19	44	36	52.038	-169.543	32.2	6	Mw	Aleutian Islands	阿留申群岛	ISC, Engdahl
1990	1	9	18	51	31	24.709	95.214	119	6.3	Mw	myanmar: Sagaing	缅甸:实皆	ISC, Engdahl
1990	1	14	3	3	21	37.805	92.005	12	6.5	Ms	China: Qinghai, Haixi, Shatu Liang	中国:青海海西沙土梁	China, Engdahl, Dis
1990	1	14	21	4	0.48	-29.885	-177.281	30.7	6.1	Mw	Kermadec Ridge	克马德克海岭	ISC, Engdahl
1990	1	18	12	45	28	-30.104	-177.613	37.1	6	Mw	Kermadec Ridge	克马德克海岭	ISC, Engdahl
1990	1	18	19	59	23	-5.17	150.58	141	6.0	Mw	Bismarck Sea	俾斯麦海	ISC
1990	1	20	1	27	13	35.899	52.974	32.2	6	Mw	Iran: Mazanderan	伊朗:马赞德兰	ISC, Engdahl
1990	1	22	17	26	13	3.929	96.1	46	6.2	Mw	Indonesia: Off West Coast of N. Sumatera	印度尼西亚:北苏门答腊西部海域	ISC, Engdahl
1990	2	2	14	49	12	-18.397	176.964	15	6.0	Mw	Fiji Islands	斐济群岛	Engdahl

年 Year	月 Mo	日 Dy	时 Hr	分 Mn	秒 Sec	纬度(°) Latitude	经度(°) Longitude	深度 Depth	震级 Mag	标度 Scale	地名(英文) Name(English)	地名(中文) Name(Chinese)	资料来源 Information
1990	2	5	5	16	48	37.066	71.288	110	6.3	Mw	Afghan:Badakhshan	阿富汗:巴达赫尚	ISC,Engdahl,USGS
1990	2	8	7	15	34	9.773	124.64	26	6.8	Mw	Philippines:Bohol, Cebu	菲律宾:保和岛	* Bautista,Engdahl
1990	2	8	7	21	57.9	9.76	124.59	32	6.3	Ms	Philippines:Mindanao Island	菲律宾:棉兰老岛	CSN
1990	2	8	7	46	59	9.739	124.543	15	6.6	Mw	Philippines:Mindanao Island	菲律宾:棉兰老岛	ISC,Engdahl
1990	2	10	3	27	41	-42.321	172.864	15	6	Mw	New Zealand:South Island, Hanmer Forest Park	新西兰:南岛,汉默福里斯特公园	ISC,Engdahl
1990	2	10	20	45	41	51.95	177.45	65	6.1	Mw	Aleutian Islands	阿留申群岛	ISC
1990	2	17	2	28	3.28	29.578	130.707	65.9	6.1	Mw	Ryukyu Islands	琉球群岛	ISC,Engdahl
1990	2	18	12	21	59	-5.523	149.418	142.3	6.5	Mw	Papua New Guinea:West New Britain	巴布亚新几内亚:西新不列颠	ISC,Engdahl,USGS
1990	2	19	5	34	38	-40.368	176.2	25.4	6.2	Mw	New Zealand:North Island,Waitahora	新西兰:北岛,怀霍拉	ISC,Engdahl,USGS
1990	2	19	6	48	12	-15.491	166.43	13.9	6.8	Mw	Vanuatu Islands	瓦努阿图群岛	ISC,Engdahl
1990	2	20	6	53	42	34.747	139.257	14	6.4	Mw	Japan:Oshima	日本:东京大岛	* ISC,Engdahl, NOAA,USGS
1990	2	20	9	15	9	44.2	152.9	33	6.0	Mw	Kuril Islands,S.	千岛群岛南部	ISC
1990	2	24	19	13	15	-15.411	-175.155	15	6.1	Mw	North of Fiji Islands	斐济群岛北部	ISC,Engdahl
1990	2	25	1	43	34	58.68	-142.79	12	6.1	Mw	Gulf of Alaska	阿拉斯加湾	ISC
1990	2	26	18	29	11.2	-26.49	-114.69	6	6.3	Ms	Easter Island,W.	复活节岛西部	CSN
1990	2	26	19	6	38	-26.693	-114.713	13.5	6.1	Mw	Easter Island,W.	复活节岛西部	ISC,Engdahl
1990	3	3	12	16	30	-21.956	175.171	35.5	7.6	Mw	South West of Fiji Islands	斐济群岛西南	* Engdahl
1990	3	3	12	34	60	-21.448	175.822	23.9	6.2	Ms	Fiji Islands	斐济群岛	ISC,Engdahl
1990	3	3	12	44	25	-22.384	174.261	46.6	6.7	Ms	New Caledonia:E.	新喀里多尼亚东部	ISC,Engdahl
1990	3	4	19	46	20	28.908	66.36	3.9	6.1	Mw	Pakistan:Kalat, Quetta	巴基斯坦:卡拉特,奎塔	* Engdahl
1990	3	5	16	38	14	-18.34	168.091	23.5	7	Mw	Vanuatu Islands	瓦努阿图群岛	ISC,Engdahl
1990	3	5	20	47	2.74	36.886	73.015	14.2	6.2	Mw	Afghan:Langar,NW.	阿富汗:兰加尔西北	ISC,Engdahl
1990	3	12	14	41	22	51.483	-175.034	17.6	6.4	Mw	Aleutian Islands	阿留申群岛	ISC,Engdahl
1990	3	15	4	56	35	-15.138	167.373	127.7	6.5	Mw	Vanuatu Islands	瓦努阿图群岛	Engdahl,USGS
1990	3	16	15	52	46	24.83	-109.053	28.3	6.1	Mw	Gulf of California	加利福尼亚湾	ISC,Engdahl
1990	3	21	16	46	6.45	-31.172	-179.099	145	6.6	Mw	Kermadec Ridge	克马德克海岭	Engdahl
1990	3	22	0	0	18	-36.74	177.37	203	6.5	Mw	Kermadec Ridge,S.	克马德克海岭南部	ISC,USGS
1990	3	25	13	16	9.31	9.847	-84.769	32.9	7.5	Mw	Costa Rica:Off Coast	哥斯达黎加:沿海	ISC,Engdahl
1990	3	25	13	22	57	9.948	-84.757	22	7.3	Mw	Costa Rica:Puntarenas, San Jose	哥斯达黎加:彭塔雷纳斯,圣何塞	* ISC,Engdahl, NOAA
1990	3	25	14	17	22	37.002	72.925	49.3	6.4	Ms	Afghan:Langar,NW.	阿富汗:兰加尔西北	* Engdahl
1990	3	25	21	35	23	10.29	-84.51	13	6.0	Mw	Costa Rica:La Paz	哥斯达黎加:拉巴斯	ISC
1990	3	28	3	30	13	-38.17	176.34	146	6.0	Mw	New Zealand:North Island,Rotorua	新西兰:北岛,罗托鲁瓦	ISC
1990	3	30	0	42	8	20.48	121.86	155	6.4	Mw	Luzon Ridge	吕宋海岭	ISC,USGS
1990	3	31	19	31	45	43.014	146.925	24.4	6	Mw	Kuril Islands,S.	千岛群岛南部	ISC,Engdahl
1990	4	1	16	13	7	24.7	141.85	241	6.1	Mw	Japan:South Honshu Ridge	日本:本州南部海岭	ISC
1990	4	3	7	33	28	-5.864	147.704	99.5	6.2	Mw	Papua New Guinea:Morobe	巴布亚新几内亚:莫罗贝	Engdahl
1990	4	3	22	57	2.08	11.435	-86.297	50.9	6.8	Mw	Nicaragua:Carazo,Near Coast	尼加拉瓜:卡拉索近海	ISC,Engdahl
1990	4	3	23	12	20.9	11.602	-86.371	15	6.9	Mw	Nicaragua:Masaya	尼加拉瓜:马萨亚	ISC,Engdahl
1990	4	5	21	12	38	15.15	147.596	18	7.4	Mw	Northern Mariana Islands	北马利亚纳群岛	* Engdahl,NOAA
1990	4	5	22	52	59.9	15.55	147.53	45	6.3	Mw	Mariana Islands	马里亚纳群岛	USGS,ISC
1990	4	5	23	33	35	15.55	148	38	6.0	Mw	Mariana Islands,NE.	马里亚纳群岛东北	ISC
1990	4	6	7	52	1.52	-60.692	-25.527	19	6.0	Mw	South Sandwich Islands	南桑威奇群岛	Engdahl
1990	4	6	14	31	46	-21.62	-174.21	29	6.4	Mw	Tonga Islands	汤加群岛	ISC
1990	4	6	14	57	23	15.219	147.591	22.9	6.2	Mw	Mariana Islands	马里亚纳群岛	ISC,Engdahl
1990	4	9	9	31	12	-25.819	-175.988	20.5	6.0	Mw	Tonga Islands,S.	汤加群岛南部	Engdahl
1990	4	11	20	51	13	35.53	135.522	362	6.4	Mw	Japan:Fukui	日本:福井	ISC,Engdahl,USGS
1990	4	17	1	59	32	39.394	74.958	15	6.3	Ms	China:Xinjiang,Ulugqat	中国:新疆乌恰	* China,Engdahl,Dis
1990	4	17	11	34	13	7.361	-35.315	21.3	6.1	Mw	Central Mid - Atlantic Ridge	中大西洋中脊	ISC,Engdahl
1990	4	18	13	39	21	1.186	122.799	26	7.6	Mw	Indonesia:South Sulawesi sea	印度尼西亚:苏拉威西海南部	* Engdahl
1990	4	18	18	33	2.04	1.297	122.998	21.1	6.5	Mw	Indonesia:South Sulawesi sea	印度尼西亚:苏拉威西海南部	ISC,Engdahl
1990	4	19	1	5	12	1.31	123.038	46	6	Mw	Celebes Sea	西里伯斯海	Engdahl,ISC
1990	4	19	12	40	40	1.102	123.438	24	6.3	Mw	Celebes Sea	西里伯斯海	ISC,Engdahl
1990	4	21	22	56	54	47.42	139.6	530	6.1	Mw	Russia:Maritime Kray,Primorsky,NE.	俄罗斯:滨海边疆区普里莫尔斯基东北	ISC
1990	4	26	9	37	13	36.04	100.279	8	7.0	Ms	China:Qinghai,Gonghe,SW.	中国:青海共和西南	* China,Engdahl, USGS,Dis
1990	4	26	15	40	36	1.096	122.861	24	6.0	Mw	Indonesia:South Sulawesi sea	印度尼西亚:苏拉威西海南部	Engdahl
1990	4	28	1	23	13	8.913	-83.479	23	6.4	Mw	Costa Rica:Off Coast	哥斯达黎加:沿海	ISC,Engdahl
1990	4	30	5	54	43	-54.337	1.34	7.5	6.0	Mw	Bouvet Island Region	布维岛地区[南大西洋]	Engdahl
1990	4	30	18	8	31	-24.3	-111.85	5	6.0	Mw	Easter Island,W.	复活节岛西部	ISC
1990	5	1	16	12	23	58.837	-156.827	211	6.6	Mw	Alaska Peninsula,S.	阿拉斯加半岛南部	ISC,Engdahl
1990	5	2	22	50	31	-5.62	150.199	81.6	6.4	Mw	Papua New Guinea:West New Britain	巴布亚新几内亚:西新不列颠	ISC,Engdahl
1990	5	3	7	45	41	36.65	140.66	49	6.0	Mw	Japan:Hitachi	日本:茨城日立	ISC,USGS

年 Year	月 Mo	日 Dy	时 Hr	分 Mn	秒 Sec	纬度(°) Latitude	经度(°) Longitude	深度 Depth	震级 Mag	标度 Scale	地名(英文) Name(English)	地名(中文) Name(Chinese)	资料来源 Information
1990	5	8	0	1	42	6.902	-82.585	13	6.5	Mw	Panama: Off Coast of S.	巴拿马:南部海域	ISC, Engdahl
1990	5	8	1	39	40	-17.01	169.22	33	6.1	Mw	Vanuatu Islands	瓦努阿图群岛	ISC
1990	5	9	4	21	19	-56.397	-27.122	98.9	6	Mw	South Sandwich Islands	南桑威奇群岛	ISC, Engdahl
1990	5	11	13	10	21	41.762	130.956	581.6	6.2	Mw	North Korea: Najin, Off Coast of E.	朝鲜:罗津东部沿海	ISC, Engdahl
1990	5	12	4	50	9.72	48.994	141.856	606	7.2	Mw	Russia: Sakhalin Island	俄罗斯:库页岛(萨哈林岛)	ISC, Engdahl
1990	5	13	4	23	11	-40.282	176.116	21	6.4	Mw	New Zealand: North Island, Dannevirke	新西兰:北岛,丹尼弗克	* Engdahl
1990	5	14	21	34	6.32	-35.853	-71.403	83.4	6.1	Mw	Chile: Talca	智利:塔尔卡	Engdahl, USGS
1990	5	15	14	25	22	36.021	70.45	113	6	Mw	Afghan: Taloqan, S.	阿富汗:塔卢坎南部	ISC, Engdahl
1990	5	15	18	31	42	1.165	123.878	34.5	6.0	Mw	Celebes Sea	西里伯斯海	Engdahl
1990	5	20	2	22	3.23	5.126	32.197	15	7.1	Mw	Sudan: Juba	苏丹:朱巴	* ISC, Engdahl
1990	5	20	7	32	38	-18.162	-175.159	232.9	6.3	Mw	Tonga Islands, N.	汤加群岛北部	ISC, Engdahl
1990	5	20	9	53	47	-32.635	179.711	339.4	6.1	Mw	South of Kermadec Ridge	克马德克海岭南部	Engdahl
1990	5	22	13	25	39	-35.498	-97.569	15	6.1	Mw	West of Chile Ridge	智利海岭西部	ISC, Engdahl
1990	5	24	19	34	46	5.305	31.907	17	6.5	Mw	Sudan: Juba	苏丹:朱巴	ISC, Engdahl
1990	5	24	20	0	9.89	5.355	31.868	16	7.1	Mw	Sudan: Juba	苏丹:朱巴	* Engdahl
1990	5	24	20	9	24	-7.356	120.35	588.2	7.1	Mw	Flores Sea	弗洛勒斯海	ISC, Engdahl
1990	5	29	12	34	42	7.7	125.6	33	6.1	Mw	Philippines: Mindanao Island	菲律宾:棉兰老岛	ISC, NOAA
1990	5	29	18	31	14	57.042	-153.517	25	6.1	Mw	Alaska: Kodiak Island	阿拉斯加:科迪亚克岛	ISC, Engdahl
1990	5	30	2	34	7.64	-6.015	-77.148	24	6.6	Mw	Peru: Rioja, Neuva Cajamarca	秘鲁:利奥哈,卡哈马尔卡	* Engdahl
1990	5	30	10	40	7.7	45.861	26.64	89	7	Mw	Romania: Vrancea	罗马尼亚:弗朗恰	* ISC, Engdahl
1990	5	31	0	17	50	45.825	26.732	91	6.3	Mw	Romania: Vrancea	罗马尼亚:弗朗恰	* Engdahl
1990	6	1	1	22	12	35.639	140.518	58.7	6.3	Mw	Japan: Yokoshibahikari	日本:千叶横芝光	ISC, Engdahl, USGS
1990	6	1	11	8	31	-24.84	-177.16	10	6.0	Mw	South of Fiji Islands	斐济群岛南部	ISC
1990	6	7	9	25	22	-3.471	144.422	29	6.5	Mw	Papua New Guinea: East Sepik, Near Coast of N.	巴布亚新几内亚:东塞皮克北部近海	ISC, Engdahl
1990	6	8	15	5	11	-18.83	-178.777	502.5	6.5	Mw	Fiji Islands	斐济群岛	Engdahl
1990	6	14	3	47	29	47.869	85.076	58	7.2	Ms	Kazakhstan: Zaysan	哈萨克斯坦:蒂桑	* China
1990	6	14	7	40	56	11.39	122.046	18.1	7.1	Mw	Philippines: Culasi, Panay	菲律宾:库拉西,班乃	* Bautista, Engdahl
1990	6	14	12	47	31	47.851	85.049	57.9	7.2	Ms	Kazakhstan: Rechnoy	哈萨克斯坦:列奇诺伊	* China, Engdahl
1990	6	15	8	12	29	-5.006	152.133	68.4	6.0	Mw	Papua New Guinea: East New Britain	巴布亚新几内亚:东新不列颠	Engdahl
1990	6	16	4	53	46.9	27.983	127.985	49.2	6	Mw	Ryukyu Islands	琉球群岛	ISC, Engdahl
1990	6	17	4	51	47	27.425	65.739	15	6.1	Mw	Pakistan: Baluchistan	巴基斯坦:俾路支	* Engdahl
1990	6	20	12	45	18	23.68	121.56	29	6.2	Mw	China: Taiwan, Hualien	中国:台湾花莲	ISC
1990	6	20	21	0	14	37.001	49.186	19	7.9	Ms	Iran: Rasht, Qazvin, Zanjan	伊朗:拉什特,加兹温,赞詹	* Iran, Engdahl
1990	6	23	5	1	47	-0.563	146.479	27.2	6.2	Mw	East Caroline Basin, S.	东加罗林海盆南部	ISC, Engdahl
1990	6	23	21	38	20	-21.517	-176.494	183.4	6.9	Mw	Fiji Islands	斐济群岛	ISC, Engdahl
1990	6	26	12	8	31	-21.965	-179.466	589.1	6.3	Mw	Northeast South Fiji Sea Basin	南斐济海盆东北部	ISC, Engdahl
1990	7	4	2	24	40	25.32	124.57	125	6.0	Mw	Ryukyu Islands	琉球群岛	ISC
1990	7	9	15	11	22	5.422	31.676	13	6.3	Mw	Sudan: Juba	苏丹:朱巴	ISC, Engdahl
1990	7	10	3	18	1.12	-10.322	161.144	68	6.4	Mw	Solomon Islands	所罗门群岛	ISC, Engdahl
1990	7	11	19	48	8.11	-25.33	178.401	572.4	6.0	Mw	South of Fiji Islands	斐济群岛南部	Engdahl
1990	7	11	19	49	14	-25.346	178.326	576	6.0	Mw	South of Fiji Islands	斐济群岛南部	Engdahl
1990	7	13	14	20	44.5	36.438	70.78	211.6	6.4	Mw	Afghan: Badakhshan	阿富汗:巴达赫尚	* Engdahl
1990	7	14	5	54	28	0.03	-17.402	14.9	6.6	Mw	Central Mid - Atlantic Ridge	中大西洋中脊	ISC, Engdahl
1990	7	16	7	26	36	15.721	121.181	24.9	7.7	Mw	Philippines: Baguio, Cabanatuan, Dagupan	菲律宾:碧瑶,卡巴纳端,达古潘	* Bautista, Engdahl
1990	7	16	7	45	58	15.64	121.15	33	7.5	Mw	Philippines: San Jose	菲律宾:圣琼斯	ISC
1990	7	16	9	39	24	16.543	120.882	19.1	6.1	Ms	Philippines: Baguio	菲律宾:碧瑶市	ISC, Engdahl
1990	7	16	19	14	50	24.26	121.83	18	6.1	Ms	China: Taiwan, Hualien, Coast of E.	中国:台湾花莲以东海域	China
1990	7	17	17	53	9.13	-37.406	177.453	12.3	6	Ms	New Zealand: North Island, Near Coast of NE.	新西兰:北岛东北近海	ISC, Engdahl
1990	7	17	18	6	37	16.439	120.819	20.4	6.1	Mw	Philippines: Baguio	菲律宾:碧瑶市	ISC, Engdahl
1990	7	17	21	14	45	16.447	121.017	23	6.5	Mw	Philippines: Baguio	菲律宾:碧瑶市	ISC, Engdahl
1990	7	18	8	0	17	17.2	122.1	33	6.3	Mw	Philippines: Ilagan	菲律宾:伊拉甘	ISC
1990	7	22	9	26	16	-23.608	-179.895	533.5	6.3	Mw	South of Fiji Islands	斐济群岛南部	Engdahl
1990	7	23	17	59	49	24.81	122	93	6.1	Mw	China: Taiwan, Yilan, Coast of E.	中国:台湾宜兰东南海域	ISC
1990	7	27	12	38	1.19	-15.341	167.492	127.8	7.2	Mw	Vanuatu Islands	瓦努阿图群岛	* Engdahl
1990	8	2	5	24	11	-31.726	-71.787	45.7	6	Mw	Chile: Near Coast of C.	智利:中部近海	ISC, Engdahl
1990	8	3	9	15	7.76	47.971	85.008	33	6.6	Ms	Kazakhstan: Rechnoy	哈萨克斯坦:列奇诺伊	* China, Engdahl
1990	8	5	1	34	57	29.492	137.676	500.2	6.5	Mw	Japan: South Honshu Ridge	日本:本州南部海岭	ISC, Engdahl
1990	8	5	3	36	24	36.413	141.182	27	6.1	Mw	Japan: Ibaraki, Near Coast	日本:茨城近海	ISC, Engdahl, USGS
1990	8	5	17	42	35	-1.104	-13.846	16.4	6.5	Mw	Central Mid - Atlantic Ridge	中大西洋中脊	ISC, Engdahl
1990	8	7	19	50	9	9.3	126.2	67	6.7	Mw	Philippines: Mindanao Island	菲律宾:棉兰老岛	ISC
1990	8	10	2	50	8	-9.43	67.03	22	6.6	Mw	Carlsberg Ridge	卡尔斯伯格海岭[印度洋]	ISC
1990	8	10	15	44	31	0.342	126.153	37.8	6.2	Mw	Molukka Sea	马鲁古海	Engdahl
1990	8	12	21	25	23	-19.455	169.184	140	7.1	Mw	Vanuatu Islands	瓦努阿图群岛	ISC, Engdahl

年 Year	月 Mo	日 Dy	时 Hr	分 Mn	秒 Sec	纬度(°) Latitude	经度(°) Longitude	深度 Depth	震级 Mag	标度 Scale	地名(英文) Name(English)	地名(中文) Name(Chinese)	资料来源 Information
1990	8	14	15	13	31	35.355	-35.82	7.6	6.3	Mw	Azores:Flores	亚速尔群岛:弗洛勒斯岛	ISC,Engdahl
1990	8	17	13	7	20	-11.138	162.028	33.3	6.7	Mw	Solomon Islands	所罗门群岛	ISC,Engdahl
1990	8	18	13	55	11	-40.192	78.297	20.7	6.2	Mw	Mid - Indian Ridge	中印度洋海岭	ISC,Engdahl
1990	8	18	18	52	39	7.588	93.907	19.7	6	Mw	India:Nicobar Islands	印度:尼科巴群岛	ISC,Engdahl
1990	8	21	14	13	6.95	-27.593	-104.261	14.3	6	Mw	Easter Island	复活节岛	ISC,Engdahl
1990	8	25	15	47	56	0.566	126.089	13.1	6.4	Mw	Molukka Sea	马鲁古海	ISC,Engdahl
1990	8	26	7	53	54	21.7	-79.3	33	6.0	Mw	Cuba:Pilon, Manzanillo	古巴:皮隆,曼萨尼约	ISC
1990	8	31	11	5	10	12.03	140.51	31	6.7	Mw	Western Caroline Islands	卡罗琳群岛西部	ISC
1990	9	2	4	26	50	-0.142	-80.215	14	6.2	Mw	Ecuador:Bahia De Caraquez, Canoa	厄瓜多尔:加拉加斯湾,卡诺亚	ISC,Engdahl,USGS
1990	9	2	13	5	6.38	-3.15	148.299	6.6	6.0	Mw	Bismarck Sea	俾斯麦海	Engdahl
1990	9	3	0	38	57	-3.22	148.66	33	6.1	Mw	Bismarck Sea	俾斯麦海	ISC
1990	9	8	20	31	59	-20.543	-174.084	31	6.0	Mw	Tonga Islands	汤加群岛	Engdahl
1990	9	9	5	35	45	-5.16	151.841	52.6	6.0	Mw	Papua New Guinea:East New Britain	巴布亚新几内亚:东新不列颠	Engdahl
1990	9	14	9	20	20	-60.815	-22.918	26.9	6	Mw	South Sandwich Trench	南桑威奇海沟	ISC,Engdahl
1990	9	14	20	40	15	13.15	51.4	3	6.0	Mw	Eastern Gulf of Aden	亚丁湾东部	ISC
1990	9	15	1	22	38	24.91	122.05	1	6.0	Mw	China:Taiwan,Yilan,Coast of E.	中国:台湾宜兰东南海域	ISC
1990	9	17	13	47	29	-53.229	159.695	15	6.4	Mw	Australia:Macquarie Island,N.	澳大利亚:麦夸里岛北部	ISC,Engdahl
1990	9	23	6	50	33	-14.728	-173.44	15	6.0	Mw	Samoa Islands	萨摩亚群岛	Engdahl
1990	9	23	17	54	7.04	-17.781	167.732	27.3	6.4	Mw	Vanuatu Islands	瓦努阿图群岛	ISC,Engdahl
1990	9	23	20	33	49	-6.73	130.37	33	6.5	Mw	Indonesia:Banda Sea	印度尼西亚:班达海	ISC
1990	9	23	21	13	7.73	33.27	138.616	10	6.5	Mw	Japan:South Honshu Ridge	日本:本州南部海岭	* Engdahl,NOAA
1990	9	23	22	9	5.2	33.241	138.637	7.9	6.2	Mw	Japan:South Honshu Ridge	日本:本州南部海岭	ISC,Engdahl
1990	9	28	19	44	48.5	-13.547	167.094	176	6.7	Mw	Vanuatu Islands	瓦努阿图群岛	ISC,Engdahl
1990	9	30	19	5	2.91	24.289	125.179	26	6.1	Mw	Ryukyu Islands,SW.	琉球群岛西南	ISC,Engdahl
1990	10	10	1	0	6.81	-19.52	-66.564	266	6.5	Mw	Bolivia:Potosi	玻利维亚:波托西	Engdahl
1990	10	10	5	54	55	-23.499	179.067	552.6	6.1	Mw	South of Fiji Islands	斐济群岛南部	ISC,Engdahl
1990	10	15	1	35	46.7	-2.21	92.234	36.6	6.7	Mw	Indonesia:Sumatra,Off Coast of SW.	印度尼西亚:苏门答腊西南沿海	ISC,Engdahl
1990	10	15	19	50	19	-10.1	114.6	33	6.0	Mw	Indonesia:Java Ridge	印度尼西亚:爪哇海岭	ISC
1990	10	16	6	13	16	49.114	154.968	83	6.0	Mw	Kuril Islands	千岛群岛	ISC,Engdahl
1990	10	17	14	30	14	-11.021	-70.701	599	7	Mw	Peru:Madre de Dios,N.	秘鲁:马德雷德蒂奥斯北部	ISC,Engdahl
1990	10	20	8	7	28	37.097	103.728	4.2	6.1	Ms	China:Gansu,Jingtai,W.	中国:甘肃景泰西	* China,Engdahl,Dis
1990	10	25	11	1	40	8.325	126.464	44.1	6.3	Mw	Philippines:Mindanao Island	菲律宾:棉兰老岛	ISC,Engdahl
1990	10	26	5	49	40	-35.28	-16.359	15.6	6.1	Mw	Southern Mid - Atlantic Ridge	南大西洋洋中脊	Engdahl
1990	11	6	18	45	54	28.266	55.484	11	6.6	Mw	Iran:Darab	伊朗:达拉卜	* Engdahl
1990	11	6	20	14	32	53.51	169.792	27	7.1	Mw	Aleutian Islands	阿留申群岛	ISC,Engdahl
1990	11	8	14	10	38	-8.69	108.97	55	6.0	Mw	Indonesia:Java Island	印度尼西亚:爪哇岛	ISC
1990	11	12	12	28	53.2	42.962	78.082	19	6.3	Mw	Kazakhstan:Almaty	哈萨克斯坦:阿拉木图	ISC,Engdahl,USGS
1990	11	15	2	34	29	3.932	97.393	13.3	6.7	Mw	Indonesia:Sumatera,Aceh	印度尼西亚:苏门答腊亚齐	* Engdahl
1990	11	16	7	20	9	-59.85	-25.42	27	6.1	Mw	South Sandwich Islands	南桑威奇群岛	ISC,USGS
1990	11	21	1	48	30	51.658	-171.354	47.4	6.0	Mw	Aleutian Islands	阿留申群岛	Engdahl
1990	11	22	20	49	8.32	-5.582	151.026	29	6.3	Mw	Papua New Guinea:West New Britain	巴布亚新几内亚:西新不列颠	ISC,Engdahl
1990	11	23	7	41	41	4.7	126.4	33	6.2	Mw	Indonesia:Karakelong Island	印度尼西亚:卡拉克隆岛	ISC
1990	11	23	22	35	35.9	4.707	-75.56	142.9	6.0	Mw	Colombia:Pereira	哥伦比亚:利萨拉尔达的佩雷拉	Engdahl
1990	11	29	20	58	10	-28.012	-179.607	396	6.1	Mw	Kermadec Ridge	克马德克海岭	Engdahl
1990	12	4	9	17	37	-0.11	125.13	31	6.0	Mw	Molukka Sea	马鲁古海	ISC
1990	12	5	16	8	54	-5.241	131.458	80.7	6.1	Mw	Indonesia:Banda Sea	印度尼西亚:班达海	Engdahl
1990	12	10	9	34	32	-5.912	142.281	11.6	6	Mw	Papua New Guinea:Western	巴布亚新几内亚:西部区	ISC,Engdahl
1990	12	11	14	41	45	-15.3	-173.169	15.6	6.2	Mw	Samoa Islands	萨摩亚群岛	ISC,Engdahl
1990	12	13	3	1	49	23.884	121.646	9.5	6.3	Mw	China:Taiwan,Hualien	中国:台湾花莲	* China,Engdahl,USGS
1990	12	13	12	26	43	1.103	123.967	39.5	6.1	Mw	Celebes Sea	西里伯斯海	ISC,Engdahl
1990	12	13	19	50	21	23.749	121.598	14.5	7.0	Ms	China:Taiwan,Hualien,Coast of E.	中国:台湾花莲以东海域	* China,Engdahl,NOAA,USGS
1990	12	13	23	19	4.22	23.693	121.605	29.4	6.2	Ms	China:Taiwan,Hualien,Coast of E.	中国:台湾花莲以东海域	China,Engdahl
1990	12	13	23	28	5.62	23.856	121.71	6	6.3	Ms	China:Taiwan,Hualien,Coast of E.	中国:台湾花莲以东海域	China,Engdahl,USGS
1990	12	17	11	0	33	7.058	-81.965	10	6.3	Mw	Panama:Off Coast of S.	巴拿马:南部海域	ISC,Engdahl
1990	12	19	0	20	24	23.69	121.62	11	6	Ms	China:Taiwan,Hualien,Coast of E.	中国:台湾花莲以东海域	China
1990	12	19	13	48	25	52.664	160.62	24	6.0	Mw	Russia:Kamchatka Peninsula	俄罗斯:堪察加半岛	Engdahl
1990	12	21	5	29	30	-20.537	-173.943	13.3	6.1	Mw	Tonga Islands,E.	汤加群岛东部	ISC,Engdahl
1990	12	21	6	57	45	40.98	22.347	13	6.1	Mw	Greece:Edhessa, Kilkis	希腊:埃泽萨,基尔基斯	* ISC,Engdahl
1990	12	22	17	27	56	9.979	-84.23	12.9	6	Mw	Costa Rica:Alajuela, Santiago De Puriscal	哥斯达黎加:阿拉辉拉,圣地亚哥	* ISC,Engdahl
1990	12	25	14	21	58	23.799	121.586	36.6	6.4	Ms	China:Taiwan,Hualien	中国:台湾花莲	China,Engdahl,USGS
1990	12	28	22	32	19	-14.929	66.752	19.9	6.0	Mw	Central Indian Ridge	印度洋中脊	ISC,Engdahl
1990	12	29	13	23	56	8.305	94.018	14.6	6.1	Mw	India:Nicobar Islands	印度:尼科巴群岛	ISC,Engdahl
1990	12	30	19	14	21	-5.118	150.962	177	7.5	Mw	Bismarck Sea	俾斯麦海	* ISC,Engdahl
1991	1	1	0	6	31	18.007	-105.902	23.9	6.3	Mw	Mexico:Off Coast of Jalisco	墨西哥:哈利斯科沿海	ISC,Engdahl

年 Year	月 Mo	日 Dy	时 Hr	分 Mn	秒 Sec	纬度(°) Latitude	经度(°) Longitude	深度 Depth	震级 Mag	标度 Scale	地名(英文) Name(English)	地名(中文) Name(Chinese)	资料来源 Information
1991	1	1	17	28	2.63	-21.09	-174.177	19.1	6.0	Mw	Tonga Islands	汤加群岛	Engdahl
1991	1	3	13	18	51.6	-7.152	148.579	18.3	6.1	Mw	New Britain Trench	新不列颠海沟[太平洋]	Engdahl,USGS
1991	1	3	13	29	22	-7.156	148.531	50.8	6	Ms	New Britain Trench	新不列颠海沟[太平洋]	ISC,Engdahl
1991	1	5	14	57	13	23.582	95.878	17.7	7	Mw	myanmar:Thabeikkyin, Mandalay	缅甸:德贝金,曼德勒	* Engdahl
1991	1	6	3	1	57	0.49	98.65	49	6.0	Mw	Indonesia:Northern Sumatra	印度尼西亚:苏门答腊北部	ISC
1991	1	8	22	4	11	-18.063	-173.516	35.5	6.2	Mw	Tonga Islands,N.	汤加群岛北部	ISC,Engdahl
1991	1	9	15	8	55	-5.357	151.89	28	6.2	Mw	Papua New Guinea:Kalip	巴布亚新几内亚:卡利普	Engdahl
1991	1	15	13	43	50	-5.975	154.485	65.7	6.0	Mw	Papua New Guinea:Bougainville Island	巴布亚新几内亚:布干维尔岛	Engdahl
1991	1	18	1	36	21	23.7	121.4		6	Ms	China:Taiwan,Hualien	中国:台湾花莲	China
1991	1	18	10	45	19	-51.187	139.334	2.3	6.3	Mw	Great Australian Bight,S.	大澳大利亚湾南部	ISC,Engdahl
1991	1	20	11	32	55	-21.262	169.93	80.3	6.0	Mw	Vanuatu Islands	瓦努阿图群岛	Engdahl
1991	1	23	1	12	31	51.987	178.837	108	6.4	Mw	Aleutian Islands,Rat Island	阿留申群岛,拉特岛	ISC,Engdahl
1991	1	25	17	38	38	-2.112	139.044	22	6.1	Mw	Indonesia:Papua,N.	印度尼西亚:巴布亚北部	Engdahl,ISC
1991	1	31	23	3	35	35.979	70.471	142	6.9	Mw	Afghan:Badakhstan, Baghlan	阿富汗:库纳尔,巴格兰	* Engdahl
1991	1	31	23	5	13	41.71	10.58	8	6.8	Mw	Tyrrhenian Sea	第勒尼安海(伊特鲁里亚海)	ISC
1991	2	9	2	8	50	-15.599	-176.981	18.3	6.1	Mw	North of Fiji Islands	斐济群岛北部	ISC,Engdahl
1991	2	9	16	19	2.03	-9.892	159.217	24.3	6.9	Mw	Solomon Islands	所罗门群岛	* Engdahl,NOAA
1991	2	9	16	30	37	-9.884	159.253	31.1	6.2	Ms	Solomon Islands	所罗门群岛	ISC,Engdahl
1991	2	10	14	15	21	14.068	144.807	155.2	6.0	Mw	Guam	关岛(西太平洋)	Engdahl
1991	2	12	11	30	5	-32.031	179.963	363.8	6.0	Mw	Kermadec Ridge	克马德克海岭	ISC,Engdahl
1991	2	14	23	31	26	-22.382	-112.708	20.8	6	Mw	Easter Island,W.	复活节岛西部	ISC,Engdahl
1991	2	15	10	48	10	-42.04	171.59	7	6.0	Mw	New Zealand:South Island,Christchurch	新西兰:南岛,基督城	ISC
1991	2	16	1	23	40.4	48.268	154.328	39	6.1	Mw	Kuril Islands	千岛群岛	* NOAA
1991	2	17	6	59	15	-21.12	169.851	67.9	6.0	Mw	Vanuatu Islands	瓦努阿图群岛	Engdahl
1991	2	18	2	37	27	8.924	126.502	23.9	6.8	Mw	Philippines:Mindanao Island	菲律宾:棉兰老岛	ISC,Bautista,Engdahl
1991	2	20	4	48	9.94	-22.603	-112.957	17.9	6.0	Mw	Easter Island,W.	复活节岛西部	ISC,Engdahl
1991	2	21	2	35	36	58.438	-175.476	20	6.7	Mw	Bering Sea	白令海	* Engdahl,NOAA
1991	2	25	14	30	29.8	40.33	78.97	24.7	6.5	Ms	China:Xinjiang,Kalpin	中国:新疆柯坪	* China,Engdahl,Dis
1991	3	1	17	30	27	10.926	-84.619	197	6.1	Mw	Costa Rica:Arenal	哥斯达黎加:阿雷纳	ISC,Engdahl
1991	3	3	15	20	26	-21.88	-175.033	17.8	6.2	Mw	Tonga Islands	汤加群岛	ISC,Engdahl
1991	3	8	11	36	30	60.852	167.004	13	6.6	Mw	Russia:Koryakskiy,N.	俄罗斯:科里亚克区北部	ISC,Engdahl
1991	3	8	11	54	59	60.806	167.128	9.3	6.1	Ms	Russia:Koryakskiy,N.	俄罗斯:科里亚克区北部	ISC,Engdahl
1991	3	9	1	1	26	-54.679	-131.51	18.2	6.0	Mw	Southern Pacific Ridge	南太平洋海岭	Engdahl
1991	3	10	12	28	26	5.05	-76.8	72	6.0	Mw	Colombia:Valle Del Cauca	哥伦比亚:考卡山谷	ISC
1991	3	11	21	15	58	-50.989	29.167	11.8	6.4	Mw	South Atlantic - Indian Ridge	南大西洋-印度洋海岭	ISC,Engdahl
1991	3	12	6	3	56	23	120.3	17	6	Ms	China:Taiwan,Tainan	中国:台湾台南	China,USGS
1991	3	16	6	2	10	10.224	-85.21	15	6.3	Mw	Costa Rica:Near Coast	哥斯达黎加:近海	ISC,Engdahl
1991	3	20	13	8	58	-5.815	-80.939	23.8	6	Mw	Peru:Bayovar	秘鲁:巴约瓦尔	ISC,Engdahl
1991	3	21	5	53	13	-9.753	-79.745	20.2	6.2	Mw	Peru:Chimbote,Near Coast	秘鲁:钦博特近海	ISC,Engdahl
1991	3	26	3	58	25	21.708	121.728	18.8	6.7	Ms	China:Taiwan,Coast of S.	中国:台湾南部海域	China,Engdahl,USGS
1991	4	1	3	53	6.06	15.788	95.692	11.6	6	Mw	myanmar:Yangon,S.	缅甸:仰光南部	ISC,Engdahl
1991	4	4	3	23	0.08	7.045	-78.098	35.1	6.2	Mw	Colombia:Off Coast of W.	哥伦比亚:西部沿海	ISC,Engdahl
1991	4	4	15	23	22.5	-6.045	-77.096	21	6.4	Mw	Peru:Rioja, Neuva Cajamarca	秘鲁:利奥哈,卡哈马尔卡	* Engdahl
1991	4	5	4	19	51	-5.976	-77.05	20	6.9	Mw	Peru:Rioja, Moyobamba	秘鲁:利奥哈,莫约班巴	* ISC,Engdahl
1991	4	5	15	50	49	-14.193	-75.465	50	6.3	Mw	Peru:Ica	秘鲁:伊卡	ISC,Engdahl
1991	4	6	14	34	23	-14.998	-175.511	18.1	6.7	Mw	Tonga Islands,N.	汤加群岛北部	ISC,Engdahl
1991	4	8	13	34	3	52.5	157.9	145	6.0	Mw	Russia:Kamchatka Peninsula	俄罗斯:堪察加半岛	ISC
1991	4	9	6	2	26	-9.813	-74.635	124	6.4	Mw	Peru:Huánuco,E.	秘鲁:瓦努科东部	ISC,Engdahl,USGS
1991	4	14	8	8	57	27.22	127.407	83	6.1	Mw	Ryukyu Islands	琉球群岛	ISC,Engdahl
1991	4	18	9	41	21	-22.903	-179.334	472.8	6.0	Mw	Northeast South Fiji Sea Basin	南斐济海盆东北部	ISC,Engdahl
1991	4	19	11	25	37	-15.042	-174.96	29.2	6.1	Mw	Samoa Islands	萨摩亚群岛	ISC,Engdahl
1991	4	19	21	48	38	-6.918	129.536	130.9	6.0	Mw	Indonesia:Banda Sea	印度尼西亚:班达海	ISC,Engdahl
1991	4	21	23	12	15	-21.4	42.7	33	6.1	Mw	Mozambique Channel	莫桑比克海峡	ISC
1991	4	22	21	56	54	9.675	-83.072	12.3	7.6	Mw	Costa Rica:Limon, Pandora	哥斯达黎加:利蒙,潘多拉	* ISC,Engdahl,NOAA
1991	4	23	5	37	5	8.75	-82.16	34	6.0	Mw	Panama:Punta Robalo	巴拿马:蓬塔罗瓦洛	ISC
1991	4	24	4	57	18	9.107	126.742	23.1	6.2	Mw	Philippine Trench	菲律宾海沟	ISC,Engdahl
1991	4	24	5	13	12	2.544	-79.712	24.2	6.2	Mw	Ecuador:Esmeraldas,Guayaquil	厄瓜多尔:埃斯梅拉尔达斯,瓜亚基尔	ISC,Engdahl
1991	4	24	19	13	3.77	9.768	-83.515	13	6.1	Mw	Costa Rica:La Paz	哥斯达黎加:拉巴斯	ISC,Engdahl
1991	4	29	9	12	49.8	42.448	43.669	17	7.3	Mw	Georgia:Kutaisi	格鲁吉亚:库塔伊西	* Engdahl
1991	4	29	18	12	23	-11.26	-77.67	58	6.7	Mw	Peru:Vegueta	秘鲁:贝格塔	USGS,ISC,Engdahl
1991	4	29	18	30	43	42.493	43.857	14	6.1	Mw	Georgia:Gori,N.	格鲁吉亚:哥里北部	ISC,Engdahl
1991	4	30	2	16	35.3	5.889	-82.698	15	6.0	Mw	Panama:Off Coast of S.	巴拿马:南部海域	Engdahl
1991	5	1	7	18	44	62.56	-151.518	114	6.3	Mw	Alaska:Kodiak Island	阿拉斯加:科迪亚克岛	ISC,Engdahl
1991	5	3	2	14	16	28.021	139.675	436.2	6.7	Mw	Japan:South Honshu Ridge	日本:本州南部海岭	ISC,Engdahl
1991	5	4	3	42	56	9.549	-82.439	6.3	6.2	Mw	Panama:Changuinola	巴拿马:昌金努拉	* ISC,Engdahl

年 Year	月 Mo	日 Dy	时 Hr	分 Mn	秒 Sec	纬度(°) Latitude	经度(°) Longitude	深度 Depth	震级 Mag	标度 Scale	地名(英文) Name(English)	地名(中文) Name(Chinese)	资料来源 Information
1991	5	7	13	9	32	39.467	144.676	22.3	6	Mw	Japan Trench	日本海沟	ISC,Engdahl
1991	5	10	13	33	54	-16.151	-174.161	116.7	6.2	Mw	Fiji Islands	斐济群岛	Engdahl
1991	5	13	16	28	18	-3.452	82.791	25.6	6.0	Mw	South - East Indian Ridge	南印度洋东海岭	Engdahl
1991	5	17	2	31	27	-4.359	142.74	59	6.4	Mw	Papua New Guinea:East Sepik	巴布亚新几内亚:东塞皮克	Engdahl
1991	5	19	0	58	1.8	1.162	122.941	20.8	6.9	Mw	Indonesia:South Sulawesi sea	印度尼西亚:苏拉威西海南部	ISC,Engdahl
1991	5	19	1	19	53	1.38	123.12	59	6.0	Mw	Celebes Sea	西里伯斯海	ISC
1991	5	21	11	0	21	-7.521	126.515	20.8	6.6	Mw	Indonesia:Banda Sea	印度尼西亚:班达海	ISC,Engdahl
1991	5	24	20	50	57	-16.553	-70.657	128	6.9	Mw	Peru:Moquegua	秘鲁:莫克瓜	ISC,Engdahl,USGS
1991	5	30	13	17	43	54.55	-161.741	28	7	Mw	Aleutian Islands	阿留申群岛	ISC,Engdahl
1991	6	7	11	51	30	-7.146	122.566	538.8	6.9	Mw	Indonesia:Banda Sea	印度尼西亚:班达海	ISC,Engdahl
1991	6	9	7	45	3.71	-20.241	-176.184	268.4	7	Mw	Tonga Islands,W.	汤加群岛西部	ISC,Engdahl
1991	6	10	17	35	52	23.736	-45.366	13.8	6.3	Mw	North Atlantic Ocean	北大西洋	ISC,Engdahl
1991	6	15	0	59	22	42.415	44.025	9	6.3	Mw	Georgia:Gori,N.	格鲁吉亚:哥里北部	* Engdahl
1991	6	15	1	13	20	-58.346	-24.398	25.6	6.6	Mw	South Sandwich Islands	南桑威奇群岛	ISC,Engdahl
1991	6	15	23	2	14	10.118	125.893	55	6.1	Mw	Philippines:Leyte Gulf	菲律宾:莱特湾	ISC,Engdahl
1991	6	16	2	7	18.8	39.35	73.7	35	6.3	Ms	China:Xinjiang,Kashi,W.	中国:新疆喀什西部	CSN
1991	6	16	2	7	38	14.9	122.4	33	6.0	Mw	Philippines:Quezon,Coast E.	菲律宾:奎松东部海域	ISC
1991	6	20	3	21	46.3	-58.19	-24.85	32	6.2	Ms	South Sandwich Islands	南桑威奇群岛	CSN
1991	6	20	5	18	54	1.226	122.789	32.5	7.5	Mw	Indonesia:South Sulawesi sea	印度尼西亚:苏拉威西海南部	* Engdahl
1991	6	22	0	30	28	23.774	-108.558	12.5	6.2	Mw	Gulf of California	加利福尼亚湾	ISC,Engdahl
1991	6	23	21	22	30	-26.785	-63.224	558	7.3	Mw	Argentina:Santiago del Estero	阿根廷:圣地亚哥-德尔埃斯特罗	ISC,Engdahl
1991	7	1	13	32	46	-15.878	-74.953	40.7	6	Mw	Peru:Acari,Near Coast	秘鲁:阿卡里近海	ISC,Engdahl
1991	7	2	5	14	32	-1.092	99.822	54	6.3	Mw	Indonesia:Southern Sumatra	印度尼西亚:苏门答腊南部	ISC,Engdahl
1991	7	4	11	43	12	-8.13	124.558	29	6.7	Mw	Indonesia:Timor,Kalabahi	印度尼西亚:帝汶,卡拉巴希	* Engdahl
1991	7	5	4	30	53	-9.618	114.548	36.2	6.1	Mw	Indonesia:Java Ridge	印度尼西亚:爪哇海岭	Engdahl
1991	7	6	12	19	50	-13.245	-72.153	105	6.8	Mw	Peru:Cuzco	秘鲁:库斯科	ISC,Engdahl,USGS
1991	7	9	5	54	2	-23.8	-65.3	33	6.0	Mw	Argentina:Jujuy	阿根廷:胡胡伊	ISC
1991	7	10	5	51	57	43.33	145.65	57	6.0	Mw	Japan:Hokkaido	日本:北海道	ISC
1991	7	12	4	42	24	-39.31	175.97	70	6.2	Mw	New Zealand:North Island,Desert Road	新西兰:北岛,迪泽特路	ISC
1991	7	13	2	50	17	42.24	-125.788	13.8	6.8	Mw	US:Off Coast of W. Oregon	美国:俄勒冈州西部沿海	ISC,Engdahl
1991	7	13	12	15	15	48.808	154.879	37.7	6.2	Mw	Kuril Islands	千岛群岛	Engdahl
1991	7	14	9	9	13.5	36.412	71.169	213	6.7	Mw	Afghan:Badakhshan	阿富汗:巴达赫尚	ISC,Engdahl
1991	8	3	8	33	17	29.31	129.09	20	6.0	Mw	Ryukyu Islands	琉球群岛	ISC
1991	8	5	6	5	49	-21.327	-174.337	32.1	6.0	Mw	Tonga Islands	汤加群岛	Engdahl
1991	8	6	2	17	31	3.83	95.37	18	6.0	Mw	Indonesia:Off West Coast of N. Sumatera	印度尼西亚:北苏门答腊西部海域	ISC
1991	8	8	2	9	46	1.042	122.579	14.2	6.6	Mw	Indonesia:Sulawesi Utara	印度尼西亚:北苏拉威西	ISC,Engdahl
1991	8	14	12	53	28	54.369	-169.318	277.3	6.0	Mw	Aleutian Islands	阿留申群岛	Engdahl
1991	8	14	19	15	5.55	-13.573	167.637	14	6.5	Mw	Vanuatu Islands	瓦努阿图群岛	ISC,Engdahl
1991	8	15	13	36	0.88	-16.051	168.023	171	6.3	Mw	Vanuatu Islands	瓦努阿图群岛	ISC,Engdahl
1991	8	16	22	26	19	41.69	-125.503	15	6.3	Mw	US:California,Off Coast N.	美国:加利福尼亚州北部沿海	ISC,Engdahl
1991	8	17	22	17	17	41.788	-125.576	17.1	7.1	Mw	US:California,Off Coast N.	美国:加利福尼亚州北部沿海	ISC,Engdahl
1991	9	3	8	44	50	33.688	138.793	27.2	6.3	Mw	Japan:South Honshu Ridge	日本:本州南部海岭	ISC,Engdahl,USGS
1991	9	3	9	5	31	-17.942	-116.017	12.3	6.3	Mw	Southern East Pacific Rise	南太平洋东海岭	ISC,Engdahl
1991	9	3	11	56	18	-17.951	-116.027	14.3	6.3	Mw	Southern East Pacific Rise	南太平洋东海岭	ISC,Engdahl
1991	9	18	9	48	15	14.603	-90.931	11	6.2	Mw	Guatemala:Guatemala City, Solola	危地马拉:危地马拉城,索洛拉	* Engdahl
1991	9	21	15	19	50.3	-16.226	-172.97	19.9	6.1	Mw	Samoa Islands	萨摩亚群岛	Engdahl
1991	9	28	20	26	58	-5.766	150.984	28	6.6	Mw	Papua New Guinea:East New Britain	巴布亚新几内亚:东新不列颠	ISC,Engdahl
1991	9	30	0	21	48	-20.819	-178.548	566	7	Mw	Fiji Islands	斐济群岛	ISC,Engdahl
1991	10	1	13	23	45	23.85	121.81	20	6.0	Mw	China:Taiwan,Hualien,Coast of E.	中国:台湾花莲以东海域	ISC
1991	10	8	3	31	17	45.613	149.042	146	6	Mw	Kuril Islands	千岛群岛	ISC,Engdahl
1991	10	12	16	26	27	-13.707	166.724	46.4	6.2	Mw	Vanuatu Islands	瓦努阿图群岛	ISC,Engdahl
1991	10	13	18	12	21	-55.89	-122.751	2.4	6.3	Mw	Southern Pacific Ridge	南太平洋海岭	ISC,Engdahl
1991	10	14	15	58	14.8	-9.048	158.549	24.8	7.2	Mw	Solomon Islands	所罗门群岛	* Engdahl,NOAA
1991	10	14	16	16	59	-9.03	158.69	34.9	6.4	Ms	Solomon Islands	所罗门群岛	ISC,Engdahl
1991	10	14	16	55	53	-9.03	158.36	19	6.1	Mw	Solomon Islands	所罗门群岛	ISC
1991	10	15	16	18	3.71	-6.467	130.034	140.6	6.2	Mw	Indonesia:Banda Sea	印度尼西亚:班达海	Engdahl
1991	10	17	9	5	22	-15.291	-173.526	37.5	6	Mw	Tonga Islands,N.	汤加群岛北部	ISC,Engdahl
1991	10	18	17	22	57	-24.287	-177.555	199.9	6.4	Mw	South of Fiji Islands	斐济群岛南部	Engdahl,USGS
1991	10	19	21	23	16	30.736	78.808	10	6.8	Mw	India:Chamoli, Uttarkashi, New Delhi	印度:查莫利,乌塔卡西,新德里	* India,Engdahl
1991	10	23	14	38	45	-36.98	177.26	217	6.0	Mw	Kermadec Ridge,S.	克马德克海岭南部	ISC
1991	10	23	23	59	44	51.29	178.25	33	6.0	Mw	Aleutian Islands	阿留申群岛	ISC
1991	10	25	10	39	3	43.2	144.44	105	6.1	Mw	Japan:Hokkaido	日本:北海道	ISC
1991	10	25	21	6	6	-38.02	176.22	209	6.0	Mw	New Zealand:North Island,Okere Falls	新西兰:北岛,奥克尔福尔斯	ISC
1991	10	26	2	27	33	18.541	145.654	194.9	6.0	Mw	Mariana Islands	马里亚纳群岛	Engdahl

年 Year	月 Mo	日 Dy	时 Hr	分 Mn	秒 Sec	纬度(°) Latitude	经度(°) Longitude	深度 Depth	震级 Mag	标度 Scale	地名(英文) Name(English)	地名(中文) Name(Chinese)	资料来源 Information
1991	10	27	16	17	13	-22.09	-67.27	33	6.0	Mw	Bolivia:Potosi,SW.	玻利维亚:波托西西南	ISC
1991	10	28	1	9	12	33.92	131.17	19	6.0	Mw	Japan:Oita	日本:大分	ISC,USGS
1991	10	30	10	35	43	-15.299	-173.076	17.3	6.2	Mw	Tonga Islands,N.	汤加群岛北部	ISC,Engdahl
1991	11	1	2	51	15	1.19	122.069	44.2	6.0	Mw	Celebes Sea	西里伯斯海	Engdahl
1991	11	1	16	23	24	-30.252	-177.886	24.1	6.6	Mw	East of Kermadec Ridge	克马德克海岭东部	ISC,Engdahl
1991	11	1	16	52	55	46.4	152.86	40	6.0	Mw	Kuril Islands	千岛群岛	ISC
1991	11	4	6	24	4.24	-6.065	148.235	50	6.2	Mw	Papua New Guinea:West New Britain	巴布亚新几内亚:西新不列颠	ISC,Engdahl,USGS
1991	11	5	6	56	4.56	-6.22	146.452	105	6.2	Mw	Papua New Guinea:Morobe	巴布亚新几内亚:莫罗贝	Engdahl
1991	11	5	21	16	15	-17.624	65.918	12.4	6.5	Mw	Central Indian Ridge	印度洋中脊	ISC,Engdahl
1991	11	7	9	21	26	-7.301	128.574	142.1	6.3	Mw	Indonesia:Banda Sea	印度尼西亚:班达海	ISC,Engdahl
1991	11	11	16	15	51	-24.167	-177.303	174.6	6.0	Mw	South of Fiji Islands	斐济群岛南部	Engdahl
1991	11	11	17	45	59	17.898	-105.569	12.6	6.0	Mw	Mexico:Off Coast of Jalisco	墨西哥:哈利斯科沿海	ISC,Engdahl
1991	11	13	11	12	15	8.405	126.387	36	6.6	Mw	Philippines:Mindanao Island	菲律宾:棉兰老岛	ISC,Bautista,Engdahl
1991	11	16	0	35	40	-37.13	176.89	264	6.4	Mw	New Zealand:North Island,Near Coast of NE.	新西兰:北岛东北近海	ISC
1991	11	19	22	28	53	4.585	-77.295	21	7.2	Mw	Colombia:Chaco, Buenaventura	哥伦比亚:查科省,布埃纳文图拉	* GSHAP,Engdahl
1991	11	20	9	23	11	-36.54	178.417	84.5	6.1	Mw	Kermadec Ridge,S.	克马德克海岭南部	ISC,Engdahl
1991	11	21	12	38	30	5.838	126.787	76.2	6.1	Mw	Philippine Trench	菲律宾海沟	ISC,Engdahl
1991	11	26	10	41	32	51.805	-176.187	24	6	Mw	Andreanof Islands, Aleutian Is.	阿留申群岛,安德烈亚诺夫群岛	ISC,Engdahl
1991	11	26	19	40	50	42.074	142.541	56	6.4	Mw	Japan:Hokkaido	日本:北海道	ISC,Engdahl,USGS
1991	12	3	10	33	41	-26.497	178.738	564.9	6.3	Mw	Kermadec Ridge	克马德克海岭	ISC,Engdahl
1991	12	7	11	59	1.09	45.516	151.37	35.3	6	Mw	Kuril Islands	千岛群岛	ISC,Engdahl
1991	12	11	17	3	13	-17.871	-115.992	22.3	6.4	Mw	Southern East Pacific Rise	南太平洋东海岭	ISC,Engdahl
1991	12	11	20	39	37.3	-23.362	171.134	15	6.5	Mw	Vanuatu Islands	瓦努阿图群岛	ISC,Engdahl
1991	12	13	2	33	54	45.635	151.479	32.5	6.6	Mw	Kuril Islands	千岛群岛	ISC,Engdahl
1991	12	13	5	45	31	45.647	151.481	28.4	6	Mw	Kuril Islands	千岛群岛	ISC,Engdahl
1991	12	13	18	55	51.6	9.87	126.28	83	6.7	Ms	Philippines:Mindanao Island	菲律宾:棉兰老岛	CSN
1991	12	13	18	59	8.91	45.559	151.623	22.4	6.5	Mw	Kuril Islands	千岛群岛	ISC,Engdahl
1991	12	13	19	55	6.41	45.521	151.257	12.4	6.4	Mw	Kuril Islands	千岛群岛	ISC,Engdahl
1991	12	13	19	58	21	45.473	151.399	23	6.3	Mw	Kuril Islands	千岛群岛	ISC,Engdahl
1991	12	17	3	41	12	-62.502	154.829	15	6.3	Mw	Balleny Islands	巴雷尼群岛	ISC,Engdahl
1991	12	19	1	33	43	45.366	151.112	29.7	6.8	Mw	Kuril Islands	千岛群岛	ISC,Engdahl
1991	12	19	1	37	36	45.346	150.993	52.2	6.4	Mw	Kuril Islands	千岛群岛	ISC,Engdahl,USGS
1991	12	20	8	35	28	44.1	152.1	33	6.1	Mw	Kuril Islands,S.	千岛群岛南部	ISC
1991	12	22	8	43	15	45.615	151.01	25	7.6	Mw	Kuril Islands	千岛群岛	* Engdahl,NOAA
1991	12	22	10	20	51	45.46	151.76	36	6.6	Mw	Kuril Islands	千岛群岛	ISC
1991	12	23	13	10	4	45.85	151.96	24	6.0	Mw	Kuril Islands	千岛群岛	ISC
1991	12	27	2	32	44	-19.202	-176.355	19.6	6.0	Mw	South East of Fiji Islands	斐济群岛东南	Engdahl
1991	12	27	4	6	1.14	-55.968	-25.05	23.8	7.2	Mw	South Sandwich Trench	南桑维奇海沟	ISC,Engdahl
1991	12	27	9	9	40	51.078	98.18	14	6.3	Mw	Russia:Tuva,NE.	俄罗斯:唐努图瓦州东北	ISC,Engdahl
1991	12	28	0	52	16	-56.099	-24.609	37.5	6.6	Mw	South Sandwich Trench	南桑维奇海沟	ISC,Engdahl
1991	12	28	2	20	26	-55.4	-26.54	17	6.4	Ms	South Sandwich Islands	南桑威奇群岛	CSN
1991	12	29	18	39	12	-4.407	132.664	43.1	6.4	Mw	Indonesia:Aru Islands	印度尼西亚:阿鲁群岛	ISC,Engdahl
1992	1	2	16	40	42	48.669	-129.384	15	6	Mw	Canada:Off Coast of W. Vancouver	加拿大:温哥华西部海域	ISC,Engdahl
1992	1	4	0	56	56	66.73	-94.6	10	6.0	Mw	Canada:Nunavut,C.	加拿大:努纳武特州地区中部	ISC
1992	1	13	9	37	45	-20.897	-178.676	576.9	6.0	Mw	Fiji Islands	斐济群岛	Engdahl
1992	1	13	11	58	25	1.384	127.373	113	6	Mw	Molukka Sea	马鲁古海	ISC,Engdahl
1992	1	20	13	37	4	27.907	139.437	502.3	6.7	Mw	Japan:South Honshu Ridge	日本:本州南部海岭	ISC,Engdahl
1992	1	22	1	6	54	38.44	140.37	116	6.1	Mw	Japan:Yamagata	日本:山形	ISC
1992	2	2	0	22	9.25	-51.558	139.525	15	6	Mw	Great Australian Bight,S.	大澳大利亚湾南部	Engdahl,USGS
1992	2	2	0	31	32	-51.532	139.729	8.4	6.3	Mw	Great Australian Bight,S.	大澳大利亚湾南部	ISC,Engdahl
1992	2	6	1	12	40	-5.73	103.077	38.7	6.4	Mw	Indonesia:South Sumatera	印度尼西亚:南苏门答腊	ISC,Engdahl
1992	2	8	8	22	0	7.24	-75.67	50	6.8	Mw	Colombia:Antioquia	哥伦比亚:安提奥基亚	ISC
1992	2	10	7	24	35	13.64	-92.23	50	6.6	Mw	Mexico:Near Coast of Chiapas	墨西哥:恰帕斯州近海	ISC
1992	2	13	1	29	15	-15.906	166.327	9.6	6.8	Mw	Vanuatu Islands:Espiritu Santo Islands	瓦努阿图群岛:圣埃斯皮里图岛	ISC,Engdahl
1992	2	13	2	38	20	53.56	-165.814	47.7	6.0	Mw	Alaska:Unimak Island	阿拉斯加:乌尼马克岛	Engdahl
1992	2	17	0	2	0.24	79.173	124.485	22	6.0	Mw	Arctic Ocean	北冰洋	Engdahl
1992	2	17	4	37	31	-56.105	157.942	15	6.2	Mw	Australia:Macquarie Island,S.	澳大利亚:麦加利岛南部	Engdahl
1992	2	17	4	42	11	-21.614	170.467	151.2	6.2	Mw	Vanuatu Islands	瓦努阿图群岛	Engdahl
1992	2	20	15	44	43	-15.328	-177.107	378.1	6.0	Mw	North East of Fiji Islands	斐济群岛东北	Engdahl
1992	2	20	17	47	19	11.3	140.9	33	6.0	Mw	Western Caroline Islands	卡罗琳群岛西部	ISC
1992	2	21	9	10	0	9.55	-76.27	50	6.2	Mw	Colombia:Off Coast of N.	哥伦比亚:北部沿海	ISC
1992	2	21	14	42	31.8	-6.211	147.66	63.9	6.0	Mw	Papua New Guinea:Morobe	巴布亚新几内亚:莫罗贝	Engdahl
1992	2	27	20	5	26	-6.143	147.636	39	6.7	Mw	Papua New Guinea:Morobe	巴布亚新几内亚:莫罗贝	ISC,Engdahl
1992	3	2	12	29	42	52.955	159.757	39	6.9	Mw	Russia:Kamchatka,Near East Coast	俄罗斯:堪察加东部近海	ISC,Engdahl
1992	3	2	14	8	1.59	52.902	159.865	33.9	6	Ms	Russia:Kamchatka,Near East Coast	俄罗斯:堪察加东部近海	ISC,Engdahl
1992	3	3	3	11	45	44.3	149.04	32	6.0	Mw	Kuril Islands	千岛群岛	ISC

年 Year	月 Mo	日 Dy	时 Hr	分 Mn	秒 Sec	纬度(°) Latitude	经度(°) Longitude	深度 Depth	震级 Mag	标度 Scale	地名(英文) Name(English)	地名(中文) Name(Chinese)	资料来源 Information
1992	3	3	4	28	4.85	44.25	149.115	33.9	6.0	Mw	Kuril Islands	千岛群岛	ISC, Engdahl
1992	3	4	3	49	56	-2.999	147.941	19	6.4	Mw	Bismarck Sea	俾斯麦海	ISC, Engdahl
1992	3	5	8	55	7.85	11.531	42.801	8.3	6.2	Mw	Djibouti: Djibouti	吉布提:吉布提	ISC, Engdahl
1992	3	5	14	39	12	52.888	159.555	45	6.3	Mw	Russia: Kamchatka Peninsula	俄罗斯:堪察加半岛	ISC, Engdahl
1992	3	7	1	53	39.3	10.232	-84.269	79	6.5	Mw	Costa Rica: La Paz	哥斯达黎加:拉巴斯	ISC, Engdahl
1992	3	7	18	37	15.4	-3.472	146.449	21.6	6.2	Mw	Bismarck Sea	俾斯麦海	ISC, Engdahl
1992	3	10	19	2	32	1.71	-83.95	50	6.5	Mw	Carnegie Ridge	卡内基海岭	ISC
1992	3	11	19	43	1.41	-3.345	146.62	19.9	6.1	Mw	Bismarck Sea	俾斯麦海	ISC, Engdahl
1992	3	12	0	3	44	53.1	170.58	33	6.0	Mw	Aleutian Islands	阿留申群岛	ISC
1992	3	13	16	1	6.07	52.456	-179.005	199.9	6.4	Mw	Andreanof Islands, Aleutian Is.	阿留申群岛,安德烈亚诺夫群岛	Engdahl
1992	3	13	17	18	39	39.728	39.654	27	6.7	Mw	Turkey: Erzincan	土耳其:埃尔津占	* Engdahl
1992	3	13	17	50	3	-9.231	152.328	26.9	6.2	Ms	Solomon Sea	所罗门海	ISC, Engdahl
1992	3	15	1	1	29	23.578	123.559	31.3	6	Ms	Ryukyu Islands	琉球群岛	China, Engdahl
1992	3	16	23	21	31	-35.22	178.97	168	6.1	Mw	Kermadec Ridge	克马德克海岭	ISC
1992	3	19	6	34	28	17.228	120.869	18.6	6	Mw	Philippines: San Fernando	菲律宾:圣费尔南多	ISC, Engdahl
1992	3	19	20	23	4	1.49	-81.57	50	6.4	Mw	Ecuador: Off Coast of W.	厄瓜多尔:西部沿海	ISC
1992	3	23	10	40	33	4.78	-78.5	50	6.5	Mw	Colombia: Off Coast of W.	哥伦比亚:西部沿海	ISC
1992	3	24	18	20	20	-55.766	-123.095	15	6.0	Mw	Southern Pacific Ridge	南太平洋海岭	Engdahl
1992	3	24	22	47	8.02	3.648	127.03	51.8	6	Mw	Indonesia: Karakelong Island	印度尼西亚:卡拉克隆岛	ISC, Engdahl
1992	3	26	13	27	26	-7.1	124.4	745	6.1	Mw	Indonesia: Banda Sea	印度尼西亚:班达海	ISC
1992	3	26	14	14	13	51.274	-179.742	25	6	Mw	Andreanof Islands, Aleutian Is.	阿留申群岛,安德烈亚诺夫群岛	ISC, Engdahl
1992	3	30	18	9	47	-17.841	-116.168	15	6.0	Mw	Southern East Pacific Rise	南太平洋东海岭	ISC, Engdahl
1992	3	31	3	32	3.76	-49.731	-113.861	5.2	6.3	Mw	Southern Pacific Ridge	南太平洋海岭	ISC, Engdahl
1992	3	31	20	57	20	20.67	-96.61	50	7.0	Mw	Mexico: Veracruz	墨西哥:韦拉克鲁斯	ISC
1992	4	1	10	15	22	12.97	-91.28	50	6.0	Mw	El Salvador: Off Coast of W.	萨尔瓦多:西部海域	ISC
1992	4	3	3	19	53	-5.703	151.214	27	6.5	Mw	Papua New Guinea: West New Britain	巴布亚新几内亚:西新不列颠	ISC, Engdahl
1992	4	5	11	46	37	-11.906	166.377	49.8	6.1	Mw	Solomon Islands	所罗门群岛	ISC, Engdahl
1992	4	6	13	54	43	50.496	-130.334	22.1	6.7	Mw	Canada: Off Coast of W. Vancouver	加拿大:温哥华西部海域	ISC, Engdahl
1992	4	6	15	16	12	50.553	-130.009	15	6	Mw	Canada: Off Coast of W. Vancouver	加拿大:温哥华西部海域	ISC, Engdahl
1992	4	6	19	16	12	15.41	-92.84	50	6.4	Mw	Mexico: Chiapas	墨西哥:恰帕斯州	ISC
1992	4	7	3	37	4.62	-4.162	130.962	51.2	6	Mw	Indonesia: Banda Sea	印度尼西亚:班达海	ISC, Engdahl
1992	4	7	22	47	30	-16.878	168.223	14.5	6.0	Mw	Vanuatu Islands	瓦努阿图群岛	Engdahl
1992	4	8	13	36	60	-16.755	168.435	28.3	6.0	Mw	Vanuatu Islands	瓦努阿图群岛	Engdahl
1992	4	15	1	31	32	20.1	97.6	33	6.0	Mw	myanmar: Magway, E.	缅甸:马圭东部	ISC
1992	4	16	8	0	57	1.2	122.594	36.6	6.1	Mw	Indonesia: South Sulawesi sea	印度尼西亚:苏拉威西海南部	Engdahl
1992	4	18	9	16	55	-5.471	102.909	30.6	6.6	Mw	Indonesia: Sumatra, Coast of SW.	印度尼西亚:苏门答腊西南海域	ISC, Engdahl
1992	4	19	18	32	20.8	23.885	121.567	16	6.8	Ms	China: Taiwan, Hualien	中国:台湾花莲	China, Engdahl, USGS
1992	4	22	11	0	21	17.64	-97.37	50	6.4	Mw	Mexico: Puebla, Huamuxtitlan	墨西哥:普埃布拉,瓦穆斯蒂特兰	ISC
1992	4	23	4	50	25	33.868	-116.546	12	6.1	M	US: California, Palm Springs	美国:加利福尼亚州棕泉	* Engdahl
1992	4	23	12	18	34	22.3	99.1		6.7	Ms	China: Yunnan, Menglian	中国:云南孟连	China, Dis
1992	4	23	14	18	37	22.417	98.884	8.7	6.1	Mw	myanmar: Keng Tung, N.	缅甸:肯格塔恩北部	China, Engdahl
1992	4	23	15	32	51	22.411	98.821	7.6	6.2	Mw	myanmar: Keng Tung, N.	缅甸:肯格塔恩北部	China, Engdahl
1992	4	24	7	7	26	27.585	66.131	25	6	Mw	Pakistan: Karachi	巴基斯坦:卡拉奇	ISC, Engdahl
1992	4	24	17	38	56	-8.991	-109.757	19.7	6.0	Mw	Easter Island, N.	复活节岛北部	ISC, Engdahl
1992	4	25	18	6	6.16	40.381	-124.048	15	7.2	M	US: California, Humboldt	美国:加利福尼亚州洪堡	* CGS, Engdahl, NOAA
1992	4	26	7	41	43	40.547	-124.286	20	6.5	M	US: California, North Coast	美国:加利福尼亚州北部近海	ISC, Engdahl
1992	4	26	11	18	27.5	40.44	-124.433	22	6.7	M	US: California, North Coast	美国:加利福尼亚州北部近海	ISC, Engdahl
1992	4	28	1	55	49	5.616	124.028	480	6.0	Mw	Celebes Sea	西里伯斯海	ISC, Engdahl
1992	5	4	8	45	3.84	-6.767	130.212	91	6.1	Mw	Indonesia: Banda Sea	印度尼西亚:班达海	Engdahl
1992	5	7	6	23	39	41.21	144.662	18.2	6.0	Mw	Japan: SE. Hokkaido Island	日本:北海道东南	Engdahl
1992	5	12	8	35	47	1.88	-81.53	50	6.4	Mw	Ecuador: Off Coast of W.	厄瓜多尔:西部沿海	ISC
1992	5	12	18	5	45	-16.531	-172.345	21.3	6.7	Mw	Samoa Islands	萨摩亚群岛	ISC, Engdahl
1992	5	15	7	5	7.07	-6.067	147.588	58	7.2	Mw	Papua New Guinea: Wasu	巴布亚新几内亚:瓦苏	ISC, Engdahl
1992	5	15	8	8	2.48	40.997	72.467	32.1	6.2	Ms	Kyrgyzstan: Jalal - Abad	吉尔吉斯斯坦:贾拉拉巴德	* Engdahl
1992	5	16	4	8	17	-56.3	-26.6	33	6.2	Mw	South Sandwich Islands	南桑威奇群岛	ISC
1992	5	16	14	58	40	-19.11	169.159	162.4	6.1	Mw	Vanuatu Islands	瓦努阿图群岛	Engdahl
1992	5	16	20	58	1.3	-13.606	-76.017	57.8	6.1	Mw	Peru: North Ica	秘鲁:伊卡北部	ISC, Engdahl
1992	5	17	9	49	21	7.332	126.676	34.9	7.1	Mw	Philippines: Mindanao Island	菲律宾:棉兰老岛	Engdahl, Bautista
1992	5	17	10	15	32	7.245	126.759	28.7	7.5	Mw	Philippines: Mindanao, Tandag	菲律宾:棉兰老岛,坦达	* Engdahl, NOAA
1992	5	18	3	2	23	-33.611	-71.996	31.9	6.1	Mw	Chile: Near Coast of C.	智利:中部近海	ISC, Engdahl
1992	5	18	23	19	23	7.395	-82.304	19.6	6.3	Mw	Panama: Off Coast of S.	巴拿马:南部海域	ISC, Engdahl
1992	5	20	12	20	34	33.323	71.35	16	6.1	Mw	Pakistan: Peshawar, Kohat	巴基斯坦:白沙瓦,戈哈特	* Engdahl
1992	5	21	4	59	57	41.48	88.83	5	6.2	Mw	China: Xinjiang, Kuqa	中国:新疆库车	ISC
1992	5	21	14	9	6	-6.164	147.288	54.6	6.0	Mw	Papua New Guinea: Lae	巴布亚新几内亚:莱城	Engdahl
1992	5	22	16	19	55	48.75	148.59	531	6.0	Mw	Sea of Okhotsk	鄂霍次克海	ISC
1992	5	22	21	40	39	-3.514	144.121	27.3	6.2	Mw	Papua New Guinea: East Sepik, Near Coast of N.	巴布亚新几内亚:东塞皮克北部近海	ISC, Engdahl

年 Year	月 Mo	日 Dy	时 Hr	分 Mn	秒 Sec	纬度(°) Latitude	经度(°) Longitude	深度 Depth	震级 Mag	标度 Scale	地名(英文) Name(English)	地名(中文) Name(Chinese)	资料来源 Information
1992	5	23	8	40	0	-18.45	-174.59	33	6.0	Mw	Tonga Islands, N.	汤加群岛北部	ISC
1992	5	23	10	30	32	13.485	-89.969	30.3	6	Mw	Guatemala: Antigua	危地马拉:安地瓜	ISC, Engdahl
1992	5	25	16	55	5.82	19.618	-77.883	23.1	6.8	Mw	Cuba: Pilon, Manzanillo	古巴:皮隆,曼萨尼约	* ISC, Engdahl
1992	5	27	5	13	41	-11.085	165.252	23.4	7	Mw	Solomon Islands	所罗门群岛	* Engdahl, NOAA
1992	5	27	5	35	17	-9.94	164.65	33	6.3	Mw	Solomon Islands	所罗门群岛	ISC
1992	5	27	6	5	47	-11.169	165.126	34.5	6.1	Ms	Solomon Islands	所罗门群岛	ISC, Engdahl
1992	5	29	8	32	7	47.6	157.1	33	6.0	Mw	Kuril Islands	千岛群岛	ISC
1992	5	29	21	52	30	31.233	141.791	30.1	6.0	Mw	Japan Trench	日本海沟	Engdahl
1992	5	30	12	42	5.59	30.717	141.669	24.6	6	Mw	Japan Trench	日本海沟	ISC, Engdahl
1992	5	30	16	30	3.65	14.421	-92.93	57.8	6.3	Mw	Mexico: Chiapas, Near Coast	墨西哥:恰帕斯,近海	ISC, Engdahl
1992	6	2	21	5	2.41	-16.122	92.815	14	6.2	Mw	South - East Indian Ridge	南印度洋东海岭	Engdahl
1992	6	3	6	10	56	51.142	178.72	24.6	6.2	Mw	Aleutian Islands	阿留申群岛	ISC, Engdahl
1992	6	4	4	4	7.32	28.014	128.047	24.1	6	Mw	Ryukyu Islands	琉球群岛	ISC, Engdahl
1992	6	6	21	40	42	1.064	124.002	17.5	6.0	Mw	Celebes Sea	西里伯斯海	Engdahl
1992	6	9	0	31	58	-8.43	111.057	64	6.1	Mw	Indonesia: Java Island	印度尼西亚:爪哇岛	ISC, Engdahl
1992	6	10	2	13	49	1.089	124.053	42.3	6.0	Mw	Celebes Sea	西里伯斯海	Engdahl
1992	6	15	2	48	58	24.035	95.953	17	6.3	Mw	myanmar: Tagaung	缅甸:太公	ISC, Engdahl
1992	6	16	5	51	4.86	45.653	142.287	317	6	Mw	Japan: Hokkaido, Coast N.	日本:北海道北部海域	ISC, Engdahl
1992	6	17	8	39	16	-60.3	-56.782	2.2	6.1	Mw	West Scotia Basin	西斯科舍海盆	ISC, Engdahl
1992	6	20	18	37	53	10.03	-91.86	50	6.2	Mw	Nicaragua: Off Coast of W.	尼加拉瓜:西部沿海	ISC
1992	6	21	17	43	13.3	-37.823	177.019	36.1	6.2	Mw	New Zealand: North Island, Near Coast of NE.	新西兰:北岛东北近海	ISC, Engdahl
1992	6	22	4	0	44	-60.822	-22.121	23.8	6.4	Mw	South Sandwich Trench	南桑威奇海沟	ISC, Engdahl
1992	6	23	11	21	25	-36.001	-101.255	15	6.1	Mw	West of Chile Ridge	智利海岭西部	Engdahl
1992	6	25	6	30	54	-28.223	-176.71	23.7	6.5	Mw	Kermadec Ridge	克马德克海岭	ISC, Engdahl
1992	6	27	14	16	22	19.43	-80.2	18	6.1	Mw	Cuba: Off Coast of SW.	古巴:西南海域	ISC
1992	6	28	11	57	39	34.198	-116.515	15	7.6	Mw	US: California, Landers	美国:加利福尼亚州兰德斯	* Engdahl
1992	6	28	15	5	33	34.289	-116.817	12.4	6.5	Mw	US: California, Big Bear Lake	美国:加利福尼亚州大熊湖	* Engdahl
1992	6	29	2	53	58	-25.36	-67.47	61	6.0	Mw	Argentina: Salta	阿根廷:萨尔塔	ISC
1992	6	29	16	4	10	27.76	139.81	525	6.0	Mw	Japan: South Honshu Ridge	日本:本州南部海岭	ISC
1992	7	10	9	31	30	44.714	149.502	22.1	6.5	Mw	Kuril Islands	千岛群岛	ISC, Engdahl
1992	7	11	10	44	21	-22.46	-178.36	379.3	7.2	Mw	South of Fiji Islands	斐济群岛南部	ISC, Engdahl
1992	7	12	11	8	57	41.48	142.019	64	6.2	Mw	Japan: Hokkaido	日本:北海道	ISC, Engdahl
1992	7	13	15	34	6.31	51.189	157.606	45	6.2	Mw	Russia: Kamchatka Peninsula	俄罗斯:堪察加半岛	Engdahl, USGS
1992	7	13	18	11	35	-3.897	-76.536	97	6.3	Mw	Peru: Loreto, W.	秘鲁:洛雷托西部	ISC, Engdahl
1992	7	14	7	3	12	-4.727	125.425	475.7	6.1	Mw	Indonesia: Banda Sea	印度尼西亚:班达海	ISC, Engdahl
1992	7	18	8	37	0.91	39.453	143.298	31.3	6.9	Mw	Japan: Oshu, Off Coast	日本:奥州沿海	* Engdahl, NOAA
1992	7	18	8	39	6.19	39.59	143.124	29.5	6.1	mb	Japan: Miyako, Off Coast	日本:宫古沿海	ISC, Engdahl
1992	7	18	9	9	55	39.36	143.39	38	6.1	Mw	Japan: Oshu, Off Coast	日本:奥州沿海	ISC
1992	7	18	10	20	14	39.459	143.095	30.5	6.4	Mw	Japan: Oshu, Near Coast	日本:奥州近海	ISC, Engdahl
1992	7	18	10	59	41	39.481	143.268	26.1	6.0	Mw	Japan: Oshu, Off Coast	日本:奥州沿海	ISC, Engdahl
1992	7	18	13	56	56	39.513	142.998	28.6	6	Mw	Japan: Miyako, Off Coast	日本:宫古沿海	ISC, Engdahl
1992	7	18	21	18	58	39.269	143.111	35.2	6	Mw	Japan: Oshu, Off Coast	日本:奥州沿海	ISC, Engdahl
1992	7	18	21	36	24	30.67	137.8	497	6.3	Mw	Japan: South Honshu Ridge	日本:南本州海岭	ISC, USGS
1992	7	20	7	46	51	78.574	5.599	25.2	6.7	Mw	Norwegian Sea	挪威海	ISC, Engdahl
1992	7	29	4	30	50	39.592	143.463	18.6	6.2	Mw	Japan: Miyako, Off Coast	日本:宫古沿海	ISC, Engdahl
1992	7	30	8	24	48.6	29.576	90.241	14	6.5	Ms	China: Xizang (Tibet), Lhasa, NW.	中国:西藏拉萨西北	China, Engdahl, Dis
1992	8	2	5	50	14	-0.841	127.589	19	6.2	Mw	Molukka Sea, S.	马鲁古海南部	ISC, Engdahl
1992	8	2	12	3	22	-7.133	121.684	487.5	6.6	Mw	Indonesia: Timor, Kupang	印度尼西亚:帝汶,古邦	ISC, Engdahl
1992	8	4	6	58	34	-21.655	-177.214	255.3	6.0	Mw	Tonga Islands, W.	汤加群岛西部	Engdahl
1992	8	4	21	8	44	-12.093	166.621	92.8	6.4	Mw	Solomon Islands: Santa Cruz Islands	所罗门群岛:圣克鲁斯群岛	ISC, Engdahl
1992	8	6	21	29	10	24.4	122.6		6	Ms	China: Taiwan, Hualien, Coast of E.	中国:台湾花莲以东海域	China
1992	8	7	18	19	22.6	57.582	-142.874	17.8	6.8	Mw	Gulf of Alaska	阿拉斯加湾	ISC, Engdahl
1992	8	8	1	8	7.01	-31.487	-179.866	394.1	6.2	Mw	Kermadec Ridge	克马德克海岭	Engdahl
1992	8	9	19	49	46	4.041	126.405	79.1	6.1	Mw	Indonesia: Karakelong Island	印度尼西亚:卡拉克隆岛	ISC, Engdahl
1992	8	11	15	14	58	32.589	141.782	22.4	6.2	Mw	Japan Trench	日本海沟	* Engdahl
1992	8	13	20	43	1.93	-6.104	148.935	45	6.1	Mw	Papua New Guinea: West New Britain	巴布亚新几内亚:西新不列颠	Engdahl
1992	8	16	10	23	30	-5.348	146.724	215	6.3	Mw	Bismarck Sea	俾斯麦海	ISC, Engdahl
1992	8	19	0	57	43	50.51	-174.935	16.7	6.1	Mw	Andreanof Islands, Aleutian Is.	阿留申群岛,安德烈亚诺夫群岛	ISC, Engdahl
1992	8	19	2	4	39	42.122	73.621	27	7.5	Mw	Kyrgyzstan: Chui, SW.	吉尔吉斯斯坦:楚河州西南	* Engdahl
1992	8	19	2	12	55	42.193	73.52	2.4	6.1	Mw	Kyrgyzstan: Talas, C.	吉尔吉斯斯坦:塔拉斯中部	ISC, Engdahl
1992	8	19	3	12	5.93	42.062	73.287	18.5	6.6	Ms	Kyrgyzstan: Talas, C.	吉尔吉斯斯坦:塔拉斯中部	ISC, Engdahl
1992	8	19	3	20	29	42.045	73.243	16	6.6	Ms	Kyrgyzstan: Talas, C.	吉尔吉斯斯坦:塔拉斯中部	ISC, Engdahl
1992	8	24	6	59	41	41.982	140.682	121	6.1	Mw	Japan: Nanae	日本:北海道七饭町	ISC, Engdahl, USGS
1992	8	24	19	40	35	-56.724	-26.83	97.2	6.1	Mw	South Sandwich Islands	南桑威奇群岛	Engdahl
1992	8	26	9	43	11	1.36	-80.19	50	6.6	Mw	Ecuador: Near Coast of W.	厄瓜多尔:西部近海	ISC
1992	8	28	18	18	48.5	-1.031	-13.605	19.7	6.8	Mw	Central Mid - Atlantic Ridge	中大西洋中脊	ISC, Engdahl
1992	8	29	19	19	7.3	33.227	138.081	292.7	6.3	Mw	Japan: South Honshu Ridge	日本:南本州海岭	ISC, Engdahl

年 Year	月 Mo	日 Dy	时 Hr	分 Mn	秒 Sec	纬度(°) Latitude	经度(°) Longitude	深度 Depth	震级 Mag	标度 Scale	地名(英文) Name(English)	地名(中文) Name(Chinese)	资料来源 Information
1992	8	30	11	25	25	-14.1	-174.47	33	6.0	Mw	Samoa Islands	萨摩亚群岛	ISC
1992	8	30	20	9	6.91	-17.854	-178.686	565	6.4	Mw	Fiji Islands	斐济群岛	Engdahl,ISC
1992	9	1	16	41	15	23.769	121.709	55.8	6	Ms	China:Taiwan,Hualien,Coast of E.	中国:台湾花莲以东海域	China,Engdahl
1992	9	2	0	16	3.91	11.766	-87.352	45	7.7	M	Nicaragua:Masachapa	尼加拉瓜:马萨查帕	* Engdahl,NOAA
1992	9	2	0	28	20.8	11.33	-87.31	5	6.5	Ms	Nicaragua:Near Coast of W.	尼加拉瓜:西部近海	CSN
1992	9	2	1	51	4	11.29	-93.08	50	6.7	Mw	Nicaragua:Off Coast of W.	尼加拉瓜:西部沿海	ISC
1992	9	2	5	50	3.33	-6.026	112.129	625	6.7	Mw	Indonesia:Java Island	印度尼西亚:爪哇岛	ISC,Engdahl
1992	9	2	18	29	1.77	11.269	-86.736	37.4	6	Mw	Nicaragua:San Juan del Sur,Off Coast	尼加拉瓜:南圣胡安沿海	ISC,Engdahl
1992	9	3	14	30	21	12.29	-91.84	50	6.3	Mw	El Salvador:Off Coast of W.	萨尔瓦多:西部海域	ISC
1992	9	5	21	48	15.7	12.079	-87.325	21.6	6	Mw	Nicaragua:Leon,Chinandega	尼加拉瓜:里昂,奇南德加	ISC,Engdahl
1992	9	9	13	8	55	76.206	7.245	13.4	6.1	Mw	Norwegian Sea	挪威海	Engdahl
1992	9	10	10	43	18.88	-22.572	-174.798	19.7	6	Mw	Tonga Islands	汤加群岛	ISC,Engdahl
1992	9	11	3	57	27.97	-6.165	26.656	11	6.3	Mw	Congo:Kabalo	刚果:卡巴洛	* Engdahl
1992	9	11	22	24	50	4.2	126.49	33	6.0	Mw	Indonesia:Karakelong Island	印度尼西亚:卡拉克隆岛	ISC
1992	9	15	21	4	1	-14.078	167.289	184	6.2	Mw	Vanuatu Islands	瓦努阿图群岛	ISC,Engdahl
1992	9	24	18	17	16.1	-61.249	154.275	31	6.1	Mw	Balleny Islands	巴雷尼群岛	Engdahl
1992	9	26	22	15	58.85	1.302	129.091	25.9	6.6	Mw	Indonesia:Maluku Utara,Coast of E.	印度尼西亚:北马鲁古东部海域	ISC,Engdahl
1992	9	28	7	41	23.5	13.424	-90.725	15	6	Mw	Guatemala:Near Coast	危地马拉:近海	ISC,Engdahl
1992	9	28	14	6	4.6	24.13	122.627	31.9	6.4	Ms	China:Taiwan,Hualien,Coast of E.	中国:台湾花莲以东海域	China,Engdahl
1992	9	28	14	6	27	35.68	142.2	18	6.4	Mw	Japan Trench	日本海沟	ISC
1992	9	30	3	28	0.78	51.423	-178.655	26	6	Mw	Andreanof Islands, Aleutian Is.	阿留申群岛,安德烈亚诺夫群岛	ISC,Engdahl
1992	9	30	5	34	0.03	51.273	-178.064	20.7	6.6	Mw	Aleutian Islands	阿留申群岛	ISC,Engdahl
1992	9	30	6	3	26	51.22	-178.12	40	6.1	Mw	Andreanof Islands, Aleutian Is.	阿留申群岛,安德烈亚诺夫群岛	ISC,USGS
1992	9	30	9	42	52.42	51.157	-178.149	14.2	6.1	Mw	Andreanof Islands, Aleutian Is.	阿留申群岛,安德烈亚诺夫群岛	ISC,Engdahl
1992	10	1	5	2	36.27	51.171	-178.005	17.7	6.0	Mw	Aleutian Islands	阿留申群岛	Engdahl
1992	10	6	10	28	25.98	-5.443	151.273	50	6.1	Mw	Papua New Guinea:Bubu	巴布亚新几内亚:布布	Engdahl
1992	10	11	19	24	27.5	-19.265	168.997	129	7.4	Mw	Vanuatu Islands	瓦努阿图群岛	ISC,Engdahl,USGS
1992	10	15	22	37	9.3	-14.491	166.789	38.6	6.8	Mw	Vanuatu Islands	瓦努阿图群岛	ISC,Engdahl
1992	10	17	2	51	52.9	-19.233	169.577	12	6.5	Mw	Vanuatu Islands	瓦努阿图群岛	ISC,Engdahl
1992	10	17	8	32	42.21	6.852	-76.71	14	6.7	Mw	Colombia:Murindo, Cali	哥伦比亚:穆林多,卡利	* Engdahl
1992	10	18	5	13	27	5.85	-82.86	32	6.0	Mw	Panama:Off Coast of S.	巴拿马:南部海域	ISC
1992	10	18	13	8	56.65	-6.278	130.221	122.8	6.2	Mw	Indonesia:Banda Sea	印度尼西亚:班达海	Engdahl
1992	10	18	15	11	59.75	7.094	-76.763	2.9	7.4	Mw	Colombia:Murindo, Apartado	哥伦比亚:穆林多,阿帕尔坦多	* Engdahl
1992	10	18	17	42	55.96	-6.772	105.554	63.8	6.4	Mw	Indonesia:Sunda Strait	印度尼西亚:巽他海峡	ISC,Engdahl,USGS
1992	10	19	10	11	11	2.99	-83.61	20	6.0	Mw	Carnegie Ridge	卡内基海岭	ISC
1992	10	19	12	3	33.98	-19.429	169.679	39.9	6.2	Mw	Vanuatu Islands	瓦努阿图群岛	Engdahl
1992	10	20	4	40	0.3	55.478	166.309	6.3	6.0	Mw	Russia:Komandorsky Islands	俄罗斯:科曼多尔群岛	Engdahl
1992	10	20	15	47	56	-23.97	-176.29	53	6.1	Mw	South of Fiji Islands	斐济群岛南部	ISC,USGS
1992	10	21	12	11	15.61	-6.853	144.183	19	6.2	Mw	Papua New Guinea:Gulf	巴布亚新几内亚:海湾区	ISC,Engdahl
1992	10	22	9	4	26.33	-30.071	-177.334	30.4	6.6	Mw	Kermadec Ridge	克马德克海岭	ISC,Engdahl
1992	10	22	23	8	29.59	-29.897	-177.041	20.8	6.4	Mw	Kermadec Ridge	克马德克海岭	ISC,Engdahl
1992	10	23	13	4	42.77	-5.337	152.647	33.4	6.4	Mw	Papua New Guinea:East New Britain,E.	巴布亚新几内亚:东新不列颠东部	ISC,Engdahl
1992	10	23	13	31	31	-5.11	152.56	35	6.1	Mw	Papua New Guinea:East New Britain,E.	巴布亚新几内亚:东新不列颠东部	ISC
1992	10	23	21	24	39.09	-9.487	122.544	42.5	6.1	Mw	Indonesia:Flores Islands	印度尼西亚:弗洛勒斯群岛	ISC,Engdahl
1992	10	23	23	19	46.74	42.572	45.086	16	6.4	Mw	Georgia:Gori,N.	格鲁吉亚:哥里北部	ISC,Engdahl,USGS
1992	10	24	8	23	2.83	-29.761	-177.312	22.9	6.6	Mw	Kermadec Ridge	克马德克海岭	ISC,Engdahl
1992	10	25	0	29	20.07	-29.764	-177.297	28.6	6.0	Mw	Kermadec Ridge	克马德克海岭	Engdahl
1992	10	26	4	29	28	8.39	-76.76	50	6.0	Mw	Colombia:Apartado	哥伦比亚:阿帕尔塔多	ISC
1992	10	29	7	29	58.53	6.794	123.817	28.2	6.2	Mw	Philippines:Mindanao Island	菲律宾:棉兰老岛	Engdahl
1992	10	29	22	44	36	7.12	-75.79	50	6.7	Mw	Colombia:Antioquia	哥伦比亚:安提奥基亚	ISC
1992	10	30	2	49	50	29.92	139.039	395.2	6.4	Mw	Japan:South Honshu Ridge	日本:本州南部海岭	ISC,Engdahl
1992	10	31	14	34	24.6	-2.318	141.254	8.9	6.5	Mw	Papua New Guinea:Sandaun, Off Coast of N.	巴布亚新几内亚:桑道恩北部海域	ISC,Engdahl
1992	10	31	14	46	28.68	-2.313	141.279	29.1	6.1	Ms	Papua New Guinea:Sandaun, Off Coast of N.	巴布亚新几内亚:桑道恩北部海域	ISC,Engdahl
1992	11	4	1	59	29.27	-61.595	154.936	15	6.4	Mw	Balleny Islands	巴雷尼群岛	ISC,Engdahl
1992	11	4	18	13	15.55	-14.242	167.645	14	6.4	Mw	Vanuatu Islands	瓦努阿图群岛	ISC,Engdahl
1992	11	4	21	32	35.37	-31.65	-71.626	19	6	Mw	Chile:Near Coast of C.	智利:中部近海	ISC,Engdahl
1992	11	5	19	53	25.28	-5.197	152.617	22.7	6.2	Mw	Papua New Guinea:East New Britain,E.	巴布亚新几内亚:东新不列颠东部	ISC,Engdahl
1992	11	6	19	8	9.75	38.042	26.998	9.3	6.1	Mw	Turkey:Izmir	土耳其:伊兹密尔	ISC,Engdahl
1992	11	8	2	37	42	-55.94	-26.51	33	6.1	Mw	South Sandwich Islands	南桑威奇群岛	ISC
1992	11	8	3	43	22.69	-15.739	-179.691	15	6.7	Mw	North of Fiji Islands	斐济群岛北部	ISC,Engdahl
1992	11	10	9	58	12	51.58	-177.67	54	6.0	Mw	Andreanof Islands, Aleutian Is.	阿留申群岛,安德烈亚诺夫群岛	ISC
1992	11	11	21	26	16.67	51.185	-179.225	42.6	6.2	Mw	Andreanof Islands, Aleutian Is.	阿留申群岛,安德烈亚诺夫群岛	Engdahl
1992	11	12	20	41	4.69	36.45	70.85	198	6.6	Mw	Afghan:Badakhshan	阿富汗:巴达赫尚	USGS,ISC

年 Year	月 Mo	日 Dy	时 Hr	分 Mn	秒 Sec	纬度(°) Latitude	经度(°) Longitude	深度 Depth	震级 Mag	标度 Scale	地名(英文) Name(English)	地名(中文) Name(Chinese)	资料来源 Information
1992	11	12	22	28	59.12	-22.368	-178.086	362.6	6.2	Mw	Tonga Islands, W.	汤加群岛西部	Engdahl
1992	11	21	5	7	22.8	35.791	22.626	67.6	6.5	Mw	Greece: Ionian Sea	希腊:爱奥尼亚海	ISC, Engdahl, USGS
1992	11	21	22	39	33.17	-56.537	-25.895	16.5	6.6	Mw	South Sandwich Trench	南桑维奇海沟	ISC, Engdahl
1992	11	21	23	11	49	-55.7	-26.27	31	6.6	Mw	South Sandwich Islands	南桑威奇群岛	ISC
1992	11	22	0	27	50	-55.77	-26.35	31	6.5	Mw	South Sandwich Islands	南桑威奇群岛	ISC
1992	11	24	12	3	37	1.84	-100.1	10	6.0	Mw	Ecuador: Galapagos, NW.	厄瓜多尔:加拉帕戈斯岛西北	ISC
1992	11	25	10	16	35.14	2.53	128.566	49.8	6.0	Mw	Philippine Trench	菲律宾海沟	ISC, Engdahl
1992	11	28	3	13	35.33	-31.348	-72.015	14.4	6.5	Mw	Chile: Near Coast of C.	智利:中部近海	ISC, Engdahl
1992	12	1	0	23	24.87	-20.847	169.232	35	6.0	Mw	Vanuatu Islands	瓦努阿图群岛	Engdahl
1992	12	7	2	11	44	43.983	147.148	45	6	Mw	Kuril Islands	千岛群岛	ISC, Engdahl, USGS
1992	12	7	17	13	40	13.01	-74.78	50	6.0	Mw	Colombia: Off Coast of N.	哥伦比亚:北部沿海	ISC
1992	12	8	7	8	44.59	9.333	93.553	95.2	6	Mw	India: Nicobar Islands	印度:尼科巴群岛	ISC, Engdahl
1992	12	11	22	12	56	-59.63	-26.14	33	6.2	Mw	South Sandwich Islands	南桑威奇群岛	ISC
1992	12	12	5	29	28.22	-8.482	121.844	28	7.8	Mw	Indonesia: Flores Islands	印度尼西亚:弗洛勒斯群岛	* Engdahl, NOAA
1992	12	12	5	38	24	-8.5	122.48	33	6.0	Mw	Indonesia: Flores Islands	印度尼西亚:弗洛勒斯群岛	ISC
1992	12	12	5	43	48.88	-8.597	121.945	19.5	6	mb	Indonesia: Flores Islands	印度尼西亚:弗洛勒斯群岛	ISC, Engdahl
1992	12	12	6	38	31.89	-8.528	121.906	24	6.1	mb	Indonesia: Flores Islands	印度尼西亚:弗洛勒斯群岛	ISC, Engdahl
1992	12	18	2	17	59	-57.13	-25.7	33	6.0	Mw	South Sandwich Trench	南桑维奇海沟	ISC
1992	12	18	3	14	5.55	-6.478	147.217	27.9	6.1	Mw	Papua New Guinea: Lae	巴布亚新几内亚:莱城	ISC, Engdahl, USGS
1992	12	19	12	14	23.68	51.891	158.361	53	6	Mw	Russia: Kamchatka Peninsula	俄罗斯:堪察加半岛	ISC, Engdahl
1992	12	20	20	52	49.49	-6.575	130.391	83.4	7.3	Mw	Indonesia: Banda Sea	印度尼西亚:班达海	ISC, Engdahl
1992	12	24	0	34	16.19	-15.305	-173.06	26.3	6.2	Mw	Tonga Islands, N.	汤加群岛北部	ISC, Engdahl
1992	12	26	19	38	13	-31.98	-178.11	37	6.0	Mw	South of Kermadec Ridge	克马德克海岭南部	ISC
1992	12	26	19	52	23.76	-0.534	-19.401	7.1	6.8	Mw	Central Mid - Atlantic Ridge	中大西洋中脊	ISC, Engdahl
1992	12	27	5	55	15	-37.89	176.05	277	6.0	Mw	New Zealand: North Island, Lower Kaimai	新西兰:北岛,下凯马伊	ISC
1992	12	27	21	49	6.35	-6.084	113.045	609.6	6	Mw	Indonesia: Java Island	印度尼西亚:爪哇岛	ISC, Engdahl
1992	12	31	1	28	5	10.55	-72.67	38	6.8	Mw	Venezuela: Villa De Rosario	委内瑞拉:维拉代罗萨里奥	ISC
1992	12	31	20	17	10.65	-32.03	-178.021	22	6.4	Mw	South of Kermadec Ridge	克马德克海岭南部	ISC, Engdahl
1993	1	3	4	23	35	-1.46	119.66	50	6.0	Mw	Indonesia: Sulawesi	印度尼西亚:苏拉威西岛	ISC
1993	1	4	10	28	8	-4.16	129.49	40	6.0	Mw	Indonesia: Banda Sea	印度尼西亚:班达海	ISC
1993	1	4	20	41	8.79	-22.039	-174.652	9.3	6	Mw	Tonga Islands	汤加群岛	ISC, Engdahl
1993	1	7	7	42	23	-0.08	-16.88	3	6.1	Mw	South Atlantic Ridge	南大西洋海岭	ISC
1993	1	10	14	39	2.22	-59.296	-26.344	62.9	6.7	Mw	South Sandwich Islands	南桑威奇群岛	ISC, Engdahl
1993	1	13	18	50	44.98	-50.814	139.321	13.1	6.3	Mw	Great Australian Bight, S.	大澳大利亚湾南部	ISC, Engdahl
1993	1	15	11	6	8.14	43.022	144.124	102	6.1	mb	Japan: Hokkadio, Kushiro, Hachinohe	日本:北海道,钏路,八户	* Engdahl, USGS
1993	1	15	12	15	3.83	36.666	43.686	42.4	7.5	Mw	Iraq: Ain Sifini	伊拉克:艾因锡夫尼	Engdahl
1993	1	18	1	18	8.01	18.368	145.786	153.5	6.2	Mw	Mariana Islands	马里亚纳群岛	Engdahl
1993	1	19	9	5	5.56	-45.037	35.225	15	6.0	Mw	Marion Island	马里恩岛[印度洋]	ISC, Engdahl
1993	1	19	14	39	27.07	38.63	133.493	449.5	6.5	Mw	Japan Sea	日本海	ISC, Engdahl
1993	1	19	15	17	16	-2.09	125.26	33	6.0	Mw	Indonesia: Banda Sea	印度尼西亚:班达海	ISC
1993	1	20	2	17	26.7	-32.24	-177.93	22	6.3	Ms	South of Kermadec Ridge	克马德克海岭南部	CSN
1993	1	20	2	30	56.07	3.119	97.647	68	6.1	Mw	Indonesia: Northern Sumatra	印度尼西亚:苏门答腊北部	ISC, Engdahl
1993	1	20	17	31	17.45	-7.204	128.577	34.2	6.4	Mw	Indonesia: Banda Sea	印度尼西亚:班达海	ISC, Engdahl
1993	1	23	18	22	13	54.53	-161.63	37	6.0	Mw	Aleutian Islands	阿留申群岛	ISC
1993	1	26	20	32	3	23.1	101.1	14	6.3	Ms	China: Yunnan, Pu - er	中国:云南普洱	* China, USGS, Dis
1993	2	7	13	27	43.76	37.691	137.271	11	6.3	Mw	Japan: Ishikawa, Toyama	日本:石川富山	* ISC, Engdahl, NOAA, USGS
1993	2	9	14	25	38	45.57	142.19	330	6.0	Mw	Japan: Hokkaido, Coast N.	日本:北海道北部海域	ISC
1993	2	13	10	55	55.64	-14.928	-176.831	20	6.1	Mw	Samoa Islands	萨摩亚群岛	ISC, Engdahl
1993	2	18	10	10	53.46	-0.525	-19.425	32.9	6.3	Mw	Central Mid - Atlantic Ridge	中大西洋中脊	ISC, Engdahl
1993	2	22	6	37	20	46.9	156	33	6.0	Mw	Kuril Islands	千岛群岛	ISC
1993	2	22	7	5	59	46.8	154.1	33	6.1	Mw	Kuril Islands	千岛群岛	ISC
1993	3	1	1	39	29.57	-3.691	138.574	89	6.1	Mw	Indonesia: Papua	印度尼西亚:巴布亚	ISC, Engdahl
1993	3	2	0	24	6	-8.45	122.23	79	6.2	Mw	Indonesia: Flores Islands	印度尼西亚:弗洛勒斯群岛	ISC
1993	3	3	23	14	28.1	-13.264	175.021	16.5	6	Mw	North Vanuatu Islands	瓦努阿图群岛北部	ISC, Engdahl
1993	3	6	3	5	52.67	-10.896	164.208	24.7	7.1	Mw	Solomon Islands	所罗门群岛	ISC, Engdahl
1993	3	6	5	50	5.45	-11.032	164.04	34.8	6.0	Mw	Solomon Islands	所罗门群岛	ISC, Engdahl
1993	3	6	6	39	45	-10.54	164.43	30	6.0	Mw	Solomon Islands	所罗门群岛	ISC
1993	3	6	10	2	8.49	-26.673	-177.332	19.8	6.5	Mw	North of Kermadec Ridge	克马德克海岭北部	ISC, Engdahl
1993	3	6	11	30	33	12.74	-87.4	54	6.3	Mw	Nicaragua: Chinandega	尼加拉瓜:奇南德加	ISC, USGS
1993	3	6	16	26	59.18	-11.058	163.495	30.6	6.7	Mw	Solomon Islands	所罗门群岛	ISC, Engdahl
1993	3	9	1	29	17.42	-55.764	147.005	18.6	6.1	Mw	Australia: Macquarie Island, W.	澳大利亚:麦夸里岛西部	ISC, Engdahl
1993	3	9	7	45	42.02	-59.718	-25.804	12.5	6.3	Mw	South Sandwich Islands	南桑威奇群岛	ISC, Engdahl
1993	3	10	12	39	22	-59.842	-25.834	9.5	6.5	Mw	South Sandwich Islands	南桑威奇群岛	ISC, Engdahl
1993	3	12	14	1	37.48	-14.393	-178.213	11.8	6.4	Mw	North of Fiji Islands	斐济群岛北部	* Engdahl
1993	3	13	17	12	22	19.32	38.75	3	6.1	Mw	Red Sea	红海	ISC
1993	3	15	16	8	59.49	-26.718	-70.896	29	6.5	Mw	Chile: Copiapo	智利:科皮亚波	ISC, Engdahl, USGS

年 Year	月 Mo	日 Dy	时 Hr	分 Mn	秒 Sec	纬度(°) Latitude	经度(°) Longitude	深度 Depth	震级 Mag	标度 Scale	地名(英文) Name(English)	地名(中文) Name(Chinese)	资料来源 Information
1993	3	17	4	36	2	-37.51	-74.77	33	6.0	Mw	Chile:Limache, Almendral	智利:利马切	ISC
1993	3	19	1	39	9	-26.9	-70.8	28	6.1	Mw	Chile:Copiapo	智利:科皮亚波	ISC
1993	3	19	1	48	7	-26.768	-70.979	30.2	6	Mw	Chile:Chanaral,Near Coast	智利:查尼亚拉尔近海	ISC,Engdahl
1993	3	20	9	20	34.79	-56.074	-27.821	125.2	6.3	Mw	South Sandwich Islands	南桑威奇群岛	ISC,Engdahl
1993	3	20	14	52	1	29	87.345	12	6.6	Ms	China:Xizang (Tibet),Lhatse,SW.	中国:西藏拉孜西南	* China,Engdahl,Dis
1993	3	21	5	5	0.38	-18.011	-178.508	589	6.3	Mw	Fiji Islands	斐济群岛	ISC,Engdahl
1993	3	25	7	8	20.97	41.83	143.465	37.7	6	Mw	Japan:Hokkaido	日本:北海道	ISC,Engdahl
1993	3	29	3	50	52.66	13.42	120.463	33.4	6.0	Mw	Philippines:Mindoro Island	菲律宾:民都洛岛	ISC,Engdahl
1993	4	5	4	0	4	-59.835	-26.337	13	6.2	Mw	South Sandwich Islands	南桑威奇群岛	ISC,Engdahl
1993	4	5	4	16	34	-59.8	-26.3	33	6.4	Mw	South Sandwich Islands	南桑威奇群岛	ISC,USGS
1993	4	5	16	51	38	-59.05	-26.61	29	6.1	Mw	South Sandwich Islands	南桑威奇群岛	ISC
1993	4	14	5	58	32.48	51.072	-168.809	19.9	6.0	Mw	Aleutian Islands	阿留申群岛	ISC,Engdahl
1993	4	16	14	8	39.91	-17.742	-178.845	565	6.9	Mw	Fiji Islands	斐济群岛	ISC,Engdahl
1993	4	17	20	32	46.75	-16.557	-177.405	11.9	6.3	Mw	Fiji Islands	斐济群岛	ISC,Engdahl
1993	4	18	9	16	24.65	-11.701	-76.469	106	6.3	Mw	Peru:Lima	秘鲁:利马	* Engdahl
1993	4	18	14	10	39.71	-53.824	-133.869	5.9	6.3	Mw	Southern Pacific Ridge	南太平洋海岭	ISC,Engdahl
1993	4	19	21	1	51.33	4.062	128.246	27.7	6.8	Mw	Molukka Sea,N.	马鲁古海北部	ISC,Engdahl
1993	4	22	1	5	38	-3.94	102.42	69	6.1	Mw	Indonesia:Southern Sumatra	印度尼西亚:苏门答腊南部	ISC
1993	4	24	9	54	21.55	-17.788	179.916	592.8	6.3	Mw	Fiji Islands	斐济群岛	Engdahl
1993	4	25	0	7	9.3	-15.58	-172.954	26	6.0	Mw	Samoa Islands	萨摩亚群岛	Engdahl
1993	4	27	13	4	5	-55.7	-27.2	33	6.0	Mw	South Sandwich Islands	南桑威奇群岛	ISC
1993	5	2	11	26	57.5	-56.457	-24.556	19.6	6.4	Mw	South Sandwich Trench	南桑维奇海沟	ISC,Engdahl
1993	5	2	15	25	52	-20.9	-175.99	33	6.1	Mw	Tonga Islands	汤加群岛	ISC
1993	5	6	13	3	19.32	-8.505	-71.405	573	6.1	Mw	Brazil:Amazonas	巴西:亚马孙州	Engdahl
1993	5	11	18	26	52.8	7.266	126.601	59	7	Mw	Philippines:Mindanao Island	菲律宾:棉兰老岛	ISC,Bautista,Engdahl
1993	5	13	11	59	48.29	54.964	-160.502	32	6.9	Mw	Aleutian Islands	阿留申群岛	ISC,Engdahl,USGS
1993	5	15	3	9	40.25	16.757	-98.368	20	6	Mw	Mexico:Guerrero, Atoyac	墨西哥:格雷罗,阿托雅克	ISC,Engdahl
1993	5	15	3	12	35.13	16.731	-98.327	25.7	6.1	Mw	Mexico:Guerrero,SE.	墨西哥:格雷罗州东南	ISC,Engdahl
1993	5	15	21	52	27.01	51.381	-178.698	32	6.9	Mw	Andreanof Islands, Aleutian Is.	阿留申群岛,安德烈亚诺夫群岛	ISC,Engdahl
1993	5	16	21	44	50.82	-15.326	-173.261	23.2	6.6	Mw	Samoa:South West of Apia	萨摩亚:阿皮亚西南	ISC,Engdahl
1993	5	17	16	2	54.69	-5.316	152.082	17	6.4	Mw	Papua New Guinea:East New Britain	巴布亚新几内亚:东新不列颠	ISC,Engdahl
1993	5	17	23	20	50.44	37.146	-117.808	7	6.1	Mw	US:California,Bishop	美国:加利福尼亚州毕晓普	ISC,Engdahl
1993	5	18	10	19	35.54	19.94	122.466	171.8	6.7	Mw	Luzon Ridge	吕宋海岭	ISC,Engdahl
1993	5	20	11	8	16	0.03	124.92	81	6.1	Mw	Indonesia:Molucca Sea	印度尼西亚:马鲁古海	ISC
1993	5	24	23	51	27.48	-23.096	-66.448	221	7	Mw	Argentina:Jujuy	阿根廷:胡胡伊	ISC,Engdahl
1993	5	25	23	16	45.07	55.021	-160.581	37	6.1	Mw	Aleutian Islands	阿留申群岛	ISC,Engdahl,USGS
1993	5	29	6	50	15.85	19.077	-26.486	16.4	6.3	Mw	North Atlantic Ocean,E.	北大西洋东部	ISC,Engdahl
1993	5	30	17	8	55.58	1.517	127.261	82.6	6.1	Mw	Molukka Sea	马鲁古海	ISC,Engdahl
1993	6	3	9	38	26.43	-14.869	167.421	147.4	6.1	Mw	Vanuatu Islands	瓦努阿图群岛	ISC,Engdahl
1993	6	4	10	49	36.1	3.775	128.48	24.2	6	Mw	Molukka Sea,N.	马鲁古海北部	ISC,Engdahl
1993	6	6	13	23	24.85	15.782	146.63	28.8	6.4	Mw	Mariana Islands	马里亚纳群岛	ISC,Engdahl
1993	6	8	13	3	38.05	51.203	157.736	71	7.5	Mw	Russia:Kamchatka Peninsula	俄罗斯:堪察加半岛	* Engdahl,NOAA,USGS
1993	6	8	23	17	42.62	-31.59	-69.202	113	6.3	Mw	Argentina:San Juan	阿根廷:圣胡安	ISC,Engdahl,USGS
1993	6	9	0	31	58	-8.4	111.1	90	6.4	Mw	Indonesia:Kediri	印度尼西亚:谏义里	ISC
1993	6	10	12	59	4	51.11	159.26	63	6.0	Mw	Russia:Kamchatka,Near East Coast	俄罗斯:堪察加东部近海	ISC
1993	6	10	17	48	41	-23.6	-176.28	32	6.1	Mw	South of Fiji Islands	斐济群岛南部	ISC
1993	6	12	5	45	23.95	-11.14	162.964	20.8	6	Mw	Solomon Islands	所罗门群岛	ISC,Engdahl
1993	6	12	18	26	43.95	-4.349	135.185	10	6.1	Mw	Indonesia:Papua	印度尼西亚:巴布亚	ISC,Engdahl
1993	6	12	20	33	27.51	51.285	157.616	44	6.2	Mw	Russia:Kamchatka Peninsula	俄罗斯:堪察加半岛	ISC,Engdahl
1993	6	15	13	6	35.74	-4.981	145.509	226.6	6.2	Mw	Papua New Guinea:Madang	巴布亚新几内亚:马当	Engdahl
1993	6	18	11	52	54.8	-28.886	-176.819	20	6.6	Mw	Kermadec Ridge	克马德克海岭	ISC,Engdahl
1993	6	18	17	38	32.76	-28.73	-176.701	40.6	6.1	Ms	Kermadec Ridge	克马德克海岭	ISC,Engdahl
1993	6	18	17	57	49.15	-28.565	-176.834	14.5	6.5	Mw	Kermadec Ridge	克马德克海岭	ISC,Engdahl
1993	6	18	19	34	40.69	-28.705	-176.689	38.5	6	Ms	Kermadec Ridge	克马德克海岭	ISC,Engdahl
1993	6	27	11	56	14	51.5	157.1	33	6.0	Mw	Russia:Kamchatka Peninsula	俄罗斯:堪察加半岛	ISC
1993	6	29	7	7	13.43	-60.574	153.12	15	6.4	Mw	West of Macquarie Ridge	麦夸里海岭西部	Engdahl
1993	6	30	23	47	36.12	-20.833	173.012	16	6.7	Mw	Vanuatu Islands	瓦努阿图群岛	ISC,Engdahl
1993	7	2	20	49	6	-3.84	102.55	64	6.0	Mw	Indonesia:Southern Sumatra	印度尼西亚:苏门答腊南部	ISC
1993	7	6	2	53	4.87	-24.797	-112.032	12.1	6.4	Mw	Easter Island,W.	复活节岛西部	ISC,Engdahl
1993	7	8	18	22	15.2	-20.826	172.481	7.7	6.0	Mw	Vanuatu Islands	瓦努阿图群岛	Engdahl
1993	7	9	15	37	55.1	-19.765	-177.469	400.5	6.1	Mw	Fiji Islands	斐济群岛	ISC,Engdahl
1993	7	11	13	36	23.12	-25.258	-70.049	48	6.6	Mw	Chile:Antofagasta,S.	智利:安托法加斯塔南部	ISC,Engdahl,USGS
1993	7	12	13	17	14.27	42.883	139.225	20.4	7.7	Mw	Japan Sea,N.	日本海北部	* ISC,Engdahl,NOAA
1993	7	12	14	9	4	43.12	139.7	44	6.2	Mw	Japan Sea,NE.	日本海东北	ISC
1993	7	12	14	22	48	42.46	139.92	48	6.1	Mw	Japan:Uchiura Bay	日本:内浦湾	ISC
1993	7	12	14	45	7.59	43.17	139.268	36.5	6.4	Ms	Japan Sea,NE.	日本海东北	ISC,Engdahl

年 Year	月 Mo	日 Dy	时 Hr	分 Mn	秒 Sec	纬度(°) Latitude	经度(°) Longitude	深度 Depth	震级 Mag	标度 Scale	地名(英文) Name(English)	地名(中文) Name(Chinese)	资料来源 Information
1993	7	12	16	1	8.56	42.837	139.37	27.9	6.1	Ms	Japan Sea, N.	日本海北部	ISC, Engdahl
1993	7	15	0	51	15	46.76	152.55	45	6.0	Mw	Kuril Islands	千岛群岛	ISC
1993	7	17	1	35	38	-30.12	-71.54	33	6.0	Mw	Chile: Near Coast of C.	智利:中部近海	ISC
1993	7	17	17	17	31	2.04	126.51	72	6.1	Mw	Indonesia: East of Sangihe Islands	印度尼西亚:桑义赫群岛东部	ISC, USGS
1993	7	19	13	39	25	-23.85	-178.54	33	6.0	Mw	South of Fiji Islands	斐济群岛南部	ISC
1993	7	22	4	57	8.5	6.383	-71.188	20	6	Mw	Colombia: Saravena	哥伦比亚:萨拉韦纳	ISC, Engdahl
1993	7	22	6	16	11.5	-54.356	-119.338	15	6	Mw	Southern Pacific Ridge	南太平洋海岭	ISC, Engdahl
1993	7	23	11	49	46	35.9	68.8	33	6.1	Mw	Afghan: Charikar	阿富汗:恰里卡尔	ISC
1993	7	24	20	24	51.98	-13.049	167.098	195.7	6	Mw	North Vanuatu Islands	瓦努阿图群岛北部	ISC, Engdahl
1993	7	28	5	51	12	10.96	-104.11	5	6.1	Mw	Mexico: Off Coast of SW.	墨西哥:西南海域	ISC
1993	7	28	18	7	50.4	-5.586	154.139	27.7	6.1	Mw	Papua New Guinea: Bougainville Island	巴布亚新几内亚:布干维尔岛	ISC, Engdahl
1993	8	3	7	20	2	51.214	-130.693	2	6	Mw	Canada: Queen Charlotte Islands	加拿大:夏洛特皇后群岛	ISC, Engdahl
1993	8	3	12	43	8.98	28.711	34.551	22	6.1	Mw	Egypt: Gulf of Aqaba	埃及:亚喀巴湾	ISC, Engdahl
1993	8	4	11	31	19.53	-1.668	99.545	32	6.4	Mw	Indonesia: Southern Sumatra	印度尼西亚:苏门答腊南部	ISC, Engdahl
1993	8	7	0	0	38.27	26.629	125.66	155	6.4	Mw	Ryukyu Islands	琉球群岛	ISC, Engdahl
1993	8	7	17	53	25.23	-23.909	179.902	525.6	6.7	Mw	South of Fiji Islands	斐济群岛南部	ISC, Engdahl
1993	8	7	19	42	43.83	42.081	139.854	14	6.3	Mw	Japan: Yakumo	日本:北海道八云町	* Engdahl, NOAA, USGS
1993	8	8	8	34	26.7	12.983	144.838	62.1	7.8	Mw	Guam: Tuman Bay, Apra Harbor	关岛(西太平洋):图曼湾,阿普拉港	* Engdahl, NOAA
1993	8	9	11	38	31.87	36.421	70.741	204	6.3	Mw	Afghan: Badakhshan	阿富汗:巴达赫尚	ISC, Engdahl
1993	8	9	12	42	49.45	36.329	70.884	215	7	Mw	Afghan: Badakhshan	阿富汗:巴达赫尚	ISC, Engdahl
1993	8	10	0	51	54.72	-45.207	166.958	28	7	Mw	New Zealand: South Island, Secretary Island	新西兰:南岛,塞克勒特里岛	ISC, Engdahl, USGS
1993	8	10	9	46	36.47	-38.495	177.795	14.4	6.4	Mw	New Zealand: North Island, Te Karaka	新西兰:北岛,蒂卡拉卡	ISC, Engdahl, USGS
1993	8	11	14	17	40.16	13.173	145.699	27.3	6	Mw	Mariana Islands, S.	马里亚纳群岛南部	ISC, Engdahl
1993	8	13	11	2	21.57	-35.929	178.706	95.2	6.3	Mw	Kermadec Ridge	克马德克海岭	ISC, Engdahl
1993	8	16	4	33	50.54	13.03	144.976	21.2	6	Mw	Mariana Islands, S.	马里亚纳群岛南部	ISC, Engdahl
1993	8	19	8	3	23	13.2	145.41	70	6.0	Mw	Mariana Islands, S.	马里亚纳群岛南部	ISC
1993	8	20	5	6	55.36	-6.008	142.784	15	6.2	Mw	Papua New Guinea: Western	巴布亚新几内亚:西部区	ISC, Engdahl
1993	8	21	9	42	37.02	-21.315	-177.981	429.3	6.1	Mw	South East of Fiji Islands	斐济群岛东南	Engdahl
1993	8	25	5	25	34.24	-44.812	-80.224	15	6.2	Mw	Chile: Off Coast of S.	智利:南部沿海	ISC, Engdahl
1993	8	29	9	57	56	-6.88	129.53	159	6.1	Mw	Indonesia: Banda Sea	印度尼西亚:班达海	ISC
1993	9	1	14	3	20.64	2.969	96.074	34.4	6.3	Mw	Indonesia: Simeulue Island	印度尼西亚:锡默卢岛	ISC, Engdahl
1993	9	3	3	16	3	15.2	-92.6	182	6.2	Mw	Mexico: Near Coast of Oaxaca	墨西哥:瓦哈卡近海	ISC, USGS
1993	9	3	12	35	2.34	14.596	-92.754	27	6.7	Mw	Mexico: Near Coast of Chiapas	墨西哥:恰帕斯州近海	ISC, Engdahl
1993	9	4	11	38	40.33	36.415	70.835	195	6	Mw	Afghan: Badakhshan	阿富汗:巴达赫尚	ISC, Engdahl
1993	9	4	21	39	38.77	-9.607	122.435	62.5	6.2	Mw	Indonesia: Savu Sea	印度尼西亚:萨武海	ISC, Engdahl
1993	9	6	3	56	2.07	-4.622	153.272	51.6	6.6	Mw	Papua New Guinea: New Ireland	巴布亚新几内亚:新爱尔兰	ISC, Engdahl
1993	9	7	2	48	54.84	-31.723	-179.467	22.7	6.4	Mw	Kermadec Ridge	克马德克海岭	ISC, Engdahl
1993	9	9	21	52	3	-56.07	-27.24	33	6.1	Mw	South Sandwich Islands	南桑威奇群岛	ISC
1993	9	10	18	58	52.95	14.464	-92.753	16	6	Mw	Mexico: Tapachula, Near Coast	墨西哥:恰帕斯的塔帕丘拉近海	ISC, Engdahl
1993	9	10	19	12	56.38	14.702	-92.656	34	7.3	Ms	Guatemala: Southwest; Mexico: Chiapas	危地马拉:西南;墨西哥:恰帕斯	* Engdahl
1993	9	11	4	55	33	41.99	142.45	53	6.0	Mw	Japan: Hokkaido	日本:北海道	ISC, USGS
1993	9	11	5	23	18	14.19	-93.24	55	6.1	Mw	Mexico: Near Coast of Chiapas	墨西哥:恰帕斯州近海	ISC
1993	9	12	3	22	40.76	13.872	-90.531	75.5	6	Mw	Guatemala: Near Coast	危地马拉:近海	ISC, Engdahl
1993	9	13	12	37	53.79	-29.59	-177.081	24.4	6.3	Mw	East of Kermadec Ridge	克马德克海岭东部	ISC, Engdahl
1993	9	14	1	23	9.38	-29.578	-176.919	34.7	6.0	Mw	Kermadec Ridge	克马德克海岭	ISC, Engdahl
1993	9	16	0	59	27	44.56	149.04	43	6.2	Mw	Kuril Islands	千岛群岛	ISC, USGS
1993	9	18	2	1	29	14.96	-93.95	113	6.1	Mw	Mexico: Chiapas, Near Coast	墨西哥:恰帕斯,近海	ISC, USGS
1993	9	18	5	2	28.59	36.381	71.577	113	6.1	Mw	Pakistan: Khyber Pakhtunkhwa, N.	巴基斯坦:西北边境省北部	ISC, Engdahl
1993	9	19	14	10	57.75	14.301	-93.301	20	6.4	Mw	Mexico: Near Coast of Chiapas	墨西哥:恰帕斯州近海	ISC, Engdahl
1993	9	20	10	17	43.77	0.753	-29.425	8.9	6.1	Mw	Central Mid - Atlantic Ridge	中大西洋中脊	ISC, Engdahl
1993	9	21	3	28	56.84	42.316	-122.021	11	6	Mw	US: Oregon, Klamath Falls	美国:俄勒冈州克拉马斯福尔斯	* Engdahl
1993	9	21	5	45	39.1	42.346	-122.092	34.4	6.0	Mw	US: Oregon, Klamath Falls	美国:俄勒冈州克拉马斯福尔斯	Engdahl
1993	9	22	12	37	5.33	-6.446	154.982	28	6.1	Mw	Solomon Sea, N.	所罗门海北部	ISC, Engdahl
1993	9	26	3	31	17	10.046	138.29	13.9	6.3	Mw	Western Caroline Islands	卡罗琳群岛西部	ISC, Engdahl
1993	9	27	13	37	31.41	-53.693	-51.662	13	6.6	Mw	Indonesia: Flores Islands	印度尼西亚:弗洛勒斯群岛	ISC, Engdahl
1993	9	29	11	16	5	0.498	121.522	101.8	6.4	Mw	Indonesia: Marisa	印度尼西亚:马里萨	ISC, Engdahl
1993	9	29	18	26	24.89	-42.519	-18.398	27.7	6.0	Mw	South Atlantic Ridge	南大西洋海岭	Engdahl
1993	9	29	22	25	50.44	18.079	76.516	7	6.2	M	India: Latur - Osmanabad	印度:拉土尔-奥斯马纳巴德	* India, ISC, Engdahl
1993	9	30	18	27	51	15.189	-94.823	20.8	6.5	Mw	Mexico: Tonalá, Off Coast	墨西哥:托纳拉沿海	ISC, Engdahl
1993	9	30	22	50	39	-53.67	-51.61	10	7.6	Mw	Indonesia: Flores Islands	印度尼西亚:弗洛勒斯群岛	ISC
1993	10	2	8	42	34.41	38.185	88.711	14	6.6	Ms	China: Xinjiang, Ruoqiang	中国:新疆若羌	China, Engdahl, Dis
1993	10	2	16	1	59.75	-3.406	148.86	17	6.0	Mw	Bismarck Sea	俾斯麦海	Engdahl
1993	10	4	20	54	38	-21.2	-174.37	33	6.1	Mw	Tonga Islands	汤加群岛	ISC

年 Year	月 Mo	日 Dy	时 Hr	分 Mn	秒 Sec	纬度(°) Latitude	经度(°) Longitude	深度 Depth	震级 Mag	标度 Scale	地名(英文) Name(English)	地名(中文) Name(Chinese)	资料来源 Information
1993	10	5	2	0	0.1	41.66	88.71	29	6.1	Ms	China:Xinjiang,Kuqa	中国:新疆库车	CSN
1993	10	5	5	9	48.28	-6.154	128.963	20	6.4	Mw	Indonesia:Banda Sea	印度尼西亚:班达海	ISC,Engdahl
1993	10	11	13	7	30.85	-17.796	-178.688	555	6	Mw	Fiji Islands	斐济群岛	Engdahl,ISC
1993	10	11	15	54	22.93	32.043	137.905	354.9	6.9	Mw	Ryukyu Trench	琉球海沟	ISC,Engdahl,USGS
1993	10	13	0	52	34	7.55	121.56	56	6.0	Mw	Philippines:Culasi	菲律宾:库拉西	ISC
1993	10	13	2	6	2.19	-5.852	146.084	25	6.9	Mw	Papua New Guinea:Madang,S.	巴布亚新几内亚:马当南部	* Engdahl
1993	10	13	3	7	33.31	-5.912	146.266	36	6.5	Mw	Australia:Macquarie Island,W.	澳大利亚:麦加利岛西部	ISC,Engdahl
1993	10	13	5	50	44.18	-6.005	146.196	32.3	6	Mw	Papua New Guinea:Kaiapit	巴布亚新几内亚:卡亚皮特	ISC,Engdahl
1993	10	14	12	2	38.02	-50.393	139.621	15	6.0	Mw	Great Australian Bight,S.	大澳大利亚湾南部	Engdahl
1993	10	16	3	5	32.03	-5.875	146.272	27	6.3	Mw	Australia:Macquarie Island,W.	澳大利亚:麦加利岛西部	ISC,Engdahl
1993	10	19	4	2	23.16	-22.372	-65.912	272	6	Mw	Argentina:Jujuy,N.	阿根廷:胡胡伊北部	ISC,Engdahl
1993	10	21	7	36	56	-56.5	-139	10	6.2	Mw	Southern Pacific Ridge	南太平洋海岭	ISC,USGS
1993	10	24	5	53	30	11.26	125.39	58	6.3	Mw	Philippines:Samar Island	菲律宾:萨马岛	ISC,USGS
1993	10	24	7	52	17.21	16.761	-98.756	21	6.6	Mw	Mexico:Acapulco	墨西哥:阿卡普尔科	ISC,Engdahl,USGS
1993	10	25	10	27	4.87	-5.903	146.081	21.4	6.7	Mw	Australia:Macquarie Island,W.	澳大利亚:麦加利岛西部	ISC,Engdahl
1993	10	26	11	38	21	38.6	98.7		6	Ms	China:Qinghai,Qilian	中国:青海祁连	China,Dis
1993	11	1	17	19	16	-10.01	161.18	39	6.0	Mw	Solomon Islands	所罗门群岛	ISC
1993	11	5	7	2	3	-6.9	106.28	55	6.1	Mw	Indonesia:Java Island	印度尼西亚:爪哇岛	ISC
1993	11	5	22	37	22.16	-3.227	148.348	15.7	6.2	Mw	Bismarck Sea	俾斯麦海	ISC,Engdahl
1993	11	11	0	28	36.11	50.219	-177.439	25.3	6	Mw	Andreanof Islands, Aleutian Is.	阿留申群岛,安德烈亚诺夫群岛	ISC,Engdahl
1993	11	11	10	13	57	-4.558	153.16	47.6	6	Mw	Papua New Guinea:New Ireland	巴布亚新几内亚:新爱尔兰	ISC,Engdahl
1993	11	11	16	46	44	14.62	-90.14	71	6.1	Mw	Guatemala:Antigua,Chimaltenango	危地马拉:安地瓜,奇马尔特南戈	ISC
1993	11	13	0	16	46	13.12	-99.18	35	7.9	Mw	Mexico:Off Coast of Chiapas	墨西哥:恰帕斯沿海	ISC
1993	11	13	1	18	5.89	51.942	158.591	34	7	Mw	Russia:Kamchatka Peninsula	俄罗斯:堪察加半岛	* Engdahl. NOAA, USGS
1993	11	17	11	18	53.37	51.831	158.593	33	6	Mw	Russia:Kamchatka Peninsula	俄罗斯:堪察加半岛	Engdahl,ISC
1993	11	19	1	43	23	54.19	-164.278	16.7	6.5	Mw	Aleutian Islands	阿留申群岛	ISC,Engdahl,USGS
1993	11	22	3	0	54	5.92	126.24	33	6.0	Mw	Philippines:Mindanao Island	菲律宾:棉兰老岛	ISC
1993	11	25	8	31	17.2	-22.06	170.209	41.2	6	Mw	Vanuatu Islands	瓦努阿图群岛	ISC,Engdahl
1993	11	25	20	24	3	-0.49	-13.12	9	6.0	Mw	Central Mid - Atlantic Ridge	中大西洋中脊	ISC
1993	11	26	23	20	6.35	-9.558	158.227	20.9	6.2	Mw	Solomon Islands	所罗门群岛	ISC,Engdahl
1993	11	30	20	37	9	39.4	75.4	18	6.0	Ms	China:Xinjiang,Ulugqat	中国:新疆乌恰	* China,Dis
1993	12	9	4	32	21.39	0.501	125.989	17.1	6.9	Mw	Indonesia:Molucca Sea	印度尼西亚:马鲁古海	ISC,Engdahl
1993	12	9	11	38	30	0.466	125.932	18.1	6.8	Mw	Molukka Sea	马鲁古海	ISC,Engdahl
1993	12	10	6	31	53	-22.02	-179.64	588	6.0	Mw	South of Fiji Islands	斐济群岛南部	ISC
1993	12	10	8	59	37.47	20.847	121.177	12	6.1	Ms	China:Taiwan,Coast of S.	中国:台湾南部海域	China,Engdahl
1993	12	14	6	31	21.09	-20.541	-173.457	29.6	6	Mw	Tonga Islands,E.	汤加群岛东部	ISC,Engdahl
1993	12	18	22	44	20	-20.25	-173.82	33	6.0	Mw	Tonga Islands,E.	汤加群岛东部	ISC
1993	12	19	10	31	27	5.86	127.13	32	6.2	Mw	Philippine Trench	菲律宾海沟	ISC
1993	12	20	13	56	16.86	-6.852	131.353	9.9	6.3	Mw	Indonesia:Palau Jamdena	印度尼西亚:延德纳岛	ISC,Engdahl
1993	12	24	0	21	20	15.13	-84.83	50	6.0	Mw	Honduras:Trujillo	洪都拉斯:特鲁希略	ISC
1993	12	29	7	48	13.21	-20.24	169.927	16.8	7	Mw	Vanuatu Islands	瓦努阿图群岛	ISC,Engdahl
1993	12	29	8	0	54.69	-20.199	169.88	22.6	6.7	Ms	Vanuatu Islands	瓦努阿图群岛	ISC,Engdahl,USGS
1993	12	29	8	39	46.98	-20.034	169.998	40.1	6.5	Mw	Vanuatu Islands	瓦努阿图群岛	ISC,Engdahl
1994	1	3	5	52	26	36.1	100.1	8	6.0	Ms	China:Qinghai,Gonghe	中国:青海共和	* China,Dis
1994	1	3	13	24	16.6	-49.018	164.453	19.6	6.1	Mw	New Zealand:Auckland Islands,N.	新西兰:奥克兰群岛以北	ISC,Engdahl
1994	1	7	19	23	53	-0.58	98.57	33	6.0	Mw	Indonesia:Sumatra,Near Coast of C.	印度尼西亚:苏门答腊中部近海	ISC
1994	1	9	21	29	0	48.49	154.38	59	6.5	Mw	Kuril Islands	千岛群岛	ISC
1994	1	10	15	53	51.19	-13.391	-69.387	596	6.9	Mw	Peru:W. of Cuzco	秘鲁:库斯科西部	ISC,Engdahl
1994	1	11	0	51	58.18	25.218	97.207	10	6.1	Mw	myanmar:Myitkyina	缅甸:密支那	ISC,Engdahl
1994	1	12	10	10	26	-57.88	-25.61	35	6.0	Mw	South Sandwich Trench	南桑维奇海沟	ISC
1994	1	13	9	43	7	-17.18	-14.37	4	6.1	Mw	Southern Mid - Atlantic Ridge	南大西洋洋中脊	ISC
1994	1	13	20	26	45	2.76	127.36	42	6.0	Mw	Indonesia:Maluku Utara,Coast of N.	印度尼西亚:北马鲁古北部海域	ISC
1994	1	17	12	30	56.57	34.185	-118.563	19	6.7	M	US:California,Northridge	美国:加利福尼亚州北岭	* ISC,Engdahl, NOAA
1994	1	17	23	33	31.48	34.306	-118.77	10	6.0	Mw	US:California,Simi Valley	美国:加利福尼亚州西米谷	ISC,Engdahl
1994	1	19	1	53	36.22	-3.215	135.971	23	6.7	Mw	Indonesia:Papua	印度尼西亚:巴布亚	ISC,Engdahl
1994	1	19	16	26	48.99	-17.622	-178.424	537.7	6.1	Mw	Fiji Islands	斐济群岛	Engdahl
1994	1	21	2	24	31.78	1.05	127.759	20	7.2	Ms	Indonesia:Maluku Utara	印度尼西亚:北马鲁古	* Engdahl,NOAA
1994	1	21	2	50	15	0.61	127.99	50	6.5	Mw	Indonesia:Central Maluku Utara	印度尼西亚:马鲁古中部	ISC
1994	1	21	18	0	19.14	-4.863	103.642	90	6	Mw	Indonesia:Southern Sumatra	印度尼西亚:苏门答腊南部	ISC,Engdahl
1994	1	25	7	12	46.12	10.615	-41.78	26	6.3	Mw	Northern Mid - Atlantic Ridge	北大西洋洋中脊	ISC,Engdahl
1994	1	26	10	3	53	42.19	143.53	33	6.0	Mw	Japan:Hokkaido	日本:北海道	ISC
1994	1	30	20	57	42.28	-29.292	-177.399	43	6.0	Mw	Kermadec Ridge	克马德克海岭	Engdahl
1994	2	1	22	14	24.69	-11.27	163.987	34.2	6.1	Mw	Solomon Islands	所罗门群岛	Engdahl
1994	2	3	15	43	44	-41.85	84.63	10	6.2	Mw	South - East Indian Ridge	南印度洋东海岭	ISC,USGS
1994	2	5	23	34	11.41	0.547	30.08	14	6.2	Mw	Uganda:Fort Portal	乌干达:弗持波德尔	* Engdahl
1994	2	11	21	17	32	-18.782	169.264	206	6.9	Mw	Vanuatu Islands	瓦努阿图群岛	ISC,Engdahl

年 Year	月 Mo	日 Dy	时 Hr	分 Mn	秒 Sec	纬度(°) Latitude	经度(°) Longitude	深度 Depth	震级 Mag	标度 Scale	地名(英文) Name(English)	地名(中文) Name(Chinese)	资料来源 Information
1994	2	12	4	16	29.43	-10.766	-128.865	19.1	6.7	Mw	South Pacific:Henderson Island,N.	南太平洋:亨德森岛以北	ISC,Engdahl
1994	2	12	17	58	25.77	-20.559	169.416	29.7	7	Mw	New Caledonia:Loyalty Islands	新喀里多尼亚:罗亚尔特群岛	ISC,Engdahl
1994	2	15	17	7	45.74	-4.976	104.286	23	6.9	Mw	Indonesia:Southern Sumatra	印度尼西亚:苏门答腊南部	*ISC,Engdahl
1994	2	15	21	11	59.91	-20.456	168.912	23.8	6.5	Mw	Vanuatu Islands	瓦努阿图群岛	ISC,Engdahl
1994	2	16	6	47	0.16	-20.092	168.908	16.1	6	Mw	Vanuatu Islands	瓦努阿图群岛	ISC,Engdahl
1994	2	16	6	49	1.23	-19.247	168.641	13	6.4	Mw	Vanuatu Islands	瓦努阿图群岛	ISC,Engdahl
1994	2	16	22	3	12.14	-20.236	168.894	14.5	6	Mw	Vanuatu Islands	瓦努阿图群岛	ISC,Engdahl
1994	2	18	4	19	10.29	-45.345	96.268	15	6.3	Mw	South - East Indian Ridge	南印度洋东海岭	ISC,Engdahl
1994	2	20	1	54	37.3	2.02	126.516	29.4	6	Mw	Indonesia:East of Sangihe Islands	印度尼西亚:桑义赫群岛东部	ISC,Engdahl
1994	2	22	17	53	34	-21.4	-113.5	10	6.2	Mw	Easter Island,W.	复活节岛西部	ISC
1994	2	23	8	2	6.35	30.814	60.565	6	6.1	Mw	Iran:Zahedan	伊朗:扎黑丹	*ISC,Engdahl
1994	2	24	0	11	14.2	30.814	60.526	10	6.3	Mw	Iran:Zahedan	伊朗:扎黑丹	ISC,Engdahl
1994	2	24	15	25	36.96	-17.461	-174.18	125.3	6.1	Mw	Tonga Islands,N.	汤加群岛北部	Engdahl
1994	2	26	2	31	12.47	30.805	60.567	9	6.1	Mw	Iran:Nehbandan	伊朗:内赫班丹	ISC,Engdahl
1994	3	1	3	49	2.93	29.149	52.662	13	6.1	Mw	Iran:Firuzabad	伊朗:菲鲁扎巴德	*ISC,Engdahl
1994	3	9	23	28	7.97	-17.95	-178.417	563	7.6	Mw	Fiji Islands	斐济群岛	*Engdahl
1994	3	14	20	51	26.12	15.97	-92.375	164	6.9	Mw	Mexico:Chiapas	墨西哥:恰帕斯州	ISC,Engdahl
1994	3	15	3	36	22.06	11.127	-88.088	18.6	6.1	Mw	Nicaragua:Off Coast of W.	尼加拉瓜:西部沿海	ISC,Engdahl
1994	3	31	22	40	53	-22.015	-179.461	582	6.5	Mw	Northeast South Fiji Sea Basin	南斐济海盆东北部	ISC,Engdahl
1994	4	1	17	15	30	-23.47	-178.63	33	6.0	Mw	South of Fiji Islands	斐济群岛南部	ISC
1994	4	5	9	35	46.82	51.335	-178.162	21.5	6.2	Mw	Andreanof Islands, Aleutian Is.	阿留申群岛,安德烈亚诺夫群岛	ISC,Engdahl
1994	4	6	7	3	30.2	26.21	96.797	35.8	6.0	Mw	India:Assam	印度:阿萨姆邦	ISC,Engdahl
1994	4	6	12	13	46.55	-17.345	167.892	19.6	6.1	Mw	Vanuatu Islands	瓦努阿图群岛	ISC,Engdahl
1994	4	8	1	10	42.96	40.653	143.695	16.4	6.4	Mw	Japan Trench	日本海沟	*ISC,Engdahl,NOAA
1994	4	9	21	10	30	9.7	-78.85	65	6.1	Mw	Panama:Off Coast of N.	巴拿马:北部沿海	ISC
1994	4	10	17	36	58.73	14.74	-91.963	101.1	6	Mw	Guatemala:Cuilco	危地马拉:奎尔科	ISC,Engdahl
1994	4	10	23	45	58.4	23.717	126.857	16.5	6.1	Mw	Ryukyu Islands	琉球群岛	ISC,Engdahl
1994	4	13	22	22	31.77	-3.113	136.025	29	6.5	Mw	Indonesia:Papua	印度尼西亚:巴布亚	ISC,Engdahl
1994	4	14	20	15	39	-7.02	155.92	39	6.1	Mw	Solomon Islands	所罗门群岛	ISC,USGS
1994	4	16	9	55	20	-31.6	-71.59	35	6.0	Mw	Chile:Los Vilos	智利:洛斯比洛斯	ISC
1994	4	18	17	29	55.52	-6.453	154.965	26	6.7	Mw	Solomon Sea,N.	所罗门海北部	ISC,Engdahl
1994	4	21	3	51	46.85	-5.713	154.15	29.6	6.7	Mw	Papua New Guinea:Bougainville Island	巴布亚新几内亚:布干维尔岛	ISC,Engdahl,USGS
1994	4	21	16	55	28	52.97	172.46	32	6.0	Mw	Aleutian Islands	阿留申群岛	ISC
1994	4	23	15	0	54.29	-14.181	167.63	11	6.1	Mw	Vanuatu Islands	瓦努阿图群岛	ISC,Engdahl
1994	4	25	0	19	4	60.91	-151.18	59	6.0	Mw	Alaska:Kodiak Island	阿拉斯加:科迪亚克岛	ISC
1994	4	27	9	23	28.75	-21.501	-173.603	35.1	6.3	Mw	Tonga Islands,E.	汤加群岛东部	ISC,Engdahl
1994	4	27	14	11	47.32	13.086	119.555	13.4	6	Mw	Philippines:Mindoro Island,Near Coast of W.	菲律宾:民都洛岛西部近海	ISC,Engdahl
1994	4	29	7	11	30.51	-28.316	-63.225	562	6.9	Mw	Argentina:Santiago del Estero	阿根廷:圣地亚哥-德尔埃斯特罗	ISC,Engdahl
1994	5	1	12	0	37.77	36.948	67.158	19	6.1	Mw	Afghan:Balkh	阿富汗:巴尔赫	*ISC,Engdahl
1994	5	2	17	14	3.21	-1.134	97.456	20.3	6.1	Mw	Indonesia:Southern Sumatra	印度尼西亚:苏门答腊南部	ISC,Engdahl
1994	5	3	16	36	45.84	10.275	-60.729	36	6	Mw	Trinidad & Tobago:Near Coast of S.	特立尼达和多巴哥:南部近海	ISC,Engdahl,USGS
1994	5	4	6	37	37.52	-17.061	168.35	206	6.1	Mw	Vanuatu Islands	瓦努阿图群岛	ISC,Engdahl
1994	5	5	5	14	49	64.58	-17.39	10	6.0	Mw	Iceland:C.	冰岛:中部	ISC
1994	5	6	22	39	28.47	-4.672	153.136	50.7	6.0	Mw	Papua New Guinea:New Ireland	巴布亚新几内亚:新爱尔兰	ISC,Engdahl
1994	5	7	8	31	38.27	52.957	159.927	40.3	6.7	Mw	Russia:Kamchatka,Near East Coast	俄罗斯:堪察加东部近海	ISC,Engdahl,USGS
1994	5	9	12	36	37.26	-2.06	99.73	27	6.3	Mw	Indonesia:Southern Sumatra	印度尼西亚:苏门答腊南部	USGS,ISC
1994	5	10	6	36	29.22	-28.545	-63.003	601	6.9	Mw	Argentina:Santiago del Estero	阿根廷:圣地亚哥-德尔埃斯特罗	ISC,Engdahl
1994	5	11	8	18	17.53	-1.979	99.741	21	6.4	Mw	Indonesia:Southern Sumatra	印度尼西亚:苏门答腊南部	ISC,Engdahl
1994	5	11	21	14	35.38	-2.057	99.635	28	6.1	Mw	Indonesia:Southern Sumatra	印度尼西亚:苏门答腊南部	ISC,Engdahl
1994	5	18	3	54	2.47	44.815	149.426	26	6.1	Mw	Kuril Islands	千岛群岛	ISC,Engdahl
1994	5	20	16	40	1	25.38	128.79	34	6.0	Mw	Ryukyu Islands	琉球群岛	ISC
1994	5	23	1	41	43.87	18.189	-100.544	55	6.3	Mw	Mexico:Guerrero,N.	墨西哥:格雷罗州北部	ISC,Engdahl
1994	5	23	5	36	3.61	24.191	122.524	21.9	6.3	Ms	China:Taiwan,Hualien,Coast of E.	中国:台湾花莲以东海域	China,Engdahl
1994	5	23	6	46	17.38	35.563	24.762	76	6.1	Mw	Greece:Crete Island	希腊:克里特岛	ISC,Engdahl
1994	5	23	15	16	59.31	24.093	122.561	28.2	6.2	Ms	China:Taiwan,Hualien,Coast of E.	中国:台湾花莲以东海域	China,Engdahl
1994	5	24	2	5	57	-15.34	-74.83	30	6.0	Mw	Peru:Nazca	秘鲁:纳斯卡	ISC
1994	5	24	4	0	44.17	23.938	122.433	18.9	7	Ms	China:Taiwan,Hualien,Coast of E.	中国:台湾花莲以东海域	*China,Engdahl,USGS
1994	5	25	4	3	41	-4.182	135.52	15	6.5	Mw	Indonesia:Tembagapura	印度尼西亚:特巴加普拉	ISC,Engdahl
1994	5	25	18	42	20.3	7.644	94.207	19.1	6.0	Mw	India:Nicobar Islands	印度:尼科巴群岛	ISC,Engdahl
1994	5	26	8	26	53.89	35.255	-4.087	10	6	Mw	Morocco:Tangiers	摩洛哥:丹吉尔	ISC,Engdahl
1994	5	29	14	11	55.59	20.55	94.175	62.6	6.5	Mw	myanmar:Magway	缅甸:马圭	ISC,Engdahl
1994	5	31	17	41	57.14	7.396	-72.017	12	6	Mw	Venezuela:Tachira	委内瑞拉:塔奇拉	ISC,Engdahl
1994	6	2	18	17	38.52	-10.411	112.935	34.5	7.1	Ms	Indonesia:Java Ridge	印度尼西亚:爪哇海岭	*Engdahl,NOAA
1994	6	3	21	7	1.89	-10.383	112.962	29.1	6.6	Mw	Indonesia:Java Ridge	印度尼西亚:爪哇海岭	*Engdahl,NOAA
1994	6	3	21	21	8.36	-10.595	112.877	27.5	6.2	Ms	Indonesia:Java Ridge	印度尼西亚:爪哇海岭	ISC,Engdahl

年 Year	月 Mo	日 Dy	时 Hr	分 Mn	秒 Sec	纬度(°) Latitude	经度(°) Longitude	深度 Depth	震级 Mag	标度 Scale	地名(英文) Name(English)	地名(中文) Name(Chinese)	资料来源 Information
1994	6	3	23	42	31	-10.4	113.07	33	6.0	Mw	Indonesia：Java Ridge	印度尼西亚：爪哇海岭	ISC
1994	6	4	0	57	52.97	-10.728	113.411	15.7	6.5	Mw	Indonesia：Java Ridge	印度尼西亚：爪哇海岭	*Engdahl，NOAA
1994	6	4	11	36	35	-10.82	113.41	33	6.1	Mw	Indonesia：Java Ridge	印度尼西亚：爪哇海岭	ISC
1994	6	4	12	4	29	-10.64	113.69	33	6.1	Mw	Indonesia：South of Sumbawa	印度尼西亚：松巴哇南部	ISC
1994	6	5	1	9	31.72	24.442	121.873	11	7.0	Ms	China：Taiwan，Hualien，Coast of E.	中国：台湾花莲以东海域	*China，Engdahl，USGS
1994	6	5	1	45	2.7	-10.341	113.369	16.9	6.1	Mw	Indonesia：Java Ridge	印度尼西亚：爪哇海岭	ISC，Engdahl
1994	6	5	5	56	44	-10.79	113.92	33	6.0	Mw	Indonesia：South of Sumbawa	印度尼西亚：松巴哇南部	ISC
1994	6	5	17	51	57	-10.47	112.51	33	6.0	Mw	Indonesia：Java Ridge	印度尼西亚：爪哇海岭	ISC
1994	6	6	9	3	1	28.66	129.1	61	6.0	Mw	Ryukyu Islands	琉球群岛	ISC，USGS
1994	6	6	20	47	42.09	2.904	-75.963	12	6.8	Mw	Colombia：Cauca，Huila	哥伦比亚：考卡，乌伊拉	*ISC，Engdahl
1994	6	7	18	31	40	-5.76	104.56	33	6.1	Mw	Indonesia：Southern Sumatra	印度尼西亚：苏门答腊南部	ISC
1994	6	8	6	48	44	24.47	121.75	8	7.9	Mw	China：Taiwan，Yilan	中国：台湾宜兰	ISC
1994	6	9	0	33	17.52	-13.856	-67.489	631	8.2	M	Brazil：Rio Branco	巴西：里奥布朗库	*Engdahl
1994	6	9	16	22	23.58	13.249	124.292	76	6.2	Mw	Philippines：Sorsogon	菲律宾：索索贡	Engdahl
1994	6	13	21	15	4.26	-5.536	151.899	18	6.2	Mw	Papua New Guinea：East New Britain	巴布亚新几内亚：东新不列颠	ISC，Engdahl
1994	6	13	21	53	27	4.02	128.16	33	6.0	Mw	Molukka Sea，N.	马鲁古海北部	ISC
1994	6	15	9	22	59.19	-10.312	113.657	22.4	6.1	Mw	Indonesia：Java Ridge	印度尼西亚：爪哇海岭	ISC，Engdahl
1994	6	15	10	28	50.92	-10.293	113.645	21	6.1	Mw	Indonesia：Java Ridge	印度尼西亚：爪哇海岭	ISC，Engdahl
1994	6	18	3	25	17.08	-43.081	171.61	14	6.7	Mw	New Zealand：South Island，Christchurch	新西兰：南岛，基督城	*Engdahl，USGS
1994	6	19	13	43	51.19	-43.27	171.61	10	6	Mw	New Zealand：South Island，Christchurch	新西兰：南岛，基督城	USGS
1994	6	25	8	38	6	43.91	147.31	66	6.0	Mw	Kuril Islands	千岛群岛	ISC
1994	6	27	4	10	10.95	-36.129	-98.16	9	6.1	Mw	West of Chile Ridge	智利海岭西部	Engdahl
1994	6	29	18	22	35.77	32.546	93.68	10	6.3	Ms	China：Qinghai，Zhiduo，W.	中国：青海治多西部	China，Engdahl，Dis
1994	6	30	9	23	23	36.406	71.192	227	6.3	Mw	Afghan：Badakhshan	阿富汗：巴达赫尚	ISC，Engdahl
1994	7	1	10	12	41.21	40.23	53.38	40	6.4	Mw	Turkmenistan：Turkmenbasy	土库曼斯坦：土库曼巴希	USGS，ISC
1994	7	1	19	50	3	40.36	53.32	33	6.0	Mw	Turkmenistan：Turkmenbasy	土库曼斯坦：土库曼巴希	ISC
1994	7	4	21	36	44	14.911	-97.293	18.5	6.5	Mw	Mexico：San Marcos，Oaxaca	墨西哥：圣马科斯，瓦哈卡	ISC，Engdahl
1994	7	9	15	57	58	-36.84	-95.12	20	6.1	Mw	Southern Pacific Ridge	南太平洋海岭	ISC
1994	7	13	2	35	58.05	-16.6	167.537	32.8	7.2	Mw	Vanuatu Islands	瓦努阿图群岛	ISC，Engdahl，USGS
1994	7	13	3	13	20.17	-16.777	167.373	25.8	6.7	Mw	Vanuatu Islands	瓦努阿图群岛	ISC，Engdahl
1994	7	13	11	45	25.14	-7.535	127.794	162	6.5	Mw	Indonesia：Banda Sea	印度尼西亚：班达海	ISC，Engdahl
1994	7	16	4	44	16	24.48	121.78	7	6.8	Mw	China：Taiwan，Yilan	中国：台湾宜兰	ISC
1994	7	18	2	24	38	-29.41	-177.17	33	6.0	Mw	Kermadec Ridge	克马德克海岭	ISC
1994	7	21	18	36	32.72	42.303	132.867	472.9	7.3	Mw	Russia：Maritime Kray，Nakhodka	俄罗斯：滨海边疆区纳霍德卡	ISC，Engdahl
1994	7	21	18	55	58.78	41.29	132.401	503.2	6.5	Mw	Japan Sea，N.	日本海北部	ISC，Engdahl，USGS
1994	7	22	16	57	50	-7.743	158.466	19	6	Mw	Solomon Islands	所罗门群岛	ISC，Engdahl
1994	7	24	17	55	42.62	-16.967	167.658	23.6	6.4	Mw	Vanuatu Islands	瓦努阿图群岛	ISC，Engdahl
1994	7	24	21	57	28	-10.65	113.4	43	6.2	Mw	Indonesia：Java Ridge	印度尼西亚：爪哇海岭	ISC
1994	7	25	4	39	16	-57.2	-26.99	33	6.0	Mw	South Sandwich Islands	南桑威奇群岛	ISC
1994	7	25	22	0	24.1	-56.341	-27.404	81.3	6.6	Mw	South Sandwich Islands	南桑威奇群岛	ISC，Engdahl
1994	8	4	22	15	40.24	-6.337	131.556	40.4	6.2	Mw	Indonesia：Tanimbar Islands	印度尼西亚：塔宁巴尔群岛	ISC，Engdahl
1994	8	5	19	42	1.42	-54.883	-128.001	15	6.2	Mw	Southern Pacific Ridge	南太平洋海岭	Engdahl
1994	8	8	21	8	33.27	24.714	95.258	122	6.1	Mw	myanmar：Sagaing	缅甸：实皆	ISC，Engdahl
1994	8	11	2	44	51	-3.74	153.2	33	6.1	Mw	Papua New Guinea：New Ireland	巴布亚新几内亚：新爱尔兰	ISC
1994	8	14	0	46	22.8	44.737	150.09	21.2	6	Mw	Kuril Islands	千岛群岛	ISC，Engdahl
1994	8	14	1	31	15.26	44.718	149.995	22.9	6.3	Mw	Kuril Islands	千岛群岛	ISC，Engdahl
1994	8	14	9	6	55.07	38.798	142.084	49.6	6.0	Mw	Japan：Miyagi，Near Coast	日本：宫城近海	ISC，Engdahl，USGS
1994	8	18	1	13	7.52	35.48	-0.092	9	6.0	Mw	Algeria：Mascara	阿尔及利亚：马斯卡拉	*ISC，Engdahl
1994	8	18	4	21	50	44.51	150.13	33	6.0	Mw	Kuril Islands	千岛群岛	ISC
1994	8	18	4	42	59.71	44.795	150.095	18.9	6.6	Mw	Kuril Islands	千岛群岛	ISC，Engdahl
1994	8	18	4	45	24.91	44.768	150.22	36.8	6.6	Mw	Kuril Islands	千岛群岛	ISC，Engdahl，USGS
1994	8	19	10	2	52.82	-26.627	-63.347	564	6.5	Mw	Argentina：Santiago del Estero	阿根廷：圣地亚哥-德尔埃斯特罗	ISC，Engdahl
1994	8	20	2	21	11	44.49	149.26	36	6.5	Mw	Kuril Islands	千岛群岛	ISC，USGS
1994	8	20	4	38	52	44.729	149.154	24	6.2	Mw	Kuril Islands	千岛群岛	ISC，Engdahl
1994	8	21	15	56	1	56.758	117.996	12	6	Mw	Russia：Chita，Chapo-Ologo	俄罗斯：赤塔州恰波奥洛戈镇	ISC，Engdahl
1994	8	22	17	26	38.88	-11.54	166.51	142	6.2	Mw	Solomon Islands	所罗门群岛	ISC，Engdahl
1994	8	28	18	37	23	44.851	150.02	22.1	6.6	Mw	Kuril Islands	千岛群岛	ISC，Engdahl
1994	8	29	1	45	4	44.81	150.24	26	6.0	Mw	Kuril Islands	千岛群岛	ISC
1994	8	30	6	13	34	44.85	150.03	35	6.5	Mw	Kuril Islands	千岛群岛	ISC，USGS
1994	8	30	19	42	48.29	-6.969	124.068	599.9	6.2	Mw	Indonesia：Banda Sea	印度尼西亚：班达海	ISC，Engdahl
1994	8	31	9	7	27.35	43.709	145.991	76	6.2	Mw	Japan：Hokkaido	日本：北海道	ISC，Engdahl，USGS
1994	9	1	15	15	54.5	40.382	-125.777	10.3	7.1	M	US：California，Off Coast N.	美国：加利福尼亚州北部沿海	*Engdahl，NOAA
1994	9	1	16	12	43.44	41.167	21.241	20.4	6.3	Mw	Macedonia：Bitola Municipality	马其顿：比托拉市	ISC，Engdahl，USGS
1994	9	3	17	46	40.31	-21.118	173.751	15.3	6.2	Mw	Vanuatu Islands	瓦努阿图群岛	ISC，Engdahl
1994	9	5	22	13	54	47.23	155.44	50	6.2	Mw	Kuril Islands	千岛群岛	ISC，USGS

年 Year	月 Mo	日 Dy	时 Hr	分 Mn	秒 Sec	纬度(°) Latitude	经度(°) Longitude	深度 Depth	震级 Mag	标度 Scale	地名(英文) Name(English)	地名(中文) Name(Chinese)	资料来源 Information
1994	9	8	8	50	41	0.47	126.21	41	6.1	Mw	Molukka Sea	马鲁古海	ISC
1994	9	10	4	54	5	7.62	126.46	33	6.0	Mw	Philippines:Mindanao Island	菲律宾:棉兰老岛	ISC
1994	9	11	12	1	14	-16	166.62	33	6.2	Mw	Vanuatu Islands	瓦努阿图群岛	ISC
1994	9	12	11	30	17	-8.51	106.04	33	6.1	Mw	Indonesia:Java Ridge	印度尼西亚:爪哇海岭	ISC
1994	9	12	12	23	43.46	38.859	-119.711	4.5	6.0	Mw	US:Nevada,Johnson Lane,S.	美国:内华达州约翰逊巷南部	ISC,Engdahl,USGS
1994	9	12	22	43	53.05	-15.398	-173.016	18.1	6.0	Mw	Samoa Islands	萨摩亚群岛	Engdahl
1994	9	13	4	28	2.5	29.234	129.905	34	6.1	Mw	Ryukyu Islands	琉球群岛	ISC,Engdahl
1994	9	13	10	1	34	7.099	-76.644	14	6.1	Mw	Colombia:Murindo	哥伦比亚:穆林多	ISC,Engdahl
1994	9	15	23	47	33.52	-57.908	-8.967	15	6.0	Mw	South Atlantic Ridge	南大西洋海岭	Engdahl
1994	9	16	6	20	22	22.566	118.711	13	7.3	Ms	China:Taiwan Strait	中国:台湾海峡	China,Engdahl,Dis
1994	9	17	12	22	16	-32.4	-72.43	33	6.0	Mw	Chile:Off Coast of C.	智利:中部沿海	ISC
1994	9	23	7	59	36.05	-3.345	148.666	4.6	6.1	Mw	Bismarck Sea	俾斯麦海	ISC,Engdahl
1994	9	27	23	4	50.96	5.694	-79.172	16.3	6.2	Mw	Colombia:Near Coast	哥伦比亚:近海	ISC,Engdahl
1994	9	28	16	39	53.27	-5.778	110.332	638	6.6	Mw	Indonesia:Java Sea	印度尼西亚:爪哇海	ISC,Engdahl
1994	9	28	17	34	0.82	-5.799	110.385	647.4	6.0	Mw	Indonesia:Java Sea	印度尼西亚:爪哇海	Engdahl
1994	10	1	16	35	23.06	-17.733	167.735	20.4	6.5	Mw	Vanuatu Islands	瓦努阿图群岛	ISC,Engdahl
1994	10	1	17	46	39.18	-17.769	167.931	34.4	6.2	Mw	Vanuatu Islands	瓦努阿图群岛	ISC,Engdahl
1994	10	4	12	9	42	-6.05	104.9	33	6.1	Mw	Indonesia:Sumatra,Coast of SW.	印度尼西亚:苏门答腊西南海域	ISC
1994	10	4	13	22	58.24	43.945	147.224	14	8.3	Mw	Japan:Hokkaido,Near Coast of E.	日本:北海道东部海域	* Engdahl,NOAA,USGS
1994	10	4	13	42	52.51	43.883	147.226	46.8	6.9	Mw	Kuril Islands	千岛群岛	ISC,Engdahl
1994	10	4	14	42	38.32	43.995	147.934	37.5	6.8	Mw	Kuril Islands	千岛群岛	ISC,Engdahl,USGS
1994	10	4	15	21	8	44.9	147.2	33	6.5	Mw	Kuril Islands	千岛群岛	ISC
1994	10	4	15	24	17	43.6	147.866	17.5	7.1	Ms	Kuril Islands	千岛群岛	ISC,Engdahl
1994	10	4	15	34	51	43.86	147.12	21	6.0	Mw	Kuril Islands	千岛群岛	ISC
1994	10	4	16	1	5.04	43.776	148.03	21.7	7.1	Ms	Kuril Islands	千岛群岛	ISC,Engdahl
1994	10	4	16	6	23.15	43.557	147.9	21.4	6.9	Ms	Kuril Islands	千岛群岛	ISC,Engdahl
1994	10	4	16	24	35	43.05	146.62	49	6.6	Mw	Japan:Off SE. Coast of Hokkaido	日本:北海道东南沿海	ISC
1994	10	4	16	43	39	43.42	147.8	29	6.2	Mw	Kuril Islands	千岛群岛	ISC
1994	10	4	19	16	30.73	43.809	147.48	36.4	6.5	Mw	Kuril Islands	千岛群岛	ISC,Engdahl
1994	10	5	1	9	33	43.2	147.49	29	6.6	Mw	Kuril Islands	千岛群岛	ISC
1994	10	5	12	34	40	43.27	147.45	33	6.0	Mw	Kuril Islands	千岛群岛	ISC
1994	10	5	12	39	30	43.58	147.43	41	6.0	Mw	Kuril Islands	千岛群岛	ISC
1994	10	5	20	37	30.91	43.629	147.442	13	6	Mw	Kuril Islands	千岛群岛	ISC,Engdahl
1994	10	5	20	39	49.98	43.945	147.34	40	6.1	Mw	Kuril Islands	千岛群岛	ISC,Engdahl
1994	10	7	2	36	9.29	43.61	147.29	52	6.6	Mw	Kuril Islands	千岛群岛	USGS,ISC
1994	10	7	7	0	50	43.25	146.75	54	6.1	Mw	Japan:Off SE. Coast of Hokkaido	日本:北海道东南沿海	ISC,USGS
1994	10	7	15	24	5	42.84	145.94	48	6.2	Mw	Japan:Off SE. Coast of Hokkaido	日本:北海道东南沿海	ISC
1994	10	8	9	54	37	43.85	148.06	33	6.4	Mw	Kuril Islands	千岛群岛	ISC
1994	10	8	21	44	10.19	-1.25	127.916	17	6.8	Mw	Indonesia:Halmahera	印度尼西亚:哈马黑拉	* Engdahl,NOAA
1994	10	9	7	55	42.26	43.999	147.813	38	7.6	Mw	Kuril Islands	千岛群岛	* ISC,Engdahl,NOAA,USGS
1994	10	9	8	7	6.03	43.754	148.029	36.1	7.3	Ms	Kuril Islands	千岛群岛	ISC,Engdahl,USGS
1994	10	9	8	48	57.42	43.984	148.04	38.3	6.3	Mw	Kuril Islands	千岛群岛	ISC,Engdahl
1994	10	9	12	24	22	43.75	147.32	48	6.0	Mw	Kuril Islands	千岛群岛	ISC
1994	10	12	6	34	25	14.34	124.56	33	6.1	Mw	Philippines:Baras,E.	菲律宾:巴拉斯东部	ISC
1994	10	12	6	43	42	13.823	124.404	16	6.4	Mw	Philippines:Virac, Catanduanes	菲律宾:比拉克,卡坦端内斯	ISC,Engdahl
1994	10	13	5	4	26.94	-1.175	127.826	11	6.4	Mw	Indonesia:Halmahera	印度尼西亚:哈马黑拉	ISC,Engdahl
1994	10	15	0	39	27.49	-3.802	152.153	9	6.1	Mw	Papua New Guinea:New Ireland	巴布亚新几内亚:新爱尔兰	ISC,Engdahl
1994	10	16	5	10	2.59	45.772	149.13	118.6	6.7	Mw	Kuril Islands	千岛群岛	ISC,Engdahl
1994	10	18	17	12	52.52	43.624	147.09	60	6.8	Mw	Kuril Islands	千岛群岛	ISC,Engdahl,USGS
1994	10	20	1	15	17.6	-39.202	-70.863	162	6.0	Mw	Argentina:Zapala,SW.	阿根廷:萨帕拉西南	Engdahl
1994	10	24	19	28	24	43	147.19	33	6.2	Mw	Kuril Islands,S.	千岛群岛南部	ISC
1994	10	27	17	46	0.24	43.525	-127.581	22.9	6.3	Mw	US:Off Coast of W. Oregon	美国:俄勒冈州西部沿海	ISC,Engdahl
1994	10	27	22	20	29.41	-25.863	179.408	521.3	6.7	Mw	South of Fiji Islands	斐济群岛南部	ISC,Engdahl
1994	10	28	23	51	10	24.8	122.2		6.1	Ms	China:Taiwan,Yilan,Coast of E.	中国:台湾宜兰东南海域	China
1994	10	31	11	48	15.27	3.038	96.213	29	6.1	Mw	Indonesia:Off West Coast of N. Sumatera	印度尼西亚:北苏门答腊西部海域	ISC,Engdahl
1994	10	31	22	59	24	9.03	-83.27	33	6.0	Mw	Costa Rica:Buenos Aires	哥斯达黎加:布宜诺斯艾利斯	ISC
1994	11	4	1	13	21.43	-9.399	-71.244	591	6.1	Mw	Brazil:Amazonas	巴西:亚马孙州	ISC,Engdahl
1994	11	4	1	35	33.5	-17.15	-172.32	37	6.3	Ms	Tonga Islands,N.	汤加群岛北部	CSN
1994	11	5	2	16	5.63	-57.279	157.779	28.7	6.3	Mw	Australia:Macquarie Island,S.	澳大利亚:麦加利岛南部	ISC,Engdahl
1994	11	9	18	21	4.54	43.638	147.139	54	6.7	Mw	Kuril Islands	千岛群岛	ISC,Engdahl,USGS
1994	11	10	10	48	22	-7.72	158.79	33	6.0	Mw	Solomon Islands	所罗门群岛	ISC
1994	11	14	19	15	32.1	13.537	121.075	32	7.1	Mw	Philippines:Mindoro Island	菲律宾:民都洛岛	* Bautista,Engdahl,NOAA
1994	11	15	20	18	13	-5.637	110.211	561	6.5	Mw	Indonesia:Java Sea	印度尼西亚:爪哇海	ISC,Engdahl
1994	11	15	20	39	39.89	47.463	154.837	16.6	6	Mw	Kuril Islands	千岛群岛	ISC,Engdahl

年	月	日	时	分	秒	纬度(°)	经度(°)	深度	震级	标度	地名(英文)	地名(中文)	资料来源
Year	Mo	Dy	Hr	Mn	Sec	Latitude	Longitude	Depth	Mag	Scale	Name(English)	Name(Chinese)	Information
1994	11	20	16	59	7.22	-1.991	135.944	16	6.3	Mw	Indonesia:Papua	印度尼西亚:巴布亚	ISC,Engdahl
1994	11	20	18	34	35.65	4.309	97.59	153.4	6.0	Mw	Indonesia:Sumatera,Aceh	印度尼西亚:苏门答腊亚齐	Engdahl
1994	11	21	8	16	35.82	25.529	96.68	14	6.0	Mw	myanmar:Myitkyina,W.	缅甸:密支那西部	ISC,Engdahl
1994	12	4	22	5	57	-35.79	178.8	211	6.1	Mw	Kermadec Ridge	克马德克海岭	ISC
1994	12	5	16	20	20	-6.47	158.97	49	6.1	Mw	Solomon Islands	所罗门群岛	ISC,USGS
1994	12	10	3	39	33	-23.443	-70.409	31.4	6	Mw	Chile:Antofagasta,C.	智利:安托法加斯塔中部	ISC,Engdahl
1994	12	10	16	17	40.04	18.122	-101.39	48	6.4	Mw	Mexico:Michoacan,Lazaro Cardenas	墨西哥:米却肯,拉萨罗卡德纳斯	ISC,Engdahl
1994	12	12	7	41	56.7	-17.495	-69.547	148	6.2	Mw	Peru:Torata	秘鲁:塔克纳	Engdahl
1994	12	12	14	52	57	-9.6	118.98	40	6.0	Mw	Indonesia:Sumba Island	印度尼西亚:松巴岛	ISC
1994	12	13	8	23	47	16.71	-98.39	5	6.0	Mw	Mexico:Guerrero,Ometepec	墨西哥:格雷罗,奥美特佩克	ISC
1994	12	14	7	28	54.8	-9.564	159.52	16	6.1	Mw	Solomon Islands	所罗门群岛	Engdahl
1994	12	15	11	20	23.04	-37.548	177.586	25	6.3	Mw	New Zealand:North Island,Near Coast of NE.	新西兰:北岛东北近海	ISC,Engdahl
1994	12	27	17	32	52.11	-32.068	-179.991	215	6.4	Mw	Kermadec Ridge	克马德克海岭	Engdahl
1994	12	28	12	19	25.51	40.53	143.403	29.2	7.8	Mw	Japan Trench	日本海沟	*Engdahl,NOAA,USGS
1994	12	28	12	59	52.78	40.376	143.671	16.2	6.5	Ms	Japan Trench	日本海沟	ISC,Engdahl,USGS
1994	12	28	13	28	31	40.21	143.33	19	6.1	Mw	Japan:Morioka,Near East Coast	日本:盛冈东部近海	ISC
1994	12	28	13	40	21	40.08	143.28	26	6.0	Mw	Japan:Morioka,Near East Coast	日本:盛冈东部近海	ISC
1994	12	28	13	59	18.02	40.284	143.676	20.2	6.2	Ms	Japan Trench	日本海沟	ISC,Engdahl
1994	12	28	20	52	27.76	40.181	142.743	22	6.2	Mw	Japan:Morioka,Near East Coast	日本:盛冈东部近海	ISC,Engdahl
1994	12	28	22	23	55	-33.08	179.74	44	6.0	Mw	South of Kermadec Ridge	克马德克海岭南部	ISC
1994	12	28	22	36	8	40.27	142.45	52	6.8	Mw	Japan:Morioka,Near East Coast	日本:盛冈东部近海	ISC
1994	12	28	22	37	48.4	40.371	143.638	14.2	6.2	Mw	Japan Trench	日本海沟	ISC,Engdahl
1994	12	28	22	54	48.41	40.315	143.648	24.4	6	Ms	Japan Trench	日本海沟	ISC,Engdahl
1994	12	29	15	29	27	40.92	142.11	55	6.1	Mw	Japan:Aomori,Near East Coast	日本:青森东部近海	ISC,USGS
1994	12	30	15	12	26.98	18.506	145.421	222.2	6.3	Mw	Mariana Islands	马里亚纳群岛	Engdahl
1994	12	31	2	57	57	21	109.4		6.1	Ms	China:Beibu Bay	中国:北部湾	*China,Dis
1994	12	31	13	50	25.82	40.229	142.578	48	6	Mw	Japan:Morioka,Near East Coast	日本:盛冈东部近海	ISC,Engdahl
1995	1	1	6	59	57.95	40.709	143.548	17.6	6.4	Mw	Japan Trench	日本海沟	ISC,Engdahl
1995	1	4	6	28	41.98	-56.005	-123.236	15	6	Mw	Southern Pacific Ridge	南太平洋海岭	ISC,Engdahl
1995	1	6	22	37	36.27	40.343	142.208	27	7	Mw	Japan:Morioka,Near East Coast	日本:盛冈东部近海	ISC,Engdahl,USGS
1995	1	7	2	36	8.62	40.343	142.397	32	6	Mw	Japan:Morioka,Near East Coast	日本:盛冈东部近海	ISC,Engdahl
1995	1	9	18	0	19.8	35.936	141.392	37.2	6	Mw	Japan:Chiba,Near Coast	日本:千叶近海	ISC,Engdahl
1995	1	10	10	9	45	20.5	109.4		6.2	Ms	China:Beibu Bay	中国:北部湾	China,USGS,ISC,Dis
1995	1	12	10	26	49.32	44.104	147.124	35	6	Mw	Kuril Islands	千岛群岛	ISC,Engdahl,USGS
1995	1	13	3	12	59	43.05	147.02	33	6.1	Mw	Kuril Islands,S.	千岛群岛南部	ISC
1995	1	14	6	49	24	-27.74	-178.2	210	6.2	Mw	Kermadec Ridge	克马德克海岭	ISC
1995	1	15	2	40	18	27.74	128.4	33	6.1	Mw	Ryukyu Islands	琉球群岛	ISC,USGS
1995	1	15	6	50	46.5	30.895	-41.541	10.4	6.7	Ms	North Atlantic Ocean	北大西洋	ISC,Engdahl
1995	1	15	23	59	27.23	-5.25	152.166	60.7	6.0	Mw	Papua New Guinea:East New Britain	巴布亚新几内亚:东新不列颠	Engdahl
1995	1	16	18	14	51.16	51.272	179.175	33.3	6.3	Mw	Aleutian Islands,Rat Island	阿留申群岛,拉特岛	ISC,Engdahl
1995	1	16	20	46	53.89	34.572	135.03	22	7.3	Mw	Japan:Kobe	日本:神户	*ISC,Engdahl,NOAA
1995	1	17	16	54	13.07	-20.848	-179.168	634	6.3	Mw	Tonga Islands,W.	汤加群岛西部	Engdahl
1995	1	18	20	45	50	19.11	-70.44	35	6.2	Mw	Dominica;Puerto Rico:W.	多米尼加;波多黎各西部	ISC
1995	1	19	15	5	4.99	5.045	-72.929	17	6.5	Mw	Colombia:Bogota, Manizales	哥伦比亚:波哥达,马尼萨莱斯	*Engdahl
1995	1	20	3	35	45.97	43.33	146.8	57	6.2	Mw	Japan:Off SE. Coast of Hokkaido	日本:北海道东南沿海	USGS,ISC
1995	1	20	11	29	11	14.06	-91.88	58	6.0	Mw	Guatemala:Near Coast	危地马拉:近海	ISC
1995	1	21	7	30	24.36	2.534	126.961	44.3	6.2	Mw	Indonesia:Maluku Utara,Coast of NW.	印度尼西亚:北马鲁古西北海域	ISC,Engdahl
1995	1	21	8	47	31.16	43.382	146.72	59	6.3	Mw	Japan:Off SE. Coast of Hokkaido	日本:北海道东南沿海	ISC,Engdahl,USGS
1995	1	21	9	18	19	4.99	-72.99	42	6.0	Mw	Colombia:Yopal	哥伦比亚:约帕尔	ISC
1995	1	21	16	1	26	-6.67	129.11	187	6.0	Mw	Indonesia:Banda Sea	印度尼西亚:班达海	ISC
1995	1	24	22	36	36.14	-5.875	154.448	25	6.1	Mw	Papua New Guinea:Bougainville Island	巴布亚新几内亚:布干维尔岛	ISC,Engdahl
1995	1	27	20	16	54.47	-4.42	134.438	22	6.8	Mw	Indonesia:Irian Jaya Barat	印度尼西亚:西巴布亚	**Engdahl
1995	1	29	4	53	39	29.47	141.07	78	6.0	Mw	Japan:South Honshu Ridge	日本:本州南部海岭	ISC
1995	2	2	6	58	28	48.39	154.5	60	6.0	Mw	Kuril Islands	千岛群岛	ISC
1995	2	2	19	50	48.9	-6.222	148.854	51.8	6.0	Mw	Papua New Guinea:West New Britain	巴布亚新几内亚:西新不列颠	Engdahl
1995	2	3	2	31	37.89	-62.739	155.856	16.4	6.4	Mw	Balleny Islands	巴雷尼群岛	ISC,Engdahl
1995	2	3	3	17	44	-27.27	-175.27	35	6.3	Mw	South of Fiji Islands	斐济群岛南部	ISC
1995	2	5	20	37	12.61	6.735	-82.676	15	6	Mw	Panama:Off Coast of S.	巴拿马:南部海域	ISC,Engdahl
1995	2	5	22	51	6.41	-37.795	178.889	21	7.1	Mw	New Zealand:North Island,Near Coast of NE.	新西兰:北岛东北近海	*ISC,Engdahl
1995	2	5	23	53	32	2.35	126.75	83	6.3	Mw	Indonesia:West of Maluku Utara	印度尼西亚:北马鲁古西部海域	ISC

年 Year	月 Mo	日 Dy	时 Hr	分 Mn	秒 Sec	纬度(°) Latitude	经度(°) Longitude	深度 Depth	震级 Mag	标度 Scale	地名(英文) Name(English)	地名(中文) Name(Chinese)	资料来源 Information
1995	2	6	0	52	13	-37.76	179.4	12	6.0	Mw	New Zealand: North Island, Near Coast of NE.	新西兰:北岛东北近海	ISC
1995	2	6	10	19	52	-37.84	178.84	35	6.2	Mw	New Zealand: North Island, Near Coast of NE.	新西兰:北岛东北近海	ISC, USGS
1995	2	6	10	43	57	-37.999	178.952	21.5	6.0	Mw	New Zealand: North Island, Near Coast of NE.	新西兰:北岛东北近海	ISC, Engdahl
1995	2	6	13	51	34	41.2	142.13	63	6.0	Mw	Japan: Hokkaido	日本:北海道	ISC
1995	2	8	18	40	26.74	4.053	-76.574	74	6.4	Mw	Colombia: Cali, Pereira	哥伦比亚:卡利,佩雷拉	* Engdahl
1995	2	10	1	45	4.66	-38.084	178.682	28.3	6.5	Mw	New Zealand: North Island, Near Coast of NE.	新西兰:北岛东北近海	ISC, Engdahl
1995	2	11	22	45	32	12.59	-81.58	9	6.0	Mw	Columbia: San Luis	哥伦比亚:圣路易斯	ISC
1995	2	12	1	1	30	-8.27	-75.11	28	6.2	Mw	Peru: Pucallpa	秘鲁:普卡尔帕	ISC, USGS
1995	2	13	0	11	48.96	-37.632	178.703	31.4	6	Mw	New Zealand: North Island, Near Coast of NE.	新西兰:北岛东北近海	ISC, Engdahl
1995	2	13	8	41	16.65	-1.319	127.506	25.4	6.0	Mw	Molukka Sea, S.	马鲁古海南部	ISC, Engdahl
1995	2	13	8	43	39.18	-1.239	127.45	14	6.3	Mw	Indonesia: Halmahera	印度尼西亚:哈马黑拉	ISC, Engdahl
1995	2	13	12	29	55	-1.253	127.435	17	6.1	Mw	Indonesia: Halmahera	印度尼西亚:哈马黑拉	ISC, Engdahl
1995	2	13	15	4	25.62	-1.307	127.484	14	6.7	Mw	Indonesia: Halmahera	印度尼西亚:哈马黑拉	* * Engdahl
1995	2	14	15	53	57	-23.457	-67.696	151.1	6.0	Mw	Chile: Antofagasta, C.	智利:安托法加斯塔中部	Engdahl
1995	2	19	0	17	46.69	5.199	126.347	79	6	Mw	Indonesia: North West of Merampit Island	印度尼西亚:默兰皮特岛西北	ISC, Engdahl
1995	2	19	4	3	19.86	40.527	-125.573	20.8	6.6	Mw	US: California, Off Coast N.	美国:加利福尼亚州北部沿海	ISC, Engdahl
1995	2	20	8	7	34	41.16	72.37	41	6.0	Mw	Kyrgyzstan: Jalal - Abad	吉尔吉斯斯坦:贾拉拉巴德	ISC
1995	2	21	2	9	53.46	46.115	151.481	34.3	6.2	Mw	Kuril Islands	千岛群岛	ISC, Engdahl
1995	2	23	4	18	55	24.2	121.9		6.6	Ms	China: Taiwan, Hualien, Coast of E.	中国:台湾花莲以东海域	China
1995	2	23	5	1	25.13	39.861	143.632	12.3	6.2	Mw	Japan: Miyako, Off Coast	日本:宫古沿海	ISC, Engdahl
1995	2	23	5	19	1.99	24.14	121.61	40	6.2	Mw	China: Taiwan, Hualien	中国:台湾花莲	USGS
1995	2	23	5	27	38	39.848	143.601	6.9	6.1	Mw	Japan: Miyako, Off Coast	日本:宫古沿海	ISC, Engdahl
1995	2	28	21	12	12.55	6.852	-82.688	8.4	6	Mw	Panama: Off Coast of S.	巴拿马:南部海域	ISC, Engdahl
1995	3	6	18	43	42	2.678	118.195	17	6.1	Mw	Indonesia: Kalimantan Timur	印度尼西亚:东加里曼丹	ISC, Engdahl
1995	3	8	3	46	1.2	16.508	-59.573	13.1	6.2	Mw	Antigua and Barbuda: St John's, E.	安提瓜和巴布达:圣约翰斯东部	ISC, Engdahl
1995	3	12	12	9	43.27	-5.307	146.759	217	6.0	Mw	Bismarck Sea	俾斯麦海	Engdahl
1995	3	14	17	33	52.39	54.796	-161.367	35	6.2	Mw	Aleutian Islands	阿留申群岛	ISC, Engdahl
1995	3	19	18	34	6.3	-4.238	135.046	19	6.1	Mw	Indonesia: Papua	印度尼西亚:巴布亚	ISC, Engdahl
1995	3	19	23	53	15	-4.143	135.118	26.8	6.9	Mw	Indonesia: Papua	印度尼西亚:巴布亚	* Engdahl
1995	3	22	19	43	30	-41.019	174.144	79.4	6.2	Mw	New Zealand: South Island, Picton	新西兰:南岛,皮克顿	ISC, Engdahl, USGS
1995	3	25	22	44	30.2	-11.022	166.18	79	6.3	Mw	Solomon Islands	所罗门群岛	ISC, Engdahl
1995	3	26	2	16	14.75	-56.072	-28.324	50.3	6.3	Mw	South Sandwich Islands	南桑威奇群岛	ISC, Engdahl
1995	3	26	5	21	19.58	54.82	-161.39	42	6.2	Mw	Aleutian Islands	阿留申群岛	USGS, ISC
1995	3	31	14	1	41.4	38.213	135.058	356.9	6.2	Mw	Japan Sea	日本海	ISC, Engdahl
1995	4	1	5	50	20.56	52.313	158.984	31.6	6	Mw	Russia: Kamchatka Peninsula	俄罗斯:堪察加半岛	ISC, Engdahl
1995	4	3	11	54	45	24.5	122		6	Ms	China: Taiwan, Yilan, Coast of E.	中国:台湾宜兰以东海域	China
1995	4	7	22	6	58.09	-15.308	-173.492	21	7.4	Mw	Samoa Islands: Apia	萨摩亚群岛:阿皮亚	* ISC, Engdahl, NOAA
1995	4	8	0	57	45	-8.01	128.82	120	6.5	Mw	Indonesia: Timor	印度尼西亚:帝汶	ISC
1995	4	8	1	20	8.95	-15.352	-173.321	32.1	6.1	Ms	Samoa: South West of Apia	萨摩亚:阿皮亚西南	ISC, Engdahl
1995	4	8	17	45	14.51	21.744	142.748	270.7	6.2	Mw	Japan: South Honshu Ridge	日本:本州南部海岭	ISC, Engdahl
1995	4	8	19	13	56	52.24	159.05	66	6.2	Mw	Russia: Kamchatka Peninsula	俄罗斯:堪察加半岛	ISC, USGS
1995	4	10	9	51	13	21.81	121.14	26	6.3	Mw	China: Taiwan, Coast of S.	中国:台湾南部海域	ISC
1995	4	13	2	34	38.29	-13.501	170.584	629.5	6.2	Mw	North Vanuatu Islands	瓦努阿图群岛北部	Engdahl
1995	4	13	5	27	26.63	-22.294	170.581	19.5	6.1	Mw	Vanuatu Islands	瓦努阿图群岛	Engdahl
1995	4	14	0	32	55	30.27	-103.31	10	6.1	Mw	US: Texas, Alpine	美国:德克萨斯州阿尔派恩	ISC, USGS
1995	4	14	13	15	20.93	-60.847	-20.051	21.7	6.3	Mw	Antarctica - Atlantic Ridge	南极-大西洋海岭	ISC, Engdahl
1995	4	17	1	14	18.21	-8.568	156.72	13.3	6.0	Mw	Solomon Islands	所罗门群岛	ISC, Engdahl
1995	4	17	7	14	37.54	33.736	-38.566	13.7	6.1	Mw	Azores: Flores	亚速尔群岛:弗洛勒斯岛	ISC, Engdahl
1995	4	17	23	28	8.68	45.952	151.251	23	6.8	Mw	Kuril Islands	千岛群岛	ISC, Engdahl, USGS
1995	4	18	3	49	39.11	-2.058	140.524	23.1	6.1	Mw	Indonesia: Papua, Near North Coast	印度尼西亚:巴布亚北部近海	ISC, Engdahl
1995	4	20	8	45	13.39	6.287	126.802	97.6	6.5	Mw	Philippine Trench	菲律宾海沟	ISC, Engdahl
1995	4	20	20	49	11	46.01	151.08	33	6.4	Mw	Kuril Islands	千岛群岛	ISC
1995	4	21	0	2	49.97	11.978	125.662	27.4	6	Mw	Philippines: Samar Island	菲律宾:萨马岛	ISC, Engdahl
1995	4	21	0	9	56.38	12.068	125.656	22.5	6.9	Mw	Philippines: Samar Island	菲律宾:萨马岛	ISC, Engdahl
1995	4	21	0	30	12.55	12.086	125.587	17	6.8	Mw	Philippines: Samar Island	菲律宾:萨马岛	ISC, Bautista, Engdahl
1995	4	21	0	34	48.74	12.086	125.587	22.7	7.6	Mw	Philippines: Samar Island	菲律宾:萨马岛	* ISC, Engdahl, NOAA
1995	4	21	5	17	4.03	12.048	125.858	31.6	6.8	Mw	Philippines: Samar Island, E.	菲律宾:萨马岛东部	* ISC, Engdahl, NOAA
1995	4	21	17	3	18	12.32	125.93	30	6.0	Mw	Philippines: Samar Island	菲律宾:萨马岛	ISC
1995	4	23	2	55	56.9	51.328	179.715	18.5	6.5	Mw	Aleutian Islands, Rat Island	阿留申群岛,拉特岛	ISC, Engdahl
1995	4	23	5	8	3.68	12.393	125.458	26	6.8	Mw	Philippines: Samar Island	菲律宾:萨马岛	ISC, Engdahl

年	月	日	时	分	秒	纬度(°)	经度(°)	深度	震级	标度	地名(英文)	地名(中文)	资料来源
Year	Mo	Dy	Hr	Mn	Sec	Latitude	Longitude	Depth	Mag	Scale	Name(English)	Name(Chinese)	Information
1995	4	23	5	30	1.1	11.71	126.01	34	6.5	Ms	Philippines:Samar Island,E.	菲律宾:萨马岛东部	CSN
1995	4	23	6	38	12.48	5.945	123.823	535	6.1	Mw	Philippines:Mindanao Island	菲律宾:棉兰老岛	Engdahl
1995	4	23	7	21	20	12.39	125.48	33	6.0	Mw	Philippines:Samar Island	菲律宾:萨马岛	ISC
1995	4	23	19	56	15	-4.8	154.36	422	6.2	Mw	Papua New Guinea:Bougainville Island	巴布亚新几内亚:布干维尔岛	ISC
1995	4	25	6	15	2.16	-5.889	147.429	22	6.0	Mw	Papua New Guinea:Morobe	巴布亚新几内亚:莫罗贝	Engdahl
1995	4	25	9	12	47	12.41	125.32	33	6.0	Mw	Philippines:Samar Island	菲律宾:萨马岛	ISC
1995	4	25	22	47	21	-12.26	165.42	101	6.2	Mw	Solomon Islands:Santa Cruz Islands	所罗门群岛:圣克鲁斯群岛	ISC
1995	4	27	12	44	43.79	1.36	-85.006	23	6.2	Mw	Carnegie Ridge	卡内基海岭	ISC,Engdahl
1995	4	28	16	30	2.92	44.112	147.95	33.5	6.9	Mw	Kuril Islands	千岛群岛	ISC,Engdahl,USGS
1995	4	28	17	8	44.74	44.108	148.063	34.8	6.2	Mw	Kuril Islands	千岛群岛	ISC,Engdahl
1995	4	28	17	44	13	-2.65	55.49	38	6.1	Mw	Seychelles:Victoria	塞舌尔:维多利亚	ISC
1995	4	29	9	44	0	11.88	125.948	20	6	Mw	Philippines:Samar Island,E.	菲律宾:萨马岛东部	ISC,Engdahl
1995	5	1	18	29	35.97	-10.602	161.481	32	6.6	Mw	Solomon Islands	所罗门群岛	ISC,Engdahl,USGS
1995	5	2	3	54	10	43.81	147.26	44	6.1	Mw	Kuril Islands	千岛群岛	ISC
1995	5	2	6	6	6.96	-3.839	-76.851	97	6.7	Mw	Peru:Loreto,W.	秘鲁:洛雷托西部	ISC,Engdahl
1995	5	2	6	19	45.9	43.41	147.02	38	6.5	Ms	Kuril Islands	千岛群岛	CSN
1995	5	2	23	52	46.78	-60.487	153.85	15	6.2	Mw	Macquarie Ridge	麦夸里海岭	ISC,Engdahl
1995	5	4	2	18	49.73	1.915	128.552	23	6.1	Mw	Indonesia:Pulau Morotai	印度尼西亚:莫罗泰岛	ISC,Engdahl
1995	5	5	3	53	47.51	12.639	125.257	18.1	7.1	Mw	Philippines:Samar Island	菲律宾:萨马岛	* * Engdahl
1995	5	5	4	39	14.62	12.644	125.201	53.8	6.1	Ms	Philippines:Samar Island	菲律宾:萨马岛	ISC,Engdahl
1995	5	5	13	1	44	-9.26	118.79	33	6.0	Mw	Indonesia:Sumba Island	印度尼西亚:松巴岛	ISC
1995	5	5	17	19	21.07	-8.738	111.05	76.5	6.0	Mw	Indonesia:Java,Jogyakarta	印度尼西亚:爪哇,日惹	ISC,Engdahl
1995	5	5	22	48	6	-18.542	168.814	117	6.0	Mw	Vanuatu Islands	瓦努阿图群岛	ISC,Engdahl
1995	5	6	1	59	8.82	24.979	95.328	118	6.4	Mw	myanmar:Sagaing	缅甸:实皆	ISC,Engdahl
1995	5	7	22	38	29.23	-15.426	-173.185	18.1	6.0	Mw	Samoa Islands	萨摩亚群岛	Engdahl
1995	5	8	18	8	9	11.496	125.895	15.7	6.4	Mw	Philippines:Samar Island	菲律宾:萨马岛	ISC,Engdahl
1995	5	13	8	47	14.47	40.151	21.713	14	6.6	Mw	Greece:Grevena - Kozani	希腊:格莱维纳 - 科札尼	* ISC,Engdahl
1995	5	14	11	33	21.05	-8.452	125.049	12.7	6.9	Mw	Indonesia:Timor, Dili	印度尼西亚:帝汶,帝利	* Engdahl,NOAA
1995	5	14	12	25	56.61	-8.664	125.254	24.7	6.3	Ms	Indonesia:Timor Island	印度尼西亚:帝汶岛	ISC,Engdahl
1995	5	16	20	12	46.27	-22.968	169.945	23.6	7.7	Mw	Vanuatu Islands,SE.	瓦努阿图群岛东南	* Engdahl,NOAA
1995	5	16	20	31	12.2	-23.047	170.157	5.5	6.4	Mw	Vanuatu Islands,SE.	瓦努阿图群岛东南	ISC,Engdahl,USGS
1995	5	16	21	14	7	-23.01	170.38	33	6.0	Mw	Vanuatu Islands	瓦努阿图群岛	ISC
1995	5	16	21	48	7	17.853	96.466	8.4	6.1	Ms	myanmar:Pegu, Rangoon	缅甸:勃固,仰光	ISC,Engdahl
1995	5	16	22	31	12.41	43.486	147.847	28.7	6.0	Mw	Kuril Islands	千岛群岛	ISC,Engdahl
1995	5	17	9	55	30.2	-22.99	170.37	31	6.8	Ms	Vanuatu Islands	瓦努阿图群岛	CSN
1995	5	17	11	23	51.79	-22.99	170.148	24.2	6.5	Mw	Vanuatu Islands,SE.	瓦努阿图群岛东南	ISC,Engdahl
1995	5	18	0	6	30.1	-0.847	-22.071	16.3	6.8	Mw	Central Mid - Atlantic Ridge	中大西洋中脊	ISC,Engdahl
1995	5	18	14	31	14	44.51	147.47	100	6.2	Mw	Kuril Islands	千岛群岛	ISC,USGS
1995	5	19	17	9	17	-6.07	130.54	146	6.2	Mw	Indonesia:Banda Sea	印度尼西亚:班达海	ISC
1995	5	22	3	45	5	-22.716	170.078	23.8	6.1	Mw	Vanuatu Islands,SE.	瓦努阿图群岛东南	ISC,Engdahl
1995	5	22	4	2	57.09	-9.656	151.578	32.8	6.1	Mw	Solomon Sea	所罗门海	ISC,Engdahl
1995	5	22	20	8	31	58.74	-156.06	155	6.3	Mw	Alaska Peninsula,S.	阿拉斯加半岛南部	ISC
1995	5	23	10	1	30	43.71	141.76	33	6.2	Mw	Japan:W. Hokkaido Island	日本:北海道西部	ISC,USGS
1995	5	23	22	10	14.95	-55.8	-3.465	15	6.7	Mw	South Atlantic Ridge	南大西洋海岭	ISC,Engdahl
1995	5	25	9	11	36	40.47	143.21	33	6.1	Mw	Japan:Morioka,Near East Coast	日本:盛冈东部近海	ISC
1995	5	26	3	11	14.73	12.112	57.97	23.4	6.5	Mw	Carlsberg Ridge	卡尔斯伯格海岭[印度洋]	Engdahl
1995	5	27	13	3	54.38	52.597	142.827	11	7.5	Mw	Russia:Sakhalin Island	俄罗斯:库页岛(萨哈林岛)	* ISC,Engdahl,NOAA
1995	5	29	7	29	48.29	-10.36	164.101	29	6.3	Mw	Solomon Islands	所罗门群岛	ISC,Engdahl
1995	5	29	7	43	31.99	-10.369	163.849	8.9	6	Ms	Solomon Islands	所罗门群岛	ISC,Engdahl
1995	5	29	10	6	42	-42.94	171.6	4	6.0	Mw	New Zealand:South Island,Christchurch	新西兰:南岛,基督城	ISC
1995	5	31	16	8	39	18.908	-107.515	10.1	6.3	Mw	Mexico:Off Coast of Jalisco	墨西哥:哈利斯科沿海	ISC,Engdahl
1995	6	3	20	58	59	-33.21	-179.37	432	6.7	Mw	South of Kermadec Ridge	克马德克海岭南部	ISC
1995	6	5	23	15	42	11.99	57.83	13	6.5	Ms	Arabian Sea	阿拉伯海	CSN
1995	6	14	11	11	49	12.166	-88.342	25.8	6.6	Mw	Nicaragua:Leon,Chinandega	尼加拉瓜:里昂,奇南德加	ISC,Engdahl
1995	6	15	0	15	50.65	38.448	22.31	14	6.5	Mw	Greece:Patrai	希腊:帕特雷	* Engdahl,NOAA
1995	6	15	0	31	4.32	38.406	22.404	23.6	6.2	Ms	Greece:Desfina	希腊:泽斯菲纳	ISC,Engdahl
1995	6	21	15	28	53.83	-61.743	154.74	15	6.7	Mw	Balleny Islands	巴雷尼群岛	ISC,Engdahl
1995	6	21	16	33	7.78	-11.573	-77.548	73	6.6	Mw	Peru:Vegueta	秘鲁:贝格塔	ISC,Engdahl,USGS
1995	6	24	6	58	8	-3.917	153.951	388.1	6.8	Mw	Papua New Guinea:New Ireland,E.	巴布亚新几内亚:新爱尔兰东部	ISC,Engdahl
1995	6	25	2	10	40.63	-3.321	150.546	27.4	6.2	Mw	Bismarck Sea	俾斯麦海	ISC,Engdahl
1995	6	25	6	59	8.48	24.62	121.678	60	6.2	Ms	China:Taiwan,Yilan	中国:台湾宜兰	China,Engdahl
1995	6	27	10	10	0.42	18.795	-81.766	15	6	Mw	Cayman Islands:George Town	开曼群岛[英属]:乔治市	ISC,Engdahl
1995	6	27	17	15	50	-4.11	151.28	10	6.1	Mw	Papua New Guinea:East New Britain	巴布亚新几内亚:东新不列颠	ISC
1995	6	29	7	45	11.63	48.835	154.387	64	6	Mw	Kuril Islands	千岛群岛	ISC,Engdahl
1995	6	29	12	24	4.63	-19.516	169.322	139	6.6	Mw	Vanuatu Islands	瓦努阿图群岛	ISC,Engdahl

年 Year	月 Mo	日 Dy	时 Hr	分 Mn	秒 Sec	纬度(°) Latitude	经度(°) Longitude	深度 Depth	震级 Mag	标度 Scale	地名(英文) Name(English)	地名(中文) Name(Chinese)	资料来源 Information
1995	6	30	11	58	59.44	24.702	-110.189	16.1	6.2	Mw	Gulf of California	加利福尼亚湾	ISC, Engdahl
1995	7	3	19	50	51.99	-29.411	-177.502	38	7.2	Mw	Kermadec Ridge	克马德克海岭	ISC, Engdahl, USGS
1995	7	7	21	15	20.9	34.004	137.182	333	6	Mw	Japan: Mie, Near Coast	日本:三重近海	ISC, Engdahl
1995	7	8	5	42	54.94	39.703	143.402	13.3	6	Mw	Japan: Miyako, Off Coast	日本:宫古沿海	ISC, Engdahl
1995	7	8	17	15	27.61	53.557	-163.763	23.5	6	Mw	Aleutian Islands	阿留申群岛	ISC, Engdahl
1995	7	11	21	46	41.2	21.965	99.122	9.4	7.3	Ms	China: Yunnan, Menglian, W.	中国:云南孟连西	* China, Engdahl, Dis
1995	7	12	15	46	59	-23.215	170.884	15.6	6.5	Mw	New Caledonia: Noumea, E.	新喀里多尼亚:努美阿东部	ISC, Engdahl
1995	7	13	0	0	22.91	-23.279	170.781	12.9	6.0	Mw	New Caledonia: Noumea, E.	新喀里多尼亚:努美阿东部	ISC, Engdahl
1995	7	18	14	35	44.46	-3.866	135.26	9.7	6.0	Mw	Indonesia: Papua	印度尼西亚:巴布亚	ISC, Engdahl
1995	7	19	0	24	17	-22.696	169.827	16	6.0	Mw	Vanuatu Islands, SE.	瓦努阿图群岛东南	ISC, Engdahl
1995	7	26	23	42	4.8	2.541	127.633	67.8	6.3	Mw	Molukka Sea, N.	马鲁古海北部	ISC, Engdahl
1995	7	27	5	51	21.2	-12.598	79.21	21	6	Mw	Mid - Indian Ridge	中印度洋海岭	ISC, Engdahl
1995	7	28	14	29	12	-21.265	-175.279	92	6.4	Mw	Tonga Islands	汤加群岛	ISC, Engdahl
1995	7	29	8	1	23	4.33	126.82	33	6.0	Mw	Indonesia: Karakelong Island	印度尼西亚:卡拉克隆岛	ISC
1995	7	29	16	18	44	30.29	138.52	444	6.0	Mw	Japan: South Honshu Ridge	日本:南本州海岭	ISC
1995	7	30	5	11	25.16	-23.285	-70.103	46	8	Mw	Chile: Antofagasta, C.	智利:安托法加斯塔中部	* Engdahl, NOAA
1995	7	30	5	26	9.38	-23.23	-70.48	33	6.7	Mw	Chile: Antofagasta, C.	智利:安托法加斯塔中部	ISC, Engdahl, USGS
1995	7	30	5	47	4	-23.28	-70.315	36.2	6.7	Mw	Chile: Antofagasta, C.	智利:安托法加斯塔中部	ISC, Engdahl, USGS
1995	7	30	7	22	9	-24.28	-70.57	45	6.2	Mw	Chile: Antofagasta	智利:安托法加斯塔	ISC
1995	7	30	8	17	20.22	-23.951	-70.334	31.2	6	Ms	Chile: Antofagasta, C.	智利:安托法加斯塔中部	ISC, Engdahl
1995	7	30	10	35	43	-24.49	-71.03	37	6.2	Mw	Chile: Antofagasta, Near Coast	智利:安多法加斯大近海	ISC
1995	7	30	21	5	48.8	-23.348	-70.42	14	6.2	Mw	Chile: Antofagasta, C.	智利:安托法加斯塔中部	ISC, Engdahl
1995	7	30	23	14	31	-23.4	-70.67	8	7.3	Mw	Chile: Mejillones, Near Coast	智利:梅希约内斯近海	ISC
1995	7	31	8	48	34	-10.07	-78.42	82	6.0	Mw	Peru: Casma, Huaraz	秘鲁:卡斯马,安卡什(瓦拉斯)	ISC
1995	8	1	2	10	42	46.84	153.74	35	6.0	Mw	Kuril Islands	千岛群岛	ISC
1995	8	2	0	14	10.41	-23.167	-70.647	27.2	6	Mw	Chile: Mejillones, Near Coast	智利:梅希约内斯近海	ISC, Engdahl
1995	8	3	1	57	20.33	-23.157	-70.595	12.6	6.4	Mw	Chile: Mejillones	智利:梅希约内斯	ISC, Engdahl
1995	8	7	19	44	26.3	4.014	143.837	10	6.2	Mw	Philippine Trench	菲律宾海沟	Engdahl
1995	8	8	0	35	23	11.72	125.86	33	6.1	Mw	Philippines: Samar Island	菲律宾:萨马岛	ISC
1995	8	14	4	37	18.71	-4.837	151.567	128	6.7	Mw	Papua New Guinea: East New Britain	巴布亚新几内亚:东新不列颠	ISC, Engdahl
1995	8	16	10	27	30.7	-5.788	154.213	30	7.7	Mw	Papua New Guinea: Rabaul, Kokopo	巴布亚新几内亚:拉布尔,科可波	* ISC, Engdahl, NOAA
1995	8	16	16	24	28.7	-5.396	153.788	21.5	6.6	Mw	Papua New Guinea: East New Britain, E.	巴布亚新几内亚:东新不列颠东部	ISC, Engdahl
1995	8	16	23	10	25.55	-5.716	154.361	33	7.2	Mw	Papua New Guinea: Bougainville Island	巴布亚新几内亚:布干维尔岛	ISC, Engdahl
1995	8	17	0	15	51.93	-5.951	154.279	14.1	6.4	Mw	Papua New Guinea: Bougainville Island	巴布亚新几内亚:布干维尔岛	ISC, Engdahl
1995	8	17	5	35	40.67	-21.798	170.456	91	6.1	Mw	New Caledonia: E.	新喀里多尼亚东部	ISC, Engdahl
1995	8	17	10	1	28.23	-5.169	153.535	24.9	6.4	Mw	Papua New Guinea: East New Britain, E.	巴布亚新几内亚:东新不列颠东部	ISC, Engdahl
1995	8	17	18	54	34	-23.06	-70.71	33	6.2	Mw	Chile: Mejillones, Near Coast	智利:梅希约内斯近海	ISC
1995	8	18	2	16	28.26	-55.865	-28.866	44.5	6.2	Mw	South Sandwich Islands	南桑威奇群岛	ISC, Engdahl
1995	8	19	21	43	33.44	5.1	-75.58	120	6.6	Mw	Colombia: Manizales	哥伦比亚:卡尔达斯的马尼萨莱斯	ISC, Engdahl
1995	8	23	7	6	4.37	18.814	145.279	598.3	7.1	Mw	Mariana Islands	马里亚纳群岛	ISC, Engdahl
1995	8	23	13	14	44.21	-56.814	-141.426	15.4	6.3	Mw	Pacific - Antarctic Ridge	太平洋-南极洲洋脊	ISC, Engdahl
1995	8	24	1	55	36.26	18.87	145.14	591.8	6.2	Mw	Mariana Islands	马里亚纳群岛	ISC, Engdahl
1995	8	24	7	54	44.99	18.843	145.107	623.1	6.1	Mw	Mariana Islands	马里亚纳群岛	Engdahl
1995	8	24	7	55	30.47	18.799	145.175	624.8	6.2	Mw	Mariana Islands	马里亚纳群岛	ISC, Engdahl
1995	8	25	16	51	47.91	-18.664	-175.321	225	6.0	Mw	Tonga Islands, N.	汤加群岛北部	Engdahl
1995	8	26	6	57	18.72	-5.689	153.552	21.5	6	Mw	New Britain Trench	新不列颠海沟[太平洋]	ISC, Engdahl
1995	8	28	10	46	14.83	26.032	-110.483	13.7	6.5	Mw	Gulf of California	加利福尼亚湾	ISC, Engdahl
1995	8	29	7	25	51.41	-48.011	99.475	15	6.4	Mw	Great Australian Bight, S.	大澳大利亚湾南部	ISC, Engdahl
1995	8	29	8	51	32.54	-21.134	-174.219	21.4	6.1	Mw	Tonga Islands	汤加群岛	Engdahl
1995	8	31	17	10	37.24	-15.796	166.494	19.6	6.5	Mw	Vanuatu Islands: Espiritu Santo Islands	瓦努阿图群岛:圣埃斯皮里图岛	ISC, Engdahl
1995	9	8	1	15	30.44	-56.039	-122.506	13.9	6.3	Mw	Southern Pacific Ridge	南太平洋海岭	ISC, Engdahl
1995	9	8	17	25	49	14.91	-94.2	38	6.0	Mw	Mexico: Chiapas, Near Coast	墨西哥:恰帕斯,近海	ISC
1995	9	9	20	58	40.97	-20.299	-69.41	72.2	6.0	Mw	Chile: Iquique	智利:伊基克	ISC, Engdahl
1995	9	14	14	4	33.42	16.852	-98.588	23	7.4	Mw	Mexico: Guerrero, Oaxaca, Puebla	墨西哥:格雷罗,瓦哈卡,普埃布拉	* Engdahl, NOAA
1995	9	16	1	3	38.41	-6.321	155.272	151	6.1	Mw	Papua New Guinea: Bougainville Island	巴布亚新几内亚:布干维尔岛	Engdahl
1995	9	17	7	25	31	-35.6	-74	33	6.1	Mw	Chile: Off Coast of C.	智利:中部沿海	ISC
1995	9	17	17	9	22.6	-17.13	66.656	11.2	6.5	Mw	Central Indian Ridge	印度洋中脊	ISC, Engdahl
1995	9	18	6	56	32	-6.952	129.043	173	6.1	Mw	Indonesia: Banda Sea	印度尼西亚:班达海	ISC, Engdahl
1995	9	18	17	13	20	-8.84	123.8	38	6.0	Mw	Indonesia: Flores Islands	印度尼西亚:弗洛勒斯群岛	ISC
1995	9	19	22	52	24	-39.685	174.264	213.6	6.6	Mw	New Zealand: North Island, Wanganui	新西兰:北岛,旺加努伊	ISC, Engdahl, USGS

年	月	日	时	分	秒	纬度(°)	经度(°)	深度	震级	标度	地名(英文)	地名(中文)	资料来源
Year	Mo	Dy	Hr	Mn	Sec	Latitude	Longitude	Depth	Mag	Scale	Name(English)	Name(Chinese)	Information
1995	9	22	5	39	32.39	-6.006	146.635	46.2	6.2	Mw	Papua New Guinea:Morobe	巴布亚新几内亚:莫罗贝	ISC,Engdahl
1995	9	23	2	34	14.53	-5.939	146.679	27	6	Mw	Papua New Guinea:Morobe	巴布亚新几内亚:莫罗贝	ISC,Engdahl
1995	9	23	16	5	51.23	-5.594	103.99	45	6	Mw	Indonesia:Southern Sumatra	印度尼西亚:苏门答腊南部	ISC,Engdahl
1995	9	23	22	31	57.9	-10.712	-78.508	60	6.5	Mw	Peru:Casma,Huaraz	秘鲁:卡斯马,安卡什(瓦拉斯)	ISC,Engdahl
1995	9	30	10	47	59.77	50.856	157.341	45.5	6	Mw	Kuril Islands	千岛群岛	ISC,Engdahl
1995	10	1	15	57	17.91	38.077	30.143	31.2	6.4	Mw	Turkey:Evciler, Dinar	土耳其:艾布西雷尔,第纳尔	*Engdahl
1995	10	1	17	6	4.31	29.237	139.112	430.8	6.1	Mw	Japan:South Honshu Ridge	日本:本州南部海岭	ISC,Engdahl
1995	10	2	23	48	22.7	-14.997	-174.978	14.8	6.0	Mw	North of Fiji Islands	斐济群岛北部	Engdahl
1995	10	3	1	51	25.63	-2.75	-77.801	24	7.5	Mw	Ecuador:Morona Santiago	厄瓜多尔:莫罗纳-圣地亚哥	*ISC,Engdahl
1995	10	3	12	44	59.7	-2.785	-77.798	17	6.5	Mw	Ecuador:Morona Santiago	厄瓜多尔:莫罗纳-圣地亚哥	ISC,Engdahl
1995	10	3	16	8	18	-30.72	-71.97	35	6.0	Mw	Chile:Illapel	智利:伊拉帕尔	ISC
1995	10	3	17	1	2	-1.89	-77.79	19	6.1	Mw	Ecuador:Morona Santiago,N.	厄瓜多尔:莫罗纳-圣地亚哥北部	ISC
1995	10	6	5	23	20.34	65.128	-148.528	9	6	Mw	Alaska:Fairbanks	阿拉斯加:费尔班克斯	*ISC,Engdahl,USGS
1995	10	6	11	39	36.25	-20.039	-175.887	200.3	6.4	Mw	Tonga Islands	汤加群岛	ISC,Engdahl
1995	10	6	18	9	48.17	-2.006	101.45	35.7	6.7	Mw	Indonesia:Sumatera, Jambi	印度尼西亚:苏门答腊占碑	*Engdahl
1995	10	8	8	55	48	41	72	34	6.2	Mw	Uzbekistan:Namangan	乌兹别克斯坦:纳曼干	ISC,USGS
1995	10	9	13	43	43.89	-21.416	170.147	107.3	6.3	Mw	Vanuatu Islands	瓦努阿图群岛	ISC,Engdahl
1995	10	9	15	35	54	19.052	-104.208	26.2	8	Mw	Mexico:Jalisco, Manzanillo	墨西哥:哈利斯科,曼萨尼约	*Engdahl,NOAA
1995	10	12	16	52	54.41	18.838	-104.031	16	6	Mw	Mexico:Near Coast of Jalisco	墨西哥:哈利斯科近海	ISC,Engdahl
1995	10	13	15	22	25.94	-59.064	158.274	19.9	6.1	Mw	Macquarie Ridge	麦夸里海岭	Engdahl
1995	10	14	8	0	51.18	-25.86	-177.439	149.7	6.2	Mw	South of Fiji Islands	斐济群岛南部	ISC,Engdahl
1995	10	14	20	44	59.49	-6.424	154.71	22.3	6.1	Mw	Papua New Guinea:Bougainville Island	巴布亚新几内亚:布干维尔岛	Engdahl
1995	10	15	15	4	10.44	-6.498	154.711	19.7	6.1	Mw	Papua New Guinea:Bougainville Island	巴布亚新几内亚:布干维尔岛	Engdahl
1995	10	18	9	30	40.28	36.433	70.39	226.4	6.2	Mw	Afghan:Taloqan,S.	阿富汗:塔卢坎南部	Engdahl
1995	10	18	10	37	28.61	28.065	130.28	30.3	7.1	Mw	Ryukyu Islands	琉球群岛	*ISC,Engdahl,NOAA,USGS
1995	10	18	11	0	9.2	28.01	130.31	33	6.3	Ms	Ryukyu Islands	琉球群岛	CSN
1995	10	18	23	26	1	28.243	130.257	29.7	6.1	Mw	Ryukyu Islands	琉球群岛	ISC,Engdahl,USGS
1995	10	19	0	32	6	28.227	130.201	19.1	6.3	Mw	Ryukyu Islands	琉球群岛	ISC,Engdahl
1995	10	19	2	41	38.73	28.173	130.154	20	6.8	Mw	Ryukyu Islands	琉球群岛	*Engdahl,NOAA,USGS
1995	10	20	19	21	30.91	18.714	145.729	222.7	6.1	Mw	Mariana Islands	马里亚纳群岛	Engdahl
1995	10	21	2	38	58.48	16.842	-93.434	159	7.2	Mw	Mexico:Chiapas	墨西哥:恰帕斯	ISC,Engdahl
1995	10	23	22	46	52.62	25.99	102.228	10	6.5	Ms	China:Yunnan,Wuding	中国:云南武定	*China,Engdahl,Dis
1995	10	29	18	44	21	0.86	125.98	33	6.1	Mw	Molukka Sea	马鲁古海	ISC
1995	10	29	19	40	59.03	-21.813	-179.362	619.9	6.1	Mw	Tonga Islands,W.	汤加群岛西部	Engdahl
1995	11	1	0	35	34.08	-28.88	-71.365	20	6.7	Mw	Chile:Vallenar	智利:巴耶纳尔	*ISC,Engdahl,NOAA,USGS
1995	11	1	1	12	10.5	-28.94	-71.37	42	6.9	Ms	Chile:Near Coast of C.	智利:中部近海	CSN
1995	11	1	9	35	58	28.61	130.09	33	6.1	Mw	Ryukyu Islands	琉球群岛	ISC
1995	11	2	22	13	44	-6.77	130.31	93	6.2	Mw	Indonesia:Banda Sea	印度尼西亚:班达海	ISC,USGS
1995	11	5	16	29	59.98	-4.952	103.174	36	6.3	Mw	Indonesia:Southern Sumatra	印度尼西亚:苏门答腊南部	ISC,Engdahl
1995	11	6	2	18	42	-18.33	-67.97	28	6.1	Mw	Bolivia:Oruro	玻利维亚:奥鲁罗	ISC
1995	11	8	7	14	18	1.823	95.017	20	6.9	Mw	Indonesia:Off West Coast of N. Sumatera	印度尼西亚:北苏门答腊西部海域	ISC,Engdahl
1995	11	8	16	1	22.12	1.27	121.571	27.8	6	Mw	Celebes Sea	西里伯斯海	ISC,Engdahl
1995	11	13	2	12	36.5	-15.27	-178.14	5	6.8	Ms	North of Fiji Islands	斐济群岛北部	CSN
1995	11	13	2	17	54.61	3.587	126.679	52	6.3	Mw	Indonesia:Karakelong Island	印度尼西亚:卡拉克隆岛	ISC,Engdahl
1995	11	13	7	38	44.35	-15.046	-173.405	10	6	Mw	Samoa:South West of Apia	萨摩亚:阿皮亚西南	ISC,Engdahl
1995	11	15	10	24	30.79	-4.87	153.35	37	6.1	Mw	Papua New Guinea:New Ireland	巴布亚新几内亚:新爱尔兰	USGS,ISC
1995	11	16	9	24	40	3.59	127.04	33	6.0	Mw	Indonesia:Karakelong Island	印度尼西亚:卡拉克隆岛	ISC
1995	11	22	4	15	13.96	28.763	34.807	14	7.2	Mw	Egypt:Gulf of Aqaba	埃及:亚喀巴湾	*Engdahl,NOAA
1995	11	24	6	18	57.08	-42.986	171.839	3.4	6.1	Mw	New Zealand: South Island, Christchurch	新西兰:南岛,基督城	ISC,Engdahl
1995	11	24	17	24	13.65	44.583	149.059	28	6.6	Mw	Kuril Islands	千岛群岛	ISC,Engdahl
1995	11	24	21	49	32	51.51	-179.04	33	6.0	Mw	Andreanof Islands, Aleutian Is.	阿留申群岛,安德烈亚诺夫群岛	ISC
1995	11	27	15	52	59	44.606	149.148	21	6.3	Mw	Kuril Islands	千岛群岛	ISC,Engdahl
1995	11	30	15	9	23.84	44.271	145.583	137	6	Mw	Japan:Hokkaido	日本:北海道	ISC,Engdahl
1995	11	30	23	37	38.62	44.58	149.296	25	6.2	Mw	Kuril Islands	千岛群岛	ISC,Engdahl
1995	12	1	5	20	31	10.145	-104.051	10.8	6.6	Mw	Mexico:Off Coast of SW.	墨西哥:西南海域	ISC,Engdahl
1995	12	2	17	13	21	44.535	149.244	20	6.6	Mw	Kuril Islands	千岛群岛	ISC,Engdahl
1995	12	2	17	28	15	44.51	149.52	28	6.1	Mw	Kuril Islands	千岛群岛	ISC
1995	12	2	19	17	39	45.38	149.2	72	6.0	Mw	Kuril Islands	千岛群岛	ISC
1995	12	3	18	1	9	44.708	149.262	24.4	7.9	Mw	Kuril Islands,Iturup, Matua	千岛群岛,择捉岛,马图亚	*Engdahl,NOAA
1995	12	3	18	10	35.35	44.503	149.296	44.7	7.2	Ms	Kuril Islands	千岛群岛	CSN,Engdahl,USGS
1995	12	3	18	14	30.62	45.015	150.677	37.2	6.7	Ms	Kuril Islands	千岛群岛	ISC,Engdahl
1995	12	3	18	22	45.77	44.71	150.115	49.5	6.4	Ms	Kuril Islands	千岛群岛	ISC,Engdahl,USGS

年 Year	月 Mo	日 Dy	时 Hr	分 Mn	秒 Sec	纬度(°) Latitude	经度(°) Longitude	深度 Depth	震级 Mag	标度 Scale	地名(英文) Name(English)	地名(中文) Name(Chinese)	资料来源 Information
1995	12	3	18	26	44.1	44.73	150.2	31	6.9	Ms	Kuril Islands	千岛群岛	CSN,USGS
1995	12	3	18	47	55	44.47	149.25	33	6.1	Mw	Kuril Islands	千岛群岛	ISC
1995	12	3	18	58	4	44.78	150.37	25	6.8	Mw	Kuril Islands	千岛群岛	ISC,USGS
1995	12	3	19	15	42.54	44.655	149.487	41.7	6.4	Ms	Kuril Islands	千岛群岛	ISC,Engdahl,USGS
1995	12	3	19	31	23.99	44.402	149.827	29.1	6.3	Ms	Kuril Islands	千岛群岛	ISC,Engdahl,USGS
1995	12	3	19	41	47.61	44.73	150.29	38.6	6.5	Ms	Kuril Islands	千岛群岛	ISC,Engdahl,USGS
1995	12	3	19	54	20.66	44.474	149.715	35.7	6.2	Ms	Kuril Islands	千岛群岛	ISC,Engdahl
1995	12	3	19	59	45	44.11	150.13	23	6.4	Mw	Kuril Islands	千岛群岛	ISC
1995	12	3	20	7	22.86	44.849	149.627	43.6	6.2	Ms	Kuril Islands	千岛群岛	ISC,Engdahl,USGS
1995	12	3	20	34	50	44.18	149.9	12	6.1	Mw	Kuril Islands	千岛群岛	ISC
1995	12	3	20	37	45	43.34	150.09	33	6.0	Mw	Kuril Islands	千岛群岛	ISC
1995	12	3	20	43	20	44.6	150.44	24	6.1	Mw	Kuril Islands	千岛群岛	ISC
1995	12	3	21	38	39	44.767	150.229	30.3	6.5	Mw	Kuril Islands	千岛群岛	ISC,Engdahl
1995	12	5	5	46	15	-15.9	168.39	33	6.0	Mw	Vanuatu Islands	瓦努阿图群岛	ISC
1995	12	5	6	32	6.69	-8.999	124.668	22.5	6.4	Mw	Indonesia:Timor Island	印度尼西亚:帝汶岛	ISC,Engdahl
1995	12	6	23	17	23	44.73	149.2	33	6.0	Mw	Kuril Islands	千岛群岛	ISC
1995	12	7	3	22	6	45	149.06	33	6.1	Mw	Kuril Islands	千岛群岛	ISC,USGS
1995	12	7	18	3	15.1	14.73	55.64	8	6.2	Ms	Arabian Sea	阿拉伯海	CSN
1995	12	7	19	30	26.1	44.97	149.529	28	6	Mw	Kuril Islands	千岛群岛	ISC,Engdahl
1995	12	8	19	57	33	45.84	149.61	33	6.1	Mw	Kuril Islands	千岛群岛	ISC,USGS
1995	12	10	3	27	51	35.19	24.12	33	6.0	Mw	Greece:Crete Island	希腊:克里特岛	ISC
1995	12	10	22	23	15	44.404	149.738	20.8	6.3	Mw	Kuril Islands	千岛群岛	ISC,Engdahl
1995	12	10	22	48	9.95	44.319	149.752	31.3	6.2	Mw	Kuril Islands	千岛群岛	ISC,Engdahl
1995	12	10	23	47	1.71	-21.54	-177.975	424.2	6.2	Mw	South East of Fiji Islands	斐济群岛东南	ISC,Engdahl
1995	12	11	14	9	22.81	18.783	-105.567	9.3	6.3	Mw	Mexico:Off Coast of Jalisco	墨西哥:哈利斯科沿海	ISC,Engdahl
1995	12	11	19	44	9.77	18.512	-105.575	14.7	6.1	Mw	Mexico:Off Coast of Jalisco	墨西哥:哈利斯科沿海	ISC,Engdahl
1995	12	14	6	32	16	-34.7	-179.17	52	6.2	Mw	South of Kermadec Ridge	克马德克海岭南部	USGS,ISC
1995	12	18	2	5	56	52.62	143.04	36	6.3	Mw	Russia:Sakhalin Island	俄罗斯:库页岛(萨哈林岛)	ISC
1995	12	18	4	56	59	34.6	97.3		6.2	Ms	China:Qinghai,Maduo	中国:青海玛多	China,Dis
1995	12	19	23	28	13.88	-3.654	140.238	63	6.5	Mw	Indonesia:Papua	印度尼西亚:巴布亚	ISC,Engdahl
1995	12	25	3	6	33.87	-28.342	-176.714	22.2	6.1	Mw	Kermadec Ridge	克马德克海岭	ISC,Engdahl
1995	12	25	4	43	26.12	-6.915	129.187	144.6	7.1	Mw	Indonesia:Banda Sea	印度尼西亚:班达海	ISC,Engdahl,USGS
1995	12	27	15	21	18	-57.27	-25.47	32	6.0	Mw	South Sandwich Trench	南桑维奇海沟	ISC
1995	12	29	13	1	42	10.36	-69.91	35	6.0	Mw	Venezuela:Lara	委内瑞拉:拉腊	ISC
1995	12	30	3	26	11.96	-4.498	-104.814	11.1	6.1	Mw	Ecuador:Galapagos,SE.	厄瓜多尔:加拉帕戈斯岛东南	ISC,Engdahl
1995	12	30	12	11	7.75	40.823	143.382	24	6.3	Mw	Japan Trench	日本海沟	ISC,Engdahl
1995	12	30	12	23	16	25.9	125.7	33	6.3	Mw	Ryukyu Islands	琉球群岛	ISC
1996	1	1	1	34	16.61	-20.507	-174.001	30.2	6	Mw	Tonga Islands	汤加群岛	ISC,Engdahl
1996	1	1	8	5	12.58	0.725	119.932	24	7.9	Mw	Indonesia:Sulawesi	印度尼西亚:苏拉威西岛	* Engdahl,NOAA
1996	1	1	8	57	43	53.92	159.51	28	6.7	Mw	Russia:Kamchatka Peninsula	俄罗斯:堪察加半岛	ISC
1996	1	1	9	14	37.55	0.546	119.79	48.6	6.2	Ms	Indonesia:Tinombo	印度尼西亚:蒂农博	ISC,Engdahl,USGS
1996	1	1	9	57	54.5	53.914	159.445	31.5	6.7	Ms	Russia:Kamchatka Peninsula	俄罗斯:堪察加半岛	ISC,Engdahl,NOAA
1996	1	7	13	14	29	-6.88	155.8	33	6.1	Mw	Papua New Guinea:Bougainville Island	巴布亚新几内亚:布干维尔岛	ISC
1996	1	8	10	4	48	53.21	143.04	20	6.2	Mw	Russia:Sakhalin Island	俄罗斯:库页岛(萨哈林岛)	ISC,USGS
1996	1	11	19	45	0	0.49	119.62	34	6.1	Mw	Indonesia:Makassar Strait	印度尼西亚:望加锡海峡	ISC
1996	1	12	19	38	22.09	-5.857	130.246	30.4	6.0	Mw	Indonesia:Banda Sea	印度尼西亚:班达海	ISC,Engdahl
1996	1	17	10	6	47	-4.399	140.12	98.1	6.1	Mw	Indonesia:Papua	印度尼西亚:巴布亚	Engdahl,USGS
1996	1	19	19	2	0	-10.42	-78.66	39	6.4	Mw	Peru:Casma,Huaraz	秘鲁:卡斯马,安卡什(瓦拉斯)	ISC,USGS
1996	1	22	8	59	54	-2.97	141.6	35	6.2	Mw	Papua New Guinea:Sandaun,Krisa	巴布亚新几内亚:桑道恩,克里萨	ISC,USGS
1996	1	22	13	15	2	40.07	142.38	76	6.0	Mw	Japan:Morioka,Near East Coast	日本:盛冈东部近海	ISC
1996	1	22	23	19	59.85	-60.691	-25.977	15	6.2	Mw	South Sandwich Islands	南桑威奇群岛	ISC,Engdahl
1996	1	27	17	48	11.8	9.168	126.423	42.6	6	Mw	Philippines:Mindanao Island	菲律宾:棉兰老岛	ISC,Engdahl
1996	1	30	22	0	9.23	-32.906	-178.205	8.1	6	Mw	South of Kermadec Ridge	克马德克海岭南部	ISC,Engdahl
1996	1	30	22	29	53.49	-32.947	-178.107	4.1	6.4	Mw	South of Kermadec Ridge	克马德克海岭南部	ISC,Engdahl
1996	1	31	19	21	24	44.5	149.31	14	6.7	Mw	Kuril Islands	千岛群岛	ISC,USGS
1996	1	31	20	30	44.88	44.578	149.267	22.9	6.0	Mw	Kuril Islands	千岛群岛	Engdahl
1996	2	1	7	18	5.8	44.827	146.265	172.1	6.2	Mw	Kuril Islands	千岛群岛	ISC,Engdahl
1996	2	3	11	14	21.9	27.317	100.333	11	7.0	Ms	China:Yunnan,Lijiang	中国:云南丽江	* China,Engdahl,Dis
1996	2	4	11	57	21	44.96	149.49	36	6.0	Mw	Kuril Islands	千岛群岛	ISC
1996	2	4	16	58	9	27	100.3		6	Ms	China:Yunnan,Lijiang	中国:云南丽江	China
1996	2	5	21	20	46	-6.22	154.82	81	6.1	Mw	Papua New Guinea:Bougainville Island	巴布亚新几内亚:布干维尔岛	ISC
1996	2	6	17	58	57.89	1.004	120.188	21.6	6.4	Mw	Indonesia:Sulawesi Utara	印度尼西亚:北苏拉威西	ISC,Engdahl,USGS
1996	2	7	7	57	20.12	1.032	120.168	15.5	6	Mw	Indonesia:South West Sulawesi sea	印度尼西亚:苏拉威西海西南	ISC,Engdahl
1996	2	7	21	19	9	55.34	-156.62	33	6.2	Mw	Aleutian Islands	阿留申群岛	ISC
1996	2	7	21	36	48.18	45.353	149.873	43	7.2	Mw	Kuril Islands	千岛群岛	ISC,Engdahl
1996	2	9	4	20	38	-31.82	57.82	41	6.1	Mw	South West - Indian Ridge	南印度洋西海岭	ISC
1996	2	9	17	33	54.09	-5.954	146.714	50.7	6.1	Mw	Papua New Guinea:Morobe	巴布亚新几内亚:莫罗贝	Engdahl

年 Year	月 Mo	日 Dy	时 Hr	分 Mn	秒 Sec	纬度(°) Latitude	经度(°) Longitude	深度 Depth	震级 Mag	标度 Scale	地名(英文) Name(English)	地名(中文) Name(Chinese)	资料来源 Information
1996	2	11	23	51	5	52.04	159.99	53	6.0	Mw	Russia:Kamchatka Peninsula	俄罗斯:堪察加半岛	ISC
1996	2	12	9	8	10.3	-11.1	118.678	13.5	6.1	Mw	Indonesia:Sumba	印度尼西亚:萨姆巴	ISC, Engdahl
1996	2	14	20	31	9.15	45.531	150.352	37	6.5	Mw	Kuril Islands	千岛群岛	ISC, Engdahl, USGS
1996	2	14	21	26	54	29.24	141.18	177	6.0	Mw	Japan:South Honshu Ridge	日本:本州南部海岭	ISC
1996	2	15	0	45	54	51.26	-179.37	28	6.2	Mw	Aleutian Islands	阿留申群岛	ISC, USGS
1996	2	16	9	45	1.21	-1.473	-15.362	15.3	6.6	Mw	Central Mid - Atlantic Ridge	中大西洋中脊	ISC, Engdahl
1996	2	16	11	34	30.08	-15.249	-173.2	17.5	6.0	Mw	Samoa Islands	萨摩亚群岛	Engdahl
1996	2	16	15	23	0.41	37.344	142.433	41	6.7	Mw	Japan Trench	日本海沟	ISC, Engdahl, USGS
1996	2	16	18	20	48	-17.56	167.53	33	6.0	Mw	Vanuatu Islands	瓦努阿图群岛	ISC
1996	2	17	5	59	32.43	-0.919	136.973	36.5	8.2	Mw	Indonesia:Papua	印度尼西亚:巴布亚	* Engdahl, NOAA
1996	2	17	8	17	17	-0.91	137.276	22	6.4	Ms	Indonesia:Papua	印度尼西亚:巴布亚	ISC, Engdahl, USGS
1996	2	17	8	42	10	-0.78	136.66	34	6.5	Mw	Indonesia:Papua	印度尼西亚:巴布亚	ISC
1996	2	17	8	54	57	-1.22	136.77	27	6.0	Mw	Indonesia:Papua	印度尼西亚:巴布亚	ISC
1996	2	17	13	25	41	-6.23	154.8	82	6.5	Mw	Papua New Guinea:Bougainville Island	巴布亚新几内亚:布干维尔岛	ISC, USGS
1996	2	17	14	21	24.43	-0.537	135.813	21.1	6.5	Mw	Indonesia:Papua	印度尼西亚:巴布亚	ISC, Engdahl
1996	2	17	20	17	51.95	-0.871	136.129	32	6.5	Ms	Indonesia:Papua	印度尼西亚:巴布亚	ISC, Engdahl, USGS
1996	2	18	0	22	23.55	-0.619	135.811	15.9	6.5	Mw	Indonesia:Papua	印度尼西亚:巴布亚	ISC, Engdahl
1996	2	18	2	12	18.89	-0.664	136.553	19.6	6.3	Ms	Indonesia:Papua	印度尼西亚:巴布亚	ISC, Engdahl
1996	2	18	2	25	34.97	-1.339	136.499	11	6.4	Mw	Indonesia:Papua	印度尼西亚:巴布亚	ISC, Engdahl
1996	2	18	23	9	56	-3.4	139.5	32	6.3	Mw	Indonesia:Papua	印度尼西亚:巴布亚	ISC, USGS
1996	2	18	23	49	30.91	-1.251	-14.289	14.3	6.6	Mw	Central Mid - Atlantic Ridge	中大西洋中脊	ISC, Engdahl
1996	2	19	7	10	8.59	-42.161	-75.339	11.2	6	Mw	Chile:Castro, Coast	智利:卡斯特罗近海	ISC, Engdahl
1996	2	19	23	48	37	-20.41	169.06	33	6.2	Mw	Vanuatu Islands	瓦努阿图群岛	ISC
1996	2	21	12	51	4.28	-9.708	-79.845	15	7.5	Mw	Peru:Chimbote, Near Coast	秘鲁:钦博特近海	* Engdahl, NOAA
1996	2	22	14	59	10	45.262	148.515	124	6.3	Mw	Kuril Islands	千岛群岛	ISC, Engdahl
1996	2	24	15	52	58.5	-0.831	137.378	14.3	6.2	Mw	Indonesia:Papua	印度尼西亚:巴布亚	ISC, Engdahl
1996	2	25	3	8	17.51	15.949	-98.104	22.6	7.1	Mw	Mexico:Near Coast of Guerrero	墨西哥:格雷罗近海	* Engdahl, NOAA
1996	2	25	4	17	10	-22.34	-175.704	14.1	6	Ms	Tonga Islands	汤加群岛	ISC, Engdahl
1996	2	28	9	44	12.31	1.736	126.106	117.7	6.4	Mw	Indonesia:Molucca Sea	印度尼西亚:马鲁古海	ISC, Engdahl
1996	2	28	14	23	10	-45.06	167.41	114	6.2	Mw	New Zealand:South Island, Secretary Island	新西兰:南岛,塞克勒特里岛	ISC
1996	3	2	1	50	3	-5.899	146.636	45	6.1	Mw	Papua New Guinea:Morobe	巴布亚新几内亚:莫罗贝	ISC, Engdahl
1996	3	3	14	55	12.9	11.762	-86.84	24	6.6	Mw	Nicaragua:Managua, Near Coast	尼加拉瓜:马纳瓜近海	ISC, Engdahl
1996	3	3	14	58	58	11.7	-86.8	33	6.4	Mw	Nicaragua:Managua, Near Coast	尼加拉瓜:马纳瓜近海	ISC, USGS
1996	3	3	16	37	32.98	11.983	-86.715	28	6.7	Mw	Nicaragua:Managua, Near Coast	尼加拉瓜:马纳瓜近海	ISC, Engdahl
1996	3	5	14	47	55.38	35.686	78.53	45.1	6.0	Mw	China:Xinjiang, Karakorum Pass, E.	中国:新疆喀喇昆仑山口东	ISC, Engdahl
1996	3	5	14	52	28.36	24.125	122.24	17.6	6.8	Ms	China:Taiwan, Hualien, Coast of E.	中国:台湾花莲以东海域	China, Engdahl
1996	3	5	17	32	12.36	24.065	122.251	39.1	6.2	Ms	China:Taiwan, Hualien, Coast of E.	中国:台湾花莲以东海域	China, Engdahl
1996	3	7	8	38	58	-23.36	-70.31	39	6.2	Mw	Chile:Antofagasta, C.	智利:安托法加斯塔中部	ISC, USGS
1996	3	9	16	15	36.4	43.544	147.968	19.9	6.1	Mw	Kuril Islands	千岛群岛	ISC, Engdahl
1996	3	9	16	17	18.44	43.7	147.87	38.8	6.1	Ms	Kuril Islands	千岛群岛	Engdahl, ISC
1996	3	12	18	43	42.81	48.8	88	16	6.1	Ms	China:Xinjiang, Altay	中国:新疆阿勒泰	China, USGS, Dis
1996	3	12	22	6	6.59	2.92	126.443	43.6	6.0	Mw	Indonesia:Maluku Utara, Coast of NW.	印度尼西亚:北马鲁古西北海域	ISC, Engdahl
1996	3	16	22	4	7.61	28.982	138.958	479.8	6.6	Mw	Japan:South Honshu Ridge	日本:本州南部海岭	ISC, Engdahl
1996	3	17	14	48	58.57	-14.687	167.386	166	6.7	Mw	Vanuatu Islands	瓦努阿图群岛	ISC, Engdahl
1996	3	17	17	58	23.48	-6.152	147.77	41.7	6.1	Mw	Papua New Guinea:Morobe	巴布亚新几内亚:莫罗贝	ISC, Engdahl
1996	3	19	15	0	26	40.055	76.659	12	6.9	Ms	China:Xinjiang, Artux, N.	中国:新疆阿图什以北	* China, Engdahl, Dis
1996	3	20	4	53	28	16.14	-97.23	33	6.0	Mw	Mexico:Oaxaca	墨西哥:瓦哈卡	ISC
1996	3	22	3	24	22	51.356	178.642	21.5	6.7	Mw	Aleutian Islands	阿留申群岛	ISC, Engdahl
1996	3	22	4	46	11.17	51.168	178.86	43.2	6.7	Ms	Aleutian Islands	阿留申群岛	ISC, Engdahl
1996	3	24	22	19	6.31	-55.319	146.515	15.7	6.1	Mw	Australia:Macquarie Island, W.	澳大利亚:麦夸里岛西部	Engdahl
1996	3	27	12	34	46	16.31	-98.02	22	6.2	Mw	Mexico:Oaxaca	墨西哥:瓦哈卡	ISC, USGS
1996	3	27	20	52	5.95	11.778	-88.037	15	6	Mw	Nicaragua:Off Coast of W.	尼加拉瓜:西部沿海	ISC, Engdahl
1996	3	28	7	28	31.85	11.922	57.904	18.3	6.1	Mw	Arabian Sea	阿拉伯海	ISC, Engdahl
1996	3	28	9	52	49	43.33	146.97	34	6.0	Mw	Kuril Islands	千岛群岛	ISC
1996	3	29	12	22	53	36.53	41.61	33	6.0	Mw	Iraq:Ninawa	伊拉克:尼尼微	ISC
1996	3	30	9	57	2.95	-55.618	-125.855	18.3	6.1	Mw	Southern Pacific Ridge	南太平洋海岭	Engdahl
1996	3	30	12	55	57	52.18	-168.51	33	6.2	Mw	Aleutian Islands	阿留申群岛	ISC
1996	3	30	13	5	17.15	52.287	-168.777	19.4	6.3	Mw	Aleutian Islands	阿留申群岛	ISC, Engdahl
1996	3	30	23	22	17	44.3	149.44	33	6.0	Mw	Kuril Islands	千岛群岛	ISC
1996	3	31	23	41	43	-11.239	165.776	20.9	6	Mw	Solomon Islands	所罗门群岛	ISC, Engdahl
1996	4	4	13	10	28	3.43	125.96	33	6.0	Mw	Indonesia:East of Sangihe Islands	印度尼西亚:桑义赫群岛东部	ISC
1996	4	6	22	4	42	44.43	149.01	33	6.0	Mw	Kuril Islands	千岛群岛	ISC
1996	4	15	14	55	32	-6.06	154.58	52	6.2	Mw	Papua New Guinea:Bougainville Island	巴布亚新几内亚:布干维尔岛	ISC, USGS
1996	4	16	0	30	54	-24.27	-176.915	100.6	7.2	Mw	South of Fiji Islands	斐济群岛南部	ISC, Engdahl
1996	4	19	0	19	32.77	-23.866	-69.947	46	6.6	Mw	Chile:Antofagasta, C.	智利:安托法加斯塔中部	ISC, Engdahl, USGS

年 Year	月 Mo	日 Dy	时 Hr	分 Mn	秒 Sec	纬度(°) Latitude	经度(°) Longitude	深度 Depth	震级 Mag	标度 Scale	地名(英文) Name(English)	地名(中文) Name(Chinese)	资料来源 Information
1996	4	23	6	53	35	17.3	-101.32	33	6.0	Mw	Mexico:Guerrero,Zihuatanejo	墨西哥:格雷罗州锡瓦塔塔内霍	ISC
1996	4	27	8	40	44	2.347	-79.384	15	6.1	Mw	Colombia:Near Coast	哥伦比亚:近海	ISC,Engdahl
1996	4	29	14	40	41.93	-6.521	155.087	38	7.5	Ms	Solomon Sea,N.	所罗门海北部	* Engdahl
1996	5	1	9	21	24.79	-6.653	154.965	26	6.1	Mw	Solomon Sea,N.	所罗门海北部	ISC,Engdahl
1996	5	1	10	5	9.7	-6.76	155.046	22.4	6.1	Mw	Solomon Sea,N.	所罗门海北部	ISC,Engdahl
1996	5	2	2	32	37.54	-6.564	154.834	40.3	6.1	Mw	Solomon Sea,N.	所罗门海北部	Engdahl,ISC
1996	5	2	13	34	30.34	-4.566	154.88	502.5	6.6	Mw	Papua New Guinea:Bougainville Island	巴布亚新几内亚:布干维尔岛	ISC,Engdahl
1996	5	3	3	32	48.59	40.778	109.714	24.5	6.4	Ms	China:Inner Mongolia,Baotou	中国:内蒙包头	* China,Engdahl,Dis
1996	5	4	16	49	25	14.11	146.25	33	6.0	Mw	Mariana Islands	马里亚纳群岛	ISC
1996	5	7	8	44	34.93	1.618	126.537	11.9	6	Mw	Indonesia:Molucca Sea	印度尼西亚:马鲁古海	ISC,Engdahl
1996	5	7	23	20	1.37	43.758	147.586	44	6.2	Mw	Kuril Islands	千岛群岛	ISC,Engdahl
1996	5	11	4	38	38.6	80.51	-2.55	28	6.0	Ms	North of Svalbard Islands	挪威斯瓦尔巴群岛北部	CSN
1996	5	11	13	43	46.38	-6.638	155.129	32	6.3	Mw	Solomon Sea,N.	所罗门海北部	ISC,Engdahl
1996	5	26	1	43	44	-22.236	171.556	92	6.0	Mw	New Caledonia:E.	新喀里多尼亚东部	Engdahl
1996	5	30	3	4	38.74	-56.732	-26.426	80.9	6	Mw	South Sandwich Islands	南桑威奇群岛	ISC,Engdahl
1996	6	2	2	48	47	30.52	-41.88	10	6.9	Mw	North Atlantic Ocean	北大西洋	ISC
1996	6	2	2	52	12.22	10.803	-42.303	14.4	6.9	Mw	Northern Mid - Atlantic Ridge	北大西洋洋中脊	ISC,Engdahl
1996	6	3	8	15	38.21	-9.305	157.384	15	6	Mw	Solomon Islands	所罗门群岛	ISC,Engdahl
1996	6	3	10	46	1.28	-9.335	157.38	28.2	6.1	Mw	Solomon Sea	所罗门海	Engdahl,ISC
1996	6	3	10	50	13.2	-9.384	157.376	17.2	6	Mw	Solomon Islands	所罗门群岛	ISC,Engdahl
1996	6	3	19	55	30	46.49	153.71	33	6.1	Mw	Kuril Islands	千岛群岛	ISC
1996	6	4	4	13	19.25	-49.889	-114.837	15	6.0	Mw	Southern East Pacific Rise	南太平洋东海岭	ISC,Engdahl
1996	6	6	17	35	37.6	-41.236	80.689	7.8	6.2	Mw	Mid - Indian Ridge	中印度洋海岭	ISC,Engdahl
1996	6	8	23	19	15.94	51.456	-178.138	29	6.5	Mw	Andreanof Islands, Aleutian Is.	阿留申群岛,安德烈亚诺夫群岛	ISC,Engdahl
1996	6	9	1	12	18.75	17.368	145.78	151.1	6.5	Mw	Mariana Islands	马里亚纳群岛	ISC,Engdahl
1996	6	10	1	4	48	-13.499	167.181	200	6.7	Mw	North Vanuatu Islands	瓦努阿图群岛北部	ISC,Engdahl
1996	6	10	4	3	36.43	51.613	-177.615	28	7.9	Mw	Andreanof Islands, Aleutian Is.	阿留申群岛,安德烈亚诺夫群岛	* Engdahl,NOAA
1996	6	10	4	32	0	53.4	-166.2	33	6.3	Mw	Alaska:Unimak Island	阿拉斯加:乌尼马克岛	ISC
1996	6	10	5	34	39	51.1	-177.8	34	6.3	Mw	Aleutian Islands	阿留申群岛	ISC
1996	6	10	15	24	58.56	51.415	-176.887	27.5	7.3	Mw	Aleutian Islands	阿留申群岛	* ISC,Engdahl,NOAA
1996	6	10	15	36	33.48	51.169	-176.727	51.8	6.6	Ms	Aleutian Islands	阿留申群岛	ISC,Engdahl,USGS
1996	6	10	16	43	50.21	-17.027	-172.517	35	6.3	Ms	Tonga Islands,N.	汤加群岛北部	ISC,Engdahl
1996	6	11	16	52	13	17.24	-68.36	33	6.0	Mw	Puerto Rico:Isla Mona	波多黎各:莫纳岛	ISC
1996	6	11	18	22	57.12	12.686	125.13	29.6	7.1	Mw	Philippines:Samar Island	菲律宾:萨马岛	ISC,Engdahl
1996	6	11	18	34	11	12.58	125.07	32	6.8	Mw	Philippines:Samar Island	菲律宾:萨马岛	ISC
1996	6	14	15	4	40.43	12.86	124.949	15.1	6.1	Mw	Philippines:Samar Island	菲律宾:萨马岛	ISC,Engdahl
1996	6	17	11	22	19.93	-7.122	122.536	589.7	7.9	Mw	Indonesia:Banda Sea	印度尼西亚:班达海	Engdahl
1996	6	18	13	55	35.04	-16.085	178.224	28.8	6.0	Mw	Fiji Islands	斐济群岛	Engdahl
1996	6	21	13	57	11.9	51.634	159.044	19.3	6.7	Mw	Russia:Kamchatka Peninsula	俄罗斯:堪察加半岛	ISC,Engdahl
1996	6	22	0	32	15.8	-53.616	8.874	14.7	6.4	Mw	Bouvet Island Region	布维岛地区[南大西洋]	ISC,Engdahl
1996	6	22	14	50	7	51.475	159.059	18.5	6.2	Mw	Russia:Kamchatka,Near East Coast	俄罗斯:堪察加东部近海	ISC,Engdahl
1996	6	26	3	22	4.61	27.67	139.903	472.2	6.2	Mw	Japan:South Honshu Ridge	日本:本州南部海岭	ISC,Engdahl
1996	6	30	11	32	33.89	51.74	159.688	8	6.1	Mw	Russia:Kamchatka Peninsula	俄罗斯:堪察加半岛	ISC,Engdahl
1996	7	3	6	44	45.55	29.7	87.8	26	6	Ms	China:Xizang (Tibet),Xaitongmoin,N.	中国:西藏谢通门北	China,USGS,Dis
1996	7	6	17	4	9	22.56	122.05	7	6.9	Mw	China:Taiwan,Taitung,Coast of E.	中国:台湾台东以东海域	ISC
1996	7	6	21	36	30.63	21.946	142.973	244.3	6.2	Mw	Japan:South Honshu Ridge	日本:本州南部海岭	Engdahl
1996	7	15	16	51	24	18.722	145.652	179.6	6.3	Mw	Mariana Islands	马里亚纳群岛	ISC,Engdahl
1996	7	15	21	23	35.29	17.52	-101.022	18	6.6	Mw	Mexico:Guerrero,Zihuatanejo	墨西哥:格雷罗州锡瓦塔塔内霍	ISC,Engdahl
1996	7	16	3	48	26.64	56.072	164.988	9.7	6.5	Mw	Russia:Komandorsky Islands	俄罗斯:科曼多尔群岛	ISC,Engdahl
1996	7	16	10	7	37	1.034	120.315	18	6.6	Mw	Indonesia:South West Sulawesi sea	印度尼西亚:苏拉威西海西南	ISC,Engdahl
1996	7	20	0	0	41	36.212	27.074	7	6.2	Mw	Greece:Dodecanese Islands	希腊:多德卡尼斯群岛	ISC,Engdahl
1996	7	22	8	30	18	13.05	-88.8	33	6.0	Mw	El Salvador:Near Coast	萨尔瓦多:近海	ISC
1996	7	22	14	19	36.43	1.016	120.405	27.1	7	Mw	Indonesia:Dondo	印度尼西亚:东都	ISC,Engdahl,USGS
1996	7	23	3	32	12.71	-26.965	-177.036	25.2	6.5	Mw	South of Fiji Islands	斐济群岛南部	ISC,Engdahl
1996	7	23	5	20	5.24	-26.941	-177.068	32.2	6.2	Mw	South of Fiji Islands	斐济群岛南部	ISC,Engdahl
1996	7	25	12	49	37	-50.068	-114.236	2.5	6.1	Mw	Southern Pacific Ridge	南太平洋海岭	ISC,Engdahl
1996	7	27	11	40	3	-28.872	-177.21	44.8	6.0	Mw	Kermadec Ridge	克马德克海岭	ISC,Engdahl
1996	7	28	10	40	44.87	1.019	120.168	29.1	6.0	Mw	Indonesia:South West Sulawesi sea	印度尼西亚:苏拉威西海西南	Engdahl
1996	7	30	17	38	32.48	14.569	119.951	33.7	6	Mw	Philippines:Olongapo,Near Coast of W.	菲律宾:奥隆阿波西部近海	ISC,Engdahl
1996	7	31	22	30	35	-27.59	65.58	10	6.1	Mw	Central Indian Ridge	印度洋中脊	ISC
1996	8	2	12	55	30.71	-10.758	161.464	32.6	6.9	Mw	Solomon Islands	所罗门群岛	ISC,Engdahl
1996	8	5	2	9	0.41	-15.356	-173.052	45.1	6.7	Mw	Tonga Islands,N.	汤加群岛北部	ISC,Engdahl
1996	8	5	21	39	16	-1.924	-80.889	16	6.3	Mw	Ecuador:Esmeraldas	厄瓜多尔:埃斯梅拉尔达斯	ISC,Engdahl
1996	8	5	22	38	22.95	-20.77	-178.285	550	7.4	Mw	South East of Fiji Islands	斐济群岛东南	ISC,Engdahl
1996	8	8	17	10	53	53.14	-167.1	51	6.2	Mw	Aleutian Islands	阿留申群岛	ISC,USGS

年	月	日	时	分	秒	纬度(°)	经度(°)	深度	震级	标度	地名(英文)	地名(中文)	资料来源
Year	Mo	Dy	Hr	Mn	Sec	Latitude	Longitude	Depth	Mag	Scale	Name(English)	Name(Chinese)	Information
1996	8	10	11	20	21.86	-4.95	152.189	38	6.2	Mw	Papua New Guinea:East New Britain	巴布亚新几内亚:东新不列颠	ISC,Engdahl
1996	8	10	18	12	19.05	38.987	140.541	9	6	Mw	Japan:Miyagi	日本:宫城	ISC,Engdahl,USGS
1996	8	10	18	54	12	39.11	140.52	10	6.1	Mw	Japan:Yuzawa	日本:秋田汤泽	ISC,USGS
1996	8	11	1	31	11.45	-13.397	166.88	38	6	Mw	North Vanuatu Islands	瓦努阿图群岛北部	ISC,Engdahl
1996	8	12	17	0	29	-0.211	125.085	38.8	6	Mw	Molukka Sea,S.	马鲁古海南部	ISC,Engdahl
1996	8	13	6	38	18	-0.15	125.02	38	6.1	Mw	Indonesia:Molucca Sea	印度尼西亚:马鲁古海	ISC
1996	8	13	10	7	8	5.09	127.42	65	6.1	Mw	South Phinippines Trench	菲律宾海沟南部	ISC
1996	8	13	19	33	40	-15.65	-13.31	10	6.1	Mw	Southern Mid - Atlantic Ridge	南大西洋洋中脊	ISC
1996	8	15	7	33	53.21	-13.33	166.931	39	6.2	Mw	North Vanuatu Islands	瓦努阿图群岛北部	ISC,Engdahl
1996	8	19	4	19	17.09	51.478	-178.357	28	6	Mw	Andreanof Islands, Aleutian Is.	阿留申群岛,安德烈亚诺夫群岛	ISC,Engdahl
1996	8	19	6	24	12.96	-41.396	80.361	12.9	6.0	Mw	Mid - Indian Ridge	中印度洋海岭	ISC,Engdahl
1996	8	27	2	12	42	13.6	-91.5	49	6.1	Mw	Guatemala:Near Coast	危地马拉:近海	ISC
1996	8	27	6	24	8.93	-22.598	-179.72	577.4	6.0	Mw	South of Fiji Islands	斐济群岛南部	Engdahl
1996	8	30	21	13	40	52.25	151.65	582	6.0	Mw	Sea of Okhotsk	鄂霍次克海	ISC
1996	9	2	20	41	51.46	12.364	143.872	12.1	6.0	Mw	Mariana Islands,S.	马里亚纳群岛南部	ISC,Engdahl
1996	9	4	19	6	50	9.421	-84.202	18	6.2	Mw	Costa Rica:Off Coast	哥斯达黎加:沿海	ISC,Engdahl
1996	9	5	8	14	15.83	-22.182	-113.458	9.1	6.9	Mw	Easter Island,W.	复活节岛西部	* ISC,Engdahl,NOAA
1996	9	5	9	10	24.89	-22.137	-113.216	27.9	6.3	Ms	Easter Island,W.	复活节岛西部	ISC,Engdahl,USGS
1996	9	5	9	47	3.17	-22.086	-113.098	22.8	6.2	Mw	Easter Island,W.	复活节岛西部	ISC,Engdahl
1996	9	5	20	44	11.22	42.77	17.985	12	6	Mw	Croatia:Dubrovnik	克罗地亚:杜布罗夫尼克	* Engdahl
1996	9	5	23	42	7.77	21.981	121.518	18.6	7.1	Ms	China:Taiwan,Pingtung,Coast of E.	中国:台湾屏东以东海域	China,Engdahl
1996	9	6	17	3	46	-7.303	155.887	18	6.2	Mw	Solomon Islands	所罗门群岛	ISC,Engdahl
1996	9	8	11	33	57	-19.07	-177.38	79	6.0	Mw	Fiji Islands	斐济群岛	ISC
1996	9	9	0	20	40.73	-31.937	-71.523	40	6	Mw	Chile:Los Vilos	智利:洛斯比洛斯	ISC,Engdahl
1996	9	11	2	37	16.85	35.596	140.962	56.9	6.2	Mw	Japan:Chiba,Near Coast	日本:千叶近海	ISC,Engdahl,USGS
1996	9	14	13	10	55	-10.894	166.082	65	6.4	Mw	Solomon Islands	所罗门群岛	ISC,Engdahl
1996	9	15	18	17	38.19	-6.49	154.919	57	6.0	Mw	Papua New Guinea:Bougainville Island	巴布亚新几内亚:布干维尔岛	ISC,Engdahl
1996	9	20	0	3	18	9.597	126.251	21.7	6.4	Mw	Philippines:Mindanao Island	菲律宾:棉兰老岛	ISC,Engdahl
1996	9	20	4	11	5.29	9.48	126.324	25.9	6.6	Mw	Philippines:Mindanao Island	菲律宾:棉兰老岛	ISC,Engdahl
1996	9	20	12	24	40.92	9.484	126.457	12.1	6.1	Mw	Philippines:Mindanao Island	菲律宾:棉兰老岛	ISC,Engdahl
1996	9	24	11	42	19	15.24	-61.37	148	6.6	Mw	Guadeloupe:Pointe - A - Pitre	瓜德罗普岛:皮特尔角	ISC,USGS
1996	9	25	10	35	17	-39.06	174.91	213	6.4	Mw	New Zealand:North Island,Tangarakau	新西兰:北岛,塔加拉考	ISC
1996	9	25	21	16	9	-9.24	108.78	33	6.1	Mw	Indonesia:Java Ridge	印度尼西亚:爪哇海岭	ISC
1996	9	28	14	10	42	10.097	125.356	218	6.3	Mw	Philippines:Bohol Island	菲律宾:保和岛	ISC,Engdahl
1996	10	1	15	50	26.06	12.381	58.12	13.2	6.4	Mw	Carlsberg Ridge	卡尔斯伯格海岭[印度洋]	ISC,Engdahl
1996	10	2	9	48	1	11.813	125.466	20	6.4	Mw	Philippines:Samar Island	菲律宾:萨马岛	ISC,Engdahl
1996	10	2	11	24	52.49	45.232	151.115	51.7	6	Mw	Kuril Islands	千岛群岛	ISC,Engdahl
1996	10	2	16	0	21	53.42	160.5	44	6.0	Mw	Aleutian Islands	阿留申群岛	ISC
1996	10	6	20	13	10.42	48.973	-128.049	8.5	6.2	Mw	Canada:Off Coast of W. Vancouver	加拿大:温哥华西部海域	ISC,Engdahl
1996	10	8	1	36	57.15	-45.82	95.972	19.3	6.0	Mw	South - East Indian Ridge	南印度洋东海岭	Engdahl
1996	10	9	13	10	52.79	34.589	32.159	24.2	6.8	Mw	Mediterranean Sea	地中海	ISC,Engdahl
1996	10	9	14	19	36	34.34	32.11	33	6.2	Mw	Mediterranean Sea	地中海	ISC
1996	10	10	15	21	6.63	3.518	97.849	35.4	6.3	Mw	Indonesia:Northern Sumatera	印度尼西亚:苏门答腊北部	ISC,Engdahl
1996	10	12	15	36	0.16	-7.218	155.512	12	6.1	Mw	Solomon Islands	所罗门群岛	ISC,Engdahl
1996	10	14	23	26	21.75	-7.163	155.532	22	6.8	Mw	Solomon Islands	所罗门群岛	ISC,Engdahl
1996	10	15	9	55	59	44.7	10.7	10	6.2	Mw	Italy:Novellara	意大利:诺菲拉腊	ISC,USGS
1996	10	17	16	15	28.23	5.688	125.833	126.5	6.0	Mw	Philippines:Mindanao Island	菲律宾:棉兰老岛	Engdahl
1996	10	18	10	50	25.48	30.592	131.089	25	6.6	Mw	Japan:Kagoshima,Near Coast of S.	日本:鹿岛南部近海	* Engdahl,NOAA,USGS
1996	10	19	6	51	20	-9.33	-75.87	33	6.2	Mw	Peru:Huánuco	秘鲁:瓦努科	ISC
1996	10	19	14	1	4	31.94	131.59	33	6.0	Mw	Japan:Miyazzaki,Near Coast	日本:宫崎近海	ISC
1996	10	19	14	44	41.95	31.921	131.567	18	6.7	Mw	Japan:Miyazzaki,Near Coast	日本:宫崎近海	* ISC,Engdahl,NOAA,USGS
1996	10	19	14	53	49	-20.468	-178.392	586	6.9	Mw	South East of Fiji Islands	斐济群岛东南	ISC,Engdahl
1996	10	24	19	31	55.7	66.942	-173.227	19	6.1	Mw	Bering Strait	白令海峡	ISC,Engdahl
1996	10	31	17	37	22	43.63	147.01	50	6.0	Mw	Kuril Islands	千岛群岛	ISC
1996	11	4	17	24	59.82	7.357	-77.375	14	6.3	Mw	Colombia:Riosucio	哥伦比亚:里奥苏西奥	ISC,Engdahl
1996	11	5	9	41	34.64	-31.333	-179.939	358.9	6.8	Mw	Kermadec Ridge	克马德克海岭	ISC,Engdahl
1996	11	5	12	29	46.89	9.811	126.337	27.2	6	Mw	Philippines:Mindanao Island	菲律宾:棉兰老岛	ISC,Engdahl
1996	11	6	20	1	1.66	28.039	143.573	16.1	6.6	Mw	Japan:South Honshu Ridge	日本:本州南部海岭	ISC,Engdahl
1996	11	7	6	10	16.78	9.861	126.272	22.5	6.1	Mw	Philippines:Mindanao Island	菲律宾:棉兰老岛	ISC,Engdahl
1996	11	9	13	56	6	31.7	123.1		6.1	Ms	China:Yangtze Delta,E.	中国:长江口以东	China,Dis
1996	11	11	0	47	22.51	-32.57	-178.934	34.4	6.1	Mw	South of Kermadec Ridge	克马德克海岭南部	ISC,Engdahl
1996	11	11	9	22	29.31	19.354	94.991	78.7	6	Mw	myanmar:Magway,S.	缅甸:马圭南部	ISC,Engdahl

年 Year	月 Mo	日 Dy	时 Hr	分 Mn	秒 Sec	纬度(°) Latitude	经度(°) Longitude	深度 Depth	震级 Mag	标度 Scale	地名(英文) Name(English)	地名(中文) Name(Chinese)	资料来源 Information
1996	11	12	16	59	44	-14.95	-75.532	21	7.7	Mw	Peru:Chincha Alta, Acari	秘鲁:钦查阿尔塔,阿卡里	*ISC,Engdahl,NOAA
1996	11	13	2	41	40	-14.846	-75.652	24.8	6.1	Mw	Peru:Ica,Near Coast	秘鲁:伊卡近海	ISC,Engdahl
1996	11	13	2	47	35.26	-15.395	-75.583	35	6.2	Ms	Peru:Ica,Coast	秘鲁:伊卡近海	ISC,Engdahl
1996	11	13	12	32	9	-15.389	-75.34	10.2	6	Mw	Peru:Marcona,Near Coast	秘鲁:马科纳近海	ISC,Engdahl
1996	11	14	11	44	6	-14.8	-75.7	33	6.0	Mw	Peru:Ica,Near Coast	秘鲁:伊卡近海	ISC
1996	11	14	12	54	3	-15.11	-75.94	33	6.3	Mw	Peru:Marcona,Near Coast	秘鲁:马科纳近海	ISC,USGS
1996	11	14	13	47	38.42	-21.311	-176.483	185.4	6.1	Mw	Fiji Islands	斐济群岛	ISC,Engdahl
1996	11	17	19	17	42.23	11.163	-86.001	20	6	Mw	Nicaragua:San Juan del Sur,Near Coast	尼加拉瓜:南圣胡安近海	ISC,Engdahl
1996	11	17	21	11	20.24	-22.331	-179.533	583.7	6.0	Mw	Northeast South Fiji Sea Basin	南斐济海盆东北部	Engdahl
1996	11	19	10	44	45.27	35.387	78.209	12	7.1	Ms	China:Xinjiang,Karakorum Mountains	中国:新疆喀喇昆仑山	China,Engdahl,Dis
1996	11	20	2	27	48.22	34.393	141.188	23.8	6.1	Mw	Japan Trench	日本海沟	ISC,Engdahl
1996	11	28	21	26	2.47	-1.224	-24.361	17	6.3	Mw	Central Mid - Atlantic Ridge	中大西洋中脊	ISC,Engdahl
1996	12	1	23	9	41.97	-30.699	-179.53	362.5	6.1	Mw	Kermadec Ridge	克马德克海岭	Engdahl
1996	12	2	22	17	58.48	31.835	131.323	29	6.7	Mw	Japan:Miyazzaki	日本:宫崎	*ISC,Engdahl,NOAA,USGS
1996	12	3	12	56	58.55	-18.4	-172.209	34.5	6.2	Mw	Tonga Islands,N.	汤加群岛北部	ISC,Engdahl
1996	12	9	3	54	15.45	-7.914	107.451	29.6	6.1	Mw	Indonesia:Java Island	印度尼西亚:爪哇岛	ISC,Engdahl
1996	12	9	11	28	51.01	29.87	-42.824	12.9	6	Mw	North Atlantic Ocean	北大西洋	ISC,Engdahl
1996	12	10	8	36	19.26	0.87	-29.991	9.1	6.7	Mw	Central Mid - Atlantic Ridge	中大西洋中脊	ISC,Engdahl
1996	12	11	12	18	48	-4.85	103.29	48	6.0	Mw	Indonesia:Southern Sumatra	印度尼西亚:苏门答腊南部	ISC
1996	12	18	10	12	27.48	-25.12	-70.68	32	6.1	Mw	Chile:Taltal,Near Coast	智利:塔尔塔尔近海	USGS,ISC
1996	12	20	3	53	23	-5.44	35.88	10	6.3	Mw	Tanzania:Dodoma	坦桑尼亚:多多马	ISC
1996	12	21	1	28	46	36.38	139.72	43	6.3	Mw	Japan:Tochigi	日本:栃木	ISC,USGS
1996	12	21	8	34	1	-5.54	36	13	6.7	Mw	Tanzania:Dodoma	坦桑尼亚:多多马	ISC
1996	12	22	14	53	29	43.227	138.886	230.2	6.5	Mw	Japan Sea,NE.	日本海东北	ISC,Engdahl
1996	12	26	17	1	4	24.87	127.73	10	6.1	Mw	Ryukyu Islands,SW.	琉球群岛西南	ISC
1996	12	26	20	48	22.22	-2.213	138.921	15	6.2	Mw	Indonesia:Papua,Near North Coast	印度尼西亚:巴布亚北部近海	ISC,Engdahl
1996	12	29	3	43	30.98	-6.911	131.106	40	6.4	Mw	Indonesia:Palau Jamdena	印度尼西亚:延德纳岛	ISC,Engdahl,USGS
1996	12	30	19	41	51.23	-4.011	128.099	17.7	6	Mw	Indonesia:Banda Sea	印度尼西亚:班达海	ISC,Engdahl
1996	12	31	12	41	44.18	15.837	-93.046	106.3	6.4	Mw	Mexico:Chiapas	墨西哥:恰帕斯州	ISC,Engdahl
1997	1	1	4	35	20	9.5	-73.59	23	6.4	Mw	Colombia:Cesar	哥伦比亚:恺撒	ISC
1997	1	1	22	32	33.62	-0.098	123.814	113.3	6.5	Mw	Molukka Sea	马鲁古海	ISC,Engdahl,USGS
1997	1	3	3	58	23.22	-19.243	-174.76	138	6	Mw	Tonga Islands	汤加群岛	ISC,Engdahl
1997	1	3	21	51	28	60.96	167.43	10	6.0	Mw	Russia:Koryakskiy,N.	俄罗斯:科里亚克区北部	ISC
1997	1	11	6	42	0	40.55	35.25	10	6.0	Mw	Turkey:Merzifon	土耳其:梅尔济丰	ISC
1997	1	11	20	28	28.07	18.211	-102.791	35	7.2	Mw	Mexico:Michoacan, Arteaga	墨西哥:米却肯,阿特亚加	*ISC,Engdahl
1997	1	17	11	20	23.49	-8.859	123.534	108	6.2	Mw	Indonesia:Flores Islands	印度尼西亚:弗洛勒斯群岛	ISC,Engdahl
1997	1	17	15	53	13.96	28.835	129.858	24	6.3	Mw	Ryukyu Islands	琉球群岛	ISC,Engdahl
1997	1	21	1	47	15	39.432	76.935	17	6.4	Ms	China:Xinjiang,Payzawat	中国:新疆伽师	*China,Engdahl,Dis
1997	1	23	2	15	24.46	-21.997	-65.652	276	7.1	Mw	Bolivia:Moraya,S.	玻利维亚:莫拉亚南部	ISC,Engdahl
1997	1	29	23	19	24.09	-12.856	166.402	44	6.2	Mw	Solomon Islands:Santa Cruz Islands	所罗门群岛:圣克鲁斯群岛	ISC,Engdahl
1997	2	4	10	37	48.89	37.712	57.333	8	6.5	Mw	Iran:Bojnurd	伊朗:博季努尔德	*ISC,Engdahl
1997	2	7	8	41	16.09	-19.889	-173.159	35.9	6.4	Mw	Tonga Islands,E.	汤加群岛东部	ISC,Engdahl
1997	2	9	12	32	36.25	-14.423	-76.182	20	6.1	Mw	Peru:Ica,Near Coast	秘鲁:伊卡近海	ISC,Engdahl
1997	2	10	19	25	27.96	-9.567	119.433	26	6.0	Mw	Indonesia:Sumba	印度尼西亚:萨姆巴	ISC,Engdahl
1997	2	20	7	55	2.23	41.85	142.686	53.9	6.0	Mw	Japan:Hokkaido	日本:北海道	Engdahl,USGS
1997	2	21	23	40	27	43.865	149.11	46.9	6.1	Mw	Kuril Islands	千岛群岛	ISC,Engdahl
1997	2	25	19	45	7	-21.14	169.59	33	6.0	Mw	Vanuatu Islands	瓦努阿图群岛	ISC
1997	2	26	18	27	11.71	-47.511	99.974	7.7	6	Mw	Great Australian Bight,S.	大澳大利亚湾南部	ISC,Engdahl
1997	2	27	21	8	3.02	29.97	68.22	22	7.1	Mw	Pakistan:Harnai - Sibi, Quetta	巴基斯坦:哈奈 - 锡比,奎塔	*ISC,Engdahl
1997	2	27	21	30	37.66	29.993	67.946	26.3	6.4	Ms	India:Upper Sindh,Dera Ghazi Khan	印度:信德,茉莉雪山	ISC,Engdahl
1997	2	28	12	57	25.14	38.096	48.035	44.2	6.1	Mw	Iran:Ardabil	伊朗:阿尔达比勒	*Engdahl
1997	3	1	6	4	12	39.5	76.9		6.0	Ms	China:Xinjiang,Payzawat	中国:新疆伽师	*China,Dis
1997	3	4	14	22	59	39.27	40.65	10	6.0	Mw	Turkey:Bingol	土耳其:宾格尔	ISC
1997	3	5	13	55	52	-13.4	166.4	33	6.0	Mw	North Vanuatu Islands	瓦努阿图群岛北部	ISC
1997	3	9	11	43	45.89	-29.706	-71.117	38	6.2	Mw	Chile:La Serena	智利:塞雷那	ISC,Engdahl
1997	3	10	14	11	34	38.8	21.58	15	6.3	Mw	Greece:Agrinion	希腊:阿格里尼翁	ISC
1997	3	11	5	25	59.42	-31.185	-177.555	15	6.1	Mw	Kermadec Ridge	克马德克海岭	ISC,Engdahl
1997	3	11	19	22	4.2	7.774	127.661	24.7	6.9	Mw	Philippine Trench	菲律宾海沟	ISC,Engdahl
1997	3	16	5	51	37	34.95	137.51	33	6.0	Mw	Japan:Shinshiro	日本:爱知新城市	ISC,USGS
1997	3	17	8	5	50.57	-6.677	105.38	35	6.4	Mw	Indonesia:Sunda Strait	印度尼西亚:巽他海峡	ISC,Engdahl
1997	3	21	12	7	18.5	-31.313	179.714	451.6	6.3	Mw	Kermadec Ridge	克马德克海岭	Engdahl
1997	3	25	8	9	21	-3.89	-105.8	10	6.1	Mw	Ecuador:Galapagos,SE.	厄瓜多尔:加拉帕戈斯岛东南	ISC
1997	3	25	16	44	34.3	-9.069	-71.239	609.2	6.0	Mw	Brazil:Amazonas	巴西:亚马孙州	Engdahl
1997	3	26	2	8	58	51.311	179.501	28	6.7	Mw	Aleutian Islands,Rat Island	阿留申群岛,拉特岛	ISC,Engdahl

年	月	日	时	分	秒	纬度(°)	经度(°)	深度	震级	标度	地名(英文)	地名(中文)	资料来源
Year	Mo	Dy	Hr	Mn	Sec	Latitude	Longitude	Depth	Mag	Scale	Name(English)	Name(Chinese)	Information
1997	3	26	8	31	51.75	31.973	130.395	29.8	6.1	Mw	Japan:Kagoshima	日本:鹿岛	* ISC,Engdahl,USGS
1997	4	1	15	11	49.32	7.752	-82.4	25.3	6.1	Mw	Panama:Off Coast of S.	巴拿马:南部海域	ISC,Engdahl
1997	4	1	18	33	34.02	-18.203	-69.414	114	6.2	Mw	Peru:Putre	秘鲁:普特雷	ISC,Engdahl
1997	4	1	18	42	14.3	-18.331	-69.29	106	6.2	Mw	Chile:Arica	智利:阿里卡	ISC,Engdahl
1997	4	2	6	14	32.56	11.398	-61.17	50.4	6.1	Mw	Trinidad & Tobago:Scarborough	特立尼达和多巴哥:斯卡伯勒	ISC,Engdahl,USGS
1997	4	5	12	23	31.87	-6.528	147.528	69	6.5	Mw	Papua New Guinea:Morobe	巴布亚新几内亚:莫罗贝	ISC,Engdahl
1997	4	5	23	46	20.92	39.514	76.869	29	6.3	Ms	China:Xinjiang,Payzawat	中国:新疆伽师	* China,Engdahl
1997	4	6	4	36	33.85	39.513	77.022	11	6.4	Ms	China:Xinjiang,Payzawat	中国:新疆伽师	* China,Engdahl
1997	4	8	18	7	10.95	18.402	120.947	68	6.4	Mw	Philippines:Laoag	菲律宾:佬沃	ISC,Engdahl,USGS
1997	4	9	7	2	51	26.18	128.6	33	6.0	Mw	Ryukyu Islands	琉球群岛	ISC
1997	4	11	5	34	44.64	39.552	76.976	15	6.6	Ms	China:Xinjiang,Payzawat	中国:新疆伽师	* China,Engdahl,Dis
1997	4	11	12	1	45	26.15	128.56	33	6.0	Mw	Ryukyu Islands	琉球群岛	ISC
1997	4	12	9	21	57.7	-28.284	-178.315	185.8	6.0	Mw	Kermadec Ridge	克马德克海岭	Engdahl
1997	4	15	18	19	10.8	39.592	77.007	16	6.3	Ms	China:Xinjiang,Payzawat	中国:新疆伽师	China,Engdahl
1997	4	18				-29	168		7	Mk	Australia:Norfolk Island	澳大利亚:诺福克岛	NOAA,Song
1997	4	19	15	26	36.23	78.444	125.797	14.6	6.1	Mw	Arctic Ocean	北冰洋	ISC,Engdahl,USGS
1997	4	21	12	2	27.75	-12.56	166.738	29.8	7.7	Mw	Solomon Islands:Santa Cruz Islands	所罗门群岛:圣克鲁斯群岛	* ISC,Engdahl,NOAA
1997	4	21	12	6	36.31	-12.925	166.654	35	6.5	Mw	Solomon Islands:Santa Cruz Islands	所罗门群岛:圣克鲁斯群岛	ISC,Engdahl
1997	4	21	12	11	30.16	-13.515	166.682	35	6.1	mb	Vanuatu Islands	瓦努阿图群岛	ISC,Engdahl
1997	4	21	12	15	56	-13.41	166.34	33	6.0	Mw	North Vanuatu Islands	瓦努阿图群岛北部	ISC
1997	4	22	9	31	26.85	11.122	-61.058	18	6.7	Mw	Trinidad & Tobago:Scarborough	特立尼达和多巴哥:斯卡伯勒	* Engdahl
1997	4	23	3	47	20	-13.655	166.53	31.3	6	Mw	Vanuatu Islands	瓦努阿图群岛	ISC,Engdahl
1997	4	23	19	44	29.92	13.991	144.992	101	6.5	Mw	Guam	关岛(西太平洋)	* Engdahl
1997	4	27	0	31	34.45	-19.078	168.758	40	6	Mw	Vanuatu Islands	瓦努阿图群岛	ISC,Engdahl
1997	4	28	12	7	39.39	-42.382	42.508	8.9	6.7	Mw	Atlantic - Indian Ridge	大西洋-印度洋海岭	ISC,Engdahl
1997	5	1	11	37	34.42	18.851	-107.383	12.8	6.9	Mw	Mexico:Off Coast of Jalisco	墨西哥:哈利斯科沿海	ISC,Engdahl
1997	5	3	16	46	2.2	-31.981	-179.32	103.1	6.9	Mw	Kermadec Ridge	克马德克海岭	ISC,Engdahl
1997	5	8	13	29	24	51.725	-170.847	20.2	6	Mw	Aleutian Islands	阿留申群岛	ISC,Engdahl
1997	5	8	14	1	10	12.43	-87.58	48	6.2	Mw	Nicaragua:Leon	尼加拉瓜:里昂	ISC,USGS
1997	5	9	9	6	38.99	13.208	144.798	29	6.0	Mw	Mariana Islands,S.	马里亚纳群岛南部	Engdahl,USGS
1997	5	9	18	41	5	35.32	27.44	10	6.8	Mw	Mediterranean Sea	地中海	ISC
1997	5	10	7	57	32.03	33.833	59.796	12.8	7.5	Mw	Iran:Birjand	伊朗:比尔詹德	* ISC,Engdahl
1997	5	10	18	53	54	-3.08	101.59	47	6.0	Mw	Indonesia:Southern Sumatra	印度尼西亚:苏门答腊南部	ISC
1997	5	11	22	16	15.7	-36.487	-97.873	15	6.5	Mw	West of Chile Ridge	智利海岭西部	ISC,Engdahl
1997	5	13	5	29	32	-31.7	-178.04	33	7.0	Mw	South of Kermadec Ridge	克马德克海岭南部	ISC
1997	5	13	5	38	29.45	31.945	130.282	14.2	6.1	Mw	Japan:Kagoshima	日本:鹿岛	ISC,Engdahl,USGS
1997	5	13	14	13	47.31	36.471	71.044	196	6.4	Mw	Afghan:Badakhshan	阿富汗:巴达赫尚	* Engdahl
1997	5	15	18	1	35.81	-21.682	169.905	43.2	6.0	Mw	Vanuatu Islands	瓦努阿图群岛	Engdahl
1997	5	21	14	10	28.25	-20.386	169.301	58.6	6.7	Mw	Vanuatu Islands	瓦努阿图群岛	ISC,Engdahl
1997	5	21	16	26	23.46	-18.854	176.064	15	6.0	Mw	Fiji Islands	斐济群岛	Engdahl
1997	5	22	7	50	54	18.671	-101.633	60	6.5	Mw	Mexico:Guerrero,Michoacan,Cuitzeo	墨西哥:格雷罗,米却肯,奎特绍	ISC,Engdahl
1997	5	22	13	21	37.99	19.024	121.336	34	6.1	Mw	Philippines:Luzon,Coast N.	菲律宾:吕宋岛北部海域	ISC,Engdahl
1997	5	24	5	15	40	33.57	142.1	38	6.1	Mw	Japan Trench	日本海沟	ISC
1997	5	25	23	22	35.2	-32.253	179.842	343.2	7.1	Mw	South of Kermadec Ridge	克马德克海岭南部	ISC,Engdahl
1997	5	27	3	14	1	-37.55	176.53	212	6.1	Mw	New Zealand:North Island,Near Coast of NE.	新西兰:北岛东北近海	ISC
1997	5	27	6	10	33.69	-54.736	-136.019	8.7	6.1	Mw	Southern Pacific Ridge	南太平洋海岭	Engdahl
1997	5	27	8	0	31.18	-15.316	-173.215	16.4	6.4	Mw	Samoa Islands	萨摩亚群岛	ISC,Engdahl
1997	5	29	17	2	39.72	-35.907	-102.511	5.1	6.5	Mw	West of Chile Ridge	智利海岭西部	ISC,Engdahl
1997	6	2	21	24	39	-57.86	-25.538	27.2	6.1	Mw	South Sandwich Trench	南桑维奇海沟	ISC,Engdahl
1997	6	9	7	24	10.8	-21.253	171.658	9.5	6.0	Mw	Vanuatu Islands	瓦努阿图群岛	Engdahl
1997	6	10	21	53	56.94	-35.777	-108.132	10.4	6.5	Mw	Southern East Pacific Rise	南太平洋东海岭	ISC,Engdahl
1997	6	10	22	20	27	-35.75	-108.28	10	6.2	Mw	Southern East Pacific Rise	南太平洋东海岭	ISC
1997	6	12	12	7	35.32	-5.952	147.042	32	6.1	Mw	Papua New Guinea:Morobe	巴布亚新几内亚:莫罗贝	ISC,Engdahl
1997	6	15	4	54	14	43.38	144.03	71	6.0	Mw	Japan:Hokkaido	日本:北海道	ISC
1997	6	17	21	3	40.85	51.357	-179.329	25.6	6.4	Mw	Aleutian Islands	阿留申群岛	ISC,Engdahl
1997	6	24	23	4	53	-1.86	127.919	20	6.4	Mw	Molukka Sea,S.	马鲁古海南部	ISC,Engdahl
1997	6	26	19	21	8.52	-49.715	-114.729	0.4	6.2	Mw	Southern Pacific Ridge	南太平洋海岭	ISC,Engdahl
1997	7	6	9	54	3.52	-30.058	-71.776	24.6	6.8	Mw	Chile:Near Coast of C.	智利:中部近海	ISC,Engdahl
1997	7	9	19	24	13	10.448	-63.533	10	7.4	Mw	Venezuela:Cariaco - Cumana	委内瑞拉:卡利亚科-库马纳	* ISC,Engdahl,NOAA
1997	7	10	14	53	10	-11.54	117.85	33	6.1	Mw	Indonesia:South of Sumbawa	印度尼西亚:松巴哇南部	ISC
1997	7	11	9	55	13.59	-5.716	110.658	575.1	6	Mw	Indonesia:Java Sea	印度尼西亚:爪哇海	ISC,Engdahl
1997	7	14	16	9	37	43.264	146.35	29	6.1	Mw	Kuril Islands	千岛群岛	ISC,Engdahl
1997	7	17	12	42	44	-10.66	119.16	33	6.1	Mw	Indonesia:Sumba	印度尼西亚:萨姆巴	ISC
1997	7	19	14	22	7.09	16.203	-98.156	15	6.7	Mw	Mexico:Oaxaca	墨西哥:瓦哈卡	ISC,Engdahl
1997	7	19	16	10	16	-22.91	169.89	33	6.0	Mw	Vanuatu Islands,SE.	瓦努阿图群岛东南	ISC

年 Year	月 Mo	日 Dy	时 Hr	分 Mn	秒 Sec	纬度(°) Latitude	经度(°) Longitude	深度 Depth	震级 Mag	标度 Scale	地名(英文) Name(English)	地名(中文) Name(Chinese)	资料来源 Information
1997	7	20	0	30	22.64	52.502	-167.573	17.9	6.1	Mw	Aleutian Islands	阿留申群岛	ISC,Engdahl
1997	7	20	10	14	24.37	-22.926	-66.224	256	6.1	Mw	Argentina:Jujuy	阿根廷:胡胡伊	Engdahl
1997	7	21	9	45	24	-8.86	129.94	200	6.0	Mw	Indonesia:Banda Sea	印度尼西亚:班达海	ISC
1997	7	22	10	16	56	-6.24	154.75	65	6.1	Mw	Papua New Guinea:Bougainville Island	巴布亚新几内亚:布干维尔岛	ISC,USGS
1997	7	25	6	47	1.56	-30.456	-72.035	13.8	6.1	Mw	Chile:Near Coast of C.	智利:中部近海	ISC,Engdahl
1997	7	25	7	33	28.14	-30.499	-72.062	15	6.1	Mw	Chile:Near Coast of C.	智利:中部近海	ISC,Engdahl
1997	7	26	20	44	19	-7.59	120.35	572	6.1	Mw	Flores Sea	弗洛勒斯海	ISC
1997	7	27	5	21	28.07	-30.533	-71.976	15	6.3	Mw	Chile:Near Coast of C.	智利:中部近海	ISC,Engdahl
1997	7	27	10	7	53	35.72	21.1	33	6.2	Mw	Mediterranean Sea	地中海	ISC
1997	7	27	22	35	53	-6.42	103.34	76	6.1	Mw	Indonesia:Sumatra,Coast of SW.	印度尼西亚:苏门答腊西南海域	ISC
1997	7	31	21	54	23.95	-6.694	130.891	66.9	6	Mw	Indonesia:Palau Jamdena	印度尼西亚:延德纳岛	ISC,Engdahl
1997	8	4	18	53	57.62	-15.239	-175.126	15	6.1	Mw	North of Fiji Islands	斐济群岛北部	ISC,Engdahl
1997	8	4	19	21	30.53	-15.342	-175.216	15	6	Mw	Wallis and Futuna Islands,S.	瓦利斯群岛和富图纳群岛南部	Engdahl,ISC
1997	8	5	23	27	10	-8.22	107.05	100	6.0	Mw	Indonesia:Java Island	印度尼西亚:爪哇岛	ISC
1997	8	8	22	27	22.55	-15.656	-178.984	17	6.6	Mw	North of Fiji Islands	斐济群岛北部	ISC,Engdahl
1997	8	10	9	20	34.15	-16.128	124.346	20	6.2	Mw	Australia:Western Australia	澳大利亚:西澳	ISC,Engdahl
1997	8	13	4	45	6.3	25.158	125.852	55	6.1	Mw	Ryukyu Islands	琉球群岛	ISC,Engdahl,USGS
1997	8	15	7	35	29	8.15	-83.18	41	6.2	Mw	Costa Rica:Pavones	哥斯达黎加:帕沃内斯	ISC
1997	8	15	7	37	51.72	-4.38	-105.719	13.3	6.2	Mw	Ecuador:Galapagos,SE.	厄瓜多尔:加拉帕戈斯岛东南	ISC,Engdahl
1997	8	17	4	53	48	-8.94	120.49	160	6.6	Mw	Indonesia:Flores Island,S.	印度尼西亚:弗洛勒斯岛南部	ISC
1997	8	17	8	4	52	-8.8	107.09	117	6.3	Mw	Indonesia:Java Island	印度尼西亚:爪哇岛	ISC
1997	8	17	20	11	11.18	-13.547	167.539	15	6	Mw	Vanuatu Islands	瓦努阿图群岛	ISC,Engdahl
1997	8	18	12	24	27	-29.88	-71.85	41	6.0	Mw	Chile:Near Coast of C.	智利:中部近海	ISC
1997	8	20	7	15	14.33	4.342	96.478	12	6	Mw	Indonesia:Sumatera,Aceh	印度尼西亚:苏门答腊亚齐	* Engdahl
1997	8	20	13	51	18.88	-41.712	80.162	8.8	6.5	Mw	Mid - Indian Ridge	中印度洋海岭	ISC,Engdahl
1997	8	26	10	0	59	0.31	124.7	29	6.2	Mw	Molukka Sea	马鲁古海	ISC
1997	8	27	9	55	47	-7.72	130.79	100	6.4	Mw	Indonesia:Palau Jamdena	印度尼西亚:延德纳岛	ISC
1997	8	27	13	42	55.16	-6.026	148.573	40	6.0	Mw	Papua New Guinea:West New Britain	巴布亚新几内亚:西新不列颠	ISC,Engdahl
1997	8	29	6	53	58.19	-15.265	-175.45	7.8	6.4	Mw	North of Fiji Islands	斐济群岛北部	ISC,Engdahl
1997	8	29	8	14	10.75	-3.544	144.412	15	6.6	Mw	Papua New Guinea: East Sepik, Near Coast of N.	巴布亚新几内亚:东塞皮克北部近海	ISC,Engdahl
1997	9	2	12	13	25.19	3.826	-75.691	206	6.8	Mw	Colombia:W. of Tolima	哥伦比亚:托利马西部	ISC,Engdahl
1997	9	3	6	22	45.39	-55.185	-128.895	9.2	6.1	Mw	Southern Pacific Ridge	南太平洋海岭	ISC,Engdahl
1997	9	4	4	23	36.18	-26.526	178.4	604.2	6.8	Mw	South of Fiji Islands	斐济群岛南部	ISC,Engdahl
1997	9	5	10	31	36	44.78	150.04	41	6.2	Mw	Kuril Islands	千岛群岛	ISC,USGS
1997	9	10	12	57	9.73	-21.369	-174.301	18	6.1	Mw	Tonga Islands	汤加群岛	ISC,Engdahl
1997	9	15	13	5	43	8.147	126.585	36	6.1	Mw	Philippines:Mindanao Island	菲律宾:棉兰老岛	ISC,Engdahl
1997	9	17	14	50	37.63	2.102	126.552	40.1	6	Mw	Indonesia:West of Maluku Utara	印度尼西亚:北马鲁古西部海域	ISC,Engdahl
1997	9	20	16	11	33.36	-28.802	-177.502	30.2	7	Mw	Kermadec Ridge	克马德克海岭	ISC,Engdahl
1997	9	20	18	11	1	-28.01	-176.77	76	6.1	Mw	Kermadec Ridge	克马德克海岭	ISC
1997	9	25	14	20	53.24	-13.715	66.257	25.1	6.0	Mw	Mid - Indian Ridge	中印度洋海岭	Engdahl
1997	9	26	0	33	12	43.019	12.879	10	6.1	Mw	Italy:Marche,Umbria	意大利:马尔凯,翁布里亚	* Italy,USGS
1997	9	26	9	40	28.04	43.078	12.79	10	6	Mw	Italy:Romagna	意大利:弗里	* ISC,Engdahl,USGS
1997	9	26	15	48	34.49	-5.342	129.001	239.8	6.1	Mw	Indonesia:Banda Sea	印度尼西亚:班达海	Engdahl
1997	9	30	6	27	29.62	31.986	141.945	31.9	6.2	Mw	Japan Trench	日本海沟	* ISC,Engdahl, NOAA
1997	10	4	15	34	29	15.94	-46.73	10	6.0	Mw	Northern Mid - Atlantic Ridge	北大西洋洋中脊	ISC
1997	10	5	3	29	1	45.75	151	70	6.2	Mw	Kuril Islands	千岛群岛	ISC,USGS
1997	10	5	18	4	31	-59.718	-29.296	272.8	6.3	Mw	South Sandwich Islands	南桑威奇群岛	ISC,Engdahl
1997	10	6	12	30	7.16	9.811	125.758	106	6.4	Mw	Philippines:Mindanao Island	菲律宾:棉兰老岛	ISC,Engdahl
1997	10	6	20	52	45.22	-9.341	158.828	28.1	6.1	Mw	Solomon Islands	所罗门群岛	Engdahl
1997	10	10	18	45	52.66	-9.306	158.81	25	6.0	Mw	Solomon Islands	所罗门群岛	Engdahl,USGS
1997	10	13	13	39	39.34	36.388	22.172	25.9	6.4	Mw	Greece:Kalamai	希腊:卡拉玛达	ISC,Engdahl
1997	10	14	9	53	19.16	-22.271	-176.672	169.2	7.7	Mw	Tonga Islands,W.	汤加群岛西部	* Engdahl,NOAA
1997	10	15	1	3	35.04	-30.906	-71.17	58	7.4	Mw	Chile:Pueblo Nuevo, Coquimbo	智利:新普韦布洛,科金博	* ISC,Engdahl, NOAA,USGS
1997	10	15	2	54	24.44	-16.077	-73.505	71.6	7.0	Mw	Peru:Arequipa. NW.	秘鲁:阿雷基帕西北	ISC,Engdahl,USGS
1997	10	15	3	11	10.21	51.441	-177.865	20.7	6.4	Mw	Aleutian Islands	阿留申群岛	ISC,Engdahl
1997	10	17	9	55	17.93	-57.426	148.19	7.6	6.2	Mw	West of Macquarie Ridge	麦夸里海岭西部	ISC,Engdahl
1997	10	17	15	2	1.16	-20.999	-178.75	579	6.0	Mw	Fiji Islands	斐济群岛	Engdahl
1997	10	22	9	55	47	44.89	146.18	153	6.2	Mw	Kuril Islands	千岛群岛	ISC,USGS
1997	10	28	6	15	18.93	-4.359	-76.585	112	7.2	Mw	Peru:Loreto,W.	秘鲁:洛雷托西部	ISC,Engdahl
1997	11	3	19	17	35	-30.774	-71.255	45	6.2	Mw	Chile:Ovalle	智利:奥瓦耶	ISC,Engdahl,USGS
1997	11	3	19	18	0.52	-6.726	128.976	215.9	6.1	Mw	Indonesia:Banda Sea	印度尼西亚:班达海	ISC,Engdahl
1997	11	5	12	22	55	34.8	24.07	33	6.0	Mw	Greece:Crete Island	希腊:克里特岛	ISC
1997	11	8	10	2	53.57	35.135	87.403	24	7.5	Ms	China:Xizang (Tibet),Nyima,N.	中国:西藏尼玛北部	* China,Engdahl

年 Year	月 Mo	日 Dy	时 Hr	分 Mn	秒 Sec	纬度(°) Latitude	经度(°) Longitude	深度 Depth	震级 Mag	标度 Scale	地名(英文) Name(English)	地名(中文) Name(Chinese)	资料来源 Information
1997	11	9	22	56	45.43	13.888	-88.746	185	6.4	Mw	El Salvador:San Isidro	萨尔瓦多:圣伊西德罗	Engdahl
1997	11	10	23	6	43.05	31.205	140.447	62	6.2	Mw	Japan Trench	日本海沟	ISC,Engdahl
1997	11	14	17	18	1	-2.07	138.04	33	6.1	Mw	Indonesia:Papua	印度尼西亚:巴布亚	ISC
1997	11	14	21	38	52.55	38.842	25.837	12.6	6.0	Mw	Aegean Sea	爱琴海	ISC,Engdahl
1997	11	15	7	5	17.13	43.875	144.973	150	6.1	Mw	Japan:Hokkaido	日本:北海道	ISC,Engdahl,USGS
1997	11	15	18	59	24.8	-15.101	167.418	114.8	7	Mw	Vanuatu Islands	瓦努阿图群岛	ISC,Engdahl
1997	11	18	13	7	42	37.481	20.777	22.9	6.6	Mw	Greece:Ionian Sea, Amalias	希腊:爱奥尼亚海,亚美雅斯	* Engdahl
1997	11	18	13	13	47	36.88	21.24	56	6.6	Mw	Greece:Zante	希腊:赞特	ISC,USGS
1997	11	21	11	23	8.07	22.25	92.721	54	6.1	Mw	India:Mizoram	印度:米佐拉姆	* Engdahl
1997	11	23	3	51	2	39.96	138.84	33	6.2	Mw	Japan Sea	日本海	ISC,USGS
1997	11	25	12	14	35.13	1.219	122.516	24	7	Mw	Indonesia:South Sulawesi sea	印度尼西亚:苏拉威西海南部	* Engdahl,USGS
1997	11	28	22	53	43.43	-13.808	-68.774	595	6.7	Mw	Bolivia:Apolo	玻利维亚:阿波洛	ISC,Engdahl
1997	11	29	14	18	55	11.2	-86.4	33	6.0	Mw	Nicaragua:Near Coast of W.	尼加拉瓜:西部近海	ISC
1997	12	4	14	56	41.92	13.642	-90.682	67.9	6	Mw	Guatemala:Near Coast	危地马拉:近海	Engdahl,ISC
1997	12	4	22	14	28	13.6	-90.6	86	6.5	Mw	Guatemala:Near Coast	危地马拉:近海	ISC,USGS
1997	12	5	11	26	56.72	54.799	162.003	36.1	7.8	Mw	Russia:Kamchatka,Near East Coast	俄罗斯:堪察加东部近海	* Engdahl,NOAA
1997	12	5	11	48	41.75	54.417	162.26	28.3	7.3	Ms	Russia:Kamchatka Peninsula	俄罗斯:堪察加半岛	ISC,Engdahl
1997	12	5	12	22	36	53.87	161.38	43	6.7	Mw	Russia:Kamchatka Peninsula	俄罗斯:堪察加半岛	ISC
1997	12	5	13	56	7	1.02	125.03	33	6.0	Mw	Indonesia:Sulawesi Utara	印度尼西亚:北苏拉威西	ISC
1997	12	5	18	48	22.63	53.786	161.638	18.1	6.5	Mw	Russia:Kamchatka Peninsula	俄罗斯:堪察加半岛	ISC,Engdahl
1997	12	5	19	4	7.12	53.78	161.512	24.9	6.2	Ms	Russia:Kamchatka Peninsula	俄罗斯:堪察加半岛	ISC,Engdahl,USGS
1997	12	6	10	59	9.97	53.986	161.818	19.9	6.1	Mw	Russia:Kamchatka Peninsula	俄罗斯:堪察加半岛	ISC,Engdahl
1997	12	6	12	37	22.71	54.895	161.988	30.6	6.0	Mw	Russia:Komandorsky Islands	俄罗斯:科曼多尔群岛	ISC,Engdahl
1997	12	6	21	6	40	-6.34	130.26	118	6.6	Mw	Indonesia:Banda Sea	印度尼西亚:班达海	ISC
1997	12	7	5	53	18	-6.65	103.09	400	6.0	Mw	Indonesia:Sumatra,Coast of SW.	印度尼西亚:苏门答腊西南海域	ISC
1997	12	7	17	56	18	54.667	162.785	12.7	6.2	Mw	Russia:Komandorsky Islands	俄罗斯:科曼多尔群岛	ISC,Engdahl
1997	12	11	7	56	30.24	3.9	-75.773	178	6.4	Mw	Colombia:Tulua	哥伦比亚:图卢阿	ISC,Engdahl
1997	12	11	9	50	31	2.93	126.95	26	6.2	Mw	Indonesia:Maluku Utara,Coast of NW.	印度尼西亚:北马鲁古西北海域	ISC,USGS
1997	12	15	7	18	50	-8.02	107.9	182	6.1	Mw	Indonesia:Java Island	印度尼西亚:爪哇岛	ISC
1997	12	16	11	44	7	16.33	-98.71	30	6.0	Mw	Mexico:Near Coast of Guerrero	墨西哥:格雷罗近海	ISC
1997	12	16	11	48	32.57	16.143	-98.876	16.8	6	Mw	Mexico:Oaxaca,Near Coast	墨西哥:瓦哈卡近海	ISC,Engdahl
1997	12	17	4	38	53.18	51.242	178.806	20.7	6.6	Mw	Aleutian Islands	阿留申群岛	ISC,Engdahl
1997	12	17	5	51	30.74	36.379	70.783	208.2	6.3	Mw	Afghan:Badakhshan	阿富汗:巴达赫尚	Engdahl
1997	12	18	15	2	0.75	13.898	-88.677	171	6.0	Mw	El Salvador:Sensuntepeque	萨尔瓦多:森孙特佩克	Engdahl
1997	12	20	6	33	34	-6.46	103.83	143	6.0	Mw	Indonesia:Sumatra,Coast of SW.	印度尼西亚:苏门答腊西南海域	ISC
1997	12	22	2	5	52.83	-5.559	147.875	191.9	7.2	Mw	Papua New Guinea:Umboi Island	巴布亚新几内亚:温博伊岛	ISC,Engdahl
1997	12	22	10	3	49.07	13.825	-90.264	79.4	6.1	Mw	Guatemala:Guazacapan	危地马拉:瓜萨卡潘	ISC,Engdahl
1997	12	26	8			16.72	-62.18		7.6	Mk	Montserrat:Plymouth	蒙特塞拉特:普利茅斯	NOAA,Song
1997	12	27	4	51	52	-7.41	106.18	133	6.2	Mw	Indonesia:Java Island	印度尼西亚:爪哇岛	ISC
1997	12	27	20	11	3.67	-55.881	-4.401	11.7	6.2	Mw	South Atlantic Ridge	南大西洋海岭	ISC,Engdahl
1997	12	28	3	25	13	-4.36	152.89	33	6.0	Mw	Papua New Guinea:New Ireland	巴布亚新几内亚:新爱尔兰	ISC
1998	1	1	6	11	24.23	23.952	142.034	94.5	6.4	Mw	Japan:South Honshu Ridge	日本:本州南部海岭	NEIC,Engdahl
1998	1	3	6	10	9.54	-35.523	-15.955	12.1	6.3	Mw	Southern Mid - Atlantic Ridge	南大西洋洋中脊	Engdahl
1998	1	4	6	11	59.8	-22.239	171.017	97.1	7.5	Mw	Vanuatu Islands	瓦努阿图群岛	Engdahl
1998	1	10	3	50	39.58	41.133	114.532	5	6.2	Ms	China:Hebei,Shangyi,E.	中国:河北尚义东	* China,Engdahl,Dis
1998	1	10	4	54	23.88	-11.997	-72.023	10	6.2	Mw	Peru:Cusco	秘鲁:库斯科	Engdahl
1998	1	10	8	20	12.02	14.449	-91.52	74.1	6.6	Mw	Guatemala:Quezaltenango, San Marcos	危地马拉:克萨尔特南戈,圣马科斯	* Engdahl
1998	1	12	10	14	9.21	-31.046	-71.466	35	6.6	Mw	Chile:Ovalle	智利:奥瓦耶	NEIC,Engdahl,USGS
1998	1	12	16	36	20.68	-15.828	-179.316	13.7	6.7	Mw	North of Fiji Islands	斐济群岛北部	NEIC,Engdahl
1998	1	14	17	24	9.3	-15.776	-179.165	15.3	6.5	Mw	North of Fiji Islands	斐济群岛北部	NEIC,Engdahl
1998	1	14	18	53	18.19	-2.108	68.053	19.2	6.0	Mw	Chagos Archipelago Region	查戈斯群岛地区[印度洋]	Engdahl
1998	1	19	18	24	1.57	-44.869	-79.843	10	6.2	Mw	Chile:Off Coast of S.	智利:南部沿海	Engdahl
1998	1	27	2	14	13.41	-20.874	-179.019	639.2	6.0	Mw	Tonga Islands,W.	汤加群岛西部	Engdahl
1998	1	27	19	55	2.03	-22.675	179.184	613.2	6.3	Mw	South of Fiji Islands	斐济群岛南部	Engdahl
1998	1	27	21	5	44.23	-22.485	179.157	598.4	6.5	Mw	South of Fiji Islands	斐济群岛南部	Engdahl
1998	1	30	12	16	10.46	-23.841	-70.13	42	7.1	Mw	Chile:Antofagasta,C.	智利:安托法加斯塔中部	NEIC,Engdahl,USGS
1998	1	31	23	30	44.08	-35.665	-97.128	8.3	6.0	Mw	West of Chile Ridge	智利海岭西部	Engdahl
1998	2	3	3	2	0.76	15.906	-96.253	24	6.3	Mw	Mexico:Near Coast of Oaxaca	墨西哥:瓦哈卡近海	* Engdahl
1998	2	7	1	19	0.96	24.791	141.894	527.6	6.4	Mw	Japan:South Honshu Ridge	日本:本州南部海岭	Engdahl
1998	2	16	23	53	21.88	52.701	-33.649	11.1	6.7	Mw	Northern Mid - Atlantic Ridge	北大西洋洋中脊	NEIC,Engdahl
1998	2	19	14	14	50.45	-4.507	129.008	17.4	6.5	Mw	Indonesia:Banda Sea	印度尼西亚:班达海	NEIC,Engdahl
1998	2	20	12	18	7.97	36.475	71.104	236	6.4	Mw	Afghan:Astor	阿富汗:阿斯托尔	* Engdahl
1998	3	3	2	24	43.55	14.447	-91.35	43.8	6.1	Mw	Guatemala:Mazatenango	危地马拉:马萨特南戈	Engdahl
1998	3	14	19	40	29.09	30.167	57.606	9	6.6	Mw	Iran:Kerman	伊朗:克尔曼	* Engdahl
1998	3	19	13	51	31	40.2	76.8	33	6.0	Ms	China:Xinjiang,Artux,NE.	中国:新疆阿图什东北	* China,Dis
1998	3	20	21	8	10.08	-49.869	163.599	10	6.7	Mw	New Zealand:Auckland Islands	新西兰:奥克兰群岛	NEIC,Engdahl

年 Year	月 Mo	日 Dy	时 Hr	分 Mn	秒 Sec	纬度(°) Latitude	经度(°) Longitude	深度 Depth	震级 Mag	标度 Scale	地名(英文) Name(English)	地名(中文) Name(Chinese)	资料来源 Information
1998	3	21	16	33	14.85	80.017	2.704	10.2	6.2	Mw	Norwegian Sea	挪威海	NEIC, Engdahl
1998	3	22	1	9	0.02	-11.436	66.217	15.3	6.1	Mw	Mid - Indian Ridge	中印度洋海岭	NEIC, Engdahl
1998	3	25	3	12	29.06	-62.857	149.569	21.8	8.1	Mw	Balleny Islands	巴雷尼群岛	* Engdahl, NOAA
1998	3	25	12	17	24.99	-63.658	147.87	15	6.4	Mw	South Atlantic Ocean	南大西洋	NEIC, Engdahl
1998	3	29	7	15	3.99	-0.006	-17.989	20.2	6.1	Mw	South Atlantic Ridge	南大西洋海岭	Engdahl
1998	3	29	19	48	17.56	-17.721	-178.971	543	7.2	Mw	Fiji Islands	斐济群岛	NEIC, Engdahl
1998	4	1	17	56	22.08	-0.544	99.217	32	7	Mw	Indonesia: Sumatra, Near Coast of C.	印度尼西亚:苏门答腊中部近海	NEIC, Engdahl
1998	4	1	22	42	58.82	-40.414	-74.981	12.2	6.7	Mw	Chile: Off Coast of S.	智利:南部沿海	NEIC, Engdahl
1998	4	3	22	1	51.73	-8.086	-74.575	160	6.6	Mw	Peru: Pucallpa	秘鲁:普卡尔帕	NEIC, Engdahl
1998	4	10	16	40	40.7	-1.422	-15.522	9.1	6.2	Mw	Central Mid - Atlantic Ridge	中大西洋中脊	Engdahl
1998	4	11	0	44	34.56	-23.733	-175.974	16.8	6.2	Mw	South of Fiji Islands	斐济群岛南部	NEIC, Engdahl
1998	4	14	3	41	23.01	-23.869	-179.811	497.3	6.1	Mw	South of Fiji Islands	斐济群岛南部	Engdahl
1998	4	20	22	59	15.47	18.569	-101.145	58	6.0	Mw	Mexico: Michoacan, SE.	墨西哥:米却肯东南	Engdahl
1998	4	25	6	7	28.38	-35.267	-17.568	15.3	6.3	Mw	Southern Mid - Atlantic Ridge	南大西洋洋中脊	CSN, Engdahl
1998	4	27	18	40	36.84	-2.964	136.248	24	6.1	Mw	Indonesia: Papua	印度尼西亚:巴布亚	Engdahl
1998	5	3	15	30	21.9	22.43	125.375	25.4	7.5	Mw	Ryukyu Islands	琉球群岛	* Engdahl, NOAA
1998	5	10	6	5	58.64	13.711	-90.803	18	6.3	Mw	Guatemala: Near Coast	危地马拉:近海	Engdahl
1998	5	13	23	2	3.08	-5.141	151.839	28	6.6	Mw	Papua New Guinea: East New Britain	巴布亚新几内亚:东新不列颠	NEIC, Engdahl
1998	5	14	18	56	22.83	40.33	143.207	16.6	6.0	Mw	Japan: Morioka, Near East Coast	日本:盛冈东部近海	Engdahl
1998	5	15	5	58	8.24	14.178	144.949	159.5	6.0	Mw	Guam	关岛(西太平洋)	Engdahl
1998	5	16	2	22	4.37	-22.264	-179.46	588	6.9	Mw	Northeast South Fiji Sea Basin	南斐济海盆东北部	NEIC, Engdahl
1998	5	21	5	34	26.86	0.206	119.539	29.5	6.6	Mw	Indonesia: Makassar Strait	印度尼西亚:望加锡海峡	NEIC, Engdahl
1998	5	21	22	31	23.53	-43.286	41.553	2.8	6.3	Mw	Atlantic - Indian Ridge	大西洋-印度洋海岭	Engdahl
1998	5	22	4	48	52.37	-17.777	-65.439	24	6.6	Mw	Bolivia: Aiquile, Totora	玻利维亚:艾基莱,托托拉	* Engdahl
1998	5	23	17	44	47.5	8.2	123.778	635	6.0	Mw	Philippines: Mindanao Island	菲律宾:棉兰老岛	Engdahl
1998	5	27	15	27	16.86	-5.906	149.766	27	6.0	Mw	Papua New Guinea: West New Britain	巴布亚新几内亚:西新不列颠	Engdahl
1998	5	27	20	41	37.7	52.274	159.405	43.8	6.0	Mw	Russia: Kamchatka Peninsula	俄罗斯:堪察加半岛	Engdahl
1998	5	28	21	11	44.13	37.8	79.2		6.2	Ms	China: Xinjiang, Hotan	中国:新疆和田	* China, USGS, Dis
1998	5	30	6	22	31.19	37.137	70.094	35	6.6	Mw	Afghan: Badakhshan, Takhar	阿富汗:巴达赫尚,塔哈尔	* Engdahl
1998	5	30	18	18	16.41	39.093	143.418	25.8	6.2	Mw	Japan: Oshu, Off Coast	日本:奥州沿海	Engdahl
1998	6	1	5	34	4.07	52.937	159.958	32	6.5	Mw	Russia: Kamchatka Peninsula	俄罗斯:堪察加半岛	NEIC, Engdahl
1998	6	7	23	20	14.2	15.97	-93.719	75	6.3	Mw	Mexico: Oaxaca	墨西哥:瓦哈卡	Engdahl
1998	6	16	9	35	14.83	-52.94	159.875	10	6.2	Mw	Australia: Macquarie Island, N.	澳大利亚:麦夸里岛北部	Engdahl
1998	6	18	4	17	57.58	-11.525	-14.113	10.5	6.3	Mw	Central Mid - Atlantic Ridge	中大西洋中脊	NEIC, Engdahl
1998	6	20	20	24	43.43	-30.189	-177.814	34.3	6.0	Mw	Kermadec Ridge	克马德克海岭	Engdahl
1998	6	24	10	44	33.1	-37.273	-17.364	14	6.0	Mw	Southern Mid - Atlantic Ridge	南大西洋洋中脊	Engdahl
1998	6	27	13	55	52	36.923	35.329	16	6.3	Mw	Turkey: Adana, Ceyhan	土耳其:阿达纳,杰伊汗	* Engdahl
1998	6	29	23	37	17.73	-60.427	153.363	10	6.3	Mw	West of Macquarie Ridge	麦夸里海岭西部	Engdahl
1998	7	9	5	19	9.22	38.67	-28.566	9	6.2	Mw	Azores: Fayal Island	亚速尔群岛:法亚尔岛	* Engdahl
1998	7	9	14	19	20.1	38.715	48.542	26	6	Mw	Azerbaijan: Lenkeran	阿塞拜疆:连科兰	* Engdahl
1998	7	9	14	45	41.16	-30.611	-178.912	131.7	6.9	Mw	Kermadec Ridge	克马德克海岭	NEIC, Engdahl
1998	7	9	19	39	44.7	60.499	-153.22	138	6.2	Mw	Alaska Peninsula, S.	阿拉斯加半岛南部	Engdahl
1998	7	16	11	56	36.4	-11.037	166.226	93	7	Mw	Solomon Islands	所罗门群岛	NEIC, Engdahl
1998	7	17	4	51	16	23.7	120.4		6.3	Ms	China: Taiwan, Yunlin	中国:台湾云林	* China, USGS
1998	7	17	8	49	16.05	-2.943	142.582	25	7.1	Ms	Bismarck Sea	俾斯麦海	* Engdahl, NOAA
1998	7	17	9	9	34.98	-2.905	142.17	21.7	6.2	Ms	Bismarck Sea	俾斯麦海	Engdahl
1998	7	18	16	41	19.76	-18.281	168.219	21.8	6.1	Mw	Vanuatu Islands	瓦努阿图群岛	NEIC, Engdahl
1998	7	19	15	58	38.75	-21.985	-175.649	63	6.0	Mw	Tonga Islands	汤加群岛	Engdahl
1998	7	20	1	5	57.1	30.21	88.282	11	6.1	Ms	China: Xizang (Tibet), Xaitongmoin	中国:西藏谢通门	China, Engdahl, Dis
1998	7	24	18	44	1.77	21.417	121.953	5.5	6.1	Mw	China: Taiwan, Coast of S.	中国:台湾南部海域	Engdahl, NEIC
1998	7	25	2	39	24.99	-13.587	166.9	40	6.3	Mw	Vanuatu Islands	瓦努阿图群岛	NEIC, Engdahl
1998	7	29	7	14	25.53	-32.329	-71.214	51	6.4	Mw	Chile: La Ligua	智利:拉利瓜	NEIC, Engdahl
1998	7	29	18	0	31.75	-2.694	138.98	33	6.7	Mw	Indonesia: Papua	印度尼西亚:巴布亚	NEIC, Engdahl
1998	7	31	12	41	1.3	-21.564	169.882	32.8	6.1	Mw	Vanuatu Islands	瓦努阿图群岛	Engdahl
1998	7	31	12	48	6.09	-21.577	169.949	32.3	6.0	Mw	Vanuatu Islands	瓦努阿图群岛	Engdahl
1998	8	2	4	40	42	39.6	77.5	11	6	Ms	China: Xinjiang, Payzawat	中国:新疆伽师	China, Dis
1998	8	4	18	59	20.8	-0.56	-80.23	20	7.2	Mw	Ecuador: Bahia De Caraquez, Canoa	厄瓜多尔:加拉加斯湾,卡诺亚	* Engdahl
1998	8	5	12	54	27.04	-54.771	-135.642	1.9	6.2	Mw	Southern Pacific Ridge	南太平洋海岭	Engdahl
1998	8	20	6	40	55.8	28.974	139.376	428	7.1	Mw	Japan: South Honshu Ridge	日本:本州南部海岭	NEIC, Engdahl
1998	8	20	15	0	6.81	51.656	175.158	13.2	6.2	Mw	Aleutian Islands	阿留申群岛	NEIC, Engdahl
1998	8	23	5	36	9.79	14.755	120.01	30	6	Mw	Philippines: Olongapo, Coast W.	菲律宾:奥隆阿波西部海域	NEIC, Engdahl
1998	8	23	13	57	12.21	11.712	-87.984	15.1	6.7	Mw	Nicaragua: Off Coast of W.	尼加拉瓜:西部沿海	NEIC, Engdahl
1998	8	25	7	41	44.35	30.229	88.158	48.1	6	Ms	China: Xizang (Tibet), Xainza	中国:西藏申扎	China, Engdahl
1998	8	27	9	3	35.91	39.558	77.33	17	6.6	Ms	China: Xinjiang, Payzawat	中国:新疆伽师	* China, Engdahl, Dis
1998	8	28	12	40	57.57	-0.104	125.009	46	6.1	Mw	Indonesia: Molucca Sea	印度尼西亚:马鲁古海	NEIC, Engdahl
1998	8	29	8	30	24.28	-55.791	-27.118	45.9	6.0	Mw	South Sandwich Islands	南桑威奇群岛	Engdahl
1998	8	30	1	48	8.41	17.099	148.202	18.7	6.3	Mw	Mariana Islands	马里亚纳群岛	NEIC, Engdahl

年 Year	月 Mo	日 Dy	时 Hr	分 Mn	秒 Sec	纬度(°) Latitude	经度(°) Longitude	深度 Depth	震级 Mag	标度 Scale	地名(英文) Name(English)	地名(中文) Name(Chinese)	资料来源 Information
1998	8	30	11	33	35.92	51.005	-130.519	8.2	6.1	Mw	Canada:Off Coast of W. Vancouver	加拿大：温哥华西部海域	NEIC,Engdahl
1998	9	2	8	37	26.73	5.465	126.705	15.6	6.8	Mw	Philippine Trench	菲律宾海沟	NEIC,Engdahl
1998	9	3	17	37	59.83	-29.437	-71.652	27	6.6	Mw	Chile:Near Coast of C.	智利：中部近海	NEIC,Engdahl,USGS
1998	9	3	18	15	55.13	27.817	86.935	10.8	6.2	Ms	Nepal:Janakpur,N.	尼泊尔：贾纳克布尔北部	China,Engdahl,USGS
1998	9	7	0	39	33.27	-36.229	-97.773	19	6.1	Mw	West of Chile Ridge	智利海岭西部	Engdahl
1998	9	14	4	43	32.44	-34.556	-107.963	10	6.1	Mw	Southern East Pacific Rise	南太平洋东海岭	Engdahl
1998	9	14	23	16	46.09	51.625	-173.208	17.3	6.1	Mw	Andreanof Islands, Aleutian Is.	阿留申群岛，安德烈亚诺夫群岛	NEIC,Engdahl
1998	9	15	8	35	45.78	-5.414	151.69	24	6.3	Mw	Papua New Guinea:Malmal	巴布亚新几内亚：马尔马尔	Engdahl
1998	9	21	12	9	41.29	-13.591	166.878	32	6.4	Mw	Vanuatu Islands	瓦努阿图群岛	NEIC,Engdahl
1998	9	22	1	16	57.48	11.858	143.209	12	6.0	Mw	Mariana Islands,S.	马里亚纳群岛南部	Engdahl
1998	9	28	13	34	30.89	-8.183	112.337	146.4	6.6	Mw	Indonesia:Jawa, Malang, Blitar	印度尼西亚：爪哇，玛琅，布里达	*Engdahl
1998	9	28	19	23	22.16	3.866	126.399	13.5	6.2	Mw	Philippines:Mindanao Island,Coast of S.	菲律宾：棉兰老岛南部海域	Engdahl
1998	10	1	3	41	16.56	13.705	-45.575	20.3	6.0	Mw	Central Mid - Atlantic Ridge	中大西洋中脊	Engdahl
1998	10	3	11	15	41.99	28.577	127.646	208	6.1	Mw	Ryukyu Islands	琉球群岛	Engdahl,NEIC
1998	10	8	4	51	44.51	-16.061	-71.276	136	6.2	Mw	Peru:Arequipa	秘鲁：阿雷基帕	NEIC,Engdahl
1998	10	9	11	54	31.85	11.393	-86.385	16	6.0	Mw	Nicaragua:Masaya	尼加拉瓜：马萨亚	Engdahl
1998	10	10	16	32	19.07	-0.421	119.727	18	6.0	Mw	Indonesia:Tinombo	印度尼西亚：蒂农博	Engdahl,USGS
1998	10	11	23	36	24.23	-56.61	-142.471	10	6.3	Mw	Pacific - Antarctic Ridge	太平洋－南极洲洋脊	Engdahl
1998	10	28	16	25	6.32	0.853	125.897	43.9	6.5	Mw	Molukka Sea	马鲁古海	NEIC,Engdahl
1998	11	8	7	25	52.96	-9.167	121.403	56.4	6.4	Mw	Indonesia:Flores Islands	印度尼西亚：弗洛勒斯群岛	NEIC,Engdahl
1998	11	9	5	30	15.62	-6.958	128.938	28.9	6.7	Mw	Indonesia:Banda Sea	印度尼西亚：班达海	NEIC,Engdahl
1998	11	9	5	38	44.2	-6.931	128.935	22.9	7	Mw	Indonesia:Banda Sea	印度尼西亚：班达海	NEIC,Engdahl
1998	11	15	2	44	14.21	-21.626	-176.436	155.2	6.3	Mw	Tonga Islands,W.	汤加群岛西部	Engdahl
1998	11	18	15	48	42.48	-3.332	130.757	31.2	6.0	Mw	Indonesia:Ceram Sea	印度尼西亚：塞兰海	Engdahl
1998	11	19	11	38	11	27.3	100.9		6.2	Ms	China:Yunnan,Ninglang	中国：云南宁蒗	*China,USGS,NEIC,Dis
1998	11	19	12	3	2.5	-9.34	124.68	26	6.1	Ms	Indonesia:Timor Island	印度尼西亚：帝汶岛	CSN
1998	11	19	15	39	21.11	22.698	125.842	12.3	6.3	Mw	Ryukyu Islands	琉球群岛	NEIC,Engdahl
1998	11	24	23	54	47.59	-16.513	-174.655	225.7	6.0	Mw	Fiji Islands	斐济群岛	Engdahl
1998	11	25	18	5	25.7	-7.866	158.734	34	6.2	Mw	Solomon Islands	所罗门群岛	NEIC,Engdahl
1998	11	29	14	10	31.42	-1.916	124.823	16	7.7	Mw	Indonesia:Mangole, Manado	印度尼西亚：芒俄勒，马纳都	*Engdahl,NOAA
1998	12	6	0	47	14.88	1.313	126.215	32.6	6.6	Mw	Molukka Sea	马鲁古海	NEIC,Engdahl
1998	12	14	16	25	25.8	-38.277	-71.015	135	6.0	Mw	Argentina:Zapala,NW.	阿根廷：萨帕拉西北	Engdahl
1998	12	14	19	35	27.62	-15.031	167.402	137.8	6	Mw	Vanuatu Islands	瓦努阿图群岛	Engdahl
1998	12	16	0	18	45.23	31.344	131.345	30	6.0	Mw	Japan:Miyazzaki,Near Coast	日本：宫崎近海	Engdahl,USGS
1998	12	16	17	45	6.48	1.152	126.085	31.7	6.2	Mw	Indonesia:Molucca Sea	印度尼西亚：马鲁古海	Engdahl
1998	12	27	0	38	28.64	-21.764	-176.277	152	6.8	Mw	Tonga Islands,W.	汤加群岛西部	NEIC,Engdahl
1999	1	5	8	32	48.63	-18.532	-173.901	35	6.0	Mw	Tonga Islands,N.	汤加群岛北部	Engdahl
1999	1	12	8	49	19.71	-5.414	151.798	23	6.1	Mw	Papua New Guinea:Kalip	巴布亚新几内亚：卡利普	Engdahl
1999	1	16	10	44	42.09	56.242	-147.307	25	6.0	Mw	Alaska:Kodiak Island	阿拉斯加：科迪亚克岛	Engdahl
1999	1	19	3	35	31.41	-4.568	153.42	78.5	7	Mw	Papua New Guinea:New Ireland	巴布亚新几内亚：新爱尔兰	NEIC,Engdahl
1999	1	24	0	37	6.36	30.656	131.125	34	6.4	Mw	Japan:Kagoshima,Near Coast of S.	日本：鹿岛南部近海	NEIC,Engdahl,USGS
1999	1	24	7	1	57.26	-21.183	-174.509	15.3	6.1	Mw	Tonga Islands	汤加群岛	Engdahl
1999	1	24	8	0	9.33	-26.498	74.429	7.4	6.3	Mw	Mid - Indian Ridge	中印度洋海岭	NEIC,Engdahl
1999	1	25	18	19	18.47	4.449	-75.652	17	6.2	Mw	Colombia:Armenia, Calarca	哥伦比亚：亚美尼亚，卡拉卡	*Engdahl
1999	1	28	8	10	5.98	52.908	-169.184	59	6.6	Mw	Aleutian Islands	阿留申群岛	NEIC,Engdahl
1999	1	28	18	24	25.66	-4.61	153.626	89	6.4	Mw	Papua New Guinea:New Ireland,E.	巴布亚新几内亚：新爱尔兰东部	Engdahl
1999	2	3	1	13	56.55	-20.356	-174.148	11.3	6.2	Mw	Tonga Islands	汤加群岛	NEIC,Engdahl
1999	2	6	17	45	28.33	19.24	121.2	48.5	6.0	Mw	Philippines:Luzon,Coast N.	菲律宾：吕宋岛北部海域	Engdahl
1999	2	6	21	47	59.84	-12.815	166.716	77.7	7.3	Mw	Solomon Islands:Santa Cruz Islands	所罗门群岛：圣克鲁斯群岛	NEIC,Engdahl
1999	2	11	14	8	52.84	34.319	69.188	15.7	6	Mw	Afghan:Lowgar, Vardak	阿富汗：洛加尔，瓦尔达克	*Engdahl
1999	2	13	14	45	15.11	-3.517	144.849	15	6.2	Mw	Bismarck Sea	俾斯麦海	NEIC,Engdahl
1999	2	14	21	12	26.41	-15.507	168.037	13	6.0	Mw	Vanuatu Islands	瓦努阿图群岛	Engdahl
1999	2	22	1	0	33.7	-21.394	169.725	25.8	6.4	Mw	New Caledonia:Loyalty Islands	新喀里多尼亚：罗亚尔特群岛	NEIC,Engdahl
1999	2	22	13	48	51	23.8	122.9	28	6.1	Ms	China:Taiwan,Hualien,Coast of E.	中国：台湾花莲以东海域	China,Engdahl
1999	2	23	7	27	56.43	0.218	119.509	18.7	6.1	Mw	Indonesia:Makassar Strait	印度尼西亚：望加锡海峡	Engdahl
1999	3	4	5	38	27	28.306	57.232	23	6.6	Mw	Iran:Kerman	伊朗：克尔曼	*Engdahl
1999	3	4	8	52	2.64	5.401	121.874	27.7	7.1	Mw	Celebes Sea	西里伯斯海	NEIC,Engdahl
1999	3	5	3	35	20.06	-34.698	-69.711	36.8	6.0	Mw	Argentina:San Rafael	阿根廷：圣拉斐尔	Engdahl
1999	3	7	20	35	42.17	-15.926	-179.359	11	6.1	Mw	North of Fiji Islands	斐济群岛北部	NEIC,Engdahl
1999	3	8	12	25	46.59	52.133	159.376	21.9	6.9	Mw	Russia:Kamchatka Peninsula	俄罗斯：堪察加半岛	CSN,Engdahl
1999	3	20	10	47	47.59	51.623	-177.714	33	6.9	Mw	Andreanof Islands, Aleutian Is.	阿留申群岛，安德烈亚诺夫群岛	NEIC,Engdahl
1999	3	23	20	15	24	29.5	128.3		6	Ms	Ryukyu Islands	琉球群岛	China
1999	3	28	19	5	12.82	30.476	79.425	15	6.6	Mw	India:Chamoli, Rudraprayag	印度：查莫利，鲁德拉普拉亚格	*India,Engdahl
1999	3	31	5	54	44.71	5.818	-82.769	10	6.4	Mw	Panama:Off Coast of S.	巴拿马：南部海域	NEIC,Engdahl
1999	4	1	21	36	23.38	-4.365	152.772	36.6	6.2	Mw	Papua New Guinea:New Ireland	巴布亚新几内亚：新爱尔兰	NEIC,Engdahl,USGS
1999	4	2	17	5	49.88	-19.83	168.186	17.5	6.2	Mw	Vanuatu Islands	瓦努阿图群岛	NEIC,Engdahl
1999	4	3	6	17	19.98	-16.599	-72.482	85	6.8	Mw	Peru:Camana, Arequipa	秘鲁：卡马那，阿雷基帕	*Engdahl,USGS

年 Year	月 Mo	日 Dy	时 Hr	分 Mn	秒 Sec	纬度(°) Latitude	经度(°) Longitude	深度 Depth	震级 Mag	标度 Scale	地名(英文) Name(English)	地名(中文) Name(Chinese)	资料来源 Information
1999	4	3	10	10	29.23	13.249	-87.58	13.7	6.0	Mw	El Salvador:La Unión	萨尔瓦多:拉乌尼翁	Engdahl
1999	4	5	11	8	5.4	-5.62	149.582	138	7.4	Mw	Papua New Guinea:West New Britain	巴布亚新几内亚:西新不列颠	NEIC,Engdahl
1999	4	6	8	22	14.2	-6.473	147.049	18	6.3	Mw	Papua New Guinea:Lae	巴布亚新几内亚:莱城	NEIC,Engdahl
1999	4	8	13	10	35	43.598	130.379	566	7.1	Mw	China:Jilin,Wangqing	中国:吉林汪清	China,Engdahl
1999	4	9	12	16	1.93	-26.359	178.281	609.2	6.2	Mw	South of Fiji Islands	斐济群岛南部	Engdahl
1999	4	11	16	50	39.23	-5.993	148.444	45	6.0	Mw	Papua New Guinea:West New Britain	巴布亚新几内亚:西新不列颠	Engdahl
1999	4	13	10	38	50.29	-21.557	-176.399	172.3	6.8	Mw	Tonga Islands,W.	汤加群岛西部	NEIC,Engdahl
1999	4	20	19	4	8.3	-32.037	-178.92	82.7	6.5	Mw	Kermadec Ridge	克马德克海岭	NEIC,Engdahl
1999	4	26	18	17	27.34	-1.64	-77.666	168	6.1	Mw	Ecuador:Pastaza,W.	厄瓜多尔:帕斯塔萨西部	Engdahl
1999	5	5	22	41	30.4	14.318	-94.746	19.7	6.2	Mw	Mexico:Near Coast of Oaxaca	墨西哥:瓦哈卡近海	Engdahl,USGS
1999	5	6	23	0	53	29.52	51.903	19.5	6.2	Mw	Iran:Fars	伊朗:法尔斯	* Engdahl
1999	5	7	14	13	54.53	56.52	-152.869	20	6.2	Mw	Alaska:Kodiak Island	阿拉斯加:科迪亚克岛	NEIC,Engdahl
1999	5	8	22	12	46.77	14.349	-92.011	32.1	6.1	Mw	Mexico:Near Coast of Chiapas	墨西哥:恰帕斯州近海	Engdahl
1999	5	10	20	33	2	-5.15	150.954	124	7.1	Mw	Bismarck Sea	俾斯麦海	NEIC,Engdahl
1999	5	11	1	0	42.54	-36.235	-110.743	15	6.0	Mw	Southern East Pacific Rise	南太平洋东海岭	Engdahl
1999	5	12	17	59	23.58	43.13	143.789	97	6.2	Mw	Japan:Hokkaido	日本:北海道	Engdahl,USGS
1999	5	16	0	51	18.79	-4.731	152.581	46	7.1	Mw	Papua New Guinea:East New Britain	巴布亚新几内亚:东新不列颠	NEIC,Engdahl
1999	5	16	15	25	53.48	-2.594	138.223	41	6.4	Mw	Indonesia:Papua	印度尼西亚:巴布亚	NEIC,Engdahl
1999	5	17	10	7	58.36	-5.159	152.859	29	6.6	Mw	Papua New Guinea:East New Britain,E.	巴布亚新几内亚:东新不列颠东部	NEIC,Engdahl
1999	5	18	4	19	56.95	-5.743	148.41	147.1	6.1	Mw	Papua New Guinea:West New Britain	巴布亚新几内亚:西新不列颠	Engdahl
1999	5	22	10	8	55.98	-20.648	169.938	38.2	6.0	Mw	Vanuatu Islands	瓦努阿图群岛	Engdahl
1999	6	6	7	8	8.79	13.966	-90.918	40	6.3	Mw	Guatemala:San José	危地马拉:圣何塞	Engdahl
1999	6	15	20	42	6.74	18.374	-97.457	63	7	Mw	Mexico:Puebla,Veracruz	墨西哥:普埃布拉,韦拉克鲁斯	* Engdahl,USGS
1999	6	18	10	55	27.88	5.487	126.641	37.4	6.4	Mw	Philippines:Mindanao Island	菲律宾:棉兰老岛	NEIC,Engdahl
1999	6	21	17	43	3.5	18.284	-101.64	47	6.3	Mw	Mexico:Guerrero,Michoacan,Cuitzeo	墨西哥:格雷罗,米却肯,奎特绍	* Engdahl
1999	6	26	22	5	31.22	-17.923	-178.113	604.1	6.1	Mw	Fiji Islands	斐济群岛	Engdahl
1999	7	3	5	30	11.62	26.304	140.573	433.8	6.1	Mw	Japan:South Honshu Ridge	日本:本州南部海岭	NEIC,Engdahl
1999	7	7	18	52	58.21	49.267	155.477	29	6.1	Mw	Kuril Islands	千岛群岛	NEIC,Engdahl
1999	7	9	5	4	44.19	-6.528	154.994	29	6.3	Mw	Solomon Sea,N.	所罗门海北部	NEIC,Engdahl
1999	7	11	14	14	19.28	15.789	-88.278	15	6.7	Mw	Guatemala:Livingston	危地马拉:利文斯顿	* Engdahl
1999	7	11	14	52	10.7	-4.33	153.27	36	6.5	Ms	Papua New Guinea:New Ireland	巴布亚新几内亚:新爱尔兰	CSN
1999	7	14	12	1	56.8	-29.6	-71.2	65	6.0	Ms	Chile:La Serena	智利:塞雷那	CSN
1999	7	19	2	17	5.05	-28.746	-177.493	41.2	6.5	Mw	Kermadec Ridge	克马德克海岭	NEIC,Engdahl
1999	7	26	1	33	17.03	-5.156	152.072	32	6.2	Mw	Papua New Guinea:East New Britain	巴布亚新几内亚:东新不列颠	Engdahl
1999	7	28	0	16	59.53	-28.707	-177.427	39.3	6	Mw	Kermadec Ridge	克马德克海岭	Engdahl,NEIC
1999	7	28	10	8	22.16	-30.357	-177.948	28	6.3	Mw	East of Kermadec Ridge	克马德克海岭东部	NEIC,Engdahl
1999	8	1	8	39	6.68	-30.385	-177.746	13.7	6.5	Mw	Kermadec Ridge	克马德克海岭	NEIC,Engdahl
1999	8	12	5	45	0.72	-1.757	122.473	29.9	6.2	Mw	Indonesia:Sulawesi,Tojo	印度尼西亚:苏拉威西岛,台基	Engdahl,USGS
1999	8	14	0	16	53.58	-5.875	104.649	101	6.4	Mw	Indonesia:Southern Sumatra	印度尼西亚:苏门答腊南部	NEIC,Engdahl
1999	8	17	0	1	39.77	40.773	30.002	13.3	7.6	M	Turkey:Istanbul, Kocaeli	土耳其:伊斯坦布尔,科贾埃利	* Engdahl,NOAA
1999	8	20	10	2	22.19	9.321	-84.01	19	6.9	Mw	Costa Rica:Off Coast	哥斯达黎加:沿海	NEIC,Engdahl
1999	8	21	21	51	15.4	-58.356	-13.162	24.1	6.2	Mw	East of South Sandwich Trench	南桑维奇海沟东部	Engdahl
1999	8	22	9	35	39.4	-40.636	-75.046	21.3	6.4	Mw	Chile:Off Coast of S.	智利:南部沿海	NEIC,Engdahl
1999	8	22	12	40	44.41	-16.066	168.113	12	6.6	Mw	Vanuatu Islands	瓦努阿图群岛	NEIC,Engdahl
1999	8	26	7	39	28.9	-3.458	145.745	25.6	6.1	Mw	Bismarck Sea	俾斯麦海	NEIC,Engdahl
1999	8	28	12	40	8.02	-1.252	-77.447	198	6.2	Mw	Ecuador:Pastaza	厄瓜多尔:帕斯塔萨	Engdahl
1999	9	7	11	56	51.19	38.13	23.613	10	6	Mw	Greece:Athens	希腊:雅典	* Engdahl
1999	9	15	3	1	26.04	-20.836	-67.203	218	6.4	Mw	Bolivia:Potosi,SW.	玻利维亚:波托西西南	NEIC,Engdahl
1999	9	17	14	54	50.28	-13.775	167.271	197	6.3	Mw	Vanuatu Islands	瓦努阿图群岛	Engdahl
1999	9	18	21	28	34.81	51.233	157.446	60	6.0	Mw	Russia:Kamchatka Peninsula	俄罗斯:堪察加半岛	Engdahl,USGS
1999	9	20	17	47	18.76	23.819	120.863	21	7.7	M	China:Taiwan,Nantou	中国:台湾南投	* China,Engdahl,Dis
1999	9	20	17	57	20.33	23.871	121.174	55	6	mb	China:Taiwan,Nantou	中国:台湾南投	NEIC,Engdahl,USGS
1999	9	20	18	3	43.39	23.698	121.19	14.3	6.1	mb	China:Taiwan,Nantou	中国:台湾南投	NEIC,Engdahl,USGS
1999	9	20	18	11	58.43	23.814	121.184	60.5	6.1	mb	China:Taiwan,Nantou	中国:台湾南投	NEIC,Engdahl
1999	9	20	18	16	22.32	23.833	121.165	51.1	6	mb	China:Taiwan,Nantou	中国:台湾南投	NEIC,Engdahl,USGS
1999	9	20	21	46	41.7	23.478	120.873	13	7	Ms	China:Taiwan,Hualien,Coast of E.	中国:台湾花莲以东海域	China,Engdahl,USGS
1999	9	22	0	14	40.89	23.805	121.124	26	6.7	Ms	China:Taiwan,Nantou	中国:台湾南投	China,Engdahl,USGS
1999	9	22	0	49	45.87	23.716	121.11	44.9	6.2	Ms	China:Taiwan,Nantou	中国:台湾南投	China,Engdahl,USGS
1999	9	25	8	43		23.9	121.1	17	6.5	Mw	China:Taiwan,Nantou	中国:台湾南投	* China,USGS
1999	9	25	23	52	50.4	23.816	121.086	17	6.5	Mw	China:Taiwan,Nantou	中国:台湾南投	Engdahl,USGS
1999	9	28	5	0	42.19	54.663	168.156	15.1	6.1	Mw	Aleutian Islands	阿留申群岛	NEIC,Engdahl
1999	9	30	16	31	14.91	16.046	-96.912	40	7.5	Mw	Mexico:Oaxaca	墨西哥:瓦哈卡	* Engdahl,USGS

年 Year	月 Mo	日 Dy	时 Hr	分 Mn	秒 Sec	纬度(°) Latitude	经度(°) Longitude	深度 Depth	震级 Mag	标度 Scale	地名(英文) Name(English)	地名(中文) Name(Chinese)	资料来源 Information
1999	10	10	7	3	2.97	-2.022	134.259	10	6.1	Mw	Indonesia:Irian Jaya Barat	印度尼西亚:西巴布亚	Engdahl
1999	10	13	1	33	41.63	54.64	-161.224	30	6.4	Mw	Aleutian Islands	阿留申群岛	NEIC,Engdahl
1999	10	16	9	46	48.71	34.555	-116.436	15	7.4	Ms	US:California,Ludlow, Landers	美国:加利福尼亚州勒德罗,兰德斯	* Engdahl
1999	10	18	2	43	26.25	-56.24	-26.614	37.4	6.3	Mw	South Sandwich Islands	南桑威奇群岛	NEIC,Engdahl
1999	10	22	2	18	57.58	23.538	120.456	14	6.4	Ms	China:Taiwan,Chiayi	中国:台湾嘉义	* China,Engdahl,USGS,Dis
1999	10	22	3	10	0	23.6	120.4		6.1	Ms	China:Taiwan,Chiayi	中国:台湾嘉义	China,USGS
1999	10	23	2	12	4.03	-4.821	153.46	62.2	6.3	Mw	Papua New Guinea:New Ireland	巴布亚新几内亚:新爱尔兰	Engdahl
1999	10	24	4	21	42.11	44.681	149.374	26.9	6	Mw	Kuril Islands	千岛群岛	NEIC,Engdahl
1999	10	25	20	31	43.46	-38.675	175.896	159	6.0	Mw	New Zealand:North Island,Kinloch	新西兰:北岛,金洛赫	Engdahl
1999	11	1	17	52	1.98	23.442	121.616	34.6	6.6	Ms	China:Taiwan,Hualien,Coast of E.	中国:台湾花莲以东海域	China,Engdahl,USGS
1999	11	8	5	51	19.9	6.8	-72.9	164	6.3	Ms	Colombia:Bucaramanga	哥伦比亚:布卡拉曼加	CSN
1999	11	8	16	45	44.47	36.499	71.245	228	6.5	Mw	Afghan:Badakhshan	阿富汗:巴达赫尚	NEIC,Engdahl
1999	11	11	2	41	6.63	49.395	155.533	30	6.1	Mw	Kuril Islands	千岛群岛	Engdahl
1999	11	11	18	5	44.84	1.21	100.174	211	6.1	Mw	Indonesia:Northern Sumatra	印度尼西亚:苏门答腊北部	NEIC,Engdahl
1999	11	12	16	57	21.47	40.821	31.227	11	7.5	Ms	Turkey:Adapazari, Zonguldak	土耳其:阿达帕札勒,松古达克	* Engdahl
1999	11	15	5	42	47.1	-1.382	88.929	25.2	7	Mw	Bay of Bengal,S.	孟加拉湾南部	NEIC,Engdahl
1999	11	16	13	44	20.32	-55.727	-124.962	15	6.1	Mw	Southern Pacific Ridge	南太平洋海岭	Engdahl
1999	11	17	3	27	43.37	-6.005	148.796	46	6.9	Mw	Papua New Guinea:West New Britain	巴布亚新几内亚:西新不列颠	NEIC,Engdahl
1999	11	17	11	36	36.27	-6.01	148.761	44	6.3	Mw	Papua New Guinea:West New Britain	巴布亚新几内亚:西新不列颠	NEIC,Engdahl
1999	11	18	14	27	47.45	0.544	126.03	61.4	6.0	Mw	Molukka Sea	马鲁古海	Engdahl
1999	11	19	13	56	48.33	-6.32	148.765	34.1	7	Mw	Papua New Guinea:West New Britain	巴布亚新几内亚:西新不列颠	NEIC,Engdahl
1999	11	21	6	46	21.71	18.877	-107.185	15	6.2	Mw	Mexico:Off Coast of Jalisco	墨西哥:哈利斯科沿海	CSN,Engdahl
1999	11	26	0	28	59.57	55.125	165.366	15.6	6.0	Mw	Russia:Komandorsky Islands	俄罗斯:科曼多尔群岛	Engdahl
1999	11	26	13	21	17.47	-16.322	168.19	33	7.4	Mw	Vanuatu Islands	瓦努阿图群岛	* Engdahl,NOAA
1999	11	29	3	46	32.22	-1.302	88.958	13.1	6.4	Mw	Bay of Bengal,S.	孟加拉湾南部	NEIC,Engdahl
1999	11	30	4	1	54.5	-18.945	-69.13	128	6.6	Mw	Chile:Arica,SE.	智利:阿里卡东南	NEIC,Engdahl
1999	12	1	19	23	8.63	17.667	-82.369	15	6.3	Mw	Caribbean Sea	加勒比海	Engdahl
1999	12	6	23	12	33.9	57.366	-154.532	52	7	Mw	Alaska:Kodiak Island	阿拉斯加:科迪亚克岛	NEIC,Engdahl,USGS
1999	12	7	0	19	51.6	57.311	-154.55	45	6.4	Mw	Alaska:Kodiak Island	阿拉斯加:科迪亚克岛	NEIC,Engdahl
1999	12	7	21	29	50.16	-16.139	-173.879	138	6.4	Mw	Tonga Islands,N.	汤加群岛北部	NEIC,Engdahl
1999	12	8	13	34	41.61	-9.851	160.122	3.9	6.1	Mw	Solomon Islands	所罗门群岛	NEIC,Engdahl
1999	12	9	10	18	17.1	-6.04	148.173	43	6.4	Mw	Papua New Guinea:West New Britain	巴布亚新几内亚:西新不列颠	NEIC
1999	12	10	18	38	32.45	-36.174	-97.368	15	6.5	Mw	West of Chile Ridge	智利海岭西部	NEIC,Engdahl
1999	12	11	18	3	38.68	15.78	119.789	40	7.3	Mw	Philippines:Hermana Mayor Island	菲律宾:大埃尔马纳岛	* Engdahl,USGS
1999	12	15	4	41	12.3	-5.815	151.044	23	6.3	Mw	Papua New Guinea:West New Britain	巴布亚新几内亚:西新不列颠	NEIC
1999	12	16	14	17	55.6	-50.3	139.405	2.2	6.0	Mw	Great Australian Bight,S.	大澳大利亚湾南部	Engdahl
1999	12	17	0	27	29.28	-50.343	139.436	2.2	6	Mw	Great Australian Bight,S.	大澳大利亚湾南部	CSN,Engdahl
1999	12	18	17	44	56.8	-2.43	139.738	16	6.2	Mw	Indonesia:Papua,Near North Coast	印度尼西亚:巴布亚北部近海	NEIC,Engdahl
1999	12	19	0	48	38.34	12.867	144.72	48.3	6	Mw	Mariana Islands,S.	马里亚纳群岛南部	NEIC,Engdahl
1999	12	21	14	14	58	-6.8	105.527	42	6.5	Mw	Indonesia:Java Island	印度尼西亚:爪哇岛	* Engdahl
1999	12	22	13	32	36.32	-10.876	165.616	12	6.0	Mw	Solomon Islands	所罗门群岛	Engdahl
1999	12	24	19	26	8.09	-56.151	147.089	15	6.3	Mw	Australia:Macquarie Island,W.	澳大利亚:麦夸里岛西部	NEIC,Engdahl
1999	12	24	22	35	40.49	-56.368	147.207	9.7	6.1	Mw	Australia:Macquarie Island,W.	澳大利亚:麦夸里岛西部	Engdahl,NEIC
1999	12	28	12	47	1.06	5.635	-82.713	15	6.2	Mw	Panama:Off Coast of S.	巴拿马:南部海域	Engdahl
1999	12	29	13	29	19.26	-10.941	165.537	19	6.9	Mw	Solomon Islands	所罗门群岛	NEIC,Engdahl
1999	12	29	22	53	55.73	-11.083	165.345	12.9	6.2	Mw	Solomon Islands	所罗门群岛	NEIC,Engdahl
2000	1	1	5	58	22.13	-60.701	153.831	15	6.0	Mw	Macquarie Ridge	麦夸里海岭	Engdahl
2000	1	5	7	40	39.67	-11.319	165.504	15	6.1	Mw	Solomon Islands	所罗门群岛	NEIC,Engdahl
2000	1	6	10	42	29.14	58.124	-136.856	12	6.1	Mw	Gulf of Alaska	阿拉斯加湾	Engdahl
2000	1	6	21	31	5.3	16.149	119.424	14.1	6.2	Mw	Philippines:San Fernando,Coast SW.	菲律宾:圣费尔南多西南海域	Engdahl,NEIC
2000	1	8	1	19	45.53	-9.872	159.902	11	6.4	Mw	Solomon Islands	所罗门群岛	NEIC,Engdahl,USGS
2000	1	8	11	59	23.28	-23.216	-70.096	36	6.4	Mw	Chile:Antofagasta,C.	智利:安托法加斯塔中部	Engdahl
2000	1	8	16	47	18.86	-16.918	-174.214	155	7.2	Mw	Tonga Islands,N.	汤加群岛北部	NEIC,Engdahl
2000	1	9	21	54	40.4	-18.779	174.496	19.2	6.4	Mw	Fiji Islands	斐济群岛	NEIC,Engdahl
2000	1	13	20	7	15.9	-17.568	-178.669	539.6	6.2	Mw	Fiji Islands	斐济群岛	Engdahl
2000	1	14	23	37	7.63	25.624	101.051	17.4	6.5	Ms	China:Yunnan,Yaoan	中国:云南姚安	* China,Dis
2000	1	15	12	49	46.43	-21.2	-179.129	636.9	6.0	Mw	Tonga Islands,W.	汤加群岛西部	Engdahl
2000	1	19	7	9	34.79	36.298	70.399	207	6.0	Mw	Afghan:Taloqan,S.	阿富汗:塔卢坎南部	Engdahl
2000	1	20	9	41	52.98	43.683	-127.043	10	6.1	Mw	US:Off Coast of W. Oregon	美国:俄勒冈州西部沿海	Engdahl
2000	1	26	13	26	53.96	-17.297	-173.933	55	6.3	Mw	Tonga Islands,N.	汤加群岛北部	NEIC,Engdahl
2000	1	28	14	21	6.86	43.072	146.773	42.6	6.8	Mw	Japan:Off SE. Coast of Hokkaido	日本:北海道东南沿海	NEIC,Engdahl
2000	1	28	16	39	26.06	26.123	124.504	198	6	Mw	Ryukyu Islands	琉球群岛	NEIC,Engdahl

年 Year	月 Mo	日 Dy	时 Hr	分 Mn	秒 Sec	纬度(°) Latitude	经度(°) Longitude	深度 Depth	震级 Mag	标度 Scale	地名(英文) Name(English)	地名(中文) Name(Chinese)	资料来源 Information
2000	2	6	11	33	54.48	-5.877	150.98	39	6.6	Mw	Papua New Guinea:East New Britain	巴布亚新几内亚:东新不列颠	NEIC,Engdahl
2000	2	13	2	57	10.07	42.85	131.549	519.2	6	Mw	Russia:Primorsky Kray,Vladivostok,S.	俄罗斯:滨海边疆区海参崴南部	Engdahl,USGS
2000	2	14	17	51	55.1	-5.6	-77.3	33	6.0	Ms	Peru:Loreto,SW.	秘鲁:洛雷托西南	CSN
2000	2	25	1	43	58.02	-19.537	173.903	17	7.1	Mw	Vanuatu Islands	瓦努阿图群岛	NEIC,Engdahl
2000	2	26	8	11	48.4	13.831	144.808	114	6.2	Mw	Mariana Islands	马里亚纳群岛	NEIC,Engdahl
2000	2	26	18	24	41.46	9.384	-78.658	65	6.1	Mw	Panama:Pacora	巴拿马:帕科拉	Engdahl
2000	2	28	22	15	20.59	-17.535	-178.902	529.6	6.0	Mw	Fiji Islands	斐济群岛	Engdahl
2000	2	29	4	35	15.12	-50.188	-113.611	15	6.0	Mw	Southern Pacific Ridge	南太平洋海岭	Engdahl
2000	2	29	22	44	59.79	-18.121	169.149	34.6	6.0	Mw	Vanuatu Islands	瓦努阿图群岛	Engdahl
2000	3	3	22	9	15.49	-7.295	128.508	143.9	6.4	Mw	Indonesia:Banda Sea	印度尼西亚:班达海	NEIC,Engdahl
2000	3	3	22	22	43.46	-6.802	143.844	17	6.6	Mw	Papua New Guinea:Gulf	巴布亚新几内亚:海湾区	NEIC,Engdahl
2000	3	4	2	24	24.87	-60.194	150.127	15	6.3	Mw	West of Macquarie Ridge	麦夸里海岭西部	NEIC,Engdahl
2000	3	5	23	57	6.95	-62.993	145.656	25	6.1	Mw	South Atlantic Ocean	南大西洋	NEIC,Engdahl
2000	3	12	22	21	31.05	14.983	-92.362	53	6.3	Mw	Mexico:Near Coast of Oaxaca	墨西哥:瓦哈卡近海	Engdahl
2000	3	28	11	0	20.73	22.232	143.711	105	7.6	Mw	Japan:South Honshu Ridge	日本:本州南部海岭	* Engdahl
2000	4	3	15	20	3.13	4.082	125.52	149.4	6.2	Mw	Indonesia:Karakelong Island	印度尼西亚:卡拉克隆岛	Engdahl
2000	4	7	19	8	33.74	-17.835	65.793	19	6.3	Mw	Central Indian Ridge	印度洋中脊	Engdahl
2000	4	18	17	28	13.83	-20.654	-176.4	222.2	6.0	Mw	Fiji Islands	斐济群岛	Engdahl
2000	4	21	4	35	18.58	51.44	-178.177	28	6	Mw	Andreanof Islands, Aleutian Is.	阿留申群岛,安德烈亚诺夫群岛	NEIC,Engdahl
2000	4	23	9	27	24.35	-28.328	-62.953	610	7	Mw	Argentina:Santiago del Estero	阿根廷:圣地亚哥-德尔埃斯特罗	NEIC,Engdahl
2000	4	23	17	1	18.53	-28.377	-62.904	610	6.1	Mw	Argentina:Santiago del Estero	阿根廷:圣地亚哥-德尔埃斯特罗	Engdahl
2000	5	1	6	28	45.8	-6.82	129.29	53	6.1	Ms	Indonesia:Banda Sea	印度尼西亚:班达海	CSN
2000	5	2	15	3	32.95	17.444	147.568	13.5	6.0	Mw	Mariana Islands	马里亚纳群岛	Engdahl
2000	5	4	4	21	17.55	-1.153	123.478	26	7.6	Mw	Molukka Sea	马鲁古海	* Engdahl,NOAA,USGS
2000	5	4	20	36	33.67	-17.885	-178.477	516	6.5	Mw	Fiji Islands	斐济群岛	Engdahl
2000	5	6	13	44	16.18	-11.259	165.489	16.2	6.3	Mw	Solomon Islands	所罗门群岛	NEIC,Engdahl
2000	5	8	10	28	26.54	-4.465	150.018	504	6.1	Mw	Bismarck Sea	俾斯麦海	Engdahl
2000	5	12	18	43	19.75	-23.757	-66.766	225	7.2	Mw	Argentina:Jujuy	阿根廷:胡胡伊	NEIC,Engdahl
2000	5	12	23	10	29.9	35.941	70.672	95	6.3	Mw	Afghan:Badakhshan	阿富汗:巴达赫尚	NEIC,Engdahl
2000	5	14	20	8	32.97	-4.32	123.112	14	6.3	Mw	Indonesia:Banda Sea	印度尼西亚:班达海	Engdahl
2000	5	17	3	25	48.7	24	121.1		6.1	Ms	China:Taiwan,Nantou,N.	中国:台湾南投北	* China
2000	5	21	19	58	49.4	71.164	-8.287	10.6	6.0	Mw	Jan Mayen Island	扬马延岛	Engdahl
2000	5	26	0	30	4.67	11.375	139.24	18.5	6.0	Mw	Western Caroline Islands	卡罗琳群岛西部	Engdahl
2000	6	2	11	13	50.44	44.477	-130.204	8.7	6.2	Mw	US:Off Coast of W. Oregon	美国:俄勒冈州西部沿海	NEIC,Engdahl
2000	6	3	8	54	48.9	35.568	140.464	47.5	6.1	Mw	Japan:Sanmu	日本:千叶山武	Engdahl,USGS
2000	6	4	16	28	27.93	-4.762	102.007	34.6	7.9	Ms	Indonesia:Southern Sumatera,Lahat	印度尼西亚:苏门答腊南部,拉哈特	* Engdahl
2000	6	4	16	39	49.25	-4.665	101.972	49.1	6.7	mb	Indonesia:Southern Sumatera,Lahat	印度尼西亚:苏门答腊南部,拉哈特	NEIC,Engdahl
2000	6	4	17	52	18.32	28.707	65.307	35.8	6	mb	Pakistan:Quetta	巴基斯坦:奎达	NEIC,Engdahl
2000	6	6	2	41	51.13	40.716	32.998	7	6	Mw	Turkey:Cerkes, Cubuk	土耳其:切鲁开斯,查布克	* Engdahl
2000	6	6	9	58	8.22	-5.104	102.669	32	6.2	Mw	Indonesia:Sumatra,Coast of SW.	印度尼西亚:苏门答腊西南海域	NEIC,Engdahl
2000	6	6	14	57	2.2	29.465	131.441	21.9	6.4	Mw	Japan:Yaku-shima	日本:屋久岛	NEIC,Engdahl
2000	6	7	13	46	55.9	26.856	97.238	33	6.5	Ms	myanmar:Kachin	缅甸:克钦	*
2000	6	7	21	46	54.54	26.828	97.177	11	6.3	Mw	myanmar:Kachin	缅甸:克钦	Engdahl,USGS
2000	6	7	23	45	28.19	-4.622	101.852	32	6.7	Mw	Indonesia:Southern Sumatera,Lahat	印度尼西亚:苏门答腊南部,拉哈特	* Engdahl
2000	6	9	1	27	15.1	-5.078	152.59	20.4	6.3	Mw	Papua New Guinea:East New Britain,E.	巴布亚新几内亚:东新不列颠东部	NEIC,Engdahl
2000	6	9	8	42	2.16	-11.336	162.216	40.5	6.1	Mw	Solomon Islands	所罗门群岛	NEIC,Engdahl
2000	6	9	23	31	46.55	30.478	137.713	489.1	6.2	Mw	Japan:South Honshu Ridge	日本:南本州海岭	Engdahl
2000	6	10	18	23	28.94	23.877	121.237	19	6.8	Ms	China:Taiwan,Nantou	中国:台湾南投	* China,Engdahl,USGS
2000	6	11	11	55	13.98	-50.582	139.448	9.2	6.6	Mw	Great Australian Bight,S.	大澳大利亚湾南部	NEIC,Engdahl
2000	6	14	2	15	27.2	-25.568	178.148	609.1	6.5	Mw	South of Fiji Islands	斐济群岛南部	Engdahl
2000	6	14	17	0	50.6	4.576	127.719	97.1	6.3	Mw	Indonesia:Karakelong Island	印度尼西亚:卡拉克隆岛	NEIC,Engdahl
2000	6	14	23	1	14.93	-17.859	176.356	24.2	6.0	Mw	Fiji Islands	斐济群岛	Engdahl
2000	6	15	11	10	48.87	29.402	132.073	16.3	6.1	Mw	Ryukyu Trench	琉球海沟	NEIC,Engdahl
2000	6	16	7	55	36.11	-33.893	-70.095	114	6.4	Mw	Chile:Santiago	智利:圣地亚哥	NEIC,Engdahl,USGS
2000	6	17	15	40	43.3	63.924	-20.478	8	6.5	Mw	Iceland:Vestmannaeyjar, Hella	冰岛:韦斯特曼纳埃亚尔,赫拉	* Engdahl
2000	6	18	14	44	13.77	-13.896	97.328	7.1	7.9	Mw	Australia:Cocos Islands	澳大利亚:科科斯群岛	* Engdahl,NOAA
2000	6	21	0	51	48.54	63.929	-20.712	8	6.5	Mw	Iceland:Grimsnes, Selfoss	冰岛:格里姆斯内斯,塞尔福斯	* Engdahl
2000	6	25	6	34	47.88	31.129	131.218	35.5	6.0	Mw	Japan:Kagoshima,Near Coast	日本:鹿岛近海	Engdahl
2000	7	1	7	1	57.68	34.232	139.127	14.1	6.1	Mw	Japan:Shizuoka,Near Coast	日本:静冈近海	* Engdahl,NOAA,USGS
2000	7	11	1	32	28.5	57.439	-154.393	49	6.5	Mw	Alaska:Kodiak Island	阿拉斯加:科迪亚克岛	NEIC,Engdahl
2000	7	14	0	7	0	24.1	121.8		6	Ms	China:Taiwan,Hualien,Coast of E.	中国:台湾花莲以东海域	China
2000	7	15	1	30	33.24	34.37	139.274	16.6	6.1	Mw	Japan:Shizuoka,Near Coast	日本:静冈近海	* Engdahl,NOAA,USGS

年 Year	月 Mo	日 Dy	时 Hr	分 Mn	秒 Sec	纬度(°) Latitude	经度(°) Longitude	深度 Depth	震级 Mag	标度 Scale	地名(英文) Name(English)	地名(中文) Name(Chinese)	资料来源 Information
2000	7	16	3	21	45.5	20.258	122.069	27.9	6.4	Mw	Philippines:Luzon,Coast N.	菲律宾:吕宋岛北部海域	*Engdahl
2000	7	16	3	57	47.38	-7.765	150.98	12.4	6.6	Mw	New Britain Trench	新不列颠海沟[太平洋]	NEIC,Engdahl
2000	7	16	17	25	28.77	-12.406	166.55	68.8	6.1	Mw	Solomon Islands:Santa Cruz Islands	所罗门群岛:圣克鲁斯群岛	Engdahl
2000	7	17	22	53	47.85	36.258	70.996	135	6.3	Mw	Afghan:Badakhshan	阿富汗:巴达赫尚	NEIC,Engdahl
2000	7	20	18	39	18.8	36.55	140.918	31	6	Mw	Japan:Ibaraki,Near Coast	日本:茨城近海	NEIC,Engdahl,USGS
2000	7	21	1	53	34.98	9.41	-85.283	17	6.4	Mw	Costa Rica:Off Coast	哥斯达黎加:沿海	NEIC,Engdahl
2000	7	28	20	28	0	23.7	120.7		6.2	Ms	China:Taiwan,Nantou	中国:台湾南投	China,Engdahl
2000	7	30	12	25	48.06	33.923	139.366	15	6.5	Mw	Japan:Miyake Jima	日本:三宅岛	*Engdahl,NOAA,USGS
2000	7	31	22	44	32.62	-16.719	174.611	12.7	6.2	Mw	Fiji Islands	斐济群岛	Engdahl
2000	8	3	1	9	40.92	-12.043	166.501	36.8	6.6	Mw	Solomon Islands:Santa Cruz Islands	所罗门群岛:圣克鲁斯群岛	NEIC,Engdahl,USGS
2000	8	4	21	13	5.43	48.776	142.182	16	6.8	Mw	Russia:Sakhalin Island	俄罗斯:库页岛(萨哈林岛)	*NEIC,Engdahl
2000	8	6	7	27	14.43	28.859	139.556	398.1	7.3	Mw	Japan:South Honshu Ridge	日本:本州南部海岭	NEIC,Engdahl
2000	8	7	14	33	57.75	-6.994	123.405	652.4	6.5	Mw	Indonesia:Banda Sea	印度尼西亚:班达海	NEIC,Engdahl
2000	8	9	0	8	40.34	-15.69	168.074	14	6.3	Mw	Vanuatu Islands	瓦努阿图群岛	NEIC,Engdahl
2000	8	9	11	41	47.22	18.138	-102.504	29	6.5	Mw	Mexico:Michoacan,Mexico City	墨西哥:米却肯,墨西哥城	NEIC,Engdahl
2000	8	9	22	55	58.22	-16.854	174.507	15	6.4	Mw	Fiji Islands	斐济群岛	NEIC
2000	8	14	22	11	17.36	-9.365	153.937	8.8	6	Mw	Solomon Sea	所罗门海	NEIC,Engdahl
2000	8	15	4	30	9.85	-31.619	179.831	361.1	6.6	Mw	Kermadec Ridge	克马德克海岭	NEIC,Engdahl
2000	8	21	9	16	28.78	-53.012	-46.204	20.3	6.1	Mw	South Atlantic Ocean	南大西洋	Engdahl
2000	8	28	15	5	49.89	-4.093	127.422	19.2	6.8	Mw	Indonesia:Banda Sea	印度尼西亚:班达海	NEIC,Engdahl
2000	8	28	19	29	32.3	-4.21	127.207	20.5	6.5	Mw	Indonesia:Banda Sea	印度尼西亚:班达海	NEIC,Engdahl
2000	9	1	11	56	51.8	1.42	96.453	26	6	Mw	Indonesia:Sumatera,Off West Coast	印度尼西亚:苏门答腊西部沿海	NEIC,Engdahl
2000	9	2	17	2	20.94	-20.039	-179.014	691.4	6.0	Mw	Fiji Islands	斐济群岛	Engdahl
2000	9	10	8	54	45.96	24.039	121.579	55.1	6.3	Ms	China:Taiwan,Hualien	中国:台湾花莲	China,USGS,Engdahl
2000	9	10	19	6	13.38	-1.153	129.376	9	6.1	Mw	Indonesia:Halmahera	印度尼西亚:哈马黑拉	NEIC,Engdahl
2000	9	11	17	17	55.11	-15.856	-173.691	118	6.3	Mw	Samoa Islands	萨摩亚群岛	NEIC,Engdahl
2000	9	12	0	28	0	35.426	99.443	10	6.6	Ms	China:Qinghai,Wenquan,N.	中国:青海温泉北	China,Engdahl,Dis
2000	9	12	16	27	23.08	-5.449	101.786	11.1	6	Mw	Indonesia:Sumatra,Coast of SW.	印度尼西亚:苏门答腊西南海域	NEIC,Engdahl
2000	9	14	14	59	57.14	-15.594	179.928	11.3	6.2	Mw	North of Fiji Islands	斐济群岛北部	NEIC,Engdahl
2000	9	22	18	22	4.45	-4.961	102.055	31	6.2	Mw	Indonesia:Southern Sumatera,Lahat	印度尼西亚:苏门答腊南部,拉哈特	Engdahl
2000	9	26	6	17	53.85	-17.189	-173.893	56	6.4	Mw	Tonga Islands,N.	汤加群岛北部	NEIC,Engdahl
2000	9	28	23	23	43.74	-0.252	-80.523	16	6.4	Mw	Ecuador:Near Coast of W.	厄瓜多尔:西部近海	NEIC,Engdahl
2000	10	2	2	25	33.26	-8.002	30.769	34	6.5	Mw	Tanzania:Lake Tanganyika	坦桑尼亚:坦噶尼喀湖	*Engdahl
2000	10	3	4	13	29.44	40.293	143.105	14	6.3	Mw	Japan:Morioka,Near East Coast	日本:盛冈东部近海	Engdahl
2000	10	4	14	37	45.94	11.114	-62.541	110	6.2	Mw	Grenada:St Georges,S.	格林纳达:圣乔治南部	Engdahl,USGS
2000	10	4	16	58	46.24	-15.406	167.021	23	7	Mw	Vanuatu Islands	瓦努阿图群岛	NEIC,Engdahl
2000	10	5	13	39	13.17	31.57	-40.91	11.6	6.1	Mw	Northern Mid-Atlantic Ridge	北大西洋洋中脊	NEIC,Engdahl
2000	10	5	20	6	9.66	6.791	126.906	35.3	6.1	Mw	Philippine Trench	菲律宾海沟	Engdahl
2000	10	6	4	30	20.62	35.454	133.107	9	6.7	Mw	Japan:Okayama, Tottori	日本:冈山,鸟取	*Engdahl
2000	10	21	5	25	15.52	-17.291	-175.093	287.5	6.3	Mw	Fiji Islands	斐济群岛	Engdahl
2000	10	21	11	36	1.22	-47.257	-12.398	15	6.0	Mw	South Atlantic Ridge	南大西洋海岭	Engdahl
2000	10	25	5	26	40.88	-34.541	-109.757	10.8	6.0	Mw	Southern East Pacific Rise	南太平洋东海岭	Engdahl
2000	10	25	9	32	25.42	-6.646	105.575	38	6.8	Mw	Indonesia:Sunda Strait	印度尼西亚:巽他海峡	NEIC,Engdahl
2000	10	25	19	0	19.92	-34.648	-109.559	15	6.1	Mw	Southern East Pacific Rise	南太平洋东海岭	Engdahl
2000	10	27	4	21	53.08	26.246	140.512	391	6.1	Mw	Japan:South Honshu Ridge	日本:本州南部海岭	NEIC,Engdahl
2000	10	29	8	37	8.91	-5.106	153.994	53	7	Mw	Papua New Guinea:East New Britain,E.	巴布亚新几内亚:东新不列颠东部	NEIC,Engdahl
2000	10	30	12	1	33.03	-9.762	119.014	39.5	6.0	Mw	Indonesia:Sumba Island	印度尼西亚:松巴岛	Engdahl,USGS
2000	10	31	18	43	19.01	-17.952	-175.178	13.8	6.2	Mw	Tonga Islands,N.	汤加群岛北部	Engdahl
2000	11	1	10	35	57.94	-45.079	167.075	31.8	6.1	Mw	New Zealand:South Island,Secretary Island	新西兰:南岛,塞克勒特里岛	Engdahl
2000	11	7	0	18	7.44	-55.581	-29.723	16.8	6.8	Mw	South Sandwich Islands	南桑威奇群岛	NEIC,Engdahl
2000	11	7	1	1	49.54	-5.514	151.66	25.5	6	Ms	Papua New Guinea:East New Britain	巴布亚新几内亚:东新不列颠	NEIC,Engdahl
2000	11	7	7	50	11.37	-5.425	154.049	93.3	6.2	Mw	Papua New Guinea:Bougainville Island	巴布亚新几内亚:布干维尔岛	Engdahl
2000	11	8	7	0	0.49	7.048	-77.802	17	6.5	Mw	Colombia:Off Coast of W.	哥伦比亚:西部沿海	*Engdahl
2000	11	13	15	57	22.55	42.552	144.694	26	6	Mw	Japan:Hokkaido	日本:北海道	NEIC,Engdahl
2000	11	16	4	54	55.87	-4.001	152.327	16.8	8	Mw	Papua New Guinea:East New Britain	巴布亚新几内亚:东新不列颠	*Engdahl,NOAA
2000	11	16	5	21	22.4	-5.208	153.224	18.3	6	mb	Papua New Guinea:East New Britain,E.	巴布亚新几内亚:东新不列颠东部	NEIC,Engdahl
2000	11	16	7	42	19.17	-5.243	153.127	32.6	7.8	Mw	Papua New Guinea:East New Britain,E.	巴布亚新几内亚:东新不列颠东部	*Engdahl
2000	11	16	7	45	36.94	-4.856	153.314	53.9	6.5	mb	Papua New Guinea:New Ireland	巴布亚新几内亚:新爱尔兰	NEIC,Engdahl
2000	11	16	11	5	41.25	-5.283	153.01	19.5	6.2	Ms	Papua New Guinea:East New Britain,E.	巴布亚新几内亚:东新不列颠东部	NEIC,Engdahl

年 Year	月 Mo	日 Dy	时 Hr	分 Mn	秒 Sec	纬度(°) Latitude	经度(°) Longitude	深度 Depth	震级 Mag	标度 Scale	地名(英文) Name(English)	地名(中文) Name(Chinese)	资料来源 Information
2000	11	17	21	1	56.82	-5.491	151.936	25.7	7.8	Mw	Papua New Guinea:East New Britain	巴布亚新几内亚:东新不列颠	* Engdahl
2000	11	18	2	5	48.8	-5.061	153.233	20.7	6.6	Mw	Papua New Guinea:East New Britain,E.	巴布亚新几内亚:东新不列颠东部	NEIC,Engdahl
2000	11	18	6	55	0.92	-5.254	151.868	43	6.8	Mw	Papua New Guinea:East New Britain	巴布亚新几内亚:东新不列颠	NEIC,Engdahl
2000	11	18	23	5	39.7	-5.384	153.448	21.7	6.1	Mw	Papua New Guinea:East New Britain,E.	巴布亚新几内亚:东新不列颠东部	NEIC,Engdahl
2000	11	19	5	35	20.28	-5.601	151.991	31.1	6.1	Mw	Papua New Guinea:East New Britain	巴布亚新几内亚:东新不列颠	Engdahl
2000	11	21	17	33	35.61	-5.454	152.242	28.4	6.1	Mw	Papua New Guinea:East New Britain	巴布亚新几内亚:东新不列颠	Engdahl
2000	11	21	21	21	5.72	-5.187	152.861	15	6.1	Mw	Papua New Guinea:East New Britain,E.	巴布亚新几内亚:东新不列颠东部	NEIC,Engdahl
2000	11	23	18	43	18.31	-4.581	153.131	42.5	6.3	Mw	Papua New Guinea:New Ireland	巴布亚新几内亚:新爱尔兰	NEIC,Engdahl
2000	11	25	18	9	12.95	40.226	49.974	50	6.8	Mw	Azerbaijan:Baki	阿塞拜疆:巴库	* Engdahl
2000	11	25	18	10	49.43	40.123	49.96	37.7	6.5	Mw	Caspian Sea	里海	CSN,Engdahl
2000	11	29	10	25	12.83	-24.883	-70.943	38.9	6.3	Mw	Chile:Taltal	智利:塔尔塔尔	Engdahl
2000	12	4	4	43	8.98	14.747	-94.004	20.3	6.0	Mw	Mexico:Tapachula,Off Coast	墨西哥:塔帕丘拉沿海	Engdahl
2000	12	6	17	11	7.94	39.552	54.831	30	7.5	Ms	Turkmenistan:Balkanabat	土库曼斯坦:巴尔坎纳巴德	* Engdahl,USGS
2000	12	6	22	57	41.16	-4.224	152.781	28	6.5	Mw	Papua New Guinea:New Ireland	巴布亚新几内亚:新爱尔兰	NEIC,Engdahl
2000	12	12	5	26	46.43	5.815	-82.683	10	6.1	Mw	Panama:Off Coast of S.	巴拿马:南部海域	Engdahl
2000	12	18	1	19	22.87	-21.163	-179.075	628	6.6	Mw	Tonga Islands,W.	汤加群岛西部	NEIC,Engdahl
2000	12	19	13	11	45.99	11.748	144.856	14.9	6.2	Mw	Mariana Islands,S.	马里亚纳群岛南部	NEIC,Engdahl
2000	12	20	11	23	56.13	-39.043	-74.802	14.4	6.5	Mw	Chile:Near Coast of C.	智利:中部近海	NEIC,Engdahl
2000	12	20	16	49	41.55	-9.229	154.54	12.4	6.6	Mw	Solomon Sea	所罗门海	NEIC,Engdahl
2000	12	21	1	1	30.6	-5.739	151.262	44	6.4	Mw	Papua New Guinea:West New Britain	巴布亚新几内亚:西新不列颠	NEIC,Engdahl
2000	12	21	2	41	24.57	-5.356	154.233	388.2	6.0	Mw	Papua New Guinea:Bougainville Island	巴布亚新几内亚:布干维尔岛	Engdahl
2000	12	22	10	13	2.6	44.84	147.126	140	6.2	Mw	Kuril Islands	千岛群岛	NEIC,Engdahl
2000	12	23	7	13	25.89	-7.914	135.803	62.6	6.0	Mw	Arafura Sea	亚拉科拉海	Engdahl
2000	12	28	4	34	28.4	-4.037	152.412	21	6.1	Mw	Papua New Guinea:East New Britain	巴布亚新几内亚:东新不列颠	NEIC,Engdahl
2001	1	1	6	57	6.47	6.932	126.635	38.4	7.5	Mw	Philippines:Mindanao Island	菲律宾:棉兰老岛	* NEIC,Engdahl
2001	1	1	8	54	34.65	6.616	126.896	44.1	6.8	Mw	Philippine Trench	菲律宾海沟	NEIC,Engdahl
2001	1	2	7	30	4.75	6.749	126.814	28.2	6.4	Mw	Philippine Trench	菲律宾海沟	NEIC,Engdahl
2001	1	2	23	17	40.95	-11.13	162.583	16.8	6.0	Mw	Solomon Islands	所罗门群岛	Engdahl
2001	1	9	16	49	29.52	-14.914	167.227	103	7	Mw	Vanuatu Islands	瓦努阿图群岛	NEIC,Engdahl
2001	1	10	16	2	44.2	56.97	-153.491	25	7	Mw	Alaska:Kodiak Island	阿拉斯加:科迪亚克岛	NEIC,Engdahl,USGS
2001	1	11	0	4	8.15	49.202	-128.92	9.6	6	Mw	Canada:Off Coast of W. Vancouver	加拿大:温哥华西部海域	Engdahl
2001	1	13	17	33	32.3	13.038	-88.661	38	7.7	M	El Salvador:Near Coast	萨尔瓦多:近海	* Engdahl
2001	1	15	5	52	17.9	-40.34	78.31	10.5	6.4	Mw	Mid - Indian Ridge	中印度洋海岭	NEIC,Engdahl
2001	1	16	13	25	2.7	-4.023	101.638	34.7	6.8	Mw	Indonesia:Sumatra,Coast of SW.	印度尼西亚:苏门答腊西南海域	NEIC,Engdahl
2001	1	19	1	12	53.94	15.37	-92.658	101	6.0	Mw	Mexico:Venustiano Carranza,Chiapas	墨西哥:卡兰萨,恰帕斯	Engdahl
2001	1	19	8	10	14.7	-11.622	166.421	38	6.3	Mw	Solomon Islands	所罗门群岛	NEIC,Engdahl
2001	1	19	9	4	35.51	-58.118	-9.484	26.7	6	Mw	East of South Sandwich Trench	南桑维奇海沟东部	Engdahl
2001	1	26	3	16	42.08	23.394	70.234	16	7.7	M	India:Gujarat,Bhuj	印度:古吉拉特,普杰	* India,Engdahl
2001	1	29	23	21	25.07	-0.68	133.377	14	6.2	Mw	Indonesia:Irian Jaya Barat	印度尼西亚:西巴布亚	Engdahl
2001	2	1	18	19	31.29	51.487	-177.813	27	6.0	Mw	Aleutian Islands	阿留申群岛	Engdahl
2001	2	13	14	22	7.98	13.627	-89.021	11	6.6	Mw	El Salvador:La Paz	萨尔瓦多:拉巴斯	* Engdahl
2001	2	13	19	28	31.86	-4.933	102.454	34	7.3	Mw	Indonesia:Southern Sumatra	印度尼西亚:苏门答腊南部	NEIC,Engdahl
2001	2	14	14	4	28.7	-19.471	177.435	22.3	6.1	Mw	Fiji Islands	斐济群岛	Engdahl
2001	2	14	14	17	1.3	-19.609	177.497	13.6	6.2	Mw	Fiji Islands	斐济群岛	Engdahl
2001	2	16	5	59	10.21	-7.143	117.468	515	6.1	Mw	Flores Sea	弗洛勒斯海	Engdahl
2001	2	17	20	11	31.27	53.995	-133.824	11.5	6.2	Mw	Canada:Queen Charlotte Islands	加拿大:夏洛特皇后群岛	Engdahl
2001	2	18	13	4	56.11	-47.382	32.336	19	6.0	Mw	Marion Island	马里恩岛[印度洋]	Engdahl
2001	2	23	0	9	0	29.4	101.19	15	6.0	Ms	China:Sichuan,Yajiang	中国:四川雅江	* China,Dis
2001	2	24	7	23	50.56	1.327	126.292	36.7	7.1	Mw	Molukka Sea	马鲁古海	NEIC,Engdahl
2001	2	24	16	33	49.21	1.57	126.351	61.1	6.2	Mw	Indonesia:Molucca Sea	印度尼西亚:马鲁古海	Engdahl
2001	2	25	2	22	0.74	36.405	70.908	200	6.1	Mw	Afghan:Fayzabad	阿富汗:法扎巴德	Engdahl
2001	2	26	5	58	22.85	46.868	144.457	380.4	6.1	Mw	Russia:Sakhalin Island	俄罗斯:库页岛(萨哈林岛)	Engdahl
2001	2	28	12	30	18.89	-21.967	170.24	28.5	6.7	Mw	New Caledonia:Loyalty Islands	新喀里多尼亚:罗亚尔特群岛	NEIC,Engdahl
2001	2	28	13	5	34.02	-21.973	170.184	15	6.3	Mw	Vanuatu Islands	瓦努阿图群岛	NEIC,Engdahl
2001	2	28	18	50	15.72	13.256	-88.79	82.6	6.1	Mw	El Salvador:Usulutan	萨尔瓦多:乌苏卢坦	Engdahl
2001	2	28	18	54	32.8	47.112	-122.603	54	6.8	M	US:Washington,Olympia, Seattle	美国:华盛顿州奥林匹亚,西雅图	* Engdahl
2001	3	5	15	50	4.69	34.2	86.5	10	6.4	Ms	China:Xizang (Tibet),Nyima,N.	中国:西藏尼玛北部	China,Engdahl
2001	3	6	9	17	38.55	-54.61	157.282	17.1	6.1	Mw	West of Macquarie Ridge	麦夸里海岭西部	Engdahl

年 Year	月 Mo	日 Dy	时 Hr	分 Mn	秒 Sec	纬度(°) Latitude	经度(°) Longitude	深度 Depth	震级 Mag	标度 Scale	地名(英文) Name(English)	地名(中文) Name(Chinese)	资料来源 Information
2001	3	7	18	11	1.77	-6.982	-12.903	21.6	6.0	Mw	Central Mid - Atlantic Ridge	中大西洋中脊	Engdahl
2001	3	15	1	22	43.51	8.592	93.941	23.9	6.0	Mw	India:Nicobar Islands	印度:尼科巴群岛	Engdahl
2001	3	19	5	52	15.8	-4.025	128.005	20.9	6.5	Mw	Indonesia:Banda Sea	印度尼西亚:班达海	NEIC,Engdahl,USGS
2001	3	23	11	30	12.09	44.173	147.977	30	6.0	Mw	Kuril Islands	千岛群岛	Engdahl
2001	3	24	6	27	53.5	34.074	132.496	42	6.8	Mw	Japan:Hiroshima, Okayama	日本:广岛冈山	*Engdahl
2001	4	4	7	44	10.37	-5.191	132.356	17	6.4	Mw	Indonesia:Aru Islands	印度尼西亚:阿鲁群岛	NEIC,Engdahl
2001	4	7	23	17	37.73	-27.599	-176.207	24.2	6.2	Mw	North East of Kermadec Ridge	克马德克海岭东北	Engdahl
2001	4	9	9	0	59.56	-32.734	-73.193	15.1	6.7	Mw	Chile:Off Coast of C.	智利:中部沿海	NEIC,Engdahl
2001	4	13	15	33	55.54	-59.793	-25.563	29.2	6.2	Mw	South Sandwich Islands	南桑威奇群岛	NEIC,Engdahl
2001	4	14	23	27	28.55	30.094	141.813	11.2	6	Mw	Japan Trench	日本海沟	NEIC,Engdahl
2001	4	19	3	13	26.99	-7.501	155.969	12	6	Mw	Solomon Islands	所罗门群岛	NEIC,Engdahl
2001	4	19	20	58	27.66	-7.369	156.023	20	6.2	Mw	Solomon Islands	所罗门群岛	NEIC,Engdahl
2001	4	19	21	43	43.77	-7.449	155.893	17	6.7	Mw	Solomon Islands	所罗门群岛	NEIC,Engdahl
2001	4	26	17	48	57.61	43.167	145.862	72	6.0	Mw	Japan:Hokkaido	日本:北海道	Engdahl,USGS
2001	4	28	4	49	55.71	-18.052	-176.929	363.1	6.8	Mw	Fiji Islands	斐济群岛	NEIC,Engdahl
2001	4	29	21	26	57.51	18.729	-104.534	19.1	6.2	Mw	Mexico:Near Coast of Jalisco	墨西哥:哈利斯科近海	Engdahl
2001	5	9	17	38	27	-10.334	161.323	62	6.3	Mw	Solomon Islands	所罗门群岛	NEIC,Engdahl
2001	5	19	17	36	27.16	-19.909	-177.484	371.7	6.0	Mw	Fiji Islands	斐济群岛	Engdahl
2001	5	20	4	21	43.8	18.887	-104.402	18	6.3	Mw	Mexico:Near Coast of Jalisco	墨西哥:哈利斯科近海	NEIC,Engdahl
2001	5	25	0	40	52.01	44.326	148.303	30	6.7	Mw	Kuril Islands	千岛群岛	NEIC,Engdahl
2001	5	25	5	6	11.79	-7.875	110.109	140	6.3	Mw	Indonesia:Java,Bantul	印度尼西亚:爪哇,班图尔	Engdahl
2001	5	26	10	57	26.6	-20.295	-177.74	402.6	6.4	Mw	Fiji Islands	斐济群岛	Engdahl
2001	5	28	8	37	5.87	-6.646	132.333	27.6	6.0	Mw	Indonesia:Palau Jamdena	印度尼西亚:延德纳岛	Engdahl
2001	5	29	23	37	21.59	-7.029	155.167	16.1	6.4	Mw	Solomon Islands	所罗门群岛	NEIC,Engdahl
2001	6	3	2	41	57.83	-29.776	-178.45	178.4	7.2	Mw	Kermadec Ridge	克马德克海岭	NEIC,Engdahl
2001	6	5	9	0	8.54	-6.909	146.476	20.4	6.4	Mw	Papua New Guinea:Morobe	巴布亚新几内亚:莫罗贝	NEIC,Engdahl
2001	6	5	15	13	59.81	-6.838	146.458	11.1	6.0	Mw	Papua New Guinea:Morobe	巴布亚新几内亚:莫罗贝	Engdahl
2001	6	14	2	35	25.8	24.557	122.048	42.6	6.4	Ms	China:Taiwan,Yilan,Coast of E.	中国:台湾宜兰以东海域	China,USGS,Engdahl
2001	6	14	19	48	49.93	51.193	-179.869	21	6.5	Mw	Andreanof Islands, Aleutian Is.	阿留申群岛,安德烈亚诺夫群岛	NEIC,Engdahl
2001	6	15	6	17	46.9	18.799	147.073	33.8	6.0	Mw	Mariana Islands	马里亚纳群岛	Engdahl
2001	6	15	16	19	8.8	13.898	51.675	6.6	6.0	Mw	Eastern Gulf of Aden	亚丁湾东部	Engdahl
2001	6	16	2	13	39.25	-15.102	-173.428	15	6.0	Mw	Samoa:South West of Apia	萨摩亚:阿皮亚西南	Engdahl
2001	6	23	20	33	14.98	-16.305	-73.55	29.8	8.4	M	Peru:Arequipa, Moquegua, Tacna	秘鲁:阿雷基帕,莫克瓜,塔克纳	*Engdahl,NOAA
2001	6	23	21	27	36.59	-17.184	-72.566	29.4	6.1	mb	Peru:Arequipa,Near Coast	秘鲁:阿雷基帕近海	NEIC,Engdahl
2001	6	24	13	18	54.05	44.296	148.434	36.8	6.0	Mw	Kuril Islands	千岛群岛	Engdahl
2001	6	26	4	18	33.08	-17.793	-71.457	24	6.7	Mw	Peru:Ilo,Near Coast	秘鲁:伊洛近海	NEIC,Engdahl
2001	6	26	12	33	55.2	-3.967	-104.447	15	6.0	Mw	Ecuador:Galapagos,SE.	厄瓜多尔:加拉帕戈斯岛东南	Engdahl
2001	6	29	18	35	51.59	-19.695	-66.238	265.8	6.1	Mw	Bolivia:Potosi	玻利维亚:波托西	Engdahl
2001	7	1	1	46	7.72	-4.297	152.943	28	6.1	Mw	Papua New Guinea:New Ireland	巴布亚新几内亚:新爱尔兰	NEIC,Engdahl
2001	7	3	13	10	45.26	21.632	143.04	302.6	6.5	Mw	Mariana Islands,N.	马里亚纳群岛北部	NEIC,Engdahl
2001	7	4	7	6	32.4	-21.748	-176.618	182.9	6.5	Mw	Tonga Islands,W.	汤加群岛西部	Engdahl
2001	7	4	12	9	2.32	-17.157	-65.594	16.1	6.2	Mw	Bolivia:Cochabamba	玻利维亚:科恰班巴	Engdahl
2001	7	5	13	53	49.73	-16.051	-73.71	62	6.6	Mw	Peru:Caraveli, Chala	秘鲁:卡拉威里,查拉	*Engdahl
2001	7	7	9	38	42.8	-17.522	-71.938	17.4	7.6	Mw	Peru:Arequipa, Arica	秘鲁:阿雷基帕,阿里卡	*Engdahl,USGS
2001	7	8	17	54	22	-6.678	152.165	21.1	6.2	Mw	New Britain Trench	新不列颠海沟[太平洋]	NEIC,Engdahl
2001	7	22	18	15	11.16	-5.23	132.314	37.9	6.0	Mw	Indonesia:Aru Islands	印度尼西亚:阿鲁群岛	Engdahl
2001	7	24	5	0	7.89	-19.55	-69.232	17.1	6.3	Mw	Chile:Tarapaca	智利:塔拉帕卡	NEIC,Engdahl,USGS
2001	7	26	0	21	38.16	39.064	24.291	6.1	6.5	Mw	Greece:Skyros	希腊:斯基罗斯	*Engdahl
2001	7	28	7	32	44.52	59.009	-155.109	134.5	6.6	Mw	Alaska Peninsula,S.	阿拉斯加半岛南部	Engdahl
2001	8	2	23	41	8.08	56.226	163.739	16.1	6.3	Mw	Russia:Kamchatka,Near East Coast	俄罗斯:堪察加东部近海	NEIC,Engdahl
2001	8	6	3	53	1	-55.466	-123.304	11.1	6.7	Mw	Southern Pacific Ridge	南太平洋海岭	NEIC,Engdahl
2001	8	13	20	11	25	41.037	142.277	38	6.4	Mw	Japan:Aomori,Near Coast of E.	日本:青森东部近海	NEIC,Engdahl
2001	8	21	6	52	8.86	-36.818	-179.612	46.7	7.1	Mw	Kermadec Ridge,S.	克马德克海岭南部	NEIC,Engdahl
2001	8	23	21	45	5.59	-3.301	146.386	15	6.1	Mw	Bismarck Sea	俾斯麦海	NEIC,Engdahl
2001	8	25	2	2	3.45	7.63	-82.716	20.7	6.1	Mw	Panama:Off Coast of S.	巴拿马:南部海域	Engdahl
2001	8	27	1	16	49.91	1.1	126.338	40.3	6.1	Mw	Indonesia:Molucca Sea	印度尼西亚:马鲁古海	Engdahl
2001	9	2	2	25	55.75	0.912	82.452	10.8	6.1	Mw	Sri Lanka:Off Coast of S.	斯里兰卡:以南海域	Engdahl
2001	9	2	10	6	52.91	-54.271	-136.898	9.5	6.3	Mw	Southern Pacific Ridge	南太平洋海岭	NEIC,Engdahl
2001	9	11	14	56	50.34	-0.591	133.169	15.9	6.5	Mw	Indonesia:Irian Jaya Barat	印度尼西亚:西巴布亚	NEIC,Engdahl
2001	9	12	8	48	39.3	-20.981	-179.009	619.9	6.5	Mw	Tonga Islands,W.	汤加群岛西部	Engdahl
2001	9	14	4	45	14.44	48.879	-128.327	18.1	6.0	Mw	Canada:Off Coast of W. Vancouver	加拿大:温哥华西部海域	Engdahl
2001	9	15	15	4	34	-22.393	-175.01	10	6.0	Mw	Tonga Islands	汤加群岛	NEIC
2001	9	18	2	19	33.09	-7.583	127.725	140.4	6.0	Mw	Indonesia:Banda Sea	印度尼西亚:班达海	Engdahl
2001	9	22	3	23	38.2	3.873	-75.968	178.6	6.0	Mw	Colombia:Tulua	哥伦比亚:图卢阿	NEIC
2001	9	29	2	40	8.94	-18.531	168.309	36.9	6.4	Mw	Vanuatu Islands	瓦努阿图群岛	NEIC,Engdahl
2001	9	30	19	1	20.64	-18.448	168.249	37	6.2	Mw	Vanuatu Islands	瓦努阿图群岛	NEIC,Engdahl
2001	10	2	0	48	20.24	-16.22	-173.69	109.2	6.1	Mw	Samoa Islands	萨摩亚群岛	Engdahl
2001	10	7	2	21	11.26	-3.286	142.998	10	6.2	Mw	Papua New Guinea:Wewak	巴布亚新几内亚:威瓦克	NEIC,Engdahl

年 Year	月 Mo	日 Dy	时 Hr	分 Mn	秒 Sec	纬度(°) Latitude	经度(°) Longitude	深度 Depth	震级 Mag	标度 Scale	地名(英文) Name(English)	地名(中文) Name(Chinese)	资料来源 Information
2001	10	8	18	14	27.73	52.591	160.256	45.6	6.5	Mw	Russia:Kamchatka Peninsula	俄罗斯:堪察加半岛	NEIC,Engdahl
2001	10	8	18	20	39.56	52.655	160.092	30.8	6.4	Mw	Russia:Kamchatka Peninsula	俄罗斯:堪察加半岛	Engdahl,NEIC
2001	10	9	23	53	38.96	47.753	155.052	36.3	6.5	Mw	Kuril Islands	千岛群岛	Engdahl,USGS,NEIC
2001	10	12	5	2	37.98	52.73	-132.173	27.7	6.1	Mw	Canada:Queen Charlotte Islands	加拿大:夏洛特皇后群岛	Engdahl
2001	10	12	15	2	19.42	12.724	145.051	42.8	7.3	Ms	Mariana Islands,S.	马里亚纳群岛南部	* Engdahl
2001	10	13	16	27	4.15	0.819	125.907	55.2	6.0	Mw	Molukka Sea	马鲁古海	Engdahl
2001	10	19	3	28	43.18	-4.095	123.921	15.5	7.5	Mw	Indonesia:Banda Sea	印度尼西亚:班达海	* Engdahl
2001	10	21	0	29	22.53	-37.271	179.008	18	6.7	Mw	New Zealand:North Island,Near Coast of NE.	新西兰:北岛东北近海	NEIC,Engdahl
2001	10	26	23	5	52.34	-18.537	168.26	33	6.1	Mw	Vanuatu Islands	瓦努阿图群岛	NEIC,Engdahl
2001	10	27	5	35	44.16	26.2	100.6	10	6.0	Ms	China:Yunnan,Yongsheng	中国:云南永胜	* China,Engdahl,Dis
2001	10	31	9	10	25.53	-5.98	150.196	64.3	6.9	Mw	Papua New Guinea:West New Britain	巴布亚新几内亚:西新不列颠	NEIC,Engdahl
2001	11	5	23	7	12.53	-17.272	-179.142	563	6.3	Mw	Fiji Islands	斐济群岛	Engdahl
2001	11	9	0	47	57.39	9.696	-82.266	14.2	6.1	Mw	Panama:Almirante	巴拿马:阿尔米兰特	NEIC,Engdahl
2001	11	13	9	47	37.96	22.316	-107.006	33.7	6.1	Mw	Mexico:Maria Madre Island	墨西哥:玛丽亚马德雷岛	Engdahl
2001	11	13	10	43	22.91	53.612	170.56	19.6	6.0	Mw	Aleutian Islands	阿留申群岛	Engdahl
2001	11	14	9	26	12.08	35.918	90.543	10.8	8.1	Ms	China:Qinghai,Kunlun Mountain Pass	中国:青海昆仑山口	* China,Engdahl,Dis
2001	11	15	1	3	8.42	-1.633	-15.545	14	6.3	Mw	Central Mid - Atlantic Ridge	中大西洋中脊	NEIC,Engdahl
2001	11	20	21	8	18.4	-6.966	128.934	23.2	6.2	Mw	Indonesia:Banda Sea	印度尼西亚:班达海	NEIC,Engdahl
2001	11	22	23	22	21.55	-16.267	178.106	10.8	6.3	Mw	Fiji Islands	斐济群岛	NEIC,Engdahl
2001	11	22	23	24	50.08	-16.257	178.125	17.9	6.2	Mw	Fiji Islands	斐济群岛	NEIC,Engdahl
2001	11	23	20	43	4.72	36.372	71.5	104.2	6.1	Mw	Pakistan:Khyber Pakhtunkhwa,N.	巴基斯坦:西北边境省北部	Engdahl
2001	11	28	14	32	35.2	15.62	-93.131	93.3	6.4	Mw	Mexico:Oaxaca	墨西哥:瓦哈卡	Engdahl
2001	12	2	2	47	57.52	-12.759	166.773	99.2	6.0	Mw	Solomon Islands:Santa Cruz Islands	所罗门群岛:圣克鲁斯群岛	Engdahl
2001	12	2	13	1	55.11	39.424	141.047	125	6.5	Mw	Japan:Oshu	日本:岩手奥州	NEIC,Engdahl,USGS
2001	12	3	11	32	32.96	-16.533	-177.373	19.1	6.4	Mw	Fiji Islands	斐济群岛	NEIC,Engdahl
2001	12	8	20	29	36.3	28.284	129.552	36.6	6.2	Mw	Ryukyu Islands	琉球群岛	Engdahl,USGS
2001	12	9	18	15	4.52	-0.011	122.859	160.6	6.1	Mw	Indonesia:Molucca Sea	印度尼西亚:马鲁古海	Engdahl
2001	12	12	12	53	20.72	-17.183	167.778	42.6	6.1	Mw	Vanuatu Islands	瓦努阿图群岛	NEIC,Engdahl
2001	12	12	14	2	37.43	-42.819	124.718	14.1	7.1	Mw	Great Australian Bight	大澳大利亚湾	NEIC,Engdahl
2001	12	18	4	3	0.08	23.984	122.736	16.3	7.3	Ms	China:Taiwan,Hualien,Coast of E.	中国:台湾花莲以东海域	* NEIC,Engdahl,NOAA
2001	12	22	0	40	6.15	-10.863	165.936	77.5	6.0	Mw	Solomon Islands	所罗门群岛	Engdahl
2001	12	23	22	52	55.88	-9.616	159.568	16	6.8	Mw	Solomon Islands	所罗门群岛	NEIC,Engdahl
2001	12	27	10	54	53.48	-14.705	167.355	158.7	6.2	Mw	Vanuatu Islands	瓦努阿图群岛	Engdahl
2001	12	28	22	9	29.55	-8.335	-74.129	162.1	6.0	Mw	Peru:Pucallpa	秘鲁:普卡尔帕	Engdahl
2002	1	1	10	39	8.36	-55.147	-129.036	12	6.0	Mw	Southern Pacific Ridge	南太平洋海岭	Engdahl
2002	1	1	11	29	24.49	6.343	125.622	141.8	6.3	Mw	Philippines:Mindanao Island	菲律宾:棉兰老岛	Engdahl
2002	1	2	14	50	34.02	-17.877	178.824	655.8	6.2	Mw	Fiji Islands	斐济群岛	Engdahl
2002	1	2	17	22	50.49	-17.609	167.917	23.2	7.5	Ms	Vanuatu Islands:Efate	瓦努阿图群岛:埃法特岛	* Engdahl,NOAA
2002	1	3	7	5	28.35	36.023	70.668	123.3	6.1	Mw	Afghan:Badakhshan	阿富汗:巴达赫尚	Engdahl
2002	1	3	10	17	43.08	-17.706	168.088	49.1	6.6	Mw	Vanuatu Islands	瓦努阿图群岛	NEIC,Engdahl
2002	1	10	11	14	58.72	-3.21	142.405	11	6.7	Mw	Papua New Guinea:Aitape	巴布亚新几内亚:爱塔佩	* Engdahl
2002	1	13	14	10	58.2	-5.648	151.154	45.7	6.4	Mw	Papua New Guinea:West New Britain	巴布亚新几内亚:西新不列颠	NEIC,Engdahl
2002	1	15	4	48	1.12	-17.368	167.897	9.7	6	Mw	Vanuatu Islands	瓦努阿图群岛	NEIC,Engdahl
2002	1	15	7	13	1.84	-6.324	105.19	25.2	6.1	Mw	Indonesia:Sumatra,Coast of SW.	印度尼西亚:苏门答腊西南海域	NEIC,Engdahl,USGS
2002	1	15	9	1	18.82	-5.573	151.165	53.2	6.2	Mw	Papua New Guinea:West New Britain	巴布亚新几内亚:西新不列颠	NEIC,Engdahl
2002	1	16	23	9	54.54	15.506	-93.137	89.5	6.4	Mw	Mexico:Oaxaca	墨西哥:瓦哈卡	Engdahl
2002	1	22	4	53	52.6	35.647	26.658	88	6.2	Mw	Greece:Karpathos Island	希腊:皮加贾岛	NEIC,Engdahl
2002	1	28	13	50	32.44	49.411	155.54	50.9	6.1	Mw	Kuril Islands	千岛群岛	NEIC,Engdahl
2002	1	28	15	9	57.07	-15.337	-173.175	31.6	6.2	Mw	Samoa Islands	萨摩亚群岛	NEIC,Engdahl
2002	1	30	12	58	19.84	-6.223	150.979	26.7	6	Mw	Papua New Guinea:East New Britain	巴布亚新几内亚:东新不列颠	NEIC,Engdahl
2002	2	3	7	11	34.59	38.452	31.206	40.1	6.5	Mw	Turkey:Afyon	土耳其:阿菲永	* Engdahl
2002	2	5	13	27	26.35	-5.324	151.302	39	6.6	Mw	Papua New Guinea:Bubu	巴布亚新几内亚:布布	NEIC,Engdahl
2002	2	19	0	35	48.45	-3.725	151.149	15	6.1	Mw	Bismarck Sea	俾斯麦海	NEIC,Engdahl
2002	2	28	1	50	50.76	-5.706	151.375	44	6.2	Mw	Papua New Guinea:East New Britain	巴布亚新几内亚:东新不列颠	NEIC,Engdahl
2002	3	3	12	8	21.53	36.465	70.458	230	7.4	Mw	Afghan:Kabul	阿富汗:喀布尔	* Engdahl,USGS
2002	3	5	21	16	11.06	6.073	124.226	32.7	7.5	Mw	Philippines:Mindanao Island	菲律宾:棉兰老岛	* Engdahl,NOAA,USGS
2002	3	25	14	56	35.51	36.044	69.32	8	6.2	Ms	Afghan:Puli Khumri	阿富汗:普勒胡姆里	* Engdahl
2002	3	26	3	45	48.7	23.355	124.085	26.3	6.6	Ms	Ryukyu Islands,SW.	琉球群岛西南	* Engdahl,NOAA
2002	3	28	4	56	22.94	-21.694	-68.293	121.3	6.1	mb	Chile:Antofagasta,N.	智利:安托法加斯塔北部	NEIC,Engdahl

年	月	日	时	分	秒	纬度(°)	经度(°)	深度	震级	标度	地名(英文)	地名(中文)	资料来源
Year	Mo	Dy	Hr	Mn	Sec	Latitude	Longitude	Depth	Mag	Scale	Name(English)	Name(Chinese)	Information
2002	3	31	6	52	52.85	24.315	122.179	41.1	7.5	Ms	China:Taiwan,Hualien,Coast of E.	中国:台湾花莲以东海域	*China,Engdahl,NOAA,USGS
2002	4	1	19	59	33.93	-29.654	-71.264	71	6.4	Mw	Chile:Coquimbo, La Serena	智利:科金博,拉塞雷纳	*Engdahl
2002	4	8	3	48	55.2	-51.068	139.269	10	6.1	Mw	Eastern Indian - Antarctic Ridge	东印度洋-南极洲海岭	NEIC
2002	4	11	21	56	56.3	-14.392	167.687	10	6.2	Mw	Vanuatu Islands	瓦努阿图群岛	NEIC
2002	4	18	5	2	46.1	16.985	-100.865	24.9	6.0	Mw	Mexico:Near Coast of Guerrero	墨西哥:格雷罗近海	NEIC
2002	4	18	16	8	36.7	-27.535	-70.586	62	6.6	Mw	Chile:Copiapo, Taltal	智利:科皮亚波,塔尔塔尔	*USGS
2002	4	20	15	59	57.8	-16.382	173.259	33	6.0	Mw	Fiji Islands	斐济群岛	NEIC
2002	4	24	11	0	0.8	-56.135	-122.312	10	6.0	Mw	Southern Pacific Ridge	南太平洋海岭	NEIC
2002	4	26	16	6	7	13.088	144.619	86	7.1	Mw	Mariana Islands,S.	马里亚纳群岛南部	*USGS
2002	5	14	16	56	10.4	-36.518	78.932	10	6.1	Mw	Mid - Indian Ridge	中印度洋海岭	NEIC
2002	5	15	3	46	1	24.5	122.1		6.5	Ms	China:Taiwan,Yilan,Coast of E.	中国:台湾宜兰以东海域	China,USGS
2002	5	23	15	52	15.28	-30.75	-71.2	52	6	Mw	Chile:Ovalle	智利:奥瓦耶	USGS
2002	5	25	5	36	31.9	53.815	-161.116	33	6.1	Mw	Aleutian Islands	阿留申群岛	NEIC
2002	5	28	4	4	22.5	-28.937	-66.797	22	6.0	Mw	Argentina:Aminga, Anillaco	阿根廷:阿明加,阿尼亚科	*
2002	5	28	16	45	17	24.1	122.2		6.2	Ms	China:Taiwan,Hualien,Coast of E.	中国:台湾花莲以东海域	China
2002	6	6	23	53	48.4	-0.879	148.33	10	6.0	Mw	East Caroline Basin,S.	东加罗林海盆南部	NEIC
2002	6	13	1	27	19.4	-47.801	99.751	10	6.6	Mw	Great Australian Bight,S.	大澳大利亚湾南部	NEIC
2002	6	16	2	46	14	8.784	-83.992	35	6.2	Mw	Costa Rica:Off Coast	哥斯达黎加:沿海	NEIC
2002	6	17	21	26	22.9	-12.592	166.383	33	6.7	Mw	Solomon Islands:Santa Cruz Islands	所罗门群岛:圣克鲁斯群岛	NEIC
2002	6	18	13	56	22.8	-30.805	-71.124	54	6.6	Mw	Chile:Ovalle	智利:奥瓦耶	NEIC,USGS
2002	6	22	2	58	21	35.626	49.047	10	6.5	Mw	Iran:Qazvin,W.	伊朗:加兹温西部	*USGS
2002	6	27	5	50	35.1	-6.963	104.181	11	6.9	Mw	Indonesia:Sunda Strait	印度尼西亚:巽他海峡	NEIC
2002	6	27	7	16	10.3	-13.275	167.051	186.7	6.0	Mw	North Vanuatu Islands	瓦努阿图群岛北部	NEIC
2002	6	28	17	19	31	43.5	130.6	540	7.2	Ms	China:Jilin,Wangqing	中国:吉林汪清	China
2002	7	3	23	0	18.4	-5.032	147.336	31.2	6.2	Mw	Bismarck Sea	俾斯麦海	NEIC
2002	7	31	0	16	44.6	7.929	-82.793	10	6.5	Mw	Panama:Baru,Near Coast	巴拿马:巴鲁近海	*USGS
2002	8	14	13	12	39.8	7.831	136.88	10	6.1	Mw	Micronesia:W. Caroline Islands	密克罗尼西亚:卡罗琳群岛西部	NEIC
2002	8	14	13	57	52.1	14.101	146.199	30	6.5	Mw	Mariana Islands	马里亚纳群岛	*
2002	8	15	5	30	26	-1.196	121.333	10	6.2	Mw	Indonesia:Sulawesi	印度尼西亚:苏拉威西岛	*
2002	8	19	11	1	1.1	-21.74	-179.08	630	7.7	Mw	Tonga Islands,W.	汤加群岛西部	*NEIC
2002	8	19	11	8	24.3	-24.16	178.49	699	7.7	Mw	South of Fiji Islands	斐济群岛南部	*NEIC
2002	8	19	11	23	6.2	-23.899	178.375	677.4	6.1	Mw	South of Fiji Islands	斐济群岛南部	NEIC
2002	8	20	10	59	32	30.986	141.966	9	6.2	Mw	Japan Trench	日本海沟	NEIC
2002	9	6	1	21	29	38.381	13.701	5	6.0	Mw	Italy:Sicily,Palermo	意大利:西西里岛,巴勒莫	*
2002	9	8	18	44	23.7	-3.302	142.945	13	7.8	Ms	Papua New Guinea:Wewak	巴布亚新几内亚:威瓦克	*NOAA
2002	9	13	22	28	29	13.036	93.068	21	6.7	Ms	India:Andaman Islands	印度:安达曼群岛	*NOAA
2002	9	20	15	43	35	-1.68	134.234	10	6.4	Mw	Indonesia:Irian Jaya Barat	印度尼西亚:西巴布亚	*
2002	9	24	3	57	22.2	-31.519	-69.2	119.6	6.2	Mw	Argentina:San Juan	阿根廷:圣胡安	NEIC
2002	9	24	4	13	11.6	-10.535	161.2	10	6.2	Mw	Solomon Islands	所罗门群岛	NEIC
2002	9	24	22	54	21.4	-10.565	161.11	10	6.3	Mw	Solomon Islands	所罗门群岛	NEIC
2002	9	24	23	1	28.6	-10.65	161.21	19	6.5	Mw	Solomon Islands	所罗门群岛	NEIC
2002	10	3	16	8	29.6	23.324	-108.53	10	6.2	Mw	Gulf of California	加利福尼亚湾	NEIC
2002	10	3	19	5	10.6	-7.526	115.663	315.8	6.0	Mw	Indonesia:Situbondo	印度尼西亚:诗都文罗	NEIC
2002	10	4	19	5	48.7	-20.991	-179.016	621.1	6.1	Mw	Tonga Islands,W.	汤加群岛西部	NEIC
2002	10	6	15	46	33	-8.197	118.341	10	6.0	Mw	Indonesia:Sumbawa	印度尼西亚:松巴哇	NEIC
2002	10	10	10	50	21	-1.757	134.297	10	7.7	Ms	Indonesia:Irian Jaya Barat	印度尼西亚:西巴布亚	*NOAA
2002	10	10	12	28	25.8	-1.511	133.973	10	6.7	Mw	Indonesia:Irian Jaya Barat	印度尼西亚:西巴布亚	NEIC,USGS
2002	10	12	20	9	11.4	-8.295	-71.738	534.3	6.5	Mw	Brazil:Amazonas	巴西:亚马孙州	NEIC
2002	10	13	20	55	7.4	-14.596	-175.416	10	6.0	Mw	Samoa Islands	萨摩亚群岛	NEIC
2002	10	16	10	12	21.4	51.952	157.323	102.4	6.2	Mw	Russia:Kamchatka Peninsula	俄罗斯:堪察加半岛	NEIC,USGS
2002	10	17	17	52	44.1	-3.597	140.226	33	6.2	Mw	Indonesia:Papua	印度尼西亚:巴布亚	NEIC
2002	10	19	12	9	5.3	44.297	149.96	33	6.2	Mw	Kuril Islands	千岛群岛	NEIC
2002	10	23	11	27	19.4	63.514	-147.912	4	6.7	Ms	Alaska:Cantwell	阿拉斯加:坎特威尔	*USGS
2002	10	24	6	8	37.9	-1.884	29.004	11	6.3	Ms	Congo:Goma,Bukavu	刚果:哥马,布卡武	*
2002	10	24	21	53	43.1	6.03	94.419	64.6	6.2	Mw	India:Nicobar Islands	印度:尼科巴群岛	NEIC
2002	10	31	1	35	16.6	-3.441	148.638	10	6.0	Mw	Bismarck Sea	俾斯麦海	NEIC
2002	11	2	1	26	11	2.824	96.085	30	7.6	Ms	Indonesia:Simeulue Island	印度尼西亚:锡默卢岛	*USGS
2002	11	2	9	46	46.7	2.954	96.394	27	6.4	Mw	Indonesia:Off West Coast of N. Sumatera	印度尼西亚:北苏门答腊西部海域	NEIC
2002	11	3	3	37	42	38.886	141.977	39	6.1	Mw	Japan:Miyagi,Near Coast	日本:宫城近海	NEIC
2002	11	3	22	12	41	63.517	-147.444	5	8.1	Mw	Alaska:Slana, Mentasta Lake	阿拉斯加:斯拉纳,门湖	*USGS,CSN
2002	11	7	15	14	6.7	51.197	179.334	33	6.4	Mw	Aleutian Islands,Rat Island	阿留申群岛,拉特岛	NEIC
2002	11	12	1	46	48.9	-56.55	-27.536	120	6.0	Mw	South Sandwich Islands	南桑威奇群岛	NEIC
2002	11	15	19	58	31.7	-56.051	-36.404	10	6.6	Mw	East Scotia Basin	东斯科舍海盆	NEIC
2002	11	17	4	53	53.5	47.824	146.209	459.1	7.3	Mw	Sea of Okhotsk	鄂霍次克海	NEIC,USGS
2002	11	20	21	32	31	35.414	74.515	33	6.5	Ms	India:Kashmir,Gilgit	印度:克什米尔,吉尔吉特	*
2002	12	11	3	49	40.1	-3.81	135.123	10	6.0	Mw	Indonesia:Papua	印度尼西亚:巴布亚	NEIC
2002	12	12	8	30	42.7	-4.786	153.275	34	6.7	Mw	Papua New Guinea:New Ireland	巴布亚新几内亚:新爱尔兰	NEIC

年 Year	月 Mo	日 Dy	时 Hr	分 Mn	秒 Sec	纬度(°) Latitude	经度(°) Longitude	深度 Depth	震级 Mag	标度 Scale	地名(英文) Name(English)	地名(中文) Name(Chinese)	资料来源 Information
2002	12	17	4	32	53	-56.952	-24.825	10	6.3	Mw	South Sandwich Trench	南桑维奇海沟	NEIC
2002	12	18	14	12	21.7	-57.092	-24.981	10	6.0	Mw	South Sandwich Trench	南桑维奇海沟	NEIC
2002	12	20	14	14	42	-3.076	147.943	33	6.4	Mw	Bismarck Sea	俾斯麦海	NEIC
2002	12	30	4	49	8.6	7.471	123.407	10	6.2	Mw	Philippines:Mindanao Island	菲律宾:棉兰老岛	NEIC
2002	12	30				38.789	15.213		6.7	Mk	Italy:Stromboli	意大利:斯特龙博利岛	NOAA,Song
2003	1	4	5	15	3.8	-20.57	-177.661	378	6.0	Mw	Fiji Islands	斐济群岛	NEIC
2003	1	7	0	54	51.5	-33.765	-70.054	110.8	6.0	Mw	Chile:Santiago	智利:圣地亚哥	NEIC
2003	1	16	0	53	15.7	44.284	-129.024	10	6.0	Mw	US:Off Coast of W. Oregon	美国:俄勒冈州西部沿海	NEIC
2003	1	20	8	43	6	-10.491	160.77	33	7.8	Ms	Solomon Islands:Honiara	所罗门群岛:霍尼亚拉	* NOAA
2003	1	21	2	46	47.7	13.626	-90.774	24	6.3	Mw	Guatemala:Near Coast	危地马拉:近海	NEIC
2003	1	22	2	6	34.6	18.77	-104.104	24	7.6	Ms	Mexico:Near Coast of Jalisco	墨西哥:哈利斯科近海	* NOAA
2003	1	27	5	26	23	39.5	39.878	10	6.1	Mw	Turkey:Tunceli	土耳其:通杰利	*
2003	1	27	17	56	25.8	-46.048	35.057	10	6.3	Mw	Marion Island	马里恩岛[印度洋]	NEIC
2003	2	10	4	49	31.1	-6.011	149.792	33	6.3	Mw	Papua New Guinea:West New Britain	巴布亚新几内亚:西新不列颠	NEIC
2003	2	12	22	33	30.8	-3.652	144.242	10	6.1	Mw	Bismarck Sea	俾斯麦海	NEIC
2003	2	15	11	1	58.4	12.13	124.21	17	6.5	Ms	Philippines:Samar Island	菲律宾:萨马岛	* CSN,USGS
2003	2	19	3	32	36.3	53.645	-164.643	19	6.6	Mw	Aleutian Islands	阿留申群岛	NEIC
2003	2	24	1	3	41.4	39.5	77.2	11	6.8	Ms	China:Xinjiang,Maralbishi,W.	中国:新疆巴楚西	* China,Dis
2003	3	10	2	9	37	1.692	127.296	93.8	6.2	Mw	Indonesia:West of Maluku Utara	印度尼西亚:北马鲁古西部海域	NEIC
2003	3	11	7	27	32.6	-4.694	153.238	40.2	6.8	Mw	Papua New Guinea:New Ireland	巴布亚新几内亚:新爱尔兰	NEIC,USGS
2003	3	12	23	41	32.9	26.556	-110.587	10	6.5	Mw	Gulf of California	加利福尼亚湾	NEIC
2003	3	14	7	6	13.3	-0.406	132.951	33	6.1	Mw	Indonesia:Irian Jaya Barat	印度尼西亚:西巴布亚	NEIC
2003	3	17	16	36	17.3	51.33	177.58	27	7	Mw	Aleutian Islands	阿留申群岛	NEIC
2003	3	25	2	53	25	-8.294	120.743	33	6.5	Mw	Indonesia:Flores Islands	印度尼西亚:弗洛勒斯群岛	*
2003	3	28	17	31	47.7	-15.324	-173.508	41.2	6.0	Mw	Tonga Islands,N.	汤加群岛北部	NEIC
2003	3	30	18	13	34	-3.169	127.542	33	6.0	Mw	Indonesia:Ceram Sea	印度尼西亚:塞兰海	NEIC
2003	3	31	1	6	53	-6.183	151.429	46.8	6.1	Mw	Papua New Guinea:East New Britain	巴布亚新几内亚:东新不列颠	NEIC
2003	4	17	0	48	38.5	37.5	96.8	14	6.6	Ms	China:Qinghai,Haixi,NW.	中国:青海海西西北	* China,Dis
2003	4	17	14	50	48.5	-54.624	1.432	10	6.0	Mw	Bouvet Island Region	布维岛地区[南大西洋]	NEIC
2003	4	27	16	3	40.4	-20.944	169.773	77.4	6.0	Mw	Vanuatu Islands	瓦努阿图群岛	NEIC
2003	4	29	13	53	17.3	43.706	147.805	62.5	6.0	Mw	Kuril Islands	千岛群岛	NEIC
2003	5	1	0	27	5	39.007	40.464	10	6.4	Ms	Turkey:Bingol	土耳其:宾格尔	*
2003	5	3	5	3	3.3	-15.143	-173.747	33	6.3	Mw	Tonga Islands,N.	汤加群岛北部	NEIC
2003	5	4	13	15	18.6	-30.531	-178.232	62.4	6.5	Mw	Kermadec Ridge	克马德克海岭	NEIC
2003	5	4	20	8	46.4	-30.587	-178.29	45.6	6.1	Mw	Kermadec Ridge	克马德克海岭	NEIC
2003	5	5	23	4	45.6	3.715	127.954	56	6.0	Mw	Indonesia:North of Morotai Island	印度尼西亚:莫罗泰岛北部	NEIC
2003	5	9	20	26	15.9	-48.209	32.272	10	6.1	Mw	Marion Island	马里恩岛[印度洋]	NEIC
2003	5	13	21	21	14	-17.287	167.744	33	6.4	Mw	Vanuatu Islands	瓦努阿图群岛	NEIC
2003	5	14	6	3	35.8	18.266	-58.633	41.5	6.5	Mw	Anguilla:The Valley,E.	安圭拉:峡谷市东部	NEIC
2003	5	21	18	44	20.1	36.964	3.634	12	6.9	Ms	Algeria:Algiers, Cherchell	阿尔及利亚:阿尔及尔,舍尔沙勒	* NOAA
2003	5	26	9	24	33.4	38.849	141.568	68	7.0	Mw	Japan:Iwate, Miyagi	日本:岩手,宫城	* USGS
2003	5	26	19	23	28	2.354	128.855	31	7.1	Ms	Indonesia:Maluku Utara,Coast of E.	印度尼西亚:北马鲁古东部海域	*
2003	5	26	23	13	29.7	6.761	123.707	565.8	6.2	Mw	Philippines:Mindanao Island	菲律宾:棉兰老岛	NEIC
2003	6	7	0	32	45.5	-5.095	152.502	33	6.8	Mw	Papua New Guinea:East New Britain,E.	巴布亚新几内亚:东新不列颠东部	NEIC
2003	6	10	8	40	30.83	23.6	121.6		6	Mw	China:Taiwan,Hualien,Coast of E.	中国:台湾花莲以东海域	China,USGS
2003	6	15	19	24	33.1	51.552	176.923	20	6.4	Mw	Aleutian Islands,Rat Island	阿留申群岛,拉特岛	NEIC
2003	6	16	22	8	2.1	55.492	159.999	174.8	6.3	Mw	Russia:Kamchatka Peninsula	俄罗斯:堪察加半岛	NEIC
2003	6	20	6	19	38	-7.37	-71.89	556	7	Mw	Brazil:Amazonas	巴西:亚马孙州	NEIC
2003	6	20	13	30	41.6	-30.608	-71.637	33	6.8	Ms	Chile:Ovalle, Coquimbo	智利:奥瓦耶,科金博	* USGS
2003	6	23	12	12	34.4	51.439	176.783	20	7.0	Mw	Aleutian Islands	阿留申群岛	NEIC
2003	6	26	14	11	44.59	12.25	123.85	10	6	Mw	Philippines:Aroroy	菲律宾:阿罗罗伊	USGS
2003	6	28	15	29	42.2	-3.325	146.148	10	6.3	Mw	Bismarck Sea	俾斯麦海	NEIC
2003	7	7	6	55	43.02	34.6	89.5	17	6.1	Ms	China:Xizang (Tibet),Baingoin,N.	中国:西藏班戈北部	China,USGS
2003	7	15	18	46	38.1	-3.828	152.174	33	6.5	Mw	Papua New Guinea:New Ireland	巴布亚新几内亚:新爱尔兰	NEIC
2003	7	15	20	27	51	-2.598	68.382	10	7.6	Ms	Maldives:Off Coast of W.	马尔代夫:西部海域	*
2003	7	21	13	53	58.4	-5.481	148.853	189.6	6.2	Mw	Papua New Guinea:West New Britain	巴布亚新几内亚:西新不列颠	NEIC
2003	7	21	15	16	31.9	26	101.2	10	6.2	Ms	China:Yunnan,Dayao	中国:云南大姚	* China,Dis
2003	7	25	9	37	45.8	-1.528	149.694	24	6.5	Mw	East Caroline Basin	东加罗林海盆	NEIC
2003	7	25	22	13	30	38.3	141.41	32	6.2	Ms	Japan:Miyagi	日本:宫城	CSN
2003	7	27	6	25	31.9	47.151	139.248	470.3	6.3	Mw	Russia:Maritime Kray,Primorsky,NE.	俄罗斯:滨海边疆区普里莫尔斯基东北	NEIC
2003	8	4	4	37	20.1	-60.532	-43.411	10	7.6	Mw	East Scotia Basin	东斯科舍海盆	*
2003	8	11	0	19	9	1.142	128.152	10	6.0	Mw	Indonesia:Maluku Utara	印度尼西亚:北马鲁古	*
2003	8	14	5	14	54.7	39.16	20.605	10	6.3	Mw	Ionian Sea	爱奥尼亚海	*
2003	8	21	12	12	49.7	-45.104	167.144	28	7.5	Ms	New Zealand:South Island,Te Anau	新西兰:南岛,蒂阿瑙湖	* NOAA

年 Year	月 Mo	日 Dy	时 Hr	分 Mn	秒 Sec	纬度(°) Latitude	经度(°) Longitude	深度 Depth	震级 Mag	标度 Scale	地名(英文) Name(English)	地名(中文) Name(Chinese)	资料来源 Information
2003	8	28	4	48	19.8	-49.816	-114.811	10	6.1	Mw	Southern Pacific Ridge	南太平洋海岭	NEIC
2003	8	31	0	23	0	43.7	132.3	480	6	Ms	Russia:Maritime Kray,Ussuriysk	俄罗斯:滨海边疆区双城子	China
2003	9	2	18	28	0.3	-15.229	-173.223	10	6.6	Mw	Samoa:South West of Apia	萨摩亚:阿皮亚西南	NEIC
2003	9	7	13	16	3.3	-22.432	172.095	33	6.2	Mw	New Caledonia:Loyalty Islands	新喀里多尼亚:罗亚尔特群岛	NEIC
2003	9	7	13	19	20.4	-22.472	172.123	33	6.4	Mw	New Caledonia:Loyalty Islands	新喀里多尼亚:罗亚尔特群岛	NEIC
2003	9	21	18	16	13.4	19.917	95.672	10	6.9	Ms	myanmar:Magway,E.	缅甸:马圭东部	*
2003	9	22	4	45	36.2	19.777	-70.673	10	6.6	Ms	Dominica:Puerto Plata, Santiago	多米尼加:普拉塔港,圣地亚哥	* USGS
2003	9	25	19	50	6.3	41.815	143.91	27	8.3	Ms	Japan:Hokkaido	日本:北海道	* NOAA,USGS
2003	9	25	21	8	0	41.774	143.593	33	7.4	Mw	Japan:Hokkaido	日本:北海道	NEIC,USGS
2003	9	27	11	33	25	50.038	87.813	16	7.9	Ms	Russia:Altai Krai,Kosh - Agach	俄罗斯:阿尔泰边疆区科什阿加赤	* China,USGS
2003	9	27	18	52	46.9	50.091	87.765	10	6.9	Ms	Russia:Altai Krai,Belyashi	俄罗斯:阿尔泰边疆区别利亚希镇	China
2003	9	29	2	36	53.1	42.45	144.38	25	6.3	Mw	Japan:Hokkaido	日本:北海道	NEIC
2003	9	30	14	8	37.7	-30.437	-177.398	10	6.5	Mw	Kermadec Ridge	克马德克海岭	NEIC
2003	9	30	15	22	31.7	-30.494	-177.18	33	6.0	Mw	Kermadec Ridge	克马德克海岭	NEIC
2003	10	1	1	3	25	50.211	87.721	10	7.3	Ms	Russia:Altai Krai,Kosh - Agach	俄罗斯:阿尔泰边疆区科什阿加赤	* China
2003	10	7	4	55	28.8	-16.526	-170.192	10	6.2	Mw	Samoa Islands	萨摩亚群岛	NEIC
2003	10	8	9	6	55.3	42.648	144.57	32	6.6	Mw	Japan:Hokkaido	日本:北海道	NEIC
2003	10	11	1	11	31.1	43.973	148.206	51.2	6.2	Mw	Kuril Islands	千岛群岛	NEIC
2003	10	16	12	28	9	26	101.3	5	6.1	Ms	China:Yunnan,Dayao	中国:云南大姚	* China,Dis
2003	10	17	10	19	6.8	-5.471	154.155	133	6.2	Mw	New Britain Trench	新不列颠海沟[太平洋]	NEIC
2003	10	18	22	27	13.2	0.444	126.103	33	6.1	Mw	Molukka Sea	马鲁古海	NEIC
2003	10	22	11	45	30.8	-6.058	147.727	53.5	6.3	Mw	Papua New Guinea:Morobe	巴布亚新几内亚:莫罗贝	NEIC
2003	10	25	12	41	35.2	38.4	101.2	10	6.1	Ms	China:Gansu,Minle	中国:甘肃民乐	* China,Dis
2003	10	28	21	48	21	43.844	147.75	65.4	6.1	Mw	Kuril Islands	千岛群岛	NEIC
2003	10	31	1	6	28.2	37.812	142.619	10	7.0	Mw	Japan Trench	日本海沟	* NOAA
2003	11	2	5	32	15.7	-45.19	166.535	10	6.3	Mw	Tasman Sea	塔斯曼海[太平洋]	NEIC
2003	11	6	10	38	4.2	-19.262	168.892	113.7	6.0	Mw	Vanuatu Islands	瓦努阿图群岛	NEIC
2003	11	9	19	52	36.8	-0.674	-19.689	10	6.0	Mw	Central Mid - Atlantic Ridge	中大西洋中脊	NEIC
2003	11	11	15	39	33.5	-30.659	-179.376	33	6.0	Mw	Kermadec Ridge	克马德克海岭	NEIC
2003	11	12	0	29	45.3	1.593	126.48	33	6.2	Mw	Indonesia:Molucca Sea	印度尼西亚:马鲁古海	NEIC
2003	11	12	8	26	43.7	33.171	137.072	384.9	6.1	Mw	Ryukyu Trench	琉球海沟	NEIC
2003	11	17	6	43	6.8	51.146	178.65	33	7.8	Mw	Aleutian Islands	阿留申群岛	* NOAA
2003	11	18	17	14	22.6	12.025	125.416	35	6.5	Ms	Philippines:Samar Island	菲律宾:萨马岛	*
2003	11	25	20	19	46.2	-5.581	150.88	35	6.4	Mw	Papua New Guinea:East New Britain	巴布亚新几内亚:东新不列颠	NEIC
2003	12	1	1	38	34	42.96	80.71		6.1	Ms	China:Xinjiang,Zaosu	中国:新疆昭苏	* China,Dis
2003	12	5	21	26	9.4	55.538	165.78	10	6.5	Mw	Russia:Komandorsky Islands	俄罗斯:科曼多尔群岛	NEIC
2003	12	10	4	38	12	23.1	121.4	15	7.0	Ms	China:Taiwan,Taitung	中国:台湾台东	* China,USGS
2003	12	22	19	15	56	35.706	-121.102	8	6.6	Mw	US:California,San Simeon	美国:加利福尼亚州圣西米恩	* USGS
2003	12	25	7	11	11.5	8.416	-82.824	33	6.5	Mw	Costa Rica:Puerto Armuelles	哥斯达黎加:阿摩叶斯港	*
2003	12	25	20	42	33.7	-22.252	169.488	10	6.3	Mw	Vanuatu Islands	瓦努阿图群岛	NEIC
2003	12	26	1	56	52	28.995	58.311	10	6.8	Ms	Iran:Kerman	伊朗:克尔曼	* USGS
2003	12	26	21	26	4.1	-22.273	169.314	10	6.8	Mw	Vanuatu Islands	瓦努阿图群岛	NEIC
2003	12	27	4	55	25.4	-22.107	169.35	10	6.1	Mw	Vanuatu Islands	瓦努阿图群岛	* NOAA
2003	12	27	16	0	59.4	-21.99	169.81	23	7.3	Mw	Vanuatu Islands	瓦努阿图群岛	NEIC,CSN
2003	12	27	22	38	1.8	-21.672	169.835	10	6.7	Mw	Vanuatu Islands	瓦努阿图群岛	NEIC
2004	1	1	23	31	50	17.488	-101.303	29	6.1	Mw	Mexico:Guerrero, Mexico City	墨西哥:格雷罗,墨西哥城	*
2004	1	3	8	21	48.4	-22.324	169.616	10	6.2	Mw	Vanuatu Islands	瓦努阿图群岛	NEIC
2004	1	3	16	23	21	-22.253	169.683	22	7.1	Mw	Vanuatu Islands	瓦努阿图群岛	NEIC
2004	1	3	16	34	28	-22.438	169.919	10	6.1	Mw	Vanuatu Islands,SE.	瓦努阿图群岛东南	NEIC
2004	1	9	22	35	31.1	-6.072	149.401	57.7	6.1	Mw	Papua New Guinea:West New Britain	巴布亚新几内亚:西新不列颠	NEIC
2004	1	11	4	32	47.7	-36.696	53.352	5.3	6.1	Mw	South West - Indian Ridge	南印度洋西海岭	NEIC
2004	1	15	7	26	53	-3.528	151.064	10	6.1	Mw	Bismarck Sea	俾斯麦海	NEIC
2004	1	16	18	7	55.6	7.641	-37.704	10	6.0	Mw	Central Mid - Atlantic Ridge	中大西洋中脊	NEIC
2004	1	25	11	43	11.8	-16.83	-174.196	129.8	6.4	Mw	Tonga Islands,N.	汤加群岛北部	NEIC
2004	1	28	22	15	31	-3.12	127.4	17	6.7	Mw	Indonesia:Ceram Sea	印度尼西亚:塞兰海	* NOAA
2004	1	29	3	52	52.3	-50.206	-114.78	10	6.0	Mw	Southern Pacific Ridge	南太平洋海岭	NEIC
2004	2	4	11	59	47.6	8.358	-82.877	29	6.1	Mw	Costa Rica:Chiriqui	哥斯达黎加:奇里基	*
2004	2	5	21	5	3	-3.615	135.538	17	7.1	Ms	Indonesia:Nabire	印度尼西亚:纳比雷	*
2004	2	7	2	42	35	-4.003	135.023	10	7.5	Ms	Indonesia:Nabire	印度尼西亚:纳比雷	*
2004	2	8	8	58	51.8	-3.665	135.339	25.7	6.9	Mw	Indonesia:Papua	印度尼西亚:巴布亚	NEIC,USGS
2004	2	21	2	34	42.7	-58.425	-14.963	10	6.5	Mw	East of South Sandwich Trench	南桑维奇海沟东部	NEIC
2004	2	22	6	46	27	-1.559	100.488	42	6.3	mB	Indonesia:Southern Sumatra	印度尼西亚:苏门答腊南部	*
2004	2	23	16	4	49.4	-14.74	-175.63	31	6.3	Mw	Samoa Islands	萨摩亚群岛	NEIC
2004	2	24	2	27	46.2	35.142	-3.997		6.4	Ms	Morocco:Al Hoceima	摩洛哥:胡塞马	* USGS
2004	3	7	13	29	47	31.7	91.4	33	6.6	Ms	China:Xizang (Tibet),Nagqu	中国:西藏那曲	China,USGS,Dis
2004	3	9	22	56	42.5	-32.265	-178.358	18.4	6.4	Mw	South of Kermadec Ridge	克马德克海岭南部	NEIC
2004	3	18	20	4	24.8	-23.759	-176.002	10	6.1	Mw	South of Fiji Islands	斐济群岛南部	NEIC

年 Year	月 Mo	日 Dy	时 Hr	分 Mn	秒 Sec	纬度(°) Latitude	经度(°) Longitude	深度 Depth	震级 Mag	标度 Scale	地名(英文) Name(English)	地名(中文) Name(Chinese)	资料来源 Information
2004	3	27	18	47	32	34	89.4	33	6.3	Ms	China:Xizang (Tibet),Baingoin	中国:西藏班戈	China
2004	4	5	20	34	21.9	-20.436	-173.936	8	6.0	Mw	Tonga Islands,E.	汤加群岛东部	NEIC
2004	4	5	21	24	4	36.512	71.029	187	6.5	Mw	Afghan:Badakhshan	阿富汗:巴达赫尚	*
2004	4	11	7	37	29.8	-3.729	140.081	20	6.0	Mw	Indonesia:Papua	印度尼西亚:巴布亚	NEIC
2004	4	14	1	54	9.2	55.226	162.659	51.3	6.0	Mw	Russia:Kamchatka,Near East Coast	俄罗斯:堪察加东部近海	NEIC
2004	4	15	20	6	55.3	-19.374	169.631	10	6.2	Mw	Vanuatu Islands	瓦努阿图群岛	NEIC
2004	4	16	16	58	36.9	-24.522	-175.879	10	6.0	Mw	Tonga Islands,S.	汤加群岛南部	NEIC
2004	4	17	15	58	24.6	-7.352	128.373	128.6	6.1	Mw	Indonesia:Banda Sea	印度尼西亚:班达海	NEIC
2004	4	22	14	16	7	-3.355	146.853	35	6.0	Mw	Bismarck Sea	俾斯麦海	NEIC
2004	4	23	1	50	30	-9.362	122.839	66	6.7	Mw	Indonesia:Timor,Kupang	印度尼西亚:帝汶,古邦	*
2004	4	29	0	57	21	10.805	-85.995	10	6.0	Mw	Costa Rica:Near Coast	哥斯达黎加:近海	NEIC
2004	5	3	4	36	50	-37.695	-73.406	21	6.6	Mw	Chile:Canete	智利:卡涅特	* USGS
2004	5	7	1	26	42.2	-21.988	170.276	14	6.2	Mw	New Caledonia:Loyalty Islands	新喀里多尼亚:罗亚尔特群岛	NEIC
2004	5	11	8	28	48.2	0.415	97.825	21	6.2	Mw	Indonesia:Northern Sumatera	印度尼西亚:苏门答腊北部	NEIC
2004	5	13	9	58	43.4	-3.584	150.73	10	6.3	Mw	Bismarck Sea	俾斯麦海	NEIC
2004	5	19	7	4	9	22.75	121.35	15	6.7	Ms	China:Taiwan,Taitung,Coast of E.	中国:台湾台东以东海域	China,USGS
2004	5	28	12	38	44	36.29	51.61	17	6.3	Ms	Iran:Mazandaran, Qazvin	伊朗:马赞德兰,加兹温	*
2004	5	29	20	56	9.6	34.251	141.406	16	6.6	Mw	Japan Trench	日本海沟	NEIC
2004	6	9	22	52	8.8	-51.603	139.615	10	6.3	Mw	Great Australian Bight,S.	大澳大利亚湾南部	NEIC
2004	6	10	15	19	57.7	55.682	160.003	188.6	6.1	Mw	Russia:Kamchatka Peninsula	俄罗斯:堪察加半岛	NEIC
2004	6	15	11	16	31.5	-38.854	-73.155	38	6.1	Mw	Chile:Carahue,Temuco	智利:卡拉韦,特木科	* USGS
2004	6	25	2	35	7.7	-6.711	130.375	70.5	6.0	Mw	Indonesia:Banda Sea	印度尼西亚:班达海	NEIC
2004	6	28	9	49	47	54.8	-134.25	20	6.8	Mw	Canada:Queen Charlotte Islands	加拿大:夏洛特皇后群岛	NEIC,USGS
2004	6	30	23	37	25.4	0.797	124.726	90.8	6.0	Mw	Indonesia:Sulawesi Utara	印度尼西亚:北苏拉威西	NEIC
2004	7	11	23	8	44	30.5	83.4	33	6.7	Ms	China:Xizang (Tibet),Zhongba	中国:西藏仲巴	China,Dis
2004	7	11	23	46	12.5	-20.252	-126.928	12	6.1	Mw	South Pacific:Henderson Island	南太平洋:亨德森岛	NEIC
2004	7	15	4	27	14	-17.68	-178.52	577	7.1	Mw	Fiji Islands	斐济群岛	NEIC,USGS
2004	7	19	8	1	49.4	49.623	-126.967	23.7	6.2	Mw	Canada:Vancouver Island	加拿大:温哥华岛	NEIC
2004	7	22	9	45	14.9	26.489	128.894	20.9	6.1	Mw	Ryukyu Islands	琉球群岛	NEIC
2004	7	25	14	35	19	-2.68	104.38	600	7.3	Mw	Indonesia:Southern Sumatra	印度尼西亚:苏门答腊南部	NEIC
2004	7	28	3	56	28.6	-0.443	133.091	13.4	6.3	Mw	Indonesia:Irian Jaya Barat	印度尼西亚:西巴布亚	NEIC
2004	8	1	19	3	10.2	-63.563	-166.666	10	6.0	Mw	Pacific - Antarctic Ridge	太平洋-南极洲洋脊	NEIC
2004	8	7	9	30	16.9	51.753	-166.313	8	6.3	Mw	Aleutian Islands,S.	阿留申群岛南部	NEIC
2004	8	28	13	41	25.6	-35.173	-70.525	5	6.3	Mw	Chile:Curico,W.	智利:库里科西部	NEIC,USGS
2004	9	5	10	7	7.8	33.07	136.618	14	7.2	Mw	Ryukyu Trench	琉球海沟	* NOAA,USGS
2004	9	5	14	57	16.4	33.15	137.16	15	7.4	Mw	Ryukyu Trench	琉球海沟	* CSN,NOAA, USGS
2004	9	6	12	42	59.3	-55.372	-28.976	10	6.5	Mw	South Sandwich Islands	南桑威奇群岛	NEIC
2004	9	6	23	29	35	33.205	137.227	10	6.4	Mw	Ryukyu Trench	琉球海沟	NEIC
2004	9	7	2	55	29.6	-55.2	-28.6	10	6.1	Ms	South Sandwich Islands	南桑威奇群岛	CSN
2004	9	7	11	53	6.1	-28.573	-65.84	22	6.4	Mw	Argentina:Catamarca	阿根廷:卡塔马卡	* USGS
2004	9	8	14	58	25.8	33.14	137.2	21.2	6.2	Mw	Ryukyu Trench	琉球海沟	NEIC
2004	9	13	3	0	12.8	43.998	151.408	8	6.0	Mw	Kuril Islands	千岛群岛	NEIC
2004	9	19	20	26	4.1	52.205	174.027	25	6.0	Mw	Aleutian Islands	阿留申群岛	NEIC
2004	9	28	15	29	53.8	-52.515	28.016	10	6.0	Mw	Atlantic - Indian Ridge	大西洋-印度洋海岭	NEIC
2004	9	28	17	15	24.2	35.819	-120.364	9	6.0	Mw	US:California,Parkfield	美国:加利福尼亚州帕克菲尔德	* USGS
2004	10	6	22	30	56.9	-0.67	134.426	10	6.0	Mw	Indonesia:Irian Jaya Barat	印度尼西亚:西巴布亚	NEIC
2004	10	8	8	27	53.5	-10.951	162.161	36	6.9	Mw	Solomon Islands	所罗门群岛	NEIC
2004	10	9	21	26	53.6	11.422	-86.665	35	7.0	Mw	Nicaragua:Near Coast of W.	尼加拉瓜:西部近海	NEIC
2004	10	15	4	8	48	24.4	122.9	96	6.3	Ms	China:Taiwan,Hualien,Coast of E.	中国:台湾花莲以东海域	* China,USGS
2004	10	23	8	56	0.8	37.226	138.779	16	6.6	Mw	Japan:Niigata	日本:新潟	*
2004	10	23	9	3	7.1	37.2	139.49	10	6.6	Ms	Japan:Fukushima	日本:福岛	CSN
2004	10	23	9	34	4.9	37.318	138.808	10	6.0	Mw	Japan:Niigata	日本:新潟	NEIC
2004	10	24	3	49	54.8	-40.3	-74.9	27	6.1	Ms	Chile:Off Coast of S.	智利:南部沿海	CSN
2004	10	24	21	4	57	37.308	138.701	11	6.0	Mw	Japan:Niigata	日本:新潟	NEIC,USGS
2004	10	26	22	53	7.8	-57.071	-24.679	10	6.3	Mw	South Sandwich Trench	南桑维奇海沟	NEIC
2004	10	27	1	40	50.2	37.284	138.885	14	6	Mw	Japan:Niigata	日本:新潟	* USGS
2004	11	2	10	2	12.8	49.277	-128.772	10	6.6	Mw	Canada:Off Coast of W. Vancouver	加拿大:温哥华西部海域	* NOAA
2004	11	8	15	55	0	24.05	122.6	15	6.5	Ms	China:Taiwan,Hualien,Coast of E.	中国:台湾花莲以东海域	China
2004	11	9	23	58	23.6	-11.15	163.706	13	6.7	Mw	Solomon Islands	所罗门群岛	NEIC
2004	11	11	10	2	47.3	42.139	144.344	32.8	6.0	Mw	Japan:Hokkaido	日本:北海道	NEIC
2004	11	11	17	34	52	-11.128	162.208	10	6.6	Mw	Solomon Islands	所罗门群岛	NEIC
2004	11	11	21	26	41	-8.152	124.868	10	7.5	Mw	Indonesia:Timor;Pantar	印度尼西亚:帝汶;班达岛	* NOAA,USGS
2004	11	11	22	49	48.1	-8.255	124.93	10	6.4	Mw	Indonesia:Timor Island	印度尼西亚:帝汶岛	NEIC
2004	11	15	9	6	56.5	4.695	-77.508	15	7.2	Mw	Colombia:Bajo Baudo, Buenaventura	哥伦比亚:巴霍包,布埃纳文图拉	*
2004	11	20	8	7	22	9.602	-84.172	16	6.4	Mw	Costa Rica:San Jose, Parrita	哥斯达黎加:圣何塞,帕利塔	* USGS
2004	11	20	22	1	45.6	13.376	-90.056	40.6	6.0	Mw	Guatemala:Near Coast	危地马拉:近海	NEIC
2004	11	21	11	41	7.7	15.679	-61.706	14	6.3	Mw	Guadeloupe:Basse Terre	瓜德罗普岛:巴士特尔	* NOAA

年 Year	月 Mo	日 Dy	时 Hr	分 Mn	秒 Sec	纬度(°) Latitude	经度(°) Longitude	深度 Depth	震级 Mag	标度 Scale	地名(英文) Name(English)	地名(中文) Name(Chinese)	资料来源 Information
2004	11	22	20	26	23.9	-46.676	164.721	10	7.1	Ms	New Zealand:Auckland Islands,N.	新西兰:奥克兰群岛以北	*
2004	11	26	2	25	3	-3.609	135.404	10	7.2	Ms	Indonesia:Nabire	印度尼西亚:纳比雷	*
2004	11	27	8	49	3.9	-45.8	-20.5	10	6.4	Ms	South Atlantic Ridge	南大西洋海岭	CSN
2004	11	28	2	35	13.4	-26.525	-113.834	10	6.1	Mw	Easter Island,W.	复活节岛西部	NEIC
2004	11	28	7	36	45.4	-3.638	135.445	23.1	6.1	Mw	Indonesia:Papua	印度尼西亚:巴布亚	NEIC
2004	11	28	18	32	14.1	43.006	145.119	39	7.0	Mw	Japan:Hokkaido,Bekkai, Kushiro	日本:北海道,别海,钏路	* NOAA
2004	12	6	14	15	11.8	42.9	145.228	35	6.8	Mw	Japan:Hokkaido	日本:北海道	* USGS
2004	12	14	23	20	13.3	18.958	-81.409	10	6.8	Mw	Cayman Islands:George Town	开曼群岛[英属]:乔治市	NEIC,USGS
2004	12	18	6	46	19.8	48.837	156.309	11	6.1	Mw	Kuril Islands	千岛群岛	NEIC
2004	12	18	7	24	16.2	49.09	156.42	14	6.1	Ms	Kuril Islands	千岛群岛	CSN
2004	12	23	14	59	4.4	-49.312	161.345	10	8.1	Mw	Australia:Macquarie Island,N.	澳大利亚:麦加利岛北部	* NOAA
2004	12	26	0	58	53	3.295	95.982	30	9.1	Mw	Indonesia:Simeulue Island	印度尼西亚:锡默卢岛	* USGS,NOAA
2004	12	26	1	21	20.6	6.34	93.361	30	6.1	Mw	India:Nicobar Islands	印度:尼科巴群岛	NEIC
2004	12	26	1	25	47.6	5.47	94.23	31	7.2	Ms	Indonesia:North West of Sumatera	印度尼西亚:苏门答腊西北沿海	CSN
2004	12	26	1	48	50.2	5.32	94.42	58	7.1	Ms	Indonesia:North West of Sumatera	印度尼西亚:苏门答腊西北沿海	CSN,USGS
2004	12	26	2	0	40	6.848	94.667	30	6.0	Mw	India:Nicobar Islands	印度:尼科巴群岛	NEIC
2004	12	26	2	15	58	12.17	92.5	34	6.9	Ms	India:Andaman Islands	印度:安达曼群岛	CSN
2004	12	26	2	34	50.6	3.8	94.08	42	6.9	Ms	Indonesia:Off West Coast of N. Sumatera	印度尼西亚:北苏门答腊西部海域	CSN,USGS
2004	12	26	2	36	7.3	12.21	92.52	53	7.1	Ms	India:Andaman Islands	印度:安达曼群岛	CSN,USGS
2004	12	26	3	50	19.6	5.21	94.21	69	6.5	Ms	Indonesia:North West of Sumatera	印度尼西亚:苏门答腊西北沿海	CSN,USGS,NEIC
2004	12	26	4	10	10.8	6.61	92.79	13	7.2	Mw	India:Nicobar Islands	印度:尼科巴群岛	NEIC,CSN
2004	12	26	4	21	29.8	6.91	92.958	39.2	7.5	Mw	India:Nicobar Islands	印度:尼科巴群岛	NEIC
2004	12	26	5	1	8.7	8.89	92.29	49	6.4	Ms	India:Nicobar Islands	印度:尼科巴群岛	CSN
2004	12	26	5	51	39.2	6.2	93.41	46	6.3	Ms	India:Nicobar Islands	印度:尼科巴群岛	CSN
2004	12	26	6	11	3.7	8.97	93.72	45	6.2	Ms	India:Nicobar Islands	印度:尼科巴群岛	CSN
2004	12	26	9	20	1.6	8.879	92.375	16.1	6.6	Mw	India:Nicobar Islands	印度:尼科巴群岛	NEIC
2004	12	26	9	30	53.3	7.2	93.69	32	6.5	Ms	India:Nicobar Islands	印度:尼科巴群岛	CSN
2004	12	26	9	44	18.9	5.3	92.9	66	6.3	Ms	Indonesia:North West of Sumatera	印度尼西亚:苏门答腊西北沿海	CSN
2004	12	26	10	19	31.7	13.462	92.738	26.4	6.1	Mw	India:Andaman Islands	印度:安达曼群岛	NEIC
2004	12	26	11	5	0.7	13.533	92.84	13.3	6.3	Mw	India:Andaman Islands	印度:安达曼群岛	NEIC
2004	12	26	15	6	33.2	3.651	94.086	17.8	6.1	Mw	Indonesia:Off West Coast of N. Sumatera	印度尼西亚:北苏门答腊西部海域	NEIC
2004	12	26	19	15	16.5	-1.35	139.29	35	6.6	Ms	Indonesia:Papua,Near North Coast	印度尼西亚:巴布亚北部近海	CSN,USGS
2004	12	26	19	19	55.5	2.794	94.162	30	6.2	Mw	Indonesia:Off West Coast of N. Sumatera	印度尼西亚:北苏门答腊西部海域	NEIC
2004	12	27	0	32	16.4	5.476	94.467	33	6.0	Mw	Indonesia:North West of Sumatera	印度尼西亚:苏门答腊西北沿海	NEIC
2004	12	27	0	49	28.5	12.982	92.395	23.7	6.0	Mw	India:Andaman Islands	印度:安达曼群岛	NEIC
2004	12	27	9	39	6.8	5.348	94.65	35	6.2	Mw	Indonesia:North West of Sumatera	印度尼西亚:苏门答腊西北沿海	NEIC
2004	12	29	1	50	52.5	9.109	93.756	8	6.0	Mw	India:Nicobar Islands	印度:尼科巴群岛	NEIC
2004	12	29	5	56	47.5	8.791	93.198	12	6.2	Mw	India:Nicobar Islands	印度:尼科巴群岛	NEIC
2004	12	29	6	19	4.6	9.31	93.47	49	6.5	Ms	India:Nicobar Islands	印度:尼科巴群岛	CSN
2004	12	31	2	24	0.5	7.12	92.533	14	6.3	Mw	India:Nicobar Islands	印度:尼科巴群岛	NEIC
2004	12	31	3	8	16.5	4.36	93.07	52	6.2	Ms	Indonesia:Off West Coast of N. Sumatera	印度尼西亚:北苏门答腊西部海域	CSN
2004	12	31	12	4	57.5	6.204	92.913	11	6.1	Mw	India:Nicobar Islands	印度:尼科巴群岛	NEIC
2004	12	31	12	45	57.4	3.14	96.06	53	6.2	Ms	Indonesia:Off West Coast of N. Sumatera	印度尼西亚:北苏门答腊西部海域	CSN
2005	1	1	6	25	44.8	5.099	92.304	11.7	6.7	Mw	Indonesia:North West of Sumatera	印度尼西亚:苏门答腊西北沿海	NEIC
2005	1	2	15	35	56.7	6.36	92.787	30	6.2	Mw	India:Nicobar Islands	印度:尼科巴群岛	NEIC
2005	1	4	9	13	12.2	10.672	92.362	23.2	6.0	Mw	India:Andaman Islands	印度:安达曼群岛	NEIC
2005	1	6	0	56	29.9	5.323	94.835	49.5	6.1	Mw	Indonesia:North West of Sumatera	印度尼西亚:苏门答腊西北沿海	NEIC
2005	1	9	22	12	56.5	4.926	95.108	40	6.0	Mw	Indonesia:Off West Coast of N. Sumatera	印度尼西亚:北苏门答腊西部海域	NEIC
2005	1	12	8	40	3.6	-0.878	-21.194	10	6.0	Mw	Central Mid - Atlantic Ridge	中大西洋中脊	NEIC
2005	1	14	8	33	14.4	-4.238	152.717	10	6.0	Mw	Papua New Guinea:New Ireland	巴布亚新几内亚:新爱尔兰	NEIC
2005	1	16	8	25	4.4	-25.528	-176.299	16	6.1	Mw	South of Fiji Islands	斐济群岛南部	NEIC
2005	1	16	20	17	52.7	10.934	140.842	24.9	6.7	Mw	Western Caroline Islands	卡罗琳群岛西部	NEIC
2005	1	18	14	9	6.2	42.946	144.866	42	6.3	Mw	Japan:Hokkaido	日本:北海道	NEIC,USGS
2005	1	19	6	11	36.4	34.064	141.491	28	6.6	Mw	Japan Trench	日本海沟	* NOAA
2005	1	22	20	30	17.3	-7.727	159.475	29	6.5	Mw	Solomon Islands	所罗门群岛	NEIC
2005	1	23	20	10	12	-1.198	119.933	11	6.3	Mw	Indonesia:Sulawesi	印度尼西亚:苏拉威西岛	*
2005	1	24	4	16	47.4	7.33	92.482	30	6.2	Mw	India:Nicobar Islands	印度:尼科巴群岛	NEIC
2005	1	24	23	23	26.1	-1.364	-80.785	17	6.1	Mw	Ecuador:Manta	厄瓜多尔:曼塔	*
2005	1	26	22	0	42.5	2.699	94.602	22.2	6.0	Mw	Indonesia:Off West Coast of N. Sumatera	印度尼西亚:北苏门答腊西部海域	NEIC
2005	1	27	19	9	53.5	-50.2	161.8	10	6.1	Ms	Macquarie Ridge	麦夸里海岭	CSN
2005	2	5	3	34	25.7	16.011	145.867	142.7	6.3	Mw	Mariana Islands	马里亚纳群岛	NEIC,USGS
2005	2	8	14	48	21.9	-14.252	167.259	206.3	6.1	Mw	Vanuatu Islands	瓦努阿图群岛	NEIC

年 Year	月 Mo	日 Dy	时 Hr	分 Mn	秒 Sec	纬度(°) Latitude	经度(°) Longitude	深度 Depth	震级 Mag	标度 Scale	地名(英文) Name(English)	地名(中文) Name(Chinese)	资料来源 Information
2005	2	9	18	46	9.9	26.088	143.997	24	6.3	Mw	Japan:South Honshu Ridge	日本:本州南部海岭	NEIC
2005	2	10	16	53	19.9	-23.097	169.219	9	6.0	Mw	New Caledonia:Loyalty Islands	新喀里多尼亚:罗亚尔特群岛	NEIC
2005	2	14	17	6	52.6	-0.127	98.729	47.1	6.0	Mw	Indonesia:Sumatra,Near Coast of C.	印度尼西亚:苏门答腊中部近海	NEIC
2005	2	14	23	38	10	41.6	79.2	33	6.2	Ms	China:Xinjiang,Uqturpan	中国:新疆乌什	* China,Dis
2005	2	15	14	42	25.8	4.756	126.421	39.7	6.1	Mw	Indonesia:Karakelong Island	印度尼西亚:卡拉克隆岛	NEIC
2005	2	16	20	27	52.4	-36.32	-16.558	10	6.1	Mw	Southern Mid - Atlantic Ridge	南大西洋洋中脊	NEIC
2005	2	19	0	4	43.5	-5.562	122.129	10	6.3	Mw	Indonesia:Sulawesi	印度尼西亚:苏拉威西岛	NEIC
2005	2	22	2	25	23	30.754	56.816	14	6.5	Ms	Iran:Kerman	伊朗:克尔曼	*
2005	2	25	23	4	4	38.107	72.707	114.9	6.1	Mw	Tajikistan:Pamir Mountains	塔吉克斯坦:帕米尔山脉	NEIC
2005	2	26	12	56	52.6	2.908	95.592	36	6.7	Mw	Indonesia:Simeulue Island	印度尼西亚:锡默卢岛	NEIC
2005	3	2	10	42	12.2	-6.54	129.99	196	7.1	Mw	Indonesia:Banda Sea	印度尼西亚:班达海	NEIC
2005	3	4	19	5	19.8	2.67	126.407	59.1	6.1	Mw	Indonesia:Maluku Utara,Coast of NW.	印度尼西亚:北马鲁古西北海域	NEIC
2005	3	5	19	6	51	24.9	121.8	15	6.3	Ms	China:Taiwan,Yilan	中国:台湾宜兰	China,USGS
2005	3	5	19	7	53	24.9	121.85	15	6.3	Ms	China:Taiwan,Yilan	中国:台湾宜兰	China,USGS
2005	3	6	5	21	43.4	84.948	99.391	10	6.1	Mw	Arctic Ocean	北冰洋	NEIC
2005	3	6	6	17	49	47.8	-69.7	13	6.0	Ms	Canada:Gaspe Peninsula	加拿大:加斯佩半岛	CSN
2005	3	13	3	31	23	27.095	61.887	54	6.0	Mw	Iran:Sistan And Baluchestan	伊朗:锡斯坦-俾路支斯坦	*
2005	3	20	1	53	41.8	33.807	130.131	10	6.7	Ms	Japan:Kyushu:Fukuoka, Genkai	日本:九州:福冈,幻海	* USGS
2005	3	21	12	23	54	-24.983	-63.47	579.1	6.1	Mw	Argentina:Salta	阿根廷:萨尔塔	NEIC
2005	3	28	16	9	37	2.085	97.108	30	8.7	Mw	Indonesia:Off West Coast of N. Sumatera	印度尼西亚:北苏门答腊西部海域	* NOAA,USGS
2005	3	28	16	38	41.4	1.13	97.5	34	7.0	Ms	Indonesia:Sumatera,Nias Island	印度尼西亚:苏门答腊,尼亚斯岛	CSN,USGS
2005	3	28	17	29	7	1.49	97.24	35	6.2	Ms	Indonesia:Sumatera,Nias Island	印度尼西亚:苏门答腊,尼亚斯岛	CSN
2005	3	28	17	59	45.8	0.76	97.6	45	6.6	Ms	Indonesia:Northern Sumatra	印度尼西亚:苏门答腊北部	CSN
2005	3	28	18	30	44.5	0.923	97.867	36.1	6.1	Mw	Indonesia:Northern Sumatra	印度尼西亚:苏门答腊北部	NEIC
2005	3	28	18	48	51.5	2.57	95.95	42	6.7	Ms	Indonesia:Simeulue Island	印度尼西亚:锡默卢岛	CSN
2005	3	28	19	41	43.7	2.08	96.81	26	6.3	Ms	Indonesia:Off West Coast of N. Sumatera	印度尼西亚:北苏门答腊西部海域	CSN
2005	3	28	21	35	1.1	1.1	97.3	30	6.0	Ms	Indonesia:Sumatera,Nias Island	印度尼西亚:苏门答腊,尼亚斯岛	CSN
2005	3	30	16	19	41.1	2.993	95.414	22	6.2	Mw	Indonesia:Simeulue Island	印度尼西亚:锡默卢岛	NEIC
2005	4	3	3	10	56.4	2.022	97.942	36	6.0	Mw	Indonesia:Northern Sumatera	印度尼西亚:苏门答腊北部	NEIC
2005	4	7	20	4	44	30.5	83.7	33	6.5	Ms	China:Xizang (Tibet),Zhongba	中国:西藏仲巴	China,Dis
2005	4	8	5	48	37.8	-0.215	97.731	20.9	6.3	Mw	Indonesia:Sumatra,Near Coast of C.	印度尼西亚:苏门答腊中部近海	NEIC
2005	4	10	10	29	11	-1.644	99.607	19	6.7	Ms	Indonesia:Padang	印度尼西亚:巴东	* NOAA,CSN
2005	4	10	11	14	17.2	-2.16	99.67	53	6.9	Ms	Indonesia:Southern Sumatra	印度尼西亚:苏门答腊南部	CSN
2005	4	10	17	24	36.8	-1.6	99.83	29	6.6	Ms	Indonesia:Southern Sumatra	印度尼西亚:苏门答腊南部	CSN
2005	4	10	22	22	15.7	35.604	140.401	43	6.1	Mw	Japan:Oamishirasato	日本:千叶大网白里	NEIC,USGS
2005	4	11	6	11	11.8	2.169	96.759	24	6.0	Mw	Indonesia:Off West Coast of N. Sumatera	印度尼西亚:北苏门答腊西部海域	NEIC
2005	4	11	12	20	5.9	-3.484	145.909	11.4	6.7	Mw	Bismarck Sea	俾斯麦海	NEIC
2005	4	11	14	54	7	-7.293	-77.886	129.9	6.1	Mw	Peru:Cajabamba	秘鲁:卡哈班巴	NEIC
2005	4	11	17	8	53.9	-21.975	170.612	68	6.0	Mw	Vanuatu Islands	瓦努阿图群岛	NEIC
2005	4	16	16	38	3.9	1.812	97.662	31	6.2	Mw	Indonesia:Off West Coast of N. Sumatera	印度尼西亚:北苏门答腊西部海域	NEIC
2005	4	28	14	7	33.7	2.132	96.799	22	6.2	Mw	Indonesia:Off West Coast of N. Sumatera	印度尼西亚:北苏门答腊西部海域	NEIC
2005	5	10	1	9	5.1	-6.226	103.139	17	6.4	Mw	Indonesia:Sumatra,Coast of SW.	印度尼西亚:苏门答腊西南海域	NEIC
2005	5	12	11	15	35.3	-57.382	-139.231	10	6.2	Mw	Pacific - Antarctic Ridge	太平洋-南极洲洋脊	NEIC
2005	5	14	5	5	18.4	0.587	98.459	34	6.8	Mw	Indonesia:Northern Sumatra	印度尼西亚:苏门答腊北部	NEIC
2005	5	16	3	54	14.6	-32.589	-179.353	34	6.4	Mw	South of Kermadec Ridge	克马德克海岭南部	NEIC
2005	5	18	10	27	6.4	-15.318	-173.24	10	6.0	Mw	Samoa Islands	萨摩亚群岛	NEIC
2005	5	18	11	37	41.7	5.439	93.357	2.5	6.0	Mw	Indonesia:North West of Sumatera	印度尼西亚:苏门答腊西北沿海	NEIC
2005	5	19	1	54	52.8	1.989	97.041	30	6.9	Mw	Indonesia:Off West Coast of N. Sumatera	印度尼西亚:北苏门答腊西部海域	NEIC
2005	6	1	20	6	41.4	28.881	94.626	25.8	6.1	Mw	India:Arunachal Pradesh	印度:阿鲁那恰尔邦	NEIC
2005	6	4	14	50	46.6	-6.319	146.846	26	6.0	Mw	Papua New Guinea:Morobe	巴布亚新几内亚:莫罗贝	NEIC
2005	6	13	22	44	33.9	-19.987	-69.197	116	7.8	Mw	Chile:Tarapaca	智利:达拉巴卡	* USGS
2005	6	14	17	10	12.2	51.239	179.314	17	6.7	Mw	Aleutian Islands,Rat Island	阿留申群岛,拉特岛	NEIC
2005	6	15	2	50	53.1	41.301	-125.97	10	7.2	Ms	US:California,Off Coast N.	美国:加利福尼亚州北部沿海	* NOAA
2005	6	17	6	21	42.5	40.773	-126.574	12	6.6	Mw	US:California,Off Coast N.	美国:加利福尼亚州北部沿海	NEIC
2005	6	26	8	23	3.8	1.769	125.825	91.6	6.0	Mw	Indonesia:Molucca Sea	印度尼西亚:马鲁古海	NEIC
2005	7	2	2	16	43.7	11.245	-86.172	27	6.4	Mw	Nicaragua:Near Coast of W.	尼加拉瓜:西部近海	NEIC
2005	7	5	1	52	3	1.819	97.082	21	6.8	Ms	Indonesia:Off West Coast of N. Sumatera	印度尼西亚:北苏门答腊西部海域	*
2005	7	11	12	1	35.2	-23.818	-111.68	10	6.0	Mw	Easter Island,W.	复活节岛西部	NEIC
2005	7	23	7	34	56.7	35.498	139.982	61	6.1	mB	Japan:Tokyo	日本:东京	*
2005	7	24	15	42	6	7.92	92.19	16	7.5	Ms	India:Nicobar Islands	印度:尼科巴群岛	*
2005	8	3	11	3	15.1	11.247	-85.541	14	6.5	Mw	Nicaragua:Rivas	尼加拉瓜:里瓦斯	NEIC

年 Year	月 Mo	日 Dy	时 Hr	分 Mn	秒 Sec	纬度(°) Latitude	经度(°) Longitude	深度 Depth	震级 Mag	标度 Scale	地名(英文) Name(English)	地名(中文) Name(Chinese)	资料来源 Information
2005	8	9	5	26	17.5	-20.942	173.825	23.6	6.0	Mw	Vanuatu Islands	瓦努阿图群岛	NEIC
2005	8	11	9	8	46.8	-22.677	169.509	10	6.0	Mw	New Caledonia:Loyalty Islands	新喀里多尼亚:罗亚尔特群岛	NEIC
2005	8	16	2	46	28.4	38.276	142.039	36	7.2	Mw	Japan:Miyagi,Near Coast	日本:宫城近海	* NOAA,USGS
2005	8	24	10	15	28.1	38.564	142.987	10	6.0	Mw	Japan:Miyagi,Near Coast	日本:宫城近海	NEIC
2005	9	6	1	16	0	24	122.1	15	6	Ms	China:Taiwan,Hualien,Coast of E.	中国:台湾花莲以东海域	China
2005	9	9	7	26	43.7	-4.539	153.474	90	7.7	Mw	Papua New Guinea:New Ireland	巴布亚新几内亚:新爱尔兰	*
2005	9	16	0	31	42.3	-5.622	153.592	10.7	6.1	Mw	New Britain Trench	新不列颠海沟[太平洋]	NEIC
2005	9	21	2	25	8.1	43.892	146.145	103	6.0	Mw	Japan:Hokkaido	日本:北海道	NEIC
2005	9	26	1	55	37.6	-5.678	-76.398	115	7.5	Mw	Peru:Lamas, Chachapoyas	秘鲁:拉马斯,查查波亚斯	* USGS
2005	9	29	15	50	24	-5.437	151.84	25	6.6	Mw	Papua New Guinea:Kalip	巴布亚新几内亚:卡利普	NEIC
2005	9	29	18	23	25.9	-5.563	151.865	28	6.0	Mw	Papua New Guinea:East New Britain	巴布亚新几内亚:东新不列颠	NEIC
2005	10	5	10	7	22.3	-20.535	-174.277	15	6.0	Mw	Tonga Islands	汤加群岛	NEIC
2005	10	8	3	50	40.8	34.539	73.588	26	7.7	Ms	Pakistan:Muzaffarabad	巴基斯坦:穆扎法拉巴德	* USGS
2005	10	8	4	30	44.12	1.96	97.85	30	6.6	Ms	Indonesia:Off West Coast of N. Sumatera	印度尼西亚:北苏门答腊西部海域	USGS,NEIC,CSN
2005	10	8	10	46	28.7	34.733	73.1	8	6.3	Mw	Pakistan:Mingora	巴基斯坦:明戈拉	NEIC
2005	10	11	15	5	39.6	4.82	95.098	30	6.0	Mw	Indonesia:Off West Coast of N. Sumatera	印度尼西亚:北苏门答腊西部海域	NEIC
2005	10	15	10	6	17	46.816	154.113	42.8	6.0	Mw	Kuril Islands	千岛群岛	NEIC
2005	10	15	15	51	8.1	25.309	123.351	192	6.2	Mw	Ryukyu Islands	琉球群岛	NEIC,USGS
2005	10	19	11	44	42.7	36.405	140.839	32	6.5	Mw	Japan:Ibaraki,Near Coast	日本:茨城近海	NEIC,USGS
2005	10	29	4	5	56	-45.214	96.898	8	6.2	Mw	South - East Indian Ridge	南印度洋东海岭	NEIC
2005	11	5	10	48	21.2	-3.149	148.143	25	6.4	Mw	Bismarck Sea	俾斯麦海	NEIC
2005	11	14	21	38	51.4	38.107	144.896	11	7.0	Mw	Japan Trench	日本海沟	* NOAA
2005	11	17	19	26	54.4	-22.361	-67.895	147	6.8	Mw	Chile:Calama	智利:卡拉马	NEIC,USGS
2005	11	19	14	10	13	2.164	96.786	21	6.1	Mw	Indonesia:Off West Coast of N. Sumatera	印度尼西亚:北苏门答腊西部海域	NEIC
2005	11	22	15	11	31.5	-5.154	145.284	68	6.0	Mw	Papua New Guinea:Madang	巴布亚新几内亚:马当	NEIC
2005	11	27	10	22	19	26.774	55.858	10	6.1	mB	Iran:Qeshm	伊朗:格什姆	*
2005	11	28	16	41	28.1	20.29	146.055	11	6.0	Mw	Mariana Islands,N.	马里亚纳群岛北部	NEIC
2005	12	2	13	13	9.5	38.089	142.122	29	6.3	Mw	Japan:Miyagi,Near Coast	日本:宫城近海	NEIC
2005	12	3	16	10	39.5	29.338	130.29	26	6.1	Mw	Ryukyu Islands	琉球群岛	NEIC
2005	12	5	12	19	56.6	-6.224	29.83	22	7.2	Ms	Congo:Kalemie	刚果:卡莱米	*
2005	12	7	23	32	51.5	-30.012	-177.637	21	6.4	Mw	Kermadec Ridge	克马德克海岭	NEIC
2005	12	8	9	1	27.1	-5.408	146.953	216.8	6.0	Mw	Bismarck Sea	俾斯麦海	NEIC
2005	12	11	14	20	45	-6.584	152.223	17	6.2	Mw	New Britain Trench	新不列颠海沟[太平洋]	NEIC
2005	12	12	21	47	46	36.357	71.093	225	6.5	Mw	Afghan:Jalalabad, Badakhshan	阿富汗:贾拉拉巴德,巴达赫尚	*
2005	12	13	3	16	6.3	-15.265	-178.571	10	6.8	Mw	North of Fiji Islands	斐济群岛北部	NEIC
2005	12	20	6	6	56.8	51.6	-176.4	56	6.0	Ms	Andreanof Islands, Aleutian Is.	阿留申群岛,安德烈亚诺夫群岛	CSN
2005	12	21	7	9	5.1	-0.066	124.672	25	6.3	Mw	Molukka Sea	马鲁古海	NEIC
2005	12	22	12	20	2.9	-54.719	-135.868	10	6.2	Mw	Southern Pacific Ridge	南太平洋海岭	NEIC
2006	1	2	6	10	49.7	-60.957	-21.606	13	7.3	Mw	Antarctica - Atlantic Ridge	南极-大西洋海岭	NEIC
2006	1	2	22	13	40.4	-19.85	-177.76	594	7.2	Mw	Fiji Islands	斐济群岛	NEIC
2006	1	4	8	32	32.4	28.164	-112.117	14	6.7	Mw	Gulf of California	加利福尼亚湾	NEIC
2006	1	8	11	34	55.6	36.311	23.212	66	6.7	Mw	Greece:Morea,Cerigo	希腊:摩里亚,察里哥	* USGS
2006	1	15	11	58	29.1	-7.826	122.597	264.8	6.0	Mw	Flores Sea	弗洛勒斯海	NEIC
2006	1	23	6	2	58.1	-17.391	167.715	23	6.2	Mw	Vanuatu Islands	瓦努阿图群岛	NEIC
2006	1	23	20	50	44.9	6.864	-77.793	14	6.1	Mw	Colombia:Bahia Solano	哥伦比亚:巴伊阿索拉诺	NEIC
2006	1	27	16	58	53.6	-5.61	128.16	395	7.6	Mw	Indonesia:Banda Sea	印度尼西亚:班达海	* NEIC
2006	2	3	20	34	10.9	11.86	92.372	19	6.0	Mw	India:Andaman Islands	印度:安达曼群岛	NEIC
2006	2	14	15	27	23.3	20.821	146.18	40	6.2	Mw	Mariana Islands,N.	马里亚纳群岛北部	NEIC
2006	2	18	15	59	22	-5.193	152.053	44.2	6.2	Mw	Papua New Guinea:East New Britain	巴布亚新几内亚:东新不列颠	NEIC
2006	2	22	22	19	7.8	-21.324	33.583	11	7.5	Ms	Mozambique:Vilankulos,NW.	莫桑比克:维兰库卢什西北	*
2006	2	28	7	31	3	28.12	56.865	18	6.2	Ms	Iran:Hormozgan	伊朗:荷姆兹甘	*
2006	3	5	8	7	56.5	-20.118	-175.661	205.8	6.0	Mw	Tonga Islands	汤加群岛	NEIC
2006	3	6	18	13	8.4	-40.103	78.486	10	6.1	Mw	Mid - Indian Ridge	中印度洋海岭	NEIC
2006	3	14	6	57	34	-3.595	127.214	30	6.7	Ms	Indonesia:Ceram Sea	印度尼西亚:塞兰海	* NOAA,USGS
2006	3	31	1	17	1	33.5	48.78	7	6.1	Mw	Iran:Lorestan	伊朗:洛雷斯坦	* USGS
2006	3	31	13	21	0.2	-29.435	-176.768	13	6.7	Mw	Kermadec Ridge	克马德克海岭	NEIC
2006	4	1	10	2	16	22.9	121.1	15	6.5	Ms	China:Taiwan,Taitung	中国:台湾台东	* China,USGS
2006	4	7	8	30	44.6	-16.527	176.989	14	6.4	Mw	Fiji Islands	斐济群岛	NEIC
2006	4	17	23	49	56.8	-12.475	166.508	16	6.0	Mw	Solomon Islands:Santa Cruz Islands	所罗门群岛:圣克鲁斯群岛	NEIC
2006	4	20	23	25	2	60.949	167.089	22	7.6	Ms	Russia:Koryakskiy,N.	俄罗斯:科里亚克区北部	*
2006	4	20	23	28	3.9	60.874	167.007	10	6.1	Mw	Russia:Koryakskiy,N.	俄罗斯:科里亚克区北部	NEIC
2006	4	21	4	32	43.8	60.527	165.816	9	6.3	Mw	Russia:Koryakskiy,N.	俄罗斯:科里亚克区北部	NEIC
2006	4	25	18	26	17.1	1.994	96.995	21	6.1	Mw	Indonesia: Off West Coast of N. Sumatera	印度尼西亚:北苏门答腊西部海域	NEIC

年 Year	月 Mo	日 Dy	时 Hr	分 Mn	秒 Sec	纬度(°) Latitude	经度(°) Longitude	深度 Depth	震级 Mag	标度 Scale	地名(英文) Name(English)	地名(中文) Name(Chinese)	资料来源 Information
2006	4	29	16	58	6.3	60.491	167.516	11	6.6	Mw	Russia:Kamchatka, Near East Coast	俄罗斯:堪察加东部近海	NEIC
2006	4	29	17	8	49.2	2.11	96.46	30	6.5	Ms	Indonesia:Off West Coast of N. Sumatera	印度尼西亚:北苏门答腊西部海域	CSN
2006	4	30	19	17	14.9	-27.017	-71.022	12	6.4	Mw	Chile:Caldera, Near Coast	智利:卡尔德拉近海	NEIC
2006	4	30	19	26	14.2	-27	-71	10	6.4	Ms	Chile:Caldera, Near Coast	智利:卡尔德拉近海	CSN
2006	4	30	20	9	33.3	-27.1	-71.1	48	6.4	Ms	Chile:Caldera, Near Coast	智利:卡尔德拉近海	CSN
2006	4	30	21	40	58.4	-27.211	-71.056	12	6.7	Mw	Chile:Caldera, Near Coast	智利:卡尔德拉近海	NEIC, USGS
2006	4	30	21	59	51.8	-27.1	-71	30	6.4	Ms	Chile:Caldera, Near Coast	智利:卡尔德拉近海	CSN
2006	5	3	15	26	40.2	-20.187	-174.123	55	8	Mw	Tonga Islands	汤加群岛	* NOAA, USGS
2006	5	10	2	42	51	52.515	-169.256	18	6.2	Mw	Aleutian Islands	阿留申群岛	NEIC
2006	5	13	3	11	41.6	5.521	94.432	34	6.0	Mw	Indonesia:North West of Sumatera	印度尼西亚:苏门答腊西北沿海	NEIC
2006	5	16	10	39	23.3	-31.31	-178.92	154	7.4	Mw	Kermadec Ridge	克马德克海岭	NEIC
2006	5	16	15	28	25.9	0.093	97.05	12	6.8	Mw	Indonesia:Northern Sumatera	印度尼西亚:苏门答腊北部	NEIC, USGS
2006	5	19	14	44	24.9	-0.143	124.713	35	6.0	Mw	Indonesia:Molucca Sea	印度尼西亚:马鲁古海	NEIC
2006	5	22	11	12	0.8	60.772	165.743	19	6.7	Mw	Russia:Koryakskiy, N.	俄罗斯:科里亚克区北部	NEIC, USGS
2006	5	22	13	8	2.9	54.271	158.447	197	6.2	Mw	Russia:Kamchatka Peninsula	俄罗斯:堪察加半岛	NEIC
2006	5	26	22	53	59	-7.961	110.446	13	6.3	Mw	Indonesia:Java, Bantul	印度尼西亚:爪哇,班图尔	* USGS
2006	5	28	3	12	8.7	-5.724	151.133	34	6.6	Mw	Papua New Guinea:West New Britain	巴布亚新几内亚:西新不列颠	NEIC
2006	6	11	20	1	26.3	33.129	131.141	140	6.3	Mw	Japan:Kumamoto	日本:熊本	* USGS
2006	6	14	4	18	42.5	51.752	177.082	14	6.4	Mw	Aleutian Islands	阿留申群岛	NEIC
2006	6	22	10	53	11.5	45.417	149.343	95	6.1	Mw	Kuril Islands	千岛群岛	NEIC
2006	6	24	21	15	0.9	-0.39	123.195	26	6.0	Mw	Indonesia:Gulf of Tomini	印度尼西亚:托米尼湾	NEIC
2006	6	27	2	39	32.9	52.23	176.158	17	6.0	Mw	Aleutian Islands, Rat Island	阿留申群岛,拉特岛	NEIC
2006	6	27	2	59	15.3	-19.865	-178.287	569.9	6.0	Mw	South East of Fiji Islands	斐济群岛东南	NEIC
2006	6	27	18	7	22.7	6.501	92.793	28.8	6.1	Mw	India:Nicobar Islands	印度:尼科巴群岛	NEIC
2006	7	8	20	40	0.9	51.214	-179.312	22	6.4	Mw	Aleutian Islands	阿留申群岛	NEIC
2006	7	17	8	19	25	-9.254	107.411	34	7.7	Mw	Indonesia:Java Ridge	印度尼西亚:爪哇海岭	* NOAA
2006	7	17	9	13	4.9	-9.087	107.76	10	6.1	Mw	Indonesia:Java Ridge	印度尼西亚:爪哇海岭	NEIC
2006	7	17	16	9	45.1	-10.39	108.99	26	6.1	Ms	Indonesia:Java Ridge	印度尼西亚:爪哇海岭	CSN
2006	7	19	10	57	36.8	-6.535	105.389	45	6.0	Mw	Indonesia:Sunda Strait	印度尼西亚:巽他海峡	NEIC
2006	7	19	11	48	58.2	-5.474	150.684	28.2	6.4	Mw	Papua New Guinea:West New Britain	巴布亚新几内亚:西新不列颠	NEIC
2006	7	27	11	16	40.3	1.707	97.146	20	6.1	Mw	Indonesia:Off West Coast of N. Sumatera	印度尼西亚:北苏门答腊西部海域	NEIC
2006	7	28	7	40	12	24.1	122.3		6	Ms	China:Taiwan, Hualien, Coast of E.	中国:台湾花莲以东海域	China
2006	8	2	14	44	54.4	-12.09	117.34	15	6.1	Ms	Indonesia:South of Sumbawa	印度尼西亚:松巴哇南部	CSN
2006	8	6	18	16	39.7	26.119	144.011	20	6.0	Mw	Japan:South Honshu Ridge	日本:本州南部海岭	NEIC
2006	8	7	22	18	55	-15.798	167.789	150	6.0	Mw	Vanuatu Islands	瓦努阿图群岛	NEIC
2006	8	11	14	30	40.1	18.541	-101.048	56	6.0	Mw	Mexico:Michoacan, SE.	墨西哥:米却肯东南	NEIC
2006	8	11	20	54	14.3	2.403	96.348	22	6.2	Mw	Indonesia:Off West Coast of N. Sumatera	印度尼西亚:北苏门答腊西部海域	NEIC
2006	8	15	3	5	11	-4.672	126.734	16	6.1	Mw	Indonesia:Banda Sea	印度尼西亚:班达海	NEIC
2006	8	17	11	11	35.5	55.617	161.686	55	6.1	Mw	Russia:Kamchatka Peninsula	俄罗斯:堪察加半岛	NEIC
2006	8	17	15	20	35	46.542	141.908	14	6.0	Mw	Russia:Sakhalin Island	俄罗斯:库页岛(萨哈林岛)	NEIC, USGS
2006	8	20	3	41	48	-61.21	-34.3	13	7	Mw	East Scotia Basin	东斯科舍海盆	NEIC
2006	8	24	21	50	36.6	51.148	157.522	43	6.5	Mw	Russia:Kamchatka Peninsula	俄罗斯:堪察加半岛	NEIC, USGS
2006	8	31	8	8	27.4	-0.267	125.061	36	6.1	Mw	Molukka Sea, S.	马鲁古海南部	NEIC
2006	9	1	10	18	51.6	-6.759	155.512	38	6.7	Mw	Papua New Guinea:Bougainville Island	巴布亚新几内亚:布干维尔岛	NEIC
2006	9	9	4	13	12	-7.219	120.106	572	6.0	Mw	Flores Sea	弗洛勒斯海	NEIC
2006	9	16	9	45	23.9	-3.08	129.441	17	6.3	Mw	Indonesia:Ceram Sea	印度尼西亚:塞兰海	NEIC, USGS
2006	9	22	2	32	25.6	-26.868	-63.149	598.3	6.1	Mw	Argentina:Santiago del Estero	阿根廷:圣地亚哥-德尔埃斯特罗	NEIC
2006	9	28	6	22	9.7	-16.592	-172.033	28	6.9	Ms	Samoa Islands	萨摩亚群岛	* NOAA
2006	9	29	13	8	26.1	10.876	-61.756	53	6.1	Mw	Trinidad & Tobago:Port of Spain	特立尼达和多巴哥:西班牙港	* USGS
2006	9	30	17	50	23	46.351	153.166	11	6.5	Mw	Kuril Islands	千岛群岛	NEIC
2006	10	1	9	6	2.3	46.47	153.24	19	6.4	Mw	Kuril Islands	千岛群岛	NEIC
2006	10	9	9	1	46	20.7	120		6.3	Ms	China:Taiwan, Coast of S.	中国:台湾南部海域	China
2006	10	12	18	5	56.5	-31.256	-71.368	31	6.1	Mw	Chile:Illapel	智利:伊亚佩尔	NEIC
2006	10	13	13	51	29.9	46.47	153.64	19	6.2	Ms	Kuril Islands	千岛群岛	CSN
2006	10	15	17	7	49.2	19.878	-155.935	39	6.7	Mw	Hawaiian Islands	夏威夷群岛	* NOAA, USGS
2006	10	17	1	25	12.2	-5.881	150.982	32	6.9	Mw	Papua New Guinea:East New Britain	巴布亚新几内亚:东新不列颠	NEIC
2006	10	20	10	48	56	-13.457	-76.677	23	6.7	Mw	Peru:Chincha Alta, Near Coast	秘鲁:上钦查近海	*
2006	10	22	8	55	16.7	-45.727	95.987	10	6.0	Mw	South - East Indian Ridge	南印度洋东海岭	NEIC
2006	10	22	23	29	13.2	-25.8	-70.9	30	6.4	Ms	Chile:Taltal, Near Coast	智利:塔尔塔尔近海	CSN
2006	10	23	21	17	19.9	29.351	140.27	11	6.2	Mw	Japan:South Honshu Ridge	日本:本州南部海岭	NEIC
2006	11	7	17	38	33.8	-6.482	151.195	11	6.3	Mw	Papua New Guinea:East New Britain	巴布亚新几内亚:东新不列颠	NEIC

年 Year	月 Mo	日 Dy	时 Hr	分 Mn	秒 Sec	纬度(°) Latitude	经度(°) Longitude	深度 Depth	震级 Mag	标度 Scale	地名(英文) Name(English)	地名(中文) Name(Chinese)	资料来源 Information
2006	11	12	18	21	26.1	-6.225	151.05	12	6.0	Mw	Papua New Guinea:East New Britain	巴布亚新几内亚:东新不列颠	NEIC
2006	11	12	21	27	42.4	48.281	154.246	36	6.1	Mw	Kuril Islands	千岛群岛	NEIC
2006	11	13	1	26	35.8	-26.052	-63.283	572	6.3	Mw	Argentina:Santiago del Estero	阿根廷:圣地亚哥-德尔埃斯特罗	NEIC
2006	11	13	16	12	28.9	-6.38	151.23	11	6.1	Mw	Papua New Guinea:East New Britain	巴布亚新几内亚:东新不列颠	NEIC
2006	11	15	11	14	14	46.592	153.266	10	8.3	Mw	Kuril Islands	千岛群岛	* NOAA
2006	11	15	11	25	9	47.518	152.647	10	6.0	Mw	Kuril Islands	千岛群岛	NEIC
2006	11	15	11	28	38.4	46.086	154.1	10	6.0	Mw	Kuril Islands	千岛群岛	NEIC
2006	11	15	11	29	22.7	46.371	154.475	10	6.2	Mw	Kuril Islands	千岛群岛	NEIC
2006	11	15	11	34	58.1	46.652	155.305	10	6.4	Mw	Kuril Islands	千岛群岛	NEIC
2006	11	15	11	40	55	46.483	154.726	10	6.4	Mw	Kuril Islands	千岛群岛	NEIC
2006	11	15	21	22	21.4	47.278	154.146	12	6.0	Mw	Kuril Islands	千岛群岛	NEIC
2006	11	16	6	20	20.7	46.358	154.468	9	6.0	Mw	Kuril Islands	千岛群岛	NEIC
2006	11	29	1	32	18	2.52	128.283	39	6.2	Mw	Indonesia:Maluku Utara	印度尼西亚:北马鲁古	*
2006	11	30	11	33	17	-21.297	-174.677	13.5	6.1	Mw	Tonga Islands	汤加群岛	NEIC
2006	12	1	3	58	21.6	3.39	99.079	204	6.0	Mw	Indonesia:Sumatera,Medan	印度尼西亚:苏门答腊,棉兰	NEIC
2006	12	1	14	1	48	-8.251	118.777	43	6.3	Mw	Indonesia:Sumbawa	印度尼西亚:松巴哇	*
2006	12	7	19	10	21.8	46.153	154.386	16	6.3	Mw	Kuril Islands	千岛群岛	NEIC
2006	12	12	15	48	3.2	3.733	124.684	213.5	6.0	Mw	Celebes Sea	西里伯斯海	NEIC
2006	12	22	19	50	44.6	10.653	92.361	24	6.1	Mw	India:Andaman Islands	印度:安达曼群岛	NEIC
2006	12	26	12	26	18	21.9	120.6	10	7.2	Ms	China:Taiwan,Pingtung,Coast of W.	中国:台湾屏东西部海域	* China,NOAA,USGS
2006	12	26	12	34	11	21.9	120.6		6.7	Ms	China:Taiwan,Pingtung,Coast of W.	中国:台湾屏东西部海域	China,USGS
2006	12	30	8	30	49.7	13.313	51.365	15	6.4	Mw	Eastern Gulf of Aden	亚丁湾东部	NEIC
2007	1	8	12	48	40.5	8.077	92.437	11	6.2	Mw	India:Nicobar Islands	印度:尼科巴群岛	NEIC
2007	1	8	17	21	50.2	39.803	70.311	18	6.0	Ms	Kyrgyzstan:Batken,W.	吉尔吉斯斯坦:巴特肯西部	*
2007	1	13	4	23	21	46.243	154.524	10	8.2	Ms	Kuril Islands	千岛群岛	* NEIC,NOAA,USGS
2007	1	20	6	21	4.5	-55.419	-29.533	10	6.2	Mw	South Sandwich Islands	南桑威奇群岛	NEIC
2007	1	21	11	27	45	1.065	126.282	22	7.5	Mw	Molukka Sea	马鲁古海	* USGS
2007	1	30	4	54	50.5	-54.74	146.298	11	6.9	Mw	West of Macquarie Ridge	麦夸里海岭西部	NEIC
2007	1	30	21	37	44.3	20.98	144.705	20	6.5	Mw	Mariana Islands,N.	马里亚纳群岛北部	NEIC
2007	1	31	3	15	52.2	-29.776	-178.002	34	6.3	Mw	Kermadec Ridge	克马德克海岭	NEIC
2007	2	12	10	35	22.7	35.804	-10.312	20	6.2	Mw	Steait of Gibraltar,Coast W.	直布罗陀海峡西部海域	NEIC
2007	2	20	8	4	25.2	-1.034	126.976	12	6.6	Mw	Molukka Sea,S.	马鲁古海南部	NEIC
2007	2	24	2	36	23.6	-7.006	-80.485	23	6.1	Mw	Peru:Trujillo,Near Coast	秘鲁:特鲁希略近海	NEIC
2007	2	28	23	13	15.6	-55.245	-29.142	10	6.1	Mw	South Sandwich Islands	南桑威奇群岛	NEIC
2007	3	6	3	49	39	-0.493	100.498	19	6.4	Ms	Indonesia:Southern Sumatra	印度尼西亚:苏门答腊南部	* USGS
2007	3	6	5	49	22.5	-0.99	100.16	35	6.8	Ms	Indonesia:Southern Sumatra	印度尼西亚:苏门答腊南部	CSN,USGS
2007	3	9	3	22	42.7	43.224	133.526	441.2	6.1	Mw	Russia:Maritime Kray,Nakhodka	俄罗斯:滨海边疆区纳霍德卡	NEIC
2007	3	11	7	9	26.7	43.988	147.891	52	6.0	Mw	Kuril Islands	千岛群岛	NEIC
2007	3	17	17	42	26.2	1.132	126.216	35	6.0	Mw	Molukka Sea	马鲁古海	NEIC
2007	3	17	22	43	9.6	4.551	-78.536	10	6.0	Mw	Colombia:Off Coast of W.	哥伦比亚:西部沿海	NEIC
2007	3	18	2	11	5.3	4.585	-78.494	7	6.4	Mw	Colombia:Off Coast of W.	哥伦比亚:西部沿海	NEIC
2007	3	25	0	40	1.6	-20.617	169.357	34	7.1	Mw	Vanuatu Islands	瓦努阿图群岛	* NOAA
2007	3	25	0	41	57.8	37.336	136.588	8	6.7	Mw	Japan Sea	日本海	* NOAA,USGS
2007	3	25	1	8	19	-20.754	169.354	35	7.1	Mw	Vanuatu Islands	瓦努阿图群岛	NEIC
2007	3	31	12	49	3.7	-56.083	-123.27	10	6.1	Mw	Southern Pacific Ridge	南太平洋海岭	NEIC
2007	4	1	20	39	56.3	-8.466	157.043	24	8.1	Mw	Solomon Islands	所罗门群岛	* NOAA
2007	4	1	20	46	19.3	-9.505	156.934	24.3	6.1	Mw	Solomon Islands	所罗门群岛	NEIC
2007	4	1	20	47	31.3	-7.169	155.777	10	6.6	Mw	Solomon Islands	所罗门群岛	NEIC
2007	4	1	21	11	33.1	-7.306	155.741	10	6.3	Mw	Solomon Islands	所罗门群岛	NEIC
2007	4	1	21	15	22.7	-7.303	155.682	10	6.0	Mw	Solomon Islands	所罗门群岛	NEIC
2007	4	2	12	2	23.3	-8.706	157.62	14	6.1	Mw	Solomon Islands	所罗门群岛	NEIC
2007	4	2	23	20	23.2	-8.617	157.386	18	6.0	Mw	Solomon Islands	所罗门群岛	NEIC
2007	4	3	12	4	27.3	-7.857	155.801	8	6.0	Mw	Solomon Islands	所罗门群岛	NEIC
2007	4	3	20	26	9.5	-20.633	168.994	12	6.0	Mw	Vanuatu Islands	瓦努阿图群岛	NEIC
2007	4	4	6	34	35.9	-7.76	156.49	17	6.3	Mw	Solomon Islands	所罗门群岛	NEIC
2007	4	4	11	0	27.9	-20.715	168.828	13	6.4	Mw	Vanuatu Islands	瓦努阿图群岛	NEIC
2007	4	4	11	2	29.6	-20.688	169.056	10	6.2	Mw	Vanuatu Islands	瓦努阿图群岛	NEIC
2007	4	5	3	56	50.4	37.306	-24.621	14	6.2	Mw	Azores Islands	亚速尔群岛	NEIC
2007	4	7	9	51	51.6	2.916	95.7	30	6.1	Mw	Indonesia:Simeulue Island	印度尼西亚:锡默卢岛	NEIC
2007	4	13	5	42	23	17.302	-100.198	34	6.0	Mw	Mexico:Guerrero, Atoyac	墨西哥:格雷罗,阿托雅克	*
2007	4	16	13	20	38.2	-58.015	147.964	10	6.3	Mw	West of Macquarie Ridge	麦夸里海岭西部	NEIC
2007	4	20	0	26	45	25.7	125.1		6.3	Ms	Ryukyu Islands	琉球群岛	China
2007	4	20	1	23	40	25.7	125.1		6	Ms	Ryukyu Islands	琉球群岛	China
2007	4	20	1	46	3	25.7	125.2		6.5	Ms	Ryukyu Islands	琉球群岛	China

年 Year	月 Mo	日 Dy	时 Hr	分 Mn	秒 Sec	纬度(°) Latitude	经度(°) Longitude	深度 Depth	震级 Mag	标度 Scale	地名(英文) Name(English)	地名(中文) Name(Chinese)	资料来源 Information
2007	4	21	17	53	46.3	-45.243	-72.648	37	6.3	ML	Chile:Aisen Region	智利:艾森区	* NOAA,USGS
2007	4	27	8	2	49.6	5.359	94.635	38	6.3	Mw	Indonesia:North West of Sumatera	印度尼西亚:苏门答腊西北沿海	NEIC
2007	4	29	12	41	57.3	52.007	-179.972	117	6.2	Mw	Andreanof Islands, Aleutian Is.	阿留申群岛,安德烈亚诺夫群岛	NEIC
2007	5	5	7	51	41	34.3	81.9		6.1	Ms	China:Xizang (Tibet),Rutog,NE.	中国:西藏日土东北	China
2007	5	6	21	11	52.5	-19.401	-179.354	676.4	6.0	Mw	Fiji Islands	斐济群岛	NEIC
2007	5	16	8	56	16.4	20.6	101	24	6.6	Ms	Laos:Ban Kha,S.	老挝:班卡南部	* China
2007	5	29	9	36	6	-1.065	127.343	24	6.1	Mw	Indonesia:Labuha	印度尼西亚:拉布哈	*
2007	5	30	20	22	12.6	52.137	157.293	116	6.4	Mw	Russia:Kamchatka Peninsula	俄罗斯:堪察加半岛	NEIC
2007	6	2	21	34	56	23	101.1	5	6.4	Ms	China:Yunnan,Pu-er	中国:云南普洱	* China,Dis
2007	6	7	0	40	38.1	-3.316	146.761	4.7	6.2	Mw	Bismarck Sea	俾斯麦海	NEIC
2007	6	13	19	29	40.1	13.554	-90.618	23	6.7	Mw	Guatemala:Guatemala City	危地马拉:危地马拉城	* USGS
2007	6	18	6	18	45.6	-3.55	150.962	9	6.2	Mw	Bismarck Sea	俾斯麦海	NEIC
2007	6	24	0	25	18.4	-55.645	-2.626	10	6.1	Mw	South Atlantic Ridge	南大西洋海岭	NEIC
2007	6	28	2	52	10.9	-7.979	154.635	18	6.7	Mw	Solomon Islands	所罗门群岛	NEIC
2007	7	15	9	27	34.4	-15.383	168.597	8	6.0	Mw	Vanuatu Islands	瓦努阿图群岛	NEIC
2007	7	15	12	9	48.5	-60	-26.1	10	6.2	Ms	South Sandwich Islands	南桑威奇群岛	CSN
2007	7	16	1	13	22	37.57	138.478	10	6.6	Mw	Japan:Sado Island	日本:佐渡岛	* NOAA,USGS
2007	7	16	14	17	37.3	36.808	134.85	350.4	6.2	Mw	Japan Sea	日本海	NEIC
2007	7	17	9	39	27.8	-26.206	-177.744	10	6.0	Mw	South of Fiji Islands	斐济群岛南部	NEIC
2007	7	21	13	27	4.4	-8.133	-71.272	644.9	6.2	Mw	Brazil:Amazonas	巴西:亚马孙州	NEIC
2007	7	25	23	37	31.5	7.157	92.518	15	6.1	Mw	India:Nicobar Islands	印度:尼科巴群岛	NEIC
2007	7	26	5	40	16	2.872	127.464	25	6.9	Mw	Molukka Sea,N.	马鲁古海北部	*
2007	7	27	14	46	26.8	-21.459	170.939	10	6.0	Mw	Vanuatu Islands	瓦努阿图群岛	NEIC
2007	7	29	4	54	36.7	53.641	169.702	25.7	6.0	Mw	Aleutian Islands	阿留申群岛	NEIC
2007	7	30	22	42	4	19.2	95.5	14	6.2	Ms	myanmar:Magway,S.	缅甸:马圭南部	China,USGS
2007	7	31	15	7	37	27.4	126.7		6	Ms	China:East China Sea	中国:东海	China
2007	8	1	17	8	51.4	-15.595	167.68	120	7.2	Mw	Vanuatu Islands:Luganville	瓦努阿图群岛:卢甘维尔	* USGS
2007	8	2	2	37	42	47.116	141.798	5	6.2	Ms	Russia:Sakhalin Island	俄罗斯:库页岛(萨哈林岛)	* NOAA
2007	8	2	3	21	42.8	51.307	-179.971	21	6.7	Mw	Aleutian Islands	阿留申群岛	* NOAA
2007	8	3	0	41	14.3	-62.973	145.306	6	6.0	Mw	South Atlantic Ocean	南大西洋	NEIC
2007	8	8	17	4	58	-5.968	107.655	289	7.5	Mw	Indonesia:Java Sea	印度尼西亚:爪哇海	*
2007	8	15	20	22	11.1	50.322	-177.548	9	6.3	Mw	Andreanof Islands, Aleutian Is.	阿留申群岛,安德烈亚诺夫群岛	NEIC
2007	8	15	23	40	57.8	-13.386	-76.603	39	8.0	Mw	Peru:Ica, Pisco, Lima	秘鲁:伊卡,皮斯科,利马	* NOAA,USGS
2007	8	16	5	16	56.1	-14.282	-76.127	23.4	6.1	Mw	Peru:Ica	秘鲁:伊卡	NEIC
2007	8	16	8	39	28.4	-9.834	159.465	15	6.7	Mw	Solomon Islands	所罗门群岛	NEIC
2007	8	16	11	35	41.79	-14.29	-76.21	35	6	Mw	Peru:Ica	秘鲁:伊卡	USGS
2007	8	17	3	4	3	-5.261	129.432	10	6.2	Mw	Indonesia:Banda Sea	印度尼西亚:班达海	NEIC
2007	8	18	2	52	35.4	-13.805	-76.291	30	6.0	Mw	Peru:Chincha Alta	秘鲁:上钦查	NEIC
2007	8	20	22	42	28.5	8.037	-39.251	6	6.4	Mw	Central Mid-Atlantic Ridge	中大西洋中脊	NEIC
2007	9	2	1	5	18.1	-11.61	165.762	35	7.3	Ms	Solomon Islands:Santa Cruz Islands	所罗门群岛:圣克鲁斯群岛	* NOAA
2007	9	3	16	14	53.5	45.836	150.06	94	6.3	Mw	Kuril Islands	千岛群岛	NEIC
2007	9	6	17	51	26.19	24.2	122.3		6.3	Ms	China:Taiwan,Hualien,Coast of E.	中国:台湾花莲以东海域	China,USGS
2007	9	10	1	49	14.2	2.982	-77.967	31	6.8	Mw	Colombia:Narino	哥伦比亚:纳里尼奥	*
2007	9	12	11	10	27	-4.438	101.367	34	8.5	Ms	Indonesia:Sumatra,Coast of SW.	印度尼西亚:苏门答腊西南海域	* NOAA,USGS
2007	9	12	23	49	4	-2.625	100.841	35	8.1	Ms	Indonesia:Southern Sumatra	印度尼西亚:苏门答腊南部	* USGS
2007	9	13	2	30	3.3	-1.69	99.67	28	6.5	Mw	Indonesia:Southern Sumatra	印度尼西亚:苏门答腊南部	USGS,NEIC
2007	9	13	3	35	28.7	-2.13	99.627	22	7.2	Mw	Indonesia:Southern Sumatra	印度尼西亚:苏门答腊南部	NEIC,USGS
2007	9	13	9	48	45.1	3.801	126.342	26	6.2	Mw	Indonesia:Karakelong Island	印度尼西亚:卡拉克隆岛	NEIC
2007	9	13	16	9	16.8	-3.172	101.524	53	6.1	Mw	Indonesia:Southern Sumatra	印度尼西亚:苏门答腊南部	NEIC
2007	9	14	6	1	32.2	-4.075	101.169	23	6.3	Mw	Indonesia:Sumatra,Coast of SW.	印度尼西亚:苏门答腊西南海域	NEIC
2007	9	20	8	31	14.4	-1.999	100.141	30	6.8	Mw	Indonesia:Southern Sumatra	印度尼西亚:苏门答腊南部	NEIC
2007	9	26	4	43	17.6	-3.918	-79.208	99.8	6.1	Mw	Ecuador:Motupe	厄瓜多尔:莫图佩	NEIC
2007	9	26	12	36	26.8	-4.99	153.5	40	6.6	Mw	Papua New Guinea:New Ireland,E.	巴布亚新几内亚:新爱尔兰东部	NEIC
2007	9	26	15	43	1.4	-1.787	99.488	26	6.1	Mw	Indonesia:Southern Sumatra	印度尼西亚:苏门答腊南部	NEIC
2007	9	27	19	57	44	-21.103	169.283	9	6.3	Mw	New Caledonia:E.	新喀里多尼亚东部	NEIC
2007	9	28	1	1	49.1	-21.207	169.362	12	6.4	Mw	New Caledonia:Loyalty Islands	新喀里多尼亚:罗亚尔特群岛	NEIC
2007	9	28	1	35	51.9	-21.133	169.373	10	6.6	Mw	New Caledonia:Loyalty Islands	新喀里多尼亚:罗亚尔特群岛	NEIC
2007	9	28	13	38	57.8	21.96	142.98	271	7.5	Mw	Japan:South Honshu Ridge	日本:本州南部海岭	* NEIC
2007	9	30	2	8	30.1	10.454	145.718	14	7.1	Mw	Mariana Islands,S.	马里亚纳群岛南部	NEIC
2007	9	30	5	23	34	-49.418	163.954	10	7.4	Mw	New Zealand:Auckland Islands,N.	新西兰:奥克兰群岛以北	* NOAA
2007	9	30	9	47	51.9	-49.138	164.11	18	6.7	Mw	New Zealand:Auckland Islands,N.	新西兰:奥克兰群岛以北	NEIC
2007	10	2	18	0	6.8	54.511	-161.708	32	6.2	Mw	Aleutian Islands	阿留申群岛	NEIC
2007	10	4	12	40	31.1	2.543	92.903	35	6.1	Mw	Indonesia:Off West Coast of N. Sumatera	印度尼西亚:北苏门答腊西部海域	NEIC
2007	10	5	7	17	52.8	-25.189	179.459	509.4	6.0	Mw	South of Fiji Islands	斐济群岛南部	NEIC
2007	10	15	12	29	36	-44.785	167.583	26	6.8	Ms	New Zealand:South Island,Milford Sound	新西兰:南岛,米尔福德桑德	*
2007	10	15	21	28	23.6	-44.793	167.458	19	6.0	Mw	New Zealand:South Island,Greenstone	新西兰:南岛,格林斯通	NEIC

年 Year	月 Mo	日 Dy	时 Hr	分 Mn	秒 Sec	纬度(°) Latitude	经度(°) Longitude	深度 Depth	震级 Mag	标度 Scale	地名(英文) Name(English)	地名(中文) Name(Chinese)	资料来源 Information
2007	10	16	21	5	43.2	-25.775	179.53	509.3	6.2	Mw	South of Fiji Islands	斐济群岛南部	NEIC
2007	10	24	21	2	50.6	-3.899	101.02	21	6.9	Mw	Indonesia:Southern Sumatra	印度尼西亚:苏门答腊南部	NEIC
2007	10	25	13	50	4.2	46.011	154.231	20	6.0	Mw	Kuril Islands	千岛群岛	NEIC
2007	10	31	3	30	20	18.87	145.6	214	7.2	Mw	Mariana Islands	马里亚纳群岛	NEIC
2007	11	2	22	31	43.8	-55.466	-128.966	10	6.0	Mw	Southern Pacific Ridge	南太平洋海岭	NEIC
2007	11	10	1	13	29.3	-51.777	161.318	10	6.4	Mw	Macquarie Ridge	麦夸里海岭	NEIC
2007	11	14	15	40	50.5	-22.247	-69.89	40	7.7	Mw	Chile:Tocopilla, Maria Elena	智利:托科皮亚,玛利亚艾烈娜	* NOAA,USGS
2007	11	15	15	5	58.3	-22.925	-70.237	26	6.6	Mw	Chile:Antofagasta,C.	智利:安托法加斯塔中部	NEIC
2007	11	16	3	13	0.1	-2.312	-77.838	123	6.8	Mw	Ecuador:Morona Santiago	厄瓜多尔:莫罗纳-圣地亚哥	*
2007	11	19	0	52	12.5	-21.185	-178.752	558.3	6.2	Mw	Fiji Islands	斐济群岛	NEIC
2007	11	22	8	48	27.5	-5.757	147.098	53	6.0	Mw	Papua New Guinea:Morobe	巴布亚新几内亚:莫罗贝	NEIC
2007	11	25	16	2	18	-8.277	118.339	35	6.5	Mw	Indonesia:Sumbawa	印度尼西亚:松巴哇	*
2007	11	25	19	53	7.9	-8.2	118.5	35	6.6	Ms	Indonesia:Sumbawa	印度尼西亚:松巴哇	CSN
2007	11	27	11	49	58	-10.95	162.149	16	6.7	Mw	Solomon Islands	所罗门群岛	NEIC
2007	11	29	19	0	19.6	14.973	-61.263	148	7.4	Mw	Martinique Island	马提尼克岛(拉丁美洲)	* USGS
2007	12	9	7	28	20.8	-25.996	-177.514	153	7.8	Mw	South of Fiji Islands	斐济群岛南部	* NOAA
2007	12	13	15	51	27.2	-15.213	-172.367	17	6.0	Mw	Samoa Islands	萨摩亚群岛	NEIC
2007	12	15	9	39	53.6	-6.622	131.09	57	6.0	Mw	Indonesia:Palau Jamdena	印度尼西亚:延德纳岛	NEIC
2007	12	15	18	22	27.1	-32.689	-71.695	25	6	Mw	Chile:Near Coast of C.	智利:中部近海	* USGS
2007	12	16	8	9	17.9	-22.954	-70.182	45	6.7	Mw	Chile:Antofagasta,C.	智利:安托法加斯塔中部	NEIC,USGS
2007	12	19	9	30	27.9	51.36	-179.509	34	7.1	Mw	Andreanof Islands, Aleutian Is.	阿留申群岛,安德烈亚诺夫群岛	NEIC
2007	12	20	7	55	15.8	-39.011	178.291	20	6.9	ML	New Zealand:North Island,Near Coast of E.	新西兰:北岛东部近海	* USGS
2007	12	21	7	24	34	51.366	-178.979	25	6.1	Mw	Andreanof Islands, Aleutian Is.	阿留申群岛,安德烈亚诺夫群岛	NEIC
2007	12	22	7	11	8.1	-2.407	139.067	20	6.1	Mw	Indonesia:Papua,Near North Coast	印度尼西亚:巴布亚北部近海	NEIC
2007	12	22	7	33	17	-3.29	139.48	35	6.3	Ms	Indonesia:Papua	印度尼西亚:巴布亚	CSN
2007	12	26	22	4	54.6	52.558	-168.221	25	6.2	Mw	Aleutian Islands	阿留申群岛	NEIC
2008	1	1	18	54	59	-5.878	146.884	34	6.1	Mw	Papua New Guinea:Morobe	巴布亚新几内亚:莫罗贝	NEIC
2008	1	5	11	1	6.1	51.254	-130.746	15	6.5	Mw	Canada:Queen Charlotte Islands	加拿大:夏洛特皇后群岛	NEIC
2008	1	5	11	44	48.1	51.163	-130.542	10	6.5	Mw	Canada:Queen Charlotte Islands	加拿大:夏洛特皇后群岛	NEIC
2008	1	6	5	14	20.1	37.216	22.693	75	6.2	Mw	Greece:Arkadia	希腊:阿卡迪亚	NEIC,USGS
2008	1	7	3	12	27	-0.795	134.012	12	6	mB	Indonesia:Irian Jaya Barat	印度尼西亚:西巴布亚	*
2008	1	9	8	26	47	32.5	85.2		6.9	Ms	China:Xizang (Tibet),Gerze,NE.	中国:西藏改则东北	China
2008	1	16	11	54	46	32.5	85.2		6	Ms	China:Xizang (Tibet),Gerze,NE.	中国:西藏改则东北	China
2008	1	20	20	26	4.8	2.346	126.816	35	6.0	Mw	Indonesia:West of Maluku Utara	印度尼西亚:北马鲁古西部海域	NEIC
2008	1	22	7	55	48.8	-15.277	-175.348	6	6.0	Mw	Tonga Islands,N.	汤加群岛北部	NEIC
2008	1	22	10	49	21.8	-15.419	-175.589	10	6.0	Mw	North of Fiji Islands	斐济群岛北部	NEIC
2008	1	22	17	14	58	1.011	97.442	20	6.1	Mw	Indonesia:Sumatera,Nias Island	印度尼西亚:苏门答腊,尼亚斯岛	*
2008	1	24	22	29	53	-6.026	146.619	35	6.0	Mw	Papua New Guinea:Morobe	巴布亚新几内亚:莫罗贝	NEIC
2008	1	30	7	32	42.8	-7.302	127.688	8	6.0	Mw	Indonesia:Banda Sea	印度尼西亚:班达海	NEIC
2008	2	3	7	34	12.1	-2.296	28.9	10	6.1	mB	Congo:Bukavu	刚果:布卡武	*
2008	2	4	17	1	29.9	-20.166	-70.037	35	6.2	Mw	Chile:Iquique	智利:伊基克	NEIC
2008	2	8	9	38	14.1	10.671	-41.899	9	6.9	Mw	Northern Mid-Atlantic Ridge	北大西洋洋中脊	NEIC
2008	2	10	12	22	2.6	-60.797	-25.586	8	6.5	Mw	South Sandwich Islands	南桑威奇群岛	NEIC
2008	2	12	12	50	18.4	16.357	-94.304	83	6.0	Mw	Mexico:Oaxaca	墨西哥:瓦哈卡	NEIC
2008	2	13	19	58	46.1	-8.158	128.644	19	6.4	Mw	Indonesia:Timor Island	印度尼西亚:帝汶岛	NEIC
2008	2	14	10	9	22.7	36.501	21.67	29	6.6	Mw	Greece:Zante	希腊:赞特	NEIC
2008	2	14	12	8	55.7	36.345	21.863	28	6.0	Mw	Greece:Zante	希腊:赞特	NEIC
2008	2	20	8	8	31	2.768	95.964	26	7.5	Ms	Indonesia:Simeulue Island	印度尼西亚:锡默卢岛	*
2008	2	20	18	27	6	36.288	21.775	9.9	6.1	Mw	Greece:Zante	希腊:赞特	NEIC
2008	2	21	14	16	2.7	41.153	-114.867	7	6.0	Mw	US:Nevada,Wells	美国:内华达州韦尔斯	* USGS
2008	2	23	15	57	20.4	-57.335	-23.433	14	6.7	Mw	South Sandwich Trench	南桑威奇海沟	NEIC
2008	2	24	14	46	21.4	-2.405	99.931	22	6.4	Mw	Indonesia:Southern Sumatra	印度尼西亚:苏门答腊南部	NEIC
2008	2	25	8	36	33	-2.486	99.972	25	7.7	Ms	Indonesia:Southern Sumatra	印度尼西亚:苏门答腊南部	* CSN,NOAA
2008	2	25	18	6	1.1	-2.56	99.78	30	6.7	Ms	Indonesia:Southern Sumatra	印度尼西亚:苏门答腊南部	CSN
2008	2	25	21	2	16.5	-2.39	99.74	35	7.1	Ms	Indonesia:Southern Sumatra	印度尼西亚:苏门答腊南部	CSN
2008	2	27	6	54	20.6	26.816	142.438	15	6.1	Mw	Japan:South Honshu Ridge	日本:本州南部海岭	NEIC
2008	3	3	2	37	27.1	-2.18	99.823	25	6.1	Mw	Indonesia:Southern Sumatra	印度尼西亚:苏门答腊南部	NEIC
2008	3	3	9	31	2.5	46.406	153.175	10	6.5	Mw	Kuril Islands	千岛群岛	NEIC
2008	3	3	14	11	14.6	13.351	125.63	24	6.4	Mw	Philippines:Samar Island	菲律宾:萨马岛	NEIC
2008	3	12	11	23	34	-16.567	167.335	13	6.4	Mw	Vanuatu Islands	瓦努阿图群岛	NEIC
2008	3	18	8	22	47	-29.252	-177.44	25	6.1	Mw	Kermadec Ridge	克马德克海岭	NEIC
2008	3	20	22	33	2	35.6	81.6	10	7.3	Ms	China:Xinjiang,Keriya	中国:新疆于田	* China,Dis
2008	3	24	20	39	7.63	-20.04	-68.96	120	6.2	Mw	Chile:Pozo Almonte,E.	智利:波索阿尔蒙特东部	USGS
2008	3	29	17	30	50.1	2.855	95.296	20	6.5	Mw	Indonesia:Simeulue Island	印度尼西亚:锡默卢岛	NEIC
2008	4	9	11	13	15.2	-20.01	169.2	13	6.3	Ms	Vanuatu Islands	瓦努阿图群岛	CSN
2008	4	9	12	46	12.7	-20.071	168.892	33	7.3	Ms	Vanuatu Islands	瓦努阿图群岛	* NOAA
2008	4	9	13	3	5.5	-20.03	169.25	43	6.4	Ms	Vanuatu Islands	瓦努阿图群岛	CSN
2008	4	9	14	47	50.5	-19.997	168.874	35	6.2	Mw	Vanuatu Islands	瓦努阿图群岛	NEIC

年	月	日	时	分	秒	纬度(°)	经度(°)	深度	震级	标度	地名(英文)	地名(中文)	资料来源
Year	Mo	Dy	Hr	Mn	Sec	Latitude	Longitude	Depth	Mag	Scale	Name(English)	Name(Chinese)	Information
2008	4	12	0	30	12.6	-55.664	158.453	16	7.1	Mw	Australia: Macquarie Island, S.	澳大利亚:麦加利岛南部	NEIC
2008	4	14	9	45	19.7	-56.022	-28.035	140.2	6.0	Mw	South Sandwich Islands	南桑威奇群岛	NEIC
2008	4	15	3	3	4.6	13.564	-90.599	33	6.1	Mw	Guatemala: Near Coast	危地马拉:近海	*
2008	4	15	22	59	51.5	51.856	-179.361	11	6.4	Mw	Andreanof Islands, Aleutian Is.	阿留申群岛,安德烈亚诺夫群岛	NEIC
2008	4	16	0	35	48.8	-18.609	-175.699	10	6.3	Mw	Tonga Islands, N.	汤加群岛北部	NEIC
2008	4	16	5	54	19.6	51.878	-179.165	13	6.5	Mw	Andreanof Islands, Aleutian Is.	阿留申群岛,安德烈亚诺夫群岛	NEIC
2008	4	19	5	58	42.2	-20.273	168.796	14	6.2	Mw	Vanuatu Islands	瓦努阿图群岛	NEIC
2008	4	23	18	28	45	23	121.7		6.1	Ms	China: Taiwan, Taitung, Coast of E.	中国:台湾台东以东海域	China
2008	4	24	12	14	49.9	-1.182	-23.471	10	6.0	Mw	Central Mid - Atlantic Ridge	中大西洋中脊	NEIC
2008	4	26	23	34	49.3	-49.091	164.117	10	6.0	Mw	New Zealand: Auckland Islands, N.	新西兰:奥克兰群岛以北	NEIC
2008	4	28	18	33	34.2	-19.941	168.953	32	6.4	Mw	Vanuatu Islands	瓦努阿图群岛	* NOAA
2008	5	2	1	33	37.2	51.864	-177.528	14	6.8	Mw	Andreanof Islands, Aleutian Is.	阿留申群岛,安德烈亚诺夫群岛	NEIC
2008	5	7	16	45	20.2	36.158	141.521	39	6.9	Mw	Japan: Ibaraki, Near Coast	日本:茨城近海	* USGS
2008	5	9	21	51	29.7	12.516	143.181	76	6.1	Mw	Mariana Islands, S.	马里亚纳群岛南部	NEIC
2008	5	12	6	28	4	30.95	103.4	19	8.0	Ms	China: Sichuan, Wenchuan	中国:四川汶川	* China, Dis
2008	5	12	6	43	15	31	103.5	6		Ms	China: Sichuan, Wenchuan	中国:四川汶川	China
2008	5	12	11	10	58	31.4	103.6	6		Ms	China: Sichuan, Wenchuan	中国:四川汶川	China
2008	5	13	7	7	8.5	30.9	103.4	9	6.1	Ms	China: Sichuan, Dujiangyan	中国:四川都江堰	China, USGS, NEIC
2008	5	17	17	8	23	32.1	105	6		Ms	China: Sichuan, Pingwu, SE.	中国:四川平武东南	China
2008	5	19	14	26	45	1.64	99.147	10	6.0	Mw	Indonesia: Northern Sumatra	印度尼西亚:苏门答腊北部	NEIC
2008	5	20	13	53	35.6	51.162	178.759	27	6.0	Mw	Aleutian Islands	阿留申群岛	NEIC
2008	5	23	19	35	34.7	7.313	-34.897	8	6.4	Mw	Central Mid - Atlantic Ridge	中大西洋中脊	NEIC
2008	5	25	8	21	47	32.6	105.4		6.4	Ms	China: Sichuan, Guangyuan	中国:四川广元	* China
2008	5	25	19	18	25.7	56.087	-153.78	22	6.0	Mw	Alaska: Kodiak Island	阿拉斯加:科迪亚克岛	NEIC
2008	5	29	15	46	0.4	64.004	-21.012	10	6.3	Mw	Iceland: Selfoss	冰岛:塞尔福斯	* USGS
2008	5	31	4	37	56	-41.198	80.479	9	6.3	Mw	Mid - Indian Ridge	中印度洋海岭	NEIC
2008	6	1	1	57	17	20.1	121.3		6.3	Ms	China: Taiwan, Coast of S.	中国:台湾南部海域	China
2008	6	1	14	31	3	-59.384	149.66	10	6.3	Mw	West of Macquarie Ridge	麦夸里海岭西部	NEIC
2008	6	3	16	20	50.3	-10.509	161.273	84	6.2	Mw	Solomon Islands	所罗门群岛	NEIC
2008	6	8	12	25	29.7	37.963	21.525	16	6.4	Mw	Greece: Achaia	希腊:阿凯亚	* USGS
2008	6	13	23	43	45.3	39.03	140.881	8	7	Ms	Japan: Oshu	日本:岩手奥州	* USGS
2008	6	22	23	56	30	67.698	141.276	18	6.1	Mw	Russia: Sakha, NE.	俄罗斯:萨哈共和国东北	NEIC
2008	6	26	21	19	15.5	-20.768	-173.342	38	6.0	Mw	Tonga Islands, E.	汤加群岛东部	NEIC
2008	6	27	11	40	13.9	11.005	91.824	17	6.7	Mw	India: Andaman Islands	印度:安达曼群岛	NEIC
2008	6	28	12	54	46.3	10.847	91.712	15	6.0	Mw	India: Andaman Islands	印度:安达曼群岛	NEIC
2008	6	30	6	17	43	-58.32	-21.78	23	7	Mw	East of South Sandwich Trench	南桑维奇海沟东部	NEIC
2008	7	5	2	12	4.4	54.1	153.32	615	7.7	Mw	Sea of Okhotsk	鄂霍次克海	* NEIC
2008	7	8	7	42	10.7	27.532	128.334	43	6.0	Mw	Ryukyu Islands	琉球群岛	NEIC, USGS
2008	7	8	9	13	7.4	-15.986	-71.748	123	6.2	Mw	Peru: Arequipa	秘鲁:阿雷基帕	*
2008	7	13	14	58	29	21.1	120.8	6		Ms	China: Taiwan, Coast of S.	中国:台湾南部海域	China
2008	7	15	3	26	34.7	35.8	27.86	52	6.5	Mw	Greece: Chalki (Dodecanese)	希腊:秋奇(萨摩斯岛)	NEIC, USGS
2008	7	19	2	39	28.7	37.552	142.214	22	7	Ms	Japan Trench	日本海沟	* NOAA
2008	7	19	9	27	1.4	-11.041	164.493	11	6.4	Mw	Solomon Islands	所罗门群岛	NEIC
2008	7	23	15	26	19.9	39.802	141.464	108	6.8	Mw	Japan: Morioka	日本:岩手盛冈	* USGS
2008	7	24	1	43	16.1	50.967	157.584	27	6.0	Mw	Russia: Kamchatka Peninsula	俄罗斯:堪察加半岛	NEIC
2008	7	24	7	9	28	32.8	105.5		6.0	Ms	China: Sichuan, Guangyuan	中国:四川广元	* China
2008	7	28	21	37	32.5	-10.606	163.162	10	6.1	Mw	Solomon Islands	所罗门群岛	NEIC
2008	8	1	8	32	44	32.1	104.7		6.1	Ms	China: Sichuan, Pingwu, SE.	中国:四川平武东南	* China
2008	8	4	20	45	13.9	-5.916	130.195	173.9	6.1	Mw	Indonesia: Banda Sea	印度尼西亚:班达海	NEIC
2008	8	5	9	49	18	32.8	105.5		6.1	Ms	China: Sichuan, Guangyuan	中国:四川广元	* China
2008	8	9	16	36	38.1	-60.693	153.826	10	6.0	Mw	Macquarie Ridge	麦夸里海岭	NEIC
2008	8	10	8	20	33.4	11.055	91.814	20	6.1	Mw	India: Andaman Islands	印度:安达曼群岛	NEIC
2008	8	15	10	25	16.53	12.9	124.32	10	6	Mw	Philippines: Sorsogon	菲律宾:索索贡	* USGS
2008	8	25	13	21	58.8	31	83.6	12	6.8	Ms	China: Xizang (Tibet), Zhongba	中国:西藏仲巴	* China
2008	8	26	21	0	36.6	-7.641	-74.377	154	6.0	Mw	Peru: Pucallpa	秘鲁:普卡尔帕	NEIC
2008	8	27	1	35	32	51.607	104.158	16	6.3	Mw	Russia: Lake Baykal	俄罗斯:贝加尔湖	* USGS
2008	8	30	6	54	7.6	-6.146	147.258	75	6.1	Mw	Papua New Guinea: Lae	巴布亚新几内亚:莱城	NEIC
2008	8	30	8	30	50	26.2	101.9		6.1	Ms	China: Sichuan, Panzhihua	中国:四川攀枝花	* China, Dis
2008	9	8	3	3	15.9	-19.964	169.108	36	6.0	Mw	Vanuatu Islands	瓦努阿图群岛	NEIC
2008	9	8	18	52	6.9	-13.501	166.967	110	6.4	Mw	Vanuatu Islands	瓦努阿图群岛	NEIC
2008	9	10	11	0	34	26.743	55.828	12	6.1	Mw	Iran: Hormozgan	伊朗:荷姆兹甘	*
2008	9	10	13	8	14.6	8.093	-38.705	9	6.5	Mw	Central Mid - Atlantic Ridge	中大西洋中脊	NEIC
2008	9	10	23	59	57.5	1.52	127.69	94	6.8	Ms	Indonesia: Maluku Utara	印度尼西亚:北马鲁古	CSN
2008	9	11	0	20	50.9	41.892	143.754	25	7	Ms	Japan: Hokkaido	日本:北海道	* NOAA, USGS
2008	9	24	2	33	5.5	17.612	-105.497	12	6.2	Mw	Mexico: Off Coast of Jalisco	墨西哥:哈利斯科沿海	NEIC
2008	9	25	1	47	14	30.8	83.6	6		Ms	China: Xizang (Tibet), Zhongba	中国:西藏仲巴	China
2008	9	29	15	19	32	-29.87	-177.47	50	7	Mw	Kermadec Ridge	克马德克海岭	NEIC
2008	10	5	9	12	36	-30.184	-177.176	10	6.2	Mw	East of Kermadec Ridge	克马德克海岭东部	NEIC
2008	10	5	15	52	49	39.533	73.824	27	6.8	Ms	Kyrgyzstan: Osh, S.	吉尔吉斯斯坦:奥什南部	* China

年	月	日	时	分	秒	纬度(°)	经度(°)	深度	震级	标度	地名(英文)	地名(中文)	资料来源
Year	Mo	Dy	Hr	Mn	Sec	Latitude	Longitude	Depth	Mag	Scale	Name(English)	Name(Chinese)	Information
2008	10	5	15	55	24.28	39.36	73.66	35	6.3	Ms	China:Xinjiang,Kashi,W.	中国:新疆喀什西部	China,USGS,NEIC,Dis
2008	10	5	16	11	9	39.66	73.98	26	6.7	Ms	China:Xinjiang,Ulugqat,W.	中国:新疆乌恰西	CSN,USGS
2008	10	5	22	56	28.9	33.886	69.47	10	6.0	Mw	Afghan:Lowgar	阿富汗:洛加尔	NEIC
2008	10	6	7	30	46	29.8	90.3	12	6.6	Ms	China:Xizang (Tibet),Lhasa,NW.	中国:西藏拉萨西北	* China,Dis
2008	10	11	10	40	14	19.161	-64.833	23	6.1	Mw	Puerto Rico trench	波多黎各海沟	NEIC
2008	10	12	20	55	41.4	-20.123	-64.971	352.7	6.0	Mw	Bolivia:Chuquisaca	玻利维亚:丘基萨卡	NEIC
2008	10	16	19	41	25.7	14.423	-92.364	24	6.6	Mw	Mexico:Near Coast of Chiapas	墨西哥:恰帕斯州近海	NEIC
2008	10	19	5	10	33.9	-21.863	-173.819	29	7.0	Mw	Tonga Islands,E.	汤加群岛东部	NEIC
2008	10	20	4	54	19.2	0.109	120.681	96	6.1	Mw	Indonesia:Gulf of Tomini	印度尼西亚:托米尼湾	NEIC
2008	10	23	10	4	35	-2.635	145.574	10	6.3	Mw	Bismarck Sea	俾斯麦海	NEIC
2008	10	28	23	9	57.6	30.639	67.351	15	6.6	Ms	Pakistan:Quetta	巴基斯坦:奎达	*
2008	10	29	11	32	43.1	30.598	67.455	14	6.6	Ms	Pakistan:Ziarat	巴基斯坦:加拉特	*
2008	11	1	1	13	9.6	-3.399	148.712	10	6	Mw	Bismarck Sea	俾斯麦海	NEIC
2008	11	2	13	48	42.8	51.552	-174.366	36	6.1	Mw	Andreanof Islands, Aleutian Is.	阿留申群岛,安德烈亚诺夫群岛	NEIC
2008	11	4	18	35	45.2	-17.135	168.458	205.7	6.3	Mw	Vanuatu Islands	瓦努阿图群岛	NEIC
2008	11	7	7	19	35.7	-14.829	168.032	13	6.4	Mw	Vanuatu Islands	瓦努阿图群岛	NEIC
2008	11	7	16	4	23.3	-6.712	129.074	10	6.2	Mw	Indonesia:Banda Sea	印度尼西亚:班达海	NEIC
2008	11	8	7	49	59	-15.223	-174.232	121	6	Mw	Tonga Islands,N.	汤加群岛北部	NEIC
2008	11	10	1	22	2.5	37.6	95.9	19	6.3	Ms	China:Qinghai,Haixi,NW.	中国:青海海西西北	* China,Dis
2008	11	16	17	2	33	1.271	122.091	30	7.4	Mw	Indonesia:South Sulawesi sea	印度尼西亚:苏拉威西海南部	* NOAA,USGS
2008	11	16	17	34	35.7	1.35	122.32	25	6.0	Ms	Indonesia:South Sulawesi sea	印度尼西亚:苏拉威西海南部	CSN
2008	11	19	6	11	20.7	8.267	-82.967	32	6.3	Mw	Panama:Puerto Armuelles	巴拿马:阿穆埃耶斯港	* NEIC,USGS
2008	11	21	7	5	34.9	-8.947	159.553	118	6.1	Mw	Solomon Islands	所罗门群岛	NEIC
2008	11	22	16	1	1.7	-4.348	101.259	24	6.3	Mw	Indonesia:Sumatra,Coast of SW.	印度尼西亚:苏门答腊西南海域	NEIC
2008	11	22	16	1	39.3	-22.523	171.199	57.3	6.4	Mw	Vanuatu Islands,SE.	瓦努阿图群岛东南	NEIC
2008	11	22	18	49	42.3	-1.23	-13.933	10	6.3	Mw	Central Mid - Atlantic Ridge	中大西洋中脊	NEIC
2008	11	24	9	2	58.7	54.203	154.322	492.3	7.3	Mw	Sea of Okhotsk	鄂霍次克海	NEIC
2008	11	29	5	59	16.5	-18.701	-177.716	386	6	Mw	Fiji Islands	斐济群岛	NEIC
2008	12	6	10	55	26.3	-7.393	124.745	398	6.4	Mw	Indonesia:Banda Sea	印度尼西亚:班达海	NEIC
2008	12	8	18	39	9.4	-53.005	106.823	11	6.3	Mw	South - East Indian Ridge	南印度洋东海岭	NEIC
2008	12	9	6	23	59.7	-31.232	-176.924	18	6.8	Mw	Kermadec Ridge	克马德克海岭	NEIC
2008	12	9	17	28	58.6	-15.929	168.173	224.1	6.1	Mw	Vanuatu Islands	瓦努阿图群岛	NEIC
2008	12	10	13	15	34.4	-12.337	166.572	51	6	Mw	Solomon Islands:Santa Cruz Islands	所罗门群岛:圣克鲁斯群岛	NEIC
2008	12	11	21	40	51.8	0.063	123.433	129	6.1	Mw	Indonesia:Minahassa Peninsula	印度尼西亚:米纳哈萨半岛	NEIC
2008	12	13	8	45	36.3	-48.981	123.398	10	6	Mw	Great Australian Bight,S.	大澳大利亚湾南部	NEIC
2008	12	18	21	19	28.3	-32.458	-71.726	18	6.2	Mw	Chile:Near Coast of C.	智利:中部近海	NEIC
2008	12	18	21	50	28	-32.473	-72.051	25	6	Mw	Chile:Off Coast of C.	智利:中部沿海	NEIC
2008	12	20	10	29	23.1	36.541	142.425	19	6.3	Mw	Japan Trench	日本海沟	NEIC
2008	12	24	9	11	34.2	-17.29	-171.909	9	6	Mw	Tonga Islands,N.	汤加群岛北部	NEIC
2009	1	3	19	43	50.6	-0.414	132.885	17	7.6	Mw	Indonesia:Irian Jaya Barat,N.	印度尼西亚:西巴布亚北部	* NOAA
2009	1	3	20	23	20.1	36.419	70.743	204.8	6.6	Mw	Afghan:Badakhshan	阿富汗:巴达赫尚	NEIC
2009	1	3	22	33	40.2	-0.691	133.305	23	7.4	Ms	Indonesia:Irian Jaya Barat	印度尼西亚:西巴布亚	* NOAA
2009	1	6	22	48	27.2	-0.659	133.434	16	6	Mw	Indonesia:Irian Jaya Barat	印度尼西亚:西巴布亚	NEIC
2009	1	8	19	21	35.6	10.165	-84.197	14	6.1	Mw	Costa Rica:La Paz	哥斯达黎加:拉巴斯	*
2009	1	13	1	4	42.6	-13.147	66.078	10	6	Mw	Mid - Indian Ridge	中印度洋海岭	NEIC
2009	1	15	7	27	20.2	-22.352	170.635	27	6.7	Mw	Vanuatu Islands,SE.	瓦努阿图群岛东南	NEIC
2009	1	15	17	49	39	46.857	155.154	36	7.5	Ms	Kuril Islands	千岛群岛	* NOAA
2009	1	18	14	11	48.8	-30.199	-177.951	33	6.4	Mw	East of Kermadec Ridge	克马德克海岭东部	NEIC
2009	1	19	3	35	18.8	-22.596	170.911	12	6.6	Mw	Vanuatu Islands,SE.	瓦努阿图群岛东南	NEIC
2009	1	19	3	46	37.5	-22.477	170.806	35	6	Mw	Vanuatu Islands,SE.	瓦努阿图群岛东南	NEIC
2009	1	21	17	8	42.9	-22.689	171.043	24	6.1	Mw	Vanuatu Islands,SE.	瓦努阿图群岛东南	NEIC
2009	1	22	13	40	25.9	-5.912	148.511	44	6.1	Mw	Papua New Guinea:West New Britain	巴布亚新几内亚:西新不列颠	NEIC
2009	1	22	20	16	34.5	-7.307	128.568	146.7	6.1	Mw	Indonesia:Banda Sea	印度尼西亚:班达海	NEIC
2009	2	2	17	53	21.8	-13.582	-76.558	21	6	Mw	Peru:Chincha Alta	秘鲁:上钦查	NEIC
2009	2	9	14	9	2.9	-6.567	-81.15	15	6	Mw	Peru:Reventazon,Off Coast	秘鲁:雷文塔松沿海	NEIC
2009	2	11	17	34	50.8	3.884	126.397	22	7.2	Ms	Indonesia:Karakelong Island	印度尼西亚:卡拉克隆岛	* NOAA
2009	2	11	18	25	11.2	4.026	126.783	35	6	Mw	Indonesia:Karakelong Island	印度尼西亚:卡拉克隆岛	NEIC
2009	2	12	3	49	39.6	3.947	126.411	26	6	Mw	Indonesia:Karakelong Island	印度尼西亚:卡拉克隆岛	NEIC
2009	2	12	8	30	17.2	3.972	126.724	35	6	Mw	Indonesia:Karakelong Island	印度尼西亚:卡拉克隆岛	NEIC
2009	2	12	13	15	6.2	4.036	126.548	27	6.3	Mw	Indonesia:Karakelong Island	印度尼西亚:卡拉克隆岛	NEIC
2009	2	15	9	24	31.7	40.239	142.236	33	6.1	Mw	Japan:Morioka,Near East Coast	日本:盛冈东部近海	NEIC
2009	2	15	10	4	49.3	-5.854	-80.891	21	6.1	Mw	Peru:Bayovar	秘鲁:巴约瓦尔	NEIC
2009	2	17	3	30	53.3	-30.724	-178.617	13	6	Mw	Kermadec Ridge	克马德克海岭	NEIC
2009	2	18	21	53	45.1	-27.424	-176.33	25	7.2	Mw	North East of Kermadec Ridge	克马德克海岭东北	NEIC
2009	2	22	17	45	22.4	3.679	126.561	32	6	Mw	Indonesia:Karakelong Island	印度尼西亚:卡拉克隆岛	NEIC
2009	2	28	14	33	6.3	-60.525	-24.796	15	6.3	Mw	South Sandwich Islands	南桑威奇群岛	NEIC
2009	3	6	10	50	29.4	80.324	-1.853	9	6.6	Mw	North of Svalbard Islands	挪威斯瓦尔巴群岛北部	NEIC

年 Year	月 Mo	日 Dy	时 Hr	分 Mn	秒 Sec	纬度(°) Latitude	经度(°) Longitude	深度 Depth	震级 Mag	标度 Scale	地名(英文) Name(English)	地名(中文) Name(Chinese)	资料来源 Information
2009	3	12	23	23	34.8	5.686	-82.767	9	6.3	Mw	Panama:Off Coast of S.	巴拿马:南部海域	NEIC
2009	3	16	14	15	56.4	3.807	126.552	35	6.3	Mw	Indonesia:Karakelong Island	印度尼西亚:卡拉克隆岛	NEIC
2009	3	19	18	17	40.9	-23.046	-174.659	34	7.6	Ms	Tonga Islands,S.	汤加群岛南部	* NOAA
2009	3	28	17	59	31.7	-2.952	139.543	93	6	Mw	Indonesia:Papua,N.	印度尼西亚:巴布亚北部	NEIC
2009	3	30	7	13	7.2	56.546	-152.743	21	6	Mw	Alaska:Kodiak Island	阿拉斯加:科迪亚克岛	NEIC
2009	3	30	12	7	28.1	51.535	-178.258	31	6	Mw	Andreanof Islands, Aleutian Is.	阿留申群岛,安德烈亚诺夫群岛	NEIC
2009	3	30	12	11	54.9	51.526	-178.267	31	6	Mw	Andreanof Islands, Aleutian Is.	阿留申群岛,安德烈亚诺夫群岛	NEIC
2009	4	1	3	54	58.7	-3.522	144.102	10	6.5	Mw	Papua New Guinea: East Sepik, Near Coast of N.	巴布亚新几内亚:东塞皮克北部近海	NEIC
2009	4	4	5	31	55.48	5.15	127.2	48	6.3	Mw	Indonesia:North of Merampit Island	印度尼西亚:默兰皮特岛北部	USGS
2009	4	6	1	32	39	42.334	13.334	9	6.3	Mw	Italy:L'Aquila	意大利:拉奎拉	*
2009	4	7	4	23	33.1	46.049	151.548	31	6.9	Mw	Kuril Islands	千岛群岛	NEIC
2009	4	15	20	1	34.6	-3.115	100.471	22	6.4	Mw	Indonesia:Southern Sumatra	印度尼西亚:苏门答腊南部	NEIC
2009	4	16	14	57	6.2	-60.203	-26.858	20	6.8	Mw	South Sandwich Islands	南桑威奇群岛	NEIC
2009	4	17	2	8	8.7	-19.584	-70.483	25	6.1	Mw	Chile:Huara,Near Coast	智利:瓦拉近海	NEIC
2009	4	18	2	3	52.5	-28.915	-177.445	65.3	6	Mw	Kermadec Ridge	克马德克海岭	NEIC
2009	4	18	19	17	58.9	46.015	151.427	35	6.6	Mw	Kuril Islands	千岛群岛	NEIC
2009	4	19	5	23	25.8	4.136	126.678	25	6.1	Mw	Indonesia:Karakelong Island	印度尼西亚:卡拉克隆岛	NEIC
2009	4	21	5	26	11.5	50.833	155.009	152	6.2	Mw	Kuril Islands	千岛群岛	NEIC
2009	4	26	0	6	53.1	-30.3	-178.582	131.7	6.1	Mw	Kermadec Ridge	克马德克海岭	NEIC
2009	5	3	16	21	45.27	14.55	-91.14	108	6.3	Mw	Guatemala:Mazatenango	危地马拉:马萨特南戈	NEIC
2009	5	10	1	16	6.96	1.39	-85.17	6	6.1	Mw	Carnegie Ridge	卡内基海岭	NEIC
2009	5	12	1	26	26.58	-5.66	149.54	89	6.1	Mw	Papua New Guinea:West New Britain	巴布亚新几内亚:西新不列颠	NEIC
2009	5	16	0	53	51.25	-31.55	-178.83	43	6.5	Mw	South of Kermadec Ridge	克马德克海岭南部	NEIC
2009	5	24	0	58	2.11	-31.48	-177.68	4	6	Mw	South of Kermadec Ridge	克马德克海岭南部	NEIC
2009	5	28	8	24	45	16.72	-86.236	10	7.3	Mw	Honduras:Guanaja,Near Coast	洪都拉斯:瓜纳哈近海	* NOAA
2009	6	2	2	17	3.5	-17.757	167.949	15	6.3	Mw	Vanuatu Islands	瓦努阿图群岛	*
2009	6	4	17	25	25.5	-45.83	35.14	16	6	Mw	Marion Island	马里恩岛[印度洋]	NEIC
2009	6	5	3	30	33.06	41.82	143.45	29	6.4	Mw	Japan:Hokkaido	日本:北海道	NEIC
2009	6	6	20	33	28.83	23.86	-46.1	14	6	Mw	Northern Mid - Atlantic Ridge	北大西洋洋中脊	NEIC
2009	6	12	9	44	15.06	-17.61	167.81	15	6	Mw	Vanuatu Islands	瓦努阿图群岛	NEIC
2009	6	16	20	5	56.99	-54.37	5.87	10	6.1	Mw	Bouvet Island Region	布维岛地区[南大西洋]	NEIC
2009	6	23	14	19	22.35	-5.16	153.78	64	6.7	Mw	Papua New Guinea:East New Britain,E.	巴布亚新几内亚:东新不列颠东部	NEIC,USGS
2009	7	1	9	30	10.41	34.16	25.47	19	6.4	Mw	Mediterranean Sea	地中海	NEIC
2009	7	3	11	0	14.63	25.13	-109.75	10	6	Mw	Gulf of California	加利福尼亚湾	NEIC
2009	7	4	6	49	35.5	9.59	-78.966	38	6.1	Mw	Panama:Panama City	巴拿马:巴拿马城	*
2009	7	6	14	53	12.24	50.44	176.99	22	6.1	Mw	Aleutian Islands,Rat Island	阿留申群岛,拉特岛	NEIC
2009	7	7	19	11	46.71	75.35	-72.45	19	6.1	Mw	Baffin Bay	巴芬湾	NEIC
2009	7	8	19	23	37.73	-36	-102.69	12	6	Mw	West of Chile Ridge	智利海岭西部	NEIC
2009	7	9	11	19	16.2	25.632	101.095	7	6	Ms	China:Yunnan,Yaoan	中国:云南姚安	* China,USGS,Dis
2009	7	12	6	12	47.33	-15.04	-70.44	198	6.1	Mw	Peru:Juliaca	秘鲁:胡利亚卡	NEIC
2009	7	12	23	31	30.2	43.66	130.36	584	6.7	Ms	China:Jilin,Yanbian	中国:吉林延边	CSN
2009	7	13	18	4	58	24.09	122.23	6	6.8	Ms	China:Taiwan,Hualien,Coast of E.	中国:台湾花莲以东海域	CSN
2009	7	15	9	22	29	-45.762	166.562	12	7.8	Mw	New Zealand: South Island, Anchor Island	新西兰:南岛,安克岛	* NOAA
2009	7	15	20	10	42.66	-3.38	150.51	13	6.1	Mw	Bismarck Sea	俾斯麦海	NEIC
2009	7	24	3	11	56.8	31.158	85.902	13	6	Ms	China:Xizang (Tibet),Coqen	中国:西藏措勤	* CNS
2009	8	1	13	33	29.95	-56.23	-124.3	10	6.1	Mw	Southern Pacific Ridge	南太平洋海岭	NEIC
2009	8	2	8	54	35.55	-0.47	132.9	35	6.1	Mw	Indonesia:Irian Jaya Barat	印度尼西亚:西巴布亚	NEIC
2009	8	3	17	59	56.17	29.04	-112.9	10	6.9	Mw	Gulf of California	加利福尼亚湾	NEIC
2009	8	3	18	40	50.1	29.31	-113.73	10	6.2	Mw	Gulf of California	加利福尼亚湾	NEIC
2009	8	5	0	17	58.82	24.23	125.1	25	6.2	Mw	Ryukyu Islands,SW.	琉球群岛西南	NEIC
2009	8	5	8	31	40.48	-45.55	166.36	10	6.1	Mw	Tasman Sea	塔斯曼海[太平洋]	NEIC
2009	8	9	10	55	55.61	33.17	137.94	297	7.1	Mw	Ryukyu Trench	琉球海沟	NEIC
2009	8	10	4	6	31	-11.61	166.09	35	6.6	Mw	Solomon Islands	所罗门群岛	NEIC
2009	8	10	19	55	35.6	14.099	92.888	5	7.6	Ms	India:Andaman Islands	印度:安达曼群岛	* NOAA
2009	8	10	20	7	9.1	34.743	138.264	40	6.4	Mw	Japan:Makinohara	日本:静冈牧之原	* NOAA
2009	8	12	22	48	51.42	32.82	140.4	53	6.6	Mw	Japan Trench	日本海沟	NEIC
2009	8	16	7	38	21.7	-1.479	99.49	20	6.7	Ms	Indonesia:Southern Sumatra	印度尼西亚:苏门答腊南部	* NOAA
2009	8	17	0	5	49.03	23.5	123.5	20	6.7	Mw	Ryukyu Islands,SW.	琉球群岛西南	NEIC
2009	8	17	10	10	55.73	23.42	123.53	10	6.1	Mw	Ryukyu Islands,SW.	琉球群岛西南	NEIC
2009	8	18	21	20	47.55	-26.06	-178.39	269	6.3	Mw	North Harvard Trench	哈佛海沟北部	NEIC
2009	8	20	6	35	4.43	72.2	0.94	6	6	Mw	Norwegian Sea	挪威海	NEIC
2009	8	27	6	3	58.6	32.05	104.39	19	6.3	Ms	China:Sichuan,Beichuan,N.	中国:四川北川北	CSN
2009	8	28	1	51	20.4	-7.15	123.43	642	6.9	Mw	Indonesia:Flores Islands	印度尼西亚:弗洛勒斯群岛	NEIC
2009	8	28	1	52	6.6	37.696	95.718	10	6.4	Ms	China:Qinghai,Haixi,NW.	中国:青海海西西北	* China,Dis

年 Year	月 Mo	日 Dy	时 Hr	分 Mn	秒 Sec	纬度(°) Latitude	经度(°) Longitude	深度 Depth	震级 Mag	标度 Scale	地名(英文) Name(English)	地名(中文) Name(Chinese)	资料来源 Information
2009	8	30	14	51	32.89	-15.22	-172.57	11	6.6	Mw	Samoa Islands	萨摩亚群岛	NEIC
2009	8	31	5	1	36	37.6	95.69	10	6	Ms	China:Qinghai,Haixi,NW.	中国:青海海西西北	CSN
2009	8	31	10	15	28.8	37.74	95.98	7	6.1	Ms	China:Qinghai,Haixi,NW.	中国:青海海西西北	CSN
2009	9	2	7	55	1	-7.782	107.297	46	7	Ms	Indonesia:Java Island	印度尼西亚:爪哇岛	*
2009	9	2	18	0	11.41	-29.35	-178.96	275	6.2	Mw	Kermadec Ridge	克马德克海岭	NEIC
2009	9	3	13	26	18.24	31.14	130.02	165	6.2	Mw	Japan:Kagoshima	日本:鹿岛	NEIC
2009	9	6	22	41	37.3	42.66	43.443	15	6	Mw	Georgia:Kutaisi	格鲁吉亚:库塔伊西	*
2009	9	7	16	12	22.56	-10.2	110.63	23	6.2	Mw	Indonesia:Java Ridge	印度尼西亚:爪哇海岭	NEIC
2009	9	7	22	41	37.36	42.66	43.44	15	6	Mw	Georgia:Kutaisi	格鲁吉亚:库塔伊西	NEIC
2009	9	10	2	46	50.35	48.32	154.19	36	6	Mw	Kuril Islands	千岛群岛	NEIC
2009	9	12	20	6	24.6	10.705	-67.92	10	6.4	Ms	Venezuela:Carabobo	委内瑞拉:卡拉沃沃	*
2009	9	17	23	21	38.52	-29.14	-112.27	10	6.2	Mw	Easter Island,SW.	复活节岛西南	NEIC
2009	9	18	23	6	57.7	-9.138	115.593	79	6	mB	Indonesia:Bali Island	印度尼西亚:巴厘岛	* NEIC,USGS
2009	9	21	8	53	5.9	27.332	91.437	14	6.1	Ms	Bhutan:Tashigang	不丹:塔希冈	*
2009	9	23	2	59	30.53	-52.96	159.91	10	6	Mw	Australia:Macquarie Island,N.	澳大利亚:麦夸里岛北部	NEIC
2009	9	24	7	16	19.75	18.82	-107.35	10	6.3	Mw	Mexico:Off Coast of Jalisco	墨西哥:哈利斯科沿海	NEIC
2009	9	29	17	48	10.9	-15.489	-172.095	18	8.1	Ms	Samoa Islands	萨摩亚群岛	* NEIC,NOAA
2009	9	29	17	56	5.79	-15.35	-173.16	10	6	mB	Samoa Islands	萨摩亚群岛	NEIC
2009	9	29	23	45	3.46	-15.83	-172.55	10	6	mB	Samoa Islands	萨摩亚群岛	NEIC
2009	9	30	10	16	9.2	-0.72	99.867	81	7.5	Mw	Indonesia:Southern Sumatra	印度尼西亚:苏门答腊南部	* NOAA
2009	10	1	1	52	27.3	-2.515	101.501	10	6.7	Ms	Indonesia:Southern Sumatra	印度尼西亚:苏门答腊南部	*
2009	10	2	1	7	39.26	-16.33	-173.47	8	6.1	Mw	Samoa Islands	萨摩亚群岛	NEIC
2009	10	2	15	47	9.35	-17.02	174.51	10	6	Mw	Fiji Islands	斐济群岛	NEIC
2009	10	3	5	20	56.7	30.14	79.94	27	6	Ms	India:Almora,N.	印度:北安查尔邦阿尔莫拉北部	CSN
2009	10	3	17	36	6.12	23.63	121.45	28	6.1	Mw	China:Taiwan,Hualien	中国:台湾花莲	NEIC
2009	10	4	10	58	0.17	6.74	123.38	620	6.6	Mw	Philippines:Moro Gulf	菲律宾:莫罗湾	USGS
2009	10	7	21	41	13.27	4.08	122.37	574	6.8	Mw	Celebes Sea	西里伯斯海	USGS
2009	10	7	22	3	14.4	-13.006	166.51	45	7.7	Mw	North Vanuatu Islands	瓦努阿图群岛北部	* NEIC,NOAA
2009	10	7	22	18	51.2	-12.517	166.382	35	7.9	Ms	Solomon Islands:Santa Cruz Islands	所罗门群岛:圣克鲁斯群岛	* USGS
2009	10	7	23	13	48.16	-13.09	166.5	31	7.4	Mw	North Vanuatu Islands	瓦努阿图群岛北部	NEIC
2009	10	8	2	12	39.08	-11.66	166.18	35	6.6	Mw	Solomon Islands	所罗门群岛	NEIC,USGS
2009	10	8	8	28	47.97	-13.3	165.91	35	6.8	Mw	Solomon Islands	所罗门群岛	NEIC
2009	10	8	8	34	36.96	-12.24	166.49	35	6	mB	Solomon Islands:Santa Cruz Islands	所罗门群岛:圣克鲁斯群岛	NEIC
2009	10	10	21	24	38.53	47.85	152.46	112	6	Mw	Kuril Islands	千岛群岛	NEIC
2009	10	11	3	12	13.47	-22	170.25	10	6	Mw	Vanuatu Islands,SE.	瓦努阿图群岛东南	NEIC
2009	10	12	3	15	47.28	-17.1	66.69	10	6.2	Mw	Central Indian Ridge	印度洋中脊	NEIC
2009	10	12	9	37	21.48	-12.41	166.5	42	6.2	Mw	Solomon Islands:Santa Cruz Islands	所罗门群岛:圣克鲁斯群岛	NEIC
2009	10	13	5	37	23.69	52.75	-167	24	6.5	Mw	Aleutian Islands	阿留申群岛	NEIC
2009	10	13	11	38	5.31	2.93	128.23	32	6	Mw	Indonesia:Maluku Utara,Coast of N.	印度尼西亚:北马鲁古北部海域	NEIC
2009	10	13	20	21	53.2	52.6	-167.12	14	6.4	Mw	Aleutian Islands	阿留申群岛	NEIC
2009	10	14	18	0	21.77	-14.91	-174.82	10	6.3	Mw	Samoa Islands	萨摩亚群岛	NEIC
2009	10	15	12	11	16.41	-3.06	139.54	105	6	Mw	Indonesia:Papua	印度尼西亚:巴布亚	NEIC
2009	10	15	17	48	21.89	3.27	-103.82	10	6	Mw	Ecuador:Galapagos Islands,NW.	厄瓜多尔:加拉帕戈斯群岛西北	NEIC
2009	10	16	9	52	50.83	-6.53	105.22	38	6.1	Mw	Indonesia:Sunda Strait	印度尼西亚:巽他海峡	NEIC
2009	10	19	22	49	38.41	-15.36	-172.26	18	6	Mw	Samoa Islands	萨摩亚群岛	NEIC
2009	10	22	19	51	27.5	36.517	70.95	18	6.2	Mw	Afghan:Badakhshan	阿富汗:巴达赫尚	* USGS
2009	10	23	15	14	13.06	-12.2	166.05	31	6	Mw	Solomon Islands:Santa Cruz Islands	所罗门群岛:圣克鲁斯群岛	NEIC
2009	10	24	14	40	43.72	-6.13	130.38	130	6.9	Mw	Indonesia:Banda Sea	印度尼西亚:班达海	NEIC
2009	10	25	7	53	52.15	-23.09	-179.21	417	6	Mw	Northeast South Fiji Sea Basin	南斐济海盆东北部	NEIC
2009	10	27	0	4	46.23	-59.96	-65.16	10	6	Mw	Antarctica - Pacific Ridge	南极 - 太平洋海岭	NEIC
2009	10	29	17	44	31.23	36.39	70.72	202	6.2	Mw	Afghan:Badakhshan	阿富汗:巴达赫尚	NEIC
2009	10	30	7	3	39.12	29.22	129.78	34	6.8	Mw	Ryukyu Islands	琉球群岛	NEIC
2009	11	2	10	47	13.24	-24.12	-175.17	9	6.2	Mw	Tonga Islands,S.	汤加群岛南部	NEIC
2009	11	5	9	32	53.5	23.84	120.7	10	6	Mw	China:Taiwan,Nantou	中国:台湾南投	CSN,USGS
2009	11	5	9	43	20.71	-52.29	160.7	10	6	Mw	Macquarie Ridge	麦夸里海岭	NEIC
2009	11	8	19	41	43.3	-8.207	118.631	18	6.6	Mw	Indonesia:Sumbawa	印度尼西亚:松巴哇	*
2009	11	9	10	44	54.77	-17.24	178.34	590	7.3	Mw	Fiji Islands	斐济群岛	NEIC
2009	11	10	2	48	46.79	8.08	91.9	23	6	Mw	India:Nicobar Islands	印度:尼科巴群岛	NEIC
2009	11	13	3	5	57.22	-19.39	-70.32	27	6.5	Mw	Chile:Tarapaca	智利:塔拉帕卡	NEIC
2009	11	14	19	44	29.93	-22.97	-66.64	220	6.2	Mw	Argentina:Jujuy	阿根廷:胡胡伊	NEIC
2009	11	17	15	30	45.4	52.13	-131.4	3	6.6	Mw	Canada:Queen Charlotte Islands	加拿大:夏洛特皇后群岛	NEIC
2009	11	22	7	48	20.61	-17.79	-178.43	522	6.4	Mw	Fiji Islands	斐济群岛	NEIC
2009	11	22	22	47	27.48	-31.57	179.47	435	6.2	Mw	Kermadec Ridge	克马德克海岭	NEIC
2009	11	24	12	47	15.66	-20.71	-174.04	18	6.8	Mw	Tonga Islands	汤加群岛	NEIC
2009	11	28	6	4	23.35	-10.41	118.9	22	6	Mw	Indonesia:Sumba Island	印度尼西亚:松巴岛	NEIC
2009	11	28	9	21	17.98	-29.22	-177.02	28	6	Mw	Kermadec Ridge	克马德克海岭	NEIC

年	月	日	时	分	秒	纬度(°)	经度(°)	深度	震级	标度	地名(英文)	地名(中文)	资料来源
Year	Mo	Dy	Hr	Mn	Sec	Latitude	Longitude	Depth	Mag	Scale	Name(English)	Name(Chinese)	Information
2009	11	28	18	10	20.63	5.33	126.29	38	6.1	Mw	Indonesia:North West of Merampit Island	印度尼西亚:默兰皮特岛西北	USGS
2009	12	3	6	12	32.49	-56.48	-122.32	10	6	Mw	Southern Pacific Ridge	南太平洋海岭	NEIC
2009	12	9	9	46	3.3	-22.15	170.96	45	6.4	Mw	Vanuatu Islands,SE.	瓦努阿图群岛东南	NEIC
2009	12	9	16	0	43.33	-0.64	-21.07	10	6.4	Mw	Central Mid - Atlantic Ridge	中大西洋中脊	NEIC
2009	12	9	21	29	2.58	2.77	95.91	19	6	Mw	Indonesia:Simeulue Island	印度尼西亚:锡默卢岛	NEIC
2009	12	10	2	30	52.69	53.42	152.76	656	6.3	Mw	Sea of Okhotsk	鄂霍次克海	NEIC
2009	12	14	8	54	1.82	-5.96	154.44	39	6	Mw	Papua New Guinea:Bougainville Island	巴布亚新几内亚:布干维尔岛	NEIC
2009	12	19	13	2	17	23.796	121.605	57	6.6	Ms	China:Taiwan,Hualien	中国:台湾花莲	*CNS,NEIC
2009	12	19	23	19	15.5	-10.108	33.818	6	6	Ms	Malawi:Karonga	马拉维:卡朗加	*
2009	12	23	1	11	58.2	-1.43	99.39	19	6	Mw	Indonesia:Southern Sumatra	印度尼西亚:苏门答腊南部	NEIC
2009	12	24	0	23	33.44	42.23	134.7	410	6.3	Mw	Japan Sea,N.	日本海北部	NEIC
2009	12	26	8	57	27.48	-5.53	131.21	83	6.1	Mw	Indonesia:Banda Sea	印度尼西亚:班达海	NEIC
2009	12	29	11	47	34.96	-36.67	-72.92	28	6.1	Mw	Chile:Tome	智利:托梅	NEIC,USGS
2009	12	31	9	23	24.01	-59.4	-150.98	10	6	Mw	Antarctica - Pacific Ridge	南极-太平洋海岭	NEIC
2010	1	1	9	56	58.03	-26.8	-63.08	576	7	Mw	Argentina:Santiago del Estero	阿根廷:圣地亚哥-德尔埃斯特罗	USGS
2010	1	2	8	45	32.05	12.42	141.96	2	6.1	Mw	Guam,SW.	关岛(西太平洋)西南	USGS
2010	1	2	20	20	18.02	-38.31	-73.27	24	7.1	Mw	Chile:Purén	智利:普伦	USGS
2010	1	3	21	48	5.3	-8.743	157.477	26	6.6	Mw	Solomon Islands	所罗门群岛	*NOAA
2010	1	3	22	36	27.9	-8.799	157.346	25	7.1	Ms	Solomon Islands	所罗门群岛	*NOAA
2010	1	5	4	55	38.91	-58.17	-14.7	10	6.8	Mw	East of South Sandwich Trench	南桑维奇海沟东部	USGS
2010	1	5	6	46	17.18	-22.3	171.6	135	6.1	Mw	New Caledonia:E.	新喀里多尼亚东部	USGS
2010	1	5	12	15	32.2	-9.019	157.551	15	6.8	Mw	Solomon Islands	所罗门群岛	*NOAA
2010	1	5	13	11	42.82	-9.05	157.89	35	6	Mw	Solomon Islands	所罗门群岛	USGS
2010	1	9	5	51	30.47	-9.13	157.63	12	6.2	Mw	Solomon Islands	所罗门群岛	USGS
2010	1	9	10	3	42.19	-19.13	168.34	10	6.6	Mw	Vanuatu Islands	瓦努阿图群岛	USGS
2010	1	9	17	21	52.66	-19.22	168.2	15	6.1	Mw	Vanuatu Islands	瓦努阿图群岛	USGS
2010	1	10	0	27	39.3	40.652	-124.692	29	6.5	Mw	US:California,North Coast	美国:加利福尼亚州北部近海	*USGS
2010	1	12	21	53	10	18.443	-72.571	13	7.3	Ms	Haiti:Port - Au - Prince	海地:太子港	*NOAA
2010	1	12	22	0	41.49	18.39	-72.78	10	6	mB	Haiti:Port - Au - Prince	海地:太子港	USGS
2010	1	17	12	0	1.08	-57.66	-65.88	5	6.3	Mw	West Scotia Basin	西斯科舍海盆	USGS
2010	2	1	22	28	16.92	-6.11	154.46	32	6.2	Mw	New Britain Trench	新不列颠海沟[太平洋]	USGS
2010	2	5	6	59	5.5	-47.91	99.59	1	6.2	Mw	Great Australian Bight,S.	大澳大利亚湾南部	USGS
2010	2	6	4	44	58.4	46.84	152.73	30	6	Mw	Kuril Islands	千岛群岛	USGS
2010	2	7	6	10	0.23	23.49	123.61	21	6.3	Mw	Ryukyu Islands,SW.	琉球群岛西南	USGS
2010	2	9	1	3	44.44	-15.05	-173.49	10	6	Mw	Samoa Islands	萨摩亚群岛	USGS
2010	2	13	2	34	28.86	-21.9	-174.77	11	6.1	Mw	Tonga Islands	汤加群岛	USGS
2010	2	15	21	51	47.79	-7.22	128.72	126	6.2	Mw	Indonesia:Banda Sea	印度尼西亚:班达海	USGS
2010	2	18	1	13	19.51	42.59	130.7	577	6.9	Mw	China:Jilin,Yanbian	中国:吉林延边	USGS,China
2010	2	22	7	0	52.91	-23.64	-176.04	25	6	Mw	South of Fiji Islands	斐济群岛南部	USGS
2010	2	26	20	31	26.5	25.931	128.427	22	7	Ms	Ryukyu Islands	琉球群岛	*NOAA,USGS
2010	2	27	6	34	14	-35.846	-72.719	35	8.8	Mw	Chile:Maule	智利:马利	*NOAA,USGS
2010	2	27	6	51	17.65	-31.66	-69.14	39	6	mB	Argentina:San Juan	阿根廷:圣胡安	USGS
2010	2	27	6	52	34.02	-34.87	-72.61	35	6.2	mB	Chile:Near Coast of C.	智利:中部近海	USGS
2010	2	27	7	12	28.45	-33.88	-71.94	35	6	mB	Chile:Near Coast of C.	智利:中部近海	USGS
2010	2	27	7	37	17.96	-36.87	-72.67	35	6	mB	Chile:Concepcion	智利:康塞普西翁	USGS
2010	2	27	8	1	23.01	-37.77	-75.05	35	6.9	mB	Chile:Off Coast of C.	智利:中部沿海	USGS
2010	2	27	8	25	29.62	-34.75	-72.43	35	6.1	mB	Chile:Near Coast of C.	智利:中部近海	USGS
2010	2	27	10	30	36.4	-33.28	-71.96	35	6	mB	Chile:Near Coast of C.	智利:中部近海	USGS
2010	2	27	15	45	36.1	-24.754	-65.453	10	6.3	mB	Argentina:Salta	阿根廷:萨尔塔	*USGS
2010	2	27	17	24	30.59	-36.35	-73.21	19	6.1	Mw	Chile:Near Coast of C.	智利:中部近海	USGS
2010	2	27	19	0	6.86	-33.42	-71.83	31	6.3	Mw	Chile:Near Coast of C.	智利:中部近海	USGS
2010	2	27	23	12	34.91	-34.7	-71.83	35	6	mB	Chile:Rancagua	智利:兰卡瓜	USGS
2010	2	28	11	25	35.92	-34.9	-71.62	46	6.2	Mw	Chile:Talca	智利:塔尔卡	USGS
2010	3	3	17	44	25.04	-36.61	-73.36	20	6.1	Mw	Chile:Near Coast of C.	智利:中部近海	USGS
2010	3	4	0	18	51.29	22.92	120.79	21	6.3	Mw	China:Taiwan,Kaohsiung	中国:台湾高雄	*USGS,Dis
2010	3	4	1	59	48.67	-33.22	-72.12	24	6	Mw	Chile:Near Coast of C.	智利:中部近海	USGS
2010	3	4	14	2	27.55	-13.57	167.23	176	6.5	Mw	Vanuatu Islands	瓦努阿图群岛	USGS
2010	3	4	22	39	26.53	-22.23	-68.33	114	6.4	Mw	Chile:Calama	智利:卡拉马	USGS
2010	3	5	9	19	36.38	-36.63	-73.22	29	6.1	Mw	Chile:Near Coast of C.	智利:中部近海	USGS
2010	3	5	11	47	6.82	-36.67	-73.37	18	6.6	Mw	Chile:Near Coast of C.	智利:中部近海	USGS
2010	3	5	16	7	0.68	-3.76	100.99	26	6.8	Mw	Indonesia:Southern Sumatra	印度尼西亚:苏门答腊南部	USGS
2010	3	7	7	5	23.96	-16.24	-115.3	14	6.3	Mw	Easter Island,NW.	复活节岛西北	USGS
2010	3	8	2	32	34	38.876	39.992	12	6.1	Mw	Turkey:Elazig	土耳其:埃拉泽	*USGS
2010	3	8	9	47	11.6	19.33	144.7	457	6.1	Mw	Mariana Islands,N.	马里亚纳群岛北部	USGS
2010	3	11	14	39	44	-34.259	-71.929	11	7	Ms	Chile:Rancagua	智利:兰卡瓜	*NOAA,USGS
2010	3	11	14	55	27.51	-34.33	-71.8	18	6.7	Mw	Chile:Rancagua	智利:兰卡瓜	USGS

年 Year	月 Mo	日 Dy	时 Hr	分 Mn	秒 Sec	纬度(°) Latitude	经度(°) Longitude	深度 Depth	震级 Mag	标度 Scale	地名(英文) Name(English)	地名(中文) Name(Chinese)	资料来源 Information
2010	3	11	15	6	2.13	-34.47	-72	31	6	mB	Chile:Rancagua	智利:兰卡瓜	USGS
2010	3	14	0	57	44.7	-1.69	128.13	53	6.4	Mw	Molukka Sea,S.	马鲁古海南部	USGS
2010	3	14	8	8	3.96	37.74	141.59	32	6.5	Mw	Japan:Fukushima,Near Coast	日本:福岛近海	USGS
2010	3	15	11	8	28.96	-35.8	-73.16	14	6.2	Mw	Chile:Near Coast of C.	智利:中部近海	USGS
2010	3	16	2	21	57.94	-36.22	-73.26	18	6.7	Mw	Chile:Near Coast of C.	智利:中部近海	USGS
2010	3	20	14	0	49.98	-3.36	152.24	414	6.6	Mw	Papua New Guinea:New Ireland	巴布亚新几内亚:新爱尔兰	USGS
2010	3	25	5	29	24.72	13.83	120.07	16	6	Mw	Philippines:Mindoro Island	菲律宾:民都洛岛	USGS
2010	3	26	14	52	7.23	-27.95	-70.82	42	6.3	Mw	Chile:Copiapo	智利:科皮亚波	USGS
2010	3	28	21	38	28	-35.39	-73.39	29	6	Mw	Chile:Near Coast of C.	智利:中部近海	USGS
2010	3	30	16	54	46.7	13.667	92.831	34	6.7	Mw	India:Andaman Islands	印度:安达曼群岛	* USGS
2010	4	2	22	58	7.56	-36.23	-72.88	24	6	Mw	Chile:Concepcion	智利:康塞普西翁	USGS
2010	4	4	22	40	41	32.128	-115.303	10	7.3	Ms	Mexico:Mexicali	墨西哥:墨西卡利	* USGS
2010	4	5	10	5	46.07	-0.19	125.01	35	6.2	Mw	Molukka Sea	马鲁古海	USGS
2010	4	6	22	15	2	2.36	97.132	31	7.9	Ms	Indonesia:Off West Coast of N. Sumatera	印度尼西亚:北苏门答腊西部海域	* NOAA,USGS
2010	4	7	14	33	3.49	-3.77	141.93	33	6	Mw	Papua New Guinea:Sandaun	巴布亚新几内亚:桑道恩	USGS
2010	4	10	16	54	24.25	-20.11	-176.22	273	6	Mw	Tonga Islands,W.	汤加群岛西部	USGS
2010	4	11	9	40	25.6	-10.88	161.12	21	6.8	Mw	Solomon Islands	所罗门群岛	USGS
2010	4	11	22	8	12.79	36.97	-3.54	609	6.3	Mw	Spain:Málaga	西班牙:马拉加	USGS
2010	4	13	23	49	37	33.271	96.629	10	7.1	Ms	China:Qinghai,Yushu	中国:青海玉树	* China,Dis
2010	4	14	1	25	15.58	33.19	96.45	7	6.1	Mw	China:Qinghai,Yushu	中国:青海玉树	USGS
2010	4	17	23	15	22	-6.67	147.29	53	6.2	Mw	Papua New Guinea:Lae	巴布亚新几内亚:莱城	USGS
2010	4	21	17	20	29	-15.27	-173.22	35	6.1	Mw	Samoa Islands	萨摩亚群岛	USGS
2010	4	23	10	3	6.18	-37.53	-72.97	32	6	Mw	Chile:Nacimiento	智利:纳西缅托	USGS
2010	4	24	7	41	0.41	-1.91	128.12	27	6	Mw	Molukka Sea,S.	马鲁古海南部	USGS
2010	4	26	2	59	51	22.18	123.63	14	6.5	Mw	Ryukyu Islands,SW.	琉球群岛西南	USGS
2010	4	30	23	11	43	60.47	-177.88	13	6.5	Mw	Bering Sea	白令海	USGS
2010	4	30	23	16	29	60.48	-177.65	14	6.3	Mw	Bering Sea	白令海	USGS
2010	5	3	10	27	47	29.64	140.97	98	6.1	Mw	Japan Trench	日本海沟	USGS
2010	5	3	23	9	45	-38.07	-73.45	19	6.3	Mw	Chile:Contulmo	智利:孔图尔莫	USGS
2010	5	5	16	29	3.21	-4.05	101.1	27	6.6	Mw	Indonesia:Sumatra,Coast of SW.	印度尼西亚:苏门答腊西南海域	USGS
2010	5	6	2	42	47.9	-18.058	-70.547	37	6.2	Mw	Peru:Tacna	秘鲁:塔克纳	* USGS
2010	5	9	5	59	41.6	3.748	96.018	38	7.3	Ms	Indonesia:Off West Coast of N. Sumatera	印度尼西亚:北苏门答腊西部海域	* USGS
2010	5	19	4	15	44	-5.07	-77.54	140	6	Mw	Peru:Loreto,SW.	秘鲁:洛雷托西南	USGS
2010	5	19	10	30	10.4	-54.8	-135.25	10	6	Mw	Southern Pacific Ridge	南太平洋海岭	USGS
2010	5	19	10	51	3.08	-54.84	-135.4	10	6	Mw	Southern Pacific Ridge	南太平洋海岭	USGS
2010	5	23	22	46	52	-13.93	-74.35	101	6.1	Mw	Peru:Ayacucho	秘鲁:阿亚库乔	USGS
2010	5	24	16	18	29	-8.09	-71.56	581	6.5	Mw	Brazil:Acre	巴西:阿克里	USGS
2010	5	25	10	9	5.78	35.34	-35.92	10	6.3	Mw	Azores:Flores	亚速尔群岛:弗洛勒斯岛	USGS
2010	5	26	8	53	8.03	25.77	129.94	10	6.5	Mw	Ryukyu Islands	琉球群岛	USGS
2010	5	27	17	14	47	-13.7	166.64	31	7.1	Mw	Vanuatu Islands	瓦努阿图群岛	USGS
2010	5	31	19	51	46	11.13	93.47	112	6.5	Mw	India:Andaman Islands	印度:安达曼群岛	USGS
2010	6	1	3	26	16	9.33	-84.21	18	6	Mw	Costa Rica:Off Coast	哥斯达黎加:沿海	USGS
2010	6	9	23	23	17	-18.6	169.49	12	6	Mw	Vanuatu Islands	瓦努阿图群岛	USGS
2010	6	12	19	26	50	7.748	91.938	35	7.5	Mw	India:Andaman - Nicobar Islands	印度:安达曼 - 尼科巴群岛	* NOAA,USGS
2010	6	16	3	6	2.42	-2.39	136.63	13	6.2	Mw	Indonesia:Pulau Japen	印度尼西亚:亚彭岛	USGS
2010	6	16	3	16	29	-2.141	136.46	29	7	Mw	Indonesia:Pulau Japen	印度尼西亚:亚彭岛	* USGS
2010	6	16	3	58	8.48	-2.33	136.48	10	6.6	Mw	Indonesia:Pulau Japen	印度尼西亚:亚彭岛	USGS
2010	6	17	13	6	47	-33.17	179.72	170	6	Mw	South of Kermadec Ridge	克马德克海岭南部	USGS
2010	6	18	2	23	5.16	44.45	148.69	25	6.2	Mw	Kuril Islands	千岛群岛	USGS
2010	6	24	5	32	27.4	-5.51	151.16	40	6.1	Mw	Papua New Guinea:West New Britain	巴布亚新几内亚:西新不列颠	USGS
2010	6	26	5	30	19	-10.63	161.45	35	6.7	Mw	Solomon Islands	所罗门群岛	USGS
2010	6	30	4	31	2.16	-23.31	179.12	581	6.4	Mw	South of Fiji Islands	斐济群岛南部	USGS
2010	6	30	7	22	28	16.4	-97.78	20	6.3	Mw	Mexico:Qaxaca	墨西哥:瓦哈卡	* USGS
2010	7	2	6	4	3.13	-13.64	166.49	29	6.3	Mw	Vanuatu Islands	瓦努阿图群岛	USGS
2010	7	4	21	55	52	39.7	142.37	27	6.3	Mw	Japan:Miyako,Near Coast	日本:宫古近海	USGS
2010	7	10	11	43	33	11.14	146	13	6.3	Mw	Mariana Islands,S.	马里亚纳群岛南部	USGS
2010	7	12	0	11	21	-22.15	-68.22	115	6.3	Mw	Chile:Calama	智利:卡拉马	USGS
2010	7	14	8	32	21	-38.07	-73.31	22	6.6	Mw	Chile:Contulmo	智利:孔图尔莫	USGS
2010	7	18	5	56	45	52.88	-169.85	14	6.6	Mw	Aleutian Islands	阿留申群岛	USGS
2010	7	18	13	4	9.41	-5.97	150.43	28	6.9	Mw	Papua New Guinea:West New Britain	巴布亚新几内亚:西新不列颠	USGS
2010	7	18	13	34	59	-5.93	150.59	35	7.3	Mw	Papua New Guinea:West New Britain	巴布亚新几内亚:西新不列颠	USGS
2010	7	18	19	48	4.54	52.81	-169.72	10	6	Mw	Aleutian Islands	阿留申群岛	USGS
2010	7	20	19	18	22	-5.91	150.7	35	6.3	Mw	Papua New Guinea:East New Britain	巴布亚新几内亚:东新不列颠	USGS

年 Year	月 Mo	日 Dy	时 Hr	分 Mn	秒 Sec	纬度(°) Latitude	经度(°) Longitude	深度 Depth	震级 Mag	标度 Scale	地名(英文) Name(English)	地名(中文) Name(Chinese)	资料来源 Information
2010	7	21	9	16	4.42	3.04	128.22	100	6.1	Mw	Indonesia: North of Morotai Island	印度尼西亚:莫罗泰岛北部	USGS
2010	7	22	5	3	57	-15.15	168.17	10	6.1	Mw	Vanuatu: Maewo	瓦努阿图:迈沃岛	USGS
2010	7	23	22	8	11	6.72	123.41	607	7.3	Mw	Philippines: Moro Gulf	菲律宾:莫罗湾	USGS
2010	7	23	22	51	11	6.494	123.533	576	7.6	Mw	Philippines: Moro Gulf	菲律宾:莫罗湾	* USGS
2010	7	23	23	15	10	6.78	123.26	640	7.4	Mw	Philippines: Moro Gulf	菲律宾:莫罗湾	USGS
2010	7	24	5	35	1.06	6.22	123.52	553	6.6	Mw	Philippines: Moro Gulf	菲律宾:莫罗湾	USGS
2010	7	29	7	31	57	6.53	123.25	627	6.6	Mw	Philippines: Moro Gulf	菲律宾:莫罗湾	USGS
2010	7	30	3	56	14	52.5	159.84	23	6.3	Mw	Russia: Kamchatka, Near East Coast	俄罗斯:堪察加东部近海	USGS
2010	8	3	12	8	26	1.24	126.21	41	6.3	Mw	Molukka Sea	马鲁古海	USGS
2010	8	4	4	46	20	-26.92	-177.24	18	6	Mw	North of Kermadec Ridge	克马德克海岭北部	USGS
2010	8	4	7	15	34	-5.5	146.81	225	6.5	Mw	Bismarck Sea	俾斯麦海	USGS
2010	8	4	12	58	24.2	51.42	-178.65	27	6.4	Mw	Andreanof Islands, Aleutian Is.	阿留申群岛,安德烈亚诺夫群岛	USGS
2010	8	4	22	1	44	-5.75	150.76	44	7	Mw	Papua New Guinea: East New Britain	巴布亚新几内亚:东新不列颠	USGS
2010	8	10	5	23	46	-17.561	168.028	35	7.3	Mw	Vanuatu Islands	瓦努阿图群岛	* NOAA, USGS
2010	8	12	11	54	16	-1.27	-77.31	206	7.1	Mw	Ecuador: Pastaza	厄瓜多尔:帕斯塔萨	* USGS
2010	8	13	21	19	33	12.503	141.474	10	6.9	Mw	Guam, SW.	关岛(西太平洋)西南	* NOAA, USGS
2010	8	14	7	30	17	12.35	141.49	10	6.2	Mw	Guam, SW.	关岛(西太平洋)西南	USGS
2010	8	14	23	1	4.09	12.27	141.43	13	6.6	Mw	Guam, SW.	关岛(西太平洋)西南	USGS
2010	8	15	15	9	29	-5.69	148.34	174	6.3	Mw	Papua New Guinea: West New Britain	巴布亚新几内亚:西新不列颠	USGS
2010	8	16	3	30	53	-17.76	65.65	9	6.3	Mw	Central Indian Ridge	印度洋中脊	USGS
2010	8	16	19	35	49	-20.8	-178.83	603	6.2	Mw	Fiji Islands	斐济群岛	USGS
2010	8	18	16	28	15	12.23	141.51	10	6.3	Mw	Guam, SW.	关岛(西太平洋)西南	USGS
2010	8	20	17	56	14	-6.57	154.25	19	6.1	Mw	New Britain Trench	新不列颠海沟[太平洋]	USGS
2010	8	21	5	42	53	2.22	96.72	24	6	Mw	Indonesia: Off West Coast of N. Sumatera	印度尼西亚:北苏门答腊西部海域	USGS
2010	8	24	2	11	59	18.8	-107.19	10	6.1	Mw	Mexico: Off Coast of Jalisco	墨西哥:哈利斯科沿海	USGS
2010	9	3	11	16	6.6	51.45	-175.87	23	6.5	Mw	Aleutian Islands	阿留申群岛	USGS
2010	9	3	16	35	44	-43.332	172.438	16	7	Mw	New Zealand: South Island, Christchurch	新西兰:南岛,基督城	* USGS
2010	9	4	8	52	4.1	-17.37	-174	69	6.1	Mw	Tonga Islands, N.	汤加群岛北部	USGS
2010	9	7	16	13	32	-15.88	-179.3	10	6.3	Mw	North of Fiji Islands	斐济群岛北部	USGS
2010	9	8	11	37	32	-20.67	169.82	10	6.3	Mw	Vanuatu Islands	瓦努阿图群岛	USGS
2010	9	9	7	28	1.72	-37.03	-73.41	16	6.2	Mw	Chile: Lota	智利:洛塔	USGS
2010	9	17	19	21	15	36.44	70.77	220	6.3	Mw	Afghan: Badakhshan	阿富汗:巴达赫尚	USGS
2010	9	26	12	12	42	-5.31	133.92	30	6	Mw	Indonesia: Banda Sea	印度尼西亚:班达海	USGS
2010	9	29	17	10	51	-4.91	133.71	10	6.2	mB	Indonesia: Banda Sea	印度尼西亚:班达海	USGS
2010	9	29	17	11	26	-4.96	133.76	26	7	Mw	Indonesia: Banda Sea	印度尼西亚:班达海	USGS
2010	10	4	13	28	39	24.27	125.15	32	6.3	Mw	Ryukyu Islands, SW.	琉球群岛西南	USGS
2010	10	8	3	26	14	51.37	-175.36	19	6.4	Mw	Aleutian Islands	阿留申群岛	USGS
2010	10	8	3	49	11	51.29	-175.18	27	6	Mw	Aleutian Islands	阿留申群岛	USGS
2010	10	8	5	43	7.63	2.83	128.23	116	6.1	Mw	Indonesia: Maluku Utara, Coast of N.	印度尼西亚:北马鲁古北部海域	USGS
2010	10	21	17	53	13	24.69	-109.16	10	6.7	Mw	Gulf of California	加利福尼亚湾	USGS
2010	10	25	14	42	22	-3.484	100.114	21	7.8	Mw	Indonesia: Southern Sumatra	印度尼西亚:苏门答腊南部	* NOAA, USGS
2010	10	25	19	37	31	-2.95	100.38	26	6.3	Mw	Indonesia: Southern Sumatra	印度尼西亚:苏门答腊南部	USGS
2010	10	30	15	18	33	-56.59	-142.29	10	6.4	Mw	Pacific - Antarctic Ridge	太平洋-南极洲洋脊	USGS
2010	11	3	11	18	16	-4.62	134.07	10	6	Mw	Indonesia: Irian Jaya Barat	印度尼西亚:西巴布亚	USGS
2010	11	3	23	34	43	-20.47	-174.28	19	6.1	Mw	Tonga Islands	汤加群岛	USGS
2010	11	10	4	5	24	-45.46	96.39	10	6.5	Mw	South - East Indian Ridge	南印度洋东海岭	USGS
2010	11	21	4	36	31	-54.97	-131.48	10	6	Mw	Southern Pacific Ridge	南太平洋海岭	USGS
2010	11	23	9	1	6.89	-5.96	148.97	68	6.1	Mw	Papua New Guinea: West New Britain	巴布亚新几内亚:西新不列颠	USGS
2010	11	30	3	24	41.6	28.36	139.15	486	6.8	Mw	Japan: South Honshu Ridge	日本:本州南部海岭	USGS
2010	12	1	16	1	27	-15.89	-178.96	15	6.1	Mw	North of Fiji Islands	斐济群岛北部	USGS
2010	12	2	3	12	9.82	-6	149.98	33	6.6	Mw	Papua New Guinea: West New Britain	巴布亚新几内亚:西新不列颠	USGS
2010	12	8	5	24	35	-56.41	-25.74	29	6.3	Mw	West of South Sandwich Trench	南桑维奇海沟西部	USGS
2010	12	13	1	14	42	-6.53	155.65	135	6.2	Mw	Papua New Guinea: Bougainville Island	巴布亚新几内亚:布干维尔岛	USGS
2010	12	15	11	29	30.8	-7.26	128.78	134	6	Mw	Indonesia: Banda Sea	印度尼西亚:班达海	USGS
2010	12	20	18	41	29	28.491	59.117	12	6.7	Mw	Iran: Kerman	伊朗:克尔曼	* USGS
2010	12	21	17	19	10	26.892	143.726	14	7.4	Mw	Japan Trench	日本海沟	* NOAA, USGS
2010	12	21	17	53	23	27.21	143.39	10	6	Ms	Japan: South Honshu Ridge	日本:本州南部海岭	USGS
2010	12	22	21	49	39	26.78	143.63	10	6.4	Mw	Japan Trench	日本海沟	USGS
2010	12	23	14	0	32.7	53.13	171.18	19	6.3	Mw	Aleutian Islands	阿留申群岛	USGS
2010	12	24	5	48	53	-63.6	-167.33	4	6	Mw	Pacific - Antarctic Ridge	太平洋-南极洲洋脊	USGS

年	月	日	时	分	秒	纬度(°)	经度(°)	深度	震级	标度	地名(英文)	地名(中文)	资料来源
Year	Mo	Dy	Hr	Mn	Sec	Latitude	Longitude	Depth	Mag	Scale	Name(English)	Name(Chinese)	Information
2010	12	25	13	16	37	-19.775	167.895	12	7.3	Mw	Vanuatu Islands	瓦努阿图群岛	* NOAA,USGS
2010	12	26	2	13	38	-19.61	168.28	13	6	Mw	Vanuatu Islands	瓦努阿图群岛	USGS
2010	12	28	8	34	18	-23.41	-179.8	551	6.3	Mw	South of Fiji Islands	斐济群岛南部	USGS
2010	12	29	6	54	21	-19.68	168.21	23	6.4	Mw	Vanuatu Islands	瓦努阿图群岛	USGS
2011	1	1	9	56	58	-26.79	-63.09	576	7	Mw	Argentina:Monte Quemado,S.	阿根廷:蒙特克马多南部	USGS,CSN
2011	1	2	20	20	18	-38.37	-73.35	24	7.1	Mw	Chile:Concepcion,Near Coast	智利:康塞普西翁近海	USGS,CSN
2011	1	5	6	46	15	-22.26	171.63	112	6.1	Mw	Loyalty Islands Region	洛亚尔提群岛地区	USGS,CSN
2011	1	9	10	3	44	-19.16	168.31	24	6.6	Mw	Vanuatu Region	瓦努阿图地区	* USGS,CSN,NOAA
2011	1	9	17	21	52	-19.2	168.15	18	6.2	Mw	Vanuatu Region	瓦努阿图地区	USGS,CSN
2011	1	12	21	32	55	26.98	139.87	527	6.5	Mw	Japan:South Honshu Ridge	日本:南本州海岭	USGS,CSN
2011	1	13	16	16	42	-20.63	168.47	9	7	Mw	Loyalty Islands	洛亚尔提群岛	USGS,CSN
2011	1	17	19	20	57	-5.03	102.65	36	6	Mw	Indonesia:North East of Enggano island	印度尼西亚:恩加诺岛以东北	USGS,CSN
2011	1	18	20	23	23	28.732	63.928	68	7.2	Mw	Pakistan:Quetta,SW.	巴基斯坦:奎达西南	* USGS,CSN
2011	1	18	21	30	47	-19.2	-69.4	102	6	mb	Chile:Tarapaca,N.	智利:塔拉帕卡北部	USGS,CSN
2011	1	24	2	45	31.5	38.41	72.79	110	6.1	Mw	Tajikistan:Kudara	塔吉克斯坦:库达拉	USGS,CSN
2011	1	26	15	42	30	2.2	96.83	23	6.1	Mw	Indonesia:East of Babi island	印度尼西亚:巴比岛以东	USGS,CSN
2011	1	27	8	38	29	28.19	59.01	12	6.2	Mw	Iran:Iranshahr	伊朗:伊朗沙赫尔	USGS,CSN
2011	1	29	6	55	26	70.94	-6.68	6	6.2	Mw	Norwegian Sea	挪威海	USGS,CSN
2011	1	31	6	3	27.3	-22.01	-175.62	76	6	Mw	Tonga Region	汤加地区	USGS,CSN
2011	2	1	0	38	16.6	55.2	-161.1	31	6.1	Ms	US:south of Alaska Peninsula	美国:阿拉斯加半岛以南沿海	CSN
2011	2	3	20	25	16	-15.51	-173.06	10	6	Mw	North Tonga Region	汤加地区北部	USGS,CSN
2011	2	4	13	53	44	24.64	94.68	66	6.3	Mw	myanmar:Sagaing,N.	缅甸:实皆北部	USGS,CSN
2011	2	7	19	53	44	-7.16	155.18	428	6.4	Mw	Solomon Islands	所罗门群岛	USGS,CSN
2011	2	10	14	39	28	4.2	122.97	523	6.5	Mw	Celebes Sea	西里伯斯海	USGS,CSN
2011	2	10	14	41	59	4.08	123.04	525	6.6	Mw	Celebes Sea	西里伯斯海	USGS,CSN
2011	2	11	20	5	30	-36.344	-72.959	18	6.8	Mw	Chile:Concepcion,Near Coast	智利:康塞普西翁近海	* USGS,CSN
2011	2	11	23	39	21	-37.2	-73.2	15	6	Mw	Chile:Concepcion,Near Coast	智利:康塞普西翁近海	USGS,CSN
2011	2	12	1	17	1.41	-37.02	-72.95	16	6.1	Mw	Chile:Concepcion	智利:康塞普西翁	USGS,CSN
2011	2	12	17	57	57	-20.89	-175.67	89	6.1	Mw	Tonga Region	汤加地区	USGS,CSN
2011	2	13	10	35	6.74	-36.65	-73.18	17	6	Mw	Chile:Concepcion,Near Coast	智利:康塞普西翁近海	USGS,CSN
2011	2	14	3	40	9.92	-35.38	-72.83	21	6.6	Mw	Chile:Talca,Near Coast	智利:塔尔卡近海	USGS,CSN
2011	2	15	13	33	53	-2.5	121.48	16	6.1	Mw	Indonesia:Lembo	印度尼西亚:伦博	USGS,CSN
2011	2	20	21	43	26	55.9	162.14	49	6.2	Mw	Russia:Offcoast of East Kamchatka Peninsula	俄罗斯:堪察加东海岸近海	USGS,CSN
2011	2	21	0	4	17.6	-43.9	172.4	5	6.1	Ms	New Zealand: South Island, Christchurch	新西兰:南岛,基督城	CSN
2011	2	21	10	57	52	-26.14	178.4	557	6.6	Mw	South of Fiji Region	斐济以南海中	USGS,CSN
2011	2	21	23	51	43	-43.6	172.71	5	6.3	Mw	New Zealand: South Island, Christchurch	新西兰:南岛,基督城	* USGS,CSN
2011	2	25	13	7	28.2	17.68	-95.21	135	6	Mw	Mexico:Oaxaca	墨西哥:瓦哈卡州	USGS,CSN
2011	3	1	0	53	47	-29.6	-112.11	10	6.1	Mw	South West of Easter Island	复活节岛以西南	USGS
2011	3	6	12	31	59.7	-18.04	-69.34	118	6.3	Mw	Chile:Putre,NE.	智利:普特雷东北	USGS
2011	3	6	14	32	36	-56.42	-27.06	87	6.5	Mw	South Sandwich Islands	南桑维奇群岛	USGS
2011	3	6	14	38	34	-56.31	-26.78	80	6	mb	South Sandwich Islands	南桑维奇群岛	USGS
2011	3	7	0	9	36	-10.35	160.77	22	6.4	Mw	Solomon Islands	所罗门群岛	USGS
2011	3	9	2	45	18	38.51	142.792	14	7.3	Mw	Japan:Miyagi,Coast of E.	日本:宫城东部海域	* USGS
2011	3	9	4	37	4.99	38.67	142.99	37	6	Ms	Japan:Miyagi,Coast of E.	日本:宫城东部海域	USGS
2011	3	9	18	16	16	38.31	142.41	22	6	Mw	Japan:Miyagi,Coast of E.	日本:宫城东部海域	USGS
2011	3	9	21	24	53	-5.98	149.67	51	6.4	Mw	Papua New Guinea:West New Britain	巴布亚新几内亚:西新不列颠	USGS
2011	3	10	17	8	37	-6.86	116.76	508	6.6	Mw	Bali sea	巴厘海	USGS
2011	3	11	5	46	23	38.322	142.369	32	9	Mw	Japan:Miyagi,Coast of E.	日本:宫城东部海域	* USGS
2011	3	11	5	54	32	37.71	141.18	32	6.3	mb	Japan:East of Honshu	日本:本州以东海中	USGS
2011	3	11	5	55	45	37.36	143.35	35	6.4	mb	Japan:East of Honshu	日本:本州以东海中	USGS
2011	3	11	5	58	7.49	37.62	142.15	50	6.3	mb	Japan:East of Honshu	日本:本州以东海中	USGS
2011	3	11	6	0	39.3	38.1	142.49	40	6.2	mb	Japan:Miyagi,Coast of E.	日本:宫城东部海域	USGS
2011	3	11	6	6	13	39	142.29	42	6.3	mb	Japan:East of North Honshu	日本:本州北部以东海域	USGS
2011	3	11	6	7	21	36.42	141.88	32	6.4	mb	Japan:East of Honshu	日本:本州以东海中	USGS
2011	3	11	6	8	30	38.97	143.37	2	6.7	mb	Japan:East of Honshu	日本:本州东部海域	USGS
2011	3	11	6	12	36	37.79	144.23	25	6.2	mb	Japan:East of Honshu	日本:本州以东海中	USGS
2011	3	11	6	13	1.04	37.21	141.6	40	6.2	mb	Japan:East of Honshu	日本:本州以东海中	USGS
2011	3	11	6	15	40	36.27	141.15	35	7.3	Mw	Japan:Hitachi,Near Coast	日本:茨城日立近海	USGS,CSN
2011	3	11	6	18	50	36.02	142.27	16	6.6	mb	Japan:East of Honshu	日本:本州以东海中	USGS
2011	3	11	6	20	4.11	36	142.07	49	6.5	mb	Japan:East of Honshu	日本:本州以东海中	USGS
2011	3	11	6	21	32.7	38.29	142.81	51	6.2	mb	Japan:Miyagi,Coast of E.	日本:宫城东部海域	USGS
2011	3	11	6	23	9.48	39.03	142.28	56	6.2	mb	Japan:East of North Honshu	日本:本州北部以东海域	USGS
2011	3	11	6	25	50	38.06	144.59	18	7.7	Mw	Japan:East of Honshu	日本:本州东部海域	USGS

年 Year	月 Mo	日 Dy	时 Hr	分 Mn	秒 Sec	纬度(°) Latitude	经度(°) Longitude	深度 Depth	震级 Mag	标度 Scale	地名(英文) Name(English)	地名(中文) Name(Chinese)	资料来源 Information
2011	3	11	6	29	16	37.83	144.21	42	6.5	mb	Japan:East of Honshu	日本:本州以东海中	USGS
2011	3	11	6	48	46	37.96	142.72	11	6.2	mb	Japan:East of Honshu	日本:本州以东海中	USGS
2011	3	11	6	49	17	37.34	144.24	47	6.1	mb	Japan:East of Honshu	日本:本州以东海中	USGS
2011	3	11	6	57	16.5	35.71	140.88	47	6	mb	Japan:Hitachi,Near Coast	日本:茨城日立近海	USGS
2011	3	11	6	59	0.27	37.36	144.73	35	6.3	mb	Japan:East of Honshu	日本:本州以东海中	USGS
2011	3	11	7	14	59	36.59	141.82	24	6.3	mb	Japan:East of Honshu	日本:本州以东海中	USGS
2011	3	11	7	25	36	37.93	144.53	39	6.1	mb	Japan:East of Honshu	日本:本州以东海中	USGS
2011	3	11	7	28	12	36.82	141.82	28	6.1	mb	Japan:East of Honshu	日本:本州以东海中	USGS
2011	3	11	7	29	1.83	39.03	142.35	45	6.3	mb	Japan:East of North Honshu	日本:本州北部以东海域	USGS
2011	3	11	7	30	18	37.44	141.2	49	6	mb	Japan:East of Honshu	日本:本州以东海中	USGS
2011	3	11	8	10	29	36.29	140.85	19	6.9	Ms	Japan:Hitachi,Near Coast	日本:茨城日立近海	USGS
2011	3	11	8	12	7.27	36.57	141.49	39	6.2	mb	Japan:East of Honshu	日本:本州以东海中	USGS
2011	3	11	8	15	42	37.05	144.54	41	6.1	mb	Japan:East of Honshu	日本:本州以东海中	USGS
2011	3	11	8	19	24	36.16	141.58	1	6.5	mb	Japan:East of Honshu	日本:本州以东海中	USGS
2011	3	11	8	26	37	37.37	143.02	17	6.1	mb	Japan:East of Honshu	日本:本州以东海中	USGS
2011	3	11	8	31	9.26	37.47	141.18	37	6.1	mb	Japan:East of Honshu	日本:本州以东海中	USGS
2011	3	11	8	33	0.78	39.14	142.97	27	6	mb	Japan:East of North Honshu	日本:本州北部以东海域	USGS
2011	3	11	10	10	35	39.25	142.78	28	6	mb	Japan:East of North Honshu	日本:本州北部以东海域	USGS
2011	3	11	11	36	39.1	39.28	142.52	11	6.5	mb	Japan:East of North Honshu	日本:本州北部以东海域	USGS
2011	3	11	15	13	16	36	141.78	25	6.3	Mw	Japan:East of Honshu	日本:本州以东海中	USGS
2011	3	11	18	59	15	37.03	138.36	2	6.3	Mw	Japan:East of Myoko	日本:妙高以东	USGS
2011	3	11	19	2	59	39.37	142.86	28	6	Mw	Japan:East of North Honshu	日本:本州北部以东海域	USGS
2011	3	11	19	46	49	40.47	139.07	1	6.2	Mw	Japan:West of North Honshu	日本:本州北部以西海域	USGS
2011	3	11	20	11	23	39.03	142.65	8	6.3	Mw	Japan:East of North Honshu	日本:本州北部以东海域	USGS
2011	3	12	1	47	15.4	37.59	142.65	20	6.5	Mw	Japan:East of Honshu	日本:本州以东海中	USGS
2011	3	12	13	15	42	37.3	141.12	38	6.3	Mw	Japan:East of Honshu	日本:本州以东海中	USGS
2011	3	12	23	24	49	38.03	141.73	15	6.1	Mw	Japan:Miyagi,Coast of E.	日本:宫城东部海域	USGS
2011	3	13	1	26	4.43	35.73	141.66	8	6.2	Mw	Japan:East of Honshu	日本:本州以东海中	USGS
2011	3	14	6	12	36	37.8	142.51	14	6.1	Mw	Japan:East of Honshu	日本:本州以东海中	USGS
2011	3	15	13	27	57	37.57	142.23	28	6.1	Mw	Japan:East of Honshu	日本:本州以东海中	USGS
2011	3	15	13	31	46	35.3	138.54	9	6	Mw	Japan:Fujinomiya	日本:静冈富士宫	USGS
2011	3	15	15	23	54	40.33	143.27	19	6.1	Mw	Japan:East of North Honshu	日本:本州北部以东海域	USGS
2011	3	17	2	48	0.02	-17.26	167.85	17	6.3	Mw	Vanuatu Region	瓦努阿图地区	USGS
2011	3	17	4	13	57	40.15	142.15	29	6.1	Mw	Japan:East of North Honshu	日本:本州北部以东海域	USGS
2011	3	20	8	26	11	18.99	121.31	32	6	Mw	Philippines:North of Fuga Island	菲律宾:富加岛以北海中	USGS
2011	3	22	7	18	45	37.26	143.98	11	6.4	Mw	Japan:East of Honshu	日本:本州以东海中	USGS
2011	3	22	9	19	6.29	37.33	141.79	31	6.3	Mw	Japan:East of Honshu	日本:本州以东海中	USGS
2011	3	22	9	44	30	39.85	143.42	17	6.4	Mw	Japan:East of North Honshu	日本:本州北部以东海域	USGS
2011	3	24	13	55	12	20.705	99.949	10	6.8	Mw	myanmar:Mong Hpayak	缅甸:勐帕亚	* USGS
2011	3	25	11	36	25	38.77	141.88	39	6.2	Mw	Japan:Miyagi,Coast of E.	日本:宫城东部海域	USGS
2011	3	26	22	49	42	-15.84	-179.47	10	6	Mw	North East Fiji Region	斐济地区东北海中	USGS
2011	3	27	22	23	58.6	38.4	142.1	17	6.2	Mw	Japan:Miyagi,Coast of E.	日本:宫城东部海域	USGS
2011	3	29	10	54	33.3	37.42	142.26	15	6.1	Mw	Japan:East of Honshu	日本:本州以东海中	USGS
2011	3	31	0	11	59	-16.57	-177.49	23	6.4	Mw	North East Fiji Region	斐济地区东北海中	USGS
2011	3	31	7	15	30	38.93	141.8	42	6.1	Mw	Japan:Miyagi,Coast of E.	日本:宫城东部海域	USGS
2011	4	1	11	57	54	39.32	141.95	41	6	Mw	Japan:Iwate,Kamaishi	日本:岩手釜石	USGS
2011	4	1	13	29	11	35.66	26.56	59	6.1	Mw	Greece:Crete Island	希腊:克里特岛	USGS
2011	4	2	10	59	37	-19.58	-69.07	83	6	Mw	Chile:Iquique,N.	智利:伊基克北部	USGS
2011	4	3	14	7	9.33	-17.64	-178.59	551	6.4	Mw	Fiji Islands	斐济群岛	USGS
2011	4	3	20	6	41	-9.83	107.73	14	6.8	Mw	Indonesia:Java Ridge	印度尼西亚:爪哇海岭	USGS
2011	4	6	14	1	43	1.62	97.1	25	6	Mw	Indonesia:Off West Coast of N. Sumatera	印度尼西亚:北苏门答腊西部海域	USGS
2011	4	7	13	11	23	17.38	-93.95	159	6.7	Mw	Mexico:Coatzacoalcos	墨西哥:夸察夸尔科斯	USGS
2011	4	7	14	32	41	38.253	141.64	49	7.1	Mw	Japan:Miyagi,Coast of E.	日本:宫城东部海域	* USGS
2011	4	9	12	57	49	30	131.78	17	6	Mw	Japan:Kagoshima,Near Coast of S.	日本:鹿岛南部近海	USGS
2011	4	11	8	16	13	36.99	140.41	11	6.6	Mw	Japan:Hanawa	日本:福岛塙町	USGS
2011	4	11	23	8	16	35.4	140.54	13	6.2	Mw	Japan:Chiba,Near Coast	日本:千叶近海	USGS
2011	4	12	5	7	42	37.11	140.58	10	6	Mw	Japan:Fukushima,Furudono	日本:福岛古殿町	USGS
2011	4	13	19	57	25	39.6	143.31	22	6.1	Mw	Japan:East of North Honshu	日本:本州北部以东海域	USGS
2011	4	18	13	3	2.73	-34.34	179.87	86	6.6	Mw	Kermadec Ridge	克马德克海岭	USGS
2011	4	21	13	36	59	35.61	140.3	10	6.2	Mw	Japan:Chiba,Yachimata	日本:千叶八街	USGS
2011	4	23	4	16	55	-10.38	161.2	79	6.8	Mw	Solomon Islands	所罗门群岛	USGS
2011	4	23	10	12	47	39.11	142.85	31	6	Mw	Japan:East of North Honshu	日本:本州北部以东海域	USGS
2011	4	24	23	7	51.5	-4.59	122.77	8	6.1	Mw	Indonesia:Kendari,S.	印度尼西亚:肯达里南部	USGS
2011	4	30	8	19	16	6.88	-82.35	8	6.2	Mw	Panama:Off Coast of S.	巴拿马:南部海域	USGS
2011	5	5	14	58	19	38.17	144.06	11	6.1	Mw	Japan Trench	日本海沟	USGS
2011	5	9	18	54	43	-56.61	147.84	1	6.1	Mw	West of Macquarie Ridge	麦夸里海岭西部	USGS
2011	5	10	8	55	9.11	-20.24	168.26	11	6.9	Mw	Vanuatu Islands	瓦努阿图群岛	USGS

年 Year	月 Mo	日 Dy	时 Hr	分 Mn	秒 Sec	纬度(°) Latitude	经度(°) Longitude	深度 Depth	震级 Mag	标度 Scale	地名(英文) Name(English)	地名(中文) Name(Chinese)	资料来源 Information
2011	5	13	22	47	57	10.06	-84.32	87	6	Mw	Costa Rica:La Paz	哥斯达黎加:拉巴斯	USGS
2011	5	13	23	35	53	37.41	141.33	35	6.1	Mw	Japan:Fukushima,Near Coast	日本:福岛近海	USGS
2011	5	14	21	7	22	36.42	70.75	207	6	Mw	Afghan:Badakhshan	阿富汗:巴达赫尚	USGS
2011	5	15	13	8	12	0.46	-25.6	10	6.1	Mw	Central Mid - Atlantic Ridge	中大西洋中脊	USGS
2011	5	15	18	37	10	-6.13	154.41	40	6.5	Mw	New Britain Trench	新不列颠海沟[太平洋]	USGS
2011	6	1	12	55	22	-37.57	-73.69	21	6.3	Mw	Chile:Curanilahue	智利:库拉尼拉韦	USGS
2011	6	3	0	5	0.83	37.28	143.91	14	6.1	Mw	Japan:East of Honshu	日本:本州以东海中	USGS
2011	6	5	11	51	12	-55.84	146.62	3	6.4	Mw	Australia:Macquarie Island,W.	澳大利亚:麦夸里岛西部	USGS
2011	6	13	14	31	23	2.52	126.46	61	6.3	Mw	Molukka Sea,N.	马鲁古海北部	USGS
2011	6	16	0	3	37	-5.96	151.12	22	6.4	Mw	Papua New Guinea:West New Britain	巴布亚新几内亚:西新不列颠	USGS
2011	6	20	16	36	1.08	-21.68	-68.19	127	6.5	Mw	Chile:Calama,N.	智利:卡拉马北部	USGS
2011	6	21	2	4	16	-11.48	165.55	14	6	Mw	Solomon Islands	所罗门群岛	USGS
2011	6	22	21	50	48	39.98	142.25	5	6.7	Mw	Japan:East of North Honshu	日本:本州北部以东海域	USGS
2011	6	24	3	9	40	52.1	-171.87	58	7.2	Mw	Andreanof Islands, Aleutian Is.	阿留申群岛,安德烈亚诺夫群岛	USGS
2011	6	26	12	16	39	-2.39	136.64	17	6.3	Mw	Indonesia:Pulau Japen	印度尼西亚:亚彭岛	USGS

第二部分
全球巨大地震目录

全球大于等于$7\frac{3}{4}$级的巨大地震目录

年 Year	月 Mo	日 Dy	时 Hr	分 Mn	秒 Sec	纬度(°) Latitude	经度(°) Longitude	深度 Depth	震级 Mag	标度 Scale	地名(英文) Name(English)	地名(中文) Name(Chinese)	资料来源 Information
365	7	21				35	23	70	8.3	Ms	Greece: Crete, Knossos	希腊：克里特岛，克诺撒斯	* Turkey, NOAA
367						35	30	150	8.3	Ms	Mediterranean Sea	地中海	GSHAP
375	7	12				35.6	24.8		7.8	Ms	Greece: Crete Island	希腊：克里特岛	GSHAP
447						40.5	28	40	8	Ms	Turkey: Manyas	土耳其：马尼亚斯	GSHAP
460	7	22				20.3	100		8.5	Mk	Thailand: Mae Chan	泰国：湄占	* Song
525	5	29				36.25	36.1	40	7.9	Ms	Turkey: Antakya, Samandag	土耳其：哈塔伊，沙满列	* GSHAP
551	7	9				33.9	35.5		7.8	Ms	Lebanon: Bayrut (Beirut)	黎巴嫩：贝鲁特	* NOAA
684	11	29				32.5	134		8.4	Muk	Japan: Shikoku, Near Coast	日本：四国近海	* Usami, NOAA
745	6	5				34.8	135.5		7.9	Ms	Japan: Toyonaka	日本：大阪丰中	* Usami
818	8					35.2	139.3		7.9	Ms	Japan: Odawara	日本：神奈川小田原	* Usami, NOAA
856	12	22				35.9	54		7.9	Ms	Iran: Semnan, Dāmghān	伊朗：塞姆南，达姆甘	* Iran
859	4	8				36	36		8	Ms	Turkey: Hatay; Syria: Aleppo	土耳其：哈塔伊；叙利亚：阿勒颇	* GSHAP, NOAA
869	7	13				38.5	143.8		8.6	Ms	Japan Trench	日本海沟	* Usami, NOAA
872	6	22				33	47	30	7.8	Ms	Iran: Lorestan, W.	伊朗：洛雷斯坦西部	* * GSHAP
887	8	26	6			33	135.3		8.6	Ms	Japan: Wakayama, Near Coast	日本：和歌山近海	* Japan, Usami, NOAA
1046	7	8				39	40	30	7.8	Ms	Turkey: Elazig	土耳其：埃拉泽	GSHAP
1096	12	17				34	137.5		8.4	Ms	Japan: Shizuoka, Near Coast	日本：静冈近海	* Usami, NOAA
1099	2	22				33	135.5		8.4	Ms	Japan: Wakayama, Near Coast	日本：和歌山近海	* Usami, NOAA
1109						36.1	36.1		8	Mk	Turkey: Hatay	土耳其：哈塔伊	* Song
1114	8	10				37.5	38	30	8	Ms	Turkey: Besni	土耳其：贝斯尼	GSHAP
1227						43.6	5.3		8	Mk	France: Lambesc	法国：兰巴塞克	* Song
1299	6	4				32	132		8	Mk	Japan: Osaka, Kinai	日本：大阪畿内	Japan, Song
1303	8	8				36.1	29		8	Ms	Mediterranean Sea	地中海	* NOAA, GSHAP
1303	9	25				36.3	111.7		8	Ms	China: Shanxi, Hongtong	中国：山西洪洞	* China
1361	8	2	19			33	135	4	8.4	Ms	Japan: Tokushima, Near Coast	日本：德岛近海	* Japan, Usami, NOAA
1411	10	8				30.1	90.5		8	Ms	China: Xizang (Tibet), Damxung, SW.	中国：西藏当雄西南	China
1426						14.1	43.2		8	Mk	Yemen: Zabid, Bahrain	也门：札比德，巴林	* Song
1427	5	15				41.7	2.2		8	Mk	Spain: Olot, Barcelona	西班牙：奥罗特，巴塞罗纳	* Song
1430	4	24				37.2	-3.6		8	Mk	Spain: Granada	西班牙：格拉纳达	* Song
1471						-16.3	-71	25	8	Muk	Peru: Arequipa	秘鲁：阿雷基帕	*
1498	9	20				34	138.1		8.6	Ms	Japan: Shizuoka, Near Coast	日本：静冈近海	* Japan, Usami, NOAA
1504	4	5	9			37.3	-5.4		7.9	Mk	Spain: Carmona	西班牙：卡尔莫纳	* NOAA, Song
1505	6	6	5			29.5	83		8.2	Ms	Nepal: Karnali	尼泊尔：格尔纳利河	India
1512	10					33.9	134.8		7.9	Mk	Japan: Tokushima	日本：德岛	Japan, NOAA, Song
1513						-17.2	-72.3	30	8.7	Muk	Peru: Mollendo, Near Coast	秘鲁：莫延多近海	*
1515	6	27				26.7	100.7		7.75	Ms	China: Yunnan, Yongsheng, NW.	中国：云南永胜西北	* China
1518	11	9				37.2	-1.5		8	Mk	Spain: Vera	西班牙：薇拉	* Song
1522	9	21				36.5	-2.3		8	Mk	Spain: Almeria	西班牙：阿尔梅利亚	* Song
1522	10	22				37.4	-25.3		7.9	Mk	Azores: Vila Franca	亚速尔群岛：维拉弗兰卡	* * NOAA, Song
1530	9	1	14	30		10.5	-64.2	10	8	Mw	Venezuela: Cumana	委内瑞拉：库马纳	* NOAA
1531	1	26				38.7	-9.1		8	Mk	Portugal: Lisbon	葡萄牙：里斯本	* NOAA, Song
1555	11	15				-11.9	-77.6	30	8.4	Muk	Peru: Lima, Near Coast	秘鲁：利马近海	* GSHAP
1556	2	2				34.5	109.7		8.25	Ms	China: Shaanxi, Huaxian	中国：陕西华县	* China
1562	10	28	10			-38.7	-73.15		8.3	Ms	Chile: Carahue	智利：卡拉韦	* NOAA
1566						3	-77.3		7.8	Muk	Colombia: Timbiqui	哥伦比亚：廷比基	*
1570	2	8	13			-36.8	-73		8.8	Ms	Chile: Old Concepcion	智利：老康塞普西翁	* NOAA
1575	9	8				-0.2	-78.6		7.8	Muk	Ecuador: Quito	厄瓜多尔：基多	*
1575	12	16	18	30		-39.8	-73.2		8.5	Muk	Chile: Valdivia	智利：巴尔迪维亚	* NOAA
1582	1	22	16	30		-16.6	-71.6	30	8.2	Ms	Peru: Arequipa	秘鲁：阿雷基帕	* NOAA
1582	8	15				-12.2	-77.6	30	7.8	Muk	Peru: Lima, Near Coast	秘鲁：利马近海	*
1584	3	17				-11.8	-77.8	30	8.4	Muk	Peru: Lima, Near Coast	秘鲁：利马近海	*
1586	1	18				35	136.8		8.2	Ms	Japan: Ise Bay	日本：伊势湾	* Usami, NOAA
1586	7	10	0	30		-12.3	-77.7	60	8.5	Muk	Peru: Lima, Near Coast	秘鲁：利马近海	* NOAA
1591	7	26				37.5	-25.3		7.9	Mk	Azores: Sao Miguel (San Miguel)	亚速尔群岛：圣米格尔	* NOAA, Song
1600	2	19	10			-16.8	-70.9	20	7.9	Ms	Peru: Huaynaputina Volcano	秘鲁：纳普蒂纳火山	*
1600	2	28	20			-16.6	-70.8	20	8.1	Muk	Peru: Moquegua	秘鲁：莫克瓜	*
1604	11	24	18	30		-17.88	-70.94	30	8.5	Ms	Peru: Tacna	秘鲁：塔克纳	* NOAA
1605	2	3				33	134.9		7.9	Ms	Japan: Tokushima, Near Coast	日本：德岛近海	* Japan, NOAA
1609	10	20	1			-11.9	-77.4	40	8.6	Muk	Peru: Lima, Near Coast	秘鲁：利马近海	*
1610	2	3	19	30		8.3	-71.8		7.9	Muk	Venezuela: La Grita, Merida	委内瑞拉：拉格里塔，梅里达	*
1611	12	2	1			39	144.5		8.1	Ms	Japan Trench	日本海沟	* Japan, Usami, NOAA

年	月	日	时	分	秒	纬度(°)	经度(°)	深度	震级	标度	地名(英文)	地名(中文)	资料来源
Year	Mo	Dy	Hr	Mn	Sec	Latitude	Longitude	Depth	Mag	Scale	Name(English)	Name(Chinese)	Information
1614	5	4	17			38.4	-27		8	Mk	Azores:Praia	亚速尔群岛:普拉亚	* Song
1615	9	16	23	30		-18.5	-70.35		8.8	Ms	Chile:Arica	智利:阿里卡	* Chile,NOAA
1619	2	14	16	30		-7.941	-79.038	40	8.6	Ms	Peru:Trujillo, Piura	秘鲁:特鲁希略,皮乌拉	*
1619	11	30	16			18.5	121.6		8	Ms	Philippines:Aparri	菲律宾:阿帕里	* Bautista
1627	9	14				18	121.5		8	Ms	Philippines:Aparri	菲律宾:阿帕里	* Nakamura,Maso,NOAA
1629	8	1				-4.6	129.9		7.9	Mk	Indonesia:Banda Sea	印度尼西亚:班达海	* NOAA,Song
1630	11	27	16	30		-12.2	-77.5	30	8.1	Muk	Peru:Lima,Near Coast	秘鲁:利马近海	*
1645	11	30	12	30		14.4	121		8	Ms	Philippines:Quezon City	菲律宾:奎松市	* Nakamura,Bautista,NOAA
1647	5	14	2	30		-33.4	-70.6		8.5	Ms	Chile:Santiago	智利:圣地亚哥	* Chile
1650	3	31	19			-13.5	-72	30	8.1	Muk	Peru:Cuzco; Bolivia:Sicasica	秘鲁:库斯科;玻利维亚:西卡西卡	*
1654	7	21				34.3	105.5		8	Ms	China:Gansu,Tianshui,S.	中国:甘肃天水南	* China
1657	3	15	23	30		-36.8	-73.03		8	Muk	Chile:Concepcion, Chillan	智利:康塞普西翁,奇廉	* NOAA
1668	1	14				41	48	40	7.8	Ms	Azerbaijan:Qebele	阿塞拜疆:盖贝莱区	GSHAP
1668	7	25				34.8	118.5		8.5	Ms	China:Shandong,Tancheng	中国:山东郯城	* China,NOAA
1668	8	17				41	36	40	8	Ms	Turkey:Ladik	土耳其:拉迪克	GSHAP
1669	6	4				33.4	73.3		8	Mk	Pakistan:Rawalpindi	巴基斯坦:拉瓦尔品第	* Song
1677	4	13	10			40	144		8.1	Ms	Japan Trench	日本海沟	* Usami,Japan,NOAA
1678	6	18	1	45		-9	-78	40	8.4	Ms	Peru:Caraz	秘鲁:卡拉斯	* GSHAP,NOAA
1679	9	2				40	117		8	Ms	China:Hebei,Shanhe - Pinggu	中国:河北三河平谷	* China
1687	10	20	10	30		-13.5	-76.5	30	8.5	Ms	Peru:Chincha Alta,Near Coast	秘鲁:上钦查近海	* NOAA,GSHAP
1690	4	6				17.5	-61.5	33	8	Muk	Antigua And Barbuda:St Kitts	安提瓜和巴布达:圣基茨	*
1695	5	18				36	111.5		7.75	Ms	China:Shanxi,Linfen	中国:山西临汾	* China
1697	2	25				16.7	-99.2		7.8	Muk	Mexico:Mexico City,Acapulco	墨西哥:墨西哥城,阿卡普尔科	*
1699	7	14	9			-11.8	-77.5	40	7.8	Muk	Peru:Lima,Near Coast	秘鲁:利马近海	*
1700	1	26				45	-125		9	Ms	US:Near Coast of W. Oregon	美国:俄勒冈州西部近海	NOAA
1703	12	30	17			35	140		8.2	Ms	Japan:Chiba	日本:千叶	* Usami,NOAA
1707	10	28	5			33.2	134.8		8.4	Muk	Japan:Tokushima,Near Coast	日本:德岛近海	* Usami,Japan,NOAA
1716	2	6				-17.2	-71.2	40	8.8	Muk	Peru:Torata	秘鲁:塔克纳	*
1716	2	11	1			-13.7	-76	50	8.6	Muk	Peru:North Ica	秘鲁:伊卡北部	*
1722	12	27	16	30		37.2	-7.6		7.9	Mk	Portugal:Tavira, Algarve	葡萄牙:塔维拉,阿尔加维	* NOAA,Song
1725	2	1	11			56.5	118.5	50	8.2	Muk	Russia:Chita,Novaya Chara	俄罗斯:赤塔州诺瓦亚恰拉村镇	*
1730	6	13				38.5	-28		8	Mk	Azores:Luz	亚速尔群岛:路姿	* Song
1730	7	8	8	45		-32.5	-71.5		8.7	Ms	Chile:Valparaiso	智利:瓦尔帕莱索	* NOAA
1733	8	2				26.3	103.1		7.75	Ms	China:Yunnan,Dongchuan	中国:云南东川	* China
1737	11	4	8			55.5	163	20	7.8	Muk	Russia:Kamchatka,Near East Coast	俄罗斯:堪察加东部近海	* GSHAP
1737	12	24				-39.8	-73.2		8	Muk	Chile:Valdivia	智利:瓦尔迪维亚	* NOAA
1739	1	3				38.8	106.5		8	Ms	China:Ningxia,Pingluo	中国:宁夏平罗	* China
1746	10	29	3	30		-12	-77	30	8	Ms	Peru:Lima, Callao	秘鲁:利马,卡亚俄	* NOAA
1750						18.5	93.4		7.9	Mk	myanmar:Thandwe,Near Coast	缅甸:丹兑近海	* NOAA,Song
1751	5	25	5	30		-36.83	-71.63		8.5	Ms	Chile:Concepcion, Chillan	智利:康塞普西翁,奇廉	* NOAA
1754	5	15	21			13.6	121.1		8	Mk	Philippines:Taal Volcano	菲律宾:塔尔火山	* Maso,Song
1754	9	1				16.7	-99.2		7.8	Muk	Mexico:Acapulco	墨西哥:阿卡普尔科	* NOAA
1755	11	1	8	50		36	-11		8.5	Ms	Steait Of Gibraltar,W.	直布罗陀海峡西部	* NOAA
1757	7	9	23	45		38.65	-28.08		8	Mk	Azores:Sao Jorge	亚速尔群岛:苏乔治丘陵	* NOAA,Song
1758	6	13				37	-26		8	Mk	Azores:Luz	亚速尔群岛:路姿	* Song
1761	3	30	23	1		34.5	-13		8.5	Ms	Steait Of Gibraltar,W.	直布罗陀海峡西部	* NOAA
1761	12	9	17	20		50	90	30	8.3	Muk	Russia:Tuva,Mugur - Aksy,SW.	俄罗斯:唐努图瓦州穆古尔阿克瑟西南	* GSHAP
1762	4	2				22	92		8	Mk	India:Chittagong,Dacca	印度:吉大港,达卡	* NOAA,Song
1763	1	29	9			40.5	143.5		8	Muk	Japan:Aomori,Near Coast	日本:青森近海	* Usami,NOAA
1763	3	11				41	142.5		7.75	Ms	Japan:Aomori,Near Coast	日本:青森近海	* Usami,Japan,NOAA
1784	5	13	12	35		-16.5	-72	70	8.4	Ms	Peru:Arequipa,Camana	秘鲁:阿雷基帕,卡马那	* GSHAP,NOAA
1785						16.7	-99.2		7.8	Muk	Mexico:Guerrero,Acapulco,E.	墨西哥:格雷罗州阿卡普尔科东部	*
1786	6	1				29.9	102		7.75	Ms	China:Sichuan,Garze,S.	中国:四川甘孜南	* China
1787	3	28	17	30		16.5	-98.5		8.3	Ms	Mexico:San Marcos, Oaxaca	墨西哥:圣马科斯,瓦哈卡	* NOAA
1788	7	21				57	-153		8	Ms	Alaska:Kodiak Island	阿拉斯加:科迪亚克岛	* NOAA
1788	8	6				55	-161		8	Ms	Aleutian Islands	阿留申群岛	* NOAA
1792	8	22	18			54	162	40	8.4	Muk	Russia:Kamchatka,Near East Coast	俄罗斯:堪察加东部近海	* NOAA
1793	2	17				38.5	144		8.3	Ms	Japan Trench	日本海沟	* Usami,NOAA
1797	2	4	12	30		-1.7	-78.7		8.3	Muk	Ecuador:Chimborazo,N.	厄瓜多尔:钦博腊索山北部	* GSHAP

年 Year	月 Mo	日 Dy	时 Hr	分 Mn	秒 Sec	纬度(°) Latitude	经度(°) Longitude	深度 Depth	震级 Mag	标度 Scale	地名(英文) Name(English)	地名(中文) Name(Chinese)	资料来源 Information
1803	9	1	1	30		31	79		8.1	Ms	India：Treasury Mahon	印度：库马翁	* India，GSHAP
1811	12	16	8	15		35.6	-90.4		8.5	Ms	US：Arkansas，Lepanto	美国：阿肯色州勒班陀	* NOAA
1811	12	16	14	15		35.6	-90.4		8	Ms	US：Arkansas，Lepanto	美国：阿肯色州勒班陀	* NOAA
1812	1	23	15			36.3	-89.6		8.4	Ms	US：Missouri，New Madrid	美国：密苏里州新马德里	* NOAA
1812	2	7	9	45		36.5	-89.6		8.8	Ms	US：Missouri，New Madrid	美国：密苏里州新马德里	* NOAA
1812	3	8				43.7	83.5		8	Ms	China：Xinjiang，Nilka，E.	中国：新疆尼勒克东	* China
1817	3	11	20	10		45.9	6.8		8	Muk	France：Chamonix Valley	法国：夏蒙尼峡谷	*
1818	11	8				-7	117	600	8.5	Ms	Indonesia：Bali Sea	印度尼西亚：巴厘海	* NOAA
1819	4	3	14			-27.4	-70.3		8	Muk	Chile：Copiapo	智利：科皮亚波	*
1819	4	4	20			-27.4	-70.3		8	Muk	Chile：Copiapo	智利：科皮亚波	*
1819	4	12	3			-27	-71.5		8.5	Mfa	Chile：Copiapo，Near Coast	智利：科皮亚波近海	* NOAA
1819	6	16	23	30		23	71		8.3	Ms	India：Rann of Kutch，Ahmadabad	印度：库奇的兰恩，艾哈迈德巴德	* NOAA，GSHAP，India
1820	12	29				-5.1	119.4		7.9	Mk	Indonesia：Sulawesi，Makasar	印度尼西亚：苏拉威西岛，望加锡	* NOAA，Song
1822	11	20	2	30		-33	-71.63		8.5	Ms	Chile：Valparaiso，Quillota，Concon	智利：瓦尔帕莱索，基洛塔，康孔	* NOAA
1826	6	18	3	40		4.6	-73.9	10	8.2	Ms	Colombia：Bogota	哥伦比亚：波哥达	*
1826						-45.8	166.5		8	Ms	New Zealand：South Island，Anchor Island	新西兰：南岛，安克岛	* NOAA
1828	3	30	12	35		-12.1	-77.8	50	8.3	Muk	Peru：Lima，Near Coast	秘鲁：利马近海	*
1831	10	9	2	15		-18.5	-71		7.8	Ms	Peru：Tacna，Arica	秘鲁：塔克纳，阿里卡	* Chile
1833	8	26				28.3	85.5		8	Ms	Nepal：Kathmandu，N.	尼泊尔：加德满都北部	* China，India
1833	9	6				25	103		8	Ms	China：Yunnan，Songming	中国：云南嵩明	* China
1833	9	18	10	31		-18.5	-70.4	60	7.8	Ms	Chile：Arica，Near Coast	智利：阿里卡近海	* Chile
1833	11	24				-3.5	102.2	75	8.3	Ms	Indonesia：Southern Sumatra	印度尼西亚：苏门答腊南部	* NOAA
1835	2	20	16	22		-36.8	-73		8.5	Mfa	Chile：Concepcion	智利：康塞普西翁	* Chile，NOAA
1837	11	7	12	51		-42.5	-74		8.5	Mfa	Chile：Castro	智利：卡斯特罗	* NOAA
1839	1	11	9	55		14.4	-61.1	33	7.8	Muk	Martinique Island：Saint - Pierre	马提尼克岛：圣彼得	*
1839	3	23				21.8	96		8	Mk	myanmar：Ava，Amarapura	缅甸：阿瓦，阿马拉普拉	* Song
1841	5	17	21	30		52	158	30	8.4	Mfa	Russia：Kamchatka Peninsula	俄罗斯：堪察加半岛	* NOAA
1842	5	7	21			19.75	-72.2		8.1	Ms	Haiti：Cap - Haitien	海地：海地角	* NOAA
1843	2	8	14	50		16.5	-62.2	33	8.3	Muk	Montserrat：Plymouth	蒙特塞拉特：普利茅斯	* NOAA
1843	4	24	21			41.8	144.8		8.4	Ms	Japan Trench	日本海沟	* Usami，NOAA
1845	4	7				19.2	-99.1		8	Ms	Mexico：Mexico City	墨西哥：墨西哥城	* NOAA
1846	6	28	1	15		-14	-76.8	50	7.8	Muk	Peru：Pisco，Near Coast	秘鲁：皮斯科近海	*
1847	8	7				29.5	30.5		8	Mk	Egypt：Al - Fayyum，Cairo	埃及：法尤姆，开罗	* Song
1848	10	15	13	40		-41.3	174.5		7.8	Ms	New Zealand：Cook Strait	新西兰：库克海峡	* NOAA
1852	11	26				-4.6	129.9		7.9	Mk	Indonesia：Banda Sea，E.	印度尼西亚：班达海东部	* NOAA，Song
1854	12	23				34	137.9		8.3	Mfa	Japan：Shizuoka，Near Coast	日本：静冈近海	* Usami，NOAA，Japan
1854	12	24	8			33.1	135		8.4	Mfa	Japan：Tokushima，Near Coast	日本：德岛近海	* Usami，NOAA，Japan
1855	1	23	9			-41	175	33	8	Ms	New Zealand：Wellington，Waiouru	新西兰：惠灵顿，怀乌鲁	* NOAA
1855	7	25	12			46.217	7.85		8.5	Muk	Switzerland：Haut - Valais	瑞士：上瓦莱州	* Italy
1856	3	2				3.67	125.5		7.9	Mk	Indonesia：Sangihe Islands	印度尼西亚：桑义赫群岛	* Song，NOAA
1856	8	23	4	30		40.5	143.5		7.8	Ms	Japan Trench	日本海沟	* Usami，Japan，NOAA
1856	10	12	0	45		35.5	26	100	8.3	Ms	Greece：Crete Island	希腊：克里特岛	* NOAA，Turkey
1857	1	9	10	13		35	-119		8.3	Muk	US：California，Bakersfield	美国：加利福尼亚州贝克斯菲尔德	*
1857	4	17				-5.5	147		8	Ms	Papua New Guinea：Umboi Island	巴布亚新几内亚：温博伊岛	* NOAA
1861	2	16				-1	97.9	70	8.5	Ms	Indonesia：Lagundi，Simuk	印度尼西亚：拉贡迪，锡穆克	* NOAA
1861	3	21	0	16		-32.8	-68.8		8	Mk	Argentina：Mendoza	阿根廷：门多萨	* NOAA，Song
1861	7	4	0	11		37.5	-122		8	Mk	US：California，Contra Costa	美国：加利福尼亚州康特拉科斯塔	* Song
1863	4	22	20	30		36.5	28	90	7.8	Ms	Greece：Rhodes，Kos	希腊：罗德岛，科斯	* GSHAP
1864	5	23				-1	135		7.8	Ms	Indonesia：Manokwari	印度尼西亚：马诺夸里	* NOAA
1865	11	18				-21.6	-175.6		8	Ms	Tonga Islands	汤加群岛	* NOAA
1867	2	4	3			38.4	20.2	100	7.9	Muk	Greece：Nisia Ionioy	希腊：伊奥尼亚群岛	* NOAA
1868	4	3	2	25		19	-155.5		7.9	Mfa	Hawaiian Islands	夏威夷群岛	* NOAA
1868	8	13	21	30		-18.6	-71	25	8.5	Ms	Chile：Arica，Near Coast	智利：阿里卡近海	* GSHAP，NOAA
1868	8	15	19	30		0.81	-77.72		8	Ms	Ecuador：Concepcion	厄瓜多尔：康塞普西翁	*
1870	5	11	23	30		17	-96.3		7.9	Ms	Mexico：Oaxaca	墨西哥：瓦哈卡	* NOAA
1872	3	26	10	30		36.7	-118.1		7.8	Mw	US：California，Owens Valley	美国：加利福尼亚州欧文斯谷	* CGS
1873						-5.5	146		8	Ms	Papua New Guinea：Madang	巴布亚新几内亚：马当	* NOAA
1874	5					22	89		7.9	Mk	Bangladesh：Satkhira	孟加拉：萨德基拉	* NOAA，Song
1876						12	92.8		8.5	Ms	India：Andaman Islands	印度：安达曼群岛	* * India
1877	5	10	0	59		-19.6	-70.2	40	8.5	Muk	Chile：Huara	智利：瓦拉	* Chile，NOAA

年 Year	月 Mo	日 Dy	时 Hr	分 Mn	秒 Sec	纬度(°) Latitude	经度(°) Longitude	深度 Depth	震级 Mag	标度 Scale	地名(英文) Name(English)	地名(中文) Name(Chinese)	资料来源 Information
1878	1	23	12	5		-19.92	-70.335	40	7.9	Ms	Chile: Huara, Near Coast	智利:瓦拉近海	* NOAA
1878	2	11				-19	168.5		8	Ms	Vanuatu Islands	瓦努阿图群岛	* NOAA
1879	7	1				33.2	104.7		8	Ms	China: Gansu, Wudu, S.	中国:甘肃武都南	* China
1881	12	31				12	92.4		8	Ms	India: Andaman - Nicobar Islands	印度:安达曼-尼科巴群岛	* India, NOAA
1882	9	7	7	50		9.5	-78.9	40	8.3	Muk	Panama: San Blas Archipelago	巴拿马:圣布拉群岛	* NOAA
1887	5	3				31	-109	80	8	Ms	Mexico: Agua Prieta	墨西哥:索诺拉的阿瓜普列塔	* USGS, NOAA
1889	7	11	22	14		43.2	78.7		8.3	Muk	Kazakhstan: Almaty	哈萨克斯坦:阿拉木图	*
1889	9	6				1	126.25		8	Ms	Indonesia: Molucca Sea	印度尼西亚:马鲁古海	* NOAA
1891	10	27	21	37		35.5	137		8.4	Muk	Japan: Gifu	日本:岐阜	* Usami
1894	3	22	10	23		42.5	146	40	8	Ms	Japan: Hokkaido	日本:北海道	* Usami, NOAA
1894	4	29	2	45		8.5	-71.7	20	8.2	Ms	Venezuela: Merida	委内瑞拉:梅里达	*
1895	7	8	21	30		39.5	53.7	60	8.2	Ms	Turkmenistan: Balkanabat	土库曼斯坦:巴尔坎纳巴德	* NOAA
1896	6	15	10	33		39.5	144		8.4	Muk	Japan Trench	日本海沟	* GSHAP, NOAA
1896	11	18	2	6		43.5	146	40	8	Mj	Kuril Islands	千岛群岛	* Japan
1897	2	7	7	36		40	140	60	8.3	Muk	Japan: Akita	日本:秋田	* GSHAP
1897	2	19	20	50		38.1	141.9	30	7.8	Ms	Japan: Miyagi, Near Coast	日本:宫城近海	* NOAA, GSHAP, Japan
1897	5	13	11	22		12	124	33	7.9	Ms	Philippines: Masbate Island	菲律宾:马斯巴特岛	*
1897	6	12	11	6		26	91	33	8.7	Ms	India: Assam	印度:阿萨姆邦	*
1897	8	15	12	18		18	120	33	7.9	Ms	Philippines: Laoag, Near Coast	菲律宾:佬沃近海	*
1897	8	16	7	54		39	143	60	7.9	Muk	Japan: Iwate, Near Coast	日本:岩手近海	*
1897	9	20	19	6		6	122	33	8.6	Ms	Philippines: Mindanao, Dapitan	菲律宾:棉兰老岛,达皮丹	*
1897	9	21	5	12		6	122	33	8.7	Ms	Philippines: Mindanao, Zamboanga	菲律宾:棉兰老岛,三宝颜	* NOAA
1897	10	18	23	48		12	126	33	8.1	Ms	Philippines: Samar Island, E.	菲律宾:萨马岛东部	*
1897	10	20	14	24		12	126	33	7.9	Ms	Philippines: Samar Island, E.	菲律宾:萨马岛东部	*
1898	4	22	23	37		38.6	142	60	7.8	Muk	Japan: Miyagi, Near Coast	日本:宫城近海	* Usami, NOAA
1898	4	29	16	18		12	-86	33	7.9	Ms	Nicaragua: Leon, Chinandega	尼加拉瓜:里昂,奇南德加	*
1898	6	5	0	12		38	143	60	8.7	Muk	Japan Trench	日本海沟	*
1899	1	24	23	43		17	-98	60	8.4	Muk	Mexico: Guerrero - Oaxaca	墨西哥:格雷罗-瓦哈卡	*
1899	6	14	11	9		18	-77	60	7.8	Muk	Jamaica: Kingston	牙买加:金斯敦	*
1899	9	4	0	22		60	-142	25	8.2	Ms	Gulf of Alaska	阿拉斯加湾	* NOAA
1899	9	10	17	4		60	-140	25	7.8	Ms	Gulf of Alaska	阿拉斯加湾	*
1899	9	10	21	41		60	-140	25	8.6	Ms	Gulf of Alaska	阿拉斯加湾	* USGS, NOAA
1899	9	29	17	3		-3	128.5		7.8	Ms	Indonesia: Maluku Islands	印度尼西亚:摩鹿加群岛	* NOAA
1899	11	23	9	49		53	159	20	7.9	Muk	Russia: Kamchatka Peninsula	俄罗斯:堪察加半岛	*
1900	9	18				4.6	-74		7.9	Muk	Colombia: Bogota	哥伦比亚:波哥达	*
1901	8	9	13	1		-22	170	60	7.9	Mw	New Caledonia: Loyalty Islands	新喀里多尼亚:罗亚尔特群岛	* Engdahl, NOAA
1902	2	26				13.5	-89.5		8.3	Ms	El Salvador: La Libertad	萨尔瓦多:拉利伯塔德	* NOAA
1902	6	11	5			50	148	600	8	Ms	Sea of Okhotsk	鄂霍次克海	*
1902	8	22	3			39.9	76.2		8.25	Mw	China: Xinjiang, Kashi, N.	中国:新疆喀什北部	* China, Engdahl
1902	9	23	20	18	30	16.6	-92.6	100	7.8	Mw	Mexico: Venustiano Carranza, Chiapas	墨西哥:卡兰萨,恰帕斯	* Engdahl
1903	1	4	5	7		-20	-175	400	8	Muk	Tonga Islands	汤加群岛	* Engdahl
1903	8	11	4	32	54	36.36	22.97	80	8.3	Muk	Greece: Mitata (Kythera)	希腊:歇拉岛	* Engdahl
1905	2	14	8	46	36	50.73	-178.55		7.9	Mw	Andreanof Islands, Aleutian Is.	阿留申群岛,安德烈亚诺夫群岛	* USGS, Engdahl
1905	4	4	0	50		33	76	60	7.8	Mw	India: Kangra	印度:坎格拉	* Engdahl
1905	7	9	9	40	24	49	99	33	8.4	M	Mongolia: South Hovsgol	蒙古:库苏古尔南部	* GSHAP, Engdahl
1905	7	23	2	46	12	49	98	33	8.4	Mw	Mongolia: Bulnai	蒙古:布勒奈	* Engdahl
1905	9	15	6	2	46	53	164	60	7.8	Muk	Russia: Kamchatka, Near East Coast	俄罗斯:堪察加东部近海	* Engdahl, USGS
1905	11	8	21	41		40.25	24.2	30	7.8	Ms	Aegean Sea	爱琴海	* Turkey, GSHAP
1906	1	31	15	35	51	1	-81.5	25	8.8	M	Ecuador: Off Coast of W.	厄瓜多尔:西部沿海	* Engdahl, NOAA
1906	4	6	10	29		42	146	40	7.8	Ms	Japan Trench	日本海沟	GSHAP
1906	4	18	13	12	21	37.67	-122.48	20	7.8	M	US: California, San Francisco	美国:加利福尼亚州旧金山	* Engdahl, NOAA
1906	8	17	0	10	42	51.05	179.69	25	7.8	Mw	Aleutian Islands, Rat Island	阿留申群岛,拉特岛	* Engdahl
1906	8	17	0	40		-33	-72	25	8.2	M	Chile: Valparaíso, Near Coast	智利:瓦尔帕莱索近海	* Shi Z., Engdahl, NOAA
1906	9	14	16	4	18	-7	149	33	8	Mw	New Britain Trench	新不列颠海沟[太平洋]	* Engdahl, NOAA
1907	4	15	6	8	6	17	-100	60	7.9	Mw	Mexico: Guerrero, Acapulco, E.	墨西哥:格雷罗州阿卡普尔科东部	* Engdahl, NOAA
1907	11	16	10	10		-8	-76.8	150	8.7	Ms	Peru: Uchiza	秘鲁:乌奇萨	* GSHAP
1908	12	12	12	8		-14	-78	60	8.2	Ms	Peru: Lima, Near Coast	秘鲁:利马近海	* Engdahl, NOAA
1909	12	9	23	28		14	143.3		8	Muk	Guam	关岛(西太平洋)	* Maso
1910	4	12	0	22	13	25.5	122.5	200	7.75	mB	China: Taiwan, Keelung, Coast of NE.	中国:台湾基隆东北海域	* China, Engdahl
1910	6	16	6	30	42	-19	169.5	100	7.9	mB	Vanuatu Islands	瓦努阿图群岛	* Engdahl
1911	1	3	23	25	45	43.5	77.5	25	7.8	Mw	Kazakhstan: Almaty	哈萨克斯坦:阿拉木图	* GSHAP, Engdahl

年 Year	月 Mo	日 Dy	时 Hr	分 Mn	秒 Sec	纬度(°) Latitude	经度(°) Longitude	深度 Depth	震级 Mag	标度 Scale	地名(英文) Name(English)	地名(中文) Name(Chinese)	资料来源 Information
1911	1	27	23	6	5	14.002	120.993		7.8	Mk	Philippines:Batangas	菲律宾:八打雁	* Song
1911	6	15	14	26		28	130	90	8.1	mB	Ryukyu Islands	琉球群岛	* Usami,Japan, Engdahl,NOAA
1913	3	14	8	45		4.5	126.5		7.9	Mw	Indonesia:Karakelong Island	印度尼西亚:卡拉克隆岛	* Engdahl
1913	8	6	22	14	24	-15.8	-73.5	40	7.8	Mw	Peru:Caraveli,Chuquibamba	秘鲁:卡拉威里,丘基班巴	* Shi Z.,Engdahl, NOAA
1914	5	26	14	22	42	-2	137	60	7.9	Mw	Indonesia:Papua	印度尼西亚:巴布亚	* Engdahl,NOAA
1914	11	24	11	53	30	22	143	110	7.9	mB	Japan:South Honshu Ridge	日本:本州南部海岭	* Shi Z.,Engdahl
1915	5	1	5			47	155	25	7.9	Mw	Kuril Islands	千岛群岛	* Engdahl
1916	10	28	3	20		38	142.06	33	7.9	Ms	Japan:Miyagi,Near Coast	日本:宫城近海	GSHAP
1917	5	1	18	26	30	-29.2	-177	50	8	Mw	Kermadec Ridge	克马德克海岭	* Shi Z.,Engdahl, NOAA
1917	6	26	5	49	42	-15.5	-173	25	8.5	Mw	Samoa Islands	萨摩亚群岛	* Engdahl,NOAA
1918	8	15	12	18	16.45	5.653	123.563	35	8.2	Mw	Philippines:Cotabato	菲律宾:哥打巴托	* Japan,Engdahl, NOAA
1918	12	18	12	44		-27.3	-70.5		8.2	Ms	Chile:Copiapo	智利:科皮亚波	* *
1919	4	30	7	17	12.5	-19.823	-172.215	35	8.2	Mw	Tonga Islands,E.	汤加群岛东部	* Engdahl,NOAA
1920	1	3	21	48	3	19.26	-96.97		7.8	Ms	Mexico:Veracruz; Puebla	墨西哥:韦拉克鲁斯;普埃布拉	*
1920	6	5	4	21	35.4	23.5	122.7	35	8	Mw	China:Taiwan,Hualien,Coast of E.	中国:台湾花莲以东海域	* China,Engdahl
1920	9	20	14	39	5.91	-20.6	168.8	33	7.8	Mw	New Caledonia:Loyalty Islands	新喀里多尼亚:罗亚尔特群岛	* Engdahl,NOAA
1920	12	16	12	5	54.68	36.7	104.9	25	8.5	Ms	China:Ningxia,Haiyuan	中国:宁夏海原	* China,Engdahl, Dis
1922	11	11	4	32	45.21	-28.553	-70.755	35	8.7	Mw	Chile:Atacama	智利:阿塔卡马	* Engdahl,NOAA
1923	2	3	16	1	48.84	53.853	160.761	35	8.5	Mw	Russia:Kamchatka Peninsula	俄罗斯:堪察加半岛	* GSHAP,Engdahl, NOAA
1923	3	4				-26.3	-80.1		8.1	Mk	Chile:San Felix Island	智利:圣费利克斯岛	NOAA,Song
1923	9	1	2	58	37.04	35.1	139.5	35	7.9	M	Japan:Tokyo, Yokohama	日本:东京,横滨	* Usami,Engdahl, NOAA
1924	4	14	16	20	41.39	6.5	126.5	35	8.2	Mw	Philippines:Mindanao,Mati	菲律宾:棉兰老岛,马蒂	* Bautista, Engdahl, NOAA
1924	6	26	1	37	32.52	-56	157.5	25	8.3	Mw	Australia:Macquarie Island,S.	澳大利亚:麦加利岛南部	* Engdahl,NOAA
1927	5	22	22	32	48.05	37.7	102.2	25	8	Ms	China:Gansu,Gulang,W.	中国:甘肃古浪西	* China,Engdahl
1928	4	16	21	26	15	17.75	-97.1		7.8	Ms	Mexico:Oaxaca	墨西哥:瓦哈卡	*
1928	8	4				-8.32	121.708	1	7.8	Mk	Indonesia:Flores Islands	印度尼西亚:弗洛勒斯岛	NOAA,Song
1929	3	7	1	34	42.84	50.786	-169.524	25	7.8	Mw	Aleutian Islands	阿留申群岛	* Engdahl,NOAA
1929	6	27	12	47	14.9	-54.714	-29.549	35	8	Mw	South Sandwich Trench	南桑威奇海沟	* Engdahl
1931	1	15	1	50	47.14	16.1	-96.8	35	7.8	Mw	Mexico:Oaxaca	墨西哥:瓦哈卡	* Engdahl
1931	8	10	21	18	47.7	47.1	89.8	35	8	Mw	China:Xinjiang,Fuyun	中国:新疆富蕴	* China,Engdahl
1931	10	3	19	13	20.8	-10.5	161.75	35	7.8	Mw	Solomon Islands:San Cristobal Island	所罗门群岛:圣克里斯托瓦尔岛	* Engdahl,NOAA
1932	3	19				9.5	127.3		7.8	Ms	Philippine Trench	菲律宾海沟	Nakamura
1932	5	14	13	11	5.73	0.258	126.169	35	8.1	Mw	Molukka Sea	马鲁古海	* Engdahl
1932	6	3	10	36	53.57	19.457	-104.146	25	7.9	Mw	Mexico:Cihuatlán	墨西哥:锡瓦特兰	* Engdahl,NOAA
1932	6	18	10	12	16.14	19.452	-103.632	54.3	7.9	Mw	Mexico:Colima	墨西哥:科利马	* Engdahl,NOAA
1933	3	2	17	31	0.92	39.1	144.7	10	8.4	M	Japan Trench	日本海沟	* GSHAP, Shi Z., Usami,Japan, Engdahl,NOAA
1934	1	15	8	43	25.39	26.5	86.5	35	8.1	M	India:Bihar; Nepal:Kathmandu	印度:比哈尔;尼泊尔:加德满都	* India,Engdahl
1934	7	18	19	40	23.95	-11.907	166.731	35	7.8	Mw	Solomon Islands:Santa Cruz Islands	所罗门群岛:圣克鲁斯岛	* Engdahl,NOAA
1935	5	30	21	32	56.84	28.894	66.176	35	8.1	Mw	Pakistan:Quetta	巴基斯坦:奎达	* Engdahl
1935	9	20	1	46	42.75	-3.92	141.33	35	8.1	Mw	Papua New Guinea:Green River	巴布亚新几内亚:格林里弗	* Engdahl,NOAA
1935	12	28	2	35	29.98	-0.345	98.147	35	7.8	Mw	Indonesia:Northern Sumatra	印度尼西亚:苏门答腊北部	* Engdahl,NOAA
1938	2	1	19	4	21.58	-5.05	131.62	35	8.4	Mw	Indonesia:Banda Sea	印度尼西亚:班达海	* Engdahl,NOAA
1938	11	5	8	43	22.59	37.009	142.045	35	7.9	Mw	Japan Trench	日本海沟	* Shi Z.,Usami, Engdahl,NOAA
1938	11	5	10	50	16.8	37.108	142.081	35	7.8	Mw	Japan Trench	日本海沟	* Engdahl,NOAA
1938	11	10	20	18	46.98	55.328	-158.37	35	8.2	M	Aleutian Islands	阿留申群岛	* USGS,Engdahl, NOAA
1939	4	30	2	55	29.09	-9.295	159.234	35	7.9	Mw	Solomon Islands	所罗门群岛	* Engdahl,NOAA
1939	8	15	3	52		22.4	-80		8.1	Ms	Cuba:Santa Clara	古巴:圣塔克莱拉	* NOAA
1939	10	11	14	51		-15.3	-72.2	120	8.6	Ms	Peru:Orcopampa	秘鲁:奥尔科潘帕	* GSHAP
1939	12	21	21	0	33.15	-0.208	122.565	35	7.8	mB	Indonesia:Kalo,Luwuk,Sula Island	印度尼西亚:卡洛,卢武克,苏拉岛	* Engdahl,NOAA
1939	12	26	23	57	22.58	39.77	39.533	35	7.8	Ms	Turkey:Erzincan	土耳其:埃尔津占	* Engdahl,NOAA
1941	11	25	18	3	58.73	37.171	-18.96	25	8.1	Mw	North Atlantic Ocean,E.	北大西洋东部	* Engdahl,NOAA
1942	5	14	2	13	28.33	0.012	-79.902	35	7.8	Mw	Ecuador:Bahía de Caráquez	厄瓜多尔:卡拉克斯港	* Shi Z.,Engdahl
1942	8	24	22	50	31.73	-14.975	-74.92	35	8.2	Ms	Peru:Ica,Near Coast	秘鲁:伊卡近海	* Engdahl,NOAA
1942	11	8				-16	-76		8	Ms	Peru:Arequipa,Near Coast	秘鲁:阿雷基帕近海	* *

年	月	日	时	分	秒	纬度(°)	经度(°)	深度	震级	标度	地名(英文)	地名(中文)	资料来源
Year	Mo	Dy	Hr	Mn	Sec	Latitude	Longitude	Depth	Mag	Scale	Name(English)	Name(Chinese)	Information
1942	11	10	11	41	28.11	-49.726	29.947	15	8	Mw	Marion Island	马里恩岛[印度洋]	* Engdahl
1943	4	6	16	7	15	-30.75	-72	60	8.2	Mw	Chile:Illapel	智利:伊拉帕尔	* Engdahl,NOAA
1944	12	7	4	35	42	34	137.1	30	8.1	M	Japan:Mie,Near Coast	日本:三重近海	* Shi Z.,Engdahl,NOAA
1945	11	27	21	56	50	24.2	62.6	25	8	Mw	Gulf of Oman,E.	阿曼湾东部	* Engdahl,NOAA
1946	8	4	17	51	5	19.3	-68.9	60	7.9	Mw	Dominica:Samana	多米尼加:萨马纳	* Engdahl,NOAA
1946	12	20	19	19	5	33	135.6	20	8.1	M	Ryukyu Trench	琉球海沟	* Engdahl,NOAA,Japan
1947	7	29	13	43	22	28.6	93.6	60	7.9	Ms	India:Arunachal Pradesh	印度:阿鲁那恰尔邦	* China,Engdahl
1948	1	24	17	46	40	10.5	122	33	8.1	Mw	Philippines:Panay, Iloilo City	菲律宾:班乃,伊洛伊洛城	* Engdahl,NOAA
1948	9	8	15	9	11	-21	-174	0	8	Mw	Tonga Islands	汤加群岛	* Engdahl,NOAA
1949	8	22	4	1	11	53.62	-133.27	25	8.1	Ms	Canada:Queen Charlotte Islands	加拿大:夏洛特皇后群岛	* Engdahl,NOAA
1949	9	23	8	13	15	43.2	135.5	560	7.8	Ms	Japan Sea,E.	日本海东部	GSHAP
1949	12	17	6	53	30	-54	-71	33	7.8	Mw	Chile:Punta Arenas	智利:蓬塔阿雷纳斯	* Engdahl,NOAA
1949	12	17	15	7	55	-54	-71	0	7.8	Mw	Chile:Punta Arenas	智利:蓬塔阿雷纳斯	* Shi Z.,Engdahl,NOAA
1950	3	7	8	3		-8	-71	550	8.6	Ms	Brazil:Amazonas	巴西:亚马孙州	*
1950	5	16	13	23		-15	-69.5	250	7.9	Muk	Peru:Azangaro	秘鲁:阿桑加罗	*
1950	8	15	14	9	30	28.5	96.5		8.6	M	China:Xizang (Tibet),Zayu	中国:西藏察隅	* China,Engdahl,Dis
1950	10	5	16	9	31	11	-85	60	7.8	Mw	Costa Rica:Upala	哥斯达黎加:乌帕拉	* Engdahl,NOAA
1951	2	22	1	45	42	-3.7	142.2		7.8	Mk	Papua New Guinea:Nuku	巴布亚新几内亚:努库	* NOAA,Song
1951	3	19				9.5	127.3		7.8	Muk	Philippine Trench	菲律宾海沟	*
1951	5	16	13	23		-15	-69.5	250	7.9	Muk	Peru:Azangaro	秘鲁:阿桑加罗	* GSHAP
1951	11	18	9	35	47	31.1	91.4		8	Ms	China:Xizang (Tibet),Damxung	中国:西藏当雄	* China,Engdahl,Dis
1952	3	4	1	22	43	42.15	143.85	45	8.1	Mw	Japan:Hokkaido	日本:北海道	* GSHAP,Usami,Engdahl,NOAA
1952	11	4	16	58	27.89	52.755	160.057	22.2	9	M	Russia:Kamchatka,Near East Coast	俄罗斯:堪察加东部近海	* Engdahl,NOAA
1953	11	25	17	48	56.21	34.034	141.786	35	7.9	Mw	Japan Trench	日本海沟	* Usami,Engdahl,NOAA
1954	3	29	6	17	7.72	37.032	-3.513	627.3	7.9	M	Spain:Granada	西班牙:格拉纳达	* Engdahl
1954	10					67.47	-32.283		8.1	Mk	Greenland Sea	格陵兰海	NOAA,Song
1955	2	27	20	43	26.69	-28.406	-175.379	17.9	7.8	Mw	Kermadec Ridge	克马德克海岭	* Engdahl
1956	7	9	3	11	45.39	36.617	26.026	35	7.8	Mw	Greece:Amorgos	希腊:阿莫尔戈斯	* Engdahl,NOAA
1957	3	9	14	22	32.6	51.556	-175.392	30	9.1	M	Andreanof Islands, Aleutian Is.	阿留申群岛,安德烈亚诺夫群岛	* Engdahl,USGS,NOAA
1957	7	28	8	40	9.88	16.881	-99.297	37.2	7.8	Mw	Mexico:Acapulco,Mexico City	墨西哥:阿卡普尔科,墨西哥城	* Engdahl,NOAA
1957	12	4	3	37	52.31	45.153	99.206	35	8.1	M	Mongolia:Boon Tsagaan Nuur,S.	蒙古:本查干湖南部	* Engdahl
1958	1	19	14	7	27	1.5	-79.5	60	7.8	Mw	Colombia:Near Coast	哥伦比亚:近海	* Shi Z.,Engdahl,NOAA
1958	11	6	22	58	9.5	44.329	148.623	35	8.4	Mw	Kuril Islands	千岛群岛	* Engdahl,GSHAP,NOAA
1959	5	4	7	15	46.01	53.351	159.645	35	8	Mw	Russia:Kamchatka Peninsula	俄罗斯:堪察加半岛	* Engdahl,NOAA
1959	9	14	14	9	46.18	-28.722	-177.079	35	7.8	Mw	Kermadec Ridge	克马德克海岭	* Engdahl
1960	3	20	17	7	29.11	39.871	143.435	20	7.8	Mw	Japan Trench	日本海沟	* Engdahl,Usami,NOAA,GSHAP,Shi Z.
1960	5	21	10	2	57.7	-37.872	-73.243	35	8.2	Mw	Chile:Curanilahue	智利:库拉尼拉韦	* Engdahl,NOAA
1960	5	22	18	56	4.03	-38.147	-72.984	35	7.9	Mw	Chile:Traiguén	智利:特赖根	Engdahl
1960	5	22	19	11	17.75	-38.235	-73.047	35	9.5	M	Chile:Puerto Montt, Valdivia	智利:蒙特港,巴尔迪维亚	* Engdahl,NOAA
1960	11	20	22	2	2.13	-6.727	-80.606	52	7.8	Mw	Peru:Chiclayo,Near Coast	秘鲁:奇克拉约近海	* Engdahl,NOAA
1963	10	13	5	17	53.35	44.77	149.798	13.4	8.6	Mw	Kuril Islands	千岛群岛	* Engdahl,NOAA
1963	10	20	0	53	10.9	44.772	150.563	27.9	7.9	Mw	Kuril Islands	千岛群岛	* Japan,Engdahl,NOAA
1963	11	4	1	17	5.76	-6.733	129.684	35	7.8	mB	Indonesia:Banda Sea	印度尼西亚:班达海	* Engdahl
1964	3	28	3	36	12.66	61.017	-147.648	6.6	9.2	M	Gulf of Alaska	阿拉斯加湾	* Engdahl,NOAA
1965	1	24	0	11	17.02	-2.455	125.965	28.4	8.2	Mw	Indonesia:Sanana Island	印度尼西亚:萨纳纳岛	* Engdahl,NOAA
1965	2	4	8	40	38.75	51.397	179.56	8.2	7.8	Mw	Aleutian Islands,Rat Island	阿留申群岛,拉特岛	Engdahl
1966	10	17	21	41	55.46	-10.807	-78.684	20.7	8.2	Mw	Peru:Lima,Huacho,Huaura	秘鲁:利马,瓦乔,窝拉河	* Engdahl,NOAA
1967	1	1	18	23	4	-11.8	166.5	33	8.1	Ms	North Vanuatu Islands	瓦努阿图群岛北部	* NOAA
1968	5	16	0	49	0.41	40.903	143.346	25.8	8.3	Mw	Japan Trench	日本海沟	* ISC,Engdahl,NOAA
1968	5	16	10	39	0.52	41.593	142.786	11.8	7.8	Mw	Japan:Aomori,Near Coast of E.	日本:青森东部近海	* ISC,Engdahl,NOAA
1969	2	28	2	40	35.23	35.923	-10.568	32.5	7.8	Mw	Portugal:Lisboa; Morocco:Raba	葡萄牙:里斯本;摩洛哥:拉巴特	* Engdahl,NOAA
1969	8	11	21	27	38.23	43.478	147.815	45.6	8.2	Mw	Kuril Islands	千岛群岛	* ISC,Engdahl,NOAA
1969	11	22	23	9	35.26	57.729	163.595	9.1	7.8	Mw	Russia:Kamchatka,Near East Coast	俄罗斯:堪察加东部近海	* Engdahl,NOAA

年 Year	月 Mo	日 Dy	时 Hr	分 Mn	秒 Sec	纬度(°) Latitude	经度(°) Longitude	深度 Depth	震级 Mag	标度 Scale	地名(英文) Name(English)	地名(中文) Name(Chinese)	资料来源 Information
1970	1	4	17	0	40.29	24.147	102.462	14	7.8	Ms	China:Yunnan,Tonghai	中国:云南通海	* China,Engdahl,Dis
1970	5	31	20	23	32.17	-9.248	-78.84	73	7.9	M	Peru:Casma,Near Coast	秘鲁:卡斯马近海	* Engdahl,Shi Z.,NOAA
1970	7	31	17	8	6.03	-1.486	-72.563	644.6	8	M	Colombia:Amazonas	哥伦比亚:亚马孙	* Shi Z.,Engdahl
1970	12	10	4	34	38.8	-4.079	-80.662	20.1	7.8	Ms	Peru:Tumbes	秘鲁:通贝斯	* Shi Z.,ISC,Engdahl
1971	7	9	3	3	19.79	-32.558	-71.085	59	7.8	Mw	Chile:Valparaiso	智利:瓦尔帕莱索	* Shi Z.,Engdahl,NOAA
1971	7	14	6	11	30.61	-5.519	153.906	44.5	8	Mw	New Britain Trench	新不列颠海沟[太平洋]	* Engdahl,NOAA
1971	7	26	1	23	22.19	-4.889	153.183	37.1	8.1	Mw	Papua New Guinea:New Ireland	巴布亚新几内亚:新爱尔兰	* Engdahl,NOAA
1971	12	15	8	29	53.85	56.023	163.17	9	7.8	Mw	Russia:Kamchatka,Near East Coast	俄罗斯:堪察加东部近海	* Engdahl,NOAA
1972	1	25	1	6	21.45	22.549	122.325	10.1	8	Ms	China:Taiwan,Taitung,Coast of E.	中国:台湾台东以东海域	* China,Engdahl,NOAA
1972	6	11	16	41	3.38	3.864	124.234	330.7	7.8	Mw	Celebes Sea	西里伯斯海	* Engdahl
1973	6	17	3	55	3.96	43.223	145.743	43.3	7.8	Mw	Japan:Hokkaido	日本:北海道	* ISC,Engdahl,NOAA
1973	9	29	0	44	1.32	41.907	130.975	569.6	7.8	Mw	North Korea:Najin,Off Coast of E.	朝鲜:罗津东部沿海	Engdahl,Wang S.
1974	10	3	14	21	34.21	-12.254	-77.524	33.9	8.1	Mw	Peru:Lima, Callao	秘鲁:利马,卡亚俄	* Engdahl,NOAA
1975	5	26	9	11	49.07	35.97	-17.645	4.9	7.9	Mw	North Atlantic Ocean,E.	北大西洋东部	* Engdahl,NOAA
1976	1	14	15	56	34.39	-29.213	-177.638	43.7	7.8	Mw	Kermadec Ridge	克马德克海岭	* Engdahl
1976	1	14	16	47	37.58	-29.172	-177.316	31.7	7.9	Mw	Kermadec Ridge	克马德克海岭	* Engdahl,NOAA
1976	7	27	19	42	55.87	39.606	117.888	16.6	7.8	Ms	China:Hebei,Tangshan	中国:河北唐山	* China,Engdahl,Dis
1976	8	16	16	11	11.86	6.292	124.09	57.7	8	Mw	Philippines:Mindanao,Lebak	菲律宾:棉兰老岛,莱巴克	* Bautista,Engdahl,NOAA
1977	6	22	12	8	34.49	-22.912	-175.744	65.5	8.1	Ms	Tonga Islands	汤加群岛	* CSN,Engdahl,NOAA,USGS
1977	8	19	6	8	55.2	-11.126	118.38	21.3	8.3	Mw	Indonesia:Sumba Islands,S.	印度尼西亚:松巴岛南部	* Engdahl,NOAA
1978	11	29	19	52	50.11	16.012	-96.602	24.5	7.8	Mw	Mexico:Oaxaca	墨西哥:瓦哈卡	* Shi Z.,Engdahl,NOAA
1978	12	6	14	2	11.99	44.455	146.475	181	7.8	Mw	Kuril Islands	千岛群岛	* ISC,Engdahl
1979	12	12	7	59	4.73	1.603	-79.362	24.4	8.1	Mw	Colombia:Near Coast	哥伦比亚:近海	* Shi Z.,Engdahl,NOAA
1980	7	17	19	42	24.47	-12.504	166.011	31.6	7.8	Mw	Solomon Islands:Santa Cruz Islands	所罗门群岛:圣克鲁斯群岛	* Engdahl,NOAA
1985	3	3	22	47	9.54	-33.132	-71.708	40	8	Mw	Chile:San Antonio, Valparaiso	智利:圣安东尼奥,瓦尔帕莱索	* Chile,Engdahl,NOAA
1985	9	19	13	17	48.91	18.437	-102.358	15	8	M	Mexico:Michoacan,Mexico City	墨西哥:米却肯,墨西哥城	* Engdahl,NOAA
1986	5	7	22	47	11.64	51.557	-174.813	28.2	8	M	Andreanof Islands, Aleutian Is.	阿留申群岛,安德烈亚诺夫群岛	* Engdahl,NOAA
1987	11	30	19	23	16.79	58.836	-142.601	8.7	7.9	M	Gulf of Alaska	阿拉斯加湾	* Engdahl,NOAA
1988	3	6	22	35	36.86	57.262	-142.747	6.1	7.8	M	Alaska:Anchorage	阿拉斯加:安克雷奇	* Engdahl,NOAA
1989	5	23	10	54	46.54	-52.507	160.602	4.3	8.1	Mw	Macquarie Ridge	麦夸里海岭	* Engdahl,NOAA
1990	6	20	21	0	13.78	37.001	49.186	19	7.9	Ms	Iran:Rasht,Qazvin,Zanjan	伊朗:拉什特,加兹温,赞詹	* Iran,Engdahl
1992	12	12	5	29	28.22	-8.482	121.844	28	7.8	Mw	Indonesia:Flores Islands	印度尼西亚:弗洛勒斯岛	* Engdahl,NOAA
1993	8	8	8	34	26.7	12.983	144.838	62.1	7.8	Mw	Guam:Tuman Bay, Apra Harbor	关岛(西太平洋):图曼湾,阿普拉港	* Engdahl,NOAA
1993	11	13	0	16	46	13.12	-99.18	35	7.9	Mw	Mexico:Off Coast of Chiapas	墨西哥:恰帕斯沿海	ISC
1994	6	8	6	48	44	24.47	121.75	8	7.9	Mw	China:Taiwan,Yilan	中国:台湾宜兰	ISC
1994	6	9	0	33	17.52	-13.856	-67.489	631	8.2	M	Brazil:Rio Branco	巴西:里奥布朗库	* Engdahl
1994	10	4	13	22	58.24	43.945	147.224	14	8.3	Mw	Japan:Hokkaido,Near Coast of E.	日本:北海道东部海域	* Engdahl,NOAA,USGS
1994	12	28	12	19	25.51	40.53	143.403	29.2	7.8	Mw	Japan Trench	日本海沟	* Engdahl,NOAA,USGS
1995	7	30	5	11	25.16	-23.285	-70.103	46	8	Mw	Chile:Antofagasta,C.	智利:安托法加斯塔中部	* Engdahl,NOAA
1995	10	9	15	35	54	19.052	-104.208	26.2	8	Mw	Mexico:Jalisco, Manzanillo	墨西哥:哈利斯科,曼萨尼约	* Engdahl,NOAA
1995	12	3	18	1	9	44.708	149.262	24.4	7.9	Mw	Kuril Islands,Iturup, Matua	千岛群岛,择捉岛,马图亚	* Engdahl,NOAA
1996	1	1	8	5	12.58	0.725	119.932	24	7.9	Mw	Indonesia:Sulawesi	印度尼西亚:苏拉威西岛	* Engdahl,NOAA
1996	2	17	5	59	32.43	-0.919	136.973	36.5	8.2	Mw	Indonesia:Papua	印度尼西亚:巴布亚	* Engdahl,NOAA
1996	6	10	4	3	36.43	51.613	-177.615	28	7.9	Mw	Andreanof Islands, Aleutian Is.	阿留申群岛,安德烈亚诺夫群岛	* Engdahl,NOAA
1996	6	17	11	22	19.93	-7.122	122.536	589.7	7.9	Mw	Indonesia:Banda Sea	印度尼西亚:班达海	Engdahl
1997	12	5	11	26	56.72	54.799	162.003	36.1	7.8	Mw	Russia:Kamchatka,Near East Coast	俄罗斯:堪察加东部近海	* Engdahl,NOAA
1998	3	25	3	12	29.06	-62.857	149.569	21.8	8.1	Mw	Balleny Islands	巴雷尼群岛	* Engdahl,NOAA
2000	6	4	16	28	27.93	-4.762	102.007	34.6	7.9	Ms	Indonesia:Southern Sumatera,Lahat	印度尼西亚:苏门答腊南部,拉哈特	* Engdahl
2000	6	18	14	44	13.77	-13.896	97.328	7.1	7.9	Mw	Australia:Cocos Islands	澳大利亚:科科斯群岛	* Engdahl,NOAA
2000	11	16	4	54	55.87	-4.001	152.327	16.8	8	Mw	Papua New Guinea:East New Britain	巴布亚新几内亚:东新不列颠	* Engdahl,NOAA
2000	11	16	7	42	19.17	-5.243	153.127	32.6	7.8	Mw	Papua New Guinea:East New Britain,E.	巴布亚新几内亚:东新不列颠东部	* Engdahl
2000	11	17	21	1	56.82	-5.491	151.936	25.7	7.8	Mw	Papua New Guinea:East New Britain	巴布亚新几内亚:东新不列颠	* Engdahl

年 Year	月 Mo	日 Dy	时 Hr	分 Mn	秒 Sec	纬度(°) Latitude	经度(°) Longitude	深度 Depth	震级 Mag	标度 Scale	地名(英文) Name(English)	地名(中文) Name(Chinese)	资料来源 Information
2001	6	23	20	33	14.98	-16.305	-73.55	29.8	8.4	M	Peru:Arequipa, Moquegua, Tacna	秘鲁:阿雷基帕,莫克瓜,塔克纳	* Engdahl,NOAA
2001	11	14	9	26	12.08	35.918	90.543	10.8	8.1	Ms	China:Qinghai,Kunlun Mountain Pass	中国:青海昆仑山口	* China,Engdahl,Dis
2002	9	8	18	44	23.7	-3.302	142.945	13	7.8	Ms	Papua New Guinea:Wewak	巴布亚新几内亚:威瓦克	* NOAA
2002	11	3	22	12	41	63.517	-147.444	5	8.1	Mw	Alaska:Slana, Mentasta Lake	阿拉斯加:斯拉纳,门湖	* USGS,CSN
2003	1	20	8	43	6	-10.491	160.77	33	7.8	Ms	Solomon Islands:Honiara	所罗门群岛:霍尼亚拉	* NOAA
2003	9	25	19	50	6.3	41.815	143.91	27	8.3	Ms	Japan:Hokkaido	日本:北海道	* NOAA,USGS
2003	9	27	11	33	25	50.038	87.813	16	7.9	Ms	Russia:Altai Krai,Kosh - Agach	俄罗斯:阿尔泰边疆区科什阿加赤	* China,USGS
2003	11	17	6	43	6.8	51.146	178.65	33	7.8	Mw	Aleutian Islands	阿留申群岛	* NOAA
2004	12	23	14	59	4.4	-49.312	161.345	10	8.1	Mw	Australia:Macquarie Island,N.	澳大利亚:麦加利岛北部	* NOAA
2004	12	26	0	58	53	3.295	95.982	30	9.1	Mw	Indonesia:Simeulue Island	印度尼西亚:锡默卢岛	* USGS,NOAA
2005	3	28	16	9	37	2.085	97.108	30	8.7	Mw	Indonesia: Off West Coast of N. Sumatera	印度尼西亚:北苏门答腊西部海域	* NOAA,USGS
2005	6	13	22	44	33.9	-19.987	-69.197	116	7.8	Mw	Chile:Tarapaca	智利:达拉巴卡	* USGS
2006	5	3	15	26	40.2	-20.187	-174.123	55	8	Mw	Tonga Islands	汤加群岛	* NOAA,USGS
2006	11	15	11	14	14	46.592	153.266	10	8.3	Mw	Kuril Islands	千岛群岛	* NOAA
2007	1	13	4	23	21	46.243	154.524	10	8.2	Ms	Kuril Islands	千岛群岛	* NEIC,NOAA,USGS
2007	4	1	20	39	56.3	-8.466	157.043	24	8.1	Mw	Solomon Islands	所罗门群岛	* NOAA
2007	8	15	23	40	57.8	-13.386	-76.603	39	8.0	Mw	Peru:Ica, Pisco, Lima	秘鲁:伊卡,皮斯科,利马	* NOAA,USGS
2007	9	12	11	10	27	-4.438	101.367	34	8.5	Ms	Indonesia:Sumatra,Coast of SW.	印度尼西亚:苏门答腊西南海域	* NOAA,USGS
2007	9	12	23	49	4	-2.625	100.841	35	8.1	Ms	Indonesia:Southern Sumatra	印度尼西亚:苏门答腊南部	* USGS
2007	12	9	7	28	20.8	-25.996	-177.514	153	7.8	Mw	South of Fiji Islands	斐济群岛南部	* NOAA
2008	5	12	6	28	4	30.95	103.4	19	8.0	Ms	China:Sichuan,Wenchuan	中国:四川汶川	* China,Dis
2009	7	15	9	22	29	-45.762	166.562	12	7.8	Mw	New Zealand:South Island,Anchor Island	新西兰:南岛,安克岛	* NOAA
2009	9	29	17	48	10.9	-15.489	-172.095	18	8.1	Ms	Samoa Islands	萨摩亚群岛	* NEIC,NOAA
2009	10	7	22	18	51.2	-12.517	166.382	35	7.9	Ms	Solomon Islands:Santa Cruz Islands	所罗门群岛:圣克鲁斯群岛	* USGS
2010	2	27	6	34	14	-35.846	-72.719	35	8.8	Mw	Chile:Maule	智利:马利	* NOAA,USGS
2010	4	6	22	15	2	2.36	97.132	31	7.9	Ms	Indonesia: Off West Coast of N. Sumatera	印度尼西亚:北苏门答腊西部海域	* NOAA,USGS
2010	10	25	14	42	22	-3.484	100.114	21	7.8	Mw	Indonesia:Southern Sumatra	印度尼西亚:苏门答腊南部	* NOAA,USGS
2011	3	11	5	46	23	38.322	142.369	32	9	Mw	Japan:Miyagi,Coast of E.	日本:宫城东部海域	* USGS

参 考 文 献

陈棋福、郑大林、车时等编，2002，中国震例（1992～1994），北京：地震出版社。

陈棋福、郑大林、刘桂萍等编，2002，中国震例（1995～1996），北京：地震出版社。

陈棋福、郑大林、高荣胜等编，2003，中国震例（1997～1999），北京：地震出版社。

陈棋福、郑大林、车时等编，2008，中国震例（2000～2002），北京：地震出版社。

刁守中等编，2008，中国历史有感地震目录，北京：地震出版社。

傅征祥、刘桂萍、邵志刚等，2009，板块构造和地震活动性，北京：地震出版社。

高建国，1990，地震损失简表，北京：地震出版社。

顾功叙等编，1983，中国地震目录（公元前1831至公元1969年），北京：科学出版社。

国家地震局震害防御司编，1995，中国历史强震目录（公元前23世纪至公元1911年），北京：地震出版社。

郭增建、陈鑫连主编，1986，地震对策，北京：地震出版社。

李裕澈编译，2001，朝鲜·韩国地震目录（公元27～1985年），北京：地震出版社。

卢振恒编，1991，日本破坏地震概观，北京：地震出版社。

罗伟等编译，1996，全球重大灾害性地震目录（2150B. C. ～1991A. D. ），北京：地震出版社。

时振梁等编，1986，世界地震目录（1900～1980 $M\geqslant6$），北京：地图出版社。

宋治平、张国民、刘杰等编著，2011，全球地震灾害信息目录（9999B. C. ～2010A. D. ），北京：地震出版社。

汪素云等编，1999，中国近代地震目录（公元1912～1990年），北京：中国科学技术出版社。

魏富胜、许忠怀、王淑辉等，2009，中国大陆地区的地震检测能力，地震地磁观测与研究，30（5）：26～33。

谢毓寿、蔡美彪主编，1983，中国地震历史资料汇编（第五卷），北京：科学出版社。

张肇诚、罗兰格、李海华等编，1988，中国震例（1966～1975），北京：地震出版社。

张肇诚、罗兰格、李海华等编，1990，中国震例（1976～1980），北京：地震出版社。

张肇诚、罗兰格、李海华等编，1990，中国震例（1981～1985），北京：地震出版社。

张肇诚、郑大林、徐京华等编，1999，中国震例（1986～1988），北京：地震出版社。

张肇诚、郑大林、徐京华等编，2000，中国震例（1989～1991），北京：地震出版社。

《中国地震年鉴》编纂委员会，1990，中国地震年鉴（1949～1981），北京：地震出版社。

Choy G. L. and J. L. Boatwright, 1995, Global patterns of radiated seismic energy and apparent stress. J. Geophys. Res. 100, 18205～18228.

Bautista, M. L. P. and K. Oike, 2000, Estimation of the magnitudes and epicenters of Philippine historical earthquakes, Tectonophys., 317, 137～169.

Engdahl, E. R., and A. Villasenor, 2002, Global Seismicity: 1900～1999, in W. H. K. Lee, H. Kanamori, P. C. Jennings, and C. Kisslinger (editors), International Handbook of Earthquake and Engineering Seismology, Part A, Chapter 41, Academic Press. p665～690.

Gutenberg B. and C. F. Richter, 1956, Magnitude and energy of earthquakes. Ann. Geofis. 9, 1～15.

Hanks, T. C. and H. Kanamori, 1979, A moment magnitude scale. J. Geophys. Res. 84, 2348～2350.

Harry O. Wood and Frank Neumann, 1931, Modified Mercalli intensity scale of 1931. Bulletin of the Seismological Society of America, Vol. 21, No. 4, p277～283.

Iida, Kumizi, Doak C. Cox, and George Pararas - Carayannis, 1967, Preliminary catalog of tsunamis occurring in the Pacific Ocean. University of Hawaii, Honolulu. p274.

Miguel Saderra Maso, S. J., 1910, Catalogue of Violent and Destructive Earthquakes in the Philippines (1599～1909), Manila Bureau of Printing.

Paula K. Dunbar, Patricia A. Lockridge, and Lowell S. Whiteside, 1992, Catalog of significant earthquakes 2150 B. C. 1991 A. D. , U. S. Dept. of Commerce, National Oceanic and Atmospheric Administration.

Shigehisa Nakamura, 1978, On Statistical Tsunami Risk of the Philippine, South East Asian Studies, 15 (4): 581 ~590.

Soloviev, S. L. , and Ch. N. Go. 1974. A Catalogue of Tsunamis on the Western Shore of the Pacific Ocean (173 ~1968) . Nauka Publishing House, Moscow, USSR, p310.

Tatsuo Usami, 1979, Study of Historical Earthquakes in Japan, Bulletin of the Earthquake Research Institute, Vol. 54, p399 ~439.

致　谢

在本书的编辑和修订过程中，得到了丁国瑜院士、马宗晋院士、许绍燮院士、梅世蓉研究员、时振梁研究员、任金卫研究员、朱元清研究员、傅征祥研究员、赵俊猛研究员、汪素云研究员、金学申研究员、刁守中研究员、郑大林研究员、武宦英高级工程师等专家学者的真诚指导；在本项研究工作中，得到上海市地震局张骏局长、王建军副局长、李红芳副局长、王绍博副局长以及金胜处长的支持和帮助；在目录校对过程中，得到杨光亮博士、孙礼建硕士、董菲菲硕士、温燕林硕士、王俊非硕士、解昭娣博士等的支持，在此一并表示真诚的感谢！